JN440542

# Tropp의 분자생물학: Genes to Proteins

THIRD EDITION

Burton E. Tropp
대표역자 박영인

ORIGINAL ENGLISH LANGUAGE EDITION PUBLISHED BY
Jones and Bartlett Publishers, Inc.
40 Tall Pine Drive
Sudbury. MA 01776



**Tropp의 분자생물학 제3판**

인쇄 | 2011년 2월 20일
발행 | 2011년 3월 3일
공역 | 대표역자 박영인

발행인 | 박선진
발행처 | 도서출판 월드사이언스
등록번호 | 제16-1601호
등록일자 | 1988년 2월 12일

주소 | 서울특별시 서초구 방배동 864-31 월드빌딩 1층
전화 | 02) 581-5811~3
FAX | 02) 521-6418
E-mail | worldscience@hanmail.net
URL | http://www.worldscience.co.kr

정가 42,000원
ISBN 978-89-5881-161-9

이 도서의 국립중앙도서관 출판시도서목록(CIP)은 e-CIP 홈페이지(http://www.nl.go.kr/cip.php)에서 이용하실 수 있습니다.
(CIP제어번호: CIP2011000975)

## 감사

내 아내 Roslyn과 나의 가족, Jonathan, Lauren, Matthew, Julie, Paul, Erica, Sarah, Rachel, Gabrielle, Katei, Grace 그리고 돌아가신 나의 부모님 Sol과 Renee Tropp에게 감사하며 이 책을 바칩니다.

## David Freifelder에게 헌정하며

David Freifelder는 Brandeis University를 거쳐 University of California, San Diego에서 생화학과 분자생물학을 가르쳤다. 그는 광범위한 주제에 대하여 연구와 전문성을 제고하였으며 이러한 점이 바탕이 되어 일반 교과서나 전문성 있는 교과서를 집필하기에 충분한 능력을 갖추게 되었다. Freifelder는 타고난 집필자이고 또한 교과서들과 논문들을 수집하는데 많은 시간과 에너지를 헌신적으로 투입하였다. 자신의 강의와 집필경험을 바탕으로 학생들이 어떻게 하면 더 잘 이해할 수 있는가에 대한 방법을 개발하였으며 생물학적 복잡성이 충분히 이해될 수 있도록 중복적인 접근법을 활용하여 교과서를 구성하였다. 따라서 이러한 감사의 말을 David를 추모하며 드린다.

## 표지에 대하여

이 이미지는 포유동물의 세포핵(녹색), 조면소포체(ER, 적색), 미토콘드리아(청록색)의 천연색 투과전자현미경 사진이다. 핵은 세포의 DNA와 DNA의 복제와 수선에 필요한 장치를 갖고 있다. 뿐만 아니라 DNA를 주형으로 하여 RNA를 제조하는 RNA합성장치를 또한 갖고 있다. RNA의 한 가지 형태인 messenger RNA는 세포질에서 단백질을 만드는데 필요한 정보를 갖고 있다. 또 다른 형태의 RNA는 단백질 합성공장의 역할을 하는 ribosome이라고 불리우는 ribonucleoprotein 입자를 조립하는데 이용된다. 조면소포체의 표면은 ribosome으로 덮혀 있는데(원형질막위의 검정색 점), 일반적으로 원형질막의 일부가 되거나 또는 세포에 의해 분비되는 단백질을 합성하도록 messenger RNA분자에 의해 program되어 있다. Messenger RNA 또한 유리상태의 ribosome을 program하기도 하지만 이 경우에 합성되는 단백질들은 세포질내에서 기능을 한다. 미토콘드리아는 DNA, RNA 및 단백질 합성에 필요한 에너지를 공급한다. 배율: 4X5 인치 크기에서 4,500배.

# 저자 서문

David Freifelder에 의해 집필되었던 *Molecular Biology*의 처음 두 판은 1983년과 1987년에 각각 출판되었다. 2판의 서문에서 언급하였듯이 Freifelder는 "기초적 분자생물학적 과정(DNA, RNA, 단백질의 합성과 같은)과 원핵 및 진핵 세포에서 일어나는 유전현상"을 다루는 다목적 교과서가 되도록 감안하여 집필을 하였다. 이번 개정 3판은 이러한 목표가 유지되도록 하면서도 분자생물학이라는 의미가 강조되도록 제목을 *Molecular Biology: Genes to Proteins*로 바꾸었다. 이 책은 대학에서 두 학기의 생물학, 일반화학과 유기화학을 이수한 학부생이나 대학원 1년차 학생을 대상으로 집필되었다. 2판 출판이후에 인간 유전체의 염기서열이 밝혀졌다. 뿐만 아니라 DNA복제, RNA합성과 단백질합성에 관여하는 많은 효소와 거대분자 기구에 대한 구조를 파악하게 되었다. RNA inteference와 같은 새로운 과정도 밝혀졌다. 이러한 다양한 분자생물학분야의 진전이 이 교과서의 전면적 개정을 요구하게 된 것이다. 대학에서 과학과목을 가르치는데 있어서 의미심장한 시대적 변화 또한 전면적 개정을 하도록 기여하였다. 1987년경에는 핵산, 단백질 또는 거대분자복합체가 어떤 것이며 이들이 어떻게 작동하는지를 보여주기 위하여 선생들은 일반적으로 표준 슬라이드를 사용하였다. 그러나 오늘날 우리들은 이들의 3차원적 구조를 컴퓨터를 사용하여 보여주고 있다. 더욱이 인터넷은 상상하지 못할 정도로 많은 분자생물학적 정보와 데이터를 공급하고 있다. 결론적으로 학생들이 실제 분자생물학과목을 이수하기 전에 다양한 분자생물학적 관점을 접하게 되는 생물학개론, 유전학, 미생물학, 세포생물학, 발생생물학, 진화생물학, 생화학과 같은 과목들에서 분자생물학은 이제 무시할 수 없는 분야로 인식되고 있다.

가능하다면 언제나 이 책은 학생들이 논의코자하는 개념에 관한 실험적 증명방법을 습득하도록 발견접근법을 사용하였다. 이러한 교수법적 접근은 역사적, 실험적 배경정보를 제공함으로써 학생들로 하여금 어떻게 분자생물학자가 궁극적으로 분자생물학분야에 있어서 새로운 진전을 이끌기 위하여 어떠한 단서를 실험하고 이론을 정립했는지를 이해시키도록 한다. 분자생물학을 가르칠 때 본인의 이러한 접근방식은 학생들로 하여금 발견과정의 일부가 되도록 하는데 도움을 준다고 생각한다. 이러한 방식을 통하여 연구자들이 분자생물학적 문제점을 해석하는데 있어서 느끼는 기쁨과 만족을 학생들은 이해하게 될 것이다. 물론 이러한 방식만으로는 표현하고자 하는 모든 개념을 다 다루기는 어렵다. 그래서 단순히 개념을 표현할 것인가 아니면 삭제해 버릴 것인가 하는 기로에 설 때 본인은 개념의 표현을 선호한다. 이 책은 과학자들에게 발견 과정을 소개하고 있다는 측면에서 지난 두 번의 출판과 다르다. 이러한 선택을 한 이유는 과학자의 이름을 기억하는 것이 중요한 것이 아니라 이 발견과정에 관여한 인간의 노력을 인지하고 분자생물학이 진화하는 학문분야라는 것을 학생들이 인식하는 것이 중요하기 때문이다. 그래서 부수적인 실험이 수행돼야 하듯이 우리도 계속적으로 새로운 정보를 획득할 것이다. 분자생물학과목을 수강하는 많은 학생들은 의과학분야에 흥미를 갖고 있다. 이러한 관심을 파악하여 관련있는 중요한 의학적 응용과 흥미점이 또한 포함되도록 많은 노력을 기울였다.

## 장(Chapter)의 구성

분자생물학분야에 대한 소개 후에 이 책은 6개의 단원으로 나뉜다; (1) 단백질 구조와 기능, (2) 핵산과 nucleoproteins, (3) 유전학과 바이러스학, (4) DNA 대사(metabolism), (5) RNA 합성과 가공(processing), 그리고 (6) 단백질 합성. 처음 2개의 단원에서 다루는 내용은 분자생물학에 있어서 화학적 기초를 이해하는데 필요한 기본 정보를 제공하고 3번째 단원에서 다루는 내용은 분자생물학의 생물학적 기반을 이해하는데 필요한 정보를 제공한다. 나머지 장들의 순서는 세포에서의 유전정보가 보통 DNA에서 RNA를 거쳐 단백질로 정상적으로 흘러간다는 사실을 반영한다. 대부분의 과학과목에서도 그렇듯이 분자생물학에서 새로운 정보를 제공해야 하는데 있어서 주된 도전은 나중의 장에서 다루는 정보가 때로는 앞의 장에서 완전히 이해되어야 할 필요가 있는 정보라는 것이다. 이 판에서는 처음 3개의 단원에서 분자생물학을 이해하는데 필요한 기본적인 개념과 기법을 소개함으로써 이러한 문제점을 최소화시키기 위한 노력을 하였다.

이 책은 "분자생물학은 분자와 생물학이 모두 강조되어야 하며 따라서 분자적이어야 하고, 또한 화학적이고 물리학적이어야 한다"라는 Freifelder의 철학을 따랐다. 이러한 철학을 염두에 두고 모든 장의 내용은 다음과 같다. **1장**은 구조와 기능관계를 명확하게 보여주는 예로서 분자생물학의 주된 주제이고 이 책의 전반에서 강조되는 관점인 2중나선 모델의 발견을 포함하는 분자생물학분야의 간략한 역사적 소개를 다룬다. **2장**에서는 단백질의 1차, 2차, 3차, 4차 구조의 중요한 정보를 소개하고 생물학적 원형질막의 단백질과 지질의 구조를 기술한다. **3장**은 단백질의 구조와 기능의 상관관계를 설명한다. 이 장은 특정 단백질들이 이 교과서 전반에 걸쳐 취급되는 구조와 기능의 상관관계에 대한 중요한 통찰을 제공하기 때문에 특별히 이 특정 단백질들을 다루면서 시작한다. 이 장의 두 번째 부분은 효소와 효소의 동력학과 DNA복제, 수선과 재조합과정; RNA합성과 가공; 단백질합성을 이해하는데 중심이 되는 주제들을 다룬다. 이 장의 3번째 section은 G단백의 신호시스템을 간략히 설명한다. **4장**은 입체적 구조 다양성, 나선 안정성, 가닥분리, 나선 재형성, 환형 DNA, 그리고 topoisomerase 등이 강조되는 DNA 구조에 대하여 1장에서 제공한 정보를 보충한다. **5장**은 실험실에서 핵산을 분리하고 특성화하는데 사용되는 물리학적 기법의 시험과 DNA조작을 위한 효소의 사용과 관련되는 기법들의 논의를 포함한다. **6장**은 nucleoprotein 복합체를 형성하는 특정 단백질과 DNA간의 상호작용을 설명한다. **7장**은 분자생물학에서 적용하는데 필수적인 유전적 분석의 기본 개념에 대해 소개하는데 이는 유전학적 재조합에 대한 간략한 소개와 박테리아, 효모 그리고 고등 생명체에서 유전자의 위치선정을 위하여 분자생물학자들이 사용하는 기본 기법들을 포함한다. **8장**은 분자생물학자들이 알아야 할 바이러스에 대한 기본적인 정보를 제공한다. 제공되는 정보는 올바르게 균형잡힌 시각으로 후속되는 장에서 논의되는 바이러스 시스템을 평가하는데 도움을 줄 것이다. 어떤 학생들과 강사들은 이 장을 건너뛰기도 할지 모르지만 그런 경우 후속 장에서 특정 바이러스가 언급되는 경우 적절한 단원으로 되돌아와 참조하면 된다. **9장**은 DNA복제의 일반적인 양상과 박테리아의 DNA복제에 관하여 개시(initiation), 신장(elongation) 그리고 종결(termination)단계에 대하여 자세하게 살펴본다. 또한 진핵세포와 고세균에서의 이들 단계들도 살펴본다. **10장**은 세포내에서 일어나는 다양한 종류의 DNA손상에 초점을 맞추고 이어서 DNA손상을 되돌리고, 손상받은 요소(elements)들을 잘라내어 교체하거나 이 손상을 묵인하여 내성을 갖도록 함에 있어서 세포가 사용하는 기작들을 탐구한다. **11장**은 유전학적 및 생화학적 데이터를 기본으로 homologous recombination 모형들을 탐구한다. Homologous recombination의 개별적 단계와 이 반응을 수행하는 효소들에 대해서 기술되어 있다. **12장**은 모든 이동유전요소(mobile genetic element)의 움직임을 설명할 수 있는 3가지 형태의 반응을 특별히 강조하는 가운데 transposon과 다른 이동요소(mobile element)를 고찰한다. 어떤 강사들은 11장, 12장 또는 이 두 장에서 다룬 내용들을 20장을 끝낸 후에 할당하기를 원하기도 한다. 11장과 12장은 바로 이러한 가능성을 염두에 두고 작성하였다. **13장**은 박테리아의 RNA 합성에 있어서 RNA polymerase(중합효소)와 그 기능을 고찰한다. **14장**은 박테리아가 mRNA의 합성 조절부터 여러 class의 RNA합성을 조절하는데 이용하는 기작을 살펴본다. **15장**은 진핵세포의 RNA polymerase II(mRNA의 형성에 관여하는 효소)와 기초적 전사에 요구되는 일반전사인자(general transcription factors)에 대하여 살펴본다. 이 장은 또한 RNA polymerase II와 일반전사인자가 서로 합하여 어떻게 기초 전사기구를 만드는지를 설명한다. **16장**은 2가지 타입의 전사인자, 전사 activators와 mediators들을 기술하는데 이들은 진핵세포의 mRNA합성을 실제로 책임지는 보다 효과적인 전사장치를 형성하도록 기초 전사기구와 상호작용한다. **17장**은 동시전사과정의 다양한 단계를 설명한다. 또한 RNA editing(편집), messenger RNA 배출과 messenger RNA silencing 경로에 대해 역시 기술한다. **18장**은 진핵세포의 ribosomal RNA의 합성에 있어서 RNA polymerase I의 역할과 관련 accessory factor들을 살펴본다. 또한 transfer RNA와 기타 small RNA 분자들-특히 small nuclear RNA 분자들(snRNAs)의 합성에 있어서 RNA polymerase III와 관련 accessory factor들과 미토콘드리아와 엽록체에 존재하는 RNA polymerase 들의 역할을 기술한다. **19장**은 transfer RNA 분자들의 구조와 기능을 기술한 다음 어떻게 이 분자들이 단백질에 아미노산서열을 특정짓도록 mRNA와 ribosome을 따라 작용하는지를 살펴본다. **20장**은 ribosome의 구조와 기능을 조사하여 학생들로 하여금 어떻게 ribosome이 universal한 번역체로 작용할 수 있는지 알도록 한다.

## 저자의 비망록

나는 과거 50여 년간 분자생물학이 얼마나 엄청나게 발전했는가에 대한 간략한 이야기를 언급하고자 한다. 내가 1960년대 초반 대학원생 생활을 처음 시작할 때 분자생물학에서 이루어 내고 있는 급속한 발전상, 특히 genetic code의 발견과 같은 것에 대해 우리 모두는 매우 흥분하고 있었다. 우리들의 동기생들이 전공하고 있는 다른 과학 분야를 넘어서 솟아오르는 학문분야로서 분자생물학을 우리는 보았다. 여하튼, 우리들 중 일부는 어느날 postdoc(박사후 연구원)으로 일하고 있던 젊은 의사가 어떻게 분자생물학이 환자의 치료에 있어서 사람들에게 혜택을 실제로 줄 수 있는가 하는 한가지의 대표적 실례를 보여주기를 요청하자 과연 이것을 어떻게 설명할 수 있을 지 무척 당황스러웠다. 많은 고민 끝에 우리들은 하나의 예를 겨우 제안할 수 있었다. 분자생물학이 sickle cell 빈혈증의 원인을 밝혔다고. 그런데 그 젊은 의사는 이러한 지식이 sickle cell 빈혈증으로 고생하는 환자들에게 실질적으로 전혀 도움을 주지 못하였다는 점을 지적하였다. 내가 이 책을 집필하면서 나는 한참 전의 이러한 도전에 대한 기억을 되살렸다. 분자생물학은 사람들의 호기심을 일깨우며 급속히 발전하는 학문분야로 여전히 남아있으며 또한 매우 다양한 방식으로 우리의 생활에 직접적인 충격을 줄 수 있는 학문분야이다. 분자생물학이 인류의 의학적 행복에 어떻게 기여했는지를 모두 설명하려면 여러 권의 책으로 써야할 만큼 아주 많은 예들이 있다. 그래서 몇 가지의 예를 들면 충분할 것이다. 분자생물학자들에 의해 개발된 기술들은 박테리아나 바이러스에 의한 감염여부의 확인, 신약과 hormones의 생산, 악성질병의 치료에 사용되는 화학요법제의 효능 연구, 선천성 대사장애의 확인, AIDS와 같은 질병치료를 위한 의약품의 설계와 같은 것에 기여한다. 비록 유전공학적 방법에 의한 선천성 대사장애를 치료하려는 초기의 시도는 성공적이지 못하였다 하더라도, 실제로 일부는 그 주제에 대하여 위험성이 입증되기도 하였지만 아마도 다음 세대의 분자생물학자들은 다른 건강관련 문제들은 물론 이러한 문제들을 풀어낼 수 있을 것 같다.

# 감사의 말

나는 이 분자생물학 교과서 3판을 준비하는데 도움을 준 많은 분들의 지원에 감사의 말씀을 전하고 싶다. 맨 첫 번째로 2분의 천부적인 분자생물학자의 헌신적 기여에 대해 감사드린다: 그들은 Hannah Klein (Department of Biochemistry and Medicine, NYU Medical Center)와 Joseph E. Peters (Department of Microbiology, Cornell University)이며 각각 11장 (Recombination)과 12장 (Transposons and Other Mobile Elements)의 저자들이다. 나는 또한 이 책의 내용을 개선하도록 많은 유익한 조언을 아끼지 않고 잘못된 점을 수정하고 하나 또는 그 이상의 장들의 내용을 검토하여주신 아래에 언급한 유능한 학자들에게 감사의 말씀을 전하고자 한다.

Steven Ackerman, University of Massachusetts, Boston
Charles Austerberry, Creighton University
James Bardwell, University of Michigan, Ann Arbor
David Bentley, University of Colorado Health Sciences Center
Steven Berberich, Wright State University
James Botsford, New Mexico State University
John Boyle, Mississippi State University
Phyllis Braun, Fairfield University
John Brunstein, University of British Columbia
Martin Buck, Imperial College of Science, Technology, and Medicine
Michael Campbell, Pennsylvania State University, Erie
George Chaconas, University of Western Ontario
Karl Chai, University of Central Florida
Mary Connell, Appalachian State University
John Cronan, Jr., University of Illinois, Urbana-Champaign
Helena Danielson, Uppsala University
Robert Dotson, Tulane University
John Elder, Jr., Valdosta State University
Mark Erhart, Chicago State University
Charles Gasser, University of California, Davis
Barbara Hamkalo, University of California, Irvine

Lynn Harrison, University of Louisiana, Health Sciences Center
Daniel Herman, University of Wisconsin, Eau Claire
Martinez Hewlett, University of Arizona
Deborah Hoshizaki, University of Nevada, Las Vegas
Deborah Hursh, American University
Stan Ivey, Delaware State University
Russell Johnson, Colby College
Susan Karcher, Purdue University
Jennifer Kugel, University of Colorado, Boulder
Paul Laybourn, Colorado State University
Mark Lee, Spelman College
Steven Matson, University of North Carolina, Chapel Hill
Philip Meaden, Heriot-Watt University
Isabel Mellon, University of Kentucky, College of Medicine
William Merrick, Case Western Reserve University
John Mullican, Washburn University
David Mullin, Tulane University
Melody Neumann, University of Toronto
Hao Nguyen, California State University, Sacramento
Desmond Nicholl, University of Paisley
Amy Pasquinelli, University of California, San Diego
Bruce Patterson, University of Arizona
Frank Pugh, Pennsylvania State University
William Reznikoff, University of Wisconsin, Madison
Randall Shortridge, State University of New York, Buffalo
Grace Ann Spatafora, Middlebury College
James Thompson, University of Oklahoma
Michael Tully, University of Bath
Barbara van Leeuwen, The Australian National University
Charles Vigue, University of New Haven
Karl Wilson, State University of New York, Binghamton
Mark Winey, University of Colorado, Boulder
Stephan Zweifel, Carleton College

이 3판을 출판하는데 많은 도움을 주신 Jones and Bartlett에 근무하는 능력이 출중한 여러분들께 감사를 드리고 싶다. Judy Hauck, Brian L. McKean, Cathleen Sether와 Steven Weaver와 같이 능력있고 헌신적인 편집자들과 같이 일할 수 있었다는 점이 나에게는 큰 행운이었다. 그들의 충고, 도움과 인내심은 나에게 가장 큰 힘이 되었다. 특히 이 책을 만드는데 참여한 탁월한 제작팀을 모집한

Cathleen Sether에게 감사를 드린다. 나는 이 팀의 모든 팀원들의 기여에 기쁜 마음으로 감사를 드린다. Elizabeth Morales와 그녀의 팀원들은 아주 조악한 스케치로부터 작업을 시작하여 교육적이며 아름다운 그림들을 창출하였다. Shellie T. Newell은 원고초안을 정리하고 전 과정을 통하여 많은 개선을 하여 주었다. Elizabeth Plass와 Anne Spencer는 원고정리, 도판제작을 비롯하여 다른 제작 활동을 조정하고 교과서집필의 전 과정을 원활하게 해 주었다. Rebecca Seastrong과 Molly Steinbach는 검토를 주관하고 검토내용을 분석하여 주었다. 본인은 Molly Steinbach가 원고 작성과 제작단계의 마지막 부분에서 괄목할 만한 지원과 도움을 준 것에 대해 특히 감사를 드린다. 본인은 저자들, 저널 편집자, 저작권물의 사용을 용인하여 준 출판사들에게 감사를 드린다. 저작물이 이용되고 그 근원을 완전히 밝혀야 할 때 마다 승인을 받기위해 많은 노력하였다. 그럼에도 불구하고 만일 이러한 점이 누락되는 오류가 있었다면 그것은 전적으로 고의적이 아니라는 것을 밝히며 기회가 생기는 즉시 수정할 것이다.

마지막으로 본인은 이 책을 준비하는 몇 년 동안 내 아내 Roslyn이 보여준 지원과 관심 그리고 이해심에 대해 고맙다는 말을 전하고 싶다.

## 역자 소개

**대표역자**

**박영인교수** 고려대학교 약학과

**김경훈교수** 강원대 생명과학과
**김대혁교수** 전북대 분자생물과
**김수기교수** 건국대 동물생명과학부
**김영상교수** 충남대 생화학과
**김영수교수** 충북대 약학대학
**김윤기교수** 고려대 생명과학부
**김형배교수** 고려대 생명정보공학과
**류왕식교수** 연세대 생화학과
**박현성교수** 서울시립대 생명과학과
**배동규교수** 전남대 생명과학기술학부
**신 숙교수** 삼육대 생명과학과
**안병윤교수** 고려대 생명과학부
**양 영교수** 숙명여대 생명과학과
**유권열교수** 서울시립대 생명과학과
**윤진호교수** 성신여대 생명과학 · 화학부
**이승훈교수** 용인대 생명과학과
**이원하교수** 경북대 생명과학부
**이정익교수** 건국대 의생명과학과
**이현숙교수** 서울대 생명과학부
**정두일교수** 강원대 생화학과

# 역자 서문

이제 전통적인 생물학의 거의 모든 분야에 분자생물학적인 개념이 도입되어 있는 시대가 되었습니다. Johann F. Miescher에 의해 DNA의 존재가 1869년 처음 발견된 후 1953년 James Watson, Francis Crick과 Rosalind Franklin에 의한 DNA의 2중나선 구조의 규명과 더불어 2002년 인간 유전체 사업의 일차적 완성은 현재의 생명공학시대를 활짝 연 역사적인 계기가 되었습니다.

대표 번역자인 제가 미국에 유학 갔을 때 분자생물학 교과서로 처음 접한 것이 바로 David Freifelder의 Molecular Biology였는데 이렇게 훌륭한 교과서의 개정 3판을 번역 출판하게 되어 한편으로는 매우 자랑스럽게 생각됩니다. 초판의 경우에는 분자생물학 교과서로서 유전학적인 면이 상당히 많이 반영되어 있었지만 Burton E. Tropp에 의한 이번 개정 3판의 경우 분자적 개념에서 최신의 연구결과들이 가미된 명실상부한 최고의 분자생물학 교과서로서 그 의미를 높히고 있다고 생각됩니다.

이와 같은 분자생물학 교과서를 우리말로 번역하여 학생들의 학업에 도움을 주고자 국내 주요 대학에서 분자생물학분야의 교육을 담당하고 계시는 교수님들로 하여금 각 chapter별로 번역을 의뢰하였습니다. 국제화시대에 부응하여 일반적으로 통용되는 용어, 이름 등은 가급적 원어로 직접 표기함으로써 '알기 어려운 우리말' 로 번역을 하지 않았습니다. 뿐만 아니라 직역을 하기보단 그 의미가 충분히 표현될 수 있도록 부단히 노력도 하였습니다. 또한 chapter별로 각기 상이하게 번역된 내용을 전체적으로 통일성을 갖도록 교정하는 것도 상당히 어려웠습니다. 나름대로 세밀하게 번역하는 과정을 거쳤다 하더라도 그 작업자체가 완벽할 수는 없기에 한편으로는 원저자의 본래 의도가 훼손된 부분이 있을 수도 있고 번역상의 오류가 있기도 할 것입니다. 차후 이러한 부분을 철저히 보완하겠다는 말씀과 함께 있을 수 있는 오류에 대하여서도 지속적인 지적과 성원을 보내주시기를 부탁드립니다.

이 번역이 완결되는데 있어서 많은 노력과 애정을 갖고 최종 교정에 참여하여 주신 고려대학교 안병윤 교수님께 특별한 감사의 말씀을 전합니다. 특히 번역서가 출판될 수 있도록 많은 인내를 갖고 기다려주신 월드사이언스 박선진 사장님, 임후택 이사님, 그리고 편집을 하시면서 제 불평을 다 받아주신 이은경과장님께 감사를 드립니다.

번역자 대표

고려대학교 약학대학 교수 **박영인**

**前 (사)한국생화학분자생물학회 회장**

**現 (사)한국미생물 · 생명공학회 회장**

# Brief Contents

# 목차

## 제20장 단백질 합성: Ribosome • 916

1

# 분자생물학 서론

## 주제 개요

**1.1 지성적 토대**

1860년대에 수행된 두 연구는 분자생물학에 지적인 토대를 제공하였다.

**1.2 유전자형과 표현형**

하나의 유전자는 하나의 polypeptide를 합성하는데 필요한 유전정보를 함유한다.

**1.3 핵산**

핵산은 nucleotide로 이루어진 직선 사슬이다.

**1.4 DNA의 구조와 기능**

형질전환 실험은 DNA가 유전물질이라는 발견을 이끌었다.

여러 분석화학적 실험 역시 DNA가 유전물질이라는 가설을 지지하였다.

혼합기 실험은 세균 바이러스의 유전물질은 DNA라는 것을 증명하였다.

일부 바이러스의 유전물질은 RNA이다.

Rosalind Franklin과 Maurice Wilkins는 길게 뻗은 DNA 섬유의 X선 회절 사진을 얻었다.

James Watson과 Francis Crick은 DNA의 이중나선 구조를 제안하였다.

Central dogma는 분자생물학의 이론적 뼈대이다.

재조합 DNA 기술은 복잡한 생물체계의 연구를 가능하게 한다.

분자생물학에 대한 수많은 정보는 인터넷에서 얻을 수 있다.

**권장 도서**

**고전 논문**

분자생물학이란 용어는 1938년 당시 록펠러재단의 자연과학부장이던 Warren Weaver가 재단에 제출한 보고서에 처음으로 등장하였다. Weaver는 생물학의 근본적인 문제를 다루기 위해 물리학과 화학이 동원된 연구 접근 방법을 기술하려고 이 용어를 만들어 냈다. Weaver는 생물학적 과정을 분자수준에서 설명하고자 하는 연구계획에 재정적으로 지원하여 줄것을 록펠러재단에 제안하였다. 당대의 많은 학자들이 생명력은 무생물 세계를 지배하는 화학적 또는 물리학적 법칙에 의해서는 설명이 불가능하다고 믿고 있었던 점에 비추어볼 때 그의 제안은 놀랄 정도로 선견지명이 있었다. 실제로 일단의 물리학자들은 새로운 물리적 법칙을 찾겠다는 희망을 갖고 생물학 분야에 뛰어 들었다.

Weaver가 보고서를 낼 즈음의 생물학은 주요한 변화의 문턱에 있었다. 생화학과 유전학이란 두 새로운 학문 분야는 생물계에 대한 생물학자들의 사고방식을 변환시켰다. 생화학자들은 살아 있는 세포가 전혀 없는 세포추출물도 살아 있는 세포의 많은 기능을 수행할 수 있다는 것을 보임으로서 생명력설에 결정적 타격을 가하였다. 유전학자들은 유전현상의 기능적, 물리적 단위는 유전자라는 사실을 확립하였다. 그렇지만 유전정보가 어떻게 유전자에 저장되어 있는지, 유전자가 어떻게 복제되어 다음 세대에 전달되는지, 또는 유전자에 저장된 정보가 어떻게 눈의 색깔 같은 특정한 물리적 특성을 결정하는지에 대해서는 알지 못하였다.

생화학이나 유전학 단독으로는 이러한 문제를 해결할 수가 없었다. 실제로 유전현상의 여러 문제는 생화학, 생물리학, 화학, X선결정학, 발생생물학, 유전학, 면역학, 미생물학, 그리고 바이러스학 같은 생명과학 제분아의 전문가들을 망라한 학제간 노력에 의해 해명되었다. 이러한 학제간 노력의 결과 유전현상을 화학적 그리고 물리학적 용어로 설명하고자하는 분자생물학이라는 새로운 학문분야가 탄생하게 되었다.

## 1.1 지성적 토대

### 1860년대에 수행된 두 연구는 분자생물학에 지적인 토대를 제공하였다.

분자생물학의 가장 이른 지성적 근원은 1860년대의 두 학자의 연구로 거슬러 올라간다. 처음 75년 동안은 두 실험 사이에 명백한 연관이 없어 보였으나 연결고리가 만들어지면서 분자생물학이 탄생하였고 그 과학적 혁명은 오늘날까지 지속되고 있다.

#### Mendel의 세 유전 법칙

첫 번째 학자인 오스트리아의 수도승 겸 식물학자 Gregor Mendel의 업적은 모든 생물학도에게 친숙한 내용이라 여기서는 간단히 요약하기로 한다. Mendel은 완두콩의 간단한 물리적 특성이 한 세대에서 다음 세대로 전달되는 방법을 연구하여 3가지의 기본적인 유전 법칙을 발견하였다. 편의상 2개의 현대적 생물학 용어, 즉 유전의 단위인 **유전자(gene)**와 몇몇 연관된 유전자를 지닌 구조인 **염색체(chromosome)**를 사용하여 Mendel의 법칙을 기술하기로 한다.

1. **독립의 법칙(The law of independent assortment)** — 식물의 크기와 색깔 같은 특정한 물리적 특성은 서로 독립적으로 유전된다. 다행히도 Mendel은 서로 다른 염색체에 위치한 유전자에 의해 결정되는 물리적 특성들을 선택하여 실험하였다.
2. **분리의 법칙(The law of independent segregation)** — 특정 유전자는 **대립인자(allele)**라고 불리는 두 대체형으로 존재할 수 있다. 생물은 각 특성에 대해 각각의 어버이로부터 하나의 대립인자를 물려받는다. 두 대립인자는 같을 수도 있고 다를 수도 있는데 생식세포(정자 또는 난자)가 만들어질 때는 분리되었다가 생식 과정에서 합쳐지므로 각각의 양친은 매 자손에게 하나의 대립인자만을 전달하는 셈이다.
3. **우열의 법칙(The law of dominance)** — 각각의 물리적 특성에 있어 한 대립인자는 우성이며 이것이 지정하는 형질은 다음세대에서 3:1로 나타난다. 다른 하나의 대립인자는 열성이다. Mendel의 완두콩의 경우 큰 키는 우성이고 작은 키는 열성이다. 따라서 다음세대에서 큰 키의 개체수는 작은 키의 개체수의 세배가 된다. 오늘날 우리는 우열의 법칙에 예외가 존재한다는 알고 있다. 때때로 두 대립인자가 모두 우성이 아닌 경우가 있다. 예를 들어 빨간 꽃 유전자 하나와 하얀 꽃 유전자 하나 씩을 물려받은 어떤 식물은 분홍 꽃을 피우기도 한다.

불행하게도 Mendel이 살아 있는 동안에는 과학자들이 그의 업적의 중요성을 인지하지 못하였다. 1900년 과학자들이 Mendel의 법칙을 재발견하여 유전학의 탄생을 고하였을 때 까지 그의 업적은 가려져 있었다.

### Miescher와 DNA

두 번째 학자인 스위스의 내과의사 Friedrich Miescher는 지금은 물론 유전물질이라고 알려져 있는 DNA(deoxyribonucleic acid)의 발견에 이르게 한 실험을 수행하였다. Miescher는 유전물질을 발견하려고 한 것이 아니라 단지 감염된 상처를 감싸고 있다 버려진 붕대에 묻은 고름 분비물에서 백혈구 세포를 분리하여 세포의 핵을 연구하는 데 관심을 가지고 있었다. Miescher는 백혈구 세포를 단백질가수분해효소로 소화하고 용매로 추출하여 세포 성분을 여러 분획으로 나누었다. 이 중 **nuclein**이라고 명명한 한 분획은 이례적으로 인을 많이 함유하는 산성 물질을 함유하고 있었다. 그 후 Miescher는 현저하게 큰 핵을 가진 연어의 정자세포에서도 nuclein을 손쉽게 다량 분리하였다. Miescher의 제자인 Richard Altmann은 1889년에 nuclein을 두 성분 즉 단백질과 **핵산(nucleic acid)**이라고 명명한 인의 함량이 매우 높은 물질을 분리하는데 성공하였다. 초기의 학자들은 핵산의 높은 인함량 때문에 핵산은 세포내에서 인을 저장하는 장소일 것이라고 생각하였다.

## 1.2 유전자형과 표현형

### 하나의 유전자는 하나의 polypeptide를 합성하는데 필요한 유전 정보를 함유한다.

Mendel의 실험은 어떤 생물의 유전적 조성 즉 **유전자형(genotype)**은 그 생물의 물리적 특성 즉 **표현형(phenotype)**을 결정한다는 것을 보여 주었다. 그러나 그의 실험은 유전자가 어떻게 식물의 색깔 또는 크기 같은 복잡한 물리적 특성을 결정할 수 있는지는 보여주지 못하였다. 유전자형과 표현형의 관계를 처음으로 설명한 사람은 영국의 내과의사 Archibald Garrod이었다. Garrod은 알캅톤뇨증(alkaptonuria)을 연구하는 도중에 이 관계를 발견하였다. 알캅톤뇨증은 타이로신(tyrosine)의 분해산물인 호모젠티신산(homogentisic acid)이 환자의 체내에 축적되어 오줌의 색깔이 검게 변하는 희귀한 유전질병이다. 알캅톤뇨증은 호모젠티신산을 무색의 생성물로 전환하는 효소를 만들지 못하는 열성 유전자때문에 발생한다고 명확하게 Garrod은 제안하였다.

Garrod의 업적은 1940년대 초반까지 일반적으로 무시되었으나 미국의 유전학자인 George Beadle과 Edward Tatum이 유전자와 효소의 연관을 실험적으로 증명하고자하는 과정에서 재발견되었다. 그들은 만일 하나의 유전자가 실제로 하나의 효소를 지정한다면 특정한 효소반응을 수행할 수 없는 유전적 돌연변이를 유발하는 것도 가능해야 한다고 믿었다. 그래서 그들은 붉은빵곰팡이(*Neurospora crassa*)의 포자에 X선 또는 자외선을 쬐어 특정 영양요구성을 보이는 돌연변이주들을 다수 얻었다. 야생형 어버이와 달리 이들 돌연변이주는 배지에 특정한 아미노산이나 비타민을 공급해 주지 않으면 증식을 하지 못하였다. 야생형 어버이에게는 요구되지 않는 특정 성분을 필요로 하는 돌연변이주를 **영양요구주(auxotroph)**라고 부른다. 그들은 유전 분석을 통하여 각각의 영양요구주가 요구하는 아미노산 또는 비타민의 생합성 대사 경로의 특정 단계가 차단되었다는 것을 알게 되었다. 더욱이 영양요구주는 차단된 단계의 바로 전에 형성된 물질을 다량 축적하였다. 이렇게 하여 Beadle과 Tatum은 Garrod이 알캅톤뇨증에서 관찰한 것과 같은 유형의 상황을 붉은빵곰팡이에서 재연하게 된 것이다. 하나의 유전자가 결손되면 특정한 효소가 결손되어 그 대사 경로의 중간 산물이 비정상적으로 축적되는 것이다. 붉은빵곰팡이 돌연변이주를 재료로 사용한 연구의 결과로 Beadle과 Tatum은 하나의 유전자는 하나의 효소를 합성하는데 필요한 유전정보를 가지고 있다고 하는 1유전자-1효소설(one gene-one enzyme)을 제안하였다. 지금은 많은 효소가 두 종류 이상의 polypeptide로 이루어져 있고 단일 돌연변이는 하나의 polypeptide에만 영향을 준다는 것이 잘 알려져 있다. 그래서 원래의 1유전자-1효소설(one gene-one enzyme hypothesis)은 1유전자-1 폴리펩타이드설(one gene-one polypeptide hypothesis)로 수정되었다. 그러나 뒤에서 살펴보겠지만 1유전자-1폴리펩타이드설도 너무 단순화된 설명이다.

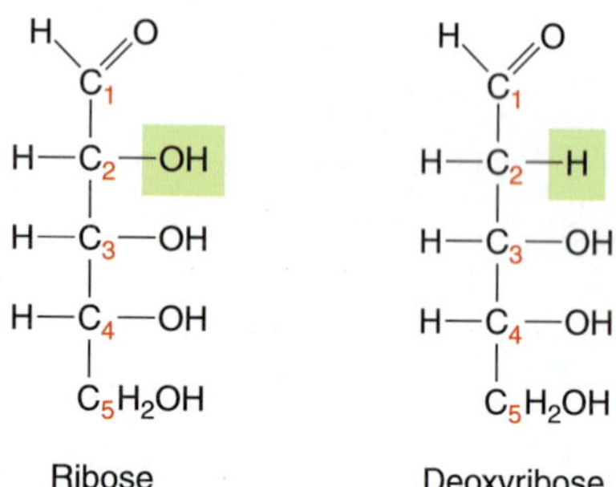


**그림 1.1 핵산에 존재하는 두 오탄당.** (a) Ribose와 (b) deoxyribose는 둘 다 5개의 탄소 원자와 하나의 aldehyde기를 가지고 있으므로 단순 당류인 aldopentose 계열에 속한다. 유일한 차이점은 ribose는 2번 탄소 위치에 수산기를 가지고 있고 deoxyribose는 2번 탄소 위치에 수소 원자를 가지고 있다는 것이다.

(a) Cyclization to form ribofuranose

Rotate about C3-C4 bond

(b) Cyclization to form deoxyribofuranose

Rotate about C3-C4 bond

(c) Furan

**그림 1.2 Ribose와 deoxyribose 사슬의 고리화.** (a) Ribose는 ribofuranose로 전환되고 (b) deoxyribose는 deoxyribofuranose로 전환된다. (c) 퓨란은 다섯 원자로 이루어진 고리 모양이다.

# 1.3 핵산

## 핵산은 nucleotide로 이루어진 직선 사슬이다.

핵산은 DNA(deoxyribonucleic acid)와 RNA(ribonucleic acid) 두 종류로 나누어진다는 사실을 알게 되었다. 처음에는 DNA는 동물에만 존재하고 RNA는 식물에만 존재한다고 생각하였으나 결국은 모든 생물계에서 두 종의 핵산을 검출할 수 있었다. DNA와 RNA의 주된 차이점은 DNA는 deoxyribose를 함유하고 RNA는 ribose를 함유한다는 것이다(**그림 1.1**).

이 두 오탄당은 오직 하나의 치환기에서만 다르다. Deoxyribose는 2번 탄소 위치에 수소 원자를 가지고 있지만 ribose는 같은 위치에 수산기를 가지고 있다. 관습적으로 오탄당의 aldehyde기는 1번 탄소, 그 다음 탄소는 2번 탄소, 그 다음은 3번 탄소 따위로 표시한다. 각각의 오탄당 사슬은 산소 원자 다리가 1번 탄소와 4번 탄소를 연결하는 오탄소 고리를 형성할 수 있다(**그림 1.2a, b**).

이 두 당의 고리들은 furan의 유도체이기기 때문에 이들을 **furanose**라고 한다(**그림 1.2c**). ribofuranose와 deoxyribofuranose는 흔히 Haworth 구조(이 표현 방법을 창안해낸 Walter N. Haworth의 이름에서 유래)로 그려진다. **그림 1.3**에서 보는 것처럼 Haworth 구조에서는 당의 고리를 지면에 수직인 납작한 고리로 나타내

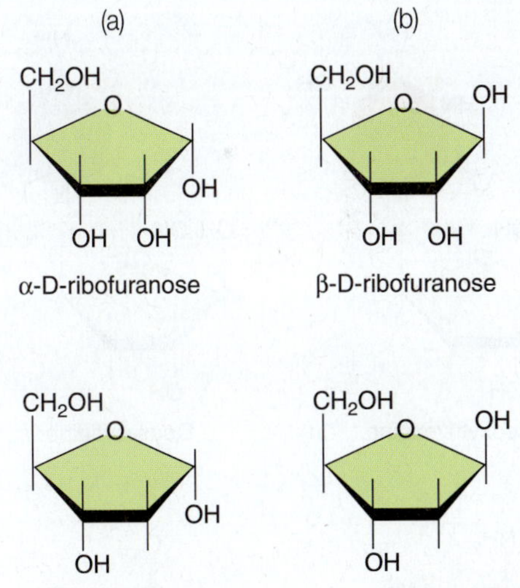


**그림 1.3** Ribofuranose와 deoxyribofuranose의 Haworth 구조. 당의 고리를 지면에 수직인 납작한 고리로 나타내며 고리에 있는 산소 원자는 뒤편에 그리고 1번 탄소는 오른쪽에 오게 한다. 당 고리에 부착한 수소원자는 짧은 선으로 나타낸다. 고리를 형성함으로서 1번 탄소는 2개의 서로 다른 광화학 배열을 할 수 있게 된다; 하나는 1번 탄소에 붙은 수산기가 아래를 향하고(a) 다른 하나는 1번 탄소의 수산기가 위를 향한다(b).

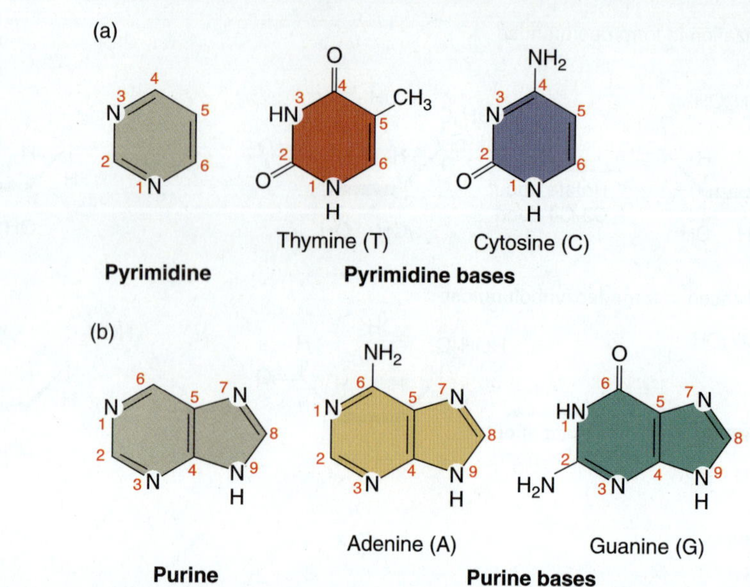


**그림 1.4** DNA의 pyrimidine과 purine 염기.

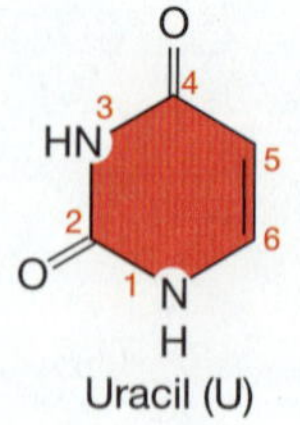


**그림 1.5** uracil(U).

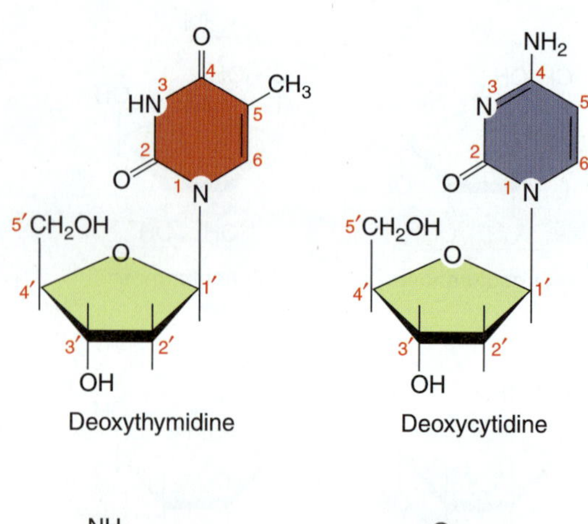


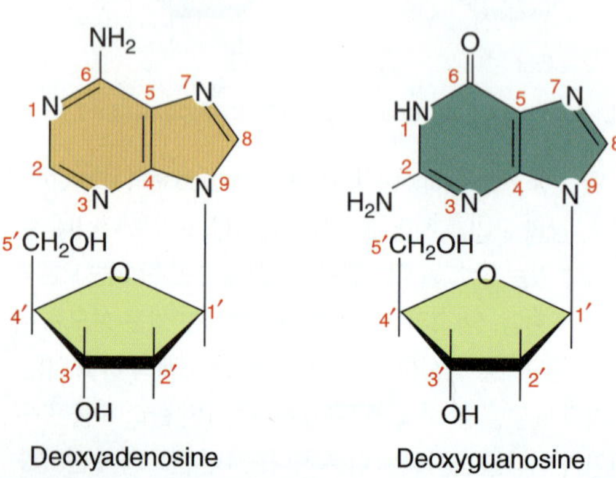


**그림 1.6** Deoxyribonucleoside.

며 고리에 있는 산소 원자는 뒤편에 그리고 1번 탄소는 오른쪽에 오게 한다. 고리의 두꺼운 아래 쪽 가장자리는 보는 사람을 향하고 위 쪽 가장자리는 지면의 뒤를 향하며, 치환기들은 고리 평면의 위 또는 아래를 향하고 있다. 짧은 선은 당 고리에 부착한 수소원자를 나타낸다. 고리를 형성함으로서 1번 탄소는 2개의 서로 다른 광화학 배열을 할 수 있게 된다. 한 배열은 α-anomer이성체로서 1번 탄소에 부착한 수산기가 고리 평면 아래 쪽에 오도록 그리고 다른 배열은 β-anomer이성체로서 1번 탄소에 부착한 수산기가 고리 평면 위쪽에 오도록 그린다. 4장에서는 ribofuranose와 deoxyribofuranose가 실제로는 평면 구조가 아니고 주름 잡힌 구조로 존재한다는 것을 배울 것이다. 그렇지만 Haworth 구조는 정확한 3차구조가 필요하지 않을 경우 당의 고리를 표현하는 편리한 수단으로 쓰인다.

## 1.4 DNA의 구조와 기능

핵산 화학의 초창기 선구자인 Phoebus A. Levene은 핵산은 4종류의 서로 다른 이형고리 구조를 함유한다는 것을 발견하였다. 이 고리 구조는 양성자 수용체로 작용할 수 있기 때문에 이제는 단순히 염기라고 불린다. 두 염기 **thymin(T)**과 **cytosine(C)**은 **pyrimidine**유도체이고(**그림 1.4a**), 두 염기 **adenine(A)**과 **guanine(G)**은 **purine** 유도체이다(**그림 1.4b**). RNA도 역시 cytosine, adenine, 그리고 guanine을 가지고 있으나 thymine을 대신하여 다른 pyrimidine인 **uracil(U)**을 함유한다(**그림 1.5**). Uracil과 thymine의 유일한 차이점은 thymine의 5번 탄소에 메틸기가 부착되어 있다는 것이다. Levene은 T, C, A, 그리고 G가 deoxyribose와 결합하여 deoxyribonucleoside라고 불리는 일단의 화합물을 형성하며(**그림 1.6**). U, C, A, G는 ribose와 결합하여 ribonucleoside라고 불리는 유사한 화합물을 형성한다는 것을 밝혔다(**그림 1.7**). 이들 nucleoside 화합물을 이루는 각 염기의 특정 질소 원자(pyrimidine은 1번 질소, purine은 9번 질소)는 furanose 고리의 1번 탄소에 결합되어 있으며 이 결합은 N-glycosidic 결합이라고 한다. 각각의 nucleoside에는 2개의 고리 가 있으므로(당과 이에 결합한 염기), 두 고리를 구별할 수 있는 방법이 필요하다. 이 문제는 오탄당의 탄소 원자 번호 뒤에 prime부호(′)를 붙여 해결한다. 따라서 오탄당의 첫 번째 탄소는 1′, 다음 탄소는 2′, 그 다음은 3′ 따위로 표시한다.

인산이 결합된 nucleoside를 nucleotide라고 한다. 즉, 인산이 ribonucleoside에 결합하면 ribonucleotide가 되고 인산이 deoxyribonucleoside에 결합하면 deoxyribonucleotide가 된다(**그림 1.8**). 인산이 결합한 오탄당 탄소원자의 번호는 nucleotide 이름의 일부로 부가된다. 즉, uridine-3′-일인산(3′-UMP)과 thymidine-3′-일인산(3′-dTMP)에서는 인산이 3′ 탄소원자에 결합되어 있고 uridine-5′-일인산

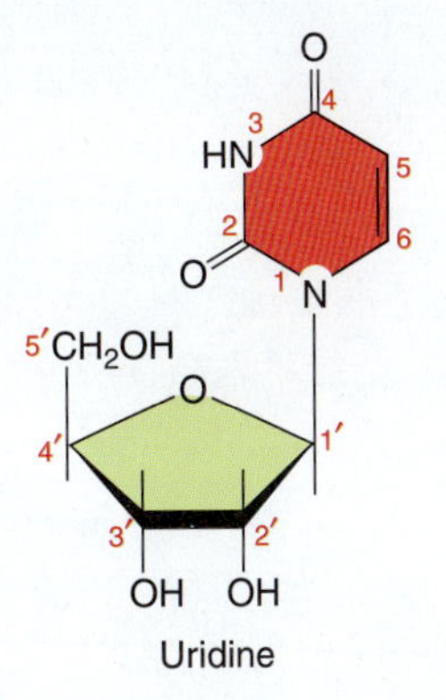

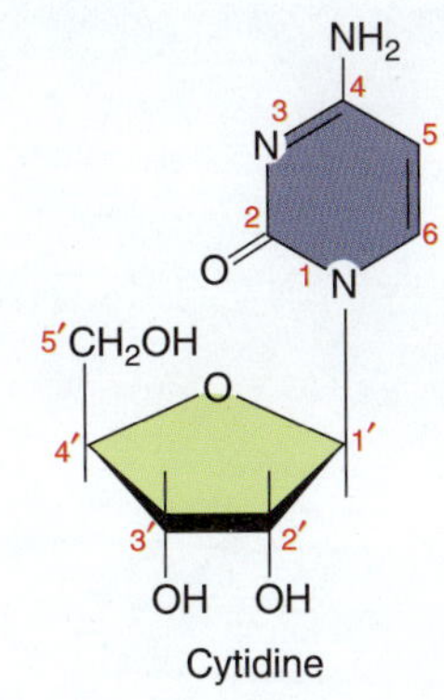

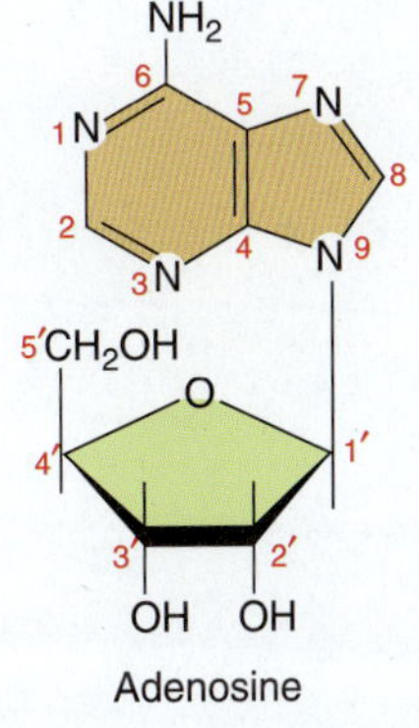

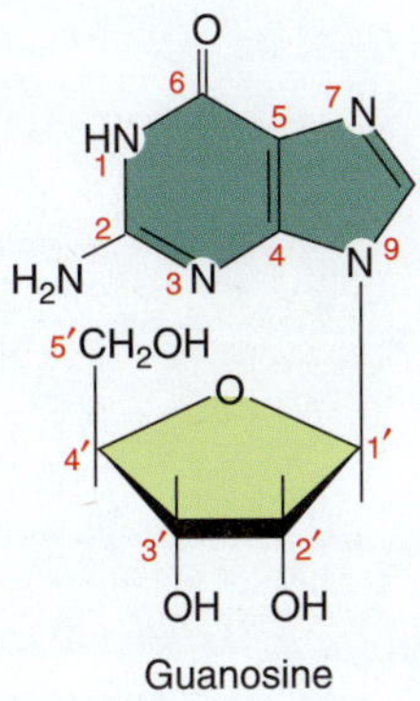


**그림 1.7** Ribonucleoside.

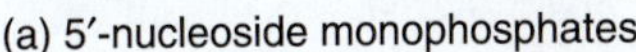


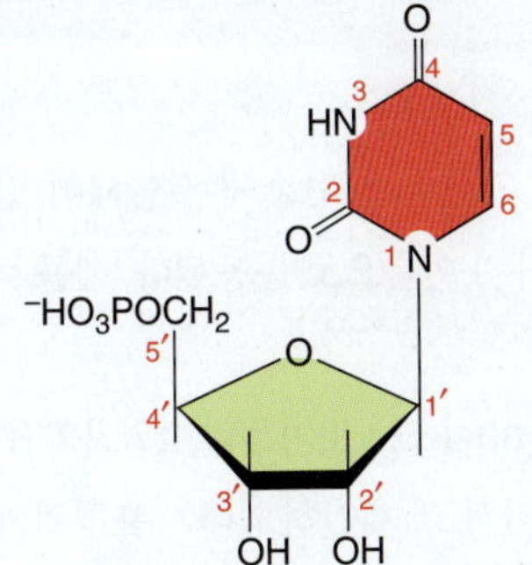

Uridine-5′-monophosphate (5′-UMP) or 5′-uridylate

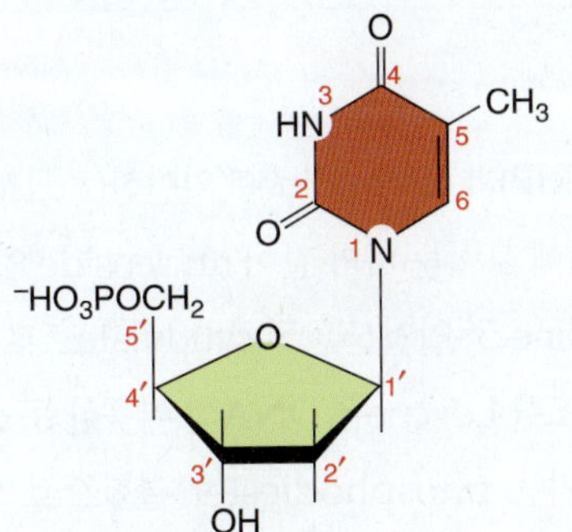

Thymidine-5′-monophosphate (5′-dTMP) or 5′-thymidylate

(b) 3′-nucleoside monophosphates

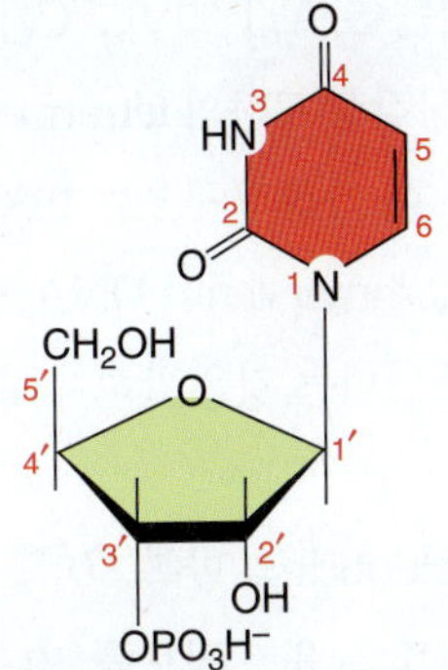

Uridine-3′-monophosphate (3′-UMP) or 3′-uridylate

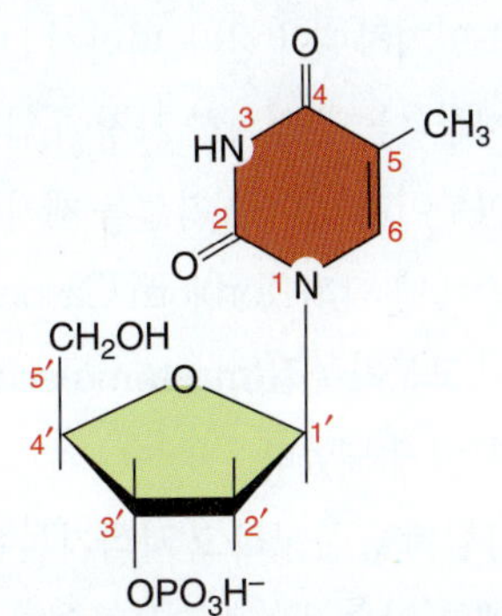

Thymidine-3′-monophosphate (3′-dTMP) or 3′-thymidylate

**그림 1.8 Nucleotide.** Nucleoside의 오탄당 고리에 인산이 결합되면 nucleotide가 형성된다. (a) Uridine 또는 thymine의 5′ 수산기에 인산이 결합하여 형성된 nucleotide. (b) Uridine 또는 thymine의 3′ 수산기에 인산이 결합하여 형성된 nucleotide.

| 표 1.1 | 염기, nucleoside, 그리고 nucleotide | | |
|---|---|---|---|
| 염기 | 당 | nucleoside | 5′-nucleotide |
| Uracil(U) | Ribose | Uridine | Uridine-5′-일인산 또는 5′-uridylate (5′-UMP) |
| Cytosine(C) | Ribose | Cytidine | Cytidine-5′-일인산 또는 5′-cytidylate(5′-CMP) |
| Adenine(A) | Ribose | Adenosine | Adenosine-5′-일인산 또는 5′-adenylate (5′-AMP) |
| Guanine(G) | Ribose | Guanosine | Guanosine-5′-일인산 또는 5′-guanylate (5′-GMP) |
| Thymine(T) | Deoxyribose | Deoxythymidine[1] | Deoxythymidine-5′-일인산 또는 5′-deoxythymidylate(5′-dTMP) |
| Cytosine(C) | Deoxyribose | Deoxycytidine | Deoxycytidine-5′-일인산 또는 5′-deoxycytidylate(5′-dCMP) |
| Adenine(A) | Deoxyribose | Deoxyadenosine | Deoxyadenosine-5′-일인산 또는 5′-deoxyadenylate(5′-dAMP) |
| Guanine(G) | Deoxyribose | Deoxyguanosine | Deoxyguanosine-5′-일인산 또는 5′-deoxyguanylate(5′-dGMP) |

[1]Deoxythymidine과 deoxythymidine-5′-일인산은 각각 thymidine과 thymidine-5′-일인산이라고도 불린다. thymine이 ribose에 결합된 nucleoside와 nucleotide는 각각 ribothymidine과 ribothymidylate라고 부른다. 이러한 명명 관례는 thymine은 주로 deoxyribose에 결합되어 있다는 사실에 기인한다.

(5′-UMP)과 thymidine-5′일인산(5′dTMP)에서는 인산이 5′ 탄소에 결합되어 있다. **표 1.1**에 보이는 바와 같이 nucleoside 일인산은 2가지 이름으로 통용된다. 예를 들어 cytidine-5′-일인산은 5′-cytidylate으로도 불린다.

또한 Levene은 DNA의 이웃한 두 deoxyribonucleoside의 5′탄소원자와 3′ 탄소원자는 phosphodiester 결합으로 연결되어 있다고 제안하였다. 불행하게도 Levene은 핵산화학 분야에 대단히 중요한 공헌을 하였음에도 불구하고 틀리게 판명된 가설을 제시한 인물로 더 많이 기억되고 있다. Levene이 가설을 제시할 무렵의 상황을 제대로 이해하려면 당시 그가 사용할 수 있었던 분석 기술이 매우 빈약하였다는 사실을 인지하여야 한다. 따라서 Levene은 DNA에는 G, A, T, 그리고 C가 같은 농도로 존재한다는 부정확한 가정에 입각하여 DNA는 사각형 모양의 tetranucleotide 구조로 이루어져 있다는 가설을 제시하였다(**그림 1.9**). 이 가상적 구조는 1930년대에 이르러 스웨덴 학자 Torbjorn Caspersson과 Einar Hammersten이 DNA는 분자량이 매우 커 **고분자물질(macromolecule)**로 존재하여만 한다는 것을 밝히자 더 이상 지지받을 수 없게 되었다.

그럼에도 불구하고 과학자들은 DNA가 4 nucleotide의 반복 서열을 함유한다는 견해를 지속적으로 수용하였다. 그들은 DNA가 많은 유전 정보를 지니기에는 부적합한 반복적이고 단조로운 서열로 구성되었다고 잘못 생각하여 DNA 이외의 다른 물질 중에서 유전 정보를 간직한 물질을 탐색하게 되었다. 유전물질 후보로는 단백질이 DNA보다 훨씬 더 좋아 보였다. 20세기 초반에는 단백질의 구조에 대해 알려진 사실은 거의 없었지만 많은 종류의 다양한 단백질이 존재한다는 것은 알려져

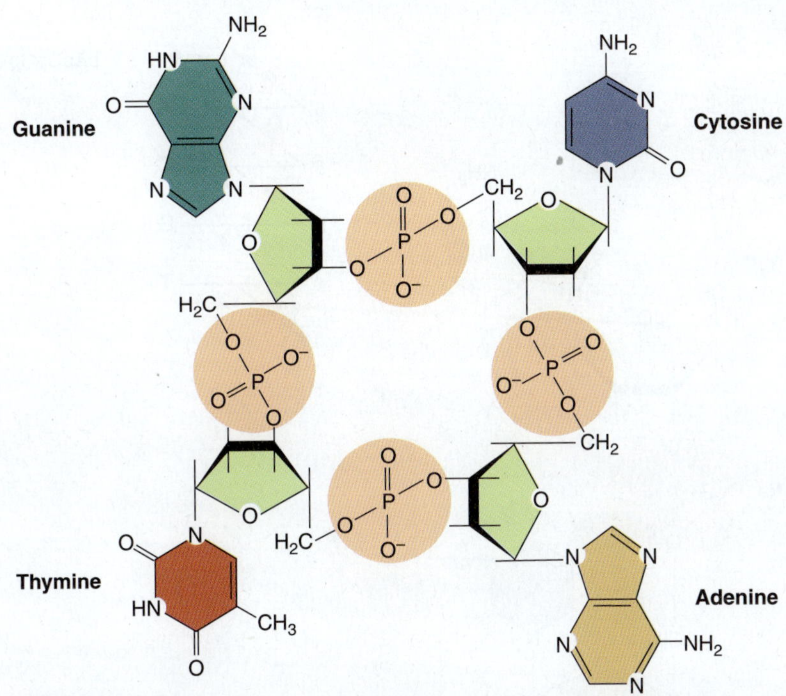


**그림 1.9 Levene이 제안한 tetranucleotide의 구조.** 이 구조는 nucleotide 사이의 결합은 옳지만 폐쇄된 구조를 보이고 있다(직선 모양이 아니고 고리 모양). 비록 틀린 것으로 판명되었지만 Levene의 제안은 핵산 화학 분야에 다년간 두드러진 영향을 미쳤다. 출처: Klug, W. S., and Cummings, R. M. *Concepts of Genetics, 2/e*. Merrill Publishing Company, 1986.

있었다. 게다가 단백질은 DNA와 더불어 핵 안에 존재하며 유전자를 지니고 있다고 증명된 염색체의 구성성분이라는 것도 알려져 있었다. 일단 DNA가 "벙어리" 분자처럼 보였기 때문에 DNA를 유전 물질 후보에서 제외시킨 과학자들은 단백질에 초점을 맞추기 시작하였다.

1952년에 이르러 영국의 저명한 유기화학자 Alexander Robertus Todd경과 그의 동료들은 DNA를 이루는 여러 원자단이 어떤 방식으로 연결되어 있는가를 밝혀내었다. 즉 DNA의 원자단들은 이웃한 두 deoxyribonucleoside의 5′ 탄소원자와 3′ 탄소원자가 인산기에 의해 연결되는 길고 분지되지 않은 중합체를 형성한다는 것을 밝혔다(**그림 1.10a**). 따라서 *직선상 DNA 사슬은 각각 하나의 3′ 말단과 5′ 말단을 갖는다.* 이러한 방향성은 나중에 DNA의 구조와 기능을 탐색하는데 대단히 중요하게 작용한다. RNA의 구조도 DNA의 구조와 매우 유사하다(**그림 1.11a**).

핵산이 nucleotide의 기다란 사슬이라는 것이 발견되고 3년이 지난 후, 영국의 Frederick Sanger는 polypeptide 분자는 여러 아미노산이 특정한 순서로 배열된 직쇄상 중합체라는 것을 밝혔다. 아미노산의 배열순서는 특정 반응을 촉진하며, 외래 생물이나 외래 물질로부터 세포를 보호하며, 물질을 수송하며, 또는 세포의 구조를 지지하는 따위의 단백질의 고유한 물리적 그리고 화학적 특성을 결정하는 요인으로 작용한다. DNA 분자는 nucleotide의 직쇄로 이루어져 있고 polypeptide는 아미노

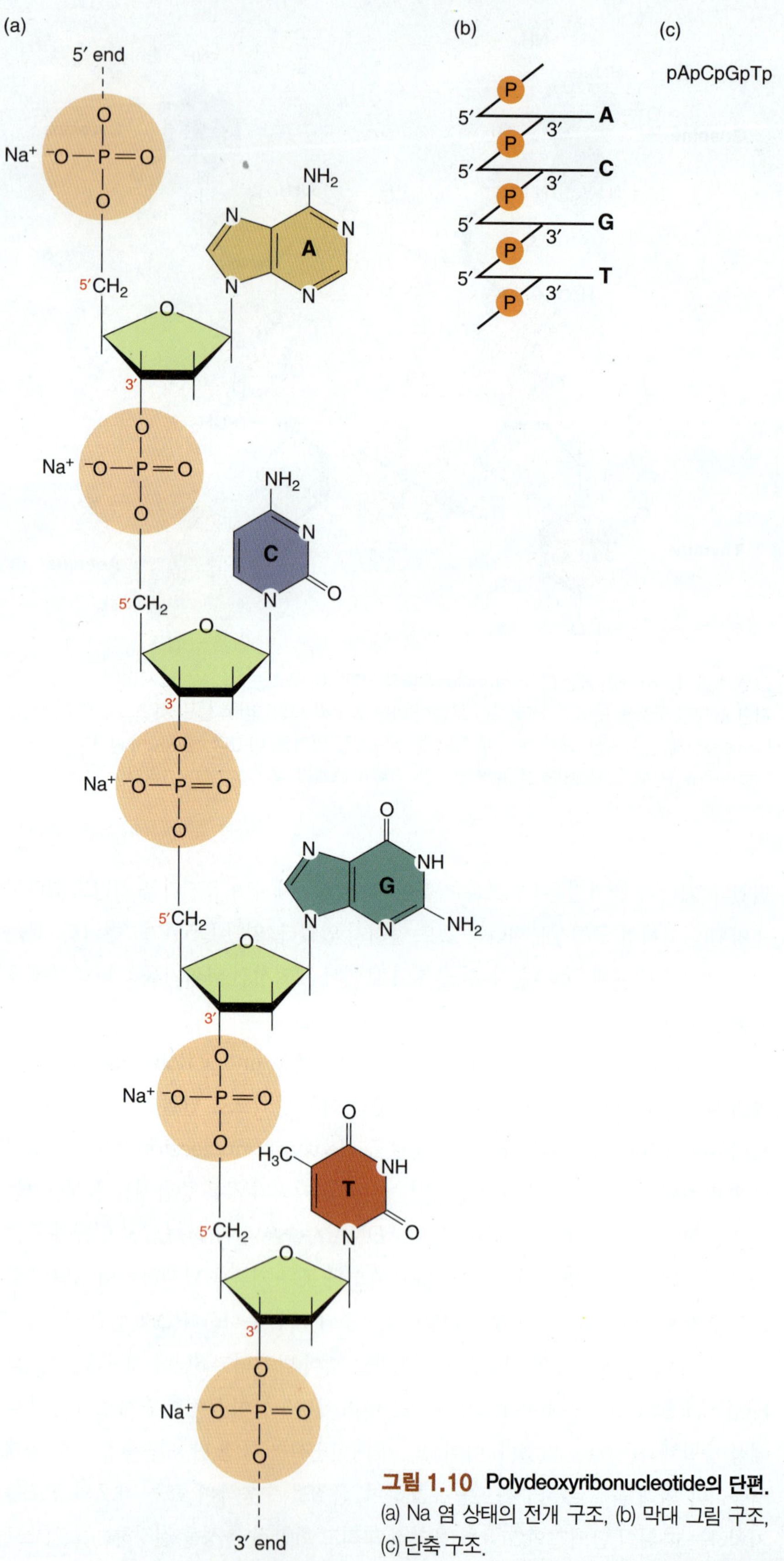


**그림 1.10** **Polydeoxyribonucleotide의 단편.** (a) Na 염 상태의 전개 구조, (b) 막대 그림 구조, (c) 단축 구조.

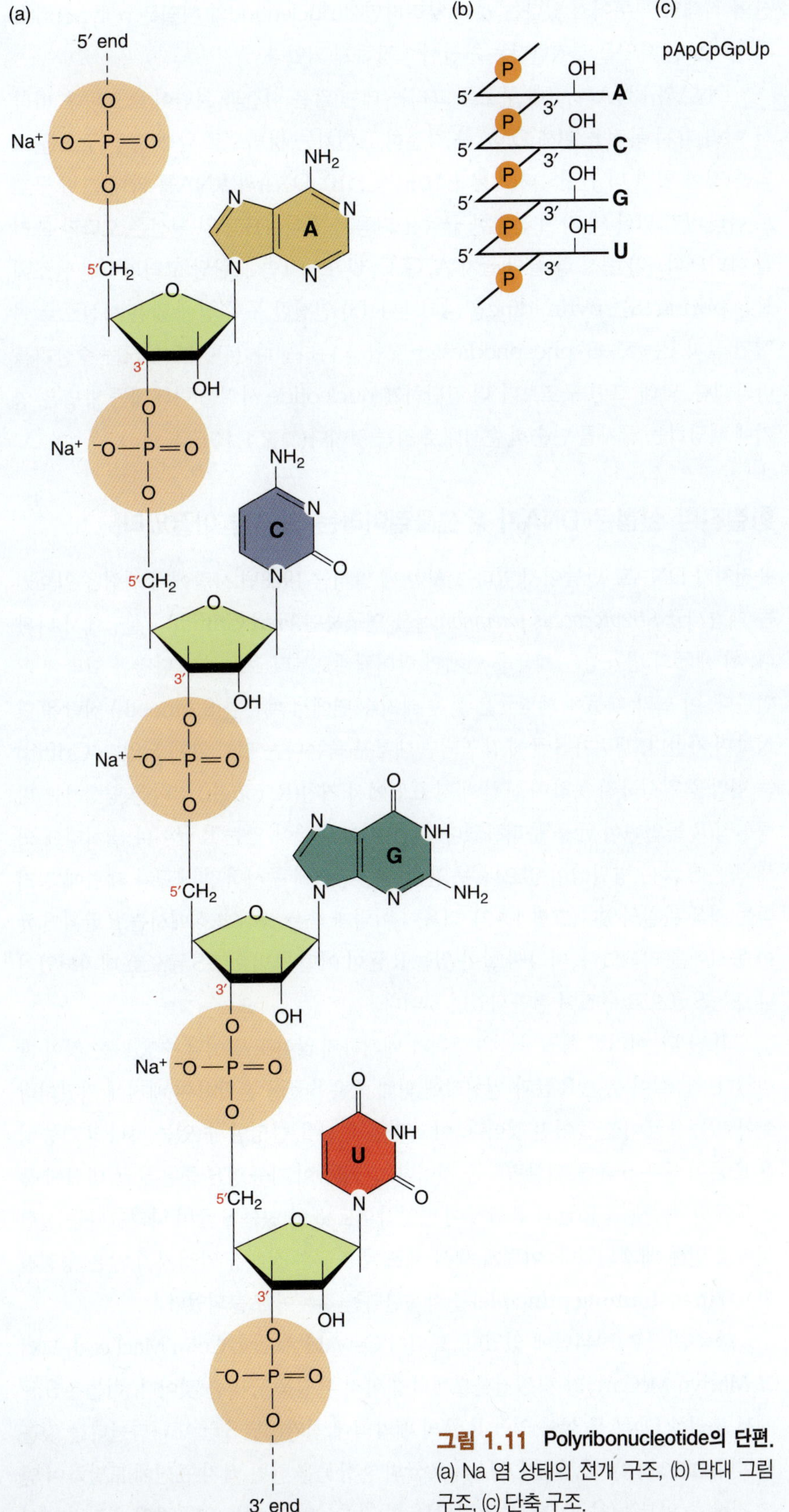


**그림 1.11 Polyribonucleotide의 단편.** (a) Na 염 상태의 전개 구조, (b) 막대 그림 구조, (c) 단축 구조.

산의 직쇄로 이루어져 있다는 것이 알려지면서 nucleotide의 서열은 polypeptide의 아미노산 서열을 결정한다는 가설이 등장하게 되었다.

DNA와 RNA의 전개 구조를 그리는 데는 많은 시간과 지면이 소요된다. 따라서 여러 가지 목적을 위해 DNA를 적절히 표현하는 방법으로 막대 그림 구조를 그리는 것이 훨씬 더 간편하다(**그림 1.10b**, **1.11b**). DNA와 RNA를 막대 그림 구조로 나타내기 위한 몇 가지 간단한 규약은 다음과 같다: (1) 단일 횡선은 오탄당 고리를 나타낸다. (2) 횡선 한 끝의 글자 A, G, C, U 또는 T는 오탄당 고리의 1′번 탄소에 붙은 purine 또는 pyrimidine을 나타낸다. (3) 인접한 두 횡선에 짧은 사선으로 연결된 글자 P는 5′→3' phosphodiester 결합을 나타낸다. (4) 기호 OH는 수산기를 나타낸다. 막대 그림 구조보다 더 간단하게 nucleotide 서열을 나타내는 방법은 염기에 해당하는 글자를 단순히 순서대로 적는 것이다(**그림 1.10c**, **1.11c**).

## 형질전환 실험은 DNA가 유전물질이라는 발견을 이끌었다.

유전자가 DNA로 만들어져 있다는 첫 번째 암시는 1928년 사람에게 폐렴을 일으키는 폐렴세균 *Streptococcus pneumoniae*를 연구하던 Fred Griffith의 실험에서 나왔다. 이 세균의 병독성은 세균을 인체의 방어체계로부터 보호하는 다당류 협막에 기인한다. 이 협막 때문에 폐렴균은 한천 배지 표면에서 매끈한(S, smooth) 집락을 형성하며 자란다. 생쥐가 S 균에 감염되면 대부분 죽는다는 것도 알게 되었다. Griffith는 협막을 형성하지 못하여 한천 배지 표면에서 거친(R, rough) 집락을 형성하는 비병원성 R 돌연변이 균을 분리하였다. 그는 이어서 살아 있는 R 균이나 열처리에 의해 죽은 S 균은 병원성이 없으나 두 혼합물을 생쥐에 주사하면 생쥐가 폐렴에 걸려 죽는 것을 관찰하였다(**그림 1.12**). 더욱이 이렇게 죽은 생쥐 조직에서는 R 균과 S 균이 동시에 분리되었다. 따라서 살아 있는 R 균이 어떤 방법으로 S 균으로 대치되었거나 또는 S 균으로 형질이 전환되었던 것이다.

몇 년 뒤, 이러한 형질전환은 생쥐가 매개하지 않아도 일어날 수 있다는 것이 밝혀졌다. 즉, 살아 있는 R 균과 열처리에 의해 죽은 S 균을 혼합하여 배지에 키웠더니 살아 있는 S 균이 만들어진 것이다. 이 놀라운 현상을 설명할 수 있는 하나의 가능성은 R 균이 죽은 S 균을 되살렸다는 것이다. 그러나 이 가능성은 죽은 S 균 대신에 죽은 S 균의 추출물을 R 균과 혼합하여 배양하여도 살아 있는 S 균이 나타났다는 실험 결과로 인해 배제되었다. 이렇게 해서 세포 추출물은 정체가 알려지지 않은 **형질전환요체(transforming principle)**를 함유한다는 결론이 도출되었다.

다음 진전은 1944년에 있었다. 드디어 Oswald Avery, Colin MacLeod, 그리고 Maclyn McCarty가 형질전환요체의 화학적 본질을 규명한 것이다. 이들은 S 균에서 분리한 DNA를 살아 있는 R 균의 배양액에 첨가하면 S 균이 나타난다는 것을 밝혔다(**그림 1.13**). 즉, S 균 DNA와 R 균의 혼합물을 한천 배지 표면에 도말하여 얻은 집락 중 일부는(약 10,000개당 하나) S 형 집락이었다. 이는 영구적인 유전적 변이였다는 것을 증명하려고 Avery와 그의 동료들은 R 균이 형질전환되어 생성된 S 집

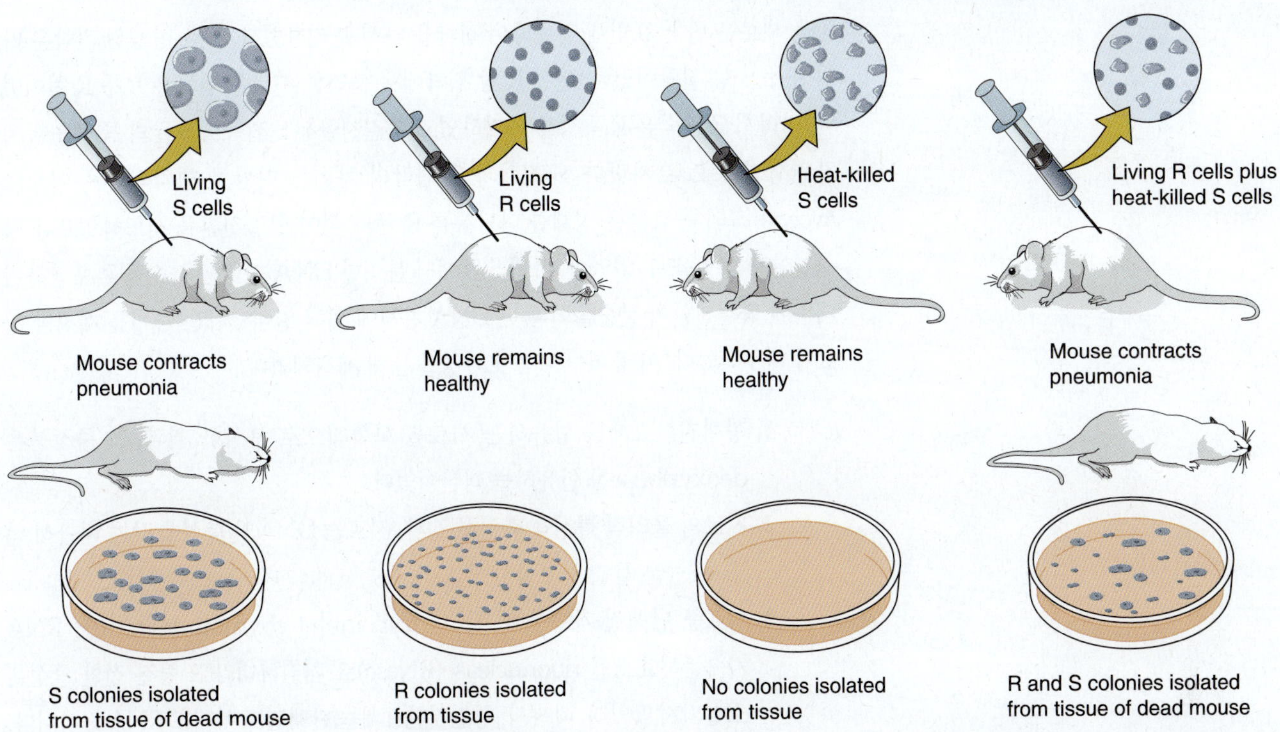


**그림 1.12 세균의 형질전환을 증명한 Griffith의 실험.** *Streptococcus pneumoniae*의 병원성 S(smooth) 균주를 생쥐에 주사하면 폐렴에 걸려 죽는다. 그러나, 비병원성 R(rough) 균주 또는 열처리에 의해 죽은 S 균주를 생쥐에 주사하면 건강하게 살아남는다. R 세포에 열처리에 의해 죽은 S 세포를 섞어 생쥐에 주사하면 R 세포가 S 세포로 형질전환되어 생쥐가 죽는다.

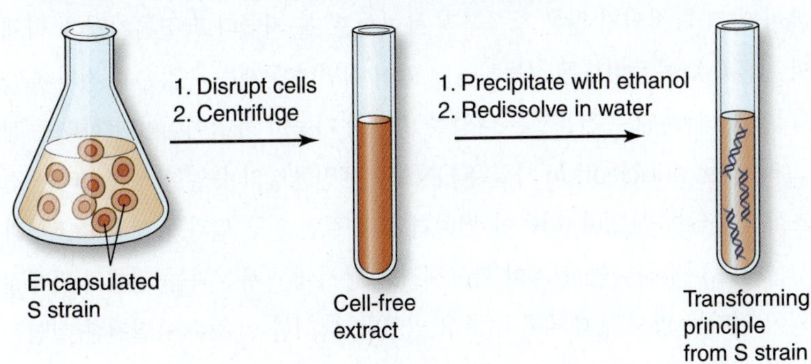


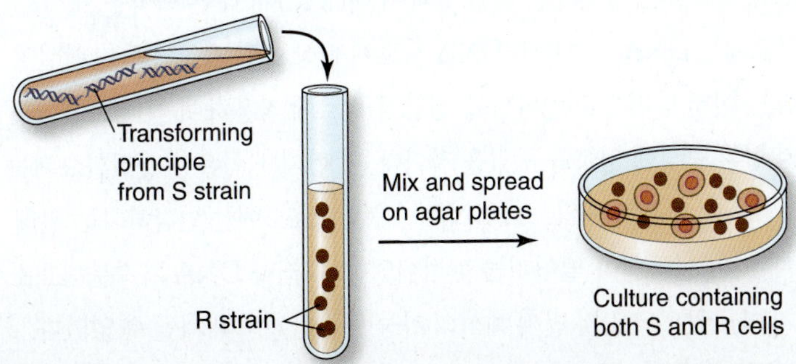


**그림 1.13** Avery, MacLeod, 그리고 McCarty의 형질전환 실험.

락을 새로운 한천 표면에 접종하여 집락을 다시 분리하였다. 새로 형성된 집락은 다시 모두 S 형 집락이었다. 한편 R 형 집락에서 분리한 새로운 집락은 모두 R 형이었다. 따라서 R 집락은 R 특성을 유지하였고 형질전환된 S 집락도 S 균의 특성을 유지하면서 순종으로 자랐다. S 집락과 R 집락의 차이는 다당류 협막의 유무이므로 Avery와 그의 동료들은 정제한 다당류를 R 균과 섞어 형질전환을 시도하였으나 형질전환체를 얻을 수 없었다. 한편 S 균에서 분리한 DNA는 많은 불순물을 포함하기 때문에 형질전환이 불순물이 아닌 DNA 자체에 의해 일어났다는 증거를 제시할 필요가 대두되었다. 이 증거는 다음 4 과정을 통해 제시되었다.

1. 형질전환요체를 함유하는 시료를 화학적으로 분석한 결과, 그 주성분은 deoxyribose를 함유하는 핵산이었다.
2. 시료의 물리적 특성을 측정한 결과, 시료는 DNA의 특성을 갖는 대단히 점도가  높은 물질을 포함하였다.
3. 시료를 단백질 가수분해 효소인 trypsin이나 chymotrypsin, 또는 RNA 가수분해효소인 ribonuclease(RNase)로 처리하더라도 형질 전환 활성은 소실되지 않았다. 따라서, 형질전환요체는 단백질도 아니고 RNA도 아니다.
4. 시료를 DNA 가수분해효소인 deoxyribonuclease(DNase)로 처리하면 형질전환요체의 활성이 없어졌다.

Avery, MacLeod, 그리고 McCarty는 그들의 실험결과로부터 결론을 도출함에 있어서 DNA가 바로 유전물질이라고 명시하는 것을 피했다. 그 대신 핵산은 "화학적 기본이 아직 확정되지 않은 생물학적 특이성분"을 지녔다고 결론지었다. 학계가 그들의 결론을 받아들이도록 설득하는데 있어 직면한 문제는 수많은 유전자에 간직된 정보를 함유하려면 유전물질은 다양한 변형이 가능한 물질이어야만 한다는 점이었다. 그러나 tetranucleotide 가설은 DNA가 유전물질의 유일한 성분이라는 견해와는 조화되지 않아 보였다. 더욱이 40여년 간에 걸친 연구 결과 단백질의 조성과 구조는 생물마다 다양하다는 인식이 확고해졌던 당시에는 유전자는 염색체 단백질로 구성되어 있다는 합의가 대세를 이루고 있었다. 이러한 이유로 형질전환 실험은 초기에는 거의 영향력을 발휘하지 못하였다. 유전자가 단백질로 되어 있다는 가설을 지지하였던 학자들은 형질전환 실험 결과에 대해 2가지 다른 해석을 제시하였다. (1) 형질전환요체는 DNA가 아니고 DNA 시료에 항상 소량 공존하는 단백질일 것이다. (2) DNA는 어떤 방법으로든 다당류 생합성 경로에 작용하여 이 경로를 영구적으로 변화시켜 협막 형성에 영향을 주었을 것이다. 첫 번째 해석은 형질전환요체는 단백질 가수분해효소에 민감하지 않으나 DNA 가수분해효소에는 민감하다는 원래 실험 결과에 의해 이미 설득력이 떨어지는 해석이었다. 그러나 DNA 가수분해효소가 순수한 효소가 아니었으므로 첫 번째 해석의 가능성은 완전히 배제될 수 없었다.

5년 후 Rolin Hotchkiss는 단백질 함량이 오직 0.02%인 DNA 시료를 사용하여 형질전환 실험을 반복하였다. 이러한 극심한 정제에도 불구하고 형질전환 활성은 감소하지 않았다. 이 결과는 Avery와 그의 동료들의 견해를 지지하였지만 증명한 것은 아니었다. 그러나 두 번째 해석은 DNA를 사용하여 페니실린 민감성 균주를 페니실린 저항성 균주로 형질전환 시킨 Hotchkiss의 실험에 의해 극명하게 배제되었다. 페니실린 저항성은 세균 협막의 특성과는 완전히 구별되므로 이 실험은 DNA의 형질전환 능력이 협막 합성에 국한된 것이 아니라는 것을 보여주었던 것이다. 흥미롭게도 대부분의 생물학자들은 여전히 DNA가 유전물질이라는 사실을 확신하지 못하였으나, 1950년 Erwin Chargaff가 DNA의 구조는 화학적으로 매우 다양하여 생물학적 특이성을 나타낼 수 있다는 것을 보이자 이 사실을 받아들이게 되었다.

## 여러 분석화학적 실험 역시 DNA가 유전물질이라는 가설을 지지하였다.

DNA의 tetranucleotide 가설은 DNA가 같은 농도의 adenine, thymine, guanine, 그리고 cytosine을 함유한다는 믿음에서 유래하였다. 이 부정확한 결론이 나온 것은 2가지 이유 때문이다. 첫째, DNA 염기를 화학적으로 분석하기 위하여 사용된 염기 분리 기술이 열악하여 정량 분석 결과가 부정확하였다. 둘째, 분석에 이용된 대부분의 DNA 시료는 4가지 염기가 실제로 거의 비슷한 농도로 존재하는 동물, 식물, 효모, 또는 대장균으로부터 분리한 것이었다. 새로운 분석 기술을 사용하여 다양한 종류의 생물로부터 분리한 DNA의 염기 조성을 조사한 Chargaff는 생물마다 DNA의 염기 조성이 다양하다는 것을 밝힐 수 있었다. 특정 생물에서 분리한 DNA의 염기 조성은 전체 염기량에 대한 G•C 짝의 분수로 표시한다. G+C 함량이라고 불리는 이 분수는 아래와 같이 표현될 수 있다:

G + C 함량 = ([G] + [C])/[모든 염기]

여기서 ([ ])는 mole 농도를 나타냄

Chargaff의 연구는 DNA 염기 조성에 관한 또 다른 중대한 사실을 보여주었다. 그는 adenine의 농도는 thymine의 농도와 같고 guanine의 농도는 cytosine의 농도와 같다는 것을 발견하였다. Chargaff의 규칙이라고 불리는 이 등가성의 의미는 곧바로 명백하게 인식되지는 않았지만 나중에 DNA 분자의 구조를 확인하는데 중대한 도움을 주었다.

수많은 생물의 DNA 염기 조성이 결정되었다. 고등 생물의 경우 일반적으로 G+C 함량은 거의 0.5이고 생물에 따른 함량의 범위는 매우 좁다(영장류의 경우 0.49–0.51). 하등생물의 G+C 함량은 종에 따라 매우 다양하다. 예를 들어 *Clostridium* 속의 세균은 G+C 함량이 0.27이고 *Sarcina* 속의 세균은 0.76이다; 대장균의 G+C 함량 값은 0.5이다. 이렇게 하여 DNA는 유전물질이 되기 위한 일차적으로 요구되는 특성인 다양한 조성을 갖는다는 것이 증명되었다. Chargaff의 결과가 발표되자 tetranucleotide 가설은 조용히 자취를 감추었으며 DNA가 유전물질이라는 견해가 채택되기 시작하였다. 그 후 얼마 안 있어 다른 연구자들은 다양한 생물에서 체세포의 DNA 함량은 생식세포 DNA 함량의 2배라는 사실을 발견하였다. 이는 고전 염색체 유전학의 신조에 들어 맞는 유전물질의 특성과 부합한다. 물론 이 사실은 염색체의 어떤 성분에 대해서도 적용될 수 있지만 이 결과가 발표되자 Avery, MacLeod, 그리고 McCarty의 연구에 대한 반대 목소리는 더 이상 들리지 않게 되었고 그 대신 DNA가 유전물질의 본질이라는 견해가 재빠르게 유행의 물결을 타게 되었다.

## 혼합기 실험은 세균 바이러스의 유전물질은 DNA라는 것을 증명하였다.

1952년 대장균에 증식하는 바이러스를 연구하던 Alfred Hershey와 Martha Chase는 DNA가 유전물질이라는 것을 멋들어지게 확인해 주는 실험을 수행하였다. 세균 바이러스는 **bacteriophage** 또는 줄여서 **phage**라고 부른다(bacteriophage와 여타 바이러스에 대한 더 많은 정보를 얻으려면 8장을 참조하시오). 주방용 혼합기가 주된 실험기기로 사용되어 혼합기 실험이라고 알려진 이들의 실험은 bacteriophage T2 입자에 의해 대장균에 주입된 DNA는 자손 phage 입자들을 합성하는데 필요한 모든 정보를 함유한다는 것을 증명하였다. 하나의 T2 phage 입자는 DNA(이제는 단일 분자로 알려져 있음)와 이를 둘러싼 단백질 껍질, 그리고 민감성 세균의 표면에 부착하는데 필요한 긴 단백질 꼬리로 이루어져 있다(**그림 1.14**). Hershey와 Chase는 바이러스에 감염된 세포를 주방용 혼합기 안에서 격렬하게 흔들어주면 세균에 부착한 phage가 떨어져 나온다는 것을 발견하였다. 이렇게 하여 세균에 부착한 phage를 분리할 수 있었으며 교반에 의해 떨어져 나올 수 없는 phage의 성분을 측정할 수 있었다; 아마도 이 성분은 이미 세균 안으로 주입되었을 것이다.

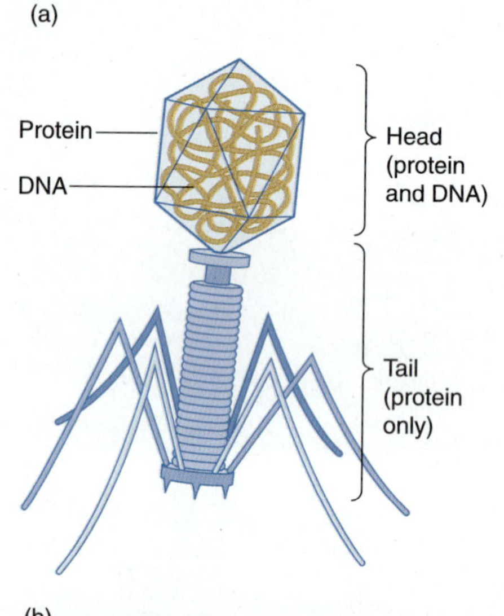


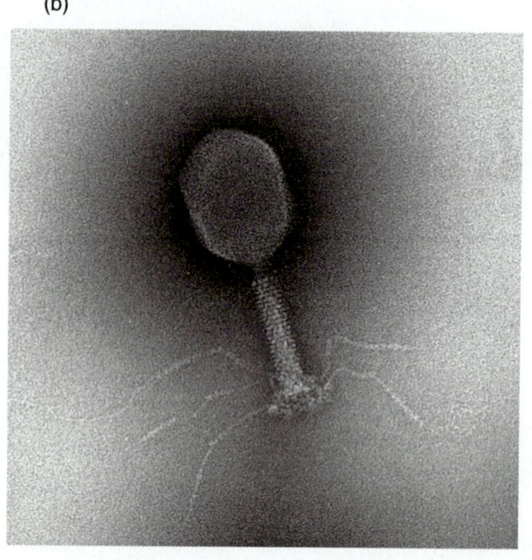


**그림 1.14 Bacteriophage T2.** (a) 다양한 구성 요소를 보여주는 대장균 phage T2의 도해. 머리 부위의 내부에 존재하는 DNA는 $^{32}$p로 표지할 수 있는 유일한 성분이다. 단백질을 구성하는 아미노산인 methionine과 cysteine은 $^{35}$S로 표지할 수 있다. (b) T2와 유연관계가 가까운 T4 phage의 전자현미경 사진. [전자현미경 사진은 피츠버그 대학의 Robert Duda로부터 승인을 받아 전재한 것임]

phage 입자 중에서 인을 함유하는 유일한 성분은 DNA이며 황을 함유하는 유일한 성분은 바이러스 껍질의 단백질을 구성하는 아미노산인 methionine과 cysteine이다. 유일한 인의 공급원으로 $^{32}$P 인산염을 포함한 배지에서 T2 phage를 대장균에 감염시키면 방사성 DNA를 함유하는 T2 phage가 만들어진다. 마찬가지로 만일 배지에 방사성 $^{35}$S 황산염이 포함되어 있으면 방사성 단백질을 함유하는 T2 phage가 얻어진다. 두 종류로 표지된 phage를 대장균 숙주에 감염시켜 어디서 어떤 방사능이 검출되는가를 확인하면 phage DNA와 단백질이 어느 장소에 위치하는가를 알아낼 수 있다. Hershey와 Chase는 이 phage들을 이용하여 숙주와 어우러져 남는 것은 $^{35}$S가 아니고 $^{32}$P라는 것을 밝혔다.

이들은 $^{35}$S로 표지된 phage를 대장균에 수 분 동안 부착시켰다. 이 혼합물을 원심분리하여 phage와 대장균 복합체로 이루어진 침전물을 회수함으로서 대장균을 미부착 phage로부터 분리하였다. 이 phage-대장균 복합체를 수용액에 현탁하여 세게 교반한 다음 다시 원심분리하여 거의 대장균으로만 이루어진 침전물을 회수하였다. 방사성 $^{35}$S의 80%는 상층액에서 검출되었고 20%는 침전물에서 검출되었다. 여러 해가 지난 후, 대장균에 잔류한 20%의 $^{35}$S는 대장균 표면에 너무 단단하게 부착하여 강한 교반으로도 제거할 수 없었던 phage의 꼬리 파편에서 유래하였다는 것이 밝혀졌다. 방사성 인산으로 표지된 phage를 사용한 혼합기 실험에서는 전혀 다른 결과가 관찰되었다. 이 경우, 교반 후 $^{32}$P의 70%는 대장균에 잔류하였고 오직 30% 만이 상층액에서 검출되었다. 상층액 방사능의 대략 3분의 1은 교반 도중에 파괴된 세균에서 유출된 것이라 간주되었다(수년 후 나머지 방사능은 DNA를 주입할 수 없는 결손된 phage 입자에서 유래한 것으로 밝혀졌다). 침전된 대장균을 배지에 현탁하여 다시 배양하였더니 새로운 phage가 생성되었다. 따라서 대장균이 자손 phage를 생성하는 능력은 어버이 phage로부터 대장균에 주입된 $^{32}$P 즉 phage DNA에 의한 것이다.

유전물질은 $^{35}$S가 아닌 $^{32}$P를 함유한다는 해석은 **전달실험(transfer experiments)**이라고 알려진 또 다른 일련의 실험(**그림 1.15**)에 의해 옹호되었다. 이 실험에서는 $^{35}$S 또는 $^{32}$P로 표지한 phage로 감염시킨 대장균에서 증식된 자손 phage를 분리하여 phage의 방사능을 측정하였다. 이 실험의 착안점은 어버이 phage의 유전물질 중 일부는 자손 phage에서 발견될 것이 틀림없다는 것이었다. $^{35}$S는 자손 phage에 거의 전달되지 않았고 주입된 $^{32}$P의 절반 가량이 자손 phage에 전달되었다. 이 결과는 $^{35}$S는 phage에 감염된 세균에 잔류할지는 모르나 phage의 유전물질은 아니라는 것을 보여 주었다. 자손 DNA는 무작위적으로 선택되어 단백질 외투로 포장되며 모든 자손 DNA가 다 성공적으로 포장되는 것은 아니라는 것이 $^{35}$P의 50%만이 전달된 것에 대한 해석(이제는 사실로 판명된)이었다.

### 일부 바이러스의 유전물질은 RNA이다.

형질전환 실험과 혼합기 실험은 유전물질의 본체에 대한 의문점을 최종적으로 떨어내었다. 그러나 일부 동물 또는 식물 바이러스는 DNA 대신 외가닥의 RNA를 함유한다는 것이 알려졌기 때문에 유전물질은 DNA라는 결론의 절대적인 보편성은 의문으로 남게 되었다. 유전자에서 단백질로 향하는 유전정보의 흐름에서 맡고 있는 RNA의 역할이 명확하게 알려진 다음에야 이러한 RNA 바이러스 입자의 존재를 이해할 수 있게 되었다. 즉, DNA는 단백질 합성에 대한 유전 정보를 저장하며 DNA에서 단백질로 가는 경로에는 DNA 주형으로부터 전사된 RNA가 반드시 중간물질로 작용한다. 따라서 DNA가 없는 RNA 바이러스는 RNA의 염기서열을 유전 정보를 저장하는데도 이용하고 단백질 합성에 쓰이는 주형으로도 이용한다. 물론 RNA가 이 두 기능을 동시에 수행하는 것은 DNA에서 RNA로 유전정보가 이어지는 체계만큼 효율적이지는 못하다.

### Rosalind Franklin과 Maurice Wilkins는 길게 뻗은 DNA 섬유의 X선 회절 사진을 얻었다.

화학자들이 DNA의 조성을 알아내려고 시도하던 같은 시기에 결정학자들은 DNA

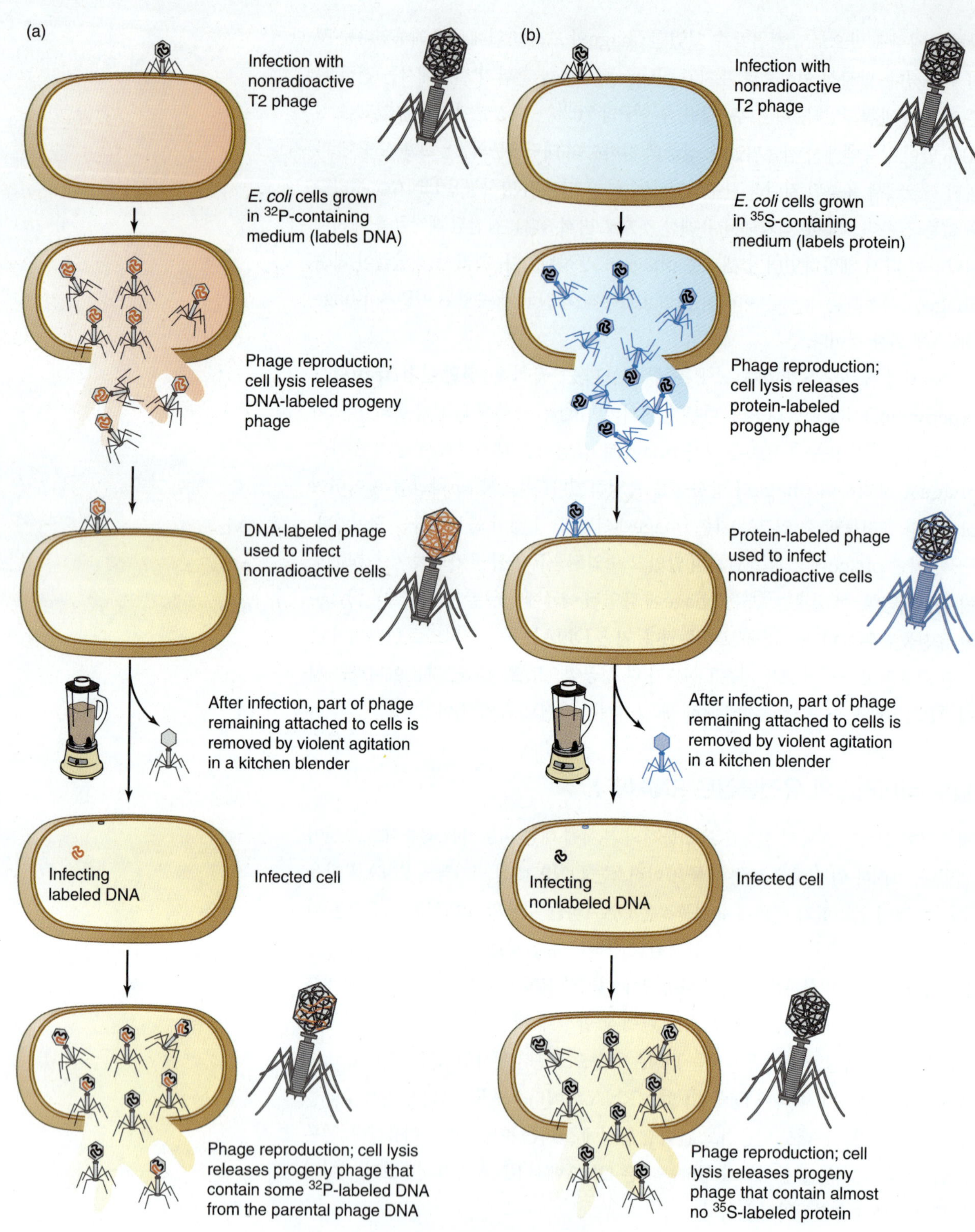


**그림 1.15** T2 phage에 감염된 대장균에서 phage의 증식을 조종하는 것은 단백질이 아니고 DNA라는 것을 증명한 Hershey-Chase의 "전달" 실험.

분자의 삼차원 영상을 얻으려고 노력하였다. 1950년대 초반, Rosalind Franklin과 Maurice Wilkins는 길게 뻗은 DNA 섬유의 X선 회절 양식을 보여주는 몇 장의 훌륭한 사진을 확보하였다(**그림 1.16**). DNA의 X선 회절 양상은 언제나 같을 것이라 생각할지 모르나 실제로는 그렇지 않다. DNA의 구조와 이에 따른 X선 회절 양상은 몇 가지 변수에 따라 달라진다. 가장 중요한 변수는 DNA 섬유가 자리한 공간의 상대 습도이다.

2가지 형태의 DNA가 특히 관심을 끈다. **B형 DNA**는 약 92%의 상대 습도에서 안정하다. 상대 습도가 75% 정도로 떨어지면 **A형 DNA**로 된다. 결정학자들은 살아 있는 세포 안에 실제로 A형 DNA 또는 B 형 DNA가 존재하는지 여부를 알 수 없었다. 이러한 이유로 Wilkins는 정자세포 DNA의 X선 회절 사진을 찍는 쪽으로 주의를 기울였다. Franklin은 A 형 DNA의 X선 회절 사진이 더 상세한 회절 모습을 보여준다는 이유로 A 형 DNA의 X선 회절 양상에 주의를 집중시켰다. 그녀는 상세한 회절 양상을 주의 깊게 분석하면 DNA 구조를 규명할 수 있게 될 것이라고 믿었다.

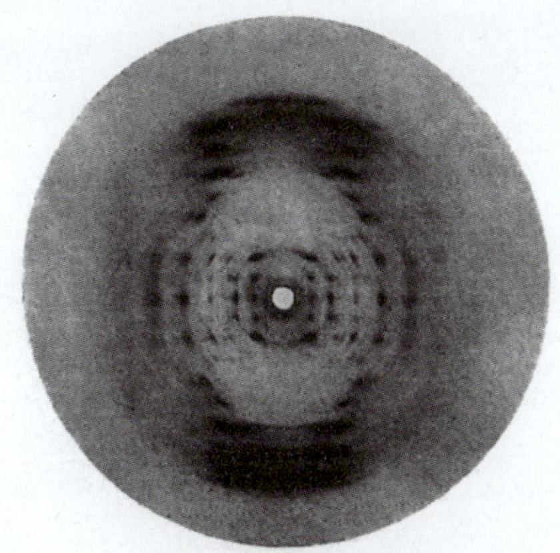


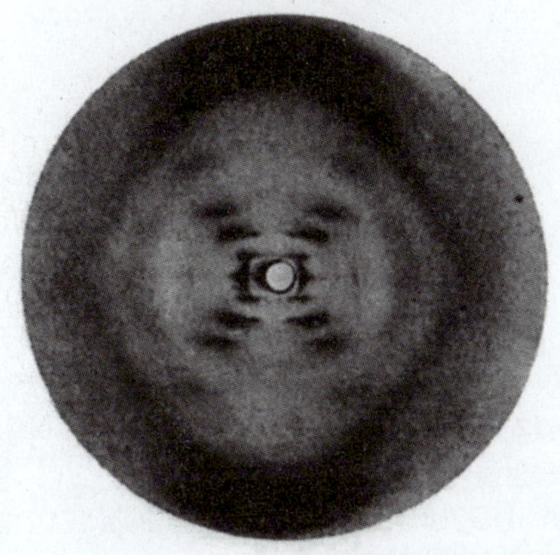


**그림 1.16 Na 염 상태의 A형 DNA와 B형 DNA의 X선 회절 양상.** 출처: Franklin, R. E., and Gosling, R. G., Acta *Crystallographica* 6, 673-677 (1953). [사진은 국제결정학연합의 승인을 받아 전재한 것임]

## James Watson과 Francis Crick은 DNA의 이중나선 구조를 제안하였다.

영국에서 같이 연구하고 있던 미국의 생물학자 James D. Watson과 영국의 결정학자 Francis Crick은 DNA 구조를 밝히기 위하여 다른 접근을 시도하였다. 그들은 X선 회절 양상으로부터 최대한 많은 정보를 얻어 이에 부합하는 모형을 건조하려고 노력하였다. *모형(model)*이라는 단어는 과학자에게 특별한 의미가 있다. **모형(model)**이란 통상 어떤 체계의 조성, 상호작용, 그리고 작동 순서를 임시적으로 설명할 수 있는 가설이다. 성공적인 모형이 만들어지면 추가 실험의 필요성이 제시될 수 있을 뿐 아니라 이를 바탕으로 하여 연구자들은 실험실에서 검증할 수 있는 예측을 내 놓을 수 있게 된다. 만일 예측이 실험 결과에 부합하지 않으면 현 상태의 모형은 맞지 않으므로 모형에 수정을 가한다. 하나의 정확한 예측을 할 수 있게 한다는 것을 보이는 것만으로 단순히 모형이 옳다고 증명되는 것은 아니다. 그러나 모형이 많은 정확한 예측을 할 수 있게 만들면, 그 모형은 완전하지는 않지만 아마도 거의 정확한 것이라고 할 수 있다.

Watson과 Crick은 Franklin이 얻은 B형 DNA의 X선 회절 양상에 주의를 집중하였다. 이 양상은 B 형 DNA는 나선 구조로 되어 있고 직경이 대략 2.0 nm이며 반복 단위 사이의 거리는 약 0.34 nm라는 것을 암시하였다. 따라서 이들의 DNA 모형은 이러한 구조적 특성을 설명할 수 있어야만 하였다. Watson과 Crick은 여전히 DNA 분자를 이루는 DNA 가닥의 숫자, 염기의 소재, 그리고 인산과 deoxyribose의 위치를 밝혀내야 하였다. DNA의 밀도는 DNA 분자를 이루는 가닥이 하나, 둘, 또는 셋이라는 예측 어느 것과도 일치하였다. Watson과 Crick은 염기들이 수소결합(약한 정전기적 인력, 2장 참조)으로 결합한 두 가닥 모형을 세우려고 노력하였다. 그들은 Jerry Donohue가 T와 G의 keto형 tautomer를 사용해 보라고 권유할 때까지 계속 실패하였다. Watson은 처음에 소위 "유유상종" 모형을 채택하여 두 purine을 서로 연결하고, 두 pyrimidine을 서로 연결하려고 하였다. 1953년 Watson은 adenine은 thymine과 수소결합하고 guanine은 cytosine과 수소결합할 수 있다는 사실을 인지하는 극적인 전환점을 맞게 되었다. Watson은 이 전환점을 그의 저서 *이중나선(The Double Helix)*에서 아래와 같이 기술하고 있다:

> *"다음 날 아침 텅 빈 연구실에 도착하자, 나는 재빨리 책상 위를 치운 다음 넓고 평평한 책상 위에서 염기 쌍을 수소결합으로 이리 저리 맞추어 보았다. 처음에는 나의 유유상종 편견에 따라 맞추어 보았으나 유감스럽게도 성과가 전혀 없었다. 인기척이나 올려다보니 Jerry[Donohue]가 들어오고 있었다. Francis[Crick]인 줄 알았는데 아니군 하며 다시 염기들을 이리 저리 옮겨가면서 다른 짝짓기 가능성을 탐색하기 시작하였다. 갑자기 2개의 수소결합으로 결합된 adenine-thymine 짝의 모양이 적어도 2개의 수소결합으로 결합된 guanine-cytosine 짝의 모양과 동일하다는 것을 발견하게 되었다. 모든 수소결합은 자연스럽게 형성된 것처럼 보였다; 전혀 꾸미지 않아도 두 유형의 염기쌍은 모양이 동일하였다."*

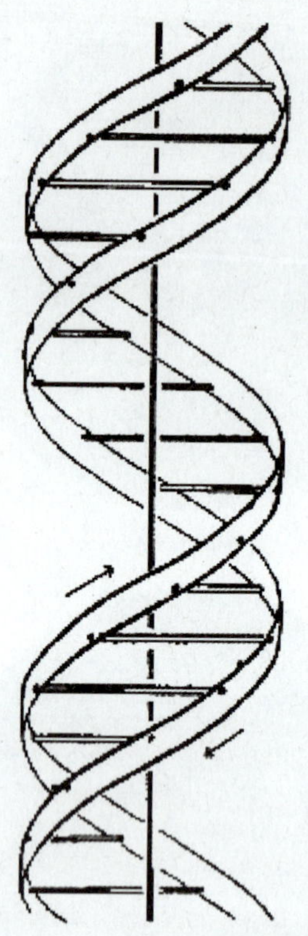
**그림 1.17** Watson과 Crick이 1953년에 최초로 이중나선 DNA 모형을 발표한 Nature 논문에 실린 그림. 출처: Watson, J. D., and Crick, F. H. C., *Nature* 171 (1953): 737-738.

Adenine-thymine과 guanine-cytosine 짝의 폭이 같다는 것을 인지한 Watson과 Crick은 Franklin의 X선 회절 자료에 딱 들어맞는 이중나선 DNA 모형을 신속하게 조립할 수 있었다(**그림 1.17**).

Watson과 Crick의 이중나선 B형 DNA 모형의 핵심적인 특징은 다음과 같다:

1. 2개의 polydeoxyribonucleotide 가닥은 서로 서로 휘감아 이중나선을 이룬다.
2. 인산과 deoxyribose는 나선의 바깥쪽에서 등뼈를 형성한다.
3. Purine과 pyrimidine의 염기쌍은 나선 내부에서 겹쳐 쌓여 있으며 나선축과 deoxyribose에 대해 수직인 평면을 이룬다.
4. 나선의 직경은 2.0 nm (또는 20 Å)이다.
5. 이웃한 두 염기쌍은 나선축을 따라 평균적으로 0.34 nm 떨어져 있다. 약 10염기쌍 마다 또는 3.4 nm(또는 34 Å) 마다 동일한 구조가 반복해서 나타난다.
6. Adenine은 언제나 thymine과 짝을 짓고 guanine은 cytosine과 짝을 짓는다. 원래 모형에는 두 유형의 염기쌍이 모두 2개의 수소결합에 의해 안정되어 있다. 이는 A-T 염기쌍에 대해서는 정확한 기술이지만 후속 연구에 의해서 G-C 염기쌍은 3개의 수소결합에 의해 안정화되어 있다는 것이 밝혀졌다(**그림 1.18**). (이러한 염기쌍의 형성 특성은 adenine과 thymine의 몰 농도비와 guanine과 cytosine의 몰 농도비가 모두 1이라는 Chargaff의 관측을 잘 설명해 주고 있다.)

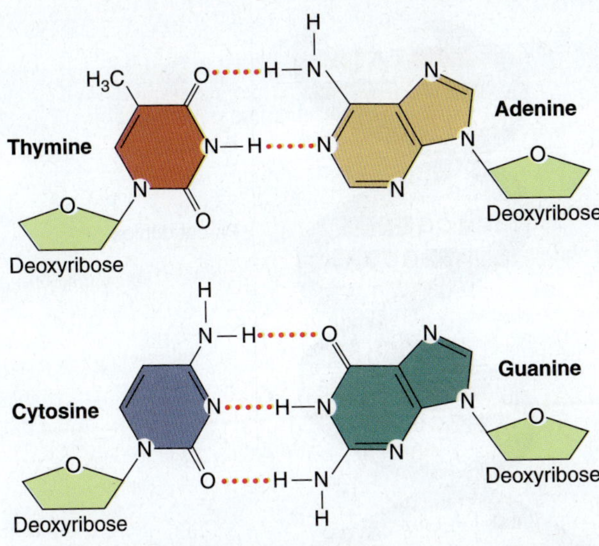


**그림 1.18** DNA의 염기쌍.

7. 두 가닥은 서로 반대 방향으로 뻗어가는 **역평행(antiparallel)** 구조를 이룬다. 즉, 한 가닥이 3′에서 5′ 쪽으로 뻗어 가면 다른 가닥은 5′에서 3′ 쪽으로 뻗어간다. DNA의 두 가닥은 역평행하므로 DNA 가닥의 염기서열을 진술하는 방법에 대한 약정이 필요하다. 관례적으로 5'의 인산 말단을 왼쪽에 놓고 오른쪽에 염기를 쓴다; 예를 들어 ATC는 trinucleotide 5′-ATC-3′를 의미한다. 이것은 흔히 pApTpC로도 표시하는데, 이 또한 각 염기의 왼편은 nucleotide의 5′ 말단이고 대문자 사이의 p는 phosphodiester 결합을 나타낸다는 약정에 따른 것이다.
8. 하나의 큰 홈과 하나의 작은 홈이 원통형의 바깥쪽 나선면을 따라 감아 올라가며 나 있다. 두 홈은 깊이가 비슷하지만 작은 홈보다 큰 홈이 훨씬 넓게 나 있다.

Watson-Crick 모형은 한 가닥의 nucleotide 염기 서열을 알면 상보 가닥의 염기서열을 예측할 수 있다는 것을 암시하고 있다. 이는 유전자 복제의 충실성을 이해하는데 필요한 이론적 뼈대를 제공해 준다. 각각의 가닥은 상보 가닥을 합성하기 위한 거푸집 또는 **주형(template)**으로 쓰인다(**그림 1.19**). Watson과 Crick은 이중나선 모형을 제시한 그들의 짧은 논문 말미를 자연과학 논문 가운데 가장 신중한 표현으로 보아도 틀림없는 다음 문장으로 마무리하였다: "우리들이 가정한 특이적 짝짓기는 바로 유전물질의 그럴 듯한 복제기작을 암시하였으며 이 암시는 우리의 주목을 피해가지 못하였다." 이중나선구조는 화학구조를 밝히는 것이 생물학적 기능을 이해하거나 새로운 연구를 선도하는 예측을 도출하는데 있어서 어떻게 활용될 수 있는가를 잘 보여 주었다.

구조와 기능의 상관관계는 분자생물학의 중심적 주제로 자리잡고 있다. 우리는

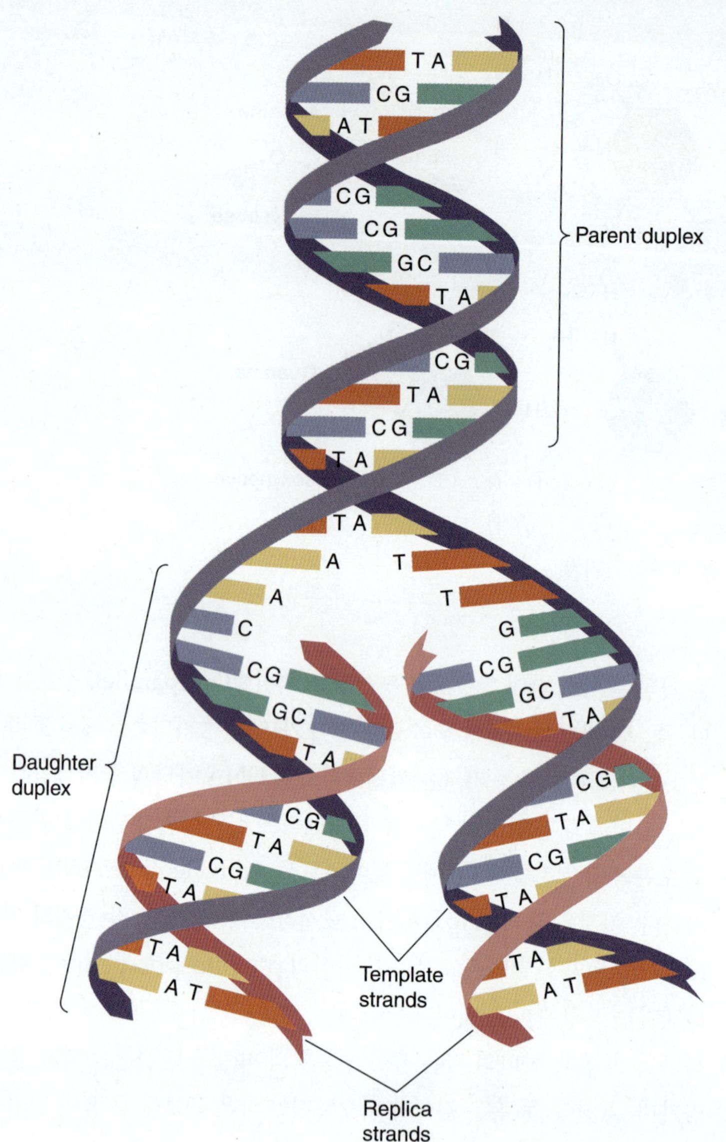


**그림 1.19 DNA의 복제.** Watson과 Crick에 의해 최초로 제시된 DNA 이중가닥의 복제 예상도. 어버이 이중가닥이 분리되면서 각각의 어버이 가닥은 A-T와 G-C 짝짓기 방법으로 새로운 딸 가닥을 합성하기 위한 주형으로 사용된다.

구조에 대한 지식이 기능을 이해하고 새로운 통찰에 이르도록 하는데 어떻게 도움을 주었는지 이 책 전반에 걸쳐 몇 번이고 다시 보게 될 것이다. 생물학적 구조는 때때로 매우 복잡해서 연구하기 어렵다. 그러나, 구조의 연구는 그 보답이 막대하기 때문에 할 만한 가치가 있는 것이다. Watson-Crick 모형은 또한 근본적인 제반 원리를 만족스럽게 제시하는 유력한 예로서 분자생물학을 하나의 학문분야로 규정하는 데 도움을 주었다. (1) 동일한 물리적 그리고 화학적 법칙이 생물계와 무생물계에 적용된다. (2) 동일한 생물학적 원리가 모든 생물에 적용되는 경향이 있다. (3) 생물학적 구조와 기능은 밀접한 관계에 있다. Watson-Crick 모형은 유전 현상의 화학적 토대를 밝히고자 하는 도전적 연구에 훌륭한 출발점을 제공하였다.

## Central dogma는 분자생물학의 이론적 뼈대이다.

1950년대 후반 분자생물학의 많은 연구는 nucleotide 서열이 아미노산 서열을 지정하는 기작을 발견하고자 하는 방향으로 진행되었다. Crick은 1957년 한 연찬회에서 분자생물학에 이론적 뼈대를 제공하는 유전 정보 흐름에 대한 모델을 제시하였다. 다음은 Crick의 강연 초록의 일부로 **central dogma**로 알려진 학설을 간명하게 설명하고 있다.

> *"더 자세히 말하면, 정보가 핵산에서 핵산으로 또는 핵산에서 단백질로 전달되는 것은 가능할지 모르나 단백질에서 단백질로 또는 단백질에서 핵산으로 전달되는 것은 불가능하다. 여기서 정보라 함은 핵산의 염기서열 또는 단백질의 아미노산 잔기 서열을 의미한다."*

이렇게 하여 Crick은 유전정보는 DNA에서 DNA로(**DNA 복제**, **DNA replication**), DNA에서 RNA로(**전사**, **transcription**), 그리고 RNA에서 polypeptide로(**번역**, **translation**) 흐른다고 제안하였다(**그림 1.20**).

1960년 대 중반에 이르기까지 분자생물학자들은 central dogma를 지지하는 상당한 양의 실험 결과를 축적하였다. 특히 그들은 복제와 전사를 촉진하는 효소들을 발견하였으며 nucleotide 서열을 아미노산 서열로 번역하는 경로를 밝혔다. 사소한 점에서는 약간의 차이가 존재하지만 모든 생물은 동일한 기본 기작을 통해 nucleotide 서열 정보를 아미노산 서열 정보로 번역한다. 이러한 정보 전달에는 번역 장치의 3가지 주요 성분인 **messenger RNA**(mRNA), **ribosomes**, 그리고 **transfer RNA**(tRNA)가 주된 역할을 한다(**그림 1.21**). 각각의 유전자는 특정 mRNA 분자를 합성하기 위한 주형으로 쓰일 수 있다. 전령 RNA는 ribosome(단백질 합성 공장)이 특정 polypeptide를 만들도록 한다. 운반 RNA가 활성화된 아미노산을 ribosome으로 나르면, ribosome은 mRNA의 지령에 따라 아미노산을 연결하여 polypeptide 사슬을 만든다. DNA 구조가 밝혀진 후 12년에 걸쳐 분자생물학 분야에서 성취된 비범한 과학적 진보는 Marshal W. Nirenberg와 기타 학자들이 일련의 총명한 연구를 통해 유전암호를 완전히 해독해 냄으로서 매듭을 짓게 되었다. 1965년에는 DNA 또는 mRNA의 nucleotide 서열로부터 polypeptide 사슬의 아미노산 서열을 유추할 수 있었다. 놀라웁게도 유전암호는 거의 범용적이라고 판명되었다. 인접한 3개의 특정 nucleotide 서열 또는 **codon**은 세균, 식물, 동물에서 모두 동일한 아미노산을 지정한다. 생명현상의 통일성을 지지하는 데 이 보다 더 설득력 있는 증거가 필요하겠는가?

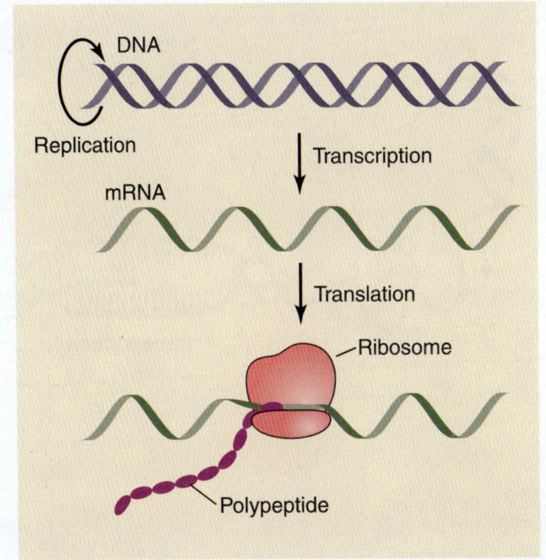


**그림 1.20 "Central dogma 원리".** Crick에 의해 처음으로 제안되었으며 central dogma는 정보가 DNA에서 RNA를 거쳐 단백질로 흐른다고 가정하였다. Ribosome은 번역 장치의 필수 부품이다. 후속연구를 통해 정보는 RNA에서 RNA로 그리고 RNA에서 DNA로(역전사) 흐를 수도 있다는 것이 증명되었다.

## 재조합 DNA 기술은 복잡한 생물체계의 연구를 가능하게 한다.

분자생물학의 두 번째 큰 물결은 1970년 후반 재조합 DNA 기술(유전공학이라고도 함)의 발달과 함께 시작되었다. 재조합 DNA 기술 덕분에 여타의 유기물 분자와 마

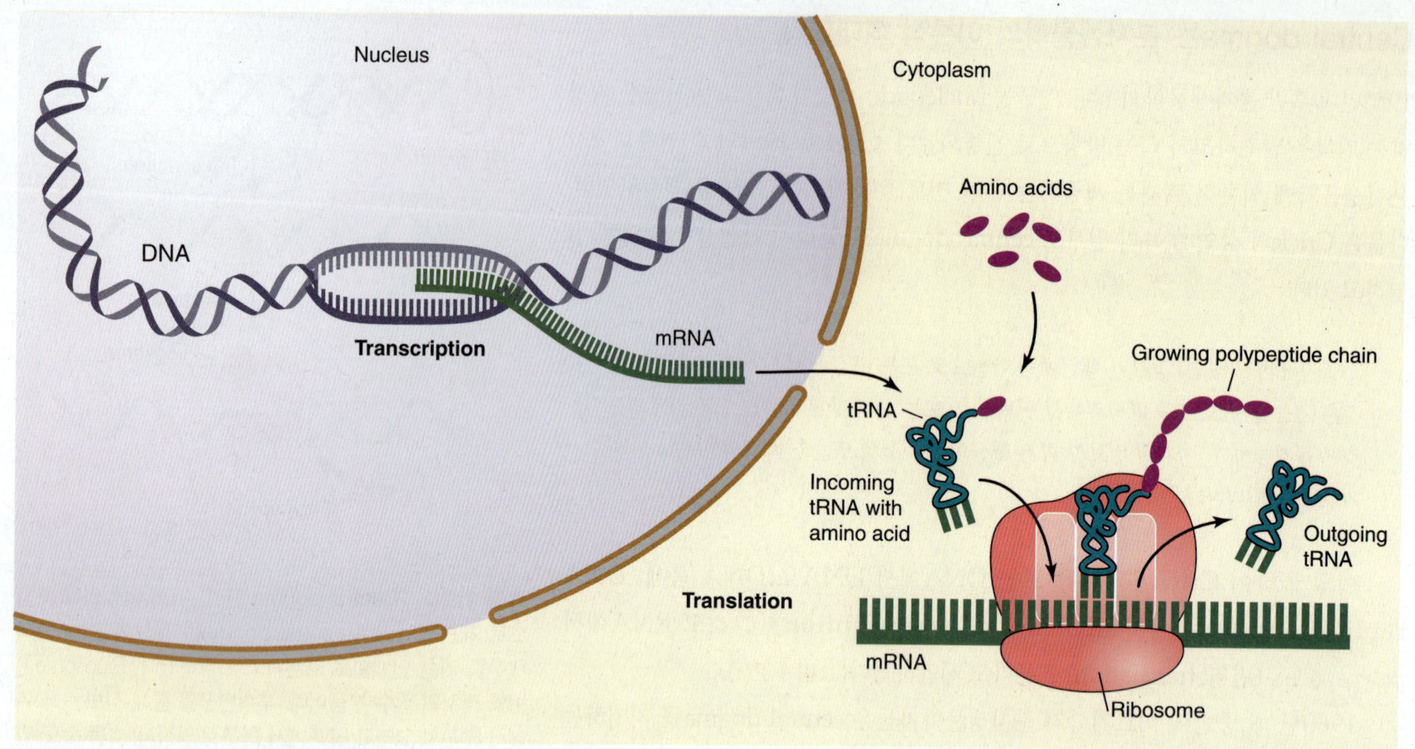


**그림 1.21 동물, 식물, 또는 효모 세포의 단백질 합성 장치를 간단히 도식화한 그림.** 전령 RNA(tRNA)는 아미노산을 ribosome에 운반하며 이 아미노산은 신장하고 있는 polypeptide 사슬에 결합하게 된다. Ribosome은 mRNA의 세 nucleotide 서열(codon)과 tRNA의 상보 서열(역codon) 사이의 짝을 맞추어 본 다음, 신장하고 있는 polypeptide 사슬을 잘라 입장하는 tRNA에 부착하여 운반되어 들어온 아미노산에 결합시킨다. 출처: Secko, D., The Science Creative Quarterly 2 (2007).

찬가지로 유전자를 실험실에서 조작할 수 있게 되었다. 유전자는 합성될 수도 있고 또는 원하는 데로 변형시켜 그 염기서열을 확인할 수도 있다. 서열 정보는 몇 달 또는 몇 년 걸릴지도 모르는 분자생물학자의 수고를 덜어준다. 예를 들어, 인간에 특정 질병을 유발하는 데 관여하는 유전자가 새로 발견되면 그 유전자의 nucleotide 서열을 이미 알고 있는 모든 유전자의 염기서열과 비교함으로서 새 유전자의 기능에 대한 귀중한 단서를 얻게 될지도 모른다. 만일 어떤 다른 생물의 기능이 알려진 유전자와 염기서열이 비슷하면 새 유전자의 기능은 비교유전자의 기능과 유사할 가능성이 크다. 또는, 새 유전자의 어떤 작은 조각의 nucleotide 서열이 특정한 결합 기능이나 촉매 기능을 갖는 아미노산 서열을 지정한다면 새 유전자의 기능을 연구하는 것이 쉬워지게 될 것이다.

재조합 DNA 기술의 발달로 이미 엄청난 진보가 이루어졌고 불과 몇 년 전만하여도 다루기 어려워 보였던 문제도 해결점을 보여주고 있다. 재조합 DNA 기술은 세포 분열, 세포 분화, 정상 세포의 암 세포화, 예정세포사(apoptosis), 항체 생산, 호르몬 작용, 그리고 여타의 다양한 근본적인 생명현상을 연구하는데 도움을 주고 있다.

재조합 DNA 기술이 가장 활기차게 응용되고 있는 분야 중 하나는 의학이다.

수년 전 까지만 하여도 많은 인간 질병은 동물 모델이 없기 때문에 오직 인간을 대상으로 하여 연구할 수 밖에 없었다. 인간 질병을 연구하는데 수반되는 윤리적 구속 때문에 이러한 질병에 대한 연구는 거의 진척이 없었다. 한 종에서 다른 종으로 유전자를 전달하는 방법이 개발되자 인간 질병을 연구하기 위한 동물 모델을 만드는 것이 가능해지면서 인간 질병의 연구가 촉진되었다. 또한 재조합 DNA 기술의 발달로 다양한 질병을 진단할 수 있는 도구가 개발되었을 뿐만 아니라 당뇨, 빈혈, 심혈관 질환, 그리고 암을 치료하는 신약이 탄생되었다. 의약 분야의 실질적 응용 목록은 하루가 멀다 하고 길어지고 있다.

재조합 DNA 기술이 우리의 삶을 윤택하게 변화시켜 줄 것을 약속하고 있지만 이는 또한 우리로 하여금 중요한 사회적, 정치적, 윤리적, 그리고 법률적 쟁점들을 숙고하도록 한다. 예를 들어, 한 개인의 DNA 분석을 통해 그 사람이 치료법이 개발되어 있지 않은 심각한 육체적 또는 정신적 질병을 유발할 가능성이 있는 대립인자를 가지고 있다는 것이 판명되면 그 사람의 권익을 어떻게 보호하여야 할까? 분석 결과는 진단받은 사람이나 그의 가족에게 어떤 충격으로 다가갈까? 보험회사 또는 고용 예정자에게 유전자 정보에 대한 접근을 허용하여야 할까? 그렇지 않다면, 어떻게 접근을 제한할 것이며 제한은 어떻게 강제할 것인가? 재조합 DNA 기술의 빠른 진보는 또한 성가신 윤리적 문제를 야기하였다. 생식세포치료란 새로운 유전자를 수정란에 도입하여 다음 세대의 유전적 특성을 바꾸어주는 것이다. 이 기술은 동물이나 식물에 유용한 형질을 도입하는데 이용되어 왔으나 사람에게는 아직 적용된 적이 없다.

생식세포치료를 Tay Sachs병, 낭포성섬유종, 또는 Huntington disease 같은 인간 유전병을 치료하는데 적용하여 환자나 환자 가족의 절망을 해소하자는 주장이 제기될 수 있다. 그러나 생식세포기술은 부작용을 일으키기 때문에 이 기술을 인간에게 적용하기 전에 매우 신중히 고려하여야 한다. 어떤 유전자가 바람직하고 어떤 유전자가 바람직하지 않다고 누가 과연 단언할 수 있겠는가? 이 기술이 신체적 외모, 지능, 또는 개인의 특성을 바꾸는데 이용되어도 좋은가? 누구에게 이러한 결정을 내릴 자격이 있는가?라는 의문이 제기될 수 있다.

## 분자생물학에 대한 수많은 정보는 인터넷에서 얻을 수 있다.

재조합 DNA 기술로 엄청난 양의 정보가 양산되어 전문적 잡지에 출판하거나 책을 저술하는 전통적 방법으로 전 세계 분자생물학 공동체와 이 모든 정보를 때맞추어 공유하는 것은 거의 불가능하다. 다행히 빠르게 축적되는 정보를 빠르고 효율적으로 공유하는 대체 방법이 존재한다. 전세계에 걸쳐 의사소통을 할 수 있는 통신망, 즉 **인터넷(Internet)**을 이용하면 거의 즉시 모든 정보에 접근할 수 있다. 인터넷은 또한 많은 유용한 지도서나 동영상 강의재료를 제공해 준다. 이 책은 유용한 인터넷 주소에 대한 참조를 포함하려고 한다. 그러나 이러한 웹사이트 주소는 자주 바뀌기 때문에 이 책은 출판사가 유지 관리하는 주요 주소만을 독자에게 알리고자 한다.

# 권장 도서

## 일반


Choudri, S. 2003. The path from nuclein to human genome: a brief history of DNA with a note on human genome sequencing and its impact on future research in biology. *Bull Sci Technol Soc* 23, 360-367.

Crick, F. 1988. *What Mad Pursuit: A Personal View of Scientific Discovery*. New York: Basic Books.

Crick, F. 1974. The double helix: a personal view. *Nature* 248:766-769.

Judson, H. F. 1996. *The Eighth Day of Creation: Makers of the Revolution in Biology*. Cold Spring Harbor, NY: Cold Spring Harbor Laboratory.

Maddox, B. 2002. *Rosalind Franklin: The Dark Lady of DNA*. New York: Harper Collins.

McCarty, M. 1985. *The Transforming Principle: Discovering that Genes Are Made of DNA*. New York: W. W. Norton.

Olby, R. C. 1994. *The Path to the Double Helix: the Discovery of DNA*. New York: Dover Publications.

Pukkila, P. J. 2001. Molecular biology: the central dogma. *Encyclopedia of Life Sciences*. pp. 1-5. London, UK: Nature Publishing Co.

Sayre, A. 1978. *Rosalind Franklin and DNA*. New York: W. W. Norton.

Stent, G. 1972. Prematurity and uniqueness in scientific discovery. *Sci Am* 227:84-93.

Summers, W. C. 2002. History of molecular biology. *Encyclopedia of Life Sciences*. pp. 1-8. London, UK: Nature Publishing Co.

Watson, J. D. 1968. *The Double Helix: A Personal Account of the Discovery of the Structure of DNA*. New York: Antheneum Books.

Wilkins, M. 2003. *The Third Man of the Double Helix: The Autobiography of Maurice Wilkins*. Oxford, UK: Oxford University Press.


# 고전 논문


Avery, O. T., MacLeod, C. M., and McCarty, M. 1944. Studies on the chemical nature of the substance inducing transformation of pneumococcal types. Induction of transformation by a deoxyribonucleic acid fraction isolated from *Pneumococcus* type III. *J Exp Med* 79:137-156.

Beadle, G. W., and Tatum, E. 1941. Genetic control of biochemical reactions in *Neurospora*. *Proc Nat Acad Sci USA* 27:499-506.

Hershey, A. D., and Chase, M. 1952. Independent functions of viral protein and nucleic acid in growth of bacteriophage. *J Gen Physiol* 36:39-56.

Watson, J. D., and Crick, F. H. 1953. Molecular structure of nucleic acids; a structure for deoxyribose nucleic acid. *Nature* 171:737-738.

단원

# 1

# 단백질 구조와 기능

# 2

# 단백질 구조

## 주제 개요

**2.1 α-아미노산**
α-아미노산은 중심 탄소 원자에 아미노기와 카르복실기를 가지고 있다.
아미노산은 세 글자 또는 한 글자 약어로 나타내기도 한다.

**2.2 Peptide 결합**
α-아미노산은 peptide결합으로 연결된다.

**2.3 단백질 정제(purification)**
크로마토그래피(chromatography)에 의해 혼합된 단백질을 분획할 수 있다.
단백질 처럼 전하를 띠는 생체 고분자(polymer)는 전기장에서 이동한다.

**2.4 단백질의 1차 구조(primary structure)**
Edman 분해법과 overlap 방법으로 아미노산 서열을 결정할 수 있다.
Polypeptide 서열을 핵산의 서열로부터 알아낼 수 있다.
BLAST 프로그램으로 새로운 polypeptide 서열을 자료은행(data bank)에 저장된 모든 서열과 비교할 수 있다.
단순히 하나의 polypeptide 사슬로 된 단백질은 1차 구조, 2차 구조, 3차 구조를 가지는 반면, 2개 이상의 사슬로 구성된 단백질은 4차 구조를 가진다.

**2.5 약한 비공유성 결합들**
Polypeptide의 접힘 양상은 약한 비공유성 상호작용에 의해 결정된다.

**2.6 단백질의 2차 구조**
α-나선 구조는 수소결합에 의해 안정화되는 밀집된 구조이다.
β-입체구조(β-conformation) 또한 수소결합으로 안정화된다.
고리(loop)와 회전(turn)은 polypeptide의 다른 부위를 연결하여 polypeptide 사슬 자체가 접힐 수 있도록 해준다.
2차 구조들이 모여 super secondary 구조나 folding motif를 형성할 수 있다.
우리는 아직 절대적으로 확실하게 2차 구조를 예측해 낼 수는 없다.

**2.7 단백질 3차 구조**
많은 단백질의 3차원적인 구조가 X-선 결정학(X-ray crystallography)과 핵자기공명(nuclear magnetic resonance, NMR) 연구에 의해 밝혀졌다.
Polypeptide의 1차 구조는 이 polypeptide의 3차 구조를 결정한다.
분자 chaperone은 단백질이 세포내에서 접히는 것을 돕는다.

**2.8 단백질과 생체막**
단백질은 생체막의 지질과 상호작용한다.
유체 모자이크 모델(Fluid mosaic model)이 생체막의 구조를 설명하기 위해 제안되었다.

**권장 도서**

1장에서 설명한 것처럼 Watson-Crick 모델은 유전학과 생화학 사이를 연결하는 데 도움이 되었으며 이러한 연결로 분자생물학의 기본원리가 탄생하게 되었다. 이중나선 구조는 특정 생물학적인 분자의 기능을 이해하는 데 있어 분자구조를 밝히는 일의 중요성을 보여주었다. 2장과 3장은 polypeptide에 대한 구조와 기능의 관련성에 대해 설명하고자 하는 데, polypeptide는 특정 반응을 촉매하고, 세포내에서 또는 세포막을 가로질러 물질을 이동시키고, 외부의 침입자로부터 세포를 보호하며, 특정 생물학적 과정을 조절하며, 여러 구조물을 지탱해 주기도 한다.

Polypeptide의 가장 기본적인 소단위는 작은 유기분자인 **아미노산**이다. 아미노산은 서로 연결되어 **polypeptide**로 알려진 긴 사슬이 된다. Polypeptide 사슬 각 각은 서로 다른 아미노산 서열로 되어있다. 특정 polypeptide는 고유의 기능을 수행하기 위해서는 정확한 아미노산 서열로 되어있어야 하지만, 이것만 가지고 그 polypeptide가 생물학적인 활성을 가진다고 보장할 수는 없다. Polypeptide는 생물학적인 기능을 수행하기 위해서는 특정의 3차 구조로 접혀야 한다. 일단 polypeptide가 생물학적으로 활성을 띠는 형태가 되면 우리는 이를 **단백질**이라고 한다. 다른 생물학적인 분자에 비해 polypeptide는 유연성에 있어 독특한 특징이 있는 데, 이러한 유연성은 특징적인 3차 구조로 접히도록 하여 특징적인 결합 성질을 갖게 된다. 한 단백질의 정상적인 상대 분자와의 상호작용 능력을 변화시키는 돌연변이는 자주 단백질의 활성 상실로 이어진다. 접혀진 polypeptide의 가장 공통적인 상대 중의 하나는 동일한 단백질이거나 또는 다른 단백질 일 수 있다. 둘, 셋 또는 그 이상의 동일한 펩티드를 포함하는 복합체는 **동형이합체(homodimer), 동형삼합체(homotrimer)** 등등으로 불리며, 다른 polypeptide를 포함하는 복합체는 **이형이합체(heterodimer), 이형삼합체(heterotrimer)** 등등으로 불린다.

## 2.1 α-아미노산

### α-아미노산은 중심 탄소 원자에 아미노기와 카르복실기를 가지고 있다.

Polypeptide 합성을 위한 전형적인 아미노산의 단위체는 아미노기($-NH_3$), 카르복실기($-COOH$), 수소원자, 그리고 곁사슬($-R$)이 부착된 중심 탄소원자를 가지고 있다. pH 7에서 아미노기는 양성자를 받아들여 $-NH_4^+$로 되고, 카르복실기는 양성자를 잃어 $-COO^-$로 되어 **그림 2.1**에서 보여준 아미노산처럼 된다. 이러한 아미노산은 pre-IUPAC 명명체계에 따라 α-아미노산으로 이름이 붙여진다. 카르복실기에 부착된 탄화수소 사슬에 있는 원자는 그리스 문자로 표기한다. 카르복실기에 가장 가까운 탄소원자는 α탄소라 하고, 그 다음은 β탄소라 한다.

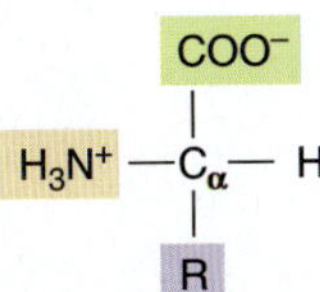


**그림 2.1 α 아미노산의 구조.** 전형적인 α 아미노산은 중심 탄소원자에 아미노기, 카르복실기, 수소원자, 그리고 곁사슬(–R)이 부착되어 있다.

각 각의 아미노산은 독특한 곁사슬 때문에 특징적인 물리적 화학적 특성을 띤다. 유사한 곁사슬을 가지고 있는 아미노산은 유사한 특성을 보인다. 2가지 다른 polypeptide의 아미노산 서열을 비교하거나, 한 아미노산의 교체가 단백질의 기능

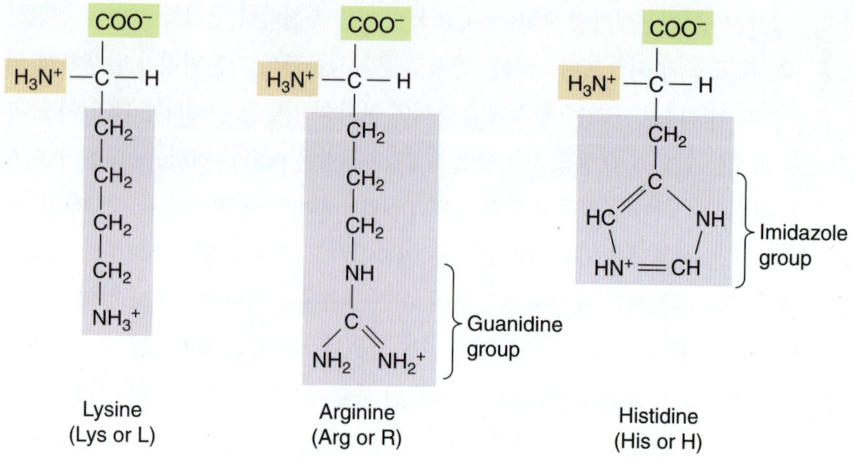

Lysine (Lys or L)

Arginine (Arg or R)

Guanidine group

Histidine (His or H)

Imidazole group

**그림 2.2** 염기성 곁사슬을 가지고 있는 아미노산

에 가져올 효과를 고려할 때 이러한 관련성은 중요한 고려 요인이 된다. 곁사슬의 구조에 근거하여 아미노산을 4가지 그룹으로 분류할 수 있다.

### 염기성기를 가지고 있는 곁사슬

**Arginine, lysine, histidine**은 이들의 곁사슬이 양성자 수용자이기 때문에 염기성 아미노산이라 불린다(**그림 2.2**). Arginine 곁사슬인 guanidine기는 상대적으로 강한 염기 이다. Lysine 곁사슬의 아미노기는 다소 약한 염기이고, histidine 곁사슬의 imidazole기는 이들 세 염기 중 가장 약하다.

### 산성기를 가지고 있는 곁사슬

**Aspartic acid**과 **glutamic acid**은 곁사슬에 카르복실기를 가지고 있다(**그림 2.3**). pH 7에서 α-카르복실기와 곁사슬 카르복실기는 양성자를 잃고 음전하를 띤다. α-카르복실기는 α탄소가 양전하를 띠고 있는 아미노기에 부착되어 있기 때문에 다소 강한 산성이다. 곁사슬이 양성자를 잃게 되면 aspartic acid과 glutamic acid은 각각 aspartate과 glutamate로 부르는 것이 보다 적절하다. Aspartic acid과 aspartate은 동일한 아미노산을 다른 pH 값에서 부르는 것이기 때문에 이들 이름은 서로 통용된다. Glutamic acid와 glutamate도 그러하다.

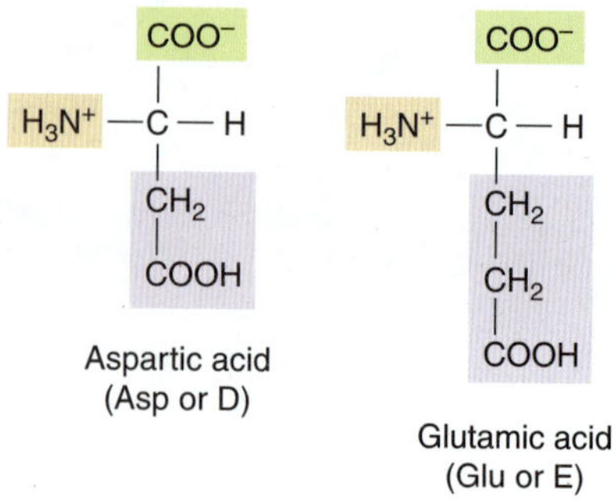

Aspartic acid (Asp or D)

Glutamic acid (Glu or E)

**그림 2.3** 산성 곁사슬을 가지고 있는 아미노산

Serine (Ser or S)

Threonine (Thr or T)

Tyrosine (Tyr or Y)

Asparagine (Asn or N)

Glutamine (Gln or Q)

Cysteine (Cys or C)

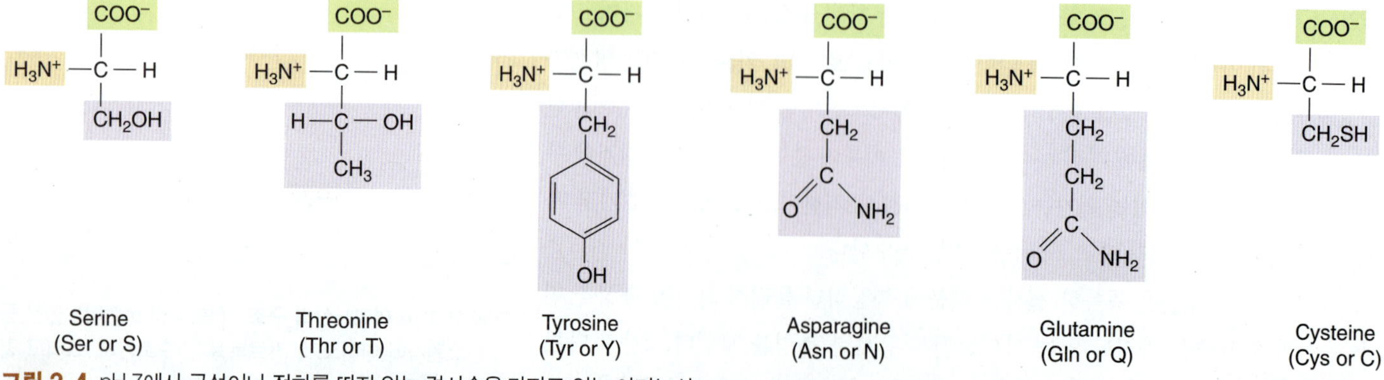

**그림 2.4** pH 7에서 극성이나 전하를 띠지 않는 곁사슬을 가지고 있는 아미노산

Cysteine

Cystine

**그림 2.5** Cysteine의 산화에 의한 cystine의 형성

### 극성이지만 전하를 띠지 않는 기를 가지고 있는 곁사슬

6가지 아미노산은 극성기의 곁사슬을 갖고 있다(**그림 2.4**). **Asparagine**과 **glutamine**은 각 각 aspartate과 glutamate의 amide 유도체이다. **Serine, threonine, tyrosine**은 수산기(–OH)를 가지고 있는 곁사슬을 가지고 있다. Tyrosine 곁사슬은 또한 방향족성(aromatic)을 띠는 흥미있는 특징을 가지고 있다. **Cysteine**은 serine과 유사하지만 히드록실기 대신에 술프히드릴기(–SH)를 가지고 있다. 산소 또는 다른 산화제에 노출되면 두 cysteine 분자의 술프히드릴기는 2황화결합(–S–S–)을 형성하여 cystine이 된다(**그림 2.5**). Cystine은 polypeptide 합성의 단위체로 이용되지는 않으나 polypeptide가 합성된 후, cysteine의 곁사슬의 산화작용에 의해 형성된다.

### 비극성기를 가지고 있는 곁사슬

9가지 아미노산은 비극성기의 곁사슬을 가지고 있다(**그림 2.6**). 하나의 수소 원자로

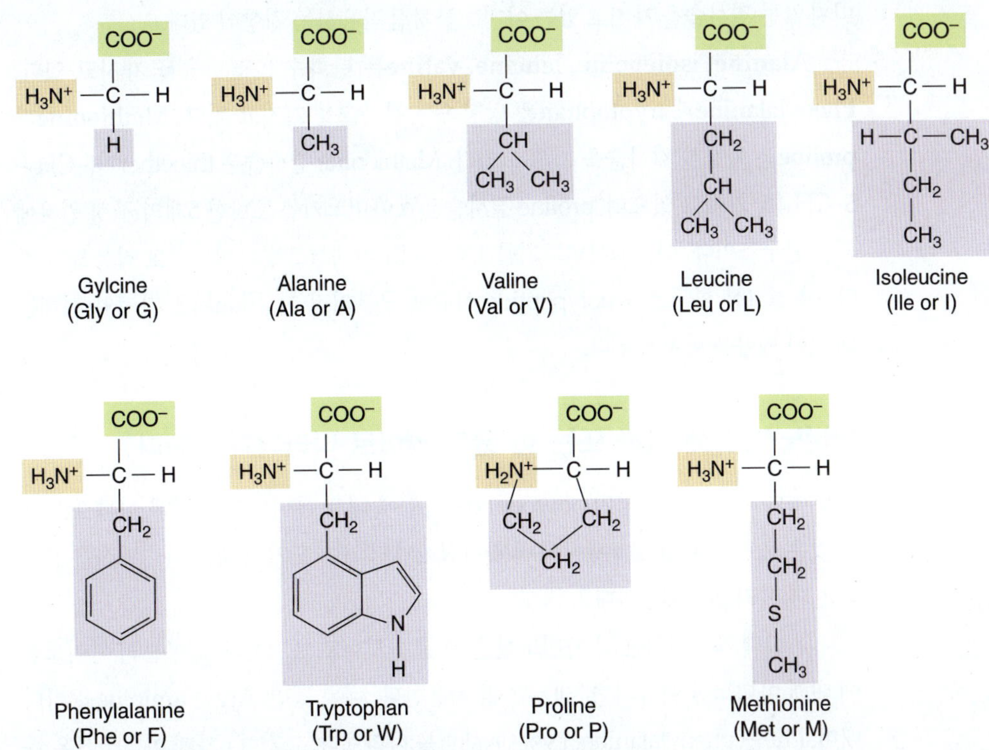


**그림 2.6** 비극성 곁가지를 갖고 있는 아미노산

**표 2.1** 아미노산 약어

| 아미노산 | 세 글자 약어 | 한 글자 약어 |
|---|---|---|
| Alanine | Ala | A |
| Arginine | Arg | R |
| Asparagine | Asn | N |
| Aspartate(aspartic acid) | Asp | D |
| Cysteine | Cys | C |
| Glutamine | Gln | Q |
| Glutamate(glutamic acid) | Glu | E |
| Glycine | Gly | G |
| Histidine | His | H |
| Isoleucine | Ile | I |
| Leucine | Leu | L |
| Lysine | Lys | K |
| Methionine | Met | M |
| Phenylalanine | Phe | F |
| Proline | Pro | P |
| Serine | Ser | S |
| Threonine | Thr | T |
| Tryptophan | Trp | W |
| Tyrosine | Tyr | Y |
| Valine | Val | V |

구성된 곁사슬을 가지고 있는 **glycine**은 가장 작은 아미노산이며 입체이성질성(stereogenic) 탄소 원자를 가지지 않은 유일한 아미노산이다. 크기가 작기 때문에 glycine은 좁은 공간을 채울 수 있으며, polypeptide 내에서는 극성이지만 전하를 띠지 않는 곁사슬을 가지고 있는 아미노산처럼 작용하는 경향이 있다.

**Alanine, isoleucine, leucine, valine**은 탄화수소 곁사슬을 가지고 있다. **Phenylalanine**과 **tryptophan**은 방향족성 곁사슬을 가지고 있다. **Methionine**과 **proline**은 독특한 곁사슬을 가지고 있다. Methionine 곁사슬은 thioether기($-CH_2-S-CH_3$)를 가지고 있으며, proline 곁사슬은 α 아미노기를 포함한 5개의 구성 원자에 의한 환구조이다. 이는 α아미노기를 1차 아미노기에서 2차 아미노기로 작용하게 한다. 이 견고한 환구조는 polypeptide 사슬에 구부러짐 현상(kink)을 가져와 접히는 데 있어 영향을 미치게 된다.

## 아미노산은 세 글자 또는 한 글자 약어로 나타내기도 한다.

많은 아미노산으로 구성된 polypeptide 사슬에 대해 아미노산을 전체 이름으로 쓰는 것은 불편하다. **표 2.1**에 나타낸 것처럼 2가지 약어 표기 체계는 아미노산을 표기하는 데 편리함을 제공한다.

첫 번째 체계에서는 각 아미노산을 세 글자 약어로 표기한다. 대부분의 아미노산에 대해 아미노산 이름의 첫 세 글자를 사용한다. 예를 들면, Arg는 arginine을 나타내며, Phe는 phenylalanine, Lys는 lysine을 나타낸다. 그러나 4가지 아미노산은 좀 특이한 세 글자 약어를 사용한다. Aspartate과 asparagine, glutamate과 glutamine

은 동일한 첫 세 글자로 되어 있어 이를 구분하기 위해 aspartate과 glutamate은 원칙대로 Asp, Glu로 각 각 표기하나, 아스파리긴은 Asn, glutamine은 Gln으로 표기한다.

세 글자 약어 표기에서 나머지 두 예외적인 아미노산으로 tryptophan은 Trp, isoleucine은 Ile로 표기한다. 여러 경우에 있어 세 글자 약어 표기도 너무 많은 공간을 차지하여 표 2.1에 나타낸 것처럼 한 글자 약어 표기법이 고안되게 되었다.

## 2.2 Peptide 결합

### α-아미노산은 peptide결합으로 연결된다.

한 아미노산의 α-카르복실기는 다른 아미노산의 α-아미노기와 작용하여 amide 결합을 형성하고 물이 유리된다(**그림 2.7**). 아미노산을 연결하는 amide 결합을 **peptide 결합**이라고 명명하고, 그 결과 형성된 나머지 분자를 **peptide**라 부른다. 두 아미노산에 결합된 peptide를 dipeptide, 3개가 연결된 것을 tripeptide 등등 이라고 부른다.

1930년대 Linus Pauling과 Robert R. Corey의 체계적인 물리학적인 연구에 의해 dipeptide에서 결합의 길이와 각도에 대한 중요한 정보가 제공되었다. 이들의 연구결과는 **그림 2.8**에 요약하였는데, 탄소와 질소 peptide 결합은 1.33 Å의 길이이고, 이는 탄소-질소 사이의 단일 결합(1.49 Å)과 탄소-질소 사이의 이중결합(1.27 Å)의 길이의 중간 정도임이 알려졌다. 그러므로 peptide 결합은 이중결합의 특성을 지니는데, 자유 회전에 대한 에너지 장벽이 있으며, peptide 결합의 편면성이 그것이다. 2가지 배열이 가능한데, 1가지는 이웃한 α 탄소 원자가 반대 방향에 위치하는 것이고(*trans* 이성질체; 그림 2.8), 다른 하나는 두 탄소 원자가 peptide 결합의 한 쪽에

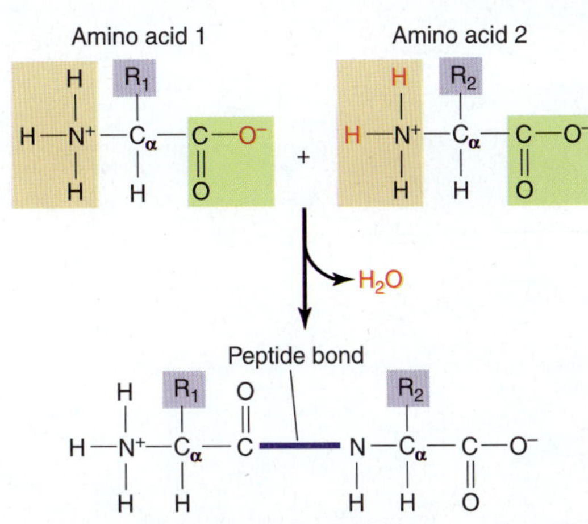


**그림 2.7 실험실에서의 peptide 결합 형성.** 2개의 아미노산은 물이 유리되면서 dipeptide를 형성하기 위해 결합한다. Peptide는 파란색으로 표시하였다.

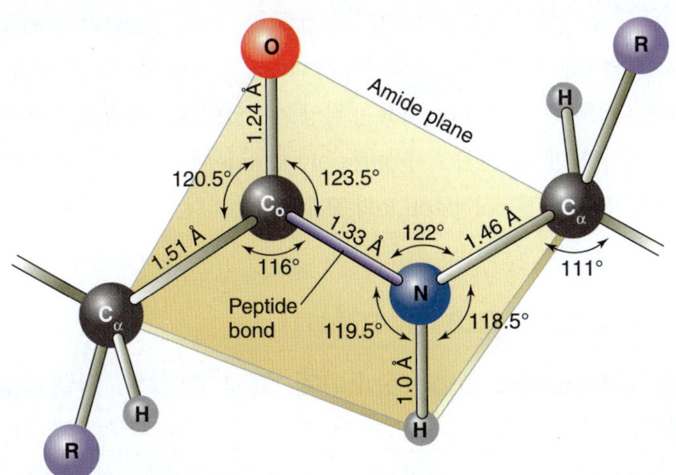


**그림 2.8 Trans peptide 결합.** 편면성의 2 peptide의 결합 길이(Angstrom, Å)와 각도(degree, °)의 표준 수치는 peptide의 X-선 결정구조에서 평균치를 얻어 산출되었다. Voet, D와 Voet, J.G.의 Biochemistry, *3판*, John Wiley & Son, Ltd, 2005에서 채택됨.

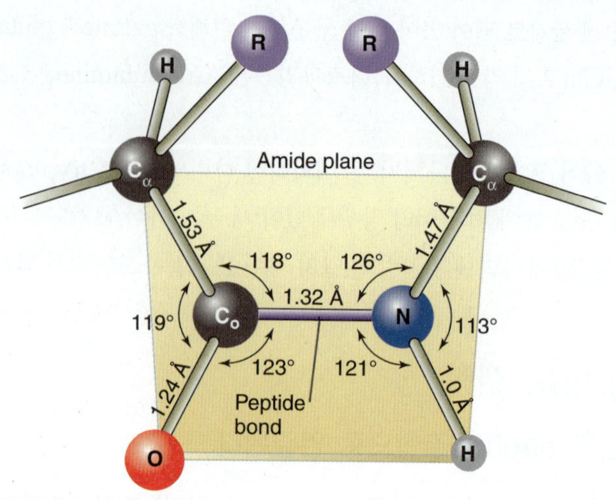


**그림 2.9** ***cis* peptide 결합.** Voet, D와 Voet, J.G.의 Biochemistry, *3판*, John Wiley & Son, Ltd, 2005에서 채택됨.

위치하는 것이다(*cis* 이성질체; 그림 2.9). *Trans* 이성질체는 peptide 결합을 형성한 두 아미노산의 곁사슬 사이의 물리적인 접촉을 덜 받기 때문에 이 2가지 중 더 안정성이 있다. 드물게 Polypeptide에서 *cis* 이성질체가 존재하는 데, 특히 proline이 peptide 결합의 카르복실기 쪽에 있을 때 그러하다.

Polynucleotide 사슬처럼 peptide 사슬은 방향성을 갖는다. 한쪽은 자유로운 아미노기, 다른 쪽은 자유로운 카르복실기가 있다. 규약에 의해 자유로운 아미노기는 왼쪽에 그린다. Peptide 사슬로 연결되면 아미노기는 아미노산잔기(또는 줄여서 잔기, residue)라 부른다. 몇 가지 중요한 명명법 규약을 **그림 2.10**에 요약하였다.

인위적인 측면이 있지만 peptide는 2가지의 주요 그룹으로 분류한다. 50개 미만의 아미노산으로 구성된 경우 **oligopeptide**라고 하며, 50개 또는 그 이상의 아미노산으로 된 경우 **polypeptide**라고 부른다. 위에서 설명한 것처럼 단백질이란 생물학적인 기능에 필수적인 특정의 3차원적인 구조를 가지는 polypeptide(또는 서로 결합된 polypeptide 사슬들)을 말한다. peptide는 길이와 아미노산 서열, 또는 둘 다에 있어서 다양하기 때문에 peptide는 다양성에 있어 무한하다고 생각할 수 있는데, 단지 50가지 아미노산잔기로 구성된 polypeptide에 대해 $20^{50}$, 즉 $1.12 \times 10^{65}$가지 이상의 서열이 다른 polypeptide의 종류가 가능하다.

## 2.3 단백질 정제(purification)

### 크로마토그래피(chromatography)에 의해 혼합된 단백질을 분획할 수 있다.

DNA복제와 RNA합성과 같은 복잡한 과정은 서로 공조해야 하는 많은 단백질을 필요로 한다. 각 단백질은 전체 과정에서 전문적인 기능을 수행한다. 그러나 다른 단백질과 혼합물로서 존재하면 어떤 특정 단백질의 구조와 기능을 조사하기엔 곤란한 점

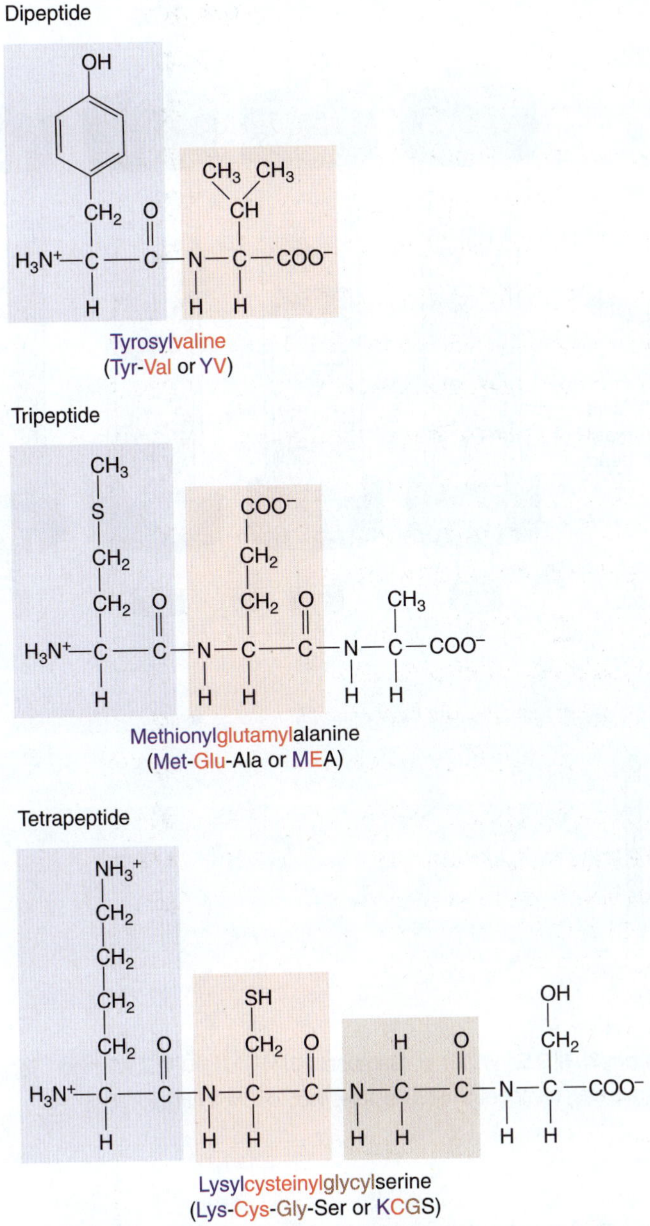

Dipeptide

Tyrosylvaline
(Tyr-Val or YV)

Tripeptide

Methionylglutamylalanine
(Met-Glu-Ala or MEA)

Tetrapeptide

Lysylcysteinylglycylserine
(Lys-Cys-Gly-Ser or KCGS)

**그림 2.10 Peptide를 그리는 데 있어서의 규약.** 규약에 의해 아미노기 말단(N-terminus)은 왼쪽에 그리고, 카르복실기 말단은(C-terminus)은 오른 쪽에 그린다. Peptide는 카르복실기 말단 아미노산의 유도체로서 명명된다.

이 많다. 다행히 대부분의 단백질은 적절히 견고하여 정제과정 중에 자체의 생물학적인 활성을 잃지 않는다. 그럼에도 불구하고 생물학적인 활성을 잃지 않기 위해서는 일반적으로 pH 7 근처에서 4°C에서 분획하는 것이 바람직스럽다.

Column chromatography라 불리는 단백질 정제의 한 일반적인 방법은 유동성 수성 용액과 고정성 고체 기질 사이에서 반복적으로 분배(partition)하여 혼합물로부터 단백질을 분리한다. 단백질 혼합물을 포함하고 있는 용액을 수천 개의 조그

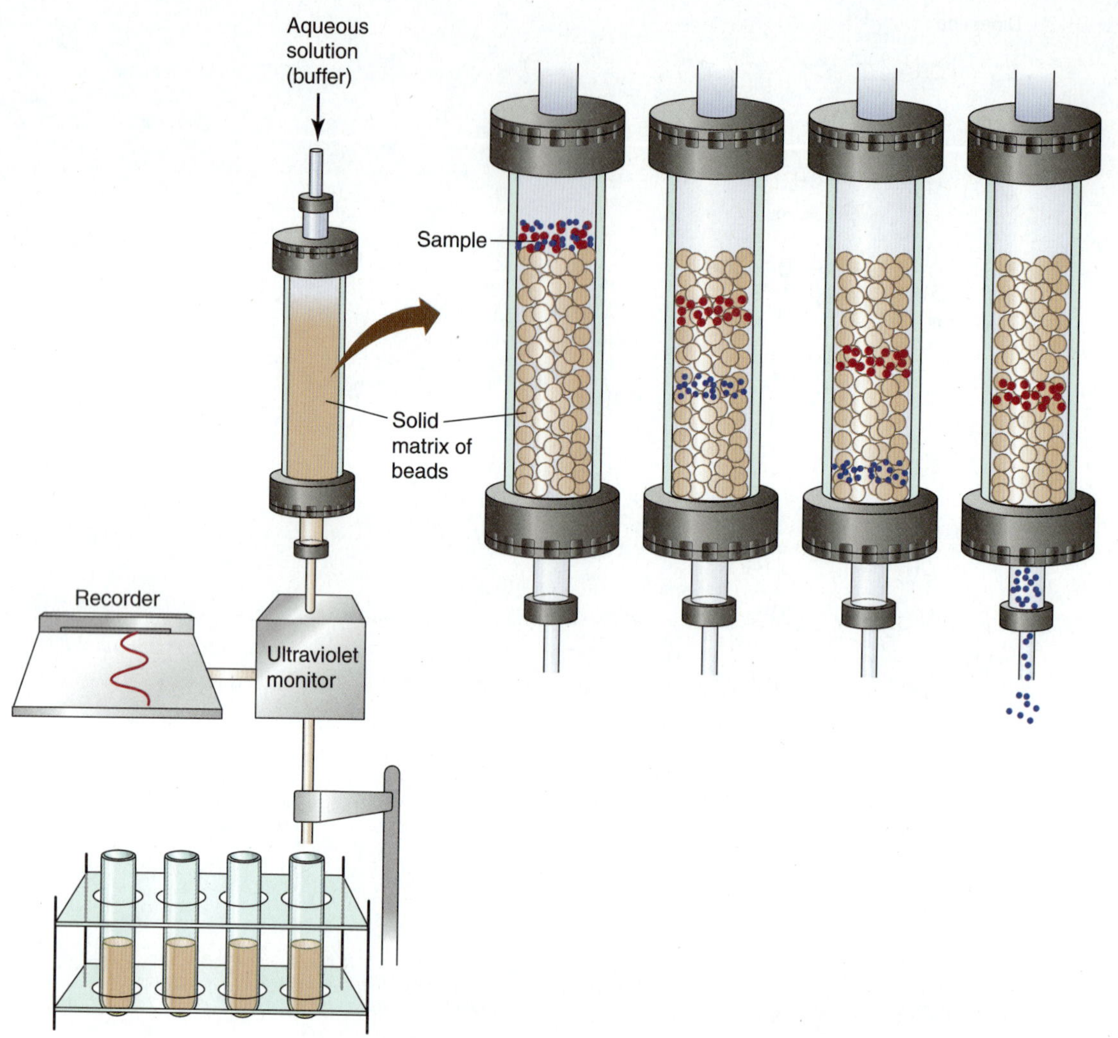


**그림 2.11** **Column chromatography의 개요도.** Wilbur H. Campbell, 미시간 기술대학교(Michigan Technological University)에 의한 삽화(http://www.bio.mtu.edu./campbell/b14820/lectures/lec6/482w62.htm)를 채택함

만 구슬로 된 고정성 고체 기질로 채워진 column을 통하여 여과시킨다(**그림 2.11**). 용액이 column을 통과할 때 단백질은 고정성 기질과 작용하여 지체된다. 만일 column이 충분히 길면 서로 다른 이동속도를 가지는 단백질을 분리할 수 있다. 자외선 감시 장치를 이용하여 column으로부터 유리된 단백질을 검출할 수 있으며, 분획기로 여러 시험관에 수집할 수 있다. 단백질 분리 능력은 보다 긴 column, 보다 작은 구슬을 이용하여 고정성 기질의 표면적을 증가시킴으로써 향상시킬 수 있다.

그러나 표면적을 증가시키기 위한 2가지 방법은 column을 통한 용매의 흐름을 감소시킨다. 흐름의 속도를 증가시키기 위해 column을 통과하는 용액 액체에 압력을 가한 초기의 시도는 구슬을 압착시켰고, 그 결과 용매의 흐름을 방해였기 때문에 실패하였다.

유속 문제는 수성 용액이 column에 가하는 고압을 견딜 수 있는 견고한 크로마토그래피 구슬을 개발하거나, 분리와 분리능력을 증가시키는 데에 필요한 시간을 단축함으로써 해결되었다. **고성능 액체 크로마토그래피(high-performance liquid chromatography)**로 알려진 이러한 변형된 과정이 단백질 정제에 현재 널리 사용되고 있다. 고체 기질을 통한 단백질의 이동을 지체시키기 위하여 여러 다른 종류의 친밀성 상호작용이 이용되고 있다.

**이온교환 크로마토그래피(ion-exchange chromatography)**는 단백질을 분획하기 위하여 단백질과 고체 기질사이의 정전기적(electrostatic) 상호작용을 이용한다(**그림 2.12**). 단백질 혼합물을 포함하고 있는 시료를 양전하(또는 음전하)를 띠는 작용기로 덮혀진 다당류(polysaccharide) 구슬과 같은 고정성 기질로 채워진 column을 통하여 여과시킨다. 구슬의 하전된 작용기는 단백질의 하전된 아미노산 곁사슬과 상호작용한다.

Aspartic acid 음이온, glutamate, 그리고 카르복실기 말단 잔기는 pH7에서 음전하를 띠고 있어 양전하로 하전된 수지(resin)와 상호작용한다(음이온교환 크로마토그래피). Lysine, arginine, 아미노기 말단 잔기는 양전하를 띠고 있어 음전하로 하전된 수지와 상호작용한다(양이온교환 수지).

점진적으로 염의 농도를 높인 수성 액체를 column에 통과시켜 단백질을 분리한다. 염 이온은 이온 교환 구슬로부터 하전된 곁사슬을 축출시킨다. Column과 가장 약하게 상호작용을 하고 있는 단백질이 가장 먼저 column을 통하여 이동될 것이다. 대부분의 단백질은 표면에 양전하와 음전하로 하전된 두 종류의 곁사슬을 모2가지고 있기 때문에 어떤 특정 단백질은 음이온 또는 양이온 교환 크로마토그래피 2가지 방법에 의해 분리될 수 있다.

**역상 크로마토그래피(reverse phase chromatography)**는 소수성 크로마토그

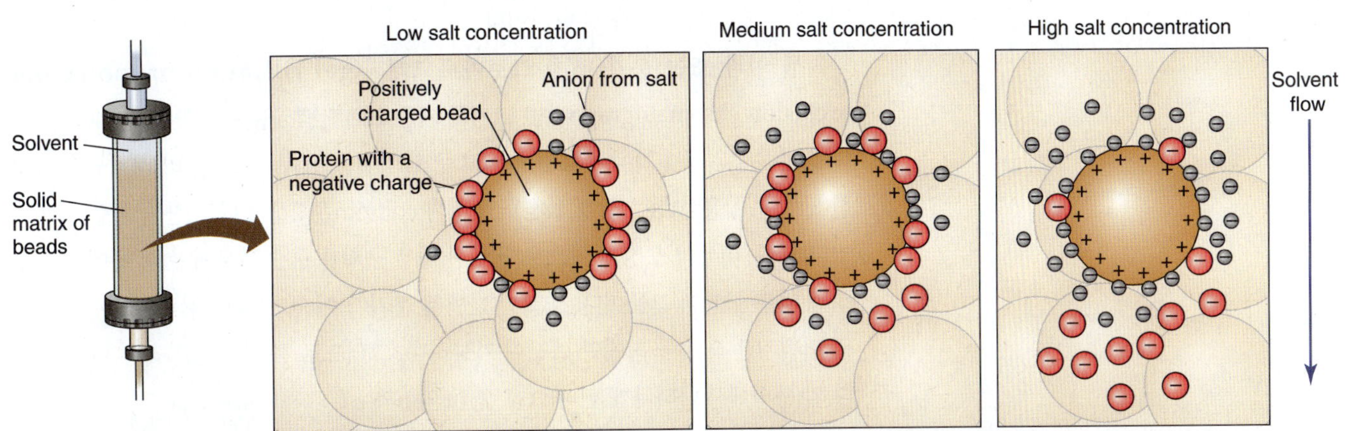


**그림 2.12 음이온 교환 크로마토그래피.** 단백질의 음전하로 하전된 작용기는 음이온 교환 수지의 양전하로 하전된 작용기와 결합한다. 염 농도를 증가시킴으로써 단백질을 축출하는 음이온을 생성시킨다. 양이온 교환 수지는 유사한 방법으로 작용하는 데. 이 경우 단백질의 양전하로 하전된 작용기는 수지의 음이온으로 하전된 작용기에 결합하며 양이온이 단백질을 축출한다.

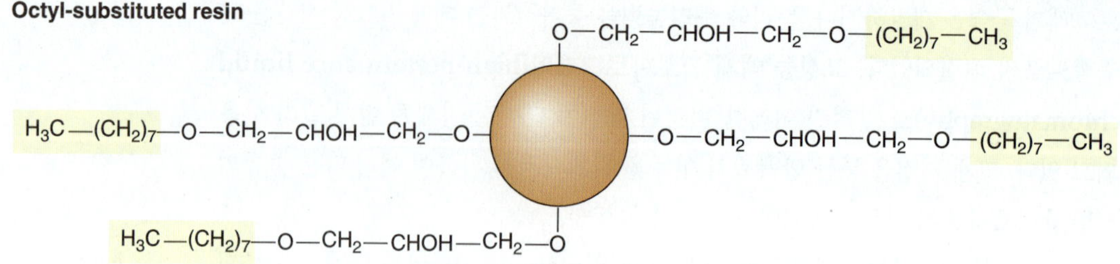


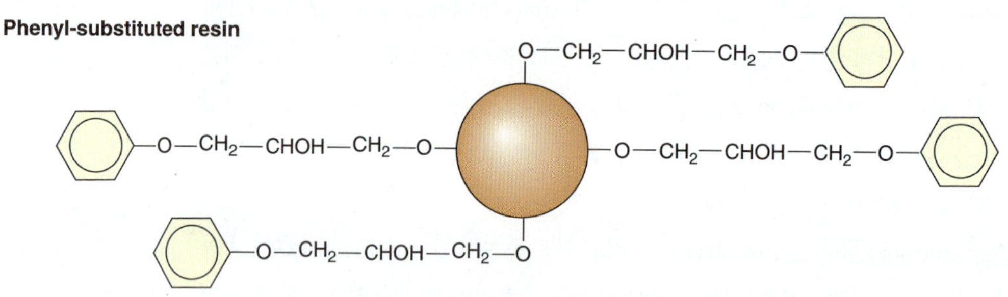


**그림 2.13** 역상 크로마토그래피에 이용되는 수지.

래피(hydrophobic chromatography)라고도 불리는 데, 이 방법은 비극성 단백질의 이동을 지체시키기 위해 다당류 구슬에 부착된 phenyl 또는 octyl기와 같은 비극성기와 비극성 아미노산의 곁사슬 사이의 약한 친밀성 상호작용을 이용한다(**그림 2.13**). 높은 염 농도의 수성 용액에 녹아있는 단백질을 역상 크로마토그래피와 채워진 column에 첨가한다. 단백질은 염 농도가 높을 때 구슬에 더 강력하게 부착된다. 역상 수지와 단백질의 상호작용은 단백질의 비극성 아미노산 잔기의 숫자와 위치에 좌우된다. 단백질은 column에 점차적으로 염의 농도를 낮춘 수성 용액이 지나감에 따라 유리된다. 구슬에 가장 낮은 친화성을 갖는 단백질이 먼저 유리된다. 역상 크로마토그래피에서 결합과 유리작용에 사용되는 환경조건은 이온 교환 크로마토그래피에서 사용되는 그것과 정 반대이다.

**젤 여과 또는 분자 배제 크로마토그래피(gel filtration or molecular exclusion chromatography)**는 크기를 기준으로 단백질을 분리한다. 이 방법은 조그만 단백질은 구슬의 내부로 침투되고 큰 단백질은 이 부분으로부터 배제되는 특수한 구슬을 이용한다(**그림 2.14a**). 젤 여과 column은 2개의 다른 물 구획을 가지고 있다. 구슬 내부의 수성 용액으로 구성된 내부 구획과 구슬 외부의 수성 용액으로 구성된 외부 구획이 그들이다. 조그만 단백질 분자가 이 두 구획에 접근이 가능하지만 큰 단백질은 외부 구획에만 접근이 가능하다. 그러므로 큰 단백질은 작은 단백질 보다 앞 분획에서 나타나게 된다(**그림 2.14**의 **b**와 **c**).

**친화성 크로마토그래피(affinity chromatography)**는 많은 단백질이 ligand라 불리는 특수한 작은 분자에 결합할 수 있다는 점을 이용한다. 친화성 크로마토그래피는 정제하고자 하는 단백질의 이러한 특이성을 활용한다. ligand를 조그만 구슬에

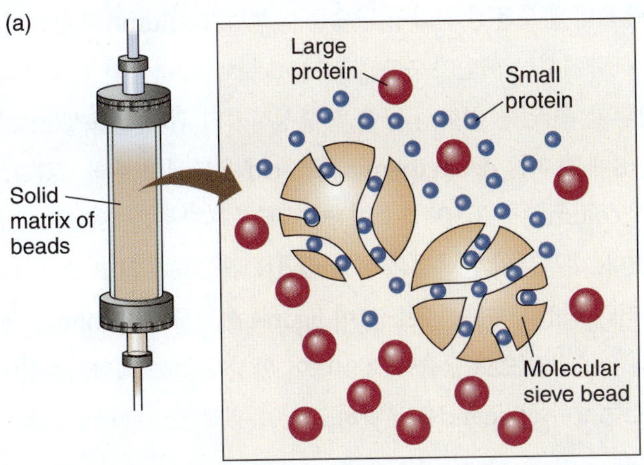


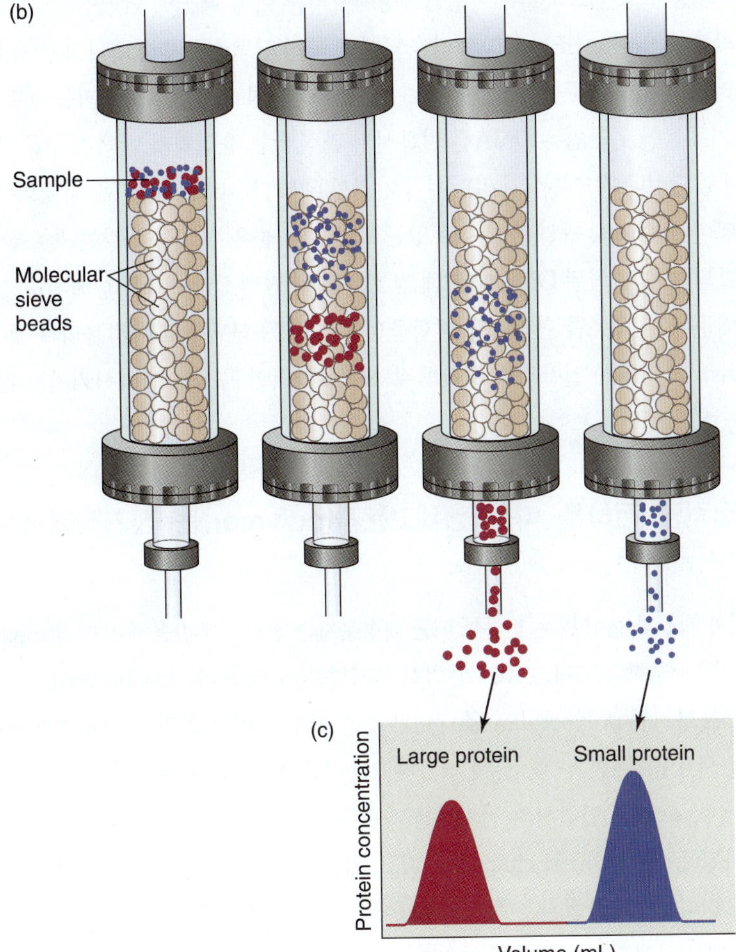


**그림 2.14 Gel 여과 크로마토그래피(gel filtration chromatography).** (a) Gel 여과 column은 특수하게 고안된 구슬의 내부 수성 용액으로 구성된 내부 구획과 구슬 외부의 수성 용액으로 구성된 외부 구획을 가지고 있다. 이 구슬은 조그만 단백질은 구슬 기질로 침투하는 것은 허용하지만 커다란 단백질은 이 부위로부터 배제시켜 커다란 단백질은 외부 구획만으로 들어가게 된다. (b) 단백질은 크기별로 분리되어 커다란 단백질은 앞 분획에서, 보다 작은 단백질은 뒤 분획에서 나타난다. Tropp, B. E. *Biochemistry: Concepts and Applications,* Books/Cole Publishing Company, 1997 에서 채택함.

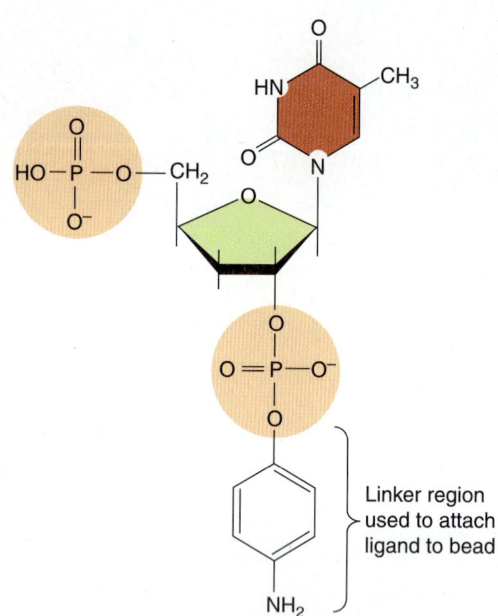


**그림 2.15 친화성 크로마토그래피(affinity chromatography).** 친화성 크로마토그래피는 특정의 단백질이 ligand에 결합하는 능력을 활용한다. 핵산가수분해효소는 그림에 보인 것과 같은 deoxyribonucleotide 유도체에 결합한다. 친화성 수지는 물에 불용성인 조그만 구슬에 ligand를 부착시켜 준비한다. Tropp, B. E. *Biochemistry: Concepts and Applications*, Books/Cole Publishing Company, 1997에서 채택함.

부착시켜 수성 완충용액에 부용된 친화성 구슬을 형성시켜 column에 붓는다. 가장 초기의 실험 중의 하나에서는 핵산가수분해효소(nucleases, 핵산의 가수분해를 촉매하는 효소)가 결합할 수 있는 친화성 구슬을 형성시키기 위해 불용성(insoluble) 다당류에 **그림 2.15**에 보여준 deoxythymidylic acid 유도체를 부착시켰다. 이 친화성 구슬로 채워진 column에 세균(박테리아)의 단백질 혼합물을 포함하고 있는 수성 용액을 통과시켰다. 대부분의 단백질은 이 ligand에 결합하지 않고 그냥 column을 빠져나갔다. 그러나 핵산가수분해효소는 이 ligand에 결합하여 column에 존속되었다. 낮은 pH의 완충용액으로 구슬을 씻어내어 활성을 갖는 핵산가수분해효소를 찾아내었다. 효소는 순수한 ligand를 포함하고 있는 용액으로 칼럼을 씻음으로써 추출될 수 있다.

친화성 크로마토그래피는 결합과정에서의 특이성 때문에 단백질을 고도로 순수 분리할 수 있다. 재조합 DNA 기술 덕분에 특정 단백질을 암호화하고 있는 DNA가 분리되면 거의 모든 단백질에 대해 변형된 친화성 크로마토그래피를 이용할 수 있다. 기초적인 접근법은 DNA를 변화시켜 관심 있는 유전자가 단백질 수준에서 아미노기 말단이나 카르복실기 말단에 부가적인 6개의 histidine 잔기를 암호화하도록 하는 것이다. $(His)_6$ 서열을 가지고 있는 단백질에 높은 친화성을 갖는 특수한 수지가 개발되었다. 변형된 DNA에 의해 암호화된 이 단백질만이 $(His)_6$ 서열을 가지고 있기 때문에 이 재조합 단백질을 혼합물의 다른 모든 단백질로부터 분리해 낼 수 있다. $(His)_6$ 꼬리표는 일반적으로 단백질의 생물학적인 특성을 변화시키지는 않지만 우리는 이를 확인해 보아야 한다.

## 단백질처럼 전하를 띠는 생체고분자(polymer)는 전기장에서 이동한다.

단백질과 핵산과 같이 많은 전하를 띠는 대형분자는 전기장에 반응하여 매질(medium)을 통하여 이동한다(**그림 2.16**). **단백질 전기영동(protein electrophoresis)**은 완충용액으로 포화시킨 polyacrylamide gel과 같은 구멍이 있는 기질을 매체로 이용한다. 단백질 시료를 gel의 한 쪽 끝에 첨가하고, gel의 양 쪽 끝에 부착된 전극에 전력원(power source)을 연결시켜 전기장을 가한다. 가장 빠른 속도 gel을 통과하는 단백질은 가장 큰 실 전하(net charge)를 띠고, 가장 밀집된 모양이며, 가장 작은 크기인 경향이 있다. 어떤 단백질은 특정의 pH에서 실 전하를 띠지 않는데, 이 상태에서는 전기장에서 단백질이 이동하지 않으며, 이 특정의 pH를 **등전 pH(isoelectric pH)**라고 한다. 단백질 band(띠)는 염료로 염색하여 가시화한다. 다른 오염물이 없는 단백질은 하나의 band로 나타난다. 그러므로 전기영동은 단백질의 순수도를 감시하는 방법으로 매우 유용하다.

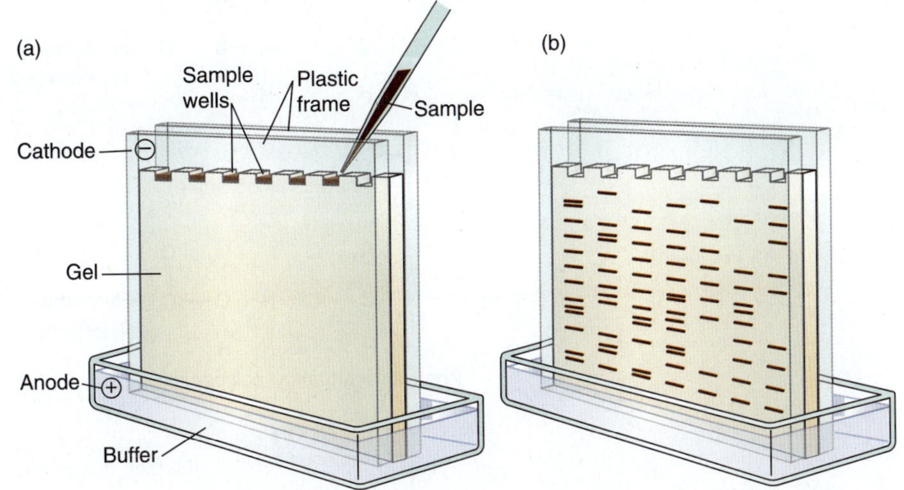


**그림 2.16 Gel 전기영동.** 시료를 polyacrylamide gel과 같은 구멍이 있는 기질에 만든 홈에 첨가한 후 전기장을 가한다. 가장 빠른 속도로 gel을 통과하여 이동하는 단백질은 가장 높은 실제 전하를 띠고, 가장 밀집된 모양을 하고 있으며, 가장 크기가 작은 경향이 있다. Tropp, B. E. *Biochemistry: Concepts and Applications,* Books/Cole Publishing Company, 1997 에서 채택함.

## 2.4 단백질의 1차 구조(primary structure)

### Edman 분해법과 overlap 방법으로 아미노산 서열을 결정할 수 있다.

정제된 단백질의 아미노산 서열 또는 1차 구조를 결정할 수 있다. 일단 단백질을 정제하면 이 단백질의 화학적 생물학적 특성을 이해하기 위해 좀 더 분석해야 한다. Pehr Edman은 1950년에 분해기술을 개발하였는데, 이 방법은 아미노산의 서열을 결정하는 데 있어 지금까지 가장 널리 사용되고 있다. Edman 분해법은 polypeptide의 아미노기 말단으로부터 1개의 아미노산을 유리시키기 위해 일련의 화학적 과정을 거친다(**그림 2.17**). 그 유리된 아미노산 유도체를 동정하고, 다시 아미노산을 제거하고 동정하는 일련의 과정을 계속적으로 반복한다.

절단의 효율성은 100% 미만이기 때문에 지속적인 절단 순환과정은 이질적인 peptide 집단을 증가시키게 된다. 약 50회의 순환 후에는 peptide 집단이 너무 이질적으로 변하여 결과를 해석하는 것이 거의 불가능해진다. Trypsin과 같은 소화 효소나 cyanogen bromide(CNBr)와 같은 화학 시약으로 긴 polypeptide를 잘 정돈된 조각으로 잘라 이 문제를 극복한다(**그림 2.18**). 특정의 단백질분해효소나 CNBr로 절단시켜 얻어진 조각들은 크로마토그래피로 분리하고, Edman 분해법으로 서열을 결정한다. 이런 작은 조각들의 아미노산 서열은 쉽게 분석할 수 있으나 원래 polypeptide의 서열을 알아내려면 각 조각들의 상대적 순서를 맞춰 보아야 한다.

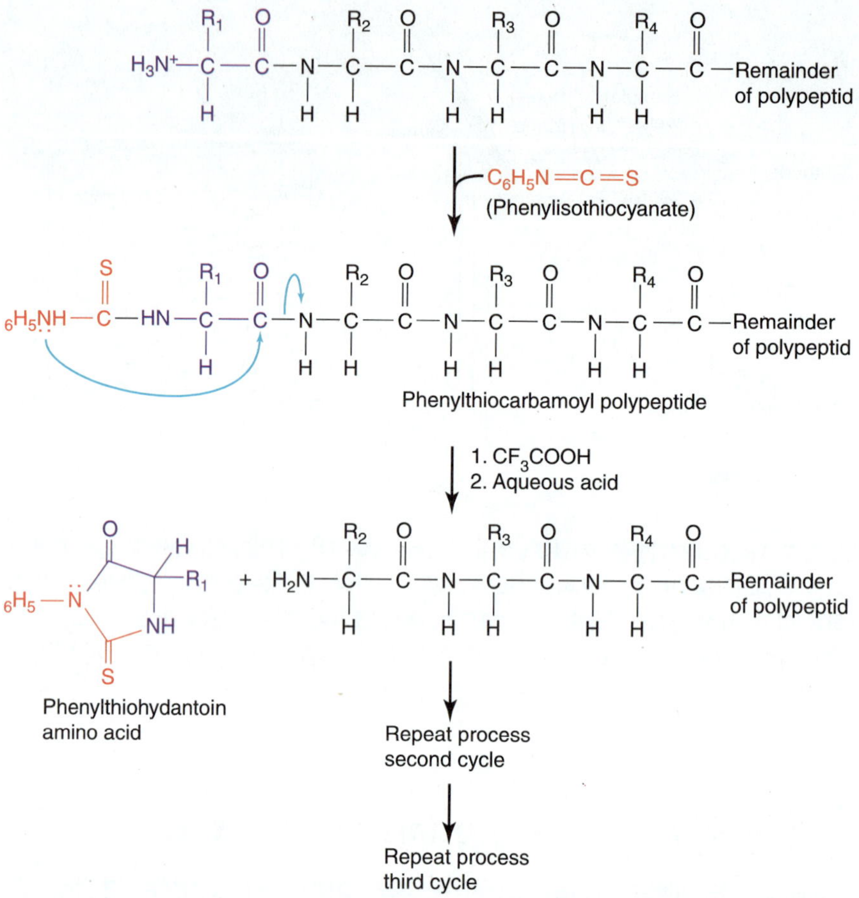

그림 2.17 **Edman 분해.** Polypeptide 사슬로부터 N-말단 아미노산을 선택적으로 끊어내는 Edman 분해법은 polypeptide의 아미노산 서열을 결정하는 데 이용된다. Tropp, B. E. *Biochemistry: Concepts and Appications,* Books/Cole Publishing Company, 1997 에서 채택함.

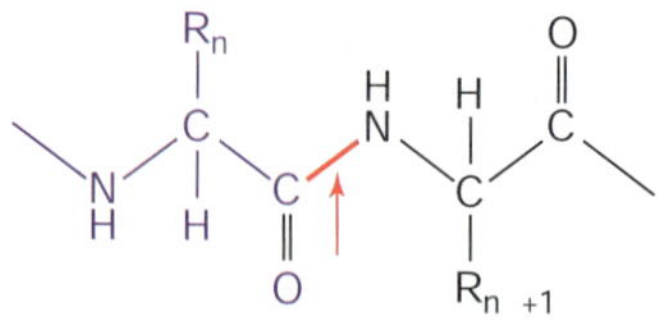

| 효소 또는 화학 약제 | $R_n$ |
|---|---|
| Trypsin | Lysine 또는 arginine |
| Chymotrypsin | Phenylalanine, tyrosine, 또는 tryptophan |
| Cyanogen bromide (CNBr) | Methionine |

그림 2.18 **특이적 절단** trypsin, chymotrypsin, CNBr은 특정의 아미노산 잔기 다음을 절단한다. 화살표는 이 결합 절단을 표시한다.

조각의 순서는 overlap 방법으로 결정한다(**그림 2.19**). 이 방법은 특정 아미노산 잔기를 자르는 효소나 화학 시약에 의해 생성되는 조각 집단에서, 두 조각이 한 조각의 서열 일부를 가지고 있느냐에 따라 좌우된다. 예를 들면, trypsin은 arginine과 lysine 잔기의 다음을 잘라 한 조(set)의 조각 모음을 생성시키며, CNBr은 methionine 잔기 다음을 잘라 형성된 다른 한 조의 조각 모음을 생성시킨다. 원래의 polypeptide 사슬 내에서 각 조각의 순서는 중복된 서열을 갖는 2쌍의 조각을 찾아냄으로써 결정할 수 있다.

이러한 값진 효용성에도 불구하고 Edman 분해법은 한계를 가지고 있다. 시간이 오래 걸리고, 변성된 아미노산 잔기에 대한 정보를 제공할 수 없다. **질량 분광법(mass spectrometry)**은 이러한 어려움을 극복하게 해준다. 이 기술은 분자들을 이온화하고 진공 체계에서 이온화된 조각들의 특이적인 궤적을 분석하여 각 조각의 질량을 결정한다. 질량 분광법은 매우 민감하여 매우 소량을 단백질을 필요로 한다. 더구나 peptide 절단은 수 시간이 아닌 수 초 내에 일어나며, 단백질이 완벽하게 순수

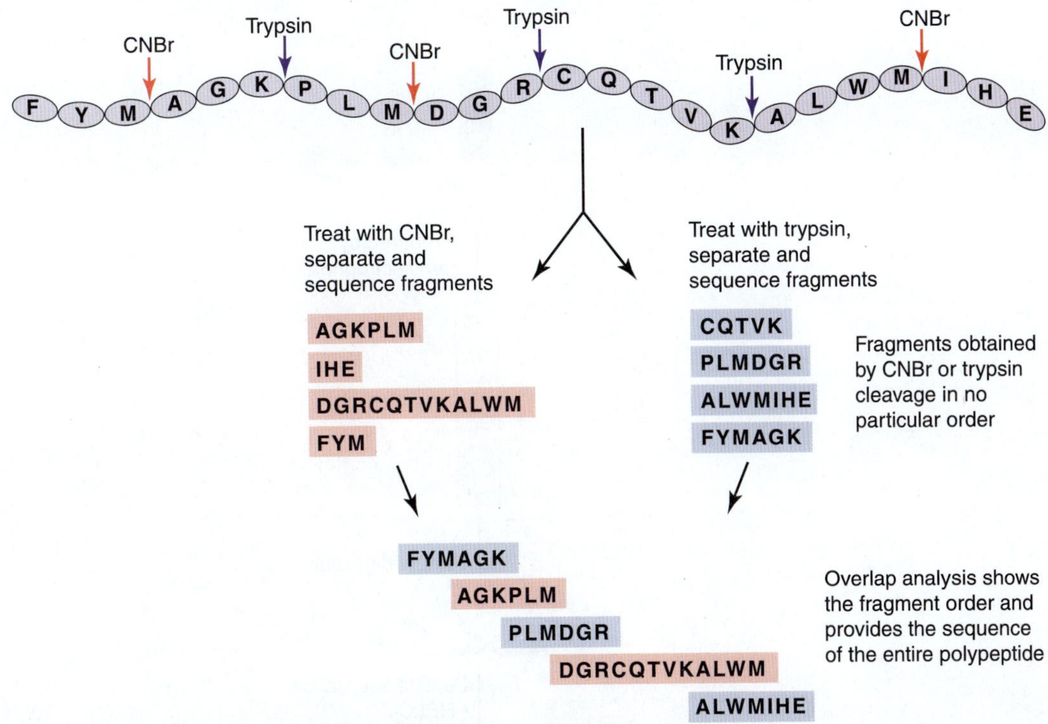


**그림 2.19 아미노산 서열 결정을 위한 overlap 방법.** N-말단 잔기에 phenylalanine(F)을 가지고 있는 polypeptide를 두 시료로 나눈다. 한 시료에는 methionine 다음을 자르는 CNBr을 처리하고, 다른 시료에는 arginine(R), lysine(K) 다음을 자르는 trypsin을 처리한다. CNBr 절단 위치는 빨간색 화살표로, trypsin 절단 위치는 보라색 화살표로 표시하였다. 각 시료로부터 생성된 각 조각들을 크로마토그래피로 분리하고 각 정제된 조각을 Edman 분해법으로 서열을 결정한다. 마지막으로 조각에서 중복되는 부분을 찾아낸다.

정제되지 않아도 서열결정이 가능하다.

**그림 2.20**은 질량 분광기 서열 기술의 여러 단계를 요약한 것이다. 생물학적인 재료로부터 단백질 집단을 준비하고, 각 polypeptide들을 전기영동으로 분리한다. 단백질 분리 후 gel lane을 여러 조각으로 자른다. 관심 있는 gel 조각에 특정의 단백질 분해효소나 화학 약제를 처리하여 이 조각에 포함된 단백질을 분해하여 단백질을 peptide로 전환시킨다. 분해 작용에 의해 형성된 혼합물 내에서 peptide를 HPLC를 이용하여 분리하고, 질량분광법으로 분석한다.

## Polypeptide 서열을 핵산의 서열로부터 알아낼 수 있다.

다음 5장에서 설명할 신속한 DNA서열결정 방법의 개발은 polypeptide의 서열 결정을 엄청나게 가속화했다. 정제된 polypeptide의 서열을 결정하는 대신에 연구자들은 생명체의 전체 DNA 서열을 결정하였고, 이 정보를 polypeptide의 서열을 결정하는 데 이용하였다.

DNA 서열결정은 매우 빠르고 아주 정확하지만, polypeptide의 서열 결정으로 확대 적용하는 데 있어 심각한 한계를 지니고 있다. 한 DNA 서열은 아래 여러 이

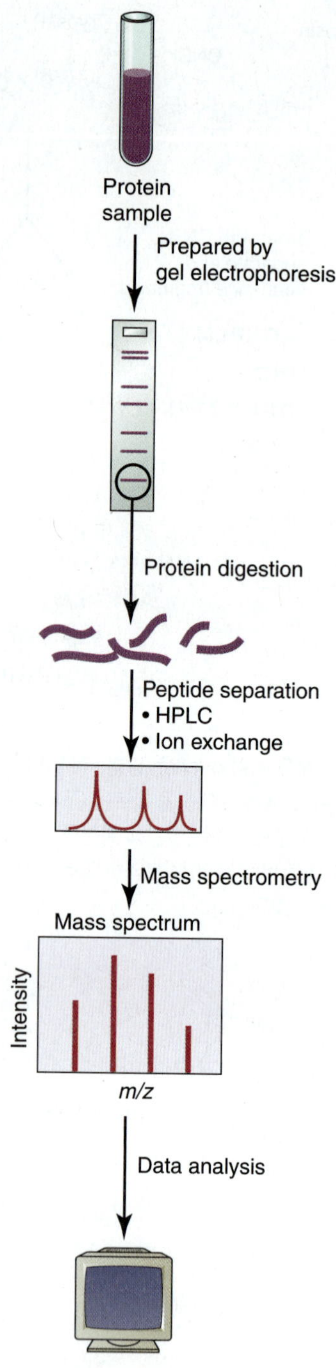


**그림 2.20 질량 분광법에 의한 peptide 서열 결정.** 단백질 집단을 세균이나 배양된 세포로부터 생물학적인 시료로부터 준비한다. 관심 있는 단백질을 분리한다. 최종적인 분리단계는 일반적으로 전기영동이다. Gel 레인을 잘라 목표로 하고 있는 단백질을 포함하고 있는 밴드를 취한다. Gel 속에 있는 상태로 특정의 효소나 화학제품으로(또는 둘 다 모두 사용하여) 분해시킨다. 이 결과 생성된 peptide 혼합물을 크로마토그래피로 분리하고, 각 peptide를 질량분광기로 분석한다. 결과적으로 각 peptide 내의 아미노산 서열이 결정된다. Polypeptide 서열은 동일한 단백질을 다른 절단 시약으로 분해시킨 후, peptide의 순서를 결정해주는 overlap 방법으로 결정할 수 있다. Steen H., and Mann, M., *Nature Rev. Mol. Cell Biol.* *5*(2004): 699-711로 부터 채택.

유들로 인해 생물학적으로 활성을 갖는 단백질의 화학적인 본질을 반드시 예측해 주지는 않는다. (1) 진핵생물에서 mRNA의 커다란 전구체는 intron이 불리는 사이에 끼어 있는(intervening) RNA 서열이 제거되면서 동시에 exon이라 불리는 양 옆의 서열이 연결되는 정확한 스플라이싱 기작에 의해 mRNA로 전환된다(**그림 2.21**; 17장을 참고하시오).

그 결과 파생된 DNA에 존재하던 서열이 일부 사라진 mRNA에 ribosome이 작용하여 DNA 서열로부터 예상되는 것보다는 짧은 polypeptide가 형성될 것이다. 많은 경우 splicing에 의해 사라질 서열을 예측할 수 없으며, 그 결과 생물학적으로 활성을 갖는 polypeptide의 서열을 예측할 수 없다. (2) 많은 polypeptide는 특정 위치에서 절단되어 생물학적으로 활성을 갖는 형태로 전환된다. 예를 들면, 인슐린의 polypeptide 전구체인, preproinsulin은 특정 peptide 결합이 절단되어 활성 호르몬으로 전환된다. (3) 많은 단백질은 이황화결합의 형성이라든가 인산, 당, 아세틸기, 지질 등이 첨가되어 공유결합 변형을 겪게 된다. 단백질의 생물학적인 활성과 안정성에 영향을 미치는 이러한 변형은 정제된 단백질에 의해서만 밝혀질 수 있다. (4) 많은 단백질은 홀로 작용하지 않고 같은 종류 또는 다른 종류의 polypeptide를 포함하는 복합체의 일부로서 작용한다. 이들 단백질 복합체의 실질적인 본질은 정제된 복합체를 연구함으로써만 밝혀질 수 있다.

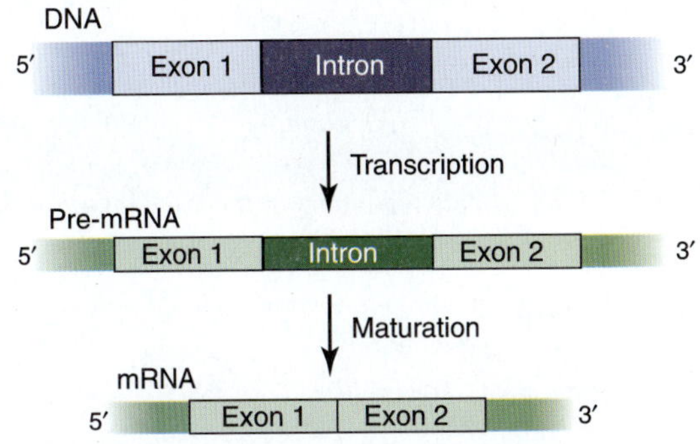


**그림 2.21 분할된 유전자.** 많은 진핵생물의 유전자는 유전자가 전사될 때 mRNA의 전구체에 포함되어 있는 사이에 끼어 있는 서열(intron)을 가지고 있으나, 이들은 mRNA 전구체 분자가 성숙된 mRNA로 전환되는 성숙과정 중에 제거된다. mRNA의 전구체와 성숙된 mRNA 둘 다 모두에 존재하는 암호화 서열(발현되는 서열)을 exon이라 부른다.

## BLAST 프로그램으로 새로운 polypeptide 서열을 자료은행(data bank)에 저장된 모든 서열과 비교할 수 있다.

지금까지 적어도 165종류 이상의 생명체의 유전체(genome)의 서열이 결정되었다. 세계에서 가장 방대한 단백질 서열 정보의 목록을 Uniprot에서 찾아볼 수 있다. 이 자료은행에 저장된 서열과 새로운 서열을 Uniprot site에서 제공하는 BLAST(Basic Local Alignment Search Tool) 프로그램을 이용하여 비교할 수 있다.

5가지의 BLAST 프로그램을 사용하면 특정한 핵산이나 polypeptide 서열(query sequences, 분석하고자 하는 서열)을 자료 은행에 입력되어 있는 모든 서열(subject sequences, 비교대상 서열)과 빠르고, 정확하며 크게 힘들이지 않고 비교할 수 있다. 5가지 프로그램 중 하나인 blastp에 대해서 알아보자. 그 이유는 이 프로그램은 자료은행에 있는 모든 polypeptide 서열과 아미노산 의문서열을 비교할 수 있는 프로그램이기 때문이다. Blastp 프로그램은 우선 query polypeptide에 존재하는 tripeptide와 유사한 모든 tripeptide를 자료 은행에서 찾아내는 것부터 시작하여 검색하고 나서, 유사성을 갖는 초기 부위로부터 비는 곳 없는 정렬로 확대해 나간다. 일단 정렬이 끝나면 blastp 프로그램은 우연히 발생할 수 있는 확률을 결정하여 보고해 주며, query에 가장 유사한 자료은행 서열을 나열하고, 부합하는 자료은행 서열과 query의 부분적인 정렬을 보여준다. 새로이 서열결정이 된 polypeptide는 다른 생명체에서 기능이 알려진 polypeptide와 매우 유사하다면 두 polypeptide

는 동일한 기능을 갖는다고 결론을 내릴 수 있다.

그러나 자료은행을 검색하여 유사한 polypeptide를 찾을 수 없거나, 유사한 서열을 찾아냈으나 기능이 알려져 있지 않을 경우가 있다. 이제 우리는 한 polypeptide가 존재하고 서열을 알고 있으나 그 polypeptide가 어떤 일을 하는지 알 수 없는 상황에 봉착하게 된다. 이러한 기능에 있어서의 문제를 해결하는 것은 앞으로 다가올 수십 년 동안 분자 생물학자들에게 주요 도전과제 중의 하나가 된다.

### 단순히 하나의 polypeptide 사슬로 된 단백질은 1차 구조, 2차 구조, 3차 구조를 가지는 반면, 2개 이상의 사슬로 구성된 단백질은 4차 구조를 가진다.

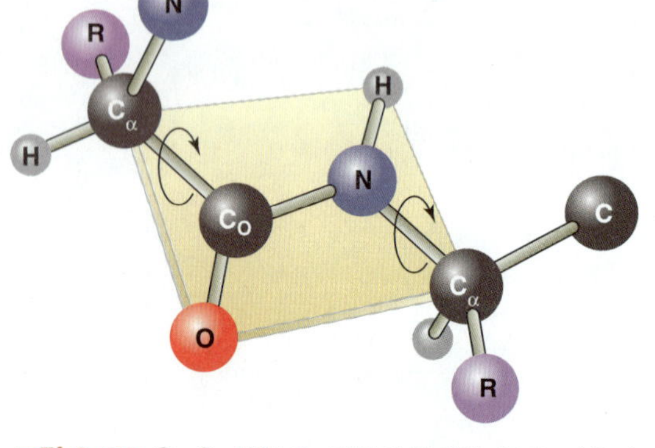

**그림 2.22 $C_\alpha$-$C_o$ 및 N-Ca 결합의 회전성.** N-$C_o$ 결합에서의 회전은 불가능하지만 $C_\alpha$-$C_o$나 N-$C_\alpha$ 결합에서는 가능 methews, c.k., ct al Biochemistry 3/2, Prentice Hall, 2000

Polypeptide 구조의 4가지 가능한 수준에 있어 1차 구조는 첫 번째이다. 나머지 3가지 수준은 polypeptide가 공간에서 배열되는 방법에 의해 결정된다. Polypeptide 골격(backbone)은 $C_\alpha$-$C_o$, $C_o$-N, 그리고 N-$C_\alpha$ 3가지 종류의 결합을 가지고 있다(**그림 2.22**). Peptide 결합의 회전은 매우 제한되지만, polypeptide 골격에 존재하는 2개의 단일 결합인 N-$C_\alpha$와 $C_\alpha$-$C_o$결합은 회전이 가능하다. 단일결합에서의 회전은 polypeptide가 생물학적으로 활성을 갖는 단백질로 접히도록 해준다. 이러한 접힘 때문에 단백질은 1차 구조에 더하여 구조에 있어 3가지 수준이 존재한다(**그림 2.23a**). 2차 구조는 이웃하는 잔기를 포함하여 polypeptide 사슬의 국부적인 접힘 양상을 설명해준다. 많은 다른 가능한 2차 구조 중에서 α-나선(helix), β-입체구조(conformation), 고리(loop) 또는 회전(turn) 3가지가 가장 일반적이다(**그림 2.23b**). 3차 구조는 여러 다른 부위(segment)뿐만 아니라 다른 부위 내에 존재하는 잔기들의 공간적인 배열을 포함하는 단백질의 전체적인 3차원 구조의 개관을 보여준다(**그림 2.23c**). 다음 장에서 설명하게 될 4차 구조는 2개 이상의 polypeptide 사슬로 구성된 단백질에만 해당되며, 각 사슬이 서로 간에 공간적으로 어떻게 배열되는 지를 보여준다.

## 2.5 약한 비공유성 결합들

### Polypeptide의 접힘 양상은 약한 비공유성 상호작용에 의해 결정된다.

쉽게 형성되고 깨지는 약한 비공유결합은 2차 구조, 3차 구조, 4차 구조를 안정화시켜준다. 이들 결합을 강한것 부터 말하면 **이온결합, 수소결합, van der Waals 상호작용, 그리고 소수성 상호작용** 순이다. 이들 약한 상호작용은 일정 범위의 결합에너지를 가지고 있어 약한 결합의 4종류 사이에는 상당량의 에너지 중복이 존재한다.

#### 이온결합

**이온결합**은 양전하와 음전하를 띠고 있는 이온기 사이의 끌어당기는 힘의 결과이다.

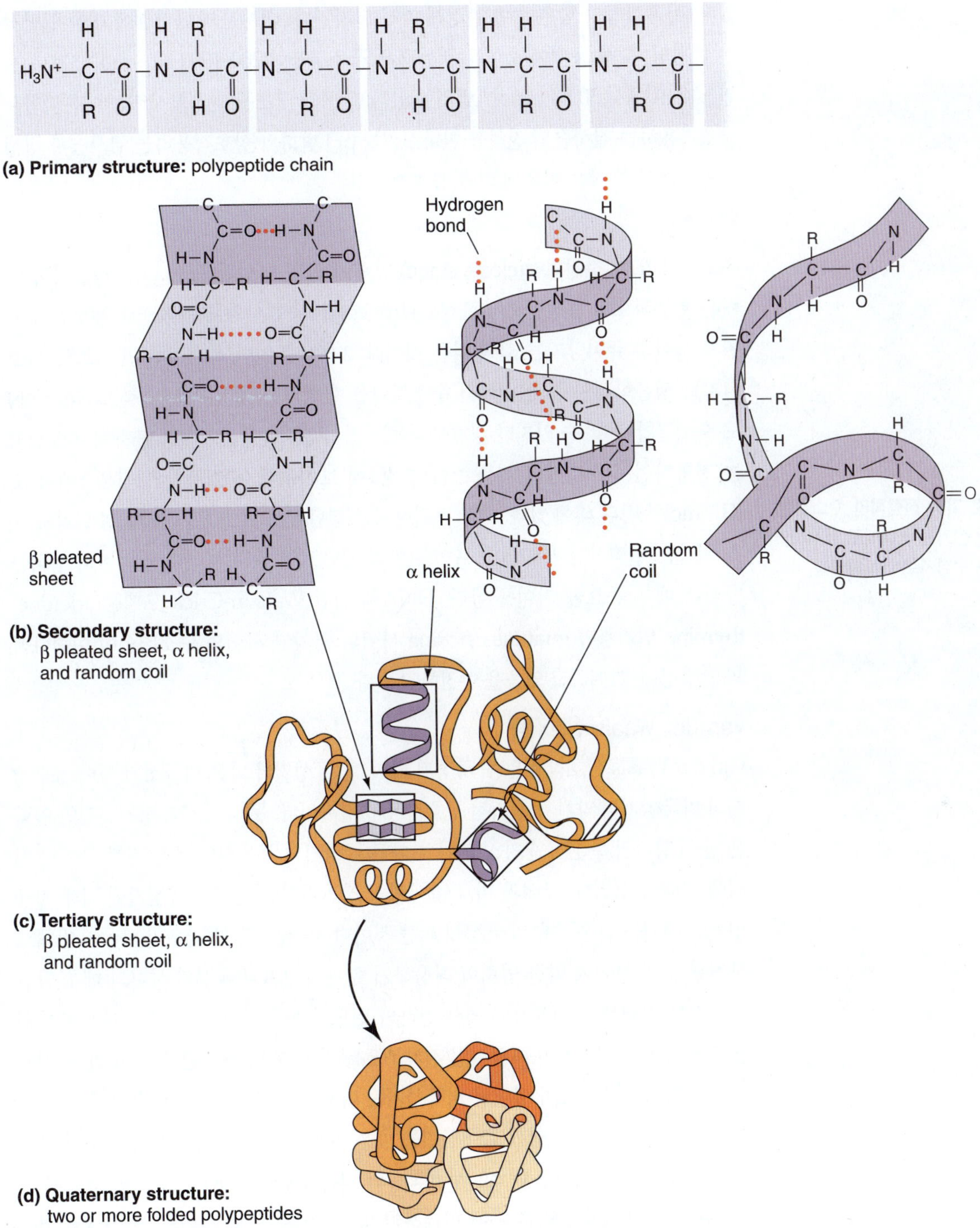

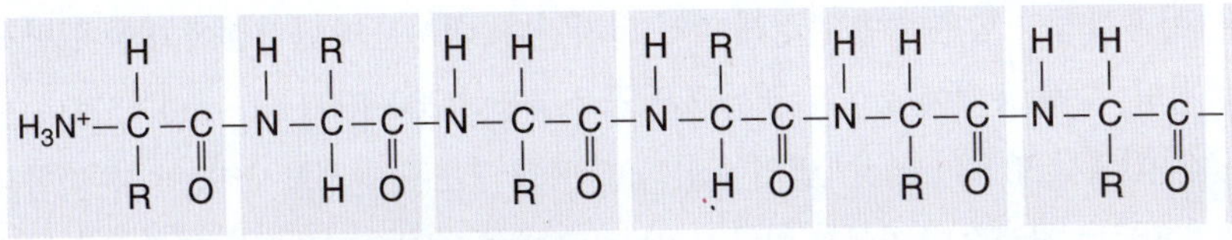

**(a) Primary structure:** polypeptide chain

Hydrogen bond

β pleated sheet

α helix

Random coil

**(b) Secondary structure:** β pleated sheet, α helix, and random coil

**(c) Tertiary structure:** β pleated sheet, α helix, and random coil

**(d) Quaternary structure:** two or more folded polypeptides

**그림 2.23 단백질 구조.** Polypeptide는 4가지 다른 구조적 시각에서 볼 수 있다. 띠 도형(ribbon diagram)(b와 c) 은 2차 구조와 3차 구조를 표현하는 데 있어 간단하고 효과적인 방법이다. Tropp, B. E. *Biochemistry: Concepts and Applications*, Books/Cole Publishing Company, 1997 에서 채택함.

예를 들면 aspartate과 glutamate의 음전하를 띠고 있는 곁사슬은 arginine, lysine, histidine의 양전하를 띠고 있는 곁사슬과 이온결합을 형성할 수 있다. 이온결합은 1차 구조에서 서로 이웃해 있는 잔기, 또는 멀리 떨어져 있는 잔기들 사이에 형성될 수

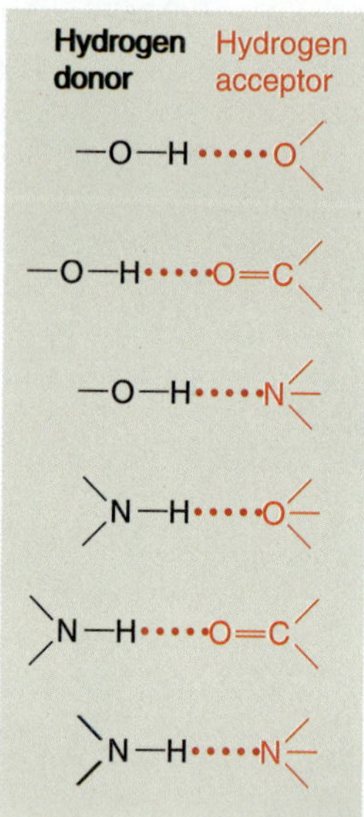


**그림 2.24 단백질에서의 몇 가지 전형적인 수소결합.** 수소 원자를 제공하는 아미노산 잔기는 공여자로 표시하였고, 수소원자에 결합하는 잔기는 수취자로 표시하였다.

있다. 이온결합의 힘은 주변 환경에 따라 달라진다. 대부분의 단백질에 대한 일반적인 환경인 수성 용액에서 이온 결합력은 공유결합력(200-1000 KJ · $mol^{-1}$) 보다 훨씬 낮은 10에서 30 KJ · $mol^{-1}$ 범위에 있다. 단백질 구조를 안정화시키는 이온결합은 상호작용하는 곁사슬의 전하를 변화시키는 pH 변화와 상호작용하는 곁사슬과 경쟁하는 고농도의 작은 이온에 의해 쉽게 깨진다.

### 수소결합

수소결합 또한 정전기적(electrostatic) 인력에 의해 형성된다. 이 경우 정전기적 인력은 부분적으로 음성인 전기음성(eletronegative) 원자와 부분적으로 양성인 수소 원자 사이의 끌어당기는 힘에 의한 것이다. 2가지 유일한 음성 원자인 산소와 질소 원자는 생물학적인 분자 내에서 수소결합을 형성하는 데 참여한다(불소(Fluorine)도 수소결합을 할 수 있지만 생체분자에는 거의 없다). 생물학적인 분자에서 발견되는 전형적인 수소결합의 예를 **그림 2.24**에 보여준다. 수소결합의 힘은 5에서 20 KJ · $mol^{-1}$ 범위 내에 있다. 가장 강력한 수소결합에서 위 2가지 전기음성 원자와 수소 원자는 일직선상에 놓인다. 수소결합의 집단적인 효과 핵산과 단백질의 접히는 방식에 매우 중요한 기여를 한다. DNA에 대한 Watson-Crick 모델은 adenine-thymine 염기쌍과 guanine-cytosine 사이의 염기쌍 사이의 수소결합이 이중나선의 안정성에 기여하고 있음을 인정하고 있다.

### van der Waals 상호작용

van der Waals 상호작용은 두 극성기 사이, 한 극성기와 다른 비극성기 사이, 또는 2개의 비극성기의 약한 정전기적 상호작용의 결과이다. 두 극성기의 정전기적인 인력은 한 극성기의 부분적인 양성 원자와 다른 극성기의 부분적인 음성 원자 사이의 인력에 의해 형성된다. 극성과 비극성 사이의 정전기적인 인력은 극성기에 의해 비극성기에 생기는 짧은 수명의 극성에 의한 것이며, 이 극성은 두 작용기 사이의 반대로 하전된 부위 사이에 약한 인력이 작용하게 한다. 2개의 비극성기 사이의 매우 약한 정전기적 인력은 비극성기 내에서 전하의 밀도가 변동되어 발생한다. 어떤 주어진 순간에 한 비극성기는 비대칭적인 전자분포를 가질 수 있는 작은 확률이 있다. 전하분포의 일시적인 동요가 일어난 비극성기는 이웃하는 비극성기에 극성을 유도할 수 있다. 비극성 분자들을 함께 끌어당기는 매우 약한 힘은 변동의 연합과 유도된 극성으로 설명된다. van der Waals 상호작용의 힘은 1에서 10 KJ · $mol^{-1}$의 범위에 있다. 두 원자 사이의 인력은 $\frac{1}{r^6}$에 비례하기 때문에(r은 두 핵 사이의 거리), van der Waals 상호작용은 두 원자가 서로 매우 가까이 존재할 때(0.1~0.2 nm 거리) 의미가 있다. 두 원자의 바깥 전자껍질이 중첩될 때 강력한 반발력이 작용하게 된다. **van der Waals 반지름(van der Waals radius)**이란 원자들 사이의 인력과 반발력이 정확하게 균형을 이루는 거리로 정의한다. van der Waals 반지름은 원자 쌍의 종류 마다 달라지는 데, 일부 대표적인 값을 **표 2.2**에 나타냈다. 분자의 모양은 각 원자의 van der Waals 구(sphere)에 의해 형성되는 표면에 필수적이다. **그림 2.25**는 이러

**표 2.2** van der Waals 반지름

| 원자 | van der Waals 반지름(nm) |
|---|---|
| 수소 | 0.120 |
| 산소 | 0.152 |
| 질소 | 0.155 |
| 탄소 | 0.170 |
| 황 | 0.180 |
| 인 | 0.180 |

(a) Alanine shown in ball and stick (left) and van der Waals displays

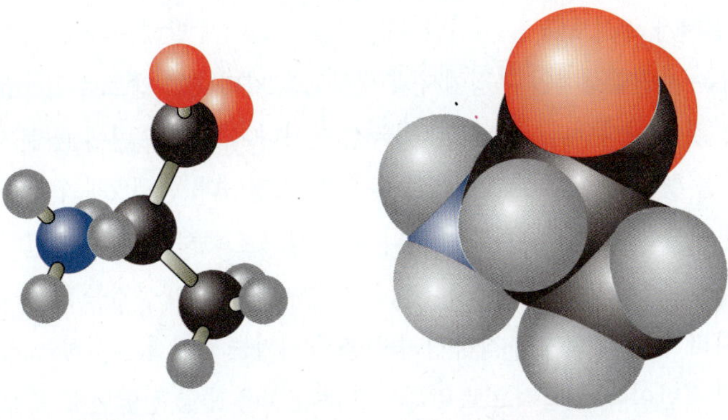

(b) Proline shown in ball and stick (left) and van der Waals displays

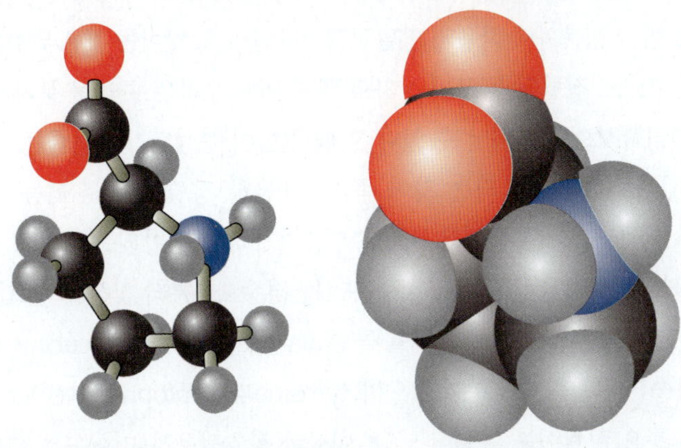

**그림 2.25 구와 막대, van der Waals 표현법으로 나타낸 alanine과 proline.** (a) 구와 막대(왼쪽), van der Waals 표현법(오른 쪽)으로 보여준 alanine. (b) 구와 막대(왼쪽), van der Waals 표현법(오른 쪽)으로 보여준 proline.

한 방법으로 정의된 alanine과 proline의 모양을 보여준다. 상온에서 열운동(thermal motion)의 평균에너지는 약 2.5 KJ · $mol^{-1}$ 이다. 그러므로 두 원자 사이의 van der Waals 상호작용은 이들 원자를 가까이 유지하기엔 불충분하다. 그러나 만일 여러 원자 쌍의 상호작용이 연합하여 축적된 인력은 열운동에 의해 깨지지 않을 만큼 충분히 클 수 있다. 그러므로 분자를 구성하는 여러 구성 원자가 서로 작용한다면 두 분자 사이에 인력이 생길 수 있다. 그러나 $\frac{1}{r^6}$에 대한 의존성 때문에 분자간 접합은 거의 완벽해야 한다. 그러므로 두 분자의 모양이 서로 상보적이라면 두 분자는 서로 잘 붙잡게 될 것이다. 이와 유사하게 폴리머의 두 떨어진 부위도 그들의 모양이 서로 잘 맞는다면 서로 붙잡게 될 것이다. 때때로 두 부위 사이의 van der Waals 상호작용은 결합을 이끌어낼 정도로 충분히 크지 않을 수 있으나, 서로 잘 맞는다면 소수성 상호작용과 같은 다른 약한 상호작용을 상당히 강화시킬 수 있다.

## 소수성 상호작용

소수성 상호작용을 이끌어내는 힘은 주변 물 분자의 구조적 배열을 고려함으로써 설명할 수 있다. 한 비극성 분자나 작용기가 물에 존재할 때 물 분자는 수소결합을 통해

(a) Water molecules in bulk phase of water

(b) Water molecules in cage around hydrocarbon

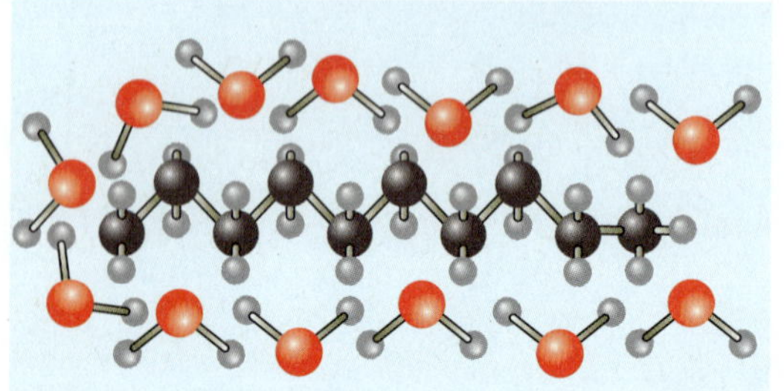

**그림 2.26 소수성의 효과.** (a) 물 분자는 비극성(소수성) 분자가 없으면 임의로 움직인다. (b) 물 분자는 소수성 분자나 작용기 주변에 질서정연한 상자를 형성한다. 무질서가 질서보다 선호되기 때문에 가장 선호되는 상황은 상자를 형성하는 데 가능한 한 가장 적은 수의 물 분자가 참여하는 것이다. 순전히 기하학적인 이유로 소수성 분자들의 집단 주변에 하나의 상자를 형성하는 것이 각 분자의 주변에 각 각 물 상자를 형성하는 것보다 적은 수의 물 분자를 필요로 한다. 그러므로 소수성 분자(또는 작용기)는 물에서 밀집되는 경향이 있다. Tropp, B. E. *Biochemistry: Concepts and Applications,* Books/Cole Publishing Company, 1997 에서 채택함.

비극성분자나 작용기 주변에 고도로 정렬된 상자를 형성한다(**그림 2.26**). 열역학 제2법칙은 무질서가 질서보다 잘 일어난다는 것을 우리에게 말해준다. 달리 표현하면 이 제2법칙은 자연발생적인 과정에서 무질서도를 나타내는 **엔트로피(entropy)**는 증가한다는 것을 나타낸다. 그러므로 비극성 분자나 작용기 주변에 물 분자들이 배열되어 상자를 형성하는 것은 잘 일어날 수 없는 과정이다. 만일 2개의 비극성 분자나 작용기가 서로 가까이 존재한다면 하나의 물 상자로 족하게 된다. 순전히 기하학적인 이유 때문에 1쌍의 비극성 분자나 작용기 주변에 하나의 상자를 형성하는 데 필요한 물 분자의 수는 각 분자나 작용기 주변을 둘러싸는 상자를 형성하는 데 필요한 전체 숫자의 절반이다. 일반적으로 비극성 분자나 작용기 당 정렬된 물 분자의 수는 비극성 분자나 작용기가 밀집되어 있거나 층으로 쌓여 있게 되면 항상 적게 필요하다. 그러므로 비극성 분자나 작용기가 밀집되거나 층으로 쌓이는 것은 밀집되거나 층으로 쌓이면 고도로 정렬된 물 분자 상자로 배열되는 데 적은 수의 물 분자가 필요하기 때문에 열역학적으로 일어날 수 있다. 이때 결합이 형성되지 않는다는 것을 주지할 필요가 있다. 단지 밀집되는 것이 좀 더 가능한 정렬이다. 우리는 **소수성(hydrophobicity)**로 알려진, 물에서 분자나 작용기가 서로 집합되는 경향이 있다는 것을 이들이 물로부터 비극성 용매로 이동하려는 경향으로부터 찾아볼 수 있다. 많은 아미노산의 곁사슬은 소수성이다. 예를 들면 alanine, leucine, isoleucine, valine의 탄화수소 사슬은 밀집되는 경향이 있으며, tyrosine과 tryptophan의 방향족성 곁사슬은 물에서 층으로 쌓이는 경향이 있다. 이들과 상호작용하는 소수성 곁사슬이 멀리 떨어져 있는 잔기에 존재할 경우 이들은 polypeptide 사슬의 멀리 떨어진 부분

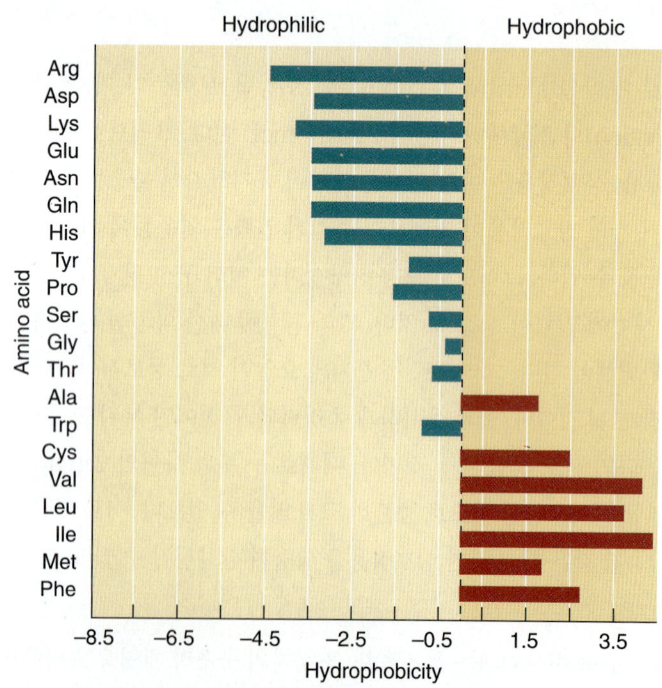


**그림 2.27 소수성 척도.** 많은 소수성 척도가 고안되었다. 여기에 보여주는 것은 실험적인 자료에 근거하여 J. Kyte와 R. F. Doolittle가 고안해 낸 것이다.

을 가까이 오도록 한다. 그러므로 polypeptide의 접힘 양상은 아미노산 잔기의 곁사슬들 간의 소수성 상호작용에 의해 강하게 영향을 받는다. 실험에 의한 자료와 이론적인 원리에 근거하여 아미노산 곁사슬에 대해 수십 가지 소수성의 척도가 제안되어 있다. 불행하게도 각 척도에 의해 제공되는 수치는 단지 근사값에 불과하다. 널리 쓰이는 J. Kyte와 R. F. Doolittle에 의해 고안된 것을 **그림 2.27**에 보여준다.

## 2.6 단백질의 2차 구조

### α-나선 구조는 수소결합에 의해 안정화되는 밀집된 구조이다.

Polypeptide 사슬에서 이웃한 잔기들은 규칙적인 2차 구조로 접힐 수 있다. Linus Pauling은 병으로 집에서 회복 요양하는 중인 1951년 첫 2차 구조인 α-나선 구조의 존재를 처음으로 예측해냈다. 시간을 보내기 위해 Pauling은 정확한 결합 각도와 결합 길이로 짧은 peptide를 종이 위에 그렸다. 종이 장수를 늘려가면서 그는 peptide 골격이 나선으로 접힌다는 것을 알게 되었다. 실험실에 돌아와서 Pauling과 그의 동료인 Robert Corey는 좀 더 정확한 3차원 모델을 구성하였고 이를 α-나선이라고 명명하였다. 이 모델은(**그림 2.28**) 아래와 같은 특징을 가지고 있다. 완전한 나선의 회전은 수직 축을 따라 0.54 nm 길이에 다다르고, 3.6 아미노산을 필요로 한다. 잔기 당 수직적 상승은 0.15 nm/잔기(0.54 nm/3.6 잔기)이다.

수소결합은 규칙적인 반복 양상으로 나선의 내부에 위치한다. n 번째 잔기의 carbonyl기의 산소 원자는 n + 4 번째 잔기의 N-H기의 수소원자와 수소결합을 형성한다. α-나선의 첫 번째와 마지막 4개의 잔기는 수소결합 양상이 없기 때문에 전체적인 일련의 수소결합을 형성할 수 없다. 모든 C=O 결합은 한 방향으로 향해 있으며, 모든 N-H 결합은 그 반대 방향을 향하고 있기 때문에 아미노기 말단에 부분적인 양전하와 카르복실기 말단의 부분적인 음전하를 갖는 α-나선에 대해 중요한 실 쌍극자(net dipole)를 형성한다(**그림 2.29**). 이들 정전기적인 전하들은 나선 조각의 아미노 말단에 있는 산성 잔기와 나선 조각의 카르복실 말단에 있는 염기성 잔기에 의해 자주 상쇄된다.

α-나선은 우향성(right-handed) 나선이다. 나선의 우향성 본질은 나사못의 나삿니를 그림으로써 가장 쉽게 가시화 할 수 있다. 우향성 나사못의 나삿니는 시계방향으로 회전시키면 조여지게 되는 모양을 하고 있다. 그러나 나삿니는 시계 반대방향으로 회전시키면 조여지는 좌향성(left-handed) 형태로 될 수도 있다. L-아미노산으로 구성된 자연적으로 존재하는 polypeptide 사슬은 우향성 α-나선으로 접혀 있다. D-아미노산으로 polypeptide를 합성하면 이 polypeptide는 좌향성 α-나선으로 접힌다.

모든 아미노산 잔기는 α-나선에 적절히 맞을 수 있으나 정도에 있어서는 차이가 있다. Proline과 glycine은 나선에 가장 낮은 적합성을 가지고 있다. polypeptide의 한 부분에 존재하는 proline의 질소 원자는 수소결합을 형성하는 데 필요한 치환 기

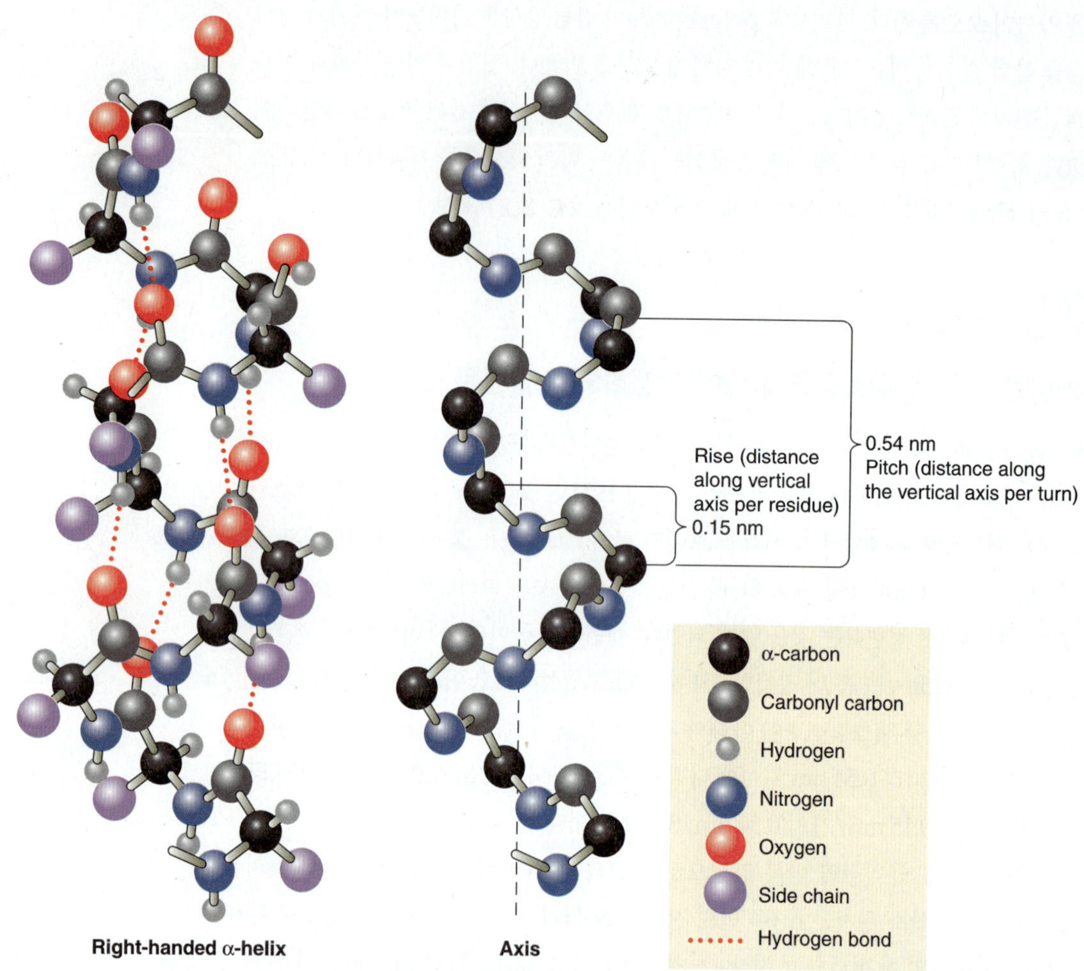


**그림 2.28 α-나선.** N-말단 잔기는 그림의 바닥에 C-말단 잔기는 꼭대기에 있다. 각 carbonyl기에 있는 산소는 C-말단 쪽으로 4 번째 잔기의 amide 수소와 수소결합을 형성하는 데, 이 수소결합은 나선의 길이 축과 거의 평행을 이룬다. 모든 carbonyl기는 C-말단 쪽을 행하고 있다. 이상적인 α-나선에서는 동일한 위치가 매 0.54 nm 마다 다시 나타나며(나선의 피치, pitch), 각 아미노산 잔기는 나선의 축을 따라 0.15 nm 만큼 나선을 전진하며(상승, rise), 1회전 당 3.6 아미노산 잔기가 존재한다. 우향성(right handed) 나선에서 골격은 N-말단으로부터 축을 향하여 바라볼 때 시계방향으로 회전한다. Horton, H. Robert; Moran, Laurence A.; Ochs, Raymond S; Rawn, David J.; Scrimegeour, K. Gray, *Principles of Biochemistry*, Third Edition, 2002, p.90 을 변형한 것임. Pearson Education, Inc. (Upper Saddle River, NJ)의 승인 하에 재 인쇄 함.

수소 원자가 없다. 더구나 proline 곁사슬은 휘어지지가 않아 α-나선에 쉽게 맞출 수가 없다. Proline은 첫 번째 나선 회전에 가끔 존재하는 데 여기서는 proline 곁사슬의 기하학적 형태와 수소결합을 형성할 수 없는 것이 문제가 되지 않는다. Glycine이 α-나선의 구성원이 될 수 없는 특성은 전혀 다른 문제로부터 파생된다. Glycine은 곁사슬이 아주 작은 수소 원자 하나로 되어 있어 매우 큰 구조적 자유를 갖는다. 더구나 나선 내부의 수소결합을 물에 의한 파괴로부터 보호하기엔 하나의 수소 원자는 불충분하다. 이웃하는 잔기들의 어떤 조합 또한 나선 구조를 붕괴시키거나 깨뜨린다. 이웃하는 잔기가 덩치 큰 곁사슬을 가지고 있으면 이 곁사슬이 이웃 자기가 적절히 나선을 형성하지 못하게 물리적인 접촉을 하게 된다. 예를 들면 이웃하는 isoleucine, tryptophan, tyrosine 잔기들은 나선 구조를 붕괴시킨다. 양전하 또는 음전하로 하전

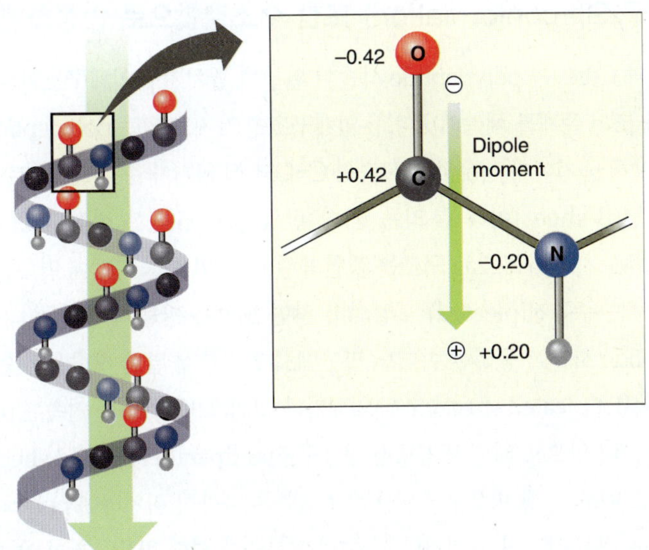


**그림 2.29 α-나선 내의 거시적인 쌍극자.** 나선 축을 따라 N-H와 C=O 기의 개별적인 쌍극자 moment는 나선에서 커다란 실 쌍극자를 생성시킨다. 그림에 나타낸 숫자는 해당 원자의 부분적인 전기적 전하를 나타낸다. Garrett, R.H., and Grisham, C.M. *Biochemistry(with Biochemistry Now and InfoTrac),* 3/e. Brooks/Cole Publishing Company, 2005로부터 채택함.

된 곁사슬이 연속되면 서로 간에 배척하게 되어 나선을 불안정화시킨다. 이러한 현상은 여러 다른 pH에서 glutamate중합체(polyglutamate)와 lysine중합체(polylysine)를 비교함으로써 설명할 수 있다. Polyglutamate은 pH 2에서 α-나선으로 존재하나 pH 7, pH 10에서는 그렇지 않다. 이러한 행태는 카르복실산 곁사슬이 pH 2에서는 전하를 띠지 않으나 pH 7과 pH 10에서는 음전하를 띠기 때문이다. pH 7과 pH 10에서 곁사슬간의 배척은 나선 형성을 방해한다.

대조적으로 polylysine은 pH 10에서는 α-나선으로 존재하나 pH 값이 2가 떨어지면 그렇지 않다. 이도 역시 전하 배척으로 설명한다. 양전하를 띠고 있는 lysine 곁사슬은 pH 2와 pH 7에서 서로 배척한다. α-나선은 단백질에 존재하는 가장 공통적인 나선구조이지만 이것이 유일한 것은 아니다. 예를 들면, 훨씬 드문 경우이지만 일명 3, 10 나선은 n 번째 잔기와 n + 세 번째 잔기 사이에 수소결합을 형성한다.

털의 주성분인 α-keratin과 같은 섬유성 단백질의 일부는 α-나선을 붕괴시키는 잔기 또는 잔기의 조합을 가지고 있지 않기 때문에 1가지 규칙적인 구조로 연속되어 있다. 그러나 대부분의 단백질은 나선 파괴자를 가지고 있기 때문에 나선 부분이 비나선 부분에 의해 둘러싸여 있다. 나선구조가 수용성 단백질에 존재할 때에는 α-나선 부분이 단백질의 바깥 부분에 존재하여 한 쪽은 수성 매체와 접해 있고, 다른 쪽은 소수성 내부와 접해 있는 경향이 있다. 수성 매체와 접해 있는 쪽은 친수성(산성, 염기성, 또는 극성) 잔기를 가지고 있는 반면에 내부와 접하고 있는 쪽은 대부분 소수성 잔기를 가지고 있다. α-나선은 회전 당 3.6 잔기를 가지고 있기 때문에 이러한 배열은 소수성 곁사슬을 3 내지 4 개의 잔기 마다 규칙적으로 친수성 곁사슬로 교환시켜 만들 수 있다.

(a) Parallel β pleated sheet

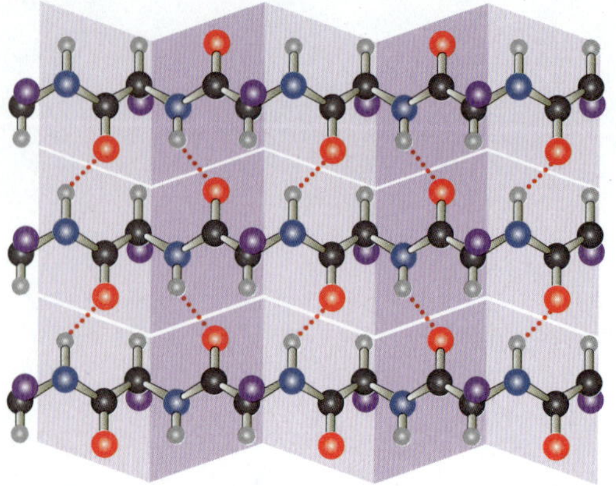

(b) Antiparallel β pleated sheet

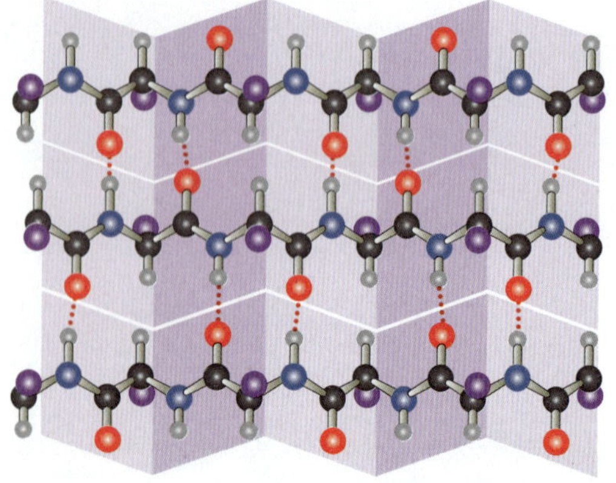

**그림 2.30** **polypeptide 사슬의 β-입체구조** β-입체구조를 가지고 있는 polypeptide는 서로 나란히 배열되어 이웃하는 사슬의 C=O와 N-H기 사이의 수소결합을 통하여 β 평면으로 불리는 거의 편평한 구조를 형성한다. Polypeptide의 zigzag 구조는 연속적으로 존재하는 $C_\alpha$원자들이 평면의 바로 위 또는 아래에 위치하는 주름진 모양이다. 평면은 (a) 모든 peptide 사슬이 아미노기 말단에서 카르복실기 말단으로의 방향이 동일한 평행 병풍구조, (b) 연속된 polypeptide 사슬이 반대 방향으로 배열된 역평행 병풍구조로 짜여진다. Nelson, D. C., and Cox, M. M. *Lehninger Principles of Biochemistry, Fourth Edition*, W. H. Freeman & Company, 2004에서 채택함.

## β-입체구조(β-conformation) 또한 수소결합으로 안정화된다.

Pauling과 Corey는 polypeptide 사슬이 완전히 펼쳐진 β-입체구조인의 두 번째 형의 2차 구조의 존재를 예측해냈다. β-입체구조를 가지고 있는 polypeptide 사슬들은 서로 나란히 줄지어져 이웃하는 사슬의 C=O와 N-H기가 수소결합으로 상호작용하여 β-평면(β-sheet)이라 불리는 거의 편평한 구조를 형성한다(**그림 2.30**). Polypeptide 사슬의 zigzag 구조는 평면의 판 바로 위 또는 아래에 연속적인 $C_\alpha$ 원자가 위치하는 주름진(pleated) 모양의 β-평면 모양을 만들어 낸다. 이 평면은 모든 polypeptide 사슬이 동일한 아미노 말단에서 카르복실 말단 방향을 갖는 **평행 병풍구조(parallel pleated sheets)**로 배열되거나(그림 2.30a), 또는 연속된 polypeptide 사슬이 반대방향으로 배열된 **역평행 병풍구조(antiparallel pleated sheet)**로 배열된다(그림 2.30b). 평행 병풍구조에서 수소결합은 나란히 위치하며 polypeptide 사슬의 긴 축에 대한 각도가 균일하다. 소수성 곁사슬은 평행 병풍구조의 양 쪽에 위치한다. 역평행 병풍구조에서는 촘촘하게 분포하는 수소결합의 쌍들이 성글게 분포하는 수소결합의 쌍들과 교대로 나타나는 데, 모든 수소결합은 polypeptide 가닥의 긴 축에 수직으로 형성된다. 역평행 병풍구조를 구성하는 polypeptide는 친수성 잔기와 소수성 잔기가 교대로 나타나는 경향이 있어, 그 결과 소수성 곁사슬은 평면의 한 쪽에 위치하고 친수성 곁사슬은 다른 쪽에 위치하게 된다.

## 고리(loop)와 회전(turn)은 polypeptide의 다른 부위를 연결하여 polypeptide 사슬 자체가 접힐 수 있도록 해준다.

평균적으로 구형 단백질은 직경이 대략 2.5 nm인데, 이는 α-나선에서는 약 11개의 잔기에 해당하고, 펼쳐진 β-입체구조에서는 단지 7개의 잔기에 해당된다. 고리와 회전으로 알려진 2차 구조는 단백질 내에서 α-나선과 β-가닥 부분을 연결하여 polypeptide 골격 자체가 역방향으로 접히도록 해준다. 고리와 회전은 일반적으로 단백질의 표면에 존재하여 주변의 수성 환경으로 노출된다. 그러므로 이들은 친수성 잔기로 구성되는 있으며, 방향을 전환하기 위해 glycine과 proline 잔기의 특이한 입체구조 특성을 활용하기도 한다. 고리는 5개 이상의 잔기로 되어 있으며 매우 유연성이 있어 정해진 구조를 가지지 않는다. 회전은 이 보다는 작으며 일반적으로 정해진 구조를 가진다.

가장 일반적인 회전인 β-회전(β-turn)은 4개의 잔기로 구성되어 있으며 polypeptide 사슬이 역방향이 되도록 한다. β-회전의 첫 잔기의 carbonyl 산소는 네 번째 잔기의 아미노기와 수소결합을 형성한다. 중간 두 잔기의 peptide결합은 수소결합에 참여하지 않는다. 일반적으로 glycine과 proline이 β-회전에 존재한다. Glycine 입체구조의 유연성은 바짝 죈 회전에 잘 맞는다. Proline의 공간적 압박은 β-회전에 적당하다. 가장 일반적인 β-회전의 2가지 형태를 **그림 2.31**에 보인다. β-회전은 일반적으로 단백질의 표면 근처에 위치하여 중간의 두 아미노산 잔기의 peptide 기들이 주변 물 분자와 상호작용하는 것을 허용한다.

## 2차 구조들이 모여 supersecondary 구조나 folding motif를 형성할 수 있다.

수천 개의 서로 다른 단백질에 대한 접힘 양상이 밝혀져 있다. 이들 서로 다른 양상을 처음보면 유일한 구조로 보이지만, 좀 더 면밀히 분석해 보면 어떤 통합적 원리가 존재한다는 것을 알 수 있다. 이들 중 가장 중요한 것들 중의 하나는 supersecondary 구조 또는 접힘 motif라 부르는 2차 구조의 어떤 조합이 존재한다는 것이다. supersecondary 구조는 β-가닥을 아미노 말단에서 카르복실 말단 방향의 화살표로, α-나선을 원통형이나 나선 구조로, 고리와 회전은 리본으로 나타낸 도식적인 위상 도형으로 나타낸다. 일부 일반적인 supersecondary 구조를 **그림 2.32**에 제시한다.

## 우리는 아직 절대적으로 확실하게 2차 구조를 예측해 낼 수는 없다.

아미노산의 곁사슬의 구조를 관찰해 보면 어떤 잔기가 2차 구조에 적절할 것인지를 간파하는 데 도움이 된다. 예를 들면, alanine의 메틸기는 α-나선에 적절하지만, valine의 좀 더 큰 이소프로필기는 약간 공간적으로 방해가 된다. 많은 다른 polypeptide의 접힘 양상을 비교함으로써 추가적으로 통찰하는 것이 가능해졌다. 이러한 연구로부터의 자료를 통계학적으로 분석하여 특정 잔기가 α-나선 또는 β-가닥에 존재할 가능성을 예측할 수 있게 되었다(**그림 2.33**). 그러나 잔기들은 항상 예측한 대로 행동하지는 않는다. 예를 들면, 1996년에 Daniel L. Minor, Jr.과 Peter S. Kim은 11개의 아미노산 서열(Ala-Trp-Thr-Val-Glu-lys-Ala-Phe-Lys-Thr-Phe)이

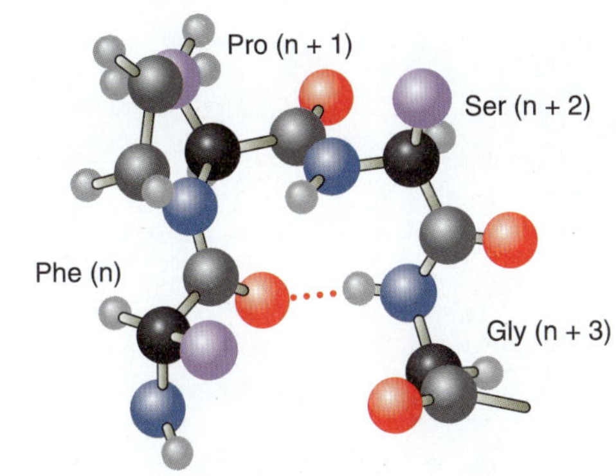


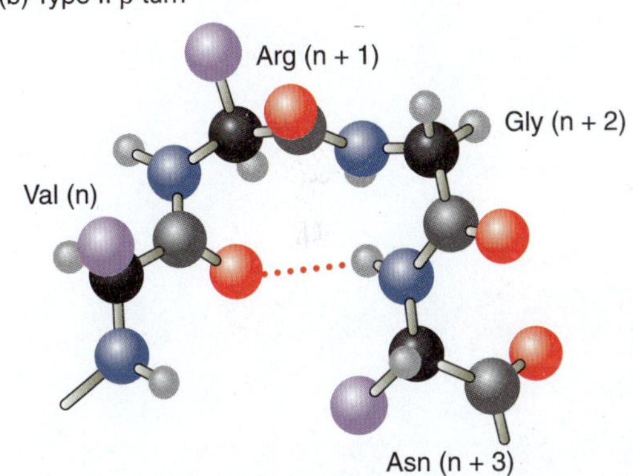


**그림 2.31 β-회전의 2가지 형태.** β-회전의 가장 일반적인 2가지 형태는(a) type I,(b) Type II라 불린다. Type I β-회전은 type II β-회전보다 2배 많이 존재한다. 각 경우에 있어 n 번째 잔기와 n + 3 번째 잔기 사이에 수소결합이 형성된다. Type II β-회전은 n + 2 번째 위치에 항상 glycine을 가지고 있다.

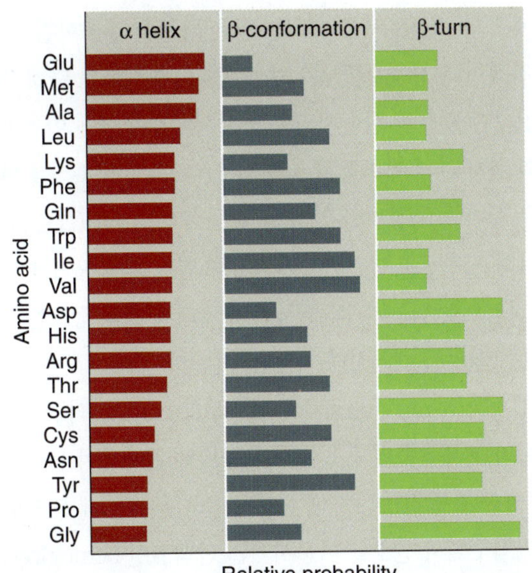


**그림 2.33** 특정 아미노산이 3가지 일반적인 2차 구조에 존재할 수 있는 상대적인 확률. Nelson, D. C., and Cox, M. M. *Lehninger Principles of Biochemistry, Fourth Edition*, W. H. Freeman & Company, 2004에서 채택함.

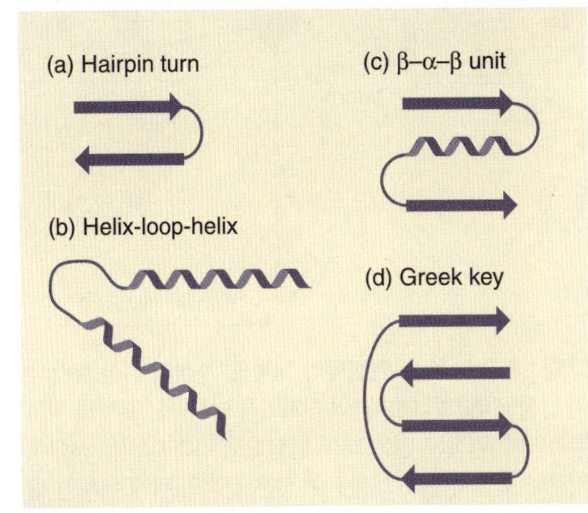


**그림 2.32** 초2차 단백질 구조의 예

한 polypeptide의 1차 서열상의 특정 위치에 있을 때는 α-나선으로 접히지만, 다른 위치에 있을 때는 β-평면으로 존재한다는 것을 보여주었다. 그러므로 peptide 서열은 다른 단백질 환경에 위치해 있을 때 다른 2차 구조를 형성할 수 있다.

## 2.7 단백질 3차 구조

**많은 단백질의 3차원적인 구조가 X-선 결정학(X-ray crystallography)과 핵자기공명(nuclear magnetic resonance, NMR) 연구에 의해 밝혀졌다.**

모두 α-나선이나 β-입체구조인 규칙적인 단백질의 3차원 구조를 결정하는 것보다 2차 구조의 여러 조합을 포함하고 있는 구형 단백질의 3차원 구조를 결정하는 것은 훨씬 더 어렵다. 두 물리적인 방법, X-선 결정학(X-ray crystallography)과 핵자기공명 분광법(NMR spectroscopy)은 원자수준에서 단백질과 핵산단백질(단백질-핵산 복합체)의 3차원 구조를 밝히는 데 이용되고 있다. 이들 두 기술을 철저하게 조사하는 것은 이 책의 범위를 벗어나는 것이지만 어떻게 X-선 결정학과 NMR이 단백질의 연구에 이용되고 있는 지에 대해 간단히 살펴보고자 한다.

### X-선 결정학

원자들 사이의 거리는 너무 짧기 때문에 광학현미경와 같은 일반적인 광학기기로는 원자 수준에서 단백질을 관찰 할 수 없다. 일반적으로 두 물체를 구분하기 위해(두 물체를 별개의 사물로 알아내는 것) 필요한 파장은 두 물체간의 거리의 반 보다 작아야 한다. 공유결합에 의해 연결된 원자 사이의 거리는 약 0.15 nm이기 때문에 분자를 해석하기 위해서는 X-선에 속하는 매우 짧은 파장을 필요로 한다. 그러나 X-선은 현재 이용 가능한 렌즈와 거울로서는 이러한 짧은 파장을 집중시킬 수 없기 때문에 단백질 분자의 직접적인 영상을 제공하지는 않는다. 결정화된 단백질에 있는 원자를 둘러싸고 있는 전자가 X-선을 산란시키고 회절시키는 현상을 이용하는 X-선 결정학으로 단백질 내의 원자 간의 거리를 측정할 수 있다. 회절된 X-선은 단백질 결정 뒤에 놓인 필름이나 검출기에 특징적인 양상의 점들로 나타난다(**그림 2.34**). 우라늄과 같은 중금속을 단백질의 구조는 변화시키지 않으면서 특정 잔기에 부착시켜 자료 해석에 있어 참고 지점으로 삼는다. 점들 사이의 거리와 점의 강도는 단백질의 구조를 결정하는 데 필요한 정보를 제공한다.

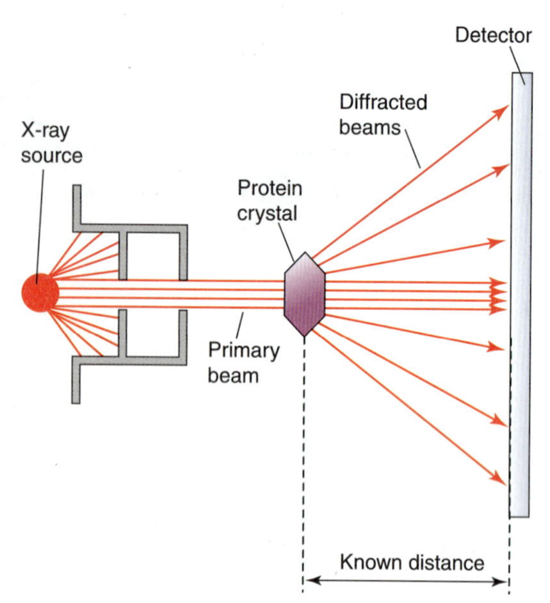


**그림 2.34 X-선 결정학의 개략도.** X-선의 광선(빨간색)이 결정을 때리면 대부분의 전자기적 방사선은 결정을 직접 투과한다. 결정은 많은 다른 방향으로 나머지 빛을 산란시키거나 회절시킨다. 회절된 X-선은 결정의 뒤에 위치한 필름이나 검출기에 특징적인 양상의 점들로 나타난다. 점들 사이의 거리와 점의 강도는 단백질 구조를 결정하는 데 필요한 정보를 제공한다. Branden, C. I., and Tooze, J. *Introduction to Protein Structure, 2/e,* Routledge, 1999에서 채택함.

X-선 회절 결정학(X-ray diffraction crystallography)의 능력은 1957년 John Kendrew가 물속의 포유동물의 근육에서 고농도로 존재하여 산소를 저장하는 단백질인 미오글로빈의 구조를 결정하는 데 이 기술을 사용했을 때 분명해졌다. 곧 뒤이어 Max Perutz는 적혈구에서 산소를 이동시키는 단백질인 hemoglobin의 3차원 구조를 보고하였다. myoglobin과 hemoglobin의 구조가 처음 보고된 이후 X-선 결정학에 많은 개선이 이루어져 왔다. 특히 주목할 만한 3가지 진전이 이루어졌다. (1) 보다 빠른 컴퓨터는 자료의 분석을 가속화 하였다. (2) synchrotron(사이클로트론을 개량

한 하전 입자 가속 장치)으로부터 방사되는 고밀도 X-선 광선은 이전에 단백질 구조 연구에 사용된 것보다 훨씬 작은 단백질 결정을 가지고 구조를 연구하는 것을 가능하도록 하였다. (3) 여러 파장을 방사하는 synchrotron은 단백질의 특정 위치에 중금속을 부착시킬 필요가 없게 되었다. 이러한 발전은 단백질 결정 구조를 해석하는 속도를 훨씬 가속화시켰다. 이러한 기술적인 진보 덕분에 오늘날 단백질 구조 문제를 해결하는 데 걸리는 시간이 훨씬 단축되었다. DNA 재조합 기술은 또한 목표로 하고 있는 단백질을 대량으로 생산해내는 세포를 만들도록 해주어 중요한 역할을 해오고 있다.

오늘날 약 37,000개의 단백질 결정 구조가 밝혀져 있어 Research Collaboratory for Structural Bioinformatics(RCSB)의 단백질 자료은행(Protein Data Bank, PDB)에 저장되어 있고, 매일 새로운 구조들이 더해지고 있다. 자료는 PDB(Protein Data Bank) 파일로서 저장된다. 뷰어(viwer)로서 기능을 하는 프로그램은 pdb 파일을 컴퓨터상에서 조작할 수 있는 3차원 영상으로 전환해 준다. 우수한 viewer 중 하나인 Accelrys 회사의 ViewerLite® Software는 단백질 구조가 다른 모양과 색으로 보이도록 해준다. **그림 2.35**는 리보핵산을 분해시키는 효소인 췌장의 Ribonuclease A(RNase A)의 결정구조를 공간채움형, 막대형, 그리고 리본형으로

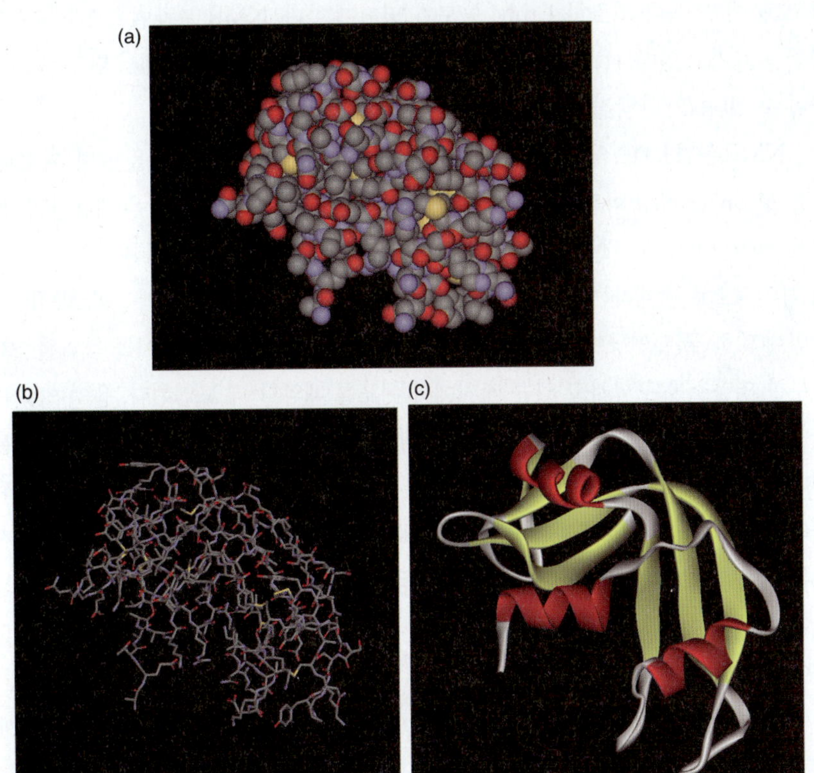


**그림 2.35 RNase A의 결정구조** (a) 공간채움형으로 보인 결정구조. 색깔은 표준 CPK(Corey, Pauling, Kultin) 색깔 도해이다. 탄소는 회색, 수소는 흰색, 질소는 푸른색, 황은 노란색. (b) 막대형으로 보인 결정구조. 표준 CPK 색깔 도해를 이용하였다. 단백질을 보는 방향은 (a)와 같다. (c) 리본형으로 보인 결정구조. α-나선은 빨간색, β-입체구조는 노란색이다. 단백질을 보는 방향은 (a)와 같다. 단백질 자료은행 ID: 1JVT. Vitagliano, L. et al., Proteins 46(2002): 97-104.

보여준다.

X-선 결정학은 강력한 능력이 있음에도 불구하고 약간의 결점이 있다. 첫째이면서 가장 큰 결점으로 결정을 형성하지 못하는 단백질은 이 기술로 분석할 수 없다. 둘째, 단백질 분자들은 결정을 형성할 때 서로 가까이 밀집된다. 때때로 이러한 밀집은 단백질 표면에 위치하는 잔기들이 용액에서의 위치와는 다소 다른 곳에 위치하게 할 수 있다. 셋째, 어떤 단백질은 고도로 무질서한 부위를 가지고 있어 이 부위의 구조는 X-선 결정학으로 결정할 수 없다. 초기에 단백질 결정구조는 수성 용액에서의 단백질 구조와 다를 것이라는 우려가 있었다. 그러나 단백질 결정은 상당량의 물을 포함하고 있어 단백질이 생물학적인 활성을 유지할 수 있다는 것이 확실해졌다. 더구나 용액에서 NMR 분광법에 의해 결정된 단백질의 구조는 결정 구조와 동일하다.

### 핵자기공명 분광법(nuclear magnetic resonance spectroscopy)

핵자기공명(NMR) 분광법은 1950년대 이후 상대적으로 작은 유기분자의 구조를 밝히는 데 이용되어 왔다. Kurt Wüthrich의 1980년대초 선도적인 노력 덕분에 이 물리적인 기술은 40 kDa 이하의 작은 분자량 단백질의 3차원적인 구조를 결정하는 데 또한 사용될 수 있게 되었다. 기술이 발전함에 따라 NMR 분광법은 보다 큰 단백질의 구조를 결정하게 할 것 같다. 연구하고자 하는 단백질은 순수한 형태로 존재해야 하고, 물에 잘 녹아 최소한 1 mM 농도가 되어야 한다. NMR 분광법은 2가지 주요 장점을 가지고 있다. (1) 살아있는 세포의 환경과 유사한 환경 용액에서 단백질을 연구할 수 있다. (2) 단백질을 결정으로 만들 필요가 없다.

NMR은 $^{1}$H, $^{13}$C, $^{15}$N와 같은 어떤 원자의 핵은 본질적으로 자성을 띠며, 자성 쌍극을 생성하는 자성 회전(spin)이라 불리는 성질을 나타낸다는 사실을 이용한다. 본질에 있어서 $^{1}$H, $^{13}$C, $^{15}$N 핵은 조그만 자석으로 작용한다. 수소 핵($^{1}$H)은 $^{1}$H 원자들이 자연적으로 존재하는 단백질에 전반적으로 분포하기 때문에 단백질의 NMR 분광법에 의한 구조 연구에 특히 중요하다. C-13과 N-15 동위원소는 이들 동위원소가 풍부한 영양소를 포함하고 있는 배지에서 세포를 배양할 때 도입된다. 용액에 있는 단백질에 강력한 자기장을 걸어주면 $^{1}$H 핵은 자기장에 평행하게 배열되거나(낮은 에너지) 자기장에 역평행으로 배열된다(높은 에너지)(**그림 2.36**). 이들 두 배열 사이의 에너지 차이는 비교적 작아서 낮은 에너지 상태는 높은 에너지 상태보다 단지 조금 많은 양성자에 분포한다. 이 용액은 동일한 단백질 분자를 대량으로 포함하고 있기 때문에 이 효과는 증폭된다. 낮은 에너지 상태에서 회전하는 $^{1}$H 핵은 두 회전 사이의 에너지 차와 동일한 에너지를 갖는 방사에너지 주파수(radio-frequency) 범위에 있는 전자기장 방사펄스(electromagnetic radiation pulse)를 가하여 높은 에너지 상태로 올려질 수 있다. 이 방사에너지는 에너지가 낮은 에너지 회전 상태를 높은 에너지 상태로 전환시키는 데 필요한 에너지와 정확하게 일치할 때 양성자와 공명한다(resonance)라고 말한다. 특정 $^{1}$H 원자에 대해 회전 전이를 유도하는 데 필요한 전이 에너지는 단지 1 또는 2개의 다른 원자에 의해 공유적으로 연결된 양성자들

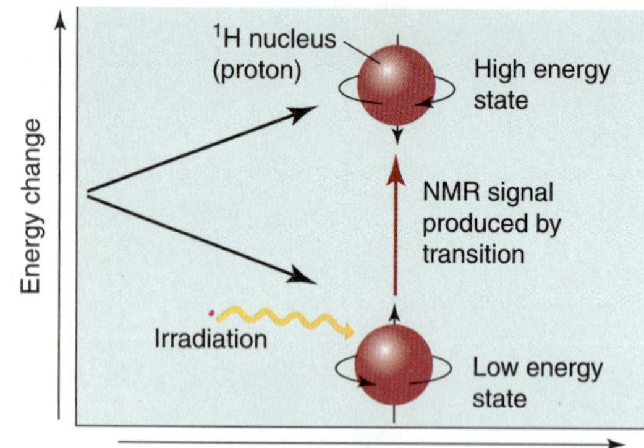


**그림 2.36 NMR 분광법의 근거.** 용액에 있는 단백질에 강력한 자기장을 걸어주면 $^{1}$H, $^{13}$C, $^{15}$N 핵은 자기장에 평행하게(낮은 에너지) 또는 자기장에 역평행하게(높은 에너지) 배열된다. 두 배열 사이의 에너지 차이는 비교적 작아서 낮은 에너지 상태는 높은 에너지 상태보다 단지 조금 더 많은 양성자에 분포한다. 두 회전 상태사이의 에너지 차이와 정확히 일치하는 에너지를 갖고 있는 전자기장 방사의 펄스는 낮은 에너지 상태를 높은 에너지 상태로 상승시킬 수 있다. Berg, J. M., et al. *Biochemistry, 5/e,* W. H. Freeman and Company, 2002에서 채택함.

의 회전에 영향을 받는다. 이러한 형태의 상호작용을 "*결합을 통한 상호작용(interaction through bonds)*"이라 부른다(**그림 2.37a**). Peptide에서 양성자의 전이 에너지는 또한 peptide가 접혀 상호작용하는 양성자가 서로 간에 5 Å 내에 위치하기만 하면 수 백개의 결합만큼 떨어져 있는 양성자들에 의해서도 영향을 받는다. 이러한 형태의 상호작용을 "*거리를 통한 상호작용(interaction through distance)*" 이라고 한다. NMR 분광법으로 얻은 자료로부터 멀리 떨어진 원자들 사이의 특정 쌍 사이의 거리를 알아낼 수 있다. 측정된 거리는 아미노산 서열, 결합 각도와 거리와 같은 알려진 기하학적인 제한, 작용기의 평면성, 입체적인 배열, van der Waals 반지름과 함께 단백질의 3차원 구조를 계산하는 데 사용된다. 양성자 쌍 사이의 거리는 정확하지 않기 때문에 하나의 구조가 아닌 매우 유사한 구조의 총체(ensemble)를 얻는다. **그림 2.38**에 보여준 NMR 분광법에 의해 얻어진 RNase A의 구조는 이 단백질의 결정 구조와 놀랄 만큼 유사하다(그림 2.35a).

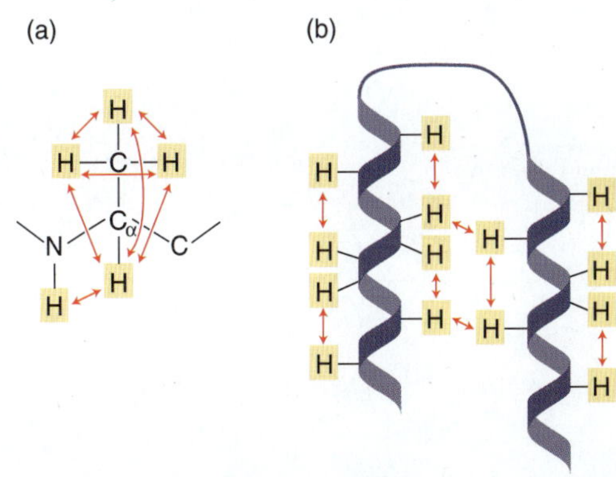


**그림 2.37 NMR 정보의 2가지 형태.** 한 특정의 [1]H 핵에 회전 전이를 유도하는 데 필요한 전이 에너지는 (a) 하나 또는 두 원자에 의해 공유적으로 연결된 양성자의 회전(결합을 통한 상호작용, interaction through bonds)과 (b) Polypeptide가 접혀 상호작용하는 양성자들이 서로 5 Å 이내에 존재하기만 하면(*거리를 통한 상호작용, interaction through distance*) 수 백 결합이 떨어진 곳에 위치하는 양성자에 의해 영향을 받는다. Branden, C. I., and Tooze, J. *Introduction to Protein Structure, 2/e*, Routledge, 1999에서 채택함.

## Polypeptide의 1차 구조는 이 polypeptide의 3차 구조를 결정한다.

단백질에 산, 계면활성제, 요소($NH_2CONH_2$)와 같은 화학 시약이나 열을 가하면 2차 구조와 3차 구조를 안정화 하고 있는 약한 비공유성 결합이 끊어져 생물학적인 활성을 잃게 된다. 약한 비공유성 결합이 깨지기 전의 단백질을 **자연 상태(nature state)**에 있다고 한다. 결합이 깨지면 임의의 입체구조(random conformation)의 혼합물로 존재하는 **변성 상태(denatured state)**가 되었다고 말한다. 물에 가용성인 단백질의 중심부에 묻혀 있던 소수성 부위가 변성 후 노출되면 다른 변성된 단백질의 소수성 부위와 결합하여 물에 불용성인 집단(aggregate)을 형성한다. 단백질 변성은 오히려 일반적인 현상이다. 예를 들면, 박테리아가 성장하면 산성 쓰레기 산물이 생성되어 우유를 손상시키게 되는 데, 이는 우유의 신 맛과 응결 원인이 된다. 이 응결은 물에 불용성인 변성된 우유 단백질로 구성되어 있다.

어떤 polypeptide는 변성 후 자연 상태로 다시 접힐 수 있다. **복원(renaturation)**으로 알려진 이 과정에 대한 연구는 접힘 과정에 대한 많은 정보를 제공하였다. Christian Anfinsen과 그의 동료들은 1950년대 중반에 시험관내에서 복원에 대한 연구의 모델로 소의 췌장 RNase A를 선택하였다(**그림 2.39**). Polypeptide 사슬의 124개 잔기 중 8개는 4개의 이황화 결합 쌍을 형성하는 cysteine이다. 이들 이황화 결합은 3차 구조를 고정시키는 역할을 하며, 이 효소가 변성되는 것을 어렵게 한다. RNase A는 요소와 β-mercaptoethanol($CH_2OHCH_2SH$)을 동시에 처리하여 변성시킬 수 있다. 이들 두 화학 시약 모두 RNase A를 단독으로는 변성시키지는 못한다. 요소는 소수성 결합을 방해하고 수소 결합을 파괴시켜 β-mercaptoethanol이 이황화 결합에 접근이 가능하도록 해준다. β-Mercaptoethanol은 이황화결합을 파괴시켜 요소가 더욱 단백질을 변성시키도록 해준다. 만일 요소와 β-mercaptoethanol을 서서히 제거하면 4개의 이황화 결합을 포함하여 완전한 복원이 이루어진다(이황화 결합은 공

**그림 2.38** NMR 분광법에 의한 용액에서의 RNase A의 고 해상도 3차원 구조 Protein Data Bank ID: 2AAS. Santoro, J., et al., *J. Mol. Biol.* 229(1993): 722-734에서 채택함.

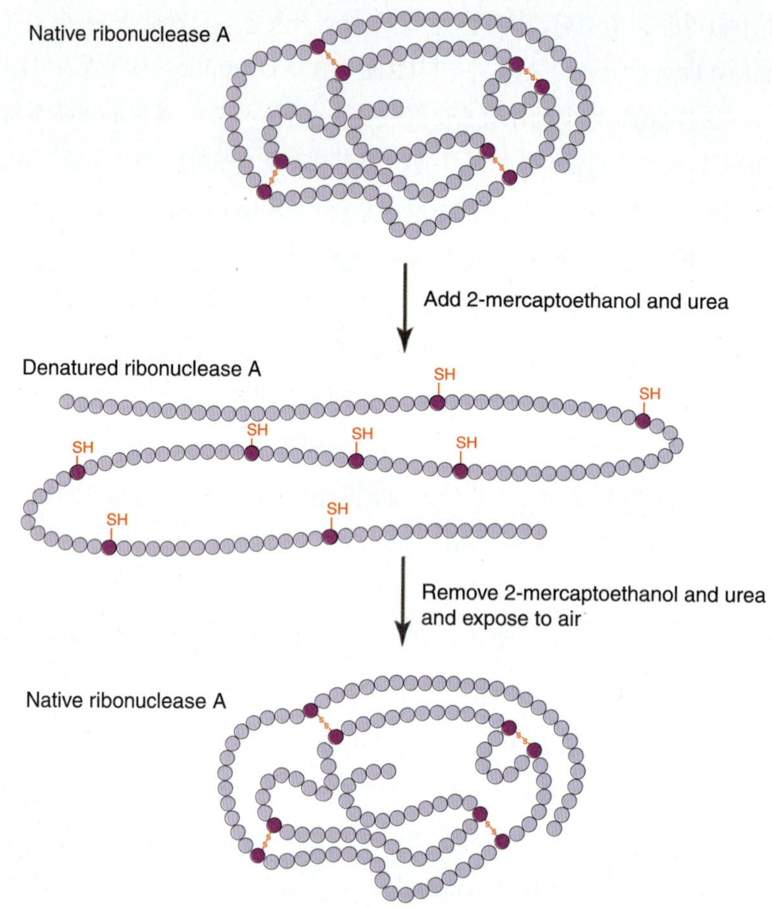


**그림 2.39 RNase A의 변성과 복원.** β-mercaptoethanol이 있는 상태에서 요소로 췌장의 RNase A를 변성시킨다. 요소와 2-mercaptoethanol을 제거하기 위하여 변성된 RNase를 투석시켜 복원시킨 후 polypeptide 사슬을 공기 중에 노출시켜 이황화 결합이 다시 형성되도록 한다. Moran, L. A. and Scrimgeour, K. G. *Biochemistry, 2/e.* Neil Patterson Publishers, 1994로부터 채택함.

기 중에서 산화에 의해 자연발생적으로 형성될 수 있다). 이러한 발견은 여덟 개의 cysteine 잔기가 4개의 이황화 결합을 형성할 수 있는 경우의 수가 105가지나 되기 때문에 매우 놀랄만한 것이다. 이 실험 결과로부터 RNase A의 접힘은 아미노산 서열에 의해 배타적으로 결정되며, 접힘 과정 중에 cysteine 잔기를 결합에 알맞게 위치시키기 때문에 정확한 위치에서 이황화 결합이 형성된다고 Anfinsen은 해석하였다. 이황화 결합이 접힘을 지시하지 않는다는 증거는 β-mercaptoethanol을 먼저 제거하여 산화 작용이 요소의 제거 전에, 즉 RNase A가 임의의 코일 형태일 때 일어나도록 한 실험에서 나온다. 이러한 실험 계획안에 의해서는 자연 분자가 형성되지 않았다.

Anfinsen의 실험은 적어도 RNase A에 대해서는 3차 구조는 아미노산 서열에 의해 결정되며, 가장 낮은 에너지 상태라는 것을 보여준다. 많은 단백질을 관찰한 결과 모두가 그렇지는 않았다. 변성된 RNase A가 원래의 자연 상태로 접힐 수 있다는 것은 가능한 조합의 숫자의 관점에서 보면 매우 놀라운 일이다. 만일 각 잔기가 10개의 가능한 입체구조를 가질 수 있다면 124개의 잔기는 정확한 구조를 이루기 전에 $10^{124}$개의 다른 입체구조 견본을 가질 것이다. 만일 polypeptide 사슬이 각각의 가능한 입체구조 견본을 겪어본다면 접힘 과정은 생명체의 수명 중에 완성될 수 없을 것이다. Cyrus Levinthal에 의해 처음 인식된 이 문제는 polypeptide는 모든 가능한 입체구조를 일일이 맞춰볼 필요가 없을 경우에만 해결된다. 한 가설은 국부적인 2차 구조가 신속히 형성되어 polypeptide 사슬이 정확한 2차 구조의 특징을 많이 가지고 있으나 아직 정확한 3차 구조로 좀 더 접혀야 하는 **용해된 구형(molton globule)**이라고 불리는 밀집된 구조를 형성하게 한다는 것이다.

이러한 위대한 이론적 중대성에 더하여 Anfinsen의 실험은 또한 실용적인 응용성을 갖는다. Anfinsen 실험이 이루어진 당대에 아무도 RNase 만큼 긴 polypeptide를 합성할 수 없었다. 일부 연구자들은 합성 polypeptide는 세포 밖에서 생물학적으로 활성을 갖는 형태로 접히지 않을 것이라는 생각으로 이러한 노력이 가치가 있을 것인지에 대해 의문을 가지고 있었다. Anfinsen의 실험은 실험실에서 준비된 polypeptide도 생물학적으로 활성을 갖는 단백질로 접힐 수 있는 타당한 기회를 가질 수 있다는 것을 보여주었고 이는 긴 polypeptide를 합성하려는 노력을 촉진시켰다. 이제 polypeptide를 표준적인 유기 화학 기술로 실험실에서 합성하는 것이 가능해졌지만 보다 일반적인 실용적인 응용은 목표로 삼은 단백질을 암호화하고 있는 DNA를 추출하거나 합성하여 그 DNA를 살아있는 세포에 끼워 넣어 이 DNA로부터 단백질이 합성되도록 하는 것이다.

### 분자 chaperone은 단백질이 세포내에서 접히는 것을 돕는다.

단백질 접힘은 고 농도의 단백질과 다른 거대분자를 가지고 있는 살아있는 세포내에서는 훨씬 더 복잡한 과정이다. 정확한 3차 구조를 형성하기 위하여 서로 상호작용하는 대신에 아직 접히지 않은 polypeptide의 소수성 부위는 다른 접히지 않은 polypeptide의 소수성 부위와 상호작용하여 생물학적으로 활성이 없는 집단을 형성할 수도 있다. 집단을 형성하려는 경향은 안정한 3차 구조 형성이 일반적으로 완전한 접힘 단위(100-300 아미노산 잔기)를 필요로 한다는 사실에 의해 증가한다. 그러나 완전한 접힘 단위는 단백질 합성 공장인 ribosome으로부터 하나의 독자적으로 구분되는 단계로 형성되지는 않는다. 대신에 접힘 단위는 polypeptide 사슬의 성장하고 있는 말단에 각 아미노산이 연속적으로 첨가됨에 따라 ribosome으로부터 서서히 형성된다. 정확한 접힘은 전체 접힘 단위가 ribosome으로부터 형성된 이후 일어난다. 성장하고 있는 polypeptide상의 소수성 부위가 노출되면 분자들 간에 집단이 형성될 수 있게 되어 전체 접힘 단위가 ribosome에 의해 만들어질 때 까지 합성되고 있는 polypeptide를 안정화시키는 **molecular chaperone**이라 불리는 특정 단백질이 필요하게 된다. Chaperone은 polypeptide가 ribosome으로부터 나올 때 접힘을 도와준다(**그림 2.40**). 어떤 chaperone은 polypeptide가 ribosome으로부

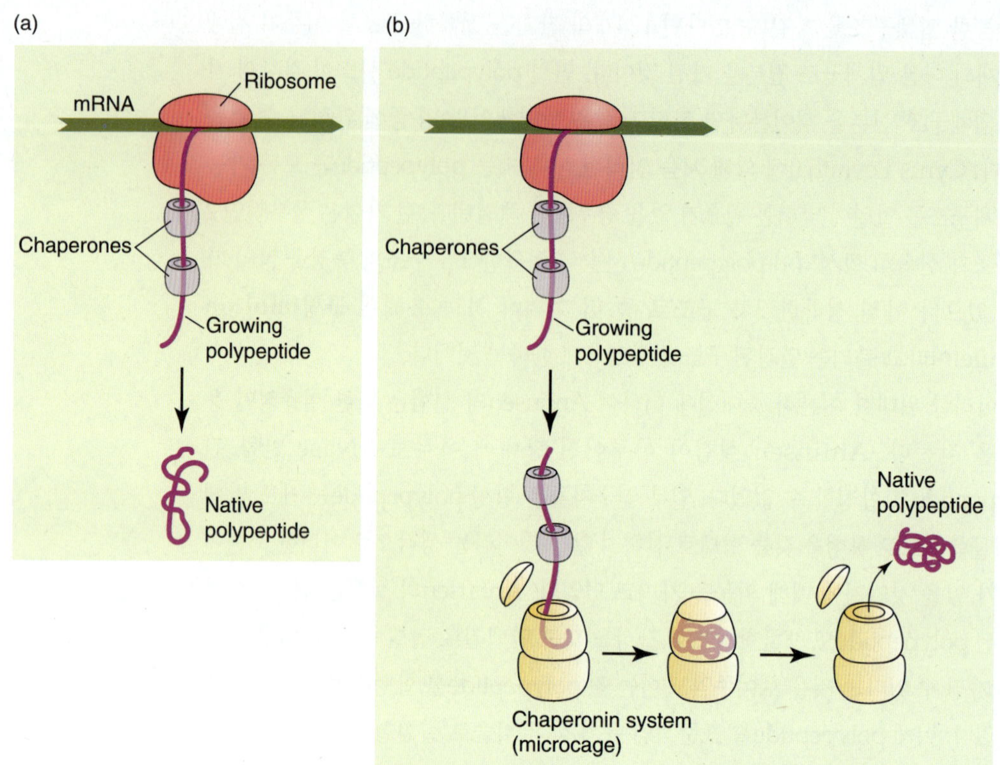


**그림 2.40 세포에서의 단백질 접힘.** Chaperone은 ribosome으로부터 polypeptide가 형성되어 나올 때 접히는 것을 돕는다. Chaperone은 이때 소수성 부위와 결합하여 다른 접히지 않은 polypeptide의 소수성 부위와 상호작용하는 것을 차단한다. Chaperone은 전체 접힘 단위가 방출된 후에 분리되어 자유로운 polypeptide 사슬이(a) 자연 상태로 접히게 하거나, (b) polypeptide가 다른 polypeptide에 의해 방해 받지 않고 접힐 수 있는 chaperonin 체계라 불리는 미세상자로 들어간다. Young, J. C., et al., *Nat Rev. Mol. Cell Biol.* 5(2004): 781-791에서 채택함.

터 나올 때 소수성 부위에 결합하여 작용하여 다른 접히지 않은 polypeptide의 소수성 부위와 작용하는 것을 방해한다. Molecular chaperone은 전체 접힘 단위가 자유로운 polypeptide 사슬로 방출된 이후 분리되는 데, 그 다음 polypeptide는 자연 상태로 접히거나 **chaperonin 체계**라 불리는 미세상자로 들어간다. Chaperonin 체계 내에서는 polypeptide가 다른 접히지 않은 polypeptide와 접촉하지 않아 집단형성이 차단되어 자유롭게 접히게 된다.

**단백질 이황화 이성질질체화 효소(protein disulfide isomerase)**와 **peptidylprolyl cis-trans 이성질체화 효소**는 세포에서 polypeptide의 접힘 과정을 가속화 한다(**그림 2.41**). 단백질 이황화 이성질질체화 효소는 티올/이황화 상호교환을 촉매하여 틀린 쌍이 형성될 때 이황화 결합을 다시 섞어 정확한 이황화 결합 집합이 형성되는 것을 촉진한다. Peptidylprolyl cis-trans 이성질체화 효소는 아미노산-proline peptide 결합의 이성질체화를 촉매하여 proline을 포함하고 있는 polypeptide 사슬의 재 접힘을 가속화 한다.

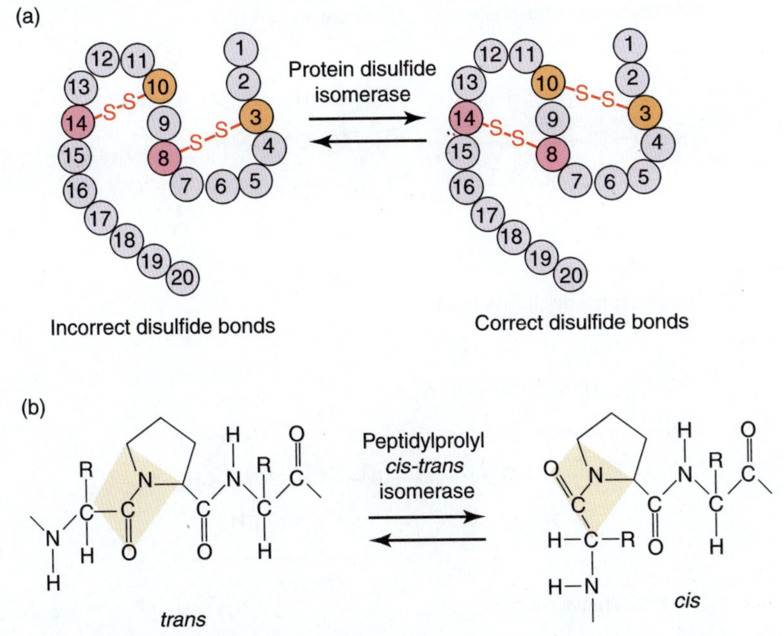


**그림 2.41 Polypeptide 접힘을 돕는 효소들.** (a) 단백질 이성질체화 효소. (b) Peptidylprolyl cis-trans 이성질체화 효소. Tropp, B. E. *Biochemistry: Concepts and Applications*, Books/Cole Publishing Company, 1997 에서 채택함.

# 2.8 단백질과 생체막

## 단백질은 생체막의 지질과 상호작용한다.

지금까지 우리는 물에 녹는 단백질들만을 대상으로 공부했다. 그러나 많은 단백질은 생체막에 존재한다. 이 장의 나머지 부분에서는 지질로 되어 있는 막에서 두 번째 주요 구성 요소로서 단백질이 막에서 정렬되는 방법에 대해 조사한다. 지질은 chloroform과 같은 유기 용매에는 가용성이나 물에는 불용성인 생물학적인 분자로 정의된다. 거의 모든 생물학적인 막의 가장 두드러진 특징은 **2중층(bilayer)**이라 불리는 두 층으로 구성되어 있다는 것이다. 이 구조는 지질의 2중층을 형성하는 물에 불용성인 화학적 본성의 결과이다. 당인지질(glycerophospholipids), sphingolipids, sterol의 3가지 주요 지질 가족이 생물학적인 막에서 발견된다. 글리세롤-3-인산(glycerol-3-phosphate) 유도체인 당인지질은 모든 생물학적인 막에서 발견되는 유일한 지질이기 때문에 우리는 이 지질에 초점을 맞추어 설명하기로 한다(**그림 2.42**). 이 가족에 속하는 구성원은 일반적으로 오직 소량만이 막에 존재하는 지질인 phosphatidate의 유도체로 불린다.

수성 용액에 존재할 때, 당인지질은 2중층을 형성하기 위해 집단을 형성한다. Phosphatidylcholine 분자는 왜 그런지를 보여준다(**그림 2.43**). 각 phosphatidyl-

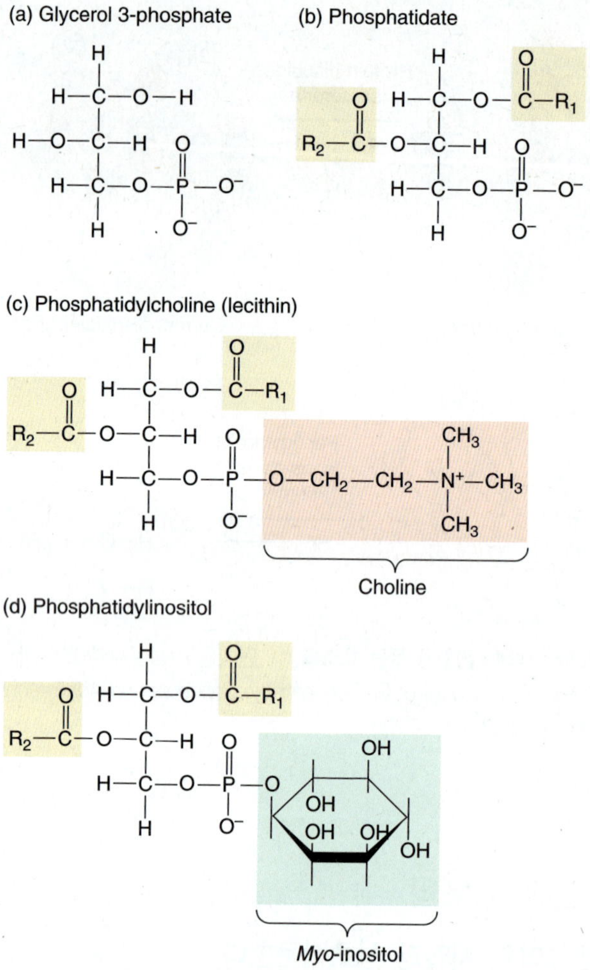

(a) Glycerol 3-phosphate

(b) Phosphatidate

(c) Phosphatidylcholine (lecithin)

Choline

(d) Phosphatidylinositol

*Myo*-inositol

**그림 2.42 몇 가지 당인지질.** (a) 글리세롤-3-인산(glycerol-3-phosphate)은 당인지질의 기초적인 요소이다. (b) phosphaidate은 막에서 단지 소량이 존재하나 다른 당인지질은 이들의 유도체로 명명된다. (c) phosphatidylcholine(레시딘, lecithin)은 진핵생물 막에 존재하나 박테리아 막에는 항상 존재하지는 않는다. (d) phosphatidylinositol은 생물활성 분자(bioactive molecule)로 전환되는 막 지질이다.

choline 분자는 극성 머리 그룹과 2개의 비극성 탄화수소 꼬리 그룹을 가지고 있다.(그림 2.43a). 두 꼬리는 여러 다른 숫자의 탄소 원자(14-24 개 범위)를 가지고 있어 길이가 다르다. 한 꼬리는 하나 또는 그 이상의 시스(cis) 이중 결합을 가지고 있으며, 각 이중결합은 사슬에 비틀림(kink)을 일으킨다. 낮은 농도에서 원통형 모양의 phosphatidylcholine 분자는 수성 용액의 표면에 **지질 단일층(lipid monolayer)** 이라 불리는 1 분자 두께의 평면을 형성한다(그림 2.43b). 편의상 당인지질은 탄화수소 사슬은 zigzag 선으로, 극성 머리 그룹은 원으로 그린 막대 모양으로 나타낸다. 탄화수소 그룹은 공기 중으로 뻗어있고, 극성 머리 그룹은 물과 상호작용한다. 이는 물 분자가 탄화수소 사슬 주변에 매우 질서 정연한 상자를 형성해야 하는 불리한 엔트로피 상황을 벗어나게 해준다. 지질 단일층은 탄화수소 사슬 사이의 van der Waals 상호작용에 의해 추가적인 안정성을 확보한다. 수성 용액의 표면에 더 이상의

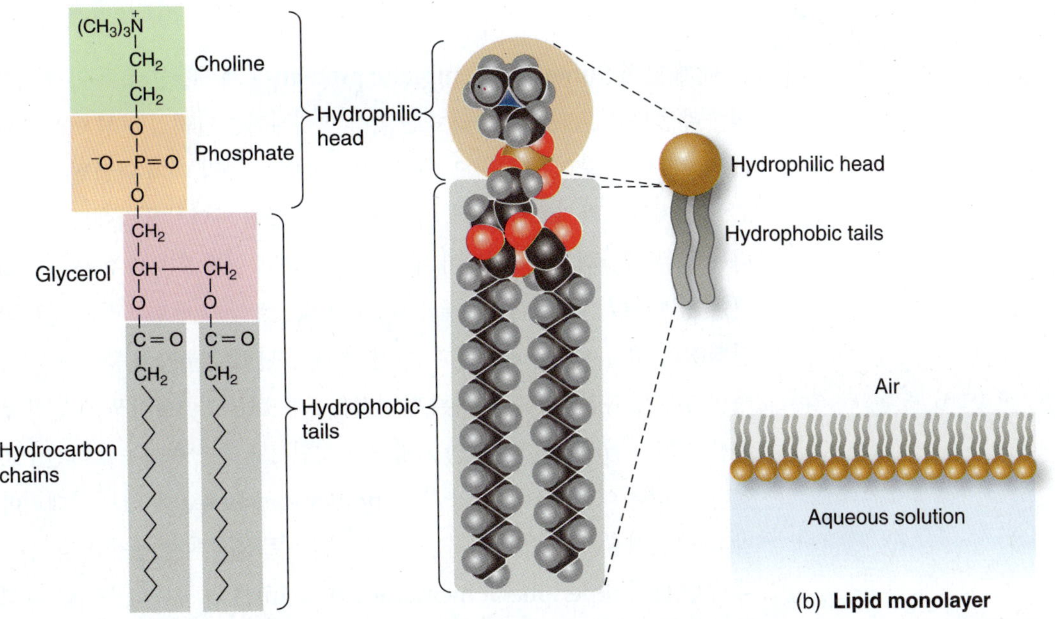


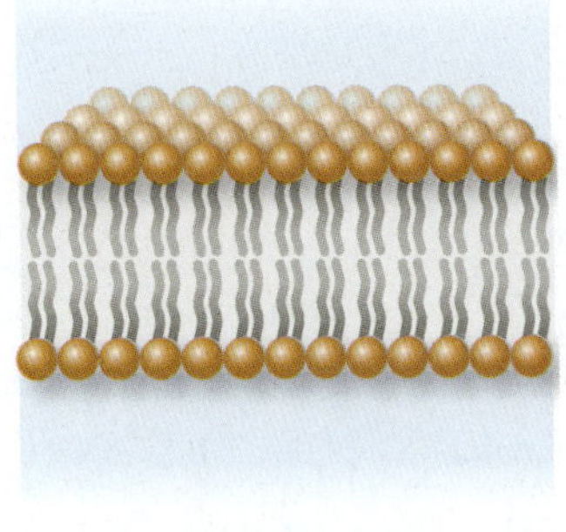


**그림 2.43 지질 단일층과 지질 2중층.** (a) 당인지질은 극성 머리 그룹은 원으로, 탄화수소 사슬은 zigzag 선으로 그린 막대 모양으로 나타낸다. (b) 당인지질이 물에 위치할 때, 극성 머리 그룹은 물과 상호작용하고, 탄화수소 꼬리는 공기 중으로 뻗어 단일층을 형성한다. (c) 물 표면에 더 이상의 공간이 없을 때 당인지질은 극성 머리 그룹은 물을 향하고 소수성 꼬리는 내부로 격리되는 지질 2중층을 형성하는 경향이 있다. Alberts, B., et al. *Molecular Biology of the Cell, 4/e.* Garland Science, 2002에서 채택함.

공간이 없으면 당인지질은 탄화수소 부분이 내부로 격리되고 극성 머리 그룹은 주변의 수성 용액을 향하는 지질 2중층을 형성한다(그림 2.43c). 물의 엔트로피는 또한 2중층 형성에 추진력을 제공한다. 인공적인 막의 물리화학적인 여러 연구는 막에서 당인지질은 측면으로 표류한다는 것을 보여주는 데, 이는 막이 유동적이라는 것을 나타낸다. 그러나 당인지질은 2중층의 한 낱장에서 다른 낱장으로 좀처럼 이동하지 않는다. 이러한 횡단(transverse) 또는 플립 플럽(flip-flop) 움직임은 당인지질의 극성 머리 그룹이 2중층의 소수성 중심을 지나가야 하기 때문에 에너지적으로 불리하다. 생물학적인 막은 2중층의 한 낱장에서 다른 낱장으로 당인지질 분자의 이동을 촉매하는 *flippase*라 불리는 단백질을 가지고 있다. 지질 2중층의 양 끝은 탄화수소 사슬이 물에 노출되어 있기 때문에 불안정하다. 그러므로 지질 2중층은 스스로를 밀폐시켜 **소낭(vesicle)** 또는 **liposome**으로 알려진 속이 빈 2중층 구를 형성하는 경향이 있다(**그림 2.44**).

**그림 2.44 지질 2중층 소낭.** 당인지질은 liposome이라 불리는 구형 지질 소낭을 형성할 수 있다. 탄화수소 사슬은 2중층의 내부로 격리되나 극성 머리 그룹은 막의 양 쪽에 있는 수성 용액을 대면하고 있다. 실제 구형인 구조의 절단된 모양을 보여준다.

## 유체 모자이크 모델(Fluid mosaic model)이 생체막의 구조를 설명하기 위해 제안되었다.

자연적으로 존재하는 생체막은 많은 단백질 분자를 포함하고 있으며(무게로 30%-

70% 정도), 기능이 다른 막은 다른 종류의 단백질을 포함하고 있다. 3가지 종류의 단백질이 존재한다.

1. **막 내재 단백질(integral membrane protein)**은 계면활성제, 유기 용매에 의한 추출과 같은 가혹한 처리 또는 막을 파괴시키는 단백질 변성 시약에 의해 막으로부터 분리된다. 막으로부터 분리될 때에도 막 내재 단백질은 자주 결합된 지질을 가지고 있는 데, 이는 유사한 결합이 자연적인 막에도 존재한다는 것은 제안해 준다. 지질이 제거되면 막 내재 단백질은 자주 불용성 집단을 형성하여 그들의 활성을 잃는다. 일반적으로 막 내재 단백질은 전체 막 단백질의 70% 이상을 차지한다. 어떤 막 내재 단백질은 막에 묻힌 단지 하나의 부위를 가지는 반면에 다른 단백질은 2개 또는 그 이상이 막에 묻힌 부위를 가지고 있다. 묻힌 부위의 가장 일반적인 2차 구조 형태는 α 나선구조이다. 그러나 어떤 박테리아의 외부막(outer membrane)에 있는 박테리아 막 내재 단백질은 β-평면 2차 구조를 하고 있는 묻힌 부위를 가지고 있다.
2. **막 주변 단백질(peripheral membrane protein)**은 염 농도의 증가나 착염 시약(chelating agents)과 같은 상대적으로 부드러운 처리에 의해 추출될 수 있다. 염 농도를 증가시키면 막과 단백질을 연결하고 있는 이온 결합이 파괴되고, 착염 시약은 단백질과 막 사이의 염 다리로 작용하는 칼슘과 마그네슘 이온을 제거한다. 일단 분리된 주변 단백질은 지질을 가지고 있지 않으며 수성 용액에 상대적으로 가용성이다. 이러한 특성은 주변 단백질은 약한 비공유 결합에 의해 유지되고 있으며, 막 지질과 강하게 결합되어 있지는 않다.
3. **지방단백질(lipoprotein)**은 아미노산 잔기의 어느 하나에 공유결합으로 부착된 지질 그룹을 가지고 있다. 소수성 지질 그룹은 막의 두 층 중 한 층의 어느 한 곳에 삽입되어 있고 지방 단백질을 막에 부착시킨다. 막 내재 단백질처럼 지방 단백질은 계면활성제, 유기 용매, 또는 막을 파괴시키는 단백질 변성 시약에 의해 추출될 수 있다.

L. D. Frye와 Michael Eddin에 의해 수행된 1970년에 이루어진 실험은 많은 막 내재 단백질이 임의로 자유롭게 움직인다는 것으로 보여주었다. **그림 2.45**에 보인 것처럼 이 실험은 사람과 생쥐 세포를 자외선으로 불활성화된 sendai virus로 감염시켜 융합을 촉진시키는 세포 융합 기술을 이용하였다. 사람 세포와 생쥐 세포의 막 내재 단백질에 대한 항체를 각각 준비하였다. 생쥐 단백질에 대한 항체는 적절한 파장의 빛으로 활성화시키면 빨간색의 형광을 발하는 rhodamine으로 공유 결합시켰다. 사람 단백질에 대한 항체는 녹색 형광을 발하는 fluorescein과 결합시켰다. 융합을 시킨 후 즉시 이 두 형광 항체를 첨가하여 융합된 세포(heterokaryon, 이핵체)를 형광현미경으로 관찰하였다. 처음 각 이핵체는 반쪽은 빨간색이고, 반쪽은 녹색이었다. 여러 시간 동안 관찰하여 점차적으로 이 두 색깔이 혼합되는 것을 보였다. 37℃에서 40분이 지나면 빨간색과 녹색 형광이 세포면 전체를 덮게 되었는데, 이는 사

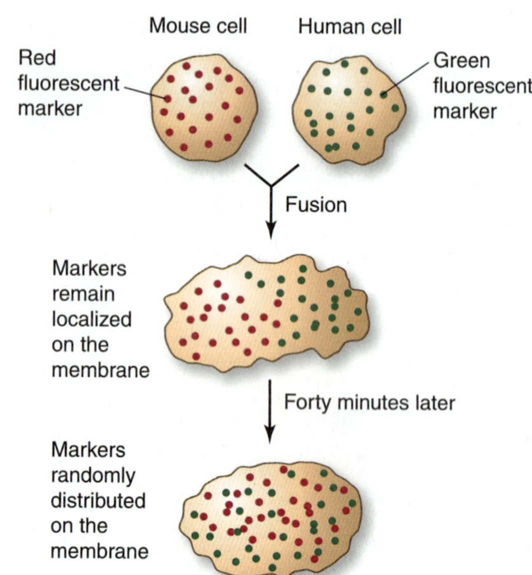


**그림 2.45 융합세포에서 막 내재 단백질의 확산.** 생쥐와 사람의 세포는 잡종을 형성하기 위해 융합될 수 있다. 이 실험은 확실하게 많은 막 단백질은 막의 한 평면상에서 움직일 수 있다는 것을 보여준다. Moran, L. A. and Scrimgeour, K. G. *Biochemistry, 1/e. Neil Patterson Publishers,* 1992로부터 채택함.

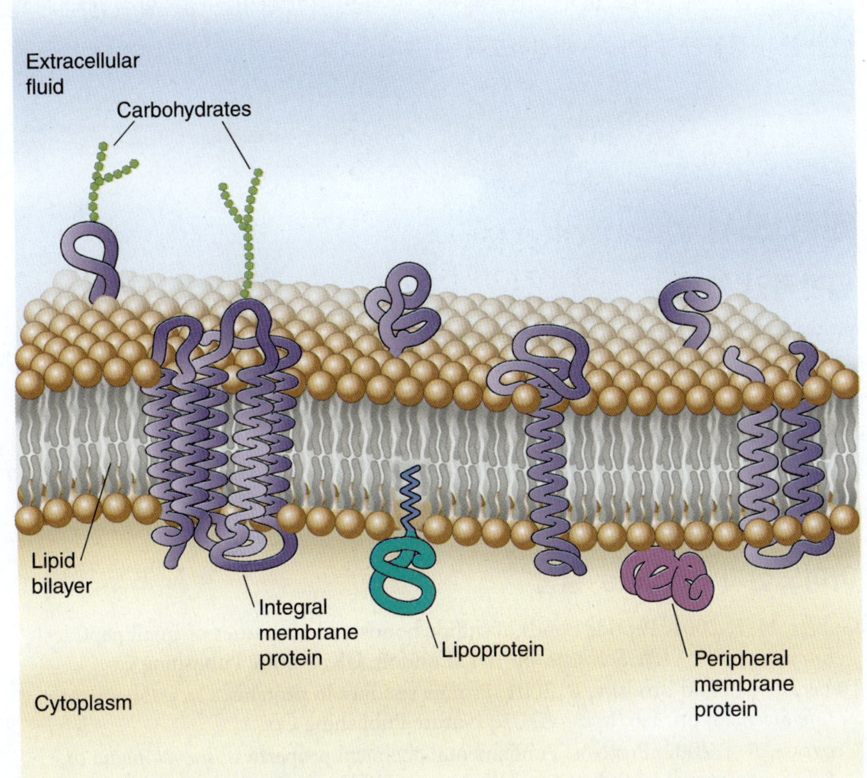


**그림 2.46 세포막의 유체 모자이크 모델.** 막 내재 단백질은 지질 2중층에 묻혀 있다. 묻힌 부위는 소수성 곁사슬을 갖는 아미노산을 가지고 있으나 2중층의 양 쪽에 노출된 부위는 친수성 곁사슬을 가지고 있는 아미노산을 가지는 경향이 있다. 지방단백질은 2중층에 묻혀있는 지방산이나 당지질과 같은 부착된 지질 그룹을 가지고 있다. 막 주변 단백질은 약한 비공유성 상호작용에 의해 막 내재 단백질, 지방단백질, 또는 지질과 결합한다. Cooper, G. M., and Hausman, R. E. The Cell: A Molecular Approach, 2nd edition. Sinauer Associates, Inc., 2000에서 채택함.

람과 생쥐의 막 내재 단백질이 완전히 임의로 혼합되었음을 나타낸다.

Jonathan S. Singer와 Garth Nicholson은 1972년에 어떻게 단백질이 생물학적인 막에 정렬되는 지를 설명하기 위해 유체 모자이크 모델(fluid mosaic model)을 제안하였다(**그림 2.46**). 이 모델에 따르면 지질과 막 내재 단백질은 단일층 내에서 측면으로 움직이는 데에는 자유스러우나 flip-flop으로 알려진 횡단하는 형식으로 막을 가로지르는 움직임(한 단일층에서 반대쪽 단일층으로)에 대해서는 자유스럽지 않다. 단백질과 지질의 극성 부위는 특정의 단백질의 도움 없이는 지질 2중층의 소수성 중심을 뚫고 움직일 수는 없기 때문에 flip-flop 움직임은 일어나지 않는다. 지질 2중층에서 어느 한 막 내재 단백질들은 아미노기 말단에서 카르복실기 말단의 방향이 모두 동일하게 향하고 있다. 그러므로 생체막의 두 측면은 서로 다르다는 것이 확실하다. 즉, 생체막은 내부와 외부로 나뉘는 비대칭성 구조이다. 막 비대칭성은 또한 지질 2중층에도 해당되어 각 단일층은 독특한 지질 조성을 가지고 있다.

매우 간단히 살펴보았지만 생물학적인 막의 이러한 설명은 생물학적인 막과 관련된 분자 생물학의 문제를 해결하도록 해준다.

## 권장 도서


### 일반적인 개관

Branden, C-I., and Tooze, J. 1999. *Introduction to Protein Structure*(2nd ed). New York: Garland Publishing.

Creighton, T. E. 1993. *Proteins: Structures and Molecular Properties.* New York: W. H. Freeman.

Pauling, L. 1993. How my interest in proteins developed. *Protein Sci* 2:1060-1063.

Petsko, G. A., and Ringe, D. 2003. *Protein Stucture and Function.* Sunderland, CT: Sinauer Associates.

### 아미노산과 peptide 결합

Gilbert, H. F. 2001. Peptide bonds, disulfide bonds and properties of small peptides. *Encyclopedia of Life Sciences.* pp. 1-7. London, UK: Nature Publishing Co.

Deber, C. M., and Brodsky, B. 2001. Proline residues in proteins. *Encyclopedia of Life Sciences.* pp. 1-6. London, UK: Nature Publishing Co.

Cozzone, A. J. 2002. Proteins: Fundamental chemical properties. *Encyclopedia of Life Sciences.* pp. 1-10. London, UK: Nature Publishing Co.

### 단백질 정제

Deutscher, M. (ed). 1997. *Guide to Protein Purification.* San Diego, CA: Academic Press.

Fassina, G. 2001. Affinity chromatography. *Encyclopedia of Life Sciences.* pp. 1-3. London, UK: Nature Publishing Co.

Jennissen, H. P. 2001. Hydrophobic interaction chromatography. *Encyclopedia of Life Sciences.* pp. 1-8. London, UK: Nature Publishing Co.

Mansoor, M. A. 2002. Liquid chromatography. *Encyclopedia of Life Sciences.* pp. 1-3. London, UK: Nature Publishing Co.

Roe, S. (ed). 2001. *Protein Purification Techniques. A Practical Approach*(2nd ed). Oxford, UK: Oxford University Press.

### 단백질 1차 구조

Aebersold, R., and Mann, M. 2003. Mass spectrometry-based proteomics. *Nature* 422:198-207.

Barker, W. C. 2001. Protein sequence databases. *Encyclopedia of Life Sciences.* pp. 1-3. London, UK: Nature Publishing Co.

Steen, H., and Mann, M. 2004. The abc°Øs(and xyz°Øs) of peptide sequencing. *Nat Rev Mol Cell Biol 5:699-711.*

Yates, J. R. III.1998. Mass spectrometry and the age of the proteome. *J Mass Spect* 33:1-19.

### 약한 비공유결합들

Chan, H. S. 2002. Amino acid side-chain hydrophobicity. *Encyclopedia of Life Sciences.* pp. 1-7. London, UK: Nature Publishing Co.

Fersht, A. R. 1987. The hydrogen bond in molecular recognition. *Trend Biochem Sci* 12:301-304.

Herzfeld, J., and Olbris, D. J. 2002. Hydrophobic effect. *Encyclopedia of Life Sciences*. pp. 1-9. London, UK: Nature Publishing Co.

Hubbard, R. E. 2001. Hydrogen bonds in proteins: role and strength. *Encyclopedia of Life Sciences*. pp. 1-6. London, UK: Nature Publishing Co.

Sharp, K. A. 2001. Water: structure and properties. *Encyclopedia of Life Sciences*. pp. 1-7. London, UK: Nature Publishing Co.

## 단백질 2차 구조

Barton, G. J. 1995. Protein secondary structure prediction. *Curr Opin Struct Biol* 5:372-376.

Chandonia, J-M. Protein secondary structures: prediction. *Encyclopedia of Life Sciences*. pp. 1-6. London, UK: Nature Publishing Co.

Eisenhaber, F., Persson, B., and Argos, P. 1995. Protein structure prediction: recognition of primary, secondary, and tertiary structural features from amino acid sequence. *Crit Rev Biochem Mol Biol* 30:1-94.

Minor, D. L. Jr, and Kim, P. S. 1996. Context-dependent secondary structure formation of a designed protein sequence. *Nature* 380:730-734.

Rost, B. 2001. Protein secondary structure prediction continues to rise. J *Struct Biol* 134:204-218.

Sansom, M. S. P. 2001. Hydrophobicity plots. *Encyclopedia of Life Sciences*. pp. 1-4. London, UK: Nature Publishing Co.

## 단백질 3차 구조

Anfinsen, C. B. 1973. The principles that govern the folding of protein chains. *Science* 181:223-230.

Carter, W. C. Jr, and Sweet, R. M. (eds). 1997. Macromolecular crystallography. *Methods in Enzymology,* vol 276 and 277. San Diego, CA: Academic Press.

Consalvi, V., and Chiaraluce, R. 2001. Chaperones, chaperonin and heat-shock proteins. *Encyclopedia of Life Sciences*. pp. 1-6. London, UK: Nature Publishing Co.

Daggett, V., and Fersht, A. R. 2003. Is there a unifying mechanism for protein folding- *Trend Biochem Sci* 28:18-25.

Ellis, R. J. 1993. The general concept of molecular chaperones. *Phil Trans Royal Soc Lond Series B* 339:257-261.

Feldman, D. E., and Frydman, J. 2000. Protein folding in vitro: the importance of molecular chaperones. *Curr Opin Struct Biol* 10:26-33.

Fink, A. L. 2001. Molten globule. *Encyclopedia of Life Sciences*. pp. 1-6. London, UK. Nature Publishing Co.

Fischer, G., and Schmid, F. X. 2001. Peptidylproline cis-trans-isomerases. *Encyclopedia of Life Sciences. pp*. 1-6. London, UK: Nature Publishing Co.

Gottesman, M. E., and Hendrickson, W. A. 2000. Protein folding and unfolding by *Escherichia coli chaperones and chaperonins. Curr Opin Microbiol* 3:197-202.

Guss, J. M., and King, G. F. 2002. Macromolecular structure determination: comparison of crystallography and NMR. *Encyclopedia of Life Sciences*. pp. 1-5. London, UK: Nature Publishing Co.

Hartl, F. U. 1996. Molecular chaperones in cellular protein folding. *Nature* 381:571-580.

Helliwell, J. R. 2001. X-ray diffraction at synchrotron light sources. *Encyclopedia of Life Sciences*. pp. 1-6. London, UK: Nature Publishing Co.

Kay, L. E., and Gardner, K. H. 1997. Solution NMR spectroscopy beyond 25 kDa. *Curr Opin Struct Biol* 7:722-731.

Kyte, J., and Doolittle, R. F. 1982. A simple method for displaying the hydropathic character of a protein. *J Mol Biol* 157:105-132.

Pearl, F. M. G., Orengo, C. A., and Thornton, J. M. 2001. Protein structure classification. *Encyclopedia of Life Sciences*. pp. 1-7. London, UK: Nature Publishing Co.

Rhodes, R. 1993. *Crystallography made crystal clear*. San Diego, CA: Academic Press.

Schumann, W. 2001. Heat shock response. *Encyclopedia of Life Sciences*. pp. 1-7. London, UK: Nature Publishing Co.

Schwaller, M. D., and Gilbert, H. F. 2001. Protein disulfide isomerases. *Encyclopedia of Life Sciences*. pp. 1-7. London, UK: Nature Publishing Co.

Tugarinov, V., Hwang, P. M., and Kay, L. E. 2004. Nuclear magnetic resonance spectroscopy of high-molecular weight proteins. *Ann Rev Biochem* 73:107-146.

Young, J. C., Agashe, V. R., Siegers, K., and Hartl, F. U. 2004. Pathways of chaperone-mediated protein folding in the cytosol. *Nat Rev Mol Cell Biol* 5:781-791.

Wery, J. P., and Scehvitz, R. W. 1997. New trends in macromolecular x-ray crystallography. *Curr Opin Chem Biol* 1:365-369.

Wickner, S., Maurizi, M. R., and Gottesman, S. 1999. Posttranslational quality control: folding, refolding, and degrading proteins. *Science* 286:1888-1893.

Wuthrich, K. 2001. Nuclear magnetic resonance spectroscopy of proteins. *Encyclopedia of Life Sciences*. pp. 1-5. London: UK: Nature Publishing Co.

Wuthrich, K. 2003. NMR studies of structure and function of biological macromolecules. *J Biomol* NMR 27:13-39.

Yates, J. R. 2001. Mass spectrometry in biology. *Encyclopedia* of Life Sciences. pp. 1-5. London, UK: Nature Publishing Co.

Zhang, H. 2002. Protein tertiary structures: prediction from amino acid sequences. *Encyclopedia of Life Sciences*. pp. 1-7. London, UK: Nature Publishing Co.

## 생물학적 막

Edidin, M. 2003. Lipids on the frontier: a century of cell-membrane bilayers. *Nat Rev Mol Cell Biol* 4:414-418.

Pietzsch, J. 2004. Mind the membrane. *Horizon Symposia*. pp.1-4. London, UK: Nature Publishing Group.

Raudino, A., and Sarpietro, M. G. 2001. Lipid bilayers. *Encyclopedia of Life Sciences*. pp. 1-6. London, UK: Nature Publishing Co.

Singer, S. J., and Nicolson, G. L. 1972. The fluid mosaic model of the structure of cell membranes. *Science* 175:720-731.

Tanford, C. 1980. The *Hydrophobic Effect: Formation of Micelles and Biological Membranes*. Hoboken, NJ: John Wiley & Sons.

Yeagle, P. (ed). 2004. *The Structure of Biological Membranes*(2nd ed). Boca Raton, FL: CRC Press.

Yeagle, P. L. 2001. Cell membrane features. *Encyclopedia of Life Sciences*. pp. 1-7. London, UK: Nature Publishing Co.

이 책은 스스로 분자생물학을 공부하는 데 도움이 되도록 고안된 복습 자료와 이 장에서 설명한 주제들에 대한 보다 상세한 정보와 연결된 다양한 자원을 포함하고 있는 **웹사이트,** **http://biology.jbpub.com/book/molecular**를 가지고 있다.

# 3

# 단백질 기능

## 주제 개요

**3.1 Myoglobin, hemoglobin 그리고 4차 구조의 개념**

Myoglobin과 hemoglobin의 차이는 myoglobin과 hemoglobin의 구조 차이로 설명되어진다.

정상적인 성체 hemoglobin(HbA)은 낫형세포 hemoglobin(HbS)과 단지 1개의 아미노산이 다르다.

**3.2 면역globulin G와 domain 개념**

큰 polypeptide는 domain이라 불리는 구형 단위로 접힌다.

**3.3 효소**

효소들은 화학적 반응을 촉매 하는 단백질이다.

효소 활성을 검출하는데 다양한 방법들이 사용될 수 있다.

효소는 활성에너지를 낮추지만 평형위치에 영향을 미치지는 않는다.

모든 효소반응은 효소-기질복합체 형성으로 시작된다.

많은 효소-기질 복합체의 분자 구조가 밝혀졌다.

조절효소는 생화학적 경로의 committed step를 조절한다.

조절효소는 S자형 반응속도 곡선을 보이고 다른 자리 입체성 인자(allosteric effectors)에 의해 촉진 또는 억제 된다.

효소활성은 covalent modification에 의해 변경될 수 있다.

**3.4 G 단백질 신호 체계**

G 단백질 신호 체계는 외부의 신호를 세포내부로 전달한다.

**권장 도서**

모든 단백질의 기능은 다른 분자들과 특이적으로 상호작용할 수 있는 능력에 의존한다. 이러한 특이성이 가능 한 것은 아미노산 순서가 다른 polypeptide는 각각 다른 3차원 구조로 감길 수 있기 때문이다. 각각의 단백질들은 특별한 분자나 ligand와 상호작용할 수 있도록 진화했다. 촉매 단백질-효소-는 ligand를 다른 분자로 전환 한다. 구조 단백질들은 특별한 분자들과 상호작용하고 그것이 종종 결합한 분자들에게 특별한 생물학적 성질을 갖게 해준다. 예를 들어, histone 단백질들은 DNA에 붙어서 nucleosome이라고 불리는 치밀한 핵단백질 구조를 형성하는 반면 다른 종류의 단백질은 RNA와 결합되어서 ribosome이라고 잘 알려진 리보핵산 단백질 복합체를 형성한다. 수송단백질(예를 들어, hemoglobin)은 특정 ligand(이 경우는 산소)와 붙어서 원하는 부분 쪽으로 ligand를 운반한다. 다른 수송 단백질은 특정 분자가 생체막을 통하게 해준다. 또 다른 산소 결합 단백질인 myoglobin과 같은 저장 단백질은 ligand를 정상 수준보다 높은 농도로 세포에 저장하게 해준다. 조절 단백질은 몇몇 결정적인 생물학적 과정을 촉진시키거나 더디게 하기 위해 다른 단백질들이나 핵산들과 상호작용한다. 수용체 단백질은 특정 ligand가 붙은 다음 입체구조를 바꾸고, 연속되는 대사 변화의 방아쇠가 된다. 심지어 콜레라 독과 같은 독성 단백질은 다른 단백질을 변화시켜 더 이상 그들이 적절한 일을 하지 못하도록 한다.

비록 수송 단백질과 저장 단백질이 다른 종류의 단백질보다 분자 생물학자들에게 덜 흥미로운 것처럼 보이기도 하지만 그것은 사실이 아니다. 산소 저장 단백질인 myoglobin과 산소 수송 단백질인 hemoglobin은 분자생물학의 초기 역사에서 특별한 위치에 있기 때문이다. 그들은 처음으로 구조가 결정되어진 두 단백질들이다. 더욱이, 이들 두 단백질을 연구하는 것으로부터 얻어진 구조와 기능의 연관 관계에 대한 교훈은 현대적 의의가 있다. 그러므로 우리는 myoglobin과 hemoglobin에서 구조와 기능을 검토함으로써 단백질의 기능에 대해서 조사해 보도록 한다.

(a)

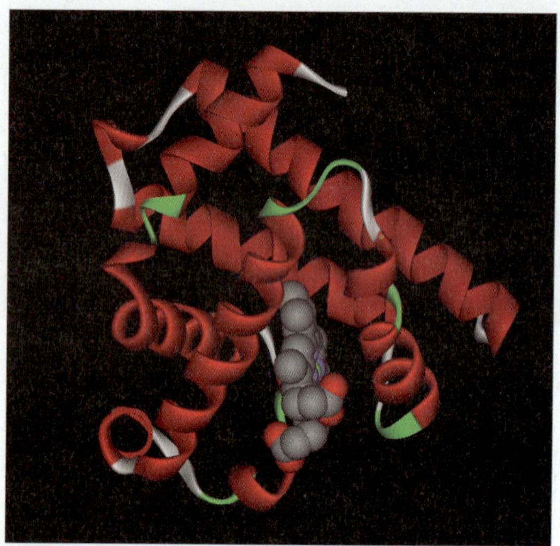

(b)

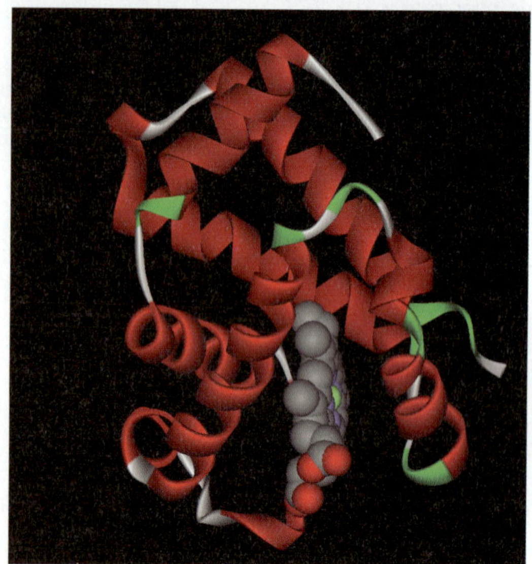

**그림 3.1 Myoglobin과 hemoglobin의 접힘 모양.** (a) 향유고래(sperm whale) myoglobin. (b) 사람 hemoglobin의 베타 사슬. Polypeptide는 ribbon형으로, heme기는 spacefilling형으로 표시. Protein Data Bank ID: 2HHB(human hemoglobin). Yang, F., and Phillipsac Jr., G. N., J. Mol. Biol. 256(1996), 762-774; 1VXA(sperm whale myoglovin). Fermi, G., et al., J. Mol. Biol. 175(1984), 159-174

## 3.1 Myoglobin, hemoglobin 그리고 4차 구조의 개념

### Myoglobin과 hemoglobin의 차이는 myoglobin과 hemoglobin의 구조 차이로 설명되어진다.

Myoglobin은 153개의 잔기를 가진 단일 polypeptide 사슬로 이루어져 있고 그것은 근육에서 산소를 저장한다. 2개의 α-와 2개 β-글로빈 사슬을 가진 hemoglobin은 혈액에서 산소를 운반한다. 각각의 α-글로빈 사슬은 141개 잔기를 가지고 있고, β-글로빈 사슬은 146개 잔기를 가지고 있다. Myoglobin과 hemoglobin은 사슬의 접힘 양상이 거의 동일하다(**그림 3.1**). 각각의 polypeptide를 가진 나선 토막들은 산소를 붙일 수 있는 heme이라고 알려진 중앙에 철 이온을 가진 거대한 평면 고리계를 포함하는 주머니를 형성한다.

Myoglobin과 hemoglobin의 구조를 면밀히 검토해보면 다른 구형 단백질에도 적용할 수 있는 일반적인 규칙들을 알 수 있다. 이러한 규칙들은 다음과 같다. (1) 구형 단백질은 단백질 내부의 약 65%정도로 추산되는 소수성 아미노산 잔기를 가지고 치밀하게 되는 경향이 있다. (2) 친수성 잔기는 거의 단백질의 표면에 존재한다. (3) 물은 일반적으로 단백질 중앙으로 들어오지 못하게 하지만 그들이 존재할 때 내부공간과 틈새 균열들을 채운다. (4) 이온결합, 수소결합, van der Waals 상호작용, 소수성 상호작용은 3차 구조를 안정화 시킨다(그들이 hemoglobin에 존재할 때는 4차 구조이다). (5) 조금 약한 비공유결합의 파괴는 결국엔 전체적인 단백질의 입체 형태 변화를 야기시킬 수 있다. 이러한 구조적인 탄력성은 단백질 구조에 필수적이다.

Myoglobin과 hemoglobin 구조와 기능을 비교해 보면 또한 4차 구조가 단백질 기능을 만들도록 기여한다는 사실을 알게된다. 그들의 3차 구조의 유사성에 기본을 두고, 우리는 myoglobin과 hemoglobin의 polypeptide들이 같은 방식으로 행동할 것 이라고 기대한다. 이러한 기대는 가장 단순한 수준에서 정의 되어진 것 이다. 두 단백질은 산소와 결합하면 자주색에서 진홍색으로 바뀌지만, 산소와 결합하는 자세한 방식은 상당히 다르다. Myoglobin의 산소결합은 hyperbolic형 곡선을 보이는 반면, hemoglobin은 S자형(sigmoidal) 이다(**그림 3.2**). S자형 곡선은 hemoglobin 분자에서 산소-결합 부위 사이에 협동적인 상호작용을 나타낸다. 즉, hemoglobin 분자에서 heme 하나에 산소가 붙으면 남겨진 heme의 산소에 대한 친화력이 증가한다. 그러나, 하나의 heme으로부터 산소 분자의 손실이 일어나면 다른 heme의 산소 친화력은 감소한다. Heme 간에 어떠한 종류의 의사소통이 요구되는 협동성은 산소가 많은 장소인 폐에서 hemoglobin에 산소가 붙을 수 있게 허락하고 산소가 부족한 장소인 활동적으로 호흡하는 세포에서는 산소를 방출한다. Myoglobin에서는 협동성은 불가능한데, 각각의 myoglobin 분자가 오직 하나의 heme기를 가지고 있기 때문이다.

Hemoglobin은 또한 myoglobin과 구분되는 두드러진 성상을 가지고 있다. pH가 떨어지거나(**그림 3.3a**) 이산화탄소 농도 증가는(**그림 3.3b**) hemoglobin에서 산소 방출을 일으키지만 myoglobin에서는 효과가 없다. 이 pH와 이산화탄소 효과는 이것을 발견한 Christian Bohr의 이름을 따서 Bohr 효과라고 알려져 있다. Bohr 효과는 생리적 중요성을 갖는다. 적혈구는 빠르게 호흡하는 조직의 모세혈관을 지나는 동안, 조직에 의해서 만들어진 이산화탄소와 낮은 pH에 노출된다. 적혈구 안에 있는 hemoglobin 분자는 산소를 방출하고 이산화탄소를 얻는다. 적혈구가 폐를 지날때는 hemoglobin은 이산화탄소를 방출하고 산소를 얻는다.

Hemoglobin은 또한 myoglobin과 공유하지 않는 두드러진 또 다른 성상을 가지고 있다. 작은 유기인산인 2,3-bisphosphoglycerate(BPG)는 hemoglobin이 산소를 방출하도록 야기하지만(**그림 3.4**) myoglobin에는 효과가 없다. 2,3-bisphosphoglycerate의 효과는 혈액 은행에서 적혈구를 저장하는데 매우 중요한 문

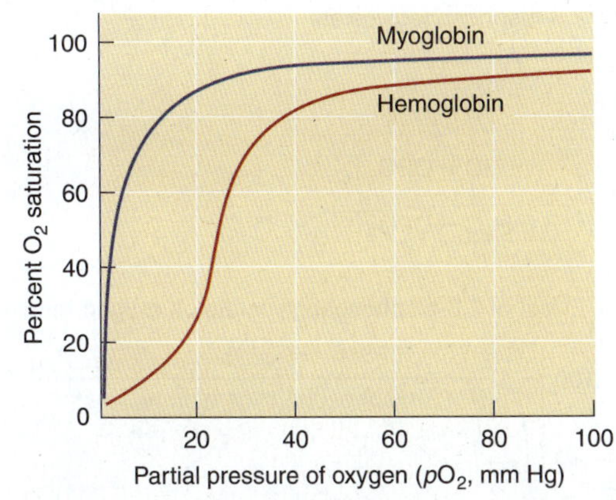


**그림 3.2** Myoglobin과 hemoglobin의 산소-결합 곡선

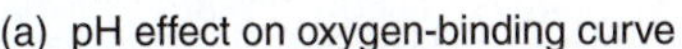
(a) pH effect on oxygen-binding curve

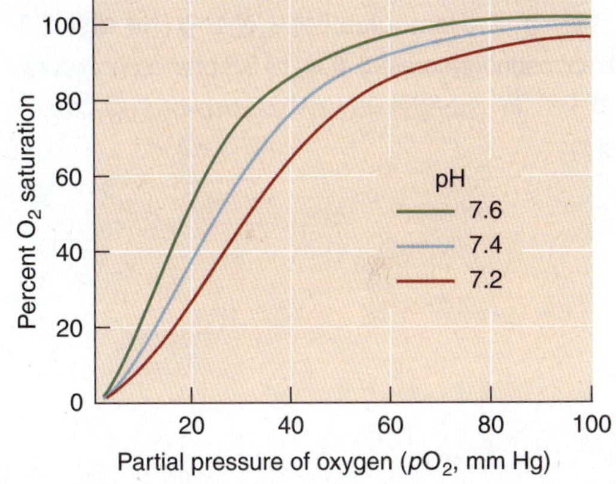


(b) Carbon dioxide effect on oxygen-binding curve

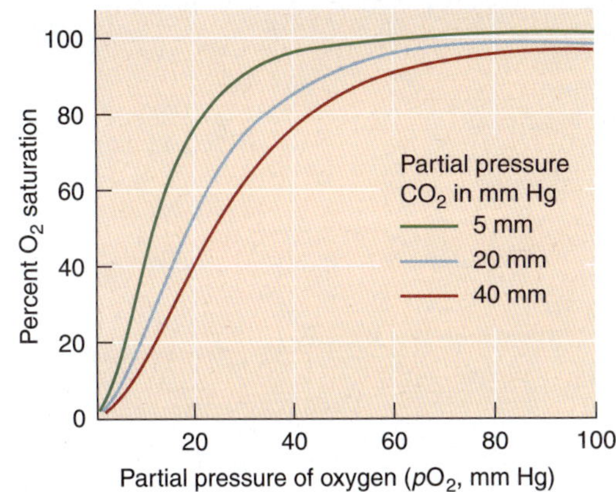


**그림 3.3 Bohr 효과.** (a) 산소-결합 곡선에 대한 pH효과. (b) 산소-결합 곡선에 대한 이산화탄소 효과

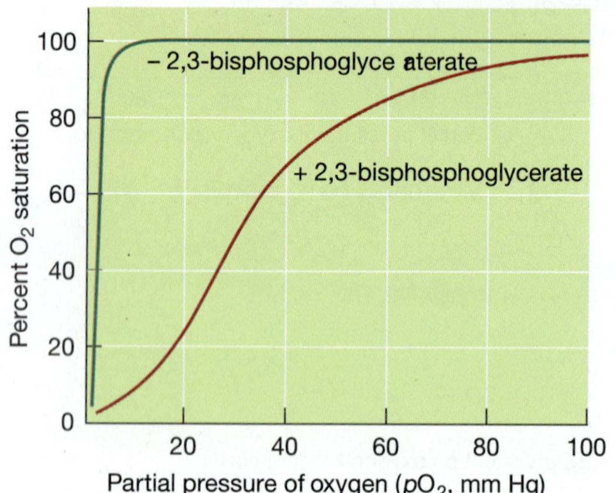


**그림 3.4 Hemoglobin에서 산소 결합에 대한 2,3-bisphosphoglycerate의 효과.** (a) 2,3-bisphosphoglycerate의 구조. (b) 산소-결합 곡선에서 2,3-bisphosphoglycerate의 효과

제이다. 시간이 경과되면, 2,3-bisphosphoglycerate은 깨진다. 이러한 일이 일어날 때, 적혈구에서 hemoglobin은 myoglobin과 많은 부분에서 같은 방식으로 산소와 붙는다. 그래서, 빠르게 호흡하는 세포에서 산소를 방출하는 대신에, 적혈구는 산소를 유지한다. 이러한 심각한 문제를 해결하는 방안은 2,3-bisphosphoglycerate이 변환된 저장 혈액에 영양소를 더해주는 것이다.

협동적 효과와 hemoglobin의 다른 특별한 생물학적 성상은 hemoglobin과 myoglobin의 산화, 비산화를 형성한 구조를 비교했을 때 명백해진다. Deoxymyoglobin과 deoxyhemoglobin 펩타이드 사슬의 입체형태는 heme기에 산소가 붙었을 때 변화된다(**그림 3.5**). 이러한 변화를 일으키는 힘은 철 이온의 이동이다.

Deoxymyoglobin(그리고 각각의 deoxyhemoglobin 소단위체)에서, 철 이온은 2가지 이유로 heme의 고리 구조면의 약간 바깥쪽에 있다. 첫째, 철 이온은 너무 크기 때문에 고리계의 중간에 맞지 않고 두 번째, 고리계에서 전자들은 철 이온에 부착 되어진 histidine 잔기의 전자를 밀어내기 때문이다. 철 이온은 산소가 결합한 후에 고리의 평면 쪽으로 이동한다. 이러한 이동이 가능한 이유는 철 이온의 효과적인 반경이 산소가 결합하면 감소되고, 산소와 철 이온의 결합 에너지는 heme 고리 구조계와 histidine 잔기 사이의 전기적 반발력보다 크기 때문이다.

철이 heme계의 면 쪽으로 이동함에 따라 철과 결합된 histidine과 그와 연결된

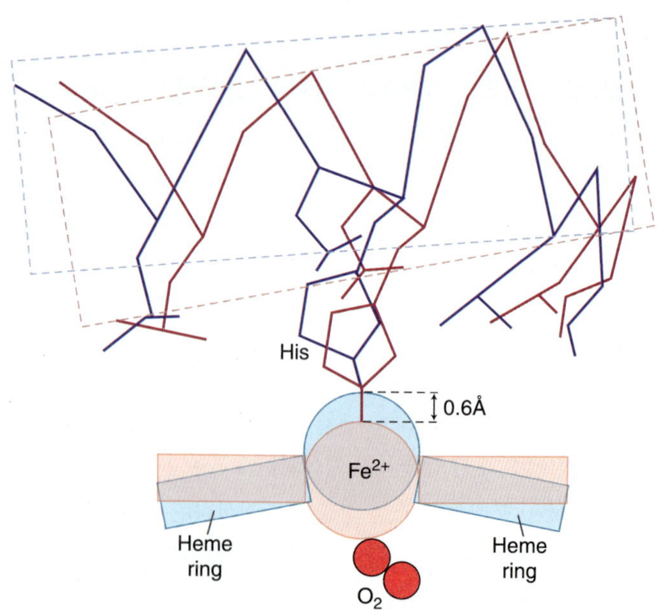


**그림 3.5 Deoxymyoglobin(및 deoxyhemoglobin)의 산소결합 과정에서 철 이온($Fe^{2+}$) 및 철 이온이 결합하는 단백질 나선의 움직임.** Deoxymyoglobin의 경우 철 이온은 heme의 평면에서 약간 벗어나 있지만(그림 청색) 산소가 결합하면 평면 쪽으로 이동하게 되어 단백질 나선의 histidine을 끌어당긴다(그림 적색). Modified from Voet, D., and Voet, J. G. *Biochemistry*, 3/e. John Wiley & Sons, Ltd., 2005. Copyright 2005 and reprinted with permission of Johm Wiley & Sons, Inc.

나선을 끌어당긴다. 따라서 myoglobin에서는 나선이 한 곳에 고정되지 않고 자유스럽게 움직인다.

이러한 상황은 hemoglobin에서 차이가 나는데 그 이유는 각 사슬의 입체 구조가 다른 사슬과의 이온 결합에 의해서 안정화되기 때문이다. 그러므로, hemoglobin 사슬 사이의 이온 결합은 탈산소 상태에서 산소와 결합한 상태로 변하는 과정에서 깨어져야만 한다. Hemoglobin 분자에서 사슬들 사이에 이와 같은 이온 결합의 파괴는 산소가 결합하는 소단위체에 영향을 미칠 뿐 아니라 그것이 상호 작용하는 소단위체에도 영향을 준다.

그러므로 하나의 소단위체에 산소의 결합은 다른 소단위체들의 결속력을 약화시키고, 이것이 산소에 결합되는 것을 더 쉽게 만들어 준다. 이러한 협동적 상호작용 때문에 hemoglobin의 산소결합은 S자 모양이 되는 것이다.

Bohr효과는 hemoglobin의 4차 구조 관점에서 설명되어질 수 있다. Polypeptide 사이의 염결합(salt bridge) 숫자는 수소 이온 혹은 이산화탄소가 polypeptide 소단위체에 결합할 때 증가하고, 그것이 hemoglobin의 탈산소화 구조를 안정화 시킨다. 또한 2,3-bisphosphoglycerate(BPG)은 탈산소 hemoglobin의 구조를 안정화시킴으로써 상호작용한다; 이것은 그들 사이에 이온 다리를 형성하는 deoxyhemoglobin의 β-소단위체들 사이의 공간에 꼭 들어 맞는다(**그림 3.6**). 공간이 부족한 oxyhemoglobin은 BPG를 결합할 수가 없다. Deoxyhemoglobin은 그것이 산소와 결합할 수 있게 되기 전에 BPG를 방출하고, oxyhemoglobin은 그것이 BPG와 결합하기 전에 산소를 방출한다. 따라서, 산소와 BPG 결합 부분이 다르고 멀지라도, 한자리의 결합은 다른 자리의 결합을 방해한다.

이산화탄소, 수소이온 그리고 BPG 모두는 hemoglobin의 구성단위체간의 염

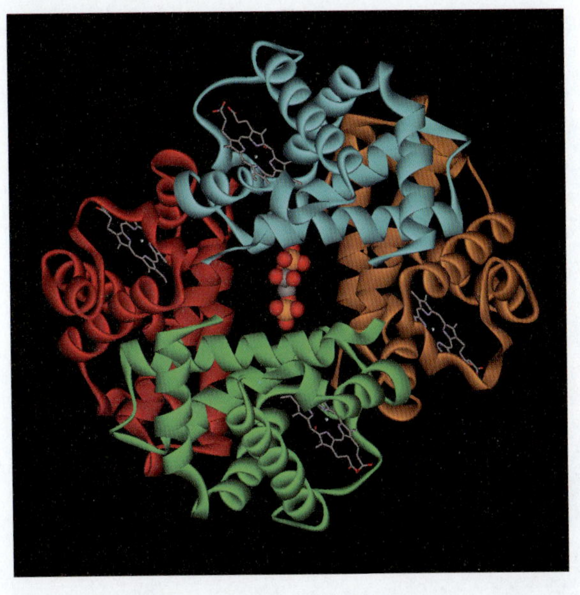

**그림 3.6 인간 deoxyhemoglobin의 2개의 β-globin 사슬에 BPG가 결합한 형태.** Globin 사슬이 각각 다른 색깔의 ribbon으로, heme기는 stick으로, 4개의 globin 사슬 중 2개와 결합한 BPG는 van der Waals 방법으로 표시되어 있다. Protein Data Bank ID: 1B86. Richard, V., Dodson, G.G., and Mauguen, Y., *J. Mol. Biol.* 233(1993): 270-274.

결합의 숫자를 증가시킴으로써 hemoglobin의 산소결합 능력을 낮춘다. 이들은 산소가 결합하는 자리가 아닌 다른 자리에 결합한다. 이처럼 기능적 또는 활성자리와는 다른 자리에 결합하는 것에 의해 단백질의 활성에 영향을 미치는 분자들을 **다른자리입체성효과자(allosteric effector)**라고 부르며, 이들은 화학적 환경에 그 단백질이 민감하게 되도록 그리고 적절하게 작용하도록 함으로써 단백질의 활성을 변형시킬 수 있다.

## 정상적인 성체 hemoglobin(HbA)은 낫형세포 hemoglobin(HbS)과 단지 1개의 아미노산이 다르다.

1904년에 빈혈증, 회기성 고통, 다리 궤양, 황달, 적혈구수 감소, 그리고 비대해진 심장으로 고통받고 있던 서인도제도 출신의 한 흑인 학생이 시카고 외과의사인 James Herrick의 도움을 구했다. Herrick은 현미경으로 학생의 혈액을 조사하면서, 적혈구 세포가 일반적으로 관찰되는 앞뒤쪽의 가운데 부분이 오목한 모양을 가지고 있기보다는 낫형(sickle-shape) 혹은 초승달의 모양을 가지고 있음을 관찰했다. Herrick은 낫형 모양의 적혈구 세포가 환자의 빈혈과 다른 증상들을 이해할 수 있는 열쇠가 될 것 이라고 가정하였다. 그 학생이 앓고 있는 병은 지금은 대사의 선천적 오류로 알려져 있는 **낫형 적혈구 빈혈증**이라는 이름이 주어졌다.

1927년에 Herrick의 가설은 산소 부족 시 낫형 적혈구 빈혈증을 가지고 있는 개인들로부터 분리한 적혈구 세포가 양쪽이 오목한 모양으로부터 낫형 모양으로 변화하는 반면 정상적인 개인들의 적혈구 세포는 양쪽이 오목한 모양 그대로 남아있음을 연구자들이 관찰함으로써 추가적인 지지를 받았다(**그림 3.7**).

1949년에 Linus Pauling과 동료들은 낫형 적혈구 빈혈증 연구의 새로운 접근을 시도 하였다. 그들은 적혈구 세포의 주요 단백질인 hemoglobin이 산소결합과 관련 있음을 알았고, 낫형 적혈구 빈혈증을 가진 개인들은 다양한 형태의 hemoglobin을 가지고 있을것이라 추정하였다. 그들의 가설은 정상적인 성인의 hemoglobin(HbA)

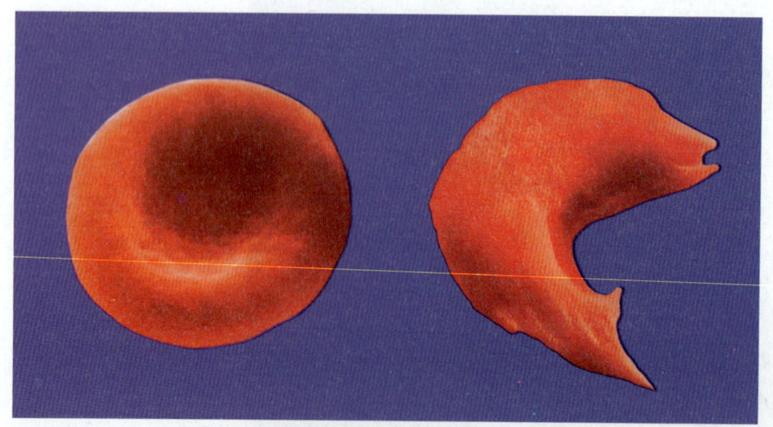

**그림 3.7** 양쪽이 오목한 모양과 낫형모양의 적혈구 세포

과 낫형 세포 hemoglobin(**HbS**)의 전기영동 분석에 의해 증명되었다. HbA는 HbS보다 좀더 음극 쪽으로 이동하였으며, 이것은 낫형 적혈구 빈혈증이 hemoglobin 안에서 하나 혹은 그 이상의 아미노산 치환에 의해 야기됨을 암시한다. 그러나 Pauling과 그의 동료들의 연구 결과로는 아미노산 치환이 α-globin 사슬을 변형하는지, β-globin 사슬을 변형하는지, 혹은 모두를 변형하는지 알 수 없었으며, 또한 그들의 연구 결과로는 어느 아미노산(들)이 치환 되었는지도 알 수 없었다.

그 문제는 1954년 Vernon Ingram의 독창적인 방법으로 해결이 되었다. 폴리펩티드 사슬 순서결정을 위한 현대의 기술은 당시에는 유용하지 않았기에 Ingram은 2가지 형태의 hemoglobin을 아미노산별로 비교할 수 없었다. 대신에 Ingram은 HbA와 HbS를 특정 조각으로 자르기 위해 trypsin을 사용하였고, Ingram은 그 조각들을 여과지에 찍어 전기영동을 통해 부분적으로 분리하였다. 그리고 나서 필터지를 건조하여 우측 각도로 돌린 후 chromatography를 이용하여 두 번째 방향으로 전개하였다. 왜냐하면 이러한 방법으로 처리된 각 종류의 단백질들은 독특한 이차원적 양상을 만들어 내기 때문이며, 이러한 방법은 **peptide 지문분석(peptide fingerprinting)** 혹은 **peptide mapping**이라고 불린다. 1가지 중요한 예외만 빼면, HbS의 "지문"과 HbA의 지문은 동일하다(**그림 3.8 a**와 **b**). 아미노산 순서 분석은 HbA와 HbS로부터 얻은 일치하지 않는 조각이 β-사슬의 N-말단 끝에서 유래된 octapeptide임을 보여준다. 두 조각 사이의 유일한 차이점은 HbS가 HbA에서 발견되는 Glu가 잔기 대신 Val 잔기를 가지고 있다는 것이다. 이 치환은 β-사슬의 N-

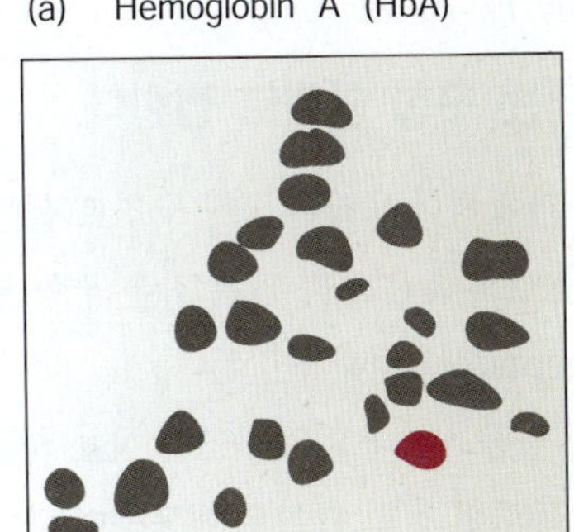


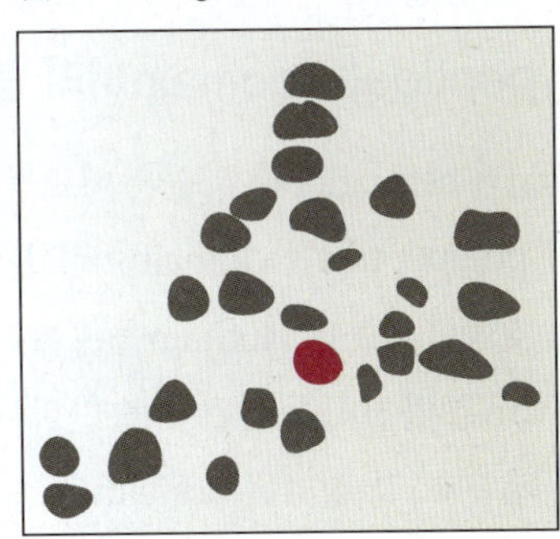


(c) Amino terminal fragment produced from the β-globin chains of HbA and HbS.

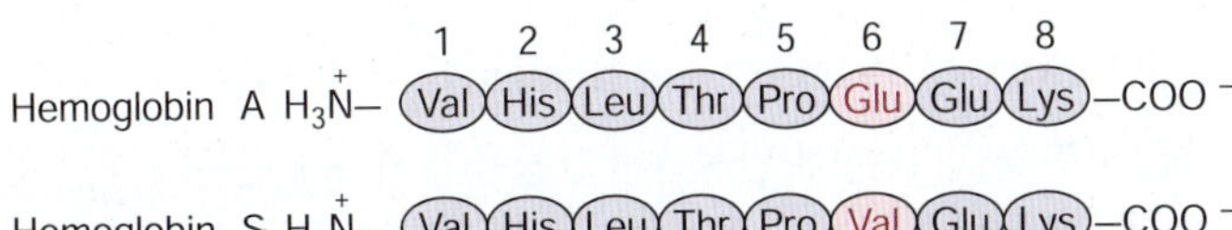


**그림 3.8 Hemoglobin A(HbA)와 hemoglobin S(HbS)의 peptide 지도.** 그림은 trypsin 처리에 의해 생성된 HbA(a)와 HbS(b)의 peptide map이다. HbA와 HbS에서 오직 하나만 제외하고 모든 peptide는 동일하다. 빨간색으로 보여지는 이 peptide는 하나의 아미노산 치환를 가진다. (c) β-globin 사슬의 6번째 위치에 glutamate가 valine에 의해 대체된다. Adapted from Baglioni, C., *Biochim. Biophys. Acta* 48 (1961): 392-396.

말단 잔기로부터 6번째인 것으로 나타난다(**그림 3.8c**). 이 관찰된 치환은 Pauling과 그의 동료가 관찰한 HbA가 HbS보다 약간 더 음극을 띄는 단백질로써 이동함과 일치한다. Ingram의 연구는 아미노산 치환이 단백질 기능을 심오하게 변화 시킬 수 있음을 최초로 보여주었다. 이 발견은 분자 생물학 초기에 지대한 관심을 자극시켰고, 구조-기능 관계 연구의 중요성을 강화하였다. Ingram이 창안한 이 peptide mapping 기술은 오늘날에도 이용되고 있다.

연구자들은 원래 불완전하게 변형된 낫형 세포들이 모세혈관을 잘 통과하지 못해서 모세혈관이 막힌다고 생각했으나, 최근 연구는 정상적인 적혈구 세포가 아닌 낫형 적혈구 세포가 혈관을 이어주는 내피 세포에 비정상적으로 부착됨을 보여준다. 낫형 적혈구 세포 빈혈증분야의 연구 활동은 유전적인 결함을 고치고 그 증상을 치료할 수 있는 효과적인 치료방법을 개발하는 쪽으로 나아가고 있다.

왜 선택적인 진화 압력들이 낫형 세포 빈혈증을 제거하기 위해 사용되지 않았을까? 보다 놀라운 대답은 또 다른 인자를 위한 선택적인 압력이 실질적으론 낫형 세포 유전자 존속에 유리하게 작용한다는 것이다. 한쪽 부모로부터 비-낫형 유전자를 물려받고 다른 한쪽 부모로부터 **낫형 세포 유전자**를 물려받은 개인은 가벼운 빈혈과 관련된 낫형 형질을 가지고 있다. 이 개인이 말라리아를 일으키는 원생동물에 노출되었을 때, 이들은 2개의 비-낫형 유전자를 가진 개인들보다 말라리아에 더 내성이 있다. 예견한대로, 낫형 세포 빈혈증의 가장 높은 발병률과 그 특성은 말라리아가 가장 흔한 아프리카 지역에서 발생한다.

## 3.2 면역globulin G와 domain 개념

### 큰 polypeptide는 domain이라 불리는 구형 단위로 접힌다.

Myoglobin과 hemoglobin 사슬은 비교적 짧기에 하나의 작은 구형 구조로 접힌다. 이보다 큰 polypeptide는 domain이라 불리는 2개 혹은 보다 많은 작은 구형 구조로 접히는 경향이 있는데, domain들은 짧은 peptide에 의해 연결된다.

Domain은 완전히 독립된 구조 단위처럼 행동하거나 혹은 구조적 상호 작용의 차이를 반영한다. 잘 정의된 domain은 종종 독립된 접힘 단위로 행동하며 나머지 단백질로부터 떨어져 나간다 할지라도 그들의 정상적인 생물학적 활동들의 일부를 유지한다.

**항체 면역 globulin G** 혹은 **IgG**는 복합 domain의 뛰어난 예를 제공한다. IgG의 기능은 특정한 외부 물질(항원)과 반응하며 그들을 무해하게 만든다. 척추동물은 1가지 다른 항원에 대항하는 수백만 가지의 IgG 분자를 생산한다. IgG는 각각 약 214개의 아미노산기를 가지고 있는 2개의 동일한 **light chain(L)**과 각각 약 446개의 아미노산기를 가지고 있는 2개의 동일한 **heavy chain(H)**로 구성된 사합체이다(**그림 3.9**). 각각의 L-사슬은 이황화결합 뿐만 아니라 약한 비-공유결합 작용에 의해 H-사슬에 부착되어있다. 이황화결합과 약한 비-공유결합 작용은 2개의 H-사슬도

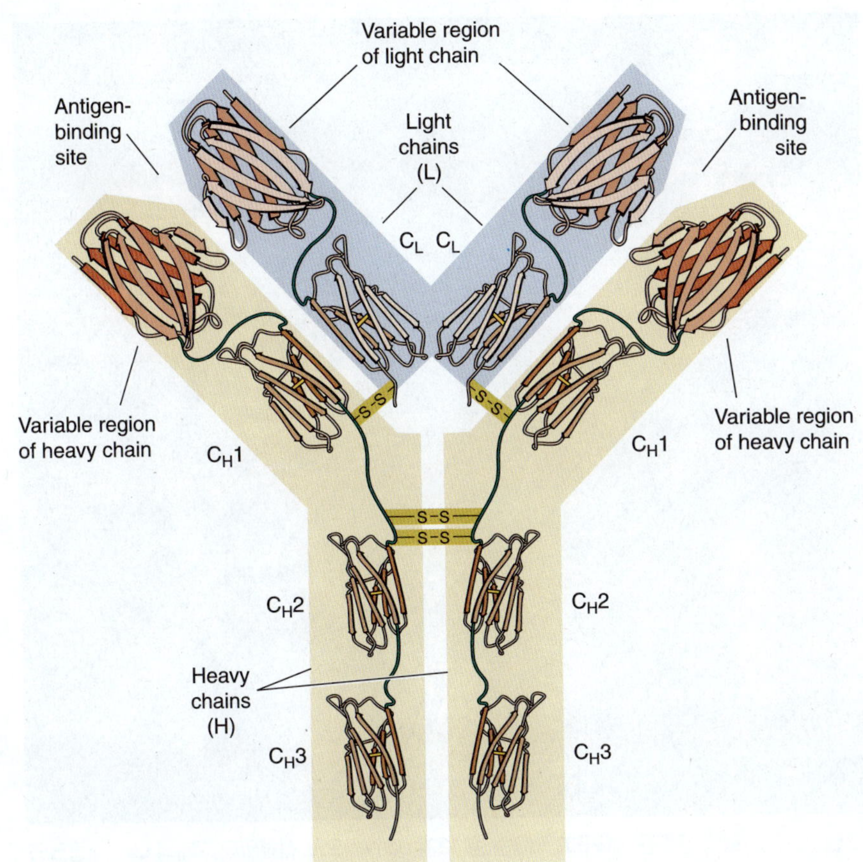


**그림 3.9** 면역globulin G (IgG) 구조의 개요.

서로 결합시킨다.

각각의 L-사슬은 거의 동일한 크기의 두 부분으로 나뉠 수 있다. 1에서 108잔기에 이르는 첫 번째 부위는 다른 IgG분자에서 다른 순서를 갖고, 그러므로 L-사슬의 가변부 라고 한다(variable region 또는 약자로 $V_L$). 잔기 109에서 사슬의 끝에 이르는 두 번째 부위는 모든 IgG에서 같은 순서를 갖고 그러므로 L-사슬의 불변부라고 불린다(constant region 또는 약자로 $C_L$).

H-사슬도 또한 잔기1에서 약 잔기 110에 이르는 가변부($V_H$)를 가진다. H-사슬의 나머지는 각각 일정한 아미노산 순서를 가진 거의 동일한 크기의 3가지 부분으로 나뉠 수 있다. $C_H1$, $C_H2$ 그리고 $C_H3$ 이라고 불리는 이러한 일정한 부분의 각각은 상당히 비슷하지만 다른것과 동일하지는 않은 아미노산 순서를 가진다. 불변부와 가변부는 IgG 에서 독립적인 기능을 갖는다. 불변부는 분자의 전체적인 구조와 면역계의 다른 성분에 의한 결합과 관련된다. 가변부는 항원-결합 특이성을 제공한다.

$V_L$에서 3개의 작은 부분과 $V_H$의 다른 3개의 부분은 가변부의 나머지 보다 훨씬 더 많은 변이를 나타낸다. **고도가변영역(hypervariable region)**이라고 불리는 이러한 영역은 항원-결합 특이성에 특히 중요한 기여를 한다. 기대한바와 같이 두 L-과 H-사슬의 가변부는 밀접하게 관계되어있고 IgG에서 항원-결합자리를 포함한다.

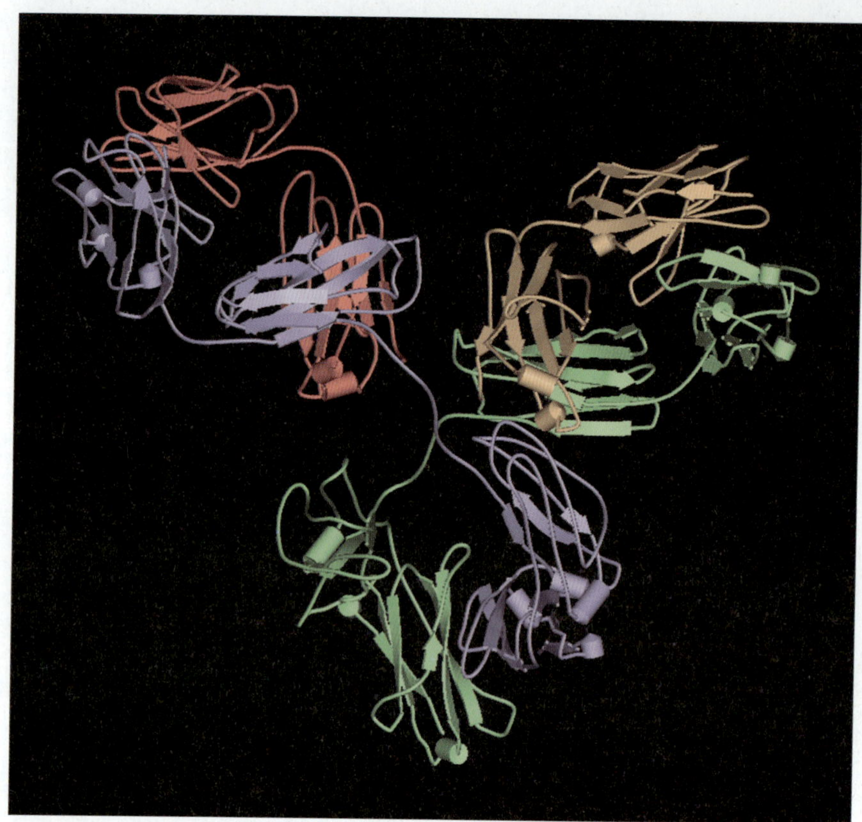

**그림 3.10 쥐의 단클론 IgG구조.** IgG는 총 12개 domain으로 접혀있다. 2개의 L-사슬(핑크와 주황색)은 각각 2개의 domain을 갖고 있으며, 2개의 H-사슬(청록색과 초록색)은 각각 4개의 domain을 갖고 있다. Protein Data Bank ID: 1 IGY. Harris, L. J., Skaletsky, E., and McPherson, A. *J. Mol. Biol.* 275(1998): 861-872.

X선결정학연구가 L-과 H-사슬의 각각의 부위는 치밀한 구형구조 또는 12개의 domain으로 접혀있다는 것을 보여줬다(**그림 3.10**). L-사슬과 H-사슬의 불변부 domain은 같은 방식으로 접혀 있는데, 한쪽면에 4개의 β-사슬과 반대편에 3개의 β-사슬로 구성된 찌그러진 물통 모양이며 짧은 peptide 고리가 이 사슬들을 서로 연결하고 있다.

L-그리고 H-사슬의 가변부에 의해 형성된 domain은 또한 찌그러진 통과 닮았다. 그러나 그 통의 한쪽면은 3개가 아니고 5개의 β-사슬을 갖는다. 고도가변영역은 $V_L$과 $V_H$ domain에서 β-사슬을 연결하는 고리에 위치한다. H-사슬과 L-사슬에 있는 고도가변영역은 서로 인접한 위치에 있어 항원결합부위를 형성한다.

## 3.3 효소

### 효소들은 화학적 반응을 촉매 하는 단백질이다.

우리는 현 관점에서 단백질의 가장 중요한 종류인 효소, 즉 단백질 촉매제에 globin

과 면역 immunoglobulin의 연구로부터 배운 교훈을 적용시키고자한다. 사실상 세포에서 일어나는 모든 화학반응은 효소 혹은 ribozyme라고 불리는 RNA촉매제에 의해 촉매 된다. 효소는 DNA, RNA 그리고 단백질 대사에 관계된 반응의 막대한 대부분을 촉매 한다. 많은 다른 효소들은 복제 전사 또는 번역과 같은 복잡한 과정을 촉매하는데 요구된다. 이러한 과정들을 이해하기 위해 우리는 효소들이 그들의 작업에 어떻게 연관되어있는지 알아야 한다.

## 효소 활성을 검출하는데 다양한 방법들이 사용될 수 있다.

효소가 작용하는 분자는 그것의 기질이다. 적은 수의 기질분자만이, 때로는 오직 하나의 기질 만이, 단일 촉매반응에 관여한다. 효소활성은 기질붕괴 또는 생산물 형성의 속도에 따라 측정된다. 몇몇 다른 물리적 기술들은 효소촉매반응을 모니터하는데 사용 될 수 있다. 분자생물학자들에 의해 사용된 가장 일반적인 기술 2가지는 분광분석과 방사성 추적자 기술이다.

분광분석법은 하나의 기질(또는 생산물)이 특정 파장의 빛을 흡수한다는 사실에 기초를 두고 있다. 가시광선 또는 자외선을 흡수하는 물질이 효소촉매반응의 기질 또는 생산물 일 때, 분광광도계를 이용함으로써 그 후에 일어나는 기질 붕괴 또는 생산물 형성을 측정할 수 있다. 분자생물학자들은 이러한 이유로 특정한 빛을 흡수하는 성질을 가진 생산물을 발생시키는 특별하게 디자인된 기질을 가지고 종종 연구

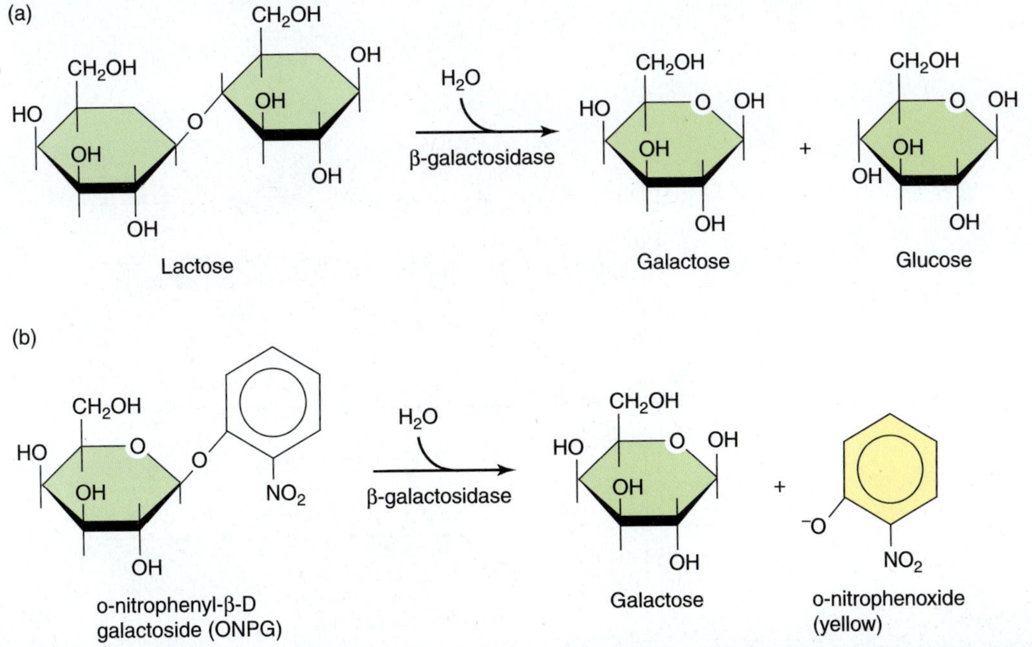

(a)

$CH_2OH$ HO OH O $CH_2OH$ OH OH OH OH

Lactose

$H_2O$

β-galactosidase

$CH_2OH$ HO O OH OH OH

Galactose

+

$CH_2OH$ O OH OH OH OH

Glucose

(b)

$CH_2OH$ HO O OH O $NO_2$ OH

o-nitrophenyl-β-D galactoside (ONPG)

$H_2O$

β-galactosidase

$CH_2OH$ HO O OH OH OH

Galactose

+

$^-O$ $NO_2$

o-nitrophenoxide (yellow)

**그림 3.11 β-galactosidase 활성 분석.** β-galactosidase는 (a) 그것의 자연적 기질인 lactose를 galactose와 포도당으로 전환시키고, (b) 합성기질인 o-nitrophenylgalactoside(ONPG)를 galactose와 진한 노랑색의 o-nitrophenoxide로 전환시킨다.

한다. o-nitrophenylgalactoside(ONPG)는 특별히 디자인된 기질 중 하나로써, 젖당을 쪼개 galactose와 포도당으로 전환시키는 효소인 β-galactosidase 분석에 사용된다(**그림 3.11a**). ONPG에도 이렇게 쪼개어 질 수 있는 β-galactoside 결합이 있다. β-galactosidase는 무색의 ONPG를 가수분해하여 galactose와 진한 노랑색의 o-nitrophenoxide를 형성한다(**그림 3.11b**). 즉, β-galactosidase의 활성은 420 nm(청색광)의 파장에서 o-nitrophenoxide를 측정함으로써 쉽게 추적할 수 있다.

방사능 분석은 방사성 기질을 반응혼합물에 넣어서 방사성 생산물이 생성되거나 또는 방사성 기질이 감소하는 것을 측정하는 것이다. 이 분석의 형태는 방사성 아미노산을 방사성 단백질로, 또는 방사성 뉴클레오티드를 방사성 핵산으로 전환하는 것을 측정하는 데 사용 되곤 했다. 그 분석은 다음사실에 기초한다: 단백질과 핵산은 0.5M 3염소아세트산(TCA)에 불용성인 반면에 아미노산과 nucleotide는 TCA-용해성이다. 이 성질은 방사성 탄소[$^{14}$C] 또는 수소[$^{3}$H]를 가진 아미노산을 다른 19개의 비방사성아미미노산, ribosome, 적합한 효소와 인자를 포함한 반응 혼합물에 넣어서 단백질 합성이 측정 될 수 있게 한다. 어느 시간 후에, TCA가 더해지고, 혼합물은 여과된다. [$^{14}$C]아미노산은 용해되어 여과기를 통하여 지나간다. [$^{14}$C]단백질은 침전되어 여과기 위에 남겨진다. 여과기-결합 방사능을 측정하면 반응정도를 알 수 있다. DNA의 합성 또한 DNA의 4 deoxynucleotide 전구체(이 중 한 가지 전구체는 방사성 전구체)와 효소를 포함하는 혼합물을 사용함으로써 위의 방법을 사용하여 측정될 수 있다. 예를 들어 [$C^{14}$] TTP를 사용하고, 반응 후에 TCA를 첨가하고 혼합물을 여과한다. [$C^{14}$]TTP는 여과기를 통해 지나가지만 합성된 DNA는 여과기 위에 남겨진다.

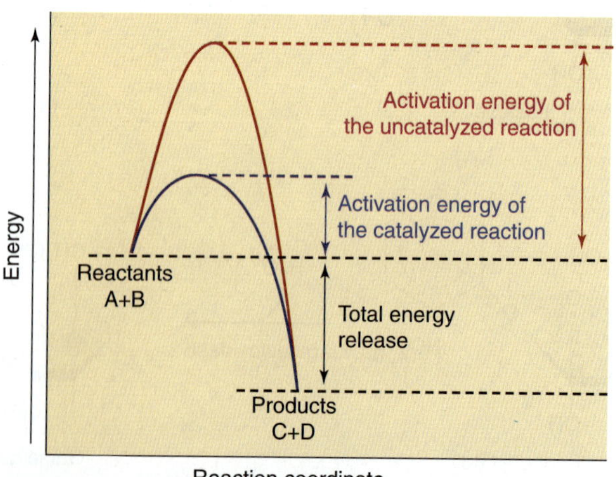


**그림 3.12 비 촉매 반응(빨강)과 효소 촉매 반응(파랑) 비교도.** 효소는 활성화 에너지를 낮추지만 반응에 의해 방출된 에너지에는 영향을 미치지 않는다. 그러므로 효소는 반응속도를 증가시키지만 평형에는 영향을 미치지 않는다.

## 효소는 활성에너지를 낮추지만 평형위치에 영향을 미치지는 않는다.

효소는 분자생물학자들이 관심을 가지는 반응에 중요한 역할을 하기 때문에, 효소가 어떻게 활동하는지 아는 것은 매우 중요하다. 우리는 반응물 A와 B가 생산물 C와 D로 전환되는 비촉매 반응과정을 그림으로 나타내어 보자(**그림 3.12** : 빨강 도표). 반응 과정을 x축에 표시하고, 중간반응물의 에너지와 생산물은 y축에 표시하였다. 반응물이 생산물로 전환되기 위해서는, 에너지 장벽의 꼭대기에 도달하여 활성복합체 또는 전이상태의 분자복합체를 형성하기에 충분한 에너지를 요구한다. 반응속도는 주어진 시간 안에 전위상태에 도달하는 반응물 분자의 분획과 직접적으로 연관되어있고, 이것은 에너지 활성($E_a$)에 의존한다. 즉, 에너지는 전위상태로 도달해야만 한다. 촉매는 낮은 활성화에너지를 갖는 대체반응경로를 제공함으로써 반응속도를 증가시킨다(그림 3.12 : 파랑 도표 ). 촉매는 반응이 일어나는 속도만 바꿀 수 있고 반응의 평형 위치는 바꾸지 않는다.

효소의 촉매능은 모든 합성촉매를 능가한다. $10^{15}$까지 반응속도를 증가시키는 효소가 있지만 전형적인 효소는 $10^8$에서 $10^{10}$배로 반응을 가속화시킨다. 효소는 또한 아주 특이적이다. 말하자면 각 효소는 단지 하나의 반응을 촉매하거나 밀접하게 연관된 반응의 세트를 촉매한다. 효소의 촉매성질을 설명하는데 있어서 몇 가지 가설이 제안되었다. 상호 배타적이지 않은 가설은 다음의 내용을 포함한다.

1. 효소는 전이 상태를 안정화시킴으로써 활성화에너지를 낮춘다. 이 가설은 전이상태와 구조적으로 유사한 안정된 물질을 동물에 주사했을 때 형성되는 IgG분자가 촉매로써 작용한다는 연구들에 의하여 지지된다. 촉매적으로 활성이있는 항체는 항체효소(abzyme)라고 불린다.
2. 효소는 민감성결합의 변형을 줌으로써 활성화 에너지를 낮춘다. 민감성결합의 변형은 결합의 붕괴를 더 쉽게 할 수 있다.
3. 효소는 적당한 방향에서 그리고 서로에 가까운 기질을 잡음으로써 2개 또는 더 많은 기질을 포함하는 반응의 활성화에너지를 낮춘다.
4. 효소는 몇몇 다른 결합을 불안정하게 하는 반응물 분자를 가지고 공유결합을 형성함으로써 활성화 에너지를 낮춘다.
5. 효소는 양성자 공여체와 수용체로 활동하면서 활성화 에너지를 낮춘다.

## 모든 효소반응은 효소-기질복합체를 통해 시작한다.

효소가 촉매하는 모든 반응에서 효소 E는 기질 S와 결합하여 E-S복합체를 형성하고, 떨어져 나오면서 기질을 다른 형태로 변화시키거나 생산물 P로 바꾼다. ES복합체를 형성한 후에 기질은 더 진전된 반응을 촉진하기위해 대개 변경된다. 그 과정은 아래의 반응식으로 요약될 수 있다.

$$E + S \underset{K_{-1}}{\overset{K_{+1}}{\rightleftharpoons}} ES \xrightarrow{K_{+2}} E + P$$

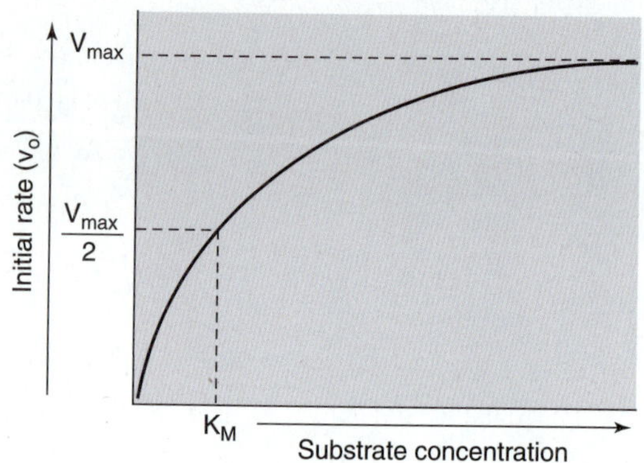


**그림 3.13 $V_{max}$ 와 $K_m$의 계산.** 초기 속도($v_o$)가 y축이고, 기질 농도가 x축인 곡선으로부터 $V_{max}$와 $K_m$의 값이 결정될 수 있다. 이론적 최대속도인 $V_{max}$는 기질의 농도가 무한대로 높아질 때 도달할 수 있는 한계속도이다. $K_m$값은 반응속도가 $V_{max}/2$인 기질농도와 일치한다.

여기서 $k_{+1}$과 $k_{-1}$ 그리고 $k_{+2}$는 반응속도 상수이다(통상적으로, 순반응의 $k_{+1}$ 과 $k_{+2}$을 나타내는 운동상수는 (+)첨자로 표시하고, 역반응($k_{-1}$)의 운동상수는(–)로 표시한다).

반응속도는 ES농도에 직접적으로 비례한다. 따라서 이론적 최고반응속도(Vmax)는 모든 효소분자가 효소-기질 복합체로 존재할 때의 속도이다. $(k_{-1} + k_{+2})/k_{+1}$의 비율은 Michaelis상수($K_M$)이라고 불린다. 대부분의 효소반응에서 ES의 형성은, ES가 자유로운 E와 자유로운 S로 해리될수 있다는 의미에서 가역적이다.

대부분, ES 복합체의 분리는 효소와 생산물 복합체로 전환되는 것 보다 더 빠르다. 이런 경우, $K_M$의 값은 ES 결합의 강도로 측정될 수 있다. 즉, $k_{-1} >>> k_{+2}$ 일 때, $K_M$은 효소-기질 복합체의 해리상수 $k_{-1}/k_{+1}$에 가까워지고, $K_M$은 기질에 대한 효소 친화력의 척도이다. 높은 $K_M$ 값은 낮은 친화력을 나타내고(약한 결합), 낮은 $K_M$ 값은 높은 친화력을 의미한다(강한 결합). 결합의 강도는 온도, pH, 특정한 이온의 존재 그리고 총 이온농도 같은 몇몇 조건에 의존적이다. 대부분의 효소에서 $K_M$은 $10^{-6}$부터 $10^{-1}$ $M$사이의 범위인데 이것은 다른 효소에서 E와 S의 친화력이 넓게 변화하는 것을 보여준다. y축에는 초기반응속도($v_o$)를, x축에는 기질의 농도([S])를 나타낸 **그림 3.13**에서 $V_{max}$와 $K_M$값이 곡선으로부터 결정될 수 있다. 이론적 최대활성속도($V_{max}$)는 기질농도가 무한일 때에 관찰된 한계속도이다. $K_M$값은 $V_{max}/2$의 반응속도에서의 기질의 농도에 해당한다. 그것은 용액 안에서 기질분자에 의해 점유된 활성부위를 가진 효소분자의 절반의 농도와 같다. 특정시간 안에 기질 분자가 효소분자에 의해 생산물 분자로 바뀌는 수를 turnover수라고 부른다. Turnover수는 반응 혼합물 안에 존재하는 총 효소 몰농도로 $V_{max}$를 분할함으로써 결정된다.

기질이 붙거나 화학반응이 일어나는 효소의 자리를 활성부위라고 부른다. 효소 촉매에서 특별한 선택성은 전적으로 효소-기질 결합 특이성의 결과에 의한다. 효소 결합을 위한 2가지 모델로서 lock-and-key 모델과 induced fit 모델이 있다(**그림 3.14**). Lock-and-key 모델에서 효소 활성부위의 모양은 기질의 모양과 상보적이다(그림 3.14a). Induced fit 모델에서 효소는 기질 결합에 따라 모양을 바꾸고 활성부위는 기질이 붙은 후 상보적인 모양을 가진다. Induced fit 모델이 주로 효소 모양의 변화와 관련있지만, 효소에 붙은 기질이 종종 모양을 바꾼다는 것을 인식하는게 중요하다(**그림 3.14b**). 지금까지 조사된 모든 효소-기질 상호작용은 이 2가지 모델중 하나에 해당된다.

그러나 기질자체가 종종 작은 모양변화를 겪는 경우가 있다. 사실 기질이 변형되어지는 것이 종종 촉매의 중요한 기작이므로 즉 기질이 거대한 반응형태변화에 있다고 생각된다.

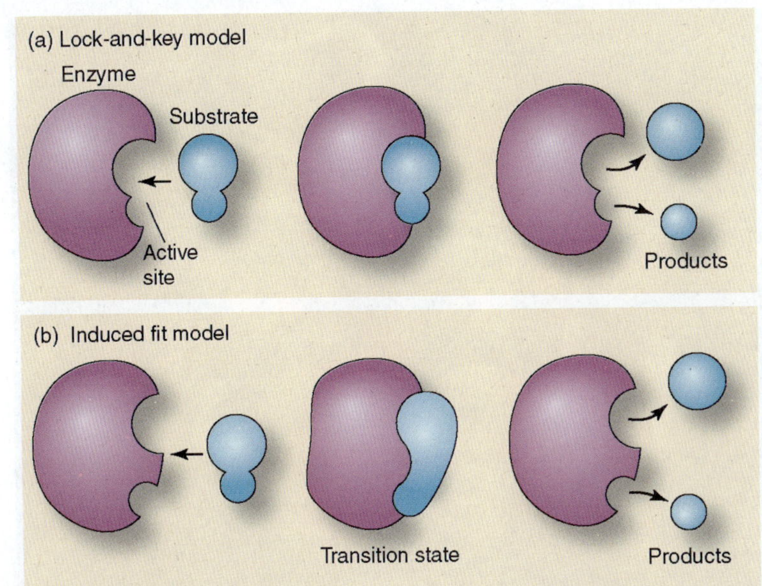


**그림 3.14 효소-기질 상호작용.** 효소결합에는 (a) lock-and-key 모델과 (b) induced fit 모델이 있다.: Lock-and-key 모델에서 효소 활성부위의 모양은 기질의 모양과 상보적이다. Induced fit 모델에서 효소는 기질과 결합한 후 모양을 바꾸고 효소의 활성부위는 기질이 결합한 후에만 그 기질에 상보적인 모양을 가진다. Adapted from Mathews, C. K., et al. *Biochemistry, Third Edition*. Prentice Hall, 2000.

## 많은 효소-기질 복합체의 분자구조가 밝혀졌다.

3차원 모양을 첫번째로 알게 된 효소는 계란의 lysozyme이다. 이 효소는 박테리아 세포벽의 다당류 성분의 당 잔기 사이에 있는 특정한 결합을 잘라 달걀안의 무균성을 유지하는 역할을 한다. **그림 3.15**는 난백 lysozyme이 기질 유사체에 결합하는 것을 보여준다. 효소의 활성부위에 해당하는 아미노산들은 몇개씩 그룹을 지어 단백질 사슬 전체에 분포되어 있으며, 단백질이 접힘에 따라 한데 모여 활성부위를 형성한다. 실제 기질은 균열에 꼭 맞는 6탄당 조각이고, 결합 후 뒤틀린다. 효소는 기질이 결합하였을 때 스스로 모양을 바꾼다. 다양한 상호작용(van der Waals, 수소, 이온결합)이 결합을 안정화 시킨다. Glucose와 ATP로부터 glucose-6-phosphate와 ADP를 형성하는 또 다른 효소인 효모 hexokinase A는 기질결합에서 발생하는 입체구조변화연구에 사용되었다. 이 변화는 **그림 3.16**에 space-filling model로 표시되어 있다.

## 조절효소는 생화학적 경로의 committed step을 조절한다.

효소조절은 세포가 부족한 생산물은 합성하게 하고 풍부한 생산물은 합성을 멈추게 하는 생화학적 경로의 흐름을 조절하는 빠르고 효과적인 방법이다.

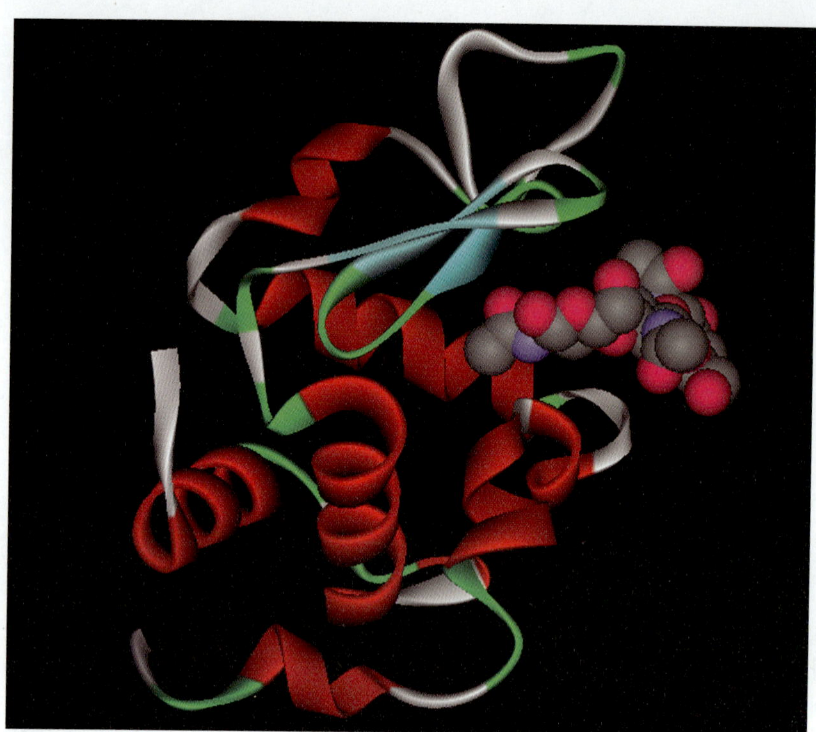

**그림 3.15 계란 흰자 lysozyme의 ribbon 모형.** 단백질의 나선 부분은 붉은색으로, β-사슬은 청록색으로 나타내었다. 결합한 기질 유사물은 van der Waals구조로 나타내었다. 단백질 정보은행 ID: 1LZB. Maenaka, K., et al., *J. Mol. Biol.* 247 (1995):281-293.

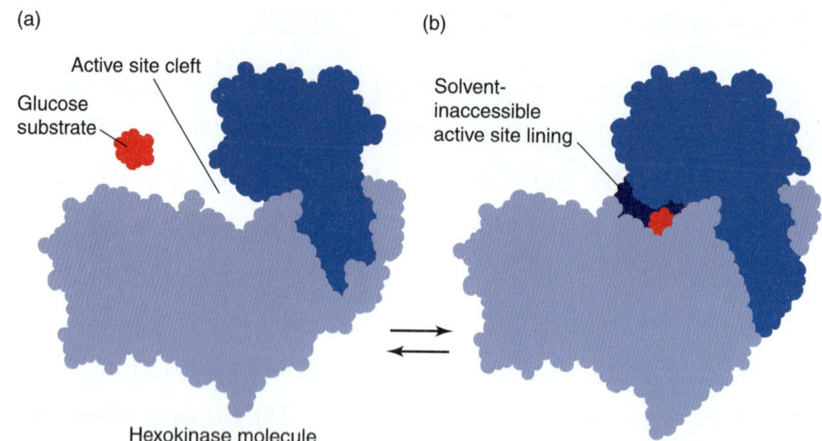


**그림 3.16 Induced fit의 일례인 hexokinase.** 포도당이 있을 때(a)와 없을 때(b)의 이상적인 hexokinase 분자의 그림. 두 hexokinase domain은 포도당이 결합했을 때 촉매부위를 만들며 함께 움직인다. (b)의 어두운 파란색 부분이 효소가 포도당과 결합했을 때 생기는 활성화 부위의 갈라진 틈에 있는, 용매를 받아들이지 않는 표면 부분이다. Photos courtesy of Thomas A. Steitz, Yale University.



**그림 3.17 가지친 경로.**

조절은 대개 생화학적 경로의 몇몇 중요한 단계를 조정함으로서 이루어진다. **그림 3.17**에 생화학적 경로의 예를 들었다. 대부분의 경우, 세포는 오직 경로의 마지막 생산물만을 필요로 한다(그림의 F와 G). 경로의 중간산물들은 F와G를 합성하는데 필수적이지만 세포에는 꼭 필요한 것은 아니다. 이 경로의 분기점에 C가 있다. 분기점 이후의 첫 번째 반응은 대부분 역행할 수 없고, 갈라진 경로를 따라 정해진대로 진행된다. 그러므로 갈라진 후 첫 번째 단계는 그 가지의 **committed step**라고 불린다. **조절효소(regulatory enzyme)**는 대체로 이런 committed step을 촉매하며 이들의 활설은 각 가지의 마지막 생산물에 의해 억제된다. 그러므로 C → D → E 가지의 마지막 생산물인 E는 C를 D로 바꾸는 효소를 억제한다. 마찬가지로, C → F → G 가지의 마지막 생성물인 G는 C를 F로 바꾸는 효소를 억제한다. E와 G가 함께 다량 존재하면 경로에서 A를 B로 바꾸는 세 번째 중요 조절 효소를 차단할 수 있다. 이는 3가지 방법 중 하나로 일어날 수 있다(**그림 3.18**). C는 2가지가 모두 차단되었을 때 축적되고, A를 B로 바꾸는 효소를 억제한다(그림 3.18a). 다르게는, E와 G는 함께 A를 B로 바꾸는 효소를 억제할 것이다(그림 3.18b). 때때로 2가지 억제방법 모두 기여하기도 한다(그림 3.18c). 마지막 생산물이 생화학적 경로에서 특정 단계를 억제하여 조절하는 방법을 **feedback 저해(feedback inhibtion)**라고 한다.

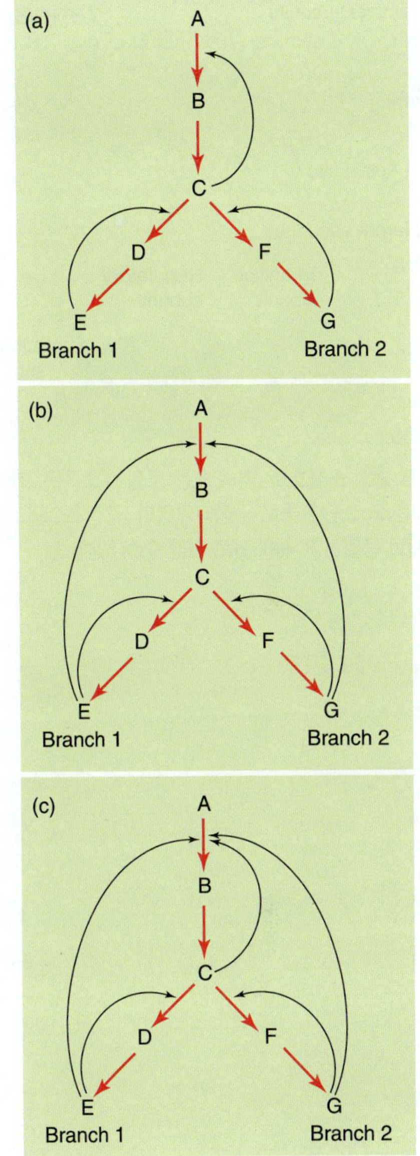


**그림 3.18** 2개의 갈라진 반응경로에서 일어나는 feedback 저해 방법.

## 조절효소는 S자형 반응속도 곡선을 보이고 다른 자리 입체성 인자(allosteric effector)에 의해 촉진 또는 억제 된다.

조절효소는 초기 속도($v_o$)가 y축을 나타내고, 기질 농도([S])가 x축을 나타낼 때 종종 S자 모양 또는 **S자형 운동 곡선(sigmoidal kinetic curves)**을 보인다(**그림 3.19**). 이런 S자 모양 곡선이 나타나는 이유는 산소가 hemoglobin과 결합 할 때 곡선이 나타나는 이유와 같다. 조절효소는 협동적인 양식으로 기질과 결합하는 소단위들로 이루어져있다.

조절효소는 또한 다른자리입체성 효과자에 의해 촉진 또는 억제된다. hemoglobin은 다시 한 번 유용한 모델이 된다. 다른자리입체성 효소의 구성단위는 더 활동적인 구조와 덜 활동적인 구조, 이 2가지 구조로 존재 할 수 있다. 다른자리입체성 효과자는 촉매부위와는 구별되는 효소의 자리에 결합함으로서 활동한다. 양성 다른자리입체성 효과자는 효소의 활동적인 형태를 안정화 시키는데, 이는 최대속도의 절반에 필요한 기질의 농도를 낮추거나 $V_{max}$를 증가시키거나 또는 둘 모두에 영

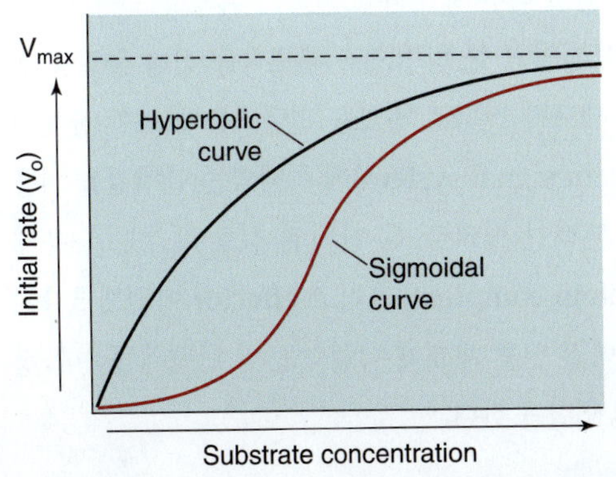


**그림 3.19 조절효소의 S자형 운동성.** 초기속도($V_o$)에 대한 기질의 농도는 조절효소가 아닌 경우 곡선으로 나타나지만, 조절효소의 경우에는 대게 S자형 곡선으로 나타난다. S자형 곡선은 기질의 결합이 협력적이라는 것을 가리킨다. 즉, 한 효소의 소단위에 기질분자가 결합하면, 다른 효소 소단위가 기질 분자에 결합하는 기회가 증가한다.

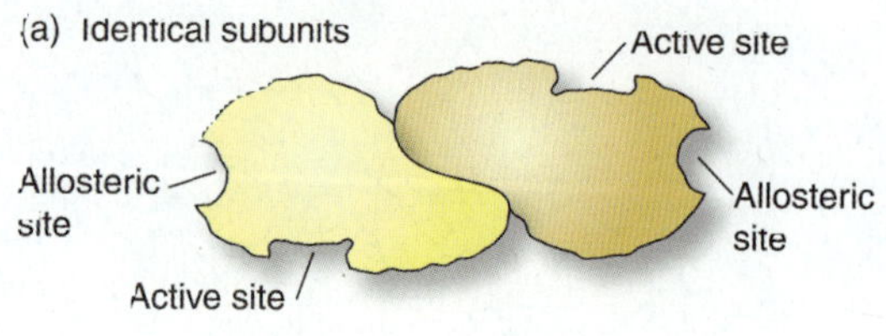


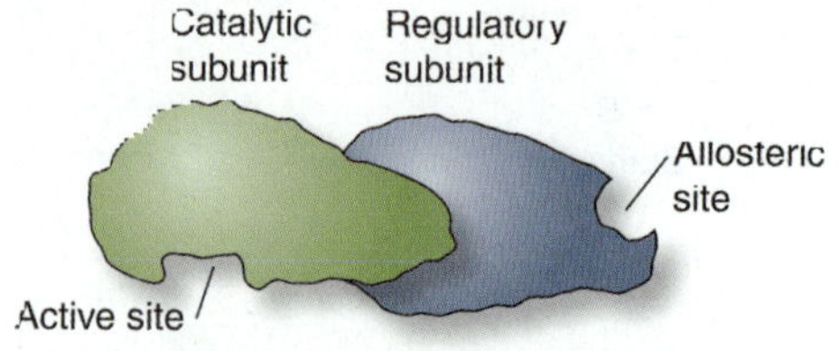


**그림 3.20 조절효소.** 거의 모든 조절 효소들은 2개나 혹은 그이상의 소단위들로 구성되어있다. 조절효소의 소단위들은 서로 동일하거나(a), 서로 다를 수(b) 있다.

향을 준다. 음성 다른자리입체성 효과자는 덜 활동적인 형태의 효소를 안정화 시키는데, 이는 최대속도의 절반에 필요한 기질의 농도를 증가시키거나 $V_{max}$를 감소시키거나 또는 둘 모두에 영향을 준다. 많은 조절효소들의 활성은 양성 그리고 음성 다른자리입체성 효과자의 조합에 의해 영향을 받는다.

조절 단백질들은 둘 또는 그 이상의 구성단위로 이루어진 다른자리입체성 효과자에 의해 억제 또는 자극된다(**그림 3.20**). 구성단위가 동일할 때, 각각의 구성단위는 활성부위를 가지고 있고 최소한 하나의 다른자리입체성 부위를 가지고 있다(그림 3.20a). 구성단위가 다를 때, 촉매 구성단위(catalytic subunit)는 활성부위를 가지고 있고 또 다른 종류의 구성단위인 조절 구성단위(regulatory subunit)는 다른자리입체성 부위를 가지고 있다(그림 3.20b). 두 종류의 조절효소 모두 분자생물학에서 중요한 역할을 한다.

### 효소활성은 covalent modification에 의해 변경될 수 있다.

전형적으로, 다른자리입체성 조절은 효소의 비공유적 변환과 관련되어있다. 또한 효소는 공유변환에 의해서도 조절된다. 몇몇 효소의 활성은 peptide 결합 절단에 의해 변환된다. 예를 들어, trypsinogen은 trypsin의 비활성 전구체인데 peptide 결합 절단에 의해 활성효소로 전환된다. 다른 효소들의 활성은 serine, threonine, 또는 tyrosine잔기 등의 인산화에 의해 변화된다.

몇몇의 경우, 인산화는 효소의 활성을 증가시키고 또 다른 몇몇은 효소의 활성을 감소시킨다. 다른 효소의 인산화나 탈인산화를 촉진하는 효소는, 대게 그들 스스로 조절 가능한 형태를 가지고 있다. 이러한 조절의 특징은 글루카곤이나 아드레날린과 같은 특정 호르몬이 어떻게 탄수화물 그리고 지질 물질대사를 조절하는지를 알고 싶어 하던 한 생화학자에 의해 밝혀졌다. 호르몬 연구결과 얻어진 결과는 분자생물학자들에게 중요한 교훈이 되었고, 몇몇 세부사항들은 앞으로 밝혀져야 할 것이다.

## 3.4 G 단백질 신호 체계

### G 단백질 신호 체계는 외부의 신호를 세포 내부로 전달한다.

세포가 그들 주위환경과 상호작용을 하고 다른 세포와 교신하기 위해서는 세포막을 넘어서 정보를 전달해야만 한다. 정보전달의 한 방법으로 세포막을 건너 물질을 전달하는 것이 있다. 진핵세포는 또한 세포막 건너로 정보를 전달하는데(화학 물질이 아니라) **G 단백질 신호 체계(G protein signal system)**에 속해있는 단백질을 이용하는 또 다른 방법을 쓴다. 가장 기본적인 형태로, G 단백질 신호 체계는 수용체(receptor), **G 단백질 복합체(G protein complex)**, 그리고 **effector** 이렇게 3가지 단백질 인자로 구성되어 있다. G 단백질 신호 체계에 속해있는 막 단백질들은 특정 효소 체계의 인산화 조절에 중심적인 역할을 한다.

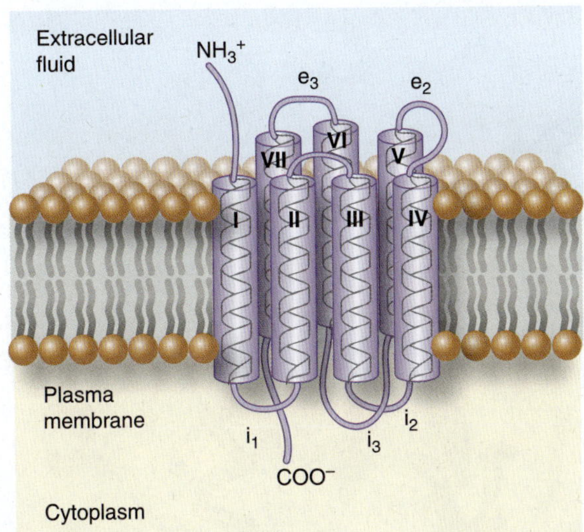


**그림 3.21 G 단백질 결합 수용체(GPCR)의 모델.** GPCR들은 7개의 막 통과 domain을 가지고 있는데, 3개의 세포외 고리들(e1, e2, e3)과 3개의 세포내 고리들(i1, i2, i3)이 있다. Adapted from Bockaert, J. *Encyclopedia of Life Sciences*. John Wiley & Sons, Ltd., January 2006.[doi:10.1038/npg.els.0000118]

1. **G 단백질 결합 수용체**. 진핵세포들은 세포막의 바깥 표면에 많은 종류의 수용체를 가지고 있다. 각각의 수용체는 외부에서 오는 고유의 물리적, 화학적 신호에 반응한다. 이러한 신호들은 그 크기가 1개의 광자에서 호르몬 글루카곤과 같은 polypeptide까지 다양하다. 수용체의 각각의 종류는 그 자신 고유의 아미노산 서열을 가지고 있다. 가지각색의 엄청난 특이성에도 불구하고 수용기는 몇몇 구조적 특징에 있어 공통점이 있다. 이러한 특징들에는 세포외 N-말단 부분, 세포내 C-말단 부분, 그리고 막관통 코어를 형성하며 세포막에 박혀있는 일곱 개의 α-나선 부분 등이 있는데 **그림 3.21**에 요약되어있다. 3개의 세포외 고리와 3개의 세포내 고리들은 나선 부분으로 연결되어 있다. Nucleotide, amine, 지질과 같은 분자량이 작은 화학 신호들은 막관통 α-나선들에 의해 형성되는 소수성 코어에 있는 부분과 결합하는 경향이 있다. 단백질과 같은 분자량이 큰 신호들은 세포외의 *N*-말단 부분이나 고리 또는 두 곳 모두에 결합한다. Ligand 결합은 수용기의 입체구조를 바꾸고 어떻게 해서든지 G단백질 복합체와의 상호작용을 야기 시킨다.
2. **G 단백질 복합체.** G 단백질 복합체는 수용체로부터 반응기로 신호를 전달하는데 3가지 polypeptide 소단위들로 구성되어 있다: $G_\alpha$,$G_\beta$ 그리고 $G_\gamma$. 이러한 소단위들 중 $G_\alpha$와 $G_\gamma$는 지질에 붙어서 세포막의 세포질 표면으로 끼어들어간다. 인간은 20개의 $G_\alpha$, 6개의$G_\beta$, 그리고 12개의 $G_\gamma$ isoform을 생산하여 총1440개의 가능한 다른 조합을 만들어 낸다. 전부는 아니지만 많은 이러한 조합들은 실제로 존재한다. 이형삼합체(heterotrimer)로 존재하

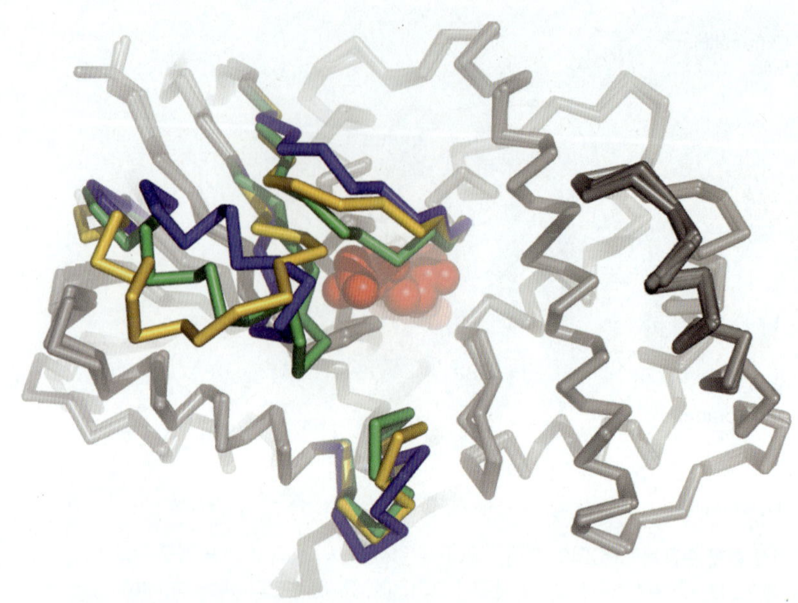

**그림 3.22** **$G_\alpha$ 소 단위체의 구조적 변화.** 이 그림은 3가지 결정체 구조가 합쳐진 그림이다. 이 구성은 구조적 변화를 보여주도록 배치되어 있다. $G_\alpha$ • GDP, $G_\alpha$ • $GTP_\gamma S$, 그리고 $G_\alpha$ • $G_{\beta\gamma}$의 $G_\alpha$ 소단위체의 구조적 변화가 일어나는 부분은 각각 파랑, 초록, 노란색으로 나타내어져 있다. Guanine nucleotide는 빨간색으로 표시하였다. 가수분해를 막기 위해 $GTP_\gamma S$가 사용되었다. $G_\alpha$ • GDP, G • $GTP_\gamma S$, 그리고 $G_\alpha$ • $G_{\beta\gamma}$의 PDB ID는 각각 1TAG, 1TND, 그리고 1 GOT이다. Photo courtesy of Heidi E. Hamm and Will Oldham, Vanderbilt University Medical Center.

는 조합은 아마도 소단위들 간의 특이적 상호작용에 의해 이루어질 것이다. 단백질 복합체의 이름에 있는 "G"는 $G_\alpha$소단위의 결합능력과 GTP를 가수분해하는 능력으로부터 비롯된 것이다. **그림 3.22**에서 볼 수 있듯이, $G_\alpha$소단위는 GTP와 결합하고 GTP가 가수분해하여 GDP가 되면서 구조적 변화를 겪는다. $G_\alpha$ • GDP는 $G_{\beta\gamma}$($G_\beta$와 $G_\gamma$소단위로 구성된 단백질 이합체)에 단단히 결합하는데 반하여 $G_\alpha$ • GTP는 결합하지 않는다. $G_{\beta\gamma}$이합복합체의 구조는 단일 단위로서 기능하는데, 그 구조가 **그림 3.23**에 나타나있다. $G_\beta$ 소단위는 프로펠러의 날과 같이 배열되어있어서 "베타 프로펠러 단백질"이라 불리는 일곱개의 독특한 베타병풍 domain을 가지고 있다. 이 단백질은 또한 다수의 $GHX_{(23\text{-}41)}WD$ 부위(X에는 어떤 아미노 잔기라도 올 수 있다)를 가지고 있다. 이 부위는 대략 40개의 아미노 잔기로 되어있고 한쪽 끝은 GH(Gly-His)이고 다른 한쪽 끝은 WD(Trp-Glu)인데 WD 또는 WD40 반복이라고 불린다. $G_\gamma$ 소단위의 아미노말단은 $G_\beta$소단위의 아미노말단과 상호작용하고, $G_\gamma$의 나머지 부분은 $G_\beta$소단위의 칼날 부분과 부가적인 접촉을 하게 한다. **그림 3.24**은 G 단백질 이형삼합체가 G단백질 신호 수용기와 어떻게 상호작용하는지를 보여준다. 이형삼합체인 G 단백질 복합체는 **그림 3.25**와 같은 반복적 순환경로를 이용하여 수용체와 effector 사이에 정보를 전달한다. 순환은 활성이 없는 이형삼합체 G 단백질 복합체의 $G_\alpha$소단위와 GDP가 결합하면서 시작된다. 외부의 신호나 전달물질이 수용체에 결합

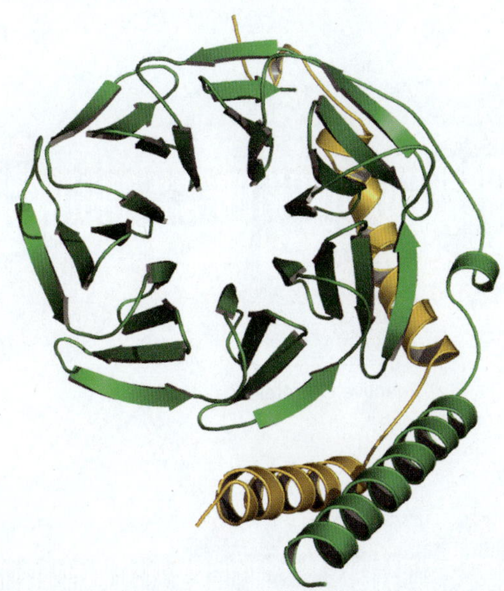

**그림 3.23 $G_{\beta\gamma}$소단위체.** 7개의 날을 가진 프로펠러를 닮은 $G_\beta$ 소단위는 녹색으로 표현되었다. 금색으로 표현된 $G_\gamma$ 소단위는 α-나선형 구조를 가지며, $G_\beta$ 소단위의 바깥쪽 가장자리에 위치한다. Photo courtesy of Heidi E.Hamm and Will Oldham, Vanderbilt University Medical Center.

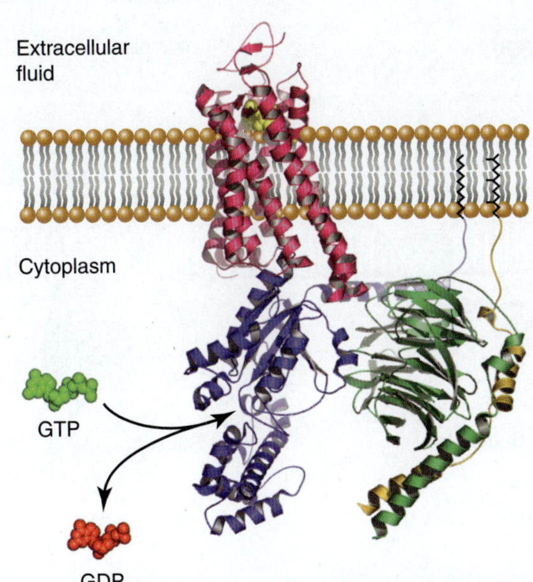


**그림 3.24 G 단백질 신호 수용체와 지질 이중층과 G 단백질 이형이합체의 상호 작용.** G-단백질 신호 수용체는 빨간색으로 보여주었다. 노란색으로 보이는 것은 광수용체 단백질인 11-cis retinal이며 G 단백질 수용체의 막 통과부분과 결합되어 있다. $G_\alpha$ 소단위는 파란색, $G_\beta$ 소단위는 녹색, $G_\gamma$는 금색이다. Photo courtesy of Heidi E.Hamm and Will Oldham, Vanderbilt University Medical Center.

하면, 수용체는 형태를 바꾸어 세포내부의 C-말단은 $G_\alpha$소단위가 GDP를 GTP로 바꾸도록 자극시킨다. 이러한 nucleotide 교환은 $G_\alpha$소단위가 비활성화 된 $G_\alpha$ • GDP형태에서 활성화된 $G_\alpha$ • GTP형태로 변하도록 하는데,

(a) 화학적 신호(ligand)가 수용체 단백질에 붙어, 수용체 단백질의 구조 변화를 가져오고, 이는 이형이합체인 G 단백질과 상호작용하게 한다.

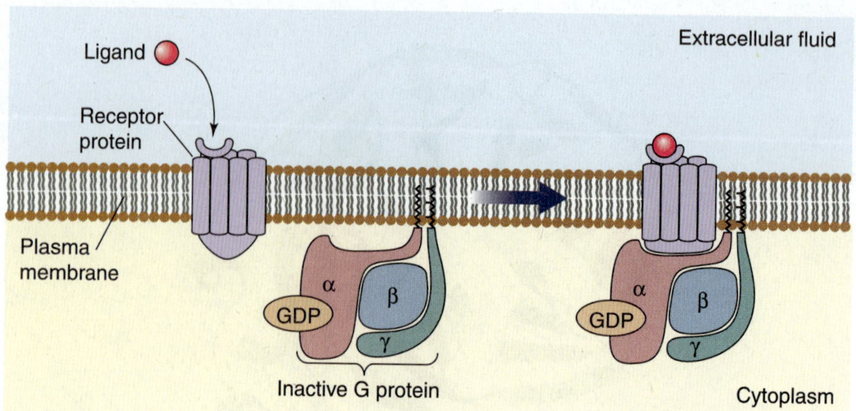


(b) 수용체 단백질은 $G_\alpha$소단위에서 GTP의 교환을 촉진시키고, $G_\alpha$소단위의 구조를 변화하게 한다. 이러한 구조적인 변화는 G 단백질 복합체의 분리를 유도하고, $G_\alpha$ · GTP 복합체와 $G_{\beta\gamma}$복합체를 생성한다.

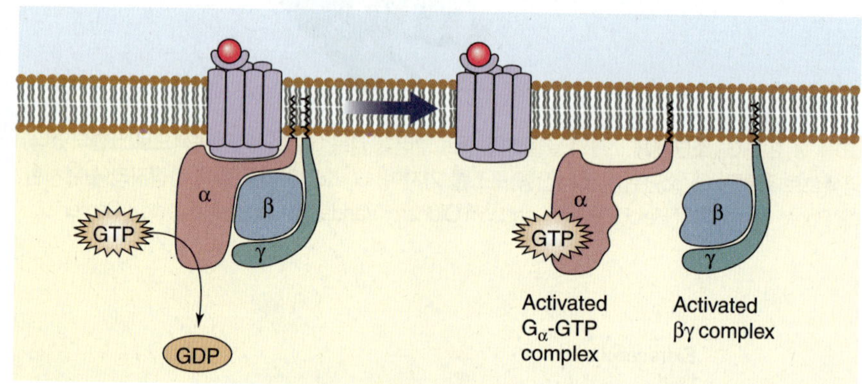


(c) 떨어진 $G_\alpha$소단위는 adenylate cyclase와 같은 effector (E1) 과 작용하는 한편, $G_{\beta\gamma}$소단위체는 또 다른 effector(E2) 와 반응한다.

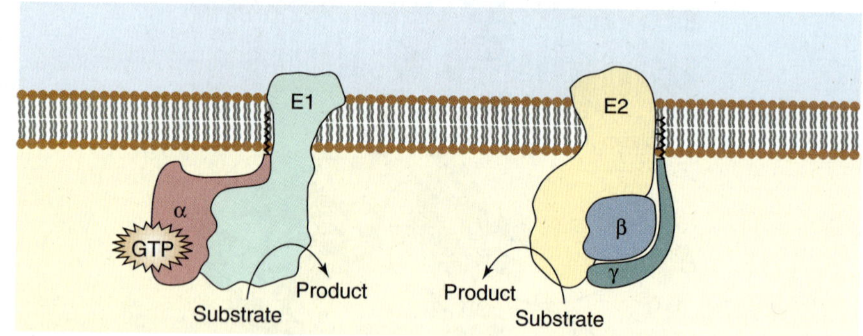


(d) $G_\alpha$소단위는 GTP의 가수분해를 촉매한다. 이 결과로 $G_\alpha$ · GDP 복합체는 $G_{\beta\gamma}$복합체와 결합하여 다시 G 단백질 이형이합체를 형성하게 된다.

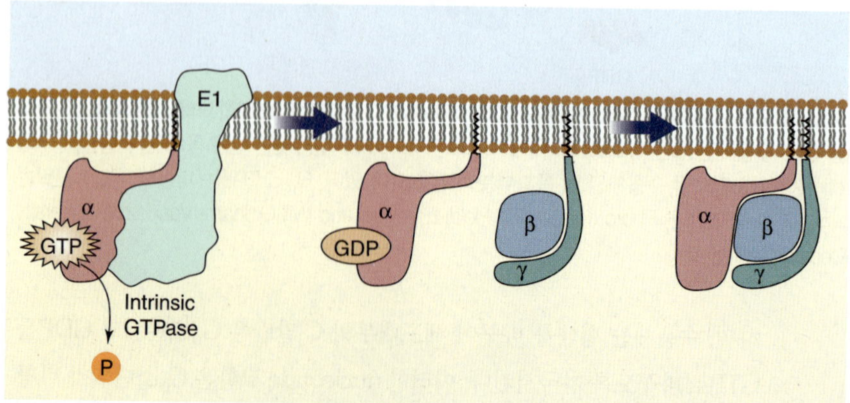


**그림 3.25 G 단백질 신호 체계의 작용 기작 요약.** Adapted from an illustration by George M. Helmkamp, Jr.,School of Medicine, University of Kansas.

이렇게 되어 $G_{\beta\gamma}$와 분리된다. G 단백질 복합체가 분리되면, $G_\alpha$ • GTP와 $G_{\beta\gamma}$소단위는 자유롭게 effector와 상호작용할 수 있다. 그러나 이러한 상호작용은 오래 지속되지 않는데, 왜냐하면 $G_\alpha$소단위가 결합한 GTP를 가수분해하고 그 결과 $G_\alpha$ • GDP복합체가 다시 비활성화되어 $G_{\beta\gamma}$복합체와 결합하여 이형삼합체 단백질을 형성하게 되기 때문이다.

3. **Effector.** 세포는 그들이 직면한 무수한 화학적 물리적 자극원에 효과적으로 반응하기 위하여 넓고 다양한 effector들을 필요로 한다. 우리는 여기서 분자 생물학적인 문제에 있어서의 직접적인 영향을 가지는 2개의 effector, 즉 adenylyl cyclase와 phospholipase C에 관해서만 논의하자. Adenylyl cyclase는 ATP를 cAMP와 phrophophate로 전환시키는 막 내재 단백질로서(**그림 3.26**), 포유 동물에는 9가지 isomer가 밝혀졌다. 각각은 기능이 알려지지 않은 2개의 막관통 부위와 촉매 부위의 형성과 관련한 2개의 세포질 부위를 가지고 있다(**그림 3.27**). GTP-결합 $G_\alpha$ 단백질의 하나인 $G_{s\alpha}$는 모든 포유 동물의 아데닐산고리화효소(adenylyl cyclase)를 활성화시킨다. 아래 첨자 s는 자극(stimulation)을 뜻한다. 또 다른 동형인 $G_{i\alpha}$의 아래 첨자 i는 저해(inhibition)를 뜻하는데, 이는 아데닐산고리화효소의 몇 가지를 저해시킨다. 외부의 신호는 특이적인 G결합 수용기를 통해 작용하여, $G_{s\alpha}$ • GTP 결합 혹은 $G_{i\alpha}$ • GTP 결합의 형성을 유도한다. 즉, 하나의 외부적인 신호는 cAMP의 형성을 유도할 수 있는 반면, 그 신호를 저해할 수도 있는 것이다. $G_{\beta\gamma}$ 단위체는 또한 아데닐산고리화효소의 활성에도 영향을 미친다. 일단 형성되고 나면, 고리형 nucleotide는 cAMP 의존성 단백질인산화효소 A를 활성화시킨다(**그림 3.28**). 각 단백질인산화 효소 A 분자는 2개의 촉매 소단위(C)와 2개의 조절 소단위(R)를 가지므로, 일반적으로 $R_2C_2$ 형식을 가진다. 각각의 R-소단위는 2개의 cAMP 결합 부위를

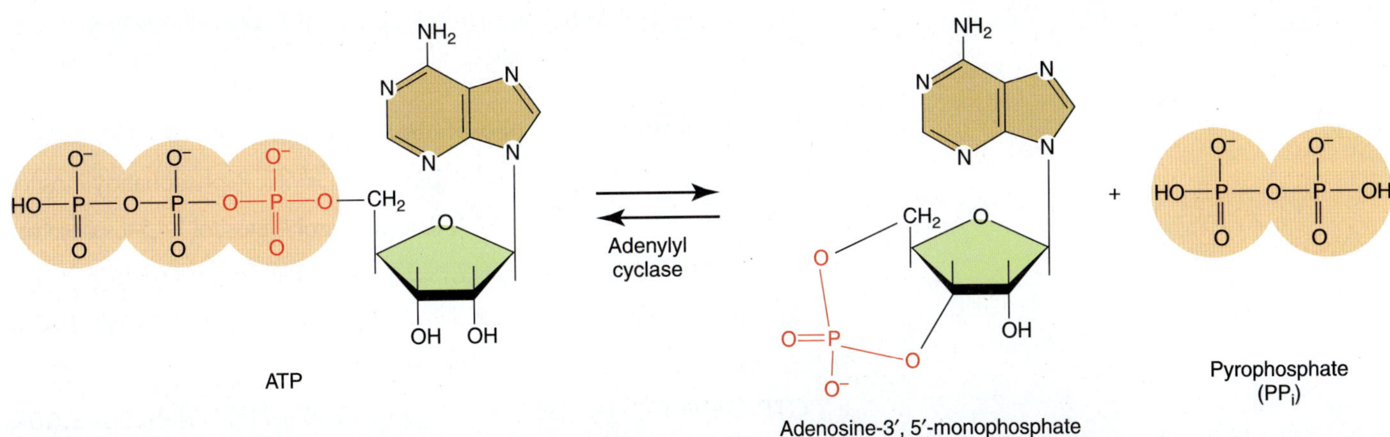


**그림 3.26 아데닐산고리화효소(adenylyl cyclase).** 아데닐산고리화효소는 ATP 가 3′5′ cAMP과 피로인산으로의 가역적인 전환이 되도록 촉매한다. 이 반응은 피로인산이 비가역적으로 가수 분해되어 무기 인산이 될 때 완료된다.

**그림 3.27 아데닐산고리화효소 구조.** 2개의 촉매 부위가 2개의 막관통 부위에 부착되어 있는 합성그림이다. $G_{s\alpha}$, $G_{i\alpha}$, $G_{\beta\gamma}$의 부착 부위는 각각 검정색, 파란색, 노란색으로 나타내었다. Adapted from Hurley, J.H., J. Biol. Chem. 274 (1999) : 7599-7602. Structure from Protein Data Bank ID: 1TL7. Mou,T.C., et al., *J. Biol. Chem.* 280 (2005): 7253-7261.

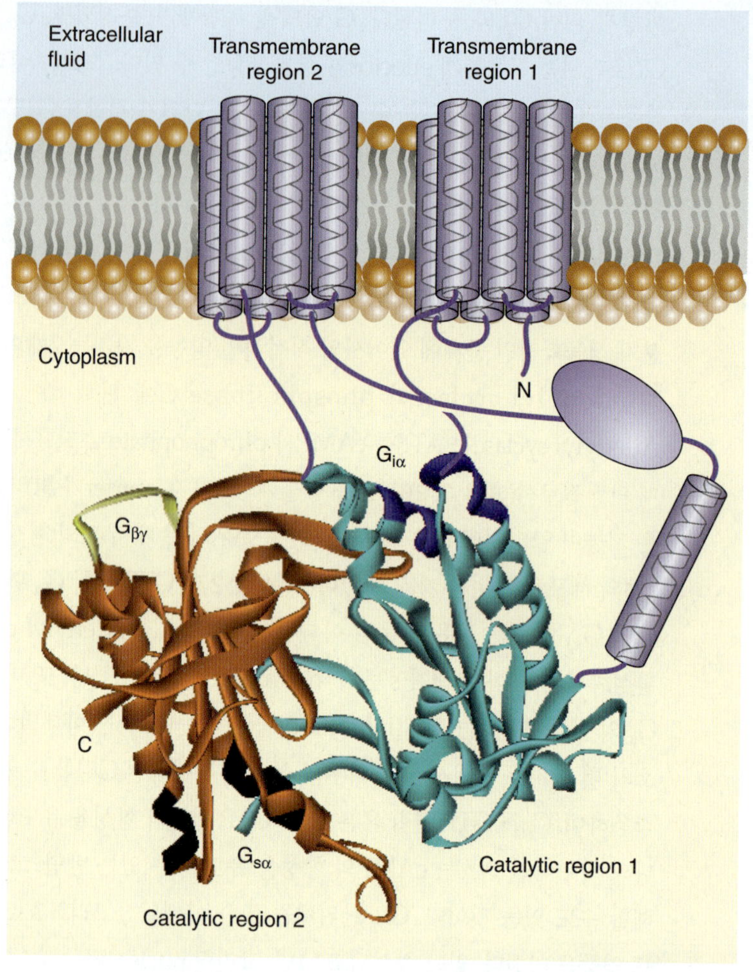


가진다. cAMP가 이 부위에 결합되고 나면, $R_2$ 이합체는 분자로부터 분리되고, C-소단위는 조절 단백질로부터 분리되어, 표적 효소에 존재하는 특이적 serine이나 threonine 잔기로 ATP 인산기의 이동을 촉매한다. 몇몇 효소는 인산화 되었을 때 더욱 활성화 되는 반면, 다른 경우는 활성이 감소되기도 한다.

**Phosphoinositide 특이적 phospholipase C(PLC)**는 진핵 세포에서 또 다른 effector로 작용한다. 세포막과 관련되어 있는 효소의 구성군은 phosphatidylinositol 4,5-bisphosphate의 가수 분해를 촉매하여 diacylglycerol과 inositol 1,4,5-trisphosphate을 형성한다(**그림 3.29**). 포유동물 세포는 3종류의 PLC를 합성한다. 3가지 중 가장 작은 PLC-δ는 효모와 같은 하등 진핵생물에도 존재한다. PLC-β와 PLC-γ는 PLC-δ와 서열 상동성을 가지나, 크기는 대략 2배 정도 크다.

GTP 부착형 $G_\alpha$ 단백질의 동형인 $G_{q\alpha}$는 PLC-β를 자극시킨다(**그림 3.30**). PLC 촉매 반응의 두 분해 생성물은 생물학적인 과정을 조절하기 위한 세포내 전달자로서 작용한다. Inositol 1,4,5-trisphosphate은 세포막으로부터 확산되어 외막소포체를 자극시켜 저장된 칼슘 이온을 세포질로 방출시킴으로서 칼슘 이온이 다양한 효소

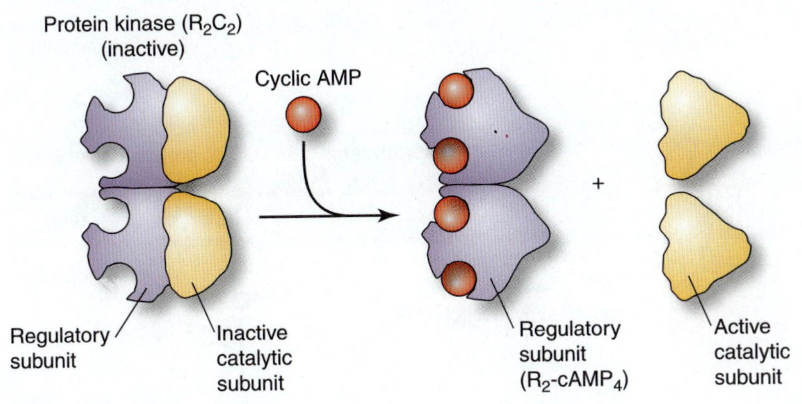


**그림 3.28 cAMP에 의한 단백질 인산화 효소의 활성.** cAMP는 단백질 인산화효소 C의 조절 소단위체(R)에 붙어 활성화된 촉매 소단위를 방출시킨다. 촉매 소단위체(C)는 다른 단백질의 ATP-의존성 인산화를 촉매한다.

Phosphatidylinositol-4,5-bisphosphate

$H_2O$ — Phospholipase C

Diacylglycerol + Inositol-1,4,5-trisphosphate

**그림 3.29** Phospholipase C activity.

의 활성을 바꾸도록 작용한다. PLC의 촉매 반응의 또 다른 생성물인 diacylglycerol은 phosphatidylserine과 함께 작용하여 칼슘이온이 단백질인산화효소 C 혹은 C-인산화효소를 활성화시키게 한다. 활성이 되고 나면, 단백질인산화효소 C(protein kinase) 는 다른 단백질의 ATP 의존성 인산화를 촉매하여 그 단백질의 생리적 활성을 변화시킨다. 즉, 양성자, 향물질, 성장 인자, 호르몬, 신경전달물질등과 같은 외부적인 신호들이 "최초 전달자" 로 작용하여 G 수용기 신호 전달 체계를 자극시키는 한편, cAMP, inositol 1,4,5-trisphosphate, diacylglycerol은 "2차 전달자" 로 작용함으로서 막 단백질 뿐 아니라 세포내 효소의 활성을 바꾸게 한다. 이러한 놀랄만한 체계는 세포가 단일 분자로 구성된 하나의 외부적 신호를 증폭시키고 적절한 방식으로 이에 반응하게 한다.

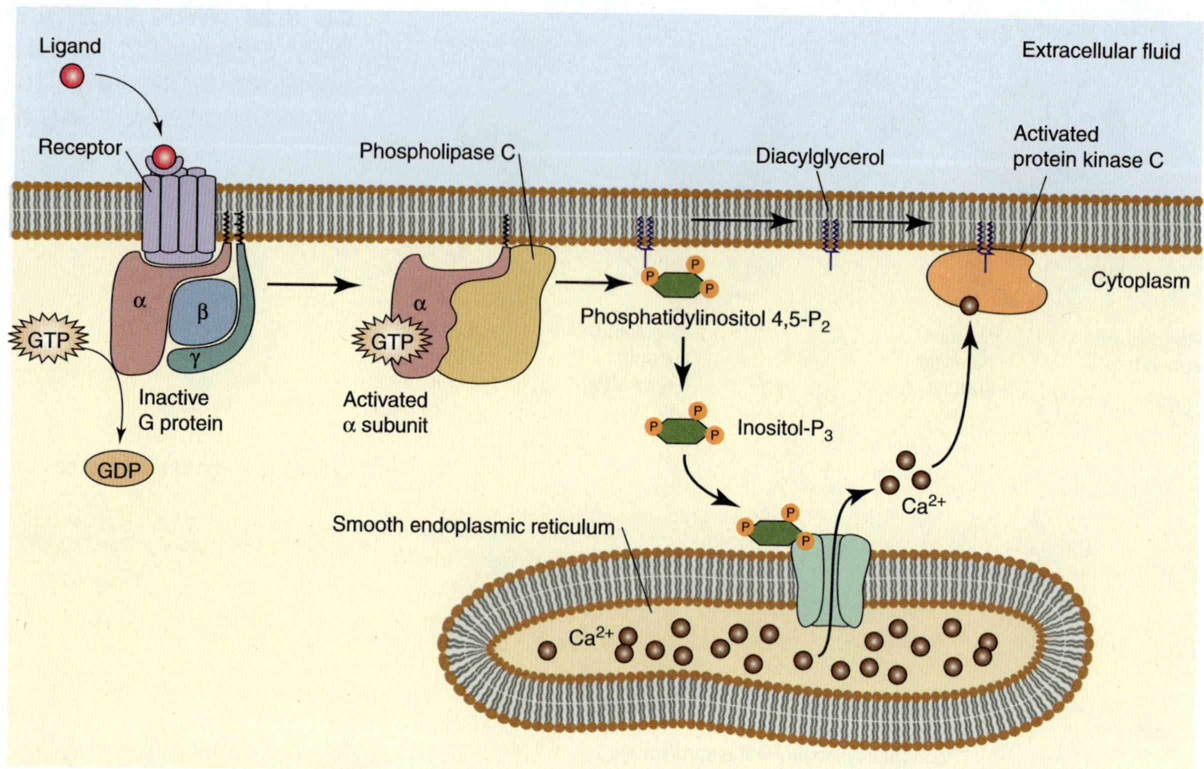


**그림 3.30 Phosphoinositide 연쇄반응**. Adapted from an illustration by Georgy M. Helmkamp, Jr., School of Medicine, University of Kansas.

# 권장 도서

## 일반


Branden, C-I., and Tooze, J. 1999. *Introdudution to Protein Structure* (2nd ed). New York: Garland Publishing.

Creighton, T.E.1993. *Proteins: Structures and Molecular Properties*. New York: W.H. Freeman.

Petsko, G.A., and Ringe, D.2003. *Protein Structure and Function*. Sunderland, CT: Sinauer Associates.


## Myoglobin, hemoglobin과 4차 구조 개념.


Allison, A.C. 2002. The discovery of resistance to malaria of sickle cell heterozygotes. Mol Biol Educ 30:279-287.

Dickerson, R.E., and Geis,I. 1983. *Hemoglobin: Structure, Function, and Pathology*. Upper Saddle River, NJ: Benjamin Cummings.

Edsall, J.T.1980. Hemoglobin and origins of the concept of allosterism. *Fed Proc* 39: 226-235.

Garry,D.J., Ordway,G.A., Lorenz, J.N., et al. 1998. Mice without myoglobin. *Nature* 395:905-908.

Gelin B.R., Lee,A.W.M., and Karplus,M. 1983. Hemoglobin tertiary structural change on ligand binding: its role in the co-operative mechanism. *J Mol Biol* 171:489-559.

Ho,C.C., and Lukin,J.A.2001. Heamoglobin: cooperativity in protein-ligand interactions. *Encyclopedia of Life Sciences*. pp. 1-11. London, UK: Nature Publishing Co.

Hsia, C.C.W.1998. Respiratory function of hemoglobin. *N Engl J Med* 338: 239-248.

Ishimori,K.2002.Myoglobin. *Encyclopedia of life sciences.* pp.1-5.London,UK: Nature Publishing Co.

Jones, S., and Thornton, J. M. 2001. Protein quaternary structure: subunit-subunit interactions. *Encyclopedia of Life Sciences.* pp. 1-7. London, UK: Nature Publishing Co.

Manning, J. M., Dumoulin, A., Li, X., and Manning, L. R. 1998. Normal and abnormal protein subunit interactions in hemoglobins. *J Biol Chem* 273:19359-19362.

Perutz, M. F., 1978. Hemoglobin structure and respiratory transport. *Sci* Am 239:92-125.

Perutz, M. F., Wilkinson, A. J., Paoli, M., and Dodson, G. G. 1998. The sterochemical mechanism of the cooperative effects in hemoglobin revisited. *Ann Rev Biphys Biomol Struct* 27:1-34.

Springer, B.A., Sliger, S. G., Olson, J. S., and Phillips, G. N. Jr. 1994. Mechanism of ligand recognition in myoglobin. *Chem Rev* 94:699-714.

Strasser, B. J. 1999. Sickle cell anemia, a molecular disease. *Science* 286:1488-1490.

Stuart, M. J., and Nagel, R. L. 2004. Sickle cell disease. *Lancet* 364:1343-1360.

Wittenberg, J. B., and Wittenberg, B. A. 1990. Mechanisms of cytoplasmic hemoglobin and myoglobin function. *Annu Rev Biophys Biophys Chem* 19:217-241.

## 면역 globulin 구조와 domain 개념

Alzari, P. M., Lascombe, M. B., and Poljak, R. J. 1988. Three-dimensional structure of antibodies. *Annu Rev Immunol* 6:555-580.

Capra, J. D., and Edmundson, A. B. 1977. The antibody combining site. *Sci Am* 236:50-59.

Edelman, G. M. 1970. The structure and function of antibodies. *Sci Am* 223:34-42.

Kumagai, I., and Tsumoto, K. 2001. Antigen-antibody binding. *Encyclopedia of Life Sciences.* pp. 1-7. London, UK: Nature Publishing Co.

Lucas, A. H. 2001. Antibody function. *Encyclopedia of Life Sciences.* pp. 1-8. London, UK: Nature Publishing Co.

Wingren, C., Alkner, U., and Hansson, U. B., 2001. Antibody classes. *Encyclopedia of Life Sciences.* pp. 1-8. London, UK: Nature Publishing Co.

Zanetti, M., and Capra, J (eds).1999. *The Antibodies,* vol. 6. New York: Harwood Academic Publishers.

Zouali, M. 2001. Antibodies. *Encyclopedia of Life Sciences.* pp. 1-8. London, UK: Nature Publishing Co.

## 효소

Bugg, T. D. H. 2001. Enzymes: general properties. *Encyclopedia of Life Sciences.* pp. 1-8. London, UK: Nature Publishing Co.

Cleland, W. W. 2001. Enzyme kinetics: steady state. *Encyclopedia of Life Sciences.* pp. 1-5. London, UK: Nature Publishing Co.

Copeland, R. A. 2001. Enzymology methods. *Encyclopedia of Life Sciences.* pp. 1-5. London, UK: Nature Publishing Co.

Cornish-Bowden, A. 1995. *Fundamentals of Enzyme Kinetics.* London, UK: Portland Press.

Fersht, A. (ed). 1998. *Structure and Mechanism in Protein Science: A Guide to Enzyme Catalysis and Protein Folding.* New York: W. H. Freeman.

Fisher, H. F. 2001. Protein-ligand interactions: molecular basis. *Encyclopedia of Life Sciences.* pp. 1-9. London, UK: Nature Publishing Co.

Gigant, B., and Knossow, M. 2001. K Catalytic antibodies. *Encyclopedia of Life Sciences.* pp. 1-7. London, UK: Nature Publishing Co.

Hedstrom, L. 2001. Enzyme specificity and selectivity. *Encyclopedia of Life Sciences.* pp. 1-7. London, UK: Nature Publishing Co.

Jencks, W. P. 1969. *Catalysis in Chemistry and Enzymology.* New York: McGraw-Hill.

Knowles, J. R. 1991. To build an enzyme. *Phil Trans R Soc Lond B Biol Sci* 332:115-121.

Mobashery, S., and Kotra, L. P. 2002. Transition state stabilization. *Encyclopedia of Life Sciences.* pp. 1-6. London, UK: Nature Publishing Co.

Plis¢ßka, V. K. 2001. Substrate binding to enzymes. *Encyclopedia of Life Sciences.* pp. 1-10. London, UK: Nature Publishing Co.

Post, C. B. 2002. Transition states: substrate induced conformational transitions. *Encyclopedia of Life Sciences.* pp. 1-7. London, UK: Nature Publishing Co.

Rossomando, E. F. 1990. Measurement of enzyme activity. *Meth Enzymol* 182:38-49.

Schultz, P. G., and Lerner R. A. 1995. From molecular diversity to catalysis: lessons from the immune system. *Science* 269:1835-1842.

Scopes, R. K. 2001. Enzyme activity and assays. *Encyclopedia of Life Sciences.* pp. 1-6. London, UK: Nature Publishing Co.

Toney, M. D. 2001. Binding and catalysis. *Encyclopedia of Life Sciences.* pp. 1-6. London, UK: Nature Publishing Co.

Traut, T. 2001. Enzyme activity: allosteric regulation. *Encyclopedia of Life Sciences.* pp. 1-11. London, UK: Nature Publishing Co.

Yohrling, G. J. IV, Jiang, G. C-T., and Vrana, K. E. 2001. Enzymatic activity: control. *Encyclopedia of Life Sciences.* pp. 1-6. London, UK: Nature Publishing Co.

## G 단백질 신호 체계

Bockaert, J. 2001. G Protein-coupled receptors. *Encyclopedia of Life Sciences.* pp. 1-9. London, UK: Nature Publishing Co.

Bourne H. 1997. How receptors talk to trimeric G proteins. *Curr Opin Cell Biol* 9:134-142.

Chuang, T. T., Iacovelli, L., Sallese, M., and De Blasi, A. 1996. G protein coupled receptors: heterologous regulation of homologous desensitization and its implications. *Trends Pharmacol Sci* 17:416-421.

Gether, U., and Kobilka, B. K. 1998. G protein-coupled receptors. II. Mechanism of agonist activation. *J Biol Chem* 273:17979-17982.

Gilman, A. G. 1987. G proteins: transducers of receptor-generated signals. *Ann Rev Biochem* 56:615-649.

Hamm H. E., and Gilchrist, A. 1996. Heterotrimeric G proteins. *Curr Opin Cell Biol* 8:189-196.

Karoor, V., and Malbon, C. C. 1998. G-protein-linked receptors as substrates for tyrosine kinases: cross-talk in signaling. *Adv Pharmacol* 42:425-428.

Ji, T. H., Grossmann, M., and Ji, I. 1998. G protein-coupled receptors. I. Diversity of receptor-ligand interactions. *J Biol Chem* 273:17299-17302.

Malbon, C. C. and Wang, H. Y. 2001. Adrenergic receptors. *Encyclopedia of Life Sciences.* pp. 1-8. London, UK: Nature Publishing Co.

Sutherland, E. 1972. Studies on the mechanism of hormone action. *Science* 177: 401-408.

Strader, C, Fong, T, Tota, M., et al. 1994. Structure and function of G protein-coupled receptors. *Ann Rev Biochem* 63:101-132.

Wess, J. 1997. G protein-coupled receptors: molecular mechanisms involved in receptor activation and selectivity of G-protein recognition. *FASEB J* 11:346-354.

이 책은 스스로 분자생물학을 공부하는 데 도움이 되도록 고안된 복습 자료와 이 장에서 설명한 주제들에 대한 보다 상세한 정보와 연결된 다양한 자원을 포함하고 있는 **웹사이트, http://biology.jbpub.com/book/molecular**를 가지고 있다.

단원

# 2

# 핵산과 핵산결합단백질

# 4

# DNA의 구조

## 주제 개요

**4.1 크기의 다양성**
DNA는 크기와 염기 구성이 매우 다양하다.

**4.2 연약성**
DNA 분자는 연약하다.

**4.3 DNA의 형태**
선형 이중가닥 DNA 분자는 A-DNA, B-DNA 혹은 Z-DNA중의 하나로 존재한다.
염기서열이 DNA의 구조에 영향을 줄 수 있다.

**4.4 DNA 변성**
DNA는 변성 될 수 있다.
수소 결합은 이중 DNA 가닥을 안정화시킨다.
염기 중첩 또한 이중가닥 DNA를 안정화 시킨다.
염기 중첩은 협동적인 상호작용이다.
이온의 세기(Ionic strength)가 DNA의 구조에 영향을 준다.
DNA 구조는 동적인 상태에 있다.
거리가 떨어진 상보적 서열의 짧은 구획은 외가닥 DNA에서 염기쌍을 형성할 수 있다.
알칼리는 phosphodiester 결합을 파괴 시키지 않고 DNA를 변성시킨다.

**4.5 복원**
상보적인 단일 가닥들은 이중가닥 DNA를 형성하며 복원될 수 있다.

**4.6 DNA Helicases**
DNA helicases는 DNA를 풀기 위하여 nucleoside 삼인산의 에너지를 이용하는 운동 단백질이다.

**4.7 외가닥 DNA 결합 단백질**
외가닥 DNA 결합 단백질은 외가닥 DNA를 안정화시킨다.

**4.8 위상이성질체와 DNA 회전효소(Topoismerases)**
대부분의 세균과 많은 종류의 바이러스 DNA는 환형(circular)이다.
환형 DNA 분자는 종종 supercoil 구조를 갖는다.
Supercoil DNA는 환형 DNA가 더 꼬이거나 덜 꼬인 결과로 생긴다.
Supercoil 구조는 단일 가닥 지역을 가질 수 있다.
DNA 회전 효소는 하나의 위상 이성질체에서 다른 것으로의 전환을 촉매 한다.
회전효소 I형에 속하는 효소들은 2개의 아형으로 나뉠 수 있다.
II형 DNA 회전효소는 한 위상이성질체를 다른 것으로 전환시키는데 ATP를 필요로 한다.

**권장 도서**

이 장은 DNA의 구조에 관하여 1장에서 언급된 정보를 바탕으로 설명될 것이다. 특별히 형태적인 다양성, 나선의 안정성, 가닥의 분리와 나선의 재형성 그리고 환형 DNA[이곳에서 사용된 것처럼 환형(circular)은 기하학적인 환형보다는 끊어지지 않고 계속적으로 연결된 것을 의미한다]를 특별히 강조하면서 DNA 구조를 배울 것이다. 환형 DNA 분자는 분자가 뒤틀렸을 때 변하는 것이 아니라 polynucleotide 골격이 잘라졌을 때 변하는 성격을 갖고 있다. 이러한 타입의 성질을 **위상적인 성질(topological property)**이라고 하며 환형 DNA가 세포내에서 기능을 하는데 영향을 주기 때문에 매우 중요하다. 우리는 이중가닥 DNA를 푸는 효소를 조사하고, 외가닥 DNA를 안정화 시키는 단백질 그리고 하나의 위상차적인 형태의 환형 DNA를 다른 형태로 전환 시키는 효소를 연구하기위하여 DNA의 구조에 관하여 얻어진 지식과 2장과 3장에서 배운 단백질과 효소에 관한 지식을 함께 이용할 것이다.

# 4.1 크기의 다양성

## DNA는 크기와 염기 구성이 매우 다양하다.

DNA 분자는 바이러스, 세균, 원시생물계, 진핵세포에 있어 광범위한 크기와 염기구성을 갖고 있다. 대부분의 원핵세포에서 전체 DNA의 양은 주로 하나의 단일 DNA 분자에 포함된다. 조류, 효모 그리고 원생동물을 포함한 진핵세포에 있어서 DNA는 여러 개의 염색체에 나뉘어 있고 각각의 염색체는 하나의 거대한 DNA 분자에 결합된 **histone**이라고 불리는 단백질을 포함하고 있다. 많은 바이러스, 세균 그리고 진핵세포 DNA 분자에 대하여 각각의 크기와 염기서열이 알려져 있다. **표 4.1**에는 다양한 세포에서의 개개의 DNA 길이가 나열되어 있다. 바이러스 분자의 DNA의 크기는 매우 다양성이 있으나 세균의 DNA분자는 훨씬 덜하다. 이중 DNA 분자의 길이

**표 4.1** 다양한 DNA 분자의 크기

| DNA의 근원 | 크기(bp) |
|---|---|
| Plasmid pBR322* | 4,361 |
| Simian virus 40 (SV40) | 5,200 |
| Phage T7* | 39,937 |
| Phage λ* | 48,502 |
| F plasmid* | 99,159 |
| Vaccinia virus strain WR | 194,711 |
| Fowlpox virus | 266,145 |
| *Mycoplasma genitalium* | 580,073 |
| Yeast chromosome IV | 1,531,929 |
| *Escherichia coli* | 4,639,221 |
| Human chromosome 1 | 245,522,847 |

대장균을 숙주로 하는 phage(박테리아를 감염)와 plasmid는 별표로 표시하였다. *Mycoplasma genitalium*은 알려진 독립생활을 하는 박테리아 가운데 가장 작다. 효모와 사람에서는 해당 생명체에서 가장 큰 DNA 분자의 분자량을 나타낸다.

는 염기간의 길이가 0.34 nm라는 사실로부터 계산 될 수 있다. 그러므로 표 4.1에 나열된 DNA는 약 1.7 μm에서 83,500 μm(8.3 cm!)범위에 있다. DNA 분자의 폭은 2.0 nm이다. 일반적으로 더 복잡한 생명체는 단순한 생명체보다 더 많은 DNA를 요구한다[두꺼비와 남아메리카 폐어(lungfish)는 사람세포보다 훨씬 더 많은 DNA를 갖고 있다].

## 4.2 연약성

### DNA 분자는 연약하다.

긴 길이의 DNA는 pipet을 이용하거나, 용액을 붓던가, 혼합한다든가하는 일상적인 작용으로부터 생기는 유체역학적인 절단력에 의하여 아주 쉽게 부서 질 수 있다. 약 300,000bp 보다 짧은 부서지지 않는 DNA 분자는 보통 바이러스로부터 분리 될 수 있다. 그러나 세균이나 고등 생명체에서 보다 더 큰 DNA가 분리될 때 특별한 주의를 하지 않으면 DNA 분자는 거의 항상 절단된다. 실제로 샘플의 보통 길이는 약 40,000bp이기 때문에 세균 DNA는 종종 50에서 100개의 조각으로 절단이 된다. 세균와 고등 진핵생물의 DNA가 조작에 의하여 필히 절단이 된다는 것은 중요한 실험적인 결과를 갖는다.

## 4.3 DNA의 형태

### 선형 이중가닥 DNA 분자는 A-DNA, B-DNA 혹은 Z-DNA중의 하나로 존재한다.

1장에서 Rosalind Franklin이 관찰한 2종류의 DNA, 즉 상대적인 습도가 약 92%에서 안정한 B-DNA와 상대적인 습도가 약 75%까지 떨어지면 나타나는 A-DNA를 상기하라. Watson과 Crick은 B-DNA의 x-ray 회절분석양상을 기본으로 모델

**표 4.2** A형, B형 그리고 Z형 DNA의 주된 특징의 비교

| 변수 | | A-DNA | B-DNA | Z-DNA |
|---|---|---|---|---|
| 회전방향 | | 오른쪽 | 오른쪽 | 왼쪽 |
| 회전당 염기수 | | 11 | 10.2-10.5 | 12 |
| 염기쌍당 축오름거리(mm) | | 0.26 | 0.34 | 0.45 |
| 염기쌍당 기울기(°) | | 20° | -6° | 7° |
| 잔기당 회전(°) | | 33° | 36° | –30° |
| 나선의 직경(mm) | | 2.3 | 2.0 | 1.8 |
| dT, dC의 glycosidic 결합형태 | | anti | anti | anti |
| dG, dA의 glycosidic 결합형태 | | anti | anti | syn |
| 당의 기운 형태 | dT, dC | $C_3$′-endo | $C_2$′-endo | $C_2$′-endo |
| | dG, dA | $C_3$′-endo | $C_2$′-endo | $C_3$′-endo |

출처: Ussery D.W. Encyclopedia of Life Sciences. John Wiley & Sons, Ltd., May 2002.

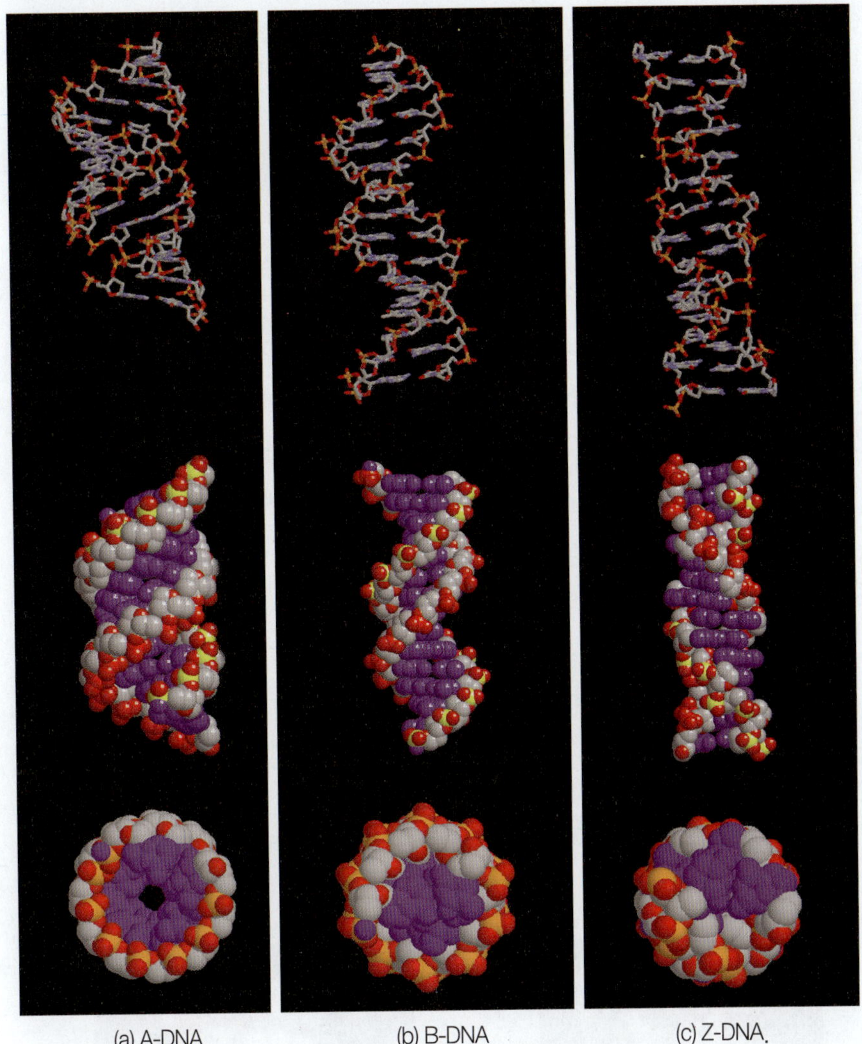


**그림 4.1 DNA의 형태.** (a) A-DNA, (b) B-DNA, (c) Z-DNA의 3가지 DNA 형태 (상) 막대모형으로 구조를 만들어 나선 축과 관련된 염기쌍의 방향을 볼 수 있다. (중) 골격은 CPK 기준 색으로 표시되고 염기쌍은 분홍색으로 표시하여 빈 공간을 채워 (공간충진모형) 홈이 강조되었다. (하) 구조가 다시 한번 공간충진 모형으로 전시 되었으며 DNA 분자의 위에서 부터 관찰되었다. 각각의 DNA 분자는 12개의 염기쌍을 포함한다. Protein Data Bank ID: 213D. Ramakrishnan, B., and Sundaralingam, M., *Biophys. J.*69 (1995): 553 - 558 (top); Protein Data Bank ID: 1BNA. Drew, H. R., et al., *Proc. Natl. Acad. Sci.* USA78 (1981): 2179 - 2183 (middle); Protein Data Bank ID: 2ZNA. Wang, A. H. J., et al. (bottom).

을 만들었다. 그러나 A-DNA나선과 B-DNA나선은 많은 중요한 점에 있어서 다르다(**그림 4.1a** 와 **b** 그리고 **표 4.2**). (1) A형은 나선 한 회전 당 11 bp를 갖으며 B형은 10.2~10.5 bp를 갖는다. (2) A 형의 염기쌍의 평면은 나선축의 수직으로부터 20도정도 기울어 있고 반면에 B형은 –6° 정도이다. (3) 긴축을 내려 볼 때 A형은 구멍이 있으나 B형은 없다. (4) A형은 깊은 주홈(major goove)이 있고 얕은 부홈(minor groove)이 있으나 B형에 있어서 주홈과 부홈의 깊이는 거의 동일하다. 거의 없기는 하지만 살아 있는 생명체내에 존재하는 습한 환경 하에서 이중가닥

DNA는 간혹 A형으로 존재한다. 그러나 이중나선 RNA와 DNA-RNA hybrid(하나의 DNA 가닥과 하나의 RNA 가닥을 갖은 핵산) 지역에서 A-DNA와 유사한 우회전의 나선을 만든다.

A-DNA와 B-DNA는 모두 우회전 나선이다. 그러나 이중가닥 DNA는 특별한 환경에서 좌회전 나선 형태를 나타낼 수 있을 것이다(**그림 4.1c**). Alexander Rich와 그 동료들은 특정 염기쌍간의 거리에 관한 정보를 얻으려고 시도하던 중 놀라운 DNA 형태를 발견하였다. 그렇게 하기 위해서 그 때까지 연구 되었던 DNA 섬유보다 순수한 단일 정제 DNA가 필요하였다. 모든 분자가 동일한 크기와 서열을 갖고 있는 DNA가 필요하였다. 1970년대 후반기까지 유기화학자들은 이러한 동질적인 DNA 샘플을 합성 할 수 있는 DNA 합성 방법을 개발해왔다. Rich와 동료들은 이 합성 방법을 이용하여 자기 상보적인 hexadeoxyribonucleotide를 합성하였다.

5′-CGCGCG-3′
3′-GCGCGC-5′

그들은 이중가닥 DNA로부터 만들어진 결정의 x-ray 회절 양상을 조사 하면서 A-혹은 B-DNA의 회절을 볼 것을 기대하였다. 그러나 너무나 놀랍게도 이전에 보았던 것이 아니고 완전히 다른 새로운 DNA의 형태를 나타내었다. 회절의 데이터가 당인산 골격이 지그재그 모양을 나타내기 때문에(**그림 4.2**) Rich와 그 동료는 새로운 형태의 DNA를 Z-DNA라고  불렀다. 계속적인 연구로 pyrimidine-purine인 dC-

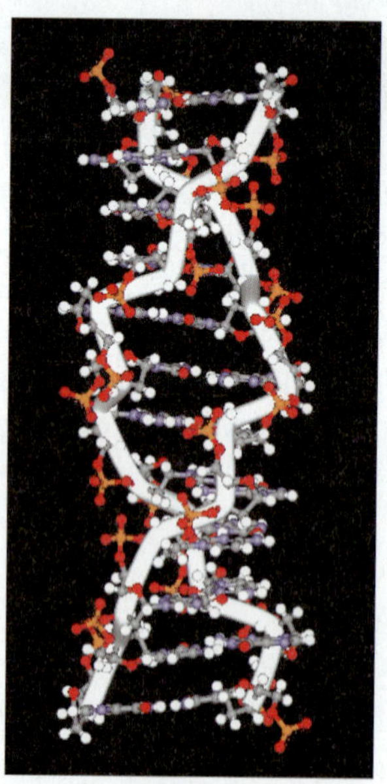

(a) 흰색으로 표시된 지그재그 당 인산골격을 갖는 Z-DNA

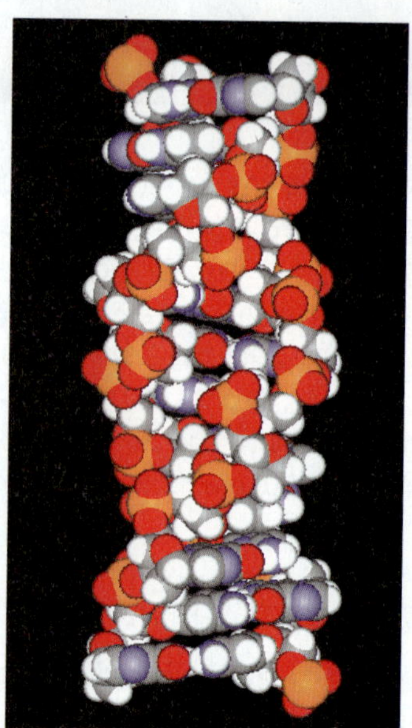

(b) 공간충진모형으로 나타낸 지그재그 당인산골격을 갖는 동일한 Z-DNA

**그림 4.2 Z-DNA.** (a) 흰 관으로 표시된 지그재그 골격을 갖은 Z-DNA. 염기, 당, 인산은 공과 막대 모양으로 나타내었다. (b) 공간 충진 모형으로 전시된 동일한 Z-DNA. Protein Data Bank ID: 2ZNA. Wang, A. H. J., et al.

dA가 교대로 반복되면 Z형태를 갖게 되며 반면에 dT-dA는 그렇지 않다는 것을 알게 되었다. 심지어 반복이 되어도 높은 염 농도를 갖는 용액 속에 존재 할 때만 Z 형태를 갖는다. 예를 들어 5′-CGCGCG-3′ hexanucleotide는 Z-형태를 갖기 위해서 2M 이상의 염화나트륨이나 0.7M 이상의 염화마그네슘을 필요로 한다. 낮은 염의 농도 하 에서는 B-형태를 선호한다. 만일 다음 예와 같이 기다란 DNA내에 dC-dG가 교대로 나오면 2M의 염화나트륨의 농도 하에서 반복 되는 dC-dG서열은 Z-형태를 갖고 나머지 DNA는 B-형태를 갖고 있다.

5′-TGATCCGCGCGCGAGTCTT-3′
3′-ACTAGGCGCGCGCTCAGAA-5′

Z-DNA는 좌회전 나선이다. 좌회전 Z-DNA와 우회전 B-DNA는 거울에 비춰진 모습이 아니고 완전히 다른 구조이다. 그 차이는 홈을 관찰할 때 더 명확하다. Z-DNA는 1개의 홈을 갖고 있고 반면에 B-DNA는 주홈과 부홈을 갖고 있다(그림 4.1c와 b를 비교). 좌회전 구조가 생물학적인 중요성을 갖는가하는 즉각적인 질문이 떠오른다. 확실히 세포내의 염의농도는 2M 가까이 되지를 않기 때문에 생체 내에서는 변이를 야기 시키지 않는다. 그러나 아마 국지적인 지역의 Z-DNA는 특정한 환경 하에서 세포내에 존재 할 것이다.

**형광항체법(fluorescence antibody technique)**은 동물 DNA의 일부 지역이 Z-형태라는 것을 보여준다. 요약하면 방법은 다음과 같다. 토끼의 면역globulin을 염소에 주입한다. 염소 항-토끼-면역globulin이라는 항체가 생기며 이는 토끼의 면역globulin G와도 결합을 한다. Fluorescein이라는 강한 형광물질이 염소 항체에 결합된다. 광학 현미경 관찰을 위해 초파리의 침샘으로부터 나온 세포를 준비한다. Z-DNA에 대한 토끼의 항체가 가해지고 형광 염소 항-토끼-면역globulin을 가한다. 다음으로 세포를 세척 한 후에 형광 현미경으로 관찰을 한다. 토끼의 항체가 Z-DNA에 결합을 하고 형광 물질이 붙은 염소 항체가 토끼의 항체에 결합을 하여 Z-DNA를 나타낸다(**그림 4.3**).

세포내에 Z-DNA가 존재한다는 더 많은 증거는 일반적인 B-DNA에는 결합을 하지 않으나 합성 Z-DNA에 결합하는 단백질을 초파리에서 분리한 실험에서 나왔다. Z-DNA(그리고 다른 DNA 형태)는 아마 세포내에 존재하지만 B-DNA가 가장 흔하게 세포내에 존재하는 DNA의 형태이므로 이 책의 나머지 부분에서 가장 우리가 집중을 하는 것이 B-DNA이다.

Polydeoxyribonucleotide 사슬이 자연적인 회전이 가능한 단일 결합을 갖기 때문에 다른 DNA의 형태가 가능하다. 예를 들어 deoxyribose 오탄당의 고리에 있는 단일 결합으로 인하여 4개의 원자는 거의 동일 평면상에 있으나 다섯 번째 원자가 고리의 면에서 약 0.05nm 벗어난 주름진 형태를 갖을 수 있다. Deoxyribonucleotide의 결정학적 연구는 C-2′ 혹은 C-3′가 C-5′처럼 deoxyribose 고리의 면에서 어긋나 있다는 것을 보여 준다(**그림 4.4**). 이러한 형태를 각각 $C_2$′-*endo*과 $C_3$′-*endo* 라고 부

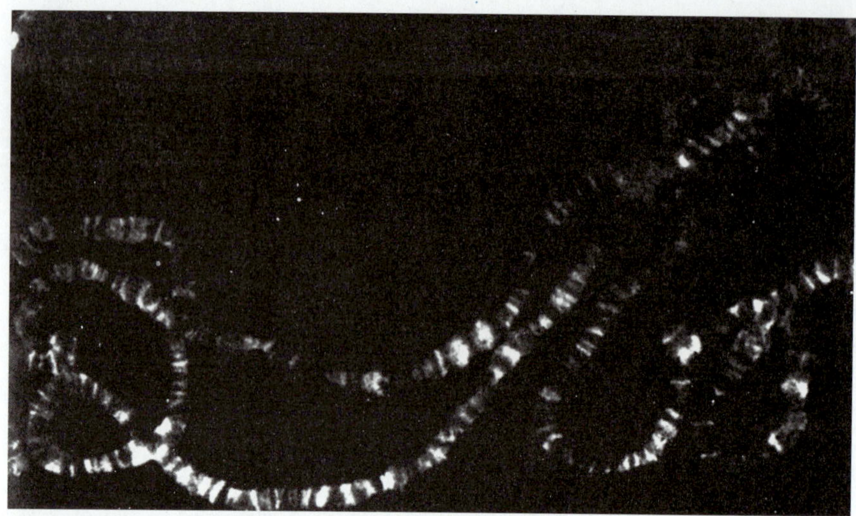

**그림 4.3 Z-DNA에 항체가 결합된 초파리 염색체.** Z-DNA에 토끼의 항체가 결합된 초파리의 염색체(촘촘한 DNA 단백질 복합체). 결합된 토끼의 항체는 형광 표지가 붙은 염소 항-토끼-면역 글로블린으로 감지된다. Z-DNA가 있는 염색체 지역은 흰색으로 나타난다. Reproduced from Nordheim, A., et al., Nature 294(1981): 417 - 422. Photo courtesy of Alexander Rich, Massachusetts Institute of Technology.

(a) $C_2'$-endo

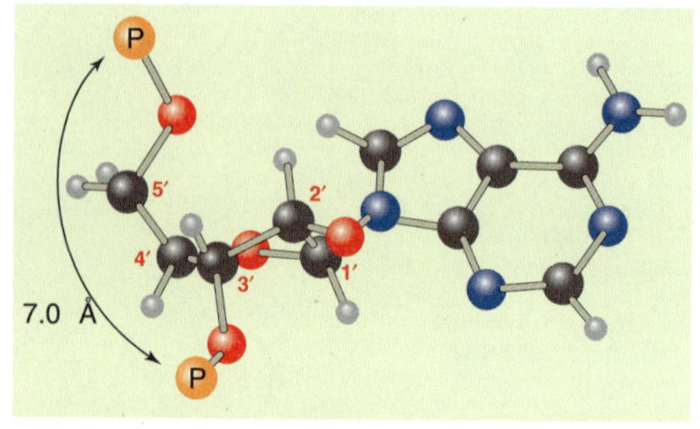


(b) $C_3'$-endo

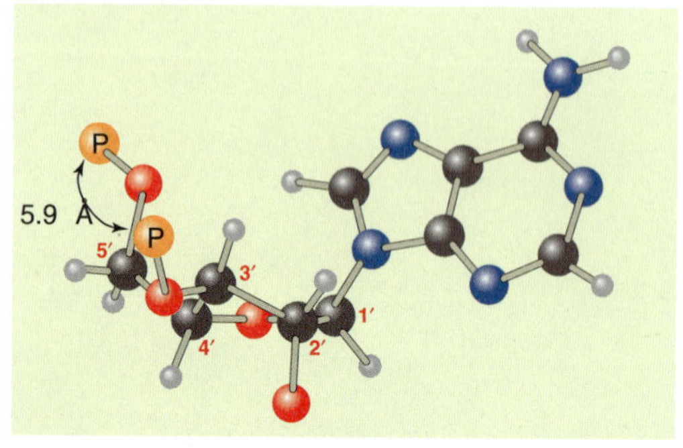


**그림 4.4 Nucleotide 당 형태.** (a) B-DNA 에 존재하는 C2' -endo 형태. Deoxyribose에 있는 2번 탄소가 이곳에 나타난 것처럼 고리의 평면 위에 있다. (b) A-DNA와 이중가닥 RNA에 존재하는 C3' -endo 형태. Deoxyribose에 있는 3번 탄소가 이곳에 나타난 것처럼 고리의 평면 위에 있다.

른다. $C_2'$-*endo* 형태는 B-DNA에 존재하고 $C_3'$-*endo* 형태는 A-DNA나 RNA에 존재한다. 이러한 상황은 Z-DNA에서 상당히 복잡한데 pyrimidine nucleotide는 $C_2'$-*endo* 형태를 갖고 purine nucleotide는 $C_3'$-*endo* 형태를 갖는다. 두 번째로 중요한 회전은 $C_1'$과 purine 염기를 연결한 N-글리코시드결합에 관한 것이다. **그림 4.5**에서 보이는 것처럼 purine 염기는 당 그룹에 대하여 2개의 가능한 방향을 갖고 있는데 syn(그리스어:일치) 그리고 anti(그리스어:반대)라고 부른다. pyrimidine 디옥시리보뉴클레오시드는 syn 형태에 있으면 당과 pyrimidine 사이에 입체적인 간섭이 있기 때문에 거의 항상 anti 형태로 존재한다. Purine deoxyribonucleoside는 A-DNA와 B-DNA에서는 anti 형태로 존재하고 Z-DNA에서는 syn 형태로 존재한다. 이러한 형태학적인 관계들은 표 4.2에 요약되어있다.

## 염기서열이 DNA의 구조에 영향을 줄 수 있다.

엄청나게 다양한 염기서열이 DNA에서 관찰 되고 있다. 대부분은 비정상으로 인식이 될만큼 특별한 성격을 갖고 있지 않으나 어떤 것은 DNA 구조에 영향을 준다. 예를 들어 **A-지역**이라고 불리 우는 계속적인 4~6개의 인접한 adenine기가 있는 지역은 DNA를 휘게 만든다. 각각의 A-지역은 17에서 22.5도의 곡선이 생기게 한다. A-지역이 DNA 내에서 10 혹은 11bp의 간격으로 반복되어 있을 때 그들의 효과는 더해서 DNA 분자가 뒤로 휘게 된다.

다른 재미있는 형태의 염기서열은 **회문구조(palindrome)**라고 한다. 용어에서 보는 것처럼 회문구조는 Able was I ere I saw Elba처럼 오른쪽에서 왼쪽으로 읽으나 그 반대로 읽으나 똑같은 단순한 문장을 말한다. 핵산을 묘사하기 위하여 쓰여 질 때 회문구조는 **역 반복(inverted repeat)**이다. 예를 들어

↓
5′-GAA TTC-3′
3′-CTT AAG-5
or
↓
5′-GAT ATC-3′
3′-CTA TAG-5′

화살표는 좌우 대칭의 수직 축을 나타 낸다: 축의 오른쪽의 이중가닥 분절은 쪽의 면을 기준으로 180도 회전하면 왼쪽의 것과 겹치게 된다. 그러므로 위 가닥의 왼쪽으로부터 오른쪽으로의 서열은 아래 가닥의 오른쪽에서 왼쪽으로의 서열이다. 결정학자들은 회문구조 대신에 **이분대칭(dyad symmetry)**이라는 용어를 자주 사용한다. 회문구조는 길이가 약 50bp까지 이다.

역반복은 간격을 두고 분리되기도 한다. 예를 들어

5′-CCGCCAG TTCCG CTGGCGG-5′
3′-GGCGGTC AAGGC GACCGCC-5′

이 서열은 역반복(푸른색으로 표시)이 비회문구조에 의하여 간격이 있기 때문에 회문구조는 아니다. 이론적으로 역반복을 갖고 있는 DNA 분자는 2개의 교체 가능한 형태로 존재하는데 하나는 2개의 상보적인 가닥 간에 염기쌍을 이루는 정상적인 이중나선이고 다른 하나는 **십자구조(cruciform structure)**로 동일가닥의 상보적인 지역간에 염기쌍이 형성되어 이중가닥 분지를 형성한다(**그림 4.6**). 십자구조는 원래 특정상황하에 있는 실험실에서 형성 되었지만 또한 세포내에도 존재한다. 역반복 또한 외가닥DNA나 RNA 분자의 2차 구조에 영향을 준다. Polynucleotide 사슬은 자체 내에서 동일가닥내의 수소 결합을 만들어 **머리핀(hairpin 혹은 stem-loop) 구조**라 불리는 이중나선 부위를 만든다(**그림 4.7**). RNA 또한 다른 2차 구조로 접히는 데 특정 RNA 분자의 구조와 기능을 다루는 다음 장에서 설명을 할 것이다.

(a) anti 형태로 존재하는 B-DNA의 deoxyguanylate

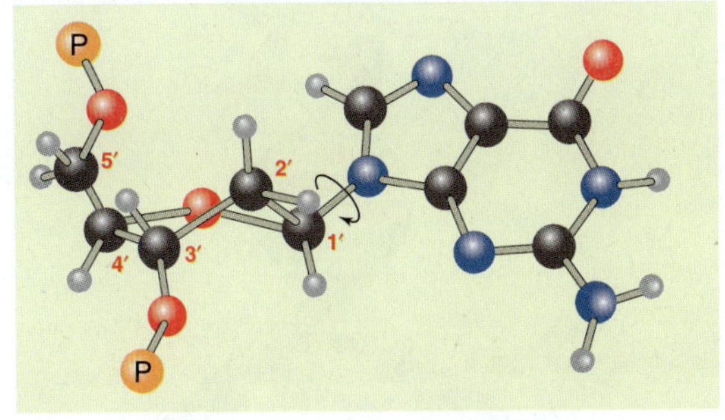


(b) syn 형태로 존재하는 Z-DNA의 deoxyguanylate

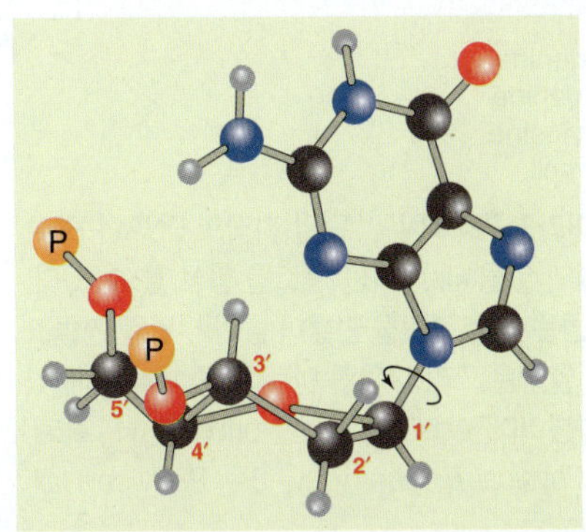


**그림 4.5 부착된 deoxyribose에 대하여 입체적으로 가능한 푸린 염기의 방향.** Purine 염기는 (a) A-와 B-DNA에서는 anti 형태로 있으나 (b) Z-DNA에서는 syn 형태로 존재한다.

(a) 역반복

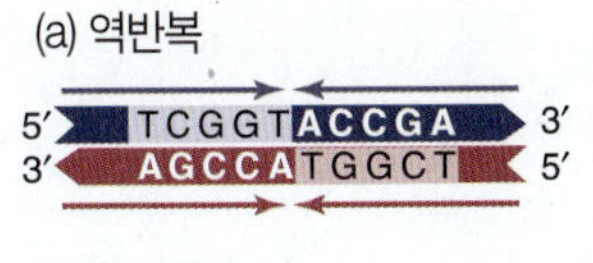


(b) 십자구조

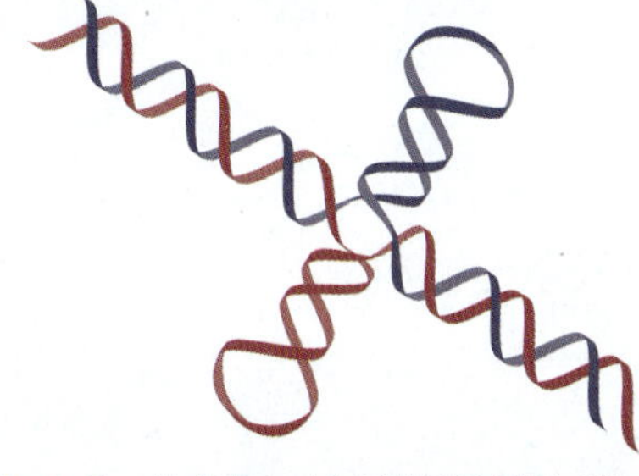

**그림 4.6 십자구조.** (a) 역반복을 갖고 있는 DNA의 일부분. 구조의 위와 아래의 화살표는 역반복을 나타낸다. (b) 역반복을 갖고 있는 DNA 분자가 십자구조를 만들 수 있다. Adapted from Bacolla, A., and Wells, R. D., J. Biol. Chem. 279 (2004): 47411 - 47414.

# 4.4 DNA 변성

## DNA는 변성 될 수 있다.

Watson과 Crick이 처음에 제안 하였을 때 많은 연구자들은 DNA 가닥이 아주 길어서 이중나선을 풀어서 가닥을 분리 한다는 것은 불가능하다고 생각하였다. 이러한 염려를 해결하려는 시도로 생물리학을 하는 화학자들은 시험관 내에서 해체하는 과정을 보여주려고 시도하였다. 기본적인 개념은 DNA를 물리적 혹은 화학적 물질로 처리하여 공유결합은 파괴시키지 않고 염기쌍을 형성하고 있는 약한 비공유 결합을 파괴하여 2개의 가닥을 분리시킨다는 것이다. 늦은 1950년대 Paul Doty와 동료들

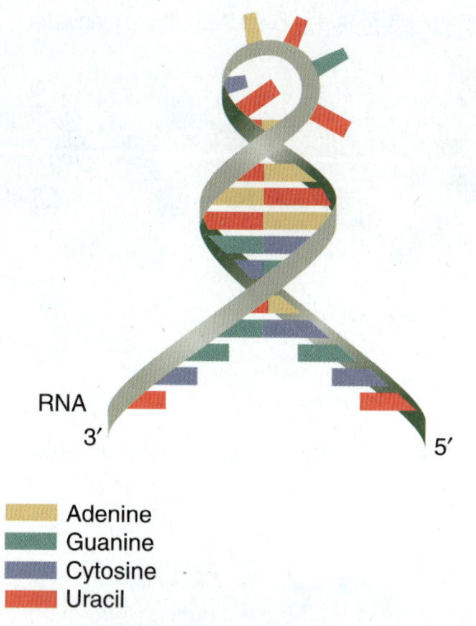


**그림 4.7 머리핀구조 RNA.** 단일 가닥의 DNA와 RNA는 역상보 서열이 있을 때 머리핀 구조를 형성 할 수 있다. 상보적인 서열들은 수소 결합을 만들어 줄기 부위를 만들고 그들 중간의 서열들은 고리 부위를 만든다. 줄기 부위에 있는 가닥은 역평행이다. Adapted from Horton, R. H., et al. *Principles of Physical Biochemistry, 2/e*. Prentice Hall, 2006.

에 의한 첫 번째 노력은 DNA 용역에 열을 가하면 점성이 있는 방울로 된다는 것을 보여주었다. 이 관찰은 이중나선 구조가 열에 의하여 붕괴된다는 것을 의미한다고 해석 될 수 있다. 우회전 나선 구조의 파괴로 인하여 이 붕괴는 평면 편광을 회전시키는 DNA의 능력의 변화를 동반하였다. DNA 용액이 가열 되었을 때 관찰되는 이차 구조의 변화는 선형 이중나선 구조가 분리된 외가닥으로 전환 되었다는 것을 의미하는 것처럼 보인다. 몇 개의 다른 종류의 실험이 DNA 용액이 가열되었을 때 2개의 가닥이 풀려서 분리된 가닥을 형성한다는 것을 확립하는데 도움을 주었다. 예를 들어 가열전의 DNA의 질량/길이 비율이 가열 후의 것보다 두 배가 되었고 외가닥 DNA에 작용하는 DNA가수분해효소가 가열 전에는 그렇지 않다가 가열 후에 작동한다는 것을 보여주었다. 이중나선 구조(자연적인 상태)로부터 임의로 꼬인 외가닥(변성된 상태)으로의 변화를 **변성(denaturation)**이라고 한다.

DNA 변성을 측정하는 가장 간단한 방법은 용액 내에서 파장이 260 nm, $\lambda_{260}$인 자외선을 흡수하는 능력을 조사하는 것이다. 260 nm, $A_{260}$의 흡수는 농도에 비례하며 밀리리터의 이중나선 DNA μm당 0.02의 값을 나타낸다. 더 중요하게 핵산에 의하여 흡수되는 빛의 양은 분자의 구조에 달려있다. 더 질서가 잡힌 구조일수록 흡수되는 빛의 양이 더 적다. 그러므로 자유 nucleotide는 단일 가닥이 연결된 DNA나 RNA 보다 많은 빛을 흡수한다. 예를 들어 이중가닥 DNA, 외가닥 DNA, 자유 nucleotide의 3가지 용액이 각각 50 μg/ml인 경우 $A_{260}$의 값은 다음과 같다.

| | |
|---|---|
| 이중가닥 DNA: | $A_{260} = 1.00$ |
| 외가닥 DNA: | $A_{260} = 1.37$ |
| 자유nucleotide | $A_{260} = 1.60$ |

이러한 관계로 이중가닥 DNA를 **저흡광성(hypochromic)** 혹은 자유 nucleotide를 **과흡광성(hyperchromic)**이라고 종종 표현을 한다.

만일 약 0.15 M의 염화나트륨 용액에 있는 DNA가 서서히 가열되고 다른 온도에서 $A_{260}$을 측정한다면 **그림 4.8**에서 보는 것 같은 용해 곡선을 얻을 것이다. 이 곡선은 다음과 같은 특징을 나타낸다.

**1.** $A_{260}$은 대부분의 살아있는 세포들이 자연에서 만날 수 있는 온도까지 일정하게 유지된다.

**2.** 6°에서 8°C 범위에서 $A_{260}$이 상승한다.

**3.** 가장 높은 $A_{260}$은 초기값보다 약 37%가 높다.

용해 곡선의 다른 지역에서 DNA 분자의 상태는 그림 4.8에서 보여준다. $A_{260}$이 상승하기 전에 분자의 전구역은 이중가닥이다. 상승지역에서는 분자의 여러 부분에서 염기쌍 간의 비공유 결합이 파괴 된다; 파괴가 되는 정도는 온도와 함께 증가한다. 위쪽 고원부위의 초기에는 몇 개의 비공유 결합이 남아서 2가닥이 붙어있게 하며 이는 마지막 남은 비공유 결합이 파괴되고 가닥이 완전히 분리되는 임계 온도까지 지속된다.

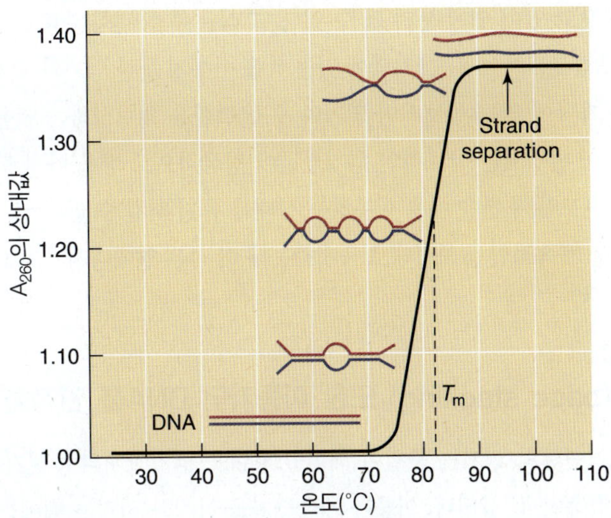


**그림 4.8** **DNA 용해곡선.** $T_m$ (용해온도)와 다양한 용해 정도에 대한 가능한 분자형태를 보여 주는 DNA 용해곡선.

용해로 전이되는 것을 특정지울 수 있는 가장 편한 척도는 $A_{260}$의 상승이 절반까지 이루어 졌을 때의 온도다. 이 온도를 **용해 온도(melting temperature)** 그리고 $T_m$으로 표시한다.

가닥의 분리를 연구하는 과정에서 다른 중요한 사실이 드러났다. 만일 DNA 용액이 대부분 비공유 결합이 파괴되는 온도까지 가열되고 그다음에 실내온도까지 냉각이 되면 $A_{260}$은 즉각 초기의 비변성 값까지 떨어진다. 부가적인 실험을 통하여 최초의 구조로 복원된다는 것을 알게 되었다. 그러므로 가닥이 완전히 분리되지 않고 변성을 시키는 상황이 제거 된다면 나선은 다시 감긴다. 만일 분리된 2가닥이 만나게 되고 단 하나의 염기쌍이라도 정확한 위치에 형성된다면 초기의 DNA가 재형성 된다. 우리는 이러한 현상을 복원을 설명할 때 다시 만나게 된다.

## 수소 결합은 이중 DNA 가닥을 안정화시킨다.

1962년에 Julius Marmur와 Paul Doty는 G+C가 20%에서 80%까지 되며 염기의 구성이 다양한 DNA를 여러 세균에서 분리하였다. 이러한 DNA로부터 얻은 $T_m$ 값을 **그림 4.9**에 있는 것처럼 G+C의 양에 대하여 그래프로 그렸다. G+C의 양에 비례하여 $T_m$이 증가하는 것을 주목하라. 이러한 관계는 수소 결합(hydrogen bond)이 최소한 부분적으로나마 이중가닥 구조의 안정성에 기여를 한다는 것으로 설명이 될 수 있다. A • T 염기쌍에 있는 2개의 수소결합보다 G • C 염기쌍에 있는 3개의 수소 결합을 파괴 시키는 데 더 많은 에너지가 요구된다.

DNA 염기와 수소 결합을 형성할 수 있는 요소($NH_2CONH_2$) 혹은 formamide($HCONH_2$) 같은 변성제의 존재 하에 $T_m$ 값을 측정함으로 이중가닥 구조를 안정화 시키는데 수소결합의 중요성을 알 수 있다. 염기 쌍 내의 수소결합은 아주 낮

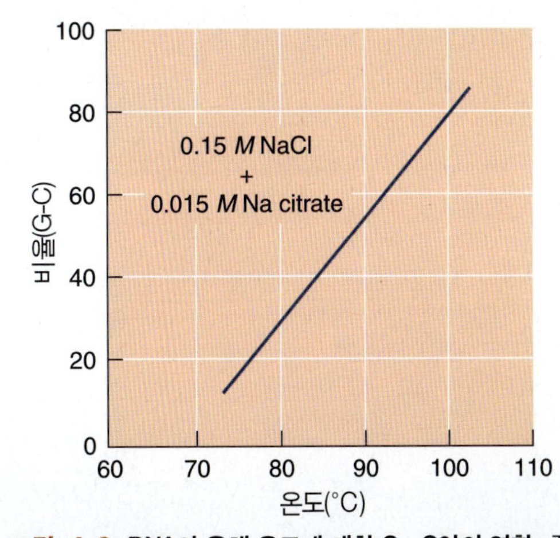


**그림 4.9** **DNA의 용해 온도에 대한 G - C양의 영향.** Tm은 G+C에 비례하여 증가한다.

은 에너지를 갖고 있어 쉽게 분리 될 수 있다. 그러나 수소 결합은 빠르게 재형성 될 수 있다(아래 참조). 변성제는 1가닥에 있는 짝을 이루지 못한 염기와 수소 결합을 형성하여 다른 가닥에 있는 상보적인 염기와 수소 결합을 재형성하는 것을 막아 평형을 변화시킨다. 변성제는 상보적인 염기쌍들이 정상적으로 쌍을 다시 형성 할 것으로 예상되는 온도에서 쌍을 이루지 못하는 상태를 유지 시킬 수 있다. 그러므로 쌍을 이룬 염기쌍을 계속적인 용해상태로 유지하는데 더 적은 열에너지가 필요하고 $T_m$이 감소한다.

## 염기 중첩(base stacking) 또한 이중가닥 DNA를 안정화 시킨다.

이중나선의 평면상의 염기는 중첩이 되어있어 이웃 염기쌍내의 π 전자고리체계는 직접적으로 접촉이 된 상태다. 이중나선의 중첩을 안정화 시키는 힘에는 상호 작용하는 쌍극자간의 정전기 상호작용, van der Waals힘 그리고 소수성 효과가 포함된다. 우리는 DNA의 구조를 변화 시켜 이들 상호 작용 중 1가지를 변화 시키는 것이 어렵기 때문에 각각의 약한 상호 작용들의 이중나선 안정성에 미치는 정확한 기여도를 알지 못한다.

염기 중첩과 수소 결합 모두 약한 비공유 결합이며 온도의 변화에 의하여 쉽게 파괴된다. 만일 염기쌍들이 중첩열로부터 기울거나 회전되어 있지 않으면 중첩은 강화된다. 유사하게 모든 염기들이 올바른 방향을 향하고 있을 때 최대한의 수소 결합이 일어난다. 명확하게 2개의 약한 관계는 서로를 강화시킨다. 중첩된 염기들은 보다 쉽게 수소 결합이 되고 동시에 결합에 의하여 제 위치에 있는 수소 결합된 염기들은 보다 쉽게 중첩이 된다. 만일 이들 결합 중에 하나가 제거되면 다른 것이 약화되며 이들 결합 중 어느 하나를 파괴시키는 시약을 가한 후에 왜 $T_m$이 감소하는 가를 설명할 수 있다.

## 염기 중첩은 협동적인 상호작용이다.

예를 들어 ABCDEFGHIJ라는 중첩된 염기 서열에서 염기의 면이 D와 F 모두의 면과 평행이 되는 경향이 있으면 염기 E가 중첩 열에서 잘 이탈되지 않는다. 그러나 분자의 말단에서는 정돈된 중첩형태로 있기가 어렵다. 단하나의 단일 염기인 B만 염기 A의 방향을 안정화 시킨다. 그러므로 빠르게 이동하는 용매 분자는 E와 충돌하여 방향을 바꾸는 것보다는 쉽게 A와 충돌하여 중첩으로부터 빠져 나오게 할 것이다. A는 B보다 중첩이 될 가능성이 낮기 때문에 다음으로 B는 C보다 더 방향이 쉽게 틀어진다.

이중가닥 분자 내에 존재하는 불안정성에 대한 경향은 20개의 염기쌍(oligonucleotide)보다 작은 수의 염기를 포함하는 이중가닥 polynucleotide의 $T_m$ 값에서 가장 뚜렷이 나타난다. 예를 들어 $10^5$ 염기쌍을 갖고 있는 분자가 $10^3$ 염기쌍을 갖고 있는 분자로 부서진다면 $T_m$에는 뚜렷한 변화가 없다. 그러나 커다란 분자의

$T_m$이 90도가 되는 상황에서는 이중가닥 hexanucleotide(가닥 당 6개의 nucleotide)의 $T_m$ 값은 30도로 낮아 질수 있다. 정확한 값은 염기의 구성과 서열에 달려있다. 이 효과는 몇 가지 결론을 갖고 있다.

1. 선형 이중가닥 DNA 분자의 끝은 주로 수소 결합 되어 있지 않고 약 7개의 염기쌍이 부서진 상태로 풀어져있다(**그림 4.10**). 그러나 어떤 염기 서열은 다른 것보다 잘 중첩이 되어 있고 심지어 분자의 말단에서도 중첩이 되어 있다.
2. 분자 당 15개의 염기쌍 보다 작은 짧은 nucleotide 이중가닥은 특별히 낮은 $T_m$ 값을 갖는다. 이중가닥 trinucleotide(가닥 당 3개의 염기)는 실온에서 안정하지를 못하다.
3. 쌍을 이루는 지역이 아주 짧으며 쌍을 이루지 않는 지역이 양 옆에 존재하면(예를 들어 그림 4.10에서 하단 두 그림) 생리적인 온도에서 이러한 형태를 유지하지 못한다.

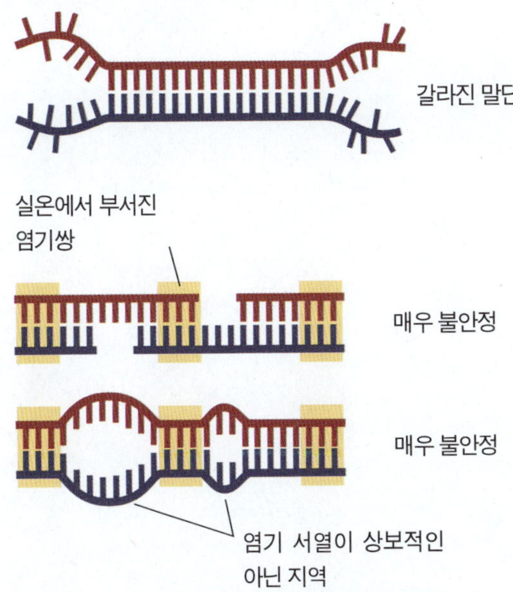


**그림 4.10 염기 중첩의 협동성의 몇 가지 효과.** 각 그늘진 지역은 실온에서 부서지는 염기쌍을 나타낸다. 그러나 만일 이들 지역이 15개의 염기쌍 이상을 포함한다면 그들은 안정할 것이다.

## 이온의 세기(Ionic strength)가 DNA의 구조에 영향을 준다.

인접한 DNA의 염기 사이와 2가닥 간에 존재하는 서로 끌어당기는 협력적인 상호작용 이외에 음으로 전하된 인산 간에는 가닥간의 정전기적 반발력이 있다(이중 구조에 중요하지 않은 가닥내의 반발력도 있다). 만일 전하가 중성화 되지 않으면 이 강한 힘은 2가닥을 서로 떨어지게 한다. 완충 용액에 있는 이온 농도에 따른 $T_m$의 변이를 조사한 것으로부터 염의 농도가 감소함에 따라서 $T_m$이 급하게 감소한다는 것을 발견하였다. 실제로 증류수 내에 있는 DNA는 실온에서 변성이 된다.

DNA 구조에 대한 이온 세기의 영향은 다음과 같다. 염이 없을 경우 가닥들은 서로 밀어낸다. 염이 가해짐에 따라서 $Na^+$와 같이 양 전하인 이온은 음 전하를 갖은 인산 주위에 구름을 형성하여 효과적으로 방패막이를 한다. 궁극적으로 모든 인산이 방어되어 반발력이 없어 진다; 이것은 약 0.2M 농도의 생리적인 염 농도 근처에서 일어난다. 그러나 purine과 pyrimidine의 용해도가 감소하여 소수성 상호작용이 증가하기 때문에 $T_m$은 염화나트륨의 농도가 증가함에 따라서 증가한다.

## DNA 구조는 동적인 상태에 있다.

DNA 분자를 formaldehyde하에서 조사를 할 때 DNA 분자의 중요한 구조적인 특징이 명확해진다. formaldehyde는 염기의 $NH_2$ 그룹과 결합을 하여 수소 결합을 하는 능력을 감소시킨다. formaldehyde의 첨가는 DNA의 느리지만 비가역적인 변성을 야기 시킨다. 그러므로 아미노 그룹은 formaldehyde와 반응을 하며 이는 염기들이 계속적으로 쌍을 이루거나 분쇠된다는 것을 의미 한다(수소 결합이 깨지거나 재형성된다).

이와 유관한 현상은 DNA가 3중수소 물($[^3H]H_2O$)에 용해되었을 때 관찰된다. 물속에서 염기의 수소 결합한 양성자와 $^3H^+$간에 빠른 교환이 있다. 이 2가지 관찰은

DNA가 *이중가닥 지역이 외가닥기포가 되려고 자주 열리는 동적인 구조라는 것을 나타낸다.* DNA "호흡"이라고 불리 우는 일시적이고 지역적인 용해는 특정한 단백질이 DNA 분자와 상호 작용하고 암호화된 정보를 "읽게" 하는 것으로 생각된다. G • C 쌍은 3개의수소 결합을 갖고 있고 A • T는 단지 2개만 갖고 있어 일시적인 용해는 G • C가 많은 지역보다 A • T가 많은 지역에서 더 자주 일어난다.

## 상보적 서열의 짧은 외가닥 DNA는 멀리 떨어져 있더라도 염기쌍 형성이 가능하다.

앞에서 보았던 종류의 용해 곡선의 데이타를 얻기 위하여 x-좌표에 적힌 다양한 온도에서 $A_{260}$을 측정하였다. 변성은 섭씨 90도 이상의 온도에서 주로 완전히 일어난다. 대부분의 실험에서 $A_{260}$의 전체 증가는 약 37% 정도이고 용액은 중첩된 염기 없이 전체 외가닥으로 되어있다.

그러나 만일 염의 농도가 0.05M 이상이고 용액이 실온으로 급격히 냉각된다면 최고 온도에서 도달했던 $A_{260}$의 값은 완전히는 아니나 엄청나게 떨어질 것이다(**그림 4.11**). 충분히 상보적인 서열을 갖고 있으며 가닥 내에서 멀리 떨어진 짧은 염기의 구획 간에는 열에 의한 파괴가 없다면 임의의 수소 결합을 형성하기 때문이다. 전형적인 $A_{260}$의 값은 자연적 상태 DNA의 초기값의 1.12배 까지 떨어지는데 이는 냉각 후에 염기의 $\frac{2}{3}$가 수소 결합을 하든가 혹은 거의 중첩이 복원되었다는 것을 의미 한다(그림 4.11).

이러한 상황은 만일 염의 농도가 0.01M이나 그 이하이면 완전히 다르다. 이 경우에는 음전하를 갖은 인산 그룹으로부터 생긴 정전기적 반발력이 염기들이 서로 접근하지 못하도록 단일 가닥들을 충분히 멀리 떼어놓는다. 그러므로 냉각 후에 수소 결합이 형성되지 않고 염기 중첩이 최소로 남아 있다.

## 알칼리는 인산디에스터 결합을 파괴 시키지 않고 DNA를 변성시킨다.

열은 변성된 DNA를 준비하는데 사용되며 많은 실험 방법에서 필수적인 단계이다. 그러나 높은 온도는 인산디에스터 결합을 파괴시켜 열로 변성된 결과물은 종종 부서진 외가닥의 모임이다. 이러한 파괴의 문제는 DNA를 변성 시키는 다른 방법을 사용함으로써 피해 갈 수 있다. 수산화나트륨 같은 염기를 DNA 용액에 가하면 guanine과 thymine의 질소 원자로부터 양성자를 제거한다. pH 11.3 이상에서 일어나는 이러한 양성자 제거는 수소 결합이 된 이중나선 구조를 파괴시키며 DNA의 변성을 야기 시킨다. DNA는 알칼리 가수분해에 상당한 저항력을 갖고 있기 때문에 이 방법은 DNA를 변성시키기 위한 선택의 방법이다. 산 또한 변성을 야기 시키지만 polynucleotide 사슬부터 purine 그룹을 제거하는 탈 purine화(depurination)라고 하는 과정을 일으킨다.

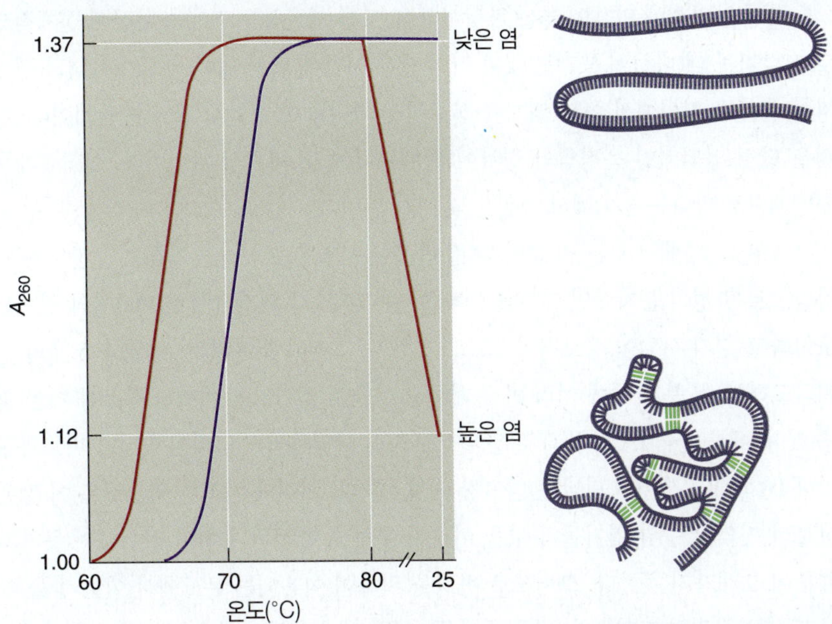


**그림 4.11 가닥 분리가 일어 난후에 섭씨 25도까지 온도를 낮추었을 때의 효과.** 높은 염의농도(붉은 곡선) 혹은 낮은 염의 농도 (푸른 곡선)를 포함하고 있는 용액 속의 DNA 분자를 섭씨 90°C까지 가열하였고 그 결과 2개의 가닥이 풀어져 분리된다. 이용액들을 25°C까지 급격히 냉각하였다. 냉각 후에 높은 염 농도의 용액에 있는 DNA $A_{260}$은 낮은 염 농도의 용액에 있는 DNA의 것보다 훨씬 적다. 이는 높은 염 농도에 있는 DNA가 가닥내의 염기 쌍을 형성하고 (초록색으로 보임) 낮은 염 농도의 DNA는 그렇지 못하기 때문이다.

# 4.5 복원

## 상보적인 단일 가닥들은 이중가닥 DNA를 형성하며 복원될 수 있다.

변성된 DNA 용액은 자연적인 DNA가 재형성 될 수 있게끔 처리 될 수 있다. 이 과정을 **복원(renaturation 혹은 reannealing)**이라고 하며 재형성된 DNA를 복원된 **DNA(renatured DNA)**라고 부른다. 복원은 분자 생물학에서 유용한 도구임이 입증되었다. 복원은 다른 생명체간에 유전적인 연관성을 보여주기 위하여, 어떤 DNA 서열이 특정 생명체 내의 DNA에 한 번 이상 존재하는가, 그리고 DNA 분자 내에 특정 염기 서열의 위치를 조사하는데 사용 될 수 있다. 복원이 일어나기에는 2가지의 조건이 충족되어야 한다.

**1.** 2가닥의 인산들 간에 존재하는 정전기적 반발력이 제거 되도록 염의 농도가 충분히 높아야 한다.

**2.** 앞에서 배운 임의적인 가닥내의 수소 결합을 파괴할 수 있도록 온도가 충분히 높아야한다. 그러나 안정적인 가닥간의 수소 결합이 일어날 수 있도록 온도가 너무 높아서는 안 된다. 변성을 위한 적당한 온도는 $T_m$값보다 20~25° 아래이다.

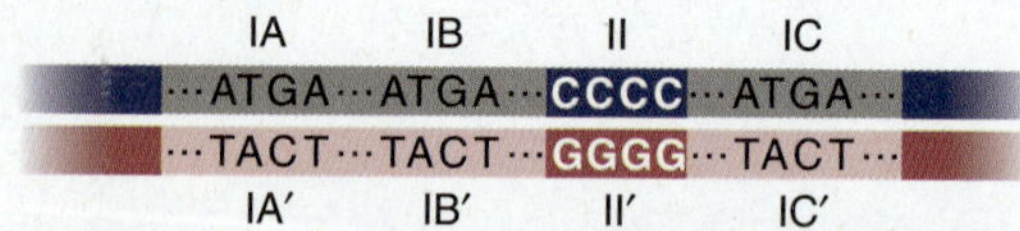


**그림 4.12 가상적인 DNA 분자를 이용한 변성의 분자적인 기작.** 몇 번 반복하는 서열을 포함한 가상적인 DNA 분자. DNA의 아래 위에 표시된 로마 숫자는 본문에서 설명하는 DNA 분자의 분절을 말한다.

복원은 변성에 비하여 늦은 과정이다. 속도를 제한하는 단계는 나선이 실제적으로 되감기는 때(나선이 풀리는 것과 거의 같은 시간에 걸쳐 일어난다)가 아니라 염기쌍이 올바른 위치에서 형성 되게끔 상보적인 가닥들이 정확히 만나는 단계이다. 변성은 단지 임의적인 움직임의 결과이기 때문에 농도-의존성 과정이다. 실험실에서 일반적으로 만나는 농도에서 복원은 몇 시간 걸린다.

**그림 4.12**에서 보는 것 같이 몇 번 반복된 서열을 포함하는 가상적인 분자를 조사함으로 변성의 분자적인 기작을 이해 할 수 있다. 각 외가닥이 50,000개의 염기를 포함하고 염기 서열이 상보적이라고 가정하자. 그러나 짧은 염기 서열(4~6 개의 염기라고하자)이 분자 내에 여러 번 존재하고 이들이 염기쌍을 이루는 장소를 제공 할 수 있다. 예를 들어 IA 와 II′과 같은 비상보적인 서열사이의 임의의 만남은 비효과적이나 IA 와 IC′ 사이의 만남은 염기쌍을 형성한다. 그러나 이러한 염기쌍은 이 짧은 상보적 지역의 주위 염기들이 쌍을 이루지 못하고 안정된 중첩이 일어나지 못하기 때문에 오래가지 못한다. 그러므로 변성을 위하여 이용되는 온도에서 이들 쌍을 이룬 지역은 급격히 파괴된다. 예를 들어 IB와 IB′ 염기 서열이 쌍을 이루자마자 인접한 염기들도 빠르게 쌍을 이루고 전체 이중가닥 DNA 분자가 수초 내에 지퍼를 잠그게 된다.

각 복원된 자연적인 DNA 분자가 그들의 원래의 외가닥으로부터 형성되지 않았다는 것을 안다는 것은 중요하다. 변성된 DNA 용액에서 외가닥은 자유롭게 혼합되고 복원 기간에 가닥들은 무작위적으로 만난다. 이러한 혼합은 한 경우는 $^{14}NH_4Cl$이 포함된 배지에서 키우고 다른 경우는 $^{15}NH_4Cl$에서 키운 *E. coli*에서 추출한 2가지의 DNA 샘플을 이용한 실험에서 나타난다. 이 두 DNA 샘플을 혼합시키고, 변성시키고, 복원시킨다. 최종적으로 나타나는 혼합물은 3가지의 변성된 DNA를 포함한다: 25%는 양쪽 가닥에 $^{14}N$을 포함하고 50%는 1가닥에는 $^{14}N$ 다른 가닥에는 $^{15}N$을 포함하고 나머지 25%는 양쪽 가닥에 $^{15}N$을 포함한다. 이 결과는 복원 기간 동안에 무작위적인 혼합을 의미한다. 이중나선의 3가지 종류를 구분하는 방법은 5장에 설명되어 있다.

## 4.6 DNA 풀기효소(Helicases)

### DNA 풀기효소는 DNA를 풀기 위하여 nucleoside 삼인산의 에너지를 이용하는 운동 단백질이다.

pH가 급격히 변하고 온도도 바람직하지 못한 생리학적인 상황인 DNA 복제과정에 이중나선 DNA는 풀어져야 만 한다. **DNA 풀기효소(DNA helicase)**라고 불리 우며 여러 곳에 존재하는 "분자적 원동기" 효소는 초당 약 500-1000 bp 속도로 이중가닥 DNA를 외가닥 DNA 중간 매개체로 만들기 위하여 nucleoside 삼인산과 결합하고 가수분해를 한다.

최소한 14종류의 DNA 풀기 효소가 *E. coli*에서 분리되었고 세균성 바이러스에서 6종류, 효모에서 15종류, 식물에서 8종류, 사람에서 24종류가 분리되었다. DNA 풀기 효소의 중요성은 풀기효소의 결함에 의하여 야기된 Bloom 증후군과 Werner 증후군에 의하여 명확히 설명된다. Bloom 증후군을 갖고 있는 사람은 24세의 나이에 평균 발병하는 많은 암들에 취약하다. Werner 증후군에 시달리는 사람들은 조기 노화 현상을 보이며 노화와 연관된 병들을 나타내어 외모가 실제보다 30~40년 더 많아 보인다(6장 참조).

단백질 구조가 알려진 거의 모든 DNA 풀기효소는 보통 2개 혹은 6개의 동일한(혹은 아주 유사한) polypeptide 소단위를 포함하며 소중합체로 기능을 하는 것으로 알려져 있다. 일반적으로 그들의 기능에 영향을 주는 세포내의 다른 효소나 단백질 요소들과 연관을 맺고 있지만 풀기효소는 추출물 내에서 그들을 감지하는데 사용되는 고유의 활성을 갖고 있다. 예를 들어 추출물 내에 DNA-의존 nucleoside 삼인산 효소 활성이 감지된다는 것은 주로 풀기 효소가 존재한다는 것을 의미한다. 아직 더 믿을만한 표시는 nucleotide 삼인산에 의존하여 이중가닥 DNA를 외가닥에만 작용하는 특정 핵산가수분해효소의 영향을 받는 외가닥으로 푸는 것이다. 풀기효소는 그들의 DNA 기질에 대하여 구조적인 선호성을 나타낸다(**그림 4.13**); 어떤 것은 갈라진 DNA 분자를 요구하고 어떤 것은 3′ 혹은 5′ 꼬리에 작용하고 다른 것은 비점착 말단 DNA에 작용한다.

어떤 풀기 효소는 외가닥 DNA를 따라서 3′→ 5′ 방향으로 이동하고 다른 것은 5′ → 3′ 방향으로 이동한다. 이동하는 방향은 양쪽 끝에 상보적인 부위를 갖고 있는 단일 DNA 분자(붉은색)를 기질로 사용하여 결정 될 수 있다(**그림 4.14**). 외가닥의 3′ 말단에서 분절이 나타난다는(그림 4.14의 분절 A) 것은 3′→ 5′ 방향으로 이동한다는 것을 의미하며 5′ 말단에서 분절이 나타난다는(그림 4.14의 B의 분절) 것은 3′→ 5′ 방향으로 이동한다는 것을 나타낸다.

이동 기작이나 가닥 분리 기작에 대하여 알려진 것이 거의 없다. 풀기 효소는 주로 다른 효소나 단백질 요소와 같이 작용을 하기 때문에 순수 분리된 풀기효소의 연구에 의하여 밝혀진 활성 기작을 해석 할 때는 주의를 해야 한다. 그럼에도 불구하고 이러한 연구는 풀기효소가 세포내에서 작용하는 방법에 대한 중요한 통찰력을 주기 시작하고 있다.

일반적인 풀기효소 소단위의 구성은 6개의 동일한(혹은 매우 유사한) 소단위가 고리 같은 구조로 배열된 육합체이다. 2가지의 가장 잘 연구된 육합체 풀기효소는 T7 파지(세균성 바이러스) 풀기효소와 *E. coli* DnaB 풀기효소(그것을 암호화하는 *dnaB* 유전자에서 명명됨)이다. 2가지 풀기효소 모두 DNA 복제에서 중요한 역할을 하며 갈라진 DNA 분자에 결합을 하고, 1가닥의 DNA를 에워싸고 반면에 다른 것은 방출하며(**그림 4.15**), 결합된 단일 가닥을 따라서 5′ → 3′ 방향으로 이동하기 위하여 nucleoside 삼인산을 필요로 한다.

T7 파지 풀기효소는 dTTP를 선호하고 DnaB 풀기효소는 ATP를 선호하지만 각각 다른 nucleoside 삼인산을 또한 이용한다. 전자 현미경적 연구는 동일한 DnaB

3′-꼬리를 갖는 DNA 분자 3′ 5′

비접착 말단을 갖는 DNA 분자 3′ 5′

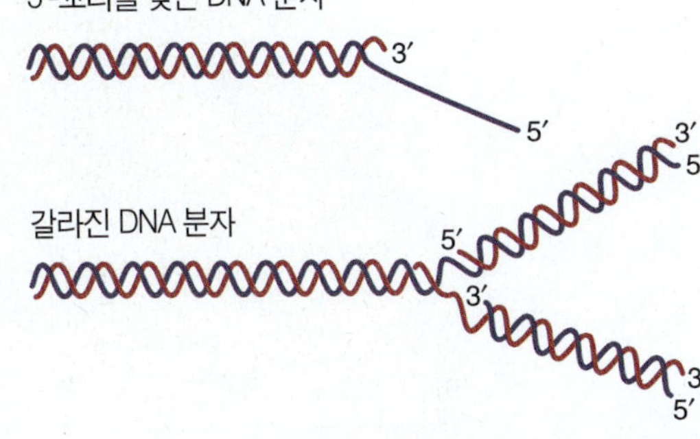


**그림 4.13** 다른 종류의 풀기효소의 DNA분자의 선호성.

(a) 3′ 혹은 5′ blunt-end(뭉뚱한 말단)를 갖는 DNA 분자에 작용하는 풀기효소의 기질

(b) 3′ 혹은 5′ 꼬리를 갖는 DNA 분자에 작용하는 풀기효소의 기질

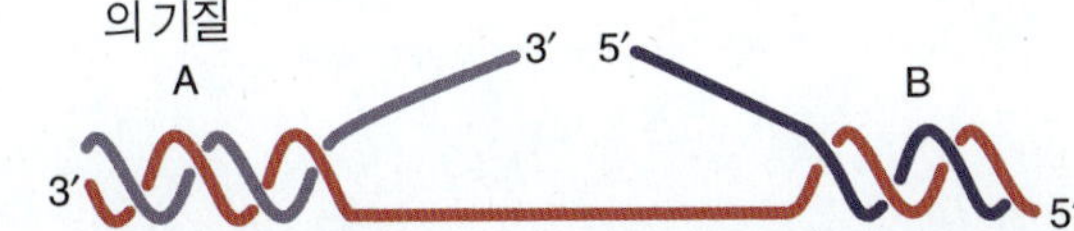


**그림 4.14 풀기효소의 활성을 분석하기 위하여 사용된 DNA 기질.**

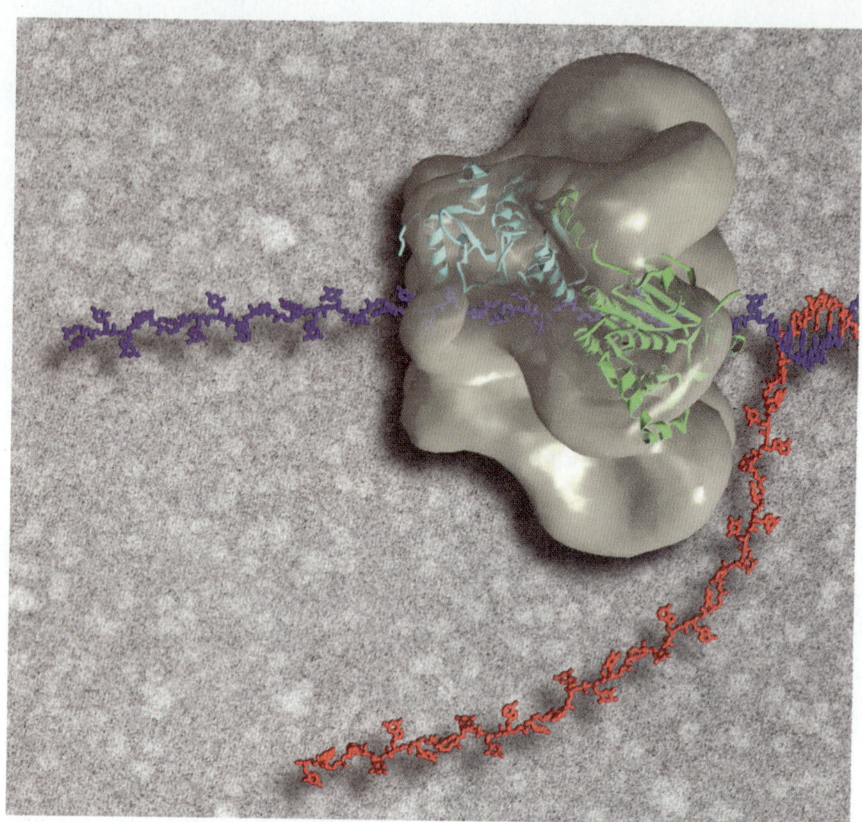

**그림 4.15 활동 중에 있는 T7 phage 풀기효소의 3차원적 구조의 재구성.** 육합체 T7 gp4 풀기효소/primase제 육합체는 한 DNA 가닥을 싸고 있고 다른 가닥은 고리 외부로 밀어내었다. 풀기효소 영역은 초록 리본으로 표시되고 primase제 영역은 푸른색으로 표시되었다. 풀기효소의 활성은 5′에서 3′ 방향으로 중앙 경로에 있는 외가닥을 따라서 이동함으로 생성된다. Reproduced from J. Mol. Biol., vol. 311, VanLoock, M. S., et al., *The primase active site. . .*, pp. 951 - 956, copyright 2001, with permission from Elsevier. Photo courtesy of Edward H. Egelman, University of Virginia.

풀기효소 polypeptide 소단위들의 각각에 최소한 2개의 영역을 시사 하지만 자세한 구조적인 정보를 얻기 위해서는 해상도가 높은 구조적인 결론이 있어야한다. 풀기효소 A라고 불리 우는 효모의 유사한 육합체 풀기효소가 분리되었다. 효모의 풀기 효소는 DnaB 풀기효소와 서열상에 유사성을 갖고 있고, 5′ → 3′으로 이동하기 위하여 nucleotide 삼인산으로부터 에너지를 필요로 하며 아마 T7 phage나 DnaB 풀기효소처럼 DNA의 복제에 필수적인 역할을 하는 등 많은 유사한 성질을 갖고 있을 것이다. 모든 진핵 세포는 DNA 복제에 필수적인 풀기를 촉매하는 유사한 육합체 풀기효소를 갖고 있음이 거의 확실하다.

## 4.7 외가닥 DNA 결합 단백질

### 외가닥 DNA 결합 단백질은 외가닥 DNA를 안정화시킨다.

외가닥 DNA에 결합하는 단백질, **외가닥 결합 단백질(single-stranded binding**

**proteins, SSBs)**은 이중가닥 DNA에 풀기효소가 작용함으로 생기는 일시적인 단일 가닥 지역을 안정화 시킨다. 외가닥 결합 단백질은 DNA 대사 과정의 필수적인 참여자로 모든 세포에 존재한다. 어떤 외가닥 결합 단백질은 단일 polypeptide로 구성 되어 있고 다른 것은 2개 혹은 그이상의 동일한 polypeptide 소단위를 포함하며, 또 다른 것은 서로 다른 polypeptide 소단위로 되어있다. 그들의 구조적인 다양성에도 불구하고 모든 외가닥 결합 단백질은 하나의 중요한 성질을 공유 한다: 그들은 이중가닥 DNA 혹은 RNA 보다 외가닥 DNA에 더 강하게 결합한다.

Bruce Albert는 첫 번째 외가닥 결합 단백질인 gp32(T4 phage의 유전자 32의 생성물)를 *E. coli*를 감염시킨 T4 phage의 추출물로부터 친화성 chromatography를 이용하여 1970년에 분리하였다. 추출물은 cellulose에 고정된 변성된 DNA를 포함하는 관을 통하여 통과 되었다. 대부분의 단백질은 관을 통과 하였지만 gp32는 변성된 DNA에 대한 결합력 때문에 남아 있었다. 농축된 염 용액으로 관을 씻음으로 gp32가 방출 되었다.

분자량이 33.5 kDa인 안정된 단위체인 분리된 gp32는 이중가닥 DNA를 불안정하게 하고 $T_m$을 섭씨 40도 혹은 그 이상까지 낮추었다. 불안정화는 DNA에 대한 gp32의 협동적인 결합을 포함한다. 첫 번째 gp32 분자가 일시적인 용해 현상에 의하여 생긴 외가닥 DNA의 지역에 결합을 한다. 약 10개의 nucleotide로 이루어진 외가닥 DNA의 분절이 arginine과 lysine이 나열된 gp32의 커다랗고 오목한 틈과 잘 맞는다. 결합은 아주 강하여서 gp32는 제자리에 머물러 있고 부가적인 gp32가 결합할 수 있도록 반대 가닥에 있는 염기들을 없애고 동일가닥의 근접한 염기쌍들을 불안정하게 한다.

쌍을 이루지 않은 염기쌍들 근처에 있는 쌍을 이룬 염기쌍들이 적절하게 중첩되지 못하고 그들의 수소 결합이 덜 안정해짐으로써 불안정화가 야기된다. 다른 염기쌍을 여전히 파괴하면서 그리고 다른 gp32 분자가 결합하게 하면서 각각의 연속적인 gp32는 이미 결합된 것 옆에 붙는다. 이러한 협동적인 과정은 개개의 gp32 분자가 외가닥을 따라서 나란히 인접하여 나열 되어서(**그림 4.16**) 이중나선이 완전히 변성 될 때까지 계속 된다. Albert의 분리 방법은 다른 생명체로부터 외가닥 DNA 결합 단백질을 분리하는데 사용되었다. 다른 종류의 결합단백질 또한 용해평형을 외가닥 상황으로 이동시킴으로 이중가닥 DNA를 불안정하게 한다.

Albert는 감염이 되지 않은 *E. coli*로부터 동형사합체(분자량 75kDa)인 두 번째 종류의 외가닥 DNA 결합 단백질을 분리하였다. 각각의 세균 세포는 약 800개의 결합 단백질을 갖고 있다. 세균의 결합 단백질도 협동적인 방법으로 외가닥 DNA에 결합 하지만 반응하는 방법이 조금 다르다. 실패의 주위를 실이 감싸는 것과 동일한 방법으로 외가닥 DNA가 하나 혹은 2개의 결합 단백질 사중합체의 중심부를 둘러싼다(**그림 4.17**).

다른 종류의 외가닥 DNA 결합단백질인 **복제단백질 A(replication protein A 혹은 RPA)**가 효모나 사람 같은 진핵 세포로부터 분리 되었다. 복제단백질 A는

(a) 낮은 농도의 SSB

(a) 높은 농도의 SSB

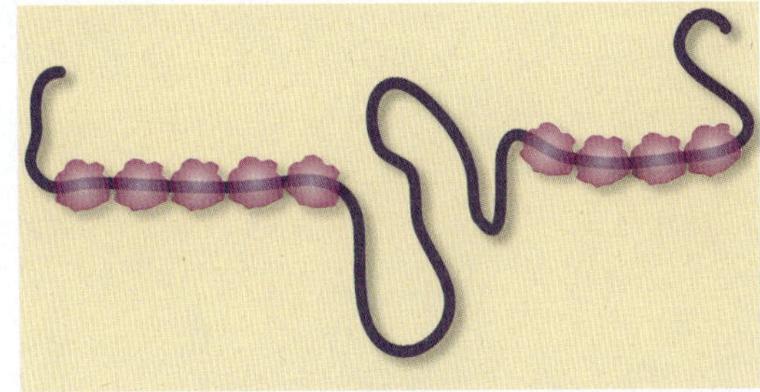

**그림 4.16** 외가닥 DNA 결합 단백질의 (a) 낮은 결합 단백질의 농도 (b) 높은 결합 단백질의 농도에서 DNA에 대한 협동적인 결합. Adapted from Kornberg, A., and Baker, T. A. *DNA Replication, 2/e.* W. H. Freeman and Company, 1991.

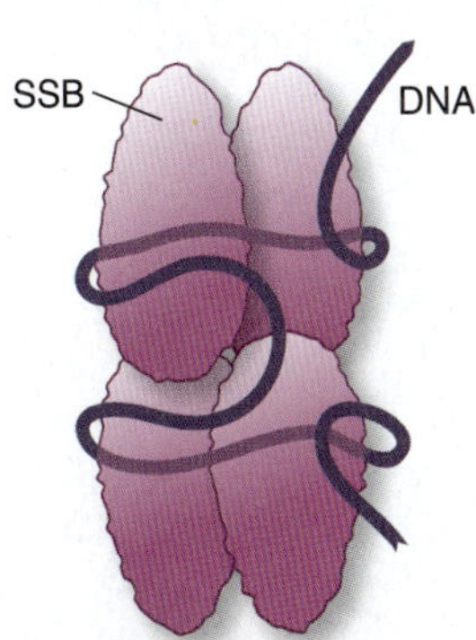


**그림 4.17** *E. coli* 외가닥 DNA 결합단백질 사중합체를 싸고 있는 외가닥 DNA. Adapted from Lohman, T. M., and Ferrari, M. E., *Annu. Rev. Biochem.* 63 (1994): 527-570.

70, 30, 그리고 14 kDa의 소단위로 구성된 이형삼합체이다. 70 kDa 소단위는 polypeptide 사슬 중간에 아미노산으로 형성된 지역에 DNA 결합 부위를 갖고 있다. 다른 진핵 세포로부터 유래된 DNA 결합 부위의 아미노산 서열은 유사하다. 어느 정도 서열의 유사성은 30 kDa 소단위 내에도 존재하지만 14 kDa 소단위에서는 훨씬 적게 관찰된다. 2개의 작은 소단위의 기능은 알려지지 않았지만 그들은 아마 복제 단백질 A가 DNA 복제, DNA 수선, 그리고 재조합에서의 역할을 수행하는 것을 도울 것이다.

## 4.8 위상이성질체와 DNA 회전효소(Topoismerases)

### 대부분의 세균과 많은 종류의 바이러스 DNA는 환형(circular)이다.

여태까지 우리는 선형 이중나선에 대해서만 관심을 쏟아왔다. 그러나 대부분의 원핵생물과 바이러스의 온전한 DNA 분자는 환형이다. 이전에 언급한 것처럼 커다란 DNA 분자는 분리 기간에 주로 부서지기 때문에 환형 DNA 분자의 존재를 오랫동안 깨닫지 못하였다.

1963년 호주에서 실험을 하던 John Cairns는 온전한 세균 DNA 분자의 첫 번째 영상을 얻기 위하여 방사선자동사진법을 이용하였다. 3중수소로 표지된 DNA는 β입자를 방출하며 여기에 영향 받은 사진 감광유제가 DNA의 상을 나타낸다는 장점을 이용하였다. Cairns는 *E. coli*를 DNA의 특별한 전구체인 [$^3$H]thymidine을 포함한 배지에서 배양하였고 세균의 세포벽을 파괴하기 위하여 라이소자임(계란 흰자효소)을 사용하고 세포막을 파괴하기 위하여 계면활성제를 포함한 혼합액으로 세포를 처리하여 세균으로부터 표지된 DNA가 배출되게 하였다. 배출된 DNA를 투석막에 모은 후 말려서 마른 막을 사진 감광유제로 싸고 β입자가 상을 만들 수 있도록 충분한 시간을 주기 위하여 두 달간 어둠 속에 저장하였다. 감광유제를 현상한 후에 나타나는 검은 점을 분석하여 *E. coli* DNA는 외형의 길이가 약 1 mm이며 세균 자신의 길이보다 약 1,000배가 긴 이중가닥 환형의 분자라는 것을 밝혔다.

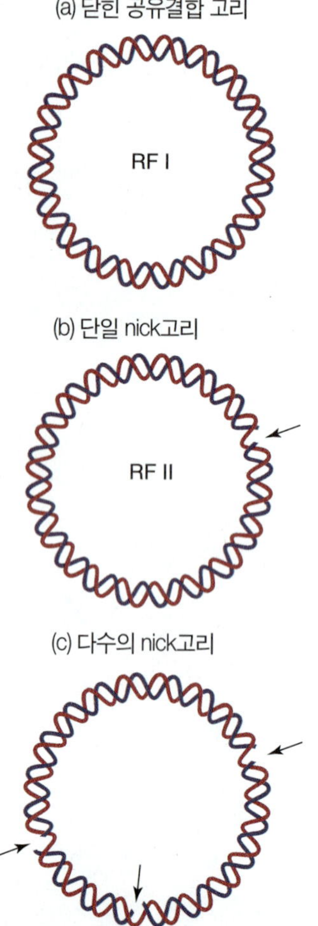


**그림 4.18 닫힌 공유결합 고리와 nick 고리.** 화살표는 nick 부위를 가리킨다. (a) 닫힌 공유결합 고리 (b) 단일 nick 고리 (c) 다수의 nick 고리

온전한 세균 DNA는 너무 길어서 실험관(*in virto*)에서 쉽게 연구 할 수 없다. 운좋게 실험실에서 공유결합형 닫힌 고리 DNA를 연구 할 수 있도록 손쉽게 사용가능한 대체물이 있다. 많은 세균은 커다란 염색체 DNA 분자 이외에 plasmid라고 하는 자율적으로 복제하는 작은 환형 DNA 분자를 몇 개 갖고 있다. Plasmid는 염색체의 0.1%에서 5% 정도의 크기이지만 염색체 DNA의 복제와는 어느 정도 무관하게 복제를 하여 한 세대에서 다음 세대로 전달이 된다. 우리는 plasmid에 관하여 다음 장에서 더 자세하게 배운다. 지금 우리는 plasmid가 실험실에서 피펫팅을 한다든가 다른 방법으로 조작 하였을 때 온전하게 남아 있을 정도로 크기가 작고 자율적으로 복제하는 이중가닥 DNA분자라는 것에 주의를 기울일 필요가 있다. 그러므로 그들은 환형 DNA 분자를 연구하는데 이상적인 물질이다.

## 환형 DNA 분자는 종종 superhelical 구조를 갖는다.

환형 분자는 2개의 끊어지지 않은 상보적인 가닥으로 된 닫힌 공유결합 고리이거나 혹은 1가닥 혹은 양쪽 가닥 모두에 하나 혹은 그 이상의 끊김(nicks)이 있는 **nick 고리(nicked circle)**일 것이다(그림 4.18). 관례에 의해서 닫힌 공유결합 환형 DNA(closed covalent circular DNA) 분자를 RFI(RF = 복제형태)이라고 부르며 하나의 nick을 갖고 있는 환형 DNA 분자를 RFII 라고 부른다. 약간의 예외는 있지만 그림 4.19에서 보는 것처럼 닫힌 공유결합 환형분자의 축은 교차 되거나 비틀어진다. 이러한 고리는 **superhelix 혹은 supercoil**라고 불리 운다. 동일한 염기 서열을 갖고 있으나 다른 정도의 supercoil을 갖고 있는 2개의 이중나선 환형 DNA 분자를 **위상이성체(topological isomer 혹은 topoisomer)**라고 한다. 우리는 처음에 위상이성체의 성질을 조사 할 것이고 다음으로 하나의 위상이성체를 다른 것으로 변환시키는 DNA 회전효소를 조사 할 것이다. 위상이성체를 인식하고 분리하는데 사용된 실제적인 방법은 5장에서 배울 것이다.

## Supercoiled DNA는 환형 DNA가 더 꼬이거나 덜 꼬인 결과로 생긴다.

하나의 선형 DNA 나선의 두 말단은 서로 만날 수 있고 가닥이 연속적인 것처럼 연결 될 수 있다. 만일 그러한 과정 중에 말단의 하나가 다른 말단에 대하여 꼬인 것을 360도 푼다면 이중나선의 풀어짐이 일어날 것이다. 말단이 연결 되었을 때 만일 수소결합이 재형성 된다면 결과적으로 생기는 공유 결합한 고리는 하나의 교차되는 지점 혹은 마디를 갖는 그림 8모양을 가질 것이다. 만일 선형 이중가닥이 연결 전에 720도

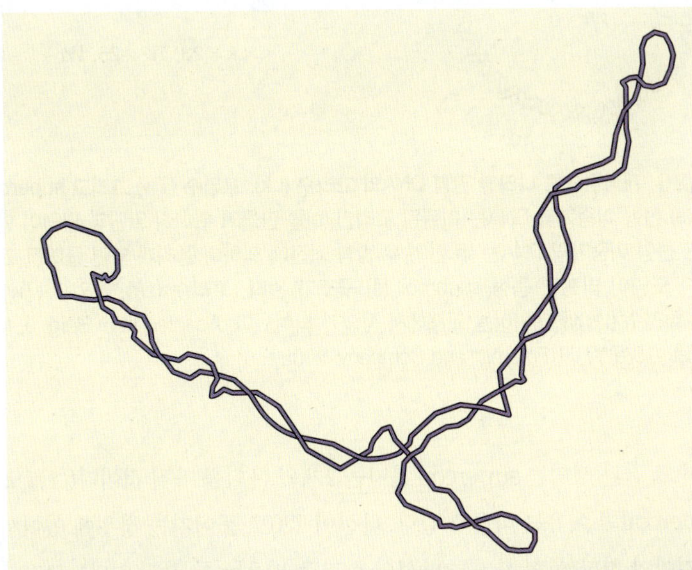

**그림 4.19 Supercoil DNA의 모형.** 닫힌 공유결합 고리를 형성하고 있는 이중가닥 DNA의 축은 supercoil을 만들기 위하여 교차 되거나 비틀어져 있다. 분자의 모양은 시간에 따라서 변화 한다. Photo courtesy of Alexander Vologodskii, New York University.

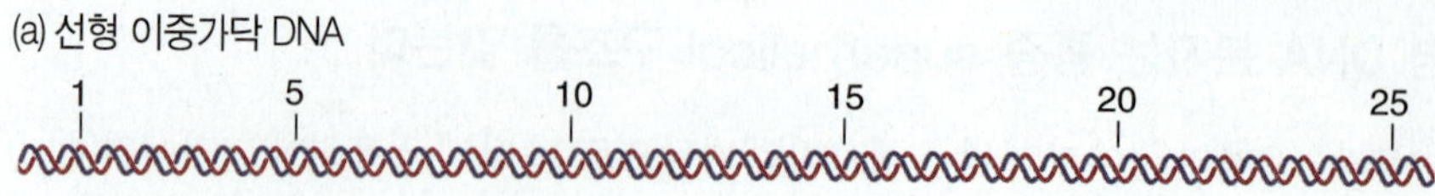


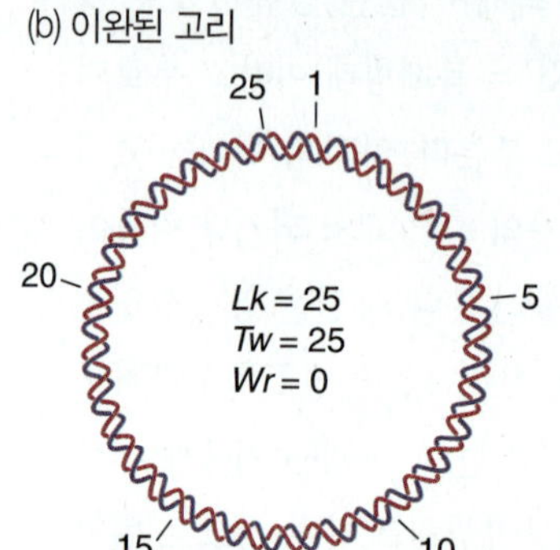


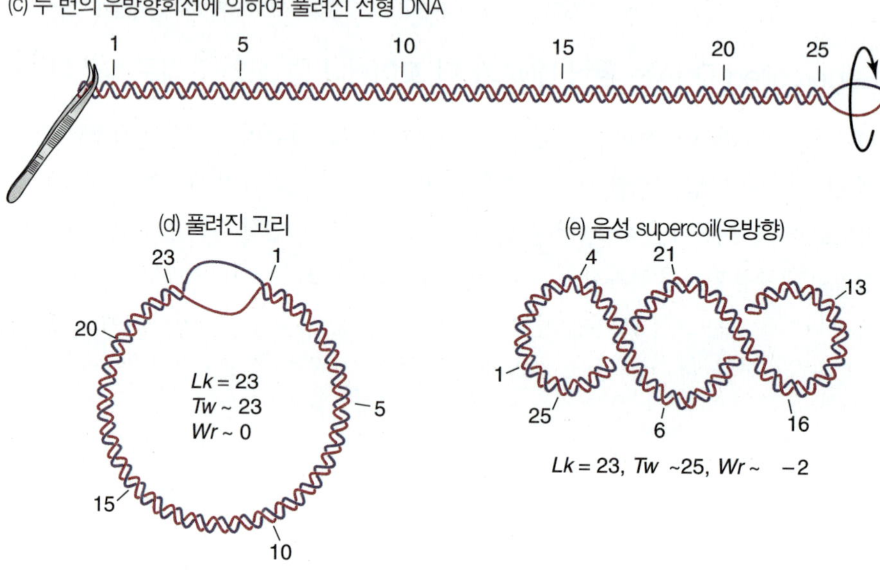


**그림 4.20 개략적으로 나타난 환형 DNA의 고리수 (Lk), 꼬임수 (*Tw*) 그리고 supercoil 회전수 (*Wr*).** (a) 선형 이중가닥 DNA는 이완된 고리인 (b)를 만들기 위하여 말단과 말단이 연결된다. (c) 동일한 선형 이중가닥 DNA는 두 번의 우 방향 회전에 의하여 풀리게 되면 풀어진 고리 (d)가 되고 다시 모양이 바뀌어 음성 supercoil (e) 구조가 된다. 고리수 (*Lk*), 꼬임수 (*Tw*) 그리고 supercoil 회전수 (*Wr*)에 대하여는 교재에서 정의가 되어있다. Adapted from Berg, J. M., et al. Biochemistry, 5/e. W. H. Freeman and Company, 2002.

풀린다면 그 결과 생기는 supercoil 분자는 2개의 마디를 가질 것이다(**그림 4.20**).

Supercoil의 이유는 다음과 같다. 나선이 720도 풀어지는 경우에 있어서 20 bp가 부서져야만 한다(선형 분자는 나선의 회전당 10.5 bp를 갖고 있다). 그러나 DNA 분자는 1회전에 약 10bp의 우회전 나선 구조를 유지하려는 경향이 있어 음성 supercoil 구조를 갖도록 자신을 변형시킨다(**그림 4.20**). 반면에 만일 초기 회전이 더 많은 꼬임을 야기 시킨다면 연결된 고리는 반대로 비틀어져 양성 supercoil 구조를 만들 것이다. 이완된 고리와 그리고 2개의 위상 이성질체(하나는 음성 supercoil이고 다른 것은 양성 supercoil)를 **그림 4.21**에서 볼 수 있다.

대부분 세균 DNA 분자는 덜 꼬여서 음성 supercoil 구조를 갖는다. 고온 선호성 고세균에 더 많은 꼬임이 존재하고 이러한 생명체로부터 분리된 DNA는 양성 supercoil 구조이다. 세균에서 supercoil DNA가 덜 꼬인 다는 것은 말단 연결 이전의 풀림 현상으로 생기는 것이 아니라 다음에 설명할 DNA gyrase라고 불리 우는 효소에 의하여 이미 존재하는 고리로 된다는 것이다. 진핵세포에서 덜 꼬인다는 것은 단백질 복합체 주위를 DNA가 두 번 감싸는 nucleosome이라고 불리 우는 구조의 형성에 기인 한다(6장 참조).

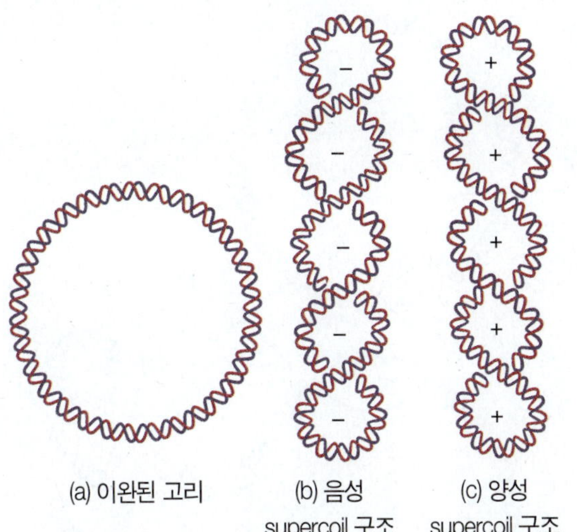


**그림 4.21 Supercoil 구조.** (a) 이완된 고리-나선의 축이 교차하지 않고 DNA 고리는 평면에 편평하게 놓여진다. (b) 음성 supercoil 구조-DNA 분자의 앞부분이 뒷부분을 오른쪽에서 왼쪽으로 교차한다. (c) 양성 supercoil 구조-DNA 분자의 앞부분이 뒷부분을 왼쪽에서 오른쪽으로 교차한다. Adapted from Schvartzman, J. B., and Stasiak, A., EMBO Reports 5 (2004): 256-261.

한 그림이 끊어지거나 찢어 지지 않고 단지 일그러질 때 기하학적 성질이 변하지 않는다는 것을 설명하는 수학 분야인 위상학이 supercoil 구조를 특징짓는 수량적인 방법을 제공한다. 위상학적 성질의 하나인 **고리수(Linking number, *Lk*)**는 환형 이중가닥 DNA가 가질 수 있는 위상학적인 형태를 묘사하는데 특별히 유용하다. *Lk*는 2개의 당 인산 골격이 서로 휘감고 있는 혹은 서로 "연결된" 수와 밀접한 관계가 있다. 이것은 나선을 형성하기 위하여 얼마나 자주 2개의 DNA가닥이 서로 꼬이는가 혹은 나선 축이 supercoil을 형성하기 위하여 그 자신에 관하여 얼마나 자주 비틀어져 있는가를 나타낸다.

위상학적인 성질로서 닫힌 공유결합 DNA에 대한 *Lk*는 DNA 가닥이 잘라지지 않는 한 변하지 않는다. 더욱이 *Lk*는 정수 이어야만 한다. 고리수는 **꼬임수(Twisting number, *Tw*)**와 **supercoil 회전수(Writhing number, *Wr*)**의 합이다.

$$Lk = Tw + Wr$$

꼬임수는 이중가닥 DNA의 전체 회전수로부터 결정된다. 알려진 크기의 단일 nick 고리에서 *Tw*의 값은 전체 염기쌍의 수를 1회전 당 존재하는 염기쌍의 수로 나눈 것이다. 그러므로 105 bp를 갖은 단일 nick 이중가닥 고리는 고리수가 10이 된다 (105 bp/10.5 bp). 단일 nick 고리에서 $LK = Tw$임을 주목하라. 단일 nick 고리에서 supercoil 회전수(나선의 축이 교차되는 수)는 0이다. 고리수와 다르게 꼬임수와 supercoil 회전수는 모두 정수일 필요가 없다.

표면에 납작하게 놓여 질 수 있는 이중가닥 고리에 대하여 *LK*는 1가닥이 다른 가닥 주위를 회전하는 수이다. 우회전 나선 지역에서 회전에 대한 그 값은 양이고 좌회전 나선 혹은 좌회전 부위에서는 음이다. 고리수는 양성 supercoil 구조와 음성 supercoil 구조를 구별하게 한다.

Supercoil DNA 분자가 가닥 중의 하나에 단 하나의 nick을 만들기 위하여 적은 양의 DNA 분해 효소로 처리 되었을 때 그 분자는 풀려서 **이완된 고리(relaxed circle**; 표면에 평평하게 놓여졌을 때 supercoil 회전이 없고 자연스러운 고리)를 만든다.

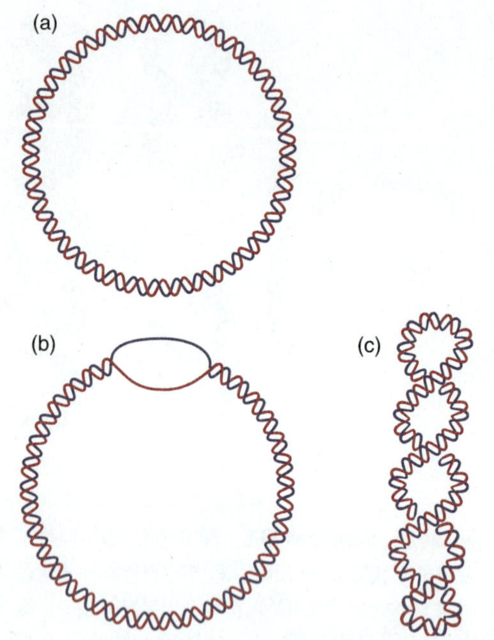


**그림 4.22 공유결합 고리의 다른 상태들.** (a) 36회전의 supercoil이 아닌 원형 DNA 및 이완된 DNA. (b) 단지 32 회전의 나선을 갖는 덜 감긴 공유결합 고리. (c) (b)의 일부분이며 덜 감기는 것을 제거하기 위하여 4회 비틀린 분자. 용액 내에서 (b)와 (c)는 평형 상태이다. 이러한 평형은 온도가 올라감에 따라서 (b)의 형태로 변화한다.

고리수는 (1) 1가닥이 잘라지거나 (2) 1가닥이 다른 가닥 주위로 회전하거나 (3) 재결합하는 일이 없으면 변화 할 수가 없다. 그러므로 고리수의 변화($\Delta Lk$)는 변화의 기작에 관한 정보를 제공한다. 예를 들어 우리들에게 supercoil에 영향을 주는 효소가 어떻게 그들의 역할을 수행하는가에 대한 실마리를 제공한다. 고리수의 변화는 다음과 같이 꼬임수와 supercoil 회전수의 변화와 관계가 있다.

$$\Delta Lk = \Delta Tw + \Delta Wr$$

그러므로 $Lk$의 감소는 덜 감기는 것과 음성 supercoil 구조의 합이고 증가는 더 감기는 것과 양성 supercoil 구조의 합을 반영한다.

DNA 분자가 supercoil 구조가 되는 정도는 주로 다음 식으로 표시되는 supercoil 정도(supercoiling density; σ)로 나타낸다:

$$\sigma = (Lk - Lk_0)/Lk_0$$

$Lk_0$은 이완된 환형 DNA 분자의 고리수이고 $Lk$는 supercoil DNA의 고리수이다. 대부분의 세균의 supercoil 정도는 약 –0.06 정도이다. 음의 값은 DNA 분자가 덜 감겨 음성 supercoil 구조인 것을 나타낸다.

## Supercoil 구조는 단일 가닥 지역을 가질 수 있다.

풀리는 힘에 대응하기 위하여 3가지 구조가 보여 질 수 있다. (1) 나선의 회전당 염기쌍의 수가 변한다. 열역학적인 이유에서 이것은 일어날 수 없다. (2) 덜 감기는 모든 것이 하나 혹은 그 이상의 단일가닥 지역을 가짐으로 상쇄 된다(**그림 4.22**). (3) 덜 감기는 것이 supercoil과 거품 지역(단일 가닥 지역) 사이에서 분배될 수 있다. DNA 분자는 수소 결합이 부서지고 재결합하는 역동적인 구조이기 때문에 실제 상황은 그림 4.22의(b)와(c)의 중간 형태인 대안 3이다. 어떤 순간에 supercoil 분자의 단일 가닥으로 된 부위는 nick 고리에서보다 더 크다. 쌍을 이루지 않고 거품을 형성하는 supercoil의 서열은 A • T 쌍이 90% 이상 이다. 우리가 뒤의 장에서 보는 것처럼 A • T가 많은 지역은 유전적인 재조합, DNA 복제, 그리고 RNA 합성과 같은 과정에서 중요한 역할을 한다.

## Topoismerase는 하나의 위상 이성질체에서 다른 것으로의 전환을 촉매 한다.

DNA 분자는 그들의 모든 실제적인 대사과정 단계에서 다양한 위상학적인 도전에 직면한다. 세균의 복제를 포함한 2가지 예가 그 점을 설명하는데 도움이 될 것이다. 세균 DNA분자는 복제기간에 풀려야만 한다. 그러나 이것이 닫힌 공유결합 고리이기 때문에 한지역이 풀린다는 것은 다른 지역의 많은 꼬임을 야기 시킨다. 결과적으로 생기는 비틀린 힘은 제거 되어야만 하고 그렇지 못하면 복제는 불가능하다. 두 번째 위상학적인 도전은 세균의 DNA 합성이 완전히 끝난 후에 2개의 딸 DNA 가닥이 서로 맞물린 고리를 형성하는 것이다. DNA 분자가 각각의 딸세포로 나뉘어 지기위하여 **연쇄체**(서로 맞물린 고리)가 분리되는 기작이 필요하다.

위 2가지 문제 외에 DNA가 꼬이거나, 비틀리거나, 얽히는 다양한 문제도 DNA 골격의 일시적인 절단에 의하여 해결될 수 있다. 이러한 일시적인 절단을 촉매하는 효소는 **DNA 회전 효소(topoisomerase)**라고 불리 우며 한 위상 이성질체를 다른 위상 이성질체로 전환 시킨다. DNA 회전효소는 그들이 DNA 위상학을 조정하여서 복제, 전사, 그리고 DNA를 포함한 다른 과정이 일어날 수 있도록 하기 때문에 세포의 생존에 필수적이다.

더더욱 DNA 회전효소는 항미생물 제재와 항암 제재로 사용되는 다양한 약들의 목표이기 때문에 실제적인 관심 꺼리이다. DNA 회전 효소는 DNA를 자르고 활성화 부위의 티로신이 잘라진 DNA에 인산디에스터 결합을 하는 일시적인 부가물을 형성함으로 작용 한다(**그림 4.23**).

이 효소들은 1가닥의 DNA와 일시적인 연결이 되는가 아니면 2가닥의 DNA와 연결되는가에 따라서 크게 2가지 종류로 나뉜다. I형 DNA 회전효소는 1 가닥과 일시적인 연결을 하고 II형 DNA 회전효소는 2가닥 모두와 일시적인 연결을 한다. 결과적으로 I형 DNA 회전효소는 한 번에 한 단위씩 고리수를 변화 시키고 II형 DNA 회전효소는 두 단위씩 변화 시킨다.

## 회전효소 I형에 속하는 효소들은 2개의 아형으로 나뉠 수 있다.

I형 회전효소는 2개의 아형인 IA형과 IB형으로 더 나뉠 수 있다. James Wang은 IA 아형의 첫 번째인 *E. coli*의 회전효소 I(분자량= 97 kDa)를 발견하였다. 이 효소는 발견된 첫 번째 회전효소로의 뚜렷한 특징을 갖고 있다. Wang의 발견 이후 두 번째 형의 IA 회전효소가 *E. coli*에서 발견 되었고 유사한 효소들이 세균와 진핵세포로부터 분리되고 특성이 밝혀졌다. IA형 회전효소의 정의된 특징은 활성화 부위의 티로신이 잘라지는 DNA 가닥의 5′-인산 말단과 일시적인 연결을 한다는 것이다(그림 4.23). 일반적으로 IA형 회전 효소는 이중가닥 DNA의 짧게 늘어진 부위를 녹이고 다음으로 녹여진 부위에 있는 가닥 중의 하나에 일시적인 절단을 야기 시킴으로 덜 감겨진 것(음성 supercoil 구조의 DNA)을 이완시킨다. 다음으로 잘라진 부위가 재봉합되기 전에 잘라지지 않은 가닥은 일시적으로 생긴 틈새를 통하여 자유롭게 움직인다. Supercoil DNA를 녹이는 IA형 효소의 능력은 DNA가 점점 이완 되면서 감소하기 시작하여서 반응이 계속 될수록 효소는 덜 효율적이 된다. 이러한 운동학적인 성질은 IA형 회전효소로 하여금 세균 세포내의 환형 DNA를 최상의 supercoil 정도로 유지하는데 도움이 되게 한다.

IA형 회전효소는 DNA가 이미 존재하는 단일 가닥 지역을 갖고 있지 않는 한 더 감긴 DNA(양성 supercoil 구조)를 변경 시키지 못한다. IA형 회전효소는 4가지의 위상학적인 변환을 촉매 한다. (**그림 4.24**): (1) 그들은 음성 supercoil DNA를

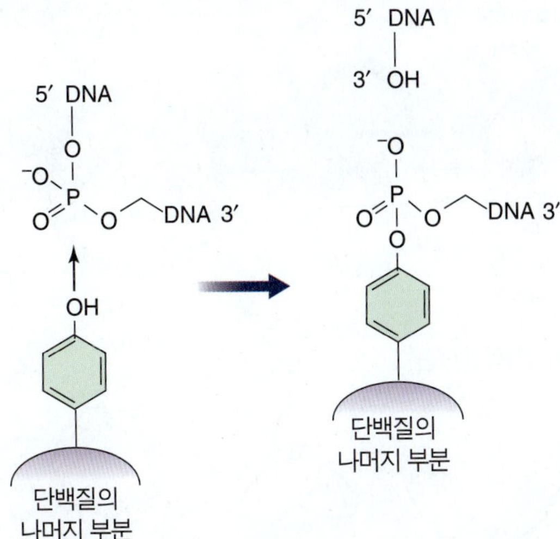


**그림 4.23 DNA 회전효소의 일시적인 DNA 절단 작용.** DNA의 인산디에스테르 결합을 파괴하고 효소-DNA의 공유결합 형성을 야기 시키는 효소의 tyrosine 잔기와 DNA 인산 그룹간에 일시적인 에스테르화반응. 인산 디에스터 결합은 그림에 있는 반응의 역에 의하여 재형성 될 수 있다. IA형과 II형의 DNA 회전효소는 3′-OH가 남아 있는 그룹이고 활성화 부위의 tyrosine과 5′-인산 그룹 간에 공유결합으로 연결이 되는 반응을 촉매 한다. IB형의 DNA 회전효소는 5′-OH가 남아 있는 그룹이고 활성화 부위의 tyrosine과 3′-인산 그룹 간에 공유결합으로 연결이 되는 반응을 촉매 한다. Adapted from Wang, J. C., *Nature Rev. Mol. Cell Biol.* 3 (2002): 430-440.

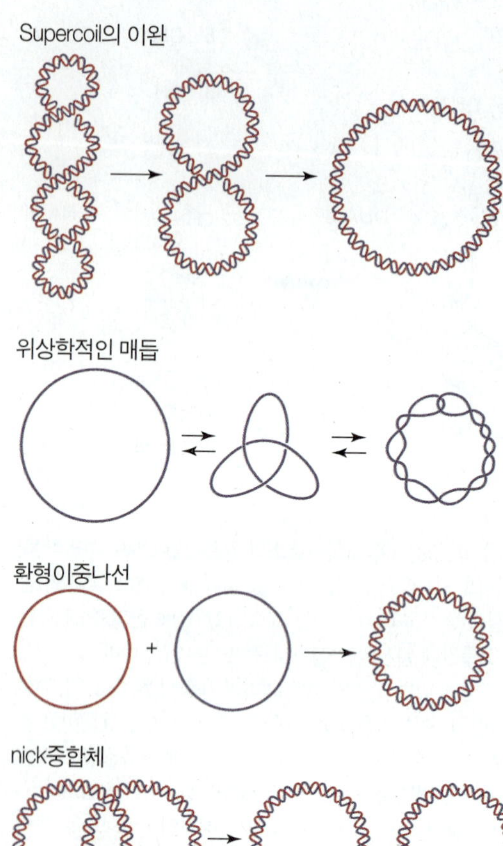


**그림 4.24** 회전효소 I에 의하여 촉매 된 4가지의 위상학적인 형태. Adapted from Kornberg, A., and Baker, T. A. *DNA Replication, 2/e*. W. H. Freeman and Company, 1991.

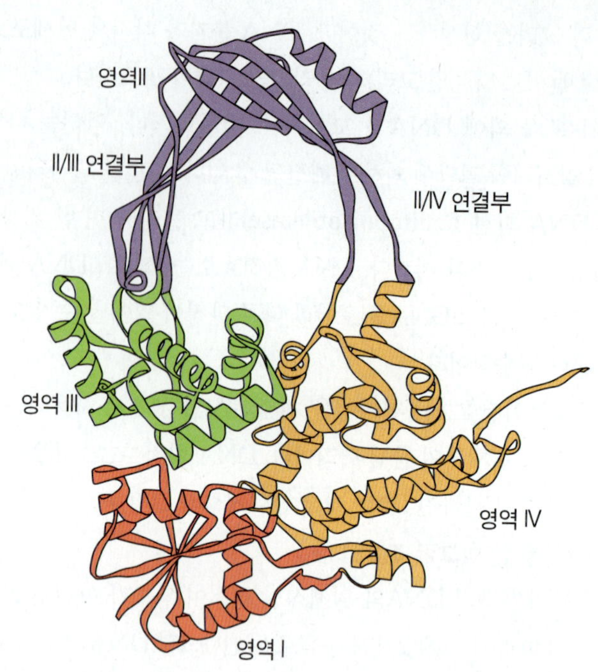


**그림 4.25** IA형 회전효소의 하나인 *E. coli* 회전효소 I. Adapted from Champoux, J. J., *Annu. Rev. Biochem.* 70 (2001): 369-413.

이완 시킨다. (2) 단일 가닥 DNA 고리를 매듭짓고 푼다. (3) 2개의 상보적인 단일 가닥 고리를 이중가닥 DNA 고리로 연결한다. (4) 최소한 하나의 nick을 갖는 이중가닥 고리를 연쇄체(서로 얽힌 고리)로 전환한다. 이들 전환의 어느 것도 ATP 같은 외부의 에너지의 첨가를 요구하지 않는다.

*E. coli* 회전효소 I의 N 말단 분절(잔기 2 - 590)의 결정학적인 구조가 결정되었다(**그림 4.25**). 분절은 단일 가닥이나 이중가닥 DNA 조각이나 모두를 에워 쌀 수 있을 만큼 충분한 직경 약 2.7nm의 중앙 구멍을 중심으로 4개의 영역으로 구성되어있다. 영역 I, III, IV는 구멍 바닥의 반을 둘러싸고 영역 I 는 상부에 아치를 형성한다. 구멍은 음 전하를 띄고 있는 DNA 골격과 우호적인 정전기적 관계를 갖는 염기성 아미노산으로 되어있다. 영역 II와 III은 나머지 단백질들과 경첩으로 연결 된 것처럼 행동하여 효소가 열리거나 닫힌 형태가 되게끔 한다. 활성화 부위의 일부분인 영역 III의 티로신-319는 잘라진 가닥의 5′-말단과 일시적인 인산디에스터 결합을 한다. 구조적이고 운동학적인 정보를 기본으로 Wang과 동료들은 어떻게 *E.coli*의 회전효소 I과 다른 IA형 회전효소가 작용하는가를 설명하기 위하여 **그림 4.26**에서 볼 수 있는 기작을 제안하였다. 이 기작에 따르면 효소는 단일 가닥 내에 다른 단일 가닥이나 혹은 이중가닥이 통과 할 수 있는 일시적인 문을 만들어서 작용을 한다. 회전효소 I이 작용하는 위상 이성질체는 supercoil 구조이기 때문에 그들은 이완된 형태보다 더 많은 에너지를 갖고 있다. 이러한 에너지의 차이는 이 반응이 이완된 형태 쪽으로 가게끔 한다.

회전효소 IB 아형의 구성원들은 양성 그리고 음성 supercoil 구조 모두를 이완

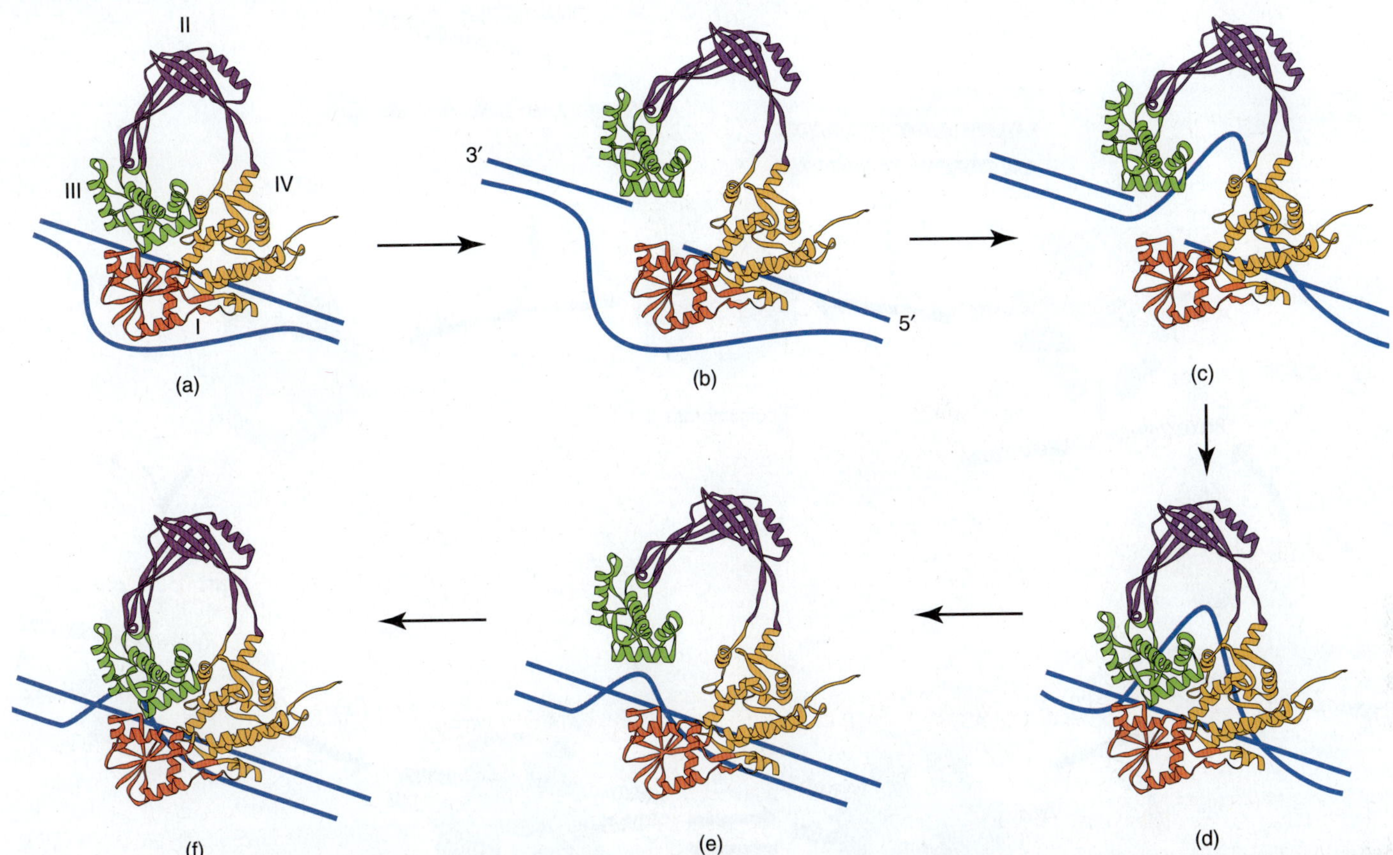


**그림 4.26** ***E. coli* 회전효소 I에 의한 제안된 이완 기작.** 이 개략적인 그림은 음성 supercoil plasmid DNA에서 한 회전을 이완 시키는 동안 발생한다고 제안된 여러 단계의 과정을 보여준다. DNA의 2가닥은 푸른색으로 보여 진다. 4개의 영역을 나타내기 위하여 패널 a에서 사용된 색은 그림 4.25에서 사용 된 것과 동일하다. 패널 b에서 잘려질 가닥은 커다란 틈 근처의 회전효소 면과 결합을 하며 극성이 표시되어있다. 단순하게 보여주기 위해 열려진 문을 통하여 지나가는 온전한 가닥의 길이가 과장되었다. 활성부위 Tyr 319와의 반응은 묘사되지 않았다. 회전효소의 형태는 닫힌 형 (패널 a, d, f) 과 중앙 구멍을 통하여 DNA가 들어갈 수 있는 열린 형 (패널 b, c, e)간에 변동이 되는 것으로 묘사되었다. 열린 형의 형태는 그림 4. 25에서 보는 것처럼 II/III과 II/IV 경첩 모두에서 움직일 수 있도록 모형이 만들어 졌다. 동일한 기작이 탈연쇄체화 (얽힌 고리 풀기) 혹은 이 그림의 온전한 가닥을 다른 분자 혹은 동일 분자의 다른 부위에서 유래한 DNA 분절로 대치하는 매듭짓기에도 적용 될 수 있다. Adapted from Champoux, J. J., Annu. Rev. Biochem. 70 (2001): 369-413.

시키며 이완은 완결된다. IB형 회전효소의 정의된 특성은 활성 부위의 티로신이 잘라진 가닥 말단의 3′-인산과 결합을 하여 DNA와 일시적으로 공유 결합된 중간체를 형성한다는 것이다. 일시적인 틈새 옆에 있는 DNA 분절은 온전한 가닥에 있는 단일 결합들 주위를 회전하면서 자유롭게 회전을 할 수 있다.

## II형 DNA 회전효소는 한 위상이성질체를 다른 것으로 전환시키는 데 ATP를 필요로 한다.

II 형 DNA 회전효소는 다른 이중가닥을 통한 하나의 온전한 이중가닥 DNA 분자의 ATP 의존성 운반을 촉매 한다. IIA 아형과 IIB 아형은 유사한 형태의 반응을 촉매하는 것처럼 보이나 다른 구조를 갖고 있다. 포유류 회전효소 II와 세균의 DNA gyrase를 포함하여 1998년까지 발견된 효소는 모두 IIA 아형에 속하였다.

진핵세포의 회전효소 II는 그 내부에서 활성 부위 tyrosyl 잔기와 틈이 생긴

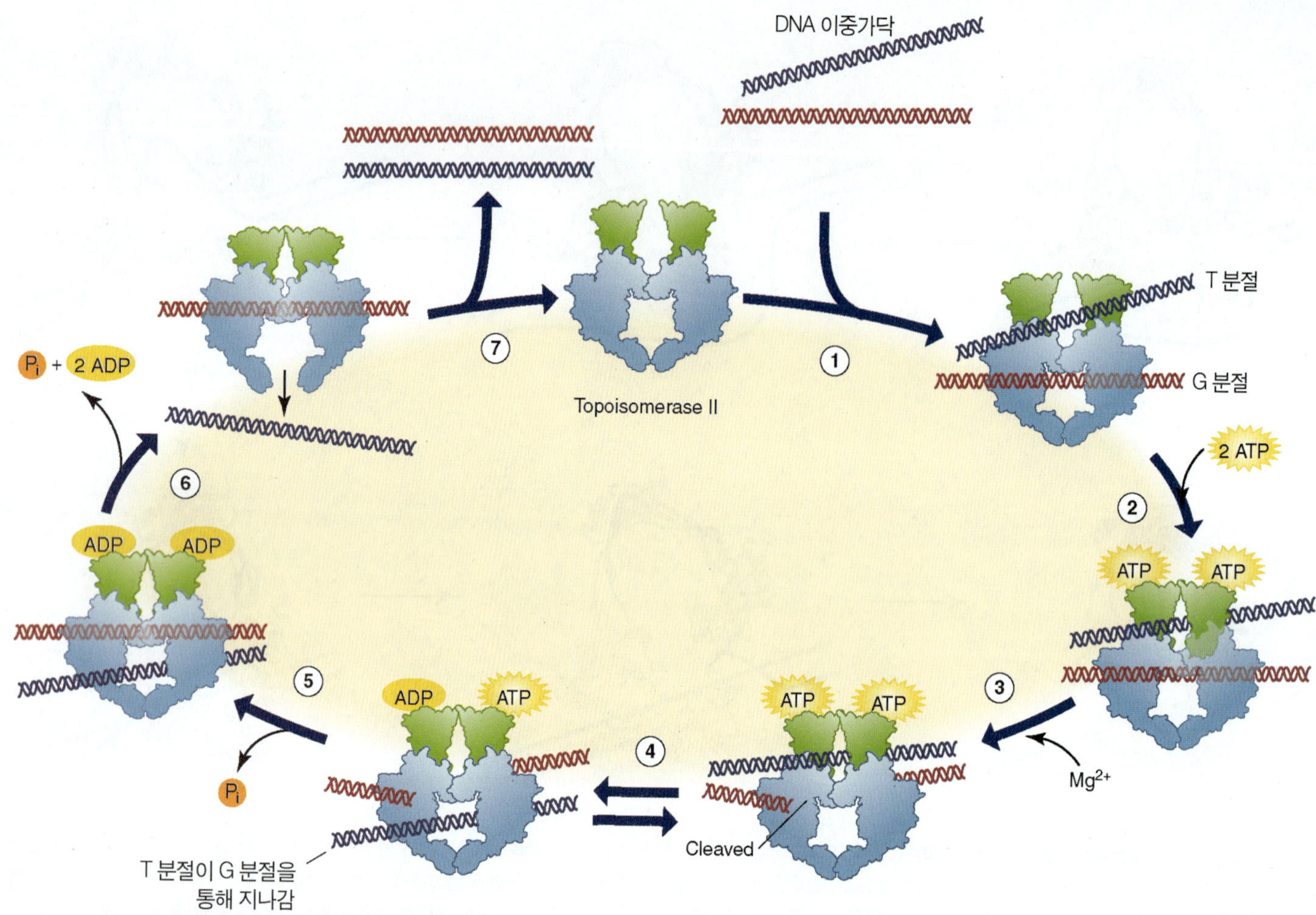


**그림 4.27 DNA 회전효소 II의 촉매적 순환에 대한 제안된 기작.** 회전효소 II의 ATP 가수분해효소 부위와 핵심 영역은 각각 초록과 연한 푸른색으로 표시되었다. (단계 1) 촉매적 순환은 회전효소가 2가닥의 DNA 분절에 결합 할 때 시작되며 이 DNA 분절은 문 분절 혹은 G 분절(붉은색)과 운반 분절 혹은 T 분절 (진한 푸른색)로 명명 되었다. (단계 2) ATP 분자가 ATP 가수분해효소 영역에 결합을 하여 영역들이 연관을 맺게 된다. (단계 3) G 분절이 잘라진다. (단계 4) T 분절이 G 분절에 있는 틈을 통하여 이동하면서 동시에 하나의 ATP 분자를 가수분해 한다. (단계 5) G 분절이 재결합 되고 남아 있는 ATP 분자가 가수분해 된다. (단계 6) 2개의 ADP 분자가 떨어져 나간 후에 T 분절은 핵심 영역의 통로를 통하여 운반된다. (단계 7) 핵심 영역의 출구는 닫히고 ATP 가수분해 효소가 분리되면서 효소를 DNA로부터 분리시킨다. Adapted from Larsen, A. K., et al., *Pharmacol. Ther.* 2 (2003): 167-181.

DNA가 결합하는 분자적 집게처럼 활동한다. ATP 결합과 가수 분해는 각각 집게가 열리고 닫히는 것이 일어나게 한다. II형 회전효소의 2 gate 기작이 **그림 4.27**에 묘사되었다. 효소는 활성 부위의 tyrosine과 잘려지는 DNA의 5′-말단과의 사이에 인산 단일에스터 결합이 동시에 생기게 하면서 엇갈리는 일시적인 절단을 이중가닥 DNA 분자의 양 가닥에 만든다. 다음에 회전효소가 잘려진 이중나선 DNA의 두 말단을 떨어지게 하여 DNA 내에 통로를 만들 수 있도록 효소는 형태적인 변화를 일으킨다.

통로를 포함하는 DNA 지역은 문이 있는 DNA(gated DNA 또는 G-분절 DNA)라고 불리 운다. 동일 분자나 혹은 다른 분자로부터의 이중나선 DNA의 두 번째 지역은 열린 DNA 문을 통하여 지나간다.

*E. coli*는 두 종류의 IIA 회전효소를 갖고 있다. 이중의 하나는 DNA gyrase라고 불리 우는데 ATP의 존재 하에 음성 supercoil 구조를 공유결합된 폐환형 DNA로 바꾸는 독특한 촉매 능력이 있다. DNA gyrase는 *E. coli*의 생존에 필수적이다. 세균 DNA gyrase는 DNA 가닥이 gyrase를 감싼다는 점을 제외하고는 사람의 회전효소 II와 유사한 방법으로 작용한다. 고세균은 양성 supercoil 구조를 DNA로 바꾸는 뚜렷한 역 회전효소를 갖고 있다. 이러한 효소가 필요한 이유는 아직 명확하지 않으나 아마 높은 온도에서 복제가 일어 날 때 DNA를 안정화 시키는데 필요 할 것이다. 다음 장에서 우리는 어떻게 회전효소, 외가닥 DNA 결합 단백질, 그리고 DNA 풀기효소가 전사 뿐 아니라 DNA의 복제, 수선, 재조합에 참여하는가를 볼 것이다.

## 권장 도서

### 일반


Bloomfield, V. A., Crothers, D. M., and Tinoco, I. Jr. 2000. *Nucleic Acids: Structures, Properties and Functions*. Herndon, VA: University Science Books.

Calladine, C. R., and Drew, H. R. 1997. *Understanding* DNA, 2nd ed. San Diego, CA: Academic Press.

Sinden, R. R. 1994. *DNA Structure and Function*. San Diego, CA: Academic Press.


### DNA Conformation


Dickerson, R. E. 1992. DNA structures from A to Z. *Methods Enzymol* 211:67-111.

Dickerson, R. E., and Ng, H. L. 2001. DNA structure from A to B. Proc *Natl Acad Sci USA* 98:6986-6988.

Gagna, C. E., Kuo, H., and Lambert, W. C. 1999. Terminal differentiation and lefthanded Z-DNA: a review. *Cell Biol Int* 23:1-5.

Harvey, S. C., Diakic, M., Griffith, J., et al. 1995. What is the basis of sequence-directed curvature in DNAs containing A tracts? *J Biomol Struct Dyn* 13:301-307.

Herbert, A., and Rich, A. 1999. Left-handed Z-DNA: structure and function. *Genetica* 106:37-47.

Potaman, V. N., and Sinden, R. R. 2005. DNA: Alternative conformations and biology. In: *DNA Conformation and Transcription*, T. Ohyama, ed., pp. 1-16. New York: Springer-Verlag.

Rich, A. 2003. The helix: A tale of two puckers. *Nat Struct Biol* 10:247-249.

Rich, A., and Zhang, S. 2003. Timeline: Z-DNA: the long road to biological function. *Nat Rev Genet* 4:566-572.

Ussery, D. W. 2002. DNA Structure: A-, B- and Z-DNA helix families. In: *Encyclopedia of Life Sciences*. pp. 1-6. London, UK: Nature Publishing Co.


### DNA Denaturation and Renaturation


Doty, P. 2003. DNA and RNA forty years ago. *J Biomol Struct and Dyn* 21: 311-316.

Kool, E. T. 2001. Hydrogen bonding, base stacking, and steric effects in DNA replication. *Ann Rev Biophys Biomol Struct* 30:1-22.

Kool, E. T., Morales, J. C., and Guckian, K. M. 2000. Mimicking the structure and function of DNA: insights into DNA stability and replication. *Angew Chem Int Ed* 39:990-1009.

Marmur, J., and Doty, P. 1961. Thermal renaturation of deoxyribonucleic acids. *J Mol Biol* 3:585-594.

Marmur J., and Doty, P. 1962. Determination of the base composition of deoxyribonucleic acid from its thermal denaturation temperature. *J Mol Biol* 5:109-118.

Thomas, R. 1993. The denaturation of DNA. *Gene* 135:77-79.

Wetmur, J. G. 1976. Hybridization and renaturation kinetics of nucleic acids. *Ann Rev Biophys Bioeng* 5:337-361.

## Helicases

Arnold, D. A., and Kowalczykowski, S. C. 2001. RecBCD Helicase/Nuclease. In: *Encyclopedia of Life Sciences*. pp. 1-6. London, UK: Nature Publishing Co.

Bird, L. E., Subramanya, H. S., and Wigley, D. B. 1998. Helicases: a unifying structural theme? *Curr Opin Struct Biol* 8:14-18.

Caruthers, J. M., and McKay, D. B. 2002. Helicase structure and mechanism. *Curr Opin Struct Biol* 12:123-133.

Egelman, E. 2001. DNA helicases. In: *Encyclopedia of Life Sciences*. pp. 1-5. London, UK: Nature Publishing Co.

Frick, D. N. 2003. Helicases as antiviral drug targets. *Drug News Perspect* 16:355-362.

Lebowitz, J. 1990. Through the looking glass: the discovery of supercoiled DNA. *Trends Biochem Sci* 15:202-207.

Lohman, T. M., and Bjornson K. P. 1996. Mechanisms of helicase-catalyzed DNA unwinding. *Ann Rev Biochem* 65:169-214.

Matson, S. W., Bean, D. W., and George, J. W. 1994. DNA helicases: enzymes with essential roles in all aspects of DNA metabolism. *BioEssays* 16:13-22.

Nakura, J., Ye, L., Morishima, A., et al. 2000. Helicases and aging. *Cell Mol Life Sci* 57:716-730.

Opresko, P. L., Cheng, W-H., and Bohr, V. A. 2004. Junction of RecQ helicase biochemistry and human disease. *J Biol Chem* 279:18099-18102.

Oshima, J. 2000. The Werner syndrome protein: an update. *Bioessays* 22:894-901.

Patel, S. S., and Picha, K. M. 2000. Structure and function of hexameric helicases. *Ann Rev Biochem* 69:651-697.

Soultanas, P., and Wigley, D. B. 2001. Unwinding the 'Gordian knot' of helicase action. *Trends Biochem Sci* 26:47-54.

Tuteja, N., and Tuteja, R. 2004. Prokaryotic and eukaryotic DNA helicases essential molecular motor proteins for cellular machinery. *Eur J Biochem* 271:1835-1848.

von Hippel, P. H. and Delagoutte, E. 2001. A general model for nucleic acid helicases and their "coupling" within macromolecular machines. *Cell* 104:177-190.

## Single-Stranded DNA Binding Proteins

Alberts, B. M., and Frey, L. 1970. T4 bacteriophage gene 32: a structural protein in the replication and recombination of DNA. *Nature* 227:1313-1318.

Bochkarev A., and Bochkareva, E. 2004. From RPA to BRCA2: lessons from single stranded DNA binding by the OB-fold. *Curr Opin Struct Biol* 14:36-42.

Iftode, C., Daniely, Y, and Borowiec, J. A. 1999. Replication protein A (RPA): the eukaryotic SSB. *Crit Rev Biochem Molec Biol* 34:141-180.

Lohman, T. M., and Ferrari, M. E. 1994. *Escherichia coli* single-stranded DNA binding protein: multiple DNA-binding modes and cooperativities. *Ann Rev Biochem* 63:527-570.

Raghunathan, S., Kozlov, A., Lohman, T., and Waksman, G. 2000. Structure of the DNA binding domain of *E. coli* SSB bound to ssDNA. *Nat Struct Biol* 7:648-652.

Shamoo, Y. 2002. Single-stranded DNA-binding proteins. In: *Encyclopedia of Life Sciences*. pp. 1-7. London, UK: Nature Publishing Co.

Wold, M. S. 2001. Eukaryotic replication protein A. In: *Encyclopedia of Life Sciences*. pp. 1-7. London, UK: Nature Publishing Co.

## Topoisomers and Topoisomerases

Bates, A. D., and Maxwell, A. 1993. *DNA Topology*. Washington, DC: IRL Press.

Bates, A. D. 2001. Topoisomerases. In: *Encyclopedia of Life Sciences*. pp. 1-9. London, UK: Nature Publishing Co.

Bauer, W. R., Crick, F. H. C., and White, J. H. 1980. Supercoiled DNA. *Sci Am* 243:100-113.

Berger, J. M. 1998. Structure of DNA topoisomerases. *Biochim Biophys Acta* 1400:3-18.

Bowater, R. P. 2002. Supercoiled DNA structure. In: *Encyclopedia of Life Sciences*. pp. 1-9. London, UK: Nature Publishing Co.

Changela, A., Perry, K., Taneja, B., and Mondragon, A. 2002. DNA manipulators: caught in the act. *Curr Opin Struct Biol* 13:15-22.

Corbett, K. D., and Berger, J. M. 2004. Structure, molecular mechanisms, and evolutionary relationships in DNA topoisomerases. *Ann Rev Biophys Biomol Struct* 33:95-118.

Gregory, R. I., and Shikhattar, R. 2004. Chromatin modifiers and carcinogenesis. *Trends Cell Biol* 14:695-702.

Hardy, C. D., Crisona, N. J., Stone, M. D., and Cozzarelli, N. R. 2004. Disentangling DNA during replication: a tale of two strands. *Phil Trans Royal Soc London B* 359:39-47.

Huang, W. M. 1996. Bacterial diversity based on type II DNA topoisomerase genes. *Ann Rev Genet* 30:79-107.

Larsen, A. K., Escargueil, A. E., and Skaldanowski, A. 2003. Catalytic topoisomerase II inhibitors in cancer therapy. *Pharmacol Ther* 99:167-181.

Mirkin, S. M. 2002. DNA topology: fundamentals. In: *Encyclopedia of Life Sciences*. pp. 1-11. London, UK: Nature Publishing Co.

Wang, J. C. 1996. DNA topoisomerases. *Ann Rev Biochem* 65:635-692.

Wang, J. C. 2002. Cellular roles of DNA topoisomerases: a molecular perspective. Nat *Rev Mol Cell Biol* 3:430-440.

이 책은 스스로 분자생물학을 공부하는 데 도움이 되도록 고안된 복습 자료와 이 장에서 설명한 주제들에 대한 보다 상세한 정보와 연결된 다양한 자원을 포함하고 있는 **웹사이트, http://biology.jbpub.com/book/molecular**를 가지고 있다.

# 5 핵산기술

## 주제 개요

### 5.1 핵산분리

DNA 분리 방법은 DNA분리를 시도하는 해당 유기체에 알맞게 조절되어야 한다.

RNA는 분리하는 동안 분해되는 것을 막기 위해 상당히 주의해야 한다.

여러 가지 물리적 기술이 거대분자 연구에 사용된다.

### 5.2 전자현미경

전자현미경을 이용해 거대분자를 볼 수 있다.

### 5.3 원심분리 기술

침전속도 차이로 거대분자를 분리할 수 있으며, 거대분자의 크기와 형태에 대한 정보를 제공할 수 있다.

평형밀도구배원심법은 밀도에 따라서 입자들을 분리 한다.

### 5.4 Gel 전기영동

Gel 전기영동은 전기적 영역에서 이동 속도 차이에 의해 전하를 띄는 고분자를 분리한다.

Gel 전기영동은 단백질을 구분하고 polypeptide의 분자량을 결정하기 위해서 사용되어 질 수 있다.

Pulse-field 전기영동 방법으로 매우 큰 DNA분자를 분리할 수 있다.

### 5.5 핵산분해효소와 제한효소 지도

핵산분해효소는 DNA 연구에서 유용한 도구이다.

특정한 nucleotide 서열을 자르는 제한효소는 DNA 분석에 매우 유용한 도구이다.

제한효소는 DNA분자의 제한효소지도 작성에 이용될 수 있다.

### 5.6 재조합 DNA 기술

DNA 절편은 plasmid DNA 벡터에 삽입될 수 있다.

Southern blotting은 특정 DNA 절편을 탐지하는데 이용된다..

Northern과 Western blotting은 각각 특정 RNA와 polypeptide를 탐지하는데 사용된다.

DNA 중합효소 I은 3′ → 5′ 및 5′ → 3′ 핵산말단가수분해효소 기능도 갖춘 다기능 효소로서 DNA labeling에 사용된다.

DNA 중합효소 I은 DNA 단일가닥 절단부위(nick)에서 DNA를 합성할 수 있다.

중합효소 연쇄반응(polymerase chain reaction)은 DNA를 증폭하는데 사용된다.

Site-directed mutagenesis는 유전자내에 특정 염기의 변화를 일으키도록 사용된다.

Frederick Sanger가 DNA 서열분석을 위해 dideoxynucleotide 방법을 고안하였다.

역전사효소는 RNA분자를 주형으로 사용하여 DNA를 합성할 수 있다.

DNA 칩은 mRNA합성을 분석하고, 특정 DNA 서열을 찾거나, DNA 서열에서 하나의 nucleotide의 차이를 찾을 때 사용한다.

### 권장 도서

분자 생물학자들은 핵산의 특성을 나타내고 변형시키는데 있어서 물리적인 기술과 효소촉매반응을 이용한다. 이러한 기술은 매우 널리 이용되어서, 많은 것들은 다른 생명과학 분야에서도 접할 수 있다. 5장의 처음 부분에서는 핵산을 분리하고 그 특성을 알아내는 물리적인 기술에 대하여 조사한다. 두 번째 부분에서는 실험실에서 DNA를 조작하는 효소를 이용하는 기술들에 대해서 고찰한다. 물론, 이러한 효소들은 세포에서 중요한 생물적 기능을 가지고 있다. 그러나 일단 우리는 실험실에서 DNA를 복제하거나, 서열을 결정하거나, 절단하거나 또는 변형하는 촉진인자로 이러한 효소들을 사용하는 것에 대해 주목하고 있다. 효소의 생물적 기능에 대해서는 뒤에 나오는 장들에서 생각해보자.

## 5.1 핵산분리

### DNA 분리 방법은 DNA분리를 시도하는 해당 유기체에 알맞게 조절되어야 한다.

DNA 분리는 많은 실험들에서 필수적인 단계이다. 모든 과정들에서 공통적인 특징은, 세포나 바이러스가 우선 부서지고, 그 후 DNA는 단백질, RNA, 지방, 탄수화물 분자 같은 다른 구성요소들로부터 분리된다. 일단 DNA가 세포나 바이러스로부터 분리되어 나오면, 용액을 격렬하게 휘젓는 등 조작 과정에서 DNA가 손상을 입지 않도록 주의해야 한다.

유기체의 구조와 구성은 다양하기 때문에, DNA를 분리하는데 쓰이는 어느 특정한 절차는 DNA를 뽑아내는 유기체에 맞추어져야 한다. 이러한 기술은 DNA가 어떻게 감싸져 있는지와 DNA 건조 무게의 비율에(복잡한 포유류 세포의 경우 1%에서, 세균 바이러스의 경우 50%까지 다양하다) 따라서 달라진다. 5가지의 기본적인 방법들은 다음과 같다.

1. *세균 바이러스.* 가장 간단한 방법은 세균 바이러스에 적용된다. 바이러스 입자들의 수용액을 물에 섞이지 않는 페놀과 함께 진탕한다. 소량의 페놀은 수용액층에 들어가, 단백질 막을 부수고, 각각의 단백질 분자들을 변성시킨다(페놀의 작용을 돕기 위해 가끔씩 chloloform과 isoamyl alcohol을 첨가하기도 한다). 변성된 단백질 대부분은 페놀 층에 들어가거나, 또는 페놀과 물의 중간층에 침전된다. DNA를 포함하고 있는 수용액 층을 페놀층으로부터 조심스럽게 분리하고 분리한 수용액층에 DNA를 침전시키기 위해 에탄올을 첨가한다. 원심분리에 의해서 모아진 DNA는 필요한 구성성분을 가진 수성 용매에 녹여진다.
2. *세균.* 세균 세포의 내용물은 *Bacillus subtilis*같은 그람양성 세균 처럼 세포막과 세포벽을 이루는 여러 겹의 세포 외피에, *Escherichia coli* 같은 그람음성 세균에서는 외막에 둘러싸여 있다(7장). 세포외피는 페놀에 노출되는 것으

로는 간단히 제거 될 수 없으나, 세포벽을 분해하는 lysozyme과 세포막을 파괴하는 몇몇 다른 용제(가장 많이 알려진 것으로는 도데실황산나트륨 [SDS; $CH_3(CH_2)_{11}OSO_3^-Na^+$]) 중 하나를 세포현탁액에 연속적으로 처리함으로 분해시킬 수 있다. 이러한 처리 결과 세포의 내용물이 방출된다. 이때 RNA는 ribonuclease에 의한 분해 작용으로 제거되며, 단백질은 효소와 페놀에 의해서 제거된다. 또한 DNA는 에탄올에 의한 침전에 의해 확보된다.

3. *Plasmid.* Plasmid는 자가복제가 가능한 작은 DNA분자로 먼저 세균을 lysozyme으로 처리한 후 이를 SDS-수산화나트륨 용액에 섞었을 때 세균에서 용출된다. Lysozyme은 세포벽을 분해하고 SDS-수산화나트륨 용제는 세포막을 파괴시킨다. 수산화나트륨은 RNA를 자르고 또한 세균 DNA 절편을 2개의 가닥으로 분리시킨다. 그러나 공유 결합한 원형의 plasmid DNA분자들은 서로 엉킨 형태로 유지된다. 추출물을 중화시키기 위해 산이 첨가될 때, 엉켜있던 plasmid DNA가 다시 감기게 되지만 세균 DNA는 변성된 단백질과 같이 원심분리에 의해 제거되는 불용성 덩어리를 형성한다. 용해된 plasmid DNA는 에탄올을 첨가함으로 침전되고, 원심분리를 통해 모은 후 수용성 완충용액에 다시 용해시킨다.
4. *효모와 곰팡이.* 이들 세포는 lysozyme에 분해되지 않지만, 다른 효소(달팽이로부터 추출되는 셀룰라제 같은)에 의해서 세포벽이 분해된다. 이 과정후의 과정들은 세균에서 사용되는 방법과 유사하다.
5. *고등 진핵생물.* 동식물 세포는 단백질에 대한 DNA의 비율이 낮다. DNA를 직접 정제할 경우, 기술적인 이유로 상당양의 DNA 손실이 발생한다. 이 문제를 최소화시키기 위해서 보통 핵을 먼저 분리해 낸다. 이 과정은 단백질에 대한 DNA의 비율을 높여주고 미토콘드리아 DNA와 엽록체 DNA에 의한 핵 DNA의 오염을 줄여준다. 핵은 쉽게 깨지며 RNA와 단백질 분자를 분해하기 위해 효소처리를 한 다음, DNA 침전을 위해 에탄올을 첨가한다.

## RNA는 분리하는 동안 분해되는 것을 막기 위해 상당히 주의해야 한다.

RNA를 분리할 때 가장 주의해야 할 점 중 하나가 분리 과정동안 방출된 ribonuclease에 의해 RNA가 분해되는 것이다. 이 문제에 대한 1가지 방안은 액체 질소로 세포를 얼려, 액체질소가 있는 막자사발에 옮긴 후, 막자로 세포를 가는 것이다. 가루로 빻아진 세포들은 guanidinium thiocyanate와 페놀을 포함하고 있는 용해 시약과 현탁 시킨다. 이 용해 시약은 ribonuclease를 포함한 단백질들을 변성하고, 핵-단백질 복합체를 따로 떨어지게 하며, 처리되지 않았던 세포를 용해시킨다.

상온에서 몇 분 배양 후, chloloform을 첨가하고 원심분리하면 용액의 층이 분리된다. RNA를 포함하는 위쪽의 수용성층을 깨끗한 튜브로 옮긴 후 에탄올 또는 이

소프로판올을 첨가한다. RNA는 용액에서 침전되는데, 이를 원심분리에 의해 모으며, 알코올로 씻은 후, 수성 완충용액에서 녹인다.

### 여러 가지 물리적 기술이 거대분자 연구에 사용된다.

거대분자 연구에 사용되는 몇몇의 물리적 기술들은 폭 넓게 활용된다. 이러한 기술 중 4가지(전자현미경, 침전속도, 평형원심분리, 전기영동)에 대해서 간략히 설명하므로 이 책에 나오는 실험들의 이해를 돕고자 한다. 독자들은 추가적인 정보를 위해서는 이 장의 끝부분에서 나오는 참고문헌을 참조 할 수 있다.

우리는 문제해결을 위해 하나 이상의 접근 방법을 사용할 수 있는 상황에 자주 직면 한다. 예를 들면, 다음에 기술된 각각의 방법들은 다양한 크기와 형태의 DNA 분자들의 특성을 나타내는데 사용할 수 있다. 이 방법들 중에서 몇 가지는 하나의 위상이성체를 다른 것과 구분할 수 있게 함으로 DNA위상이성화효소 활성을 모니터하는데 사용할 수 있다. 이 방법들에 대한 설명을 읽고, 우리는 DNA위상이성화효소의 활성을 분석하기 위해서 선택하는 하나의 방법을 결정할 수 있다. 이러한 결정을 내릴 때, 그 방법의 편리함과 결과를 얻기 위해 요구되는 시간 모두를 고려해야한다.

## 5.2 전자현미경

### 전자현미경을 이용해 거대분자를 볼 수 있다.

거대분자는 전자현미경으로 직접 볼 수 있다. 시료 준비에 이용되는 많은 기술 중에서 3가지 기술을 여기에서 설명하고자 한다.

**Metal shadowing**이라는 첫 번째 기술은 생물시료의 표면을 3차원 이미지로 보여준다(**그림 5.1**). 생물시료는 반투명 필름위에 놓여져 건조되며, 이는 진공 챔버 안에 놓아두는데, 이 챔버 안에는 텅스텐과 같은 중금속 필라멘트들이 가열되어져 있다. 이 필라멘트에서 증발된 금속이 생물시료의 표면에 얇은 금속 층을 형성한다. 관찰자는 전자현미경을 사용하여 금속 층을 볼 수 있는데, 이 금속 층은 생물시료의 복제판이다. Metal shadowing은 분자의 길이와 선형 지형에 대해 알고자 할 때, 매우 긴 분자를 관찰하는데 있어서 매우 유용한 기술이다. DNA 위상이성체에 관한 전자현미경 사진의 한 예를 **그림 5.2**에서 보여주고 있다.

두 번째 기술은 **음성염색법**으로 이는 분자와 복잡한 구조물을 시각화 하는 또 다른 방법을 제공한다. 이 기술은 인텅스텐산 또는 uranium salt(대개 uranyl acetate 이거나 uranyl formate) 용액과 시료를 섞는데, 이 두 용액은 모두 전자를 강하게 흡수하는 원자들을 포함한다. 이때 용액은 지지 필름위에 미세방울형태로 놓이게 되고 건조되어진다. 방울 속에 존재하는 금속 이온의 두께는 미방울속에서 거대분자가 존재하는 부위에서 그 밖의 다른 부위보다 적다. **그림 5.3**에서 보여주는 것과 같이 시료에 전자빔을 쏘였을 때 거대분자가 존재하는 지역이 다른 곳 보다 더 많

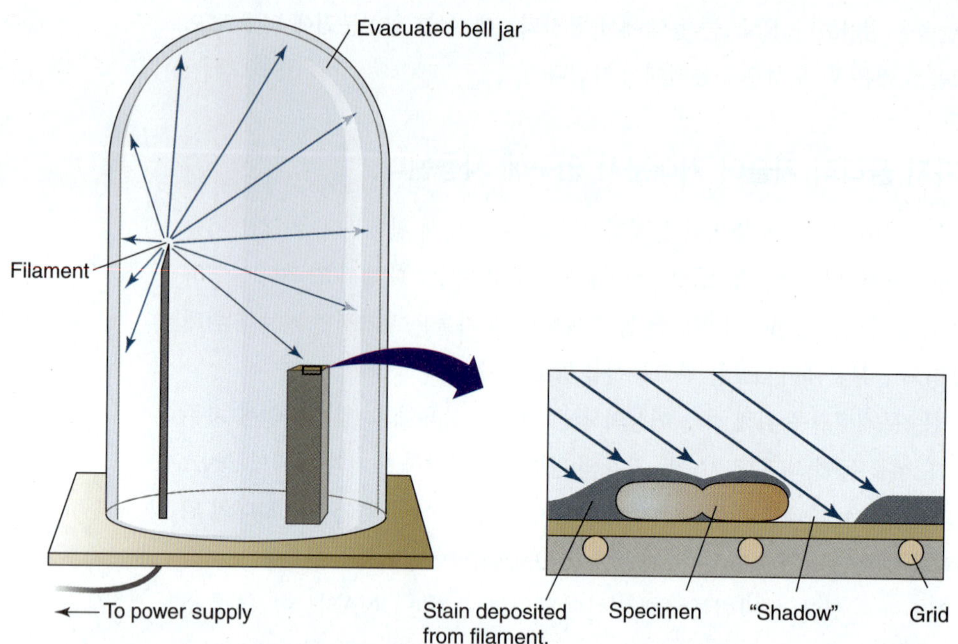


**그림 5.1** **Metal shadowing.** 이 기술은 관찰자로 하여금 작은 입자의 표면을 상세히 보게 한다. 시료는 얇은 필름 위에서 건조되며, 그 후 진공 챔버에 놓여진다. 텅스텐과 같은 중금속의 필라멘트가 가열되고, 중금속을 증발시켜 시료 표면에 얇은 금속 층을 형성한다. 관찰자는 전자현미경을 사용하여 금속 층을 볼 수 있으며 이 금속 층은 생물시료의 복제판이다. Ingraham, J.,& Ingraham, C. *Introduction to Microbiology, 제3판*, Academic Internet Publishers, 2006 에서 번안하였다.

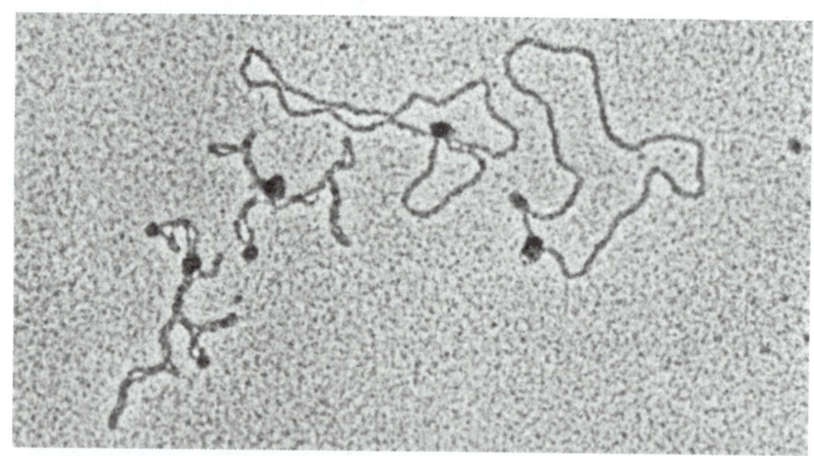

**그림 5.2** **Plasmid pBR322 DNA supercoil.** 30°C에서 ATP 존재 하에 DNA gyrase와 느슨한 공유결합성 닫힌 원형 plasmid pBR322 DNA를 배양했다. Formaldehyde와 glutaraldehyde의 첨가로 반응을 멈추고, 시료는 텅스텐에 의해 shadowing한다. 우연히 전자현미경에서 관찰된 plasmid가 오른쪽에서 왼쪽으로 supercoil 정도가 증가하는 것이 관찰 되었다. DNA와 연관된 구형 구조물은 아마 DNA gyrase 분자들이다. Moore, C.L. et al, J.Biol.Chem. 258(1983): 4612-4617에서 재현하였다. Jack D.Griffith, University of North Carolina at Chapel Hill에서 사진 승낙받았다.

은 전자가 통과했다. 따라서 단백질이나 작은 바이러스 입자의 음화를 얻을 수 있다. 이런 방식으로 관찰된 바이러스 입자와 단백질 분자의 전자현미경사진을 **그림 5.4**에서 보여준다.

전자현미경은 $5 \times 10^6$에서 $10 \times 10^6$ 달톤 사이의 DNA분자의 분자량을 측정하는 방법을 제시한다. 분자 길이 측정은 분자량의 값을 나타내는데 왜냐 하면, 이중나선 DNA의 단위 길이에 대한 질량은 μm 당 $2 \times 10^6$ Da이기 때문이다. 가끔 분자들의 확대하는 비율을 결정하는데 있어서 오차가 발생한다. 이러한 확대 값을 알 필요 없이 흔히 사용하는 기술은 정확한 분자량이 알려진 한 분자를 연구하는 시료에 더해서 이 기준 분자와 연구 시료분자간의 길이 비율을 측정하는 것이다.

세 번째 기술은 **냉동전자현미경**으로 이는 ribosome과 같은 커다란 핵단백질 복합체 또는 RNA 중합효소와 같은 커다란 단백질복합체의 이미지를 높은 해상도로 얻는데 있어서 효과적이다. 이 기술은 특정 단백질 또는 핵단백질 복합체를 포함하는 완충용액 방울을 급격히 냉각시켜서 무작위한 방향들로 얼음의 비결정질의 층이 복합체를 붙잡고 있도록 한다. 사진은 복합체가 손상 받지 않는 매우 적은 양을 조사하는 전자현미경을 이용해 찍는다. 이렇게 얻어진 사진에서는 다른 방향으로 놓여진 수백의 단백질 또는 핵단백질 복합체가 보인다. 컴퓨터를 이용한 상 가공은 **그림 5.5**에서 세균 ribosome과 각각의 소단위체들이 보여 지는 것과 같이 3차원으로 입면도를 변화시킨다.

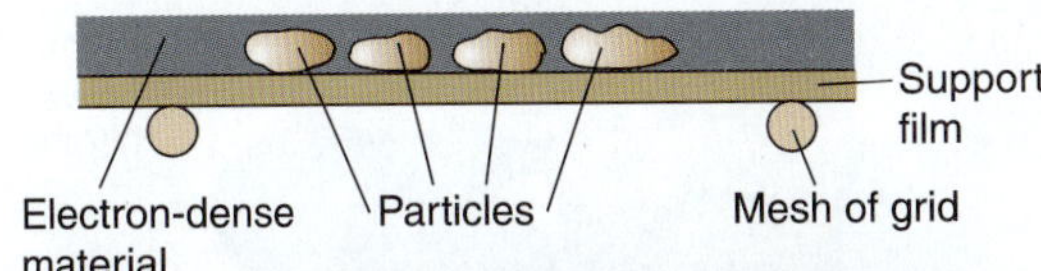


**그림 5.3 전자현미경을 이용한 입자 시각화의 음성조영제 방법.** 4개의 입자들이 강하게 전자를 흡수하는 물질 속에 넣어져 있다. 시료를 빔이 통과해 지나갈 때 흡수되는 전자의 비율은 물질의 전체 두께에 의해 결정된다. 따라서 각각의 입자를 포함하는 지역은 더 많은 전자가 통과하게 되며, 입자는 어두운 배경에 반해 밝게 나타난다.

(a)

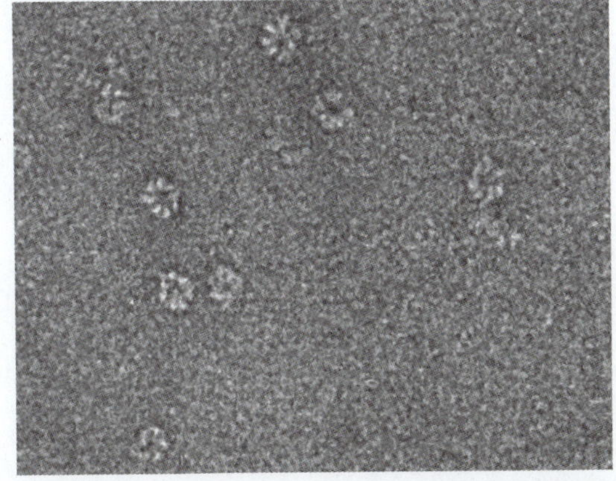

(b)

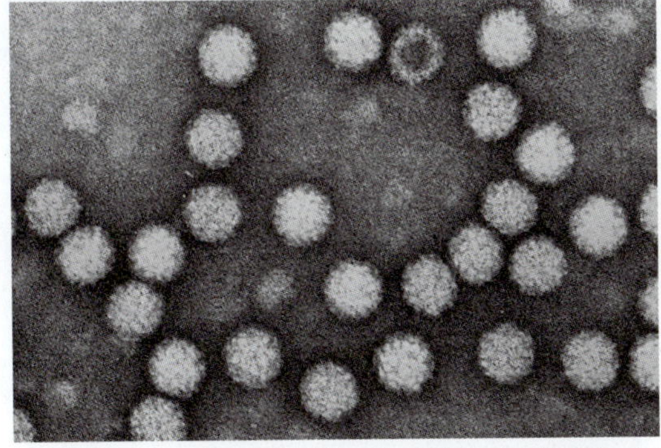

**그림 5.4 음성조영제 방법으로 얻어진 전자현미경.** (a) dTDP 존재하에 bacteriophage T7 helicase/primase가 음화로 염색된 상. (b) Tomato bush stunt 바이러스 입자. 각각의 입자을 구성하는 개개의 단백질 분자를 보여주는 표면의 자세한 것들을 주목하라. (part a) Ohi,M., et al., *Biol. Proced. Online* 6(2004): 23-34에서 재현하였다. Thomas Walz, Harvard Medical School에서 사진 승락받았다. (part b) Robert G.Milne, Plant Virus Institute, National Research Council, Turin, Italy 사진 승락

## 5.3 원심분리 기술

### 침전속도 차이로 거대분자를 분리할 수 있으며, 거대분자의 크기와 형태에 대한 정보를 제공할 수 있다.

거대분자의 몇몇 중요한 특성들은 원심분리 영역에서 침전하는 속도를 측정하면 알 수 있다. 침전 연구는 일반적인 연구실 원심분리기로는 할 수 없다. 이는 확산에 의해서 무작위로 분자들이 위치하지 않도록 충분히 빠르게 분자들을 침전시키기 위한 원심분리 에너지를 일반적인 연구실 원심분리기가 생산해 낼 수 없기 때문이다. 그러나 최신 초고속원심분리기의 경우 중력의 700,000배가 되는 에너지까지를 만들 수 있는데 이러한 힘은 용액을 통해 거대 분자를 침전시키기에 충분하다.

분자의 이동 속도는 분자의 2가지 특성의 상관관계에 의해서 일어난다:

1. *분자량*. 분자량이 클수록 침전 속도가 증가한다.
2. *형태*. 용액을 통한 어떤 입자의 이동은 마찰에 의해 방해받는다. 만약 액체를 통해 같은 질량의 공과 막대기가 이동한다면, 좀더 압축된 형태의 공이 보다 적은 마찰 저항을 받게 되고, 따라서 더 빨리 이동 할 수 있다. 이는 거대 분자에서도 마찬가지이다. 주어진 일정한 분자량 값에 대해 다량체의 형태가 넓게 퍼진 것보다 그렇지 않은 것이 더 빨리 움직일 수 있다.

원심분리 에너지에 대한 침전속도 비율을 침강상수라 한다. 이는,

$$s = \text{속도}/\text{원심분리 원동력}$$

개개의 분자에 대한 s값은 많은 다른 용액에서도 흔히 같게 나타난다. 따라서 s

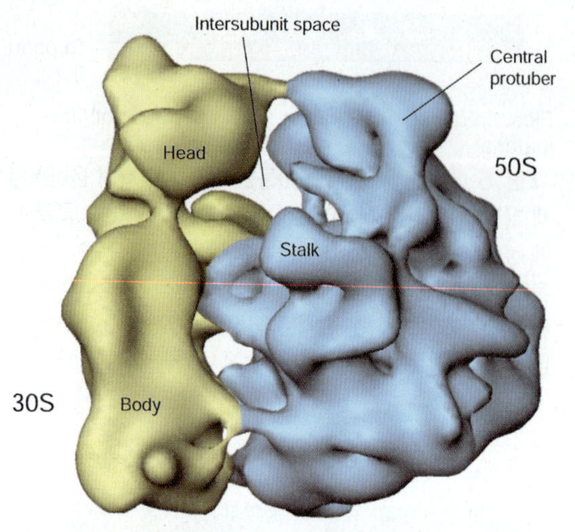


**그림 5.5** *Escherichia coli* ribosome의 냉동전자현미경 재구성. Frank,J.,&Agrawal,R.K.(April 2001)가 재현하였다. 세균 ribosome. In:*Encyclopedia of Life Sciences*. John Wiley&Sons, Ltd:Chichester http://www.else.net/ [doi:10.1038/ npg.els.0000305]. Rajendra K.Agrawal, Wadsworth Center에서 사진 승낙받았다.

값은 흔히 분자의 특성을 나타내는 상수로써 여겨진다. 더욱이 s값은 분자량과 형태에 의해 결정되기 때문에, 실험조건들이 다양해짐으로 발생하는 s값의 변화는 분자 배열이나 구조의 변화를 모니터 하는데 이용 할 수 있다.

대부분의 거대 분자에 있어서 s값은 $1 \times 10^{-13}$~$100 \times 10^{-13}$ 초이다. 초고속 원심분리기의 발명가인 Theodor Svedberg를 기념하여 $10^{-13}$초를 1 **svedberg** 또는 1 S라 한다. 2개의 작은 분자들의 결합으로 형성된 1분자의 S값은 단순히 2개의 작은 분자들의 S값을 더해서 측정할 수는 없다. 예를 들어 30 S 세균 ribosome 소단위체는 50 S 세균 ribosome 소단위체과 결합하여 70 S 세균 ribosome을 형성한다(80 S 세균 ribosome이 아님).

오늘날 이용되는 침전의 가장 흔한 유형이 구역원심분리이다. 이 방법(**그림 5.6**)을 보면, 원심분리 튜브는 자당(때때로 glycerol 또는 다른 용질을 사용) 용액으로 채워져 있는데, 농도는 튜브의 아래에서 위쪽으로 계속하여 증가한다. 용질의 농도에 의해 용액의 밀도가 증가하기 때문에 튜브의 바닥이 용액 밀도가 가장 높다. 침전될 분자 용액의 밀도가 튜브의 맨 위층의 sucrose 용액의 밀도보다 낮게 조절하여, 시료를 sucrose 용액의 표면에 밴드(또는 zone)층을 형성할 수 있도록 얹어 놓는다. sucrose 농도구배 때문에, 이러한 방법을 sucrose 농도구배 원심분리라 한다. 시료를 올려놓은 후, 그 튜브를 일정시간 동안 swinging bucket rotor에서 원심분리한다. 원심분리 후, 튜브 바닥에 작은 구멍을 뚫고, 구멍을 통해 떨어지는 용액 방울들을 모은다. 이렇게 떨어지는 용액 방울들은 튜브에서의 용액의 연속적인 층을 나타내는데 이를 분석하여 거대분자의 농도를 측정한다.

알칼리성 sucrose 용액을 사용하는 구역원심분리는 직선상 2가닥 또는 열린 원형로부터 공유결합성 닫힌 원형을 분리해 낸다. pH 11.3 이상에서 모든 수소결합은 깨지고 DNA분자는 풀어진다. 선형DNA분자에서는 염의 농도가 0.3M이거나 그보다 높으면 원형 DNA의 s값보다 선형DNA분자의 2개의 단일 가닥의 s값이 약 30% 정도 높게 나타난다. 대조적으로 공유결합성 닫힌 원형의 2가닥은 분리될 수 없으므로, 이러한  분자들은 원형 DNA보다 약 3배 정도 큰 s값을 가지는 빽빽이 엉킨 형태로 가라앉는다. 만약 원형이 하나의 부서진 곳을 갖는다면, 하나의 선형분자와 하나의 단일가닥 원형이 형성되는데 이 경우 전자보다 후자의 s값이 14% 더 높을 것이다(**그림 5.7a**). **그림 5.7b**는 알칼리성 sucrose 농도구배에서 공유결합성 닫힌 원형, 단일 원형, 선형분자로 구성된 혼합물에 대한 침전 유형을 보여 주고 있다.

## 평형밀도구배원심법은 밀도에 따라서 입자들을 분리 한다.

다른 원심분리 기술인 평형밀도구배원심법도 또한 널리 사용된다. 이 방법에서는, 고분자(보통 핵산 또는 바이러스 조각)를 자신의 밀도와 비슷하게 평형을 이루기 위해서 선택되어진 농도의 CsCl(또는 $Cs_2SO_4$)용액에 현탁 시킨다. 강력한 원심력 영향하에, $Cs^+$와 $Cl^-$(또는 $SO_4^{2-}$)이온은 어느 정도까지는 원심분리 아래쪽으로 향하여 이

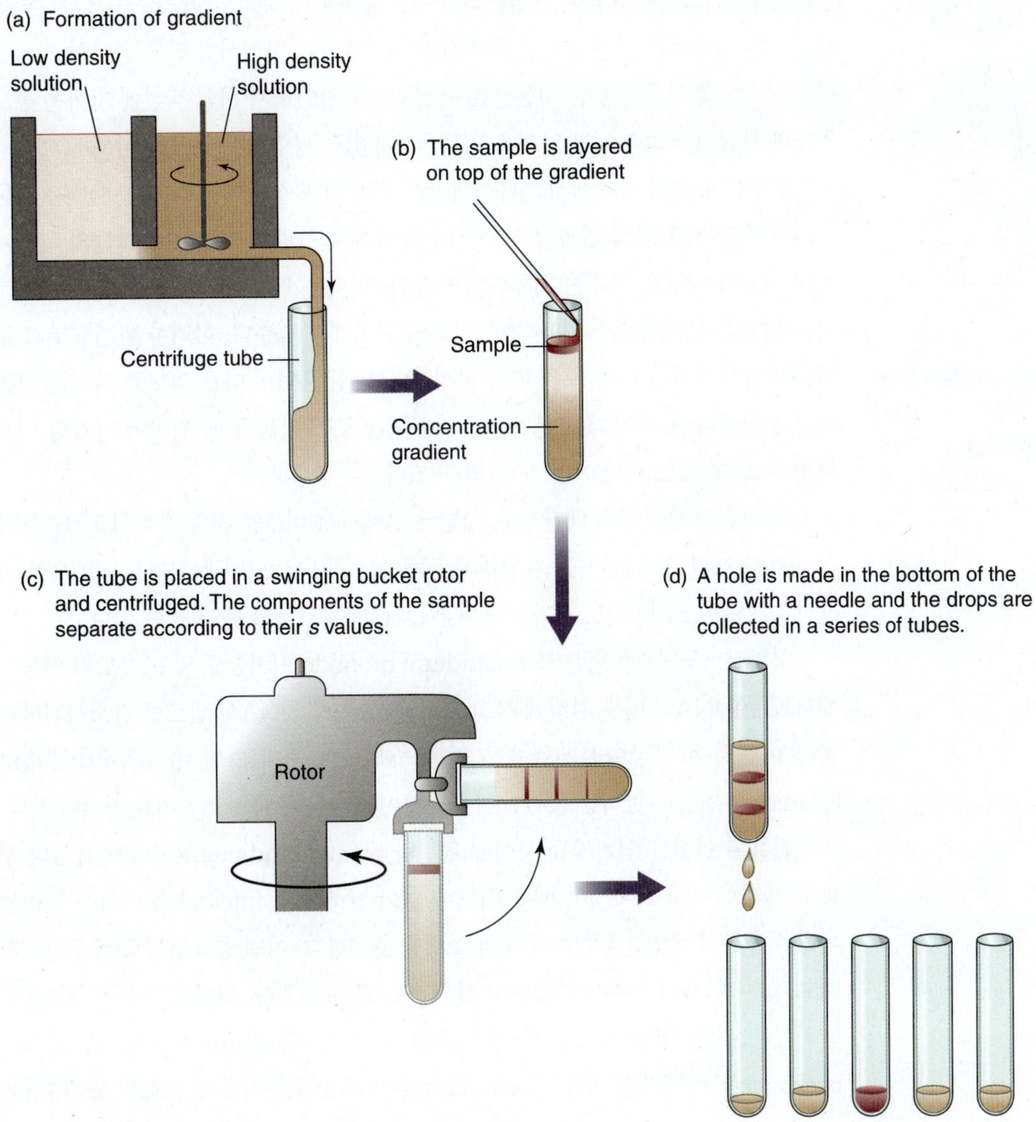

(a) Formation of gradient
Low density solution
High density solution
Centrifuge tube
(b) The sample is layered on top of the gradient
Sample
Concentration gradient
(c) The tube is placed in a swinging bucket rotor and centrifuged. The components of the sample separate according to their s values.
Rotor
(d) A hole is made in the bottom of the tube with a needle and the drops are collected in a series of tubes.

**그림 5.6** 구역원심분리

(a)
Native
Denatured
+
+
(b)
DNA concentration
CC
C
L
Direction of sedimentation

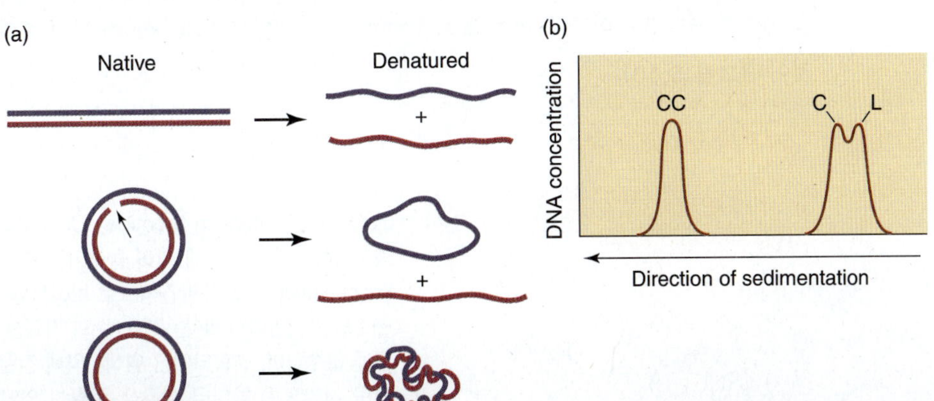

**그림 5.7 알칼리성 pH에서의 침전작용.** (a) 다른 형태를 띈 DNA들의 변성시의 생성물들. (b) 알카리 상태에서의 침전에 의한 공유결합성 닫힌 2가닥 원형(CC),단일가닥 원형(C), 직선 단일가닥(L)의 분리. 수평축은 원심분리 튜브의 길이를 나타낸다. 침전은 오른쪽부터 왼쪽으로 일어난다.

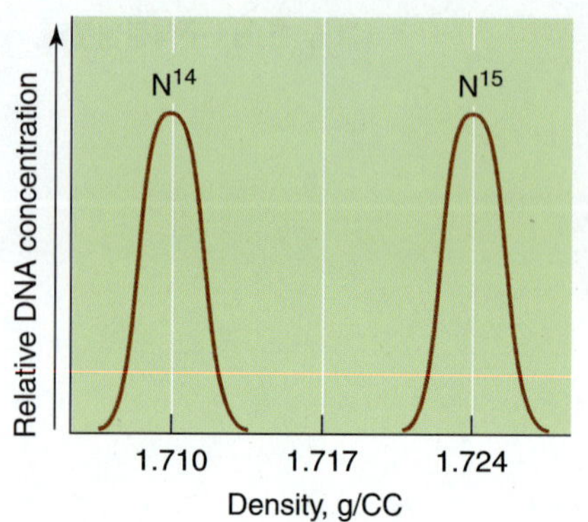


**그림 5.8 CsCl에서 평형 밀도 원심분리에 의해서 DNA 가닥 분리의 묘사.** $^{14}N$은 [$^{14}N$]$NH_4Cl$을 포함하는 배지에서 배양된 세균으로부터 분리된 DNA를 나타낸다. $^{15}N$은 [$^{15}N$]$NH_4Cl$를 포함하는 배지에서 배양한 세균으로부터 분리된 DNA를 나타낸다.

동하게 된다. 그러나 그들은 원심분리기 튜브의 바닥에 축적되지는 않는다. 왜냐하면 원심력은 이온의 일정한 분포를 유지하는 확산현상을 상쇄시킬 만큼 충분하지는 않다. 그 결과 몇 시간 후에는 이온들은 원심분리 튜브안에서 거의 직선에 가까운 농도 구배와 따라서 거의 직선에 가까운 밀도구배가 있는 평형 농도 분포를 이룬다.

밀도는 튜브의 바닥에서 최대이다. 밀도구배가 형성됨에 따라, 고분자들은 이동하기 시작한다. 튜브의 위쪽에 있는 것들이 아래를 향하여 이동하여, 그들의 밀도가 용액 밀도와 평형을 이루는 위치에서 멈춘다. 비슷하게, 튜브의 낮은 부분에서 고분자는 위쪽을 향해서 움직이다 같은 밀도의 위치에서 멈춘다. 이러한 방법으로 고분자들은 튜브에서 하나의 좁은 띠를 형성한다. 만일 용액이 다른 밀도를 가지는 고분자를 포함한다면, 각각의 고분자들은 각자의 밀도에 맞는 구배 위치에 각각의 띠를 형성하고, 그러므로 고분자는 분리 될 수 있다.

이 기술의 분석력은 대단하다. **그림 5.8**에서 보여주는 것과 같이, 1.710 g/㎤3의 밀도를 가진 DNA분자는 자연계에 존재하는 $^{14}N$ 원자가 $^{15}N$원자로 교체됨에 따라서 1.724 g/$cm^3$의 밀도를 가지는 다른 DNA분자로부터 분리 될 수 있다.

평형밀도구배원심법은 또한 ethidium bromide가(저농도 및 고농도의 염용액에서 모두)DNA와 아주 강하게 붙고, 또 그렇게 하면 DNA의 밀도를 감소시킨다는 점을 이용하여 위상이성체들을 분리하는데 쓰여 진다(**그림 5.9**). Ethidium bromide는 암을 유발하는 물질인 발암물질이기 때문에 매우 조심히 다뤄져야 한다.

결합은 인접한 염기쌍들 사이에 평편한 phenanthridinium 고리의 삽입의 결과로, DNA 서열 특이성이 매우 적거나 없이 발생한다. Intercalation이라 불리는 이러한 종류의 삽입은 DNA 분자의 풀림을 초래한다. 어떤 공유결합도 바꾸어지지 않고, 염기쌍 사이의 수소결합도 손상되지 않고 유지된다. 왜냐하면 공유결합으로 닫혀있는 원형 DNA분자는 끝이 자유롭지 않고, ethidium bromide는 DNA backbone를 깨지 않기 때문에, ethidium bromide가 분자를 풂으로써 고리수(*Lk*)가 변화되지 않는다. 그러나 고리수는 꼬임수(*Tw*)와 supercoil 회전수(writhing number, *Wr*)의 합이라는 4장 내용을 기억하라. 따라서 느슨한 원형 DNA 분자가 ethidium bromide와 충분히 결합해서 360°가 풀려질 때, 이것은 8자 모양의 형상을 예측 할 수 있다. 더 많은 ethidium bromide의 중간삽입, supercoil형이 증가할 것이다(**그림 5.10**).

**그림 5.9 Ethidium bromide.** DNA안에 층층이 쌓인 염기 사이에 끼어 들어가는 평편한 phenanthridium 고리(빨간색으로 보여지는 것) 구조를 포함한다. DNA는 260 nm의 자외선 파장을 흡수하여, 결합되어진 염색시약에 전달함으로 시약으로 하여금 빨간색-주황색 영역의 590 nm의 파장의 빛을 발하게 한다.

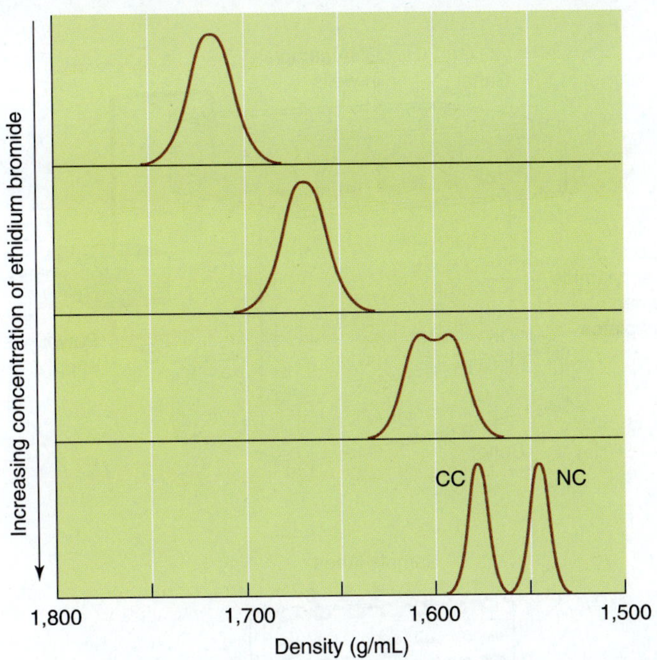


**그림 5.10 CsCl 용액에서 DNA의 밀도에 대한 ethidium bromide의 영향.** 동량의 열린 원형 (NC)와 공유결합성 닫힌 원형 (CC)의 혼합물을 서로 다른 농도의 ethidium bromide이 포함된 CsCl 용액에서 원심분리 한다. Ethidium bromide와 결합한 DNA의 농도는 더욱 많은 ethidium bromide가 결합할수록 낮아진다. 공유결합성 닫힌 복합체는 열린 원형에 비해 ethidium bromide가 적게 결합 한다, 따라서 더 높은 밀도를 갖게 된다.

# 5.4 Gel 전기영동

## Gel 전기영동은 전기적 영역에서 이동 속도 차이에 의해 전하를 띄는 고분자를 분리한다.

전기적 영역의 영향아래서 agarose 또는 polyacrylamide gel을 통과하여 전하를 띄는 분자(핵산 또는 단백질과 같은)들의 이동을 gel 전기영동이라 부른다. DNA gel 전기영동을 위한 장치로 널리 쓰이는 종류는 **그림 5.11** 에서 보여주고 있다. 시료를 놓게 되는 작은 구멍들을 포함하는, agarose 또는 polyacrylamide로 된 얇은 막 gel이 만들어진다. 여기에 전기가 흐르면, 음전하를 띄는 DNA가 gel을 구성하는 분자들로 된 복잡한 미로를 통과해서 이동하는데, 양극 쪽으로 향한다.

DNA의 이동속도는 그것의 전체 전하에 의존하며 그리고, 침전의 경우와 같이, 모양(말하자면, 마찰 저항)에 의존한다. DNA의 이동 속도는 또한 분자 질량에 영향을 받는데 이는 마찰에 의해서 끌리는데 영향을 끼치는 표면적이 질량에 따라 증가하기 때문이다. 작은 분자는 gel에 좁은 공간과 구불구불한 미로를 큰 분자보다 더 쉽게 통과 할 수 있다. 따라서 이동 속도는 분자량이 감소함으로써 증가하게 된다.

이동속도가 단일가닥의 DNA에서 nucleotide 길이나 또는 이중가닥 DNA에

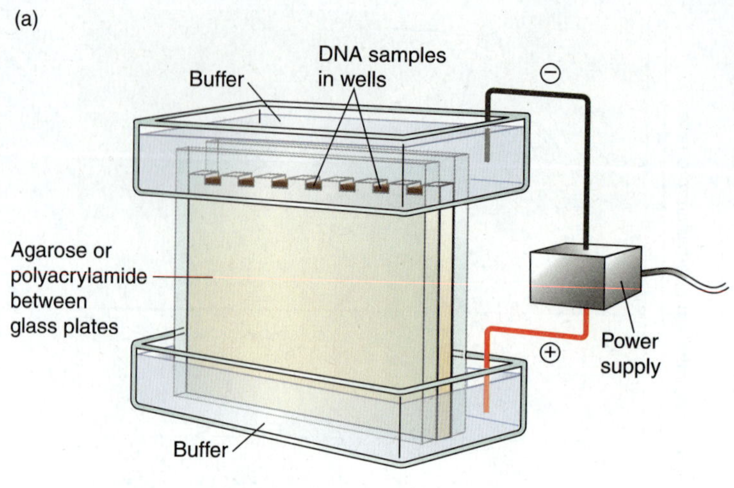


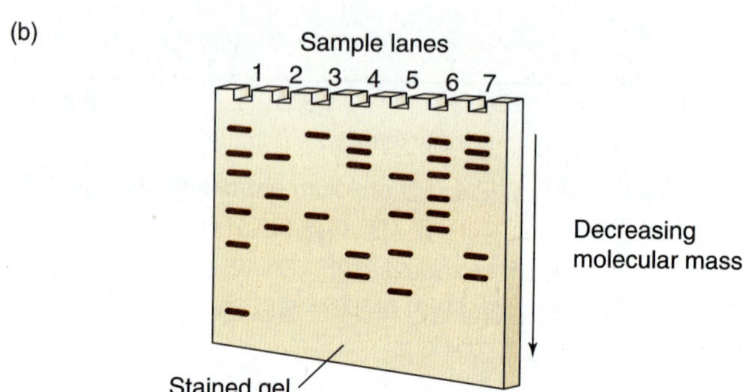


**그림 5.11 Gel 전기영동.** (a) 몇 개의 시료를 동시에 다룰 수 있는 gel 전기영동을 위한 장치. agarose 또는 polyacrylamide 현탁액을 각 옆면이 유리 또는 플라스틱 판으로 맞춰진 틀에 붓고, 그리고 시료을 위한 홈을 만들기 위해서 gel을 굳히는 동안 적절한 모양을 가진 틀을 gel의 위쪽에 위치시킨다. Gel이 굳어진 후에, 위쪽 틀은 제거되고 시료는 홈에 넣으면 된다. 전기공급장치를 전기영동 장치에 연결하고 핵산은 양전하(양극)를 향해 이동한다. 전기영동이 끝나면, 전원을 끄고 gel 안의 핵산은 유리나 플라스틱 판을 제거하고 gel을 분리된 분자와 붙거나 반응할 수 있는 시약을 포함하는 용액에 담궈서 보면 보이게 된다. (b) 분리된 시료의 성분은 밴드로서 나타나고, 그것은 색깔을 띠거나 형광을 나타내게 된다. 하나의 시료의 성분이 이동할 수 있는 gel의 영역은 lane이라 불린다. 따라서 이 gel은 7개의 lane을 가진다.

서 염기쌍의 길이에 의존하게 조건을 맞추어주면 된다. Polyacrylamide gel은 단 하나의 nucleotide차이로 크기가 다른 두 DNA도 서로 분리할 수 있는데, 크기가 5에서 750 nucleotide까지의 단일가닥의 DNA를 구분 할 수 있다. Agarose gel은 작은 해상력을 가지나 크기가 200 bp에서 약 50,000 bp에 이르는 DNA 분자를 구분한다. DNA 밴드는 ethidium bromide gel을 염색해서 볼 수 있는데, 이는 245nm 자외선에 형광을 발하는 DNA와 ethidium bromide 복합체를 형성하기 때문이다. 검출의 민감도는 매우 높아서 0.1 μg DNA와 같이 적은 시료도 쉽게 볼 수 있다. 크기에 의해서 DNA 분자를 구분하는데 매우 효과적인데 비하여, 위에서 설명한 gel 전기영동 기술은(평면 gel 전기영동이라고도 불리는) 다음과 같은 3가지 단점이 있다:

(1) 느리다(보통 끝나는데 몇 시간이 걸린다). (2) 자동화하기가 어렵다. 그리고(3) 양적인 데이터를 얻기 어렵다.

전기적 영역에서 전하를 띈 분자를 구분하는 다른 방법 즉, **모세관 gel 전기영동**은 이런 단점이 없다(**그림 5.12a**). 분리는 석영, 유리, 또는 플라스틱으로 만들어진, 매우 얇은(20~100 μm) 모세관 튜브에서 수행되어진다. 모세관 튜브가 매우 얇기 때문에, 열은 빨리 사라져서, 매우 높은 전기적 영역(보통 100-500 V cm-1)에서 분리가 가능하다. 이 매우 높은 전기적 영역은, 평면 gel 전기영동에서 사용 되어지는 것보다 약 10배 더 높은데, 몇 시간 보다 몇 분 만에 높은 해상력으로 분리할 수 있다(**그림 5.12b**). 더 나아가서, 모세관 전기영동은 자동화 될 수 있고, 양적인 데이터를 제공할 수 있다. 그러나 그것은 1가지 중요한 단점을 가지고 있다. 그것은 오직 적은 양

(a)

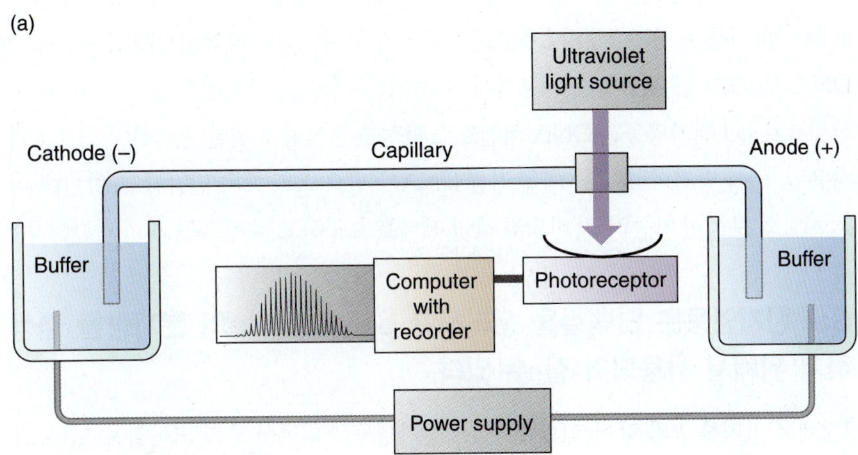


(b)

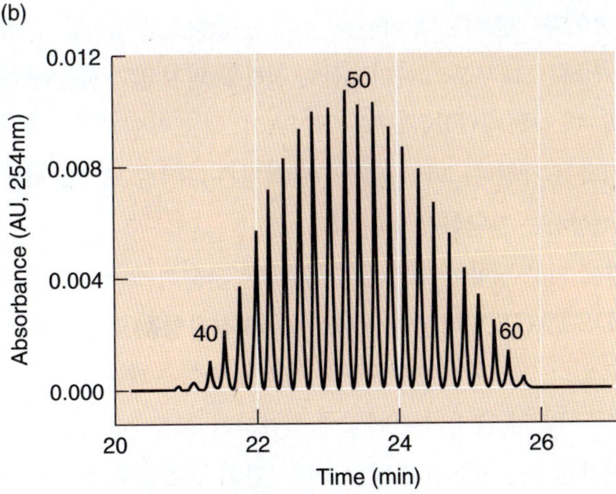


**그림 5.12 모세관 gel 전기영동.** (a) 장치의 개요도- DNA는 양전하(양극)방향으로 움직이고 자외선을 흡수하는 성질에 의해 감지된다. (b) 폴리 아크릴 아마이드 gel에서 40~60개로 구성된 단일가닥의 폴리아데닐산의 모세관 gel 전기영동 분리. (a)는 Texas A&M University, Natural Toxin Research Center의 그림에서 가져왔다. (b)는 Guttman,A., *LCGC N. America 22* (2004):896-904에서 가져옴.

의 물질을 분리할 수 있으며, 그래서 보통 준비를 위한 실험보다는 분석을 위한 실험에서 사용된다.

실험에 따르면 slab gel 전기영동을 하는 동안 DNA가 이동한 거리는 그것의 bp로 나타낸 길이에 대수적으로 비례하고, 아래 공식에 따르며,

$$D = a - b \log \mathrm{bp}$$

a 와 b는 실험으로 얻을 수 있는, 완충용액과 gel 농도, 온도에 따르는 상수 값들이다. 이러한 대수적인 관계는 동일한 조건하에서 표준이 되는 DNA 시료가 이동하는 것과 비교하여 DNA 분자의 분자량(또는 염기쌍의 길이)을 결정하게 해준다. (**그림 5.13**)

Gel 전기영동은 DNA 회전효소를 분리하기 위해서 또한 사용되어질 수 있다 (**그림 5.14**). Superhelix분자는 빽빽하기 때문에, 그들은 같은 질량의 느슨한 원형보다 더 빠르게 gel을 통과 할 수 있다. 이 차이점은 충분해서 오직 하나의 연결수(Lk)의 차이를 보이는 2개의 DNA분자를 구분할 수 있다. 따라서 타입 1과 타입 2 DNA 회전효소를 포함하는 반응액에 존재하는 각각의 중간물질을 분리 할 수 있다. 그럼으로 gel 전기영동은 DNA 회전효소 활성를 분석하기 위한 편리한 방법으로써 사용된다. 이 방법의 장점은 매우 적은 DNA가 필요하고, 매우 민감하고, 한번에 여러 시료의 분석이 가능하고, 비교적 값싼 장비를 요구하고, 수행하는 것이 간단하다.

## Gel 전기영동은 단백질을 분리하고 polypeptide의 분자량을 결정하기 위해서 사용되어 질 수 있다.

2장에서 설명한 것과 같이, 단백질은 gel 전기영동에 의해서 분리 되어질 수 있다. 그러나, 단백질은 양전하 또는 음전하를 띨 수 있기 때문에, 여러 단백질을 포함하는 시료는 가운데 위치한 홈에 놓여져야만 하는데 이는 이동이 두 방향으로 일어날 수 있기 때문이다. 단위 질량 당 전하는, 대부분의 아미노산이 전하를 띄지 않기 때문에 매우적다. 단백질마다 매우 다양하다(DNA또는 RNA와 대조적인데, 이들은 nucleotide 당 하나의 음전하를 가진다). 더 나아가서 단백질은 다양한 모양을 나타나며, 따라서 이동 속도를 예상하는 간단한 방법이 없다.

단백질은, 만약에 모양에 의한 영향이 제거 될 수 있다면, 단순히 크기를 기준으로 분리 되어 질 수 있다. **SDS-PAGE(도데실 황산 나트륨 gel 전기영동)**로 알려져 있는 기술이 바로 그렇게 하고 있다. 계면활성제인 SDS와 이황화 결합을 깨는 작용물질인 β-mercaptoethanol($HSCH_2CH_2OH$)이 단백질에 첨가되면, 모든 polypeptide 사슬에 변성을 일으켜, 음전하를 띄는 SDS로 코팅된 막대모양의 구조를 형성한다. 이런 효과의 결과는, DNA의 경우와 같이, 모든 단백질이 양극을 향해 이동하고, 이동 속도는 사슬 길이가 감소함에 따라 증가하는데, 사슬길이의 log 값에 반비례 한다.

따라서 SDS-PAGE는 기준이 되는 polypeptide의 이동 속도와 비교함으로 어느 polypeptide의 분자량을 결정하는데 사용 될 수 있다.

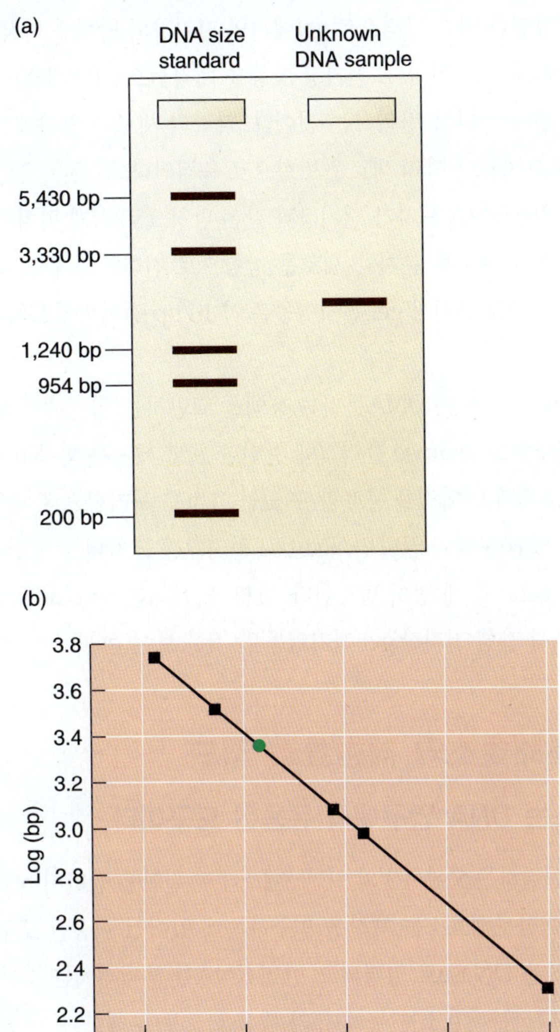


**그림 5.13 Gel 전기영동에 의한 DNA 크기 결정.** (a) 알려진 크기와 알려지지 않은 크기의 DNA를 각각 왼쪽과 오른쪽 레인에 나타냈다. (b) 염기쌍의 log값에 따라 cm의 이동간격을 보여주는 그래프. 검은색 정사각형 포인트는 기준이 되는 DNA에 대한 것이고, 초록색 동그라미는 모르는 크기의 DNA를 나타내고 있다. Michael Blaber, Florida State University에 의한 그림을 가져온 것이다.

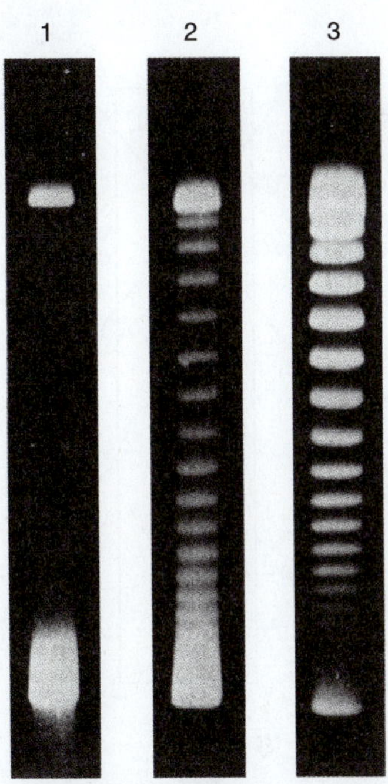


**그림 5.14 SV40 (simian 바이러스) DNA의 agarose gel 전기영동 패턴.** DNA를 gel 위에 올려놓았다. 1번 lane은 처리 하지 않은 음성의 supercoil형의 DNA이다 (아래밴드). 2번 레인과 3번 레인은 오직 하나의 사슬에 단일 가닥을 깨뜨림으로 연결수의 한 단위를 연속적으로 증가시키게 되어 음성적 supercoil형을 느슨하게 하는 DNA 회전효소1을 처리한 동일한 DNA를 포함하고 있다. 2번과 3번의 레인의 DNA는 각각 5분과 30분 동안 처리되었다. Keller, W., *Proc. Natl. Acad. Sci. USA 72*(1975) : 2550-2554를 재현함. 이 사진은 University of Basel의 Walter Keller의 양해 하에 얻었다.

## Pulse-field gel 전기영동(PFGE)는 매우 큰 DNA분자를 분리할 수 있다.

$5 \times 10^4$ bp 또는 더 긴 DNA분자들은 같은 속도로 이동하여 평면 gel 전기영동에 의해서 하나의 큰 퍼진 형태의 밴드로 나타난다. 따라서 이 방법은 매우 큰 DNA분자를 분리하는데 사용 될 수 없다. 1982년에 David Schwartz와 Charles Cantor 는 매우 큰 DNA 분자들을 분리할 수 있는 **간헐 전기장 gel 전기영동(PFGE)**이라 불리는 새로운 방법을 개발했다.

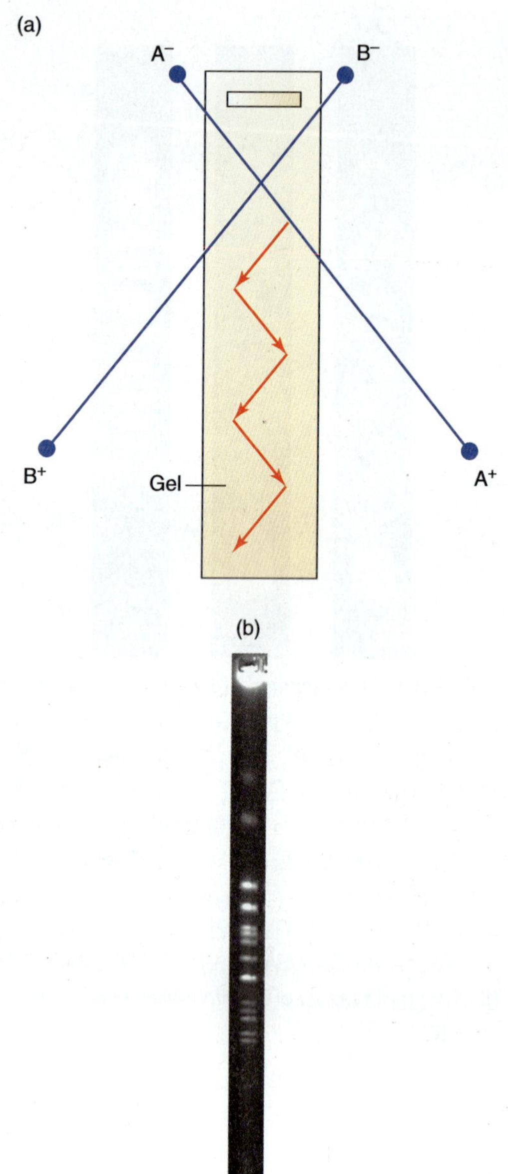


**그림 5.15 간헐전기장 gel 전기영동.** (a) 이 개요도에는, 전기장(파란선으로 보여짐)의 방향이 대각선이다(대개 90~120° 사이). 각각의 순간 전기장은 DNA 분자를 새로운 방향으로 각을 잡아 빨간 화살에 의해 나타난 zigzag 경로를 따라 젤을 내려가게 한다. 큰 DNA분자는 작은 분자보다 방향을 새로 잡는데 오래 걸림으로 천천히 앞으로 이동한다. $A^+$와 $B^+$는 양극이고 $A^-$와 $B^-$는 음극을 나타낸다. (b) 간헐 전기장 gel 전기영동에 의한 이배체 효모 세포의 염색체 분리. 염색체 길이는 약 250~1500 kbp의 범위에 있다. DNA는 ethidium bromide로 염색되었다. a 부분은 Sean Gallagher, UVP, Inc.에 의한 그림을 변형한 것으로 Hoefer Inc.의 허가 하에 사용됨. b 그림은 Tennyson, R.B., et al., Genetics 160 (2002):1363-1373을 재현함. Genetics Society of America의 허가를 받고 Janet E. Lindsley, University of Utah의 그림을 얻음.

이 기술은 일정한 시간 간격으로 gel에서의 전기장의 방향을 바꿈으로 DNA의 이동방향을 바꾸어 주는 것이다. 전기장 방향을 대각선으로(대개 90~120°), 일정시간 주기적으로 켰다 껐다를 반복하는 것이다. 각각의 새로운 방향에서, 작은 DNA 분자가 큰 DNA분자보다 빨리 새로운 방향으로 움직인다.

설명을 하자면 DNA 분자가 전기장과 같은 방향으로 길게 펼쳐지는 현상과 관련이 있다. DNA가 길수록 분자는 새로운 방향으로 전환하고 움직이는데 더 많은 시간이 요구된다. 간헐 전기장 gel 전기영동은 약 $10^7$bp 길이까지 DNA분자를 순수 분리할 수 있다.

효모 염색체와 같은 큰 DNA분자는 용액을 교반하는 과정에서 쉽게 절단되지만, 그럼에도 불구하고 agarose 플러그에 완전한 효모 세포를 파묻고 DNA는 영향받지 않지만 세포벽과 단백질을 분해할 수 있는 효소를 처리함으로 매우 큰 DNA를 연구할 수 있다. 일단 분해가 끝나면, agarose 플러그를 크기에 맞게 잘라서 agarose로 된 전기영동 gel의 홈에 넣어 밀봉한다. **그림 5.15b**는 *Saccharomyces cerevisiae*의 염색체 DNA를 간헐 전기장 gel 전기영동 한 것을 보여준다.

## 5.5 핵산분해효소와 제한효소 지도

### 핵산분해효소는 DNA 연구에서 유용한 도구이다.

Nucleotide를 연결하는 5′에서 3′의 인산 2에스테르 결합을 잘라서 polynucleotide를 분해시키는 핵산분해효소는 핵산을 연구하는데 있어서 귀중한 도구이다. DNA를 분해하는 것들은 DNase로 명명되고, 반면 RNA를 분해시키는 것들은 RNase로 불린다. 몇몇의 핵산분해효소는 두 종류의 핵산을 모두 분해한다. 어떤 DNase는 2가닥의(ds) DNA를, 다른 것들은 단일가닥(ss) DNA를, 그리고 다른 어떤 것들은 두 종류 모두의 DNA에 작용한다. 또한 핵산분해효소는 핵산을 자르는 곳에 따라 그들의 특이성이 다르다. 내부의 가닥에 작용하는 핵산분해효소를 핵산 내부(endonuclease) 분해효소라고 불린다. 어떤 핵산 내부 분해효소들은 특이적이고 오로지 특정한 염기사이만 자른다. 핵산 끝에서만 작용하고 한번에 하나씩의 nucleotide를 제거하는 핵산분해효소는 핵산 말단 분해효소(exonuclease)라고 한다. 5′ 또는 3′-끝에서 자르기 시작하는 핵산 말단 분해효소는 각각 5′- 또는 3′-핵산 말단 분해효소라고 명명한다. 핵산분해효소는 다양한 생물학적 기능을 수행하고, 실험실에서 원치 않는 핵산을 제거하고 핵산을 특성화 하는데 유용하게 사용되어져 왔다. 몇몇의 특정한 핵산분해효소는 **표 5.1**에 설명되어져 있고, 그 밖의 것들은 본문에서 적절할 때 설명되어져 있다.

특정한 예로, *Aspergillus oryzae*로부터 분리된 S1 핵산 내부 분해효소는 우리가 핵산 구조를 연구하는데 있어서 어떻게 핵산분해효소를 사용하는지 설명해준다. S1 핵산 내부 분해효소는 단일 가닥 polynucleotide 또는 2가닥 분자에서 단일 가닥 부분에만 한정되어 작용한다. 이것은 다른 단일가닥 특정 효소와는 단일 가닥 부위가

**표 5.1 선택된 핵산분해효소의 특성들**

| 핵산분해효소 | 기질 | 절단위치 | 반응생성물 |
|---|---|---|---|
| 췌장 RNase | ssRNA in high salt; all RNA in | endonuclease; after C or U low salt | mono-or oligo-nucleotides with a 3′-P |
| T1 RNase | ssRNA in high salt; all RNA in low salte | ndonuclease; after G | mono-or oligo-nucleotides with a 3′-P |
| 췌장 DNase I | ss or dsDNA | endonuclease | oligonucleo-tides |
| Phosphodiesterase venom | RNA or DNA | exonuclease from the 3′ end | 5′-P mono-nucleotides |
| Phosphodiesterase spleen | RNA or DNA | exonuclease from the 5′ end | 3′-P mono-nucleotides |
| Micrococcal nuclease | DNA (or RNA) ss or de (prefers ss DNA to dsDNA; ssRNA to ds RNA) | exonuclease and exonuclease; at AT or AU rich regions, requires $Ca^{2+}$ | mononucleo-tides and oli해-nucleotides with 3′-P ends |
| S1 nuclease | ss DNA (or ss RNA, S1 | endonuclease | 5′-P mono-ucleotides |
| Exonuclease I *E. col* | issDNA | 3′→5′ exo-nuclease | 5′-P mono-nucleotides plus a terminal dinucleotide |
| Exonuclease III *E. coli* | dsDNA | 3′→5′ exo-nuclease | 5′-P mono-nucleotides |
| Exonuclease VII *E. coli* | ssDNA | 3′→5′ exo-nuclease 5′→3′ exo-nuclease | 5′-P mono-nucleotides |

하나 또는 2개의 염기만큼 작을 수 있다는 점에서 다르다. 우리는 앞 장에서 음성 supercoil DNA가 부분적인 일시적 풀림 때문에 꽤 오래 동안 유지되는 단일 가닥의 풍선모양을 포함한다는 것을 알았다. 이러한 지역 때문에 supercoil DNA는 S1 핵산분해효소로 잘릴 수 있다. 사실, 이런 핵산분해효소는 supercoil로부터 그렇지 않은 닫힌 환형 DNA와 틈(nick)이 있는 환형 DNA를 구분하는데 이용되는데, 둘 다 이 효소에 의해 잘리지 않는다. S1 핵산분해효소는 이중가닥 절단을 만드는데 왜냐하면 이것은 풍선모양의 양 단일가닥 모두에 작용하기 때문이다.

## 특정한 nucleotide 서열을 자르는 제한효소는 DNA를 분석에 매우 유용한 도구이다.

분자생물학자들은 단백질 화학자가 trypsin과 같은 특정한 단백질분해효소들을 단백질을 연구하는데 이용하는 것과 같은 방법으로 핵산을 연구하는데 특정한 장소에서 DNA를 자르는 핵산분해효소를 사용할 수 있다는 것을 알게 되었다. 용도에 맞는 충분한 서열 특정성을 가지는 핵산분해효소를 찾는 문제는 연구자들이 세포에 들어온 바이러스 DNA 분자를 자름으로 바이러스 복제를 방해하는 핵산분해효소 종류를 찾았을 때 해결됐다. 이런 핵산분해효소는, 바이러스의 증식을 억제하거나 막았기 때문에 제한효소(restriction endonuclease)라 불린다, 오직 특정 인식서열을 가진 DNA만 그리고 이 인식서열이 변형(modification)되지 않았을 때만 작용한다. 숙주 DNA는 인식서열 내부의 특정 염기에 메틸기가 붙어 변형되기 대문에 잘리지 않고 보호된다.

주로 3종류의 제한-변형(restriction/modification) 체계가 밝혀졌다(**표 5.2**). Type I의 제한-수식 체계는 5개의 polypeptide 단위체로 이루어져 있다: 2개의 똑같은 제한효소 단위체(R), 2개의 똑같은 수식 단위체(M) 과 특이성 단위체(S)이다. 만일 특이성 단위체가 인식하는 서열이 메틸기를 가지고 있지 않다면, 다음 2가지 중 하나의 일이 일어난다. 수식단위체가 서열을 메틸화 시켜서 DNA를 보호하거나, 또는 제한 단위체가 DNA의 비특이성 부위, 종종 인식 서열로부터 1kb 또는 그 이상 떨어진 곳을 자르고 DNA는 분해 될 것이다. Type II 제한-수식 체계는 2개의 독립적인 효소, 동형이합체인 제한효소와 단량 메틸전이효소(methylase)로 구성된다. Type II 제한-수식 체계는 4에서 8 bp 길이의 서열을 인식한다. Type II 메틸전이효소는 인식서열내의 염기에 메틸기를 전달하고 Type II 제한효소는 인식서열내의 DNA를 자른다. Type III 제한-수식 체계는 2개의 단위체, 변형 단위체와 제한 단위체로 이루어져있다. 변형은 인식 서열내에서 일어나는 반면 잘리는 것은 이 부위로부터 약 25bp 떨어진 곳에서 일어난다. 여기서는 DNA 조작을 위해 널리 사용되어 온 체계인 Type II 제한효소만 설명하고자 한다.

Hamilton O. Smith는 처음으로 Type II 제한효소를 분리하고 특징을 조사했다. *Haemophillus influenza*로부터 분리해서 HindII라 불리운 제한효소는 다음 서열을 인식한다.

**표 5.2 제한효소의 종류들**

| 종류 | 구조 | 조효소 | 인식염기서열 | 절단 |
|---|---|---|---|---|
| I | $R_2M_2S$ | ATP(hydrolysis) AdoMet, $Mg^{2+}$ | Asymmetric interrupted | Cut DNA at sites distant from the recognition sequence |
| *Example* | *Eco*B | | *-TGA(N$_8$)TGCT-* | |
| II | $R_2$ | $Mg^{2+}$ | Palindrome 4-8 bp | Within the recognition sequence to produce blunt or staggered ends |
| *Example* | *Eco*RV | | -GATATC- | |
| III | RM | ATP(no hydrolysis) $Mg^{2+}$, AdoMet | Asymmetric | Cut DNA close to the recognition |
| *Example* | *Eco*PI | | -AGACC- | |

sequence약어들: R, 제한효소 단위체; M, 변형 단위체; S, 특이성 단위체; AdoMet, S-adenosylmethionine.
Source: Data from Pingoud, A., and Jeltsch, A., *Eur. J. Biochem.* 246 (1997): 1-22.

5′····GTPy ↓ PuAC-····3′
3′····CApu ↑ PyTG-····5′

Py 와 Pu는 각각 pyrimidine과 purine을 나타낸다. 화살표는 각각의 가닥이 잘리는 부위를 나타낸다.

*Hind*II의 발견은 연구자들로 하여금 특정 nucleotide 서열을 자르는 다른 핵산 내부 분해효소를 찾는 동기가 되었다. 이런 연구 노력은 좋은 결과를 맺었다. 2,500개 이상의 type II 효소가 확인되었고, 이중 50개 이상은 유전자의 염기서열이 밝혀지고, 생화학적인 특징이 규명되었다. 이 효소들의 인식서열은 4~8 bp로 다양하다. 많은 경우에서, 2개 또는 그 이상의 다른 제한 효소들이 같은 서열을 인식한다. 같은 nucleotide를 인식하고 같은 위치를 자르는 서로 다른 제한효소들을 isoschizomer라 부른다. 인식 서열이 더 긴 것은 짧은 것보다 DNA 분자내에서 통계학적으로 적게 나타날 것 같다. 그러므로, 8개 염기쌍 서열을 인식하는 제한효소가 4개 염기쌍 서열을 인식하는 것보다 DNA를 덜 자른다.

인식부위는 가운데 지점을 주위로 회전 대칭을 가지고 있다(이접 회전 대칭, two fold rotational symmetry). 가운데 지점에서 180° 회전했을 때 서열은 회전전이나 동일하게 읽혀진다. 앞선 장에서 언급한 바와 같이, 이접 회전 대칭을 가진 서열을 **회문(palindrome)**이라고 한다. Type II 제한효소는 한 번에 회문 서열의 각각 가닥을 자른다. 이렇게 자르는 것에는 2가지 방식이 있다: (1) 잘리는 자리 둘 다 대칭의 중앙이다(수직면 또는 뭉툭한 말단을 생성). 또는(2) 잘린 자리가 대칭의 가운데를 중심으로 대칭이 되게 놓여있다(외가닥 또는 접착성 말단을 생성). 이 배열들과 그 결과들은 **그림 5.16** 에서 보여준다. 몇몇의 Type II 제한효소들을 그 들의 인식부위와 함께 **표 5.3** 에 나타냈다.

제한효소가 DNA에 작용하는 방법을 연구함으로 효소-DNA 상호작용에 관하여 중요한 사항들을 얻게 되었다. 바이러스의 공격으로부터 숙주세포를 방어하는데 효과적이기 위해, 숙주의 제한효소는 자신의 변형효소가 DNA를 메틸화하기 전에 바이러스의 DNA를 잘라야한다. 그러므로 제한효소는 표적 부위에 빠르게 도달할 수 있어야 한다. 이러한 점은 외래 DNA에 비특이성 형태로 먼저 붙게 되고 인식 서열을 찾아나감으로써 달성한다. 이렇게 DNA 분자를 따라서 1차원적으로 확산하는 것은 제한효소로 하여금 모든 인식서열을 빠르고 효과적으로 찾아서 자르게 한다. 또 다른 가능성으로 제한효소가 인식서열에 붙기까지 DNA와 교대로 결합과 분리하는 3차원 확산 과정을 고려할 수 있지만 이는 바이러스 증식으로부터 숙주를 보호하기엔 너무 느리다.

몇 가지 제한 효소의 결정 구조가 확인된 바 이 구조에 의하면, DNA 기질에 효소가 접근하는 것이 자르는 패턴과 연관됨을 알 수 있다. 수직말단 잘림을 만드는 제한효소는 작은 홈(minor groove)쪽에서 DNA에 접근하여 각 subunit의 단백질 loop이 DNA를 감싸 큰 홈(major groove)과 접촉하게 한다. 이런 종류의 상호작용

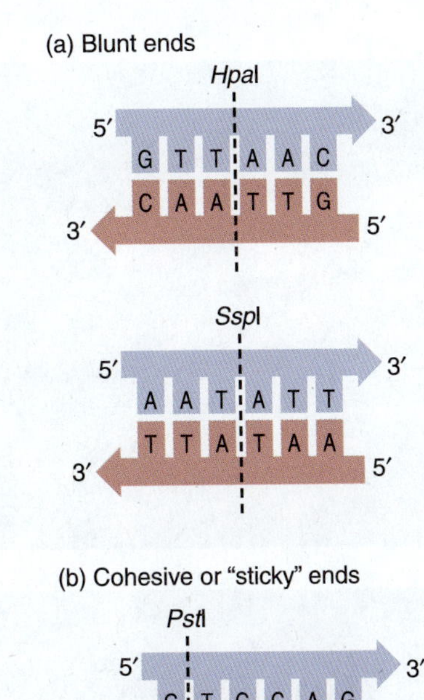


**그림 5.16 제한효소에 의해서 생성되는 말단들.** (a) *HpaI*과 *SspI*과 같은 어떤 제한효소들은 평활말단을 만들게 되는 좌우대칭 선에서 자른다. (b) *PstI*과 같은 다른 제한효소들은 접착성 말단(또는 엇갈린 말단이라 불린다.)을 만들도록 좌우대칭 선의 어느 한쪽을 자른다. p.147, 그림 5.15, 추가적인 선: Maria Price Raposa, Carolina Biological Supply Company에 의한 그림이 번안되었다. (www.caroline.com/tips/98aug/tips899a.asp 〈http://www.caroline.com/tips/98aug/tips899a.asp〉)

(a)

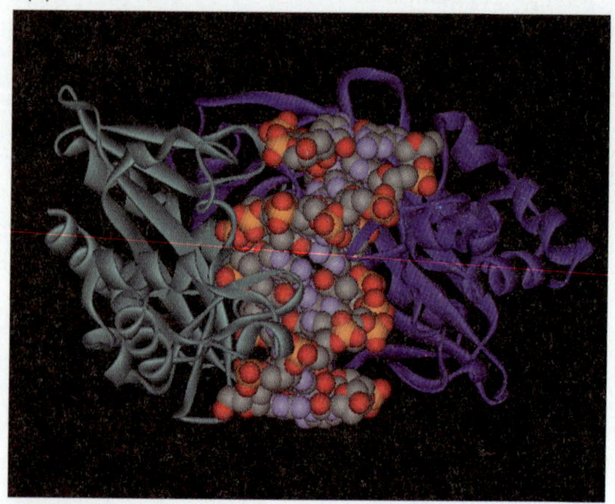

(b)

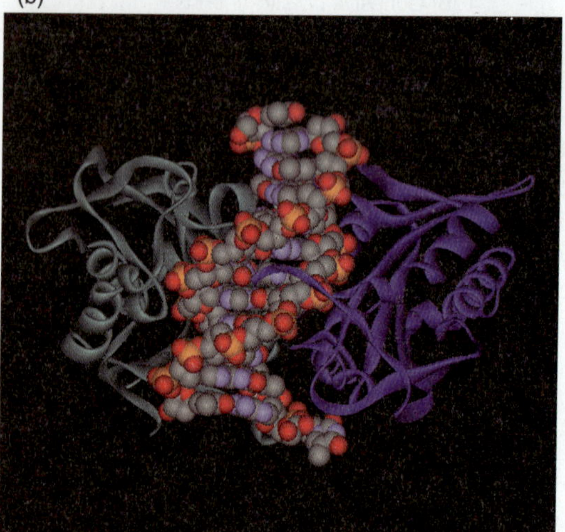

**그림 5.17 2개 제한효소의 결정구조.** 단백질 단위체는 리본구조로 DNA 분자는 공간-채움 모형으로 표기되었다. (a) 수직 말단으로 자르는 *EcoRV*는 DNA 형태에 작은홈 쪽에서 접근하고 각 polypeptide 단위체에서 형성된 부풀린 고리는 DNA를 감싸며 큰 홈과 맞닿는다. 여기에서 보인 원근법에서 명확하지는 않지만, 효소가 DNA로 하여금 구부리도록 한다. (b) 엇갈린 말단으로 자르는 *BamHI*은 DNA형태에 큰 홈쪽에서 접근하고 특이적 결합의 대부분을 그 곳에 국한한다. 부분a, protein data bank ID : 1EOO. Horton, N. C., and Perona, J. J., *Proc. Natl. Acad.* Sci. USA 97 (2000): 5729-5734. 부분 b Protein Data Bank ID: 1BHM. Newman, M., et al., Science 269(1995):656-663

**표 5.3 몇 가지 제한효소의 인식 염기 서열의 특이성**

| 기원 생물 | 제한효소 | 인식염기서열 |
|---|---|---|
| Arthrobacter luteus | *Alu* I | 5′ ···A G ↓ CT ··· 3′ |
| Anebaena variabilis | *Ava* I | 5′ ...C ↓ PyCGPuG...3′[a] |
| Bacillus amyloliquefaciensH | *Bam* HI | 5′ ...G ↓ GATCC...3′ |
| Bacillus globigii | *Bgl* HI | 5′ ...A ↓ GATCT...3′ |
| Escherichia coliRY13 | *Eco* RI | 5′ ...G ↓ AATTC...3′ |
| Escherichia coli J62 pLG74 | *Eco* RV | 5′ ...GAT ↓ ATC...3′ |
| Haemophilus aegyptius | *Hae* II | 5′ ... PuGCGC ↓ Py...3′ |
| Haemophilus aegyptius | *Hae* III | 5′ ...GG ↓ CC...3′ |
| Haemophilus haemolyticus | *Hha* I | 5′ ...GCG ↓ C...3′ |
| Haemophilus influenzaeRd | *Hind* II | 5′ ...GTPy ↓ PuAC...3′ |
| Haemophilus influenzaeRd | *Hind* III | 5′ ...A ↓ AGCTT···3′ |
| Haemophilus parainfluenzae | *Hpa* I | 5′ ...GTT ↓ AAC...3′ |
| Haemophilus parainfluenzae | *Hpa* II | 5′ ...C ↓ CGG...3′ |
| Kliebsiella pneumoniae | *Kpn* I | 5′ ...GGTAC ↓ C...3′ |
| Moraxella bovis | *Mbo* I | 5′ ... ↓ GATC...3′ |
| Nocardia otitidis-caviarum | *Not* I | 5′ ...GC ↓ GGCCGC...3′ |
| Providencia stuartii | *Pst* I | 5′ ...CTGCA ↓ G...3′ |
| Serratia marcescens | *Sma* I | 5′ ...CCC ↓ GGG...3′ |
| Streptomyces stanford | *Sst* I | 5′ ...GAGCT ↓ C...3′ |
| Xanthomonas malvacearum | *Xma* I | 5′ ...C ↓ CCGGG...3′ |

[a]Py, pyrimidine; Pu, purine.

은 blunt end로 자르는 효소인 *Eco*RV와 이에 걸맞는 인식서열을 가진 DNA 분자로 된 결정구조에서 보여 진다(**그림 5.17a**). 수소결합, 이온결합 그리고 반데르발스 상호작용들의 빈틈없는 작용들이 효소와 인식서열 사이에 형성된다. 이에 따라 정상적인 B형 구조이던 DNA가 매우 뒤틀린 구조로 바뀌는데, 꼬여있던 두 가닥이 풀리고 인식서열(GATATC)의 중앙에 짝짓기하고 있던 2개의 염기쌍의 위치가 서로 어긋나게 되며, DNA가 굽혀 짐에 따라 큰 홈의 크기가 작아지고 더 깊어지게 되는 것이다. 이때 각각의 단위체의 효소 작용 부위는 인식부위 중앙에서 드러나 있는 phosphodiester 결합을 자른다.

5′-돌출 말단을 만드는 제한효소는 큰 홈으로부터 DNA에 접근하고 이부분에 주로 특이적 접촉을 형성한다. 대부분의 경우에서, 효소와 효소의 기질인 DNA의 형태는 효소-DNA 복합구조가 만들어질 때 변한다. 엇갈린 말단 절단기(비틀거림 끝 절단기)인 *Bam*HI(*Bacillus amyloli*에서 얻음), 인식서열 5′-GGATCC-3′에 붙고 각각의 가닥의 5′-구아닌 바로 다음 서열에서 자르는 결정구조가 **그림 5.17b**에서 보여 진다. *Bam*HI은 DNA에 붙을 때 형태변화를 거친다. 그러나 *Bam*HI은 결합한 DNA의 형태변화를 유도하지 않는다는 것이 다소 비정상적이다.

## 제한효소는 DNA분자의 제한효소지도 작성에 이용될 수 있다.

어느 한 type II 제한효소는 특정한 서열만을 인지하기 때문에, 어느 한 생명체의

DNA를 오로지 제한된 숫자만큼 자를 수 있다. 예를 들어, 6개 염기쌍 서열을 인지하는 제한효소는 대략 $3 \times 10^6$ bp의 염기서열을 가진 전형적인 세균 DNA분자를 수백에서 수천개의 절편으로 자른다. Phage나 plasmid DNA 분자 같은 작은 DNA분자들은 아마 10개 이하(흔히 1나 2 또는 종종 없음)의 자르는 위치를 갖는다. 방금 언급된 특이성 때문에, 어느 한 제한효소는 특정한 DNA분자로부터 특이적인 절편군을 만든다. 다른 효소는 같은 DNA분자로부터 전혀 다른 절편군을 만들 것이다.

**그림 5.18a**은 *Eco*RI와 *Hind*III 효소에 의해 *E. coli* phage λ DNA의 잘리는 자리를 보여준다. 단일 효소로부터 발생된 절편군은 대개 agarose gel 전기영동(**그림 5.18b**)에 의해 나뉘어 질 수 있다. 절편의 길이는 동시에 전기영동되는 길이를 알고 있는 절편들의 이동거리와 비교하여 결정된다.

그림 5.18a에 나타난 것처럼, 제한효소가 자르는 자리들을 나타낸 지도를 제한효소지도라고 부른다. 자르는 자리들 간의 거리는 제한효소 분해에 의해 생기는 DNA 절편들의 크기와 일치한다. 제한효소지도를 만들기 위해 1가지 방법은 DNA 시료를 3가지 방식으로 자르는 것이다: 첫 번째 제한효소 또는 두 번째 제한효소로만으로 각각 자르거나 2가지 효소를 같이 사용해서(이중절단) 자르는 것이다. 이렇게 만들어진 절편들을 gel 전기영동에 의해 절편의 갯수와 크기를 확인할 수 있다. 크기는 kilobase pair(kbp)로 표시한다. 절편들의 패턴과 절편 길이들로부터 특정 제

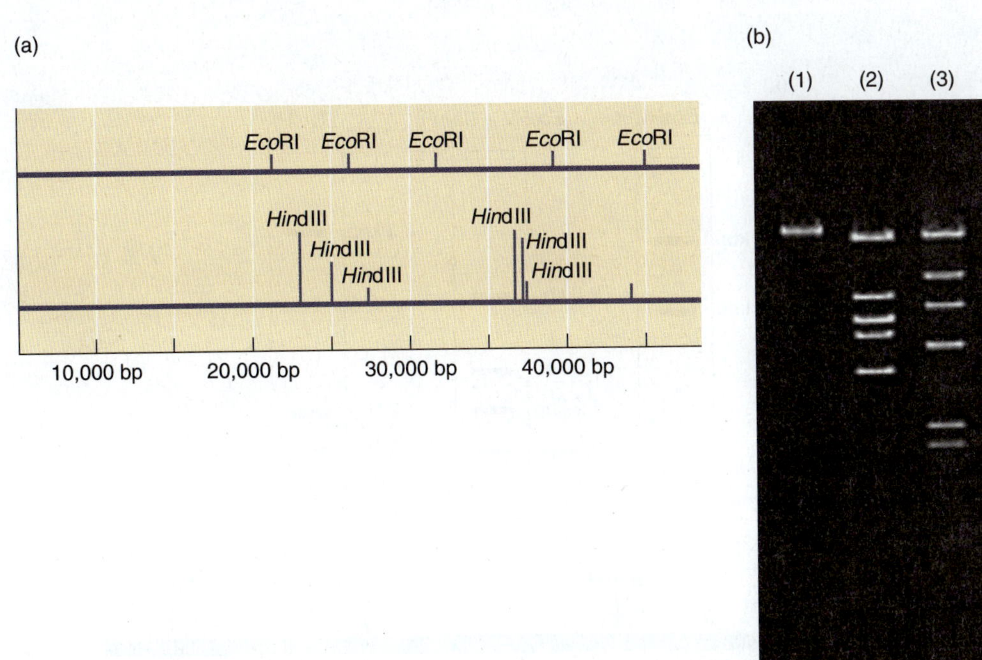


**그림 5.18 *Eco*RI과 *Hind*III 제한효소에 의한 phage λ DNA에서 자르는 부위들.** (a) (맨 위의 선) *Eco*RI 자르는 부위, (중앙 선) *Hind*III 자르는 부위, 그리고 (맨 아래 선) 왼쪽부터 시작한 DNA염기쌍 숫자. (b) 생성된 절편의 전기영동: (1번 레인) 잘리지 않은 λ DNA (2번 레인) *Eco*RI으로 자른 것 (3번 레인) *Hind*III로 자른 것. *Hind*III에 의해 잘리는 2개의 작은 DNA절편들은 젤에서 보이지 않는다. 가장 큰 절편은 젤의 맨 위에 있고 제일 작은 절편은 맨 아래에 있다. FOTODYNE 회사의 허가에 의한 사진.

한효소가 자르는 부위의 순서를 추론하고 각각의 절편들의 간격을 알아내는데 사용되어진다. 실제 길이는 길이를 아는 표준시료의 이동성과 얻어진 절편들의 이동성을 비교하여 결정되기 때문에, 지도의 모든 간격을 합산하면 된다.

간단한 예가 이 방법을 설명하는데 도움을 줄 것이다(**그림 5.19**). 6-kbp의 이중 선형의 재료를 *Bam*HI, *Eco*RV 각각 또는 2가지 효소 모두로 자르고, 그림 5.19a에서 보여 지는 바와 같이 gel 전기영동에 의해서 구분한다. *Eco*RV는 한 위치를 잘라서 2개의 절편(2.3 그리고 3.7 kbp)을 만든다. *Bam*HI과 *Eco*RV의 혼합물에 의해 생성된 제한절편들을 연구해보면 *Bam*HI이 3.7 kbp 절편을 2 절편으로(1.2과 2.5 kbp) 자르고, 2.3 kbp 절편을 2 절편으로(0.5와 1.8 kbp) 나눈다는 것을 알 수 있다. *Bam*HI에 의해 생성된 절편들과 이중 절단에 의해 생성된 절편들의 비교는 *Eco*RV가 4.3 kbp 절편을 2.5 kbp와 1.8 kbp 절편으로 자른다는 것을 나타낸다. 이런 정보는 *Eco*RV에 의해 만들어진 3.7 kbp와 2.3 kbp 절편이 어떻게 연결되어지는지를 결정하게 해서, 그림 5.19b에 나타난 제한효소지도를 만들게 된다.

비록 원리는 간단할지라도, 이렇게 하는 방식은 실제적으로 어려움들이 있다. 어떤 절편들은 너무 작아서 확인이 어렵거나 gel에서 빠져 나가기 때문이다. 이런 조건에서는 절편 크기들의 합이 DNA의 원래 크기와 같아지지 않을 것이다. 2개 또는 그 이상의 절편들의 크기가 같거나 매우 비슷해서 gel에서 구분하기가 어려운 경우도 있다. 이와 같은 일이 일어나면, agarose gel에 있는 밴드중 하나는 같은 gel에서

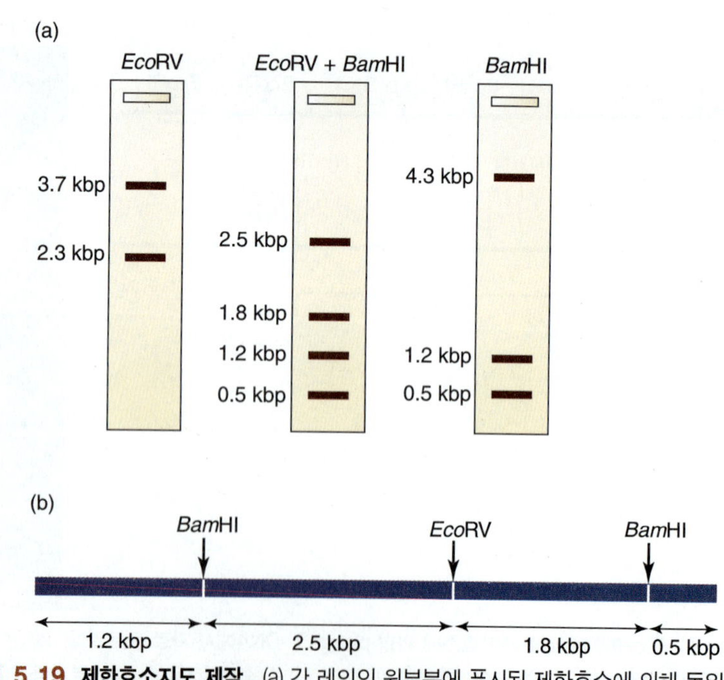


**그림 5.19 제한효소지도 제작.** (a) 각 레인의 윗부분에 표시된 제한효소에 의해 동일한 DNA를 잘라서 생기는 절편들의 전기영동 양상. 절편들의 길이는 kbp로 나타내졌다. (b) 전기영동에의해 알려진 절편 크기로부터 추론한 제한효소지도, 각 효소에 잘리는 특정 부위들은 수직 화살표로 표시된다.

유사한 크기의 이웃하는 밴드들보다 형광이 2배 진하게 보여 진다. 최종적으로 결론을 도출하기에는 밴드의 숫자가 증가하는 만큼 점점 더 어려워진다. 대체적으로 각각의 제한효소가 7개 이상의 절편을 만드는 경우 해석이 불가능하지는 않지만 결론을 도출하기가 쉽지 않다.

1976년에 Hamilton Smith과 Max L. Birnstiel이 DNA 제한효소 인식 부위의 지도 작성을 위해 간단한 방법을 고안했다. 이 방법은 DNA 분자의 한 쪽 끝을 방사능으로 표지함으로써 복잡한 계산을 줄인다. DNA 한쪽 끝을 표지하는 것은 시간과 노력이 요구되지만, **그림 5.20**에 보여 지는 방법에 따라 얻을 수 있다.

DNA는 5′-말단으로부터 인산기를 제거하기 위해 탈인산효소를 처리하고, 5′-말단에 방사능 표지된 인산기를 넣기 위해 polynucleotide kinase와 $\gamma^{32}$p ATP를 넣고 반응시킨 후, 크기가 다른 2개의 DNA 절편을 생성시킬수 있는 제한효소로 처리하고 각각 한쪽 끝에만 표지된 절편을 전기영동으로 분리한다. 표지된 각각의 절편에 대한 제한효소지도는 표지된 절편을 튜브에 넣고, 새로운 제한효소로 불완전하게 자른 다음, gel 전기영동을 통해 각각의 절편을 구분함으로 결정 될 수 있다. 인화용 필름을 gel 위에 올려놓고 어두운 곳에서 보관하면 방사성 동위원소 $^{32}$P에서 발산되는 β입자가 인화용 필름의 은 이온을 감광하여 각 절편의 위치에 검정 밴드를 형성한다. Autoradiography라 불리는 이 방법은 표지된 말단에서부터 시작하여 제한효소의 절단 위치까지 연결되는 절편들의 밴드를 확인할 수 있기 때문에 해석이 용이하다.

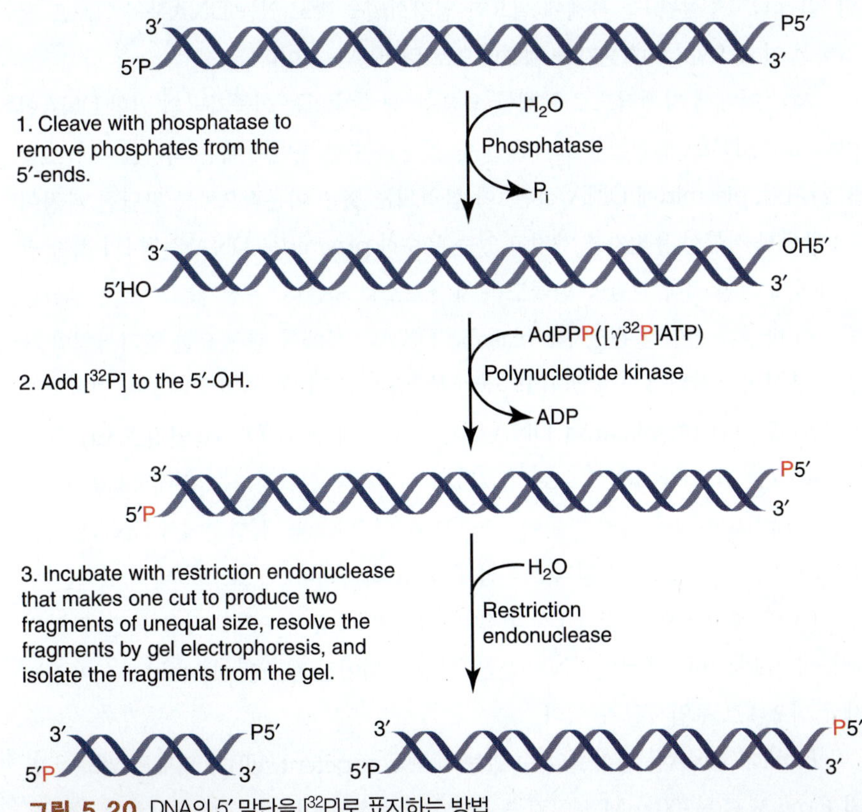


**그림 5.20** DNA의 5′ 말단을 [$^{32}$P]로 표지하는 방법

각 위치들의 순서는 gel에 있는 밴드들을 아래쪽에서 위쪽으로, 즉 가장 작은 절편(표지된 말단에 가장 가까운)에서 가장 큰 절편(표지된 말단에 가장 먼), 읽음으로 알 수 있다. 각각의 제한효소의 절단 위치와의 간격들은 각 절편간의 크기의 차이와 일치한다. 비록 원리는 간단하지만, 이 방법은 몇 가지 단점들이 있다. 절편이 길이가 증가할수록 절편의 길이에 대한 측정이 부정확 해진다. 또한 원하는 수준만큼의 절단을 하는 조건들을 알기가 어렵다. 더구나, 절단 속도는 절단부위 주위에 있는 제한효소에 의해 영향을 받기 때문에 어떤 절단 위치들은 다른 위치들보다 훨씬 많은 정도로 잘릴 수 있다는 가능성을 유념해야 한다.

## 5.6 재조합 DNA 기술

### DNA 절편은 plasmid DNA 벡터에 삽입될 수 있다.

흔히 많은 양의 특정 DNA 절편(우리는 이 특정 DNA 절편을 DNA 절편 I이라고 부르자) 만드는 것이 필요하다. 비록 사람들이 DNA 절편 I의 복제가 첫째로 이 절편이 세포 안으로 들어가고, 그 다음 세포 자체의 복제 기작을 이용하여 이 절편을 복제함으로 DNA 절편 I의 복제가 완성될 수 있다고 생각하지만, 이러한 일들은 좀처럼 드문 일이다. 실패율이 높은 이유는 세포의 복제 기작이 행해지기에 앞서 DNA 분자가 특정한 복제 염기서열을 가지고 있어야 하기 때문이다(9장 참조). 대부분의 DNA 절편들은 이러한 염기서열이 없다. 하지만 이러한 문제를 피할 수 있는 간단한 방법이 있다: DNA 절편 I을 복제에 필요한 염기서열을 갖고 있는 DNA분자 안으로 삽입하고 이 재조합 DNA분자를 세포안으로 밀어넣는 것이다.

세균 안에서 자체적으로 복제할 수 있는 능력이 있는 이중가닥의 원형 DNA인 plasmid는 DNA 절편들을 받아들일 수 있는 우수한 운반체 혹은 벡터들이다. **그림 5.21**처럼, plasmid에 DNA 절편 I이 삽입되는 것은 이론적으로는 간단한 과정이다. 항생제 저항성 유전자를 가지고 있는 무수한 plasmid를 DNA 절편 I의 접착 말단과 상보적인 접착 말단을 만들도록 제한효소로 자른다. 유전자를 자르는 부위는 반드시 항생제 저항성 유전자와 plasmid DNA가 복제할 때 필요한 염기서열의 바깥 부분이어야 한다. DNA 절편 I의 끝부분과 plasmid DNA의 끝부분이 결합함으로 DNA 절편 I이 plasmid DNA로 삽입되는데 이때 DNA 연결효소(DNA ligase, 9장 참조)가 최종적으로 이 2가지 DNA를 결합시키는 촉매작용을 한다. Bacteriophage T4에 의해 만들어지는 DNA 연결효소는 실험실에서 DNA분자들을 붙일 때 사용하는 가장 널리 쓰이는 효소 중 하나이다. 이 효소가 널리 쓰이는 주된 이유 중 하나는 이 효소가 1쌍의 접착 말단이나 1쌍의 수직 말단을 붙일 수 있기 때문이다. Plasmid 벡터에 DNA 절편 I이 삽입되어진 재조합 plasmid는 살아있는 세균 세포내로 주입시킬 수 있다.

*E.coli*가 DNA를 받아들일 수 있는 세포(competent cell)가 되도록 위하여 먼저 *E.coli* 세포를 100 mM 염화칼슘 용액에서 30분 동안 4°C에서 배양하고 원심분

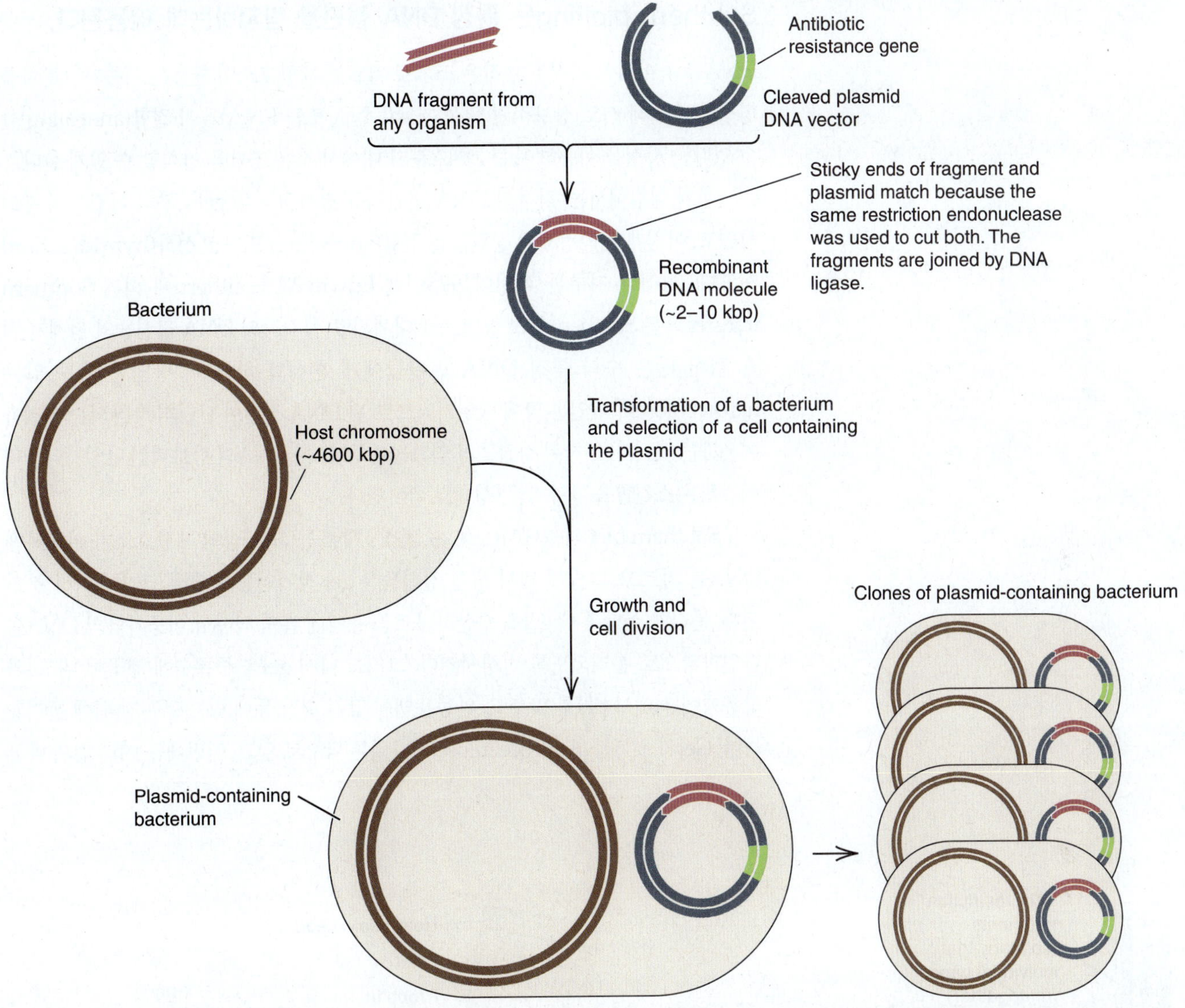


**그림 5.21 Cloning의 예.** 어떤 생물체의 DNA 절편이 잘려진 plasmid에 결합된다. 재조합 plasmid는 세균 세포를 형질전환 하는데 사용되는데, 세포 안에서 재조합 plasmid는 복제되고 그리고 자손 세균에게 유전된다. 세균 숙주의 염색체는 비율에 맞게 그리지 않았다. 그것은 통상적으로 plasmid보다 약 1000배는 크다.

리를 한 후, 얻어진 세포 pellet을 15% glycerol을 함유하는 75 mM 염화칼슘 용액에 재현탁시켜 0.2 ml씩 분주하여 냉동시킨다. 이 세포들을 얼음속에서 녹인 다음 여기에 재조합 DNA를 넣어주어 42℃에서 90초간 배양한 후 항생제 포함 한천배지에 도말하여 형질전환세포를 분리한다. 하나의 재조합 plasmid를 포함하고 있는 각각의 세포들이 하나의 콜로니나 clone을 만드는데 이것은 동일한 재조합 plasmid를 가지고 있는 수백만의 자손 세균으로 구성되어 있다. 이러한 이유로, 재조합 plasmid가 clone 되었다고 말하고 이러한 과정을 cloning 이라고 한다. 바이러스 DNA와 같이 자가 복제되는 다른 종류의 DNA분자들도 또한 cloning 벡터로 사용된다.

## Southern blotting은 특정 DNA 절편을 탐지하는데 이용된다.

DNA를 특이적이고 적절히 작은 크기로 자르는 제한효소의 활용은 이중가닥분자를 형성하기 위해 서로 상보적인 핵산 가닥(DNA 또는 RNA)들이 결합(annealing)할 수 있다는 사실을 이용하여 큰 DNA분자 내에서 작은 조각을 인식할 수 있게 한다.

초기 실험에서는, 각각의 DNA 절편들을 전기영동 된 gel로부터 어렵사리 분리하였고, 이렇게 분리정제된 절편들을 결합(annealing) 또는 **혼성화(hybridization)** 시켰다. 이러한 지루한 과정이1975년에 Edwin M. Southern에 의해 Southern transfer 혹은 Southern blot 방법으로 대체되었다. 각각의 DNA 절편들의 정제가 필요 없이 많은 수의 특정 DNA 절편들에게 혼성화 하는 이 방법은 아주 얇은 nitrocellulose나 나일론 막에 단일가닥으로 된 DNA 절편이 단단히 부착되는 성질을 이용하는 것이다. 부착된 절편들의 염기들은 DNA나 RNA의 상보적인 단일가닥들과 여전히 수소결합을 할 수 있는 형태로 남아있다.

Southern blot 과정에서(**그림 5.22**), 1개 또는 그 이상의 제한효소가 완벽하게 DNA를 자르고, 그렇게 해서 생긴 절편들은 gel 전기영동에 의해 크기에 따라 분리된다. 분리가 끝난 후에 gel을 수산화나트륨 용액에 흠뻑 적셔서 이중가닥의 DNA를 단일가닥으로 분리되도록 변성시킨다. 그리고 나서 gel을 증류수에 헹구어 내고, 완충용액에 적셔서 pH를 맞추고, 완충용액이 담긴 저장 통에 있는 스폰지 위에 올려놓는다. Gel의 윗부분을 nitrocellulose나 나일론 막으로 덮고, 이번에는 여러 겹의 마른

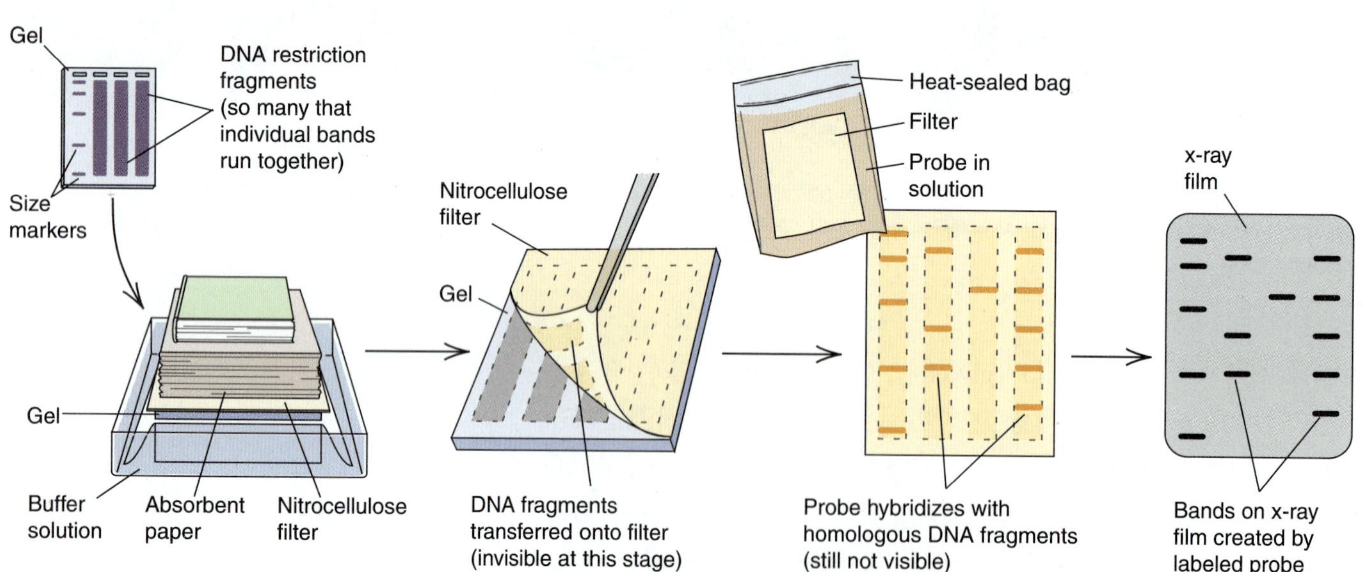


**그림 5.22 Southern blot 분석 : gel에 있는 특정 DNA 절편을 동정하기 위한 실험방법.** 이 방법은 다음 몇 단계들로 나누어져 있다. (1) DNA가 1개 또는 그 이상의 제한효소에 의해 잘려지고 그 결과 생긴 절편들이 gel 전기영동에 의해 분리 된다. (2) 구분된 DNA 절편들은 염기성 용액에 gel을 적셔줌으로써 변성되고 변성된 절편들은 nitrocellulose 필터에 빨아들여지게 된다. (3) Nitrocellulose 필터는 방사성이나 다른 탐지 가능한 방법으로 표지된 탐침에 노출시키고, 그리고 (4) 방사성이 있는 탐침을 사용한 경우, 필터를 사진용 필름에 노출시키고 그리고 필름을 현상시킨다.

종이 타월로 차례로 덮고, 종이 타월의 윗부분에 무거운 것을 놓아둔다. 종이 타월은 흡습제(blotter)로 작용하는데, 모세관 작용에 의해 여러 층을 통하여 저장 통으로부터 완충용액을 빨아들인다. 완충용액이 위로 이동함에 따라서, 단일 가닥 DNA가 gel로 부터 nitrocellulose나 나일론 막으로 이동된다. 이 과정을 약간 변형하여 전기영동 방식으로 DNA를 이동시키는 것을 electroblotting이라고 한다. 어느 경우이든, 단일가닥 DNA분자는 그것들이 gel에 있던 위치와 동일하게 막에 부착됨으로써 밴드 형태를 유지한다.

이동이 완료된 후, 장치를 분리하고 nitrocellulose 막을 80°C 진공상태에서 고온건조하거나 또는 나일론 막을 자외선으로 조사하여 가교결합(crosslinking)을 시킴으로 단일가닥 DNA는 영구적으로 고정된다. 그리고 막은 bovine serum albumin, polysucrose, polyvinylpyrolidine와 변성된 연어정자 DNA(단일가닥의 DNA와 결합하는 막 고유의 성질을 없애기 위함)를 넣은 용액에서 배양한다. 하지만 전기 영동한 gel로부터 막으로 옮겨진 변성된 DNA는 상보적인 단일가닥의 DNA나 RNA와 결합하는 능력을 계속 유지하고 있다.

막에 결합되어 있는 DNA 서열은 탐지가능하게 표지되어있는 상보적인 단일가닥의 DNA나 RNA 탐침을 이용하여 확인된다. 초기 연구에서는 탐침이 방사성 동위원소에 의해 표지되었지만 요즘 연구자들은 대개 nucleotide의 염기에 결합된 biotin 그룹과 같은 탐지 가능한 화학적인 표식을 사용하는 것을 더 선호한다. Nitrocellulose나 나일론 막은 표지된 탐침이 포함된 완충용액에 놓이고, 그리고 nitrocellulose나 나일론 막에 결합되어 있는 DNA상의 상보적인 염기서열에 탐침이 혼성화 할 수 있는 적절한 재생 온도에서 몇 시간동안 반응한다. 그리고 나서 막을 완충액으로 씻어주어 부착되지 않은 탐침을 제거하고 건조시킨다. 방사능 사진촬영술이 방사성이 있는 탐침을 탐지하기 위해 사용된다. 탐침과 상보적인 DNA 절편이 검은색 또는 착색된 밴드들로 나타난다. Biotin을 가지고 있는 탐침은 2개의 구성체로 된 단백질 분자를 이용하여 탐지 된다. 1가지 성분은 streptavidine으로 이것은 biotin에 강하게 결합한다. 다른 성분은 alkaline phosphatase이다. Biotin으로 표지된 탐침에 streptavidine-alkaline phosphatase 단백질을 결합시키는 단계가 끝나면, 결합되지 않은 streptavidine-alkaline phosphatase 단백질을 제거하기 위해 헹구어 주고, 막은 발색과정에 놓이게 된다. Alkaline phosphatase는 수용성 전구체를 DNA 탐침과 결합된 상태가 유지되는 어두운 파랑색의 침전물로 변환하는 과정을 촉매 하는데, 이로써 관심 있는 밴드(들)를 눈으로 볼 수 있게 된다.

Southern blot 방법은 DNA에서 잘리는 자리가 달라지는 것이나 잘리는 자리 사이의 조각들의 길이가 달라지는 것과 같은 변화를 탐지하는데 아주 다재다능하고 강력한 방법이다. 이것은 유전적인 문제를 확인하기 위한 방법으로서 임상 실험실에서 중요해졌다. 예를 들면, **그림 5.23**에 있는 Southern blot은 정상적인 유방조직에 있는 밴드가 암세포에서는 보이지 않는 것을 보여준다.

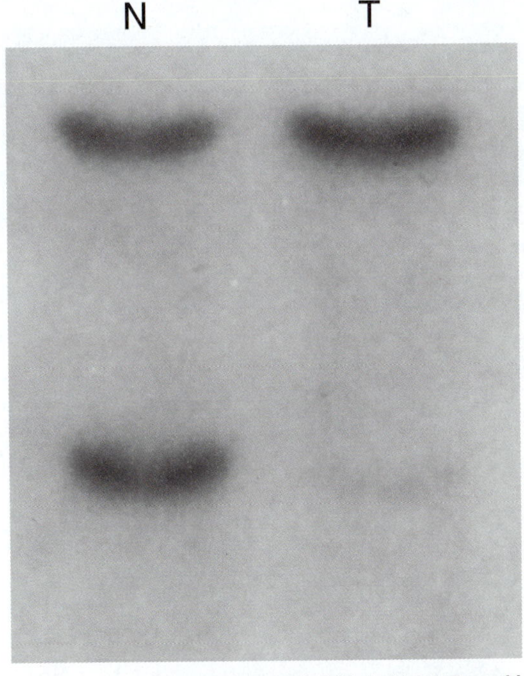


**그림 5.23 정상조직(N)과 유방암 환자의 종양(T)으로부터 얻은 유전체 DNA의 Southern blot.** 정상적인 유방조직은 2개의 밴드가 보이지만 종양세포는 그 위쪽에만 밴드가 있다. 아래쪽에 있는 희미한 밴드는 종양 시료에 있는 종양이 아닌 세포로부터 온 것이다. Tougas I., et al., Clin. Invest. Med. 19 (1996): 222-230로부터 재현됨. 사진은 Serge Jothy, University of Toronto의 허가에 의한 것이다.

## Northern과 Western blotting은 각각 특정 RNA와 polypeptide를 탐지하는데 사용된다.

Southern blot과 다른 변형으로는, 말장난과 같이 Northern blot이라고 불리는데, RNA분자를 gel 전기영동에 의해 분리하고 나서 나일론이나 nitrocellulose 막에 옮겨진다. 이렇게 부착된 RNA는 표지된 단일가닥의 RNA나 DNA로 혼성화 할 수 있다. 또 다른 하나는 **Western blotting**이 있는데, 이것은 gel 전기영동에 의해 단백질을 분리하고 nitrocellulose나 폴리비닐 막에 옮긴다. 이렇게 부착된 단백질은 표지되거나 꼬리표가 붙은 항체 탐침에 의해 탐지할 수 있다.

## DNA 중합효소 I은 3′→ 5′ 및 5′→ 3′ 핵산말단가수분해효소 기능도 갖춘 다기능 효소로서 DNA labeling에 사용된다.

분자생물학자들이 자주 활용하는 효소 중에서 가장 중요한 효소 중 하나는 **DNA 중합효소 I**이라 불리는 효소이고, 이것은 Watson-Crick 모델이 제안 된 후 단 3년이 되는 1956년 Arthur Kornberg와 공동 연구자들에 의해 대장균 추출물에서 최초로 발견되었다. 로마 숫자 I이 사용되었는데 그 이유는 대장균이 여러개의 다른 DNA 중합효소를 가지고 있다는 것이 나중에 밝혀 졌지만 Kornberg의 효소가 최초로 발견되어졌기 때문이다. DNA 중합효소 I은 다음 반응에 의해서 먼저 형성된 DNA가 존재할 때 deoxyribonucleoside triphosphate을 DNA로 변환시킨다.

$$\left\{\begin{matrix} \text{dATP} \\ + \\ \text{dGTP} \\ + \\ \text{dCTP} \\ + \\ \text{dTTP} \end{matrix}\right\} \underset{\text{DNA polymerase, } Mg^{2+}}{\overset{\text{DNA}}{\rightleftharpoons}} \text{DNA + pyrophosphate}$$

이 효소의 활성은 이 효소를 4개중 하나는 방사성이 있는 deoxyribonucleoside triphosphate, DNA 주형-primer(아래 참조), 그리고 마그네슘 이온들이 포함된 혼합체에 첨가해줌으로써 분석되어진다. 이 반응은 새롭게 형성된 방사성을 띄는 DNA를 침전시키기도 하는 산을 첨가해주면 멈춰진다. 산에 녹지 않는 DNA는 산에 녹는 deoxyribo-nucleoside triphosphate으로부터 원심분리나 여과법에 의해 분리되고 그것의 방사성은 전리방사선에 의해 만들어진 광선을 탐지하고 집계하는 장치인 액체 섬광 계측기에서 측정된다. 이때 4개의 deoxynucleotide 모두 필요하다. 반응이 일어나기 위해 반드시 존재해야 한다. 먼저 형성되어져 있는 이중가닥 DNA가 어떤 DNA인가는 문제가 되지 않는다; 원핵생물과 진핵생물의 DNA 모두 동일하게 반응이 일어난다. 먼저 형성되어 있는 DNA의 2가닥은 DNA합성 위치에서 각

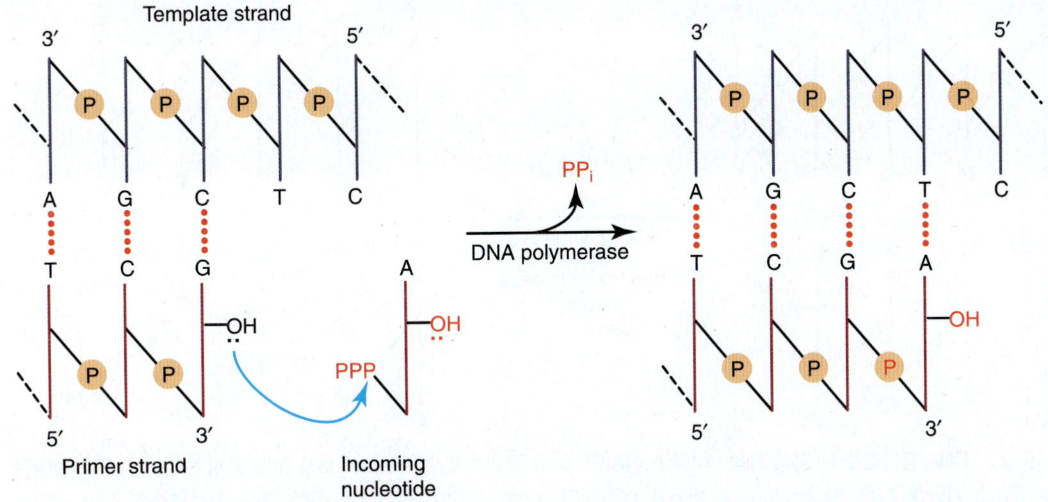


**그림 5.24 DNA 중합효소 I, 중합효소 기능.** DNA 중합효소 I는 primer 가닥에 첨가하는 다음 nucleotide를 결정하는데 주형 가닥을 이용한다.

각 다른 기능을 가지고 있다(**그림 5.24**).

먼저, **primer 가닥(primer strand)**은 들어오는 deoxynucleotide가 결합되는 장소이다. 두 번째로 **주형 가닥(template strand)**은 염기쌍 법칙에 따라 primer 가닥에 결합순서를 결정하여 준다. DNA 중합효소 I은 primer 가닥, 주형 가닥, 그리고 들어오는 deoxynucleotide에 대한 결합 부위들을 가지고 있다. 효소는 피로인산염 그룹의 친핵성 치환을 촉매 하여, 신장하는 primer 가닥의 3′ 말단과 들어오는 deoxynucleotide의 5′ 말단 사이에 인산2에스테르 결합을 만든다. 그러므로, primer 가닥은 5′에서 3′ 방향으로 신장되고, 이는 알려진 모든 DNA나 RNA 중합효소의 특징이다. 방출된 피로인산염 그룹의 가수분해로 인하여 반응이 정방향으로 진행된다.

초기의 대장균 DNA 중합효소 I의 추출물은 핵산말단가수분해효소 기능을 포함하고 있었기 때문에, Kornberg와 공동 연구자들은 효소를 더 정제하면 그 기능을 제거할 수 있을것으로 예상했었다. 그러나 그들의 예상과 상반되게, 고도로 정제된 DNA 중합효소 I(928개의 아미노산 잔기들(분자량 = 103 kDa)로 된 하나의 polypeptide로 구성된)은 3′→5′와 5′→ 3′ 핵산말단가수분해효소 기능을 둘 다 가지고 있었다. 1개의 효소가 DNA 합성과 분해의 2가지 능력을 갖는다는 발견은 당혹스러웠다. 하지만, Kornberg의 그룹은 이후 연구에서 DNA합성 시 2개의 핵산말단가수분해효소 활성은 실제로 중요하게 기여한다는 것을 확인하였다. 3′ 말단에서부터 한 번에 하나씩의 5′-deoxynucleotide를 연속적으로 가수분해 하는 것을 촉매하는 3′→5′ 핵산말단가수분해효소는 교정 기능(**그림 5.25**)을 가진다. DNA 중합효소 I가 높은 특이성을 갖는다 할지라도, 가끔씩 nucleotide를 잘못 삽입하거나 주형과 primer를 잘 못 짝짓는 것과 같은 오류들도 종종 만든다. 어떤 유형의 오류든지 결국 염기쌍의 치환, 추가, 또는 결손을 만들어 낸다. 비록 오류가 드물긴 하지만, $10^4$의 nucleotide들이 추가될 때마다 하나정도의 빈도로 오류가 생기며 이 오류가 바르

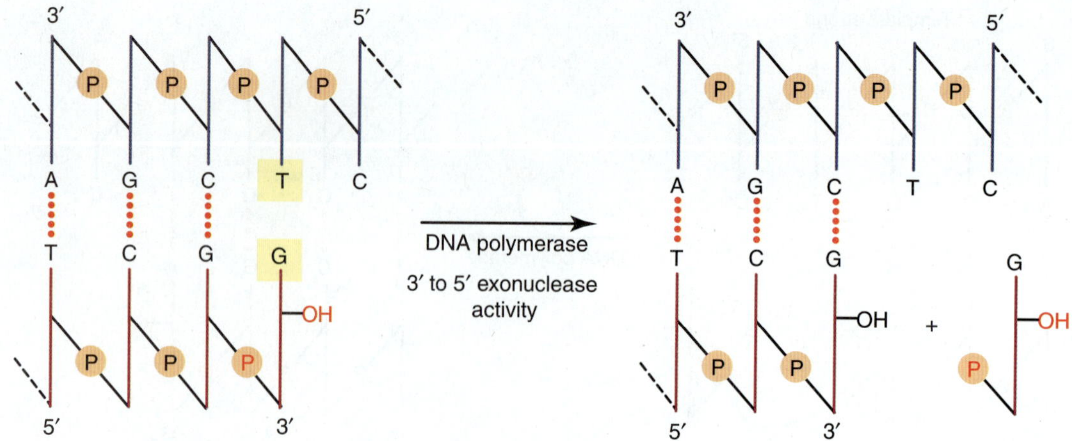


**그림 5.25** **DNA 중합효소 I, 교정 기능.** 비록 드물지만, DNA 중합효소 I는 nucleotide를 잘못 넣게 된다. 3′→5′ 핵산말단가수분해효소 기능은 다음 deoxyribonucleotide가 첨가되어 primer 가닥이 신장되기 전에 DNA 합성효소가 잘못 삽입한 deoxyribonucleotide를 제거하게 한다.

게 수정되지 못하면 세포에게 해롭게 된다. 3′→ 5′ 핵산말단가수분해효소 기능은 신장되고 있는 사슬에 다음 deoxynucleotide가 첨가되기 전에 잘못 삽입된 것을 제거한다. 5′ 말단으로부터 하나의 nucleotide나 짧은 oligonucleotide를 제거할 수 있는 5′→ 3′ 핵산말단가수분해효소는 9장에서 언급될 DNA합성 시의 교정 역할을 수행하며 다음에 설명될 것처럼, DNA를 표지할 때 유용하게 사용된다.

DNA 중합효소 I은 3개의 domain이 있는 다기능의 polypeptide(1개 이상의 촉매 작용을 하는 하나의 polypeptide)이다. 아미노 말단 부위에서 처음에 있는 325개 정도의 잔기들로 구성된 domain 1은 5′→ 3′ 핵산말단가수분해효소 기능을 가지고 있다. 그 다음부위로 약 200개 정도의 잔기들로 되어있는 domain 2는 3′→ 5′ 핵

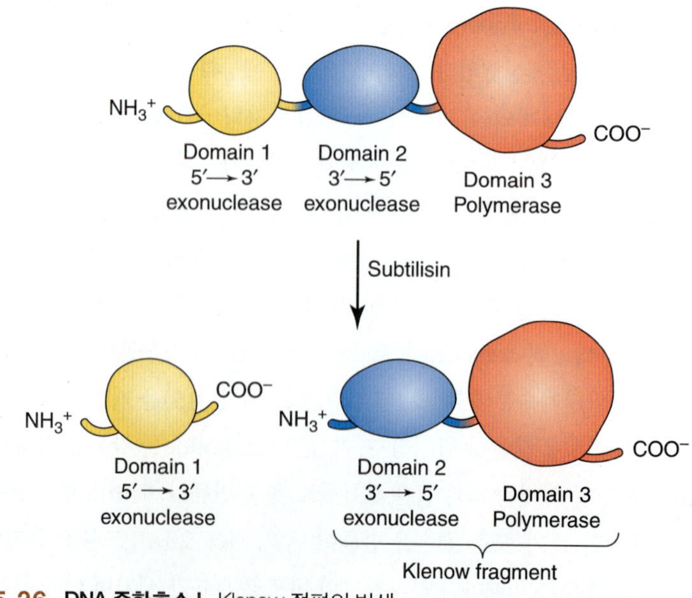


**그림 5.26** **DNA 중합효소 I.** Klenow 절편의 발생.

산말단가수분해효소 기능을 가지고 있다. 카르복시 말단 부위의 나머지 잔기들을 포함하는 domain 3은 중합효소 기능을 가지고 있다. 1970년에 Hans Klenow가 subtilisin(B. subtilis에 의해 생성되는 단백질 가수분해 효소)이 DNA 중합효소 I을 크기가 다른 길이의 2개의 조각으로 자르는 것을 보였다. 작은 조각(분자량 = 35 kDa)은 5′→ 3′ 핵산말단가수분해효소 기능을 가지고 있는 domain 1을 포함한다. Klenow 절편으로 불리는 큰 조각(분자량 = 68 kDa)은 domain 2(3′ → 5′ 핵산말단가수분해효소 기능)와 domain 3(중합효소 기능)을 포함한다.

Thomas Steitz와 공동 연구자들은 X선 결정학을 통해 Klenow 절편의 3차 구조를 결정했다. 3개의 subdomain으로 구성된 중합효소 domain은 부분적으로 펼쳐진 오른손과 닮았다(**그림 5.27**). 중합효소의 촉매 역할 부분은 손바닥모양의 subdomain에 위치해 있다. **그림 5.28a**의 개요도에서 보는 바와 같이, 아직 복제가 안 된 주형 가닥에 손가락 모양의 subdomain이 결합되어 있는 동안 primer-주형 이

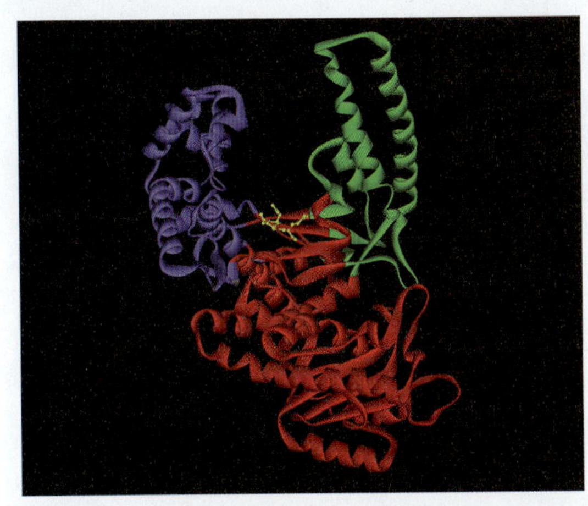

**그림 5.27 Klenow 절편의 중합효소 domain의 리본 구조.** 중합효소 domain은 부분적으로 펼쳐진 오른손과 닮 았다. 엄지손가락, 손가락들, 손바닥에 해당하는 subdomain들을 각각 녹색, 보라색, 빨간색으로 표시되었다. 중합효소 활성 부위에 있는 carboxylate triad, Asp-705, Asp-882, 그리고 Glu-883은 노란색으로 보여 진다. Protein Data Bank ID: 1KFD. Beese, L. S., Friedman, J. M. and Steitz, T. A., *Biochemistry* 32 (1993): 14095-14101.

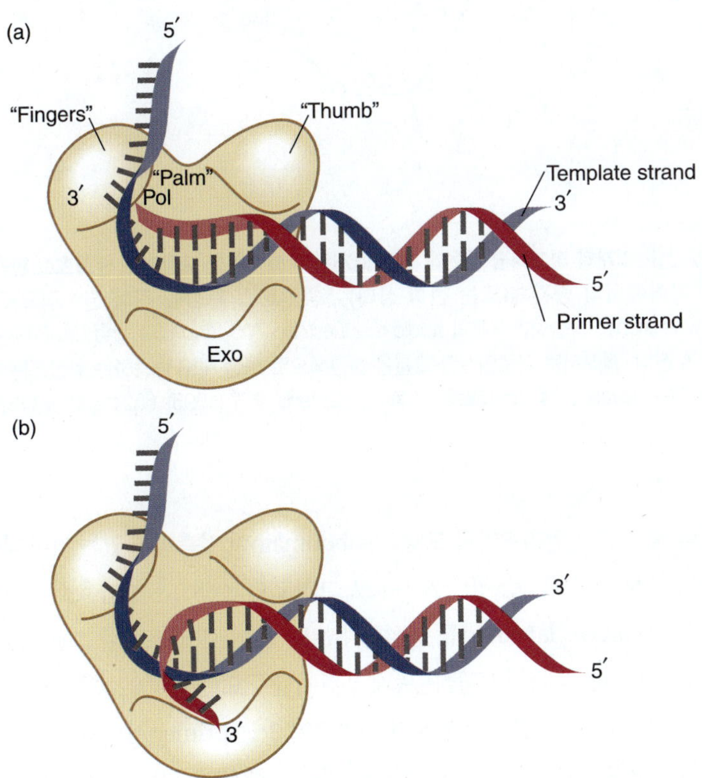


**그림 5.28 (a) 중합효소 방식과 (b) 교정기능 방식일 때 DNA 중합효소 I의 개요도.** (a) 중합효소 방식일 때의 DNA 중합효소 I. 엄지손가락 모양의 subdomain은 주형-primer 이중가닥의 작은 홈에 접촉하고, 손가락 모양의 subdomain은 복제 안 된 주형 가닥에 결합하고, 그리고 primer 가닥의 3′-OH말단에 중합효소 활성 부위가 결합한다. (b) 3′→5′ 핵산말단가수분해효소 방식일 때의 DNA 중합효소 I. 엄지손가락 모양의 subdomain은 여전히 primer-주형 이중가닥의 작은 홈에 접촉해 있고, 손가락 모양의 subdomain도 여전히 복제 안 된 주형 가닥에 결합되어 있다. 하지만, 잘못 삽입된 nucleotide가 있는 primer 가닥의 3′-OH말단은 3′→5′ 핵산말단가수분해효소 촉매 반응 부위의 활성 부위와 결합되어 있다. Joyce, C.M., and Steitz, T. A., J. *Bacteriol.* 177 (1995): 6321-6329로부터 번안됨.

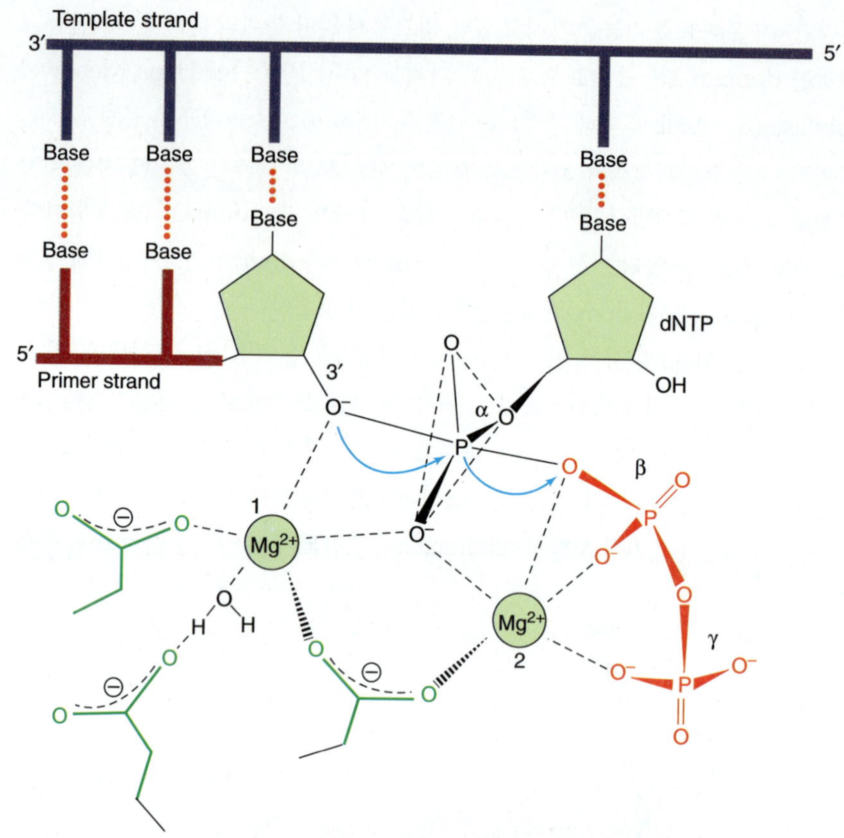


**그림 5.29** **2개의 마그네슘 이온에 의해 매개된 촉매작용을 포함하는 중합효소 반응을 위해 제안된 기작에서의 중간체(또는 전이 상태).** 중합효소 활성을 위해 필수적으로 필요한 carboxylate triad를 형성하는 3개의 acidic residues(Asp-705, Asp-882, and Glu-883)은 초록색으로 보여 진다. 잘려지는 피로인산염 그룹은 빨강색으로 보여 지고 반응하는 화살표는 파란색으로 보여 진다. Joyce, C.M., and Steitz, T. A., J. Bacteriol. 177 (1995): 6321-6329로부터 번안됨.

중가닥의 작은 홈과 엄지손가락 모양의 subdomain이 접촉되어 있는 것이 나타나 있다. 3개의 산성 잔기들(Asp-705, Asp-882, 그리고 Glu-883)은 중합효소 기능에 있어서 필수적인 carboxylate triad를 형성한다(**그림 5.29**에 카르복실 그룹으로 표시되어 있다). 2개의 마그네슘 이온들은 촉매 부위에서 주요한 구성요소임을 알 수 있다.

동력학적인 연구들은 중합효소가 신장되고 있는 primer 사슬의 끝부분에 틀린 nucleotide가 부착되면 그 자리에 멈추어 3′→ 5′ 핵산말단가수분해효소 기능이 틀린 nucleotide를 제거하는 시간을 부여함을 제시하고 있다(**그림 5.28b**). X선 회절 연구는 중합효소 와 3′→ 5′ 촉매반응 부위가 3.5 nm 떨어진 것을 보여준다. 교정기능은 분자 내에서 또는 분자 상호간의 기작에 의해서 일어날 수 있다. 전자의 경우에는, 3′말단이 중합효소 촉매반응 부위로부터 3′→ 5′ 핵산말단가수분해효소 촉매반응 부위 쪽으로 이동하는 반면 후자의 경우에는 효소와 DNA의 복합체가 분리되고 그 후 다른 DNA 중합효소 I이 잘못 짝지어진 염기를 제거 한다. 핵산말단가수분해효소 촉매반응 부위에 있는 아연과 마그네슘 이온이 잘못된 nucleotide의 5′-인산염에

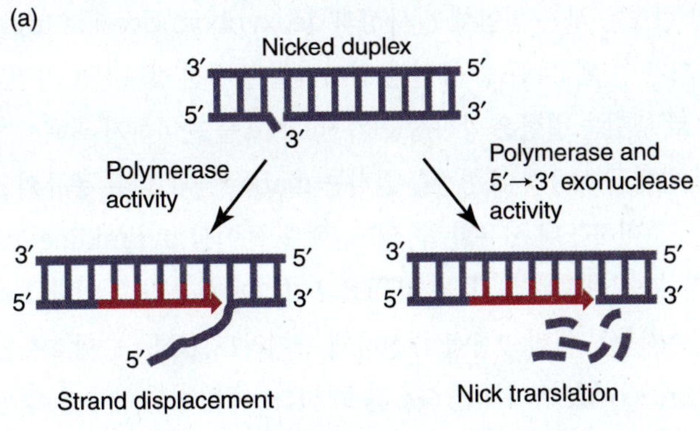


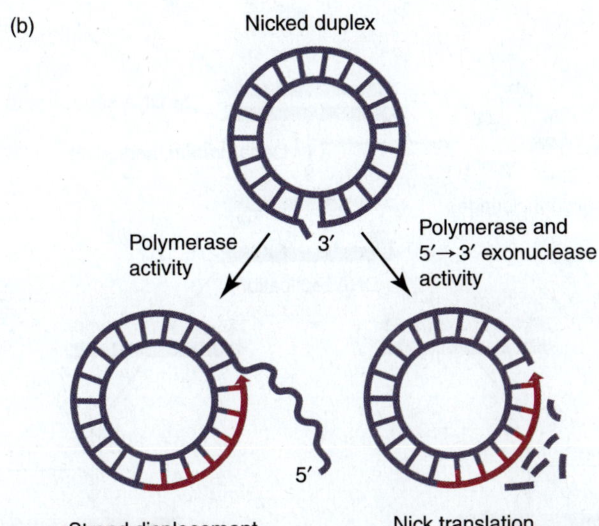


**그림 5.30 직선과 원형의 분자들에서의 가닥 이탈과 부서진 곳 변형(Nick translation).** 부서진 곳 변형에서 효소의 중합효소 활성에 의해 첨가되는 하나는 nucleotide를 위해 DNA 중합효소 I의 5′-핵산말단가수분해효소 활성에 하나의 nucleotide가 제거된다. 형성되는 가닥은 빨간색으로 보여 진다. (a) 부서진 선형의 DNA 이중가닥에서의 가닥 이탈과 부서진 곳 변형. (b) 부서진 원형의 DNA 이중가닥에서의 가닥 이탈과 부서진 곳 변형.

친핵성 공격을 위해 물 분자를 위치하게 하는 것으로 보여 진다.

## DNA 중합효소 I은 DNA 단일가닥 절단부위(nick)에서 DNA를 합성할 수 있다.

**그림 5.30**에서 보여 지는 것과 같이, DNA 중합효소 I은 단일 가닥이 끊긴 곳(nick)에서 DNA를 합성하는 주목할 만한 능력을 가지고 있다. 이 합성은 끊긴 곳 다음의 DNA들이 풀어지고 5′말단을 가지는 가닥이 계속해서 자리에서 이탈하는 과정이 필요하다. 5′ → 3′ 핵산말단가수분해효소 활성이 적거나 없을 때(Klenow 절편에서와 같이), DNA 합성은 가닥 이탈을 계속 한다. 그러나 5′ → 3′ 핵산말단가수분해효소 활성이 존재하면, 이탈될 가닥의 5′말단이 분해되고 끊긴 곳은 절단부위 **변형(nick translation)**이라 불리는 과정에서 합성하는 방향으로 분자를 따라서 이동한

다. 절단부위 변형을 하는 동안에 방사성의 deoxyribonucleoside triphosphate을 사용하면 표지가 안 된 DNA를 동일한 염기서열을 가진 방사성을 가진 DNA로 바꾼다. 그러므로 새김눈 변형은 방사성을 가진 DNA를 준비하기 위해서 좋은 방법을 제공한다. 이 방법을 이용하여 형광을 발하는 marker들과, 다른 종류의 꼬리표를 가지는 DNA를 준비하는데 사용할 수 있다. 예를 들어서 pyrimidine 고리의 C-5에 biotin 그룹을 붙인 변형된 dUTP는 dTTP의 자리에 사용될 수 있다. Biotin 그룹이 티민에 보통 존재하는 메틸 그룹을 대신하게 될지라도, DNA 중합효소는 여전히 기질로써 이런 nucleotide 유사체를 사용할 수 있다. 이 방법은 방사성, 형광성 또는 화

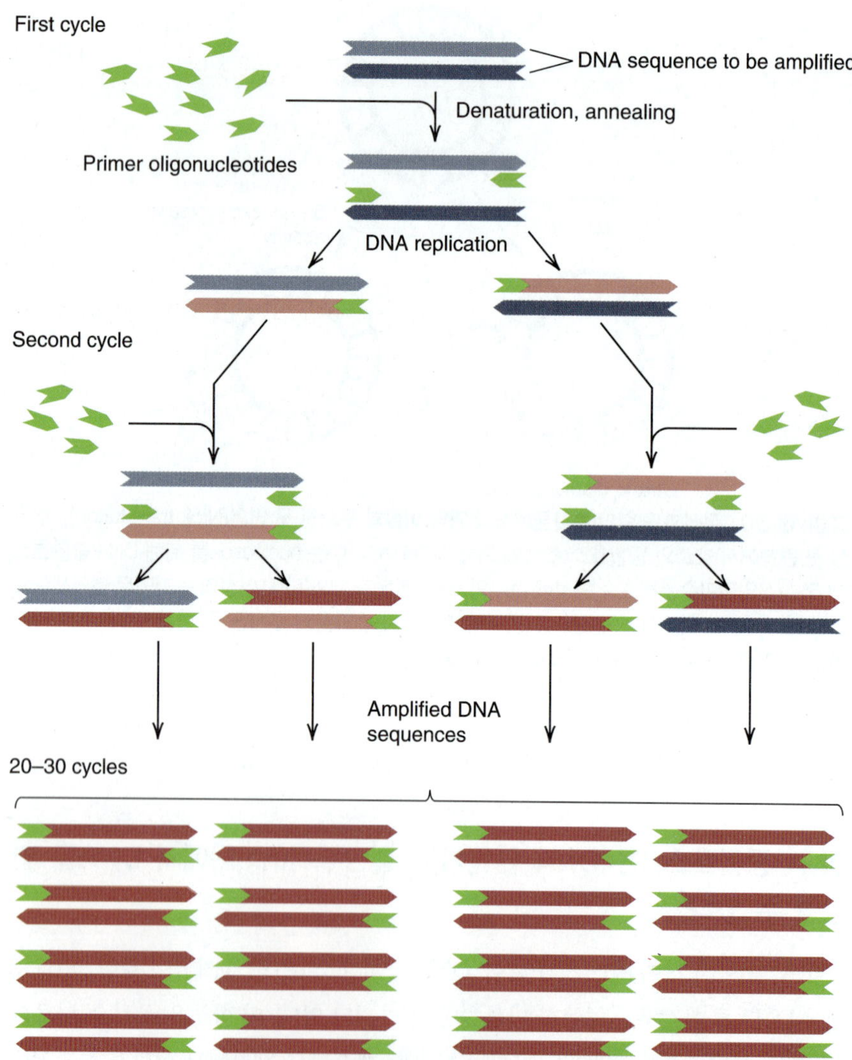


**그림 5.31 중합효소 연쇄반응(PCR)의 도식표, 특정한 표적 DNA 서열을 증폭하기 위한 방법.** 증폭될 선형의 이중가닥(파랑색)은 열에 의해 변성된다. 그리고 oligonucleotide primer (녹색)가 변성된 단일 가닥에 각각 결합된다. 새로운 가닥(빨강색)은 정해진 5′말단(oligonucleotide primer의 5′말단)을 가진다. 이것은 PCR 증폭에서 한 번의 주기를 완성한다. 같은 3가지 과정 (1) 선형 이중가닥의 변성, (2) primer들의 결합, 그리고 (3) DNA 중합효소 I에 의해 DNA primer가 신장되는 것이 주기 2와 이어서 일어나는 각각의 주기에 의해 반복된다.

학적 꼬리표를 가진 DNA를 합성하는데 사용될 수 있으나 최종 DNA의 양을 증가시키지는 않는다.

## 중합효소 연쇄반응(Polymerase chain reaction)은 DNA를 증폭하는데 사용된다.

DNA 중합효소 I이 어느 한 이중가닥 DNA 절편의 많은 수를 합성하는 것을 촉매할 수 있다고 추측하는 것이 적절한 것으로 보여 진다. 그러나 이것은 DNA 중합효소 I이 발견된 지 거의 30년이 지난 1983년에 마침내 만족할만한 방법이 고안되었다. Kary B. Mullis에 의해 고안 된 이 방법은 **중합효소 연쇄반응(PCR)**이라 불리며 **그림 5.31**에 나타내었다.

증폭될 선형의 이중가닥은 열에 의해 변성된다. 그리고 oligonucleotide primer(대략 20~30개의 nucleotide 길이)는 각각의 변성된 단일가닥에 결합된다. 각각의 primer oligonucleotide 서열은 증폭될 DNA절편(표적 서열)의 바깥쪽 부분의 서열과 결합되도록 선발된다. Primer들은 각각 3′말단이 서로 마주보도록 위치함으로 사슬 연장이 그들 사이부분을 복제하도록 한다. DNA 중합효소 I이 첨가되어 각각의 primer가 주형의 끝부분에 도달할 때까지 신장된다. 새로운 가닥들은 정해진 5′말단(oligonucleotide primer의 5′ 말단)을 갖는다. 이렇게 함으로 PCR 증폭의 주기1을 완성한다. (1) 선형 이중가닥의 변형, (2) primer의 결합, 그리고(3) DNA 중합효소 I에 의한 DNA primer의 신장으로 구성된 동일한 3단계의 과정들이 주기 2와 그 다음에 오는 각각의 주기들에서 반복된다. 각각의 주기마다 DNA 중합효소 I을 반복해서 첨가해야 하지만 호열성 세균인 *Thermus aquaticus*로부터 분리된 DNA 중합효소를 사용함으로써 피할 수 있다. *Taq* 중합효소라고 불리는 이 중합효소는 DNA를 변성하는데 사용되는 열 주기가 끝난 후에도 활성을 계속 유지한다. 오늘날, *Pyrococcus furiosus*의 Pfu 중합효소와 *Thermococcus litoralis*의 Vent 중합효소와 같은 열안정성의 중합효소들이 *Taq* 중합효소보다 낮은 비율의 오류를 보이고 있기 때문에 종종 더 선호된다. **Thermal cycler**라고 통용되는 PCR기계는, 주기의 여러 단계들이 진행되는 동안 온도를 높이거나 낮게 바꾸도록 프로그램 되어 있고, PCR이 자동화되게끔 열안정성의 DNA 중합효소를 이용한다. 이론상, 증폭은 기하급수적인데 n번의 주기 후에는 $2^n$에 달하는 증폭을 산출해 낸다. 그러므로 30주기의 증폭은 표적 절편의 약 $10^9$개의 복제본을 생산해 내는 것으로 추측된다. 하지만 이 계산값은 각 주기마다 증폭이100% 효율로 일어났을 때를 가정한 것이다. 증폭의 효율은 60~85%로 추측되기 때문에 실제 증폭양은 계산값보다 적다. 그럼에도 불구하고, 엄청난 증폭이 두어 시간이면 가능한데, 그 이유는 각 주기가 단지 4~6분이면 완료되기 때문이다. PCR은 다음 분야 등에서 실제적으로 중요하게 사용된다: (1) 유전공학의 측면에서 큰 DNA분자내의 일정부위의 증폭; (2) 병원성 세균이나 바이러스들의 빠른 검출; (3) 대사 작용의 선천적인 결함의 검출; 그리고 (4) 종양의 검출. 일반 대중 언론매체에 PCR이 혈액, 정자, 또는 심지어 1가닥의 머리카락에서 DNA를 증폭하여 범죄수사에 이용되는 많은 상황들을 묘사하고 있다. 이렇게 증폭된 DNA는 제한효소의 처리와 전기영동에 의해 분석된다. 증폭된 DNA의 염기서열을 분석할 수도 있다(아래 참조).

## Site-directed mutagenesis 방법으로 유전자내에 특정 염기를 변화시킬 수 있다.

일단 유전자가 복제되고 염기 서열이 확인되면(아래 참조) 유전자 내부의 어디서든지 특정 염기의 변화를 야기하는 것이 가능하다. 자리지정 돌연변이 유도라고 불리

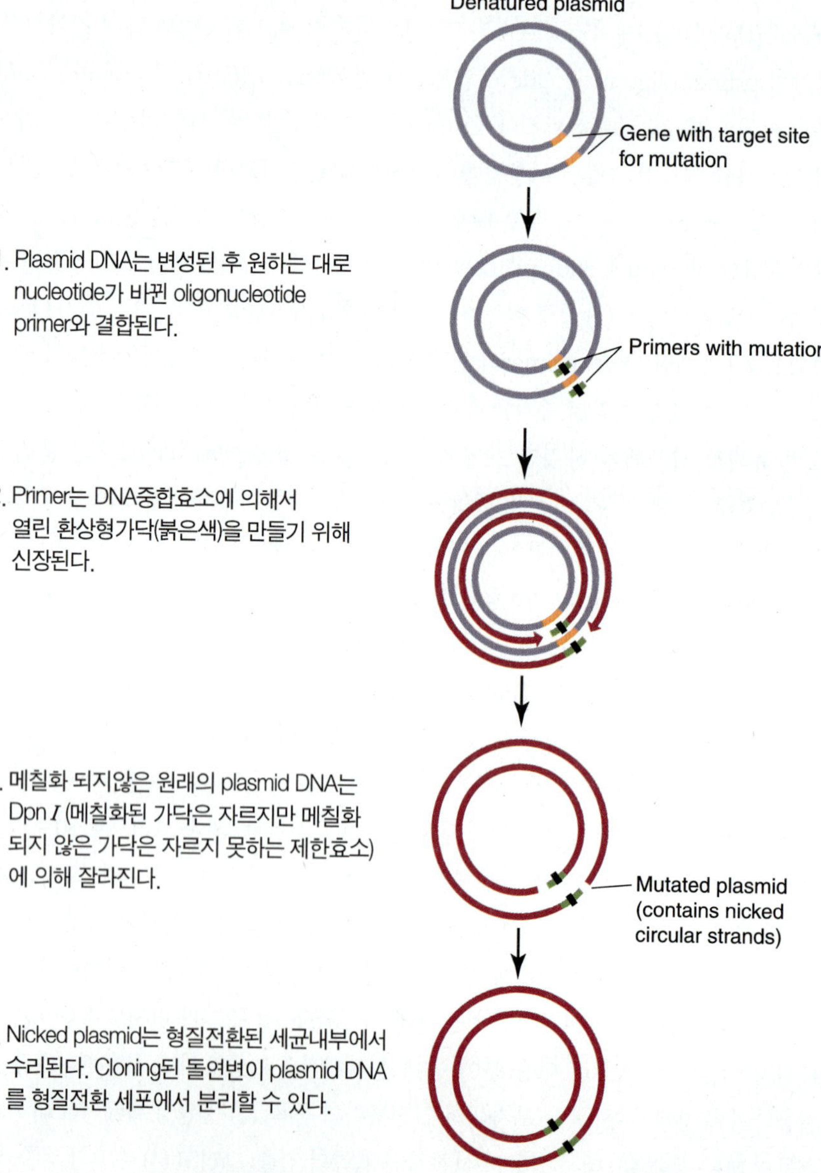


**그림 5.32** 자리지정 돌연변이 유도에 의한 유전자 내의 돌연변이 유발을 위한 개요.

는 특정 염기를 바꾸는 기술은 1970년대 중반에 Michael Smith에 의해 처음으로 고안되었고, 이 기술은 특정 아미노산의 변화가 단백질 기능에 어떻게 영향을 주는지를 연구하는 강력한 도구이다.

재조합 plasmid에 있는 유전자에 자리지정 돌연변이 유도를 수행하는 편리한 방법을 **그림 5.32**에 나타냈다. 재조합 plasmid를 원하는 염기를 바꾼 primer와 함께 열을 가함으로 상보적인 plasmid 가닥에 primer를 결합시켜준다. 그리고 primer는 DNA 중합효소에 의해 열린 환상형 가닥이 생성되기까지 길어진다. 이런 변성과 primer 신장 단계는 열의 주기에서 여러 번 반복되어 다량의 열린 환상형을 생산한다. 분리된 세포에서 메칠화된 원래의 plasmid DNA와 다르게, 열린 환상형의 DNA 가닥은 메칠화가 되지 않는다. 이런 메칠화에 의한 차이점은 원래의 plasmid DNA를 모두 제거하기 위한 간단한 방법을 제공한다. 제한효소 *Dpn* I은 다음의 회문(화살표는 잘리는 자리를 표시함)에 특이적이다.

```
         H3C
          |
5′—G  A↓T  C—3′
3′—C  T↑A  G—5′
             |
            CH3
```

하지만, 이것은 adenine 잔기가 메칠화 되었을 때만 자를 수 있다. 따라서, 모든 원래의 plasmid는 *Dpn* I으로 잘라서 제거 할 수 있다. 돌연변이를 포함하는 열린 환

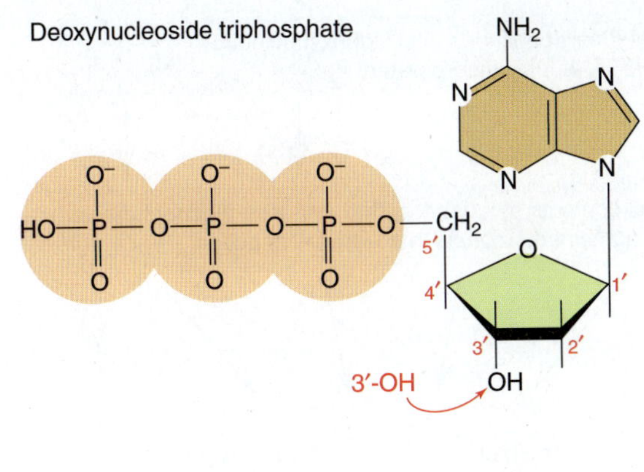


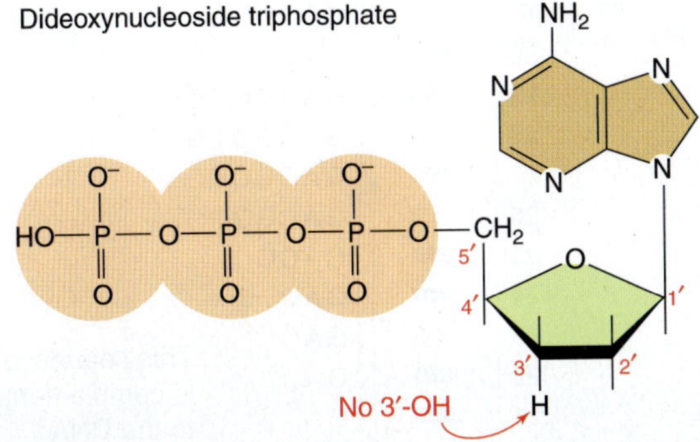


**그림 5.33** Deoxy-와 dideoxynucleoside triphosphate구조의 비교.

상형 DNA를 형질전환용 세균에 넣어주면, 돌연변이된 plasmid의 부서진 곳이 회복되고 복제된 돌연변이 plasmid를 형질전환된 세균에서 분리할 수 있다.

## Frederick Sanger가 DNA 서열분석을 위해 dideoxynucleotide 방법을 고안하였다.

오늘날 DNA 서열분석을 위해 가장 많이 사용되는 방법은 1977년 Frederick Sanger에 의해 고안된 dideoxynucleotide 방법이다. 이 방법은 primer 사슬 신장에 무작위의 종결을 일으키도록 적은 양의 dideoxyribonucleoside triphosphate을

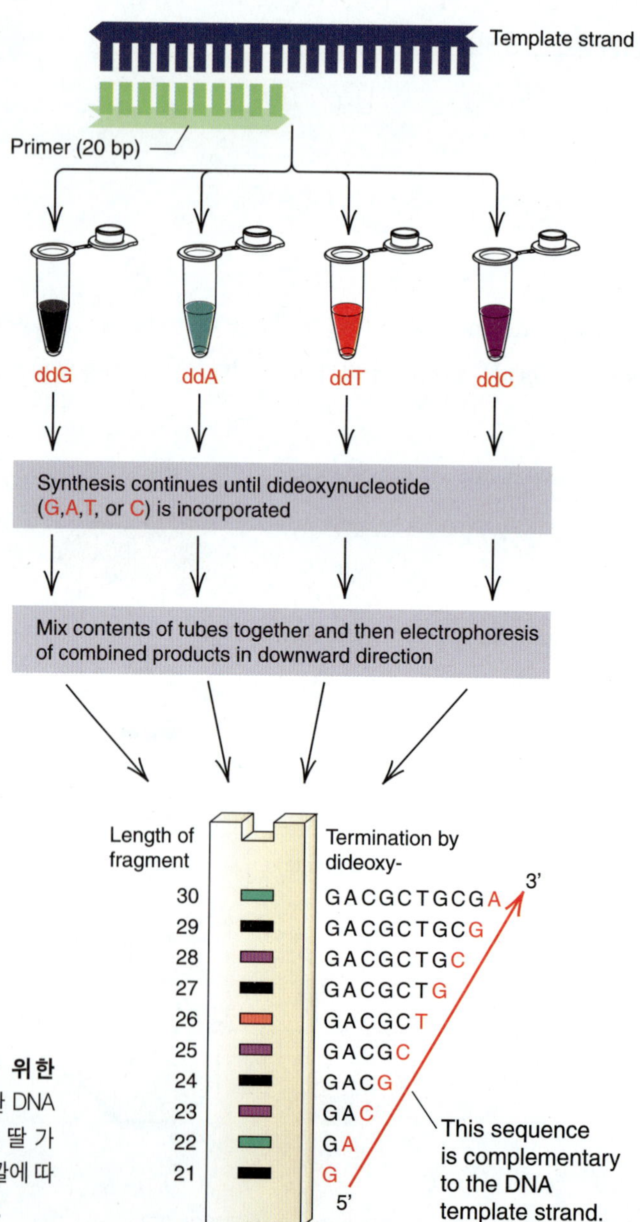


**그림 5.34 DNA 서열 분석을 위한 dideoxynucleotide 방법.** 합성이 끝난 DNA 절편의 길이는 gel의 왼편에 보여 진다. 딸 가닥의 서열은 gel 아래부터 각 밴드의 색깔에 따라서 5′-GACGCTGCGA-3′로 읽혀진다.

사용한다. Dideoxyribonucleoside triphosphate은 C-3′의 수산기 그룹자리에 수소원자가 있는 deoxyribonucleoside triphosphate 유도체이다(**그림 5.33**). 일단 DNA중합효소가 신장하는 primer 사슬의 3′말단에 dideoxynucleotide를 전달하면, 더 이상의 합성이 불가능해지는데 이것은 다음에 오는 deoxynucleotide가 연결되기 위해서는 primer 사슬이 3′-수산기를 가져야 하기 때문이다.

Dideoxynucleotide 방법의 주요 특징들이 **그림 5.34**에 요약된다. 4개의 서열분석 반응 혼합액들을 준비한다. 혼합액들은 오직 다른 dideoxyribonucleoside triphosphate이 첨가된 것만 다르다. 각 종류의 dideoxyribonucleoside triphosphate는 다른 색깔의 형광색소로 표지 되어있다. 염기서열을 밝힐 단일 가닥의 DNA분자, DNA 중합효소, oligonucleotide primer, 그리고 4개의 deoxyribonucleoside triphosphate을 포함하는 그 밖의 모든 다른 구성요소들은 4개 혼합액에서 모두 같다. 염기서열을 결정할 DNA분자의 특정지역 결정하는 primer oligonucleotide는 보통 화학적 방법에 의해 합성된다. Primer 사슬 신장은 dideoxynucleotide가 무작위적으로 삽입되어 반응이 끝날 때까지 5′에서 3′방향으로 계속 일어난다. 이러한 무작위의 사슬종결 결과, 각각의 반응 혼합액은 각기 다른 길이만큼 연장된 primer 서열들이 차례로 된 집단을 형성하는데, 여기에는 모든 연장된 사슬들이 반응액에 넣어준 특정 dideoxynucleotide로 끝난다. 일단 합성이 끝나면, 새롭게 합성된 DNA분자를 변성하고 이 4개의 다른 관의 내용물을 합하여 polyacrylamide gel이나 또는 capillary 모세혈관현상의 전기영동에 의해 조각을 분리할 수 있다. 절편 분리가 완성된 뒤에, 염기서열에 대한 정보를 gel에서 바로 읽을 수 있다.

**Dideoxy-말단주기 배열분석(dideoxy-terminator cycle sequencing)**으로 알려진 dideoxynucleotide방법의 중요한 진전은 반응생성물을 증폭하기 위해 열의 주기를 이용함으로, 2가닥 DNA분자의 염기 서열을 알아내는 것이다. 2가닥 중 어느 1가닥의 일부에 상보적인 oligonucleotide primer를 포함하고 있는 반응 혼합액은 중합효소 사슬 작용에서 이미 설명한 변성, 결합 그리고 primer 신장의 반복 과정을 거친다. 때문에 반응 혼합액이 싸이클의 변성주기 동안 가열되기 때문에 사용되는 DNA 중합효소는 열에 안정한 것이어야 한다. 주기 염기서열분석은 형광 색소로 표지된 dideoxynucleotide에 의해 반응이 끝나는 사슬 신장 결과물의 생산을 증폭한다. 모세혈관현상의 전기영동을 사용해 크기에 따라 절편들이 분리 된 후, 스캐너가 조각을 인식하고, 핵산의 염기서열 자료를 저장 할 컴퓨터에 정보를 전송한다. 결과물이 증폭되기 때문에, 디디옥시-말단 주기 염기서열분석은 표준 기술보다 적은량의 DNA를 요구한다. 더욱이 2가닥의 DNA의 양 가닥 모두의 염기 서열을 확인 할 수 있음으로, 오차의 확률을 줄일 수 있다.

## 역전사효소는 RNA분자를 주형으로 사용하여 DNA를 합성할 수 있다.

많은 핵산 조작들은 DNA보다는 RNA를 사용함으로써 시작된다. 이런 경우에는,

종종 RNA분자의 DNA 복사판을 만드는 것이 편리하다. 역전사 효소라고 불리는 특별한 효소는 RNA로 DNA를 합성하는데 필요하다. Howard Temin과 David Baltimore는 1970년에 각각 독자적으로 이 효소가 retrovirus라고 알려진 RNA 바이러스 종류에 있다는 것을 발견하였다. 이 종류는 사람의 후천성 면역 결핍증의 원인인 인간면역결핍 바이러스를 포함한다. 역전사효소는 retrovirus에만 유일하진 않고 사실은 다른 생물학적 시스템에도 존재한다. 지금 다루는 것은 핵산 연구를 위한 실험도구로서 역전사 효소를 고찰하는 것으로 제한한다.

2가지 종류의 역전사 효소 즉, avian myeloblastosis 바이러스 (AMV)와 Moloney murine leukemia 바이러스(Mo-MLV)로부터 얻어진 효소들이 실험 재료로 널리 사용된다. DNA 중합효소 I처럼 이 2가지 효소는 주형 primer가 필요하고, 길어지는 primer 사슬의 3′말단에 deoxynucleoside triphosphate로부터 deoxynucleotide를 전달하는 것을 촉매 한다. 따라서, 역전사효소는 5′ → 3′ 사슬 신장을 촉매 하여 주형 가닥에 상보적인 새로운 DNA 가닥을 만든다. 비록 DNA 중합효소 I과의 유사한 점이 놀랍지만, 중요한 차이점 또한 존재한다. 예를 들어 역전

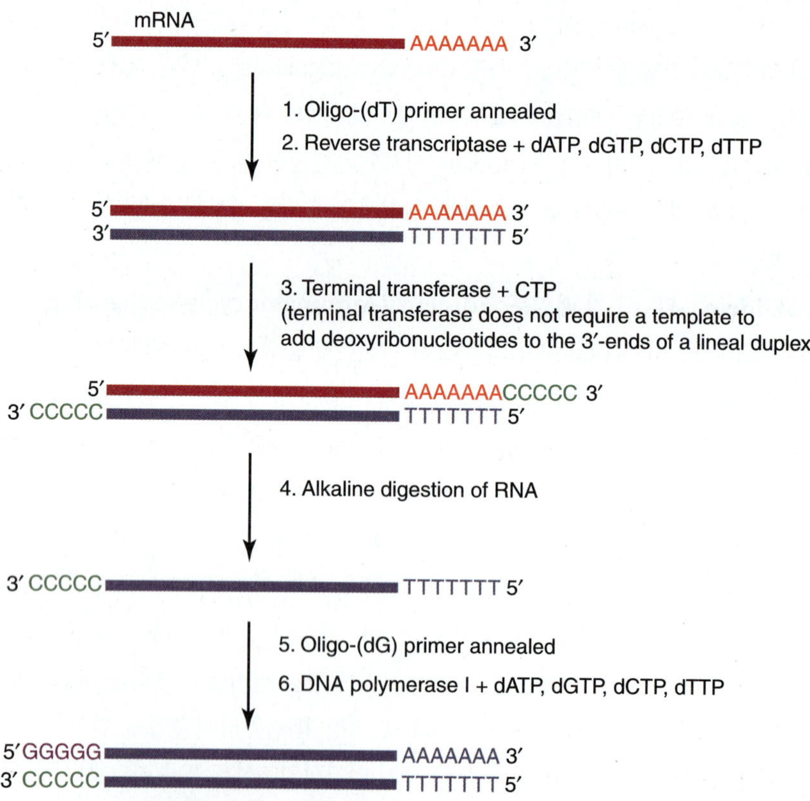


**그림 5.35 상보적인 DNA나 cDNA의 준비.** 역전사효소는 mRNA분자(붉은색)에 상보적인 DNA 가닥(푸른색)을 생성한다. RNA는 여기서 보여지는 것처럼 알칼리 가수분해나 RNase 작용에 의해 잘리고, 남겨진 단일 가닥 DNA은 상보적인 DNA(cDNA: 또한 푸른색으로 보임)를 만드는 주형으로 사용될 수 있다. cDNA합성을 위해 primer가 필요하다. 이 경우에서는 말단 전이효소가 단일가닥 DNA의 3′-말단에 oligo-(dC)를 붙여줘서 이것으로 하여금 oligo-(dG) primer와 결합 할 수 있게 한다.

사 효소는 RNA 또는 DNA 사슬을 주형으로 사용할 수 있고, 3′ → 5′ 교정 기능이 없고, 이것은 DNA-RNA 혼성체나 또는 2 가닥 RNA분자에서 RNA를 자르는 RNase H 활성을 가지고 있다. 이러한 특성 때문에 역전사효소는 RNA를 주형으로 단일 또는 2 가닥 DNA를 복제하는 이상적인 실험수단이다. 가장 일반적인 것이 상보적인 DNA 또는 cDNA라고 불리는 mRNA를 복제한 DNA(**그림 5.35**)이며 차후 이 책의 여러부분에서 언급될 것이다.

## DNA chip은 mRNA합성을 분석하고, 특정 DNA 서열을 찾거나, DNA 서열에서 하나의 nucleotide의 차이를 찾을 때 사용한다.

DNA 칩 또는 미세배열(microarray)로 알려진 강력한 새로운 기술은 mRNA합성을 추적하고, 특정 염기서열을 갖는 DNA분자를 찾기 위해, 그리고 염기서열 중 단 하나의 nucleotide가 변한 DNA 분자를 탐지하는데 현재 사용되고 있다. DNA 칩은 DNA조각이 부착될 수 있는, 주로 유리로 된, 고체 표면으로 이루어져 있다. 각각 종류에 따라 많은 수의 절편들이 규칙적인 양식 또는 배열을 만들기 위해 특정한 자리에 붙는다. 칩에 부착된 DNA 절편은 액체안의 상보적인 DNA 또는 RNA 분자들(알고자하는 목표물)과  혼성하는 탐침으로 작용한다. 2개의 다른 방법들이 보통

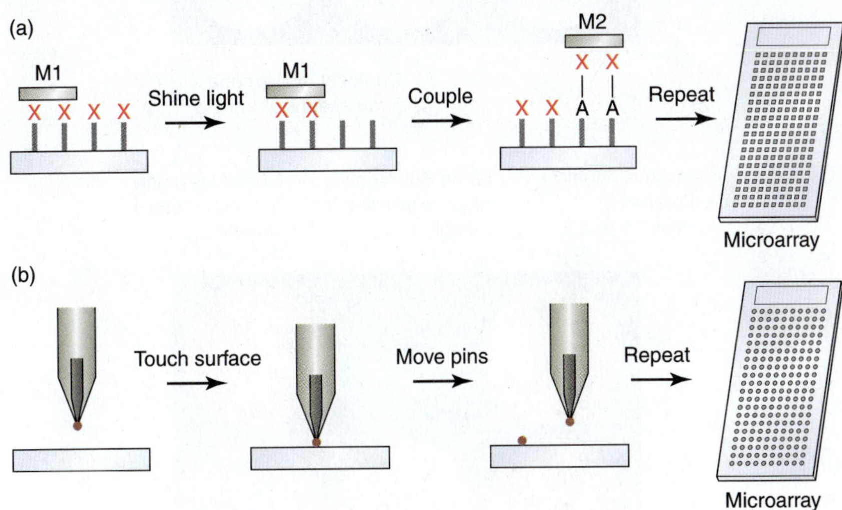


**그림 5.36 DNA 칩 제조의 2가지 접근법.** (a) 광석판(photolithography) 기술. 빛에 의해 쉽게 변성되는 X로 덮힌 유리판 chip을 사용한다. 유리 chip은 빛 가리개(photomask, M1)로 덮여있다. 가리개를 통과한 빛이 쪼여진 부분은 DNA 합성이 가능하도록 활성화 된다. 여기에 DNA base(A-X)를 가하여 붙인다. 이번에는 M1 대신 M2로 덮고 다시 빛을 쪼이고 X가 제거된 곳에 A-X를 붙인다. 이 작업을 반복하면 고밀도의  oligonucleotide chip이 제조 된다. (b) 기계에 의한 미세반점 찍기. 생화학 시료는 모세관작용에 의해반점 핀 위에 얹어지게 되고 핀과의 물리적인 접촉에 의해 고체 칩 표면으로 옮겨진다. 핀은 반점 싸이클이 끝난 후에 세척된다. 두 번째 시료가 핀으로 옮겨져서 칩 위에 인접한 자리로 옮겨진다. 이 과정은 로봇을 이용한 조절 시스템과 여러 개의 구조로 된 인자 헤드에 의해 자동화되었다. Schena, M., et al., *Trends. Biotechnol.*16 (1998):301-306 로부터 번안되었다.

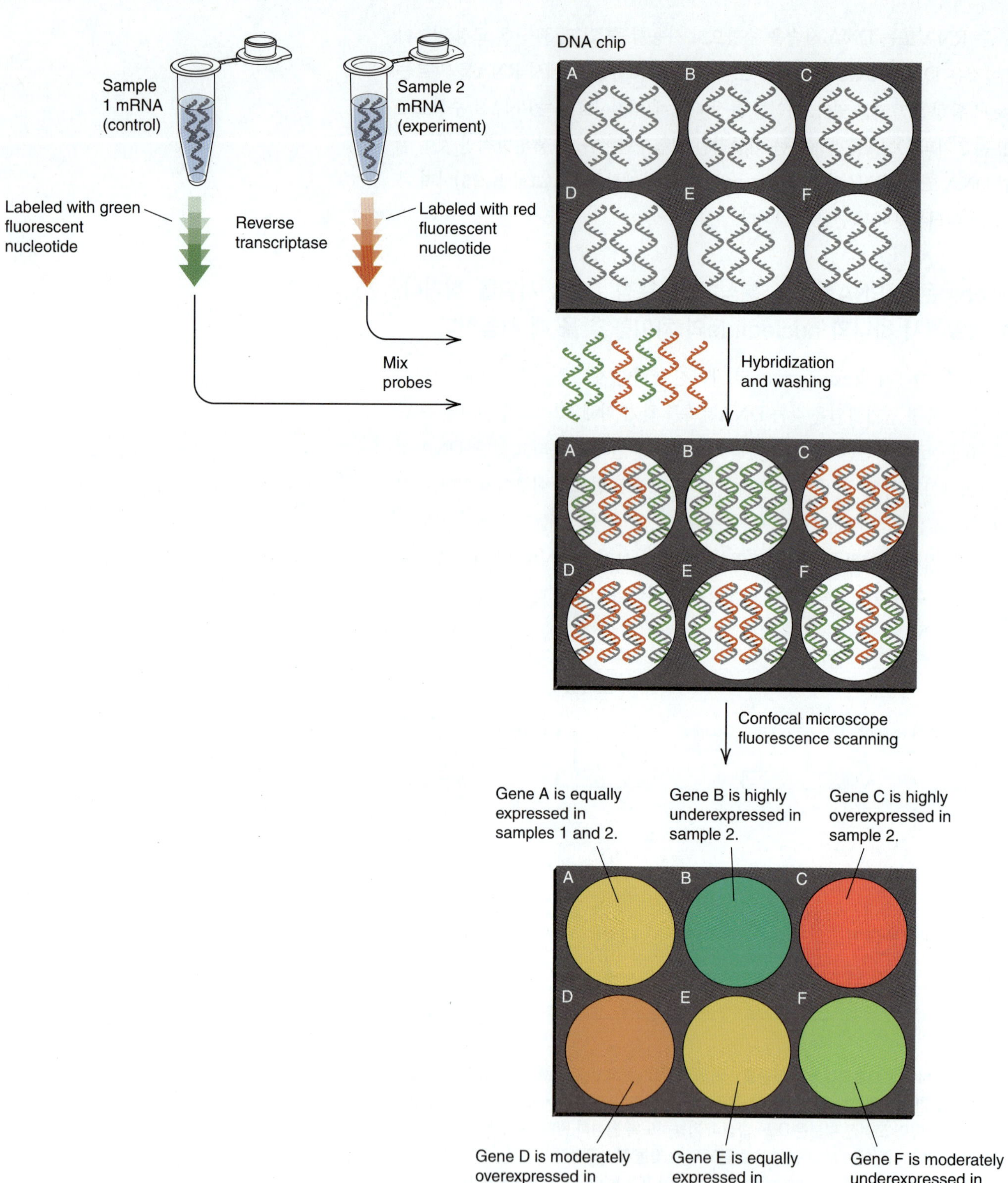


**그림 5.37 기계적 미세반점 법으로 제조한 DNA 미세배열 판의 사용 원리.** 오른쪽 상단의 각 표시된 위치에 미세 방울 형태로 각각 다른 유전자 DNA가 고정되어 있다(A-F). 이것들은 세포의 mRNA의 역전사에 의해 얻은 형광-표지된 DNA 시료 혼합체와 함께 혼성화 된다. 붉은색 (시료 2-실험군)과 초록색 (시료 1-대조군) 표지의 상호경쟁적 결합은 시료안에 있는 각 종류의 mRNA 상대적인 양에 비례한다. 각 반점의 붉은색과 초록색 형광의 상대적인 등급은 현미경으로 scanning되어 단일색깔로 나타난다. 붉은색 또는 주황색은 시료 2(실험군)의 과 발현을 나타내고, 초록색 또는 노란초록색은 실험군의 저 발현을, 노란색은 균등한 발현을 나타낸다.

DNA 칩을 제작하는데 사용된다(**그림 5.36**). 첫 번째 기술은 oligonucleotide 합성과 광석판기술(photolithography)의 조합이다. Oligonucleotide는 유리표면에 붙은 하나의 nucleotide에 한번에 하나씩 nucleotide를 붙이는 형태로 화학적으로 시약을 이용하여 합성한다. 그러나, 합성과정에서 중요한 과정은 다음 nucleotide가 붙기 전에 자외선에 노출되어야만 된다. 특정한 위치가 자외선에 노출되는 것을 방해하는 막은 다음 합성 주기 동안 nucleotide가 첨가되는 것을 막는다. 특이적인 막들을 사용하고 알려진 순서에 따라 nucleotide 재료를 첨가함으로, 제작자는 1.6 $cm^2$ 면적의 하나의 유리 칩 위에 400,000개의 서로 다른 oligonucleotide 서열들을 합성할 수 있다. 두 번째 방법은 이미 완성된 DNA조각을 코팅된 유리표면위에서 약 50~150 μm의 지름을 차지하는 자리에 점찍기(spotting)하는 것이다(그림 5.36b). 이미 완성된 DNA 절편들은 보통 중합효소 연쇄반응이나 cDNA를 만드는 역전사효소에 의해 생성된다. 비록 이 방법에 의한 DNA 칩 제조가 훨씬 쉬우나, 이렇게 만든 칩은 단지 약 10,000개의 서로 다른 DNA 절편들을 붙일 수 있을 뿐이다.

물론, 칩에 붙은 DNA나 RNA분자를 감지하는 어떤 방법이 필요하다. 가장 애용되는 방법은 목적 DNA나 RNA에 형광 탐침을 붙이는 것이다(**그림 5. 37**). 그러면 형광을 감지하여 읽는 기계가 칩을 읽어 혼성화가 일어나는 자리를 확인한다. 최적의 상태에서, 하나의 DNA 칩은 혼합액에서 400,000개까지의 특이적인 DNA나 RNA 서열들을 감지 할 수 있다. 개선된 정보를 다루고 저장하는 방법들과 연계될 때 이런 많은 양의 정보 처리과정이 암이나 다른 유전적 질병을 초래하는 DNA의 해로운 변화를 발견하기 위한 커다란 가능성을 제공해준다. DNA 칩 기술은 이미 임상실험실에서 그 활용을 찾아가고 있다. 그러나 이 기술은 초기단계이고, 많은 문제가 남아있다. 이러한 문제가 해결되고 적은 비용과 좀 더 높은 재현성이 이루어지면, DNA 칩 기술은 생명과학과 임상의학의 모든 분야의 연구에 엄청난 효과를 가져 올 것이다.

## 권장 도서

### 일반


Brown, T. 1998. *Molecular Biology Labfax* (2nd ed). Frankfurt, Germany: Elsevier.

Karam, J. D., Chao, L., and Warr, G. W. 1990. *Methods in Nucleic Acid Research*. Boca Raton, FL: CRC Press.

Ream, W., and Field, K. G. 1999. *Molecular Biology Techniques: An Intensive Laboratory Course*. San Diego, CA: Academic Press.

Surzycki, S. 2000. *Basic Techniques in Molecular Biology*. New York: Springer.

Thiel, T., Bissen, S. T., and Lyons, E. M. 2002. *Biotechnology DNA to Protein-A Laboratory Project in Molecular Biology*. New York: McGraw Hill.

Wilson, K., and Walker, J. (eds) 2000. *Principles and Techniques of Practical Biochemistry* (5th ed). Cambridge, UK: Cambridge University Press.

## Nucleic Acid Isolation

Bowien, B., and Durre, P. (eds). 2004. *Nucleic Acids Isolation Methods.* Stevenson Ranch, CA: American Scientific Publishers.

Farrell, R. E. Jr. 1998. *RNA Methodologies: A Laboratory Guide for Isolation and Characterization* (2nd ed). San Diego, CA: Academic Press.

Rapley, R. (ed). 2000. *The Nucleic Acids Protocol Book.* Totowa, NJ: Humana Press.

Roe, B. A., Crabtree, J. S., and Khan A., 1996. *DNA Isolation and Sequencing.* Hoboken, NJ: John Wiley & Sons.

## Electron Microscopy

Bozzola, J. J., and Russell, L. D. 1998. *Electron Microscopy: Principles and Techniques for Biologists* (2nd ed). Sudbury MA: Jones & Bartlett Publishers.

Groscurth, P., and Ziegler, U. 2001. *Encyclopedia of Life Sciences.* pp. 1-5. London, UK: Nature Publishing Co.

Hayat, M. A. 2002. *Principles and Techniques of Electron Microscopy: Biological Applications* (4th ed). Cambridge, UK: Cambridge University Press.

Maunsbach, A. B., and Afzelius, B. A. 1999. *Biomedical Electron Microscopy: Illustrated Methods and Interpretations.* San Diego, CA: Academic Press.

McIntosh, J. R. 2001. Electron microscopy of cells: a new beginning for a new century. *J Cell Biol* 153:F25-F32.

Tao, Y., and Zhang, W. 2000. Recent developments in cryo-electron microscopy reconstruction of single particles. *Curr Opin Struct Biol* 10:616-622.

Unger, V. M. 2001. Electron cryomicroscopy methods. *Curr Opin Struct Biol* 11:548-554.

## Centrifugal Techniques

Birnie, G. D., and Rickwood, D. (eds). (1978) *Centrifugal Separations in Molecular and Cell Biology.* Tolly, UK: Butterworths.

Graham, J. M., and Rickwood, D. 2001. *Biological Centrifugation.* London, UK: BIOS Scientific Publishers.

Volkl, A. 2002. Ultracentrifugation. *Encyclopedia of Life Sciences.* pp. 1-7. London, UK: Nature Publishing Co.

Price C. A. (ed.) 1982. *Centrifugation in Density Gradients.* San Diego, CA: Academic Press.

## Gel Electrophoresis

Birren, B., and Lai, E. 1993. *Pulsed Field Gel Electrophoresis: A Practical Guide.* San Diego, CA: Academic Press.

Guttman, A. 2004. The evolution of capillary gel electrophoresis: from proteins to DNA sequencing. *LCGC N Am* 22:896-904.

Jones, P. 1996. *Gel Electrophoresis: Nucleic Acids: Essential Techniques.* New York: John Wiley & Sons.

Mitchelson, K. R., and Cheng, J. (eds). 2001. *Capillary Electrophoresis of Nucleic Acids (vol 1): Introduction to the Capillary Electrophoresis.* Totowa, NJ: Humana Press.

Perrett, D. 1999. Capillary electrophoresis in clinical chemistry. *Ann Clin Biochem* 36:133-150.

Westermeier, R. 2005. *Electrophoresis in Practice : A Guide to Methods and Applications of DNA and Protein Separations* (4th ed). New York: John Wiley & Sons.

## Nucleases and Restriction Maps

Aggarwal, A. K. 1995. Structure and function of restriction endonucleases. *Curr Opin Struct Biol* 5:11-19.

Bickle, T. A. 1993. The ATP-dependent restriction enzymes. In: Linn S. M., Lloyd, R. S., and Roberts, R. J. (eds). *Nucleases.* Woodbury, NY: Cold Spring Harbor

Laboratory Press, pp. 89-109.

Bickle, T. A., and Kruger, D. H. 1993. Biology of DNA restriction. *Microbiol Rev* 57:434-450.

Chandrasegaran, S. 2001. Restriction enzymes. *Encyclopedia of Life Sciences*. pp. 1-7. London, UK: Nature Publishing Co.

Gormley, N. A., Watson, M. A., and Halford, S. E. 2001. Bacterial modification-restriction systems. *Encyclopedia of Life Sciences*. pp. 1-11. London, UK: Nature Publishing Co.

Nathans, D. 1992. Restriction endonucleases, simian virus 40, and the new genetics. In: Linsted, J. (ed). *Nobel lectures, Chemistry 1971-1980*. pp. 498-517. Hackensack, NJ: World Scientific Publishing Co.

Perona, J. J. 2002. Type II restriction endonucleases. *Methods* 28:353-364.

Pingoud, A., and Jeltsch, A. 1997. Recognition and cleavage of DNA by type-II restriction endonucleases. *Eur J Biochem* 246:1-22.

Roberts R. J., and Halford, S. E. 1993. Type II restriction enzymes. In: Linn S. M., Lloyd, R. S., and Roberts, R. J. (eds). *Nucleases*. Woodbury, NY: Cold Spring Harbor Laboratory Press, pp. 35-88.

Smith, H. O. 1992. Nucleotide sequence specificity of restriction endonucleases. In: Linsted, J. (ed). *Nobel lectures, Chemistry 1971-1980*. pp. 523-541. Hackensack, NJ: World Scientific Publishing Co.

Szybalski W, Kim S. C., Hasan, N., and Podhajska, A. J. 1991. Class-IIs restriction enzymes. *Gene* 100:13-26.

Williams, R. J. 2003. Restriction endonucleases: classification, properties, and applications. *Mol Biotechnol* 23:225-243.

## Recombinant DNA Technology

Gilbert, W. 1992. DNA sequencing and gene structure. In: Linsted, J. (ed). *Nobel lectures, Chemistry* 1971-1980. pp. 408-426. Hackensack, NJ: World Scientific Publishing Co.

Graham, C. A., and Hill, A. J. M. (eds). 2001. *DNA Sequencing Protocols* (2nd ed). Totowa, NJ: Humana Press.

Hardin, S. H. 2001. DNA sequencing. *Encyclopedia of Life Sciences*. pp. 1-6. London, UK: Nature Publishing Co.

Maxam, A. M., and Gilbert W. 1977. A new method for sequencing DNA. *Proc Natl Acad Sci USA* 74:560-564.

Mullis, K. B. 1990. The unusual origin of the polymerase chain reaction. *Sci Am* 262:56-65.

Sanger, F. 1992. Determination of nucleotide sequences in DNA. In: Linsted, J. (ed). *Nobel lectures, Chemistry 1971-1980*. pp. 431-447. Hackensack, NJ: World Scientific Publishing Co.

Sanger, F., Nicklen, S., and Coulson, A. R. 1977. DNA sequencing with chain-terminating inhibitors. *Proc Natl Acad Sci USA* 74:5463-5467.

Smith LM, Sanders JZ, Kaiser RJ, et al. 1986. Fluorescence detection in automated DNA sequence analysis. *Nature* 321:674-679.

Smith, M. 1997. Synthetic DNA and biology. In Malstrom, B. G. (ed). *Nobel lectures, physiology or medicine 1991-1995*. Hackensack, NJ: World Scientific Publishing Co.

Wilton, S. 2002. Dideoxy sequencing of DNA. *Encyclopedia of Life Sciences*. pp. 1-16. London, UK: Nature Publishing Co.

이 책은 스스로 분자생물학을 공부하는 데 도움이 되도록 고안된 복습 자료와 이 장에서 설명한 주제들에 대한 보다 상세한 정보와 연결된 다양한 자원을 포함하고 있는 **웹사이트, http://biology.jbpub.com/book/molecular**를 가지고 있다.

# 6

# 염색체 구조

## 주제 개요

**6.1 세균 염색질(chromatin)**

특정 단백질들에 의한 세균 DNA의 응축

SMC 단백질들은 세균 염색체 밀집에 중요한 역할을 한다.

**6.2 유사분열과 감수분열**

고등생물에서, 생식세포들은 반수체의 염색체를 갖고 체세포들은 2배수체의 염색체를 갖는다.

동물세포의 생활주기는 간기와 유사분열이 교대로 이루어진다.

유사분열에서는 염색체수가 유지된다.

감수분열은 염색체 수를 반으로 줄인다.

**6.3 핵형**

염색체 부위들은 전통적인 명명법에 따라 규정되어진다.

핵형은 각 세포의 분열중기 과정의 염색체 쌍을 크기 순으로 배열한 모양을 말한다.

핵형을 분석함으로써 많은 정보를 얻을 수 있다.

형광 *in situ* 혼성화 염색법(FISH)은 염색체에 관한 많은 정보를 제공한다.

**6.4 Nucleosome**

5가지 주요 histone 단백질이 진핵세포의 염색질에서 DNA와 결합한다.

염색질은 nucleosome이라 불리는 염주 모양의 구조로 이루어진다.

X선 결정학은 nucleosome 핵심 입자들의 고분해능 영상을 제공한다.

Nucleosome 조립은 DNA 복제와 밀접하게 연관된다.

**6.5 고차 수준의 진핵 염색질 구성**

Nucleosome들은 접혀서 지그재그 패턴을 보이는 연결 DNA를 포함하는 3차원 구조를 이룬다.

동원체는 미세소관이 부착되는 장소이다.

염색체 말단에 존재하는 말단소체는 안정성에 필요하다.

**권장 도서**

DNA 분자들은 세포들의 크기에 비해 매우 길어서 세포내의 공간에 자리 잡기 위해서는 압축된 형태로 존재해야 한다. 따라서, 특정 단백질들이 DNA와 결합하여 chromatin(염색질)으로 불리는 nucleoprotein 복합체 구조를 형성하게 된다. 1970 년대 중반까지 생물학자들의 chromatin에 관한 생각은 지구상의 모든 생명체는 **진핵생물**(eukaryote, 일정한 구조의 핵을 갖는 동물, 식물, 곰팡이 등)과 **원핵생물**(prokaryote, 핵을 갖지 않는 미생물 등)로 구성된다는 믿음이 기조를 이루었다. 분류 체계와 당시에 알려져 있던 chromatin 구조에 근거하면, 원핵생물은 한 종류의 chromatin 구조를 갖고 있고 진핵생물은 다른 형태의 chromatin 구조를 갖는 것으로 보여졌다.

1977년, Carl Woese 는 원핵생물은 진정세균(bacteria)과 원시고세균(archaea)으로 분류할 것을 제안 했다. 진정세균과 원시고세(archaea)균 모두 명확한 핵이 없음에도 불구하고 대사체계가 진핵 생물의 것과 다른 정도로 서로간에 차이가 있다. 원시고세균의 확인에 따라 생명계는 진정세균, 원시고세균, 진핵생물의 3영역으로 분류되었다.

일단 생명체의 3가지 영역이 확립됨에 따라, 각각의 영역에 속하는 생물체들은 특유의 염색체 구조를 갖는 것이 가능하리라 보았다. 그러나, 실험연구결과는 이러한 가능성을 지지 하지 않았다. 그러나, 다음의 예가 나타내듯이 한 영역에 속하는 생물체 사이의 chromatin 구조의 차이는 다른 영역들에 속하는 생물체들 사이의 구조 차이만큼이나 크다.

대개, 진핵생물은 DNA와 염기성 단백질의 일종인 histone 단백질들 사이의 결합에 의해 형성되는 chromatin 구조를 갖고 있다. 그러나 상당히 크고 다양한 조류의 일종인 dinoflagellates의 경우는 histone 단백질을 갖고 있지 않다.

Chromatin 구조에서의 변이는 진정세균과 원시고세균에서도 존재한다. 현재까지의 연구결과에 의하면 대장균의 DNA 같이 진정세균의 경우는 거의 대개 원형의 DNA 분자를 갖는다. 그러나, *Agrobacterium tumefaciens*(식물감염세균)과 *Streptomyces*속 세균의 경우는 선형의 DNA 를 갖으며 이러한 관점에서 진핵생물과 유사하다. 원시고세균의 경우, 다른 두 영역에 속하는 생물체들 보다 chromatin 구조에서의 변이가 심하다. 일부 원시고세균의 경우 진핵생물에서 볼 수 있는 nucleoprotein 복합체를 형성하기도 하지만, 진핵생물에서와 같은 nucleo protein 복합체를 형성하기도 한다.

이상의 간단한 예에서 볼 수 있듯이, 한 종류의 생물체의 chromatin 구조가 동일 영역의 다른 생물체의 chromatin 구조와 동일 하지는 않다. 그러나, 유사 생물체에 있어서 chromatin 구조에 관한 중요한 정보를 얻을 수 있고 이러한 정보가 궁극적으로는 정확한 구조를 규명하는데 이용 될 수 있기를 희망한다. 이점을 염두에 두고, 진정세균의 염색체 구조, 그리고 고등 동 · 식물의 chromatin 구조를 살펴보기로 한다.

# 6.1 세균 염색질(chromatin)

## 특정 단백질들에 의한 세균 DNA의 응축

닫힌 원형 구조의 대장균 DNA는 그 길이가 1500 μm 정도로서 0.5 μm의 직경과 1 μm 정도의 길이를 갖는 원통형 구조의 세포에 맞아야 한다. 따라서, 세포내의 DNA는 유리된 DNA 에 비해 1000 배 이상 응축된 구조를 나타내야 한다. 특정 단백질들이 DNA와 결합하여 세포의 큰 부분을 차지하는 핵양체(nucleoid)로 불리는 응축된 형태의 nucleoprotein 복합체를 형성한다(**그림 6.1**).

세균의 chromatin은 핵산의 파괴나 단백질 변성을 초래하지 않는 세포 용해 **기법(lysis)**을 통해 분리 할 수 있다. 분리된 DNA 는 고정된 양의 단백질과 가변적인 양의 RNA를 포함한다. 대부분의 RNA는 대장균 chromatin의 일부라기 보다는 합성 초기 단계의 RNA로 추정한다.

분리된 대장균의 chromatin 구조를 전자현미경으로 보면 응축된 고리와 이완된 고리 모양의 구조를 포함하는 중심부에서 뻗어 나오는 다수의 고리 모양의 구조가 보인다(**그림 6.2**). 이완된 고리 모양의 구조는 분리 과정에서 세포 내 DNA 절단효소에 의해 생긴 nick이 supercoil DNA 고리 구조에 생겨서 나타난 것으로 보인다. 응축된 고리 구조와 이완된 고리 구조가 동시에 존재함은 각각의 고리구조가 서로 분리 되어 있음을 시사한다.

고리구조가 서로 분리 됨은 미세한 양의 DNA 절단효소를 첨가 할 경우 각각 다른 시간 대에서 세균의 chromatin이 관찰 된다는 점에서 입증된다. 만약 응축된 고리구조에 nick이 생기면 반대편의 당-인산 축을 중심으로 이루어지는 자유 회전에 의해 풀림에 따른 충격이 제거되어 응축이 사라지게 된다. Nick이 생긴 원형 구조는 동일한 질량의 응축 분자들에 비해 침강 속도가 느려진다. 따라서 하나의 nick은 침강 수치의 저하(대략 30%) 를 유도한다. 그러나, 침강 수치는 분리된 대장균의 chromatin에 DNA 절단효소에 의해 하나의 nick이 한번에 유도 될 때마다 지속적으로 감소된다 즉, 전부 아니면 전무 식으로 구조가 변하는 것이 아니라 여러 중간단

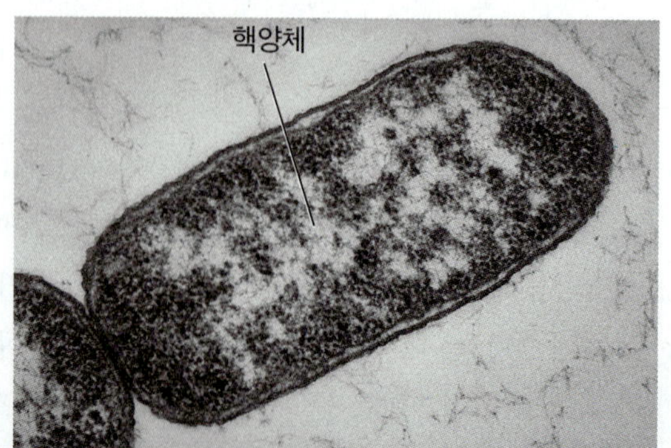


**그림 6.1** ***대장균*의 얇은 절단면의 전자현미경 사진.** 밝게 보이는 영역이 핵양체이다.

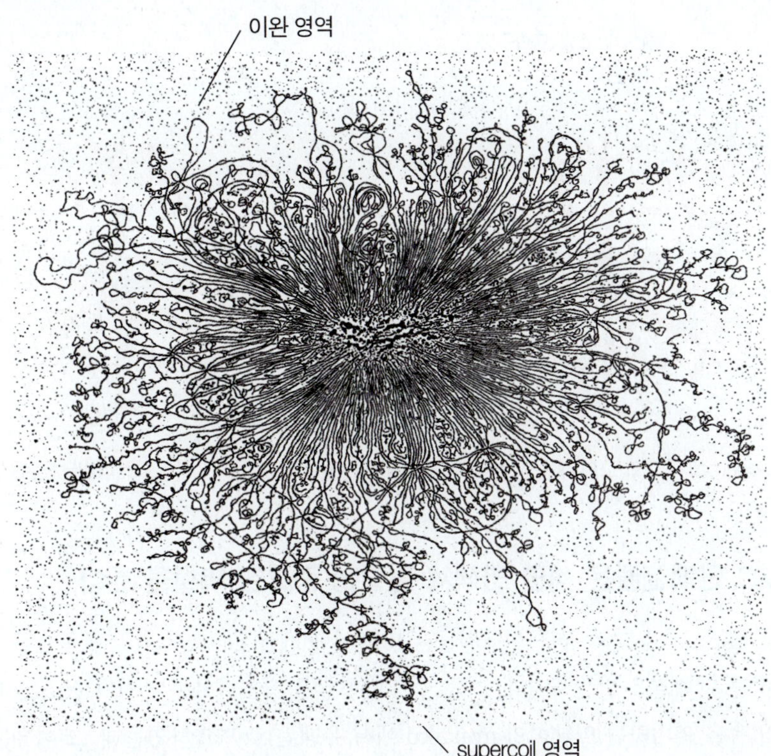


**그림 6.2 세포 파괴 후 대장균으로부터 나온 염색질의 전자현미경 사진.** Supercoil 구조와 이완된 고리 구조를 포함하는 중앙 영역에서 방사된 여러 개의 고리구조가 보인다. 사진은 Bruno Zimm 과 Ruth Kavenhoff 에 의해 제공되고 캘리포니아 주립 대학 (샌디에고) 의 Goergianna 의 허락하에 사진을 사용하였다.

계를 거쳐 구조의 변화가 이루어진다. 대략 45개의 nick이 생긴 후에야 chromatin 구조는 그 구조를 유지하게 된다.

이러한 발견은 전체 DNA 분자의 자유로운 회전이 nick이 유도될 경우 이루어지지 않음을 나타낸다. 전자현미경 연구 결과는 핵산 가수분해효소의 처리가 지속될 경우 응축되지 않은 고리 모양의 구조의 수가 증가함을 보여준다. 침강 정도와 전자 현미경 연구를 통해 추론된 대장균의 chromatin 구조의 모델이 **그림 6.3**에 나타나 있다. 이 모델에 따르면, DNA 는 중심에 단단히 고정된 형태의 응축된 고리모양의 구조로 배열되어 있다. 응축된 영역은 원래 50~100 kbp(kilobase pairs) 정도의 길이로 생각되었으나, 최근의 연구에 따르면 10 kbp 정도로 생각되어지고 있다. DNA는 단백질에 고정되어 자유로운 회전이 불가능하여 응축된 고리 모양의 구조를 갖는 것으로 추정된다. Nick이 생기면 하나의 응축된 고리 모양의 구조가 열리고, 연이어 한 번의 절단이 평균적으로 하나의 고리모양 구조를 이완시킨다. 생화학적, 유전학적 연구는 응축된 영역이 세포 성장 및 분열시 변화하는 동적인 구조임을 입증하고 있다.

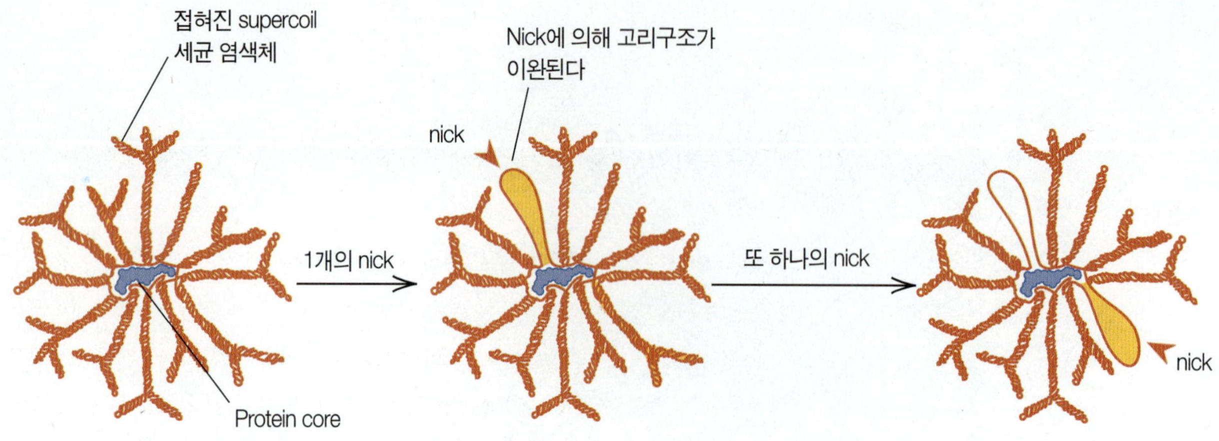


**그림 6.3 세균 염색체 접힘의 기작.** 다수의 supercoil 구조의 고리가 중앙 부위에 부착된 대장균에서 보인다(~100). 각 고리는 독립적으로 이완되고 응축 될 수 있다.

## SMC 단백질들은 세균 염색체 밀집에 중요한 역할을 한다.

Sota Hiraga 와 그의 공동 연구원들은 1991년에 세균 DNA의 밀집에 중요한 역할을 하는 단백질을 발굴하였다. 그들은 이 단백질을 암호화하는 유전자를 muk B(핵이 없음을 의미하는 일본어인 mukaku 에서 유래됨)로 명명하였는데, 그 이유는 돌연변이주가 높은 빈도로 핵이 없는 세포를 만들기 때문이다(mukB 돌연변이주의 경우 5~15%, 야생형 세포 주의 경우 0.03%). mukB 돌연변이 주는 30° 이상의 온도에서는 생장 할 수 없으며 팽창된 그리고 비정형적인 핵양체를 갖는다. mukB 유전자는 170 KDa 크기의 단백질을 암호화하는데 이 단백질은 **SMC**(structural maintenance of chromosome) 단백질군에 속하며 DNA를 정형화하고 밀집시키는 기능을 갖고 있다.

모든 SMC 단백질들은 N-말단, 경첩 부위에 의해 분리된 2개의 coiled-coil 영역, 그리고 C- 말단 영역을 갖는다(**그림 6.4**). N- 말단은 ATP와 결합하나 C-말단과의 상호 작용을 통해서만이 ATP를 가수분해 할 수 있다. 2개의 SMC polypeptide 단위체가 결합하여 활성화된 이량체가 된다. 세균에 있어서 2개의 단위체는 동일하나, 진핵생물에 있어서는 유사하긴 하나 동일하지는 않다.

이량체 구조에 대해서는 2개의 서로 다른 모델이 제안되어 왔다(**그림 6.4b**). 첫 번째의 경우, 경첩에 의해 매개되는 이량화모델(*hinge-mediated dimerization*), 각각의 SMC 단위체가 경첩 부위에서 구부러짐으로써 N-말단과 C-말단이 근접하게 되어 머리부위를 만들게 되고 2개의 단위체는 경첩부위 사이에서의 상호분자 작용을 통해 쌍을 이루게 된다. 두 번째 모델의 경우 2개의 SMC 단위체들이 반 평행적인 coiled-coil 구조를 통해 이량화를 이루는 *coiled-coil* 이량화는, 한 단위체의 N-말단이 다른 단위체의 C-말단 옆에 위치하여 머리부위를 이룬다. 생화학적, 전자현미경적, 그리고 X선 회절법을 통한 연구결과는 첫 번째 모델을 지지한다.

SMC 단백질은 대략 4배 정도로 DNA를 밀집시키는데, 생체 내에서의 총 밀집 정도 보다는 훨씬 적은 정도이다. 다른 DNA 결합 단백질도 핵양체를 구성하는데 있

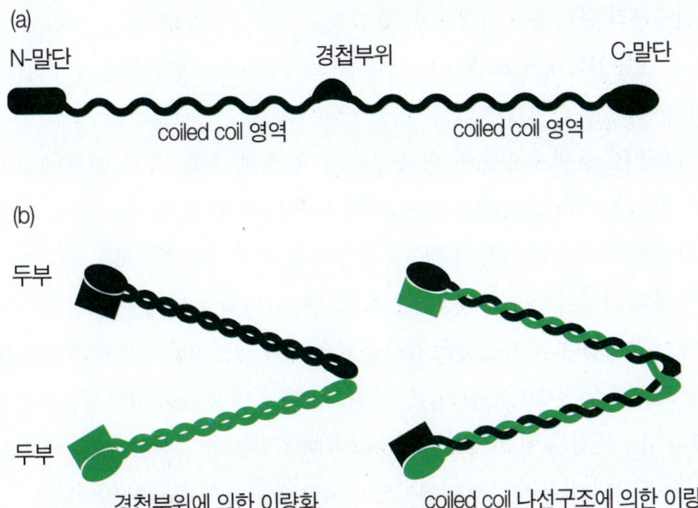


**그림 6.4. SMC(염색체 구조 유지) 단백질.** (a) 5개의 다른 영역을 갖는 SMC 단백질의 일반적인 구조. (b) SMC 단백질 이량체 형성의 대안적인 모델. 생화학, 전자현미경 그리고 X 선 결정학 실험결과들은 경첩에 의한 이량체 형성 모델을 지지한다. Adapted from Cobbe, N., and Heck, M. M. S., Mol. Biol. Evol. 21 (2004): 332 - 347.

어서 중요한 역할을 한다. 가장 잘 알려진 단백질로는 **H-NS**(histone-like nucleoid structuring), **Hu**(hair unstable), **Fis**(factor for inversion stimulation), 그리고 **IHF**(integration host factor) 등이 있으며 이들은 진핵생물의 histone과 유사하다. 이러한 유사성은 DNA 결합 능력, 분자량 그리고 염기서열의 유사성 보다는 정전기적 전하 등에 근거한다. 이 단백질들이 chromatin을 어떻게 조직화 하는지에 관해서는 알려진 바가 별로 없다. 사실, HU 단백질이 DNA를 밀집시키는지 혹은 그 반대의 역할을 하는지는 명확하지 않다. DNA 회전효소가 또한 DNA 밀집에 영향을 준다. 가령, DNA 회전효소 I의 활성을 낮추는 2번째 돌연변이가 도입 될 경우 mukB 돌연변이주는 정상적으로 생장 할 수 없다. 이러한 효과는 DNA 회전효소I 이 음성의 고차나선성질을 감소시키기 때문이다. 그러므로, DNA 제한효소I 의 결함이 있는 세포내에서의 DNA 는 음성의 고차나선성질을 갖기 때문에 그 밀집을 위해 SMC 단백질에 의존하지 않는다.

# 6.2 유사분열과 감수분열

## 고등생물에서, 생식세포들은 반수체의 염색체를 갖고 체세포들은 2배수체의 염색체를 갖는다.

고등생물의 세포들이 분열 시, 핵내의 chromatin은 염색체로 불리는 매우 밀집된 구조로서 광학현미경으로 관찰이 가능하다. 다양한 종류의 고등생물로부터 다양한 종류의 세포들을 생물학자들이 세밀하게 조사 한 결과 2가지 결론이 도출되었다. (1) 생식세포들은 특정적인 염색체수를 갖는다(n). 모기, 초파리, 인간, 소 등에서의 이러한 수는 반수체라 불리우며 각각 3, 4, 23 그리고 30이다. (2) 폐, 신장, 그리고 뇌 등의 체세포들은 **상동염색체**(homologs)라 부르는 2가지 유형의 염색체를 갖는다(각각 부모로부터 얻음).

체세포들은 생식세포들에 비해 2배의 염색체 수를 갖기 때문에 2배수체(**diploid**, 2n)라 한다. 고등생물들은 1가지 유형의 핵 분열 즉, 유사분열을 통해 세포 분열 시 염색체 수를 유지하며 감수분열을 통해 생식시에 염색체수를 반으로 줄인다. 이배수체의 염색체수는 유성생식중에 정자와 난자의 접합에 따른 접합자의 형성을 통해 다시 확립된다. 유사분열과 감수분열은 전체 세포에서의 복잡한 변화를 수반한다. 우선적으로 염색체에 관심이 있기 때문에, 추후의 토론은 고등생물세포에서의 유사분열과 감수분열 중에 염색체의 행동양식에 초점을 둘 것이다. 비록 세세한 면에서의 차이는 있으나 식물과 곰팡이에서도 유사한 유형의 핵 분열이 일어난다.

## 동물세포의 생활주기는 간기와 유사분열이 교대로 이루어진다.

진핵세포는 생활주기(모세포의 분열을 통해 생성되는 것과 자기자신의 분열을 통해 2개의 딸 세포를 만드는 사이의 시간) 의 일부분만을 유사분열(M)에 할애한다. 생활주기의 거의 90%에 해당되는 시간은 간기에 할당되며, 이 시기에 DNA, RNA, 단백질 그리고 기타 생물학적 분자들이 합성된다.

간기 중에는 덜 밀집된 형태의 **euchromatin**과 응축된 형태의 **hetero chromatin**이 존재한다(**그림 6.5**). 지배적인 형태인 euchromatin은 간기에서 활발히 전사된다. 반면에, 핵막 주위에 존재하는 경향이 있는 heterochromatin은 전사가 활발히 이루어지지 않는다. DNA 복제와 histone 합성이 간기의 일부, 즉 DNA 합

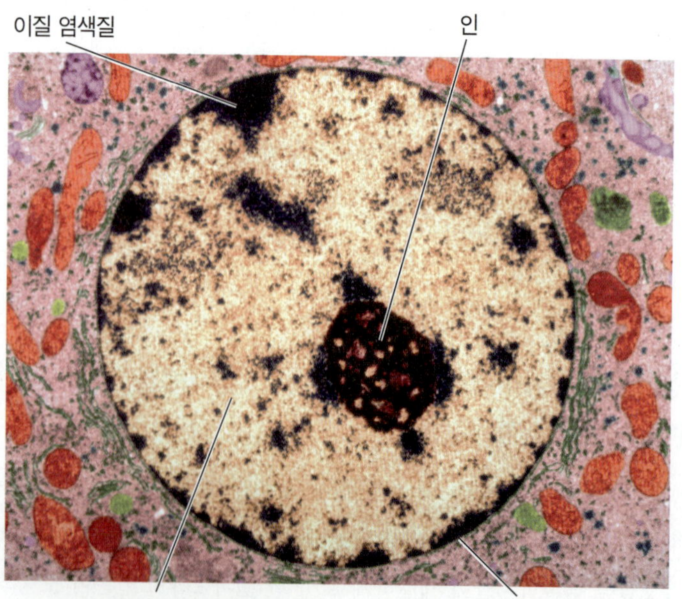


**그림 6.5 간세포 핵의 전자 현미경 사진.** © Photake, Inc./Alamy Images

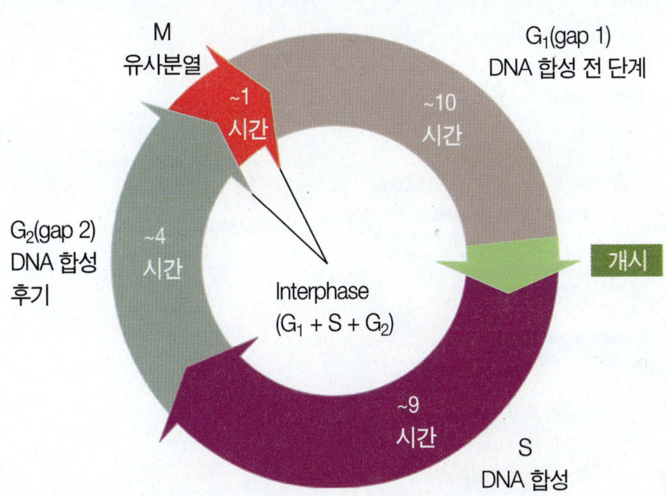


**그림 6.6** 조직배양을 통해 세대 기간이 24 시간 인 전형적인 포유류 동물 세포의 세포 주기.

성기에서 일어난다.

S 기는 2개의 휴지기인 $G_1$과 $G_2$기 사이에 위치하기 때문에 생활주기는 $G_1 \rightarrow S \rightarrow G_2 \rightarrow M$ 의 순서로 이루어진다(**그림 6.6**). S, $G_2$, M 기의 길이는 체세포의 종류와 상관없이 비교적 일정하다. 그러나 단백질, 지질 그리고 탄수화물의 합성이 활발한 시기인 $G_1$ 기의 시간은 가변적이다. 어떤 진핵세포는 전체 생활주기의 대부분을 $G_1$ 기에서 보내기도 한다.

## 유사분열에서는 염색체수가 유지된다.

유사분열은 연속적인 과정이나, 편의상 4개의 단계로 나눈다. 이 4가지 단계 중에 염색체 변화가 일어나며, 이 4단계는 전기(prophase) → 중기(metaphase) → 후기(anaphase) → 종기(또는 말기, telophase)의 순서로 진행된다(**그림 6.7**).

### 전기

간기의 S기에 복제된 chromatin이 응축되어 가시적인 염색체 형태를 이룬다. 각각의 염색체는 그 긴 축을 따라 염색분체로 불리는 2개의 동일한 단위체로 나뉘어지며 이 염색분체들은 중심체로 불리는 염색체의 특정한 영역에서 결합된다. 전기가 종료되면서, ribosomal RNA(rRNA)의 합성에 관여하는 핵부위인 nucleolus가 사라지고 핵막이 분해되어 막 소낭을 형성한다. 그 후 미세소관이라 불리는 섬유모양의 단백질들의 다발구조로 이루어진 방추체가 형성되기 시작된다. 방추체는 분자량이 55,000 Da 정도 2가지 구형의 polypeptide인 α, β-tubulin으로 만들어진 tubulin 단백질의 응집에 의해 조립된다(**그림 6.8**).

### 중기

방추체의 조립이 완성되면 방추체는 이전에 핵이 점유하였던 부위로 이동한다. 몇 개의 방추사가 동원체로 불리는 중심체의 한 영역에 부착된다. 부착이 완료되면, 염

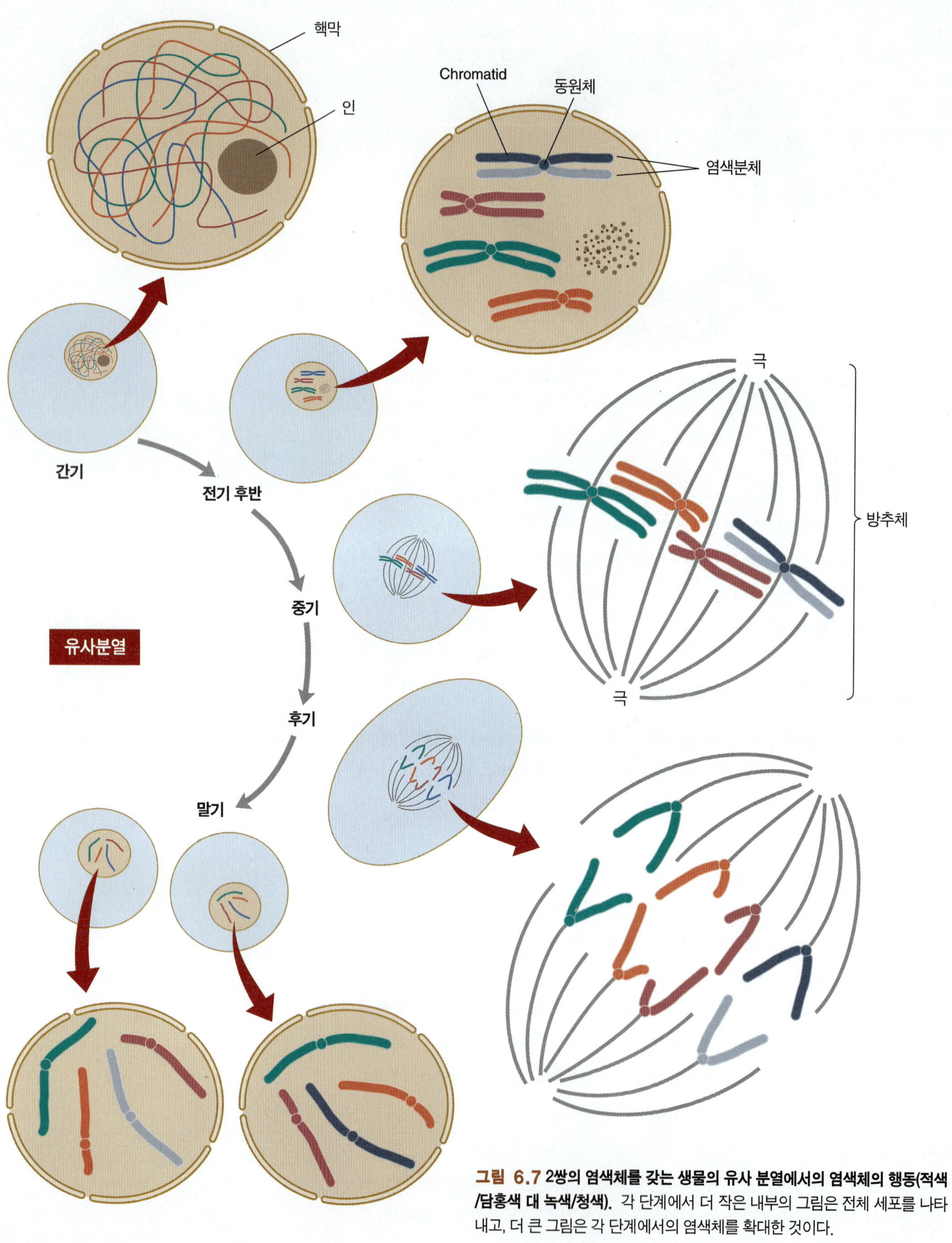


**그림 6.7 2쌍의 염색체를 갖는 생물의 유사 분열에서의 염색체의 행동(적색/담홍색 대 녹색/청색).** 각 단계에서 더 작은 내부의 그림은 전체 세포를 나타내고, 더 큰 그림은 각 단계에서의 염색체를 확대한 것이다.

색체는 동원체가 2개의 방추극으로 부터 동일한 거리에 있는 가상의 평면에 위치할 때까지 세포의 중심으로 이동한다. 각각 염색체는 방추체의 양극에 부착되어야 하며, 다음 단계로 유사분열이 진행될 수 있도록 방추극으로부터 동일한 거리에 있는 가상의 평면을 따라 정렬해 있어야 한다.

중기가 일어날 동안 염색체를 조사함으로써 많은 것을 알 수 있다.

### 후기

동원체가 세로로 분열하고 2개의 동일한 염색분체를 만든다. 일단 분열이 끝내면, 2개의 염색분체(지금은 별개의 염색체로 인식됨) 는 반대 방형의 방추극으로 이동하여 동일한 수의 동일 염색체들이 후기가 끝나감에 따라 방추체의 양 말단 부위에 위치하게 된다. 각 개체의 염색체 수는 간기가 시작될 때의 세포 핵에 존재하는 수와 일치한다.

### 종기

방추체가 사라지고, 2개의 염색체 주위에 핵막이 형성되며, 인이 다시 형성된다. 염색체는 광학 현미경으로 더 이상 보이지 않을 때까지 점점 응축이 풀린다. 세포들이 분열하여 2개의 동일한 딸 세포를 만든다.

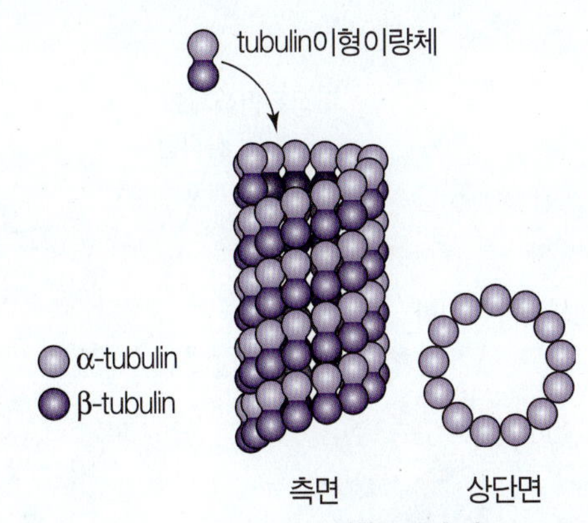


**그림 6.8 미세소관의 구조.** 미세소관은 tubulin 단백질의 나선상 배열로 만들어진 긴 원통형 구조이다. 2종류의 tubulin, α-tubulin과 β-tubulin, 단백질이 있으며 각각 55,000 달톤의 분자량을 갖는다. Tubulin 소단위체의 비대칭성과 섬유내에서 그들의 정해진 그리고 재현성이 있는 방향으로 인해 미세소관은 확실한 방향성을 갖는다.

## 감수분열은 염색체 수를 반으로 줄인다.

염색체 수가 유지되는 유사분열과는 다르게, 감수분열에서는 염색체 수가 반으로 줄어든 배우자가 만들어진다. 유사분열은 두 번의 연속적인 핵 분열을 필요로 한다. 첫 번째와 두 번째 감수분열은 전기, 중기, 후기, 종기로 나뉘어 진다. 감수분열시 일어나는 염색체 변화는 **그림 6.9**에 나타내었고 아래에 그 내용을 요약하였다.

### 제1차 감수분열

*전기 I;* 전기 I은 유전자 재조합으로 이어지는 상동염색체간의 유전자 교환이 일어나는 시기라는 점이 흥미롭다. 편의상, 전기 I은 5개의 소 단계로 나뉘어지며, 각각의 소 단계는 각 단계별로 나타나는 염색체의 모양을 따라 그 이름이 붙여진다. 소 단계는 다음과 같다:

1. **세사기**(가는 실 혹은 미세사). Chromatin의 응축이 시작 됨에 따라, 염색체라 불리는 구슬모양의 구조가 염색체를 따라 불규칙하게 나타난다. 수, 크기, 배열은 각각의 염색체에 특이적이다.
2. **접합기**(접합사). 상동염색체가 쌍을 이루고, 이러한 쌍**(synapsis)**은 염색체 말단에서 시작되고 염색체를 따라 지속되어, 특정한 염색소립-염색소립 쌍을 확립하게 된다. 완전히 쌍을 이룬 염색체를 2가 염색체(각각의 쌍이 2가지 유형의 염색체로 구성됨을 의미함) 혹은 4배체(각각의 상동 쌍이 4개의 밀접하게 연결된 염색분체를 포함함을 의미함).
3. **태사기**(중사). 염색체 응축이 지속된다. 매우 가까이 있는 쌍을 이룬 염색체들 사이에서 교차(11장) 로 불리는 염색체 교환 과정이 시작된다.

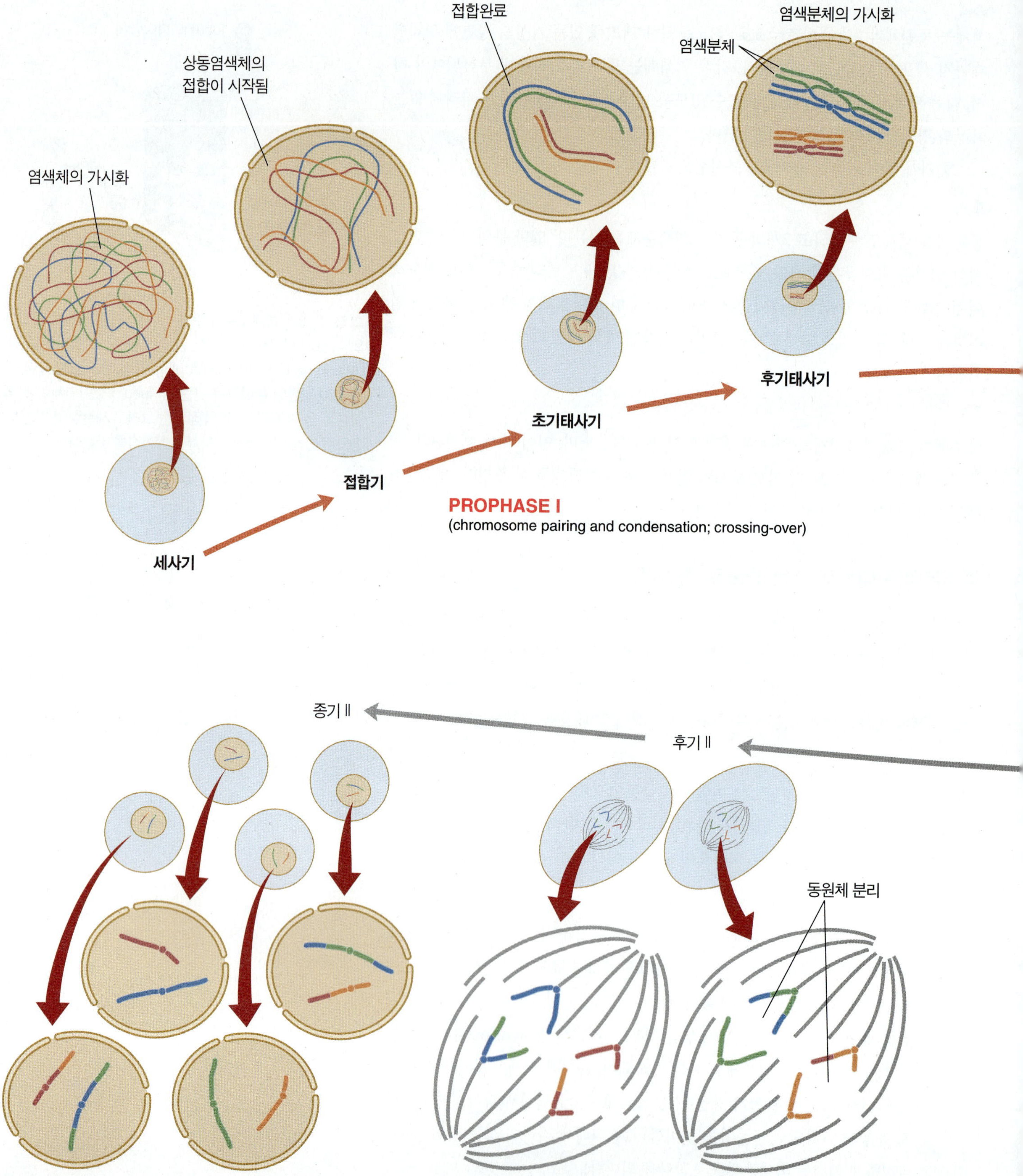

접합완료

염색분체의 가시화

염색분체

상동염색체의
접합이 시작됨

염색체의 가시화

후기태사기

초기태사기

접합기

**PROPHASE I**
(chromosome pairing and condensation; crossing-over)

세사기

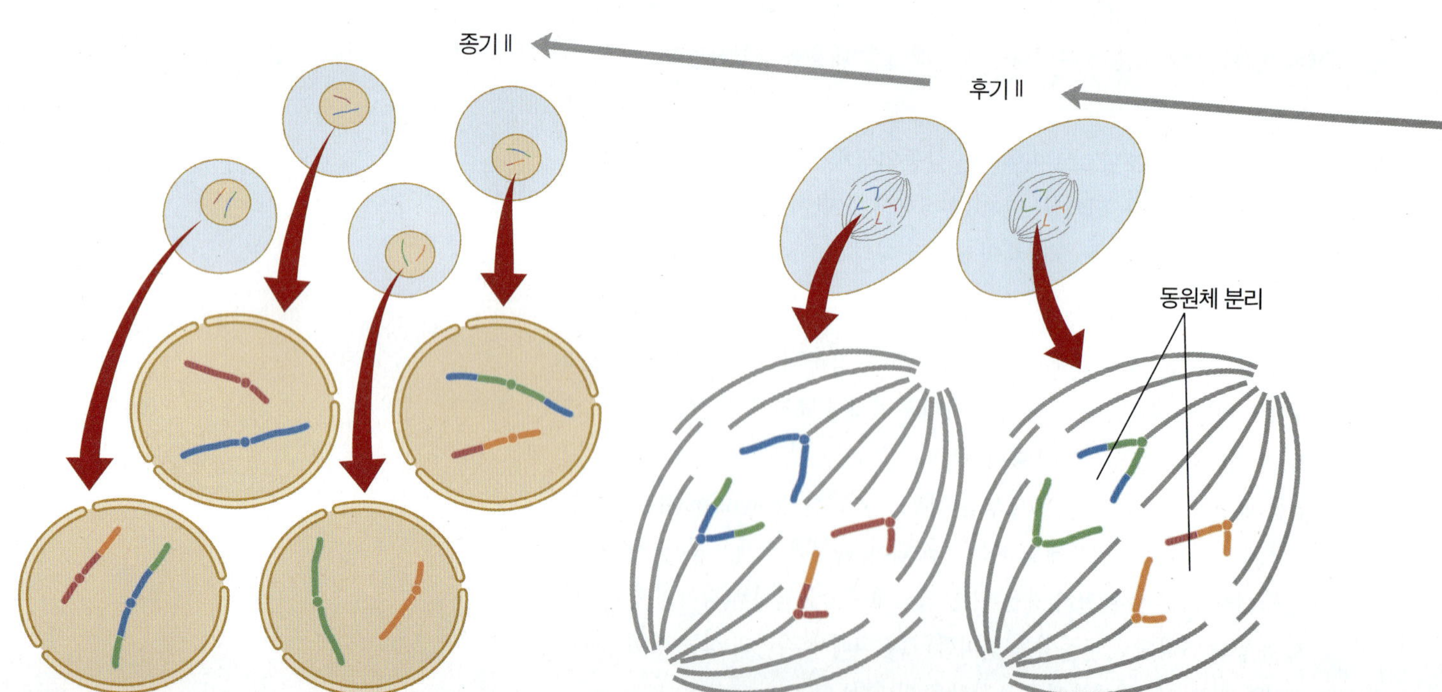


**그림 6.9. 2쌍의 상동염색체를 갖는 생물체의 감수분열시 염색체의 행동 (적색/담홍색 그리고 녹색/청색).** 각 단계에서, 작은 내부의 그림은 전체 세포를 나타내고, 큰 그림은 그 단계에서 염색체의 확장된 그림을 나타낸다.

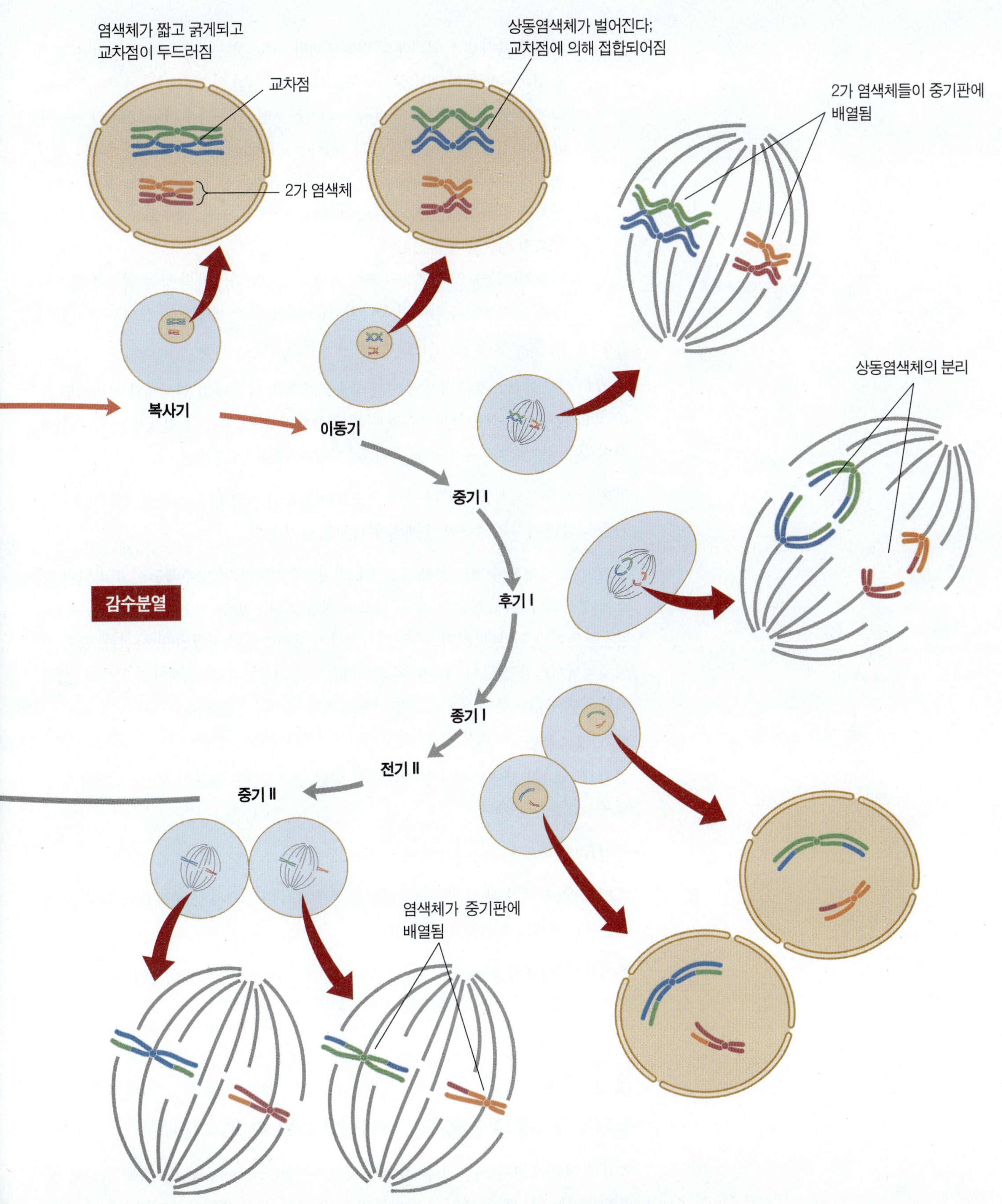
염색체가 짧고 굵게되고
교차점이 두드러짐
교차점
2가 염색체
상동염색체가 벌어진다;
교차점에 의해 접합되어짐
2가 염색체들이 중기판에
배열됨
복사기
이동기
중기 I
상동염색체의 분리
감수분열
후기 I
종기 I
전기 II
중기 II
염색체가 중기판에
배열됨

4. **복사기(복사).** 각 염색체의 염색분체가 보일 정도로 응축이 이루어진다. 상동염색체가 분리되기 시작한다. 그러나, 완전한 분리는 이루어지지 않는데, 그 이유는 상동염색체가 chiasmata(교차점, 단수형은 chiasma)라 불리우는 교차접합에 의해 결합되기 때문이다. Chiasmata는 교차과정에서 염색분체가 파괴되고 재결합하는 과정에서 만들어진다. 이 시기는 동물세포의 난자가 만들어지는 시기로 ribosome, 단백질, 지방, 탄수화물 그리고 다른 세포질 성분들이 합성된다.
5. **이동기(이동).** 염색체의 응축이 최대로 일어난다. 2가의 상동 염색체들이 이동하기 시작하나 적어도 하나의 chiasmata에 의해 결합된 상태로 남아있는다. 방추사 형성이 시작되며 핵막이 붕괴된다.

***중기 I*** ; 하나의 극으로부터 방추사가 상동염색체 중의 하나의 염색체와 접촉하면 다른 극의 방추사는 상동염색체중의 다른 염색체와 접촉한다. 각 염색체는 중기판(각각의 방추극으로부터 동일한 거리에 있는 가상의 판) 으로 이동한다.

***후기 I*** ; 상동염색체들이 각각 반대 극으로 이동하기 시작한다. 상동염색체의 염색체가 분리되면 각각의 극은 반수체의 염색체를 갖게 된다.

***종기 I*** ; 하나의 방추체는 분해되고 2개의 새로운 방추체가 방추극들이 위치했던 장소에 형성된다. 어떤 종들의 경우, 핵막이 재형성 되는 반면, 다른 종들의 경우 제2차 감수분열에 들어간다. 종기 I부터 전기 II까지 자연스럽게 진행된다. 사실상, 많은 생명체에서이러한 진행이 너무도 자연스러워서 전기 II는 거의 존재하지 않는다. 첫번째와 두번째 감수분열 사이에는 염색체 복제가 일어나지 않는다.

#### 제2차 감수분열

***전기 II*** : 제 1차 감수분열시 양극에 남아 있던 염색체들이 새로이 형성된 2개의 방추체 중간으로 이동한다.

***중기 II*** : 염색체들이 중기판에 배열한다.

***후기 II*** : 동원체가 분리되고 염색체들은 방추체의 반대 극으로 이동한다. 각각의 염색분체는 개개의 염색체로 인식된다.

***종기 II*** : 염색체의 응축이 풀어지고 감수분열에 의해 생성된 4개의 분열 산물 주위에 핵막이 형성되어 4개의 반수체 핵이 형성된다.

## 6.3 핵형

### 염색체 부위들은 전통적인 명명법에 따라 규정되어진다.

염색체 연구에 관한 과학의 한 분야인 세포유전학(cytogenetics)을 통해 염색체 변화와 특정한 임상적 문제의 관계가 규명 될 수 있다. 유사 분열의 중기에 있는 염색체들은 각각의 염색체가 동원체에 의해 묶여있는 2개의 염색분체로 이루어진다. 떨어져 있는가 혹은 말단에 가까운가에 따라 동원체의 위치가 염색체의 중심근처인가, 중심에서 염색분체의 팔 길이가 결정된다. 두 팔 중의 작은 것을 **p arm(작다는 의미의 petite에서 유래 팔)**이라하고 긴 것을 **q arm**이라 한다.

연구자들은 염색체 쌍들을 크기와 동원체의 위치를 통해 분류하고자 하였으나 이러한 방식을 통해서는 명확하게 염색체 쌍들을 분류할 수 없었다. 1960년대 말과 1970년대 초반 독특한 그리고 재현 가능한 염색체 띠 유형을 나타내게 하는 염색시약의 발견과 더불어, 연구자들은 각각의 측정한 염색체 쌍들을 규명 할 수 있게 되었다. 가령, Giemsa 염색은 염색체 길이를 따라 밝고 어두운 종의 띠를 만든다(**그림 6.10a, b**).

광학현미경으로 관찰 할 때 전형적인 염색체 band가 좁게 보인다는 사실에도 불구하고, 실제로는 수백만개 이상의 염기쌍과 수백개 이상의 유전자를 포함하는 것이다. 동일한 크기와 동일한 위치에 있는 동원체를 갖는 서로 다른 염색체들이라도 그들 염색체들의 독특한 bar code 유형에 따라 구별 될 수 있다. 염색체 band는 명확히 정해진 영역의 일부이다.

**그림 6.11**의 염색체 1번에 관해 묘사된 바와, 염색체의 부위를 규정하는 명명은 아래와 같다:

1. 각 염색체에는 번호가 부여되며, 가장 큰 염색체에 1번이 부여된다.
2. 작은 팔을 p 라 하고 큰 팔을 q라 한다.
3. 영역과 band 들은 각 염색체의 팔을 따라 동원체로부터 바깥쪽으로 그 번호가 연속적으로 부여된다.
4. 염색체 번호, 팔, 영역 그리고 band 번호 들은 마침표 혹은 공백 없이 순서대로 쓴다.

## 핵형은 각 세포의 분열 중기 과정의 염색체 쌍을 크기 순으로 배열한 모양을 말한다.

중기 염색체의 디지털 영상을 통해 많은 정보를 얻을 수 있다. 이러한 디지털 영상들은 컴퓨터 상에서 잘라지고 붙여져서 염색체 쌍들을 크기, 모양, 그리고 띠 유형에 따라 배열하는 것을 가능하게 하여 신속한 분석이 가능하게 된다. 관례적으로, 염색체 쌍들은 크기가 감소되는 순서로 배열되는데 이러한 배열을 **핵형(karyotype)**이라 한다. 인간 핵형을 보여주는 그림 6.10b는 23쌍의 인간 염색체를 보여준다. 상염색체라 불리우는 22쌍의 염색체는 남녀간에 차이가 없다.

나머지 1가지 쌍은 성염색체라 하며 개개인의 성별을 결정한다. 남성의 성 염색체는 1개의 X 와 1개의 Y 염색체로 구성되나, 여성의 성염색체는 2개의 X 염색체로 구성된다. 하나의 Y 염색체만으로도 남성을 결정하는데 충분하며 여성의 경우에는

(a)

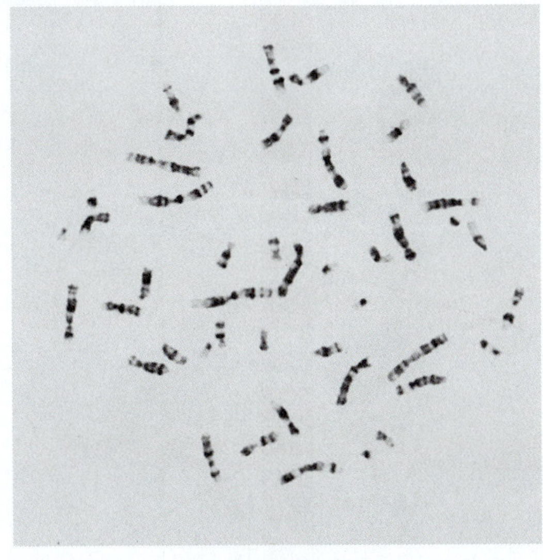

(b)

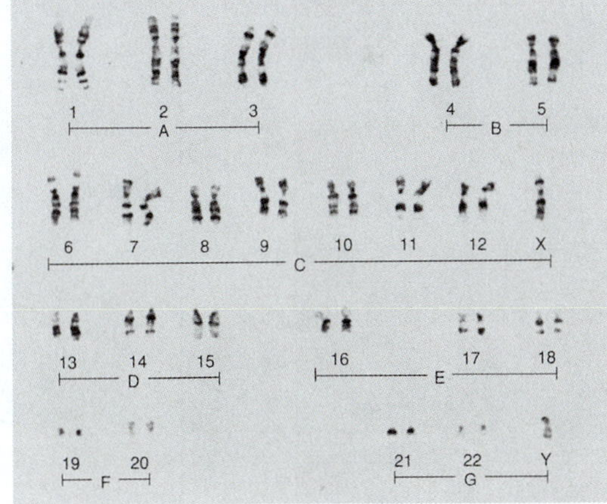


**그림 6.10 정상적인 남성의 핵형.** 중기의 혈액세포를 Giemsa 시약에 의해 염색한 현미경 사진. (a) 현미경으로 찍은 세포의 염색체들 (b) 사진속의 염색체들을 잘라서 상동염색체와 쌍을 맞추었다. 쌍을 이룬 상동염색체들이 그 크기에 따라 A, B, 등으로 배열되었다. 가장 큰 상동염색체 쌍은 좌측 상단에 있다. X 와 Y 성 염색체는 쌍을 이루지 않는다. 사진제공(Patricia A. Jacobs, Wassex Regional Genetics Laboratory, Salisbury District Hospital).

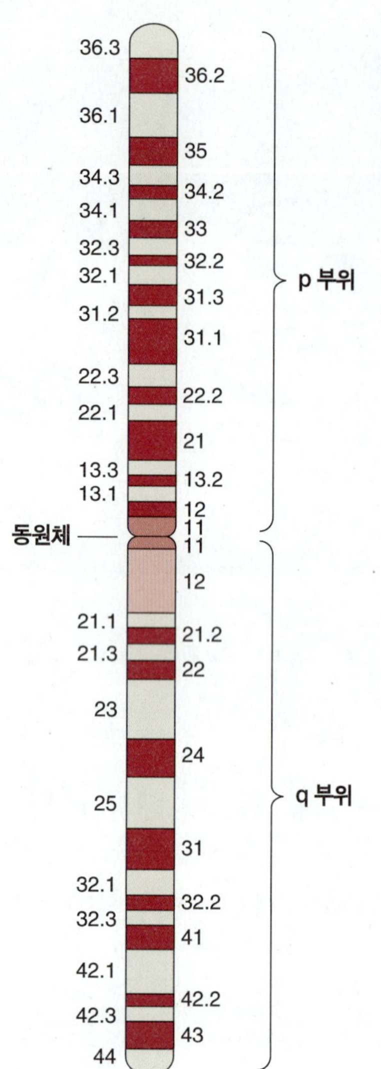


**그림 6.11 인간 염색체 1번.** 작은 팔은 p로 큰 팔은 q로 명명되었다. 각 염색체 팔을 따라 영역과 띠들은 중심체로부터 바깥으로 그 순서가 정해졌다. HYPERLINK (http://www.genome.jp.kegg)을 수정한 그림이다. 다음 기관들의 허가아래 그림을 사용하였다. Kanehisa Laboratories of Bioinformatics Center, Institute for Chemical Research. Kyoto University and the Human Genome Center, Institute for Medical Science, University of Tokyo.

Y 염색체가 없어야 한다. Y 염색체는 X 염색체에 비해 작으며 두 염색체간의 band 유형이 다르다.

## 핵형을 분석함으로써 많은 정보를 얻을 수 있다.

인간의 핵형 자료는 중요한 임상적 정보를 제공한다. 분열하는 대부분의 세포들을 통해 핵형 분석에 필요한 중기 세포들을 얻을 수 있으나, 혈액, 골수, 섬유, 양수 등의 세포들이 가장 널리 사용된다. 분리된 세포들은 세포막의 수용체에 결합하여 유사분열을 유도하는 식물 혹은 세균의 단백질인 **mitogen**을 첨가한 배지에서 배양된다. 3~4일 동안 배양한 후, 유사분열의 방추체를 파괴하는 colchicine이라는 약을 첨가하여 중기에 있는 분열세포의 성장을 멈춘다. 이때 많은 세포들이 중기에 밀집되어 있어서 염색이 용이함으로 분석이 가능하다.

많은 선천적인 문제들은 염색체 이상으로 설명될 수 있다. 800 명의 신생아 중 1 명 꼴로 나타나는 **Down 증후군**이 대표적인 예일 것이다. Down 증후군인 개인은 간질, 청각장애, 그리고 호흡기 감염 등을 수반하는 경미한 정도에서 중증 정도의 정신박약을 갖고 있다. 그들은 빠른 속도로 노화하고 35세 경에는 치매를 앓을 가능성이 매우 높다. 대략 95% 정도의 빈도로 Down 증후군 환자들은 21번 염색체를 3개 갖는다. 세포가 정상적인 2배수체 비해 1개의 염색체를 더 갖거나 덜 갖는 경우를 **이수성(aneuploidy)**이라고 한다. 대개의 이수성은 감수분열시 염색체 분리의 실수를 통해서 일어난다. 첫 번째 감수분열시 상동염색체 쌍의 분리가 일어나지 않거나, 두 번째 감수분열시 염색분체와 결합한 동원체가 분리되지 않으면 형성된 gamete는 너무 많은 염색체를 갖거나 적은 수의 염색체를 갖게 된다.

Down 증후군의 정확한 원인을 확실히 모르지만, 3개의 21번 염색체를 갖는 세포들은 태아 발생에 영향을 주는 단백질때문으로 설명하는 것이 타당하다고 본다. Down 증후군을 유도하는 유전자의 규명과 단백질의 작용기작을 아는 것이 남겨진 과제이다. 이러한 관점에서, 어떤 경우의 Down 증후군은 21번 염색체의 일부가 다른 유전자에 결합되어 일어난다는 사실은 주목할 할 만하다. 이 경우에 있어서, Down 증후군을 갖는 개인은 2개의 21번 염색체와 다른 염색체에 결합한 일부의 21번 염색체를 갖는다. 유감스럽게도, 21번 염색체 부위는 매우 커서 Down 증후군을 유발하는 유전자의 규명은 아직도 이루어지지 않고 있다.

한 염색체의 일부가 다른 염색체의 부위에 결합된 형태의 염색체 재배열을 전위라 한다. 가장 잘 알려진 전위는 만성 골수 백혈병에서 찾을 수 있다. 종양 세포의 염색체 연구 결과 9번 염색체의 일부가 22번 염색체의 부위로 이동한 경우가 있는데 이를 *Philadelphia 염색체*(**그림 6.12**)라고 한다. 이러한 전위는 abl 유전자가 9번 염색체에서 22번 염색체로 이동하여 변형된 유전자가 된 것이다. 이러한 변형된 유전자는 특정한 조건에서만 발현되어 세포를 활성화시키는 것이 항상 세포를 활성화시키는 비정상적 단백질을 만들게 된다.

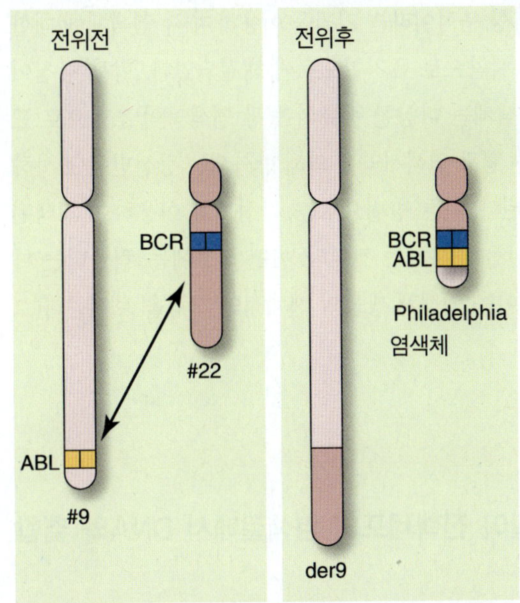


**그림 6.12 Philadelphia 염색체.** 만성골수성 백혈병 환자에게서 나타나는 Philadelphia 염색체는 9번 염색체의 일부가 염색체 22번의 일부와 위치를 바꿈으로써 형성된다. 비정상적인 bcr-abl 유전자를 포함하는 교환을 통해서 짧아진 염색체가 생긴다. 교환의 결과로 생긴 길어진 염색체는 der9으로 불린다. Antigenics, Inc. (www.antigenics.com)의 허락을 받고 수정한 그림이다.

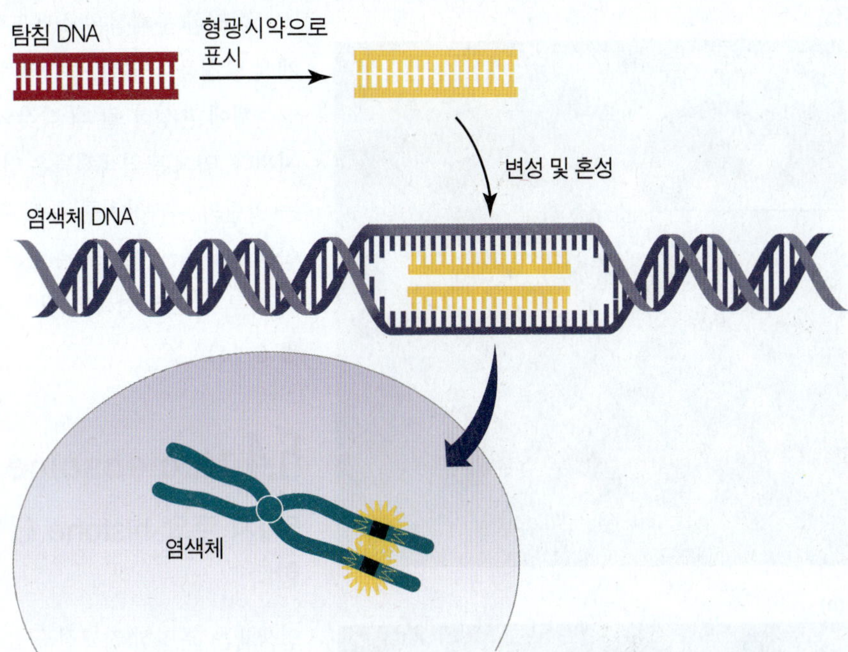


**그림 6.13 형광 in situ 혼성화 염색 (FISH) 기술.** 형광시약 (황색)이 부착된 DNA 탐침이 변성된 염색체내의 특정 염기서열에 결합한다. 이 기술은 염색체 이수성을 검출하고, 염색체이상을 규명하고, 유전자내의 DNA 염기서열의 위치를 찾아 내는 데에 사용된다. National Institute of Health, National Human Genome Research Institute Division of Intramural Research 등으로부터 허가를 받음. Darryl Leja, National Human Genome research Institute (www.genome.gov) 의 삽화를 개작한 것임.

## 형광 *in situ* 혼성화 염색법(FISH)은 염색체에 관한 많은 정보를 제공한다.

전통적인 염색법은 염색체내의 작은 부분에서 일어나는 전위, 결실, 혹은 삽입등을 검출할 만큼 민감도가 충분하지 않다. 그러나, 연구자들은 분자생물학으로부터의 교훈을 통해 현미경 슬라이드에 고정된 작은 시료에서의 작은 염색체 변화도 검출할 정도의 민감성이 뛰어난 방법을 고안했다. **Fluorescence *in situ* hybridization(FISH)** 이라 불리는 이 기술은 형광 염색시약을 붙인 작은 DNA 탐침이 변성된 염색체내의 작은 특정한 염기서열에 붙는다는 사실에 근거한 것이다(**그림 6.13**). 형광 탐침은 nick 번역 혹은 중합효소연쇄 반응을 통해 만들 수 있다(5장 참조). FISH은 이수성 검출, 염색체 이상 규명, 그리고 염색체 상에서 유전자 및 DNA 부분의 위치 확인 등에 이용된다. 이 기술은 염색체가 보이지 않는 간기에서 DNA 부분의 위치를 규명하는 데에도 이용된다.

FISH의 변형된 방법인 염색체 채색법은 특정 염색체에 결합하는 DNA 조각에 결합하는 형광 염색시약을 사용하는 방법이다. FISH와 염색체 채색법의 단점은 모든 염색체들을 동시에 볼 수 없다는 것인데, 그 이유는 모든 23개의 염색체를 특정한 색으로 표지 할 만큼 충분한 형광 염색시약들이 없기 때문이다.

(a)

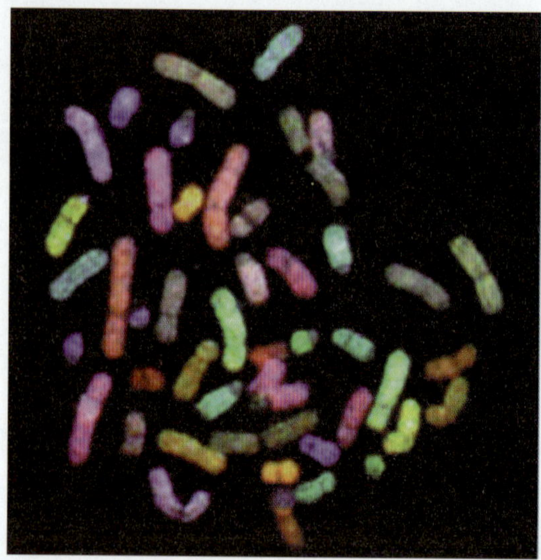

(b)

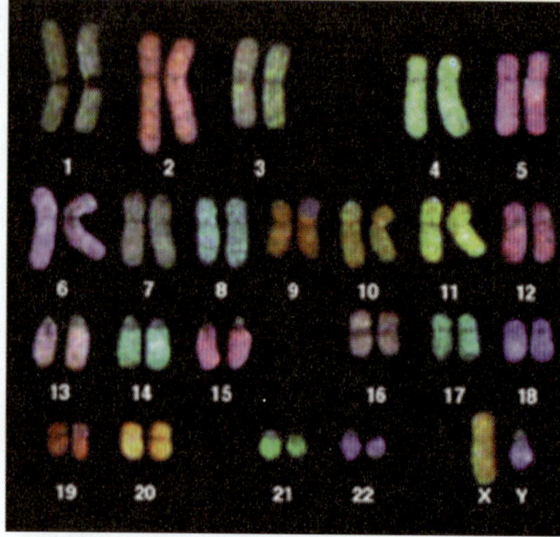


**그림 6.14 인간 염색체의 핵형 스펙트럼.** (a) 24개의 차별적으로 표지된 염색체 착색 탐침들의 동시 혼성화 후의 정상적인 중기 판. (b) 단일한 형광 시약에 의해 방사되는 광선만을 전파하는 각각의 여광기를 통해 염색체들이 보인다. 컴퓨터에 의해 서로 다른 색깔을 나타내는 염색체들의 종합적인 그림이 제공된다. (b) 상동염색체들이 쌍을 이루도록 재배열된다. 체세포 염색체들은 크기가 작아지는 순서대로 배열되며 가장 큰 염색체는 좌측 상단에 있다. 성염색체 쌍은 하단 줄의 가장 작은 염색체쌍의 우측에 보인다. Johannes Weinberg 와 Thomas Ried(미 국립보건원) 가 사진을 제공하였다.

이러한 문제점은 스펙트럼 핵형 분석이라는 기법을 이용하여 각 염색체에 대한 채색 탐침을 다양한 종류의 형광 시약으로 표지함으로써 해결되었다. 형광 탐침이 앰색체에 혼성화 될 때 각각의 염색체는 다양한 종류의 형광 염색약의 조합으로 표지된다. 염색된 염색체들은 단일한 형광 염색시약에 의해 방사되는 광선만을 조사하는 일련의 여과장치를 통해 관찰된다. 다른 방법으로는, 간섭계를 이용하여 염색된 염색체에 의해 방사되는 모든 광선을 조사하는 것이다. 어떤 경우에든, 컴퓨터는 마치 다른 색으로 염색된 것으로 보이는 염색체 쌍들의 전체적인 그림을 보여준다(**그림 6.14**).

# 6.4 Nucleosome

## 5가지 주요 histone 단백질이 진핵세포의 염색질에서 DNA와 결합한다.

염색체는 분명히 정교한 구조를 갖고 있으며 세포 주기동안 복잡한 변화를 일으킨다. 분자 생물학자와 세포생물학자들에게 놓여진 과제는 분자수준에서 염색체 구조를 묘사하고 염색체의 행동을 설명하는 것이다. 인간 세포에서 약 10,000~20,000배 정도로 DNA를 응축함으로써 총 길이가 2 m인 DNA를 직경 5 μm 정도인 핵에 맞추는 과정인 접힘 과정의 단계를 설명하려면 아직도 많이 부족하다. 그러나, DNA를 7배 정도 응축시키는 첫번째 수준의 구성, DNA화 histone간의 상호작용에 관한 상당한 이해가 이루어지고 있다.

염색질은 5가지 주요 histone들 즉, H1, H2A, H2B, H3, 그리고 H4을 포함한다(**표 6.1**). 전형적인 인간 세포는 대략 각 종류의 histone에 대해 6,000만 개 정도의 복제 유전자를 갖고 있어서 염색질에서 그들의 총 질량은 대략 DNA 질량과 유사하다.

각 histone 단백질은 높은 빈도로 lysine, arginine등의 아미노산을 포함하나 lysine 대 arginine의 비율은 각 histone 단백질에서 서로 다르다. 양전하를 띤 작용기를 갖는 lysine과 arginine 잔기들은 histone이 음전하를 띤 DNA 의 인산기에 결합 할 수 있게 한다. 이러한 정전기적 인력은 염색질을 안정화 시키는 주된 요인인데, 그 이유는 염색질이 정전기적 인력을 파괴하는 고농도의 염 용액(가령, 0.5 M 농도의 소금)에 노출되어 있다면 염색질은 분리되어 유리된 histone과 DNA 로 분리

**표 6.1** Histone 구성

| histone | 분자량(kDa) | %lysine | %arginine | %lysine + arginine |
|---|---|---|---|---|
| H1 | ~21.0 | 29 | 1.5 | 30.5 |
| H2A | 14.5 | 11 | 9.5 | 20.5 |
| H2B | 13.7 | 16 | 6.5 | 22.5 |
| H3 | 15.3 | 10 | 13.5 | 23.5 |
| H4 | 11.3 | 11 | 14.0 | 25.0 |

되기 때문이다.

게다가, 염색질은 정제된 histone과 DNA를 고농도의 염 용액에 혼합하고 투석을 통해 점진적으로 염의 농도를 낮춤으로써 재구성 될 수 있다. 이 결과가 다른 성분들이 필요 없음을 보여주나, 이 조건하에서 관찰되는 염색질 조립 속도는 세포 내에서의 속도보다 훨씬 느리다.

아래에 서술된 바와 같이, 염색질 형성에는 단백질 인자들이 필요하다. 재구성 실험들이 다른 생명체로부터의 histone 단백질들을 혼합하여 이루어져 왔다. 흔히, 거의 모든 histone 단백질들의 조합을 통한 염색질 재구성이 가능한데, 그 이유는 H1의 경우를 제외하고는 서로 다른 생명체들에서의 histone 단백질들은 유사하기 때문이다. 사실상, H3와 H4 의 아미노산 열은 서로 다른 생명체에서 거의 동일 하다(때로 1~2개의 아미노산 만이 다름). 가령, 암소의 H4 는 콩의 H4와 단 2개의 아미노산서열만이 다르다 —lysine에 대한 arginine 그리고 valine에 대한 isoleucine— 이러한 사실은 식물과 동물이 진화적으로 갈라진 후 수십억년이 지났지만 histone의 구조가 변하지 않았음을 보여준다.

## 염색질은 nucleosome이라 불리는 염주 모양의 구조로 이루어진다.

전자현미경으로 볼 때 간기세포의 응축되지 않은 염색질은 실에 꿰인 구슬처럼 보인다(**그림 6.15**). 각 구슬은 8개의 histone 분자들로 구성되는 단백질 복합체 주위를 DNA가 감아서 형성되는 nucleosome이라 불리는 necleoprotein 복합체이다. 2개의 nucleosome을 연결하는 DNA를 연결 DNA라 한다. Micrococcal핵산가수분해 효소는 연결 DNA는 자르나, 단백질 복합체를 둘러싸는 DNA는 자르지 못한다. 따라서, micrococcal핵산가수분해 효소로 짧은 시간 동안 처리 할 경우 염색질은 유리

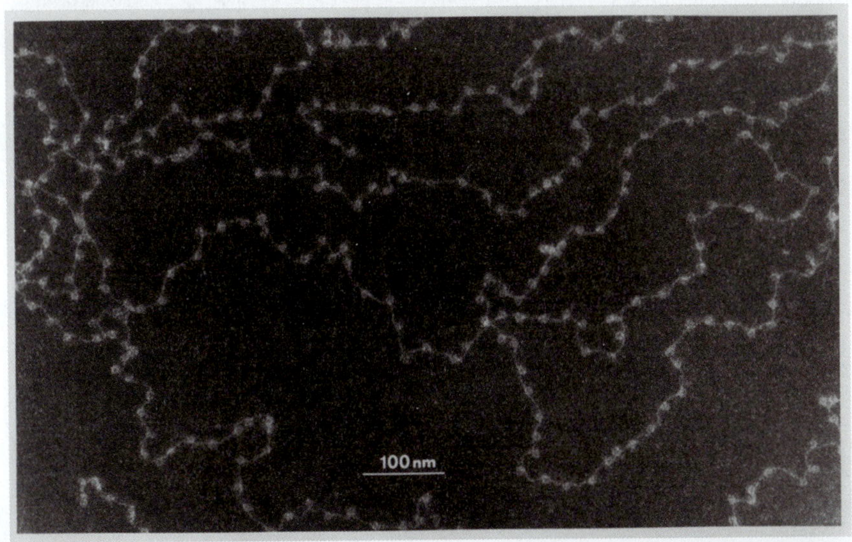


**그림 6.15 염색질의 전자현미경 사진.** 구슬 같은 nucleosome은 대략 11 nm의 직경을 갖는다. Ada L. Olins 와 Donald E. Olins (Brown Universiity) 등이 사진을 제공하였다.

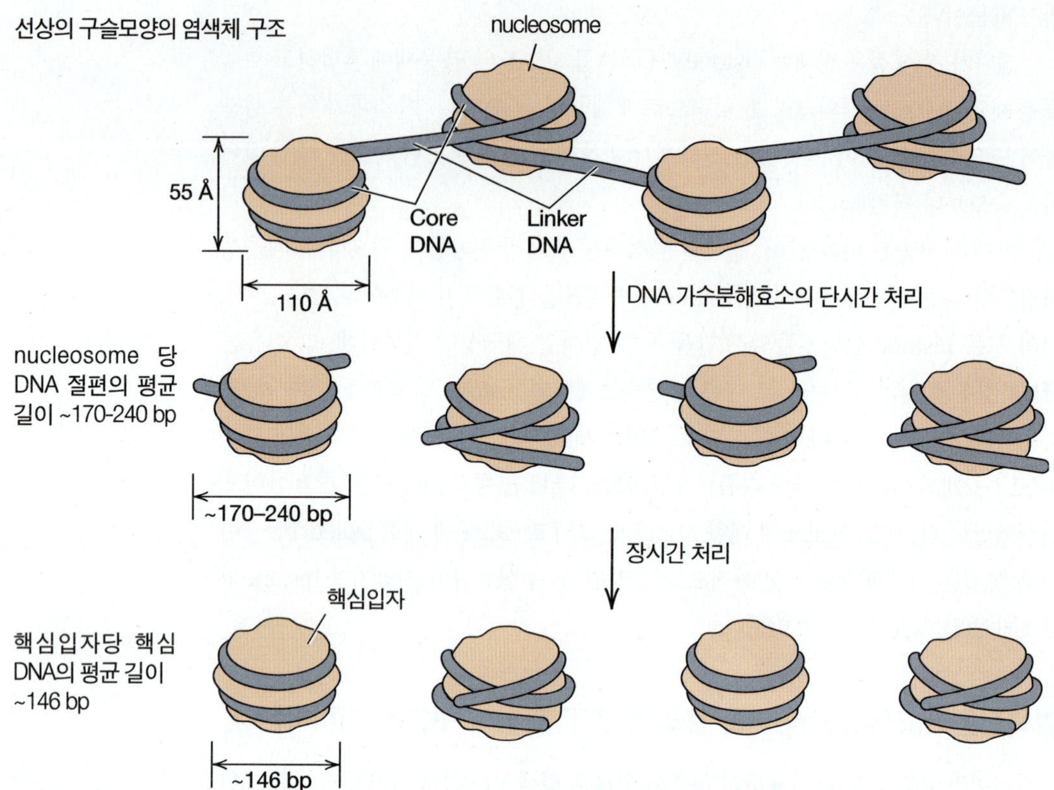


**그림 6.16 "줄에 꿰어져 있는 구슬" 모양의 염색질.** Micrococcal 핵산가수분해의 처리에 의한 효과. 짧은 시간동안 처리하면 연결부위의 DNA가 잘라져서 170에서 240 bp 정도의 DNA 를 포함하는 유리된 nucleosome을 방출한다. 장시간 처리하면 팔량체 단백질 복합체와 근접한 146bp DNA를 제외한 모든 것을 분해시킨다.

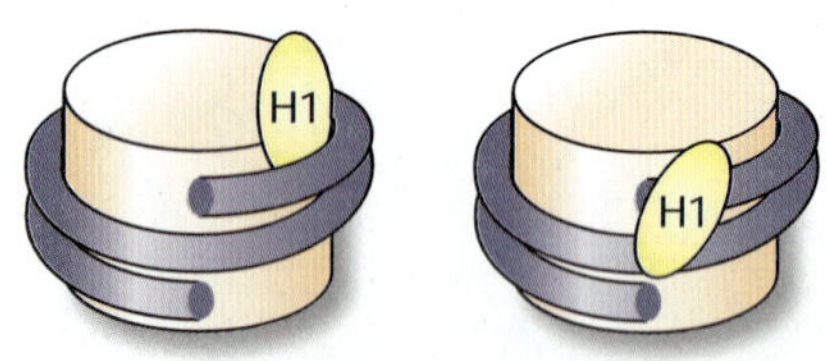


**그림 6.17 Nucleosome상의 H1의 위치에 대한 대안적 모델들.** Histone 팔량체는 황갈색의 원통형 구조로 나타나고, DNA 는 청색이고, nucleosome과 결합하는 H1은 황색으로 보인다. Vignal, M and Workman,J.L. *Nature Struct. Biol.5 (1998): 1025-1028.*

된 nucleosome을 만든다(**그림 6.16**). 이러한 nucleosome들부터 추출되는 DNA의 길이는 170~240 bp 정도로서 생명체마다 다르다. 이러한 차이는 nucleosome 사이에 있는 연결 DNA의 길이가 다름에서 나타난다. 놀랍게도, 같은 생명체에서도 연결DNA 의 길이는 조직에 따라서 다르게 나타나기도 한다(가령, 뇌 와간).

핵산가수분해효소 DNA의 길이가 146 bp가 될 때까지 점진적으로 DNA를 자른다. 핵심입자로 남은 구조는 147 bp의 DNA를 포함하는 8각형 모양의 단백질 복합체(H2A, H2B, H3 그리고 H4가 각각 2개)로 이루어진다. 5번째 histone인 histone H1은 장시간 처리에 따라 형성된 핵심 입자에 있지 않고 단시간 처리에 의해 형성된 nucleosome에 존재한다. H1과 핵심입자사이의 상호작용의 특성에 대해서는 잘 알려져 있지 않다. 2가지 가능한 유형의 상호작용이 **그림 6.17**에 나타나 있다. Histone H1은 염색질의 고차적 접힘 상태에 기여하는것으로 보인다.

## X선 결정학은 nucleosome 핵심 입자들의 고분해능 영상을 제공한다.

1997년에 Timothy J. Richmond와 그 연구원들은 0.28 nm의 해상도에서

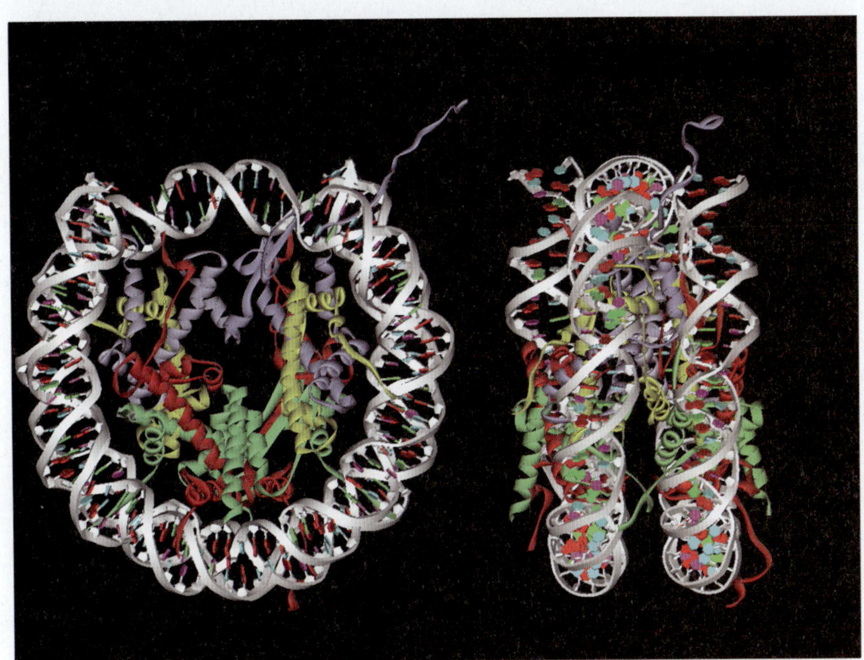

**그림 6.18 Nucleosome 핵심 입자들.** 146bp DNA 의 인산디에스터 골격과 8개 histone 단백질 주 사슬들에 대한 리본 추적 그림들이(청색-H3; 황색-H4; 적색-H2A; 그리고 녹색- H2B) 2가지 시각에서 보여진다. Protein Data Bank ID: 1AOI. Luger, K., et al., *Nature* 389 (1997): 251-260.

nucleosome 핵심 입자의 구조를 결정하였다(**그림 6.18**). 이러한 경이적인 성과는 대장균에서 합성한 H2A, H2B, H3, 그리고 H4 histone 단백질들과 정해진 염기서열의 146bp 길이의 역상보상 DNA 를 통해 nucleosome 핵심입자를 구성함으로써 얻어졌다.

세균은 정성적으로는 histone 단백질을 합성하지 못하나 재조합 DNA 기술을 통해 histone 단백질을 합성하는 세균을 만들었다. Histone 단백질을 합성하는 세균을 만든 이유는 다양한 부위에서 아세틸화, 인산화를 유도하는 진핵세포의 효소에 의해 이질적인 polypeptide를 만들지 않는 수식화 되지 않은 histone 단백질을 얻기 위해서이다. 재조합 단백질로부터 형성된 histone 팔량체는 정확히 2배 대칭성을 갖는다.

결정 구조로 얻어진 최대의 DNA인 핵심 DNA는 팔량체에 있어서 나선 램프를 휘감을 때 1.65 바퀴를 돌아서, 4.25 nm 반경의 좌선형의 supercoil을 만든다. DNA의 길이에 따라 변하는 꼬임 수는 회전당 10.2 bp이다. 이 같은 평균치는 용액내의 단백질과 결합하지 않은 DNA에 대해 관찰된 회전당 10.5내지 10.6 bp 보다 작다. H2A • H2B, H3 • H4 각각의 이형이합체는 27~28 bp 길이의 DNA에 결합하여 DNA의 구부러짐을 초래함으로써 histone 팔량체 주위를 불균등하게 감게 한다. DNA 구부러짐은 minor groove을 압축시킨다. A-T가 많은 염기서열들에서는 이러한 압축이 G-C가 풍부한 염기서열에 비해 잘 일어난다. 따라서, A-T가 풍부한 minor groove이 histone 팔량체와 접촉할 수 있도록 nucleosome들이 DNA 상에 위치하려는 경향이 있다. 펩티드 결합의 수소 원자와 DNA 골격을 이루는 인산기의 산소 원자 사이의 수소결합을 통한 DNA-단백질 결합이 두드러지게 일어난다.

Histone 팔량체와 DNA 모두 2배의 대칭성을 갖고 있기 때문에, nucleosome 핵심도 이러한 성질을 띠리라 예상할 지 모르나, 이는 사실이 아니다. Histone 팔량체의 2 분자는 염기쌍 사이가 아니라 염기쌍 위에 위치하여 nucleosome 핵심은 반쪽은 다른 쪽에 비해 1 bp 가 길다.

이것은 DNA 각 반쪽의 상응하는 염기쌍들이 서로 다른 물리적 환경에 있음을 의미한다. 일반적으로, histone 팔량체는 DNA 의 특정 부위에 머물지 않고 세포의 요구에 따라 다른 장소로 이동하는 동적인 특성을 나타낸다. 그러나, 아주 드문 경우에 있어서 nucleosome은 DNA의 특정 부위에 위치한다. 이러한 위치 설정은 특정한 DNA 염기서열에 결합하여 주변 부위에 nucleosome 형성을 촉진 시키거나 억제하는 비histone 단백질 때문이다.

N-말단 꼬리는 염색질의 구조와 기능을 조절함으로 흥미롭다. 불행하게도, 이 꼬리의 많은 부분들은 구조를 이루지 못하여 X-선 결정학에 의해 볼 수 없다. 가시적인 꼬리 부분은 부홈을 통해 DNA 와 결합하는 확장적인 구조로 보인다. 가령, H3와 H2B의 꼬리 부분은 주위의 초나선회전 구조의 부홈에 의해 형성되는 통로를 관통한다. 게다가, H4 꼬리의 N-말단은 주변의 H2A • H2B 이량체의 면과 접촉한다. 이러한 입자간의 단백질-단백질 접촉은 아마도 30 nm 섬유(아래 참조) 구조라 불리는, 고차의 nucleosome 포장 배열의 안정화에 도움이 되리라 본다.

## Nucleosome 조립은 DNA 복제와 밀접하게 연관된다.

Nucleosome의 분리와 재조립은 진핵세포의 DNA 복제의 기본적인 일부이다. 이 과정은 양서류의 난자와 인간 세포 추출물로터 유래된 복제 체계에서 연구되어져 왔다. 이 연구들은 DNA 복제 기구가 DNA 이중나선을 따라 움직일 때 원래의 염색질로부터 모든 histone 단백질들을 밀어냄을 보여준다. 일단 새로운 딸 이중나선 DNA가 형성됨에 따라, 이미 존재한 그리고 새로이 합성된 histone 단백질들이 딸 DNA상에서 조립되어 새로운 염색질을 만든다. 특정 chaperone 단백질을 필요로 하는 이러한 조립과정은 단계별로 일어난다.

여기서 우리는 염색질 조립에 관여하는 일부의 chaperone과 효소들을 조사해 본다(그림 6.19). **염색질 조립인자-I(chromatin assembly factor, CAF-1)**이라 불리는 이형삼량체는 H3 • H4 사량체를 새로이 복제된 딸 이중나선 DNA에 넣는다. CAF-1은 DNA 복제 기구에 결합하여 DNA 합성 부위에 가깝게 위치 한다. CAF-1이 결여된 효모 돌연변이주 는 정상적으로 자라는 것으로 보아, 다른 histone chaperone이 CAF-1을 대체 할 수 있으리라 본다.

**Nucleosome 조립 단백질 1(nucleosome assembly factor, NAP-1)**이라 불리는 또 다른 chaperone은 H2A • H2B를 H3 • H4 사량체에 놓아서 완전한

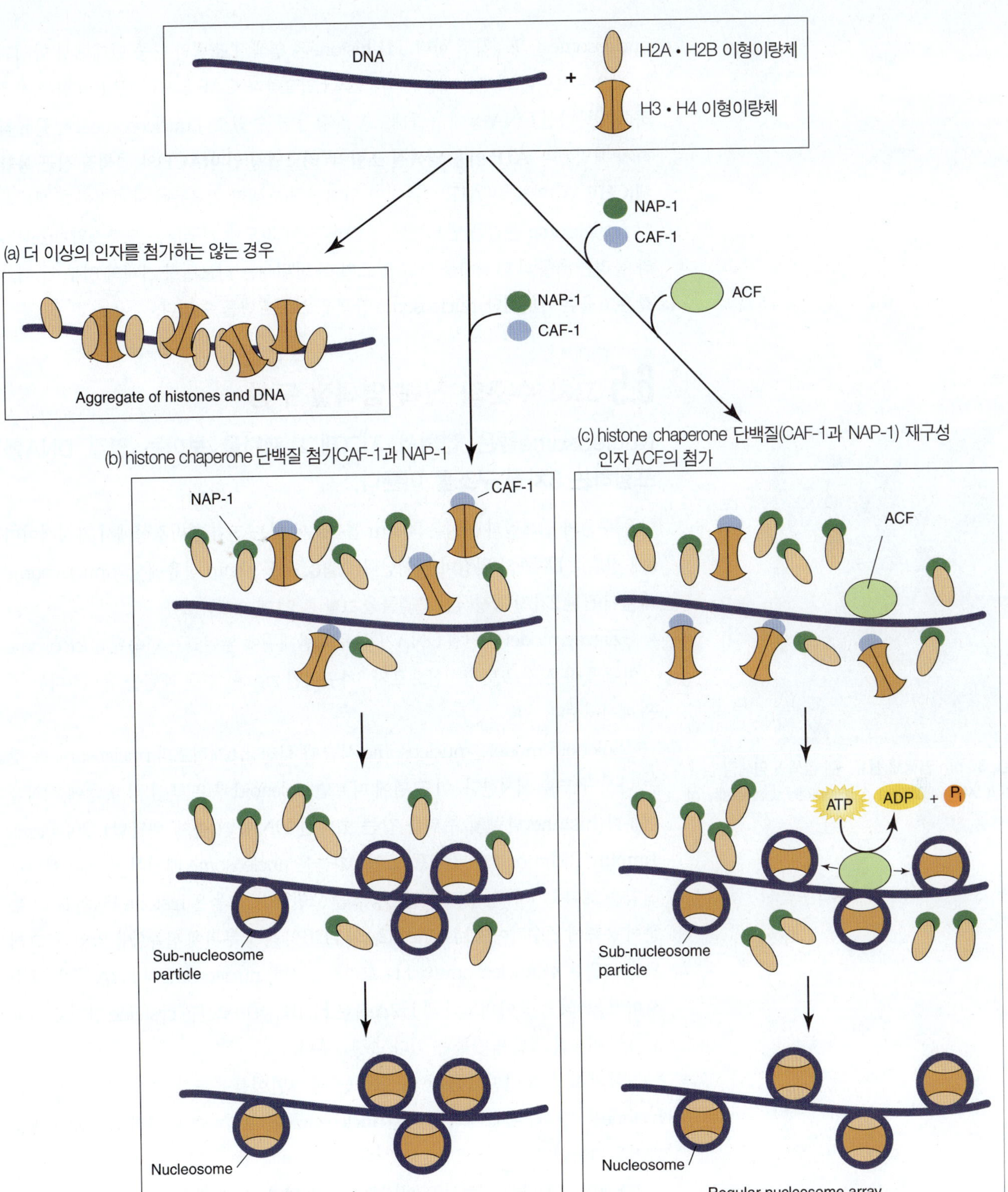


**그림 6.19 염색질 조합에 있어서 histone chaperone과 재구성 기구들의 역할에 대한 모델.** (a) 음 전하를 띤 DNA 와 양전하를 띤 histone 단백질들은 혼합할 경우 강한 친화력으로 불용성 집합체를 형성한다 (시험관 반응) (b) Histone chaperone, 염색질 조립 인자 (CAF-1) 과 염색질 조립 단백질 (NAP-1) 등은 음전하를 띤 DNA 로부터 양전하를 띤 histone 단백질들을 보호하는 것으로 보인다. 이러한 보호는 단계적인 nucleosome 형성에 충분하리라 본다. Histone 사량체 $(H3 \cdot H4)_2$는 histone H2A · H2B 이량체 보다 DNA 에 대한 친화도가 크다. 추가적인 histone chaperone은 미리 형성된 histone 팔량체에 결하바하여 팔량체를 DNA 에 전달한다. (c) ATP 를 이용하는 염색질 조립 및 재구성 인자 (ACF) 와 다른 ATP 의존적 재구성 기구들은 시험관 반응에서 생리적으로유의한 nucleosome 간격을 유도한다. Tyler, J.K., *Eur. J. Biochem.* 259 (2002): 2268-2274.

nucleosome을 형성하기 한다. H1 histone은 염색질 조립의 나중 단계에서 함입되는 것으로 보이나 자세한 내용은 연구가 더 필요하다. CAF-1 과 NAP-1 이 함께 작용하여 이중나선 DNA 상에 뉴클레로솜을 형성 할 수 있으나 nucleosome들은 불규칙하게 배열된다. **ATP 이용 염색질 조립 및 리모델링 인자(ACF)**와 **염색질 접근 복합체(CHRAC)**와 같은 ATP 의존적인 염색질 리모델링 기구들이 규칙적이고 생리적인 nucleosome 간격을 만드는데 필요하다. 이 리모델 기구들은 모방스위치(ISWI)라 불리는 공통의 단위체를 갖고 있으며 이 단위체는 리모델링 기계의 일부 일 때와 같은 효율은 아니지만, nucleosome 간격을 스스로 만들 수 있다.

## 6.5 고차 수준의 진핵 염색질 구성

### Nucleosome들은 접혀서 지그재그 패턴을 보이는 연결 DNA를 포함하는 3차원 구조를 이룬다.

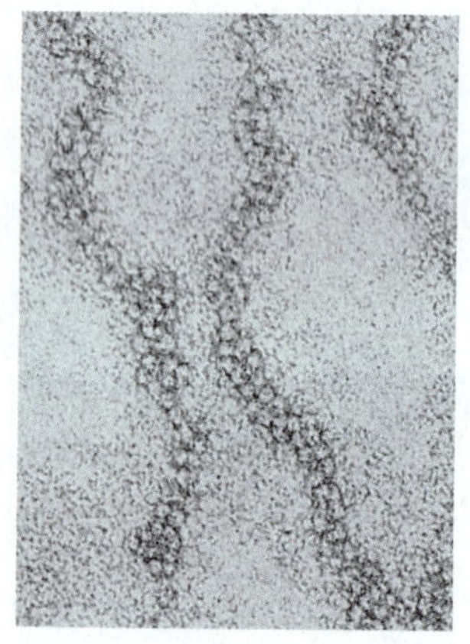

**그림 6.20 30 nm 염색체 섬유.** 쥐 염색체 염색질 섬유의 전자현미경 사진. Barbara A. Hamkalo, University of California, Irvine.

다음 수준의 염색질의 구성은 30 nm 섬유로서 이는 전자 현미경상에서 가시적이며 6배 정도로 DNA의 밀집이 일어난다(**그림6.20**). 30 nm 섬유에서의 nucleosome 배열에 관한 2가지 경쟁적인 모델들을 **그림 6.21**에 소개하였다.

Zigzag model은 연결 DNA가 섬유의 반대편에 놓여있는 연속된 nucleosome 사이에 똑바른 경로를 형성함으로써 3차원적인 zigzag 연결 패턴을 유도한다는 것을 예시해준다.

Solenoid model은 nucleosome 사슬이 회전당 6개정도의 nucleosome을 갖는 나선 구조를 예시한다. 이 모델에 따르면, solenoid 축은 핵심 입자 축에 직각을 이룬다(histone 팔량체 주위를 감는 초나선 DNA 의 축에 해당함). 2004년에, Timothy Richmond와 그의 동료 연구자들은 nucleosome 배열이 zigzag 형태로 접힘을 보여주기 위한 정교한 접근방법을 고안했다. 그들은 histone H4의 꼬리 부분이 응축에 필수적이며 histone H2A와 H2B의 특정 부위에 접촉함을 알았다. 그러므로 그들은 한 nucleosome의 H4 꼬리와 인접한 nucleosome의 H2A 혹은 H2B 사이에 H4의 특정 아미노산 과 H2A 혹은 H2B의 아미노산을 cysteine 잔기로 바꿈으로써 이황화 결합을 만들 수 있다고 생각했다.

위치지정 돌연변이를 통해 원하는 돌연변이를유도한 후, 그들은 변형된 histone을 사용하여 12개의 변형된 nucleosome을 포함하는 완전히 규정화된 배열체계를 만들었다.

1개의 조합만이 원하는 교차결합을 만들었다. 이 조합은 histone H4 꼬리의 val-24 잔기가 cysteine으로 대체되고 H2A의 glutamate-64 잔기가 cysteine으로 대체된 nucleosome을 포함했다. Richmond와 동료 연구자들은 마그네슘 이온 혹은 histone H1을 넣어서 nucleosome 배열체계를 응축하였고 산화제를 넣어 한 뉴클레오솜의 H4 꼬리와 인접한 nucleosome 사이에 이황화 결합을 유도하였다. 그들

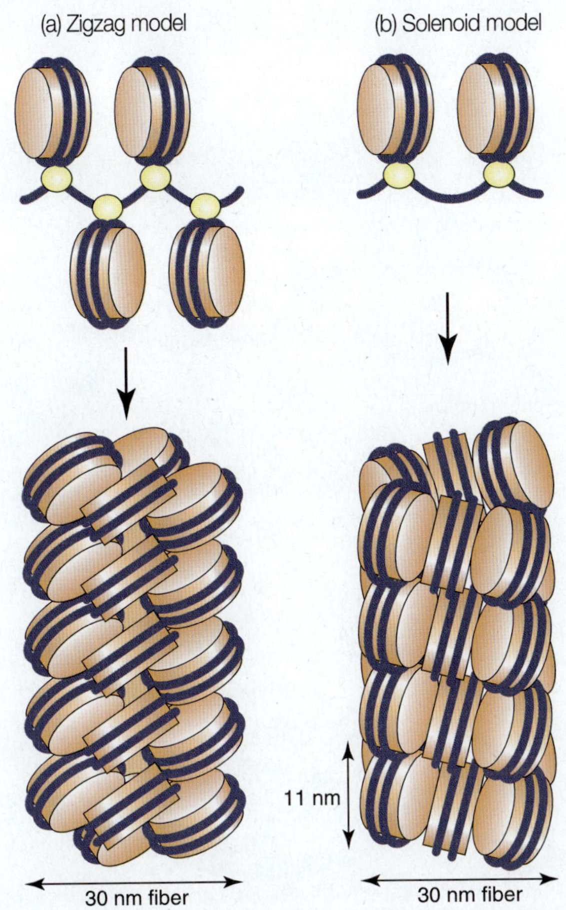


**그림 6.21 30 nm 섬유구조에 대한 2가지 모델.** (a) Zigzag model은 직선의 결합 DNA가 30nm 섬유구조의 반대쪽에 있는 잇따른 nucleosome을 연결함을 예시한다. (b) Solenoid model은 nucleosome 사슬이 잇따른 nucleosome을 연결해주는 구부러진 결합 DNA 를 갖는 나선상의 구조를 형성함을 예시한다. 본문에서 설명되었듯이 현재의 결과들은 zigzag model이 적합함을 시사한다. Khorasanizadeh, S., *Cell* 116 (2004): 259-272.

은 응축된 nucleosome배열체계를 핵산가수분해효소로 분해하였다. Solenoid model은 이황화 결합이 최대12개의 nucleosome들이 핵산가수분해효소의 처리 후에 결합됨을 예시한다. Zigzag model은 이황화 결합이 최대 6개의 nucleosome 들이 결합함을 예시한다. 실험결과에 따르면 핵산가수분해효소에 의한 분해 후에 6개의 nucleosome들이 결합하는데, 이는 zigzag model이 옳음을 보여주는 것이다. 염색질 구성의 2가지 수준이라는 nucleosome 형성과 30 nm 섬유 형성은 단지 40배 정도의 밀집을 설명해 준다. 대략 500배의 중기염색체의 나머지 밀집은 여전히 밝혀지고 있지 않은 대규모의 염색질 접힘 과정에 기인한다. 전자현미경이 고차원의 접힘 패턴 이해에 관한 중요한 정보를 제공했다. 1977년에, James R. Paulson과 Ulrich K. Laemmli에 의한 선구자적인 연구는 histone이 결여된 염색체들은 DNA 고리들이 단백질 골격에 부착됨을 보여주었다(**그림 16.22**). 후에 조직화학 및 생화

**그림 6.22 골격 구조와 일부 주위의 DNA.** 골격이라 불리는 구조는 염색체를 2M 농도의 NaCl 로 처리 하여 histone을 제거 할 때 보인다. 골격은 대개 DNA 회전효소 II 와 SMC(염색체의 구조 유지 단백질) 단백질들을 포함한다. 골격으로부터 DNA 고리가 뻗어나간다. Reproduced from Cell, vol. 12, Paulson, J.R., and Laemmli, U.K., The structure of histone···, pp. 817-828. Copy right 1977, with permission from Elsevier, Photo courtesy of Ulrich K. Laemmli, University of Geneva, Switzerland.

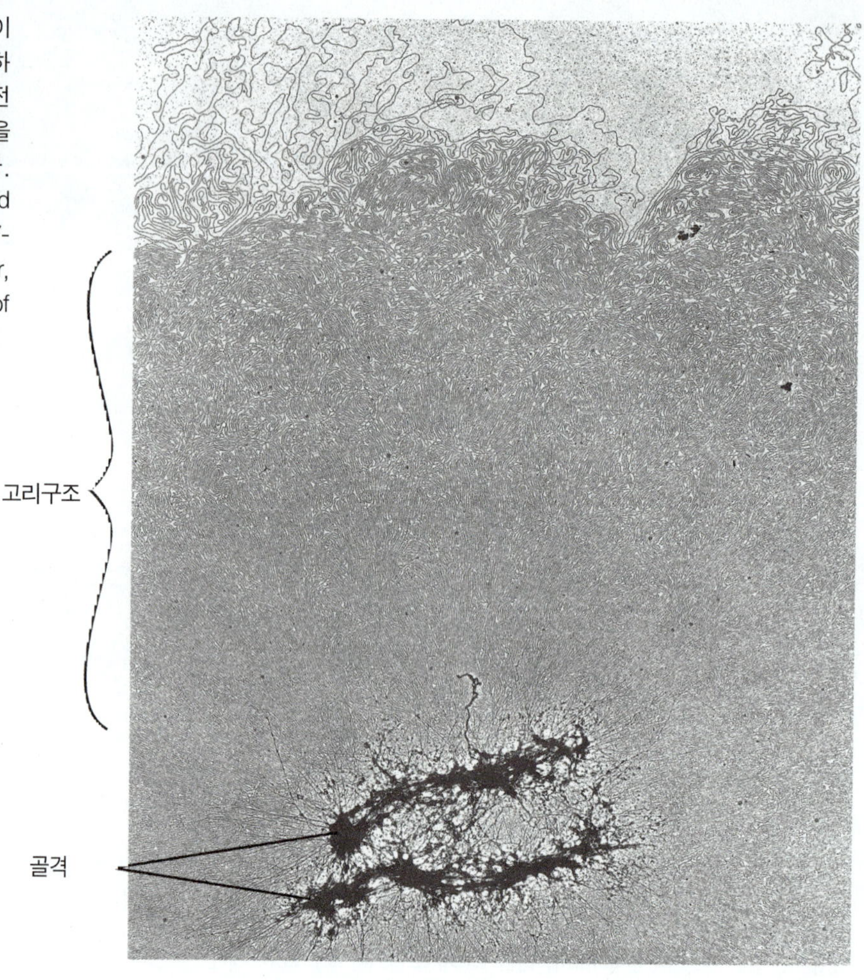


학 연구는 단백질 골격은 DNA 회전효소 II와 SMC 단백질을 포함함을 보여주였다.

이러한 정보들에 근거하여, Laemmli는 30 nm 섬유가 단백질 골격에 결합하여 고리들을 이룬다는 scaffolding 모델을 제안하였다(**그림 6.23**). 이 모델에 따르면, **골격 부착 부위(SARS)**라 불리우는 A-T 가 풍부한 DNA 염기서열은 특정한 골격 단백질들과 결합하여 최대 100 kbp 크기의 DNA를 포함하는 30 nm 섬유들의 고리를 만든다.

양서류 난자 추출물을 이용한 시험관 연구는 DNA 회전 효소 II와 SMC 단백질들이 고차원적인 염색질 응축에 필요함을 보여준다. DNA 회전효소 II는 다른 염색체로부터 DNA를 풀어 놓아서, 각각의 염색체가 별개의 분리된 밀집된 구조가 되게 한다. DNA 회전효소 II는 고리구조 하부의 특정 부위를 점유하고 있으므로 구조적인 측면에서 중요하리라 본다.

SMC 단백질은 5개의 단위체와 13S 의 침강계수를 갖는 condensin이라 불리는 고분자량 형태로 존재한다. 이중 2개의 단위체들, SMC2와SMC4, 세균의 SMC 단백질구조와 유사한 이형이량체를 형성한다. 13S 복합체의 구조는 아직 결정되지 않고 있다. Condensin은 원래 구조적인 기능을 하는 단백질로 인식되었으나 최근

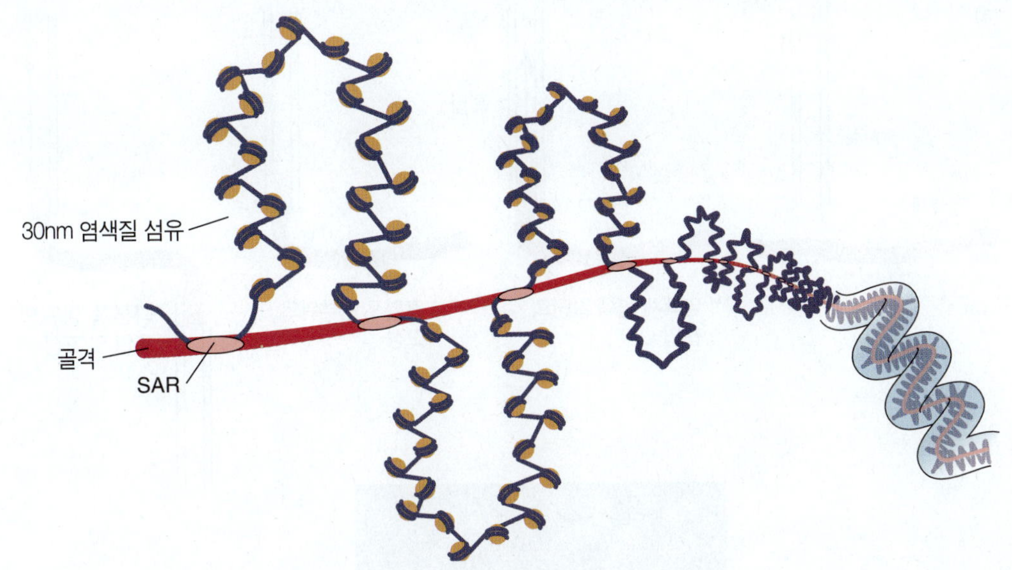


**그림 6.23 골격 모델.** 염색체 골격(적색) 단백질와 골격 부착 영역(SAR)이라 불리는 염색체 분절(분홍색 타원구조)에 의해 30 nm 염색질 섬유가 접혀져서 고리 구조를 나타낸다. Swadlow, J.R., and Hirano, T., Mol. Cell 11 (2003): 557-569.

의 연구결과에 따르면 이것은 DNA 의존적 ATP 분해활성을 갖고 있어서, DNA에 초나선을 유도함을 보여준다. 이러한 촉매 활성의 염색체 응축에 대한 정확한 기여는 결정되지 않고 있다.

염색체의 탄성을 측정하는 완전히 새로운 생물물리학적인 방법이 염색체 구조에 대한 새로운 통찰을 제공하고 있다. 기본적 실험적 접근법을 **그림 6.24**에 제시하고 있는데 염색체가 두 micropipette사이에 매달려있다. 1개의 micropipette은 단단하나, 다른 micropipette은 힘이 가해지면 구부러진다. 고정된 위치에서 유연한 micropipette을 잡으면서 단단한 micropipette을 움직일 때 염색체는 늘어나게 된다. 이 늘어나는 힘이 유연한 micropipette을 구부리고 이러한 구부러짐을 이용하여 힘을 측정하게 된다(**그림 6.24b**). 이러한 방법을 사용하여, 연구 그룹들은 중기의 염색체들이 평상시 크기의 몇 배로 늘어났다가 다시 정상크기로 돌아올 수 있음을 보여주었다.

Michael G. Poirer 와 John F. Marko는 이 실험을 훌륭히 변형하여 세번째 피펫을 사용하여 염색체를 약간 늘린 후 micrococcal 핵산가수분해효소를 염색체에 뿌렸다. 효소로 처리하지 않은 염색체는 그대로 있고 약하게 늘릴 경우에도 신축성을 유지한다. 반면에, 핵산가수분해효소를 처리한 염색체는 처음에는 가늘어지다가 잘라진다. Stefan Dimitrov 와 그 공동연구원들에 의한 후속 연구결과에 따르면 단백질 가수분해효소는 유사한 효과를 나타내나 RNA 가수분해 효소는 그렇지 않았다. 이러한 염색체의 늘림 연구를 통해 볼 때, 골격은 단백질-단백질 결합과 단백질-DNA 결합을포함하는 것으로 보인다.

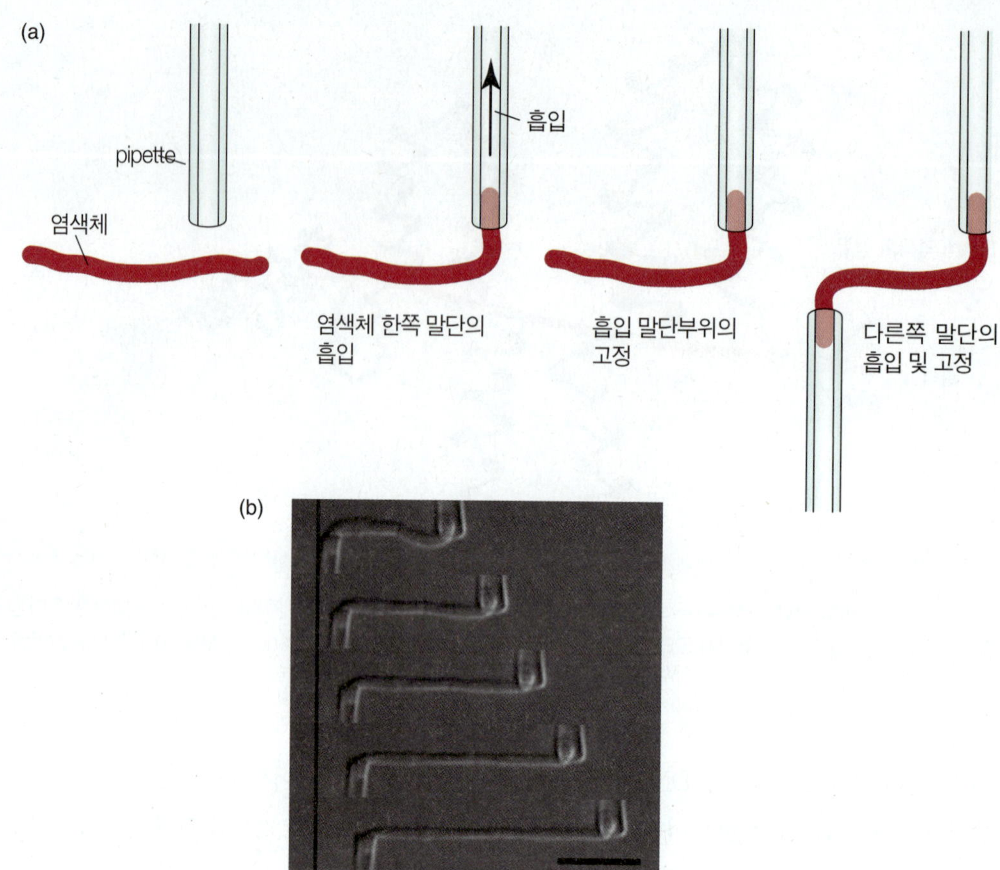


**그림 6.24 염색체의 늘림.** (a) 2개의 micropipette을 이용한 흡입을 통해 염색체를 포획하는 방법에서의 연속적인 단계를 보여준다. (b) 우측의 pipette이 0.5.10,15, 20 μm 이동하는 조건에서 단일 염색체의 늘어남에 대한 차등간섭대비 영상. 좌측의 micropipette은 이동하지 않으나 편향되어 그 편향정도를 힘으로 환산한다. Bar = 10 μm. Part a Almagro, S., et al., *J. Biol. Chem. 279 (2004): 5118-5126. Part b Poirier, M.G., Eroglu, S., and Marko, J.F., Mol. Biol. Cell 13 (2002): 2170-2179. Copy right 2002 with permission from of the American Society for Cell Biology. Photo courtesy of Michael G. Poirier, Ohio State University.*

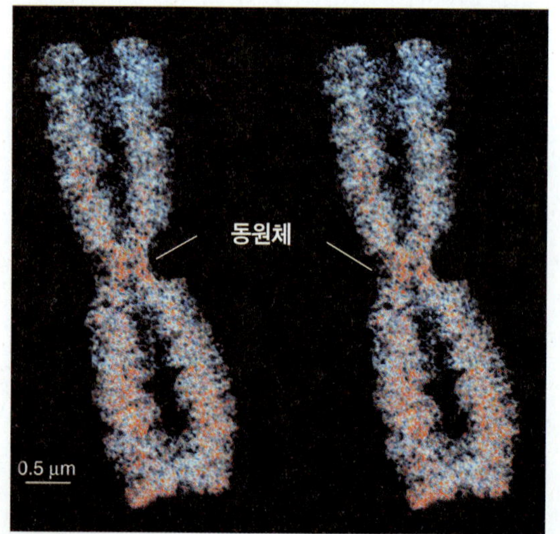


**그림 6.25 중국 hamster 난소 세포의 중기 염색체.** Peter Engelhardt, University of Helsinki, Finland.

## 동원체는 미세소관이 부착되는 장소이다.

각 염색체에는 중기 염색체에서 가는 영역으로 보이는 특정한 모양의 영역, 중심체, 이 존재한다(**그림 6.25**). 출아 효모세포에서, 동원체 DNA는 125 bp 길이의 염기서열로 구성된다. 반면에 인간 동원체 DNA는 계통적인 구성을 이룬다. 약간의 변이를 갖는 171 bp nucleotide 서열이 반복되어 고등한 구조를 갖고, 이것은 염기서열이 보존된 상태로 더 고등한 정도의 반복구조, α**부수체 DNA 배열**이라 불리는, 를 이루며 그 길이는 200에서 9000 kb이다(**그림 6.26**). 중심체는 DNA 가 histone과 다른 단백질들로 둘러싸인 형태의 특별한 모양의 염색질을 포함한다.

비histone 단백질은 구성성 그리고 외래성 단백질 두 그룹으로 나뉘어진다. 구성성 단백질들은 전체의 세포 주기동안 중심체와 결합한 형태로 존재하나, 외래성

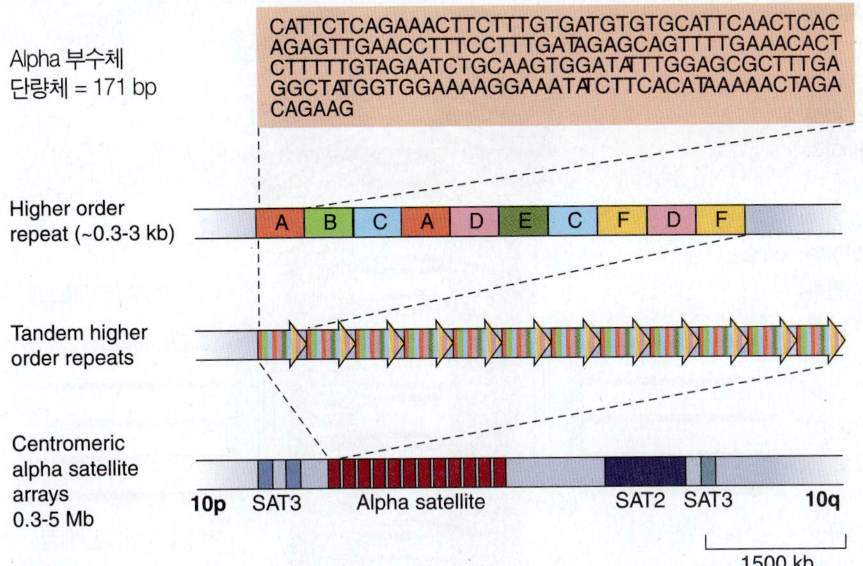


**그림 6.26 인간 동원체에서의 DNA 구성.** 부수체의 계통적 구성이 나타나 있다. 약간의 서열의 변이를 갖는 171bp 염기서열이 반복되어 고등한 반복구조를 나타내고, 이어서 염기서열이 보존된 형태로 반복되어 α부수체 DNA 배열이라 부르는 더욱 고등한 반복구조를 나타내는데, 그 길이는 200~900 kb이다. 하단은 염색체 10번의 동원체 구조를 보여주는데, ~2Mb 길이의 alpha 부수체 배열과 주위의 동원체포함 부수체 배열 (SAT1 and SAT3). Cleveland, D.W., et al., Cell 112 (2003): 407-421.

단백질들은 세포 주기의 한 단계동안 만 결합한 형태로 존재한다. 구성성 단백질의 일종인 CENP-A(동원체 단백질 A)는 다른 histone과 결합하여 중심체에서 정상적인 nucleosome사이에 산재되는 새로운 유형의 nucleosome을 형성하는 histone H3 의 상동 단백질이다. 다른 구성성 그리고 외래성 단백질이 조합을 이루어 동원체라 불리는 미세소관 부착 장소를 형성한다. 전자현미경 연구에 따르면 하나의 방추사-단백질 섬유가 출아효모(Saccharomyces cerevisiae)의 염색체에 존재하는 동원체에 부착함을 보여준다. 효모 염색체보다 훨씬 큰 인간 염색체에서는 여러 개의 방추사가 동원체에 부착된다. 동원체는 CENP-A를 포함하는 nucleosome과 결합하는 내부 영역과 유사분열의 방추사를 형성하는 미세소관이 부착되는 외부의 영역으로 이루어진다. **그림 6.27**은 K.H.Choo와 그 공동연구원들이 제안한 인간의 중심체와 동원체 구조를 보여준다.

## 염색체 말단에 존재하는 말단소체는 안정성에 필요하다.

2명의 저명한 유전학자들, Hermann J. Muller와 Barbara McClintock에 의한 1930년대의 연구결과에 따르면 염색체의 말단부위는 염색체 안정성에 필수적이다. 염색체 말단을 묘사하기 위해 telomere(그리스어로 telos는 말단, meros는 부분) 라는 말을 고안한 Muller 는 초파리 염색체의 결실을 유도하기 위해 X선을 도입한 실험들에

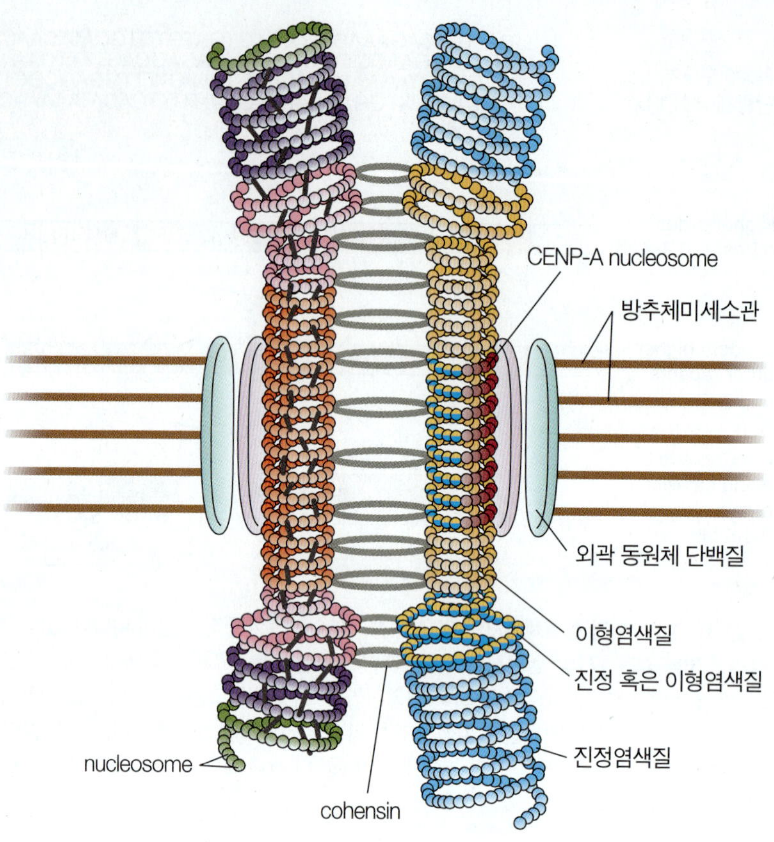


**그림 6.27 인간 동원체의 3차원 구성 모델. 동원체내의 염색질.** 섬유는 zigzag (혹은 solenoid) 구조로서 접힐 것이다. 이러한 배열이 동원체 단백질 A (CENP-A) 를 포함하는 각각의 nucleosome 들이 중기 염색체 상에서 일련의 반복적인 기능 단위로 구성되는 하나의 영역을 구성한다. 이러한 중기 염색체 상에서 nucleosome은 잔존하는 동원체 단백질과 결합 할 수 있다. 원통 구조의 반대편에서, 중간에 낀 histone H3 또한 하나의 영역을 형성 할 수 있다. 이러한 내부영역이 어느 정도로 이질 염색질인지 혹은 진정 분명하지 않다. 이러한 불확실성은 cohensin (회색), 염색분체의 결합 유지에 필요한 다수의 단위체로 구성된 단백질 복합체, 의 위치를 암시한다. CENP-A 는 적색으로 표시된다 관련된 동원체 단백질들은 진홍색 혹은 녹색으로 표시된다. 이질 염색질은 황색으로 표시되고 진정염색질은 청색으로 표시되며, 염색질의 상태가 확실하지 않은 영역은 반은 청색 반은 황색으로 표시하였다. 외부 동원체 단백질들은 청록색으로 표시하였다. Amor, D.J., et al., *Trends Cell Biol.* 14 (2004): 359-368.

서의 결과를 통해 그 중요성을 인식하였다. 내부의 결실이 있는 안정적인 염색체들을 회수 할 수 있었으나 말단이 결실된 단백질들은 발견하지 못했다. Muller 는 염색체 말단이 염색체 안정성에 필수적이라는 결론을 내렸다. McClintock은 옥수수에서 깨진 염색체들이 서로 융합하고, 구조적인 변화를 겪고, 혹은 분해된다는 사실을 발견하고 유사한 결론을 내렸다. 1978년에 Elizabeth H. Blackburn과 Joseph G. Gall이 소핵, 대핵 2종류의 핵을 갖는 섬모류의 원생동물인 *Tetrahymena thermophilia*로부터 말단소체를 분리 할 때까지는 말단소체에 대한 이해가 이루어지지 않고 있었다. 5개의 염색체쌍으로 이루어진 소핵은 생식세포계열 핵으로서의 역할을 하여 유전정보를 전달하나 전사에는 관여하지 않는다. 전사활성이 큰 대핵은 소핵에서 유래된다. *T. thermophilia*의 생활주기동안 소핵내의 염색체들은 분리되어 증폭과정을 거친 후, 수천개의 소 염색체를 형성한다. 이 소염색체의 말단들은 TTGGGG 의 짧은 단순한 염기서열이 반복되는 것으로 나타났다.

*T. thermophilia*의 소염색체에 관한 연구는 연구자들로 하여금 다른 생명체의 염색체도 그 말단에 단순한 염기서열 반복이 존재하는 지의 여부를 확인하도록 하였다. 다양한 진핵생물에서의 말단소체 DNA의 특성이 규명되었다. 대부분의 경우, 그 DNA 는 5 내지 8 bp 길이의 반복단위를 갖는 단순 반복배열로 이루어진다. 대개의 말단소체 DNA 는 염색체 말단을 향해 5′-3′으로 읽혀지는 DNA 나선에서 G의 함

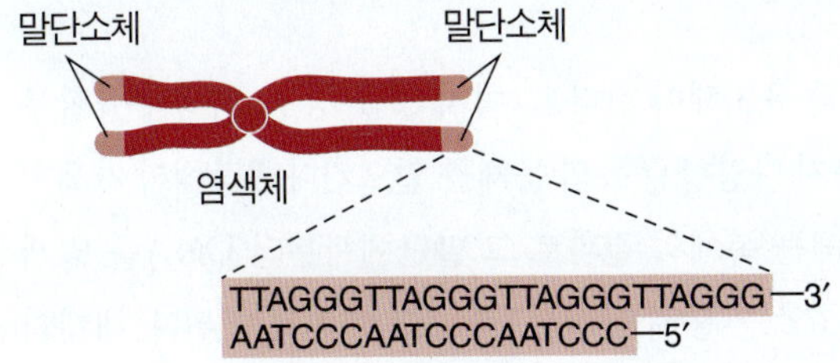


**그림 6.28 3′-말단소체의 돌출 구조.** 분홍색으로 표시된 말단소체는 자매염색분체의 말단에 존재한다. 각 말단소체는 G 가 풍부한 3′-돌출구조를 갖는다.

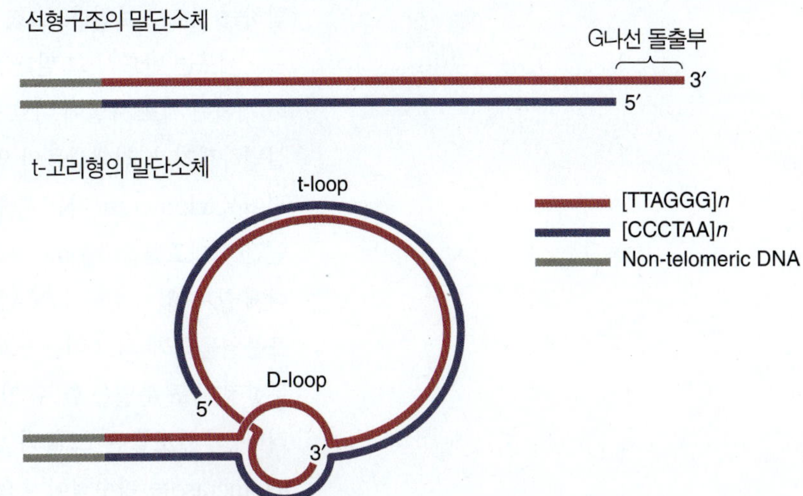


**그림 6.29 말단소체 t 와 D 고리구조.** t 고리구조는 염색체 말단 (말단소체)의 3′ G 나선 돌출 부위가 이중나선의 말단소체 반복서열을 침입하여 전위 고리구조인 D 고리구조를 형성함에 따라 만들어진다. Lundblad, V., Science 288 (2000): 2141-2142.

유량이 많다. 가령, 인간과 같은 척추동물에서의 반복 배열은 TTAGGG 이고 클로렐라의 경우는 TTTAGGG 이다.

이러한 단순염기서열의 반복유형은 효모의 경우 수백 bp이고 척추동물의 경우 수천 bp이다. G가 많은 나선은 3′단일나선의 돌출로 끝난다(**그림 6.28**). 즉, G가 많은 나선은 상보적인 나선의 5′말단을 지나친다. 이러한 돌출 구조는 단순 진핵생물에서 2-3개의 반복단위를 갖으나 인간의 경우 그 수는 30에 이른다. 1999년에 Titia de Lange와 공동연구원들은 전자현미경 연구를 통해 G가 많은 나선의 3′ 돌출 구조는 뒤로 접혀져서 포유류 동물의 말단소체의 이중나선 영역을 침범하여 t-고리(말단소체고리)와 D 고리(전위고리)를 만든다는 것을 알아내었다(**그림 6.29**). 포유류의 말단소체 구조를 확립하고 유지하는데에는 특정 단백질들이 필요하다. 포유류의 말단소체를 보호하는 단백질들에 촛점을 두지만, 유사한 단백질들이 또한 다른 진핵생물들에서 존재한다. TRF1과 TRF2(TTAGGG 반복서열 결합인자 1과 2)와 같은 2개의 말단소체 단백질들은 미리 형성된 이량체로서 말단소체의 이중나선 영역에 결합한다. 두 단백질들은 구조적으로 유사하나 기능은 다르다. TRF1은 말단소체 길이를 음성적으로 조절한다. TRF1을 과 발현하는 세포들은 정상보다 짧은 말단소체 길이를 갖는다. TFR2 는 t 고리 형성에 관여하며 염색체 말단에 뚜껑을 씌워서 보호하는 데에 필요한 것으로 보인다. TRF1과 TRF2는 다른 단백질들을 말단소체로 끌어들인다.

모집된 단백질 중의 하나는 Werner 증후군 helicase(WRN)로서 그 결합이 조기노화와 관련된 유전병인 Werner 증후군 환자에서 발견된 바 있다.

두 번째 유형의 단백질인, POT1(말단소체보호 단백질)은 TTAGGGTTAGGG 염기서열을 포함하는 단일 나선 DNA에 결합하며 아마도 D 고리의 단일 나선과 결

합하는 것으로 보인다. (**그림 6.30**)

세포는 반드시 그 말단소체를 유지해야 한다. 그렇지 않을 경우, 염색체 융합부터 계획된 세포 사멸에 이르기 까지 다양한 종류의 문제를 일으킨다. 9장에서 자세히 설명하겠지만, 진핵생물의 염색체는 복제의 결과로 그 말단에서부터 DNA를 잃게 되어서 telomerase 라는 특수한 효소를 통해 상실된 DNA를 대체하게 된다. 대개의 인간 체세포들은 telomerase가 결여되어 DNA 복제시 상실된 말단소체 DNA 를 대체 할 수 없게 된다. DNA를 대체 할 수 없게 되면 체세포들은 제한된 수 만큼만 세포분열을 하게 되고 이는 노화로 이어진다. 생식세포들은 telomerase를 갖고 있어서 무한정 세포 분열을 할 수 있다. 대개의 암 세포들 또한 telomerase를 갖고 있다. 그러나, 암세포들은 그들의 말단소체를 유지하는 대체수단을 갖고 있기 때문에 telomerase는 필수적이지 않다. 그럼에도 불구하고, telomerase는 다양한 종류의 많은 암을 치료하기 위한 매력적인 표적 단백질이다.

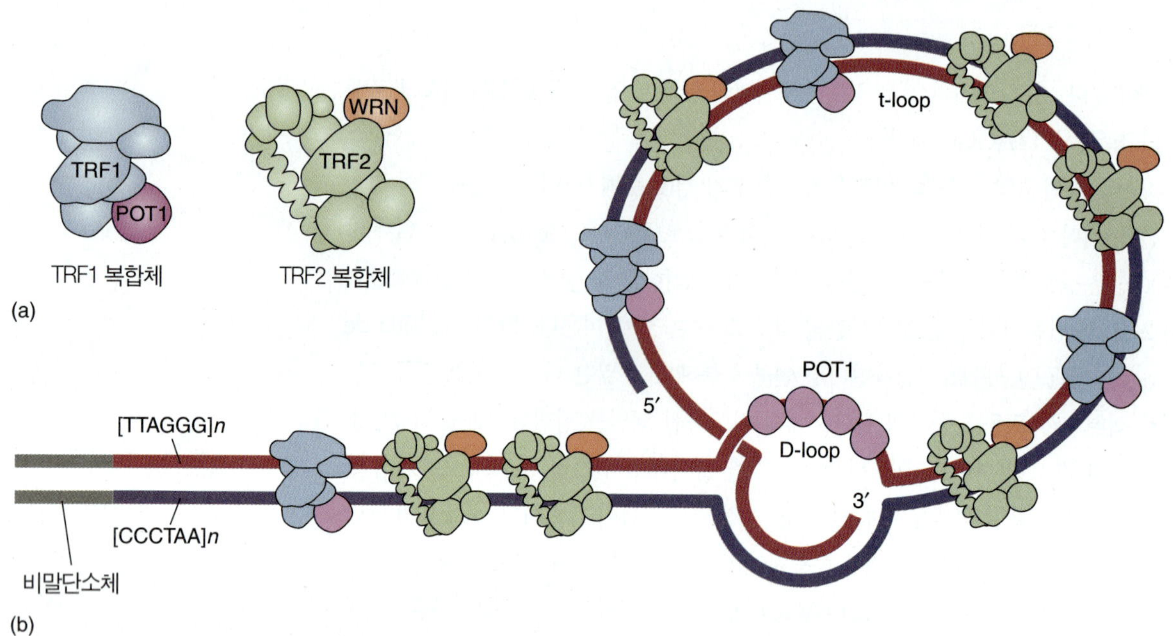


**그림 6.30 인간 말단소체의 제안된 구조.** (a) TRF1과 TRF2는 각각 다른 단백질들을 말단소체로 불러들인다. TRF2 복합체의 주된 역할은 염색체 말단을 보호하는 것으로 보인다. TRF1 복합체는 telomerase에 의한 말단소체 유지를 조절하는 것으로 보인다. (b) 인간 말단소체에서 100내지 200 nucleotide 길이인 TTAGGG 반복서열의 배열 3′-G 나선 돌출을 갖는 2내지 30 kb 길이인 직선의 이중나선에서의 TTAGGG 반복서열에 연결되어있다. 말단소체 DNA 는 3′-G 나선 돌출구조가 이중나선-반복 배열을 침범하여 TTAGGG 반복서열의 전위 혹은 D 고리 구조를 포함하는 t 고리 구조로 존재 할 수 있다. 다른 구조도 또한 가능하다. POT1 (말단소체 보호 단백질 1) 단백질은 t 고리 구조 형성으로부터 생겨나는 단일 나선의 TTAGGG 반복서열 DNA에 결합한다. 2가지 이중나선 TTAGGG 반복 서열 결합 인자들 (TRFs), TRF1, 과 TRF2, 는 이중나선 반복서열과 결합한다. de Lange, T., Nat. Rev. Mol. Cell Biol. 5 (2004): 323-329.

# 권장 도서

## Bacterial Chromatin

Bendich, A. J., and Drlica, K. 2000. Prokaryotic and eukaryotic chromosomes: what's the difference. *Bioessays* 22:481-486.

Breier, A. M., and Cozzarelli, N. R. 2004. Linear ordering and dynamic segregation of the bacterial chromosome. *Proc Natl Acad Sci USA* 101:9175-9176.

Case, R. B., Chang, Y.-P., Smith, S. B., et al. 2004. The bacterial condensin MukBEF compacts DNA into a repetitive, stable structure. *Science* 305:222-227.

Cunha, S., Odjik, T., Suleymanoglu, E., and Woldringh, C. L. 2001. Isolation of the *Escherichia coli nucleoid*. *Biochimie* 83:149-154.

Dagupta, S., Masinier-Patin, S., and Nordstrom, K. 2000. New genes with *old modus operandi*. *EMBO Rep* 1:323-327.

Dame, R. T., and Goosen, N. 2002. HU: promoting or counteracting DNA compaction? *Fed Eur Biochem Sci* 529:151-156.

Dorman, C. J., Hinton, J. C. D., and Free, A. 1999. Domain organization and oligomerization among H-NS-like nucleoid-associated proteins in bacteria. *Trend Microbiol* 7:124-128.

Dorman, C. J., and Deighan, P. 2003. Regulation of gene expression by histone-like proteins in bacteria. *Curr Opin Genet Dev* 13:179-184.

Fenkiel-Krispin, D., Ben-Avraham, I., Englander, J., et al. 2004. Nucleoid restructuring in stationary-state bacteria. *Mol Microbiol* 51:395-405.

Hirano, T, 2005. SMC proteins and chromosome mechanics: from bacteria to humans. *Philo Trans R Soc Lond B Biol Sci* 360: 507-514.

Holmes, V. F., and Cozzarelli, N. R. 2000. Closing the ring: links between SMC proteins and chromosome partitioning, condensation, and supercoiling. *Proc Natl Acad Sci USA* 97:1322-1324.

Joongbaek, K., Yoshimura, S. H., Hizume, K., et al. 2004. Fundamental structural units of the *Escherichia coli* nucleoid revealed by atomic force microscopy. Nucl Acids Res 32:1982-1992.

Lovett, S. T., and Segall, A. M. 2004. New views of the bacterial chromosome. *EMBO Rep* 5:860-864.

Postow, L., Hardy, C. D., Arsuaga, J., and Cozzarelli, N. R. 2004. Topological domain structure of the *Escherichia* coli chromosome. *Genes Dev* 18:1766-1779.

Rimsky, S. 2004. Structure of the histone-like protein H-NS and its role in regulation and genome superstructure. *Curr Opin Microbiol* 7:109-114.

Sharpe, M. E., and Errington, J. 1999. Upheaval in the bacterial nucleoid: an active chromosome segregation mechanism. *Trends Genet* 15:70-74.

Sheratt, D. J. 2003. Bacterial chromosome dynamics. *Science* 301:780-785.

Tendeng, C., and Berlin, P. N. 2003. H-NS in gram-negative bacteria: a family of multifaceted proteins. *Trends Microbiol* 11:511-518.

Thanbichler, M., Viollier, P. H., and Shapiro, L. 2005. The structure and function of the bacterial chromosome. *Curr Opin Genet Dev* 15:1-10.

Valens, M., Penaud, S., Rossignol, M., et al. 2004. Macrodomain organization of the *Escherichia coli* chromosome. *EMBO J* 23:4330-4341.

Wu, L. J. 2004. Structure and segregation of the bacterial nucleoid. *Curr Opin Genet Dev* 14:126-132.

## Mitosis and Meiosis

Appels, R., Morris, R., Gill, B. S., and May C. E. 1998. *Chromosome Biology*. Norwell, MA: Kluwer Academic Publishers.

Barra, Y. 2004. FEAR pulls them apart. *Dev Cell* 6:608-610.

Criqui, M. C., and Genschik, P. 2002. Mitosis in plants: how far we have come at the molecular level? *Curr Opin Plant Biol* 5:487-493.

Gonczy, P. 2002. Nuclear envelope: torn apart at mitosis. *Curr Biol* 12:R242-R244.

Eissenberg, J. C., and Elgin, S. 2001. Heterochromatin and euchromatin. In: *Encyclopedia of Life Sciences*. pp. 1-7. London, UK: Nature Publishing Co.

Hassold T., and Hunt P. 2001. To err (meiotically) is human: the genesis of human aneuploidy. *Nat Rev Genet* 2:280-291.

John, B. 1990. *Meiosis*. Cambridge, UK: Cambridge University Press.

Jordan, M. A., and Wilson, L. 1999. The use and action of drugs in analyzing mitosis. *Methods Cell Biol* 61:267-295.

Kleckner, N. 1996. Meiosis: how could it work? *Proc Natl Acad Sci USA* 93:8167-8174.

Kohli, J., and Hartsuiker, E. 2001. Meiosis. In: *Encyclopedia of Life Sciences*. pp. 1-7. London, UK: Nature Publishing Co.

Lichten M. 2001. Meiotic recombination: breaking the genome to save it. *Curr Biol* 11:R253-R256.

McKee, B. D. 2004. Homologous pairing and chromosome dynamics in meiosis and mitosis. *Biochim Biophys Acta* 1677:165-180.

Mitchison, T. J., and Salmon, E. D. 2001. Mitosis: a history of division. *Nat Cell Biol* 3:E17-E21.

Page, A. W., and Orr-Weaver, T. L. 1997. Stopping and starting the meiotic cell cycle. *Cur Opin Genet Dev* 7:23-31.

Page, S. L., and Hawley, R. S. 2003. Chromosome choreography: the meiotic ballet. *Science* 301:785-789.

Pines, J., and Rieder, C. L. Re-staging mitosis: a contemporary view of mitotic progression. *Nat Cell Biol* 3:E3-E6.

Rieder, C. L., and Khodjakov, A. 2003. Mitosis through the microscope: advances in seeing inside live dividing cells. *Science* 300:91-96.

Roeder, G. S. 1997. Meiotic chromosomes: it takes two to tango. *Genes Dev* 11: 2600-2621.

Russell, P. 1998. Checkpoints on the road to mitosis. *Trends Biochem Sci* 23:399-402.

Stukenberg, P. T. 2003. Mitosis: long-range signals guide microtubules. *Curr Biol* 13:R848-R850.

Watrin, E., and Legagneux, V. 2003. Introduction to chromosome dynamics in mitosis. *Biol Cell* 95:507-513.

Uhlmann, F. 2001. Chromosome cohesion and segregation in mitosis and meiosis. *Curr Opin Cell Biol* 13:754-761.

## Karyotype

Barch, M.J., Knutsen, T., and Spurbeck, J. L. (eds). 1997. *The AGT Cytogenetics Laboratory Manual*, 3rd ed. Baltimore, MD: Lippincott-Raven.

Bickmore, W. A. 2001. Karyotype analysis and chromosome banding. In: *Encyclopedia of Life Sciences*. pp. 1-7. London, UK: Nature Publishing Co.

Craig, J. M., and Bickmore, W. A. 1993. Chromosome bands-flavours to savour. *Bioessays* 15:349-354.

Craig, J. M., and Bickmore, W. A. 1997. *Chromosome bands: patterns in the genome*. New York: Springer-Verlag.

Gosden, J. R. 1994. Chromosome analysis protocols. In: Walker J. M. (ed). *Methods in Molecular Biology*, vol. 29. Totawa, NJ: Humana Press.

Mitelman, F. (ed). 1995. *An International System for Human Cytogenetic Nomenclature*. Basel, Switzerland: Karger.

Moore, C. M., and Best, R. G. 2001. Chromosome preparation and banding. In: *Encyclopedia of Life Sciences*. pp. 1-7. London, UK: Nature Publishing Co.

Rooney, D. E., and Czepulkowski, B. H. (eds). 1992. *Human Cytogenetics: A Practical Approach, vol. I, Constitutional Analysis*, 2nd ed. Washington, DC: IRL Press.

Rooney, D. E., and Czepulkowski, B. H. (eds). 1994. *Human Cytogenetics: Essential Data. Hoboken,* NJ: John Wiley and Sons.

Sandberg, A. 1990. *The Chromosomes in Human Cancer and Leukemia,* 2nd ed. Frankfurt, Germany: Elsevier.

Sumner, A. T. 1990. *Chromosome Banding.* London, UK: Unwin Hyman.

Therman, E., and Susman, M. 1993. *Human Chromosomes: Structure, Behavior, and Effects,* 3rd ed. New York: Springer-Verlag.

Verma, R.S., and Babu, A. 1995. *Human Chromosomes: Principles and Techniques,* 2nd ed. New York: McGraw-Hill.

## Nucleosome

Dutnall, R., and Ramakrishnan, V. 1997. Twists and turns of the nucleosome: tails without ends. *Structure* 5:1255-1259

Kornberg, R. D., and Lorch, Y. 1999. Twenty-five years of the nucleosome, fundamental particle of the eukaryote chromosome. *Cell* 98:285-294.

Khorasanizadeh, S. 2004. The nucleosome: from genomic organization to genomic regulation. *Cell* 116:259-272.

Krebs, J. E., and Peterson, C. L. 2000. Understanding 'Eactive' chromatin: a historical perspective of chromatin remodelling. *Crit Rev Eukaryot Gene Expr* 10:1-12.

Luger, K., Mader, A. W., Richmond, R. K., et al. 1997. Crystal structure of the nucleosome core particle at 2.8 A resolution. *Nature* 389:251-260.

Luger, K., and Richmond, T. J. 1998. DNA binding within the nucleosome core. *Curr Opin Struct Biol* 8:33-40.

Luger, K., and Richmond, T. J. 1998. The histone tails of the nucleosome. *Curr Opin Genet Dev* 8:140-146.

Luger, K. 2001. Nucleosomes: structure and function. In: *Encyclopedia of Life Sciences.* pp. 1-8. London, UK: Nature Publishing Co.

Ouzounis, C., and Kyprides, N. C. 1996. Parallel origins of the nucleosome core and eukaryotic transcription from archaea. *J Mol Evol* 42:234-239.

Reeve, J. N. 2003. Archaeal chromatin and transcription. *Molec Microbiol* 48:587-598.

Sandman, K., Soares, D., and Reeve, J. N. 2001. Molecular components of the archaeal nucleosome. *Biochimie* 83:277-281.

Travers, A. 1999. The location of the linker histone on the nucleosome. *Trends Biochem Sci* 24:4-7.

Widom, J. 1998. Structure, dynamics, and function of chromatin *in vitro. Annu Rev Biophys Biomol Struct* 27:285-327.

Wolfe, A. P. 2001. Nucleosomes: detailed structure and mutation. In: *Encyclopedia of Life Sciences.* pp. 1-8. London, UK: Nature Publishing Co.

Wu, J., and Grunstein, M. 2000. 25 years after the nucleosome model: chromatin modifications. *Trends Biochem Sci* 25:619-623.

van Holde, K.E., Zlatanova, J., Arents, G., and Moudrianakis, E. 1995. Elements of chromatin structure: histones, nucleosomes, and fibres. In: Elgin S.C.R. (ed). *Chromatin Structure and Gene Expression,* pp. 1-26. Washington, DC: IRL Press.

## Higher Levels of Eukaryotic Chromatin Organization

Akey, C. W., and Luger, K. 2003. Histone chaperones and nucleosome assembly. *Curr Opin Struct Biol* 13:6-14.

Almagro, S., Riveline, D., Hirano, T., et al. 2004. The mitotic chromosome is an assembly of rigid elastic axes organized by structural maintenance of chromatin (SMC) proteins surrounded by a soft chromatin envelope. *J Biol Chem* 279:5118-5126.

Amor, D. J., Kalitsis, P., Sumer, H., and Choo, K. H. 2004. Building the centromere: from foundation proteins to 3D organization. *Trends Cell Biol* 14:359-368.

Baumann, P., and Cech, T. R. 2001. POT1, the putative telomere end-binding protein in fission yeast and humans. *Science* 292:1171-1174.

Biasco, M. A. 2003. Mammalian telomeres and telomerase: why they matter for cancer and aging. *Eur J Cell Biol* 82:441-446.

Belmont, A. S. 2002. Mitotic chromosome scaffold structure: new approaches to an old controversy. *Proc Natl Acad Sci USA* 99:15855-15857.

Black, B. E., Foltz, D. R., Chakravarthy, S., et al. 2004. Structural determinants for generating centromeric chromatin. *Nature* 430:578-582.

Blackburn, E. H. 2001. Telomeres. In: *Encyclopedia of Life Sciences*. pp. 1-7. London, UK: Nature Publishing Co.

Cairns, B. R. 2005. Chromatin remodeling complexes: strength in diversity, precision through specialization. *Curr Opin Genet Dev* 15:185-190.

Cech, T. R. 2004. Beginning to understand the end of the chromosome. *Cell* 116:273-279.

Cleveland, D. W., Mao, Y., and Sullivan, K. F. 2003. Centromeres and kinetochores: from epigenetics to mitotic checkpoint signaling. *Cell* 112:407-421.

Court, R., Chapman, L., Fairall, L., and Rhodes, D. 2004. How the human telomeric proteins TRF1 and TRF2 recognize telomeric DNA: a view from high-resolutio crystal structures. *EMBO Rep* 6:39-45.

de Lange, T., and DePinho R. A. 1999. Unlimited mileage from telomerase? *Science* 283:947-949.

de Lange, T. and Jacks, T. 1999. For better or worse? Telomerase inhibition and cancer. *Cell* 98:273-275.

de Lange, T. 2002. Protection of mammalian telomeres. *Oncogene* 21:532-540.

de Lange, T. 2004. T-loops and the origin of telomeres. *Nat Rev Mol Cell Biol* 5:323-329.

Fletcher, T. M. 2003. Telomere higher-order structure and genomic instability. *IUBMB Life* 55:443-449.

Greider, C. 1998. Telomerase activity, cell proliferation, and cancer. *Proc Natl Acad Sci USA* 95:90-92.

Greider, C. 1999. Telomeres do D-loop-T-loop. *Cell* 97:419-422.

Haushalter, K. A., and Kadonaga, J. T. 2003. Chromatin assembly by DNAtranslocating motors. *Nat Rev Mol Cell Biol* 4:613-620.

Henikoff, S., and Dalal, Y. 2005. Centromeric chromatin: what makes it unique? *Curr Opin Genet Dev* 15:1-8.

Hirano, T. 2005. Condensins: Organizing and segregating the genome. *Curr Biol* 15, R265-R275.

Labrador, M. and Corces, V. G. 2002. Setting the boundaries of chromatin domains and nuclear organization. *Cell* 111:151-154.

Lei, M., Podell, E. R., Baumann, P., and Cech, T. R. 2003. DNA self-recognition in the structure of POT1 bound to telomeric single-stranded DNA. *Nature* 426:198-203.

Lei, M., Podell, E. R., and Cech, T. R. 2004. Structure of human POT1 bound to telomeric single-stranded DNA provides a model for chromosome end-protection. *Nat Struct Mol Biol* 11:1223-1229.

Losada, A. and Hirano, T. 2005. Dynamic molecular linkers of the genome: the first decade of SMC proteins. *Genes Devel* 19, 1269-1287.

Lusser, A., and Kadonaga, J. T. 2003. Chromatin remodeling by ATP-dependent molecular machines. *Bioessays* 25:1192-1200.

Luger, K., and Hansen, J. C. 2005. Nucleosome and chromatin fiber dynamics. *Curr Opin Struct Biol* 15:1-9.

Maeshima, K., and Laemmli, U. K. 2003. A two-step scaffolding model for mitotic chromosome assembly. *Dev Cell* 4:467-480.

Marko, J. F., and Poirer, M. G. 2003. Micromechanics of chromatin and chromosomes. *Biochem Cell Biol* 81:209-220.

Murphy, T. D., and Karpen, G. H. 1998. Centromeres take flight: alpha satellite and quest for the human centromere. *Cell* 93:317-320.

Pardue, M.-L., and DeBaryshe, P. G. 1999. Telomeres and telomerase: more than the end of the line. *Chromosoma* 108:73-82.

Pardue, M. L., and DeBaryshe. 2001. Telomeres in cell function: cancer and ageing. In: *Encyclopedia of Life Sciences*. pp. 1-6. London, UK: Nature Publishing Co.

Poirer, M. G., and Marko, J. F. 2002. Mitotic chromosomes are chromatin networks without a mechanically contiguous protein scaffold. *Proc Natl Acad Sci USA* 99:15393-15397.

Rhodes, D., Fairall, L., Simonsson, T., et al. Telomere architecture. *EMBO Rep* 3:1139-1145.

Shay, J. W. 1999. At the end of the millennium, a view of the end. *Nat Genet* 23:382-383.

Sullivan, B. A., and Karpen, G. H. 2004. Centromeric chromatin exhibits a histone modification pattern that is distinct from euchromatin and heterochromatin. *Nat Struct Mol Biol* 11:1076-1083.

Swedlow, J. R., and Hirano, T. 2003. The making of the mitotic chromosome: modern insights into classical questions. *Mol Cell* 11:557-569.

Vaquero, A., Loyola, A., and Reinberg, D. 2003. The constantly changing face of chromatin. *Sci Aging Knowledge Environ* RE4:1-16.

Wei, C., and Price, C. M. 2003. Protecting the terminus: t-loops and telomere endbinding proteins. *Cell Mol Life Sci* 60:2282-2294.

이 책은 스스로 분자생물학을 공부하는 데 도움이 되도록 고안된 복습 자료와 이 장에서 설명한 주제들에 대한 보다 상세한 정보와 연결된 다양한 자원을 포함하고 있는 **웹사이트, http://biology.jbpub.com/book/molecular**를 가지고 있다.

단원

# 3

# 유전학과 바이러스

제7장 분자생물학에서의 유전학적 분석

제8장 분자생물학과 바이러스

# 7

# 분자생물학에서의 유전학적 분석

## 주제 개요

**7.1 유전자 재조합에 대한 소개**

유전자 재조합은 DNA 분자들 또는 염색체들 사이에서 일어나는 DNA 절편의 상호교환을 수반한다.

재조합 빈도는 유전자 지도를 작성하는데 사용된다.

**7.2 세균의 유전학**

유전학적 분석을 위한 모델 시스템으로 자주 선택되는 세균은 복잡한 구조로 되어 있다.

세균은 액체 또는 고체배지에서 배양할 수 있다.

세균의 유전학에서는 특정한 표기법, 관습, 전문용어가 사용된다.

변형된 유전자를 가진 세포를 돌연변이체(mutant)라고 한다.

어떤 돌연변이체는 모든 조건에서 돌연변이 표현형을 나타내지만, 다른 돌연변이는 특정 조건하에서만 나타낸다.

특정 물리적, 화학적 유발인자들은 돌연변이(유발)원이다.

돌연변이체는 DNA의 변화에 근거하여 분류될 수 있다.

돌연변이체는 원래의 표현형을 회복할 수 있다.

분자생물학에서 돌연변이체는 다양한 용도를 가진다.

상보성이라 알려진 유전적 시험을 통해 하나의 표현형에 관여하는 유전자의 수를 결정할 수 있다.

대장균은 접합(conjugation)을 통해 유전정보를 교환할 수 있다.

F plasmid는 세균의 염색체에 삽입될 수 있고 수용체 세포로 그것을 옮길 수도 있다.

세균의 교배 실험은 대장균의 유전자 지도를 작성하는데 사용될 수 있다.

F′ plasmid는 세균의 염색체 일부를 포함하고 있다.

자연에는 다양한 plasmid들이 존재한다.

**7.3 출아효모(*Saccharomyces cerevisiae*)**

효모는 단세포 진핵생물이다.

효모의 유전학에서는 특정한 표기법, 관습, 전문용어가 사용된다.

효모세포의 생활사에는 반수체 단계와 2배체 단계가 존재한다.

효모 교배형은 교배형(*Mat*)좌위에 존재하는 대립유전자에 의해서 결정된다.

효모의 교배인자는 교배 과정을 유도하는 신호로 작용한다.

**7.4 제한효소로 절단되거나 증폭된 DNA 절편 길이의 다형성**

재조합 DNA 기술은 인간과 다른 생물의 유전적 분석을 용이하게 한다.

**7.5 체세포 유전학**

체세포 유전학은 고등생물의 유전자 지도를 작성하는데 이용된다.

동물세포는 배양하여 연구할 수 있다.

2종류의 서로 다른 동물세포들은 융합되어 이핵체(heterokaryon)를 형성할 수 있다.

잡종세포는 단일 clone 항체(monoclonal antibody) 생산에 이용할 수 있다.

**권장 도서**

유전자(그리스어 *genos* = 탄생)라는 용어는 유전의 기본 단위를 설명하기 위해, 1909년 덴마크의 식물학자인 William Louis Johannsen에 의해 만들어졌다. 유전자의 물리, 화학적 성질에 대한 정보가 축적됨에 따라 수십 년 동안 유전자의 개념은 상당히 변화되어 왔다. 현재의 논의를 위해, 많은(모두는 아니지만) 경우 하나의 polypeptide 사슬을 암호화하는 RNA 분자를 합성하는데 필요한 정보를 가진 DNA 서열을 유전자로 정의할 것이다. 이러한 정의는 유전자의 구조와 기능에 대해 좀 더 자세히 살펴본 후에 더 세밀하게 다듬어질 것이다.

유전자들은 염색체의 특정 위치에 자리하고 있다. 유전자들의 위치는 보통 유전자 지도 형태로 나타내는데, 이것은 어떤 유전자를 클로닝하거나, 옮기거나, 파괴하거나, 또는 다른 조작을 하는데 매우 유용하다. 이 장에서는 세균과 진핵세포에서 **유전자 지도**를 작성하는데 사용되는 전략에 대해 살펴볼 것이다. 역사적으로, 세균인 대장균(약자로 *E. coli*)과 진핵생물인 출아효모(*S. cerevisiae*)는 유전 연구에 매우 중요한 모델 시스템이다. 그러므로, 이 두 생명체에서 유전자 지도를 작성하는 방법을 설명하겠다. 또한, 다세포 생명체에서 유전자 지도를 작성하는 방법에 대해서도 소개하겠다. 다음의 논의들은 비록 몇몇 생명체에 국한되어 있지만, 여기에서 발전된 개념들은 모든 생명체에 적용될 수 있다.

## 7.1 유전자 재조합에 대한 소개

### 유전자 재조합은 DNA 분자들 또는 염색체들 사이에서 일어나는 DNA 절편의 상호교환을 수반한다.

유전자 재조합은 2개의 서로 다른 염색체에 존재하던 두 유전자 위치를 하나의 염색체에 결합시키는 과정이다. 복잡한 분자 기작은 11장에 논의할 것이다. 현재의 목적을 위해서는 다음과 같이 가정하는 것으로 충분하다. 두 염색체를 서로에 대해 정렬하고, 무작위적이지만 서로 상응하는 곳에서 두 염색체를 절단한 후, 잘려진 4개의 절편이 서로 교차 결합하여 2개의 새로운 유전자 조합을 형성한다.

이 개략적인 모델은 유전자 상호교환의 단지 어떤 특징들만을 설명하지만, 지금 실제로 관심이 있는 것은 오직 이러한 특징들이다. 이 모델에서는 유전자형이 각각 *Ab*와 *aB*인 2개의 모 염색체가 정렬하여 재조합이 일어나면, 유전자형이 *AB*와 *ab*인 2개의 재조합 염색체가 된다(**그림 7.1**). 가끔 불균등하게 일어나기도 하지만 정상적으

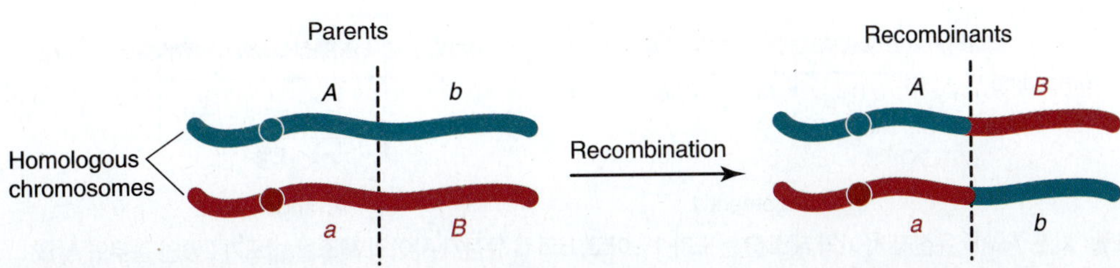


**그림 7.1** 유전적 상호교환을 보여주는 도식적 그림.

로는 동등하게 상동염색체의 일부분을 상호 교환하는 이러한 과정을 **교차(crossing over)**라고 한다.

## 재조합 빈도는 유전자 지도를 작성하는데 사용된다.

염색체에서 재조합되는 2개의 유전자들의 거리에 따라 재조합 빈도가 결정된다는 원리는 유전자 지도 작성을 위해 20세기 상반기에 이루어진 대부분의 연구에 있어서 기본 원리였다. 재조합되는 2개의 유전자들이 서로에 대해 너무 가깝지만 않다면, 염색체의 교차가 무작위로 일어나므로 재조합 빈도는 거리에 비례한다. 그러므로, 유전자형이 각각 *Abc*와 *aBC*이며, 동일한 간격으로 유전자들이 알파벳 순서로 위치한 염색체들 사이에서 다음과 같이 교차가 일어난다면,

$$\frac{A \qquad b \qquad c}{\times}$$
$$\underline{a \qquad B \qquad C}$$

*A*와 *C* 사이의 거리가 *A*와 *B* 사이의 거리에 비해 2배나 되므로, *AC* 재조합체가 *AB* 재조합체보다 2배 많을 것이다.

재조합 빈도는 거리에 비례하기 때문에, 염색체에서 유전자들의 배열을 결정하는데 사용된다. 순서가 알려지지 않은 3개의 유전자들(*A*, *B*, *C*)이 하나의 염색체에 배열된 간단한 보기를 살펴보자. *A*와 *B* 유전자 사이의 재조합 빈도가 1%($A \times B = 1\%$), *B*와 *C* 유전자 사이의 재조합 빈도가 2%($B \times C = 2\%$)라고 가정하면, **그림 7.2**와 같이 2가지 배열이 가능하다. 정확한 순서는 *A*와 *C* 유전자 사이의 재조합 빈도에 의해 결정될 수 있다. 이것이 1%라고 가정하자. 이 경우라면, 오직 배열 2만이 가능하다. 이 유전자들에 대해 *C A B* 순서와 상대적인 거리로 유전자 지도가 작성된다.

이러한 방법에 의해서 몇 개의 유전자들이라도 지도 작성이 가능하다. 예를 들어, 네 번째 유전자 *D*를 계속되는 보기로 고려해 보자. 만약 $D \times B = 0.5\%$라면, *B*의 오른쪽 또는 왼쪽으로 0.5 단위거리에 D 유전자가 위치하여야 한다. 만약 $A \times D = 1.5\%$라면, *D*는 확실히 *B*의 오른쪽에 위치하고 유전자들의 순서는 *C A B D*가 된다. 만약 $A \times D = 0.5\%$라면, 유전자의 순서는 *C A D B*가 될 것이다.

주어진 분석은 여러 번 교환이 일어나는 것은 무시했기 때문에 너무 단순화되어

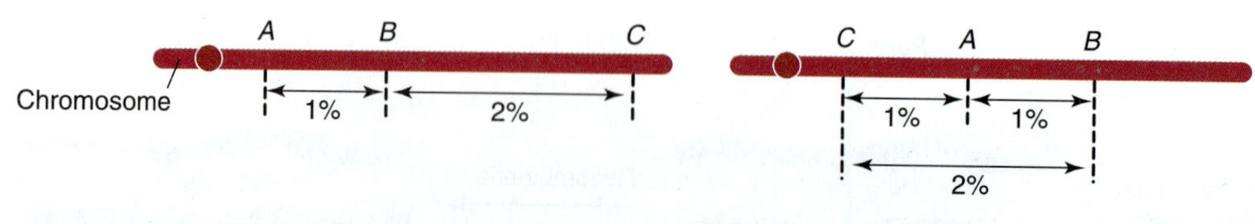


**그림 7.2** A와 B 유전자 사이의 재조합 빈도가 1%이고, B와 C 유전자 사이의 재조합 빈도가 2%인 경우의 A, B, C 유전자의 배열.

있다. 만약 두 유전자 사이에서 교차가 2번 일어났다면, 두 번째 교차가 첫 번째 교차의 효과를 상쇄하기 때문에 두 유전자 사이의 재조합을 관찰할 수 없다. 이 중요한 요점에 대한 논의는 여러 유전학 교과서에서 볼 수 있다; 하지만, 여러 번의 교환에 의한 효과는 여기에 기술된 단순한 보기에서는 중요하지 않다. 이러한 일반적인 접근 방법은 교배 실험을 통해 식물과 동물에서 유전자들의 지도를 작성하는데 사용된다.

많은 초기 연구들이 초파리인 *Drosophila melanogaster*를 통해 이루어졌다. 이 생명체는 다루기 쉽고, 단지 2 주일의 짧은 생활주기를 가질 뿐만 아니라, 많은 수를 키우는데 비용이 적게 들기 때문에, 유전학 연구에 상당한 장점을 가지고 있다. 초파리로부터 더 많은 유전학적 정보를 얻을 수 있었기 때문에, 이 생명체는 그 이후 연구에 더 많이 이용되었다. 1950년대 이르러 관심은 다른 생명체, 특히 세균인 대장균과 이것에 감염하는 바이러스로 옮아가기 시작했다. 이러한 이동의 이유는 세균과 그 바이러스를 배양하고 유지하는 것이 더욱더 쉬웠기 때문이다. 더욱이, 유전자 지도를 작성하는 실험은 2주가 아니라 하루 만에 가능하게 되었다. 세균의 유전방식은 다음 단원에서 논의하고, bacteriophage로 알려진 세균 바이러스는 8장에서 다룰 것이다.

## 7.2 세균의 유전학

### 유전학적 분석을 위한 모델 시스템으로 자주 선택되는 세균은 복잡한 구조로 되어 있다.

분자생물학의 많은 기본 원리는 세균과 그것에 감염하는 바이러스의 유전학 연구에서 유래되었다. 세균의 구조, 생리, 생장에 대한 기본적인 지식들은 이들의 유전학 연구에 반드시 필요하기 때문에, 세균에 대해 간단히 소개하도록 하겠다. 다른 모든 세포들과 마찬가지로, 세균은 주변 환경과 세포질을 분리하는 세포막으로 둘러싸여 있다. **Peptidoglycan**(다당류와 펩티드의 결합물)으로 이루어진 단단한 여러 겹의 세포벽은 세포막을 둘러싸고 있는데, 삼투압과 기계적 손상으로부터 세포를 보호하고 세균이 구형, 막대형 등의 특정 모양을 갖도록 한다(**그림 7.3**).

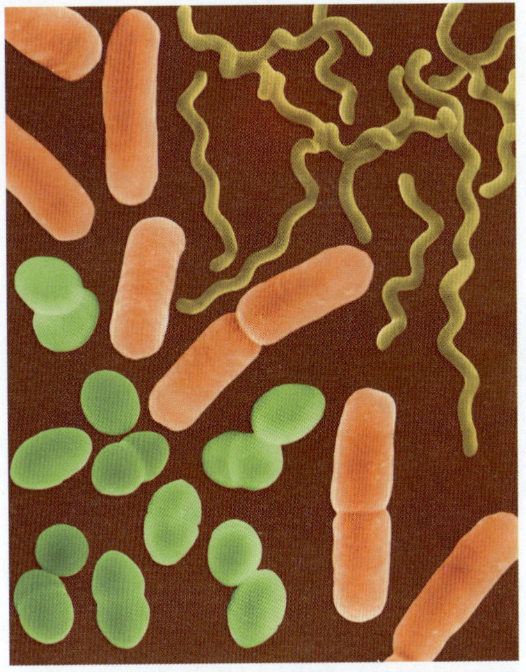

**그림 7.3 세균 형태 중 가장 흔한 3가지 유형- 구균(coccus), 간균(bacillus), 나선균(spirillum).** 공 모양, 막대 모양, 나선 모양의 형태는 다음과 같은 속(genera)의 세균에서 특징적이다: 연쇄상 구균(Streptococcus)/포도상 구균(Staphylococcus) (초록색), 대장균(Escherichia)/간균(Bacillus) (오렌지색), 렙토스피라(Leptospira)/나선균(Spirillum) (노란색). 여기에 보이는 색깔은 생명체의 실제 색을 나타낸다. © Phototake, Inc/Alamy Images

세균은 세포벽의 두께에 따라 2개의 주요 그룹으로 나눌 수 있는데, 덴마크의 세균학자인 Christian Gram에 의해 1884년에 개발된 염색 방법으로 구별할 수 있다. 간단히 설명하면, 세균 현탁액을 현미경 슬라이드 위에 도말하여 공기 중에서 건조시킨다. 그 다음 슬라이드를 crystal violet 용액으로 잠시 처리한 후, 물로 세척하고 다시 요오드 용액으로 처리한다. 그람-양성 세균과 그람-음성 세균 모두 세포질에 형성된 crystal violet-요오드 복합체에 의해 보라색을 띈다. Acetone-ethanol 용액으로 슬라이드를 세척하면, 그람-음성 세균은 탈색되지만 그람-양성 세균은 탈색되지 않는다(이러한 차이는 그람-양성 세균의 두꺼운 세포벽은 염료가 빠져나가는 것을 방해하지만, 그람-음성 세균의 얇은 세포벽은 그렇지 못하기 때문이다). 마지막으로, 세포들을 두 번째 염료인 safranin 처리하면, 그람-양성 세균의 보라색은 변하지 않고 탈색된 그람-음성 세균은 핑크색으로 염색된다.

그러므로, 그람-양성 세균(보라색)과 그람-음성 세균(핑크색)의 독특한 염색 성질은 그들의 세포벽 차이에 의해 결정된다. 두 그룹의 세균을 구별하는 또 다른 중요한 구조적인 특징이 있다. 그람-음성 세균은 **외막(outer membrane)**이라는 또 하나의 막이 세포벽을 둘러싸고 있지만, 그람-양성 세균에는 이것이 없다(**그림 7.4**). 수용성의 작은 분자들은 **porin**이라 불리는 단백질 통로를 통해 외막을 통과할 수 있다. 그러나 분비되는 단백질들은 너무 커서 porin을 통과할 수 없으므로, 대부분은 세포막과 외막 사이의 공간인 **주변세포질 공간(periplasmic space)**에 머무른다. 어떤 주변세포질 단백질들은 영양분과 결합하여 영양분이 세포막을 통과하는 것을 돕고, 또 다른 것들은 소화 효소로 작용하기도 한다. 외막은 세제, 소수성 항생제에 대한 방벽으로 작용하여 그것들로부터 세포를 보호한다. 외막이 없는 그람-양성 세균은 그람-음성 세균에 비해 세제나 소수성 항생제에 보통 훨씬 더 민감하다.

세균들은 달걀흰자에서 분리된 효소인 **lysozyme**으로 처리하면, 세포벽의 구성 성분의 일부가 제거되어 세포벽의 단단함을 잃는다. 이렇게 처리된 모든 세균들은 공 모양이 되며 결국 터진다. 이러한 공 모양은 20%의 설탕용액과 같은 등장액에서 안정화되는데, 약간의 세포벽이 남아있으면 **spheroplast**라 부르고, 세포벽이 완전히 제거되었으면 **원형질체(protoplast)**라 부른다. 세포벽 바로 밑에 존재하는 세포막은 어떤 물질이 세포의 안팎으로 통과할 수 있는지를 결정하는 투과장벽으로 작용한다.

## 세균은 액체 또는 고체배지에서 배양할 수 있다.

세균은 다세포 생물의 세포에 비해 쉽고 빠르게 생장하며, 상대적으로 적은 종류의 물질만을 필요로 한다. 분자생물학에서 가장 중요한 모델 시스템으로 사용되어 온 세균인 대장균은 37°C의 실험실 조건이면 약 30분에서 60분마다 분열을 한다. 따라서 하나의 세균은 약 하루만에 10억($10^9$)개의 세균이 된다.

세균은 **액체 생장배지(liquid growth medium)**에서 또는 고체배지의 표면에서 자랄 수 있다. 액체배지에서 자라는 개체군(population)을 세균 **배양(culture)**이라 부른다. 만약 액체배지가 생물학적 물질로부터 뽑은 복잡한 추출물이라면, 이것을 **broth**라고 한다. tryptone broth를 한 예로 들면, 이것에는 우유단백질인 casein을 소화효소인 trypsin으로 가수분해하여 만든 아미노산과 작은 peptide의 혼합물이 들어있다. 만약 생장배지가 당과 같은 탄소 공급원 이외의 유기물을 포함하지 않고, 화학적 조성을 모두 알고 있는 간단한 혼합물이라면 **최소배지(minimal medium)**라 부른다. 전형적인 최소배지는 포도당이나 glycerol 같은 탄소 공급원이외에 나트륨, 칼륨, 마그네슘, 칼슘, 암모늄, 염소, 인산, 그리고 황산 이온들을 포함한다.

단일 탄소 공급원으로 다른 것을 함유한 최소배지보다 포도당을 함유한 최소배지에서  세균은 더 빠르게 잘 자란다. 만약 세균이 최소배지에서 잘 자랄 수 있다면 (즉, 아미노산, 비타민, 지질과 같은 필요한 모든 유기물을 세균이 합성할 수 있다면),

**(a) Gram-positive bacterial envelope**

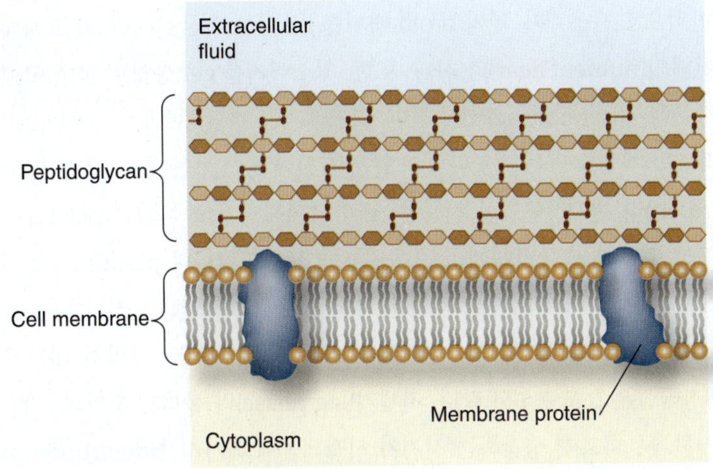


**(b) Gram-negative bacterial envelope**

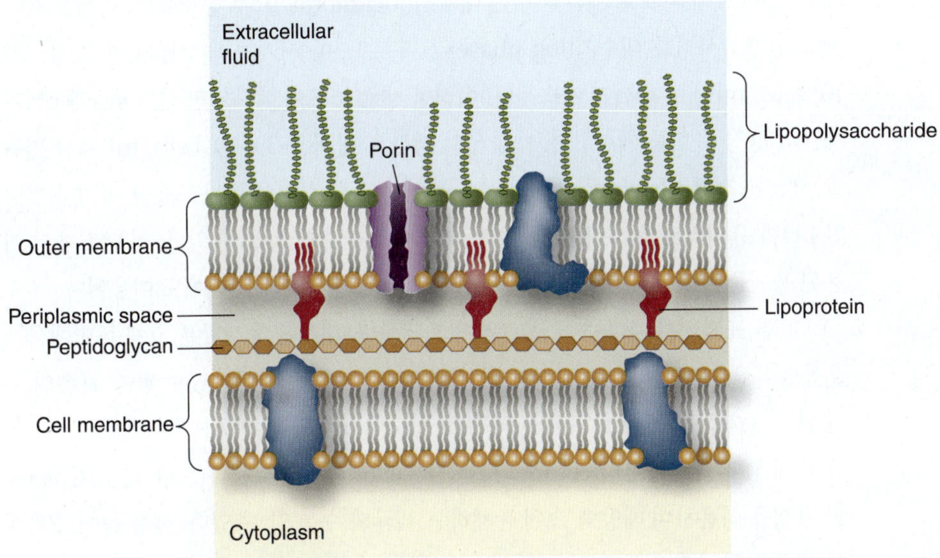


**그림 7.4 세균 세포의 외피(envelope).** 세균은 그람-양성과 그람-음성 세균으로 분류할 수 있다. (a) 그람-양성 세균은 peptidoglycan으로 만들어진 매우 두꺼운 세포벽이 세포막 또는 원형질막을 둘러싸고 있다. (b) 그람-음성 세균은 peptidoglycan으로 만들어진 얇은 세포벽이 세포막(원형질막 또는 내막으로도 불림)을 둘러싸고 있다. 또한 외막(outer membrane)으로 불리는 두 번째 막이 세포벽을 둘러싸고 있다. 외막의 바깥층은 지질다당류(lipopolysaccharide)를 포함하고 있다. 지질단백질(lipoprotein)은 peptidoglycan으로부터 외막으로 뻗어있다. 내막과 외막 사이의 공간을 주변세포질 공간 (periplasmic space)이라 부른다.

그 세균은 **원영양체(prototroph)**라고 부른다. 만일 탄소 공급원이외에 아미노산인 류신이나 비타민인 비오틴 같은 영양분이 생장에 필요하다면, 이러한 세균을 **영양요구주(auxotroph)**라 부른다.

세균은 종종 고체 표면에서 생장한다. 세균을 키우는데 사용된 최초의 고체 표면은 생감자의 얇은 조각이었다. 그 후 젤라틴을 사용하여 굳힌 배지가 감자를 대체하였다. 하지만 많은 세균들이 젤라틴을 분해하는 효소를 분비하기 때문에, 이 효소에 의해 분해되지 않는 gel화 물질(gelling agent)을 찾게 되었다. 해초로부터 추출

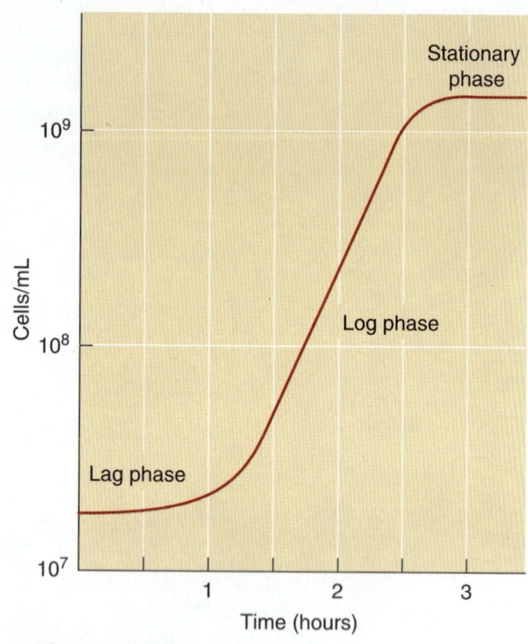


**그림 7.5** 전형적인 세균의 생장곡선

한 gel화 물질인 **한천(agar)**은 대부분의 미생물이 분비하는 효소에 분해되지 않으므로, 현재 일반적으로 사용된다. 만약 broth 배지를 gel 상태로 굳힌다면, 이 고체배지를 영양 한천배지(nutrient agar)라 한다. 또한, 최소배지를 gel 상태로 굳힌 고체배지는 최소 한천배지(minimal agar)라 한다. 고체배지는 전형적으로 뚜껑이 있고 유리 또는 플라스틱 재질로 만든 평면바닥의 얕은 접시에 넣어 두는데, 이 접시를 **petri 접시(petri dish)**라 한다. 실험실 전문용어로, 고체배지가 들어있는 petri접시를 **plate**라 부르고, 한천배지 표면에 세균을 올려놓는 것을 **도말한다(plating)**고 한다.

대장균을 액체배지에 넣으면, 그것들은 천천히 자라고 분열하기 시작한다. 삼각플라스크(Erlenmeyer flask)에 넣어 진탕기(shaker)에서 37°C로 배양한 대장균의 전형적인 생장곡선은 **그림 7.5**와 같다. **지체기(lag phase)**라 불리는 초기의 느린 생장 기간을 거친 후, 빠르게 생장하는 시기가 시작되는데 **배가시간(doubling time)**이라고 불리는 일정시간 간격 마다 세균들은 분열한다. 세균 농도(ml당 세균의 수)는 계속해서 2배가 되므로 세균의 수는 대수적(logarithmic)으로 증가한다. 이러한 세균 배양의 생장시기를 **대수기(log phase)**라 부르고, 이 시기는 대장균의 세균 농도가 $10^9$ cells/ml이 될 때까지 계속된다. 이러한 세균 농도에 다다르면 산소공급과 pH가 세균의 생장 속도를 제한한다. 대장균의 생장은 대개 $2\sim3\times10^9$ cells/mL에서 멈추고, 세균은 **정체기(statonary phase)**에 들어선다. 공기의 공급 속도를 높이거나 적당한 pH를 유지하도록 하면, 상당히 더 높은 세균 농도를 얻을 수 있다. 이 단원에서 이용된 용어들은 모든 미생물과 종종 동물세포의 생장을 논의할 때에도 이용된다.

한천 표면에서 자라는 세균도 역시 분열한다. 대부분의 세균은 고체 표면에서는 운동성이 없기 때문에, 새로 생긴 세균은 모 세균의 주변에 남아있게 된다. 자손의 수가 많이 증가하면 눈에 보일 정도의 세균 집단이 된다. 이렇게 하나의 세포로부터 유래된 세균 집단을 **콜로니(colony)** 또는 **클론(clone)**이라 부른다(**그림 7.6**). Colony의 형성을 이용하여 배양액 속에 존재하는 세균의 수를 알 수 있다. 예를 들어, 100개의 세균을 한천배지 위에 평판하면, 다음날 100개의 colony가 눈에 보일 것이다. $10^6$배로 희석된 세균 배양액을 0.1mL 평판해서 200개의 colony가 보인다면, 원래의 배양액에는 세균의 농도가 $(200/0.1)(10^6) = 2\times10^9$ cells/mL이다.

평판은 세균이 영양요구주(auxotroph)인지 아닌지를 판단하는 손쉬운 방법이다. 이것에는 최소배지와 영양배지가 필요하다. 수백 개의 세균을 각 plate에 도말하고 일정 온도의 배양기에 밤새 넣어두면, 대부분의 세균 생장에 필요한 영양분이 들어있는 영양배지에서는 수백 개의 colony들이 보일 것이다. 만약 colony들이 최소배지에서도 발견된다면, 이 세균은 원영양체이다; 만약 colony가 발견되지 않으면, 이 세균은 영양요구주이고 최소배지에는 이 세균의 생장에 필요한 어떤 물질이 없다는 것을 의미한다. 그렇다면 다양한 보충물을 첨가하여 최소배지를 준비한다. 세균이 leucine 영양요구주라면, 단지 leucine만 첨가하면 colony를 형성할 수 있을 것이다. 만약 leucine과 histidine이 모두 첨가되어야만 한다면, 세균은 이 두 물질에 대한 영양요구주이다.

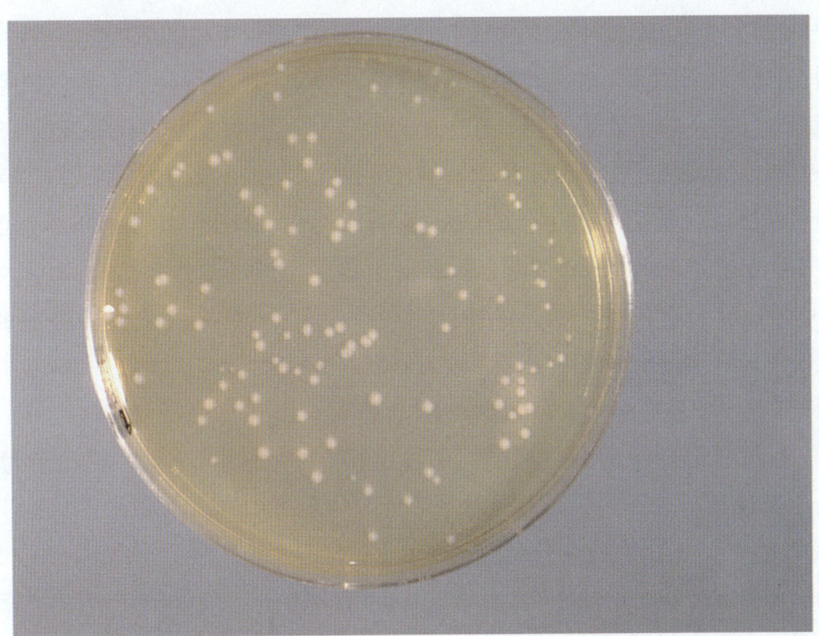

**그림 7.6 Petri접시에 들어있는 한천배지 위에 형성된 세균의 colony.** 사진 제공, Dr. Jim Feeley/CDC

**표 7.1 세균의 영양요구를 결정할 수 있는 평판(plating) 데이터.**

| Plate | 배지 | 생장 | 결론 |
|---|---|---|---|
| | 보충물 | | |
| 1 | histidine, leucine, thymine | − | 다른 영양분이 필요 |
| 2 | leucine, alanine, histidine | + | thymine은 필요하지 않음 |
| 3 | alanine, thymine, histidine | + | leucine은 필요하지 않음<br>alanine 필요 (plate 1과 비교) |
| 4 | leucine, alanine, thymine | + | histidine 필요 (plate 1과 3 비교) |

표 7.1은 세균의 영양요구를 추론할 수 있는 평판 실험의 결과이다. 보충물1에서 생장하지 않는다는 사실은 histidine, leucine, thymine 이외의 다른 물질이 필요하다는 것을 보여준다. Thymine이 없거나(보충물2) leucine이 없는(보충물3) 것에서 생장한다는 사실은 thymine과 leucine 어느 것도 필요치 않다는 것을 의미한다. 그러나, 보충물3에서 alanine의 존재가 보충물1의 부족을 극복했으므로 alanine은 반드시 필요하다. 마지막으로, alanine이 존재하는 보충물4에서도 생장을 못하는 것은 여전히 또 다른 물질이 필요하다는 것을 나타낸다. Leucine은 필요하지 않기 때문에, 보충물 3과 4의 중요한 차이는 오직 보충물3에만 histidine이 들어있다는 것이다. 따라서 histidine 역시 필요하고, 세균은 alanine과 histidine 모두에 대해 영양요구주이다. 이러한 방법은 모든 미생물에 적용된다.

## 세균의 유전학에서는 특정한 표기법, 관습, 전문용어가 사용된다.

세균 유전학자들은 유전자형과 표현형의 특징을 나타내기 위해 특정한 표기를 사용한다. 이후에 살펴보겠지만, 효모에서는 또 다른 시스템의 표기법과 관습이 적용된다. 불행하게도, 오랫동안 연구해온 옥수수와 초파리 같은 진핵생물에서는 다양한 표기법이 사용되어 왔다. 아미노산인 leucine을 합성할 수 있는 세균의 표현형은 $Leu^+$로 표기되는 반면, 합성할 수 없는 세균의 표현형은 $Leu^-$로 표기된다. 표현형에 관련된 표기는 세 문자로 되어 있으며, 대문자로 시작하고 이탤릭체를 사용하지 않는다는 것을 주의하라. $Leu^-$ 세포는 leucine을 합성하는데 필요한 유전자가 없다. 이 유전자는 *leu*⁻로(어떤 책에서는 마이너스 없이 *leu*로) 표시한다. 유전형의 표시는 소문자와 이탤릭체를 사용한다는 것에 주의하라. 특정 단백질을 결정하는 유전자를 그 단백질의 **구조 유전자(structural gene)**라고 한다.

세균 세포가 leucine을 합성하기 위해서 여러 개의 유전자가 필요하다. 이러한 유전자들은 모든 문자가 이탤릭체로 된 *leuA*, *leuB*,...로 보통 표기된다. $Leu^+$(leucine을 합성하는) 세포는 leucine 합성에 필요한 모든 유전자들을 하나씩 갖고 있어야만 한다; 따라서 그것의 유전자형은 $leuA^+$, $leuB^+$,... 이어야만 하고, 모든 유전자의 유전자형을 언급하는 것이 중요하지 않다면 일반적으로 요약해서 $leu^+$로 표기한다. $Leu^+$세포가 *leu* 유전자들에 대해 2배체(diploid)이고 한 염색체 세트의 유전자 중 하나(즉, leuA)가 결함이 있을 수 있다. 2개의 반수체(haploid) 세트들은 대각선을 그어서 그것들의 표기를 분리해 놓는다; 따라서 유전자형은 $leu^+/leuA^-$로 표시한다. 어떤 유전자들은 항생제(antibiotics)와 같이 세포외 물질에 대해 저항성을 나타내거나 민감성을 보이는데 관여한다. Ampicillin-저항성(resistant) 세포와 ampicillin-민감성(sensitive) 세포의 유전자형은 $amp^R$ 그리고 $amp^S$로 표기된다. 각각의 표현형은 $Amp^R$과 $Amp^S$이다.

요약하면, 세균의 표기에는 아래와 같은 관습들을 따른다:

1. 표현형에 대한 약자는 3개의 보통 활자체(첫 글자는 대문자)를 사용하며 위첨자로(+) 또는(–)를 사용하여 표기된 형질의 유무를 나타내고, 위첨자 "S"와 "R"는 항생제에 대한 민감성과 저항성을 나타낸다.
2. 유전자형의 표기는 항상 소문자이고 표기의 모든 구성요소는 이탤릭체를 사용한다.

또한 유전자의 특정 돌연변이들을 표기해야할 때도 있다. 돌연변이는 대개 분리한 순서대로 번호를 매긴다. 따라서 58번째 그리고 79번째 발견된 leucine 돌연변이는 *leu58* 그리고 *leu79*로 나타낸다. 돌연변이가 생긴 특정 유전자들을 표시하기 위해서는, *leuA*와 *leuB* 유전자에 돌연변이가 존재한다면 *leuA58* 그리고 *leuB79*라고 각각 나타낸다.

**유전체(genome)**이라는 용어는 다양한 의미를 내포하지만 유용하게 사용되는 단어이다. 그것은 어떤 세포나 바이러스의 유전자 전체(모든 유전자들과 유전적 신호의 세트)로 정확히 정의된다. 진핵생물에서 이 용어는 종종 염색체의 완전한 한 세트(반수체)를 언급하는데 사용된다. 실험실 전문용어로서 세균, phage 또는 대부분의 동식물 바이러스를 논의할 때, 그들의 유전물질인 하나의 DNA 또는 RNA 분자(들)를 언급하는데도 이 용어를 종종 사용한다. 원래는 잘못된 사용이지만 현재는 통용되고 있다.

## 변형된 유전자를 가진 세포를 돌연변이체(mutant)라고 한다.

유전자는 기능이 있을 수도 있고 없을 수도 있는데, 그것의 표기는 유전자 약어 다음에 위첨자로 (+) 또는 (–)를 표기한다. 기능이 있는 유전자가 자연계에서 흔히 발견되는 형태이기 때문에 **야생형(wild type)**이라고 부른다. 그러나 실제로는 자연계에서 (–) 형태가 우세할 수도 있으므로 야생형이라는 표현은 의미가 모호하다. 예를 들어 야생에서 분리된 많은 세균 종들은 보통 유당 대사과정에 관련된 정상적인 유전자를 가지고 있지만, 많은 균주들은 유당 대사과정과 관련된 유전자가 기능이 없거나 아예 그 유전자가 없는 $lac^{-}$이다. 이 책에서는 야생형이라는 용어의 사용을 가급적 피할 것이다. 한 유전자의 다른 형태를 표시하는 정확한 유전학적 용어인 **대립유전자(allele)**를 사용하고, 때때로(+), (–)의 유전자 형태를 각각 (+)대립유전자, (–)대립유전자로 부를 것이다. 기능을 하지 않는 (–)형태의 유전자를 돌연변이 형태라고 말하는 경우가 흔하다. 엄밀히 말하면, 돌연변이체는 자연계에서 발견되는 것과는 유전자형(더 자세하게 말하자면, 유전자의 DNA 염기서열)이 다른 생물체이다. 하지만, 돌연변이 유전자와 기능을 하지 않는 유전자를 동일하게 취급하는 것이 더 편리하기 때문에(확실히 같은 용어로 부른다), 이 책에서는 돌연변이체라는 단어를 이러한 의미로 사용할 것이다. 그러나 이 단어의 사용에는 주의가 필요하다. 왜냐하면, 어떤 경우에는 돌연변이체가 원래보다 활성이 더 좋은 효소를 가질 수도 있기 때문이다.

## 어떤 돌연변이체는 모든 조건에서 돌연변이 표현형을 나타내지만, 다른 돌연변이는 특정 조건하에서만 나타낸다.

돌연변이체는 몇 가지 방법으로 분류될 수 있다. 한 분류법은 돌연변이체의 특징이 발현되는 조건에 근거한다. **완전결함 돌연변이체(absolute defective mutant)**는 모든 조건에서 돌연변이 표현형을 나타낸다. 즉 어떤 세균이 모든 배양배지와 온도 조건에서 생장을 위해 leucine을 필요로 한다면 그 세균은 완전결함 돌연변이체이다. **조건부 돌연변이체(conditional mutant)**는 항상 돌연변이 표현형이 나타나지 않는다; 이들의 행동양식은 물리적 조건과 때로는 또 다른 돌연변이의 존재 유무에 따라 달라진다. 조건부 돌연변이체의 가장 중요한 예는 **온도-민감성 돌연변이체[temperature-sensitive(Ts) mutant]**이며, 이것은 30°C 이하(허용하는 온도)에서 정상적으로 행동하지만 42°C 이상(허용하지 않는 온도)에서 돌연변이체로 행동한다; 두 온도 사이에서는 중간적인 상태가 대개 관찰된다. 42°C 이상에서 유전자에 돌연변이가 유발되는 것이 아님을 주의하라; 42°C 이상에서는 그 돌연변이 유전자의 산물(단백질)이 불활성화 되는 것이다.

온도-민감성 돌연변이체는 단지 온도를 높임으로써 유전자 산물의 활성이 없어지기 때문에, 실험실에서 매우 유용하게 사용된다. 많은 경우 온도-민감성 결함은 가역적이므로, 불활성화 되었던 유전자 산물은 온도를 낮춤으로써 그 기능이 회복될 수 있다.

가장 널리 나타나는 조건부 돌연변이체는 **억제자-민감성 돌연변이체(suppressor-sensitive mutant)**이다. 이 돌연변이체의 표현형은 균주에 따라 보이기도 하고 안 보이기도 한다. 돌연변이 표현형이 나타나지 않는 균주에는 특정 유전자의 산물인 **억제자(suppressor)**가 존재한다. 이 억제유전자의 산물은 돌연변이체의 결함을 보완해주거나, 돌연변이 유전자가 정상적인 유전자 산물을 생산할 수 있도록 다양한 방법으로 도와준다. 그러므로 억제자-민감성 돌연변이체의 표현형은 "균주의 나머지 유전적 배경에 의해 좌우된다." 고 분자생물학자들은 말한다. 이러한 돌연변이들은 때때로 괄호 안에 보통 활자체로 Am(호박인 amber를 의미하는), Oc(황토인 ochre를 의미), 또는 Op(단백석인 opal을 의미)를 쓴 표기를 돌연변이 유전자 이름 뒤에 붙임으로써, 이 돌연변이가 억제자-민감성 돌연변이임을 나타내기도 한다. (호박, 황토, 단백석은 보석 이름으로 실험실의 농담에서 유래되어 사용되는 용어이다.) 이런 표시들은 표현형을 나타내기 때문에, 보통 활자체에 대문자로 시작한다. 만약 돌연변이가 고유의 번호를 가진다면, 이것도 표기와 함께 쓰일 수 있다. 예를 들자면, *leu* 유전자의 35번 째 돌연변이가 Am 유형의 억제자-민감성 돌연변이라면, 이것은 *leu35*(Am)로 표기할 수 있다. 20장에서 이러한 억제 돌연변이들의 분자적인 원리를 알아보도록 할 것이다.

### 특정 물리적, 화학적 유발인자들은 돌연변이(유발)원이다.

돌연변이 유발(mutagenesis)이란 돌연변이체가 형성되는 과정이다. 실험자가 어떠한 처리를 하지 않더라도 돌연변이체들은 때때로 자연 상태와 실험실에서 저절로 발생한다. 이것을 **자연발생 돌연변이 유발(spontaneous mutagenesis)**라 한다. 돌연변이 유발은 돌연변이(유발)원인 화학물질이나 방사선에 노출되었을 때 일어날 수 있으며, 둘 다 유전물질에 화학적인 변형을 일으키기 때문이다. 돌연변이 유발과 돌연변이는 10장에서 더 자세히 다룰 것이다.

### 돌연변이체는 DNA의 변화에 근거하여 분류될 수 있다.

돌연변이체의 또 다른 분류법은 유전물질에 일어난 변화의 수(즉, 변화된 DNA 염기쌍의 수; **그림 7.7**)에 근거를 두고 있다. 단 1개의 염기쌍에만 변화가 일어났다면 그 돌연변이체를 **점 돌연변이체(point mutant)**라 부른다. 때때로 유전자의 전부 또는 일부가 제거되어 돌연변이가 발생하는데, 이러한 돌연변이는 **결실(deletion)**이라 한다. 또 다른 돌연변이의 형태는 **삽입(insertion)**이다. 이것은 다양한 크기(하나의 염기쌍에서부터 수 천개의 염기쌍으로 된 DNA 단편까지)의 다른 DNA가 유전자 중간에 끼어들어가 생긴 것을 말한다.

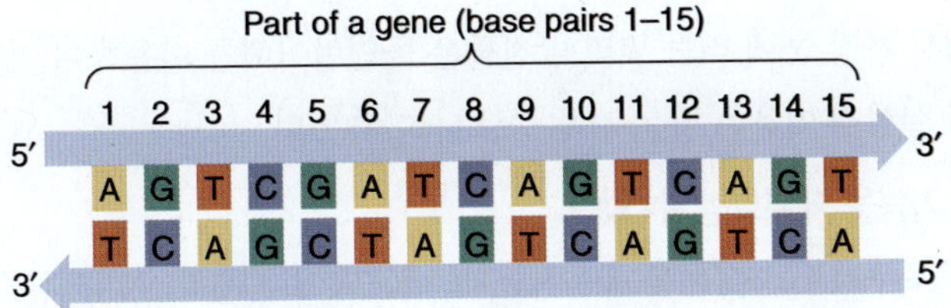


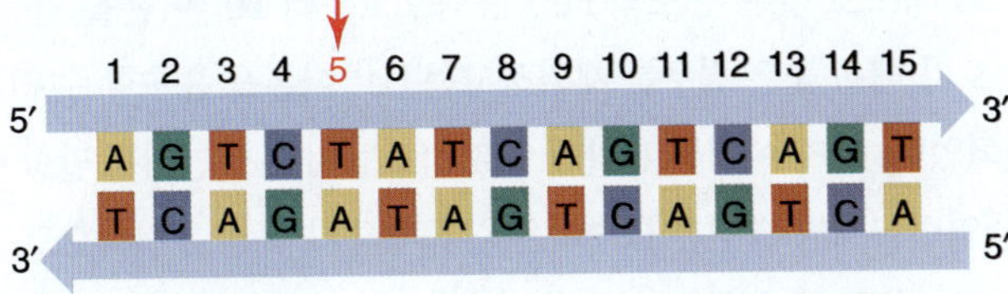


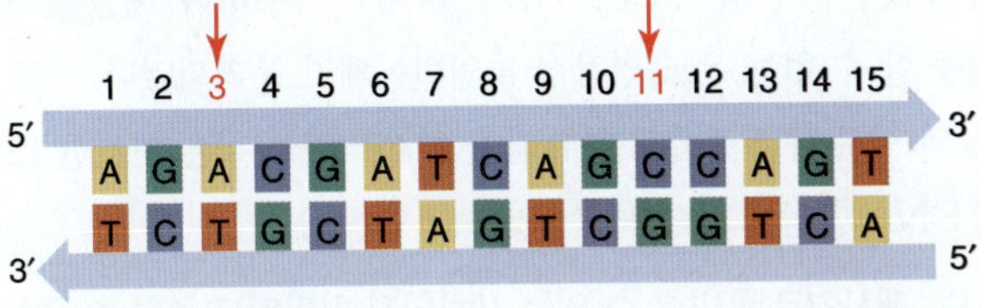


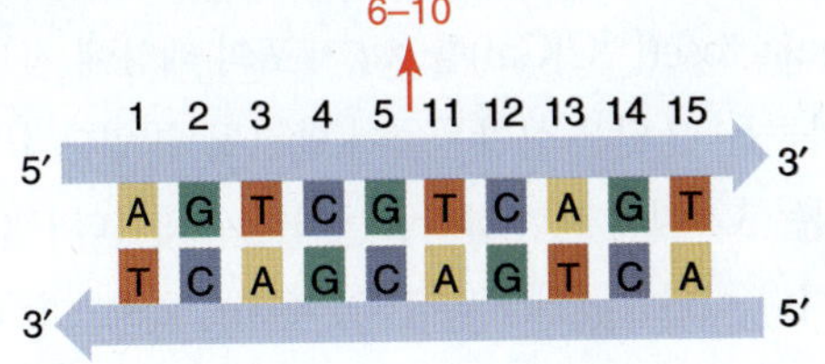


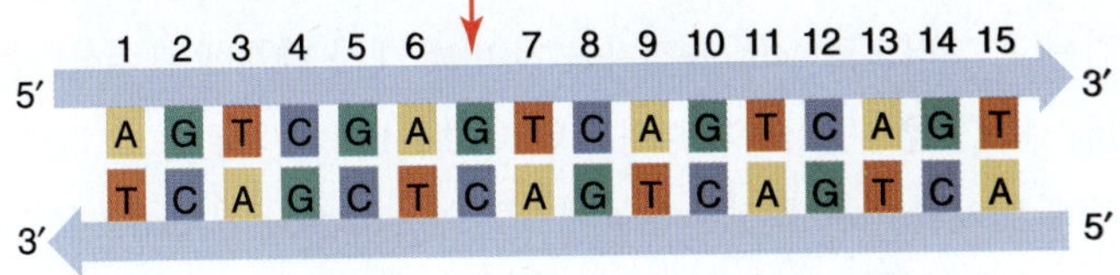


**그림 7.7 정상적인 DNA 분자와 여러 종류의 돌연변이들을 보여주는 그림.** (a) 기능을 하는 (돌연변이가 일어나지 않은) 유전자의 일부분. (b) 점 돌연변이-5번 염기쌍이 G-C에서 T-A로 변하였음. (c) 이중 돌연변이-3번 염기쌍은 T-A에서 A-T로 변했고, 11번 염기쌍은 T-A에서 C-G로 변하였음. (d) 결실돌연변이 -6-10번 염기쌍이 결실되어 있음. (e) 삽입돌연변이 - 6번과 7번 염기쌍 사이에 G-C 염기쌍이 삽입되었음

## 돌연변이체는 원래의 표현형을 회복할 수 있다.

돌연변이체는 때때로 그들이 원래 갖고 있던 야생형 특징으로 회복되기도 한다. 이것은 그 돌연변이체의 유전물질에 또 다시 화학적 변화가 일어나서, 유전물질이 다시 기능을 할 수 있는 상태로 돌아간 것이다. 원래의 표현형으로 회복되는 과정을 **복귀돌연변이(reversion)**라고 하고, 회복된 생명체를 **복귀돌연변이체(revertant)**라고 한다. 점 돌연변이인 경우는 복귀 돌연변이가 비록 낮지만 어느 정도 측정할 수 있는 빈도로 일어난다. 그러나 결실 돌연변이에서는 없어진 DNA가 다시 회복될 가능성은 없으므로, 복귀 돌연변이는 관찰되지 않는다.

## 분자생물학에서 돌연변이체는 다양한 용도를 가진다.

분자생물학에서 가장 눈에 띄는 몇몇 발전들은 돌연변이체를 이용하여 이루어졌다. 돌연변이체의 실험적 이용은 몇 가지 범주로 나눌 수 있다.

### 돌연변이체는 기능을 세분화할 수 있다

세균들은 외부로부터 $Fe^{3+}$이온을 흡수하는데, 세포막에 존재하는 미세한 구멍을 통한 수동 확산을 이용하거나, 또는 특정한 시스템을 이용할 수 있을 것이다. 야생형의 대장균은 $10^{-5}$ M 정도로 낮은 농도의 $Fe^{3+}$ 용액으로부터 $Fe^{3+}$이온을 얻을 수 있다. 그러나 이온 농도가 매우 높은 경우를 제외하고는 $Fe^{3+}$이온을 흡수할 수 없는 돌연변이체들이 발견되었다. 단지 이러한 관찰만으로 시스템이 무엇인지를 말할 수는 없더라도, 이러한 돌연변이체의 발견은 $Fe^{3+}$이온을 흡수하기 위해 유전적으로 결정된 시스템이 존재한다는 것을 의미한다.

온도-민감성 돌연변이체는 기능을 나누는데 특히 유용하다. 예를 들어 대장균에서 DNA 합성을 할 수 없는 온도-민감성 돌연변이체가 분리되었다. 이런 돌연변이체는 12개 이상의 서로 다른 종류로 분류되었다. 이러한 사실은 최소한 12개의 서로 다른 단백질이 DNA 합성에 필요하다는 것을 암시한다.

### 돌연변이체에서는 대사경로를 밝힐 수 있는 생화학적 차단이 가능할 수 있다

Galactose 당의 대사에는 *galK*, *galT*, *galE*라는 3개의 서로 다른 유전자가 필요하다. 만약 방사능을 띄는 galactose([$^{14}$C]Gal)를 *gal*$^+$세포의 배양에 첨가하면, galactose가 대사됨에 따라 방사능을 띈 많은 화합물들이 발견될 수 있다. [$^{14}$C]Gal를 첨가한 후 매우 초기 단계에서는 3가지의 관련 화합물들이 검출되었다:[$^{14}$C]galactose-1-인산(Gal-1-P), [$^{14}$C]유리딘 이인산galactose(UDP-Gal), 그리고 [$^{14}$C]유리딘 이인산 포도당(UDP-Glu). 서로 다른 돌연변이 유전자들은 대사경로의 다른 단계를 차단할 것이다. 만약 세포가 *galK*$^-$ 돌연변이체라면, [$^{14}$C]Gal의 방사능 표시는 galactose에서만 발견된다. 그러므로 *galK* 유전자는 첫 번째 대사 단계에 관여한다는 것을 알 수 있다. 만약 *galT*$^-$ 돌연변이체가 이용되면, Gal-1-P가 축적된다. 그러므로 연속반응에서 첫 번째 단계는 *galK* 유전자 산물에 의하여 galactose가 Gal-1-P로 전환된다는 것을 알 수 있다. 만약 *galE*$^-$ 돌연변이체가 이용되면, Gal-1-P는 약간 발견되지만 방사능 화합물은 대부분 UDP-Gal이다. 그러므로 대사경로는 다음과 같아야 한다.

$$\text{Gal} \xrightarrow[\text{product}]{galK} \text{Gal-1P} \xrightarrow[\text{product}]{galT} \text{UDP-Gal} \xrightarrow[\text{product}]{galE} \text{X}$$

X의 정체는 이번 유전적 실험으로는 결정할 수 없지만, 이것이 UDP-Glu라고 추측할 수는 있다.

### 돌연변이체는 유전자 조절에 대해 알 수 있게 한다

특정 단백질의 합성되는 양이 변하거나, 외부의 신호에 따라 합성되는 단백질의 양을 조절하는 방법이 달라진 많은 돌연변이체들이 분리되었다. 이러한 돌연변이체들은 조절시스템을 명확히 묘사할 수 있다. 예를 들어, *galK*, *galT*, *galE* 유전자에서 만들어진 효소는 평소에는 세균에 존재하지 않지만, 생장 배지에 galactose를 첨가하면 나타난다. 하지만 galactose의 존재 여부에 상관없이 이러한 효소들이 항상 발현되는 돌연변이체들이 분리되었다. 이러한 사실은 효소들의 생산 시스템을 켜거나 끄는데 관여하는 유전자들이 존재한다는 것을 의미하고, 이러한 조절유전자들의 산물은 galactose의 존재 여부에 반응하여야 한다는 것을 의미한다(14장 참조).

### 돌연변이체는 생화학 반응의 실체가 어떤 생물학적인 기능과 연관이 되는지 또는 세포내의 어떤 단백질인지를 알 수 있게 한다

대장균 효소인 DNA 중합효소 I은 수년 동안 자세히 연구되었다. 5장에서 서술된 바와 같이, 정제된 DNA 중합효소 I은 시험관에서 DNA 합성을 촉매하므로, 세균의 생체 내에서 일어나는 DNA 합성은 오직 이 중합효소의 활성만이 관여한다고 믿었다. 그러나 DNA 중합효소 I의 활성이 50배나 감소한 대장균 돌연변이체($polA^-$)가 분리되었지만, 이 돌연변이체는 여전히 정상적으로 생장하고 DNA를 합성했다. 이러한 관찰은 DNA 중합효소 I이 세포의 DNA합성을 촉매하는 유일한 효소가 아님을 강하게 암시하였다. 실제로, $polA^-$ 돌연변이체의 세포 추출물을 생화학적으로 분석하여, 2개의 또 다른 효소들(DNA 중합효소 II와 DNA 중합효소 III)의 존재를 알아내었다. 이들도 정제하였을 때, 역시 DNA 합성을 촉매할 수 있었다. 계속된 연구에서, *dnaE*라고 불리는 유전자의 온도-민감성 돌연변이체는 30℃에서 정상적으로 DNA가 복제가 일어나지만 42℃에서는 복제가 일어나지 않는다는 것을 발견하였다. 배양된 $dnaE^-$(Ts)돌연변이체에서 3가지 DNA 중합효소 I, II, III를 분리하여 각 효소의 활성을 분석하였다. DNA 중합효소 I과 II는 둘 다 30°C와 42°C 모두에서 활성을 가지고 있었지만, DNA 중합효소 III는 30℃에서만 활성이 있었고 42°C에서는 활성이 없었다. 그러므로 DNA 중합효소 III가 *dnaE* 유전자의 산물이고, 이것이 DNA 복제에 필수적인 효소임을 결정하게 되었다(9장 참조).

### 돌연변이체는 외부 물질들의 작용부위를 알아낸다

결핵을 포함한 다양한 세균성 질병 치료에 사용되는 항생물질인 rifampicin은 RNA의 합성을 방해한다. 처음 밝혀졌을 땐, rifampicin이 어떻게 전구체 분자의 합성을 방해하는지 알지 못했다. 즉, DNA에 결합함으로써 DNA에서 RNA로 전사되는 것을 막는지, 또는 RNA 합성에 중요한 역할을 하는 효소인 RNA 중합효소에 결합하여 그렇게 하는지 알지 못했다. rifampicin에 저항성을 갖는 돌연변이체들이 분리되었다. 이런 돌연변이체들은 2가지 유형이었다: 하나는 세균의 세포외피가 변형되어 rifampicin이 세포 안으로 들어갈 수 없는 것들이었고(RNA 합성의 관점에서는 정보를 줄 수 없는 유형의 돌연변이체임), 또 다른 것들은 RNA 중합효소가 약간 변형된 것이었다. 후자의 돌연변이체들의 발견은 항생제가 RNA중합효소에 결합함으로써 역할을 한다는 것을 증명한다.

## 돌연변이체는 분명히 관계가 없어 보이는 시스템 간의 관계를 보여줄 수 있다

일반적으로 대장균에 흡착한 후 그 안에서 자라는 bacteriophage λ는 맥아당을 대사 할 수 없는 세균 돌연변이체에는 흡착할 수 없다. 이러한 λ의 흡착 실패는 다른 당의 대사 능력이 없는 돌연변이체들에서는 보이지 않으며, 또한 맥아당 대사는 다른 bacteriophage의 흡착과는 연관이 없다. 이러한 사실은 맥아당 대사에 관여하는 물질이나 그것의 생성물이 bacteriophage λ의 흡착에 관여한다는 것을 암시한다.

## 돌연변이체는 두 단백질 간의 상호작용을 보여줄 수 있다

다음의 가상적인 예는 이러한 일들이 어떻게 일어나는지는 잘 보여준다. 단백질 A와 B를 각각 합성하는 2개의 유전자 *a*와 *b*에 돌연변이가 생긴 각각의 돌연변이체들은 어떤 과정 P를 수행하지 못한다고 가정하자. 그러므로 두 유전자의 산물들은 이 과정을 수행하는데 꼭 필요하다. 두 유전자 산물들은 이 과정에 연속적으로 각각 작용할 수도 있고, 또는 두 산물이 결합하여 하나의 기능적인 단위체를 형성하여 작용할 수도 있을 것이다. 하나의 단위체로서 상호작용하는 것은 종종 복귀돌연변이 연구에 의해 밝혀진다. $a^-$돌연변이체의 복귀돌연변이체를 얻었을 때, 이러한 복귀는 가끔 유전자 *b*에 돌연변이가 생긴 결과로(추가적인 유전학적 분석에 의해) 밝혀진다. 이러한 종류의 복귀돌연변이체가 얻어지는 경우, 다른 $b^-$ 돌연변이체($a^-$돌연변이의 복귀돌연변이로 생긴 것이 아닌)로부터 얻은 복귀돌연변이체들도 종종 a 유전자에 돌연변이가 생긴 결과로 나타난다. 이러한 결과들의 해석은 다음과 같다. 단백질 A와 B는 상호작용하여 활성이 있는 구조의 단백질 복합체를 형성한다(**그림 7.8**). A 또는 B에 생긴 변형 때문에 A와 B의 결합부위에 변화가 일어나면, 두 단백질은 결합하지 못할 것이다. 하지만 하나의 단백질에 생긴 이러한 변형을 보상할 수 있는 또 다른 변형이 다른 단백질에 한 번 더 일어나면, 변형된 두 단백질은 다시 상호작용할 수 있다. 이러한 해석이 옳은 경우가 자주 나타난다.

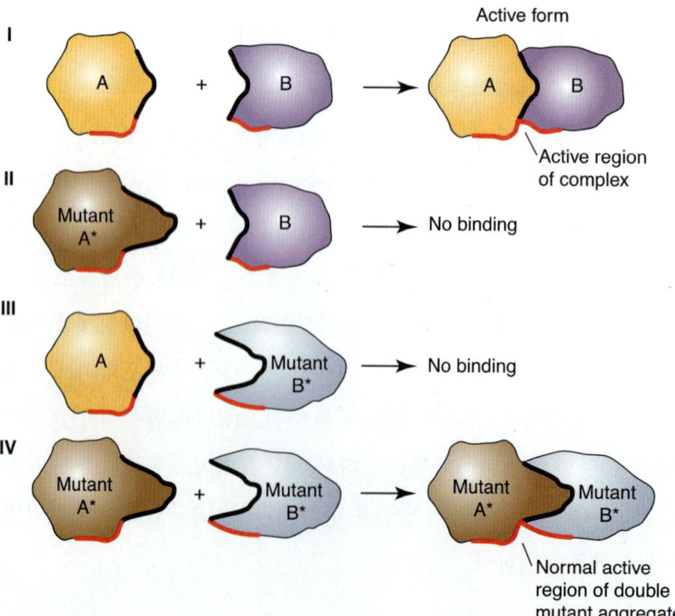


**그림 7.8 서로 다른 비활성인 돌연변이 단백질 2개가 어떻게 기능적인 단백질 복합체를 형성하는지를 보여주는 도식적 그림.** 단백질 A와 B의 상호작용 부위는 두꺼운 검정색 선으로 표시하였다. 별표는 돌연변이 단백질을 나타낸다. A-B 복합체의 활성부위는 붉은색으로 표시하였다. 복합체 I과 IV만이 활성을 가진 결합부위를 가지고 있다.

## 상보성이라 알려진 유전적 시험을 통해 하나의 표현형에 관여하는 유전자의 수를 결정할 수 있다.

특정한 하나의 표현형은 종종 많은 유전자들이 관여한 결과로 나타난다. 어떤 유전적 시스템의 연구에서, 그 시스템을 구성하는 조절요소들과 유전자들의 수를 알아내는 것은 항상 중요하다. 이것들의 개수를 알아내기 위해 **상보성(complementation)**이라 불리는 유전학적 검사를 이용한다. 이것을 위해서는 검사할 유전단위(유전자)의 두 복사본이 같은 세포 안에 존재해야 한다. 세균에서는 **부분2배체(partial diploid)**를 만듦으로써 가능하다. 부분2배체는 완전한 한 세트의 유전자들 이외에 몇몇 유전자들의 복제본을 가지고 있는 세포를 말한다. (이러한 유형의 세포들을 제작하는 방법에 대해서는 이번 장의 후반부에서 알아볼 것이다.) 부분 2배체에서는 대각선 줄의 양 옆에 각 유전자 세트의 유전자형을 각각 표기한다. 예를 들어, $b^+c^+d^+/a^+b^-c^-d^-e^+...z^+$,는 $a, b, c, ..., z$, 유전자들을 모두 포함하는 단일 염색체를 가진 세포에 b, c, d, 유전자들을 가진 염색체 조각이 더 존재한다는 것을 나타낸다. 보통의 경우, 2벌이 존재하는 유전자들만을 표기하기 때문에, 이 부분 2배체는 $b^+c^+d^+/b^-c^-d^-$로 표기한다.

이제 $a, b, c$ 유전자들의 활성에 의해 초록색 색소를 합성하는 가상의 세균을 고려해 보자. 이 유전자들은 색소를 형성하기 위한 일련의 반응에 순차적으로 관여하는 효소 A, B, C를 암호화한다고 가정하자. 만약 이들 유전자에 돌연변이가 일어난다면, 색소는 만들어지지 않을 것이다. 하지만, 부분2배체 $a^-b^+c^+/a^+b^-c^+$에서는 색소가 만들어진다. 왜냐하면 이 세포에는 기능이 있는 A, B, C 단백질들을 생산하는 유전자 세트가 존재하기 때문이다; B와 C는 $a^-b^+c^+$염색체로부터, A와 C는 $a^+b^-c^+$염색체로부터 만들어질 것이다. $a_1^-$와 $a_2^-$를 $a$유전자에 생긴 2개의 서로 다른 돌연변이라고 한다면, 부분2배체 $a_1^-b^+c^+/a_2^-b^+c^+$에서는 기능이 있는 A 단백질이 없기 때문에 색소가 만들어지지 않는다. 이와 같이, 2배체에 두 돌연변이 $a^-$와 $b^-$가 존재한다면 이들은 서로 상보적이라고 한다. 왜냐하면 이 돌연변이들을 포함하는 부분2배체의 표현형은 $A^+B^+$이기 때문이다; 하지만 돌연변이 $a_1^-$와 $a_2^-$를 포함하는 부분2배체는 표현형이 $A^-$이기 때문에 이 돌연변이들은 서로 상보적이라고 하지 않는다.

이번에는 초록색 색소를 만들지 못하는 어떤 돌연변이 $x^-$를 분리했지만 이 돌연변이가 어느 유전자에 생겼는지 모른다고 가정하자. 부분2배체 세트를 제작하여 상보성 검사를 함으로써, 이 돌연변이 유전자를 알아낼 수 있다. 먼저, 부분2배체 $a^-/x^-$(I), $b^-/x^-$(II), $c^-/x^-$(III)를 각각 제작하여 유전자 $a, b, c$를 검사할 수 있다. 만약 2배체 I와 II가 색소를 만든다면, 돌연변이 $x^-$는 유전자 $a$ 또는 $b$에 존재하지 않는다. 만약 2배체 III가 색소가 만들지 못한다면 돌연변이는 $c$ 유전자에 있어야만 한다. 만약 3개의 2배체 모두에서 색소가 만들어 진다면, 돌연변이 $x^-$는 유전자 $a, b, c$ 어느 곳에도 없다는 중요한 결론을 내릴 수 있다. 더 나아가, $a, b, c$를 각각 색소 유전자라고 가정했기 때문에, $x$가 색소 형성을 못하지만 이 유전자들이 아니라는 사실은 색소 형성에는 적어도 4개의 유전자가 필요하다는 증거가 될 수 있다("적어도"라고 한 것은 앞으로 유전자가 더 발견될 수 있기 때문이다).

다음에 살펴볼 예와 같이, 어떤 유전적 시스템의 특성을 규명하는 통상적인 초기 접근 방법은 약 50개 정도의 돌연변이체를 분리하고 그들 사이의 상보성 검사를 수행하는 것이다. 이러한 분석은 지루하지만 그럼에도 불구하고 간단하고 확실하다. 기본적인 규칙은 다음과 같다.

**규칙 I.** 만약 $x_1^-$와 $x_2^-$가 상보적이라면, 그들은 거의 항상 다른 유전자에 존재한다. 하지만 이것을 거꾸로 기술하는 것 — 즉, 두 돌연변이가 상보적이지 않다면, 그들은 같은 유전자에 존재한다 — 은 항상 옳지 않다. 두 돌연변이들의 상보성이 없다는 것은 3가지로 설명할 수 있다. 이것은 규칙 II에서 언급할 것이다.

**규칙 II.** 만약 돌연변이 $x_1^-$와 $x_2^-$가 상보적이지 않다면, 다음 3가지 이유 중 하나이다.

a. 그들은 같은 유전자에 존재한다.

b. 적어도 돌연변이들 중 하나는 다른 유전자의 조절 부위에 존재한다.

c. 적어도 돌연변이들 중 하나는 억제하는 유전자 산물을 만들게 한다.

규칙 I과 II을 이용하여 모든 돌연변이들을 서로 배타적인 상보군(complementation group)으로 나눌 수 있다. 먼저 이러한 규칙을 이용하여 1번에서 8번까지의 돌연변이 세트의 실험 결과를 살펴보자. 이 경우, 규칙 I과 II(a)를 이용하여 모든 데이터를 설명할 수 있다. 이렇게 간단한 예를 살펴본 후에, 규칙 II(b)에 의해 일어날 수 있는 돌연변이를 첨가하고, 그리고 II(c)에 의해 설명될 수 있는 다른 돌연변이를 첨가해 살펴볼 것이다. 데이터는 **표 7.2**에 나타나 있다.

첫 번째 예를 분석하기 위해, 표의 1에서 8까지의 줄을 살펴보자. 표의 위쪽과 왼쪽에 보이는 돌연변이 숫자들의 쌍을 각각 (+) 또는(–)로 표시한다. (–) 표시는 그 쌍

**표 7.2** 상보성(complementation) 데이터의 예.

| Mutation Number | 1 | 2 | 3 | 4 | 5 | 6 | 7 | 8 | 9 | 10 |
|---|---|---|---|---|---|---|---|---|---|---|
| 1 | – | | | | | | | | | |
| 2 | + | – | | | | | | | | |
| 3 | + | + | – | | | | | | | |
| 4 | + | – | + | – | | | | | | |
| 5 | – | + | + | + | – | | | | | |
| 6 | + | + | – | + | + | – | | | | |
| 7 | + | + | – | + | + | – | – | | | |
| 8 | + | – | + | – | + | + | + | – | | |
| 9 | – | – | – | – | – | – | – | – | – | |
| 10 | ± | – | ± | – | ± | ± | ± | – | – | – |

기호 (+)는 상보적; (–)는 비상보적; (±)는 약한 상보적임을 표시한다. 가로줄과 세로행이 교차하는 칸에 두 돌연변이의 상보성 실험 결과를 표시하였다. 예를 들어, 3번 가로줄과 2번 세로행이 교차하는 칸이 +라는 것은 2번 돌연변이와 3번 돌연변이가 상보적이라는 것을 나타낸다; 이것과 상응하는 2번 가로줄과 3번 세로행이 교차하는 칸에 어떤 표시도 없는 것은 이 칸의 상보성 결과가 바로 앞에 설명한 것과 동일하기 때문이다 – 즉, 이 표는 대각선에 대해 대칭적이다. 본문의 첫 번째 분석에서는 돌연변이 1에서 8까지만 다루었으므로, 8번과 9번 가로줄 사이를 점선으로 표시하였다.

이 상보적이지 않다는 것을 나타내고 (+) 표시는 상보적임을 나타낸다. 특히, 한 방향으로 정렬된 줄(즉, 하나의 세로 행 또는 하나의 가로 줄)에 있는 (–) 표시들을 주목하라. 이들은 동일한 유전자 안에 존재하는 비상보적인 돌연변이들이다. 예를 들어, 행 1에서 보면 돌연변이 1과 5는 상보적이지 않다. 다른 비상보적 돌연변이들은 행 2, 3, 4, 6 그리고 줄 4, 5, 6, 7, 8에서 볼 수 있다. 이러한 방법으로 세 유전자들을 확인할 수 있다. 첫 번째 유전자는 1과 5 돌연변이들을 포함한다; 두 번째는 돌연변이 2, 4, 8을 포함하고 세 번째는 돌연변이 3, 6, 7을 포함한다(표가 대칭이기 때문에 줄 또는 행을 한 번만 보면 된다). 돌연변이 쌍(하나의 줄 또는 행에 있는)의 (+)표시는 보통 상보적임을 의미한다. 따라서 표에서 알 수 있는 세 유전자들(혹은 돌연변이 그룹들)은 상보적이다. 편의를 위해 각각의 상보적 유전자들에 식별 문자를 부여할 수 있다.

| Group | Mutation |
|---|---|
| A | 1, 5 |
| B | 2, 4, 8 |
| C | 3, 6, 7 |

이 데이터의 가장 간단한 설명은 살펴본 표현형을 나타내는데 최소 세 유전자들이 필요하다는 것이다.

이제는 유전자보다는 조절부위에서 일어난 돌연변이의 효과를 살펴보도록 하자(규칙 IIb). 분리된 9 번째 돌연변이체가 아래와 같은 상보적 특징을 가졌다고 가정해보자.

| 1 | 2 | 3 | 4 | 5 | 6 | 7 | 8 | 9 |
|---|---|---|---|---|---|---|---|---|
| – | – | – | – | – | – | – | – | – |

이 데이터만을 보면 모든 돌연변이들이 같은 유전자에 존재한다고 추측할 수 있다. 하지만 이 경우에는 이러한 분석이 맞지 않다. 명백하게, 돌연변이 9가 특정 염색체에 존재한다면 그 염색체에서는 유전자 산물인 단백질 A, B, C가 생산되지 않을 것이다. 그러므로 돌연변이 9는 ***cis*-우성돌연변이**라고 불린다. 왜냐하면 이 돌연변이가 존재하는 염색체 상에 있는 관련 유전자들은 이 돌연변이에 의해 발현이 억제되기 때문이다. 이런 돌연변이들은 예외 없이 조절부위에 존재하는 돌연변이임이 증명되었다; 즉, 같은 염색체에 존재하고 특정 유전자 시스템에 속해있는 유전자들이 발현되기 위해서 반드시 활성화되어야 하는 위치에 돌연변이가 생긴 것이다. 예를 들어, 유전자 산물(RNA)의 합성 시작을 조절하는 위치에 이러한 돌연변이가 존재할 것이다.

돌연변이 9에 대한 이러한 분석은 공정하게 이루어진 것이 아니다. 왜냐하면 돌연변이 1부터 8을 먼저 분류한 다음, 돌연변이 9의 분석을 첨가했기 때문이다. 9개 돌연변이들이 모두 동시에 검사했다면, 어떻게 이들을 분류해야 하는지 살펴보자. 다시 한 번, (–) 표시들을 관찰하여 각 돌연변이를 상보군으로 분류할 것이다. 하지만 돌연변이 9는 하나 이상의 상보군(실제로는 모든 상보군)에 속하는 것으로 보이기 때문에, 예외적이라는 것을 바로 알 수 있다. 돌연변이가 하나 이상의 상보군에 소속되면, 규칙 IIb의 필요성을 의심하고 기본적인 분류를 하는데 그 돌연변이는 일단 무시한다. 물론, 돌연변이가 조절부위에 존재더라도 검사한 다른 모든 돌연변이들과 비상보적이지는 않다. 왜냐하면, 돌연변이가 일어난 위치가 유전자 세트에 속하는 오직 하나 또는 단지 몇몇 유전자들만의 발현에 필요할 수도 있기 때문이다; 즉, 이러한 조절돌연변이는 오로지 조절되는 몇몇 유전자에 생긴 돌연변이들 하고만 상보적이지 않을 것이다. 시스-우성돌연변이에 대한 많은 예들은 뒤에 오는 장에서 다룰 것이다.

규칙 IIc 가 적용되는 흔치않은 유형을 살펴보자. 돌연변이 10이 돌연변이 2, 4, 8과 상보적이지 않기 때문에, 이것은 B유전자 그룹에 속하는 또 다른 추가적인 돌연변이로 보인다. 하지만 돌연변이체 1, 3, 5, 6, 7과의 (+)반응은 약하다. 그러므로 돌연변이체 10은 A와 C그룹에 상보적이라고 볼 수 없다. 즉, 10은 B그룹 돌연변이일 뿐만 아니라, 이 돌연변이 유전자 산물(돌연변이 B)은 멀쩡한(야생형의) B의 활성도 억제한다는 것이 정확한 해석이다. 따라서 완벽한 활성을 가진 B가 만들어진다고 예상되는 세포에서, 실제로는 B의 활성이 억제되므로 보통의 (+) 반응이 보이지 않고 약한 (+) 반응이 보인다. 이러한 경우, 돌연변이 10은 역-상보적(anti-complementing)이라 불린다.

## 대장균은 접합(conjugation)을 통해 유전정보를 교환할 수 있다.

대장균과 이것의 바이러스들에 대한 유전연구는 분자생물학을 수립하는 필수적인 토대를 제공하였다. 유전학의 기반이 이미 많이 닦여있던 1946년, 21세의 대학원생인 Joshua Lederberg와 그의 지도교수인 Edward L. Tatum은 대장균을 유전학 연구에 이용할 수 있는 가능성을 보였다. 그들의 접근은 간단하고 직접적이었다(**그림 7.9**). 그들은 영양요구가 서로 다른 2개의 대장균 균주를 선택하였다. 균주 1은 생장

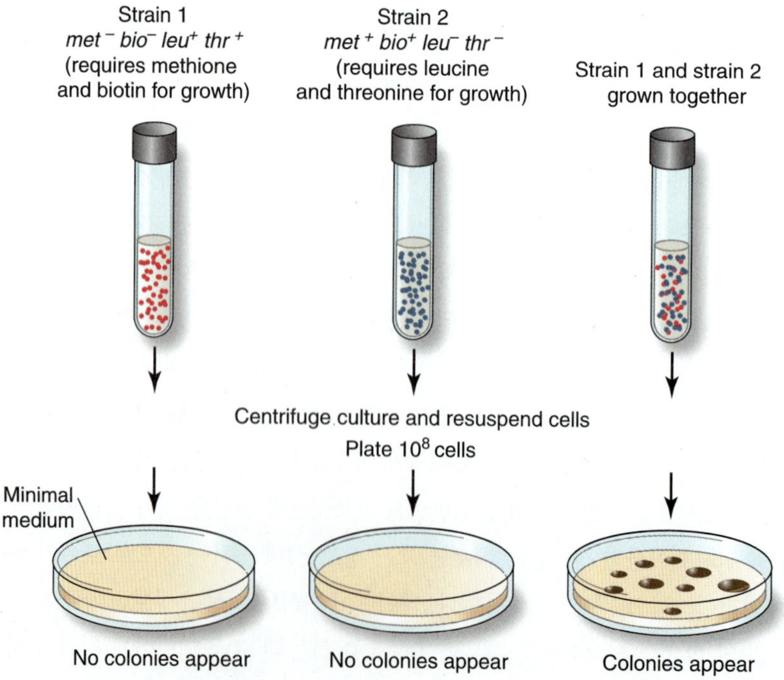


**그림 7.9 세균 접합의 첫 번째 증거를 제시한 Lederberg-Tatum의 실험.** 균주 1의 유전자형은 $met^-$, $bio^-$, $leu^+$, $thr^+$이고, 균주 2의 유전자형은 $met^+$, $bio^+$, $leu^-$, $thr^-$이다. 기호 $bio^-$는 비타민인 biotin에 대한 영양요구를 나타낸다. 다른 약자들은 아미노산의 표준 약자들이다. 오직 균주 1과 2를 섞어서 함께 자라도록 한 후에 평판한 경우에서만 최소배지에서 colony가 관찰된다.

에 methionine과 biotin을 요구하는 반면 균주 2는 threonine과 leucine을 요구한다. 이러한 이중 돌연변이체(double mutant)들은 최소배지에서 생장할 수 없었다. Lederberg와 Tatum은 하나의 균주 안에 존재하는 2개의 돌연변이가 모두 복귀되는 확률은 너무 낮기 때문에, 위 결과를 예상했었다. 하지만, 두 균주들을 섞어 함께 배양한 후 도말했을때 완전히 다른 결과를 관찰하였다. 이 경우, 최소배지에서 약간의 colony가 관찰되었다. 이것은 어쨌든 두 균주 사이에서 유전물질의 교환이 일어났다는 것을 의미한다.

Lederberg와 다른 연구자들은 차후 연구에서 대장균은 2가지 교배형(mating type)이 있다는 것을 보였다: 공여체(donor, 남성)와 수용체(recipient, 여성). 남성형은 **F 인자(F factor)** 또는 **F plasmid**라고 알려진 100kb 길이의 plasmid에 의해 결정된다. F 인자를 가진 공여체 세포는 $F^+$라고 나타내고, F 인자가 없는 수용체 세포는 $F^-$로 나타낸다. 공여체 세포는 수용체 세포로 F plasmid를 전달할 수 있다. 교배 또는 **접합(conjugation)**이라고 알려진 이 과정은 4단계로 나눌 수 있다: (1)효과적인 접촉을 통한 특유한 공여체-수용체 쌍의 구성; (2) DNA 전달 또는 이동을 위한 준비; (3) DNA 전달; (4) 수용체 세포에서의 기능적 plasmid의 합성. 효과적인 접촉을 하는 첫 번째 단계에서는, 머리카락 같은 부속기관인 **성섬모(sex pilus)**가 공여체 세포의 표면으로부터 뻗어 나와 수용체 세포 표면에 있는 수용체(receptor)에 붙는다(**그림 7.10**). 성섬모를 구성하는 단백질은 F plasmid에 존재하는 유전자에 의해 암호화된다. 일단 두 세포가 접촉하면, 성섬모가 수축되어 두 세포가 서로 가까워짐

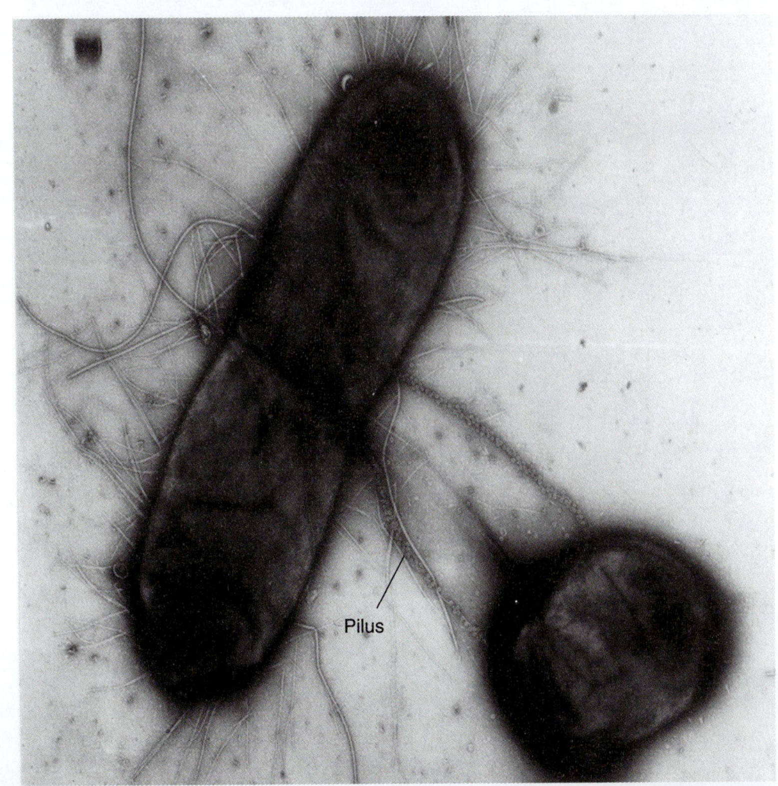


**그림 7.10 교배 중인 대장균 세포를 연결하는 F 섬모 (pilus).** 전자현미경으로 F 섬모를 관찰할 때, F 섬모에 결합하는 작은 bacteriophage를 교배를 하고 있는 대장균에 첨가하여 섬모가 더욱 잘 보이게 한다. 교배하는 세균 사이에 보이는 위, 아래 2개의 섬모가 phage로 덮인 F 섬모이다. 바이러스 입자로 덮이지 않은 대부분의 다른 섬모들은 F 섬모가 아닌 일반적인 섬모로 추정된다. 사진 제공; Ron Skurray, School of Biological Sciences, University of Sydney.

으로써 이들 사이에 접합점이 형성된다. 효과적인 접촉은 plasmid DNA가 이동하도록 신호를 보낸다.

이동과정에서 중요한 사건은 **전달원점(transfer origin)** 또는 *oriT*라고 불리는 F 인자의 특정 염기서열에 단일가닥 절단이 일어나는 것이다. 이러한 틈생성(nicking) 효소는 절단된 DNA 사슬의 5′ 말단에 공유결합 한다. 이로써 plasmid는 3단계를 위한 준비가 되었으며, 공여체 세포에서 수용체 세포로 절단된 가닥이 한 방향(5′→3′)으로 전달된다.

공여체에서 수용체 세포로 DNA가 전달되는 경로는 거의 알려져 있지 않다. DNA를 전달하기 위해 작용하는 구동력 역시 밝혀지지 않았다. **그림 7.11**에서 보는

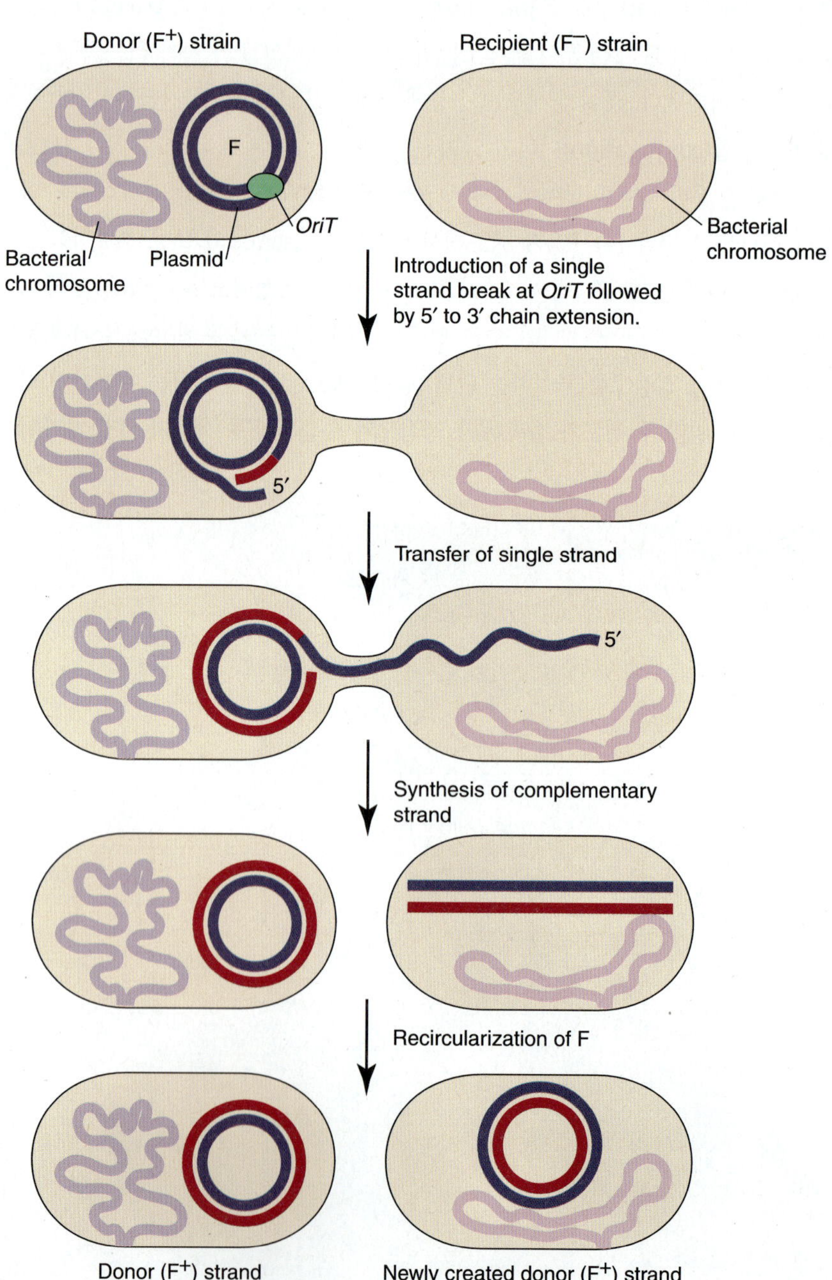


**그림 7.11 세균의 성(sex) plasmid DNA의 접합 이동.** 세균의 접합(conjugation)이 일어나는 동안 F plasmid의 이동. F 인자와 세균의 염색체는 실제 비율로 그리지 않았다. 대장균의 염색체 DNA는 F 인자의 DNA에 비해 약 50배 정도 더 길다.

바와 같이, 공여체 세포에서의 DNA 복제는 **회전환복제(rolling circle replication)**이라고 알려진 기작을 통해 일어난다. 이 복제기작에서는 절단되지 않은 DNA 상보가닥을 주형으로 사용하여, DNA 복제 장치가 절단된 가닥의 3′ 말단을 늘려 나간다. 수용체 세포 안으로 들어온 단일가닥은 상보가닥의 합성을 위한 주형으로 제공된다. 그 후 새로 형성된 이중가닥은 원형(circle)이 되어 새로운 F 인자가 생성되므로, 수용체 세포는 공여체 세포가 된다. plasmid DNA의 복제는 공여체 세포에서도 일어나기 때문에, 공여체에는 여전히 F plasmid가 남아있고 그들의 교배형은 변하지 않는다. 절단된 DNA의 5′ 말단 쪽부터 수용체 세포로 전달됨에 따라 공여체 세포에서는 절단된 가닥의 3′ 말단에서 DNA 합성이 일어나기 때문에, DNA 합성과 전달이 동시에 진행된다고 결론내기 쉽다. 그러나 아래의 3가지 관찰 결과는 그렇지 않다는 것을 의미한다. 첫째, 공여체 세포에서 온도-민감성 돌연변이에 의해 DNA 합성이 일어나지 않는 조건에서도 DNA의 전달은 일어난다. 두 번째, plasmid의 적당한 돌연변이에 의해 DNA의 전달을 방해하더라도 공여체의 DNA 합성은 일어나다. 세 번째, 수용체 세포의 돌연변이에 의해 전달된 DNA의 합성이 억제되더라도, DNA 전달은 일어난다. 이러한 관찰로 DNA 복제가 DNA 전달에 필요한 구동력이 아니라는 것이 확실해졌으므로, 이 구동력의 실체에 대한 의문이 증폭되었다. 지금은 F 인자에서 만들어지는 DNA 풀림효소(helicase)가 복제 전에 DNA의 이중가닥을 푸는 것뿐만 아니라, DNA를 전달하는데도 모두 관여하는 것으로 여겨진다.

## F plasmid는 세균의 염색체에 삽입될 수 있고 수용체 세포로 그것을 옮길 수도 있다.

F plasmid는 세균의 염색체 안으로 삽입될 수 있는 능력도 가지고 있다(삽입 기작은 12장에서 살펴볼 것이다). 삽입이 일어나면, F plasmid와 세균의 염색체는 하나의 원형 DNA 분자가 되므로 염색체의 크기가 커지게 되고, F plasmid는 마치 세균 염색체의 일부분이 된 것처럼 행동한다. 이러한 삽입과정은 드물게 일어나지만, 삽입이 일어난 세포들을 순수분리하는 것은 가능하다. 이러한 세포를 **Hfr 공여체**라고 부른다. [Hfr은 high frequency of recombination(높은 재조합 빈도)의 약어이다.]

Hfr 세포의 배양액을 $F^-$ 배양액과 섞으면, 앞에서 설명한 접합이 일어나지만 전달되는 DNA는 $F^+ \times F^-$ 교배와는 다르다. 이번에는 F의 영향으로 염색체에 삽입된 F로부터 시작하여 전체 염색체의 복제가 시작되고, 복제된 염색체는 $F^-$ 세포로 전달된다(**그림 7.12**). 삽입된 F 부위에서 DNA 절단으로 염색체의 틈이 생긴 후에 복제가 시작된다. 복제는 처음에 F의 일부가 전달되고 주요 부분(세균의 염색체)은 나중에 전달되는 방향으로 일어난다. 세균은 매우 작아서 용매 분자의 지속적인 충격(브라운 운동)에 의해 움직이고, 염색체 전체가 전달되는데 100분이 걸리기 때문에, DNA가 다 전달되기 전에 접합된 두 세포는 떨어져 나간다. 그러므로, 수용체는 수백 개의 유전자를 포함하는 공여체의 큰 염색체 절편과 기능이 없는 F의 작은 절편만을 받기 때문에,

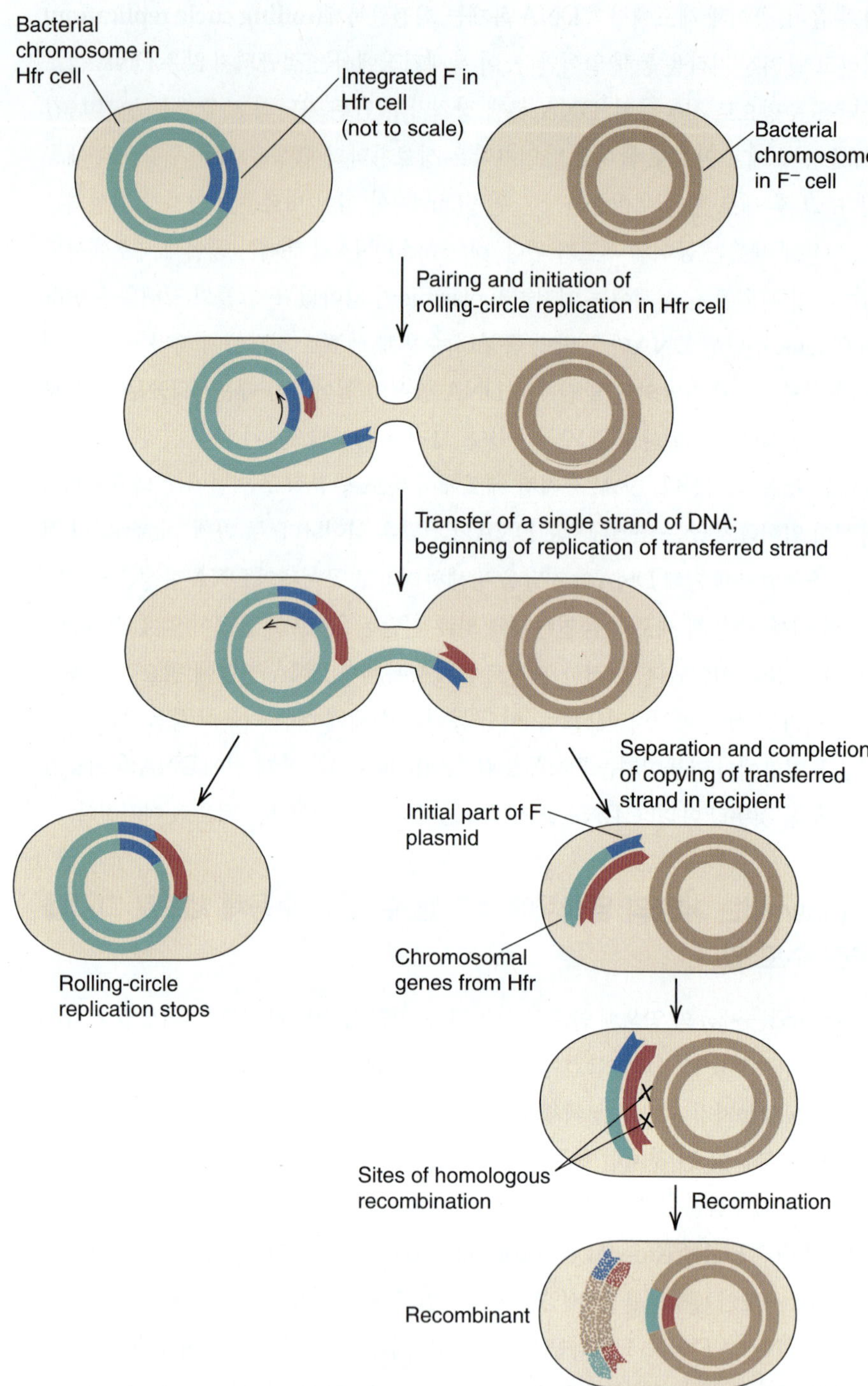


**그림 7.12 Hfr × F⁻ 교배에 있어서 이동과 재조합체(recombinant) 형성의 단계.** 쌍 형성(접합)으로 Hfr 세포의 F 서열에서 회전환복제가 시작되어 외가닥 DNA가 이동한다. 수용체 세포 안에서 외가닥 DNA는 이중가닥 DNA로 전환된다. 전체 염색체가 모두 전달되기 전에 교배 중인 세포들은 서로 분리되어 떨어진다. Hfr 절편과 F⁻ 염색체 사이에서 재조합이 일어나 재조합체는 Hfr 염색체에 존재하는 유전자를 가지게 된다. F 인자의 오직 일부분만이 전달된다는 점을 유의하라. 이러한 F 인자 일부분은 수용체 염색체에 삽입되지 않는다. 그러므로 수용체 세포는 여전히 F⁻이다.

Hfr × $F^-$ 교배에서는 접합된 수용체는 거의 항상 $F^-$로 남아있게 된다.

수용체로 새로운 염색체 절편이 들어오면, 재조합 시스템은 유전적 교환을 야기하여 재조합 $F^-$세포를 얻게 된다. 그러므로 Hfr $leu^+$배양액과 $F^-$ $leu^-$배양액을 교배하면, $F^-$ $leu^+$세포가 나온다. 이러한 세포를 찾기 위해서는 수용체와 공여체를 구별하는 방법이 필요하다. 이것은 한천배지에서의 생장 여부로 구별할 수 있는 유전적 차이를 가진 세포들을 사용하면 가능하다.

흔히 사용하는 방법은 항생제 저항성(antibiotic resistance)을 이용하는 것이다. 예를 들면 Hfr는 $leu^+$뿐만 아니라 streptomycin에도 민감하고($Str^S$), 수용체는 $leu^-$이고 streptomycin에 저항성($Str^R$)을 갖는다. 만약 *leu* 유전자는 전달원점 근처에 있지만 *str* 유전자는 멀리 있다면, $F^-$ 세포로 *str* 유전자가 전달되기 전에 교배과정이 끊기기 쉬울 것이다. Streptomycin을 넣어주고 leucine이 없는 한천배지에 교배시킨 세포 혼합액을 도말하면 (1) Hfr $Str^S$ 세포는 자라지 못할 것이고, (2) $F^-$ 세포도 $leu^+$ 대립유전자를 전달받지 못했다면 자라지 못할 것이다. 그러므로 $leu^+$ $str^R$ 유전자형을 가진 세포들만이 자랄 수 있고, 이것은 재조합 수용체이다. 오직 $Leu^-$ $Str^R$ 재조합체들만 colony를 형성할 수 있다. 이와 같은 방법으로 교배를 할 때, 수용체로 전달되는 대립유전자를 **선택표지**(selected marker)라 하는데, 이것은 한천배지의 조건(이 경우에서는 $leu^+$)에 따라 선별할 수 있다. 한편, 공여체의 생장을 억제하는데 이용된 대립유전자(이 경우에서는 $str^R$)를 **역선택표지**(counterselective marker)라고 한다.

## 세균의 교배 실험은 대장균의 유전자 지도를 작성하는데 사용될 수 있다.

Hfr × $F^-$ 교배의 중요한 특징은 F 인자가 삽입된 Hfr 염색체의 특정 위치로부터 일정한 속도로 Hfr 염색체가 전달된다는 것이다. 이것은 특정 유전자가 수용체로 전달되는데 걸리는 시간이 이 유전자의 염색체 상의 위치(locus)와 직접적인 관계가 있다는 것을 의미한다. 그러므로 각각의 유전자들이 전달되는 시간을 측정함으로써 유전자 지도를 작성할 수 있다.

유전자 지도는 다음과 같은 방법으로 얻는다. $a^+b^+c^+d^+e^+str^S$ 유전자형을 갖는 Hfr과 $a^-b^-c^-d^-e^-str^R$ 수용체를 교배한다. 세포들을 섞은 후, 일정 시간 간격마다 시료를 취하여 교배 중인 모든 세포들이 교배 쌍으로부터 떨어지도록 격렬하게 흔들어 준다. 모든 시료들을 streptomycin이 들어있는 5개의 서로 다른 한천배지에 도말하는데, 각각의 한천배지는 A에서 E까지 5가지의 물질 중 하나씩만 결핍되어 있다. 그러므로 A가 결핍된 한천배지에서 자라는 colony는 $a^+str^R$이고; B가 결핍된 배지에서 자라는 것은 $b^+str^R$이며, 나머지들도 마찬가지이다. 이렇게 얻은 결과들을 **그림 7.13a**에서 보는 것처럼 전달시간(time-of-entry) 곡선으로 표를 그릴 수 있다. 시간축에 대한 각 곡선의 추정(외삽법)으로 각각의 유전자 $a^+$, $b^+$, ..., $e^+$들이 전달된

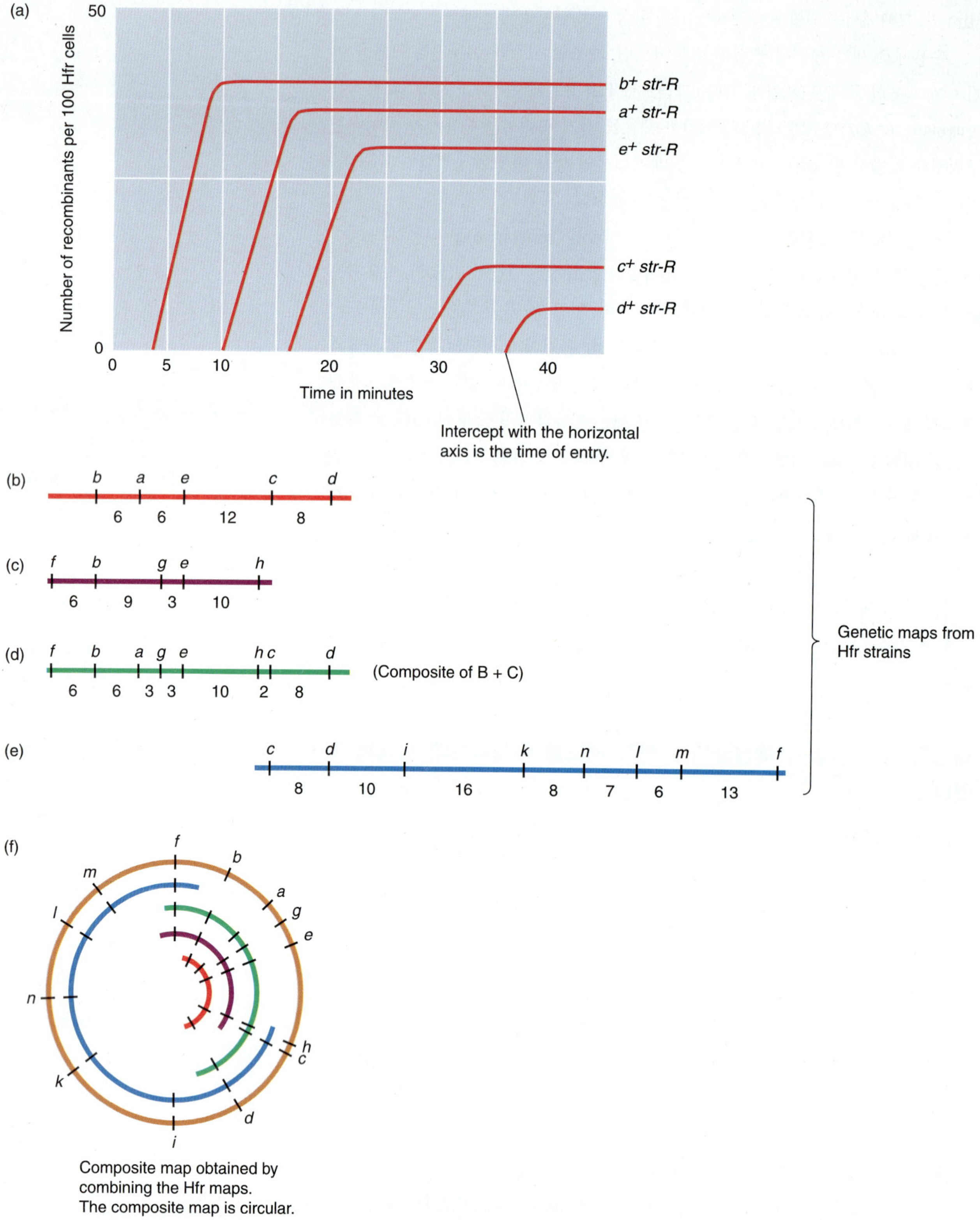

(a)

Number of recombinants per 100 Hfr cells

50

0

0 5 10 20 30 40

Time in minutes

$b^+$ *str-R*

$a^+$ *str-R*

$e^+$ *str-R*

$c^+$ *str-R*

$d^+$ *str-R*

Intercept with the horizontal axis is the time of entry.

(b) *b* *a* *e* *c* *d*

6 6 12 8

(c) *f* *b* *g* *e* *h*

6 9 3 10

(d) *f* *b* *a* *g* *e* *h* *c* *d* (Composite of B + C)

6 6 3 3 10 2 8

(e) *c* *d* *i* *k* *n* *l* *m* *f*

8 10 16 8 7 6 13

Genetic maps from Hfr strains

(f)

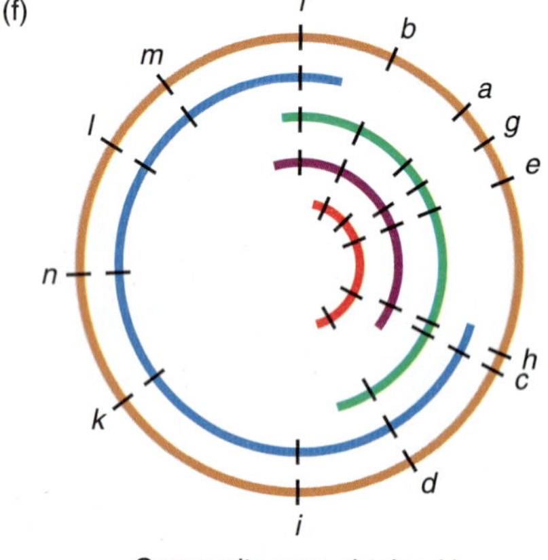


Composite map obtained by combining the Hfr maps. The composite map is circular.

**그림 7.13 전달시간(time-of-entry) 지도 만들기.** (a) 어떤 Hfr 균주의 전달시간 곡선. (b) a 부분의 데이터로부터 얻은 직선지도. (c) 동일한 Hfr 균주와 대립유전자 b-e-f-g-h-를 가진 또 다른 F⁻ 균주로부터 얻은 직선지도. (d) b와 c의 지도를 결합하여 얻은 합성지도. (e) 또 다른 Hfr 균주로부터 얻은 직선지도. (f) 원형(circular)지도 (금색)는 d와 e에서 얻은 두 지도 (녹색과 푸른색)를 결합하여 얻는다.

시간을 산출할 수 있다. 이러한 시간은 **그림 7.13b**에서 보는 것처럼 지도에 나타낸다. $b^-e^-f^-g^-h^-str^R$인 두 번째 수용체를 사용하면, 추가된 3개의 유전자들의 상대적인 위치를 알 수 있다. 이것으로 **그림 7.13c**에 보이는 지도를 작성할 수 있을 것이다. 유전자 b와 e는 두 지도에 공통적으로 존재하기 때문에, 두 지도를 합치면 **그림 7.13d**와 같은 좀 더 완성된 지도를 얻을 수 있다.

F plasmid는 염색체의 다양한 위치로 삽입될 수 있기 때문에, 서로 다른 위치에 전달원점을 갖는 Hfr 세포들을 얻을 수 있다. 각각의 Hfr 균주들을 이용하여 지도를 작성할 수 있다. 이렇게 제작된 각 지도들을 결합하면 궁극적으로 원형의 지도를 얻는다. 예를 들어, 또 다른 Hfr로부터 그림 7.13e에 보이는 지도를 얻은 다음, (d)에 보여준 지도와 결합하면 그림 7.13f에 보이는 원형(circular) 지도를 작성할 수 있다. 이러한 지도 작성 기술은 수백 개의 대장균 유전자에 대해 반복적으로 사용되어, 분자생물학 발전에서 대단히 중요한 의미를 갖는 실용적인 지도가 작성되었다. **그림 7.14**는 단순화된 대장균의 유전자 지도를 보여준다. 1950년대 중반에 완성된 대장균의 유전자 지도가 원형이라는 발견은 대장균의 염색체가 원형일 것이라는 것을 처음으로 암시하였으며, 이것은 이후에 사실임이 확인되었다.

대장균의 염색체는 현재 염기서열이 밝혀졌으며, 그 서열은 유전자 지도와 완벽하게 일치한다. Nucleotide 서열정보는 분자생물학에 엄청난 효과를 가져왔다. 서열이 알려지기 전에는 연구자들이 유전자들의 표현형을 기초로 해서 대장균의 돌연변이체를 분리한 다음, 유전학적 방법을 이용하여 그 유전자의 염색체 상의 위치를 알아냈다. 오늘날 우리는 대장균의 모든 유전자들의 위치를 알고 있지만, 여전히 많은 유전자들의 기능을 알지 못한다. 흥미로운 표현형을 보이는 새로운 돌연변이체가 발견되면, 그 유전자들을 클로닝하여(또는 PCR에 의해 증폭하여) 염기서열을 결정할 수 있다. 이 염기서열을 대장균의 전체 염기서열과 비교함으로써, 유전자 지도에서 그 유전자의 위치를 알 수 있다.

## F′ plasmid는 세균의 염색체 일부를 포함하고 있다.

이미 언급한 바와 같이, F 인자가 염색체 안에 안정적으로 삽입되었을 때, Hfr 세포가 생성된다. 또한, 삽입된 F 인자는 낮은 빈도지만 다시 염색체로부터 잘려 나올 수 있다. 이때, 염색체 상에서 F 인자 옆에 있던 유전자들이 잘려 나온 원형의 DNA에 포함되기도 한다(**그림 7.15**). 이렇게 F 유전자들과 염색체의 유전자들을 모두 가지고 있는 plasmid를 F′ plasmid라고 한다. 가지고 있는 유전자를 알고 있는 경우, 이 유전자를 표기함으로써 F′ plasmid를 묘사한다.－예를 들어, F′*lac pro*는 락토오스(유당) 사용과 프롤린 합성을 위한 유전자들을 가지고 있다. F′ plasmid도 역시 F′ 공여체에서 수용체로 전달될 수 있다. 이 과정은 빠르고 효율적으로 진행되기 때문에, 교배 쌍들이 서로 떨어지기 전에 대부분 전체 F′ plasmid가 전달된다. 그러므로 $F' \times F^-$ 교배에서, 수용체 세포는 F′ 공여체 세포로 전환된다.

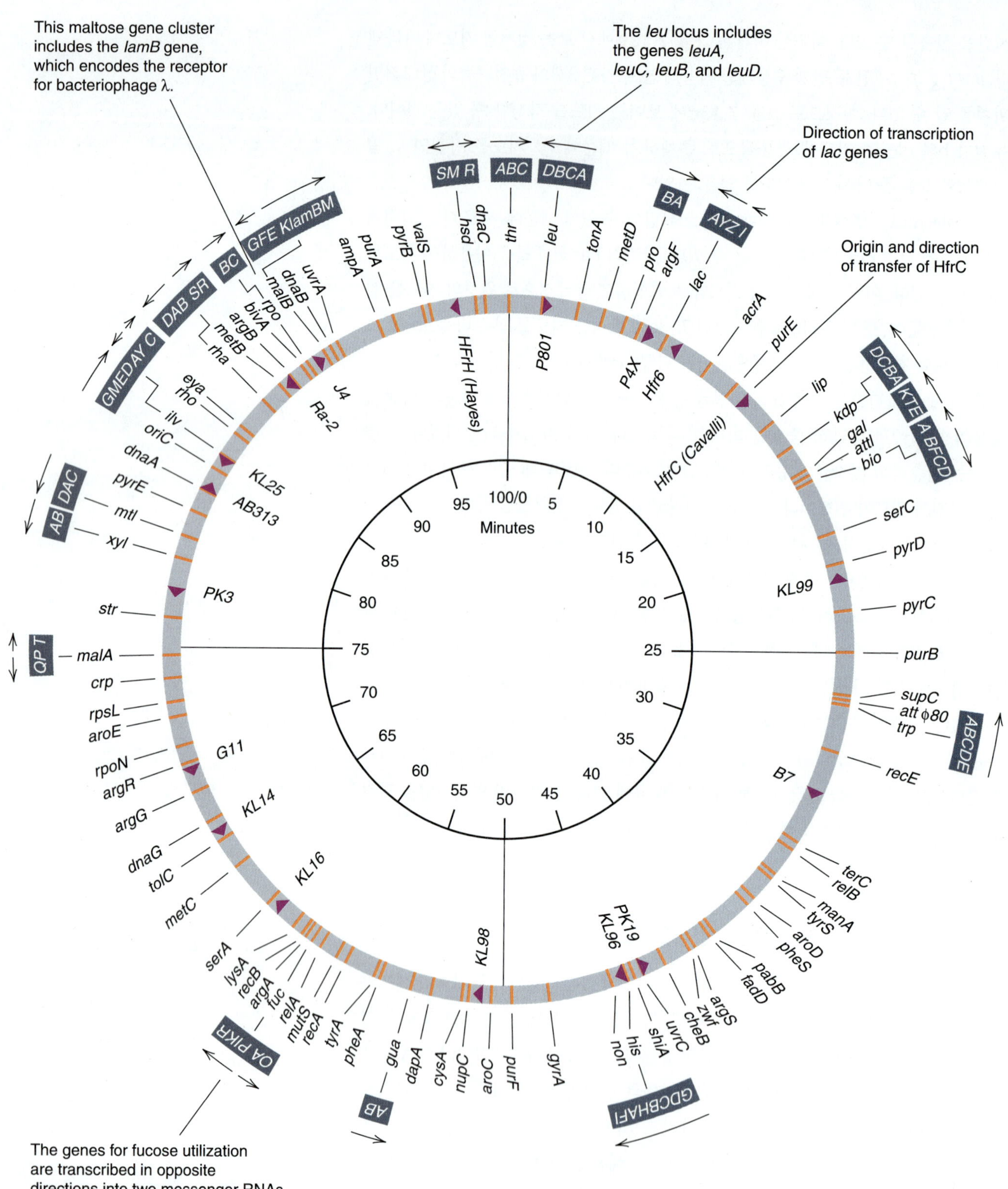


**그림 7.14 대장균의 원형(circular) 유전자 지도.** 지도에서 거리는 분(minutes)으로 주어졌다; 전체 지도의 길이는 100분이다. 기능적으로 연관된 유전자 산물들을 암호화하고 있는 위치 중에서 어떤 것들은 무리를 이룬 유전자들(푸른색 상자 안에 흰 글자)의 순서가 전사의 방향 및 전사체의 길이와 함께 표시되어 있다(검은색 화살표). 보라색 화살표머리는 Hfr 균주들의 복제원점과 전달 방향을 나타낸다. 예를 들어, HfrH 균주는 *thr* 유전자를 매우 이른 시간에 전달하고 그 뒤를 이어서 *leu*와 다른 유전자들을 시계방향으로 전달한다.

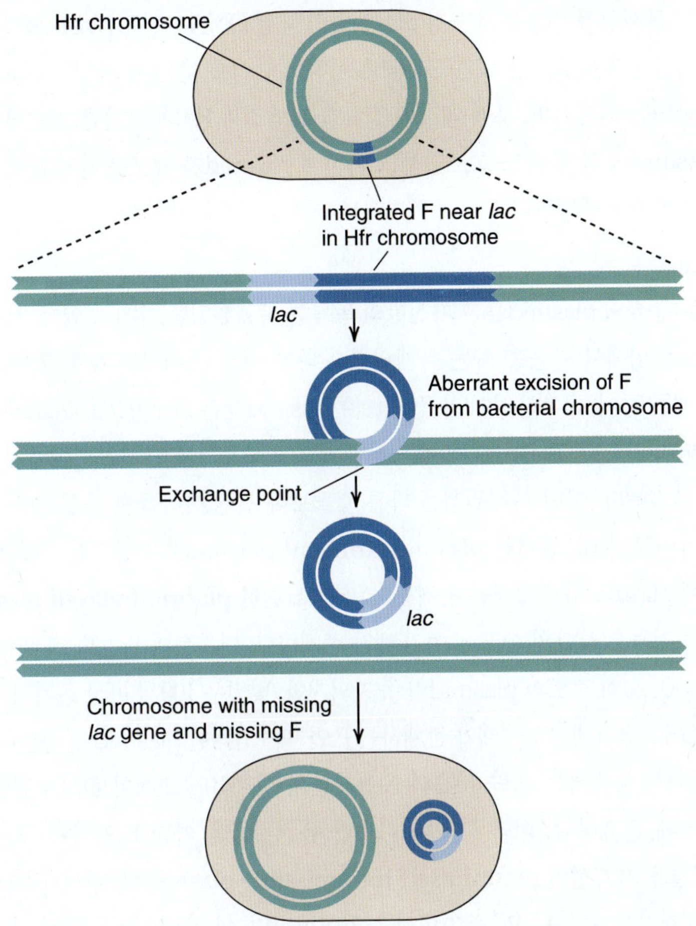


**그림 7.15 Hfr 염색체로부터 F가 비정상적으로 절단되어 나옴으로써 F′lac plasmid를 형성함.** 비상동(nonhomologous) 지역들 사이에서의 절단과 재결합. 세균의 *lac* 유전자는 연한 푸른색으로 표시하였다.

F′ plasmid는 앞서 언급한 상보성 검사에 사용되는 부분2배체 세균을 제작하는 데 이용되어 왔다. $lac^+/lac^-$ 부분2배체들은 $F'lac^+str^S$ 공여체와 $lac^-str^R$ 수용체 세포를 교배하여 $Lac^+Str^R$ colony들을 선별하는 방법으로 제작할 수 있다. Colony의 세포들은 *lac* 유전자를 2개 가지고 있다: 수용체로 전달된 F′의 $lac^+$ 대립유전자와 수용체 염색체에 원래 존재하는 $lac^-$ 대립유전자. 이것을 표시하기 위해, 보통 부분2배체를 표기하는 방법대로 세포의 유전자형은 $F'lac^+/lac^-\ str^R$로 쓰인다. 관습적으로 F′ plasmid에 존재하는 유전자는 대각선의 왼쪽에 쓴다.

## 자연에는 다양한 plasmid들이 존재한다.

### 복제원점(Origin of Replication)

F 인자가 처음 발견되었을 때에는 독특한 유형의 유전단위처럼 보였다. 그러나 F 인자도 세균이나 다른 생명체 안에서 복제할 수 있는 많은 염색체외(extrachromosomal) DNA 분자 중의 하나임이 곧 밝혀졌다. 숙주는 일반적으로 plasmid 복제를 위해 필요한 대부분의 효소를 공급한다. 그러나 plasmid는 자신의 복제에 필수적으로 관여한다.

특히, **복제원점**이라 불리는 각 plasmid의 특정 DNA서열은 plasmid가 자발적으로 복제하는데 필요하다. 보통 2000 bp 이하의 길이를 갖는 이 서열은 plasmid 복제가 시작되는 지점이며, 복제 개시에 필요한 단백질과 RNA 분자를 암호화하고 있어서 plasmid의 복제 속도를 조절하고 어떻게 plasmid가 세포분열시 각각의 세포로 분배되는지를 결정한다.

### 분류(Classification)

서로 다른 종류의 plasmid들은 자신만의 독특한 복제원점을 가지고 있다. 하나의 세균 종(species)에서 기능을 하는 복제원점은 다른 세균 종에서는 보통 기능을 하지 않는다. 예를 들어, 대부분의 대장균(*E. coli*) plasmid들은 고초균(*Bacillus subtilis*)에서 복제되지 않는다. Plasmid 복제는 복제원점에 작용하는 단백질과 RNA 인자들에 의해 조절된다. 어떤 복제원점은 다른 것들보다 훨씬 까다롭게 조절된다. 이러한 조절의 차이로 인해, **엄격한 plasmid(stringent plasmids)**라 불리는 것들은 하나의 세포에 plasmid가 1~2개만 존재하는 반면, **느슨한 plasmid(relaxed plasmids)**라 불리는 것들은 하나의 세포에 여러 개가 존재한다. 대부분의 느슨한 plasmid들은 1세포 당 10~20개 정도의 plasmid가 유지되지만, 몇몇은 100개 이상 존재하기도 한다. 1세포에 보통 1개 또는 2개가 존재하는 F 인자는 엄격한 plasmid에 속한다.

F 인자에 존재하는 대략 40개의 유전자들이 성공적인 교배와 DNA 전달이 일어나기 위해 필요하다. 이와 같거나 비슷한 유전자들을 가진 F 인자나 그 이외의 plasmid들을 **자기전이 plasmid(self-transmissible plasmid)**라 한다. plasmid가 이러한 유전자들 중 하나 또는 그 이상을 잃어버리면, 이 plasmid를 가진 세포는 교배와 DNA 전달 기능의 일부 또는 모두를 수행할 수 없다. 효과적인 접촉을 가능케 하는 유전자는 가지고 있지만, DNA 이동에 필요한 유전자는 없는 plasmid를 **접합 plasmid(conjugative plasmid)**라고 한다. 왜냐하면 이 plasmid를 가진 세포는 수용체 세포와 접합 연결은 형성할 수 있지만, 수용체 세포로 DNA가 이동할 수는 없기 때문이다. 반대로, DNA 이동은 할 수 있지만 효과적인 접촉에 필요한 유전자를 잃은 plasmid는 **이동 plasmid(mobilizable plasmid)**라고 한다. 이동 plasmid는 효과적인 접촉을 할 수 있는 다른 방법이 있으면 수용체 세포에게 plasmid를 전달할 수 있다. 예를 들어, 접합연결 형성에 필요한 유전자를 가진 다른 plasmid가 세포 안에 존재하면 된다. 접합 연결 또는 이동에 필요한 유전자가 부족한 이러한 plasmid를 **비전이 plasmid(nontransmissible plasmid)**라고 한다.

Plasmid는 그들의 숙주에게 어떤 특성을 줄 수 있는가에 따라 분류되기도 한다. **항생제내성(Drug resistance)** 또는 **R plasmid**는 숙주세포에 하나 이상의 항생제 또는 항세균제에 저항성을 가지도록 한다. 첫 번째 R plasmid는 1950년대 후반 일본에서 이질균(*Shigella*)에서 발견되었다. 이 균주는 이질을 앓고 있는 환자로부터 분리되었는데 sufanilamide, chloramphenical, streptomycin, tetracycline 등의 항생제에 저항성이 있었다. 드문 경우지만 돌연변이에 의해 하나의 항생제에 대한 저항성을 갖는 세균이 나타나기도 하지만, 1세균이 돌연변이에 의해 동시에 4 종류의 항생제에 내성을 가질 확률은 거의 없다. 따라서 연구자들은 이질균 균주가 4개의 약물에 저항성을 보일 수 있는 plasmid를 가지고 있다고 짐작했다. 계속된 연구로 이러한 의심이 사실임을 확인하였다. 어떤 R plasmid는 다른 세균으로 전달될 수 있고, 어떤 것들은 전달에 필요한 유전자가 하나 또는 그 이상 부족하기도 한다.

전달 가능한 R plasmid는 비병원성 세균에 존재하더라도 공중보건에 심각한 위협이 된다. 정상적인 환경에서 약물-민감성 비병원성 세균은 피부, 입, 내장 등에 존재한다. 그러나 항생제에 노출되면 이러한 세균들은 제거되어 생태학적 환경(niche)에 아무런 경쟁자가 없기 때문에, R plasmid를 가진 세균만이 증식한다. 약물 내성을 가진 비병원성 세균이 감염하는 병원균(pathogen)에게 그들의 R plasmid를 전달하면, 이 병원균은 약물에 내성을 띠게 되어 치료에 어려움을 겪게 되는 심각한 상황이 발생한다. 불행하게도 사람들의 항생제 남용이 이러한 문제가 점점 키우고 있다. 감염예방과 성장증진을 위해 동물사육에 때때로 적은 양의 항생제가 사용된다. 이렇게 항생제가 투여된 동물에는 종종 R plasmid를 가진 세균이 존재하는데, 이것이 인간에게 질병을 일으키는 세균에게도 전달될 수 있다.

**독성(Virulence) plasmid**는 어떤 세균들을 병원균으로 전환시키는 것으로, 이질, 탄저병, 역병, 파상풍 등을 일으키는 세균들의 병원성에 폭넓게 관여한다. 이 plasmid는 R plasmid와 함께 세균전쟁에 사용될 수 있는 병원균을 제조하는데 이용될 수 있다는 점에서 매우 문제시된다.

독성plasmid는 식물을 감염시키는 세균에서도 발견된다. 그람음성 세균으로 과일나무나 활엽수를 감염시킬 수 있는 *Agrobacterium tumafaciens*은 Ti plasmid라 불리는 종양유도 plasmid를 가지고 있다. T DNA라고 불리는 Ti plasmid의 일부분만 식물세포로 전달된다. 이러한 T DNA분자는 식물세포의 염색체에 삽입되어 근두암종(crown galls)이라 불리는 종양의 형성을 유도한다. T DNA는 DNA 재조합기술에 의해 종양을 유도하지 않도록 변형되어 왔다. 무장해제로 알려진 이러한 과정을 통해서 외부 DNA를 많은 식물에 도입할 수 있도록 plasmid를 개발해왔다.

**Col plasmid**는 대장균(*E. coli*)과 다른 세균 종들에게 **colicin**이라 불리는 항세균 단백질과 그들의 colicin으로부터 숙주인 자신를 보호하는 단백질을 생산하도록 한다. 많은 종류의 colicin들이 존재한다고 알려져 있다. 대장균을 예로 들면, colicin E1은 세포막에 채널을 형성하도록 하여 칼륨이온이 세포에서 빠져나가게 한다; colicin E2는 DNA를 분해한다; colicin E3는 16S rRNA를 특이적으로 절단함으로써 단백질의 합성을 억제한다. 같은 영양물질을 두고 경쟁하는 다른 세균들을 죽이기 때문에, colicin을 생산하는 Col plasmid는 숙주세포에게 유리하다. Col plasmid는 세포를 보호하는 면역 단백질도 생산하기 때문에, colicin을 생산하는 숙주 세포는 죽지 않는다. 예를 들어, Col E1에서 생산되는 면역 단백질은 세포막에 존재하여, colicin E1에 의해 세포막에 채널을 형성되는 것을 막는다.

**분해(Degradative) plasmid**는 숙주 세포가 탄화수소물과 같은 다양한 유기분자들을 분해하는 효소를 만들도록 한다. 따라서 숙주 세포는 이 plasmid가 없으면 이용할 수 없는 생물학적 연료를 사용하도록 한다. 분해 plasmid는 또한 독성이 있는 유기분자들로부터 숙주를 보호할 수 있다. 분해 plasmid를 가진 숙주세포들은 현재 기름유출을 정화하고 유해한 살충제를 분해하는데 사용되고 있다.

## 7.3 출아효모(*Saccharomyces cerevisiae*)

### 효모는 단세포 진핵생물이다.

지난 반세기 동안 모델생물로 대장균(*E. coli*)을 연구함으로써, 유전정보가 DNA에서 RNA를 통해 단백질로 전달된다는 기본적인 시각을 가질 수 있었으며, 이러한 분자생물학의 중심원리를 단단한 기반 위에 올려놓을 수 있었다. 그러나 원핵생물인 대장균은 진핵세포에서만 나타나는 의문점을 해결하기 위한 효과적인 모델생물은 아니었다. 예를 들어, 대장균 연구를 통해서는 nucleosome 형성에 대한 정보를 알아낼 수도 없고, 어떻게 RNA가 핵 안에서 가공되는지도 밝혀낼 수 없다.

이와 같이 진핵생물에서만 나타나는 기본적인 문제를 연구하기 위한 모델생물을 찾던 연구자들은 단세포 효모가 많은 장점을 가지고 있다는 것을 발견했다. 세균과 마찬가지로 효모는 복합배지 또는 화학적 성분이 명확한 액체배지에서 생장할 수 있고, 고체표면에서는 colony를 형성할 수 있다. 더욱이 효모는 매우 빠르게 생장한다; 대부분의 효모 균주의 배가시간(doubling time)은 단지 대장균의 약 2배 정도일 뿐이다. 또한, 효모의 세포내 구성은 전형적인 진핵세포의 형태를 갖는다.

이러한 많은 장점에도 불구하고, 연구자들이 효모를 모델생물로 연구하는데 하나의 문제점이 있었다. 이것은 효모세포가 다당류와 polypeptide로 구성된 단단하고 두꺼운 세포벽으로 둘러싸여 있어, 세포소기관을 손상하지 않고 세포를 파괴하는 것이 매우 힘들다는 것이다. 이러한 문제점은 효모의 세포벽을 분해할 수 있는 달팽이 내장의 효소를 발견하여, 효모를 부드럽게 파괴할 수 있게 됨으로써 해결되었다.

생화학적, 유전학적 관점에서 가장 많이 연구된 효모인 *S. cerevisiae*(빵을 만들 때 사용되는 효모로 널리 알려져 있음)는 알 모양으로 지름은 약 3 μm정도 된다. *S. cerevisiae*(다른 종류의 효모들도 마찬가지로)는 반수체 단계와 2배체 단계가 존재한다. 반수체 세포는 16개의 염색체를 가지고 있는데, 모든 염기서열이 결정되어 있다. 효모의 핵은 대장균보다 약 3.5배 많은 DNA를 포함하고 있지만, 인간세포보다는 약 250배 정도 적은 DNA를 가지고 있다. 그러므로 효모는 진핵세포가 필요로 하는 모든 유전적 정보를 가지고 있는 가장 단순한 생명체일 것이다.

*S. cerevisiae*는 반수체와 2배체 단계에서 모두 출아(budding)에 의해 2개의 세포로 분열한다(**그림 7.16**). 모세포로부터 식물의 작은 눈(bud)처럼 불거져 나온 딸세포는 모세포에 붙은 채로 모세포만한 크기가 될 때까지 점점 커진다. 이렇게 출아세포(bud)가 자라는 동안 모세포에서는 염색체 복제가 일어나서 핵분열(mitosis)로 이어진다. 이렇게 형성된 동일한 2개의 핵 중 하나가 자라는 출아세포로 옮겨지고,

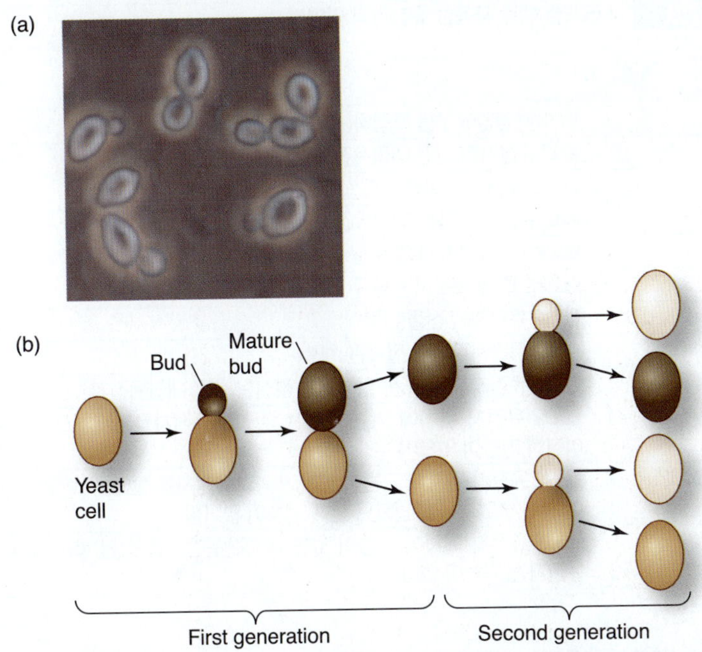


**그림 7.16 출아효모.** (a) 어떻게 효모 세포가 "눈(bud)"이라 불리는 작은 돌기를 형성하는지를 보여주는 광학현미경 사진. 눈은 점점 커져 모세포(mother cell) 크기만큼 자란 후 모세포에서 분리되며, 분리된 딸세포(daughter cell)는 같은 방법으로 계속 분열하게 된다. (b) 모세포와 딸세포의 관계를 보여주는 출아법. 첫 세대에서는 딸세포이지만, 두 번째 세대에서는 모세포로 작용하는 세포를 진한 색깔로 표시하였다. 사진 제공: Breck Byers, University of Washigton.

모세포만큼 커진 출아세포(딸세포)는 모세포로부터 떨어져 나온다. 하나의 세포가 둘로 나뉘어 2개의 동일한 자손세포가 되는 세균과는 다르게, 효모에서는 출아가 일어난 모세포의 세포벽에 상처가 남는다는 관점에서 모세포와 딸세포의 관계가 뚜렷하다. 모든 효모가 출아에 의해 분열하는 것은 아니다. 예를 들어, 분자생물학자들이 많이 연구한 또 다른 종류의 효모인 *Schizosaccharomayces pombe*는 이분법에 의해서 분열한다. 하지만 다른 면에서는 *S. pombe*는 빵을 만들 때 사용하는 효모와 많이 닮아있다.

*S. cerevisiae* 연구의 초기 단계에서는 대장균에서 연구되어 다른 세균에서도 적용되는 생화학적 기작들이 단순한 진핵세포에서도 역시 유용한지를 알아보고자 하였다. 이러한 연구로부터 매우 유용한 결과들을 얻었다. 세균과 효모의 기본적인 대사작용은 매우 비슷하였지만, 거대분자(DNA, RNA, 단백질)들을 합성하는 전반적인 과정은 세균이 아니라 고등 진핵생물과 유사하였다. 그러므로 효모는 진핵세포에서 거대분자의 합성, 유전자 구조, 그리고 유전자 발현의 조절을 연구하는데 훌륭한 모델생물로 사용되고 있다. 현재에는 효모가 유전적, 생화학적으로 많이 연구되어 있으므로, 분자생물학에서도 기본적인 연구를 하기위한 매력적인 모델생물로 선택이 된다. 조류인 *Chlamydomonas*나 원생동물인 *Tetrahymena*와 같은 다른 단세포 진핵생물도 역시 진핵세포의 분자생물학 연구에 많이 사용된다.

**표 7.3** *LEU2*를 예로 사용한 유전학적 명명법.

| 유전자 기호 | 정의 |
|---|---|
| *LEU*$^+$ | leucine 영양요구를 조절하는 모든 유전자들이 야생형 |
| *leu2*$^-$ | *leu2* 유전자의 어떤 대립유전자로 leucine을 필요로 함. |
| *LEU2*$^+$ | *LEU2* 유전자의 야생형 대립유전자 |
| *leu2-9A* | leu2 유전자의 특정 대립유전자 또는 돌연변이 |
| Leu$^+$ | leucine을 요구하지 않는 균주 |
| Leu$^-$ | leucine을 필요로 하는 균주 |
| Leu2p or Leu2 | *LEU2* 유전자의 산물(단백질) |
| *LEU2 mRNA* | *LEU2* 유전자로부터 전사된 mRNA |
| *Leu2-Δ1* | *LEU2* 유전자 전체 또는 일부분이 결실된 특정 대립유전자 |
| *LEU2::ARG2* | *LEU2* 유전자 위치에 기능이 있는 *ARG2* 유전자를 삽입. *LEU2* 유전자는 여전히 기능이 있으며 우성이다. |
| *leu2::ARG2* | *LEU2* 유전자 위치에 기능이 있는 *ARG2* 유전자를 삽입. *leu2* 유전자는 기능이 원래 없었거나 삽입으로 인해 기능이 없어짐. |
| *leu2-5::ARG2* | *LEU2* 유전자 위치에 기능이 있는 *ARG2* 유전자를 삽입. 특정 *leu2-5* 대립유전자는 기능이 없다. |

## 효모의 유전학에서는 특정한 표기법, 관습, 전문용어가 사용된다.

효모의 영양요구는 보통 활자체에 윗첨자로 양성, 음성 표시를 붙여 나타낸다. 그러므로 Leu$^+$는 효모가 leucine을 만들 수 있다는 것을 나타내고, Leu$^-$는 만들 수 없다는 것을 나타낸다. 효모 특정유전자는 종종(항상은 아니지만) 이탤릭체로 쓴 3개의 철자들로 표시한다. 많은 유전자 이름은 돌연변이 표현형을 기초로 만들어진다. 예를 들어, 아미노산 이름의 첫 세 자는 그 아미노산의 합성의 필수적인 유전자를 나타낸다. *LEU* 같은 대문자는 유전자가 우성이라는 것을 의미하고, *leu*와 같은 소문자는 열성을 나타낸다.

또한 그들에 의해 암호화된 단백질이나 RNA 분자의 이름을 따라 유전자의 이름이 명명되기도 한다. 예를 들어, calmodulin(칼슘 이온과 결합하는 조절단백질)을 암호화하는 유전자는 *CMD1*이라고 불린다. 유전좌위는 유전자 기호 다음에 하나의 숫자(글자보다는)로 표시한다. 야생형 유전자은 유전좌위를 나타내는 숫자 바로 뒤에 위첨자로 양성 기호로 표기된다(*LEU2*$^+$). 대립유전자 번호는 유전좌위를 나타내는 숫자 바로 다음에 오며 "−"을 숫자 사이에 넣는다(*leu2-5*). 한 유전자로부터 만들어진 특정 단백질의 이름은 유전자의 이름을 보통 활자체(첫 자는 대문자)로 표시하는데, 보통 소문자 p를 뒤에 붙인다. 예를 들어, *STE3* 유전자의 단백질 산물은 Ste3p 또는 Ste3으로 나타낸다. **표 7.3**에 효모의 유전학적 표기법에 사용되는 규칙을 요약하였다.

## 효모세포의 생활사에는 반수체 단계와 2배체 단계가 존재한다.

연구 시스템으로서 효모가 갖는 가장 큰 장점 중의 하나는 반수체와 2배체 단계가 모두 존재한다는 것이다. 2가지의 반수체 교배형이 존재한다: *Mata*(a)와 *Matα*(α)로,

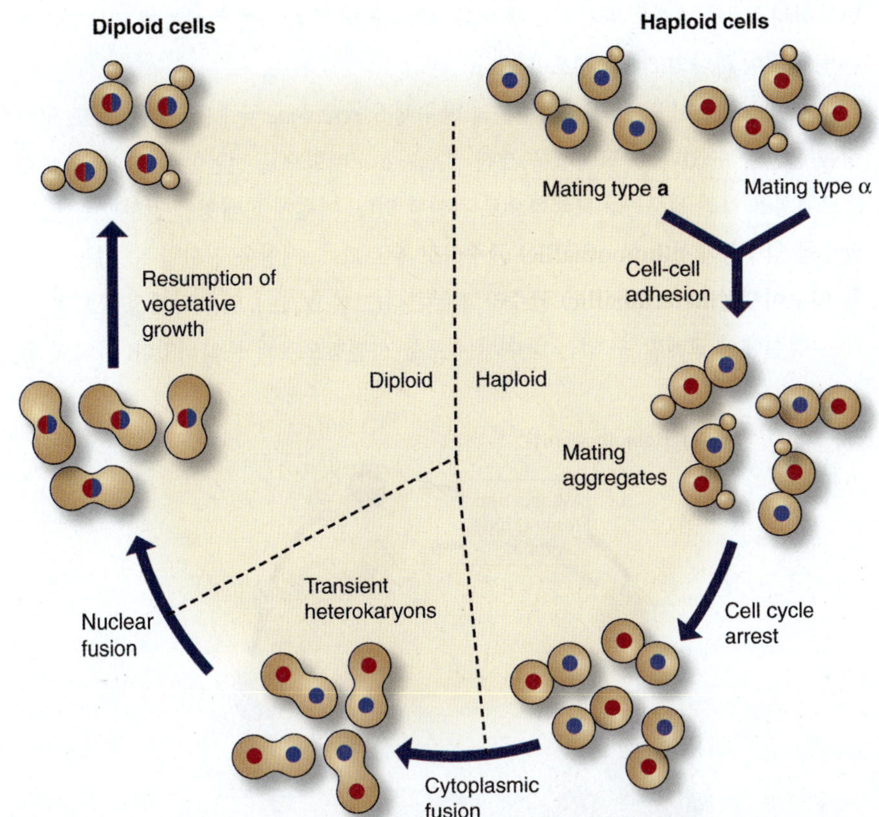


**그림 7.17** ***S. cerevisiae*의 세포주기(cell cycle) 양상.** 푸른색과 붉은색은 2가지의 서로 다른 교배형(a와 α)을 나타낸다. 두 색이 붙어있는 것은 2배체 핵이 a와 α결정인자 모두 가지고 있음을 나타낸다. Strathern, J. N. The Molecular Biology of the Yeast Saccharomyces, Cold Spring Harbor Laboratory Press, 1981의 그림11A을 변형한 것임.

이들은 교배하여 안정적인 a/α 2배체를 형성할 수 있다. 이러한 교배형이 존재한다는 것은 물리화학적인 연구를 보완할 수 있는 정교한 유전학적 실험이 가능하다는 것을 의미하며, 또한 유전자 재조합을 일으키는 염색체의 상호작용과 감수분열의 작용기작을 모두 연구할 수 있다는 것을 의미한다. 영양분이 고갈되면, a/α 2배체 세포는 감수분열을 거쳐 **포자(spore)**라고 불리는 4개의 반수체 세포가 되는데, 이들은 **자낭(ascus)**이라고 불리는 주머니 안에 형성된다. 만약 자낭이 제거되면 각각의 포자(2개의 a 세포와 2개의 α세포)들은 분리되어 각각 생장하게 된다. 그러나 a 세포와 α세포가 함께 섞이게 되면, 교배하여 다시 2배체 상태가 될 수 있을 것이다.

효모의 교배 과정은 몇 단계로 나눌 수 있는데, **그림 7.17**에 도식적인 그림으로 요약하였다. 상반되는 교배형을 가진 세포들은 섞어주면 바로 엉겨 붙는다. 세포 표면에 있는 당단백질이 풀과 같은 역할을 하여 세포들이 서로 달라붙게 한다. 교배 과정의 초기에는 많은 세포들이 출아세포(눈)를 가지고 있다. 그러나 세포분열주기가 $G_1$ 단계에서 정지되기 때문에 교배 후 90~120분 뒤에는 출아세포를 관찰할 수 없다. $G_1$ 단계에서 정지된 세포는 이방성 형태, 즉 빗방울 같은 모양으로 자라기 시작한다. 교배하는 1쌍의 세포들의 끝이 접촉하게 되면, 효소들이 세포벽과 세포막을 변형시켜 2개의 세포들은 합쳐지게 된다. 같은 구획(세포질)에 존재하게 된 2개의 핵은 융합되어 하나의 2배체 세포가 된다.

자연 상태에서 발견되는 대부분의 반수체 *S. cerevisiae* 균주들은 놀랍게도 교배형을 전환할 수 있다. α 교배형을 가진 세포는 a 교배형으로 전환할 수 있고, 반대로 α 교배형을 가진 세포는 a 교배형으로 전환할 있다. 이렇게 교배형을 전환할 수 있는 균주를 **암수동체성(homothallic) 균주**라고 부르고, 교배형을 전환할 수 없는 균주를 **암수이체성(heterothallic) 균주**라고 부른다(**그림 7.18**). 암수이체성 효모는 대개 실험실에서 교배할 수 없는 반수체 세포를 선별함으로써 분리되었다. 하나의 유

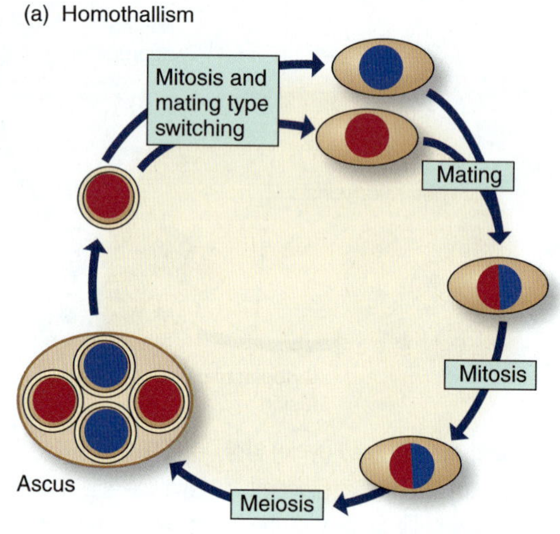


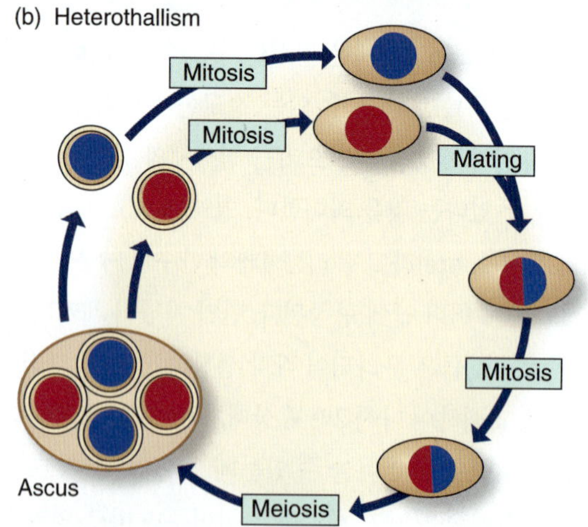


**그림 7.18 교배에서 암수동체성(homothallic)과 암수이체성(heterothallic) 세포들.** 교배형이 전환될 수 있는 균주를 암수동체성이라 하고, 전환되지 않는 균주를 암수이체성 균주라 한다. 하나의 암수동체성 포자로부터 형성된 colony의 자손 세포들은 교배하여 2배체를 만들 수 있다. 단순화시켜 붉은색으로 나타낸 포자 하나만의 운명을 추적하였다. (b) 반면, 암수이체성 포자의 colony를 이루고 있는 자손 세포들은 서로 교배할 수 없다. *The Molecular Biology of the Yeast Saccharomyces*(저자 Strathern, J. N., Cold Spring Harbor Laboratory 출판사, 1981)의 그림 11A를 변형한 것임.

전자가 암수동체성 형질을 결정한다. 암수동체성 균주은 기능적인 *HO* 유전자를 가지고 있지만, 암수이체성 균주는 그렇지 않다. *HO* 유전자는 DNA 재조합 과정의 시작인 DNA 이중나선 절단에 필요한 위치-특이적 핵산내부분해효소를 암호화한다. 이 과정은 11장에서 설명할 것이다.

## 효모 교배형은 교배형(*Mat*)좌위에 존재하는 대립유전자에 의해서 결정된다.

a 또는 α 교배형을 가진 반수체 세포는 오직 하나의 유전자 부위만이 서로 다르다. a 교배형의 세포는 3번 염색체에 *MATa* 대립유전자를 가지고 있지만, α교배형의 세포는 그 위치에 *MATα* 대립유전자를 갖는다. *MAT*a 대립유전자의 polypeptide 산물인 Mata1과 *MATα* 대립유전자의 polypeptide 산물인 Matα1, Matα2들은 3세트의 유전자들의 전사를 조절한다. 이러한 3세트의 유전자들(a-특이적 유전자들, α-hyphem특이적 유전자들, 반수체-특이적 유전자들)을 각각 *asg, αsg, hsg*로 표시하도록 하겠다. 전사를 억제하는 조절단백질이 존재하는 경우만 아니면 *asg*와 *hsg* 유전자들은 모두 항상 전사된다. 반대로, *αsg* 유전자들은 전사를 촉진하는 조절단백질이 존재할 때만 전사된다. 전사를 억제하는 조절단백질을 **음성조절자(negative regulator)**, 전사를 촉진하는 조절단백질을 **양성조절자(positive regulator)**라 한다.

a- 또는 α-교배형의 반수체 세포들과 2배체 세포에서 조절단백질들의 효과를 그림 7.19에 요약하였다. 각각의 DNA 절편들은 각 세트의 유전자들을 표시하는데 사용하였고, "햇살 모양" 은 전사가 일어나는 것을 의미한다. a 교배형의 세포에서(**그림 7.19a**), *asg*와 *hsg* 유전자들은 조절단백질의 도움 없이 전사되고, *αsg*는 전사되지 않는다. 그러므로 Mata1은 a 교배형 반수체에서 3가지 유전자 세트의 전사 조절에 어떤 영향도 미치지 않는다. 한편 α교배형의 세포에서는(**그림 7.19b**), *hsg*는 여전히 조절단백질의 도움 없이 전사된다. 하지만, Matα1은 *αsg*의 전사를 촉진하는 반면, Matα2는 *asg*의 전사를 억제한다. α/a 2배체 세포에서는 다른 방법으로 전사를 조절한다(**그림 7.19c**). asg의 전사는 여전히 Matα2에 의해 방해되므로, 2배체 세포는 a-교배형을 나타낼 수 없다. 더욱이 Mata1과 Matα2는 복합체를 형성하여 *hsg*의 전사를 억제할 뿐만 아니라, Matα유전좌위에 존재하는 Matα1의 전사도 억제한다. 그러므로, Matα1 없이는 *αsg*를 전사할 수 없기 때문에 2배체 세포는 α 교배형도 나타낼 수 없다. 더 나아가서, Mata1 • Matα2 복합체는 감수분열에 필요한 유전자들의 전사를 억제하는 단백질인 RME1의 합성을 방해함으로써, a/α 2배체 세포가 감수분열을 할 수 있게 한다.

## 효모의 교배인자는 교배 과정을 유도하는 신호로 작용한다.

a- 또는 α-교배형을 갖는 반수체 효모세포는 상반되는 교배형을 가진 반수체 세포의 복잡한 반응을 유도하는 **교배인자(mating factor)**들을 분비한다. 교배인자의 각 종

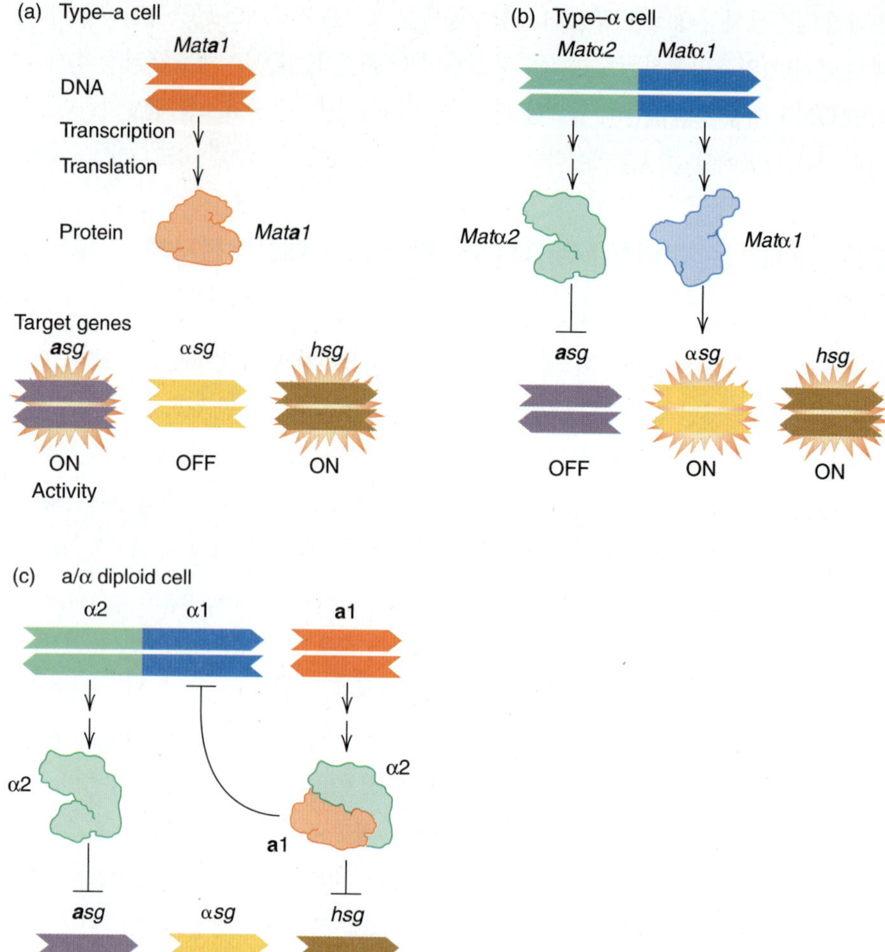


**그림 7.19 효모에서 교배형(mating type) 유전자들의 전사 조절.** asg, αsg, hsg는 각각 a-특이적 유전자들, α-특이적 유전자들, 반수체-특이적 유전자들의 세트를 나타낸다. 햇살모양으로 표시된 유전자들의 세트는 "켜짐(전사됨)"를 의미하고, 이 표시가 없는 것은 "꺼짐(전사 안됨)"을 의미한다. (a) a 세포에서 Mata1 단백질은 아무런 역할도 하지 않으므로, 이러한 디폴트 상태에서 각 유전자 세트들의 활성을 나타낸다 (즉, 전사 조절단백질이 없는 경우, asg와 hsg는 켜진 상태이고 αsg은 꺼진 상태). 이러한 세포를 a 반수체 세포라 한다. (b) α 세포에서는 Mat α2 단백질이 asg를 끄고, Mat α1 단백질이 αsg를 켠다. 그러므로 이 세포를 α반수체 세포라 한다. (c) a/α 2배체 세포에서는 Mat α2와 Mata1 단백질이 복합체를 형성하여 *hsg*를 끈다. 또한 Mat α2 단백질이 *asg*를 끄고 디폴트 상태에서 αsg은 꺼져있으므로, 이 세포는 생리적으로 a도 아니고 α도 아니고 반수체도 아니다(즉, 정상적인 2배체이다).

류는 특정 아미노산 서열을 가진 oligopeptide이다. 12개의 아미노산 잔기로 된 a-교배인자의 카르복실 말단의 cysteine은 변형되어 있다; 카르복실 그룹은 methylester화 되어있고 sulfhydryl그룹은 지질과 결합해 있다. α-교배인자는 13개의 아미노산 잔기로 이루어졌으며 변형되어 있지 않다. 각 종류의 교배 인자들은 원래 더 큰 전구체 단백질의 일부분이다. 2개의 a-특이적 유전자인 *MFA1*과 *MFA2*는 a-인자의 단백질 전구체를 암호화하고 있고, 2개의 α-특이적 유전자인 *MFα1*과 *MFα2*는 α인자의 전구체 단백질을 암호화하고 있다. 각각의 단백질 전구체들은 spacer에 의해 분리된 a- 또는 α-인자 반복 서열들을 가지고 있다. 특이적인 가공 효소들에 의해 전구체 단백질들은 생물학적으로 활성이 있는 교배인자로 변환된다.

세포로부터 분비된 교배인자들은 G-단백질 신호전달 체계(3장 참조)를 통해 상반되는 교배형을 가진 세포에 작용한다. 우선 교배인자는 세포막에 존재하는 특정 수용체에 결합하고, 이 결합은 수용체의 구조적 변화를 야기하여 G-단백질의 GDP가 GTP로 교환되는 것을 촉진한다. 일단 GTP로의 교환이 완료되면 $G_\alpha$-GTP는 G 복합체로부터 떨어져 나오고, 자유로워진 $G_{\beta\gamma}$는 세포가 교배 과정을 준비하도록 일련의 효소 반응을 촉진한다. 다음 수 년 동안의 연구를 통해 $G_{\beta\gamma}$가 어떻게 교배 작용을 촉진하는지에 대한 더 많은 정보를 얻을 수 있을 것이다.

## 7.4 제한효소로 절단되거나 증폭된 DNA 절편 길이의 다형성

### 재조합 DNA 기술은 인간과 다른 생물의 유전적 분석을 용이하게 한다.

1860년대 중반 Gregor Mendel이 수행한 교배 실험은 1980년대 초반까지도 고등생물의 유전적 분석을 위한 주된(종종 유일한) 방법으로 사용되어 왔다. 초파리와 옥수수 같은 고등 생물은 상대적으로 빠른 시간 내에 많은 자손을 생산하고 유지하기 쉽기 때문에 우선적으로 사용되는 모델생물이었다. 유전학자들은 많은 시간과 비용을 소비함에도 불구하고 생쥐와 쥐, 그리고 다른 동물들의 교배 실험도 또한 수행하였다. 이런 실험을 인간을 대상으로 수행하는 것은 윤리적인 문제로 금지하기 때문에, 인류유전학을 연구하기 위한 다른 방법을 고안해야만 했다. 비록 Tay-Sachs 질병처럼 선천적인 대사작용의 결함, 또는 색맹과 같은 특정 형질을 가계도와 연관시켜 많은 정보를 얻을 수 있었지만, 인간의 유전적 연구는 다른 많은 생물 시스템에 비해 속도가 느렸다.

인류유전학을 연구하기 위해서는 새로운 방법이 필요했다. 이를 해결할 방법으로 재조합 DNA 기술이 떠올랐다. 인간의 상동염색체들은 매우 비슷하지만, 보통 전체 염기쌍의 0.2~ 0.5% 정도가 서로 다르다. 2종류의 DNA 서열의 차이 또는 **다형성(polymorphism)**이 유전적 연구에 특별한 관심을 끌었다.

1. **단일염기 다형성(single nucleotide polymorphism, SNP)** 단일염기 다형성 또는 SNP("스닙" 으로 발음)는 전체 개체군에서 적어도 1% 정도가 특정 DNA 위치의 단일 염기가 다른 염기로 바뀌었을 때 발생한다. 30억 염기쌍으로 이루어진 인간 유전체는 100~300 염기마다 대략 1개 정도의 SNP가 존재한다. SNP는 암호화 부위(단백질이나 기능적 RNA 분자들을 암호화하고 있는 부위)뿐만 아니라 비암호화 부위에서도 발생한다. SNP가 단백질 암호화 부위에서 발생하더라도, SNP는 보통 세포의 기능에 영향을 끼치지 않는다.

왜냐하면 이러한 염기의 변화가 아미노산의 변화로 나타나지 않거나, 아미노산이 변하더라도 단백질의 기능에 영향을 끼치지 않기 때문이다. 현재까지 약 3백만 개의 인간 SNP들이 알려져 있다.

**2. 직렬반복 다형성(tandem repeat polymorphism)** 직렬반복 다형성은 상동 염색체의 특정 위치에 전형적으로 2~60bp정도의 DNA 염기 서열이 연속적으로 반복되는 횟수가 다를 때 발생한다. 반복되는 횟수는 대개 10개에서 수백

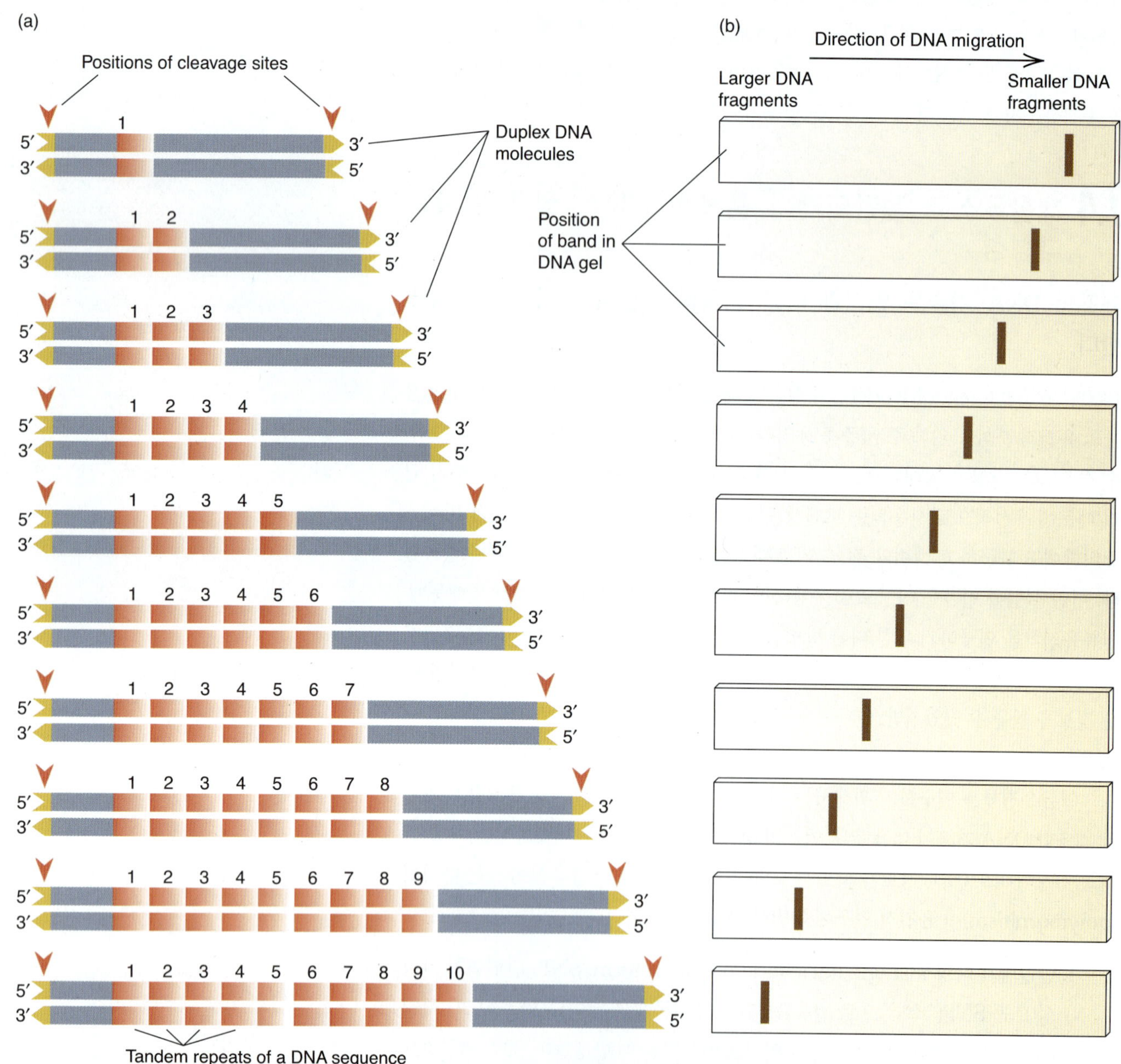


**그림 7.20 염기 서열의 직렬반복(tandem repeats).** 연속적으로 반복되는 염기 서열의 사본수가 서로 다른 대립유전자들로 인해 나타나는 유전적 다형성(polymorphism). (a) 이번 보기는 반복수가 1~10까지 서로 다른 대립유전자들을 보여준다. (b) 반복서열 양 옆에 존재하는 제한효소 인식부위를 자르면, 각각의 대립유전자들에서 서로 다른 길이의 DNA 절편들을 얻을 수 있다. DNA 절편은 gel 전기영동으로 분석한다. 반복서열 양 옆에 존재하는 primer를 이용하여 PCR로 반복서열을 증폭한 후, 증폭된 DNA 절편의 크기로 대립유전자들을 구별할 수도 있다.

개 사이이다. **그림 7.20**은 직렬반복의 횟수가 다른 DNA 분자를 보여준다. 이 예에서는 반복의 횟수가 1~10개까지인 경우를 보여주고 있다. 직렬반복 다형성은 반복되는 서열의 길이와 직렬반복의 횟수에 따라 두 그룹으로 나눌 수 있다. **미소부수체(microsatellites)**라고도 불리는 **단순서열반복(simple sequence repeats, SSR)**은 2~9bp 길이의 반복서열이 인간 유전체에 여기저기 산재되어 있다. 인간 유전체에서 2개의 염기$(5'\text{-AC-}3')_n$가 반복되는 가장 일반적인 SSR은 8만개 이상의 특정 위치에 존재한다. **소부수체(minisatellites)** 또는 **직렬반복변수(variable number of tandem repeats, VNTRs)**라고 불리는 보통 10~60 bp 길이의 긴 반복 단위를 갖는 SSR도 인간 유전체에 산재되어 있다.

SNP는 때때로 두 상동염색체 중 하나에서 제한효소 절단부위를 만들거나 없앤다. 그 결과로 제한효소는 두 상동염색체의 대응하는 부위를 다른 크기의 절편으로 자른다. **제한효소 절편길이 다형성(RFLPs)**이라고 부르는 이 절편들은 한 세대에서 다음 세대로 전달되는 물리적인 형질이다. 인간의 hemoglobin에서 β-globin 사슬을 암호화하는 유전자는 임상에 중요하게 적용되고 있다. Glu-6가 Val-6로 전환된 돌연변이는 겸상적혈구 빈혈증(sickle cell anemia)의 원인이 되며, 이 돌연변이로 인해 제한효소인 *Dde*I의 절단부위가 없어진다(**그림 7.21a**와 **b**). 이러한 변화는 한 세대에서 다음 세대로 겸상적혈구 빈혈증을 유발하는 유전자가 전달되는지를 추적할 수 있게 한다(**그림 7.21c**).

1980년에 David Botstein, Ronald W. Davis, Mark Skolnick은 RFLP가 이것과 밀접하게 연관된 유전자를 확인하는 표지자로 사용될 수 있다고 제안하였다; 즉, 감수분열을 하는 동안 상동염색체가 분리되어 난자 또는 정자세포로 들어간 후, 유전자를 추적하기 위한 수단으로 이 유전자와 함께 나타나는 RFLP를 사용할 수 있다고 제안하였다. 이렇게 밀접한 연관이 존재할 때, RFLP를 조사함으로써 관심 있는 유전자를 찾을 수 있다. SNP는 일반적으로 단지 2개의 RFLP 변형만을 생성하기 때문에 점돌연변이의 결과로 생긴 RFLP는 대립유전자를 추적하는데 제한이 있다. 다행히도 직렬반복 다형성은 이러한 단점이 없다. 그러므로 2개의 제한효소 절단부위 사이에 위치하는 미소부수체 또는 소부수체는 이들과 밀접하게 연관된 유전자의 운명을 추적하는데 도움이 된다. 이러한 접근 방법은 β-globin 유전자에서 묘사한 것과 유사하다. 그러나 특정 유전자 서열에 결합하는 탐침을 사용하는 것 대신, Southern blot 분석에 사용하는 탐침은 미소부수체 또는 소부수체에 결합하는 능력을 가진 것을 사용한다.

직렬반복 다형성은 각 개인마다 서로 다른 DNA 지문을 얻기 위해 사용될 수 있다(동일한 쌍둥이인 경우는 예외가 가능하지만). 이와 같은 적용은 Alec Jeffreys와 그의 동료들이 1985년에 myoglobin 유전자를 연구하는 과정에서 발견하였다. 이 연구에서 그들은 myoglobin 유전자의 여러 인트론 중 하나에서 반복 횟수가 사람마다 다른 소부수체를 관찰했다. 그들은 염색체에서 myoglobin 유전자의 위치를

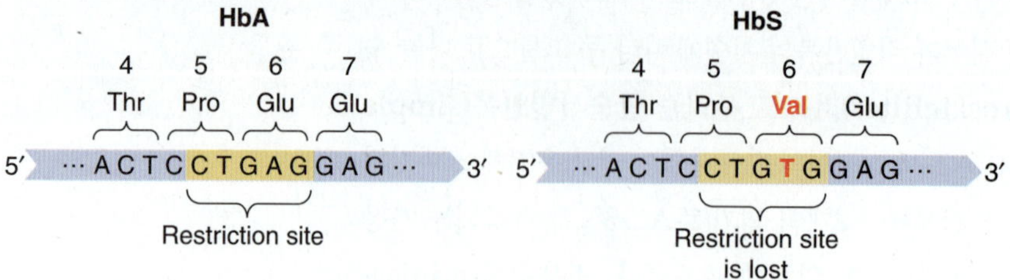


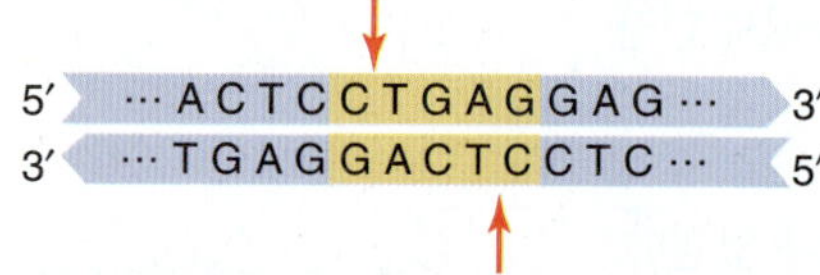


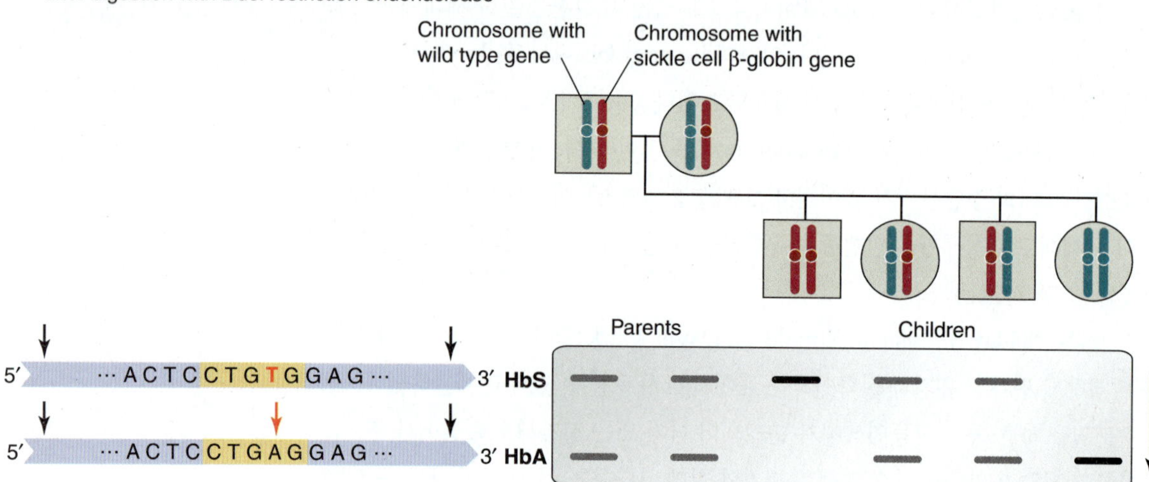


**그림 7.21 정상적인 β-globin 유전자를 가진 염색체와 겸상적혈구의 β-globin 유전자를 가진 염색체를 구별하기 위해 제한효소 절편길이 다형성을 이용함.** (a) 정상 성인의 hemoglobin(HbA)과 겸상적혈구 hemoglobin(HbS)의 β-globin 단백질에서 4~7번 아미노산 잔기를 암호화하는 nucleotide 서열. HbA 유전자에 존재하는 제한효소 인식부위(CTGAG)가 HbS 유전자에는 없는 것을 주목하기 바란다. (b) 제한효소인 DdeI의 인식부위. 붉은색 화살표는 절단위치를 나타낸다. (c) 제한효소인 DdeI로 처리한 부모와 그 자녀들의 DNA를 Southern blot (Southern blot)으로 분석함. 정상적인 β-globin 유전자를 가진 염색체는 녹색, 겸상적혈구 β-globin 유전자를 가진 염색체는 붉은색으로 각각 표시하였다. β-globin을 암호화하는 DNA를 검출하기 위해 방사능이 있는 탐침을 사용하였다. 겸상적혈구 globin 유전자에는 제한효소인 DdeI의 인식부위가 없다. 그러므로 이 유전자를 가진 사람은 정상적인 유전자를 가진 사람보다 제한효소 DdeI로 자른 DNA 절편이 더 크다. 두 염색체 모두 같은 유전자를 갖고 있으면 전기영동의 band가 더 진하게 보인다.

확인하기 위한 표지자로 이 소부수체를 사용하고자 하였다. 그래서 그들은 myoglobin 유전자를 확인하기 위해 소부수체에 대한 탐침을 준비했다. Jeffreys와 그의 동료들은 여러 사람으로부터 얻은 DNA 샘플을 제한효소로 자르고 gel 전기영동으로 잘린 DNA 절편들을 분리한 후, myoglobin 유전자를 탐지하기 위해 탐침을 사용했다. 그들은 각각 다른 myoglobin 대립유전자에 상응하는 2개의 표지된 밴드가 보일 것으로 기대하였다. 하지만, 매우 놀랍게도 그들이 분석한 샘플 모두에서 많은 밴드들이 관찰되었다. 그들은 이 탐침이 수많은 다른 염색체 부위에도 결합할 수 있다는 것을 금방 알아내었다. 더욱이 각각의 사람마다 밴드의 유형이 독특하였다. 그러므로 이 탐침은 DNA 지문을 검사하는데 사용할 수 있었다. 소부수체를 탐지할 수 있는 탐침들은 사람마다 독특한 DNA지문들을 얻는데 사용할 수 있을 뿐만 아니라, 이러한 탐침들은 다른 소부수체들도 탐지할 수 있다는 것이 명백해졌다. 한 종류의 탐침을 사용하여 DNA지문을 얻는 경우에는 약간 모호할 수도 있지만, 여러 탐침을 사용하면 이런 모호함이 사라진다.

제한효소 절단부위를 근거로 한 DNA 지문채취는 충분한 DNA만 제공된다면 각 개인을 명백하게 동정할 수 있다. 예를 들어 아빠와 아들로부터 DNA샘플을 얻으면, 친아버지인지를 알 수 있다. 그러나 많은 경우에 검사할 DNA를 매우 극미량만 얻을 수 있다. 예를 들어 범죄 현장에는 아마도 모공이나 침에서 얻을 수 있는 정도의 매우 적은 DNA가 남겨진다. 또한 머리빗이나 칫솔에 존재하는 극미량의 DNA는 주요 재난으로 죽은 사람을 확인하는데도 사용될 수 있다. **증폭된 절편길이 다형성 (AFLP)**을 기초로 하는 두 번째 재조합 DNA 기술은 극미량의 DNA로부터 DNA 지문채취를 하는데 이용될 수 있다. 이 기술은 PCR을 사용하여 분석할 DNA를 증폭한다. 특정 primer를 극미량의 DNA와 결합시켜 미소부수체 DNA를 증폭한 후 전기영동을 하여 분석한다. 전기영동의 band 양상은 DNA 지문을 제공한다. 다시 한 번, 명백하게 동정하기 위해서는 서로 다른 몇 개의 미소부수체 또는 소부수체를 추적하는 것이 필요하다. 개체를 동정하는 이 방법은 혐의자들의 유죄나 무죄를 입증하는데 도움을 주는 매우 강력한 법집행 수단이 된다.

직렬반복 다형성은 유전병을 진단하는데도 사용된다. 이러한 진단 방법은 유전병의 분자적 원인을 모를 때 특히 중요하다. 만약 특정 길이의 미소부수체 또는 소부수체가 결함이 있는 대립유전자에 매우 가까이 존재한다면, 그것은 유전자를 분리하고 클로닝 하는데도 사용될 수 있다. Clone된 유전자의 염기서열을 결정하고, 이 정보를 이용하여 그 유전자의 단백질 산물을 찾을 수 있다. 이 방법을 이용하여 근육퇴행위축병과 낭포성 섬유증을 유발하는 유전자의 단백질 산물을 발견하였다.

## 7.5 체세포 유전학

### 체세포 유전학은 고등생물의 유전자 지도를 작성하는데 이용된다.

배양된 인간 세포와 설치류 세포를 융합시켜 만든 잡종세포(hybrid cell)를 계속 배양하면 점진적으로 인간 염색체를 잃어버린다는 것을 발견함으로써 인간유전학을 연구하기 위한 두 번째 접근이 가능해졌다. 인간 유전자를 잃어버리는 이유는 아직도 여전히 의문으로 남아있다. 아래에 자세히 설명하는 바와 같이, 대부분 설치류 염색체를 가지고 있는 잡종세포를 이용하여 연구자들은 남아있는 인간 염색체에 존재하는 유전자의 지도를 작성할 수 있다. **체세포 유전학**이라 불리는 이러한 유전학적 분석방법을 이해하기 위해서는 세포배양 기술에 대한 약간의 지식이 필요하기 때문에, 세포배양 기술을 먼저 간단히 소개하도록 하겠다.

## 동물세포는 배양하여 연구할 수 있다.

세포를 배양할 수 있게 하는 많은 성장 배지가 개발되었다. 이것들은 세포들이 가능한 한 오랫동안 살아있는 상태를 유지하도록 하지만, 세포들이 항상 정상적인 상태를 유지하도록 하지는 못한다. 대부분의 동물 세포는 배양액에 존재할 때와 동물에 존재할 때와는 많이 다르다. 배양상태에서 동물 세포는 따로따로 그리고 계속해서 자라지만, 자연 상태에서는 다른 세포와 접촉을 유지하는 유기적인 조직(tissue)의 한 단위로 생장한다. 특별한 환경을 제외하고 배양되는 동물 세포는 성장하기 위해 붙어서 자랄 수 있는 표면이 필요하다(**그림 7.22**). 실험실에서 제공되는 표면은 일반적으로 액체 배양액이 들어있는 플라스틱 배양 flask의 바닥이다. 한천이 사용되지는 않는다; 배양 flask에 세포를 넣으면 천천히 플라스틱 표면에 달라붙는다. 세포는 다른 세포들과 접촉할 때까지 성장하고 분열하여, 배양 접시의 바닥에 세포들이 빽빽이 단일 층을 형성한다.

이 단계에 다다르면 조직에서와 마찬가지로 세포의 성장과 분열이 멈춘다. 이렇게 다른 세포들과의 물리적인 접촉에 의한 세포의 성장과 분열의 멈춤을 **접촉저해(contact inhibition)**라고 한다. 성장이 멈춘 세포들을 단일 층에서 덜어내어 낱개로 분리한 후, 적은 수의 세포들을 새로운 플라스틱 배양 접시에 넣어주면 성장과 분열이 다시 계속된다. 이러한 인위적인 조작은 자연적인 상태에서는 전혀 일어나지 않으므로, 수많은 세대를 생장하는 동안 이러한 조작과 물리적으로 이질적인 환경에 견딜 수 있는 비정상적인(돌연변이) 세포들이 축적된다.

배양과 관련된 문제점은 동물세포가 무한정 계속 분열하는 것 그 자체가 예외적인 경우라는 것이다. 동물의 경우 대부분의 세포는 성인기가 되면 성장과 분열을 멈추는데, 인간인 경우 단지 50~60번 정도의 세포분열이면 이 상태에 이른다. 성인기

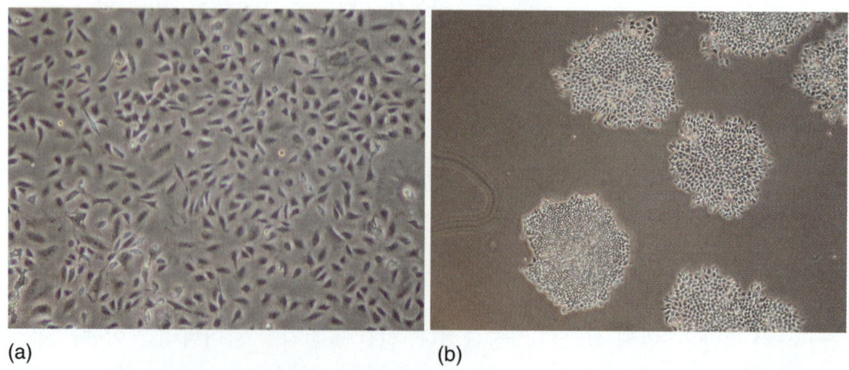


**그림 7.22 조직 배양에서의 동물 세포들.** (a) petri접시에서 며칠 동안 키운 중국 hamster 섬유아세포. (b) petri접시에서 약 1주일간 키운 HeLa 세포들. 10% 소의 태아 혈청이 들어간 Dulbecco의 변형된 Eagle 배지에서 세포들을 배양하였다. 도립현미경으로 관찰하였으며 디지털 카메라로 사진을 찍었다. 사진 제공; Raghu G. Mirmira, University of Virginia.

에서 세포의 분열은 일반적인 현상이 아니다. 피부, 내장, 점막, 골수 등에 존재하는 특수한 세포, 그리고 상처를 치유하는 동안만 예외적으로 세포 성장과 분열이 일어난다. 배아 이외의 많은 조직으로부터 얻은 세포들은 성장을 제한하거나 멈추라는 신호를 미리 받았기 때문에, 배양 배지에서 다시 이들을 증식하는 것은 세포의 환경을 새롭게 바꾸는 것이다.

자연 상태에서는 세포들을 다른 세포들과 접촉을 유지해야만 자라고 제한된 세대만큼만 자라기 때문에, 세포들을 배양액에서 오랫동안 분열하게 만들면 이들은 동물의 조직으로부터 얻은 원래의 세포들과는 상당히 많이 달라져 있다. 배양된 세포의 많은 수는 암세포와 비슷하게 된다. 이렇게 자란 자손세포들은 대부분 염색체의 수가 정상 이배체보다 증가되어 있을 뿐만 아니라, 하나의 배양액에 존재하는 세포들이라도 염색체의 수가 서로 다르다. 배양을 오래하면 할수록 배양액의 세포들은 서로 더 이질적으로 변한다.

2종류의 동물세포 배양이 일반적으로 이용된다: **1차배양(primary culture)**과 **계통확립 세포주(established cell line)**이다. 이러한 두 종류의 배양의 차이점은 어떻게 세포배양이 확립되는지와 추후 성장에서 배양세포의 특징을 검사함으로써 이해할 수 있다. 신선한 조직을 단백질 분해효소로 처리하여 세포를 서로 떨어뜨린 후, 분리된 세포들을(때때로 덜 분리된 조직을 약간) 배양액이 들어있는 플라스틱 배양 flask에 넣는 방법으로 세포배양을 확립한다. 플라스틱 표면에 달라붙은 세포는 며칠 후 자라고 분열하기 시작하여, 1주일에서 3달까지 계속해서 성장하다가(세포의 종류에 따라 성장기간은 다르다), 점차 붕괴되기 시작하여 마침내 죽는다. 배양의 마지막 몇 주 동안 거의 대부분의 세포들은 불편해 보이고 죽어간다. 이것은 아마도 각 세포들이 원래 조직에 존재하는 세포와 같은 특징을 가지고 있고, 조직이 형성되었을 때 설정된 제한적인 세포분열 프로그램을 따르기 때문에, 이러한 특징을 보이는 배양을 **1차배양**이라 한다. 만약 세포들이 자라 배양 flask를 빽빽하게 채울 때 마다 약간의 세포를 덜어내어 새로운 배양 flask에 옮기는 식(계대배양)으로 1차배양을 몇 달 동안 유지하면, 종종 세균처럼 무한정 자라고 분열하는 능력을 가진 세포들이 나타난다. 이러한 세포로부터 유래된 개체군을 **계통확립 세포주**라 한다.

비록 대부분의 세포들이 결국 죽기는 하지만, 일차배양을 가지고 연구하는 것은 특별한 장점이 있다. 다시 말해서, 특정 조직으로부터 얻은 "정상적인" 세포들을 최소한 몇 세대 동안 계속 유지할 수 있다는 것이다. 물론 이러한 1차 개체군은 오래 살지 못한다는 단점도 있다. 그러므로, 몇 주 이상 걸리는 실험에서는 실험결과들이 살아있는 세포에서 얻어진 것인지 죽어가는 세포에서 얻어진 것인지 알 수 없다. 계통확립 세포주는 계속적인 성장을 할 수 있는 장점이 있다. 하지만 세포들은 매우 다양하기도 하고, 종종 암을 형성할 수 있는 능력을 가지고 있다. 그럼에도 불구하고 영속성이 있기 때문에 많은 실험은 계통확립 세포주를 사용하여 이루어진다. 분자세포학 실험에서 이용되는 세포주로는 HeLa(인간 암세포), 3T3(생쥐 배아세포), CHO(중국 hamster 난소로부터 얻은 정상적으로 보이는 세포), L(생쥐의 암세포),

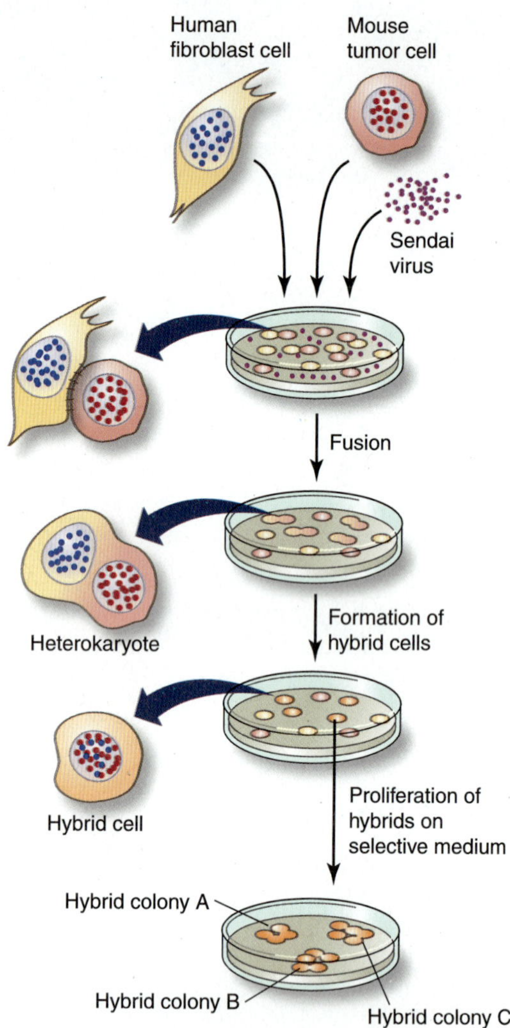


**그림 7.23 잡종세포(hybrid cell)의 형성.** 쥐의 염색체(붉은색) 전부와 사람 염색체(푸른색)는 일부만을 가진 잡종세포를 만들기 위해, 사람의 섬유아세포와 쥐의 종양 세포를 융합한다. 섬유아세포는 섬유성 연결조직으로부터 얻었다. Modern Genetic Analysis 2판(저자 Griffiths, J. F. 등, W. H. Freeman and Company 출판사, 1999)의 그림을 변형하였음.

BHK(syrian hamster의 신장세포), Balb-c(생쥐의 암세포), Vero(African 초록 원숭이 신장세포) 등의 세포들이다.

어떤 조건에서는 동물 세포들이 플라스틱 배양 flask 또는 배양 접시의 표면 위에 colony를 형성하는데, 이러한 방법은 때때로 세포의 수를 세는데 이용된다. 하지만 trypsin을 처리하여 표면으로부터 세포를 떨어트린 후, 일정 극소량에 존재하는 세포의 수를 현미경으로 측정하든지 또는 전기 세포계수기를 이용하여 측정하는 것이 보다 보편적인 방법이다. 후자의 두 방법은 세포가 액체배지에서 현탁액으로 자랄 때 항상 사용된다.

## 2종류의 서로 다른 동물세포들은 융합되어 이핵체(heterokaryon)를 형성할 수 있다.

세포배양 기술의 설명을 간단히 마치고, 다시 잡종세포의 형성과 이것을 체세포 유전학에 응용하는 것에 대해 다시 소개하고자 한다. 비록 자발적인 세포의 융합은 너무 드물게 일어나기 때문에 실험실에서 실제 이용하기 어렵지만, 융합과정을 유도하는 어떤 작용제를 사용하면 융합은 일반적으로 일어나게 된다. 널리 사용된 첫 융합 작용제는 자외선 조사에 의해 불활성화 되어 더 이상 복제할 수 없는 Sendai virus이다(**그림 7.23**). 불활성화된 바이러스 입자의 지질단백질 피막의 단백질이 융합과정을 유도한다. 현재에는 세포막을 불안정하게 하여 세포 융합을 유도하는 polyethylene glycrol이 종종 사용된다. 유전적으로 다른 두 세포를 융합하여, 2개의 분리된 핵을 가지고 있는 세포를 **이핵체(heterokaryon)**라고 한다. 어떤 종이나 어떤 조직으로부터 얻은 세포라 할지라도 바이러스 또는 화학물질을 사용하여 잡종세포를 만들 수 있다. 세포막 융합으로 시작되는 융합과정에는 일반적으로 2개의 "모" 세포로부터 온 핵들의 융합이 일어난다.

부모세포로부터 새롭게 형성된 잡종세포를 선별하는 방법이 필요하다. 일반적으로 이용되는 한 방법은 4수소엽산(tetrahydrofolate, 비타민인 엽산의 유도체)이 thymidylate와 purine nucleotide의 신생합성(*de novo* synthesis, 간단한 대사 중간물로부터 합성하는 것)에 필수적이라는 것을 이용한다. 엽산 유사체인 aminopterin은 thymidylate과 purine nucleotide의 신생합성 경로의 필수 대사단계를 방해한다(**그림 7.24**). 하지만 세포들은 thymidylate과 purine nucleotide를 합성할 수 있는 다른 경로를 가지고 있다. 이러한 다른 경로를 재사용 대사경로(salvage pathway)라고 하는데, 핵산을 분해해서 나온 pyrimidine과 purine 염기를 다시 nucleotide로 전환하기 때문이다.

재사용 대사경로에서 두 반응은 특별히 흥미롭다(그림 7.24 참고). Thymidine을 thymidylate으로 전환하는 첫 번째는 thymidine 인산화효소[thymidine kinase(TK)]에 의해서 촉매된다. Inositol-5′-monophosphate을 purine인 hypoxanthine과 5-phosphoribosyl-1-pyrophosphate로 전환하는 두 번째는 hypoxanthine guanine phosphoribosyl transferase (HGPRT)에 의해서 촉매된다. Inositol-5′-

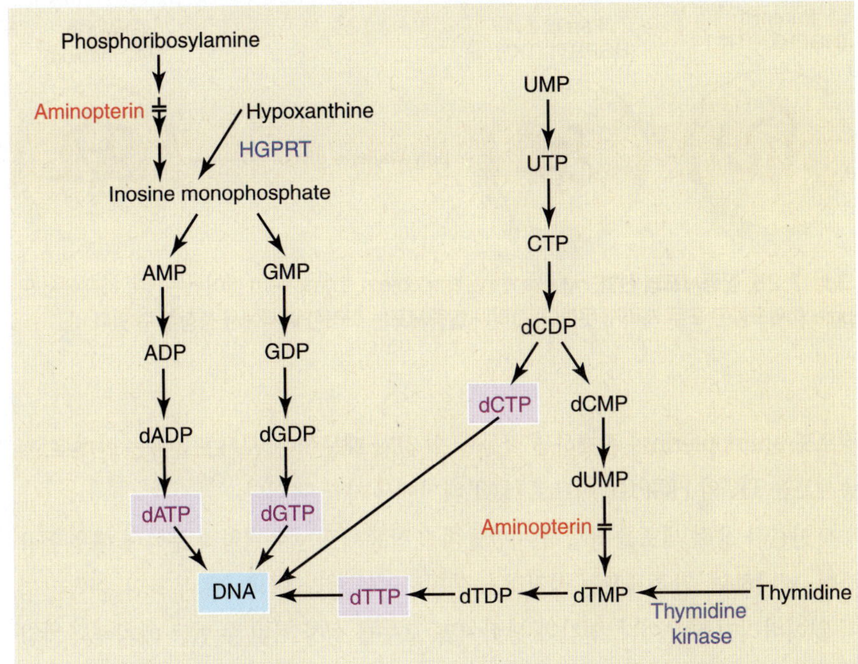


**그림 7.24 단순화한 포유동물의 nucleotide 생합성 과정을 보여주는 도식적 그림.** 엽산의 유사체인 aminopterin(aminopterin)은 포스포리보실아민(phosphoribosylamine)이 이노신 일인산(inosine monophosphate)로 전환되는 것과 dUMP가 dTMP로 전환되는 것을 방해한다. 재사용 경로의 효소인 HGPRT(hypoxanthine guanine phosphoribosyl transferase)는 hypoxanthine (hypoxanthine)과 구아닌(guanine, 여기에는 표시되지 않음)을 purine nucleotide로 전환하는 것을 촉매한다. 두 번째 재사용 경로의 효소인 thymidine 인산화효소(thymidine kinase)는 thymidine(thymidine)을 dTMP로 전환한다. 반응물과 생성물 사이의 화살표들은 실제로 일어나는 반응의 횟수를 나타내지는 않는다.

monophosphate은 그 후 adenosine-5′-monophosphate와 guanosine-5′-monophosphate으로 전환된다.

TK⁻ 세포는 thymidine 유사체인 5′-bromodeoxyuridine을 넣어줌으로써 선별할 수 있다. 이 유사체는 TK⁺ 세포를 죽이지만 TK⁻ 세포에는 영향을 주지 않는다. 왜냐하면, TK⁺ 세포는 5′-bromodeoxyuridine을 DNA 합성의 독성 전구체인 bromodeoxyuridine-5′-monophosphate로 전환할 수 있기 때문이다. 비슷한 방법으로 HGPRT⁻ 세포는 guanine 유사체인 6-thioguanine을 함유하고 있는 배지에서 자랄 수 있기 때문에 선별이 가능하다. HGPRT⁺ 세포는 이 유사체를독성 물질로 전환시킬 수 있기 때문에, 이 유사체는 HGPRT⁺ 세포는 죽이지만 HGPRT⁻ 세포에는 영향이 없다.

이러한 물질대사의 정보를 바탕으로 잡종세포를 선별하는 방법을 살펴보도록 하자(**그림 7.25**). TK⁻ "모" 세포는 hypoxanthine, aminopterin, thymidine이 들어있는 배지(**HAT 배지**)에서는 자랄 수 없다. 왜냐하면 thymidine-5′-monophosphate 재사용 경로는 thymidine 인산화효소 없이는 작동을 할 수 없고, 신생 경로도 aminopterin이 존재하면 작동 할 수 없기 때문이다. HGPRT가 없는 두 번째 "모" 세포도 HAT 배지에서 자랄 수 없다. 재사용 경로는 HGPRT 없이 작동할 수 없고 신생

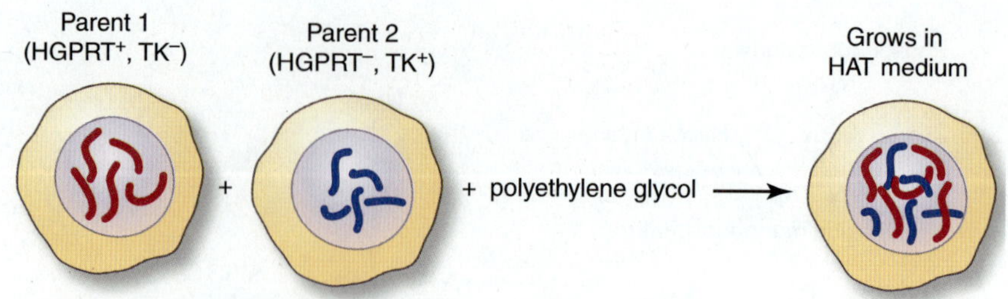


**그림 7.25 잡종세포의 선별.** Hypoxanthine, aminopterin, thymidine이 들어있는 HAT 배지에서 모(parent) 세포들은 모두 자라지 못한다. 그러나 잡종세포는 이러한 배지에서 성장할 수 있다.

경로도 aminopterin이 존재하면 작동할 수 없기 때문이다. 모세포들과는 반대로, 잡종세포는 $TK^+$와 $HGPRT^+$이므로 HAT 배지에서 자랄 수 있다.

인간과 생쥐 세포를 융합하여 만들어진 잡종세포는 유전학적 분석에 매우 유용하다. 왜냐하면, 잡종세포는 성장하고 분열하면서 인간 염색체를 무작위 순서로 점차 잃어버리기 때문이다. 인간과 생쥐 세포 모두를 성장 시킬 수 있는 배지에서 자랄 때 잡종세포는 결국 모든 인간 염색체를 잃어버리고 생쥐 염색체만 남게 된다. 하지만 인간 세포만 성장하고 생쥐세포는 필요한 효소가 없어 성장하지 못하는 배지에서는 다른 인간 염색체는 잃어버리더라도 필요한 효소가 암호화 되어 있는 인간 염색체는 남아 있게 된다. 연구자들은 특정 인간 염색체를 가지고 있는 세포를 선별하기 위해서 이러한 접근방법을 이용한다. 이 세포를 이용하여 특정 염색체에 존재하는 유전자를 알아내거나 또 다른 종류의 유전학적 분석을 할 수 있다.

## 잡종세포는 단일 clone 항체(monoclonal antibody) 생산에 이용할 수 있다.

잡종세포 형성의 이점은 유전학적 분석에만 제한되어 있지 않다. 1975년에 Georges J. F. Köhler와 Cesar Milstein은 특이성이 결정된 한 종류의 항체를 합성하는 불멸의 잡종세포 clone을 만드는데 이 기술을 처음 이용하였다. 이러한 항체들은 분자생물학 연구에 매우 중요하기 때문에 잠시 세포들이 어떻게 항체를 만드는지 살펴보도록 하겠다. 다시 한 번, 논의를 계속하기 전에 생물학의 다른 분야 -이번에는 면역 시스템-의 간단한 소개가 필요하다.

면역 시스템은 세포성 반응과 체액성의 반응을 통해 외부 침입자로부터 척추동물을 보호한다. 세포성 면역에서는 **T 세포(T lymphocyte)**로 알려진 1종류의 백혈구가 암세포 또는 바이러스에 감염된 세포를 인식하여 파괴한다. 체액성 반응은 면역globin을 만드는 **B 세포(B lymphocyte)**에 의해 매개된다. B 세포의 바깥 표면에 존재하는 수용체에 외래 물질이 결합하면, B 세포는 **혈장세포(plama cell)**로 분화가 유도되고, 분열하여 혈장세포 clone을 형성한다. 혈장세포는 실험실에서 배양할 때 잘 분열하지 않으므로 세포주로 유지할 수 없다.

동물을 면역시키기 위해 사용하는 외래 물질은 서로 다른 많은 화학적 그룹 또는 결정자를 가지고 있는데, 이들은 각각 하나 이상의 다른 B 세포들을 혈장세포 clone들이 되도록 촉진시킨다. 외래 물질로 면역시킨 최종 효과는 다중 clone성(polyclonal) 반응이 나타나는 것이다. 각 clone에 포함되는 세포들은 유일한 형태의 면역 globin 분자를 합성한다. 다른 clone에서 만들어진 면역 globin은 면역시킨 물질의 다른 결정자 부위에 결합하거나, 같은 결정자 부위에 다른 경로로 결합한다. 그러므로, 척추동물은 정상적인 생리적 조건에서 단일 외래 물질에 의한 면역 반응으로 매우 다양한 항체들을 만든다.

하지만 어떤 상태에서 인간은 단일 종류의 혈장세포로 된 매우 큰 개체군을 가지므로 매우 고농도의 단일 항체를 생산한다. **다발성 골수종(muliple myeloma)**로 알려진 이러한 상태는 단일 혈장세포가 조절되지 않는 방법으로 분열하는 암의 형태이다. 대부분의 경우 과 생산된 단일 항체에 의해 인식되는 결정자는 알려져 있지 않다. 골수종은 생쥐나 쥐를 포함하는 다른 종에서도 역시 나타난다.

이러한 배경을 기억하면서 Kohler와 Milstein이 행한 융합 실험으로 돌아가 보자(그림 7.26). 이들은 양의 적혈구 세포로 면역을 시킨 생쥐로부터 얻은 비장세포를 생쥐의 골수종 세포와 섞어 세포 융합을 촉진하는 물질을 넣었다. 그리고 선택 배양액에서 자라는 잡종세포를 얻었다. 이러한 잡종세포로부터 단일 형태의 항체 또는 단일clone 항체(monoclonal antibody)를 생산하는 clone들을 선별하였다. 골수종으로부터 유래된 영속적인 세포는 동물이나 배양액에서 복제될 수 있는 있는데, 이 세포들을 **hybridomas(혼성세포)**라고 한다. 특정 혼성세포에서 유래된 세포들은 모두 **단일clone 항체(monoclonal antibody)**로 알려진 동일한 면역 globin(또는 항체)을 생산한다. 단일 clone 항체는 분자생물과 임상에서 매우 넓게 이용되고 있다. 예를 들면, 극미량의 생체 분자를 탐지하기 위해서, 그리고 특별한 막 수용체에 결합하기 위해서, 그리고 암이나 자가면역 질환을 치료하기 위한 약물로 이용되고 있다. 이러한 그리고 또 다른 적용들은 다음 단원들의 적절한 곳에서 좀 더 설명할 것이다.

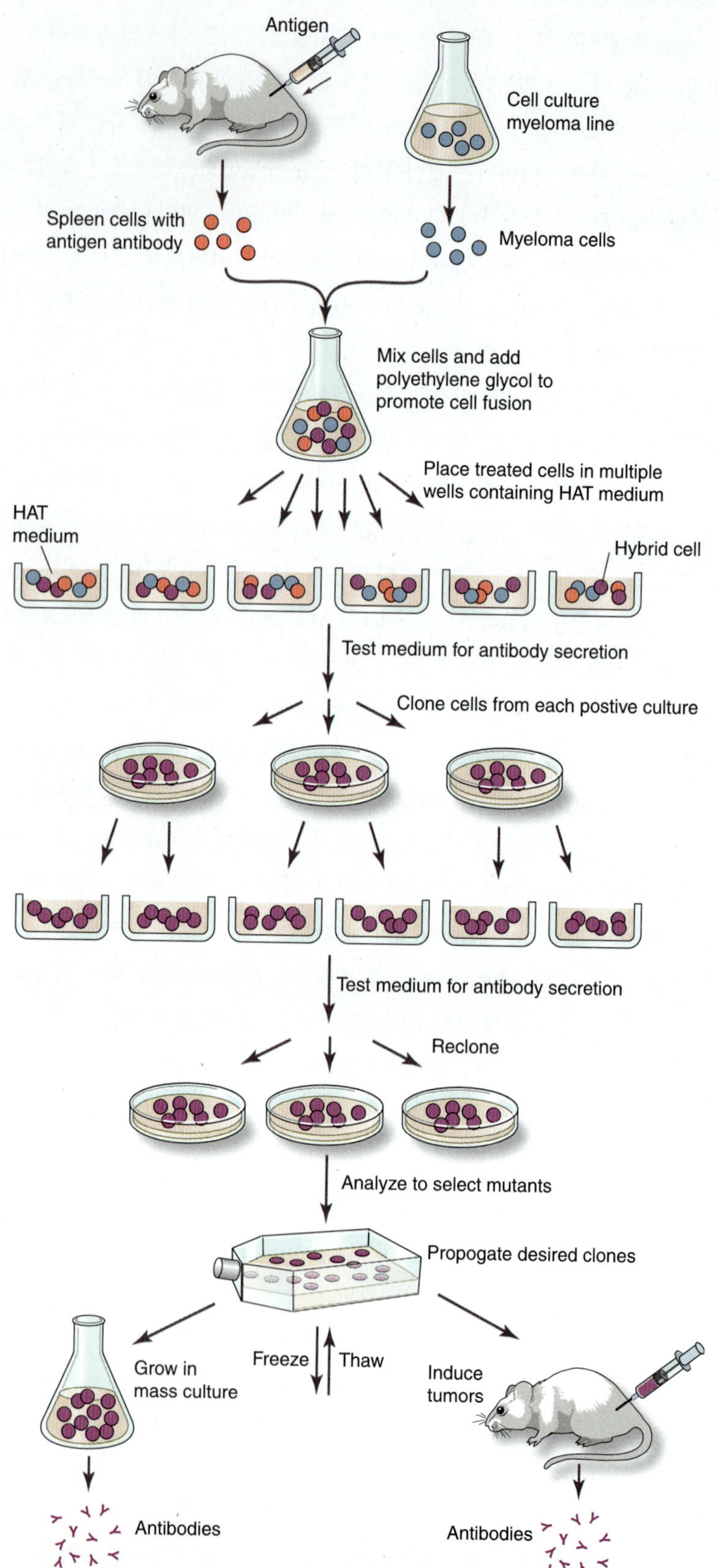


**그림 7.26 혼성세포(hybridoma cell)들을 만드는 방법.** 단일항체를 생산할 수 있는 혼성세포를 얻는 첫 단계는 면역을 시킨 동물의 비장세포(spleen cell)들과 골수종(myeloma) 세포들을 polyethylene glycol을 사용하여 융합시키는 것이다. HAT 배지에서 잡종세포를 선별하고, 배지에 항체가 분비되는지 검사한다. 양성 반응을 보이는 잡종세포에서 다시 clone들을 얻은 후, 각 clone에서 다른 면역globin이 분비되는지 검사한다. 최종적으로 선별된 것은 냉동 보관한다. 혼성세포들은 항체를 생산하기 위해 다시 녹여 배양액에서 키우거나, 동물에 주사하여 항체를 분비하도록 한다. Milstein, C., Sci. Am. 241 (1990): 66-74의 그림을 변형하였음.

## 권장 도서

### 일반


Brooker, R. 2004. *Genetics: Analysis and Principles*. New York: McGraw-Hill.

Hartl, D. L., and Jones, E. W. 2005. *Genetics: Analysis of Genes and Genomes*, 6th ed. Sudbury, MA: Jones and Bartlett.

Hartwell, L., Hood, L., Goldberg, M. L., et al. 2003. *Genetics: From Genes to Genomes*, 2nd ed. New York: McGraw-Hill.

Lewontin, R. C., Griffiths, A. J. F., Miller, J. H., and Gelbart, W. 2002. *Modern Genetic Analysis: Integrating Genes and Genomes*, 2nd ed. New York: W. H. Freeman.


### Bacterial Genetics


Beckwith, J., and Silhavy, T. J. 1992. *Power of Bacterial Genetics: A Literature- Based Course*. Woodbury, NY: Cold Spring Harbor Laboratory Press.

Black, J. Q. 2001. *Microbiology*, 5th ed. Hoboken, NJ: John Wiley and Sons.

Chilton, M.-D. 2001. Agrobacterium. A memoir. *Plant Physiol* 125:9-14.

Dale, J. W., and Park, S. F. 2004. *Molecular Genetics of Bacteria*. Hoboken, NJ: John Wiley and Sons.

Funnell, B. E., and Phillips, G. J. (eds). 2004. *Plasmid Biology*. American Society of Microbiology.

Miller, J. H. 1999. *A Short Course in Bacterial Genetics: A Laboratory Manual and Handbook for Escherichia coli and Related Bacteria*. Woodbury, NY: Cold Spring Harbor Laboratory Press

Novick, R. 1980. Plasmids. *Sci Am* 243:102-110.

Snyder, L., and Champness, W. 2002. *Molecular Genetics of Bacteria*. Washington, DC: ASM Press.

Streips, U. N., and Yashin, R. E. (eds). 2002. *Modern Microbial Genetics*, 2nd ed. Hoboken, NJ: John Wiley and Sons

Summers, D. K. 1996. *The Biology of Plasmids*. Malden, MA: Blackwell Science, Inc.

Tortora, G. J., Funke, B. R., and Case, C. L. 2003. *Microbiology: An Introduction*, 8th ed. Upper Saddle River, NJ: Benjamin Cummings.

Trempy, J. 2003. *Fundamental Bacterial Genetics*. Malden, MA: Blackwell Science, Inc.


### Budding Yeast (Saccharomyces cerevisiae)


Abelson, J. N., Simon, M. I., Guthrie, C., and Fink, G. R. (eds). 2004. *Methods in Enzymology, Volume 194: Guide to Yeast Genetics and Molecular Biology, Part A*. San Diego, CA: Academic Press.

Adams, A., Gottschling, D. E., Kaiser, C. A., and Stearns, T. (eds). 1997. *Methods in Yeast Genetics*. Woodbury, NY: Cold Spring Harbor Laboratory Press.

Amberg, D. C., Burke, D. J., and Strathern, J. N. 2005. *Methods in Yeast Genetics*. Woodbury, NY: Cold Spring Harbor Laboratory Press.

Burke, D., Dawson, D., and Stearns, T. 2004. *Methods in Yeast Genetics*. Woodbury, NY: Cold Spring Harbor Laboratory Press.

Guthrie, C., and Fink, G. R. 2002. *Methods in Enzymology, Volume 350: Guide to Yeast Genetics and Molecular Cell Biology, Part B*. San Diego, CA: Academic Press.


### Restriction and Amplified Fragment Length Polymorphisms


Butler, J. M. 2005. *Forensic DNA Typing: Biology, Technology, and Genetics Behind STR Markers*, 2nd ed. San Diego, CA: Academic Press.

Debrauwere, H., Gendrel, C. G., Lechat, S., and Dutreix. M. 1997. Differences and similarities between various tandem repeat sequences: Minisatellites and microsatellites. *Biochimie* 79:577-586.

Housman, D. E. 1995. DNA on trial-the molecular basis of DNA fingerprinting. N *Engl J Med* 332:534-535.

Jeffreys, A. J., Wilson, V., and Thein, S. L. 1985. Hypervariable minisatellite regions in human DNA. *Nature* 314:67-73.

Lee, H., and Tirnady, F. 2003. *Blood Evidence: How DNA Is Revolutionizing the Way We Solve Crimes*. Jackson, TN: Perseus Publishing.

Nakamura, Y., Leppert, M., O'Connell, P., et al. 1987. Variable number of tandem repeat (VNTR) markers for human gene mapping. Science 235:1616-1622.

Rudin, N., and Inman, K. 2001. *An Introduction to Forensic DNA Analysis*, 2nd ed. Boca Raton, FL: CRC Press.

## Somatic Cell Genetics

Davis, J. M. 2002. *Basic Cell Culture: A Practical Approach*. Oxford, UK: Oxford University Press.

Freshney, R. I. 2000. *Culture of Animal Cells: A Manual of Basic Technique*, 4th ed. Wilmington, DE: Wiley-Liss.

Girffiths, A., Doyle, J. B., and Newell, D. G. 1998. *Cell and Tissue Culture: Laboratory Procedures*. Hoboken, NJ: John Wiley and Sons.

Harris, H. 1995. *The Cells of the Body: A History of Somatic Cell Genetics*. Woodbury, NY: Cold Spring Harbor Laboratory Press.

Kohler, G. 1985. Derivation and diversification of monoclonal antibodies. *EMBO J* 4:1359-1365.

Milstein, C. 1985. From the structure of antibodies to the diversification of the immune response. *EMBO J* 4:1083-1092.

Morrison, C., and Takeda, S. 2000. Genetic analysis of homologous DNA recombination in vertebrate somatic cells. *Int J Biochem Cell Biol* 32:817-831.

Sedivy, J. M., and Dutriaux, A. 1999. Gene targeting and somatic cell genetics-a rebirth or a coming of age? *Trends Genet* 15:88-90.

Smith, R. H. 2000. *Plant Tissue Culture: Techniques and Experiments*, 2nd ed. San Diego, CA: Academic Press.

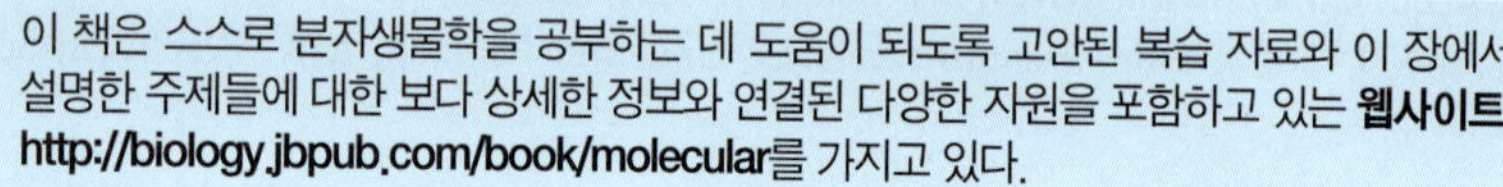

# 8

# 분자생물학과 바이러스

## 주제 개요

**8.1 바이러스는 무엇인가?**
바이러스는 숙주세포에서만 복제할 수 있는 절대적 기생체이다.

**8.2 Bacteriophage**
세균성 질환 치료제로 개발될 가능성 때문에 phage가 관심을 끌기도 했다.
"Phage 그룹"으로 불리는 과학자들은 유전자의 구조와 기능에 관한 근원적 해답을 phage 모델에서 찾고자 했다.
Phage의 크기와 형태는 다양하다.
Phage는 용균성(lytic), 용원성(lysogenic) 및 만성(chronic) 생활주기를 갖는다.
Phage는 배양된 세균 깔개(lawn)에 plaque를 형성한다.
Phage는 각각 매우 제한된 종류의 숙주에서만 복제한다.

**8.3 독성(virulent) phage**
대장균 T4 phage DNA는 말단중복(terminal redundancy)과 원형순열(circular permutation)이 특징이다.
T7 phage는 말단중복은 있으나 원형순열은 없다.
Phage ϕX174 DNA는 원형의 단일가닥이다.
어떤 phage들은 단일가닥 RNA를 갖고 있다.

**8.4 온건성(temperate) phage**
대장균 λ phage는 용균성(lytic) 또는 용원성(lysogenic) 감염을 한다.
대장균 phage P1은 형질도입(general transduction)을 한다.

**8.5 만성(chronic) phage**
만성 phage는 숙주를 죽이지 않고 계속해서 phage를 방출하도록 만든다.

**8.6 동물 바이러스**
Polyoma 바이러스는 원형 이중가닥 DNA를 갖고 있다.
Adenovirus는 선형 이중가닥 DNA를 갖고 있다.
Retrovirus는 역전사효소를 이용하여 RNA 유전체를 DNA로 유전체를 전환한다.

**권장 도서**

분자생물학이 독자적인 학문분야로 확립되는데 있어 바이러스 연구가 중요한 역할을 하였다. 한 예로, 우리는 1장에서 Hersey와 Chase phage가 DNA와 단백질을 방사성 동위원소로 표지하여 phage가 세균에 침입하는 과정에서 이러한 물질이 어떤 경로를 통해 이동하는지를 추적함으로써 DNA가 유전정보 물질임을 확인하였음을 배웠다. 또 바이러스는 DNA 연결효소(ligase)나 역전사효소(reverse transcriptase, 5장에 기술되어 있음)와 같이 유전공학 기술에 널리 사용되는 효소의 공급원이기도 하며, 생체내부로 외부 DNA를 운반하는 벡터로 이용되기도 한다.

이처럼 바이러스가 분자생물학의 발전에 기여한 것이 사실이지만, 그 역도 마찬가지다. 즉, 분자생물 연구를 통해서 밝혀진 원리와 연구기법들은 바이러스가 질병을 어떻게 일으키는지를 이해하거나 그 치료법 개발에도 이용된다. 사실 이 두 분야는 너무도 밀접하게 연관되어 있어 이를 별개로 연구한다는 것은 거의 불가능하다. 이 장에서는 분자생물학적 측면에서 바이러스의 기본적 특성에 관해 알아보고자 한다. 바이러스 전반에 관한 광범위한 고찰보다는 분자생물학에 심대한 영향을 미친 몇 가지 바이러스 모델에 관하여 알아보고자 한다.

## 8.1 바이러스는 무엇인가?

### 바이러스는 숙주세포에서만 복제할 수 있는 절대적 기생체이다.

먼저 바이러스의 공통점부터 알아보자. 바이러스는 숙주세포에 침입하여 그 대사과정을 이용하여 자신을 복제하는 절대적 기생체이다. **바이러스 입자(virion)**는 그 자체로서 존재할 수는 있으나 살아있는 숙주세포 없이는 증식하거나 복제할 수 없다. 바이러스 입자는 크기와 형태가 다양하다(**그림 8.1**). 생체막으로 둘러싸인 것이 있는가 하면 막이 없는 것도 있다. 너무 작아(10-200 nm) 전자현미경이 아닌 일반 현미경으로는 거의 볼 수 없다.

바이러스 입자는 DNA나 RNA 중 1가지 핵산이 **capsid**라 불리는 보호 단백질 껍질에 둘러싸인 형태이다. 바이러스 핵산은 단일 또는 이중가닥으로 된 DNA나 RNA이며 형태는 선형(linear) 또는 원형(circular)이다. 그 길이는 다양하지만 가장 큰 바이러스의 경우라 하더라도 숙주 DNA 보다는 훨씬 짧아 숙주보다는 훨씬 적은 수의 유전자를 갖고 있다. 즉, 바이러스는 자신의 capsid 단백질과 자신을 복제하는데 필요한 최소한의 효소 단백질 유전자만 갖고 있다. 이렇게 소수의 유전자만 갖고 있는 바이러스들은 증식에 필요한 대부분의 기능을 숙주에 의존하는 반면, 보다 많은 유전자를 가지고 있어 상대적으로 숙주에 덜 의존하는 바이러스도 있다. 적어도 숙주세포의 ribosome, 단백질 합성에 필요한 물질들, 아미노산 및 생체에너지 제조 시스템은 모든 바이러스에게 필요하다. 그런 측면에서 바이러스는 독자적인 생명체

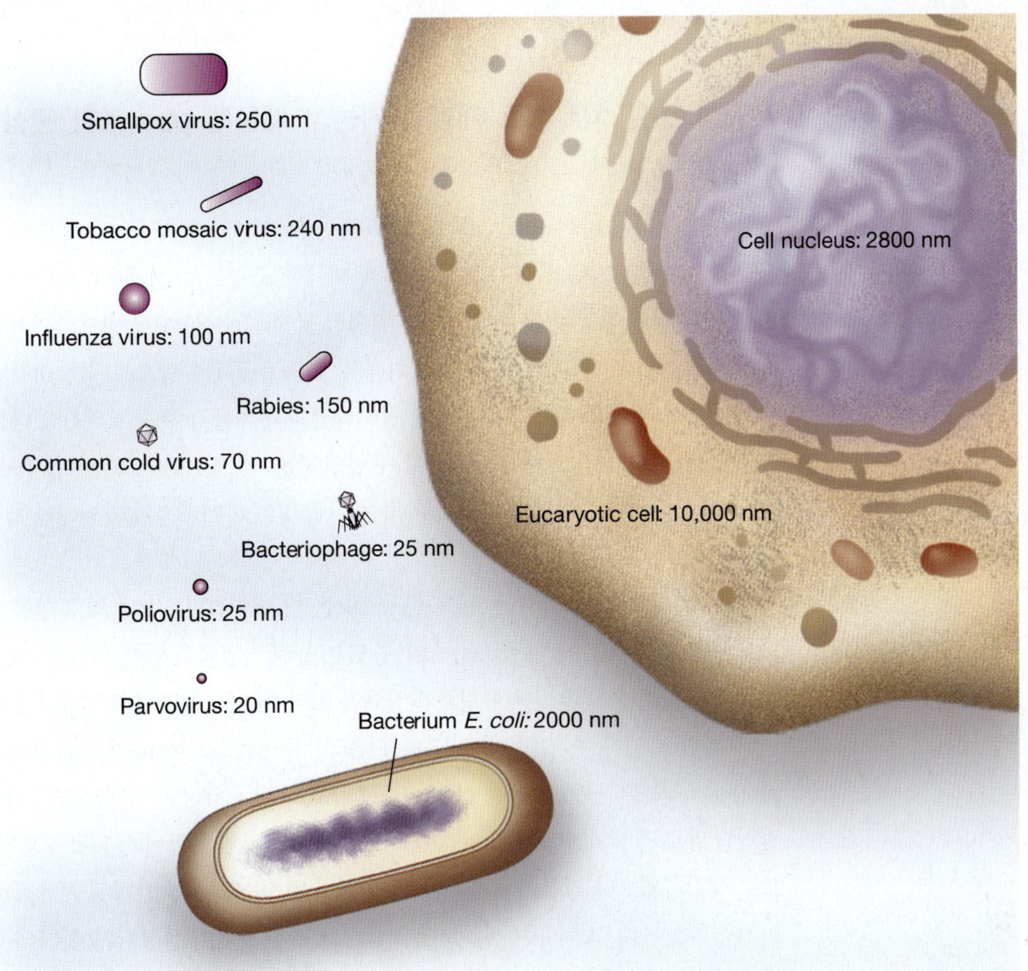


**그림 8.1 다양한 크기의 바이러스들.** 고등세포, 세포핵, 대장균과 바이러스들의 크기 비교. 천연두(smallpox) 바이러스의 크기는 가장 작은 세균인 mycoplasma와 비슷하다(천연두, 담배모자이크, 독감, 광견병, 감기, bacteriophage, 소아마비, 파보, 대장균).

라기보다는 대사작용을 하는 세포에서만 복제할 수 있는 일종의 유전물질에 지나지 않는다.

바이러스는 숙주세포, 입자 모양, 핵산의 조성에 따라 분류된다. 엄청난 다양성에도 불구하고 모든 바이러스는 몇 가지 필수적인 기능을 수행한다. 자신들의 핵산을 세포내부로 운반하고, 외부의 물리화학적 손상으로부터 핵산을 보호하고, 숙주세포를 바이러스 제조공장으로 전환시키고, 후손(progeny) 바이러스들을 밖으로 배출시켜야 한다. 여러 가지 바이러스들은 이를 다양한 방법으로 수행한다. 각 바이러스는 제한된 종류의 생체에 감염된다. 1가지 숙주만 감염하는 바이러스가 있는가 하면, 상당히 다른 여러 숙주를 감염하는 바이러스도 있고, 심지어는 식물과 동물처럼 광범위한 숙주를 넘나드는 바이러스도 있다.

## 8.2 Bacteriophage

### 세균성 질환 치료제로 개발될 가능성 때문에 phage가 관심을 끌기도 했다.

세균을 감염하는 바이러스의 존재는 1896년 영국의 세균학자 Ernest Hankin이 오물로 범벅이 된 인도의 갠지스 강물 속에 미세한 고령토(porcelain) 필터를 통과할 만큼 작은 어떤 물질이 인간에 치명적 질병인 콜레라(cholera)를 일으키는 비브리오균(*Vibrio cholera*)을 죽일 수 있는 능력을 갖고 있음을 관찰함으로써 알려지게 되었다. Hankin은 이 물질이 강물에 있는 콜레라균의 수치를 낮추는 효과가 있다는 사실을 인식하기는 하였으나 이 물질이 무엇인지는 더 조사하지 않았다. 1915년에 Frederick Twort도 미세 필터를 통과하는 이 물질이 바이러스일 가능성만 제시하는 데 그쳤다.

2년 후 프랑스인 의사인 Felix d'Herelle은 이질에 걸린 군인들의 분변을 세균필터로 걸른 투과액 속에 이질균을 죽일 수 있는 물질이 있음을 알게 되었다. 이 물질은 혼탁할 정도로 수가 늘어난 이질균 배양액을 거의 투명하게 해 마치 이질균을 잡아먹는 것처럼 보였다. 이 때문에 d'Herelle은 이 물질을 **bacteriophage**(그리스어로 phago는 먹는다는 뜻, 짧게는 phage)라고 불렀고 결국 세균을 감염하는 바이러스를 일컫는 말로 정착되었다. d'Herelle은 phage가 세균감염 치료에 사용될 수도 있을 것으로 생각하였으나 임상연구 결과 효과가 전혀 없지는 않지만 안정된 치료효과를 보이지는 않았는데 그 이유는 phage에 저항성을 가진 세균이 생성되며, 환자의 면역반응과 소화작용으로 phage가 파괴되기 때문이었다. 이후 항생제의 발견으로, phage 응용에 대한 관심은 시들었고 오랫동안 아무런 진전도 보지 못하였다. 그러나 많은 항생제 내성 세균의 출현으로 phage 이용에 대한 관심은 오늘날 다시 재개되고 있다.

### "Phage 그룹"으로 불리는 과학자들은 유전자의 구조와 기능에 관한 근원적 해답을 phage 모델에서 찾고자 했다.

치료제로서 성공을 거두지는 못했지만 과학자들에게 phage는 여전히 매력 있는 연구대상이었다. 1940년대까지 연구자들은 느슨하고도 비공식적인 네트웍을 형성하고 유전자의 구조와 기능을 연구하는데 phage를 이용하였다. Max Delbrück과 Salvador Luria라는 걸출한 두 과학자가 *phage 그룹*으로 불린 이 네트웍을 이끌었다. 그들은 뛰어난 과학자들을 끌어들여 *E. coli*를 감염하는 phage를 집중적으로 연구함으로써 여러 연구실들의 연구결과를 서로 비교할 수 있게 되었다. 그들은 그 몇 해 전 *New York Brooklyn*의 하수에서 분리한 여러 phage 중에서 특히 T4를 선택하였다. Phage는 처음에는 type 1, type 2 식으로 불렸는데 나중에는 줄여서 T1, T2로 불렸다. 알고 보니 T2, T4, T6는 우연하게도 너무 비슷해서 짝수 T(T-even) phage로도 불리게 되었다. 홀수 T(T-odd) phage 중 T3와 T7은 서로 비슷하지만 T1과 T5는 서로 다르고 다른 홀수 T phage와도 다르다.

## Phage의 크기와 형태는 다양하다.

이 장에서 다룰 phage의 구조적 형태는 (1) 꼬리 없는 20면체, (2) 꼬리 달린 20면체, (3) 필라멘트 형의 3 가지다(**그림 8.2**). (20면체는 20개의 3각면으로 된 구형에 가까운 구조로서 12개의 꼭지점을 가지고 있다). Phage의 구조적 특징은 아래와 같다.

1. 20면체 phage는 capsid 내부의 둥근 공간에 핵산이 꽉 뭉쳐져 들어차 있다. 필라멘트 형은 핵산과 capsid가 밀착되어 나선형 모양으로 길게 뻗쳐져 있다.
2. 꼬리는 여러 단위체들의 복합체로 되어 있고 맨 끝에 섬유(fiber)가 부착되어 있는 경우가 많다.
3. 20면체의 경우 핵산의 실제 길이는 capsid의 지름보다 훨씬 크다.

꼬리 달린 phage는 기본구조는 비슷하나 매우 다양한 구조이다. 예를 들면 capsid의 가로 세로 길이가 같은 경우도 있고, 세로가 더 긴 경우도 있지만 가로가 더 긴 경우는 없다. 꼬리도 매우 짧은 것도 있고(너무 짧아 전자현미경에서 겨우 보일 정도) capsid 길이의 4배 만큼 긴 경우도 있다. 꼬리는 유연성이 있는 것도 있고 뻣뻣한 것도 있다. 꼬리 끝에 정교한 기저판(base plate)이 있는 경우도 있는데 여기에 1~6개의 섬유가 붙어있다.

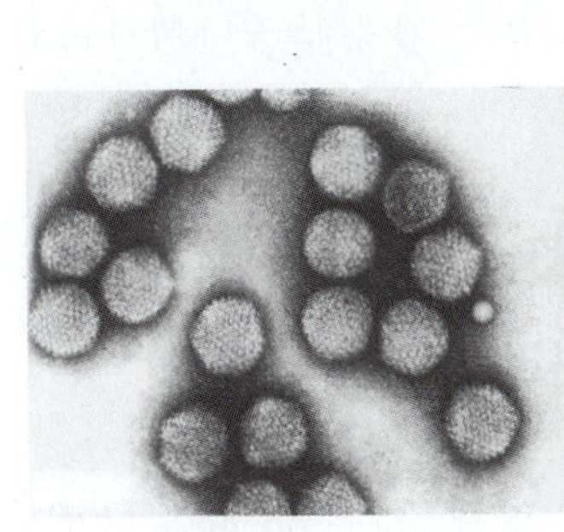

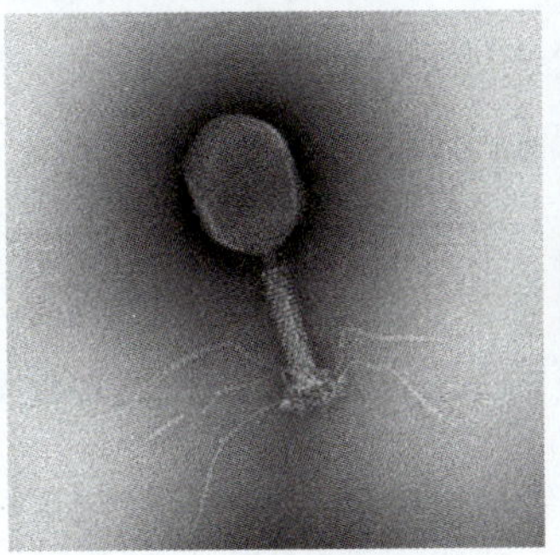

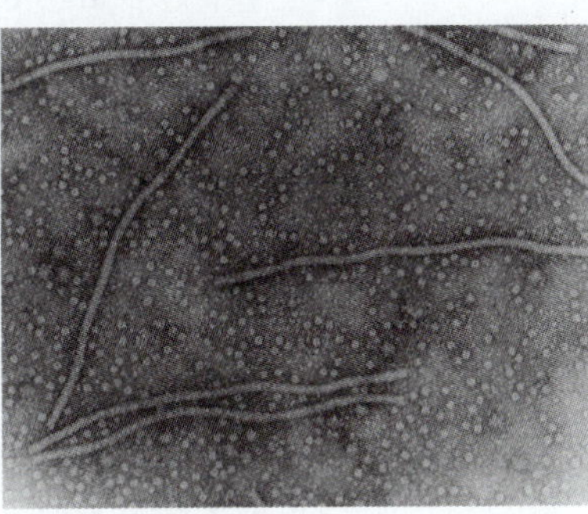

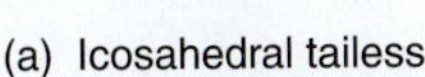

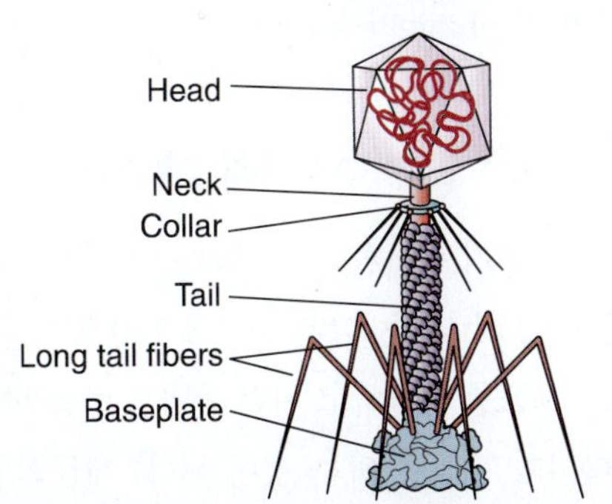


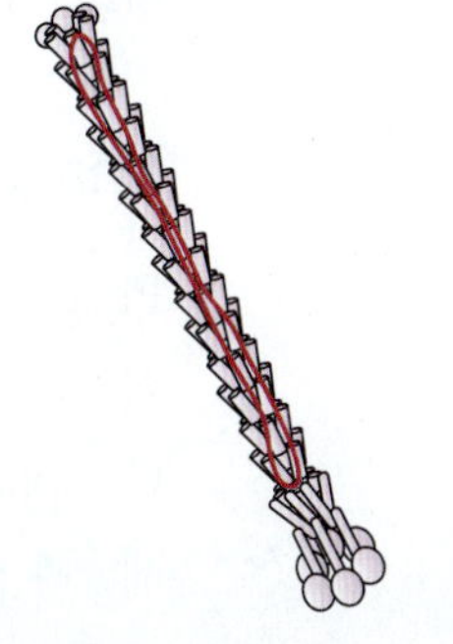

(a) Icosahedral tailess

(b) Icosahedral tailed

(c) Filamentous

**그림 8.2 Phage의 3대 주요 형태.** (a) 꼬리없는 20면체: phage ϕX174. (b) 꼬리있는 20면체: phage T4. (c) 필라멘트 형: phage M13. (위) 전자현미경 사진. (아래) phage 모식도. 꼬리 있는 phage 중에는 깃(collar)이 없는 경우도 있으며 phage 타입에 따라 0~6개의 꼬리 섬유(tail fiber)가 있다.

## Phage는 용균성(lytic), 용원성(lysogenic) 및 만성(chronic) 생활 주기를 갖는다.

Phage는 복제하는데 숙주세포의 생체대사 시스템과 ribosome을 필요로 한다는 점에 있어서 모든 다른 바이러스와 마찬가지로 생명체라고 볼 수 없다. 그럼에도 불구하고 phage 생활주기(life cycle)란 용어는 바이러스가 숙주세포와 접촉하는 초기에서 후손 바이러스를 방출할 때까지의 전 과정을 일컫는 용어로 통상적으로 쓰인다.

### 용균성 phage:

세포안으로 들어간 phage의 핵산은 복잡하긴 해도 이해는 할 수 있는 방식으로 세균을 phage 생산공장으로 바꾼다. 감염 후 1시간도 안되어(phage 종류에 따라 시간은 다르지만) 세균을 둘러싸고 있던 막(세포막과 세포벽)이 파괴되면서 수백 개 또는 그 이상의 많은 phage들이 튀어나온다. 이 파괴적 방출과정을 용균작용(lysis)이라 부르고, 이렇게 새로이 생겨난 phage들이 떠 있는 액을 phage 용해액(lysate)이라 부른다. 용균작용을 통해 증식하는 phage를 독성(virulent) phage라 부르는데, 이들은 항상 숙주세포를 죽인다.

### 용원성 phage:

용원성 phage는 2가닥의 DNA를 갖고 있으며, 숙주세포에 들어간 후 2가지 경로 중 하나를 거친다. 즉, 용균성 경로을 거치든가, 아니면 phage DNA가 세균의 염색체 DNA에 삽입되어 마치 염색체의 일부인 것처럼 더불어 복제되거나 때로는 세균 염색체와는 별도의 작은 원 모양 DNA의 형태로 독립적으로 복제한다. 세균 염색체에 삽입된 phage DNA는 감염력이 없으며 prophage로 불린다. 정상적인 상태에서 **prophage**는 세균 염색체에 삽입된 형태로 있지만, 때로는 염색체로부터 빠져 나오게 되고, 이 경우 용균성 경로로 접어들게 된다. 용원성(lysogenic)이란 말은 이처럼 경우에 따라서 용균(lysis) 과정이 발생할 수 있다는 뜻을 내포하고 있다. 같은 맥락에서 prophage를 함유하고 있는 세균은 용원성 세포라 불리며, 이처럼 때에 따라 prophage 형태를 갖는 phage를 **온건성(temperate) phage**라고 부른다.

### 만성 phage:

세균을 용해시키지 않고 지속적으로 후손 바이러스를 생성하는 phage를 일컫는다. 이러한 phage를 만성 phage라 부른다.

## Phage는 배양된 세균 깔개(lawn)에 plaque를 형성한다.

Phage는 세균보다 훨씬 빨리 증식한다. 일반적으로 대장균의 경우 30분에 2배로 불어나는데 T4와 같은 독성 phage는 같은 시간에 100배 이상 늘어난다. 세포 밖으로 나온 phage는 새로운 세포를 감염하고 이런 과정은 반복된다. 그러니까 2시간 동안 세균과 phage 둘 다 4회 감염을 하는 것이 된다. 세균의 수는 $2^4 = 16$이 되지만 phage는 $100^4 = 10^8$으로 늘어나는 것이다.

독성 phage의 수는 다음과 같이 plaque 법으로 쉽게 측정할 수 있다. 영양 한천(agar) 배지에 $10^8$ 세균이 깔려있는 형태를 세균 깔개(**lawn**)라 하는데, 이는 배양된 세균을 소량의 미지근한 한천 액과 섞은 후 굳어있는 배지위에 부어 만들 수 있다. 굳어있는 배지는 1.5% agar인 반면, 그 위에 올려진 0.7% agar 배지 용액은 식으면서 부드러운 막을 형성한다. Top agar라 부르는 이 막은 세균이 매우 균일하게 자라게 하고(**그림 8.3a**), 여기에 phage를 감염시킨 세균을 가하면 쉽게 흡착된다.

곧 이어 감염된 세균은 용해되어 각각 phage 100 개를 방출하고, 이들은 다시 주변에 있는 세균에 흡착되고, 이런 과정은 반복된다. 수 시간 동안 감염과정이 반복되면서 agar 속 특정 위치에 있는 모든 세균이 파괴되어, 혼탁하던 평면에 깨끗하고 투명한 원형 반점이 형성되는데(**그림 8.3b**), 이 반점을 플라크(plaque)라고 한다. 하나의 plaque는 결국 하나의 phage로부터 생성되었으므로 plaque 갯수는 배지에 뿌려진 phage의 수를 나타내며, 이로부터 최초 phage 용액의 감염성 phage의 수를 측정할 수 있다.

비슷한 방법을 온건성 phage나 만성 phage에도 적용할 수 있다. 다만 온건성 phage는 혼탁한 plaque를 형성한다는 점이 다른데, 그 이유는 용균성 및 용원성 경로가 함께 일어나기 때문이다. 즉, 대부분의 세균은 용해되어 죽지만 일부는 용원성 경로를 거쳐 살아남기 때문이다. 만성 phage도 세균을 죽이지는 않지만 plaque를 생성하는데, 이는 phage에 감염된 세균이 주변에 있는 세균에 비해 성장속도가 상대적으로 늦어지기 때문이다. Plaque 법은 phage의 농도를 알 수 있게 할 뿐 아니라 각각의 phage를 순수하게 분리할 수 있게 한다는 점에서(plaque가 단일 phage에서 생성된다는 전제하에) 매우 유용하다. 특정 phage를 순수하게 분리한다는 것은 유전학 연구나 DNA 재조합 기술에 있어서 매우 중요하다.

(a)

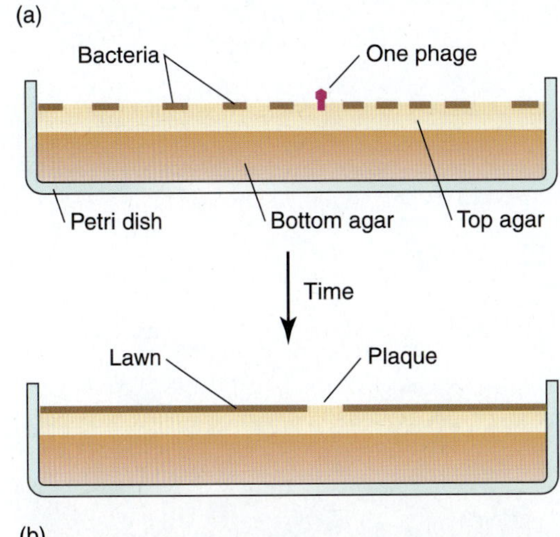


(b)

**그림 8.3 Phage plaque.** (a) Plaque 형성법. 세균이 자라서 반투명색의 깔개(lawn)를 형성한다. Plaque 근처에는 세균이 없으므로 투명하다. Phage와 세균의 크기가 실제 크기와 다르고 매우 작게 그려졌음. (b) 깔개에 형성된 T4 plaque.

## Phage는 각각 매우 제한된 종류의 숙주에서만 복제한다.

지금까지 수천 가지의 phage가 알려졌다. phage는 대체로 한 종(species)의 세균, 그 중에서도 몇 안 되는 균주(strain)에서만 증식한다. 대장균 phage는 가장 많이 연구된 phage인데, 이 가운데에도 높은 숙주 특이성이 관찰된다. 예를 들면, ϕX174 phage는 C strain을 제외하고는 대부분의 연구용 대장균을 감염하지 못한다. 물론 예외도 있다. 예를 들면, T4 phage는 대부분의 대장균과 *Shigella* 속(genus)에 속하는 몇몇 종(species)의 세균은을 감염할 수 있다.

Phage의 특이성은 몇 가지 요소에 의해 결정된다. 하나는 세균 세포벽에 붙는 능력인데, 감염이 일어나려면 phage가 붙을 수 있는 수용체가 세균 세포막에 있어야 한다는 점에서 볼 때 이는 당연하다. 물론 세균 입장에서는 자신을 죽이거나 성장을 방해할 phage와 붙는다는 것은 상당히 불리하다. 따라서 진화과정에서 세포막은 phage가 인식하지 못하는 방향으로 진화하였을 것이다. Phage는 반대로 어떤 세균을 인식하는 방향으로 진화하였다; 그렇지 않은 phage는 오늘날까지 살아남지 못했을 것이다. 특이성을 결정짓는 또 하나의 요인은 세균의 유전자 발현 시스템이 '외부에서 온' phage 유전자를 발현시킬 수 있는가 하는 점이다.

비록 phage가 붙고 유전자의 발현이 가능하다 해도 **숙주제한(host restriction)**과 **숙주변형(host modification)**이라고 부르는 또 한 단계의 장벽이 존재한다. 이것은 X 타입의 세균이 자신과 같은 X 타입의 세균에서 증식된 phage의 감염은 허용하는 반면, Y 타입과 같이 자신과는 다른 타입의 세균에서 증식된 phage는 억제하는 현상이다. 이를 논하기 위해 X 세균에서 증식된 P phage를 P.X라고 부르기로 하자.

숙주제한과 숙주변형을 설명하는 자료가 **표 8.1**에 있다. 대장균 K 에서 증식한 λ phage인 phage λ • K는 대장균 B 에서는 plaque를 잘 형성하지 못한다. 즉, λ • K는 대장균 B에서 **제한된다(restricted)**. 그런데 몇 개 안되는 plaque에서 자라난 phage λ • B는 증식과정에서 B 대장균에 의해 변형(modification)되어 이제는 B 대장균에서 잘 자라는 반면 K 대장균에서는 오히려 복제가 잘 안 된다. 즉, 제한된다. 분자 수준에서 이 현상의 기작은 다음과 같다. 대장균 B에는 *Eco*BI라 불리는 I 타입의 제한효소(restriction endonuclease, 5장 참조)가 있어 특정 염기서열의 DNA를 인식한다. Phage λ • K의 DNA는 이 서열을 가지고 있어 B 대장균에 들어가게 되면 절단되는 것이다. 대장균 B 자신도 이런 염기서열의 DNA를 가지고 있지만 자신의 DNA는 변형시킴으로써 자신의 제한효소에 의해 절단되는 것을 피한다.

위치 특이적 methylation 효소(*Eco*B methylase)는 표적 염기서열에 있는 adenine을 methylation 시켜 *Eco*BI에 의해 절단되지 않게 변형시킨다. Phage λ • K가 대장균 B에 감염할 때, phage DNA의 극히 일부는 절단되기 전에 methylation 된다. 이런 DNA는 restriction을 피하게 되고, 결국 전체 phage 중 B modification을 획득한 일부의 phage(λ • B)가 생성되는 것이다.

대장균 K 역시 제한효소 *Eco*KI을 가지고 있다. 이 효소는 *Eco*BI과는 다른 염기서열을 인식한다. *Eco*K methylase 또한 자신의 DNA를 변형시킴으로써 자신의 DNA가 자신의 제한효소에 의해 파괴되는 것을 막는다. K 대장균에서 자라는 λ phage, 즉 λ • K 는 methylation되어 *Eco*KI에 대해 내성을 가진다. 반면 K 대장균을 감염시킨 λ • B phage DNA는 파괴된다. 앞서의 경우와 마찬가지로 간혹 대장균 K를 감염한 일부 λ • B phage DNA가 restriction을 피하여 복제되고 이렇게 복제된 DNA는 K modification을 획득하게 된다. 즉, 드물게 K 대장균에서 증식된 λ •

**표 8.1** **대장균 λphage의 제한(restriction)과 변형(modification) 패턴**

| Bacterial Strain | Phage | | |
|---|---|---|---|
| | λ • K | λ • B | λ • C |
| K | 1 | $10^{-4}$ | $10^{-4}$ |
| B | $10^{-4}$ | 1 | $10^{-4}$ |
| C | 1 | 1 | 1 |

숫자는 상대적인 plaque 형성효율을 나타냄.

B는 λ • K가 되고, 이들은 이제 B modification을 잃게 되고, 따라서 B 대장균에 대한 감염이 제한되는 것이다.

표 8.1에서 대장균 C에서 증식된 λ phage, 즉 λ • C 또한 B나 K 대장균에서 잘 증식하지 못하지만, λ • B와 λ • K 어느 것도 C 대장균에서 restriction 되지는 않음을 주목하라. 이처럼 restriction이 없는 이유는 대장균 C가 λ phage DNA를 절단할 수 있는 제한효소를 갖고 있지 않기 때문이다. 반면 λ • C phage는 B나 K 대장균에서 restriction 되는데, 물론 그 이유는 B나 K methylase가 대장균 C에는 없기 때문이다. 이와 같이 숙주의 restriction과 modification은 매우 광범위하게 퍼져있는 현상인데, 아마도 외부에서 유래된 DNA를 파괴하는 역할이 있는 것으로 보인다.

Phage에 대한 기초적인 공부는 이 정도로 하고, 이제부터는 분자생물학을 공부하는 모델에 해당하거나, 유전자 재조합 기술에 있어서 유용한, 아니면 2가지 경우 모두에 해당하는 몇몇 phage에 대하여 보다 자세히 알아보자. 일반적으로 대장균 phage들이 가장 자세히 연구되었고 분자생물학 발전에 크게 기여하였기 때문에 주로 이 phage들을 중점적으로 살펴보고자 한다. 대장균 이외에 다른 세균을 감염하는 흥미로운 phage들을 자세히 알아보지는 않지만 대장균 phage에 관련된 대부분의 정보가 이 phage들에게도 해당된다.

## 8.3 독성(virulent) phage

### 대장균 T4 phage DNA는 말단중복(terminal redundancy)과 원형순열(circular permutation)이 특징이다.

T4는 꼬리달린 phage이다(**그림 8.4**). 이 phage는 약간 길쭉한 20면체 머리 부분이 목과 꼬리에 연결되어 있는데, 목은 깃(collar)으로 쌓여있고 여기에 여러 개의 수염(whisker)이 달려있다. 꼬리는 튜브형 핵심(core)과 이를 감싸고 있는 탄력있는 껍질(sheath)로 되어 있는데, 껍질은 144개의 동일한 단위 단백질로 구성되어 있으며 각각에 ATP가 결합되어 있다. 꼬리의 끝에는 기저판(baseplate)이 붙어 있으며 여기에 여러 개의 꼬리 섬유(tail fiber)가 부착되어 있다.

Phage T4의 DNA의 길이는 약 169 kbp 이며, 선형의 이중가닥으로 되어 있는데, phage 머리의 크기(약 0.06×0.09 μm)에 비하면 매우 길어(약 55 μm), 머리에 밀집되게 들어차 있음을 알 수 있다. 이 DNA에 A, T, G는 있으나 C는 없으며 그 대신 **5-hydroxymethylcytosine(HMC, 그림 8.5)** 이라는 변형된 C가 있어 G와 염기쌍(base-pair)을 이루고 있다. 추가로 HMC의 OH에 glucose가 있다(glucosylation). 앞서 언급한 3가지 T-even phage는 glucosylation 정도나 결합하는 당의 차이가 다소 있을 뿐 매우 유사하다. 이렇게 당이 붙게 되면 DNA를 감추는 효과가 있어 여러 DNase에 내성이 조금 더 생긴다.

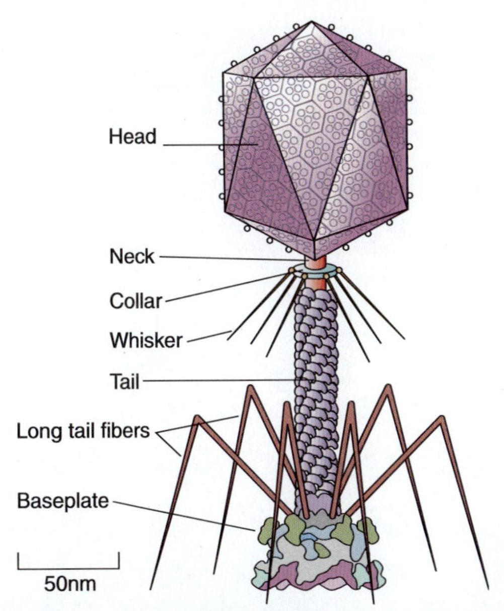

**그림 8.4** Phage T4의 기본구조.

T-even phage는 이 외에 주목할 만한 2가지 특성이 더 있다. 첫째, 염기서열이

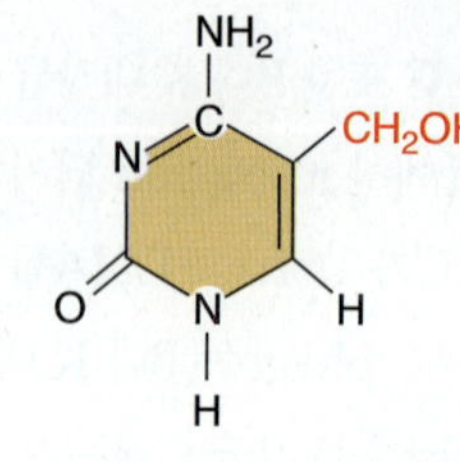


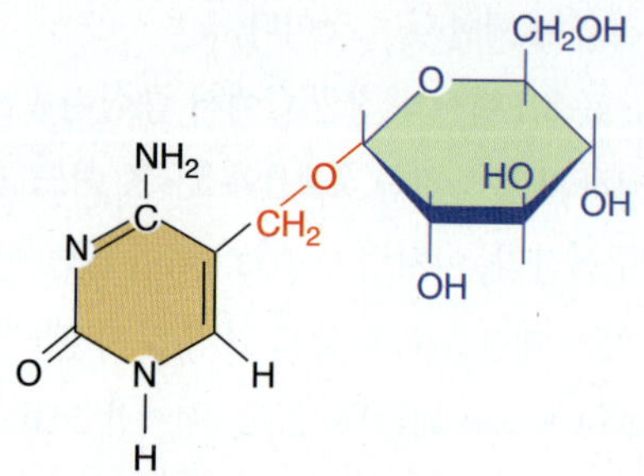


**그림 8.5 5-Hydroxymethylcytosine (HMC)과 glucosylated 5-HMC.** (a) HMC의 $CH_2OH$(붉은 색으로 표시된 부분)이 없는 것이 cytosine임. (b) 푸른색으로 표시된 부분이 glucosylated HMC의 glucose 부분임.

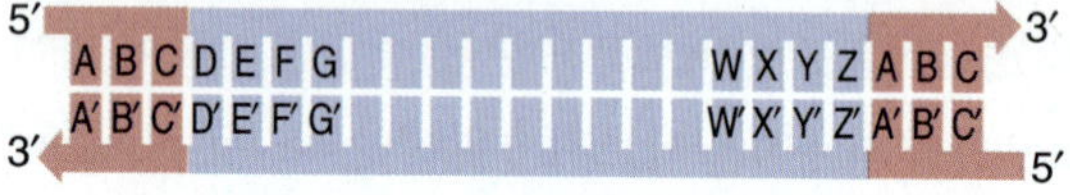

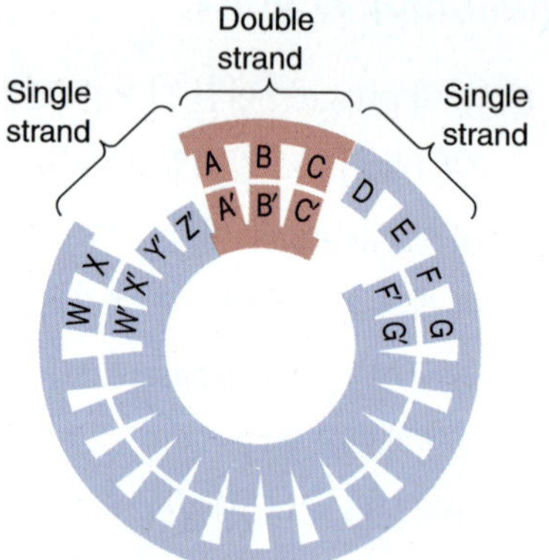


**그림 8.6 선형 이중가닥 DNA의 말단중복 확인방법.** (a) 말단중복(붉은색으로 표시된 부분) DNA를 확인하기 위하여 (b) exonuclease로 처리하고 (c) 원형구조를 형성시킨다. 말단중복이 없는 DNA는 원형구조를 형성하지 못한다.

말단중복(terminally redundant) 되어있다. 즉, 선형 이중가닥 DNA의 양 끝에 존재하는 일부 염기서열이 중복적인 것이다. 그 길이는 약 5 kbp이다. **그림 8.6**처럼 이 반복적 염기의 일부가 exonuclease에 의해 분해되어 단일가닥이 되고 이들이 서로 결합하여 원형의 DNA를 형성한다. 둘째, 이러한 반복적 부분에 해당하는 유전자

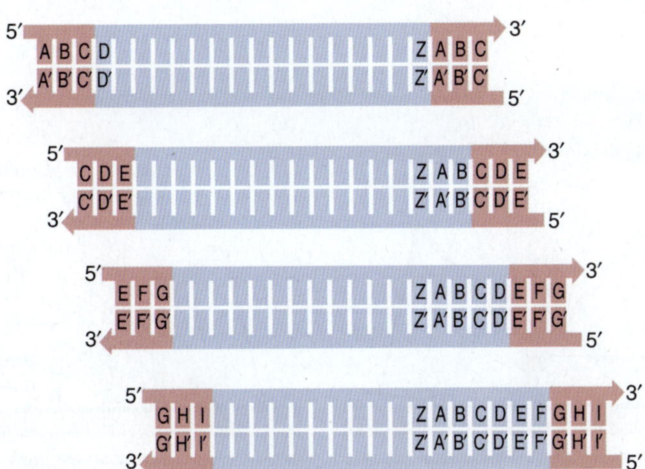


**그림 8.7 원형순열의 집합체형태로 유전체의 다양한 부분에 말단중복(붉은색으로 표시된 부분)을 보이는 phage DNA들.**

가 phage마다 서로 다르다는 것이다(**그림 8.7**). 단일 phage에서 시작되어 하나의 plaque를 형성하고 있는 phage들 간에도 이 부분이 서로 다르다는 것이다.

이처럼 원형 형태로 존재하는 phage 유전체에 있어서 유전자의 순서는 모든 phage가 동일하지만 중복되는 말단의 위치는 phage마다 다르다. 즉, 원형순열의 형태를 띠고 있다는 것이다(**circularly permuted**). 원형의 순열성과 위에 언급한 말단 서열의 중복성은 많은 phage의 공통적 특성이다. 다만 원형순열은 phage 집단 차원의 특성이며, 말단중복은 개별 phage의 특성이다. 어떻게 이러한 특성이 생겨났는지는 우리가 phage 머리에 DNA가 어떻게 봉입(package) 되는지를 공부할 때 배우도록 하겠다.

T-even phage는 자신의 DNA를 세균 세포 안으로 투입시킬 수 있는 뛰어난 나노기계(nanomachine)이다(**그림 8.8**). DNA를 투입시키기 위해 phage는 자신의 꼬리섬유를 대장균 세포 외벽의 lipopolysaccharide에 붙이는데, 이 때 phage 꼬리 기저판의 구조가 변하며 꼬리를 감싸고 있는 껍질이 수축하면서 꼬리 말단의 딱딱한 내부에 있는 바늘 단백질이 튀어나와 세포벽을 뚫고 들어간다. 꼬리의 바늘 단백질이 떨어져 나간 틈새로 lysozyme이 흘러나와 세균 세포벽을 녹이며, phage의 또 다른 단백질은 세균 세포내막에 있는 수용체와 결합하여 phage DNA가 세균의 세포질 안으로 들어가도록 돕는다. 이처럼 T4와 같은 phage DNA가 침투하는데 걸리는 시간은 약 5-15초 정도이며 이는 1초 당 3~10 kbp의 DNA가 이동하는 것이다.

T4 phage DNA에는 약 290개의 단백질과 8개의 tRNA와 적어도 2개의 기능 미상의 작은 RNA가 암호화 되어 있다. 기능이 알려진 단백질은 대체로 대사작용이나 입자형성에 관여하는 단백질인데, 82개 대사작용 단백질 중 필수적인 것은 22개에 지나지 않으며 이들은 DNA 복제, 유전자 전사, 세균 분해에 필요한 단백질 들이다. 나머지 60개의 단백질들은 세균 단백질과 유사한 것들인데, 이런 유전자들은 변

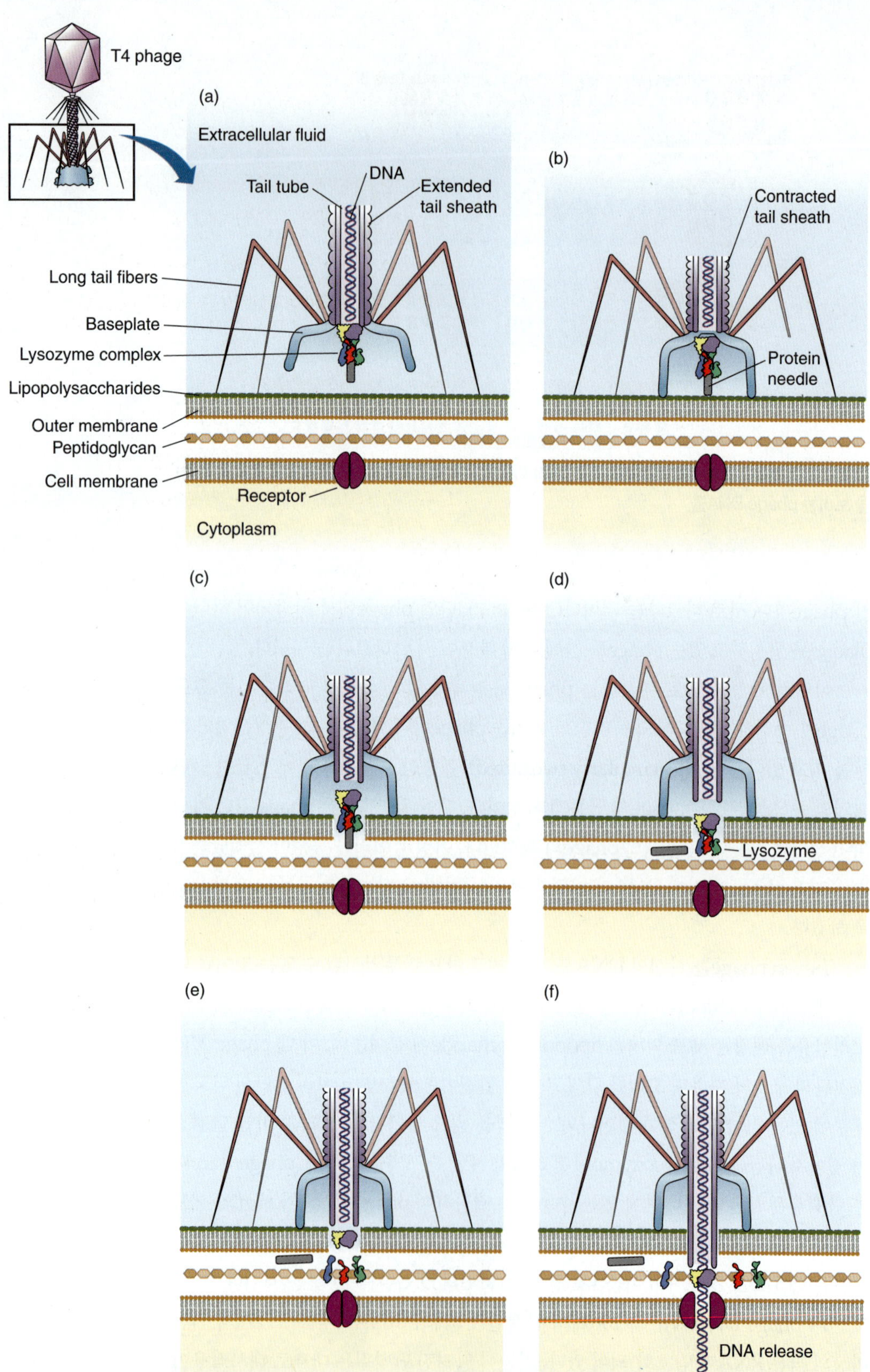


**그림 8.8 Phage DNA 주입과정.** (a) T4 phage의 긴 꼬리섬유가 대장균 표면의 lipopolysaccharide 수용체에 결합한다. (b) 이 결합으로 인하여 기저판의 구조가 변하고 꼬리를 감싸고 있는 껍질이 수축한다. (c) 껍질이 수축되면서 딱딱한 꼬리 내부에 붙어있는 단백질 바늘이 세포외막을 뚫고 들어간다. (d) 바늘 단백질이 꼬리 튜브에서 분리되어 lysozyme을 활성화 시킨다. (f) Phage 단백질이 세포 내막의 수용체와 결합하여 DNA를 세포질로 이동시킨다. Adapted from Leiman, P. G., et al., *Cell Mol. Life Sci.* 60 (2003): 2356 - 2370.

이되더라도 phage의 복제는 가능하다. 다만 증식력이 감소되는 경우는 많다.

T4 phage의 성장 사이클은 **그림 8.9**에 표시되어 있고 각 단계에서 일어나는 과정이 **표 8.2**에 요약되어 있다. 주된 특징은 이러한 과정이 정확한 순서에 따라 진

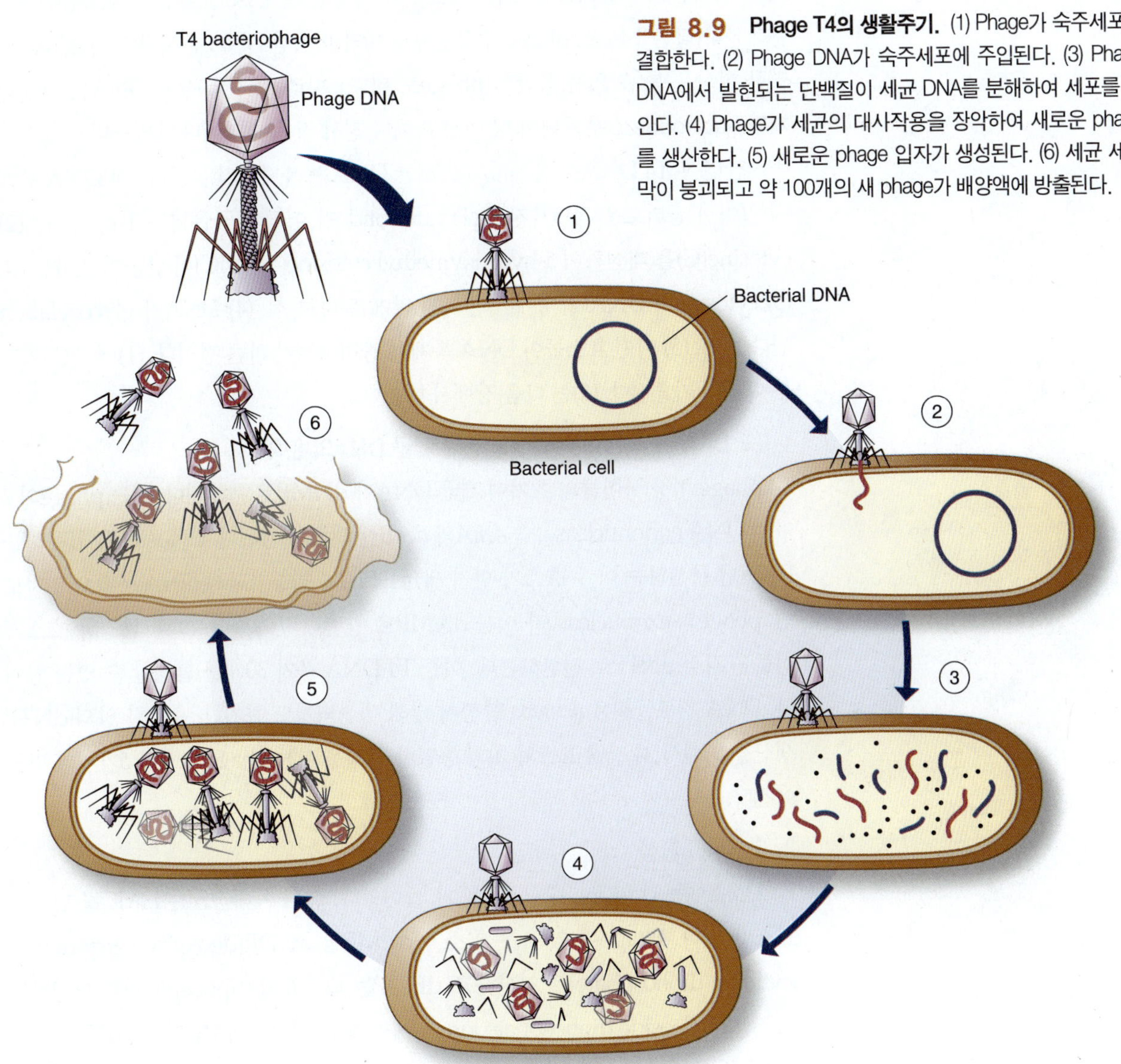


**그림 8.9 Phage T4의 생활주기.** (1) Phage가 숙주세포에 결합한다. (2) Phage DNA가 숙주세포에 주입된다. (3) Phage DNA에서 발현되는 단백질이 세균 DNA를 분해하여 세포를 죽인다. (4) Phage가 세균의 대사작용을 장악하여 새로운 phage를 생산한다. (5) 새로운 phage 입자가 생성된다. (6) 세균 세포막이 붕괴되고 약 100개의 새 phage가 배양액에 방출된다.

**표 8.2 T4 phage 생활주기(37°C 기준)**

| Time (min) | 진행과정 |
|---|---|
| 0 | 세포벽에 phage 흡착. 아마도 수 초 이내에 phage DNA가 주입됨 |
| 1 | 숙주의 DNA, RNA 및 단백질 합성이 완전히 차단됨 |
| 2 | phage의 '초기' mRNA 합성이 시작됨 |
| 3 | 세균 DNA의 분해가 시작됨 |
| 5 | phage DNA 합성이 시작됨 |
| 9 | phage '후기' mRNA 합성이 시작됨 |
| 12 | 완전한 머리와 꼬리가 생성됨 |
| 15 | phage 입자 생성이 시작됨 |
| 22 | 세균 용해; 약 300개의 phage가 방출됨 |

행된다는 것이다.

감염 직후 phage DNA는 세균의 성장에 필요한 기능들을 정지시킨다. 예를 들면, 세균의 RNA polymerase가 자신의 유전자를 잘 전사하지 못하도록 변형시킨다. 나아가, 첫 번째 phage mRNA로부터 생성된 DNAse는 세균 DNA를 신속히 분해한다(다른 T-even phage의 경우에도 이와 비슷한 DNA 분해가 뒤따르지만 이러한 현상을 볼 수 없는 용균성 phage도 많다). 따라서, 결국 세균 DNA는 완전히 개별 nucleotide로 분해되어 더 이상 복제나 전사 작용이 일어나지 않는다.

감염 후 T4 DNA는 복제하지만 세균 DNA는 복제하지 못한다. T4 DNA 복제에 있어서 흥미로운 점 5가지는 (1) nucleotide가 어떻게 공급되는가 하는 점, (2) cytosine(C)을 대신하여 5-hydroxymethyl cytosine(5-HMC)이 만들어 진다는 점, (3) cytosine이 DNA 합성에 사용되지 않게 된다는 점, (4) DNA가 glycosylation 된다는 점, (5) 어떤 효소들이 DNA 복제에 관여하는가 하는 점이다. (1)에서 (4)까지는 아래에 기술된다. (5)는 다음 장에서 다룬다.

### 1. T4 DNA nucleotide의 공급원과 세균 DNA의 분해

T4 phage 성장 사이클의 초기에 세균 DNA가 dNMP로 분해된다. 이는 phage의 2가지 DNA endonuclease, 즉 *denA*와 *denB*에 의해 수행된다. Cytosine을 함유하는 DNA만 분해하는 이 두 효소가 먼저 세균 DNA를 이중가닥의 DNA 조각으로 자르면, phage의 exonuclease가 이를 dNMP로 완전히 분해한다. 그 후 대장균 효소가 이들을 각각 dNTP로 전환하는데, 이는 T4 DNA 분자 30개를 합성할 수 있는 양이다. DNA 원료물질은 *de novo* 합성에 의해 생산되기도 하지만, 충분한 양의 dNTP 생산을 위해서, 대장균 효소와 거의 동일한 활성을 갖는 phage 효소도 5가지나 만들어진다.

### 2. 5-HMC 합성

T4 DNA에는 cytosine 대신 HMC가 들어있다. 그러나 대장균은 HMC를 만드는 효소가 없다. Phage에 있는 두 효소가 dCMP를 dHDP(deoxyhydroxymethylcytidine diphosphate)로 전환하고, dHDP는 대장균의 triphosphate를 합성하는 효소인 nucleoside diphosphate kinase에 의해 dHTP로 바뀌는데, 이 dHTP가 결국 HMC로 바뀐다.

### 3. T4 DNA에 cytosine이 들어가는 것을 방해

T4 DNA polymerase는 dCTP와 dHTP를 구별하지 못하고 guanine과 수소결합을 통해 염기쌍을 형성시킬 수 있다. 만약 새로이 생성되는 T4 DNA에 cytosine이 들어가게 되면 대장균 DNA 분해목적으로 존재하는 T4 자신의 endonuclease(앞서 기술한 *denA* 와 *denB*)에 의해 phage 자신의 DNA도 분해되는 될 것이다. 또한 cytosine이 들어간 T4 DNA는 감염의 후반기에 전사되지 않는다. 그러므로 T4 DNA에 cytosine이 들어가지 못하게 해야 하는데, 이러한 기능은 대장균에 없으므로 T4 스스로 이런 기능의 효소들을 가지고 있는 것이다.

Cytosine이 DNA 합성에 이용되려면 dCMP가 dCDP로, 또 dCTP로 바뀌어야 하는데, dCTPase라는 phage 효소가 있어 dCDP와 dCTP를 dCMP로 분해한다. 이는 dCTP 합성에 ATP가 소모된다는 점을 생각하면 비효율적으로 보인다. 아예 dCTP가 형성되지 못하게 하는 것이 더 경제적일 것 같지만 대장균의 모든 dNTP는 하나의 kinase에 의해 dNDP로 부터 생성되기 때문에 이렇게 하기는 어렵다. 또한, 대장균에서 대부분의 dNDP는 하나의 효소에 의해 NDP의 환원을 통해 만들어지기 때문에 dCMP가 dCDP로 바뀌는 것을 막아도 그 효과가 크지 않다.

Phage 효소 dCMP deaminase 또한 dCMP를 dUMP(dTMP 합성에 사용됨)로 바꾼다. 대장균에도 이와 비슷한 효소가 있지만(그래서 T4에 필수적인 기능은 아니지만) 경제성 면에서 흥미롭다. 대장균과 T4 DNA의 A와 T를 합한 함량은 각각 전체의 50%와 66%이다. 대장균의 dTTP:dCTP 비율은 약 1:1이고 이것은 DNA의 T:C 비율과 일치한다. 반면 dTTP:dHTP 비율과 T4 DNA의 T:HMC 비율은 2:1로서 이는 대장균과 phage dCMP deaminase가 협력하여 dCMP는 농도는 낮추고 dTMP 농도는 높이기 때문이다.

### 4. T4 DNA glucosylation

T4 DNA에 HMC가 있더라도 대장균에는 HMC가 들어간 DNA를 분해하는 효소가 있어 문제가 될 수 있다. 이를 피하기 위해 T4의 HMC는 glucosylation 된다. Phage가 만드는 2개의 효소, α-glycosyl transferase와 β-glucosyl transferase가 uridine diphosphoglucose(UDPG)의 glucose를 DNA에 있는 HMC로 옮기는 이 작용을 수행한다. 즉, DNA 복제 후 변형 작용(post-replicative modification)인 셈이다. 이렇게 glucosylation 된 DNA는 대장균 효소에 의해 잘려지지 않으니 일종의 보호 작용인 것이다. 이것이 glucosylation 의 본질적인 역할임이 간단한 유전학적 실험으로 입증되었다.

완전한 phage 입자생성은 크게 2 과정으로 나눌 수 있는데 (1) 머리와 꼬리 등 구조물을 조립(assembly)하는 것과, (2) phage 유전자 한 세트보다 조금 더 큰 DNA를 머리 안에 봉입(packaging) 시키는 과정이다. T4 및 다른 많은 phage의 조립과정은 주로 2 가지 기법으로 연구되었는데, 완성된 구조물을 만들지 못하는 변이주 pool을 이용한다는 점은 같다. 첫째 방법은 각각의 변이주로 감염시킨 대장균을 깨뜨려 phage 입자를 전자현미경으로 관찰하는 것이다. 이로서 꼬리는 없어도 머리는 만드는 phage가 있는가 하면 그 반대의 경우도 있다. 즉, 서로가 독립적인 과정임을 알 수 있다.

두 번째 기법은 일종의 상보성(complementation) 테스트로서 단백질 정제에 사용되는 방법과 같다. 만약 각각 머리와 꼬리가 없는 2 가지 phage 감염 세포 추출액을 시험관에서 섞으면 완전한 입자가 생성된다(**그림 8.10**). 같은 원리로 '머리가 없는' 추출물을 여러 부분으로 분획하고 이를 각각 '꼬리가 없는' 추출물에 첨가함으로써 꼬리 생성에 필요한 성분을 찾을 수가 있다. 이런 식으로 꼬리 생성의 각 단계

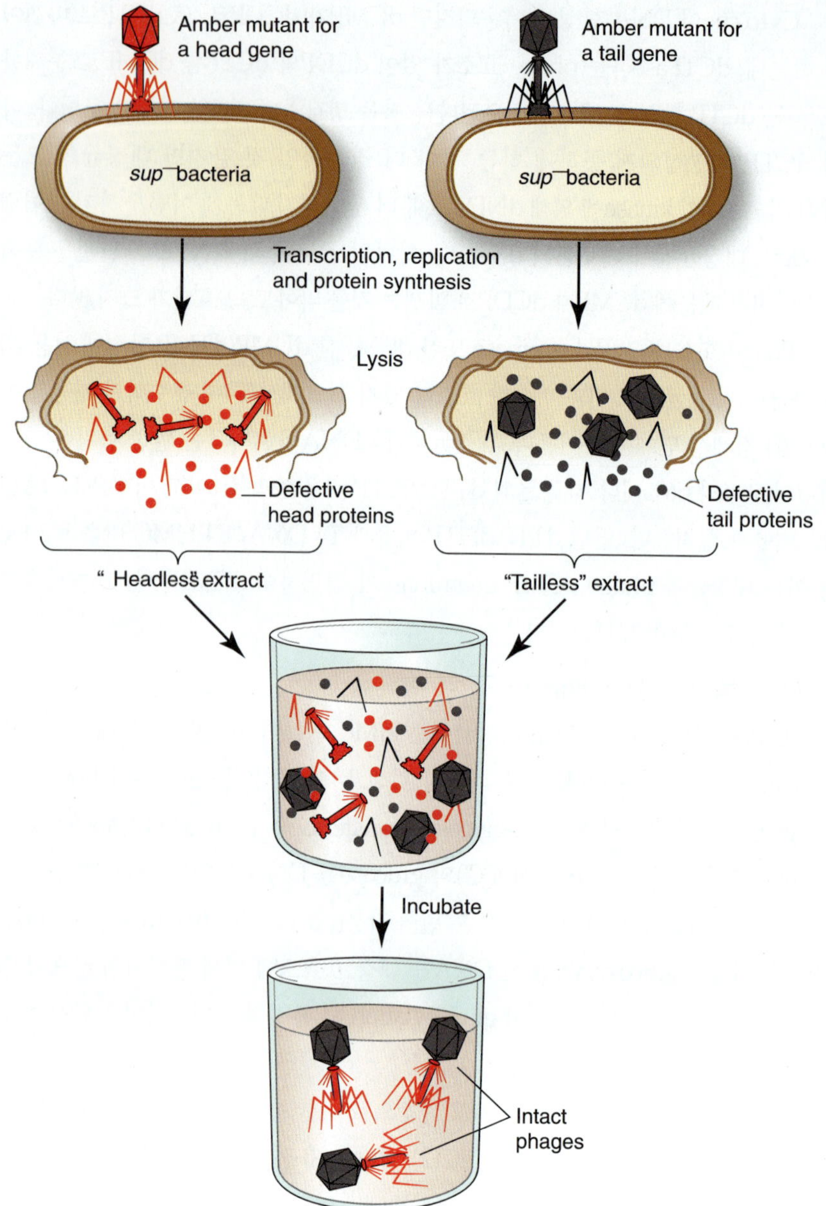


**그림 8.10** 시험관 내 상보성 실험(complementation)에 의한 T4 phage 생산.

에 필요한 단백질들이 어떤 단백질인지 알아낼 수가 있다.

연구결과 phage 조립 성분은 2 가지 타입으로서 (1) **구조 단백질**과 (2) **형태 형성에 필요한 효소**이다. 어떤 구조 단백질들은 스스로 형체를 만들기도 하지만 다른 것들은 효소의 도움이 필요하다. phage 머리 형성에는 숙주 단백질도 몇 개 필요하다. T4의 조립과정은 **그림 8.11** 과 같다.

머리에 봉입되기 전에 phage DNA는 여러 개의 염색체가 길게 연결된 **연쇄체(concatemer)**를 형성한다. 연쇄체 형성은 DNA 복제와 재조합(recombination)의 결과이다. Phage DNA는 세균 감염 직후 선형 이중가닥의 한 시작점에서부터 양 방

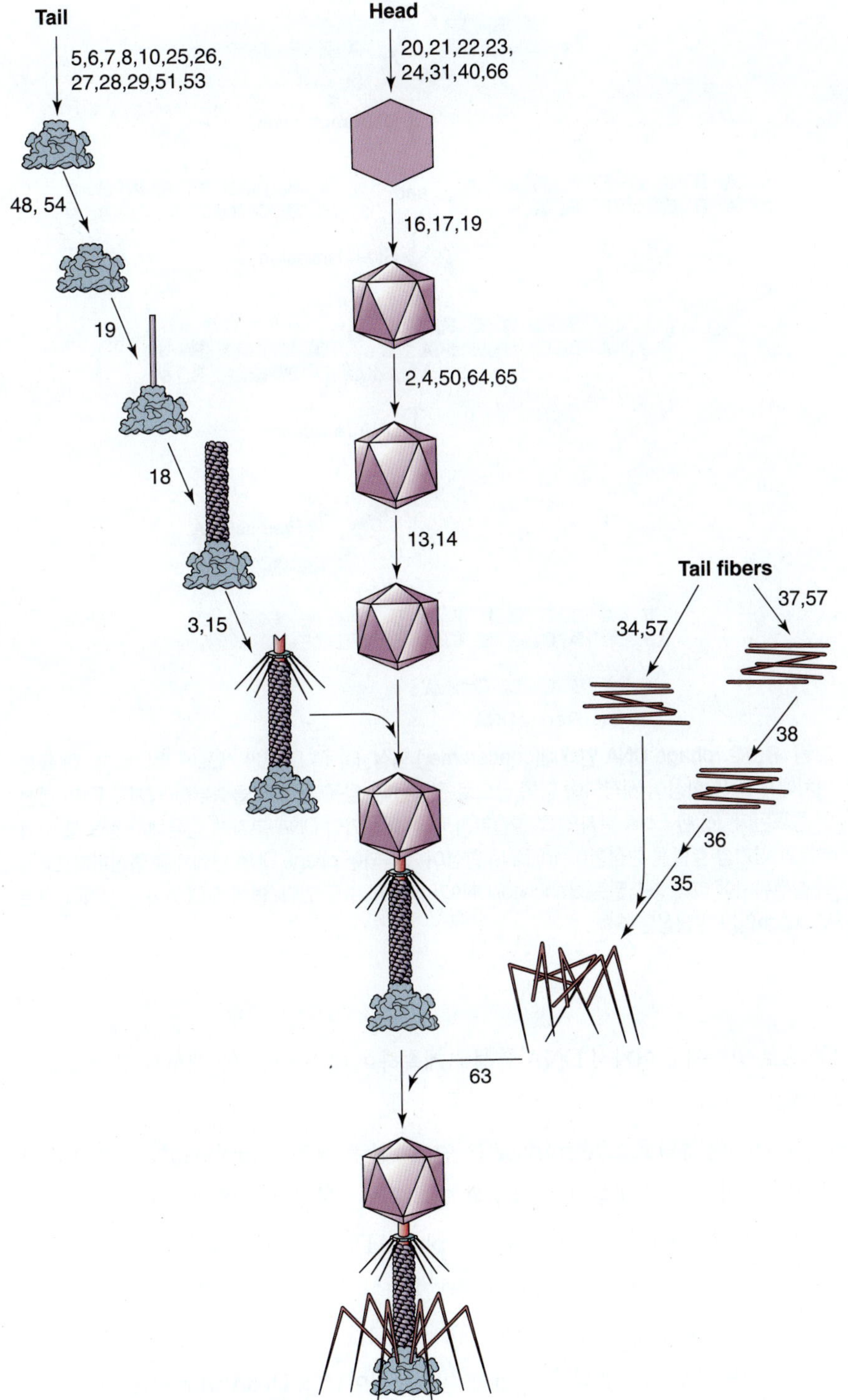


**그림 8.11** **T4 phage 입자형성 경로.** 숫자는 T4 유전자를 표시함.

향으로 복제된다(**그림 8.12a**). 다음 장에서 설명하겠지만 복제된 DNA의 3′ 말단에는(염기쌍을 형성하였던 RNA primer가 제거되어) 단일가닥만 있게 된다. 이렇게 복제된 선형 DNA 사이에 재조합이 일어난다. 즉, 한 DNA의 3′ 말단부분이 다른

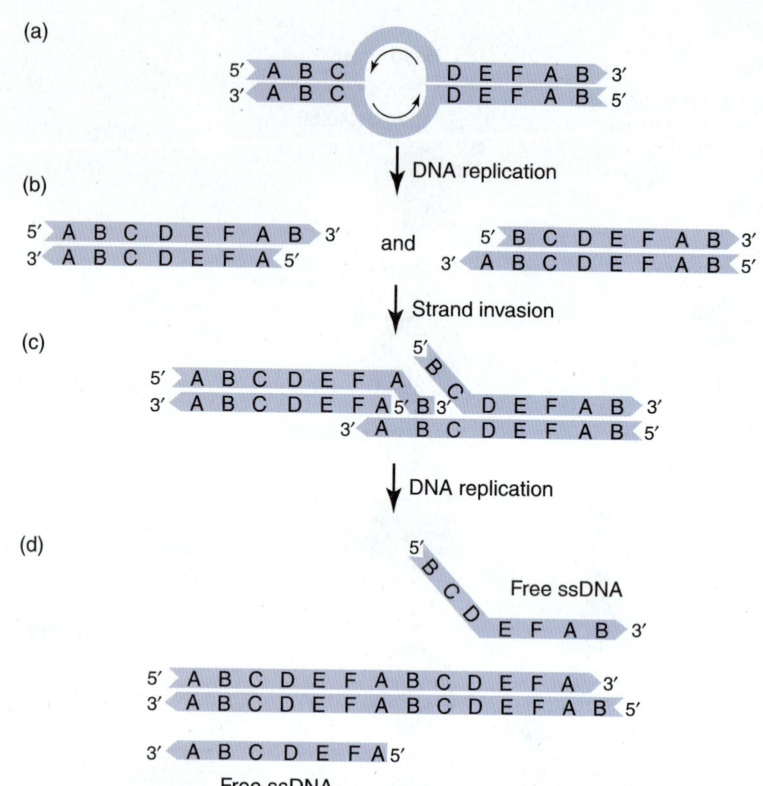


**그림 8.12 phage DNA 연쇄체(concatemer) 형성.** (a) T4 DNA가 세포에 주입된다. (b) 특정 위치에서 DNA 합성이 시작되어 양쪽 끝으로 진행된다. 양쪽 끝에 3′ 돌출부를 남기고 DNA 합성이 종료된다. (c) 한 DNA 분자의 3′ 돌출부가 다른 이중가닥 DNA 분자에 침투해서 상보적 서열 부분과 염기쌍 결합을 형성한다. (d) DNA 합성이 계속되어 phage DNA 연쇄체를 형성한다. DNA의 침투위치에 따라 가지달린(branched) DNA가 생성될 수도 있다. 연쇄체 DNA가 봉입되어 새로운 phage입자가 생성된다.

DNA로 침투해 들어가서 DNA 합성을 계속하여 결과적으로 연쇄체를 형성하게 된다(**그림 8.12b-d**).

Phage의 **종단효소(terminase)**는 연쇄체를 인식하고, prohead라고 불리는 빈 단백질 머리에 삽입될 위치에 맞추어 일단 한 번 연쇄체를 절단한다. 종단효소는 ATP 에너지를 이용하여 음전하를 띠는 phage DNA를 prohead 안으로 삽입한다. 삽입되는 부분이 많아질수록 음전하 상태가 높아지므로 점점 많은 에너지가 소모되는데 대략 $10^5$ ATP 분자가 소모된다. T4 capsid가 꽉 차서 DNA가 더 이상 들어갈 수 없게 되면 종단효소에 의한 두 번째 절단이 일어난다. **Headful mechanism**으로 불리는 이 과정이 말단중복과 원형순열 현상의 원인이다.

머리를 가득 채우고 남은 DNA는 종단효소와 함께 새로운 prohead에 결합한다. 만약 종단효소가 DNA의 특정 염기서열 부위를 자르는 것이라면, T4 DNA는 원형순열 형태가 되지 않는다. 그게 아니라, 1개의 머리에 딱 들어갈 만큼의 크기에 해당되는 위치에 절단이 일어나는 것이다. 여기서 필수 요점은 이러한 T4 입자 하나에 들어맞는 DNA 양이 T4 단백질을 암호화 하는데 필요한 DNA 길이보다 더 길다는 점이다. 그 결과, 연쇄체로부터 절단한 DNA의 첫 부분과 마지막 부분의 DNA가 중복되게 되어 말단중복이 생기는 것이다. 이제 두 번째로 봉입이 되는 DNA의 절단부위는 첫 번째 DNA와는 다르게 된다. 또한 이 두 번째 phage도 역시 말단중복을 갖게 되므로, 세 번째 phage의 경우는 또 다른(제 3의) 위치에 절단이 일어나게 된다. 결국, 하나의 세균에서 원형순열적인(circularly permuted) phage 세트가 집합적으로 생산되는 셈이다.

T4 감염주기의 마지막 단계인 세포용해(lysis)는 급작스럽게 일어난다. 타이밍이 이처럼 정확히 조절되는 이유는 너무 일찍 용해가 일어나면 phage가 충분히 만들어지지 않고 너무 늦게 일어나면 신규 감염을 통해 폭발적으로 증식할 수 있는 기회가 줄어들기 때문이다. 꼬리가 있는 여러 phage와 마찬가지로 2개의 T4 단백질이 용해과정에 필요하다. 첫째는 세균 세포벽을 녹이는 **endolysin**이고, 둘째는 세포막에 통로를 형성하는 **holin**인데 holin 단백질 여러 개가 모여 형성한 통로를 endolysin이 통과하여 세포벽을 용해하는 것이다. 일단 세포벽이 용해되면 삼투압으로 인해 세포가 파괴된다.

## T7 phage는 말단중복은 있으나 원형순열은 없다.

대장균 phage T7은 20면체 머리와 짧은 꼬리를 가지고 있다(**그림 8.13**). DNA는 37,937 bp의 선형 이중가닥이고, 말단중복은 있으나 원형순열은 없고, 56개의 단백질을 암호화 한다. 정상적인 4 가지 염기, 즉 A, T, G, C를 가지고 있다. 염기서열을 보면 경제적임이 드러난다. 예컨대 유전자 사이에 간격이 거의 없거나 있어도 매우 짧아, 유전자 사이 공간이 수백 개의 nucleotide인 세균과 비교된다. 또한, 감염초기에 발현되는 단백질은 아미노산 29개에서 883개 범위로 크기가 다양하나 평균적으로는 세균 단백질보다 작다.

T7의 유전자 배열에 있어 주목할 특징은 유전자들이 기능별로 모여 있다는 점과 그 기능이 필요한 순서에 따라 배열되어 있다는 점이다(**그림 8.14**). DNA의 왼쪽 편 유전자부터 발현되는데 유전자 번호도 이런 순서로 매겨져 있다. 첫째 유전자 gene 0.3 단백질은 대장균 제한효소 *Eco*KI에 붙어 phage 자신의 DNA가 분해되는 것을 방지한다. 그 다음 순서의 몇 개 유전자는 전사조절 기능을 갖고 있다. 그 다음에는 DNA 복제에 필요한 유전자, 또 그 다음에는 phage 입자를 구성하는 유전자가 있다. 맨 뒤에는 새로 만들어진 DNA를 phage 머리에 봉입시키는데 필요한 유전자들이 있다. T7 감염주기의 시간별 진행과정이 **표 8.3**에 정리되어 있다. 이제 그 주요 단계를 설명하고자 한다.

먼저 T7 phage의 꼬리 섬유(fiber)가 세균 세포 표면의 lipopolysaccharide에 붙는다. 이어서 3 단계에 걸쳐 DNA가 들어간다. 첫 단계는 세균에 단단하게 붙은 T7에서 2개의 단백질이 나와 세포막에 통로를 만드는 것으로 시작된다. 뒤이어 이

(a)

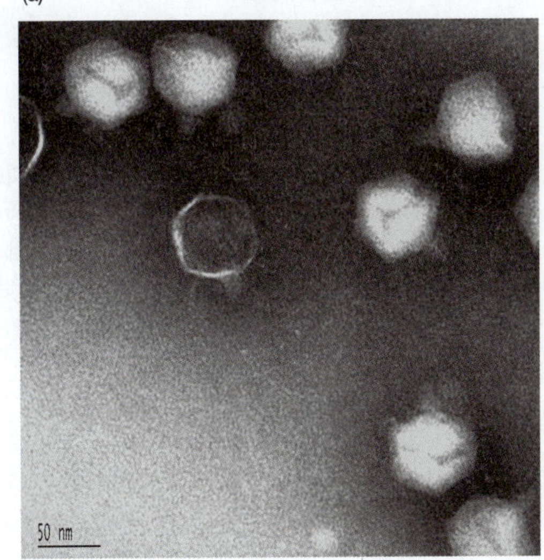


(b)

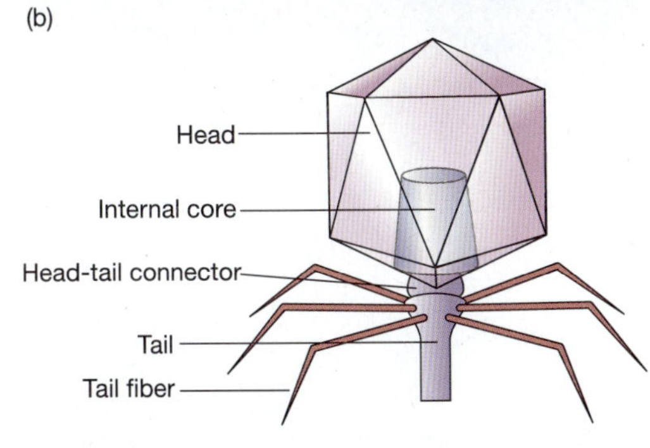


**그림 8.13 T7 phage.** (a) 전자현미경 구조. 꼬리 섬유는 보이지 않음. 표기용 막대의 크기는 50 nm임. (b) T7 입자와 구성 단백질 모식도.

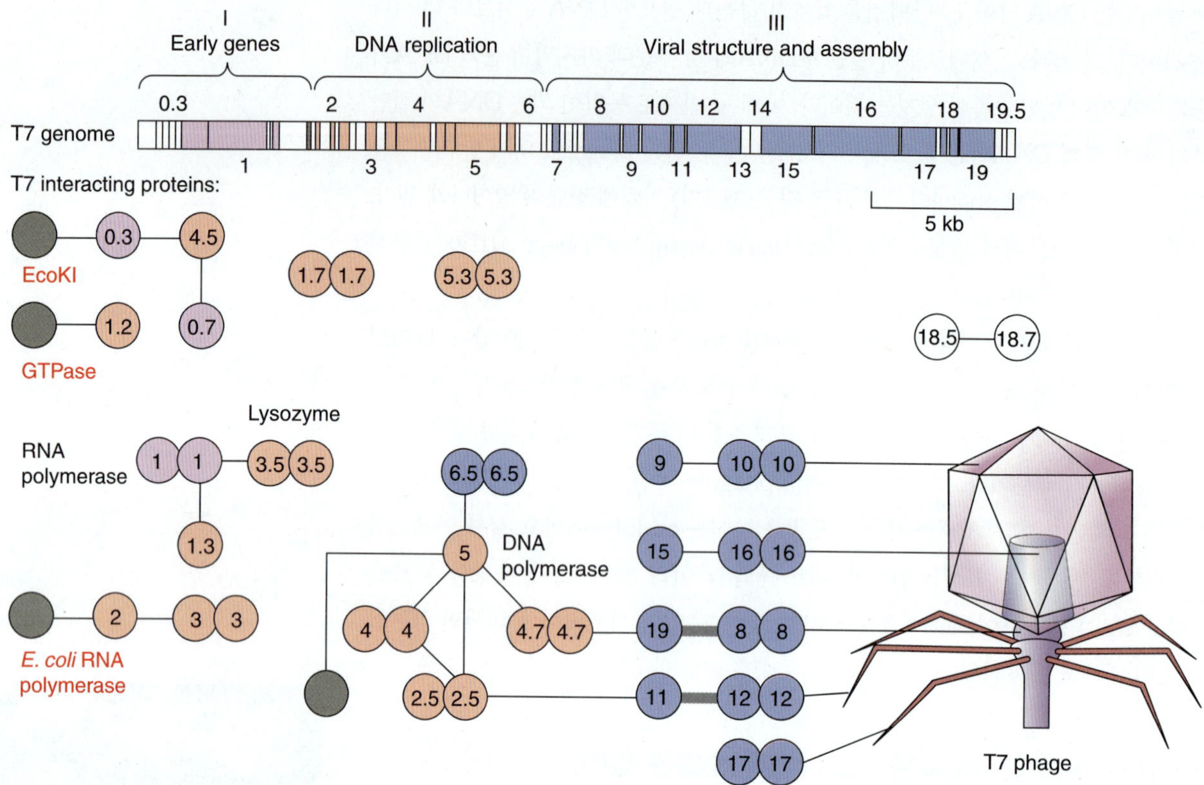


**그림 8.14 Phage T7의 유전자 지도.** 간단한 유전자 지도가 맨 위에 나와 있음. 숫자는 유전자의 위치를 나타냄. 중간에 위치한 유전자는 소수점으로 표시. 위에 I, II, III으로 표시된 바와 같이 기능별로 다른 색으로 구별하였음. 단백질간의 상호작용은 라인으로, 자체 간의 상호작용은 2배체 기호로 표시하였음. 회색으로 표시된 단백질은 대장균 단백질임. 입자형성에 관련된 단백질은 청색으로 표시하였으며 입자에서의 대략적인 위치가 알려진 경우 오른쪽 그림에 표시하였음. 굵은 회색선으로 표시된 상호작용은 예상되기는 하나 아직 확인된 것은 아님. Genetic map modified from Uetz, P., et al., *Genome Res.* 14 (2004): 2029-2033. Copyright 2004, Cold Spring Harbor Laboratory Press. Used with permission of Peter Uetz, Forschungszentrum Karlruhe, Germany.

**표 8.3 T7 phage 생활주기 (30°C 기준)**

| Time (min) | 진행과정 |
|---|---|
| 1 | phage 흡착 |
| 0-1 | phage DNA가 천천히 주입되기 시작 |
| 2 | phage mRNA 합성 시작 |
| 4 | 숙주 전사작용 저해 시작 |
| 8-9 | phage DNA 합성 개시 |
| 8-10 | phage 구조 단백질 합성 시작; phage DNA 주입 완료 |
| 15 | phage 입자 생성 시작 |
| 25 | 세포 용해 및 phage 방출 |

통로는 모터작용을 통해 30°C에서 약 75 bp/sec의 속도로 약 880 bp DNA를 세포 속으로 밀어 넣는다. 2 단계에서는 대장균의 RNA polymerase가(아마도 세포 안에서) 추가로 7 kbp T7 DNA를 약 40 bp/sec의 속도로 세포 안으로 끌어들인다. 3 단

계는 새로 생성된 T7 RNA polymerase가 200~300 bp/sec의 속도로 나머지 DNA를 집어넣는다. T7 DNA의 이동이 이렇게 3단계로 나뉘어져 있어 phage DNA는 숙주 제한효소 *Eco*KI를 방어할 단백질을 만드는데 필요한 충분한 시간을 벌 수 있는 것으로 보인다. 유전자 전사작용이 세포에 주입된 DNA에서 일어난다는 점을 감안할 때 이처럼 DNA가 천천히 주입되는 것은 T7의 중요한 특징이다. 실제로, 아래 설명하는 바와 같이, T7의 전사작용 시기를 결정하는 요소 중 하나가 DNA가 얼마나 빨리 주입되느냐 하는 것이다.

T7의 감염주기는 유전자의 전사작용이 일어나는 시기에 따라 대체로 전기와 후기의 2단계로 나뉜다. 전기에는 대장균의 RNA polymerase가 gene 0.3에서 1.3까지 유전자의 전사과정에, 후기에는 새로 만들어진 T7 RNA polymerase가 사용된다. T7 DNA의 전사과정은 시차적으로 조절되는데, 이에 따라 유전자를 크게 I, II, III 그룹으로 나눈다(그림 8.14). 이 모든 유전자들은 같은 DNA 가닥에서 전사되는데 DNA의 오른쪽(right) 방향으로 전사작용이 일어난다고 해서 r 가닥이라 부른다. 그룹 I에 속한 유전자들이 대장균 RNA polymerase에 의해 전사되고, 전기 mRNA를 구성한다.

그룹 I 유전자의 전사는 감염 2분 후부터 일어나는데, 이렇게 시간이 걸리는 이유는 아마도 DNA가 천천히 주입되기 때문일 것이다. 대장균 RNA polymerase에 의해 매개되는 이 과정은 gene 1.3 바로 다음에 멈춘다. 그룹 I 유전자의 RNA들은 대장균의 RNaseIII에 의해 5개의 mRNA로 절단되지만, 실험실 조건에서 이 과정은 필수적인 것은 아니다. 즉, RNaseIII가 없는 변이주 대장균의 경우, RNA 절단은 없지만 phage 생성은 정상이다. 자연환경이거나 다른 숙주에서는 이 기능이 필요할 수도 있겠다.

그룹 I 유전자로부터 여러 개의 단백질이 발현된다. 단백질 인산화 효소(protein kinase)가 그 중 하나(gene 0.7)인데 대장균의 RNA polymerase를 인산화하여 활성을 없앤다. 이로 인해 대장균 유전자의 발현이 감소하게 되는데 이것이 phage가 세균을 제압하는 첫 번째 수단이다. 대다수의 연구용 대장균 감염에는 gene 0.7의 기능이 반드시 필수적인 것은 아닌데, 이는 금방 설명하겠지만, 대장균 RNA polymerase를 저해하는 다른 단백질이 추후에 생성되기 때문이다. 그룹 I 에 속하는 2 번째 단백질은 T7 RNA polymerase(gene 1)로서, 이후 모든 phage 유전자의 발현을 담당하는 필수적 유전자이다.

그룹 II와 III에 속하는 RNA들은 T7 RNA polymerase에 의해 합성되는데 그룹 II가 먼저, 그룹 III가 나중에 만들어진다. 이 두 그룹 RNA의 합성시점이 다른 것은 그룹 II DNA가 III 보다 몇 분 먼저 세포 안으로 들어가기 때문이다. 앞서 언급한 제 2의 대장균 RNA polymerase 저해 단백질이 그룹 II에 속한다. 앞서 gene 0.7의 단백질 인산화효소에 의해 저해되기 시작한 대장균 RNA polymerase는 이 제 2의 저해단백질로 인하여 완전히 불활성화 된다. 그 결과 감염시작 8분 후부터는 대장균

RNA는 전혀 만들어지지 않고 완전히 phage 위주의 상황이 된다. 물론 대장균 RNA polymerase에 의존하는 그룹 I RNA도 더 이상 합성되지 않는다. Phage 감염을 완성시키는데 필요한 충분한 양의 T7 RNA polymerase가 이미 만들어진 시점에서 이를 계속 합성하는 것은 비경제적인 것이다.

그룹 III 유전자들은 구조 단백질에 해당하는데 DNA 복제에 필요한 그룹 II 단백질들에 이어서 바로 발현된다. 이는 phage 입자의 조립과 복제된 DNA의 봉입이 너무 빠르면 복제가 중단되거나 최소한 양적으로 상당히 감소할 가능성이 있다는 점에서 일견 비효율적으로 보인다. 구조단백질 합성이 DNA 복제효소 합성에 비해 늦게 일어나는 T4의 경우와는 대조적인 상황이다. T7 DNA는 작아서 DNA 복제에는 20초도 안 걸리는 반면, 입자의 숙성(maturation)에 관여하는 단백질들(gene 18과 19)은 늦게 합성되고 머리의 조립과정도 느리다. Phage DNA가 복제되어 형성된 긴 일자형 연쇄체 DNA는 절단되어 prohead에 봉입된다. 그룹 II RNA 합성은 감염 15분 후에 멈춘다. 이 유전자 중 하나인 gene 3.5는 T7 RNA polymerase에 붙어 저해작용을 할 뿐만 아니라 세포벽을 녹이는 endolysin 역할도 하는 이중 기능 단백질이다. Endolysin 역가는 phage 감염 직후부터 세포질에서 검출되지만, 용해작용의 표적인 세포벽에 도달하려면 세포막을 통과해야 한다. Holin이 만들어지는 감염 후기가 되면 이 상황은 바뀐다. Holin이 세포막에 형성한 통로를 타고 endolysin이 세포벽에 도달하게 되어 세포 용해가 일어난다.

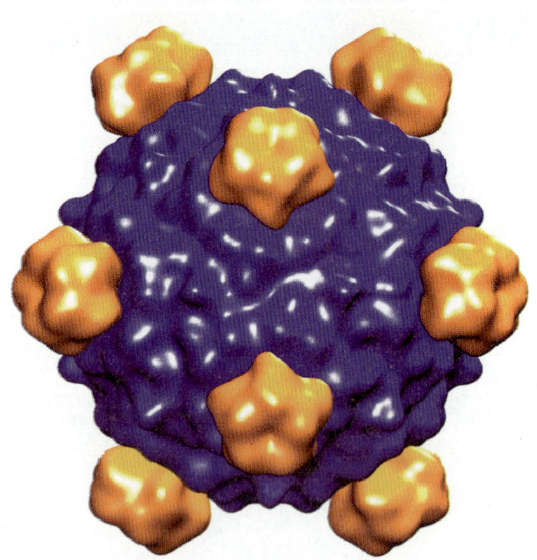

**그림 8.15 φX174 phage입자.** capsid 단백질(푸른색) 및 spike 단백질(노랑색).

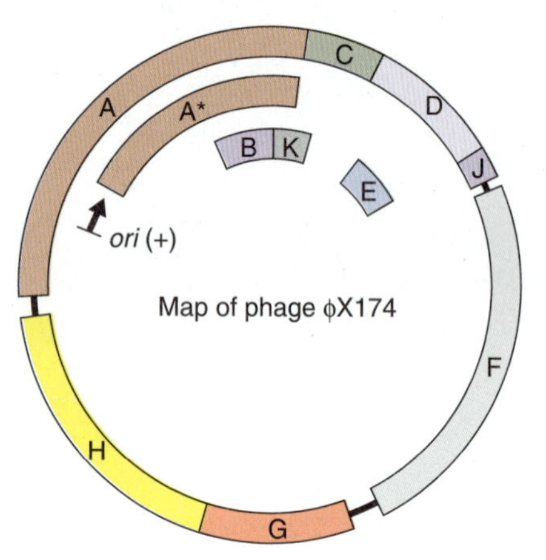


| Gene | Function |
|---|---|
| *ori* | Origin of plus strand replication |
| Gene A | RF replication |
| Gene A* | Shut off host DNA synthesis |
| Gene B | Capsid morphogenesis |
| Gene C | DNA maturation |
| Gene D | Capsid morphogenesis |
| Gene E | Cell lysis |
| Gene F | Major coat protein |
| Gene G | Major spike protein |
| Gene H | Minor spike protein, adsorption |
| Gene J | Core protein, DNA condensation |
| Gene K | Function unknown |

**그림 8.16 φX174 phage의 유전자 지도.** New England Biolabs, Inc.의 설명으로부터 채택.

## Phage φX174 DNA는 원형의 단일가닥이다.

대장균 phage φX174(φ는 그리스어 phi, X는 로마숫자 10)는 지름 약 32 nm의 20면체 머리에 원형의 단일가닥 DNA가 들어 있다(**그림 8.15**). Phage DNA의 길이는 5,386 nucleotide이고 단지 11개의 단백질만이 암호화 되어 있는데(**그림 8.16**), 이들은 모두 단백질의 존재가 확인되었다. 이들 단백질을 구성하는 아미노산을 다 합하면 이 작은 phage DNA가 암호화 할 수 있는 역량보다 더 크다. φX174는 프레임을 달리함으로서 단백질을 중복적으로 암호화 할 수 있도록 효율적으로 진화한 것이다. 예컨대 gene A는 gene B 및 gene K와 일부 DNA를 공유한다.

φX174는 대장균 세포외막의 lipopolysaccharide 수용체에 결합하여 단일가닥의 DNA와 최소한 1개의 돌출(spike) 단백질을, 바로 그 spike에 있는 통로를 통해 대장균의 외막과 내막 사이 공간(periplasmic space)으로 밀어 넣는다. DNA가 내막을 통과하게 되면 DNA와 단백질 합성이 일어나게 되고 새로운 phage 입자가 형성된다. φX174에 대하여 많은 사실이 알려졌지만 이 장에서는 DNA 복제에 관련된 몇 가지 측면을 보다 자세히 보고자 한다.

φX174 DNA가 복제되는 방식이 특별히 흥미로운 것은 이 phage가 자신의 유전체와 동일한 단일가닥 DNA를 만드는 문제를 어떻게 해결하는가 하는 점이다. 자신과 똑 같은 형태의 DNA를 단 번에 만들 수 없다는 것은 분명하다. 단일가닥 DNA의 복제를 설명할 때는 다음과 같은 용어가 사용된다. Phage 입자에 들어있는

DNA는 mRNA와 같은 염기서열을 가진다는 점에서(+) 가닥이라 한다. 이와 상보적인 서열의 DNA를 (–) 가닥이라 부른다. ϕX174의 복제는 아래와 같이 몇 단계로 진행된다.

1. **공유결합으로 이어진(covalently closed) 이중가닥 DNA 합성.** Phage의 원래 DNA인 (+) 단일가닥은 **RFI(replicative form I)**이라 불리는 이어진 이중가닥으로 전환된다. 이 과정은 전사작용이 일어나기 전에 일어나므로 전적으로 숙주세포에 의존한다. 새로 합성된 DNA, 즉 (–) 가닥 만 전사작용에 사용된다. (+) 가닥을 RFI으로 바꾸는 효소작용은 다음 장에서 다룰 것이다.
2. **여러 개의 RFI 합성.** (–) 가닥이 전사됨에 따라 복합기능을 갖는 gene A 단백질이 만들어진다. A는 (+) 가닥의 4305와 4306 염기 사이를 자르고 절단부의 5′-인산기에 공유결합으로 붙는다(**그림 8.17**). 이처럼 실밥이 터진 모양의 DNA를 **RFII**라 부른다. DNA polymerase 등 phage 감염 전부터 있던 대장균 단백질들에 의해 RFII의 3′ 말단에 회전고리(rolling circle) 방식으로 DNA가 이어서 합성됨에 따라 (+) 가닥은 밀려나게 되고, 잘려진 후 원형으로 다시 이어지고, 이에 다시 새로운 (–) 가닥이 합성되어 RFI이 된다.
3. **(+) 가닥의 생성과 입자봉입.** (+) 가닥이 생성되는 과정은 RFI이 생성되는 과정과 별개로 나누어져 있지 않고 RFI으로부터 생성되는 (+) 가닥이 (–) 가닥 합성을 시작하기 전에 입자봉입 시스템에 의해 선점되는 식이다. 그러나

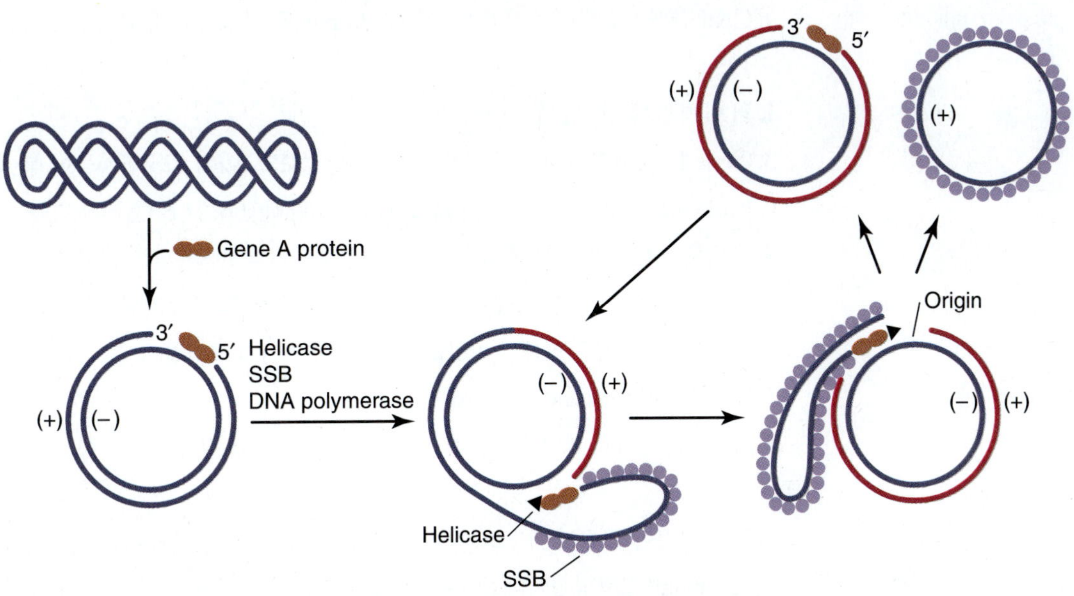


**그림 8.17 ϕX174 phage의 DNA 복제.** 바이러스 입자에 있던 단일 (+) 가닥 DNA가 완전히 닫힌, 꼬인 이중가닥 DNA로 전환됨. Gene A 단백질이 꼬인 DNA의 (+) 가닥을 자르고 5′ 말단에 결합함. 회전고리 방식으로 DNA 복제가 진행되어 새로운 가닥(붉은 색)이 생성되고 밀려난 (+) 가닥은 여전히 A 단백질과 결합된 상태로 SSB와 결합함. (+) 가닥이 완전히 밀려나게 되면 A 단백질에 의해 절단되고 새 사이클이 시작됨. (–) 가닥은 절단되지 않음.

이 과정은 RFI이 30-40개 정도 생성된 후에야 비로소 일어난다. 이 때 쯤에는 rolling circle 방식의 DNA 복제가 활발하게 일어나 새로운 RFI도 생성되고, 일부 (+) 가닥의 봉입도 일어나는 것이다. 이 시점에 숙주의 DNA 합성은 완전히 멈추는데, 이는 A 단백질의 어떤 미상의 기능 때문이기도 하고 한편으로는 숙주의 모든 DNA polymerase가 phage DNA 합성에 참여하기 때문이기도 하다. 점점 많은 양의 머리가 생성됨에 따라 새로 생겨난 모든 (+) 가닥은 봉입되고, (+) 가닥이 고갈됨에 따라 RFI 합성은 멈춘다. (+) 가닥의 봉입과정은 아래에 설명된다.

ϕX174의 전사는 3개 위치에서 시작되는데, 이 3 곳에서 동시에 활성화 된다. Lysozyme 활성이 나타나는 것이 지연된다는 점 외에 특별한 시차조절은 필요하지 않다. 모든 유전자는 (–) 가닥에서 전사되므로, (–) 가닥이 만들어지기 전에는 전사작용이 일어나지 않는다. 전사작용이 시작된 후에도 충분한 양의 머리가 만들어져서 봉입과정이 시작되기 전까지는 RFI 합성은 줄어들지 않고 계속된다. ϕX174 DNA는 작기 때문에 머리 단백질이 합성되어 조립되기 전에 DNA 복제가 여러 번 일어난다(감염 후 완전한 phage 입자가 새로 생겨나는 데는 10분 정도 걸린다). Lysozyme 역가가 천천히 나타나는 것은 단백질 합성(번역)이 더디고 또 이 효소의 활성이 그다지 높지 않기 때문이다. 세포가 용해되는 것은 감염 후 30분이 지나서인데, 약 500개의 phage 입자가 생성된 후이다.

ϕX174의 봉입과정에는 7가지 단백질이 필요한데, 이 중 4개는 입자에 남게 된다. 그 과정은 다음과 같다(**그림 8.18**).

1. Coat 단백질 F와 G는 각각 5립체(pentamer)를 형성하고, B 단백질과 함께 12S 입자를 형성한다.
2. H 단백질이 12S 입자에 더해진다.
3. Gene D 단백질이 먼저 골격(frame)을 형성하고, 이에 12S 입자들이 붙어 prohead를 만든다. 그러니까 prohead에는 단백질 B, D, F, G, H가 있다.
4. 그림처럼 C 단백질이 RFII에서 밀려나는 (+) 가닥 DNA의 5′-말단에 붙어 prohead 쪽으로 DNA를 유도한다. 아마도 이 전부터 (+) 가닥 DNA에 붙어있던 J 단백질은 이제는 prohead 안에서 DNA가 모양을 갖추도록 한다.
5. B 단백질이 prohead에서 분리된다.
6. A 단백질은 (+) 가닥 DNA를 rolling circle로부터 잘라내고 원형으로 잇는다.
7. D 단백질이 떨어져 나오고(아마도 머리가 완성되어 닫힘에 따라 자동적으로) phage 입자형성이 완료된다.

감염의 최종단계인 세포용해(cell lysis)에는 91개의 아미노산으로 된 gene E 단백질이 필요하다. E 단백질이 세포벽을 직접 용해하는 능력이 있는 것 같지는 않으므로 뭔가 다른 방식에 의한 것이다. 그것이 무엇인지는 아직 모르나 1가지 중요한

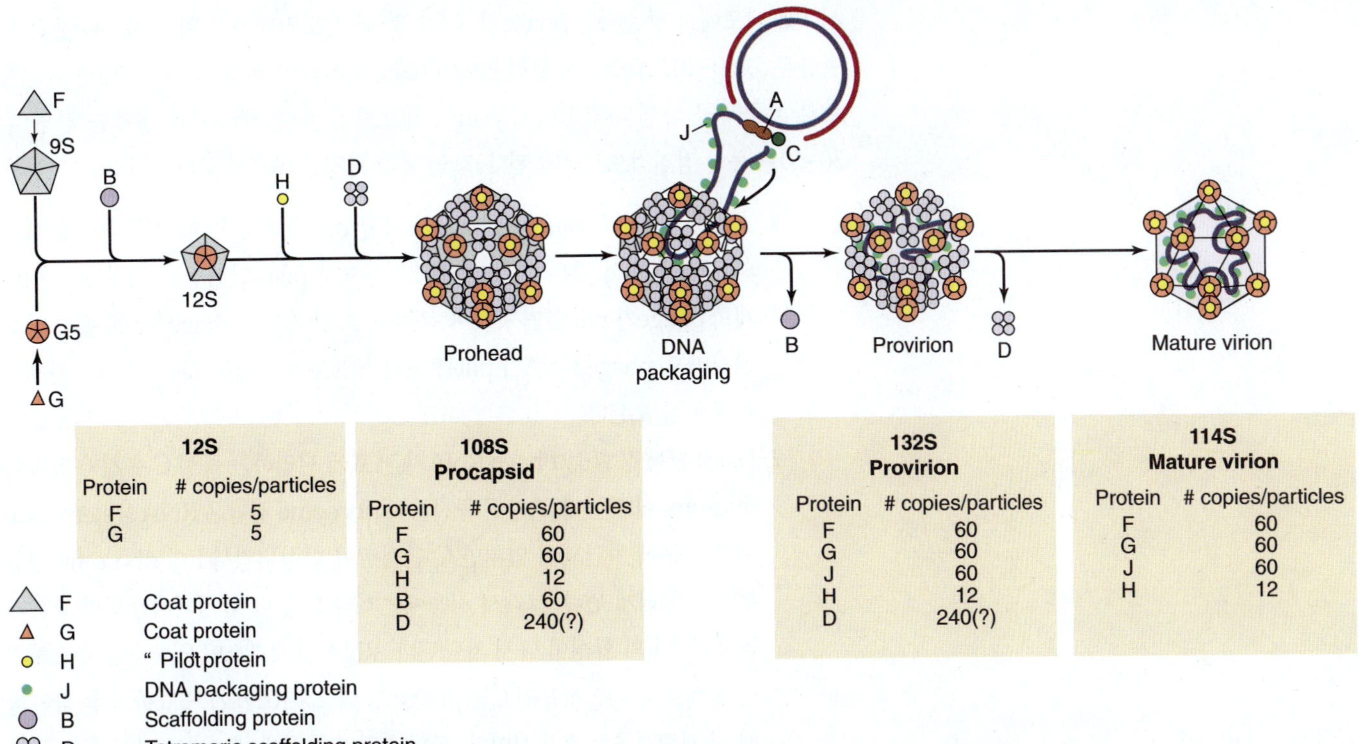


**12S**

| Protein | # copies/particles |
|---|---|
| F | 5 |
| G | 5 |

**108S Procapsid**

| Protein | # copies/particles |
|---|---|
| F | 60 |
| G | 60 |
| H | 12 |
| B | 60 |
| D | 240(?) |

**132S Provirion**

| Protein | # copies/particles |
|---|---|
| F | 60 |
| G | 60 |
| J | 60 |
| H | 12 |
| D | 240(?) |

**114S Mature virion**

| Protein | # copies/particles |
|---|---|
| F | 60 |
| G | 60 |
| J | 60 |
| H | 12 |

**그림 8.18 ϕX174의 입자 조립 경로.** coat 단백질 F와 G는 각각 오합체(pentamer)를 형성하고, 골격형성 단백질 B와 연합하여 12S 입자를 형성. 여기에 H와 D 단백질이 추가로 결합하여 prohead를 형성함. C 단백질이 회전고리에서 밀려난 (+) 가닥의 5′ 말단에 결합하여 DNA를 prohead에 삽입함. J 단백질이 머리 내부에서 phage DNA의 구조를 공고히 함. A 단백질이 회전고리로부터 (+) DNA를 잘라내어 자체적으로 연결함. D 단백질이 떨어져 나와 입자 형성이 완료됨.

단서는 세포 용해가 일어나려면 세포 성장이 있어야 한다는 것이 관찰되었다. 이는 E 단백질이 정상적인 세포 성장 과정에서 세포벽을 합성하는 효소를 변형시켜 더 이상 세포벽을 합성하지 못하게 함을 암시한다.

## 어떤 phage들은 단일가닥 RNA를 갖고 있다.

1960년 Norton Zinder와 Timothy Loeb는 $F^-$ 대장균(F-pili가 없음)은 감염하지 않고 $F^+$와 Hfr 대장균만 감염하는 phage가 있는지 조사하였다. 그들은 뉴욕시의 하수도 속에 이러한 phage가 여럿 있음을 발견하였는데, 이 중 하나인 f2 phage는 DNA가 아니라 단일가닥 RNA 유전체를 갖고 있음이 나중에 밝혀졌다.

뒤이어 R17, MS2, Qβ 등 단일가닥 RNA를 가진 phage들이 더 발견되었다. 이 phage들은 모두 꼬리가 없는 20면체로(**그림 8.19**) 약 3,600~4,300 nucleotide의 RNA를 갖고 있는데 이는 단일가닥 RNA로서 분자 자체에 수소결합이 많다. **그림 8.20**과 같이 MS2 RNA에는 숙성(maturation) 단백질 (A), coat 단백질 (C), RNA 의존적 RNA polymerase (P), lysin (L)의 4개 유전자가 있다. MS2 phage 입자 당 180개의 C 단백질과 1개의 A 단백질이 있다. phage RNA는 복제 주형(template)인 동시에 mRNA 기능도 한다. 보통 DNA phage들의 방출량(burst size: 1회 감염

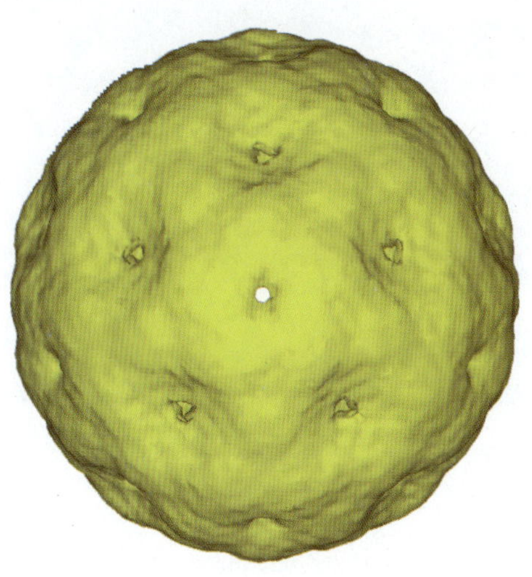

**그림 8.19** MS2 phage의 동결전자현미경 구조.

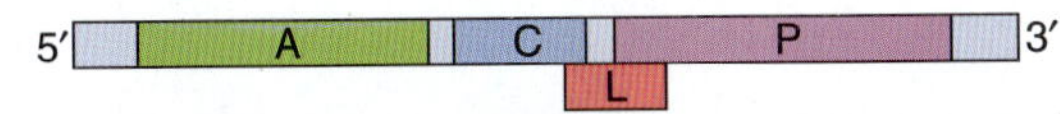


**그림 8.20 MS2 phage RNA의 유전자 지도.** 유전자: A, maturation; C, coat; L, lysin; P, RNA polymerase. L 유전자는 C와 P 유전자와 겹쳐있다.

시 1개 세포에서 방출되는 phage의 수)가 몇 백 정도인데 비하여 이 phage들의 방출량은 5,000~10,000으로 월등히 높다. Phage 입자들이 세포 내부에 거대한 결정형으로 차곡차곡 나열되어 있다. Lysin이 세포벽을 부수는데, 세포 용해는 감염 후 30~60분 동안 점진적으로 진행된다. 감염의 각 과정은 아래와 같다.

1. *세포에 흡착(adsorption).* Phage가 세균 pili에 붙는데 pili는 F+나 Hfr 세포의 표면에 삐어 나온 긴 필라멘트 모양으로 pilin 단백질로 되어있다. 여러 개의 phage가 pili 측면 곳곳에 붙는다. A 단백질은 phage의 pili 흡착을 촉진시키고, phage RNA가 pili를 통해 세포로 이동하는 것을 돕는다. 자세한 과정은 잘 모른다.
2. *Phage 단백질 합성.* Phage RNA가 세포에 진입하는 즉시 C 유전자 앞쪽에 ribosome이 붙는다. A와 P 유전자의 ribosome 결합은 RNA의 stem-loop 구조 때문에 차단되어 있지만 C 단백질이 합성되면서 P의 ribosome 결합 부위는 열리게 된다. 그래서 처음에는 C와 P 둘 다 합성되지만 C의 농도가 높아지면 P의 합성이 다시 차단된다. RNA 복제효소인 P는 소량 필요하지만 phage의 구조 성분인 C는 phage 당 약 $2 \times 10^6$ 개가 필요한 점을 감안할 때 이 저해작용은 효율적이다. A 단백질의 합성에 대해서는 잠시 후에 설명하겠다.
3. *RNA 복제*(**그림 8.21**). RNA phage 복제효소 중에서는 가장 많이 연구된 Qβ의 RNA 복제효소는 P 단백질 1개와 숙주 단백질 3개로 이루어진 사합체(tetramer)이다. 여기에 참여하는 숙주 단백질은 단백질 합성과정에서 ribosome에 아미노산-tRNA를 운반하는 EF1A(translation elongation factor), EF1B 및 ribosome 단백질 S1(20장 참조)이다. RNA 복제효소는 phage의 (+) 가닥으로 (–) 가닥을 만든다. 합성 진행 중에 (–) 가닥과 (+) 가닥은 합성이 일어나는 위치에서만 서로 결합되어 있고, 따라서 전체 RNA 모양 중 대부분은 단일가닥 형태이다. 최초의 (–) 가닥 합성이 완전히 끝나기 전에 여러 번의 (–) 가닥 합성이 개시되기 때문에 전체적으로는 나뭇가지 모양이다. 완성된 (–) 가닥은 떨어져 나오고, 이에 즉시 복제효소가 붙어 (+) 가닥합성에 사용된다. 일부 (+) 가닥은 입자에 봉입되고 일부는 ribosome에 붙어 C 단백질을 더 생산한다. 입자에는 전적으로 (+) 가닥만 들어간다.
4. *A 단백질 합성.* RNA 내부 염기 간 결합 때문에 A 유전자의 ribosome 결합 부위는 항상 막혀있지만, (–) 가닥에서 (+) 가닥이 합성되는 초기에, 짧지만 이 부위가 열리게 되어 A 단백질이 합성된다. 금방 닫히므로 단백질 합성은 1~2회만 가능하다. 따라서 A 단백질의 농도는 (+) 가닥의 농도와 비슷한데, phage 입자 1개당 A 단백질 1개만 필요하므로 이런 조치는 경제적이다. 각각의 A 단백질은 RNA 한 분자와 결합하고 다음 번 감염 때 RNA와 함께 세포 속으로 들어간다.

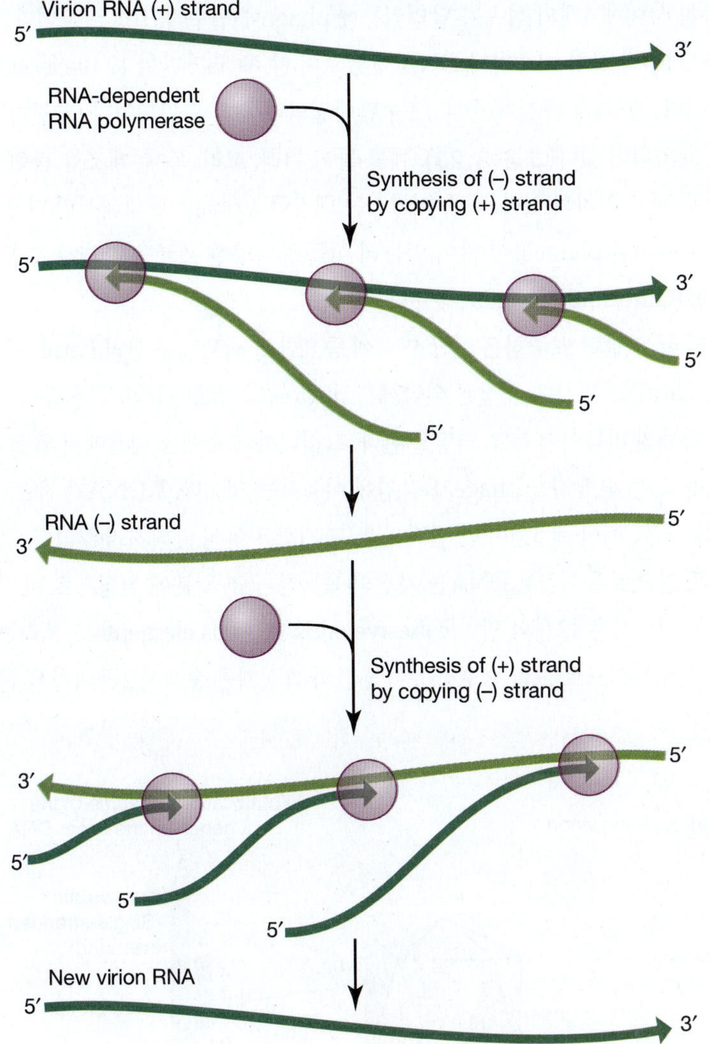


**그림 8.21** RNA 의존적 RNA polymerase에 의한 phage RNA 복제.

5. *입자조립.* C 단백질이 새로 만들어진 (+) 가닥 주변에 스스로 모여들어 20면체 입자를 형성한다.
6. *세포용해.* 약 10,000개의 입자가 형성되면 세포용해가 일어난다. 어떤 phage는 lysin처럼 세포벽을 녹이는 단백질을 이용하고, 다른 phage는 세포벽 합성을 저해하는 단백질을 이용한다.

## 8.4 온건성(temperate) phage

### 대장균 λ phage는 용균성(lytic) 또는 용원성(lysogenic) 감염을 한다.

대장균의 λ phage(λ는 그리스어 lambda)는 20면체 머리와 수축성은 없으나 길고 유연한 꼬리를 갖고 있는데 꼬리 말단에 뾰족한 침을 가지고 있다(**그림 8.22**). 꼬리

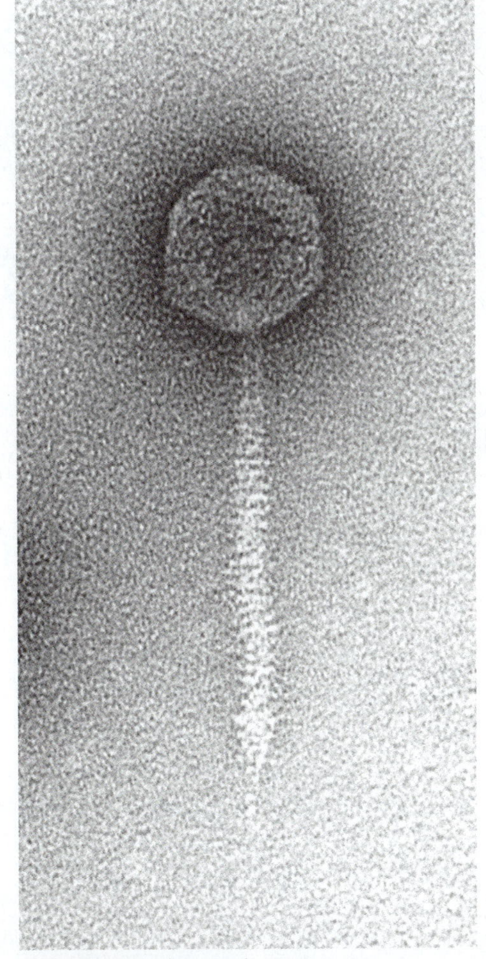

**그림 8.22** phage λ의 전자현미경 구조

와 뾰족침 사이에 4개의 섬유가 달려있는데 phage에 필수적인 것은 아니다. 머리에는 48,502 bp의 선형 이중가닥 DNA가 있으며 양 쪽 5′-말단의 12 nucleotide는 단일가닥이다. 총 63개 유전자 중 45개는 단백질의 존재가 확인되었다. 유전자들은 기능별로 배치되어 있다(**그림 8.23**). 예를 들어 머리, 꼬리, 복제, 재조합 관련 유전자들이 그룹 별로 위치해 있다. 비록 여기서는 대장균 λ phage에 대해서만 다루겠으나 이외에도 유사한 phage들이 많이 있는데 이들은 다양한 세균을 감염하고 전체적으로 **λ 계통(lambdoid)** phage로 불린다.

꼬리 끝에 달린 뾰족침은 세균 인식에 중요한데 세포막 표면의 LamB 단백질에 붙는다. LamB는 평소에 대장균 외막에서 maltose나 maltodextrin과 같이 작은 친수성 분자들의 비특이적 통로 역할을 한다. 그러니까 평소에는 세균에서 완전히 별개의 기능을 하는 단백질을 phage가 감염에 이용하는 것이다. λ DNA가 세포에 진입하는 데는 37°C에서 채 5분이 안 걸리지만, 그 기작은 아직 밝혀지지 않았다.

세포 안으로 들어간 λ DNA는 자신의 독특한 구조 덕분에 원형으로 바뀐다. 즉, 5′-말단에 튀어나온 12개의 염기(**cohesive ends** 또는 **cos elements**로 불리는) 서열이 서로 상보적이므로(**그림 8.24a**), 이들 간의 짝짓기를 통해서 2군데가 터진(nick)

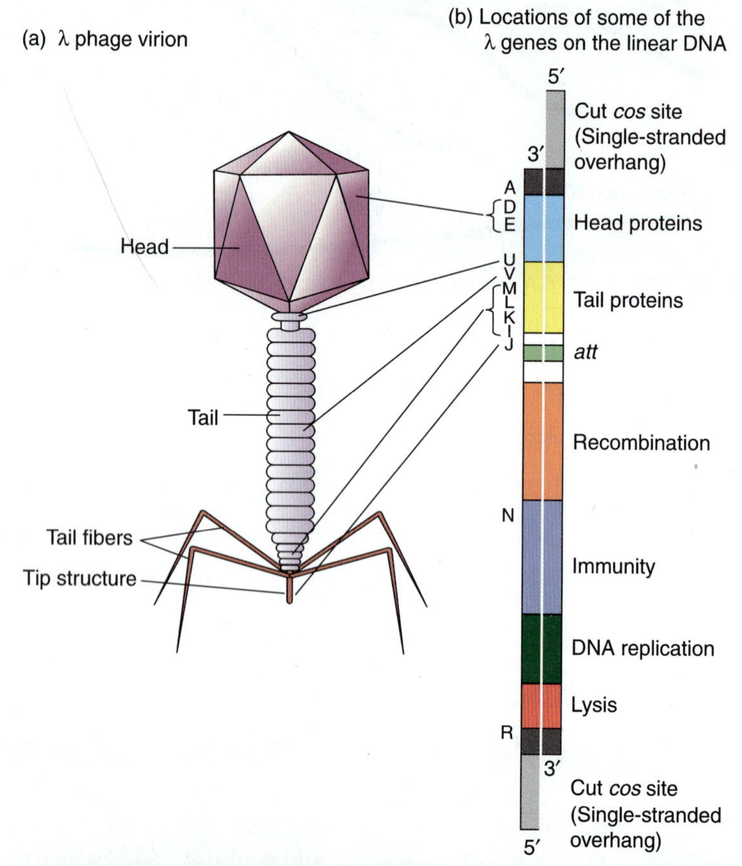


**그림 8.23 Phage λ 및 일부 구조단백질 유전자 위치.** (a) phage λ 모식도. (b) phage 입자를 구성하는 몇몇 구조 단백질 유전자의 위치

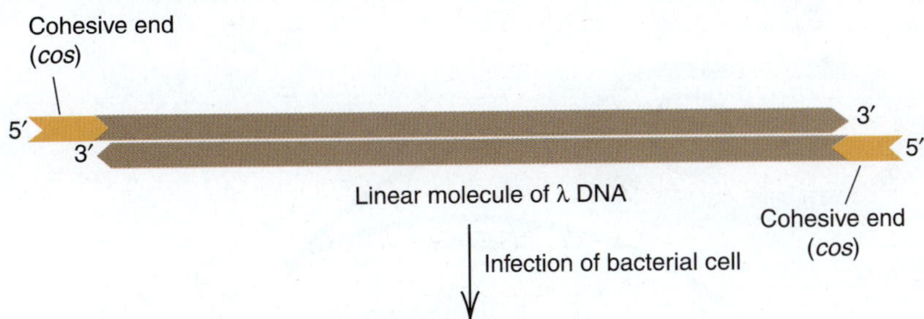


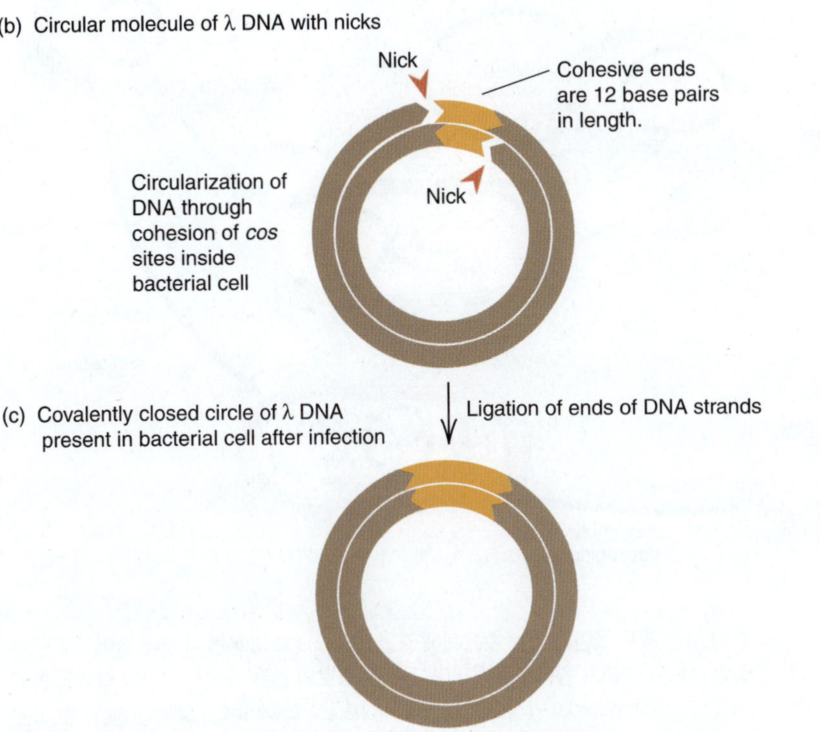


**그림 8.24** **λ DNA와 cos 말단 구조.** (a) cos 서열간의 염기쌍 결합으로 원형을 이룬다. (b 및 c) 단일가닥이 이어져서 틈새가 완전히 연결된다. cos는 전체 48,502 bp DNA 중 12 bp이다.

원형 DNA를 만들 수 있는 것이다(**그림 8.24b**). 이런 구조 변형은 연구실에서도 쉽게 유도할 수 있으며, phage 감염 세포의 경우 감염 후 몇 분 이내에 일어난다. 이렇듯 염기손실 없이 형성된 원형 이중가닥 DNA는 DNA 연결효소에 의해 완전히 이어지고(**그림 8.24c**), DNA topoisomerase에 의해 꼬인(supercoil) 형태가 된다.

이처럼 완전히 이어지고 꼬인 형태의 λ DNA는 용균성 경로나 용원성 경로 중 1가지 경로로 진행된다(**그림 8.25**). 용균성 경로의 경우는 λ DNA 복제로 시작해서 약 150 개의 새로운 phage가 생성된다. 용원성 경로에서는 λ DNA가 세균 염색체의 특정위치에 삽입된다. 어느 경로로 진행되느냐 하는 것은 유전적으로 결정되며 전사조절을 통해 실행된다. 유전적 결정에 관해서는 이 책 14 장에서 전사조절을 공부한 후에 자세히 알아보고자 한다.

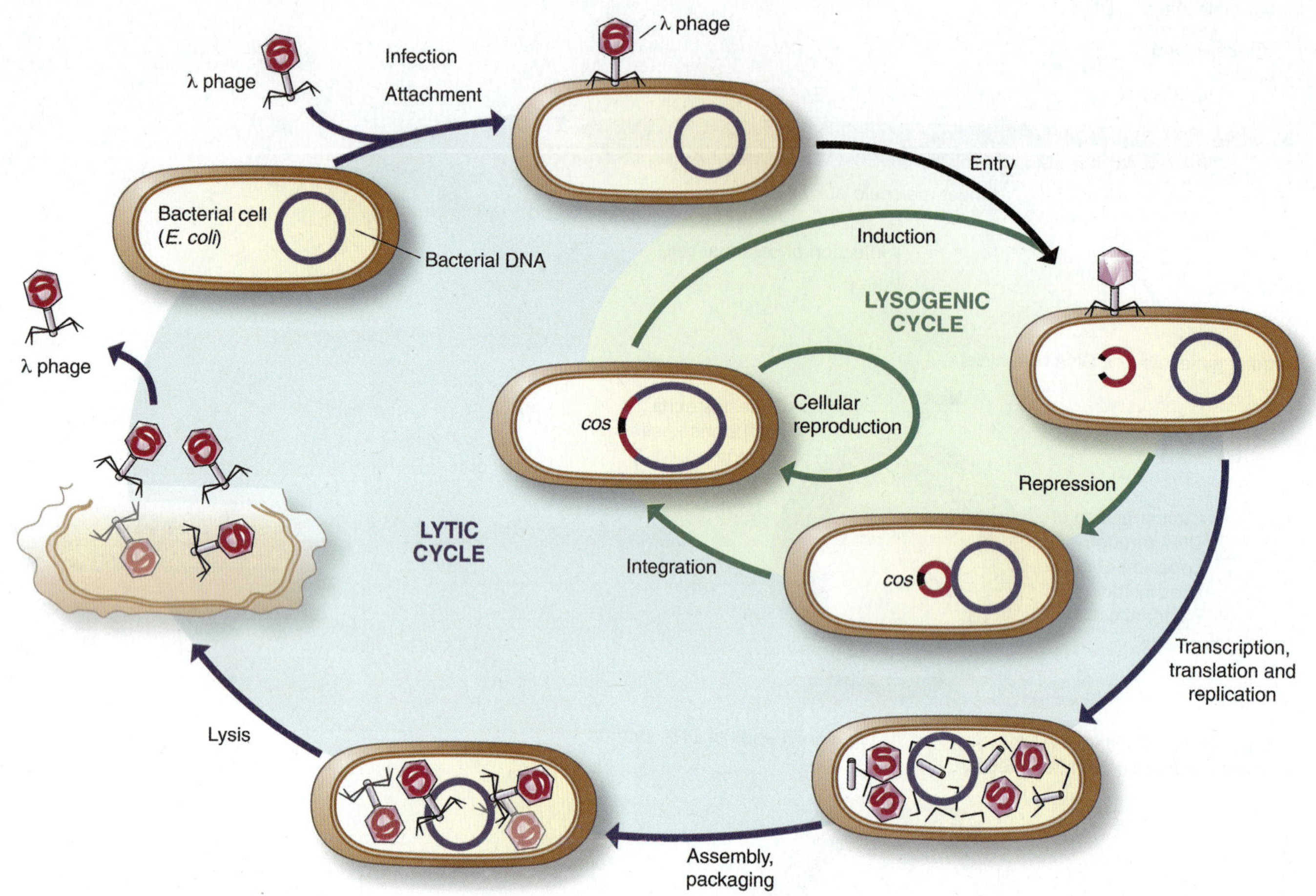


**그림 8.25 대표적인 온건성 phage λ의 생활주기.** Phage 꼬리 말단의 침이 세균 세포 표면에 있는 수용체에 결합하여 phage DNA는 세포에 들어가고 단백질 껍질은 세포 표면에 남는다. 5′ 말단의 cos 돌출부의 염기 상보성으로 인하여 phage DNA가 원형으로 바뀐다. 용균성 경로의 경우 유전자 전사와 단백질 합성을 거쳐 phage DNA가 복제되는데 초기에는 θ (theta) 방식으로 복제하다가 회전고리(rolling circle) 방식으로 전환하여 phage 머리에 봉입(packaging) 될 수 있는 긴 연쇄체(concatemer) DNA를 만든다. 봉입된 DNA에 phage 꼬리가 붙고 세포가 용해되면서 밖으로 방출된다. 용원성 경로에서는 phage 생산은 억제되고 원형의 phage DNA는 세균 염색체에 삽입된다. 세균은 이 상태로 평상시와 같이 증식하지만 자외선이나 돌연변이성 화학물질로 처리하면 phage DNA가 세균 염색체에서 분리되어 용균성 경로로 들어갈 수 있다.

## 용균성 경로

용균성 경로에는 28개의 λ 단백질 기능이 필요하다. 이 중 대부분은 phage 구조 단백질 및 입자 조립에 필요한 단백질 들이다. DNA 복제는 **θ 방식** 또는 **회전고리(rolling circle)** 방식의 2 가지로 일어난다(**그림 8.26**). 복제과정에 나타나는 DNA 중간체가 그리스 글자 θ(theta)와 비슷하다고 해서 이렇게 불리는 θ 방식의 효소작용에 대해서는 9장에서 살펴보기로 한다. 여기서 주목할 것은 θ 복제는 원형의 λ DNA의 한 곳에서 시작해서 원을 따라 양방향으로 진행된다는 점이다. θ 복제의 주된 목적은 phage 유전자의 전사에 필요한 만큼 DNA 양을 늘리는 것과 다음 단계인 회전고리 방식에 의한 DNA 복제에 사용될 원형의 DNA를 확보하는 것이다. 어느 정도

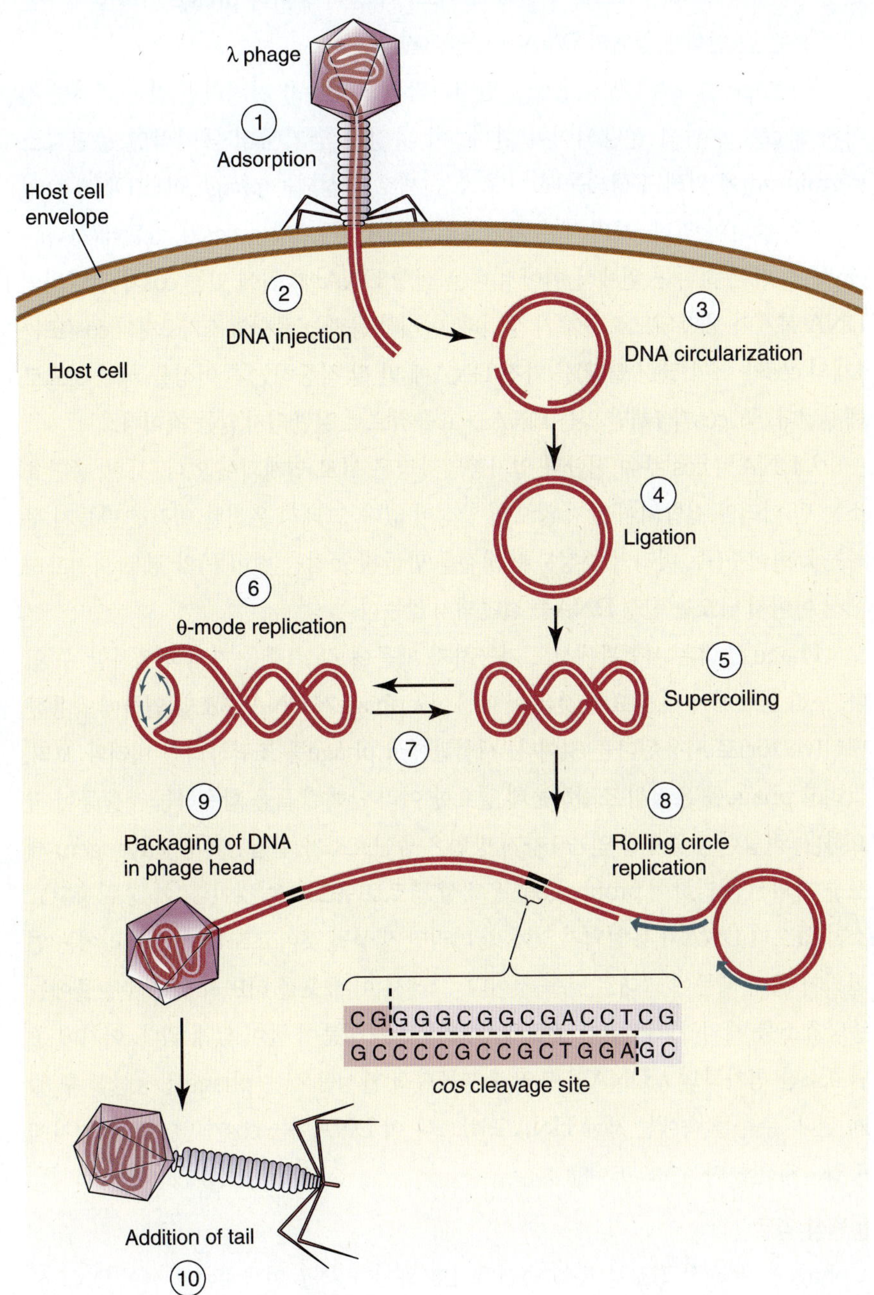


**그림 8.26** **λ phage의 용균성 경로 DNA 복제.** (1) 바이러스 입자의 세포 흡착. (2) 선형 DNA가 세포에 진입. (3) cos의 염기쌍 형성으로 nicked[294] 원형 DNA 형성. (4) DNA 연결효소에 의해 터진 DNA가 연결되어 이완된 원형 형태가 됨. (5) Topoisomerase에 의해 꼬인 형태로 변환. (6, 7) 양 방향으로 θ (theta) 복제가 일어나 새로운 DNA가 생성됨. (8) θ 복제가 지속되면서 동시에 회전고리 방식의 복제가 시작됨. 감염의 후기에는 전적으로 회전고리 방식의 복제만 일어남. 청색 곡선 화살표는 복제되고 있는 DNA의 갈라진 부분(replication fork)에서 3′ 방향으로 합성되고 있는 가닥을 나타냄. (9) 회전고리 방식으로 생성된 DNA 연쇄체(concatemer)는 cos 부위에 정확하게 절단되어 phage 머리에 봉입됨. (10) 꼬리의 연결로 신규 감염력을 갖춘 phage 조립이 완료됨. Adapted from Voet, D., and Voet, J. G. Biochemistry, 3/e. John Wiley & Sons, Ltd., 2005.

진행되면 회전고리 방식으로 전환하게 되고, 이 방식에 따라 phage 머리를 채우는 데 필요한 긴 연쇄체 형태의 DNA가 만들어진다.

λ phage 입자의 DNA가 항상 단일가닥의 5′-말단을 가지려면 긴 연쇄체는 정확하게 cos 부위에 절단되어야 한다. 이 과정은 염기서열 특이적인 종단효소(terminase)에 의해 수행되는데 이 효소는 새로 형성되는 phage 머리(DNA는 없는)에 결합되어 있다. 보다시피 회전고리 DNA에는 2개의 cos가 있는데(하나는 circle에, 다른 하나는 원에서 이어져 나온 선형 DNA에) 원에 있는 cos가 절단되면 DNA 복제가 중단되므로 문제가 생긴다. 이러한 문제는 종단효소가 2개의 cos(또는 1개의 cos와 이미 잘린 말단)를 가진 DNA에 만 잘 작동하는 특이성을 가진 것으로 해결된다. 즉, cos가 1개만 있는 DNA는 효율적으로 절단되지 않는 것이다.

λ DNA의 cos 부위 절단과 입자봉입과정은 서로 연계되어 있다. 사실, 종단효소는 빈 머리와 결합되어 있지 않으면 활성이 없다. 그래서 온전한 머리를 만들지 못하는 λ 변이주(즉, 머리의 주성분 단백질을 만들지 못하는 변이주)의 경우 회전고리에서 이어져 나오는 선형 DNA는 절단되지 않는다.

Phage 조립은 시험관에서도 가능하기 때문에 각 스텝을 자세히 조사할 수 있다. 우리 입장에서 더 중요한 것은 이 때문에 λ phage가 DNA 재조합 연구에 유용한 벡터(vector)로 사용된다는 것이다. 시험관에서 phage를 조립하려면 머리와 꼬리, 그리고 phage를 온전히 조립하는데 필요한 여러 단백질 들을 함유하는 추출물이 필요하다. 적합한 추출물을 얻는 1가지 방법은 종단효소가 결핍된 λ 용원(lysogen) 세포를 자외선 처리하여 prophage를 용해성 경로로 유도하는 것이다. 이 경우 종단효소가 없으니 DNA가 봉입되지 않아 빈 머리만 생성될 것이고 꼬리도 빈 머리에는 연결되지 않기 때문에 그대로 남을 것이다. 그래서 이 세포를 터뜨려 얻은 추출물에는 종단효소를 제외하고는 입자 조립에 필요한 모든 성분이 들어 있게 된다. 여기에 종단효소만 첨가하면 λ DNA의 봉입과 생물학적 활성을 갖는 phage를 생산할 수 있게 된다. 추출물 속에는 세균 DNA도 있으나 이 DNA에는 cos가 없으므로 입자에 봉입되지 않는다.

### 용원성 경로

λ phage는 용균성 경로를 통해 증식하기도 하지만 세균 염색체에 자신의 DNA를 삽입하여 prophage가 되는 두 번째 경로도 취할 수 있다. 대장균 염색체의 경우 λ DNA가 우선적으로 삽입되는 곳은 *gal*과 *bio*(biotin 합성관련) 유전자 사이인데 *att*(attachment)로 불린다. 이렇게 생성된 λ 용원은 일반적으로 상당히 안정적이며 phage 생성 없이 거의 영구히 복제할 수 있다(세균 염색체 DNA의 일부로서). 그러나 이런 용원 세포가 손상을 입으면 prophage는 용해성 경로를 취하게 된다. 자외선, X-선, 화학물질과 같이 DNA를 파괴하거나 변형시키는 인자들(10장 참조)에 의한 DNA 손상이 그 원인이다. λ DNA가 세균 염색체에 어떤 기작으로 삽입되는지, 또 어떻게 빠져나오는 지, 그리고 그렇게 된 후에는 어떻게 되는지를 이 책의 12장에서 살펴볼 것이다.

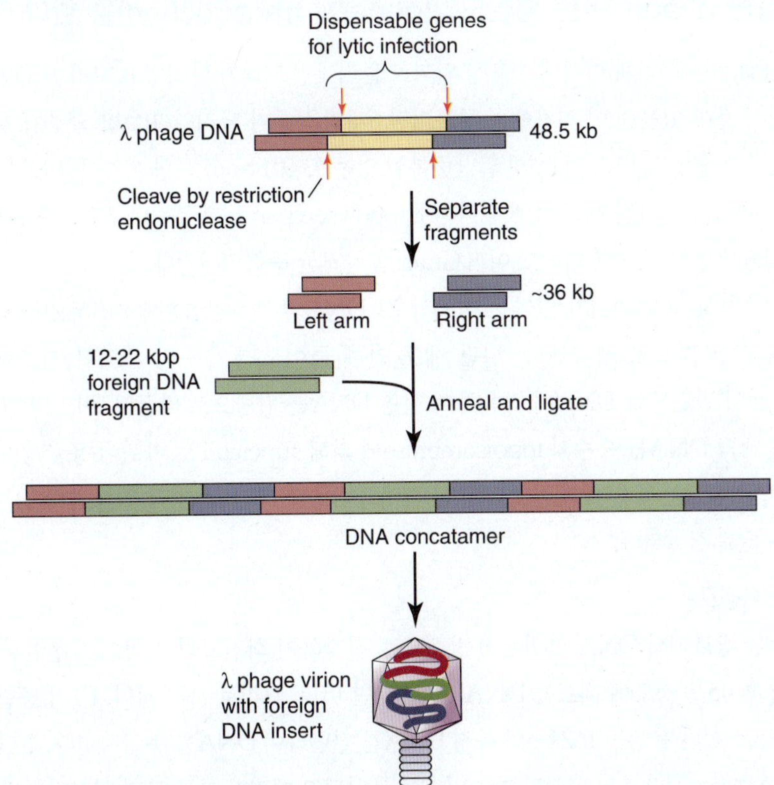


**그림 8.27 λ phage를 이용한 DNA 클로닝.** λ DNA의 비필수적인 유전자 영역 바깥쪽을 제한효소로 절단한다. 왼쪽 및 오른쪽 말단 절편을 분리하고 그 사이에 외부 DNA를 삽입한다. DNA를 연결시켜 생성된 연쇄체(concatemer)를 봉입반응 추출물과 섞어 외부 DNA가 삽입된 phage 입자를 제조한다.

## 클로닝 벡터

λ phage를 유용한 클로닝 벡터로 사용할 목적으로 유전적으로 변형시킨 것이다(그림 8.27). 변형의 핵심내용은 phage DNA에 있던 제한효소 표적 부위를 없앤 것과 유전체의 1/3에 해당하는 가운데 부분, 즉 J와 N 유전자 사이에 있는 비 필수 유전자들을 잘라낼 수 있도록 독특한 제한효소 표적 부위를 삽입한 것이다. λ DNA를 분리한 후 이를 제한효소로 3 토막으로 절단하고, 밀도차이 원심분리법이나 gel 전기영동법으로 왼쪽과 오른쪽 말단 조각을 정제한다. 이에 외부 DNA를 섞어 DNA 연결효소로 연결시킨다. 이렇게 해서 만들어진 DNA가 종단효소에 의해 입자에 봉입되려면 12-22 kbp 정도의 외부 DNA가 삽입되어야 한다. 삽입되는 DNA가 너무 길거나 짧으면 종단효소가 이를 봉입시킬 수 없다. DNA 연결효소에 의해 λ DNA에 외부 DNA가 삽입되기도 하지만 이 반응에서 λ DNA의 cos 말단끼리도 연결이 되므로 긴 선형의 DNA가 생겨난다. 일단 이렇게 DNA가 제조되면, 이를 봉입용 추출물과 섞어서 phage 입자를 생성시키고, 대장균 감염을 통하여 재조합 DNA를 갖는 수백만 개의 phage 입자를 생산하는 것이다.

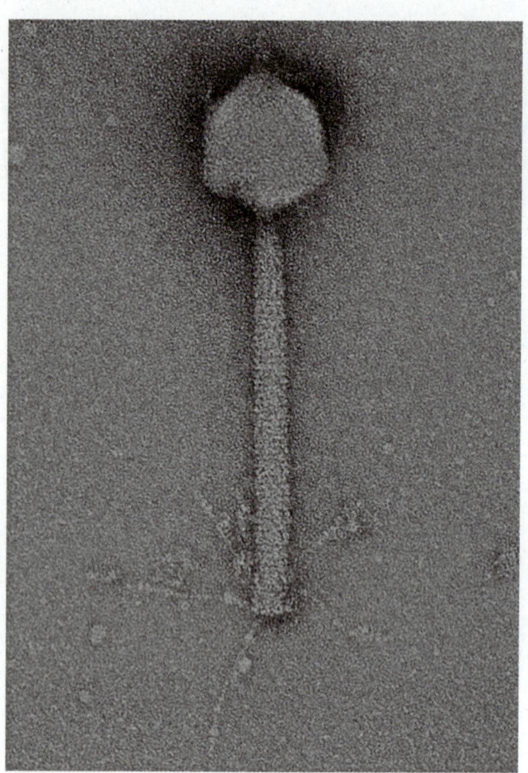

**그림 8.28** Phage P1의 전자현미경 구조.

## 대장균 phage P1은 형질도입(general transduction)을 한다.

P1 phage는 20면체 머리에 수축성 외피로 둘러싸인 꼬리가 달려있고 꼬리 끝 부분에 기판이 붙어 있는데 이 기판에는 구부러진 6개의 섬유가 달려있다(**그림 8.28**). 머리에는 원형순열과 10~15 kbp의 말단중복이 있는 93,601 bp의 선형 이중가닥 DNA가 있다. Phage 입자는 세균 세포 외막의 lipopolysaccharide에 붙는다. P1은 숙주범위가 상당히 넓어 대장균 외에도 여러 Gram 음성 세균을 감염시킨다.

수축성 꼬리 외피가 있다는 점에서 P1 DNA의 세포진입은 분사(injection) 방식에 의한 것으로 생각된다. 일단 세포 안에 들어오면 숙주의 재조합 시스템이 phage의 말단중복 DNA에 작용하여 선형 DNA를 원형으로 바꾼다. 이 느슨한 원형 형태의 DNA는 숙주의 topoisomerase에 의해 supercoil 로 바뀌어 용균성 또는 용원성 경로로 진행한다. 어느 경로를 택하느냐 하는 것은 유전적 결정이며 전사조절을 통해 실현된다.

### 용균성 경로

용균성 경로에서 DNA 합성은 θ 방식으로 시작하여 회전고리 방식으로 전환한다. 감염 후 45분 정도에 세포는 DNA 연쇄체, 빈 머리, 꼬리로 가득 찬다. P1의 종단효소는 *pac* 이라 불리는 162 bp의 특정 DNA를 절단하여 DNA를 봉입시킨다. 절단된 DNA는 *pac* 절단부위를 시작으로 머리에 봉입되고 머리가 가득 차면 염기서열에 상관없이 그 위치에 잘린다. 남은 DNA는 계속해서(*pac*에 상관없이) 새로운 머리에 삽입된다. 머리에는 약 110-115 kbp의 DNA가 들어갈 수 있는데, 이는 phage 유전체의 약 110-115%에 해당한다. phage가 연쇄체 DNA를 이 만큼 씩 잘라 머리에 삽입하므로, 각각의 phage 입자에 들어있는 DNA는 말단중복과 원형순열을 띠게 되는 것이다.

### 용원성 경로

감염 즉시 원형으로 바뀐 P1 DNA는 용원성 경로로 들어가 plasmid 형태로 지낼 수 있는데 세포 하나 당 1~2개로 유지된다. 세균이 분열할 때 phage DNA도 같이 복제하므로, 각 세포 당 1개의 P1 DNA를 갖게 되는 것이다.

### 형질도입(generalized transduction)

P1 phage는 한 세균에서 다른 세균으로 유전자를 옮겨 줄 수 있어 분자생물학 연구에서 매우 중요하게 사용된다(**그림 8.29**). 세균 사이에 아무 DNA나 옮긴다고 해서 **일반적 형질도입(generalized transduction)**이라 부르는 이 현상은 1952년 Joshus Lederberg와 Norton D. Zinder에 발견되었다. 이렇게 세균 유전자를 운반하는 phage를 **형질도입(generalized transducing) phage**라고 한다.

P1 phage의 2가지 특성이 형질도입을 가능하게 한다. 첫째, 세균 DNA를 천천히 분해하는 nuclease가 있어 DNA 봉입이 시작될 때 숙주 DNA는 큰 조각으로 잘린다. 둘째, P1의 DNA 봉입 방식은 그리 정교하지 못해서 모든 입자에 들어가는 DNA의 크기가 정확하게 같지 않다. 그 결과 감염된 세균 세포가 터지면서 나오는

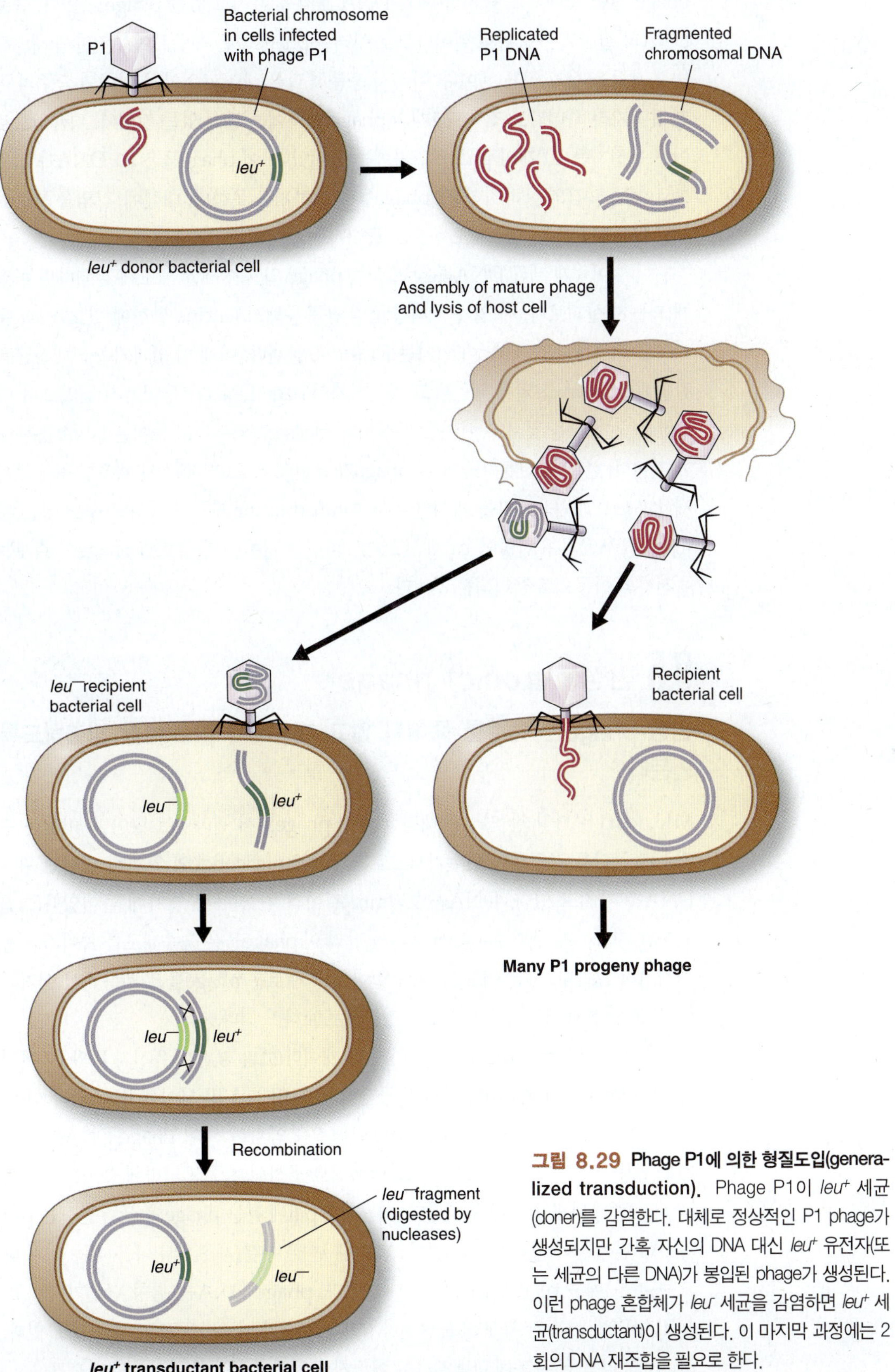


**그림 8.29 Phage P1에 의한 형질도입(generalized transduction).** Phage P1이 *leu*+ 세균(doner)를 감염한다. 대체로 정상적인 P1 phage가 생성되지만 간혹 자신의 DNA 대신 *leu*+ 유전자(또는 세균의 다른 DNA)가 봉입된 phage가 생성된다. 이런 phage 혼합체가 *leu*⁻ 세균을 감염하면 *leu*+ 세균(transductant)이 생성된다. 이 마지막 과정에는 2회의 DNA 재조합을 필요로 한다.

phage 집단 중에는 드물지만 세균 DNA 조각을 가지고 있는 phage도 있다. 숙주 DNA의 절단이 무작위로 일어나므로 이러한 phage들은 숙주 DNA 전반에 해당하는 조각들을 갖고 있는 셈이다. 따라서 충분히 많은 phage 입자가 있다면 숙주의 어떤 유전자라 하더라도 적어도 1개의 phage 입자에는 들어 있는 것이다. 평균적으로 어떤 유전자든 $10^6$개의 phage 입자에는 들어있다. 이 phage들은 P1 DNA가 없으므로 세균을 감염은 하지만 P1 phage를 생산하지는 못한다. 대신에, 감염을 통하여 세균 DNA가 다른 세균 세포 속으로 들어가는 것이다.

이제 이렇게 세균 DNA를 갖고 있는 phage 입자가 세균 세포에 감염하면 어떻게 되는지 살펴보자. 이 입자가 대장균 감염을 통해서 leucine 합성에 필요한 *leu* 유전자를 획득했다고 치자. 이 입자는 P1 *leu*$^+$로 불린다. 이제 이 입자가 *leu*$^-$ 대장균을 감염해서 DNA를 밀어 넣는다고 가정하자. Phage DNA가 들어가지 않았으니 이 세균은 죽지 않을 것이고, 아마도 자신의 nuclease로 외부에서 들어온 DNA를 분해할 것이다. 한편 또 다른 가능성은 phage가 운반해 온 *leu*$^+$ DNA가 재조합을 통해서 세균의 *leu*$^-$ 대립유전자를 대체하여 *leu*$^+$ transductant 세균이 생겨날 수도 있는 것이다. 즉, 세균의 유전형이 *leu*$^-$에서 *leu*$^+$로 바뀌는 것이다. 형질도입 phage의 존재는 유전자의 이동으로 감지되는 것이다.

## 8.5 만성(chronic) phage

### 만성 phage는 숙주를 죽이지 않고 계속해서 phage를 방출하도록 만든다.

M13, fd, f1은 가장 잘 연구된 대장균 만성 phage로서 필라멘트 형이다. 이들은 수컷 대장균만을 감염하며 단일가닥으로 약 6,400 nucleotide의 완전히 연결된 원형 DNA를 가지고 있다. DNA는 930 nm 길이의 긴 섬유형 입자에 들어있다(**그림 8.30**). 지금까지 살펴 본 phage들과는 달리 이 phage들은 숙주세포를 죽이거나 용해시키지 않는다. 세균 세포는 계속 살아있고 새로운 phage들은 계속해서 생겨난다. 물론 감염된 세포의 성장속도는 정상세포 보다 느리다.

Phage 단백질은 pI 에서 pXI 까지 11 개이다(**그림 8.31**). 유전자 II 와 IV 사이에 IR(intergenic region)로 불리는 공간이 있고 III 과 VIII 사이에 IR이 하나 더 있다. III, VI, VII, VIII, IX 유전자는 coat 단백질을 암호화 한다. Phage DNA를 싸고 있는 원통구조는 약 2,700개의 pVIII 단백질로 구성되며 주택 외벽에 붙이는 쫄대처럼 서로 중첩되게 촘촘히 붙어있다. 세균의 F pili에 붙는 phage의 끝 부분에는 pIII와 pVI 단백질이 평균 5개 씩 있다. 그 반대 편 끝 부분(세포에서 나올 때는 먼저 나오는 부분)에는 pVII과 pIX가 5개 씩 있다. phage DNA는 원형 단일가닥이고, pVII/pIX이 있는 끝 부분에 불완전하지만 안정적인 머리핀 구조도 하나 갖고 있다. phage의 양쪽 끝 부분에 단백질들이 어떻게 배치되어 있는지는 정확하게 모른다.

Phage의 흡착은 F pili의 끝에 pIII 단백질이 붙는 것으로 시작된다. 이에 따라

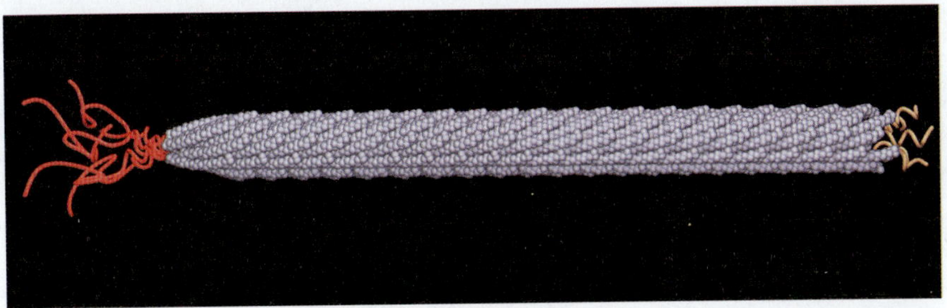

**그림 8.30 M13 phage 구조 모델.** phage 단백질 III, VIII, IX는 각각 오렌지, 회색, 붉은색으로 표시되었다. III과 IX는 원래 크기와 다르게 표시되었다.

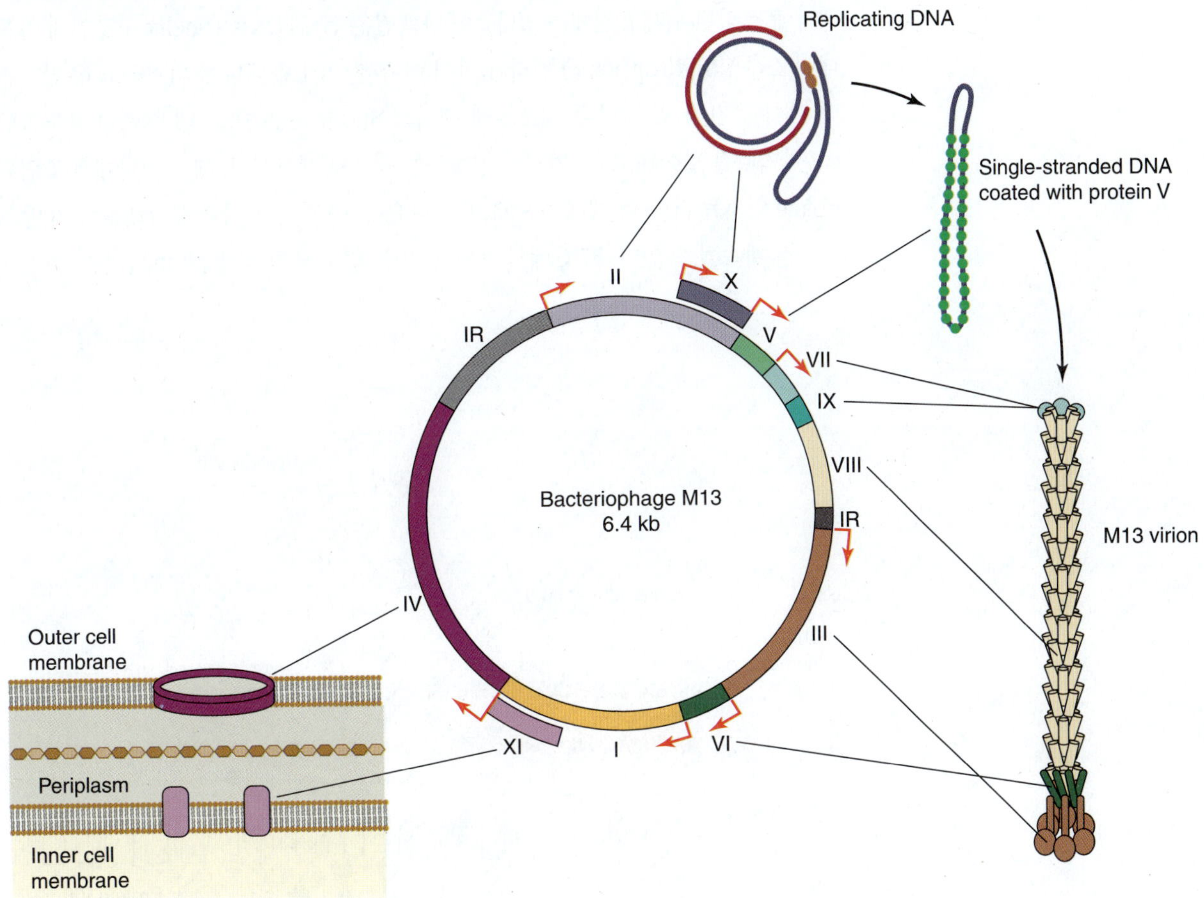


**그림 8.31 M13 phage의 유전자 지도와 phage 단백질.** M13 phage DNA는 6,407 nucleotide의 단일가닥 원형이다. 유전자는 I에서 XI까지 있다. 각 유전자의 전사 시작점과 전사방향이 화살표로 표시되어 있다. IV와 II 유전자 사이에 있는 영역(intergenic region, IR)은 phage 복제에 필수적이다. phage 이중가닥 DNA(복제 형태의 DNA)의 이 IR에 유전자 II의 단백질인 pII가 결합하여 (+) 가닥을 절단함으로써 숙주 단백질에 의한 phage DNA 복제(회전고리 방식)가 시작된다. VIII과 III 유전자 사이에 두 번째 IR이 있다. V 유전자의 단백질인 pV는 단일가닥 DNA가 축적 되도록 유도한다. III 과 VI 유전자의 산물인 pIII과 pVI은 phage 입자 말단에 있어 감염과정에서 세균 세포에 가장 먼저 접촉한다. pI과 pXI은 세균 세포막에 남는다. pIV 복합체는 세포 외막에 통로를 형성하여 성숙과정의 phage 입자가 세포 밖으로 나가게 한다.

pIII의 구조가 변하게 되어 세포 표면에서 세포 막 사이의 공간까지 뻗쳐져 있는 TolA라는 보조 수용체 단백질에 붙게 된다. 아직까지 (+) 가닥인 phage DNA가 어떻게 세포막을 통과하는지는 모른다. 하나의 가설은 pIII가 세포막에 충분히 큰 통로를 만들고 phage DNA가 이를 통과한다는 것이다. 세포질에 들어온 DNA는 단일가닥 DNA 결합단백질(single strand binding protein, SSB)로 덮힌다. 그러나 앞서 언급한 머리핀 모양의 DNA에는 SSB가 붙어있지 않아 (–) 가닥 합성이 여기에서 시작된다. 자세한 부분에서는 다르지만, 이런 필라멘트형 phage들의 DNA 복제 방식은 위에 기술한 ϕX174와 근본적으로 같다(즉, 이중가닥 RF의 회전고리 방식을 취한다).

일단 충분한 양의 pV가 생성되면 새로 복제된 (+) 가닥에 협동적으로 결합하여 더 이상 DNA가 복제되는 것을 막는다. 세포에 (+)가닥과 pV 복합체가 많이 생기는 것이다. 대표적인 coat 단백질 pVIII는 많은 양이 합성되는데 만들어지는 즉시 세포 내막에 축적된다(세포질에는 없다). 이 단백질은 전체적으로 α helix 구조인데 가운데에 소수성(hydrophobic) 센터가 있어 이 부분이 세포 내막에 위치하고 N-말단은 막 사이 공간에, C-말단은 세포질에 배치되어(**그림 8.32**), (+) DNA에 붙어있던 pV 단백질을 밀어내고 (+) 가닥과 결합하는 것으로 생각된다. 세포 내막에서 조립된 phage 입자는 하나 씩 세포 밖으로 밀려 나온다. 이 과정은 세포에 상해를 주지 않고 무한정 계속될 수 있다. 37°C에서 감염 후 10분 정도에 첫 번째 phage입자가 배양액

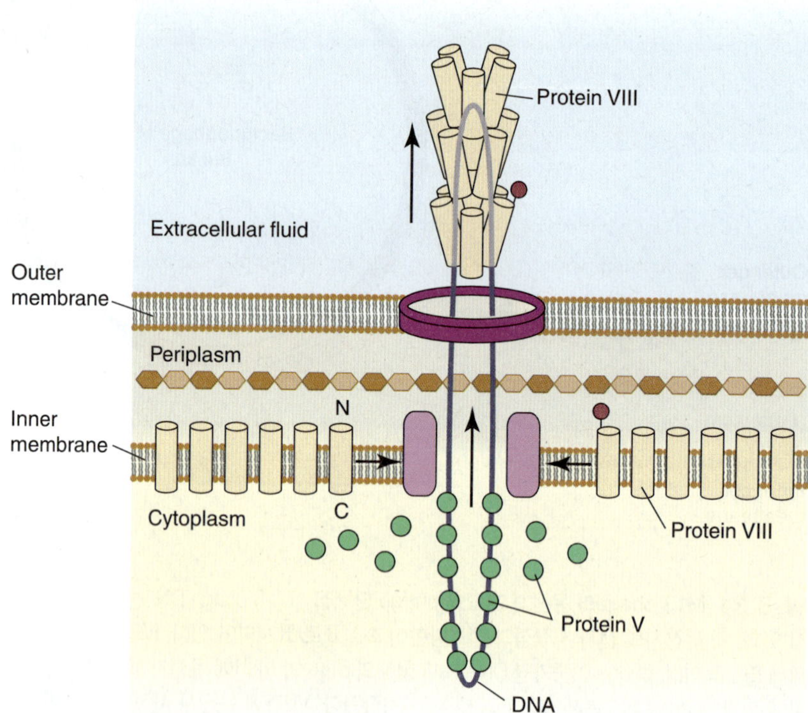


**그림 8.32 필라멘트 형 phage의 조립 과정.** Coat 단백질 pVIII(짙은색 실린더 모양)는 합성되어 N-말단은 세포막 사이 공간(periplasm)에, C-말단은 세포질에 노출된 형태로 세포내막에 배치된다. 단일가닥 phage DNA는 세포막에 걸쳐있는 통로를 통해 배출된다. Coat 단백질은 통로 복합체와 접촉하여 phage DNA가 세포막을 통과하여 나갈 때 이를 감싸서 입자형태로 봉입시킨다. 이런 방식으로 대장균을 용해시키지 않고도 조립된 phage 입자가 배양액으로 방출되도록 하는 것이다. Coat 단백질에 외부 유전자를 붙여 phage coat에 삽입시킴으로서 외부 단백질 입자(붉은색 원)가 phage 입자 표면에 전시(display)되게 할 수 있다.

으로 배출되는데 그 후 40분 동안 기하급수적으로 증가하고 그 후 부터는 일정한 속도로 생성된다. 감염 후 1시간 정도에 세포 당 1,000개에 해당하는 phage 입자가 배양액 속에 존재한다.

Joachim Messing은 phage 성장에 필수적인 유전자를 파괴하지 않으면서 외부 DNA를 삽입할 수 있는 방법을 고안한다면 M13이 상당히 유용한 클로닝 벡터가 될 수 있을 것으로 보았다. M13 유전자에 대한 지식이 별로 없었던 1970 년대 초에 이것은 어려운 과제였으나 Messing은 고유한 제한효소 표적을 포함하여 클로닝에 필요한 DNA를 II와 IV 유전자 사이 IR에 삽입함으로써 벡터 개발에 성공하였다. 이 벡터에 외부 DNA를 삽입하는 방법은 기본적으로 다음과 같다. (1) M13 벡터 phage가 감염된 세포에서 이중가닥 M13 벡터 DNA를 분리하여 제한효소로 절단한다. (2) 외부 DNA를 삽입하고 DNA 연결효소로 연결한다. (3) 재조합 DNA를 대장균에 주입(transformation) 시킨다. (4) 배양액에 생성된 phage를 수거하여 외부 DNA가 삽입된 단일가닥 DNA를 추출한다. 이미 만들어진 구조물에 phage DNA가 봉입되는 것이 아니기 때문에 삽입할 수 있는 외부 DNA의 크기에 엄격한 제한이 없다. 이렇게 얻어진 단일가닥 DNA는 염기서열 분석이나 연구자가 원하는 대로 유전자를 변형시키는데 아주 유용하다(5장 참조).

이와 관련된 클로닝 벡터로서 **phagemid**가 있는데, 그 자체가 이중가닥 형태로서 대장균에서 복제가 가능하고 필요하면 다량의 단일가닥 DNA로도 뽑을 수 있다. Plasmid와 phage DNA 복제에 필요한 염기서열(ori)을 원형 이중가닥 DNA에 삽입한 것으로 정상조건에서는 대장균에서 plasmid처럼 복제되지만 helper phage를 감염시키면 단일가닥 DNA phage 생성을 유도할 수 있다. 그러니까 phagemid는 유전공학 연구에 있어서 plasmid의 편리성과 다량의 단일가닥 재조합 DNA를 얻을 수 있는 장점을 동시에 갖고 있는 것이다.

M13벡터와 phagemid 둘 다 coat 단백질에 외부 단백질을 덧붙일 수 있게 개량되었다. 이 경우 phage 입자 표면에 외부 단백질이 노출되게 되어(그림 8.32), 특정한 외부 DNA가 삽입된 phage를 쉽게 확인하고 순수하게 분리할 수 있다. Phage display라 불리는 이 기술은 클로닝한 DNA가 발현하는 단백질을 확인하고 변형시키는데 편리하다.

## 8.6 동물 바이러스

분자생물학자들은 phage에 흥미를 갖는 것과 같은 이유로 고등세포를 감염하는 바이러스에 관심을 가진다. 바이러스 연구를 통하여 고등세포의 근원적인 분자생물학적 의문에 대한 답을 얻을 수 있기 때문이다. 예를 들어, 바이러스 DNA가 어떻게 복제되는가를 통해서 세포의 DNA 복제를 이해할 수 있고, 바이러스 mRNA와 단백질 합성을 연구함으로써 세포의 mRNA와 단백질 합성과정을 알 수 있다. 어떤 바이러스를 선택하느냐는 연구실에서 다루기가 쉬운가 하는 점과 알고자 하는 문제에 적합한가에 따라 대체로 결정된다. 그러나 한편으로는 자신들이 새로 알아낸 정보가 그 바이러스로 인한 질병을 치료하는데 도움이 됐으면 하는 희망도 물론 가지고 있다.

이 장에서 다루려는 3가지 바이러스는 모두 고등세포의 분자생물학적 이해에 기여하였을 뿐 아니라 심각한 질병의 원인이기도 한 바이러스 들이다. 앞으로 우리가 다룰 고등세포 유전자의 복제, 전사, 번역과정을 공부하는데 있어서 잘 알아둘 필요가 있기 때문에 이 3가지 바이러스를 중점적으로 살펴보고자 한다. 이 바이러스 들 뿐 아니라 동물이나 식물, 곰팡이 등을 감염하는 다른 바이러스에 대하여 더 알고 싶으면 바이러스 책을 찾아보기 바란다.

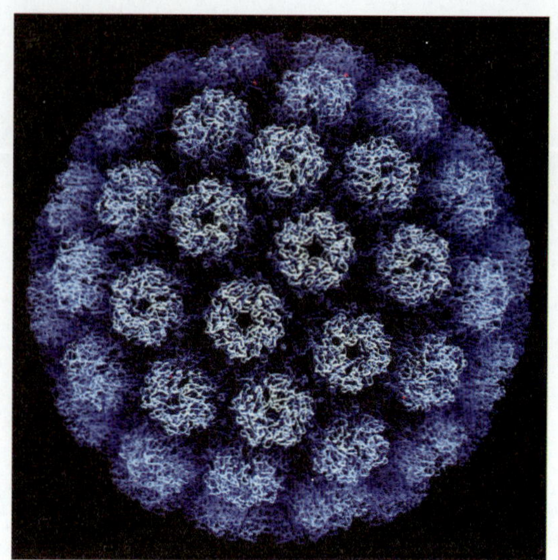

**그림 8.33** SV40 입자.

## Polyoma 바이러스는 원형 이중가닥 DNA를 갖고 있다.

Polyoma바이러스는 1953년에 발견되었는데 polyoma바이러스 과(family)에 속한 바이러스들 중에서 가장 먼저 발견된 멤버이다. 실험실에서 polyoma바이러스를 감염시킨 동물의 경우 여러 부위에서 고형암이 생겨났다고 해서 붙여진 이름(polyoma = multiple tumor)이지만 후속 연구의 결과 자연스런 조건에서 암을 일으키는 지는 의문시 되었다.

이 그룹의 두 번째 멤버인 **SV40(simian virus 40,** simian은 원숭이를 뜻함)는 1960년 원숭이 신장세포에서 발견되었다. 원숭이 신장 세포는 Salk와 Sabin이 각각 개발한 소아마비(polio) 백신 제조과정에서 polio 바이러스 배양에 사용되었는데, 초기에 생산된 일부 백신 제품에 이 바이러스가 오염되어 있다는 것이 나중에 알려졌다. 다행하게도 오염된 SV40가 백신 접종자에게 암을 일으키지는 않은 것으로 나타났다. 위 2종의 바이러스 외에도 소, 조류, 인간을 포함한 다양한 생물에서(여러 종의, polyoma 바이러스가) 발견되어, 숙주의 종(species) 특이성을 보인다.

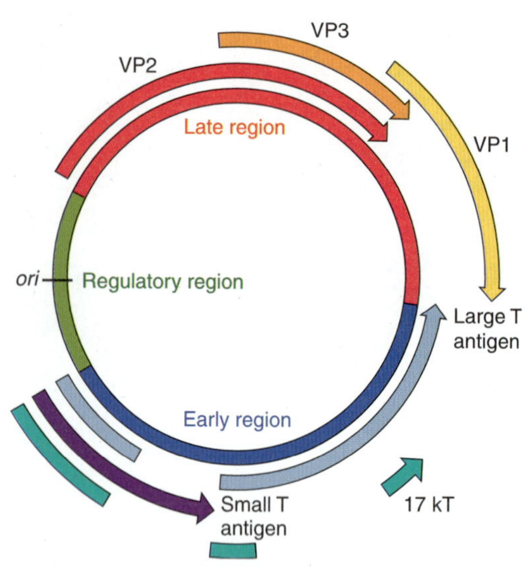



**그림 8.34** **SV40 유전자 지도.** SV40 유전체는 초기(감염 초기에 전사되는 유전자), 후기(감염 후기에 전사되는 유전자) 및 조절(초기와 후기 유전자의 전사를 조절하는) 영역으로 나뉜다. DNA 복제 개시부위(ori)도 조절영역에 있다. 초기영역에는 큰 T 항원, 작은 t 항원 및 17k T 항원 유전자가 있다. SV40 단백질 중에서는 T 항원 만이 자신의 DNA 복제에 필요하다. 후기영역에는 VP1, VP2 및 VP3 유전자가 있다. 초기와 후기 유전자는 각기 다른 가닥에서 전사되며 따라서 방향은 반대이다. 5,243 bp 밖에 안 되는 SV40 유전체에 이렇게 다수의 단백질이 암호화 될 수 있는 것은 mRNA의 다양한 splicing 과정(alternative splicing)을 통하여 같은 DNA에서 2 가지 이상의 mRNA가 만들어지기 때문이다.

Polyoma바이러스는 원형의 이중가닥 DNA(약 5.2 kbp)가 지름 약 60 nm인 20면체 capsid에 들어있다(**그림 8.33**). Capsid는 VP1, VP2, VP3의 3 가지 단백질로 되어 있다. VP1이 capsid 전체 단백질의 약 80%를 차지하는 주 단백질이고, VP2와 VP3가 나머지 20%를 차지한다. DNA는 바이러스 입자 안에 H2A, H2B, H3, H4로 구성된 histone 단위입자를 휘감아 매우 압축된 상태로 있다.

SV40 유전체는 조절지역과 초기(early) 및 후기(late) 유전자 지역으로 나눠진다(**그림 8.34**). 조절지역(약 400 bp)에는 각각 DNA 복제가 시작되는 부분과 초기 및 후기 유전자의 전사를 지시하는 부분이 있다. 초기와 후기 유전자는 DNA의 각기 다른 가닥에서(그러니까 방향은 반대로) 전사된다. 초기 유전자는 3 개, 즉, 큰 T 항원, 작은 t 항원, 그리고 17k T 단백질로서 이들은 초기 및 후기 유전자의 전사조절 작용을 한다. 큰 T 항원은 바이러스 DNA 복제 개시에도 필요하다. 후기 유전자가 만드는 VP1, VP2, VP3은 coat 단백질이다.

SV40의 복제는 **그림 8.35**와 같다. 바이러스는 수용체와 결합하여 endocytosis를 통해 세포 안으로 들어가고, 잘 모르는 방식으로 세포핵으로 간다. 초기 유전자의 발현에 따라 T 항원들이 만들어진다. 큰 T 항원은 DNA 복제에 필요한데, T 항원 외에 DNA 합성에 필요한 다른 단백질들은 모두 숙주세포 단백질이다. 숙주세포의 DNA 합성과 마찬가지로 바이러스 DNA의 합성도 세포주기의 S 기에서 일어난다.

9장에서 다루겠지만 SV40 DNA 복제 연구를 통하여 숙주 세포의 복제에 관한 많은 정보를 얻을 수 있다. 복제된 DNA는 후기 유전자의 발현으로 생성된 capsid 단백질(VP1, VP2, VP3)들과 세포핵에서 입자를 형성한다. 바이러스 입자는 잘 모르는 방식으로 세포질에 있는 소낭(vesicle)으로 이동하고, 소낭이 세포막과 융합되어 바이러스 입자가 세포 밖으로 방출된다. 아마도 세포가 죽는 경우에는 입자가 그냥 빠져나가기도 할 것이다. 드물게는 바이러스 DNA가 세포의 염색체 아무 곳에나 끼어드는 경우도 있다. 이런 세포는 종종 암세포가 되기도 하지만 그 정확한 기작은 여전히 모른다.

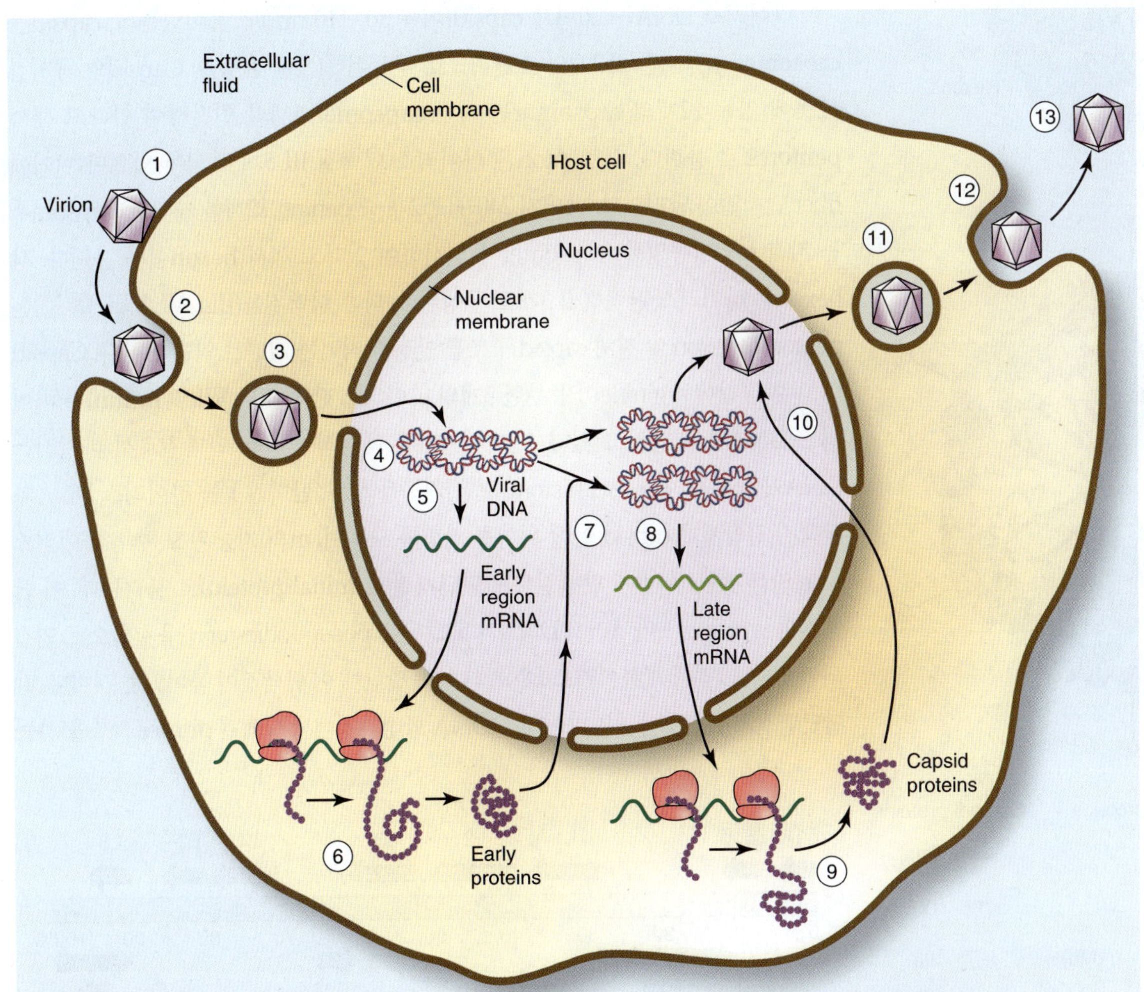


**그림 8.35 Polyomavirus의 복제 주기.** (1) 바이러스 입자가 세포 표면에 흡착됨. (2) endocytosis 를 통해 내부로 진입. (3) 잘 모르는 경로를 통해 세포핵으로 이동함. (4) coat가 벗겨짐. (5) 방출된 DNA에서 초기 mRNA가 전사됨. (6) 초기 단백질(T 항원)이 합성됨. (7) 바이러스 DNA가 복제됨. (8) 후기 mRNA가 전사됨. (9) capsid 단백질(VP1, VP2, VP3)이 생성됨. (10) 세포핵에서 후손 바이러스가 조립됨. (11) 조립된 입자가 잘 모르는 경로를 통하여 세포질 소낭(vesicle)로 이동함. (12) 세포질 소낭이 세포막과 융합됨. (13) 입자가 방출됨. 세포가 죽는 경우 바이러스 입자는 세포핵에서 직접 밖으로 빠져 나갈 가능성도 있다.

## Adenovirus는 선형 이중가닥 DNA를 갖고 있다.

1953년 사람의 편도와 같은 선상조직(adenoid)에서 분리했다고 해서 adenovirus 라 불린다. 주로 어린 아이들에 호흡기나 위장 질환을 일으키고, 연령에 상관없이 결막염도 일으킨다. 사람 외에도 설치류, 조류, 여러 사육성 포유동물 등 다양한 온혈생물에서 발견된다.

바이러스 입자 안에 끝이 뭉툭한 선형의 이중가닥 DNA(35~45 kbp)가 있는데, 양쪽 끝에 103 bp DNA가 서로 마주보는(inverted) 방향으로 반복되어 있다. 적어도 12개의 단백질이 암호화 되어 있는데 **그림 8.36**에 간략히 나와 있다. 초기 유전자는 'E' 로 표시하는데 2가닥의 DNA 전반에 걸쳐 분포되어 있다. 반면, 'L' 로 표시되는 후기 유전자는 1가닥에서만 생산된다. 가장 먼저 발현되는 유전자는 E1A 인데, 이 단백질은 다른 유전자들의 전사에 필요하다.

바이러스 DNA는 20면체 capsid(지름 80~110 nm)에 들어있는데, capsid는 **capsomer**라 부르는 252개의 소단위들로 구성된다(**그림 8.37**). Capsid의 꼭지점 12곳에 있는 12개의 capsomer는 다른 capsomer 5개와 연접하여 있다고 해서 **penton**으로 불린다. 각 penton은 바이러스 단백질 III 5개로 되어 있으며 여기에 fiber 단백질이 달려있다. 나머지 240개(252개 중 penton 12개를 제외한) capsomer는 각각 6개의(동일한) capsomer와 연접하여 있다고 해서 **hexon**이라 불린다. 각 hexon은 바이러스 단백질 II 3개로 구성된다. 다른 단백질들(IIIa, VI, VIII, IX 등)은 penton과 hexon 및 전체 capsid 구조를 안정화 시키는 시멘트 역할을 한다. Capsid의 내부 공간에 arginine이 풍부한 3개의 바이러스 단백질 V, VII 및 m(mu)가 바이러스 DNA와 결합하고 있다. 단백질 VII은 핵심적인 core 단백질로서 바이러스 DNA가 감싸는 형태로서 histone 같은 기능을 한다. 단백질 V는 바이러스 DNA와 단백질 결합체가 capsid 안에 위치를 잡도록 도우며, m의 기능은 모른다. 바이러스 core 안에 있는 네 번째 단백질은 **말단단백질(terminal protein)**로 불리는데, 이 단백질의 tyrosine에 바이러스 DNA의 5′ 말단이 phosphodiester 공유결합으로 연결되어 있다. 그러니까 바이러스 DNA의 양쪽 말단에 이 단백질이 붙어있는 것이다. 말단단백질의 1가지 기능은 바이러스 DNA 합성과정에서 단백질 primer 역할을 하는

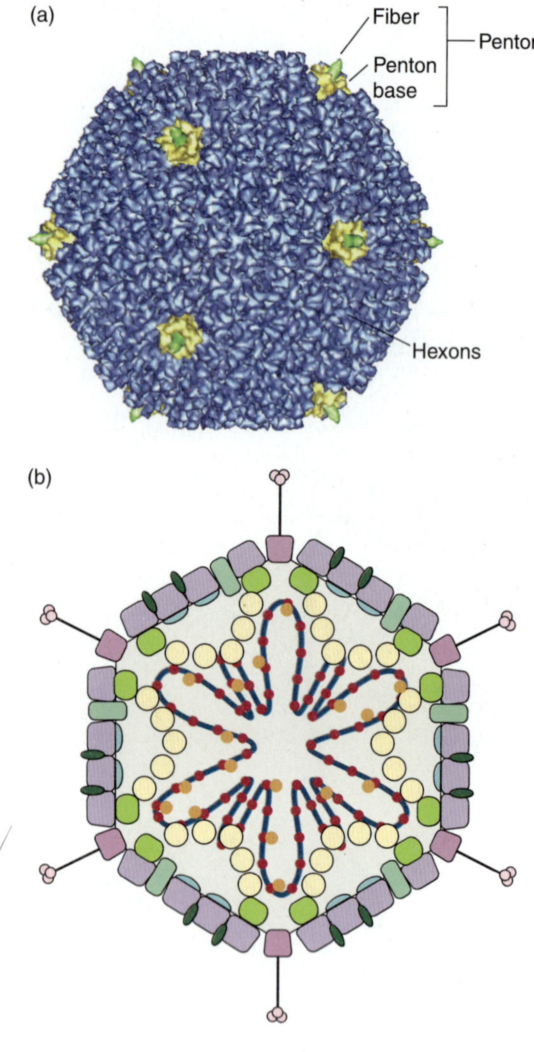


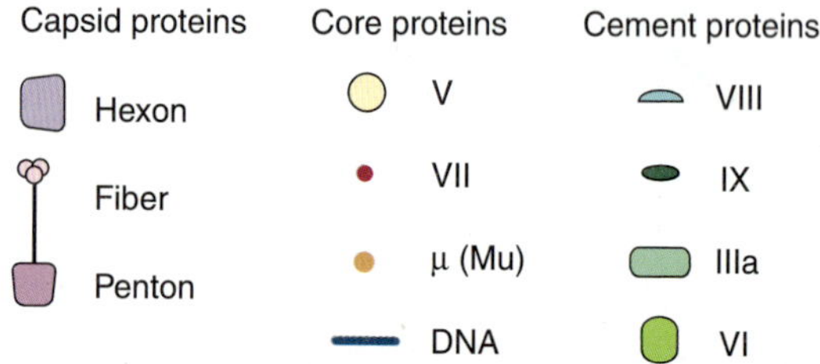


**그림 8.37 adenovirus 구조.** (a) 동결 전자현미경으로 재구성한 이미지. (b) capsid 단백질 및 비교적 잘 알려진 구조 단백질들의 입자 내 위치. 반면, core 단백질과 바이러스 DNA의 결합체 구조는 상당히 추정적인 것임.

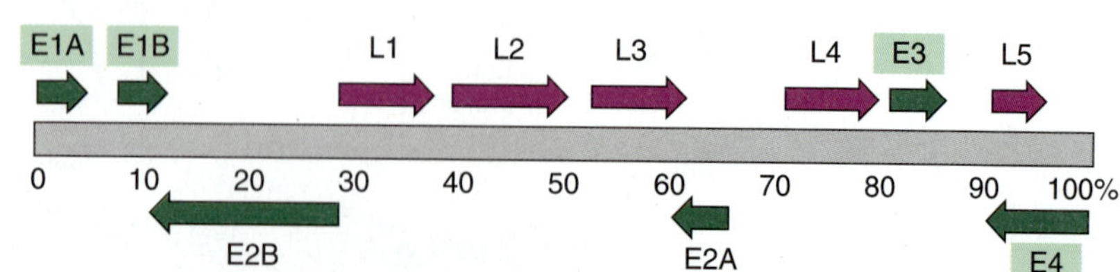


**그림 8.36 Adenovirus 유전자 지도.** 초기 유전자(초록색)는 'E' 로, 후기 유전자(붉은색)는 'L' 로 표기되어 있다. 유전자의 전사방향이 화살표로 표시되어 있다. 박스 표시된 유전전자를 제거하여 복제능력을 상실한 유전자 치료용 바이러스를 제조할 수 있다. 이 경우, 특히 최초로 발현되는 E1A 유전자는 반드시 제거되어야 하며, 외부 유전자 삽입 공간을 크게 하기 위하여 다른 유전자들을 더 제거할 수도 있다.

것이다. Adenovirus의 특이한 DNA 합성 방식은 이 책의 범위를 넘어선다.

Adenovirus의 복제과정이 **그림 8.38**에 간단히 나와 있다. 먼저 penton에서 나온 fiber의 끝 꼭지(knob) 부분이 세포 표면의 수용체(1차)에 붙는다. 이로 인하여 (세포와 가까워지게 되어) 2차 수용체와 결합하게 되고 endocytosis를 통해 세포 안

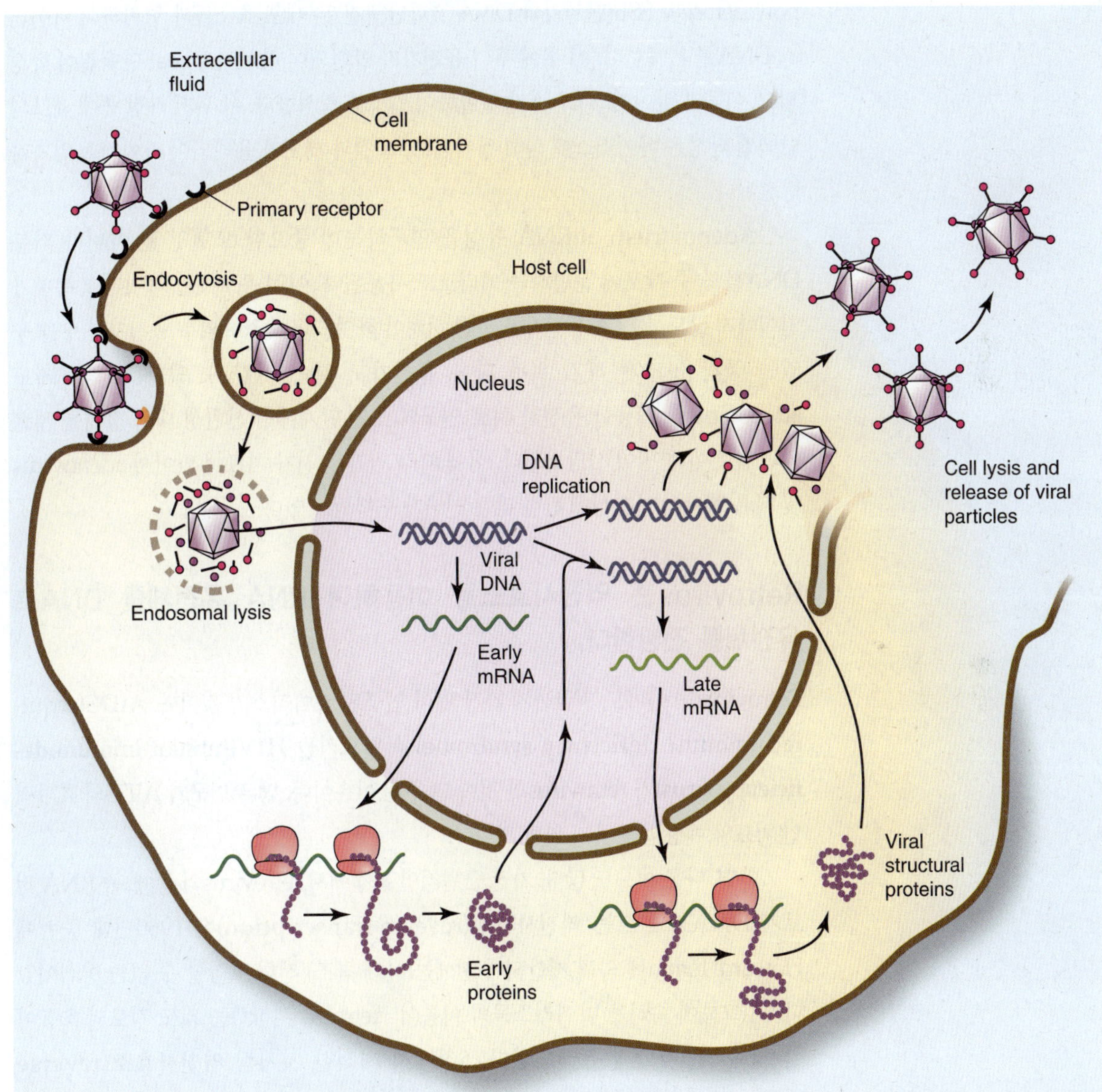


**그림 8.38 adenovirus 복제 주기.** 바이러스 입자의 penton 단백질에 달려있는 섬유의 말단 손잡이(knob) 부분이 세포 수용체에 결합한다. 이 결합으로 penton과 세포의 2차 수용체와의 결합이 촉진된다. 수용체와의 결합을 통하여 세포 안 endosome 소낭으로 들어온 입자는 산성 조건에서 endosome이 용해됨에 따라 세포질에 방출된다. 입자구조가 와해되면서 방출된 DNA는 핵으로 이동하여 숙주세포의 효소들에 의해 전사된다. 최초로 생성된 바이러스 단백질인 E1A는 바이러스의 다른 초기 유전자의 전사를 촉진한다. 초기 단백질인 DNA polymerase와 단일가닥 DNA 결합(single-strand DNA binding, SSB)단백질은 숙주 단백질들과 함께 바이러스 DNA를 복제한다. 이후 후기 유전자가 발현되고, coat 단백질이 새로 합성된 DNA와 결합하여 바이러스 입자로 조립된다. 감염의 후기에 숙주세포의 단백질 합성은 중지되고, 세포가 용해됨에 따라 새로이 생성된 바이러스가 방출된다. Adapted from Mysiak, M. E., Molecular architecture of the preinitiation complex in adenovirus DNA replication. (master' s thesis, Universiteit Utrecht), 2004.

으로 진입한 입자는 endosome이 산성 조건에서 용해됨에 따라 세포질에 노출된다. 수용체와의 결합을 시작으로 바이러스 입자의 와해는 여러 단계에 걸쳐 진행된다. 바이러스 유전자는 숙주세포의 전사 작용에 의해 세포 핵으로 이동한 바이러스 DNA로부터 발현된다. 첫 번째로 발현되는 바이러스 단백질은 E1A로서, 바이러스의 초기 유전자의 발현을 촉진시킨다. 이렇게 생성된 2개의 초기 단백질, 즉 DNA polymerase와 SSB(단일가닥 DNA 결합단백질)은 세포 효소들과 협력하여 바이러스 DNA를 복제한다. 이 후에 후기 유전자가 발현되어 바이러스 coat 단백질이 합성되고, 이들과 바이러스 DNA가 결합하여 입자를 형성한다. 이 후기 과정 중에 세포의 단백질 합성은 바이러스에 의해 정지되고, 그 결과 세포가 용해되어 바이러스 입자가 방출된다.

Adenovirus는 mRNA 합성을 연구하는데 중요한 모델일 뿐 아니라 외부 DNA를 숙주 세포에 운반하는 벡터로도 사용된다. 이런 용도에는 바이러스 복제가 일어나지 않도록 E1A 유전자를 결손 시켜야 하며(그림 8.36), 외부 유전자를 넣을 수 있는 공간을 크게 하기 위해 다른 유전자도 결손 시킬 수 있다. 불행하게도 adenovirus를 이용한 유전자 치료 연구의 초기 단계에서 선천성 대사 장애를 치료받던 젊은이 한명이 사망하였다. 이에 따라 인간 유전자 치료에 있어서 adenovirus 및 다른 벡터의 안전성에 관한 많은 연구가 수행되고 있다.

## Retrovirus는 역전사효소를 이용하여 RNA 유전체를 DNA로 유전체를 전환한다.

Retrovirus는 아마도 지금까지 가장 많이 연구된 바이러스일 것이다. **AIDS(acquired immune deficiency syndrome)**를 일으키는 **HIV(human immunodeficiency virus)**가 retrovirus인 것이 그 주된 이유이다. 많은 연구가 AIDS의 효과적인 치료와 예방법을 찾기 위한 것이다.

반면, 다른 이유도 많다. 가장 근원적인 관점에서 retrovirus의 복제, 즉 RNA 정보가 DNA로 흐르는 **역전사과정(reverse transcription)**은 1960년대 중반에 Howard Temin에 의해 제안되기 전에는(아래 참조) 전혀 예상할 수 없는 방식이었다. 이 그룹에 속하는 바이러스들의 이름이 "retro"로 시작하는 것도 정보의 흐름이 "역방향"인 것에서 유래되었다. 5장에서 지적한 것처럼 **역전사효소(reverse transcriptase)**, 즉, RNA에 의존해서 DNA를 합성하는 효소는 분자생물학과 DNA 재조합 기술에서 중요한 수단이다. 더욱이, 숙주세포에서 증식하지 못하도록 유전적으로 변형시킨 retrovirus들은 동물세포에 외부 유전자를 전달하는 벡터로 사용되고 있으며, 더 개량한다면 인간의 유전자 치료용으로 안전한 벡터가 될 것으로 보인다.

Retrovirus의 공통된 특징은, 첫째 2개의 동일한 RNA(7,000-10,000 kb) 분자를 가지고 있는 것인데, mRNA와 같은 서열정보를 가지므로 (+) 가닥으로 불린다. 이 RNA는 역전사효소가 DNA를 합성하는데 주형 역할을 하지만 ribosome이 단

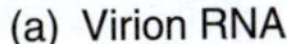


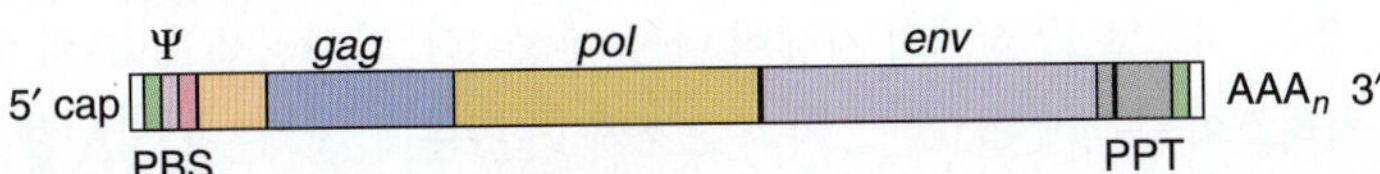


(b) Schematic of retrovirus particle

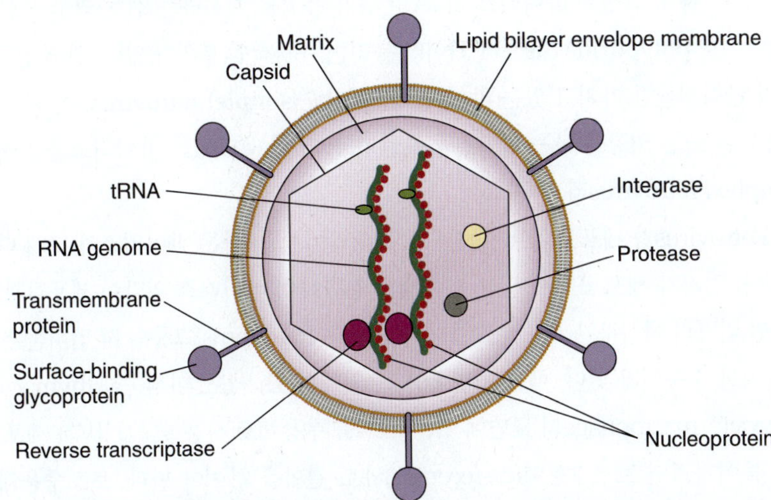


**그림 8.39 Retrovirus 입자와 유전자 구조.** (a) 단순 retrovirus의 유전자 구조. (b) retrovirus 입자 구성 요소들의 개괄적 구조. Adapted from Pedersen, F. S., and Duch, M. *Encyclopedia of Life Sciences*. John Wiley & Sons, Ltd., January 2006. [doi: 10.1038/npg. els. 0004239].

백질을 합성하는데 사용되지는 않는다(아래 참조). 모든 retrovirus RNA 분자에는 *gag*, *pol*, *env* 3개의 단백질 영역이 있다(**그림 8.39a**). 그룹 특이적 항원(group-specific antigen)을 뜻하는 *gag* 영역에서 만들어진 단백질은 아래와 같이 최종적으로 3개의 독자적인 단백질로 쪼개진다고 해서 **polyprotein**이라 불린다.

1. Matrix 단백질: 바이러스 막 결합 단백질
2. Capsid 단백질: 바이러스 입자의 핵심 내피 구조 단백질
3. 핵단백질: 바이러스 RNA와 결합하는 알칼리성 단백질

바이러스 입자에서 이 3 단백질 및 다른 단백질의 위치는 **그림 8.39b**와 같다. 언급할 필요가 있는 또 하나의 단백질은 protease 인데, 어떤 바이러스에서는 *gag* 영역에, 어떤 바이러스는 *pol*에, 어떤 바이러스의 경우는 *gag*와 *pol* 가운데에 암호화 되어 있다. Protease는 polyprotein를 분할하는 역할을 하므로 바이러스 복제에 필수적이다. 실제로, protease 저해제는 효과적인 AIDS 치료제이다.

*pol*(polymerase) 영역에 두 번째 polyprotein이 암호화되어 있는데 이로부터 역전사효소와 integrase가 분할된다. *env* 영역에 암호화 되어 있는 polyprotein도 2개의 단백질로 분할되는데, 하나는 바이러스 입자 외막에 박혀있는 막 단백질이며, 다른 하나는 외막의 바깥쪽에서 막 단백질에 붙어 있는 당 단백질이다.

Retrovirus RNA 분자들의 공통점은 더 있는데, 5′ 말단에 변형된 구아노신으

로 된 cap 구조를, 3′ 말단에 poly(A) 꼬리를 가지고 있다. 이 2 가지 구조는 고등세포 mRNA에도 있는 것으로 17 장에서 자세히 다룰 예정이다. 바이러스 RNA의 5′ 말단부에는 바이러스의 증식에 필요한 2 가지 요소가 더 있는데, 첫째는 DNA 합성에 필요한 프라이머 결합 부위(primer binding site, PBS)이다. 두 번째는 ψ(psi) 부위로서, 이는 새로 합성된 바이러스 RNA의 입자 봉입을 지시하는 신호 역할을 한다. 3′ 말단에도 **polypurine tract(PPT)**이라 불리는 특징적인 부위가 있다. 위에 언급한 3가지 단백질들만 가지고 있는 바이러스들을 **단순(simple) retrovirus**, 이 외에 주로 중요한 조절 역할을 하는 단백질들을 추가로 더 가지고 있는 바이러스들을 **복합(complex) retrovirus**라 부른다.

Retrovirus가 세포로 들어가는 방식도 외막이 있는 다른 바이러스와 크게 다를 바 없다. 입자가 세포 표면에 있는 수용체와 결합하여 바이러스 외막이 세포막과 융합하면 입자의 핵심부가 세포질로 들어가게 된다. Retrovirus 그룹의 각 멤버들은 각각 특이한 수용체가 있다. 예를 들면 HIV는 인체의 Th 세포, 미성숙한 thymocyte, monocyte, macrophage의 표면에 있는 CD4를 수용체로 사용한다. HIV가 세포 안으로 들어가려면 보조수용체(co-receptor)와도 결합을 하여야 한다. 보조수용체가 없는 사람은 상대적으로 HIV에 잘 걸리지 않는데, 이는 보조수용체가 새로운 AIDS 치료제의 표적이 될 수 있음을 시사한다.

Retrovirus 감염의 다음 단계는 RNA가 DNA로 바뀐다는 점에서 참으로 주목할 만하다. 1960년대 까지 모든 RNA 바이러스는 자신의 RNA를 복제하는데 RNA 의존성 RNA polymerase를 사용한다고 믿었다. 이것이 RNA phage, polio바이러스, 담배 모자이크(tobacco mosaic) 바이러스와 같은 많은 RNA 바이러스들의 복제 방식이다. **Rous sarcoma** 바이러스의 복제 방식은 이와는 완전히 다르다는 것이 1911년 닭의 발암과정을 연구하던 Peyton Rous에 의해 관찰되었다. Rous는 닭의 암 조직 추출물을 건강한 닭에 주사하면 암이 생긴다는 것을 관찰하였다. 그 추출물을 세균을 걸러낼 수 있는 미세한 필터로 걸렀음에도 여전히 암을 발생시킬 수 있는 것으로 보아 아주 작은 물질임을 알 수 있었다. 이런 일련의 실험들을 통하여 Rous는 그것이 바이러스라고 결론지었다.

요즈음의 연구자들은 Rous의 발견이 인간의 암에도 해당하는 것인가에 대하여 의구심을 갖고 있다. 왜냐하면 인간의 암은 대부분 감염성 인자에 의한 것이 아니기 때문이다. 반면, Rous sarcoma 바이러스 RNA에 인간의 세포성장과 분열을 촉진시키는 유전자가 삽입되어 있는 경우가 가끔 발생한다는 사실이 J. Michael Bishop과 Harold E. Varmus에 의해 한참 후에 관찰되었다. 이처럼 드물게 생성되는 바이러스는 인간 유전자의 삽입 과정에서 바이러스 RNA 일부가 소실되었기 때문에 다른 바이러스의 도움 없이 스스로 복제하기는 힘들지만 정상 세포를 암세포로 바꿀 수는 있다.

Rous의 sarcoma 바이러스 복제에 DNA 합성이 필요하다는 Howard Temin

의 가설이 1960년대 중반에 처음 제시되었을 때 많은 비판이 있었다. 그러나 1970년대에 Temin과 David Baltimore가 각각 바이러스 입자에 RNA 의존적 DNA polymerase가 존재하고 있음을 증명해 보임으로써 이 가설은 즉각 수용되었다. Temin은 DNA 합성이 필요한 이유를 설명하고자 "provirus" 모델을 제안하였는데, 이 모델에 의하면 retrovirus 복제는 초기와 후기로 구성된다(**그림 8.40**).

초기 DNA 합성은 바이러스 입자에 들어있던 역전사효소와 integrase에 의해 수행된다. 역전사효소가 세포질에서 바이러스 RNA를 cDNA(complementary DNA)로 전환시킨다. 이 과정에서 역전사 효소가 가지고 있는 RNase H 활성으로 인하여 RNA-DNA hybrid 중 RNA 부분이 분해된다. 이렇게 생성된 DNA를 주형으로 하여 역전사효소에 의해 완성된 이중가닥 DNA는 세포핵으로 이동하고 integrase의 도움으로 숙주세포의 염색체에 무작위로 삽입되어 provirus를 형성한다. Provirus는 숙주 염색체의 일부로서 지속적으로 복제하게 되는데, 만약 이런 일이 생식세포에 일어날 경우 다음 세대에도 전해지는 것이다. 인체 DNA에는 이처럼 retrovirus로부터 유래된 것으로 보이는 염기서열이 상당부분 있다(12장 참조).

바이러스 복제의 후기 과정에는 숙주 세포의 효소들이 사용된다. 삽입된 바이러스 DNA로부터 세포의 전사 시스템에 의해 바이러스 mRNA가 합성되고 이로부터 생산된 바이러스 단백질들이 바이러스 RNA와 결합하여 입자를 생성한다. 바이러스 입자는 세포막에서 조립되고 숙성과정을 거친 후 출아과정(budding)을 통해 세포 밖으로 방출된다. 이 과정은 세포 살상 없이 진행된다.

이 책의 다른 부분에 바이러스 관련 내용이 나오면 여기서 다룬 내용을 참조하기 바란다. 여기서 다룬 바이러스에 대하여 더 자세히 알기를 원하거나 다른 바이러스에 대하여 알고자 한다면 바이러스 교과서를 참조하기 바란다.

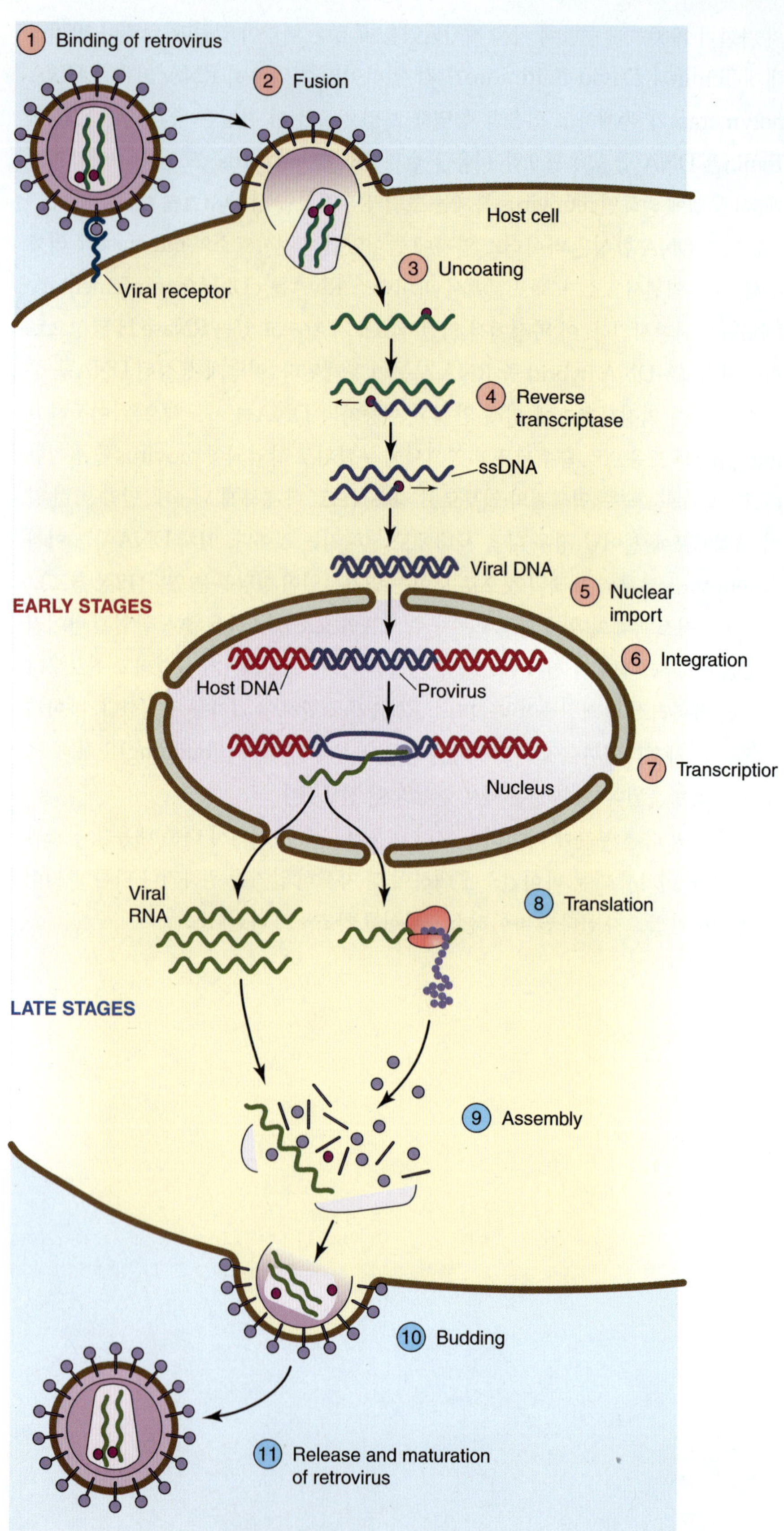


**그림 8.40 Retrovirus 복제 주기.** Retrovirology1(2004): 9Nisole, S.와 Saib, A로 부터 발췌.

# 권장 도서

## 일반


Breitbart, M., and Rohwer, F. 2005. Here a virus, there a virus, everywhere the same virus? *Trends Micriobiol* 13:278-284.

Brussow, H., Canchaya, C., and Wolf-Dietrich, H. 2004. Phages and the evolution of bacterial pathogens: from genomic rearrangements to lysogenic conversion. *Microbiol Mol Biol Rev* 68:560-602.

Cairns J, Stent G. S., and Watson, J. (eds) 1966. *Phage and the Origins of Molecular Biology*. Woodbury, NY: Cold Spring Harbor Laboratory Press.

Calendar R. (ed). 2005. *The Bacteriophages*. Oxford, UK: Oxford University Press.

Campbell, A. 2003. The future of bacteriophage biology. *Nat Rev Genet* 4:471-477.

Campbell, A. M. 1996. Bacteriophages. In: F.C. Neidhardt, R. Curtiss III, J.L. Ingraham, et al. (eds). *Escherichia coli and Salmonella typhimurium: Cellular and Molecular Biology*, 2nd ed., pp. 2325-2338. Washington, DC: ASM Press.

Fujisawa, H., and Morita, M. 1997. Phage DNA packaging. *Genes Cells* 2:537-545.

Guttman, B. S., and Kutter, E. 2002. Bacteriophage genetics. In: U. N. Streips, and R. E. Yasbin (eds). *Modern Microbial Genetics*, 2nd ed.; pp. 85-126. Hoboken, NJ: John Wiley and Sons.

Guttman, B., Raya, R., and Kutter, E. 2005. *Bacteriophages: Biology and Applications*. Boca Raton, FL: CRC Press.

Hendrix, R. W. 2003. Bacteriophage genomics. *Curr Opin Microbiol* 6:506-511.

McGrath, S., Fitzgerald, G. F., and van Sinderen, D. 2004. The impact of bacteriophage genomics. *Curr Opin Biotechnol* 15:95-99.

Poranen, M. M., Daugelavic¢ßius R., and Bamford, D. H. 2002. Common principles in viral entry. *Ann Rev Microbiol* 56:521-538.

Sharp, R. 2001. Bacteriophages: biology and history. *J Chem Technol Biotechnol* 76:667-672.

Summers, W. C. 2001. Bacteriophage therapy. *Ann Rev Microbiol* 55:437-451.

Thiel, K. 2004. Old dogma, new tricks-21st century phage therapy. *Nat Biotechnol* 22:31-36.

Uetz, P., Rajagopala, S. V., Dong, Y.-A., and Haas, J. 2004. From ORFeomes to protein interaction maps in viruses. *Genome Res* 14:2029-2033.

Wagner, E., and Hewlett, M. 2003. *Basic Virology*, 2nd ed. Malden, MA: Blackwell Publishing Co.


## Virulent Bacteriophages


Abedon, S. T. 2000. The murky origin of snow and her T-even dwarfs. *Genetics* 155:481-486.

Ackerman, H. W., and Krisch, H. M. 1997. A catalogue of T4-type bacteriophages. *Arch Virol* 142:2329-2342.

Bernal, R. A., Hafenstein, S., Esmeralda, R., et al. 2004. The 174 protein J mediates DNA packaging and viral attachment to host cells. *J Mol Biol* 337:1109-1122.

Bernhardt, T. G., Roof, W. D., and Young, R. 2000. Genetic evidence that the bacteriophage 174 lysis protein inhibits cell wall synthesis. *Proc Natl Acad Sci USA* 97:4297-4302.

Epstein R. H., Bolle, A., Steinberg, C. et al. 1963. Physiological studies of conditional lethal mutants of bacteriophage T4. *Cold Spring Harb Symp Quant Biol* 28:375-392.

Hayashi, M., Aoyama, A., Richardson, D. L., and Hayashi, M. N. 1988. Biology of the bacteriophage 174. In: Calendar, R. (ed). *The Bacteriophages*, pp. 1-71. New York: Plenum Press.

Ilagit, L. L., Olson, N. H., Dokland, T., et al. 1995. DNA packaging intermediates of bacteriophage 174. *Structure* 3:353-363.

Karam JD (ed.) 1994. *Molecular Biology of Bacteriophage T4.* Washington, DC: American Society for Microbiology.

Kreuzer, K. N. 2000. Recombination-dependent DNA replication in phage T4. *Trends Biochem Sci* 25:165-173.

Leiman, P. G., Kanamarua, S., Mesyanzhinov, V. V., et al. 2003. Structure and morphogenesis of bacteriophage T4. *Cell Mol Life Sci* 60:2356-2370.

Loeb T., and Zinder, N.D.1961. A bacteriophage containing RNA. *Proc Natl Acad Sci USA* 47:282-289.

Mathews, C. K. 2001. Bacteriophage T4. In: *Encyclopedia of Life Sciences,* pp. 1-8. London, UK: Nature Publishing Co.

Mathews, C. K., Kutter, E. M., Mosig, G., and Berget, P. (eds). 1983. *Bacteriophage T4.* Washington, DC: American Society for Microbiology.

Miller, E. S., Kutter, E., Mosig, G., et al. 2003. Bacteriophage T4 genome. *Microbiol Mol Biol Rev* 67:86-156.

Molineux, I. J. 2001. No syringes please, ejection of phage T7 DNA from the virion is enzyme driven. *Mol Microbiol* 40:1-8.

Ortin, J. and Parra, F. 2006. The structure and function of RNA replication. *Ann Rev Microbiol* 60: 305-326

Ricardo A., Bernal, R. A., Hafenstein, S., et al. 2004. The 174 protein J mediates DNA packaging and viral attachment to host cells. *J Mol Biol* 337:1109-1122.

Rossman, M. G., Mesyanzhinov, V. V., Arisaka, F., and Leiman, P. G. 2004. The bacteriophage T4 DNA injection machine. *Curr Opin Struct Biol* 14:171-180.

Sinsheimer, R. L. 1959. A single-stranded deoxyribonucleic acid from bacteriophage 174. *J Mol Biol* 1:43-53.

van Duin, J., and Tsareva, N.A. 2005. Single-Stranded RNA phages. In: R. Calendar (ed). *The Bacteriophages.* Oxford, UK: Oxford University Press.

Wang, I.-N., Smith, D. L., and Young, R. 2000. Holins: the protein clocks of bacteriophage infections. *Ann Rev Microbiol* 54:799-825.

## Temperate Bacteriophage

Bertani, G. 2004. Lysogeny at mid-twentieth century: P1, P2, and other experimental systems. *J Bacteriol* 186:595-600.

Blasi, U., and Young, R. 1996. Two beginnings for a single purpose: the dual start holins in the regulation of phage lysis. *Mol Microbiol* 21:675-682.

Campbell, A. 1994. Comparative molecular biology of lambdoid phages. *Ann Rev Microbiol* 48:193-222.

Campbell, A. 1996. Cryptic prophages. In: F.C. Neidhardt, R. Curtiss III, J.L. Ingraham, et al. (eds). *Escherichia coli and Salmonella typhimurium: Cellular and Molecular Biology,* 2nd ed, pp. 2041-2046. Washington, DC: American Society of Microbiology Press.

Casjens, S. R., and Hendrix, R. W. 2001. Bacteriophage lambda and its relatives. In: *Encyclopedia of Life Sciences,* pp. 1-8. London, UK: Nature Publishing Co.

Catalano, C., Cue, D., and Feiss, M. 1995. Virus DNA packaging: the strategy used by phage lambda. *Mol Microbiol* 16:1075-1086.

Chauthaiwale, V., Therwath, A., and Deshpande, V. 1993. Bacteriophage lambda as a cloning vector. *Microbiol Rev* 57:290-301.

Dhar, A., and Feiss, M. 2005. Bacteriophage terminase: alterations of the highaffinity ATPase affect viral DNA packaging. *J Mol Biol* 347:71-80.

Friedman, D. I., and Court, D. L. 2001. Bacteriophage lambda: alive and still doing its thing. *Curr Opin Micriobiol* 4:201-207.

Gottesman, M. 1999. Bacteriophage : the untold story. *J Mol Biol* 293:177-180.

Gottesman, M. E., and Weisberg, R. A. 2004. Little lambda, who made thee? *Microbiol Molec Biol Rev* 68:796-813.

Hendrix R., Roberts J., Stahl F., and Weisberg R. (eds). 1983. *Lambda II.* Woodbury, NY: Cold Spring Harbor Laboratory Press.

Hoess, R. H. 2002. Bacteriophage lambda as a vehicle for peptide and protein display. *Curr Pharm Biotechnol* 3:23-28.

Lederberg, E. M., and Lederberg, J. 1953. Genetic studies of lysogenicity in E. *coli. Genetics* 38:51-64.

Szmelcman S., Hofnung, M. 1975. Maltose transport in *Escherichia coli* K12. Involvement of the bacteriophage lambda receptor. *J Bacteriol* 124:112-118.

Yarmolinsky, M. B. 2004. Bacteriophage P1 in retrospect and in prospect. *J Bacteriol* 186:7025-7028.

Zinder, N.D., and Lederberg, J. 1952. Genetic exchange in *Salmonella. J Bacteriol* 64:679-699.

## Chronic Phages

Benhar, I. 2001. Biotechnological applications of phage and cell display. *Biotechnol Adv* 19:1-33.

Karlsson, F., Borrebaeck, C. A. K, Nilsson, N., Malmorg-Hager, A. C. 2003. The mechanism of bacterial infection by filamentous phage involves molecular interactions between TolA and phage protein 3 domains. *J Bacteriol* 185:2628-2634.

Marvin, D. A. 1998. Filamentous phage structure, infection, and assembly. *Curr Biol* 8:150-158.

Russel, M., Lowman, H. B., and Clackson, T. Introduction to phage biology and phage display. In: Lowman, H. B., and Clackson, T. 2004. *Phage Display: A Practical Approach*. Oxford, UK: Oxford University Press.

Rodi, D. J., and Makowski, L. 1999. Phage-display-finding a needle in a vast molecular haystack. *Curr Opin Biotechnol* 10:87-93.

Russell, M., and Model, P. 2005. Filamentous phage. In: R. Calendar (ed). *The Bacteriophages*. Oxford, UK: Oxford University Press.

Sidhu, S. S. 2001. Engineering M13 for phage display. *Biomol Eng* 18:57-63.

## Animal Viruses

Atwood, W. J., and Shah, K. V. 2001. Polyomaviruses. In: *Encyclopedia of Life Sciences,* pp. 1-6. London, UK: Nature Publishing Co.

Barre-Sinoussi, F. 1996. HIV as the cause of AIDS. *Lancet* 348:31-35.

Benjamin, T. L. 2001. Polyoma viruses: old findings and new challenges. *Virology* 289:167-173.

Blattner, W., Gallo, R. C., and Temin, H. M. 1988. HIV causes AIDS. *Science* 241:515-516.

Bleul, C. C., Wu, L., Hoxie, J. A., et al. 1997. The HIV coreceptors CXCR4 and CCR5 are differentially expressed and regulated on human T lymphocytes. *Proc Natl Acad Sci USA* 94:1925-1930.

Bukrinsky, M. I. 2001. HIV life cycle and inherited coreceptors. In: *Encyclopedia of Life Sciences,* pp. 1-6. London, UK: Nature Publishing Co.

Coffin, J. M., Hughes, S. H., and Varmus, H. E. (eds). 1997. *Retroviruses*. Woodbury, NY: Cold Spring Harbor Laboratory Press.

Cole, C. N. 1996. Polyomavirinae: the viruses and their replication. In: B. N. Fields, P. M. Howley, D. M. Knipe et al. (eds). *Fundamental Virology*, 3rd ed, pp. 917-945. Baltimore, MD: Lippincott, Williams and Wilkins.

Crandall, K. A. 2001. Human immunodeficiency viruses (HIV). In: *Encyclopedia of Life Sciences,* pp. 1-7. London, UK: Nature Publishing Co.

D'Souzak, V., and Summers, M. F. 2004. Structural basis for packaging the dimeric genome of Moloney murine leukaemia virus. *Nature* 431:586-590.

Flint, S. J. 2001. Adenoviruses. In: *Encyclopedia of Life Sciences,* pp. 1-14. London, UK: Nature Publishing Co.

Gallo, R. C. 2004. HIV-1: a look back from 20 years. *DNA Cell Biol* 23:191-192.

Gallo, R. C., and Montagnier, L. 2003. The discovery of HIV as the cause of AIDS. *N*

*Engl J Med* 349:2283-2285.

Gazdar, A. F., Butel, J. S., and Carbone, M. 2002. SV40 and human tumors: Myth and association or causality? *Nat Rev Cancer* 2:957-964.

Garcea, R. L., and Imperiale, M. J. 2003. Simian virus 40 infection of humans. *J Virol* 77:5039-5045.

Gottlieb, K. A., and Villarreal, L. P. 2001. Natural biology of polyomavirus middle T antigen. *Microbiol Mol Biol Rev* 65:288-318.

Hu, W.-S., and Pathak,V. K. 2000. Design of retroviral vectors and helper cells for gene therapy. *Pharm Rev* 52:493-511.

Hunter, E.1997. Viral entry and receptors. In: J. M. Coffin, S. H. Hughes, and H. E. Varmus (eds). *Retroviruses*, pp. 71-120. Woodbury, NY: Cold Spring Harbor Laboratory Press.

Lednicky, J. A., and Butel, J. S. 1999. Polyomaviruses and human tumors: a brief review of current concepts and interpretations. *Front Biosci* 4:D153-D164.

Lower, R., Lower, J., and Kurth, R. 1996. The viruses in all of us: characteristics and biological significance of human endogenous retrovirus sequences. *Proc Natl Acad Sci USA* 93:5177-5184.

Nelson, P. N., Carnegie, P. R., Martin, J., et al. 2003. Demystified . . . human endongenous retroviruses. *J Clin Pathol Mol Pathol* 56:11-18.

Novembre, F. J. 2001. Simian retroviruses. In: *Encyclopedia of Life Sciences,* pp. 1-8. London, UK: Nature Publishing Co.

Pedersen, F. S., and Duch, M. 2001. Retroviral replication. In: *Encyclopedia of Life Sciences,* pp. 1-7. London, UK: Nature Publishing Co.

Pedersen, F. S., and Duch, M. 2001. Retroviruses in human gene therapy. In: *Encyclopedia of Life Sciences,* pp. 1-10. London, UK: Nature Publishing Co.

Rambaut, A., Posada, D., Crandall, K. A., and Holmes, E. C. 2004. The causes and consequences f HIV evolution. *Nat Rev Genet* 5:52-61.

Shenk, T. E. 1996. Adenoviridae: the viruses and their replication. In: B. N. Fields, P. M. Howley, D. M. Knipe et al. (eds). *Fundamental Virology,* 3rd ed. pp. 979-1016. Baltimore, MD: Lippincott, Williams and Wilkins.

Sullivan, C. S., and Pipas, J. M. 2002. T antigens of simian virus 40: molecular chaperones for viral replication and tumorigenesis. *Microbiol Mol Biol Rev* 66:179-202.

Turner, B. G., and Summers, M. F. 1999. Structural biology of HIV. *J Mol Biol* 285:1-32.

Whittaker, G. R., Kann, M., and Helenius, A. 2000. Viral entry into the nucleus. *Ann Rev Cell Dev Biol* 16:627-651.

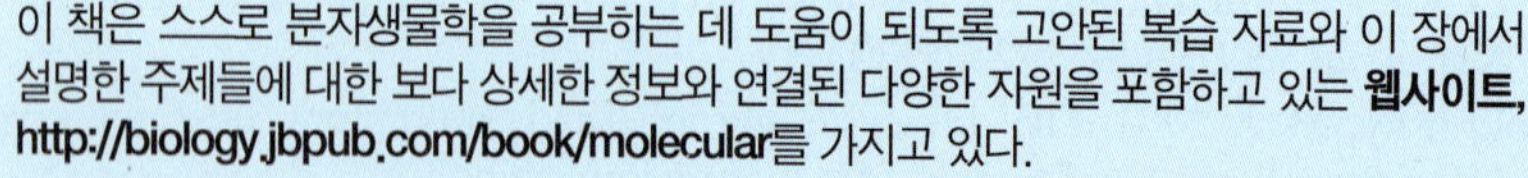
이 책은 스스로 분자생물학을 공부하는 데 도움이 되도록 고안된 복습 자료와 이 장에서 설명한 주제들에 대한 보다 상세한 정보와 연결된 다양한 자원을 포함하고 있는 **웹사이트, http://biology.jbpub.com/book/molecular**를 가지고 있다.

단원

4

# DNA 대사

# DNA 복제

## 주제 개요

DNA 복제는 말 그대로 DNA 분자의 사본을 만드는 과정이다. 결과적으로 원래의 부모 DNA(parental DNA)로부터 동일한 유전 정보를 가진 2개의 딸 DNA(daughter DNA)을 합성하는 것을 말한다. 이 과정은 유전정보의 손실이나 변화를 초래하지 않도록 정확하게 수행되어야 한다. DNA가 이중나선형 구조(double helix)로 구성되어 있다는 Watson-Crick의 모델이 1953년 최초로 제안되었을 때 사람들은 2~3가지 효소면 DNA 복제에 충분할 것이라 추측했었다. 그러나 과학자들이 DNA 복제를 연구하면 할수록 이 과정이 생각보다 굉장히 복잡하고 또한 많은 종류의 효소를 필요로 하다는 사실을 깨닫게 되었다.

DNA 복제 과정의 복잡성은 다음의 사실에 근거한다:(1) DNA의 이중나선형 구조를 풀기 위해 helicase(이중나선 분리효소)(4장 참고)와 에너지가 필요하다; (2) 단일가닥 DNA 결합 단백질(single-stranded DNA binding protein, SSB protein)들은 helicase에 의해서 이중가닥에서 단일가닥으로 된 DNA가 세포내에 존재하는 nuclease(핵산가수분해효소)에 의해 가수분해되는 것을 저해함과 동시에 분리된 DNA가 서로 상호 재결합을 방지하기 위해 필요하다; (3) DNA 연결효소는 한쪽 DNA 일부가 결합이 끊긴 nick DNA을 연결하는데 필요하다; (4) DNA 합성효소(DNA polymerase)의 교정기능(proofreading)은 복제과정에서 잘못 합성된 부분을 제거하는데 필요하다; (5) topoisomerase(DNA 회전효소)(4장 참고)는 원형 DNA 또는 긴 선형 DNA를 형성하기 위해서는 DNA 위상(topology)을 조절해야 하는데 필요한 효소이다; (6) DNA 복제의 각 단계에 필요한 단백질과 효소 또한 필요하다.

이 장에서는 복제과정의 전반적인 특징에 대해 학습하고 더 나아가 세균(bacteria) 및 진핵생물(eukaryote)의 복제과정의 각 단계를 공부할 것이다. 흥미롭게도, 이들 생물계통의 복제과정은 유사한 기능을 가진 효소와 단백질을 이용함으로 그 과정이 매우 닮아있다.

## 9.1 DNA 복제의 일반적 특성

### DNA 복제는 반보존적(semiconservative)이다.

Watson-Crick은 그들이 제시한 DNA 모델로부터 이중가닥 모 DNA가 하나로 분리되어 상보적인 DNA 합성의 주형(template)으로 작용한다는 내용의 복제기전을 제시하였다(**그림 9.1**). 이와 같은 복제기전 방식을 **'반보존적 DNA 복제 모델'** 이라 한다. 즉, 그 결과 이중가닥 딸 DNA는 부모 DNA로부터 유래된 DNA 단일가닥와 새롭게 합성된 DNA 단일가닥으로 구성되어 있다(**그림 9.2a**). 그러나 반보존적 복제 모델이 제시되었을 당시에는, 이중가닥에서 단일가닥으로 되는 DNA 변성(DNA denaturation)에 대한 이해가 부족했고 몇몇 이유를 근거로 일각에서는 이것이 불가능하다는 의견이 제시되기도 하였다. 따라서, 반보존적 모델과 더불어 추가적으로 보존적 모델(conservative model)과 분산적 모델(dispersive model)이

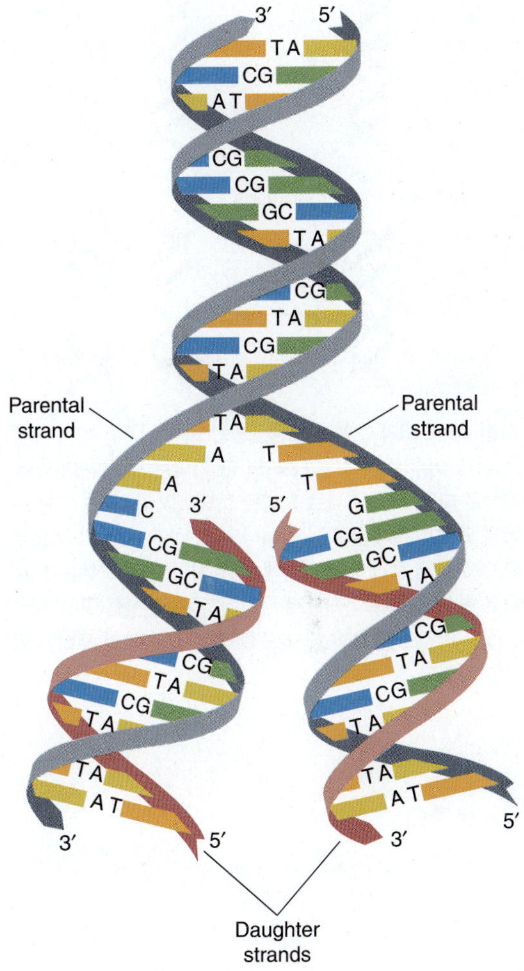


**그림 9.1 Watson-Crick의 DNA 복제 모델.** Watson-Crick은 이중가닥 모 DNA로부터 단일가닥 DNA로 분리되고 각각의 단일가닥 DNA를 주형으로 삼아 base pairing rule(A는 T와, G는 C와 결합하는 방식)에 따라 새로운 nucleotide가 합성됨으로써 DNA 복제가 이루어진다는 모델을 제시하였다. 보존된 모 단일가닥 DNA(conserved parental strand)는 빨간색으로, 새로 합성된 단일가닥 DNA는 파란색으로 표시하였다. DNA 복제과정은 그림에서 보이는 것보다 훨씬 더 복잡한 과정이다. 왜냐하면 DNA는 역평행한 성질을 가지고 있고 DNA 중합효소는 3′ 말단에 존재하는 개시분자(primer)로부터 시작하여 5′→ 3′ 방향으로 DNA를 합성하는 성질을 가지고 있기 때문이다.

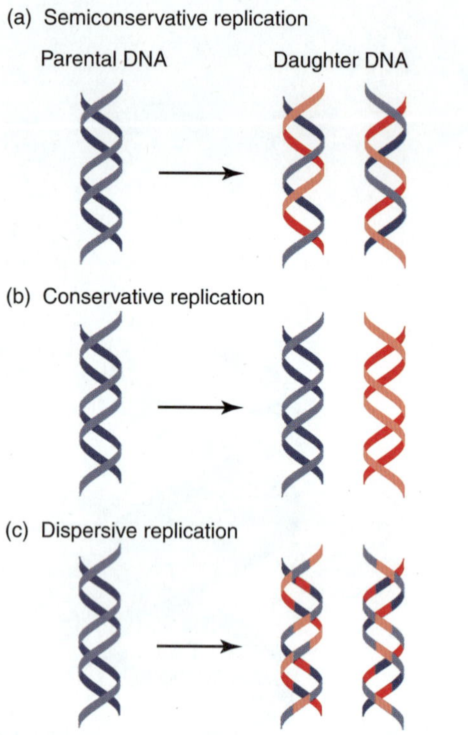

(a) Semiconservative replication

Parental DNA Daughter DNA

(b) Conservative replication

(c) Dispersive replication

**그림 9.2 3가지 복제 모델.** (a) 반보존적 DNA 복제 모델은 복제 이후 각각의 딸 DNA의 한 가닥은 모 DNA에서 유래하고 다른 가닥은 새로 합성된 형태이다. (b) 보존적 DNA 복제 모델은 복제 결과물인 하나의 딸 DNA는 두 가닥 모두 모 DNA에서 유래하고 반면에 다른 하나의 딸 DNA는 모두 새로 합성된 DNA 가닥으로 구성된다. (c) 분산적 DNA 복제 모델은 각각의 딸 DNA에서 모 DNA와 새 DNA가 혼합된 형태를 가진다.

또한 제시되었다.

**'보존적 복제 모델'**은 2가지를 가정한다. 첫째, 복제지점에서 중합효소에 의해 합성될 염기서열부분에서만 모 DNA의 이중나선구조가 풀린다. 둘째, 복제 과정 이후, 주형으로 이용된 부모 DNA는 원래의 형태로 돌아옴으로써 복제된 DNA 한 분자는 원래의 DNA를 갖게 되고, 다른 하나는 새로 합성된 DNA로만 구성된다(**그림 9.2b**).

**분산적 복제 모델(dispersive model of replication)**은 보존적 모델의 일부 특성을 공유하지만 복제결과 딸 DNA에서 부모 DNA와 새로 합성된 DNA가 임의적으로 혼합된 형태를 띤다(**그림 9.2c**). 그림 9.2의 3가지 다른 복제 모델은 복제 이후, 결과물인 딸 DNA의 서로 다른 DNA 조성을 보여주고 있다. 따라서, 어떤 모델이 맞는 것인지 풀기 위해서 원래의 DNA와 새로 합성된 DNA를 구별할 수 있는 실험 방법을 고안해낸다면 이를 해결할 수 있을 것이다.

Watson-Crick 모델이 제안 된지 5년 뒤인 1958년에 Matthew Meselson과 Franklin Stahl은 등밀도 구배 원심분리(equilibrium density gradient centrifugation) 실험방법을 이용하여 DNA 복제가 반보존적이라는 사실을 증명 하였다. 먼저 대장균(*E. coli*)을 [$^{15}$N]$NH_4Cl$가 포함된 배양 배지에서 여러 세대 동안 배양하였다. [$^{15}$N]$NH_4Cl$는 DNA의 purine과 pyrimidine에 무거운 동위원소인 [$^{15}$N]가 표지되도록 하기 위해 첨가하였다. 그리고 이 대장균을 [$^{14}$N]$NH_4Cl$가 포함된 배양 배지에서 배양한 후에 다양한 세대별로 DNA를 추출하여 농축된 cesium chloride 용액에 넣고 원심분리기를 이용하여 cesium chloride 등밀도 구배 원심분리를 하였다(5장 참고). 260 nm 파장의 자외선(UV)을 이용하여 밀도에 따라 분리된 용액을 자외선사진을 얻어 어둡게 변한 DNA 부분을 관찰하였다. **그림 9.3**은 그 실험결과이다. 세로측에 표시된 세대(generation)는 [$^{14}$N]$NH_4Cl$가 포함된 배양 배지에서 배양한 세포의 세대수를 의미한다. 그 사진은 왼쪽에서 오른쪽으로 갈수록 cesium chloride 농도가 높다. 사진 오른쪽은 사진상의 260 nm에서의 DNA 흡광도(light absorption)를 나타낸다.

실험결과는 DNA 복제는 반보존적으로 일어나는 사실과 일치하며 다른 모델이 틀렸다는 것을 보여준다. 반보존적 모델의 경우가 사실이라면 [$^{14}$N]$NH_4Cl$ 배양 배지로 옮기고 한 세대 이후 각각의 딸 DNA는 새 [$^{14}$N]DNA와 부모 DNA로부터 온 [$^{15}$N]DNA을 가진 hybrid 형태가 될 것이고 그 밀도는 2개의 [$^{15}$N]DNA가닥과 2개의 [$^{14}$N]DNA 가닥의 밀도 사이의 중간값을 가질 것이다. 이와 같은 예측은 실험결과에서 관찰할 수 있었다. 반면에 보존적 모델에 따르면 2개의 [$^{15}$N]DNA가닥과 2개의 [$^{14}$N]DNA가닥이 생길 텐데 그렇지 않다라는 것을 알 수 있었지만 이 결과는 분산적 DNA 모델의 가능성을 배제할 수 없다. 그러나 두 세대 이후의 결과를 보면 분산적 DNA 모델이 아니라는 사실을 알 수 있다. 반보존적 복제의 경우 두 세대 이후 실험결과는 2개의 딸 DNA는 [$^{15}$N]DNA 가닥과 [$^{14}$N]DNA 가닥으로 이루어

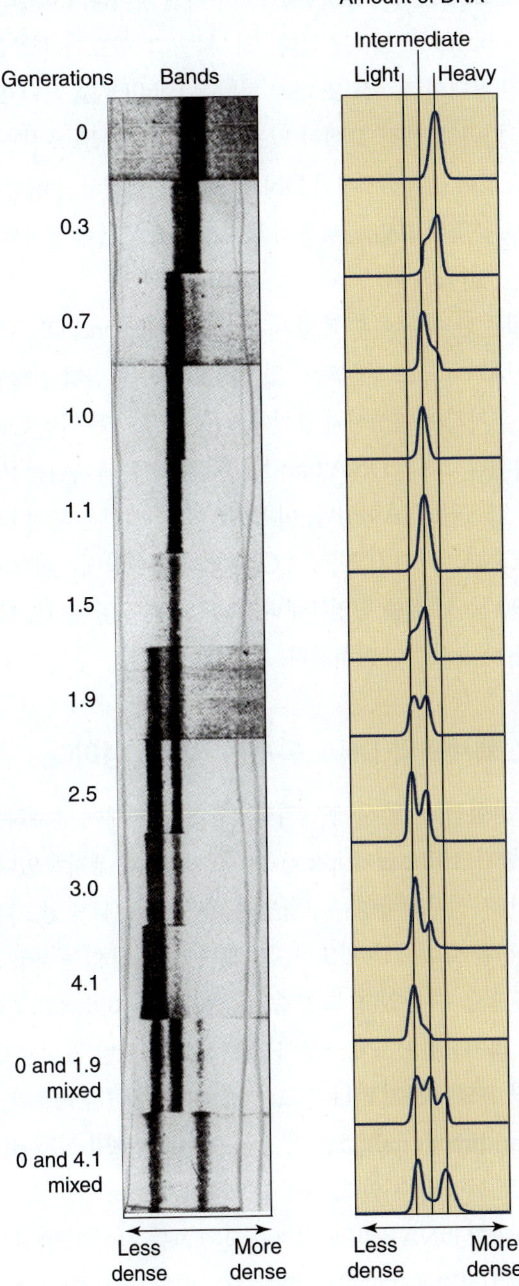


**그림 9.3 Meselson과 Stahl의 반보존적 DNA 복제 모델 증명 실험.** 대장균을 여러 세대 동안 [$^{15}$N]$NH_4$Cl가 첨가된 배양배지에서 배양함으로써 다시 말해 DNA합성에 필요한 질소(nitrogen)를 무거운 동위원소로 제공함으로써 DNA을 표지하였다. 그리고 새로운 [$^{14}$N]$NH_4$Cl가 첨가된 배양배지로 옮겼다. 시간 별로 DNA을 추출하여 등밀도구배원심분리를 수행하였다. 원심 분리하면 여러 형태의 DNA는 그 밀도에 따라 밀도층이 형성된 cesium chloride(CsCl) 용액상에서 그 밀도가 일치하는 곳에서 위치하게 된다. 좌측에는 세대(generation) 수를 표시하였다. 왼쪽 사진은 자외선을 이용하여 만들었다. CsCl 농도는 왼쪽에서 오른쪽으로 갈수록 높다. 오른쪽 그림은 왼쪽사진에 해당되는 260nm에서 DNA의 흡광도를 보여주고 있다.

질 것이고 다른 2개의 딸 DNA는 [$^{14}$N]DNA로 이루어질 것이다. 1.9 세대 실험결과를 보면 2개의 DNA band를 볼 수 있다. 하나는 그 밀도가 [$^{15}$N]DNA와 [$^{14}$N]DNA 가닥을 가진 형태의 것이고 또 다른 하나는 [$^{14}$N]DNA 가닥으로만 구성된 것이라 볼 수 있다. 만약 분산적 모델이 맞는다면 모든 DNA가 [$^{15}$N]DNA와 [$^{14}$N]DNA가 무작위로 섞어 정확히 2개의 DNA band를 형성하기 어렵다. 따라서 실험 결과를 종합적으로 분석해 보면 반보존적 DNA 복제 모델이 결과와 완벽하게 부합된다는 사실을 알 수 있다.

Meselson과 Stahl은 한 세대 이후 복제된 혼성 DNA(hybrid DNA)가 실제로 [$^{15}$N]DNA와 [$^{14}$N]DNA가닥으로 구성되어 있는지 확인하는 실험을 하였다. 혼성 DNA을 100°C에서 열을 가하여 변성시켜 단일가닥 DNA로 만든 다음 CsCl 등밀도 구배원심분리를 수행하였다. 2개의 DNA band를 형성하였는데 하나는 [$^{15}$N]DNA 가닥이었고 다른 하나는 [$^{14}$N]DNA이었다. 이 DNA 변성 실험은 혼성 DNA가 부모 DNA에서 온 [$^{15}$N]DNA가닥과 [$^{14}$N]$NH_4Cl$가 첨가된 배양배지에서 새로 합성된 [$^{14}$N]DNA로 되어 있다는 사실을 증명해준다. 그 후 다른 생물에서도 DNA 복제는 반보존적 모델을 따른다는 사실이 밝혀졌다.

## 원핵세포(세균)와 진핵세포의 DNA 복제는 양방향성이다.

Meselson과 Stahl이 실험하던 당시에는 과학자들은 자연계에 존재하는 *E. coli* DNA 분자는 선형 이중가닥(linear duplex)을 하고 있다고 생각하였다. 그러나 1963년 John Cairns는 방사선사진촬영 연구방법을 이용해서(제4장 참고) 대장균의 DNA는 원형이라는 사실을 보여주었다. 또한, 복제하는 과정에 있는 세균 DNA 분자의 방사선사진 결과를 얻을 수 있었다. 그 모습이 그리스문자 θ(theta) 모양을 닮았다고 해서 Cairns는 이 복제중간체를 θ 구조라 명명하였다. **그림 9.4**는 Cairns의 방사선사진 결과 중 가장 유명한 사진 하나를 그의 해석과 더불어 보여준다.

θ 구조는 **일방향(unidirectional)**(**그림 9.5a**) 또는 **양방향(bidirectional) 복제 방식**(**그림 9.5b**) 으로 설명될 수 있다. 일방향 방식에서는 하나의 복제시작점에서 복제가 끝날 때 까지 원형 DNA을 따라 복제를 진행하는 것이다. 반면에 양방향 방식은 비록 하나의 복제시작점에서 출발하지만 서로 반대방향으로 복제를 진행하는 방식이다. 특히, DNA 복제가 되어 새로 합성된 DNA가 존재하는 곳을 복제기포(replication bubble)라 한다. 그러나 Cairns의 실험은 일방향 방식과 양방향 방식의 차이를 구별할 수 없었다. 따라서 이에 대한 새로운 접근 방식을 필요로 했다.

1973년 Elizabeth B. Gyurasits과 R. Gerry Wake은 일방향과 양방향 복제를 구별할 수 있는 실험을 고안해냈다. 먼저 상대적으로 낮은 특이성을 가진 [$^{3}$H]thymidine을 발아하고 있는 *Bacillus subtilis*의 포자에 첨가하여 복제기포가 약하게 표지되도록 했다. 그런 다음, 높은 특이성을 가진 [$^{3}$H]thymidine이 첨가된 배지에 넣고 짧은 시간동안 배양하였다. 만약 일방향 방식이 맞다면 한쪽 끝에만 강하

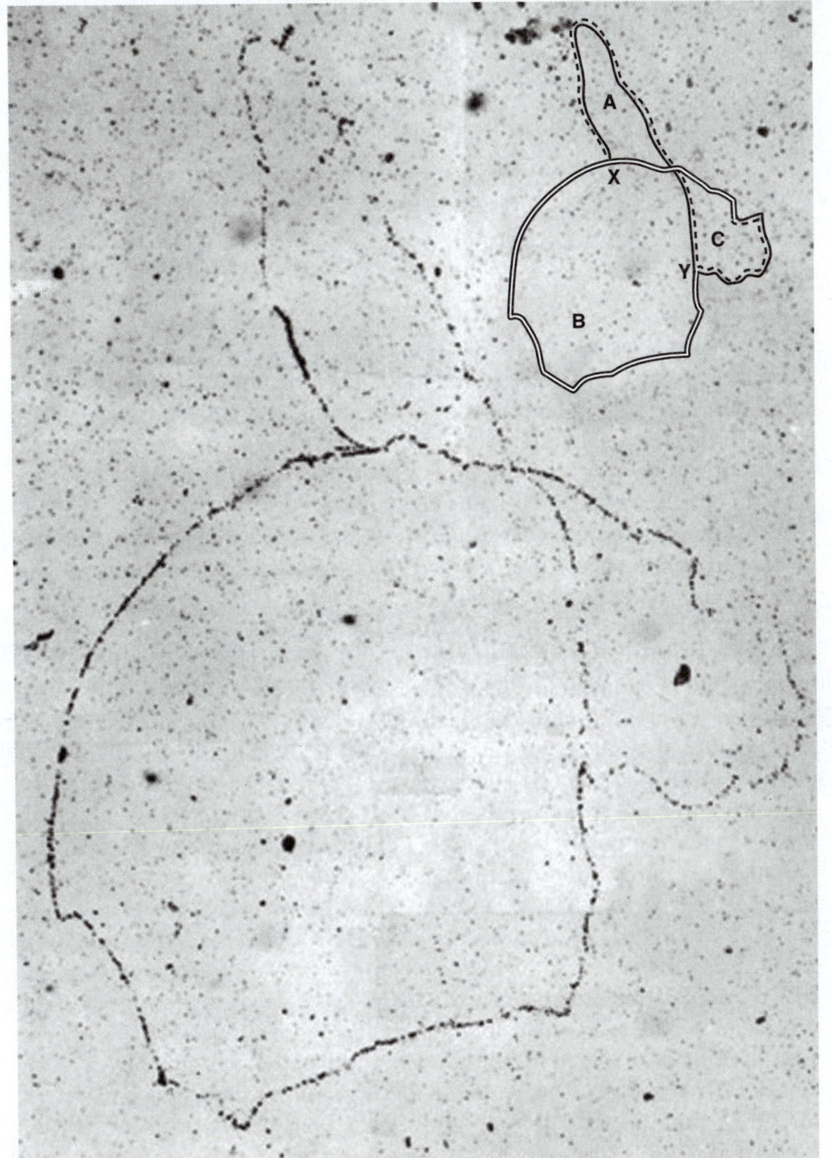


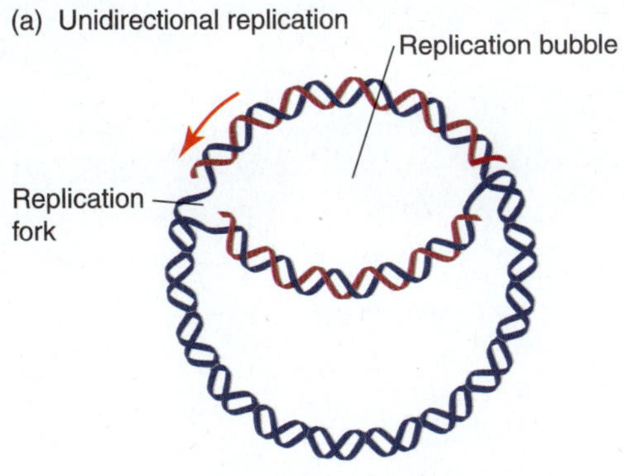


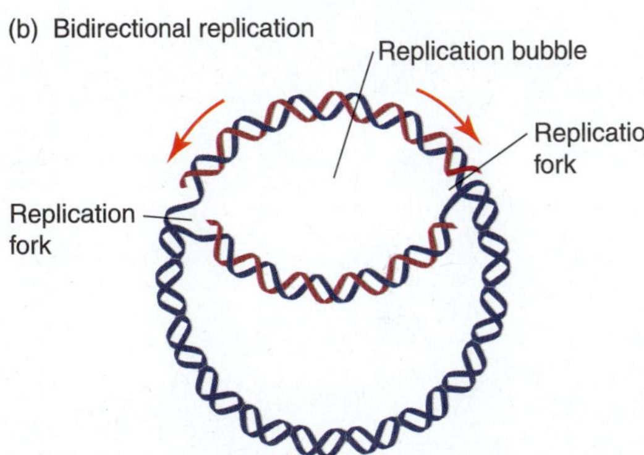


**그림 9.5 두 종류의 복제 방식.** (a) 일방향 복제는 하나의 복제 기점(성장 지점)에서 빨간색 화살표로 표시한 한 방향으로 이동하면서 진행되는 방식이다. (b) 양방향 복제는 2개의 복제 기점에서 서로 반대 방향으로 빨간색 화살표로 표시한 것과 같이 진행되는 방식이다. 모 DNA는 파란색으로 새로 복제된 DNA는 빨간색으로 표시하였다.

**그림 9.4 대장균 염색체 복제 과정에서 θ 구조의 모습.** 아래그림: 대장균 세포를 [$^3$H]thymidine 존재하에서 한세대 반을 배양하였다. 그리고 나서 DNA를 깨지지 않도록 추출하여 사진 gel(photographic gel)로 덮었다. Tritium에 의해 방출되는 약한 베타선(β ray)에 의해 사진 gel상에 검은 점들이 생기게 된다. 윗그림: Cairns의 결과에 대한 분석은 이 구조는 세 부분(A, B, 그리고 C)으로 나뉘며 2개의 기점(X 그리고 Y) 으로 되어 있다는 것이다. 이 사진은 Cairns, J., *Cold Spring Harb. Symp. Quant. Biol.* 28(1964): p.44. Copyright 1964, Cold Spring Harbor Laboratory Press로부터 얻었으며 옥스퍼드 대학의 John Cairns의 허락을 받았다.

게 표지될 것이고 양방향이 맞다면 양쪽 끝에 모두 강하게 표지될 것이다(**그림 9.6**). **그림 9.7**의 실험결과는 세균의 DNA 복제는 양방향 방식임을 보여주고 있다. **그림 9.8**은 양방향 θ 복제(bidirectional θ-replication)의 각 단계를 간단히 보여주고 있다. 이후 여러 실험실에서 다른 종류의 세균과 진핵세포에서의 DNA 복제는 양방향

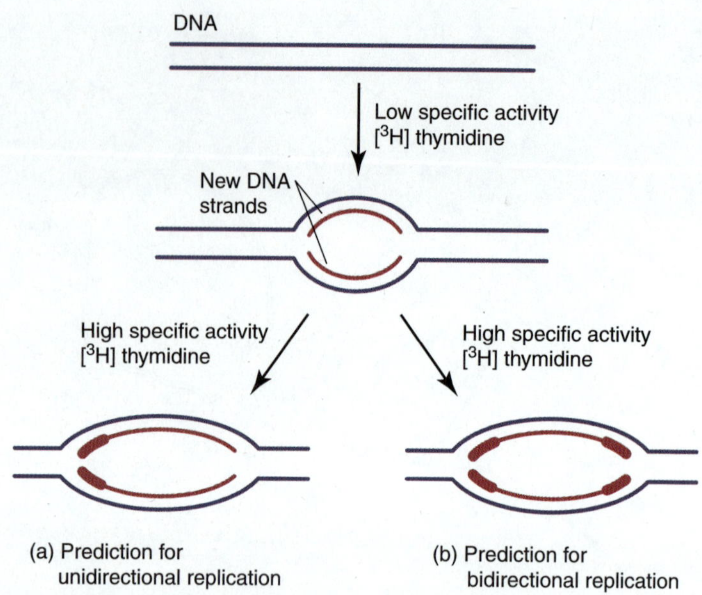


**그림 9.6 세균 DNA 복제의 양방향성 실험.** 발아하는 *B. subtilis* 포자를 낮은 특이성을 갖도록 [$^3$H]thymidine가 들어간 배양배지에서 배양함으로써 복제기포에서 새로 합성된 DNA가 약하게 표지되도록 하였다. 이 세포를 높은 활성을 지닌 [$^3$H]thymidine 첨가 배지에서 짧은 시간 동안 배양하였다. (a) 일방향 방식에 따르면 복제기포에 약하게 표지된 DNA 가닥이 있고 DNA의 한쪽 끝은 강하게 표지가 될 것이다(굵은 빨간선). (b) 양방향 방식은 약하게 표지된 DNA 가닥(가는 빨간선)이 생기고 양 끝의 DNA(굵은 빨간선)가 강하게 표지가 될 것이다.

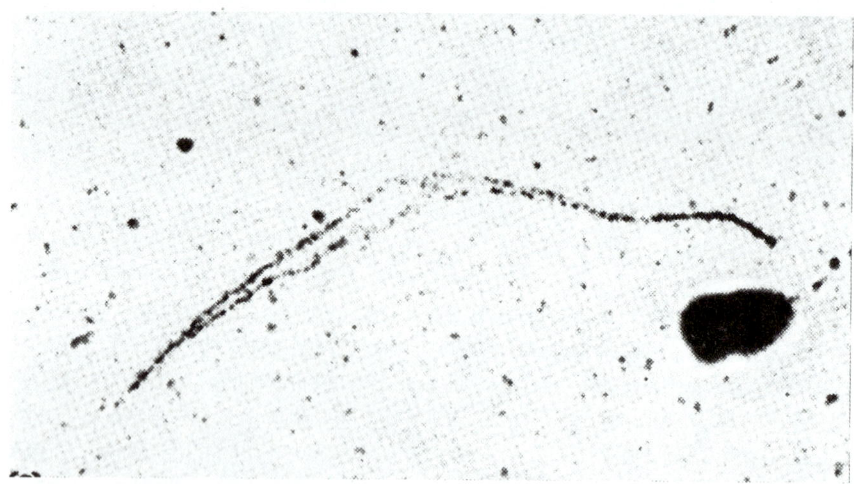

**그림 9.7 양방향 θ 복제(θ-replication)의 증거.** 낮은 방사선 활성을 가진 [$^3$H]thymidine를 발아하는 *B.subtilis* 포자에 첨가하여 충분히 배양하여 복제기포가 약하게 표지되도록 하였다. 그리고 나서 그 세포를 높은 방사선 활성을 가진 [$^3$H]thymidine이 있는 배지로 옮겨 배양하였다. 양방향 복제 방식에 의하면 방사선사진에서 보여지는 자취는 복제기포는 약하게 표지가 되고 강하게 표지되는 부분이 측면에 위치하고 있음을 관찰할 수 있다. 그림은 *J. Mol. Biol.,* vol. 73, Gyurasits, E. B., and Wake, R. G., *Bidirectional chromosome replication...*,pp. 55-63, 1973에서 Elsevier 허락 하에 얻었고 호주 시드니 대학의 Wake, R. G.로 부터 사진을 제공받았다.

성을 가진다는 사실을 증명하였다. 그러나 모든 DNA 복제가 양방향성은 아니다. 예를 들어, *E. coli* plasmid ColE1의 복제는 일방향성이다.

## DNA 복제는 반불연속적(semidiscontinuous)이다.

세균 DNA 복제에 대한 *in vivo* 연구는 복제기점(replication fork)에서 같은 방향으로 새로운 DNA가 합성되어 복제된다는 점을 추론할 수 있다. 그러나 DNA는 역평행(antiparallel) 성질을 가지고 있으므로 복제할 때는 한쪽은 3′에서 5′으로 합성되어야 하고 다른 쪽은 5′에서 3′으로 합성되야 한다. 그러나 모든 DNA 중합효소는 3′에 새로운 nucleotide를 추가하면서 5′에서 3′으로 DNA를 합성해 나간다. 3′에서 5′으로 합성해 나가는 DNA 합성효소를 찾는 엄청난 노력에도 불구하고 그러한 효소는 발견되지 않았다. 그렇다면 복제기구(replication machinery)는 어떻게 DNA를 3′에서 5′으로 합성할 수 있는가?

1968년 일본의 과학자 Reiji Okazaki는 3′→5′ 복제는 불연속적이라고 제안하였다. 다시 말해서 Okazaki는 복제기구가 처음에는 작은 DNA을 5′→3′ 방향으로 만들고 그 DNA를 연결해 복제할 것이라는 가설이었다. 5′→3′ 방향으로 합성되는 DNA 가닥이 불연속적이라는 어떤 논리적 근거가 없었기 때문에 그는 그 합성이 연속적인지 불연속적인지 확신할 수 없었다. 그래서 그는 **그림 9.9**와 같이 2개의 모델을 제시하였다. 하나는 **불연속 복제 모델(discontinuous model of replication)**인데 이것은 2개의 새로 합성되는 DNA 가닥 모두 불연속적으로 합성된다는 가설이다(**그림 9.9a**). 반면에, **반불연속적 복제 모델(semicontinuous model of replication)**

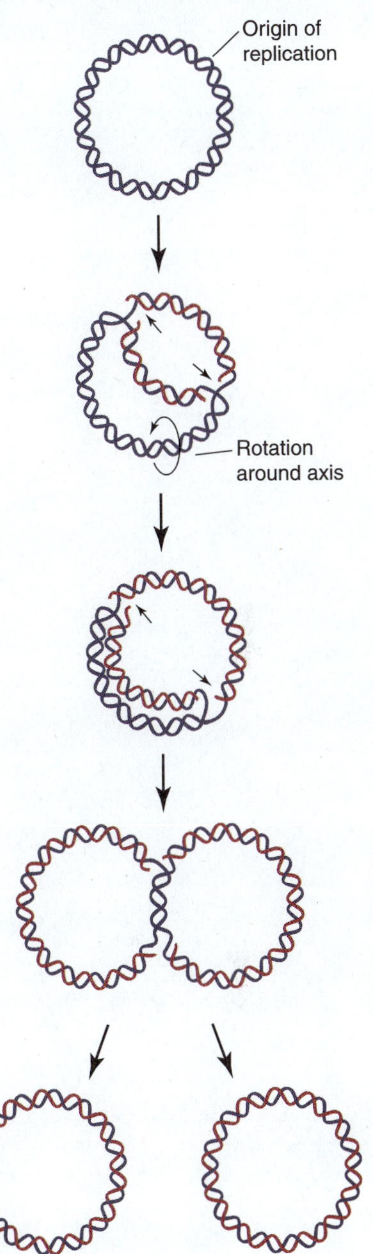


**그림 9.8** 원형 DNA의 양방향 복제는 θ 구조를 생성한다. 마이애미 대학의 Kenneth G. Wilson의 삽화를 차용했다.

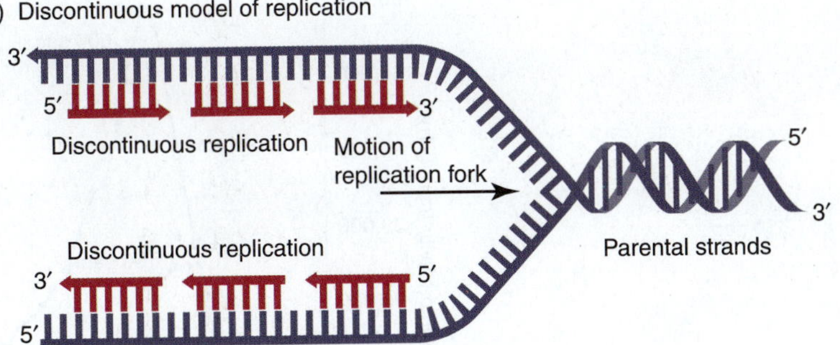


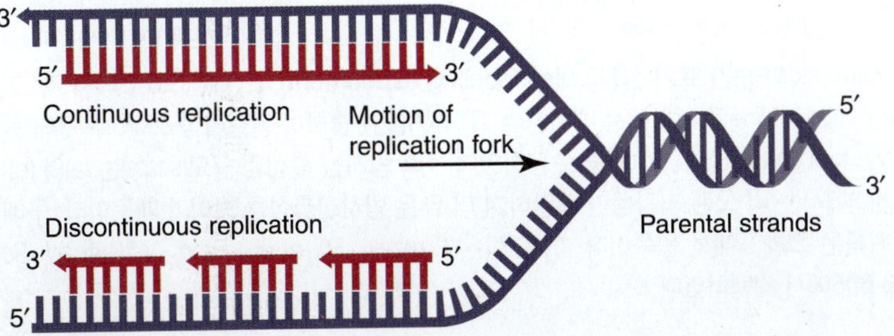


**그림 9.9** ***in vivo*** **DNA 복제를 설명하기 위한 Okazaki의 두 모델.** 모 DNA 가닥은 파란색으로, 새로 복제된 DNA 가닥은 빨간색으로 표시하였다. 화살표 머리는 DNA가 합성되는 5′→3′ 방향을 의미한다.

은 3′→5′ 방향의 합성은 불연속이고 5′→3′ 방향의 합성은 연속적이라는 모델이다(**그림 9.9b**).

불연속적 모델은 새로 형성된 모든 DNA는 짧은 단편으로 존재하고 반면에 반불연속적 모델은 반은 단편으로 존재하고 나머지 반은 긴 DNA로 존재한다는 가설이다. Okazaki는 다양한 시간별로 [$^3$H]thymidine 존재하에서 배양한 대장균으로부터 DNA를 추출하여 sucrose 구배원심분리(sucrose gradient centrifugation)를 하여 DNA 단편 형성에 관한 실험을 수행하였다(5장 참고). 대장균 세포는 시간에 따른 DNA의 변화를 잘 추적하기 위해 20°C에서 배양함으로써 복제과정이 천천히 일어나도록 했다. **그림 9.10**은 우리에게 시사하는 바가 큰 실험 결과를 보여준다. Sucrose 용액은 alkaline 상태로 만들어 DNA 가닥이 분리되도록 하였다. 세포를 5에서 10초간 [$^3$H]thymidine에서 배양한 후 거의 모든 DNA는 방사선표지가 되는데 원심분리 튜브에서 위쪽에 위치하게 된다. 30초가 될 때 까지 방사선활성은 점점 증가하고 따라서 원심분리 튜브 상에서 아래쪽으로 이동하게 된다. 침강계수를 근거로 Okazaki는 느리게 침강된 다시 말해서 튜브 위쪽에 있는 DNA의 크기가 1000~2000 bp 정도 된다는 사실을 알았다. 같은 조건에서 변성된 대장균 DNA 크기가 거의 20~50배 정도 된다(DNA 추출 과정에서 깨지지 않는다면 DNA 크기는 더 길 것이다). 10초 샘플에서는 거의 방사선활성이 보이지 않는 표지된 DNA는 그 이후 샘플에서는 계속적으로 그 크기가 증가했고 60초 될 때 가장 현저한 방사선활성을 보여준다. 이 실험결과는 새로 합성된 모든 DNA는 나중에 긴 DNA 형성에 이용되는 짧은 단편 DNA로 나타난다는 면에서 불연속적 DNA 복제 모델에 부합하

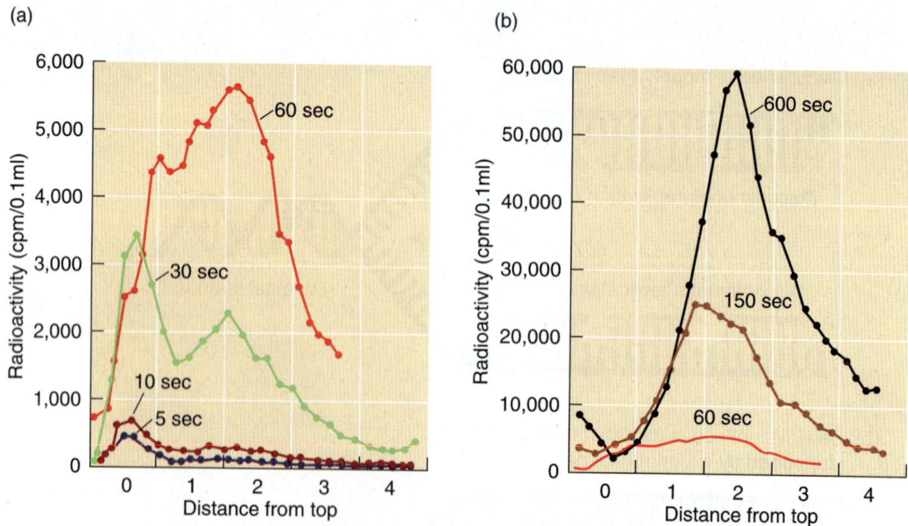


**그림 9.10 Okazaki의 순간 표지 실험(pulse labeling experiment).** *E.coli*를 20°C에서 각 그림에 표시된 시간별로 [$^3$H]thymidine 존재하에서 배양하여 그 DNA를 추출하여 알칼리성 sucrose 구배 원심분리(alkaline sucrose gradient centrifugation)를 수행하였다. Y축 방사선 활성양 규모(scale)는 (a)와 (b)에서 다르다. 왜냐하면(b)에서는 더 오랜 기간동안 배양하여 더 많은 방사선활성을 보이기 때문이다. 구배원심분리 튜브에서 위쪽은 그래프에서 왼쪽이다. 이 그림은 Okazaki, R., et al., *Proc. Natl. Acad. Sci. USA* 59(1968): 598-605에서 채택하였다.

는 것이다.

Okazaki의 실험결과는 놀라웠다. 왜냐하면 5′→3′ 방향으로 합성하는 DNA 가닥은 계속적인 방식으로 합성됐기 때문이다. 사실 이 DNA 가닥은 계속적으로 만들어지고 합성이후에 단편화(fragmentation)된다. 이러한 단편화 과정의 이유는 다음과 같다. 대장균은 소량의 dUTP을 합성한다. 비록 세균은 dUTP를 dUMP로 분해하는 가수분해 효소인 **dUTPase**를 가지고 있지만 소량의 dUTP는 늘 존재한다. 왜냐하면 DNA 복제기구는 원래의 기질인 TTP와 dUTP를 구별하지 못하기 때문에 몇몇 uracil이 DNA 끝에 존재하게 된다. 세포의 복구기구(repair machinery)는 이 uracil기를 제거하는 기능을 한다. 이 때 **uracil *N*-glycosylase**라는 효소가 이 과정에 참여하게 되는데 deoxyribose기에 붙어 있던 uracil을 제거하는 역할을 담당한다. 그리고 나서 이와 같이 변형된 DNA 가닥은 pyrimidine 염기가 부족한 곳이 잘려나가고 이 손상된 부위는 제거되고 새로운 nucleotide로 교체된다. 이 복구 과정은 10장에서 상세하게 설명될 것이다. 중요한 점은 복구기구에 의해 DNA에서 uracil이 제거되고 이 과정이후 굉장히 느리게 진행된다. 더군다나 uracil이 제거되면 phosphodiester 결합이 알칼리에 의해 쉽게 분해된다. 그러므로 새롭게 합성된 DNA는 alkaline sucrose 구배에서 단편화될 것이다. 그렇다면 문제는 그림 9.10에서 관찰된 DNA 단편이 그림 9.9b에서 제시된 것처럼 발생한 전구체 DNA 단편이 맞는 것인가 하는 것이다. 그 정답은 2개의 세균 변이균주에 대한 연구에서 나왔는데 하나는 dUTPase가 결손된 균주(*dt*⁻) 와 uracil *N*-glycosylase 가 결손된 균주(*ung*⁻)을 이용한 연구를 통해 그것이 사실임이 밝혀졌다. 이와 관련된 실험에서 다음의 결과를 얻었다.

1. Okazaki 단편은 *dut*⁺보다 *dut*⁻에서 더 작았다. 왜냐하면 dUTP가 변이균주에 축적되기 때문이다. 그러므로 더 많은 uracil이 변이균주 세포에 들어가게 되고 uracil이 제거될 때 더 많은 단편들이 만들어지게 된다.
2. *ung*⁻ 변이 균주에서 새로 만들어진 DNA의 거의 절반이 단편들로 구성되어 있었다. 이 결과는 반불연속적 복제 모델과 부합하는 것이다. 왜냐하면 *ung*⁻ 변이에서는 uracil을 제거하지 못해 5′→3′ 방향으로 합성하는 DNA를 위한 단편을 만들기 못 하기 때문이다. *ung*⁻비의존적 단편들의 크기는 *ung*⁻의존적 단편들과 동일하다. 그러므로 1,000개 nucleotide당 하나의 dUTP가 되거나 새로 만들어진 DNA는 250 thymidine당 1개의 dUTP가 존재하게 된다.
3. *ung*⁻ *dut*⁻ 변이 균주에서는 마치 *ung*⁻ 변이와 그 양상이 같다.

이들 결과는 DNA 단편들의 약 절반이 진짜 전구체 단편들(현재는 발견자의 이름를 따서 **Okazaki 단편**이라 불리고 있다)이 존재하고 그림 9.9b의 반불연속적 복제 모델이 맞다는 사실을 증명해준다. 이 모델을 뒷받침해주는 또 다른 증거는 단편들을 연결할 때 필요한 DNA ligase가 없는 세균 변이균주에서 많은 양의 단편들이 관

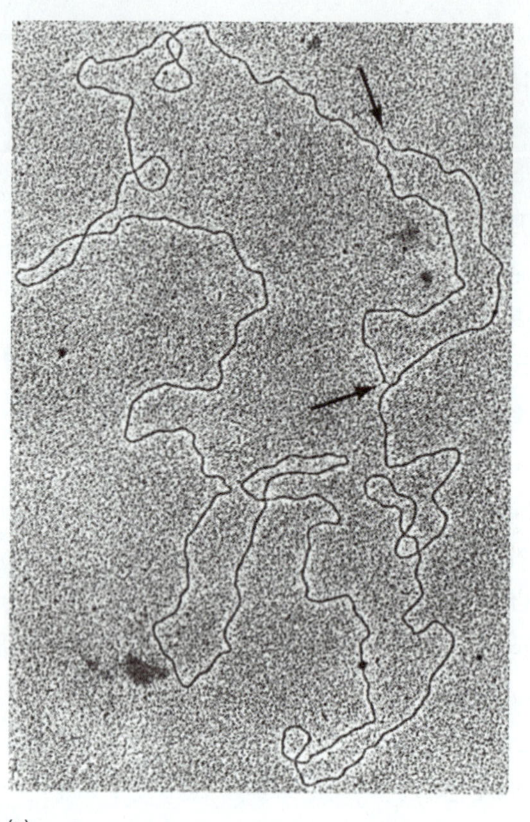

(a)

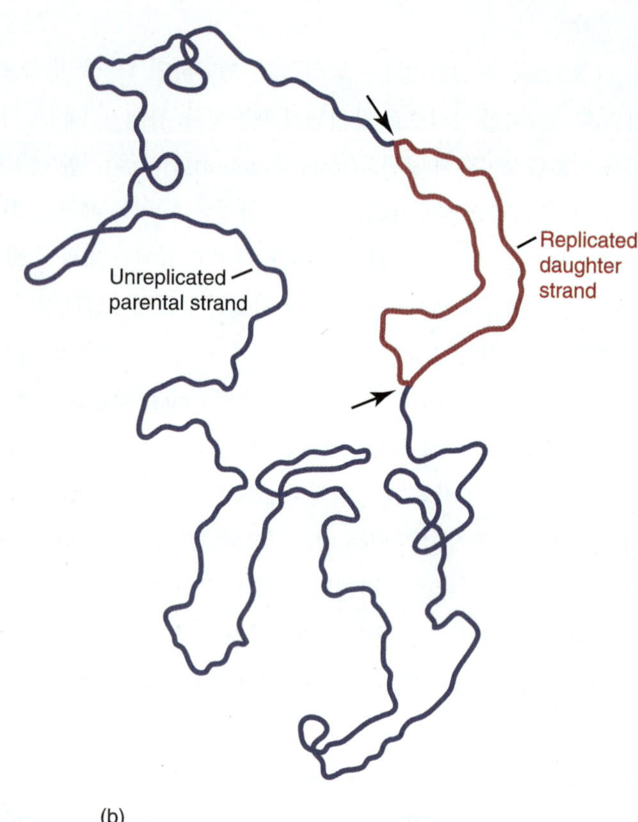


(b)

**그림 9.11 파지 람다(phage λ) DNA의 씨타(θ)-복제.** (a) phage λ DNA의 복제하는 θ 모양의 분자. 화살표는 2개의 복제기점을 가리킨다. 화살표 부근 두꺼운 선 사이의 부분은 단일가닥이다. 이 부분은 얇고 가벼워 보인다. (b) 그림 해석. 사진 제공: Manuel S. Valenzuela, Division of Cancer Biology, Meharry Medical Colledge.

찰되었다는 사실이다.

복제하고 있는 λ phage DNA의 높은 해상도 전자현미경 사진은 복제기점의 한 쪽면의 짧은 단일가닥 DNA 부분을 보여주고 있고 이는 DNA 복제가 반불연속적임을 뒷받침해준다(**그림 9.11**). 이 짧은 단일 가닥 DNA 부분은 불연속적인 가닥의 합성이 주기적으로 일어나기 때문이다. 사실 계속적 방식으로 복제하는 DNA가닥의 3′-OH 말단은 항상 불연속적으로 복제하는 DNA 가닥보다 앞에 존재한다. 이런 이유로 계속적으로 복제하는 가닥을 **선도가닥(leading strand)**이라 하고 불연속적으로 복제하는 가닥을 **지연가닥(lagging strand)**이라 한다(**그림 9.12**). 반불연속적 DNA 복제방식은 보편적인 현상인 것 같다. 왜냐하면 수많은 세균, bacteriophage, 바이러스, 그리고 진핵생물에서 같은 현상이 발견되기 때문이다. 진핵생물에서 형성되는 Okazaki 단편은 세균과 비교했을 때 상당히 짧다. 진핵생물에서의 Okazaki 단편은 약 100~200 bp정도 되는 반면 세균에서는 1000~2000 bp 정도 된다.

Okazaki의 반불연속적 복제 모델은 반복적인 DNA 합성 개시가 필요하다. 그러나 세균 DNA 중합효소는 새로운 DNA를 합성할 수 없는데 왜냐하면 미리 존재하는 primer의 3′ 말단에 deoxyribonucleotide를 첨가하는 식으로 합성하는 성질

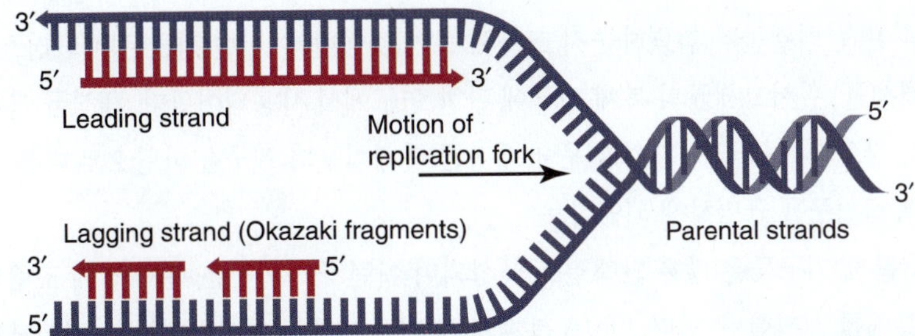


**그림 9.12 반불연속적 복제 모델.** 2개의 딸 DNA 가닥(빨강색)은 5′→3′ 방향으로 합성된다. 그러나 선도가닥(leading strand)은 계속적으로, 지연가닥(lagging strand)은 불연속적으로 Okazaki 단편을 이용해 합성된다.

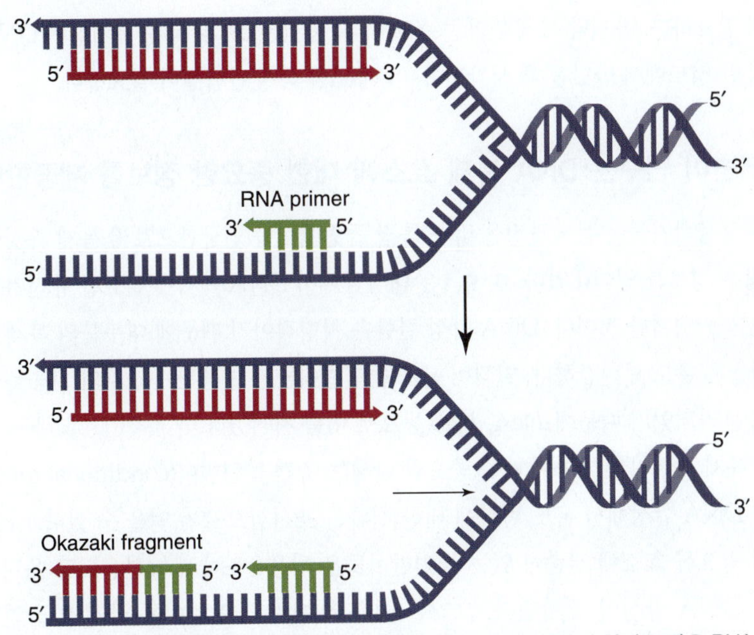


**그림 9.13 Okazaki 분절합성을 위한 RNA primer.** Okazaki 분절들의 합성은 짧은 RNA 분절들에 의해 개시된다. RNA primer는 초록색으로, 부모 DNA는 파란색, 새로운 DNA는 붉은색으로 표시하였다.

때문이다. 그렇다면 Okazaki 단편 합성 자체는 어떻게 시작되는가? Okazaki는 RNA oligonucleotide가 DNA 중합효소의 primer로 작용함을 규명하여 이 질문에 답을 하였다(**그림 9.13**).

## 9.2 세균 DNA 복제기구

### 세균 복제기구는 *in vitro* 실험을 통해 규명되어졌다.

위에서 서술된 생체내 실험들은 세균 DNA 복제에 대한 상당한 정보를 제공하지만

DNA복제에 필요한 세포기구들을 밝히지는 못한다. 복제기구에 대해 알 수 있는 가장 좋은 방법은 그것을 분리 · 정제하고 각각의 단백질들이 스스로 어떻게 작용하면서 다른 단백질들과 협력하는지 조사해 보는 것이다. 이러한 접근은 바이러스, 세균, 진핵생물, 원시고세균의 복제 기구에 관한 연구에서 사용되어왔다. 대장균 복제기구는 가장 널리 연구되어왔기 때문에 대장균 복제기구의 연구를 바탕으로 다른 생물들의 복제기구를 규명하게 되었다.

복제 기구들은 많은 단백질로 구성되며 이런 구성원들은 복제 전에 조립되어져야 복제를 시작할 수 있다. DNA 복제의 첫 번째 단계는 개시단계이다. 개시단계에서는 세균 염색체의 특정 위치에 복제기구들이 조립되어지는 것을 포함한다. 특정한 단백질은 복제기구들의 조립을 돕지만 복제과정에 더 이상은 관여하지 않는다. 다음은 신장이다. 신장단계에서 선도가닥이 연속적으로 합성되고 지연가닥은 비연속적으로 합성된다. 복제 장치 복합체로 알려져있는 **DNA 중합효소 II**는 이 단계에서 DNA합성에 필요하다. 마지막 복제 단계는 종결이다. 종결은 2개의 복제 분기점이 DNA 분자의 반 정도에서 만났을 때 시작된다. 이 때 또한 특정 단백질이 필요하다.

### 돌연변이 연구는 DNA 복제 효소에 대한 중요한 정보를 제공한다.

분자 생물학자들은 복제과정을 막는 특정 돌연변이를 연구함으로써 복제 과정에 관한 많은 정보를 얻어내었다. **표 9.1**은 대장균에서 DNA 복제에 필요한 유전자와 단백질들을 열거한 것이다. DNA 합성 결함은 치명적이기 때문에 대부분의 복제 돌연변이들은 온도에 민감하다. 일찍이 복제 돌연변이들은 변형된 유전자의 기능을 알기 전에 분리되었기 때문에 *dnaA*, *dnaB* 등으로 이름 지어졌다.

복제 유전자의 기능에 대한 중요한 단서는 조건 돌연변이(conditional mutant)들이 DNA 합성에서 온도 변화에 대한 결과를 조사함으로써 얻을 수 있다. 사슬 연장에 필요한 효소에 결손이 있는 돌연변이들은 허용온도에서 제한온도로 옮겨주면 바로 DNA 합성이 중지된다. 그러한 이유로 이런 돌연변이를 **급정지 돌연변이(quick-stop mutant)**라고 불린다. 반대로 DNA 복제의 시작에 필요한 효소에 결손이 있는 돌연변이는 진행 중인 DNA 합성은 완료하지만 새로운 합성은 시작하지 않는다. 이러한 돌연변이를 **지연중지 돌연변이(slow-stop mutant)**라 불린다. 왜냐하면 온도가 바뀌고 얼마 후 동안은 DNA 합성은 계속되기 때문이다.

## 9.3 세균의 복제 개시단계

### Replicon 모델에 따르면 replicator DNA에 특정 단백질이 결합한다.

대부분의 유전자들은 거대한 염색체의 한 부분으로서 복제될 뿐 독립된 단위로서 복제하지는 못한다. 독립적으로 복제하는 DNA 분자 예를 들어 바이러스, 세균, 진

| 표 9.1 | Essential Genes for DNA Replication | | |
|---|---|---|---|
| Gene | Mutant | Protein Phenotype | Primary Function |
| *dnaA* | Slow stop | DnaA | *ori*C recognition |
| *dnaB* | Quick stop | DnaB | helicase |
| *dnaC* | Slow stop or quick stop | DnaC | Delivers DnaB helicase to *ori*C |
| *dnaE* | Quick stop | α subunit of DNA polymerase III holoenzyme | Polymerase activity |
| *dnaG* | Quick stop | primase | RNA primer synthesis |
| *dnaN* | Quick stop | Sliding clamp | Tethers core polymerase subassembly to DNA |
| *dnaQ* | Hypermutation | ϵ-subunit DNA polymerase III holoenzyme | 3′→5′ exonuclease activity |
| *dnaX* | Quick stop | γ and τ subunits DNA polymerase III holoenzyme | γ subunit—ATP binding site in clamp loader subassembly τ subunit—central organizer for DNA polymerase III holoenzyme |
| *holA* | Quick stop | δ subunit DNA polymerase III holoenzyme | Subunit in clamp loader subassembly—opens sliding clamp |
| *holB* | Essential | δ′ subunit DNA polymerase III holoenzyme | Subunit in clamp loader subassembly—regulates activity |
| *holC* | Slow growth | χ subunit DNA polymerase III holoenzyme | Subunit in clamp loader subassembly—switching mechanism |
| *holD* | Unknown | ψ subunit DNA polymerase III holoenzyme | Subunit in clamp loader subassembly—function is unknown |
| *holE* | None | θ subunit DNA polymerase III holoenzyme | Function is unknown |
| *ssb* | Quick stop | SSB | Binds to single-stranded DNA |
| *gyrA* | Quick stop | Subunit in DNA gyrase | ATP-driven negative supercoiling |
| *gyrB* | Quick stop | Subunit in DNA gyrase | ATP-driven negative supercoiling |
| *polA* | Defective DNA repair | DNA polymerase I | Gap filling and primer removal |
| *ligA* | Accumulates nascent fragments | DNA ligase | Seal DNA nicks |

핵세포의 염색체, 또는 세포내에서 그 수가 안정적으로 유지되는 plasmid를 'replicon' 이라 부른다.

1960년대 초반 François Jacob과 Sydney Brenner는 어떻게 DNA 분자들이 스스로 복제하는지 설명하는 **replicon model**을 제안하였다. Replicon model은 **개시 단백질(initiator protein)**과 **replicator**로 구성된 2가지 요소를 필요로 한다. 개시 단백질은 replicator에 붙었을 때 DNA 분자 안에 있는 특정 서열의 복제가 개시된다. Replicator은 복제되는 DNA의 일부이므로 이것을 '*cis*-acting' 이라 부른다.

한번 replicator에 붙으면 개시 단백질은 DNA를 풀고 복제 장치의 구성단백질을 채용하는 것을 돕는다. 복제가 시작되는 replicator의 특정 장소를 **복제기점(origin of replication)**이라 부른다. 세균 세포들은 보통 오직 1개의 복제기점을 필요로 한다. 대장균의 복제기점은 *oriC*라 부른다. 왜냐하면 세균 복제기점은 보통 꽤 짧기 (200~300bp) 때문에 기술적으로 복제기점은 replicator의 한 부분임에도 불구하고 replicator과 복제기점을 구분하지 않고 부른다. 세균보다 훨씬 긴 염색체를 갖는 진핵생물은 많은 복제기점을 필요로 한다.

## 대장균 개시 단백질인 DnaA는 4개의 domain으로 되어있다.

대장균 개시 단백질로 알려진 DnaA는 아직 고해상도 결정구조가 규명되지 않았다. 그러나 구조 기능 정보는 생화학적 연구뿐 아니라 다른 단백질들과의 아미노산 서열 비교를 통해 얻어진다. 이런 정보들을 바탕으로 DnaA 단백질은 4개의 영역으로 나눌 수 있다(**그림 9-14**).

각각의 영역들은 DNA 합성 개시에 중요한 역할을 한다. 영역 I은 DnaA의 중합에 참여하고 DnaB 단백질을 모집하는데 도움을 준다. DnaB 단백질은 DNA 풀기효소이며 6개의 동일한 구성단위들을 포함하고 있다. 이것은 이중나선을 풀어서 DNA 합성을 시작할 수 있게 작용한다. 영역 II는 DnaB 풀기효소에 일시적으로 결합한다. 영역 III은 ATP 또는 ADP와 결합하고 ATP가수분해효소 활성을 갖는다. DnaA • ATP 결합체는 복제 시작에 필요하다. 영역IV는 복제기점에 붙어서 이중나선을 푸는 것을 돕는다. 그 결과 DnaB가 단일 가닥 위에 붙게된다. 또한 막 결합부위를 갖고 있어 세포막에 있는 glycerophospholipid과 결합한다. 이 결합은 DnaA • ATP 결합체가 DnaA • ADP 결합체로 바뀌게하고 이 과정은 새로운 복제가 시작되기 전에 일어나야만 한다.

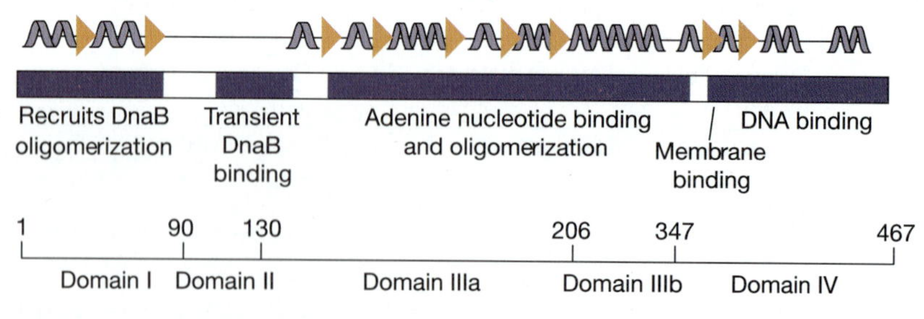


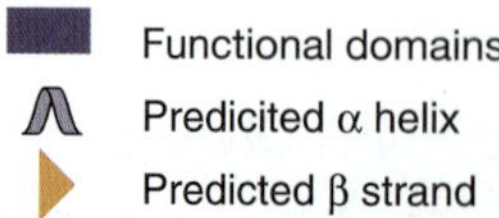


**그림 9.14 대장균 DnaA의 영역.** DnaA 단백질의 기능적 영역은 다음과 같다 : 영역 I-DnaB을 끌어오고 DnaA중합을 도움; 영역 II-DnaB에 일시적으로 결합; 영역 II-ATP와 ADP에 붙어서 DnaA 중합을 도움; 영역 IV-DNA와 세포막에 있는 음이온 glycerophospholipid과 결합한다. 아미노산 잔기의 길이는 그림의 아래쪽에 예상되는 2차 구조는 위쪽에 표기하였다. Adapted from Felczak, M. M., and Kaguni, J. M., *J. Biol. Chem.* 279 (2004): 51156 - 51162.

## 대장균 염색체 복제는 *oriC*에서 시작된다.

온도에 민감한 *dnaA* 돌연변이를 비허용 온도에서 허용온도로 바꿔 줬을 때 DNA 합성은 *oriC*에서 시작된다. 양방향으로 복제가 진행되므로 gene dosage 효과(*oriC*에 가장 가까운 유전자는 먼곳에 있는 유전자보다 2배 많은 현상)를 보인다(**그림 9.15**).

대장균의 염색체는 시험관 내에서 다루기에는 너무 커서 쉽게 깨지므로 전체 염색체내의 *oriC* 구조와 기능을 연구하기 어렵다. 다행히도 *oriC*를 갖는 최소 염색체인 'minichromosome' 을 성공적으로 구축하면서 이루어졌다. 이 방법은 **그림 9.16**에 설명하였다. 제한효소는 약물내성 유전자(예, ampicillin)를 포함하는 세균의 염색

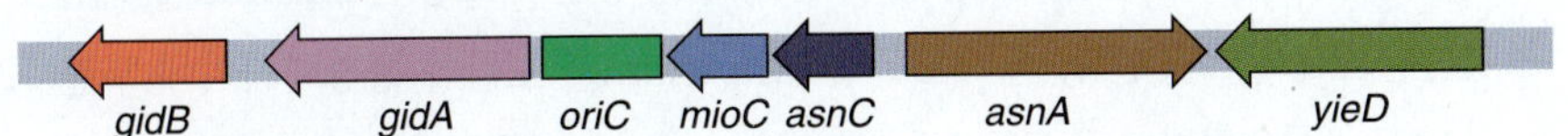


**그림 9.15 대장균 염색체의 *OriC*부분.** 화살표는 유전자 전사의 방향을 나타낸다.

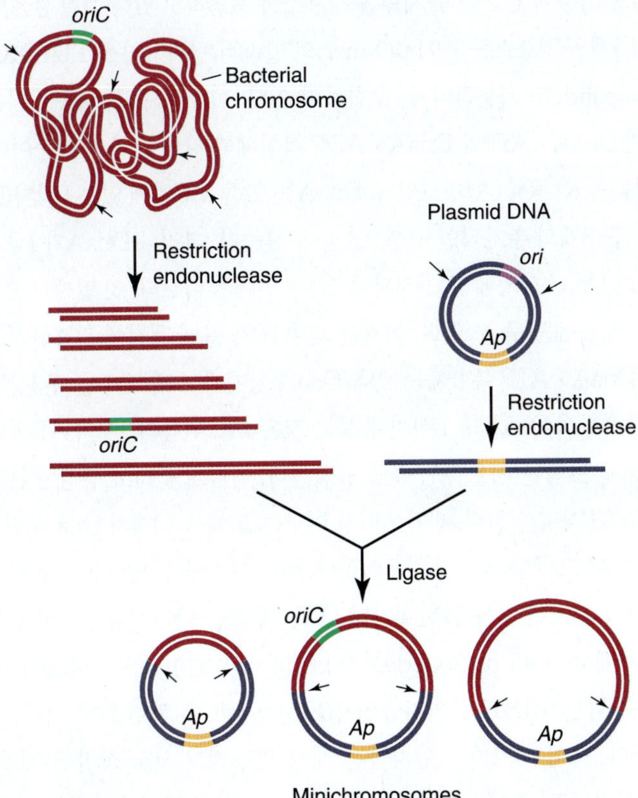


**그림 9.16 대장균 복제기점 *oriC* 분리.** PlasmidDNA를 제한효소로 잘라 plasmid의 복제기점은 없지만 약물내성 유전자(여기에서는 ampicillin)는 갖는 조각을 얻는다. 세균 염색체 또한 제한효소로 잘라 다른 조각을 얻는다. Plasmid와 세균 조각들을 섞고 난후 DNA 연결효소로 붙인다. 완성된 재조합 plasmid는 대장균 형질전환으로 사용한다. 오직 약물내성 유전자와 oriC를 갖는 재조합 plasmid를 갖는 형질전환체들만이 콜로니들을 형성한다.

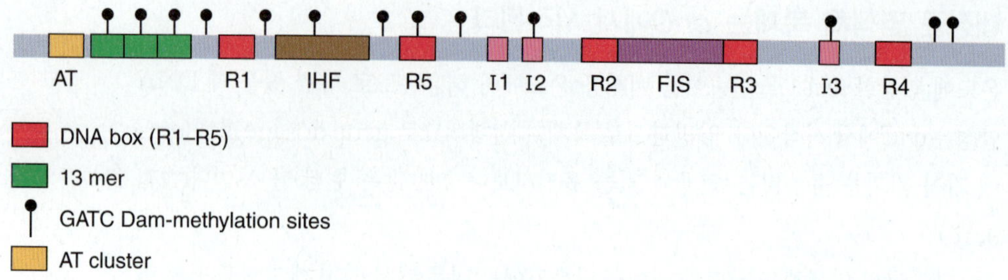


**그림 9.17 최소 *OriC* 영역.** Adapted from Dasgupta, S., and Lobner-Olesen, A., *Plasmid* 52 (2004): 151-168.

체와 plasmid DNA를 조각으로 자른다. 이 조각들을 섞은 후 세균과 plasmid DNA 조각을 DNA 연결효소에 의해 붙여서 형성된 재조합된 plasmid를 세균로 형질전환하는데 사용된다. 이 세포들을 ampicillin을 포함한 생장배지위에 뿌린다. 오직 약물내성유전자와 *oriC*를 갖는 재조합된 plasmid DNA만이 이 성장조건에서 콜로니들을 생성한다.

*oriC*의 기능을 수행하기 위한 최소한 염기서열은 실제 245bp 정도로 작다. 이 염기서열은 정상 기능에 필요한 몇 개의 구성요소를 포함하고 있다(**그림 9.17**). 최소 염기서열 안의 5개 구성요소들은 9 bp(9-mer)의 일반적 염기서열 5′-TTATNCACA(N은 어떤 nucleotide도 가능하다)을 포함하고 있다. 이 9 bp를 DnaA 상자라고 부른다. 왜냐하면 DnaA • ATP와 DnaA • ADP 복합체와 강력히 붙기 때문이다. 각각의 **DnaA 상자**들을 R1-R5라 명명하였다. DnaA는 또한 *oriC*안에 있는 **I 상자**(9 bp를 포함)라고 불리는 3개의 추가적인 구성요소들과 붙는다. 그러나 DnaA가 I상자에 붙는 것은 DnaA가 DnaA상자에 붙는 것과는 2가지 면에서 다르다. 첫 번째로 오직 DnaA • ATP만이 I상자에 붙을 수 있다. 이것은 왜 ATP가 복제 개시에 필요한지를 설명해준다. 둘째, DnaA • ATP 복합체는 오직 DnaA 상자가 소비되고 난 후 I상자에 붙는다. DnaA 단백질이 DnaA와 I 상자에 붙는 것은 *oriC* 왼쪽의 3개의 AT가 많은 부분(각각은 13bp를 포함한다)을 푸는 것을 유발한다. 이렇게 풀려서 생성된 단일 가닥들과 Dna A • ATP가 결합한다. 전자현미경 연구는 20에서 30개의 Dna A 단위체들이 *oriC* 부분에 붙어 크게 뭉치는 것을 보여준다. 이는 아마 중합 영역을 포함하는 결합으로 인해 안정화 되어질 것이다. 단일가닥 DNA에 붙는 단백질들은 DNA가 풀린 곳에 붙고 약 25에서 약 45 nucleotide까지 단일가닥의 길이를 늘린다. 2가지 다른 단백질인 **숙주통합인자(IHF)**와 **역자극인자(FIS)**는 *oriC*에 붙어 DNA가 구부러지는 것을 유발한다. 사실 이 2가지 인자들은 개시 과정에서 서로 상반된 역할을 한다. IHF는 개시를 자극하고 FIS를 억제한다. 다른 효소들은 개시과정에 참여한다. 예를 들어, RNA 중합효소는 *oriC*에 있는 유전자를 전사하면서 이 부분을 따라 움직이면서 *oriC* 위치에 있는 DNA를 푸는 것을 돕는다. 그리고 **RNase H**는 DNA/RNA hybrid 분자의 RNA 분자를 가수분해 함으로써 *oriC*부분의 특이성의 유지를 돕는다. DNA-RNA hybrid에만 작용하기 때문에 RNase H라 부른다. DNA 복제의 개

시는 긍정 혹은 부정적인 효과를 갖는 많은 인자들에 의해 영향을 받으면서 조절된다. 이제 우리는 대장균 복제 개시에 영향을 주는 2가지 인자들을 살펴볼 것이다. 첫째, DnaA는 ATPase 활성을 갖고 있고 이는 개시 과정 중에 생성되는 단일가닥위에 DnaB 풀기효소가 결합되어 있을 때에만 활성을 나타낸다. 생성된 DnaA • ADP는 I 상자에 붙을 수 없다. 따라서 ADP가 ATP로 바뀌지기 전까지 새로운 복제에 참여할 수 없다. ADP에서 ATP로의 교환은 보통은 느린 과정이지만 세균 세포 막에 위치한 glycerophospholipid에의해 크게 증가된다. 둘째, *oriC*는 높은 빈도의 GATC서열을 갖고있다(그림 9.17). DNA adenine 메틸기전이효소(DAM)는 메틸기를 S-adenosylmethionine에서 GATC 서열에 있는 adenine으로 옮긴다. 왜냐하면 메틸화는 DNA 복제 후에 일어나기 때문에 오직 새로 생성된 DNA 중 모가닥만이 메틸화가 되어있다. 반메틸화 된 *oriC*는 고립되고 그 결과 새로운 복제과정에 참여할 수 없다. 반메틸화 된 *oriC*를 고립하기 위해서는 *oriC*안에 있는 반메틸화된 GATC에 결합하는 **SeqA 단백질**이 필요하다. 따라서 SeqA는 한 세포주기 안에서 여러 복제 시작을 막는데 도움을 주는 조절 단백질로서 역할을 한다.

### 여러 단백질이 DNA 복제개시에 참여한다.

이전에 *oriC*가 규명되면서 시험관내에서 DNA 복제 개시 연구가 가능하게 되었다. Arthur Kornberg는 개시과정에 참여하는 효소들을 정제하고 그들의 기능을 밝혀내었다(**그림 9.18**). 첫 번째로 복제 개시 과정의 2가지 단계는 기점 인식과 DNA 풀기이다. 다음단계(DNA 풀기효소 붙이기) 동안 DnaB 풀기효소는 *oriC*에 있는 AT가 풍부한 풀린 단일 가닥에 붙는다. DnaC와 DnaA • ATP 모두 DnaB 육합체 결합에 참여한다. ATP 가수분해는 DnaC 방출을 이끌고 각각 DnaB 풀기효소가 5′→3′방향으로 이동을 자유롭게하고 그러므로 약 65 nucleotide정도 *oriC* 지역이 풀린다.

다음, 2개 DnaG(primase) 분자들이 이 복합체에 들어간다; 이들 primase는 각각 DnaB 풀기효소에 결합한다. 각각의 primase는 그리고 난 후 선도가닥 primer를 합성한다. 이러한 RNA primer의 형성은 오로지 *oriC*에서 복제가 시작되고 양방향 복제를 위한 복제분지의 형성을 확실하게 한다. Primase의 N-말단에는 Zn가 결합하고, C-말단에는 DnaB가 결합하며, 가운데 부분은 RNA 중합 기능을 갖고 있다. 개시 주기의 마지막 단계에 활주 clamp와 DNA 중합효소 III 가 추가되며 DnaA 상자들로부터 DnaA • ADP가 떨어져 나간다.

## 9.4 세균의 복제 신장단계

### 여러 가지 효소들이 복제분지(replication fork)에서 함께 작용한다.

DNA 신장은 수많은 단백질들이 함께 작용하는 복잡한 과정이다. 이러한 단백질들은 두 가닥의 새로운 DNA 사슬을 놀라울 만한 속도로 만들어낸다. Tania Baker와

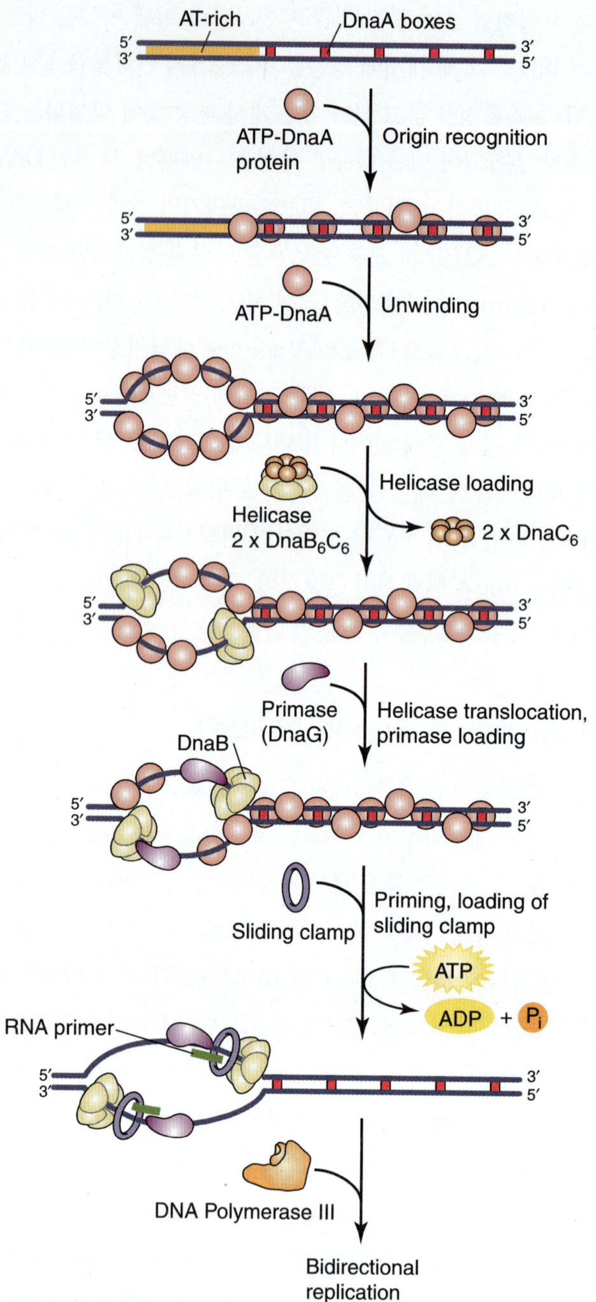


**그림 9.18 대장균 복제 개시 주기.** Adapted from Messner, *FEMS Microbiol Rev* 26 (2002): 355-374.

Stephen Bell은 원핵세포 내의 복제과정에 작용하는 효소들의 역할에 대한 다음과 같은 통찰력 있는 분석을 제공한다. 두 사람은 DNA 이중나선이 직경이 1m라고 가정한다. 이러한 가정에 의하면, 복제분지는 시간당 600 km의 속도로 이동하는 것과 같고, 복제기구(replication machinery)는 FedEx 운반차량과 유사한 크기에 해당한다.

> *"Replicating the E. coli genome would be a 40 min, 400 km (250 mile) trip for two such machines, which would, on average make an error only once every 170 km (106*

*miles). The mechanical prowess of this machine is even more impressive given that it synthesizes two chains simultaneously as it moves. Although one strand is synthesized in the same direction as the fork is moving, the other chain (the lagging strand) is synthesized in a piecemeal fashion (as Okazaki fragments) and in the opposite direction of the overall fork movement. As a result, about once a second one delivery person (i.e., polymerase active site) associated with the truck must take a detour, coming off and then rejoining the template DNA strand to synthesize the 0.2 km (0.13-mile) fragments."**

*Baker, T. A, and Bell, S. P. 1998. Polymerases and the replisome: machines within machines. Cell 92:295-305.

Backer와 Bell의 분석은 DNA 복제 과정의 엄청난 복잡성과 경이로운 속도를 강조하고 있다. 위에서 언급한 FedEx 운반차량에 해당하는 **DNA 중합효소 III (DNA polymerase III holoenzyme)**가 세균의 복제기구로서의 역할을 담당한다. 그것은 DNA 선도가닥(leading strand)의 3′-OH로부터 연속적으로 DNA를 합성한다. 반면에, 지연가닥(lagging strand)은 Okazaki 단편(Okazaki fragment)이 바로 옆에 위치한 다른 DNA 단편의 5′ 말단에 도달할 때까지 primer로부터 DNA를 합성해서 만들어진다. 비록 DNA 중합효소 III가 주목할 만한 복제기구 이지만, 이것은 단독으로 작용하지 않는다. 여러 가지 추가적인 단백질이 복제분지에서 DNA 합성을 보조한다. DNA 합성에 관여하는 추가적인 단백질들에 대한 설명은 아래와 같다(**그림 9.19**).

1. **DNaB**(homohexamer DNA 풀기효소)는 ATP 분해에서 나오는 에너지를 이용해서 지연기닥 위를 5′→3′ 방향으로 움직여 가며 두 가닥의 DNA를 단일 가닥으로 푼다. 세균 염색체는 이중가닥 원형 DNA이기 때문에, 복제분지에서의 DNA 풀림현상은 복제분지 앞쪽에서 DNA 꼬임현상을 유발한다.
2. **DNA gyrase** 및 **DNA 회전효소 I(DNA gyrase** and **topoisomerase I)**은 DNaB에 의해 야기된 DNA 꼬임현상을 완화시켜 복제분지가 계속적으로 세균 염색체 위를 움직일 수 있게 만든다.
3. **외가닥DNA 결합단백질[single stand binding protein(SSB)]**는 DNA 풀기효소에 의해서 단일가닥으로 풀린 지연가닥에 붙어 nuclease의 공격으로부터 이를 보호하고, 풀어진 단일가닥 사이의 원하지 않는 염기쌍이 형성되지 못하게 막는다.
4. **Primase(DnaG protein)**는 DNA 복제 primer에 해당하는 짧은 RNA oligomer를 합성한다. Primase는 끊임없이 연속적으로 DNA를 합성하는 선도가닥 primer를 만들때는 1번만 사용되지만, Okazaki 단편을 만들어서 지연가닥을 만들기 위한 합성에는 반복적으로 사용되어야 한다.즉

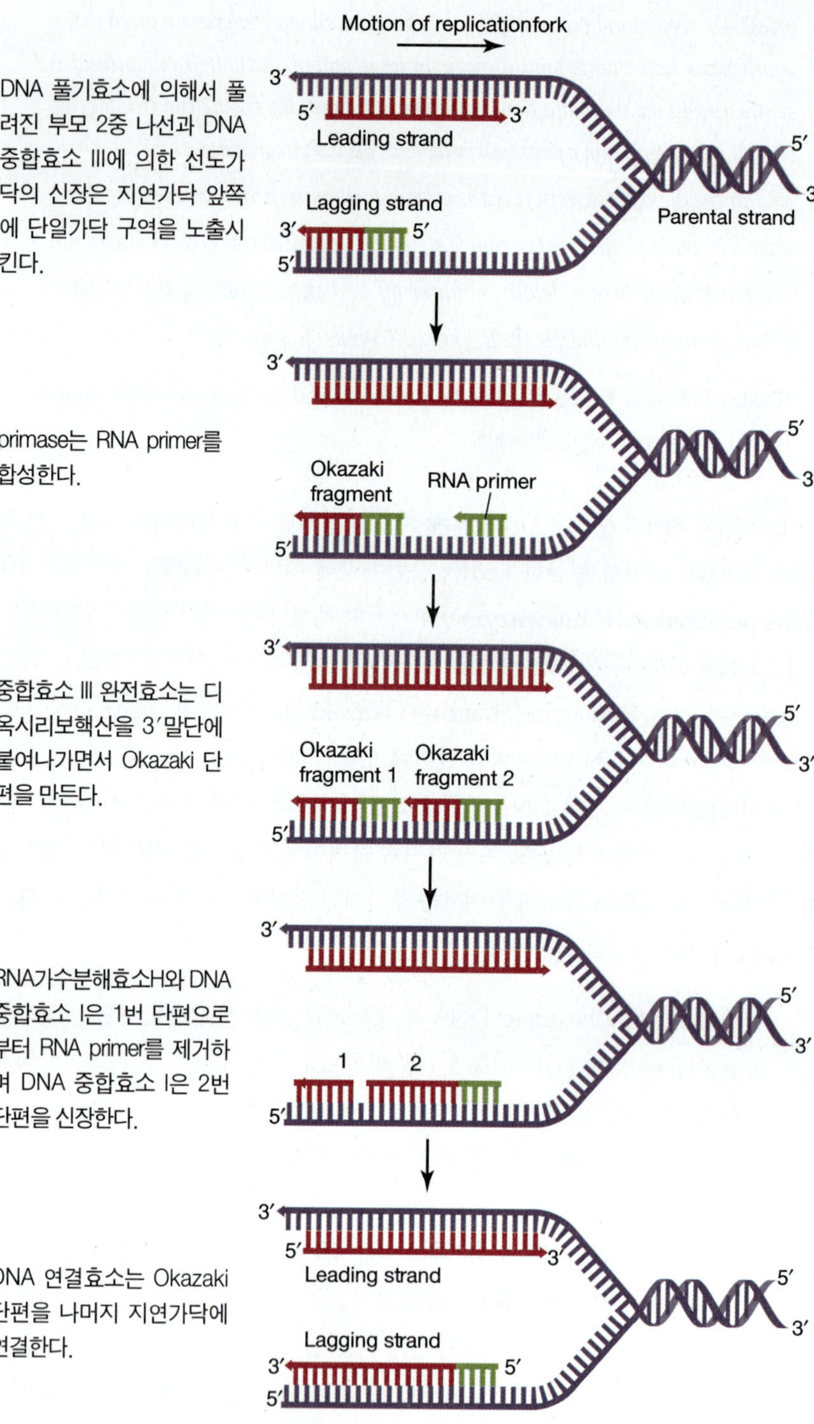


**그림 9.19** **복제분지에서 일어나는 일련의 현상.**

500~2000 염기서열마다 한 번씩 사용된다.

5. **RNA가수분해효소 H[Ribonuclease H(RNase H)]**는 Okazaki 단편 5′ 말단의 모든 ribonucleotide를 제거한다. 이때 DNA말단에 바로 연결된 ribonucleotide는 제거하지 못한다.

6. **DNA 중합효소 I(DNA polymerase I)**는 nick 번역(nick translation)을 촉매한다. 이 효소의 중합효소 활성은 새로이 형성된 Okazaki 단편 3′ 말단에서부터 DNA합성을 촉매한다. 이때 효소가 가진 5′→3′ 외가닥 DNA절편분해효소 활성에 의해 바로 옆에 위치한 다른 Okazaki 단편의 5′ 말단에 위치한 ribonucleotide는 제거된다.
7. **DNA 연결효소**는 Okazaki 단편끼리의 연결을 촉매해서 지연가닥을 완성한다.

## DNA 중합효소 III는 주요 세균 복제기구이다.

우리는 지금 세균 복제기구인 DNA 중합효소 III에 대해서 자세히 다루고 있다. 이 효소의 존재에 대한 첫 번째 가능성은 Paula Delucia와 John Cairns이 DNA 중합효소 I의 기능이 없음에도 불구하고 계속적으로 DNA를 합성해서 정상적으로 성장하는 대장균 돌연변이체를 발견했을 때 제기되었다. 당시 과학자들은 DNA 중합효소 I을 DNA 합성에 필요한 유일한 효소라고 생각했기 때문에 이러한 돌연변이체의 발견은 주목할 만했다.

이 변이체가 소량의 DNA 중합효소 I를 갖고 있기 때문에 이런 현상이 나타났을 가능성이 제시되었지만 DNA 중합효소 I의 유전자인 pol A가 결손된 대장균조차도 DNA를 합성할 수 있음을 알게 됨으로써 위와 같은 가설은 부정되었다.

polA가 결손된 돌연변이체가 DNA를 정상적으로 합성한다는 사실에 대한 가능한 설명은 또 다른 DNA 중합효소가 존재하고, 이러한 중합효소가 DNA 합성을 담당한다는 것이다. 이러한 가설은 nick이 있는 DNA가 주형으로 사용되었을 때 DNA 중합효소 II와 DNA 중합효소 III가 *polA* 돌연변이체 추출물에서 발견됨으로써 증명되기 시작하였다. 이러한 2가지 중합효소는 nucleotide를 primer의 3′ 말단으로부터 붙여나간다. 세균 세포 추출물내의 DNA 중합효소 I의 활성이 너무 커서 다른 중합효소의 존재 가능성을 가려왔기 때문에 2가지 새로 발견된 중합효소가 나중에 발견된 것이다.

다른 중합효소들이 DNA 복제과정에 관여한다는 사실을 알았기 때문에 다음 과제는 이러한 중합효소들의 역할을 규명하는 것에 있다. 다시 한번, 유전적인 접근방법이 이러한 역할 규명에 도움이 되었다. DNA 중합효소 II가 없는 돌연변이체들이 정상적으로 DNA를 합성한다는 사실은 세균 DNA 복제과정에서 DNA 중합효소 II가 반드시 필요하지 않음을 나타낸다. 반면에, 온도에 민감한 DNA 중합효소 III 돌연변이체들이 42°C가 아닌 30°C에서만 DNA를 복제한다는 사실은 DNA 중합효소 III가 세균 DNA 합성에 반드시 필요하다는 사실을 나타낸다.

비록 유전적인 접근방법이 DNA 중합효소 III가 세균 DNA 합성에 반드시 필요하다는 사실을 나타내고 있지만, 정제된 이 효소는 복제를 담당하는 효소에서 기대되는 성질을 거의 가지고 있지 못했다. 예를 들어, 많은 양의 DNA 중합효소III와 기질이 오랜 시간 동안 반응에 사용되었을 때에도 단일가닥 원형 DNA 주형으로부터 완전하게 primer를 신장할 수 없었다. 이와 더불어 DNA 중합효소 III는 초당 대략 20 nucleotide를 DNA에 합성하는데, 이는 초당 1,000 nucleotide를 합성하는 살아있는 세포와 비교시 상당히 낮은 속도이다. 낮은 속도는 효소가 DNA 주형에서 쉽게 분리되기 때문이다.

많은 주기 동안 자신의 주형에 강하게 붙어서 DNA 합성을 촉매하는 효소는 **진행성(processivity)**이 높다고 한다. 진행성은 DNA 또는 RNA 합성과정 동안 주형에 강하게 붙어서 작용하는 중합효소의 정량적인 측정 방법을 제공한다. 중합효소의 진행성은 효소가 DNA주형에서 떨어지기 전에 합성하는 평균 nucleotide 숫자와 같다.

낮은 진행성을 가진 중합효소는 단지 몇 개의 nucleotide만을 붙인 후 주형에서 떨어지기 때문에 비진행적인 또는 배분적인 복제를 촉매한다. **배분복제(distributive replication)**는 중합효소가 주형에서 떨어진 후 다시 붙는 과정에 상당한 시간이 필요하기 때문에 비효율적이다.

중합효소가 높은 또는 낮은 진행성을 가질 것인가를 확인하는 간단한 실험적인 방법이 있다. 모든 필요한 요소들과 희석된 반응 혼합물을 이용해서 반응이 시작된다. 만약 중합효소가 높은 진행성을 가진다면, 효소는 DNA에 계속 붙어있을 것이고, 효소가 nucleotide를 합성하는 속도는 희석전과 같을 것이다. 하지만, 만약 중합효소가 낮은 진행성을 가진다면, 효소는 주형에서 떨어지며 nucleotide 합성 속도는 희석전과 비교시 감소할 것이다.

DNA 중합효소 III가 가진 낮은 진행성과 관련된 1가지 가능한 설명은 추가적인 단백질들이 이 효소의 진행성을 증가시키는데 필요하다는 것이다. Kornberg는 서로 다른 DNA 주형을 사용하면 이러한 추가적인 단백질들을 찾아낼 수 있을 것이라고 생각했다. 그들이 주형을 결정하는데 있어서 고려한 사실은 M13과 ϕX174와 같은 bacteriophage에 있는 원형 단일가닥 DNA는 너무 작기 때문에 DNA 복제에 관여하는 대부분의 효소들을 만들어낼 유전적인 정보가 부족하다는 것이다. 그러므로, bacteriophage는 DNA 복제의 첫 번째 과정인 원형 단일가닥 DNA를 이중가닥 복제 형태로 만들기 위해서 세균의 효소를 이용해야만 한다. 그래서, 세균 추출물이 원형 단일가닥 bacteriophage DNA에 붙은 primer를 신장할 수 있다는 생각은 논리적으로 보인다.

DNA primer 신장은 실제 Kornberg가 처음 관찰하였다(**그림 9.20**). Kornberg 연구실은 완전한 활성을 나타내는 3개의 독특한 하위복합체를 가진 DNA 중합효소 III(holoenzyme)인 **replicase**를 정제하기 위해서 표준 단백질 분획 방법(standard protein fractionation procedures)을 이용했다. 하위복합체의 하나인 core 중합효소 하위복합체는 *polA* 돌연변이체 추출물에서 발견되는 DNA 중합효소 III 활성을 담당하고 있다.

각각의 세포는 이 효소를 오직 10개에서 20개 정도 갖고 있기 때문에, 양적으로 충분한 DNA 중합효소 III를 얻기 위해서는 상당한 노력이 요구되었다. 이러한 노력

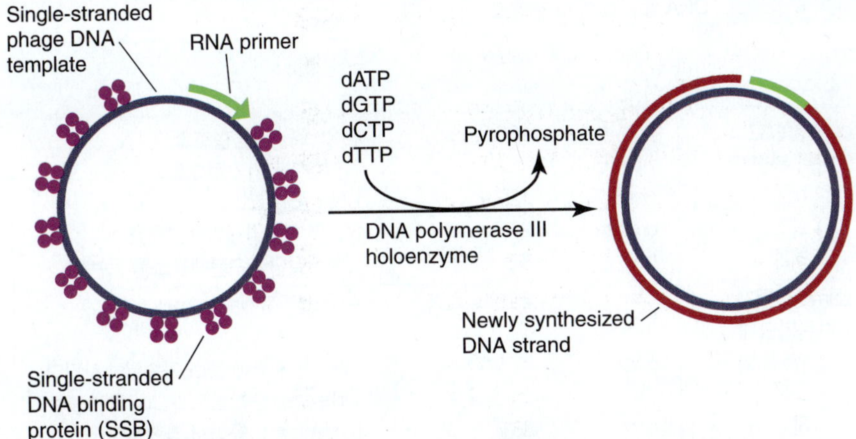


**그림 9.20** 시발된(primed) 외가닥DNA결합단백질에 의해 둘러 싸인 원형 단일가닥 파지 DNA에서 DNA 중합효소 III 효소의 작용.

의 결과, 정제된 효소가 초당 750 nucleotide를 합성함을 관찰하였다. 빠른 합성속도, 즉 효소의 높은 진행성은 원형 단일가닥 bacteriophage DNA에 붙은 primer로부터 수천 nucleotide를 붙여나갈 수 있게 한다. 그러므로, DNA 중합효소 III는 DNA 중합효소 I 보다 더욱 빠른 속도로 DNA를 합성하며 높은 진행성을 가진다. 1가지 다른 중요한 점을 집고 넘어가자. DNA 중합효소 III는 완전한 활성을 위해서 ATP가 필요하지만 DNA 중합효소 I은 필요하지 않다. 우리는 어떻게 효소가 작용하는지를 설명할 때, 이러한 ATP 필요성에 대해서 다시 알아볼 것이다.

DNA 중합효소 III는 10개의 독특한 polypeptide를 가진다(α, β, δ, δ′, ε, θ, τ, γ, χ, 그리고 ψ). 이러한 polypeptide의 구조적인 유전자들이 이미 클로닝 되어서 과학자들로 하여금 폴리펩디트를 과발현하는 세균을 구축할 수 있게 한다. 많은 양으로 공급이 가능하게 된 분리된 polypeptide 구성단위들은 다양한 하위복합체뿐만 아니라 DNA 중합효소 III를 재구성할 수 있게 만들고 있다. **표 9.2**는 DNA 중합효소 III의 구성단위들, 하위 복합체, 그리고 구조적인 유전자에 대한 중요한 정보를 담고 있다. 각각의 하위복합체는 holoenzyme(전효소)이 기능을 하는데 일조한다. 우리는 하위복합체의 기능에 대한 연구를 통해서 복제기구의 역할에 대한 통찰을 할 수 있다.

## Core 중합효소 하위복합체는 5′→3′ 중합효소 활성을 가진 소단위체와 3′→5′ 핵산말단가수분해효소 활성을 가진 소단위체를 포함하고 있다.

사슬연장을 담당하는 하위복합체인 core 중합효소(이전에는 DNA 중합효소 III로 알려져 있었던)는 3개의 polypeptide 소단위체를 갖는다(표 9.2).

**1. α-소단위체**, dnaE에 의해서 암호화되는 α-소단위체는 5′→3′ 방향으로 사

**표 9.2** **DNA 중합효소 III 전효소**

| Component [Stoichiometry] | Gene | Molecular Mass in kDa | Comments |
|---|---|---|---|
| core 중합효소 하위 복합체 | | 166.0 | 단일 소단위 중합효소/ 핵산말단가수분해효소 |
| α[2 | *dnaE* | 129.9 | DNA 중합효소 |
| ε[2] | *dnaQ* | 27.5 | 3′–5′ 핵산말단가수분해효소 |
| θ[2] | *holE* | 8.6 | ε 핵산말단가수분해효소를 돕는다. |
| clamp 장전자 하위복합체 | | 297.1 | ATP 의존적 clamp loader |
| γ/τ [1/2] | *dnaX* | 47.5/71.1 | τ와 γ는 ATP에 붙어 가수분해시킨다. τ는 core 중합효소와 Dna B에 붙는다. |
| δ[1] | *holA* | 38.7 | β clamp를 비틀어서 결합한다. |
| δ′[1] | *holB* | 36.9 | δ 소단위체를 조절한다. |
| χ[1] | *holC* | 16.6 | SSB에 붙는다. |
| ψ[1] | *holD* | 15.2 | χ소단위체를 활주 clamp와 연결시킨다. |
| 활주 clamp 하위복합체 [2 이합체] | *dnaN* | 40.6 | 동족이합체성 진행성 |

Data from Johnson, A., and O' Donnell, M., Ann. Rev. Biochem.74 (2005):283-315.

슬 연장을 촉매하고 DNA 합성에 필수적이다.

2. **ε-소단위체**, *dnaQ*(*mutD*)에 의해서 암호화되는 ε-소단위체는 3′→5′ 핵산말단가수분해효소 활성을 가진다. 드문 경우이지만 중합효소가 오류를 나타내는 경우, 핵산말단가수분해효소는 잘못 연결된 nucleotide를 제거하는 교정 기능을 제공한다. 이러한 기능을 가지고 있기 때문에, ε-소단위체의 기능이 없는 세포의 경우 높은 돌연변이율을 나타낸다.

3. **θ-소단위체**, *holE*에 의해서 암호화되는 θ-소단위체는 ε-소단위체를 자극하는 것으로 보인다. 그러나, *holE*를 제거해서 θ-소단위체가 결핍된 DNA 중합효소 III 완전효소는 완전한 활성을 나타내기 때문에 θ-소단위체는 필수적인 역할을 담당하지 않는다. 그러므로 θ-소단위체는 core중합효소 내에서 독특한 기능을 제공하지 않는 것 같다.

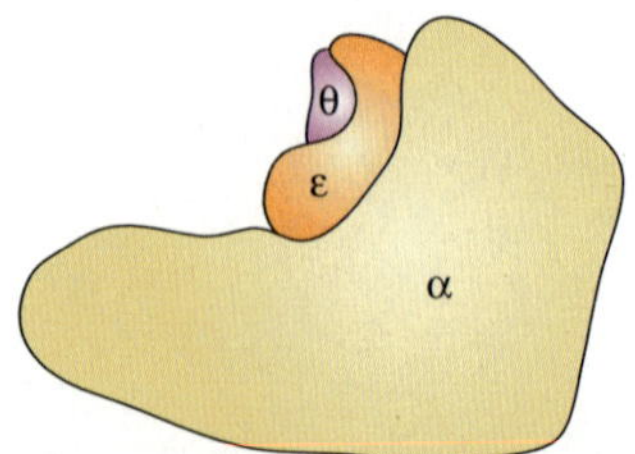


**그림 9.21 Core중합효소 하위복합체 소단위체의 배치.** α-소단위체(중합효소)는 ε-소단위체(3′→5′ 핵산말단가수분해효소)에 강하게 붙는다. θ-소단위체는 ε-소단위체에 붙지만 α-소단위체에는 붙지 않는다.

단백질간의 결합연구는 core중합효소 하위복합체내에서 소단위체들의 배치에 관한 정보를 제공한다. α-소단위체와 ε-소단위체는 1:1로 만나서 복합체를 이루며, 각각의 소단위체는 독립적으로 존재했을 때보다 더욱 증가된 활성을 나타낸다. θ-소단위체는 ε-소단위체에 붙어서 위의 복합체에 연결되며, 이런 결과 일렬로 이루어진 α-ε-θ 배치가 형성된다(**그림 9.21**). 소단위체 사이의 결합은 상당히 강하기 때문에 결합을 해리하기 위해서는 변성제가 요구된다. Core중합효소 하위복합체내에서 소단위체들의 구조와 그들 사이의 결합의 본질에 대한 자세한 정보는 결정연구를 통해서 얻어질 것이다. 앞 절에서 언급했듯이, core중합효소 하위복합체는 DNA에 강하게 붙지 않는다. 우리는 이제부터 core중합효소 하위복합체를 DNA에 강하게 결합시키는 또 다른 하위복합체에 대해서 알아볼 것이다.

### 활주 clamp(sliding clamp) 하위복합체는 DNA 중합효소의 나머지 부분을 DNA에 붙이면서 DNA를 둘러싸는 고리구조를 만든다.

Sliding clamp(**β-dimer** 또는 **β-clamp**라고도 일컬어지는)는 ***dnaN***에 의해서 암호화되는 2개의 동일한 polypeptide로 만들어진다. X선 결정학연구를 통해, 활주 clamp 하위복합체가 고리 모양을 나타낼 수 있게 2개의 반원형 polypeptide 소단위체가 머리-꼬리(head-to-tail) 상호작용 한다는 사실을 밝혔다. 활주 clamp 가운데 구멍은 직경이 3.5 nm으로 DNA 이중나선을 둘러싸기에 충분한 크기다(**그림 9.22**).

각각의 polypeptide 사슬은 3개의 domain을 갖는다. 비록 3개의 domain을 구성하는 아미노산 서열은 다르지만, 각각의 domain은 바깥쪽에 위치한 2개의 β-

(a)

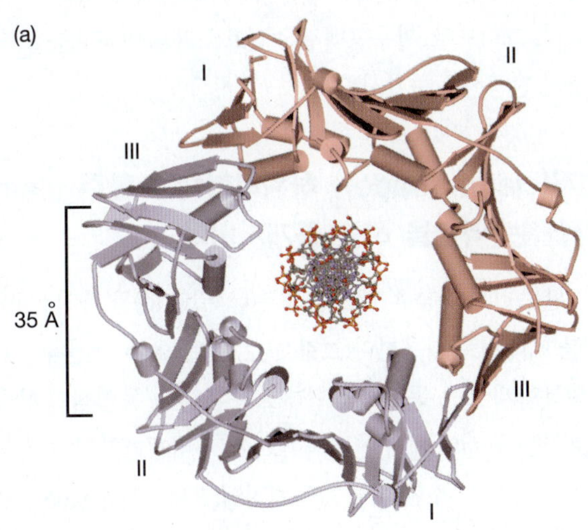


(b)

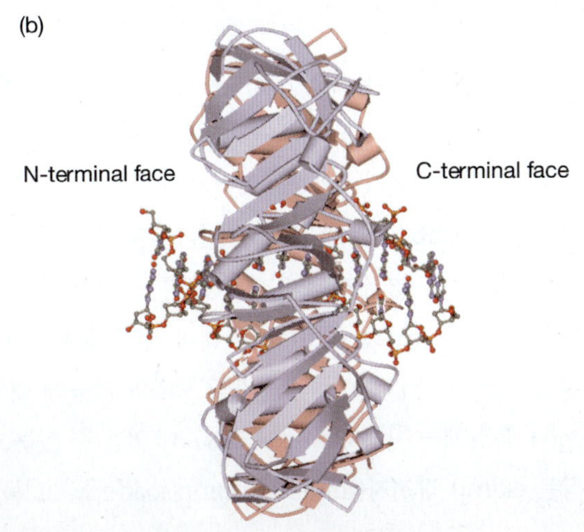


**그림 9.22 대장균 활주 clamp 구조.** (a) 전면에서부터 보여지는 활주 clamp 결정구조의 도식적인 형태. 하나의 소단위는 붉은색으로 다른 소단위는 파란색으로 표시됨. 각각 소단위의 domain은 I, II, III으로 번호 붙여졌다. DNA 이중나선은 컴퓨터 모델링을 이용한 중앙 채널을 통해 보여진다. (b) 활주 clamp는 N, C말단이 표지된 상태로 DNA와 함께 보여진다. 많은 활주 clamp와 다른 단백질들의 상호작용에서 C-말단 표면이 관여한다. Part a Protein Data Bank ID: 1MMI. Oakley, A. J., et al., Acta Crystallogr. D Biol. Crystallogr. 59 (2003): 1192 - 1199; part b Protein Data Bank ID: 1BNA. Drew, H. R., et al., *Proc. Natl. Acad. Sci. USA* 78 (1981): 2179 - 2183.

시트(b-strand) 구조와 안쪽에 위치한 2개의 α-나선(α-helices)구조로 이루어진 동일한 3차원 접힘 패턴을 가진다. 이러한 결과 활주 clamp는 비록 2개의 회전축을 가지고 있지만, 6개의 회전축을 가지고 있는 것처럼 보여진다. 12개의 α-나선구조(2개 폴리텝티드 × 3개 domain/polypeptide × 2개 α-나선/domain)는 활주 clamp 안쪽에 위치한다.

만약 활주 clamp를 이루는 평면과 DNA가 직각을 이루고 있다고 이치에 맞는 가정을 한다면, 각각의 α-나선 축은 모든 DNA 홈(groove)과 활주 clamp와의 접촉을 억제하고 활주 clamp가 DNA를 따라서 활주하게 하면서 주홈과 부홈 모두와 직각을 이루고 있을 것이다. DNA와 활주 clamp사이에 1~2개의 물분자 층을 수용할 만한 충분한 공간이 존재하는데, 이러한 사실은 clamp 단백질이 DNA 이중나선을 따라서 "ice skate"를 탄다는 것을 보여준다. 12개의 α-나선 구조는 활주 clamp 단백질의 중앙에 위치한다. 활주 clamp 내의 α-나선 구조의 배치는 α-나선 구조가 DNA 홈에 평행하게 위치해서 주홈에 딱 맞는 구조를 가지는 DNA에 결합하는 단백질에서 보여지는 배치와는 확연한 차이가 있다. 2개의 polypeptide의 카르복실 말단은 활주단백질의 같은 면에서 돌출되서 나옴으로써 전효소의 나머지 부분과 결합하는 기점이 된다. 그러므로, 활주단백질은 전효소의 나머지부분을 붙잡는 밧줄 역할을 하며 전효소의 진행성을 증가시킨다.

## Clamp 장전자(clamp loader) 하위복합체는 활주 clamp를 DNA 주변에 위치시키는 역할을 하는 중개자이다.

Clamp **장전자**는 활주 clamp를 5′ 말단 돌출부(overhang)를 가진 primer에 얹어놓기 위해서 ATP를 에너지로 사용한다(**그림 9.23**). Clamp 장전자는 DNA 중합효소III 효소의 하위복합체 또는 독립적인 형태로 존재한다. 독립적인 형태로 존재하는 장전자는(1) 전효소는 *in vitro*에서 안정적이고 오직 비생리학적인 환경에서만 해리되며, (2) 2개의 형태는 다른 소단위 구성(독립적인 형태에서는 $\gamma_3\delta\delta'\chi\psi$, 전효소 내에서는 $\tau_2\gamma\delta\delta'\chi\psi$)을 나타내기 때문에 전효소로부터 해리되어 생기는 것처럼 보이지 않는다.

2가지 형태의 차이는 γ와 τ 소단위체가 *dnaX* 유전자로부터 암호화되기 때문에 처음에 생각했던 것만큼 크지 않다. τ 소단위체는 완전한 길이인데 반해 γ 소단위체는 C-말단의 1/3이 결여된 절단형태이다. τ와 γ 소단위체에 공통적으로 존재하는 C-말단 부분은 core 중합효소와 DnaB DNA풀기효소가 붙는 부분을 포함하고 있기 때문에 DNA 중합효소 III 전효소의 기능을 나타내는데 중요한 역할을 담당한다.

Mike O' Donnell과 그의 동료들은 in vitro에서 소단위체를 결합시켜 만든 $\gamma_3\delta\delta'$의 구조와 기능연구를 통해서 clamp 장전자의 구조와 기능에 대한 많은 정보를 얻었다. 이러한 $\gamma_3\delta\delta'$ 복합체는 활주 clamp를 DNA에 얹을 수 있는 가장 작은 복합체이기 때문에 작은 clamp 장전자(minimal clamp loader)라고 불린다. ψ와 χ

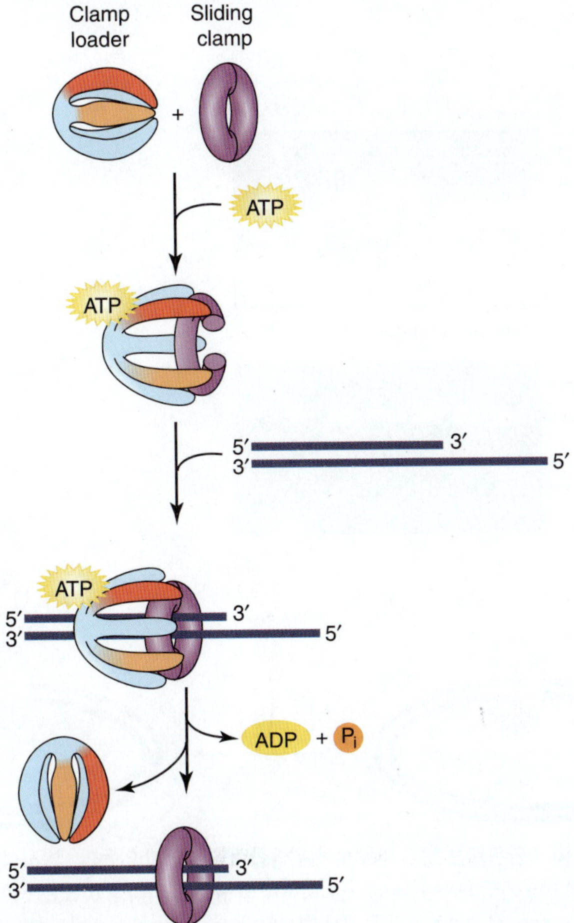


**그림 9.23 Clamp 얹기 과정.** ATP가 clamp 장전자에 붙음으로써 장전자와 활주 clamp 사이에 강한 복합체가 형성된다. ATP가 붙어있을 때, clamp 장전자는 5′ 말단 돌출부을 가진 primer-주형 접합부에 높은 친화성을 가진다. 이러한 clamp 장전자가 접합부에 붙음으로써 ATP 가수분해가 유발되며 clamp와 DNA로부터 떨어진다. 이제 DNA는 활주 clamp에 둘러싸여 DNA 중합효소의 작용을 받기 쉬운 상태가 된다.

소단위체는 clamp를 DNA에 얹는데 필수적이지 않다. ψ 소단위체는 clamp 장전자를 안정화시키고, χ 소단위체는 primase를 외가닥 DNA 결합단백질로부터 해리시킨다.

O' Donnell은 활주 clamp 내의 δ 소단위체에 대한 연구를 통해서 최소 clamp 장전자의 작용 기작에 대한 중요한 실마리를 얻었다. 하나의 중요한 실험에서, 그들은 다른 소단위체 및 ATP와는 함께 작용하지 않는 δ 소단위체가 활주 clamp를 위상학적으로 연결된 β clamp-원형 DNA 복합체로부터 해리시킴을 밝혔다(**그림 9.24**). 이러한 해리는 δ 소단위체가 해리되는 clamp와 강하게 연결되어 있고 독립적인 d 소단위체는 DNA 위에 있는 clamp에 얹어질 수 없기 때문에 촉매에 의하거나 가역적인 과정이 아니다. δ 소단위체는 활주 clamp 내에 있는 2개 중의 하나의 접촉면에 힘을 가하는 "wrench" 로서 역할을 수행하는 것처럼 보여진다.

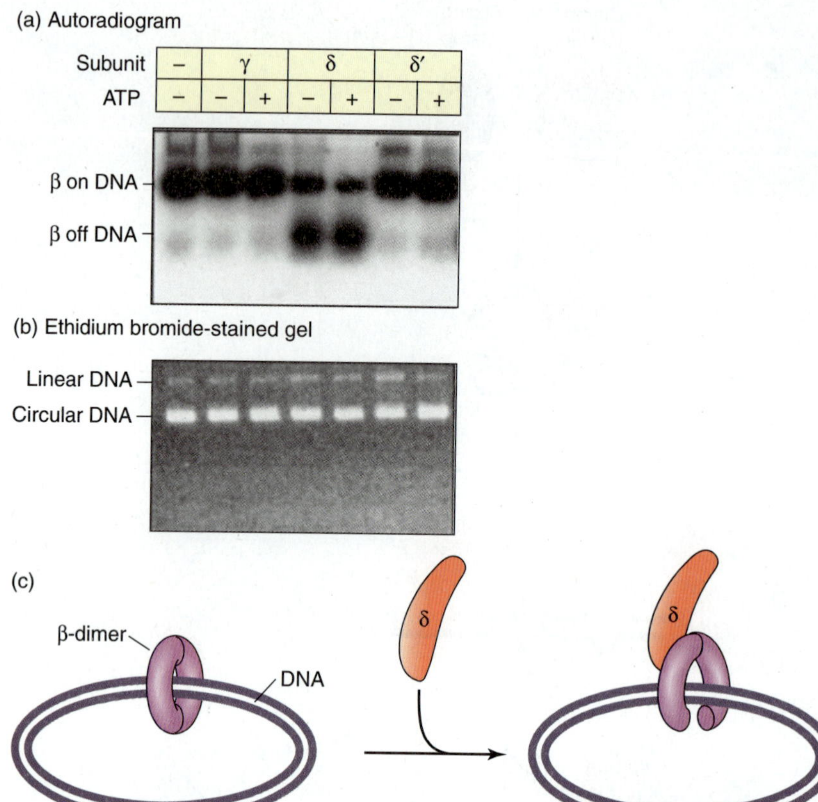
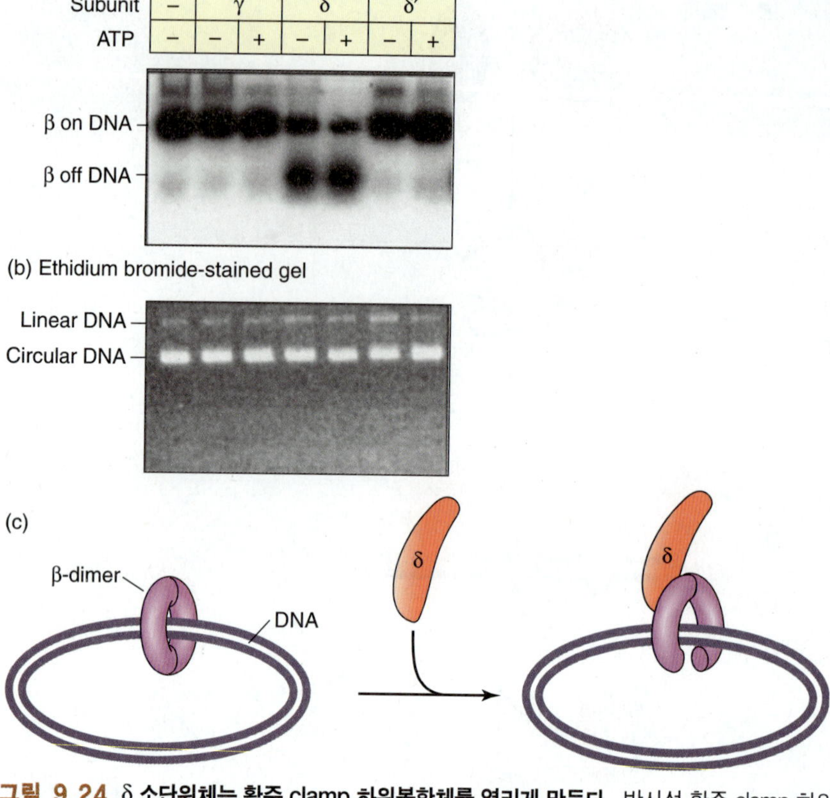


**그림 9.24** δ **소단위체는 활주 clamp 하위복합체를 열리게 만든다.** 방사성 활주 clamp 하위복합체는 원형 이중가닥 DNA위에 얹어졌고, ATP의 유무에 따라 γ, δ, 또는 δ′ domain과 함께 배양된 후 agarose gel 전기영동을 이용해서 분석된다. (a) Agarose gel 방사선graph는 오직 δ 소단위체만이 방사성 활주 clamp 하위복합체를 DNA에서 분리시킴을 보여준며 이러한 결과는 ATP의 유무와 상관이 없다. (b) Ethidium bromide로 염색된 gel은 이러한 반응이 이루어질 동안 DNA가 분해되지 않았음을 보여준다. (c) 이러한 결과의 도식적인 해석. Parts a and b reproduced from Turner, J., et al., *Nature*18 (1999): 771 - 783. Photos courtesy of Michael O' Donnell, Rockefeller University. Part c adapted from Turner, J., et al., *EMBO J.*18 (1999): 771-783.

(a)

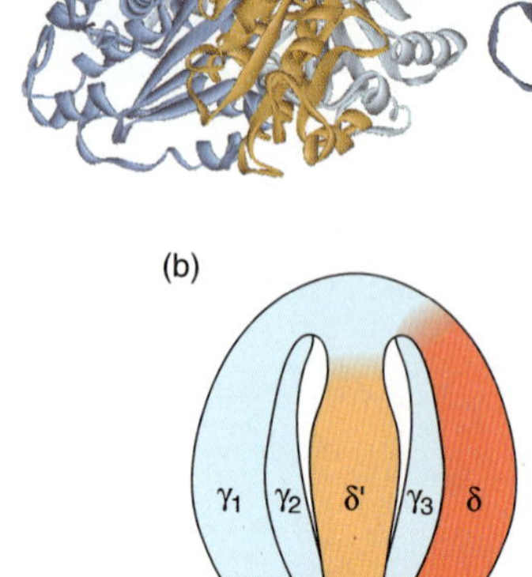

(b)



**그림 9.25 최소 clamp 장전자 구조($\gamma_3\delta\delta'$).** 소단위체별로 색깔로 구별된 세균 최소 clamp 장전자 구조. γ 소단위체는 서로 다른 음영의 파란색으로, δ 소단위체는 연한보라색으로, δ′ 소단위체는 갈색을 띠는 주황색으로 표시되었다. (b) 최소 clamp 장전자의 도식화.

O' Donnell은 작은 clamp 장전자의 고해상 구조를 밝혔다(**그림 9.25**). 5개의 소단위체는 원형의 이형오합체를 이룬다. DNA 주형-primer 복합체 위에 β clamp를 얹어놓을 때, clamp 장전자는 움직이는 부분을 가진 일종의 기계로서 작용한다(**그림 9.26**). ATP에 붙고 가수분해를 일으키는 γ 소단위체(또는 τ 소단위체)는 이러한 기계의 모터로서 기능을 담당한다. 움직이지 않는 것처럼 보이는 δ′ 소단위체는 활성clamp에 붙는 δ 소단위체의 기능을 조절한다. ATP가 γ 소단위체에 붙으면, δ 소단위체는 δ′ 소단위체로부터 멀어져서 활주 clamp에 붙을 수 있게 된다. clamp 장전자-활주 clamp 복합체는 5′ 말단 돌출부을 가진 primer-주형 접합부에 높은 친화성을 가진다. clamp 장전자-활주 clamp 복합체가 시발된 DNA와 상호작용한 후, 붙어있던 ATP는 가수분해된다. 이 결과 clamp 장전자-활주 clamp 복합체가 떨어지면서 활주 clamp가 DNA 주변에 위치하게 된다.

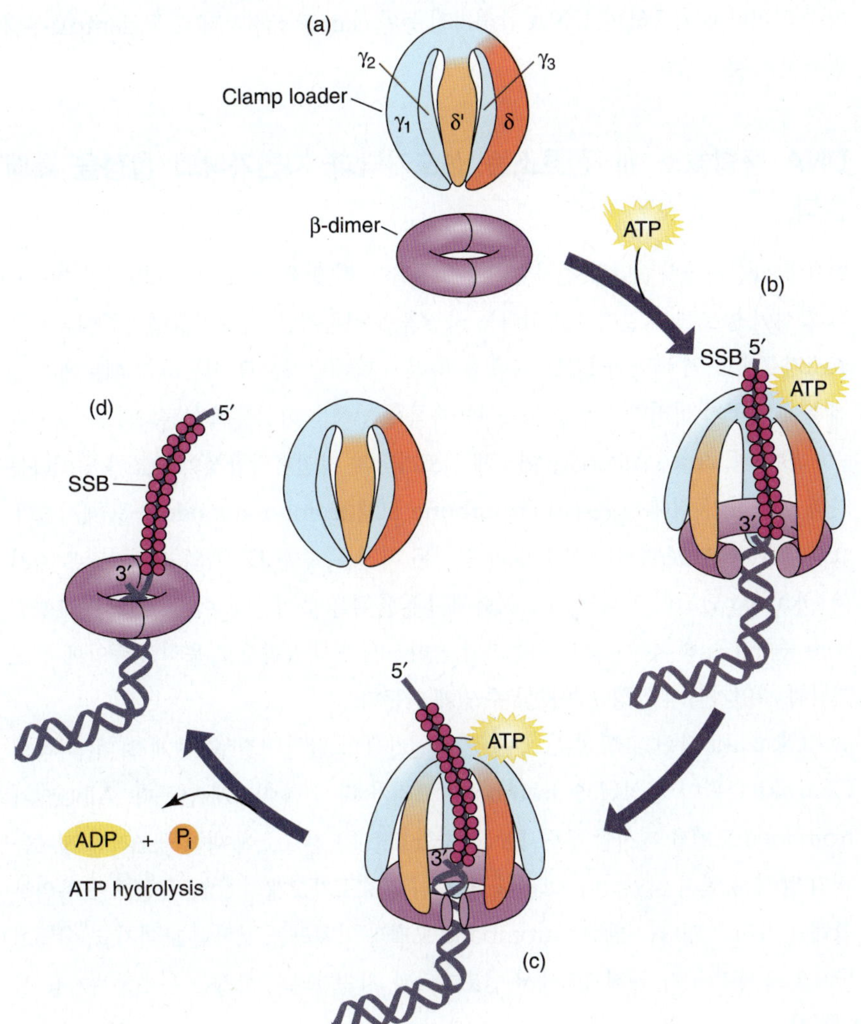


**그림 9.26 Clamp 장전 작용동안 일어나는 일련의 과정.** (a) ATP가 없을 때, clamp 장전자는 δ와 δ′ 소단위체가 근접하게 위치해서 δ 소단위체(wrench)가 활주 clamp에 붙을 수 없게 하는 구조를 갖는다고 생각 되어진다. (b) ATP는 γ 소단위체에 붙으면서 δ 소단위체를 δ′ 소단위체로부터 분리시켜 활주 clamp가 δ 소단위체에 붙을 수 있는 도킹 구역을 형성한다. clamp 장전자-활주 clamp 복합체는 5′ 말단 돌출부을 가진 primer-주형 접합부에 높은 친화성을 가진다. (c) 시발된 DNA가 활주 clamp 중앙 통로를 통과함에 따라 γ 소단위체(또는 τ 소단위체)에 붙은 ATP는 가수분해된다. (d) δ 소단위체는 δ′ 소단위체 주변으로 이동하고, 활성clamp는 DNA 주변을 감싸며, clamp 장전자는 활주 clamp로부터 떨어져서 그 결과 시발된 DNA가 활주 clamp로 둘러 싸여져 core 중합효소, 다른 효소들, 또는 다른 단백질 요소들과 상호작용할 수 있게 된다. Adapted from Ellison, V., and Stillman, B., *Cell* 106 (2001): 655 - 660.

## DNA 중합효소 III 전효소의 clamp 장전자는 2개의 γ 소단위체 대신 2개의 τ 소단위체를 가진다.

DNA 중합효소 III 전효소의 clamp 장전자( $\tau_2\gamma\delta\delta'\chi\psi$)는 2개의 γ 소단위체 대신 2개의 τ 소단위체를 가진다. τ 소단위체는 γ 소단위체와 마찬가지로 clamp 장전자의 모터 역할을 담당한다. 그러나 τ 소단위체는 primase 상호작용하면서 프라이밍이 더 자주 일어나게 자극하며, DNA 합성과정 동안 clamp 장전자가 활주 clamp로부터 떨어지는 것을 막는다.

## DNA 중합효소 III 전효소는 선도가닥과 지연가닥의 합성을 촉매한다.

비록 방사선자동사진법과 전자현미경 실험을 통해 얻은 정보는 선도가닥과 지연가닥 합성이 동조해서 일어나고 있다는 사실을 보여주지만, 복제기점에서 DNA 중합효소가 2개의 역 평행한 DNA 주형을 따라서 반대방향으로 이동하기 때문에 어떻게 복제 기구가 이러한 합성을 동조하는가를 알기에는 어려움이 따른다.

1980년, Bruce Alberts는 어떻게 선도가닥과 지연가닥합성의 동조가 일어나는가를 설명하기 위해서 복제의 "**trombone 모델(trombone model)**"을 제시했다. **그림 9.27**에서 보여지는 이 모델의 수정된 버전은, 주형 DNA의 지연가닥은 각각의 Okazaki 단편이 형성될 때 고리화해서 돌출됨을 보여준다. 이러한 고리는 1쌍의 core 중합효소 하위복합체가 주형가닥을 따라서 반대방향으로 움직일 동안에 선도가닥과 지연가닥의 합성을 동조할 수 있게 만든다.

Okazaki 단편의 형성은 매우 긴 지연가닥이 만들어질 수 없게 하며, 각각의 Okazaki 단편이 완성된 후 trombone 고리가 다시 짜여지게 만든다. Alberts가 trombone 모델을 제시할 무렵, DNA 중합효소 III 전효소에 대한 구조적인 정보는 거의 알려져 있지 않았었다. 그러나, 각각의 전효소가 2개의 core 중합효소 하위복합체를 가지고 있다는 발견은 trombone 모델과 일치하는 것처럼 보여지고, 어떻게 DNA 복제 기구가 복제기점에서 선도가닥과 지연가닥의 합성을 동조하는가를 설명한다.

Okazaki 단편이 형성될 때 일어나는 일련의 사건들에 대해서 많은 부분이 밝혀졌다. Primase(DnaG)는 10~12 nucleotide 길이의 RNA primer를 합성하면서 Okazaki 단편의 합성을 시작한다. Primase는 primer 합성의 시작부분에서 DnaB DNA 풀기효소와 상호작용하지만 두 단백질은 지연가닥 주형을 따라서 반대방향으로 이동할 때 떨어진다; primase는 3′→5′ 방향으로, DNA 풀기효소는 5′→3′으로 이동한다.

Clamp 장전자는 DNA풀기효소와 primase 모두의 활성에 영향을 준다. DNA 풀기효소 활성은 clamp 장전자의 τ 소단위체와 상호작용하면서 대략 25배 증가한다. Primase는 지연가닥을 감싸는 외가닥DNA결합단백질과 상호작용하면서 RNA-primer 지역에 붙어있지만, clamp 장전자의 χ 소단위체가 primase를 외가닥DNA결합단백질에서 떼어낼 때 떨어진다. Clamp 장전자는 시발된 주형에 그림 9.26에서 보여지는 것과 같은 작용으로 β clamp를 얹는다. β clamp가 작용하는 패턴은 clamp 장전자가 τ 소단위체에 붙은 ATP가 가수분해 될 때 떨어진다는 사실에 의해서 용이하게 된다. Clamp 장전자가 떨어지면, β clamp는 core 중합효소가

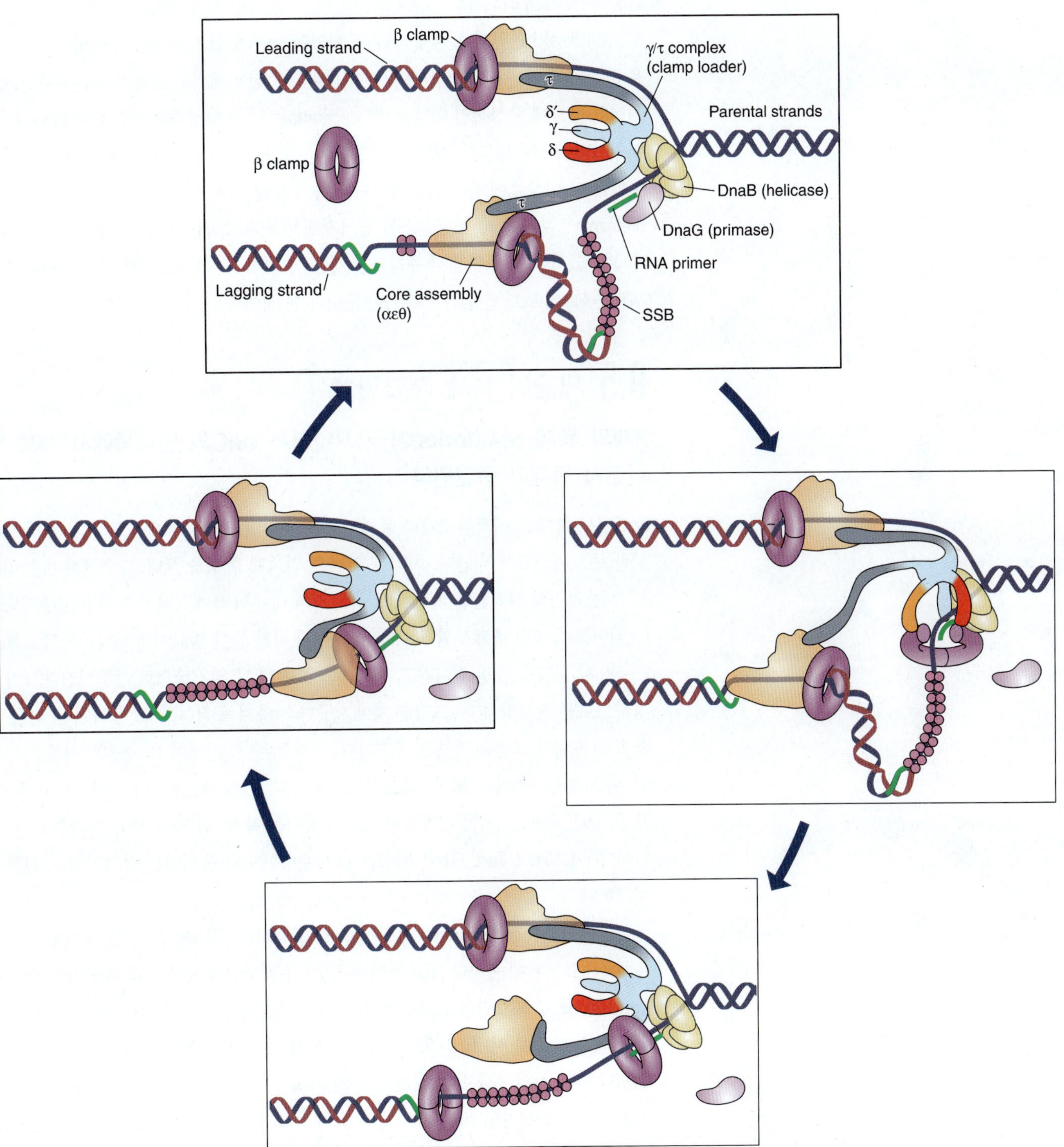


**그림 9.27 복제기점에서 중합효소 순환운동.** DNA 중합효소 III 전효소가 앞으로 나아갈수록, clamp 장전자는 DnaG(primase)에 의해서 합성되는 RNA primer(녹색)에 활주 clamp를 얹는다. 지연가닥 중합효소가 홈에 도달했을 때, 중합효소는 DNA와 활주 clamp로부터 떨어져서 새롭게 얹어진 활주 clamp로 이동한다. 간단히 도식화하기 위해서 χ와 ψ 소단위체는 나타내지 않았다. Adapted from Johnson, A., and O' Donnell, M., *Annu. Rev. Biochem.* 74 (2005): 283-315.

붙을 수 있게 유리된다.

Okazaki 단편의 합성에 따라, 붙어있던 core 중합효소는 반드시 떨어져서 새로운 Okazaki 단편을 연장할 수 있어야 한다. τ 소단위체의 카르복시 말단부분인, $\tau_c$은 이러한 방출에 중심적인 역할을 한다. Okazaki 단편 형성과정 동안 $\tau_c$는 단일가닥인 지연가닥에 붙는다(그림 9.27에서는 보여지지 않는다). Okazaki 단편 형성이 끝난 후에는 더 이상 $\tau_c$에 붙을 단일가닥이 남아있지 않는다. 주형에서 유리된 후에는 $\tau_c$는 β clamp로부터 core 중합효소를 떨어지게 만든다. 그러나 core 중합효소는 아직 $\tau_c$에 붙어있기 때문에 완전히 유리되는 것은 아니다. 그러므로, 복제 기점은 이제 다시 새로운 Okazaki 단편을 만들기 위한 준비가 된 것이다.

## 9.5 세균의 복제 종결단계

### 2개의 복제 분지(forks)가 커져나가서 oriC의 반대쪽에서 서로 만나면서 복제가 종결된다.

*oriC*에서 복제를 시작한 2개의 복제기점은 마침내 염색체상에서 정반대 지역에 위치한 종료지역에서 만난다. 이러한 만남은 염색체 합성을 끝내고, 염색체가 분리되게 하는 일련의 사건들을 촉발한다. 종료지역 내에서 복제기점의 움직임은 중지되거나 적어도 특정한 **종료부위(*Ter* sites)**에서 긴 시간 동안 멈춰지게 된다. *Ter* 종료부위는 2가지 정향을 가질 것이라고 생각되는 보존된 11 염기쌍으로 이루어진다. 1가지 정향으로만 존재할 경우, 그들은 복제기구가 지나쳐 움직일 수 있게 하지만, 다른 정향으로 존재시 그들은 복제를 중지한다. 대장균은 총 10개의 *Ter* 종료부위를 가지는데, 이 부위들은 5개씩 모인 2군으로 나누어진다. **그림 9.28**에서 보여지듯이, *TerC*, *TerB*, *TerF*, *TerG*, *TerJ*는 시계방향으로 움직이는 복제기점의 진행을 억제하고, 이에 반해 *TerA*, *TerD*, *TerE*, *TerI*, *TerH*는 반시계방향으로 움직이는 복제기점의 진행을 억제한다.

**말단이용물질(terminus utilization substance, Tus)**라고 이름 붙여진 단백질은 *Ter* 종료부위에 붙는다. Tus 단백질은 *Ter* 종료부위에 높은 친화성을 가진 단위체(monomer)로 붙으면서 Tus • *Ter* 복합체의 극 기능을 확보한다(**그림 9.29**). 적당한 정향으로 존재 시, Tus • *Ter* 복합체는 복제 기점에서 DNA를 풀어버리는 DnaB DNA풀기효소의 작용을 방해해서 복제 기점의 진행을 멈추게 한다. Tus 단백질을 암호화하는 유전자인 *tus*는 36.3분 위치에 자리잡고 있어서 종료지역에 위치한다. *Tus* 단백질이 없는 삭제돌연변이(null mutants)가 다양한 성장조건에서 정상적으로 자라기 때문에 Tus • *Ter* 시스템의 생리학적인 중요성은 아직 미지수다. *Bacillus subtilis*는 Tus를 대신해서 30 염기쌍 정도로 긴 종료부위에 이합체로 작용하는 완전히 다른 단백질을 이용한다. 이러한 차이점은 대장균과 *Bacillus subtilis*의 복제 시스템이 다른 측면에서 볼 때는 굉장히 유사하다는 점에서 놀랄만하다.

2개의 추가적인 효소인 DNA **회전효소 IV(topoisomerase IV)**와 **재조합효소**

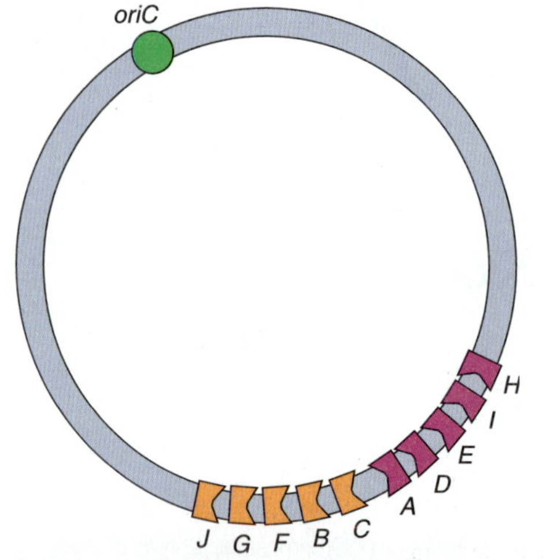


**그림 9.28 세균 복제 종료 부위(Ter)의 위치.** 10개의 종결인자는 종료지역의 측면에 위치한다. 시계방향의 복제는 종결인자 *TerC*, *TerB*, *TerF*, *TerG*, *TerJ*에 의해서 억제되고, 반시계방향의 복젠는 종결인자 *TerA*, *TerD*, *TerE*, *TerI*, *TerH*에 의해서 억제된다.

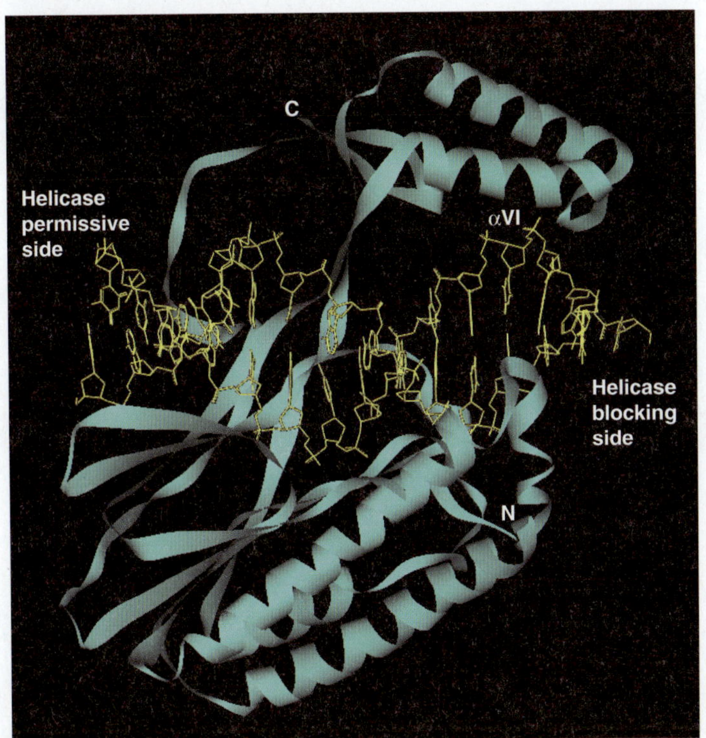


**그림 9.29 β-시트의 DNA에 붙는 지역과 DNA풀기효소를 막는 말단(helicase blocking end)을 보여주는 대장균 Tus-Ter복합체의 결정구조.** DnaB DNA풀기효소를 막는 부분이 오른쪽에 말단에 있음을 주목하라. 아미노 말단과 카르복시 말단은 각각 N과 C로 표시된다.

**(recombinase)**는 새롭게 형성된 자매염색체(sister chromosome)를 분리하기 위해서 반드시 필요하다(**그림 9.30**), DNA 회전효소 IV는 연관(interlinked)되거나 연쇄(catenated)된 염색체를 분리시킨다. 그러나 이 효소는 복제과정 동안 2개의 염색체가 공유결합으로 연결되어 이합체를 형성하는 홀수 번의 재조합이 일어났을 때에는 작용할 수 없다. 이합체형성은 2개의 자매염색체가 분리되지 못할 것이고 그래서 딸세포로 이동하지 못하기 때문에 문제점을 나타낸다. 재조합효소는 이합체를 2개의 분리된 자매염색체로 바꾼다. 이때 재조합효소는 ***dif***라고이름 붙여진 종료구역내의 특정부위에서 작용한다.

# 9.6 진핵세포의 DNA 복제장치

## 진핵세포와 원핵세포의 DNA 복제 과정은 많은 공통된 특징을 가진다.

세균 DNA 복제에 대한 연구를 통해 알게 된 사실들은 진핵세포와 원시고세균계에도 적용된다. 무엇보다도 반보존적이고, 반불연속적이며 양방향으로 이루어지는 DNA 복제가 그러하다. 더욱이 선도가닥과 지연가닥을 합성과정에서 볼 때, 진핵세포와 원시고세균계의 복제 기구들은 세균 복제 기구와 거의 동일하게 작용한다. 비

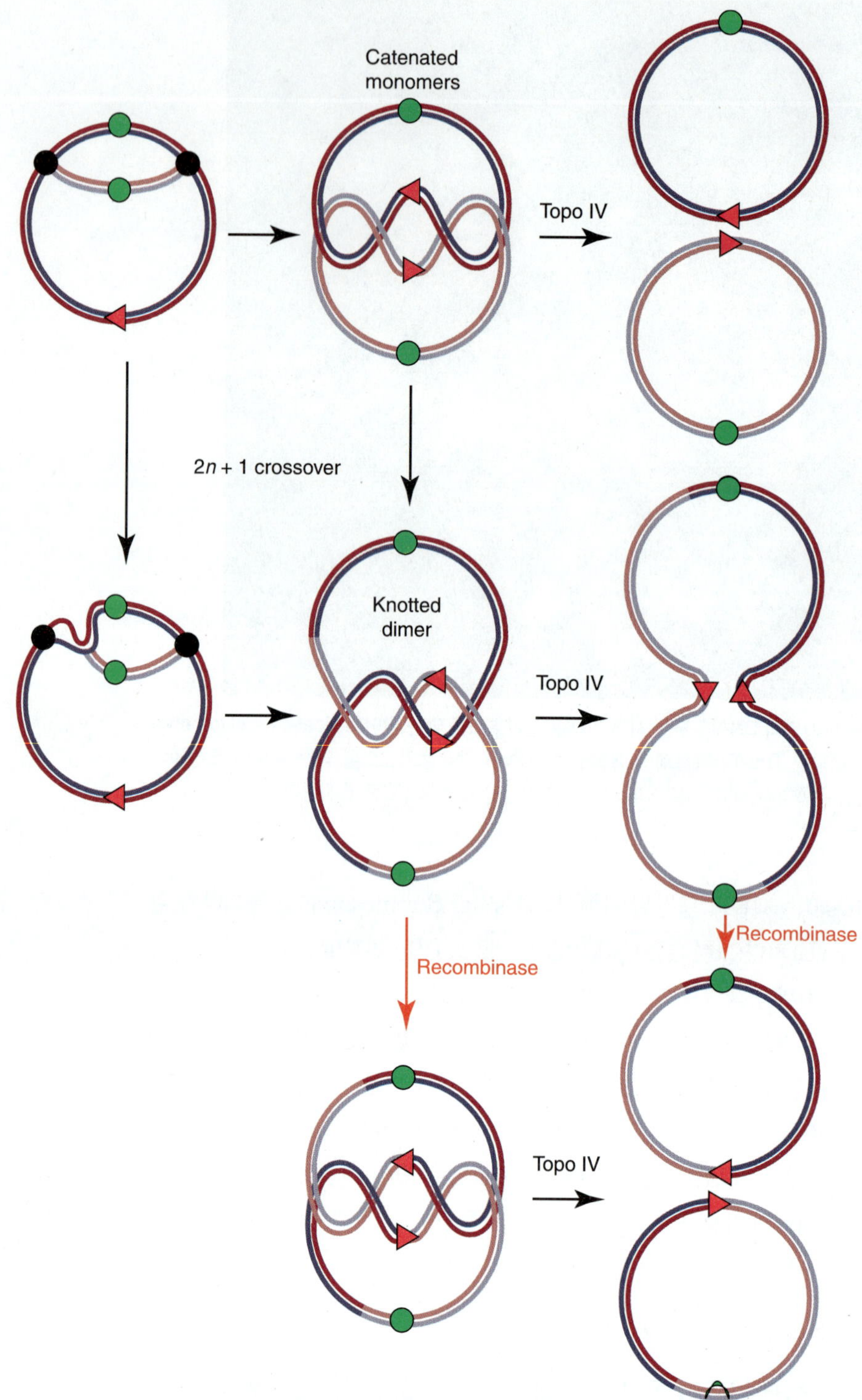


**그림 9.30 복제, 재조합, 염색체 분리의 연결.** 새롭게 형성된 자매염색체가 연쇄되지만 공유결합으로 연결되지 않은 형태를 가질 때, DNA 회전효소 IV는 분리된 단위체를 생산하기 충분하다. 새롭게 형성된 자매염색체내의 상동 지역(homologous regions)에서 홀수 번의 교차(crossover)가 일어났을 때, 자매염색체가 공유결합으로 연결된 매듭지어진 이합체를 만든다. 그러면 재조합효소와 DNA 회전효소 IV가 단위체로 분리시키기 위해서 요구된다. 기원(origin)은 녹색 원으로 보여진다. 복제 기점과 연결된 복제 기구들은 검정 원으로 보여진다. 재조합효소에 의해서 인식되는 재조합 부위 *dif*는 붉은 3각형으로보여진다. 새롭게 생성된 사슬은 밝은 색조로 보여진다. Adapted from Sherratt, D. J., Lau, I. F., and Barre, F. X., *Curr. Opin. Microbiol.* 4 (2001): 653-659.

록 세균 복제에 대한 연구를 통해서 얻어진 정보들이 진핵세포와 원시고세균계의 DNA 복제에 대한 중요한 통찰을 제공하고 있지만, 우리는 다른 점 또한 존재한다는 사실을 명심해야 한다. 예를 들어, 원핵세포의 활성 clamp는 2개의 소단위체로 이루어지는데 반해 진핵세포 활성 clamp는 3개의 동일한 소단위체로 이루어진다. 다른 차이점들은 조금 더 기본적인 성질에서 찾아볼 수 있다. 예를 들어 진핵세포 핵 내의 핵 복제 기구들은 매우 길이가 긴 DNA 이중가닥을 만든다.

이번 절을 통해서, 우리는 세균 DNA 복제에 대해서 알아본 것과 마찬가지로 진핵세포 DNA 복제단계-개시, 신장, 종결에 대해서 살펴볼 것이다. 그러나 모든 복제 양상이 연구된 진핵세포는 아직까지 없다. 그러므로 복제과정에 대한 포괄적인 정보를 얻기 위해서 서로 다른 진핵세포 시스템은 설명되어야만 한다. 여기서 우리는 2가지 가장 활발히 연구된 진핵세포 DNA 복제 시스템에 대해 집중적으로 알아볼 것이다. 첫 번째인 *Saccharomyces cerevisiae* 복제 시스템은 DNA 복제에 대해서 알아보기 위해 효모 유전학을 이용하며, 무엇보다 이러한 시스템은 복제 개시과정을 연구하는데 적합하다. 두 번째인 유인원바이러스(simian virus 40, SV40) 복제 시스템은 *in vitro*에서 DNA 가닥 신장에 관여하는 효소들에 대한 정보를 제공한다. 효모와 유인원바이러스 연구를 통해서 알려지지 않았고 알려질 수 없는 진핵세포 DNA 복제의 기초적인 양상에 대해서 알아볼 필요가 있을 때, 추가적인 진핵세포 시스템은 소개될 것이다.

# 9.7 진핵세포의 개시단계

## SV40 T항원이 복제기원(origin)에 결합하고 DNA 이중나선을 풀어준다.

1984년에 Joachim J. Li와 Thomas J. Kelly가 SV40 바이러스에 감염된 원숭이 세포의 수용성 추출물이 SV40 DNA를 복제할 수 있음을 증명했다. 그리고 T 항원을 공급해준다면 감염되지 않은 원숭이 세포들로부터 얻은 추출물들 또한 SV40 DNA 복제를 할 수 있었다(8장 참조). 그 후 계속된 연구들은 바이러스의 DNA 복제를 위해 필요한 바이러스의 단백질인 SV40 T 항원이 전기(early)와 후기(late) 유전자 지역 사이에 위치한 복제의 기원에서 활동한다는 것을 밝혀냈다(그림 8.34).

T 항원(708개의 아미노산 잔기로 구성)은 4개의 기능적인 domain을 가진다. (**그림 9.31**) 이들 중 복제기원에 결합하는 기원결합 domain(origin binding domain

**그림 9.31 T 항원 domain 구조.** 아미노산 잔기 수를 아래에 표시하였다. 기능적인 domain들은 열린 박스들로 나타내었고, 그에 따라 표지하였다. (텍스트 참조) Domain들 사이의 연결은 밝은 파랑으로 나타냈다. (Gai, D. et al., *J. Biol. Chem.* 279(2004): 38952-38959에서 발췌)

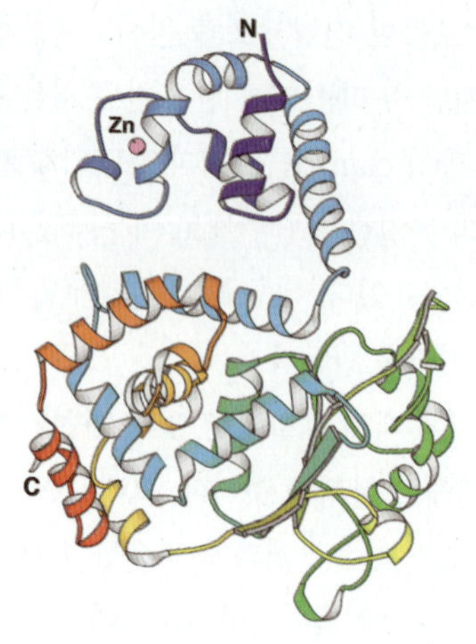

(a) T antigen fragment monomer (b) T antigen fragment hexamer

**그림 9.32 SV40 T 항원의 DNA풀기효소의 구조.** (a) T 항원 절편 단위체 (b) T 항원 절편 육합체. (a) T 항원 절편(아미노산 잔기 251~627) 단위체. Zn은 monomer에 결합한 아연이온을 나타낸다. (b) T 항원 절편(아미노산 잔기 251~627) 육합체 구조. Li,D. et al., Nature423(2003):512~51 8.에서 발췌.

or obd)과 DNA 풀기효소 domain은 SV40 DNA 복제에 필수적이다. 기원결합 domain은 바이러스의 복제기원 결합에 필수적이다. DNA 풀기효소 domain은 ATP에 의해 제공된 에너지를 이용하여 DNA 이중나선을 풀어준다. 한편, DnaJ domain과 숙주범위(host range, HR) domain은 in vitro 상에서의 DNA 복제에는 필요로 하지 않는다. DnaJ domain은 단백질 복합체들의 리모델링에 참여한다. Xiaojian S. Chen과 동료들은 T 항원의 단위체(monomer)와 육합체(hexamer)의 결정구조를 보고했다(**그림 9.32**).

SV40 복제기원은 약 300 bp이지만 이들 중 64개(핵심서열)만이 DNA 복제에 필수적이다. 핵심서열의 다른 부분인 비필수적 원소들은 개시과정을 도와준다. 핵심서열은 3개의 기능적인 지역인 전기 회문 염기순서(early palindrome, EP), T 항원 결합 부위가 포함된 27-bp 지역 그리고 17-bp로 된 AT-rich 지역으로 나뉜다(**그림 9.33**). T 항원 분자들의 2쌍은 핵심서열 안에 4개의 반복된 DNA 서열에 결합한다. ATP 존재 하에서, T 항원 분자들의 각각의 쌍들은 아마도 이중 육합체의 결합을 위한 전구물질로서 사용된다. 육합체들은 복제주기 동안 서로 연관되어 있는 것처럼 보인다.

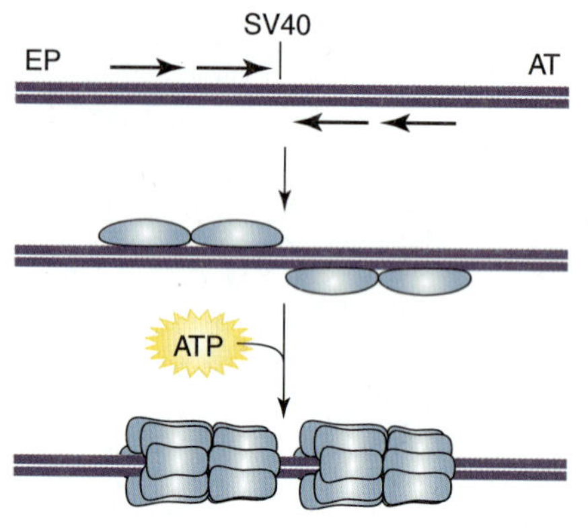


**그림 9.33 SV40 복제기원에서 T 항원 육합체의 조립.** T 항원 단위체들의 2쌍들이 핵심서열 내의 4개의 반복된 DNA 서열에 결합한다. (화살표로 표시) ATP가 존재할 때 T 항원 분자들의 각각의 쌍들은 아마도 이중 육합체의 조립을 위한 전구물질로써 사용된다. EP는 전기 역상보성 염기서열을 가리키고 AT는 AT-rich 지역이다. Stillman,B., *FEBS Lett.* 579(2005): 877-884.에서 발췌

각각의 T 항원 육합체는 DNA 가닥의 분리를 허용할 정도로 충분한 넓이를 가진 육합체의 옆 벽 안에 구멍과 함께 중앙부위에 커다란 방을 가진다(면적 < 68 Å)(**그림 9.34a**와 **b**). 이 사실과 또 다른 구조적인 증거를 토대로, Chen은 단일가닥 분리를 위해 교차하는 고리모델(alternate looping model) 2가지를 제안하였다. (**그림 9.34c**와 **d**) 이 모델들 각각에 따르면, 이중가닥 DNA는 이중 육합체 DNA 풀기효소 안으로 당겨지고, DNA풀기효소 domain의 방 안쪽에서 가닥들이 분리

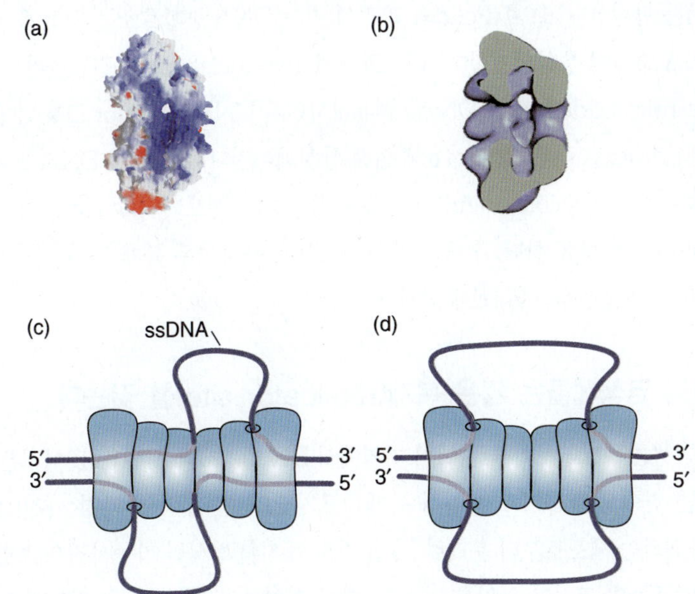


**그림 9.34 SV40 T 항원의 벽에 옆 통로들.** (a) 2.7 Å 해상도에서 T 항원 DNA풀기효소 지역의 표면. DNA풀기효소의 안쪽 방과 옆 벽(옆 통로)에 구멍이 보인다. 중앙의 큰 방(면적 〈 68 Å)은 DNA 가닥 분리에 충분한 크기이다. 파란 부분은 양전하 표면이고, 빨간 부분은 음전하 표면을 나타낸다. (b) T 항원 DNA풀기효소 domain의 X-레이 구조를 전자농도로 표현. (a)와 같이 같은 옆 통로가 보인다. (c) 이중 육합체 DNA풀기효소 안으로 이중나선 DNA의 잡아당겨짐, DNA풀기효소 domain의 방 안에서 이중나선 DNA의 분리, 그리고 옆 통로로부터 고리 모양 같은 분리된 단일가닥 DNA의 방출을 나타낸 고리모델을 나타낸 그림. (d) 2개의 옆 통로로부터 이중 육합체의 양쪽 사이드에서 고리들이 방출하고 있음을 보여준다. Sclafani, R. A., Fletcher, R. J., and Chen, X. S., *Genes Dev.*18(2004): 2038-2045.로부터 발췌.

가 된다. 그러나 각각의 모델들은 고리들의 위상 기하학(topology)적인 측면에서 다르다. 그림 9.34c는 중앙 방의 옆 벽 안에 1개의 구멍만이 DNA 가닥의 분리에 필요하고, 반면에 그림 9.34d는 중앙 방의 양쪽의 각각의 구멍이 DNA 가닥 분리에 필요하다고 제안한다. 그런데 이 고리 모델들은 DNA풀기효소 기능의 이전 가설들과 비교할 때 아주 급진적인 주장이다. 왜냐하면 그들은 DNA의 반대방향에서 DNA풀기효소가 DNA로 움직이는 것이 아니고 DNA가 DNA풀기효소들의 움직이지 않는 쌍을 향해 움직인다고 예상했기 때문이다. 이전의 증거는 움직이지 않는 DNA풀기효소 쌍들이 어떻게 DNA 이중나선 풀기가 모든 생명체 내의 복제분기(replication fork)에서 발생하는지를 설명할지도 모를 것이다라고 제안했다. DNA는 분당 약 200bp의 속도로 T 항원 DNA풀기효소로 이동하는 것으로 측정되었다.

## SV40 T항원은 복제기포로 DNA 중합효소 α의 모집에 관여한다.

3개의 소단위체로 이루어진 SSB 복합체(4장 참조)인 복제단백질 A(RPA)는 새롭게 만들어진 단일가닥 지역에 결합하고, 최초-복제기포의 형태를 완성한다. RPA는 단일가닥들 간의 재결합 또는 단일가닥 내의 2차 구조 형성을 막고, 또한 T 항원과 상호작용한다. RPA와 T 항원은 4개의 소단위체 단백질 복합체인 **DNA 중합효소 α**를 복제기포로 채용하는 작용을 한다. Primer를 합성할 수 있는 유일한 진핵세포 효소인 Pol α는 개시에 필수적이다. 이것의 결정 구조는 아직 밝혀지지 않았다. Pol α 중 2개의 소단위체는 각각 primase와 DNA 중합효소라 불리는 촉매 활성을 갖고, 다른 2개의 소단위체는 중요한 구조적 역할을 담당하지만 효소 활성을 가지지는 않는다. 포유류의 Pol α는 교정(proofreading) 기능을 갖고 있지 않다. Primase는 DNA 합성시 primer로 작용하는 8~10개 nucleotide 길이의 RNA 소중합체

(oligomer)를 합성한다. 그 후 Pol α와 관련이 있는 DNA 중합효소는 약하게 전진하면서 DNA 주형이 분리되기 전에 15~25개 deoxynucleotide와 결합한다. 그리하여, oligo-nucleotide는 짧은 DNA 마디(개시인자 DNA, **initiator DNA**)에 결합한 RNA primer로 이루어진 Pol α에 의해 합성되어진다. 개시인자 DNA 분자의 첫 번째 쌍은 핵심 기원(core origin)의 양쪽을 형성하고, 선도가닥(leading strand) 형성을 준비하는 역할을 한다. 후에 개시인자 DNA 분자들은 복제 과정 지연가닥(lagging strand) 합성에서 Pol α에 의해 형성된다.

## 진핵생물의 염색체들은 많은 복제(replicator site)를 갖는다.

긴 선형 진핵생물 DNA 분자들은 여러 지역에서 DNA 복제가 개시된다. 이것은 복제하고 있는 진핵생물 DNA의 여러 복제기포가 보이는 전자 현미경 사진(**그림 9.35**)과 증식하는 세포로부터 분리한 3중수소로 표지한 방사선 자동사진으로 알아냈다. 복제기포들의 크기와 위치를 기초로, 개시 위치들이 10~300 kb 떨어져 있는 것을 알아냈다. 각각 지역에서 개시는 보통의 세포주기에서 S기에 단 1번으로 제한되어진다. 양방향 복제기포의 발달은 이웃한 기포들과 융합될 때까지 계속된다(**그림 9.36**). 유전자 증폭을 일으키는 같은 위치에서의 복합 개시의 발생은 드물게 일어나는데, 암세포와 보통 세포의 특별한 유전자에서만 관찰된다.

## 효모에서 자발적인 복제서열은 DNA 사슬의 개시 지역을 결정한다.

1980년대에, Ronald W. Davis와 동료들은 진핵세포 DNA 복제에서 중요한 사실을 발견했다. 그들은 **자발적인 복제서열 요소(ARS elements)**라고 불리는 효모의 DNA 서열들이 효모 세포 내에서 자발적인 복제를 하는 선택적인 유전자들을 포함한 plasmid 내에 있다는 것을 발견했다. ARS 요소들의 존재를 증명하기 위한 한 방법을 **그림 9.37**에 보였다. Plasmid들 2 세트들 중, 하나는 ARS 요소와 *LEU*를 포

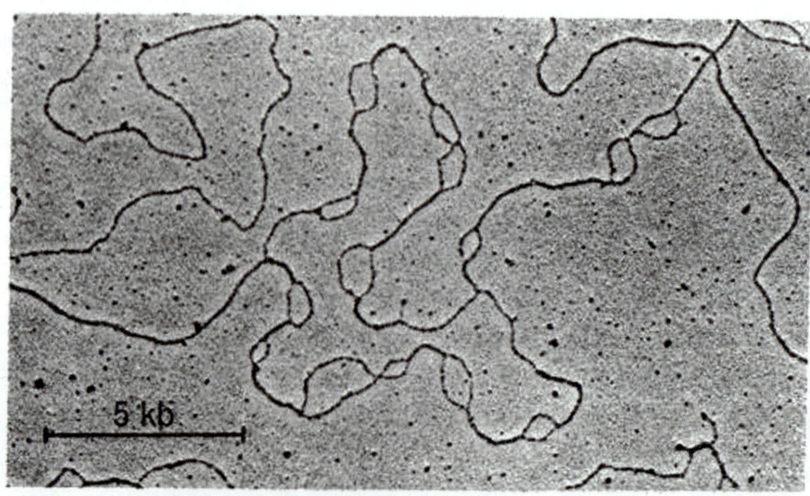


**그림 9.35 Drosophila melanogaster 염색체의 복합 복제기원들.** 각각의 복제기원들은 염색체 축을 따라 복제기포들이 명백히 보인다. Kreigstein,H.J., and Hogness, D.S., PNAS. USA71(1974):135-139.에서 발췌.

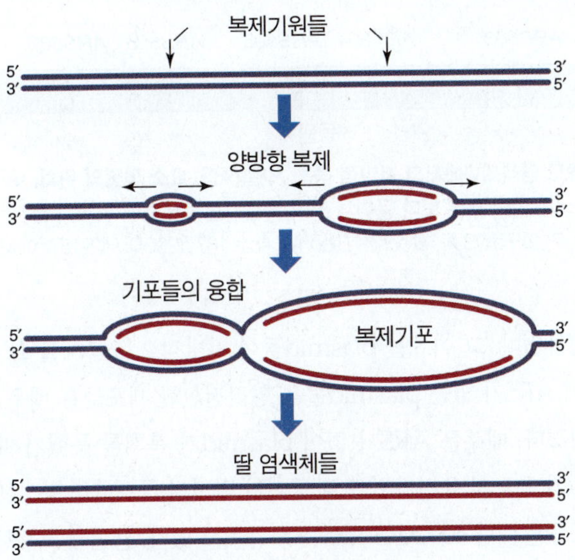


**그림 9.36** 1쌍의 복제기포들의 융합을 보여주는 개요도.

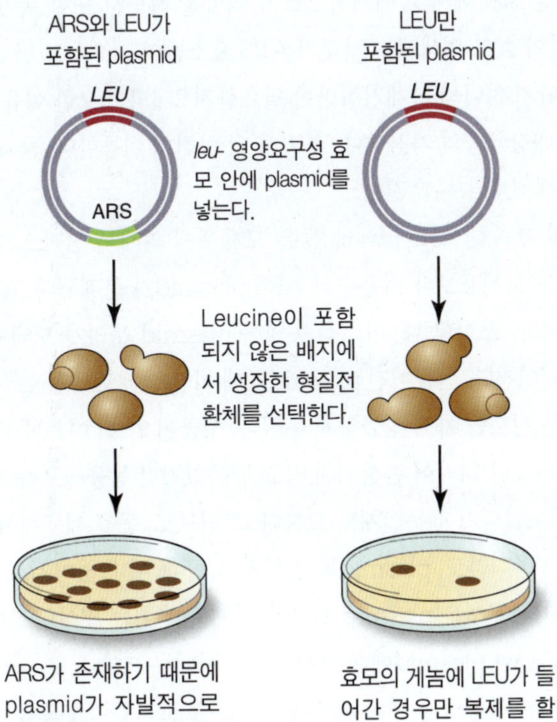


**그림 9.37 효소의 자발적인 복제 서열을 찾는 방법.** 플라스미들 2개 중 하나는 ARS 요소와 LEU를 가졌고, 다른 하나는 LEU만 가졌다. 이 plasmid 2개를 각각 leu- 효모 세포과 섞고 형질 전환 후 leucine이 포함되지 않는 한천 배지에 깔아준다. ARS가 들어있는 plasmid가 형질전환된 효모 세포들은 자발적인 복제를 할 수 있으므로 많은 콜로니가 생긴다. 반면 ARS가 없는 plasmid가 형질전환된 효모 세포들은 매우 적은 콜로니만이 생긴다. 이 때 생긴 콜로니들은 LEU만 있는 plasmid 자체가 효모의 유전체에 들어간 특이한 경우이기 때문에 leucine이 없는 배지에서도 살 수 있는 것이다.

함하였고, 또 다른 plasmid는 오직 *LEU*만 포함하였다. 이 두 plasmid를 *leu*⁻ 효모 세포에 넣었고, 그 후 leucine이 없는 한천배지에 깔아준 후 효모세포들을 키웠다. ARS가 포함된 plasmid를 형질전환(transformation)한 효모 세포들은 많은 수의

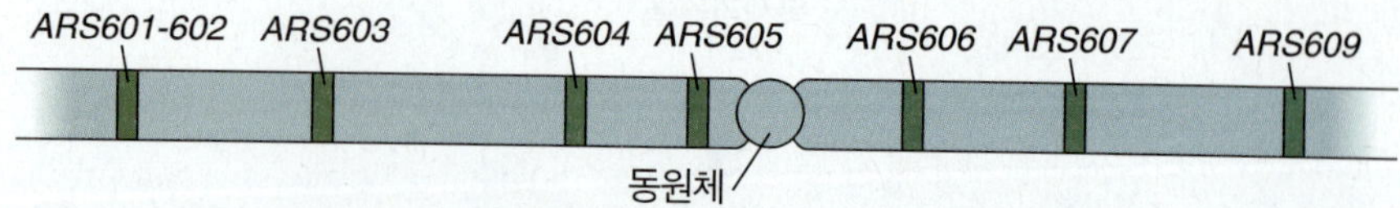


**그림 9.38 효모 염색체VI에서의 자발적 복제 서열(ARS) 요소 몇몇의 위치.** ARS 요소들은 녹색으로 표시. 염색체 말단 부분 보다 동원체 부근 복제기원에서 쉽게 복제가 개시된다. Weinreich, M., DeBeer,M.A.P.,와 Fox,C.A., *Biochim.Biophys.Acta* 1677(2004):142-157. 에서 발췌.

콜로니를 형성하였다. 그 이유는 plasmid들이 자발적으로 복제를 할 수 있었기 때문이다. 반면에 ARS가 없는 plasmid들을 형질전환한 세포들은 매우 적은 수의 콜로니들만이 생겼다. 대부분 ARS가 없어 plasmid가 복제를 못했기 때문이고 아주 일부만이 *LEU*가 효모의 유전자 안으로 들어가 몇몇의 콜로니를 형성한 것이다.

효모 세포들은 대략 400 ARS 요소들을 가지고 있다. 반면에 고등동물들의 세포들은 아마도 1,000개 정도 가지고 있다. 대부분의 효모 ARS 요소들은 그들의 염색체와 염색체 위치를 가리키는 숫자를 사용하여 이름지어졌다(**그림 9.38**). 비록 초기에는 ARS 요소들이 효모에서 자발적 plasmid 복제기능을 지원하기 때문에 명명되었으나, 그들은 효모에서 복제기점으로써 역할을 하면서 또한 복제 개시 지역과 겹친다. 왜 각각의 효모 염색체는 몇몇의 ARS 요소들이 필요하고 반면에 대장균(*E. coli*) 염색체는 단지 하나의 복제기점만이 필요한지 2개의 주요한 이유가 있다. 첫째, 효모 기점들은 대장균들의 기점보다 약 30배 더 천천히 이동한다. 둘째, 효모 염색체들은 대장균 염색체보다 훨씬 길다.

동원체들이 부족한 ARS plasmid들은 모세포에 의해 우선적으로 유지되어 지고, 딸세포들에는 모세포보다 적은수의 ARS plasmid가 분배된다. ARS plasmid들은 또한 동원체들을 포함할 때, 비교적 동일한 plasmid 분리가 모세포와 딸세포들 사이에서 관찰되어진다. 만들어진 plasmid들에 의한 다세포 동물로부터 ARS 단위들을 분리하려는 시도는 아직 성공하지 못했다. 성공이 안 된 이유 중에 하나는 효모는 전체 세포주기동안 핵막이 손상되지 않고 남아있지만 동물세포는 세포분열 전기에 이미 핵막이 소실되기 때문일지도 모른다. 그러므로, 동물 세포에서 plasmid 복제가 일어난다고 하더라도, plasmid들은 핵막 소실 때 이미 없어지고 말 것이다. 이 문제의 풀기위한 해결책은 plasmid 안에 동원체를 붙이는 것이다. 그러나 동물 세포의 동원체는 간단한 plasmid에 포함시키기에는 너무 크다.

몇몇의 또 다른 관찰들을 통해 ARS 요소들은 효모의 DNA 복제의 개시를 지휘한다는 것을 제안했다. 예를 들면, ARS plasmid와 효모 염색체 모두 오직 세포 주기 중 S기에서만 복제하고, 둘 다 그들의 복제를 위해 같은 유전자 생산물들을 필요로 한다. 쉽게 다룰 수 있는 ARS plasmid 연구를 통해 ARS 요소의 기능에 관한 정보를 얻기를 희망했다. 그래서 2개의 ARS 요소들을 아주 자세히 연구했다. ARS1과 ARS307들이 그것인데 **그림 9.39**에 보였다. 서열 분석을 통해 ARS 요소들은 염색체의 DNA 주위보다 더 많은 A/T를 가진 것으로 나타났고, **A-요소(A-element)** 혹

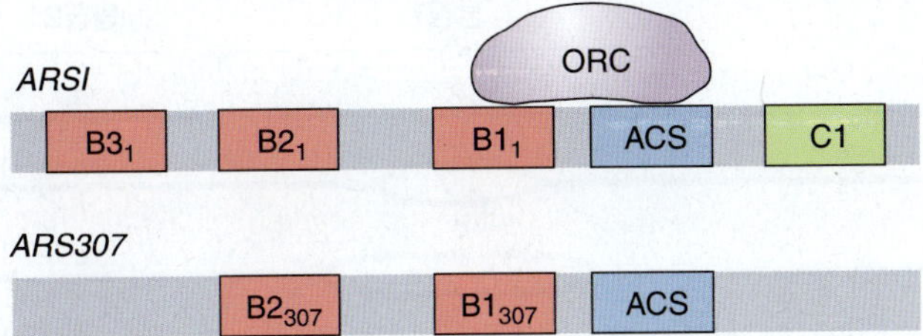


**그림 9.39** ***S.cerevisiae*의 ARS들의 상세도.** ARS들은 ARS-공통서열(ACS)로 알려진 A-요소가 많이 보존되는 단위 구조를 가진다. *ARS1*과 *ARS307* 안에 AT가 풍부한 지역들은 B1과 B2라고 불리는 개별적인 기능적 요소들로 좀 더 나뉜다. A-요소와 B1-요소는 효모의 개시 단백질인 복제기원 인식 복합체(ORC, origin recognition complex)에 결합한다. 몇몇의 *ARS1*이 포함된 ARS들은 복제 개시에 영향을 주는 전사인자들에 결합하는 B3라는 세 번째 B 요소를 가진다. Toone,W.M.,et al., *Annu.Rev.Microbiol.* 51(1997):125-149.에서 발췌

은 **ARS 공통서열(ARS consensus sequence, ACS)**로 알려진 11-bp 요소들을 모두 다 가지고 있었다.

ARS plasmid의 형질전환 능력과 안전성은 기능에 필요한 ARS 내의 확인된 서열들을 사용하였고, 조사자들은 기능에 필수적인 각각의 양쪽 끝에 A-요소와 짧은 서열을 관찰했다. A-요소 내의 nucleotide 변화는 보통 ARS 기능을 파괴했다. 그러나, A-요소만으로는 ARS 기능 작용에 불충분하였고 5-말단과 3-말단 이웃의 서열들이 ARS 기능에 기여를 하였다. A-요소의 T가 풍부한 가닥의 3-말단 서열은 B 요소(B elements)라고 불리우고, 반면 T가 풍부한 가닥의 5-말단은 C 요소(C element)라고 불린다. 같은 크기의 서열을 교환하여 5~10 bp 범위 연결을 사용한 조직적 연결 치환 분석(systematic linker substitution analysis)을 통해 *ARS1*이 3개의 B 요소들(B1, B2, B3)을 가지고 있고, *ARS307*은 2개의 B 요소들(B1, B2)를 가지고 있는 것으로 밝혀졌다. *ARS1*과 *ARS307*의 B1 요소는 완전히 다른 서열을 가졌지만 그럼에도 불구하고 또 다른 하나를 위해 치환할 수 있었다.

*S. cerevisiae*의 복제기점 연구로부터 다른 진핵생물 연구로 나아가기에는 어려움이 많다. 예를 들어, 분열하는 효모인 *Schizosaccharomyces pombe*의 ARS 요소들은 *S. cerevisiae*의 그것보다 훨씬 길뿐만 아니라 A-요소들이 보존되어있지 않다. 고등 생물에서 현재까지의 복제기점 구조에 관한 연구는 아직도 초기 단계이다. 동물 세포에서 복제기원 서열에 대해서는 조금만 알고 있다. 포유동물의 복제 기점은 몇몇의 많지 않는 서열 특이성의 요소들로 구성되어 있는 것으로 나타난다.

## 2차원 gel 전기영동으로 복제 기원들을 밝혀낼 수 있다.

1987년에 Bonita J. Brewer와 Walton L. Fangman은 중성 2차원 gel 전기영동으로 알려진 기술을 발명하여 염색체의 복제 기점들을 밝혀냈다. (**그림 9.40**) 이 기술은 살아있는 세포들에 DNA 복제기간 동안 개시 지역으로 활동하는 ARS들을 규명하기도했다. 분열주기는 다 다르지만 빠르게 분열하는 세포들로부터 분리한 DNA를

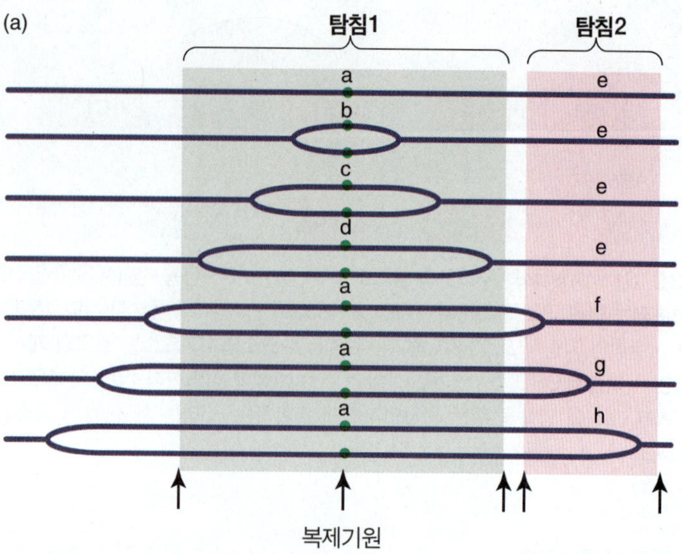


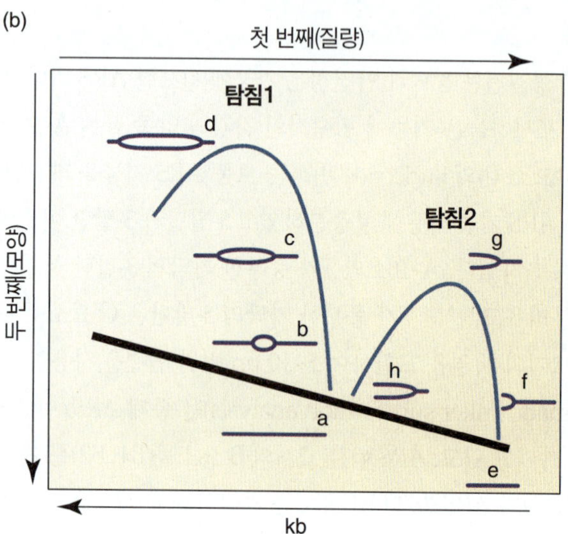


**그림 9.40 2차원 gel을 사용한 복제 기원의 지도작성.** (a) 염색체의 한 지역의 복제기간 동안의 7단계를 보였다. 각각의 선은 이중나선을 나타내고, 모든 단계는 동시에 일어나지 않는 세포들에서 존재한다. 복제기원 주위의 지역은 끝부분에서 중복되었다. DNA는 분리되었고 제한효소로 잘렸다(화살표). 만들어진 절편들(a~h로 표시)은 중성 2차원 gel 전기영동에 의해 만들어졌다. 양전하 나일론 막으로 옮겼고 방사성 동위원소나 형광 표지된 DNA 탐침으로 섞어준 후 얻어냈다. (b) gel에서 여러 절편들의 위치를 나타낸 도식. 여러 크기의 선형 절편들은 두꺼운 검정 선을 따라 놓여있다. 대부분은 각각의 탐침으로 섞이지 않았다. 탐침 1과 2로 섞여진 몇몇의 복제 중간체들은 2개의 파란 곡선들 중 하나에 놓여있고, 특이한 중간체들의 위치를 보였다. 탐침 1에 의한 곡선은 복제기포를 포함했고, 기포 호(arc)라고 불렸다. 탐침 2에 의해 만들어진 곡선은 Y-모양 복제 기점을 포함했고 Y호(arc)라고 불렸다. Cook.P.R. *Principles of Nuclear Structure and Function, 1/e*. John Wiley & Sons, Ltd., 2001에서 발췌.

제한효소로 잘랐다. 이 절편들 중 일부분만이 복제 과정중에 있는 DNA로부터 얻어진 것이며 복제기점을 갖고 있을 것이다. 이들은 크기가 n에서 2n(n은 복제하지 않는 절편의 길이) 으로 다양한데, 이 절편들을 첫 번째로 중성 pH에서 낮은 전압의 아가로즈 gel 전기영동을 사용하여 크기별로 분리한다. 그리고 분리된 절편들이 포함된 레인(lane)을 gel에서 자른 후, 90°를 회전하여 새로운 gel의 윗 부분에 위치시킨 후 2차원 적으로 분리시킨다.

새로운 gel은 높은 agarose 농도를 가지고 중성 pH에서 높은 전압으로 전기영동한다. 그렇게 되면 모양에 따라 절편들이 분리된다. 그 결과 첫 번째 gel 전기영동 때 똑같이 움직였던 절편들 중 기포가 포함된 것들은 느린 속도로, 하나의 복제기점(Y-shaped)을 가진 것들은 중간 속도로, 선형 이중나선을 가진 것들은 빠른 속도로 움직인다. 전기영동이 끝나면, 절편들은(+)전하를 띤 나일론 막으로 옮기고 특이한 절편들은 방사성 동위원소나 형광 표지(tag)가 된 DNA 탐침으로 섞여준다(hybridization).

복제 중간체들의 2가지 형태는 관찰된 모양으로 쉽게 구별할 수 있다(**그림 9.40b**). 복제기원이 제한단편의 경계에 위치 하고, 기포모양의 복제 중간체들은 기포호(arc) 모양을 보인다. (탐침 1) 복제분기점은 절편 밖에 있는 복제기원으로부터 수동적으로 만들어지고, Y-모양의 복제 중간체들은 Y-호(arc)에서 만들어진다(탐침 2).

## 진핵생물의 DNA 복제 개시에 다수의 단백질 인자가 작용한다.

ARS 요소들은 ARS와 영향을 주고받는 단백질을 연구하는 연구자들에게 진핵생물의 DNA 복제의 개시에 포함되는 과정을 연구하는 기회를 제공한다. 이 과정은 복잡하며 많은 단백질이 관계되어 있으며 빠르게 발전되는 연구분야이다. 여기서는 개시과정의 초기에 필요한 4개 단백질의 역할만 논의하고자 한다. 이 4개 단백질 외에도 DNA 복제가 세포의 매 성장주기 중 반드시 1회만 일어나고 또 이것이 완성되도록 조절하는데에는 다른 여러 단백질들이 필요하지만 말이다.

Stephen P. Bell과 Bruce Stillman은 1992년에 ARS 요소들에 결합하는 ORC • ATP 복합체에서 **복제기원 인식 복합체(origin recognition complex, ORC)**라는 첫 번째 단백질을 분리했다. 특이하게도, ORC • ATP 복합체는 A-요소와 ARS1에 B1 요소의 일부분을 DNA분해효소로부터 보호한다. ORC는 6개의 다른 polypeptide 소단위체들로 구성되어있다. 이 소단위체들을 코드하는 유전자들은 클로닝되었고, 유용한 유전학적, 생화학적 연구에 쓰인다.

ORC는 진핵생물 개시인자에 강력한 후보자라는 것을 다음 2가지 증거가 암시한다. 첫째, ORC 소단위체들이 변환된 효모 돌연변이들은 염색체의 DNA 합성 개시와 ARS plasmid 유지에 문제가 있다. 둘째, A-요소의 nucleotide 치환은 *in vitro* 상에서 ORC와의 결합이 감소되고, *in vivo* 상에서도 낮은 plasmid 안정성을 가진다. ORC는 효모의 세포 주기 전체에서 효모 ARS에 결합되어 있고 G1기에서 S기까지 지나는 동안 **Cdc6, Cdt1**과 **MCM(minichromosome maintenance)**이라는 3개의 다른 단백질들을 ARS에 채용하는 것을 돕는다(**그림 9.41**). 이들 단백질들의 기능은 다음과 같다.

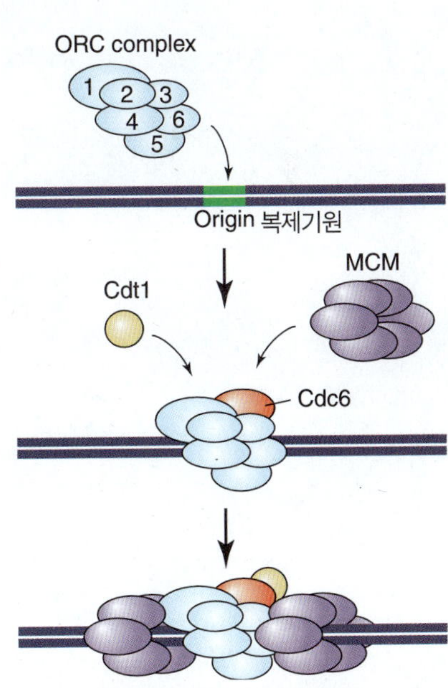


**그림 9.41 복제 기원에서의 진핵생물 MCM (minichromosomal maintenance) 복합체의 일련의 결합 모델.** 이형육합체(heterohexamer, 밝은 파랑)인 복제기원 인식 복합체(ORC, origin recognizing complex)는 복제 기원에 결합하고 세포 분열 주기 단백질인 Cdc6(오렌지색)를 데리고 온다. 그리고 Cdc6가 Cdt1(노란색)과 작용하고 MCM 복합체(자주색)를 채용한다. Robinson,N.P.,와 Bell,S.D.,FEBS J,272(2005):3757-3766에서 발췌.

### Cdc6

Cdc6는 세포분열 주기 단백질(CDC, cell division cycle)이다. 이것을 코드하는 유전자는 CDC6이고, 세포 주기를 통해 보통의 진행에 영향을 주는 확인된 돌연변이들을 디자인한 유전적 스크리닝을 사용하여 첫 번째로 확인되었다. Cdc6 기능이 결핍된 효모 돌연변이는 DNA 복제를 하지 못한다. 생화학적 연구를 통해 Cdc6가 Cdt1을 채용하는 것을 돕는다는 걸 밝혀냈다. Cdc6는 protease에 의해 분해되고, 세포 주기 동안 단 1번 각각의 복제기원을 확실하게 하는 것을 돕는다.

### Cdt1

효모 세포들은 복제기원에 MCM을 채용하고, S기를 개시하는데에 Cdt1을 필요로 한다.

### MCM

이형육합체인 MCM은 복제기간 동안 DNA 이중나선을 푸는데 필수적인 ATP-의존적 DNA풀기효소이다. MCM 기능이 없는 효모 돌연변이들은 DNA 합성을 개시할 수 없다. MCM을 코드하는 유전자는 ARS plasmid들을 유지하지 못하는 돌연변이에서 처음으로 확인되었다. MCM 이형육합체는 SV40 T 항원 같은 역할을 하는 것으로 나타났다.

부가적인 단백질들은 MCM 결합 후에 복제기원으로 모인다. 이들 단백질들은 아래에 묘사된 복제 개시, 진핵생물 단일가닥 DNA 결합 단백질 RPA, 그리고 3개의 진핵생물 DNA 중합효소 등을 조절하는 것을 돕는 인산화효소(kinase)를 포함한다.

## 9.8 진핵세포의 신장단계

### SV40 DNA 복제는 숙주세포 효소들을 이용하고, 오직 T 항원만이 바이러스 단백질이다.

Thomas J. Kelly의 실험실을 비롯한 몇몇의 연구실에서 SV40 DNA 복제를 위해 필요한 숙주세포 내 단백질들 각각을 확인하고 특징을 밝혀냈다. 이들 단백질들과 대응되는 기능을 가진 박테리아 단백질들을 **표 9.3**에 나타냈다. 효모부터 인간에게까지 여러 많은 진핵생물의 복제 기구가 지금까지 연구되어졌다. 이들 연구는 세포 내 핵에서의 복제기구의 구성 요소들이 진핵생물 영역전반에 있어서 매우 유사하다고 알려준다(표 9.3).

선도가닥과 지연가닥 합성은 세균성 DNA 복제가 그러했던 것처럼 진핵생물 DNA 복제과정도 협동적인 과정이다. 편의상, 우리는 이 두 과정들을 분리해서 고려한다. 선도가닥 합성은 Pol α가 개시 DNA 합성을 완료한 후에 시작된다. 두 번째 중합효소인 DNA 중합효소 δ(Pol δ)는 Pol α에 의해 합성되어진 개시 분자들을 신장시킨다. DNA 중합효소 δ의 결정 구조는 아직 밝혀지지 않았다. 포유동물의 Pol δ는 5′→3′ DNA 중합효소 활성과 3′→5′ 핵산말단가수분해효소(exonuclease) 활성 모

**표 9.3** 복제 기점에서의 같은 기능을 수행하는 단백질들

| 기능 | 대장균 | SV40/인간 | 효모 |
|---|---|---|---|
| DNA 풀기효소 | DnaB | T 항원 (SV40 특이성) | MCM 단백질들 |
| Primase | DnaG primase | pol α-primase의 primase 소단위체 | pol α-primase의 primase 소단위체 |
| 중합효소 | DNA pol III H.E.의 α 소단위체 | pol δ | pol δ와 pol ε 모두 포함 |
| 교정 핵산말단 가수분해효소 | DNA pol III H.E.의 ε 소단위체 | pol δ의 중합효소 소단위체의 부분 | pol δ와 pol ε 모두의 중합효소 소단위체 부분 |
| 활주 clamp | β소단위체 | PCNA | PCNA |
| Clamp 장전자 | γ복합체 | RFC | RFC |
| 단일가닥 DNA 결합단백질 | SSB | RPA | RPA |

약어 : H.E., 전효소; Pol, 중합효소; PNCA, 분열하는 세포 핵 항원; RFC, 복제 인자 C; RPA, 복제 단백질 A

두를 가진 하나의 큰 소단위체와 아직 기능이 밝혀지지 않은 하나의 작은 소단위체로 이루어진다. Pol δ는 느린 진행 속도를 가진다. 그러나, 그것의 진행은 활주 clamp에 의해 DNA가 밧줄처럼 묶여지므로 진행 속도가 빨라진다. 진핵세포의 활주 clamp는 이미 기능이 잘 알려진 분화성 세포 핵 항원(PCNA, proliferating cell nuclear antigen)이라 부르는 분열하는 세포의 항원으로써 처음으로 검출됐다. 이 이름은 여전히 사용되지만 활주 clamp가 더 널리 사용되어진다. 진핵세포의 활주 clamp는 세균의 활주 clamp와 매우 유사한 4차원 구조를 가진다. 이 유사성은 주목할 만하다. 왜냐하면 진핵세포와 세균의 활주 clamp가 단백질 소단위체가 동형(homologous)이 아니기 때문이며, 또한 진핵세포의 활주 clamp는 3개의 소단위체, 세균은 2개의 소단위체로 이루어져 있다(**그림 9.42**).

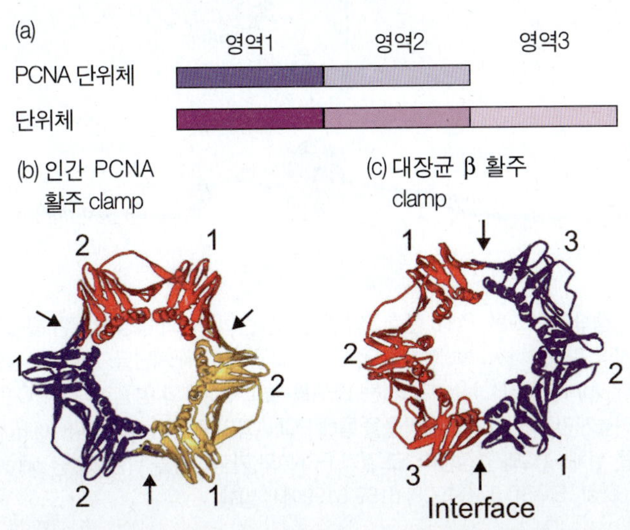


**그림 9.42 인간과 대장균의 활주 clamp.** (a) 인간 활주 PCNA 소단위체는 β 소단위체의 약2/3 크기이다. 앞의 두 영역(파랑색 음영)과 뒤의 3영역(자주색 음영). (b) 인간 활주 clamp(PCNA)의 결정구조. 다른 진핵생물과 유사하다. 3개의 소단위체는 빨강, 노랑, 파랑으로 보였다. (c) 대장균 활주 clamp의 결정 구조. 2개의 소단위체는 빨강과 파랑으로 보였다. 소단위체 사이의 경계면은 화살표로 나타냈고 소단위체 내의 영역은 숫자로 나타냈다. (PCNA는 1과2, 세균의 clamp는 1, 2, 3) Bruck, I.,와 O' Donnell, M., *Genome Biol.* 2(2001)에서 발췌.

진핵세포의 clamp loader는 주요한 주형 위에 PCNA 활주 clamp의 조립에서 ATP 가수분해와 연결되어 있다. Pol δ는 DNA 합성과정에서 PCNA와 결합되어 있다. 이 과정을 중합효소 교환(polymerase switching)이라고 부른다. 왜냐하면 Pol δ • PCNA 복합체(Pol δ 전효소, Pol δ holoenzyme)가 Pol α와 치환되기 때문이다. 이것은 선도가닥 합성동안 단 1번 발생이 필요하다. 왜냐하면 1번의 사슬 확대가 시작되고, Pol δ가 선도가닥 주형에 밧줄처럼 남아있기 때문이다. 2개의 단백질 교환은 중합효소 교환 동안 일어난다(**그림 9.43**). 각각은 두 단백질이 3번째 단백질과 상호작용하기 위해 경쟁적 단백질 교환(competition-based protein exchange)에 의해 이루어진다. RPA는 이 2개의 교환 단계 모두에서 중심 역할을 담당한다. Pol α는 그것의 개시 지역(primed site)에서 안정적으로 부착하기 위해

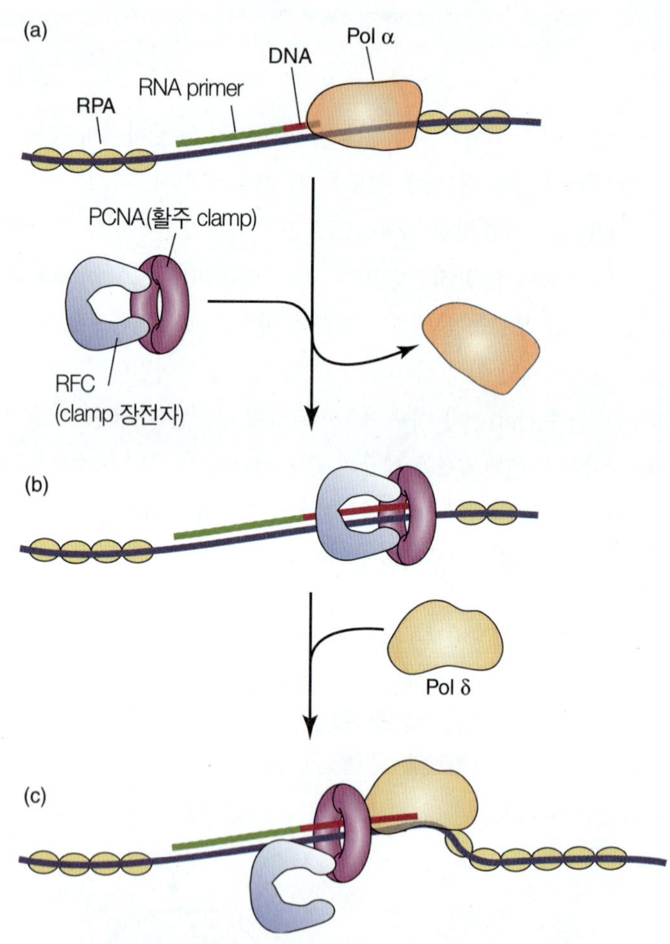


**그림 9.43 중합효소 교환.** Pol δ 전효소의 조립은 일련의 2번의 경쟁적 교환 활동을 포함한다. (a) Pol α는 시작 위치(primed site)에서 안정적인 부착을 위해 RPA(단일가닥 DNA결합 단백질)와 접촉해야한다. (b) RFC • PCNA 복합체는 RPA를 놓고 Pol α와 경쟁한다. RFC는 DNA 위에 PCNA를 올려놓지만 RPA와의 상호작용을 통해 PCNA와의 결합이 남아있다. (c) Pol δ는 RPA와 PCNA 모두를 위해 RFC와 경쟁한다. 그 결과 PCNA와 가닥신장을 위한 3말단 primer가 모인다. Yuzhakov,A.,et al., EMBO J.18(1999):6189-6199에서 발췌.

RPA와 결합해야만 한다. 첫 번째 단백질 교환은 진핵세포의 clamp 장전자인 **복제 인자 C(replication factor C, RFC)**와의 결합, Pol α • RPA 접촉 지역의 붕괴, 그로 인해 야기된 Pol α가 방출될 때 발생한다. 시작 지역이 이용가능하게 될 때, RFC는 그 위의 PCNA 고리에 올려진다. 두 번째 단백질 교환은 Pol δ가 RFC와 교체될 때 일어난다. 그러나, RFC는 방출되지 않지만 대신 Pol δ 전효소와 새로운 접촉이 일어난다.

초점을 지체 가닥 합성으로 바꿔보자. 이 과정은 두 단계로 나눌 수 있다. Okazaki 단편 합성과 성숙이 그것이다. 복제 기구가 이동하면서, 복제기포가 계속해서 자라게 되고 Pol α 결합 지역이 지연 가닥 주형에 이용가능하게 된다. Pol α는 개시 DNA를 합성한다. 그리고 교환이 Pol δ 전효소와 Pol α와 교체될 때 일어난다. 교환 과정은 선도가닥 때 묘사했던 거와 동일하다. 지연 가닥 합성의 다음 단계는 단 하나 포유동물의 세포의 Okazaki 단편들이 세균의 그것보다 약 1/10 크기인 것을 제외하면 세균에 묘사했던 거와 거의 비슷하다.

진핵생물은 핵에 **DNA 중합효소 ε(Pol ε)**라 불리는 또다른 DNA 중합효소를 가진다. 그것은 DNA 복제과정에서 정확한 기능이 아직 알려지지 않았다. Pol ε는 PCNA 없이 진행되는 효소이다. 그러나 그것의 진행속도는 활주 clamp에 묶일 때 더 증가한다. 비록 Pol ε는 in vitro 상의 SV40 DNA의 복제에는 필요하지 않지만 이 효소의 중합효소 활성이 진핵세포 DNA 합성에 필수적일 가능성은 있어 보였다. 그러나, Carl Wittenberg와 동료들의 효모를 이용한 실험은 Pol ε의 중합효소 활성이 진핵생물 DNA 복제에 필요하지 않다고 밝혀냈다. 효모 Pol ε은 4개의 소단위체로 구성된 여러 개의 소단위체 복합체이다. 이들 중 하나의 소단위체는 N-말단 영역에 3′ → 5′ 핵산말단가수분해효소 활성을 가지고 인접한 영역에는 DNA 중합효소 활성을 가진다. Wittenberg와 동료들은 결실시켜서 만든 돌연변이 재조합 DNA 기술을 이용하여 이들 영역 모두가 다른 소단위체들에 영향을 주지 않는다는 것을 알아냈다. 이 돌연변이들은 정상적으로 성장 및 세포분열을 수행한다. 이것은 Pol ε의 중합효소 활성과 3′ → 5′ 핵산말단가수분해효소 활성 모두가 없어도 된다는 것을 나타낸다.

이들 실험은 완전히 인정받지는 못했다. 왜냐하면 다른 연구들은 Pol ε가 세포 생존에 필수적이고 Pol ε는 복제 기점에 위치한다고 보였기 때문이다. 그러므로, 단백질 복합체의 몇몇 부분은 아마도 복제에 필수적인 역할을 담당할 것이라고 생각된다. 아마도 Pol ε는 복제 기점에서 다른 단백질들의 배열을 돕는 것 같다. 그것의 중합효소와 핵산말단가수분해효소 활성은 또한 복제에 중요한 역할을 담당할 지도 모르지만, 다른 효소들이 그들의 일을 대신할 수도 있을 것 같다.

진핵세포에서 Okazaki 단편의 성숙 과정은 세균과 매우 유사하다(**그림 9.44**). 핵산내부가수분해효소(endonuclease)인 RNA 분해효소 H1(RNase H1)는 RNA/DNA에 결합된 RNA primer 중 1개의 ribonucleotide만 남기고 제거한다. 이 마지막 ribonucleotide는 플랩 핵산내부가수분해효소(FEN-1, flap endonuclease)에 의해 제거된다. Pol δ 혹은 Pol ε은 간극(gap)을 채우고 ATP-의존성

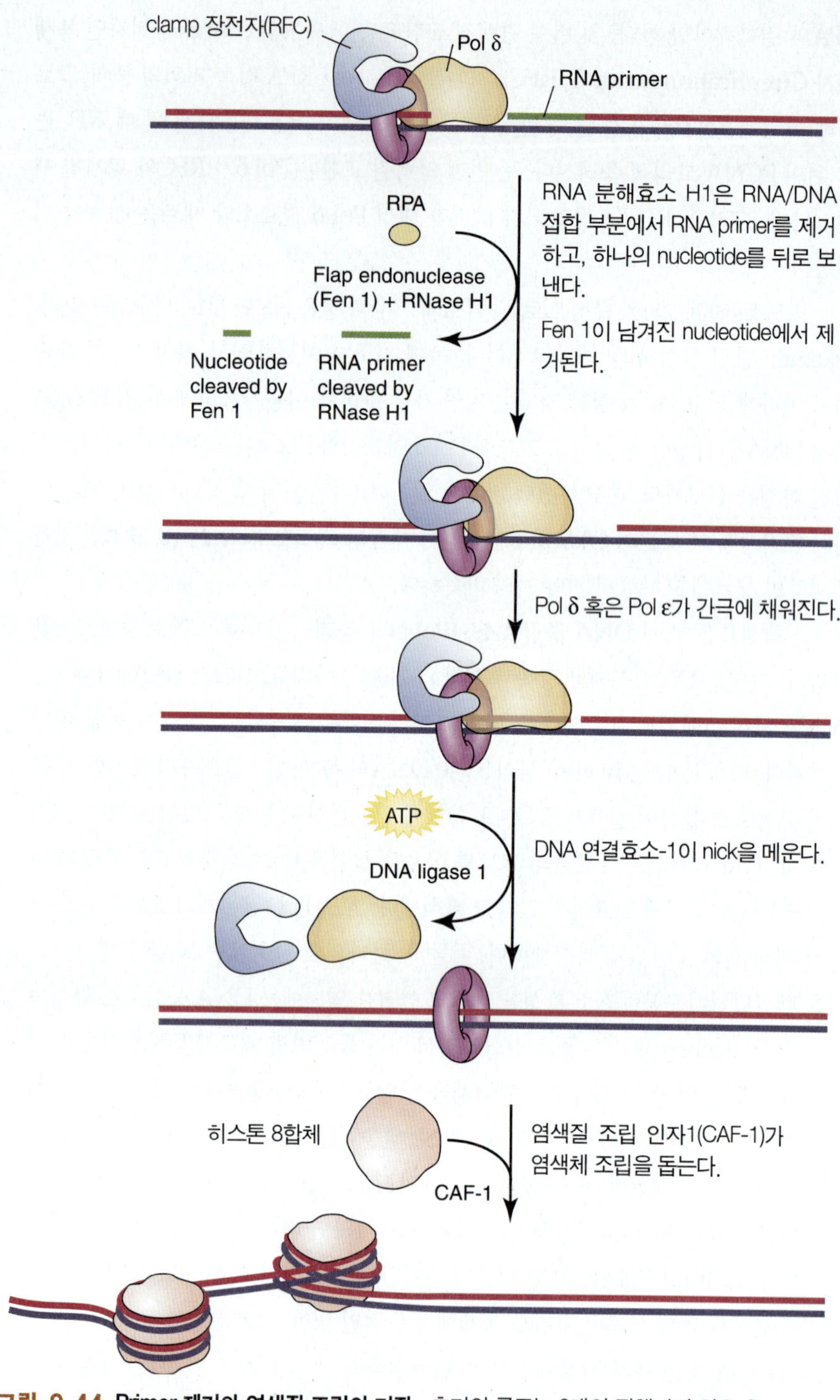


**그림 9.44 Primer 제거와 염색질 조립의 기작.** 초기의 구조는 2개의 진행되지 않은 Okazaki 단편들 사이의 접합 부분에 결합된 DNA 중합효소 δ, clamp 장전자(RFC), 활주 clamp(PCNA)를 포함한다. 주형과 새롭게 합성된 DNA는 파랑과 빨간 선으로 표시. RNA primer들(RNA 분해효소 H1에 의해 잘린 후 혹은 각각이 DNA와 공유적으로 결합된)은 녹색으로 표시. 플랩 내부핵산가수분해효소 1(FEN-1)에 의해 제거된 ribonucleotide는 짧은 녹색 선으로 표시. 합성 후에 DNA에 결합된 PCNA 활주 clamp는 완료되어지고 *histone*과 염색질 형성을 촉진하기 위해 염색질 조립 인자 1(CAF-1)에 결합된다. Walther,A.P.,와 Wold,M.S. *Encyclopedia of Life Sciences*. John Wiley & Sons,Ltd.,April 2001.에서 발췌.

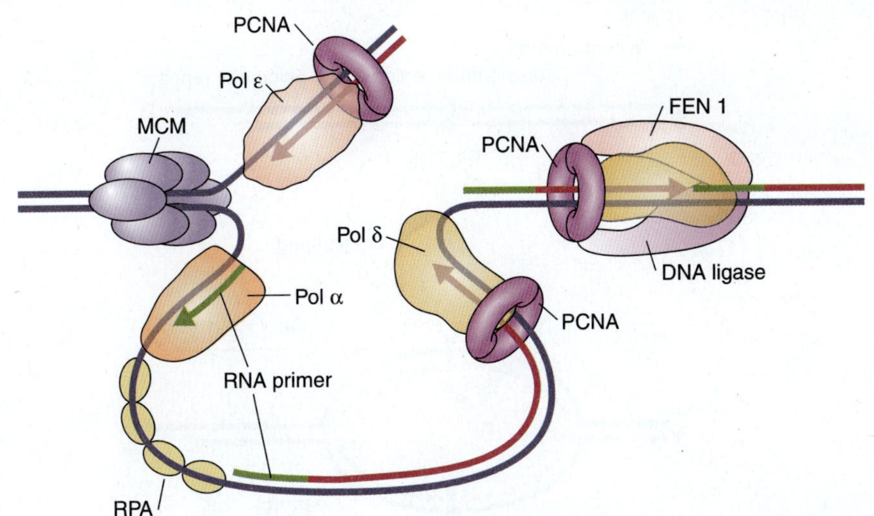


**그림 9.45 진핵생물 DNA 복제 기점.** 복제 기점의 증식을 위해 필요한 단백질의 최소 구성을 보였다. Garg,P.,와 Burgers, P. M. J., *Crit. Rev. Biochem. Mol. Biol.* 40(2005): 115-128.에서 발췌.

DNA 연결효소-1(ATP-dependent DNA ligase-1)는 새김눈(nick)을 연결한다. 이중나선 DNA가 DNA 풀기효소에 의해 풀림에 따라, 복제 기점의 앞쪽은 supercoil이 된다. 위상이성화효소 I(Topoisomerase I)는 일시적으로 단일가닥을 깨뜨려서 이러한 위상적 비틀림을 감소시킨다. 마지막으로 염색질 조립 인자 1(CAF-1, chromatin assembly factor 1)은 새롭게 복제된 DNA에서 nucleosome의 조립을 돕는다(6장 참조). 편의상, 우리는 선도가닥 합성과 지연가닥 합성을 분리하여 나타냈다. **그림 9.45**는 복제 기점에서의 더 정확한 과정을 보여준다.

## 9.9 Telomere와 telomerase(말단소체와 말단소체 복원효소)

### 진핵생물 DNA는 복제되며서 선도가닥이 짧아진다.

진핵생물의 DNA 복제는 원형의 세균성 DNA 복제과정에는 없는 문제들이 발생하는 선형의 이중나선이다. 6장 후반부 진핵생물 염색체에서 3′ 단일 가닥 끝부분에 있는 G를 많이 가진 가닥인 telomere를 상기해보자(**그림 9.46a**). Telomere보다는 약간 안쪽에 있는 복제기점에서 반보존적 복제가 개시되고 이에 따라 복제 분지(forks)는 염색체 말단을 향해 움직인다. Telomere의 구조적인 배열 상, C가 많은 가닥은 항상 지연 가닥 합성에 의해 조립되고, G가 많은 가닥은 항상 선도가닥 합성에 의해 조립되기 때문이다(**그림 9.46b**).

Telomere의 구조가 밝혀지기 전에는, 연구자들은 지연 가닥 합성에 있어서 마지막 Okazaki 절편의 5′ 말단에 RNA primer가 제거되어 C가 많은 가닥이 짧아지는 문제가 발생할 것이라고 생각했다. 그러나, 새로운 C가 풍부한 가닥 합성은 복제

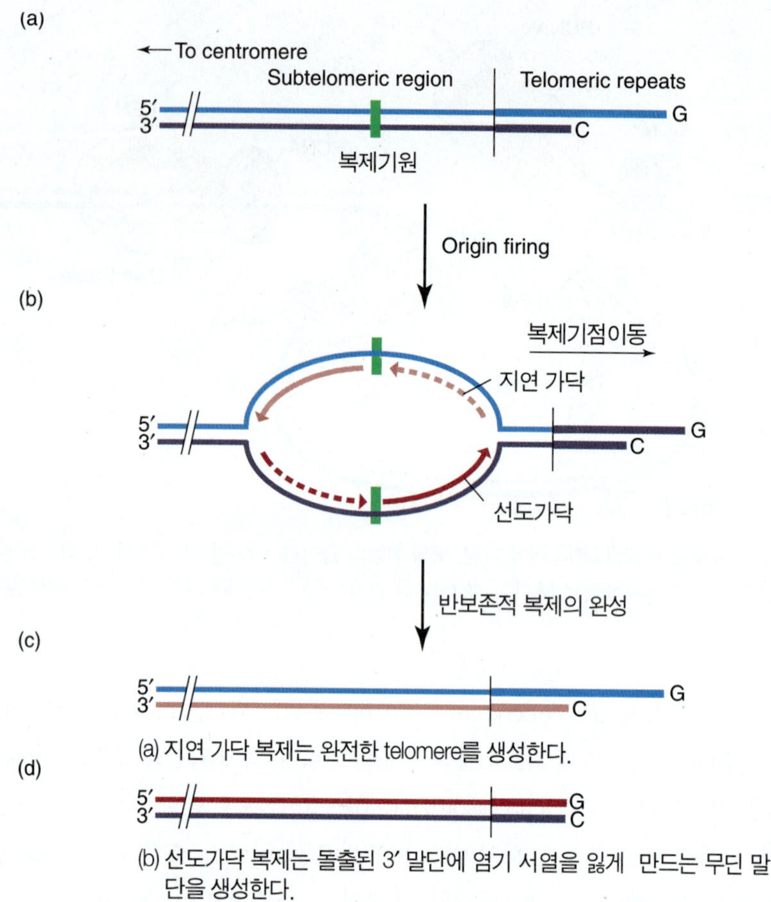


**그림 9.46 선도가닥 문제.** (a) C 풍부 가닥(어두운 파랑으로 표시)이 돌출된 3′ 단일 가닥에 telomere G 풍부 가닥(G는 밝은 파랑으로 표시) 말단. (b) 반보존적 복제는 내부에 telomere가 반복된 복제 기원에서 개시되고, 복제 기점들은 염색체 말단을 향해 움직인다. (c) 지연 가닥 합성은 복제 기구에서 문제가 발생하지 않는다. 왜냐하면 마지막 Okazaki 절편의 말단에 RNA primer가 정보 손실 없이 제거될 수 있기 때문이다. (d) 선도가닥의 합성은 문제를 야기한다. 왜냐하면 복제가 C 풍부 주형의 5′-말단에 정보의 손실을 가져오는 무딘 말단(blunt end)에서 멈추기 때문이다. Chakhparonian,M.,과 Wellinger, R. J., *Trends Genet.*19(2003): 439-446에서 발췌

기구에 반드시 문제가 되는것은 아니다. 왜냐하면 G가 풍부한 가닥의 3′ 말단이 돌출된 형태(3′-overhang)로 남아있기 때문이다. 그러므로, 마지막 Okazaki 절편의 말단의 RNA primer가 제거되어도 서열정보가 손실되지는 않는것이다. (**그림 9.46c**)

반면에, 선도가닥 복제에는 심각한 문제가 발생한다. 왜냐하면 새로운 G 풍부 가닥의 복제는 서열 정보의 손실을 가져오는 무딘 말단(blunt end)을 가진 C 풍부 주형 가닥의 5′말단에서 정지하기 때문일 것이다(**그림 9.46d**). 선도가닥 문제는 3′ 돌출부를 만들 수 있는 5′→3′ 핵산말단가수분해효소를 사용함으로써 해결할 수 있을 것이라 생각했다. 그렇다고 하더라도 잃어버린 염기서열을 회복시켜 줄 조치가 취해지지 않는다면, 이 진행 단계는 telomere가 짧아지는 결과를 야기하게 된다. 즉,

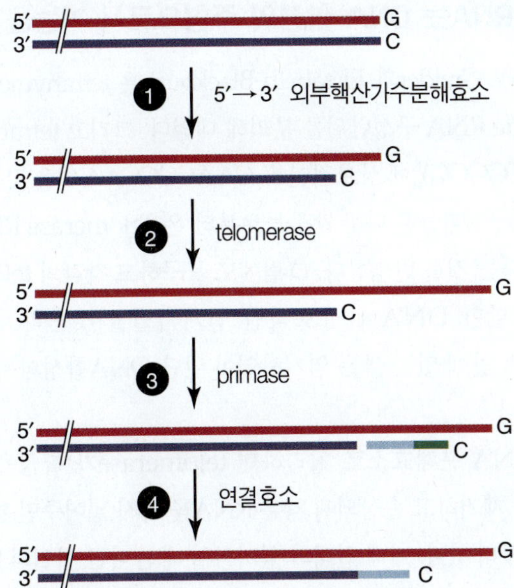


**그림 9.47** 선도가닥 문제를 해결하기 위한 하나의 가설.

이 telomere의 짧아짐이 몇몇의 복제 주기들을 통해 계속된다면, telomere는 전체를 잃고 염색체는 더 이상 독립적인 복제 단위로써 살아남을 수 없을 것이다. 선도가닥 문제는 telomerase에 의해 해결된다. 이 효소는 염색체 말단의 telomere DNA 서열을 첨가해 주는 특이한 효소이다.

## Telomerase는 새롭게 복제된 선형 나선 말단을 확장시킨다.

Telomerase는 대부분 섬모 원생동물(ciliated protozoa)을 이용해 연구되었다. 왜냐하면 그들은 많은 수의 telomerase 분자를 포함하는 거대핵을 가졌기 때문이다. 그러나, 섬모 원생동물은 유전적으로 다루기가 어려운 단점을 가진다. 반면에, *S. cerevisiae*는 낮은 telomerase 활성을 가지지만 유전적인 연구가 쉽다는 장점이 있다. Telomerase들은 *Tetrahymena thermophilia*와 *Euplotes aediculatus*와 같은 2종류의 섬모 원생동물로부터 분리 정제되었다. 이 효소는 염색체 말단이 [$^{32}$P]GTP와 TTP로 표지된 d(TTGGGG)$_3$같은 합성된 DNA primer를 이용해 분석되었다. 표지된 가닥을 gel 전기영동을 통해 분리할 수 있었다. 이 분리를 수행한 결과, 수백개의 반복된 d(TTGGGG)가 primer에 붙어있었다.

Telomerase는 무딘 말단에 이어서 DNA 사슬을 연장시킬 수는 없기 때문에 선도가닥 합성에 있어서 문제가 생겨나는 것이다. **그림 9.47**은 선도가닥 문제를 해결하는 하나의 가설을 보여준다. 가설에 따르면, (1) 가닥 특이 5′→3′ 핵산말단가수분해효소가 C 풍부 가닥의 5′-말단을 제거하여 G 풍부가닥의 3′-말단이 돌출되게 만든다. (2) telomerase가 핵산말단가수분해효소에 의해 생성된 3′-돌출을 확장한다. (3) 새롭게 합성된 지역은 표준 반보존적 복제를 위한 주형으로써 제공되고, C 풍부 가닥의 5′-말단을 회복시킨다.

## Telomerase RNA는 DNA 합성의 주형으로서 기능을 한다.

1989년에 Carol W. Greider과 Elizabeth Blackburn은 tetrahymena telomerase의 159 nucleotide RNA 구성단위를 분리해 내었다. 그리고 tetrahymena의 말단에 반복적인 d(TTGGGG)$_n$에 상보적인 5′-CAACCCCAA-3′을 갖는 RNA를 발견하였다. 연이은 연구결과들은 다른 생물들로부터 온 Telomerase RNA들은 크기와 염기서열이 다르다는 것을 반영한다. 그럼에도 불구하고 각각의 telomerase RNA는 해당 생물의 말단 DNA에 상보적인 염기서열을 갖는다. 이런 결과들은 telomerase RNA 안에 있는 짧은 염기서열이 말단 DNA합성의 주형으로 작용한다는 것을 암시한다.

이 가설은 RNA 분해효소로 처리하면 telomerase가 활성을 잃어버리지만 RNA 분해효소를 제거하고 손상되지 않은 RNA를 다시 넣어주면 활성이 돌아온다는 실험적 증거로부터 왔다. 이때 원래의 염기서열 대신 다른 서열의 RNA를 넣어주었더니 말단 DNA 서열도 예상대로 그것에 맞게 바뀌었다. *S. cerevisiae*에 대한 유전적 연구결과 telomerase RNA를 코딩하는 유전자(TLC1)이 telomerase의 유지에 필수적임을 알 수 있었는데 이 결과는 telomerase RNA가 telomerase의 기능에 필수적임을 가르킨다. 그러므로 telomerase는 RNA 의존적 DNA 중합효소 또는 역전사효소(5장)로서 기능을 한다.

## Telomerase polypeptide는 역전사효소이다.

1996년 Joachim Lingner와 Thomas Cech는 섬모충의 일종인 *Euplotes aediculatus*로부터 telomerase를 정제하였는데 그들은 telomerase를 구성하고 있는 RNA와 결합할 수 있는 염기서열의 oligonucleotide를 이용한 것이다. 그들의 접근법은 이러한 oligonucleotide를 연결시킨 비드(bead)를 포함하는 column에 부분적으로 정제한 핵 추출물을 통과시키면 그 결과 telomerase가 비드에 붙고 그리고 나서 붙은 telomerase를 비드에 더 큰 친화성을 갖는 oligonucleotide를 포함하고 있는 용액을 넣음으로서 분리해내었다. 정제된 telomerase는 약 230kD, 123kDa polypeptide, 43kDa polypeptide, 그리고 66kDa RNA 구성단위를 갖고있다. 큰 polypeptide 구성단위의 아미노산 서열을 유전 정보 은행의 염기서열과 비교했을 때 효모의 polypeptide와 유사하다는 것을 발견하였다. 비록 효모의 polypeptide는 추출되지는 않았지만 유전적 연구들은 *EST2*(ever shorter telomeres)라는 유전자가 말단부 유지에 필요하다라는 것을 알아내었다. 이 염기서열 유사성은 123kDa 구성단위가 아마 telomerase 활성에 필요하고 그럼으로 역전사효소라는 것을 제시한다.

이 결과는 123kDa polypeptide 구성요소가 카르복실기말단에 역전사 효소 영역을 갖는다는 것을 알고 있는 역전사효소와 염기서열 비교를 했을 때 지지할 수 있다. 게다가 역전사효소의 촉매부위에 있는 보존 아미노산잔기 또한 123kDa

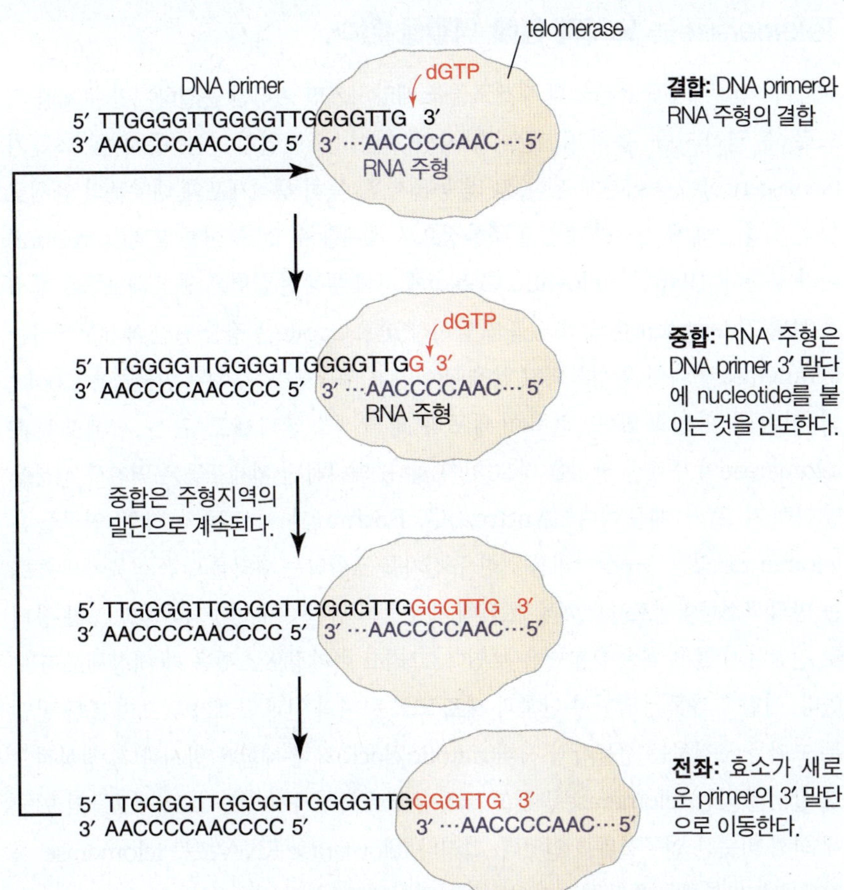


**그림 9.48 Telomerase 반응 주기.** 그림의 반응들은 Tetrahymena 말단소체복원효소 연구에 의해 반영되었다. 이 주기는 결합, 중합, 새로운 RNA 주형으로의 전좌 3가지 단계로 구성되어 있다.

polypeptide와 EST2 유전자 산물 모두에 존재한다. 이 보존된 잔기의 효모 돌연변이체들은 말단부를 유지하지 못한다. Telomerase의 촉매부위는 인간을 포함한 많은 생물에서 확인되었다. 반면 *E. aediculatus*의 43kDa polypeptide의 기능은 아직 알려지지 않았지만 말단부 유지에 부수적 기능을 하는 것처럼 보인다. *S. cerevisiae* 유전학적 연구는 또한 생체내에서 부수적 단백질이 필요하다는 것을 보여준다. 왜냐하면 최소한 3개의 특정한 효모 유전자(*EST1*,*EST3*,그리고 *EST4*)가 말단 유지에 필요한 polypeptide를 코딩하기 때문이다. Telomerase의 구조와 행동 기작에 관한 자세한 정보는 아직 알지 못한다. **그림 9.48**은 telomerase 반응 주기의 도식도이다. 이 도식도에 따르면, telomere DNA는 telomerase RNA에 있는 주형 염기서열에 붙는다. 반응 주기가 시작하는 시점에 telomerase는 DNA primer와 telomere와 결합하여 RNA 주형과 primer의 3′말단이 염기쌍을 형성하도록 한다. 다음, 중합효소의 활성을 통하여 primer 3′말단에 deoxynucleoside를 더한다. 이 과정이 끝나면, 효소는 primer 가닥의 새로운 3′말단으로 이동한다.

### Telomerase는 노화와 암에 역할을 한다.

인간과 여러 다세포 동물들의 체세포들을 배양시키면 여러번 분열하지만 무제한 적으로 분열하지는 못하며, 살아있지만 더이상 분열하지는 못하는 노화기(senescence)에 들어가게 된다. 몇몇 동물세포, 특히 생식세포와 대부분의 암세포들은 노화 상태에 진입하지 않고 무한정으로 복제할 수 있다. 이를 불멸(immortal)이라 부른다. 1986년에 Howard Cooke에 의해 행해진 실험은 생식 세포들은 체세포 보다 긴 telomere를 갖고 있음을 암시하였다. Cooke은 정상 인간 체세포에서는 telomerase가 아마 활성화되지 않을 것이라고 추측했다. 계속된 연구들은 Cooke의 이론을 확인하였다. 섬유아세포와 망막색소상피세포 같은 체세포들은 telomerase의 뚜렷한 활성을 갖고 있지 않다. 왜냐하면 체세포들은 역전사 성분을 발현하지 않기 때문이다. Andrea G. Bodnar과 동료들에 의한 연구들은 telomerase 역전사 구성단위를 위한 유전자를 포함하는 벡터를 인간 섬유아세포 또는 망막색소상피세포안으로 넣었을 때 세포들의 말단부가 연장되어지고 노화 상태로 진입하지 않고 계속 분할함을 보였다. 그리고 현미경으로 봤을 때 정상세포로 보였다. 이런 결과들은 말단부 단축과 세포 노화 사이의 인과 관계가 있으며 또한 말단부 크기를 조절하는 생물학적 시계(mitotic clock)가 존재함을 암시한다. 정상적으로 활성을 갖는 telomerase를 갖고 노화상태로 들어가지 않는 효모 세포들의 연구에 의해 비슷한 연구결과를 얻었다. 그러나 telomerase RNA 또는 telomerase 역전사효소가 부족한 효모 돌연변이들은 노화가 된다.

위에서 말한바와 같이 대부분의 암세포들은 telomerase 활성을 갖는데 이는 telomerase가 화학요법제의 표적이 될 가능성을 높인다. 그러나 telomerase가 효과적인 표적이 아니라는 주장에도 일리가 있다. Maria Blasco와 그의 동료들은 telomerase RNA 유전자가 없는 쥐를 구축하기위해 재조합 DNA 기술을 사용하였다. 놀랍게도 telomerase RNA 유전자가 완전히 사라진 쥐는 번식가능하고 정상인 것처럼 보인다. 돌연변이 쥐들을 계속적으로 교배시켜 6대까지 변종을 만들어도 그들의 체세포가 쉽게 암세포로 된다는 것이다. 그러나 이처럼 쥐에서 얻어진 정보를 사람에 적용하는 것은 조심해야 하는데 그 이유는 쥐의 telomere가 사람의 telomere보다는 평균 5~10배 더 길기 때문이다. 아마도 쥐의 경우 유전자 재조합과 같은 기전에 의해 telomere가 유지될 가능성이 있음을 이러한 돌연변이 쥐 실험에서 알 수 있다.

## 9.10 원시고세균의 DNA 복제

### 원시고세균의 복제 기작은 진핵생물과 비슷하다.

원시고세균의 DNA복제는 세균 또는 진핵생물과는 달리 폭 넓게 조사되지 않았다. 게다가 원시고세균 DNA복제를 연구하는 연구자들은 하나의 생물 또는 몇 개의 근접한 생물만을 연구했을 뿐 다양한 생물들은 조사하지는 않았다. 그러므로 원시고세균 DNA복제에 대해 다른 두 생물들보다 훨씬 적게 알려져 있다. 그럼에도 불구하고 원시고세균 DNA복제에 관한 그림은 나타나기 시작했다. 연구자들은 처음에는 원시고세균 복제기작은 진핵생물의 복제기작보다 세균 복제기작과 유사하다고 추정했다. 왜냐하면 원시고세균은 세균처럼 환형 염색체를 갖는 원핵생물이기 때문이다. 이런 추정은 잘못된 것으로 입증되었다. 몇몇의 원시고세균 DNA 염기서열이 알려지면서 이 염기서열을 기반으로 원시고세균 복제 기작의 구성요소들이 세균 복제 기작이 아니라 진핵생물의 구성요소들과 상동이라는 것이 명확해졌다.

원시고세균의 DNA복제는 다른 두 생물들이 하는 것처럼 같은 일반적인 양식을 따른다. 원시고세균 DNA 복제는 반복제적, 양방향, 그리고 반불연속적 복제이다. 또한 개시, 신장, 종결 3개의 단계로 나뉜다. 원시고세균의 복제 종결은 매우 적게 알려져 있어서 개시와 연장 단계에 제한해서 살펴보고자 한다.

## 9.11 원시고세균의 DNA 복제의 개시단계

### Orc1/Cdc6는 원시고세균 복제기점 부분에 MCM을 끌어온다.

어떤 원시고세균의 염색체는 하나의 복제기점을 갖지만 다른 것들은 2개 혹은 그 이상의 복제기점을 갖는다. 진핵생물의 DNA 합성 개시에 관여하는 단백질과 상동성이 있는 원시고세균 유전자들이 다수 밝혀졌다. 그러나 서로 다른 원시고세균 종들은 다양한 복제 기작 구성요소들을 갖는 것으로 보여진다. 이런 다양함은 원시고세균이 사는 환경 조건에 따라 큰 차이가 있다는 것을 반영한다.

원시고세균은 그들의 복제 기점에 붙는 Orc1/Cdc6라는 단일 단백질을 생산한다. 이 단백질은 진핵생물의 ORC 단백질과 아미노산 서열이 같은 부분이 있다. 한번 복제 기점에 붙으면 Orc1/Cdc6는 복제기점에 MCM을 채용한다(**그림 9.49**). MCM 풀기효소는 진핵생물의 풀기효소와 같은 방법으로 그 역할을 한다. 풀기효소는 이중가닥 DNA를 열고 푼다. RPA(single-stranded DNA binding protein)은 풀려진 단일가닥 DNA에 붙는다.Primase는 RPA • DNA 결합체와 함께 결합하여 DNA 합성에 필요한 짧은 RNA primer를 생성한다. 그런 후 DNA 중합효소는 복제기포에 결합하여 계속 양방향 DNA합성을 시작한다.

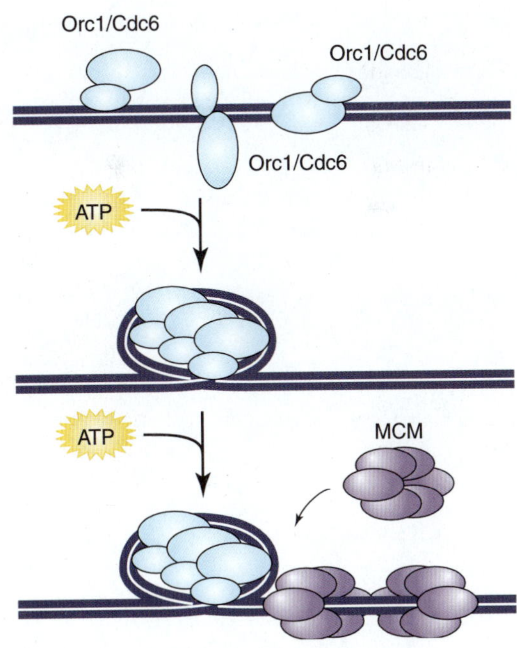


**그림 9.49 원시고세균 DNA 복제 기점에서 MCM 조립의 모델.** 원시고세균은 특정 원시고세균의 복제기점에 붙는 Orc1/Cdc6라는 단백질 복합체를 생산한다. 그 다음 Orc1/Cdc6는 아마 진핵생물의 기점인식복합체(ORC)또는 세균의 DNA 단백질 복합체와 같이 ATP의존적으로 중합체 구조를 형성할 것이다. 그런 후 Orc1/Cdc6는 기점으로 MCM 풀기효소를 끌어온다.

## 9.12 원시고세균의 신장단계

### 원시고세균의 신장의 기본 과정은 세균과 진핵생물과 유사하다.

원시고세균에서 DNA 합성의 신장단계에 필요한 기작은 세균과 진핵생물에서 사용한 기작들과 유사하다. 선도가닥과 지연가닥의 합성은 연관되어있다. 계속적인 DNA 합성은 활주 clamp에 위치한 DNA 중합효소를 필요로 한다. 원시고세균의 활주 Clamp는 염기서열과 구조가 진핵생물의 PCNA와 유사하다. Clamp에 위치한 것들 또한 진핵생물과 유사하다. 2개의 다른 DNA 중합효소인 PolB와 PolD는 연장과정에서 필요하다. 그러나 모든 원시고세균이 PolB를 갖고 있지는 않다. 아직 DNA 복제 과정에서 이런 중합효소들이 각각 어떤 역할을 하는지 명확히 밝혀지지 않았다. 아마도 하나는 선도가닥 합성에 그리고 다른 하나는 지연가닥 합성에 관여할 것이다. 원시고세균과 대응하는 진핵생물의 Fen-1과 RNase H는 Okazaki 조각의 5′말단으로부터 RNA를 제거하고 DNA 연결효소는 이 조각들을 붙인다. 원시고세균의 연결효소는 진핵생물의 것과 마찬가지로 연결하는데 ATP를 필요로 한다. 이것은 $NAD^+$에 의존하는 세균의 연결효소와는 다르다.

원시고세균의 복제 체계는 1가지 놀라운 점이 있다. 호열생물은 초 나선꼬임(positive supercoil)을 생성하는 ATP 의존적 역 gyrase(ATP dependent reverse gyrase)를 필요로한다. 역 gyrase 단일가닥에 일시적인 nick을 생성하고 세균의 gyrase와 다른 기작으로 역할을 한다. 호열생물은 아마 역 gyrase를 필요로 할 것이다. 왜냐하면 그들은 DNA가 풀리는 높은 온도에서 자라기 때문이다. 아마 가장 주목할 만한 점은 비슷한 복제 과정이 생명의 3가지 영역에 모두 있다라는 점이다.

## 권장 도서

### Overview


Baker, T. A., and Bell, S. P. 1998. Polymerases and the replisome: machines within machines. *Cell* 92:295-305.

Benkovic, S. J., Valentine, A. M., and Salinas, F. 2001. Replisome-mediated DNA replication. *Ann Rev Biochem* 70:181-208.

Kornberg, A., and Baker, T. 1992. *DNA Replication*, 2nd ed. New York: W. H. Freeman.

Depamphilis, M. L. (ed). 1996. *DNA Replication in Eukaryotic Cells*. Woodbury, NY: Cold Spring Harbor Laboratory Press.

Johnson, A., and O'Donnell, M. 2005. Cellular DNA replicases: components and dynamics at the replication fork. *Ann Rev Biochem* 74:283-315.


### Historical Interest


Cairns, J. 1963. The chromosome of *Escherichia coli*. *Cold Spring Harb Symp Quant Biol* 18:43-46.

Gyurasits, E. B., and Wake, R. G. 1973. Bidirectional chromosome replication in Bacillus subtilis. J Mol Biol 73:55-63.

Mesleson, M., and Stahl, F. 1958. The replication of DNA in *Escherichia coli*. *Proc Natl Acad Sci USA* 44:671-682.

Okazaki, R., Okazaki, T., Sakabe, K., et al. 1968. Mechanism of DNA chain growth. I. Possible discontinuity and unusual secondary structures of newly synthesized chains. *Proc Natl Acad Sci USA* 59:598-605.

## Replication in Bacteria

### Initiation


Bowman, G. D., Goedken, E. R., Kazmirski, S. L., et al. 2005. DNA polymerase clamp loaders and DNA recognition. *FEBS Lett* 579:863-867.

Crooke, E. 2001. Eschericia coli DnaA protein–phospholipids interactions: *in vitro* and *in vivo*. *Biochimie* 83:19-23.

Cunningham, E. L., and Burger, J. M. 2005. Unraveling the early steps of prokaryotic replication. *Curr Opin Struct Biol* 15:68-76.

Dasgupta, S, and Løbner-Olesen, A. 2004. Host controlled plasmid replication: Escherichia coli minichromosomes. *Plasmid* 52:151-168.

Erzberger, J. P., Pirruccello, M. M., and Berger, J. M. 2002. The structure of bacterial DnaA: implications for general mechanisms underlying DNA replication initiation. *EMBO J* 21:4763-4773.

Gilbert, D. M. 2004. In search of the holy replicator. Nat Rev *Mol Cell Biol* 3:1-8.

Kaguni, J. M. 2006. DnaA: controlling the initiation of bacterial DNA replication and more. *Ann Rev Microbiol* 60:351-371.

Leonard, A. C., and Grimwade, J. E. 2005. Building a bacterial orisome: emergence of new regulatory features for replication origin unwinding. *Mol Microbiol* 55:978-985.

Messer, W. 2002. The bacterial replication initiator DnaA. DnaA and oriC, the bacterial mode to initiate DNA replication. *FEMS Microbiol Rev* 26:355-374.

Messer, W., Blaesing, F., Jakimowicz, D., et al. 2001. Bacterial replication initiator DnaA. Rules for DnaA binding and roles of DnaA in origin unwinding and helicase loading. *Biochimie* 83:5-12.

Robinson, N. P., and Bell, S. D. 2005. Origins of DNA replication in the three domains of life. *FEBS J* 272:3757-3766.


### Elongation


Bowman, G. D., Goedken, E. R., Kazmirski, S. L., et al. 2005. Clamp loaders and replication initiations. *FEBS Lett* 579:863-867.

Bruck, I., and O'Donnell, M. 2001. The ring-type polymerase sliding clamp family. *Genome Biol* 2:1-3001.

Coman, M. M., Jin, M., Ceapa, R., et al. 2004. Dual functions, clamp opening and primer-template recognition, define a key clamp loader subunit. *J Mol Biol* 342:1457-1469.

Davey, M. J., Jeruzalmi, D., Kuriyan, J., and O'Donnell, M. 2002. Motors and switches: AAA+ machines within the replisome. *Nat Rev Mol Cell Biol* 3:1-10.

Ellison, V., and Stillman, B. 2001. Opening of the clamp: an intimate view of an ATP-driven biological machine. *Cell* 106:655-660.

Goedken, E. R., Kazmirski, S. L., Bowman, G. D., et al. 2005. Mapping the interaction of DNA with Escherichia coli DNA polymerase clamp loader complex. *Nature Struct Mol Biol* 12:183-189.

Indiani, C., and O'Donnell, M. 2003. Mechanism of the  wrench in opening the sliding clamp. *J Biol Chem* 278: 40272-40281.

Jeruzalmi, D., O'Donnell, M., and Kuriyan, J. 2002. Clamp loaders and sliding clamps. *Curr Opin Struct Biol* 12:217-224.

Johnson, A., and O'Donnell, M. 2003. Ordered ATP hydrolysis in the complex clamp loader AAA+ machine *J Biol Chem* 278: 14406-14413.

Leu, F. P., Gerogescu, R., and O'Donnell, M. 2003. Mechanism of the E. coli processivity switch during lagging-strand synthesis. *Mol Cell* 11:315-327.

Lopez deSaro F., Georgescu, R. E., Leu, F., and O'Donnell, M. 2004. Protein trafficking on sliding clamps. Philos Trans R Soc Lond *Biol Sci* 359:25-30.

O'Donnell, M., Jeruzalmi, D., and Kuriyan, J. 2001. Clamp loader structure predicts the architecture of DNA polymerase III holoenzyme and RFC. *Curr Biol* 11:R935-R946.

Soultanas, P. 2005. The bacterial helicase-primase interaction: a common structural/functional module. *Structure* 13:839-844.

Syson, K, Thirlway, J., Houslow, A. M., et al. Solution structure of the helicase interaction domain of the primase DnaG: A model helicase activation. *Structure* 13:609-616.

### Termination

Bussiere, D. E., and Bastia, D. 1999. Termination of DNA replication of bacterial and plasmid chromosomes. *Mol Microbiol* 31:1611-1618.

Chakhparonian, M., and Wellinger, R. J. 2003. Telomere maintenance and DNA replication: how closely are these two connected? *Trend Genet* 19:439-446.

Mulcair, M. D., Schaeffer, P. M., Oakley, A. J., et al. 2005. A molecular mousetrap determines polarity of termination of DNA replication in *E. coli*. *Cell* 125, 1309-1319.

Mulugu, S., Potnis, A., Shamsuzzaman, et al. 2001. Mechanism of termination of DNA replication of Escherichia coli involves helicase-contrahelicase interaction. *Proc Natl Acad Sci USA* 98:9569-9574.

Sherratt, D. J., Lau, I. F., and Barre, F. X. 2001. Chromosome segregation. *Curr Opin Microbiol* 4:653-659.

## Replication in Eukaryotes

### Initiation

Aladjem, M. I., and Fanning, E. 2004. The replicon revisited: an old model learns new tricks in metazoan chromosomes. *EMBO Rep* 5:666-691.

Bell, S. P. 2002. The origin recognition complex: from simple origins to complex functions. *Gene Dev* 16:659-672.

Bell, S. P., and Dutta, A. 2002. DNA replication in eukaryotic cells. *Ann Rev Biochem* 71:333-374.

Bielinsly, A.-K., and Gerbi, S. A. 2001. Where it starts: eukaryotic origins of DNA replication. *J Cell Sci* 114:643-651.

Bryant, J., Moore, K., and Aves, S. J. 2001. Origins and complexes: the initiation of DNA replication. *J Exp Bot* 52:193-202.

Cvetic, C., and Walter, J. C. 2005. Eukaryotic origins of DNA replication: could you please be more specific? *Cell Dev Biol* 16:343-353.

DePamphilis, M. L. 2001. Eukaryotic replication origins and initiation of DNA replication. In: *Encyclopedia of Life Sciences*. pp. 1-8. London, UK: Nature Publishing Co.

Gai, D., Li, D., Finkielstein, C. V., et al. 2004. Insights into the oligomeric states, conformational changes, and helicase activities of SV40 large tumor antigen. *J Biol Chem* 279:38952-38959.

Gai, D., Zhao, R., Li, D., Finkielstein, C. V., and Chen, X. S. 2004. Mechanisms of conformational change for a replicative hexameric helicase of SV40 large tumor antigen. *Cell* 119:47-60.

Herendeen, D., and Kelly, T. J. 1996. SV40 DNA replication In: J. Julian Blow (ed.) *Eukaryotic DNA*. Oxford, UK: Oxford University Press.

Kreigstein, H. J., and Hogness, D. S. 1974. Mechanism of DNA replication in *Drosophila* chromosomes: structure of replication forks and evidence for bidirectionality. *Proc Natl Acad Sci USA* 71:135-139.

Li, D., Zhao, R., Lileystrom, W., et al. 2003. Structure of the replicative helicase of the oncoprotein SV40 large tumor antigen. *Nature* 423:512-518.

Nawotka, K. A., and Huberman, J. 1988. Two-dimensional gel electrophoretic method for mapping DNA replicons. *Mol Cell Biol* 8:1408-1413.

Newlon, C. S., and Theis, J. F. 2002. DNA replication joins the revolution: wholegenome views of DNA replication in budding yeast. *Bioessays* 24:300-304.

Schwob, E. 2004. Flexibility and governance in eukaryotic DNA replication. *Curr Opin Microbiol* 7:680-690.

Sclafani, R. A., Fletcher, R. J., and Chen, X. S. 2004. Two heads are better than one: regulation of DNA replication by hexameric helicases. *Gene Dev* 18:2039-2045.

Stillman, B. 2005. Origin recognition and the chromosome cycle. *FEBS Lett* 579: 877-884.

Toone, W, M., Aerne, B. L., and Morgan, B. A. 1997. Getting started: regulating the initiation of DNA replication in yeast. *Ann Rev Microbiol* 51:125-149.

Weinreich, M. DeBeer, M. A. P., and Fox, C. A. 2003. The activities of eukaryotic replication origins in chromatin. *Biochim Biophys Acta* 1677:142-157.

## Elongation

Bowman, G. D., O'Donnell, M., and Kuriyan, J. 2004. Structural analysis of a eukaryotic sliding DNA clamp-clamp loader complex. *Nature* 420:724-730.

Garg, P., and Burgers, M. J. 2005. DNA polymerases that propagate the eukaryotic DNA replication fork. *Crit Rev Biochem Mol Biol* 40:115-128.

Hubscher, U., and Seo, Y.-S. 2001. Replication of the lagging strand: a concert of at least 23 polypeptides. *Mol Cells* 12:149-157.

Maga, G., and Hubscher, U. 2003. Proliferating cell nuclear antigen (PCNA): a dancer with many partners. *J Cell Sci* 116:3051-3060.

Li, J. J., and Kelly, T. J. 1984. Simian virus 40 DNA replication *in vitro*. *Proc Natl Acad Sci USA* 81:6973-6977.

Waga, S., and Stillman, B. 1998. The DNA replication fork in eukaryotic cells. *Ann Rev Biochem* 67:721-751.

Walther, A. P., and Wold, M. S. 2001. Eukaryotic replication fork. In: *Encyclopedia of Life Sciences*. pp 1-8. London, UK: Nature Publishing Co.

Yao, N., Coryelli, L., Zhang, D., et al. 2003. Replication factor C clamp loader subunit arrangement within the circular pentamer and its attachment points to proliferating cell nuclear antigen. *J Biol Chem* 278:50744-50753.

Yuzhakov, A., Kelman, Z., Hurwitz, J., and O'Donnell, M. 1999. Multiple competition reactions for RPA order the assembly of the DNA polymerase δ holoenzyme. *EMBO J* 18:6189-6199.

## Telomere and Telomerase

Blackburn, E. H. 2005. Telomeres and telomerase: their mechanisms of action and the effects of altering their functions. *FEBS Lett* 579:859-862.

Blackburn, E. H. 2001. Telomeres. In: Encyclopedia of *Life Sciences*. pp 1-7. London, UK: Nature Publishing Co.

Cech, T. R. 2004. Beginning to understand the end of the chromosome. *Cell* 116:273-279.

Chakhparonian, M., and Wellinger, R. J. 2003. Telomere maintenance and DNA replication: how closely are these two connected? *Trend Genet* 19:439-446.

Chan, S. R. W. L., and Blackburn, E. H. 2004. Telomeres and telomerase. Philos Trans R Soc Lond B *Biol Sci* 359:109-121.

Chatziantoniou, V. D. 2001. Telomerase: biological function and potential role in cancer management. *Pathol Oncol Res* 7:161-170.

Harrington, L. 2003. Biochemical aspects of telomerase function. *Cancer Lett* 194:139-154.

Lansdorp, P. M. 2005. Major cutbacks at chromosome ends. *Trends Biochem Sci* 30:388-395.

Lingner, J., Cooper, J. P., and Cech, T. R. 1995. Telomerase and DNA end replication: no longer a lagging strand problem? *Science* 269:1533-1534.

Lue, N. F. 2004. Adding to the ends: what makes telomerase processive and how important is it? *Bioessays* 26:955-962.

Makarov, V. L., Hirose, Y, and Langmore, J. P. 1997. Long G tails at both ends of human chromosomes suggest a C strand degradation mechanism for telomere shortening. *Cell* 88:657-666.

Pardue, M.-L., and DeBaryshe, G. 2001. Telomeres in cell function: cancer and ageing. In: *Encyclopedia of Life Sciences*, pp. 1-6. London, UK: Nature Publishing Co.

Sfeir, A. J., Chai, W., Shay, J. W., and Wright, W. E. 2005. Telomere-end processing: the terminal nucleotides of human chromosomes. *Mol Cell* 18:131-138.

Vega, L. R., Mateyak, M. K, and Zakian, V. A. 2003. Getting to the end: telomerase access in yeast and humans. *Nat Rev Mol Cell Biol* 4:948-959.

Wellinger, R. J., Ethier, K. Labrecque, P., and Zakian, V. A. 1996. Evidence for a new step in telomere maintenance. *Cell* 85:423-433.

## Archaea

Bohlke, K., Pisani, F. M., and Rossi, M. 2002. Archaeal DNA replication: spotlight on a rapidly moving field. *Extremophiles* 6:1-14.

Cann, I. K. O., and Ishino, Y. 1999. Archaeal DNA replication: identifying the pieces to solve the puzzle. *Genetics* 152:1249-1267.

Grabowski, B., and Kelman, Z. 2003. Archael DNA replication: eukaryl proteins in a bacterial context. *Ann Rev Microbiol* 57:487-516.

Jenkinson, E. R., and Chong, J. P. J. 2003. Initiation of archaeal DNA replication.

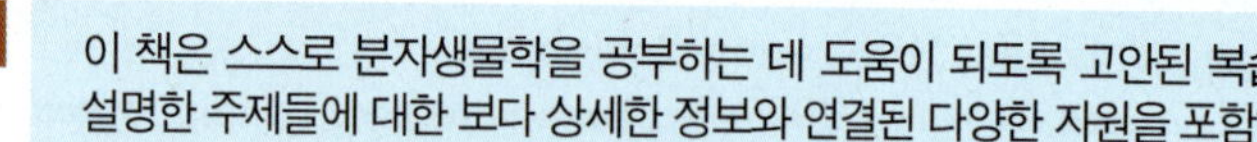

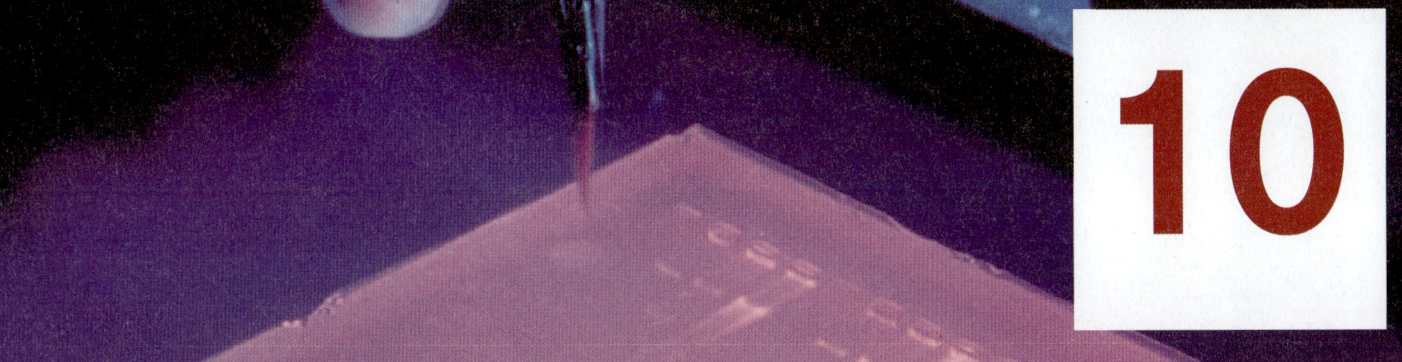

# 10

# DNA 손상과 수선

## 주제 개요

**10.1 방사선 손상**

자외선은 cyclobutane pyrimidine dimer(CPD) 형성과(6-4) 광산물(photoproduct) 형성을 일으키는 원인이 된다.

X-선과 $\gamma$선은 다른 많은 형태의 DNA손상을 일으킨다.

**10.2 물에 있어서 DNA의 불안정성**

DNA는 가수분해 절단 작용에 의해 손상된다.

**10.3 산화적 손상**

활성산소가 DNA를 손상시킨다.

**10.4 단일부가물(Monoadduct) 형성에 의한 alkyl화 손상**

Alkylating agent들은 음전하의 중심으로 alkyl기를 전이하면서 DNA를 손상시킨다.

많은 환경물질들이 세포 대사에 의해 변형되어 DNA를 alkyl화 한다.

**10.5 화학적 교차결합 물질**

화학적 교차결합 물질들은 DNA 가닥의 분리를 막는다.

Psoralen과 관련 화합물은 단일부가물 혹은 교차결합을 형성할 수 있다.

Cisplatin은 DNA와 결합하여 가닥안이나 가닥사이의 교차를 형성한다.

**10.6 Mutation 유발물질과 발암물질 탐지**

Mutation 유발물질은 mutant체 유전자활성을 회복시킬 수 있는 능력에 근거하여 발견될 수 있다.

**10.7 손상의 직접적인 복원**

Photolyase가 cytobutane pyrimidine dimer 형성에 의해 야기되는 손상을 복원시킨다.

$O^6$-Alkylguanine, $O^4$-alkylthymine 및 phosphotriester는 자살 효소(suicide enzyme)에 의하여 alkyl기 직접 제거함으로써 복구될 수 있다.

AlkB는 1-methyladenine과 3-methylcytosine에 있는 methyl기의 산화적 제거를 촉매한다.

**10.8 염기 절단 수선**

염기절단수선(base excision repair: BER) 회로는 손상된 염기를 제거하고 대체한다.

**10.9 Nucleotide 절단 수선(nucleotide excision repair: NER)**

Nucleotide 절단 수선은 손상을 입은 oligonucleotide를 절단하여 DNA의 부피가 큰 부가물(bulky adducts)을 제거하고 새로운 DNA로 대체하면서 수선한다.

**10.10 불일치 수선(mismatch repair)**

염기쌍 불일치 수선 시스템은 DNA에 존재하는 불일치, 짧은 삽입 또는 deletion을 제거한다.

**10.11 SOS 반응과 손상통과(translesion) DNA 합성**

오류-유발성 DNA 중합효소(error-prone DNA polymerase)는 손상통과 DNA 합성을 촉진시킨다.

RecA와 LexA는 *E. coli*의 SOS 반응을 조절한다.

SOS 신호는 DNA 중합효소 II, IV 및 V의 합성을 유도한다.

사람의 세포에는 적어도 14개의 주형의존 DNA 중합효소가 있다.

**권장도서**

유전정보가 한 세대에서 다음 세대로 정확하게 전달될 수 있도록 유전물질이 상당히 안정된 물질일 것이라고 가정하는 것은 일견 합리적인 것처럼 보인다. 하지만 사실은 그 반대다. DNA는 보통의 생리적 조건하에서도 매우 쉽게 손상된다. 손상된 DNA가 정상적인 염기서열로 환원되는 것을 **수선(repair)**이라고 한다. DNA손상은 늘상 일어나며, 이러한 손상은 치명적인 결과를 가져올 수 있으므로, 세포는 손상된 DNA를 수선하기 위한 효소들을 필요로 한다. 그러나 생명체와 종이 진화하도록 하기 위하여서는 약간의 변화가 일어나는 것을 또한 필요로 하고 있다.

여러 가지 물리적 그리고 화학적 수단들이 DNA를 손상시킨다. 그 중 일부는 **내생인자(endogenous agents)**이다; 즉 그들은 세포 내에서 정상적인 신진대사 경로를 통하여 만들어진다. 다른 것들은 주위환경으로부터 온 **외생인자(exogenous agents)**이다. 일부 외생인자들은 DNA에 직접 작용하는 반면 다른 것들은 세포의 효소들에 의해 수정되어 비로서 DNA를 손상시킬 수 있다. 복제와 전사 시스템들이 손상된 DNA를 사용하면서 그들의 기능을 계속 진행할 수 있다면, 세포는 수선될 수 없는 DNA 손상에도 일반적으로 살아 갈 수 있다. 그러나 손상된 지역을 통하여 복제는 mutation를 만들 수 있다. 만약 복제와 전사시스템이 손상된 DNA에 정상적으로 그들의 기능을 계속 수행할 수 없다면 세포는 살아 갈 수 없을 것이다. 그러므로 DNA를 손상시키는 약제들은 mutation를 일으키거나 세포를 죽게하기도 하고 2가지 경우를 다 유발하기도 한다.

DNA에 손상을 일으키는 물질은 DNA에 돌연변이(mutation)를 초래하므로 **돌연변이원(mutagen)**이라 하고, 이들은 또한 고등동물에서 암을 일으키기도 하기 때문에 **발암물질(carcinogen)**이라고 한다. 발암물질은 mutation를 만드는데 2개의 다른 유전자들의 그룹에서 mutation를 유발한다. 첫 번째 그룹은 **원암유전자(proto-oncogenes)**인데 정상적인 세포의 성장과 분열을 촉진하는 산물들을 암호화한다. 원암유전자를 변화시키는 mutation는 이 유전자들을 **암유전자(oncogenes)**로 바꾸어, 대량의 정상적인 유전자 산물 혹은 활성이 더 강한 mutation 유전자 산물을 합성한다. 두 번째 그룹은 **종양억제유전자(tumor suppressor genes)**로 세포분열과 복제를 늦추는 유전자 산물을 암호화한다. 종양억제유전자를 불활성화시키는 mutation은 세포분열을 조절하는 것을 돕는 일종의 브레이크를 제거하는 것이다.

일반적으로 하나의 mutation은 정상적인 세포를 암세포로 반전시키는 데는 충분하지 못하다. 그러나 긴 시간 동안 여러 번의 mutation를 통해서라면 충분히 가능하게 된다. 그러므로 DNA를 손상하는 외부의 물질에 최소한으로 노출되는 것이 바람직하다. 다소간 역설적이지만 어떤암을 갖고 있는 사람들을 치료하기 위하여 DNA 손상유발 물질이 아주 조심스럽게 투여하기도 한다. 그 이유는 DNA 손상유발 물질의 세포독성 효과가 암세포를 죽일 수 있을지 모른다는 바램때문이다. 그러나 DNA 손상유발 물질이 암세포의 DNA만을 제한적으로 공격하는 마법의 총알은 아니다. 이 과정에서 일부 정상적인 세포의 DNA를 공격하여 또 다른 암을 유발시키기도 한다. DNA 손상을 일으키면서 작용하는 화학적 치료제(항암제)에 대한 위험성과 수익성과의 비율을 결정하는 것이 필요하다.

손상된 DNA를 수선하기 위하여 몇 개의 다른 경로가 진화되어 왔다. 이 수선 회로는 크게 2가지 주요 그룹들로 나누어지는데 DNA 손상을 직접적으로 회복시키는 것과 결함이 있는 부분을 잘라내고 정상적인 nucleotide로 교체하는 것들이 있다. 각 경로가 DNA 손상의 특정 종류를 수선하는 경향이 있지만, 이러한 특이성에 있어서 상당한 duplication이 있어 2개 이상의 경로가 같은 유형의 손상을 수선할 수 있다. 어떤 경우에는 세포가 손상된 부분을 수선할 수는 없지만 생존할 수는 있는데 왜냐하면 손상을 견뎌낼 수 있는 대사 기작을 가지고 있기 때문이다.

이 장의 첫 번째 부분에서는 세포에서 일어나는 DNA 손상의 여러 유형들을 살펴 보고 두 번째 부분에서는 세포가 DNA 손상을 어떻게 복구하고 손상된 요소를 제거하거나 치환하며, 손상에 대하여 어떻게 내성을 갖는지에 대한 기작을 살펴본다.

## 10.1 방사선 손상

### 자외선은 cyclobutane pyrimidine dimer(CPD) 형성과(6–4) 광산물(photoproduct) 형성을 일으키는 원인이 된다.

세포가 자외선(파장 100~400 nm) 및 이온화 방사선의 2가지 형태, 즉 X-선(파장 0.01~100 nm) 및 감마선(파장이 < 0.01 nm)과 같은 고에너지 전자기 방사선에 노출되면 세포 DNA에 상당한 손상을 받게 된다. 다음의 3가지 band로 구분되는 자외선으로 인하여 생기는 손상의 주요한 형태부터 살펴보도록 하자: UV-A(321~400 nm), UV-B(296~320 nm) 및 UV-C(100~295 nm). 지구에 도달하는 자외선의 대부분은 UV-A로 가장 적은 에너지 band이고 DNA에 거의 손상을 주지 않는다. 비록 UV-B는 지구 표면에 도달하는 자외선의 10%에 지나지 않지만 피부의 DNA의 손상의 대부분이 이 때문이다. UV-C는 최대 DNA 흡수 파장(260 nm)을 가지고 있어 지구의 대기권을 통과할 수 있다면 노출된 생명체에 대하여 아주 많은 DNA 손상을 일으킬 수 있다. 다행스러운 것은 성층권에 있는 오존이 UV-C를 통과하는 것을 방해하여 매우 적은양만이 지구 표면으로 올 수 있다. 그러나 chlorofluorohydrocarbon과 같은 화학물질들이 대기로 방출됨으로써 오존층이 차츰 줄어드는 것이 문제점으로 제기되고 있다. 오존층의 고갈현상은 피부가 자외선의 영향을 직접 받게 함으로써 피부암의 발생빈도를 높히게 될 것이다. 자외선이 DNA의 손상을 유발시키는 여부를 확인하는 실험실 연구들은 일반적으로 UV-C 자외선을 생산하는 살균램프로 실시하고 있으며 UV-B와 방법은 같지만 훨씬 더 효과적이다.

2개의 중요한 광산물은 자외선으로 인한 DNA 손상의 거의 모든 것에 대하여 설명해 준다. 두 경로 모두 동일한 DNA 가닥의 인접한 pyrimidine 염기 사이에서 dimer 형성을 가진다. 첫 번째 경로로 **cyclobutane pyrimidine dimer(CPD)** 형성이며 자외선으로 인한 손상의 약 75%를 차지한다. Cyclobutane 고리는 인접한 2개

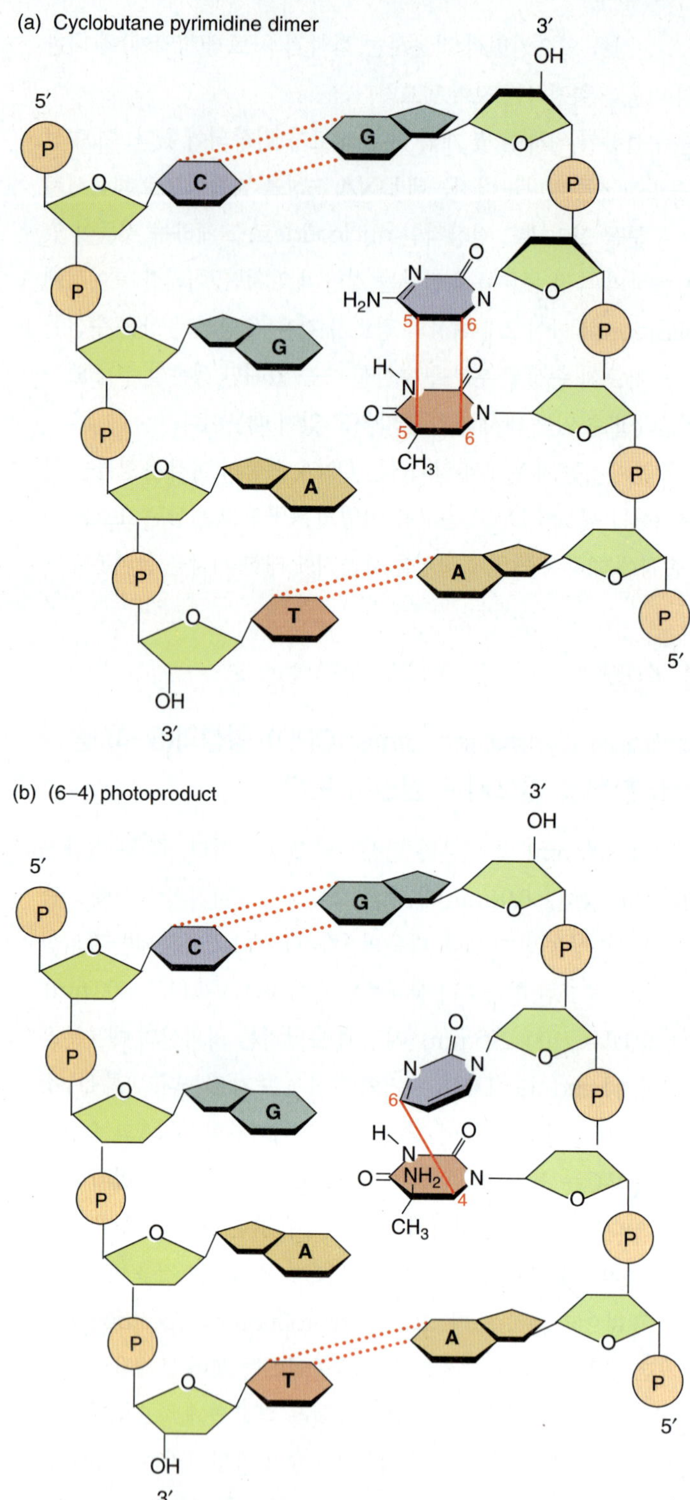


**그림 10.1 자외선은 cyclobutane pyrimidine dimer와(6-4) 광산물(photoproduct) 형성을 촉진한다.** (a) 자외선은 같은 DNA 가닥의 인접한 pyrimidines(이 경우에 cytosine과 thymine) 사이에 2개의 새로운 결합을 만들면서 cyclobutane pyrimidine dimer의 형성을 촉진한다. 하나는 C-5 원자를 연결하고 다른 하나는 C-6 원자를 연결한다. (b) 자외선은 또한 하나의 pyrimidine의 C-6 원자와 같은 DNA 가닥의 인접한 pyrimidine(이 경우에는 cytosine 및 thymine)의 C-4 원자 사이에 하나의 결합을 만들어 (6-4) 광산물의 형성을 촉진시킨다. 이 그림은 pyrimidine 고리 사이의 결합을 보여주지만 공간에서 pyrimidine 고리가 배열되는 것을 보여주지는 않는다. Adapted from Friedberg, E. C., et al. *DNA Repair and Mutagenesis, 2/e*. ASM Press, 2005.

의 pyrimidine 고리 사이에 만들어지는데 C-5와 C-5 원자 및 C-6과 C-6 원자 사이에서 각각 1개씩의 결합으로 생성된다(**그림 10.1a**). 가장 일반적인 cyclobutane pyrimidine dimer는 thymine-thymine(T◇T) dimer이다. cytosine-thymine(C◇T)과 cytosine-cytosine(C◇C) dimer들도 형성되지만 보다 느린 비율로 형성된다. 구조 연구는 다음과 같이 보여 준다: (1) B-DNA는 단 하나의 T◇T dimer를 수용할 수 있으며, 나선축을 주홈(major groove)을 향하여 약 30°정도로 구부리도록 힘을 가하고 있다(**그림 10.2**); (2) dimer의 3′-thymine은 상보적 가닥에서 adenine과 함께 정상적인 Watson-Crick 염기쌍을 형성할 수 있다; (3) 5′-thymine과 그것의 상보적인 adenine 사이 상호 작용은 단 하나의 수소 결합만이 형성될 수 있기 때문에 정상보다는 보다 약할 것이다. Thymine-thymine cyclobutane dimer들은 안정되고 쉽게 형성되기 때문에 또 검출하기 쉽기 때문에 DNA 수선 시스템을 연구하는데 가끔 사용된다. 두 번째 경로는 대부분의 나머지 자외선으로 유도되는 DNA 손상을 말하며, **(6-4) 광산물(photoproducts)**을 생산 한다(**그림 10.1b**). 하나의 결합이 3′-pyrimidine(thymine 또는 cytosine 중 어느 하나)의 C-6 원자와 5′-pyrimidine(주로 cytosine)의 C-4 원자 사이에서 형성된다. (6-4) 광산물은 2개의 pyrimidine 고리들이 서로에게 수직이기 때문에 B-DNA에서 중요한 뒤틀림을 일으키는 원인이 된다. 만약에 제거하지 않으면 pyrimidine dimer 또는 광산물(6-4)은 복제와 전사 기작의 정상적 작동을 방해하여 결과적으로 mutation와 세포사멸을 초래할 수 있다. 비록 그 손상이 제거되더라도, 그 결과는 mutation이 될 수 있다.

## X-선과 γ선은 다른 많은 형태의 DNA손상을 일으킨다.

이온화 방사선은 직접적 혹은 간접적으로 많은 종류의 DNA손상을 생성한다. 직접

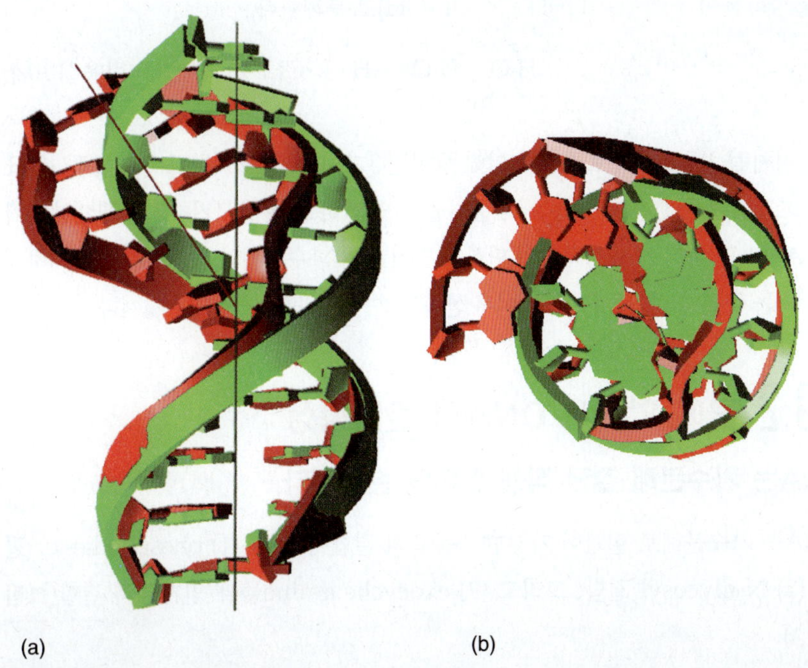


**그림 10.2 Cyclobutane pyrimidine dimer에서 유래한 DNA 꼬임을 설명하는 체계적 모식도.** Cyclobutane pyrimidine dimer(빨간색)를 만들면서 비틀림을 가진 DNA 분자가 정상의 B-DNA(녹색) 위에 겹치도록 하였다. (a) 나선형 축을 가진 측면도. (b) 위에서 본 그림. Park, H., et al., *Proc. Natl. Acad. Sci. USA* 99(2002): 15965?15970. Copyright 2002, National Academy of Sciences, USA. Photo courtesy of ChulHee Kang, Washington State University.

적인 손상은 DNA나 또는DNA와 밀접하게 결합한 물이 방사선을 흡수할 때 일어난다. 간접적인 손상은 DNA 주위의 물질 또는 다른 분자들이 방사선을 흡수하고 그때 DNA를 손상시키는 반응 물질을 형성할 때 일어난다. 손상들(일부 나선형 회전 내의 많은 손상)은 떨어져 있거나 밀집해 있을 수도 있다. 밀집된 손상의 한 형태는 이중가닥 절단(double-strand break)으로 일반적으로 세포에 치명적인 이온화 방사선이 주요한 근거로 생각된다. 이중가닥 절단은 여러 가지 deletion, duplication, inversion(염색체에서 이탈한 단편들이 끝에서 끝으로 inversion를 하고 최초의 절단 위치에 다시 삽입됨) 그리고 전좌(염색체로부터 절단된 단편들이 새로운 곳에 다시 삽입됨)와 같은 여러 가지 염색체의 기형적 변화를 일으킨다.

x-선과 γ-선에 의해서 일어나는 DNA 손상의 약 65%는 주로 광양자들이 물로 이동하는 과정에서 간접적으로 일어난다. 광양자 전이는 물을 활성화하여 2가지 유형의 반응을 일으키게 한다. 그 첫번째로, 물로 전이된 에너지의 80%에 해당되는 경우인데, 물분자를 이온화시킨다.

$$H_2O \underset{h\nu}{\rightarrow} H_2O\cdot^{+} + e^{-} \qquad \text{(반응식 10.1)}$$

생겨난 $H_2O\cdot^{+}$는 급속하게 해리되어 양성자 및 수산기( •OH)를 방출한다.

$$H_2O\cdot^{+} \rightarrow H^{+} + \cdot OH \qquad \text{(반응식 10.2)}$$

반응 10.1의 과정을 통해 생성된 전자는 산소분자와 결합하여 과산화산소 자유기(• $O_2^{-}$)를 형성한다. 그러나 미토콘드리아 밖에는 유리 산소가 거의 없다.

$$e^{-} + O_2 \rightarrow \cdot O_2^{-} \qquad \text{(반응식 10.3)}$$

주요반응의 두 번째 유형으로 나머지 20%의 에너지가 물로 전이되어 물($H_2O^*$)을 활성화하여 수소 원자(H•)와 수산기( •OH)로 분해한다.

$$H_2O \underset{h\nu}{\rightarrow} H_2O^* \rightarrow H\cdot + \cdot OH \qquad \text{(반응식 10.4)}$$

이처럼 2종류의 주요경로에 의해 생성된 3가지 고 활성 화학물질 종류들(•OH, $\cdot O_2^{-}$ 그리고 •H)은 만나는 생체분자들을 공격하고 손상시킨다. 그 생체분자가 DNA이라면 여러 가지 화학적인 변화가 일어난다. 과수산기와 과산화산소에 의하여 야기되는 특별한 변화들은 본 장 이후 산화적 손상을 다룰 때 서술할 것이다.

## 10.2 물에 있어서 DNA의 불안정성

### DNA는 가수분해 절단 작용에 의해 손상된다.

DNA는 가수분해로 절단이 가능한 3종류의 결합이 있다: (1) phosphodiester 결합, (2) N-glycosyl 결합, 그리고 (3) exocyclic amine들과 염기들의 결합(**그림 10.3**).

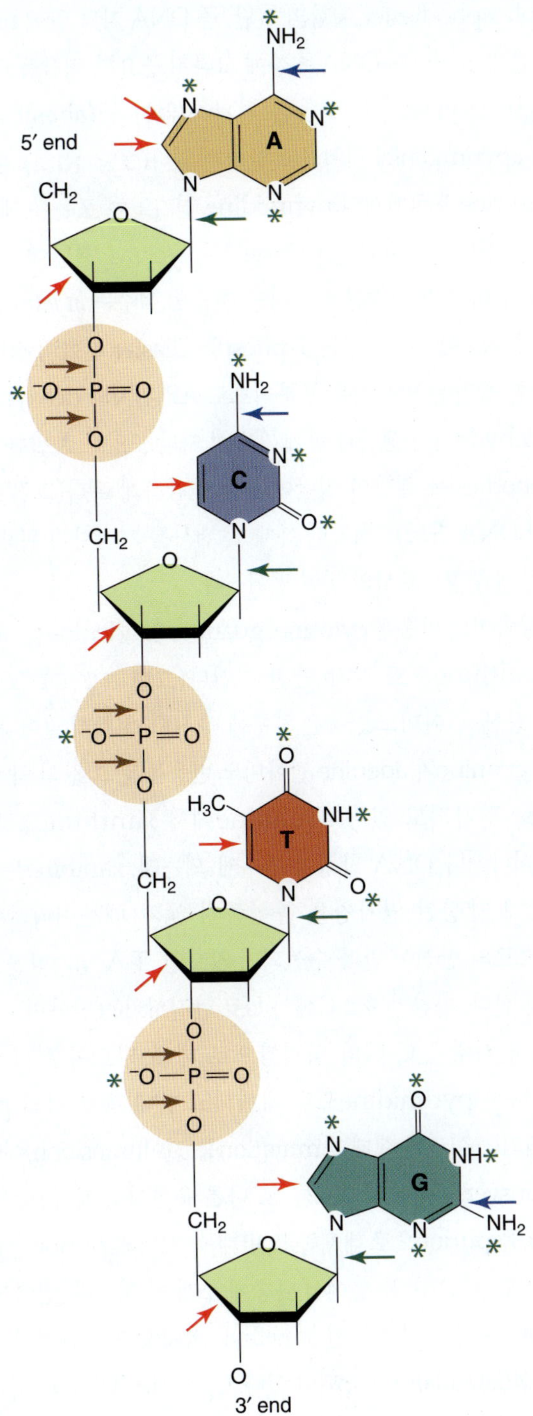


**그림 10.3 DNA에서 화학적 손상 부위.** Deoxyribose기의 염기들(A, T, G 및 C)과 phosphodiester 결합들은 많은 세포내와 세포외의 물질들의 공격에 약하다. 갈색, 녹색 및 청색 화살표들은 각각 물에 의해 절단될 수 있는 phosphodiester 결합, N-glycosylic 결합 및 exocyclic amine의 결합을 나타낸다. 빨간색 화살표들은 deoxyribose 기들과 염기들 위에 활성 산소에 의한 공격 부위를 나타낸다. 녹색의 별표는 alkyl화 물질에 의해서 공격받는 전자가 풍부한 원자들을 나타낸다. Adapted from Doetsch, P. W. *Encyclopedia of Life Sciences*. John Wiley & Sons, Ltd., April 2001. [doi: 10.1038/npg.els.0000557].

자발적인 phosphodiester 결합의 절단, 즉 DNA 가닥 안에 nick이 생기는, 이 현상은 매우 드물게 일어나며 DNA 손상에 그다지 중요한 역할을 하지 않는 것으로 믿어진다. N-glycosyl 결합의 절단은 염기가 없는 곳(abasic site)을 만들고, **AP**(apurinic과 apyrimidinic) 위치라고 알려져 있다(**그림 10.4**). 추정하기에, 매일 약 10,000개의 purine과 500개의 pyrimidine 염기들이 포유류 세포핵의 DNA로부터 사라진다고 한다. 이 결과는 purine N-glycosyl 결합이 pyrimidine N-glycosyl 결합보다 더 쉽게 가수분해 된다는 것을 보여주는 *in vitro* 실험결과와 일치한다. AP 위치 형성은 이웃하고 있는 3′-phosphodiester 결합이 절단되는데 민감하도록 한다. 이러한 증가된 민감성은 부분적으로 AP 위치의 deoxyribose가 고리 구조에서 유리 aldehyde기의 생산과 함께 개방형 가닥 모양으로 변한 결과이며, 이 때문에 3′- phosphodiester 결합의 절단이 보다 민감하게 된다(그림 10.4). 1개 이상 AP 위치를 가진 DNA 가닥은 정확한 복제 및 전사를 지시하기 위해 요구되는 정보가 결여되기 때문에 주형으로서의 질이 떨어진다.

물에 의한 탈아미노 반응은 cytosine, guanine 및 adenine을 uracil, xanthine 그리고 hypoxanthine으로 각각 반전 시킨다(**그림 10.5**). 포유류 세포에서 cytosine의 가수분해 탈아미노 반응은 하루에 약 100~500회 일어나는 것으로 평가된 반면, 결합된 guanine과 adenine 탈아미노 반응들은 그 값의 약 1% 혹은 2%가 발생되는 것으로 평가되고 있다. Guanine에서 xanthine으로 바뀌게 되면 mutation이 일어나거나 DNA 합성이 멈추게 되는데, xanthine은 cytosine 혹은 thymine과 함께 안정된 염기쌍을 형성하지 않기 때문이다. Adenine에서 hypoxanthine으로의 반전이 만약 수선되지 않으면, T-A 염기쌍을 C-G의 염기쌍으로 대체 되도록 한다. 마찬가지로 C에서 U로 반전시키는 탈아미노 반응이 수정되지 못하면 T-A 염기쌍을 C-G의 염기쌍으로 대체 되도록 한다. 한 쪽 가닥의 pyrimidine이 다른 pyrimidine으로 대체되고 반대 쪽 가닥의 purine이 다른 purine으로 대체되는 이러한 형태의 mutation를 전이(transition)이라고 한다(**그림 10.6a**). 전좌(transversion)라고 부르는 또 다른 유형의 대체 mutation는 한 쪽 가닥의 pyrimidine을 purine으로 대체하고, 반대 쪽 가닥의 purine을 pyrimidine으로 대체하는데(**그림 10.6b**), 본 장에서 나중에 소개 될 것이다. 진핵세포의 DNA에 있는 일부 cytosine은 수식된 염기인 5-methylcytosine으로 반전된다. 이러한 수식된 염기는 **CpG 섬(islands)**에 집중되어 있다. CpG 섬은 DNA의 작은 단편들로 전사 단위 바로 앞에 위치한 조절 요소라고 부르는 promoter에 가끔 있다. CpG 섬의 어원은 CpG 단편이 DNA의 나머지 부분보다 훨씬 더 높은 빈도로 DNA 부분에 있다는 사실로부터 유래한다. CpG 섬에 있는 5-methylcytosine 염기의 자발적인 탈아미노 반응의 빈도는 cytosine에 대한 그것보다 훨씬 많다. 그러나 이 경우의 산물은 thymine이고 uracil은 아니며, 결과적으로 C-G 염기쌍을 T-A 염기쌍으로 반전한다. 아질산($HNO_2$)은 베이컨, 소시지 및 핫도그와 같은 육가공의 방부제로 사용되는 아질산염(nitrite)으로부터 형성되며, 탈아미노 반응을 크게 증가시키면서 cytosine,

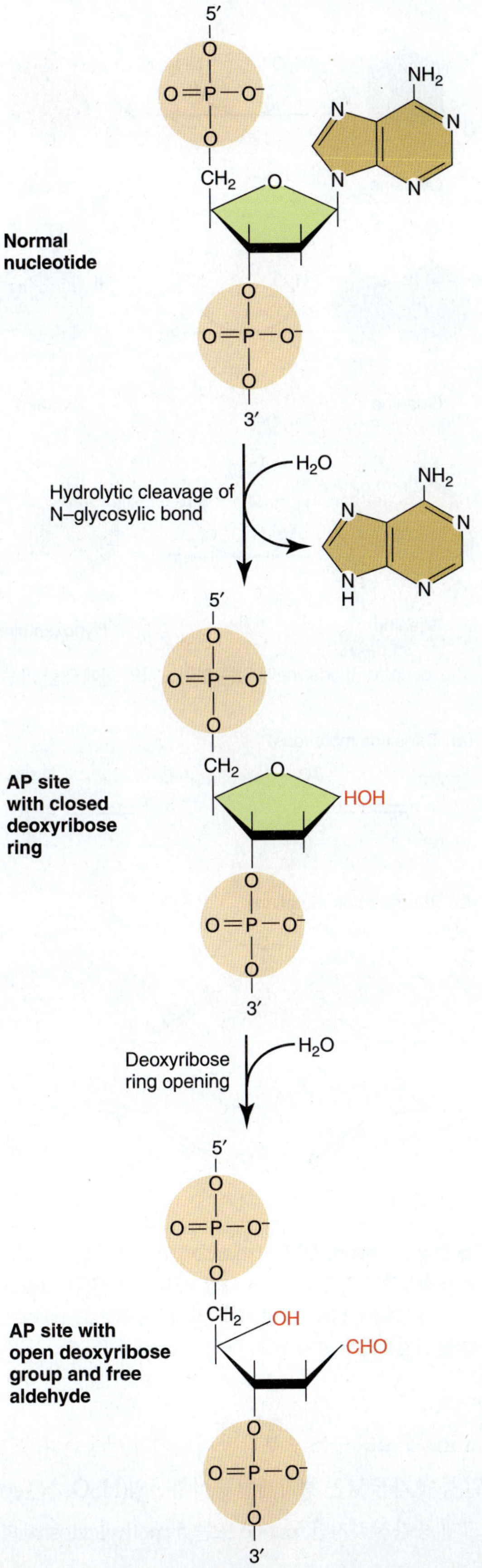

**그림 10.4** N-glycosylic 결합의 가수분해 절단과 유리 aldehyde기를 가진 개방 가닥 deoxyribose의 연속적 생산.

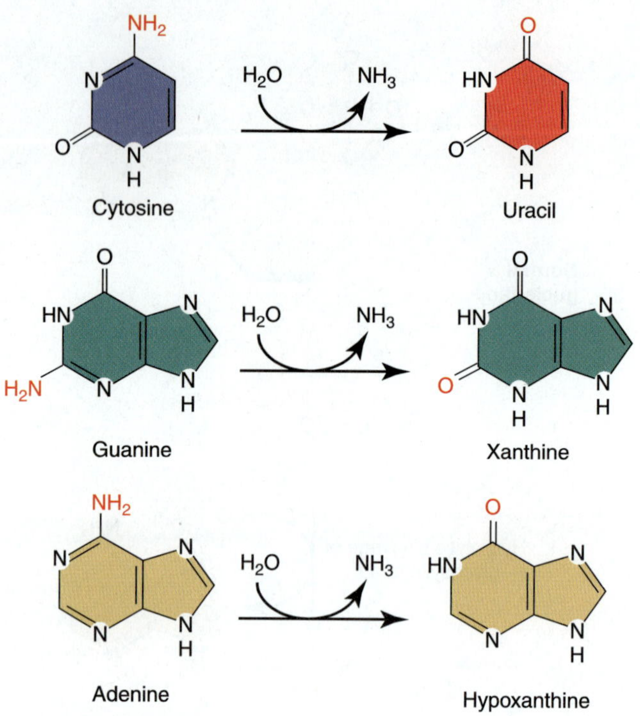


**그림 10.5** Cytosine, guanine 및 adenine에 있는 아미노기의 물에 의한 가수분해.

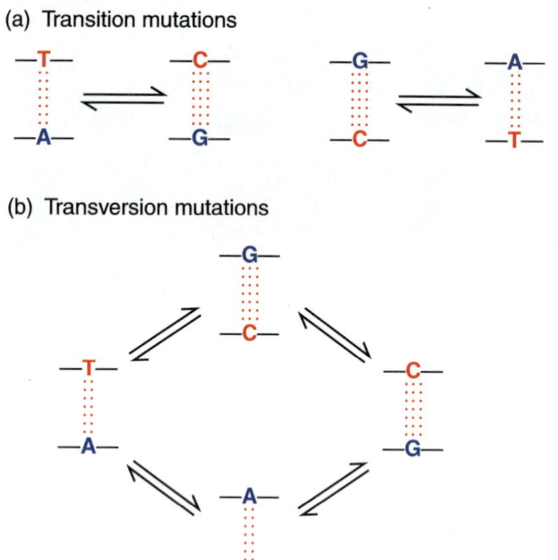


**그림 10.6 전이와 전좌 mutation.** (a) 전이 mutation에서, 하나의 pyrimidine-purine 염기쌍이 같은 pyrimidine-purine 관계에서 다른 염기쌍을 대체시킨다. (b) 전좌 mutation에서, pyrimidine-purine 염기쌍은 purine-pyrimidine 염기쌍으로 대체 된다(또는 역으로). purine 염기들은 파란색이고, pyrimidine 염기들은 빨간색이다

adenine 및 guanine의 고리 구조에 부착된 아민기와 반응한다. 포도주, 맥주, 과일 주스 및 건조 과일 등에 가끔 넣는 첨가제인 중아황산염($HSO_3^-$)은 cytosine의 탈아미노 반응을 또한 크게 증가시키지만, purine 또는 5-methylcytosine의 탈아미노 반응에는 영향을 미치지 않는다.

# 10.3 산화적 손상

## 활성산소가 DNA를 손상시킨다.

세포호흡은 다양한 신진대사의 중간생성물로부터 호기성 생명체의 최종전자수용체인 산소분자까지 전자의 전달을 포함한다. 진핵세포의 미토콘드리아의 내막과 세균의 세포막에 존재하는 전자전달 혹은 호흡연쇄(respiratory chain)는 다음의 연속적인 전자전달로 산소분자에 운반한다.

$$O_2 \xrightarrow{e^-} \bullet O_2^- \xrightarrow{e^-,\ 2H^+} H_2O_2 \xrightarrow{e^-,\ H^+} \bullet OH \xrightarrow{e^-,\ H^+} H_2O \qquad \text{(반응식 10.5)}$$

세포호흡 동안 생산된 활성산소가 DNA를 손상시키는 잠재력을 가지고 있지만, 활성산소가 다음과 같은 이유에서 그러하지 못한 것 같다: (1) 호흡연쇄는 보통 이러한 활성산소들을 방출하지 않는다; (2) 세포들은 superoxide dismutase를 가지고 있어 superoxide기를 산소분자와 과산화수소로 전환시킨 후 과산화수소를 산소와 물로 전환시킨다; 그리고 (3) superoxide기와 수산기(hydroxyl radicals)는 만약에 호흡연쇄에 의해 방출이 되면 활성이 높아, 이들은 핵의 DNA에 도달하기 전에 가까이에 있는 생체분자와 반응 할 것이다.

세포의 호흡작용에 의해서 생성된 활성산소는 정상의 생리적 조건에서는 핵 DNA를 손상시키지 않을 것이지만, 다른 기작들에 의해 생성된 활성산소는 핵 DNA의 손상을 상당히 일으킬 수 있다. 가장 중요한 문제를 일으키는 것은 위에서 설명한 것처럼 이온화 방사선에 의해 생산된 수산라디칼이다. 그러나 수산라디칼들은 guanine을 uric acid으로 전환하는 것과 같은 많은 생화학적 경로들에서 정상적인 대사산물인 과산화수소로부터 화학적으로 생성될 수 있다. 과산화수소는 superoxide기나 수산라디칼만큼 반응적이지는 않아서, 만약 그것을 파괴 할 수 있는 효소인 catalase와 peroxidase를 피할 수 있다면 세포내에서 훨씬 긴 반감기를 갖는다. 또 과산화수소는 다음의 반응을 통해 수산라디칼로 반전될 수 있다.

$$Fe^{2+} + H_2O_2 \rightarrow Fe^{3+} + \bullet OH + OH^- \qquad \text{(반응식 10.6)}$$

1890년대 Henry J. H. Fenton에 의해 처음 보고된 이 반응은 그의 이름을 따서 Fenton반응으로 불린다. 구리, 망간 그리고 코발트와 같은 다른 전이금속 이온들이 철을 대신할 수도 있다. 수산라디칼이 이온화 방사선에 의해 생성된 것이든 Fenton 반응에 의해 생성된 것이든, 80여 가지 이상의 다양한 염기 손상을 유발한다고 알려져 있다. 산화 염기 산물 중, 8-oxoguanine(oxoG)과 thymine glycol을 **그림 10.7**에 나타내었다. 8-Oxoguanine은 adenine이나 cytosine과 함께 염기쌍을 이룰 수 있다(**그림 10.8**). 만약 수선되지 않는다면, 결과물 8-oxoG-A 염기쌍은 T-A 염기쌍으로 복제되고 전좌 mutation를 일으킨다. Thymine glycol은 DNA 복제를 방해하며 따라서 세포독성이다. Fenton반응에 의해 생성된 수산라디칼들은 이온화 방사선에 의

(a) 8-oxoguanine

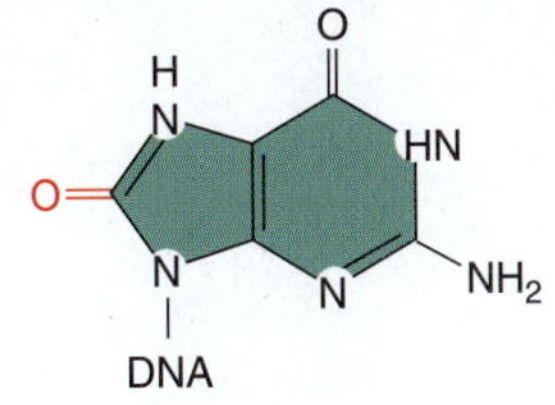


(b) Thymine glycol

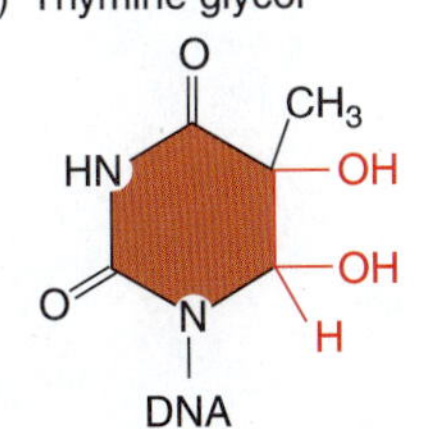


**그림 10.7** 수산기가 원인된 DNA의 산화적 손상으로 생성된 2개의 변형 염기.

**그림 10.8 Cytosine 혹은 adenine과 8-oxoguanine과의 염기쌍.** (a) *anti*형 구조의 8-oxoguanine은 cytosine과 염기쌍을 이루고, (b) *syn*형 구조에서는 adenine과 염기쌍을 이룬다. 만약 수선되지 않으면, 8-oxoguanine-adenine 염기쌍은 G-C 염기쌍이 T-A 염기쌍으로 대체되는 전좌 mutation을 일으킨다.

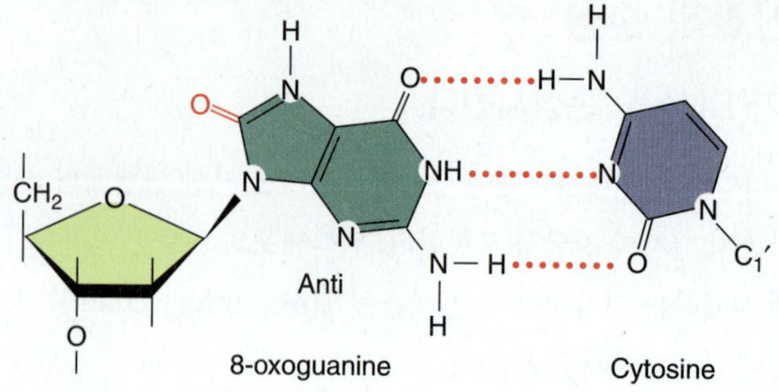


해 생성된 것들보다 보다 넓게 분산되는 경향이 있으며, 그렇기 때문에 이중가닥 절단(double-strand breaks)을 훨씬 적게 생산한다. 세포들은 이중가닥 절단보다 단일가닥 절단(single-strand breaks)을 보다 더 쉽게 수선할 수 있다. 활성산소는 또한 염기나 당을 손상시킬 수 있고, 여러 가지의 생체분자들을 DNA를 손상시킬 수 있는 활성산소로 반전시킬 수 있다. 예를 들어, 다중불포화지방산의 산화는 염기 손상을 야기하는 2개의 aldehyde 산물인 malondialdehyde와 4-hydroxynonenal을 생성한다(**그림 10.9**).

## 10.4 단일부가물(Monoadduct) 형성에 의한 alkyl화 손상

### Alkylating agent들은 음전하의 중심으로 alkyl기를 전이하면서 DNA를 손상시킨다.

DNA는 **친전자체(electrophiles**: Gr. electros = 전자와 philos = 좋아함) 또는 친전자성 물질(electrophilic agents)이라고 불리는 전자를 찾아다니는 화학물질들에 의해 쉽게 공격받는 전자-풍부 원자들을 가지고 있다. **Alkylating agent**들은 methyl, ethyl, 또는 보다 큰 alkyl기를 DNA의 전자-풍부 원자들에게 전이하기 때문에, 이들 활성이 높은 친전자체가 일으키는 DNA 손상을 여기에서 알아보고자 한다. Alkyl화는 다음과 같은 곳에서 일어난다:(1) 염기의 고리 체계(ring systems)에 있는 외부의

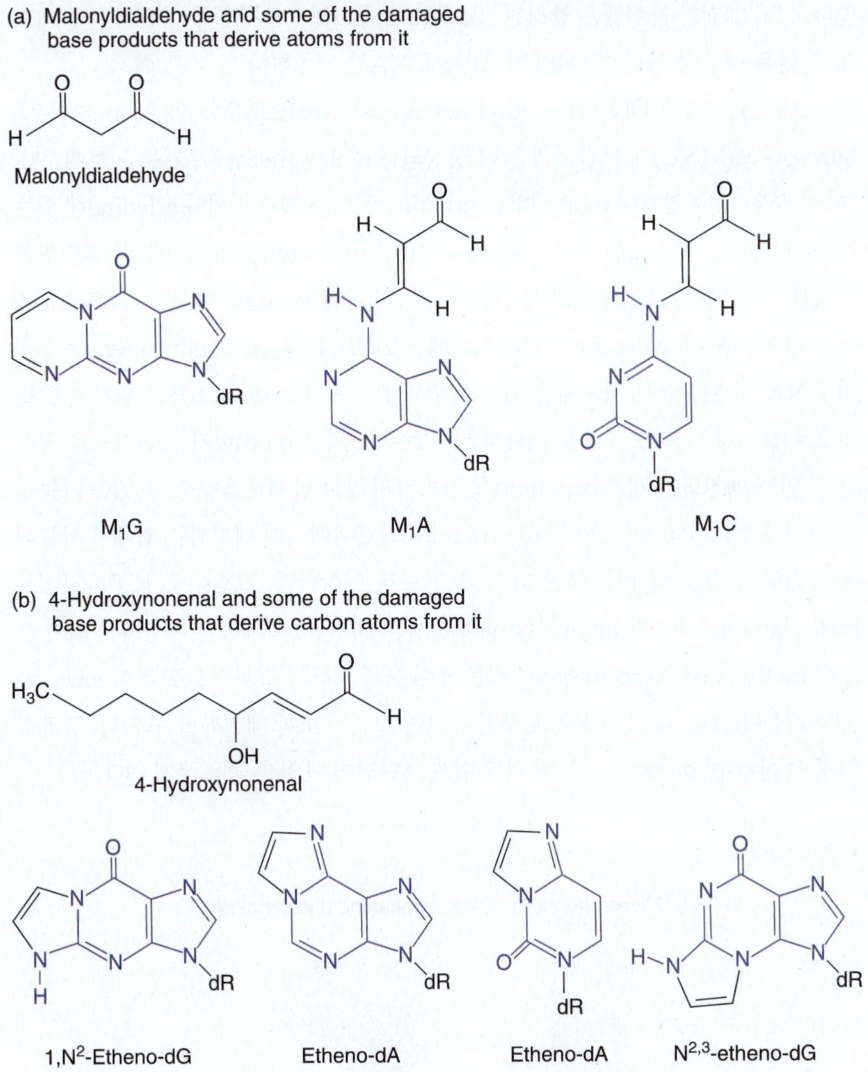

(a) Malonyldialdehyde and some of the damaged base products that derive atoms from it

Malonyldialdehyde

$M_1G$ $M_1A$ $M_1C$

(b) 4-Hydroxynonenal and some of the damaged base products that derive carbon atoms from it

4-Hydroxynonenal

1,$N^2$-Etheno-dG Etheno-dA Etheno-dA $N^{2,3}$-etheno-dG

**그림 10.9 DNA 염기 손상을 일으키는 다중불포화 산화의 2개의 aldehyde 산물인 malonyldialdehyde와 4-hydroxynonenol.** (a) Malonyldialdehyde와 그것의 원자들로부터 유래된 일부 손상된 염기 산물. (b) 4-hydroxynonenol와 그것의 원자들로부터 유래된 일부 손상된 염기 산물. 손상된 염기들에서 파랑색으로 보이는 원자들과 결합들은 원래의 염기로부터 유래되었다. Adapted from Marnett, L. J., *Carcinogenesis* 21(2000): 361-370.

질소와 산소 원자들; (2) deoxyribose에 연결된 것들을 제외한 염기 고리 체계에 있는 질소 원자들; 그리고 (3) 인산기에 있는 비가교(non-bridging) 산소 원자. 천연으로 발생되거나 화학적으로 합성되는 다른 많은 종류의 물질들이 alkyl기를 DNA로 전이하는 것으로 알려져 있다.

DNA에 화학기를 붙여 형성된 생산물을 **부가물(adduct)**이라고 부른다. 만약 DNA의 단 하나 위치에 화학기가 부착되어질 때, 그 생산물을 **단일부가물(monoadduct)**라고 부른다. 예를 들면 dimethylnitrosamine에 DNA를 노출하면, 1개의 methyl기가 DNA에 붙은 단일부가물의 생산을 가져온다. **그림 10.10**은 DNA를 메칠화시키는 dimethylnitrosamine과 몇 가지 다른 간단한 물질의 구조들을 보여

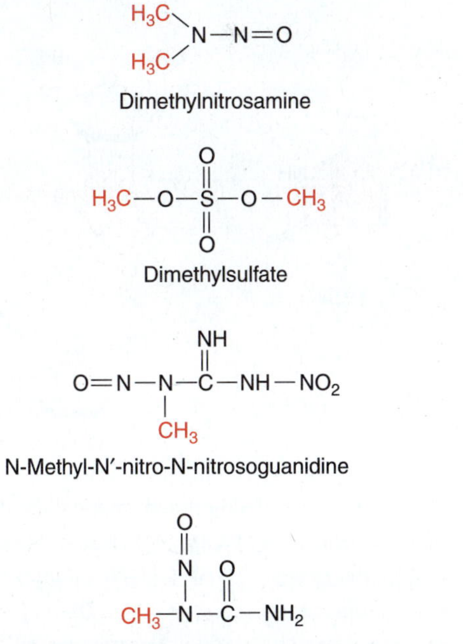

Dimethylnitrosamine

Dimethylsulfate

N-Methyl-N′-nitro-N-nitrosoguanidine

N-Methyl-N-nitrosourea (MNU)

**그림 10.10 일부 간단한 DNA 메칠화제의 화학적 구조.** DNA로 옮겨지는 methyl기는 빨간색으로 나타내었다.

준다. 이들 메칠화 물질들은 알려진 alkylating agent의 단지 일부 작은 부분을 나타내고, 많은 것들이 훨씬 더 큰 alkyl기들을 DNA로 전이한다.

**그림 10.11**은 DNA가 methylmethane sulfonate(MMS)와 N-methyl-N-nitrosourea(MNU)에 노출되었을 때 형성되는 주요한 methyl 부가물을 보여준다. 2가지 경우 모두 염기의 methyl화는 guanine에 있는 N-7 위치와 adenine에 있는 N-3에서 가장 자주 일어난다. 비록 $N_7$-methylguanine이 cytosine과의 염기쌍을 형성할 수 있지만, 그것은 결과적인 탈염기 위치(abasic site)의 형성으로 DNA로부터 쉽게 제거된다. Adenine에 있는 N-3에서 methyl화는 $N^3$-methyladenine 형성이 DNA 복제를 막기 때문에 실제로 아주 중요하지만 mutation를 유발하지 않는 것으로 보인다. 그러므로 adenine에 있는 N-3 위치로 methyl기를 전적으로 전이할 수 있는 메칠화 물질은 mutation를 일으키지 않고 암세포를 죽일 수 있는 가능성을 가지고 있다. Guanine의 O-6과 thymine의 O-4에서의 메칠화는 위에서 서술된 N-메칠화의 어느 쪽보다 훨씬 더 낮은 빈도로 일어난다. 그럼에도 불구하고 $O^6$-methylguanine과 $O^4$-methylthymine 형성은 DNA의 복제동안 메칠화된 염기 불일치(methylated bases mispair) 때문에 아주 중요하며 결과적으로 전이 mutation를 초래한다(**그림 10.12**). DNA 골격에 있는 인산기 또한 메칠화될 수 있다. 결과적인 중성 phosphotriester는 물에 의해 쉽게 절단되어 단일 가닥을 끊게 된다.

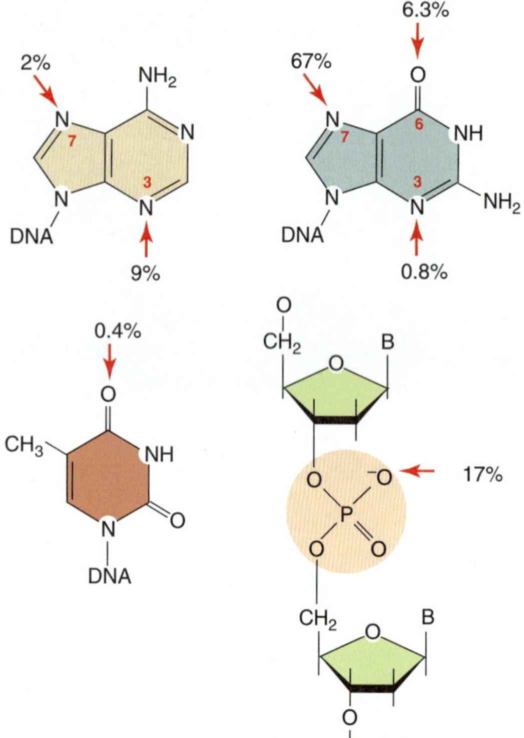


**그림 10.11 Methylmethane sulfonate(MMS)와 N-methyl-nitrosourea(MNU)을 가진 DNA 염기들과 인산 골격의 methyl화 위치.** 빨간색 화살표는 이중가닥 DNA에서 methyl화되는 위치를 파랑색 화살표 위치는 단일 가닥에서 메칠화 되는 위치를 나타낸다. 화살표 가까이의 퍼센트 값은 그 위치에서 methyl화의 빈도를 나타낸다. Adapted from Mishina, Y., Duguid, E. M., and He, C., *Chem. Rev.* 106(2006): 216-232.

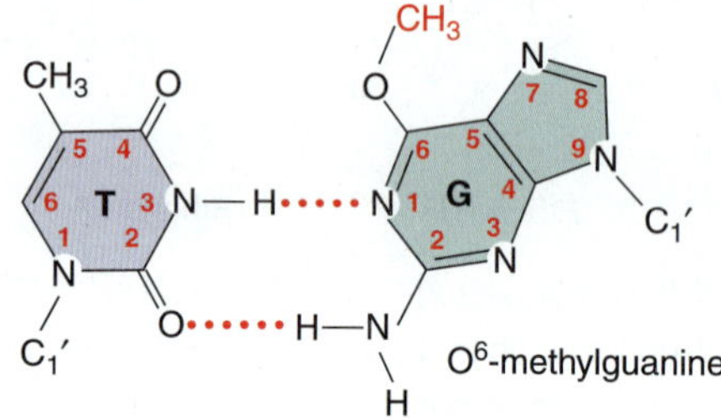


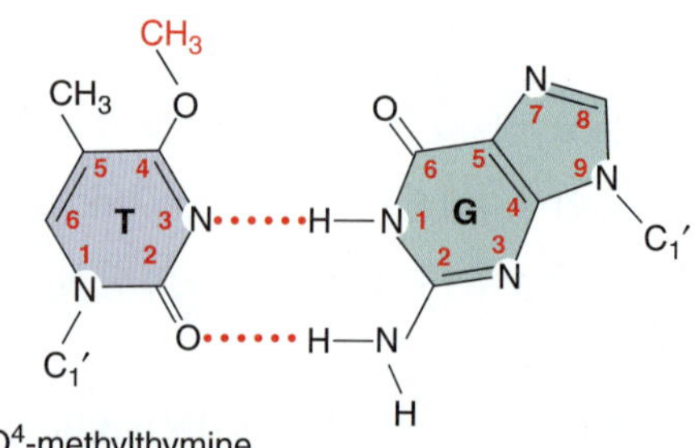


**그림 10.12 Guanine의 O-6 위치와 thymine의 O-4에서 methyl화 후에 형성되는 짝 불일치(mispairs).** Methyl기가 제거되지 않으면, 짝 불일치를 포함하는 DNA의 복제가 전이 mutation의 결과를 가져올 것이다. Adapted from Memisoglu, A., and Samson, L. D. *Encyclopedia of Life Sciences*. John Wiley & Sons, Ltd., April 2001. [doi: 10.1038/ npg.els.0000579].

## 많은 환경물질들이 세포 대사에 의해 변형되어 DNA를 alkyl화 한다.

많은 환경 물질들이 세포내에서 대사된 후에야 활성을 가진 alkylating agent가 된다. 이러한 화합물의 존재에 대한 첫 번째 실마리는 1775년 영국 외과의사 Percival Potts의 발견에 유래되었다. Potts는 음낭암을 가진 몇몇 남성 환자가 젊은 소년 때부터 굴뚝 청소부로 일을 했었다는 것에 주목하였다. 이러한 관찰로 부터 그는 굴뚝 매연에 노출과 암과의 사이에 인과관계를 제안 하였다. 이처럼 Potts는 위험한 작업환경과 암과의 상관 관계를 첫 번째로 지적하게 되었다. 우리는 현재 매연에 있는 위험한 환경물질이 연료로 사용되는 나무나 석탄이 탈 때 불완전 연소에 의해 형성되는 **다환방향족탄화수소(PAHs: polycyclic aromatic hydrocarbons)**의 혼합물이라는 것을 알고 있다. 또한 다환방향족탄화수소와 유사한 형태가 역시 담배 연기와 숯불고기에 존재한다. 다환방향족탄화수소 계에 속하는 100개 이상의 다양한 화합물 중 몇 가지 구조들을 **그림 10.13**에 나타내었다. 이러한 다환방향족탄화수소에 있어서 일반적인 구조적 특징은 2개 이상 융합된 방향족 고리를 갖고 있다는 것이다. 이들 소수성 탄화수소는 대사적으로 활성화되지 않는한 DNA를 손상시킬 수 없다. **그림 10.14**는 다환방향족탄화수소의 하나인 benzo[a]pyrene을 활동적인 epoxide alkylating agent로 전환시키는 경로를 보여준다. 이 경로는 소포체에 있는 cytochrome P450과 epoxide hydrolase 들을 필요로 한다. 일반적으로 두 효소 모두 세포의 건강유지에 기여하고 있다. Cytochrome P450 효소는 대사 전구물질들을 필수적인 생체 분자로 반전시키는 산화반응을 촉매하고 또한 해로운 약들을 수용성으로 전환시킴으로써 해독시켜 소변으로 배설될 수 있도록 한다. 그러나 cytochrome P450 효소는 그다지 특이적이지 않아서 benzo[a]pyrene과 같은 다환방향족탄화수소에 작용하여 산소원자들을 추가하여 활성이 높은 3각 epoxide 고리들(three-membered epoxide rings)을 만든다. 이와 같이 생성된 epoxide는 DNA를 알킬화시켜 mutation를 초래하는 복제 오류를 일으키면서 결국 정상세포를 암세포로 반전시킨다.

DNA를 손상시키기 전에 활성화되어야 하는 또 하나의 화학적 발암물질인 **aflatoxin**은 땅콩, 쌀 및 옥수수와 같은 곡류에 성장하는 곰팡이, *Asperigillus flavus*

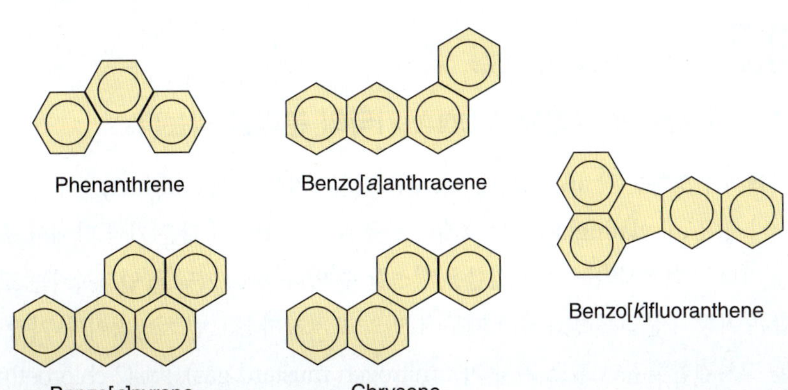


**그림 10.13** 일부 대표적인 다환방향족탄화수소(PAH)

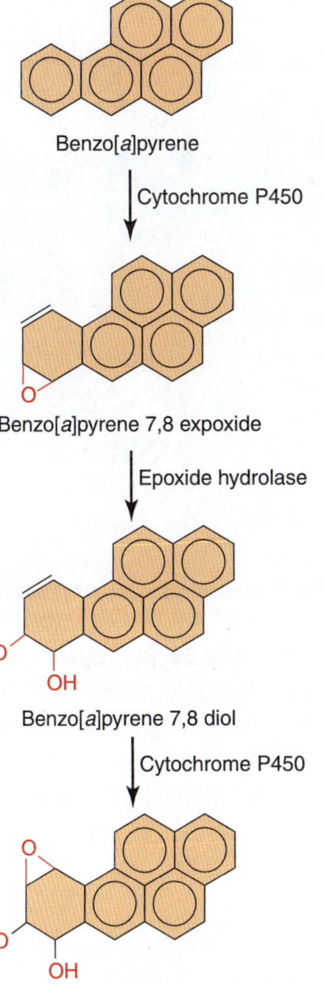


**그림 10. 14 다환방향족탄화수소, benzo[a]pyrene의 대사활성화.** Benzo[a]pyrene의 활성은 2종류의 효소, cytochrome P450과 epoxide hydrolase가 필요하다. 9,10 epoxide 산물은 DNA를 공격하여, 이 그림에서 보이지 않는 부가물을 형성한다.

Aflatoxin $B_1$

Cytochrome P450

Aflatoxin $B_1$ expoxide

DNA

Aflatoxin attached to the N7 position of the guanine base, which is shown in red

**그림 10.15 Aflatoxin $B_1$의 대사적 활성화.** 곡류에 자라는 곰팡이의 독성물질인 aflatoxin $B_1$은 DNA에 첨가되기 전에 대사적으로 활성화 되어야 한다. Cytochrome P450은 aflatoxin $B_1$을 활성화 하는 epoxide기를 부가하는데 필요하고, guanine의 N-7 위치에서 adduct를 형성한다.

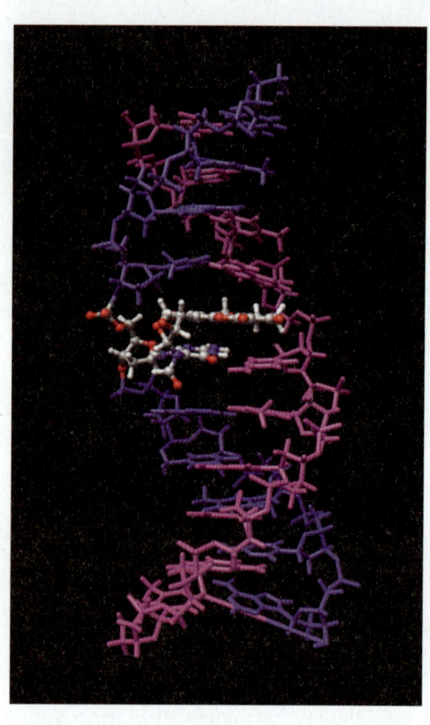

**그림 10.16 DNA에 결합한 aflatoxin $B_1$ 유도체.** 활성화된 aflatoxin은 DNA 나선에 있는 guanine과 결합하여 DNA 염기들 사이에 부피가 큰 고리(bulky ring)를 삽입한다. 이 삽입은 나선을 뒤틀고 DNA가 복제될 때 복제 오류를 일으킨다. Guanine imidazole 고리는 이 실험에서 사용된 조건 하에서 열려 있다. 1개의 DNA 가닥은 파랑색으로 다른 것은 심홍색이다. Aflatoxin과 그 것이 결합하는 guanine nucleotide로부터 파생된 원자들은 표준 CPK 색채로 보여준다. Photo courtesy of Kyle L. Crown and Michael P. Stone, Vanderbilt University.

와 *A. parasiticus*에 의해 생성된다. Aflatoxin을 포함한 오염된 곡물을 급여한 동물은 간암을 포함한 간질환에 있어서 현저히 증가된 비율을 나타냈다. *A. flavus*에 의해 생성되는 가장 강력한 독소인 aflatoxin $B_1$은 미국에서 건강에 심각한 위해를 끼치고 있다. Cytochrome P450은 aflatoxin $B_1$을 DNA를 손상시키는 epoxide 유도체로 반전시킨다(**그림 10.15**). 이상적인 조건 하에서는 **glutathione**이라고 불리는 작은 tripeptide는 epoxide 고리를 공격하여 aflatoxin 유도체를 수용성으로 만들어 소변으로 배설될 수 있도록 한다. 그러나 반응성 epoxide 유도체의 일부는 glutathione에 의한 공격을 피해서 DNA에 있는 guanine 고리를 공격하기가 자유롭다. 편평한 aflatoxin 고리 시스템이 DNA 염기들 사이에 삽입되고(**그림 10.16**), 나선 뒤틀림을 야기하여 결국 복제 오류를 일으킨다.

## 10.5 화학적 교차결합 물질

### 화학적 교차결합 물질들은 DNA 가닥의 분리를 막는다.

여기에서 설명하는 각 alkylating agent는 단일부가물(monoadduct)을 형성한다. 그러나 많은 alkylating agent는 2개의 반응 부위가 있어서 같은 가닥 안에서 또는 반대 가닥을 연결시키는 교차 결합을 형성할 수 있다. 반대 가닥을 연결시키는 교차 결합은 가닥의 분리를 방해하기 때문에, 만약 고쳐지지 않으면 치명적이다. 가장 간단한 교차결합물질인 질소 겨자 가스(nitrogen mustard gas), [bis(2-chloroethyl) methylamine; **그림 10.17a**]는 중추신경을 공격하는 화학전쟁무기로서 군사적으

(a) Bis(2-chloroethyl)methylamine (nitrogen mustard gas)

$$ClCH_2-CH_2-\underset{|}{\overset{CH_3}{N}}-CH_2-CH_2Cl$$

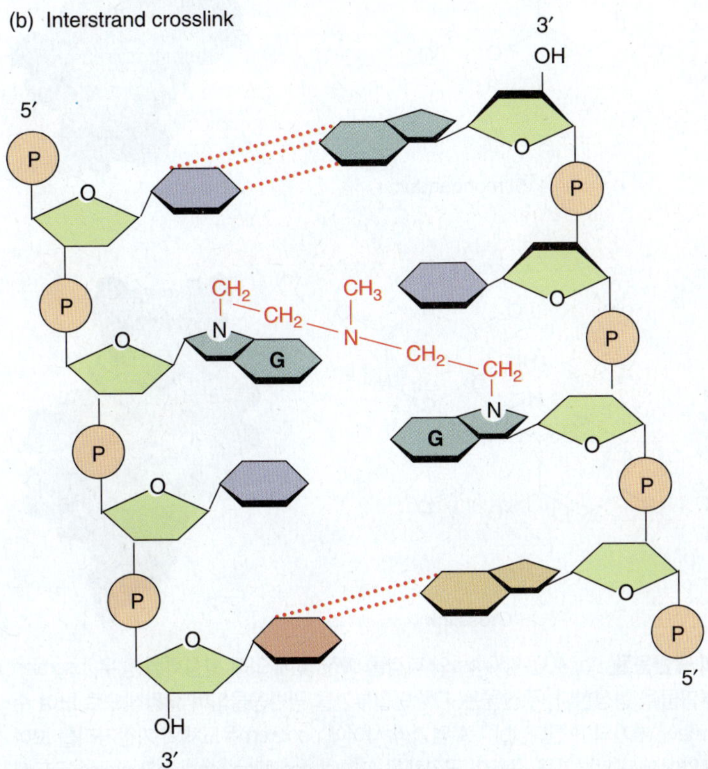


**그림 10.17 교차결합 형성을 일으키는 질소 겨자 가스.** (a) bis(2-chloroethyl) methylamine(질소 겨자가스)의 구조. (b) 질소겨자가스는 DNA 이중나선의 반대 쪽 가닥에 있는 2개의 guanine 염기들의 N7 위치를 통해 가닥사이의 교차결합을 형성한다. Part b adapted from Friedberg, E. C., et al. *DNA Repair and Mutagenesis, 2/e*. ASM Press, 2005.

로 최초로 개발되었다. 그 후에 질소 겨자 가스가 서로 다른 가닥 사이의 교차 결합을 형성해서 또한 DNA를 손상 시킨다는 것을 알게 되었다. 그것은 DNA 이중 나선(**그림 10.17b**)의 반대 가닥에 있는 2개의 guanine의 N-7을 공격한다. 질소 겨자 가스는 매우 유해한 물질이긴 하지만 일부 림프종과 백혈병 치료를 위한 화학요법제로서 임상적으로 사용될 수 있음이 알려졌다.

## Psoralen과 관련 화합물은 단일부가물 혹은 교차결합을 형성할 수 있다.

Psoralen은 당근과에 속하는 일부 식물들에 의해 합성되는 천연물질이며, 빛에 의해 활성화 된 후 DNA를 alkyl화할 수 있다. 평면의 psoralen 분자는 쿠마린(coumarin)으로 불리는 이종이중환(heterobicyclic)계 고리에 푸란(furan) 고리로

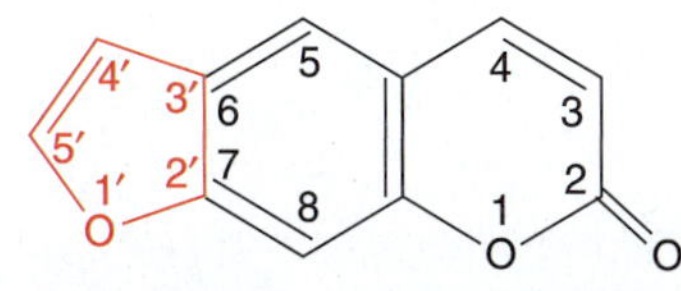


**그림 10.18 Psoralen.** Psoralen은 쿠마린 링(검정색)에 연결된 furan 링(빨간색) 으로 이루어져 있는 평면 삼환 화합물이다. 고리에 있는 원자들은 그림에서와 같이 숫자로 나타낸다. Furan 고리에 있는 원자들의 위치는 숫자 뒤에 프라임(′)으로 나타낸다.

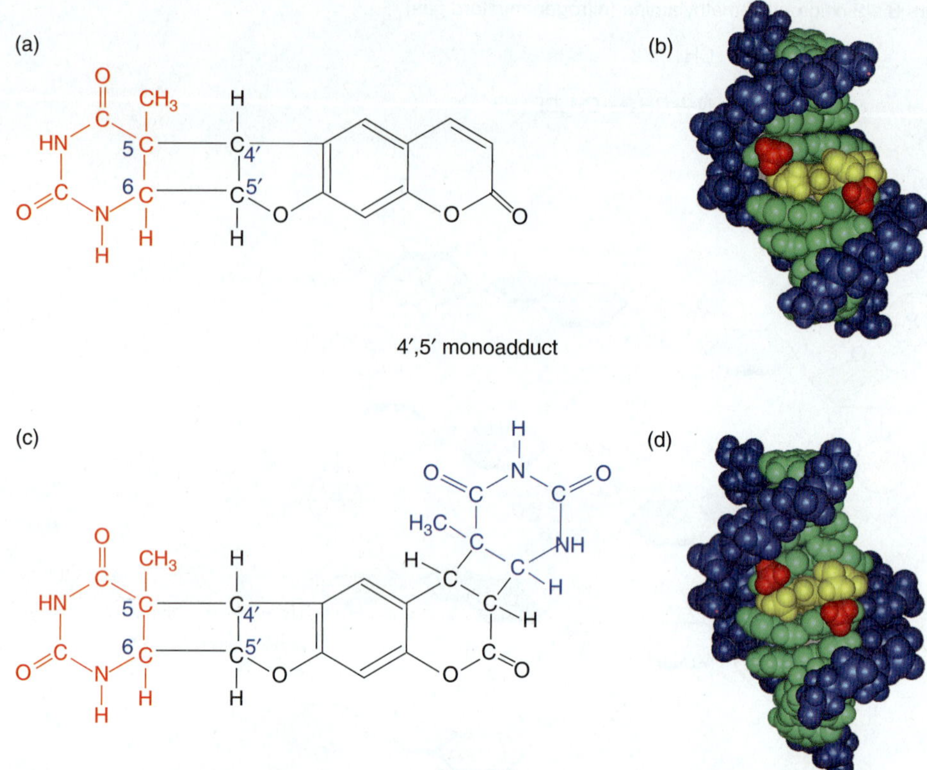


**그림 10.19 Psoralen의 광반응물.** (a) 400~450 nm의 파장을 가진 빛에 의해 활성화될 경우, psoralen은 DNA와 반응하여 단일부가물을 형성한다. 주산물은 4′,5′ 단일부가물 광반응물이며 빨강색으로 보여 주는 것처럼 psoralen은 thymine에 부가되어 진다. (b) T-A 염기쌍 사이에 psoralen 유도체의 가장자리를 보여주는 주홈(major groove) 모양에서 단일부가물 구조의 공간채움 모형(space-filling model). Psoralen 유도체는 황색으로, thymine methyl기는 빨강색으로 표시하였다. (c) 320~400 nm의 파장을 가진 빛에 의해 활성화될 경우, 4′,5′ 단일부가물에 있는 psoralen 그룹이 활성화되고 청색으로 보이는 DNA 반대 가닥의 pyrimidine 염기에 첨가될 수 있어 교차 결합을 형성하게 된다. (d) T-A 염기 쌍 사이에서 psoralen 유도체의 가장자리를 보여주는 주홈 모양에서 교차 결합 산물의 구조에 대한 공간채움 모형. Psoralen 유도체는 황색으로, thymine methyl기는 빨강색으로 표시하였다. Parts a and c adapted from Bethea, D., et al., *J. Dermatol. Sci.* 19(1999): 78-88. Parts b and d reprinted with permission from Spielmann, H. P., et. al., *Biochemistry* 34(1995): 12937-12953. Copyright 1995, American Chemical Society. Photo courtesy of H. Peter Spielmann, University of Kentucky.

구성되어 있으며(**그림 10.18**), DNA 분자 속으로 삽입된다. 400에 450 nm의 파장을 가진 빛에 노출되면 psoralen의 furan 고리는 활성화되고, **그림 10.19a**와 **b**에서 보여주는 것처럼 pyrimidine 염기(보통 thymine)에 있는 5,6 이중 결합의 맞은 편으로 4′,5′ 단일부가물(monoadduct, 여기서 4′과 5′은 psoralen의 furan 고리의 위치를 표시)이 단일부가물의 평면 3환성 psoralen 유도체는 반대편 DNA의 두 번째 pyrimidine 염기와 결합하는 위치에 있다. 320~400 nm의 파장을 가진 빛에 의해 활성화되어야 한다. 결과적으로 광산물(**그림 10.19c**와 **d**)은 DNA 이중나선의 반대 가닥들 위에서 pyrimidine 염기들 사이에서 교차결합을 하게 된다. 만약 적당하게 수선되지 않으면 psoralen은 mutation를 일으켜 세포에 치명적이된다.

Psoralen과 함께 UV-A는 다른 피부질환 뿐만 아니라 건선(psoriasis), 만성 염증 환자 및 염증성 피부세포 질환을 치료하는데 사용한다. 그러나 이 치료는 확실히 효과적이나, 편평상피세포 피부암의 위험이 증가시키기 때문에 신중하게 적용되어야 한다. Psoralen의 긍정적인 효과를 가지면서 부작용이 없는 약제를 찾고자 실험실에서 합성되거나 식물로부터 분리되어지는 관련 furocoumarin들에 대한 연구가 현재 진행중에 있다.

### Cisplatin은 DNA와 결합하여 가닥안이나 가닥사이의 교차를 형성한다.

1960년대 중반에 전류가 *Escherichia coli* 성장에 미치는 영향을 시험하면서, Barnett Rosenberg는 전류의 처리가 다른 성장 과정은 정상적 이지만 세포 분열을 막아 세균이 보통 길이의 300배까지 자란다는 것을 관찰했다. 그 이후 연구들은 그러한 성장 효과는 전장에 의한 것이 아니라 아마도 불활성인 백금 전극과 세균 현탁액의 성분들 사이의 반응에서 형성된 어떤 화합물에 의한 것이라는 것을 알게되었다. 이 화합물은 *cis*-diamminedichloroplatinum으로 나중에 cysplatin으로 더 잘 알려졌다(**그림 10.20a**). Cysplatin이 다른 종류의 세포들의 분열을 방해하는지를 실험한 결과 종양 세포의 분열을 저해하는 것을 확인하였다.

Cysplatin은 수동적 확산 또는 능동 이동에 의해 세포에 들어간 후, 가수분해를 통하여 DNA에 있는 guanine 혹은 adenine 염기의 N-7 원자와 배위하여 아주 반응성이 높고 전하를 띤 복합체인 $Pt(NH_3)_2ClH_2O^+$를 생산한다. 이때 잔여 염소 리간드는 가수분해에 의해 대체되고 백금이 이중가닥 DNA의 동일 또는 반대 가닥의 두 번째 purine 염기와 배위하도록 한다(**그림 10.20b–d**). Cysplatin의 세포 독성 효과는 복제와 전사 장치를 막는 가닥사이의 교차결합 때문인 것으로 보인다. 방광, 난소 및 고환암을 치료하는 매우 효과적인 화학요법제임에도 불구하고, cysplatin은 상당한 부작용과 약제내성 때문에 제한적으로 사용되고 있다.

Cysplatin과 달리 부작용이 없으면서 DNA에서 교차결합을 일으키는 다른 금속 유기성 세포 독성 약제를 찾고자 많은 노력들이 현재 진행 중이다.

## 10.6 Mutation 유발물질과 발암물질 탐지

### Mutation 유발물질은 mutant 유전자활성을 회복시킬 수 있는능력에 근거하여 발견될 수 있다.

의약품, 식품, 섬유, 석유들과 관련된 많은 회사들은 시장성이 높은 제품을 찾기 위해 수만 종류의 새로운 화학물질을 합성한다. 대부분 화학물질은 처음 스크린 실험을 통과하지 못하여 더이상 연구가 진행 되지 않는다. 이 단계를 통과한 일부 화학물질들에 대해 광범위하게 다양한 실험을 진행하게 된다. 중요한 관심사는 어떤 화학물질

(a) Cisplatin

Cl, Cl, Pt, $NH_3$, $NH_3$

(b) Covalent structure of a cisplatin cross-link

$H_3N$, $NH_3$, Pt, O, HN, $H_2N$, N, N, N, dR, O, NH, $NH_2$, N, N, N, dR

(c) Stereoview of a cisplatin intrastrand cross-link

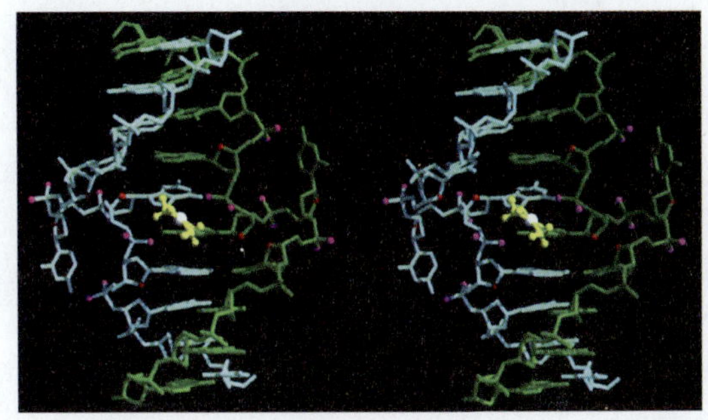

(d) Oligonucleotide used to obtain data for the model shown in (c)

1 2 3 4 5 6 7 8 9 10
5′ C A T A G C T A T G 3′
3′ G T A T C G A T A C 5′
10′ 9′ 8′ 7′ 6′ 5′ 4′ 3′ 2′ 1′

**그림 10.20** **Cisplatin.** (a) Cysplatin의 화학 구조. (b) DNA 이중 나선의 같은 혹은 반대 가닥에 있는 2개의 purine 염기들과 함께 cysplatin의 상호 작용에 의하여 형성된 교차 결합의 화학 구조. (c) Cysplatin의 같은 가닥사이에서 교차 결합의 입체구조. 백금 이온은 밝은 파랑색 구체로 보인다. (d)(c)에서 보이는 구조를 풀기 위해서 사용된 oligonucleotide. Part b adapted from Huang, H., et al, *Science* 270(1995): 1842-1845. Part c reproduced from Huan, H., et al. 1995. *Science* 270:1842-1845. Reprinted with permission from AAAS. Photo courtesy of Paul B. Hopkins, University of Washington.

은 의도하는 목적에는 부합할 수 있지만, mutation 유발물질이기 때문에 시장성이 없을 수 있다. 그러므로 화학적 mutation 유발물질을 신속하고 효과적으로 검증할 수 있는 실험법이 필요하고 이렇게 함으로써 이러한 물질들이 상품화 되지 못하도록 해야한다. 생식세포에 있는 DNA 손상이 출생 결함을 일으키거나 체세포에 있는 DNA 손상은 암발생을 유발시킬 수 있어 mutation 유발물질 탐색은 중요하다. 1964년 Bruce Ames는 감자 칩 상자 위의 성분들을 읽고 있는 동안 이러한 안전 문제에 대해 생각하기 시작했다. 그는 식품보존제와 다른 첨가물들이 발암성일지도 모른다는 것을 어떻게 말할 수 있는 것인지에 대하여 의문을 가졌다. 그의 호기심이 결국 시험방법을 개발하게 되었고, 그 이후 몇 가지 수정과 개선을 하여 화학물질이 높은 발암물질일 확률이 있는지 여부를 결정하는 시험방법으로 현재까지 널리 사용되고 있다. **Ames test**는 시험할 화학물질이 세균 *Salmonella typhimurium*의 histidine 요구성 mutation이 his 유전자의 염기치환이나 격자이동(frameshift)에 의해 야생형인 $His^+$로 되돌릴 수 있는가를 확인하는 test이다. 실험은 대략 $10^8$ 마리의 세균, 시험 할 화학물질, 그리고 미량의 histidine을 용해된 한천 배지에 첨가하여 수행한다. Histidine은 세포를 몇 차례 분열할 수 있을 만큼만 첨가해주어 필요한 만큼의 DNA 복제는 할 수 있지만 $His^-$ 세균이 집락(colony)을 형성하지는 못할 정도로만 첨가해 준다. 가볍게 교반한 후, 포도당 최소 한천 평판 배지(glucose minimal agar plates) 위로 한천 혼합물(top agar mixtures)을 부어준다. 이 평판배지를 48시간 동안 배양한 후에 집락의 수를 센다. 복원율(세균이 $His^-$에서 $His^+$로 바뀌는 빈도)은 화학물질의 농도에 비례하며, 알려진 mutagen이나 발암물질의 경우 대체적으로 그들의 독성과 상관관계가 있다. 최초의 Ames test 실험 방법에서는 일부 강력한 발암물질들의 mutation성을 확인하지 못했다. 그 이유는 benzo[a]pyrene이나 aflatoxin B1과 같은 일부 기질들은 cytochrome P450효소들에 의해 활성화 되어야 DNA를 손상시킬 수 있기 때문이다. 세균은 이 효소가 결여되어 있기 때문에, 세균 DNA는 화학물질들이 활성화되지 못하여 손상되지 않는다. 이 문제를 해결하기 위하여 Ames는 쥐의 간에 있는 **microsomes**(소포체를 포함하는 세포 분획)과 필요한 군효소를 상층부한천에 첨가하였다. Cytochrome P450 효소가 많은 microsome 분획의 첨가는, cytochrome P450 효소에 의해 활성화 되어야 DNA를 손상시킬 수 있으며 mutation를 일으키는 화학물질에 Ames test가 민감하도록 하였다.

Ames는 시험에 사용하는 균주에 대하여 3가지의 수정을 통해서 그 시험의 민감성을 증가시켰다. 첫 번째로 그는 nucleotide 절단 수선(아래 참조)에 요구되는 단백질을 암호화하는 *uvrB* 유전자를 불활성화시켰다. 두 번째로 그는 분자량이 큰 화학 mutation 유발물질이 세포 내 DNA에 도달할 수 있는 가능성을 증가시키기 위하여 세균의 외막을 거대 분자가 쉽게 침투할 수 있는 mutation를 만들었다. 셋째로 그는 오류 발생률이 높은 DNA 합성을 촉매 하는 DNA 중합효소(아래 참조)를 암호화하는 유전자들을 plasmid에 넣어 mutation율을 높게 증가시켰다. 물론 다른 실험들도 mutation 유발물질과 발암물질을 검출하기 위해 개발되어 왔지만,

Ames 시험법은 가장 널리 사용되어지고 있다.

Ames 시험법은 많은 물질과 혼합물(산업 화학물질 식품 첨가제, 농약, 머리 염색 및 화장품)에 대하여 현재 이용되어져 왔으며, 문제가 없다고 생각되던 많은 물질들이 이 시험에서 복원(reversion)을 촉진하는 것으로 밝혀졌다. 높은 빈도의 복원은 그 물질들이 절대적으로 발암물질이라는 것을 의미하는 것은 아니며 단지 그럴 가능성이 높다는 것을 의미 한다. 이러한 실험 결과로 많은 기업들은 제품의 구성성분을 바꾸게 되었다. 예를 들면, 화장품 기업은 많은 머리 염색약 및 화장품의 구성성분들을 비mutation성 성분들로 바꾸었다. 발암성의 최종 증명은 실험동물에 있어서 종양 형성을 시험함으로써 결정된다. Ames 시험법과 몇 가지 다른 미생물 시험법들은 동물시험을 실시해야 하는 물질들의 수를 감소시키는데 사용된다. 왜냐하면 현재까지 동물 실험에서 발암물질로 알려진 500개의 이상의 물질 중 단지 수 퍼센트만이 Ames 시험법에서 복원율을 증가시키지 못했기 때문이다. Ames 시험법과 같이 세균을 대상으로 하는 여러 시험법의 기본적 가정은 세균에서 mutation를 일으키는 화학물질은 다른 유기체에서도 그렇게 할 수 있다는 것이다. DNA 손상의 기본적 기작이 모든 생명체에서 동일하기 때문에 이러한 가정은 잘 설정된 것으로 간주된다.

## 10.7 손상의 직접적인 복원

### Photolyase가 cytobutane pyrimidine dimer 형성에 의해 야기되는 손상을 복원시킨다.

DNA 수선 효소는 살아있는 생명체에서 일어나는 다양한 종류의 DNA 손상을 수선하기 위해서 상당히 어려운 도전에 마주친다. 일부 DNA 수선회로는 DNA 손상의 직접적인 복원을 촉진시키기 위하여 오직 하나의 효소를 필요로 한다. 그 외는 여러가지 효소를 필요로 하는데, 일부는 상해를 제거하기 위하여 그리고 일부는 잘린 조각을 대체하기 위해서이다. DNA 수선에 대하여 DNA 손상의 직접적인 복원을 촉진시키는 효소들을 시작으로 살펴보도록 하자.

DNA 손상의 직접적인 복원을 촉진하는 효소에 대한 첫 번째 실마리는 Watson-Crick 모형이 제안되어지기 4년 전인 1949년에 Albert Kelner에 의해서 보고되었다. Kelner의 연구는 항생물질 저항성 세균의 변이주를 분리시키기 위한 기대에서 동기가 유발되었다. 그래서 그는 첫 번째로 대부분의 세균들을 사멸시킬 수 있는 양의 자외선으로 세균을 조사하였고 그 때 생존한 세균들로 부터 변이주들을 분리하였다. Kelner가 아주 신중하게 시험실의 조건을 똑같이 유지하려 하였음에도 불구하고, 실험마다 생존한 세균수에 큰 변이가 있는 것을 알아차렸다. 상당한 노력 후에 Kelner는 마침내 이러한 수수께끼 같은 현상에 대한 설명을 찾을 수 있었다. 자외선 조사 후 어두운 곳에 놓아 둔 세균들은 매우 낮은 생존율을 보인 반면에, 실험실

창문을 통하여 들어오는 빛에 노출된 것들은 높은 생존율을 보였다. 즉, 가시광선에 대한 노출로 인하여 자외선의 세균 살상효과가 상쇄된 것이다. Kelner의 발견 후 몇 주 안되서 Renato Dulbecco는 자외선을 조사한 T2 phage를 연구하는 동안 비슷한 현상을 관찰하였다. 다시 한 번, 이러한 현상은 예상치 못한 재현성 부족으로 그 자체가 명백하게 되었다. Dulbecco는 다수의 한천 평판배지를 만들어 각각에 자외선을 조사한 같은 수의 phage와 민감한 세균들을 포함시켜, 평판배지들을 겹쳐 쌓아두었다. 각각의 겹쳐 쌓아둔 평판배지는 같은 수의 plaque를 나타내어야 했다. 그러나 plaque의 수가 위에서부터 아래로 가면서 극적으로 줄었다. Dulbecco는 이러한 관찰에 대하여 쌓아 놓은 곳의 상층의 평판배지는 바닥에 있는 평판배지보다 실험실을 밝게 하려 사용된 형광등으로부터 보다 많은 빛에 노출되었기 때문이었을 것이라고 설명하였다. 그는 몇몇의 평판배지를 형광 빛에 노출시키고, 다른 것 들을 어두운 곳에 보관하면서 이 가설을 시험하였다. 예견한 것처럼, 빛에 노출된 평판배지의 plaque 수는 어두운 곳에 남겨진 것들보다 훨씬 많이 높았다. 아무튼 세균은 가시광선을 사용하여 손상된 phage DNA를 복구하고 있었다. 이러한 빛 의존성 현상을 Dulbecco는 **광재활성(photoreactivation)**이라고 불렀으나, 그 자세한 화학적 근거를 밝히지는 못했다. Claud S. Rupert와 그의 동료는 *in vitro* 광재활성화 시스템을 1957년에 고안하였고, 이는 광재활성화의 화학적인 기작을 확인하는데 아주 중요한 역할을 했다. 그들은 *Haemophilus influenzae*로 부터 DNA를 분리하여 자외선을 조사하여 형질전환 능력을 불활성화시킨 후, 가시광선이 있는 곳에서 무세포(cell-free) *E. coli* 추출물이 형질전환 능력을 회복시킨다는 것을 입증하였다. 비록 이 연구가 광채활성화 효소의 정제와 규명에 대한 가능성을 열어주었으나, 과학자들은 여전히 손상된 DNA가 복원되는 현상의 화학적 근거를 확실히 알지 못했다.

이러한 의문은 과학자들이 자외선 조사가 cytobutane pyrimidine dimer의 형성을 야기한다는 것을 증명하면서 몇년 후에 해결되었다. 후속 연구들은 광재활성효소가 cytobutane pyrimidine dimer에서 cytobutane 고리를 파괴시키는데 청색광(350~450nm)에 의해 제공되는 에너지를 이용함으로써 자외선에 의한 손상을 되돌린다는 것을 보여주었다(**그림 10.21**). 광재활성효소가 탄소-탄소 결합을 절단할 수 있다는 것이 밝혀지면서 보다 구체적인 이름인 **CPD photolyase**로 명명되었다. CPD photolyase가 결여된 세균은 광재활성에 의한 cytobutane pyrimidine dimer의 손상을 수선할 수 없다.

인간이나 다른 태반 포유동물을 제외하고 세균, 고세균, 식물 그리고 동물을 포함하는 다양한 생물체에 존재하는 CPD photolyase는 약 450~550개 크기의 아미노산 잔기를 갖는 단량체 단백질이다. 모든 CPD photolyase는 N-와 C-말단 domain이라는 두 domain을 갖고 있다. **발색단 인자(chromophore factor)**라고 알려져 있는 흡광색소는 각각의 domain에 비공유결합으로 결합한다. 보다 높게 보존된 C-말단 domain에 결합하는 발색단 인자는 환원형 보효소인 flavin adenine dinucletide(FADH$^-$; **그림 10.22a**)의 탈수소화 형태이며, 효소가 활성을 갖기 위

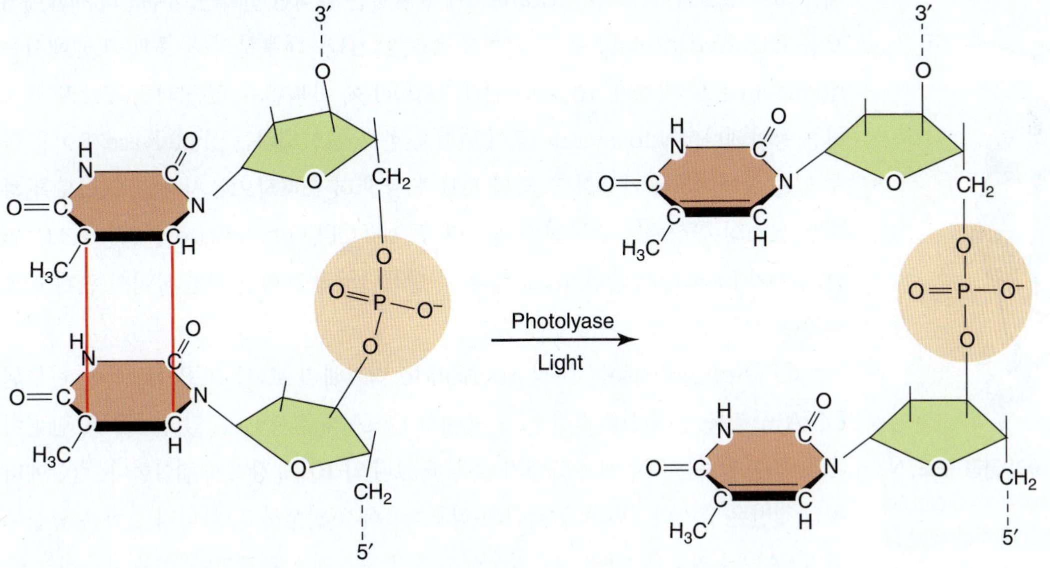

**그림 10.21** Phtolyase는 cyto-butane pyrimidine dimer의 cyto-butane 고리를 분열하는 광 유도반응을 촉진하며, 자외선 조사로 인한 손상효과를 회복시킨다.

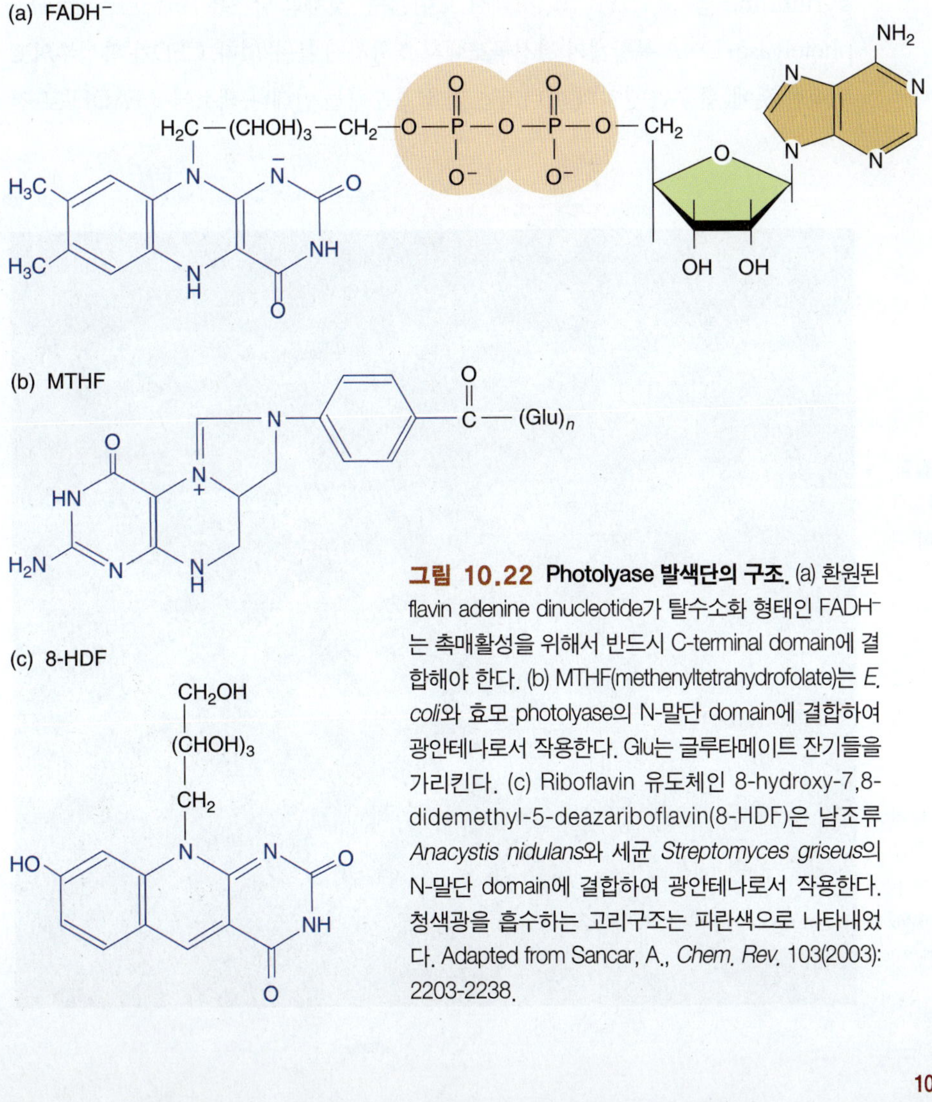

(a) $FADH^-$

(b) MTHF

(c) 8-HDF

**그림 10.22 Photolyase 발색단의 구조.** (a) 환원된 flavin adenine dinucleotide가 탈수소화 형태인 $FADH^-$는 촉매활성을 위해서 반드시 C-terminal domain에 결합해야 한다. (b) MTHF(methenyltetrahydrofolate)는 *E. coli*와 효모 photolyase의 N-말단 domain에 결합하여 광안테나로서 작용한다. Glu는 글루타메이트 잔기들을 가리킨다. (c) Riboflavin 유도체인 8-hydroxy-7,8-didemethyl-5-deazariboflavin(8-HDF)은 남조류 *Anacystis nidulans*와 세균 *Streptomyces griseus*의 N-말단 domain에 결합하여 광안테나로서 작용한다. 청색광을 흡수하는 고리구조는 파란색으로 나타내었다. Adapted from Sancar, A., *Chem. Rev.* 103(2003): 2203-2238.

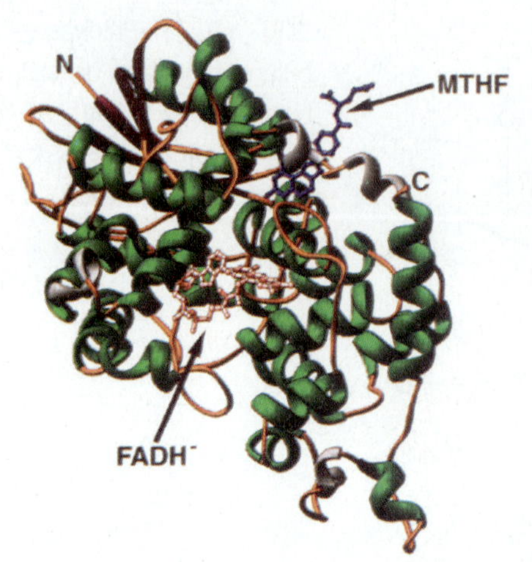


**그림 10.23** *E. coli* **CPD photolyase의 결정 구조.** N-말단 domain에 결합하는 MTHF(methenyltetrahydrofolate)와 C-말단 domain에 결합하는 FADH$^-$를 보여 주는 리본 다이어그램을 나타냄. Reprinted with permission from Sancar, A., *Chem. Rev.* 103(2003): 2203-2238. Copyright 2003, American Chemical Society. Photo courtesy of Aziz Sancar, University of North Carolina at Chapel Hill.

해 반드시 필요하다. N-말단 domain에 결합하는 발색단 인자는 대부분의 세균에서 보통 tetrahydrofolate 유도체(**그림 10.22b**)가 대부분의 동물과 식물에서는 riboflavin 유도체(**그림 10.22c**)인데 FADH$^-$에 이용될 수 없는 파장의 빛을 포착하는 광안테나(photoantenna)로서 역할을 한다. 광안테나는 photolyase가 이용 할 수 있는 광에너지를 가능한 그 외의 것보다 훨씬 더 효과적으로 사용할 수 있도록 하지만 효소의 활성에는 요구되지 않는다. *E. coli* CPD photolyase의 결정구조(**그림 10.23**)가 N-과 C-말단 domain들과 두 발색단의 공간적인 배열 사이의 관계를 보여준다.

CPD photolyase는 특정 nucleotide 염기배열 보다는 CPD로 인한 변형된 DNA 구조를 인식하여 빛이 없는 곳에서 DNA와 결합할 수 있다. DNA 단편이 CPD를 포함하는 경우에는 그렇지 않을 때 보다 약 $10^5$배 강하게 결합한다. 결합에너지의 절반은 효소와 DNA 골격간의 상호작용에서 발생하고, 나머지 절반은 활성부위의 FADH$^-$와 CPD간의 상호작용에서 발생하는 것으로 보인다. 빛을 흡수하는 안테나 색소는 결합에 영향을 미치지 않는다. 일단 효소•DNA 복합체가 형성되면, CPD는 DNA 이중나선구조로 부터 뒤집어져 효소의 활성부위로 들어간다. 뒤집힌 pyrimidine 염기는 **그림 10.24**에서 보여 주는 것처럼 남조류 *Anacystis nidulans* photolyase•DNA 복합체의 결정구조에서 명확하게 볼 수 있다. CPD가 활성부위로 뒤집힌 후에, 흡수된 광자의 에너지는 빛을 흡수하는 안테나 색소에서 FADH$^-$로 전

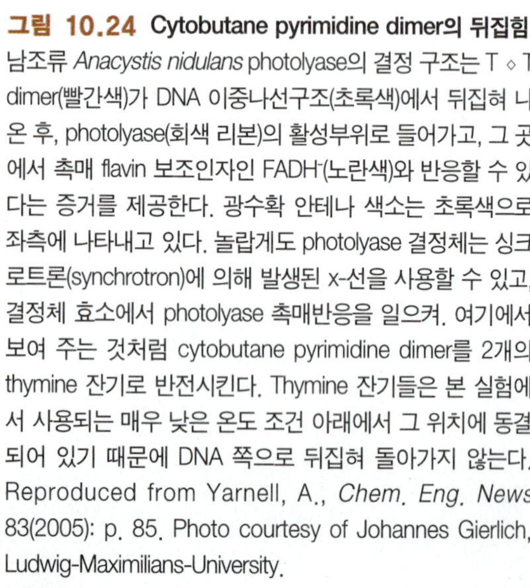

**그림 10.24 Cytobutane pyrimidine dimer의 뒤집힘.** 남조류 *Anacystis nidulans* photolyase의 결정 구조는 T ◇ T dimer(빨간색)가 DNA 이중나선구조(초록색)에서 뒤집혀 나온 후, photolyase(회색 리본)의 활성부위로 들어가고, 그 곳에서 촉매 flavin 보조인자인 FADH$^-$(노란색)와 반응할 수 있다는 증거를 제공한다. 광수확 안테나 색소는 초록색으로 좌측에 나타내고 있다. 놀랍게도 photolyase 결정체는 싱크로트론(synchrotron)에 의해 발생된 x-선을 사용할 수 있고, 결정체 효소에서 photolyase 촉매반응을 일으켜. 여기에서 보여 주는 것처럼 cytobutane pyrimidine dimer를 2개의 thymine 잔기로 반전시킨다. Thymine 잔기들은 본 실험에서 사용되는 매우 낮은 온도 조건 아래에서 그 위치에 동결되어 있기 때문에 DNA 쪽으로 뒤집혀 돌아가지 않는다. Reproduced from Yarnell, A., *Chem. Eng. News* 83(2005): p. 85. Photo courtesy of Johannes Gierlich, Ludwig-Maximilians-University.

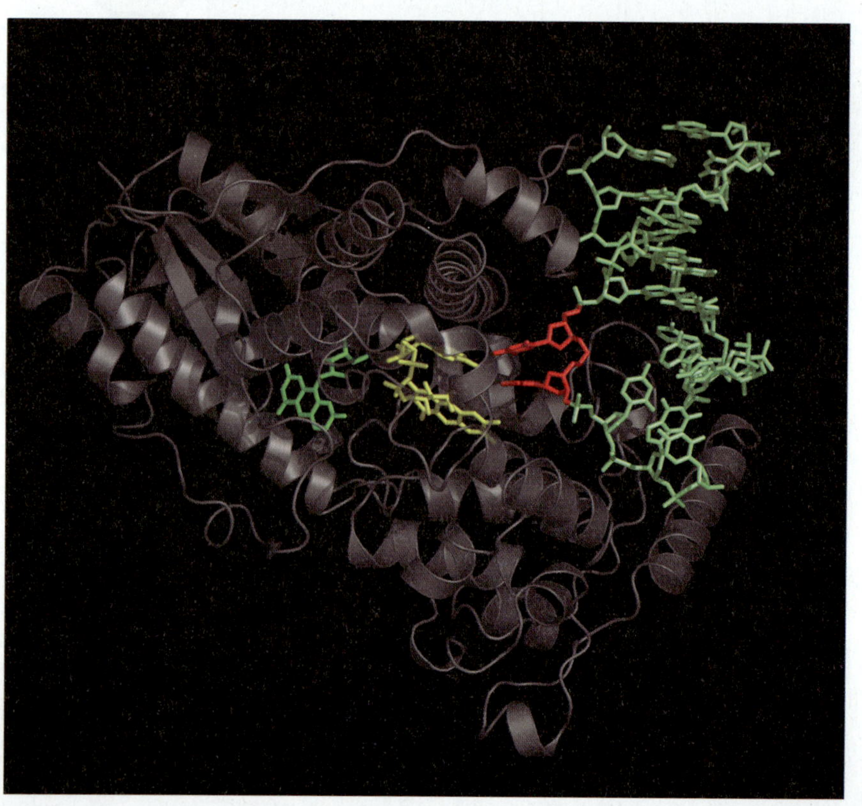

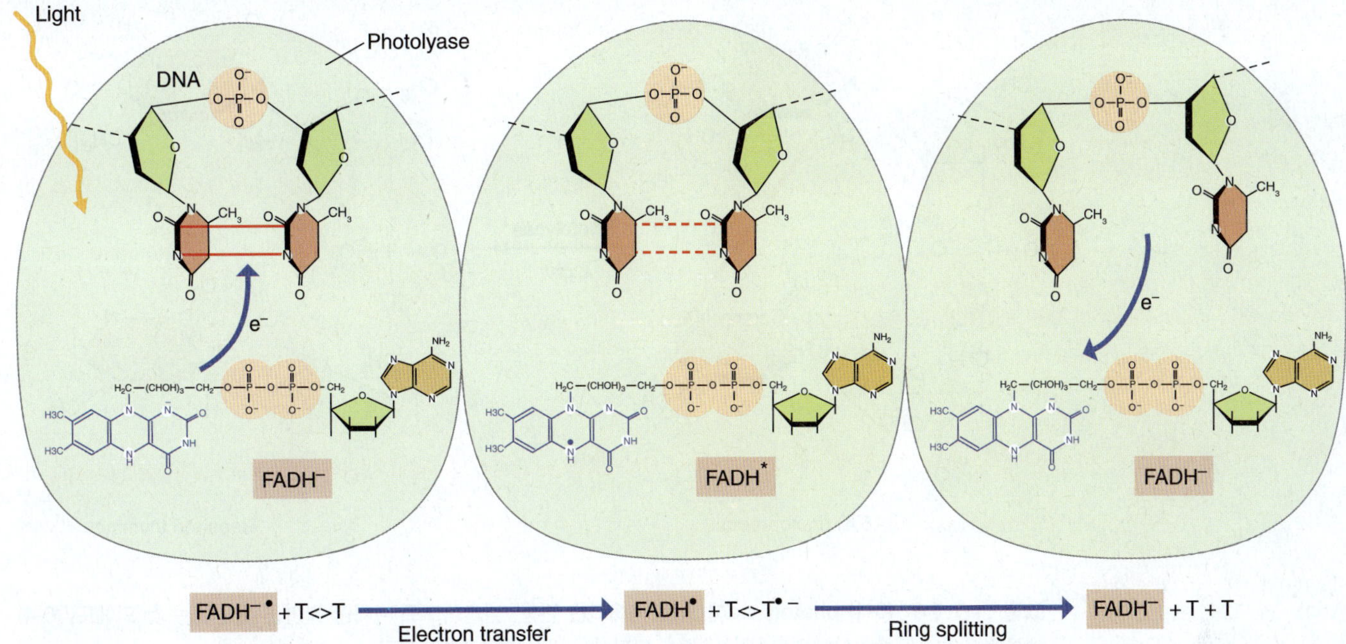


**그림 10.25 CPD photolyase에 의한 pyrimidine dimer의 수선.** Pyrimidine dimer 수선을 위한 전자전달 라디칼 기작을 촉매하는 CPD photolyase를 보여주는 모식도. 주요 촉매 단계인 전자전달과 고리 절단은 아래쪽에 나타나 있다. Adapted from Kao, Y., et al., *Proc. Natl. Acad. Sci. USA* 102(2005): 16128-16132.

이되며, 그 후 CPD로 전자를 전달하여 cytobutane 고리의 절단을 유도한다(**그림 10.25**). 이러한 촉매과정은 수선된 thymine에서 FADH 보조인자로 전자전달이 되돌아감으로써 완료된다.

또한 자외선 조사는 pyrimidine dimer의 두 번째 형태인(6-4) 광산물의 형성을 유도한다. 이 손상의 명칭이 비록 하나의 pyrimidine 고리의 carbon-6를 동일 가닥의 인접한 pyrimidine 고리의 carbon-4로 연결하는 화학적 결합에서 유래되었지만, dimer 형성과정 동안 부가적인 화학적 변화가 또 나타난다. 부가적인 화학적 변화에 주목하면서, 연구자들은 단 하나의 효소가 (6-4) 광산물의 손상을 직접적으로 회복시킬 수 있을 것이라고는 믿기 어렵다고 생각했었다.

그러므로 1993년에 Takeshi Todo, Daisei Nomura 및 동료들이 *Drosophila melanogaster*가 (6-4) 광산물의 손상을 회복시키는 photolyase를 가지고 있다는 것을 보고하였을 때 매우 놀랐다. CPD photolyase와 구별하기 위해 **(6-4) photolyase**라고 불리어진 이 photolyase는 **그림 10.26**에서 보여주는 반응을 촉진시킨다. (6-4) photolyase는 식물과 동물에는 널리 분포해 있지만, 지금까지 시험한 세균이나 포유동물에서는 발견되지 않았다. (6-4) photolyase의 반응 기작은 CPD photolyase에 관하여 알려진 것 보다는 상당히 많은 부분이 아직 밝혀지지 않았다. 하지만, 두 효소는 유사한 방식으로 작용하는 것으로 보인다. (6-4) photolyase는 손상된 DNA에 결합하여 DNA로 부터 (6-4) 광산물을 뒤집어 꺼내어 효소활성부위로 들어가도록 하여, 여기상태의 $FADH^-$ 분자로부터 전자를 받는 산물을 생산

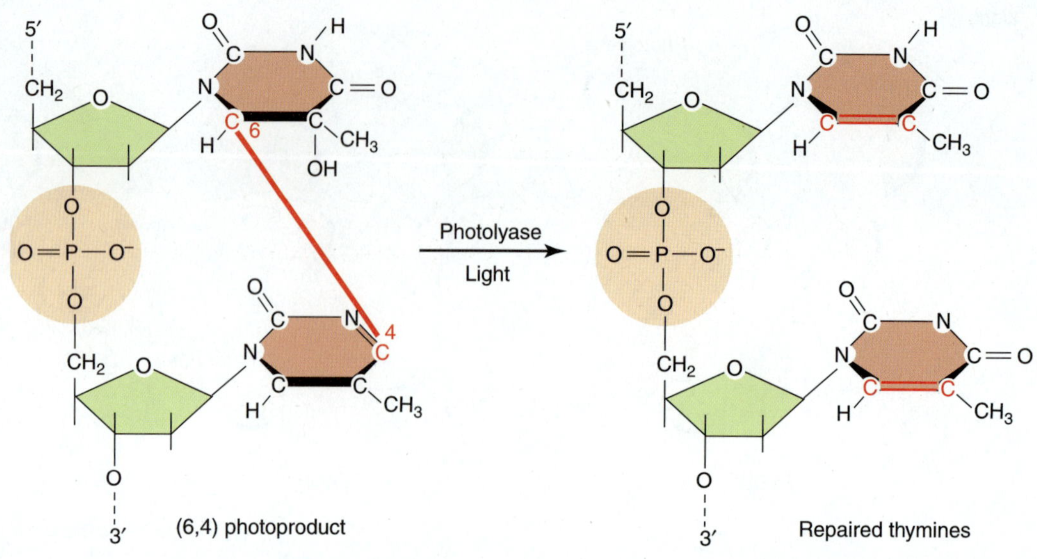


**그림 10.26 (6-4) photolyase에 의해 촉매되는 반응.** 빨간색으로 나타난 결합을 절단하는 것 외에도, (6-4) photolyase는 UV 손상으로 인한 DNA의 다른 변화들을 또한 회복시켜야 한다.

하도록 재배열 과정을 거친다. 결과적으로 (6-4) photolyase를 포함하는 생물체는 광에너지를 이용할 수 있어, (6-4) 광산물을 정상의 pyrimidine 고리로 되돌릴 수 있다. 아래에서 보는 것처럼, 생물체는 손상된 nucleotide를 제거하고 그 것들을 정상적인 nucleotide로 대체함으로써 자외선 조사로 인한 dimer 손상을 또한 수선할 수 있다. 이러한 종류의 절단수선은 두 photolyase가 모두 결핍된 사람과 같은 생명체의 DNA에 있어서 자외선으로 인한 손상을 수선하기 위한 주요한 경로이다.

## $O^6$-Alkylguanine, $O^4$-alkylthymine 및 phosphotriester는 자살 효소(suicide enzyme)에 의하여 alkyl기 직접 제거함으로써 복구될 수 있다.

손상의 직접적인 회복의 또 하나의 수단은 탈알킬화(dealkylation)이다. 직접적인 dealkylation 반응은 *E. coli*에서 아마도 가장 광범위하게 연구되어 왔다. 3가지 종류의 서로 다른 단백질들이 DNA의 산소원자에 결합된 alkyl기를 직접적으로 제거할 수 있도록 촉진시킨다. 이 단백질 중 $O^6$-alkylguanine DNA alkyltransferases I과 II는 그들 자체의 cysteine 잔기로 alkyl기를 전이하면서 선택적으로 alkyl기를 제거한다. 그것의 명칭에서 알 수 있듯이, **$O^6$-alkylguanine DNA alkyltransferase I**은 guanine의 O-6에 결합해 있는 methyl과 같은 alkyl기를 제거할 수 있다. 그러나 이 효소는 또한 thymine의 O-4와 phosphotriester에 결합해 있는 alkyl기를 제거할 수 있다. $O^6$-alkylguanine DNA alkyltransferase I은 그것의 N-과 C-말단 domain을 연결하는 유연성이 있는 연결고리(linker)를 가진 단량체이다(**그림 10.27a**). 각각의 domain은 특정 기능을 수행하는 활성부위를 가지고 있다. N-말단 domain은 Sp

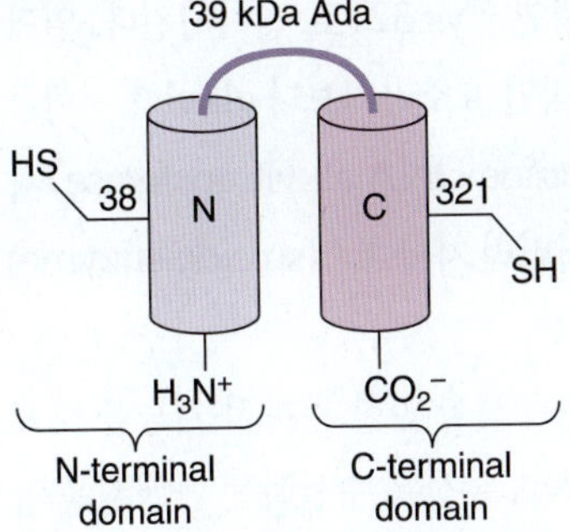


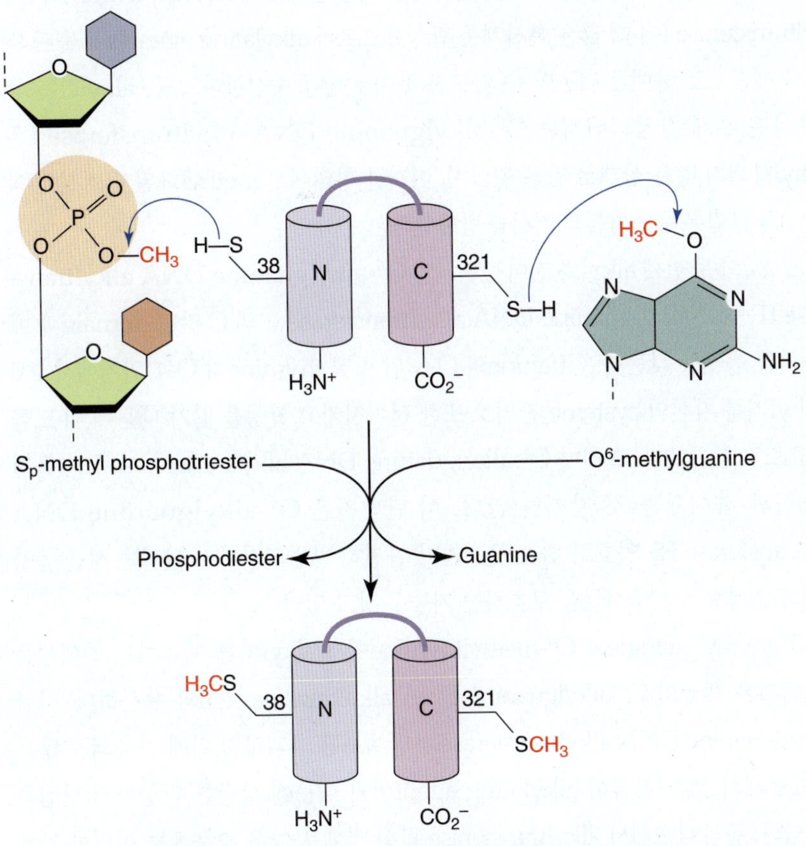


**그림 10.27 $O^6$-alkylguanine DNA alkyltransferase에 의해 수선되는 $O^6$-alkylguanine과 phosphotriester의 손상.** (a) $O^6$-alkylguanine DNA alkyltransferase I는 유연성 있는 연결고리로 연결된 N-과 C-말단 domain을 가지고 있다. (b) N-말단 domain은 alkyl기를 Sp phosphotriester로부터 그 자신의 cysteine 잔기인 Cys-38로 전이시킨다. C-말단 domain은 $O^6$-alkylguanine 혹은 $O^4$-alkylthymine(보여 주지 않음)의 alkyl기를 그 자신의 cysteine 잔기인 Cys-321로 전이시킨다. Adapted from Myers, L. C., et al., *Biochem.* 31(1992): 4541-4547.

phosphotriester로부터의 alkyl기를 자신의 cysteine 잔기들 중의 하나인 Cys-38로 전이 시킨다(**그림 10.27b**). $S_p$ 표기는 효소가 2개의 가능한 비연결 산소 원자 중 오직 1개에만 결합해 있는 alkyl기에 대하여 특이성이 있다는 것을 나타낸다. C-말단

domain은 $O^6$-alkylguanine(**그림 10.27b**) 혹은 $O^4$-alkylthymine(여기에서는 보여주지 않음)의 alkyl기를 그 자신의 cysteine 잔기인 Cys-321로 전이시킨다. 일단 alkyl화되면, 이 단백질은 재생될 수 없으므로 전통적인 효소라기보다 alkyl화 전이물질(alkyl transfer agent)로 작용한다. $O^6$-alkylguanine DNA alkyltransferase I과 같은 단백질들은 오직 한번 활동한 후에 활성을 잃어버려 자살효소(suicide enzyme)라고 한다.

$O^6$-alkylguanine DNA alkyltransferase I은 주목할 만한 추가적 기능을 갖고 있다. Cys-38에서 methyl화 된 후, 이 단백질은 DNA 손상을 수선하는 단백질을 암호화 하는 일부 다른 유전자들뿐만 아니라 그것을 암호화 하는 유전자의 전사를 자극하는 전사활성자로 반전된다. 이 추가적인 기능은 $O^6$-alkylguanine DNA alkyltransferase I이 더 많은 복사체를 합성함으로써 alkylating agent에 노출된 환경에서 세균으로 하여금 적응할 수 있도록 하여 손상을 수선한다. 모든 alkyl화 손상이 수선된 후에 합성되어지는 $O^6$-alkylguanine DNA alkyltransferase I은 methyl화되지 않은 상태로 남을 것이며, 이러한 형태에서 methyl화된 단백질에 의해 활성화된 같은 유전자들의 전사를 방해한다.

*E. coli*의 두 번째 alkyl화 전이 단백질인 **$O^6$-alkylguanine DNA alkyltransferase II**는 $O^6$-alkylguanine DNA alkyltransferase I의 C-말단 domain과 매우 유사한 특성을 갖는다. Guanine의 O-6 위치 및 thymine의 O-4 위치에서 1개의 alkyl기를 자신의 cysteine 잔기로 또한 전이시키고 활성을 잃기 때문에 이 또한 자살효소로 분류된다. 그러나 $O^6$-alkylguanine DNA alkyltransferase II는 유전적 조절과 관여되는 것 같지는 않다. 이 단백질은 $O^6$-alkylguanine DNA alkyltransferase I을 암호화 하는 유전자가 완전히 발현되기까지 걸리는 시간 동안 alkyl화 손상으로부터 세균을 보호하는 기능을 갖고 있다.

$O^6$-methylguanine과 $O^4$-methylthymine에서 alkyl기를 제거하는 진핵생물의 단백질은 세균의 $O^6$-alkylguanine DNA alkyltransferase II와 유사하다. 사람의 alkylguanine DNA alkyltransferase는 암세포를 파괴하기 위해 사용되는 많은 화학요법제의 많은 것들이 alkylating agent이기 때문에 상당한 임상학적 관심을 받고 있다. 종양세포에서 alkyltransferase 활성이 매우 높은 경우에는 이러한 약제들은 효과가 없다. 한편 주변의 건강한 세포들에서 alkyltransferase 활성이 너무나 낮은 경우는 이 화학요법제가 이 세포들을 죽이게 된다. 사람의 경우 이 단백질은 발암성 alkylating agent의 작용을 차단하는데 기여하기 때문에 또한 중요하다.

### AlkB는 1-methyladenine과 3-methylcytosine에 있는 methyl기의 산화적 제거를 촉매한다.

DNA의 alkyl화 손상을 직접적으로 수선하는 활성이 완전히 다른 형태가 2002년에 *E. coli*에서 발견되었다. 이 경우에 AlkB라는 단백질이 1-methyladenine, 1-

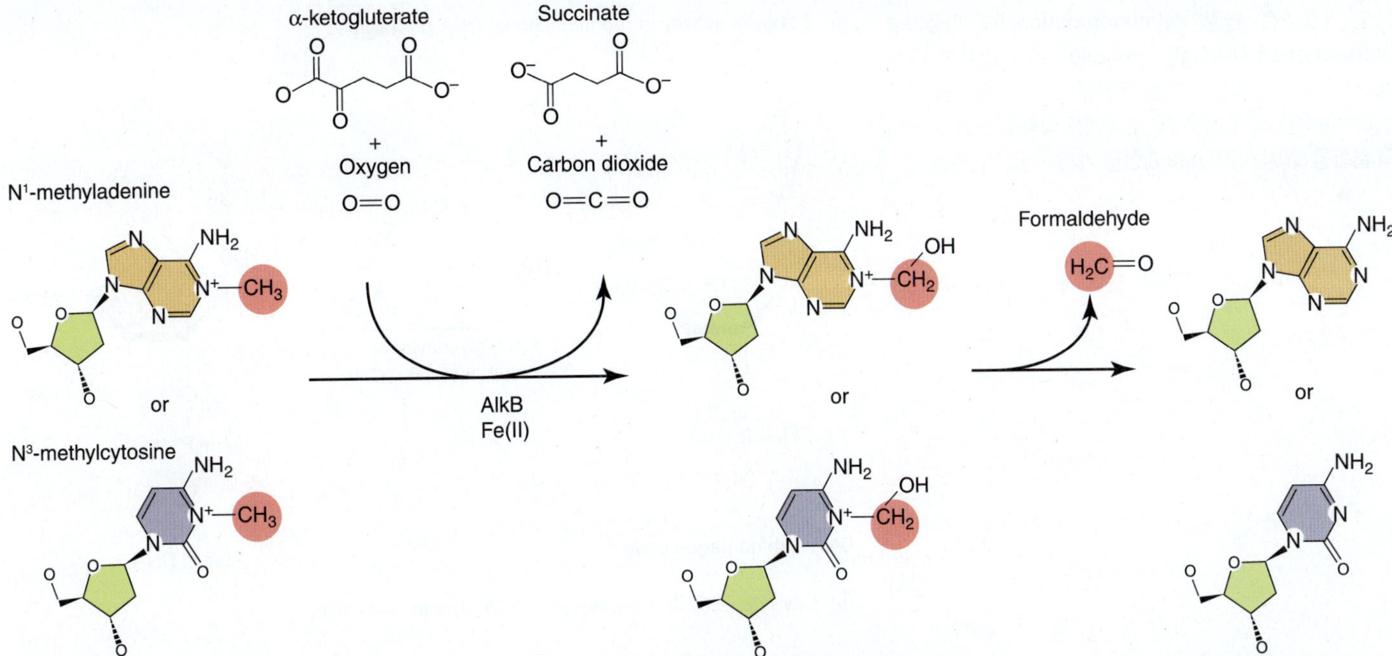


**그림 10.28 N1-methyladenine(1MeA)와 N3-methylcytosine(3MeC) 손상에 있어서 AlkB 수선.** AlkB는 그들의 산화적 탈methyl화를 촉진함으로써 N1-methyladenine과 N3-methylcytosine을 수선한다. 분홍색으로 나타낸 각 손상 부위의 세포독성 methyl기가 hydroxymethyl기로 먼저 산화되고, formaldehyde의 형태로 제거되어 adenine(위) 혹은 cytosine(아래)을 생성한다. α-ketoglutarate, $O_2$ 그리고 $Fe^{2+}$를 필요로 하는 이 반응은 succinate과 이산화탄소를 또한 생산한다. Adapted from Begley, T. J., and Samson, L. D., *Trends Biochem. Sci.* 28(2003): 2-5.

methylguanine, 3-methylcytosine 그리고 3-methylthymine을 각각 adenine, guanine, cytosine 그리고 thymine으로 직접적인 반전을 촉진시킨다. AlkB 촉매반응에는 $Fe^{2+}$, 산소분자 그리고 α-ketoglutarate가 필요하다(**그림 10.28**). 유사한 종류의 효소가 사람과 기타 포유동물을 포함한 다른 생물에서도 발견되었다.

## 10.8 염기 절단 수선

### 염기절단수선(base excision repair: BER) 회로는 손상된 염기를 제거하고 대체한다.

많은 유형의 DNA 손상은 직접적 손상의 회복을 촉진하는 단일 효소로 수선될 수 없다. 대신, 수선은 다단계의 회로에서 각각 특정의 작용을 하는 몇몇 효소들의 관여가 필요하다. 탈아미노 반응, 산화 및 alkyl화로 일어나는 DNA 염기 손상은 주로 모든 생물에서 본질적으로 같은 염기절단수선(BER)인 다단계 회로에 의해 주로 수선된다. 염기절단수선의 명칭은 회로의 첫 번째 단계인 결합 N-glycosyl의 절단에서 유래되었는데, 이는 DNA로 부터 손상되었거나 부적당한 염기를 제거하여 염기결여 부위(abasic site)를 형성한다. 어떤 단일 효소도 alkyl화, 탈아미노 및 산화에 의해 발생한 다양하게 변하된 염기들을 DNA에 정상적으로 존재하는 4가지 염기들과 식별할 수 없기 때문에, 세포는 이 기능을 수행하기 위해 많은 다른 효소들을 이

**그림 10.29 단일기능(monofunctional)과 이중기능 (bifunctional) DNA glycosylase.** (a) 단일기능 DNA glycosylase는 손상된 염기를 제거한다. (b) 이중기능 DNA glycosylase는 이 외에도 AP 부위에서 당과 인산기 3′ 사이의 결합을 쪼개는 AP lyase 활성을 가지고 있다.

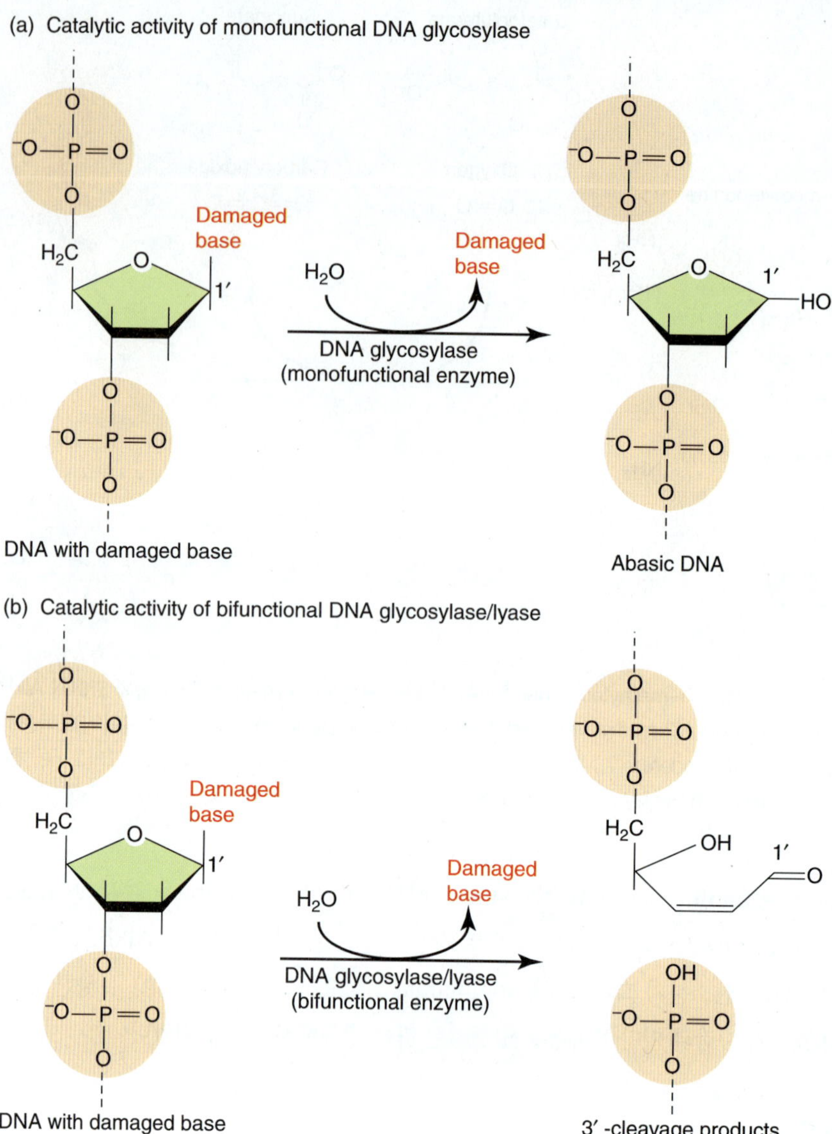


용하여야 한다. 일부 DNA glycosylase들은 손상된 염기를 제거하는 역할만 하는 단일 기능 효소이다(그림 10.29a). 그 밖의 것들은 당과 인산 3′ 사이의 결합을 절단하는 AP lyase 활성을 또한 가지고 있다(그림 10.29b). Glycosylase 활성만을 가진 효소는 DNA glycosylase라고 하는 반면, AP lyase 활성도 함께 가지는 효소는 DNA glycosylase/lyase로 부른다. 2종류의 효소 모두 손상된 염기를 찾아 DNA 나선을 활성부위 주머니(active site pocket)로 뒤집어, N-glycosyl 결합을 절단한다.

DNA glycosylase/lyase로 시작할 때 보다 DNA glycosylase로 시작하는 경우는 염기절단수선회로가 약간 달라진다. 두 경로가 공통된 중간산물을 갖기는 하지만, 2경로를 구분하여 취급하는 것이 간편할 것이다. DNA glycosylase 회로는 개념적으로 2단계로 나뉠 수 있다.

• **단계 1:** DNA glycosylase는 손상되었거나 부적당한 염기를 제거하여 염기결여 부위(abasic site) 즉 AP 부위를 형성한다. 만약 수선되지 않으면 세포가 사멸에 이를 수 있다. 이 단원에서 이미 설명된 것처럼, AP 부위는 자발적인 가수분해 반응에 의해 생성되기도 한다. AP endonuclease는 AP 부위의 DNA 골격의 5′을 절단하여 5′-deoxyribose phosphate 말단과 유리된 3′-OH 말단을 형성한다.

• **단계 2:** DNA 중합효소는 3′-OH 말단에 nucleotide를 추가하고, deoxyri-

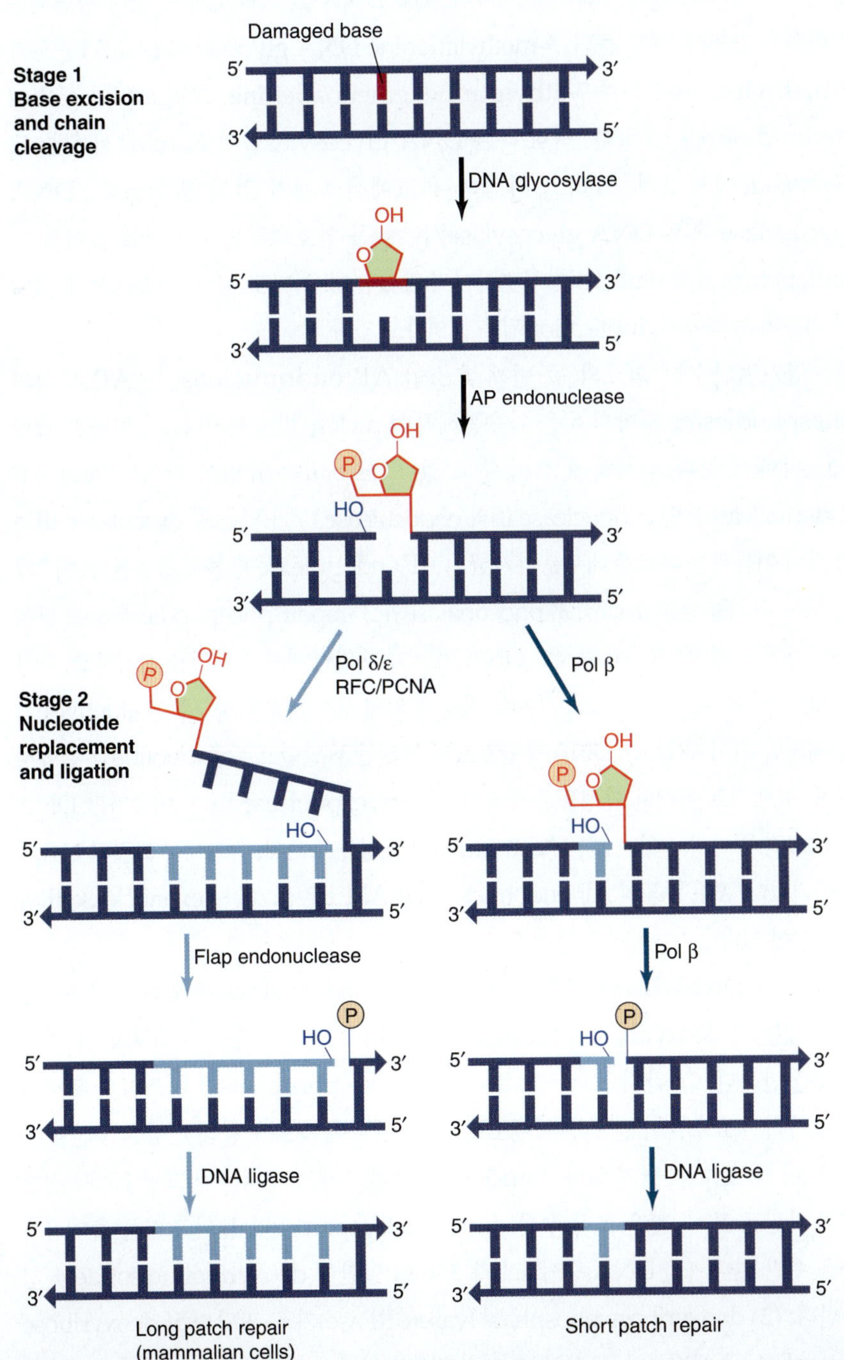


**그림 10.30 진핵세포에서 단일기능 DNA glycosylase로 시작하는 염기절단수선.** 단계 1(검은색 화살표) : DNA glycosylase가 손상되었거나 부적당한 염기를 삭제하고 염기결여 즉 AP 부위를 만든 후, AP endonuclease가 AP site의 DNA 척추구조 5′을 쪼개어 5′-deoxyribose phosphate 말단과 유리된 3′-OH 말단을 형성한다. 단계 2(짧은 조각 수선: short patch repair, 진한 청색 화살표) : DNA 중합효소 β(Pol β)는 3′-OH 말단에 nucleotide를 붙이고, 5′-deoxyribose phosphate 기를 제거 한다. 그 이후 DNA ligase가 말단들을 연결시켜 완전한 가닥을 형성한다. 단계 2(긴 조각 수선: long patch repair, 옅은 청색 화살표) : clamp loader(RFC)와 sliding clamp(PCNA)와 함께 작용하는 DNA 중합효소 δ 또는 ε가 3′ 수산기에 2~8 뉴크레오티드를 추가하며, 동시에 5′ deoxyribose phosphate 기를 옮기면서 덮개(flap)를 만든다. Flap endonuclease가 덮개를 제거하고 DNA ligase가 말단들을 연결한다. Adapted from Schaerer, O. D., *Angew. Chem. Int. Ed. Engl.* 34(2003): 2946-2974.

bose phosphate lyase(dRPase) 혹은 flap endonuclease는 5′-deoxyribose phosphate를 제거하며, DNA ligase가 남아 있는 nick을 메워 온전한 가닥을 형성한다.

**그림 10.30**은 진핵세포의 효소들에 의해 촉매된 염기절단 회로의 반응을 나타낸다. 이 회로에서 첫 번째로 작용하는 효소는 DNA glycosylase이다. 이러한 효소의 하나인 uracil N-glycosylase(Ung)는 복제과정 중 부적절하게 결합한 deoxyuridylate를 제거하는 역할로 이미 9장에서 소개되었다. 이 효소도 uracil에 특이성을 가지고 있기는 하지만, 일부 *E. coli* DNA glycosylase는 보다 광범위한 특이성을 갖는다. 예를 들면, 3-methyladenine DNA glycosylase(AlkA)는 3-과 7-methylpurine, 3-과 7-ethylpurine, ethenoadenine, 그리고 $O^2$-methyl pyrimidine에 작용한다. 서로 다른 DNA glycosylas들이 *E. coli*에서 5개, *S. cerevisiae*에서 2개, 그리고 사람의 세포에서 5개가 각각 밝혀졌다. DNA glycosylase 혹은 DNA glycosylase/lyase를 암호화하는 유전자에 있어서 눌 mutation(null mutation)는 치명적이지 않았는데, 아마도 glycosylase들에 있어서 기능적 능력들이 duplication됨을 반영하고 있다.

염기절단수선 회로의 두 번째 효소인 AP endonuclease는 AP 부위의 phosphodiester 결합의 5′을 가수분해하여 nick을 발생시킨다. 이 반응은 **그림 10.31**에서 보다 상세하게 보여 주고 있다. *E. coli*는 규명이 잘 된 2개의 AP endonuclease들인 exonuclease III와 endoculease IV가 있는데, exoculease III는 그 것의 이름과는 다르게 대부분의 세균의 AP endonulease 활성을 설명한다. 이 2가지 모두 다기능성 효소로서, 3′-phosphatase와 3′-repair phosphodiesterase 활성들을 가지고 있다. 전자의 활성은 DNA 가닥의 3′-말단에서 인산기를 제거하고, 후자의 활성은 DNA glycosylase/lyase 작용에 의해 생성된 3′의 불포화된 aldehyde기를 제거한다(아래 참고). DNA 중합효소는 봉쇄된 3′-말단으로 nucleotide를 결합시킬 수 없으므로 이러한 활성들은 중요하다. 또한, exonulease III는 이중가닥 DNA에 비교적 특이성이 있는 3′→5′ exonuclease 활성을 갖는데, 여기에서 그것의 이름이 유래되었다. 포유동물의 AP endonuclease인 APE1은 *E. coli*의 exonuclease III와 상동성이 있다.

DNA glycosylase에 의한 염기절단과 AP endonuclease에 의한 가닥분리는 한 쪽에는 5′-deoxyribose phosphate(5′-dRP) 그리고 다른 쪽은 3′-OH를 가진 간격을 만든다. 그 간격을 메우고 5′-deoxyribose phosphate를 제거하기 위해서는 추가적인 효소들이 필요하다. 세포들은 2가지 다른 경로를 통해 손상을 수선할 수 있다. 이 중 첫째는, 단지 하나의 nucleotide만이 교체되기 때문에(그림 10.30 진한 청색 화살표 표시) **짧은 조각 수선(short patch repair)**이라 불리고 다음 촉매반응들을 수반 한다: (1) DNA 중합효소가 3′-OH 말단에 deoxyribonucleotide를 첨가한다; (2) deoxyribose phosphate lyase(dRPase)가 5′-말단의 5′-deoxyribose phosphate를 제거한다; (3) DNA 연결효소가 인접한 말단들을 연결시킨다. *E. coli*

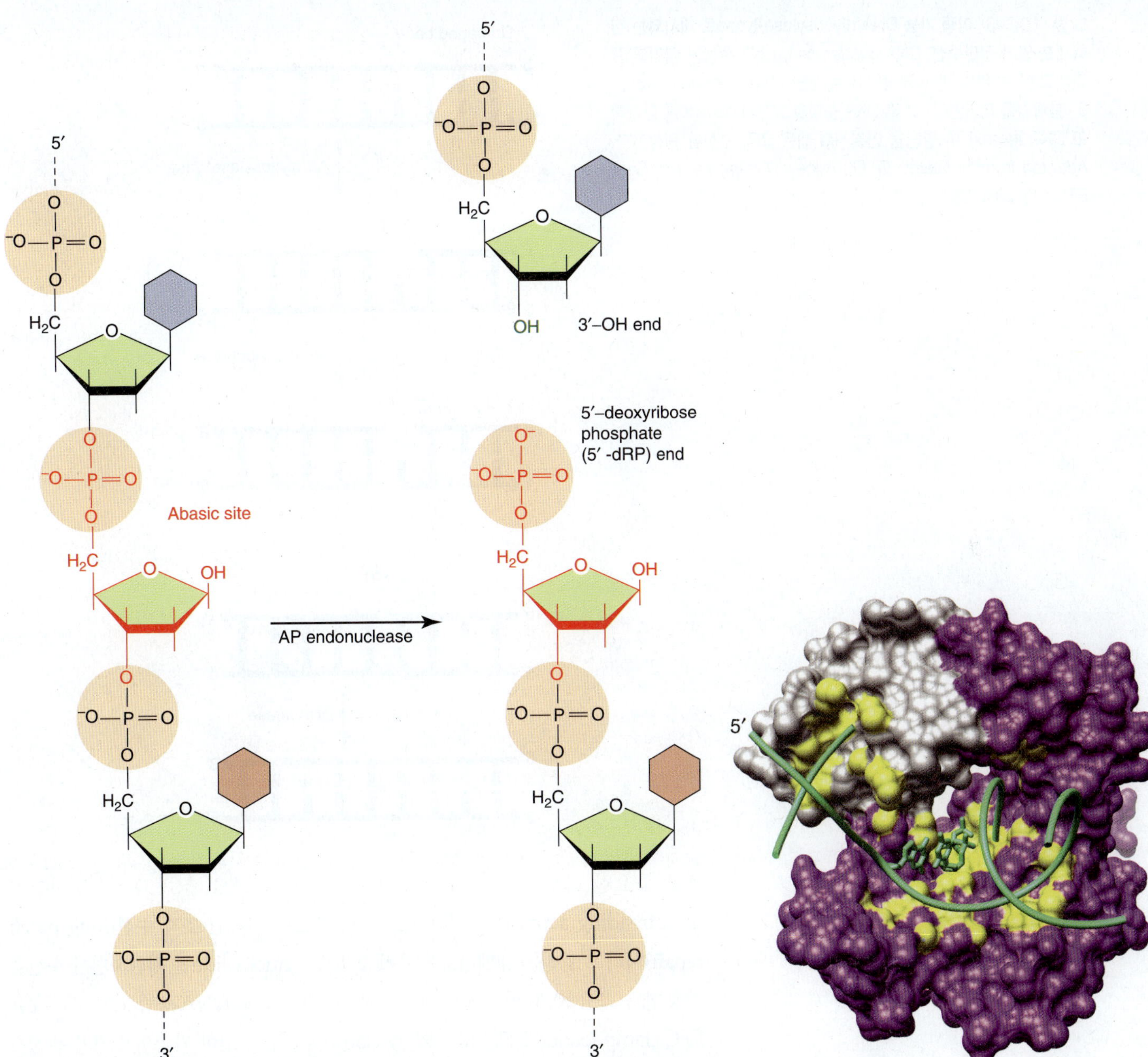


**그림 10.31 AP endonuclease. AP endonuclease는 AP 부위의 phosphodiester 결합의 5′을 가수분해하여 nick(nick)을 발생시킨다.** *E. coli*에서 규명이 잘 된 2개의 효소들인 exonuclease III와 endoculease IV가 이러한 활성을 가지고 있다. 포유동물의 효소 AP endonuclease I(APE1)이 exonuclease III와 유사하다. Adapted from Boiteux, S., and Guillet, M., *DNA Repair* 3(2004): 1-12.

**그림 10.32 DNA 중합효소 β와 기질들.** DNA 중합효소 β의 용매 배제 분자 표면과 기질들을 보여준다. 단백질은 space-filling model로 보여 주고 보라색은 중합효소 domain을, 회색은 lyase domain을 나타낸다. 초록색 척추 구조는 nick이 생긴 DNA 기질이고, 초록색 막대형태의 구조는 들어 온 ddCTP이다. 주형가닥의 5′ 말단이 표시되어 있다. DNA 또는 ddCTP의 3.5 Angstrom 이내에서 나타나는 원자들의 표면이 노란색으로 밝게 표시하였다. Reprinted with permission from Beard, W. A., and Wilson, S. H., *Chem. Rev.* 106(2006): 361-82. Copyright 2006, American Chemical Society. Photo courtesy of Samuel H. Wilson, National Institute of Environmental Sciences.

에서는 DNA 중합효소 I이 nick을 메운다. 진핵세포의 경우, 아미노산이 잘 보존되어 있는 단일의 효소인 **DNA 중합효소 β(Pol β)**가 손상되지 않은 DNA가닥을 주형으로 이용하여 간격을 메운다. 39 kDa 단백질은 중합효소 활성의 31 kDa domain과 5′-deoxyribose phosphate lyase 활성의 8 kDa domain을 갖는다(**그림 10.32**). 이 진핵세포의 효소는 세균의 그것에 해당하는 것과 비교할 때 하나의

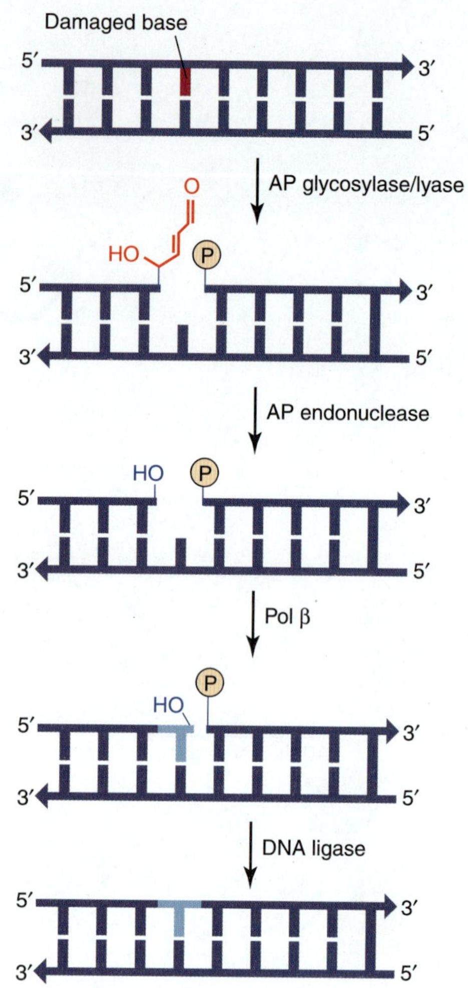


**그림 10.33 이중 기능 DNA glycosylase/lyase로 개시되는 진핵세포 염기 절단수선.** DNA glycosylase/lyase가 손상된 염기를 잘라내고 AP 부위의 DNA 가닥의 3′을 절단하며 AP endonuclease는 3′ 봉쇄기를 제거한다. 그 후 DNA 중합효소가 nucleotide를 첨가하고 DNA ligase가 두 말단을 연결시켜 짧은 조각 수선을 완성한다. Adapted from Schaerer, O. D., Angew. *Chem. Int. Ed. Engl.* 34(2003): 2946-2974.

매우 중요한 측면에서 차이를 보인다; 진핵세포 효소에는 3′→5′ 교정활성(proofreading activity)이 없다. 포유류의 세포에서는 **긴 조각 수선(long patch repair)**이라고 불리는 대체경로를 통해 2~8개의 nucleotide를 치환하면서 수선을 진행 한다(그림 10.30 옅은 청색 화살표 표시). 이 경우에, DNA 중합효소 δ 혹은 ε은 RFC clamp loader와 PCNA sliding clamp의 도움을 받아 가닥의 신장을 촉진시킨다. 이 중합효소가 nick의 한쪽의 3′-OH 말단에 nucleotide들을 첨가할 때, nick의 반대편에는 5′-deoxyribose phosphate 말단을 치환한다. Flap endonuclease가 치환된 가닥을 잘라내고 DNA 연결효소가 남아있는 nick을 봉합한다.

진핵세포의 염기절단 수선이 DNA glycosylase/lyase로 개시되는 경우의 경로는 **그림 10.33**과 같다. *E. coli*에서는 각각 3개의 다른 DNA glycosylase/lyase 효소가 확인되었으며, *S. cerevisiae*에서 3개 그리고 인간세포에서 6개가 확인되었다. DNA glycosylase/lyase가 손상된 염기를 잘라내고 AP 부위의DNA 가닥 3′을 절단한다. 결과적으로 남은 3′-말단의 당 잔기는 AP endonuclease에 의해 분열이 촉진되어 제거 된다. 그 후에 DNA 중합효소 β가 nucleotide를 첨가하고 DNA 연결효소가 남아 있는 nick을 봉합하여 짧은 조각 수선을 완성한다.

## 10.9 Nucleotide 절단 수선(nucleotide excision repair: NER)

**Nucleotide 절단 수선은 손상을 입은 oligonucleotide를 절단하여 DNA의 부피가 큰 부가물(bulky adducts)을 제거하고 새로운 DNA로 대체하면서 수선한다.**

Nucleotide 절단 수선은 구조적으로 관련이 없는 DNA 손상에 대하여 많은 다른 형태들을 교정하면서 DNA의 부피가 큰 부가물(bulky adducts)을 제거한다. 예를 들면, nucleotide 절단 수선은 자외선에 의해 유발되는 cyclobutane pyrimidine dimer, (6-4) 광산물의 제거, psoralen, aflatoxin B, 그리고 교차결합의 특정 유형 등과 같은 alkylating agent에 의해 형성되는 손상된 염기들을 절단한다. 다양한 종류의 손상들에 대한 수선의 효율성은 수만 배의 차이가 나기도 한다. 일반적으로 손상에 의해 만들어진 나선 변형 정도와 손상이 제거되는 효율 사이에는 직접적인 상관관계가 있다. 기본적인 nucleotide 절단 수선 과정은 모든 생물체에서 같으며 다음을 포함한다:(1) 손상의 인지; (2) DNA 가닥에 있는 손상부위의 양쪽 끝을 절단; (3) 손상에 의해 만들어진 oligonucleotide 제거; (4) 손상되지 않은 DNA 가닥을 주형으로 사용하여 절단한 단편을 대체하는 새로운 DNA 의 합성; 그리고(5) 남은 nick을 연결. 비록 모든 생물체에서 기본적인 nucleotide 절단 경로가 매우 유사하지만, 여러 가지 단계를 수행하는 단백질에 있어서는 상당한 차이들이 있다. 그러므로 nucleotide 절단 수선계를 세균과 진핵생물로 각각 나누어 다루게 될 것이다.

### 세균에 있어서 nucleotide 절단 수선

자외선이 조사된 *E. coli*는 어두운 곳에서 배양한 후에는 생존할 수 있는 능력을 다시 얻을 수 있지만 빛이 있는 곳에서 배양하였을 때 보다 더 천천히 성장한다. 이러한 관찰은 세균이 자외선에 의해 유발되는 가벼운 손상을 수선하기 위하여 광회복(photoreactivation)과 다른 어떤 과정을 사용하고 있다는 것을 암시하고 있다. Richard Setlow와 William Carrier 그리고 이들과 별도로 Richard Boyce와 Paul Howard-Flanders는 1964년 유사한 접근방식을 사용하여 이러한 대체 과정을 연구하였다. 두 그룹 모두 DNA를 표지하기 위해서 [$^3$H]thymine의 존재 하에서 *E. coli*를 배양하였고, 그 때 세포에 자외선을 조사하여 thymine cyclobutane dimer 형성을 유도하였다. 그리고 그들은 : (1) 광회복이 일어나지 않도록 하기 위하여 어두운 상태에서 자외선이 조사된 세포를 배양하였다. (2) 다양한 배양 시간 후에 샘플들을 꺼내서 그 샘플에 trichloracetic acid를 첨가하였다. (3) 산에 용해되는 oligonucleotide로부터 산 불용성 DNA를 분리하였다. (4) 손상되지 않은 thymine cyclobutane dimer를 방출하기 위해 DNA와 oligonucleotide를 효소 분해시켰다. 그리고 (5) chromatography를 이용하여 방출된 dimer를 검출하였다. 이러한 실험들은 어두운 곳에서의 배양시간이 길어지면 cyclobutane thymine dimer가 산 불용성 DNA로부터는 없어지고, 산용해성 oligonucleotide 분획에 나타난다는 것을 보여주었다. 이 결과들은 세균이 손상을 입은 oligonucleotide를 잘라낼 수 있고, 이 절단된 oligonucleotide를 새로 합성된 DNA로 대체할 수 있다는 의미로 정확하게 이해되었다. 그 이후의 연구에서도 진핵생물과 archaeon(고세균계)이 nucleotide 절단 수선 경로를 가지고 있다는 것이 밝혀지게 되었다. 유전학 연구들은 *E. coli*의 자외선 조사와 관련된 3가지 유전자인 *uvrA*, *uvrB* 및 *uvrC*가 손상 인식, 절개(incision) 및 절제(excision)을 위해 필수적인 단백질을 암호화 한다는 것을 밝혔다. 3개의 유전자 모두 클로닝 되었고 이들이 암호화하는 단백질들(UvrA, UvrB 및 UvrC)이 정제되어 특징이 규명되었다. 정상적인 생리적 조건하에서, *E. coli*는 약 25개의 UvrA 분자, 250개의 UvrB 분자, 그리고 10개의 UvrC 분자를 가지고 있다. DNA 손상에 따라, UvrA와 UvrB 수준은 약 4~10배 정도 증가하지만 UvrC의 수준은 동일하게 유지된다(자외선 조사 후의 UvrA와 UvrB의 증가수준에 대한 설명은 이장의 SOS 반응을 설명하는 부분의 후반부에서 설명할 것임). 비록 UvrA, UvrB 및 UvrC가 결합하여 안정한 복합체를 형성하지 않더라도, 이들은 **UvrABC 손상 특정 endonuclease** 혹은 줄여서 UvrABC endonuclease로 불리운다. 일부 연구자들은 절개와 절단 반응에 참여하는 단백질들을 가리키는 뜻에서 **UvrABC excinuclease**라는 명칭을 더 선호한다. 뜻밖에도 이들 3가지 폴리펩티드들은 이것들의 이름에 의해 제시된 순서대로 즉, UvrA, UvrB, 그리고 UvrC 순으로 작용한다.

UvrA의 고해상도 구조는 아직 밝혀지지 않았다. 그러나 구조가 알려진 관련된 단백질들과 서열을 비교하였을 때 괄목할 만한 구조에 대한 정보를 얻었다. UvrA는 2개의 ATP 결합 부위, 2개의 zinc finger 구조 및 하나의 helix-turn-helix 부위(motif)를 가지고 있다(**그림 10.34**). Helix-turn-helix와 zinc finger에 대한 더 자세한 정보는 14장과 16장에 각각 설명되어 있다. 현재로서는 이 motif들이 나선형의 단편을 가지고 있어 DNA의 주홈(major groove)들어 맞을 수 있어서 단백질•DNA 복합체를 형성한다는 것을 설명하기에 충분하다. 또한 zinc finger motif들은 단백질-단백질 상호작용에 관여할 수 있다.

UvrA는 DNA에 결합하는 단백질의 능력에 영향을 주는 ATPase 활성을 가지고 있다. 이런 현상에 대한 설명은 UvrA가 용액 속에서 단량체로 존재한다는 것이다. ATP가 첨가될 때 단량체는 dimer로 반전되고, dimer는 단량체보다 DNA에 대해 보다 강한 친화력을 가진다. ATP는 정상 DNA가 아니라 손상된 DNA에 대

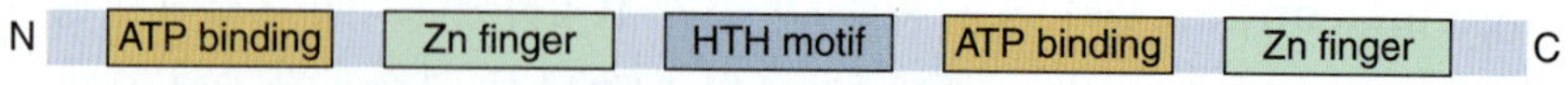

N | ATP binding | Zn finger | HTH motif | ATP binding | Zn finger | C

**그림 10.34 UvrA에 있는 기능적인 구조들의 모식도.** UvrA는 2개의 ATP 결합부위와 2개의 zinc finger 구조, 그리고 helix-turn-helix(HTH) 구조를 포함하고 있는 940개 잔기로 된 polypeptide 이다.

한 UvrA의 특이성을 증가시킨다. *In vitro* 조건 하에서 가수분해 될 수 없는 ATP 유사물질은 UvrA dimer를 또한 안정시키지만, 손상된 DNA에 대한 이 단백질의 특이성을 증가시키지는 않는다. 이와 같이 ATP는 DNA 결합과 dimer 형성을 위해 필요하며, ATP의 가수분해는 특정 UvrA가 손상된 DNA와 결합되기 위해 꼭 일어나야 한다.

UvrB는 동시는 아니나 UvrA 및 UvrC와 상호작용하면서 nucleotide 절단 수선에 중심적인 역할을 수행한다. UvrB의 기능적 domain과 결정구조는 **그림 10.35a**와 **b**에 나타내었다. UvrB는 그 기능을 위해 필수적인 최소한 2개의 촉매부위를 가지고 있다: 6개의 helicase motif(I~VI)는 domain 1a와 3에 존재하고,

(a) Functional domains of UvrB

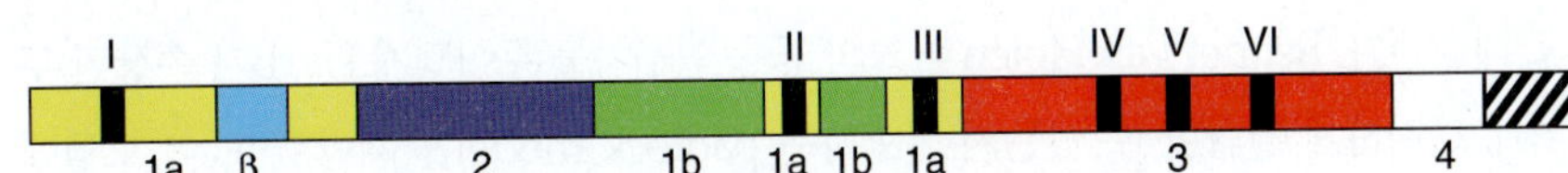


(b) Crystal structure of the UvrB-ATP complex

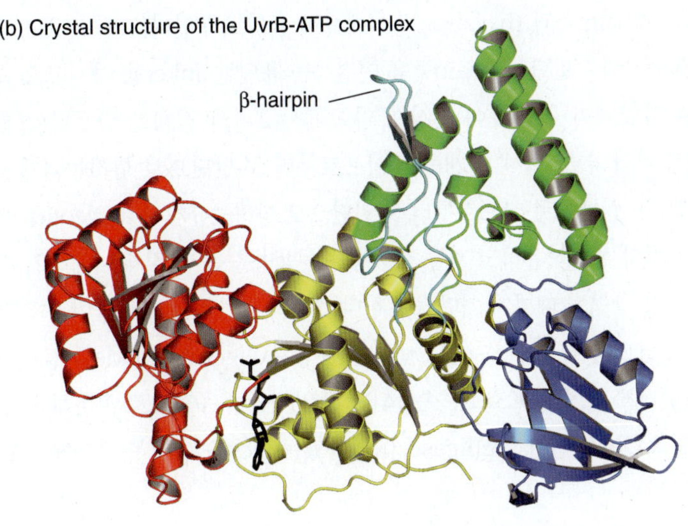


(c) Stable UvrB-DNA complex

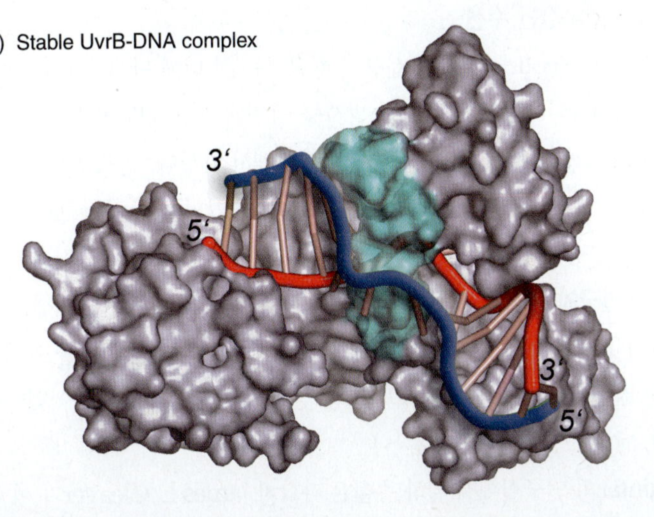


**그림 10.35 UvrB의 구조.** (a) UvrB의 기능 domain. UvrB는 그 domain 구조에 따라 색으로 나타내었다. domain 1a는 노란색, 1b는 녹색, 2는 파란색, 3은 빨간색, 4는 흰색이고(검정색 사선은 UvrC가 상호작용 하는 domain), β-hairpin은 청록색이다. 1a와 3 domain에 존재하는 6개의 helicase motif(I~VI)는 검은색으로 나타내어 있다. (b) UvrB • ATP 복합체의 결정 구조. 색을 통한 표시체계는 (a)와 같다. domain 1a와 3 사이에 있는 ATP 분자는 원소표시를 위한 막대 및 색으로 표시하였다. (c) β-hairpin(청록색)과 domain 1b 사이에 위치한 DNA의 내측가닥(빨간색)과 β-hairpin의 바깥쪽에 위치한 외측가닥(파란색)을 보여주는 UvrB • DNA 복합체의 모형. Part a adapted from Truglio, J. J., et al., Chem. Rev. 106(2006): 233-252.; Part b reprinted with permission from Truglio, J. J., *Chem. Rev.* 106(2006): 233-252. Copyright 2006, American Chemical Society. Photo courtesy of Caroline Kisker, Rudolf Virchow Center for Experimental Biomedicine, University of Wuerzburg; Part c reproduced from Truglio, J. J. *Nature Struct. Mol. Biol.* 2006. 13: 360-364. Photo courtesy of Caroline Kisker, Rudolf Virchow Center for Experimental Biomedicine, University of Wuerzburg.

ATPase 활성 부위는 이 두 domain 접점에 위치하고 있다. domain 2와 4에 있는 잔기들은 UvrA와 UvrC의 결합에 관여하는 것으로 보인다.

UvrB는 용액속이든 혹은 DNA상에서든$(UvrA)_2$ • UvrB 복합체를 형성하기 위해 UvrA와 결합한다. 단백질 복합체는 처음에 손상된 부위로부터 약간 떨어진 위치에서 DNA와 결합한다. 일단$(UvrA)_2$ • UvrB • DNA가 형성되면, UvrB helicase는 이 단백질 복합체가 손상부위와 마주칠 때 까지 DNA를 따라$(UvrA)_2$ • UvrB의 ATP 의존성 이동을 촉진시킨다. 그리고 UvrA는 UvrB의 수반되는 구조적 변화와 함께 ATP 의존 반응에 의해 방출되고, 안정적인 UvrB • DNA 복합체를 생성한다(**그림 10.36**). 세균의 DNA 복제 개시반응에서 동안 DnaC가 작용하는 것처럼 것과 같은 방법으로, UvrA는 이 경로에서 "중개 분자(molecular matchmaker)" 로서 기능한다(9장 참고). UvrB · DNA 복합체가 쉽게 만들어 질 수 있도록 ATP로부터 에너지를 공급받으며 이것이 없이는 복합체가 형성되지도 않지만 형성된 복합체라도 해리된다. Bennet Van Hoten과 그의 공동 연구자들은 어떻게 UvrB가 손상된 부위에 강력하게 결합할 수 있는지 설명하는 padlock model을 제안했다. 이 모델에 따르면, UvrB는 2개의 DNA 가닥 사이에 삽입되는 β-hairpin 구조를 가지고 있어, 2가닥 중의 하나가 β-hairpin과 1b domain 사이에서 꽉 물리도록 한다(그림 10.35c).

UvrC는 N말단과 C말단 domain들을 연결하는 유연한 linker를 가지고 있고 UvrB · DNA 복합체와 결합하여 손상의 양쪽에서 2개의 절개를 만든다(**그림 10.37**). 손상된 가닥의 첫 번째 절개는 손상으로부터 3′-말단으로 향하는 4개의 nucleotide이고, 두 번째는 손상으로부터 5′-말단으로 향하는 7개의 nucleotide이다. UvrC가 UvrB와 상호작용하고 기능을 수행하는 방법을 좀 더 깊게 이해하기 위해서는 결정구조가 확인될 때까지 기다려야 한다. 3개의 부가적인 효소들이 수선과정을 완성하는데 필요하다. Helicase인 UvrD는 손상된 oligonucleotide를 절단하기 위해 필요하고, DNA 중합효소 I은 손상되지 않은 가닥을 주형으로 사용하여 공간(gap)을 채우고 DNA 연결효소(ligase)가 남아있는 nick을 메워 수선과정을 완료한다(그림 10.37).

### 진핵세포의 nucleotide 절단 수선

포유류의 세포 또한 nucleotide 절단 수선을 수행한다는 첫 번째 단서는 1960년대 초반에 Robert Painter와 공동연구자들이 방사능 사진기술을 개발하여 포유류의 세포 DNA와 $[^3H]$thymidine의 결합을 연구한 실험에서 나왔다. 세포주기 중 S기에 있는 세포는 많은 양의 $[^3H]$thymidine이 DNA에 유입되는 반면, 세포주기의 다른 단계의 세포들은 방사능 표지를 DNA에 유입시킨다 하더라도 아주 적은 양이다. Painter와 공동연구자들은 세포주기의 S기가 아닌 포유류의 세포는 자외선 조사 후에 낮은 수준의 $[^3H]$thymidine이 DNA에 유입시키는 능력을 얻게 됨을 보여주었으며, 이 "예정 밖의(unscheduled)" DNA 합성이 수선경로의 일부분이었다는 것을 제안하였다.

1968년, Painter의 연구실에서 일하던 젊은 과학자 James E. Cleaver가 이 예

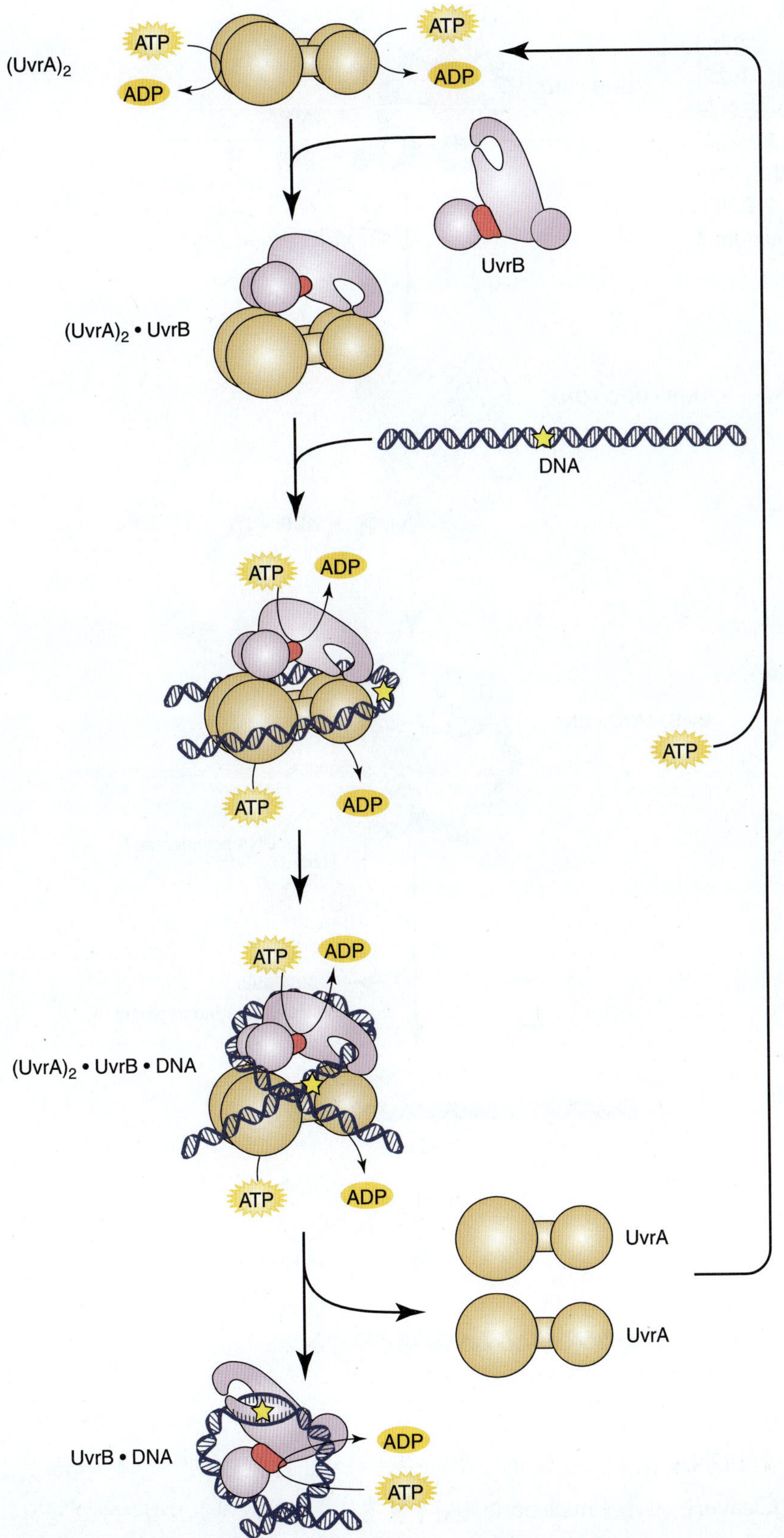


**그림 10.36 안정화된 UvrB • DNA 복합체 형성의 모식도.** UvrA와 UvrB는 손상된 DNA 부분(노란색 별모양)으로부터 어느 정도 거리에서 결합하는 ATP 의존성 이종삼량체(heterotrimer)를 형성한다. 일단$(UvrA)_2$ • UvrB • DNA 복합체가 형성되면, UvrB helicase는 단백질 복합체가 손상된 부분과 마주칠 때 까지 DNA를 따라$(UvrA)_2$ • UvrB를 이동시킨다. 그리고 UvrA는 UvrB의 ATP 의존성 구조적 변화를 유발시켜 UvrA를 방출시키게 되고, 안정한 UvrB • DNA 복합체를 형성을 하게 되며, 이때 DNA는 구부러지게 되고 가닥은 분리되어진다. UvrB에서 빨간색 부분은 ATPase를 나타낸다. Adapted from Truglio, J. J., et al., *Chem. Rev.* 106 (2006): 233-252.

**그림 10.37 절개, 절단 및 수선 반응에 대한 모식도.** UvrC는 UvrB • DNA 복합체와 결합하여 손상(노란색 별 모양)의 양쪽에서 하나씩 즉 2개의 절개를 만든다. 그 다음에 3개의 부가적인 효소가 수선 과정을 완성시킨다. Helicase인 UvrD는 손상된 oligonucleotide를 절단하고, DNA 중합효소 I은 손상되지 않은 가닥을 주형으로 사용하고 생긴 공간을 채운다. 그리고 DNA ligase(ligase)가 가닥의 끝 부분을 결합시켜 수선과정을 완료한다. UvrB에서 빨간색 부분은 ATPase를 나타낸다. Adapted from Truglio, J. J., et al., *Chem. Rev.* 106(2006): 233-252.

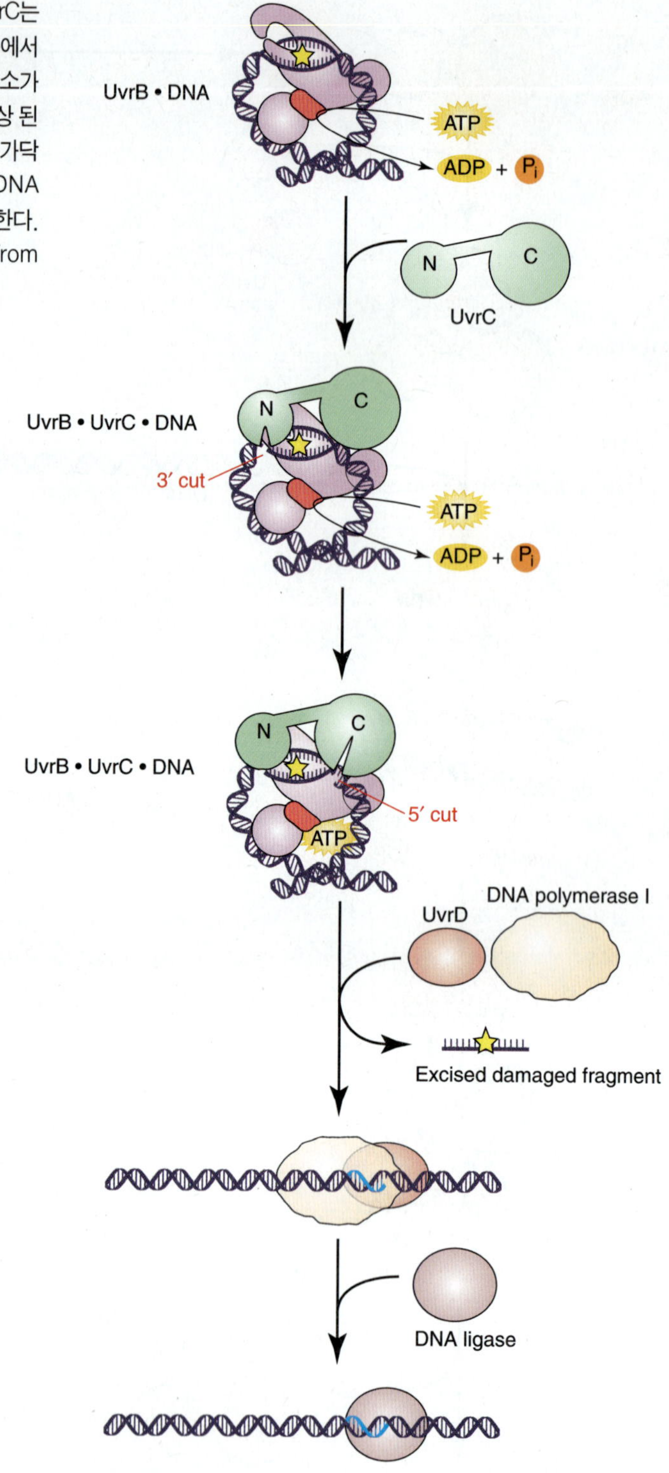


정 밖의 DNA 합성과 nucleotide 절단 수선 사이의 관계를 확립하는데 기여하였다. Cleaver는 세균에 nucleotide 절단수선 경로가 있다는 것을 보여주는 그 당시 최근의 연구에 대해 알고 있었고, 이 예정 밖의 DNA 합성이 포유류의 nucleotide 절단 수선 경로 때문인 것이 아닌가 하고 생각하였다. 그는 먼저 자외선에 감수성이 있는 포유류 세포주를 분리한 후, 자외선 조사 후에도 그것들이 낮은 수준의 [$^3$H]thymidine을 DNA에 유입시키지 않았다는 것을 보임으로써 자신의 가설을 지지할 증거를 얻으려 하였다. 그가 원하던 세포주를 분리하는 것을 준비하고 있을 때, 그는 상염색체 열성질환인 **색소성건피증(Xeroderma pigmentosum, XP)**에 대한 신문기사를 접하게 되었다. XP 어린이의 각 부모는 XP mutation를 가지고 있지만 질병에 대한 뚜렷한 증상은 보이지 않는다. 대조적으로, XP 어린이는 특히 손, 얼굴 또는 목과 같이 햇빛에 노출된 신체부위에서 피부암이 발생할 확률이 1,000배 정도 높다. 피부암의 발병률은 햇빛에 노출되는 것과 직접적인 관련이 있다. 햇빛을 피하려고 주의 깊게 조심하지 않으면, 피부암이 처음 나타나는 평균 연령이 일반인에 비해 대략 50년 정도 이른 8살 전후가 된다. 햇빛은 모든 개개인의 피부세포에 있는 DNA에 손상을 유발하는데 정상적인 세포는 손상을 수선할 수 있는 반면 XP 세포는 그러지 못한다는 것을 제시함으로써 햇빛에의 노출과 피부암 발병률 사이의 관계가 설명될 수 있을 것이다. Cleaver는 포유류 세포가 nucleotide 절단 수선계를 가지고 있는지의 여부를 확인하기 위해 분리하려고 했던 자외선 감수성 mutant 세포 대신에 XP 세포가 사용될 수도 있겠다고 정확하게 추론하였다. 예상했던 대로, XP 세포는 자외선 빛에 노출된 후 낮은 수준의 [$^3$H]thymidine을 유입시킬 수 없었다. Cleaver는 또한 정상인 세포는 nucleotide 절단 수선계를 가지고 있는데 비해, XP 세포에는 결여되어 있는 것을 증명하였다.

Dirk Bootsma와 공동연구자들은 여러 XP 환자로부터 얻어지는 세포의 DNA 수선 수준에 있어서 유의한 차이가 있음을 알게 됨으로써, 포유류의 nucleotide 절단 수선계에 대해 중요한 새로운 시각을 1970년대 초반에 제공했다. 이러한 차이는 일련의 유전자들 중 하나의 결함 때문에 XP가 일어난다는 가능성을 제시하였다. Bootsma와 공동연구자들은 한 환자에서 분리된 섬유아세포를 다른 환자에서 분리된 섬유아세포와 융합함으로써 이 가능성을 증명했다. 어느 환자의 섬유아세포(예, XP-A)를 다른 환자의 섬유아세포(예, XP-B)에 융합시키면, 융합된 세포는 자외선에 과민하지 않았으며 예정 밖의 DNA 합성을 수행할 수 있었다. 이러한 융합 실험들은 각 세포가 다른 세포로부터는 만들어 질 수 없는 nucleotide 절단 수선에 필요한 어떤 단백질을 만든다는 것을 의미하였다. 즉 XP-A 세포는 정상적인 XPB 단백질을 만들고, XP-B 세포는 정상적인 XPA 단백질을 만든 것이다. 결국 이용 가능한 XP 세포주를 사용한 체계적인 세포융합실험들로부터 사람의 세포는 nucleotide 절단 수선에 필수적인 polypeptide를 암호화하는 *XPA*부터 *XPG*까지 7개의 유전자를 가지고 있다는 것을 밝혀지게 되었다.

DNA 손상의 정확한 위치에 따라, nucleotide 절단 수선계는 전사되지 않은 DNA 가닥이나 활발히 전사된 가닥에 작용하는 것으로 추정된다. 전사되지 않은 DNA 가닥을 수선하는 경로는 **nucleotide 절단 수선(nucleotide excision repair)**이라고 불린다. 일부 연구자들은 이것을 **전반적 유전체 nucleotide 절단 수선(global genome nucleotide excision repair)**이라고 부르기도 하는데, 이는 대부분 세포의 DNA가 어느 주어진 시간대에서는 전사되지 않기 때문이다. 전사된 DNA를 수선하는 **전사연결 nucleotide 절단 수선 경로(transcription-coupled nucleotide excision repair pathway)**는, 전사 장치의 진행을 방해하는 손상이 전사가 일어나지 않는 DNA 지역에 비하여 전사가 활발한 DNA 지역에서 보다 빠르게 수선된다는 점을 연구자들이 주목하면서 발견되었다. 전사연결 nucleotide 절단 수선 경로는 전사된 가닥에 특이적이다.

포유류의 nucleotide 절단 수선계를 이해하는 과정은 XP 단백질들에 대한 정제와 특성규명을 필요로 하였다. *In vitro* 검정은 이러한 단백질들을 검출하기 위해 고안되었다. 널리 활용되는 검증실험의 경우, 먼저 방사능으로 표시된 cytobutane thymine dimer를 가진 DNA 기질을 준비하고, thymine dimer를 포함하는 oligonucleotide의 절단정도를 측정함으로써 XP 단백질의 활성을 측정할 수 있다. XP 단백질은 특정 XP 단백질의 결함을 가진 XP 세포주들을 이용하면서 아주 쉽게 분리 되었다. 표준 단백질 분리 기술로 정상 세포로부터의 무세포 추출물이 분획되고 이들에 대하여 이미 알고 있는 XP 결함 세포주로부터 제조한 추출물의 활성을 보완할 수 있는지를 test하는 것이다. 예를 들어, XP-C 세포 추출물의 활성을 보완한 세포 추출물을 분획함으로써 XPC 단백질을 분리하는 식으로 말이다. 마침내 연구자들은 *in vitro* nucleotide 절단 수선을 지지하기 위해 필요한 모든 포유류 단백질들을 정제할 수 있게 되었다. XPE는 *in vitro* nucleotide 절단 수선계의 재구성에 필요하지 않는 것으로 나타난 유일한 XP 단백질이다. *In vitro* 검정은 염색질(chromatin)이 아니라 유리된 DNA를 이용하기 때문에, 염색질이 존재하는 생리학적 조건 하에서 XPE가 요구될 가능성이 있다. 또는 XPE가 어떤 손상을 수선하기 위해 요구될 수도 있다. 이러한 가설을 각각 뒷받침하는 증거들이 있다. 본래 XP 세포주 연구에서 밝혀진 것이 아닌 단백질들 역시 nucleotide 절단 수선에 필요한 것으로 알려 졌다. 이러한 단백질들 중의 하나인 **hHR23B**(효모 수선 단백질 Rad23에 대한 사람의 상동 물질)는 항상 XPC • hHR23B 복합체에서 XPC와 강하게 결합한다. 이런 단백질들 중 또 다른 하나인 ERCC1은 XPF와 강하게 결합한다. ERCC1 subunit는 그 고유의 어떤 촉매 활성도 없는 것으로 보이지만 XPF endonuclease 활성을 안정시키기 위해 요구된다. **ERCC1**은 원래 수선 결함이 있는 Chinese hamster ovary(CHO) 세포를 보완하는 능력이 최초로 증명된 **ERCC1**(excision repair cross-complementing 1) 유전자의 이름을 따라 명명하였다. 마지막으로, *in vitro* nucleotide 절단 수선에 필수적인 것으로 밝혀진 몇몇 단백질들은 또한 다른 경로에도 필수적인 기여를 한다. 이들에 포함되는 것들로 단일 가닥 DNA 결합 단백질들이 RPA, clmap loader RFC, sliding clamp PCNA, DNA 중합효소 δ(혹은 ε)와 DNA ligase가 있다. 이러한 단백질의 구조와 기능은 9장에서 설명하혔다.

Nucleotide 절단 수선에 필수적인 기여를 하는 결정적인 단백질은 RNA 중합효소 II(진핵 단백질을 암호화하는 유전자를 전사하는 효소)를 돕는 10개의 subunit를 가지고 있는 큰 다중단백질 복합체인 보편전사인자 II H(TFII H)이다.

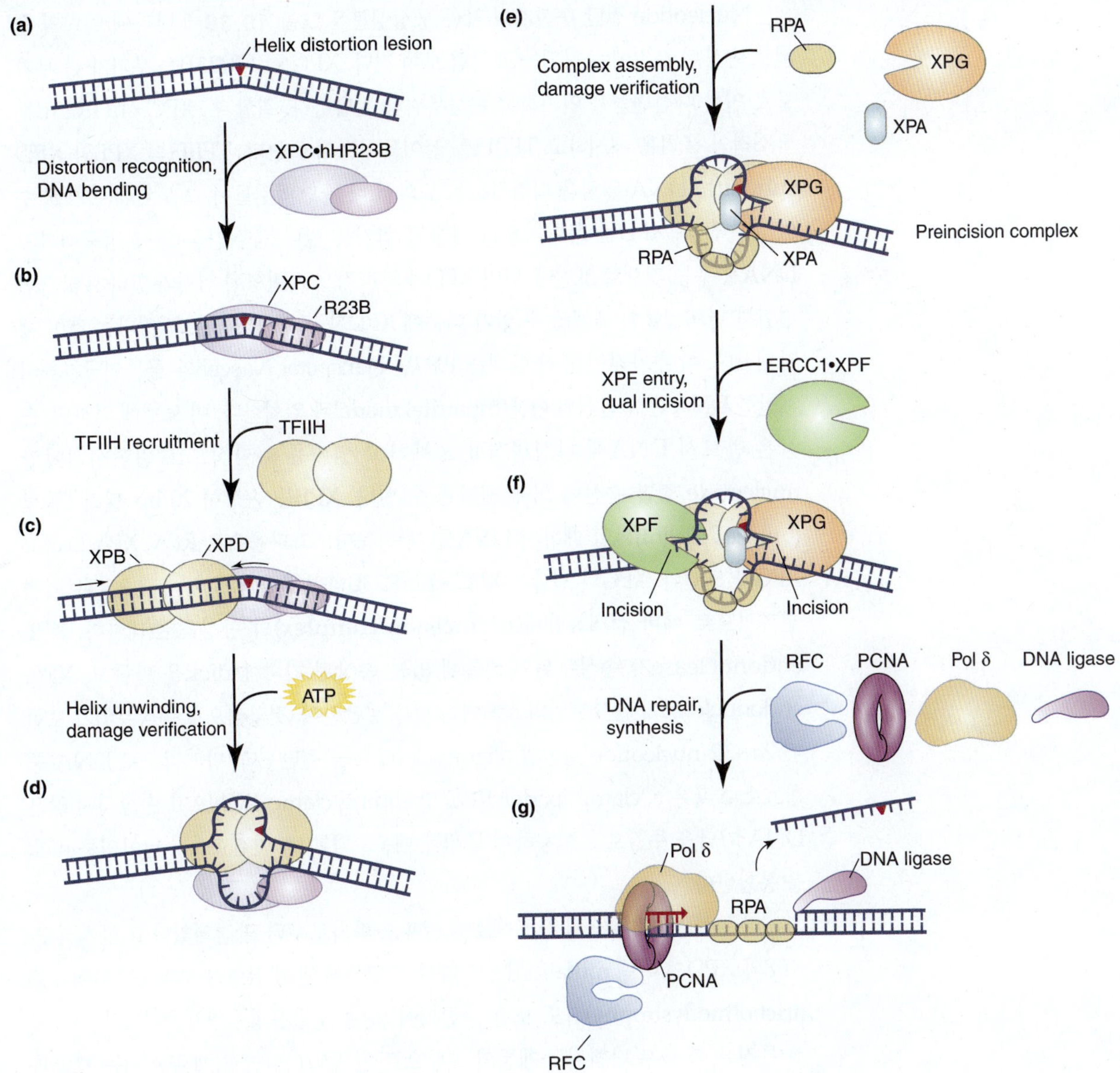


**그림 10.38 진핵세포의 nucleotide 절단 수선에 대한 제안된 경로.** (a) 손상(빨간색 삼각형)은 DNA에 이중나선 변형을 유도한다. (b) XPC • hHR23B는 나선 변형을 탐지하고 DNA 굴곡을 안정화시킨다. XPE 복합체(보여주지 않았음)는 cytobutane pyrimidine dimer와 같은 어떤 손상이 존재할 때, 이러한 인식 과정에 참여하는 것으로 보인다. (c) 전사 인자 IIH(TFIIH)는 XPC • hHR23B에 의해 손상부위로 모이게 된다. (d) TFIIⅡH는 손상을 둘러싸고 있는 DNA 나선의 ATP 의존성 풀림 (unwinding)을 촉진시켜 XPD subunit가 화학적으로 변형된 염기와 만나게 된다. 두 번째 helicase subunit인 XPB는 DNA를 계속 풀어서 20 bp가 열린 "풍선(bubble)" 구조를 생성한다. (e) 이 때 단일 가닥 DNA 결합 단백질인 RPA, XPA 및 XPG가 이 복합체에 추가되고 "재절개(reincision)" 복합체를 형성한다. (f) ERCC1 • XPF 아종dimer가 복합체에 추가되고 이중절개(ERCC1 • XPF에 의한 5′ 그리고 XPG에 의한 3′)가 일어난다. (g) RPA는 ssDNA에 결합한 채로 남아 clamp loader RFC와 sliding clamp PCNA가 보조하는 DNA 중합효소 δ(혹은 ε)에 의한 수선 합성으로 전이를 촉진한다. DNA ligase가 남아있는 nick을 봉합한다. Adapted from Gillet, L. C. J., and Schärer, O. D., *Chem. Rev.* 106(2006): 253-276.

TFII H에 대한 더욱 자세한 설명은 15장에 있다. 여기에서는 2개의 subunit인 XPB와 XPD가 nucleotide 절단 수선에 기여하는 점에 초점을 맞출 것이다. XPB는 5′→3′ ATP 의존성 helicase이며, XPD는 3′→5′ ATP 의존성 helicase이다.

Nucleotide 절단 수선계의 각종 구성성분은 **그림 10.38**에 나타낸 일련의 순서로 손상된 부위에 모집되는 것처럼 보여 진다. XPC • hHR23B는 부피가 큰 부가물로 인한 나선변형을 인지하고 손상부위와 결합한다. 결합 후, XPC • hHR23B는 국소적인 풀기를 개시하고 TFIIH를 끌어들이는데 돕는다. TFIIH의 XPB와 XPD subunit는 DNA 열림을 확장하도록 도와서 다른 단백질들이 그 부위에 추가될 수 있도록 한다. XPD는 화학적으로 변형된 염기를 만나 움직임을 일시 멈출때까지 DNA를 푸는 것으로 보인다. 만약 XPD가 화학적으로 변형된 염기와 만나지 않으면 결합한 단백질들이 해체될 수 있기 때문에 XPD가 교정기능을 갖고 있다는 것이 제안되었다. 이 부가적인 인식 단계는 1997년 Hanspeter Naegeli와 공동연구자들이 제안한 DNA 손상 인식의 **이분(bipartite) model**과 일치한다. 이 모델에 의하면, 손상은 반드시 DNA에 나선변형을 소개하고 염기를 화학적으로 변형시켜야만 nucleotide 절단 수선에 의해 제거될 수 있다. XPB는 손상이 20 bp 열려 "풍선(bubble)" 에 둘러싸일 때까지 DNA를 계속 푼다. 그 다음으로 RPA, XPA 그리고 XPG가 모인다. XPG의 결합은 XPC • hHR23B의 방출을 일으키는 것으로 보이며 결과적으로 **예비 절개복합체(preincision complex)**의 형성을 초래한다. XPF endonuclease가 손상부위의 5′쪽에 있는 손상된 가닥에 nick을 만들고, XPG endonuclease가 손상부위의 3′쪽에 그것을 절단한다. 결과적으로 손상부위가 포함된 24~32 nucleotide 길이의 oligonucleotide는 절단된다. 마지막으로 DNA 중합효소 δ 혹은 ε, clamp loader RFC 및 sliding clamp PCNA가 손상되지 않은 DNA 가닥을 주형으로 이용하여 틈새를 메우고, DNA 연결효소가 남아있는 nick을 봉합한다.

비록 XP유전자가 처음에 색소성건피증 환자로부터 발견되었다고 할지라도, XPB와 XPD의 어떤 mutation는 또 다른 상염색체 열성 질병인 모발유황이영양증 **(trichothiodystrophy)**과도 또한 관련되어 있다. 모발유황이영양증의 1차적인 임상 특징은 황 풍부 단백질들 계통의 결함으로 인해 나타나는 쉽게 부서지는 모발과 손톱이다. 모발유황이영양증을 앓고 있는 많은 사람들은 비늘처럼 벗겨져 떨어지는 피부뿐만 아니라 성장 및 정신지체를 또한 보여준다. 비록 nucleotide 절단 수선이 모든 경우는 아니지만 많은 경우에 결함이 있음에도 불구하고, 피부암으로 발전하는 경향은 관찰되지 않았다. 모발유황이영양증은 결함이 있는 XPB 혹은 XPD가 nucleotide 절단 수선에 필요한 기능보다는 오히려 전사에 필요한 기능을 수행하지 못해서 일어날 수도 있다.

XPC • hHR23B를 제외하고는, 전사연결 nucleotide 절단 수선은 nucleotide 절단 수선과 동일한 효소들과 단백질 인자들을 필요로 한다. 또한 전사연결 nucleotide 절단 수선은 CSA와 CSB를 필요로 한다. 이들 단백질들을 암호화 하는 유전자인 CSA와 CSB는 드물게 나타나는 상염색체 열성질병으로서 평균 기대 수명을 약 12년 감소시키는 Cockayne 증후군을 가진 사람들의 mutation에서 처음 발견되었다. 임상학적 증상으로 성장지연, 신경기능장애 및 광과민증이 나타나지만 피부

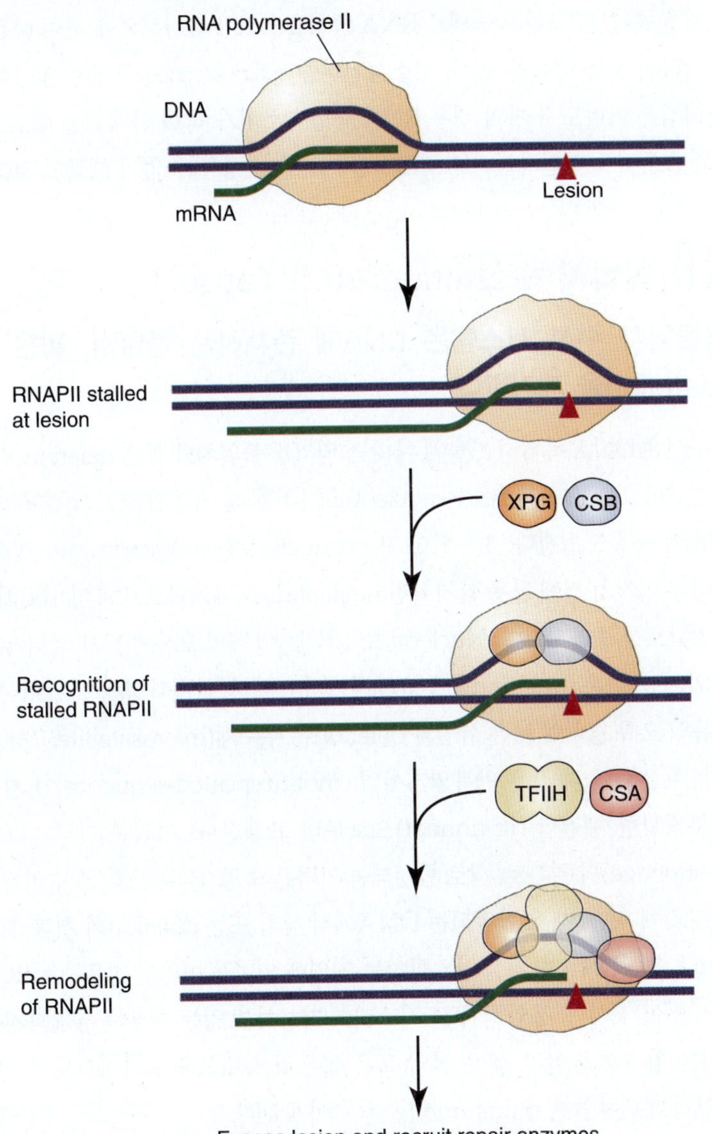


**그림 10.39 진핵세포에서의 전사연결 nucleotide 절단 수선.** RNA 중합효소 II는 전진 진행을 막는 손상(빨간색 삼각형)을 만날 때 까지 주형 DNA 가닥을 따라 이동한다. 멈추어진 전사 장치는 XPG와 CSB 그리고 TFIIH와 CSA의 모집(recruitment)을 작동시킨다. TFIIH는 주형가닥의 손상을 노출시키고 XPG가 그것에 접근할 수 있도록 함으로써, RNA 중합효소 II와 DNA 사이에서 상호작용을 변형시킨다. 계속되는 XPA, RPA 및 ERCC1 • XPF의 모집은 RNA 중합효소 II의 제거 없이 손상을 절단할 수 있도록 한다. Adapted from Sarker, A. H., et al., *Mol. Cell* 20(2005): 187-198.

암의 경향은 나타나지 않는다. XPC • hHR23B가 전사연결 nucleotide 절단 수선에 필요하지 않는 이유는 진핵세포에서 유전자를 암호화 하는 모든 단백질을 전사하는데 필요한 효소인 RNA 중합효소 II가 손상의 인식을 돕기 때문이다. 포유동물에서 전사연결 nucleotide 절단 수선에 대하여 제안된 경로가 **그림 10.39**에 나타나있다. 이 모델에 따르면 RNA 중합효소 II는 손상을 만날 때 까지 주형 DNA 가닥을 따라서 이동하다가 손상을 만나면 진행이 중단되어 이동을 멈춘다. 멈추어진 전사 장치는 XPG, CSB 그리고 TFIIH와 CSA의 모집을 작동시킨다. TFIIH는 RNA 중합효소 II와 DNA 사이에서 상호작용을 변형시켜 주형가닥상의 손상을 노출시켜 XPG가 접근할 수 있도록 한다. 계속되는 XPA, RPA 및 ERCC • XPF의 모집은 RNA 중합효소 II의 제거 없이 손상을 절단할 수 있도록 한다. 손상이 수선되지 않을 경우 다음과 같은 2가지 문제가 생길 수 있다. 첫 번째로 필수 유전자가 전사되지 않아 세포의 생존을 방해할 수 있고 그리고 둘째로 RNA 중합효소 II가 손상부위에 묶여 다른 유전자를 전사하는 것을 막을 수 있다. 색소성건피증과 Cockayne증후군의 임상학적 증상의 차이점은 아마도 후자의 경우 RNA 중합효소 II가 묶여 단백질을 암호화하는 유전자를 효율적으로 전사시키는 핵심적인 기능을 수행할 수 없기 때문일 것이다.

## 10.10 불일치 수선(mismatch repair)

### 염기쌍불일치 수선 시스템은 DNA에 존재하는 불일치, 짧은 삽입 또는 deletion을 제거한다.

불일치 수선은 DNA 복제시 드물게 나타는 염기쌍 불일치와 짧은 deletion 또는 삽입을 교정한다. DNA 중합효소는 nucleotide $10^5$개 당 약 1개 정도의 잘못 짝지어진 nucleotide를 도입한다. 3′→5′ 교정 exonuclease(proofreading)는 성장하는 가닥이 더 길어지기 전에 잘못 짝지어진 nucleotide를 제거함으로써 약 100배 정도 복제의 정확도를 증가시킨다. Nucleotide $10^7$개당 1개의 오류 빈도가 극히 낮아 보일 수도 있지만, 높은 mutation율을 유발시키기도 한다. 복제과정 동안 일어나는 두 번째 종류의 오류 형태인 짧은 삽입과 deletion은 부수체(microsatellite; 7장 참조)의 $[CA]_n$ 혹은 $[A]_n$과 같은 반복염기서열 motif(repeated-sequence)가 가끔 해리되어 부정확한 재결합 (re-anneal)으로부터 유래한다. 이러한 가닥 미끄러짐(strand slippage)의 결과로, 새로 합성되는 가닥은 주형가닥과는 다른 수의 염기서열 반복을 갖게 된다. 새로 합성되는 DNA에서 삽입 또는 deletion의 결과가, 만약 단백질이나 필수 RNA 분자를 암호화하는 지역에 영향을 미치는 경우는 mutation를 일으키게 될 것이다. 불일치 수선 시스템이 작용하지 않는 세포는 복제과정 동안 만들어지는 염기쌍 불일치, 짧은 삽입 혹은 짧은 deletion을 효과적으로 수선하는 능력이 없기 때문에 높은 mutation 비율을 보이게 된다.

*E. coli* 불일치 수선 시스템이 가장 광범위하게 연구되어 왔기 때문에, 우리는 이 시스템에 대하여 불일치 수선을 살펴볼 것이다. *E. coli* 시스템은 다른 생물들의 불일치 수선을 연구하는 것에 있어 유익한 정보를 주지만, 1가지 중요한 점에서 그람양성균과 진핵생물의 불일치 수선 시스템과는 다르다. *E. coli*의 불일치 수선 시스템은 새로 합성된 가닥을 모가닥(parental strand)과 구별할 수 있는데, 모가닥의 염기서열 GATC에만 methyl기가 첨가되어 있기 때문이다

*E. coli*는 methyl기를 S-adenosylmethionine 분자로 부터 염기서열 GATC의 deoxyadenosine으로 전이하는 **deoxyadenosine methylase**를 가지고 있다. 그러나 deoxyadenosine methylase에 의한 methyl화의 시기가 replication fork에서 nucleotide 첨가보다 약 2분가량 뒤처지기 때문에, 새로 합성되는 가닥은 일시적으로 methyl화되지 않은 상태에 있다. *E. coli* 불일치 수선 시스템은 이러한 일시적 비methyl화 시기를 이용하여 새로 합성된 가닥에서 불일치가 있는 GATC 부위를 식별하고 절단한다.

유전학과 생화학의 연구들로부터 3 가지 *E. coli* 단백질인 MutS, MutL 그리고 MutH가 불일치 수선에 작용하고 있다는 것이 증명되어 왔다. 이 단백질들은 불일치 수선에 필수적임에도 불구하고 충분하지는 않다. 몇 가지의 추가적인 효소들과 단백질 인자들이 또한 중요하게 기여한다. 이 효소들과 단백질 인자들 중에는 DNA helicase II(UvrD), 단일 가닥 DNA 결합단백질(single-stranded DNA binding protein, SSB), 5′→3′ exonuclease(ExoVII 혹은 RecJ), 3′→5′ exonuclease(ExoI, ExoVII, 혹은 ExoX), DNA 중합효소 III 전효소(holoenzyme), DNA ligase 그리고 deoxyadenosine methylase가 있다. *E. coli* 불일치 수선 시스템은 정제한 단백질을 가지고 *in vitro*에서 재구성하여, 각 효소와 단백질 인자가 이 과정에서 어떻게 작용하는지 밝히는데 도움을 주었다. 이 검정 시스템은 제한효소 위치가 불일치 때문에 사라졌다가, 불일치 수선 시스템의 작용으로 인하여 회복되는 것을 근간으로 하였다. **그림 10.40**에 *in vitro* 연구의 결과를 요약하였다.

이 과정은 MutS가 동형 dimer(homodimer) 혹은 동형사량체(homotetramer)로써 불일치에 결합할 때 시작된다. 그림 10.40은 간단하게 동형

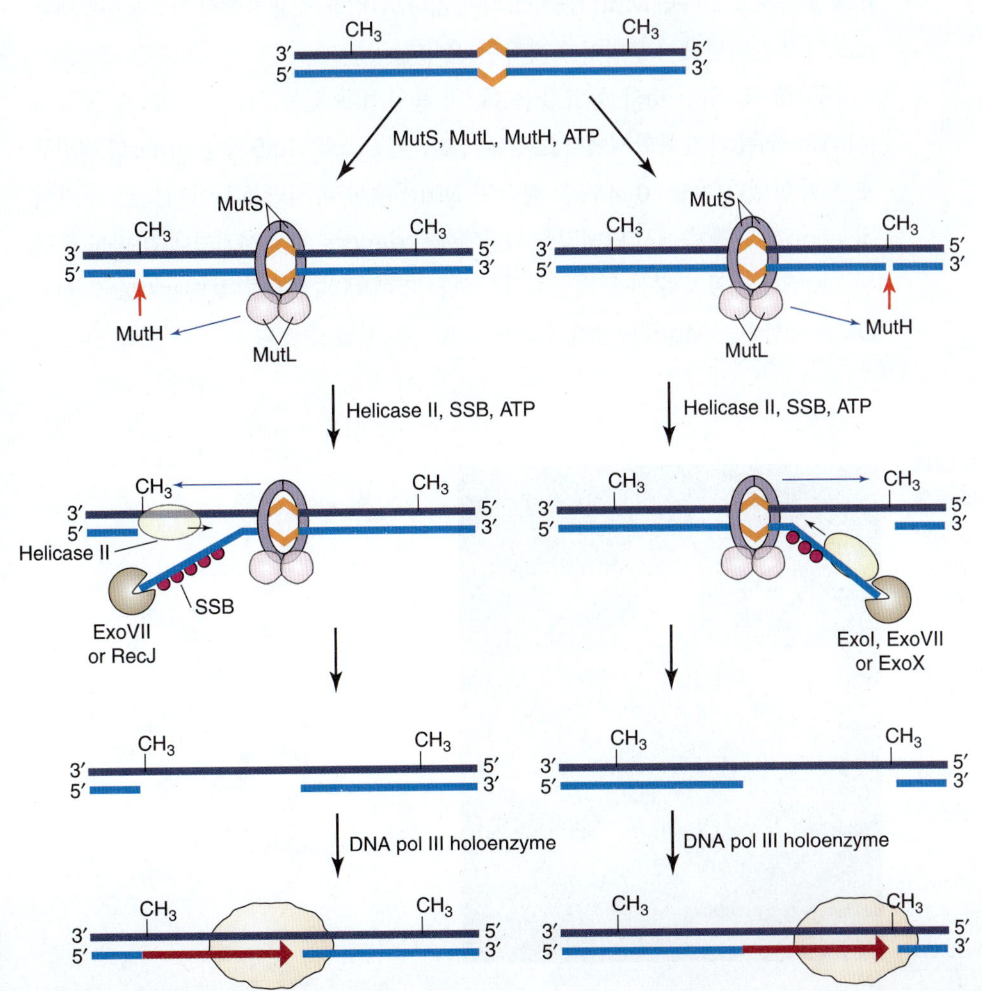


**그림 10.40** ***E. coli* 수선 시스템.** 새로 합성된 DNA가닥(밝은 청색)이 불일치(주황색)를 가지면 GATC 부위에서 일시적으로 methyl화가 일어나지 않는다. 모가닥(진한 청색)에는 methyl화된 GATC 부위가 있다. 불일치로 활성화된 MutS · MutL · ATP 복합체가 MutH endonuclease를 자극하여 가장 가까운 methyl화되지 않은 GATC 염기(불일치의 5′ 혹은 3′)를 자른다. Helicase II(UvrD)는 DNA를 풀고 SSB는 단일 가닥에 결합한다. 만일 불일치의 5′쪽이 절개된다면(왼쪽), ExoVII 또는 RecJ endonucleases가 nick이 난 가닥을 5′→3′방향으로 가수분해한다. 불일치의 3′쪽이 절개된다면(오른쪽), ExoI, ExoVII, 또는 EcoX exonucleases가 nick이 난 가닥을 3′→5′ 방향으로 가수분해한다. DNA 중합효소 III 전효소(holoenzyme)가 새로운 DNA로 nick을 메운다(빨간색). DNA ligase가 남아 있는 nick을 봉하고 deoxyadenosine methylase가 GATC 부위에 methyl기를 첨가 한다(그림에는 보여주지 않음). Adapted from Lyer, R. R., et al., *Chem. Rev.* 106(2006): 302-323.

dimer를 보여주고 있지만 확립된 구조는 아니다. MutS는 ATP를 필요로 하면서 MutL(하나의 동형dimer)을 불러온다. 그 후 MutS • MutL 복합체가 MutH를 활성화시키고, 새로 합성되는 가닥에 있는 불일치한 5′ 혹은 3′ 중 methyl화되지 않은 가장 가까운 GATC 부위에서 절개를 한다. Helicase II(UvrD)는 DNA를 풀고 SSB는 결과적으로 발생하는 단일가닥과 결합한다. 불일치의 5′쪽이 절개되어 질 때, ExoVII 또는 RecJ endonucleases가 nick이 생긴 가닥을 5′→3′방향으로 가수분해 한다. 불일치한 3′쪽이 절개된다면, ExoI, ExoVII, 또는 EcoX exonucleases가 nick이 생긴 가닥을 3′→5′ 방향으로 가수분해한다. DNA 중합효소 III 전효소가 새로운 DNA의 nick을 메운다(빨간색으로 표시). DNA ligase가 남아 있는 nick을 봉하고, deoxyadenosine methylase가 GATC 부위에 methyl기를 첨가한다. 불일치 수선 시스템이 있는 모든 생물은 MutS와 MutL과 유사한 단백질을 가지고 있다. 그러나 MutH는 *E. coli*와 일부 그람음성균에만 존재한다. MutH가 결여된 생물은 새로 합성된 DNA가닥과 모가닥을 구분하기 위해서 methyl화 되지 않은 GATC 부위를 인식하는 것이 아닌 다른 수단을 필요로 한다. *E. coli* 불일치 수선 시스템은 어떤 가능한 기작을 제시한다. DNA 분자가 이미 불일치한 5′ 혹은 3′쪽에서 nick을 가지고 있다면 MutH는 필요하지 않다. 이러한 조건 하에서 *E. coli* 시스템은 nick이 생긴 가닥에서 불일치를 제거 할 것이다.

Titia K. Sixma와 동료들은 G/T 불일치가 있는 30 bp DNA 중합체(oligomer)를 가진 복합체에서 C-말단이 절단된 *E. coli* MutS 동종dimer의 결정구조를 밝혀냈다(**그림10.41a**). 절단된 MutS에서 마지막 53 아미노산 잔기의 deletion은 용액 속에서 단백질을 사량체에서 dimer로 변화시키는데, 아마도 절단된 MutS가 불일치 수선을 지원하지 못하는 것에 대한 이유를 설명할지도 모른다. DNA 중합체는 MutS 단량체에 의해 형성된 두 채널 중 보다 큰 것을 통과한다. 또

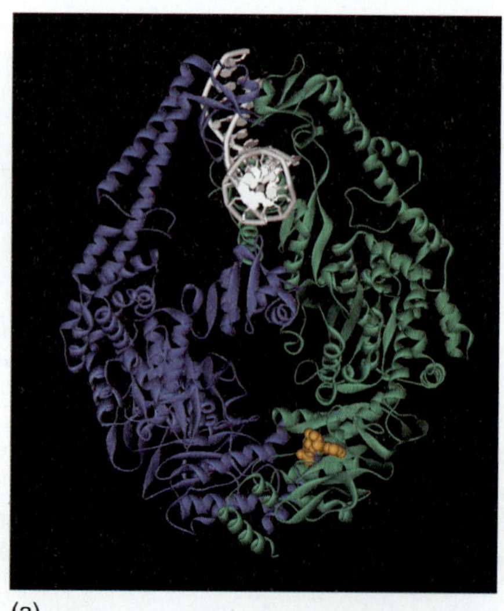

(a)

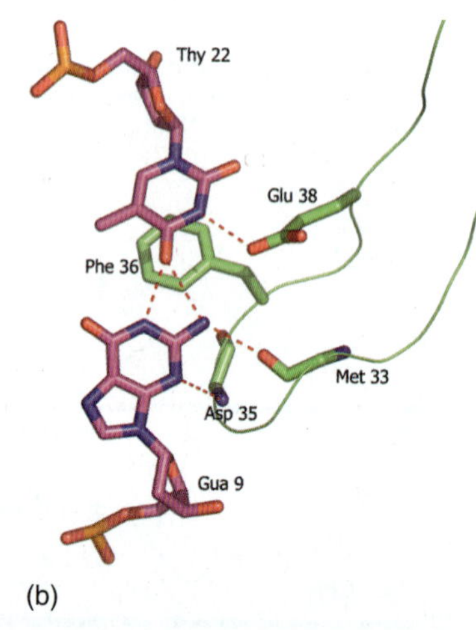


(b)

**그림 10.41 위치 9에 G/T 불일치가 있는 30 bp의 DNA 중합체를 가진 복합체에서 C-말단 절단 *E. coli* MutS 동종 dimer의 결정 구조.** (a) MutS dimer는 2개의 채널을 포함한 clamp를 형성한다. DNA 중합체(하얀색)는 dimer의 위쪽에서 보다 큰 채널을 통과한다. 단 1개의 subunit(초록색)만이 G/T 불일치와 접촉한다. 또한 같은 subunit가 DNA 채널에서 멀리 떨어져 있는 부위에서 ADP(주황색의 작은 공 구조)와 결합한다. 나머지 subunit(파란색)는 ATPase 부위에서 nucleotide를 가지지 않는다. (b) 높게 잘 보존된 Phe-X-Glu motif의 phenylalanin(Phe-36)은 부홈(minor groove)을 통하여 나선에 끼워 넣은 후 잘못 짝지어진 염기를 쌓아 정돈한다. Thy와 Gua는 각각 thymine과 guanine을 나타낸다. Part a Protein Data Bank ID: IE3M. Lamers, M. H., et al., *Nature* 407(2000): 711-717. Part b photo courtesy of T. X. Sixma, The Netherlands Cancer Institute, and Niels de Wind, Leiden University Medical Center.

하나의 이중나선 DNA 단편을 수용할 수 있을 만큼 충분히 큰 나머지 채널의 기능은 아직 밝혀지지 않았다. 또한 MutS dimer는 2개의 ATPase domain을 가지고 있는데 DNA 채널에 대한 구조의 맨 끝에 위치하고 있다. MutS dimer는 2개의 동일한 polypeptide로 이루어져 있으나 MutS • DNA 중합체의 복합체는 비대칭이다. 오직 1개의 MutS subunit가 불일치 염기 수선에 접촉한다. Subunit들 중 하나에 있어서 높게 보존된 Phe-X-Glu(X는 어느 아미노산 잔기도 될 수 있다) motif의 Phe 잔기는 불일치 부위에서 DNA 나선구조의 부홈으로 삽입되어 DNA를 60° 구부러지도록 만든다(**그림 10.41b**). 불일치와 접촉하는 subunit는 APTase 부위에서 결합된 ADP를 가지고 있다. 나머지 subunit에 있는 ATPase 부위는 빈 것처럼 나타난다. ATP는 MutS가 DNA와 결합하는 데에는 요구되지 않지만 특이성을 위해서 필요하다.

MutL은 용액 상태에서 동종dimer로 존재한다. 그러나 그것의 결정구조는 아직 밝혀지지 않았다. MutL은 MutS와 상호작용하지만 이 상호작용이 불일치 부위에서 일어나는지, 아니면 MutS가 그 부위에서 이동한 후에 일어나는지는 밝혀지지 않았다. 실제로 MutS가 불일치 부위에서 이동하는지 아니면 그 부위에 결합을 하면서 남아 있는지에 대해 상반된 증거가 있다. 전자의 경우, MutS는 MutL이 있든 없든, GATC 부위로 이동하기 위해서 ATP에 의해 생성된 에너지를 사용할 수 있었다. 후자의 경우 불일치 부위에 결합된 MutS • MutL 복합체가 GATC 부위와 또한 상호작용할 수 있다는 것을 확실하게 하기 위해 DNA 굽힘(bending)의 일정한 형태가 요구되는 것으로 추정된다. 두 경우 모두에 있어서 MutS • MutL 복합체는 methyl화 되지 않은 GATC 부위에 nick을 만들기 위해 MutH를 활성화 시킬 필요가 있다.

진핵생물은 MutS와 MutL과 상동성이 있는 단백질을 가지고 있지만, MutH와 상동성이 있는 단백질은 결핍되어 있다. MSH2, MSH3 그리고 MSH6로 명명된 사람의 3가지 MutS 상동성 단백질이 불일치 수선에 관여한다. MSH2와 MSH6은 결합하여 MutSα라는 이종dimer를 형성하고, MSH2와 MSH3가 결합하여 두 번째 이종dimer인 MutSβ를 만든다. MutSα는 하나의 불일치와 작은 삽입/deletion 루프(insertion/deletion loop)에서 불일치 수선을 개시하는 반면, MutSβ는 오직 다양한 크기의 삽입/deletion 루프에서의 불일치 수선을 개시한다. MutSα와 MutSβ의 구조는 세균의 MutS 동종dimer와 유사할 것으로 추정된다. Mutα에 있어서 MSH2 subunit가 아니라 MSH6 subunit이 불일치와 접촉하는 Phe-X-Glu motif의 원천이 된다. 불일치 수선에 관여하는 세균의 MutL 단백질에 대하여 포유류의 상동성 단백질은 MLH1과 PMS2로 명명되며, 이 두 subunit를 포함한 이종 dimer를 MutLα라고 한다.

Paul Modrich와 동료들은 최근 사람의 불일치 수선 시스템을 *in vitro*에서 재구성하였다. 불일치의 양쪽 가닥 중 1가닥에서의 깨짐은 수선을 지시하기에 충분하다. 정제된 사람의 MutSα, MutLα, ExoI(5′→3′ exonuclease), RPA, sliding clamp PCNA, clamp loader RFC 그리고 DNA 중합효소가 양방향의 수선을 위해 필요하다. MutSα, ExoI, 그리고 RPA는 불일치의 5′쪽에 nick(nick)이 있을 때 불일치를 잘라내고, 또한 MutLα, RFC 그리고 PCNA는 불일치의 3′쪽에 nick이 있을 때 요구된다. 불일치 수선 시스템이 불일치의 3′쪽의 nick을 가진 새로 합성된 가닥을 분해할 수 있다는 관측은 이해하기가 어려운 것이었는데, 왜냐하면 시스템에 첨가되는 유일한 exonuclease인 ExoI이 DNA를 5′→3′ 방향으로 분해하기 때문이다. Modrich와 동료들은 MutLα가 불일치-, MutSα-, RFC-, PCNA-, 그리고 ATP- 의존 양상에서 활성화 되는 잠재성 endonuclease라는 것을 밝힘으로써 이 의문점을 해결하였다. 일단 활성화되면, MutLα는 복제과정 중 이미 nick을 가지고 있는 불연속 가닥에서 우선적으로 절개를 한다. Endonuclease 활성은 MLH1 subunit가 아닌 PMS2에 있는 아미노산 motif를 요구하는 것처럼 보인다. 이 motif는 많은 세균을 포함한 여러 생물의 MutL 상동성 단백질에 존재한다. 그러나 GATC methyl화에 의존하는 불일치 수선 시스템을 가진 *E. coli*와 같은 세균에서는 이 motif가 MutL 단백질에 존재하지 않는다. **그림 10.42**는 사람에서 5′와 3′ 방향성 불일치 수

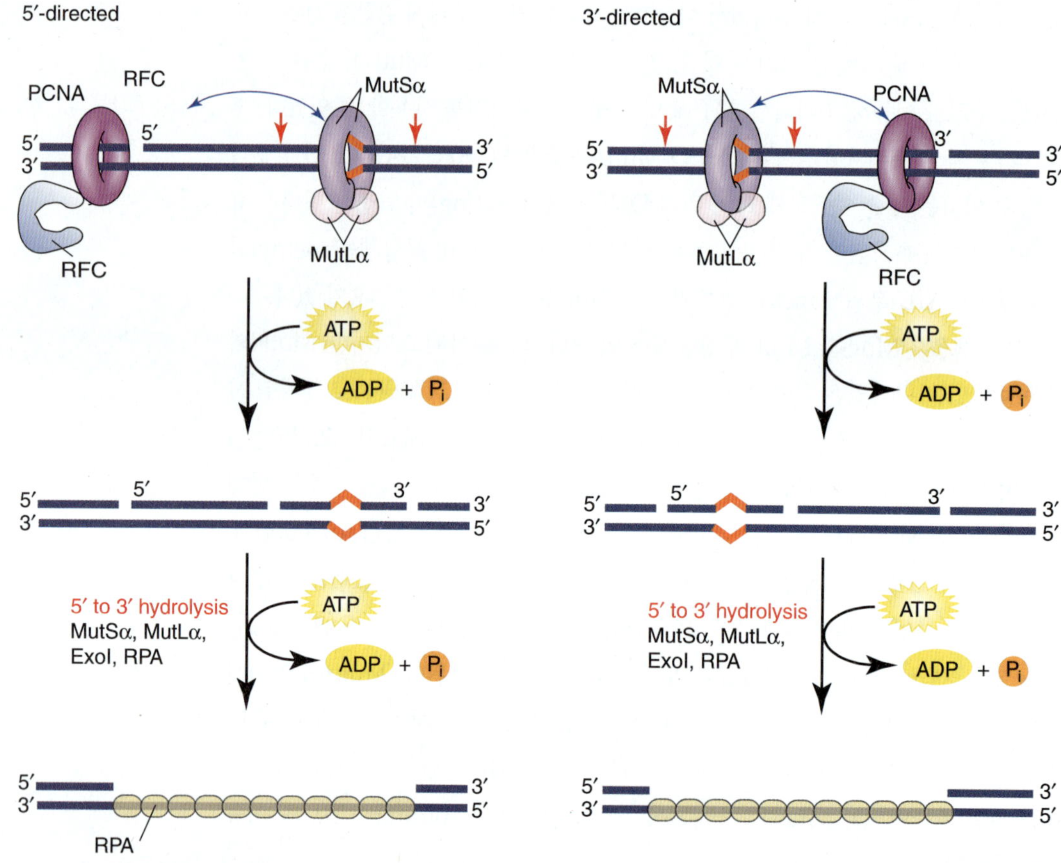


**그림 10.42 사람의 불일치 수선에서 불연속성 이형이중가닥의 절개.** MutSα, PCNA 및 RFC는 잠재성 MutLα endonuclease를 활성화 시켜 ATP 의존성 반응(적색 화살표)에서 불일치의 5′ 혹은 3′쪽에 nick을 가진 DNA의 불연속성 가닥에 nick을 생성한다. 단순하게 표시하기 위하여 단백질 구성요소들은 위쪽의 구조에서만 보여 준다. 3′ 쪽의 nick의 경우 불일치의 먼 쪽에서 새로운 5′ 말단을 만들어 MutSα-활성 ExoI의 출입 부위를 제공하여, RPA 조절에 의한 5′에서 3′으로의 가수분해 반응에서 불일치를 제거한다. Adapted from Kadyrov, F. A., *Cell* 126(2006): 297-308.

선 경로를 보여주는 체계적인 모식도이다. MutSα, PCNA 및 RFC는 협력하여 불일치의 5′ 와 3′ 양쪽의 DNA 가닥의 불연속성 가닥에 nick을 만드는 잠재성 MutLα endonuclease를 활성화시킨다. 원래의 nick이 불일치의 3′쪽에 있는 경우, MutLα에 의한 절개는 MutSα에 의해 활성화된 ExoI의 진입 부위가 될 수 있도록 불일치의 먼 쪽에 새로운 5′ 말단을 생성하여, 5′→3′ exonuclease 활성을 이용해서 불일치를 제거할 수 있도록 한다. 불일치가 존재하는 한, RPA는 MutSα가 있는 상태에서 ExoI 활성을 자극한다. 일단 불일치가 제거되고 나면, RPA는 아마도 DNA에서 ExoI를 떼어냄으로써 exonuclease를 저해한다. 결함이 있는 MutSα 혹은 MutLα로 인해 불일치 수선 시스템의 기능이 결여되어 있는 사람들은 장암을 발생시킬 경향을 크게 증가시키는 상염색체 열성 증후군인 비용종성 대장암(non-polyposis colon cancer, HNPCC)으로 고통을 겪는다.

## 10.11 SOS 반응과 손상통과(translesion) DNA 합성

### 오류-유발성 DNA 중합효소(error-prone DNA polymerase)는 손상통과 DNA 합성을 촉진시킨다.

*E. coli*의 DNA 중합효소 III 전효소(holoenzyme)나 진핵세포에 있는 DNA 중합효소 δ(델타)와 ε(입실론) 같은 복제 관련 DNA 중합효소는 DNA 수선 시스템이 복구하지 못한 탈염기(AP) 부위 또는 cyclobutane pyrimidine dimer와 같은 DNA 손상과 때때로 마주친다. 이러한 손상은 복제 복합체를 탈선시키는데 즉, 복제 중합효소 중간복합체를 경우에 따라서는 활주죔쇠(sliding clamp)나 DNA로부터 해리시킨다. 세포는 **오류-유발성 DNA 중합효소(error-prone DNA polymerase)**라고 하는 특별한 부류의 DNA 중합효소를 사용하여 손상된 부분을 지나 DNA를 합성함으로써 살아갈 수 있다. 이처럼 손상부위를 통과하여 DNA 합성(translesion DNA synthesis)이 완성된 후에는, DNA 중합효소들은 그들의 정상적인 DNA 복제작업을 다시 시작 할 수 있다. 오류-유발성 DNA 중합효소는 복제관련 DNA 중합효소 보다 훨씬 낮은 정확성을 갖고 DNA 합성을 촉진시킨다. 그것들의 낮은 정확성 때문에 오류-유발성 DNA 중합효소는 주형가닥이 손상되었을 때라도 primer 가닥을 확장시킬 수 있다. 오류-유발성 DNA 중합효소 사용의 이점은 세포가 수선되지 않은 DNA의 손상에 일반적으로 살아남을 수 있다는 것이다. 그러나 이러한 생존에는 손상통과 DNA 합성이 mutation를 유발하기 때문에 그 만큼의 비용이 수반된다. 오류-유발성 DNA 합성과 관련 효소에 대한 이해는 *E. coli*의 SOS 반응 연구로부터 유래되었다.

### RecA와 LexA는 *E. coli*의 SOS 반응을 조절한다.

**SOS 반응**이란 용어는 DNA 손상에 대한 복잡한 생물학적 반응을 위해 생소한 이름 같이 보일지도 모른다. Miroslav Radman은 국제조난신호, SOS가 자외선 조사 또는 화학적으로 유도된 염색체의 변화 후에 *E. coli*의 DNA 손상에 대한 다중 유전자의 반응을 활성화 하는 신호로 적용됨을 제시하였다. 비록 Radman이 이런 제안을 한 1973년에 SOS 신호에 의해 유도되는 유전자의 총 수는 알려지지 않았음에도 불구하고, 그 후의 계속된 연구들에 의해 SOS 신호가 *E. coli* SOS 유전자를 40개 이상 유발한다는 것이 알려지게 되었다. *UvrA*, *UvrB*, *UvrD* 유전자와 같이 일부 유도되는 유전자들은 손상된 DNA를 수선하기 위해 사용되는 단백질을 암호화하고, 다른 것들은 재조합 DNA 수선에 관여하는 단백질들을 암호화 하며(11장 참조), 또 다른 것들은 여전히 오류-유발성 DNA 중합효소들을 암호화 한다.

SOS 반응은 2가지 단백질, **LexA**와 **RecA**에 의해 조절된다. LexA 단백질은 SOS 신호에 대해 반응하는 유전자의 전사 개시 부분인 5′의 가까운 위치의 조절 부위에 결합하는 동종dimer이다. 20 bp로 구성되는 조절부위는 작동자**(operator)**로 불리는데 전사단위별로 약간의 위치 변화가 있다. 각각의 operator는 하나의 LexA subunit가 왼쪽의 절반 위치에 결합하도록 하고, 다른 하나는 오른쪽의 절반 위치에 결합할 수 있도록 이중적 대칭축을 가지고 있다. Operator의 특성은 14장에서 더 자세히 기술될 것이다. 어떻게 SOS 신호가 작용하는지 이해해기 위한 중요한 관점은 LexA dimer가 operator에 결합 될 때 유전자 전사를 억제한다는 것이다. 또한 억제의 정도는 SOS 유전자 operator에 대한 LexA dimer의 친화력과 직접적으로 관련되어 있다. 각각의 LexA subunit는 짧은 연결 펩티드에 의해 결합되어지는 2개의 domain으로 접혀 있다. N-말단 domain은 operator 절반 부분에 결합되고, C-말단 domain은 같은 dimer에서 2개의 LexA subunit를 함께 접는 이량화 요소(dimerization element)를 가지고 있다. 또한 C-말단 domain은 신호 반응의 중요한 부분인 protease 활성을 가지고 있다. LexA dimer 또는 DNA와 결합한 LexA dimer에 대한 결정구조는 아직 해석되지 않았다. 그러나 Rajagopal Chattopadhyaya와 그의 동료들은 구조가 알려져 있는 다른 단백질의 상동지역과 N-말단 domain에 대한 결정 구조에 근거하여 LexA dimer • DNA복합체에 대한 모형을 구축하였다(**그림 10.43**).

2가지의 흥미있는 LexA mutant가 분리되었다. 첫 번째 종류는 SOS 유전자의 operator들에 높은 친화력으로 결합하는 LexA[Ind-] mutant로서 이들은 SOS 신호가 있어도 SOS 유전자들이 작동하지 않는다. 두 번째 종류는 *Lex*A[Def]인데 이들은 LexA 단백질을 만들 수 없거나 SOS 유전자 operator에 대한 친화력이 없거나 아주 미약하게 있는 결합을 가진 LexA 단백질을 만든다. *Lex*A[Def] mutant에서는 SOS 유전자 operator들이 점유되지 않고, 그 결과로 SOS 반응은 늘 일어나고 있다.

RecA는 SOS 반응의 조절, 오류-유발성 DNA 합성, 그리고 그 명칭처럼 상동재조합에 필수적인 다기능성 단백질이다. 상동 재조합의 역할은 11장에 설명되어 있다. SOS 반응에서 첫 단계는 replication fork의 진행을 막는 DNA 손상에 반응하

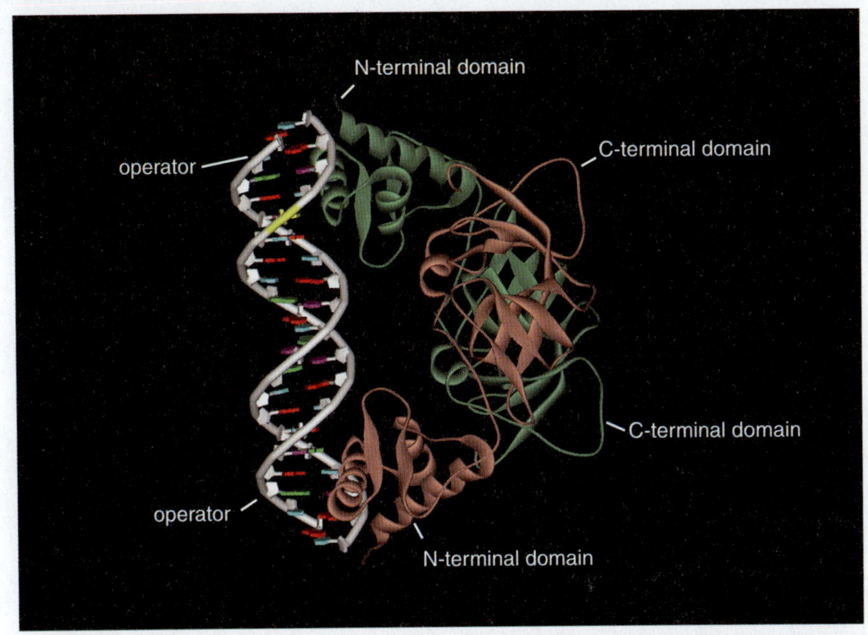


**그림 10.43 recA operator 위치에 있는 LexA dimer의 모형.** 하나의 LexA subunit는 녹색 band로 다른 것은 빨간 band로 나타내고, operator DNA는 환 형태에서 염기를 갖는 흰색 관으로 나타내었다. 각각의 LexA subunit의 N-말단 domain은 operator라고 불리는 DNA 염기서열과 결합한다. C-말단 domain은 dimer화와 숨겨진 가수분해효소를 위해 필수적인 요소이다. Protein Data Bank ID: 1QAA. Chattopadhyaya, R., and Ghosh, K.

여 DNA의 단일가닥 부분이 형성되는 것이다. RecA는 단일 가닥의 DNA 부분과 결합하여 SOS 반응 신호로 작용하는 nucleoprotein 필라멘트를 형성한다. 필라멘트 조립은 활동적인 복제가 활발한 동안에는 일어나지 않는다. 왜냐하면 SSB 단백질이 보통 높은 농도로 있기 때문에 정상적인 replication fork에 있는 비교적 짧은 단일가닥 부위의 RecA와 성공적으로 경쟁하기 때문이다. RecA nucleoprotein 필라멘트 조립은 ATP를 요구하지만 이것을 가수분해하지 않으며, RecA 분자를 단일 가닥 DNA 단편의 3′ 말단에 첨가하면서 5′→3′ 방향으로 진행 된다(**그림 10.44**). RecA는 결합한 ATP를 ADP로 전환할 수 있는 ATPase 활성을 가지고 있다. 이러한 가수분해는 RecA를 DNA에 대한 높은 친화력을 갖는 형태로부터 DNA에 낮은 친

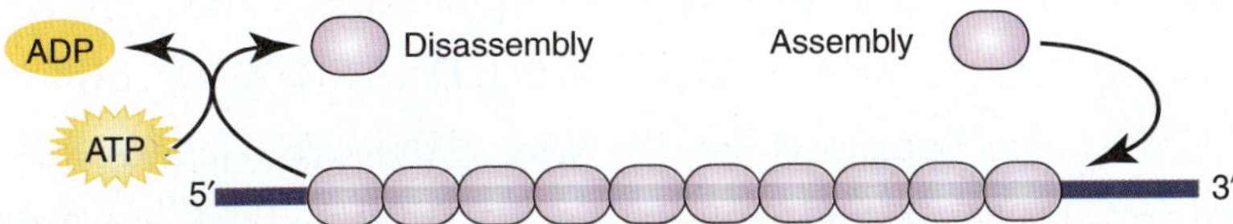


**그림 10.44 RecA nucleofilament의 조립과 분해.** RecA nucleofilament의 조립과 분해는 한쪽 방향의 과정이고, 각각 단일 가닥 DNA 단편을 따라서 5′→3′ 방향으로 움직인다. 특히 RecA는 3′의 가까운 곳에 첨가되어지고, 5′의 가까운 말단으로부터 떠난다. 분해는 ATP 가수분해를 요구한다. Adapted from Schlacher, K., et al., *Chem. Rev.* 106(2006): 406-419.

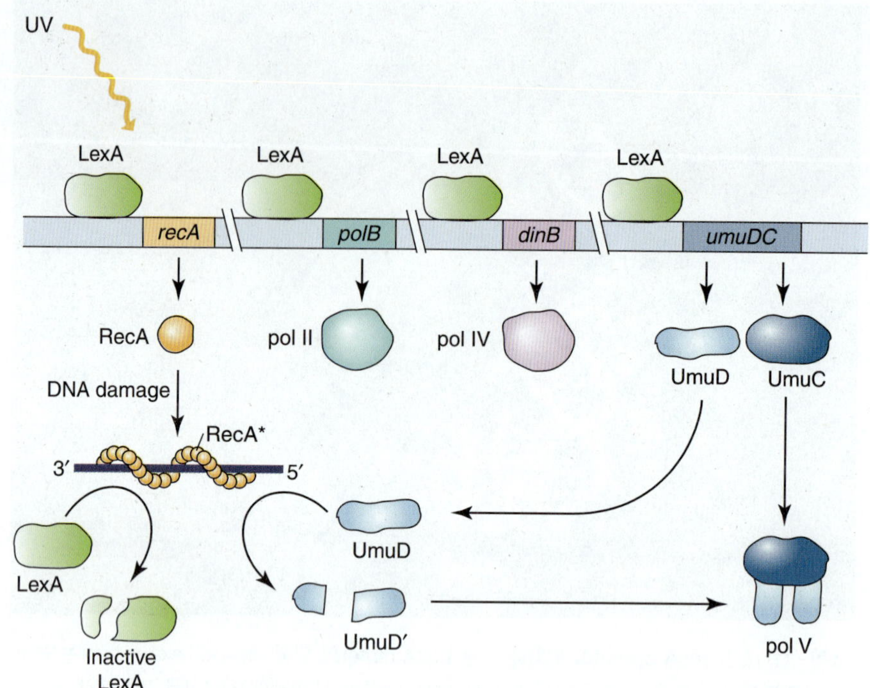


**그림 10.45 SOS 반응의 조절.** LexA 단백질(녹색)은 operator에 결합하는데 SOS 반응 유전자들 바로 앞에 놓이게 되고 그것들의 전사를 억제한다. 자외선 조사 후에 RecA(주황색)는 DNA의 단일가닥 부분에 첨가되어 nucleoprotein 필라멘트를 형성한다. Nucleoprotein 필라멘트의 RecA는 LexA의 C-말단 domain에 있는 잠재성 protease 활성을 활성화시키는 공동 protease로서 작용한다. 활성화된 protease는 LexA를 2개의 단편으로 분리한다. DNA 결합 domain을 가지고 있는 N-말단 단편은 SOS 반응 유전자의 operator에 대한 높은 친화력을 잃는다. 그 결과로 SOS 유전자들은 더 이상 억제되지 않는다. SOS 반응 유전자의 하나인 dinB(분홍색)의 산물은 DNA 중합효소 IV를 형성한다. 다른 2개의 SOS 반응 유전자들 umuC와 umuD(파란색)의 산물들은 DNA 중합효소 V의 형성에 기여한다. DNA 중합효소 IV와 V는 손상통과 합성(translesion synthesis)을 촉진시킬 수 있다. Adapted from Schlacher, K., et al., *Chem. Rev.* 106(2006): 406-419.

화력을 갖는 형태로 반전시킨다. 또한 ATP 가수분해는 5′→3′ 방향에서 일어나는 nucleoprotein 필라멘트 분해를 위해 요구되어진다.

SOS 반응에서 중요한 단계들은 **그림 10.45**에 나타내었다. Nucleoprotein 필라멘트에 있는 RecA는 직접적으로 단백질 분해과정에 참여하지 않고 LexA C-말단 domain에 있는 잠재성 protease를 활성화 시키면서 LexA에 대한 공동 protease로 작용한다. 일단 활성화 되면, LexA protease는 그 자신의 분해를 촉진시켜 N-말단 단편과 C-말단 단편으로 나누어진다. DNA 결합 부위를 포함하는 N-말단 단편은 더 이상 operator에 높은 친화력으로 결합하지 않는다. LexA의 분해는 *recA*와 *lexA* 유전자를 포함한 SOS 유전자들의 전사를 활성화시킨다. *recA* 유전자가 충분히 유도되었을 때, 약 1,000개의 RecA 단량체들이 Okazaki 절편만큼 긴 DNA의 단편 위에서 nucleoprotein 필라멘트를 형성할 것이다. 50~60개의 RecA 단량체들이 결합된 단일가닥 DNA의 짧은 단편이라도 몇 분 이내에 LexA의 불활성화를 확실시 하도록 강한 SOS 반응 신호를 일으킨다. SOS 반응은 3단계로 나누어 질 수 있다: (1) 손상은 염기 절단 수선과 nucleotide 절단 수선에 의해 제거된다. (2) RecA는 재조합 수선에 관여하여 첫 단계 이후에 남아 있는 손상을 바르게 고친다(11장 참조). (3) 손상통과(translesion) DNA 합성은 남아 있는 손상을 우회하여, 정상적인 DNA 합성이 다시 시작 되도록 한다. RecA가 nucleoprotein 필라멘트에 존재하는 한 LexA dimer는 축적될 수 없다. 그러나 nucleoprotein 필라멘트는 DNA 수선 또는 손상통과 DNA 합성이 완성된 후에는 분해되고, LexA dimer가 또 다시축적되어 SOS 유전자들을 억제한다.

## SOS 신호는 DNA 중합효소 II, IV 및 V의 합성을 유도한다.

DNA 손상은 3가지 DNA 중합효소의 합성을 유도하여 세포가 수선 체계를 빠져나간 DNA 손상을 치료할 수 있도록 돕는다. 먼저 *dnaB* 유전자의 산물인 **DNA 중합효소 II(DNA polymerase II)**는 3′→5′ exonuclease 활성을 가진 높은 정확도를 가진 중합효소이다. 보통은 세포 당 약 30~50 분자가 존재하지만, SOS 신호에 반응하면 약 7배로 그 수준이 증가한다. DNA 중합효소 II는 손상 우회 DNA 합성이 완료된 후에 재개되는 DNA 복제에서 중요한 역할을 수행하는 것으로 보인다. 즉, 염기서열이 일치하지 않는 primer 말단을 연장하는 것인데 이런 작용은 DNA 중합효소 III는 하기 어려운 작용이다. 또한, DNA 중합효소 II는 반복 nucleotide 서열을 이용하거나 틀 이동(frameshift) mutation를 일으켜 primer의 재배치를 통해서, 염기결여(AP) 부위를 가로질러 합성하거나 부피가 큰 adduct를 우회할 수 있다.

SOS 신호에 반응하여 유도되는 두 번째 DNA 중합효소는 *din*B(damaged induced) 유전자의 산물인 **DNA 중합효소 IV(DNA polymerase IV)**이다. 평소 세포당 약 250 개 분자의 DNA 중합효소 IV의 수준은 SOS 신호의 유도에 의해 약 10배 정도 증가한다. DNA 중합효소 IV는 무오류 또는 오류-유발성 손상 통과 DNA 합성(error-free or error-prone translesion DNA synthesis)을 할 수 있다. 이 효소의 정확성은 손상과 이를 둘러싸고 있는 nucleotide의 특성에 의해 결정된다. 놀랍게도 DNA 중합효소 III 핵심 소조립체(core subassembly)과 DNA 중합효소 IV는 같은 $\beta_2$ sliding clamp와 결합한다. 그러므로 주형-primer 접합 점에서 2개의 중합효소 중 하나가 선택되어야 한다. DNA 중합효소 III핵심 소조립체는 정상적이고 연속된 복제에 선택된다. DNA 중합효소 IV는 어떤 방해물이 DNA 중합효소 III 핵심 소조립체의 진행을 멈추게 하고 있을 때 조절 기능을 갖는다. 일단 방해기작이 사라지고 나면, $\beta_2$sliding clamp에 결합되어 있던 DNA 중합효소 III 핵심 소조립체가 다시 조절기능을 갖게 되고 정상 복제를 재개한다. 2개의 DNA 중합효소간의 반전을 이끄는 정확한 기작은 앞으로 좀 더 밝혀져야 한다.

SOS 신호에 반응하여 유도되는 세 번째 DNA 중합효소는 이형삼량체(heterotrimer)인 DNA 중합효소 V이다. DNA 중합효소 V의 단백질 subunit는

*umu*C와 *umu*D 유전자(umu가 UV mutation를 지시하는 곳)의 산물이다. 유도되지 않은 상태의 세균에서 DNA 중합효소 V는 검출되지 않는다. 유도 후에 UmuC와 UmuD 단백질 수준은 세포당 각각 약 200과 2,400개(copies)로 증가한다. RecA nucleoprotein 필라멘트는 LexA의 잠재성 protease를 활성화 할 때와 같은 방법으로 UmuD의 잠재성 protease활성을 활성화한다. 일단 활성화되면, 이 protease가 UmuD를 절단하여 UmuD′로 변환시킨다. 그 다음 2개의 UmuD′ 분자들이 UmuC 분자와 결합하여 DNA 중합효소 V(UmuD′$_2$C)를 형성한다. 완전히 유도된 세포에 존재하는 DNA 중합효소 V 분자의 총 숫자는 아직 밝혀지지 않았다. DNA 중합효소 V는 효율적인 DNA 손상통과 합성(translesion synthesis)을 위해 clamp loader, $\beta_2$ sliding clamp, SSB 그리고 RecA를 필요로 한다. 이 경우 RecA는 SOS 신호로서 일하는 nucleoprotein 필라멘트의 일부분이 아니고 UmuD′C 이형삼량체와 결합하는 단백질 subunit이다. RecA는 DNA 중합효소 II 또는 DNA 중합효소 IV 활성에는 필요하지 않다. UmuC subunit는 DNA 중합효소 활성을 갖고 있다. DNA 중합효소 V는 cyclobutane thymine dimer, (6-4) 광생성물, 탈염기(AP) 부위 그리고 큰 공유결합 부가생성물을 포함한 몇몇 다른 종류의 DNA 손상들을 통해 손상통과 합성을 촉진시킬 수 있다. 오류 유발성 DNA 합성(error-prone DNA synthesis)을 이끄는 정확성이 낮은 효소인 DNA 중합효소 V는 손상의 반대편에 nucleotide를 삽입할 수 있고 결과적으로 3′-말단에 nucleotide를 첨가할 수 있다. 기능을 잃은 DNA 중합효소 V를 가지고 있는 세균은 자외선이나 각종 화학 mutagen에 반응하여 mutation를 축적할 수 없다. 따라서 이러한 세균은 Ames 시험에 이용될 수 없다. DNA 중합효소 V는 손상 맞은편에 DNA를 삽입할 뿐만 아니라, 손상되지 않아 보이는 부분에서도 특정한 곳을 목표로 하지 않으면서 mutation를 일으키기도 한다. 그러므로 세포가 DNA 수선 체계로 수선되지 않는 손상으로부터 살아남기 위해서는 DNA 중합효소 V가 필요하다. 그러나 이 효소는, 복제의 중합효소들이 DNA 손상에 의해 봉쇄되어 있지 않을 때 손상되지 않은 DNA에 mutation를 일으키지 않도록 정교하게 조절되어야 한다. DNA 중합효소 III 핵심 소조립체와 DNA 중합효소 IV를 결합시키는 $\beta_2$죔쇠가 DNA 중합효소 II 및 V와도 결합하는지는 아직까지 밝혀지지 않았다.

## 사람의 세포에는 적어도 14개의 주형의존 DNA 중합효소가 있다.

*E. coli* DNA 중합효소 IV와 V의 발견은 연구자들에게 진핵생물도 역시 추가적으로 DNA 중합효소를 가지고 있는지를 결정하기 위해 진핵세포 유전체 정보은행을 검색하도록 자극을 주었다. 이런 분야의 연구와 이와 관련이 있는 생화학 및 유전학 연구들의 결과로서 인간 세포에는 주형에 의존하는 적어도 14개의 다른 DNA 중합효소가 있다는 것이 밝혀졌다. **표 10.1**에 진핵세포 DNA 중합효소의 명칭과 일부 생리학적 특성들을 나타내었다. 본래의 그리스어 명칭은 인간유전체위원회(Human Genome Organization: HUGO)에서 제안된 명칭으로 바꾸었다. 그렇지만

**표 10.1** 진핵세포 DNA 중합효소에 대한 제안된 명명법

| 그리스의 이름 | HUGO 이름[1] | 분류(Class) | 제안된 주요기능 |
|---|---|---|---|
| α (알파) | POLA | B | DNA 복제 |
| β (베타) | POLB | X | 염기 절단 수선 |
| γ(감마) | POLG | A | 미토콘드리아 복제 |
| δ (델타) | POLDI | B | DNA 복제 |
| ε (입실론) | POLE | B | DNA 복제 |
| ζ (제타) | POLZ | B | bypass(우회) 합성 |
| η (에타) | POLH | Y | bypass(우회) 합성 |
| θ (시타) | POLQ | A | DNA 수선 |
| ι (이오타) | POLI | Y | bypass(우회) 합성 |
| κ (카파) | POLK | Y | bypass(우회) 합성 |
| λ (람다) | POLL | X | 염기 절단 수선 |
| μ (뮤) | POLM | X | 비상동성 말단 연결 |
| σ (시그마) | POLS | X | 자매 염색분체 응집 |
|  | REVIL | Y | bypass(우회) 합성 |
|  | TDT | X | 항원 수용체 다양성 |

주: [1]HUGO는 Human Genome Organization의 약자
출처: Adapted from Burgers, P. M. J., et al., *J. Biol. Chem.* 276(2001): 43487-43490

HUGO의 제안이 항상 문헌에서 받아들여지는 것은 아니고 예전 그리스어 명칭도 가끔 쓰이고 있다. DNA 중합효소는 염기서열 상동성과 구조의 유사성에 따라서 클래스(class)로 분류된다. *E. coli* DNA 중합효소 I, II, III 그리고 IV/V는 각각 A, B, C 그리고 Y 클래스의 첫 번째 구성원에 해당한다. 진핵세포 PolB(DNA 중합효소 β)는 Class X의 첫 번째 구성원에 해당한다. 진핵세포의 DNA 중합효소가 각각 특정 기능을 갖는 것으로 보이기는 하지만, 일부 중합효소들은 다른 효소들을 대신할 수도 있는 것으로 나타난다.

지금 우리는 새로운 진핵세포의 DNA 중합효소들 중 단 1가지의 기능만을 설명하고 있다. POLH(DNA 중합효소 η)는 DNA 수선에 직접 관련이 되기 때문에 특히 관심이 집중되고 있다. POLH의 기능이 결여된 사람들은 XP-V로 알려진 색소성건피증의 다른 형태(XP-variant)로 고통을 받는다. 피부암의 발전 가능성이 증가하는 이유는 인간 POLH가 nucleotide 절단 수선을 이탈하여 자외선에 의해 유도되는 cyclobutane thymine dimer를 통과하여 DNA 합성을 촉진함으로써 피부암에 대한 민감성을 감소시키기 때문이다. POLH가 mutation의 정도를 감소시키는 주요 비결은 POLH가 thymine dimer에 있는 thymine 염기들의 반대편에 2개의 adenylate 분자를 결합시킬 수 있다는 점 때문이다. 일부 다른 진핵세포의 DNA 중합효소들의 기능에 대해서는 유전자 재조합에 이 효소들이 관여함과 연관하여 다음 장에서 다룰 것이다.

# 권장 도서

## Historical

Friedberg, E. C. *Correcting the Blueprint of Life*. 1997. Woodbury, NY: Cold Spring Harbor Laboratory Press.

## General

Friedberg, E. C., Walker, G. C., Siede, W., et al. 2006. *DNA Repair and Mutagenesis*, 2nd ed. Washington, DC: ASM Press.

Sancar, A., Lidsey-Boltz, L. A., Ünsel-Kacmaz, and Linn, S. 2004. Molecular mechanisms of mammalian DNA repair and the DNA damage checkpoints. *Ann Rev Biochem* 73:39-85.

Scharer, O. D. 2003. Chemistry and biology of DNA repair. *Angewandte Chemie Int Ed* 42:2946-2974.

## DNA Damage

Bethea, D., Fullmer, B., Syed, S., et al. 1999. Psoralen photobiology and photochemotherapy: 50 years of science and medicine. *J Dermatol Sci* 19:78-88.

Bordin, F. 1999. Photochemical and photobiological properties of furocoumarins and homologues drugs. *Int J Photoenergy* 1:1-6.

Cooke, M. S., Evans, M. D., Dizdaroglu, M., and Lunec, J. 2003. Oxidative DNA damage: mechanisms, mutation, and disease. FASEB J 17:1195-1214.

Doetsch, P. W. 2001. DNA damage. In: *The Encyclopedia of Life Sciences*. London, UK: Nature Publishing Company; pp. 1-7.

Gasparro, F. P., Liao, B., Foley, P. J., et al. 1998. Psoralen photochemotherapy, clinical efficacy, and photomutagenicity: the role of molecular epidemiology in minimizing risks. Environ *Mol Mutagen* 31:105-112.

Goodsell, D. S. 2001. The molecular perspective: cytochrome P450. *Oncologist* 6:205-206.

Guengerich, F. P. 2003. Cytochrome P450 oxidations in the generation of reactive electrophiles: epoxidation and related reactions. *Arch Biochem Biophys* 409:59-71.

Jamieson, E. R., and Lippard, S. J. 1999. Structure, recognition, and processing of cisplatin DNA adducts. *Chem Rev* 99:2467-2498.

Kartalou, M., and Essigmann, J. M. 2001. Mechanisms of resistance to cisplatin. *Mutat Res* 478:23-43.

Marnett, L. J. 2000. Oxyradicals and DNA damage. *Carcinogenesis* 21:361-370.

McCann, J., Choi, E., Yamasaki, E, and Ames, B. N. 1975. Detection of carcinogens as mutagens in the Salmonella/microsome test: assay of 300 chemicals. *Proc Natl Acad Sci USA* 72:5135-5139.

Park, H., Zhang, K., Ren, Y. C., et al. (2002) Crystal structure of a DNA decamer containing a cis?syn thymine dimer. *Proc Natl Acad Sci USA* 99:15965-15970.

Pierard, F., and Kirsch-De Mesmaeker, A. K. 2006. Bifunctional transition metal complexes as nucleic acid photoprobes and photoreagents. *Inorg Chem Commun* 9:111-126.

Rosenberg, B., Van Camp, L., and Krigas, T., 1965. Inhibition of cell division in *Escherichia coli* by electrolysis products from a platinum electrode. *Nature* 205:698-699.

Rosenberg, B., Van Camp, L., Grimley, E. B., and Thompson A. J., 1967. The inhibition of growth or cell division in *Escherichia coli* by different ionic species of platinum complexes. *J Biol Chem* 242:1347-1352.

Rosenberg, B., Van Camp, L., Trosko, J.E., and Mansour, V.H., 1969. Platinum compounds: a new class of potent antitumor agents. *Nature* 222:385-386.

Spielmann, H. P., Dwyer, T. J., Hearst, H. E., and Wemmer, D. E. 1995. Solution structures of psoralen monoadducted and cross-linked DNA oligomers by NMR spectroscopy and restrained molecular dynamics. *Biochemistry* 34:12937-12953.

Spratt, T. E., and Levy, D. E. 1997. Structure of the hydrogen bonding complex of $O^6$-methylguanine with cytosine and thymine during DNA replication. *Nucleic Acids Res* 25:3354-3361.

Tsutomu Shimada, T., and Fujii-Kuriyama, Y. 2004. Metabolic activation of polycyclic aromatic hydrocarbons to carcinogens by cytochromes P450 1A1 and

1B1. *Cancer Sci* 95:1-6.
Williams, J. H., Phillips, T. D., Jolly, P. E., et al. 2004. Human aflatoxicosis in developing countries: a review of toxicology, exposure, potential health consequences, and interventions. *Am J Clin Nutr* 80:1106-1122.
Zhang, C. X., and Lippard, S. J. 2003. New metal complexes as potential therapeutics. *Curr Opin Chem Biol* 7:481-489.

## Detection of Mutagens

Ames, B. N., Durston, W. E. Yamasaki, E., and Lee, F. D. 1973. Carcinogens are mutagens: a simple test system combining liver homogenates for activation and bacteria for detection. *Proc Natl Acad Sci USA* 70:2281-2285.
Ames, B. N. 2003. An enthusiasm for metabolism. *J Biol Chem* 278:4369-4380.
Mortelmans, K., and Zeiger, E. 2000. The Ames *Salmonella*/microsome mutagenicity assay. Mutat Res 455:29-60.
Webrzyn, G., and Czyz, A. 2003. Detection of mutagenic pollution of natural environment using microbiological assays. *J Appl Microbiol* 95:1175-1181.

## Damage Reversal

Begley, T. J., and Samson, L. D. 2002. AlkB mystery solved: oxidative demethylation of N1-methyladenine and N3-methylcytosine adducts by a direct reversal mechanism. *Trends Biochem Sci* 28:2-5.
Begley, T. J., and Samson, L. D. 2004. Reversing DNA damage with a directional bias. *Nature Struct Mol Biol* 11:688-690.
Falnes, P.O., Johansen, R.F., and Seeberg, E. 2002 AlkB-mediated oxidative demethylation reverses DNA damage in *Escherichia coli*. *Nature* 419:178-182.
He, C., Hus, J. C., Sun, L. J., et al. 2005. A methylation-dependent electrostatic switch controls DNA repair and transcriptional activation by *E. coli* Ada. *Mol Cell* 20:117-129.
Kao, Y.-T., Saxena, C., Wang, L., et al. 2005. Direct observation of thymine dimer repair in DNA by photolyase. *Proc Natl Acad Sci USA* 102:16128-16132.
Kelner, A.1949. Effect of visible light on the recovery of Streptomyces griseus conidia from ultraviolet irradiation injury. *Proc Natl Acad Sci USA* 35:73-79.
Lee, D.-H., Jin, S.-J., Cai, S., et al. 2005. Repair of methylation damage in DNA and RNA by mammalian AlkB homologues *J Biol Chem* 280:39448-39459.
Mees, A., Klar, T., Gnau, P., et al. 2004. Crystal structure of a photolyase bound to a CPD-like DNA lesion after in situ repair. *Science* 306:1789-1793.
Memisoglu, A., and Samson, L. D. 2001. DNA repair by reversal of damage. In: *Encyclopedia of Life Sciences*. London, UK: Nature Publishing Group; pp. 1-8.
Mishina, Y., Duguid, E. M., and He, C. 2006. Direct reversal of DNA alkylation damage. *Chem Rev* 106:215-232.
Myers, L. C., Terranova, M. P., Nash, H. M., et al. 1992. Zinc binding by the methylation signaling domain of the *Escherichia coli* Ada protein. *Biochemistry* 31:4541-4547.
Rupert, C. S., Goodgal, S. H., and Herriott, R. M. 1957. Photoreactivation in vitro of ultraviolet inactivated *Hemophilus influenzae* transforming factor. *J Gen Physiol* 41:451-471.
Sancar, A. 2003. Structure and function of DNA photolyase and cryptochrome bluelight photoreceptors. *Chem Rev* 103:2203-2237.
Scährer, O. D. 2003. Chemistry and biology of DNA repair. *Angewandte Chemie International Ed* 42:2946-2974.
Todo, T.,Takemori, H., Ryo, H., et al. 1993. A new photoreactivating enzyme that specifically repairs ultraviolet light-induced (6-4) photoproducts. *Nature* 361:371-374.
Trewick, S. C., Henshaw, T. F., Hausinger, R. P., et al. 2002. Oxidative demethylation by *Escherichia coli* AlkB directly reverses DNA base damage. *Nature* 419:174-178.
Yarnell, A. 2005. Light shed on photolyases. *Chem Engineer* News 83:35.

## Base Excision Repair

Barnes, D. E., and Lindahl, T. 2004. Repair and genetic consequences of endogenous

DNA base damage in mammalian cells. *Ann Rev Biochem* 38:445-476.
Beard, W. A., and Wilson, S. H. 2006. Structure and mechanism of DNA polymerase. *Chem Rev* 106:361-382.
Krokan, H. E., Nilsen, H., Skorpen, F., et al. 2000. Base excision repair of DNA in mammalian cells. *FEBS Lett* 476:73-77.
Memisoglu, A., and Samson, L. 2000. Base excision repair in yeast and mammals. *Mutat Res* 451:39-51.
Nilsen, H., and Krokan, H. E. 2001. Base excision repair in a network of defence and tolerance. *Carcinogenesis* 22:987-998.
Sander, M. and Wilson, S. H. 2002. Base excision repair, AP endonucleases, and DNA glycosylases. In: *Encyclopedia of Life Sciences*. London, UK: Nature Publishing Group; pp. 1-9.
Seeberg, E., Eide, L., and Bjørås, M. 1995. The base excision pathway. *Trends Biochem Sci* 20:391-397.

## Nucleotide Excision and Repair

Sarker, A. H., Tsutakawa, S. E., Kostek, S., et al. 2005. Recognition of RNA polymerase II and transcription bubbles by XPG, CSB, and TFIIH: insights for transcription-coupled repair and Cockayne syndrome. *Mol Cell* 20:187-198.
Batty, D. P., and Wood, R. D. 2000. Damage recognition in nucleotide excision repair of DNA. *Gene* 241:193-204.
Cleaver, J. E. 2001. Xeroderma pigmentosum: the first of the cellular caretakers. *Trends Biochem Sci* 26:398-401.
Cleaver, J. E., Karplus, K., Kashani-Sabet, M., and Limoli, C. L. 2001. Nucleotide excision repair "a legacy of creativity." *Mutat Res* 485:23-36.
Doetsch, P. W. 2001. DNA repair disorders. In: *Encyclopedia of Life Sciences*. London, UK: Nature Publishing Co.; pp. 1-6.
Friedberg, E. C. 2000. Nucleotide excision repair and cancer disposition. *Am J Pathol* 157:693-701.
Friedberg, E. C. 2001. How nucleotide excision repair protects against cancer. *Nat Rev Cancer* 1:22-33.
Gillet, L. C. J., and Scharer, O. D. 2006. Molecular mechanisms of mammalian global genome nucleotide excision repair. *Chem Rev* 106:253-276.
Hoeijmakers, J. H. 2001. From xeroderma pigmentosum to the biological clock contributions of Dirk Bootsma to human genetics. *Mutation Research/DNA Repair* 485:43-59.
Hutsell, S. Q., and Sancar, A. 2005. Nucleotide excision repair, oxidative damage, DNA sequence polymorphisims, and cancer treatment. *Clin Cancer Res* 11:1355-1357.
Lainé, J. P., and Egly, J.-M. 2006. When transcription and repair meet: a complex system. *Trends Genet* 22:430-436.
Lehmann, A. R. 1995. Nucleotide excision repair and the link with transcription. *Trends Biochem Sci* 20:402-405.
Mitchell, J. R., Hoeijmakers, J. H. J., and Niedernhofer, L. J. 2003. Divide and conquer: nucleotide excision repair battles cancer and ageing. *Curr Opin Cell Biol* 15:232-240.
Park, C.-J., and Choi, B. S. 2006. The protein shuffle: sequential interactions among components of the human nucleotide excision repair pathway. *FEBS J* 273:1600-1608.
Rasmussen, R. E., and Painter R. B. 1964. Evidence for repair of ultra-violet damaged deoxyribonucleic acid in cultured mammalian cells. *Nature* 203:1360-1362.
Reed, S. H. 2005. Nucleotide excision repair in chromatin: the shape of things to come. *DNA Repair (Amst)* 4:909-918.
Truglio, J. J., Karakas, E., Rhau, B., et al. 2006. Structural basis for DNA recognition and processing by UvrB. *Nat Struct Mol Biol* 13:360-364.
Truglio, J. J., Croteau, D. L., Van Houten, B., and Kisker, C. 2006. Prokaryotic nucleotide excision repair: the UvrABC system. *Chem Rev* 106:233-252.
Van Houten, B., Croteau, D. L., DellVecchia, J., et al. 2005. "Close fiting sleeves": DNA damage recognition by the UvrABC nuclease system. *Mutat Res* 577:92-117.

## Mismatch Repair

Ban, C., and Yang, W. 1998. Structural basis for MutH activation in E. coli mismatch repair and relationship of MutH to restriction endonucleases. *EMBO J* 17:1526-1534.

Constantin, N., Dzantiev, L., Kadyrov, F. A., and Modrich, P. 2005. Human mismatch repair reconstitution of a nick-directed bidirectional reaction. *J Biol Chem* 280:39752-39761.

de Wind, N., and Hays, J. B. 2001. Mismatch repair: praying for genome stability. *Curr Biol* 11:R545-R548.

Fishel, R. 1999. Signaling mismatch repair in cancer. *Nat Med* 5:1239-1241.

Fleck, T. M., Kunz, C., and Fleck, O. 2002. DNA mismatch repair and mutation avoidance pathways. *J Cell Physiol* 191:28-41.

Harfe, B. D., and Jinks-Robinson, S. 2000. DNA mismatch repair and genetic instability. *Ann Rev Genet* 34:359-399.

Iyer, R. R., Pluciennick, A., Burdett, V., and Modrich, P. L. 2006. DNA mismatch repair: functions and mechanisms. *Chem Rev* 106:302-323.

Jiricny, J. 2000. Mismatch repair: the praying hands of fidelity. *Curr Biol* 10:R788-R790.

Jiricny, J. 2006. The multifaceted mismatch-repair system. *Nat Rev Mol Cell Biol* 7:335-346.

Jiricny, J. 2006. MutL: at the cutting edge of mismatch repair. *Cell* 126:239-241.

Kadyrov, F. A., Dzantiev, L., Constantin, N., and Modrich, P. 2006. Endonucleolytic function of MutL in human mismatch repair. *Cell* 126:297-308.

Kolodner, R. D. 1995. Mismatch repair: mechanisms and relationship to cancer susceptibility. *Trends Biochem Sci* 20:397-401.

Kunkel, T. A., and Erie, D. A. 2005. DNA mismatch repair. *Ann Rev Biochem* 74:681-710.

Lamers, M. H., Perrakis, A., Enzlin, J. H., et al. 2000. The crystal structure of DNA mismatch repair protein MutS binding to a G•T mismatch. *Nature* 407:711-717.

Lebbink, J. H. G., Georgijevic, D., Natrajan, G., et al. 2006. Dual role of MutS glutamate 38 in DNA mismatch discrimination and in the authorization of repair. *EMBO J* 25:409-419.

Marti, T. M., Kunz, C., and Fleck, O. 2002. DNA mismatch repair and mutation avoidance pathways. *J Cell Physiol* 191:28-41.

Modrich, P. 2006. Mechanisms in eukaryotic mismatch repair. *J Biol Chem* 281:30305-30309.

Peltomaki, P. 2001. DNA mismatch repair and cancer. *Mutat Res* 488:77-85.

Schofield, M. J., and Hsieh, P. 2003. DNA mismatch repair: molecular mechanisms and biological function. *Ann Rev Microbiol* 57:579-608.

Sixma, T. K. 2001. DNA mismatch repair:MutS structures bound to mismatches. *Curr Opin Struct Biol* 11:47-52.

## SOS Response and Translesion DNA Synthesis

Baynton, K., and Fuchs, R. P. P. 2000. Lesions in DNA: hurdles for polymerases. *Trends Biochem Sci* 25:74-79.

Bianco, P. R., and Kowalczykowski, S. C. 1998. *Encyclopedia of Life Science*. Farmington Mills, MI: MacMillan Reference Ltd.; pp. 1-11.

Burgers, P. M. J., Koonen, E. V., Bruford, E., et al. 2001. Eukaryotic DNA polymerases: proposal for a revised nomenclature. *J Biol Chem* 276:43487-43490.

Chattopadhyaya, R., Atasi, P. 2004. Improved model of a LexA repressor dimer bound to recA operator. *J Biomol Struct Dyn* Apr;21(5):681-689.

Janion, C. 2001. Some aspects of the SOS response system-a critical survey. *Acta Biochim Polon* 48:559-610.

Chattopadhyaya R., Ghosh, K., and Namboodiri, V. M. 2000. Model of a LexA repressor dimer bound to recA operator. *J Biomol Struct Dyn* 18:181-197.

Clark, A. J., and Margulies, A. D. 1965. Isolation and characterization of recombination-deficient mutants of *Escherichia coli* K12. *Proc Natl Acad Sci USA* 53:451-459.

Defals, M., and Devoret, R. 2001. SOS response. In: *Encyclopedia of Life Sciences*. London, UK: Nature Publishing Group; pp. 1-9.

Friedberg, E. C., Lehmann, A. R., and Fuchs, R. P. P. 2005. Trading places: how do DNA polymerases switch during translesion DNA synthesis? *Mol Cell* 18:499-505.
Friedberg, E. C., Wagner, W., and Radman, M. 2002. Specialized DNA polymerases, cellular survival, and genesis of mutations. *Science* 296:1627-1630.
Goodman, M. F. 2000. Coping with replication "train wrecks" in Escherichia coli using Pol V, Pol II, and RecA proteins. *Trends Biochem Sci* 25:189-195.
Goodman, M. F. 2002. Error-prone repair DNA polymerases in prokaryotes and eukaryotes. *Ann Rev Biochem* 71:17-50.
Goodman, M. F., and Tippin, B. 2000. Sloppier copier DNA polymerases involved in genome repair. *Curr Opin Genet Dev* 10:162-168.
Guengerich, F. P. 2006. Interactions of carcinogen-bound DNA with individual RNA polymerases. *Chem Rev* 106:420-452.
Kunkel, T. A., Pavlov, Y., and Bebenek, K. 2003. Functions of human DNA polymerases and suggested by their properties, including fidelity with undamaged DNA templates. *DNA Repair (Amst)* 2:135-149.
Livneh, Z. 2001. DNA damage control by novel DNA polymerases: translesion replication and mutagenesis. *J Biol Chem* 276:25639-25642.
López de Saro, F. J., Georgescu, R. E., Goodman, M. F., and O'Donnell, M. 2003. Competitive processivity-clamp usage by DNA polymerases during DNA replication and repair. *EMBO J* 22:6408-6418.
McIherney, P., and O'Donnell, M. 2004. Functional uncoupling of twin polymerases. *J. Biol Chem* 279:21543-21551.
Miller, J. H. 2005. Perspective on mutagenesis and repair: the standard model and alternate modes of mutagenesis. *Crit Rev Biochem Mol Biol* 40:155-179.
Plosky, B. S., and Woodgate, R. 2004. Switching from high-fidelity replicases to lowfidelity lesion-bypass polymerases. *Curr Opin Genet Dev* 14:113-119.
Prakash, S., Johnson, R. E., and Prakash, L. 2005. Eukaryotic translesion synthesis DNA polymerases: specificity of structure and function. *Ann Rev Biochem* 74:317-353.
Ramadan, K., Shevelev, I., and Hübscher, U. 2004. The DNA-polymerase-X family: controllers of DNA quality? *Nat Rev Mol Cell Biol* 5:1038-1043.
Rattray, A. J., and Strathern, J. N. 2003. Error-prone DNA polymerases: when making a mistake is the only way to go ahead. *Ann Rev Genet* 37:31-66.
Rosenberg, S. M. 2001. Evolving responsively: adaptive mutation. *Nat Rev Genet* 2:504-515
Schlacher, K., Pham, P., Cox, M. M., and Goodman, M. F. 2006. Roles of DNA polymerase V and RecA protein in SOS damage-induced mutation. *Chem Rev* 106:406-419.
Scherbakova, P. V., and Fijalkowska, I. J. 2006. Translesion synthesis DNA polymerases and control of genome stability. *Front Biosci* 11:2496-2517.
Showalter, A. K., Lamarch, B. J., Bakhtina, M., et al. 2006. Mechanistic comparison of high-fidelity and error prone DNA polymerases and ligases involved in DNA repair. *Chem Rev* 106:340-360.
Steitz, T. A., and Yin, Y. W. 2003. Accuracy, lesion bypass, strand displacement and translocation by DNA polymerases. *Philos Trans R Soc (Lond B)* 359:17-23.
Tippin, B., Pham, P., and Goodman, M. F. 2004. Error-prone replication for better or worse. *Trends Microbiol* 12:288-295.
Yang, W. 2003. Damage repair DNA polymerases Y. *Curr Opin Struct Biol* 13:23-30.

이 책은 스스로 분자생물학을 공부하는 데 도움이 되도록 고안된 복습 자료와 이 장에서 설명한 주제들에 대한 보다 상세한 정보와 연결된 다양한 자원을 포함하고 있는 **웹사이트, http://biology.jbpub.com/book/molecular**를 가지고 있다.

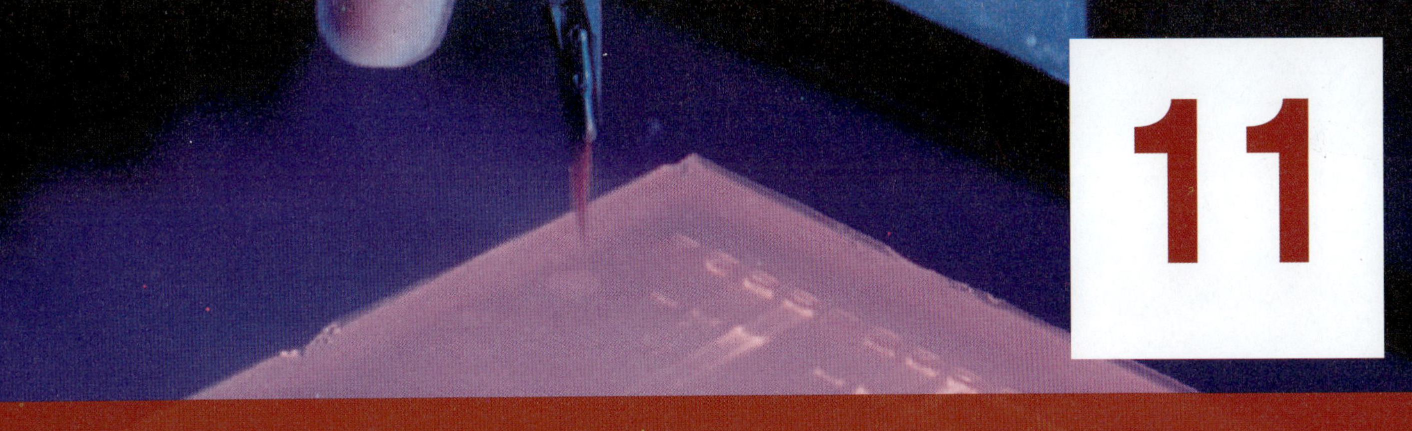

11

# 유전자 재조합

## 주제 개요

**11.1 상동 재조합의 소개**
상동 재조합(HR)은 DNA 절단을 수선하고 감수분열에서 정확한 염색체 분리를 보장하는데 필수적 과정이다.

**11.2 Bacteriophage의 재조합**
Crossing over는 2개의 상호작용하는 DNA 분자들 사이의 DNA 교환을 필요로 한다.

**11.3 세균의 재조합**
대장균의 재조합 돌연변이체는 접합율(conjugation rate)이 낮고 DNA 손상에 민감하다.

**11.4 상동재조합의 초기 모형**
HR의 Holliday 모형은 Holliday 접합부라고 불리는 crossing over된 가닥 중간체를 제안한다.
RecA는 가닥 교환 단백질이다.
RecBCD복합체는 상동재조합을 위한 이중가닥 파손을 준비하고 *chi* 부위에서 그 활성을 변화시킨다.
Meselson-Radding 재조합 모형(두 번째 상동 재조합 모형)은 개시를 위해 단일가닥 nick을 기초로 한다.

**11.5 효모의 형질전환**
효모는 plasmid의 gap 부분을 HR을 통해서 수선한다.

**11.6 이중가닥 파손에 의해 개시된 상동 재조합 모형**
이중가닥 파손 수선(DSBR) 모형에 의하면 이중가닥 파손에 의해 수선작업이 개시된다.

**11.7 진핵생물의 상동 재조합 단백질**
여러 주요한 상동 재조합 단백질들은 세균과 진핵생물에 공통적으로 존재하지만 진핵생물에서만 발견되는 진귀한 단백질도 있다.

**11.8 이중가닥 파손 수선 모형의 변이**
합성의존적 가닥 짝짓기(SDSA)모형에서는 유전자 전환만 일어난다.

**11.9 감수분열 재조합**
감수분열 재조합의 어떤 측면은 진기하다.
일부 재조합 단백질들은 감수분열세포에서만 형성된다.
감수분열 재조합 모형은 상동 재조합의 2개의 다른 유형을 제안한다.

**11.10 유전자 제거를 위한 유사분열 재조합의 사용**
유사분열 재조합은 표적화된 유전자 파괴를 위해 유전공학에 이용될 수 있다.
효모에서 유전자 제거는 높은 효율성을 갖는 상동 재조합에 의해 일어난다.
생쥐에서 유전자 제거는 유전자 표적화 방법에 의해 일어날 수 있다.

**11.11 유사분열 재조합과 DNA 복제**
유사분열 상동 재조합은 replication fork이 붕괴할 때 DNA 복제에 필수적이다.
재조합은 염색체 재배열과 유전체 불안정을 방지하기 위해 조절되어야 한다.
단일가닥 짝짓기(SSA) 기작은 결실을 초래한다.

**11.12 상동성 없는 이중가닥 파손 수선**
비상동 말단-연결(nonhomologous end-joining, NHEJ)은 상동성이 없는 말단을 재결합하는 모형이다.

**11.13 부위특이적 재조합**
부위특이적 재조합은 명시된 서열에서 일어나고 면역 globin 다양성에 사용되며 transposable element에 의해 사용된다.
효모에서 교배형 교체는 명시된 부위에서 개시된 합성의존적 가닥복원에 의해 일어난다.
V(D)J 재조합은 면역계의 다양성을 형성한다.
FLP/FRT와 Cre/lox 체계가 표적화 된 재조합을 하는데 사용될 수 있다.

**권장 도서**

전장에서 우리는 UV 손상, DNA 부가물과 염기쌍 불일치와 같은 DNA 손상을 수선하기 위해 세포가 사용하는 많은 다양한 수선 경로에 대해 살펴보았다. 이 장에서 우리는 **상동 재조합(homologous recombination, HR)**으로 알려진 과정에 의한 **이중가닥절단(double strand breaks, DSBs)**의 수선에 대해 배우게 될 것이다. 최근 HR은 유전적 다양성 뿐만 아니라 세포 생존에 필수적이라는 사실이 밝혀지면서 그 중요성이 새롭게 인식되고 있다. 유전적 유방암과 결장암 같은 암들은 HR 단백질의 결손과 연관되어 있다.

먼저 HR의 역사적 배경을 고찰한 다음 유전적 · 생화학적 자료를 토대로 HR 모형에 대해 공부할 것이다. 그 다음 이 반응들을 수행하는 효소들과 HR의 개별적 단계들을 논의할 것이다. 그리고 HR이 가장 흔히 일어나는 감수분열을 고찰한 다음 감수분열에 독특한 HR의 관점을 논의할 것이다. 마지막으로 체세포, 일반적 유전체 유지와 전문화된 위치 지정 반응에 대해 체세포에서 HR을 고찰하고자 한다.

## 11.1 상동 재조합의 소개

### 상동 재조합(HR)은 DNA 절단을 수선하고 감수분열에서 정확한 염색체 분리를 보장하는데 필수적 과정이다.

상동 재조합은 공통 혈통의 자손 사이의 유전적 다양성을 형성할 뿐 아니라 제 1 감수분열에서 상동염색체 쌍을 정확히 분리(segregation)하는데 필수적이다. HR이 일어나지 않으면 상동 염색체들은 서로 붙어 있지 않다. 따라서 제1 감수분열에서 무작위로 분리되어 염색체가 분실 또는 추가되는 감수분열 생성물을 갖게 된다. 이러한 이수성 배우자(aneuploid gamete)는 기능을 하지 못한다. 체세포에서 HR은 X-선 같은 외인성 DNA 손상과 결손 DNA topoisomerase같은 내인성 손상으로부터 이중가닥 절단을 수선하는데 필요하다. 상동재조합은 또한 replication fork에서 단일가닥 DNA nick을 수선하는데도 사용될 수 있다. 상동재조합은 주형 DNA 가닥 상의 손상에 정지한 replication fork를 다시 시작할 수 있거나 또는 주형 DNA 가닥 상의 다른 단일 가닥 방해 또는 nick에서 멈춰섰던 복제분지를 재개시 할 수 있다. 마지막으로 HR은 복제하는 telomere를 보호하는 telomere 복원효소(telomerase)가 없을 때 염색체(6장 참조)의 말단인 **telomere**를 유지하는데 필요하다.

Gregor Mendel의 연구가 1900년에 재발견 된 후 유전학의 초기에 2개의 관찰이 연관(linkage)의 개념을 주도해 왔다: 유전자는 유전적으로 · 물리적으로 연관될 수 있어 제 1감수분열 중 서로 무작위로 분리되지 않는다는 개념이다(**그림 11.1**).

먼저 세포속에 염색체보다 더 많은 유전자들이 존재한다는 것이고 따라서 염색체는 많은 유전자들을 갖고 있어야 한다. 이는 1905년 2개의 완두콩 형질이 무작위 분리(random segregation)에 의해 예상되는 것보다 서로 더 자주 같이 분리되는 경향이 있다는 사실을 보고한 William Bateson과 Reginald Punnett에 의해 증명되

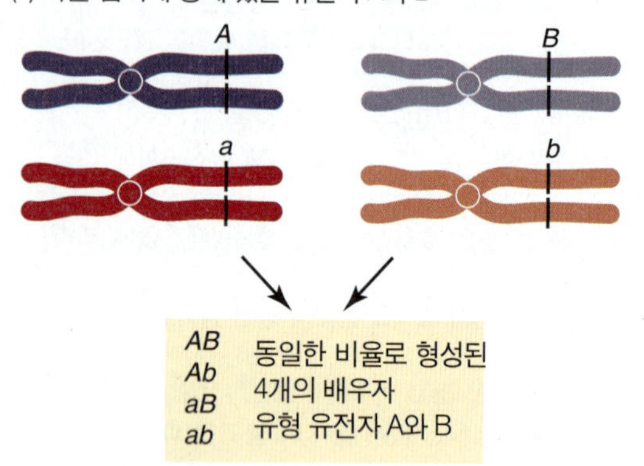


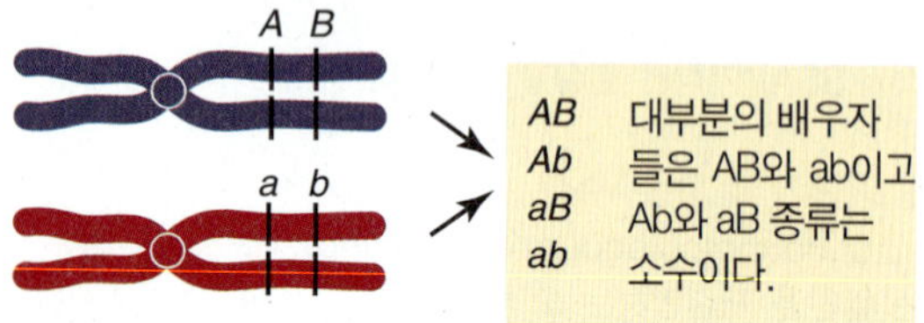


**그림 11.1 연관되지 않은 유전자와 연관된 유전자.** (a) 유전자 A와 B가 다른 염색체 상에서 연관되어 있지 않을 때 감수분열을 통해 독립적으로 분리하여 4개의 다른 배우자 유형을 동일한 비율로 형성한다. (b) 유전자 A와 B가 동일한 염색체 상에서 연관되어 있을 때 재조합 없이 서로 독립적으로 분리하지 않고 어버이 배열 AB와 ab의 배우자만을 형성한다. 비어버이 배우자 유형 Ab와 aB는 A와 B 유전자들 사이의 재조합으로부터 온다.

었다. 이 현상을 coupling(짝지음)이라고 불렀다. 그러나 연관은 완전하지 않고 종종 비어버이 감수분열 생성물(nonparental meiotic product) 또는 배우자들(gamete)이 생성되었다. 이는 비어버이 또는 재조합체 배우자라고 불리었고 감수분열 crossing over 또는 재조합의 생성물이다. Crossing over라는 용어는 1911년 Thomas Hunt Morgan에 의해 만들어졌다. Morgan은 콜럼비아 대학교 초파리 연구실의 지도자로서 유전학에 매우 중요한 기여를 했다. 1933년 Morgan은 초파리를 이용한 유전학 연구로 노벨상을 수여 받았다. Morgan은 crossing over는 상동염색체가 쌍을 이루고 염색체들 사이에 물리적 교환을 하는 감수분열 중 일어난다고 제안했다(**그림 11.2**). 또한 그는 이 교환으로부터 생기는 재조합체 감수분열 생성물의 빈도는 유전자들이 서로 더 떨어져 있을 경우 더 높다고 제안했다. 그 후의 연구에 의해 유전적 crossing over는 염색체 쌍 사이의 물리적 교환에 의해 일어남을 알게 되었다.

"파리방(fly room)"이라고 알려진 콜롬비아 대학교 초파리 실험실 연구자들 중에 학부학생이었던 Alfred H. Sturtevant가 있었다. 그는 염색체 상의 유전자들의 순서와 간격이 유전자들 사이의 crossing over의 양에 의해 결정되는 염색체 지도를 만들기 위해 짝지음의 일부 또는 어버이 감수분열 생성물, 그리고 어버이가 아닌 또는 재조합체 감수분열 생성물들을 사용했다. Morgan의 업적을 기려 *centiMorgan*이라 부르는 유전자 연관의 측정거리는 감수분열 중 두 유전자들 사이의 crossing over의 백분율을 나타낸다. 비록 crossing over가 감수분열에서 일어난다는 것이 처음 발견되었지만 후에 Cust Stern에 의한 연구는 crossing over는 유사분열에서도 일어나며, DNA 복제 후 상동 염색체들의 비자매 염색분체(nonsister chromatid)

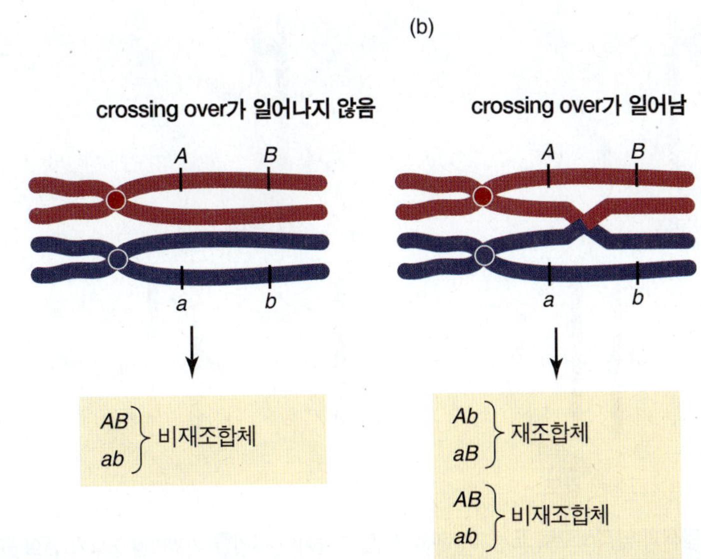


**그림 11.2 연관되지 않은 유전자와 연관된 유전자.** (a) A와 B 유전자 사이에 crossing over가 일어나지 않으면 비재조합체 배우자만 형성된다. (b) A와 B 유전자 사이에 crossing over가 일어나면 재조합체 배우자 Aa와 aB 그리고 비재조합체 배우자 AB와 ab가 형성된다.

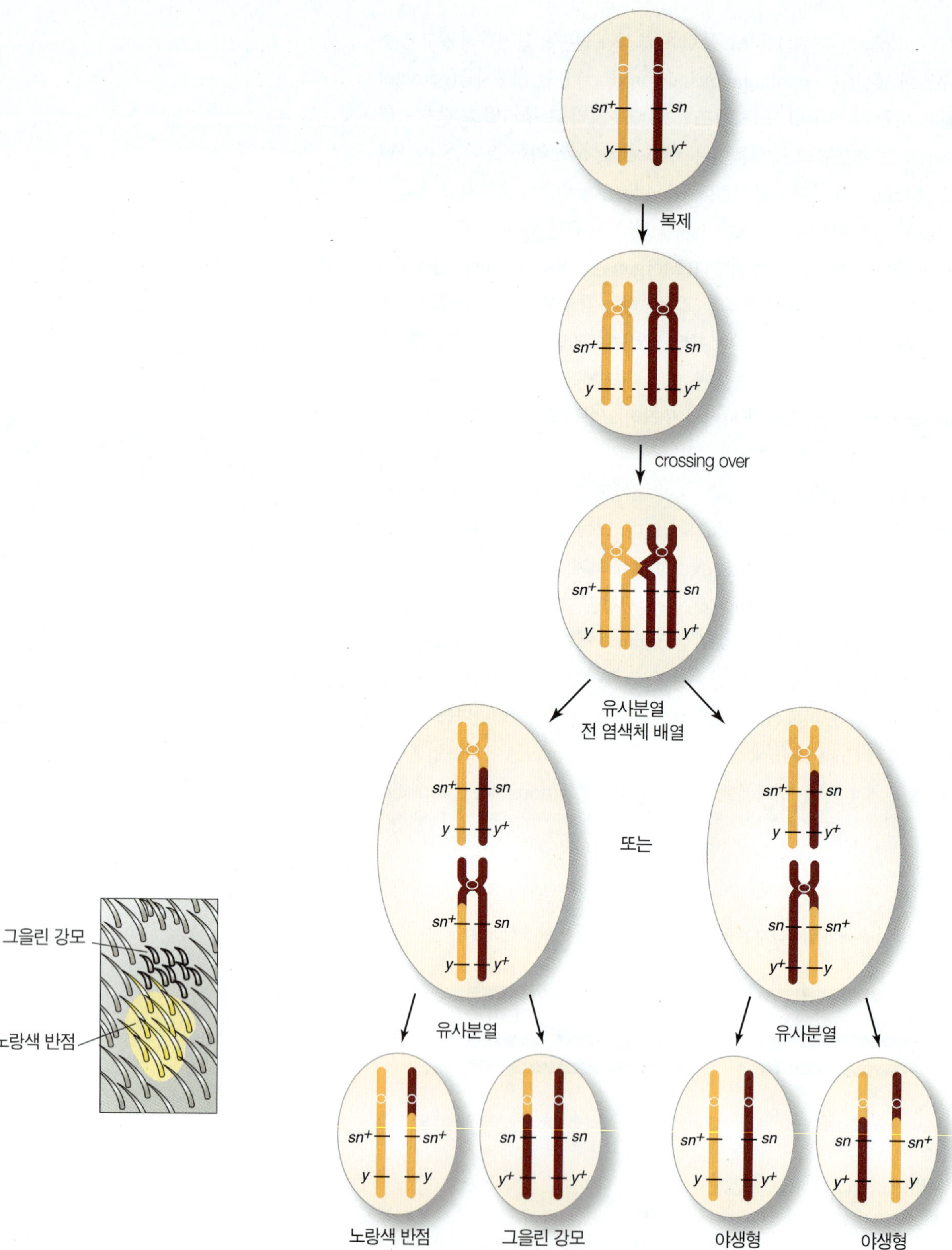


**그림 11.3 유사분열 crossing over.** 유사분열 전기의 상동염색체들을 노랑색과 암적색으로 표시. 비자매염색분체 사이의 희귀한 crossing over가 열성 유전자 y(노랑색)와 sn(그을린)의 동형접합성을 형성한다. 그림에서 보는 것처럼 동형접합성은 하나의 교환되지 않은 비자매 염색분체와 하나의 교환된 비자매염색분체가 함께 분리할 때 일어난다. 이는 결과적으로 한 딸세포는 "노랑색"에 대한 동형접합자 열성(y/y) 그리고 다른 딸세포는 "그을림"에 대한 동형접합자 열성(sn/sn)을 갖게 만든다. 왼쪽 패널은 정상적인 체색($y^+$)과 그을린(sn)강모의 반점 옆에 노란체색(y)와 정상 강모($sn^+$)의 반점을 갖고 있는 쌍둥이 지점을 나타낸다. Adapted from Griffiths, J. F., et al. *Modern Genetic Analysis, Second Edition*. W. H. Freeman and Company, 1999.

사이에 일어나서 다른 유전자형의 인접한 체세포 클론을 생산할 수 있다는 것을 보여주었다(**그림 11.3**).

비록 crossing over는 감수분열 중 자주 관찰되지만 그 기작은 아직 알려져 있지 않다. 모든 HR 모형에 편입해야 할 중요한 단서와 관찰은 crossing over는 염색체들 사이의 물리적 교환을 포함한다는 발견이었다. 이는 1931년 세포학적 염색체 다형성을 이용하여 crossing over를 염색체 사이의 교환과 관련지은 옥수수와 초파리 연구에서 최초로 밝혀졌다.

Mendel의 제 1법칙에 의하면 대립유전자들은 동등하게 2:2 배우자 분리를 한다. 대부분의 균류에서 단일 감수분열의 모든 생성물들은 자낭이라고 부르는 낭 속에 있는데 이 생성물들은 유전자 A(대립유전자 A와 a)에 대해 2:2 분리를 보여준다(**그림 11.4**). 자낭형성 전 감수분열 후 한번의 유사분열을 하는 붉은 빵곰팡이(*Neurospora*)같은 경우는 4:4로 분리된다.

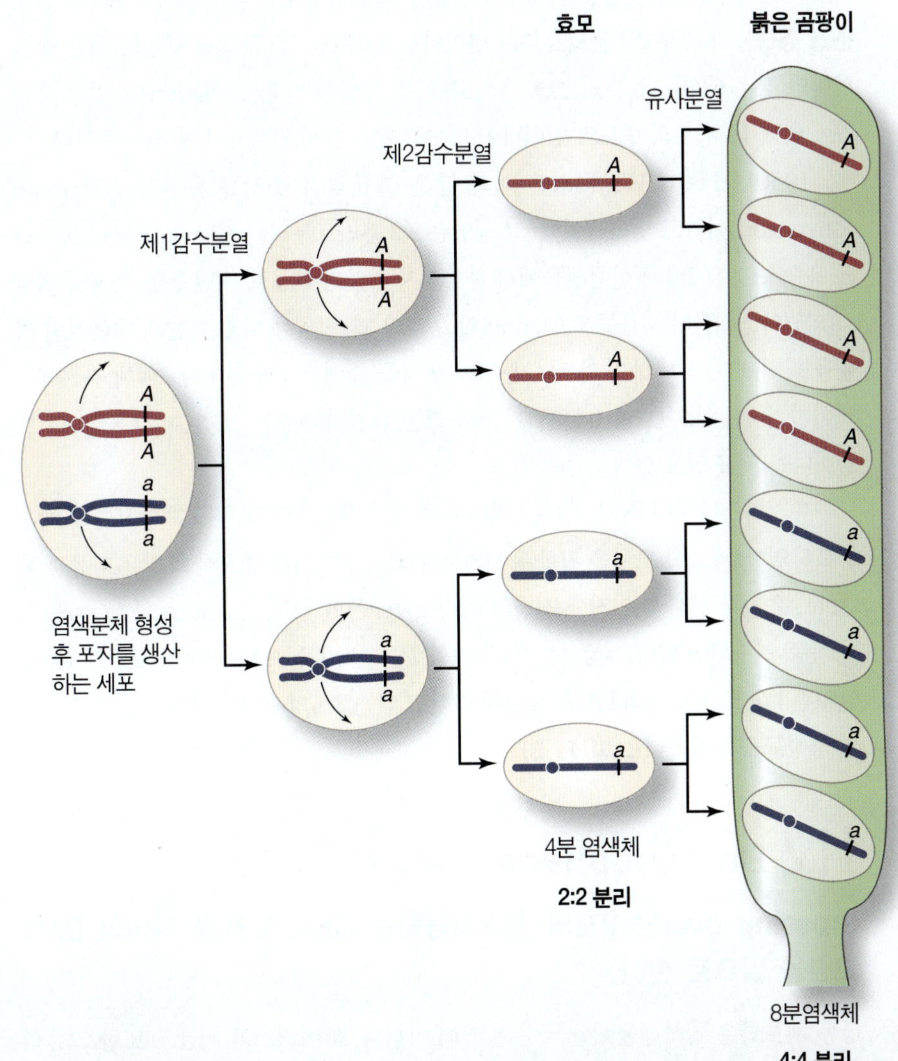


**그림 11.4 효모와 붉은 빵곰팡이의 감수분열.** 효모 *Saccharomyces cerevisiae*의 감수분열은 4분 염색체에서 2A:2a 포자를 형성한다. 유사분열은 포자가 8분염색체에서 형성되기 전 일어나서 4A:4a 포자를 형성한다. Adapted from Griffiths, J. F., et al. Modern Genetic Analysis, Second Edition. W. H. Freeman and Company, 1999.

| 효모 | | |
|---|---|---|
| 정상적 분리 | 유전자 전환 | |
| A | A | A |
| A | A | a |
| a | A | a |
| a | a | a |
| 2:2 | 3:1 | 1:3 |

| 붉은 빵곰팡이 | | |
|---|---|---|
| 정상적 분리 | 유전자 전환 | |
| A | A | A |
| A | A | A |
| A | A | a |
| A | A | a |
| a | A | a |
| a | A | a |
| a | a | a |
| a | a | a |
| 4:4 | 6:2 | 2:6 |

**그림 11.5 유전자 전환.** 효모에서 유전자 전환은 3A:1a 또는 1A:3a 포자를 갖는 4분 염색체를 형성한다. 붉은빵곰팡이에서 유전자전환은 6A:2a 또는 2A:6a의 8분염색체를 형성한다.

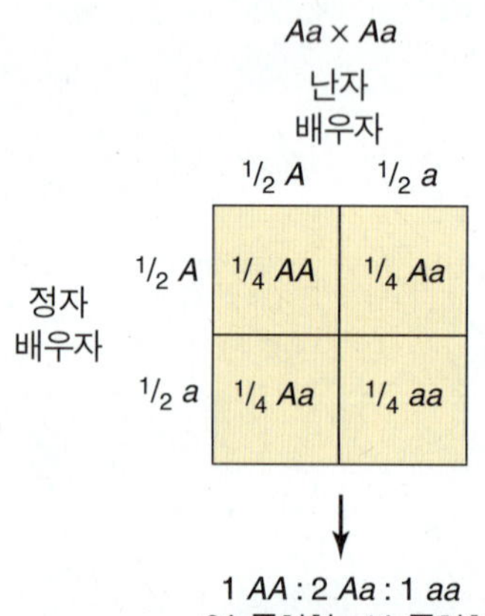


**그림 11.6 이형접합자 어버이의 교배.** Aa 이형접합자 어버이의 교배에서 각 어버이는 A가 되는 배우자의 1/2과 a가 되는 배우자의 1/2를 갖게 된다. 마구잡이 수정은 1AA:2Aa:1aa 자손 또는 3:1A 표현형:a표현형 자손을 형성한다. 몇 퍼센트의 낮은 유전자전환은 탐지할 수 없는데, 이는 자손에서 A 표현형에 대한 3:1 비율을 변화시키지 않는다.

2:2 분리는 유전자의 항존도(constancy)를 반영하는데, 이는 돌연변이에 의해 매우 낮은 빈도에서만 변한다(10장 참조). 균류의 경우 4분 염색체라고 부르는 감수분열 생성물이 종종 2:2 분리로부터 벗어나서 3:1 또는 1:3 분리를 갖는다(붉은 빵곰팡이의 경우 6:2와 2:6 분리, **그림 11.5**). 이런 예외적 상황(deviation)은 일정 유전자에 대해 1%정도의 빈도로 일어나지만 어떤 경우에는 50%까지 일어날 수 있다.

1930년 Hans Winkler은 이와 같은 불규칙적 분리를 유전자 전환(gene conversion)이라고 명명하였다. 그 원인은 2:2 분리로부터의 일탈이 그 당시 초파리와 옥수수 같은 2배체 실험생물에서 관찰되지 않았기 때문에 수년 동안 논쟁의 대상이 되었다. 물론 이 생물들은 Mendel의 분리의 제1법칙에 따라 자손의 대략적인 비율을 나타낸다. 왜냐하면 각 감수분열의 생성물 중에서 1개만이 각 2배체 자손에서 얻어지기 때문이다(**그림 11.6**). 지금 우리는 유전자 전환이 또한 이 생물들에서도 일어나는 것을 알고 있다.

유전자 전환은 HR의 중요한 결과이고 그 기원은 HR 모형을 개발하는데 매우 중요하였다. 재조합 모형을 위한 유전자 전환의 2가지 가장 중요한 특징은 다음과 같다: (1) 유전자 전환은 인접 유전자(flanking gene)의 역교차(reciprocal crossover)와 종종 연관되어 있다(**그림 11.7**) (2) 이형 2중 가닥 DNA(heteroduplex DNA)로 알려진 1개 또는 소수의 DNA 불일치를 갖고 있는 2개의 유전자형을 보유한 감수분열 생성물을 형성한다(**그림 11.8**).

# 11.2 Bacteriophage의 재조합

## Crossing over는 2개의 상호작용하는 DNA 분자들 사이의 DNA 교환을 필요로 한다.

상동 재조합은 진핵생물에만 국한된 것이 아니다. 바이러스와 세균도 또한 그들의 유전체를 재조합한다. 이 생물계들에서 HR 연구는 HR의 물리적 성질과 효소학에

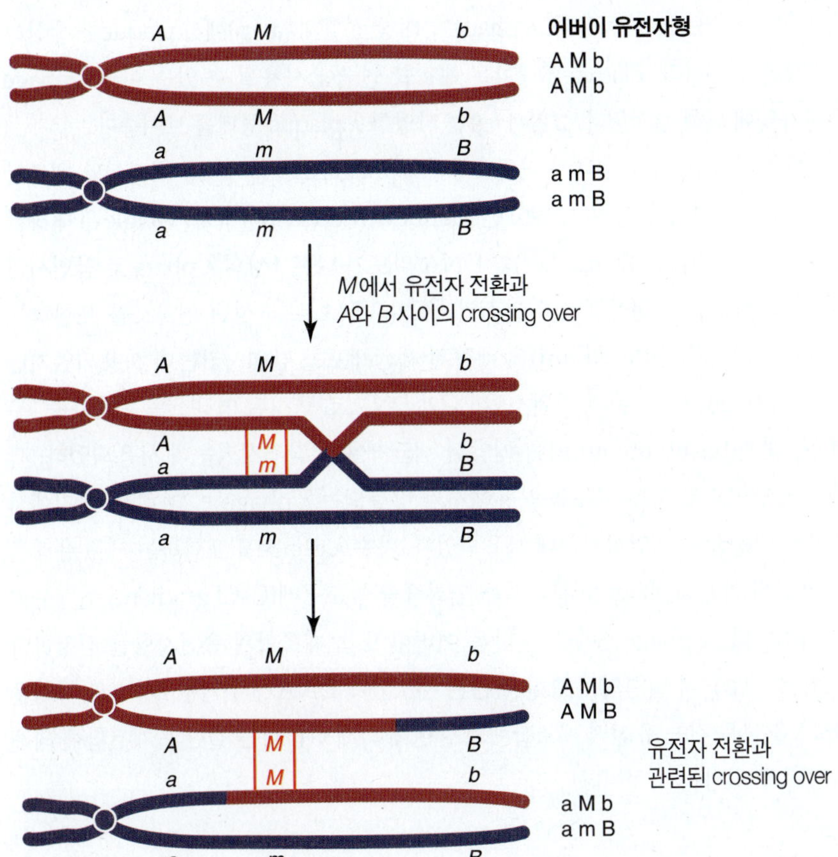


**그림 11.7 Crossing over와 연관된 유전자 전환.** 유전자 전환은 M에서 일어나 3M:1m을 형성한다. 유전자 전환은 AMB와 aMb 생성물에서 보는 것처럼 A와 B 사이의 crossing over와 연관되어 있다. 유전자 A와 B는 아직도 2A:2a와 2B:2b로 분리한다는 사실에 주목하라.

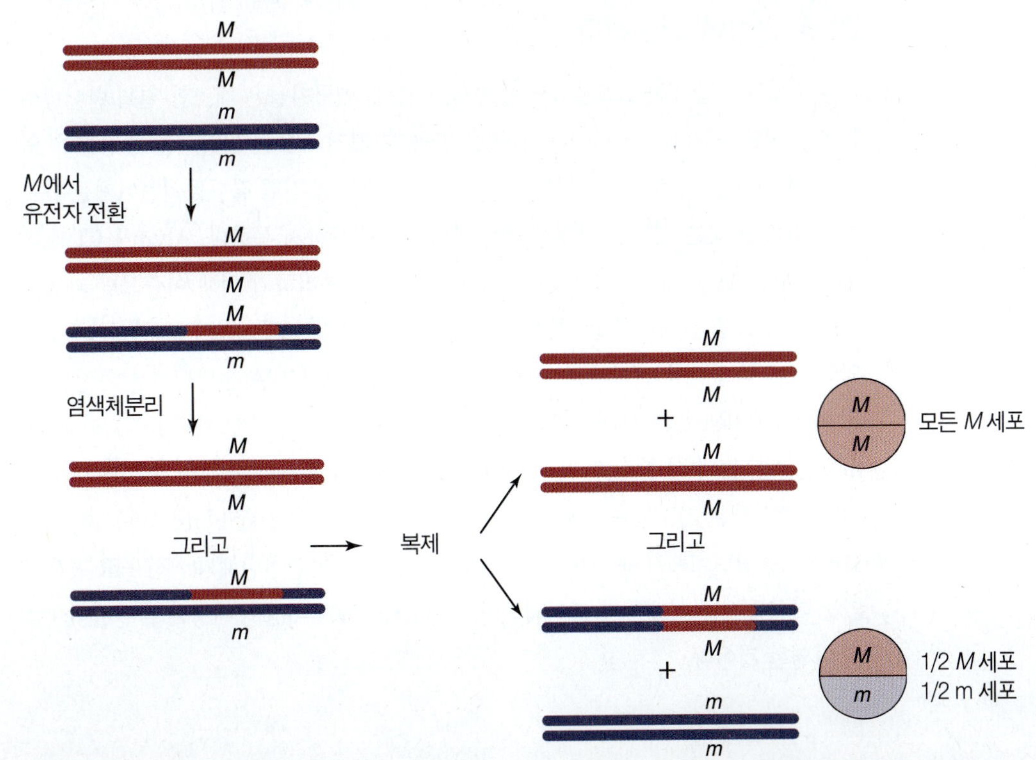


**그림 11.8 유전자 전환으로부터 발생하는 표현형.** 불일치 수선 이형 2중가닥 DNA의 실패는 다른 유전자형의 자손을 만든다. 2개의 상호작용하는 DNA 2중가닥의 단일 가닥이 그림에 나타나 있다. M에서 불완전한 유전자 전환은 청색 DNA의 적색 단편 그리고 감수분열 후 M/m 유전자형으로 나타난 이형 2중 가닥 DNA으로 떠난다. 만약 불일치가 불일치 수선계(mismatch repair system)에 의해 교정되지 않으면, DNA 복제와 제 1 감수분열 후 이형 2중 가닥은 분해하여 M 유전자에서 다른 유전자형을 갖는다. 두 딸세포, 즉 하나는 M 그리고 다른 하나는 m을 형성한다. 이는 2개의 유전자형 M과 m을 가진 세포 집락을 형성한다.

대해 중요한 정보를 제공한다. λ phage가 대장균 잔디(lawn)에서 plaque를 생산하는 8장을 상기하라. Plaque 형태학은 재조합 연구에 사용될 수 있는 여러 λ phage 유전자들에 의해 결정된다. **그림 11.9**는 다양한 λ plaque 형태를 보여준다.

대장균을 plaque 형태가 다른 1쌍의 λ phage로 감염시키면 어버이와 재조합체 plaque 유형이 형성된다. 1961년 Matthew Meselson과 Jean Weigle은 대장균을 유전적 표지(genetic marker)와 DNA 밀도가 다른 1쌍의 λ phage로 감염시켰다. 한 λ phage는 정상적 동위원소인 $^{12}C$와 $^{14}N$으로 구성된 영양소를 포함하는 "가벼운" 배지(light medium)에 배양된 세균세포를 감염시키는데 사용되었지만 다른 λ phage는 무거운 동위원소인 $^{13}C$와 $^{15}N$으로 구성된 영양소를 포함하는 "무거운" 배지(heavy medium)에 배양된 세균세포를 감염시키는데 사용되었다. 각각의 배양액으로 부터 세포들을 용해시켜 방출되는 λ phage는 "가벼운" 배지에서 배양된 대장균을 감염시키는데 사용되었다. 자손 λ phage를 포함하는 세포 용해물은 밀도에 의해 λ phage를 분리하는 염화세슘 농도구배(CsCl gradient) 원심분리로 처리한다. λ phage를 수집한 다음 어버이 또는 재조합체 유전자형을 검정한다(**그림 11.10**). 이 실험의 주요한 결론은 재조합체 DNA가 무거운 DNA와 가벼운 DNA을 모두 갖는 유전적 재조합체의 출현에 의해 나타나는 절단과 재결합에 의해 형성될 수 있다는 사실이다.

## 11.3 세균의 재조합

### 대장균의 재조합 돌연변이체는 접합율(conjugation rate)이 낮고 DNA 손상에 민감하다.

대장균에서 접합과 재조합을 구축한 후(7장 참조) 연구자들은 재조합-결핍 변이종의 분리를 시도하였다. 그러나 섬모(pili)를 만들 수 없거나 또는 접합부를 형성할 수 없는 돌연변이체도 접합에서 결함이 있을 수 있기 때문에 접합 결함돌연변이체를 단순히 수집하는 것은 재조합 과정을 특이적으로 표적화하지 못한다. Alvin J. Clark과 Ann Dee Margulies는 재조합(*rec*) 돌연변이체를 분리하기 위해 이중선별 과정을 고안했다. 그들은 대장균 *rec* 돌연변이체가 (1) 접합결함(생식력이 없는)이고 (2) 자외선에 매우 민감할 것이라고 추정했다. 왜냐하면 UV DNA 손상의 수선과정은 상동 재조합(HR), 즉 손상된 부위 또는 재조합 접합부 옆의 단일 가닥 DNA의 파괴, nick을 채우는 수선 합성과 연결 등에 관련된 단계와 유사한 단계를 갖고 있기 때문이다. 이와 같은 기준들을 사용하여 Clark과 Margulies는 1965년 *rec A*라는 첫 재조합 결손 돌연변이체를 분리했다. 그 결과 더 많은 *rec* 돌연변이체와 세균 HR 결함이 있는 다른 돌연변이체들이 분리되었다. **표 11.1**는 30개 이상의 대장균 돌연변이체들을 나열한 것이다.

**그림 11.9 어버이와 재조합체 λ phage plaque 형태.** 어버이와 재조합체 λplaque 형태는 단일 교배 판(plate)에서 볼 수 있다. 어버이 plaque 유형은 $h^-r^+$와 $h^+r^-$이다. 재조합체 유형은 $h^-r^-$와 $h^+r^+$이다.

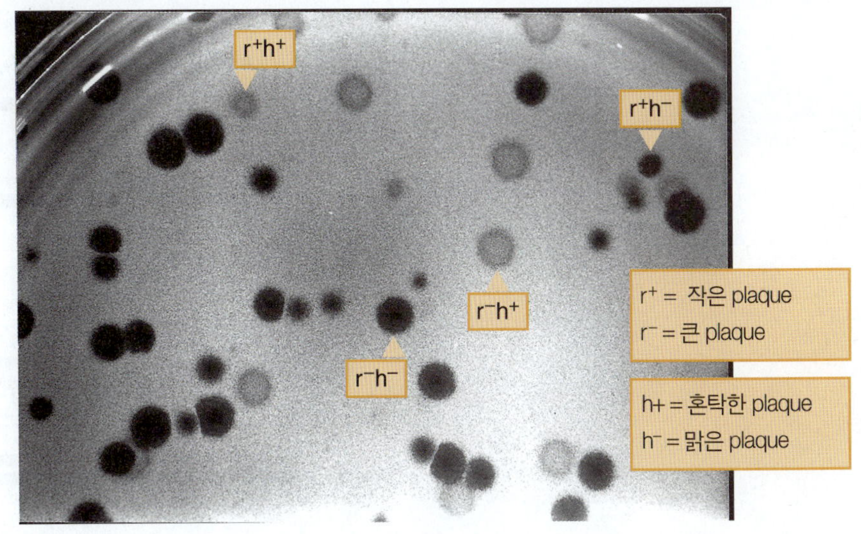


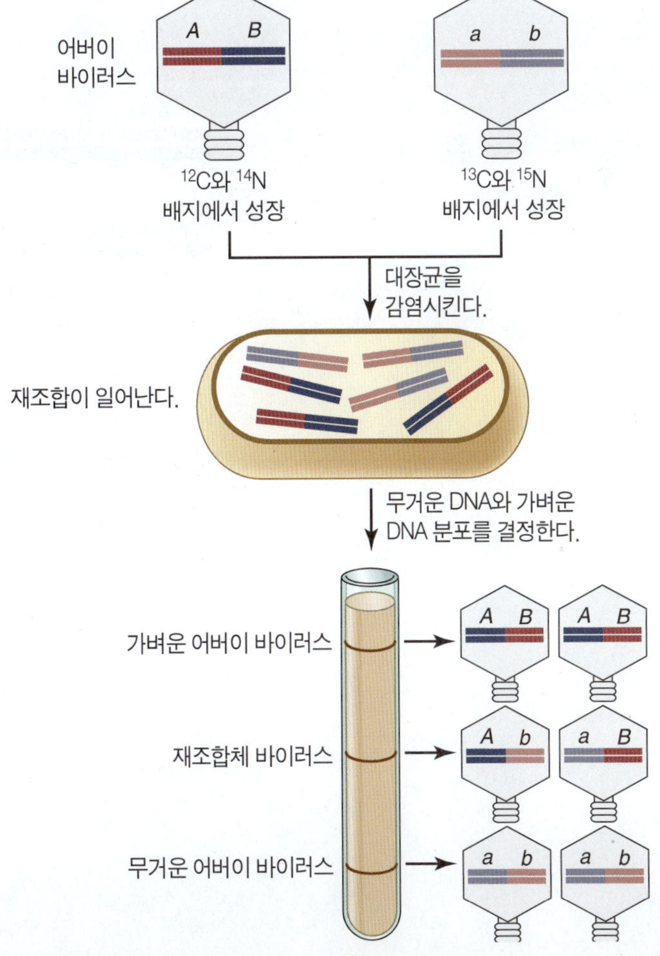


**그림 11.10 Meselson Weigle 실험.** DNA 복제가 억제되는 조건하에서 세균을 λ phage로 감염시켰다. 어버이 λ phage(AB)는 $^{14}N$과 $^{12}C$을 포함하는 배지에서 배양된 감염세균으로부터 얻었다. 돌연변이체 어버이 λ phage(ab)는 $^{15}N$과 $^{13}C$를 포함하는 배지에서 배양된 감염세균으로부터 얻었다. 교배에서 얻은 phage를 밀도에 따라 분리하기 위해 CsCl 농도구배를 이용해 원심분리 하였다. 어버이 AB(비재조합) λ phage의 밀도는 주로 가벼웠다. 재조합체 λ phage Ab와 aB는 주로 중간밀도에 나타나고 이들은 양쪽 어버이 DNA로부터 유래하고 재조합은 절단과 재결합을 통한 DNA 이중가닥 사이의 물리적 교환을 필요로 한다. Adapted from Cooper, G. M., and Hausman, R. E. *The Cell: A Molecular Approach, Second Edition*. Sinauer Associates, Inc., 2000.

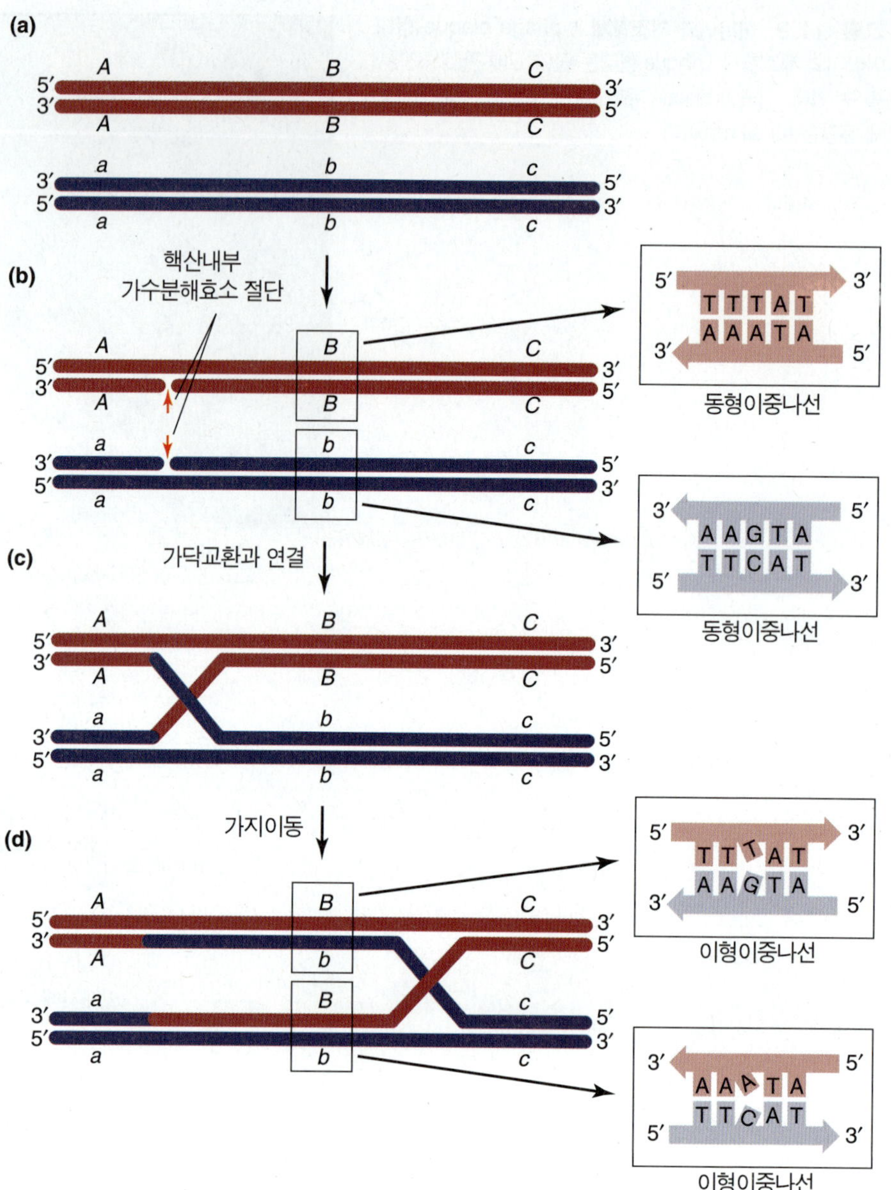


**그림 11.11 재조합의 Holliday 모형.** (a) 상동 쌍으로부터 온 2쌍의 염색분체로서 DNA 서열은 다르다. (b) 대칭된 nick이 두 염색분체에 만들어짐. (c) 염색분체와 연결사이의 가닥 교환은 가닥 crossing over 또는 Holliday 접합부 구조를 만든다. (d) Holliday 접합부의 가지 이동은 대칭이고 양쪽 염색분체 상에 형성되는 이형이중나선 DNA 부위를 신장시킨다. B 유전자에서 이형 이중나선 DNA의 결과가 삽입도에 나타나 있다. (e) Holliday 접합부는 표시한 것처럼 crossing over된 가닥 접합부 주위의 DNA 가닥 회전인 이성질화 반응을 거쳐 왼쪽에 나타난 열린 구조를 생산한다. 북-남(수직) 방향에서 Holliday 접합부의 분해는 왼쪽에 절단된 절단-연결 생성물(splice product) 염색분체를 생산하는데, 이는 표지 A와 C의 crossing over이다. 동-서(수평) 방향에서 Holliday 접합부의 분해는 오른쪽에 일시적 보완을 하는데, 이는 표지 A와 C의 비crossing over이다. Adapted from Watson, J., et al. *Molecular Biology of the Gene, Fifth Edition*. Benjamin Cummings, 2004.

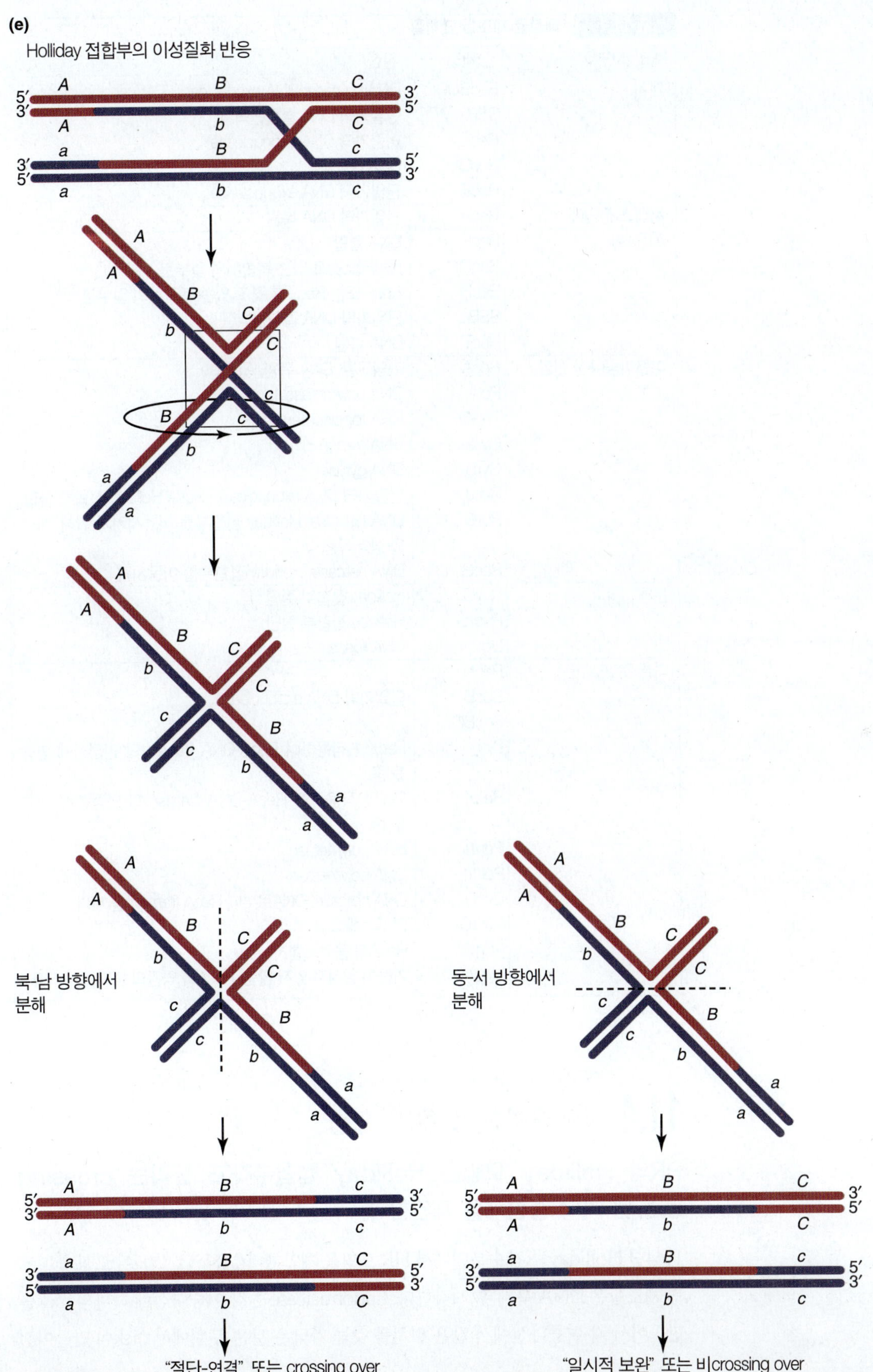
(e)
Holliday 접합부의 이성질화 반응
북-남 방향에서 분해
동-서 방향에서 분해
"절단-연결" 또는 crossing over
"일시적 보완" 또는 비crossing over

**표 11.1 대장균 재조합 단백질**

| 재조합 단계 | 단백질 | 활성 |
|---|---|---|
| 개시 | RecBCD | DNA helicase, DNA exonuclease, DNA endonuclease |
| | SSB | 단일가닥 DNA 결합단백질 |
| | RecE | 이중가닥 DNA exonuclease |
| | RecQ | DNA helicase |
| | RecJ | 단일가닥 DNA exonuclease |
| 시냅스 전단계 | RecA | 단일가닥 DNA 복원 |
| ATPase | RecF | DNA 결합 |
| | RecO | RecR를 갖고 있는 복합체의 일부분 |
| | RecR | RecF 또는 RecO를 갖고 있는 복합체의 일부분 |
| | SSB | 단일가닥 DNA 결합단백질 |
| | RecT | DNA 복원 |
| 이형이중나선 신장 | RecA | 가닥교환, DNA 복원, ATPase |
| | PolA | DNA polymerase 1 |
| | TopA | DNA topoisomerase 1 |
| | GyrA | DNA gyrase |
| | GyrB | DNA gyrase |
| | RecJ | 단일가닥 DNA exonuclease, RuvA Holliday 접합부 결합 |
| | RuvB | DNA helicase, Holliday 접합부를 이동시키기 위해 RuvA와 상호작용 |
| | RecG | DNA helicase, Holliday 접합부를 이동시킴 |
| 분해 | RuvC | Holliday 접합부 절단 |
| | Rus | Holliday 접합부 절단 |
| | Lig | DNA ligase |
| 다른 것 | RecN | |
| | SbcB | 단일가닥 DNA exonuclease |
| | SbcBC | |
| | DinI | RecX와 작용하여 RecA-DNA filament의 안정성에 영향을 줌 |
| | RecX | DinI와 작용하여 RecA-DNA filament의 안정성에 영향을 줌 |
| | Pol II | DNA polymerase |
| | Pol III | DNA polymerase |
| | Uvr D | DNA helicase, DNA로부터 RecA filament를 제거 |
| | Hel IV | DNA helicase |
| | RdgC | RecA의 음성조절자 |
| | MgsA | 기능이 알려져 있지 않음, RecA와 약간의 중복을 나타냄 |

## 11.4 상동재조합의 초기 모형

### HR의 Holliday 모형은 Holliday 접합부라고 불리는 crossing over된 가닥 중간체를 제안한다.

1964년 Holliday는 감수분열에서 HR 모형을 제안했다(**그림 11.11**). 이 모형에 따르면 재조합은 DNA 복제 후 시작한다. Endonuclease는 각 이중나선에 하나의 nick을 만들어서 각 이중나선에서 같은 위치를 갖는 가닥은 같은 부위에서 nick이 만들어진다. 다음 이중나선 사이의 단일 DNA 가닥들의 대칭교환이 일어나서 소위 **대칭 이형 이중가닥 DNA(symmetric heteroduplex DNA)**을 형성한다. Crossing over된 가닥 구조는 중요한 중간체이고 **Holliday 접합부(Holliday junction, HJ)**라 불린다. 이 구조는 4방향 대칭을 갖고 **가지 이동(branch migration)**이라 불리는 과정에 의해 쌍 염색분체에 이동하여 더 많은 이형 이중가닥 DNA을 형성한다. 어느 시점에서 Holliday 접합부 구조는 끊어져 2개의 분리된 nick이 생긴 이중나선(nicked duplex)을 형성하는데 이 과정을 **분해(resolution)**라 부른다. Holliday 접합부는 4방향의 대칭을 갖고 있기 때문에 동-서 방향으로 분리되어 비crossing over 생성물을 형성하거나 또는 북-남 방향으로 분리되어 Crossing over 생성물을 형성한다. 이형이중가닥 DNA 부위의 불일치 수선(mismatch repair)은 원래 유전자형을 회복 또는 한(예: A) 유전자형을 다른(예: a) 유전자형으로 변화시킬 수 있다. 이 변화는 1:3(또는 3:1) 분리를 일으키고 유전자 전환과 crossing over와의 연관을 설명해준다.

Holliday 모형은 여러 단점들을 갖고 있다. 아래 서술한 바와 같이 재조합은 한 DNA 분자에서 이중가닥 절단 또는 단일가닥 간격에서 시작하는 것으로 알려져 있다. 더욱이 비록 모형에 의해 필요한 특이성을 갖는 endonuclease를 탐색하기 위해 많은 노력을 경주했음에도 불구하고 이러한 효소는 진핵생물에서 확인되지 않았다. 이와 같은 단점에도 불구하고 Holliday 모형은 DNA 재조합을 이해하는데 큰 기여를 하였고 이형이중 DNA 중간체, 가지 이동, Holliday 접합부와 분해(resolution)를 포함한 모형의 여러 특징들은 다음에 등장하는 모형의 중요한 부분이 된다.

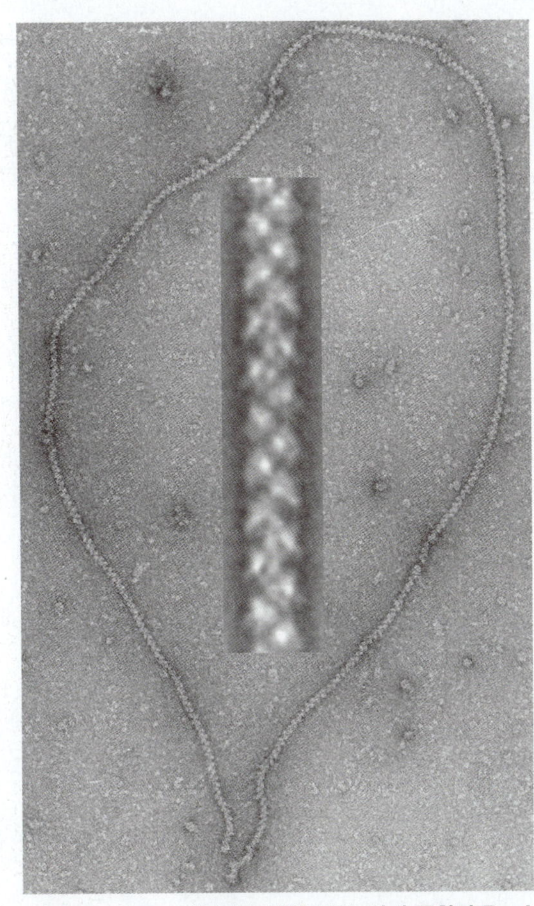

**그림 11.12 이중가닥 환형 DNA 상에 중합된 RecA fila-ment.** 삽입도 영상은 filament의 나선 성질을 보여준다.

## RecA는 가닥 교환 단백질이다.

대장균은 여러 재조합 경로들을 사용하고 10장에서 소개된 RecA 단백질은 RecE 경로를 제외한 모든 경로에 필요하다. RecA는 나선 filament로서 단일가닥 DNA와 이중가닥 DNA와 결합한다(**그림 11.12**). RecA의 단일가닥 DNA와의 결합은 상동 DNA 서열 사이의 가닥 교환의 초기 단계를 촉진한다. 약 6~8개의 RecA 단위체가 각 나선회전에 참여하여, 약 20개의 nucleotide를 점유하고 DNA을 약 1.5배 정도로 잡아 늘인다.

RecA은 단일가닥 DNA가 *in vitro*와 *in vivo*에서 동일한 또는 매우 유사한 DNA 서열과의 염기쌍 결합을 촉진시킨다. *In vitro* 연구에 의하면 RecA는 단일가닥 DNA와 결합하고 단일가닥형 또는 이중가닥형의 상동서열에 **가닥침입(strand invasion)**을 촉진한다. 가닥침입에서 중요한 중간체는 대치고리(displacement loop, **D-loop**) 형성인데, 이는 침입하는 가닥의 한쪽 끝이 이중가닥 DNA(**그림 11.13**)상에서 동일한 또는 거의 동일한 서열을 갖고 있는 가닥을 대치한다.

D-고리형성은 침입하는 가닥을 위해 자유말단(free end)을 필요로 한다. 가닥 교환 중 ATP 가수분해는 RecA 활성을 통해 일어난다. 이 가수분해는 가닥 교환이 일어난 후 단일가닥 DNA로 부터 RecA의 분리를 촉진한다.

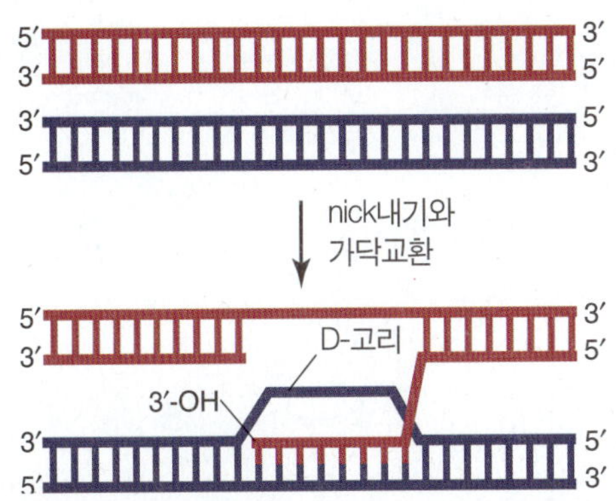


**그림 11.13 또 다른 DNA 이중나선으로부터 상동 단일 가닥에 의한 가닥 침입 후 형성된 D-고리.** RecA의 침입 적색 단일가닥과의 결합에 의해 촉진되는 가닥 침입은 청색 이중가닥 DNA에서 상동서열을 대치한다. 대치된 단일가닥 구조를 D-고리라 부른다.

RecA-중재 가닥교환의 3단계는 다음과 같다(**그림 11.14**):

1. *Presynapsis.* RecA는 단일가닥 DNA와 결합하여 나선 nucleofilament를 형성한다. RecA의 결합은 ATP 또는 dATP조인자를 필요로 한다. Presynapsis 복합체의 형성은 단일가닥 DNA 결합(SSB) 단백질에 의해 증가되는데, 이는 단일가닥 DNA에 결합하여 2차 구조를 제거함으로써 돕는다. 이는 단일가닥 DNA가 RecA 단백질과의 연합하는 것을 준비시킨다.
2. *Synapsis.* Synapsis 단계 중 RecA로 피막된 단일가닥 DNA와 이중가닥 DNA사이에 접촉이 일어나서 단일가닥 DNA가 서열 상동성을 찾도록 한다. 첫 접촉은 무작위로 일어나지만 궁극적으로 상동서열이 정렬된다. 가닥교환은 상동 부위에서 이중가닥 DNA 분자의 국소적 변성에 의해 시작된다. 침입 단일 가닥은 변성된 부위에서 상보적 가닥과 나란히 염기쌍을 형성한다. 2가닥이 아직 한데 섞이지 않은 염기쌍의 이 부위는 **횡렬연접(paranemic joint)**이라 불리는 불안정한 중간체이다. 침입가닥의 자유 말단에서 시작하는 전이는 횡렬연접을 **이중나선적 연접(plectonemic joint)**이라 불리는 이중나선 부위를 전환시킨다. 이형이중나선 DNA는 이중나선 연접에서 상보적 DNA 가닥이 1개 또는 그 이상의 염기쌍 불일치 또는 짧은 삽입/결실 고리를 갖고 있을 때 형성한다.
3. *DNA 이형 이중나선 신장.* 일단 이중나선적 연접분자가 형성되면 이형이중나선 DNA 형성이 5′-3′ 방향의 한방향 가지이동(unidirectional branch migration)에 의해 신장(伸張)될 수 있다. **그림 11.14**에서 보는 것처럼 가지 이동은 이중가닥 DNA 변성 그리고 선형 단일가닥 DNA 분자가 완전히 대치될 때까지 상보적 단일 가닥과 환형 단일가닥 DNA와의 복원에 의해 진행한다.

그림 11.14의 예에서 보는 것처럼 이중가닥 DNA는 자유 말단(free end)을 갖고 있다. 살펴볼 재조합 모형에서 이중가닥 DNA는 2개의 자유 말단을 갖고 있지 않다. 가지이동반응은 제한되지만 수백개의 nucleotide 형성을 위해 신장할 수 있다.

## RecBCD복합체는 상동재조합을 위한 이중가닥 파손을 준비하고 *chi* 부위에서 그 활성을 변화시킨다.

재조합을 선행하는 이중가닥 파손은 재조합이 일어날 수 있기 전에 진행되어야 한다. 이 진행은 이중가닥 파손 DNA 말단을 자르거나 또는 다시 이어 맞추는 RecBCD 단백질 복합체에 의해 일어난다. *recB*와 *recC* 돌연변이체는 접합-결함과 UV-민감 대장균 돌연변이체에 대한 초기의 검색에서 분리되었다. RecB와 RecC 단백질은 RecD 단백질을 또한 포함하는 복합체에서 작용한다. RecBCD 복합체는 여러 생화학적 활성을 갖고 있다: 3′→5′ exonuclease, 5′→3′ exonuclease와 DNA helicase 활성이다. 이 3개의 효소 활성이 함께 작용하여 HR을 위해 이중 가닥 파손을 준비한다.

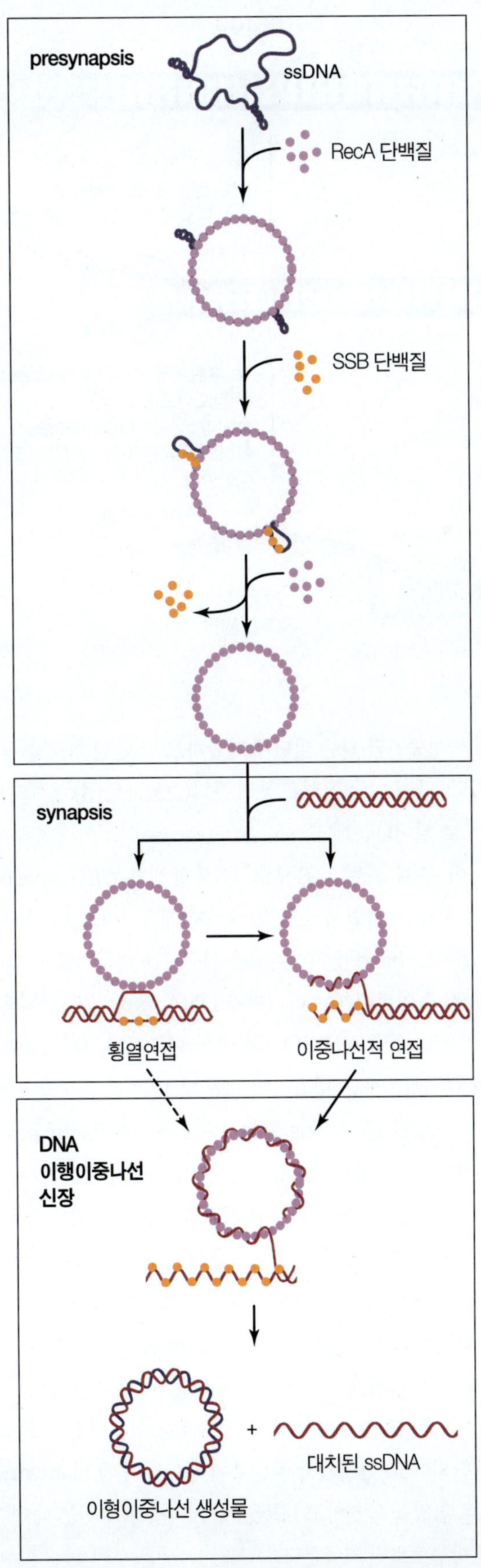


**그림 11.14 상동재조합 중 RecA 단백질은 다중 단계에서 작용한다.** Presynapsis 단계에서 RecA는 단일가닥 결합 단백질(SSB)의 도움으로 단일가닥 DNA 상에 filament를 형성한다. RecA-피복 ssDNA 복합체는 synapsis 단계 중 상동성을 찾는다. 일단 상동성이 발견되면 평행 짝짓기가 형성되는데(횡렬연접이라 불리는), 이는 짝진 DNA 가닥이 이중나선 구조로 존재하는 이중나선 연접으로 전이한다. 이 짝짓기 단계는 가닥침입과 D-고리형성에 관여한다. 이형이중나선 신장 단계 중 RecA · 단일가닥 DNA 복합체와 이중가닥 선형 분자에서 상동서열 사이의 짝짓기는 원래 이중가닥 선형 DNA로부터 단일가닥이 대치하면서 증가한다.

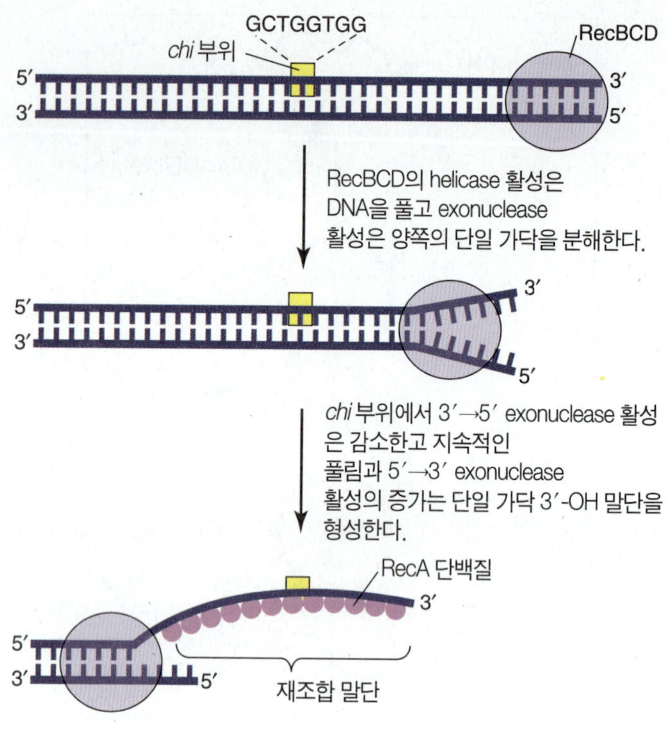


**그림 11.15 이중가닥 파손 말단을 가공처리하는 RecBCD.** RecBCD는 이중가닥에 결합하고 3′→5′과 5′→3′ exonuclease 활성과 협력하여 말단을 푼다. RecBCD가 *chi*부위(노랑색으로 표시된)에 도달할 때 exonuclease 활성은 변한다. 5′→3′ exonuclease 활성이 증가하는 동안 3′→5′ exonuclease 활성은 감소한다. 그 결과 3′-OH 말단을 갖고 있는 단일 가닥이 만들어지는데, 이는 RecA 결합의 기질이 된다. RecA · ssDNA filament는 그림 11.14에서 보는 것처럼 재조합을 촉진한다. Adapted from Lodish, H., et al. *Molecular Cell Biology, Fifth Edition*. W. H. Freeman and Company, 2003.

RecBCD 복합체는 이중가닥 파손 말단에 결합하고 각 단일 가닥을 독립적으로 분해하는 동안 이중가닥을 helicase 활성을 통해 푼다(**그림 11.15**). 2개의 단일 가닥 분해는 서로 다른 속도로 일어나는데 3′→5′ exonuclease 활성이 우세하며 3′ 말단이 더 빨리 분해된다. 이 분해 패턴은 RecBCD 복합체가 ***Chi***(crossover hotspot instigator)부위라 불리는 서열에 도달할 때까지 계속한다. Chi 부위는 재조합계에서 결함을 갖고 있는 λ phage 돌연변이체를 연구하는 연구자들에 의해 발견되었다. 이 재조합-결손(*red*) 돌연변이체는 바이러스 DNA 복제에 필요한 필수적인 재조합 기능을 수행하기 위해 세균 RecBCD 복합체에 의존한다. 세균 재조합계는 phage 시스템을 완전히 대체하기에는 미흡하기 때문에 세균 감염은 작은 plaque를 생산한다. 그러나 종종 소수의 큰 plaque가 형성된다. 이 큰 plaque들로부터 분리한 λ phage들은 돌연변이 다발점(hot spot, 지금은 *chi* 부위라 부름)을 생산하는 돌연변이를 추가적으로 일으키는데, 이는 세균 RecBCD 복합체가 더욱 효율적으로 작용하도록 해준다. 그 후 연구에 의하면 *chi* 부위는 5′-GCTGGTGG-3′ 서열을 갖고 있으며 대장균 유전체(마구잡이 nucleotide 서열에 대해 예상되는 것보다 훨씬 더 높은 빈도)에서 매 5,000 bp 당 약 한 번 일어날 정도로 꽤 흔하게 나타난다. RecBCD 복합체가 *chi* 부위를 만날 때 복합체의 3′→5′ exonuclease 활성은 감소하는 반면 5′→3′ exonuclease 활성은 증가하여 3′ 단일가닥 돌출부를 형성시킨다. RecA는 RecBCD 복합체에 의해 운반되어 3′ 단일가닥 돌출부에 결합하여 핵 filament를 형성한 다음 상동 이중나선으로 침입을 촉진하고 HR을 개시한다. *chi* 부위는 대칭적이 아니기 때문에 재조합을 한 방향으로만 자극한다.

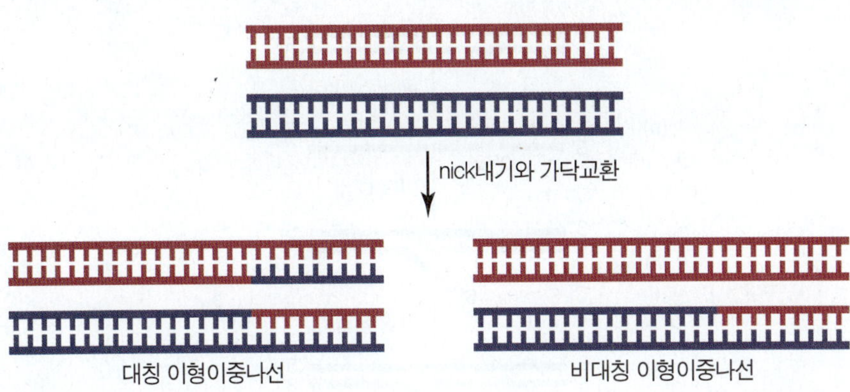


**그림 11.16 비대칭 이형이중나선 DNA 대 대칭 이형이중나선 DNA.** 대칭과 비대칭 이형이중나선 DNA 모두 상동 재조합 중 일어날 수 있다. 대칭 이형이중나선 DNA(왼쪽에 나타난)은 동일한 부위에서 양쪽 DNA 이중나선 상에 형성된다. 가지 이동은 또한 대칭 이형 이중나선 DNA(그림 11.7 참조)을 형성할 수 있다. 비대칭 이형이중나선 DNA는 참여하는 2개의 DNA 이중나선 중 하나에서만 형성되고 이는 가닥 침입에 의해 형성된다.

## Meselson-Radding 재조합 모형(두 번째 상동 재조합 모형)은 개시를 위해 단일가닥 nick을 기초로 한다.

Holliday 모형(**그림 11.11**)은 1쌍의 단일가닥 절단(동일한 부위에서 각 이중나선에서 하나), 대칭적 이형이중나선 DNA을 형성하기 위한 가닥 교환과 crossing over 또는 비crossing over 결과를 주는 Holliday 접합부의 분해에 의한 HR의 개시를 가정한다. 이 모형이 균류에서 감수분열 재조합의 일부 특징을 설명하기도 하지만 모든 것을 다 설명해주거나 또는 다른 재조합에서의 관찰을 설명해주지 않는다. 제일 먼저 재조합이 이형이중나선의 대칭 쌍을 생산하기 위해 DNA 소편의 상호교환을 반드시 하지 않는다는 사실이다(**그림 11.16**). 그 대신 이중나선 중 하나만이 재조합 가닥을 갖고 비대칭 이형이중나선을 형성한다(그림 11.16). Holliday 모형의 또 다른 분리는 동일한 위치가 아니더라도 유사한 위치에서 상동 이중나선의 nick을 만들어야 하는 것이다.

RecA 활성과 단일가닥 DNA 상의 nucleofilament 형성을 토대로 1975년 Matthew Meselson과 Charles Radding은 새로운 모형을 개발했다. Meselson-Radding 모형(스코틀랜드의 Aviemore 회의에서 처음 제안되었기 때문에 Aviemore 모형이라고 종종 불림)은 Holliday 모형의 일부 주요한 특징, 즉 HR 중간체로서의 이형이중나선 DNA 형성, 3:1과 1:3 유전자 전환을 일으키는 이형이중나선 DNA의 불일치 수선 그리고 비crossing over 또는 crossing over로 분해될 수 있는 Holliday 접합부 중간체 등을 갖는다. **그림 11.17**은 Meselson-Radding 모형의 주요 특징을 나타낸다:

1. 단일가닥 nick이 재조합하는 이중나선 1가닥에 도입된다.
2. DNA 중합효소는 새로이 형성된 3′-말단을 신장하여 nick의 다른 쪽 가닥을 대치한다. RecA의 도움으로 5′-P 꼬리를 갖고 있는 대치된 가닥은 두 번째 이중나선의 상동 부위에 침입하여 D-고리를 형성한다. 5′-꼬리에 의한 이 침입은 Meselson-Radding 모형의 결합, 즉 **그림 11.15**에서 나타난 재조합에서 RecBCD 기능과 부합하지 않는다.

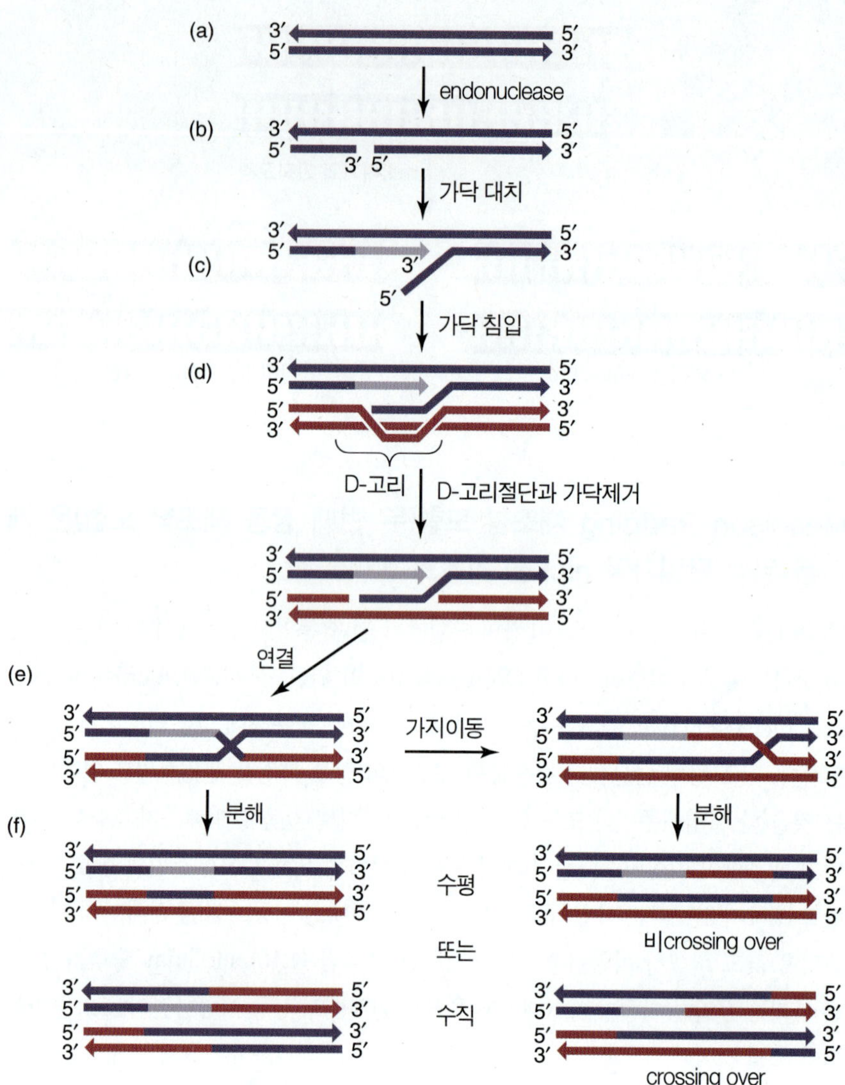


**그림 11.17 상동재조합의 Meselson-Radding 모형.** (a) 재조합은 이중나선 DNA 분자상의 단일가닥 nick에 의해 개시된다. (b) Nick으로부터 합성은 5′-P 꼬리를 갖고 있는 단일 DNA 가닥을 대치하는데, 이는 (c) 상동 DNA 서열로의 가닥 침입에 참여한다. (d) Nick생성에 의한 가닥 침입 중간체의 진행은 D-고리 서열을 제거한다. (e) 중간체는 연결에 의해 안정화된 다음 Holliday 접합부를 형성한다. (f) 왼쪽의 중간체는 비대칭 이형이중나선 DNA를 포함한다. Holliday 접합부의 분해는 비crossing over 또는 crossing over 생성물을 만든다. 양자 택일적으로 Holliday 접합부는 가지 이동에 의해 이동하며 비대칭 이형이중나선 부위(오른쪽)에 인접한 대칭 이형이중나선을 형성한다. Holliday 접합부의 분해는 비crossing over 또는 crossing over 생성물을 만든다. Adapted from Griffiths, J. F., et al. *An Introduction to Genetic Eighth Edition*. W. H. Freeman and Company, 2004.

**3.** D-고리가 절단되어 2개의 DNA 이중나선 사이의 단일 가닥연결을 형성한다. 이 중간체는 2개의 DNA 이중나선 중 하나에서만 이형이중나선 DNA를 갖기 때문에 비대칭 이형이중나선 DNA이다.

**4.** 가닥은 이성질화 또는 crossing over된 가닥점(crossed strand point) 주위에서 회전되어 교환부위에서 자유말단이 연결되어 Holliday 접합부를

형성하도록 한다.

5. Holliday 접합부는 가지 이동을 할 수 있다. 가닥침입의 개시부위(initiation site)로부터 가지 이동은 대칭 이형이중나선 DNA를 형성한다. 위에서 설명한 바와 같이 대칭이형이중나선 DNA를 형성하는 것은 중요하다. 왜냐하면 효모에서 4분 염색체의 2개의 포자에서 감수분열 후 분리의 발생이 일어날 가능성이 적기 때문이다. *Ascobolus immersus* 같은 다른 진균계에서 4분염색체의 2개의 포자에서 감수분열 후 분리의 발생이 더 자주 일어난다. 대칭이형이중나선의 형성을 만드는 모형의 유연성은 다양한 생물체에서 재조합 기작에 적용시킨다.
6. 마지막으로 Holliday 접합부는 분해되어 비crossing over 생성물 또는 crossing over 생성물을 만든다.

# 11.5 효모의 형질전환

## 효모는 plasmid의 gap 부위를 HR을 통해 수선한다.

HR에 대한 추가적 정보는 효모유전자를 갖고 있지만 효모 복제기점 서열을 갖고 있지 않은 재조합 plasmid로 효모세포를 형질전환함으로써 얻을 수 있다. Plasmid는 효모 복제기점을 갖고 있지 않기 때문에 그들의 효모 유전자들은 만약 효모 유전체에 통합되면 유지될 수 있다. 초기실험에 의하면 plasmid는 plasmid상의 효모유전자와 염색체 DNA의 상동 효모유전자 사이의 HR에 의해 효모 유전체에 끼어들어간다.

1981년 Terry Orr-Weaver, Jack Szostak과 Rodney Rothstein은 효모 복제기점이 없고 따라서 자율복제를 할 수 없는 효모 형질전환 plasmid를 갖고 실험했다. 효모 plasmid는 다른 염색체 유전자로부터 유래한 2개의 효모 마커를 갖는다. 어떤 실험에서 그들은 2개의 유전자 중 하나에 1개의 이중가닥 절단을 만들기 위해 restriction endonuclease를 사용하고 다른 실험에서 유전자들 중 하나에서 2개의 이중가닥 절단을 만들기 위해 2개의 restriction endonuclease를 사용하여 내부서열을 제거하고 gap을 만들었다(**그림 11.18**). 놀랍게도 절단된 plasmid는 비절단 plasmid보다 더 높은 빈도로 형질전환했다. 모든 형질전환체는 plasmid가 염색체

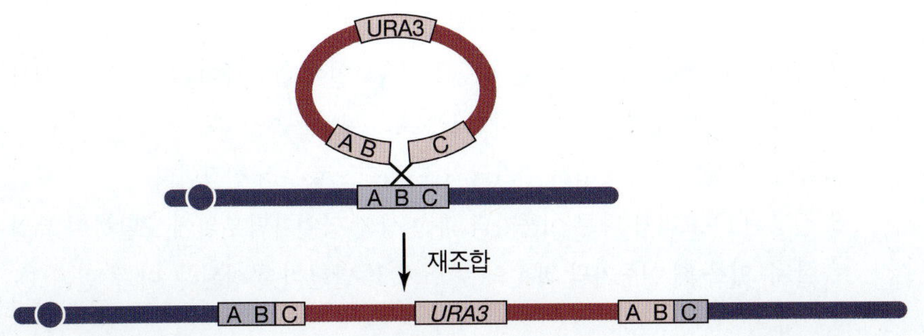


**그림 11.18 상동 재조합에 의한 효모의 plasmid 형질전환.** 2개의 염색체 DNA 부위, 즉 *URA3*와 *ABC*를 갖는 plasmid를 구축한다. 형질전환 시키기 전에 제한효소로 *ABC* 부위에 이중가닥을 절단을 시켰을 때, plasmid는 ABC 서열과 짝을 이루고 그곳에 통합하여 ABC부위의 복제를 형성한다.

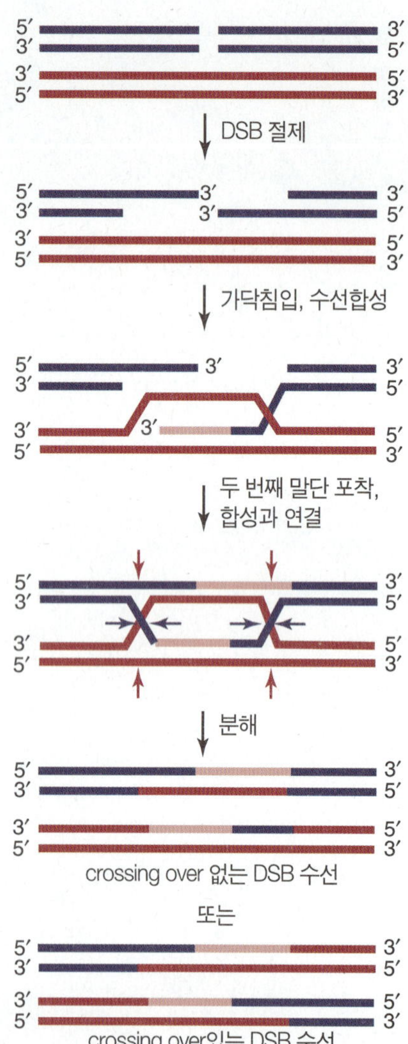


**그림 11.19 상동 재조합의 이중가닥 파손 수선 모형.** 재조합은 이중가닥 파손에 의해 개시된다. 말단의 핵산가수분해효소 분해 (DNA 절제라고 불리는)뒤에 3′-OH 말단을 갖는 단일가닥 꼬리가 형성된다. 한 말단에 의한 상동 서열로의 가닥 침입은 D-고리를 형성한다. DNA합성에 의한 3′-OH 말단의 신장은 D-고리를 크게 만든다. 일단 대치된 고리가 파손의 다른 쪽과 쌍을 이룰 수 있으면 두 번째 이중가닥 파손 말단을 얻게 된다. Gap을 메우는 DNA합성은 연결에 의해 2개의 Holliday 접합부를 형성한다. 청색 화살촉에서 분해는 비crossing over 생성물을 생산한다. 청색 화살촉에서 한 Holliday 접합부와 적색 화살촉에서 다른 Holliday 접합부의 분해는 crossing over 생성물을 만든다. 점선은 DNA합성을 나타낸다.

DNA로 삽입된 결과물이다. Plasmid는 염색체의 상동 유전자 서열에서 삽입되고 더욱이 간격이 생긴 plasmid는 형질전환과 삽입과정에서 수선된다. 이 실험은 이중가닥 파손이 HR을 자극하는 것을 보여주고 이는 새로운 HR모형의 기초가 된다.

## 11.6 이중가닥 파손에 의해 개시된 상동 재조합 모형

### 이중가닥 파손 수선(DSBR) 모형에 의하면 이중가닥 파손에 의해 수선작업이 개시된다.

비록 Meselson-Radding모형이 Holliday 모형에 의해 쉽게 설명하지 못하는 일부 HR 특성을 설명하지만 HR에 의한 이중가닥 파손의 수선을 설명하지는 못한다. 이중가닥 파손은 HR을 촉진할 수 있고 RecBCD는 HR을 위한 준비를 위해 이중가닥 파손부위에서 작용한다. 다른 연구들에 의하면 감수분열 재조합은 **Spoll 단백질**에 의해 형성된 이중가닥 파손에 의해 촉진된다. 그 위에, Meselson-Radding 모형은 절단 또는 손상된 가닥을 HR반응에서 정보의 공여체로서 사용하는 한편 유전연구결과에 의하면 절단된 가닥은 정보의 수용체라고 부른다. 또한 이 모형은 crossing over는 유전자 전환의 하부(downstream)에서만 일어난다고 제안되는 반면, crossing over는 유전자 전환의 상부와 하부에서 모두 일어남을 보여준다. 마지막으로 이 모형은 5′-P 꼬리를 가진 단일가닥 DNA에 의한 가닥 침입을 가정하고 있는 반면 나중의 실험에 의해 HR에서 침입하는 단일 가닥은 3′-OH 말단을 갖는다는 것이 알려졌다. 이와같은 결함은 이중가닥 파손을 개시 반응으로 사용하는 모형이 개발될 때 까지 문제로 남아 있었다.

Plasmid 삽입과정이 유전자 전환의 감수분열 HR과 crossing over를 닮았다는 것을 인식한 Jack Szostak과 그의 동료 연구자들은 1983년 HR의 이중가닥 파손 수선(double-strand break repair, DSBR) 모형을 제안했다(**그림 11.19**). 이중가닥 파손 수선 모형은 HR에 의한 이중가닥 파손 수선에 대해 Michael Resnick이 제안한 초기모형을 기초로 하고 있다.

이중가닥 파손 수선 모형은 다음과 같다:

1. 이중가닥 파손은 DNA에 도입되어 HR을 개시한다.
2. 이중가닥 파손은 절제에 의해 가공되어 3′-OH 말단을 갖는 단일가닥을 만든다. 이중가닥 파손 말단은 감수분열 중 가공되어 길이가 약 200개의 nucleotide로 된 3′-OH 꼬리를 만든다.
3. 단일가닥 DNA의 3′-말단은 상동 DNA서열에 침입하여 D-고리를 형성하는데, 이는 비대칭 이형 이중나선 DNA의 형성을 만든다.
4. DNA중합효소는 침입하는 가닥의 3′-말단으로부터 신장한다.
5. 신장된 D-고리가 다른 이중가닥 파손 상의 단일가닥부위에 도달하여 복원할 수 있을 때 이중가닥 파손의 두 번째 3′-말단이 형성된다. 이 두 번째 3′-

OH는 DNA합성에 의해 연장되고 그 말단들은 연결된다. 이 경로는 만약 서열이 이형이중나선 DNA에 있으면 불일치 수선에 의해 또는 만약 서열이 이중가닥 파손 말단사이의 부위에 있으면 복제에 의해 일어날 수 있는 유전자 전환을 갖는 중간체를 생산한다. 간격은 상동염색체상의 DNA 서열을 이용하여 이 모형에서 복제에 의해 수선될 수 있기 때문에 이 이중가닥 파손 수선 모양은 plasmid 형질전환에서 간격 수선현상을 설명할 수 있다.

6. 2개의 Holliday 접합부가 이중가닥 수선 파손 모형에서 형성된다. 감수분열과 유사분열 재조합에서 이중 Holliday 접합부 재조합 중간체에 대한 증거는 분자들을 크기와 모양으로 분리하는 2차원 DNA gel로부터 온다. 이 겔들은 효모에서 복제 중간체를 탐지 하는데 사용된 것과 유사하다(9장 참조).
7. 이중 Holliday 접합부의 분해는 crossing over와 비crossing over 결과를 만든다. 한 Holliday 접합부는 항상 비crossing over 동-서 방향에서 분해되는 한편 다른 Holliday 접합부는 동-서 비crossing over 방향 또는 북-남 crossing over 방향으로 분해될 수 있다.

이중가닥 파손 수선 모형의 매력은 진균 감수분열 재조합의 많은 특징들을 설명해주고 있다는 것이다. 나중의 연구에서도 이중가닥 파손이 감수분열에서 형성되고 감수분열 HR의 개시자(initiator)인 것이 밝혀졌다. 감수분열에서 이중가닥 파손은 HR을 일으키지만 이중나선 DNA에서 단일가닥 간섭은 또한 HR을 일으킬 수 있다.

## 11.7 진핵생물의 상동 재조합 단백질

### 여러 주요한 상동 재조합 단백질들이 세균과 진핵생물에 공통적으로 존재하지만 진핵생물에서만 발견되는 단백질도 있다.

우리는 위에서 진핵생물의 주요한 이중가닥 파손 HR모형을 학습하였다. 여기서 우리는 HR에 관련된 단백질들을 논의한 다음 이중가닥 파손 수선 경로에 대해 집중적으로 알아보고자 한다. 이 단백질들 활성을 이해하는 것은 중요하다. 왜냐하면 이 중 여러 단백질들의 돌연변이는 인간 질병과 연관되어 있기 때문이다. 인간 질병과 연관되지 않은 단백질들도 있는데, 그 이유는 아마도 이들 단백질들이 세포생존을 위해 매우 중요하기 때문에 세포가 이 단백질들이 없이 생존하는 것은 가능하지 않기 때문일 것이다. **표 11.2**는 진핵생물의 HR단백질들을 열거한 것이다.

모두는 아니지만 많은 진핵생물 HR 유전자들을 *RAD* 유전자라 부른다. 왜냐하면 이 유전자들은 X-선에 대해 높은 민감도를 갖는 효모돌연변이체를 검색하는 과정에서 처음 분리 되었기 때문이다. X-선은 DNA에서 이중가닥 파손을 일으키기 때문에 X-선에 민감한 *rad* 돌연변이체가 유사분열과 유사분열 재조합에서 결핍되어있는 것은 놀라운 일이 아니다. 그림 11.19에 나타난 이중가닥 파손 수선 모형은 HR의 다른 단계들을 보여준다.

**표 11.2** 진핵생물 재조합 단백질

| 재조합 단계 | *S.cerevisiae* 단백질 | 인간 단백질 | 활성 |
|---|---|---|---|
| **유사분열 재조합** | | | |
| 개시 | Mre11<br>Rad50<br>Xrs2<br>RPA | MRE11<br>RAD50<br>NBSI<br>RPA | DNA endonuclease와 exonuclease가 Rad50과 Xrs2/Nbsl 과 복합체를 형성한다.<br>DNA결합, ATPase<br>DNA결합<br>단일가닥 DNA결합 단백질 |
| Presynapsis | RPA<br>Rad51<br>Rad52<br><br>Brh2 (*Ustilago maydis*)<br>Rad55<br>Rad57<br><br>Rad54<br>Rdh54/Tid1<br>Rad59 | RPA<br>RAD51<br>RAD52<br>BRCA1<br>BRCA2<br><br>RAD51B<br>RAD51C<br>RAD51D<br>XRCC2<br>XRCC3<br>RAD54 | 단일가닥 DNA결합 단백질<br>가닥교환, ATPase<br>단일가닥 DNA결합과 복원, 매개체로서 Rad51와의 상호작용, 자신과 Rad59와의 상호작용<br>RAD51과의 상호작용, 매개체 활성<br>Rad55와 Rad57은 매개체활성을 갖고 있는 복합체를 형성<br>RAD51B와 RAD51C는 매개체 활성을 갖고 있는 복합체를 형성<br>RAD51B와 XRCC2는 복합체를 형성<br>ATPase, 이중가닥DNA 전위요소 가지 이동<br>ATPase, 이중가닥DNA 전위요소<br>단일가닥 DNA결합과 SSA에서 복원 |
| 이형이중 나선신장 | Rad51<br>Pol3<br>Rad30 | RAD51<br>Polδ<br>Pol eta | 가닥교환, ATPase<br>DNA polymerase<br>DNA polymerase |
| 분해 (Resolution) | Sgs1<br>Top3<br>Rmi1<br>Mus81<br>Mms4<br><br>Lig1 | BLM<br>hTOPOIIIα<br>BLAP75<br>MUS81<br>EME1<br>XRCC3 · RAD51C<br>LIG1 | DNA helicase, Top3 또는 hTOPOIIIα와 함께 Holliday 접합부를 분해.<br>DNA topoisomerase.<br>Top3/hTOPOIIIα와 상호작용<br>구조-특이 endonuclease, Mms4/Eme1와 복합체형성<br><br>Holliday 접합부 분해<br>DNA ligase |
| **감수분열-특이재조합 인자** | | | |
| | SpoII<br>Dmc1<br>Mei5 · Sae3<br>Hop2 · Mnd1<br>Rdh54 · Tid1<br>Mer3<br>Msh4 · Msh5 | SpoII<br>DMC1<br><br>HOP2 · MND1<br>RAD54 · RAD54B<br><br>MSH4 · MSH5 | II형 topoisomerase와 관련, DSB형성<br>가닥교환, ATPase<br>Dmc1과 상호작용, 매개체활성<br>Dmc1과 상호작용, DNA결합<br>ATPase, 이중가닥DNA translocase의 Dmc1와의 상호작용<br>DNA helicase<br>MutS계열의 불일치 수선 단백질과 관련, crossover형성에 필요 |

## 1. 말단가공/presynapsis

유사분열세포에서 이중가닥 파손은 방사선조사 또는 화학적 처리 같은 외인성 원인 그리고 topoisomerase와 주형가닥의 nick 같은 내인성 원인에 의해 생산된다. 복제 중 이러한 nick들은 이중가닥파손으로 전환된다. 이 절단의 말단들은 exonuclease에 의해 3′-OH말단을 갖고 있는 단일 가닥 꼬리를 갖는다. 이 가공은 3′→5′

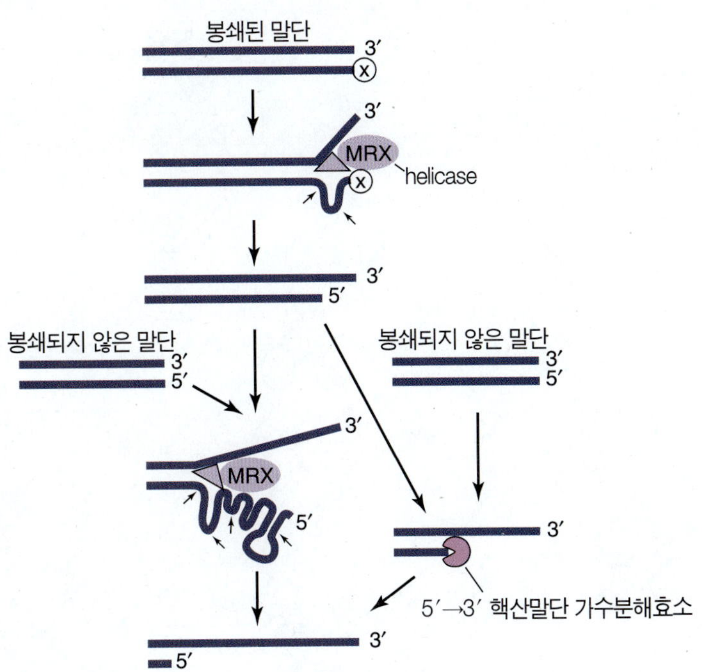


**그림 11.20 3′-OH꼬리를 형성하는 이중가닥 파손 말단의 MRX가공 모형.** 편의상 이중가닥 파손의 한쪽만을 나타내었다. MRX (또는 MRN)은 5′-OH 봉쇄된 말단을 대치하는 DNA helicase 활성을 갖고 있는 것으로 알려져 있다. 그다음 이 봉쇄된 말단은 핵산내부 가수분해 파손(짧은 화살)에 의해 제거되어 3′-OH 말단을 갖는 단일가닥 부위를 만든다. 양자택일적으로 만약 말단이 봉쇄되지 않으면 5′→3′ exonuclease 효소에 의해 분해되어 3′-OH 말단을 갖는 단일가닥 부위를 만드는데, 이는 Rad51결합과 그 다음 오는 가닥 침입의 기질이 된다. Adapted from Krogh, B. O., and Symington, L. S., *Annu. Rev. Genet.* 38 (2004): 233 - 271.

exonuclease인 Mre11을 필요로 한다. 비록 Mre11가 DNA를 잘못된 방향으로 분해하여 3′-OH 말단을 갖는 단일가닥 꼬리를 생산하더라도 이 핵산가수분해효소는 이중가닥절단을 하는데 필요하다. 효모에서 Mre11은 2개의 다른 인자들, 즉 Rad50과 Xrs2와 더불어 복합체의 일부분으로서 작용한다. 자신의 소단위들로부터 이름이 유래한 온전한 MRX복합체는 helicase, endonuclease와 exonuclease 등의 활성을 갖고 있다. Xrs2는 인간의 경우 Nbsl에 의해 대치된다. 돌연변이체 대립인자가 Nijmegen 파손 증후군(breakage syndrome, 결함 DNA 손상 확인점 신호법과 림프종양과 연관된 희귀 DNA 손상 증후군)을 갖고 있는 사람에서 처음 발견되었기 때문에 Nbsl이라는 이름을 붙이게 되었다. Xrs2와 Nbsl은 서로 유사점이 없다. 가공 모형에는 DNAhelicase의 작용에 의해 형성된 단일가닥 DNA의 핵산내부가수분해 또는 3′-OH 꼬리 형성을 위해 이중가닥 파손을 절제 하는 Mre11에 의한 핵산가수분해 효소의 동원 등이 포함된다. (**그림 11.20**).

Rad50은 염색체의 구조적 유지(SMC) 단백질과 관련이 있으며(**그림 11.21**; 그림 6.4 참조) 아연(Zn)의 존재하에서 활성화되는 갈고리 구조에 의해 끝에서 이합체를 통해 이중가닥 파손말단을 붙잡아 두는 것을 도와준다(그림 11.21). Rad50과 Mre11은 이중가닥 DNA exonuclease와 단일가닥 endonuclease 활성을 갖는 세균 단백질 SbcC와 SbcD(**표 11.1**참조)와 관련되어 있다. Xrs2와 Nbsl은 DNA결합 활성을 갖고 있다. 낮은 활성을 갖고 있는 *MRE11*을 생산하는 희귀돌연변이는 인간에서 **모세혈관확장성 조화운동불능-유사질환(ataxia-telangiectasia-like disorder, ATLD)**과 연관되어있다. 이 질환을 갖고 있는 환자는 암에 걸릴 경향이 없어 보이지만 발생적 문제를 일으키고 DNA 손상 확인점 신호법에서 결함을 보인

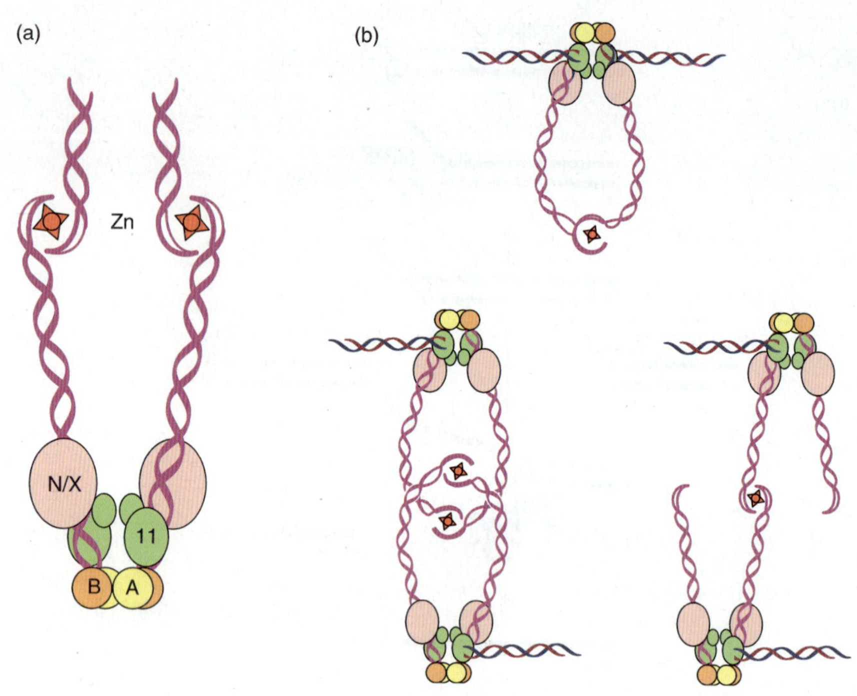


**그림 11.21 Rad50구조와 이중가닥 파손에 결합하는 MRX/N 복합체 모형.** (a) Rad50은 SMC단백질과 유사한 꼬인 나선구역(coiled-coil domain)을 갖고 있다. 구형말단은 2개의 ATP결합과 가수분해 부위 (A와B)를 포함하고 있고 Mre11(11)과 Nbsl(N) 또는 Xrs2(X)와 복합체를 형성한다. 나선의 다른 말단은 아연 양이온과 결합하고 다른 MRN/X분자와 이합체를 형성한다. 구형말단은 염색질에 결합한다. (b) 복합체는 이중가닥 파손에 결합하고 2개의 말단과 하나의 MRN/X 복합체(위 오른쪽그림)를 포함하는 반응 또는 아래 오른쪽 그림에 나타난 것처럼 2개의 MRN/X이합체사이의 상호작용을 통해 파손을 연결한다. Adapted from Lichten, M., *Nat. Struct. Mol. Biol.*12 (2005): 392-393.

다. *MRE11*, *RAD50*, 또는 *XRS2*에서의 돌연변이는 세포가 이온화 방사선에 대해 민감하게 만들고 이배체는 빈약한 감수분열 결과를 갖는다. 생쥐에서 *MRE11*, *RAD50*, 또는 *NBS1* 의 삭제돌연변이(null mutation)는 치명적이다.

일단 이중가닥 파손이 가공되어 3′-OH 단일가닥 꼬리를 갖게 되면 단일가닥 DNA는 nucleofilament의 Rad51 recombinase에 의해 결합된다. Rad51은 30% 동일성을 갖고 있는 RecA와 관련이 있고 6개의 Rad51 분자와 나선회전 당 18개의 nucleotide로 된 단일가닥 DNA와 함께 ATP-의존 과정에서 우회전 나선 nucleofilament를 형성한다. 이 결합은 B-형 DNA와 비교할 때 DNA를 약 1.5배 잡아 늘인다. Rad51은 단일가닥 짝짓기와 비상동 말단-연결 기작(아래참조)을 제외하고 모든 HR과정에 필요하다. 효모 rad51 삭제 돌연변이체는 유사분열 재조합에서 감소하고 이온화 방사선에 민감하다. 감수분열에서 rad51 돌연변이체는 재조합을 하지 못한다. 이중가닥 파손은 형성하지만 분해된다. 생쥐에서 RAD51은 필수적이고 돌연변이체 rad51의 동형접합성인 태아는 배아발생의 초기 단계를 지나서 생존하지 못한다. 이와 같은 생존의 실패는 척추동물에서 적어도 1개의 이중가닥파손이 매 복제주기 중 동시에 일어난다는 사실을 반영한다.

Rad51 nucleofilament의 조립은 단일가닥 DNA의 2차 구조를 제거하는 진핵생물의 단일 가닥 결합단백질인 RPA와 매개체라고 불리는 재조합인자에 의해 도움을 받는다. 매개체는 RPA제거와 단일가닥 DNA상의 Rad51 조립을 돕고 가닥교환 반응을 촉진한다. 효모매개체는 Rad52, Rad55와 Rad57이다. Rad52-결핍 효모돌연변이체는 이온화 방사선에 극도로 민감하고 모든 형태의 HR에서 결함을 보이며 감수분열을 결코 완성하지 않는다. 대조적으로 포유동물 Rad52는 매개체로 기능하지 않거나 또는 HR에 필수적이지 않다. 효모 Rad55와 Rad57은 Rad51과 약간의 상동성을 갖고 있고 결합하여 Rad55 · Rad57을 형성한다. 이 안정된 이형 이합체는 *in vitro*에서 시험할 때 가닥교환 활성을 갖고 있지 않다. RAD55 또는 RAD57이 결손된 효모돌연변이체는 온도-의존 이온화방사선 민감도와 감소된 수준의 HR을 나타내고 감수분열을 완수 하지 못한다.

인간 매개체들인 RAD51B, RAD51C, RAD51D, XRCC2와 XRCC3 는 또한 RAD51과 관련이 있고 20~30% 서열 동일성을 갖고 있다. 이 매개체들을 암호화하는 유전자들은 중복에 의해 일어나며 그렇기 때문에 서열과 관련이 있으나 다른 기능들을 갖는 것으로 진화하였다. 이러한 유형의 유전자들을 **유전자 중복 상동성 (paralog)**이라 부른다.

인간 매개체 단백질들은 3개의 복합체를 형성한다: ① RAD51B와 RAD51C로 구성된 복합체, ② RAD51D와 XRCC2로 구성된 복합체, ③ RAD51C와 XRCC3로 구성된 복합체. RAD51 paralog 유전자를 병아리 세포주에서 결실시켰다. 그리고 세포주가 살아있는 동안 수많은 염색체 파손과 재배열을 받게 하면 정상세포주에 비교하여 감소된 생존력을 갖는다. Rad51 paralog가 결실된 생쥐는 살아남지 못하고 초기 배 죽음(embryonic death)을 당한다.

*in vitro* 연구에 의하면 **인간 유방암 감수성 유전자2(human breast cancer susceptibility gene 2, BRCA2)**에 의해 암호화되는 단백질은 매개체 활성을 갖는다. BRCA2 유전자 돌연변이는 가계성 유방암과 난소암, 그리고 DNA손상 증후군인 Fanconi 빈혈증(anemia)과 연관되어 있다. BRCA2는 RAD51 단백질과 상호작용하여 단일가닥 DNA에 결합할 수 있다. 병원성 진균인 *Ustilago maydis*의 관련 Brh2 단백질은 복합체에서 Rad51 단백질과 결합하고 RPA로 덮인 단일가닥 DNA로 모집되어 Rad51 nucleofilament 형성을 개시한다. 생쥐세포의 유전 연구에 의하면 BRCA2는 HR에 필요한 것으로 밝혀졌다.

## 2. Synapsis

일단 Rad51 filament가 단일가닥 DNA상에 형성되면 이중가닥파손 수선과 합성의존성 가닥 짝짓기 과정에서 다른 DNA 분자와의 상동성 탐색이 시작된다. 상동성이 발견될 때 D-고리를 형성하는 가닥침입이 일어난다. 가닥침입은 효모에서 Rad54 단백질과 관련된 Rdh54/Tid1 단백질, 그리고 포유동물세포에서 RAD54B 단백질을 필요로 한다. Rad54와 Rdh54는 SWI/SNF 염색질 재모형 상과(remodeling superfamily, 16장 참조)에 속한다. 이들은 이중가닥 DNA-의존 ATPase 활성을 갖고, 이중가닥 DNA상에 이동하고 이중가닥 DNA에서 고차나선 긴장(superhelical stress)을 유도할 수 있다. 비록 효모의 Rad54와 Rah54 그리고 포유동물세포의 *RAD54*와 RAD54B 는 DNA helicase가 아니더라도 이들의 전위요소(translocase) 활성은 D-고리형성을 자극하는 이중가닥을 국소적으로 열리게 한다. RAD54-결핍된 세포가 이온화 방사선과 DNA 손상화합물에 대해 민감하기 때문에 효모에서 RAD54는 효율적인 유사분열 재조합과 이중가닥 파손 수선에 필요하다. Rdh54-결펩세포는 재조합에서 적당한 결펍을 나타내고 약간의 DNA 손상에도 민감하다. 이 민감도는 RAD54와 RDH54 모두가 결실하였을 때 증가된다. 감수분열세포에서 *rad54* 돌연변이체는 감수분열을 완수할 수 있으나 포자생존력이 감소된다. rdh54돌연변이체는 감수분열에서 더 결펍되고 포자생존력에 더 강한 영향을 미친다. *rad54 rdh54* 이중 돌연변이체는 감수분열을 완수하지 않는다. 병아리 세포와 생쥐세포에서 *RAD54*와 *RAD54B* 결실 돌연변이체는 다른 HR 유전자 결실 돌연변이체와 대조적으로 살아있다. 그러나 세포는 이온화 방사선에 대해 증가된 민감도를 나타내었고 재조합율의 감소를 보였다.

### 3. DNA 이형 이중나선 신장

이형 이중나선 신장에 연관된 단백질들은 HR의 초기단계에서 필요한 단백질들처럼 잘 알려져 있지 않다. D-고리형성은 이중가닥 DNA 상에 형성될 Rad51 filament를 만든다. Rad54 단백질은 Rad51을 이중가닥 DNA로 부터 제거할 능력을 갖고 있다. 이 단계는 DNA 중합효소가 3′말단으로부터 신장하는데 중요할 수 있다. DNA중합효소 δ는 이중가닥 파손-중재 재조합에서 수선합성에 필요한 중합효소로 생각된다. 그러나 최근 연구에 의하면 DNA중합효소 eta(POLH; 10장 참조)는 가닥 침입 중간체 말단으로부터도 신장할 수 있다.

### 4. 분해(Resolution)

세균 RuvC단백질(**표 1.1**참조)과 대등한 진핵생물 위치특이성 재조합 촉진 효소(resolvase)단백질의 탐색은 오래 동안 수행되어 왔고 최근에 와서야 확실하게 알게 되었다. *In vitro* 연구에 의하면 Rad51 paralog 복합체 RAD51C · XRCC3는 인공 Holliday 접합부를 분해할 수 있다(**그림 11.22**). 유전적 증거에 의하면 효모의 Rad55 · Rad57도 분해에서 역할을 하는 것으로 알려져 있다. 이중가닥파손 수선모형은 2개의 Holliday 접합부를 제안한다. 유사한 구조들이 지연된 replication fork의 재개시중 형성될 수 있다. 효모에서 DNA helicase Sgs1과 인간에서 BLM의 돌연변이체들은 높은 crossing over율을 만들기 때문에 이 helicase들은 Holliday 접합부 분해에 의해 crossing over형성을 방지하는 것으로 알려져있다. 이 방지는 DNA helicase 작용을 통해 이중 Holliday 접합부가 수렴(convergence)적으로 가지 이동하면서 일어난다(**그림 11.23**과 **11.24**). 말단구조는 이중나선의 한 DNA가닥이 고리연결형성을 위해 다른 이중나선의 단일 DNA가닥을 감는 hemicatenane인 것으로 제안되었다. 이 구조는 Sgs1의 경우 Top3와 DNA topoisomerase 그리고 BLM의 경우 hTOPOIIIα의 작용에 의해 분해된다. *In vitro*에서 BLM과 hTOPOIIIα는 이중 Holliday 접합부를 비crossing over 분자로 용해할 수 있다. Holliday 접합부 용해는 단 한가닥의 DNA만이 topoisomerase에 의해 nick이 생기는 분해의 한 형태이다. 그 다음 상호 연결된 가닥들이 DNA helicase 활성에 의해 분리된다.

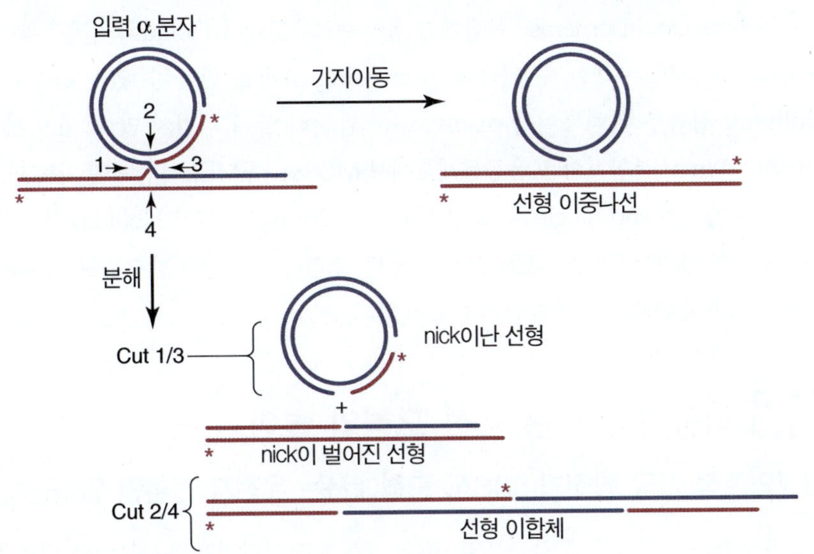


**그림 11.22 Holliday 접합부 분해 분석.** (위) 이중나선 nick이난 환형과 이중나선 선형분자 사이의 가닥침입은 그 모양에 의해 α 분자라 불리는 중간체를 형성한다. 별(*)표는 선형 이중나선 DNA의 한쪽 말단에 방사성 표지의 인산을 나타낸다. RuvAB helicase는 중간체의 가지 이동을 촉진한다. 이 이동은 방사성 표지가 없는 nick이난 환형과 방사성 표지를 갖는 선형 이중나선을 갖게 만든다. (아래) 아가로오스 겔상의 생성물을 보면 대부분의 α분자는 RuvAB처리 후 선형 이중나선으로 전환된다. α분자를 Holliday 접합부 분해효소 RuvC로 처리하면 1/3 또는 2/4에서 끊어지면서 방사성 표지 nick이난 환형과 nick이 벌어진 선형이중나선(선형이중나선으로 이동하는) 그리고 선형 이합체 DNA가 형성된다. α분자는 인간 복합체 Rad51C · XRCC3에 의해 분해되어 RuvC 처리 후 나타나는 동일한 생성물들을 생산하는데, 이는 Holliday 접합부 절단 활성을 나타낸다.

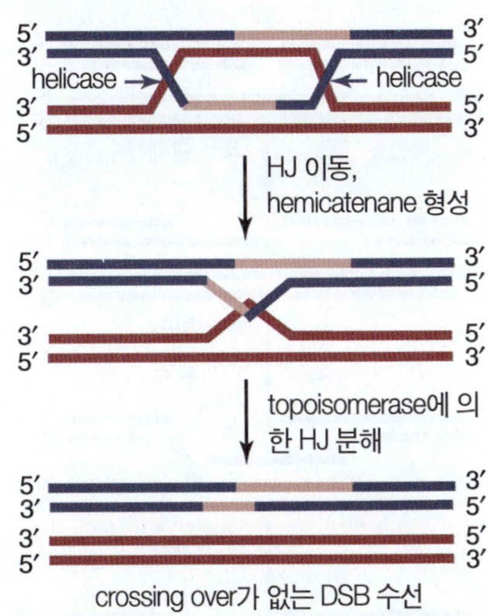


**그림 11.23 DNA helicase와 topoisomerase의 작용에 의한 이중 Holliday 접합부 용해.** 2개의 Holliday 접합부는 DNA helicase 활성을 사용하여 가지이동에 의해 서로를 향해 밀어진다. 그 결과 형성된 구조는 2개의 다른 DNA나선으로부터 온 단일 가닥이 서로 감기는 hemicatenane이다. 이는 2개의 DNA분자들을 풀고 방출하고 비crossing over 생성물들을 형성하는 DNA topoisomerase에 의해 절단된다.

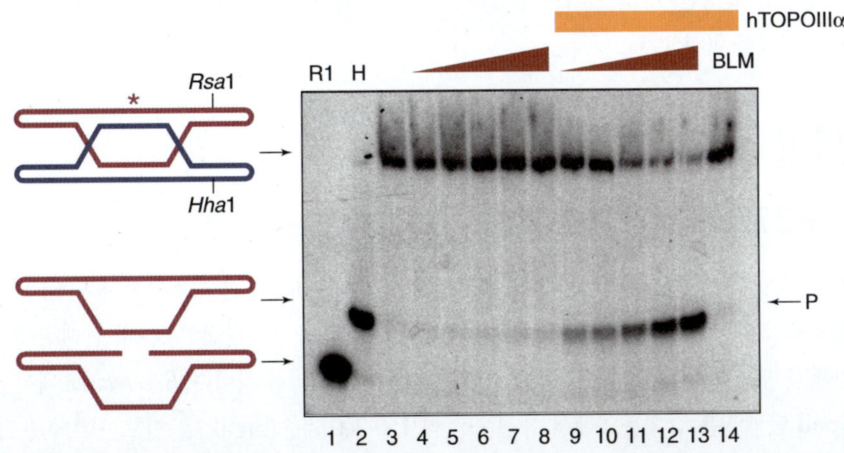


**그림 11.24 BLM helicase와 hTOPOIIIα topoisomerase에 의한 Holliday 접합부 용해.** 인공 Holliday 접합부는 머리핀 말단들을 갖고 있는 2개의 서열들을 복원함으로써 형성된다. 청색말단과 적색말단은 동정을 위해 다른 restriction endonuclease 부위를 포함한다. 기질을 RsaI(RI) 또는 HhaI(H) restriction endonuclease로 처리하면 검출을 위해 방사성으로 표지된 nick이 난 또는 닫힌 적색분자가 각각 만들어진다. 증가된 BLM helicase만을 첨가하는 것은 적색분자를 방출하지 않지만 BLM helicase로 hTOPOIIIα를 첨가하면 그림 9-13에서 보는 것처럼 온전한 적색분자가 형성된다.

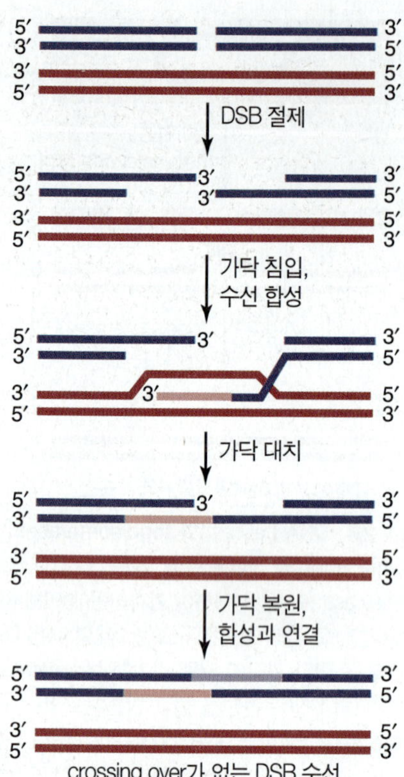


**그림 11.25 상동재조합의 합성의존적 가닥 짝짓기 모형.** 재조합은 이중가닥 파손에 의해 개시된 다음 말단 절제에 의해 3′-OH말단을 갖는 단일가닥 꼬리를 형성한다. 가닥 침입과 DNA합성은 파손의 한 가닥을 수선한다. 그림 11.19에서 묘사된 두 번째 가닥 포획 대신에 D-고리에서 가닥은 대치된다. 단일 가닥은 다른 말단의 단일 가닥과 짝짓기 할 수 있다. 그다음 수선 합성은 이중가닥 파손 수선과정을 완성한다. Holliday 접합부는 형성이 되지 않고 생성물은 항상 비crossing over이다. 옅은 적색선과 청색선은 DNA합성을 나타낸다.

Helicase-topoisomerase 복합체가 유사분열세포에서 Holliday 접합부를 비crossing over로 분해할 수 있는 동안 crossing over를 만들 수 있는 감수분열 Holliday 접합부 위치특이성 resolvase는 완전히 알려져 있지 않다. 효모에서 Mus81 · Mms4 복합체와 포유동물세포에서 MUS81 · EME1 복합체에 의해 암호화되는 추가적인 endonuclease 활성은 *in vitro*에서 nick이생긴 Holliday 접합부-유사 구조와 가지난 DNA구조를 끊을 수 있다. 그러나 이 활성과 감수분열 crossing over 형성과의 관계는 완전히 알려져 있지 않다.

## 11.8 이중가닥 파손 수선 모형의 변이

### 합성의존적 가닥 짝짓기(SDSA) 모형에서는 유전자 전환만 일어난다.

이중가닥파손 수선 모형은 감수분열 HR의 훌륭한 모형이지만 유사분열의 경우 유전자 전환이 crossing over와 드물게 연관되어 있기 때문에 HR의 공통적인 모형으로는 부족하다. 합성의존적 가닥 짝짓기(synthesis-dependent strand-annealing, SDSA)모형은 이 문제를 해결하는 모형으로 제안되었다. SDSA모형은 이중가닥 파손에 의해 개시되는 HR유전자 전환을 위해 수용된 모형이지만 어떤 crossing over와도 연관되어 있지 않다. SDSA모형은 효모에서 교배형교체 성질(7장 참조)과 DNA에서 간격의 재조합 수선에 관한 관찰로부터 만들어졌다. 교배형교체는 MAT자리에서 계획된 이중가닥 파손에 의해 개시되어 파손된 MAT자리를 새로운 서열로 변화시키는 유전자전환을 일으킨다. 이는 crossing over와 연관이 없다.

합성의존적 가닥 짝짓기 경로에서 첫 단계는 이중가닥 파손 수선모형과 유사하다(**그림11.25**). 그러나 가닥침입과 DNA합성 후 두 번째 말단의 포획은 없다. 그대신 침입가닥은 후방되어 다른 파손된 말단과 짝짓기한다. 마지막 단계는 합성과 연결이다. 이 경로는 상동염색체 서열을 수선합성의 주형과 유전정보의 기증(donation)으로서 사용하여 이중가닥 파손을 수선하지만 어떤 연합된 crossing over도 없다. 합성의존적 가닥 짝짓기 모형은 crossing over가 없는 유사분열 유전자 전환을 설명한다. 그 이외에 합성의존적 가닥 짝짓기는 감수분열 재조합에서 중요한 역할을 한다.

## 11.9 감수분열 재조합

### 감수분열 재조합의 어떤 측면은 진기하다.

이 장에서 일찍이 논의한 것처럼 감수분열 재조합은 유사분열 재조합보다 더 높은 빈도로 일어난다. 이 차이는 주로 topoisomerase II-유사단백질인 Spoll 단백질에 의해 촉매된 이중가닥 파손에서 재조합의 특정개시에 의한 것이다. *S. cerevisiae*에서 **Spoll** 단백질은 감수분열에서 유전체당 약 150-200 파손(break)을 만드는데, 이는 감수분열에서 염색체팔(chromosome arm)당 적어도 1개의 crossing over를 보장하는 충분한 수의 파손이다. Spoll 이외에 상당수의 crossing over를 만드는 Spoll-유도 이중가닥 파손으로부터 HR을 촉진하는 감수분열-특이 HR 단백질(아래에 서술) 이 있다. 높은 crossing over 빈도는 Spoll같은 감수분열-특이 단백질과 높은 빈도의 crossing over생성물을 만드는 재조합 경로의 사용에 의한 것이다. 자매염색분체(sister chromatid)가 HR과 이중가닥 파손 수선을 위한 정보의 우선적인 공여자인 유사분열과 대조적으로 감수분열의 경우 상동염색체상의 비자매염색분체의 하나가 재조합을 위한 정보의 우선적인 공여자이다.

염색체상의 crossing over분포는 마구잡이로 간격이 주어지는 것이 아니라 crossover는 큰 거리를 두고 분리 된다. Crossing over가 염색체상의 한 위치에서 일어날 때 두 번째 crossing over가 근처에서 일어날 가능성은 매우 적다. 간섭(interference)이라 알려진 이 현상은 염색체 팔 당 crossing over수를 제한하지만 또한 염색체당 적어도 1개의 crossing over가 일어나도록 돕는다. Crossing over는 감수분열 I에서 적당한 염색체분리에 필요하기 때문에 간섭은 염색체분리를 조절하는 한 기작이다.

감수분열 재조합은 시냅시스 복합체(synaptonemal complex)라고 불리는 단백질구조의 맥락에서 일어난다. Synaptonemal complex는 감수분열의 태사기에서 염색체팔을 따라 형성하고 상호작용하는 상동염색체를 연결하기 위해 골격

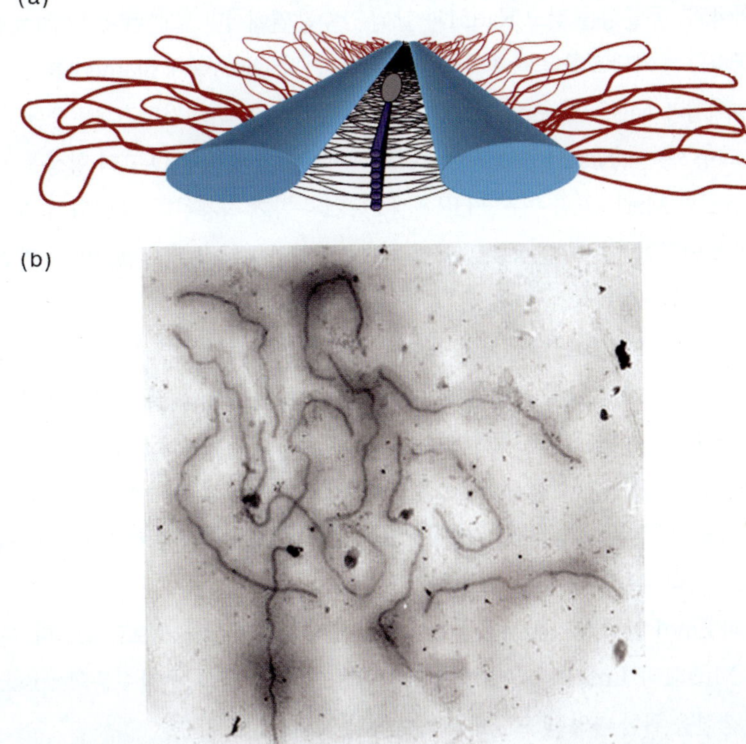


**그림 11.26 Synaptonemal complex.** (a) 검은 가로 filament와 암청색 세로 filament의 그물망과 바깥쪽 염색질 고리에 의해 배열된 옅은 청색 측성분(lateral element)을 갖고 있는 synapsis 복합체의 모형. 회색 타원형으로 그려진 재조합 소결절(recombination nodule)은 crossing over를 촉진한다. (b) 감수분열에서 토마토 염색체 상에 나타난 synaptonemal complex. Reproduced from Hey, J., *PLoS Biol.* 2(2004): e190 [doi:10.137/journal.pbio.0020190]. Photo courtesy of Daniel G. Peterson, Mississippi State University.

(scaffold)으로서 작용한다(**그림11.26**). 감수분열 재조합은 synaptonemal complex가 염색체를 따라 형성되기 전에 시작하지만 synaptonemal complex 단백질은 crossing over형성에 필요하고 synaptonemal complex 구성성분의 돌연변이는 살아있는 감수분열 생성물의 형성을 방지한다. Synaptonemal complex 형성은 crossing over를 일으키는 감수분열 재조합의 부위에서 시작하고 synaptonemal complex 단백질의 일부는 HR단백질과 상호작용하여 synaptonemal complex 형성을 HR에 연결한다.

## 일부 재조합 단백질들은 감수분열세포에서만 형성된다.

Spoll은 감수분열에서만 발현되고 감수분열 시 이중가닥 파손 형성에 절대적으로 필요하다. 그리고 그 작용방식은 DNA topoisomerase와 유사하고 실제로 Spoll은 II형 topoisomerase와 유사하다. Spoll은 단백질의 촉매부위 내 tyrosine 잔기를 통해 DNA에 공유결합으로 부착함으로써 DNA의 양쪽가닥을 파손한다. 그다음 Spoll은 효모의 MRX(Mre11 · Rad50 · Xrs2)와 Sae2(sporulation in the absence of spo eleven 2)의 작용에 의해 이중가닥 파손의 5′ 말단으로부터 제거되는데, 이는 재조합의 다음 단계를 위한 말단을 준비하고 말단절제를 통해 단일가닥 3′-OH 꼬리를 형성한다. 효모감수분열에서 단일가닥 꼬리는 길이가 약 1 kb이다.

Rad51과 Dmcl, 즉 RecA계의 2개의 recombinase는 감수분열에서 활발하다. 두 단백질을 암호화하는 유전자의 돌연변이는 완전한 감수분열이 일어나는 것을 파괴하고 물리적 방법으로 검정한 바 crossing over의 감소를 일으킨다. Dmcl은 RecA와 45% 동일성을 갖고 Rad51과 달리 감수분열에서만 발현된다. *In vitro*에서 인간 DMC1은 가닥교환을 촉진할 수 있고 단일가닥 DNA상에 filament를 형성한다. 이형이합체 Mei5 • Sae3와 Hop2 • Mnd1은 Dmc1-촉진 가닥교환반응에서 매개체로 작용하는데 *Hop2 • Mnd1*은 *in vitro*에서 Dmc1에 의한 D-고리 형성을 자극하고 Hop2와 Mnd1은 감수분열 HR에서 Dmcl과 함께 작용한다. Rad51의 과발현은 *dmcl* 돌연변이체를 부분적으로 억제하여 Rad51과 Dmc1이 *in vivo*에서 관련된 역할을 수행하는 것을 보여준다.

우리는 이전에 Mus81과 Eme1에 대해 공부했었다. 분열효모에서 이 단백질들을 암호화 하는 유전자들의 돌연변이는 감수분열에 강한 효과를 갖고 있으며 포자의 생존을 불가능하게 만든다. 이 돌연변이는 RusA라 불리는 resolvase의 과다 발현에 의해 보충될 수 있고 Mus81과 Emel은 *S.pombe* 감수분열의 분해에서 역할을 하는 것으로 알려져 있다. 구제된 포자에서 crossing over는 50배까지 감소되어 Mus81과 Eme1 단백질이 crossing over형성에 필요한 것으로 제시된다. *S. cerevisiae* Mus81과 Eme1 단백질은 crossing over 형성에 필요하지 않는 것으로 보인다. 다음 절에서 Mus81과 Eme1이 다르게 필요하다는 것을 설명하는 감수분열crossing over의 생산을 위한 다양한 모형에 대해 논의할 것이다.

## 감수분열 재조합 모형은 상동 재조합의 2개의 다른 유형을 제안한다.

Holliday 모형, Meselson-Radding모형과 HR의 이중가닥 파손 수선 모형은 crossing over를 동일한 확률을 갖는 crossing over 또는 비crossing over로서 Holliday 접합부 중간체의 분해를 통해 유전자 전환에 연결시킨다. 이 연결은 감수분열 유전자 전환과 crossing over와의 연관을 설명하지만 대부분의 유사분열 이중가닥 파손 수선이 crossing over와 연합되어있지 않은 유전자 전환을 통해 일어나는 사실을 설명하지 못한다. 이러한 관찰을 설명하기 위해 합성의존성 가닥 짝짓기 모형(절 11.8참조)이 개발되었는데, 이는 이중가닥 파손 · 수선이 어떤 연합된 crossing over없이 유전자 전환을 통해 일어남을 제안하고 있다.

효모 *S.cerevisiae*에서 감수분열 재조합에 대한 최근 연구에 의하면 감수분열 재조합에는 두 단계가 있다(**그림 11.27**). 첫 단계에서 대부분의 이중가닥 파손은 합성의존성 가닥 짝짓기 기작에 의해 수선되고 감수분열 유전자 전환을 일으키지만 crossing over는 일어나지 않는다. 두 번째 단계에서 남아있는 이중가닥 파손은 crossing over방식에서 우선적으로 분해되는 이중가닥 파손 수선 기작에 의해 수선

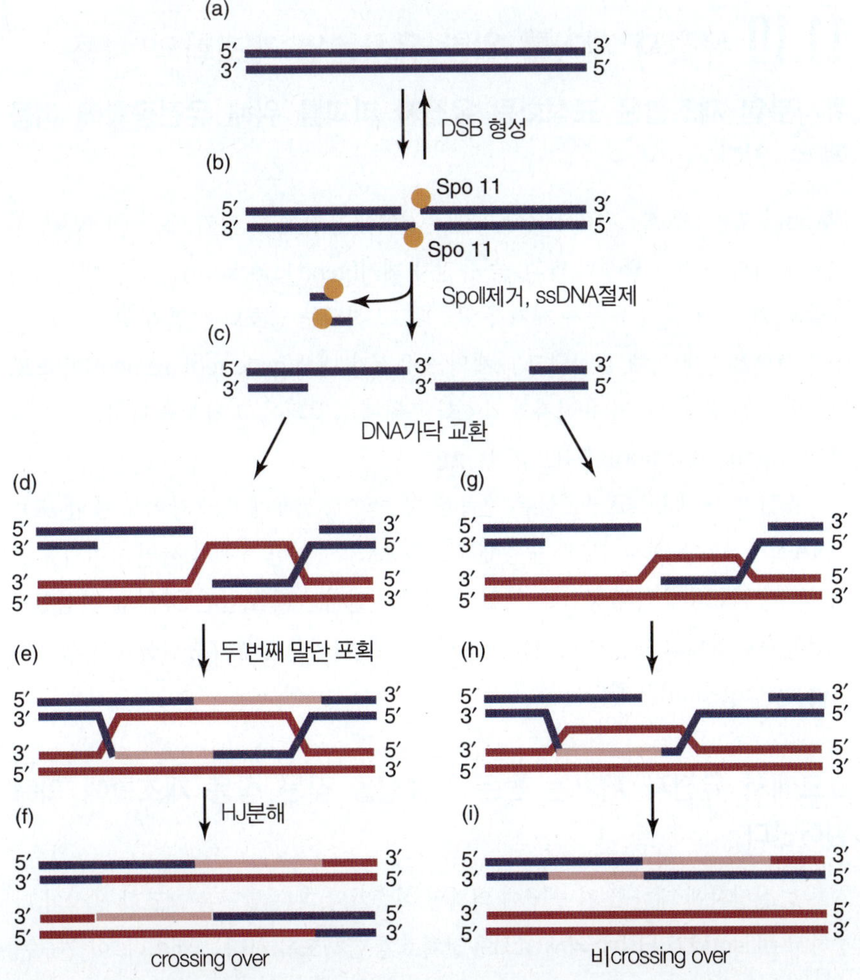


**그림 11.27 감수분열 상동재조합의 모형.** DNA 이중나선(a)이 Spoll에 의해 절단되어 말단에 Spoll가 공유결합으로 부착된 채 이중가닥 파손을 형성한다(b). Spoll이 제거된 후 말단이 MRX/N 복합체에 의해 절제되어 3′-OH말단을 갖고 있는 단일가닥 꼬리를 형성하는데(c), 이는 Rad51과 Dmc1을 갖고 있는 복합체를 형성한다. 가닥교환은 가닥침입에 의해 일어난다(d 와 g). 두 번째 말단 포획은 이중 Holliday 접합부를 만드는데, 이는 분해되어 crossing over 생성물을 형성한다(e 와 f). 이중가닥 파손의 대부분은 두 번째 말단 포획 기작에 관여하지 않고 그 대신 합성의존적 가닥복원 기작에 관여하는데, 이는 비crossing over생성물을 형성한다. Adapted from Neale, M. J., and Keeney, S., *Nature* 442 (2006): 153-158.

된다. 염색체상에서 이 2가지 형태의 감수분열재조합의 비무작위 간격 만들기(nonrandom spacing)는 유전자 전환과 감수분열에서 crossing over와의 연합을 일으킨다.

crossing over로서 Holliday 접합부의 선택적 분해를 갖는 이중가닥 파손 수선 방식인 감수분열 재조합의 두 번째 단계는 ZMM단백질이라는 한 세트의 단백질을 필요로 한다. ZMM단백질들은 synaptonemal complex 단백질들이 Zip1, Zip2 와 Zip3, Holliday 접합부와 결합하는 Msh4 · Msh5 그리고 Holliday 접합부에 결합하고 풀수 있는 helicase Mer3등을 포함한다. ZMM경로는 다른 종들보다 어떤 종에서 더 활발한 것으로 알려져 있다. *S.cerevisiae*가 감수분열 crossing over를 위해 ZMM경로를 사용하지만 *S.pombe*는 HR 가운데 형성하는 가지구조를 분해하기 위해 Mus81 · Eme1에 의존하는 경로를 사용한다. 이러한 활성의 차이는 이 2개의 생물에서 *mus81*돌연변이체가 감수분열에 미치는 효과가 다르다는 것을 설명한다. ZMM단백질들은 유사분열에서 발현되지 않은채 crossing over 발생을 제한한다. 더 많은 제한은 비crossing over로서 Holliday 접합부를 분해하는 Sgs1/BLM과 Top3/hTOPOIII α의 작용으로부터 온다.

## 11.10 유전자 제거를 위한 유사분열 재조합의 사용

### 유사분열 재조합은 표적화된 유전자 파괴를 위해 유전공학에 이용될 수 있다.

Plasmid 또는 DNA절편이 HR에 의해 유전체에 통합될 수 있기 때문에 DNA형질전환에 의한 유전자 활성의 파괴, 즉 유전자 제거(gene knockout)를 하는 방법들이 개발되었다. 2종류의 유전자 제거가 있는데, 그 하나는 암호화 서열의 일부 또는 모두가 선택표지에 의해 결실되고 대체되는 유전자 대체(gene replacement)이고 또 다른 하나는 선택표지가 유전자의 암호화 부위에 삽입되어 그 활성을 파괴하는 유전자 삽입(gene insertion)이다(**그림 11.28**).

유전자 제거 DNA구조물은 수용체 세포의 유전체에 마구잡이로 통합 또는 DNA절편상의 유전자서열과 수용체세포 DNA의 동일한 유전자 서열 사이의 상동성을 이용해 HR에 의해 통합할 수 있다. 후자가 일어날 때 도입된 DNA는 관심있는 유전자에 통합되고 유전자 서열을 변화시키는데, 이러한 유형의 통합을 유전자 표적화(gene targeting)라 한다.

### 효모에서 유전자 제거는 높은 효율성을 갖는 상동 재조합에 의해 일어난다.

효모 형질전환에 대한 초기 연구에 의하면 이중가닥 파손 말단은 재조합 생성이 가능하고 plasmid가 HR에 의해 효모유전체로 통합하도록 한다는 것이다. 이 연구는

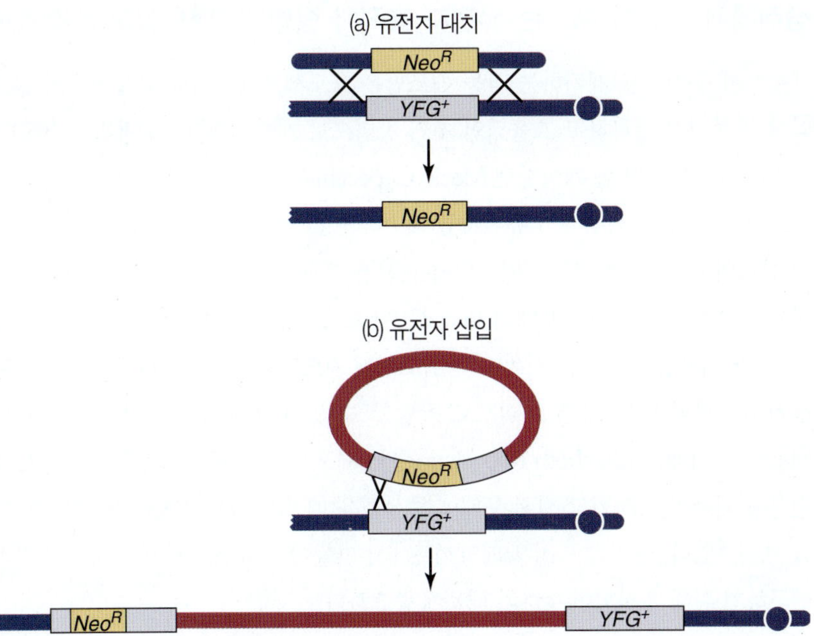


**그림 11.28 유전자 대치와 유전자 삽입.** (a) 상동 재조합에 의한 유전자 대치는 plasmid 상의 유전자서열이 선택표지로 대치될 때 일어난다. 측면 상동서열을 사용하는 상동재조합에 의한 삽입은 *$YFG^+$*(your favorite gene)을 *$Neo^R$*유전자로 대치한다. (b)유전자 삽입은 *$Neo^R$*표지가 plasmid 상의 *YFG*서열로 삽입될 때 일어난다. 측면 YFG서열과 함께 상동 재조합에 의한 삽입은 *YFG*의 중복을 형성하는데, 그 중 하나는 *$Neo^R$*표지에 의해 파괴된다.

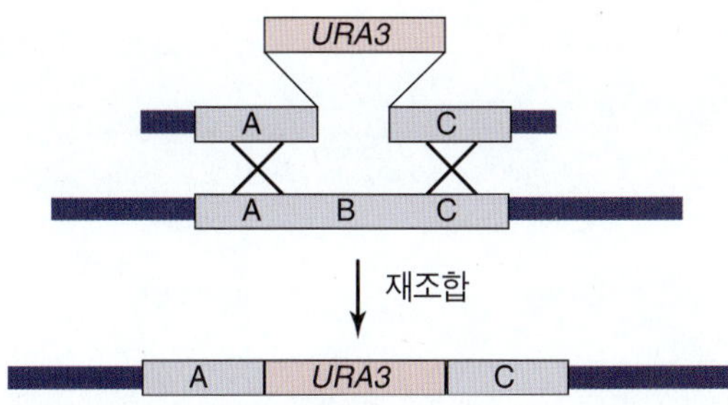


**그림11.29 효모에서 한단계 유전자 제거.** 여기 *URA3* 표지에 의한 AB 유전자의 일부 또는 전부의 치환을 포함하는 선형 절편으로 형질전환을 하면 *URA3* 표지가 상동 재조합에 의해 *ABC* 유전자에 삽입된다. 온전한 *ABC* 유전자는 파괴된 *ABC* 유전자에 의해 *URA3* 표지로 대치된다.

곧 여러 방법에 의해 효모에서 유전자제거를 가능케 하였다. 가장 효과적인 방법 중의 하나는 상동성이 있는 이 유전자들 부위 사이의 영양선택표지와 함께 관심이 있는 유전자와 측면 상동성을 갖는 500~1,000 kbp 크기의 구조물을 만드는 것이었다(**그림11.29**). 제거구조물(knockout construct)이 plasmid vector로부터 제한효소 분해에 의해 절단되고 형질전환에 의해 효모로 도입될 때 바로 선택표지를 획득한 집락(colony)은 관심있는 유전자를 위해 파괴된다.

이 접근은 측면 상동성을 갖는 더 짧은 부위와 약물내성 선택표지를 사용하기 위해 변형되었다. 이 방법은 더 간소화되어 plasmid와 클로닝 단계를 배제하고 **중합효소 연쇄반응(polymerase chain reaction, PCR)**을 사용하여 전체의 유전자 구조물을 만들었다(**그림11.30**). 선택표지 DNA서열의 시작 또는 말단과 상동성을 갖고 있는 20 bp에 관심있는 유전자의 시작 또는 말단과 상동성을 갖고 있는 약 50 bp를 갖고 있는 PCR시발체가 선택표지서열을 증폭하는데 사용되었다. 따라서 PCR생성물은 관심있는 효모유전자 부위와 상동성이 있는 선택표지 생성물의 측면을 포함하는 50 bp을 갖게 된다. 50 bp는 효모에서 HR에 충분한 것으로 나타났다. 형질전환이 HR에 의해 일어나고 효모 형질전환에서 서열의 마구잡이 통합이 거의 없기 때문에 선택표지를 나타내는 형질전환체 군락은 선택표지와 함께 관심있는 유전자의 유전자 대치를 갖고 있다.

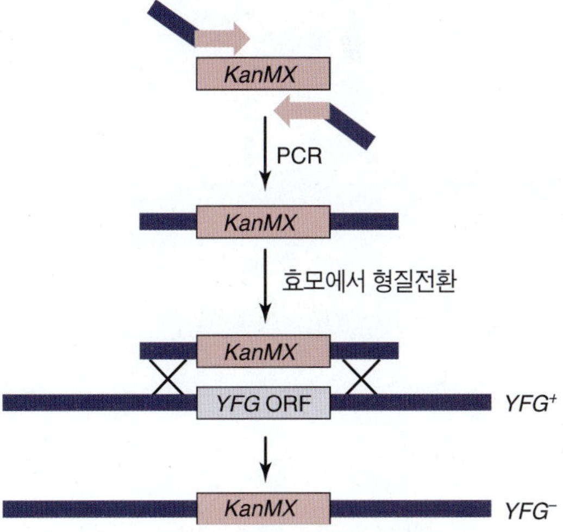


**그림 11.30 PCR에 의한 유전자 제거.** 청색으로 표시한 *YFG* 번역개시 위치(open reading frame, ORF)의 측면을 싸고 있는 상동성을 이용하고 적색 화살표로 표시한 3′-말단에서 *KanMX* 유전자의 복사판이다. *YFG* ORF 바깥에서 상동성을 갖는 짧은 부위에 의해 싸인 *KanMX* 유전자, 즉 PCR 생성물은 효모의 형질전환에 사용된다. *YFG* ORF에서 *KanMX*의 삽입은 상동재조합에 의해 일어나는데, 이는 *YFG* ORF를 *KanMX*로 대치하고 *YFG* ORF의 제거를 일으킨다.

### 생쥐에서 유전자 제거는 유전자 표적화 방법에 의해 일어날 수 있다.

생쥐에서 유전자를 제거하는 상동 재조합은 효모세포에서처럼 효율적이지 않지만 약간 변형시켜 정확하고 효율적인 제거 방법으로 개발되었다. 이 방법은 1980년대 유전자 표적화 방법을 개발했던 Mario Capecchi와 Oliver Smithies에 의해 개척적으로 개발되었다. 생쥐에서 유전자를 제거하는 첫 번째 가장 중요한 단계는 마구잡이 삽입의 바탕을 제거할 수 있으면서 유전자 제거를 위한 선택체계의 개발이다. 두 번째 중요한 단계는 생쥐포배의 내세포집단으로부터 유래하고 배양할 수 있는 배아줄기(ES)세포를 사용하는 것이다. 생쥐포배에 재도입될 때 변조된 ES 세포는 생쥐의 생식세포계열 또는 다른 조직으로 발달할 수 있다. ES 세포 연구의 선구자들인 Martin Evans와 Elizabeth Robertson은 ES세포를 안전하게 배양 할 수 있고, 형질전환에 의해 변조시키고 생쥐 포배에 주사했을 때 생식세포계열로 발달 할 수 있음을 보여주었다. 마지막 특성은 배양세포에서 만들어진 유전자제거가 제거의 결과를 연구하기 위해 유전되어야 하기 때문에 중요하다.

Capecchi와 그의 공동 연구자들은 생쥐세포에서 hypoxanthine guanine phosphoribosyl transferase(HGPRT) 유전자(7장 참조)의 제거를 할 수 있다는 것을 보여 주었고 Smithies와 그의 공동연구자들은 HR에 의해 인간 β-globin 유전자 자리를 파괴시켰다. 첫 유전자 파괴 DNA는 주사에 의해 세포에 주입되었으나 곧 전기 천공법이 표준이 되었다. 전기 천공법은 짧은 시간동안 전기 쇼크를 세포에 처리하는 것으로 원형질막의 구멍을 일시적으로 열리게 하여 세포가 DNA를 용이하게 흡수하도록 한다.

첫 유전자 제거 실험에서 Capecchi와 공동연구자들은 *HGPRT*유전자의 exon8을 aminoglycoside계 항생물질 G418에 대해 내성을 제공하는 선택 표지 *Neo*$^R$로 대체하였다(**그림 11.31**). *Neo*$^R$ 삽입의 옆을 싸는 *HGPRT*유전자의 서열과 염색체 *HGPRT*유전자 사이의 상동염색체는 유전체내 exon8을 *Neo*$^R$로 대체시켰다. *HGPRT*제거는 제거세포(knokout cell)가 HGPRT$^+$세포에 독성물질인 6-thioguanine(6-TG)을 포함하는 특별한 배지에서 성장할 수 있다는 사실을 보여줌으로써 확인되었다. *Neo*$^R$유전자의 마구잡이 삽입에 대한 *HGPRT*유전자의 표적화된 제거의 효율성은 약 1:1000이다.

이 비율을 증가시키기 위해 Capecchi는 표적화된 파괴를 증강시키는 **양성-음성 선택(positive-negative selection)**이라 불리는 선택방법을 개발하였다(**그림 11.32**). 양성-음성 선택법은 어떤 유전자 제거에도 적용될 수 있기 때문에 생쥐에서 유전자 표적화를 할 수 있다. 양성-음성 선택법은 2개의 성분을 갖는데, 즉 하나는 관심있는 유전자를 파괴하는 *Neo*$^R$표지에 대한 양성선택과 단순 herpes simplex virus thymidine kinase(*HSV-tk*) 유전자를 갖고 있는 세포에 대한 음성 선택이다. Vector 구조물(vector construct)은 유전자의 exon을 대치하기 위해 *Neo*$^R$유전자의 삽입과 말단에 *HSV-tk* 유전자를 갖고 있다. *HSV-tk*유전자를 갖고 있는 세포는 [1-

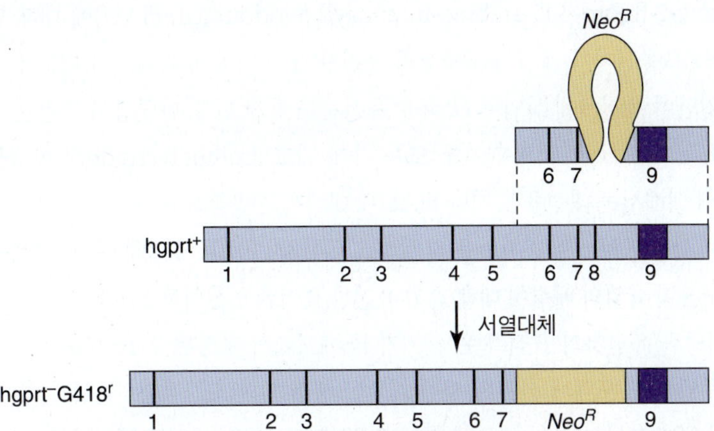


**그림 11.31 생쥐 HGPRT유전자의 파괴.** Exon 6~9을 포함하는 생쥐 *HGPRT* 유전자의 부위를 vector에 cloning하였다. exon8은 *Neo*$^R$유전자로 대체되어 파괴되었다. 세포를 변화된 exon 6~9 서열로 형질주입(transfection)하면 exon8을 *Neo*$^R$로 치환된 상동 재조합을 얻는다. hgprt$^-$ 세포는 *Neo*$^R$유전자에 의해 제공되는 aminoglycoside계 항생물질 G418에 대해 내성을 갖는다. Adapted from Capecchi, M., *Nat Med* 7. (2001): 1086-1090.

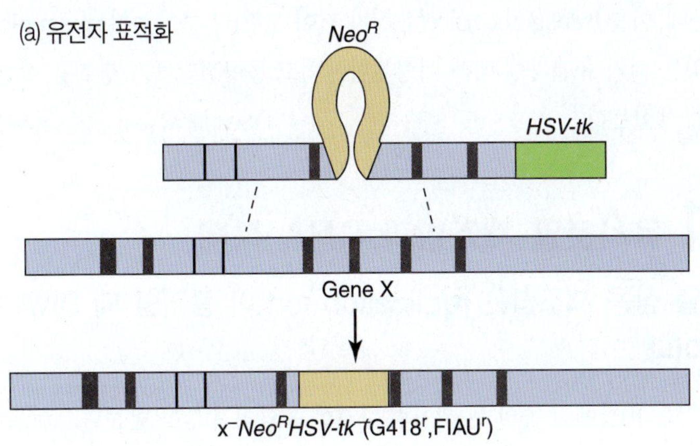


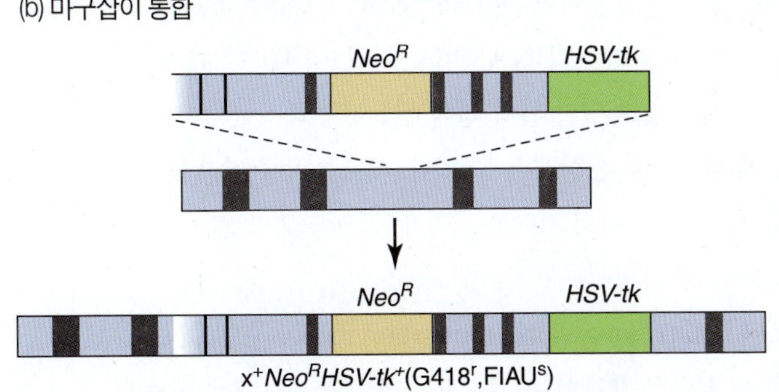


**그림 11.32 정확한 표적화를 선택하는 양성-음성 선택.** vector 구조물은 유전자의 exon을 대치하기 위해 *Neo*$^R$유전자의 삽입을 갖고 있고 또한 말단에 *HSV-tk*유전자를 갖고 있다. (a)표적화 vector와 염색체 부위 사이의 상동재조합은 유전자X의 대치, G418내성과 FIAU내성을 일으킨다. (b)만약 vector가 마구잡이로 삽입하면 세포는 G418-내성을 갖게 되지만 또한 *HSV-tk*유전자도 갖고 FIAU에 대해 민감해진다. vector DNA의 도입후 G418과 FIAU에서 세포성장은 세포들이 FIAU약물에 의해 죽기 때문에 표적화된 통합을 선택하고 마구잡이 삽입에 대해서는 선택하지 않는다. Adapted from Capecchi, M. *Nat Med* 7. (2001): 1086 - 1090, Figure 3.

(2-deoxy-2-fluoro-β-D-arabino-furanosyl)-5-iodouracil, FIAU)에 대해 민감하다. *HSV-tk*유전자가 제거 구조물상의 유전자 상동 바깥에 위치하기 때문에 마구잡이 삽입만이 유전체에 삽입된 *HSV-tk* 유전자를 갖게 된다. 마구잡이 통합은 삽입된 $Neo^R$유전자와 *HSV-tk* 유전자를 모두 갖게 되고 aminoglycoside계 항생물질인 G418에 대해서는 내성을 갖지만 FIAU에 대해서는 민감하다. 유전자 표적화는 HR에 의해 삽입된 $Neo^R$유전자만을 갖게 되고 G418과 FIAU에 대해 내성을 갖는다. 이는 마구잡이 삽입의 배경에 대해 희귀 유전자 표적화를 선택하도록 한다.

적당한 유전자의 표적화 된 제거가 ES세포에서 형성된 후 ES세포들을 생쥐포배에 주입한다. 포배에 사용된 생쥐 계통이 생쥐 외피색을 결정짓는 유전자에 의해 주입된 ES세포와 다르기 때문에 파괴된 ES세포를 갖는 생쥐를 확인하는 것이 가능하다(**그림 11.33**).

일단 포배가 ES세포로 주입되면 상상임신 암컷 생쥐에 이식된다. 이식된 포배로부터 오는 생쥐를 키메라 생쥐(chimeric mice)라 부르는데, 주입된 ES세포로부터 유래한 세포와 포배로부터 유래한 세포의 혼합물이다. 키메라 생쥐는 ES세포와 포배세포로부터 유래한 외피색을 모두 보여준다. 이 생쥐들과 검정 생쥐(test mice)와의 교배는 관심이 있는 유전자의 생식세포계열 제거를 보유하는 다음 세대의 생쥐를 생산하는데, 이를 transgenic mice(유전자 전이 생쥐)라 한다. 이 transgenic mice는 관심이 있는 제거 유전자에 대해 이형접합체이고 동형접합제거 생쥐를 생산하는 교배를 위해 생산된다.

## 11.11 유사분열 재조합과 DNA 복제

### 유사분열 상동 재조합은 replication fork이 붕괴할 때 DNA 복제에 필수적이다.

DNA주형은 10장에서 논의 된 것처럼 다양한 유형의 손상을 받는다. nucleotide 또는 단일 가닥 nick에 큰 첨가생성물 같은 손상을 복제전에 수선하지 않으면 복제 분기점을 멈추게 하는 위험에 빠진다. Replication fork은 nick을 만날 때 부서지고 이중가닥 파손이 일어나면서 DNA재배열을 일으킨다. 단 하나의 복제 개시점과 2개의 복제 분기점을 갖고 있는 환형 염색체를 갖는 대장균에서 분기점의 멈춤 또는 붕괴는 유전체의 복제를 손상시킬 수 있다. 세포는 멈추어진 또는 붕괴된 replication fork을 재출발시키는 여러 기작을 개발해왔는데, 그 중 일부는 HR에 의존한다(**그림 11.34**).

1966년 Philip Hanawalt는 replication fork이 주형 DNA의 단일 가닥 nick에서 붕괴할 수 있다고 제안했다. 그리고 1976년 Bernard Strauss와 그의 공동연구자들은 replication fork이 멈추어진 분기점의 파손을 통해 nick에서 붕괴할 수 있다고 제안했다. 그는 주형가닥 상의 손상을 지나서 일어나는 복제는 새로이 합성된 DNA 가닥이 짧은 가지로 대치되는 동안 원래의 주형가닥이 복원되는 역가지 이주

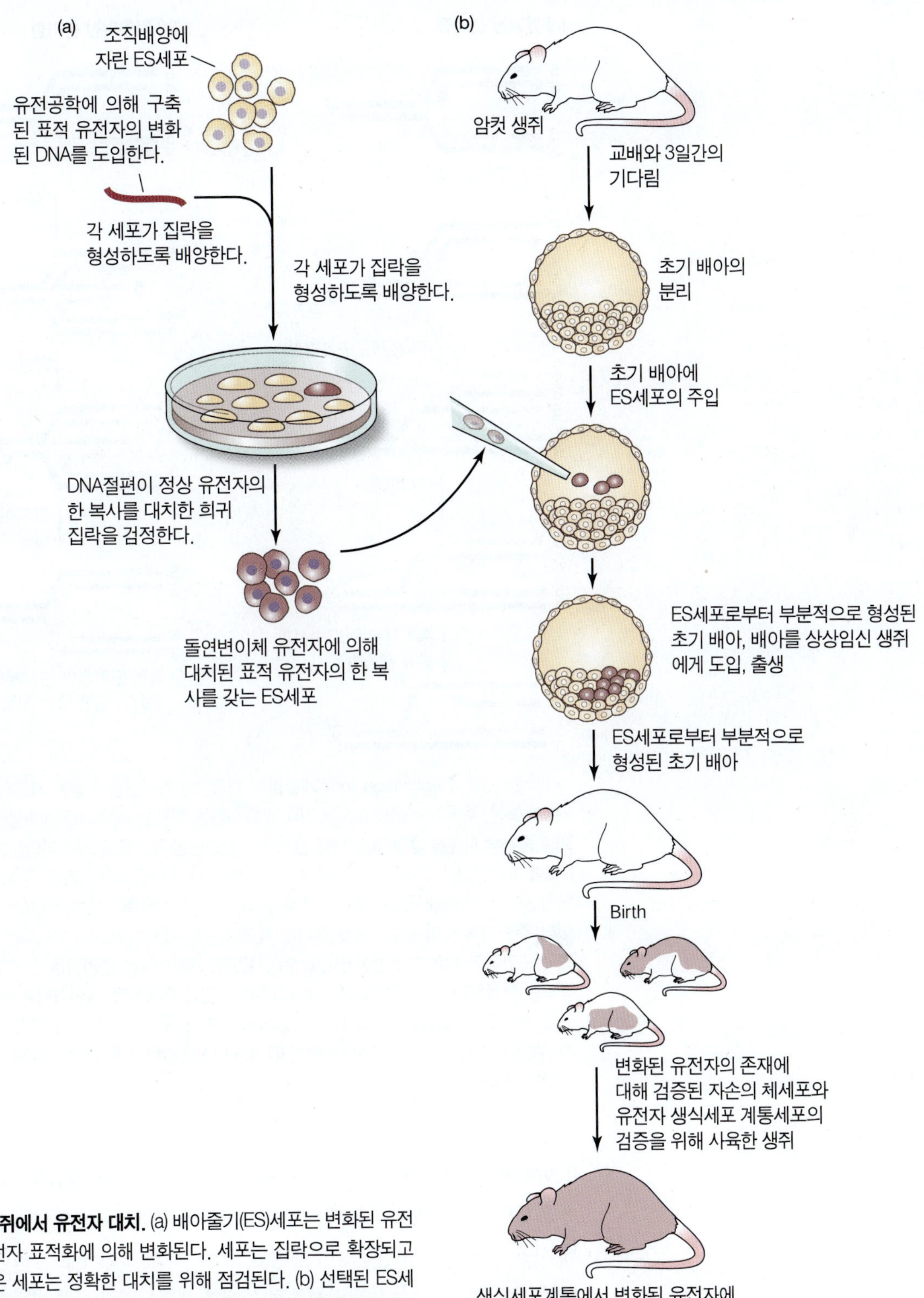


**그림 11.33 생쥐에서 유전자 대치.** (a) 배아줄기(ES)세포는 변화된 유전자를 표현하는 유전자 표적화에 의해 변화된다. 세포는 집락으로 확장되고 각 집락으로부터 온 세포는 정확한 대치를 위해 점검된다. (b) 선택된 ES세포는 초기 생쥐 배아인 포배에 주입된 다음 상상임신 수용체 생쥐에 도입된다. ES세포로부터 생산된 수컷은 여기 핑크색으로 나타난 것처럼 주입한 ES세포로부터 유래한 외피색으로 갖는다. 몇몇 경우에 ES세포는 생식세포 계열을 점거한다. 이 생쥐들이 정상생쥐들과 교배할 때 자손들의 모든 세포는 변화된 유전자를 갖는다. Adapted from Alberts, B., et al. *Molecular Biology of the Cell, Fourth Edition*. Garland Science, 2002.

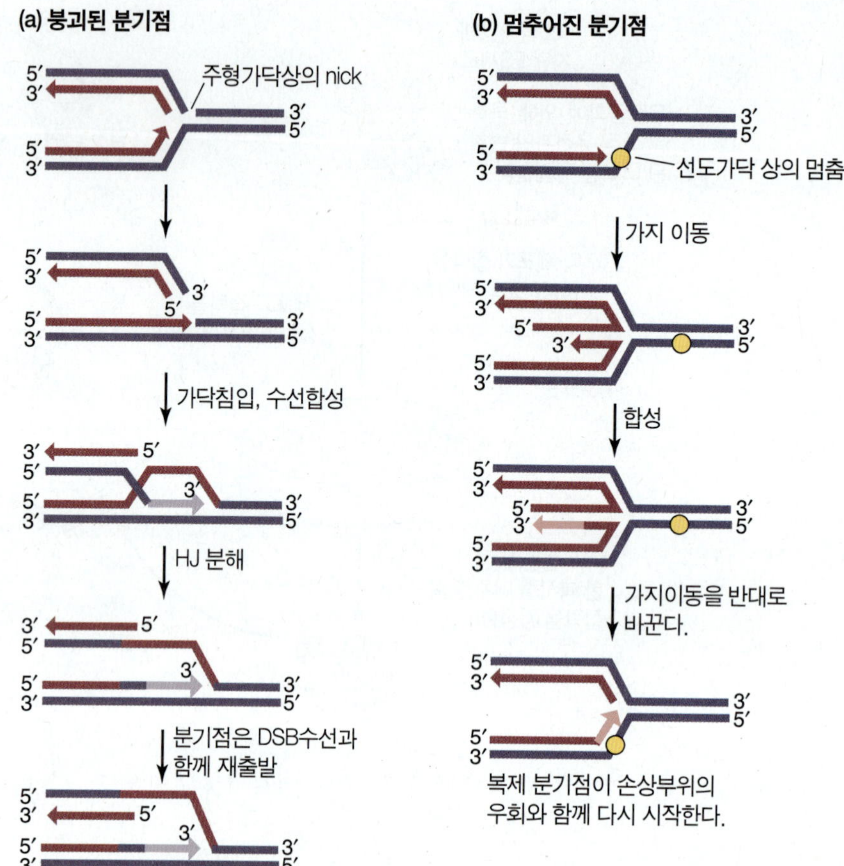


**그림 11.34 Replication fork 재출발의 기작.** (a) 가닥침입과 상동 재조합에 의한 replication fork의 형성. 주형가닥 상의 nick을 지나서 일어나는 복제는 replication fork을 붕괴시키고 한쪽 끝의 이중가닥 파손을 형성한다. 자매 염색분체로의 상동 재조합에 의한 가닥침입은 Holliday 접합부(HJ)를 형성한다. Holliday 접합부의 분해는 replication fork을 회복시킨다. 주형가닥 상의 nick을 수선한 것 이외에 아래구조는 위의 구조와 같다. (b) 멈추어진 복제는 역 replication fork을 형성할 수 있다. 주형가닥 상의 손상부위를 지나서 일어나는 복제는 이 예에서 계속되는 지연가닥합성과 함께 선도가닥과 지연가닥 합성사이를 분리시킨다. 가지이동은 분기점을 반대로 바꾸어 놓고 가지구조는 형성된다. 2개의 신생자매 가닥이 짝지어짐을 주목하라. 지연가닥을 주형으로 사용하면서 선도가닥의 수선합성은 선도가닥이 신장되도록 한다. 주형가닥의 손상부위는 수선합성에 관여하지 않는다. 가지구조의 역전(reversal)은 복제가 다시 시작하도록 하는데, 이때 주형가닥 상의 손상부위는 우회한다.

(reverse branch migration)에 의해 이루어진다는 것을 제안했다(그림 11.34b). 자유 3′-OH로 대치된 가닥은 대치된 자매가닥을 주형으로 사용하여 수선 합성을 하는데 사용된다. 일단 수선합성이 대치된 자매가닥의 말단에 도달하면 분기점은 반대 방향으로 바뀌고 정상적인 반보존적 복제가 재개되면서 주형 가닥의 손상부위를 우회한다. 이와 같은 방식의 복제에 대한 증거는 4개의 갈래가 난 구조 또는 역전된 분기점의 전자현미경 관찰과 밀도표지에 의한 자매 염색분체의 짝짓기로부터 온다(**그림 11.35**). 복제에 대한 주형가닥 대신에 자매 염색분체의 사용을 주형교환(template switching)이라 한다. 비록 주형교환 또는 분기점 역전이 HR현상은 아니

지만 역전된 분기점 형성은 가지이동효소를 필요로 하고 역전된 분기점 중간체는 HR을 닮아있고 HR분해효소에 의해 작용될 수 있다.

재조합-의존 DNA복제의 근본적인 원리는 복제가 대장균의 경우 DnaA와 진핵생물의 경우 ORC결합 복합체 같은 기원 결합인자들의 도움이 없이 복제 기원 이외의 다른 부위에서 개시할 수 있다는 것이다(10장 참조). 대장균에서 DnaB는 DnaA와의 상호작용을 통해 *oriC*에 장전된다. PriA라 불리는 다른 단백질은 *ori*C 이외의 다른 부위에서 DnaB을 장전할 수 있다. PriA는 DNA복제의 개시에 필요하지 않지만 복제를 다시 시작하는데 필요하다. 연구에 의하면 PriA는 DnaB와 **그림 11.35a**에서 나타난 것과 유사한 재조합 중간체에서 replication fork을 조립하기 위해 비-*ori*C에서 다른 복제인자들을 장전할 수 있다고 한다.

멈추어진 분기점의 구제는 세포가 SOS경로를 활성화하지 않고 주형 DNA가닥에서 손상을 우회하기 위해 횡단손상(translesion) DNA 중합효소를 사용할 수 없을 때 세균에서 특별한 문제가 된다. replication fork이 붕괴할 때, 즉 예를 들어 분기점은 nick을 만날 때 상동성을 사용하여 이중가닥 파손 수선 기작에 의해 재조립될 수 있다. 단일가닥 짝짓기와 가닥 침입 기작 모두 replication fork 수선을 위해 사용된다(**그림 11.36**).

붕괴된 분기점을 재수선하는 재조합은 붕괴된 분기점과 자매염색분체 사이에 일어난다. 이 두 분자 사이의 근접은 이 상호작용을 촉진시키지만 자매 염색분체들을 붙잡는 단백질 복합체 같은 다른 인자들도 또한 자매 가닥 재조합을 촉진 할 수 있다. 멈춘 또는 붕괴된 분기점에서 복제를 재출발하기 위해 DNA복제가 재조합인자에 의존하는 것은 포유동물세포의 많은 HR유전자들이 필수적임을 설명한다. 이 유전자들은 덜 자주 일어나는 replication fork 붕괴와 복제를 재출발시키는 강력한 DNA수선 경로 때문에 더 작은 유전체를 갖는 생물체들에서 필수적이 아니다.

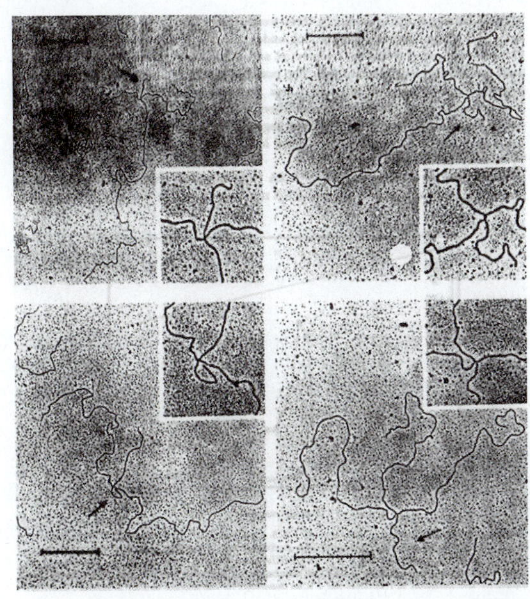

**그림 11.35 역전된 분기점 중간체의 예.** DNA복제를 DNA 손상 처리로 정지한 후 4개의 갈래가 난 replication fork을 포유동물세포로부터 분리하였다. 복제중간체를 밀도 CsCl 구배상에 집적시키고 전자현미경으로 관찰하였다. Reproduced from J. Mol. Biol.,vol. 101, Higgins, N. P., Kato, K., and Strauss, B., *A model of replication repair* ..., pp. 417 - 425, copyright 1976, with permission from Elsevier. Photo courtesy of Bernard S. Strauss, University of Chicago.

## 재조합은 염색체 재배열과 유전체 불안정을 방지하기 위해 조절되어야 한다.

수선과 재조합인자는 유전체 안정성을 촉진하고 유해한 재배열을 방지한다. 이와 같은 인자들이 결핍된 세포에서 자매염색분체 교환, 비상호전좌, 염색분체 파손과 다른 비정상 염색체구조 등의 증가가 일어난다. 이 재배열의 대부분은 반복된 DNA 서열부위에서 일어나고 통제되지 않은 이중가닥 파손은 유전체의 보존에 위험할 수 있다. 이미 살펴본 BLM DNA helicase는 HR중간체가 crossing over로 분해되는 것을 막는다. BLM DNA helicase가 없는 세포의 경우 다른 재배열 뿐만 아니라 자매 염색분체 교환 빈도가 증가된다. 자매 염색분체 교환은 세포에서 보통 진행하고 있는 HR의 양을 측정한 것이다. 이는 이중가닥파손이 정상적인 세포성장 중 일어나지만 합성의존적 가닥 짝짓기 경로 같은 crossing over를 형성하지 않는 방법으로 수선되거나 또는 10장에서 살펴본 횡단 합성경로 같은 수선 경로를 통해 수선된다. 유

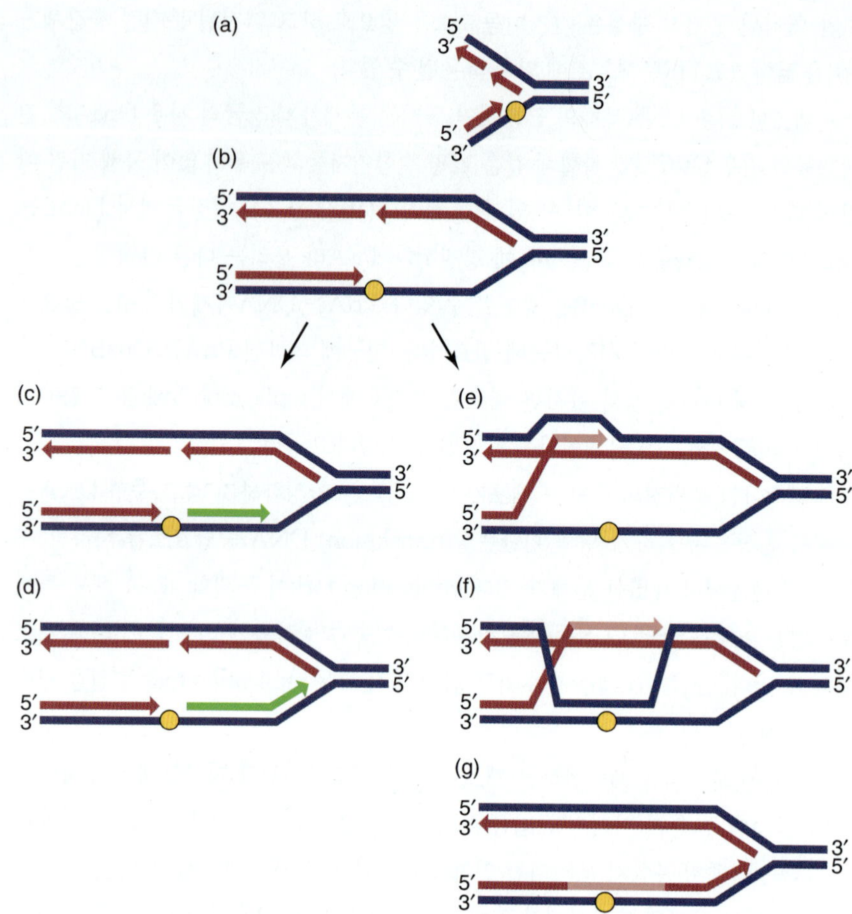


**그림 11.36 상동재조합에 의한 replication fork 재출발** (a-b) 선도가닥 주형 DNA상의 손상은 선도가닥의 멈춤과 지연 가닥합성의 짝풀림을 일으킨다. (c) 복제는 손상부위를 지나서 새로운 합성을 재개할 수 있는데, 손상부위에서 DNA의 nick을 남긴다(d). 양자택일적으로, 멈추고 새로이 합성된 가닥은 온전한 자매 염색분체를 침입하여 D-고리를 형성한다. (f) D-고리로부터 연장은 청색 주형가닥을 대치한 다음 다른 주형가닥과 짝을 이루어 HJ을 형성한다. HJ의 가지이동은 replication fork을 재구축하고 주형가닥 손상부위를 우회한다. 이 제안된 재조합은 단일가닥 nick에 의해 시작되고 이중가닥 파손에 의해 시작되지 않는다. 그리고 주형 가닥은 재조합중 파손되지 않는다. Adapted from Eppink, B., Wyman, C., and Kanaar, R., *Exp. Cell Res.* 312 (2006): 2660-2665.

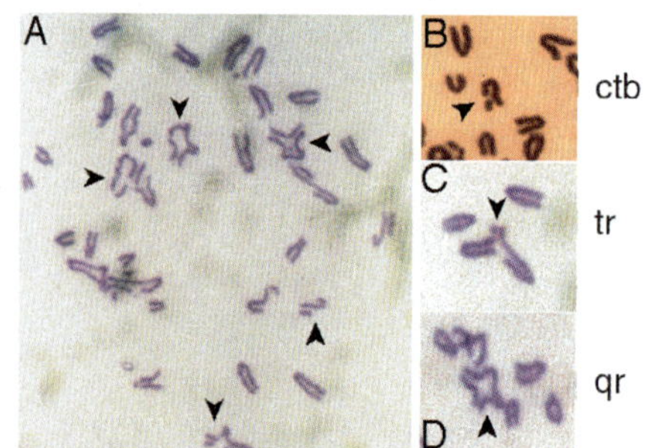


**그림 11.37** ***BRCA2*** **돌연변이체 세포에서 염색체 재배열** (A) 화살표는 염색분체 파손(ctb)과 중기에서 재배열된 염색체를 가리킨다. (B),(C)와 (D)는 고배율의 염색분체 파손(ctb)와 다중팔, 3방사(tr)와 4방사(qr)구조를 갖는 염색체구조를 나타낸다. Reproduced from Mol. Cell, vol. 1, Patel, K. J., et. al., *Involvement of Brca2 in DNA repair*, pp. 347-357, copyright 1998, with permission from Elsevier. Photo courtesy of Ashok R. Venkitaraman, University of Cambridge and The Medical Research Council, UK.

전성 유방암에서 결핍된 유전자의 하나인 *BRCA2*도 또한 유전체 보존을 제어한다. 살펴본 것처럼 BRCA2는 Rad51과 상호작용하고 HR을 위해 이중가닥파손으로 Rad51을 갖고 온다. BRCA2-결핍세포는 다중염색체 재배열의 특징을 나타내고 잘못 조절된 HR은 유해하다(**그림 11.37**).

세포는 DNA복제가 방해받을 때 중기 염색상에 형성하는 간격 또는 파손에 특히 민감한 서열을 포함한다. **연약부위(fragile site)**라고 하는 이 서열은 DNA 복제가 지연되는 염색체 부위를 나타내고 단일가닥 DNA에 간격을 형성한다. 연약부위는 이중가닥 파손을 일으키는 핵분해 공격의 기질이 될 수 있다.

많은 전좌(translocation)가 연약부위와 연관되어있다. 연약부위의 드문 종류는

CCG와 AGC 같은 3개 nucleotide의 단순 직렬 중복에 의해 일어난다.

모형연구를 통해 반복된 DNA서열에서 이중가닥 파손은 **파손-유도 복제(break-induced replication : BIR,** 그림 11.38)라 불리는 비상호 재조합-의존 과정에 의해 수선되는 것으로 알려져있다.

파손-유도 복제는 DNA의 한 말단에서 재조합으로 시작하는데, 왜냐하면 단 1개의 자유 DNA말단이 있거나 또는 이중가닥 파손의 2개 말단 중 1개만이 재조합 중간체에 관여하기 때문이다. 파손-유도 복제 기질은 파손된 복제 분기점과 telomere에서 일어난다. 파손-유도 복제 경로는 이중가닥 파손 말단의 가공에서 시작하여 3′-OH 단일가닥 꼬리를 만든다. 이 단계는 가닥 침입이 상동서열로 들어가면서 일어난다. 그림 11.39는 한 가능한 기작을 보여준다. 침입하는 가닥의 3′말단은 DNA복제의 시발체로 작용하여 이동하는 D-고리거품을 형성한다. 대치되어 새로이 합성된 DNA가닥은 이중가닥 DNA합성의 주형으로 작용한다. 파손-유도 복제의 유전적 결과는 상동염색체가 파손 유도복제 수선에 사용될 때 수백 개의 kbp 길이가 되는 유전자 전환 또는 이중가닥 파손 말단과 상동성을 갖는 비상동 염색체

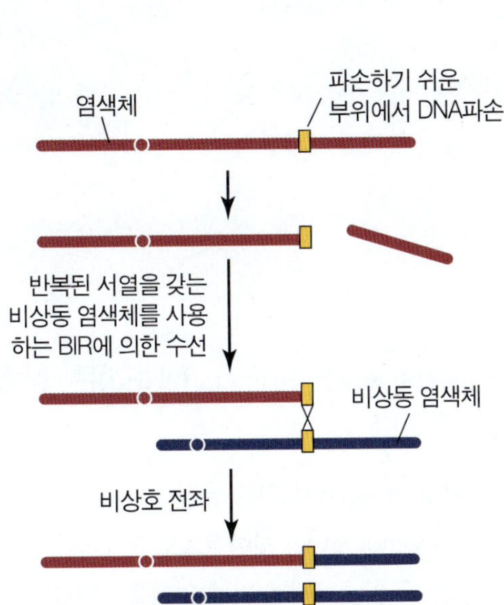


**그림 11.38 이중가닥 파손에서 파손-유도 복제(BIR)는 전좌를 일으킨다.** 파손하기 쉬운 부위는 DNA복제 중 파손할 수 있는데 transposable element(transposable element)와 관련된 반복된 DNA서열을 포함한다. 다른 염색체 상에 transposable element의 상동 서열을 사용하는 상동재조합은 재배열과 전좌를 일으킨다. 선들은 이중가닥 DNA을 나타낸다.

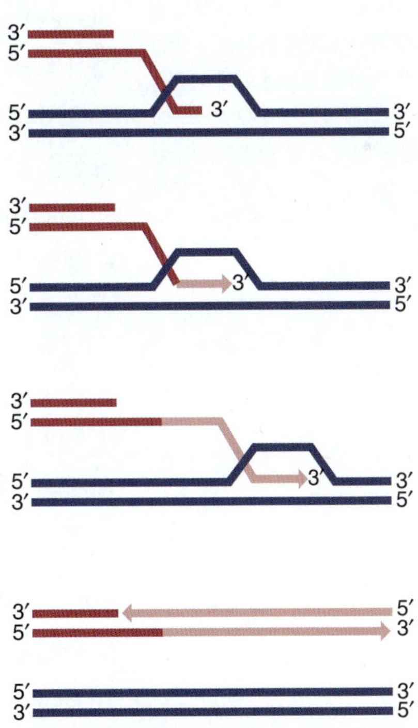


**그림11.39 파손-유도 복제의 가능한 기작.** 파손-유도 복제경로는 이중가닥파손 말단의 가공에서 시작하여 3′-OH 단일가닥 꼬리를 형성한다. 이는 가닥침입에 의한 상동서열로 이어진다. 침입가닥의 3′-말단은 DNA복제의 시발체로서 작용하여 이동 D-고리 "거품"을 형성한다. 대치되어 새로이 합성된 DNA가닥은 이중가닥 DNA를 합성하기 위해 주형으로 작용한다. Adapted from McEachern, M. J., and Haber, J. E., *Annu. Rev. Biochem.* 75 (2006): 111-135.

가 **그림 11.38**에서처럼 파손-유도 복제수선에 사용될 때의 비상호 전좌 일 수 있다.

### 단일가닥 짝짓기(SSA) 기작은 결실을 초래한다.

**단일가닥 짝짓기(simple-strand annealing, SSA)**에 의하면 일부 이중가닥파손 수선이 가닥교환 단백질 Rad51을 요구하지 않은 채 아직도 수선을 위한 DNA서열 상동성을 사용하는 것으로 확인되었다. 단일가닥 짝짓기 모형은 동일한 방향정위를 갖고 있는 2개의 반복서열 사이에 일어나는 이중가닥 파손을 수선하기 위해 사용되는 전문화된 기작이다. 단일가닥 짝짓기는 이중가닥 파손 말단의 말단가공에 일어나고 반복서열에서 짝짓기하는 3′-OH 단일가닥 꼬리를 형성한다(**그림11.40**). 돌출된 3′-OH 단일가닥 꼬리는 endonuclease에 의해 가공되고 반응은 연결에 의해 끝난다. 가닥 침입이 관여하지 않기 때문에 단일가닥 짝짓기는 가닥 교환 단백질과 무관하다. 단일가닥 짝짓기의 최종 생성물은 직접 반복사이의 서열 결실(缺失)이고 단일 복사로의 복제 감소이다. 단일가닥 짝짓기는 직접 반복 복제와 함께 시험기질(test substrate)을 사용하는 진핵세포에서 관찰되고 만약 필수 유전자들이 반복사이에 위치하지 않으면 *in vivo*에서 직접 반복사이에서 일어날 수 있다. 가족성 콜레스테롤증, α-지중해빈혈(α-thalassemia), 인슐린 의존성 당뇨병과 파브리병(Fabry disease)등 같은 인간 유전병들은 직접 반복서열 사이의 서열결실에서 온다. 결실은 생식세포 전구세포의 유사분열성장, 생식세포의 성숙 또는 감수 분열에 중에 일어날 수 있다. 그럼에도 불구하고 직접 반복 사이의 간섭서열은 아마도 단일가닥 짝짓기 과정을 통해 결실의 위험에 놓여있다.

명백하게 HR은 유사분열에 필수적이지만 이중가닥 파손 수선을 통해 일어날 수 있는 유해 재배열을 형성하지 않고 복제 분기점 재출발의 촉진을 위해 조절되어야 한다.

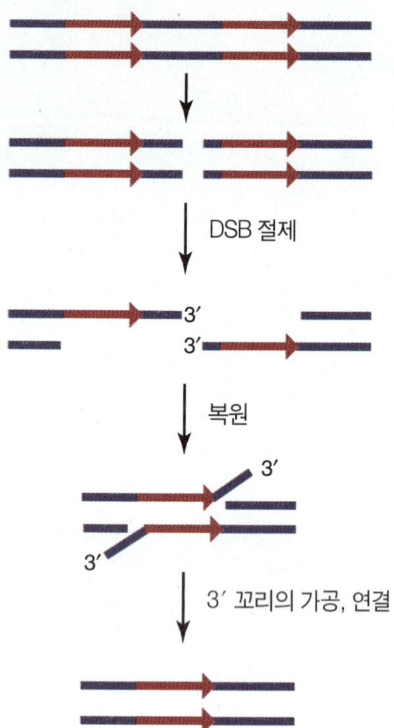


**그림 11.40 상동재조합의 단일가닥 복원 모형.** 이중가닥 파손은 적색 화살표처럼 직접 반복(direct repeat) 사이에 일어난다. 3′-OH말단을 갖는 단일가닥 고리를 형성하는 말단가공 후 단일가닥은 적색 화살표에서 상동성에 의해 복원한다. 단일 가닥 고리는 가지구조를 인식하는 endonuclease에 의해 제거된다. 말단 생성물은 반복과 한 반복서열의 상실 사이의 서열결실(sequence deletion)을 갖고 있는 이중가닥수선이다.

## 11.12 상동성 없는 이중가닥 파손 수선

### 비상동 말단-연결(nonhomologous end-joining, NHEJ)은 상동성이 없는 말단을 재결합하는 모형이다.

**비상동 말단-연결(nonhomologous end-joining, NHEJ)**은 상동성이 없거나 또는 1-10개 nucleotide의 "미세상동성"(microhomology)이 제한적으로 존재하는 이중가닥파손을 수선하는데 사용된다. DNA복제 후 존재하는 자매 염색분체처럼 밀접하게 연관된 상동서열이 없을 때 NHEJ는 세포주기의 $G_1$기에서 주로 사용된다. NHEJ는 상동성이 말단결합에서 사용되지 않기 때문에 흔히 **부적합 재조합(illegitimate recombination)**이라 부른다. 70과 80 kDa polypeptide로 구성된 이형 이합체인 Ku단백질 복합체는 비상동성 말단결합에서 필수적인 역할을 한다. 단백질은 자가면역질환인 피부경화증 환자에서 자가 항체의 표적으로서 처음 세포핵

안에서 발견되었다. Ku70과 Ku80 소단위들은 *XRCC6*과 *XRCC5* 유전자에서 각각 돌연변이를 갖고 있는 X-선에 민감한 포유동물세포의 경우 결핍되어 있다. 상동유전자들은 효모와 세균을 포함하는 다양한 생물체에 존재한다. 비상동 말단결합경로는 Ku70 • 80복합체가 파손된 DNA 말단과 결합하면서 시작된다(**그림 11.41**). 인간의 경우 DNA 의존성 단백질 인산화 효소(DNA-PK)는 비상동 말단결합에 필수적이다. Ku 복합체는 원통고리구조로서 말단에 결합한다. Ku복합체에 의해 결합된 2개의 말단은 효모의 MRX(Mre11 • Rad50 • Xrs2)복합체 또는 두 말단사이의 다리를 형성하는 인간의 MRN(Mre11 • Rad50 • Nbsl)복합체에 의해 연결된다. 그 다음 말단은 전문화된 DNA ligase IV에 의해 봉해진다. ligase IV는 효모에서 Lif1라

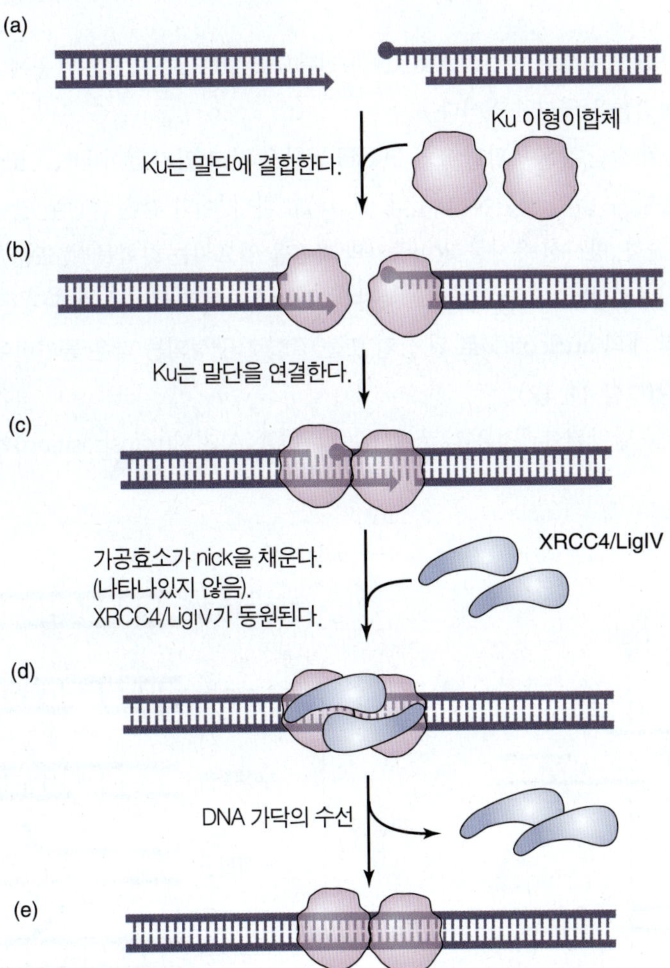


**그림 11.41 비상동 말단-결합.** (a) 2개의 이중가닥 파손말단 중의 하나 위에 있는 파란 점은 비연결말단을 나타낸다. (b) 이중가닥 파손말단은 Ku이형 이합체에 의해 결합되어있다. (c) Ku · DNA복합체는 말단 연결을 위해 병렬되어 있고 간격은 가공효소와 POLL 또는 POLM에 의해 채워져 있다. (d) 말단은 이중가닥 파손을 수선하기 위해 XRCC4를 갖고 있는 전문화된 DNA ligase LigIV에 의해 연결된다. Adapted from Jones, J. M., Gellert, M., and Yang, W., *Structure 9* (2001): 881-884.

**표 11.3** **NHEJ 단백질**

| NHEJ에서 단계 | *S. cerevisiae* 단백질 | 포유동물 |
|---|---|---|
| 말단결합과 병렬 | Ku70/80<br>Mre11/Rad50/Xrs2 | Ku70/80<br>DNA-PKcs |
| 가공이 없는 말단결합 | Dnl4<br>Lif1<br>Nej1 | DNA ligaseⅣ<br>XRCC4<br>XLF |
| 가공이 있는 말단결합 | Dnl4<br>Lif1<br>Nej1<br><br><br><br>Pol4 | DNA ligaseⅣ<br>XRCC4<br>Cernunnos/XLF<br>Artemis<br>폴리nucleotide 인산화효소(PNK)<br>POLL<br>POLM |

불리는 다른 단백질과 인간의 XRCC4와 연관되어 있다. **표 11.3**은 반응에 관여하는 다른 단백질들을 열거한 것이다.

파손된 말단은 5′-P 말단 또는 3′-OH 말단을 갖고 있지 않아 DNA ligase의 기질로 작용할 수 없기 때문에 "더럽다"(dirty)고 한다. 이와 같은 파손된 말단은 방사선 조사, 산화, 방사선 유사물질(이중가닥 파손을 일으키는 화학물질) 또는 핵산가수분해효소와 결합있는 topoisomerase같은 효소에 의해 형성된다. 이 과정은 말단 연결에서 몇 개의 nucleotide로 된 삽입 또는 결실로 구성되는 작은 돌연변이를 일으킬 수 있다(**그림 11.42**).

비상동 말단결합과정은 12장에서 논의된 DNA 전위(transposition)의 기작과

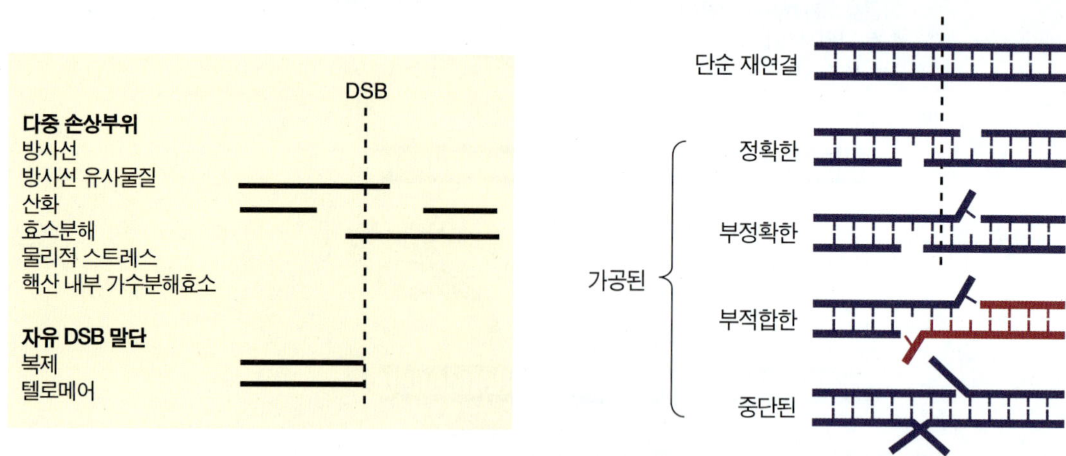


**그림 11.42 "더러운" 말단의 비상동 말단-결합.** 많은 이중가닥 파손 말단은 손상되고(왼쪽 패널에 서술됨) 단순한 연결 반응에 참여할 수 없다. 손상된 말단을 제거하기 위해 제일 먼저 이러한 이중가닥 파손 말단들을 가공해야 한다. 다른 경우 말단은 연결 이전에 2~3개의 nucleotide의 복원을 위해 몇 개의 nucleotide를 첨가 또는 제거할 필요가 있다.
Adapted from Daley, J. M., et al, *Annu. Rev. Genet.* 39 (2005): 431-451.

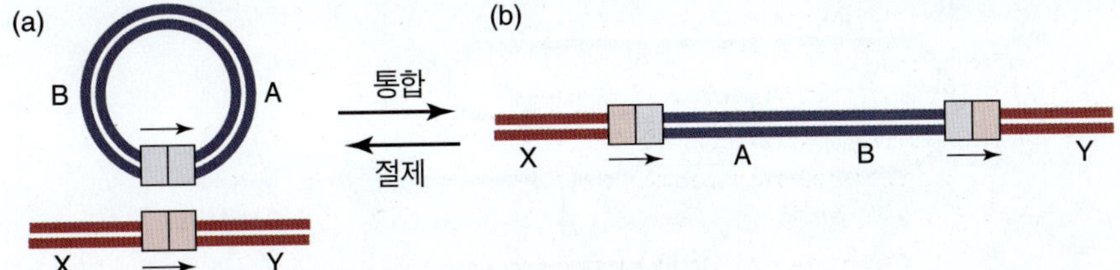


**그림 11.43** (a) 부위특이적 재조합은 상자에서 환형과 선형 DNA사이에 일어난다. (b) 통합은 X와 Y서열 사이 A와 B서열의 삽입을 일으킨다. 반응은 integrase에 의해 촉진된다. 반응의 역전은 A와 B서열을 정확하게 절제한다. Adapted from Alberts, B., et al. *Molecular Biology of the Cell, Fourth Edition*. Garland Science, 2002.

관련이 있다. 이 비상동 말단결합과정은 또한 분리된 부분으로부터 온 성숙한 면역 globulin 유전자를 만드는 과정인 V(D)J 재조합과 관련이 있다. V(D)J 재조합은 V(D)J재조합에 특이한 특별한 인자 이외에 핵심 비상동 말단결합인자의 일부를 사용한다.

## 11.13 부위특이적 재조합

### 부위특이적 재조합은 명시된 서열에서 일어나고 면역 globin 다양성에 사용되며 transposable element에 의해 사용된다.

부위특이적 재조합의 과정은 1개 또는 2개의 명시된 DNA서열에서 DNA절편의 교환, 삽입 또는 결실이다. 반응은 1개 또는 그 이상의 서열을 인식하고 DNA를 절단하기 위해 다른 유형의 화학을 사용하는 다양한 재조합효소(recombinase)에 의해 촉진된다. 인식서열이 복잡하여 nuclease는 유전체당 몇 개의 절단을 한다. 부위특이적 재조합 기작은 특이 부위와 그 부위를 인식하는 효소에 의해 알려져 있다.

전위, 보존적 부위특이적 재조합과 표적이 정해진 역전사 등의 3가지 부위특이적 재조합은 다음 장에서 배우게 될 것이다. 보전적 부위특이적 재조합의 간단한 예가 **그림 11.43**에 제시되어 있다. 여러 부위특이적 재조합 경로는 유전자 표적화와 다른 모형 체계에서 조건 유전자 발현 또는 제거에서 변형되어 있다.

### 효모에서 교배형 교체는 명시된 부위에서 개시된 합성의존적 가닥 짝짓기에 의해 일어난다.

효모의 교배형 교체계는 세포유형을 신속하게 변화시키는 기작이다(7장 참조). 교배유형은 세포 특이적 유전자를 발동시키는 전사 활성인자를 암호화하는 *MAT*유전자 자리의 정보에 의해 결정된다. 교배형 교체는 단일 교배형 유전자를 갖고 있는 반수체 세포에서 활성이 있고 *MAT*자리에서 이형 접합인 이배체세포에서 차단된다. 교배형 교체는 회문식이 아닌 24 bp 서열을 인식하는 endonuclease를 암호화하는 *HO* 유전

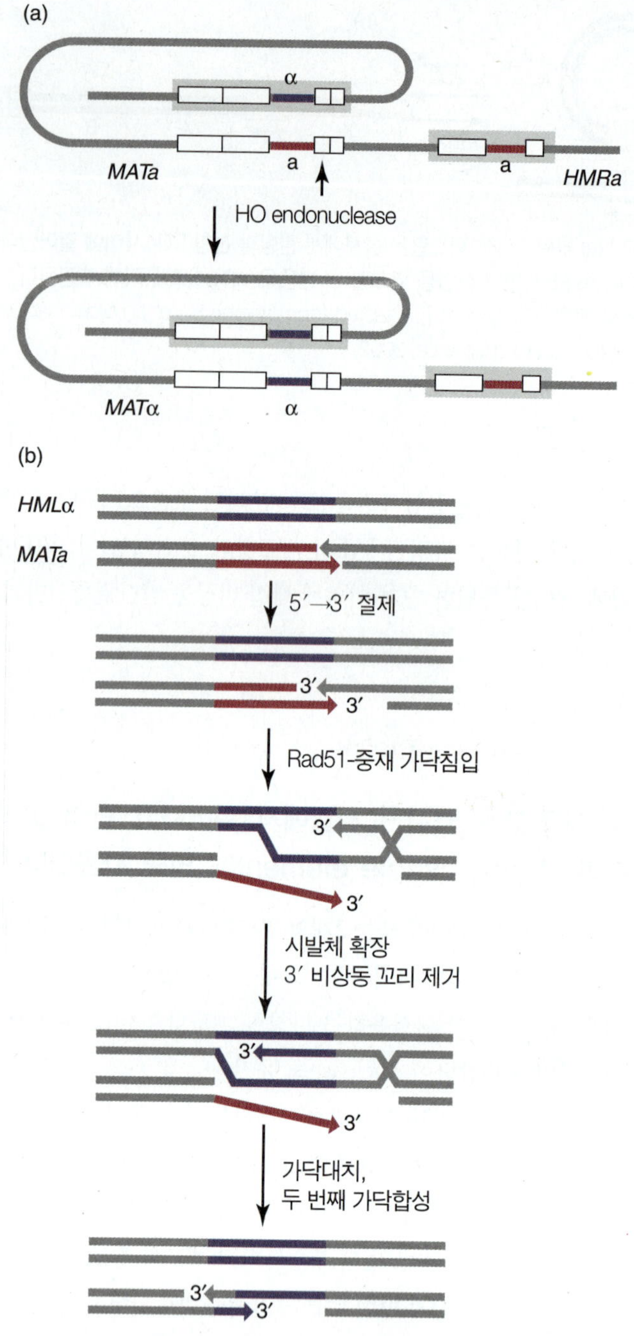


**그림 11.44** ***Saccharomyces cerevisiae*에서 부위특이적 HO endonuclease와 교배형 교체.** (a) 교배형자리 *MAT*는 a(적색) 또는 α(청색)정보를 암호화 한다. *HMLα*와 *HMRa* 같은 2개의 침묵 카세트 유전자(엷은 회색)는 교배형 정보를 갖고 있으나 발현하지는 않는다. 교체는 특정 인식서열에서 *MAT*자리의 *HO* endonuclease 절단에 의해 개시된다. (b) 교배형 교체는 어떤 연관된 crossing over가 없이 적색 *MATa*정보를 청색 *MATα*정보로 변화시키는 합성의존적 가닥복원과정을 사용하여 상동 재조합에 의해 일어난다. Adapted from Haber, J. E., *DNA Repair* 5 (2006): 998-1009.

자 발현에 의해 유도된다. *MAT* 자리에서 이중가닥 파손의 유도는 *MAT*와 *HML*과 *HMR*라 불리는 교배형 정보의 침묵카세트 중의 하나 사이의 유전자 전환을 유발한다. crossing over가 없는 유전자 전환은 합성의존적 가닥 짝짓기 반응에서 *MAT*의 이중가닥 파손을 수선하기 위해 *HML* 또는 *HMR*로부터 정보를 사용하여 교배형의 변화를 일으킨다(**그림 11.44**). 교배형 교체는 HR과정에 의한 이중가닥 파손 수선이기 때문에 이중가닥 파손 수선에 필요한 유전자도 또한 교배형교체에 필요하다.

HO체계는 HR을 유도하기 위해 유사분열세포에서 특정 이중가닥 파손을 만드는데 유용한 수단이 되고 있다. MAT서열이나 HO인식 부위가 관심이 있는 염색체 부위에 삽입된다. HO유전자 활성은 변형되어 탄소원(carbon source)에 의해 조절되는데, 즉 세포를 포도당을 포함하는 배지에서 배양할 때는 차단되고 포도당이 없이 galactose를 포함하는 배지에서 배양할 때 재개된다. 이 조절반응 때문에 연구자들은 정상세포와 HR돌연변이 세포의 분자 수준에서 이중가닥 파손의 운명을 연구하였다(**그림11.45**).

최근 효모의 I-*Sce*I 체계를 체세포에서 특정 이중가닥 파손을 일으키기 위해 생쥐에 사용하였다. 효모 미토콘드리아의 21S rRNA유전자의 intron으로부터 유래한 I-SceI endonuclease는 길이가 18bp인 인식부위를 갖고 있다. 생쥐에서 I-SceI 발현은 *HO* endonuclease의 발현 보다 더 효과적이다. 쟈신(Maria Jasin)과 공동연구자들은 이 세포에서 재조합 보고자(recombination reporter)에 삽입된 I-*Sce*I 인식부위와 이중가닥 파손이 자매 염색분체를 이용해 체세포에서 우선적으로 수선되는 것을 보여주기 위해 생쥐세포에서 I-*Sce*I 단백질의 발현을 사용하였다(**그림 11.46**).

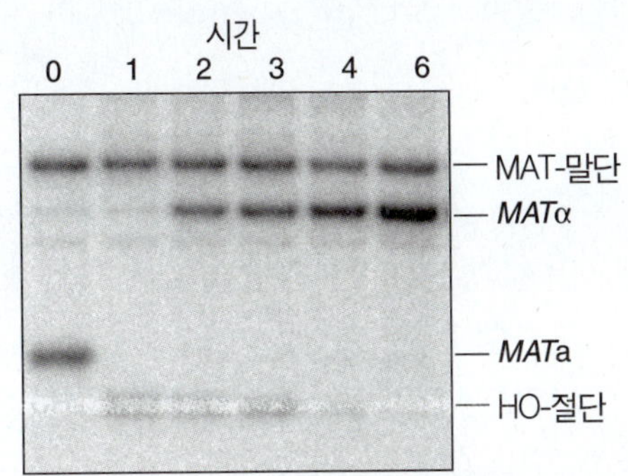


**그림 11.45 HO endonuclease에 의한 *MAT*절단의 서던 분석(Southern analysis).** 0시에 *MAT* 절단은 동시적으로 HO endonuclease에 의해 개시한다. *MATa*절단은 1시에 나타난다. 이중가닥 파손이 합성의존적 가닥 복원에 의해 수선되고 교배형이 *MATα*로 교체되면서 HO-절단 생성물은 사라진다. *MATα*과 *MATα* 유전자들은 서로 다른 DNA 서열과 다른 제한효소 인식부위를 갖고 있기 때문에 전기영동 gel상에서 서로 다른 위치로 이동한다. Reproduced from Meth. Enzymol.,vol. 408, Sugawara, N., and Haber, J. E., *Repair of DNA double strand . . .*,pp. 416 - 429, copyright 2006, with permission from Elsevier. Photo courtesy of Neal Sugawara, Brandeis University.

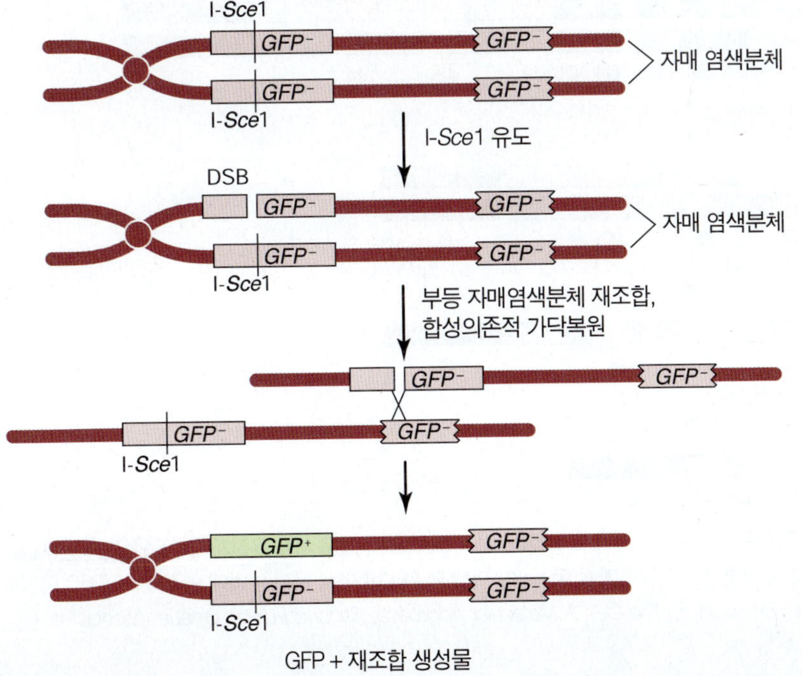


**그림 11.46 I-Sce1으로 유도 이중가닥 파손에 의해 촉진된 생쥐세포에서 상동 재조합.** 재조합보고자는 비기능적인 2개의 녹색 형광단백질 (GP)유전자로 구성된다. 왼쪽 복사는 2개의 끼어있는 정지코돈을 포함하는 I-Sce1 절단부위의 삽입에 의해 비기능적으로 된다. 오른쪽 복사는 5′과 3′ 말단에서 끝이 잘려진다. I-Sce1 발현의 유도는 I-Sce1 단백질발현을 일으킨다. 단백질은 I-Sce1 부위를 인식하여 절단하지만 절단은 100% 효율적이지 않다. 따라서 종종 2개의 자매 염색분체 중 1개만이 endonuclease에 의해 절단된다. 이중가닥 파손은 여기에 나타난 자매 염색분체의 복사를 사용하고 GFP의 잘린 오른쪽 복사를 사용하여 유사분열 전환에 의해 수선된다. 합성의존적 가닥복원은 이중가닥파손의 유전자 전환수선과 I-Scel 부위의 제거를 통해 GFP의 기능적 복사를 만든다.

## V(D)J 재조합은 면역계의 다양성을 형성한다.

척추동물에서 적응면역계는 다양한 병원체와 항원에 대해 무제한 수의 T-세포 수용체와 항체를 생산할 수 있다. 이 면역계는 면역 globulin 유전자 전구물질의 예정 부위특이적 재조합을 통해 $10^{11}$개의 다른 항체들을 생산한다. 면역 globulin 유전자는 면역 globulin의 가벼운 사슬과 무거운 사슬을 형성하는데 사용되는 가변부(variable, V), 다양부(diversity, *D*), 연결부(joining, *J*)의 반복으로 구성된다(**그림 11.47**). 면역 globulin 유전자가 비인접유전자 마디로부터 형성된다는 생각은 1965년 William J. Dreyer와 J. Claude Bennett에 의해 처음 제안되었다. 그들은 다음과 같은 내용을 제안했다: (1) 면역 globulin 유전자의 가변부와 불변부는 다른 DNA서열에 의해 암호화된다; (2) 어떤 과정은 가변부 서열과 불변부 서열을 합쳐 단일 전사 단위를 형성하는데 하나는 가벼운 사슬을 위한 전사 단위이고 다른 하나는 무거운 사슬을 위한 전사 단위이다; (3) 각 무거운 사슬 유전자 자리 또는 가벼운 사슬 유전자 자리는 다중 V영역서열을 갖지만 B세포에서 재배열 이전에 단 1개의 C영역 서열을 갖는다. 1976 Susumu Tonegawa는 가변부와 불변부가 생쥐 배아의 DNA상에서 분리되어 존재하고 있지만 성숙한 B세포에서는 인접해있다는 사실을 보여줌으로써 이 제안이 옳다는 것을 증명하였다. 1987년 Tonegawa는 이 발견으로 노벨상

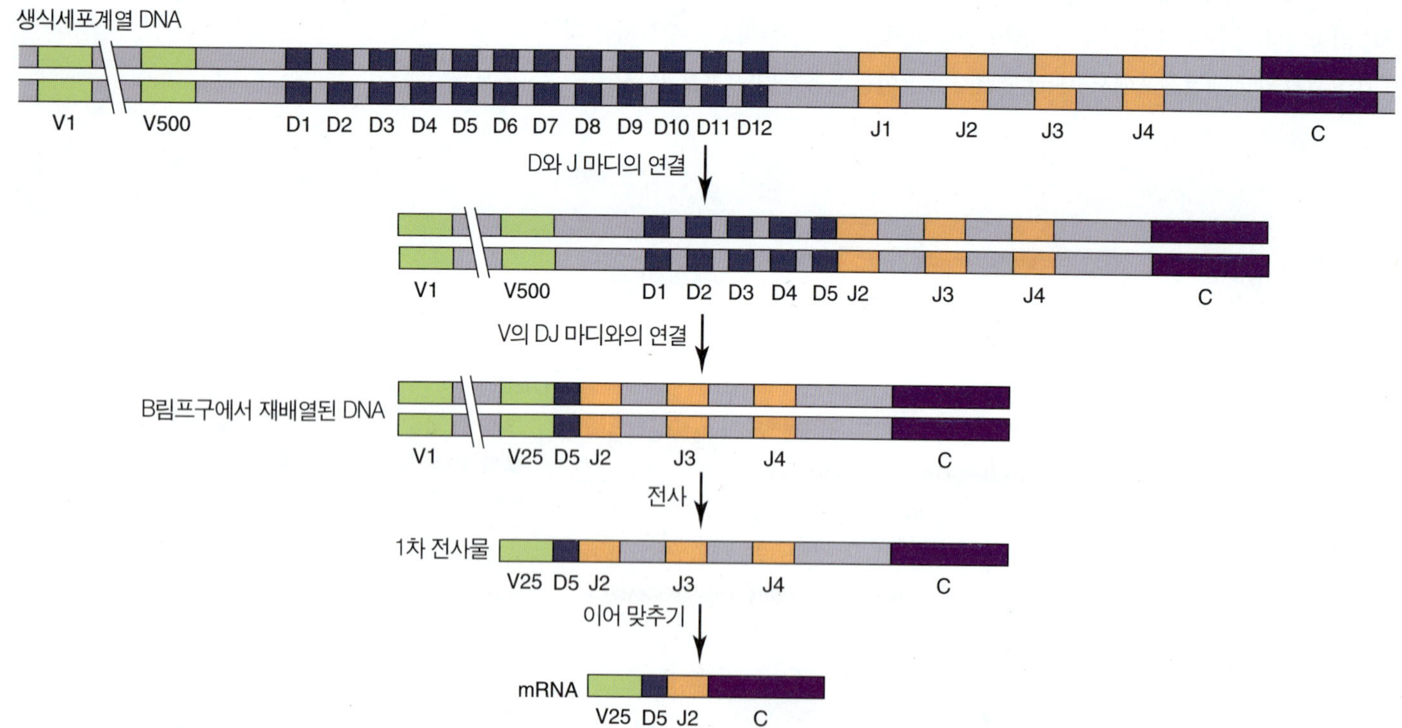


**그림 11.47 면역 globulin V, D와 J 유전자 구성.** 생식세포계열은 다중 V, D와 J 영역을 포함한다. 면역 globulin 무거운 사슬 유전자에서 D와 J영역은 처음 연결된다. 다음 V영역은 DJ영역에 연결되어 VDJ 유전자를 형성한다. C영역은 이어맞추기 (splicing)에 의해 RNA 수준에서 VDJ 영역에 연결되어 VDJC 영역을 암호화하는 mRNA을 만든다. Adapted from Cooper, G. M., and Hausman, R. E. The Cell: A *Molecular Approach, Second Edition*. Sinauer Associates, Inc., 2000.

을 수여 받았다. 그의 연구결과는 B세포에서 예정된 체세포 DNA재배열을 보여주는 계기가 되었다.

그 후의 연구결과 추가적인 염기 서열의 존재가 밝혀졌는데, 즉 가볍고 무거운 면역 globulin 사슬에서 연결(J)서열과 무거운 면역 globulin 사슬에서의 다양성(D) 서열이다. 성숙한 면역 globulin의 가벼운 사슬은 V와 J 서열을 불변부 서열에 연결함으로써 형성되는 한편 무거운 사슬은 V, D와 J 마디를 불변부 마디에 연결함으로써 형성된다. 이 마디들의 연결은 체세포 재조합에 의한 B-세포 발달 중 일어난다. 면역계에서 다양성은 다른 재조합반응에 의해 이루어진다. 다양성의 첫 수준은 V, D와 J 마디의 재배열을 통해 일어나는 **조합다양성(combinatorial diversity)**이다. 두 번째 수준은 V, D와 J 암호화 마디의 연결 중 일어나는 연접 다양성(junctional diversity)이다. 연접다양성은 부정확하고 연결연접에서 nucleotide의 결실 또는 첨가를 일으킨다. 세 번째 수준은 짝짓기 다양성(pairing diversity)이라 불리고 하나의 무거운 사슬과 가벼운 사슬의 조합을 통해 항원 수용체 단백질을 만든다. 그 이외에 유전자 전환과 체세포 과돌연변이(somatic hypermutation)는 성숙한 면역 globulin 유전자의 다양성을 증가시킨다.

V(D)J 재조합은 예정된 이중가닥 파손에 의해 일어난다. 이중가닥 파손은 부정확한 이중가닥 파손 말단에 연결될 가능성이 있기 때문에 V(D)J 재조합의 과정은 이 문제에 대해 조심스럽게 조절되어야 한다. V, D과 J 마디는 이들을 함께 연결하는 재조합 반응에 참여하는 특별한 **재조합 신호 서열(recombination signal sequence, RSS)**에 의해 싸여있다(**그림 11.48**과 **11.49**). RSS는 12 또는 23개의 nucleotide의 간격 사이 영역(spacer region)에 의해 분리된 보존적인 7합체와 9합체 성분으로부터 형성된다.

RSS는 RSS에서 일정한 방식으로 절단하는 2가지 효소의 표적이다. 이 효소들은 **RAG-1**과 **RAG-2**로 불리우고 재조합활성화 유전자(recombination-activating gene)를 암호화한다. RAG유전자는 림프구 발생 중에만 발현되어 위험한 이중가닥

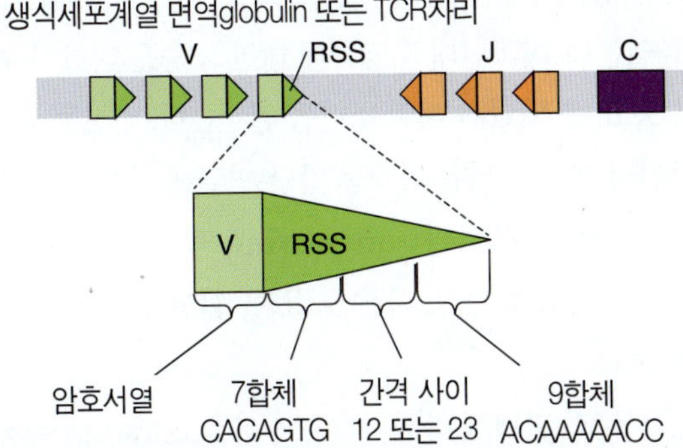


**그림 11.48 V(D)J 재조합에서 재조합 신호서열(RSS).** 각 V,D와 J 유전자 암호서열은 12 또는 23개의 염기쌍으로 구성된 간격 사이(spacer)를 둘러싸는 보존적 7합체와 9합체 서열을 포함하는 RSS에 의해 둘러싸여 있다.

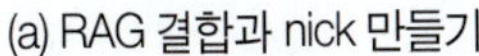


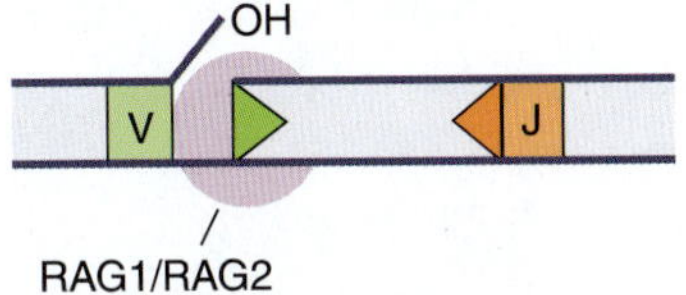


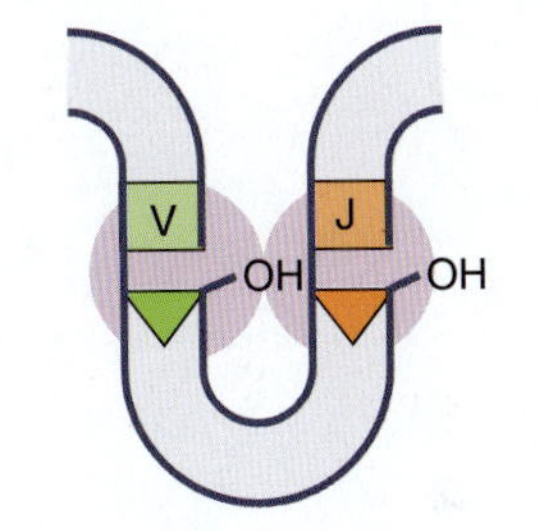


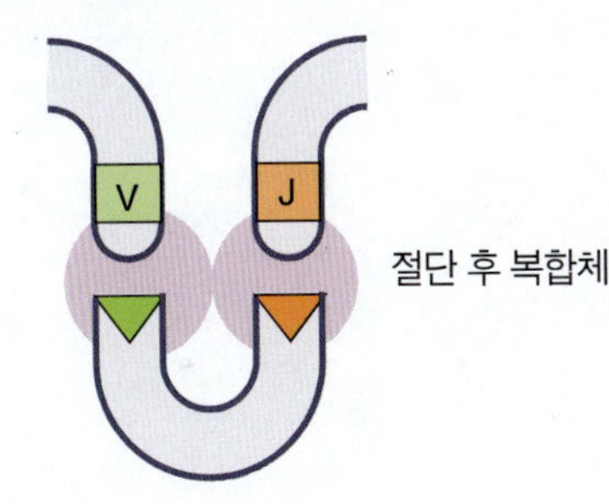


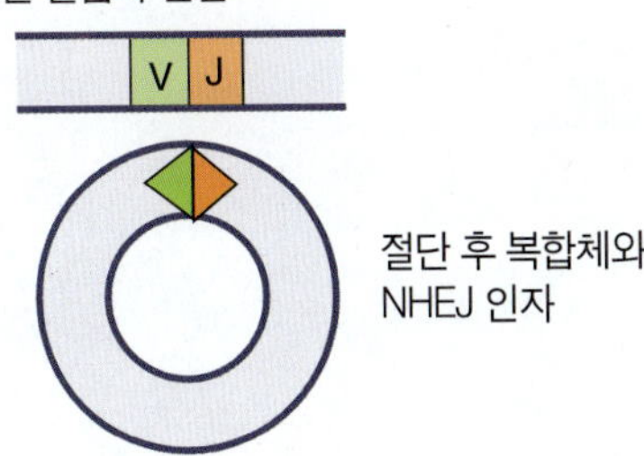


**그림 11.49 V(D)J 반응 재조합 반응.** (a) RAG1과 RAG2는 재조합 신호서열 (RSS)에 결합하고 단일가닥 nick을 만든다. (b) RAG1 · RAG2 · RSS 복합체는 다른 RSS와 synapsis를 형성하고 반대쪽 가닥에 또 다른 nick을 만들어 이중가닥 파손을 만든다. (c) 암호화 말단은 절단에 의해 머리핀을 형성하고 RAG1 · RAG2 복합체와 연합된 채 RSS는 절단 후 복합체가 된다. (d) 머리핀은 Artemis 단백질과 비상동 말단-연결 인자에 의해 열려 2개의 암호화 말단과 2개의 신호 말단을 함께 연결한다. Adapted from Roth, D. B., *Nat. Rev. Immunol.* 3 (2003): 656-666.

파손의 생산을 예정된 재배열이 필요한 단계에서 제한한다. RAG 단백질은 RSS와 암호서열 사이의 연접에서 단일가닥 nick을 만들어 자유 3′-OH 기를 형성한다. RAG · RSS 복합체는 또다른 RAG · RSS 복합체와 짝을 짓고 자유 3′-OH말단은 RSS/암호서열 연접에서 이중가닥 파손을 형성하기 위해 ester 교환(transesterification) 반응을 통해 반대쪽 가닥을 공격한다. 이중가닥 파손을 형성하는 과정에서 암호서열 영역의 말단은 머리핀 구조에 의해 봉해진다. 2개의 V서열, 2개의 D서열 또는 2개의 J서열을 함께 연결하는 것을 방지하기 위해 재조합 과정은 12/23 규칙을 사용하는데, 이를 통해 12 bp 거리 간격을 갖고 있는 RSS가 23 bp 거리 간격을 갖고 있는 RSS에만 결합할 수 있다. V와 J서열은 23bp 거리 간격을 갖고 있는 한편 D서열은 12bp 간격 사이를 갖고 있다. 이 규칙이 연결이 V서열, D서열 그리고 J서열이 되도록 만든다.

일단 머리핀형 말단을 갖고 있는 2개의 암호말단이 RAG단백질과 다른 인자들과 복합체를 형성하면 머리핀 구조는 Artemis라 불리는 단백질에 의해 절단된다. 머리핀서열의 절단은 정확한 서열이 아니다. 따라서 열린 말단은 길이가 다양하다. Nick이 생긴 머리핀 말단은 exonuclease 또는 말단 deoxynucleotide 전달효소(terminal deoxynucleotidyl transferase)에 의한 nucleotide(N nucleotide로 불림)첨가, 또는 회문서열 첨가 또는 암호화 말단의 마지막 nucleotide와 상보적인 P nucleotide 첨가 등에 의해서 더 가공되어 위에 언급한 연접 다양성을 형성한다. 연접 다양화는 해독틀(reading frame)을 변화시켜 면역 globulin 전사 단위를 비기능적으로 만든다. 그러나 기능적 항원 수용체의 선택은 불활성화 전사단위의 형성을 유지시킨다. 위에서 서술한 NHEJ에 대한 효소는 암호화서열을 연결한다. 이 효소들에는 Ku70 · 80, DNA-PKcs, DNA ligaseIV, XRCC4, Cernunnos · XLF와 DNA 중합효소 mu(POLM; 표 10.1 참조)등이 포함된다.

비상동 말단-연결 유전자의 결함이 **중증복합면역부전증(severe combined immunodeficiency, SCID)**이라 불리는 질병을 앓는 환자에서 발견된다. 이와 같은 SCID 질환을 앓는 환자는 성숙한 항원 수용체를 거의 갖고 있지 않고 감염과 병원체에 대한 적절한 면역반응을 할 수 없다. SCID는 종종 거품소년 질환(bubble boy disease)라 불리는데 1970년대 감염균에 대한 노출을 피하기 위해 멸균 거품환경 속에서 살았던 SCID을 앓았던 어린 소년을 일컫는다. 비상동 말단연결에서 결함을 갖고 있고 이중가닥 파손 수선을 비상동 말단-연결에 의해 수행할 수 없는 환자는 방사선 이온화에 대해 민감하다. adenosine 탈아미노화효소(adenosine deaminase)의 결핍을 갖고 있는 또 다른 SCID을 앓고 있는 환자는 방사선 이온화에 대해 민감하지 않다.

V(D)J재조합의 RAG 단백질 작용기작은 전위효소(transposase)와 레트로바이러스 통합효소(retroviral integrase, 12장 참조)와 동일한 화학을 사용한다. 이중가닥 파손이 형성되기 전 V(D)J 재조합과정이 재조합서열을 함께 갖고 와서 이중가닥 파손이 다른 이중가닥 파손과 연결하는 것을 보호하고 유전체 불안정성을 일으킨다.

어떤 림프종에서는 RSS가 암유전자에 실수로 연결되어 그 결과 암유전자가 강력한 전사조절요소(transcription regulatory element)의 제어 아래 위치하여 발현된다(**그림 11.50**). 이와 같은 유형의 실수는 다른 림프종의 특징인 염색체 전좌를 설명한다. **Burkitt 림프종(Burkitt lymphoma)**은 *c-myc* 암유전자(16장 참조)를 Ig의 무거운 사슬자리에 융합하는 염색체 8과 14 사이의 전좌에 의해 특징을 나타낸다. 이 융합은 *c-myc* 발현의 제어를 완화하여 조절되지 않는 세포성장을 일으킨다.

암호 접합부에서 첨가 또는 결실된 nucleotide와 V(D)J 재조합의 과정은 면역 globulin 다양성을 형성한다. 닭과 토끼의 경우 다양성은 **위유전자(pseudogene)**라 불리는 불완전한 V유전자 단편과 재배열된 V유전자 서열 사이의 유전자 전환에 의해 이루어진다. 이 체계는 단 하나의 완전한 V유전자 서열을 사용한다. 따라서 다양성은 V(D)J 재조합에 의해 제공되지 않는다. 우리는 합성의존적 가닥 짝짓기에 의한 유사분열 유전자 전환의 과정을 공부하였다. V유전자 서열 사이의 유전자 전환은 crossing over와 연관되어 있지 않기 때문에 합성의존적 가닥 짝짓기 기작에 의해 일어난다(**그림 11.51**).

면역 globulin 다양성의 최종 기작은 성숙한 면역 globulin 유전자가 V(D)J 재조합에 의해 형성된 후 일어난다. 이는 항원성 선택에 대한 반응에서 B세포에서만 일어

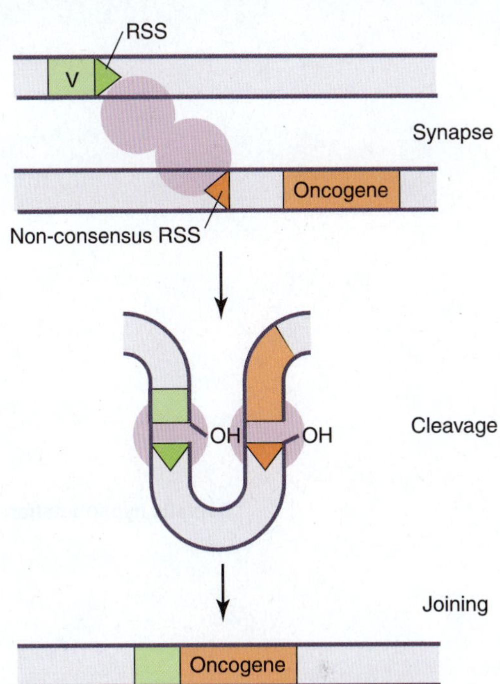


**그림 11.50 부정확한 RSS 재조합.** 종종 RAG1 · RAG2 복합체는 12 염기쌍 또는 23 염기쌍 사이(base pair spacer)를 갖고 있는 진정한 RSS에 대한 비공통 재조합신호서열(RSS)을 인식한다. 그 다음 비공통 RSS는 V, D, 또는 J 암호서열을 둘러싸는 진정한 RSS와 연결 반응을 한다. 반응은 그림 11.49에서 기술한 것처럼 진행하고 V, D 또는 J영역을 암유전자에 연결할 수 있다. Adapted from Roth, D. B., *Nat. Rev. immunol.* 3 (2003): 656-666.

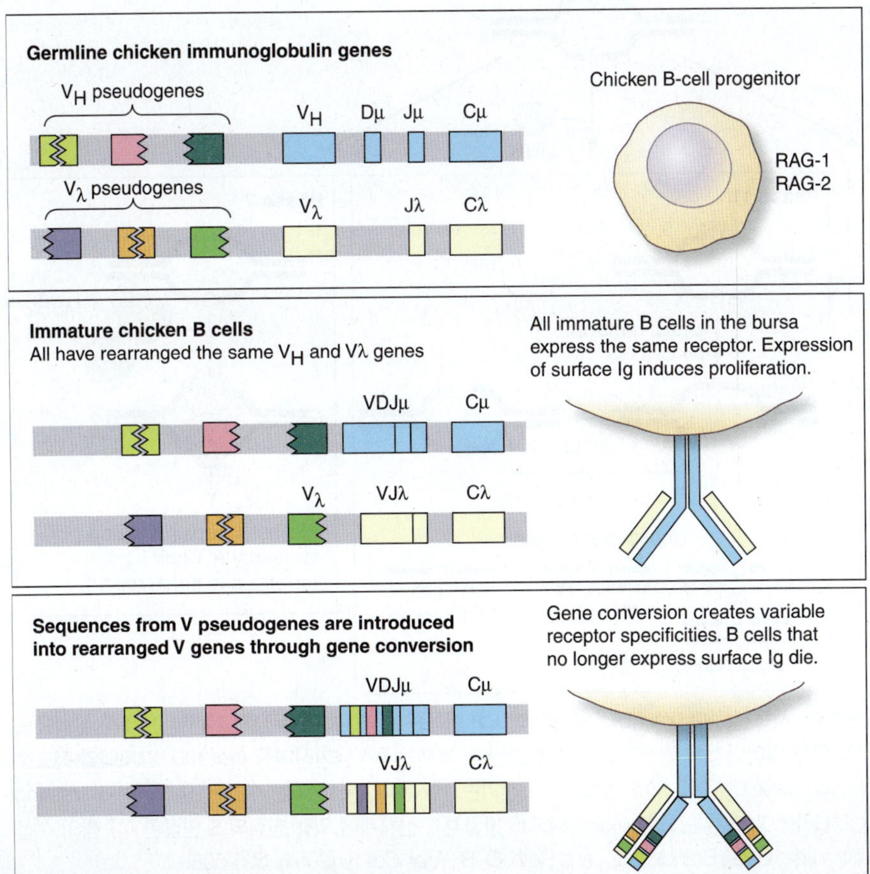


**그림 11.51 닭 B세포에서 유전자 전환.** 닭 B세포는 면역globulin 다양성을 위해 유전자 전환을 이용한다. 미성숙한 닭 B세포는 모두 같은 VDJ 무거운-사슬 유전자와 VJ 가벼운-사슬 유전자를 발현한다. V위유전자는 다양성을 생산하기 위해 활성있는 VDJ 또는 VJ유전자와 유전자전환에 사용된다. 유전자전환 반응은 합성의존적 가닥 복원 기작에 의해 일어난다. 만약 유전자 전환이 VDJ 또는 VJ 유전자를 불활성화 시키면 그 B세포는 제거된다. Adapted from Janeway, C., et al. *Immunobiology, Fifth Edition*. Garland Science, 2002.

나고 B세포 수용체에 영향을 준다. **체세포 과돌연변이(somatic hypermutation)**이라 불리는 과정은 V서열의 돌연변이에 의해 높은 빈도로 일어난다. 체세포 과돌연변이는 면역globulin 가변부에서 점돌연변이를 일으키고 항체의 특이성을 증가시키는 것으로 생각된다. 체세포 과돌연변이는 **활성유도 cytidine 탈아미노화효소(activation-induced cytidine deaminase, AID: 그림 11.52)**의 작용에 의해 uracil 잔기가 V서열로 도입되면서 일어난다. 면역globulin 유전자의 전사가 일어나는 동안 암호 가닥(전사되지 않는 가닥)상의 DNA 단일가닥 영역은 C염기를 U염기로 탈아미노화 하는 AID에 의해 변형된다. 만약 uracil 염기가 제거되지 않으면 복제되어 U염기 반대쪽에 A염기를 삽입하여 C:G를 T:A 전이(transition)를 일으킨

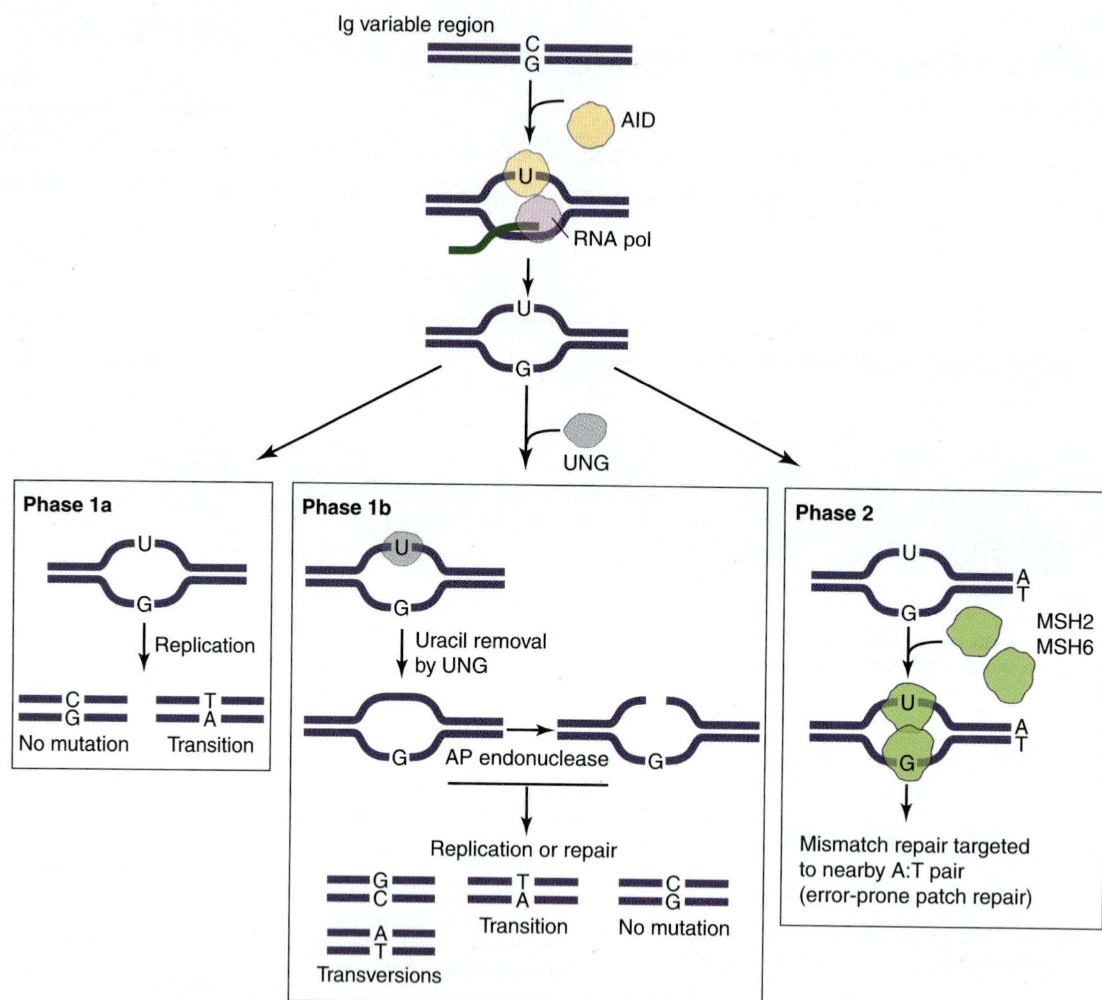


**그림 11.52 체세포 과돌연변이.** 시토신(C)이 uracil(U)로의 탈아미노화 반응은 면역globulin유전자 가변부 전사 중 활성유도 cytidine 탈아미노화효소(AID)에 의해 일어나 U:G 짝짓기 오류를 형성한다. 복제는 T:A 염기전이를 형성한다. 양자택일 적으로 U:G 짝짓기 오류는 uracil N-glycosylase(UNG)에 의해 인식되고 U잔기는 제거된다. 복제 또는 수선은 염기전이와 crossing over형 염기전이를 일으킨다. U:G 짝짓기 오류는 또한 MSH2/MSH6 불일치 수선체계에 의해 인식되고 인접한 A:T 쌍의 수선을 자극할 수 있다. Adapted from Lee, G. S., Brandt, V. L., and Roth, D. B., *Mol. Cell* 16 (2004): 505-508.

다. DNA의 uracil은 uracil N-glycosylase(UNG: 10장 참조)에 의해 인식된다. 염기 절제수선(base excision repair) 반응 기작에서 uracil 염기는 UNG효소에 의해 절제된다. 횡단 손상 DNA 중합효소(translesion DNA polymerase)에 의해 비염기부위(abasic site)를 지나서 복제가 일어나면 C:G가 T:A로의 염기전이 그리고 C:G가 A:T로의 crossing over형 염기전이(transver)가 일어난다. 마지막으로 U:G 불일치 오류는 MSH2 • MSH6 불일치 수선체계에 의해 인식되고 그 후 이어서 일어나는 수선은 A:T염기쌍에서 새로운 돌연변이를 도입한다.

## FLP/*FRT*와 Cre/*lox* 체계가 표적화 된 재조합을 하는데 사용될 수 있다.

효모 *S.cerevisiae*는 세포당 약 50개 복사가 존재하는 2개의 micron plasmid라 불리는 내인성 plasmid를 갖고 있다. 2개의 micron plasmid는 *FRT*(FLP Recombinase Target)부위라고 불리는 역반복서열을 갖고 있다. 그 이름이 말하는 것처럼 이 서열은 FLP(flip)이라고 불리는 recombinase에 의해 인식된다. FLP는 복제 중 역반복 사이의 재조합을 촉진하여 복제의 rolling circle 유형과 2개의 micron 유전체의 증폭을 촉진한다.

연구자들은 FLP/*FRT* 계를 이용하여 부위특이적 유사분열 재조합을 유도한다. **그림 11.53**은 *Drosophila*에서 유사분열 재조합의 부위특이적 유도의 예를 보여준다. *Drosophila*에서 FLP/*FRT*계를 사용하기 위해 FLP 유전자-발현이 조절된다. FLP가 발현될 때 FLP는 *FRT*부위에 대해 멀리 떨어져있는 관심이 있는 동원체의 유전자가 있는 염색체상에 삽입된 *FRT*부위를 절단한다. 100% 효율성이 없는 *FRT*부위의 절단은 *FRT*부위에서 이중가닥 파손을 유도한다. 이중가닥 파손은 HR에 의해 수선되고 일부는 crossing over를 형성한다. 염색체가 어떻게 분리하는 가에 따라 세포는 돌연변이체 유전자에 대해 동형접합성이 된다. 이는 그림 11.3에서 나타난 "쌍점" (twin spot)유사분열 crossing over 생성물과 유사하다. 유전학 연구에서 염색체는 색소에 영향을 주는 유전자에 의해 표지되는데 이는 재조합에 대한 시각적인 정보를 제공한다. 유사분열 재조합은 열성 착색 돌연변이와 관심이 있는 돌연변이체 유전자를 보여주고 이들을 동형 접합성 열성으로 만든다.

이와 같은 체계의 사용은 치명적인 열성돌연변이의 효과를 보는 것이다. 돌연변이가 접합자에서 동형 접합성 열성일 때 치명적이다. 그러나 만약 돌연변이가 이형 접합성 상태로 운반되면 생물체는 살아남게 될 것이다. 유전자는 온도나 또는 조직 · 특이 전사 조절에 의한 FLP 유도에 의해 세포의 클론에서 동형 접합성이 되는데, 이는 연구자로 하여금 발생 중 특정시간에서 특정세포의 유전자 상실 효과에 대한 질문을 하게 만든다.

Bacteriophage P1으로부터 유래한 Cre/*lox*계는 유사한 방법으로 작용한다. Cre 효소는 *loxP* 부위를 인식하고 절단한다. Cre/*lox*계는 생쥐에서 유전자를 표적화

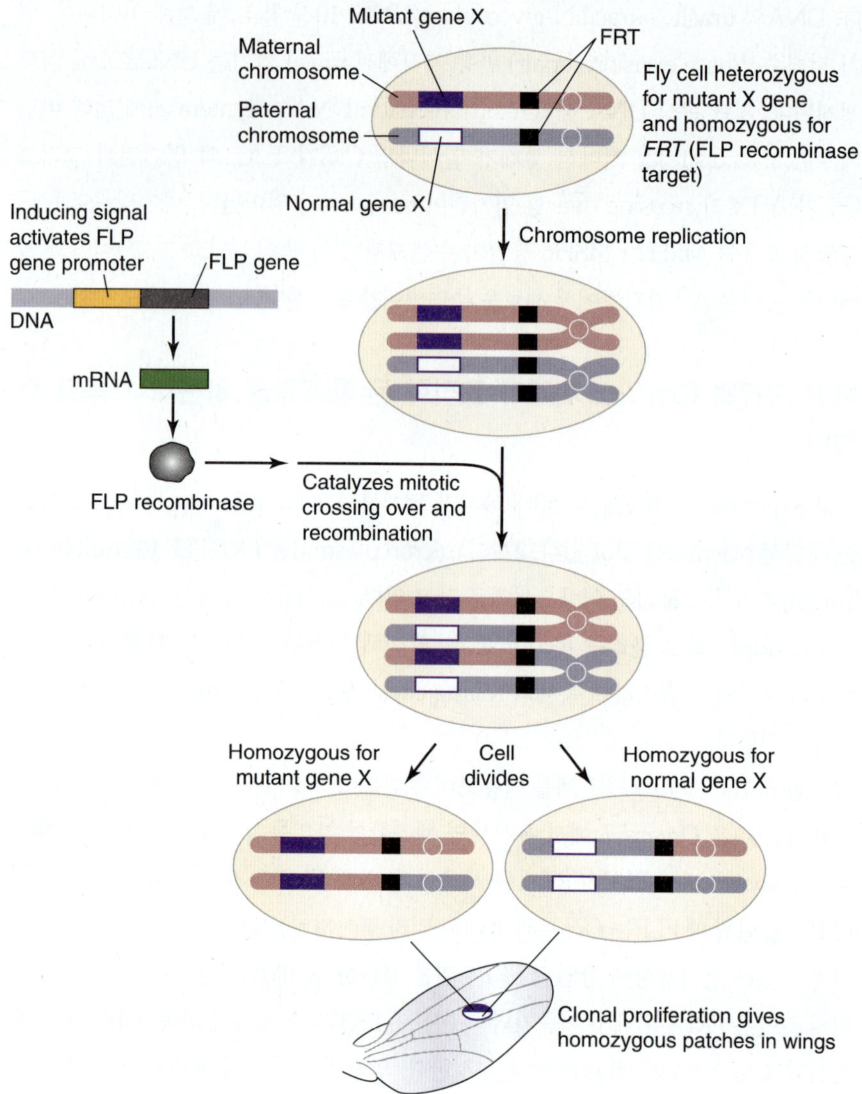


**그림 11.53 상동재조합에 의한 동형접합성 열성 세포를 만들기 위해 *FLP*/FRT을 사용.** 파리는 동일한 염색체상에 있는 돌연변이체 유전자에 대해 이형 접합성이고 삽입된 FRT부위에 대해 동형 접합성이다. FLP유전자의 유도는 FLP recombinase의 합성이 일어나도록 한다. FLP는 FRT 부위를 인식하여 이중가닥 파손을 일으키고 이는 상동 재조합(HR)을 촉진한다. 일부 재조합은 이중가닥 파손 수선 기작에 의해 일어나고 crossing over를 형성한다. 염색체 분리 후 한 딸세포는 유전자의 2개 돌연변이체 복사를 받고 다른 딸세포는 유전자의 2개 정상 복사를 받는다. 나타난 예에서 돌연변이체 세포의 조각이 *Drosophila* 날개 상에 형성되는데 이 기술로 인해 발생 후기 단계에서 열성 돌연변이체 표현형을 평가할 수 있다.

하는데 흔히 사용된다(**그림 11.54**). Cre/*lox*는 조건부로 생쥐에서 유전자를 켜고 끄는데 사용될 수 있다. 제조하는 유전자의 양쪽에 *lox* 부위를 삽입하고, Cre 유전자는 온도나 호르몬 조절을 받는 promoter에 의해 제어되게 제작한다. Promoter는 전사(13장 참조)를 개시하는 신호로서 작용하는 유전자의 출발점에 있는 DNA 서열이다. Cre 발현은 Cre 단백질을 생산하고 이는 *loxP* 부위를 인식하고 *loxP* 부위를 절단하고 절단된 *loxP* 부위의 재연결을 촉진시켜 절단된 *loxP* 부위 사이의 물질과 함께 단일

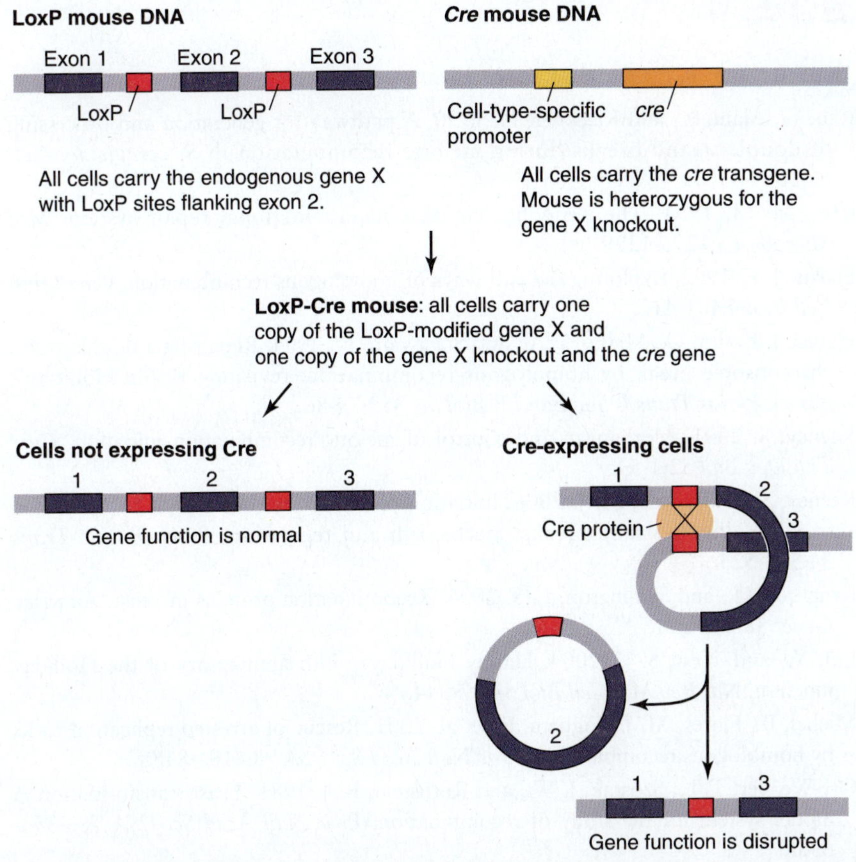


**그림 11.54 생쥐에서 세포-유형 특이 유전자제거를 만들기 위해 Cre/lox을 사용.** *LoxP* 부위는 한 염색체의 유전자X의 exon2 양쪽을 에워싸기 위해 염색체에 삽입된다. X유전자의 두 번째 복사는 제거되고 이와 같은 유전자 구성으로 형성된 생쥐를 LoxP 생쥐라 한다. Cre 생쥐라고 부르는 또 다른 생쥐는 유전체에 삽입된 *cre* 유전자를 갖고 있다. Cre 유전자 옆에 인접한 촉진 유전자는 어떤 세포 유형에서만 cre 유전자가 발현되도록 한다. 이 생쥐는 또한 유전자 X의 한 복사가 제거된 것을 갖고 있다. 2개의 생쥐를 교배할 때 LoxP 유전자 구성, 유전자 X제거와 *cre* 유전자를 갖고 있는 자손이 생긴다. Cre 단백질이 promoter를 활성화시키는 세포에서 발현될 때 *LoxP* 부위 사이의 부위 특이적 재조합을 촉매하고 유전자 X의 exon2는 결실된다. 이는 Cre을 발현하는 세포에서 유전자X의 기능적 복사를 불활성화 시킨다. Adapted from Lodish, H., et al. *Molecular Cell Biology*, Fifth Edition. W.H. Freeman and Company, 2003.

*loxP* 부위를 뒤에 남긴다.

Cre/*lox* 계는 생쥐유전자로부터 exon을 조건부로 제거하는데 사용될 수 있으며 염색체 상에 소위 유전자 제거(gene knockout) 또는 불활성화(inactivation)를 만들거나 또는 관심이 있는 유전자를 promoter(전사조절서열)에 융합하여 관심이 있는 유전자 발현을 제어할 수 있게 한다. 유전자가 정상적으로 발현되지 않는 조직에서 유전자 발현 또는 동시에 유전자가 정상적으로 발현되지 않는 경우를 이소적발현(ectopic expression)이라 한다. 이소적발현은 유전자 반복, 특이성과 세포 자율성에 관한 정보를 제공한다. 다음 장에서 다른 유형의 부위 특이 재조합 반응에 대해 공부하게 될 것이다.

# 권장 도서

## 일반

Cao, L., Alani, E., and Kleckner, N. 1990. A pathway for generation and processing of double-strand breaks during meiotic recombination in *S. cerevisiae*. *Cell* 61:1089-1101.

Cox, M. M. 1991. The RecA protein as a recombinational repair system. *Mol Microbiol* 5:1295-1299.

Haber, J. E. 1992. Exploring the pathways of homologous recombination. *Curr Opin Cell Biol* 4:401-412.

Haber, J. E., Ira, G., Malkova, A., and Sugawara, N. 2004. Repairing a doublestrand chromosome break by homologous recombination: revisiting Robin Holliday's model. *Philos Trans R Soc Lond B Biol Sci* 359:79-86.

Keeney, S. 2001. Mechanism and control of meiotic recombination initiation. *Curr Top Dev Biol* 52:1-53.

Keeney, S., and Neale, M. J. 2006. Initiation of meiotic recombination by formation of DNA double-strand breaks: mechanism and regulation. *Biochem Soc Trans* 34:523-525.

Krogh, B. O., and Symington, L. S. 2004. Recombination proteins in yeast. *Ann Rev Genet* 38:233-271.

Liu, Y., and West, S. C. 2004. Happy Hollidays: 40th anniversary of the Holliday junction. *Nat Rev Mol Cell Biol* 5:937-944.

Michel, B., Flores, M. J., Viguera, E., et al. 2001. Rescue of arrested replication forks by homologous recombination. *Proc Natl Acad Sci USA* 98:8181-8188.

Orr-Weaver, T. L., Szostak, J. W., and Rothstein, R. J. 1981. Yeast transformation: a model system for the study of recombination. *Proc Natl Acad Sci USA* 78:6354-6358.

Paques, F., and Haber, J. E. 1999. Multiple pathways of recombination induced by double- strand breaks in *Saccharomyces cerevisiae*. *Microbiol Mol Biol Rev* 63:349-404.

Radding, C. M. 1978. Genetic recombination: strand transfer and mismatch repair. *Ann Rev Biochem* 47:847-880.

Radding, C. M. 1981. Recombination activities of *E. coli recA protein*. *Cell* 25:3-4.

Radding, C. M. 1982. Homologous pairing and strand exchange in genetic recombination. *Ann Rev Genet* 16:405-437.

Schwacha, A., and Kleckner, N. 1995. Identification of double Holliday junctions as intermediates in meiotic recombination. *Cell* 83:783-791.

Sun, H., Treco, D., Schultes, N. P., and Szostak, J. W. 1989. Double-strand breaks at an initiation site for meiotic gene conversion. *Nature* 338:87-90.

Sung, P., Krejci, L., Van Komen, S., and Sehorn, M. G. 2003. Rad51 recombinase and recombination mediators. *J Biol Chem* 278:42729-42732.

Symington, L.S. 2002. Role of RAD52 epistasis group genes in homologous recombination and double-strand break repair. *Microbiol Mol Biol Rev* 66:630-670.

## Recombination Models

Ferguson, D. O., and Holloman, W. K. 1996. Recombinational repair of gaps in DNA is asymmetric in Ustilago maydis and can be explained by a migrating D-loop model. *Proc Natl Acad Sci USA* 93:5419-5424.

Heyer, W. D. 2004. Recombination: Holliday junction resolution and crossover formation. *Curr Biol* 14:R56-R58.

Higgins, N. P., Kato, K., and Strauss, B. 1976. A model for replication repair in mammalian cells. *J Mol Biol* 101:417-425.

Holliday, R. 1964. A mechanism for gene conversion in fungi. *Genet Res Camb* 5:282-304.

Hollingsworth, N. M., and Brill, S. J. 2004. The Mus81 solution to resolution: generating meiotic crossovers without Holliday junctions. *Genes Dev* 18:117-125.

Ivanov, E. L., Sugawara, N., Fishman-Lobell, J., and Haber, J. E. 1996. Genetic requirements for the single-strand annealing pathway of double-strand break repair in *Saccharomyces cerevisiae. Genetics*142:693-704.

Kraus, E., Leung, W. Y., and Haber, J. E. 2001. Break-induced replication: a review and an example in budding yeast. *Proc Natl Acad Sci USA* 98:8255-8262.

McEachern, M. J., and Haber, J. E., 2006. Break-induced replication and recombinational telomere elongation in yeast. *Ann Rev Biochem* 75:111-135.

Meselson, M. S., and Radding, C. M. 1975. A general model for genetic recombination. *Proc Natl Acad Sci USA* 72:358-361.

Nassif, N., Penney, J., Pal, S., et al. 1994. Efficient copying of nonhomologous sequences from ectopic sites via P-element-induced gap repair. *Mol Cell Biol* 14:1613-1625.

Osman, F., Dixon, J., Doe, C. L., and Whitby, M. C. 2003. Generating crossovers by resolution of nicked Holliday junctions: a role for Mus81-Eme1 in meiosis. *Mol Cell* 12:761-774.

Strathern, J. N., Klar, A. J., Hicks, J. B., et al. 1982. Homothallic switching of yeast mating type cassettes is initiated by a double-stranded cut in the MAT locus. *Cell* 31:183-192.

Szostak, J. W., Orr-Weaver, T. L., Rothstein, R. J., and Stahl, F. W. 1983. The doublestrand- break repair model for recombination. *Cell* 33:25-35.

Whitby, M. C. 2005. Making crossovers during meiosis. *Biochem Soc Trans* 33:1451-1455.

## Recombination Proteins

Alani, E., Subbiah, S., and Kleckner, N. 1989. The yeast RAD50 gene encodes a predicted 153-kD protein containing a purine nucleotide-binding domain and two large heptad-repeat regions. *Genetics* 122:47-57.

Anderson, D. G., and Kowalczykowski, S. C. 1997. The translocating RecBCD enzyme stimulates recombination by directing RecA protein onto ssDNA in a chiregulated manner. *Cell* 90:77-86.

Baumann, P., Benson, F. E., and West, S. C. 1996. Human Rad51 protein promotes ATP-dependent homologous pairing and strand transfer reactions *in vitro. Cell* 87:757-766.

Benson, F. E., Baumann, P., and West, S. C. 1998. Synergistic actions of Rad51 and Rad52 in recombination and DNA repair. *Nature* 391:401-404.

Bianchi, M., DasGupta, C., and Radding, C. M. 1983. Synapsis and the formation of paranemic joints by *E. coli* RecA protein. *Cell* 34:931-939.

Bishop, D. K., Park, D., Xu, L., and Kleckner, N. 1992. DMC1: a meiosis-specific yeast homolog of *E. coli* recA required for recombination, synaptonemal complexformation, and cell cycle progression. *Cell* 69:439-456.

Boddy, M. N., Gaillard, P. H., McDonald, W. H., et al. 2001. Mus81-Eme1 are essential components of a Holliday junction resolvase. *Cell* 107:537-548.

Cox, M. M., and Lehman, I. R. 1981. recA protein of Escherichia coli promotes branch migration, a kinetically distinct phase of DNA strand exchange. *Proc Natl Acad Sci USA* 78:3433-3437.

Cox, M. M., Soltis, D. A., Livneh, Z., and Lehman, I. R. 1983. On the role of single-stranded DNA binding protein in recA protein-promoted DNA strand exchange. *J Biol Chem* 258:2577-2585.

Davies, A.A., Masson, J.Y., McIlwraith, M. J., et al. 2001. Role of BRCA2 in control of the RAD51 recombination and DNA repair protein. *Mol Cell* 7:273-282.

Davis, A. P., and Symington, L. S. 2001. The yeast recombinational repair protein Rad59 interacts with Rad52 and stimulates single-strand annealing. *Genetics* 159:515-525.

Davis, A. P., and Symington, L. S. 2003. The Rad52-Rad59 complex interacts with Rad51 and replication protein A. *DNA Repair (Amst)* 2:1127-1134.

Dunderdale, H. J., Benson, F. E., Parsons, C. A., et al. 1991. Formation and resolution of recombination intermediates by *E. coli* RecA and RuvC proteins. *Nature* 354:506-510.

Eggleston, A. K., and West, S. C. 2000 Cleavage of Holliday junctions by the *Escherichia coli* RuvABC complex. *J Biol Chem* 275:26467-26476.

Flory, J., Tsang, S. S., and Muniyappa, K. 1984. Isolation and visualization of active presynaptic filaments of recA protein and single-stranded DNA. *Proc Natl Acad Sci USA* 81:7026-7030.

Hopfner, K. P., Craig, L., Moncalian, G., et al. 2002. The Rad50 zinc-hook is a structure joining Mre11 complexes in DNA recombination and repair. *Nature* 418:562-566.

Ira, G., Malkova, A., Liberi, G., et al. 2003. Srs2 and Sgs1-Top3 suppress crossovers during double-strand break repair in yeast. *Cell* 115:401-411.

Kahn, R., and Radding, C. M. 1984. Separation of the presynaptic and synaptic phases of homologous pairing promoted by recA protein. *J Biol Chem* 259:7495-7503.

Kaliraman, V., Mullen, J. R., Fricke, W. M., et al. 2001. Functional overlap between Sgs1-Top3 and the Mms4-Mus81 endonuclease. *Genes Dev* 15:2730-2740.

Karow, J. K., Constantinou, A., Li, J. L., West, S. C., and Hickson, I. D. 2000. The Bloom's syndrome gene product promotes branch migration of Holliday junctions. *Proc Natl Acad Sci USA* 97:6504-6508.

Keeney, S., Giroux, C. N., and Kleckner, N. 1997. Meiosis-specific DNA doublestrand breaks are catalyzed by Spo11, a member of a widely conserved protein family. *Cell* 88:375-384.

Keeney, S., and Kleckner, N. 1995. Covalent protein-DNA complexes at the 5'strand termini of meiosis-specific double-strand breaks in yeast. *Proc Natl Acad Sci USA* 92:11274-11278.

Kodadek, T., and Alberts, B. M. 1987. Stimulation of protein-directed strand exchange by a DNA helicase. *Nature* 326:312-314.

Krejci, L., Van Komen, S., Li, Y., et al. 2003. DNA helicase Srs2 disrupts the Rad51 presynaptic filament. *Nature* 423:305-309.

Liu, Y., Masson, J. Y., Shah, R., et al. 2004. RAD51C is required for Holliday junction processing in mammalian cells. *Science* 303:243-246.

McIlwraith, M. J., Vaisman, A., Liu, Y., et al. 2005. Human DNA polymerase eta promotes DNA synthesis from strand invasion intermediates of homologous recombination. *Mol Cell* 20:783-792.

New, J. H., Sugiyama, T., Zaitseva, E., and Kowalczykowski, S. C. 1998. Rad52 protein stimulates DNA strand exchange by Rad51 and replication protein A. *Nature* 391:407-410.

Ogawa, T., Yu, X., Shinohara, A., and Egelman, E. H. 1993. Similarity of the yeast RAD51 filament to the bacterial RecA filament. *Science* 259:1896-1899.

Petukhova, G., Stratton, S., and Sung, P. 1998. Catalysis of homologous DNA pairing by yeast Rad51 and Rad54 proteins. *Nature* 393:91-94.

Petukhova, G., Sung, P., and Klein, H. 2000. Promotion of Rad51-dependent D-loop formation by yeast recombination factor Rdh54/Tid1. *Genes Dev* 14:2206-2215.

Ralf, C., Hickson, I. D., and Wu, L. 2006. The Bloom's syndrome helicase can promote the regression of a model replication fork. *J Biol Chem* 281:22839-22846.

Register, J. C. 3rd, Christiansen, G., and Griffith, J. 1987. Electron microscopic visualization of the RecA protein-mediated pairing and branch migration phases of DNA strand exchange. *J Biol Chem* 262:12812-12820.

Roman, L. J. and Kowalczykowski, S. C. 1986. Relationship of the physical and enzymatic properties of *Escherichia coli* recA protein to its strand exchange activity. *Biochemistry* 25:7375-7385.

Rudin, N., Sugarman, E., and Haber, J. E. 1989. Genetic and physical analysis of double-strand break repair and recombination in *Saccharomyces cerevisiae*. *Genetics* 122:519-534.

San Filippo, J., Chi, P., Sehorn, M. G., et al. 2006. Recombination mediator and Rad51 targeting activities of a human BRCA2 polypeptide. *J Biol Chem* 281:11649-11657.

Sehorn, M. G., Sigurdsson, S., Bussen, W., et al. 2004. Human meiotic recombinase Dmc1 promotes ATP-dependent homologous DNA strand exchange. *Nature* 429:433-437.

Seigneur, M., Bidnenko, V., Ehrlich, S.D., and Michel, B. 1998. RuvAB acts at arrested replication forks. *Cell* 95:419-430.

Shinohara, A., Ogawa, H., and Ogawa, T. 1992. Rad51 protein involved in repair and recombination in *S. cerevisiae* is a RecA-like protein. *Cell* 69:457-470.

Shinohara, A., and Ogawa, T. 1998. Stimulation by Rad52 of yeast Rad51-mediated recombination. *Nature* 391:404-407.

Sigurdsson, S., Van Komen, S., Bussen, W., et al. 2001. Mediator function of the human Rad51B-Rad51C complex in Rad51/RPA-catalyzed DNA strand exchange. *Genes Dev* 15:3308-3318.

Soltis, D. A., and Lehman, I. R. 1983. An unpaired 3'terminus stimulates recA protein- promoted DNA strand exchange. *J Biol Chem* 258:14073-14075.

Sonoda, E., Sasaki, M. S., Buerstedde, J. M., et al. 1998. Rad51-deficient vertebrate cells accumulate chromosomal breaks prior to cell death. *EMBO* J 17:598-608.

Stasiak, A., Egelman, E. H., and Howard-Flanders, P. 1988. Structure of helical RecADNA complexes. III. The structural polarity of RecA filaments and functional polarity in the RecA-mediated strand exchange reaction. *J Mol Biol* 202:659-662.

Stasiak, A., Stasiak, A. Z., and Koller, T. 1984. Visualization of RecA-DNA complexes involved in consecutive stages of an in vitro strand exchange reaction. *Cold Spring Harb Symp Quant Biol* 49:561-570.

Stewart, G. S., Maser, R. S., Stankovic, T., et al. 1999. The DNA double-strand break repair gene hMRE11 is mutated in individuals with an ataxia-telangiectasia-like disorder. *Cell* 99:577-587.

Sugawara, N., Wang, X., and Haber, J. E. 2003. *In vivo* roles of Rad52, Rad54, and Rad55 proteins in Rad51-mediated recombination. *Mol Cell* 12:209-219.

Sung, P. 1994. Catalysis of ATP-dependent homologous DNA pairing and strand exchange by yeast RAD51 protein. *Science* 265:1241-1243.

Sung, P. 1997. Function of yeast Rad52 protein as a mediator between replication protein A and the Rad51 recombinase. *J Biol Chem* 272:28194-28197.

Sung, P., and Robberson, D. L. 1995. DNA strand exchange mediated by a RAD51-ss- DNA nucleoprotein filament with polarity opposite to that of RecA. *Cell* 82:453-461.

Tsaneva, I. R., Muller, B., and West, S. C. 1992. ATP-dependent branch migration of Holliday junctions promoted by the RuvA and RuvB proteins of *E. coli*. *Cell* 69: 1171-1180.

Tsuzuki, T., Fujii, Y., Sakumi, K., et al. 1996. Targeted disruption of the Rad51 gene leads to lethality in embryonic mice. Proc *Natl Acad Sci USA* 93:6236-6240.

Van Komen, S., Petukhova, G., Sigurdsson, S., et al. 2000. Superhelicity-driven homologous DNA pairing by yeast recombination factors Rad51 and Rad54. *Mol Cell* 6:563-572.

West, S. C., Cassuto, E., and Howard-Flanders, P. 1981. recA protein promotes homologous-pairing and strand-exchange reactions between duplex DNA molecules. *Proc Natl Acad Sci USA* 78:2100-2104.

West, S. C., and Connolly, B. 1992. Biological roles of the *Escherichia coli* RuvA, RuvB and RuvC proteins revealed. *Mol Microbiol* 6:2755-2759.

Whitby, M. C., and Lloyd, R. G. 1995. Branch migration of three-strand recombination intermediates by RecG, a possible pathway for securing exchanges initiated by 3'-tailed duplex DNA. *EMBO J* 14:3302-3310.

Whitby, M. C., Osman, F., and Dixon, J. 2003. Cleavage of model replication forks by fission yeast Mus81-Eme1 and budding yeast Mus81-Mms4. *J Biol Chem* 278:6928-6935.

Whitby, M. C., Ryder, L., and Lloyd, R. G. 1993. Reverse branch migration of Holliday junctions by RecG protein: a new mechanism for resolution of intermediates in recombination and DNA repair. *Cell* 75:341-350.

Wiltzius, J. J., Hohl, M., Fleming, J. C., and Petrini, J. H. 2005. The Rad50 hook domain is a critical determinant of Mre11 complex functions. *Nat Struct Mol Biol* 12:403-407.

Wu, A. M., Kahn, R., DasGupta, C., and Radding, C. M. 1982. Formation of nascent heteroduplex structures by RecA protein and DNA. *Cell* 30:37-44.

Wu, L., Davies, S. L., North, P. S., et al. 2000. The Bloom°Øs syndrome gene product interacts with topoisomerase III. *J Biol Chem* 275:9636-9644.

Wu, L., and Hickson, I. D. 2003. The Bloom's syndrome helicase suppresses crossing over during homologous recombination. *Nature* 426:870-874.

## Nonhomologous End-Joining

Daley, J. M., Palmbos, P. L., Wu, D., and Wilson, T. E. 2005. Nonhomologous end joining in yeast. *Ann Rev Genet* 39:431-451.

Lieber, M. R., Ma, Y., Pannicke, U., and Schwarz, K. 2003. Mechanism and regulation of human non-homologous DNA end-joining. *Nat Rev Mol Cell Biol* 4:712-720.

Lieber, M. R., Ma, Y., Pannicke, U., and Schwarz, K. 2004. The mechanism of vertebrate nonhomologous DNA end joining and its role in V(D)J recombination. *DNA Repair (Amst)* 3:817-826.

## Meiotic Recombination

Allers, T., and Lichten, M. 2001. Differential timing and control of noncrossover and crossover recombination during meiosis. *Cell* 106:47-57.

Borner, G. V., Kleckner, N., and Hunter, N. 2004. Crossover/noncrossover differentiation, synaptonemal complex formation, and regulatory surveillance at the leptotene/zygotene transition of meiosis. *Cell* 117:29-45.

Borts, R. H., and Haber, J. E. 1989. Length and distribution of meiotic gene conversion tracts and crossovers in *Saccharomyces cerevisiae*. *Genetics* 123:69-80.

Hunter, N., and Kleckner, N. 2001. The single-end invasion: an asymmetric intermediate at the double-strand break to double-Holliday junction transition of meiotic recombination. *Cell* 106:59-70.

Lichten, M., Goyon, C., Schultes, N. P., et al. 1990. Detection of heteroduplex DNA molecules among the products of *Saccharomyces cerevisiae meiosis*. *Proc Natl Acad Sci USA* 87:7653-7657.

Liu, J., Wu, T. C., and Lichten, M. 1995. The location and structure of double-strand DNA breaks induced during yeast meiosis: evidence for a covalently linked DNAprotein intermediate. *EMBO J* 14:4599-4608.

Martini, E., Diaz, R. L., Hunter, N., and Keeney, S. 2006. Crossover homeostasis in yeast meiosis. *Cell* 126:285-295.

Neale, M. J., and Keeney, S. 2006. Clarifying the mechanics of DNA strand exchange in meiotic recombination. *Nature* 442:153-158.

Rockmill, B., Sym, M., Scherthan, H., and Roeder, G. S. 1995. Roles for two RecA homologs in promoting meiotic chromosome synapsis. *Genes Dev* 9:2684-2695.

Schwacha, A., and Kleckner, N. 1994. Identification of joint molecules that form frequently between homologs but rarely between sister chromatids during yeast meiosis. *Cell* 76:51-63.

Shinohara, A., Gasior, S., Ogawa, T., et al. 1997. *Saccharomyces cerevisiae* recA homologues RAD51 and DMC1 have both distinct and overlapping roles in meiotic recombination. *Genes Cells* 2:615-629.

Storlazzi, A., Xu, L., Cao, L., and Kleckner, N. 1995. Crossover and noncrossover recombination during meiosis: timing and pathway relationships. *Proc Natl Acad Sci USA* 92:8512-8516.

## Targeted Gene Knockouts

Baudin, A., Ozier-Kalogeropoulos, O., Denouel, A., et al. 1993. A simple and efficient method for direct gene deletion in *Saccharomyces cerevisiae. Nucleic Acids Res* 21:3329-3330.

Capecchi, M. R. 2005. Gene targeting in mice: functional analysis of the mammalian genome for the twenty-first century. *Nat Rev Genet* 6:507-512.

Muller, U. 1999. Ten years of gene targeting: targeted mouse mutants, from vector design to phenotype analysis. *Mech Dev* 82:3-21.

Rothstein, R. J. 1983. One-step gene disruption in yeast. *Methods Enzymol* 101:202-211.

Smithies, O., Gregg, R. G., Boggs, S. S., et al. 1985. Insertion of DNA sequences into the human chromosomal beta-globin locus by homologous recombination. *Nature* 317:230-234.

Thomas, K. R., and Capecchi, M. R. 1986. Introduction of homologous DNA sequences into mammalian cells induces mutations in the cognate gene. *Nature* 324:34-38.

## Site-specific Recombination

Chou, T. B., and Perrimon, N. 1992. Use of a yeast site-specific recombinase to produce female germline chimeras in *Drosophila. Genetics* 131:643-653.

Connolly, B., White, C. I., and Haber, J. E. 1988. Physical monitoring of mating type switching in *Saccharomyces cerevisiae. Mol Cell Biol* 8:2342-2349.

Dang, D. T., and Perrimon, N. 1992. Use of a yeast site-specific recombinase to generate embryonic mosaics in *Drosophila. Dev Genet* 13:367-375.

Egli, D., Hafen, E., and Schaffner, W. 2004. An efficient method to generate chromosomal rearrangements by targeted DNA double-strand breaks in *Drosophila melanogaster. Genome Res* 14:1382-1393.

Golic, K. G., and Golic, M. M. 1996. Engineering the Drosophila genome: chromosome rearrangements by design. *Genetics* 144:1693-1711.

Lakso, M., Pichel, J. G., Gorman, J. R., et al. 1996. Efficient in vivo manipulation of mouse genomic sequences at the zygote stage. *Proc Natl Acad Sci USA* 93:5860-5865.

Le, Y., and Sauer, B. 2001. Conditional gene knockout using Cre recombinase. *Mol Biotechnol* 17:269-275.

Sauer, B., and Henderson, N. 1989. Cre-stimulated recombination at loxP-containing DNA sequences placed into the mammalian genome. *Nucleic Acids Res* 17:147-161.

White, C. I., and Haber, J. E. 1990. Intermediates of recombination during mating type switching in *Saccharomyces cerevisiae*. *EMBO J* 9:663-673.

Xu, T., and Rubin, G. M. 1993. Analysis of genetic mosaics in developing and adult *Drosophila tissues*. *Development* 117:1223-1237.

## V(D)J Recombination

Chaudhuri, J., and Alt, F. W. 2004. Class-switch recombination: interplay of transcription, DNA deamination and DNA repair. *Nat Rev Immunol* 4:541-552.

Chaudhuri, J., Khuong, C., and Alt, F. W. 2004. Replication protein A interacts with AID to promote deamination of somatic hypermutation targets. *Nature* 430:992-998.

Gellert, M. 2002. V(D)J recombination: RAG proteins, repair factors, and regulation. *Ann Rev Biochem* 71:101-132.

Ma, Y., Pannicke, U., Schwarz, K., and Lieber, M. R. 2002. Hairpin opening and overhang processing by an Artemis/DNA-dependent protein kinase complex in nonhomologous end joining and V(D)J recombination. *Cell* 108:781-794.

Ma, Y., Schwarz, K., and Lieber, M. R. 2005. The Artemis:DNA-PKcs endonuclease cleaves DNA loops, flaps, and gaps. *DNA Repair (Amst)* 4:845-851.

Moshous, D., Callebaut, I., de Chasseval, R., et al. 2001. Artemis, a novel DNA double-strand break repair/V(D)J recombination protein, is mutated in human severe combined immune deficiency. *Cell* 105:177-186.

Neiditch, M. B., Lee, G. S., Huye, L. E., et al. 2002. The V(D)J recombinase efficiently cleaves and transposes signal joints. *Mol Cell* 9:871-878.

Roth, D. B. 2003. Restraining the V(D)J recombinase. *Nat Rev Immunol* 3:656-666.

Schwarz, K., Ma, Y., Pannicke, U., and Lieber, M. R. 2003. Human severe combined immune deficiency and DNA repair. *Bioessays* 25:1061-1070.

## Somatic Hypermutation

Di Noia, J., and Neuberger, M. S. 2002. Altering the pathway of immunoglobulin hypermutation by inhibiting uracil-DNA glycosylase. *Nature* 419:43-48.

Harris, R. S., Sale, J. E., Petersen-Mahrt, S. K., and Neuberger, M. S. 2002. AID is essential for immunoglobulin V gene conversion in a cultured B cell line. *Curr Biol* 12:435-438.

Neuberger, M. S., Di Noia, J. M., Beale, R. C., et al. 2005. Somatic hypermutation at A-T pairs: polymerase error versus dUTP incorporation. *Nat Rev Immunol* 5:171-178.

Williams, G. T., Jolly, C. J., Kohler, J., and Neuberger, M. S. 2000. The contribution of somatic hypermutation to the diversity of serum immunoglobulin: dramatic increase with age. *Immunity* 13:409-417.

## Mitotic Recombination and DNA Replication

Branzei, D., and Foiani, M. 2005. The DNA damage response during DNA replication. *Curr Opin Cell Biol* 17:568-575.

Carney, J. P., Maser, R. S., Olivares, H., et al. 1998. The hMre11/hRad50 protein complex and Nijmegen breakage syndrome: linkage of double-strand break repair to the cellular DNA damage response. *Cell* 93:477-486.

Cox, M. M., Goodman, M. F., Kreuzer, K. N., et al. 2000. The importance of repairing stalled replication forks. *Nature* 404:37-41.

Heller, R. C., and Marians, K. J. 2005. The disposition of nascent strands at stalled replication forks dictates the pathway of replisome loading during restart. *Mol Cell* 17:733-743.

Ira, G., Pellicioli, A., Balijja, A., et al. 2004. DNA end resection, homologous recombination and DNA damage checkpoint activation require CDK1. *Nature* 431:1011-1017.

Lopes, M., Cotta-Ramusino, C., Pellicioli, A., et al. 2001. The DNA replication checkpoint response stabilizes stalled replication forks. *Nature* 412:557-561.

Marians, K. J. 1999. PriA: at the crossroads of DNA replication and recombination. *Prog Nucleic Acid Res Mol Biol* 63:39-67.

Marians, K. J. 2004. Mechanisms of replication fork restart in *Escherichia coli. Philos Trans R Soc Lond B Biol Sci* 359:71-77.

Sandler, S. J., and Marians, K. J. 2000. Role of PriA in replication fork reactivation in *Escherichia coli. J Bacteriol* 182:9-13.

Wu, L., and Hickson, I. D. 2006. DNA helicases required for homologous recombination and repair of damaged replication forks. *Ann Rev Genet* 40:279-306.

## DNA Rearrangements

Bosco, G., and Haber, J. E. 1998. Chromosome break-induced DNA replication leads to nonreciprocal translocations and telomere capture. *Genetics* 150:1037-1047.

Kuppers, R., and Dalla-Favera, R. 2001. Mechanisms of chromosomal translocations in B cell lymphomas. *Oncogene* 20:5580-5594.

Lieber, M. R., Yu, K., and Raghavan, S. C. 2006. Roles of nonhomologous DNA end joining, V(D)J recombination, and class switch recombination in chromosomal translocations. *DNA Repair (Amst)* 5:1234-1245.

Mieczkowski, P. A., Lemoine, F. J., and Petes, T. D. 2006. Recombination between retrotransposons as a source of chromosome rearrangements in the yeast *Saccharomyces cerevisiae. DNA Repair (Amst)* 5:1010-1020.

이 책은 스스로 분자생물학을 공부하는 데 도움이 되도록 고안된 복습 자료와 이 장에서 설명한 주제들에 대한 보다 상세한 정보와 연결된 다양한 자원을 포함하고 있는 **웹사이트, http://biology.jbpub.com/book/molecular**를 가지고 있다.

# 12

# 전이인자(Transposon)와 기타 이동인자들

## 주제 개요

### 12.1 Transposition(전이)

세균의 가장 단순한 이동인자는 삽입서열이라고 불린다.
Transposase는 인자의 끝부분과 특이한 복합체를 형성한다.
전이과정에서는 절단과 연결이 협조적으로 일어난다.
어떤 인자는 '자르고-붙이는' transpoition를 수행하는데, 이때 이 인자는 새로운 위치로 직접 옮겨진다.
DNA 복제와 숙주 DNA 수선과정에서 transposition의 경우 '자르고-붙이는' DNA의 갯수가 증가한다.
세균의 transposon은 그 복잡성에 있어서 다양하다.
복제성 transposon은 원래 위치에 인자 하나를 남겨둔다.
진핵생물의 transposon은 세균의 transposon과 그 기작이 유사하다.
다양한 시스템에 의하여 transposition이 조절된다.
대부분의 transposon은 구부러진 DNA 표적을 선호한다.
Transposon은 특정한 서열을 표적으로 할 수 있다.
어떤 transposon은 특이한 분자적 과정을 표적으로 한다.
어떤 인자는 특정 표적 위치들 중에서 선택할 수 있는 능력을 갖게끔 진화했다.
Transposon은 분자유전학의 중요한 도구이다.

### 12.2 보존적 위치특이 재조합

2가지 군의 단백질이 다른 경로로 보존적 위치특이 재조합을 수행한다.
Bacteriophage λ는 숙주 유전체에 통합되기 위해서 보존적 위치특이 recombinase를 이용한다.
다수의 다른 시스템들이 보존적 위치특이 recombinase 반응을 이용한다.

### 12.3 표적에 의해 유발된 역전사

표적에 의해 유발된 역전사는 RNA 매개체를 통하여 정보를 이동시킬 수 있다.
표적에 의해 유발된 역전사가 LINE의 이동에 이용된다.
LINE의 이동은 유전체의 안정성과 진화에 영향을 준다.
이동성 그룹 II intron은 표적에 의해 유발된 역전사에 의해서 이동한다.
2단계 transesterification 반응에 의해 그룹 II intron은 움직인다.
표적위치와의 상동성은 이동성 그룹 II intron이 후방전이(retrotrans-position)에 의해 이동할지, 후방귀소(retros-homing)에 의해 이동할지를 결정한다.

권장 도서

이전의 장에서는 유전체 정보가 여러 세대에 걸쳐서 안정하게 유지되게끔 하는 다양한 과정에 대해서 다루었다. 따라서, 대부분의 유전체가 여러 위치간을 이동할 수 있는 별개의 DNA 인자를 다량 포함하고 있다는 것은 놀라운 사실일지 모른다. 정적인 유전체라는 사고방식은 Barbara McClintock이 1940년대에 옥수수를 가지고 수행한 연구가 특정한 유전 교배에서 염색체의 일정부위가 "점프"할 수 있다는 것을 보여주었을 때 당면했던 장애물중 하나였다. McClintock은 옥수수를 이용하여 염색체 생물학 분야를 연구하였고, 특히 염색체 연구를 위한 현미경 관찰법에 재능이 있었다. 그녀는 옥수수를 가지고 연구를 하는 동안, 어떤 종에서는 9번 염색체에서의 DNA 절단이 항상 같은 위치에서 일어나는 것을 알게 되었다. 게다가 이러한 염색체 절단은 유전체의 어딘가에 또 다른 유전적 존재물을 필요로 하였다. 9번 염색체에서 발견된 최초의 절단 유발 인자는 분리(dissociation, Ds)라고 불리었으며, 절단을 허용한 인자는 활성자(activator, Ac)라고 명명되었다(**그림 12.1**). 이 분야에서의 그녀의 지속적인 연구와 다른 시스템에서의 유사한 인자의 확인은 Ac 자체가 독자적으로, 즉 다른 유전자 자리의 도움없이,

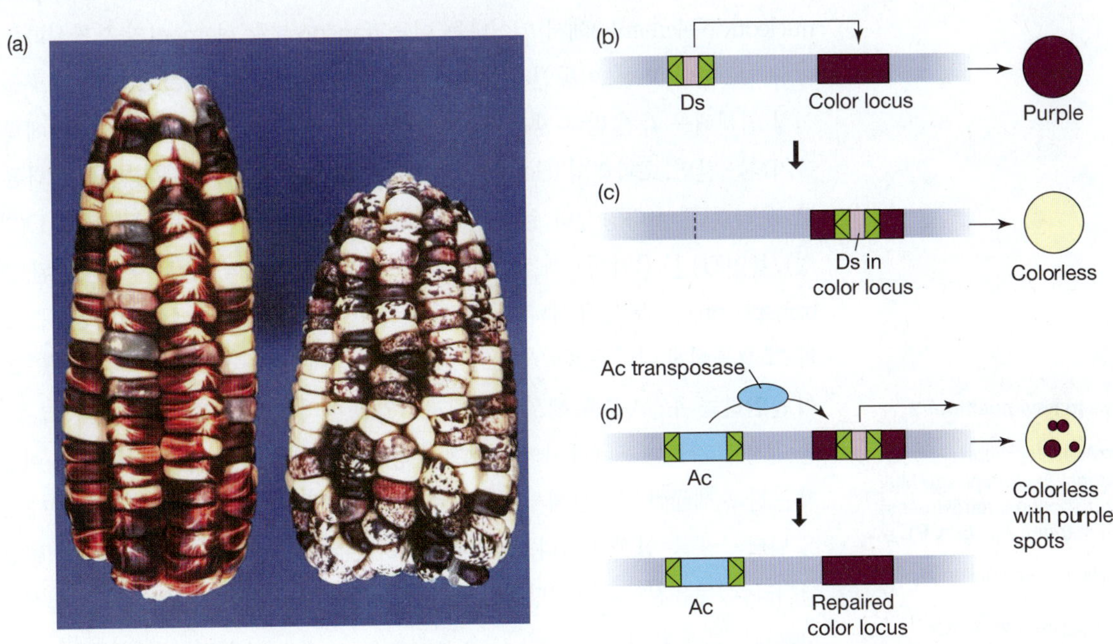


**그림 12.1 독자적이고 비독자적인 transposable element의 움직임이 옥수수의 착색을 바꾼다.** (a) 옥수수 알갱이 색깔의 변화는 염색체내 DNA 인자의 움직임에 의해 설명이 가능하다. (b) 옥수수 알갱이는 원인이 되는 유전자가 Ds라고 불리는 비독자적인 transposable element와 같은 내성적 DNA 인자에 의해 간섭을 받지 않으면 보라색을 띈다. (c) Ds와 같은 삽입인자는 외피 발생 전에 보라색 착색을 일으키는 자리로 점프해 들어갈 수 있다. (d) 만약 Ds인자가 전이효소를 만드는 독립인자인 Ac인자에 의해 다시 움직여지고, 그 부위가 정확히 복구된다면 후대에서는 보라색으로 복귀될 수 있다. Part a reproduced from Jones, R. N., *Cytogenet. Genome Res.*109 (2005): 90 - 103. Copyright 2005, S. Karger AG, Basel. Photo courtesy of Neil Jones, The University of Wales, Aberystwyth. Part b adapted from Jones, R. N., *Cytogenet. Genome Res.*109 (2005): 90-103.

움직일 수 있는 유전 인자임을 밝혀내었다. Ds는 재조합 효소, 구체적으로는 인자를 움직인 transposase를 만들 능력을 잃어버린 Ac인자임이 밝혀졌다. 그러므로, Ac는 완전히 독자적인 반면, Ds인자는 유전체의 어딘가에 있는 Ac인자로부터 만들어진 transposase에 의존하였다.

McClintock이 연구한 인자의 이동은, transposable element가 삽입되었을 때 착색 자리의 불활성화와 그 인자가 절제되었을 때 재활성화를 통한 알갱이 착색의 변화와 같은 옥수수의 현저한 표현형과 관련이 있을 수 있다(**그림 12.1**). 그녀는 이 점프하는 유전자를 transposon이라고 명명하였다. 시간이 지남에 따라서 거의 모든 살아있는 생물이 자기 DNA 안에서 스스로 움직이는 기생성 인자를 포함하고 있다고 여겨지고 있다. McClintock은 transposable element를 발견한 공적으로 1983년에 노벨생리학/의학상을 수상하였다.

이동성 기생 인자는 다양한 방법으로 유전체의 위치사이를 움직일 수 있다. 예상대로, 시간이 지나면서 많은 종류의 이들 인자는 숙주안에서 피해를 가능한한 최소화하도록 하면서 때로는 자신이 유지가 잘 되도록 숙주에게 이익을 제공하기까지 하면서 진화하여왔다. 어떤 경우에는 이는 인간 유전체의 약 30~50%를 차지하는 대부분의 LINE(long interspersed nucleotide elements)와 SINE(shot interspersed nucleotide elements)에서 일어나는 이들 transposable element의 불활성화를 의미하기도 한다. 또한, 이동인자는 실제로 세포의 내부로 통합되기도 한다. 예를 들면, 선형 염색체를 가진 많은 생물에서 telomere가 보통 telomerase(9장 참조)에 의해 유지되는 반면, 초파리의 telomere는 주로 transposon에 의해 유지된다. 또 다른 예로, 우리 항체의 다양성의 원인이 되는 RAG 단백질이 수행하는 V(변화), D(다양성), J(연결) [V(D)/J] 재조합(11장 참조)은 우리 면역계 내부에 통합된 고대 transposon으로부터 유래되었음을 가능성이 매우 높다. 세균에서 이동인자는 진화와 그 생물에게 이익을 주는 새로운 기능의 분배에 아주 중요하다. 이동인자는 그들이 운반하는 유전자를 통해서 세균에게 다양한 이익이 되는 기능을 전한다. 그 중, 이들 인자로 기인한 세균에서의 항생제 내성의 높은 발현률을 설명할 수 있다. 이동인자는 간혹 세균이 지구상에서 만들어지는 거의 모든 유기물질을 분해하는 대사 능력을 발달시킬 수 있게끔 한다. 주위에 존재하는 살아있는 생물에 대한 영향력뿐만이 아니라, 이동유전인자는 상당한 규모에서 다양한 생물을 이해하기 위해 실험실에서 사용되는 관심이 있는 도구이다.

대략 모든 이동유전인자의 이동은 3종류의 반응으로 설명할 수 있다(**그림 12.2**): (1) transposition와 retrovirus에 의한 통합과 관련된 과정; (2) 보존적 위치 특이 재조합; (3) 표적에 의해 유발된 역전사.

**전이(transposition)**는 독자적인 DNA 개체가 transposase라고 하는 스스로 암호화한 재조합 단백질을 이용하여 상동성이 없는 DNA 부위사이를 움직일 수 있는 과정이다. 이들 인자의 명명법은 그 인자가 얼마나 단순하거나 정교한지 그리고 그들이 거주하는 생물의 종류에 따라 다르다. 세균, 원시생물, 많은 진핵생물에서 아

**How do elements move to new positions?**

1. Transposition and retroviral integration
   - IS elements, transposons, bacteriophage Mu
   - LTR elements (retrotransposons, retroviruses)
   - DNA transposons (*Tc/mariner*, Ac, *Tam*, P)
2. Conservative site-specific recombination
   - Tyrosine recombinases
     - Lambda phage, Cre, Flp, XerCD
     - Conjugative transposons
     - Integrons
   - Serine recombinases
     - Tn3-resolvase, $\gamma\delta$
3. Target-primed reverse transcription
   - R2
   - Non-LTR elements (LINES, SINES)
   - Group II mobile introns

**그림 12.2** DNA가 어떻게 유전체의 새로운 위치로 옮겨가는지를 설명하는 3가지 광범위한 기작이 있다.

주 흔한 하나의 큰 계통의 인자는 항상 DNA 인자로서 움직이는 반면, LTR(긴말단 반복순서) retrotransposon이라고 불리는 것은 retrovirus의 이동과 모든 면에서 동일하게 RNA 중간체와 같이 움직인다. LTR retrotransposon은 진핵생물에서는 흔하나, 세균에서는 드물다.

**보존적 위치특이 재조합(conservative site-specific recombination)**은 DNA 마디가 같은 기원의 recombinase를 이용하여 DNA의 특이한 재조합 위치사이를 움직이는 과정이다. 보존적 위치특이 재조합과 관련된 효소는 반응시 DNA에 일시적으로 연결되는 아미노산에 근거하여 tyrosine recombinase와 serine recombinase의 2가지 커다란 군으로 나뉘어질 수 있다.

이동유전인자의 이동을 가능하게 하는 마지막 종류의 기작은, 잘린 표적 DNA의 유리된 3′ 말단이 복제 과정의 시작에 이용되어, DNA가 RNA 절편으로서 움직이는 인자에 의해 만들어질 수 있게끔 하는 **표적에 의해 유발된 역전사(target-primed reverse transcription)**이다. 이는 우리 유전체에 지배적인 소위 비LTR 인자인 LINE과 SINE을 포함한다. 또한, intron이라고 불리는 단백질을 만드는 과정 이전에 제거되는 RNA 조각과 관련된 이동인자와 그 선조가 다양한 생물에서 발견된다.

이번 장에서는 유전체에서 이동유전인자가 움직일 수 있는 3가지 방법에 대해서 논의한다. 각 그룹에서 약간의 예는 자세히 기술되어 있다. 이와 관련하여 이들 인자가 분산을 최대화함과 동시에 숙주에 해를 최소화하기 위해서 언제 어디에 삽입하는지를 조절할 수 있는 몇 가지 방법이 제시되어 있다. 또한, 이들 이동인자가 살아있는 생물을 연구하기 위해서 실험실에서 이용되어지는 방법에 대해서도 논의된다.

## 12.1 Transposition(전이)

### 세균의 가장 단순한 이동인자는 삽입서열이라고 불린다.

비록 transposition의 개념은 최초에 옥수수에서 확립되었지만, 세균을 통한 연구가 이들 인자를 가장 많이 이해할 수 있게끔 하였다. 잘 연구된 인자는 파리의 P인자, 벌레의 Tc인자, 곤충의 *mariner*인자처럼, 다양한 종류의 생물로부터 유래되기도 한다. 이러한 종류의 인자는 RNA 중간체 없이 이동하기 때문에 때로는 DNA transposon이라고 불린다. 보다 총괄적인 용어인 **DDE transposon**은 RNA 중간체로 이동하는 retrotransposon이라고 하는 관련된 인자를 포함한다. DDE는 transposase의 활성부위에 있는 2 개의 aspartic acid(D) 잔기와 하나의 glutamic acid(E) 잔기를 나타낸다.

가장 단순한 형태인 세균의 이동인자는 삽입서열라고 불린다. 삽입서열은 McClintock에 의해 원래 발견된 Ac인자와 대체적으로 유사하다. **삽입서열(insertion sequence)**는 transposase를 암호화하는 유전자와 그 양쪽끝에 transposase가 작용하는 DNA 서열로 구성되어 있다(**그림 12.3**). 이들 DNA 서열은

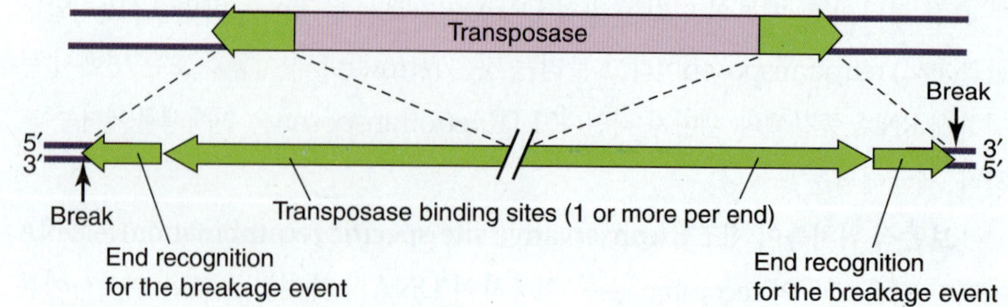


**그림 12.3 Transposon의 해부.** 가장 간단한 transposon은 그 양 끝에 역반복서열(그림에서 녹색 화살표로 표시된)과 transposase로 알려진 recombinase를 암호화하는 하나의 유전자를 갖고 있다. transposase는 그 외부에서 발견되는 거꾸로된 방향의 특이한 서열에 결합한다. 이들 인자의 추가 서열는 transposase의 절단 위치로 인식되는 짧은 부위이다. transposase의 결합부위는 많이 있을 수 있지만, 가장 끝 transposase의 결합 부위만이 절단 위치 옆에 있게 된다. 절단은 우선 인자의 3′ 말단에서만 만들어지며, 인자의 5′ 말단의 운명은 transposition 시스템에 따라 다르다.

transposase 단백질을 위한 하나이상의 결합부위를 포함한다. 많은 경우, transposase 결합부위의 수와 간격은 전이를 조절하는 중요한 요소이다. 두 번째로 인자의 가장 말단에 있는 필수적인 DNA 순서는 transposase의 절단이 일어날 위치를 확인하는데 사용된다. 인자의 말단을 나타내는 서열정보의 배열은 이 부위가 인자의 전이를 위해 반대 방향으로 있어야 하기 때문에 가끔 단순히 **역반복서열 (inverted repeat)**이라고 불린다. 역반복서열은 동일할 수 있지만, 항상 유사하다. 이들 반복서열의 역전된 속성이 유전체 서열에서 이들을 밝혀낼 수 있는 특징 중의 하나이다.

## Transposase는 인자의 끝부분과 특이한 복합체를 형성한다.

Transposition 반응에서 가장 중요한 과정은 transposase가 역반복서열의 끝에 결합하는 것과, 시냅스 복합체를 형성하기 위해 단백질과 결합된 말단들이 서로 상호작용하여 안정된 복합체를 형성하는 것이다(**그림 12.4**). 이 nucleoprotein 복합체의 잘 조화된 반응은 많은 시스템에서 *trans* 촉매작용과 관련이 있음이 보여졌고, 이 때 인자의 한쪽 끝에 결합한 단백질은 실제로 nucleoprotein 복합체 안에 있는 인자의 다른 끝의 화학반응을 촉매한다. 즉, 인자의 왼쪽 끝에 결합한 transposase 분자는 실제로 인자의 오른쪽 끝에서 자르거나, 역 또한 가능하다. 인자가 표적 DNA에 삽입될 때, 표적 DNA와의 연결현상은 거의 항상 sugar-phosphate 중축의 엇갈린 위치에서 일어나서, **표적중복(target site duplication)**이라는 transposition의 또 다른 뚜렷한 특징을 이끌어 낸다. 연결현상의 엇갈린 속성은, 만약 B형 DNA의 3차원 이중나선구조를 고려하면 쉽게 생각할 수 있다(그림 12.4). 각 인자의 transposase 인식의 특성과 표적 DNA에 결합했을 때 전하게 되는 공간적인 변화가, 연결이 일어나는 위치에 특징적인 엇갈림을 이끌어낸다. 표적 DNA에 대한 엇갈린 연결현상 때문에 인자 끝부분에 작은 간격이 transposition 후에 생기게 된다(그림 12.4). 그러므로, 숙주

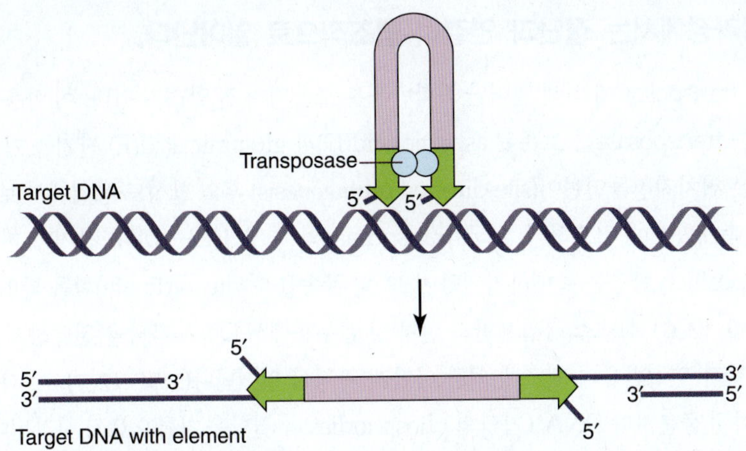


**그림 12.4 Transposase-DNA의 상호작용.** Transposase는 표적 DNA를 엇갈린 위치로 연결시키는 인자의 끝부분과 nucleoprotein 구조를 형성한다. 통합 후, 이 작은 부위에서의 DNA 가닥간 수소결합의 파괴는 숙주 효소에 의해 고쳐져야 할, 새로운 삽입위치와 접한 간격을 만들게 된다. 역반복서열의 말단은 녹색화살표로 표시되었다.

의 DNA 중합효소에 의한 간격의 복구는 인자에 접한 작은 표적위치중복을 만들어내게 된다(**그림 12.5**). Transposition 후에 인자의 끝부분에 접해서 만들어진 정방향 반복서열은 보통 길이가 2~10 bp이고 각 인자마다 특성을 지닌다. 간혹, 인자가 이전에 있던 위치로부터 옮겨온 5′ 말단의 몇 nucleotide도 숙주 단백질에 의하여 변형되어야 한다(그림 12.4와 12.5). 숙주에 의해 암호화된 ligase가 DNA 골격의 남은 nick을 봉합하는데 필요하다.

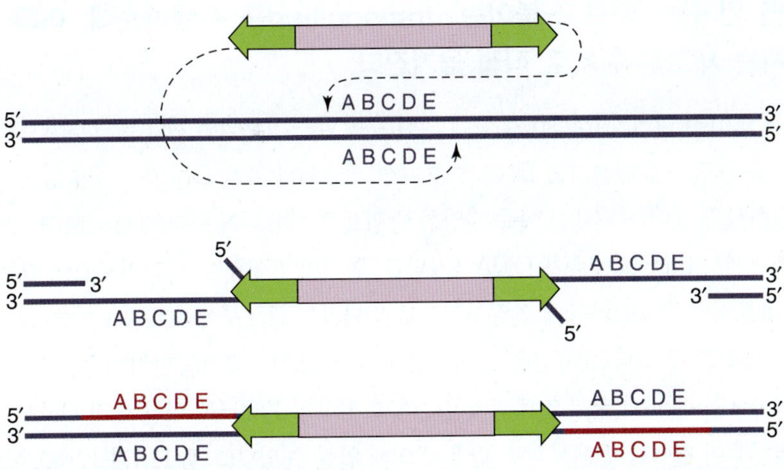


**그림 12.5 간격복구와 표적중복.** 새로운 삽입물에 접한 간격의 복구는 짧은 표적위치중복을 유발한다. 이것은 삽입시 만들어진 엇갈린 잘림에 의한 효과이다. 간격의 유리된 3′ 말단은 ″A-B-C-D-E″로 표시된 두 번째 가닥의 작은 부위를 만드는 숙주 효소와 복구를 시작하는데 사용된다. 숙주 효소는 또한, 공여체자리(donor site)로부터 가져온 모든 서열을 분해한다. DNA에 남은 틈을 봉합하기 위해서 ligase가 필요하다.

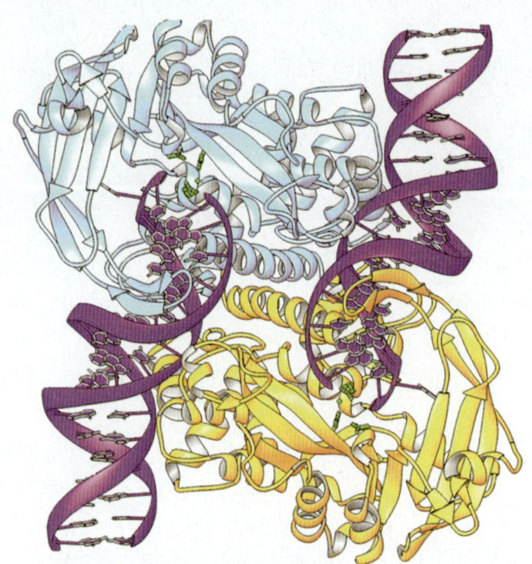

**그림 12.6 X-선결정학에 의해 결정된 세균 transposon Tn5/DNA 이합체의 리본 표시.** 이합체 소단위체는 노란색과 파란색으로 나타내었다. Synapse를 형성한 역반복서열(20 bp)는 보라색으로 표시하였다. DDE 부위의 촉매작용을 하는 aspartic acid과 glutamic acid 잔기는 구와 가지 형식으로 녹색으로 나타내었다. 연관된 $Mn2^{+}$이온은 녹색점으로 나타내었다. Reproduced from Davies, D. R., et al. 2000. *Science*. 289: 77-85. Reprinted with permission from AAAS. Photo courtesy of Ivan Rayment, University of Wisconsin.

## 전이과정에서는 절단과 연결이 협조적으로 일어난다.

DDE transposon에 의해 일어난 화학반응은 보존되며 잘 알려져 있다. 이 반응을 촉매하는 transposase는 보존된 aspartic acid(D)과 glutamic acid(E) 잔기를 가지며, 이들은 위치지정돌연변이(site-directed mutagenesis) 후의 활성도 상실에서 보여지듯이 촉매활성에 필요하다. 세균 transposase의 결정구조는 DDE 잔기가 다단계 transposition 반응을 촉매하기위하여 2가의 금속을 배위(coordinate)함을 확인하였다(**그림 12.6**). 시냅스 복합체안의 인자 양 끝부분에서 DNA 가닥을 전달하기 위해서 절단과 연결반응의 협조에 의한 다단계 과정이 일어난다(**그림 12.7**). 이 과정은 활성화된 물분자가 DNA 1가닥의 phosphodiester 결합을 자름으로써 시작된다. 새로 만들어진 3′-OH기는 **머리핀(hairpin)**구조를 형성하기 위해서 반대쪽 DNA 가닥을 공격한다. 세균 transposon Tn*5*의 경우, 인자의 끝부분에서 머리핀구조가 형성되어 숙주 염색체 DNA에서 이중나선 DNA의 절단을 유발한다. 그러나, 어떤 DNA가 머리핀구조를 받아들이고, 어떤 DNA가 이중나선절단을 받아들이는지는 인자에 따라 다르다(아래 참조). 두 번째 활성화된 물분자는 머리핀구조 중간체를 분해한다. Tn*5* transposase의 경우, 만들어진 후절단시냅스복합체(post-cleavage synaptic complex)가 표적 DNA분자를 포획하여 transposon의 3′-OH기가 엇갈리게 표적 DNA의 phosphodiester 결합을 공격하는 transesterification 반응에 의해서 가닥전달이 일어난다. Transposon은 그 끝의 3′-OH기와 표적 DNA의 5′-phosphate의 공유결합 형성에 의해서 통합된다. 언제 시냅스 복합체가 표적 DNA를 포획하는지는 transposon에 달려있다. 어떤 경우는, 인자가 절단 전에 표적 DNA를 포획하는 반면, 표적 DNA 포획이 절단 전이나 후에 일어나는 경우도 있다.

## 어떤 인자는 '자르고-붙이는' transpoition를 수행하는데, 이때 이 인자는 새로운 위치로 직접 옮겨진다.

DDE transposon의 transposase에 의해 수행되는 기본적인 반응은 DNA로부터 인자를 완전히 유리시키는 DNA 이중나선 절단이나 표적 DNA에 직접 일어나는 연결현상과 같이 자연에서 아주 다양한 방법으로 이용되어 왔다(**그림 12.8**). 많은 시스템에서 transposase가 DNA 1가닥을, 인자의 끝부분에 머리핀구조를 형성하여, 상보적인 DNA 가닥에 연결시킴으로써 인자의 끝부분에서 DNA 이중나선 절단을 형성할 수 있다는 사실을 보여주었다(그림 12.7과 12.8a). 만약 이들 머리핀구조가 transposon의 끝부분에 위치한다면, 활성화된 3′-OH에 의한 표적 DNA와의 연결반응이 일어난 곳에서 후속 반응에 의해 열릴 수 있다(그림 12.7과 12.8a). 이 반응과정은 인자가 한 DNA 부위에서 잘려나와 새로운 DNA 부위로 삽입되게 한다. 이 반응과정은 인자가 새로운 위치로 물리적으로 이동하기 때문에, 때로는 **자르고-붙이는(cut-and-paste) transposition**이라고 불린다. 자르고-붙이는 transposition는 세균이나 진핵생물의 transposon 모두에서 일어나고, V(D)J 재조합을 일으키는

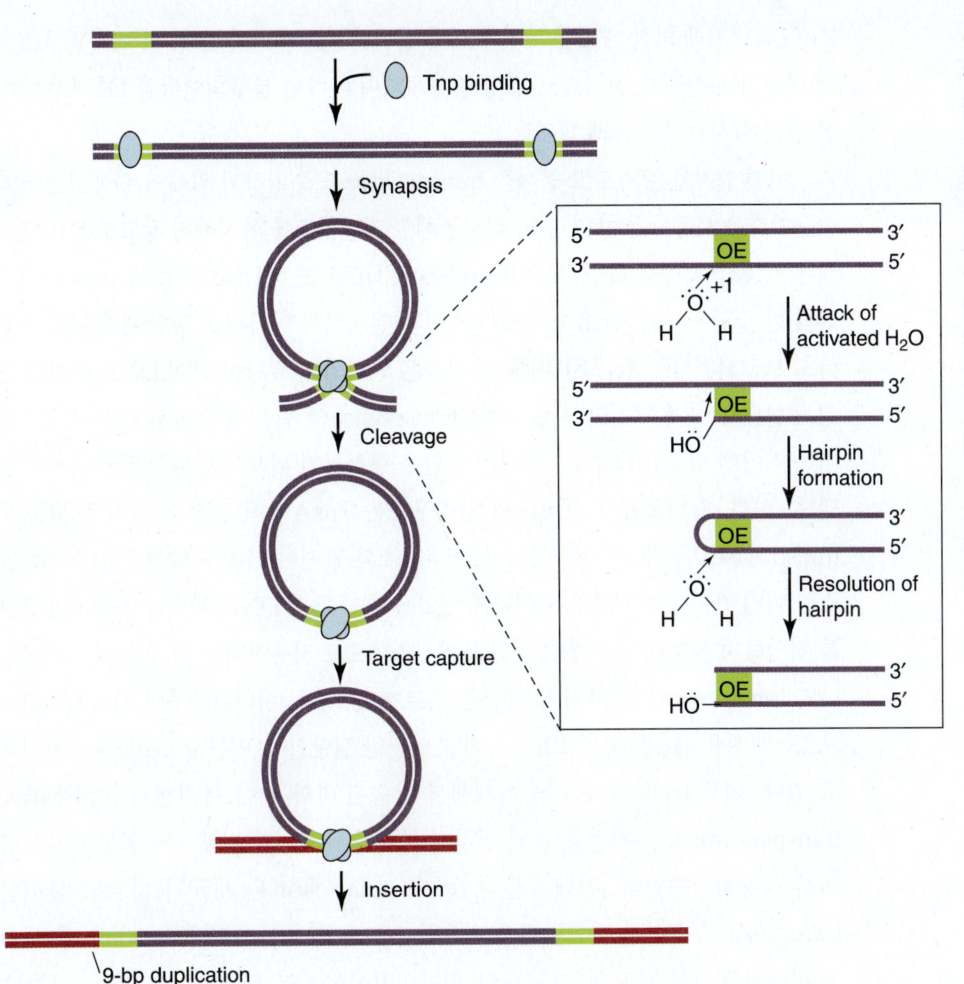


**그림 12.7 세균 transposon Tn5의 머리핀구조에 의한 transposition과정 단계.** transposase(하늘색)는 DNA가 잘려서 표적 DNA에 연결되는 synapse를 형성하기 위해서 Tn5 인자의 끝에 있는 역반복서열(녹색)에 결합한다. 인자 바깥끝부분(OE)에서 기본적인 화학반응은 우선 활성화된 물분자를 이용해서 인자의 3′-말단을 절단하여 인자의 5′-말단을 유리시키면서 transposon 끝부분에서 머리핀구조를 형성하게 한다(한쪽만 표시). 두 번째 절단은 머리핀구조를 분해하고 인자를 표적 DNA분자에 연결시킨다. 표적 DNA에서 만들어진 엇갈린 연결현상은 인자 끝부분에 간격을 유발한다. 이 간격의 복구는 Tn5 transposon의 특징인 9 bp 표적위치중복을 만들어낸다. Adapted from Steiniger-White, M., Rayment, I., and Reznlkoff, W. S., Curr. Opin. Struct. Biol.14 (2004): 50 - 57.

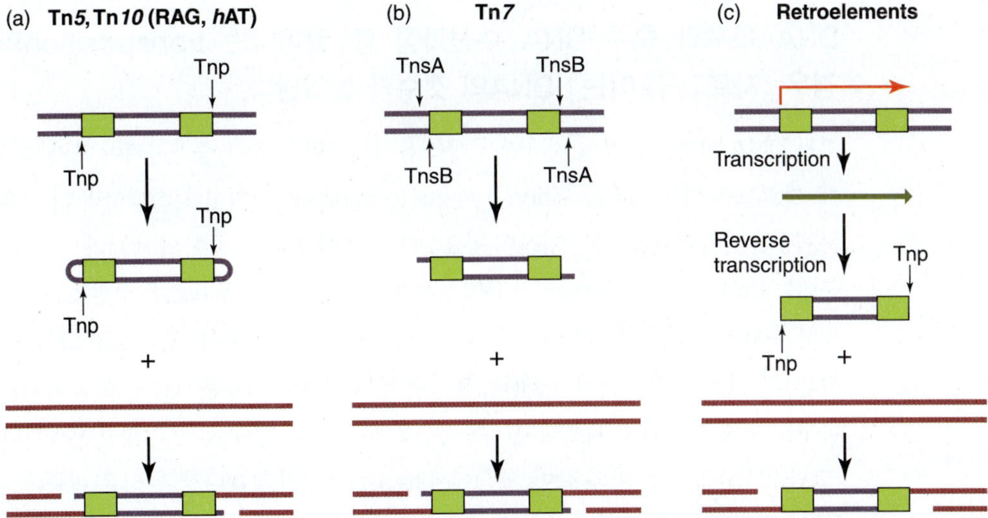


**그림 12.8 자르고 붙이는 transposition.** 자르고 붙이는 전이는 다양한 기작으로 일어나며 retroelement의 이동과 관련된 과정으로 일어난다. (a) 세균 transposon Tn*5*와 Tn*10*(녹색 역반복서열로 보여짐)는 인자의 3′ 말단에서 transposase(Tnp)를 이용하여 DNA 골격을 절단한다. 인자의 끝부분에 머리핀구조로 연결되었을 때 인자의 5′ 말단은 유리된다. 인자가 표적 DNA(붉은색으로 표시)에 연결되었을 때, 추가의 절단이 머리핀구조를 분해한다. RAG recombinase와 *h*AT군 transposase에서도 유사한 과정이 일어나나, 머리핀구조는 DNA의 숙주 끝부분(또는 V(D)J 재조합의 동일한 끝부분)에서 형성된다. (b) 세균 transposon Tn*7*은 표적 DNA(붉은색으로 표시)에 인자의 3′ 말단을 직접 연결하기 위해서 자신의 TnsB 단백질을 사용한다. transposase의 두 번째 소단위체는 공여 DNA로부터 인자를 완전히 유리시키기 위하여 인자의 5′ 말단에 틈을 만든다. (c) retroelement는 인자의 RNA로부터 만들어진 cDNA인자가 사용되는 것을 제외하고는 자르고 붙이는 transposon과 유사한 기작을 이용한다. Adapted from Craig, N. C., et al., eds. *Mobile DNA II*. ASM Press, 2002.

RAG 단백질에 의한 재조합 과정에 의해 일어난다고 알려져 왔다. 이 머리핀구조 형성 반응의 부산물은 인자의 구위치에 남게되며 아마도 복구되어야할 DNA 이중나선 절단이다(11장과 아래 참조).

어떤 인자들은 자르고-붙이는 transposition를 수행하기 위해서 위에서 언급한 반응기작을 사용하는 반면, 인자 끝부분에 머리핀구조를 형성하지 않고도 분명히 이것은 가능하다. 예를 들면, 세균 transposon Tn7은 표적 DNA를 transposase 단백질의 한 소단위체인 TnsB 단백질과 직접 연결시켜서 인자의 3′ 말단에 절단을 만든다고 보고되었다(그림12.8). 비록 이 반응은 인자의 5′ 말단이 공여 DNA 분자와 연결된 상태로 남게 되지만, TnsA라는 transposase의 두 번째 소단위체는 자르고-붙이는 전이에 필요한 DNA 이중나선 절단을 형성하기 위해서 인자의 5′ 말단에 틈을 낼 수 있다. 흥미롭게도, TnsA의 결정구조는 TnsA의 구조적 접힘이 DDE군의 transposase로부터 온 것이 아니라, 제한효소와 관련이 있음을 보여주었다. 제한효소는 어떤 잔기에 메틸화가 일어나지 않았을 때만 특정 DNA 서열을 자르고, DNA를 침입하지 못하게 하는 원초적인 보호시스템으로 작용한다는 사실을 상기해보자. 다른 transposon은 인자의 5′ 말단은 자르지 않고(즉, 머리핀구조나 TnsA와 같은 보조단백질을 사용하지 않고), 인자의 3′ 말단만 절단할 수 있는 transposase를 가지고 있다. 이들 transposase는 아래에서 기술된 바와 같이 **복제전이(replicative transposition)**라는 과정을 통해 인자의 하나를 남겨두기 위해 광범위한 DNA 복제를 이용할 수 있다. 진핵생물의 retrotransposon은 세균의 자르고-붙이는 transposon과 유사한 화학반응을 이용한다(그림 12.8c). 그러나, retrotransposon은 원래의 인자를 잃지 않는다. 대신, 인자의 RNA가 역전사를 하게 되고, 이 DNA 물질이 새로운 표적위치에 삽입된다.

## DNA 복제와 숙주 DNA 수선과정 중 일어나는 transposition의 경우 '자르고-붙이는' DNA의 갯수가 늘어난다.

모든 DNA 인자가 시간이 지나면서 계속 유지되려면 그 수를 증가시켜야 하기 때문에, 자르고-붙이는 transposition를 이용하는 transposon 역시 지속되려면 더 많은 복제수가 만들어질 수 있는 기작이 필요하다. 이것이 아마도 왜 어떤 세균의 자르고-붙이는 transposable element가 DNA 복제와 함께 transposition를 상향조절하기 위한 분자적 기작을 발전시켜왔는지를 설명할 수 있을 것이다(**그림 12.9**). 하나의 가능성은, DNA 복제분기점 뒤(즉, 복제된 부위)로부터 복제분기점 앞으로 자리를 바꾸는 능력은, 인자가 세포내에서 복제수 2에서 3으로 될 수 있는 기회를 제공한다(그림 12.9a). 밝혀진 바와 같이, 세균에서 transposon이 잘려나간 후 남은 이중나선 DNA 절단은 양 끝 사이의 단순한 연결에 의해서 복구될 것 같지는 않다. Ku 단백질 동족체(11장 참조)와 ligase를 사용하는 진핵생물에서 발견되는 과정과 유사한 과정이 세균에서 발견되지만, 이러한 과정은 상대적으로 드물다. 대부분의 세균에서

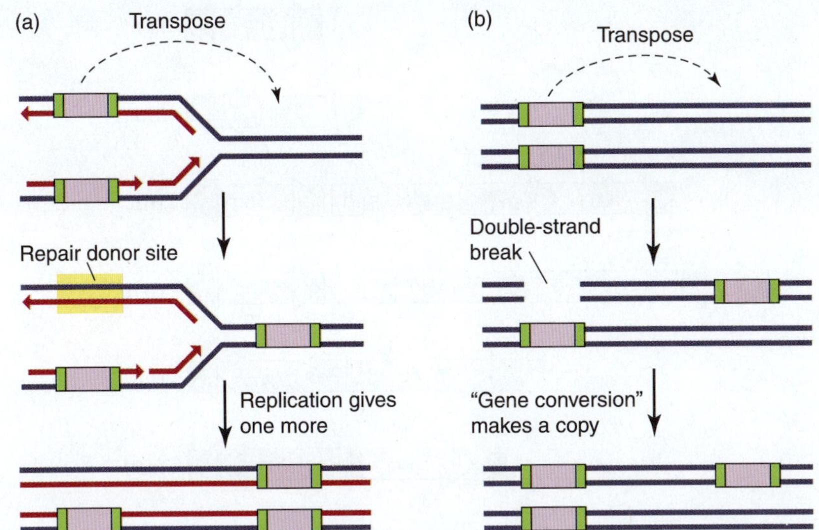


**그림 12.9 DNA 복제로 transposition를 조절하는 것은 자르고 붙이는 transposition를 이용하는 transposon의 갯수가 증가하게끔 한다.** (a) 만약 transposon이 복제된 직후에 DNA 복제가 일어나는 앞쪽에 있는 새로운 위치로 이동하면, 복제수는 증가할 수 있다. (b) 만약 세포내에 존재하는 염색체의 수가 2개이면, 딸 염색체가 공여 위치에 남겨진 DNA 절단 복구에 필요한 주형으로 작용할 수 있다. 이것은 자르고 붙이는 transposition에 의해 소실된 인자를 대체하는 인자의 "복제(copy)"를 만들게 된다.

DNA 이중나선 절단의 복구는 상동재조합(homologous recombination)을 이용한다. 세균은 보통 하나의 염색체를 가지고 있다고 여겨지지만, 이 인자는 DNA 복제 후 일어나는 transposition를 조절함으로써, 최근에 복제된 염색체 부위를 복구에 관여하게 하여, 새로운 위치로 이동한 인자를 복원하게 할 수 있다. 그러므로, 유전자 변환(conversion)은 공여 부위에서 원래 transposition 현상을 재현할 것이고, 복제 후 즉시 자리를 바꾸는 것은 완전한 염색체를 이용가능하고 가까이에 존재하게끔 하여, 이 과정을 촉진시키리라고 여겨진다(그림 12.9b).

## 세균의 transposon은 그 복잡성에 있어서 다양하다.

삽입서열(IS)는 다양한 방법으로 추가의 유전정보를 가질 수 있게끔 자연에 적응해 왔다(**그림 12.10**). 삽입서열는 항생제에 대한 내성을 암호화하는 유전자처럼, 세균 숙주에 이익을 줄 수 있는 유전자가 2개의 삽입서열인자에 접하도록 **복합 transposon(composite transposon)**을 형성할 수 있다. 두 IS인자의 가장 바깥쪽 끝부분이 transposition에 사용될 것이고 구조[2개의 IS인자와 개재(intervening) DNA]의 이동을 가능하게 할 것이다(**그림 12.11**). 시간이 흐름에 따라, 동족인자중 하나는 그 자율성을 잃을 수 있으므로, 인자의 쌍을 이동시키기 위해서는 계속해서 다른 IS인자가 필요하다. 게다가, transposition이 DNA 복제와 조화를 이루게끔 조

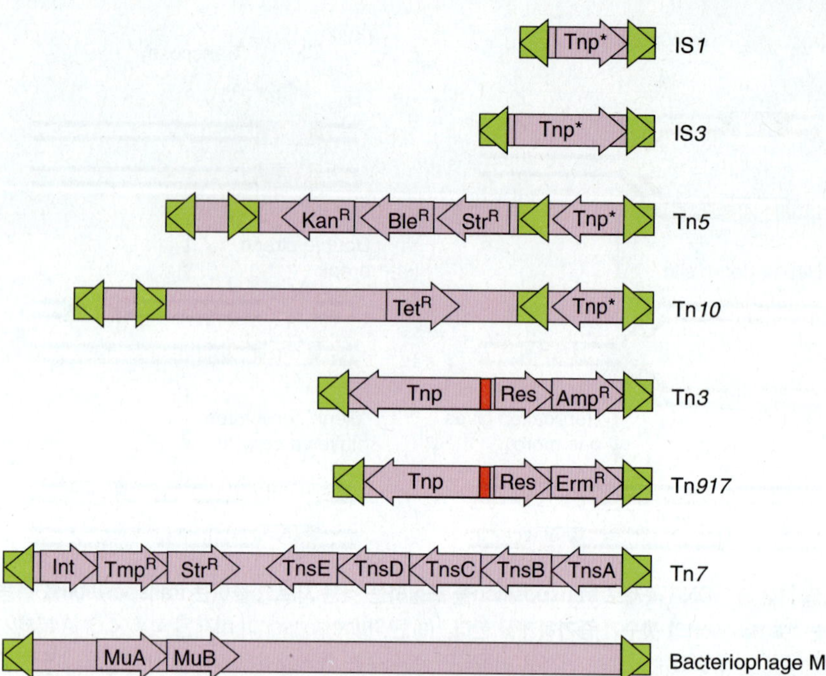


**그림 12.10 세균에서 발견되는 transposable element의 예.** 가장 단순한 transposable element는 IS인자이며, 역반복서열(녹색으로 표시)가 접해있는 transposase만 포함한다. 많은 경우에 절단된 번역산물은 전이(Tnp*로 표시)를 조절하는데 사용된다. Tn*5*와 Tn*10*은 2개의 IS 인자가 추가 유전자를 둘러싸고 이동시키는 복합transposon이다. Tn*3*과 Tn*917*은 전이를 완성하기 위해서 상당한 DNA 복제와 분해 위치(붉은 상자)와 위치특이성 resolvase(resolvase; Res)를 필요로하는 복제 transposon이다. Tn*7*은 전이를 완수하기 위해 5개의 단백질(TnsA, TnsB, TnsC, TnsD, TnsE)을 사용하고 동족의 integrase(Int)와 integron를 포함하는 정교한 단백질이다. bacteriophage Mu는 그 유전체를 복제하기 위해서 복제전이를 이용한다. transposition는 MuA와 MuB 2개의 단백질을 필요로 한다. 표시된 transposon은 많은 항생제에 대한 내성을 암호화한다. 카나마이신(Kan$^R$), 블레오마이신(Ble$^R$), 스트렙토마이신(Str$^R$), 테트라사이클린(Tet$^R$), 암피실린(Amp$^R$), 에리트로마이신(Erm$^R$), 트리메토프림(Tmp$^R$) 저항성. 전이에 대해 수평으로 작용하는 역반복서열은 녹색으로 표시되었다(자세한 것은 본문 참조).

절 되도록 이 인자들이 상당한 적응력을 발휘한다. 복잡한 비복합transposon 역시 항생제 내성처럼 숙주에 중요한 기능들이 이러한 인자 안에 축적될 수 있도록 진화해 왔다(그림 12.10). 숙주에게 이익이 되는 기능을 암호화하는 transposon은 기생인자(parasitic element)를 유지하는데 도움을 줄 수 있다. 많은 정교한 인자들이 이러한 전략으로 진화해 왔다. 이처럼 숙주에게 이익이 되는 과정은 Tn7의 경우 숙주 세균을 위한 유용한 기능을 암호화하는 유전자 카세트를 얻을 수 있게끔 하는 **유전자모듬체(integron)**라는 유전자 시스템에 의해 더 향상될 수 있다. Integron는 보존적 위치특이 재조합에 관한 절에서 설명된다.

## 복제성 transposon은 원래 위치에 인자 하나를 남겨둔다.

복제전이(replicative transposition)라는 과정은 복제된 인자가 최초 위치에 남겨진

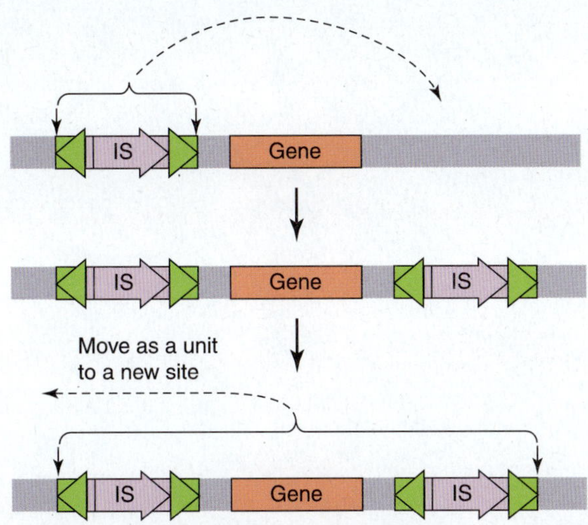


**그림 12.11 복합인자에 의해 이동된 유전자.** 2개의 IS인자가 양쪽 인자와 개재 DNA를 이동시키기 위해서 인자의 바깥쪽 끝을 이용하여 자리를 바꿀 때 복합인자가 생긴다. 이들 인자는 Tn*5*와 Tn*10*의 경우 transposase를 발현하는 능력을 잃음으로써 하나의 인자와 기능단위로 작용하기 위해서 상호적응한다. 녹색 삼각형은 transposition에 대해 수평으로 작용하는 역반복서열을 나타낸다. Adapted from Snyder, L., and Champness, W., *Molecular Genetics of Bacteria, 2/e*. ASM Press, 2003.

인자들에 의해서 이용된다. 복제전이 과정 후, 두 인자가 존재하게 된다(하나는 구 위치에 하나는 새 위치에). 복제전이 과정은 transposon의 5′ 말단에서 절대 잘릴 수 없다는 사실을 보상하기 위해서, 광범위한 DNA 복제와 보존적 위치특이 재조합을 공동으로 이용한다. Tn*7*에 의해 수행되는 과정처럼, DDE transposase는 인자의 3′ 말단을 표적 DNA에 직접 연결한다(**그림 12.12**). 실제로, 만약 TnsA 단백질에서 5′ 말단 절단 활성도가 불활성화되면, Tn7은 아마도 동일한 단계를 이용하여, DNA 인자가 서로 물리적으로 연결된 통합물을 형성할 수 있게 된다(그림 12.8).

복제전이의 기작은 그림 12.12에 표시하였다. 검정색으로 나타낸 공여 DNA로부터의 전이는 보라색으로 나타낸 표적 DNA로 일어난다(그림 12.12b). 원래 인자로부터의 DNA는 파란색으로 나타내었다. 복제전이 과정에는 머리핀구조의 도움이 필요하지 않다. 즉, 인자의 3′ 말단은 표적 DNA로 직접 연결된다(그림 12.12b). 인자의 5′ 말단에서는 절단이 일어나지 않기 때문에, 공여자와 표적 DNA는 공유결합으로 연결되어있다(그림 12.12c). 유리된 3′ 말단은 숙주 DNA 중합효소에 의해 인식되어 연장된다(그림 12.12d와 e). DNA 중합효소는 transposon 전체의 복제를 가능하게 하기 위해서 공여 DNA의 양쪽 3′ 말단을 확장시킬 것이다(그림 12.12의 녹색선 참조). 이 확장 복제의 결과는 공여와 표적 DNA사이에 하나의 DNA 구가닥과 하나의 DNA 새가닥과 통합물을 형성하는 2개의 transposon을 이룬다(그림 12.12e). 복제전이를 이용하는 transposon은 위치특이성 resolvase 위치와, 공여와 표적 분자의 분리를 가능하게 할 동족의 위치특이성 resolvase를 포함하고 있다(그림 12.12f와 g).

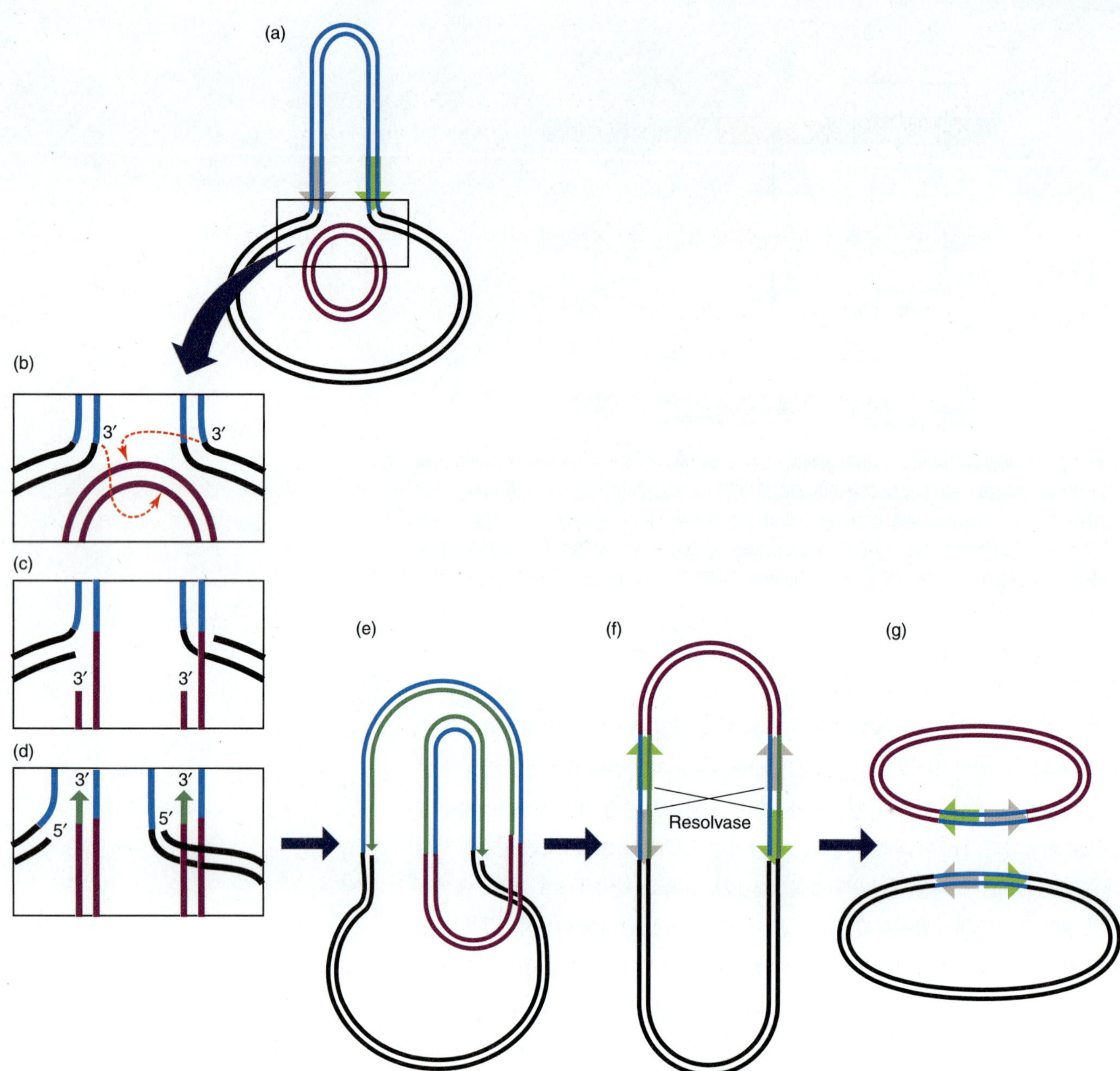


**그림 12.12 복제전이의 단계.** 복제 transposon은 전이중에 공여 DNA로부터 완전히 잘려나가지 않고, 전이에는 인자의 복제에 이어, 같이 통합된 분자의 분해가 필요하다. (a) 고리형 검정색 공여 DNA로부터 고리형 자주색 표적 DNA로의 푸른색 transposon의 전이를 나타낸다. 역반복서열의 말단은 회색과 녹색의 다른 색으로 표시하였다. (b) 절단된 인자의 3′ 말단은 표적 DNA로 직접 연결된다. (c-e) 유리된 3′ 말단은 인자를 완전히 통과하여 진행되는 DNA 복제에 이용된다. 새로운 transposon DNA가닥은 녹색으로 표시하였다. (f) 복제는 공여와 표적 DNA의 공동통합체를 형성하면서 2개의 transposon을 이루게 된다. 동족의 위치특이성 resolvase가 인자에 의해 암호화된 분해 위치에 작용한 후에, 인자들은 분리된다. (g) 최종 결과는 공여 위치에 1개가 남게 되는 전이현상이다. 그림에서 transposon은 비율에 맞게 그려지지 않았다.

위치특이성 resolvase 시스템을 가진 transposon 여러 개가 유전체에 존재할 때, 유전자 안정성에 영향을 미칠 수 있다. 만약, 이 위치특이성 resolvase를 포함하는 인자가 동일한 염색체에 존재하면, 위치들간의 재조합이 시스템에 의해 사용되는 분해 위치의 방향에 따라서, 개재배열의 소실이나 개재 DNA 영역의 역위(inversion)를 유발할 수 있다. 또는, 위치특이성 resolvase를 포함하는 transposon이, 예를 들어 plasmid와 염색체같은 다른 DNA 분자에 존재하면, plasmid는 이들 유전인자의 위치에서 염색체로 통합될 수 있다. 이러한 통합은 F인자가 어떻게 세균 염색체에 통합되는지를 설명한다(7장 참조). 만약 이동성 plasmid가 plasmid에 있는 transposon에 의해 암호화된 분해 위치나 단순히 2개의 transposon에 의한 상동성을 이용하여 염색체에 통합되면, plasmid의 추후의 이동은 세균 염색체의 부위를 새로운 세균 숙주로 이동시킬 것이다. 이런 정확한 과정이 번식(F) plasmid를 밝혀내게끔 하였다. Joshua Lederberg는 통합된 F 인자와의 염색체 이동으로, 세균이 유전정보를 갖고 있고, 식물과 동물과 같은 방법으로 진화했음을 보여줄 수 있었다.

복제 transposon이나 자르고-붙이는 transposon으로 움직이는 것 사이의 장벽은 매우 낮을지 모른다. 예를 들면, 세균 삽입서열 IS*903*은 복제적으로, 그리고 자르고-붙이는 기작에 의해서, 자리를 바꾸는 진기한 능력을 지녔다. 대부분의 산물은 자르고-붙이는 기작에 의해서 형성된다. transposon에 바로 인접한 nucleotide에서의 하나의 돌연변이가 자르고-붙이는 인자로 움직이는 것으로부터 복제인자로 움직이는 것으로 균형을 기울게 할 수 있다. 그리하여, 재조합 반응은 각각 다른 진화적 결과를 내는 다양성을 지니게 되는 것이다.

## 진핵생물의 transposon은 세균의 transposon과 그 기작이 유사하다.

진핵생물에서 발견되는 transposon은 transposase에 핵배치(nuclear localization) 서열이 존재하는 것과 같이 약간의 각색으로, 세균의 것과 매우 유사하다고 할 수 있다(**그림 12.13**). "*h*AT" transposon이라는 커다란 군의 인자는 곰팡이, 식물, 무척추동물, 척추동물을 포함하는 다양한 진핵생물에서 발견된다. *h*AT라는 용어는 이 군의 3 창립멤버 이름(초파리의 *hobo*인자, 옥수수의 Ac인자, 금어초의 Tam*3*인자)의 첫 번째 글자로부터 유래한다. 이들 인자에 의한 transposition 기작에 특별히 관심이 있는 이유는 V(D)J 재조합에서 사용되는 RAG recombinase와 그 기작이 아주 유사하기 때문이다. *h*AT인자의 전이기작은 집파리(*Musca Domestica*)에서 발견되는 *h*AT군 멤버 인자인 Hermes에 의해 밝혀졌다. 재구성된 Hermes transposition 시스템에 의한 연구로, 자르고-붙이는 인자는, 세균 인자 Tn*10*과 Tn*5*에서 보여주었던 것과 유사한 머리핀구조를 형성하여, 공여 골격으로부터 잘려져 나오는 사실을 알게 되었다(그림 12.8). 그러나, Hermes 인자와 Tn*10*/Tn*5* 사이에서는 재미있는 차이점이 발견되었다. Hermes transposase로는 머리핀구조가 인자의 끝부분에서 형성되지 않았고, 대신 인자의 끝부분에는 깨끗한 절단면을 남기면서, 공여 DNA 상에 형성되었다(**그림 12.14**). 이러한 관측은 RAG 단백질에 의해 촉매되는 V(D)J 재조합중에 발견되는 진행기작이기 때문에 흥미롭다(그림 12.14). 더욱 흥미로운 사실

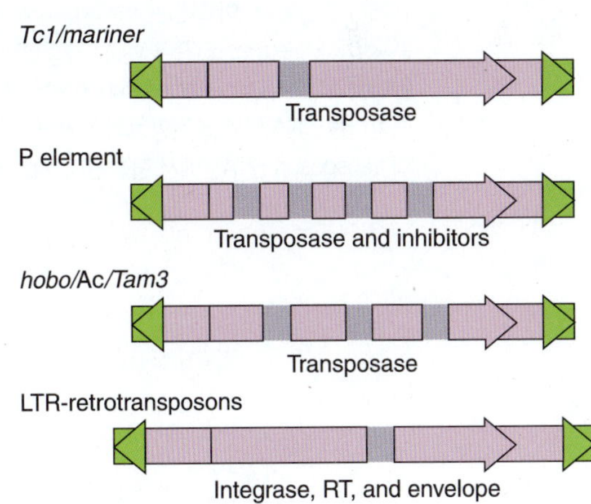


**그림 12.13 진핵생물에서 발견되는 transposable element의 예.** 화살표는 다음과 같은 기능과 관련된 번역산물을 나타낸다. 회색 사각형은 mRNA를 암호화하는 서열 안에 있는 intron을 나타낸다. 녹색 삼각형은 transposition에 대해 수평으로 작용하는 역반복서열을 나타낸다. RT는 reverse transcriptase를 나타낸다. Adapted from Bushman, R. Lateral DNA Transfer: *Mechanisms and Consequences*. Cold Spring Harbor Laboratory Press, 2001.

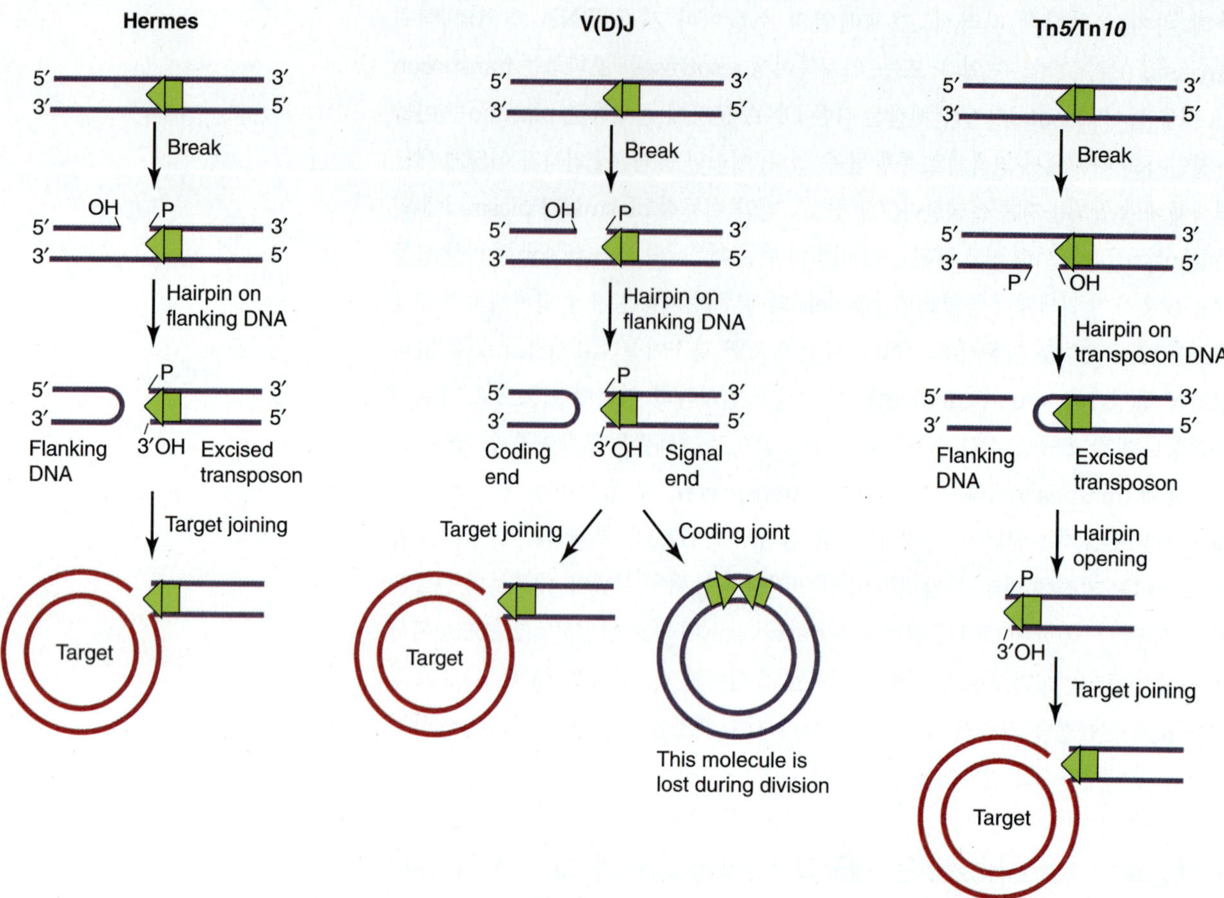


**그림 12.14 DDE transposase를 사용하는 transposition시스템.** 머리핀구조는 DDE transposase를 사용하는 다양한 transposition시스템에서 발견된다. 이 그림은 transposable element의 한쪽 끝부분이 절단되어 작은 환형 표적 DNA(적색으로 표시)로 연결되는 것에 초점을 맞춘 것이다. Hermes 인자나 V(D)J 재조합의 경우, 머리핀구조는 각각, 인접한 DNA 또는 V(D)J 재조합시 관련있는 암호화 DNA 영역에서 형성된다. 그리고 나서, Hermes transposon의 경우는 인자의 끝부분이 transposition를 수행할 수 있게 된다. V(D)J 재조합의 경우, 역반복서열을 포함하는 DNA 영역은 원형화되어 세포분열에 의해 소실된다. 세균 transposon Tn*5*와 Tn*10*도 유사한 과정을 사용하지만, 머리핀구조는 DNA의 transposon 끝부분에서 형성된다. Adapted from Zhou, L., et at., *Nature* 432 (2004): 995-1001.

은, Hermes 인자의 끝부분을 표적 DNA에 연결하는데 사용된 특정 nucleotide 위치가 *h*AT 인자에서 잘 보존되어 있고 V(D)J 재조합시 RAG recombinase에 의해서도 사용된다는 것이다. 더군다나, 필수 DDE 아미노산과, 머리핀구조를 형성하게끔 B형 DNA의 구조를 바꾸는데 중요하다고 생각되는 다른 아미노산의 분포는 아주 유사하다. Hermes transposase를 이용한 시험관내 반응은 *h*AT 군의 특징인 8 bp 표적위치 중복이 일어남을 보여주었다. 생체내에서 Hermes transposition후에는 절단된 공여부위가 아마도 V(D)J 재조합과 유사한 기작으로 복구되어야 할 것이다(11장 참조).

Hermes transposase의 결정구조로 다른 DDE형 단백질과 retrovirus integrase에서 발견되는 것과 유사한 촉매 domain의 존재가 밝혀졌다(**그림 12.15**).

또한, 결정구조로 *h*AT transposase안에서 transposase가 다량체구조를 형성하게끔 하는 보존된 domain의 존재가 밝혀졌다. 흥미롭게도, Hermes transposase가 다량체라는 증거는 그 정제의 복잡성에서 비롯되었다. 단백질 추출을 오염시킨 ~100개의 아미노산으로 이루어진 peptide의 존재는 Hermes transposase의 정제를 아주 힘들게 하였다. 계속된 분석으로, 오염된 단편은 실제로 transposase의 한 단편이고 이것이 아마도 transposase의 정제를 가능하게 하는데 필요한 것임을 밝혀내었다. 이 단편은 분리와 정제과정 중 다른 단위체로부터 비특이적으로 잘려나온 것으로 추정된다. 계속된 연구로 이 단백질 단편은 다합체화 domain을 포함하고 있는 것이 밝혀졌다. 단위체를 컴퓨터로 재구축해 보면 Hermes transposase가 육합체로 작용하리라 짐작할 수 있다(그림 12.15). 이러한 결론은, Hermes 단백질 정제물이 크기에 의해 분리되었을 때, 육합체를 가진 커다란 구조성분이 시험관내 전이를 위한 활성화된 형태임을 보여준 연구가 뒷받침한다. 또한, 예견된 다합체화 domain에 돌연변이를 일으킴으로써, 다합체 형성에 이 domain이 필요함이 밝혀졌다. 육합체구조는 활성부위로 가는 통로가 있고, 이 통로는 이론적으로 DNA를 수용할 수 있도록 염기성 잔기와 나란히 있다. 육합체 transposase가 얼마나 보급되어 있는지, 이러한 구조적 특징이 모든 진핵생물 transposase의 특징인지는 명백하지 않다.

**그림 12.15 Hermes transposase의 육합체 형태.** 단백질 육합복합체의 본보기로 Hermes transposase의 결정구조를 사용하였다. DDE 활성부위는 구조의 주변에 존재하며, 검은색 화살표로 표시되었다. Reproduced from Hickman, A. B., et al., *Nat. Struct. Mol. Biol.* 12 (2005): 715-721. Photo courtesy of Fred Dyda, NIDDK, National Institutes of Health.

## 다양한 시스템에 의하여 transposition이 조절된다.

Transposon은 증식과 새로운 숙주로의 분배를 위해 이동하여야 하는 반면, transposition과정은 숙주 생물을 필연적으로 위험에 빠뜨리게 된다. 유전체 여러 곳에서 일어나는 transposition는 필수는 아니더라도 중요한 유전자를 불활성화시킨다. Transposition은 삽입 현상이 인자의 promoter에 의해 발현될 숙주유전자의 상부에서 일어나면 유전자를 활성화시킬 수도 있다. 그러므로, 대부분의 transposition들이 전이를 어떤 식으로든 조절한다. 위에서 기술한 바와 같이, Tn*5*와 Tn*10* 인자는, 인자를 추가로 복제하는 기작의 일환으로 transposition를 상향조절할 것이다. 이들 인자는 DNA의 메틸화상태에 반응하여 복제되었을 때 transposition를 상향조절한다. 대장균이나 그와 관련된 세균에서는 DNA adenine methylase 단백질이 GATC 서열에 있는 adenine 염기를 메틸화할 것이다(10장 참조). 보통, 양쪽 DNA가닥에 있는 염색체의 모든 GATC는 이들 위치에 있는 adenine에서 메틸화될 것이다. 그러나, DNA복제 후, 염색체는 일시적으로 반메틸화되어 DNA의 구가닥은 GATC위치에 메틸기를 갖지만, 새로 복제된 가닥은 아직 메틸화될 기회를 갖지 못하게 된다. 인자의 반메틸화 상태는 Tn*5*와 다른 인자에서 2가지 방법으로 transposition의 빈도를 증가시킨다. 첫째, transposase는 반메틸화된 말단 서열에 더 잘 결합한다. 둘째, 인자내의 promoter 역시 반메틸화 상태에 민감하다. 완전히 메틸화된 인자는 promoter로부터의 전사를 선호하여, transposition의 억제자로 작용하는 인자의 transposase 단백질의 N-절단된 형태

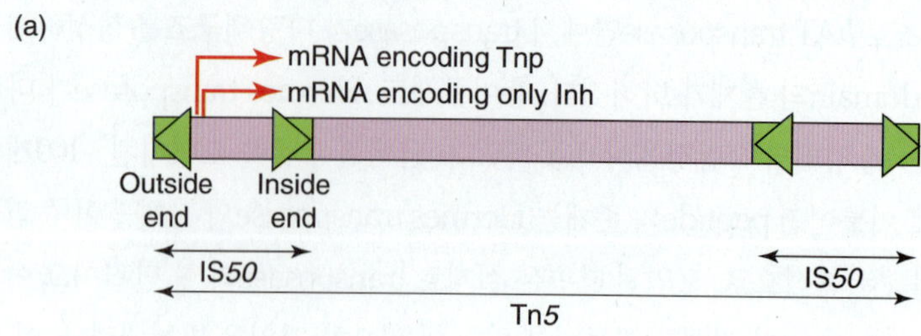


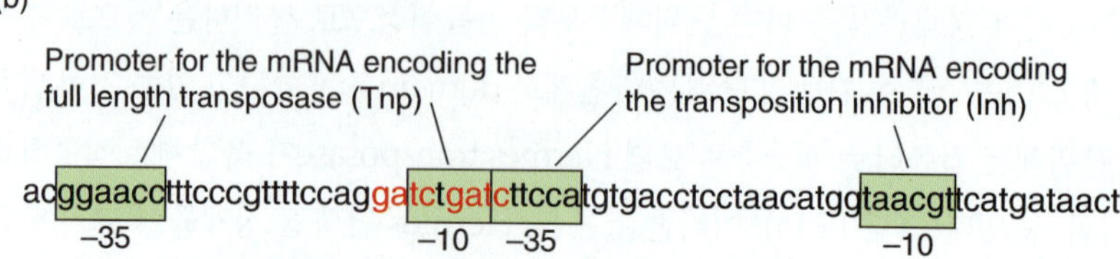


**그림 12.16 Tn*5*는 DNA 복제와 함께 전이를 조절한다.** (a) Tn*5*는 전체길이의 transposase나 N-절단된 전이억제자를 암호화하는 mRNA를 전사하는 IS*50*인자중 하나의 안쪽에 promoter를 갖고 있다. (b) 전체길이의 transposase promoter로부터의 전사는, DNA 복제 후 GATC위치를 통해서 선호된다.

로의 번역을 유발한다(**그림 12.16**). 인자가 복제되면 반메틸화되어 세포의 다른 자리로의 transposition를 가능하게 하는 전체길이를 가진 transposase의 생산을 선호하게 된다. Tn*5*는 또한 세균에서 DNA 복제 시작에 관여하는 DnaA 단백질의 농도에 민감하다(9장 참조). 이 민감성은 아마도 DnaA 단백질에 의해 인식되는 인자의 바깥쪽 끝부분에서 발견되는 DnaA 박스에 관여하는 것 같지만, 그 정확한 기작은 아직 명백하지 않다.

다른 인자도 transposition를 억제하거나 자극하는 숙주 요소에 반응하는 것 같다. 흥미로운 가능성은 bacteriophage λ가 세균의 SOS 반응을 이용하여 DNA 손상의 발생과 복제의 시간을 맞추는 방법과 유사하게, transposon이 숙주의 행복과 transposition의 시간을 맞추기 위해서 숙주 단백질을 모니터한다는 것이다(10장 참조). 마지막으로, transposon은 많은 시스템에서 고도로 전사되는 유전자로의 transposition를 감지하여 피할 수 있다고 여겨진다.

진핵생물의 인자 역시 transposase의 절단된 형태와 관여하여 transposition를 조절하는 방법을 갖고 있다. 이러한 조절의 한 예는 초파리의 P인자에서 찾아볼 수 있다(그림 12.13). P인자 transposase는 4개의 Exon(단백질을 암호화하는 RNA 정보 영역)을 포함한다. Exon은 이어맞추기(splicing)라는 과정을 통하여 하나의 근접한 mRNA로 조립된다(17장 참조). 숙주에 의해 암호화된 이어맞추기 repressor 단백질은 exon 2와 3사이의 intron 영역의 제거를 억제할 수 있다. 이어맞추기 repressor의 작용은 P인자 transposition의 repressor인 절단된 transposase를 생산하게 한다. 이 기작은 Tn*5*가 transposition를 억제하는 절단된 transposase를 발현하는 방법과 유사하다(그림 12.16). 숙주의 이어맞추기 repressor가 체세포에서만 발현되므로, 전이는 전체길이의 transposase가 만들어지는 생식세포계열에만 국한된다. 숙주의 기작 역시 다세포 동물에서 transposition 정도를 조절한다. 예를 들면, 다수의 1종류 인자가 이들 인자가 발현되지 않는 많은 다세포 생물에서 발견되는 특별한 시스템을 활성화시킬 수 있다.

## 대부분의 transposon은 구부러진 DNA 표적을 선호한다.

다수의 transposase와 retrovirus integrase의 한 공통점은 구부러진 DNA로의 삽입을 선호한다는 것이다. 이러한 선호는 적응에 의한 것 같지는 않으며, 아마도 recombinase가 구부러지지 않은 표적 DNA를 반응에 투입할 능력이 없기 때문일 것이다. Tn*10*의 경우, 생체내와 시험관내에서 선호되는 DNA 표적은 본질적으로 구부러져 있다는 사실이 밝혀졌다. 더욱, 이러한 서열을 덜 선호하는 Tn*10* transposase 돌연변이의 경우, DNA 기질을 더 잘 구부린다. 통합숙주요소(integration host factor, IHF)와 같이 숙주에 의해 암호화된 특별한 DNA bending 단백질은 어떤 세균 transposon(Tn*10*을 포함해서)과의 transposition에 필수적이다. 원래 IHF는 염색체로의 λ bacteriophage 삽입의 보존적 위치특치적 재조합 과정에 대한 필요성에 의해 발견되었다(아래 참조). 진핵생물에서 발견되는 DNA bending 단백질은 시험관내에서 RAG에 의한 V(D)J 재조합을 자극하여, IHF가 어떤 세균 transposase에 작용하는 것처럼, 유사한 굽힘 역할을 할지 모른다.

## Transposon은 특정한 서열을 표적으로 할 수 있다.

Transposon이 어디에 삽입되는지 역시 transposition의 빈도를 조절하는데 마찬가지로 중요할 수 있다. 성공적인 transposable element는 숙주를 위태롭게 하지 않기 위해서 transposition의 빈도와 어디에 삽입되는지에 대한 조절간의 균형을 설정해야 할 것이다. 왜 특정 DNA 서열이 표적이 되는지는 이들 DNA의 굽은 속성으로 일부 설명이 가능하다. 그러나, 어디에서 공통적인 표적위치 서열을 확인할 수 있는지에 대한 많은 예가 있다. 이들 서열을 보면, transposase 자체가 적당한 크기와 특이성을 가진 어떤 서열을 선호함을 알 수 있다. 예를 들면, Tn10의 선호삽입위치는 5′-GCTNAGC-3′와 유사한 위치이고, Tn*5*/IS*50*는 5′-AGNTYWRANCT-3′ 서열과 유사한 위치로의 transposition를 선호할 것이다(여기에서, R = purine, Y = pyrimidine, W = adenine 또는 thymine, N = 아무 nucleotide나 됨). IS*903*인자가 선호하는 삽입위치의 수를 비교한 결과, plasmid에 있는 이들 서열로 IS*903*이 transposition되는 연구에 의해 실험적으로 확인된, 보다 큰 역상보성(palindromic) 공통서열을 발견하였다. 다양한 다세포 생물에 공통적인 Tc/*mariner*인자는 작은 5′-TA-3′ 공통서열에 대해 거의 절대적인 선호를 지닌다. 하나의 세균 인자는 대장균과 다른 세균의 반복 DNA에서 발견되는 아주 커다란 공통서열로의 삽입을 선호함이 밝혀졌다. 이 인자의 반복 DNA에 대한 선호도는 필수 유전자(이러한 반복서열을 포함하지 않은)로의 삽입을 제한하는 기작으로 작용할 것이다. 그러나, 드문 표적위치를 엄격하게 사용하는 것은, 세균간의 이동이 가능한 인자는 드문 공통서열을 갖지 않을 것이므로, 가로 이동의 희생에 대한 댓가일 것이다.

## 어떤 transposon은 특이한 분자적 과정을 표적으로 한다.

Transposon은 또한 어떤 생물학적 과정을 표적으로 하기위해서 적응해 왔다. Tn*5053* 군의 transposon은 특정 plasmid를 선택적 표적으로 하는데 적응해 온 세균에서 발견되는 복제 transposon이다. 이 아이디어는 Tn*5053*인자가 자주 **분해위치(resolution site)**라고 불리는 plasmid의 특정 위치 안으로 삽입되는 것이 관측됨으로써 테스트할 수 있게 되었다. 분해위치는 이합체 plasmid를 단위체로 바꾸기 위해 보존적 위치특이 재조합이 일어날 수 있는 위치이다(아래 참조). 이들 분해위치는 이합체 plasmid가 재조합에 의해서 자주 만들어지므로, 환형 plasmid를 안정적으로 유지하는데 중요하다. 실험실에서, Tn*5053* 군 인자는 이 위치에 작용하는 상용되는 resolvase가 존재할 때에만, 분해위치로의 전이를 유발한다. 흥미롭게도, 이 분해위치로 transposon이 삽입되면 plasmid에 있는 분해위치도 불활성화된다. 내재성(endogenous) plasmid 분해위치의 소실이 plasmid를 불안정화시킬 수 있긴 하지만, Tn*5053*인자는 복제 transposon이므로 자신의 resolvase를 암호화하기 때문에, 이 경우에 해당되지 않는다. 그러므로 transposon에 의해 암호화된 resolvase는 plasmid에 의해 암호화되는 과정을 기능적으로 대신하게 된다. 이러한 전략에는 2가지 잇점이 있다: (1) transposon이 plasmid로의 전이를 표적으로 한다. plasmid로의 삽입은 plasmid가 염색체보다 복제수가 더 많고, 다른 세균으로 자주 이동할 수 있고, 숙주에게는 거의 필요없다는 면에서 잇점이 있다. (2) 이제 plasmid는 transposon에 의해 암호화된 분해 시스템에 의존할 것이므로, 결실(deletion)에 의해서 인자가 소실될 염려가 훨씬 적다.

특정 생물학적 과정을 겪는 DNA로의 transposition를 표적으로 하는 진핵생물의 transposon의 예도 있다. Ty인자는 효모에서 흔히 발견되는 LTR retrotransposon 인자이다. 이들 중 2인자, Ty1과 Ty3은 RNA 중합효소 III으로 전사되는 운반RNA promoter로의 transposition를 표적으로 한다(18장 참조). 이들 인자에 의해 사용된 표적 기작은, Ty1과 Ty3간의 삽입현상의 분포가 현저히 다르기 때문에, 다를 수 밖에 없다. Ty1과 Ty3 모두 필수적이지 않은 염색체 부위로 transposition이 일어나게 함으로써 아마도 혜택을 받는다. 마찬가지로, 효모의 LTR retrotransposon인 Ty5는 유전자 발현이 줄게 끔 특별한 시스템을 이용하는 효모의 telomere(telomere, 9장 참조)와 교배자리(mating loci, 11장 참조) 근처의 염색체 부위로 transposition이 일어나도록 지시할 수 있다. 마지막으로, 분열효모의 Tf인자는 RNA 중합효소에 의해 전사된 유전자의 상부에 몇백 염기쌍(bp)을 삽입한다(18장 참조).

## 어떤 인자는 특정 표적 위치들 중에서 선택할 수 있는 능력을 갖게끔 진화했다.

세균 transposon Tn7은 다수의 표적 위치 선택 단백질을 이용하여, 특정 표적 위치를 선택하는데 특별히 적응해 왔다. Tn7은 transposition에 transposon에 의해 암호화된 5개의 단백질을 사용한다(그림 12.10). 이들 단백질은 Tn7이 2개의 전혀 다른 표적 위치로 이동하게 한다. 모든 transposition현상에는 Tn7 단백질 중 3개, TnsA, TnsB, TnsC가 필요하나, 2개의 표적 위치 선택 단백질인 TnsD 또는 TnsE 중 1개만 없어도 그 기능을 수행하지 못한다(**그림 12.17**). TnsD 단백질은 세균 염색체에서 발견되는 자신의 부착부위(*attTn7*)인 단일한 삽입위치를 인식할 수 있는 서열특이적 DNA 결합 단백질이다. TnsD가 붙어있는 *attTn7* 안의 영역은 L-glutamine: D-과당 6-인산 aminotransferase를 암호화하는 매우 보존된 glmS 유전자의 C-말단 암호화 부위 안에 있다. 영리하게도, glmS 유전자안의 서열이 TnsD에 의해 인식되지만, 실제의 transposition는 세균으로의 악영향을 막으면서, 유전자의 전사 종결자안에서 약 50 bp 떨어진 곳으로 향하게 된다. Tn 관련족들은 놀라울 정도로 넓게 분포되어있고, 거의 숙주 세균의 *attTn7* 위치에서만 발견된다. 더욱 흥미롭게도, 인간 유전체는 대장균주에 도입되었을 때 TnsABC + D 표적으로 사용될 수도 있는 *glmS* 유전자를 포함하고 있다! 왜 Tn7이 인간의 *attTn7*을 표적으로 하는지 생물학적 이유가 전혀 있을 것 같지는 않지만, 진화가 거의 모든 세균에서 발견되는 표적 위치를 선호해 왔다는 것은 아마도 사실일 것이다. *attTn7* 위치로 transposition를 수행하게 하는 능력은, 필수적인 숙주 유전자로의 transposition 가능성을 배제하기 때문에 아주 가치가 있다. 아마도 이러한 적응의 파생적인 결과로, TnsD 경로의 transposition는 다른 인자에서 발견되는 transposition보다 약 1000 배나 높은 빈도로 일어난다.

Tn7은 특정 plasmid로 transposition이 일어나도록 지시할 수 있는 transpositiontranspositiontranspositiontransposition 두 번째 transposition 경로를 갖고 있다. TnsE 단백질은 세균간에서 이동할 때, 접합(conjugal)plasmid라고 불리는 이동성 plasmid로 transposition를 지시하는 것을 선호한다. TnsABC + E 단백질은 세균간에서 이동할 때, plasmid에 의해 이용되는 과정과 관련된 DNA 복제의 형태를 인식할 수 있다(**그림 12.18**). TnsE는 plasmid가 세포로 들어갈 때 일어나는 지체가닥(lagging-strand) DNA 복제 양상을 인식하는 것 같다. 아마도 이 과정으로 Tn7이 새로운 세균 숙주로 transposon을 이동시킬 수 있는 plasmid를 인식하는 것으로 생각된다. 일단 새로운 세균 숙주로 들어가면, Tn7은 새로운 숙주의 *attTn7* 위치로 빠르고 안전하게 움직이기 위해서, TnsD 경로를 사용할 수 있다. TnsABC + D와 TnsABC + E의 연속적인 사용으로, 아마도 Tn7이 필수 세균 유전자로 삽입될 위험성 없이 새로운 숙주로 빠르게 전파되는 것으로 생각된다.

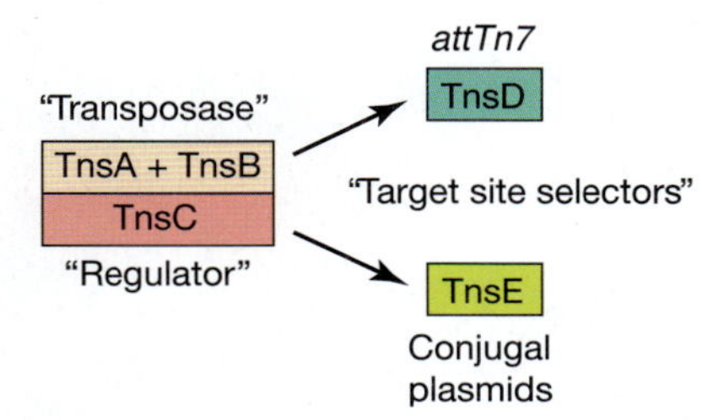


**그림 12.17** Tn7에 의해 암호화된 단백질의 다른 조합으로, 인자는 특정 표적 위치간에서 선택을 할 수 있다.

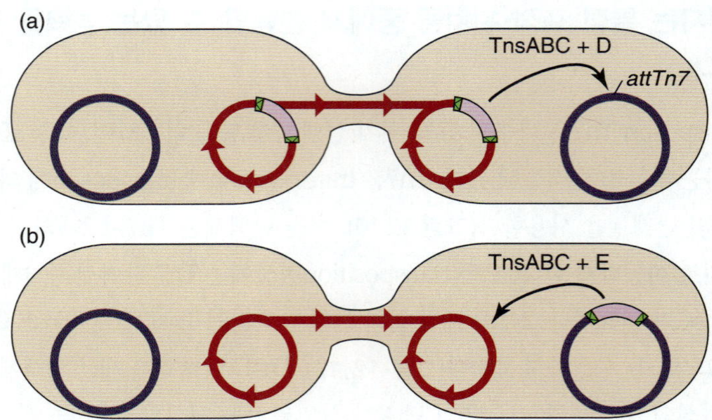


**그림 12.18 Tn*7* transposition.** Tn*7* transposition는 숙주 유전자를 불활성화시킬 가능성은 최소화하는 반면, 분산은 최대화하도록 적응되어 왔다. (a) Tn*7*이 접합 plasmid나 다른 어떤 기작으로(제시안함) 새로운 숙주에 들어갈 때, TnsABC+D 단백질을 이용하여 *attTn7* 위치에 신속하게 삽입할 수 있다. (b) 일단 *attTn7* 위치에 있게 되면, Tn*7*은 접합 plasmid가 세포로 들어올 때까지, 숙주에 해를 끼치지 않으면서 존재할 수 있다. 접합 plasmid는 TnsABC+E 전이 현상을 특이적으로 자극하고, 대부분의 삽입은 접합 plasmid로 일어난다. 접합 plasmid는 일방향 DNA 복제를 보여주기 위한 화살표와 함께 적색 원으로 나타내었다. Tn*7*의 이동은 검정색 화살표로 나타내었다. Adapted from Peters, J. E., and Craig, N. L., *Nat. Rev. Mol. Cell Biol.* 2 (2001): 806-814.

## Transposon은 분자유전학의 중요한 도구이다.

### 도구로서의 transposon의 일반적 특성

Transposon은 다양한 생물에서 고전유전학의 연구에 중요한 도구였다. 그러나, 후유전체(post-genomic) 시대에서 transposon의 중요성을 지나치게 강조하는 것은 쉽지 않은 일이다. 유전체 염기서열이 더욱 알려질수록, 우리가 많은 유전자의 기능을 알지 못한다는 것은 명백하다. Transposon은 유전자의 기능을 이해하기 위하여, 유전자를 불활성화시키거나 염색체를 조작하기 위한 중요한 도구가 된다. transposon은 자연적인 돌연변이(유발)원이며 유전자 활성화의 주요 근원이 된다. transposon을 돌연변이유발 도구로 사용하는 가장 중요한 특성중의 하나는, transposon의 위치를 유전적으로 또는 중합효소연쇄반응(PCR)기법을 이용하여 알아낼 수 있는 능력이다. transposon에 의한 돌연변이는 보통 삭제돌연변이다; 하여튼 transposon은 그 유용성을 늘리기 위해서 다양한 방법으로 각색되었다.

모든 transposon 시스템에서는 그것이 작용하는 생물체에 상관없이, 몇 가지 기본적인 주제가 있다. 간혹 transposon을 높은 수준으로 유발하여 새로운 transposition 현상이 일어난 세포를 분리하기 쉽게 하기 위한 실험이 고안된다. 이러한 유발 후에 transposition이 억제되는 것이 인자를 안정화시키는데 또한 중요하다. 이렇게 하기 위한 하나의 비결은 비자율적 인자(nonautonomous element)를 사용하는 것이다. **자율적 인자(autonomous element)**는 transposase와 인자를 이동시키는데 필요한 말단 서열을 암호화한다(옥수수에서의 McClintock의 Ac인자처럼). **비자율적 인자**

**(nonautonomous element)**는 transposase에 의해 인식되는 말단서열을 갖고 있지만, transposase를 암호화하지는 않는다(옥수수에서의 McClintock의 Dc인자처럼). 비자율적 인자는 transposon의 안정화를 위해 나중에 제거될 수 있는 대체 근원으로부터 *trans*로 transposase를 제공함으로써 동원될 수 있다. 우리는 세균, 파리, 인간세포주의 세포내 transposon(transpositiontranspositiontransposition)이 어떻게 이용되는지 논의할 것이다. 우리는 또한, 수많은 장점이 있고 다루기 힘든 생물체연구에 아주 유용한 시험관내에서의 transposition가 어떻게 이용되는지 기술할 것이다.

### 세균에서의 transposon 도구

Transposon은 세균의 유전체 분석에 풍부한 역사를 갖고 있다. 초기 세균 유전학은 세균의 자발적 삭제돌연변이의 가장 흔한 근원인 내생적 IS 인자를 무의식적으로 이용해왔다. 궁극적으로는 항생제 내성 표지를 가지고 자연적으로 생성되는 다수의 transposon이 이용되었다. 이들 중 많은 시스템은 현대 실험실에서 여러 세균 종류에서 아직도 유용하게 사용되고 있다. 합성 비자율적 인자는 transposon 이용에 중요한 전환점이 되었다(**그림 12.19**). **합성인자(synthetic element)**는 transposase를 더 이상 암호화하지 않고, 대신 수평으로 작용하는(cis-acting) transposon 말단

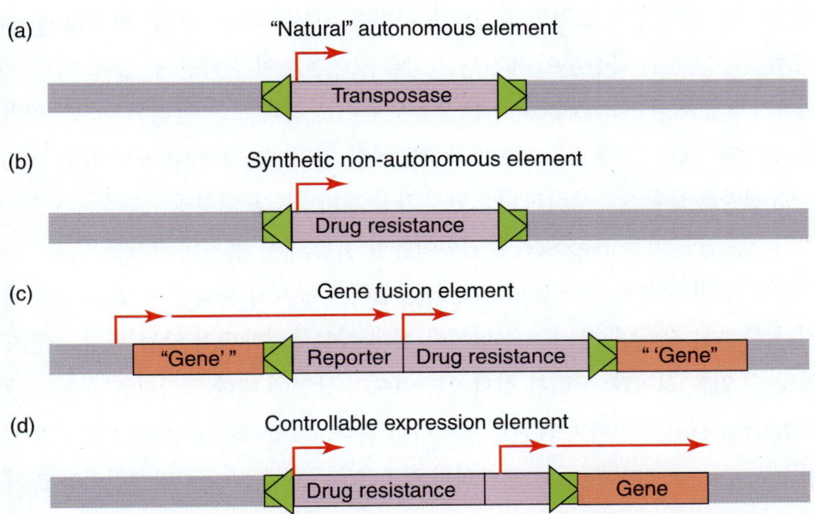


**그림 12.19 유전학과 유전체학의 도구로써 사용되는 정상 transposon과 몇몇 합성 인자.** (a) 자연적으로 생성되는 삽입서열형 transposon은 transposase와 효소에 의해 인식되는 동족의 역반복서열(녹색 삼각형)을 암호화한다. (b) 합성인자는 transposase를 약물 저항성 결정인자와 같은 선택가능한 표지나 transposon을 포함하는 생물의 표현형 변화(petri접시의 세균 colony에서 탐지할 수 있는 pH 변화 또는 파리의 눈/몸 색깔)를 검색할 수 있는 표지로 대체함으로써 만들 수 있다. (c) 유전자 융합인자는 promoter가 없는 유전자(보고유전자)를 인자에 포함하여, 인자가 활성화된 promoter의 하부에 삽입되었을 때에만 발현되게 함으로써 만들 수 있다. 유사한 전략을 사용하여 융합단백질을 만들거나 전사증폭자를 포착할 수 있다. (d) 조절가능한 발현 인자는, 만약 promoter나 증폭자가 하부 유전자의 발현을 일으킬 수 있는 인자에 포함되었을 경우, 유전자 활성화를 조절하기위한 도구로 만들 수 있다.

에 접한 항생제 내성 유전자와 같은 선택적 유전적 표지를 지니도록 고안되었다(그림 12.19b). 결함 transposon이라고 불리는 이 인자는, 복제나 표적 숙주로의 통합이 가능하지 않은, bacteriophage나 plasmid와 같은 vector를 사용하여 도입된다. 통상적인 실험에서는, 특정 항성제에 내성을 지니는 결함 transposon을 포함한 bacteriophage나 plasmid vector가 세균으로 도입된다. Transposase를 지정하는 유전자는 세균에 이미 있는 별도의 vector에 존재한다. 세균은 항생제를 함유한 고체 성장배지에 도말된다. Transposon에 의해 암호화된 표지에 내성을 지닌 세균만이, 만약 인자가 vector로부터 숙주 유전체로 이동하면, 콜로니를 형성할 수 있다. 항생제 저항성 콜로니는 transposon으로 돌연변이가 일어나도록 처리된 pool을 만들기 위한 배지로 부터 씻어낸다. 집단의 모든 세균에서 transposition 삽입은 유전체상에 무작위로 도입된다. transposon이 세포의 풀 어딘가에 있는 유전체의 모든 유전자에 삽입되었는지를 어느 정도 확신하기 위해서는 충분히 많은 크기의 풀을 모아야 한다. 그리고 나서, 삽입된 transposon은 일반화된 형질도입을 위해 두 번째 세균 배양단계로 옮긴다(8장 참조). 형질도입된 세균은 삽입된 선택가능 표지는 지니고 있지만 transposase 활성은 없다. 결함 transposon은 그 자신의 transposase를 암호화하지 않고, 세균은 이 활성을 *trans*로 제공하지 않으므로, 안정성 문제는 해결된다.

전형적으로, 형질전환된 세균 풀에서 특정 표현형을 검색하거나, 가능하면 구체적인 형질을 선택한다. 조건부 표현형은 다양한 치사조건을 시험할 때 transposon을 포함하는 클론의 복사본이 유지되는 기술을 이용하여 검색할 수 있다. 이러한 실험의 1가지 문제점은 transposon 삽입 돌연변이는 거의 모두 완전한 삭제돌연변이라는 것이다. 그러나, 필수유전자의 3′ 말단에서 일어나는 transposon 삽입 돌연변이는 유전자를 불활성화시키지 않으면서 가끔 재미있는 표현형을 유발하기도 한다.

커다란 규모의 transposon 돌연변이유발 실험 역시 필수 유전자를 규명하는데 유용하다. 만약 충분한 수의 transposon 삽입이 생물에서 분석될 수 있고, 유전체의 크기가 충분히 작다면, 우리는 실험에서 절대로 불활성화되지 않는 필수 유전자를 짐작할 수 있을 것이다. 이러한 실험에는 다수의 삽입에 대한 염기서열 결정이 필요하며 transposon 삽입이 무작위로 일어나야 한다. 이 실험에서 만약 그 특정 유전자에서 transposon 삽입이 전혀 발견되지 않을 경우, 그 유전자는 필수적이라고 가정할 수 있다.

**융합보고유전자(reporter fusions)**는 세균 연구에서 transposon 검색을 대단히 강력하게 만들었다. 이러한 종류의 합성transposon은 보통, 항생제 내성 표지를 암호화하는 유전자와 같은 선택 가능한 유전적 표지를 포함한다(그림 12.19c). 이 인자는 세균 세포에서 이미 발현된 유전자에 삽입될 때에만 발현되는 보고유전자도 암호화한다. 가장 흔한 보고유전자는 숙주 promoter의 하부에 삽입되었을 때, 그 발현을 쉽게 모니터할 수 있는(가끔, petri접시에서 자라는 colony의 색변화에 의해) promoter 없는 유전자이다(그림 12.19c). 보고 유전자로 널리 적용할 수 있는 인기

있는 한 유전자는 β-galactosidase를 암호화하는 *lacZ* 유전자이다. β-galactosidase의 생성물은 젖당의 galactose와 포도당사이의 β-1,4 결합이 절단되게 한다(3장 참조). 그러나, β-galactosidase는 합성화합물인 5-bromo-4-chloro-3-indolyl-β-D-galactopyranoside (X-gal)도 절단할 수 있다. X-gal이 절단되면, 무색에서 푸른색으로 변한다. 보통 실험에서는 특정한 조건하에서 유발되는 유전자를 결정하기 위해서, 실험자가 다른 성장조건하에서 세균 colony를 모니터하는 세포의 풀이 만들어진다. DNA손상제, 극한온도, 영양결핍, 독성화합물과 같은 다양한 스트레스하에서 활성화되는 유전자는 쉽게 분리해낼 수 있다. 그리고 나서, 유발된 유전자를 발견하기 위해서, 각각의 transposon 돌연변이체의 위치가 결정된다. 이 인자들 은 유전자의 조절을 결정하기 위해서 더 정량적인 근거로 사용될 수도 있다. 보고유전자 인자는 보고유전자 단백질이 표적유전자에 의해 암호화된 단백질에 물리적으로 융합되도록 설계될 수도 있다. 이러한 구조체(construct)에서, transposition는 보고유전자 구조체로부터 양성 신호를 내기 위해서, 보고유전자가 유전자에 융합되도록 올바른 방향과 해독구조(reading frame)로 일어나야만 한다. 이러한 종류의 단백질 융합은 다양한 환경하에서 유용하지만, 역사적으로 세균의 단백질 transposition에 관한 초기 연구에 매우 중요하였다.

위에서 언급했듯이, transposon은 유전자를 불활성화시킬 때, 주로 삭제돌연변이를 일으킨다. 그러나, 바로 뒤에 위치한 유전자를 활성화시키는데 사용될 수 있는 조절가능한 promoter를 포함하는 많은 합성인자가 만들어졌다(그림 12.19d). 이러한 구조체는 잠재유전자를 활성화시키는데 사용될 수 있지만, 필수유전자를 찾는 새로운 실험에도 사용되어왔다. 필수유전자는 이들의 promoter에 transposon이 삽입되는 현상을 규명하는 기술로 확인할 수 있다. 필수유전자의 promoter부위로의 삽입현상은 transposon에 의해 암호화된 promoter의 유발원(inducer)에 의존하는 격리된 부위를 만들어낸다. 이 때, 어디에서 격리된 부위의 복제가 유발원과 함께 유지되는지, 그리고 격리된 부위가 유발원없이 생존가능한지 조사한다.

세균 transposon의 초기 실험에서는 전이 현상의 위치를 지도화하기 위해서 교배 실험이 수행되었다. 후기 실험에서는, 선택가능한 transposon에 의해 암호화된 표지를 이용하여 인자를 클로닝하였다. 인자는 숙주 염색체로부터 plasmid vector로 삽입하여 클로닝할 수 있었고, 이 때 인자의 위치를 결정하기 위해서, 인자에 인접한 숙주 DNA 서열이 결정되었다. 이러한 과정은 합성 인자에 포함될 수 있는 조건부 DNA 복제단위를 사용하여 더욱 개선되었다. 조건부 복제단위를 포함하는 transposon은 DNA가 정제되고, 인자내부를 자르지 않는 제한효소로 절단하여, 연결하고, plasmid를 복제할 수용성 숙주에 도입되는 거의 자가 클로닝(self-cloning)이다. 현대 실험실에서는 다양한 PCR 기술로 말미암아, 염색체로부터 인자를 클로닝하는 시간 소비적인 과정은 거의 제거되었다.

최근의 혁신적인 transposon 지도작성법에서는 세포집단의 transposon 지도

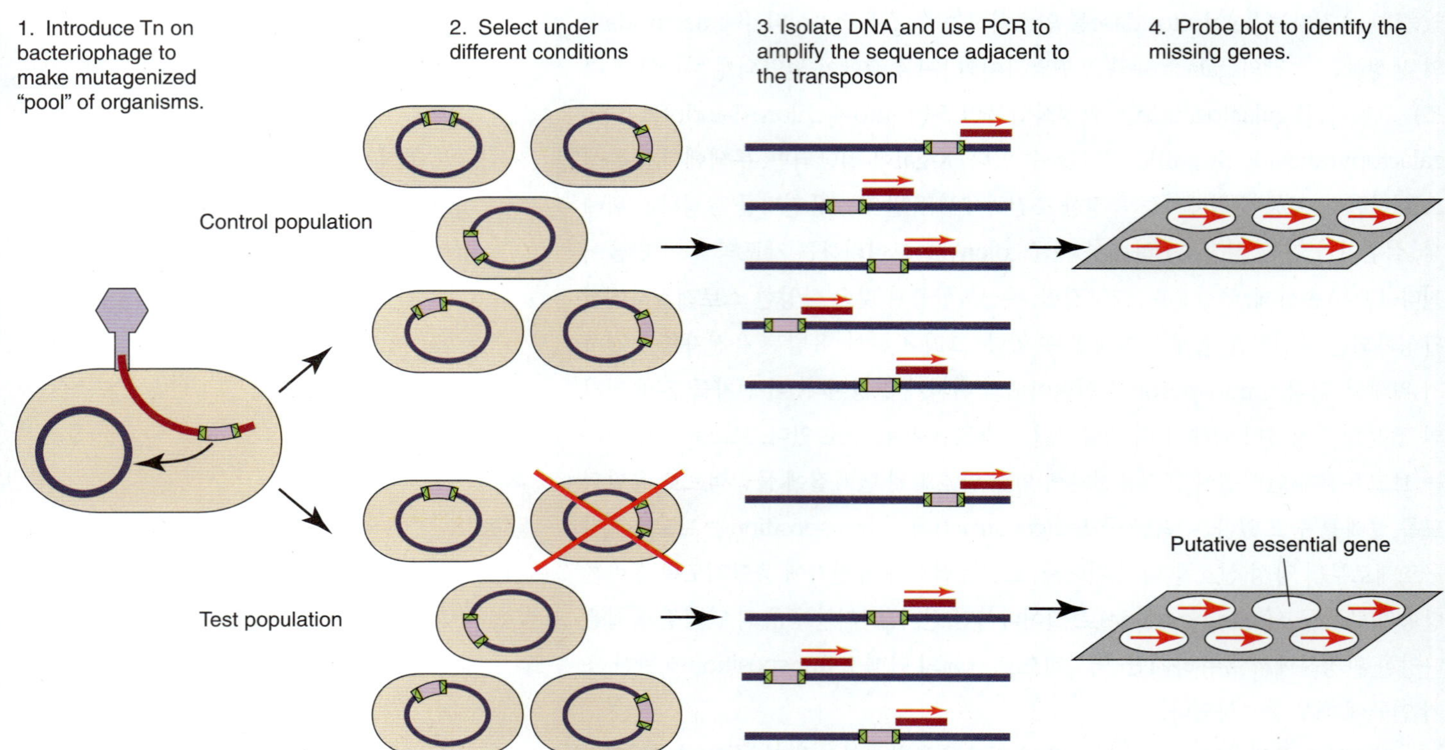


**그림 12.20 전체 유전체 배열을 이용하여 세균 집단의 transposon 지도를 작성한다.** (1) 풀(pool) 또는 모음(library)이라고 불리는, 집단의 개체가 각각 염색체의 임의위치에 삽입을 지닌 세균을 수집한다. (2) 세포의 풀을, 집단의 한부분은 모음(대조군)을 만드는데 사용된 것과 같은 조건하에서 유지되게 하고, 다른 집단은 최소배양액, 고온, 특정 숙주나 환경에서의 성장과 같은 극한의 성장조건에 처하게 하도록 나눈다. (3) 대조와 시험 집단으로부터 DNA를 수집하여 PCR을 수행하여, transposon 삽입부위에 인접한 서열을 증폭하고 표지한다. (4) transposon의 기부(proximal) 서열을 배열의 탐침으로 이용하여, 시험 집단이 아닌 대조 집단에서만 신호가 나오는 유전자를 발견해 낸다. 이것이 추정되는 필수유전자이다.

를 결정하기 위한 도구로서 전체 유전체 배열을 사용한다. 전체 유전체 배열은 DNA와 결합할 막이나 슬라이드의 고체표면에 점으로 찍은 유전체의 모든 해독영역(open reading frame, ORF)으로부터의 염기서열정보를 가지고 있다(5장 참조). 배열 기술은 조건부로 필수적인 후보유전자를 발굴할 수 있기 때문에 유용하다(**그림 12.20**). 이러한 실험에서, 무작위 전이 현상을 지닌 격리부위의 커다란 풀을 준비한다. 그리고 나서, 세균의 풀을 대조집단과 시험집단으로 나눈다. 간단한 실험으로 대조집단은 모든 아미노산과 보조인자를 포함한 완전한 배양액에서 키운다. 시험집단은 탄소원과 염분만 포함한 최소의 배양액에서 키운다. 이때, 아미노산이나 다양한 보조인자를 만드는데 관여하는 유전자에 transposon을 가진 집단의 세포는 자라지 않을 것이고 집단으로부터 희석될 것이다. 이러한 세포는 대조집단에서는 소실되지 않을 것이다. 그리고 나서, 이 집단으로부터 DNA를 분리하여 양쪽 집단에서 전이현상에 인접한 서열을 변형된 PCR 기술을 이용하여 증폭하고, 형광체(또는 방사능)로 표지한다. 완전한 배양액이 아니라 최소의 배양액에서 성장하는데 필요한 유전자로의 transposon의 삽입은, 최소의 배양액에서 자란 PCR 증폭 풀에는 존재하지 않을 것이므로, 시험 배열이 아닌 대조 배열에서 형광신호를 나타내는 ORF로서 쉽게 확인된다. 이러한 절차로 확인된 후보유전자는 다른 방법으로 재확인한다. 이론적으로 이러한 방법은 실험에서 신호를 내지않는 ORF를 발견함으로써 필수유전자를 발굴하는데 사용될 수 있다. 그러나, 인자가 유전자에 전혀 삽입된 적이 없는 것이 아니라, 유전자가 transposon 삽입의 표적이었으나 그 후에 집단에서 소실되었음을 확신하기 위해서 조건이 맞아야한다.

### 식물에서의 transposon 도구

Transposon은 최초에 식물에서 발견되었고, 식물의 유전체는 이 유전인자에 의해서 상당히 영향을 받은 것으로 보인다. 어떤 잡초의 유전체는 40~80%가 transposon DNA이다. 그러나, 많은 다세포 동물의 경우에서 발견되듯이, 거의 모든 내재 인자는 불활성화되어 있다. 식물은 DNA transposon과 LTR retrotransposon으로서 DDE transposon을 지니고 있다. 식물은 또한, 아래에서 기술된 바와 같이 비LTR transposon도 지니고 있다.

Transposon은 옥수수 유전학과 유전체학에서 아주 중요한 도구로 남아있다. **돌연변이유발유전자(Mutator)**라고 하는 transposon은 아주 높은 빈도로 전이하는 인자에 근거한 널리 보급된 도구이다. 관심있는 식물을 매우 높은 빈도로 전이하는 돌연변이유발유전자 transposon을 지닌 것과 교배한다(**그림 12.21**). 관심있는 DNA가 삽입된 식물이 확인된 후, 더 이상의 전이를 방지하기 위해서 적당한 배경을 가진 식물과 교배할 수 있다. 이것은 돌연변이유발유전자의 방향성이 거꾸로 된 복제품을 지닌 돌연변이유발유전자 킬러 종과의 교배에 의한 것이다. 이러한 배열의 돌연변이유발유전자는 이로부터 발현된 RNA를 적극적으로 파괴하기 위한 숙주시스템을 활성화시킨다. 돌연변이유발유전자의 높은 복제수 또한 아마도 유사한 기작으로 그 transposition을 감소시킬 수 있다. 2가지 형태의 돌연변이유발유전자 불활성화 모두 불완전하므로, 잔여 돌연변이유발유전자의 이동이 일어날 수 있다. 이러한 총체적인 기작을 사용해서 중지된 돌연변이 유발유전자 인자는 모의돌연변이1의 불활성화된 매개체(*mop1*)를 가진 종과 교배함으로써 재활성화될 수 있다. *mop1* 대립유전자는 돌연변이유발유전자 인자를 중지시키는데 필요한 RNA의존성 RNA중합효소를 암호화한다.

McClintock이 발견한 최초의 **Ac인자(Ac element)**는 여전히 옥수수 연구의 중요한 도구이다. 장점일수도 단점일수도 있는 Ac인자의 한 성질은 유전적으로 가까운 염색체 부위로 transposition하려는 경향이다. 국소화된 transposition는 안타깝기도 하지만, 그 영역의 국소화된 돌연변이유발의 도구가 될 수도 있다. 10개의 옥수수 염색체 모두에 걸쳐서 Ac인자를 분리하기 위하여 유전적 방법을 사용하였다. 이러한 인자는 옥수수 유전체의 아부위(subregion)에서 보다 집중적인 Ac 돌연변이유발에 유용하다는 것을 입증할 것이다. Ac와 돌연변이유발유전자 인자 모두, 유전자 밖으로 전이된 후의 위치에 돌연변이를 유발하는 데에도 유용하다. 비상동성

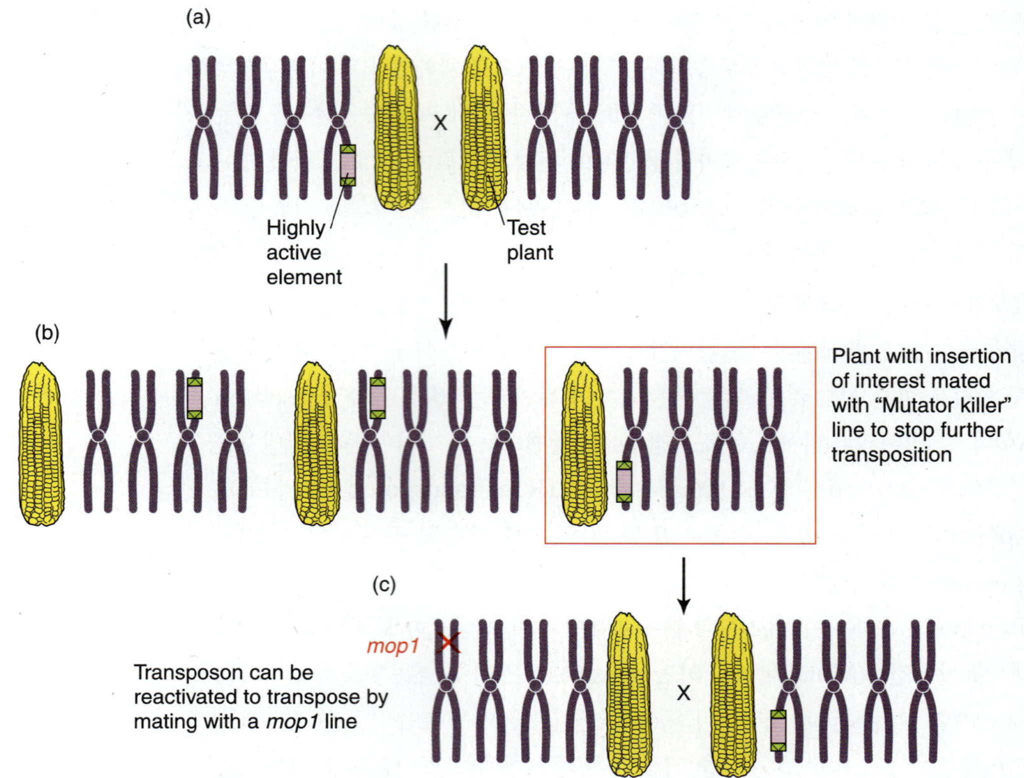


**그림 12.21 돌연변이유발유전자 인자는 옥수수에서 중요한 transposon 도구이다.** (a) 생물의 대표 염색체 옆에 옥수수를 보여주고 있다. 분홍색과 녹색 상자는 돌연변이유발유전자 인자를 나타낸다. (b) 시험 식물에서의 전이는 매우 활성화된 돌연변이유발유전자 인자를 가진 식물과 교배했을 때 일어난다. (c) 관심있는 삽입을 가진 식물을 PCR 기법이나 표현형으로 확인한다. 이 식물을 "돌연변이유발유전자 킬러" 종과 교배하거나, 다른 기술로 더 이상의 전이를 억제할 수 있다. 돌연변이유발유전자 인자는 억제를 유발할 수 있는 *mop1* 종과 교배함으로써 재활성화되어 전이를 수행할 수 있다. 이것은 같은 영역에 추가의 삽입 현상을 모으거나, 인자가 이전에 존재했던 위치가 복구되었을 때, 복귀돌연변이(reversion) 대립유전자를 얻는데 유용하다.

말단 결합을 통한 숙주 염색체의 복구로부터의 transposition 후에 공여위치에서 일어나는 돌연변이는, 다양한 돌연변이를 얻는데 사용될 수 있도록 원래 transposon 삽입 부위에서 발자국(footprint)을 만들어낸다.

작은 개화식물인 애기장대(*Arabidopsis*)와 쌀과 같은 2가지 다른 널리 알려진 식물 모델 시스템에서는 Ac/Dc 시스템과 같은 transposon 도구가 덜 이용된다. 이러한 생물은 근두암종균(*Agrobacterium*)에 의한 세균 DNA 전달을 이용하여 더 쉽게 변형된다. 그러나, 쌀에서 유용한 도구는 세포배양기술을 이용하여 transposition가 일어나도록 활성화될 수 있는 식물 retroelement인 Tos17이다. 그리하여, 변형된 배양세포로부터 만든 식물을 분석하여 유용한 삽입 종을 찾아낸다.

### 곤충에서의 transposon 도구

초파리(*Drosophila melanogaster*)는 다세포 동물을 이해하는데 중요한 실험 시스템이다. **P인자(P element)**는 초파리를 조작하는데 있어서 아주 중요한 도구였다. P인자는 원래, 야생으로부터의 수컷과 실험실에서 유지된 암컷과의 교배를 통하여 발견되었다. 이러한 교배는, 보통의 경우에는 재조합이 존재하지 않지만, 자손 수컷 파리의 정자형성과정에서 다량의 재조합을 유발하였다. 이러한 현상을 **잡종불임성(hybrid dysgenesis)**이라고 한다. 계속된 연구는 P인자의 광범위한 이동이 수컷에서 염색체 절단을 유발하였고, 이어서 비상동성 말단결합에 의한 복구현상이 재조합과 유사한 유전적 조합을 일으킨다는 것을 나타내었다. 흥미롭게도, P인자 자체는 다른 초파리종으로부터 도입된 지 채 200년이 되지 않지만 현재에는 야생 초파리에 거의 널려있다. P인자는 초파리에게 새롭기 때문에, 아마도 그렇게 높은 빈도로 전이할 수 있는 능력이 있다고 설명된다. 야생에 사는 초파리 종은 아마도 P인자 transposition을 억제하는 쪽으로 진화되어 왔을 것이다. 실험실 종에 있어서의 높은 transposition 빈도로 말미암아, P인자가 유전학의 아주 중요한 도구가 되었다.

파리의 눈이나 몸의 색깔을 바꾸는 표지를 포함하는 비자율적 인자를 제조하여 transposon을 포함하는 동물을 쉽게 찾아낼 수 있게 되었다. 이러한 인자는 transposase를 암호화하는 DNA와 그 인자를 포함하는 DNA를 동시에 주입함으로써 생물체에 전달될 수 있다; 이때 주입은 생식세포계열이 형성되는 전배반엽 배아의 뒤쪽 부위로 이루어진다(**그림 12.22**). 또는, transposon을 포함하는 DNA를 파리의 배아에서 transposase가 발현되도록 조작된 전배반엽 배아로 주입할 수도

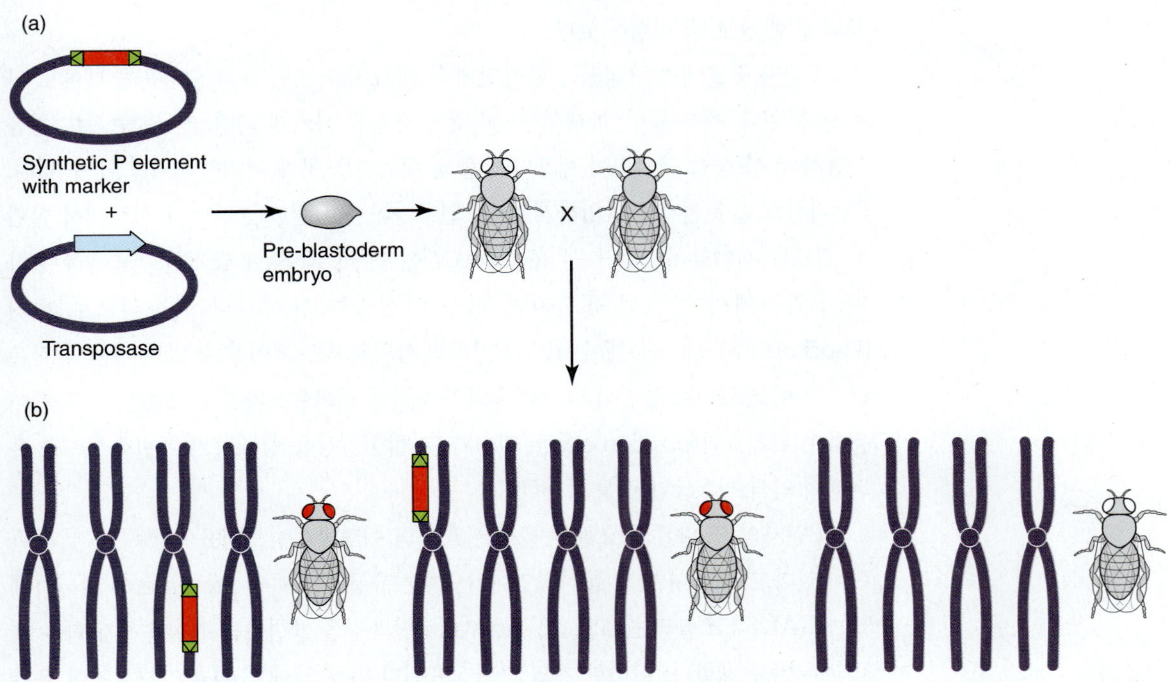


**그림 12.22 표지를 가진 합성 P인자와 transposase를 암호화하는 plasmid의 동시 주입.** P인자 transposase와 합성 P인자를 암호화하는 DNA를 배아에 주입하면, 자손에서 transposition현상을 분리해 낼 수 있다. 대표적인 염색체 옆에 염색체를 분리한 파리를 보여주고 있다. 녹색과 붉은색 상자는 합성 P인자를 나타낸다. (a) 합성 P인자를 P인자 transposase 발현 공급원과 같이 전배반엽 배아에 도입한다. (b) 이들 파리의 일부 자손은 염색체 P인자 삽입을 갖을 것이다. P인자 삽입을 가진 파리는 눈 색깔과 같은 표현형 표지로 확인할 수 있다.

있다. 생식세포계열에 transposon이 삽입된 파리의 자손은 암호화된 표지유전자의 표현형에 의해서 쉽게 식별해낼 수 있다. 다른 transposon이 세균에 적용된 것과 같은 방법으로, P인자는 파리연구용 도구로 적용되어왔다. 예를 들면, P인자는 삽입돌연변이유발원으로 이용될 수 있다. 유전체에 걸친 P인자의 삽입은 유전체 검색에 사용될 수 있다. 초파리의 각각의 유전자에서 P인자 삽입을 가진 돌연변이 동물을 분리해내고자 하는 연구도 많이 발전되어왔다. transposon은 특정발현양상을 가진 유전자와 이어맞추기 부위(splice site)를 규명하고, 또한 융합단백질을 만들기 위한 도구로서도 제조되어왔다(그림 12.19). P인자의 이동은 완전하거나 불완전한 절제를 통해서 각각 P인자를 포함하는 유전자의 복귀나 결실을 만드는데 이용될 수 있다. 자매염색체로부터의 유전자전환으로 대부분의 공여위치가 복구되는 반면(그림 12.9), 다양한 형태의 돌연변이유발성 비상동 말단 연결도 구 공여위치에서 돌연변이를 유발할 수 있다.

아주 막강한 도구는 바로 P인자를 이용하여 하나의 생물에서 다른 생물로 유전자를 삽입하는 것이다. 관심있는 유전자를 P인자의 역반복서열 사이에 클로닝할 수 있고, 위에서 언급한 바와 같이 파리 유전체에 쉽게 삽입할 수 있다. 파리유전체에 도입된 전이유전자(transgene)는 광범위하게 응용될 수 있다. 이것에는 클로닝한 유전자가 돌연변이 표현형에 의해 밝혀진 바로 그 유전자인지를 확인하기 위해서나, 또는 그 유전자를 발현하는데 필요한 전체 염기서열을 결정하기 위한 단순한 전이유전자의 구제(상보성) 실험이 있다.

P인자 구조체는 관심있는 단백질에 특정 표지를 붙인 것을 도입하는 데에도 사용될 수 있다. 예를 들면, 녹색형광단백질과 융합을 시키게 되면, 연구자는 현미경을 이용하여 이 융합 단백질이 세포나 생물체 내의 어느곳에 위치하는지를 알 수 있다. P인자상으로 유전자를 삽입하게 되면, 연구자는 부적절한 공간이나 시간에서 발현이 되도록 제어할 수 있다[변위(ectopic) 발현 연구]. RNA에 근거한 기술을 이용하여, P인자에서 발현된 유전자는 어떤 관심있는 유전자의 기능적으로 제거(knockout)하는데 이용될 수 있다. P인자의 삽입위치는 제어할 수 없기 때문에, 같은 인자가 여러 위치에 삽입이 되는 다수의 독자적인 전이유전자를 갖고 있는 세포를 이용하여 위치효과(position effect; 인자가 그 발현양상을 방해하거나 변화시키는 유전체의 영역으로 삽입됨)를 설명한다.

P인자의 또 다른 중요한 응용성은 효모의 이형발현시스템을 이용하는 것과 관련이 있다. 조직이나 단계 특이적인, 또는 다른 유용한 초파리 promoter의 제어하에 있는 GAL4라고 불리는 효모전사 activator 단백질을 발현하는 전이유전자 함유 세포 계열이 존재한다. 이러한 계열을 관심유전자 바로 앞에 GAL4 인지서열이 융합되어 있는 P인자를 가지고 있는 전이유전자 계열과 교배하게 되면, 그 자손은 GAL4에 붙은 promoter의 명령에 의해 관심유전자의 발현 양상이 결정될 것이다. 이 시스템이 아주 유용한 이유는 특정 조직이나 발달의 특정 시기에서 GAL4 활성인자를 발

현시키는 초파리종이 많이 존재하기 때문이다.

초파리에서 P인자가 매우 유용함을 보여주었지만, 상대적으로 제한된 숙주 범위를 갖고 있다. 결국, 다른 곤충에게는 다른 transposon이 사용되어 왔다. 초파리외 다른 곤충에서 사용된 3가지 인자는 *hobo, minos, piggyBac*이다. 이중 *piggyBac*인자는 광범위한 숙주 범위에 걸쳐서 아주 유용하게 사용되고 있어 아래에 보다 상세히 기술하였다.

### 예상밖 근원으로부터의 포유류 세포의 transposon

Transposon은 다양한 다세포 동물의 기능에 중요한 도구일 수 있다. 그러나, 오랫동안 포유류 시스템의 기능에 유용한 transposable element는 존재하지 않았다. 포유류 세포에서 작용하는 transposon의 생산에 관한 재미있는 이야기는 물고기에서 발견된 고대의 무기능 transposon 과부터 시작한다. 이 과의 인자는 1,400만년 이상 무기능이었다고 추정된다. 이 결함있는 transposon을 분석한 Zsusanna Izsvák과 그 동료들은 transposase의 조기 종결된 번역을 일으킨 다양한 돌연변이를 규명할 수 있었다. 인자의 많은 무기능 복제품들을 비교함으로써 시간이 흐르면서 발생한 몇몇 과오돌연변이(missense mutation)도 예측할 수 있었다. 위치지정돌연변이를 이용하여, Izsvák과 그 동료들은 transposase의 기능적 복제품을 만들기 시작하였고, 이 인자가 수백만년동안 무기능(또는 잠자는)이었다는 사실 때문에, 이는 ***잠자는 숲속의 공주(Sleeping Beauty)***라고 알려지게 되었다(**그림 12.23**). 초기의 업적은 전체 ORF를 재확립하는 것이었다. 계속된 연구로 과오돌연변이를 수정하여, 기능적인 진핵생물 transposon의 모든 생화학적 활성-즉, 번역후 단백질을 핵으로 들어가게 하는 핵내위치신호, transposon 말단에의 DNA 결합능력, 전체적인 통합능력-을 점차 확립하였다.

아마도 생체내 transposition를 수행할 수 있는 단순한 능력보다 더 관심있는 것은 *잠자는 숲속의 공주* 인자가 배양 인간세포에서 전이를 할 수 있다는 것을 관측했다는 것이다. Isvak과 그 동료는 유인원바이러스40(SV40) promoter와 neomycin 내성유전자와 인접한 수평작용 transposon 말단으로만 이루어진 합성 인자를 제조할 수 있었다(**그림 12.24**). 복원된 *잠자는 숲속의 공주* transposase를 암호화하는 DNA와 neomycin에 대한 내성을 암호화하는 합성 *잠자는 숲속의 공주* 인자를 배양 인간세포로 동시형질전환을 수행하였을 때, 연구자는 transposon을 포함하는 세포주를 규명할 수 있었다(그림 12.24). 더 나아가서, 그들은 이 과정이 DNA에 결합할 수 있는 바른 방향의 transposase 유전자를 필요로 하고, 촉매성 DDE 아미노산을 갖는다는 것을 밝혀내었다. 또한, transposition은 neomycin 내성 유전자에 인접한 역반복서열도 필요로 하였다. *잠자는 숲속의 공주*를 더 변형하여 생쥐 체세포에서의 transposition에 이용될 수 있게 되었고, 이것은 유전자 불활성화의 도구로서 이용될 수 있다.

보다 최근에 포유류 세포에서 사용되는 인자는 *piggyBac* transposon이다.

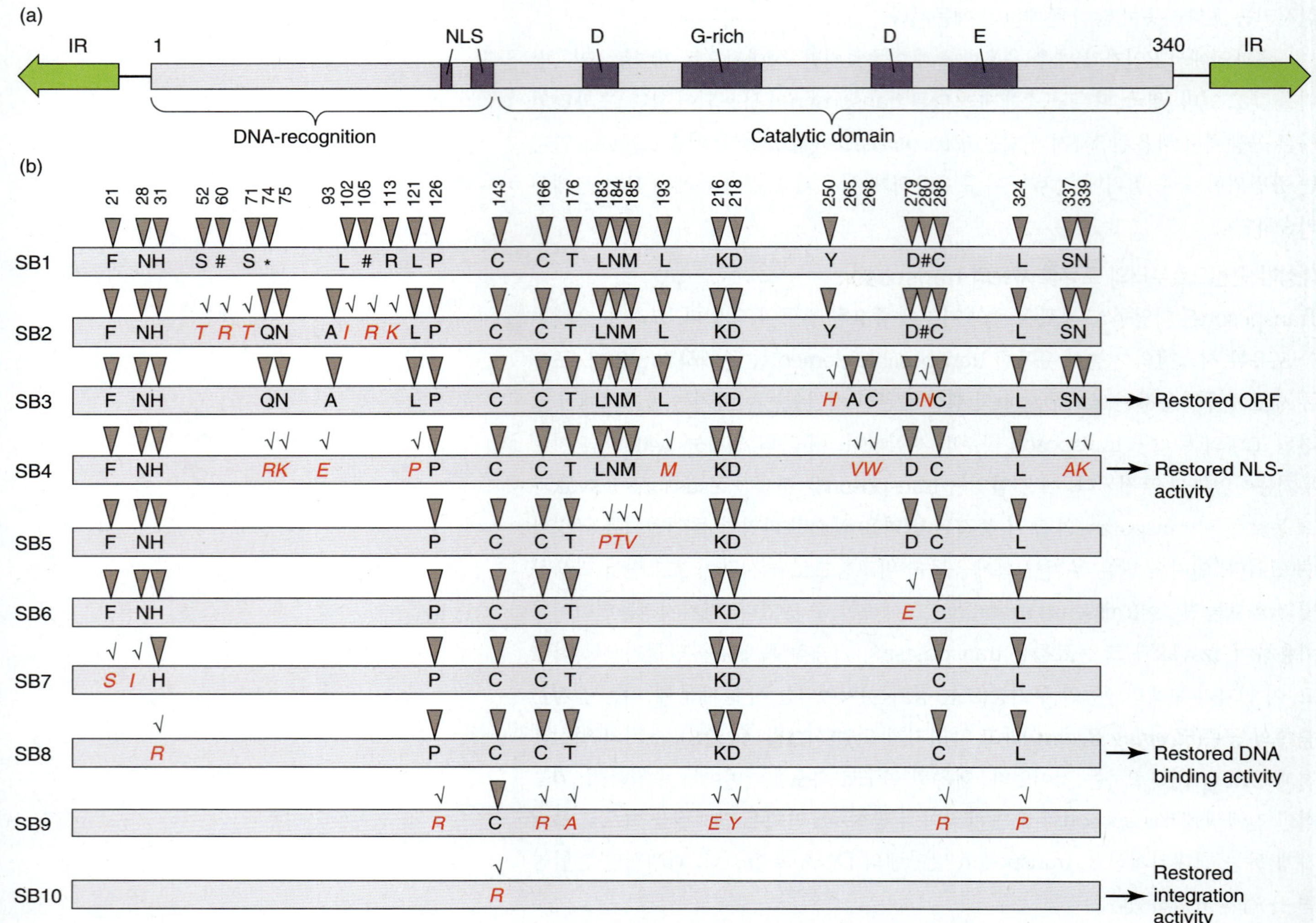


**그림 12.23 위치지정돌연변이에 의한 연어인자 *잠자는 숲속의 공주*의 재구성.** (a) 역반복서열(IR), 핵내위치신호(NLS)의 위치, glycine 잔기가 풍부한 영역(G-rich), DDE 부위의 아미노산(D, D, E)을 보여*주는 잠자는 숲속의* 공주 인자 그림. (b) SB1-SB10 유도체는 위치지정돌연변이 과정중 다양한 단계에서의 변형된 단백질을 나타낸다. 삼각형은 바뀐 아미노산 자기를 나타낸다. 각각의 경우 아미노산은 단일문자코드로 나타내었다. 검은색 문자는 공통서열과 다른 아미노산을 나타내고, 별표는 번역종결코돈을 나타내며, 숫자표시(#)는 틀이동돌연변이(frameshift mutation)을 나타낸다. 붉은색 문자는 마지막 아미노산을 나타낸다. 대표적인 표현형을 오른쪽에 나타내었다. Adapted from Ivics, Z., et al., *Cell* 91 (1997): 501-510.

*piggyBac*인자는 양배추벌레나방(*Trichoplusia ni*)에 내생적이며, 이 세포에서 trans로 유전자를 발현시키는데 사용된 baculovirus vector에서 규명되었다. 연구자는 baculovirus vector에서 작은 삽입을 발견하였고, 이것은 추후에 자율적 transposon임이 밝혀졌다. *piggyBac*인자에 추가된 암호화 정보는 융합유전자를 만드는 기능을 갖는다. *piggyBac*인자가 AT가 풍부한 영역의 5′-TTAA-3′ 서열로 거의 독점적으로 전이해 들어가긴 하지만, 생쥐 염색체에 넓게 걸쳐서 삽입된다. *잠자는 숲속의 공주*나 *piggyBac*과 같은 인자는 척추동물 유전체학의 발전 속도를 따라 잡는

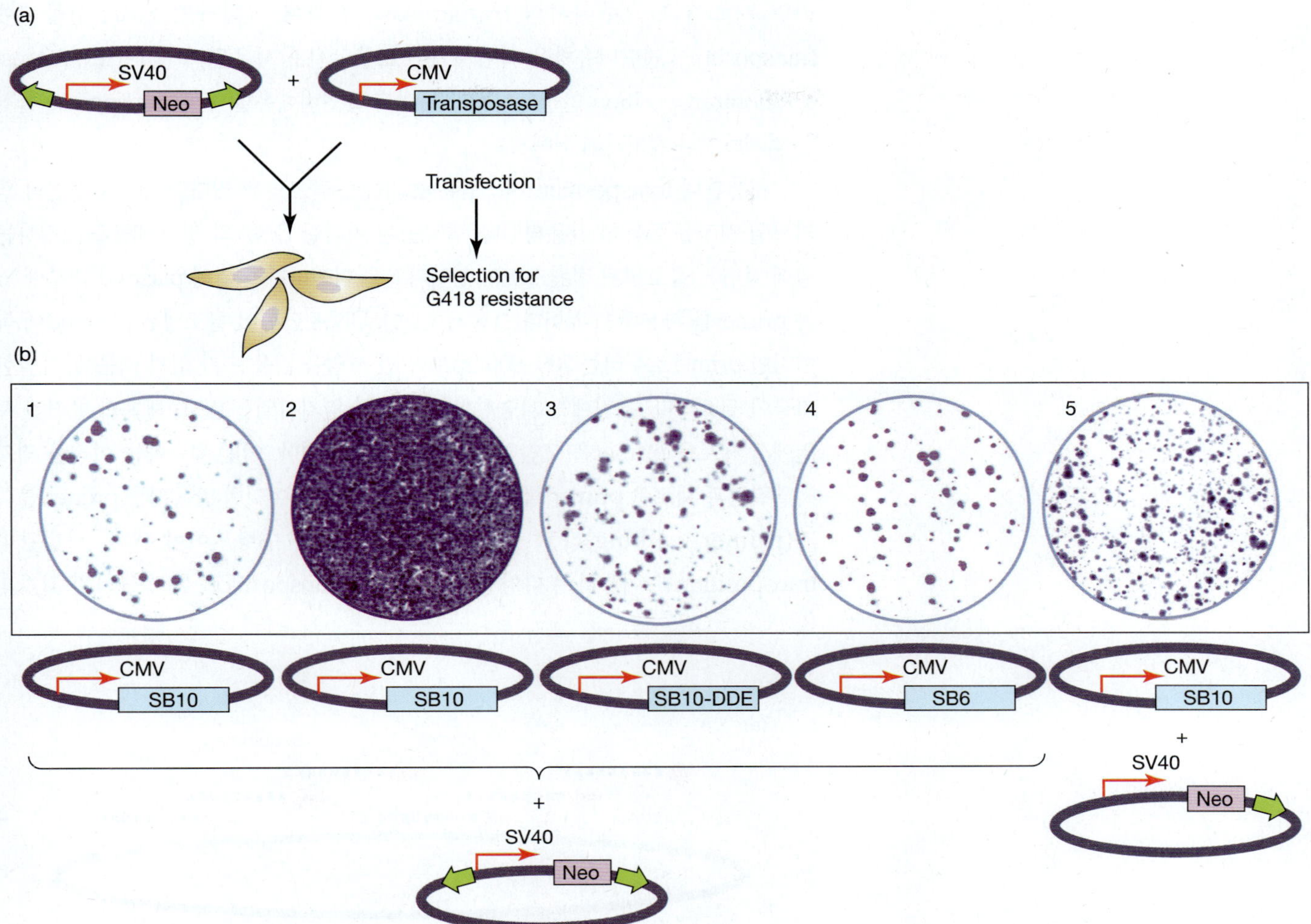


**그림 12.24 인간 HeLa 세포에서의 *잠자는 숲속의 공주* 인자의 transposition.** (a) *잠자는 숲속의 공주* transposase를 cytomegalovirus(CMV) promoter로부터 발현한 plasmid 구조체와 neomycin 내성(N대)과 유인원바이러스40(SV40) promoter를 암호화하는 합성인자를 지닌 plasmid 구조체를 인간세포로 동시에 형질전환을 수행하였다. (b) neomycin 내성 유전자는 포유류 세포로 하여금 G418이라는 약에 내성을 갖게 한다. Neo$^R$ 세포는 완전한 기능을 갖은 transposase가 바른 방향으로 만들어졌을 때에만(SB10) 규명되었다. DDE 단백질에 돌연변이를 가진 transposase 유도체(SB10-DDE)나, transposase의 다른 돌연변이 유도체(SB6)는 세포내에서 transposition을 일으키지 않았다. 단백질의 SB10 형태를 요구했을 뿐만 아니라, transposition은 합성인자가 그 양끝이 neomycin 내성 유전자와 인접할 것을 필요로 했다. adapted from Ivics, Z., et al., *Cell* 91 (1997): 501 - 510. Part b reproduced from *Cell*, vol. 91, Ivics, Z., et al., Molecular reconstruction of *sleeping beauty*. . ., pp. 501 - 510, copyright 1997, with permission from Elsevier. Photo courtesy of Zoltan Ivics, Max Delbruck Center for Molecular Medicine.

데 있어서, 또한 유전자치료의 도구로서도 아주 전망이 밝다.

## 시험관내 transposition 도구

정제된 transposition 단백질과 합성 transposon을 이용한 **시험관내 전이 반응(*in vitro* transposition)**은 다양한 종류의 실험에서 유용하다. 많은 시험관내 시스템이 현재 이용 가능하다. 이러한 시스템은 대장균에서 plasmid를 포함하는 구조체를 분석할 때, 염기서열 결정을 돕거나 돌연변이유발 도구로서 사용될 수 있다. 그러나, 이러한 시스템은 숙주에서의 transposase 발현에 의지하지 않고, 생물체에 transposon 돌연변이유발을 확장시키는 도구로서도 사용될 수 있다(또는, transpositiontransposition 안정화시키기 위해서 돌연변이유발 후에 transposase 활성을 억제하거나 제거하기 위해서).

시험관내 transposition 시스템은 초기에는 클로닝된 커다란 DNA 절편의 염기서열 결정을 돕는데 사용되었다. 클로닝된 커다란 DNA의 염기서열을 결정하는 원래 방법은 클로닝된 절편으로의 염기서열을 읽기나가기 위해 plasmid 내부에 있는 primer를 사용하는 것이다(**그림 12.25**). DNA 단편이 클로닝된 plasmid에 특이적인 primer로부터는 700~900 bp보다 긴 서열을 읽을 수가 없기 때문에, 특별한 기술이 필요하다. 초기에는 가능한한 최대한의 염기서열을 읽고, 새롭게 발견된 서열에서 새로운 primer를 고안하는 방법을 사용하였다. 어떤 경우에는 이러한 염기서열결정과 새로운 primer 를 고안해야 하는 과정이 여러번 반복되는 primer 붙이기(primer walking)라고 불리는 방법에 의하여 수행되어야 했다. 시험관내 transposition를 이용하여 다양한 위치에서의 transposition 현상을 가진 각각의

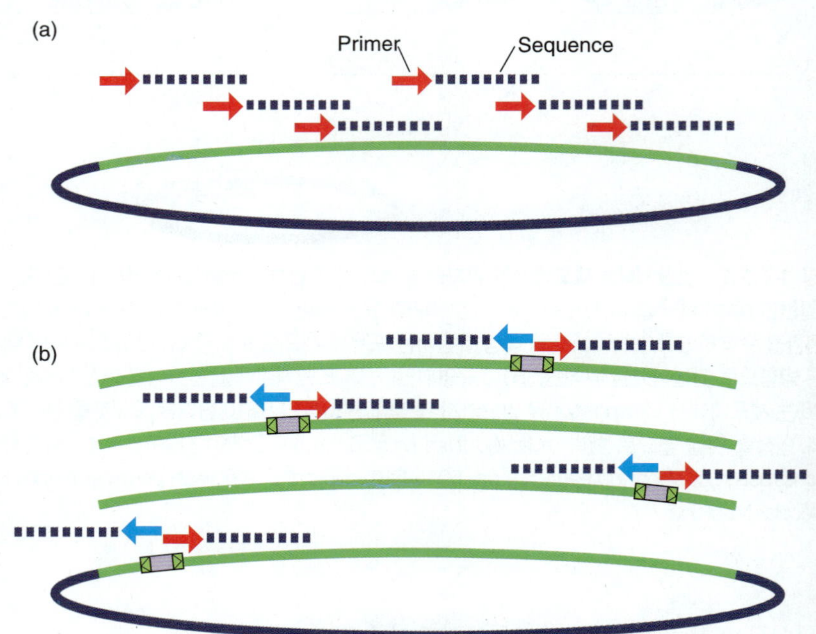


**그림 12.25 Plasmid vector로 클로닝된 커다란 DNA 단편의 염기서열을 결정하는 2가지 방법.** (a) Primer붙이기에서, plasmid에 특이적인 primer를 이용하여 단편의 서열을 결정하기 시작한다. 그리고 나서, 클로닝된 단편의 DNA 서열을 계속 결정하려면, primer를 추가로 합성해야 한다. 이 과정을 여러 번 반복하여 전체 클로닝된 서열에 걸치게 할 수 있다. (b) 클로닝된 단편에 무작위로 삽입된 transposon을 가진 클론을 분리함으로써, 인자에 특이적인 primer를 DNA 염기서열 결정에 사용할 수 있다. 이러한 서열 정보를 조립하여 커다란 클로닝된 단편의 전체 서열을 쉽게 알아낼 수 있다. .

plasmid를 분리해낼 수 있다. 클로닝된 전체 서열에 걸쳐서 염기서열을 국소적으로 읽기 위해서, transposon의 한쪽 말단에 특이적인 primer로부터 염기서열을 읽을 수 있다. 염기서열을 조립함으로써, 염기서열결정의 다수 반복이나 새로운 primer를 고안하고 제조할 필요없이, 커다란 단편의 서열을 결정할 수 있다. 또한, 클로닝한 DNA에 돌연변이를 유발시킬 수 있고, 대장균에서 적당한 표현형을 모니터할 수 있으면, 삽입 DNA 모음(library)을 이용하여 검색할 수 있다.

시험관내 transposition 시스템은 transposition를 다양한 생물체로 확장시킬 수 있다. 이 방법을 사용하려면, 표적 숙주가 형질전환이 가능하여야 하고, 효율적인 상동재조합시스템을 가져야 한다. 이 과정 중, 표적 숙주의 DNA는 정제되고, 잘리고, 제한효소에 의하여 단편으로 절단된다. 그리고 나서, 이 DNA를 시험관내 transposition에 사용한다. 역반복서열 사이에 삽입된 선택표지를 지닌 합성인자가 이용된다(그림 12.19). 보고유전자나 대장균에서의 하부 클로닝을 용이하게 하기 위한 복제기점과 같은 유전정보를 포함할 수 있다. 이중 다수의 시스템이 매우 높은 빈도로 아주 무작위한 transposition를 가능하게 한다. 간혹, 가장 좋은 시스템은 transposase가 표적 DNA에 이미 삽입된 인자 가까이에는 삽입시키지 않는 능력을 갖도록 진화해 온 과정인, 표적위치 면역을 나타내는 인자로부터 적응되어 왔다. 이로 하여금, 다수의 인자가 하나의 DNA에 들어갈 확률이 현저히 감소된다. 그리고 나서 transposition 현상을 가진 DNA 단편이 표적숙주로 형질전환된다. 인자의 양쪽 측면이 숙주 유전체와 유사하기 때문에, 유전적인 교차에 의해 유전체 안으로 삽입이 일어난다. 숙주에서 선형 단편은 유지되지 못하므로, transposon이 염색체로 교차해 들어간 생물만 분리해 낼 수 있다. 이러한 방법은 다양한 세균뿐만이 아니라, 진핵생물인 효모, *Candida glabrata*의 육종에서도 매우 성공적이었다. 이 방법의 한 문제점은 유전정보를 숙주 유전체로 교차시켜 넣기 위한 강력한 재조합 시스템이 존재하는 시스템에서만 유용하다는 것이다.

아주 안정한 nucleoprotein 복합체를 생산하기 위해서, transposase가 합성인자와 시험관내에서 복합체를 형성하는 곳에서 때때로 위에서 언급한 시험관내 방법의 흥미로운 응용이 가능하다(**그림 12.26**). 그리고 나서, transposon 말단에 결합한 transposase를 포함하는 이 복합체를 숙주 생물에 형질전환하여, 숙주 염색체로 전이해 들어갈 수 있게 한다. 이 과정은 숙주 생물에서 transposase 발현 시스템을 만들지 않아도 된다는 (그리고, 삽입현상을 안정화시키기 위해서 transposase를 억제시키는) 잇점이 있다. 또한, 이 시스템은 숙주의 재조합 장치가 시험관내 transposition현상을 염색체로 교차시킬 수 있는 능력을 지니는 것을 필요로 하지 않는다는 잇점도 있다. 아마도 이러한 과정은 다양한 형태의 표적으로 치우치기 쉽지만, 많은 생물에서 유용하게 쓰일 수 있음이 보고되었다.

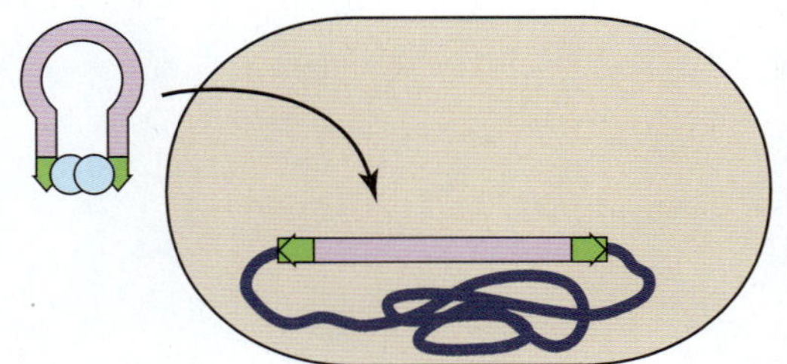

**그림 12.26 생체내 운반을 위한 시험관내 synapse 복합체의 조립.** 몇몇 시스템에서는 세포로 형질전환 되었을 때 전이를 수용할 수 있는 안정된 synapse 복합체를 만들기 위해서, 합성transposable element와 정제된 transposase가 배양되는 "트랜스포조좀"이 조립될 수 있다.

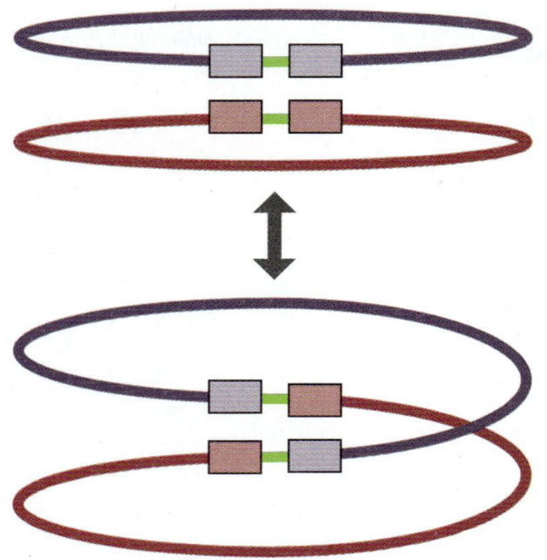

**그림 12.27 공여DNA상의 위치와 표적DNA상의 같은 위치가 관련된 보존적 위치특이 재조합.** 이 위치는 교차가 일어나는 실제부위(녹색)를 둘러싼 recombinase(상자)가 결합한 염기서열을 포함한다. 이러한 교차는 recombinase가 인식한 영역에 걸쳐서 환형DNA를 융합시키거나 분리시킨다.

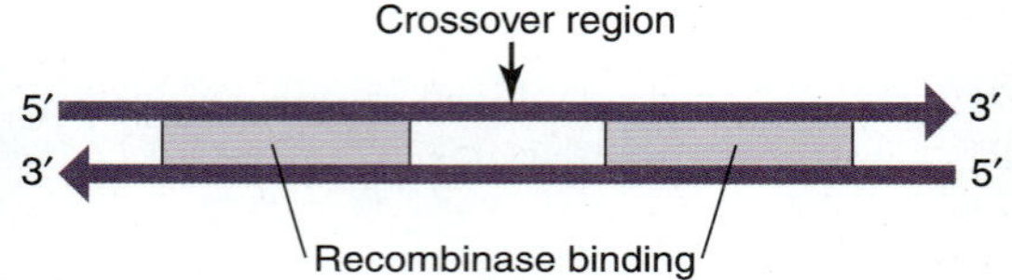


**그림 12.28 보존적 위치특이 재조합에 이용된 부위.** 보존적 위치특이 재조합에 이용된 부위는 교차영역에 의해 분리된 2개의 recombinase 결합부위를 포함한다. 교차부위는 공여와 표적 DNA 위치간에 일치해야한다.

# 12.2 보존적 위치특이 재조합

## 2가지 군의 단백질이 다른 경로로 보존적 위치특이 재조합을 수행한다.

보존적 위치특이 재조합은 상응하는 recombinase를 이용하여 DNA 재조합위치로 인식되는 특정 서열사이에서 DNA 절편이 이동하는 과정이다(**그림 12.27**). 전이와 다른 1가지 기능적 차이는 이 과정이 거의 유일하게 표적과 공여 DNA 모두에서 발견되는 동일한 인접 위치에 관여한다는 것이다. 보존적 위치특이 재조합은 또한 transposon에 의해 사용되는 것과는 아주 다른 반응을 사용하며 단백질과 DNA의 공유결합에 관여한다. 이러한 반응은 plasmid와 염색체에서 이합체를 형성하는 재조합 현상을 일으킬 수 있는 자율증식 환형 DNA를 안정화시키는데 아주 중요한 역할을 한다. 위에서 언급한 바와 같이, 이러한 반응은 과정 중에 생성된 통합체를 분해하기 위해서, 복제 transposition 후에도 중요하다. Bacteriophage λ와 프로파지로서 숙주 염색체로 통합되는 다른 bacteriophage는 보통 보존적 위치특이 재조합을 이용한다. 이러한 반응은 유전자 뒤섞기와 유전자 발현에 영향을 주는 역위반응에 있어서 중요할 수 있다.

보존적 위치특이 재조합 반응은 30~40 bp 정도 크기의 공여와 표적DNA 분자 모두에서 2개의 서로 반전된 DNA 부위에 관여하며, 동족의 recombinase에 의해 인식된다(**그림 12.28**). 이 recombinase 결합부위는 교차영역 옆에 있다. 4개의 단위체 효소 소단위체(subunit)가 순차적이거나 협조적인 DNA 절단을 유발하여, recombinase 결합부위간에 교차를 일어나게 하는 반응과 관련이 있다(그림 12.28). 교차영역에서의 염기서열이 일치해야하지만, 이 영역에서 발견되는 정확한 서열에는 제한이 거의 없어 보인다. 보존적 위치특이 재조합에 관련된 효소는 반응시 DNA에 일시적으로 연결되는 아미노산에 근거하여, tyrosine recombinase와 serine recombinase라는 2개의 커다란, 관련성 없는 군으로 범주화될 수 있다. serine과 tyrosine recombinase는, 반응의 최종 산물은 같지만, 절단 과정은 서로 다르다(**그림 12.29**).

Tyrosine과 serine recombinase의 경우 모두, 친핵체(nucleophile)는 이들이 명명된 활성부위 잔기이다. 이들 잔기는 가닥절단과정에서 DNA와 공유결합을 형성하며, 금속이온 보조인자를 필요로 하지는 않는다. tyrosine과 serine recombinase 모두에 공통적인 사실은 높은 에너지의 보조인자가 결핍되어 있다는 것인데, 그리하여 **보존적 위치특이 재조합(conservative site-specific recombination)**이라는 이름이 붙게 되었다. 이 두 군은 서로 상관이 없으며, 재조합을 일으키는 절단이 순차적으로 일어나는지 또는 동시에 일어나는지에 있어서 다르다.

**Tyrosine recombinase(tyrosine recombinase)**의 경우, 한 번에 2개의 단위체만 활성이 있다. 첫 번째 반응에서는 재조합 위치사이에서 Holliday접합부가 형

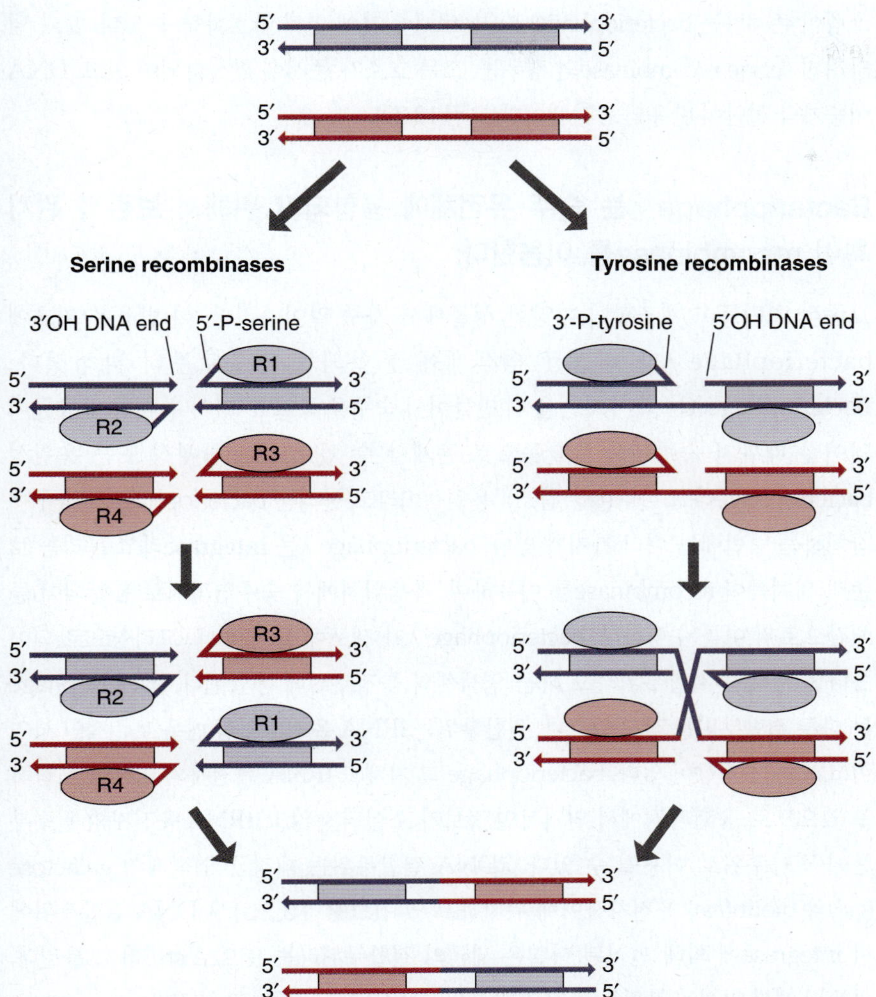


**그림 12.29** tyrosine보존적 위치특이 recombinase와 serine 보존적 위치특이 recombinase의 비교. 자세한 내용은 본문 참조.

성된다. tyrosine recombinase에 의해 촉매된 반응에서는, 활성부위 tyrosine이 nucleophile로 작용하여 DNA에 3′-phosphotyrosine결합을 형성함으로써 5′-OH를 유리시킨다. 보존된 arginine-histidine-arginine triad가 끊어지기 쉬운 인산을 활성화시키는 듯하다. histidine은 일반 산/염기 화학에서 촉매로 작용하는 반면, arginine은 인산-산소 결합에 극성을 주어 반응의 전이상태를 안정화시킨다. 유리된 5′-OH는 Holliday접합부를 형성하기위해서, 반대쪽의 integrase 결합부위를 공격한다. 그리고 나면, 동반 recombinase를 활성화시키기 위해서 입체구조의 변화가 일어나야 하며, 두 번째 반응에 의해 Holliday구조를 분리시킬 수 있게 된다(그림 12.29).

많은 tyrosine recombinase는 반응에서 구조적인 기능을 하는 보조 단백질을 필요로 한다. 보조 단백질은 숙주에 의해 암호화되거나, 보존적 위치특이 재조합 시스템이 존재하는 bacteriophage나 plasmid 인자에 의해 암호화될 수 있다. 보다 덜 알려진 serine recombinase의 경우는, 모든 효소가 동시에 활성화되어 있고, DNA 이중가닥 절단이 반응의 중간체이다(그림 12.29).

## Bacteriophage λ는 숙주 유전체에 통합되기 위해서 보존적 위치특이 recombinase를 이용한다.

보존적 위치특이 재조합이 다양한 생물에서 자주 일어나지만, 이 반응은 최초에 bacteriophage λ가 대장균 염색체에 통합되는 경우로부터 밝혀졌다. **Bacteriophage** λ는 즉시 자손을 더 만들어서 숙주를 죽일 수 있거나, 나중에 용균이 일어날 때까지 숙주에서 무활동으로 존재할 수 있으므로, 잠재성 또는 용원성 bacteriophage라고 한다(8장 참조). 용원성이라고 불리는 bacteriophage가 숙주에 잠재하는 방법에는 여러 가지가 있다. bacteriophage λ는 **integrase**라고 불리는 보존적 위치특이 recombinase를 이용하여, 특정위치에서 숙주염색체로 통합되어 들어감으로써 이를 수행한다. bacteriophage λ가 세포에 들어갈 때, 고리형으로 되어 초나선 형태가 결합부위라고 하는 염색체의 특정부위에 통합된다. bacteriophage는 다른 결합부위를 갖고 있으나, 결합부위는 tRNA 유전자처럼 매우 보존적인 서열이고자 하는 경향이 있다. bacteriophage 그 자체도 tRNA 유전자의 일부를 포함하고 있으므로, 통합과정에서 염기서열 정보가 소실되지 않고, tRNA 유전자의 필수부분이 결합부위로 이용될 수 있다. λDNA 결합부위는 대장균 염색체의 galactose (*gal*)와 biotin(*bio*) 유전자사이에 위치하고 있다(**그림 12.30**). λ DNA 결합부위에서 integrase에 의해 인식된 서열은 세균의 결합부위라는 뜻으로 *attB*라고 불린다. λDNA에서 인식된 부위는 파지 결합부위라는 뜻으로 *attP*라고 불린다.

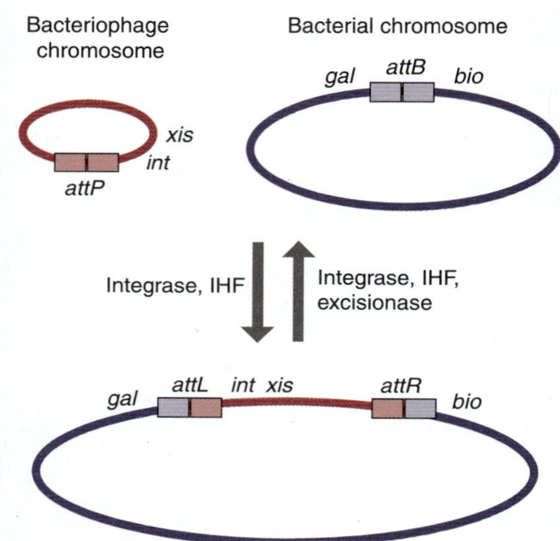


**그림 12.30 람다파지의 세균 염색체로의 통합과 세균 염색체로부터의 절제.** bacteriophage에서 발견되는 *attP* 부위와 세균 염색체에서 발견되는 *attB* 부위는 bacteriophage 유전체를 염색체로 방향특이적 도입이 가능하게 한다. 이과정은 보존적 위치특이 recombinase와 숙주에서 암호화된 통합 숙주 인자(IHF)를 필요로 한다. *attL*과 *attR*이라고 불리는 과정에 의해 새로운 부위가 만들어진다. 염색체로부터 인자가 절제되려면 절제효소라 불리는 bacteriophage에 의해 암호화된 추가의 산성 단백질이 필요하다. 그림에서는 galactose(*gal*), biotin(*bio*), integrase(*int*)와 절제효소(*xis*) 유전자를 보여주고 있다.

Integrase(Int)뿐만 아니라, 통합 숙주 인자 (IHF; integration host factor)라고 불리는 숙주에 의해 암호화된 단백질 역시 DNA를 휘게하는데 필요하다(그림 12.30). bacteriophage의 Int 단백질은 *attP*와 *attB*의 재조합 신호를 인식한다. *attP* 영역은 팔(arms)이라고 불리는 integrase의 N-말단 domain에 결합한 추가 DNA 서열을 포함한다(나타내지 않음). 모든 보존적 위치특이 재조합 반응이 그렇듯이, 염색체로 통합된 후, *attP*와 *attB* 위치는 *attL*과 *attR*이라는 새로운 혼성 부위를 만들기 위해서 나눠진다(그림 12.30). 잘리고 통합된 상태에서 *att* 부위에 인접한 서열의 차이는, 각 재조합 과정에 필요한 다른 단백질의 필요성을 위한 발판을 마련한다. **절제효소(Xis)**라는 bacteriophage에 의해 암호화된 추가의 단백질이 bacteriophage가 염색체로부터 잘려나가는데 필요하다. 통합과정은 매우 효율적이고, 삽입이 한쪽 방향으로만 일어나는 특이성을 지닌다.

λ DNA 통합과 절제 시스템은, 시험관내 방향성 클로닝 시스템이라는 것으로 구입가능하게 되었다(**그림 12.31**). 이 시스템은 실험자가 관심있는 유전자를 *att* 서열을 가진 소위 기본 vector에 한 번 클로닝 할 수 있게 하며, 이것은 다양한 발현과 유

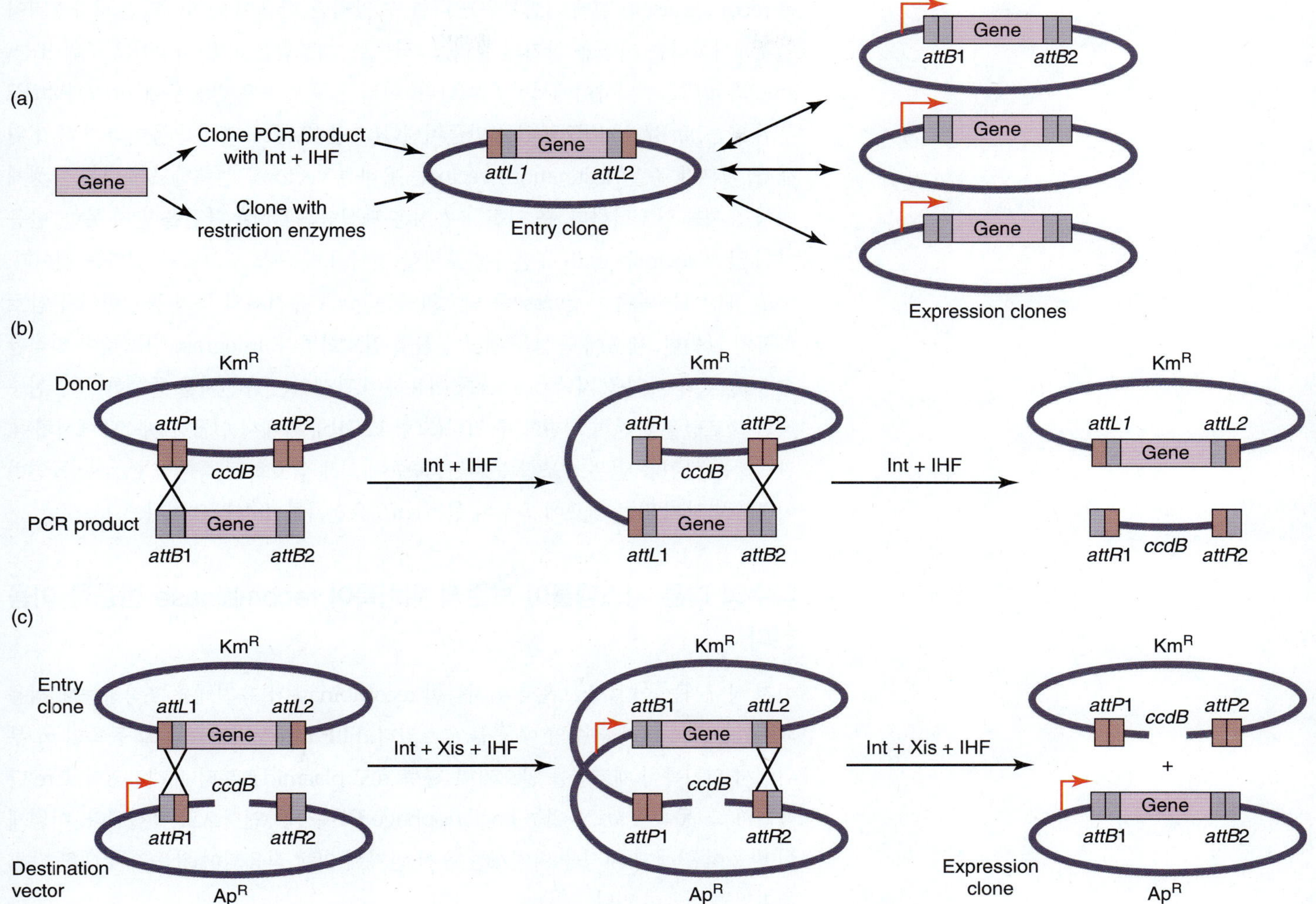


**그림 12.31 보존적 위치특이 재조합은 시험관내에서 유전자를 클로닝하기 위해 이용될 수 있다.** (a) 보존적 위치특이 재조합 시스템의 과정. 어떤 방법을 이용하여 선형 DNA 단편을 "기본 클론"으로 클로닝하고, 분석을 위해서 수많은 "발현 클론"으로 쉽게 이동할 수 있다. (b) PCR에 의해 증폭된 유전자는 PCR primer에서 합성적으로 만들어진 *att* 부위를 이용하여 plasmid 기본 클론 vector로 클로닝된다. plasmid는 kanamycin 저항성(Kan$^R$)을 이용하여 선별된다. *ccdB* 유전자에 의해 암호화된 단백질은 *gyrA*에 적절한 돌연변이가 없는 세균 종에 독성을 지니기 때문에, 반응하지 않은 공여 plasmid를 역선별할 수 있다. 변형된 *attP*와 *attB* 부위는 강제로 *attP1*과 *attB1*, 또는 *attP2*와 *attB2*와 같은 올바른 부위를 통하여 재조합이 진행되게 한다. (c) 일단 관심있는 유전자가 기본 vector에 클로닝되면, ampicillin 저항성 Amp$^R$을 암호화하는 다른 plasmid로 쉽게 옮길 수 있다. 역시, 반응하지 않은 DNA는 CcdB독소를 이용하여 역선별한다. Adapted from Hartley, J. L., Temple, G. F., and Brasch, M. A., *Genome Res.* 10 (2000): 1788-1795.

전자 융합 구조체로 후속 클로닝을 아주 용이하게 한다(그림 12.31a). 기본 클론으로의 이러한 초기 클로닝 과정은 제한효소와 ligase를 이용하여 가능하다(그림 12.31a). 또는, λ 재조합을 이용하여 표적 유전자를 클로닝할 수 있다(아래 참조).

아마 틀림없이, λ에 기반을 둔 시스템의 가장 강력한 힘은 유전자를 새로운 vector로, 즉, 기본 클론으로부터 다양한 목적의 vector로, 쉽게 클로닝할 수 있다는 것이다(그림 12.31). 관심유전자가 기본 클론에 존재할 때, 이것은 교차영역을 변경시켜 특이적으로 제조한 2개의 완전한 *attL* 부위에 인접하게 된다. 위에서 언급한, 비록 recombinase의 실제 결합부위는 다를 수 있지만, 반응이 일어나려면 교차영역이 일치해야한다는 사실을 상기해 보라. 그러므로, 재조합은 *attL1*과 *attR1* 부위 또는, *attL2*와 *attR2* 부위사이에서만 일어난다. 이러한 두 반응은 반응후에 *attP1*과 *attP2* 부위 또는, *attB1*과 *attB2* 부위를 만들어낸다(그림 12.31b). 과정을 용이하게 하기 위해서, 기본과 종말(destination) vector는 올바른 vector를 선택하도록 다른 항생제 내성 표지를 암호화한다. 또 다른 유용성은 관심있는 DNA 단편을 받지 못한, 반응하지 않은 vector는 *ccdB* 유전자를 포함할 것이기 때문에, 제외될 수 있다는 것이다. *ccdB* 유전자는 숙주가 gyrase를 암호화하는 *gyrA* 유전자의 특정 돌연변이를 암호화하지 않는한, 세포에 독성을 지닌 산물을 암호화한다. integrase 단백질이 인식할 수 있는 추가 서열을 지닌 primer를 이용하여 관심있는 유전자를 증폭한다면, 전통적인 클로닝을 완전히 회피할 수 있다(그림 12.31b). 위에서 언급한 시스템에서처럼, 관심있는 단편을 얻은 재조합 분자는, 숙주에 의해 암호화된 특이한 gyrase 돌연변이를 포함하지 않는 세포에 독성이 있는 *ccdB* 유전자를 소실할 것이다.

### 다수의 다른 시스템들이 보존적 위치특이 recombinase 반응을 이용한다.

이전 장에서는 어떻게 보존적 위치특이 recombinase가 유전체를 조작하는데 적용되어왔는지에 대한 다수의 예를 들어 보았다. FLP recombinase는 그 동족의 *frt* 부위에서 위치특이 재조합을 일으키며, 환형 효모 plasmid로부터 유래하였다. Cre 단백질과 그 동족의 *lox* 부위는 bacteriophage P1에서 자연적으로 발견된다. 어떻게 이 반응이 항생제 내성을 퍼지게한 유전 인자에 의해 적응되어 왔는지에 대한 다른 재미있는 예들이 있다.

하나의 흥미로운 시스템은 세균에서 자연적인 유전자 클로닝 시스템을 제시하는 **integron system**이다. integron는 plasmid, transposon, 세균의 염색체에서 발견될 수 있는, 다양한 항생제 저항성과 병원성 인자를 암호화하는 자연적 유전 시스템이다. integron는 tyrosine recombinase integrase와 보통 내재 promoter가 결핍된 개체 ORF를 암호화하는 카세트라고 불리는 DNA 분자로 이루어져 있다(**그림 12.32**). integrase는 카세트를 움직여서 인자의 위치를 뒤섞이게 한다. 카세트는 자주 그 자신의 promoter를 포함하지 않으므로, integrase 유전자 가까이에 있는 promoter에 인접한, 그러나 다양한 promoter에 의해 전사된, 카세트만 활발히 발현될 것이므로, 카세트의 위치는 중요하다. 그러므로, integron 시스템은 숙주에 이득이 되는 기능을 발현하고, 또한 미래에 쉽게 접근할 수 있는 유전 정보 모음을 저장한다. 이 카세트는 같은 세포내의 integron 사이에서 바꿀 수도 있다. 어떻게 integron 시스템이 병원체에 의해 이용되어 왔는지에 대한 기막힌 예는, 염색체에 의해 암호화된 integron가 100개 이상의 카세트를 포함한다고 밝혀진 비브리오균(*Vibrio cholera*)에서 찾아볼 수 있다.

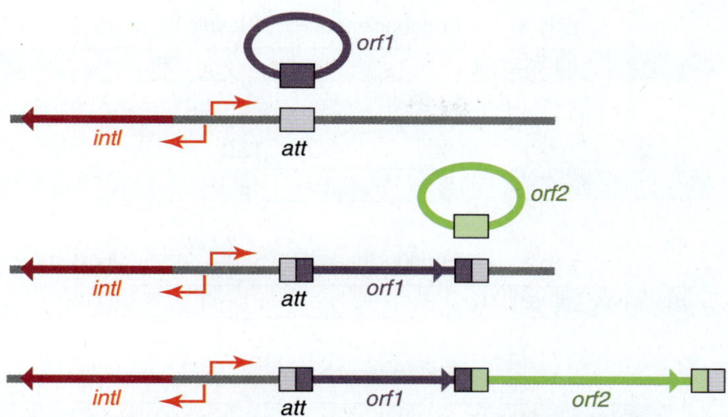


**그림 12.32 유전자 카세트와 integrase 단백질을 이용하는 자연적인 integron 시스템.** integron는 integrase(*intI*)가 화합성 *att* 부위를 포함하는 환형 카세트를 가진 유전자의 통합을 가능하게 하는 자연적인 클로닝 시스템을 나타낸다. 다수의 카세트(즉, *orf1, orf2, orf3* 등)가 integron 시스템에 축적될 수 있다.

모든 보존적 위치특이 recombinase가 공여와 표적DNA의 동일한 부위를 사용할 절대적인 필요성은 없다. 이처럼 부위에 대한 특이성을 덜 갖도록 하는 적응은 몇몇 군 일부의 중요한 특징을 설명할 수 있다. 예를 들면, 통합 혼인 인자인 Tn*916*은 공여와 표적DNA에서 상동성이 아주 적은 많은 부위로 삽입될 수 있다. 이 시스템의 또 다른 적응은 Tn*916*과 plasmid로서 접합을 통해서 다른 세포로 전달될 수 있는 능력을 암호화하는 몇몇 다른 인자에서도 발견된다. 예상대로, 이러한 유전 전달은 세균에서 항생제 내성이 퍼지게 하는 데 책임이 있다.

# 12.3 표적에 의해 유발된 역전사

## 표적에 의해 유발된 역전사는 RNA 매개체를 통하여 정보를 이동시킬 수 있다.

이 장에서 다룰 마지막 범주의 이동성(mobile) DNA는, DNA로서 새로운 삽입부위에 복제되어 들어갈 수 있도록 DNA 부위를 자를 수 있는 RNA•단백질 복합체를 통해서 새로운 위치로 복제되는 DNA 절편이다. 위에서 언급한 LTR retrotransposon 역시 RNA 매개체를 통해서 이동하지만, 이 인자는(retrovirus처럼) 통합전에 DNA로 역전사된다. 표적에 의해 유발된 역전사를 이용하여 움직이는 인자는, 유발(priming)이 표적DNA 자체에서 오기 때문에, 그 말단에 특이한 반복을 필요로하지 않는다. 표적에 의해 유발된 역전사에 의해 이동하는 인자는 LTR이 결핍되어 있기 때문에, 이들은 가끔 비LTR인자라고 불린다. 비LTR인자는 poly-A 서열이나 인자의 이동에서 RNA를 직접 사용하여 생기게 되는, 통합된 인자의 한쪽 끝에 A가 풍부한 서열을 가진다(**그림 12.33**). 기능성 비LTR인자는 보통 적어도 2개의 활성도(역전사 활성도와 endonuclease 활성도)를 가진 하나의 단백질을 암호

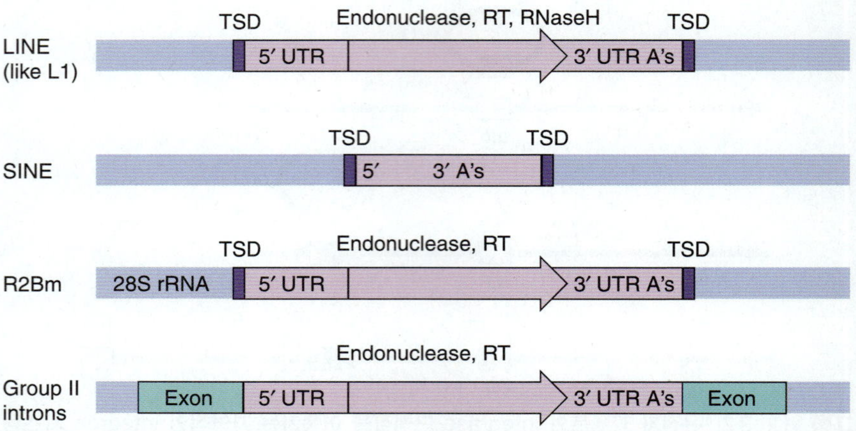


**그림 12.33 표적에 의해 유발된 역전사 기작에 의해 이동하는 유전인자의 예.** L1과 같은 긴고반복염기서열(LINE)와 그 비자율적인 유도체인 짧은고반복염기서열(SINE)를 보여주었다. rRNA 자리에서 발견되는 누에의 R2Bm 인자와 대표적인 그룹II intron도 보여주었다. RT는 reverse transcriptase를 위한 암호화 영역을 나타낸다. 5′ 과 3′ 비해석부위(UTR)와 표적위치중복(TSD)도 보여주었다. Adapted from Bushman F. *Lateral DNA Transfer: Mechanisms and Consequences*. Cold Spring Harbor Laboratory Press, 2002.

화한다. 그러나 이들은 보호자단백질(chaperone)로서 작용할 수도 있는 핵산결합단백질과 같은 다양한 다른 기능을 암호화할 수 있다. 암호화 영역은 5′ 과 3′ 비번역부위(5′ UTR과 3′ UTR) 사이에 접해있다.

숙주 염색체의 절단을 이용하여 역전사를 시작하는 2종류의 인자, **LINE(long interspersed nucleotide element)**과 이동성 그룹II intron에 대해 논할 것이다. **이동성 그룹II intron(mobile group II intron)**은 mRNA를 스스로 잘라낼 수 있는 유전인자이며, 주로 세균이나 진핵생물의 세균에서 유래된 기관에서 발견된다. LINE은  포유류 유전체에서 발견되며, 포유류 DNA의 대부분을 차지한다(그림 12.33).

## 표적에 의해 유발된 역전사가 LINE의 이동에 이용된다.

인간의 유전체와 같은 포유류의 유전체는 수십만개의 LINE을 갖고 있으나, 이 인자 중 100개 미만이 자율적으로 기능을 하고 있다고 생각된다(그림 12.33). 생쥐에서는 이와 같은 종류의 활성인자의 수가 약 3,000개로 추정된다. LINE 이동의 기작은 누에(*Bombyx mori*)의 R2Bm 인자를 이용한 초기의 연구로부터 유래되었다(그림 12.33). 이런 종류의 인자는 RNA 매개체를 사용하기는 하지만, 역전사가 숙주염색체에 있는 절단으로부터 발생한 표적DNA 자체의 3′ 말단에 의해 유발되기 때문에, 긴말단반복서열은 필요로 하지는 않는다(**그림 12.34**). 흔히 LINE-1(L1)이라고 하는 LINE은 길이가 약 4000~7000 bp이다. 기능성 L1은 숙주염색체를 자를 수 있는 endonuclease와, RNA 인자의 DNA 복제품과 DNA 결합단백질을 만드는 활성인 reverse transcriptase를 암호화한다(그림 12.34). L1 인자가 전사되고 그 단백질이

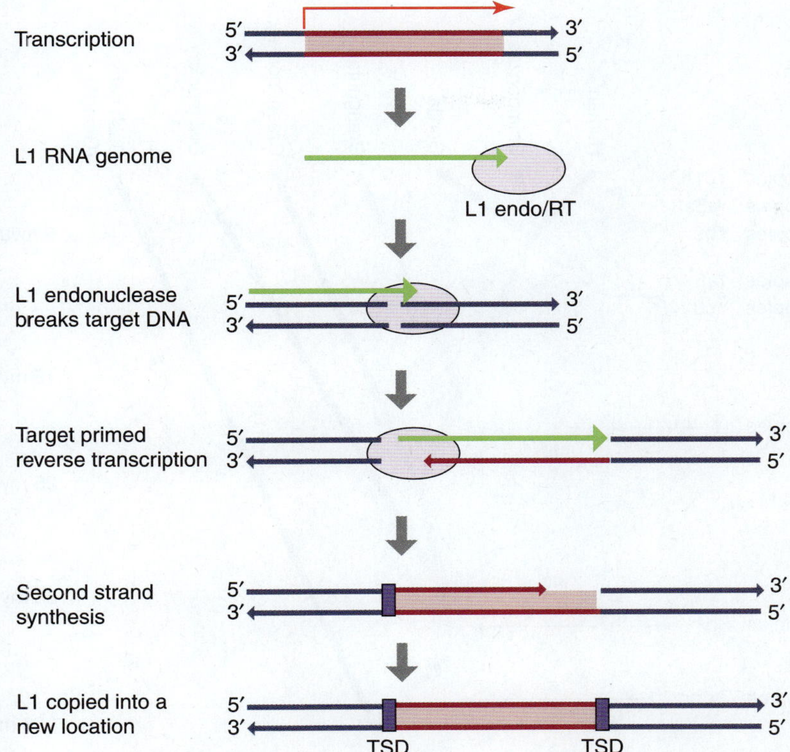


**그림 12.34 L1이 유전체의 새로운 위치로 이동하는 과정.** 인자의 RNA(녹색)는 표적위치에서 자르기 위한 endonuclease 활성도와 RNA인자의 DNA 복제를 만드는 reverse transcriptase를 가진 단백질과 복합체를 이룬다(endo/RT). 인자(적색)의 역전사를 유발하기 위해서 잘린 염색체가 이용된다. 두 번째 가닥 합성이 인자의 RNA 부분을 DNA로 대체한다. 유전체의 엇갈린(staggered) 잘림현상 때문에, 표적위치중복(TSD)이 발생한다.

번역된 후, nucleoprotein 복합체(L1 RNA • L1 endonuclease/reverse transcriptase)는 표적 DNA를 자를 수 있다. 이 반응은 보통 특정 서열에서 일어나는 것이 아니라, 본질적으로 굽은 DNA서열을 표적으로 한다. 절단에 의해 만들어진 유리된 3′ 말단은 이 인자의 reverse transcriptase 개시에 이용된다. endonuclease에 의해 만들어진 절단은, DDE transposon에서 발견된 것처럼 엇갈려있기 때문에, LINE의 이동 역시 표적위치중복을 유발시킨다.

**SINE(short interspersed nucleotide element)**은 크기가 1,000 bp 미만이며, 시간이 지남에 따라 결실로 인해 생긴 비기능성 LINE이다. 결함인자의 매우 높은 복제수는 활성인자의 transposition 빈도를 감소시키는데 도움을 준다. 이러한 감소는 기능성단백질을 암호화하는 인자가 모든 비기능성 인자들 사이에서 공유되기 때문이다. 포유류 유전체에 있어서 SINE의 기여는 아주 중요하다. SINE중 하나의 흔한 형태인 **Alu**는 인간 유전체의 약 11%를 차지한다고 추정되고 있다. 인간 유전체에서 110만 개에 달하는 Alu인자는 고대영장류의 7SL RNA로의 단일한 삽입현상에 기인한다고 믿어지고 있다(**그림 12.35**). 이러한 현상은 영장류에 퍼지기 전인 6천5백

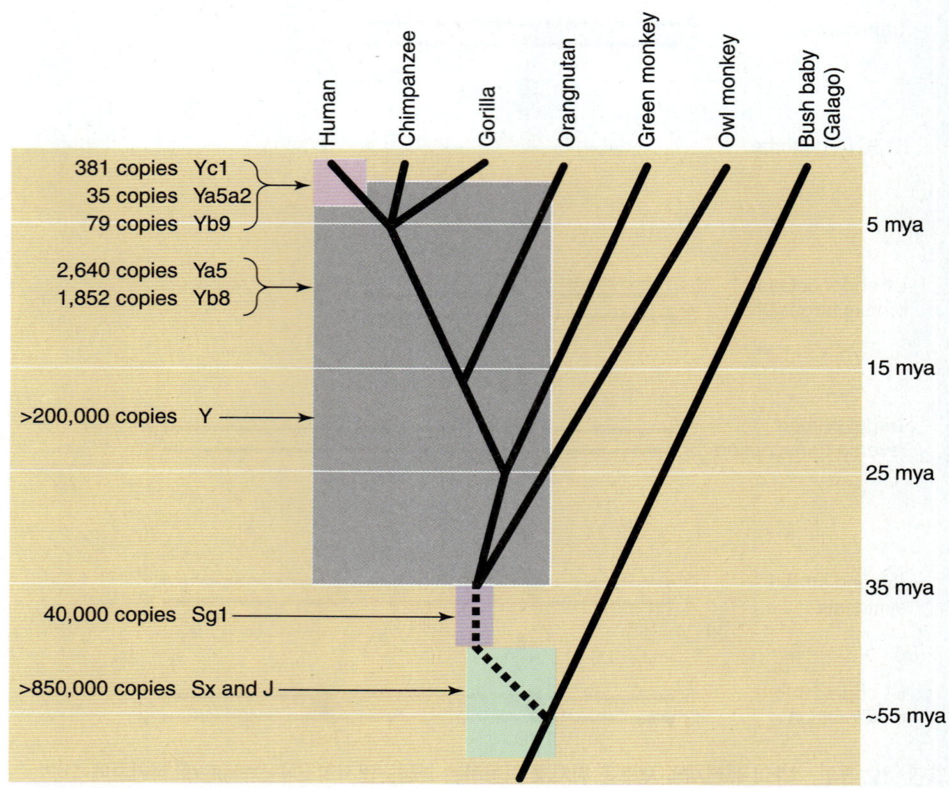


**그림 12.35** **영장류에서의 alu인자의 확장.** 아과(subfamily)(Yc1, Ya5a2, Yb9, Ya5, Yb8, Y, Sg1, Sx, J)와 같이 보여준 영장류에서의 alu인자의 증가를 영장류 진화수(evolutionary tree)에 지도화하였다. 인자의 대략적인 수를 보여주고 있다. Mya는 백만년전을 의미한다. 색칠된 상자는 새로운 아과를 정의하기 위해서 인자에서 첫 번째 변화가 일어난 후, 새 인자가 현재 복제수에 도달할 때까지의 시간대를 나타낸다. Adapted from Batzer, M. A., and Deininger, P. L., *Nat. Rev. Genet.* 3 (2002): 370-379.

만년전에 일어났다. Alu인자의 비교는 인간의 인구 유전학과 영장류 비교 유전체학에 있어서 중요한 도구이다. LINE과 SINE에서 발생한 다양성이 아래에 언급한 기작에 의해서 인간을 포함한 영장류를 확장시키는데 필수적인 방법으로 기여를 했을 수도 있다는 상반된 견해가 있다.

## LINE의 이동은 유전체의 안정성과 진화에 영향을 준다.

표적에 의해 유발된 역전사를 이용하는 인자는 다세포 생물에서 아주 흔하다. LINE은 유전체에 긍정 또는 부정적으로 영향을 줄 수 있다. LINE이 때때로 이동할 것임은 확실하다; 즉, 인간 50명 중 1명은 그 유전체에서, 부모의 생식세포나 그 자신의 배아발생 초기에 일어난 새로운 L1 통합현상을 경험할 것이다. Alu retrotransposon은 더 흔하고, 삽입이 30명중 1명꼴로 일어난다고 추정된다. Retroelement 이동의 모든 경우에서 새로운 삽입 현상은 삽입 돌연변이로 작용하거나, 유전자 발현을 변형시켜 질병을 유발할 수 있다. 인간 유전 질환의 약 0.1%가 Alu인자의 이동에 의해 일어난다고 추정된다.

기능성 LINE은 비기능성 LINE과 SINE보다 더 많은 인자를 움직일 수 있다. 그리고, 세포 mRNA는 L1 기구에 의해 가공되어 염색체의 새로운 위치에 삽입될 수 있는 듯하다. 이것은 **가공된 가짜유전자(processed pseudogene)**라 불리는 비기능성 유전자가 폴리A 말단을 포함하고, 표적위치중복사이에 접하여 존재하며, 선호하는 L1 삽입부위(그림 12.33)에 존재한다는 관측에 의거한다. 이러한 가공된 가짜 유전자는 인간 유전체의 약 0.5%를 차지한다.

L1과 같은 retroelement는 또한 역위, 결실, 중복과 같은 파괴성 재조합 현상을 촉진시키기 위하여, 재조합에 충분한 크기의 상동 영역을 제공할 수 있다. 이러한 현상은 자연과 배양상태의 포유류 세포에서 발견되었다. 인간 유전체의 유전자가 풍부한 영역에 있는 L1인자의 상대적인 결핍은, 이 영역의 파괴성 재조합의 발판이 될 수 있기 때문에, 이러한 현상에 대한 진화적 선택의 결과일 수 있다.

Retroelement는 숙주 유전체에 이익을 제공할 수도 있다. Retroelement가 삽입의 표적으로서 다른 과정으로부터 만들어진 염색체의 절단을 이용할 수 있음은 확실하다. 이것이 복구과정을 돕는지, 또는 비상동 말단 연결이나 복제에 의한 복구와 같은 다른 방법을 통해서 보통 고쳐지는 절단에 단순히 삽입하는지는 불확실하다. endonuclease 활성을 필요로 하지 않는 L1에 의한 현상이, 비상동 말단 연결이 결핍된 배양세포에서 분명히 일어난다는 것은 확실하다. L1인자는 인접한 유전자와 유전자 융합 현상을 일으킬 수도 있는데, 이 과정은 새로운 잡종 유전자의 형성에 기여할 수도 있다. 주형교환은 잡종 유전자의 수를 증가시킬 수 있다. 이러한 종류의 과정은 포유류 유전체에 흔적을 남겼다. 즉, 인간의 단백질이 L1과 Alu로부터 유래된 단백질의 일부를 포함하는 수백가지의 예가 존재한다. 이러한 단백질이 우리 세포에서 정상적인 기능의 일부인지에 대해서 결정되어야 한다. LINE과 SINE은 전사조절인자 뒤섞기를 통해서 유전자 발현을 변형시켜, 유전자 발현에 영향을 줄 수도 있다. 다세포 유전체의 변화는 LINE과 SINE의 이동과, 이들이 유전체에 풍부하게 존재하게 하는 것과 관련된 다른 과정이 제공할 수 있는 다양성으로부터 상당히 이익을 얻을 수 있다.

영장류에서 다양성을 생성하는 역할 가능성 외에도, LINE과 SINE은 다양성 그 자체를 이해하는 데 중요한 도구임이 밝혀졌다. Alu인자는 만약 작은 유전적 다형성을 얻게 된다면, 서로 구분될 수 있다. 이러한 다형성은 Alu인자를 Alu 아과(subfamily)로 분리될 수 있게끔 한다. 새로운 아과의 생성은 이러한 변화가 일어난 특정 가지를 밝히기 위해서 영장류의 가계도에 겹칠 수 있다(그림 12.35). 그러므로, 이러한 alu 아과의 확장은 비교 유전학의 중요한 도구가 될 수 있다. 다양한 영장류에서 지금 발견되는 다수의 인자가, 주로 retroelement 활성이 갑자기 많이 발생함으로써 일어났다고 믿는 이유가 있다. 언제 다양한 영장류의 가계가 분기되었는지에 대한 정보를 가지고, 우리는 언제 Alu인자의 아과가 확장되었는지를 결정할 수 있다. 이런 종류의 정보로부터, 매번 탄생당 약 하나의 새로운 Alu 삽입이 일어났던 약 4천만년 전에는 Alu 복제가 가장 빠른 것이었음을 인식할 수 있다. Alu 확장 과정은 아마도 파리에서 P인자의 이동을 늦추는 원인이 되는 것과 유사한 기작의 결과에 의해서 거의 100배정도 감소하였다.

## 이동성 그룹 II intron은 표적에 의해 유발된 역전사에 의해서 이동한다.

이동성 그룹II intron은 LINE과 같은 비LTR인자와 유사한 기작으로 RNA중간체를 통하여 이동하는 인자이다. LINE과 그룹II intron은 공통된 조상을 가질 가능성이 있다. 이동성 그룹II intron을 포함하는 mRNA가 전사되면, 인자는 RNA분자로부터 intron으로 잘리기 위해서 splicing 기능을 사용할 수 있다. 이 intron 내에서 암호화되는 단백질은 촉매성RNA를 안정화시키고, 표적DNA의 RNA인자의 DNA복제를 만들기 위한 역전사 활성을 가진다. intron에 의해 암호화된 단백질은 가끔, RNA인자의 역전사를 촉진시킬 수 있는 표적DNA를 자르게 하는 핵산중간가수분해효소 활성을 지닌다.

이동성 그룹II intron은 세균에서 흔히 발견되고, 유전체 서열에 의하면 생물의 약 4분의 1에 존재하는 듯하다. 원시생물에서 이 인자가 발견된 많은 예가 있다. 이전에는 핵의 진핵 유전체에서는 그룹II 이동성 intron이 발견된 적이 없지만, 이 인자는 세균으로부터 진화한 진핵 기관에서 발견된다. 실제로 어떤 경우에는 하등 진핵생물의 경우, 그룹II 이동성 intron이 기관 DNA의 중요한 일부를 차지할 수 있다. 11장에서 언급한 거대핵산가수분해효소(meganuclease) I-Sce1은 효모에서 발견되는 이동성 intron으로부터 만들어 진다. 통합의 주요 표적은 후방귀소라는 과정에 의해서 전사되는 빈 부위이다. 그러나, 훨씬 낮은 빈도로 이들 인자는 retrotransposition라는 과정을 통해서 주요 표적위치와 유사한 부위를 인식할 수 있다.

## 2단계 transesterification 반응에 의해 그룹 II intron은 움직인다.

그룹 II 이동성 intron은 그것이 주재하는 mRNA로부터 스스로 잘려 나오기 위해서 그 자체의 RNA효소 활성을 이용할 수 있다. 첫 번째 과정은 intron의 5′ 말단의 intron-exon 접합부에서 일어나는 transesterification 반응에서 그 자체의 2′-OH를 사용할 수 있는 adenine ribonucleotide가 관여한다(**그림 12.36**). 그리고 나서, 유리된 exon의 3′-OH가 intron의 3′ 말단의 intron-exon 접합부에서, 두 번째 transesterification 반응에 이용되어, exon을 연결하고 intron을 올가미 형태로 완전히 유리시킨다. 이러한 올가미 구조와 함께 형성된 nucleoprotein과 intron내에서 암호화된 단백질이 통합할 능력이 있다(**그림 12.37**). intron RNA의 중요한 특징은 exon을 암호화하는 표적 DNA의 위치를 인식하는 영역이다. 역 이어맞추기(reverse splicing)는 삽입부위에서 RNA인자를 위쪽 가닥으로 연결시킨다. 그런

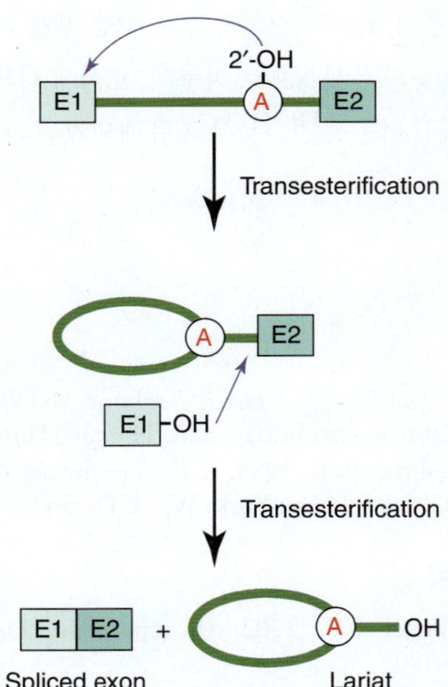


**그림 12.36 그룹II 이동성 intron의 절제.** 그룹II 이동성 intron은 두 단계 transesterification 반응을 이용하여 exon에서 잘려나온다. 첫 번째 반응에서는, 2′-OH가 5′ exon 접합부를 공격한다. 두 번째 반응에서는, 유리된 OH기가 3′ exon 접합부를 공격하여 exon 이어맞추기를 하면서 올가미 형태로 인자를 유리시킨다. E1과 E2는 exon(mRNA 내에서 숙주 단백질을 암호화하는 영역)을 나타낸다. Adapted from Bonen, L., and Vogel, J., *Trends Genet.* 17 (2001): 322-331.

후, intron 내에서 암호화된 endonuclease는, RNA인자의 DNA 복제를 유발할 수 있는 유리된 3′ 말단을 만들기 위해 아래쪽 가닥을 자를 수 있다. 삽입부위의 잔여 RNA 가닥의 운명은 확실하지 않으며, 인자와 숙주에 따라 다르다. 많은 경우, 숙주 복구 활성이 최종 RNA 가닥을 DNA로 만드는 역할을 할 수 있다.

## 표적위치와의 상동성은 이동성 그룹 II intron이 후방전이(retrotransposition)에 의해 이동할지, 후방귀소(retro-homing)에 의해 이동할지를 결정한다.

그룹 II 이동성 intron은 이들이 전사되는 빈 부위로 삽입되는데 매우 효율적이다. 이것은 RNA와 삽입부위간에 상동의 서열이 존재하기 때문이다. 흥미롭게도, 그룹II 이동성 intron의 새로운 기술은, 숙주 유전체의 특정부위 서열을 그룹II 인자에 삽입할 수 있는 PCR을 이용하여 합성인자를 만드는 것이다. 그리고 나서, 이 합성인자는 특정부위로 후방귀소(retrohome)한다. 이 과정은 광범위한 숙주를 갖는 것으로 여겨지며, 실험실에서 배양한 인간 세포에서 기능을 갖는다는 보고가 되었다. 즉, 이 과정이 미래에 중요한 도구가 될 수 있음을 암시한다. 자연에서는, 그룹II 이동성 인자는 자연적 삽입부위와 상동성이 낮은 염색체 부위로는 낮은 빈도로 삽입된다. **후방전이(retrotransposition)**라고 불리는 이 과정은 이러한 인자의 영향과 분배에 있어서 중요할 수 있다.

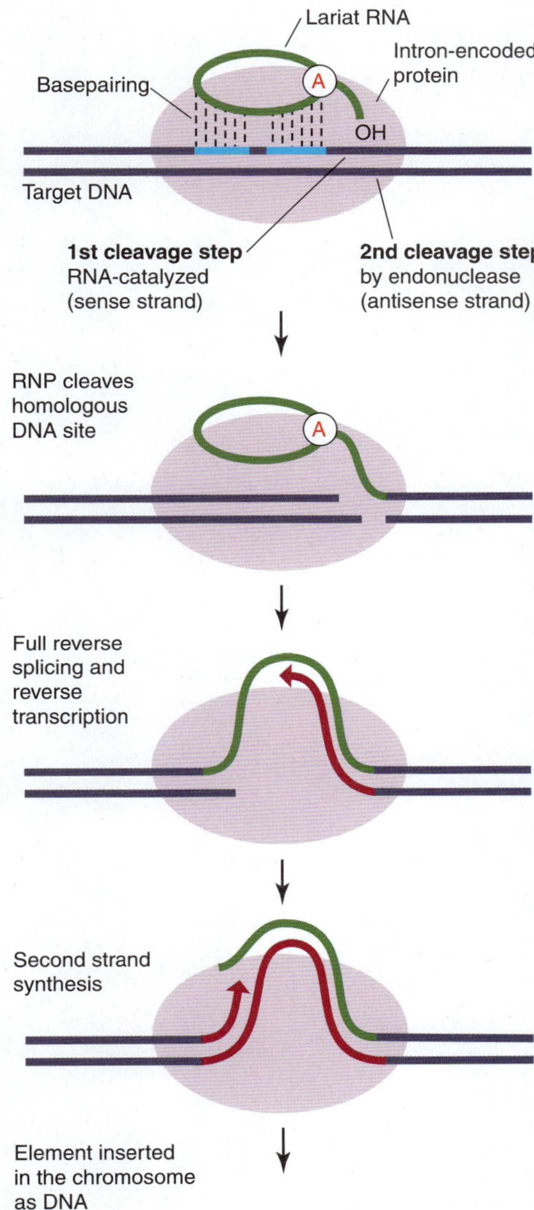


**그림 12.37 그룹II intron의 통합.** 후방귀소는 표적DNA와 rbonucleoprotein(RNP) 복합체내의 올가미 RNA간의 광범위하고 특이한 상호작용이 관여한다. RNP에 의한 절단은 RNA가 유전체로 역 이어맞추기를 가능하게 한다. 유리된 3′-OH는 RNA 유전체의 역전사를 유발하는데 사용된다. 두 번째 가닥 합성이 RNA 가닥을 대신한다. Adapted from Bonen, L., and Vogel, J., *Trends Genet.* 17 (2001): 322-331.

그룹II intron이 생명체 초기에 진화하였고, 고등 생물 intron의 선조일 수 있고 제안된 바 있다. 또한, 반응의 유사성으로 미루어, 표적에 의해 유발된 역전사를 이용하는 후방인자 역시 그룹II 이동성 인자로부터 유래되었을 가능성이 남아있다.

## 권장 도서


### 일반

Comfort, N. C. 2003. *The Tangled Field: Barbara McClintock's Search for the Patterns of Genetic Control.* Cambridge, MA: Harvard University Press.

Keller, E. F., and Mandelbrot, B. B. 1984. *A Feeling for the Organism: The Life and Work of Barbara McClintock.* New York: W. H. Freeman.

### Technical Interest

Batzer, M. A., and Deininger, P. L. 2002. Alu repeats and human genomic diversity. *Nat Rev Genet* 3:370-380.

Bushman, F. 2002. *Lateral DNA Transfer, Mechanisms and Consequences.* Woodbury, NY: Cold Spring Harbor Press.

Craig, N. L., Craigie R., Gellert M., and Lambowitz, A. M. (eds). 2002. *Mobile DNA,* 2nd ed. Washington, DC: ASM Press.

Curcio, M.J., and Derbyshire, K.M. 2003. The outs and ins of transposition: from mu to kangaroo. *Nat Rev Mol Cell Biol* 4:865-877.

Davies, D.R., Goryhin, I.Y., Reznikoff, W.S., and Rayment, I. 2000. Three-dimensional structure of the Tn5 synaptic complex transposition intermediate. *Science* 289:77-85.

Gellert, M. 2005. V(D)J recombination: RAG proteins, repair factors, and regulation. *Annu Rev Biochem* 71:101-132.

Hartley, J. L., Temple, G. F., and Brasch, M. A. 2000. DNA cloning using in vitro site-specific recombination. *Genome Res* 10:1788-1795.

Hickman, A. B., Perez, Z. N., Zhou, P., et al. 2005. Molecular architecture of a eukaryotic DNA transposase *Nat Struct Mol Biol* 12:715-721.

Ivics, Z., Hackett, P. B., Plasterk, R. H., Izsvak, Z. 1997. Molecular reconstruction of *Sleeping Beauty,* a Tc1-like transposon from fish, and its transposition in human cells. *Cell* 91:501-510.

Jones, R.N. 2005. McClintock's controlling elements: the full story. *Cytogenet Genome Res* 109:1424-8581.

Kazazian, H. H. Jr. 2004. Mobile elements: drivers of genome evolution. *Science* 303:1626-1632.

Kumar, A., Seringhaus, M. Biery, M. C., et al. 2004. Large-scale mutagenesis of the yeast genome using a Tn7-derived multipurpose transposon. *Genome Res* 14:1975-1986.

Morrish, T. A., Gilbert, N. Myers, J. S., et al. 2002. DNA repair mediated by endonuclease-independent LINE-1 retrotransposition. *Nat Genet* 31:159-165.

Peters, J. E., and Craig, N. L. 2001. Tn7: smarter than we thought. *Nat Rev Mol Cell Biol* 2:806-814.

Shuman, H. A., and Silhavy, T. J. 2003. The art and design of genetic screens: *Escherichia coli. Nat Rev Genet* 4:419-431.

Zhou, L., Mitra, R., Atkinson, P. W., et al. 2004. Transposition of the hAT element links transposable elements and V(D)J recombination. *Nature* 432:995-1001.


이 책은 스스로 분자생물학을 공부하는 데 도움이 되도록 고안된 복습 자료와 이 장에서 설명한 주제들에 대한 보다 상세한 정보와 연결된 다양한 자원을 포함하고 있는 **웹사이트, http://biology.jbpub.com/book/molecular**를 가지고 있다.

단원

# 5

# RNA의 합성과 가공

# 13

# 세균 RNA중합효소

## 주제 개요

**13.1 세균 RNA중합효소에 대한 서론**

RNA중합효소는 DNA주형과 4가지 nucleoside triphosphate을 이용하여 RNA를 합성한다.

세균 RNA중합효소는 다양한 구성단위로 이루어진 거대 단백질복합체이다.

**13.2 개시단계**

세균 RNA중합효소의 holoenzyme은 core효소와 σ factor로 구성되었다.

정확하고 효율적인 전사가 일어나기 위해서 하나의 전사 단위는 promoter라고 불리는 개시 신호를 가지고 있어야만 한다.

DNase 보호 방법을 통하여 promoter DNA에 대한 정보를 알아내었다.

유전학적 연구는 RNA중합효소 holoenzyme promoter의 염기서열 상호작용에 대한 부가적인 정보를 제공한다.

세균는 2종류의 σ factor군을 가지고 있다.

$\sigma^{54}$–RNA중합효소는 activator protein이 필요하다.

$\sigma^{70}$–RNA중합효소가 promoter의 DNA에 결합하여 닫힌 복합체와 열린 복합체를 형성함을 footprint 실험으로 알 수 있다.

Rifampicin은 RNA중합효소에 결합해서 RNA 합성의 초기단계를 차단한다.

core 중합효소와 $\sigma^{70}$ RNA중합효소는 서로 다른 입체구조를 갖는다.

온천세균(T. aquaticus)의 coreRNA중합효소의 결정 구조는 이 효소가 어떻게 구성되어 있는지에 대한 새로운 정보를 제공한다.

결정구조 분석은 열린복합체의 구성에 대한 중요한 사실을 알려준다.

RNA중합효소 holoenzyme는 전사의 개시단계에서 DNA를 헝클어 놓는다.

**13.3 전사 elongation 복합체**

전사 elongation 복합체는 매우 지속적으로 진행하는 분자 motor이다.

**13.4 전사 종결**

세균의 전사장치는 RNA 가닥에 존재하는 내재적 terminator 혹은 Rho의존적 terminator에 오면 떨어져 나간다.

**권장 도서**

DNA의 유전 정보는 RNA로, RNA에서 peptide로 전달되어 나타나게 된다. **DNA의존성 RNA중합효소** 혹은 간단히 **RNA중합효소**는 유전정보를 담고 있는 DNA 주형으로부터 RNA로 복사하는 효소이다. 세균에서 RNA중합효소가 처음으로 분리되었고, 그 후에 진핵 생물과 고세균에서도 분리되었다.

RNA중합효소는 다양한 단위단백질들로 이루어진 복합체이다. 또한 추가적인 factor들이 있어야 특정 유전자를 구별할 수 있다. 각 생물계마다 서로 다른 RNA중합효소 복합체가 발견되지만, 촉매 활성부위만큼은 3가지 생물계에서 매우 유사하다. 따라서 세균의 RNA중합효소를 연구함으로써 다른 생물계의 RNA중합효소의 성질을 어느 정도 유추해 볼 수 있을 것이다.

세균과 진핵 생물간에는 전사와 많은 중요한 과정이 유사하긴 하지만 또 한편 중요한 차이점 역시 존재한다. 예를 들면, 전사의 개시와 종료가 세균과 진핵 생물간에 다른데 그 이유는 관여하는 factor와 작용기작이 다르기 때문이다. 세균와는 달리 진핵생물의 전사과정은 1차 RNA(primary RNA)가 성숙한 RNA가 되는 과정이 추가되는 등 세균와 진핵생물의 전사과정은 매우 다르기 때문에 진핵생물의 전사는 다른 장에서 따로 살펴 볼 것이다. 원시생물계의 전사기작에 대한 것은 진핵생물의 RNA중합효소와 유사하기 때문에 같이 15장에서 살펴 볼 것이다. 이번 장에서는 가장 잘 알려진 *E. coli*의 RNA중합효소와 *Thermus aquaticus*의 RNA중합효소의 연구결과를 토대로 세균의 RNA중합효소의 구조와 기능에 대해 조사해 보고자 한다.

## 13.1 세균 RNA중합효소에 대한 서론

### RNA중합효소는 DNA주형과 4가지 nucleoside triphosphate을 이용하여 RNA를 합성한다.

RNA중합효소는 nucleoside triphosphate(NTP) 으로부터 nucleoside1인산을 RNA 사슬의 3′ 말단(혹은 첫번째 nucleoside triphosphate)에 옮겨 줌으로써 RNA 사슬이 5′ → 3′ 방향으로 이어지게 한다(**그림 13.1**). RNA 합성의 화학 과정은 다음과 같은 특징을 갖는다:

1. RNA 3′말단(혹은 첫번째 nucleoside triphosphate)의 ribose의 3′ 수산기가 NTP의 α 위치의 인산기에 친핵성 공격을 하여, RNA와 새로운 NTP간의 phosphodiester 결합이 형성된다. 이러한 화학반응은 DNA의 합성에서도 볼 수 있다. DNA합성의 경우와 마찬가지로, pyrophosphate(PPi) 의 가수분해로 반응이 완료된다.
2. DNA 주형의 서열이 RNA 서열을 결정한다. 생성중인 RNA의 3′말단에 추가되는 염기는 그 것이 DNA 주형의 염기와 상보적으로 쌍을 이룰 수 있기 때문 선택된 것이다. 따라서 DNA 상의 C, T, G 와 A 염기는 생성중인

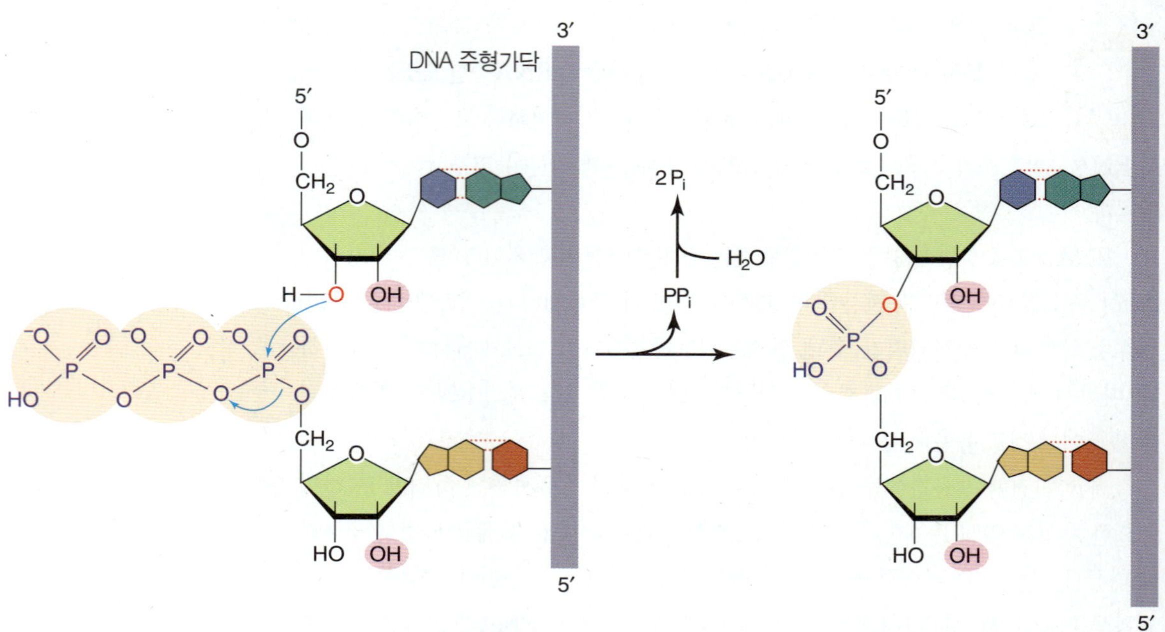


**그림 13.1 RNA중합효소는 phosphodiester 결합반응을 촉매한다.** RNA중합효소는 nucleoside triphosphate(NTP)에서 nucleoside monophosphate기를 생성중인 RNA사슬(혹은 첫번째 nucleotide triphosphate) 의 3′ 말단에 옮기는 반응을 촉매하여, 사슬이 5′ → 3′ 방향으로 자라난다. (Berg, J.M., et al. *Biochemistry*, 5판 W.H. Freeman 사, 2002)

RNA에 G, A, C 와 U를 추가시키는 식으로 DNA 주형이 새로운 RNA 서열을 결정하는 것이다.

3. 4가지 nucleoside triphosphate(adenosine 5′-triphosphate[ATP], guanosine 5′-triphosphate 5′-triphosphate[GTP], cytidine 5′-triphosphate[CTP]과 uridine 5′-triphosphate[UTP])는 RNA 합성에 모두 필요하다. 하나의 nucleoside가 없어도 RNA합성은 멈춘다.
4. RNA사슬은 5′ → 3′쪽으로 생성된다; 그러므로 nucleotide는 생성 중인 사슬의 3′-OH 쪽에 만 붙여지게 된다. 이 방향은 DNA합성 방향과 동일하다.
5. RNA중합효소는 DNA중합효소와 다르게 primer가 없어도 하나의 nucleoside triphosphate에부터 RNA사슬을 만들 수 있다. 따라서 *RNA 합성에서 primer는 필요치 않다.*
6. Ribonucleoside 5′-triphosphate은 RNA 합성에서만 사용된다. RNA의 첫 번째 염기는 triphosphate 상태로 시작된다. 첫 염기의 3′-수산기(OH)는 두 번째 염기가 연결될 부분이 되고, 5′-triphosphate은 RNA 사슬이 길어질 동안에 계속 남아 있게 된다.

해당 염색체의 DNA 2가닥 중에서 1가닥 만이 주형가닥이 되어, 새로 합성될 RNA 분자의 서열을 결정하게 된다. 따라서 그 상보적인 DNA 가닥, 즉 주형이 되지 않은 DNA 가닥은 RNA 서열과 동일한데(물론 T 대신 U가 존재하는 것은 다르지

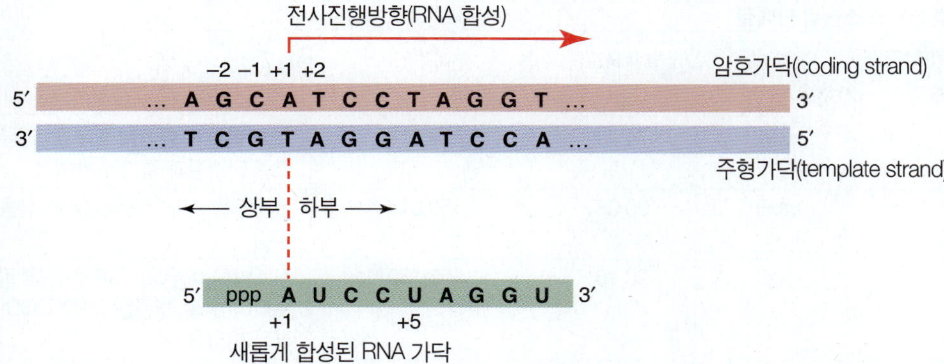


**그림 13.2 전사가닥의 nucleotide의 번호순서를 붙이는 방법.** 주형서열(파란색)은 생성된 RNA 가닥(초록색)의 서열을 결정한다. 상보적인 DNA 가닥(빨간색)을 coding strand 혹은 전사가닥이라고 부른다. coding strand의 전사 시작 지점의 nucleotide를 +1; 그 다음 지점의 nucleotide를 +2라고 하는 식으로 번호를 붙인다. 전사가 시작되는 지점 다음을( 3′쪽을) 하부라고 하고, 전을(5′쪽을) 상부라고 한다.

만), 이를 흔히 암호가닥(coding strand) 혹은 **전사가닥(sense strand)**라고 한다(**그림 13.2**). **1차 전사물(primary transcript**, 새롭게 합성되어 추가로 처리되지 않은 상태)의 서열은 암호가닥에서만 주어지기 때문에 서열정보는 암호가닥에 있고, 주형으로 쓰인 가닥의 서열은 Watson-Crick염기 쌍 규칙으로 쉽게 얻을 수 있다.

Coding strand에서 전사가 시작되는 nucleotide를 +1로 하고 그 다음을 +2로 표시하고 다음 서열도 순서대로 표시한다(그림 13.2). coding strand에서 전사시작 직전에 위치한 nucleotide를 −1, 그 전위치를 −2로 표시하고 그 전 서열도 순서대로 표시한다. 전사시작 위치에서(3′ 방향으로) 진행되는 서열을 **하부(downstream)**라고 하고, 전사시작 전 서열을 **상부(upstream)**라고 한다. 이러한 기본지식을 가지고 세균 RNA중합효소에 대해 살펴보자.

## 세균 RNA중합효소는 다양한 구성단위로 이루어진 거대 단백질복합체이다.

1960 년대 초기에 여러 그룹의 과학자들이 동시에 세균 RNA중합효소에 대한 연구를 하였다. 분리하고 동정하는 연구를 통해서 *E. coli*의 RNA중합효소가 완전한 활성을 갖는 형태, 즉 **RNA중합효소 완전효소(RNA polymerase holoenzyme)**는 거대 단백질복합체(분자량 = 459 kDa) 로서 6개의 단위단백질($\alpha_2\beta\beta'\omega\sigma$)로 이루어졌다(**표 13.1**). 다른 종류의 세균로부터 분리된 RNA중합효소 holoenzyme도 동일한 복합단백질구조를 가지며, 각 단위단백질의 구조와 서열은 진화과정 동안 보존됨을 알 수 있다

RNA중합효소의 활성은 주로 RNA중합효소(주로 조 추출물에 존재하는 형태), DNA, $Mg^{2+}$, 방사선이 표지 되지 않은 3가지 NTP, 그리고 방사선이 표

**표 13.1** *E.coli*의 RNA 중합효소 소단위 단백질

| 소단위체 | Holoenzyme내 소단위체의 갯수 | 유전자 | 위치지도 | 분자량(Da) | 기능 |
|---|---|---|---|---|---|
| alpha (α) | 2 | *rpoA* | 74.10 | 36,511 | 효소 복합체 형성에 요구됨; 다른 조절 단백질과 결합에 관여함 |
| beta (β) | 1 | *rpoB* | 90.08 | 150,616 | 집게발을 이루고 rifampicin 작용 부위 |
| beta′ (β′) | 1 | *rpoC* | 90.16 | 155,159 | 집게발을 이루고, 촉매 반응에 필수적이며 잘 보존된-NADFDGD-부위가 있음 |
| omega (ω) | 1 | *rpoZ* | 82.34 | 10,105 | 효소 복합체형성을 도와주지만 효소 활성에는 중요치 않음 |
| sigma (σ) | 1 | *rpoD* | 69.21 | 70,263 | 효소를 promoter로 인도하지만 phosphodiester 결합 형성 반응에 관여하진 않음 |

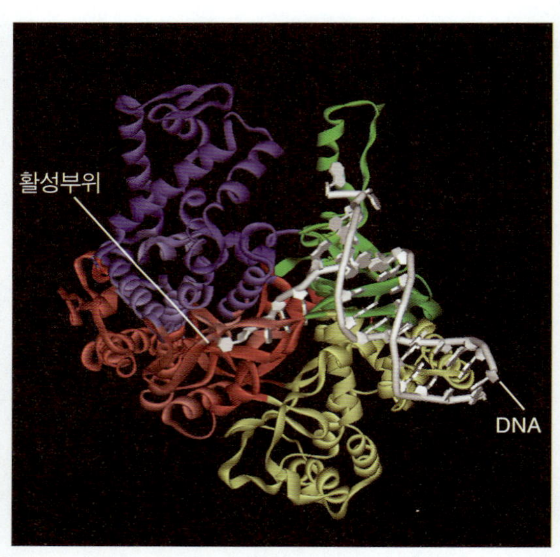


**그림 13.3 T7 RNA중합효소-DNA 복합체 구조의 표면.** 중합효소의 subdomain을 다양한 색으로 표현되었다: 빨강 "손바닥", 초록 "엄지" 그리고 파랑 "손가락들". N-말단 domain(모든 파아지 RNA중합효소 특이적인) 은 노랑색이고 DNA는 흰색이다. (빌췌 단백질 자료 은행 ID:1CEZ Cheetham G. M., Jeruzalmi, D., 와 Steitz, T.A., *Nature* 399(1999):80-83)

지 된 하나의 NTP($^3$H 혹은 $^{14}$C 방사선이 염기에 표시되거나, $^{32}$P가 ribose에 표지 된 NTP)가 포함된 반응물을 이용하여 분석한다. 반응은 trichloroacetic acid를 가하여 종료시킬 수 있다. Trichloroacetic acid를 처리하면 새로 생성된 RNA는 용해도가 감소하여 침전하지만, nucleoside triphosphate은 침전하지 않기 때문에 여과나 원심분리를 하면 침전물인 RNA만을 분리할수 있다. 침전물의 방사선량은 새로 합성된 RNA 양에 비례하게 된다.

보통의 효소에 비해 세균 holoenzyme가 매우 크다는 점은 세균 RNA 중합 반응자체가 매우 복잡하기 때문인가? 라는 의문을 던진다. 실제로 *E. coli* bacteriophage T7 RNA중합효소는 Klenow절편(5장 참조)를 연상시키는 3차구조를 가지며, 99 kDa 정도의 단일 polypeptide로 이루어졌지만 매우 효율적으로 RNA를 합성한다(**그림 13.3**). 이러한 사실은 중합반응자체는 거대한 단백질복합체가 필요한 반응은 아니라는 것을 알 수 있다.

*E. coli* 효소와 T7 phage 효소가 그 크기 면에서 그렇게 차이가 큰 이유를 추측할 수 있는 몇 가지 증거를 (1) *E. coli* DNA의 전사에 T7 phage 효소를 이용해 보는 시도와 (2) T7 phage를 이루는 유전자를 연구하면서 얻을 수 있었다. 첫째, T7 phage RNA중합효소가 전사를 잘 할 수 있는 *E. coli*의 유전자는 얼마되지 않는다. 둘째, T7 phage는 매우 적은 전사단위를 가지고 있다. 즉 RNA중합효소가 결합하는 부위는 몇 개 정도 밖에 되지 않는다. *E. coli*의 경우, RNA중합효소는 수 천 개의 서로 다른 결합 부위로 표시된 약 4,300 개의 유전자를 인식할 수 있어야 할 뿐 아니라, RNA중합효소가 결합부위를 인식할 수 있는 능력을 조절하는 다양한 단백질에도 반응을 할 수 있어야 한다. 이렇게 다양한 능력은 결국 다양한 구성단위로 이루어진 거대 단백질복합체일 필요가 있다.

# 13.2 개시단계

## 세균 RNA중합효소의 holoenzyme은 core효소와 σ factor로 구성되었다.

ε 단위단백질이 없는 *E. coli*의 RNA중합효소 holoenzyme, $\alpha_2\beta\beta'\sigma$는 생리적 조건에서는 **core효소**($\alpha_2\beta\beta'$)와 **σ factor**(σ)로 분리가 된다는 것을 알게 되었다.

$$\alpha_2\beta\beta'\sigma \rightleftharpoons \alpha_2\beta\beta' + \sigma$$

2'(RNA중합효소 holoenzyme)　　　2'(coreRNA중합효소 ) +

이 평형식의 해리상수는 $10^{-9}$으로 작기 때문에 대부분은 왼편으로 치우쳤다고 볼 수 있다. Richard Burgess 그룹은 coreRNA중합효소는 phosphocellulose 이온교환 크로마토그라피 수지에 결합하지만, σ factor는 결합하지 않는다는 점을 이용하여 두 부류의 단백질들을 분리하는데 성공하였다. (**그림 13.4**)

$\alpha_2\beta\beta'$ coreRNA중합효소는 외가닥 혹은 nick이 있는 DNA 주형으로부터 RNA를 합성할 수 있지만, 완전한 이중가닥의 고리 DNA가 주형이 되는 경우는 하지 못했다. 이러한 사실은 sigma(σ) factor나 오메가(ε)단위 factor들은 적어도 phosphodiester결합형성에는 필요하지 않다는 것이다. core중합효소($\alpha_2\beta\beta'$)가

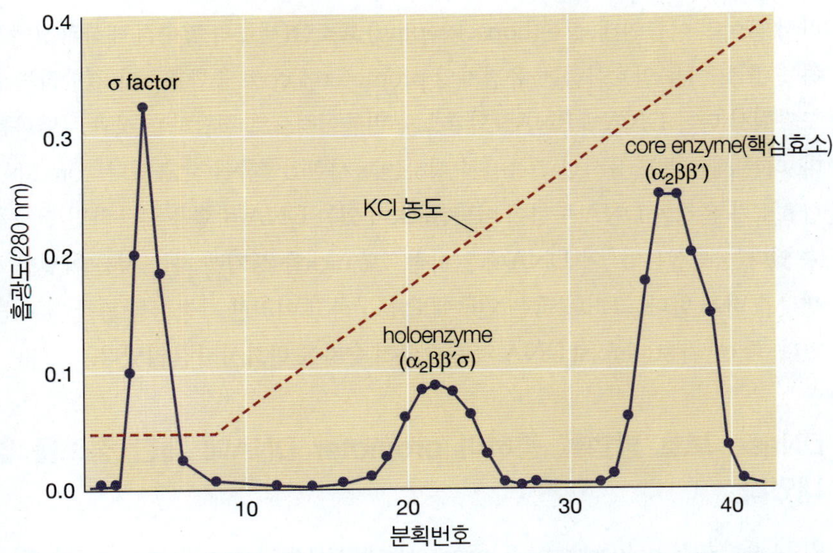


**그림 13.4 크로마토그라피에 의한 coreRNA중합효소와 σ factor 분리.** Phosphocellulose 이온교환수지를 채운 줄기관에 KCl 수용액을 그림과 같은 농도 구배로 흘리면서 단백질을 분획하였다. 280 nm에서 흡광도를 측정하여 단백질의 많이 함유한 3가지 분획을 얻었다. 이 세 분획의 활성을 조사해보니, 대부분의 holoenzyme는 factor와 core enzyme($\alpha_2\beta\beta'$)로 분리된 형태로 존재한다. 그러나 일부 효소는 결합을 유지한 형태($\alpha_2\beta\beta'\sigma$)로 남아 있고 가운데 최고점의 분획에 해당된다. ω factor는 이 연구에서는 분리된 상태로 조사되었다. (발췌, Burgess, R. R., et al *Nature* 221(1969):43-46)

**그림 13.5 시험관내 $\alpha_2\beta\beta'$ 복합체의 재조합 순서.** 이합체가 형성된 후에 β와 β′ 소단위체를 넣는다. ω factor는 생체 내 조합과정을 도와준다.

nick이 있는 DNA 주형을 사용할 수 있는 이유는 nick이 있으면 생리적인 조건은 아니지만 DNA 가 풀려서 개시 부위를 제공하기 때문이다. 생리적인 조건에서서는 $\alpha_2\beta\beta'$ core RNA중합효소는 온전하게 유지된다. 비생리적인 조건에서 이들은 갈라서 분리하는 경우, α, β 그리고 β′ 각각은 RNA합성을 촉매 할 수 없다. 이들 각각의 폴리펩티드를 **그림 13.5**에 나타난 바와 같은 순서로 섞어 주면 $\alpha_2\beta\beta'$ 복합체를 다시 구성할 수 있다. 세포 내에서는 ε 단위체와 같은 보호단백질(protein chaperone)이 아마도 이러한 조립에 관여 할 것 같다.

## 정확하고 효율적인 전사가 일어나기 위해서 하나의 전사 단위는 promoter라고 불리는 개시 신호를 가지고 있어야만 한다.

core RNA중합효소($\alpha_2\beta\beta'$) 와 달리, RNA중합효소 holoenzyme($\alpha_2\beta\beta'$)는 온전한 DNA 를 주형으로 사용하여 RNA를 합성할 수 있다. Holoenzyme가 전사단위의 시작 부분에 있는 promoter이라고 하는 특정 개시신호를 인식하고 결합할 때, 전사가 시작된다. Promoter의 존재는 *E. coli*의 특정 돌연변이를 발견하면서 처음으로 알려지게 되었는데 이 돌연변이는 lactose 대사에 필요한 효소를 합성하지 못하였다. Promoter 돌연변이라고 하는 이 돌연변이는 유전자의 활성이 결여된 것일 뿐 아니라, 수평(*cis*) 우성이라서 보완되지도 않았다.

σ factor는 DNA상의 promoter을 인지하는데 필수적이긴 하지만 직접 DNA promoter에 결합하지는 않는다. *E. coli*의 주요 σ factor인 $\sigma^{70}$은 분자량이 70 kDa이라서 붙여진 이름인데, 항존(housekeeping) 효소들(세포의 필수적 대사과정에 관여하는 효소들)을 암호화하는 유전자의 promoter에 core 중합효소가 결합하는 것을 도와줘서 다른 DNA에 RNA중합효소가 비특이적으로 결합하는 것과 차별화를 한다. 다른 세균 종도 유사한 기능을 수행하는 유사한 $\sigma^{70}$ 류를 갖고 있다. core RNA중합효소가 온전한 DNA 주형이 아닌, nick이 있는 DNA 주형을 사용하면 전사를 할 수 있다는 사실은 $\sigma^{70}$가 DNA에 일시적으로 nick을 생기게 하는 것은 아닐까 하는 생각을 하게 한다. 그러나 많은 연구에도 불구하고 이러한 가능성을 관찰 할 수는 없었다. 즉 $\sigma^{70}$가 supercoil DNA 의 사슬고리 숫자를 변화시키진 않았다.

## DNase 보호 방법을 통하여 promoter DNA에 대한 정보를 알아내었다.

RNA중합효소 holoenzyme은 promoter내의 모든 deoxyribonucleotide와 접촉할 수 있을 정도로 충분히 거대하다. 접촉이 일어나는 DNA 부위의 대략적인 크기를 알아 보기 위해서 **DNase 보호 방법**(**그림 13.6**), 즉 DNAase에 의해 주변의 DNA을 분해시키는 방법을 통하여 추측할 수 있었다. RNA중합효소 holoenzyme를 DNA에 결합시키고, endonuclease를 가한다. endonuclease는 대부분의 DNA를 mononucleotide 혹은 dinucleotide로 분해시키지만, RNA중합효소가 결합한 부

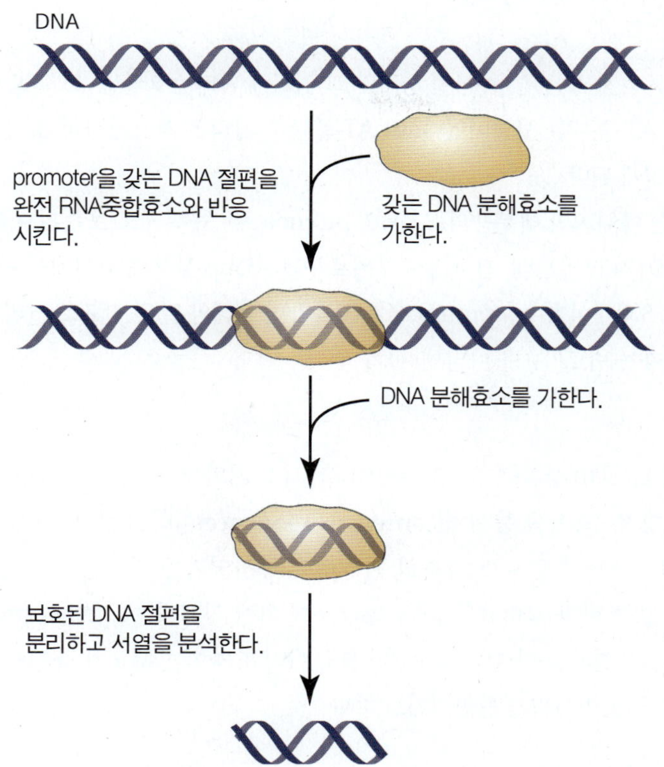


**그림 13.6 DNAase 보호 분석.** RNA중합효소 holoenzyme는 promoter을 갖는 DNA 절편과 결합한다. 이 효소는 promoter을 DNase의 가수분해로부터 보호해 준다. 보호된 지역을 분리 하여 서열을 분석한다. 이러한 기법은 서열 특이적 단백질-DNA결합을 조사할 때 사용될 수 있다.

위의 DNA는 분해시키지 못한다; 이렇게 보호된 부위의 크기는 41~ 44 염기쌍(bp) 정도이다. 만일 RNA중합효소 holoenzyme를 *E. coli*의 전체 DNA에 가하고 나서 DNase를 넣으면, 보호된 promoter은 수천 개의 다른 DNA 부위일 것이고 이들은 특정 유전자 혹은 그 주변의 유전자의 각각의 promoter에 해당될 것 이다. DNA-효소간의 결합과정에 대한 상세한 정보를 얻기 위해서는 우선 1가지 결합 서열을 예를 들어 조사하는 것이 좋겠다. 보호 실험을 하기 위해 클론된 하나의 유전자를 사용하였다.

1975년 David Pribnow는 DNase 보호 방법을 이용하여 RNA중합효소 holoenzyme에 의해 보호되는 유전자의 promoter DNA 절편을 얻어 시험관내에서 DNA절편의 서열을 분석하였다. 생성된 RNA 분자의 5′ 말단은 DNA 주형의 개시부위임을 알 수 있었다. Pribnow는 보호된 DNA 절편에서 공통적으로 나타나는 매우 중요한 현상을 발견하였다. 전사가 개시되는 부위로부터 약 10 bp 상부의 6개의 염기서열은 보존되어 있었다. 이 육합체는 그 위치와 발명자를 기리기 위해, **–10 상자** 혹은 **Pribnow 상자**라고 명명되었다. 300종의 *E. coli* promoter을 분석한 결과 –10 상자의 각 위치에 아래와 같은 빈도로 염기가 나타났다(아래첨자는 빈도(%) 을 나타낸다).

$$T_{77}A_{76}T_{60}A_{61}A_{56}T_{82}$$

서열이 보존되지 않은 경우, 어떤 염기가 그 위치에 나타날 확률은 25% 일 것이지만, 이 서열은 AT-풍부한 서열이었다. 이 AT-풍부한 지역은 전사개시의 초기 단계에서 나선이 풀리게 된다.

전부는 아니지만 대부분의 *E. coli*의 promoter은 두 번째로 보존된 여섯 개의 염기 서열을 가지고 있는데, 전사개시 부위로부터 –35bp 상부에 위치해서 **–35 상자**라고 불린다. 300개의 *E. coli* promoter를 조사하면 아래와 같은 빈도로 서열이 나타난다(아래첨자는 빈도(%) 을 나타낸다).

$$T_{69}T_{79}G_{61}A_{56}C_{54}A_{54}$$

실제의 다양한 –10 상자(혹은 –35 상자)의 각각의 위치에서 가장 빈번하게 발견되는 이상적인 염기서열을 **공통서열(consensus sequence)**이라고 한다. 실제 개별적 유전자의 –10 상자 혹은 –35 상자의 서열은 공통서열과는 다소 차이가 있다. **그림 13.7**에서 보는 바와 같이 $\sigma^{70}$ holoenzyme에 의해 인식되는 *E. coli*의 promoter의 염기서열이 유전자 마다 다소 차이가 나며, 이러한 차이는 세포가 유전자마다 다른 양의 RNA을 발현시키는 원인이기도 하다.

## 유전학적 연구는 RNA중합효소 holoenzyme promoter의 염기서열 상호작용에 대한 부가적인 정보를 제공한다.

전사개시를 변화시키는 promoter 돌연변이를 연구하면서 promoter에 대한 새로운 정보가 수집되었다. 만일 어떤 하나의 염기서열이 바뀜으로 인해서 promoter의 활성이 변화한다면, 그 염기는 promoter에 결정적으로 중요하다는 논리이다. *E. coli*의 *lac* 유전자의 promoter에서 이러한 돌연변이가 4개 발견되었다(**그림 13.8**). 이 중 2개 돌연변이는 –10 상자에서 나타났는데 전사개시를 촉진하였고, –35 상자에서 나타난 2개의 돌연변이는 오히려 억제하였다. 일반적으로 활발한 전사를 촉진하는 promoter을 *'strong promoter'* 이라고 하며, *strong promoter*일수록 –10 상자와 –

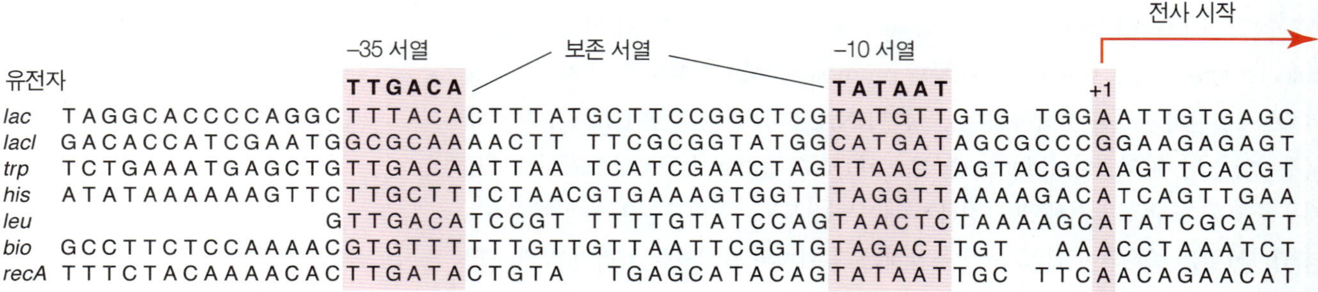


**그림 13.7 여러 *E. coli* 유전자의 promoter 부위의 염기.** 전사개시지점(+1) 로부터 10 혹은 35 nucleotide 상부의 보존 서열이 제시되었다. promoter은 전사를 촉진하는 정도에 따라 매우 다양하다. Promoter 강도의 다양성은 –10 과 –35 상자의 보존서열로부터 해당 promoter의 염기가 얼마나 유사한가에 달려있다.

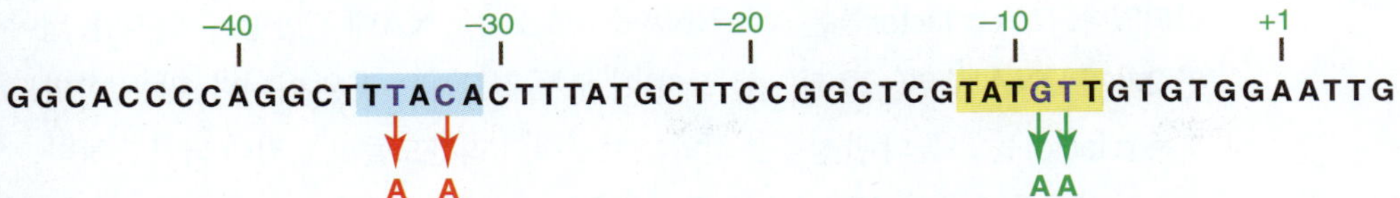


**그림 13.8** ***E. coli*의 *lac* promoter의 돌연변이.** *lac* promoter의 암호가닥에서 4개의 nucleotide가 그림과 같이 바뀌었다. 빨강색으로 표시한 2개의 염기가 치환된 경우 promoter을 약화시켜서, 저하 돌연변이라고 한다. 초록색으로 표시한 2개의 염기가 치환된 경우 promoter을 강화시켜 상승 돌연변이라고 한다. −10 상자는 노랑으로 표시되었고 −35 상자는 하늘색으로 표시되었다. 모두 −10 상자 내 혹은 주변이거나 −35 상자 주변 염기가 변화되었기 때문에 중요한 지역임을 말해 준다. −10과 −35 상자 사이에 염기를 빼거나 더하여 간격을 변화시키면 promoter의 활성이 줄어든다.

35 상자는 공통서열과 더욱 유사하며, 두 상자간의 간격은 17±1 bp이다. −10 상자와 −35 상자의 염기를 공통서열과 더욱 다르게 변화시키는 돌연변이는 RNA 합성 속도를 낮추는 것으로 봐서 promoter의 활성을 줄인다는 것임을 알 수 있다.

## 세균은 2종류의 σ factor군을 가지고 있다.

*E. coli*은 7가지의 서로 다른 factor들을 가지고 있는데, 그 중에서 최초로 밝혀진 factor는 그 분자량을 위 첨자로 붙여 $\sigma^{70}$이라고 명명하였다(**표 13.2**). 명명은 2가지 방법으로 하고 있다. 그리이스 문자로 표시하고 위 첨자를 달아 표시한다. 예를 들면, $\sigma^{D}$ 라고 불리우기도 하는 $\sigma^{70}$는 이런 식으로 표시된다. 다른 명명법은 각각의 σ factor를 암호화하는 유전자의 이름을 따서 이름 붙이는 것이다. 예를 들면 $\sigma^{70}$는 RhoD가 된다. 각각의 factor들은 core중합효소와 결합되기 때문에 어떤 factor가 결합하느냐에 따라 서로 다른 조합의 holoenzyme를 형성하여 제각기 다른 DNA promoter을 인식하게 된다. *E. coli*의 σ factor의 각각의 성격과 기능이 표 13.2에 정

**표 13.2** *E. coli*의 sigma factor들

| sigma factor | 분자량(kDa) | 유전자 | 위치지도(min) | 기능 | 보존서열[a] | | |
|---|---|---|---|---|---|---|---|
| | | | | | −35 상자 | 간격 | −10 상자 |
| $\sigma^{70}$ or $\sigma^{D}$ | 70 | *rpoD* | 69.21 | 주요 sigma factor로 기하급수적 성장에 필요함 | TTGACA | 16-18 bp | TATAAT |
| $\sigma^{32}$ or $\sigma^{H}$ | 32 | *rpoH* | 77.55 | 전사 열-충격 factor | CTTGAA | 13-15 bp | CCCCATNT |
| $\sigma^{24}$ or $\sigma^{E}$ | 24 | *rpoE* | 58.36 | 주변세포질 스트레스 반응 | CAACTT | 16-17 bp | TCTGA |
| $\sigma^{28}$ or $\sigma^{F}$ | 28 | *rpoF* | 43.09 | 후기 편모 유전자 발현 | CTAAA | 15 bp | GCCCATAA |
| $\sigma^{18}$ or $\sigma^{FecI}$ | 18 | *FecI* | 92.35 | iron-isocitrate 이동 | CAAAAT | 15 bp | TGTCCT |
| $\sigma^{38}$ or $\sigma^{S}$ | 38 | *rpoS* | 61.75 | 정지기 관련 유전자 발현 | TTGACA | 14-18 bp | CTAYACTT |
| $\sigma^{54}$ or $\sigma^{N}$ | 54 | *rpoN* | 72.05 | 질소 대사 관련 유전자 | -25 DTGGCAC | 6 bp | -12 TTGCA |

[a]N은 모든 nucleotide, Y는 pyrimidine 염기를 갖는 nucleotide

리되었다. 모든 σ factor들은 core RNA중합효소와 DNA에 결합할 수 있지만, 떨어진 2가지 DNA 부위(−10 과 −35 상자)에 모두 결합하는 것은 아니다. 많은, 아마도 모든 σ factor는 그들의 활성을 조절하는 보조적인 리간드들의 표적이 되기도 하다.

서열상의 유사성에 근거하여, *E. coli*의 factor들을 2개의 군, $\sigma^{70}$ 군과 $\sigma^{54}$군($\sigma^{N}$군)으로 나눌 수 있다. $\sigma^{54}$ 군에는 사실 $\sigma^{54}$이 유일한 구성원이다. 그 밖의 다른 *E. coli*의 σ factor는 $\sigma^{70}$ 군에 속한다. *E. coli*의 σ factor들은 coreRNA중합효소에 결합하기 위해 서로 경쟁한다. 추가적인 조절 factor가 없는 경우, 전사의 속도는 오로지 promoter의 강도와 특정 holoenzyme의 농도에 의해 결정된다. $\sigma^{70}$를 포함한 RNA중합효소 holoenzyme는 정상적인 기하급수적 성장에 요구되는 유전자의 전사에 관여하는데 실제로, 대부분의 *E. coli*의 유전자에 해당된다. 그러므로 $\sigma^{70}$는 필수적인 단백질이다. 다른 σ factor를 포함한 RNA중합효소 holoenzyme는 특정 환경조건, 즉 열충격($\sigma^{H}$), 질소부족($\sigma^{N}$)등의 상황에서 세포의 생존을 위하여 필요한 단백질을 암호화하는 유전자들을 인식한다.

$\sigma^{70}$군에 속하는 100여 개의 구성원들의 서열이 알려졌다. 그 서열들을 정렬해 보면 4가지 공통서열을 발견할 수 있는데, **그림 13.9a**와 **b**에서 보는 바와 같이, 각각은 더 세분화한 작은 공통서열로 나눌 수 있다. 1.1. 구역을 제외하고, 각각의 공통서열은 $\sigma^{70}$ 군을 구성하는 모든 σ factor에서 발견된다. 1.1. 구역은 각 세균 종의 가장 중요한 σ factor, *E. coli*의 경우는 $\sigma^{70}$에서만 존재한다. RNA중합효소 holoenzyme −35 상자가 없는 몇 가지 promoter에도 결합할 수 있다. 그렇게 할 수 있는 이유는 이들 promoter은 보조적인 염기서열 인자인 5′-TG-3′ 서열이 −10 상자로부터 1개의 염기만큼 상부에 존재하기 때문인데 이 서열을 **'연장된 −10 인자'** (**그림 13.9c**)이라고 한다. $\sigma^{70}$ factor는 이 인자와 특이적 접촉을 이룰 수 있다.

다른 여러 종류의 세균에서 발견되는 σ factor들은 종종 전혀 새로운 기능을 하기도 한다. 예를 들면, 4가지의 포자형성특이적 σ factor들은 고초균(*Bacillus*

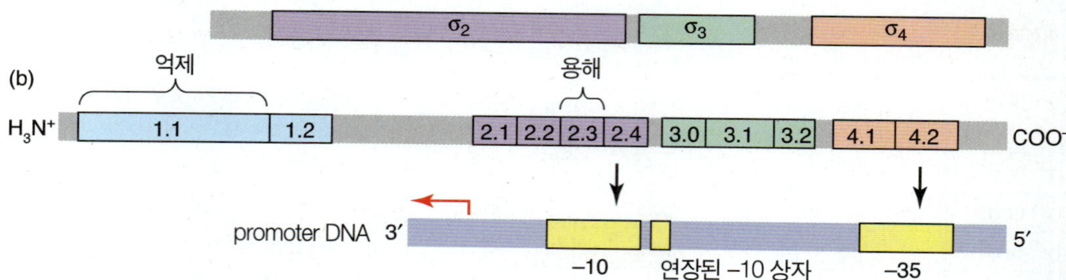


**그림 13. 9 $\sigma^{70}$ 군의 구성원들의 구조와 기능간의 상관관계.** (a) $\sigma^{70}$ factor는 4 종류의 domain을 가지고 있다. 이들 중 3개의 domain만을 갖는 절편의 결정구조가 얻어졌다. (b) $\sigma^{70}$ 전체 구조와 subdomain을 보여주고 있다. subdomain의 화살표는 DNA상의 promoter에 결합하는 부위를 나타낸다. promoter DNA는 3′말단이 왼쪽에 그려졌다. (발췌 Young B.A., Gruber, T.M., 과 Gross, C.A., *Cell* 109(2002): 417-420.)

*subtilis*)이 특정 영양분이 부족하면 반응하여, 여러 층의 보호막에 의해 둘러싸인 대사적으로 휴면상태의 세포나 포자가 되는데 관여한다. 포자 형성은 복잡한 과정으로, 정산적인 기하급수적 성장을 하는 세포에서는 합성되지 않는 많은 새로운 효소와 단백질이 관여한다. 포자 형성기간 동안 기존의 σ factor는 분해되고, 새로운 σ factor들이 coreRNA중합효소와 결합하여 포자형성에 필요한 유전자들의 promoter을 인식할 수 있는 holoenzyme를 형성한다.

## $\sigma^{54}$-RNA중합효소는 activator protein이 필요하다.

$\sigma^{54}$-RNA중합효소로 구성된 holoenzyme는 표 13.2에 나타난 2개의 공통서열을 가지는 promoter에 결합한다. 그러나 다른 RNA중합효소 holoenzyme와 달리, 그것은 activator protein의 도움이 없이는 전사를 활성화 시키지 못한다. 이러한 활성화 과정(**그림 13.10**)은 먼저 activator protein이 $\sigma^{54}$ promoter로부터 100 bp이상 상부에 존재하는 **증폭자(enhancer)** 라고 하는 세균 염색체의 특정 부위에 결합하면서 시작이 된다. Activator protein과 $\sigma^{54}$ holoenzyme간의 결합이 가능한 이유는 2개의 단백질 결합부위 사이의 DNA가 구부러지기 때문이다. 2개의 단백질 결합 부위의 nucleotide 서열이 구부러질 수 있긴 하지만, 어떤 경우에는 구부리는 것을 도와주는 통합숙주 factor(integration host factor, IHF)라는 추가적인 단백질이 필요하기도 하다. Activator protein 자체의 활성이 조절되는데, 작은 효과자(effector) 단백질이 결합하거나, 자신의 아미노 잔기가 인산화됨으로써 조절된다. 이러한 활성과정은 activator protein이 가지고 있는 ATPase 활성을 유발하여, promoter 주변의 DNA 나선을 풀어 줌으로써 전사를 시작하게 한다.

## $\sigma^{70}$-RNA중합효소가 promoter의 DNA에 결합하여 닫힌 복합체와 열린 복합체를 형성함을 footprint 실험으로 알 수 있다.

$\sigma^{70}$-RNA중합효소와 promoter의 DNA간의 결합은 **발자국감식(footprinting)**에 의해 밝혀졌다(**그림 13.11**). 하나의 5′의 말단이 $^{32}P$로 방사선 표지된(혹은 3′에 방사선 표지된 nucleotide를 갖는) DNA이중 나선 조각을 RNA중합효소 holoenzyme(혹은 DNA와 결합하리라 생각하는 단백질)과 혼합한 후에 제한된 양의 DNase로 잠시만 반응을 하여, 평균적으로 하나의 DNA 분자가 단 한 군데만 잘릴 수 있게 한다(DNase보호방법에서는 장시간 반응을 한 것과는 대조적이다). 이러한 절단은 $\sigma^{70}$-RNA중합효소가 보호한 곳을 제외하고 모든 위치에서 다 일어날 것이다. DNA를 분리하고 변성시켜 외가닥으로 만든다. 방사선으로 표시된 DNA외가닥의 분자량은 절단부위가 5′으로부터 어디에 위치하느냐에 따라 매우 다양할 것이다. 만일 DNA가 *n*개의 염기 쌍을 가지고 있는데 RNA중합효소를 넣지 않았다고 하면, *n*가지 다양한 크기의 DNA절편을 얻을 수 있다. 그러나, RNA중합효소가 x 만큼의 염기서열에 결합을 한다면, nuclease가 그만큼의 DNA염기에는 접근을 할

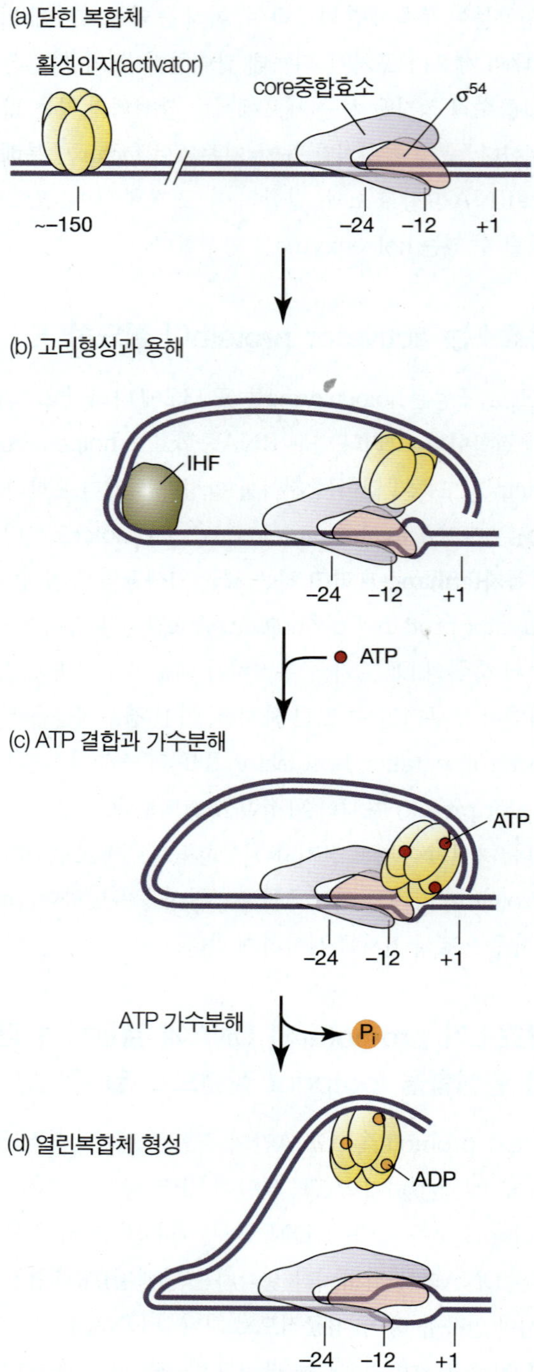

(a) 닫힌 복합체

활성인자(activator)

core중합효소

$\sigma^{54}$

~-150

−24 −12 +1

(b) 고리형성과 용해

IHF

−24 −12 +1

ATP

(c) ATP 결합과 가수분해

ATP

−24 −12 +1

ATP 가수분해

$P_i$

(d) 열린복합체 형성

ADP

−24 −12 +1

**그림 13.10 $\sigma^{54}$ -RNA중합효소에 의한 열린복합체 형성 경로 도식도.** (a) 환형 육합체인 activator(노랑색)은 전사개시 부위의 약 150 bp 상부에 있는 증폭자 서열에 결합한다. $\sigma^{54}$ -RNA중합효소 holoenzyme는 자신이 인식할 수 있는 promoter에 결합하여 닫힌복합체를 이룬다. (b) −12 정도의 위치에 부분적으로 풀린 부분이 생긴다. 두 단백질이 결합부위의 사이에 nucleotide 서열은 구부러질 수 있다. 하지만 추가적인 단백질, 예를 들면 통합 숙주 factor(IHF) 같은 단백질이 DNA를 굽히는 것을 도와 줄 수 있다. (c) Nucleotide triphosphate(NTPs 작은 빨간 원) 이 activator와 $\sigma^{54}$ -RNA중합효소(RNAP) 간의 안정적인 결합유지에 필요하다. (d) Nucleotide가 가수분해 되면, activator 중합효소 복합체는 점차 불안정화되어, 열린복합체가 형성된다. (발췌, Burrows, P. C., *Bioessay* 25(2003): 1150-1153)

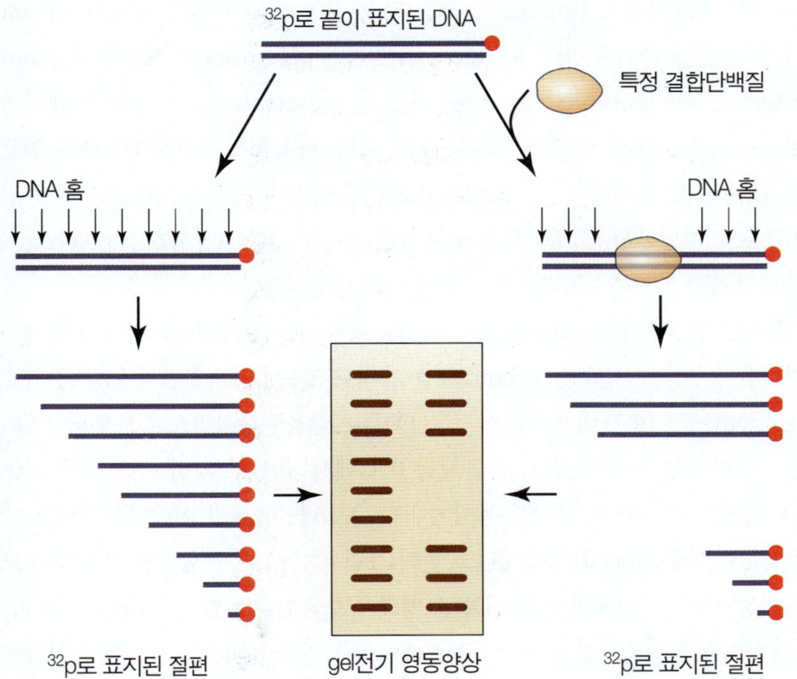


**그림 13.11 발자국감식 기법.** 한쪽 가닥의 5′ 말단에 $^{32}$P(빨간표시)로 표지 된 DNA 이중 나선을 DNase I 로 매우 짧은 시간을 처리를 해서, 하나의 DNA 분자가 하나이상의 홈이 생기지 않도록 한다. 동일한 실험을 특정 DNA 서열에 결합하는 단백질이 있는 경우에도 수행을 한다. DNA에 결합한 단백질에 의해 DNase로부터 DNA를 보호한다. 따라서 특정 크기의 DNA 절편은 나타나지 않는다. gel전기영동에서 없어진 band는 단백질이 결합하는 DNA부위임을 알 수 있다. (발췌, Stryer, L. Biochemistry, 4판 W.H. Freeman and Company, 1995)

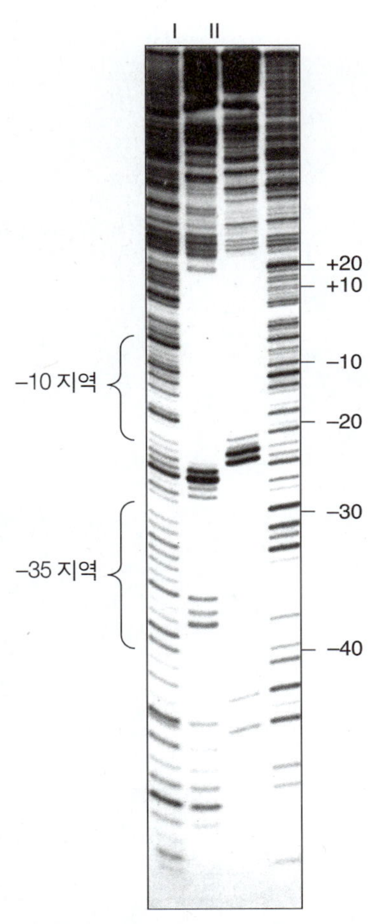


**그림 13.12 RNA중합효소 holoenzyme는 37°C에서는 *lac*UV5 promoter의 양쪽가닥을 발자국을 남긴다.** 하나의 DNA분자에서는 주형가닥이 표지 되었고, 다른 DNA 분자는 coding strand이 표지 되었다. *a*와 *d*줄은 주형가닥과 coding strand을 RNA중합효소 holoenzyme가 없을 때 분해효소로 처리한 것이고 가운데, *b*와 *c*는 RNA중합효소 holoenzyme가 주형가닥과 coding strand에 발자국을 남긴 것을 보여준다. 최종 RNA중합효소 holoenzyme의 농도는 $1.4 \times 10^{-7}$ M이다. DNA만(a와 d) 혹은 DNA와 RNA중합효소 holoenzyme를 같이(b와 c) 37°C에서 10분간 미리 배양하고 나서 $5.4 \times 10^{-10}$M의 DNase를 넣고 1분간 반응한다. (발췌 Kovacic, R. T., J. *Biol. Chem.* 262(1987): 13654-13661).

수 없게 되어 n-*x*만큼의 다양한 크기의 DNA절편만을 얻을 수 있게 된다. 이러한 절편을 gel전기영동을 통하여 분리할 수 있다.

두 DNA 시료를 그림 13.11과 같이 비교한다: RNA중합효소가 없는 것(*n* band의 위치를 얻기 위해), RNA중합효소가 있는 것(RNA중합효소가 결합하여 없어진 부위를 결정하기 위해). **그림 13.12**는 lactose promoter을 변형한 *lac* UV5 라고 명명한 promoter에 대해 조사한 DNase 발자국감식 실험의 결과를 보여준다. *lac* UV5 promoter은 정상 lactose promoter와 달리 −10 상자의 두 염기가 바뀌어서 −10 상자의 공동서열과 동일해졌다. 결과는 더욱 강력한 promoter가 되었다.

RNA중합효소 holoenzyme는 염기와 직접적인 접촉을 하지 않고도 DNase로부터 염기를 보호할 수 있는데, 이는 DNase 분자가 커서 holoenzyme와 promoter 사이의 작은 간격에 들어 갈 수 없었기 때문이다. 그러므로, DNase로부터 보호받은 promoter내의 몇몇 염기들은 holoenzyme와 직접적인 접촉을 하지 않는 경우도 있다. dimethyl sulfate과 같은 작은 화합물은 커다란 DNase와 달리, holoenzyme와 직접적인 접촉을 하는 것과 그렇지 않은 것을 구별할 수 있다. dimethyl sulfate은(주홈에 있는) G 염기의 환 구조 내의 질소 N7를, (부홈에 있는) A 염기의 N3를 메틸화하는데 RNA중합효소 holoenzyme는 직접 접촉을 하지 않은 경우는 dimethyl sulfate의 접근을 막지 못한다. formic acid에 녹인 piperidine는 메틸화된 guanine과 adenine nucleotide 둘 다 자를 수 있고, piperidine만 사용하면 메틸화된 guanine nucleotide만 선택적으로 자를 수 있다. 화학적으로 절단된 DNA 절편을 gel전기영동으로 분리할 수 있다. 절편의 크기를 통하여 방사선으로 표지된 5′ 말단을 기준으로 메틸화된 염기의 위치를 파악할 수 있다. RNA중합효소 holoenzyme에 의해 보호된 염기는 –10 과 –35 상자주변에 모여있었다.

RNA중합효소 holoenzyme-promoter 복합체는 전사개시과정에서 입체구조가 변화된다. 이러한 변화는 promoter을 가지고 있는 DNA절편과 RNA중합효소 holoenzyme를 시험관내에서 혼합하고, DNase 발자국감식법으로 보호되는 DNA 서열을 조사하면서 알려졌다. 복합체를 0°C에서 형성이 되면 –55 에서 –10 의 DNA 영역이 보호된다. 이러한 복합체내의 DNA는 완전한 이중나선상태로 남아 있기 때문에 **닫힌(closed) 복합체**라고 한다(**그림 13.13a**). 복합체를 생리적인 조건에서 생성시키면, –55에서 +20의 DNA 영역이 보호된다(**그림 13.13b**). 더욱이, 이중가닥 DNA은 못하지만 외가닥 DNA에만 반응하는 $KMnO_4$와 같은 화학물질을 이용하여, –12에서 +2까지의 DNA 가닥이 거품 같이 분리되어 전사개시 부분인 +1이 노출되게 된다. 이러한 복합체를 **열린(open) 복합체**라고 한다(그림 13.13b). 이렇게 풀려서 열린 부분은 AT가 많은 –10 상자도 포함된다. 이러한 사실은 AT를 GC로 바꾼 돌연변이의 경우 promoter의 강도가 왜 줄어드는지를 설명해 준다. 열린복합체의 보호된 DNA 부분의 길이는 26 nm이고 holoenzyme의 가장 긴 쪽의 길이는 15 nm이라, 더 긴(보호된) DNA 부분이 holoenzyme를 둘러싸고 있는 형태로 결합되었을 것이다.

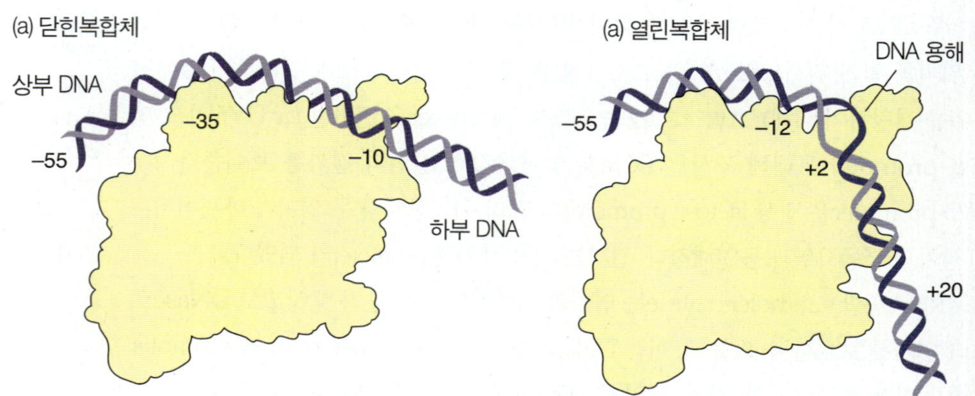


**그림 13.13** ***E. coli* RNA중합효소 holoenzyme에 의한 전사개시 모델.** (a) 닫힌 복합체. DNase 발자국이 -55 에서 -20 에 이르고 있다. 전체 promoter이 있는 DNA는 여전히 이중나선 형태로 남아있다. (b) 열린 복합체. DNase 발자국이 -55 에서 +20 위치까지 연장되어 있고, -12 에서 +2까지 이중나선이 풀려 기포가 생성되었다. 이 그림에서 나타난 위치번호는 대략의 위치를 나타낸다. (발췌 Murakami, K.S., 와 Darst, S.A., *Curr. Opin. Struct. Biol.* 131(2003):31-39)

## Rifampicin은 RNA중합효소에 결합해서 RNA 합성의 초기단계를 차단한다.

*Streptomyces*에 의해 생성되는 항생제의 일종인 **rifamycin**은 첫 번째와 두 번째 phosphodiester 결합을 방해한다. rifamycin의 반합성 유도체인 Rifampicin는 세균의 전사를 연구하는데 널리 사용된다. *rpoB*의 돌연변이는 Rifampicin 저항성을 보이는데, *rpoB*는 coreRNA중합효소의 소 β단위체의 유전자이다. Rifampicin는 전사초기 단계 동안에 phosphodiester 결합 형성을 억제하지만 다음 단계는 억제하지 않는다. 억제된 효소는 promoter에 그대로 붙어 있으면서 억제되지 않는 새로운 효소가 오는 것을 방해한다.

## core 중합효소와 $\sigma^{70}$ RNA중합효소는 서로 다른 입체구조를 갖는다.

Roger Kornberg, Seth Darst와 동료들은 전자 현미경을 이용하여 약 2.8 nm의 해상도를 갖는 *E. coli*의 core중합효소와 $\sigma^{70}$ RNA중합효소의 3차원적인 형태로 형상화 함으로써 그것들의 구조를 추측할 수 있게 하였다. core중합효소의 구조(**그림 13.14a**)와 holoenzyme의 구조(**그림 13.14b**)는 서로 매우 다르기 때문에 core중합효소는 $\sigma^{70}$ factor와 결합하는 과정에서 입체구조상의 큰 변화를 겪을 것으로 생각된다. 사실, 입체구조상의 변화가 너무 커서 holoenzyme의 소단위체에 대한 $\sigma^{70}$ factor의 상대적 위치를 결정하기에는 이 정도의 해상도로는 부족하다. *E. coli*의

(a) 대장균 core RNA중합효소

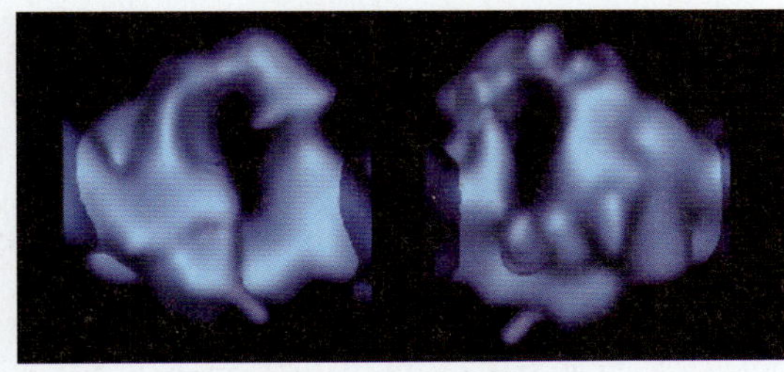

(b) 대장균 완전 RNA중합효소

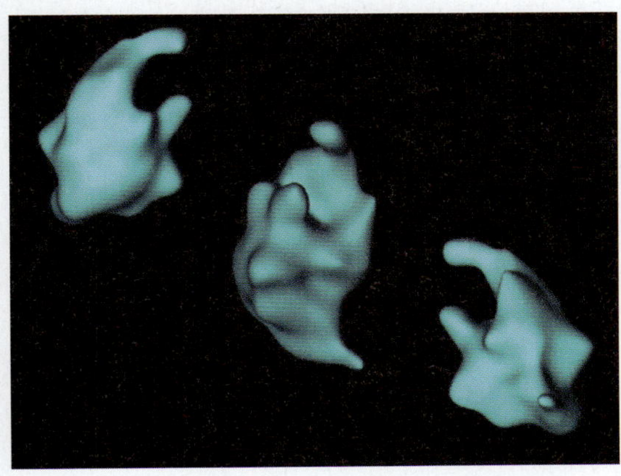

**그림 13.14 coreRNA중합효소와 RNA중합효소 holoenzyme의 전자현미경사진으로 구성한 3차원영상.** (a) 전자현미경영상을 3차원적으로 재구성한 coreRNA중합효소를 2가지 각도로 보여줌. core 분자의 전체 크기는 8.5 x 10.5 x 14.0(nm)이다. core구조의 가장 특징적인 모양은 2.5nm 직경의 통로를 둘러싸고 있는 엄지 손가락 같은 돌출물이다. 이런 구조는 DNA이중 나선을 쉽게 수용할 수 있다. (b) 전자현미경영상을 3차원적으로 재구성한 RNA중합효소 holoenzyme를 3가지 각도로 보여줌. holoenzyme의 엄지손가락은 core polymerase의 것과 달리, 분자 표면의 깊이 홈을 열려 있게 한다. 굴곡이 많은 holoenzyme의 크기는 약 10.0 x 10.0 x 16.0 nm 이다. (발췌 Seth Darst의 사진, Rockefeller Univ.)

RNA중합효소에 대한 고해상도의 결정 구조는 아직 밝혀지진 않았지만, 밀접하게 연관된 2가지 세균 RNA중합효소에 대한 구조 정도는 밝혀졌다.

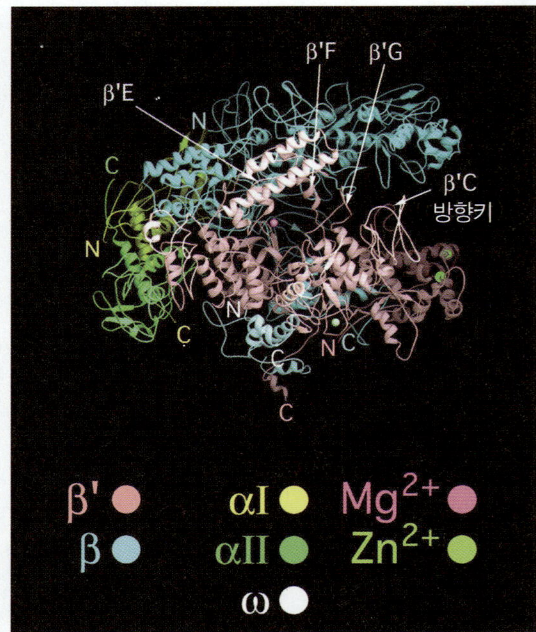


**그림 13.15 온천세균 coreRNA중합효소의 구조.** 각각의 소단위체를 다른 색으로 표시하였다. core polymerase는 이 각도에서 보면 집게를 닮았다. 이 구조의 오른편에는 β와 β′ 소단위체 지역은 집게발처럼 생겨서, 전사과정 동안 DNA를 집는다. 이 구조의 왼 쪽에 있는 2개의 α 소단위체는 동일한 상태는 아니다. 왜냐하면, 하나는 β와 결합하고 다른 하나는 β′와 결합하고 있기 때문이다. β′C, β′E, β′F 와 β′G는 β′ 소단위체의 각 domain을 나타낸다. ω 소단위체는 이 각도로 보면 대부분 감추어져 있다. (발췌 Zhang, C., et al., *Cell* 98(1999):811-824)

## 온천세균(*T. aquaticus*)의 coreRNA중합효소의 결정 구조는 이 효소가 어떻게 구성되어 있는지에 대한 새로운 정보를 제공한다.

1999년 Seth Darst와 동료 과학자는 *T. aquaticus*(*Taq*)의 coreRNA중합효소의 고해상도 3차구조를 밝혔다. 이 단백질은 총 5가지의 소단위체로 구성이 되었고, $\alpha_2\beta\beta'\omega$ 화학량적(stoichiometty) 비율을 이루고 있다. 각 각의 소단위체는 *E. coli*의 소단위체와 상동이다. 소단위체는 분리한 *E. coli*의 RNA중합효소에 항상 존재하지는 않는데, 이는 coreRNA중합효소의 복합체형성과정에 도움을 주지만 RNA 합성에는 꼭 필요치 않다. **그림 13.15**는 Taq RNA중합효소와 소단위체로 구성된 *Taq* coreRNA중합효소의 구조를 보여주고 있다.

그림 13.15의 각도에서 보면, core중합효소는 게의 집게발을 닮았다. 그림 13.15의 집게의 한쪽 발은 전체가 β 소단위체이다. 다른 쪽 발은 거의가 β′ 소단위체이다. 발과 발 사이에 가로로 놓인 내부의 홈 혹은 통로에는 다양한 내부구조 형태를 보인다. 그 통로의 폭은 충분히 넓어서(전체적으로 27 Å 넓이) DNA 이중나선이 내부로 끼어 들어갈 수 있다. coreRNA중합효소의 길이는 15 nm(집게발의 끝에서 뒤쪽으로)이고 폭은 11 nm 정도이다.

*Taq* coreRNA중합효소의 특징은 다음과 같다.

1. 하나의 α 소단위체의 N-말단 domain(NTD)는 다른 하나의 소단위체의 NTD와 중요한 접촉을 하여 이합체를 이룬다. 이 2개의 NTD는 또한 β -, 그리고 β′-와도 결합을 한다. 그러나 $\alpha_1$ 소단위체는 α은 β와 결합하고, 다른 $\alpha_2$ 소단위체는 β′와 결합하여 대칭적인 배열은 아니다. α 소단위체의 어떠한 잔기도 coreRNA중합효소의 촉매반응이 일어나는 내부 통로에 나와있지는 않다.
2. β-, 그리고 β′-소단위체는 coreRNA중합효소의 60% 가량을 차지하는데, 서로 많은 부분에 걸쳐 닿아 있다. 이렇게 서로 맞닿은 부분은 통로의 바닥에 위치하고 이 부분이 활성 부위를 이루고 있다. β′- 소단위체에는 보존이 잘 되어 있는 '-NADFDGD-요소(motif)' 라고 하는 활성부위를 가지고 있다. 이 motif의 3개의 aspartic acid 잔기는 phosphodiester 결합 생성에 요구되는 마그네슘 이온을 결합하고 있다. 활성부위에서 필요한 두 번째 마그네슘 이온은 이 곳으로 들어오는 NTP를 따라 오게 될 것이다.
3. β′-소단위체의 머리핀 모양의 고리는 주요 통로로 돌출되어 배의 방향키 모양의 구조를 가지고 있는데 이것은 전사 기포의 상부 끝 쪽에 놓이게 된다. 아마도 새롭게 생성되는 DNA-RNA 잡종 이중가닥에서 RNA를 분해해주는 역할을 할 것으로 추측된다.

4. β′-소단위체는 아연과 결합하는 보존서열을 가지고 있는데 그 중 4개의 cysteine 잔기는 통로에 있는 활성 부위의 바깥 쪽에 위치한다. Darst박사와 동료들은 이 부위는 활성 보다는 구조 면에서 중요성을 지니고 있다고 제안하였다.

*Taq* core중합효소의 고해상도 영상을 보면, *E. coli*이나 다른 세균의 coreRNA중합효소구조와 밀접한 연관이 있다고 생각되는데 이유는 다음과 같다.

1. 세균들간의 coreRNA중합효소의 소단위체들은 보존되어 있다.
2. *Taq* coreRNA중합효소의 결정구조는 저해상도의 *E. coli*의 효소의 크기나, 모양에 해당되는데, 이는 두 단백질은 서로 비견될 만한 구조를 갖는다는 것이다. 놀랍게도 *Taq* coreRNA중합효소 결정구조는 *E. coli*의 RNA중합효소 holoenzyme의 전자현미경 영상으로부터 추정된 구조와 매우 흡사하다. 결정화 단계의 조건이 이런 뜻밖의 입체구조에 영향을 미쳐서 생긴 결과일 수도 있겠다.
3. *E. coli*의 β-, 그리고 β′ 소단위체의 서열로부터 예측된 2차 구조는 *Taq* coreRNA중합효소 고해상도 결정구조에서도 관찰이 된다.
4. N-말단 domain을 포함한 *E. coli*의 β′ 소단위체 절편의 고해상도 영상을 보면, *Taq* 단백질내의 해당되는 부분과 매우 동일한 구조이다.
5. Rifampicin 저항성을 보이는 *E. coli*의 효소는 사슬의 아미노 잔기가 치환이 되어 있었는데, 해당되는 동일한 아미노 잔기는 core중합효소의 주머니(통로)주변에 모여있다(**그림 13.16**).

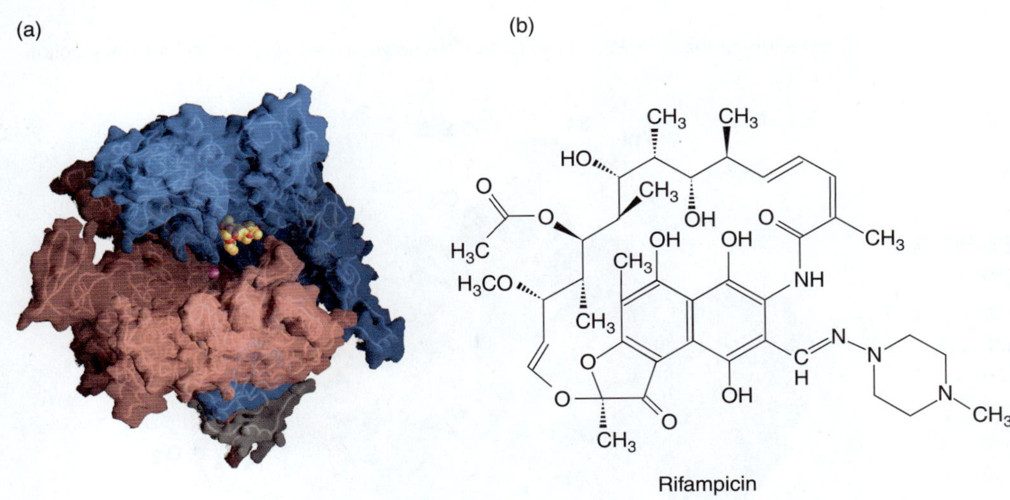


**그림 13.16 Rifampicin 주머니.** (a) Rifampicin이 결합된 형태의 *Thermus aquaticus*의 coreRNA중합효소의 3 차원적 구조. RNA중합효소의 골격이 투명한 색의 선으로 보인다. (β, 청록색; β′, 분홍색; ω, 회색; α 소단위체는 RNA중합효소 뒤쪽에 위치해서 이 그림에서는 보이지 않는다). $Mg^{2+}$ 이온은 주홍색 구형으로 활성부위에 보인다. 라팜피신은 CPK 원자로 보인다. (탄소, 주황색; 산소, 빨강; 질소, 파랑). (b) Rifampicin 구조. (발췌 Campbell, E.A., et al *Cell* 104(2001) 901-912).

6. 유전학적 생화학적 연구를 통하여 처음 사용되는 NTP기질과 결합에 관여하는 잔기는 *E. coli*의 소단위체에 흩어져 존재하지만, coreRNA중합효소의 구조에서 보면 이러한 잔기들은 한 곳에 모여 있다.

## 결정구조 분석은 열린복합체의 구성에 대한 중요한 사실을 알려준다.

core중합효소의 결정 구조는 RNA중합효소에 대한 많은 사실을 알려주긴 하지만, core중합효소, factor와 DNA간에 존재하는 결합에 대한 사실을 알려주지는 않는다. Darst박사와 동료과학자들은 개열-경계(fork-junction 전사 기포부분의 끝을 말하는데, DNA가 이중나선이 풀려서 외가닥으로 바뀌는 그 경계)의 서열을 가지고 있는 합성 DNA와 결합한 *Taq* holoenzyme의 결정을 만들어서 이 문제에 해결하고자 하였다.

이러한 목적으로 합성한 DNA분자는 **그림 13.17a**에 나타나 있는데 −35 상자 부근은 이중 나선 형태이고, −10 상자 주변의 대부분은 열린 상태이다. 열린복합체 구조를 닮은 RNA중합효소 holoenzyme · 개열-경계 DNA복합체의 결정 구조가

(a) 합성한 개열-경계 DNA

(b) Structure of the complex between the RNA polymerase holoenzyme and fork-junction.

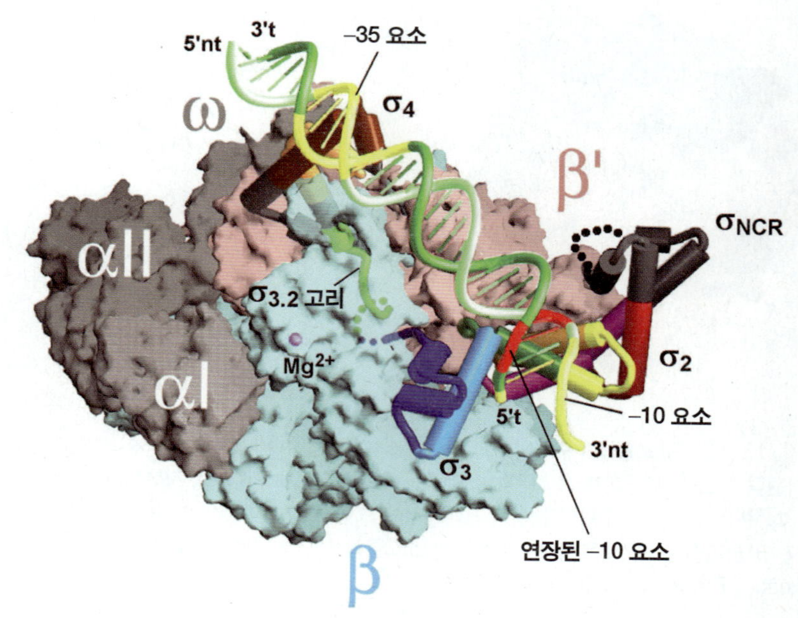


**그림 13.17 개열-경계 DNA에 붙은 온천세균의 RNA중합효소 holoenzyme.** (a) 아래의 결정을 얻기 위해 합성한 개열-경계 부위 DNA 서열. (b) RNA중합효소 holoenzyme 합성한 개열-경계 부위 DNA 복합체의 구조. coreRNA중합효소의 표면구조. αI, αII 그리고 ω 소단위체는 회색으로 표시되었다. β와 β′ 소단위체는 각각 하늘색과 분홍색으로 표시하였다. σ factor 단백질은 -나선 2차 구조를 실린더 모양으로 표현되었고, 보존된 서열을 색으로 표시 하였다. DNA 인산 골격과 염기는 이중나선 모양으로 보인다. DNA 서열상의 −35 와 −10 요소는 노란색으로 표시되었고, 연장된 −10 요소는 빨강색으로 보인다. 나머지 주형가닥은(t)은 어두운 초록색, 주형이 아닌 가닥(nt) (coding strand) 은 연한 초록색으로 표시되었다. (Murakami, K.S., et al, *Science* 296(2002):1285-1290).

**그림 13.17b**에 나타나 있다. $\sigma^{70}$ factor가 coreRNA중합효소와 결합하게 되면 다른 입체구조로 바뀔 것으로 예상하고 있다. 눈에 띄는 변화는 subdomain 1.1과 domain 4간의 결합이 더 이상 유지되지 않고 떨어진다는 것이다. 이 결합은 유리된 $\sigma^{70}$ factor가 DNA에 결합하는 것을 방해한다. subdomain 1.1는 DNA와 유사하게 음전하를 띄기 때문에 DNA의 promoter과 경쟁적으로 domain 4와 결합을 한다.

Darst와 동료과학자들은 DNA가 없는 상태의 *Taq* RNA중합효소 holoenzyme의 결정구조를 밝혔고, Shigeyuki Yokoyama 박사와 동료과학자들은 *Thermus thermophilus*의 RNA중합효소 holoenzyme에 대해 같은 일을 하였다. 그 결과 현재는 core enzyme, holoenzyme, holoenzyme · 개열-경계 DNA 복합체에 대한 상당량의 구조적 정보를 가지게 되었다. 이러한 구조들을 비교해 보면 (i) α 소단위체의 N-말단 domain, (ii) ω 소단위체, (iii)와 β′ 소단위체중 활성 부위근처의 지역이 모여서 고정된 core 단위를 이룬다.

이 고정된 core 단위를 중심으로 4개의 다른 단위들이 이동한다(**그림 13.18**). β′의 집게 domain은 주 통로의 입구 주변을 닫을 수 있는 집게발(pincer)을 가지고 있어서, DNA 그리고 RNA:DNA 이중나선을 붙잡는 것을 도와준다. 집게발은 2개의 이동 가능한 domain(β1과 β2)을 가지고 있는데, 이 둘은 주요 통로를 열고 닫는데 도움을 준다. 네 번째 이동 가능한 domain, β 덮개(flap)은 RNA가 빠져나가는

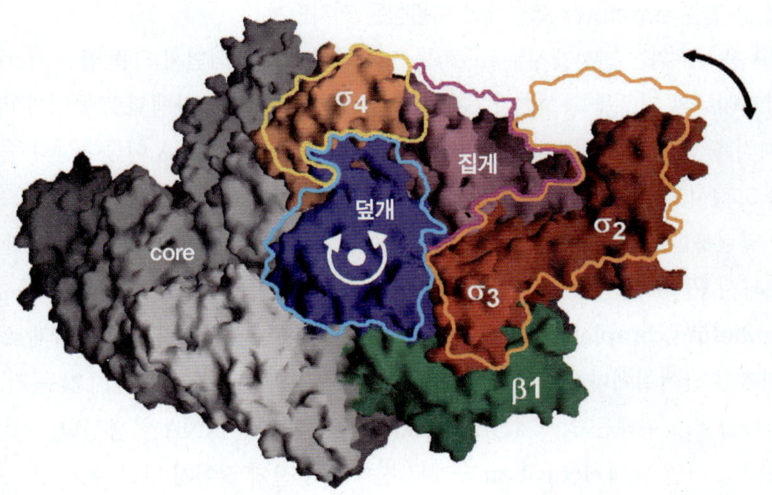


**그림 13.18 RNA중합효소 holoenzyme의 이동 module과 입체구조의 유연성.** *Thermus aquaticus* RNA중합효소 holoenzyme에서 위치가 상대적으로 고정되어 있는 core부위는 표면이 회색으로 표시되었다. 이동모듈은 다음과 같은 색으로 표시되었다: 상대적으로 움직이지 적은 부분인 "core" domain(2개의 소단위체의 N-말단 domain, ω 그리고 활성 부위를 둘러싸고 있는 β와 β′ 지역)은 회색으로 표시되었다. β 이동 domain은 초록, 덮개 β는 파랑, 집게는 분홍, $\sigma_2$–$\sigma_3$ domain은 빨강, 그리고 $\sigma_4$ domain은 주황색으로 표시되었다(이 방향에서 보면 $\beta_2$ 이동 domain은 $\beta_1$ 이동 domain 뒤에 있다). 온천세균 RNA중합효소 holoenzyme의 결정구조가 밝혀졌다. 이 효소에서 $\sigma_2$–$\sigma_3$ 집게의 위치, $\sigma_4$ 덮개의 위치는 테두리만 보인다. (Murakami, K.S.,와 Darst, S.A., Curr. Opin. Struc. Biol 13(2003) 31-39).

통로를 덮고 있다. 집게발들(pincers) 은 전사개시 단계에서는 열려있는 상태로 있어야만 DNA가 활성 통로로 들어갈 수 가 있다.

결정분석 및 생화학적 실험를 통하여 얻은 구조적 정보에 근거해서, Darst와 Katsuhiko S. Murakami는 전사의 개시가 **그림 13.19**과 아래 설명한 순서로 일어날 것이라고 제안하였다.

### 단계 1: 닫힌 promoter 복합체

$\sigma^{70}$ factor는 core중합효소와 DNA와 다음과 같이 결합한다: $\sigma_{1.1}$가 통로의 활성 부위에 오게 되면서 통로가 열릴 수 있게 도와 준다; $\sigma_2$는 −10 상자와 결합한다; $\sigma_{3.2}$ 머리핀 고리(loop) 는 RNA중합효소의 활성부위 통로(활성부위는 $Mg^{2+}$가 있는 부분이다)로 나와 있는데, β 덮개의 아래쪽에 위치한다; 그리고 $\sigma_4$는 −35 상자와 결합한다.

### 단계 2: 중간 단계

−10 상자의 promoter의 DNA의 이중가닥이 일시적으로 외가닥으로 용해(melting)된다. $\sigma_{2.3}$ 주형이 아닌 외가닥의 DNA의 염기와 결합함으로써 최종적으로 생성될 전사기포의 상부경계에 해당하는 초기의 짧은 DNA 부분을 안정화 시키는데 기여한다. 이러한 용해 과정에서 DNA는 풀리게(원형의 화살표로 표시) 되는데, 이렇게 하면서 기포 부분의 DNA에 유연성이 생기게 되면서 하부 DNA가 내부에 활성화 부위가 있는 통로로 가기 위해서 구부러지거나 비틀어 질 수 있게 된다.

### 단계 3: 열린 promoter 복합체와 미완성된 개시단계

DNA 용해부위는 전사개시부위(+1)를 지나 하부로 확장되면서 최종 열린 promoter 복합체내부의 기포를 완성한다. 주형가닥은 양전하를 띄는 단백질로 둘러싸인 터널을 따라 활성부위를 향하게 된다. β와 β′ 집게발은 하부의 DNA 이중나선의 주홈 부분을 고정시켜 준다. 죄는 부위는 +5에서 +12 부분이다.

열린복합체가 형성이 되면 NTP 기질이 촉매부위로 통하는 제2의 통로를 통해 들어와서 RNA 합성이 시작된다. 일단 RNA 합성이 시작되면, 복합체는 **개시복합체(initiating complex)**라고 불린다. 열린 promoter 복합체가 개시복합체로 바뀌는 과정은 단백질이나 DNA 상에 커다란 입체구조의 변화를 수반하지 않는 것 같다. 개시복합체의 형태는 약 8개의 nucleotide 정도의 짧은 RNA가 생성되는 몇 번의 반응이 일어난 뒤에 elongation 단계로 진행되기 전에 떨어져 나갈 수도 있다. 개시과정이 이렇게 **미완성(abortive transcription)**인 채 끝나는 이유는 두 서너 개의 nucleotide로 이루어진 전사체가 $\sigma_{3.2}$ 고리에 부딪치기 때문이다. elongation하는 RNA사슬은 $\sigma_{3.2}$의 고리를 진로에서 없애야만 한다. 그렇게 하지 못하면, 전사체가 떨어져(아마도 제2의 통로를 통해서) 복합체로부터 분리될 수 밖에 없다.

### 단계 4: 미완성된 개시(abortive initiation)의 재개

RNA 사슬이 12개의 nucleotide 정도의 길이가 되면, RNA-DNA 잡종이중나선을 형성하기에 충분한 길이가 되고, 상부의 RNA는 β 덮개 밑의 출구 통로를 메우게 되

(1) 닫힌 복합체

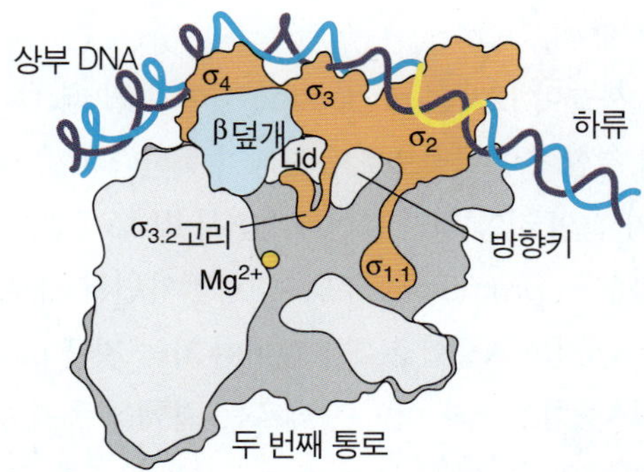


(2) 중간 단계

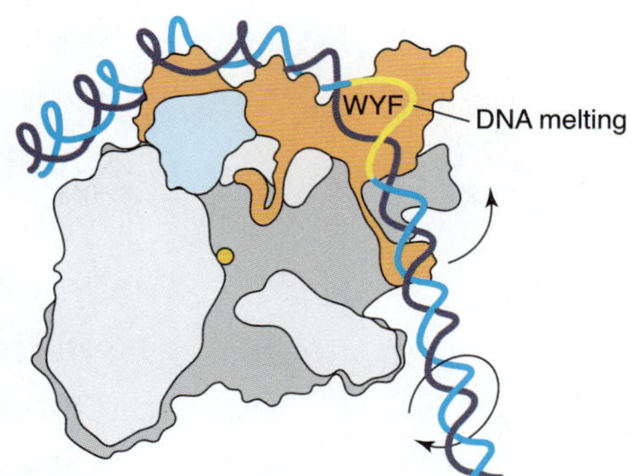


(3) 열린 촉진 서열 복합체와 미완성된 개시

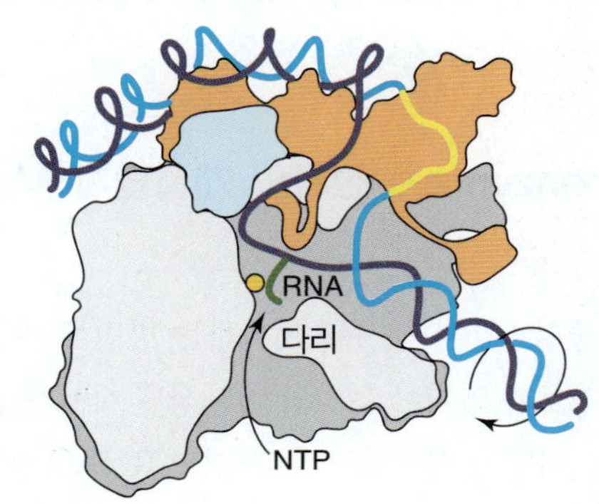


(2) 미완성된 개시의 재개

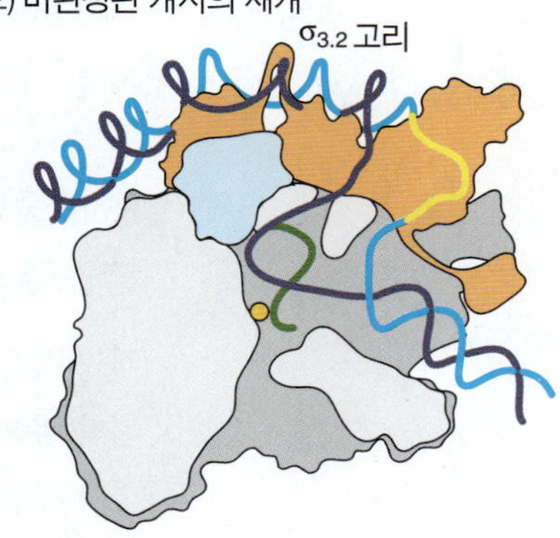


(3) promoter탈출

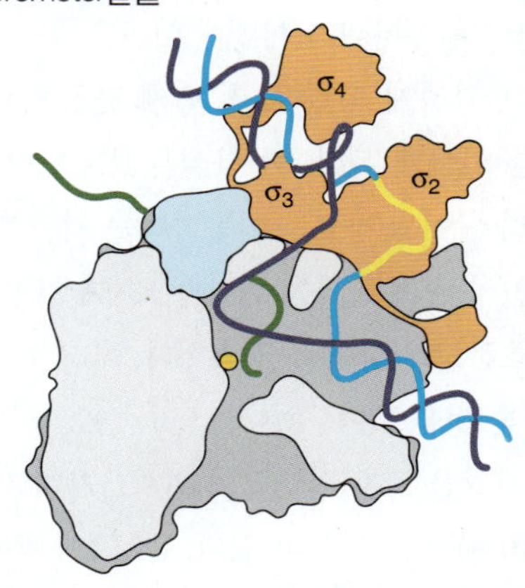


(2) 전사 elongation복합체

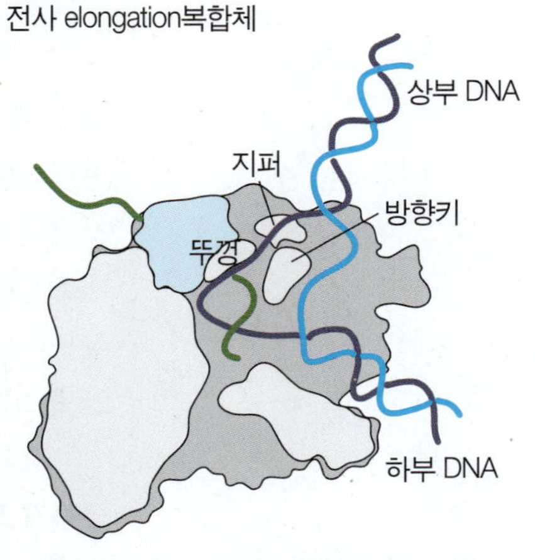


**그림 13.19 전사의 초기단계.** RNA중합효소 holoenzyme의 단면 모식도(β 덮개, 하늘색; σ, 주황색; 나머지 RNA중합효소, 회색; 촉매 $Mg^{2+}$, 노란색 구) 그리고 RNA 전사체(초록). (1) **닫힌복합체.** $\sigma_{1.1}$는 활성부위가 있는 통로가 열리도록 도와준다. $\sigma_2$는 -10 상자와 결합하고, $\sigma_{3.2}$ 고리는 RNA중합효소의 활성부위 통로로 돌출되어있으며, β 덮개의 밑에 있다. (활성부위는 $Mg^{2+}$의 노란색 구형이 있는 곳이다.) (2) **중간단계.** $\sigma_{2.3}$ domain의 보존된 방향성 잔기들(W, Y, 과 F) 은 promoter복합체 내의 전사기포가 생성될 부위의 상부 쪽 경계의 짧은 DNA를 안정화 시킨다. 하부의 DNA는 구부러져서 활성부위 통로의 입구 쪽으로 가게 된다. DNA가 통로의 내부로 들어가면서 동시에 $\sigma_{1.1}$이 빠져나간다. (3) **열린 promoter 복합체와 미완성된 개시단계.** DNA 용해 부위는 전사시작부위(+1)를 지나 하부로 연장되어 전사기포를 확보하여 열린 promoter 복합체를 완성한다.β와 β′ 집게발은 하부의 DNA 이중 나선을 주홈 쪽을 잡고 있고, nucleotide triphosphate 기질은 두 번째 통로를 통해 촉매부위로 와서 RNA 합성이 시작된다. RNA중합효소가 여러 차례 반응을 반복하여 RNA를 만든다. 초기의 짧은 RNA 분자는 $\sigma_{3.2}$ 고리에 부딪치게 되어 떨어져 나가게 된다. 이 과정을 미완성된 개시라고 한다. (4) **미완성된 개시의 재개.** RNA 사슬이 12개 nucleotide 길이로 자라게 되면, DNA와 잡종 이중나선(RNA-DNA)을 만들기에 충분하게 된다. 상부의 RNA는, β 덮개 밑의 통로를 채우게 된다. 그리고는 $\sigma_{3.2}$ 고리를 밀어서 활성 부위 밖으로 나가게 하여, 미완성된 개시는 다시 재계된다. (5) **promoter 탈출.** $\sigma_{3.2}$ 고리가 제거되면 $\sigma_4$와 -35 요소간의 결합이 약화된다. RNA중합효소는 하부로 이동하여 promoter로부터 멀어진다. (6) **전사elongation(elongation)복합체.** RNA중합효소는 RNA의 빠른 합성 반응을 촉매한다. Adapted from Murakami, K. S., and Darst, S. A., *Curr. Opin. Struct.* Biol.13 (2003): 31-39.

면서 $\sigma_{3.2}$의 고리를 밀쳐내면 개시가 유산되지 않는다.

### 단계 5: promoter 탈출

초기에 생성된 RNA 사슬이 12개의 nucleotide 길이가 될 때, $\sigma_{3.2}$의 고리가 이동되면, $\sigma_4$와 $\beta$ 덮개 간의 결합이 안정적으로 유지되지 못한다. $\sigma_4$가 덮개로부터 멀어져 가면서 $\sigma_4$와 −35 상자 간의 결합 역시 불안해지면서 RNA중합효소는 RNA를 더욱 길게 elongation시킬수록, promoter로부터 멀어져 가면서 하부로 이동하게 된다. 이와 같이 promoter에서 RNA중합효소가 멀어져 가는 것을 **promoter 탈출**이라고 부른다. factor가 RNA중합효소와 어떤 형태로든 결합을 유지하고 있을지 아니면 떨어져 나갈지는 분명치 않다. 전사 elongation복합체로 전환 될 때, factor가 꼭 떨어져 나갈 필요는 없다. 왜냐하면, 전사 elongation복합체내의 핵산의 진행방향을 core중합효소에 $\sigma_2$나 $\sigma_3$의 결합을 차단하지는 않는다.

## RNA중합효소 holoenzyme는 전사의 개시단계에서 DNA를 헝클어 놓는다.

결정구조 연구는 RNA중합효소가 전사를 시작하는 방법에 대한 정보를 주기는 했지만, 추가적인 실험적 정보가 있어야 초기의 미완성된 개시가 일어날 즈음에 RNA 중합효소의 활성 부위가 어떻게 이동하는지, 그리고 RNA중합효소가 promoter을 탈출하기 위해 필요한 에너지를 어떻게 얻는지 설명할 수 있을 것이다.

미완성 전사 개시 동안에 활성부위가 어떻게 이동을 하는지에 대한 2가지 실험을 통해 서로 모순된 것을 관찰하게 되었다. 첫 번째 관찰은 미완성 개시는 ~8–10 nucleotide 길이의 RNA를 만들게 된다. 이 사실은 RNA중합효소의 활성 부위는 자신이 작용하는 DNA를 따라 어느 정도는 이동한다는 것을 말해준다. 한편 분명히 대조적으로 DNA-발자국인식 실험 결과는 미완성 RNA 합성 동안, 효소는 동일한 상부의 DNA 절편만을 보호하고 있다는 것을 밝혔다. 이러한 사실은 미완성 전사 동안 효소는 움직이지 않는다는 것을 보여주었다.

확연히 모순된 2가지 관찰을 모두 설명하기 위한 3가지 모델이 제시되었다. **헝클리기 모델(scrunching model)**은 다음과 같다. DNA가 풀어지면서 열린복합체을 형성하면서 RNA중합효소 holoenzyme 안으로 잡아 당겨 들어간다. 헝클어진 DNA에 잠재된 에너지가 promoter 탈출과정에 사용된다. **자벌레 모델(inchworm model)**은 전사개시 초기단계 동안에 RNA중합효소의 앞부분은 늘어나서, 자신의 활성부위가 앞 쪽으로 이동하게 하지만, 효소의 뒷 부분은 DNA의 상부부위에 정박한 채 남아 있다. 늘어난 단백질에 잠재된 에너지가 promoter 탈출에 이용된다. 마지막으로 **산책 모델(transient excursion model)**은 미완성된 RNA를 합성할 때는 효소가 앞으로 이동하다가 미완성된 RNA가 반응이 지체되는 시간엔 다시 RNA중합효소는 뒤 방향으로 이동한다.

Richard H. Ebright와 동료과학자들은 이러한 모델들을 평가하기 위해 2가지의 시험을 수행하였다. 첫 번째는 1쌍의 형광표지를 RNA중합효소 holoenzyme의 특정 부위와 DNA에 붙인 다음, 형광공명 에너지 전달양상을 조사함으로써, 미완성 개시 단계에서 각 분자의 거리를 측정할 수 있었다. RNA중합효소 holoenzyme는 근처의 DNA에 도달하기 위해 늘어나는 일은 없다는 것을 알 수 있었고(자벌레 모델은 제외되었다), 앞의 DNA에도 갔다 오지 않았다(산책 모델도 제외되었다). 대신, 그들의 실험결과는 RNA중합효소 holoenzyme는 정지 상태로 머물러 있으면서 주위의 DNA를 자신에게로 끌고 온다는 것을 말해준다. 두 번째 실험은 Ebright 박사와 동료과학자들은 끝과 끝이 기계적으로 잡아 당겨진 외가닥의 초나선 DNA에 대해 조사해 보았다. 전사초기 동안에 RNA중합효소 holoenzyme가 개시 부분 근처의 DNA일부의 이중나선을 풀고, 잡아당긴다("헝클리기"). 그리고 나서 RNA 중합효소 holoenzyme가 하부 DNA로 떠나게 되면 개시 부분은 다시 이중나선으로 감긴다. 헝클리기 단계 동안 이 시스템 내에 저장된 에너지가 promoter 탈출과정에서 RNA중합효소 holoenzyme와 개시 부위의 결합을 끊는데 사용되어, RNA중합효소가 전사 elongation 복합체에 합류하게 한다. 이렇게 헝크러진 DNA가 RNA중합효소 promoter의 초기 전사복합체내에서 다시 정돈되는 기전에 대한 것을 밝혀지지 않았지만, x-선 결정구조 분석을 통해서 답을 얻을 수 있을 것으로 생각된다.

## 13.3 전사 elongation 복합체

### 전사 elongation 복합체는 매우 지속적으로 진행하는 분자 motor이다.

개시 단계가 끝나게 되면서, 탄력적인 덮개는 닫혀져서, RNA중합효소, 주형 DNA, 성장하고 있는 RNA사슬로 구성된 **전사 elongation 복합체**를 생성한다. RNA사슬이 길어지는 과정은 아래와 같은 촉매 반응이 반복되기 때문이다.

1. nucleoside triphosphate이 2차 통로를 통해 들어와서 결합 부위에 도달한다. 확률적으로 원하는 nucleotide가 오는 것은 4개 중에 1번 꼴이라서 올바른 nucleoside triphosphate이 2차 통로를 지나오는 과정이 elongation 속도를 결정하는 매우 중요한 단계이다.
2. 자라나고 있는 RNA 사슬의 3′ 말단의 수산기(-OH)의 전자쌍은 NTP로부터 분리되는 pyrophosphate 대신해서 phosphodiester 결합을 이루게 된다.
3. coreRNA중합효소는 하나의 nucleotide 만큼 하부로 이동하게 된다. RNA중합효소는 1초에 30개의 nucleotide 속도로 주형 DNA를 따라 움직이게 된다. 들어오는 nucleoside triphosphate은 phosphodiester 결합을 만들고 coreRNA중합효소가 하나의 nucleotide 만큼 하부로 이동하는데

(a)

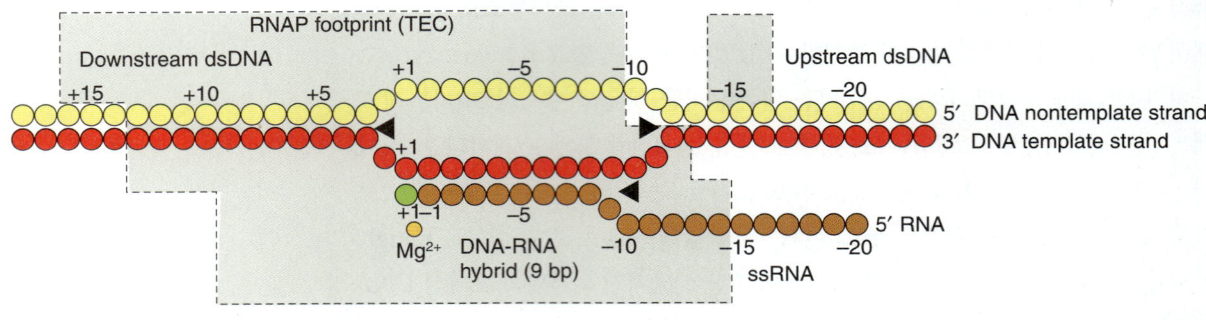


(b)

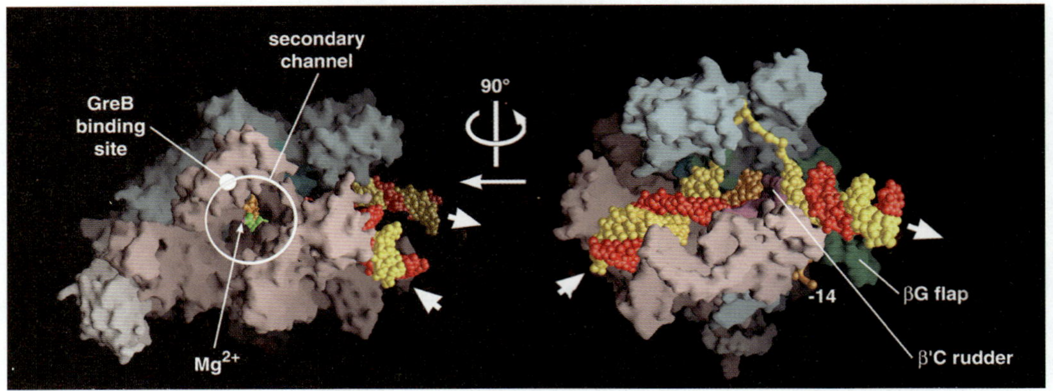


**그림 13.20 전사 elongation 모델.** (a) 전사 elongation 복합체 내부의 핵산의 도식도. 전사는 오른쪽에서 왼쪽 방향으로 진행된다. 주형가닥(t)의 DNA는 빨간 원으로 표현하였고, 주형이 아닌 가닥(nt)의 DNA는 노란색 원으로 표현하였다. RNA 사슬은 주황색 원으로 들어오는 nucleotide는 초록으로 표현하였다. 기존의 nucleotide 잔기의 위치는 들어오고 있는 nucleotide 기질을 +1이라고 하고 이를 기준으로 하여 위와 같이 숫자로 표시하였다. RNA중합효소에 의해 화학적 혹은 효소적 발자국감식 실험에서 보호된 부분의 DNA와 RNA의 부분은 회색의 박스 안에 있다. 검은색 삼각형은 RNA중합효소 전사 기포의 크기와 RNA-DNA 잡종나선의 길이를 능동적으로 조절하는 부위이다. (b) 전사 elongation 모델을 2가지 각도에서 보여준 것. 이 모델에서는 3가지 요소들이 있다: 분자 마다 색깔로 표시한 온천세균(Taq)coreRNA중합효소 결정 구조(β, 청록색; β′, 분홍색: α와 ω, 연한 회색)과 DNA주형(주형가닥, 빨강; 주형이 아닌 가닥, 노랑). 마그네슘 이온은 촉매 부위에 자홍색의 원으로 표시하였다. RNA 전사체는 금색이고 들어오는 nucleotide 기질은 초록색이다. 핵산의 중심골격은 CPK 인산 원자를 가진 나선으로 표현되었다. 핵산내부의 염기 쌍을 이루는 염기도 보여지고 있다. 흰색의 큰 화살표는 전사의 방향을 표시하고 있다. 우측의 오른 손과 같은 구조는 거의 수평으로 보이는 주활성 통로에 대해 수직 방향에서 본 것이다. β 덮게와 β′ 방향키는 각각 초록과 자홍색으로 표시하였다. 좌측의 구조는 두 번째 통로의 아래에서 바라 본 구조인데, 들어오는 nucleotide 기질(초록)이 활성 부위로 들어오는 것이 보인다. 자홍색으로 보이는 마그네슘 이온은 기질 nucleotide의 좌측에 보인다. ((a) 발췌 Darst, S.A., et al *Curr. Opin. Struct. Biol.* 11(2001): 155-162; (b) Darst, S.A., et al *Bacterial RNA polymerase* pp 155-162).

필요한 에너지를 공급한다.

전사 elongation 복합체에 의해 생기는 DNase 발자국의 크기는 35 bp 정도로 개시복합체의 것 보다는 작다. 그럼에도 불구하고, 전사 elongation 복합체는 더 안정적인 복합체를 이룬다. DNase로부터 보호된 지역(발자국)에서 14 bp 정도의 DNA는 용해되어 풀어진 상태로 전사 기포를 형성한다(**그림 13.20a**). 이 전사 기포 안의 처음의 8개의 nucleotide는 RNA사슬과 쌍을 이루고 있다.

전사 기포의 크기는 RNA중합효소가 하부로 이동하면서 elongation이 계속 일어나도, 기포의 앞 부분이 열리면서 동시에 뒷 부분이 다시 이중 나선을 형성하기 때문에 그 크기가 그대로 유지된다. 전사 elongation 복합체내의 nucleotide의 번호를 매기는 것은 관례적으로 다음과 같이 한다: 처음 들어오는 nucleotide를 +1이고(진행하는 RNA중합효소의 앞 쪽에 있는 nucleotide), 하부로 갈수록 +2, +3 등으로 붙인다. –1위치에 RNA 서열의 3′ 말단이 있고, 그 위치에서부터 상부의 nucleotide를 –2, –3 순으로 한다(진행하는 RNA중합효소의 뒤쪽의 nucleotide). 전사기포는 –12에서 +2bp에 걸쳐져 있다. 전사 elongation 복합체는 안정적으로 유지되어야만 $10^4$ nucleotide 이상의 길이에 이르는 RNA분자를 합성할 수 있다. 일단 전사 elongation 복합체가 분리된 후에는 RNA 사슬이 길어질 수는 없기 때문에 안정적으로 그리고 빠르게 진행해야만 한다. 0.5 M의 Kcl 용액 내에서는 개시복합체가 분리되는 반면 전사 elongation 복합체는 그렇지 않다는 점을 미루어 전사 elongation 복합체가 더 안정적이라고 보여진다.

전사 elongation 복합체가 어떻게 작동하는지 알기 위해서 그 구조에 대해 살펴볼 필요가 있다. 그림 13.15에서 보이는 *Taq* coreRNA중합효소의 고해상도 영상은 DNA 주형이나 RNA를 가지고 있지 않았고, 전사 elongation 복합체내의 coreRNA중합효소와 유사한 입체구조도 보이지 않는다. 그러므로 최근의 x-선 결정구조 결과는 전사 elongation 복합체의 모델을 제시하기에는 부족함이 많다.

다행히 화학적 가로연결(crosslinking) 연구를 통해 모델이 제시되었다. 화학적 가로연결 실험의 기본 원리는 반응성이 있는 화학 작용기 혹은 **친화성 탐침(affinity probe)**을 전사 elongation 복합체내의 DNA 주형 혹은 RNA의 특정 부분에 부착시키고 나서 탐침을 활성화 시키면, 탐침이 근처에 있는 coreRNA중합효소의 소단위체에 연결이 된다는 것이다. 이러한 가로연결 실험의 결과는, 기존에 알려진 *Taq* coreRNA중합효소의 결정구조와 다른 연관된 연구결과를 토대로 Darst와 동료과학자들은 전사 elongation 복합체가 **그림 13.20b**와 같은 구조를 가질 것이라고 제안하였다.

개별적인 RNA중합효소가 DNA 주형을 따라 이동하는 것을 보여줄 수 있는 새로운 기술이 개발 되었다. 하나의 RNA중합효소분자를 표면에 부착하여 고정시킨 후에 DNA 움직임을 특별한 현미경으로 관찰하는 것이다. 전사 elongation 복합체에 최대한 안정적으로 유지할 수 있는 기술로 **잡아 맨 분자 운동(tethered particle motion)** 방법은 **그림 13.21**에서 설명되어 있다. RNA중합효소를 유리나 운모표면에 부착시키고 NTPs 수용액으로 표면을 적신다. DNA 주형의 상부 끝에 플라스틱 구슬이나 금 입자 콜로이드를 부착시킨다. 구슬 입자의 Brownian 운동의 양상은 DNA가 붙어 있어서 자유롭지 못하고 제한을 받는다. Brownian 운동의 정도는 광학현미경으로도 관찰 할 수 있기 때문에 구슬에 고정된 DNA 주형이 중합효소까지의 거리가 전사 elongation을 하는 정도에 따라 얼마나 변하는지를 Brownian 운동의 정도를 관찰하여 추정할 수 있다.

RNA중합효소는 DNA 주형을 따라 일정한 속도로 이동하지는 않는다. 대신,

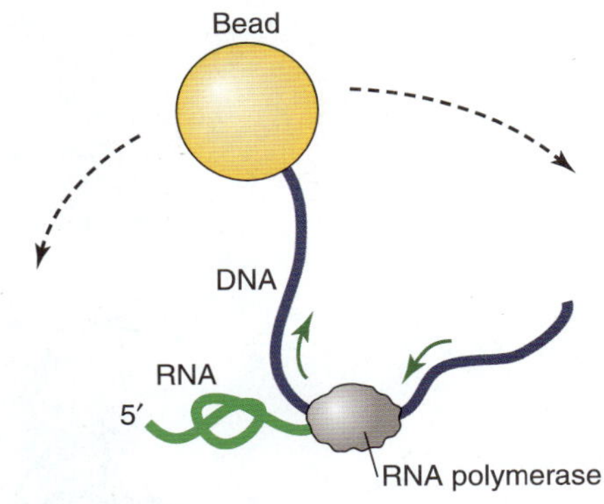


**그림 13.21 잡아 맨 분자 운동 방법.** 하나의 RNA중합효소 분자가 nucleotide triphosphate수용액으로 칠한 유리나 운모의 표면에 부착되어 있다. DNA 주형의 상부 끝을 부착시킨 플라스틱 구슬 혹은 콜로이드성 금 입자는 빠른 Brownian 운동을 한다(점선의 곡선 화살표). 이 Brownian 운동은 구슬에 부착된 DNA 가닥에 의해 제한을 받게 된다. DNA가닥이 초록색 화살표 방향으로 RNA중합효소로 들어가게 되면, 구슬과, RNA중합효소 사이에 있는 DNA가닥의 길이는 변하게 된다. 이러한 변화는 구슬의 브리운 운동 영역이 변화하게 되고 이를 광학 현미경으로 관찰 할 수 있다. (발췌 Gelles, J., and Landick, R., *Cell* 93(1998):13-16).

어떤 부분을 지날 때는 더 많은 시간이 소요되었다. 이 부분을 **멈춤 부위(pause site)** 라고 한다. 멈춤 부위는 RNA중합효소가 1가지 NTP가 부족한 경우, DNA 주형에서 특정한 부위에서 멈추다가, 다시 합성을 재개한다는 것을 연구하면서 발견되었다. 비록 대부분의 전사는 부족한 nucleotide를 더 넣어주면 전사가 재개되지만, 어떤 특정 부위에서는 멈춤 상태로 관찰되었다. 멈춤(사슬 연장이 일시적으로 지연된 상태)은 전사와 번역이 동시에 진행되도록 도와주고(14장 참고) RNA중합효소의 이동을 늦춤으로써, 조절 단백질이 복합체와 결합할 수 있게 하고, 아마도 정지(arrest, 복합체의 분해 없이 전사가 완전히 멈춤)와 종료(termination, 복합체 분해) 유발한다. 전사 정지는 **교정(proofreading)**에 중요하다. RNA-DNA 잡종이중나선에 nucleotide의 짝짝이(mismatch) 쌍이 있을 때, RNA중합효소는 멈추고, 뒤로 물러서면, 효소의 활성 부위에서 RNA 사슬의 3′ 말단이 빠져나간다(**그림 13.22**). 뒤로 물러선 복합체에서 RNA 사슬이 내부가 가수분해되어 잘리게 되어 3′-전사 조각이 빠져나가고 새로이 생긴 3′-말단이 RNA중합효소의 촉매 부위에 위치하게 된다. RNA중합효소 활성부위가 이 분열을 촉매화 하긴 하지만 매우 느리다.

이러한 분열과정은 전사 elongationfactor인 **GreA** 혹은 **GreB**가 존재하면 더욱 빠르게 일어날 수 있다. 비록 두 단백질은 유사한 서열을 갖긴 하지만, 그들은 서로 다른 기능을 수행한다. GreA은 2~3개의 nucleotide로 구성된 작은 조각을 제거하고 GreB는 18개의 정도의 nucleotide로 구성된 긴 조각을 제거한다. 더욱이 GreA는 정지 복합체의 형성을 억제할 수 있는 반면, GreB는 기존에 있었던 정지 복합체를 회복한다. Seth Darst박사와 동료과학자들은 극저온전자현미경(cryo-electron microscopy)을 이용하여 *E. coli*의 RNA중합효소 · GreB 복합체의 구조를 재구성하였다. GreB의 카복시 말단의 구형 domain은 RNA중합효소의 두 번째 통

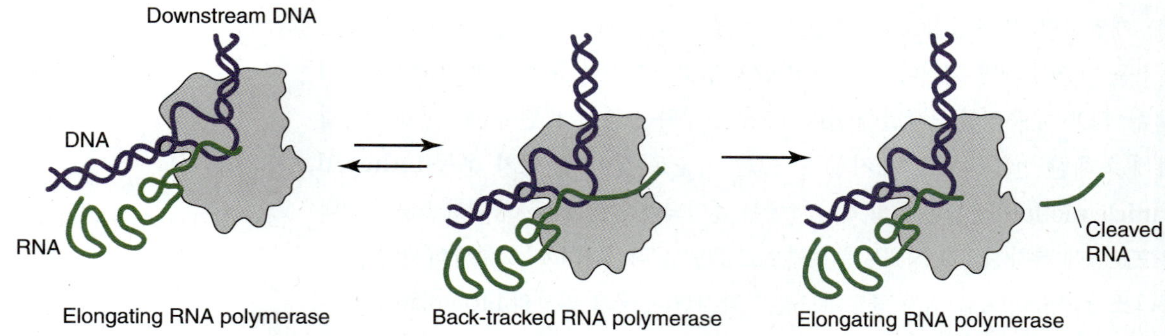


**그림 13.22 RNA중합효소의 전사와 교정.** 정상 조건에서 RNA중합효소(회색) 는 DNA를 따라 하부로 내려 가면서 생성되고 있는 RNA 사슬(초록)은 더욱 길어진다. 만일 DNA-RNA 잡종 나선내의 nucleotide의 짝이 맞지 않는 경우가 생기면, RNA중합효소는 멈추고 뒤로 물러나면 RNA 사슬의 3′ 말단이 효소의 활성 부위에서 밖으로 밀려 나가게 된다. 뒤로 갔던 RNA중합효소는 앞으로 다시 나아가 제자리(왼쪽)으로 돌아올 수도 있고, 생성된 RNA를 잘라내고(우측), 그 곳에서 전사 elongation을 다시 할 수도 있다. (빌췌. Shaevitz, J. W., et al *Nature* 426(2003): 684-687).

로의 가장자리에 결합하는 반면, N-말단 부분은 약 45 Å의 길이로 통로의 내부 속으로 연장되어 들어가서 마그네슘 이온이 있는 활성부위까지 닿아 있다(**그림 13.23**). Darst와 동료과학자들은 GreB의 N-말단 domain이 분열 반응에 필요한 두 번째 마그네슘 이온의 결합을 안정화 시킨다고 제안했다.

# 13.4 전사 종결

## 세균의 전사장치는 RNA 가닥에 존재하는 내재적 terminator 혹은 Rho의존적 terminator에 오면 떨어져 나간다.

RNA중합효소는 매우 빠르게 진행하는 거대분자 장치라고 할 수 있다. 전사 elongation 복합체를 멈춘 상태에서도 온전하게 유지될 수 있게 도와주는 구조적인 factor들은 다음과 같다; (1) coreRNA중합효소의 바로 앞에서 DNA 주형을 잡아주는 집게; (2) 생성된 RNA를 붙들어 주는 RNA 출구터널; (3) 생성된 RNA와 수소결합으로 연결된 DNA 주형. RNA중합효소를 TEC(Transcription Elongation Complex)로부터 떼어놓기 위해 특별한 방법이 필요하다. 2가지 방법으로 전사를 종료시킬 수 있는데 **내재적 종결 방법**와 **Rho-의존적 종결 방법**이 그것이다.

내재적 종료 방법은 coreRNA중합효소의 내재적인 촉매활성을 전사를 종료하는데 이용하기 때문에 붙여진 이름이다. 내재적 terminator는 생성된 RNA상(DNA가 아니고)의 nucleotide 서열을 말하며, 전사 종결 반응을 유발하는 부위이다. 생성된 RNA 가닥에는 2가지 종류의 서열이 내재적 종결 기능에 필수적이다(**그림 13.24**).

첫 번째 서열 motif는 G-C가 많은 역반복(逆反復) 서열로서 RNA가 줄기(stem)과 고리(loop)로 접힌 형태로 있는데, RNA의 3′ 말단에 7개에서 9개 정도로 구성되었다. 줄기구조를 유지할 수 있는 돌연변이는 묵인이 된다. 그러나 줄기구조의 안전성을 감소시키는 돌연변이는 종결을 잘 하지 못하게 된다. 줄기구조를 유지하더라도, 줄기구조 부분에 많은 잔기가 동시에 돌연변이가 되면, 종결 능력은 상실하게 된다. 그러므로 RNA의 2차 구조가 내재적 종결 활성을 결정하는데 중요하지

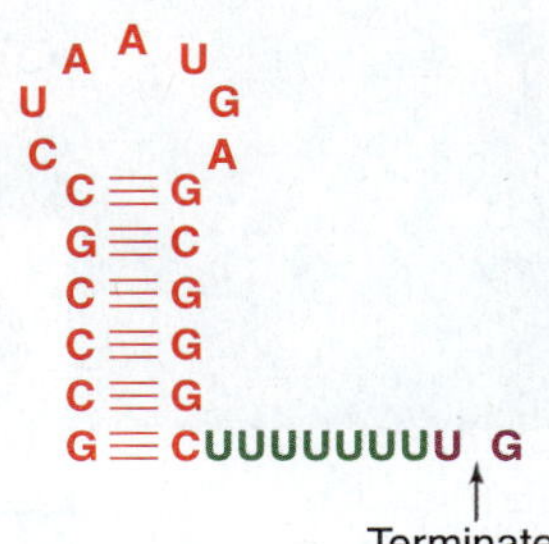


**그림 13. 24 내재적 종결 방법에 이용되는 전사 종결 신호.** (발췌 Mooney, R.A. *et al.* J. Bacteriol. 180(1998): 3265-3275).

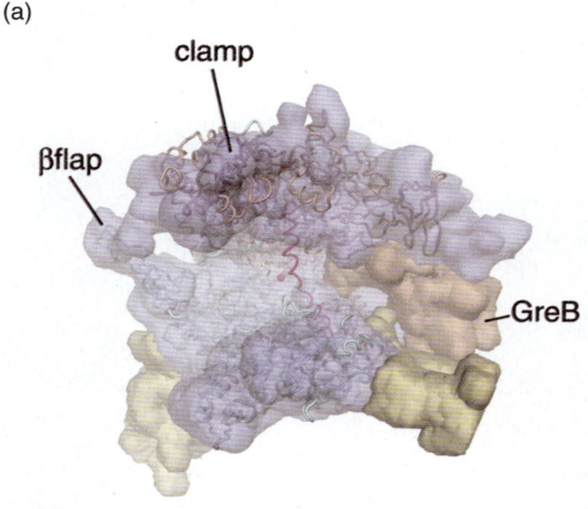


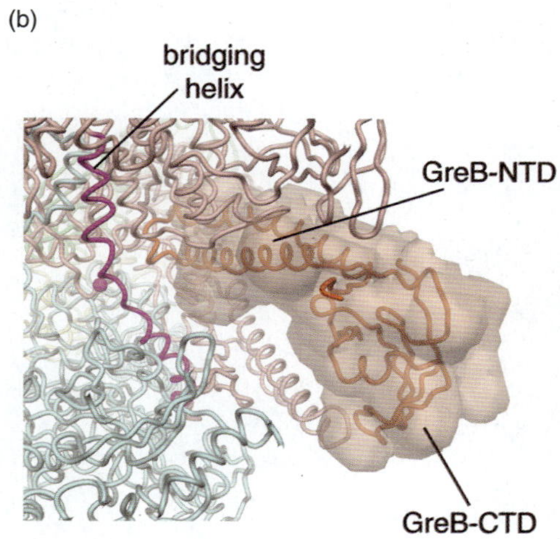


**그림 13.23 극저온 전자 현미경을 이용하여 재구성한 *E. coli*의 RNA중합효소-GreB 복합체.** (a) 재구성된 RNA중합효소-GreB 복합체. GreB는 분홍색이다. β와 β′ 소단위체의 α-탄소 중추 골격은 각기 청록색과 핑크의 나선으로 표시하였다. β′ 연결 나선은 선홍색이고 활성부위의 마그네슘이온은 선홍색 구형이다. 파란색인 부분은 온천세균(*Taq*) coreRNA중합효소이고, 반면 노란색인 부분은 *Taq* 효소에는 없으나 대장균의 효소에 추가로 있는 부분을 표시한 것이다. (b) GreB와 결합하는 RNA중합효소 부분을 확대한 것이다. 색깔 표현은(a) 와 같은 방식이다. 그러나 GreB의 α-탄소 중추 골격은 빨강-주황색 나선으로 표현되었다. GreB의 N-과 C-말단 domain을 각각 NTD와 CTD로 표시되었다. (발췌 Opalka, N. et al Structure and function of the transcription---, pp 335-345 ).

만 줄기내의 nucleotide 서열 또한 어느 정도 기여를 하는 것으로 보인다.

두 번째 서열 부위는 대부분 uridine인 약 8개에서 10개의 nucleotide로 구성되었는데, 줄기와 고리구조 바로 다음에 있다. 내재적 종결자는 우선 전사 elongation 복합체을 멈추게 하고 나서 생성된 RNA을 풀어 놓는다. 이 두 번째 서열 부위에서 uridine을 다른 nucleotide로 바꿀 경우 내재적 종결자를 멈춤 신호로 바뀔 수 있다.

Rho-의존적 전사 종결 방법은 **Rho factor**라는 육합체인 helicase가 관여한다. 1969년 제프리 W. 로버트 박사는 최초로 세균 추출물을 이용하여 bacteriophage λ 유전자의 전사를 종결하는 능력이 있는 단백질로 Rho factor를 분리하였다. Rho factor는 6개의 동일한 소단위체(소단위체의 분자량 = 46 kDa)로 구성되었는데, 시험관내 시험에서 RNA-DNA 잡종 이중나선에서 RNA를 풀어놓는 ATP 의존적 helicase로 확인되었다. 각 소단위체는 N-말단 domain(1-130 잔기)에는 외가닥 RNA의 1차 결합 부위를 가지고 있고, 카복시 말단 domain(131-419 잔기)에는 외가닥 RNA의 2차 결합 부위를 가지고 있다. 카복시 말단 domain은 또한 helicase 활성에 필수적인 ATP 결합부위를 가지고 있다. 생리학적 조건하에서 Rho factor는 **Rho 이용(rut: Rho utilization) 부위**로 알려진 cytosine(40여 개)이 풍부한 RNA 부분에 실리게 된다.

전자현미경 연구를 통하여 Rho factor는 열린 링 구조 혹은 닫힌 링 구조로도 존재할 수 있다는 것을 발견하였다. 하지만 열린 링 구조가 6개 모든 소단위체를 가지고 있는지 혹은 하나가 빠져 있는지 잘 밝혀지지 않았다. Emmanual Skordalakes와 JamesM. Berger는 2003년에 Rho factor의 열린 구조는 6개의 소단위체를 가지

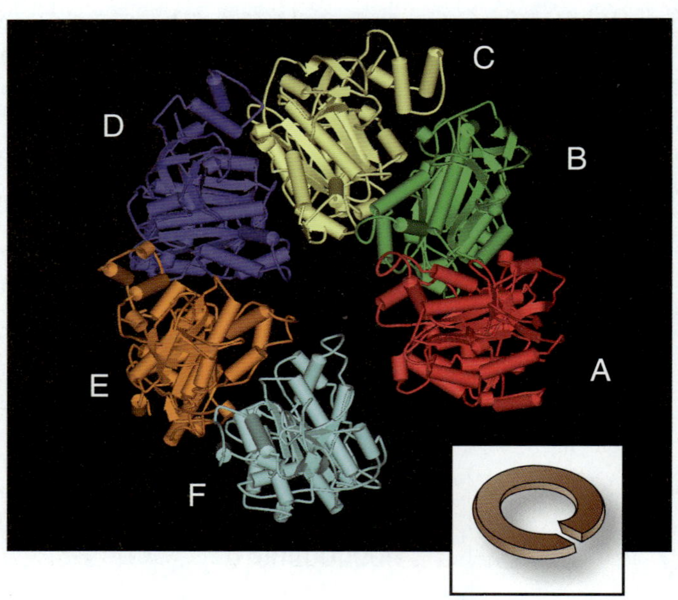


**그림 13.25 Rho factor.** Rho factor의 6개의 소단위체들이 모여 용수철 똬리쇠(네모 상자)를 닮은 하나의 열린 육합체 링을 이룬다. 소단위체는 각기 다른 색상으로 보인다. (발췌 Data Bank ID: IPVO. Skordalakes, E., and Berger, J.M., *Cell* 114(2003): 135-146).

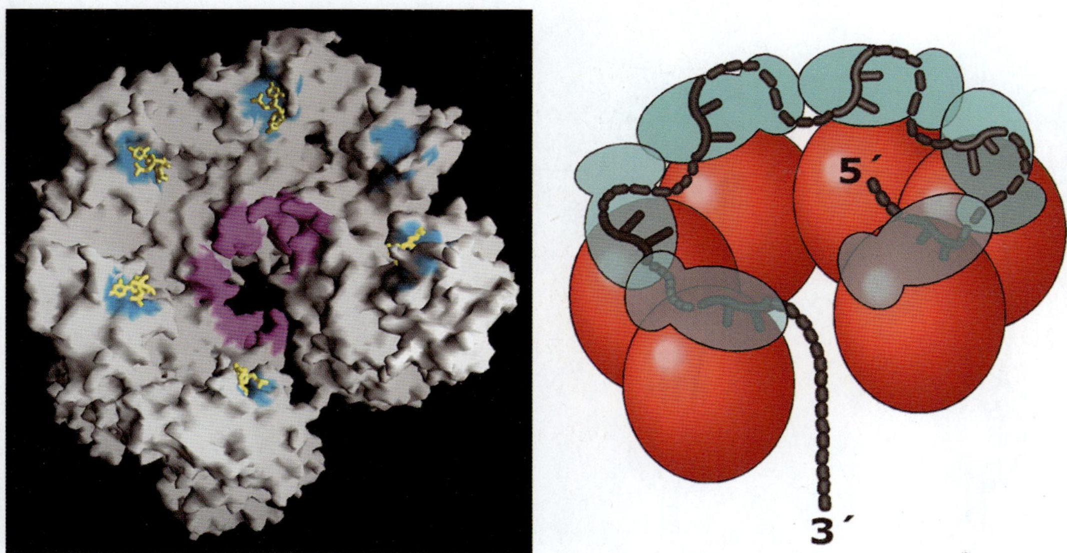


**그림 13.26 Rho 결합 부위들.** (a) rho 육합체의 분자구조. 1차 RNA 결합 부위는 청록으로표시된 N-말단 domain에 있다. 2차 RNA 결합 부위는 자홍색으로 표시된 C-말단 domain에 있다. 1차 RNA 결합 부위에 있는 핵산은 노란색 막대기로 표시되었다. (b) 1차 RNA 결합 부위(N-말단에 위치)의 입체구조. N-과 C-말단 domain은 푸른색과 빨간색으로 각기 표시하였다. 검은 실선은 외가닥의 핵산을 나타내는데 특히 1차 RNA 결합 부위와 결합한 부위를 나타내고, 점선은 다음 소단위체로 건너가는 RNA를 나타낸다. 3′ 말단의 RNA는 단백질 링의 가운데 구멍을 향하고 있다. (발췌 Skordalakes, E., and Berger, J.M., *Cell* 114(2003): 135-146)

고 있으며, "용수철 따리쇠" 를 닮은 구조임을 보여주었다(**그림 13.25**). 링이 열린 부분은 직경이 20에서 35 Å 정도로 충분히 커서 mRNA가 가운데 구멍으로 들어 갈 수 있다. 각 소단위체의 N- 혹은 C-말단 domain들의 위치는 다음과 같다. N-말단 domain에 있는 1차 RNA 결합 부위는 가운데있는 구멍을 향하고 있다(**그림 13.26**). 링을 통과하는 RNA 서열의 길이는 70내지 80 nucleotide 정도이다. 이러한 배열은 mRNA의 3′ 말단이 가운데 구멍을 향하게 하여 RNA가 카복시 말단 domain에 있는 2차 결합 부위에 결합하게 한다. 이렇게 결합하면 육합체 링은 일련의 과정을 거쳐 닫혀지고, C-말단 domain은 결합한 ATP를 가수분해한다(**그림 13.27**) 링이 닫히면서 일어나는 입체구조의 변화는 ATPase의 활성을 증가시킴으로써 Rho가 5′ → 3′ 방향으로 RNA중합효소을 향해서 가게 된다. RNA중합효소에 도달하게 되면, Rho 는 DNA로부터 RNA를 풀어내고, RNA중합효소를 전사 elongation 복합체에서 떼어낸다.

어떤 *E. coli*에서는 Rho에 의한 전사 종결을 위해서 21 kDa의 단위체 단백질인 NusG가 추가로 필요하다고 한다. NusG는 Rho factor와 coreRNA중합효소 모두에 결합하여 RNA중합효소가 약한 RNA-DNA 잡종서열이 있는 pause site를 만났을 때 주형을 반대 방향으로 미끄러지지 않게 하고 대신 빨리 빠져 나갈 수 있게 함으로써 전사 elongation 속도를 20내지 30% 정도 증가시킨다. 이러한 사실에 근거하

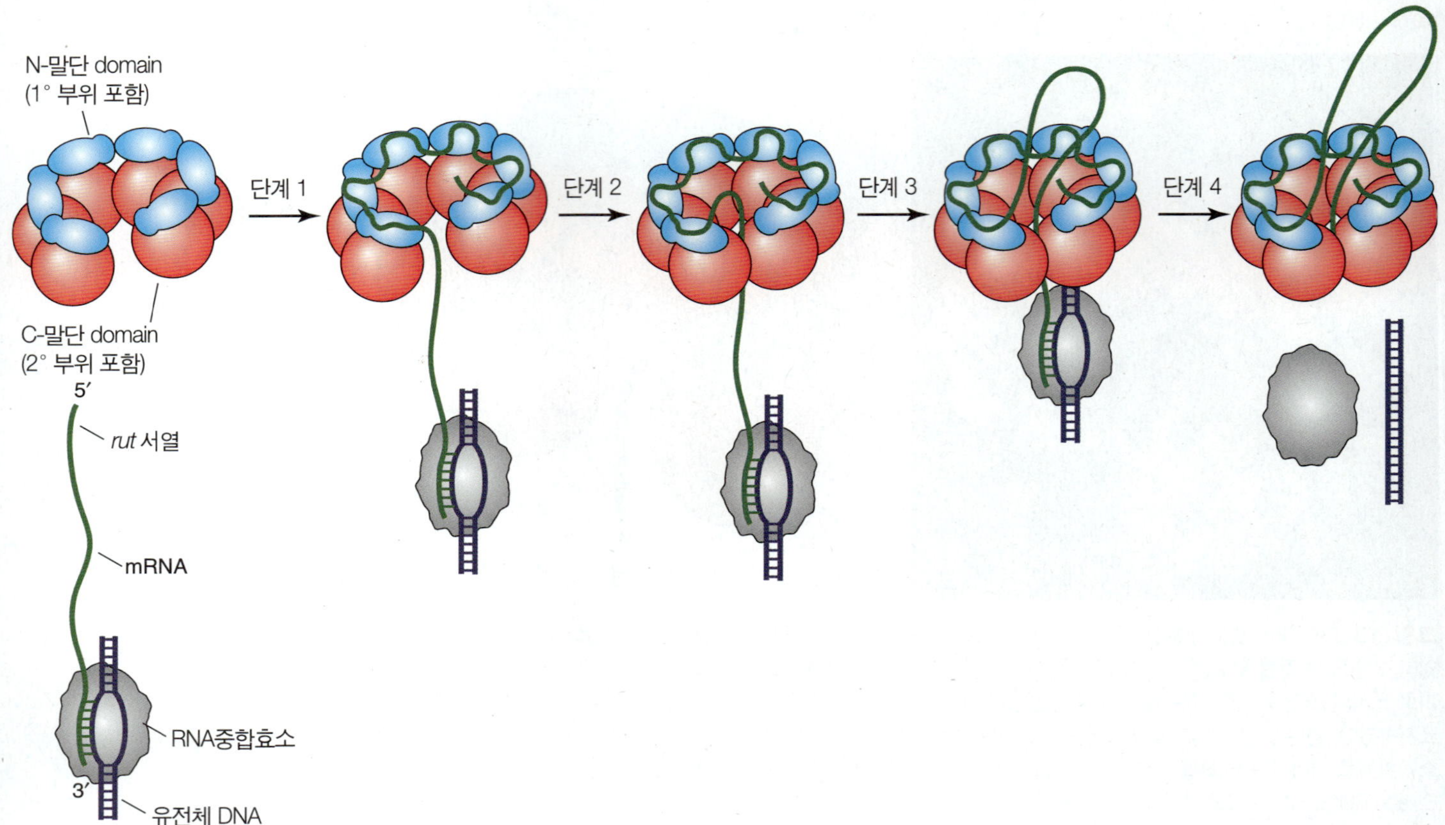


**그림 13.27 Rho factor에 의한 전사 종결의 4가지 단계.** 단계1: Rho factor의 N-말단 domain(푸른색)은 1차 RNA 결합부위를 가지고 있어서 생성되는 mRNA에 rut 서열에 결합 할 수 있다. Rho factor가 열린 링모양이지만, 이 단계에서는 열린 형태와 닫힌 형태가 평형을 이루고 있을 것으로 예상한다. 단계2: Rho의 C-말단 domain(붉은색)은 2차 RNA 결합 부위를 가지고 있어서 rut 하부의 RNA서열과 결합하면, Rho 육합체의 링구조가 닫히게 된다. 단계3: Rho 카복실 말단 domain은 반복적으로 ATP와 결합하여 가수분해 시킴으로써 Rho를 mRNA를 따라 5′에서 3′방향으로 이동하게 한다. N-말단 domain은 이 단계에서 rut으로부터 떨어지는 것 같다. 단계4: Rho factor는 helicase로 작용하여 ATP 결합, 가수분해 그리고 핵산의 나선을 푸는 일을 동시에 수행한다. 그 결과, mRNA는 DNA유전자와 RNA중합효소로부터 분리된다. (발췌 Kaplan, D.L., 과 O' Donnell, M., Cell 13(2003): R714-R716).

여 Zvi Passman과 Peter H. von Hippel은 NusG는 RNA중합효소가 되돌아가는 것을 방해함으로써 전사 elongation 속도뿐 아니라 Rho에 의한 종결의 속도도 빠르게 한다.

Rho factor는 모든 세균에 존재하지 않는다. 더욱이, Rho factor를 가지고 있는 고초균(*B subtilis*)이나 포도상구균(*Staphylococcus aureus*)등의 세균에서 조차 필수적인 factor는 아닌 것 같다. 게다가 진핵생물계나 원시생물계에서도 Rho와 유사한 factor는 발견되지 않았다.

세균 RNA중합효소가 어떻게 작용하는지 잘 알게 되었다. 우리는 3종류의 세균 RNA-mRNA, ribosomal RNA, transfer RNA-그리고 이러한 RNA의 합성 속도에 영향을 주는 여러 factor들에 대하여 살펴볼 준비가 되었다. 14장에서는 이러한 것들과 세균 RNA 합성과의 관계에 대하여 살펴볼 것이다.

## 권장 도서

### Historical

Hurwitz, J. 2005. The discovery of RNA polymerase. *J Biol Chem* 280:42477-42488.

### Initiation Stage

Borukhov, S., and Lee, J. 2005. RNA polymerase and function at lac operon. *C R Biol* 328:576-587.

Borukhov, S., and Nudler, E. 2003. RNA polymerase holoenzyme: structure, function,and biological implications. *Curr Opin Microbiol* 6:93-100.

Burgess, R. R., Travers, A. A., Dunn, J. J., and Bautz, E. K. 1969. Factor stimulating transcription by RNA polymerase. *Nature* 221:43-46.

Burrows, P. C. 2003. Investigating protein-protein interfaces in bacterial transcription complexes: a fragmentation approach. *Bioessays* 25:1150-1153.

Campbell, E. A., Korzheva, N., Mustaev, A., et al. 2001. Structural mechanism for rifampicin inhibition of bacterial RNA polymerase. *Cell* 104:901-912.

Campbell, E. A., Muzzin, O., Chlenov, M., et al. 2002. Structure of the bacterial RNA polymerase promoter specificity σ subunit. *Mol Cell* 9:527-539.

Craig, M. L., Tsodikov, O. V., McQuade, K. L., et al. 1998. DNA footprints of the two kinetically significant intermediates in formation of an RNA polymerase-promoter open complex: evidence that interactions with start site and downstream DNA induce sequential conformational changes in polymerase and *DNA. J Mol Biol* 283:741-756.

Cramer, P. 2002. Multisubunit RNA polymerases. *Curr Opin Struct Biol* 12:89-97.

Cheetham, G. M. T., Jeruzalmi, D., and Steitz, T. A. 1999. Structural basis for initiation of transcription from an RNA polymerase-promoter complex. Nature 399:80-83.

Darst, S. A. 2001. Bacterial RNA polymerase. *Curr Opin Struct Biol* 11:155-162.

Darst, S. A. 2004. New inhibitors targeting bacterial RNA polymerase. *Trend Biochem Sci* 29:159-162.

Darst, S. A., Kubalek, E. W., and Kornberg, R. D. 1989. Three-dimensional structure of Escherichia coli RNA polymerase holoenzyme determined by electron crystallography. *Nature* 340:730-732.

DeHaseth, P. L., Zupancic, M. L., and Record, M. T. Jr. 1998. RNA polymerasepromoter interactions: the comings and goings of RNA polymerase. *J Bacteriol* 180:3019-3025.

Enz, S., Mahren, S., Menzel, C., and Braun, V. 2003. Analysis of the ferric citrate transport gene promoter of *Escherichia coli. J Bacteriol* 185:2387?2391.

Erie, D. A. 2002. The many conformational states of RNA polymerase elongation complexes and their roles in the regulation of transcription. *Biochim Biophys Acta* 1577:224-239.

Finn, R. D., Orlova, E. V., Gowen, B., et al. 2000. *Escherichia coli* core and holoenzyme structures. *EMBO J* 19:6833-6844.

Gralla, J. D. 2000. Signaling through sigma. *Nat Struct Biol* 7:530-532.

Greive, S. J., and von Hippel, P. H. 2005. Thinking quantitatively about transcriptional regulation. *Nat Rev Mol Cell Biol* 6:221-232

Gruber, T. M., and Gross, C. A. 2003. Multiple sigma subunits and the partitioning of bacterial transcription space. *Annu Rev Microbiol* 57:441-466.

Hellman, J. D. 2001. Sigma factors in gene expression. In: Encyclopedia of Life *Sciences*, pp. 1-7. London, UK: Nature Publishing Group.

Hinton, D. M. 2005. Molecular gymnastics: distortion of an RNA polymerase factor. *Trend Microbiol* 13:140-143.

Hsu, L. M. 2002. Open season on RNA polymerase. *Nat Struct Biol* 9:502-504.

Hsu, L. M. 2002. Promoter clearance and escape in prokaryotes. *Biochim Biophys Acta* 1577:191?207.

Kapnidis, A. N., Margeat, E., Ho, S. O., et al. 2006. Initial transcription by RNA polymerase proceeds through a DNA-scrunching mechanism. *Science* 314:1144-1147.

Malhotra, A., Severinova, E., and Darst, S. A. 1996. Crystal structure of a $\sigma^{70}$ subunit fragment from *E. coli* RNA polymerase. *Cell* 87:127-136.

Mekler, V., Kortkhonjia, E., Mukhopadhyay, J., et al. 2002. Structural organization of bacterial RNA polymerase holoenzyme and the RNA polymerase-promoter open complex. *Cell* 108:599-614.

Mooney, R. A., and Landick, R. 1999. RNA polymerase unveiled. *Cell* 98:687-690.

Murakami, K, Masuda, S., Campbell, E. A., et al. 2002. Structural basis of transcription initiation: an RNA polymerase holoenzyme-DNA complex. *Science* 296:1285-1290.

Murakami, K. S., and Darst, S. A. 2003. Bacterial RNA polymerases: the whole story. *Curr Opin Struct Biol* 13:31-39.

Murakami, K. S., Masuda, S., and Darst, S. A. 2002. Structural basis of transcription initiation: RNA polymerase holoenzyme at 4 Å resolution. *Science* 296:1280-1284.

Nickels, B. E., and Hochschild. 2004. Regulation of RNA polymerase through the secondary channel. *Cell* 118:281-284.

Polyakov, A., Severinova, E., and Darst, S. A. 1995. Three-dimensional structure of *E. coli* core RNA polymerase: promoter binding and elongation conformations of the enzyme. *Cell* 83:365-373.

Record, T. M. Jr., Reznikoff, W. S., Craig, M. L., et al. 1996. *Escherichia coli* RNA polymerase ($E\sigma^{70}$), promoters, and the kinetics of the steps of transcription initiation. In: Neidhardt, F. C. (ed.) *Escherichia coli and Salmonella: Cellular and Molecular Biology*, 2nd ed., pp. 792-821. Washington, DC: ASM Press.

Revyakin, A., Liu, C., Ebright, R. H., and Strick, T. R. 2006. Abortive initiation and productive initiation by RNA polymerase involve scrunching. *Science* 314:1139-1143.

Roberts, J. W. 2006. RNA polymerase, a scrunching machine. *Science* 314:1097-1098.

Schmitz, A., and Galas, D. J. 1979. The interaction of RNA polymerase and lac repressor with the lac control region. *Nucl Acids Res* 6:111?137.

Typas, A., Becker, G., and Hengge, R. 2007. The molecular basis of selective promoter activation by the $\sigma^S$ subunit of RNA polymerase. *Molec Microbiol* 63:1296-1306.

Vassylyev, D. G., Sekine, S., Laptenko, O., et al. 2002. Crystal structure of a bacterial RNA polymerase holoenzyme at 2.6 Å resolution. *Nature* 417:712-719.

Wosten, M. M. S. M. 1997. Eubacterial sigma-factors. *FEMS Microbiol Rev* 22:127-150.

Woychik, N. A. M., and Reinberg, D. 2001. RNA polymerases: subunits and functional domains. In: *Encyclopedia of Life Sciences*, pp. 1-8. London, UK: Nature Publishing Group.

Young, B. A., Gruber, T. M., and Gross, C. A. 2002. Views of transcription initiation. *Cell* 109:417-420.

Zhang, G., Campbell, E. A., Minakhin, L., et al. 1999. Crystal structure of Thermus aquaticus core RNA polymerase at 3.3 Å resolution. *Cell* 98:811-824.

Zhang, X., Chaney, M., Wigneshweraraj, S. R., et al. 2002. Mechanochemical ATPases and transcriptional activation. *Mol Microbiol* 45:895-903.

## Transcription Elongation Complex

Artsimovitch, I., and Landick, R. 2000 Pausing by bacterial RNA polymerase is mediated by mechanistically distinct classes of signals. *Proc Natl Acad Sci USA* 97:7090-7095.

Borukhov, S., Lee, J., and Laptenko, O. 2005. Bacterial transcription elongation factors:new insights into molecular mechanism of action. *Mol Microbiol* 55:1315-1324.

Fish, R. N., and Kane, C. M. 2002. Promoting elongation with transcript cleavage stimulatory factors. *Biochim Biophys Acta* 1577:287-307.

Gelles, J., and Landick, R. 1998. RNA polymerase as a molecular motor. *Cell* 93:13-16.

Korzheva, N., Mustaev, A., Kozlov, M., et al. 2000. A structural model of transcription elongation. *Science* 289:619-625.

Landick, R. 2001. RNA polymerase clamps down. *Cell* 105:567-570.

Marr, M. T., and Roberts, J. W. 2000. Function of transcription cleavage factors GreA and GreB at a regulatory pause site. *Mol Cell* 6:1275-1285.

Mooney, R. A., Artisimovitch, I., and Landick, R. 1998. Information processing by RNA polymerase: recognition of regulatory signals during RNA chain elongation. *J Bacteriol* 180:3265-3275.

Neuman, K. C., Abbondanzieri, E. A., Landick, R., et al. 2003. Ubiquitous transcriptional pausing is independent of RNA polymerase backtracking. *Cell* 115:437-447.

Opalka, N., Chlenov, M., Chacon, P., et al. 2003. Structure and function of the transcription elongation factor GreB bound to bacterial RNA polymerase. *Cell* 114:335-345.

Shaevitz, J. W., Abbondanzieri, E. A., Landick, R., and Block, S. M. 2003. Backtracking by single RNA polymerase molecules observed at near-base-pair resolution. *Nature* 426:684-687.

Sosunova, E., Sosunova, V., Kozlov, M., et al. 2003. Donation of catalytic residues to RNA polymerase active center by transcription factor Gre. *Proc Natl Acad Sci* USA 100:15469-15474.

## Transcription Termination

Kaplan, D. L., and O'Donnell, M. 2003. Rho factor: transcription termination in four steps *Curr Biol* 13:R714-R716.

Passman, Z., and von Hippel, P. H. 2000. Regulation of Rho-dependent transcription termination by NusG is specific to the *Escherichia coli* elongation complex. Biochemistry 39:5573-5585.

Richardson, J. P. 2001. Transcript elongation and termination. pp. 1-7. In: *Encyclopedia of Life Sciences*. London, UK: Nature Publishing Group.

Richardson, J. P. 2002. Rho-dependent termination and ATPases in transcript termination. *Biochim Biophys Acta* 1577:251-260.

Richardson, L. V., and Richardson, J. P. 2005. Identification of a structural element that is essential for two functions of transcription factor NusG. *Biochim Biophys Acta* 1729:135-140.

Skordalakes, E., and Berger, J. M. 2003. Structure of the Rho transcription terminator: mechanism of mRNA recognition and helicase loading. *Cell* 114:135-146.

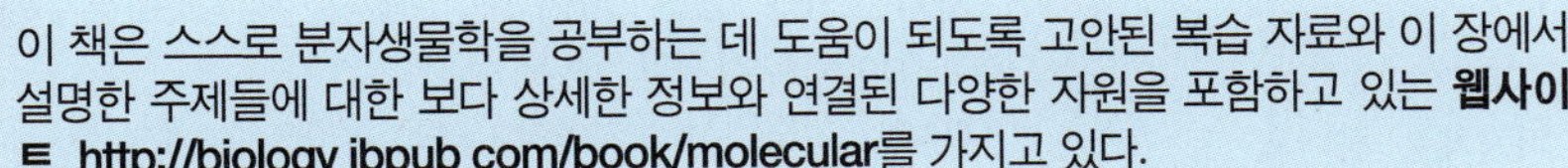
이 책은 스스로 분자생물학을 공부하는 데 도움이 되도록 고안된 복습 자료와 이 장에서 설명한 주제들에 대한 보다 상세한 정보와 연결된 다양한 자원을 포함하고 있는 **웹사이트, http://biology.jbpub.com/book/molecular**를 가지고 있다.

# 14 세균의 전사조절

## 주제 개요

세균 RNA 중합효소의 holoenzyme는 mRNA, tRNA, rRNA등의 3종류의 세균 RNA를 합성하는 데 필요하다. 이외에도 이러한 RNA 분자들을 합성하는 것을 조절하고, rRNA와 tRNA 분자의 경우 바로 만들어진 전사 물질, 즉 **1차 전사체(primary transcript)**를 기능성 RNA 산물로 바꾸는 데 추가적인 효소와 단백질 factor들이 필요하다. 우리는 이제 세균이 mRNA 합성 과정을 조절하는 것부터 시작해서 세균이 서로 다른 종류의 RNA를 합성하는 기작에 대해서 다루게 된다.

## 14.1 Messenger RNA

### 세균의 mRNA는 단일cistron성이거나 polycistron성일 수 있다.

mRNA합성의 조절을 다루는 것은 세균의 염색체에 있는 주형 DNA 염기서열에 의해서 결정되는 mRNA의 몇가지 특성에 대해 살펴보는 것으로 시작한다. 전사는 5′→3′ 방향으로 이루어지고, 전사와 번역이 세포내 같은 공간에서 이루어지기 때문에, 세균의 단백질 합성은 3′ 말단이 형성되기 이전에 mRNA의 5′에서 시작될 수 있다. 따라서 세균 세포는 단백질 합성이전에 초기 mRNA 분자를 변형시킬 기회가 없다. 앞으로 16장에서 공부하겠지만, 진핵세포에서는 상황이 다르다. 진핵세포에서는 전사가 핵에서 이루어지고 번역이 세포질에서 이루어지기 때문에, mRNA가 세포질에서 단백질로 합성되기 이전에 1차 전사체를 성숙한 mRNA로 전환시킬 수 있다.

단백질 합성 기구들은 mRNA 핵산의 염기서열을 3개의 염기 즉, **코돈**으로 읽어 내린다. 각 코돈은 아미노산이나 종료 신호를 지정한다. 단백질 합성 기구는 단백질 합성을 mRNA의 5′ 말단에서 위치한 개시 코돈에서 시작해서 종료 코돈을 만날 때까지 5′→3′ 방향으로 합성을 진행한다. Polypeptide를 암호화하는 mRNA는 단백질 합성기구가 특정 개시 코돈에서 시작해서 특정 종료 코돈에서 끝나기 때문에 **열린해독구조(open reading frame, ORF)**로 불린다. 하나의 polypeptide를 암호화하는 열린해독구조와 번역 시작 신호와 종료 신호에 해당하는 DNA 절편을 cistron이라고 부르고 1개의 polypeptide를 암호화하는 mRNA을 단일 cistron성 mRNA라고 한다. 비록 cistron과 유전자가 단백질을 지정하는 DNA 절편을 표현하는 데 가끔 서로 바꾸어서도 사용되지만, 유전자란 용어는 promoter 영역과 tRNA와 rRNA처럼 번역되지 않은 RNA 분자를 암호화하는 DNA 절편에도 적용되기 때문에 더 넓은 의미를 가진다.

세균의 mRNA 분자는 종종 2개 이상의 cistron을 가진다. 실제로 세균의 polycistron성 mRNA 분자가 세균의 단일 cistron성 mRNA분자보다 훨씬 흔하다. **Polycistron성 mRNA**의 각 cistron은 특정 polypeptide를 지정한다. 뿐만아니라 polycistron성 mRNA에 있는 cistron들은 종종 1종류의 신진대사 경로에 관여하는 단백질들을 지정한다. 예를 들어, *E. coli*의 어떤 mRNA는 lactose 신진대사에 필요한 단백질을 암호화하는 cistron을 3개 가지고 있으며, 또 다른 mRNA는

histidine 합성에 필요한 단백질을 암호화하는 cistron을 10개 가지고 있다.

Polycistron성 mRNA를 이용하는 것은 세포가 관련된 단백질들을 조화롭게 조절하는 방법의 하나일 수 있다. Polycistron성 mRNA를 가지고 있으면 동시에 같은 양의 여러 연관성있는 단백질의 합성을 하나의 신호에 의해서 조절할 수 있다. 세균의 mRNA 분자는 크기에 광범위한 차이가 있다. 50개의 아미노산을 가진 짧은 polypeptide를 합성하려면, 적어도 150개의 핵산(50 코돈)을 가진 단일 cistron이 필요하다. 좀더 흔하게 나타나는 300~600개 길이의 polypeptide를 지정하려면 900~1,800개의 길이를 가진 열린해독구조가 필요하다. 물론 polycistron성 mRNA는 좀 더 길어진다.

열린해독구조와 번역을 위한 개시와 종료 서열외에도 mRNA의 다른 부분들도 중요하다. 한 예로 단백질 합성을 위한 mRNA 분자의 번역에서 정확히 5′ 말단에서 시작해서 3′말단으로 끝나는 경우는 거의 없다. 대신에 polycistron성 mRNA의 첫 번째 polypeptide 합성 개시는 RNA 5′ 말단에서 수백개의 nucleotide후에 온다. 단백질을 암호화하는 부분의 앞뒤로 변역되지 않은 RNA부분을 **5′ 비해석부위(5′-UTR)와 3′ 비해석부위(3′-UTR)**라고 각각 부른다. 전자는 5′ 선도자(5′-leader)라고도 부르기도 한다. Polycistron성 mRNA 분자는 또한 수십개의 염기서열 길이로 이루어진 각 cistron 사이의 **간격 서열(space)**을 종종 가지고 있다.

## 세균의 mRNA는 세균의 다른 RNA와 비교해서 대체로 짧은 수명을 가지고 있다.

세균 mRNA의 중요한 특징은 세균의 다른 종류의 RNA와 비교해서 그것의 수명이 짧다는 것이다. 대체로 세균의 mRNA 분자의 반감기는 수분이다. 이러한 특징은 낭비처럼 보일지 모르지만, 중요한 조절 기능을 갖고 있음을 의미한다. 세포는 단백질을 암호화하는 mRNA 합성을 꺼 버림으로써 더 이상 필요하지 않은 단백질의 합성을 차단할 수 있다. 곧바로 특정 mRNA는 남아있지 않고, 단백질의 합성도 멈춘다. 물론 이러한 조절기작은 특정 단백질의 합성을 유지하기 위해서는 이들 단백질을 암호화하는 mRNA 분자들이 꾸준히 합성되어야 함을 의미한다. 지속적인 mRNA의 합성은 세포가 특정단백질의 합성을 조절하는 능력을 위한 작은 손실인 셈이다. 이것은 전체적인 대사과정으로 봤을 때, 필요없는 단백질이 mRNA에서 꾸준히 만들어지는 것에 비해서 훨씬 적은 ATP가 소비되는 것을 의미한다.

세균 mRNA의 짧은 수명은 세균에서 mRNA를 구분하는 한 기준이다. 특정 RNA 분자나 한 그룹의 RNA분자가 mRNA인지를 결정하는 방법은 **표지 후 추적 방법(pluse-chase experiment)**이다. RNA는 [$^3$H] uridine과 같은 방사선 전구물질이 있는 상태에서 세균을 배양시킴으로써 표지할 수 있다. 그후 세균은 [$^3$H] uridine이 없고 고농도의 비방사선성 uridine이 있는 배지로 옮기고 분석을 위해 특정 시간마다 시료를 채취한다. 서로 다른 종류의 RNA들은 전기영동이나 원심분리를 통해서 분리하고 이들의 방사능을 검출하게 된다. 여러 세대에서 안정적인 방사능 RNA분자가 존재하는 반면, 반감기가 2~3분으로 줄어드는 방사선 mRNA도 존재한다. 이러한 기법의 문제는 세균이 일부의 긴 반감기를 가진 mRNA 분자를 가지고 있어서 잘못 해석될 수 있다는 것이다. RNA 분자를 mRNA로 확인하는 더 좋은 기준은 이들을 분리해서 시험관내의 단백질 합성 시스템을 이용해서 특정 RNA가 단백질을 만들 수 있는 지 보는 것이다.

## mRNA합성 속도를 조절함으로써 유전 정보의 흐름을 조절할 수 있다.

세균 세포는 특정 유전자의 전사 속도를 조절함으로써 유전정보의 흐름(gene expression, 유전자 발현)을 조절할 수 있다. 우리는 세균 세포가 이렇게 하기 위해서 이용하는 1가지 방법을 이미 접했다. 그들은 promoter 서열의 다양성으로 인하여 RNA중합효소가 일부 유전자에서 다른 유전자들보다 효율적으로 전사를 시작한다. 그러나 이러한 기작은 모든 상황에 이상적으로 적용되지는 않는다. 한 예로, 특정 생리적 상황에서 많은 유전자의 산물이 필요하지만 다른 상황에서는 그렇지 않다. 그러한 유전자들의 산물은 특정 환경이 요구할 때만 합성되어야만 한다. 따라서 서로 다른 유전자 산물의 양적인 차이뿐 아니라 유전자 활성 또한 조절되어야 한다.

## 유전자 조절은 대사 활성의 낭비를 제거하는 데 도움을 준다.

자연 선택은 효율을 증진시켰다. 단일세포 생물중에서 세포내 대사활성의 전체적인 효율을 증가시키는 돌연변이는 돌연변이체가 정상 생명체에 비해서 조금 더 빨리 자라는 것을 가능하게 하였고, 따라서 충분한 시간이 허락된다면, 돌연변이 세포주는 정상보다 더 많이 자라게 된다. 한 예로 30분의 배가 시간을 가진 $10^9$개의 세균 군집에 한 마리의 세균의 배가 시간(doubling time)이 29.5분으로 변형되면, 약 80일의 연속 배양시 군집의 99.9%가 29.5분의 배가 시간을 가진 것이 된다(이 계산식에서 배양액은 반복적으로 희석이 되었다고 가정한다. 그렇지 않으면 배양액의 부피가 지구보다 크지 않은 이상, 배양은 하루나 이틀만에서 멈추어 버리게 될 것이다). 이러한 시간 구도는 실험실에서의 기준으로는 매우 길어보일지 모르지만 진화적인 기준으로는 극히 짧은 시간이므로 이러한 조절기작에 근거해서 효율성이 증가하며 진화했다는 것은 이치에 맞는 말이다.

세균 세포는 (1) 단위시간당 최대한의 에너지를 생산하기 위한 에너지 생산용 이화작용을 선택하고 (2) 이러한 요구에 맞는 분자들을 합성함으로써 그들의 효율과 성장속도를 증가시킨다. 세균은 특정 생성물이 필요할 때 특정 유전자들의 전사를 개시하고, 특정 생성물이 필요하지 않을 때, 유전자의 전사를 정지시킴으로써 이러한 목적들을 달성한다. 실제로 시스템을 완전하게 꺼버리는 예는 없다. 전사가 꺼진 상태에서도 늘 기저 수준의 유전자 발현이 남아있다. 이러한 기저 수준은 종종 세포

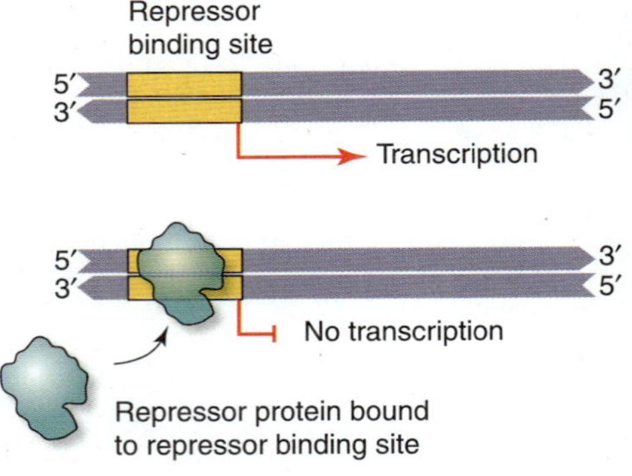


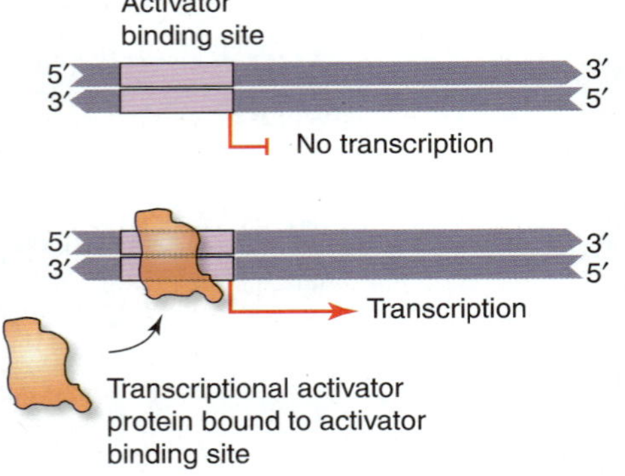


**그림 14.1 음성 조절과 양성 조절의 차이점.** (a) 음성 조절에서는 기본 상태가 유전자가 발현되고 있는 상태이다. repressor 단백질이 DNA 분자에 결합하면 전사가 방해된다. (b) 양성조절에서는 기본 상태가 유전자가 발현되지 않는 상태이다. 전사 activator가 전사를 촉진시킨다. 하나의 유전인자가 양성이나 음성 양쪽으로 조절될 수 있다; 이러한 상황에서 전사는 전사 activator의 결합과 repressor의 부재가 필요하다.

**표 14.1** mRNA 조절

| 조절인자의 DNA결합 | 양성 | 음성 |
|---|---|---|
| 예 | 켜짐 | 꺼짐 |
| 아니오 | 꺼짐 | 켜짐 |

주의 : 시스템이 양성과 음성 양쪽으로 조절 시에는 양성 조절인자가 DNA에 결합하고, 음성 조절인자가 DNA에 결합하지 않을 때, 전사가 활성화 된다.

1세대 당 1개 내지 2개의 전사에 해당하며, 매우 적은 mRNA의 합성이 일어난다. 편의상 전사를 논할 때 우리는 꺼졌다(*turn off*)는 표현을 쓰지만 이것은 매우 낮은 수준이라는 것을 명심해야 한다. 우리는 또한 이번 장에서 꺼지는 것 외에도 완전히 켜진 것과 부분적으로 켜진 것(추가로 약하게 켜진것들 포함해서)의 예들을 보게 될 것 이다.

여러 개의 효소들이 하나의 대사 경로에서 순차적으로 작용하는 세균의 시스템에서 모든 효소들이 있거나 모든 효소들이 없는 경우들 종종 있다. 동조적 조절이라고 불리는 이러한 현상들은 여러 유전자 생성물을 암호화하는 하나의 polycistron mRNA의 합성으로부터 유래한다. 아래에서 보게 되겠지만 이러한 종류의 조절을 위해서 여러 기작들이 작용한다.

### mRNA 합성은 음성조절과 양성조절에 의해서 조절된다.

mRNA조절의 분자적 기작으로는 **음성 조절(negative regulation)**과 **양성 조절(positive regulation)**이라는 2개의 커다란 범주로 나눌 수 있다(**그림 14.1**). 음성 조절에는 **repressor**가 하나 또는 그 이상의 유전자의 전사를 꺼 버린다. 양성 조절에서는 **activator**가 **promoter**를 활성화 시킨다. 음성 조절과 양성조절은 서로 상호 배타적이지 않아서 많은 유전자들은 2종류의 조절에 반응한다. **표 14.1**에서는 음성 및 양성 조절의 특성을 요약해서 보여준다. 우리는 이제 가장 잘 연구가 되어진 lactose을 이용하는 시스템부터 시작해서 다양한 세균 조절 시스템에 대해서 다루도록 할 것이다. Lactose 시스템에 대한 연구는 조절을 이해하는 데 필요한 언어와 이론 모두를 제공하였다.

## 14.2 젖당 오페론(lactose operon)

### *E. coli* 유전자인 *lacZ*, *lacY*와 *lacA*는 β-galactosidase, lactose permease, β-galactoside transacetylase를 각각 암호화한다.

*E. coli*에서는 lactose의 대사에 2개의 단백질이 필요하다. 이들 단백질은 lactose을 galactose와 포도당으로 분해하는 효소인 **β-galactosidase**(**그림 14.2**)와 lactose(다른 galactose를 포함해서)을 세포로 도입하는 데 필요한 전달분자인

lactose permease이다. 이들 두 단백질이 존재한다는 것은 유전학 연구와 생화학적 분석의 조합에 의해서 처음으로 밝혀졌다.

첫 번째, 수백개의 Lac$^-$ 돌연변이(lactose을 탄소원으로 이용하지 못하는 것들)를 분리했다. 유전학적 기법을 통해서 이들 돌연변이의 일부가 *E. coli*의 염색체에서 F′ *lac* plasmid(lactose 이용관련 유전자를 가진 plasmid)로 옮겨졌고, F′ *lac*$^-$/*lac*$^+$혹은 F′ *lac*$^+$/*lac*$^-$라는 유전형질을 가진 부분 2배체가 만들어졌다(plasmid의 해당 유전형질은 대각선의 왼쪽에 있고, 염색체의 것은 대각선의 오른쪽에 나타나있음).이들 2배체들은 항상 Lac$^+$표현형을 만들었고(예) β-galactosidase를 만들었음), 이들 결과는 *lac*$^-$ 돌연변이체가 *lac*유전자의 기능을 억제하는 어떤 저해제도 만들지 않는 다는 것을 보여 주었다.

부분 2배체는 염색체와 F′ lac이 모두 *lac*$^-$인 경우에도 역시 만들어졌다. 서로 다른 *lac*$^-$ 돌연변이들의 짝에 의해서 일부는 표현형이 Lac$^+$가 되기도 하고 일부는 Lac$^-$가 되었다. 이러한 상보성 검사(7장 참조)는 최초로 분리된 모든 돌연변이체가 *lacZ* 혹은 *lacY*라고 불리는 1개 혹은 2개의 그룹에 속했다는 것을 보여주었다. 두 돌연변이 집단인 z와 y에서 F′ $lacY^-lacZ^+/lacY^+lacz^-$와 F′ $lacY^+lacZ^-/lacY^-/lacZ^+$의 유전형을 가진 개체는 Lac$^+$ 표현형을 가지고 있고, F′ $lacY^-lacZ^+/lacY^-lacZ^+$와 F′ $lacY^+LacZ^-/lacY^+lacZ^-$는 Lac$^-$표현형을 가지고 있었다. 2개의 상보적인 집단이 존재한다는 것은 *lac* 시스템에 적어도 2개의 유전자가 존재한다는 좋은 증거이다.

*lacZ* 유전자는 β-galactosidase의 구조유전자이다. 이 효소는 β-galactosidase가 lactose과 유사한 *o*-nitrophenyl-β-galactoside(ONPG)를 가수분해를 일으키는 원리를 이용한 간단한 비색분석법을 통해서 쉽게 검출된다(**그림 14.3**). 생성물인 노란색의 *o*-nitrophenoxide는 420 nm의 파장에서 빛 흡수에 의해서 쉽게 검출된다. Lactose permease를 만드는 *lacY*유전자의 기능은 $lacZ^+lacY^-$ 세포가 [$^{14}$C] lactose을 세포로 투과시키지 못하지만, $lacZ^-lacY^+$ 세포는 쉽게 하는 것으로 증명이 된다.

연구자들은 lactose 이동을 연구하면서 *lacA*라는 세 번째 유전자를 발견하였다. *lacA* 유전자의 산물은 β-galactoside transacetylase로서 acetyl-CoA로부터 acetyl

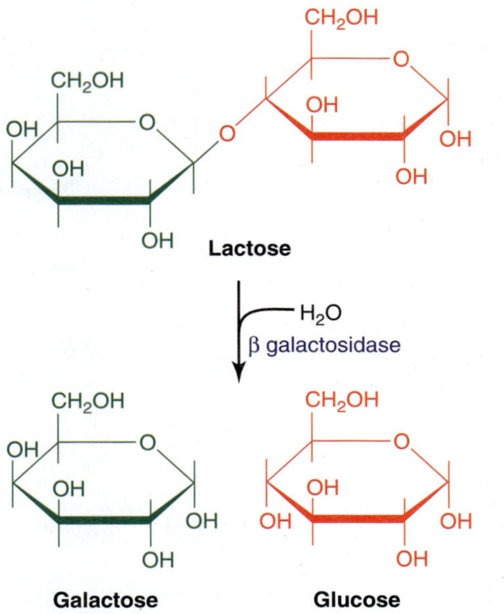

**그림 14.2** β-galactosidase는 lactose 가수분해를 촉진시킨다.

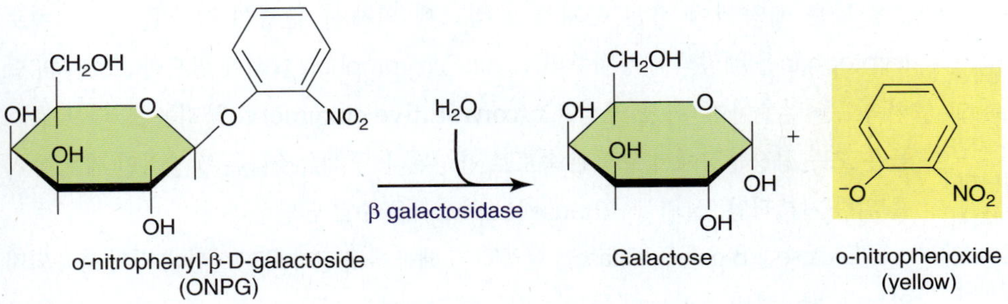

**그림 14.3** β-galactosidase의 분석은 o-nitrophenyl-β-galactoside(ONPG)를 기질로 사용한다.

**그림 14.4** Thiogalactoside transacetylase에 의해서 촉진되는 반응.

기를 lactose과 유사한 물질에 전달한다(**그림 14.4**). *lacA*는 *lacZ*와 *lacY*와 같은 시기에 검출되지 않았던 이유는 transacetylase가 lactose 분해에 필요하지 않기 때문이다. *lacA*의 정확한 기능은 여전히 추측만 될 뿐이다. 하나의 가설은 transacetylase가 lactose과 유사한 물질이 세포에 피해를 주는 것을 해독화 시켜준다는 것이다.

## *lac* 구조유전자는 조절된다.

*lac*$^+$ 유전형질을 가진 *E. coli*가 lactose가 없는 배양액(포도당도 역시 없는 상태로 나중에 다루게 될 부분임)에서 배양될 때, 세포내부의 β-galactosidase, permease, transacetylase의 양은 매우 낮아서 대략, 세균당 1개나 2개의 단백질이 존재한다. 그러나 lactose가 배양액에 첨가되면 이들 단백질의 농도는 세포당 동시에 $10^5$개로 증가한다(혹은 세포 전체 단백질의 1%까지로 증가한다). β-galactosidase, permease에서 나타나는 이러한 현상은 **그림 14.5**에 나와있다. 뿐만아니라 lactose의 첨가는 lactose 첨가에 의해서 여러 시간에서 [$^{32}$P]인산기로 표지된 *lac* 유전자를 가진 DNA의 혼성화에 의해서 검출되는 mRNA의 검출 실험에서 증명된 바와 같이 mRNA의 합성을 촉진한다.

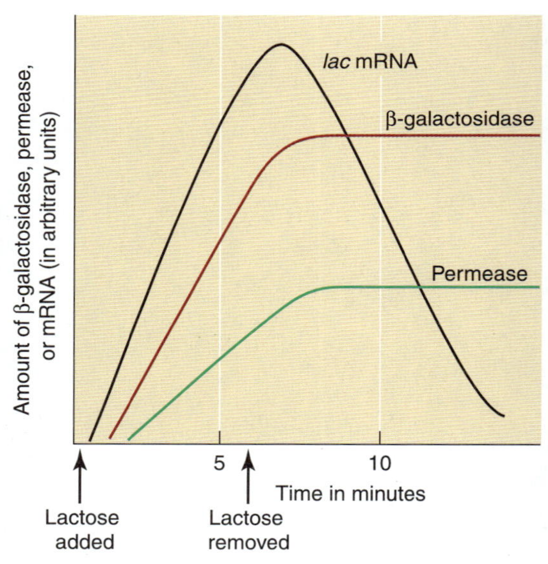


**그림 14.5** ***Lac* 시스템의 켜고 꺼짐의 속성.** Lac mRNA는 lactose의 첨가시 바로 나타난다. β-galactosidase와 permease는 거의 동시에 나타나지만, 번역에 필요한 시간 때문에 mRNA 합성과 비교해서 지연되어서 나타난다. Lactose이 제거되면, 더 이상의 lac mRNA는 만들어지지 않고, 일반적인 mRNA의 분해 때문에, lac mRNA의 양은 감소한다. β-galactosidase와 permease는 둘다 안정하다. 비록 더 이상 효소가 합성되지 않는다 할지라도 단백질의 양은 일정하다.

β-galactosidase, permease, transacetylase와 같은 효소들은 배양액에 lactose과 같은 작은 분자들의 추가에 의해서 합성되는 양이 증가하기 때문에, **유도효소(inducible enzyme)**라고 한다. **억제효소(repressible enzyme)**라고 불리는 다른 효소들은 배양액에 작은 분자들의 첨가에 의해서 합성이 감소한다. 한 예로 tryptophan을 배양액에 넣어주면, *E. coli*은 tryptophan 합성에 필요한 효소들의 합성속도를 낮추어 준다. 또 **구성효소(constitutive enzyme)**로 불리는 또 다른 효소들은 모든 성장환경에서 고정된 속도로 합성된다. 구성효소들은 정상적인 세포 유지를 위한 기본적인 "살림살이(house keeping)"를 주로 담당한다.

Lactose은 β-galactosidase가 분해하기 때문에 유전자 유도실험에 거의 사용되지 않는다. 왜냐하면 lactose의 농도는 꾸준히 감소하기 때문에 여러 종류의 실험(예) 반응속도 실험)을 복잡하게 만든다. 대신에 2개의 황을 포함한 lactose 유사물질이 사용되는 데 이들은 isopropylthiogalactoside(IPTG)와 thiomethylgalactoside(TMG)로써, β-galactosidase의 기질이 되지 않고, 효과적인 유도물질로 작용한다(**그림 14.6**). 이러한 특성을 가진 유도물질을 **무보수 유도물질**이라고 한다.

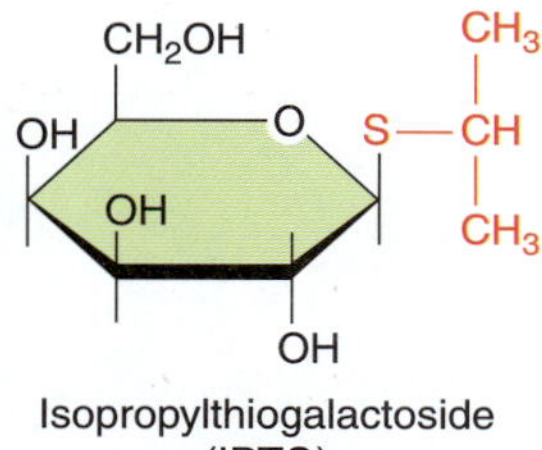


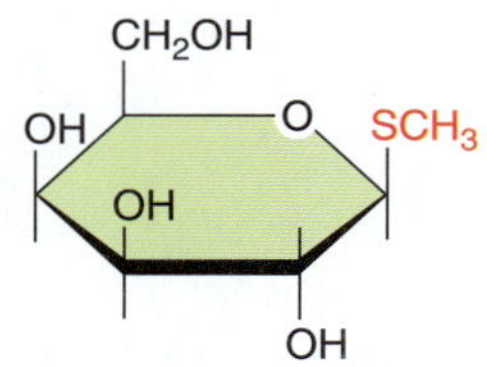


**그림 14.6** 2개의 lactose 유사체는 무상(gratuitous) 유도물질이다.

## 유전학전 연구는 lac mRNA의 조절에 관한 정보를 제공한다.

프랑스의 두 연구자인 Jacques Monod와 François Jacob은 가끔은 같이 일하고 가끔은 서로 다른 연구자들과 연구를 통해서, 1950년대에 *lac* 시스템을 조절하는 기작을 밝히는 데 기여하였다. 그들은 유도물질이 있거나 혹은 없을 때 *lac* mRNA(β-galactosidase, permease, transacetylase을 만들어내는 것들)를 꾸준히 만들어내는 구조 돌연변이들을 분리하는 일부터 시작하였다. 그후에 그들은 꾸준히 유전자를 발현하는 돌연변이를 포함한 다양한 부분 2배체 만들었고, 세포가 β-galactosidase를 합성하는 능력을 관찰하였다.

이들 돌연변이들은 2가지 종류가 있었는 데, ***lacI*** 혹은 ***lacO***$^{c}$라고 명명되었다(**표 14.2**). *lacI*$^{-}$ 돌연변이체는 대부분의 유전자의 음성 돌연변이처럼 행동했으며, 열성이었다(3,4번). *lacI*$^{+}$세포에서는 *lac* mRNA의 합성이 꺼져있고, *lacI*$^{-}$세포에서는 켜져있기 때문에, *lacI*유전자는 명백하게 *lac* 구조 유전자를 꺼버리는 기능을 하는 저해제를 만드는 조절유전자이다. *lacI*$^{-}$돌연변이는 저해제가 없기 때문에 유전자가 꾸준히 발현된다. *lacI*$^{+}$/*lacI*$^{-}$ 부분 2배체는 하나의 좋은 *lacI* 유전자 산물을 가지고 있기 때문에 이 시스템은 저해된다. Monod와 Jacob은 *lacI* 유전자 산물을 **Lac repressor**라고 불렀다. 그들의 원래 유전자 실험은 Lac repressor가 단백질인지 RNA분자인지 알지 못했다.

이러한 질문에 대한 해답은 *lacI*유전자 내부에 polypeptide 서열을 정지시키는 코돈이 발견하고 이들 돌연변이에 의해서 β-galactosidase가 꾸준히 발현됨으로써 알게 되었다. 이 돌연변이로 인하여 정상보다 짧은 repressor가 생성되는데 이 repressor는 *lac* 유전자의 전사작용을 막을 수 없기 때문이라는 것이 β-galactosidase가 꾸준히 발현되는 현상에 대한 가장 그럴듯한 설명이다. 이러한 결론은 Lac repressor를 분리하고 특성을 밝힘으로써 확인되었다(아래 참조). 유전자

**표 14.2** *lacI*와 *lacO* 대립유전자의 다양한 조합을 가진 부분 2배체의 특성

| | 유전자형 | 구성적 혹은 유도적인 *lac* mRNA의 합성 |
|---|---|---|
| 1 | F′ $lacO^{C} lacZ^{+}/lacO^{+} lacZ^{+}$ | 구성적 |
| 2 | F′ $lacO^{+} lacZ^{+}/lacO^{C} lacZ^{+}$ | 구성적 |
| 3 | F′ $lacI^{-} lacZ^{+}/lacI^{+} lacZ^{+}$ | 유도적 |
| 4 | F′ $lacI^{+} lacZ^{+}/lacI^{-} lacZ^{+}$ | 유도적 |
| 5 | F′ $lacO^{C} lacZ^{-}/lacO^{+} lacZ^{+}$ | 유도적 |
| 6 | F′ $lacO^{C} lacZ^{+}/lacO^{+} lacZ^{-}$ | 구성적 |

지도 실험은 *lacI* 유전자를 *lacZ*유전자 근처에 위치시켰고, *lacI lacZ lacY lacA*라는 유전자 순서를 확립시켰다.

*lacO*$^c$ 돌연변이의 인상적인 특징은 어떤 경우에는 그들이 우성이라는 것이다(표 14.2에서 1, 2, 6번). *lacO*$^c$ 돌연변이 우성의 중요성은 5,6번에서 보여지는 부분 2배체에서 명백해 졌다. 두 조합은 활성이 있는 *lacZ*유전자가 있기 때문에 *Lac*$^+$ 형질이다. 그러나 5번에서는 *lacO*$^c$ 돌연변이가 있어도 β-galactosidase 합성이 유도 가능하다. 5번과 6번의 차이점은 5번에서는 *lacO*$^c$ 돌연변이가 *lacZ*$^-$돌연변이와 같은 DNA 분자에 있고, 반면에 6번에서는 *lacO*$^c$ 와 *lacZ*$^+$가 같은 DNA분자에 있다는 것이다. 따라서 *lacO*$^c$ 돌연변이가 β-galactosidase를 꾸준히 발현하기 위해서는 *lacO*$^c$와 *lacZ*$^+$가 같은 DNA분자상에 있어야 하고 이것을 *cis* 상태라고 한다.

이러한 결론에 대한 확인은 중요한 생화학적 관찰에서 나왔다. 면역적 검사방법에서 *lacO*$^c$*lacZ*$^-$/*lacO*$^+$*lacZ*$^+$ 부분 2배체에서는 돌연변이 효소가 구성적으로 합성되는 것을 관찰했고, 반면에 정상 효소는 유도물질이 첨가되었을 때만 발현되는 것이 관찰되었다. 이러한 실험들은 정상 단백질과 돌연변이 단백질이 구조적으로 큰 차이가 없을 때, β-galactosidase에 대한 항체가 정상 단백질과 돌연변이 단백질 모두에 반응한다는 사실을 이용하였다. 한 항체가 원래 반응하는 단백질외에 매우 유사한 단백질과 반응하는 것을 **교차 반응(cross-reaction)**이라고 하며, 유사한 단백질(이번 실험에서 돌연변이 β-galactosidase)을 **교차반응물질(cross-reacting material, CRM)**이라고 한다. 다양한 표준 면역 방법을 통해서 검출이 가능한 교차반응물질의 존재는 돌연변이 단백질의 존재를 보여주는 것이다.

유전자 지도 실험에서 *lacO*$^c$ 돌연변이는 *lacI*와 *lacZ*의 사이에 위치하기 때문에 *lac*시스템의 5 요소들의 유전자 순서는 *lacI lacO LacZ* LacY LacA이다. 이러한 실험들은 *lacO*$^c$ 돌연변이가 위치를 나타내고 유전자라기 보다는 DNA의 비번역 영역에 해당한다는 것을 보여주었고(유전자의 번역 영역의 돌연변이는 상보적이기 때문에), *lacO* 영역이 *lacZ* 주변의 유전자가 유도될지 아니면 구성적으로 발현될지를 결정한다는 사실을 이끌어 내었다. *lacO* 위치를 작동유전자(operator)라고 한다.

## Operon 모형은 lactose 시스템의 조절을 설명한다.

Monod와 Jacob은 1961년에 어떻게 *lac* 시스템이 조절되는 지를 설명하는 **operon 모형**을 제안하였다. Operon이라는 단어는 같은 방식으로 조절되는 2개 이상의 근접한 유전자와 유전자 전사를 조절되는 유전물질을 지칭하는 말이다. Promoter는 Monod와 Jacob이 operon 모형을 제안했을 때까지 밝혀지지 않았고, 발견된 후에 쉽게 operon 모형에 융합되었다. **그림 14.7**은 *lac* promoter를을 포함한 *lac* operon 모형의 수정본을 보여준다. 이 모형의 5가지 특징은 다음과 같다.

1. *lacZ*, *lacY*, *lacA* 유전자의 생성물은 하나의 polycistron성 *lac* mRNA에 의해서 만들어진다.

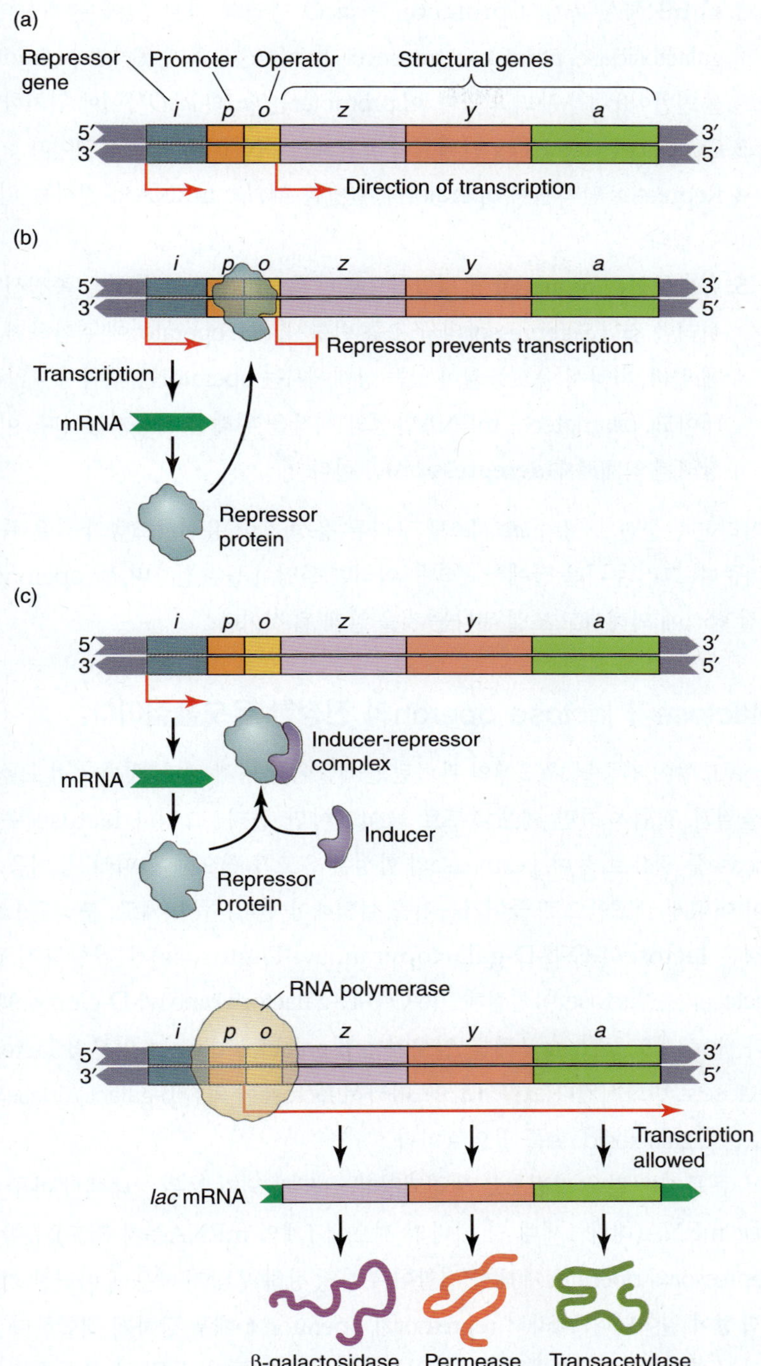


**그림 14.7** ***Lac*** **operon 모형.** (a) *Lac* operon의 지도는 척도에 맞게 그려지지 않았음. *P* 위치와 *O* 위치는 다른 부분에 비해서 매우 작고, 합쳐서 단지 84 bp만을 구성한다. (b) 억제상태에서 *lac* operon의 그림. (c) 유도 상태의 *lac* operon의 그림. 유도물질은 repressor의 구조를 변형시켜서 repressor가 더 이상 operator에 결합하지 않도록 한다. *lacI*, *lacO* 등의 대신에 약자로 i, p, o, z, y, a가 사용되었다.

**2.** 이 mRNA 분자의 promoter는 *lacO* 영역의 바로 옆에 존재한다. β-galactosidase, permease, transacetylase를 생산하지 못하는 promoter의 돌연변이(p-)가 분리 되었다. 이 promoter는 *lacI*와 *lacO*사이에 위치한다.

**3.** Operator는 repressor 단백질이 결합하는 DNA내의 염기서열이다.

**4.** Repressor 단백질이 operator에 결합할 때, *lac* mRNA의 전사는 일어날 수 없다.

**5.** 유도물질은 repressor에 결합함으로써 *lac* mRNA의 합성을 촉진시킨다. 이러한 결합은 repressor의 구조를 변형시켜서, operator에 결합하지 못하게 한다. 따라서 유도물질이 있는 상태에서는 operator는 채워지지 않은 상태이고, promoter는 mRNA합성의 시작을 위해서 사용가능하다. 이러한 상태를 **억제해제(derepression)**라 한다.

이러한 단순한 모형이 *lac* 시스템과 다른 음성 제어 유전시스템의 많은 특징을 설명해준다. 그러나 다음 장에서 우리는 이러한 설명이 불완전하며, *lac* operon이 양성 조절 방식에 의해서도 조절 된다는 것을 알게 될 것이다.

## Allolactose가 lactose operon의 진정한 유도물질이다.

Operon 모형이 검증될 때, 2개의 관련된 문제들이 분명해 졌다. 첫째로 유도물질이 억제물질과 결합하려면 세포내부로 들어가야만 한다. 그러나 lactose 수송은 permease를 필요로 하며, permease의 합성은 유도가 필요하다. 따라서, 처음 유도물질이 어떻게 세포안으로 들어가는지를 설명해야 한다. 두 번째로, 분리된 Lac 억제물질은 lactose(4-O-β-D-galactopyranosyl-D-glucose)과 결합하지 않고, allolactose라는 lactose 이성질체인(6-O-β-D-galactopyranosyl-D-glucose)와 결합한다. 놀랍게도 lactose분해를 일으키는 β-galactosidase는 일부의 lactose을 allolactose로 변화시킨다(**그림 14.8**). 따라서 lactose에 의한 β-galactosidase의 합성유도는 β-galactosidase를 필요로 한다.

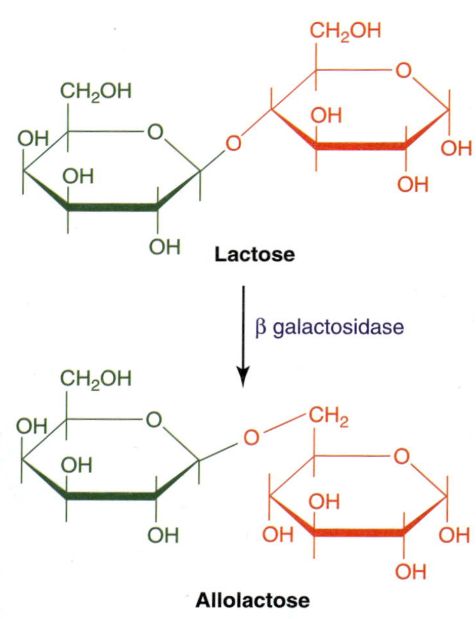


**그림 14.8** allolactose의 합성, *lac* operon의 진정한 유도물질이다.

이 두 문제는 같은 방법으로 해결되었다. 유도가 되지 않은 상태에서 아주 적은 양의 *lac* mRNA(대략 1세대 당 하나의 세포에 1개의 mRNA분자 정도)가 합성된다. Repressor의 operator에 대한 결합이 무한정 강하지 않기 때문에 이러한 **기저수준의 합성**이 일어난다. 따라서 repressor가 operator에 매우 강하게 결합한다 할지라도 가끔 떨어져 나가기 때문에 operator가 자유로운 동안에, RNA 중합효소 분자가 전사를 시작할 수 있다.

우리는 이제 배양중인 Lac$^+$ 세포에 적은 양의 lactose을 넣었을 때 일어나는 일련의 일들에 대해서 분자적 용어로 설명할 수가 있다. 탄소원이 glycerol인 배지에서 자라는 세균을 생각해 보자. 각각의 세균은 1개 혹은 2개 분자의 β-galactosidase와 lactose permease를 가지고 있다. 여기에 lactose을 추가하면 몇 개의 permease 분자들이 몇 개의 lactose분자를 세포내부로 이동시키고 몇 개의 β-galactosidase가 일부 lactose을 allolactose로 변환시킨다. Allolactose 분자는 operator에 붙어있는 repressor와 결합한 후, repressor는 불활성화 되어서 operator로부터 떨어진다. 그러면 *lac* mRNA는 만들어지고 이들 mRNA 분자로부터 수백개의 β-galactosidase와 permease가 만들어진다. 새로운 permease 분자들은 lactose 분자가 세포내부로 들어가게 한다. 많은 lactose 분자들은 포도당과 galactose로 분해되지만, 또 많은 lactose 분자들은 allolactose 분자로 변화되어서 세포내부의 모든 repressor를 불활성화시킨다(repressor가 연속적으로 생성되기는 하지만 매우 낮은 속도로 만들어지기 대문에, 대부분의 경우 세포내부에는 억제 해제에 필요한 allolactose가 충분히 존재하게 된다). 따라서 *lac* mRNA는 빠른 속도로 합성이 되고, permease와 β-galactosidase의 농도는 갑자기 높아진다. 분해 반응에 의해서 형성되는 포도당은 탄소원과 에너지원으로 사용된다(분해에 의해서 형성된 galactose는 역시 발현이 유도되는 일련의 효소에 의해서 glucose-1-phosphate으로 변환된다. Galactose가 유도물질이 되는 이러한 유도 시스템을 *gal* operon이라고 부르며, 이장의 나중 부분에서 다루어지게 될 것이다).

궁극적으로 성장에 사용되는 배양액과 세포내부의 모든 lactose가 소비된다. 그러면 세포내부의 allolactose 농도가 떨어지고, repressor와 결합할 수 있는 충분한 allolactose가 충분하지 않게 된다. Repressor는 operator와 결합하고 억제가 다시 이루어져서 *lac* mRNA의 추가적인 합성을 막게된다. 세균 내부에서 mRNA분자의 반감기는 수분에 해당한다. 따라서 1세대보다 짧은 시간 안에 *lac* mRNA는 거의 남아있지 않고, β-galactosidase와 permease의 합성이 멈춘다. 이러한 단백질은 꽤 안정적이지만, 세포가 성장함에 따라서 점차 희석된다. 처음에 넣어주었던 lactose가 모두 소비되고 나서 다음 세대에 lactose을 다시 넣어주게 되면, lactose 분해가 매우 빠르게 일어나는 데, 이것은 세포가 이미 적당한 양의 permease와 β-galactosidase를 가지고 있기 때문이다.

## Lac repressor는 *lac* operator와 시험관내에서 결합한다.

Operon 모형의 주요 가설들을 증명하는 중요한 단계는 Lac repressor를 분리해서 이것의 예상되는 특성들을 보여주는 것이었다. Walter Gilbert와 Benno Muller-Hill은 1966년에 Lac repressor를 *E. coli* 추출액에서 분리하는 데 성공했다. 그들은 표준 방법으로 단백질들을 분획했고, 각각의 분획들을 [$^{14}$C] IPTG(분해되지 않는 유도물질)와의 결합능력을 측정했다. 결합은 **그림 14.9**와 같은 평형 투석을 통해서 검출했다.

Lac repressor는 분자량이 154 kDa인 동종 사량체이다. 각 기본단위는 360개의 아미노산으로 구성되어서 1개의 IPTG 분자와 결합이 가능하다. 분리하지 않은 세포 추출액은 세포당 20~40개의 IPTG 분자와 결합하기 때문에 세포당 대략 5~10개의 repressor가 존재한다. IPTG 결합 단백질이 *lac* repressor라는 사실은 *lacI*$^-$ 돌

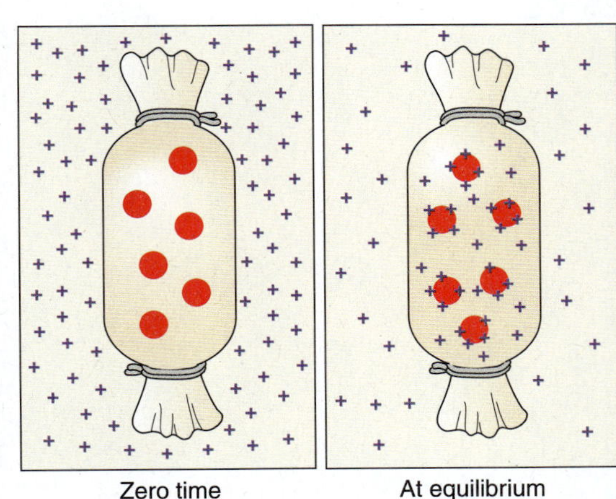


**그림 14.9 평형 투석.** Repressor(빨간 원)를 포함하는 세포추출액으로 가득찬 투석주머니를 방사성 IPTG(파란 십자가)를 가진 용액에 넣는다. Repressor가 없는 상황에서는 자유로운 IPTG가 주머니의 안과 밖에서 동일하다. 그러나 repressor가 방사성의 IPTG와 결합시, 방사성의 IPTG는 주머니 안이 주머니 밖보다 농도가 높다.

연변이체의 추출액에는 IPTG 결합 단백질이 없다는 보고에 기인한다. 뿐만 아니라 *lac* repressor의 아미노산이 치환된 *lacI* 돌연변이체는 IPTG와의 결합능력이 변한다는 사실이 더 강한 증거로 제시되었다.

Repressor 분자의 수가 매우 적은 것으로 보아 이들 분자들은 1세대 당 1개나 2개 미만의 mRNA로 부터 번역되었음에 틀림없다. mRNA 분자수가 매우 적다는 것은 repressor의 합성 자체도 조절될 뿐만 아니라 mRNA가 약한 promoter에서 전사되기 때문이다. 이러한 2가지 기작들은 다른 operon의 repressor의 합성의 조절에서도 관찰되어지는데, Lac repressor는 약한 promoter로부터 구성적으로 전사되어 나오기 때문에 두 번째 경우에 해당한다. 작은 수의 repressor 물질이 만들어지는 이유는 약한 *lacI* promoter가 강한 promoter로 바뀌는 여러 돌연변이체의 특성에서 확인되었다.

Repressor를 과량으로 생산하는 것들은 실험적으로 매우 중요하다. 왜냐하면 고농도의(대략 세포단백질의 1%에 해당하는) repressor라 함은 매우 많은 양의 억제 인자를 분리할 수 있다는 것을 의미하기 때문에 물리적인 실험과 특성 연구에 충분한 양을 제공할 수 있다. 분리된 repressor들을 가지고 repressor와 operator와의 특이적 결합과 유도물질에 의한 이들 결합의 억제를 증명하였다. **그림 14.10**은 DNA 분자와 결합한 순수분리된 Lac repressor와의 결합의 전자현미경 사진을 보여준다.

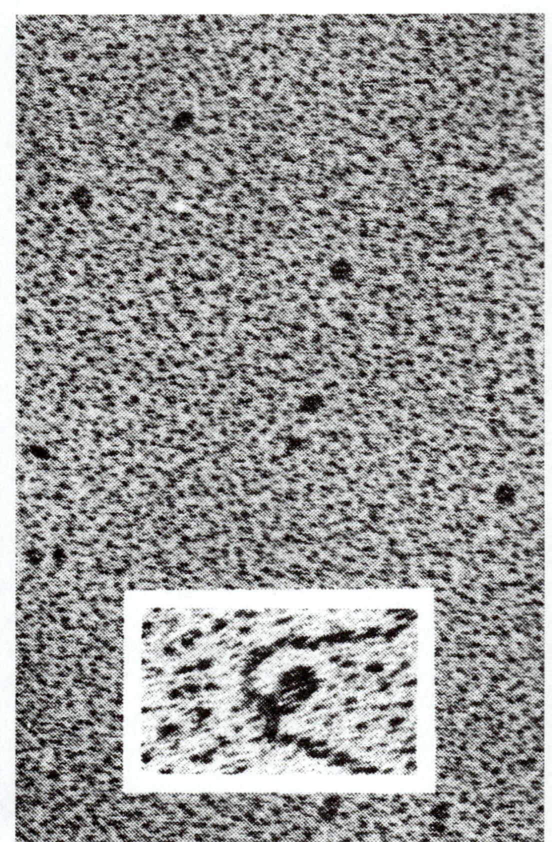

**그림 14.10 E. coli의 *lac* repressor(S107,000)의 전자현미경 사진.** 삽입한 그림은 하나의 repressor가 *lac* DNA와 결합한 것을 보여준다(X215,000). Kramer et al. EMBO J. 6(1987). 콜롱 대학의 유전기관인 벤노 뮬러 힐의 사전 승인을 받음.

Repressor와 operator의 결합에 대한 연구의 중요한 진전은 nitrocellulose필터 분석법이었다. 단백질은 필터에 결합하지만 DNA는 결합하지 않는다. 만약 repressor와 방사선으로 표지된 *lac* DNA가 이러한 필터를 거쳐가면 단백질과 *lac* DNA가 결합하고 있을 때에 필터에 방사선 물질이 남아있게 된다. **표 14.3**은 이러한 시험법을 가지고 얻어진 결과이다. 이 결과들은 Lac repressor가 정상적인 *lac* operator를 가진 DNA와는 결합하지만 $lacO^c$ 돌연변이체를 가진 DNA와의 결합하지 않음을 보여준다. 뿐만아니라 IPTG는 정상적인 *lac* operator를 가진 DNA와 *lac* repressor와의 결합을 방해한다. 이러한 결과들은 operon 모형의 주요한 예측들을 확인해 주었다. 연구자들은 Lac repressor와 operator와의 결합을 시험관 내에서 이 과정을 연구함으로서 더 많은 정보를 얻었다.

**표 14.3** Repressor와 operator의 필터결합 분석법에 따른 증명

| 필터에 적용한 혼합물 | $^{14}$C의 필터 결합 여부 |
|---|---|
| [$^{14}$C] *lac* DNA | 아니오 |
| [$^{14}$C] *lac* DNA + repressor | 예 |
| [$^{14}$C] *lac* DNA + 언제인자 + IPTG | 아니오 |
| [$^{14}$C] $lacO^C$ DNA + repressor | 아니오 |

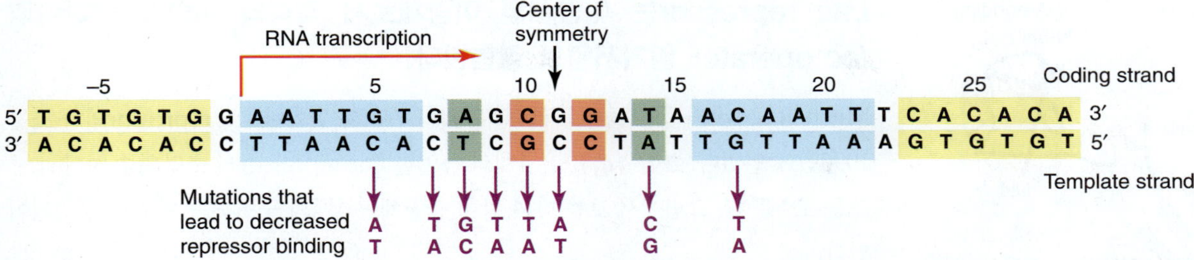


**그림 14.11** *lac* **repressor에 의해서 보호되는 35개의 염기쌍.** 발자국감식법 연구는 *lac* repressor가 –7부터 +35에 이르는 35 bp를 보호한다는 사실을 보였고, operator가 전사개시위치인 +1와 *lac* promoter의 –10 구역의 일부를 포함한다. 대칭 영역은 같은 색으로 칠해졌다. *lac* operon 돌연변이 중 일부는 자주색으로 보여주는 것과 같이 lac repressor의 operon DNA와 결합을 감소시킨다.

발자국감식법 연구는 repressor가 –7에서 +28에 이르는 35개의 염기쌍을 보호한다는 것을 밝혔고 operator는 전사개시위치와 *lac* operator의 –10 구역의 일부를 포함한다는 사실을 보였다(**그림 14.11**). 염기서열 분석을 통해서 11번째 염기쌍을 중심으로 양쪽으로 대칭하고 있다는 것을 보였다(그림 14.11). 그러나, 염기서열은 완벽한 역상보성 염기순서는 아니고 단지 35개의 염기쌍중 28개만 대칭을 요한다. *lac* operator의 돌연변이는 Lac repressor의 operator와의 결합을 저해하여 꾸준한 효소의 생산을 초래한다(그림 14.11). 따라서 Lac repressor는 *lac* operator의 염기와 중요한 접촉을 한다.

## Lac operon은 3개의 *lac* operator를 가지고 있다.

*lac* operon의 염기서열이 밝혀진 후에 2개의 추가적인 operator가 있다는 것이 명확해 졌다. 최초로 밝혀진 +11번째를 중심으로 대칭인 operator는 이제 *lac*$O_1$이라고 명명되었다. 보조적 operator인 *lac*$O_2$, *lac*$O_3$는 각각 +412와 –82번째 위치를 중심으로 대칭축을 가지고 있다. 따라서 *lac*$O_3$는 *lac* operator의 위쪽에 위치하며, *lac*$O_2$는 *lacZ*안에 위치한다(**그림 14.12**).

*lac*$O_2$와 *lac*$O_3$의 발견은 연구자들에게 이들 보조적 operator들이 *lac* operon의 조절에 역할을 하는지에 대한 궁금증을 가지게 하였다. 1990년에 Muller-Hill과 동료들은 이러한 문제들에 대한 해답을 줄만한 일련의 유전학적 실험을 수행하였다. 이들의 접근 방법은 1개나 2개의 *lac* operator를 변형시키고 변형의 효과가 억제(repression)에 미치는 영향을 측정하였다. *lac*$O_1$의 점 돌연변이는 5~50배의 억제능력의 저하를 가져왔지만 일부 억제 능력은 여전히 관찰되었다. *lac*$O_2$ 혹은 *lac*$O_3$의 파괴는 억제를 2배정도 감소시켰지만 보조적 operator를 둘다 돌연변이시켰을 경우 억제를 70배 감소시켰다. *lac* 시스템을 억제하는 능력의 완벽한 저하는 *lac*$O_1$과 보조적 operator중 1개가 파괴되었을 때 나타났다. 이러한 결과들은 *lac*$O_1$이 주요한 역할을 하지만 다른 2개의 보조적 operator도 중요한 기여를 함을 보여준다. 이제 우리는 Lac repressor의 구조가 어떻게 *lac* operator와 결합하는지를 다루려고 한다.

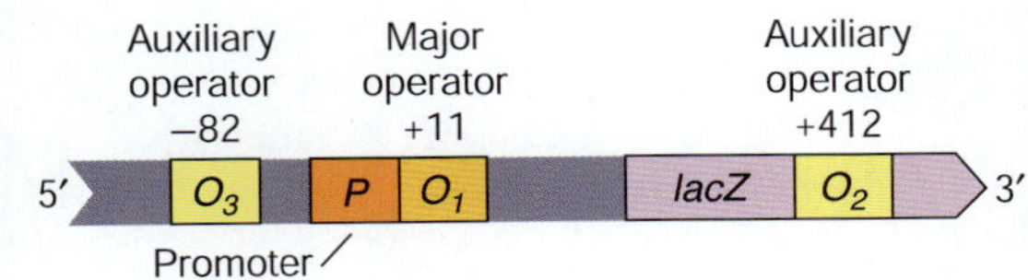


**그림 14.12 3개의 lac 작동 유전자.** *lac* operon은 3개의 operator를 가진다. 주요 operator인 *lac*$O_1$($O_1$)가 +11 위치의 중앙에 있고, 2개의 보조 작동인자인 *lac*$O_2$($O_2$)와 *lac*$O_3$($O_3$)는 각각 +412와 –82의 중앙에 위치한다.

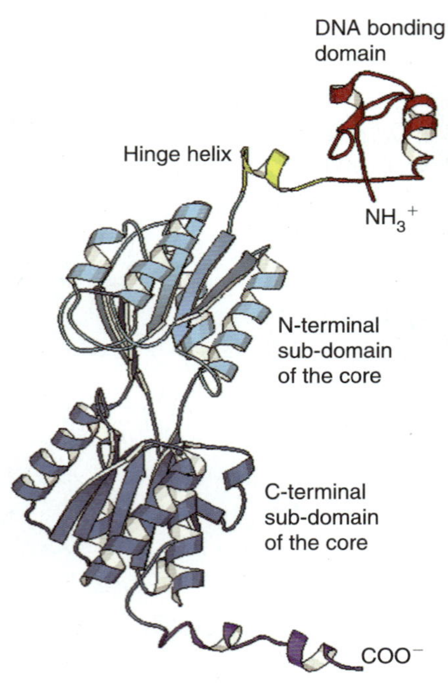


**그림 14.13 DNA와 결합한 *lac* repressor 단량체의 모습.** *lac* repressor 단량체는 4개의 기능성 부분을 가진다. 첫째, N말단 혹은 머리부분(1-45 잔기)은 빨간색으로 칠해졌다. 둘째, 경첩부위(46-62 잔기)는 노란색으로 칠해졌다. 셋째, N말단 subunit와 C말단에 존재하는 ligand 결합 혹은 핵심domain(62~340잔기) 하위구조(sub-domain)는 파란색 2가지 명암으로 칠해졌다. 넷째로 사량체 형성 나선(341-357 잔기)은 보라색으로 칠해졌다. Protein Data Bank ID: 1LBG. Lweis,M., et al., Science 271(1996): 1247-1254. 구조는 Rice 대학의 Hongil Zhan과 Kathleen S. Matthews에 의해서 제공되었다.

## Lac repressor는 이량체의 이량체로서 각각의 이량체는 하나의 *lac* operator 염기서열과 결합한다.

Mitchell Lewis와 동료들은 IPTG 혹은 *lac* DNA와 결합한 Lac repressor의 구조를 1996년에 얻었다. **그림 14.13**은 4개의 동일한 Lac repressor의 소단위중 하나의 구조를 보여준다. 그림에서 보는 바와 같이 단량체는 4개의 구별되는 단위로 구성되어 있다.

1. **N말단** 혹은 **머리부분**(1-45 잔기)은 *lac* operator의 DNA와 결합한다. 머리부분의 나선대나선(helix-turn-helix)구조는 operator의 적당한 염기서열과 결합한다(**그림 14.14**). 나선대나선결합구조는 DNA와 결합하는 단백질에서 종종 나타나며, 7~9개의 아미노산으로 구성된 2개의 짧은 α나선구조들이 β꺽임구조(4개의 아미노산으로 이루어진 급격한 꺽임)로 나뉘어 있다. 2개의 α나선구조중 1개는 **인식나선**으로 명명되었으며, 나선내의 아미노산 잔기들이 DNA의 염기들과 특이적으로 접촉하도록 DNA의 큰 홈에 위치한다. 다른 **안전화나선**으로 복합체의 안정화를 돕는다.
2. **경첩부위**(46-62 잔기)는 N말단의 머리부분을 핵심 domain까지 연결시켜 주고, DNA가 없을 때는 무질서해지지만 operator와 결합시 α-helix안으로 접어 들어가게 된다. Lac repressor 이량체의 2개의 경첩 나선 부분은 van

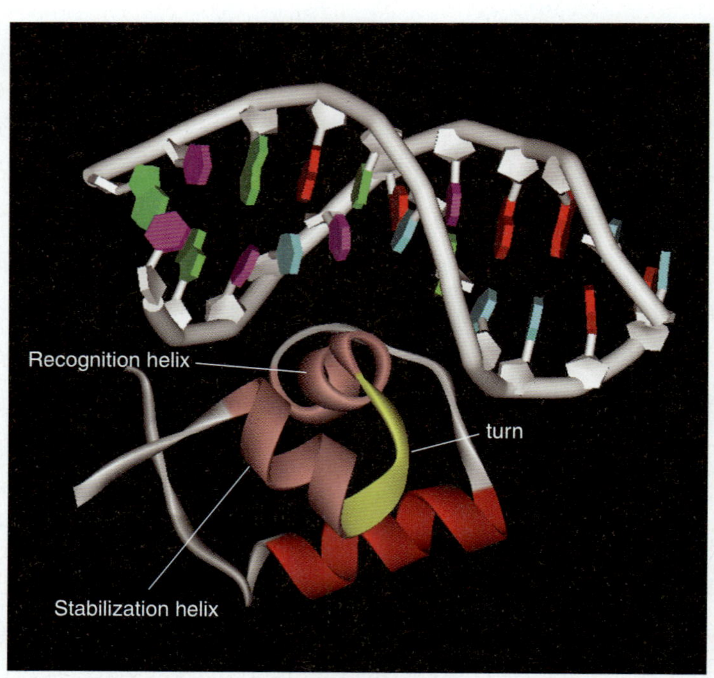


**그림 14.14 Lac repressor의 N말단 domain("머리부분")과 정상 operator의 왼쪽 절반에 해당하는 operator 절반 11bp와의 복합체.** 나선대나선 부위의 인식나선과 안정화 나선은 분홍색으로 칠해졌고, 꺽임구조는 노란색으로 보인다. Protein Data Bank ID:1LCC. Chuprina, V. P., et al., *J. Mol. Biol.* 234(1993): 446-462

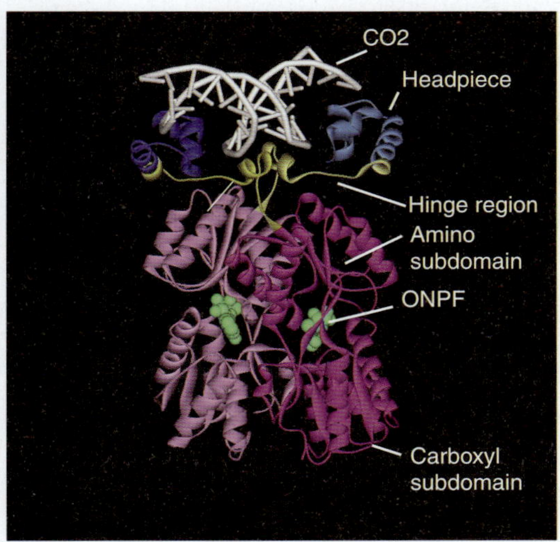


**그림 14.15 재조합 DNA 기법에 통해서 C말단 domain이 없도록 만들어진 이량체의 Lac repressor의 구조.** 나선대나선 부위를 포함하는 머리부분은 하나는 어두운 파란색으로 그리고 나머지는 밝은 파란색으로 보인다. 노란색인 2개의 경첩부위(각 하위 단위체당 1개씩)는 α 나선구조로 접혀서 반데로 발스 인력에 의해서 서로 결합하고, DNA의 작은 홈에 결합한다. 다른 repressor subunit들은 하나는 연한 magenta색으로 칠해지고, 다른 subunit는 진한 magenta색으로 칠해졌다. 각 subunit는 Lac repressor를 *lac* operator와 결합한 상태에서 Lac repressor를 안정화시켜주는 갈락토시드와 유사한 o-nitrophenyl-β-fucoside(ONPF)와 결합하고 있다. Protein Data Bank ID: 1EFA. Bell, C. E., and Leweis, M., *Nat. Struct. Biol.* 7 (2000): 209-214.

der Waals 인력에 의해서 결합하고, 쌍을 이룬 경첩 나선은 *lac* operator의 중심의 작은 홈에 결합하여 DNA를 구부리게 한다(**그림 14.15**).

3. **ligand 결합** 혹은 **핵심부위**(62~340잔기)는 N말단 하위구조와 C말단 하위구조로 나뉜다. 이 2종류의 하위 구조들은 비슷한 접힘 양식을 갖는다. C말단끼리의 결합과 더불어 N말단끼리의 약한 비공유성 결합이 Lac repressor의 이량체 형성에 중요한 기여를 한다. IPTG는 각 polypeptide 2개의 하위구조 사이의 주머니에 들어맞는다(**그림 14.16**).
4. V 모양을 가진 Lac repressor 사량체로 구성된 4개의 나선 다발을 이루기 위해서 **사량체 나선구조**(341-357잔기)는 다른 Lac repressor의 subunit의 같은 부분에 결합한다(**그림 14.17**). 사량체 나선 구조를 변형시키는 돌연변이나 유전자 결손은 사량체 형성보다 이량체의 형성을 초래한다. 이량체들은 부분적으로 repressor의 기능을 가진다.

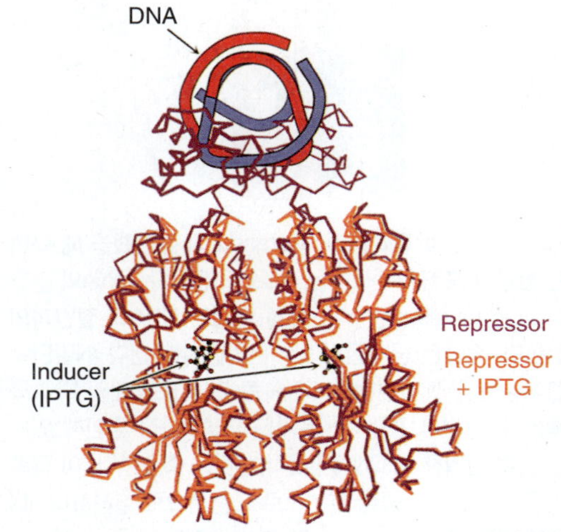


**그림 14.16 Lac repressor의 구조에 미치는 isopropylthiogalactoside(IPTG)의 영향.** 겹쳐놓은 구조는 IPTG와 결합하거나(오렌지색) DNA와 결합한(빨간색) Lac repressor. Lac repressor의 구조는 IPTG와 결합함으로 변화하는 데, 유도물질은 2개의 DNA 결합 부위를 변형시켜서 DNA와 결합을 더 이상 효과적으로 일어나지 못하게 한다. IPTG와 결합한 Lac repressor의 DNA 결합 부위는 이들 부위가 잘 정리되지 않았고, 결정구조에서 보여지지 않기 때문에 보여지지 않았다. Reproduced from Biochemistry, *Fifth edition*, by Jeremy M Berg, et al. © 2002 by W. H. Freeman and Company. 허가받고 사용됨.

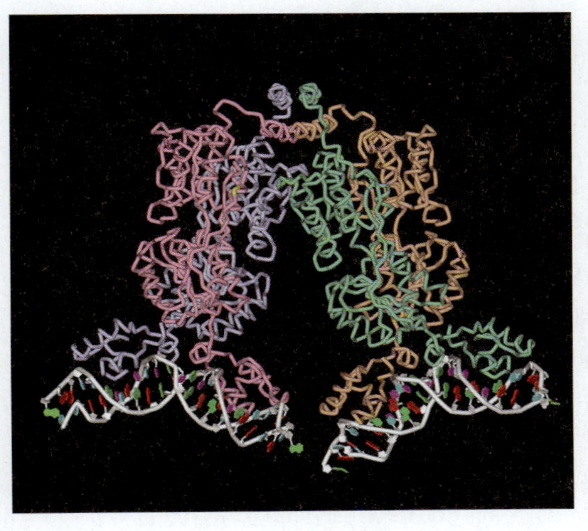

**그림 14.17 DNA와 결합한 Lac repressor의 결정구조.** Lac repressor 사량체의 각 단량체는 서로 다른 색의 관형 구조를 가진다. 각 이량체와 결합한 21 bp의 DNA 중합체는 관과 고리로 보여짐. Lac 사량체는 이량체가 묶인 이량체로 나타난다. Protein Data Bank ID: 1LBG. Lewis, M., et al., *Science* 171(1996): 1247-1254.

(a)

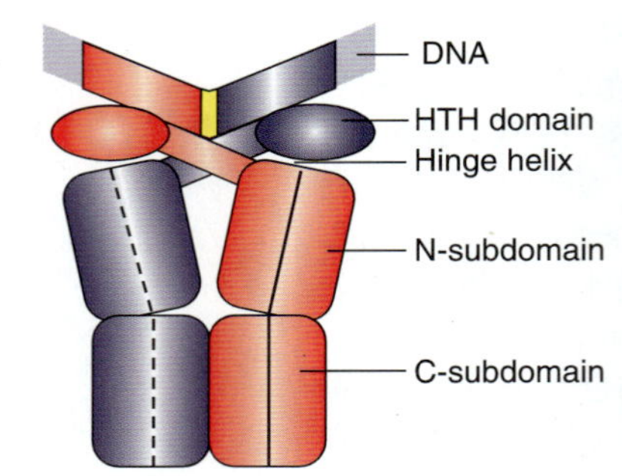


(b)

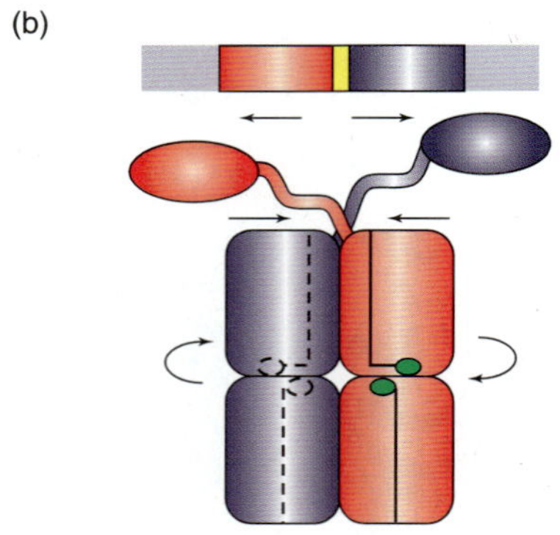

**그림 14.18 IPTG가 Lacrepressor에 결합했을 때 나타나는 반응의 모형.** (a) Lac repressor 이량체는 DNA와 결합한다. Lac repressor는 비슷하게 색칠된 DNA의 절반과의 결합한다. 점선은 단백질의 뒷부분임을 나타낸다. N말단의 나선대나선 구조(타원형)는 DNA 큰 홈을 B-형태의 DNA와 접촉한다. 그리고 경첩나선은 이 구조의 가장 중앙에 있는 작은 홈에 삽입해서, DNA가 굽히는 것을 촉진한다. 이 접촉 영역은 operator의 중앙 부분으로 노란색으로 칠해졌다. (b) IPTG(녹색)가 Lac repressor와 결합시 N말단 subunit는 C말단 subunit와 관련해서 나사를 돌리는 방식으로 움직여서 (회전과 이동을 통해서) 당류가 결합하는 위치를 닫아버린다. 구조적인 변화는 경첩나선 구조를 망가뜨리고(두꺼운 곡선으로 표시된 것처럼), 나선대나선(타원형) 부위를 자유롭게 해서 이부분이 DNA에서 떨어지게 한다. Adapted from Matthews, K. S. Falcon, C. M., and Swint-Kruse, L., *Nat. Struct. Biol.* 7(2000): 184-187.

DNA 혹은 IPTG와 결합한 Lac repressor의 결정구조는 Lac repressor가 Lac 시스템을 끄고 켜는데 분자스위치 역할을 할 때의 가능한 기작을 제시했다. Kathleen Matthews와 그의 동료들은 **그림 14.18**에서와 같이 어떻게 Lac repressor 이량체가 작동하는 지를 설명하는 모형을 제시하였다. 이 모형에 따르면 각 N말단의 나선대나선결합구조 Lac repressor는 DNA 큰홈의 염기와 접촉한다. 뿐만 아니라 경첩나선은 이 구조의 중앙 부분의 작은 홈에 끼어들어가고, DNA가 구부러지게 한다. IPTG가 Lac repressor에 결합하는 것은 핵심 부분의 N말단의 하위영역을 핵심 부분의 C말단 하위영역의 관점에서 볼 때 상대적으로 이동을 초래한다. 이러한 움직임은 나사를 돌리는 것과 비슷해서 IPTG 결합 부위를 닫고, 경첩 나선의 구조를 변형시키는 구조 변화를 일으키게 한다. 경첩 나선 구조의 변화는 나선대나선결합구조를 자유롭게 해서 operator DNA가 떨어지게 한다.

그림 14.18에서 보여지는 이러한 스위치 기작은 Lac repressor 이량체가 필요하지만, 왜 Lac repressor가 사량체로 되어야 하는 지는 설명하지 못한다. 이들에 대

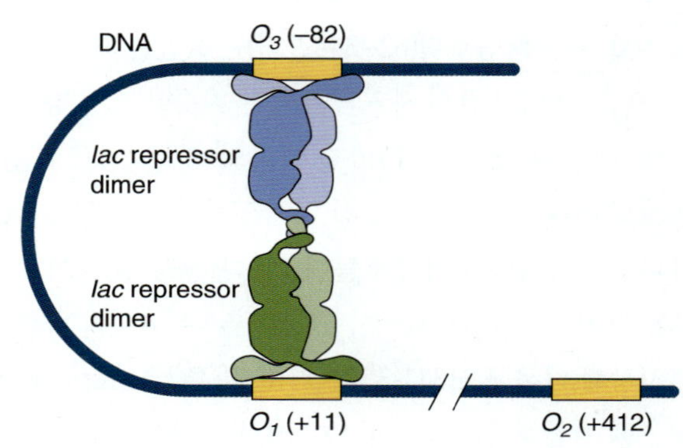


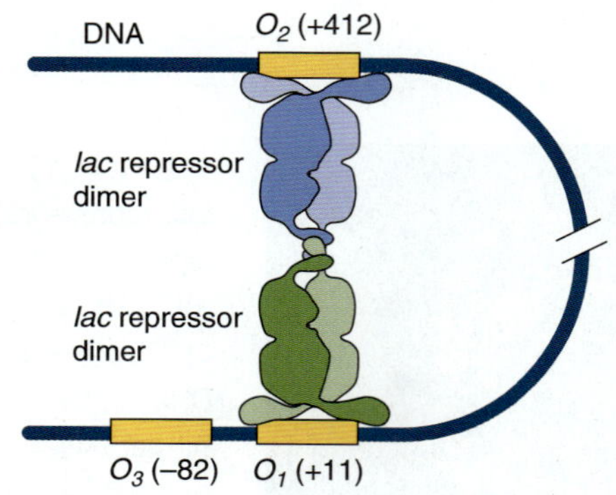


**그림 14.19 Lac repressor가 2개의 operator와 결합을 가능하게 하는 DNA의 고리화.** *lac* operon DNA는 파란색으로 보이고, *lac* operator는 노란색, 그리고 *lac* repressor 이량체는 녹색 혹은 파란색으로 명암으로 보여진다. DNA의 이중 사선은 고리형에서 모든 DNA가 보이지는 않는다는 것을 나타냄. Muller Hill, B., Curr. Opin. Microbiol. 1(1998):145-151에서 가져온 자료임.

한 해답은 Lac repressor가 동시에 2개의 operator와 결합했을 때 더 효과적인 유전적 스위치가 되는 것이다. *lac* operon이 *lacO₁* 외에도 2개의 보조적 operator $lacO_2$와 $lacO_3$를 가지고 있다는 것을 기억하자. DNA 고리는 Lac repressor가 $lacO_1$과 다른 operator 중 하나와 결합하게 한다(**그림 14.19**). 세포는 2개의 약하게 협력하는 operator들을 같은 수준으로 억제하기 위해서 하나의 커다란 operator를 필요로 하게 될 것이다.

Lac repressor가 어떻게 *lac* operon의 전사를 억제하는 지를 설명하기 위해서 설계된 실험들은 상반되는 가설들을 이끌어 내게 되었다. Gilbert와 동료들은 처음에 Lac repressor가 RNA 중합효소 holoenzyme가 promoter와 결합하는 것을 방해할 것이라 제안하였다. 다른 연구자들에 의한 후속 연구들은 Lac repressor가 RNA 중합효소 holoenzyme와 DNA promoter와의 결합을 억제하는 것이 아니라 닫힌 *lac* promoter를 열린 *lac* promoter로 변환시키는 것을 억제한다고 제안하였다. 최근의 억제의 열역학적 연구는 Gilbert의 초기 제안이 결국은 맞았다는 것을 보여준다.

## 14.3 이화물질 억제(catabolite repression)

### *E.coli*는 lactose보다 포도당을 우선적으로 이용한다.

Lactose 대사작용에서 β-galactosidase의 기능은 젖당(lactose)을 포도당(glucose)와 galactose로 가수분해하는 것이다. 만약 성장 배지에 포도당과 lactose 둘 다 포함되어 있다면, 효율성 측면에서 세포의 *lac* operon 작용이 필요하지 않게 된다. 1940년 대 중반 Monod는 포도당과 lactose가 포함된 배지에서 성장하는 *E. coli* 는 포도당이 모두 소비 될 때까지 β-galactosidase의 생성을 시작하지 않음을 밝혔다(**그림 14.20**). 이러한 발견은 나중에 2개의 다른 단백질인 lactose permease와 transacetylase까지 발견되면서 *lac* operon으로 완성되었다. 또한 그림 14.20에서 보여주는 것처럼, 포도당이 존재할 때 lactose 효소들이 만들어지지 않는 이유는 *lac* mRNA가 만들어지지 않기 때문이다. 포도당(또는 그밖에 즉시 사용되는 탄소원)에 의한 lactose 효소들의 전사단계에서의 억제와 더불어 다른 유도성 효소들의 양 조절들을 **이화물질 억제(catabolite repression)** 라고 부른다.

### 포도당에 의한 *lac* operon의 발현 억제 효과는 복잡한 과정이다.

포도당이 β–galactosidase 합성을 억제하는 기전은 Monod가 그 현상을 발견한 후 20년 동안 완전히 수수께끼로 남아있었다. 1965년에 Richard S. Makman과 Earl W. Sutherland는 *E. coli*의 성장 배지에 포도당을 첨가 했을 때, **3′,5′-clyclic adenylate or cAMP**(**그림 14.21**)의 세포내 농도가 $10^{-4}$에서 $10^{-7}$로 떨어지는 것을 관찰하면서 그 수수께끼에 대한 중요한 단서를 찾았다.

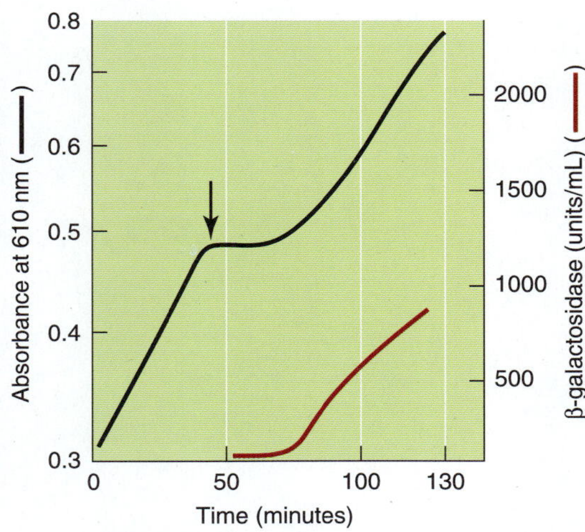


**그림 14.20 포도당과 lactose가 들어있는 배지에서 배양 했을 때 포도당 공급이 소진되면 포도당 대사에서부터 lactose 대사로 전환되는 것을 보여주는 실험.** 화살표로 표시된 시간은 세포의 양이 증가하는 것을 멈출 만큼 포도당을 불충분하게 제공한 부분이다. 포도당이 존재했던 동안에는 *lac* mRNA 합성이 나타나지 않았기 때문에 β-galactosidase가 존재하지 않는다. 포도당 농도가 떨어지는 동시에 cAMP의 농도는 *lac* mRNA와 β-galactosidase의 합성이 시작될 때까지 증가한다(빨간색 곡선). 흡광도 610 nm에서 총 세포 량을 측정한 것이다. 효소 활성도는 임의로 정의한 단위로 측정하였다.

3′, 5′– cyclic adenylate (cAMP)

**그림 14.21** 3′, 5′-고리형 adenosine monophosphate(cAMP).

유전학 연구들은 이화물질 억제(catabolite repression)에 cAMP가 관여함을 확인하였다. 포도당이 없고 lactose가 포함된 배지에서 배양했을 때 *lac* 효소들을 합성할 수 없는 두 돌연변이 집단을 분리했다. 첫 번째 돌연변이 집단은 성장배지에 cAMP를 첨가하면 *lac* 효소을 합성하는 능력이 회복되었지만 두 번째 돌연변이 집단은 그렇지 않았다.

다음연구에서 돌연변이 집단 I는 adenylate cyclase(ATP를 cAMP로 전환시켜 주는 효소)가 결핍되었음을 확인하였다(**그림 14.22**). 이 효소의 유전자인 cya는 minute 85.98에 위치한다. Adenylate cyclase는 인산화 되면(부착된 1개의 인산기를 갖는다) 활성을 갖고 반대로 탈 인산화 되면 비활성화 된다. 돌연변이 집단 II는 cAMP를 결합시키는 단백질이 결핍되어 있었다. 이 단백질은 **cAMP 수용체 단백질(cAMP receptor protein, CRP)** 또는 **이화물질 활성 단백질(catabolite activator protein, CAP)**라고 불리며 minute 75.09에 있는 *crp* 유전자에 의해 암호화되어 있다. *In vitro* 실험에서 CRP와 cAMP는 복합체를 이루었다(**cAMP · CRP complex**로 표기됨). 이는 *lac* 체계의 활성에 필요하다. 비록 *lacI*$^-$ 또는 *lacO*$^c$ 돌연변이가 나타나도 *cya*와 *crp* 돌연변이체는 *lac* mRNA를 만들 수 없기 때문에 억제 체계에 대해 독립적인 것이다. 그러므로 cAMP · CRP는 repressor와 대조적인, **양성조절자** 또

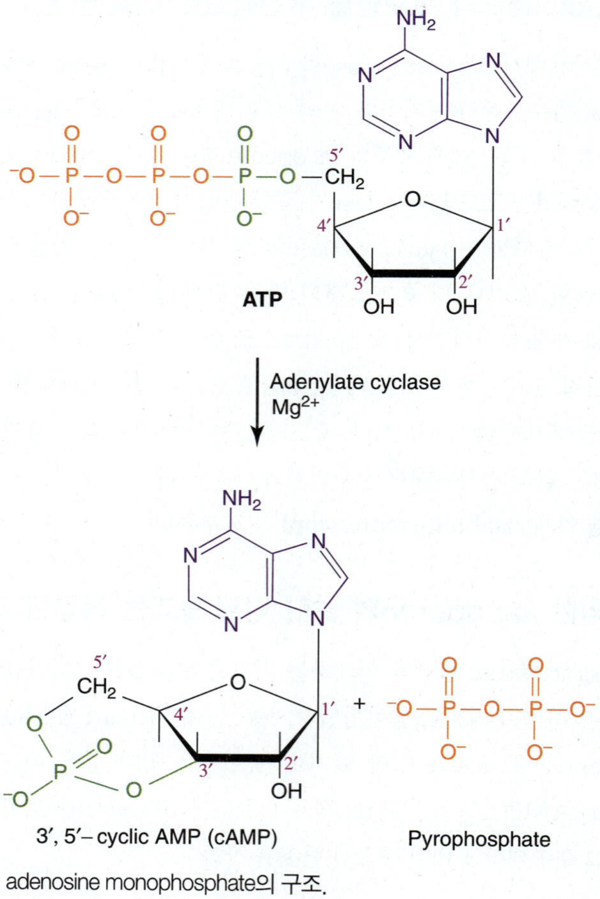

**그림 14.22** adenosine monophosphate의 구조.

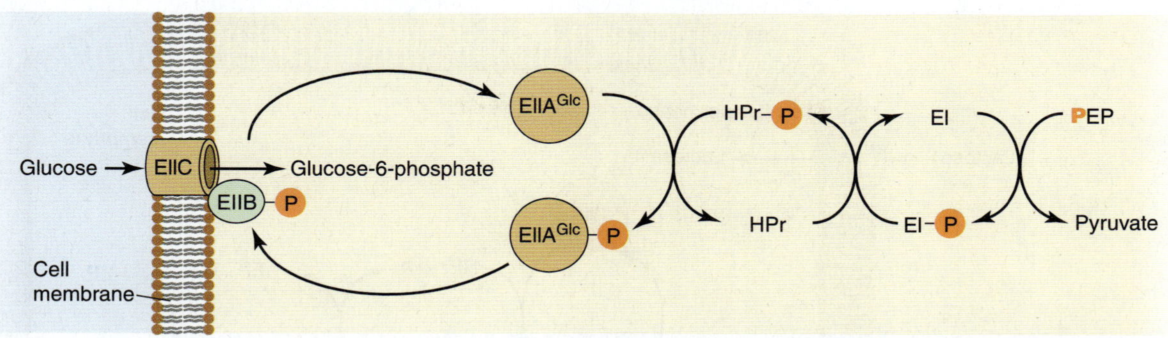


**그림 14.23 포도당 특이적인 phosphoenolpyruvate-의존적 phosphate전달 체계(PTS).** Phosphoenol pyruvate(PEP)로부터 phosphate기가 떨어져나와 외부에서 유입되는 포도당에 붙는다. 이런 흐름은 EI, HPr 그리고 탄수화물 특이적인 EIIA와 EIIBC에 의해서 매개된다. Adapted from Stulke, J., and Hillen, W., *Curr. Opin. Microbiol.* 2 (1999): 195-201.

는 **활성자(activator)**이다. 따라서 *lac* operon은 양성 조절 과 음성 조절 둘 다에 의해 독립적으로 조절된다.

위에서 제시된 정보에 기초하여 포도당이 어떻게 adenylate cyclase의 인산화를 억제하여 cAMP의 형성을 저해하는지를 알 수 있다. 다음 연구는 포도당 대사와 adenylate kinase의 인산화 사이의 연결고리를 찾는 것이었다. 생화학과 유전학적 연구들은 포도당 특이적인 **phosphoenolpyruvate-의존적 인산기 전달효소 체계(phosphoenolpyruvate-dependent phospho-transferase, PTS)**의 연관성을 제시했다. 이 시스템은 **그림 14.23**에 묘사되어있다. 이 시스템은 당이 세포 안쪽으로 이동할 때 포도당을 인산화하기 위해 phosphoenolpyruvate(PEP)에 의해 제공된 에너지가 사용된다.

이 시스템은 4개의 단백질이 필요하다. 그들 중 2개인 enzyme I(EI) 과 histidine-containing protein(HPr)는 다른 당 수송 시스템의 구성요소이기도 하기 때문에 포도당 특이적인 현상에서만 참여하는 것 같지는 않다. 다른 2개의 단백질인 enzyme IIA(EIIA) 와 enzyme IIBC(EIIBC)는 포도당 전달 체계에 특이적이므로, 이들은 포도당 특이적 현상에 더욱 많은 참여를 하는 것 같다.

EIIA는 2가지의 다른 작용을 통해 이화물질 억제에 관여한다(**그림 14.24**). 첫 번째 기작은 EIIA는 HPr-P의 인산기를 EIIBC 또는 adenylate cyclase에 전달 할 수 있다는 사실에 기초한다. 그러나 EIIBC가 기질로서 더 우선하기 때문에 인산기를 포도당에 전달해 glucose-6-phosphate 형태로 전환 시킨다. 포도당이 필요 없어지게 되면 EIIBC가 완전히 인산화 될 것이다. 그러면 EIIA-P는 더 이상 기질이 없어지게 되고 대신에 인산기는 아데닐산 고리화효소에게 전달된다. 이러한 인산화 과정은 adenylate cyclase의 비 활성화되어 있는 탈인산화 형태에서 ATP를 cAMP로 변화 시킬 수 있는 adenylate cyclase의 활성화된 인산화 형태로 변화시킨다. 따라서 포도당은 adenylate cyclase의 비활성 형태에서 활성화 형태로의 전환에 관여한다.

연구자들은 처음 adenylate cyclase 활성에서의 포도당 작용이 유일한 *lac*

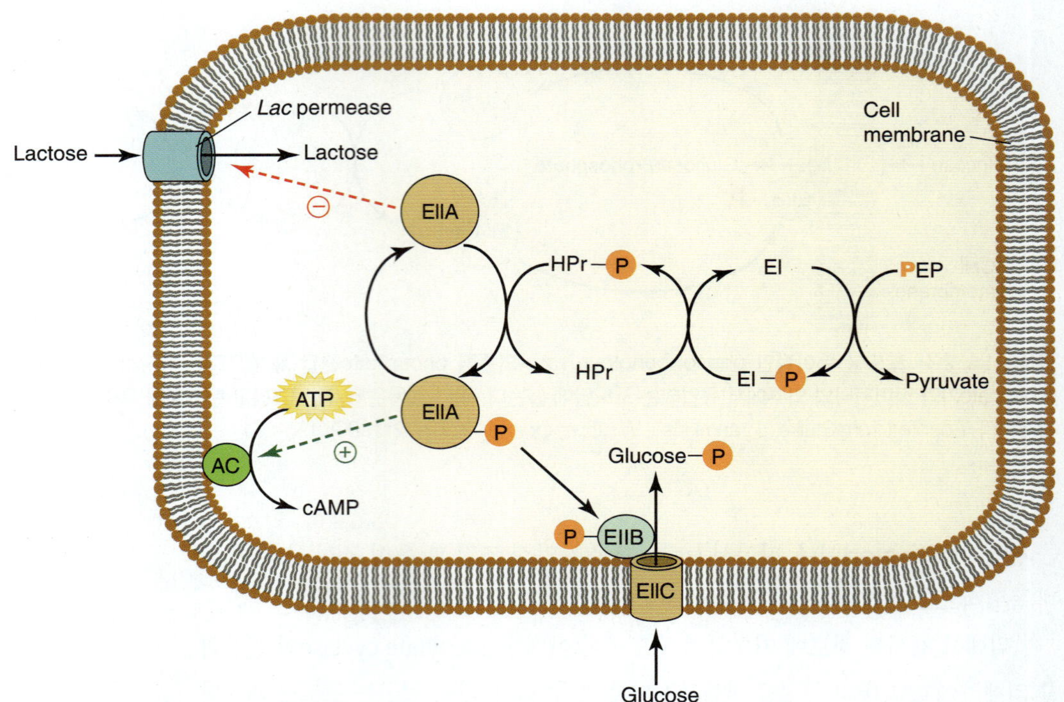


**그림 14.24 이화물질 억제를 위한 유도 배제 기작과 cAMP 조절.** EIIA는 2개의 다른 기작을 통해 이화물질 억제에 참여한다. (1) cMAP-조절 기작, EIIA가 phosphate기를 HPr-P에서 EIIBC 또는 아데릴산고리화효소(AC)로 이동 시킨다. EIIA는 EIIBC를 기질로서 더 선호하며, 그러면 바로 phosphate기가 포도당에서 glucose-6-phosphate 형태로 옮겨진다. 포도당이 없을 때, EIIBC는 완전히 phosphate화될 것이다. 대신 adenylate cyclase(AC)에 phosphate기를 전달하기 위해 EIIA-P는 힘을 얻게 된다. Adenylate cyclase는 인산화되면 활성화된다. 이는 바로 ATP를 cAMP로 전환한다. (2) 유도원 비활성화 기작. EIIA의 탈 phosphate화형태가 lactose(lactose) permease(permease)에 결합하여 그것을 비활성화 시킨다.

operon에 대한 포도당 효과(glucose' s effect)로만 알고 있었다. 그러나, 추가적인 관찰들을 통해 cAMP가 포도당 효과의 유일한 조절자(modulator)가 아님을 알아냈다. 예를 들면, 몇몇의 연구자들은 세포내 cAMP농도와 β-galactosidase 합성 사이의 상호연관성을 설명할 수 없었다. 더군다나 adenylate cyclase의 활성화가 결여되었거나 *lac* operon을 활성화하기 위한 cAMP를 필요로 하지 않는 CRP 돌연변이를 갖는 세포도 이화작용 억제(catabolic repression)를 수행할 수 있었다. 왜냐하면 그 세포들은 포도당이 존재하는 조건에서도 적게나마 β-galactosidase를 합성했기 때문에 cAMP가 *lac* operon mRNA 합성의 유일한 조절자가 아님을 증명한다.

추가적인 연구들에 의해 포도당에 의한 *lac* operon 전사 조절에 대한 두 번째 기전이 밝혀졌다. 이 기전은 **유도원 배제(inducer exclusion)**라고 불리며 또한 이러한 기전에는 포도당 전달 체계가 포함되어있다. 이런 경우에, 탈인산화된 형태의 EIIA는 lactose permease에 결합하고 그것을 비활성화시킨다. Lactose permease 비활성화는 lactose가 세포내로 들어가는 것과 allolactose로 전환되는 것을 막는다. Allolactose가 없으면 repessor가 operator에 붙어있는 채로 남아있게 되고, *lac* operon이 멈추게 된다. cAMP 조절과 유도자 배제(inducer exclusion)는 *lac mRNA* 형성을 억제하는 포도당의 능력에 기여하는 유일한 것들은 아닐 것이다. 예를 들면 CRP 합성 조절 또한 매우 중요하다. 따라서 모든 유전 조절 시스템의 최고의 연구 중 하나인 *lac* operon 조절은 매우 활성화된 연구 분야로 남아 있다. *lac* operon 조절 연구를 위한 적극적인 방법은 cAMP • CRP 활동에 대한 기전 연구에 있다.

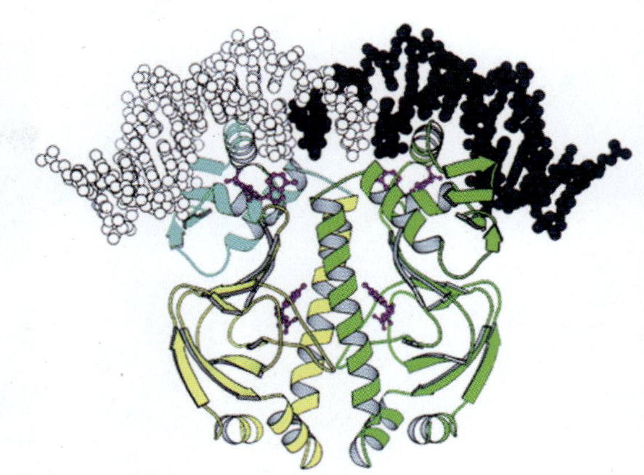

**그림 14.25 CRP 단량체에 DNA와 cAMP 두 분자에 결합된 이량체 CRP의 리본 모델.** 하나의 CRP 단량체에서 N-말단과 C-말단 domain은 각각 노랑색과 파랑색으로 표시했다. CRP 단량체에 붙은 DNA 절반 부위는 밝은 회색으로 표시했다. 다른 CRP 단량체는 녹색으로 보이는데, DNA에 결합된 부위는 검은색으로 표시됐다. 각각의 단량체는 자홍색으로 표시된 2개의 cAMP분자와 결합한다. 각각의 CRP에서 1분자 cAMP는 나선 대 나선 구조에 놓여있고, 이것은 DNA에 가깝게 위치한다. 다른 1개는 C-말단부위에 있다. 절반-부위 DNA의 서열은 5′-TGTCACATTAATTGCGTTGCGC-3′이다. Passner, J.M., and Steitz, T.A., *Proc. Natl. Acad. Sci. USA* 72(1997):2843-2847. copyright 1997. National Academy of Sciences, USA. Photocourtesy of Thomas A. Steitz, Yale University.

## cAMP • CRP 복합체는 *lac* promoter의 상류에 있는 activator 부위(AS)에 결합하여 *lac* operon 전사를 활성화시킨다.

cAMP · CRP가 없을 때 *lac* promoter는 매우 약하다. 왜냐하면 이들의 −10 box가 공통 염기서열(consensus sequence) 과 명확히 다르기 때문이다. 공통 염기서열을 갖는 −10 box *lac* promoter 돌연변이는 전사활성화에 cAMP • CRP를 요구하지 않는다. 그러므로 cAMP • CRP 복합체와 RNA 중합효소의 상호작용은 *lac* promoter에 대한 RNA 중합효소의 결합력을 증가시킨다는 제안이 논리적으로 맞는 것 같다. 생화학과 유전학적 연구들은 이런 가설을 지지한다.

Thomas Steitz와 동료들은 DNA에 결합한 cAMP • CRP의 결정구조(crystal structure)를 확인하였다(**그림 14.25**). CRP는 화학적으로 동일한 2개의 209개 아미노산 잔기의 polypeptide 로 구성되어있다. 각각의 체인은 4개로 된 아미노산 경첩(hinge)에 의해서 연결된 1개의 N-말단 domain와 1개의 C-말단 domain로 구성되어 있다. N-말단 domain은 cAMP와 붙기 위한 역 평행한 β-sheet의 연속된 구조를 포함한다. C-말단 domain은 DNA와 붙기 위해 하나의 helix-turn-helix 구조를 갖고 있다. cAMP가 없을 때, CRP와 DNA의 상호작용은 비 특이적이고 약하다. 그러나 cAMP • CRP 복합체는 특정 **활성자 부위(activator site, AS)**로 디자인된 DNA 서열과 매우 견고하게 결합한다. *lac* operon은 전사개시 부위로 부터 61.5 bp 상부에 AS의 중심이 위치해 있다(nucleotide−61과−62 사이). 많은 다른 세균의 operon도 cAMP • CRP에 의해 활성화 된다(아래 참조). 이런 operon들 각각은 적어도 1개의 AS를 갖고 있다. AS 서열을 비교해 보면 아래의 22bp의 공통 염기서열이 대칭으로 되어있는 것을 알 수 있다.

5′ −AAATGTGATCTAGATCACATTT−3′
3′ −TTTACACTAGATCTGTGAAAA−5′

AS에서 가장 잘 보존된 nucleotide는 2개의 TGTGA 서열이다. TGTGA에서 nucleotide가 바뀐 돌연변이는 *lac* operon 전사가 현저히 감소되는 결과가 초래되었다. 각각의 CRP 소단위체들은 AS의 절반과 결합한다. C-말단 domain의 helix-helix 부위와 AS의 상호작용은 *lac* repressor와 operator DNA와의 상호작용과 유사하다. 사실 helix-turn-helix 구조와 DNA의 상호작용은 DNA-단백질 사이의 인식에서 반복적으로 설명된다.

cAMP • CRP의 공통 염기서열에 대한 결합은 operon이 영구히 커져있을 만큼 매우 강하다. 그러므로 실제 cAMP • CRP가 결합하는 activator위치가 공통 염기서열과 다른 것은 놀랄 일이 아니다. 다른 operon들에서 activator가 결합하는 위치는 공통 염기서열과 매우 유사한 서열을 갖고 있어 activator와 cAMP • CRP는 경쟁적으로 결합한다. cAMP • CRP가 DNA에 결합되면 비변성(nondenaturing) gel 전기영동시 비정상적 양식으로 이동한다. 이러한 현상에 대한 가장 명확한 설명은 그 단백질이 DNA에 결합하면서 DNA를 구부려뜨리기 때문이다. X-선 결정학 연구들은 이런 cAMP • CRP 복합체가 급격하게 DNA를 80~90°사이의 각도로 날카롭게 구부린다는 것을 입증했다.

이와 더불어 cAMP • CRP 복합체는 RNA 중합효소와 특이적인 상호작용을 한다. 156-164의 아미노산을 치환하거나, *lac* operon의 전사활성을 제거시킨 돌연변이 CRP는 DNA 결합과 DNA 구부림에는 영향이 없었다. 그래서 helix-turn-helix 바로 앞에 위치한 이들 잔기들은 *lac* operon의 활성에 기본적으로 중요하다.

cAMP • CRP의 구조에 관한 연구들은 1가지 중요한 설명을 하고 있다. 156-164의 아미노산 잔기들은 CRP 표면의 β turn[**활성화 부위 1(activating region 1, AR1)**으로 지명된]을 형성하고 있다. 이 부위는 RNA 중합효소와 상호작용을 한다. 추가적인 실험들은 2개의 CRP 소단위체에 있는 AR1이 전사활성에 모두 필요한 경우와, 단지 1개의 AR1(promoter에 근접 또는 promoter의 말단)이 필요할 가능성을 나누어 증명했다. 한 소단위체는 정상 DNA 결합 부위를 갖고 다른 하나의 소 단위체는 돌연변이 AR1을 갖는 CRP 이형 접합체가 제조 되었다(**그림 14.26**). 이와 더불어 활성자 결합 부위의 반은 정상 반은 변형된 DNA 염기 서열을 갖는 혼성의 DNA *lac* promoter를 2가지 방향으로 제작하였다. 정상적인 전사는 단지 정상 AR1이 promoter에 가까운 소단위체에 존재할 때만 진행되었다.

유전학 연구는 또한 CRP가 RNA 중합효소 holoenzyme에서의 α 소단위체와 접촉하고 있음을 보여줬다. 12장에서 α 소단위체는 N-말단 domain(αNTD), C-말단 domain(αCTD) 그리고 두 domain을 연결하는 유연한 연결 부위(linker region)으로 이루어져 있다고 설명하고 있다. αCTDs가 제거된 돌연변이 RNA 중합효소는 cAMP • CRP가 존재하든 그렇지 않든 *lac* operon 전사가 불가능했다. 그러나 그 돌연변이 효소는 promoter의 −10 box에 있는 한 공통된 서열에서는 *lac* operon을 전사 할 수 있다. 게다가 화학적 교차결합(chemical crosslinking) 실험은 CRP와 αCTD가 서로 근접하게 있다는 것을 보여준다. 이러한 발견은 cAMP • CRP가 αCTD와 상호작용함을 나타낸다. 하나의 완전한 α 소단위체와 하나의 αCTD가 결핍된 α 소단위체를 갖는 RNA 중합효소를 사용한 실험에서 전사 활성은 단지 하나의 손상되지 않은 α 소단위체를 가진 RNA 중합효소가 필요하다는 것을 알아냈다. 손상되지 않은 소단위체가 β 소단위체 또는 β′ 소단위체 중 어느것과

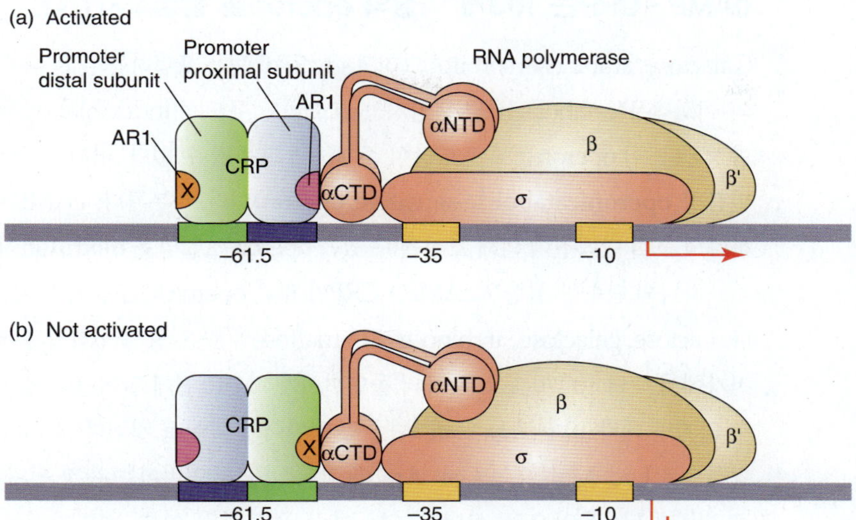


**그림 14.26 cAMP 수용체 단백질(CRP)의 promoter에 근접하게 존재하는 소 단위체에 존재하는 활성화부위(AR1)는 전사활성을 위해 필요하다.** 정상 DNA결합 부위를 갖고 하나의 돌연변이 AR1(오렌지색, X)를 갖는 소 단위체(밝은 녹색)와, DNA 결합부위가 변형이 되어 있고 정상 AR1(자홍색)을 갖는 다른 한 소 단위체(파란색)로 CRP 이형 이합체들을 제작했다. 또한 잡종 접합 activator 부위를 제작했다. 첫째 promoter 말단 활성 부위는 정상(어두운 녹색)이며 promoter 가까운 activator 부위는 변형시켰다(어두는 파란색). 두 번째로 2개의 활성 부위는 반대로 만들어졌다. 2개의 활성 부위의 위치는 cAMP • CRP 복합체의 방향을 정했다. 활성화는 오직(a) 에서 보여 지는 방향일 때만 일어난다. 이는 promoter 근접한 소단위체의 AR1이 활성화에 필수적이지만 promoter에서 멀리 떨어진(distal) 소 단위체의 AR1은 필요하지 않다. CRP는 cAMP receptor protein; σ는 σ factor; αCTD는 carboxyl terminal domain α subunit; αNTD는 amino terminal domain α subunit; β는 β subunit; 그리고 β′는 β′ 소 단위체를 상징한다. Adapted from Busby, S., and Ebright, R. H., *J. Mol. Biol.* 293(1999): 199 - 213.

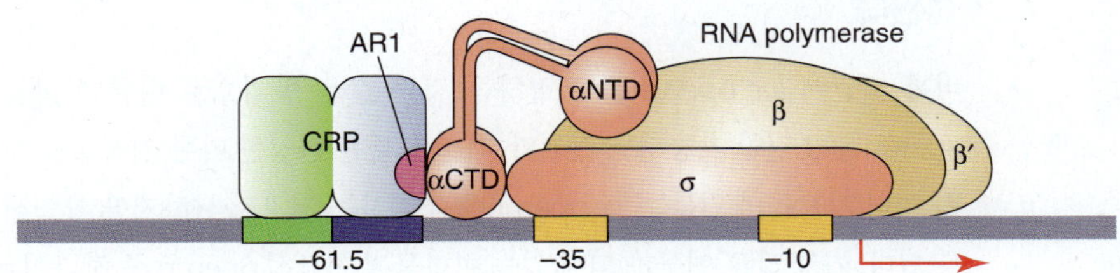


**그림 14.27 *E. coli* lacoperon의 전사 활성화.** CRP는 cAMP receptor protein; σ는 σ factor; αCTD는 carboxyl terminal domain α subunit; αNTD는 amino terminal domain α subunit; β는 β subunit; 그리고 β′는 β′ 소 단위체를 상징한다. 타원형의 자홍색은 CRP의 활성부위(activating region 1(AR1))을 나타낸다. *lac* operon에서 promoter는 class I cAMP-의존성 promoter로 알려진 것과 같은 종류의 전형적인 promoter이다. 전사활성은 CAP의 하부 소단위체의 AR1과 αCTD의 1개와의 직접적인 단백질-단백질 상호작용이 필요하다. Adapted from Busby, S., and Ebright, R. H., *J. Mol. Biol.* 293 (1999): 199-213.

연계 되는지는 문제가 되지 않는 것 같다. cAMP • CRP와 RNA 중합효소사이의 상호작용은 **그림 14.27**에 요약되어있다. –61.5 자리에서 AS를 갖는 *lac* promoter와 같은 promoter는 class I cAMP-의존적 promoter(class I cAMP-dependent promoters)로 일컷는다.

### cAMP·CRP는 100개 이상의 operon을 활성화시킨다.

Galactose, arabinose, sorbitol 그리고 glycerol 등을 포함하는 많은 다른 유기 분자의 이화작용(catabolism)을 책임지는 효소들도 유도성(inducible) operon에 의해 합성된다. 이 operon들도 포도당이 존재하면 작동될 수 없다. 이러한 것을 **이화물질 민감성 operon(catabolite-sensitive operon)**이라고 부른다. cAMP·CRP같은 하나의 조절 단백질에 의해 조절될 수 있는 operon 조절망을 **modulon**이라고 한다.

하나의 단순한 실험은 cAMP·CRP가 많은 operon의 조절에 관여함을 보여준다. Lactose, galactose, arabinose 또는 maltose와 같은 당의 이화작용에 관련된 유전자에서 대략 $10^{-6}$ 빈도로 하나의 돌연변이가 자연스럽게 일어난다. 실제로 측정될 수 없지만 대략 $10^{-12}$로 *lac⁻mal⁻* 이중 돌연변이가 일어날 것이다. 그러나 실제 표현형적으로 $Lac^{-}$ $Mal^{-}$ 또는 $Gal^{-}$ $Ara^{-}$와 같은 이중 돌연변이는 측정 될 수 있는 빈도로 발생한다. 육안으로 식별가능한 이런 표현형적 이중 돌연변이는 2개의 당 operon에서의 돌연변이가 아니라 항상 $crp^{-}$나 $cya^{-}$에 의한 것임이 밝혀졌다. 게다가 만약 $Lac^{-}Mal^{-}$가 단일 돌연변이의 결과로 나타난다면 다른 이화물질에 민감한 operon의 단백질산물들 또한 합성되지 않을 것이다. 이화물질에 민감한 몇몇 operon에 대한 생화학 실험들은 그들 각각의 시스템에서 각각의 promoter 부위에 cAMP·CRP의 binding이 일어나고 있음을 보여준다.

## 14.4 Galactose operon

### Galactose operon 또한 repressor와 cAMP·CRP에 의해서 조절된다.

비록 세균이 *lac* operon을 조절하는 것과 같은 방법으로 다른 이화물질 민감성 operon을 조절할 가능성도 있지만, 사실 그들은 다양한 다른 기작들을 이용한다. 이런 여러 기작들의 일부는 *lac* operon을 조절하는 것과 유사하지만 확연히 다른 것들도 있다. 가장 많은 연구가 되어 있는 이화물질 민감성 operon 중 하나인 *gal* operon은 4개의 구조 유전자인 *galK*(galactokinase), *galT*(galactose transferase), *galE*(galactos epimerase) 그리고 *galM*(galactose mutarotase)을 포함한다. Mutarotase는 β-*galactosidase*가 *lactose*를 α-D-galactose로 분해할 때 형성된 β-D-galactose를 변형시킨다. 그리고 나면 galactokinase, galactose 전달효소 그리고 epimerase는 순서대로 작용한다.

$$\text{galactose} + \text{ATP} \longrightarrow \text{포도당-1-인산} + \text{ADP}$$

*lac* operon과 같이 galactose(*gal*) operon은 repressor와 cAMP·CRP에 의해 조절된다. Repressor에 대한 구조유전자 *galR*는 효소들에 대한 구조유전자들로부터 멀리 떨어져있다. *gal* operon 또한 2개의 operator $galO_E(O_E)$와 $galO_I(O_I)$, 1개의

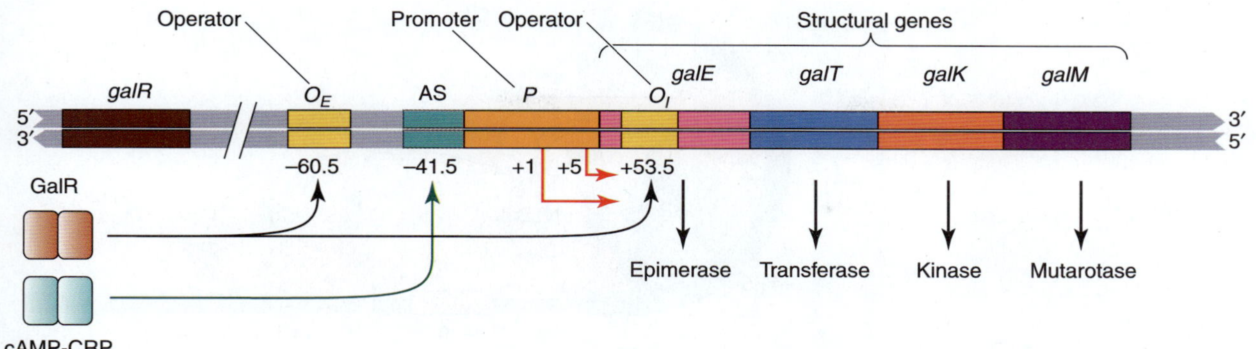


**그림 14.28 gal operon의 구조 유전자, 조절 유전자, 그리고 조절 요소.** 4개의 구조 유전자인 *galE, galT, galK* 그리고 *galM*은 각각 galactose epimerase, galactose transferase, galactokinase, mutarotase를 각각 암호화한다. Repressor의 구조 유전자 인 *galR*은 galactose 효소들을 암호화한 구조유전자들로 부터 멀리 떨어져있다. *gal* operon은 또한 $galO_E(O_E)$와 $galO_I(O_I)$ 2개의 operator, promoter 그리고 cAMP • CRP AS를 가지고 있다. Promoter 부위는 매우 가깝기 때문에 따로 표시하진 않았지만 P1과 P2 2개의 promoter로 되어있다. Operon에 상대적 크기는 그리지 않았다.

promoter부위 그리고 1개의 cAMP • CRP AS를 갖고있다(**그림 14.28**). Promoter 부위는 $P_1$과 $P_2$ 2개의 promoter를 함유한다. 이들은 상당부분 중복되어 있기 때문에 그림 14.28에서는 따로 구별되는 부위로 나타내지 않았다. 한 operator $galO_E$는 promoter의 상부에, 다른 하나의 operator $galO_I$는 *galE* 안에 있다. 이 두 operator 중 어느 하나에 돌연변이가 생겨도 최소한 일부분의 전사활성이 지속되는데 이런 현상은 이 operator 둘 다 억제 작용에 참여함을 뜻한다.

*gal* repressor는 2개의 동일한 polypeptide 사슬로 만들어졌고 이들은 2개의 operator에 결합한다. *galR* 유전자가 완전히 제거된 돌연변이는 두 promoter의 지속적인 활성화가 유도된다. Gal repressor의 아미노산 서열은 Lac repressor와 유사하다. 그러나 거기엔 1가지 중요한 차이점이 있다. Gal repressor는 4개의 나선형 다발을 형성하고 안정적인 사합체를 이루게 하는 Lac repressor의 C-말단 잔기들을 갖고있지 않다. Gal repressor는 유도자인 galactose와 결합하는 C-말단을 갖고 있으며, 나선-대-나선 구조로 되어 있는 N-말단 domain은 $galO_E$ 또는 $galO_I$의 절반 부위에 결합한다. *In vitro* 조건에서 Gal repressor에 의한 반응으로 DNA 구부러짐 현상(DNA-looping)을 설명하기 위한 초기 시도는 성공적이지 못했다. 이런 실패는 Gal repressor가 사합체가 아닌 이합체라는 사실을 설명해주었다. 그럼에도 불구하고, *in vivo* 연구들은 협력적인 상호작용에 의한 억제현상을 위해 $galO_E$와 $galO_I$ 둘 모두 필요함을 제시했다. Sanker Adhya와 동료들은 HU라 불리는 histone 유사 단백질이 Gal repressor가 $galO_E$와 $galO_I$ 둘 모두에 결합했을 때 *gal* promoter에 결합하고, 그 결과 DNA가 고리형태로 변한다는 것을 관찰함으로써, 그에 대한 문제점을 풀었다(**그림 14.29**). 그러한 단백질 대 단백질 상호작용들에 대한 특이적인 현상들은 아직 더 밝혀져야 한다.

2개의 *gal* promoter($P_1$과 $P_2$)는 5염기를 사이에 두고 떨어져 있다(또는 B-

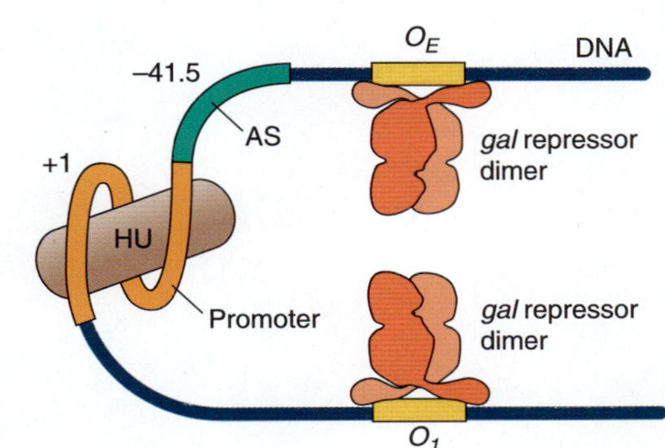


**그림 14.29 gal operon에서의 gal repressor와 HU 작용.** Gal repressor는 이합체이다. 1개의 이합체는 $galO_E$와 결합하고 다른 하나는 $galO_I$와 결합한다. Histone 유사 단백질인 HU는 *gal* promoter 부위(+1)에 결합한다. 이 결합은 DNA 초나선화를 야기 시키며, 그 결과 전사가 억제된다.

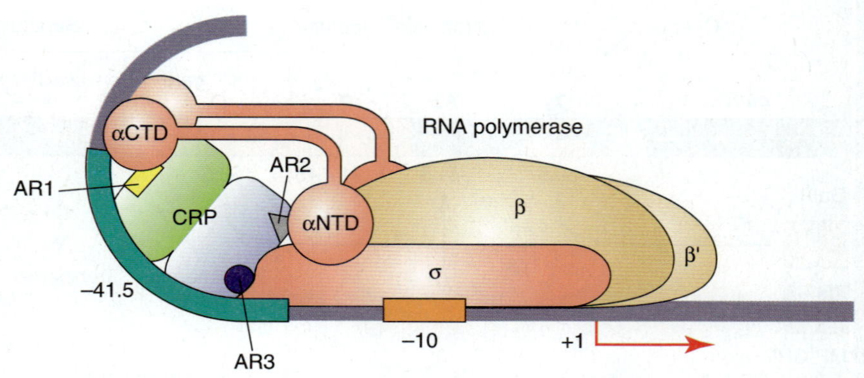


**그림 14.30 cAMP 수용 단백질(CRP)의 기능적인 활성부위(activating regions)의 구성과 class IIcAMP-의존성 promoter에서의 RNA 중합효소에 있는 그들 표적 소 단위체들.** CRP의 다른 활성부위 AR1, AR2 그리고 AR3는 CRP 이합체의 소단위체 안에 나열되었다. 각각 노란색 사각형, 회색 삼각형, 보라색의 원형으로 나타냈다. CRP 이합체의 상부 소단위체에 있는 AR1, 그리고 하부 이합체에 있는 AR2와 AR3는 RNA 중합효소holoenzyme의 αCTD, αNTD, 그리고 σ 소단위체와 각각 상호작용한다.

DNA의 1/2 바뀌). 그리고 그 결과로서 $P_1$의 전사개시 부위는 $P_2$의 전사개시부위로부터 5염기 상부에 존재한다. Polycistron성 mRNA들은 4개의 galactose 효소들을 합성하기 위해 필요한 모든 정보를 갖고있다. $P_1$ 전사개시부위 상부 41.5 bp에 놓인 AS에 cAMP • CRP가 결합하면 두 promoter에 상반되는 영향을 준다. cAMP • CRP가 AS에 결합하면 $P_2$의 전사를 억제하는데, 반대로 $P_1$의 전사는 활성화시킨다. 그러므로 $P_2$는 세포내 cAMP • CRP 양이 낮을 때 포도당이 존재하면 *gal* mRNA전사를 도울 수 있다. 그러나 $P_1$은 그렇게 할 수 없다.

사실 *lac* operon에서 $P_{lac}$과 AS사이의 거리 보다 *gal* operon에서 AS는 $P_1$에 20 bp 더 가까이 존재한다. 이런 현상은 cAMP • CRP와 RNA 중합효소 사이의 상호작용이 두 operon에서 다르다는 것을 나타낸다. 이런 예상은 실제 옳았다. –41.5 위치에 AS를 갖는 *gal* operon에서 $P_1$같은 promoter는 **ClassII cAMP 의존성 promoter**라고 불린다. ClassII cAMP 의존성 operon들에서 cAMP • CRP와 RNA 중합효소의 구성체계는 **그림 14.30**에 도식적으로 나타내었다. CRP에서 3개의 activator 부위들(AR1, AR2 그리고 AR3)은 RNA 중합효소 복합체와 상호작용한다. AR1은 CRP 이합체의 위쪽 소단위체에서, AR2와 AR3는 아래쪽 소단위체에서αCTD, αNTD 그리고 $\sigma^{70}$ 소단위체와 각각 상호작용을 한다.

왜 *gal* operon은 2개의 promoter를 갖는가? Galactose는 세포대사에서 2가지 역할을 하기 때문이다. Galactose는 당지질 합성을 위한 탄소원과 전구체이다. Galactose가 성장배지에 존재하지 않을 때 세포들은 포도당을 당지질을 만들기 위해 사용되는 galactose로 전환하기 위해 *gal* operon에 암호화된 epimerase를 사용한다. 당지질이 만들어질 수 있도록 포도당을 galactose-1-인산으로 전환하기 위해 $P_2$ promoter는 적은 양의 epimerase를 발현시킨다.

$P_1$은 cAMP • CRP 활성화를 요구하기 때문에 만약 $P_1$이 유일한 promoter라면 포도당이 존재할 때 epimerase가 만들어 질 수 없다. 반대로 cAMP • CRP가 $P_2$를 억제하기 때문에 만약 $P_2$가 유일한 promoter라면 galactose가 유일한 탄소원으로 제공될 때 galactose가 그 operon을 완전하게 유도하지 못 할 것이다. 그래서 필요성과 경제성을 모두 고려하여 cAMP • CRP-비의존성 promoter($P_2$)는 낮은 수준의 지속적인 합성을 위해 필요하며 cAMP • CRP-의존성 promoter($P_1$)은 높은 수준의 합성을 조절하기 위해 필요하다. 더우기 cAMP • CRP에 의해 $P_2$가 억제된다면 그 조절은 효율적이게 된다.

# 14.5 *araBAD* operon

## AraC activator 단백질이 *araBAD* operon을 조절한다.

L-arabinose(5탄당)는 대사를 위한 탄소원으로 제공될 수 있다. 또한 많은 식물 세포벽에 존재하므로 채소를 먹은 후 인간의 장에 존재하게 된다. 이것은 장에서 흡수되지 않으며 대신 *E. coli* 같은 장내 세균들의 탄소원으로 제공된다. Arabinose는 가끔 제공되기 때문에 이것을 이용하는 능력은 유도성일 것이라고 예측되고, 실제로도 그렇다.

*E. coli*과 연관된 세균들은 성장배지로부터 arabinose를 획득하여 D-xylulose-5-phosphate으로 전환시키고 이를 다시 ribose-5-phosphate과 다른 당들로 전환시킬 수 있는 arabinose 체계를 갖고있다(**그림 14.31**). Arabinose 전달 단백질들은 64.2분에 있는 *araE*와 42.7분에 있는 *araFGH* operon을 구성하는 *araF*, *araG* 그리고 *araH*에 암호화되어있다.

Arabinose를 xylulose-5-phosphate으로 전환시키는 효소들은 1.4분에 있는 *araBAD* operon을 구성하는 *araB*, *araA* 그리고 *araD*에 암호화 되어있다. 따라서 arabinose 대사를 위해 필요한 이들 유전자들은 *E.coli* 염색체위에서 각각으로부터 서로 꽤 떨어져 3개의 구별되는 부위에 위치해있다. 우리는 *araBAD* operon의 조절에 대해 집중적으로 다룰 것이다. *araBAD* operon은 유도 증가되는 operon이고, 유

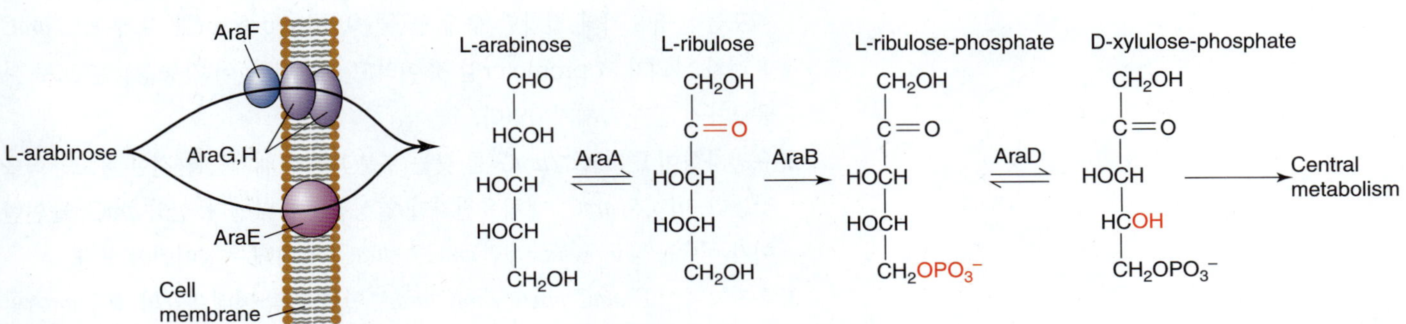


**그림 14.31** *E. coli*의 L-arabinose 이화작용 경로. Adapted from Schleif, R., *Trends Genet.* 16 (2000): 559-565.

**그림 14.32** ***araBAD* operon.** *araC* 유전자는 조절 단백질을 암호화하고 있다. *araB*, *araA*, *araD*는 arabinose를 분해하기 위해 필요한 효소들을 암호화하고 있다. $P_C$와 $P_{BAD}$는 *araC*와 *araBAD*의 promoter이며 서로 반대방향으로 전사한다. AS는 cAMP • CRP activator 결합부위이다. 조절 요소들 $O_2$, $I_1$, 과 $I_2$는 *araC*의 1개의 소단위체가 결합하는 유사한 염기서열로 된 17 pb 절반 부위들이다. 그리고 $araO_1$은 2개의 소단위체들이 결합하는 $O_{1L}$과 $O_{1R}$(나타내지 않음) 2개의 절반부위들로 이루어졌다.

도체는 arabinose 자신이다. 정상 operon에서 *araBAD* mRNA는 오직 arabinose가 존재할 때만 생성된다. Arabinose는 한 조절 단백질과 결합하여 복합체를 형성하며, 이는 *araBAD* operon을 촉진한다. 그 조절단백질은 AraC 단백질이다. 이는 *araC*에 암호화되어있으며 *araBAD*에 가깝게 위치한다. **그림 14.32**에서 *E.coli* 염색체에서 그들 유전자들의 자세한 위치에 대해 보여주고있다. araC promoter($P_C$)와 *araBAD* promoter $P_{BAD}$는 서로 반대방향으로 전사된다. 정상세포들은 포도당 존재시 *araBAD* mRNA를 합성할 수 없는데, 이는 $P_{BAD}$의 전사는 cAMP • CRP가 필요하다는 것을 나타낸다. 그리고 실제 염기서열 분석을 통해 $P_{BAD}$ 상부에 cAMP • CRP AS가 존재함을 알았다.

AraC 단백질은 arabinose가 존재하든, 존재하지 않든 모두 자신의 promoter($P_C$)를 억제한다. 유전자 생산물이 자신의 합성을 조절하기 때문에 이는 음성 **자기조절**(negative **autoregulation**)의 한 예가 된다. AraC 단백질은 arabinose가 없을 때 *araBAD* promoter($P_{BAD}$)의 전사를 억제 한다. 그러나 위에서 언급했듯이, arabinose가 존재하면 $P_{BAD}$ 의 전사를 촉진 한다. 그래서 AraC 단백질은 arabinose가 존재하면 araBAD mRNA전사에 대한 양성 조절자(positive regulator)가 된다. 이는 단지 음성적 조절자로만 기능하는 *lac* 과 *gal* repressor들과는 대조적이다. AraC 단백질의 양성적 조절활성은 아래의 실험결과들에 의해 증명된다:

1. 표현형이 *araC*⁻로 나타나는 모든 점 제거 돌연변이들은 *araBAD* mRNA를 합성할 수 없다. 그 외에는 어떤 다른 정보도 없는 상황에서 사람들은 *araC*⁻ 세포들이 유도자와 결합할 수 없는 돌연변이 repressor를 갖거나 또 *araC* 유전자 자리가 그 promoter일 것 이라고 예상했다. 이 가능성들은 모두 다음 2가지 결과로 제거되었다.
2. 유전자형이 F′ $araC^+/araC^-$를 갖는 부분적인 이배체는 완전한 유도능력을 갖는다. 이것은 $araC^-$ 대립유전자가 열성임을 나타낸다. 만약 $araC^-$ 돌연변이가 비유도성 repressor라면 $araC^-$는 $araC^+$에 대해 우성이어야 한다.
3. 유전자형이 F′ $araC^+araA^-/araC^-araA^+$인 부분적 이배체들의 경우 *araA*의 산물이 충분히 유도될 수 있었다. 만약 *araC*가 promoter라면 $araC^-$ 돌연변

이를 갖는 DNA분자에 *araA*⁺가 같이 있기 때문에 *araA*⁺ 유전자는 전사될 수 없다. *araC* 생산물은 *trans* 형태로 보완하기 때문에 이것은 확산성 분자임에 틀림없다.

다른 유전학적 증거는 –*araC* 유전자에서의 황색돌연변이들(amber mutants)이 발견된다는 사실 –*araC* 생산물이 단백질임을 나타낸다. 이러한 유전학적 결과들은 AraC 단백질의 정제와 서열분석을 통해 확증되었다. 이러한 실험들의 중요한 점은 *araBAD* mRNA합성에서 반드시 AraC 단백질이 그 기능을 하며, 필요하다는 것이다.

AraC 단백질(양성 조절자로서 작용할 때)과 cAMP • CRP 둘 모두는 전사가 개시되기 위해 필요하다. 이들 결론은 2 가지 종류의 *in vitro* 실험에 의해 확증되었다. 첫 번째 실험에서 (a) *araDNA*와 RNA 중합효소가 있는 반응이나 (b) DNA, RNA 중합효소 그리고 단지 1개의 조절자 복합체(AraC • arabinose 또는 cAMP • CRP 중)를 함유하는 반응혼합물에서는 *araBAD* mRNA가 합성되지 않았다. 이것은 두 단백질들 모두 첨가되어야함을 보여준다. 두 번째 실험에서 *araDNA*는 전자현미경(RNA 중합효소가 결합되었는지를 관찰할 수 있는)을 통해 관찰되었다. 이런 실험의 한 결과는 이러한 조절단백질들이 존재하지 않는 한 RNA 중합효소가 그 DNA에 결합하지 않음을 보였다. 동형 이배체인 AraC 단백질의 구조는 조절단백질의 기능을 이해할 수 있는 중요한 단서를 제공한다. Arabinose가 존재하지 않을 때 소단위체의 구조는 **그림 14.33a**에서 보여준다. 유연한 고리는 N-말단과 C말단을 연결하고 있다. 각각 소단위체의 N-말단 domain은 이배체 구조를 안정화하기 위해 상호작용한다. 그래서 N-말단 domain은 일반적으로 이분체화 부위(dimerization domain)라고 불린다. N-말단 domain은 또한 arabinose가 결합해도 큰 구조적 변화가 야기되지 않는 arabinose-결합 주머니를 포함한다. 그러나 N-말단에 붙어있는 대략 18 아미노산 잔기를 갖고 있는 팔(arm)은 arabinose가 결합하면 큰 변화가 유발된다(**그림 14.33b**). Arabinose가 존재하지 않으면, N-말단 팔은 C-말단(DNA 결합)의 측면에 결합하고 있다. N-말단-팔과 연결고리(linker)의 조합은 각각의 DNA-결합 부위와 N-말단(이배체화)부위를 견고하게 잡아준다. Arabinose가 배지에 첨가되면, N-말단 팔은 C-말단(DNA 결합)에서부터 N-말단 domain로 위치가 바뀐다. 이러한 위치 변화는 N-말단 과 C-말단 domain이 서로 자유롭게 움직이게 해준다. 그래서 N-말단 팔은 "전등 스위치"와 같은 역할을 한다. AraC의 DNA 결합부위에 대한 결합력에 영향을 주는 AraC 구조를 크게 변화시키기 때문이다.

Arabinose가 존재하지 않은 때, AraC 단백질은 *ara*$I_1$, *ara*$O_2$의 반쪽 부위에 결합하고 그 결과 대략 210 bp 크기의 DNA loop를 만든다(그림 14.33a). *ara*$I_1$ 과 *ara*$O_2$ 사이에 반 바뀌(5 bp) 또는 한 바뀌(10 pb)에 해당하는 DNA를 삽입시켜 본 나선의 꼬임(helical twist) 실험에 의해 이들 loop의 중요성이 나타났다. *ara*$I_1$와

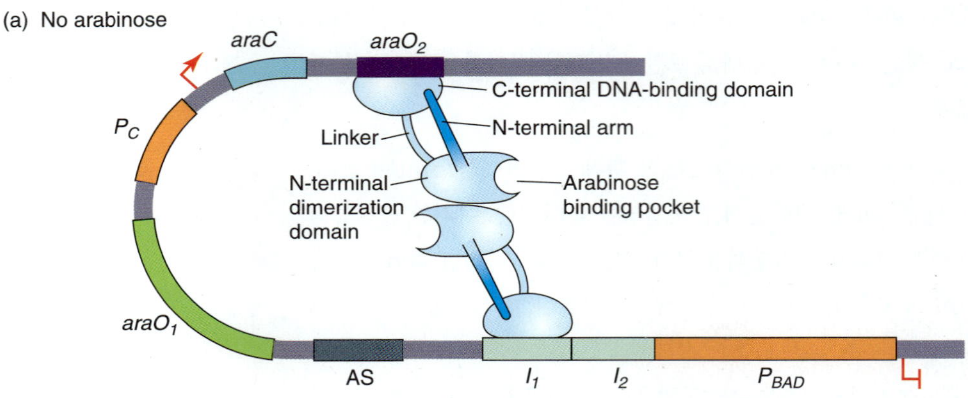


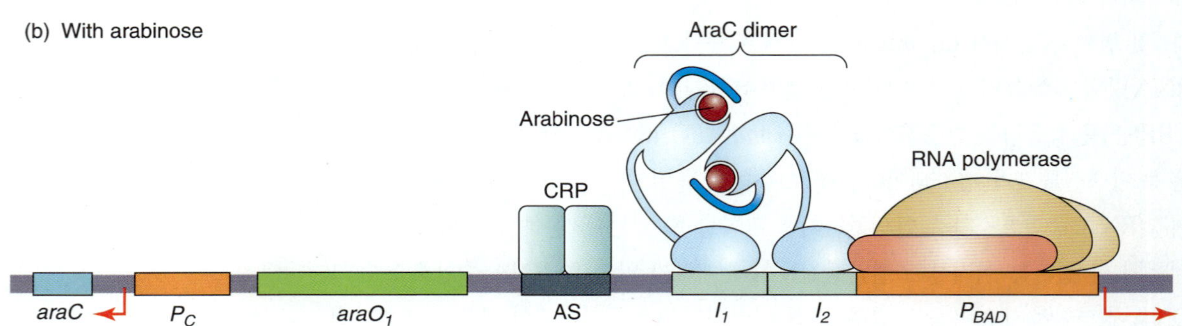


**그림 14. 33 Arabinose와 결합한 후 AraC의 구조적 변화.** (a) Arabinose의 부재시 *araP*$_C$와 *araP*$_{BAD}$ 조절부위. 조절요소 *araO*$_2$, $I_1$, 그리고 $I_2$는 1개의 *araC* 소단위체가 결합할 수 있는 유사한 서열로 되어있는 17bp 절반-부위이다. Arabinose의 부재 시, AraC는 *araO*$_2$ 와 $I_1$의 결합을 통해 DNA를 loop모양으로 만든다. 이러한 상태에서 RNA 중합효소는 *araP*$_{BAD}$와 *araP*$_C$에 결합하는 것이 방해된다. 또한 cyclic AMP 결합 단백질(CRP)도 자신의 DNA 부위에 결합하는 것이 방해될 것이다. (b) Arabinose가 존재 시 *araP*$_{BAD}$와 *araP*$_C$ 조절부위. Arabinose가 있을 때, *AraC*는 근접한 $I_1$과 $I_2$ 절반-부위와 최초로 결합하게 되고, DNA는 loop모양이 풀린다. 따라서 RNA 중합효소는 $P_{BAD}$와 자유롭게 결합할 수 있게 되며, cAMP • CRP는 자신의 DNA 부위와 자유롭게 결합하게 된다. *araO*$_1$은 2개의 절반-부위를 포함하기 때문에 AraC 이합체와 결합할 수 있다. *araC* 구조 유전자에 의한 AraC의 조절은 *araO*$_1$과 *araP*$_C$ 를 포함하는 복합적인 진행과정이며, 이는 여기서 보여주지 않았다. DNA 요소들은 그들의 크기대로 그리지 않았다. Adapted from Schleif, R., *Trends Genet.* 16 (2000): 559-565.

*araO*$_2$ 부위는 서로 나선의 반대면에 위치하기 때문에 반 바뀌 삽입은 loop 생성을 억제할 것으로 기대했다. 왜냐하면 AraC 단백질은 동시에 두 면에 접촉할 수 없고, 에너지학적으로 비선호적 사건이기 때문이다. 완전한 한 바뀌 삽입체는 loop의 크기를 증가시켰고, 동시에 AraC 단백질이 두 면에 결합할 수 있게 했다. 왜냐하면 그들이 나선구조의 같은 면에 있을 수 있게 하기 때문이다. loop구조에 대한 예측결과에 의하면 반 바뀌 삽입체는 $P_{BAD}$ 전사의 억제를 반감시키는 반면 완전한 한 바뀌 삽입체는 그렇지 않는다는 것을 알 수 있다. 그 DNA loop는 아래의 기능들을 한다. (1) 이는 공간적으로 $P_{BAD}$에 RNA 중합효소의 접근을 막아서 *araBAD* 기본적인 전사의 양을 낮게 유지할 수 있게 한다. (2) 이는 $P_C$에 대한 RNA 중합효소의 접근을 막으며 (3) cAMP • CRP가 activator 부위(AS)에 결합하는 능력을 저해 한다.

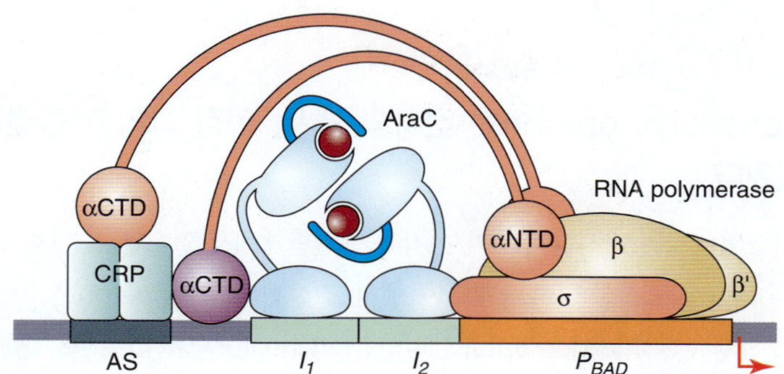


**그림 14.34 RNA 중합효소의 α-소단위체의 C-말단 domain와 CRP 단백질, AraC 그리고 DNA사이의 가능성이 있는 상호 작용.** 하나의 α-소단위체의 C-말단부위(보라색)은 종종 DNA와 접촉하기 때문에 CRP와 AraC 결합 부위 사이의 DNA에 부착되어 있는 것으로 보여준다. 그러나 현재 그러한 접촉에 대한 실험적인 자료는 없다. RNA 중합효소와 중합효소에 근접한 AraC 소단위체 사이의 추가적인 상호작용들을 묘사했다. Adapted from Schleif, R., *Trends Genet.* 16 (2000): 559-565.

위에서 언급했듯이 arabinose가 N-말단의 주머니에 결합하면 N-말단 팔은 C-말단으로부터 N-말단 domain로 위치가 변한다. 이런 이동의 결과로서 AraC는 *ara*$O_2$ 위치로부터 떨어져 나가고 *ara*$I_2$ 위치에 결합한다. 그리고 DNA loop는 열리게된다(그림 14.33b). AraC 단백질은 *ara*$I_1$위치에 묶인채 남아있게된다. 이러한 변화는 매우 빨리 일어난다. DNA loop의 열림과 동시에 RNA중합효소는 PC와 $P_{BAD}$에 접근성을 얻게 된다. $P_C$로 부터의 전사는 *araC* mRNA형성을 이끌며, 이는 바로 AraC 단백질로 해독된다. 그러나 잠시 후에 AraC가 $O_1$에 결합하게 되어 *araC* mRNA형성은 억제된다.

$P_{BAD}$에서 일어나는 사건들은 다른 경로를 거친다. AraC 단백질은 $P_{BAD}$와 4염기가 중복된 *ara*$I_2$에 결합하고, 이는 RNA 중합효소의 $P_{BAD}$에 대한 결합력을 높여준다. cAMP • CRP와의 상호작용이 그 결합력을 증가시키는 것에 대해서는 아직 밝혀지지 않고 있다. **그림 14.34**는 AraC 단백질 DNA, RNA 중합효소 그리고 cAMP • CRP들 간의 가능성 있는 상호 결합의 형태를 보여준다. 세균은 약 100가지 이상의 AraC와 유사한 단백질들을 생산한다. AraC 유사체들에 대한 자세한 기전에 대해선 아직 밝혀지지 않고 있다. 그러나 아마 이들은 *E.coli*의 AraC 단백질과 흡사한 기능을 할 것이다. 그래서 $ara_{BAD}$ operon은 양성 조절 요소에 의해 일차적으로 조절되는 세균 시스템 연구를 위한 좋은 견본이 될 것이다. $ara_{BAD}$ operon이 왜 repressor에 의한 조절보다 양성으로 조절되는지에 대해 많은 의문이 있었다. 40년 전, *lac* operon이 모든 operon을 위한 모델이 되었던 시절, 그런 질문은 매우 중요한 것처럼 여겨졌다. 그러나 시간이 지나면서 조절 전략들의 다양성이 진화되어져왔다는 것이 인식되어졌으며 수 백만년 이상 지나면서 그 시스템은 살아남기 위한 전략으로 자리매김하기 위해 진화했다는 것이 설득력을 갖게 되었다.

## 14.6 Tryptophan Operon

### Tryptophan(*trp*) operon은 전사의 개시, 신장 그리고 종결단계에서 조절된다.

일부 전사조절체계는 개시단계 보다 신장과 종결단계에서 일어난다. 현재 검토하고 있는 *trp* operon은 전사의 세단계 모두에서 조절된다. *trp* operon은 promoter, operator, 선행유전자(leader, *trpL*), 감쇠인자(attenuator) 그리고 *trpE*, *trpD*, *trpC*, *trpB*, *trpA*로 구성된 5가지 구조유전자들로 이루어진다(**그림 14.35**). *trp* operon은 분해효소가 아니라 생합성 효소를 암호화한다는 점에서 cAMP • CRP 활성부위를 가지고 있지 않은 것과 서로 일관성이 있다. Operator는 정밀하지 않은 on-off 조절 부분이며 선행유전자와 attenuator는 정교한 조절을 한다. *trp* operon에서 가장 먼저 전사되는 영역은 짧은 peptide(아래 참조)를 암호화하는 leader 서열이다. 그 다음 RNA 중합효소는 polycistron의 *trp* mRNA를 형성하기 위하여 *trpE* → *trpA*의 순서의 5개 구조유전자를 전사시키기 위해 움직인다. 구조유전자들에 의해 특정화된 5가

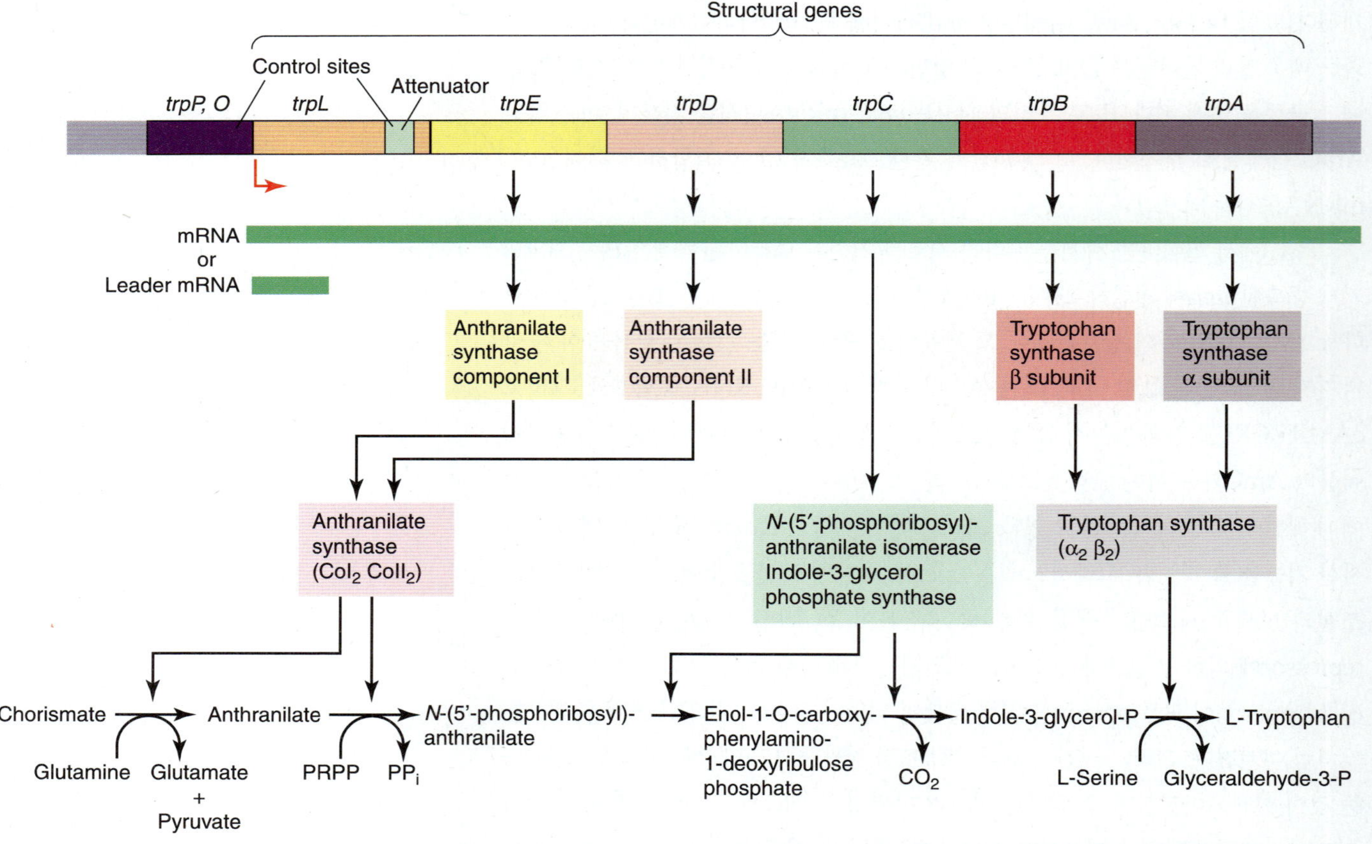


**그림 14.35 특정효소와 촉매반응을 의미하는 *E. coli* tryptophan operon의 유전지도.** PRPP는 phosphoribosyl pyrophosphate의 약자이다. Yanofsk, C에 의해 채택. *J. Am. Med. Assoc.* 218(1971): 999-1110.

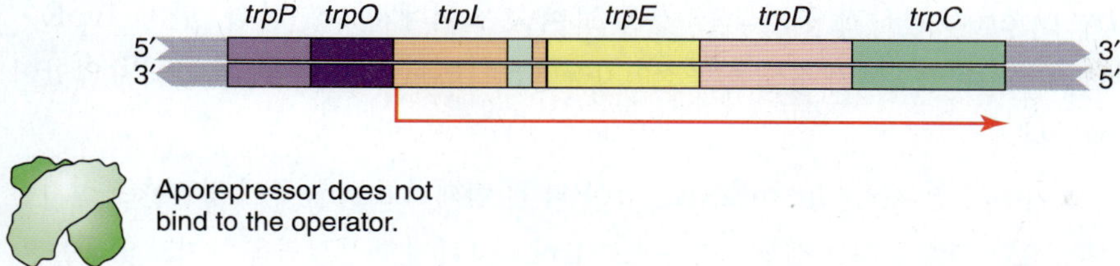


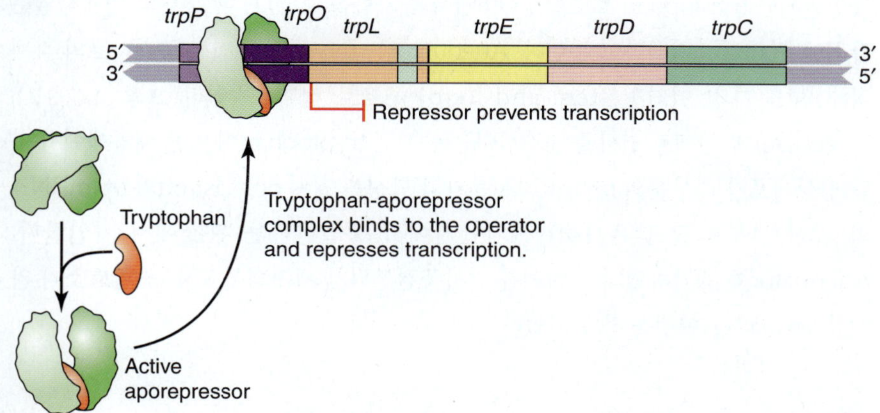


**그림 14.36** ***E. coli trp* operon의 조절.** (a) trp 주억제인자(aporepressor)는 operator에 결합하지 않으며, 스스로 전사를 일으킨다. (b) 충분한 tryptophan이 존재할 때 aporepressor와 tryptophan의 결합은 구조유전자에 결합하는 repressor 활성을 형성하며, 전사는 억제된다.

지 polypeptide는 3가지 효소를 형성하며 tryptophan 생합성을 위해 필수적이다.

초기 연구에서 tryptophan이 *E.coli* 배양에 첨가될때 *trp* 시스템이 억제된다는 것이 밝혀지면서 *trp* operon은 유도되기 보다는 억제되는 것이라고 제시되었다. 유도와 마찬가지로 repression도 조절 단백질에 의해 전사 개시의 음성의 조절을 포함한다. 그렇지만 조절 단백질은 tryptophan과 복합체를 형성하기 전까지는 operator에 결합하지 않는다(**그림 14.36**). Trp 조절단백질의 구조유전자 *trpR*은 *trp* operon으로부터 상당한 거리에 위치하고 있다. 이 거리는 조절단백질이 세포 전체로 확산되기 때문에 문제가 되지 않는다. 조절단백질의 생물학적 활성형태는 동형이합체(homodimer)이다. 각 소단위체는 *trp* operator의 중간부위에 결합할 수 있는 나선대나선연결구조(helix-turn-helix)를 가지고 있다. *trp* operator와 promoter 영역들은 상당히 중복되어있다. 그러므로 TrpR • tryptophan 복합체와 RNA중합효소의 결합은 상호간에 배타적이다.

TrpR • tryptophan 복합체의 기능은 tryptophan 농도가 높을때 tryptophan operon을 멈추게 하는 정교하지 않은 on-off 스위치 기능이다. Tryptophan 농도에 따라 세포가 그들의 tryptophan 효소농도를 조절하는 정밀한 조절기전도 또한 존재한다. 이 정밀한 조절 기전이 존재함의 중요한 단서는 1972년 Charles Yanofsky

의 TrpR 단백질의 기능이 상실된 *E. coli* 돌연변이체가 tryptophan이 결여되었을때 *trp* operon 전사가 증가되는 것을 보여준 실험에서 기인한다. 만약 TrpR • tryptophan 복합체가 유일한 조절인자라면 *trp* operon의 전사는 증가되지 않았어야 한다.

이후의 연구에서 *trp* mRNA는 trpE의 첫 번째 codon 앞쪽에 정밀한 조절기전에 중요한 역할을 하는 선행유전자 또는 trpL의 141개 핵산서열을 가지고 있음을 밝혔다. 유도조건이 아닌 구성적 조건에서 염기 서열 123~150의 선행유전자가 제거된 돌연변이는 tryptophan 효소합성이 6배나 증가함을 보였다. 이 28개의 염기서열은 **감쇠인자(attenuator)**라고 불린다. Attenuator는 rho-독립적 전사 종결자로의 잠재적 기능을 가진 머리핀(stem-and-loop) 구조로 접힐 수 있다(**그림 14.37**). Attenuator가 실제로 전사를 종결한다는 증거는 tryptophan이 있는 배양액에서 자란 정상세포가 대부분의 *trp* mRNA 분자의 합성을 전체 polycistron의 *trp* mRNA의 길이보다 훨씬 짧은 140 잔기단계에서 종결한다는 관찰에서 기인한다. Attenuator를 제거하였더니 이러한 전사종결부위가 제거되어 RNA중합효소가 완전한 *trp* mRNA합성을 하게 되었다.

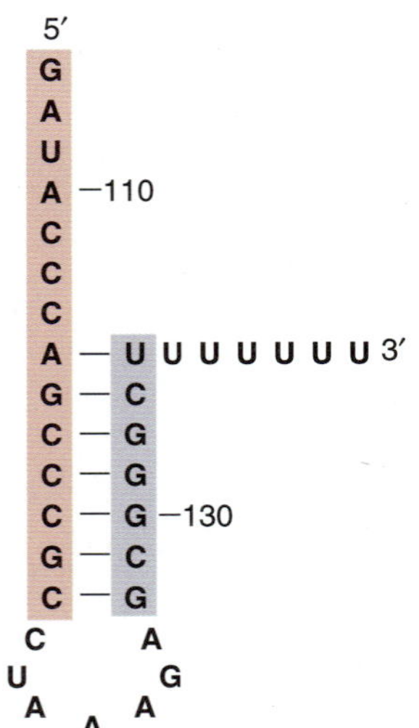

**그림 14.37** ***trp* attenuator.** Attenuator는 rho-독립적 전사 종결자로의 잠재적 기능을 가진 머리핀(stem-and-loop)구조로 접힐 수 있다. Voet, D., voet에 의해 채택. J. G., and Pratt, C.W. *Fundamentals of Biochemistry*. John Wiley & Sons, Ltd., 2000.

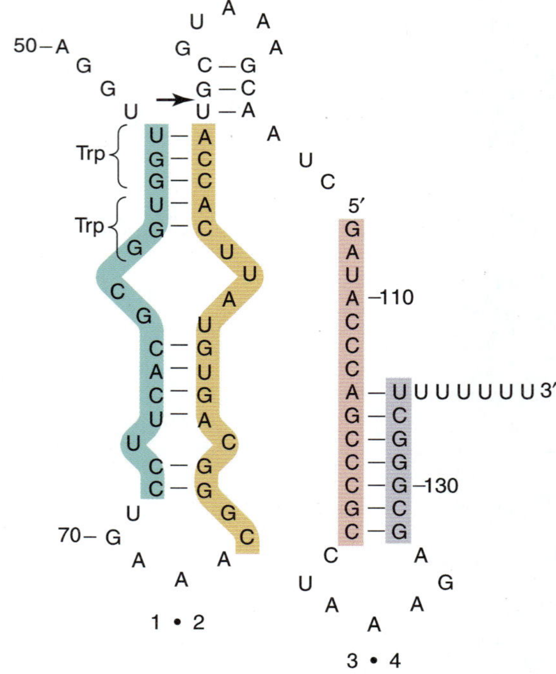


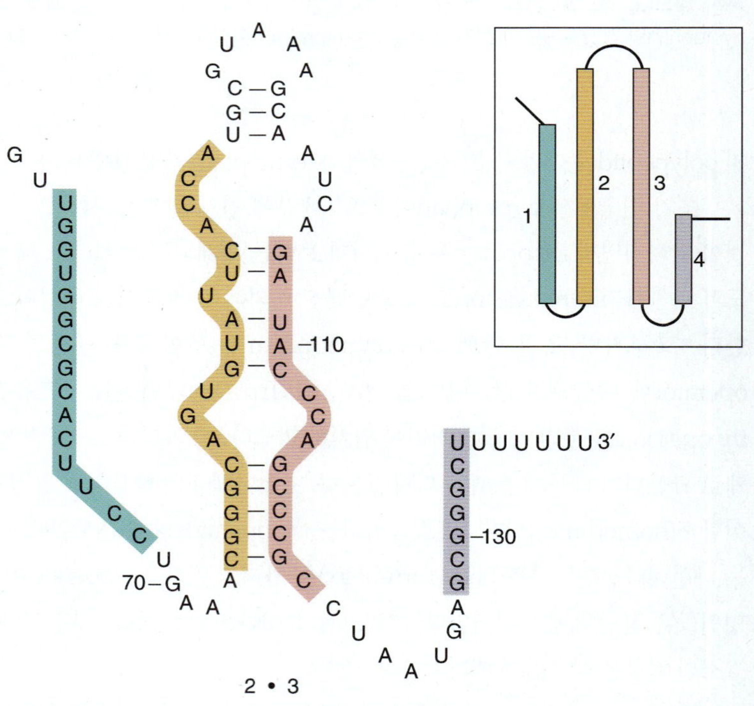


**그림 14.38** ***trp*L mRNA의 2가지 2차구조.** 염기들은 전사의 5′-말단에서부터 숫자화된다. 내부사슬 2차 구조형태의 염기쌍인 단편들은 유입에 따라 숫자화된다. (a) 1 • 2와 3 • 4(종결자) 머리핀은 각각 전사 중단과 종결신호이다. 화살표는 ribosome이 움직이며 접근할때까지 RNA중합효소가 멈추는 부위를 나타낸다. (b) 이와는 달리 2 • 3(항종결자) 머리핀은 종결자 3 • 4형성을 방해함으로써 attenuator를 통해 전사가 계속 되도록 하는 신호이다. Voet, D., voet에 의해 채택. J. G., and Pratt, C.W. *Fundamentals of Biochemistry*. John Wiley & Sons, Ltd., 2000.

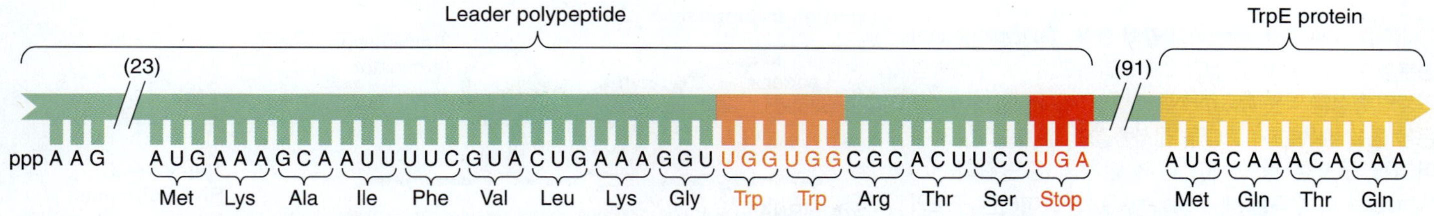


**그림 14.39 trp 선행유전자 mRNA의 핵산서열은 선행유전자 polypeptide, 2개의 tryptophan codon(오렌지색)과 trpE 단백질의 시작을 보여준다.** 23과 91은 핵산서열의 번호이며, 보기 쉽도록 실제 염기서열은 나타내지 않는다.

*trp* 선행유전자는 상호 배타적인 머리핀구조의 두 형태를 형성하도록 상호작용할 수 있는 4개의 상보적인 부분을 가지고 있다(**그림 14.38**). 절편 1과 2는 머리핀 1•2 형태로 염기쌍을 이룰때 절편 3과 4는 머리핀 3•4형태로 염기쌍을 이룬다(**그림 14.38a**). 이와는 달리 2와 3은 머리핀 2•3형태로 염기쌍을 이룰 수 있다(**그림 14.38b**). 순수한 *trp* 선행유전자 mRNA는 형태는 1•2와 3•4 머리핀구조를 형성하는데, 이 2차 구조들은 높은 온도의 수소결합 가지므로 매우 안정하기 때문이다. Attenuator 서열을 포함하는 3•4 머리핀은 전사 종결자이다. 만약 3•4 머리핀 형성보다 2•3 머리핀 형성이 유리한 상태라면 RNA중합효소는 전체길이 *trp* mRNA를 합성할 수 있을 것이다.

Yanofsky에 의해 제안된 attenuator 모델은 tryptophan 농도가 낮을 때 어떻게 세포가 3•4 머리핀 형성을 막는지를 설명한다. 이 모델은 "세균 ribosome이 RNA 합성이 완료되기 전에 mRNA 분자들을 번역하기 시작함" 이라는 관찰을 토대로한다. 세균의 경우 전사-번역 과정이 동시에 일어날 수 있는 이유는 (1) ribosome과 DNA가 세포의 같은 구역에 있으며 (2) mRNA는 5′→3′ 방향으로 전사되고 번역되기 때문이다. Attenuator 모델은 선행유전자 서열이 10과 11번째에 위치한 tryptophan 잔기를 갖는 14개의 아미노산 peptide를 암호화한다는 사실을 기반으로 한다. (**그림 14.39**) 일반적으로 tryptophan은 한 단백질에서 아미노산 잔기의 약 1% 정도이기 때문에 인접한 tryptophan 쌍이 나타남은 드물다.

억제에서 풀린 RNA 중합효소 분자들은 *trp* mRNA를 합성하기 시작한다. RNA 중합효소는 선행유전자 서열의 절편 2 바로 다음에 위치하는 중단부위(pause site)를 만날때까지 *trp* operon으로 전사를 지속한다. 선행유전자는 가장 먼저 번역되는데 그 이유는 *trp* mRNA의 5′-말단에 있기 때문이다. Ribosome은 AUG를 시작코돈으로 해서 선행서열을 번역하기 시작한다. 움직이는 ribosome이 중단된 RNA 중합효소에 도달할 때 중단된 RNA 중합효소는 RNA로부터 유리된다. 중단(pausing)은 전사와 번역과정이 동시에 일어나도록 하는 중요한 역할을 제공한다. RNA 중합효소의 이후의 운명은 tryptophan의 농도에 의존한다. (**그림 14.40**)

**1.** Tryptophan 농도가 높을때, ribosome은 절편 1에서 tryptophan 코돈을 지나쳐 이동하고, 그것이 절편 1과 2사이에 stop 코돈(UGA)을 만날 때까

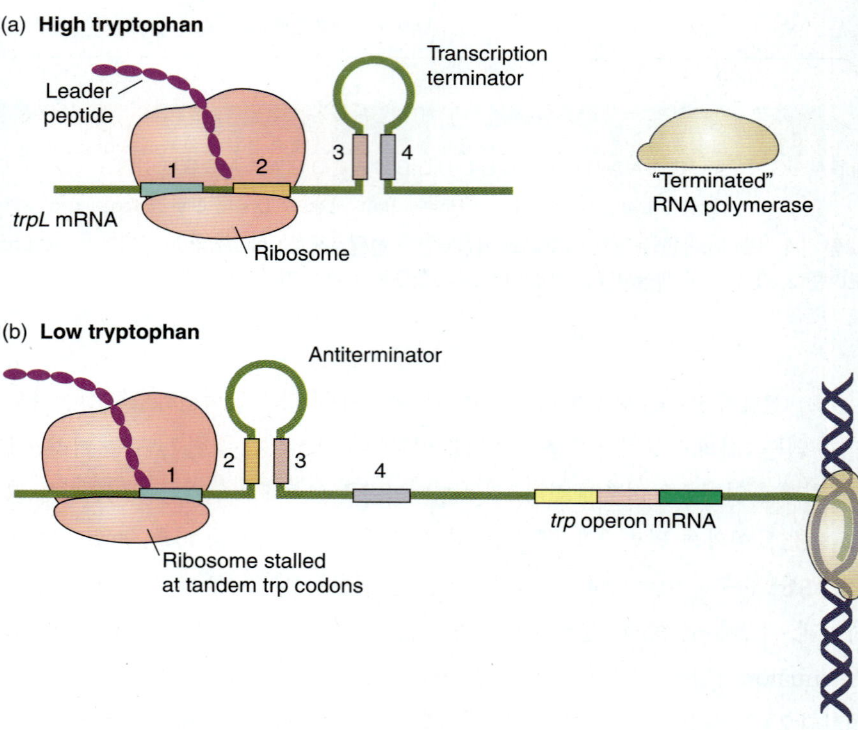


**그림 14.40** ***trp* operon의 감쇠 현상.** (a) tryptophan이 풍부할 때, ribosome은 절편 2에 도달하고 2 • 3 머리핀 염기쌍의 형성을 막는 *trpL* mRNA의 절편1에서 직렬의 Trp 코돈을 통해 해독한다. 그다음 전사종결의 필수요소인 3 • 4 머리핀 구조를 형성하고 나서 전사가 중단된다. (b) tryptophan이 부족할 때, ribosome은 2 • 3 머리핀 구조의 형성을 허락하는 절편 1의 직렬 Trp 코돈에서 움직이지 못한다. 이것은 부정형의 종결자를 통해 전사하도록 RNA 중합효소를 이끄는 3 • 4 머리핀 구조의 형성을 막는다. 그리고 trp operon의 전사를 유지한다. Voet, D., voet에 의해 채택. J. G., and Pratt, C.W. *Fundamentals of Biochemistry, 1/e*, John Wiley & Sons, Ltd., 2000.

지 leader region을 번역하여 완성하고 mRNA 분자로 부터 떨어진다. 일단 ribosome이 떨어져나가 자유로워진 절편 1은 절편 2와 함께 짝을 이루어 1 • 2 머리핀 구조를 형성한다. RNA 중합효소는 절편 3을 합성한 후 절편 4를 합성하는 선행유전자 영역을 계속 전사한다. 절편 3과 4는 쌍을 이루어 rho-독립적인 전사 종결자를 형성하며, 이 때문에 RNA 중합효소가 DNA 주형으로부터 떨어지게 되어 trpE의 전사작용이 방지되는 것이다.

**2.** Tryptophan 농도가 아주 낮을때, 절편 1의 tryptophan 코돈(UGG)에서 ribosome이 멈추게 되어 그 큰 덩치 때문에 절편 1이 절편 2와 짝지어 1 • 2 머리핀 구조를 형성하는 것을 방해한다. 그러므로 절편 2는 절편 3과 자유롭게 상호작용하여, RNA 중합효소가 절편 3의 합성을 완성하자마자 항종결자(antiterminator)라 불리는 2 • 3 머리핀 구조를 형성한다. 그렇게 되면 RNA 중합효소는 3 • 4 머리핀(전사종결자)구조가 형성되지 않았기 때문에 계속해서 완전한 *trp* mRNA를 합성한다.

그러므로 만약 tryptophan이 다량으로 존재한다면 전사 종결이 attenuator에서 일어나 효소는 조금밖에 만들어지지 않으며, 만약 tryptophan이 없다면 전사 종결은 일어나지 않고 tryptophan 효소가 만들어진다. 아미노산 생합성에 관여하는 많은 operon은 trp operon에서 설명된 것처럼 경쟁적 염기쌍 기전을 갖춘 attenuator에 의해 조절된다. 예를 들면, 이와같은 전사조절 방법은 세균 *E. coli, Salmonella typhimurium*, 그리고 *Serratia marcescens*의 histidine, threonine, leucine, isoleucine-valine 그리고 phenylalanine operon 등이 있다. Phenylalanine operon을 제외하고 각각 repressor-operator 시스템이 결핍되었고 이들은 오직 attenuator에 의해서만 조절된다.

이들 operon은 충분히 조절되기 때문에(비록 발현범위는 *trp* operon 만큼 뛰어나진 않지만) 왜 *trp*과 *phe* operon은 이중조절 체계를 가지고 있는가 라는 의문이 생길지도 모른다. 이 질문은 상당한 고찰을 하게한다. 가장 명백한 설명은 분리효과(separate effects)가 조절을 일으키는 tryptophan 농도의 범위를 넓힌다는 것이다. 이것은 명백한 사실일 뿐만 아니라, *trp* repressor가 4가지 다른 operon의 활성을 조절하기 때문에 그 이상의 무엇이 있다. 2개 또는 더 많은 operon으로 구성된 operon network는 (1) 공통의 조절단백질과 그것의 효과기(effector)에 의해 조절되고, (2) 단일경로, 기능 또는 과정과 연결되어있어 **regulon**이라 부른다.

*trp* operon 억제기전의 근원을 설명하는 하나의 가설은 먼 예전에는 *trp* operon이 오직 attenuator에 의해서만 조절되었다는 것이다. 그러나 Trp repressor 단백질 그 자체(aporepressor)는 tryptophan과 결합하여 aroH(Trp repressor 복합체에 의해 조절되는 5가지 operon 중 하나)를 조절하는 것과 같은 기능을 수행하도록 진화된 것이다. 이처럼 Tryptophan repressor 복합체가 존재한다는 사실은 *trp* promoter 근처에 이러한 repressor 복합체가 결합할 수 있는 operator의 존재 가능성도 제시한다.

# 14.7 Bacteriophage λ: 전사조절 네트워크

## λ phage 성장은 복잡한 유전적 네트워크에 의해 조절된다.

지금까지 세균 전사인자에 대한 토론은 이 인자들이 특정 생화학 단계 또는 경로에 영향을 미치는 경우에만 한정했었다. 우리는 지금 λ phage가 *E. coli*에 감염된 이후 2가지 발생학적 경로 중 어떠한 경로를 따를지를 결정할 복잡한 유전적 네트워크에 있어 전사인자들의 역할을 연구하고자 한다.

λ phage는 둘 중 하나로 작동할 수 있다는 것을 8장에서 이미 언급했다. (1) 바이러스 DNA를 복제하기 위해 숙주세포로 직접 들어가서 바이러스 단백질을 만들어 새로운 바이러스 입자를 만들기 위해 바이러스 DNA와 바이러스 단백질을 포장하여 세포를 파괴시킨 후 새로운 바이러스 입자들을 방출하는 용균경로(lytic pathway) 이거나 또 다른 하나로 (2) 세균 염색체안에 바이러스 DNA를 삽입함으로서 prophage를 형성하게 하여 다른 λ phage에 의한 감염으로부터 세포가 면역성을 갖게 하는 용원성 경로(lysogenic pathway)이다.

환경 요소들은 용균성 또는 용원성 단계를 결정하는데 영향을 끼친다. 용균경로는 풍족한 배지에서 자라 빠르게 분화하는 세포들이 하나의 phage에 의해 감염될 때 유리하다. 용원성 경로는 최소 배지에서 자라 천천히 성장하는 세포들이 감염될

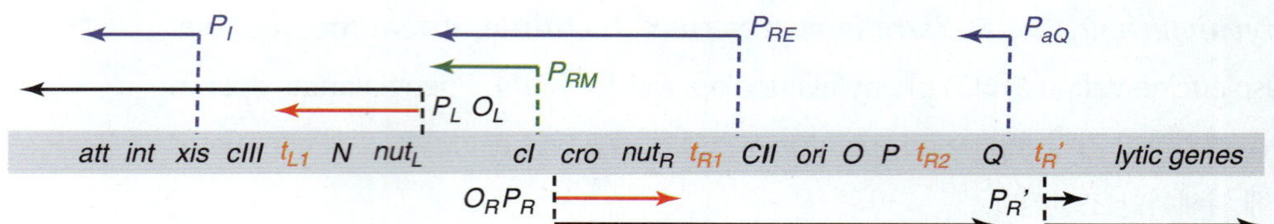


**그림 14.41 Lambda phage 염색체의 조절부위에서의 주요 유전자와 신호들.** 초기 전사물은 빨간 화살표이다. 장기간 지연된 초기 전사물과 후기 전사물은 검은 화살표이다. 전사물은 용원성을 필요로 하는 $P_I$, $P_{RE}$, $P_{aQ}$ 그리고(파란색 화살표)로부터 개시된다. $P_{RM}$ promoter(초록색)는 CI repressor와 용원성 상태의 유지를 필요로 하는 것에 의해 활성을 갖는다. 결정적인 전사 종결자 $t_{L1}$, $t_{R1}$, $t_{R2}$와 $t_R'$는 오렌지색으로 표시했다. 왼쪽방향의 promoter 둘은 위에 표시되어있고 오른쪽 방향의 promoter들은 지도 아래에 있다. $P_L$과 $P_R$은 초기 promoter 이고 $P_R'$는 후기 용균 promoter이다. Operator $O_L$과 $O_R$은 각각 $P_L$과 $P_R$을 조절하는 것으로 보인다. λ 염색체의 면역성 지역은 $P_L$과 $P_R$, cI, $O_R$, $P_R$그리고 *cro*를 포함한다. ori 는 복제의 시초이다. 유전자의 단백질 생성물인 O와 P는 DNA 복제를 필요로 한다. int 유전자는 integrase를 코드화 하는데 이 효소는 위치 특이성 융합반응에 사용된다. xis 유전자는 절제효소(excisionase)를 코드화하고 이 효소는 integrase와 같이 제거반응에 사용된다. Oppenheim, A. B., et al.,에 의해 채택 *Annu. Rev. Genet.* 39(2005):409-429.

때 유리하다. 이러한 환경적인 영향들은 λ phage 생존에 관한 선택적 경로를 고려해 볼 때 이해 할 수 있다. 다른 어떠한 세포들을 감염시킬 수 있는 λ phage는 약 100 개의 자손(progeny) phage를 생산하기 위해 빠르게 성장하는 세포를 감염시킨다. 그렇지만 천천히 성장하는 세포를 감염시키는 λ phage가 세균 염색체로 DNA를 삽입하고 세포와 함께 분열한다면 생존가능성이 더 좋을 수 있다. 세균 염색체를 손상시키고 숙주세포의 생존을 위협하는 자외선은(10장 참조) prophage를 용균단계로 갈 수 있도록 유도한다. 그래서 새롭게 만들어진 바이러스 입자들은 죽은 숙주세포에서 벗어날 수 있다.

**그림 14.41**은 용균 또는 용원성 경로에 속하는 λ phage를 결정하는 λ염색체의 조절 영역 내에서 중요한 유전자들을 나타낸다. 이 영역에 속하는 몇몇 유전자들은 *N*과 *O*와 같이 문자명이 주어져있다. 이것은 그들의 기능에 대해서 어떠한 정보도 나타내지 않는다. 다른 유전자들의 이름은 그들의 기능을 바탕으로 한다. 예를 들면, 몇몇 유전자의 이름은 용균반 형태(plaque morphology)와 관계가 있다. 기능이 없는 *cI*, *cII* 또는 *cIII* 유전자 산물을 만드는 돌연변이들은 용균 경로에 속하고 투명한 용균반을 만든다. 이와 반대로 정상적인 λ phage들은 살아있는 λ 용원을 포함하기 때문에 혼탁 용균반을 만든다. 이 영역에 있는 또다른 조절 유전자 *cro* 역시 그들의 기능을 바탕으로 이름 지어졌다. 용어 *cro*는 억제조절자(control of repressor)와 다른물질(other things)이란 의미의 머리글을 조합한 것이다.

## 용균 경로는 전사의 연쇄 반응에 의해 조절된다.

Lambda phage의 감염 후 전사되는 처음 2개의 유전자들은 N과 Cro 단백질의 암호를 지정한다. 초기 전사를 위한 promoter들은 각각 $P_L$(왼쪽 promoter)과 $P_R$(오른쪽 promoter)이다(그림 14.42). $P_L$ promoter에 의한 전사는 전사종결부위인 $t_{L1}$에서

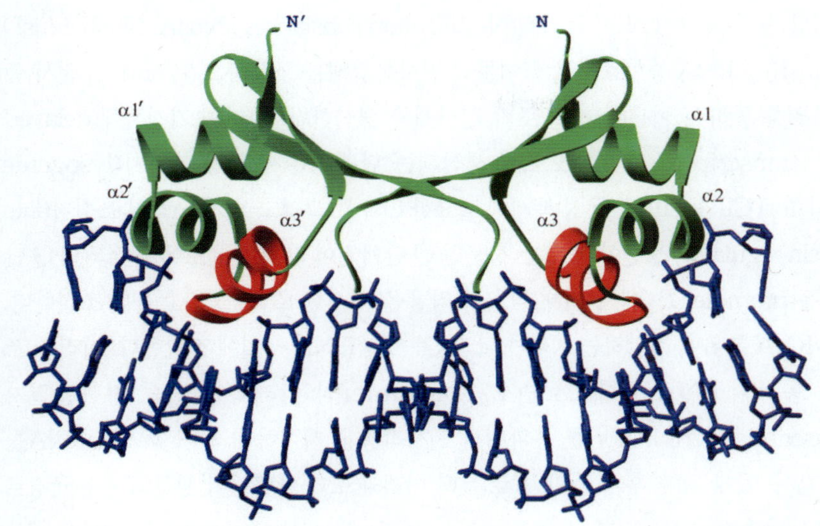


**그림 14.42 Operator를 갖는 복합체 일때 *cro* 이합체에 의해 받아들여진 형태.** 인식 나선들 (α3와 α3′)은 빨간색으로 보이고 *cro* 이합체의 신호는 녹색으로 보인다. Operator는 파란색으로 보인다. J. Mol. Biol., vol. 280, Albright, R. A., and Matthews, B. W., *Crystal structure of λ-Cro...*, pp. 137-151, copyright 1998, with permission from Elsevier. Photo courtesy of Brian W. Matthews, Institute of Molecular Biology, University of Oregon.

종결하지만 $P_R$ promoter에 의한 전사는 전사종결부위인 $t_{R1}$에서 종결한다. $P_R$ 과 $P_L$은 각각 $O_R$과 $O_L$ operator 영역에 의해 조절된다. 각 operator 영역은 $O_L$에서 $O_L1$, $O_L2$, $O_L3$ 그리고 $O_R$에서 $O_R1$, $O_R2$, $O_R3$ 로 구성된 3개의 17-bp의 operator 부위를 포함한다. 이 6가지 operator 부위의 서열은 유사하지만 그들 사이를 구별하기 위한 조절 단백질이 있어 동일하지는 않다. 각 부위는 완벽하지는 않아도 회문구조(palindrome) 형태이다. *Cro* 단백질은 동형 이합체이다. 각 소단위는 3개의 α 나선을 가진 단일 domain을 갖고 있다. 나선 2와 3은 $O_L$과 $O_R$에 결합할 수 있는 나선대 나선 연결구조(helix-turn-helix)를 형성한다(**그림 14.42**). 나선 3는 operator DNA 부위의 주 적합 부분에 맞는 인식 나선(recognition helix)으로 역할을 하는 반면에 나선 2는 단백질-DNA 복합체를 안정화 한다. Cro는 λ phage가 반드시 용균 cycle에 들어가도록 작용해야한다. 왜 *Cro*가 용균 cycle에 필수적인지를 설명하기 위해 몇 가지 제안이 주어졌지만 아직까지 일관성 있는 실험데이터로 입증하지는 못했다. 이 시점에서 용균 으로의 발달에 *Cro*의 중요한 역할은 $P_L$과 $P_R$ promoter 기능을 낮추어 CII를 만드는 감염된 세포의 능력을 제한하는 것이다.

N-단백질은 전사 복합체의 조합을 촉진하는 항종결인자(antitermination factor)로서 작용한다. 전사복합체는 $t_{L1}$ 또는 $t_{R1}$ 전사 종결자들을 넘어서 지속적으로 전사된다. 전사복합체의 구성은 $NUT_L$ and $NUT_R$이라 불리는 신생 RNA의 2부위에서 제한된다. NUT를 대문자로 쓰는 이유는 NUT 부위가 DNA가 아니라 RNA에 있기 때문이다. 이 RNA 암호를 지정하는 DNA 서열은 각각 $nut_L$(N 유전자와 $P_L$ 사이)과 $nut_R$(cro 유전자의 하단)이다. N-단백질이 초기 RNA의 $NUT_L$ 또는 $NUT_R$

에 결합 한 후, 4가지 N-이용 기질(N-utilization substances : NusA, NusB, NusD 와 NusE)을 RNA 중합효소로 끌어들여 전사복합체를 구성하고 $t_{L1}$ and $t_{R1}$ 전사 종결 부위를 통하여 이른바 지연 초기 전사체를 생산한다. 지연 초기전사체(delayed early transcript)를 번역함으로써 생산되는 단백질은 용원성 조절자(lysogenic regulator) CII와 CIII, 용균성 복제에 필요한 O와 P, 그리고 후기 단백질 조절자(late protein regulator)인 Q이다. 일단 충분한 Q 단백질이 감염된 세포에 축적되면 Q 단백질은 promoter $P_R'$에서 이제 막 전사작용을 개시한 RNA 중합효소를 조절한다. 초기 RNA 부위에 결합하는 N과는 달리 Q는 $P_R'$ DNA 서열에 결합한다. 이러한 조절을 통하여 RNA 중합효소는 $P_R'$ promoter의 아래쪽에 있는 전사종결자(transcription terminator)를 통과해서 전사작용을 계속하게 되어 후기 mRNA를 합성할 수 있게 된다. 후기 mRNA로 부터 머리와 꼬리 단백질이 생산되어 용균경로가 완성된다.

## 용원성 경로 역시 전사 연쇄 반응에 의해 조절된다.

용원성 경로를 선도하는 유전자 발현 연쇄반응 역시 $P_L$과 $P_R$ promoter로부터 개시되는 양방향 전사로 시작한다. 그러나 CII 조절자의 축적은 용균성 조절자 발현을 방해한다. CII조절자는 사합체이다. 4개의 각 단량체들은 나선대 나선 결합구조를 갖고있다. 그러나 이 구조중 2개만이 DNA에 결합한다. 나머지 다른 두 구조의 기능은 알려지지 않았다.

CII 조절자는 $P_{RE}$, $P_I$와 $P_{aQ}$로부터 개시된 전사를 활성화시킨다(그림 14.41의 파란색). $P_{RE}$(repressor 구축을 위한 promoter: promoter for repressor establishment)의 활성은 CI 조절자의 합성을 빠르게 이끈다. 이 활성반응으로 축적된 CI 조절자는 $O_L$과 $O_R$에 결합하여 초기 promoter인 $P_L$과 $P_R$로부터 전사를 억제한다. CI 조절단백질의 구조와 operator DNA와 상호작용하는 것은 아래에서 설명하고 있다. $P_{RE}$에서 활성반응으로 축적된 CI 조절자의 세포내 농도는 확립된 λ 용원에서의 발현 보다 10에서 20배정도 높다. CI 조절자의 초기 높은 농도는 아마도 감염시키는 λ DNA가 모두 확실하게 억제되도록 하고자 하는 것이다. $P_I$ 활성은 *int* 유전자의 전사를 자극한다. Integrase(12장 참고)인 이 유전자의 산물은 prophage를 형성하기 위해 숙주 염색체로 λ DNA가 삽입되는데 요구된다. $P_{aQ}$ promoter는 Q 유전자내에 위치하고 있다. 그러므로 CII 조절자는 promoter에 결합했을 때 Q 유전자의 전사를 억제한다. 더욱이 $P_{aQ}$ 전사체는 Q 전사체의 번역을 억제하는 antisense RNA로써의 역할을 한다. 분명해진 것처럼 CII 단백질은 용원성 확립을 위해 매우 중요하다. FtsH라 불리는 ATP-의존적 숙주 단백질은 CII를 분해 시킴으로써 용원성 경로로 진행되는 것을 막는다. CIII 단백질은 FtsH protease를 억제함으로써 이런일이 일어나는 것을 막는다.

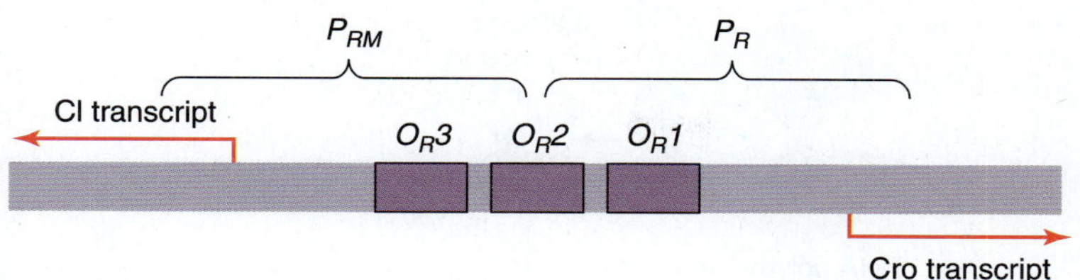


**그림 14.43 CI와 Cro 전사를 조절하는 operon 부위.** CI와 *cro*의 전사를 조절하는 operon지역 $O_R$(operator 오른쪽)은 3개의 operator 위치인 $O_R1$, $O_R2$, $OR_3$를 갖는다. $O_R1$과 $O_R3$는 각각 $P_R$과 $P_{RM}$에 놓여 있다. $O_R2$는 $P_{RM}$과 $P_R$ 양쪽에 겹쳐져 있다. Ptashine, M., and Gann, A., 에 의해 채택 Curr.Biol. 8(1998):R 812-R822.

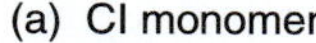


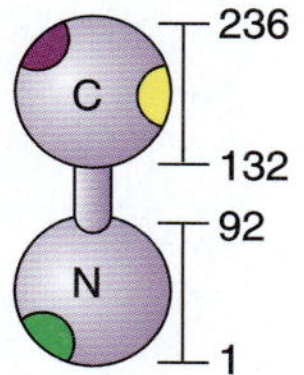


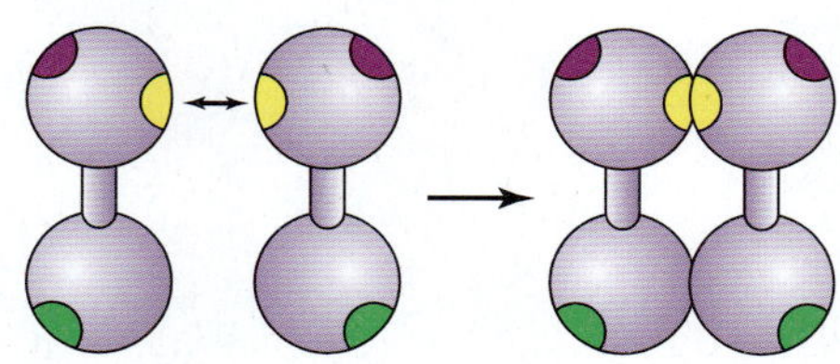


**그림 14.44 CI 조절자의 단량체와 이량체.** (a) CI 조절자의 모식도는 N-말단 domain(잔기1-192)과 C-말단 domain(132-236)를 보여준다. 이 2가지 부위는 아미노산 40개의 연결부위에 의해 연결된다. N-말단 domain은 나선대나선연결구조 부위를 함유하며 operator 부위와 RNA 중합효소에 결합한다(녹색부위). C-말단 domain은oligomerase 부위(노란색)를 함유하고 있다. (b) C-말단 domain이 서로 작용하여 CI 이량체를 형성하는 모식도를 보여준다. Ptashne. M, and Gann, A., 에 의해 채택, *Curr. Biol.* 8(1998): R812-R822.

## CI 조절자는 용원성 상태를 유지한다.

CI 조절자는 $P_L$, $P_R$ 그리고 $P_{RM}$(repressor 유지를 위한 promoter: promoter for repressor maintenance)에서의 전사개시를 조절함으로써 prophage 단계에서 λ DNA를 유지한다. $P_R$과 $P_{RM}$은 서로 인접해 있지만 교차하지 않는다(**그림 14.43**). 이들은 $O_R1$, $O_R2$, $O_R3$ operator 위치에 의해 조절된다. $O_R1$과 $O_R3$ 위치는 각각 $P_R$과 $P_{RM}$ promoter 내에 완전하게 존재한다. $O_R2$ 위치는 $O_R1$과 $O_R3$ 사이에 위치하며 $P_{RM}$과 $P_R$에 교차하고 있다. CI 조절자는 3개의 operator 위치 모두에서 결합하지만 $O_R1$에 대한 친화력은 다른 두 operator 위치에 대한 친화력 보다 약 10배가 더 강하다. 이 결합의 법칙은 지금부터 설명할 것이다.

CI 조절자는 236개 아미노산을 포함하고 40개 아미노산 연결기로 연결되어 있는 2개의 비슷한 크기 부위로 접혀있다(**그림 14.44a**). C-말단 domain은 이량체화(**그림 14.44b**)를 필요로 하는 oligomerization site와 높은 순서의 oligomerization를 포함한다(아래 참조). N-말단 domain은 5개의 연속적인 α 나선을 포함한다. 나선 2와 3은 operator 부위에 결합하는 나선대 나선 대칭 구조를 형성한다(**그림 14.45**). 인식나선이라고 불리는 나선 3는 아미노산들이 DNA에서 특정 염기와 접촉하도록 하기 위해 DNA의 주 적합 홈에 위치하고 있다. 나선을 안정화

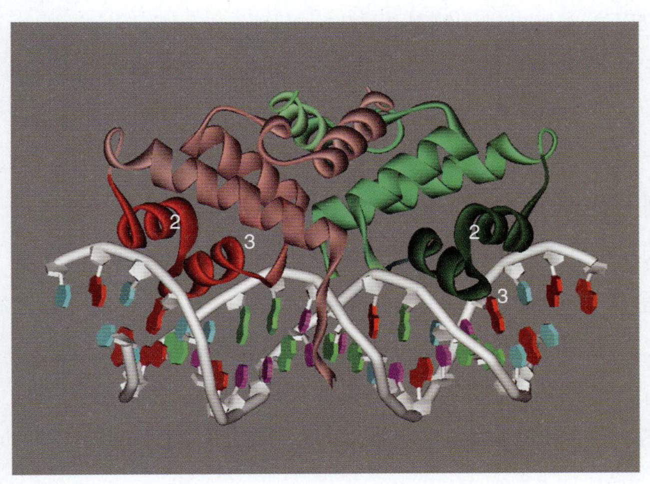


**그림 14.45 CI조절자의 N-말단 domain과 operator에 의해 형성된 복합체의 구조.** 나선 2(안정된)와 나선3(인식)은 빨간색으로 보이는 하나의 N-말단 domain와 어두운 녹색으로 보이는 다른 N-말단 domain이다. 남은 나선들은 각각 핑크색과 밝은 녹색으로 보인다. 나선 3은 인식나선으로 operator DNA의 주 홈 안으로 삽입된다. 단백질 은행 ID: 1LMB. Beamer, L. J., and Pabo, C., *J. Mol. Biol.* 227(1992):177-196.

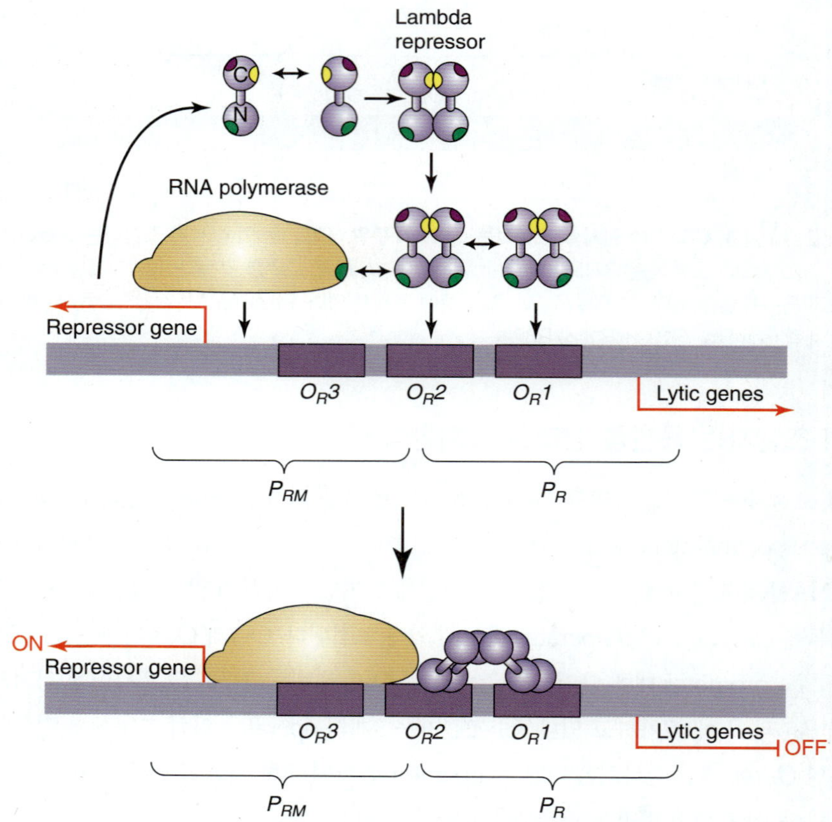


**그림 14.46 Lambda phage 스위치.** 2개의 CI 이량체는 협력적으로 인접한 operator site인 $O_R1$과 $O_R2$에 결합한다. $O_R1$에 있는 이량체는 $P_R$에 결합하는 RNA중합효소를 막고, 이에 의해 이 promoter로부터 전사개시가 차단되고 다른 경우 용균경로를 필요로 하는 전사물을 위한 강한 촉진우전자로의 기능을 갖고 있다. 동시에 $O_R2$에 있는 이량체는 RNA중합효소에 접촉함으로써 $P_{RM}$ 그 자체로 저해 유전자의 약한 promoter를 활성 시킨다. 더욱 높은 농도에서 CI 이량체는 또한 $O_R3$에 결합하고 CI 유전자의 전사를 방어하는 $P_{RM}$으로부터 전사를 중지한다. 저해자 위의 협동의 3가지 예를 포함하는 3가지 표면들은 저해자의 이량체화, 이량체간의 상호작용, $P_{RM}$을 활성 시키기 위한 중합효소와의 상호관계를 각각 어두운 노란색, 짙은 분홍, 녹색으로 표시하였다. Ptashine, M., and Gann, A.,에 의해 채택 *Curr. Biol.* 8(1998):R812-R822.

시키는 나선 2는 단백질-DNA 복합체를 안정화한다.

CI 이량체(dimer)는 첫 번째로 $O_R1$에 결합하여 두 번째로 CI 이량체가 $O_R2$에 결합하기위한 유리한 환경을 만든다(**그림 14.46**). 이량체의 $O_R1$에서의 C-말단 domain은 사합체를 형성하기 위해 $O_R2$에 있는 이량체와 결합하도록 한다. $O_R1$에 결합한 이량체는 $P_R$에 결합하려는 RNA 중합효소를 막는 repressor로의 역할을 한다. 그렇기 때문에 RNA 중합효소는 CI이 없다면 매우 강력한 promoter임에도 불구하고 CI이 있기 때문에 이 promoter에서는 전사를 시작할 수 없다. 이 억제는 용균 경로를 요구하는 초기 전사체의 형성을 방해한다. $O_R2$에 결합한 이량체는 $P_{RM}$에서 전사를 자극하는 activator로 기능을 한다. 그 결과 RNA 중합효소는 CI를 복제한다. 그러나 CI의 농도가 $P_{RM}$ 활성 때문에 너무 높아지게 될 때, CI 이량체는 $O_R3$

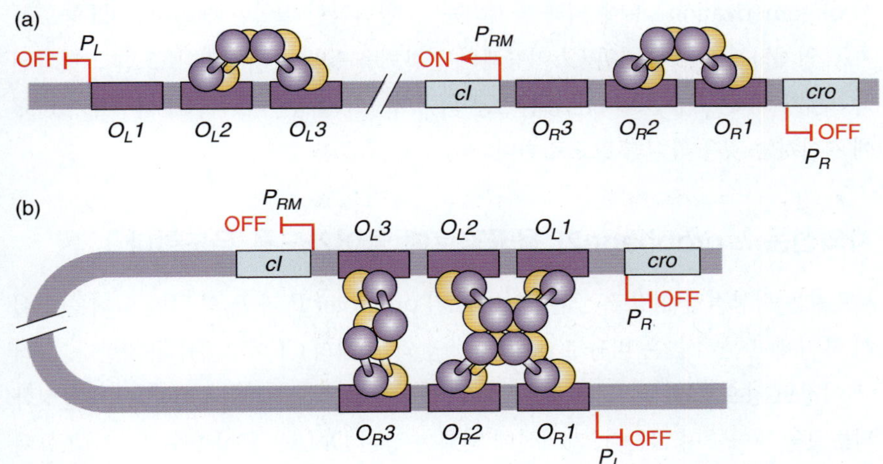


**그림 14.47 $O_L$과 $O_R$에서 CI 조절자 상호작용.** (a) 각 CI 이량체는 하나의 노란색 소단위와 하나의 파란색 소단위으로 보인다. 2개의 CI 이량체는 협동적으로 $O_R$과 결합하고 또 다른 2개는 협동적으로 $O_L$ 에 결합한다. 협동적으로 $O_R1$과 $O_R2$에 결합한 이량체 쌍은 $P_L$ 로부터 전사를 저해할 동안 $P_R$ 로부터의 전사를 저해한다. (b) $O_R$ 과 $O_L$에서 CI 이량체 쌍 사이의 상호결합은 2.4kb DNA 고리가 함유된 8합체의 구성에 따른다. 이 고리모양의 복합체는 CI 이량체의 또 다른 쌍이 $O_L3$ 와 $O_R3$가 협동으로 촉진 되어 결과적으로 사합체가 형성된다. CI 이량체는 $O_R3$에 결합되어 $P_{RM}$(음성 자동조절)로 부터 전사를 억제한다. Hochschild, A.,에 의해 채택 *Curr. Biol.* 12(2002): R87-R89.

에 결합하여 CI 생산을 막는다(아래 참조). 이와 같이 CI 조절단백질은 낮은 농도로 존재할 때는 유전자를 활성화 시키지만 높은 농도로 존재할 때는 억제를 시키는 자동조절자이다.

CI 조절자는 또한 $O_L$ operator에 있는 $O_L1$과 $O_L2$ 두 operator 위치에 결합함으로써 $P_L$에서의 전사개시를 억제한다(**그림 14.47a**). CI 이량체 하나는 $O_L1$에 결합하고, 또다른 하나는 $O_L2$에 결합한다. 다시 말해 결합은 서로 협조적이며 사합체의 형성을 이끈다. 이것은 C-말단 domain 사이의 상호작용에 의해 안정화된다. 결합한 CI 조절자들은 N-단백질을 암호화하려는 초기 전사체 합성을 억제한다. $O_L$ operator는 $O_R$ operator로 부터 2.3 kb나 떨어져 있기 때문에 서로 독립적으로 작용될 것으로 추측되었다. 그러나 최근 연구에서 두 operator 사이의 DNA는 CI 팔합체를 형성하기 위해 $O_R$ 에 결합한 사합체의 C-말단 domain와 $O_L$에 결합한 사합체의 C-말단 domain이 서로 상호작용을 하도록 고리(loop)를 형성한다는 것을 밝혔다(**그림 14.47b**). 이 발견은 $O_R$에서 CI 이량체의 결합쌍이 $O_L$에서의 결합쌍과 상호작용을 하여 팔합체를 형성하고2.3kb DNA 고리가 함께 협력하여 CI 자기 자신의 합성을 조절하는 방법에 대한 새로운 고찰을 제공한다. CI 이량체의 $O_R3$에 대한 친화력은 너무 낮아 $P_{RM}$에서 생리적인 전사 억제를 설명할 수 없다. 그러나 고리화된 복합체는 충분히 가까운 위치에서 $O_L3$와 $O_R3$를 막음으로써 협력적인 이량체 결합을 가능하게 한다. 그렇기 때문에 $O_L3$에 결합하는 CI 이량체는 사합체를 형성하기 위해 $O_R3$에 결합하는 또다른 이량체와 상호작용할 수 있다. C-말단 domain에서 oligomerization site에 의해 중재되는 이 협력적인 결합은 생리적인 CI 농도를 자동 억제하는 $O_R3$에 대한 CI 이량체의 친화력을 훨씬 증가시킨다. 또한 고리화된 복합체가 왜 $O_L3$가 진화하는 동안 보존되어지는지 설명한다. 즉, CI 이량체가 $O_R3$에 결합하는 것을 확실히 필요로 한다.

### 자외선은 λ prophage가 용균경로에 들어가도록 유도한다.

λ 용원은 정상적인 성장조건하에 있는 초기 promoter $P_L$과 $P_R$의 강한 억제를 확실히 하기에 충분히 높은 비율로 prophage당 약 30개의 CI 이량체를 유지한다. 그러나 이정도 양으로는 자외선과 같은 DNA 손상물질에 노출되었을때 CI이 비활성화되는것을 막아주지 않는다. 자외선에 의해 손상된 DNA는 DNA 수복과 재조합체계의 일부인 숙주세포 단백질인 RecA를 활성화시킨다(10장, 11장 참조). 일단 활성화가 되면 RecA는 CI 에서 잠재되어 있던 protease를 자극시킨다. 이 protease 활성은 N과 C-말단 domain을 연결시키는 연결자(linker)를 자른다. 결국 CI는 스스로를 자르는 protease인 것이다.

일단 C-말단 domain에서 떨어지면 N-말단 domain은 결합력을 잃기 때문에 절단되기 전보다 $O_L$과 $O_R$ operator 위치에 대해 훨씬 낮은 친화력을 갖는다. 따라서 N-말단 domain은 N과 Cro 단백질 복제를 시작하기 위한 RNA 중합효소가 없는 operator 부위로부터 분리된다. 전자는 $t_L$과 $t_R$ 전사 종결자를 통해서 전사하는 항종결자로의 기능을 하고 후자는 cI 유전자 전사를 막기 위한 $O_R3$ 위치에 결합한다. 이후 유전자 발현 연쇄반응 단계는 *xis*와 *int* 유전자의 전사를 선도한다. Excisionase와 integrase같은 이들 두 유전자 산물은 세균 염색체로부터 prophage의 제거를 촉진시킨다(12장 참조). 세균염색체에서 분리되어 자유롭게 된 원형의 λ DNA는 용균경로로 진입하여 새로운 phage 입자를 생성하고 세포가 분해될 때 밖으로 나오게 된다.

## 14.8 Messenger RNA(mRNA)의 분해

### 세균 mRNA는 빠르게 분해된다.

세포내 mRNA의 양은 mRNA의 분해속도와 합성속도의 비율에 의존한다. 전형적인 *E. coli* mRNA 분자는 약 2~3분의 반감기를 갖는다. 하지만 30분정도의 반감기를 갖는 것들과 수초 정도의 짧은 반감기를 갖는 경우도 있다. 세균은 mRNA가 빠른 속도로 분해됨으로써 중요한 이점을 얻게 된다. 만약 mRNA가 안정하다면 새로 합성된 mRNA들은 단백질 합성을 위해 기존에 존재하고 있는 mRNA와 경쟁을 하여야 한다. 그리고 이 경쟁은 생리학적 변화에 따른 반응에 요구되는 세포의 단백질합성 능력을 제한할 것이다. 빠른 mRNA의 분해는 세포의 생리적 변화의 요구에 반응하여 새롭게 생성된 mRNA에 대한 단백질 합성기작을 자유롭게 한다.

세균은 여러 효소를 이용하여 mRNA를 분해하며 이 효소들은 **polynucleotide phosphorylases**와 **RNases** 두 주요 그룹으로 분류된다. Polynucleotide phosphorylases는 phosphate기를 phosphodiester 결합에 첨가하여 nucleoside diphosphates을 형성하게 함으로써 RNA를 분해한다. Phosphate에 의한 절단은 3′말단에서 시작되어 3′에서 5′방향으로 연속적으로 일어난다. RNases는 물 분자를 첨가하므로서 phosphodiester 결합을 분해한다. 우선 endoribonucleases는 내부의 phosphodiester 결합을 잘라 RNA를 여러 단편으로 분리시키며, exoribonuclease는 3′말단에서 시작하여 3′ → 5′ 방향으로 연속적으로 절단하므로써 nucleoside monophosphate으로 분해한다. 최근까지 5′ → 3′ 방향으로 RNA를 절단하는 세균의 분효효소는 발견되지 않았다. 대조적으로 bacteria는 5′ → 3′ 방향으로 DNA의 nucleotide를 제거하는 exonuclease는 가지고 있다. 비록 mRNA 분해에 대한 연구가 아직 초기단계이지만 이 과정에서의 특정 효소들과의 연관성은 충분히 입증 되었다. 지금부터 이 효소들에 대하여 조사하고 mRNA 분해시 이들의 역할을 살펴보자.

### RNA 가수분해효소 E(RNase E)

RNase E는 mRNA 분해를 통제하는 주된 효소이다. 이 nuclease의 중요성은 온도에 민감한 RNase E 돌연변이가 허용되지 않는 온도에서 활성이 없다는 사실에서 알 수 있다. RNase E는 내부 절단부위와 5′말단의 쌍을 이루지 않는 nucleoside monophosphate 잔기를 인식한다. 이 효소는 mRNA가 공유결합을 통하여 원형으로 바뀐 RNA나 5′말단에 triphosphate기가 붙어있는 선형의 mRNA 분자는 분해하지 않는다. 후자의 특이성은 생리적으로 중요한데 그 이유는 새로 합성된 RNA 분자는 5′-triphosphate을 갖기 때문이다. RNase E의 기질이 되려면 5′-triphosphate을 5′-monophosphate으로 전환시키는 phosphatase를 필요로 할 것이다. RNase E는 AU dinucleotide의 5′쪽을 절단하는데, 이런 특징 이외에 염기서열과 관련하여 다른 제약조건은 없는것 같다.

### Phosphorylase와 RNase II

Polynucleotide phosphorylases와 RNase II 또한 mRNA 분해에 관여한다. 이 두 효소는 mRNA의 3′말단을 공격한 다음 연속적으로 mRNA의 분해를 진행한다. 둘 중 한 효소의 활성이 결핍된 세포는 생존이 가능하지만 두효소의 활성이 모두 결핍된 세포는 생존할 수 없다. 이 결과는 3′ → 5′로의 mRNA 분해가 세포의 생존에 필수적이며 polynucleotide phosphorylase나 RNase II 중 하나가 이 필수적인 기능을 수행함을 의미한다.

### Degradosome

비록 RNase E와 polynucleotide phosphorylase는 본래 독립적으로 반응할 것이라 생각되었으나 이 두 효소는 ATP의존적 RNA 풀기효소(RNA helicase)와 다른 몇몇의 효소와 결합하여 **degradosome**이라는 RNA 분해기구를 형성하는 것으로

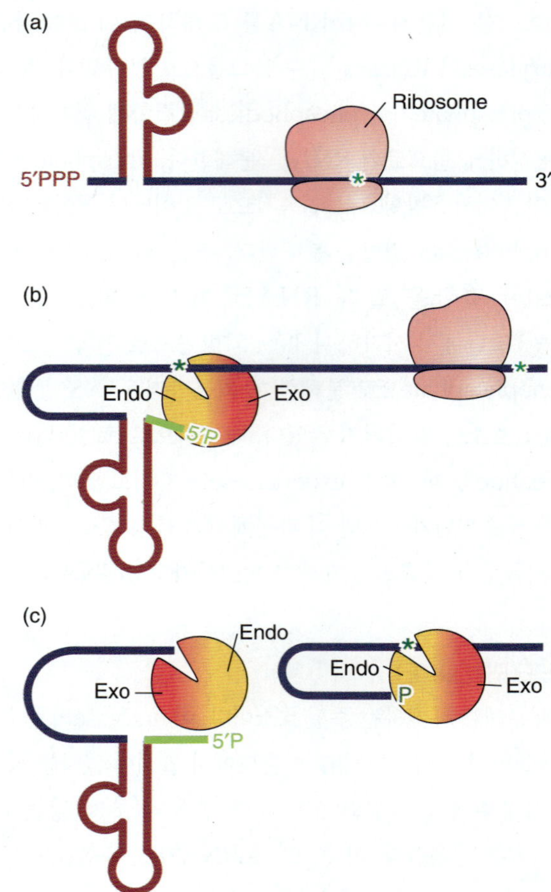


**그림. 14.48 세균 mRNA의 5′에서 3′으로의 분해 모델.** (a) Ribonuclease의 공격에 대한 민감도를 감소시키는 mRNA의 구조적 특징들(5′-hairpins, 5′-triphosphate, 그리고 ribosome) 이 빨간색으로 표시되어 있다. Nuclease의 공격을 더 민감하게 만드는 mRNA의 구조적 특징은 녹색으로 표시하였다. RNase E 부위는 녹색별 모양으로 표시되어 있고 ribosome에 의해 덮혀져 있다. Phosphatase는 RNase E에 대한 기질을 만들기 위해 5′-triphosphate을 5′-monophosphate으로 변환시킬 때 필요 할 것이다. (b) Degradosome은 핑크색과 오렌지색 원으로 표현되어 있다. Degradosome의 endonuclease(Endo)와 핵산외부가수분해효소(Exo)의 활성은 각각 오렌지색과 핑크색으로 보인다. Endonuclease의 활성을 갖는 RNase E는 mRNA의 5′-P말단에 결합하여 인접한 작용부위(녹색별)를 분해한다. (c) Demogradosome의 polynucleotide phosphorylase(PNPase)는 새로이 형성된 5′단편을 3′에서 5′방향으로 연속적으로 절단해간다. ATP의존성 degradosome helicase는 아마 핵산외부용해성 분해를 돕는다. RNase II 또한 5′단편의 분해에 작용한다. (Regnier, P., and Arraiano, C.M., *Bloessays* 22(2000):235-244).

밝혀졌다. ATP의존적 RNA helicase는 RNA 사슬의 이중가닥 부위를 풀어서 RNase II와 polynucleotide phosphorylase의 작용을 가능하게 한다. 하나의 가능성은 RNase E가 mRNA의 5′-end 로부터 oligonucleotide를 생성하면 polynucleotide phosphorylase가 3′ → 5′방향으로 그 단편을 분해하는 것이다. ATP의존적 RNA helicase는 분해효소의 작용을 받지 않는 이중가닥 부위를 파괴함으로서 mRNA의 분해과정에 기여한다. Ribosome의 이동에 따라 새로이 노출되는

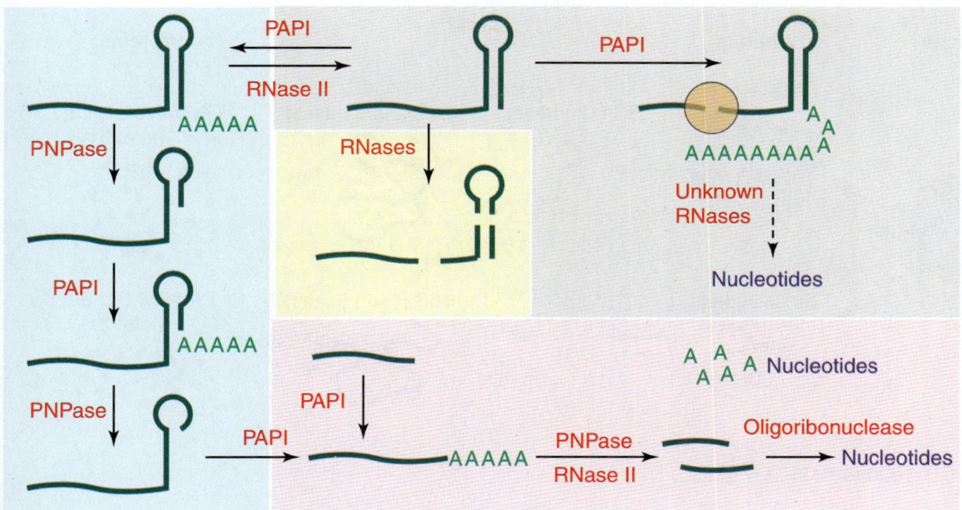


**그림 14.49 RNA의 3′말단에서 시작하는 분해 경로.** Nuclease와 polynucleotide phosphorylase(PNPase)가 작용하여 RNA의 3′말단을 분해하는 경로가 다양한 색깔의 구획으로 표시되어 있다. 파란구획은 poly(A) polymerase I(PAP I)과 PNPase가 mRNA들의 3′을 보호하는 머리핀구조를 점진적으로 제거하는 것을 보여준다. 노란 구획은 RNA가수분해효소가 3′말단 hairpin 구조를 제거 혹은 분해하여 나머지 부위를 exonuclease에 노출시키는 것을 보여준다. 핑크색 구획은 노란색구획과 파란색구획에서 보여준 분해경로에 의해 형성된 mRNA 단편들을 PNPase, RNase II(3′ → 5′ exonuclease), PAP I, 그리고 oligoribonuclease가 어떻게 함께 작용하여 분해하는지를 보여준다. 그리고 oligoribonuclease는 작은 단편들을 빠르게 분해시킨다. 회색 구획은 PAP I 에 의해 합성된 긴 poly(A)꼬리가 많은 머리핀구조를 가진 안정된 mRNA의 분해를 촉진하는 모델을 보여준다. 이 모델은 poly(A)꼬리가 RNase(오렌지 색)을 보충해주고 mRNA분자와의 상호작용을 가능케하는 것을 추정한것이다. 그러나 가정된 RNase 에 대해서는 아직 밝혀지지 않았다. Regnier, P., and Arraiano, C. M., *Bioessays* 22(2000):235-244.

mRNA 부분들은 분해되며 ribosome이 mRNA를 5′ → 3′방향으로 번역하기 때문에 mRNA의 분해는 전체적으로 5′ → 3′방향으로 일어난다. (**그림. 14.48**)

Polynucleotide phosphorylase와 RNase II 또한 mRNA의 자유 3′말단을 공격할 수 있어야 할 것이다. 그러나 이들 효소들의 활성은 처음에 rho-비의존적 종결자가 그들의 효소활성을 저해하는 줄기와 고리 구조를 가지고 있어 저해된다. 세균세포는 이 문제를 다음과 같은 흥미로운 방법으로 해결한다(**그림. 14.49**). 세균들은 14~60개의 adenylate group을 mRNA 분자의 3′말단에 첨가함으로써 polynucleotide phosphorylase가 결합할 수 있는 부위를 만든다. 이때 단일 효소인 poly(A) polymerase가 ATP로부터 adenylate기를 전달함로써 poly(A)꼬리를 형성하는 것이다. 일단 polynucleotide phosphorylase가 poly(A)꼬리에 결합하면 mRNA를 3′ → 5′ 방향으로 분해할 수 있다. 놀랍게도 poly(A)꼬리는 세균에서는 mRNA의 안정성을 감소시키고 진핵생물에서는 mRNA 안정성을 증가시키는 것으로 보인다. mRNA 분해 과정은 집중적이고 활동적으로 연구가 진행되어야 할 분야이며, 차후 몇 년간 degradosome의 구조와 기능, 나아가 새로운 효소와 요인들에 대한 더 많은 정보가 제공될 것이다.

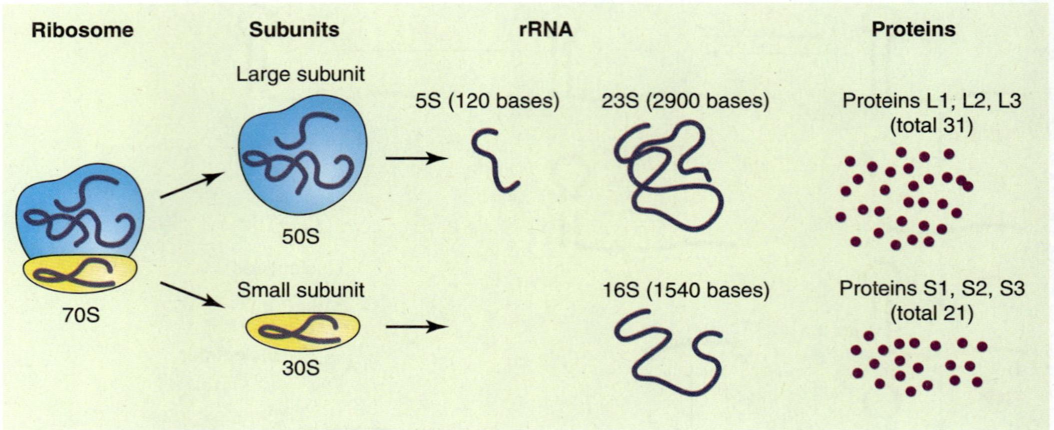


**그림 14.50** Ribosome과 그 구성요소.

## 14.9 Ribosome RNA와 transfer RNA 합성

### 세균 ribosome은 23S와 5S RNA로 이루어진 큰 소단위와 16S RNA로 이루어진 작은 소단위로 구성되어 있다.

Ribosome은 세포의 단백질 합성 공장의 역할을 한다. 전형적인 세균 ribosome은 약 25 nm의 직경과 $2.5 \times 10^6$ Da의 분자량을 갖으며, 단백질양의 2배 정도 되는 RNA로 이루어져 있다. 각 세균 세포는 필요한 단백질을 생산하기 위해 약 7만 개의 ribosome을 필요로 한다. 이 많은 양의 ribosome을 생산하기 위해서는 방대한 양의 세포내 에너지가 필요하며, 이를 위하여 세포는 ribosome의 합성을 필요에 따라 조절할 수 있는 조절기전을 진화시켜왔다. Ribosome RNA(rRNA) 의 합성이 ribosome 생산시 속도조절 과정이다.

분리된 세균 ribosome은 주변 배지로부터 2가의 양이온이 제거 되었을 때 큰 소단위체와 작은 소단위체로 분리된다. 그러므로 70S 침강계수를 갖는 ribosome은 30S와 50S 소단위로 분리 된다(**그림 14.50**). 각 30S 소단위는 하나의 16S RNA와 21개의 다양한 polypeptide로 이루어져 있으며, 각 50S 소단위는 23S RNA와 5S RNA, 그리고 31개의 서로다른 polypeptide로 이루어져 있다. 이들 ribosome 소단위체는 독특한 3차원적 구조를 갖는다(**그림 14.51** 20장에서 더 자세히 알아본다).

### *E. coli*는 16S, 23S, and 5S RNA를 암호화하는 7개의 rRNA operon들을 가지고 있다.

*E. coli*는 세포가 필요로 하는 많은 양의 ribosome을 만들기 위하여 염색체상에 산재해 존재하는 7가지의 아주 유사한 rRNA operon-*rrnA*, *rrnB*, *rrnC*, *rrnD*, *rrnE*, *rrnF*, *rrnG* 그리고 *rrnH*을 사용한다. **그림 14.52a**는 rRNA operon의 주요 특성을 보여주고 있다. 각 operon은 약 120bp에 의해 분리되어 있는 P1과 P2 두 promoter를 보유하고 있다. 그리고 promoter 뒤쪽으로 16S와 23S 그리고 5S RNA 유전자 순으로 위치하고 있다. 7개 *E. coli* rRNA operon 모두 16S와 23S rRNA 유전자의 사이에 tRNA 유전자들이 위치한다. 몇 rRNA operon의 경우 5S 유전자의 뒤에 tRNA 유전자가 있다. 비록 많은 tRNA 유전자들이 rRNA operon의 부분이지만 거의 다는 아니다. 한 차례 rRNA operon의 전사가 종결하면 초기 전사체는 성숙한 rRNA와 tRNA 분자를 만들기 위한 후처리과정을 겪게된다.

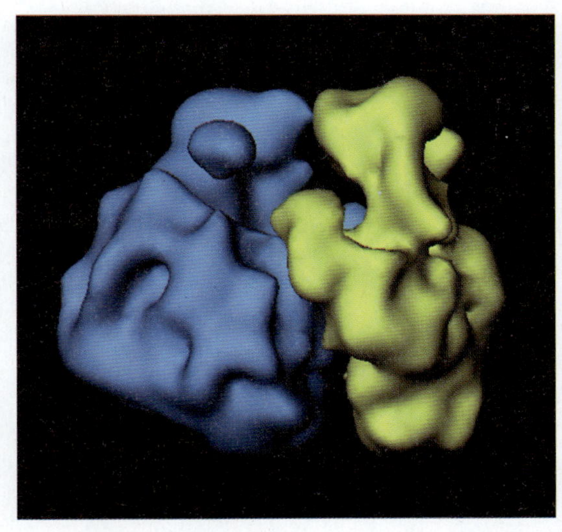

**그림 14.51** *E. coli* **ribosome의 저온-전자 현미경 사진.** 30S 소단위체는 노란색으로 50S 소단위체는 파란색으로 표시되었다.

이 7개의 rRNA operon이 세포내 전체 RNA 합성의 약 50% 정도를 담당하지만 7개라고 하는 것은 *E. coli* 내 전체 operon의 0.5% 이내이다. 그런 까닭에 *rrn* promoter들은 전형적인 *E. coli*의 promoter들 보다 더 강력할 것이라고 가정해 볼 수 있다. 이 가정을 지지하는 증거를 생각해보자. 각 *rrn* operon은 P1과 P2의 두 promoter를 보유하지만 오직 P1 promoter가 거의 모든 생장조건하에서 *rrn* 전사의 개시를 조절한다. 이 사실에 우리의 주의를 집중시켜보자.

*rrn* P1 promoter가 강력하다는 부분적인 이유는 −10과 −35 box 서열이 강력한 promoter들의 공통서열과 거의 일치한다는데 있다. 실제로 7개 *rrn* P1 promoter들의 −10 box 서열은 공통서열인 TATAAT이다. 그리고 −35 box 역시 아주 미약한 차이는 있으나 공통서열과 거의 일치한다. −10과 −35 육합체 사이의 간격은 16bp로 가장 강력한 promoter의 17bp 보다 짧다. DNA 재조합 기술을 이용하여 17bp 간격으로 늘리면 훨씬 더 강력한 promoter가 된다. 이사실은 1가지 의문점을 이끌어 내는데 왜 P1 promoter가 17bp 간격으로 진화되지 않았느냐 하는 것이

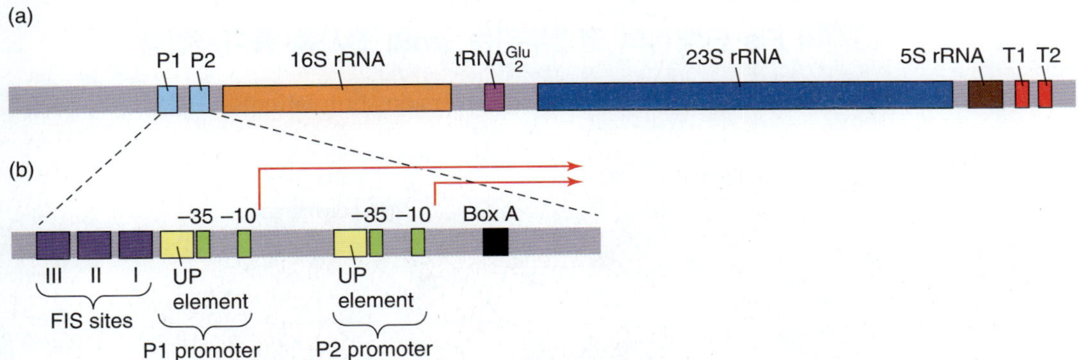


**그림 14.52** *E. coli*의 **rrnB operon.** (a) *E. coli*의 rrB operon의 일반적 구조로 성숙한 리보좀 RNA 분자를 암호화하고 있다. 16S, 23S, 5S RNA를 암호화하고 있는 구획들은 각각 오렌지, 파랑, 갈색으로 표시하였다. (짙은 분홍)을 암호화하는 구획은 16S와 23S RNA를 암호화하는 구획 사이에 위치한다. 사이영역은 회색으로 표시하였다. P1, P2 두 promoter들은 청록색으로 나타내었고 T1, T2 두 종결자는 빨간색으로 표시하였다. (b) promoter 부위를 확대한 그림으로 P1 상부의 FIS 결합부위 I, II, 그리고 III(보라색)와 UP 인자(노랑색) 을 볼 수 있다. 그리고 전사종결방지에 필요한 −10과 −35공동 육합체(녹색)와 BoxA서열(검은색) 이 표시되어있다. 전사개시영역은 화살선으로 나타내었다. Adapted from Gourse, R. L., et al., *Annu. Rev.* Microbiol. 50 (1996): 645-677.

다. 1가지 가능성은 P1 promoter가 단순히 최대의 promoter 활성을 갖기 위해서가 아니라 그들만의 특수한 조절작용을 갖기 위하여 발전되어 왔을 것이라는데 있다.

## Promoter 상부인자(upstream element)는 *rrn* 전사를 증가시킨다.

–10과 –35 box 부위는 **핵심 promoter**로 지정되어 있다. 핵심 promoter의 상부를 promoter 상부인자 혹은 UP 인자라고 하며(**그림 14.52b**) 이 UP 인자는 전사능을 약 340배 증가시켜 P1을 훨씬 강력한 promoter로 만든다. 발자국감식법(footprinting)은 RNA 중합효소가 UP 인자내의 내부에 두 소부위(sub-site)를 보호하는 것을 밝혀내었다. 첫 번째 부위는 근접(proximal) 소부위로 –38에서 –46의 위치에 5′-AAAAAARNR-3′의 염기서열을 갖으며 두 번째인 원거리(distal) 소부위는 –47에서 –59의 위치에 5′-NNAWWWWWTTTTTN-3′(N = any base; R = purine; and W = A or T) 염기서열을 갖는데, 한 부위가 없더라도 각각이 전사를 자극할 수 있다. 두 부위가 각각 작용할 때 근접 소부위는 전사를 170배 증가시키고 원거리 소부위는 덜 효과적이어서 전사를 16배 증가시킨다. 재조합 기술을 이용하여 UP 인자를 다른 promoter 이전 부위에 위치시키면 그 promoter의 전사를 자극한다. 예를 들면 *lac* promoter 앞에 UP 인자를 위치시키자 *lacZ* 유전자의 전사가 급격히 증가하였다.

RNA 중합효소는 자신의 α 소단위체, 더 자세하게는 α C-말단 domain(αCTD)을 통해 UP 인자와 접촉한다. 그러므로 C-말단 domain을 상실한 돌연변이 α 소단위체를 가진 RNA 중합효소는 UP 인자와 작용하지도 못하고 UP 인자를 사용하여 전사를 자극하지도 못한다. **그림 14.53**은 αCTD와 UP 인자 둘 사이의 상호작용을 요약한 것이다.

## 3개의 Fis 단백질의 결합부위는 *rrn*의 전사를 증가시킨다.

Fis 단백질(역위자극인자, factor for inversion stimulation)이라 불리는 작은 단백

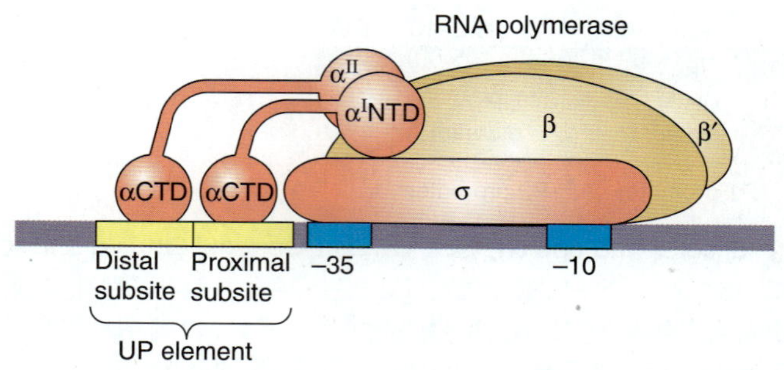


**그림 14.53** **RNA 중합효소와 UP 인자와의 상호작용.** Adapted from Gourse, R. L., Ross, W., and Gaal, T., *Mol. Microbiol.* 37 (2000): 687-695.

질은 *rrn* operon의 전사를 자극하여 추가적으로 5~10배 증가시킨다. 이 단백질의 비정상적인 명칭은 그것이 여러 위치-특이적 재조합에 관련된 숙주인자로 밝혀진 사실에서 유래되었다. Fis 단백질은 UP 인자의 상부에 위치하며 각각 −71, −102 그리고 −143을 중심으로 위치한 site I, site II, site III로 명시된 위치에 결합한다(**그림 14.52b**). 한 Fis 단백질 분자는 이 위치들 중 하나에 결합하여 RNA 중합 holoenzyme와 상호작용한다. 이 상호작용은 서로 의존적인데 그 이유는 각 단백질의 *rrn* promoter와의 결합이 상대방의 결합을 자극하기 때문이다. Fis 단백질은 기능성 UP 인자의 발현에 의존하지 않는 것으로 보이며 이 RNA 중합효소와 Fis 단백질 사이의 상호작용에 대한 정확한 실체를 알기위하여 추가적인 연구가 필요하다.

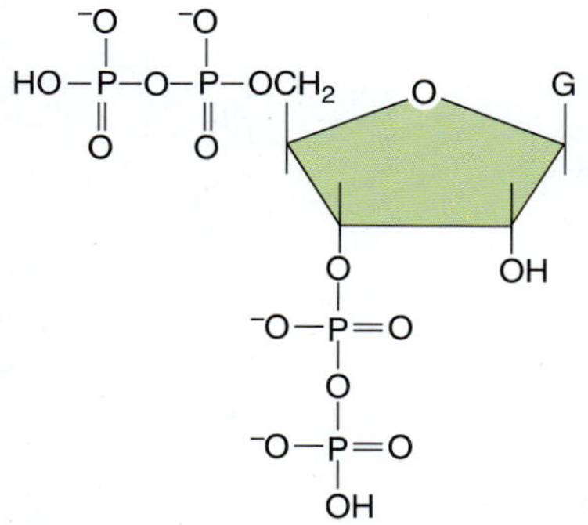

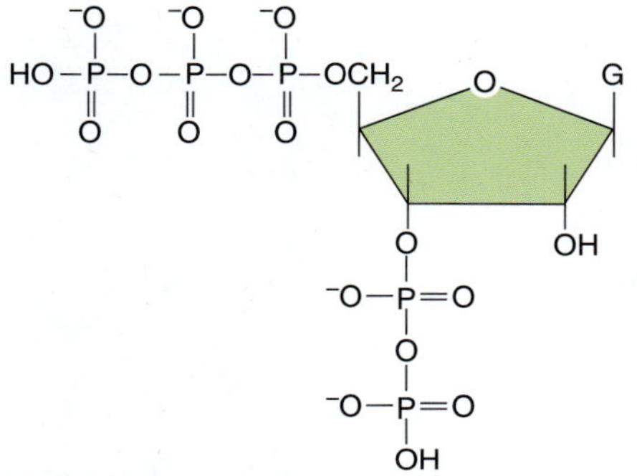

Guanosine-5′-diphosphate-3′-diphosphate (ppGpp)

Guanosine-5′-triphosphate-3′-diphosphate (pppGpp)

**그림 14.54** Guanosine-5′-diphosphate-3′-diphosphate (ppGpp)와 guanosine-5′-triphosphate-3′-diphosphate (pppGpp).

# 14.10 Ribosome 합성의 조절

## 아미노산 고갈은 rRNA 합성을 저해하는 guanine nucleotide의 생산을 초래한다.

*E. coli*가 자라고 있는 배지에 1종류의 필수 아미노산이 결핍되면 단백질, rRNA 그리고 tRNA의 합성이 중단된다. 단백질 합성에서의 아미노산의 결핍효과는 아미노산(또는 aminoacyl-tRNA)이 없는 코돈 위를 이동할 수 없는 번역기전에 의해 설명되어진다. **긴축반응(stringent response)**으로 알려진 아미노산 결핍과 rRNA와 tRNA합성 정지 간의 관계가 명확하지 않다.

rRNA와 tRNA합성을 엄격히 조절하는 세포는 2가지 특이한 guanine ribonucleotide를 합성한다: guanosine-5′-diphosphate-3′-diphosphate(ppGpp)와 guanosine-5′-triphosphate-3′-diphosphate(pppGpp)(**그림 14.54**). 긴축반응에 관여하는 인자들에 대한 연구는 아미노산이 결핍된 상태에서도 지속적으로 rRNA와 tRNA 합성을 증가시키는 돌연변이의 연구로 이루어졌다. 이 돌연변이의 표현형은 이완형으로 묘사된다. 그리고 이 돌연변이 지도에서 몇 유전자가 *rel*로 표시되어 있다. 이 책에서는 rel A라는 한 유전자에 대해서만 고찰해 본다. 몇몇의 유전자에서 rel로 명명된 돌연변이지도가 있다. 이제 이 유전자들 중 *relA* 유전자에 대해 조사해 보자.

**긴축인자(stringent factor)**로 알려진 *relA* 유전자의 산물은 pyrophosphoryl group을 ATP로부터 guanosine triphosphate(GTP)에 전달하여 pppGpp를 형성하는 반응을 촉매하는 효소이다. 그리고 특정 phosphatase는 pppGpp를 ppGpp로 변환한다. 긴축 인자는 200개의 ribosome내 하나에 존재 한다. 정상적인 단백질 합성이 일어나는 동안 긴축인자는 활동이 없으며 실제로 pppGpp합성도 일어나지 않는다. 긴축 인자의 활성은 오직 ribosome에서 자유 tRNA가 아미노아실-tRNA분자로 대체 될 때에만 일어난다. 이 현상은 아미노산이 존재할 때는 거의 일어나지 않는데 그 이유는 거의 모든 tRNA가 아미노산과 결합해 있기 때문이다. 그러나 세포가 아미노산이 결핍되었을 때 tRNA는 정상적 현상인 아미노산과의 결합이 일어나지 못한다. 그래서 아미노산의 결핍이 pppGpp 생산을 유도하게 된다.

두 번째 유전자인 *spoT*는 pppGpp와 ppGpp로부터 3′-pyrophosphate군을 제거하여 GTP와 guanosine diphosphate(GDP)을 생산하는 단백질을 암호화하고 있다. 긴축 인자는 세균에서 pppGpp 형성을 촉진시키는 유일한 효소는 아니다. 왜냐하면 *relA* 유전자가 없는 돌연변이 세포에서 계속 소량의(p)ppGpp를 합성하기 때문이다. 놀랍게도 *spoT*유전자 산물 또한 ATP로 부터 GTP로 pyrophosphate군을 전달하여 pppGpp를 형성할 수 있다. *relA*, *spoT* 유전자의 중복돌연변이(double mutation)를 갖는 세포들은 pppGpp나 ppGpp를 합성하지 못한다. rRNA와 rRNA의 합성에 대한(p)ppGpp 의 작용기전을 밝히기 위한 많은 노력이 있었으나 대부분의 실험적 증명들이 현재 긍정적으로 받아들여지지 않고 있다.

## *E. coli*의 rRNA와 tRNA 합성은 생장속도와 함께 증가된다.

모든 세균의 성장속도는 성장배지의 조성에 따라 달라진다. 포도당(glucose)과 같은 질좋은 탄소원이 함유된 37° 최소배지에서는 약 45분마다 세포분열을 한다. 그러나 proline 같은 미약한 탄소원에서는 약 500분에 1회씩 분열한다. 포도당, 아미노산, pyrine, 비타민, 그리고 지방산등을 함유한 충분배지에서는 세포가 이 물질들을 합성할 필요가 없으므로 매우 빠르게 성장한다. 전형적으로 충분배지에서의 세대기간은 25분이다.

Ribosome의 단백질 합성능력은 한계가 있다(탄소원과 관련없이 37°C에서 초당 15 아미노산을 합성). 그러므로 단백질합성속도가 서로 다르고 성장률이 다르면 세포당 ribosome의 수가 다르다(**표 14.4**). 만약 빠른 성장이 일어나는 배지에서 자란 세균을 성장이 느린 배지로 옮겨 배양하면(down shift) 세포의 ribosome 양이 감소된다. 각 세포들은 자신들이 필요로 하는 양 이상의 ribosome을 함유하고 있으므로 이 감소는 타당한 것이다. 그리고 이 감소는 rRNA 합성없이 DNA 합성을 수행하므로써 이루어진다. 느리게 자라는 각 세포는 rRNA유전자의 전사를 저해하는

**표 14.4** 서로 다른 성장속도로 자라는 *E. coli*의 몇 가지 특성

| Doubling Time (minute) | Ribosomes per cell | Ribosomes per DNA Molecule* |
|---|---|---|
| 25 | 69,750 | 15,500 (4.5) |
| 50 | 16,500 | 6,800 (2.4) |
| 100 | 7,250 | 4,200 (1.7) |
| 300 | 2,000 | 1,450 (1.7) |

주의: 괄호안의 숫자는 세포당 DNA 수

**표 14.5** **서로 다른 수의 rRNA operon을 보유한 세균의 배양에 의해 합성되는 rRNA 양**

| | Number of Operons per Cell | | | | |
|---|---|---|---|---|---|
| Strain | Chromosomal | Plasmid (nomal rRNA) | Plasmid (defective rRNA) | Anount of rRNA Made per Operon* | Total rRNA Made* |
| 1 | 7 | 0 | 0 | 1 | 7 |
| 2 | 7 | 7 | 0 | 0.5 | 7 |
| 3 | 7 | 0 | 7 | 1 | 14 |

* 임의 단위

신호를 잘 감지하여야 한다. 성장배지에서의 rRNA의 합성속도는 ribosome의 생산속도에 비례적이라는 사실에서 rRNA의 합성이 조절됨을 명확히 알 수 있다.

rRNA 조절에 대한 하나의 가설은 다음에 기초한다. (1) 적절한 속도의 단백질 합성을 유지하기 위하여 필요한 양보다 조금 많은 양의 ribosome이 만들어 진다. (2) 번역에 참여하지 않는(nontranslating) ribosome은 rRNA의 합성을(직접적으로 혹은 간접적으로) 저해한다. Ribosome의 되먹임 조절(feedback regulation)을 지지하는 몇 가지 증거는 서로 다른 수의 RNA operon을 가진 *E. coli* 균주간 rRNA의 합성을 비교한 결과에서 나왔다(**표 14.5**).

균주 1은 일반적인 7개의 rRNA operon을 함유한다. 균주 2는 7개의 염색체 rRNA operon에 더하여 rRNA operon이 하나씩 들어간 7개의 plasmid를 보유하고 있다. (chromosomal operon으로부터 구별이 가능하도록 표시). 균주 3은 균주2와 같으나 7개 plasmid에 의해 만들어지는 rRNA에 결실이 일어나 ribosome으로 결합 될 수 없는 차이가 있다. 3개의 균주를 동일한 배지에서 배양하였다. 균주 1에서 7개의 operon은 거의 동일한 양의 rRNA를 합성하였으며 이들은 ribosome으로 결합되었다. 균주 2는 균주 1에 비하여 2배의 rRNA operon을 보유하고 있으나 세포당 동일한 양의 rRNA를 합성하였다. 더군다나 rRNA의 절반은 염색체 operon으로부터 전사되고 절반은 plasmid로부터 전사되었다. 그러므로 14개의 각 operon은 정상속도의 절반 정도 되는 속도로 전사를 일으키며 이 사실은 어떤 종류의 저해작용이 일어남을 알 수 있다. 균주 3은 세포 당 균주 1 또는 2가 만드는 rRNA 양의 2배를 만들며 plasmid rRNA operon이 이 rRNA의 절반을 담당한다. 그러나 plasmid상에 암호화 되어 있는 (기능이 없는) rRNA는 rRNA operon의 전사 조절에 관여하지 않는다. 이 사실은 오직 ribosome 내부에 결합될 수 있는 rRNA 만 저해작용을 할 수 있음을 의미한다.

상기 여러 실험결과들을 분석하면 (1) 모든 기능성 rRNA는 ribosome내부로 결합되고 (2) ribosome은 약간 과량 만들어 지며 (3) 과량 합성된 비번역(nontranslating)ribosome은 rRNA operon의 전사를 저해한다. 그러나 억제가 어떻게 일어나는지는 아직 밝혀지지 않았다[예를 들면 promoter와 세포질(유리) ribosome의 직접적인 상호작용인지 다른 간접적 작용인지].

Ribosome의 기능은 단백질 합성에만 있으므로 tRNA의 생성 역시 ribosome 조립과 연관되어야 한다. 또한 많은 tRNA 유전자는 rRNA operon의 일부이므로 이 tRNA의 생성은 반드시 rRNA의 합성과 연관되어야 한다. 상기에 묘사된 것과 같이 비번역 ribosome이 rRNA operon의 전사를 통제함을 보여 주는 것과 유사한 실험을 rRNA operon에 의해 합성되지 않는 tRNA 종에 대하여 시행한 결과 이런 tRNA 유전자의 전사 역시 비번역 ribosome들의 수에 의해 조절되는 것으로 나타났다.

## *E. coli*는 Ribosome단백질 합성을 조절한다.

유전자의 양을 변화시켜 보는 gene dosage 실험은 ribosome 단백질(r-protein)의 합성이 전사 수준에서 조절되지 않는다는 것을 보여준다. 52개의 r-단백질을 암호화하고 있는 유전자들은 20개 operon으로 이루어져 있다. 말하자면, 적합한 plasmid의 첨가를 통해서 세포내 operon 유전자중 하나의 갯수를 10배 증가시킬 수 있다. 그리고 해당 mRNA의 합성율을 10배 증가시킬 것이다. 그러나 mRNA 상에 암호화되어 있는 r-단백질의 생산속도는 단일 operon에서 관찰되는 양과 같다. 그러므로 합성되는 r-단백질의 총량이 이들을 암호화하고 있는 mRNA의 양과 비례하지 않으므로 전사가 아니라 번역과정이 제한을 받는 것이다.

번역 조절방법은 생체외 번역 실험(*in vitro* translation experiments)을 통하여 밝혀졌다. 이 실험을 통하여 r-단백질의 mRNA의 1종류가 번역되었고 mRNA에 암호화 되어있는 각 r-단백질의 억제 효과가 조사되었다. 그 결과 특정 r-단백질을 첨가하면 그에 대한 mRNA의 번역이 억제되었다. 그리고 이 번역의 억제조절은 그 r-단백질이 ribosome이 mRNA와 결합하는 부위에 인접한 염기서열에 결합하므로써 일어나게 된다. 위에서 사용한 in vitro 실험을 조금 바꾸어 시행한 결과 완전한 답을 알 수 있었는데, 즉 ribosome 안에 r-단백질과 결합하는 특정 rRNA(5S, 18S 또는 23S)를 첨가하면 번역억제가 예방된 것이다. mRNA와 rRNA의 염기서열을 분석한 결과 특정 r-단백질에 결합하는 각 RNA 결합부위에서 유사한 염기서열과 공통된 머리핀구조(stem and loop structure)가 있음이 드러났다. 그러므로 특정 r-단백질에 대한 rRNA와 mRNA 사이에 경쟁이 존재함을 알 수 있다. 결합연구는 각 저해 r-단백질들이 rRNA에 우선적으로 결합한다는 것을 보여주었다. 따라서 ribosome합성을 위한 rRNA가 존재하는한 r-단백질은 rRNA에 결합할 것이고 r-단백질의 합성은 계속되게 된다. 각 r-단백질 mRNA 의 연구를 통하여 번역 억제가 일어나지 않을 때 각 mRNA는 완벽하게 번역되어 동일한 수의 r-단백질의 합성이 일어남을 알 수 있다. 또한 번역억제는 모든 r-단백질들이 같은 비율로 합성되게 하며 ribosome합성과 연관되어 있다. 이 사실들은 모든 r-단백질의 합성은 ribosome 합성시 속도제한 요소인 rRNA에 의하여 최종적으로 조절됨을 의미한다.

# 14.11 rRNA와 tRNA의 후처리과정

## 세균은 rRNA와 tRNA의 초기 전사체를 변형시켜 생리적으로 활성을 갖는 RNA분자를 형성한다.

생리적 활성을 갖는 rRNA와 tRNA분자들은 그들의 초기 전사체(primary transcript, 새로 합성된 RNA분자)와 다음 3가지 중요한 차이점이 있다.

1. 성숙한 rRNA와 tRNA분자는 모든 초기전사체에서 나타나는 triphosphate 이 아닌 5′-monophosphate가 말단에 존재한다.
2. rRNA와 tRNA분자 둘 다 초기 전사체보다 훨씬 작다.
3. 모든 tRNA분자는 A, G, C, U 외에도 이례적인 염기를 갖는데, 이 이례적인 염기는 초기 전사체에서는 나타나지 않는다.

이 분자들의 모든 변화는 전사 후 이루어지며 이과정을 전사후 수정 혹은 더 일반적으로 **후처리과정(processing)** 이라 한다. 이 후처리과정에 대하여 알아보자.

### rRNA의 후처리과정

그림 14.50을 보면 세균 ribosome은 16S rRNA(1541 염기), 23S rRNA(2,904 염기), 그리고 5S rRNA(120 염기)을 보유하고 있다. 여러 tRNA와 함께 이들 rRNA들은 이미 알려진 5000개 이상의 염기로 이루어진 연속된 전사체로부터 잘라져 나온다. *E. coli*의 7개 rRNA operon은 tRNA 종류와 tRNA 염기서열의 위치에 따라 서로 구분된다. **그림 14.55**는 이들 전사체중 하나의 그림을 보여준다. 이 전사체는 4가지 서로 다른 tRNA 분자를 포함하며 5′ 말단에서 3′ 말단까지 다음과 같은 구획들로 이루어져 있다.

16S rRNA–$tRNA^{Ile}$–$tRNA^{Ala}$–23S rRNA–5S RNA–$tRNA^{Ala}$–$tRNA^{Trp}$

rRNA operon 1차 전사체의 일반적인 패턴은 16S-spacer-23S-5S-spacer로 tRNA는 spacer 부위에 존재한다. 그러나 tRNA의 수에서는 차이가 있다.

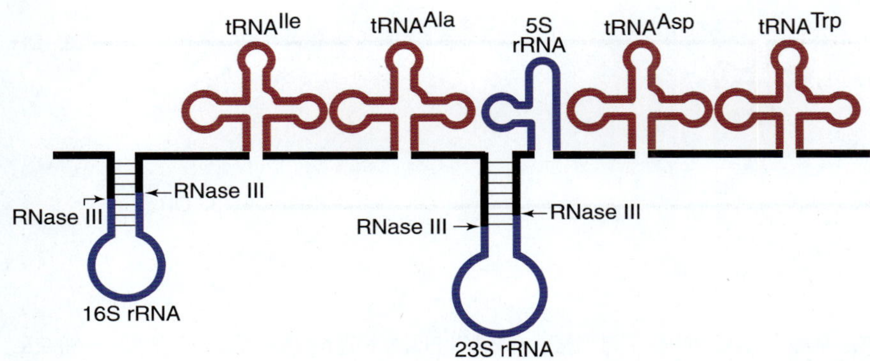


**그림 14.55** E. coli의 r-RNA operon중 하나에서 합성된 1차 rRNA.

여러 효소들이 rRNA 전사체를 자르는데 작용한다. 여러 효소들이 염기서열에 작용하여 rRNA 전사체를 합성하는 것처럼 자른다. 첫 번째 절단은 보통 RNase III에 의해 이루어지는데 이 효소는 이중가닥 줄기 부위에서 이중가닥 RNA를 자른다. 이때 서로 상보적인 염기서열의 단일 가닥을 각각 절단하는데 서로 마주보는 곳을 자르지는 않는다. 후처리과정을 완전하게 끝내기 위해서는 여러 효소가 필요하다. 후 처리대상 염기서열은 모든 rRNA 전사체나 모든 세균에서 같지 않다. 그러나 단일 전구물질에서 잘리는 모든 rRNA 절단양상은 일반적인 현상이다. 비록 RNA 일부가 버려져 어느 정도 비경제적으로 보이나 이 과정을 통해 16S, 23S 그리고 5S RNA분자의 비율이 일정해진다. 왜냐하면 이들 3가지 분자들은 한 ribosome에 하나씩 존재하고 이 분자들은 세포 내 어디에서도 사용되지 않으며, 만약 이들이 독립적으로 전사된다면 이들의 1:1:1 비율을 유지하기 위해 또다른 수단이 필요로 한다는 것을 의미한다. Ribosome에 존재하게 되면 rRNA분자는 매우 안정하다. 성숙한 tRNA 또한 대단히 안정하다.

세균 세포는 tRNA의 초기 전사체 또한 후처리한다. tRNA 합성과정이 잘 연구된 것은 85개의 염기로 구성되어 있는 $tRNA_1^{Tyr}$ 이다. *E. coli*에는 2개의 *$tRNA_1^{Tyr}$* 유전자 사본이 있다. 즉 tRNA를 전사하는 2개의 동일한 DNA 사본이 인접해 존재하는 것이다. 각 유전자는 350개 염기로 이루어져 있으며 200개 염기로 이루어진 spacer에 의해 분리되어 있다(**그림 14.56**). 이 두 유전자는 단일 RNA 분자로 전사되며 전사완료 후 절단이 일어난다. *$tRNA_1^{Tyr}$* 합성의 연구를 단순화할 목적으로 오직 단일 350bp 유전자를 포함하는 전사단위를 만들기 위하여 유전적 기술을 사용하였다. 전사개시 부위는 tRNA 염기서열의 5′말단 이전(upstream from) 41 bp지점이고 종결 부위는 tRNA의 3′ 말단으로부터 224 bp 이전에(down stream) 위치한다.

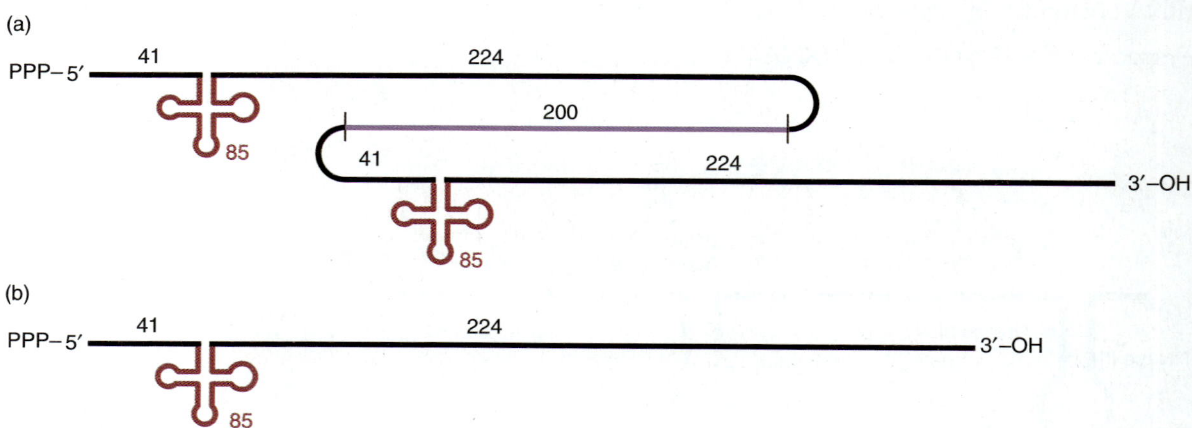


**그림 14.56** ***E. coli*** ***$tRNA_1^{Tyr}$*** **유전자.** 후처리과정의 연구를 위해 사용된 (a) 2개의 인접한 동일 rRNA 구획과 사이영역(보라색) 으로 구성된 완전한 전사체 그리고 (b) 단일 유전 단위. 숫자는 전사구획 각각의 염기번호를 나타낸다. tRNA 서열은 빨간색으로 보인다.

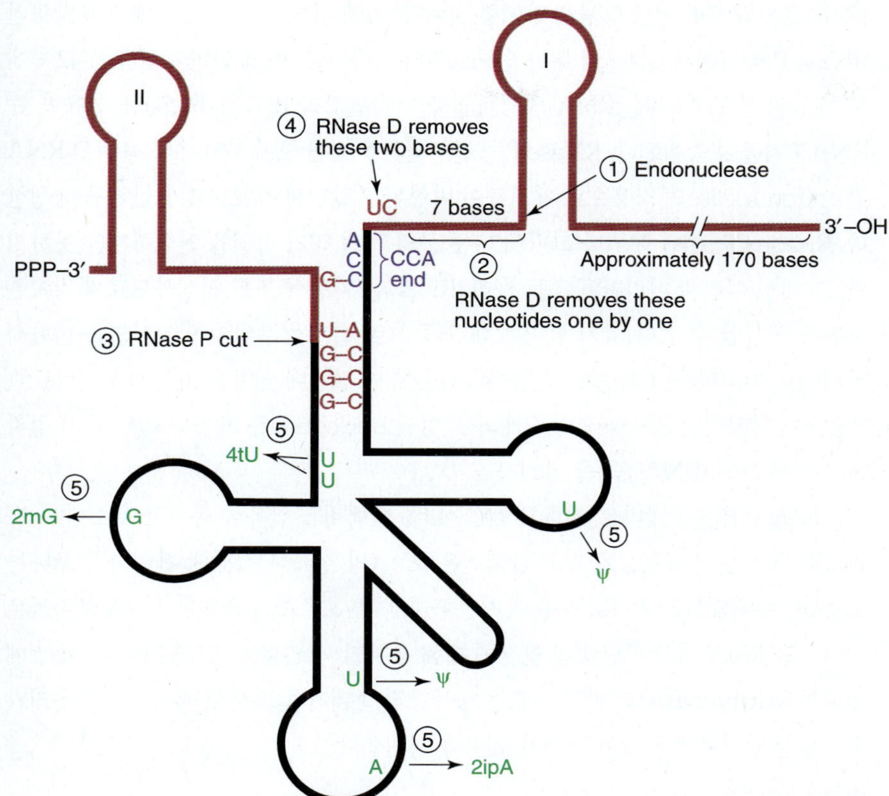


**그림 14.57** ***E.coli* 유전자 전사체의 후처리 단계.** 단계 1과 2는 endonuclease에 의한 절단과 RNase D에 의한 nucleotide 제거 과정이다. 단계 3은 5′-P 말단을 형성한다. 단계 4는 3′-OH 말단(CCA 말단)을 형성한다. 단계 5에서는 tRNA의 고리 내 혹은 고리 근처에 존재하는 6개의 염기가 변형되어 pseudouridine(ψ, 2-isopentenadenosine(2ipA), 2-O-methylguanosine(2mG) 그리고 4-thiouridine(4tU)을 형성한다. 최종 tRNA분자를 형성하는 연속된 서열은 흑색으로 표시되었다.

초기 tRNA 전사체는 **그림 14.57**에서 보여주는 일련의 과정에 의해 후처리되는데 다음의 3단계로 요약할 수 있다 :

### 3′-OH 말단의 형성

이 과정은 머리핀 고리(그림 14.57 의 I)를 인식하는 endonuclease와 CCA 염기서열을 인식하는 exonuclease의 작용으로 이루어진다. Endonuclease가 부위 I를 절단한 후 RNase D라 불리는 exonuclease에 의해 상부의 7개의 염기가 제거된다(단계2). 이 효소는 CCA 말단에서부터 두염기 이전까지 염기를 제거하고 멈추며 5′ 말단이 후처리된 후 이 두염기를 제거하게 된다. 이 과정이 끝나면 *E. coli*에서 쉽게 분리되는 1차 tRNA가 생성된다. 그리고 그 구조는 다음과 같다.

5′-P-(41bases)-tRNA-(2 bases)-3′-OH

### 5′-P말단의 형성

5′-P말단은 RNase P라 불리는 효소에 의해 생성되는데 이 효소는 모든 *E. coli*의

tRNA분자의 5′-P 말단 형생에 관여할 것이다. 이에 대한 증거는 42°C에서 비활성인 RNase P 돌연변이 *E. coli*에 대한 연구로부터 나타났다. 이 돌연변이 균주는 42°C에서 배양하면 5′ 말단에 tRNA 염기서열과 머리핀고리 II(그림 14.57)을 함유한 큰 RNA분자들이 축적된다. RNase P는 전구체의 5′ 말단 으로부터 초과 축적된 RNA를 endonuclease의 작용으로 제거하여 변형된 5′ 말단과 새로운 1개 단편을 생성한다. RNase P는 절단 부위나 그밖에 다른 곳의 특정 염기 서열을 인식하지는 못하지만, 그 대신 여러개 머리핀 구조를 가진 tRNA의 3차원 구조를 인식하므로써 정확한 부위를 절단할 수 있다(상기 설명에 대한 증거로 절단될 부위의 염기서열을 변화시키더라도 머리핀 구조의 변화가 일어나지 않으면 절단에 영향을 미치지 못한다). 5′-P말단이 형성되면 RNase D는 2개의 3′ 말단 nucleotide를 제거하고(단계 4) 정확한 길이를 가진 tRNA분자를 남긴다.

RNase P는 무게비로 80% RNA와 14% 단백질을 함유한 특수한 효소이다. 또한 *그 RNA는 촉매활성을 갖고* 단백질은 RNA의 정확한 접힘에 관여하기 보다는 RNA의 촉매활성을 최대화 하는데 작용한다. 다른 효소활성을 갖는 RNA 분자들은 진핵생물 RNA 대사와 단백질 합성에 대해 공부할 때 만날 수 있을 것이다. 이 촉매성 **RNAs(ribozyme)**의 발견은 모든 생물학적 촉매가 반드시 단백질이라는 우리가 오랫동안 믿어왔던 학설이 타당치 않음을 의미한다.

### 변형된 염기의 생산

마지막 변형은 tRNA에서 변형된 nucleoside를 생산하는 것이다(단계 5). tRNA의 특정한 위치의 nucleoside 상에서만 작용하는 효소들이 필요한 변화를 만들어낸다. tRNA에서 일어나는 전사후변화(post-transcriptional change) 들은 다음과 같다. Uridine은 pseudouridine(ψ), ribothymidine, dihydrouridine 그리고 4-thiouridine(4tU)로 변환된다. Guanosine은 2′-O-methylguanosine(2mG)으로 변환되고 adenosine은 isopentenyladenosine(2ipA)으로 변환된다(**그림 14.58**).

모든 tRNA분자는 CCA-3′-OH로 종결된다. 그림 14.57에 보이는 전구체는 이 염기서열을 보유하고 있으므로 말단은 적절한 절단에 의해 형성되어 진다. 그러나 몇몇의 tRNA분자의 전구체는 CCA 말단이 없다. 이분자들은 **tRNA nucleotidyl transferase**에 의해 CCA가 첨가된다.

일반적으로 여러 사본의 tRNA가 단일 전사단위에 존재한다. 예를 들면 한 전구체 분자에서 $tRNA^{Leu}$에 대한 4개의 사본이 존재하는 경우가 있다. 또 하나의 전사체에 여러 종류의 tRNA가 나타나는 경우도 많다. 예를 들면 *E. coli*에서 하나의 $tRNA^{Ser}$과 하나의 $tRNA^{Thr}$가 단일 전사체에 존재하는 경우도 있다.

비록 학문적으로 세균 RNA의 후처리과정에 대하여 우리가 알아야 할 것들이 많이 남아 있지만 다음의 사실들은 잘 입증되어 있다.

**1.** 모든 안정한 RNA분자는 후처리 되어 있다.

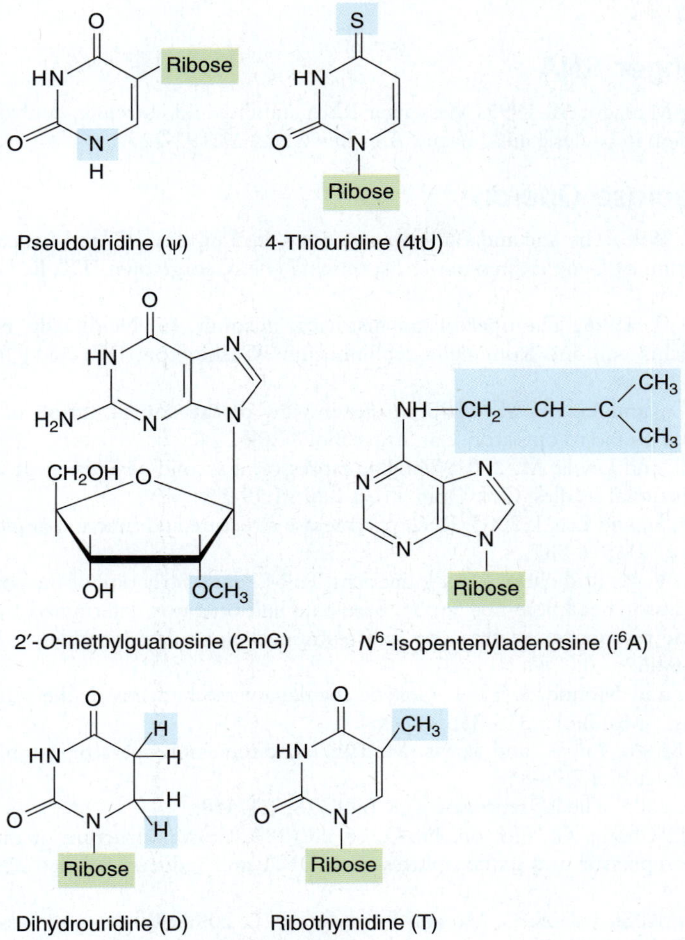

**그림 14.58** tRNA에 존재하는 몇 변형된 nucleoside.

**2.** 약 10개의 nuclease들이 모든 절단을 완성한다. 그리고 endonuclease는 항상 5′-P와 3′-OH군을 생성한다.

**3.** 3′-OH 말단은 일반적으로 exonuclease에 의해 생성된다. 5S rRNA는 예외이다.

**4.** 많은 후처리효소들은 염기서열 특이성(sequence-specific)이 없고 큰 구조적 특징을 인식한다.

**5.** A, U, G, C를 제외한 염기들은 완성된 분자내에 존재하는 염기들의 효소에 의한 변형작용에 의해 형성된다.

이제 세균의 전사에 대한 공부를 마쳤다. 15장에서는 진핵 생물에서 일어나는 더 복잡한 전사 과정에 대하여 공부해보자.

# 권장 도서

## Messenger RNA

Grunberg-Manago, M. 1999. Messenger RNA stability and its role in control of gene expression in bacteria and phages. *Ann Rev Genet* 33:193-227.

## The Lactose Operon

Adhya, S. 1996. The Lac and Gal operons today. In: Lin, E. C. C. and Lynch, S., eds. Regulation of Gene Expression in Escherichia coli. Georgetown, TX: R. G. Landes Company.

Beckwith, J. 1996. The operon: an historical account. In: Neidhardt, F. C., ed. Escherichia coli and Salmonella typhimurium. Washington, DC: ASM Press. pp. 1227-1231.

Bell, C. E., and Lewis, M. 2000. A closer view of the conformation of the Lac repressor bound to operator. Nat Struct Biol 7:209-214.

Bell, C. E., and Lewis, M. 2001. The Lac repressor: a second generation of structural and functional studies. Curr Opin Struct Biol 11:19-25.

Borukhov, S., and Lee, J. 2005. RNA polymerase structure and function at *lac* operon. C R Biol 328:576-587.

Chuprina, V. P., Rullmann, J. A., Lamerichs, R. M., et al. Structure of the complex of lac repressor headpiece and an 11 base-pair half-operator determined by nuclear magnetic resonance spectroscopy and restrained molecular dynamics. J Mol Biol 234:446-462.

Jacob, F., and Monod, J. 1961. Genetic regulatory mechanisms in the synthesis of proteins. J Mol Biol 3:318-356.

Kercher, M. A., Lu, P., and Lewis, M. 1997. Lac repressor?operator complex. Curr Opin Struct Biol 7:76-85.

Lewis, M. 2005. The lac repressor. C R Biol 328:521-548.

Lewis, M., Chang, G., Horton, N. C., et al. 1996. Crystal structure of the lactose operon repressor and its complexes with DNA and inducer. Science 271: 1247-1254.

Matthews, K. S., Falcon, C. M., and Swint-Kruse, L. 2000. Relieving repression. Nat Struct Biol 7:184-187.

Muller-Hill, B. 1998. Some repressors of bacterial transcription. Curr Opin Microbiol 1:145-151.

## Catabolite Repression

Busby, S., and Ebright, R. H. 1999. Transcription activation by catabolite activator protein (CAP). J Mol Biol 293:199-213.

Busby, S., and Kolb, A. 1996. The CAP modulon. In: Lin, E. C. C., and Lynch, S., eds. Regulation of Gene Expression in E. coli. Georgetown, TX: R. G. Landes Company. Harman, J. G. 2001. Allosteric regulation of the cAMP receptor protein. Biochim Biophys Acta 1547:1-17.

Kimata, K., Takahashi, H., Inada, T., et al. 1997. cAMP receptor protein plays a crucial role in glucose-lactose diauxie by activating the major glucose transporter gene in Escherichia coli. Proc Natl Acad Sci USA 94:2914-2919.

Lawson, C. L., Swigon, D., Murakami, K. S., et al. 2004. Catabolite activator protein: DNA binding and transcription activation. Curr Opin Struct Biol 14:1-11.

Lengeler, J. W. 1996. The phosophoenolpyruvate-dependent carbohydrate: phosphotransferase system (PTS) and control of carbon source utilization. In: Lin,

E. C. C., and Lynch, S., eds. Regulation of Gene Expression in Escherichia coli. Georgetown, TX: R. G. Landes Company.

Passner, J. M., and Steitz, T. A. 1997. The structure of a CAP-DNA complex having two cAMP molecules bound to each monomer. Proc Natl Acad Sci USA 94:2843-2847.

Rhodius, V. A., and Busby, S. J. W. 2000. Transcription activation by the Escherichia coli cyclic AMP receptor protein: determinants within activating region 3. J Mol Biol 299:295-310.
Stulke, J., and Hillen, W. 1999. Carbon catabolite repression in bacteria. Curr Opin Microbiol 2:195-201.

## The Galactose Operon

Aiba, H., Adhya, S., and de Crombrugghe, B. 1981. Evidence for two functional gal promoters in intact Escherichia coli cells. J Biol Chem 256:11905-11910.
Choy, H. E., Hanger, R. R., Aki, T., et al. 1997. Repression and activation of promoter- bound RNA polymerase activity by Gal repressor. J Mol Biol 272:293?300.
Semsey S., Tolstorukov, M. Y., Virnik, K., et al. DNA trajectory in the Gal repressosome. Genes Dev 18:1898-1907.
Semsey, S., Virnik, K., and Adhya, S. 2005. A gamut of loops: meandering DNA. Trends Biochem Sci 30:334-341.

## The Arabinose Operon

Dhiman, A., and Schleif, R. 2000. Recognition of overlapping nucleotides by AraC and the sigma subunit of RNA polymerase. J Bacteriol 182:5076-5081.
Gallegos, M. T., Schleif, R., Bairoch, A., et al. 1997. AraC/XylS family of transcriptional regulators. Microbiol Mol Biol Rev 61:393-410.
Schleif, R. 1996. Two positively regulated systems, ara and mal. In: Neidhardt, F. C., ed. Escherichia coli and Salmonella typhimurium. Washington, DC: ASM Press, pp. 1300-1309.
Schleif, R. 2000. Regulation of the L-arabinose operon of Escherichia coli. Trends Genet 16:559-565.
Schleif, R. 2003. AraC proteins: a love?hate relationship. Bioessays 25:274-282.
Seabold, R. R., and Schleif, R. F. 1998. Apo-AraC actively seeks to loop. J Mol Biol 278:529-538.
Soisson, S. M., MacDougall-Shackleton, B., Schleif, R., and Wolberger, C. 1997. Structural basis for ligand-regulated oligomerization of AraC. Science 276:421-425.

## The Tryptophan Operon

Fisher, R. F., and Yanofsky, C. 1983. Mutations of the subunit of RNA polymerase alter both transcription pausing and transcription termination in the trp operon leader region in vitro. J Biol Chem 258:8146-8150.
Henkin, T. M., and Yanofsky, C. 2002. Regulation by transcription attenuation in bacteria: how RNA provides instructions for transcription termination/antitermination decisions. Bioessays 24:700-707.
Landick R, Turnbough, C. L. Jr, and Yanofsky C. 1996. Transcription attenuation. In: Neidhardt F. C., et al. eds. Escherichia coli and Salmonella: Cellular and Molecular Biology. Washington, DC: ASM Press, pp. 1263-1286.
Merino, E., and Yanofsky, C. 2005. Transcription attenuation: a highly conserved regulatory strategy used by bacteria. Trends Genet 21:260-264.
Oxender, D. L., Zurawski, G., and Yanofsky, C. 1979. Attenuation in the Escherichia coli tryptophan operon: role of RNA secondary structure involving the tryptophan codon region. Proc Natl Acad Sci USA 76:5524-5528.
Yanofsky, C. 2000. Transcription attenuation: once viewed as a novel regulatory strategy. J Bacteriol 182:1-8.
Yanofsky, C. 2003. Using studies on tryptophan metabolism to answer basic biological questions. J Biol Chem 278:10859-10878.

## Lambda Phage: A Transcription Regulation Network

Albright, R. A., and Matthews, B. W. 1998. Crystal structure of -Cro bound to a consensus operator at 3.0 A resolution. J Mol Biol 280:137-151.

Beamer, L. J., and Pabo, C. O. 1992. Refined 1.8 A crystal structure of the lambda repressor-operator complex. J Mol Biol 227:177-196.

Casjens, S. R., and Hendrix, R. W. 2001. Bacteriophage lambda and its relatives. In: Encyclopedia of Life Science. London, UK: Nature Publishing Co. pp. 1-8.

Gottesman, M. 1999. Bacteriophage : the untold story. J Mol Biol 293:177-180.

Gottesman, M., and Weisberg, R. A. 2004. Little lambda, who made thee? Microbiol Mol Biol Rev 68:796-813.

Hendrix, R., Roberts, J., Stahl, F., and Weisberg, R. (eds). 1983. Lambda II. Woodbury, NY: Cold Spring Harbor Laboratory Press.

Hochschild, A. 2002. The switch: cI closes the gap in autoregulation. Curr Biol 12:R87-R89.

Jain, D., Kim, Y., Maxwell, K., et al. 2005. Crystal structure of bacteriophage cII and its DNA complex. Mol Cell 19:259-269.

Jain, D., Nickels, B, Sun, L., et al. 2004. Structure of a ternary transcription activation complex. Mol Cell 13:45-53.

Koudelka, G. B. 2000. Action at a distance in a classic system. Curr Biol 10:R704-R707.

Lederberg, E. 1951. Lysogenicity in E. coli K12. Genetics 36:560.

Little, J. W. 2005. Threshold effects in gene regulation: when some is not enough. Proc Natl Acad Sci USA 102:5310-5311.

Oppenheim, A. B., Kobiler, O., Stavans, J., et al. 2005. Switches in bacteriophage lambda development. Annu Rev Genet 39:409-429.

Ptashne, M. 2004. Genetic Switch: Phage Lambda Revisited, 3rd ed. Woodbury, NY: Cold Spring Harbor Laboratory Press.

Ptashne, M. 2005. Regulation of transcription: from lambda to eukaryotes. Trends Biochem Sci 30:275-278.

Ptashne, M., and Gann, A. 1998. Imposing specificity by localization: mechanism and evolvability. Curr Biol 8:R812-R822.

Svenningsen, S. L., Costantino, N., Court, D. L., and Adhya, S. 2005. On the role of Cro in prophage induction. Proc Natl Acad Sci USA 102:4465-4469.

## Messenger RNA Degradation

Anderson, J. S. J., and Parker, R. 1996. RNA turnover: the helicase story unwinds. Curr Biol 6:780-782.

Carpousis, A. J. 2002. The *Escherichia coli* RNA degradosome: structure, function and relationship to other ribonucleolytic multienyzme complexes. Biochem Soc Trans 30(part 2):150-155.

Carpousis, A. J., Vanzo, N. F., and Raynal, L. C. 1999. mRNA degradation. Trends Genet 15:24-28.

Kushner, S. R. 2002. mRNA decay in Escherichia coli comes of age. J Bacteriol 184:4658-4665.

Nicholson, A. W. 1999. Function, mechanism and regulation of bacterial ribonucleases. FEMS Microbiol Rev 23:371-390.

Rauhut, R., and Klug, G. 1999. mRNA degradation in bacteria. FEMS Microbiol Rev 23:353-370.

Regnier, P., and Arralano, C. M. 2000. Degradation of mRNA in bacteria: emergence of ubiquitous features. Bioessays 22:235-244.

Sarkar, N. 1996. Polyadenylation of mRNA in bacteria. Microbiology 142:3125-3133.

## Ribosomal RNA and Transfer RNA Synthesis

Estrem, S. T., Ross, W., Gaal, T., et al. 1999. Bacterial promoter architecture: subsite structure of UP elements and interactions with the carboxy-terminal domain of the RNA polymerase α subunit. Genes Dev 13:2134-2147.

Gourse, R. L., Ross, W., and Gaal, T. 2000. Ups and downs in bacterial transcription initiation: the role of the alpha subunit of RNA polymerase in promoter recognition. Mol Microbiol 37:687-695.

## Regulation of Ribosome Synthesis

Barker, M. M., Gaal, T., Josaitis, C. A., and Gourse, R. L. 2001. Mechanism of regulation of transcription initiation by ppGpp. 1. Effects of ppGpp on transcription initiation in vivo and in vitro. J Mol Biol 305:673-688.

Gourse, R. L., Gaal, T., Bartlett, M. S., et al. 1996. rRNA transcription and growth rate-dependent regulation of ribosome synthesis in *Escherichia coli*. Ann Rev Microbiol 50:645-677.

Gourse, R. L., and Ross, W. 1996. Control of rRNA and ribosome synthesis. In: Lin, E. C. C. and Lynch, S., eds. Regulation of Gene Expression in *Escherichia coli*. Georgetown, TX: R. G. Landes Company.

Keener, J., and Nomura, M. 1996. The regulation of ribosome synthesis. In: Neidhardt, F.C., ed. Escherichia coli and Salmonella typhimurium. Washington, DC: ASM Press, pp. 1417-1431.

## Processing rRNA and tRNA

Kurz, J. C., and Fierke, C. A. 2000. Ribonuclease P: a ribonucleoprotein enzyme. Curr Opin Chem Biol 4:553-558.

Li, A., Pandit, S., and Deutscher, M. P. 1999. RNase G (CafA protein) and RNase E are both required for the 5′ maturation of 16S ribosomal RNA. *EMBO J* 18:2878-2885.

Schon, A. 1999. Ribonuclease P: the diversity of a ubiquitous RNA processing enzyme. FEMS Microbiol Rev 23:391-406.

Tollervey, D., and Lafontaine, D. L. J. 2001. Ribosomal RNA. In: Encyclopedia of Life. London, UK: Nature Publishing Group. pp. 1-7.


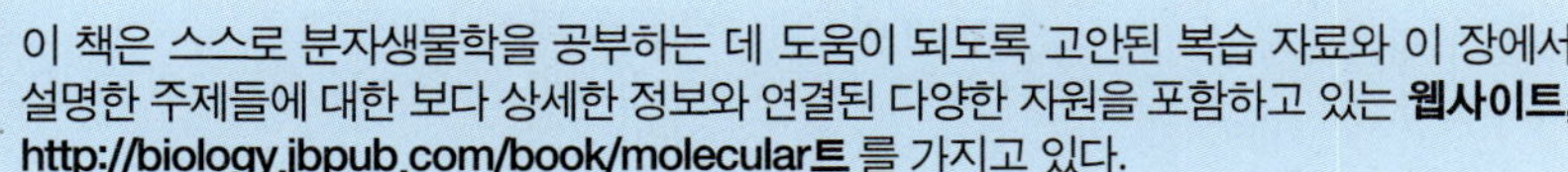

이 책은 스스로 분자생물학을 공부하는 데 도움이 되도록 고안된 복습 자료와 이 장에서 설명한 주제들에 대한 보다 상세한 정보와 연결된 다양한 자원을 포함하고 있는 **웹사이트, http://biology.jbpub.com/book/molecular트** 를 가지고 있다.

# RNA 중합효소 II: 기초 전사

## 주제 개요

**15.1 RNA 중합효소 II의 소개**

진핵 세포의 핵은 3종류의 RNA 중합효소를 가지고 있다.

RNA 중합효소 I, II 및 III은 저해제에 대한 민감도에 따라 구별될 수 있다.

각각의 핵 RNA 중합효소는 자기 고유한 subunit들과 다른 2개의 핵 중합효소들과 공통적인 subunit들을 가지고 있다.

**15.2 RNA 중합효소 II의 구조**

고해상도의 효모 RNA 중합효소 II 구조는 효소가 어떻게 작용하는지를 설명하는데 도움이 된다.

Transcription bubble(전사 버블)과 제작된 RNA(product RNA)와 결합하는 전체 12개 subunit의 효모 RNA 중합효소 II의 crystal(결정) 구조가 밝혀졌다.

**15.3 전사 개시 부위의 확인**

핵 RNA 중합효소는 합성 능력에 한계가 있다.

RNA 중합효소 II 전사는 특정 개시 부위로부터 시작된다.

유전자 발현을 모니터링하는데 여러 방법이 사용될 수 있다.

**15.4 RNA 중합효소 II의 핵심 promoter**

핵심 promoter의 구성요소는 전사 개시 부위의 40 bp 상부에서 40 bp 하부사이에 자리잡고 있다.

**15.5 일반적 전사 factor: 기초 전사**

RNA 중합효소 II는 특정 전사 개시 부위로부터 naked DNA를 전사하기 위하여 일반적인 전사 factor의 도움을 필요로 한다.

핵심 promoter만으로도 cell-free system에서 저량의 RNA 합성이 정확한 전사개시 부위에서 가능하다.

전-개시복합체(Pre-initiation complex)의 조립은 TFIID 또는 TATA 결합 단백질(TATA binding protein, TBP)이 핵심 promoter와 결합함에 따라 시작된다.

TFIID는 TATA box가 결여된 단백질 유전자의 핵심 promoter들과 결합할 수 있다.

TFIIA 또는 TFIIB는 TBP · TATA box 복합체와 결합한다.

RNA 중합효소 II · TFIIF 복합체, TFIIE와 TFIIH의 순차적인 결합이 전-개시복합체 형성을 완성한다.

전-개시복합체 내의 DNA는 RNA 중합효소 II와 일반적 전사 factor로 만들어진 단백질 핵심 주위로 단단하게 감긴다.

**15.6 전사의 신장(transcription elongation)**

가장 큰 RNA 중합효소 subunit의 C-말단 domain은 사슬 신장이 진행되기 위하여 인산화되어야 한다.

전사 elongation factor의 다양함은 신장 중의 일시적인 중지를 억제하도록 도와준다.

Elongation factor SII는 정지된 RNA 중합효소 II를 재활성화한다.

전사 신장 복합체는 조절된다.

**권장도서**

가장 기본적인 화학적 수준에서 진핵 세포와 세균의 RNA 합성은 유사하다. 두 과정은 모두 DNA주형 가닥 위에 배열된 두 ribonucleotide triphosphates가 3′ 말단의 수산기(hydroxyl group)와 5′ 말단의 triphosphate group을 가진 dinucleotide tetraphosphate을 형성하기 위하여 합쳐지면서 시작된다. 두 과정 모두 종결신호에 도달할 때까지 DNA 주형에 의하여 명시된 순서로 3′ 말단에 ribonucleotide가 추가되면서 dinucleotide 사슬이 5′에서 3′ 방향으로 연장됨으로써 계속된다.

이러한 화학적 유사성을 바탕으로 우리는 세균과 진핵 세포의 전사 기구가 유사한 촉매 부위를 가지고 있을 것으로 예상할 수 있다. 세균과 진핵 세포의 핵심 RNA 중합효소는 중요한 구조와 기능상의 특징을 실제로 공유하고 있다. 그러나 세균과 진핵 세포의 전사 기구 사이에는 많은 중요한 차이점 또한 존재한다:

1. 세균이 rRNA, mRNA와 tRNA를 합성하기 위하여 하나의 RNA 중합효소를 이용하는 반면, 진핵 세포는 각각의 RNA를 합성하기 위하여 특정 전용 효소를 이용한다.
2. 세균의 RNA 중합효소는 유전자를 전사하기 위하여 기껏해야 하나 또는 2가지의 부가적인 인자의 지원이 필요하다. 진핵 세포의 RNA 중합효소는 여러 개의 그런 factor가 필요하다.
3. 세균 RNA 중합효소 holoenzyme는 그것의 DNA 주형에 직접 접촉하지만 진핵 세포의 전사 기구는 진핵 세포의 DNA가 histone과 상호작용하여 nucleosmoe을 형성하고 이들이 더 촘촘한 염색질(chromatin) 구조를 형성하기 때문에 그 DNA 주형과 접촉하는데 어려움을 갖는다(6장 참조). 염색질 구조의 중요한 결과는 진핵 세포 유전자는 조절 단백질의 결여 시에는 작동하지 않는 경향이 있다는 것이다. 대조적으로 세균 유전자는 완전히 활성화되기 위하여 작동하기 쉽거나 cAMP 수용체 단백질(CRP)와 같은 하나나 2개의 조절 단백질만 필요로 한다(14장 참조). RNA 합성이 일어나기 전에 진핵 세포 유전자와의 접촉을 방해하는 histone 팔량체(octamer)를 수정하고 움직이기 위하여 추가 factor가 필요하다. 따라서 진핵 세포는 염색질 구조로 인하여 전사조절이 세균에서는 볼 수 없는 수준으로 복잡하다.
4. 세균은 mRNA의 1차 전사체에서 단지 하나만 수정한다. 세균은 분화를 위하여 mRNA의 3′ 말단에 poly(A) 꼬리를 추가한다(14장 참조). 진핵 세포 또한 mRNA 3′ 말단에 poly(A) 꼬리를 부착하지만 이 꼬리는 파괴를 위하여 표시하는 것 보다는 mRNA를 분해로부터 보호하는 것을 도와준다. 진핵 세포는 또한 증가하는 mRNA 사슬의 5′ 말단에 guanine nucleotide **cap**을 추가하고 **mRNA** 전구 물질(또는 **pre-mRNA)**로부터 nucleotide 서열을 제거한다(**그림 15.1**). Walter Gilbert는 성숙한 RNA 분자로의 1차 전사체의 변환 동안 제거되는 내부 서열을 **intron** 그리고 성숙한 RNA 분

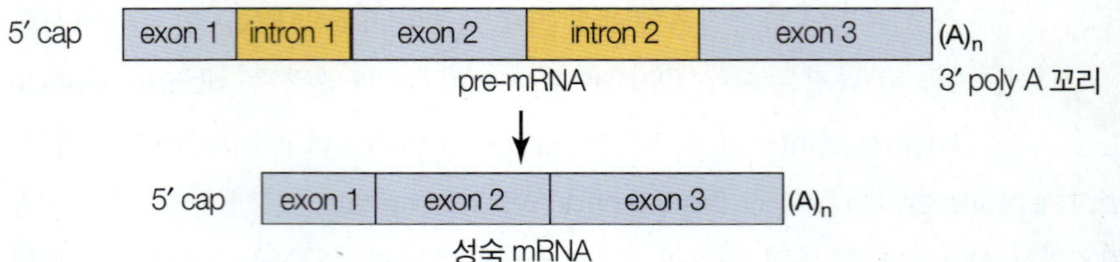


**그림 15.1 진핵 세포에서의 pre-mRNA로부터 mRNA로의 변환.** 진핵 세포는 증가하는 mRNA 사슬의 5′ 말단에 guanine nucleotide cap을 추가하고, pre-mRNA에서 nucleotide 서열을 제거하며, mRNA의 3′ 말단에 poly(A) 꼬리를 추가한다. 절단된 nucleotide 서열은 intron으로 불리며, 성숙된 mRNA내의 nucleotide 서열은 exon이라 불린다.

자에 나타난 서열을 exon이라 명명했다. 진핵 세포는 높은 정밀도로 intron을 제거하는 특별한 대사 기구를 가지고 있다. 두드러지게도, 진핵 세포는 그 자체의 고유 polypeptide를 각각 암호화한 다른 mRNA 분자를 형성하기 위하여 같은 전사 단위 내의 exon의 다양한 조합을 접합할 수 있다. 그 DNA 서열로부터 예측되는 것보다 더 다양한 polypeptide를 합성하는 진핵 세포의 능력을 설명한 이 선택적 접합 기전은, 17장에서 더 자세히 기술될 것이다.

우리는 진핵 세포가 3종류의 핵 RNA 중합효소를 가진다는 것을 입증한 초기 실험들을 기술하면서 15장을 시작하고 mRNA 형성을 책임지는 **RNA 중합효소 II**에 초점을 맞출 것이다.

# 15.1 RNA 중합효소 II의 소개

## 진핵 세포의 핵은 3종류의 RNA 중합효소를 가지고 있다.

Samuel B. Weiss와 Leonard Gladstone은 세균에서 중합효소가 발견되기 약 1년 전인 1959년에 진핵 세포의 DNA 의존성 RNA 중합효소의 존재에 대한 첫번째 분명한 증거를 제시했다. 그들의 연구는 파괴시킨 쥐 간 세포의 핵이 방사성의 ribonucleotide triphosphate을 쥐 간 DNA와 유사한 염기 구성의 산 불용성 RNase 민감성 생성물로 전환시킨다는 것을 보여줬다. 게다가, 이 변환은 모든 4가지 ribonucleotide triphosphate을 필요로 했고, DNase 존재 시에는 발생하지 않았다. 파괴한 핵으로부터 RNA 중합효소의 활성을 알아낼 수 없어 더 이상의 진전은 이뤄낼 수 없었다. 여러 다양한 factor가 이 실패에 기여했다. 가장 중요한 factor 중 하나인 억제 단백질의 존재는 추출 완충제의 이온 강도 조절로 결국 최소화되어, RNA 중합효소가 먼저 추출되었다.

1960년대 John J.Furth, Jamshed R. Tata와 Pierre M. Chambon 연구팀은 진핵 세포의 RNA 합성이 실제 3부분으로 이루어져 있다는 사실을 결코 알지 못한 상태에서 각기 다른 RNA 중합효소 활성에 대해 연구하고 있었다. 진핵 세포가 다양한 RNA 중합효소를 가질 수도 있다는 의견들도 잠시 있었지만, 이것은 대장균이 단 1종류의 핵심 RNA 중합효소만 가지고 있었기 때문에 가능하지 않다고 생각되었었다. 대학원생인 Robert G. Roeder가 3가지의 독특한 RNA 중합효소 활성이 있다고 가정한 것은 1960년대 말이 되어서였다. 그는 그 자신과 그를 믿지 않는 멘토인 William J. Rutter 모두에게 그의 가설을 증명하기 위하여 일련의 실험들을 제안했다.

주요 돌파구가 1970년 Roeder와 Rutter가 핵 추출물에서 단백질을 분류하기 위해 DEAE-Sephadex chromatography를 이용하면서 만들어졌다(**그림 15.2**). 이 분류 기술은 단백질 표면의 음전하가 DEAE-Sephadex bead의 양전하와 상호작용하여 bead에 단백질이 결합하는 능력이 음전하가 증가할수록 증가하는 경향이 있다는 사실의 이점을 이용한다(2장 참조). Roeder와 Rutter는, 그들이 성게 배아 또는 쥐 간 세포핵 추축액을 DEAE-Sephadex에 가하고 점차 높은 농도의 황산 암모늄을 함유하는 완충용액을 가하여(그림 15.2) bead에 결합된 단백질을 방출했을 때 RNA 중합효소 작용을 하는 3개의 분리된 정점(peak)을 발견했다. 이 활성들은 bead로 부터 방출된 순서에 따라 **RNA 중합효소 I, RNA 중합효소 II와 RNA 중합효소 III**로 명명됐으며 이어서 이들이 3개의 개별적 효소로 관찰되었다. 이 실험이 완료되고 나서 보니, Tata가 RNA 중합효소 I, Chambon이 RNA 중합효소 II, Furth가 RNA 중합효소 III를 연구해 왔다는 것이 명백해졌다. 우리는 모든 진핵 세

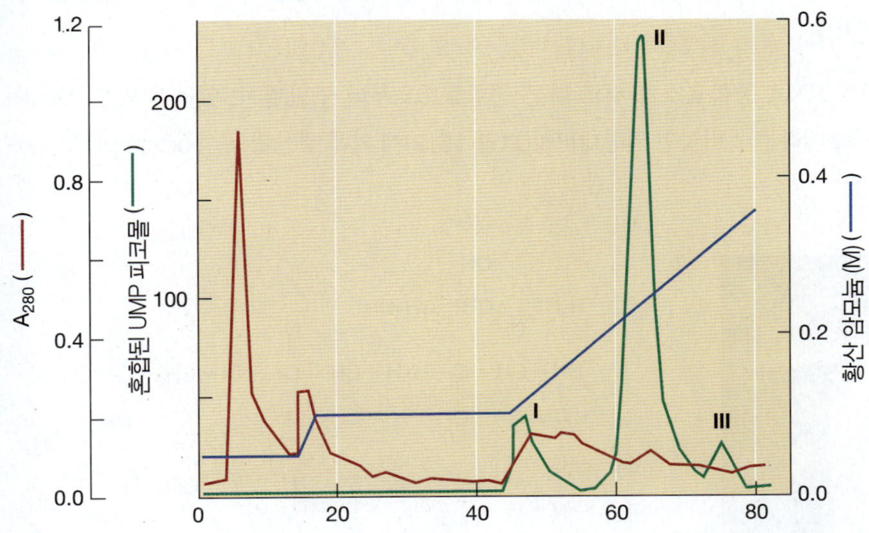


**그림 15.2 DEAE-Sephadex chromatography에 의한 RNA 중합효소 활성의 분리.** Robert G. Roeder와 William J. Rutter는 DEAE-Sephadex chromatography로 성게 배아로부터 RNA 중합효소를 분리하였다. 단백질(빨강색)은 280nm의 흡광도로 측정되었고, RNA 중합효소 활성(녹색)은 방사성으로 표지된 UMP에 의하여 측정되었으며, 황산 암모늄 농도(보라색)는 용출 완충액에서 사용되었다. Roeder, R. G.와 Rutter, W. J., Proc. Natl. Acad. Sci. USA 65(1970): 675-682에서 인용.

**표 15.1** **3개의 진핵세포 RNA 중합효소의 비교**

| 효소 | 위치 | RNA 산물 | α-amanitin에 대한 감도 | actinomycin D에 대한 감도 |
|---|---|---|---|---|
| RNA 중합효소 I | 핵소체(nucleolus) | Pre rRNA(5.8S, 18S, 28S rRNA로 유도) | 저항 | 매우 민감 |
| RNA 중합효소 II | 핵질(nucleoplasm) | Pre mRNA와 몇몇snRNA | 0.02 μg/ml에서 50% 억제 | 약간 민감 |
| RNA 중합효소 III | 핵질(nucleoplasm) | tRNA, 5S rRNA, U6 snRNA(spliceosome)와 7SL RNA(신호 인식 입자) | 20 μg/ml에서 50% 억제 | 약간 민감 |

포의 미토콘드리아와 식물의 엽록체에 존재하는 RNA 중합효소와 구별하기 위하여 이 효소들을 핵 RNA 중합효소(nuclear RNA polymerase)라 부를 것이다.

3개의 핵 RNA 중합효소는 다양한 생리학적 역할을 가지고 있다(**표 15.1**). 핵소체(nucleolus)에 위치한 RNA 중합효소 I은 5.8S, 18S 및 28S rRNA의 전구물질 유전자를 전사한다. RNA 중합효소 II는 핵질[nucleo-plasm, nuclear sap]에 위치하고 작은 nuclear RNA (snRNA) 유전자들 뿐만 아니라 단백질 유전자를 전사한다. RNA 중합효소 III 또한 핵질에 위치하지만 5S rRNA와 tRNA 같은 작은 RNA 유전자를 전사한다.

## RNA 중합효소 I, II 및 III은 저해제에 대한 민감도에 따라 구별될 수 있다.

3개 RNA 중합효소가 서로 다른 중합효소로부터 구별될 수 있는 방법은, Death Cap이라는 독버섯인 일광대버섯(**그림 15.3**)에 의해 생산된 독성 octapeptide인 α-

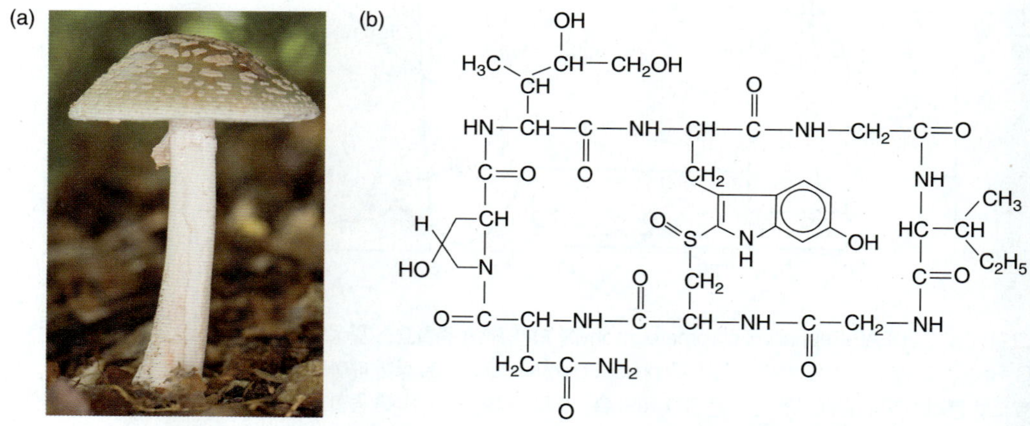


**그림 15.3** α-**Amanitin**. (a) 일광대 버섯(Death Cap으로도 알려짐). (b) a-amanitin의 구조식 ⓒ Niels DK/Alamy 이미지. Part a ⓒ Niels DK/Alamy 이미지. Part b는 Defendenti, C., et al., Forensic Sci. Int. 92(1998): 59-68에서 인용

amanitin에 대한 그들의 민감도이다(표 15.1). 0.02 μg/ml만큼 낮은 농도로 추가될 때, α-amanitin은 RNA 중합효소 II에 의한 RNA elongation 활성의 50% 억제를 유발한다. RNA 중합효소 III의 경우 같은 정도의 억제를 유발하기 위해서는 천 배 이상의 농도가 필요하다. 이 독성 octapeptide는 RNA 중합효소 I에는 어떤 영향도 미치지 않는다. 3개 RNA 중합효소의 민감도는 살아있는 세포에서 특정한 유형의 RNA의 합성을 차단하기 위하여 이용될 수 있다. 따라서 매우 낮은 α-amanitin 농도는 mRNA 합성을 차단하는 한편, 대부분의 다른 종류의 RNA의 합성은 계속 허용한다. 더 높은 농도 또한 5S rRNA, tRNA 그리고 대부분의 다른 작은 RNA 분자들의 합성을 차단하는 한편 다른 rRNA의 합성은 계속 허용한다.

3개 RNA 중합효소에 의하여 촉진되는 전사 반응은 actinomycin D에 대한 민감도 또한 차이가 나타난다. 그러나 이 경우는 RNA 중합효소 I에 의해 촉진된 반응이 가장 민감하다. 효소와 결합하는 α-amanitin과 달리, actinomycin D(**그림 15.4a**)는 이중가닥의 DNA 주형에 결합한다. Actinomycin D의 heterocycle 고리 시스템은 C-G와 G-C 염기쌍 사이에 그 자체를 삽입하여 전사와 복제에 필요한 DNA 가닥의 분리를 저해한다(**그림 15.4b**). RNA 중합효소 I에 의하여 촉진된 반응은 그것이 전사하는 rRNA 유전자가 GC가 많기 때문에 actinomycin D에 가장 민감한 경향이 있다.

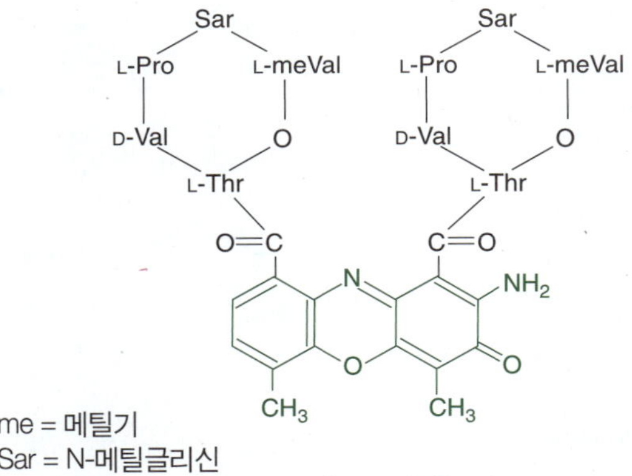


(b)

**그림 15.4** (a) actinomycin D의 고리 구조(녹색)은 이중가닥 DNA 분자의 C-G와 G-C 염기 쌍 사이에 결합한다. (b) actinomycin D와 DNA(5′-D[GpApAp GpCpTpTpC]-3′)의 복합체. DNA의 C-G와 G-C 염기 쌍 사이에 끼워진 actinomycin D의 고리 구조가 노랑색이다. Actinomycin D의 나머지는 주황색이다. Actinomycin D는 가닥의 분리를 저해하여 전사를 억제한다. 단백질 정보 은행 ID: 2D55. Shinomiya, M., et al., Biochemistry 34(1995): 8481-849.

## 각각의 핵 RNA 중합효소는 자기 고유한 subunit들과 다른 2개의 핵 중합효소들과 공통적인 subunit들을 가지고 있다.

RNA 중합효소 I, II와 III는 각각 14, 12 및 17개의 polypeptide subunit을 가지고 있어서 세균의 RNA 중합효소보다 연구하기가 복잡하고 어렵다. Subunit의 분열이나 분해 없이 그 커다란 복합체를 분리하는데 어려움이 있기 때문에 3개 효소의 특성을 분석하기가 굉장히 어렵다는 것이 입증되었다. 실제로, 완전히 활성화된 세균 RNA 중합효소 holoenzyme이 5종류의 subunit(α, β, β′, ω와 σ)만을 가지기 때문에 분리된 RNA 중합효소의 모든 polypeptide가 진짜 subunit(정제 과정 중 어쩌다 효소에 결합한 오염물질과는 다른지)인지 의문점을 가지는 것이 합리적인 것 같다. 이어서는 3가지의 핵 RNA 중합효소 중 가장 잘 연구되었고 단백질 암호화 유전자를 전사하는 RNA 중합효소 II의 subunit 구성을 강조하여 논한다.

전기영동(SDS-PAGE) 분석은 효모와 사람 또는 다른 진핵 생물로부터 분리된 RNA 중합효소 II가 12개의 다른 peptide를 함유하고 있다는 것을 드러내고 있는데, 그 중 10개는 실제 RNA 중합효소 II subunit으로 예상했던 화학량적인 양에 맞게 존재한다. 나머지 2개의 polypeptide는 효소 정제 중에 떨어져 나간것 같다. 다양한 진핵 생물로 부터 분리한 RNA 중합효소 II가 같은 종류의 subunit을 가진다는 관찰 또한 12개 polypeptide의 정확성을 뒷받침해준다. 다양한 생물체에서 분리한 RNA 중합효소 II에 똑같은 불순물이 끼여들 가능성은 매우 낮기 때문이다.

*RPB1*에서 *RPB12*로 표시한 12개의 각각의 RNA 중합효소 II subunit을 암호화한 유전자는 효모에서 발견되어 클로닝되었다(RPB 유전자 표시는 로마자 I, II와 III 대신 문자 A, B와 C를 사용했던 RNA 중합효소 명명법의 임시 체계를 계승하고 있다. RNA 중합효소 I과 III의 subunit 유전자는 각각 *RPA*와 *RPC*로 표시되며 특정 subunit을 알리는 숫자가 뒤에 온다). *RPB4*와 *RPB9*를 제거한 변종 효모는 온도와 추위에 민감하고, 다른 10개 subunit을 제거한 변종 효모는 생존이 불가능하다(**표 15.2**). 이러한 결과는 RNA 중합효소 II가 필수 효소라는 사실과 일치하고 각각의 polypeptide subunit(Rpb1-Rpb12)이 실제 효소 성분이라는 견해를 뒷받침한다. 놀랍게도 사람 RNA 중합효소 II 유전자 중 적어도 10개는 효모의 대응하는 유전자로 대체될 수 있다. 이 결과의 중요성은 효모의 RNA 중합효소 II 연구에 의하여 얻어진 정보가 사람을 포함한 다른 진핵 생물로부터 얻어진 RNA 중합효소 II에 적용된다는 것이다.

각각의 핵 RNA 중합효소에 존재하는 다수의 subunit이 어떻게 효소가 작용하는지에 대한 우리의 이해에 심각한 어려움을 야기하지만 상동성 연구는 그 상황이 처음 어려워 보일 때보다는 간단하다는 것을 보여준다. 우선, *S. cerevisiae* RNA 중합효소 II의 5개의 subunit(Rpb5, Rpb6, Rpb8, Rpb10과 Rpb12)은 RNA 중합효소 I와 III에도 있다. 하나의 핵 RNA 중합효소에서 이들 5개 subunit 각각의 기능을 연구하여 얻어진 정보는 확실히, 다른 두 중합요소에서 그들의 기능에 대한 정보를 제공할 것이다. 게다가 이 정보는 우리에게 하나 이상의 다른 subunit이 핵 RNA 중합효소 사이에 존재하는 특정 차이점의 원인임에 틀림없다는 것을 말해준다. 상동성은 핵 RNA 중합효소 subunit 간에 존재할 뿐만 아니라 세균과 고세균 RNA 중합효소에까지 확장된다(그림 15.5). 고세균 RNA 중합효소는 핵 중합효소와 거의 같은 수의 subunit을 가졌기 때문에 특히 주목할 만하다. 즉, 핵 RNA 중합효소에 존재하는

**표 15.2** ***Saccharomyces cerevisiae* RNA 중합효소 II subunit의 유전자**

| 유전자 | Polypeptide subunit의 아미노산 잔기 | 결손 변이 표현형 |
|---|---|---|
| *RPB1* | 1733 | 생존 불가능 |
| *RPB2* | 1224 | 생존 불가능 |
| *RPB3* | 318 | 생존 불가능 |
| *RPB4* | 221 | 조건부 생존 |
| *RPB5* | 215 | 생존 불가능 |
| *RPB6* | 155 | 생존 불가능 |
| *RPB7* | 171 | 생존 불가능 |
| *RPB8* | 146 | 생존 불가능 |
| *RPB9* | 122 | 조건부 생존 |
| *RPB10* | 70 | 생존 불가능 |
| *RPB11* | 120 | 생존 불가능 |
| *RPB12* | 70 | 생존 불가능 |

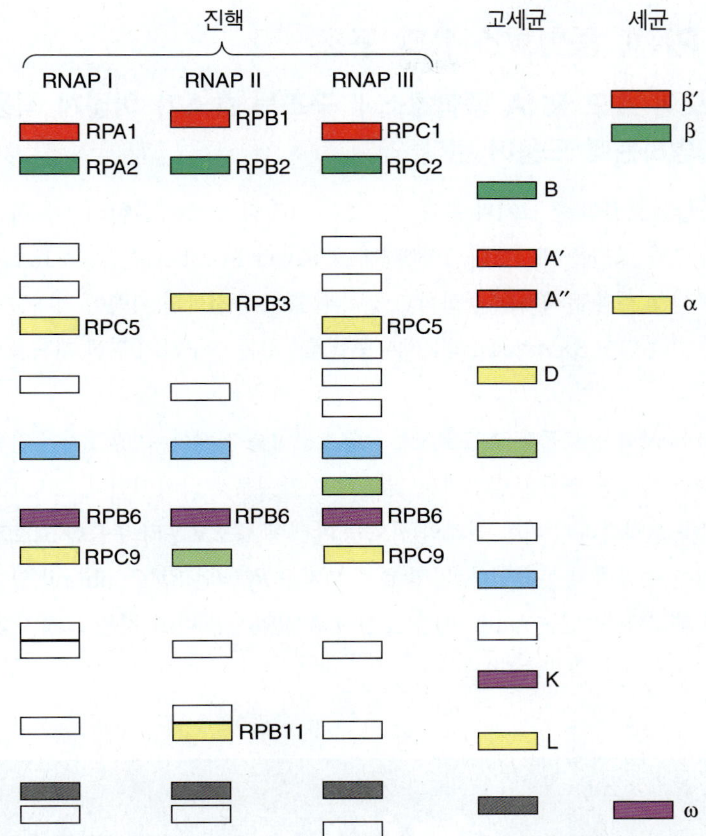


**그림 15.5 진핵 생물 중합효소 I, II와 III, 고세균 RNA 중합효소, 세균 핵심 RNA 중합효소의 subunit 구조의 도식.** 같은 색의 subunit은 상동체임을 나타낸다. 각각의 subunit의 이름은 subunit 오른쪽에 주어졌다(RNAP I, II와 III는 각각 RNA 중합효소 I, II와 III이다). Bell, S. D. 와 Jackson, *S. P., Nat. Struct. Mol. Biol. 7*(2000): 703-705에서 인용.

다른 subunit은 세포 핵의 존재에 기인하는 몇몇 문제점을 해결하기 위하여 진화하지는 않았다는 것이다.

고세균 RNA 중합효소가 세균 RNA 중합효소보다는 핵 RNA 중합효소에 더 가까운 구조적 관계를가지고 있지만, 두 원핵 생물 RNA 중합효소는 하나의 중요한 기능적 특징을 공유한다: 효소 둘 다 mRNA, rRNA와 tRNA를 합성한다. 상동성 연구는 또한 각각의 세균 핵심 RNA중합효소 subunit(β, β′ 와 α)이 각각의 핵 RNA 중합효소에서 최소 하나의 상동체를 가진다는 것을 말해준다. 예를 들어, RNA 중합효소 II와 세균의 subunit의 비교는 β′ 이 Rpb1, β가 Rpb2, α 는 Rpb3과 Rpb11 둘 다, ω는 Rpb6에 상응한다는 것을 말해준다. 그러므로 보존적 아미노산 서열이 RNA 합성에서의 특히 중요한 역할을 가지고 있다는 것과 세균과 핵 효소 사이에 구조적인 관련이 존재한다는 것을 결론짓는 것이 합리적인 것 같다. 다음 장에서 기술된 결정 구조의 비교는 이것이 실제 사실임을 보여준다.

# 15.2 RNA 중합효소 II의 구조

## 고해상도의 효모 RNA 중합효소 II 구조는 효소가 어떻게 작용하는지를 설명하는데 도움이 된다.

RNA 중합효소 II의 큰 크기와 복잡한 구조는 그것의 구조를 밝히려 시도하는 연구자에게 주요한 도전을 제시했다. 1980년대 초 Roger Kornberg는 효모 효소가 다른 진핵 생물의 효소와 유사하여 생화학과 접목된 효모 유전학의 위력이 거대한 이점을 가져다줄 거라 믿고 *S. cerevisiae*의 RNA 중합효소 II를 연구하기 위한 계획을 시작하였다.

Kornberg와 동료들은 효모 RNA 중합효소 II를 정제할 수 있었지만 단백질 결정화를 위한 적절한 조건을 발견하는 것은 주요 장애물로 남아있었다. 효모 RNA 중합효소 II를 결정화하기 위한 초기의 시도는 야생형 세포로부터 추출한 효소가 균질화되지 않아 성공하지 못하였다. 몇몇 효소 분자는 *Rpb4*와 *Rpb7* subunit(앞에서 논한 2개의 분리할 수 있는 subunit)을 포함하고 있었지만 다른 것은 그렇지 않았다.

(a)

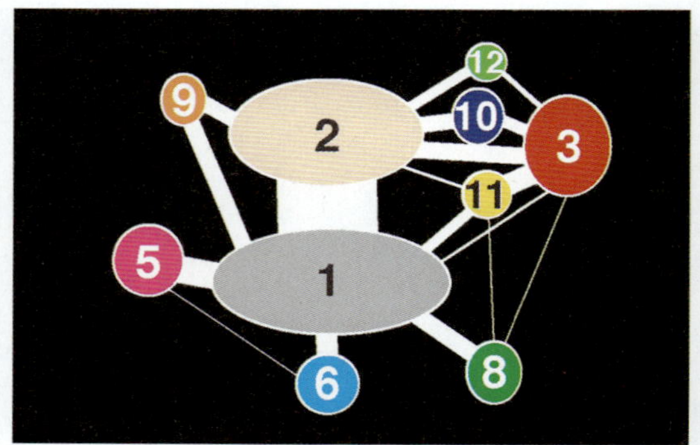


(b)

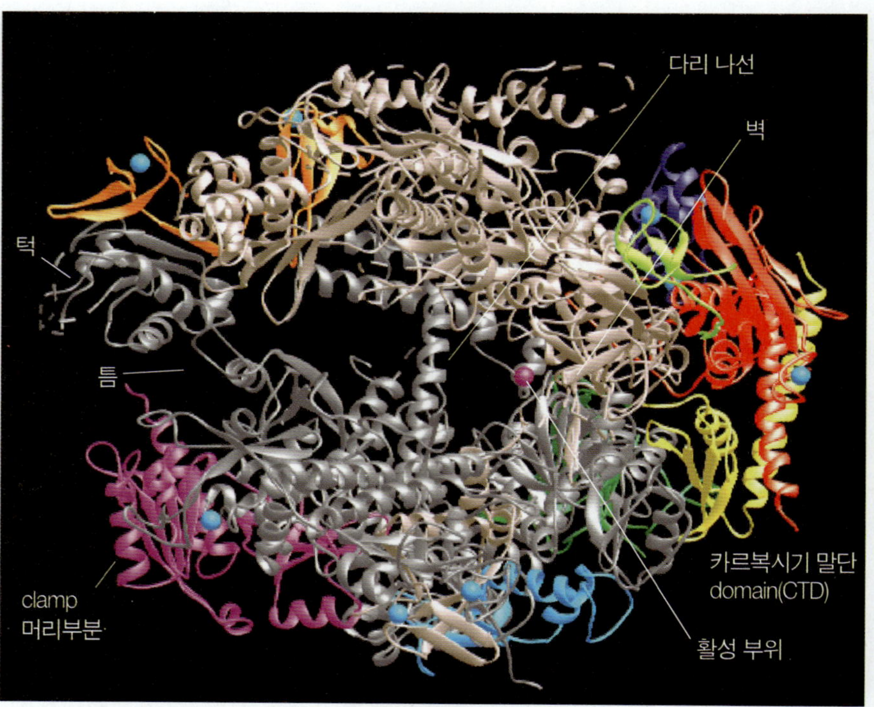


**그림 15.6 2.8Å 해상도에서 Δ4/7 RNA 중합효소 II.** (a) 10개 subunit Δ4/7 RNA 중합효소 II의 subunit 색 코드와 상호작용 도식의 열쇠. 숫자는 Rpb subunit을 나타낸다. Subunit을 연결하는 선의 두께는 상응하는 subunit 접점에 감춰진 표면 영역에 상응한다. (b) 효모 Δ4/7 RNA 중합효소 II 구조의 끈 묘사. 특정 subunit의 색은 색 코드 도식(a)에 나타난 대로이다. RNA 중합효소 II의 몇몇 특정 특징이 나타난다. *Rpb1*의 카르복시기 말단 domain(CTD)은 대체로 구조화되지 않아 보이지 않는다. 활성 부위 마그네슘은 분홍색 구체로 보이고 아연 원자는 파랑색 구체로 보인다. Clamp가 자유롭게 열려 있기 때문에 틈은 12개 subunit의 구조나 전사 신장 복합체보다 Δ4/7 RNA 중합효소 II에서 더 넓다. Cramer, P., Bushnell, D. A.와 Kornberg, R. D. 2001 *Science* 292:1863-1876에서 복사. AAAS의 허가로 재출력. Stanford University School of Medicine의 Roger D. Kornberg의 사진 허가.

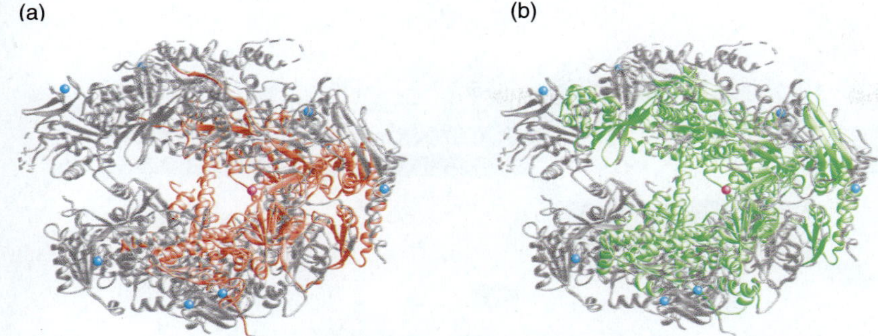


**그림 15.7 보존된 RNA 중합효소 핵심 구조.** (a) 세균과 진핵 RNA 중합효소의 2개의 가장 큰 subunit 사이에 서열 상동성 영역이 빨강색이다. (b) polypeptide 근간에 상응하는 방법으로 판단된 RNA 중합효소 II와 세균 RNA 중합효소 간의 구조적 상동성 영역이 녹색이다. Cramer, P., Bushnell, D. A.와 Kornberg, R. D. 2001 Science 292:1863-1876에서 복사. AAAS의 허가로 재출력. Stanford University School of Medicine의 Roger D. Kornberg의 사진 허가.

Kornberg의 그룹은 처음에 *RPB4* 유전자를 삭제한 효모 변종으로부터 RNA 중합효소 II를 분리하도록 하여 문제를 해결하였고 그래서 정제된 효소는 *Rpb4*와 *Rpb7*이 모두 결여되어있었다. 그 결과로 생기는 Δ4/7 RNA 중합효소 II로 표시된 10개 subunit 효소 복합체는 X-선 회절 연구에 적합한 결정을 형성하였다. 이 10개 subunit 복합체는 RNA 사슬 신장을 촉진할 수 있고, 적절한 합성 DNA 주형을 이용하여 RNA 합성을 개시할 수 있다. Kornberg와 동료들에 의해 얻어진 Δ4/7 RNA 중합효소 II의 고해상도 이미지는 10개 subunit 사이에 존재하는 상호작용과 효소 복합체의 구조적 특징을 보여준다(**그림 15.6**). 아미노산 서열 상동성에서 예상된 것처럼 Δ4/7 RNA 중합효소 II는 *Thermus aquaticus* RNA 중합효소와 놀랄 정도로 유사하다(**그림 15.7**). 유사성은 활성 부위가 위치한 틈을 둘러싼 영역과 신생 RNA와 상호작용하는 영역에서 가장 두드러진다. 핵산과 상호작용하는 영역에서 예상한 것처럼 세균과 효모 RNA 중합효소 모두에서 틈을 형성하는 비교적 높은 비율의 아미노산은 양 전하를 띤 곁사슬을 가진다.

12 subunit RNA 중합효소 II를 결정화하는데 있어 주요한 문제였던 subunit Rpb4와 Rpb7이 화학량적 비율보다 적은(substoichiometric) 양으로 존재한다는 사실은 2가지 다른 접근법을 이용하여 해결되었다. Kornberg와 동료들은 12개 subunit RNA 중합효소 II와 Δ4/7 RNA 중합효소 II를 구별하는 표지원자를 붙인 재조합 Rpb4를 가진 효모 균주로부터 완전한 RNA 중합효소 II를 정제했다. Patrick Cramer와 동료들은 10개 subunit RNA 중합효소 II에 과도한 양의 Rpb4와 Rpb7 subunit을 추가하였다. 12-subunit RNA 중합효소 II(**그림 15.8**)의 결정 구조는 Rpb7 subunit의 끝 부분이 클램프(Rpb1의 부분)를 닫힌 형태로 잠그는 쐐기 역할을 하면서 subunit Rpb1, Rpb2와 Rpb6에 의해 형성된 보존 포켓으로 들어가는 것을 나타낸다. 따라서 틈은 실제로 Δ4/7 RNA 중합효소 II에서 관찰된 것보다 훨씬 좁아져서 이중가닥의 DNA가 전사 초기 단계에 틈으로 끼는 것이 불가능하

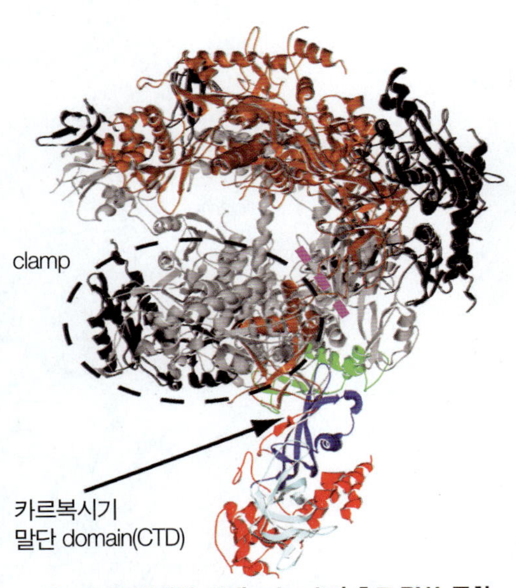


**그림 15.8 완전한 12개 subunit의 효모 RNA 중합효소 II 구조의 끈 묘사.** Rpb1, Rpb2, Rpb4와 Rpb6은 각각 회색, 구리색, 빨강색, 녹색이다. Rpb7의 N 말단과 C 말단 반씩은 각각 진한 파랑색과 밝은 파랑색이다. 나머지 subunit은 검정색이다. Rpb1의 C-말단 반복 domain인 clamp와 제작된 RNA의 출구 홈(분홍색 점선)이 표시되어 있다. Bushnell, D. A.와 Kornberg, R. D., Proc. Natl. Acad. Sci. USA 100(2003): 6969-6973에서 재출력. Roger D. Kornberg, Stanford University School of Medicine의 사진 허가.

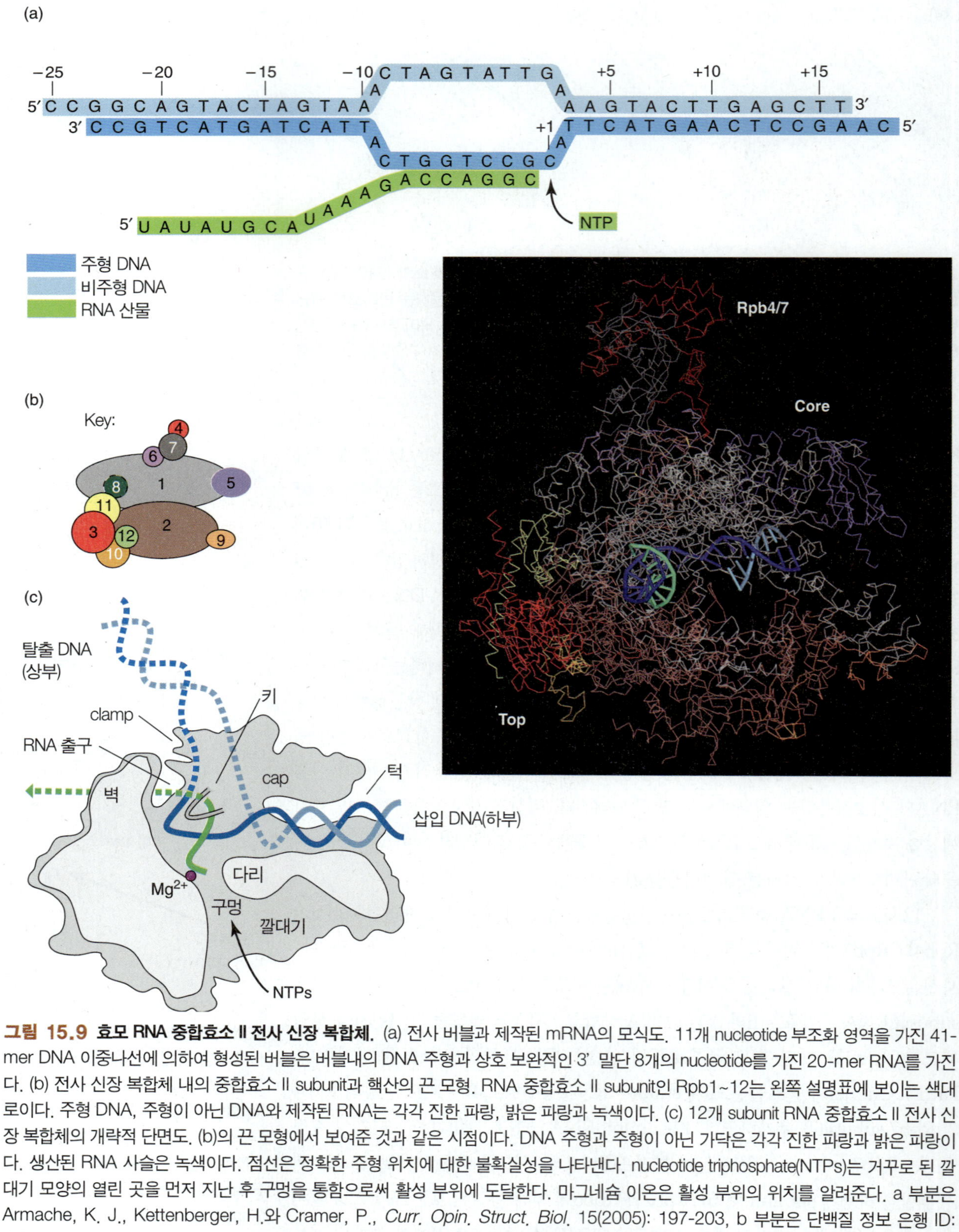

**그림 15.9 효모 RNA 중합효소 II 전사 신장 복합체.** (a) 전사 버블과 제작된 mRNA의 모식도. 11개 nucleotide 부조화 영역을 가진 41-mer DNA 이중나선에 의하여 형성된 버블은 버블내의 DNA 주형과 상호 보완적인 3′ 말단 8개의 nucleotide를 가진 20-mer RNA를 가진다. (b) 전사 신장 복합체 내의 중합효소 II subunit과 핵산의 끈 모형. RNA 중합효소 II subunit인 Rpb1~12는 왼쪽 설명표에 보이는 색대로이다. 주형 DNA, 주형이 아닌 DNA와 제작된 RNA는 각각 진한 파랑, 밝은 파랑과 녹색이다. (c) 12개 subunit RNA 중합효소 II 전사 신장 복합체의 개략적 단면도. (b)의 끈 모형에서 보여준 것과 같은 시점이다. DNA 주형과 주형이 아닌 가닥은 각각 진한 파랑과 밝은 파랑이다. 생산된 RNA 사슬은 녹색이다. 점선은 정확한 주형 위치에 대한 불확실성을 나타낸다. nucleotide triphosphate(NTPs)는 거꾸로 된 깔대기 모양의 열린 곳을 먼저 지난 후 구멍을 통함으로써 활성 부위에 도달한다. 마그네슘 이온은 활성 부위의 위치를 알려준다. a 부분은 Armache, K. J., Kettenberger, H.와 Cramer, P., *Curr. Opin. Struct. Biol.* 15(2005): 197-203, b 부분은 단백질 정보 은행 ID: 1Y77. Kettenberger, H. Armache, K.-J.와 Cramer, P. Mol. Cell 16(2004): 955-965, c 부분은 Hahn, S., Nat. Struct. Mol. Biol. 11(2004): 394-403에서 인용.

도록 만든다.

우리가 밑에서 보는 것처럼, 몇몇 추가적 전사 factor가 전사 개시가 세포 내에서 일어나기 위해 필요하다. 모든 3개 핵 RNA 중합효소에서 상응하는 subunit이 폭넓은 상동성을 나타내기 때문에 RNA 중합효소 I와 III가 12개 subunit RNA 중합효소 II와 비슷한 구조를 가지고 있다는 것이 상당히 가능성이 있다.

## Transcription bubble(전사 버블)과 제작된 RNA(product RNA)와 결합하는 전체 12개 subunit의 효모 RNA 중합효소 II의 crystal(결정) 구조가 밝혀졌다.

연구자들은 그들이 결정 형태의 복합체를 준비할 수 있다면 전사 신장 복합체의 "속사(snapshot)"을 얻을 수 있을지 모른다는 것을 알아냈다. Cramer와 동료들은 전사 버블과 제작된 RNA에 결합하는 12개 subunit의 RNA 중합효소 II를 가진 복합체를 조립함으로써 문제에 접근했다(**그림 15.9a**). 12개 subunit RNA 중합효소 II 신장 복합체의 결정 구조와 개략적 단면도가 **그림 15.9b**와 c에 각각 나타난다. 단백질 "턱"은 효소로 들어간 하부 DNA를 잡아준다. DNA는 촉매 위치를 향해 틈을 따라 확장되고 +1이 주형 염기 위치에 상응할 때 +3 위치에서 풀리기 시작한다. Nucleoside triphosphate는 효소의 바닥에 깔때기 같이 열린 부위를 통하여 통과하고 그리고 나서 활성 부위 가까이의 구멍을 통과하여 활성 부위에 도달한다. 증가하는 RNA 사슬의 3′ 말단은 구멍 위에 놓인다. 활성 부위는 세균 RNA 중합효소에서 기술된 것과 유사하다(13장 참조).

활성 위치에서 나타난 7~8 bp로 구성되는 DNA-RNA 혼합체는 틈 끝에 있는 "벽"이 효소를 통한 일직선의 통로를 차단하기 때문에, 하부 DNA에 대하여 90° 정도 회전하여 방향을 바꾸도록 힘이 주어진다. 효소가 DNA-RNA 가닥의 분리를 도와준다. 틈에서 연장된 **덮개, 키, fork 고리** 1로 불리는 3개의 고리가 혼합체의 분리, RNA의 방출, 전사 버블의 상부 말단의 유지에 역할을 하는 것으로 보인다(**그림 15.10**). 덮개는 쐐기로 작용하며 DNA와 RNA가 분리되도록 유도하고 가닥의 분리를 유지하는 장애물을 형성하며 RNA를 방출로로 인도한다. 키는 직접적으로 가닥 분리에 관여하지 않는 대신 RNA와 재결합을 억제하기 위하여 −9와 −10의 위치에서 DNA와 상호작용한다. Fork 고리 1은 너무 일찍 DNA-RNA 혼합체의 풀림을 방지하는 것으로 보인다. RNA는 RNA 방출로를 통하여 효소를 빠져나간다. 상부의 이중가닥 DNA와 전사 버블 내의 주형이 아닌 가닥은 결정구조에서는 보이지 않으며, 아마 전사 신장 복합체의 안정성에 기여하지 않을지도 모른다.

구조의 연구는 각 새로운 nucleotide가 RNA 3′ 말단에 추가되면서 DNA 주형을 따라 RNA 중합 효소 II가 움직이는 방법을 말해준다. Rpb1 subunit은 Rpb1과 Rpb2를 가로지르는(그림 15.6) 다리 나선(bridge helix)이라 불리는 잘 보존된 나선을 가지고 있으며, 직선이나 구부러진 형태로 존재할 수 있는 것으로 보인다.

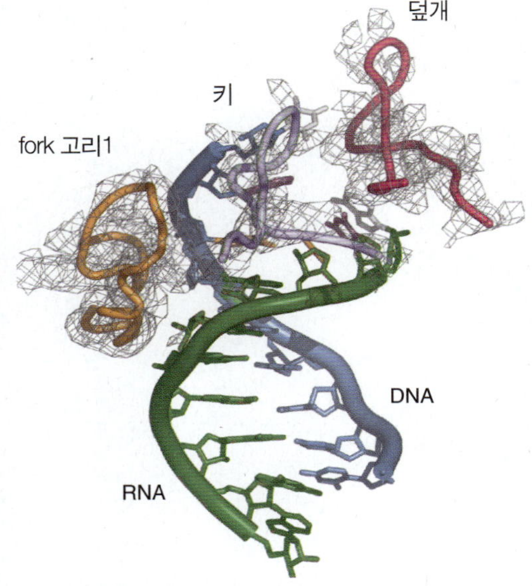


**그림 15.10 DNA-RNA 혼합체 가닥 분리에 관여하는 단백질 고리.** Fork 고리 1(오렌지색), 키(밝은 파랑), 덮개(보라색)의 골격 모형이다. Westover, K. D., Bushnell, D. A.와 Kornberg, R. D., 2004. Science 303: 1014-1016에서 재구성. AAAS의 허가로 재출력. Roger D. Kornberg, Stanford University School of Medicine의 사진 허가.

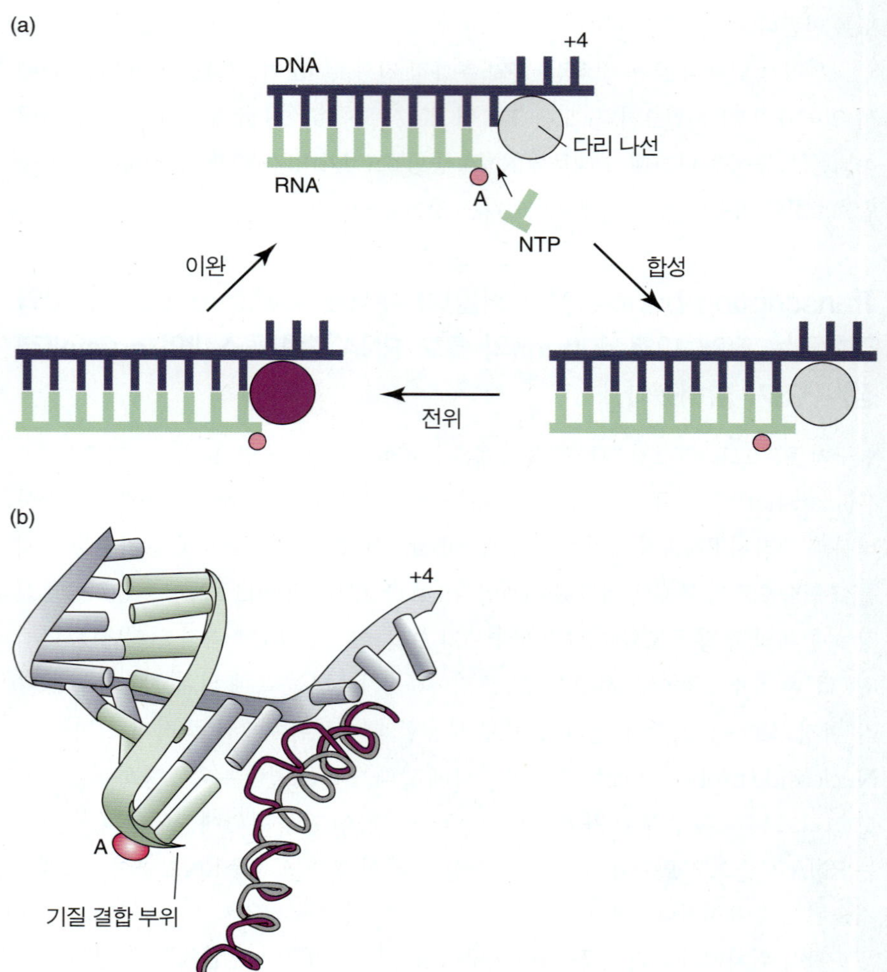


**그림 15.11 제시된 전사 순환과 전위 기전.** (a) Nucleotide 추가 주기의 요약. 합성: nucleoside triphosphate (NTP)는 비어있는 기질 부위를 채우고 활성 부위인 A(마그네슘 이온을 의미하는 분홍색 점)에 새로 만들어진 RNA 가닥(녹색)의 3′ 말단에 추가된다. 전위: 핵산은 활성 부위인 A를 따라 움직인다. 이 움직임이 다리 나선이 직선(회색 원) 형태에서 구부러진 형태(보라색 원)으로 변하도록 유도한다. 이완: 다리 나선은 주기를 완성하기 위하여 핵산 움직임 없이 직선 형태로 이완된다. 이 다리 이완의 결과, 비어있는 기질 부위가 하나 nucleotide 만큼 아래로 이동한다. (b) RNA 중합효소에서 관찰된 다리 나선의 다른 형태. 구부러진 형태는 보라색, 직선 형태는 회색이다. Gnatt, A. L, *Science* 292 (2001): 1876-1882에서 인용.

Kornberg와 동료들은 RNA 중합효소가 생산하는 RNA 사슬에 하나의 이어지는 nucleotide가 추가된 후 DNA 주형을 따라 하나의 nucleotide를 전진하도록 하는 ratcheting(톱니바퀴의 역회전을 막는 쐐기) 기작을 만들면서 다리 나선이 직선과 구부러진 형태를 왔다갔다하는 모형을 제시했다(**그림 15.11**). 이 모델에 따르면 $Mg^{2+}$ 이온과 결합된 삽입된 nucleoside triphosphate(NTP)는 개방된 기질 부위를 채워 활성 부위에 phosphodiester 결합을 형성하며 RNA 중합효소는 phosphodiester 결합 형성을 촉진하고 핵산은 활성 부위를 따라 움직이며 nucleotide를 추가하여 다리 나선으로 하여금 직선에서 구부러진 형태로 바뀌도록 한다. 그리고 다리 나선은

ribonucleotide 추가의 원래 위치에서 하나 nucleotide 아래 위치한 개방된 기질 부위를 만들기 위하여 핵산의 움직임 없이도 이완되어 직선 형태로 돌아간다. 따라서 다리 나선은 rachet으로 작용하여 전위 시 RNA 중합효소 II가 DNA와 RNA 가닥을 방출하도록 하는 한편, 혼합체가 자라는 끝 쪽의 접촉을 여전히 유지하여 신장 주기의 다음 단계가 발생할 수 있도록 한다.

## 15.3 전사 개시 부위의 확인

### 핵 RNA 중합효소는 합성 능력에 한계가 있다.

큰 크기와 복잡성에도 불구하고 핵 RNA 중합효소는 매우 제한된 합성 능력을 가지고 있다. 예를 들어 단독으로 작용하는 RNA 중합효소 II는 DNA 주형이 nick, 하나의 가닥으로 된 공백(gap)이 있거나 3′ 말단의 돌출이 있을 때 임의의 위치에서 적은 수준의 전사를 개시할 수 있다. 그러나, 다른 단백질의 보조 없이는 온전한 이중 나선 DNA 주형 내의 특정 개시 부위에서 전사를 개시할 수 없다.

RNA 중합효소 I과 III 또한 특정 전사를 촉진하기 위하여 추가적 단백질 factor들의 도움을 필요로 한다. 게다가 각각의 핵 RNA 중합효소는 전사 개시 부위에 위치하고 RNA를 만드는 것을 도와줄 전사 factor의 특정 세트를 필요로 한다. 전사 과정의 세부적인 것이 각각의 핵 RNA 중합효소마다 다르기 때문에 각 하나씩 분리하여 조사하는 것이 필요하다. 여기에서 우리는 RNA 중합효소 II와 그것을 도와주는 전사 factor에 대하여 조사한다. RNA 중합효소 I과 III 그리고 그들을 도와주는 전사 factor는 18장에서 다룬다.

### RNA 중합효소 II 전사는 특정 개시 부위로부터 시작된다.

RNA 중합효소 II 전사는 각 단백질 암호화 유전자의 시작 부분에 있는 고유 위치에서 시작한다. 전사 개시 부위의 정확한 위치를 찾아내기 위하여 여러 다양한 기술이 고안되었다. 3가지 가장 일반적으로 사용되는 기술 각각은 우리가 이미 전사 개시 부위의 위치의 대략적으로 알고 있다고 가정한다. 첫 번째 2가지 기술, S1 mapping(S1 nuclease 분석으로도 알려짐)과 primer 연장은 세포 추출물 뿐만 아니라 살아있는 세포에서도 전사 개시 부위를 확인한다. 세 번째 방법인 유출 분석은 실험적으로 덜 힘들긴 하지만, 살아있는 세포에서만 사용될 수 있다.

#### S1 mapping

S1 mapping은 전사 개시 부위에 걸친 표지된 단일가닥의 DNA 탐침을 필요로 한다. 표지된 탐침은 세포 시료로부터 추출된 RNA 분자의 혼합물에 혼합체 형성에 알맞은 조건에서 추가된다. 탐침은 한쪽 끝에는 3′-polyribonucleotide 돌출과 다른 한쪽에는 3′-polydeoxyribonucleotide 돌출을 가진 DNA-RNA 혼합체를 생산하기 위한 상호보완적인 mRNA에 특이적으로 잘 결합하도록 고안된다(**그림 15.12**). 그

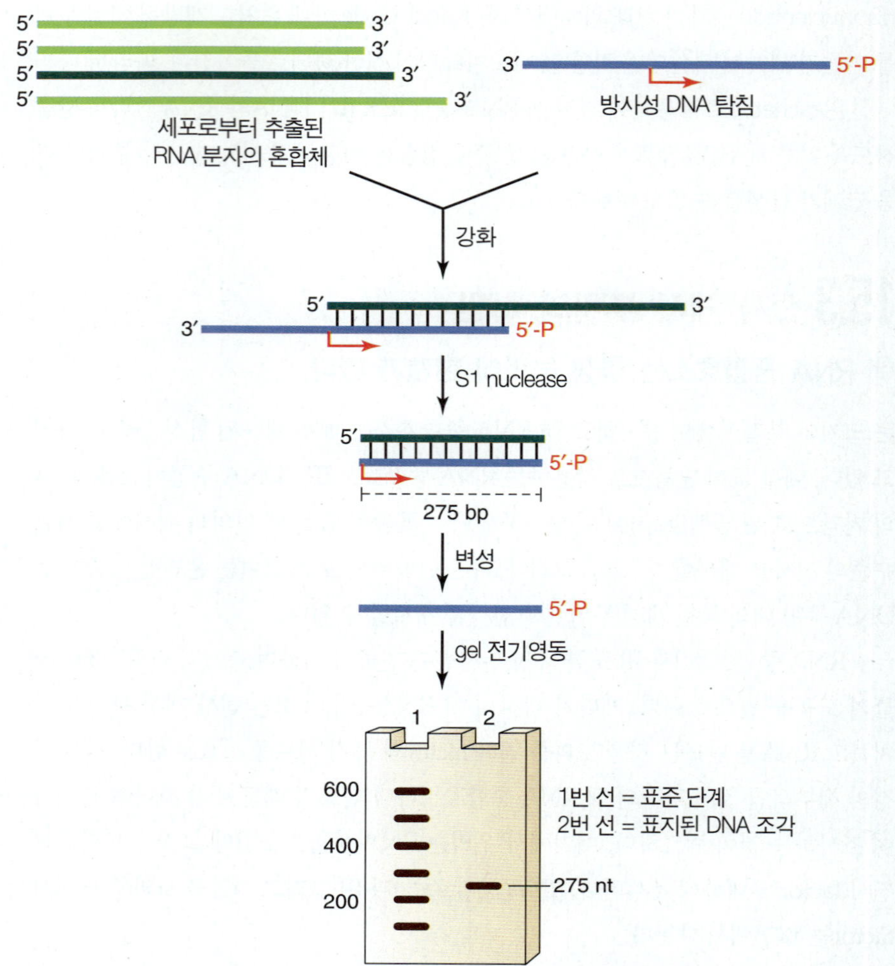


**그림 15.12 S1 mapping.** 표지된 DNA 탐침이 세포 샘플로부터 추출된 RNA 분자의 혼합물에 혼합체 형성에 알맞은 조건에서 추가되어 한쪽 끝에는 3′-polyribonucleotide 돌출과 다른 한쪽에는 3′-polydeoxyribonucleotide 돌출을 가진 DNA-RNA 혼합체를 생산하기 위한 상호보완적인 mRNA(진한 녹색)에 특이적으로 결합한다. 그리고 나서 S1 nuclease가 단일 가닥의 polynucleotide 돌출을 제거하기 위하여 추가된다. Polyacrylamide gel 전기영동(참조로 크기 기준 물질 이용)에 의하여 밝혀진 단일 가닥 DNA(현재 예의 275 nucleotide)의 길이는 탐침의 5′-말단에서 전사 시작 부위까지의 거리를 나타내고, 그러므로 전사 개시 부위의 위치를 알아낸다.

리고 나서 단일가닥의 polynucleotide 돌출을 제거하기 위하여 S1 nuclease(*Aspergillus oryzae*에서 얻어진, 단일가닥 DNA와 RNA를 가수분해하지만 DNA-RNA 혼합체에는 영향을 미치지 않는)가 추가되고 결과 얻어진 DNA 혼합체는 변성된다. PAGE에 의해 밝혀진 단일가닥 DNA의 길이(현재 예에서는 275 nucleotide)는 탐침의 5′-말단에서 전사 시작 부위까지 거리를 보여주며, 그렇게 함으로써 전사 개시 부위의 위치를 알아낸다.

S1 mapping은 모두 S1 nuclease 반응과 관련된 2가지 중요한 한계를 가지고 있다. DNA-RNA 혼합체의 말단은 분리되는 경향이 있어 S1 nuclease가 예상하는 것보다 더 많이 잘라내도록 한다. 분리는 특히 A-T가 풍부한 전사 개시 부위와 중요한

연관성이 있다. 분리가 일어나면 탐침의 5′-말단에서 전사 개시 부위까지 거리가 적게 추정될 것이다. 다른 한편으로 S1 nuclease가 단일가닥 DNA 돌출을 완전히 제거하는 데 실패하면 5′-말단과 전사 개시 부위 사이의 거리가 크게 추정될 것이다.

## Primer 연장 방법

Primer 연장 방법(**그림 15.13**)는 세 단계를 포함한다. (1) 전사 개시 부위로부터 50~150 nucleotide 아래에 있는 영역과 동일한 서열을 가진 약 18개 nucleotide의 표지된 DNA primer가 세포로부터 추출된 RNA 분자 혼합물 내의 특정 RNA와

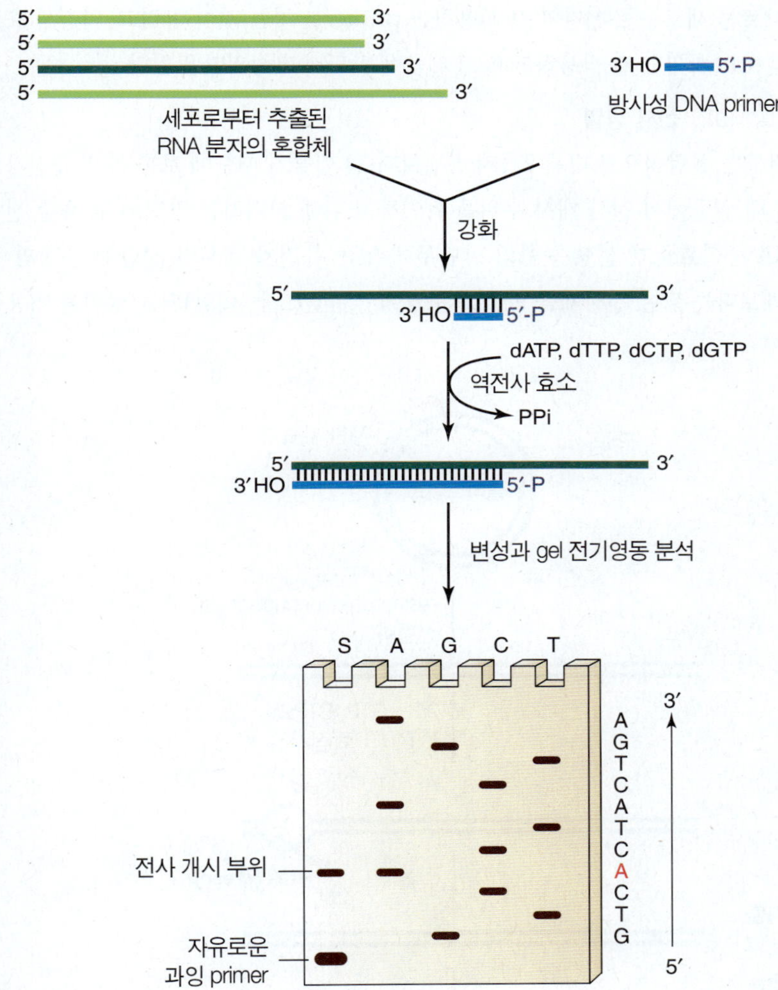


**그림 15.13 Primer 연장 방법.** 전사 개시 부위로부터 50~150 nucleotide 아래에 있는 영역과 동일한 서열을 가진 약 18개 nucleotide의 표지된 DNA primer가 화학적 방법에 의하여 합성되고 세포로부터 추출된 mRNA 분자(연한 녹색) 혼합물 내의 특정 RNA(진한 녹색)와 결합한다. primer는 역전사 효소에 의하여 RNA 주형의 5′-말단으로 연장되고 DNA-RNA 혼합체가 변성되고 DNA 생성물의 크기는 gel 전기영동에 의하여 밝혀진다. 전사 개시 부위의 정확한 위치는 같은 primer가 이용된 dideoxynucleotide DNA 염기서열 확인 방법에 의하여 생산된 생성물들의 것과 연장된 primer의 유동성을 비교함으로써 밝혀낼 수 있다.

결합한다. (2) primer는 역전사 효소에 의하여 RNA 주형의 5′-말단으로 연장된다(5장 참조). (3) DNA-RNA 혼합체가 변성되고 DNA 생성물의 크기는 젤 전기영동에 의하여 밝혀진다.

전사 개시 부위의 정확한 위치는 같은 primer가 이용된 dideoxynucleotide DNA 염기서열 확인방법(5장 참조)에 의하여 생산된 생성물들의 것과 연장된 primer의 유동성을 비교함으로써 밝혀낼 수 있다. 이 결과는 확장된 primer의 3′-말단이 RNA 주형의 5′-말단 끝과 일치하여야 한다는 사실로부터 얻어진다. 그러므로, DNA 생성물의 길이는 primer의 표지된 5′-말단에서 전사 개시 부위까지 거리를 나타낸다. Primer 연장이 S1 mapping보다 더 단순한 것 같고 더 정확한 것으로 보이지만, 때로는 새로운 유전자와 잘 작용하는 primer를 찾는 것이 어렵고, 역전사 효소가 몇몇 primer와는 잘 작용하지 않기 때문에 반드시 그렇지만은 않다.

### 유출(Run-off) 전사 방법

유출 전사는 실험적으로 다른 2가지 방법보다 덜 힘들기 때문에 보통 복제 유전자의 실험실 내 연구에서 전사 개시 부위를 확인하기 위해 선택하는 방법이다. 유출 전사는 RNA 중합효소가 선형 주형의 말단부에 있는 유전자 내부가 절단된 주형의 경우, 원래보다는 짧은 전사체를 만들고 주형에서 유출(또는 이탈)되는 성질을 이용한

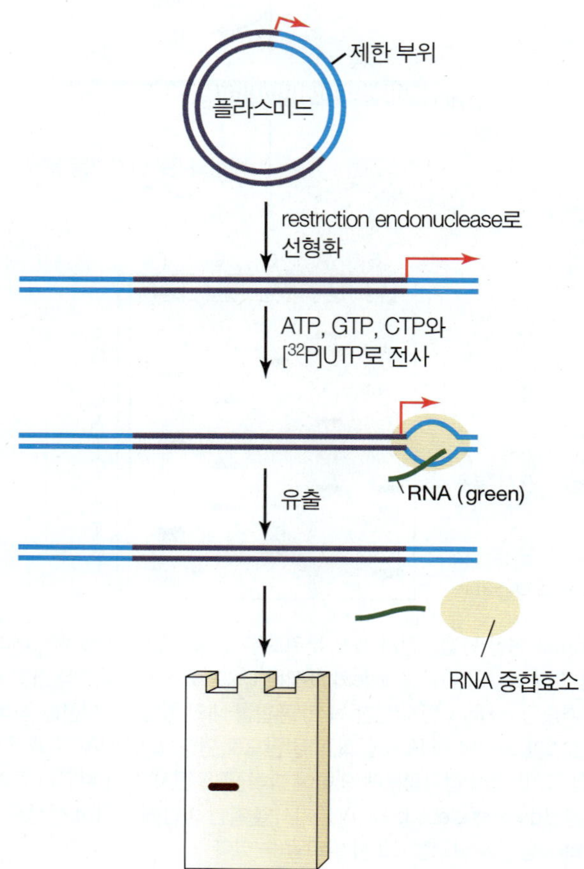


**그림 15.14 유출 전사 방법.** 관심 있는 유전자를 가진 플라스미드(밝은 파랑)를 전사 개시 부위로부터 약 200 bp 아래의 제한 부위에서 잘라서 만들 수 있는 선형의 주형을 방사성 nucleoside triphosphate에 덧붙여 핵 추출물(또는 정제된 전사 체계)에 추가한다. RNA 중합효소는 황갈색 타원형으로 보인다. 방사성 RNA 생성물(녹색)의 길이를 gel 전기영동으로 밝혀낸다. 잘린 유전자의 3′-말단에 있는 제한 부위의 위치가 알려져 있기 때문에, 유출 전사체의 길이는 전사 시작 부위의 위치를 나타낸다.

다(**그림 15.14**). 관심 있는 유전자를 가진 플라스미드를 전사 개시 부위로부터 약 200 bp 아래의 제한 부위에서 잘라서 만들 수 있는 선형 주형을 방사성 NTPs에 덧붙여 핵 추출물(또는 정제된 전사 체계)에 추가한다. 방사성의 RNA 생성물의 길이를 전기영동으로 밝혀낸다. 잘린 유전자의 3' -말단에 있는 제한 부위의 위치가 알려져 있기 때문에, 유출 전사체의 길이는 전사 시작 부위의 위치를 나타낸다.

## 유전자 발현을 모니터링하는데 여러 방법이 사용될 수 있다.

S1 mapping과 primer 연장 분석은 또한 생활 세포에서 유전자의 활성을 측정하기 위하여 사용할 수 있다. 유전자의 S1 mapping(또는 primer 연장 분석)에 의해 형성된 결합의 강도는 DNA 탐침(또는 primer)가 과도하게 존재하도록 주어지는 유전자에 의하여 합성된 RNA의 양에 정비례한다. 유출 전사는 RNA 합성을 직접 측정하기 때문에 보통 세포추출물의 RNA 형성을 측정하기 위하여 선호하는 방법이다.

DNA microarray(미세정렬) 기술(5장 참조)은 여러 다양한 유전자의 활성을 동시에 모니터링하는 강력한 수단이다. DNA microarray 기술은 특정 화학적이나 물리적인 신호에 똑같이 반응하는 유전자를 탐지하는데 특히 유용하다. 예를 들어, DNA microarray 기술은 같은 호르몬에 반응하는 세포 내 유전자를 나타낸다. **그림 15.15**는 어떻게 이 기술이 갑상선 호르몬 thyroxine에 반응하는 쥐의 간 유전자를 발견하는데 이용되는지 보여준다.

DNA microarray 기술은 또한 조직 특이적, 세포 주기 특이적, 종양 특이적 유

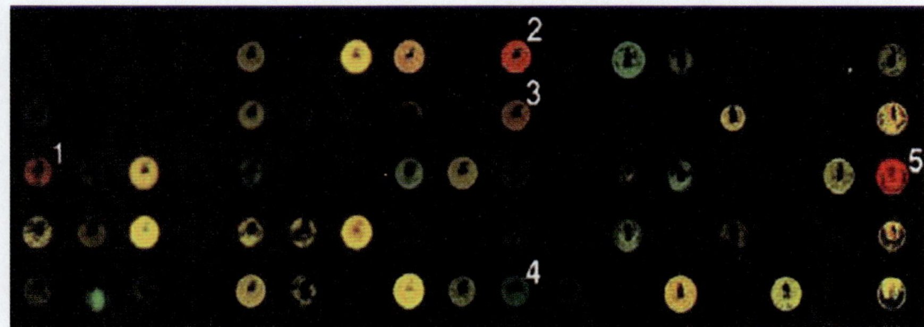


**그림 15.15 Microarray의 이미지 부분이 갑상선 호르몬 T3에 의해 조절되는 간 유전자를 밝혀내는데 이용되었다.** 쥐를 죽여서 간을 분리하기 6시간 전에 한 집단의 6주령의 갑상선 기능 저하 쥐에 인산 완충 생리 식염수를 주사하였고, 다른 집단에는 thyroxine이 들어있는 인산 완충 생리 식염수를 주사하였다. 갑상선 기능 저하와 갑상선 기능 항진 간으로부터 RNA 분자를 추출하여, 각각 녹색 형광 염료와 빨간 형광성 염료로 표지된 cDNA를 준비하였다. cDNA 탐침은 혼합되고 나서 동시에 microarray에 혼입되었다. 그 후 촬영된 이 이미지에서, (갑상선 호르몬에 의해 억제된) 갑상선 기능 저하 쥐의 간에 풍부한 mRNAs는 녹색 점으로 나타난 반면에, (갑상선 호르몬에 의해 자극된) 갑상선 기능 항진 쥐의 간에 풍부한 mRNAs는 적색 점으로 나타났다. 노란 점은 두 시료에서 심하게 발현이 달라지지 않았던 유전자들을 나타낸다. 내분비 협회의 허가로 *Mol. Endocrinol.*, vol. 14(7), Fenaag, X., et al., Thyroid hormone regulation…, pp. 947-955, copyright 2000에서 재출력. Johns Hopkins University School of Medicine의 Paul M. Yen의 사진 허가.

전자의 활성화와 억제와 같은 다른 다양한 유전자 발현 문제를 연구하는 데 사용되었다. 하나의 유전자 그룹에서 일단 유사한 발현의 개요가 밝혀지면 그 개요가 유사한 전사 조절 영역에서 적어도 부분적으로도 발생할 수 있다고 가정하는 것이 합리적인 것 같다. 그러므로 이 그룹 내의 1개 유전자의 조절 영역에 대한 정보를 구할 수 있다면 그 그룹의 다른 유전자들의 조절 영역뿐만 아니라 유전자 발현을 활성화하고 억제하는 단백질 factor에 대한 단서도 제공할 수 있을 것이다.

때로는 RNA 생성물 보다 오히려 쉽게 검출 가능한 단백질 생성물의 모양을 모니터링하는 것이 더 편리하다. 예를 들어 효소의 활성을 모니터링함으로써 효소를 암호화한 유전자의 활성을 추론할 수 있다. 그러나 유전자 활성 외에도 다양한 factor가 효소 활성에 영향을 미칠 수 있기 때문에 그와 같은 연구로부터 획득된 정보를 해석할 때 주의하여야 한다. 예를 들어 단백질 합성율 또는 allosteric effector의 농도의 변화는 효소 활성에 영향을 미칠 수 있다. 유전자 활성을 측정하는데 사용되는 효소는 세포 고유한 반응을 촉진하여야 한다. 게다가, 효소 분석은 간편하고 감수성이 높도록 효소 농도가 효소 활성에 정비례하는 조건에서 행해져야 한다.

검출 가능한 단백질을 측정하기 위한 까다로운 요건이 소수의 유전자에 대한 이런 접근을 제한하는 것 같지만 재조합 DNA 기술은 인공적인 "보고 유전자(reporter gene)" 를 만듦으로써 사실상 어떤 단백질 유전자에도 널리 적용된다. **그림 15.16**은 이 일을 성취하기 위한 1가지 방법을 보여준다. 조절 영역이 관심 있는 클로닝된 유전자로부터 얻어져 플라스미드의 몇몇 쉽게 검출 가능한 단백질 생성물 유전자 서열의 바로 앞에 삽입되었다. 암호화 서열과 융합된 조절영역을 가진 재조합 플라스미드가 보고 단백질 합성에 대한 조절 영역의 효과를 밝혀내기 위하여 적절한 진핵 세포로 삽입된다. 이 진핵 숙주 세포로의 외부 DNA 삽입을 **트랜스펙션(transfection)**이라 부른다.

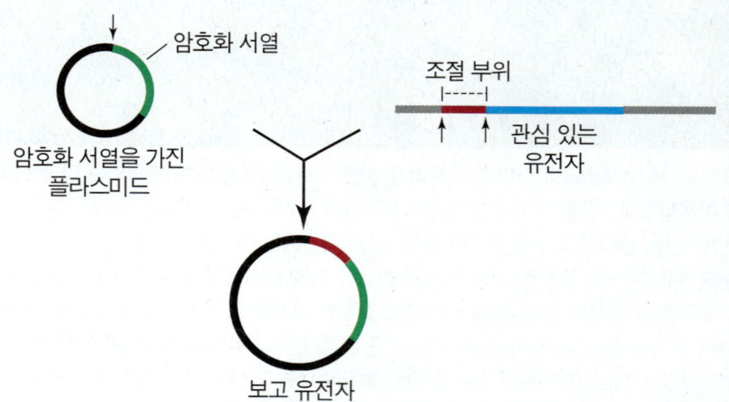


**그림 15.16 보고 유전자의 구성.** 관심 있는 유전자의 조절 영역(빨강색)이 적절한 restriction endonuclease(화살표)로 복제 유전자를 자름으로써 얻어진다. 쉽게 검출 가능한 단백질의 암호화 서열(녹색)를 가진 플라스미드를 똑같은 restriction endonuclease(화살표)로 암호화 서열의 바로 상부를 자른다. 보고 유전자를 제작하기 위하여 플라스미드로 조절 서열이 삽입된다.

여러 다양한 암호화 서열이 보고 유전자 구성에 사용된다. 대장균의 β-galactosidase, 반딧불의 luciferase와 해파리의 녹색 형광 단백질이 이들에 포함된다. β-galactosidase와 luciferase의 분석은 광범위한 효소 농도에 민감하여 하기 쉽다. β-Galactosidase 활성은 효소가 인공적으로 대체된 o-nitrophenolgalactoside를 450 mm에서 흡광하는 노랑색 물질인 o-nitrophenol로 변환하는 사실을 이용하여 분광 광도계에서 검출된다. Luciferase 활성은 빛 방출시 luciferin의 ATP 의존성 산화 카르복실화를 촉진하는 효소의 능력을 이용하여 발광측정기나 액체 섬광 카운터로 모니터된다. 녹색 형광 단백질은 어떠한 추가적 물질 필요로 하지 않는 이점이 있다. 이것은 자외선이나 청색광으로 조사될 때 녹색 빛을 띠어, 생세포에서 농도를 직접 측정할 수 있다.

## 15.4 RNA 중합효소 II의 핵심 promoter

### 핵심 promoter의 구성요소는 전사 개시 부위의 40 bp 상부에서 40 bp 하부사이에 자리잡고 있다.

학자들은 진핵 세포의 promoter가 세균 promoter처럼 전사 개시 부위의 바로 위쪽에 있을 것이라 가정했다. 그리하여 일단 전사 개시 부위를 확인하는 방법을 이용할 수 있게 되자 학자들은 이 부위로부터 바로 위쪽에서 promoter를 찾기 시작했다. 진핵 세포 promoter의 특징을 찾으려는 초기 연구는 이들 유전자가 그 당시 연구하기에 가장 쉬웠기 때문에, hemoglobin, histone과 ovalbumin 유전자와 같은 잘 발현된 단백질 암호화 유전자에 초점이 맞추어졌다. 이러한 노력은 1977년 David Hogness와 동료들이 전사 개시 부위 바로 앞에 공통서열인 TATAXAX(X는 A 또는 T)를 발견하면서 보상받게 되었다. **TATA box**라 불리는 이 서열은 대개 전사 개시 부위로부터 25~30 bp 위쪽에 위치한다.

추가적으로 동물 세포와 바이러스의 잘 발현된 단백질 유전자를 연구에 이용할 수 있게 되면서 그들 또한 전사 개시 부위로부터 25~30 bp 위쪽에 TATA box를 가지고 있음이 분명해졌다. TATA box는 또한 식물과 진균의 단백질 암호화 유전자에서도 전사 개시 부위의 바로 위쪽에서 관찰되었다. 그러나, *S. cerevisiae*에서의 그 위치는 전사 개시 부위에서 30~120 bp 위쪽까지 다양하다는 것이 관찰되었다. TATA box의 공통적인 존재는 그것이 모든 단백질 암호화 유전자의 전사에 필수적이라는 것을 시사한다. 그러나 조금 덜 발현된 유전자를 연구에 이용할 수 있게 되면서 많은 수가 TATA box가 결핍된 것이 분명해졌다. 따라서, TATA box는 그것을 가진 단백질 유전자의 전사에서는 중요한 역할을 하지만 모든 단백질 유전자가 TATA box를 가지고 있지는 않다.

TATA가 없는 유전자의 발견은 몇몇 다른 짧은 DNA 서열이 전사 개시에서 TATA box 기능을 대체할지도 모른다는 것을 시사한다. 2가지 그와 같은 서열 motif인 **initiator(Inr) 요소**와 **하부 promoter 요소(downstrean promoter element)**가

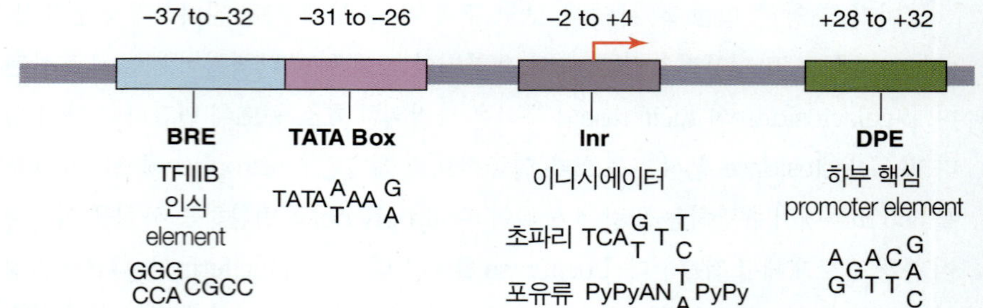


**그림 15.17** **핵심 promoter motif.** 이 그림은 핵심 promoter에서 기초 전사에 기여할 수 있는 서열 요소의 일부를 보여준다. 특정 핵심 promoter는 이러한 성분의 일부, 전부, 또는 아무 것도 가지고 있지 않을 수 있다. TATA box는 BRE(TFIIB 인식 성분), Inr(initiator)와 DPE(하부 promoter element) motif의 결핍 하에 기능할 수 있다. Smale, S. T.와 Kadonaga, J. T., Annu. Rev. Biochem. 72(2003): 449-479에서 인용.

바로 그런 역할을 한다는 것이 이제 알려져 있다. 이 모든 3가지 서열 motif—TATA box, Inr 요소와 DPE—는 다세포 동물에서 약 80 bp의 길이로서 전사 개시 부위로부터 −40 위치에서 +40 위치까지 자리잡은 핵심 promoter로 불리는 DNA 영역 내에 위치한다(**그림 15.17**). 이 영역은 또한 TFIIB recognition element(BRE)으로 알려진 서열 motif를 포함하며 그것은 아래 기술된다.

초파리에서 단백질 암호화 유전자의 핵심 promoter의 대부분은 2개의 구별되는 그룹으로 나뉘어질 수 있다. 약 절반은 −25~−30 위치에 TATA box와 전사 개시 부위에 걸쳐있는 Inr element을 가지고 있다. 나머지 절반은 거의 +28~+34 위치에 놓인 DPE와 Inr element을 가지고 있다. 포유류에서는 매우 적은 수의 전사 개시 부위가 특징지어졌기 때문에 단백질 유전자간의 비교 정보는 아직 이용 가능하지 않다. 그럼에도 불구하고 이용 가능한 정보는 다음을 시사하고 있다: (1) TATA box는 초파리 유전자보다 포유류에서 더 낮은 비율로 존재한다; (2) TATA box는 포유류 promoter에서 Inr 성분과 더 적게 짝을 이룬다; (3) DPE 성분은 포유류 유전자에 존재하지만 발견하기 어렵다; 그리고 (4) 많은 포유류 promoter에서 이 3가지 인식 성분이 결여되어 있다. 이 발견의 중요성은 더 밝혀내야 한다.

## 15.5 일반적 전사 factor: 기초 전사

### RNA 중합효소 II는 특정 전사 개시 부위로부터 naked DNA를 전사하기 위하여 일반적인 전사 factor의 도움을 필요로 한다.

RNA 중합효소 II는 핵심 promoter와 결합하기 위하여 단백질 factor의 도움을 필요로 한다. 이 필요조건은 바이러스 입자에서 구조 단백질을 잘 발현하는 유전자를 조절하는 adenovirus DNA의 주요 후기 promoter에서의 특이한 개시를 연구하면서 입증되었다(8장 참조). RNA 중합효소 II는 이 promoter에서 특정 개시를 촉진할 수 없지만 사람 KB 세포(구강 상피암 유래 세포)의 무세포 추출액을 첨가할 경우 개

**표 15.3** 효모의 일반 전사 factor

| Factor | Subunit 갯수 | 기능 |
|---|---|---|
| TFIIA | 2 | TBP와 TFIID의 결합을 안정화시킴. 억제 TAF subunit에 의한 억제를 차단. |
| TFIIB | 1 | TBP, RNA 중합효소 II와 promoter DNA에 결합. 그 N-말단 영역은 RNA 중합효소 II 활성 부위 틈으로 들어가는 손가락 구조를 가짐. 이것이 전사 개시 부위의 고정에 도움을 줌. |
| TFIID<br>(TBP와 TAFs) | 1<br>14 | TATA 성분과 결합하여 promoter DNA를 변형시킴. TFIIB, TFIIA와 TAFs의 조립을 위한 발판. Inr과 DPE promoter 성분에 결합. |
| TFIIE | 2 | 전사 개시 부위 근처의 promoter와 결합. 개방 복합체에서 전사 버블의 안정화를 돕는 것으로 보임. |
| TFIIF | 3 | 비특이 DNA의 결합을 억제. RNA 중합효소 II와 결합하여 RNA 중합효소 II를 전-개시복합체로 유도하는 것에 관여함. 세균 σ factor와 상동한 영역을 가짐. |
| TFIIH | 10 | 전사와 DNA 수복 기능. kinase와 helicase 활성을 가져 개방 복합체 형성에 필수적임. |

Hahn, S., *Nat. Struct. Mol. Biol.* 11(2004): 394-403에서 인용

시를 촉진할 수 있게 되었다. 1979년, Robert Roeder와 동료들은 RNA 중합효소 II를 도와주는 KB 세포 추출물로부터 단백질 factor를 분리하기 위해 고전적인 단백질 분리 기술을 이용했다. 이제 **일반 전사 factor(GTFs)**로 알려진 이러한 단백질 factor는 **TFIIA, TFIIB, TFIID, TFIIE, TFIIF**와 **TFIIH**로 명명되었다. 첫번째 두 글자인 TF는 그 단백질이 일반적 전사 factor임을 나타내고, 로마 숫자 II는 RNA 중합효소 II 전사를 도와주는 factor임을 나타낸다. 그리고 마지막 글자는 단백질 기능보다는 오히려 단백질 분리 과정에 기초하여 정해졌다. (문자 C와 G는 이후 연구에서 원래 이 문자들로 정해진 단백질들이 RNA 중합효소 II의 전사 factor가 아니라는 것이 밝혀졌기 때문에 사용되지 않는다.) Roeder와 다른 학자에 의한 이후 연구는 이러한 일반적 전사 factor가 효모에서부터 사람까지 모든 진핵 세포에 존재한다는 것을 증명했다. 게다가, 고세균도 비슷한 일반적 전사 factor를 가지고 있다. **표 15.3**은 효모 일반적 전사 factor의 기능을 요약하고 있다. 다른 진핵 세포에서 대응되는 것은 같은 기능을 한다. 일반적 전사 factor는 아래에 더 상세하게 기술된다.

### 핵심 promoter만으로도 cell-free system에서 저량의 RNA 합성이 정확한 전사개시 부위에서 가능하다.

TFIIA, TFIIB, TFIID, TFIIE, TFIIF와 TFIIH와 함께 RNA 중합효소 II는 핵심 promoter의 정확한 전사 개시를 위해 필요한 최소 전사 기구를 구성한다. 이 최소 전사 기구는 전사 개시 부위와 전사의 방향을 결정한다. 일반적 전사 factor를 함께

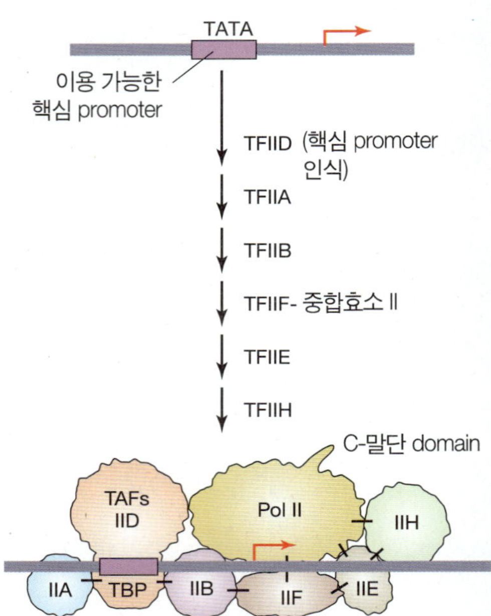


**그림 15.18 TATA 함유 핵심 promoter와 결합한 RNA 중합효소 II promoter의 일반적 전사 factor와 전-개시복합체(PIC) 경로.** 전-개시 복합체는, 먼저 TFIID(D)가 결합하고 이어서 TFIIA(A), TFIIB(B), RNA 중합효소의 형성전 복합체(PolII), TFIIF(F), TFIIE(E)와 TFIIH(H)가 결합하는 다양한 단계로 DNA에 조립된다. 일반 전사 factor와 RNA 중합효소 II 사이의 알려진 몇몇 상호작용이 선으로 나타나 있다. 빨강 화살표는 전사 개시 부위를 나타낸다. Roeder, R. G., Nat. Med. 9(2003): 1239-1244에서 인용.

가진 RNA 중합효소 II에 의해 촉진되는 전사 정도가 세포에서 관찰되는 전사보다 훨씬 적기 때문에 이것은 기초 전사(basal transcription)로 불린다. RNA 중합효소 II와 전사 factor는 **전-개시복합체(pre-initiation complex, PIC)**를 형성하기 위해 전사 개시 부위에서 조립한다. 조립은 다단계의 경로(**그림 15.18**)로 일어난다.

### 전-개시복합체(Pre-initiation complex)의 조립은 TFIID 또는 TATA 결합 단백질(TATA binding protein, TBP)이 핵심 promoter와 결합함에 따라 시작된다.

Michele Sawadogo와 Robert Roeder는 1985년 TFIID가 TATA box와 결합한다는 것을 증명하면서 전-개시복합체 조립의 첫번째 단계를 설명하였다. TFIID는 다른 factor의 도움 없이 핵심 promoter와 특이적으로 결합할 수 있는 유일한 일반적 전사 factor이다. TFIID-TATA 상호작용을 연구하기 위한 초기의 시도는 단백질의 정제와 그것의 많은 subunit중 어떤 것이 실제 TATA와 결합하는지 밝혀내는 것이 어려워 방해받았다.

TATA box 인식을 이해하는 데 있어 중요한 돌파구가 1988년 Stephen Buratowski와 그의 동료들이 재구성된 포유류 전사 체계에서 효모 단백질이 포유류 TFIID를 대체할 수 있다는 것을 보여주면서 발생했다. 이 증명은 TATA box와 특이적으로 결합하는 TATA-결합 단백질(TBP)이라 불리는 효모 단백질의 정제를 이끌어냈다. 뒤이어 효모의 TBP 유전자가 클로닝되고 염기서열이 밝혀졌으며, 이 정보를 이용하여 다른 생명체의 TBP 유전자도 밝혀지게 되었 다. 최소 전사 체계는 효모 RNA 중합효소 II, TFIIB, TFIIE와 TFIIH를 함유한 혼합물에 효모 TBP를 추가함으로써 재구성될 수 있다. 이 최소 효모 체계는 TFIIA를 필요로 하지 않는다.

효모 TBP는 60개 잔기의 N-말단 영역과 180개 잔기의 C-말단 영역을 가지고 있다. N-말단 영역이 결여된 변종은 독자 생존이 가능하여, 이 영역이 전사에 필요하지 않다는 것을 알려준다. 비필수적인 영역으로 예상되는 N-말단 영역은 한 종의 유기체에서 다른 종까지 크기와 서열이 다양하다. 이와 대조적으로, C-말단 영역은 전사에 필수적이고 잘 보존된다.

사람, 종자 식물, 효모와 고세균의 TBP 분자의 결정 구조가 밝혀졌다. 카르복시 말단 영역의 전체적으로 접혀진 패턴은 이제껏 연구된 모든 TBP 분자에서 동일하다. **그림 15.19a**의 개화 식물 *Arabidopsis thaliana*로부터의 TBP 구조는 2개의 등자가 있는 분자 안장 같다. 카르복시 말단 영역은 2개의 똑같이 접힌 domain을 가지고 있고, 각각은 하나의 β-sheet와 하나씩의 길고 짧은 α-helix를 함유하고 있다. 이 고도의 내부 대칭성은 TBP가 원형 유전자의 복제로 진화했을 수도 있음을 시사한다. 만약 그렇다면, 고세균 TBP의 C-말단이 진핵 생물 TBP의 C-말단과 대략 40%정도 동일하며 2종류의 TBP가 매우 유사한 구조를 가지고 있기 때문에, 이 복제는 고세균과 진핵 생물이 갈라지기 전에 발생했음에 틀림없다.

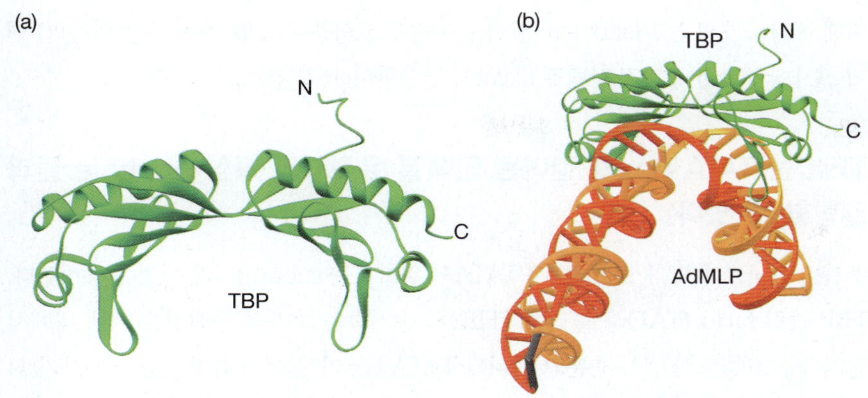


**그림 15.19 TBP 구조.** (a) 개화 식물 *Arabidopsis thaliana* TBP의 3차원 구조. (b) Adenovirus주요 후기 promoter(AdMLP)의 TATA box와 결합한 *Arabidopsis thaliana* TBP의 3차원 구조. Katsuhiko Kamada와 Stephen K. Burley의 사진 허가.

TBP · TATA box 복합체의 결정 구조 또한 밝혀졌다(**그림 15.19b**). 단백질-DNA 상호작용은 TBP와 TATA box 모두의 구조적 변화를 포함한 유도 적응 기전을 통하여 일어난다. 안장의 아래쪽의 아미노산은 매우 소수성이며, DNA의 작은 홈에 있는 소수성 그룹과 상호작용한다. 단백질은 거의 항상 큰 홈과 상호작용하기 때문에 이 상호작용은 주목할 만하다. 1쌍의 phenylalanine 측쇄가 첫번째 T-A 염기쌍에 삽입되면서 작은 홈이 확장된다(**그림 15.20**). 갑작스런 변환의 결과로 DNA의 뒤틀림은 부분적으로 풀린 오른손 방향의 이중 나선형을 형성한다. Phenylalanine 측쇄의 두번째 염기쌍이 TATA 성분의 마지막 2 bp로 삽입되어 두번째 뒤틀림과 동시에 B-형태 DNA로의 급작스런 되돌림을 만든다. 이로 인한 결과로 DNA가 약 80° 틀어

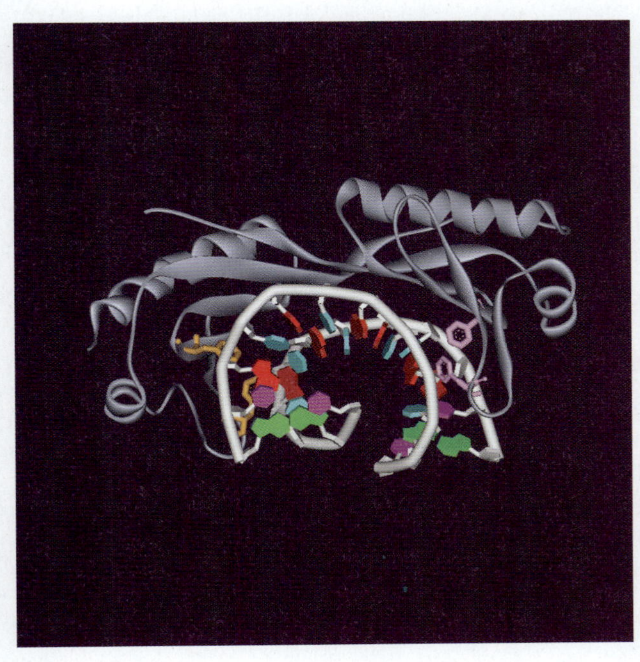

**그림 15.20 사람의 TBP · DNA 복합체.** TBP는 서열 CGTATATATACG를 가진 DNA 이중 구조와 결합한다. 이 결합은 DNA 이중구조에서 틀어짐의 원인이 된다. 오렌지색 막대 구조로 나타낸 한 쌍의 phenylalanine 측쇄 (Phe 284와 Phe 301)가 첫 번째 T:A 염기쌍에 삽입되어 작은 홈이 확장되도록 유도한다. 갑작스런 변환의 결과로 DNA의 뒤틀림은 부분적으로 풀린 오른손 방향 이중 나선형을 형성한다. 분홍색 막대 구조로 나타낸 phenylalanine 측쇄(Phe 193과 Phe 210)의 두 번째 쌍은 TATA box의 마지막 2bp로 삽입되어 두 번째 뒤틀림과 동시에 B-형태 DNA로의 돌연한 되돌림을 만든다. 단백질 정보 은행 ID: 1TGH. *Juo, Z. S, et al., J. Mol. Biol.* 261(1996): 239-254.

지게 된다. 2개의 등자(stirrups)가 이 틀어짐을 도와준다. TBP의 볼록한(위쪽의) 면이 전사에 필요한 추가적 단백질 factor와 결합한다(16장 참조).

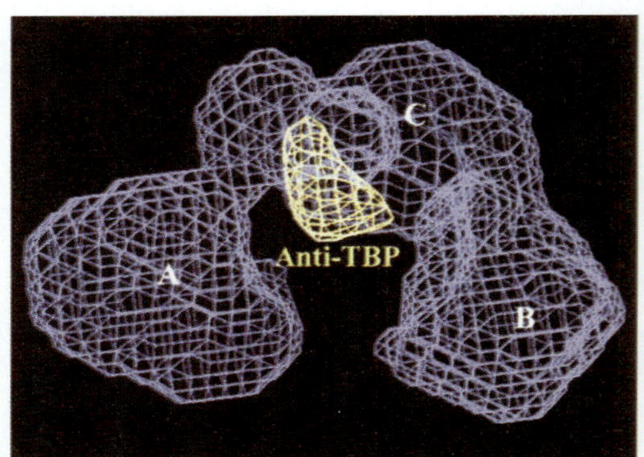


**그림 15.21 TFIID의 TBP의 mapping.** 파랑색 그물망은 13개의 TBP 관련 factor(TAFs)를 함유하고 있는 TFIID 복합체의 편자 모양을 나타낸다. 편자의 3개 엽은 문자 A, B, C로 표시하였다. 노란색 망은 TBP에 결합한 항체의 위치를 나타낸다. Andell III, F., et al. 1999. Science. 286: 2153-2156에서 복사. AAAS의 허가로 재인쇄. University of California, Berkeley, Robert Tijan의 사진 허가.

## TFIID는 TATA box가 결여된 단백질 유전자의 핵심 promoter들과 결합할 수 있다.

추가적 연구로 TBP가 TFIID에서 TATA와 결합하는 subunit이라는 것을 증명했다. **TBP-관련 factor(TAF)**라 불리는 TFIID에 존재하는 추가적 단백질은 세포 내에서 일어나는 고농도의 전사에 뿐만 아니라 TATA box가 결여된 유전자를 전사하기 위해서 필요하다. 효모에서 사람까지 모든 유기체에서 TFIID는 진화론적으로 대단히 보존된 13개 TAF의 필수적 핵심 세트를 포함한다. 이러한 TAF는 TAF1에서 TAF13까지 표기된다. TFIID는 TBP subunit이 편자(horseshoe)의 중앙 공동부 바로 위에 위치한 편자 모양이다(**그림 15.21**). TFIID · 핵심 promoter 복합체의 결정 구조가 아직 이용 가능하지 않을지라도 TFIID의 TBP subunit은 TBP 단독의 경우처럼 아마 거의 TATA box와 결합할 것이다.

TFIID는 또한 TATA box가 결여된 단백질 유전자의 전사에 참여한다. 그러나 이 경우에 핵심 promoter의 조절 성분에 결합하는 것은 TBP 관련 factor나 TAF(TBP가 아니라)이다. **그림 15.22**는 TATA box가 결여된 promoter의 Inr와 DPE와의 사람 TAF의 상호작용을 보여주는 모식도이다. 묘사된 것처럼, TAF2가 Inr과 상호작용하는 동안 TAF15와 TAF9는 DPE와 상호작용한다. 이 결합은 TBP가 그것의 안장의 윗부분(볼록한) 부분이 전사에 필요한 다른 단백질과 상호작용할 수 있도록 위치하게 보장한다. TFIID 입체구조는 핵심 promoter와의 접점의 특징에 따라 다양하여 TBP와 TAF의 다른 영역을 노출시킬 것이다. 세포가 1종류 이상의

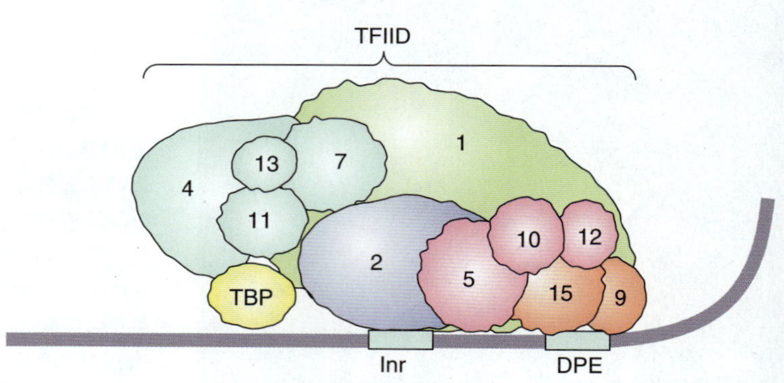


**그림 15.22 핵심 promoter와 다양한 TFIID subunit의 상호작용을 나타낸 합성도.** TATA box가있을 시 결합하는 TBP(노랑색), initiator(Inr)와 상호작용하는 TAF2(파랑색), 하부 promoter 요소(DPE)와 상호작용하는 TAF15(주황색)와 TAF9(주황색)을 포함한 여러 TFIID subunit이 핵심 promoter와의 결합과 관련되어 있음을 시사하였다. 13개의 잘 보존된 TAF의 전부는 아니지만 많은 수가 이 그림에 나타나있다. Näär, A. M., Lemon, B. D. 그리고 Tijian, R., *Annu. Rev. Biochem.* 70(2001): 475-501에서 인용.

TFIID를 가진 것으로 보이기 때문에 더 많은 변화가 가능하다. 이 변화는 진핵세포가 TBP를 대체할 수 있는 TBP-유사 단백질을 가지고 있는 사실과 비핵심 TAF와 TAF-유사 factor 또한 존재할 수 있다는 사실로부터 어느 정도 기인한다.

다른 일반적 전사 factor와 RNA 중합효소 II가 전-개시복합체의 일부가 되는 방법에 대하여 더 알아보기 전에 마지막으로 1가지 지적할 사항이 있다. TBP · TATA box(또는 TFIID · TATA box) 복합체 형성과 뉴클레오좀 형성은 상호 독립적인 과정이다; 즉, TBP(또는 TFIID)는 뉴클레오좀 부분의 DNA 영역에 결합할 수 없고 histone은 TBP · TATA box(또는 TFIID · TATA box) 복합체 부분인 DNA와 상호작용할 수 없다. 우리가 16장에서 본 것처럼, 특수 단백질 factor와 효소는 전사가 시작할 수 있도록 nucleosome을 움직이거나 제거하여야 한다. 이제 이 문제에서 잠시 비켜서 우선 노출된 이중가닥의 DNA 주형의 경우를 고찰해 보자.

## TFIIA 또는 TFIIB는 TBP • TATA box 복합체와 결합한다.

일단 학자들이 TBP가 TATA box에 결합하는 것을 밝혀낸 이상, 그들이 다른 일반적 전사 factor가 핵심 promoter와 결합하는 순서를 밝혀내기 위해 노력한 것은 당연한 것이었다. Gel 이동성 변화 분석법이 이 시도에 상당히 유용하다고 증명되었다. 이 분석법에 깔려있는 근본적인 원리는 gel 전기영동에 적용하였을 때 단백질이 방사성의 DNA 조각에 결합하면 자유로운 DNA 조각보다 더 느리게 이동한다는 것이다(**그림 15.23**). 이 분석법을 이용하여 TBP(또는 TFIID)는 TATA box가 있는 핵심 promoter를 가진 DNA 조각에 결합하지만 다른 일반적 전사 factor는 그렇지 않음을 증명할 수 있다. DNase foot print 연구는 이 결합에 대한 추가적 입체구조를 제시한다.

다음 단계는 다른 일반적 전사 factor가 TBP · DNA 복합체에 결합하는 순서

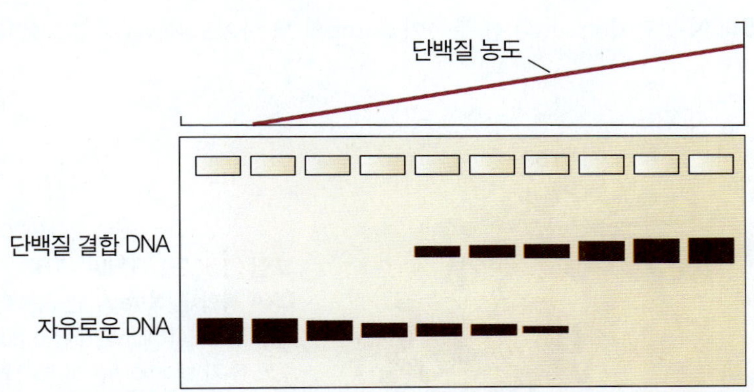


**그림 15.23 전기영동 이동성 변화 분석법.** 전기영동 이동성 변화 분석법은 DNA 조각이 단백질에 결합한 같은 DNA 조각보다 polyacrylamide gel에서 더 빠르게 이동한다는 관찰에 기초한다. DNA-단백질 복합체의 해리상수는 단백질 농도 함수로 단백질과 결합한 DNA의 양을 측정함으로써 계산할 수 있다.

를 밝혀내는 것이었다. TFIID · DNA 복합체는 연구자들이 아직 순수한 TFIID의 충분한 양을 얻는 방법을 배우지 않았기 때문에 초기 연구에 사용되지 않았다. 어쨌든 TFIID와 같이 커다란 복합체에 일반적 전사 factor가 결합함으로써 생기는 작은 변화를 감지하기에는 gel이동성 변화 분석법은 충분히 민감하지 않기 때문에 TFIID · DNA 복합체는 이 목적에 적합하지는 않았을 것이다. 그러나 이 분석법은 TFIIA 또는 TFIIB 각각이 TBP · DNA 복합체와 결합할 수 있는지 밝히기에는 충분할 만큼 민감했다. 그래서 TBP의 뒤를 이어 TFIIA나 TFIIB가 추가된다는 것이 알려졌다.

사람 TFIIA(분자량 13, 19와 37 kDa의 3가지 subunit을 가진)는 TBP가 사용될 때가 아닌, TFIID가 전-개시복합체의 조립에 사용될 때 기초 전사에 필요하다. TFIID의 존재 하의 TFIIA의 자극은 억제 TAF subunit의 효과를 차단하는 능력과 관련이 있는 것으로 보인다. 이 발견은 몇몇 학자가 TFIIA가 일반적 전사 factor보다 오히려 조절 단백질로서 분류된다고 제안하도록 초래했다.

TFIIB는 TFIIB 인식 **요소(BRE)**이라 불리는 특정 인식 성분과 결합하는데 BRE는, TATA box의 바로 위편에 놓여있다(그림 15.17). TFIIB는 활성 위치에서 약 110 Å 떨어진 위치의 RNA 중합효소 II 표면으로 TATA box를 가져온다. 길이가 약 30 bp인 이 거리는 TATA box와 전사 개시 부위 사이의 보존 공간과 일치한다. TFIIB의 돌연변이는 전사 개시 부위 이동의 원인이 된다.

사람 TFIIB는 약 35 kDa의 단일 polypeptide다. 상동체가 식물, 효모와 고세균을 포함하여 다양한 다른 유기체에서 확인되었다. TFIIB 결합은 단백질 DNA 복합체에 안정성을 더하고, 거의 대칭적인 TBP를 promoter에서 정확한 방향으로 고정시키는 것으로 보이며, 그렇게 하여 전사 방향을 확정한다. TBP · TFIIB · DNA 복합체와 TBP · TFIIA · DNA 복합체의 결정 구조가 얻어졌다. **그림 15.24**에 나타낸 TBP · TFIIA · TFIIB · DNA 복합체 모형은 2가지 결정 구조를 함께 결합시킴으로써 얻어진 혼성 구조이다. Kornberg와 동료들은 TFIIB와 결합한 RNA 중합효소 II의 구조를 밝혀냈다. 이 구조는 놀라운 상호작용을 나타낸다. **B 손가락**이라 불리는 TFIIB의 N-말단 domain의 한 부분이 clamp와 벽 사이로 RNA 중합효소 II로 들어

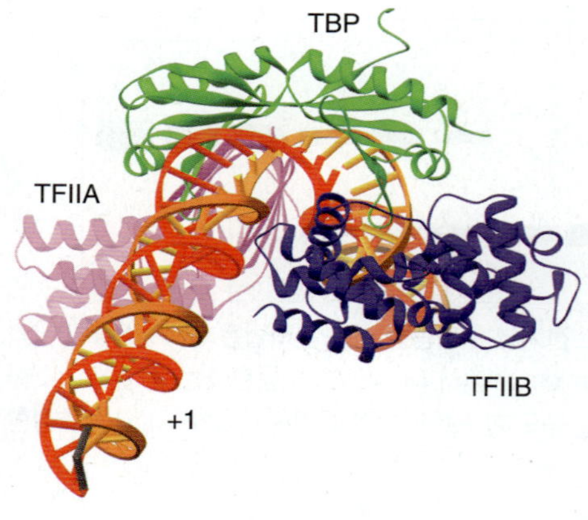


**그림 15.24 TFIIA · TBP · TFIIB · DNA 복합체.** X-ray 연구는 이 그림에서는 TFIIA, TFIIB와 TBP가 adenovirus 주요 후기 promoter(AdMLP)와 결합하는 모형으로 혼합된, TFIIB · TBP · DNA와 TFIIA · TBP · DNA, 두 삼중 복합체의 구조를 밝혀냈다. Katsuhiko Kamada와 Stephen K.burley의 사진 허가.

가고, 그리고 나서 활성 중심으로 밀어내린다(**그림 15.25**). B 손가락은 전사의 초기에 RNA 중합효소 II에의 짧은 전사체의 결합을 안정화시키는 것을 돕는 것처럼 보이지만, 일단 전사체가 약 9나 10개 nucleotide 길이가 되면 활성 부위 틈으로 밀려나서 전사가 진행될 수 있도록 함에 틀림없다.

## RNA 중합효소 II · TFIIF 복합체, TFIIE와 TFIIH의 순차적인 결합이 전-개시복합체 형성을 완성한다.

미리 형성된 RNA 중합효소 II · TFIIF 복합체의 결합이 TBP와 TFIIB의 결합에 이어진다. TFIIF는 $\alpha_2\beta_2$ 타입의 heterotetramer이다. Subunit이 원래 RNA 중합효소 관련 단백질로 밝혀졌기 때문에 $TFIIF_\alpha$와 $TFIIF_\beta$은 각각 RAP30과 RAP74로 원래 명명되었다. $TFIIF_\alpha$ subunit은 serine/threonine kinase 활성을 가져 그 자체의 사슬에 있는 serine과 threonine 잔기를 인산화할 수 있다. 이 자가인산화는 전사 조절에서 일부 역할을 하는 것으로 보인다. $TFIIF_\beta$은 세균 σ factor와 똑 같은 약간의 기능을 공유하고 이러한 점에서 $TFIIF_\beta$ subunit의 2개 영역이 세균 σ factor 내 영역과 유사한 서열을 가지고 있다는 것에 주목하는 것은 흥미롭다.

TFIIE는 다음으로 복합체에 들어와 TFIIB와 결합하고 그리고 나서 전-개시복합체 형성을 완료하도록 TFIIH를 유도한다. 사람 TFIIE는 분자량이 각각 57과 34 kDa인 2개의 α와 2개의 β subunit으로 구성된 heterotetramer이다. TFIIE는 아령 모양을 가지고 있고, 활성 중심 틈의 하부 끝의 RNA 중합효소 II "턱"과 상호작용하여 전사 시작 부위로부터 약 25 bp 하부에 있는 promoter DNA와 상호작용하는 위치로 그것을 위치시킨다. 주요 기능은 RNA 중합효소 II에 TFIIH를 유도하고 그리고 나서 TFIIH의 helicase와 kinase 활성을 조절하는 것으로 보인다(아래 참조).

사람 TFIIH는 10개의 polypeptide subunit과 약 500 kDa의 분자량을 가지고 있다. XPB와 XPD로 표시된 2개의 subunit은 각각 3′→5′와 5′→3′ helicase 활성을 가진다. XP 명칭은 기능적인 XPB나 XPD가 결핍된 사람이 DNA 손상의 어떤 유형을 복구하는 능력이 없어 생기는 색소성 건피증(xeroderma pigmentosum)이라 불리는 질병을 가지고 있는 사실에서 유래했다(10장 참조).

TFIIH는 또한 세 번째 효소 활성인, **cyclin-의존성 단백질 키나제(CDK)**를 가지고 있다. Cyclin은 세포 주기 전체에 걸쳐 다른 수준으로 발현되는 단백질이다. 역치에 도달하면 cyclin은 CDK와 같은 특정 단백질 kinase와 상호작용한다. 이 상호작용은 단백질 kinase가 하나 이상의 특정 단백질을 인산화하도록 자극하여 인산화된 단백질이 세포 분열에 필요한 기능을 수행할 수 있게 한다. Jean-Marc Egly와 동료들은 TFIIH를 연구하고 복합체 내에서 XPB, XPD와 CDK의 위치를 밝혀내기 위해 전자 현미경 검사와 항체 표지 기술의 조합을 사용했다. **그림 15.26**에 나타난 그들의 연구의 결과는 TFIIH가 고리형임을 밝힌다.

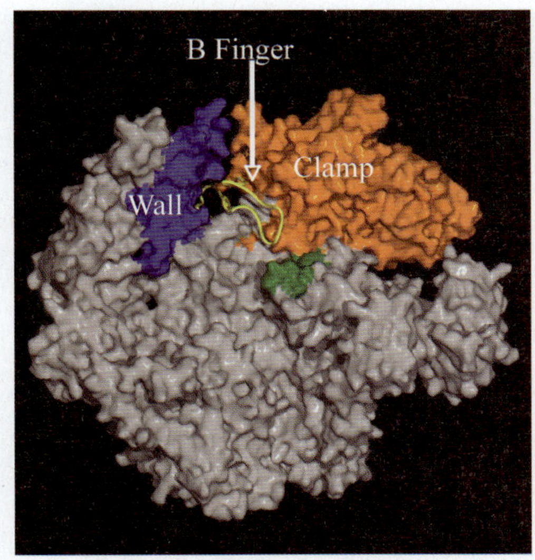


**그림 15.25 RNA 중합효소 II · TFIIB 복합체. 활성 부위 틈의 속을 드러내기 위한 절단 시점이다.** 관련 그림은 다음과 같다. TFIIB 손가락은 노란색이다. RNA 중합효소 clamp는 주황색이며, 벽은 파랑색이다. 활성 중심의 마그네슘 이온은 분홍색이고, 중합효소의 나머지 부분은 회색이다. Elsevier의 허가로 *FEBS Lett.*, vol. 579, Boerger, H. et al., *Structural basis of eukaryotic gene transcription*, pp. 899-903, copyright 2005에서 복사. Stanford University School of Medicine의 Roger D. Kornberg의 사진 허가.

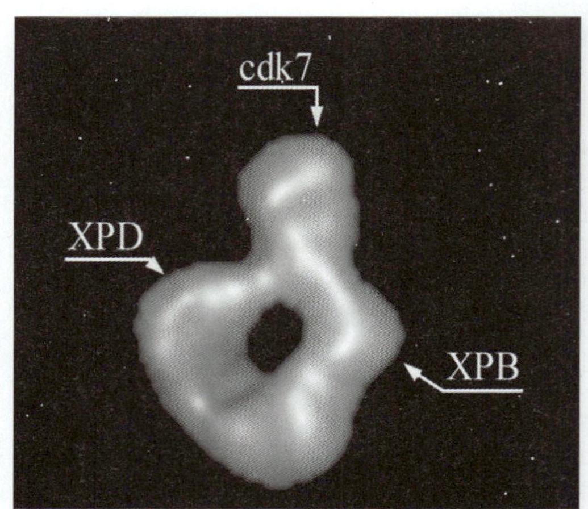

**그림 15.26 TFIIH의 4개로 된 조직.** Subunit cdk7, XPD와 XPB의 위치는 면역 표지 실험으로 추론되어 사람 TFIIH의 3차원적 구조에서 화살표로 표시되었다. Elsevier의 허가로 *Cell*, vol. 102, Schultz, P. et al., *Molecular structure of human TFIIH*, pp. 599-607. Copyright 2005.에서 복사. Institut de Génétique et de Biologie Moleculaire et Cellulaire의 Patrick Schultz의 사진 허가.

## 전-개시복합체 내의 DNA는 RNA 중합효소 II와 일반적 전사 factor로 만들어진 단백질 핵심 주위로 단단하게 감긴다.

X-선 회절과 전자 현미경 검사의 결과를 조합하여 Kornberg와 동료들은 RNA 중합효소 II의 "최소" 전사 개시 복합물과 일반적 전사 factor 조립 모형을 제시했다(**그림 15.27**). 이 모형에 기초하여, 개시 과정이 다음과 같은 일을 포함된다는 것을 제시했다: (1) TBP는 TFIIB의 C-말단 domain 주변에서 TATA box DNA를 구부린다. (2) TFIIB N-말단 domain은 복합체를 RNA 중합효소 II의 표면으로 끌고 와서 B 손가락이 활성 핵심 속으로 밀고 들어간다. DNA는 그것이 직선 경로를 따르도록 위치하여 TATA box와 전사 개시 부위 사이에 보존된 공간을 이용하도록 하여 개시 부위는 활성 중심(active cener) 옆을 따라 위치하게 된다. (3) RNA 중합효소 II · TFIIB · promoter DNA 복합체는 TFIIE를 유도하고 차례로 TFIIH를 유도한다. (4) TFIIH는 활성 중심 틈 위 영역에서 DNA가 풀리도록 돕는 ATP/helicase subunit을 가지고 있다. (5) TFIIF는 주형이 아닌 가닥을 잡아서 (6) 주형 가닥이 활성 부위에 다가온다.

RNA 합성은 첫 번째 2개 nucleotide가 새롭게 형성된 전사 버블 내의 주형 가닥에 배열되고 RNA 중합효소가 phosphodiester 결합 형성을 촉진할 때 열린 promoter에서 시작한다. 짧은 전사체는 RNA가 길어져 약 4개 nucleotide일 때까지 자주 방출되어 전사체가 결국 4개 nucleotide 이상 연장되기 전에 RNA 중합효소 II가 여러 번 전사를 재시작(낙태 순환, abortive cycling)하도록 만든다. 전사의 이 초기 단계 동안의 실패 순환을 위해 가능한 설명은 염기쌍 형성이 DNA:RNA 혼성체 안정성에 기여하기에 아직 충분하지 않다는 것이다. 따라서, TFIIB와 TFIIF의 도움을 받은 RNA 중합효소 II는 매우 짧은 신생된 전사체를 제자리에 고정시켜야 한다. 그러나 단백질-RNA 상호 작용은 많은 짧은 신생된 전사체가 방출되는 것을 막기에 충분히 강하지 않다. 실패 순환은 전사체가 연장되면 염기쌍이 추가적인 안

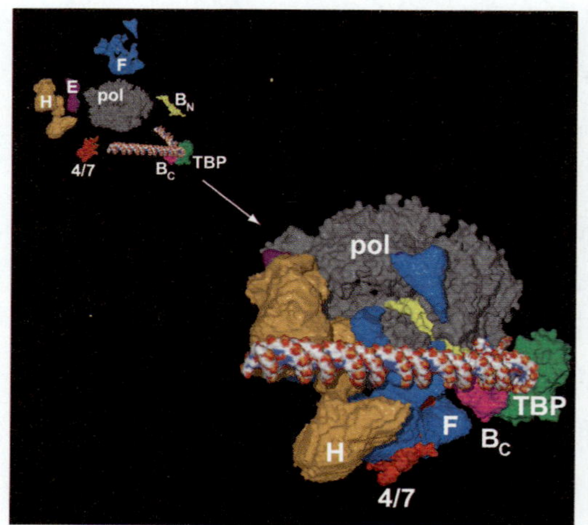

**그림 15.27 RNA 중합효소 II 전사 개시 복합체.** 이 모형은 X-선 회절과 전자 현미경 검사 결과를 조합하여 조립되었다. Bc와 Bn은 TFIIB의 C-말단과 N-말단이다. E, F와 H는 각각 TFIIE, TFIIF와 TFIIH이다. 4/7은 Rpb4/7 heterodimer이다. Elsevier의 허가로 *TEBS Lett.*, vol. 579, Boerger, H., et al., *Structural basis of eukaryotic gene transcription*, pp. 899-903, copyright 2005에서 복사. Stanford University School of Medicine의 Roger D. Kornberg의 사진 허가.

정성을 제공하기 때문에 감소한다. TFIIF에 의한 안정성 또한 RNA 중합효소가 전사 초기 단계 동안 DNA 주형을 전사하는 것을 계속하도록 RNA 중합효소 II를 활성 구조로 유지할 필요가 있는 것으로 보인다.

전사 복합체는 신생 전사체가 9개나 10개 nucleotide 길이가 되면 주요 변환을 이룬다. 이 변환 동안 일어나는 변화는 다음과 같다. (1) 신생 전사체가 활성 틈에 묻힌 TFIIB의 B 손가락을 밀기 시작한다. 더 나아가 RNA 사슬 성장이 B 손가락을 활성 틈 공간으로 나가도록 하여 결국 전사 복합체로부터 TFIIB가 분리되도록 이끈다. (2) TFIIF가 RNA 중합효소 II 복합체에서 분리된다. (3) DNA-RNA 혼성체 바로 위에 위치한 10개 잔기의 전사체의 5′-말단이 출구 터널을 통하여 자신의 길로 빠져나가기 시작한다. 추가적 전사는 전사체가 출구 터널을 통하여 완전히 길을 빠져나가도록 유도한다. DNA:RNA 혼성체 형성과 출구 터널을 통한 RNA 통로의 결합 효과가 안정적인 전사 신장 복합체의 형성을 유도한다. RNA 중합효소 II, TFIIE, TFIIH와 다양한 신장 성분으로 구성된 이 복합체가 promoter를 탈출하는데, 이 과정이 **promoter 탈출(promoter escape)**로 알려져 있다. TFIIB와 TFIID는 promoter와 결합한 채 남아서 이어지는 전사 활동을 가능하게 한다.

## 15.6 전사의 신장(transcription elongation)

### 가장 큰 RNA 중합효소 subunit의 C-말단 domain은 사슬 신장이 진행되기 위하여 인산화되어야 한다.

RNA 중합효소 II의 가장 큰 subunit인 Rpb1의 카르복시 말단 domain인, CTD는 개시복합체에서 신장 복합체로의 변환에서 중요한 역할을 한다. 이 domain은 heptapeptide Tyr-Ser-Pro-Thr-Ser-Pro-Ser의 연쇄 반복으로 구성된 매우 보기 드문 아미노산 서열을 가지고 있다. RNA 중합효소 I과 III는 비슷한 domain을 가지고 있지 않다. CTD는 구조화되지 않아서 그림 15.6과 15.9에서 보이는 것처럼 RNA 중합효소 II 결정 구조에서 잘 보이지 않는다. CTD의 기본적 반복 단위가 모든 진핵 생물에서 같을지라도 반복 횟수가 종마다 다양하다. 예를 들어 사람, 초파리와 효모 RNA 중합효소 II 분자는 각각 52, 43 및 26 반복을 가지고 있다. RNA 중합효소 II는 무세포계의 몇몇 유전자를 전사하기 위하여 CTD를 필요로 하지만 다른 것을 전사하기 위해서는 필요하지 않다. 예를 들어, TATA가 없는 promoter는 CTD가 필요한 것으로 보이는 반면, TATA 상자를 가지고 있는 promoter는 대개 그렇지 않다. Rpb1에서 반복되는 약간의 heptapeptide가 결핍된 효모 변종은 생존은 가능하지만 추위와 온도-민감성 표현형을 나타낸다. 그러나 heptapeptide 반복의 반 이상이 삭제되면, 변종은 생존 능력을 잃는다.

각각 heptapeptide 내의 7개 잔기 중 5개는 그 측쇄에 단백질 kinase에 의해 인산화될 수 있는 hydroxyl기를 가지고 있다. 인산화 정도는 전사 동안 매우 다양하다.

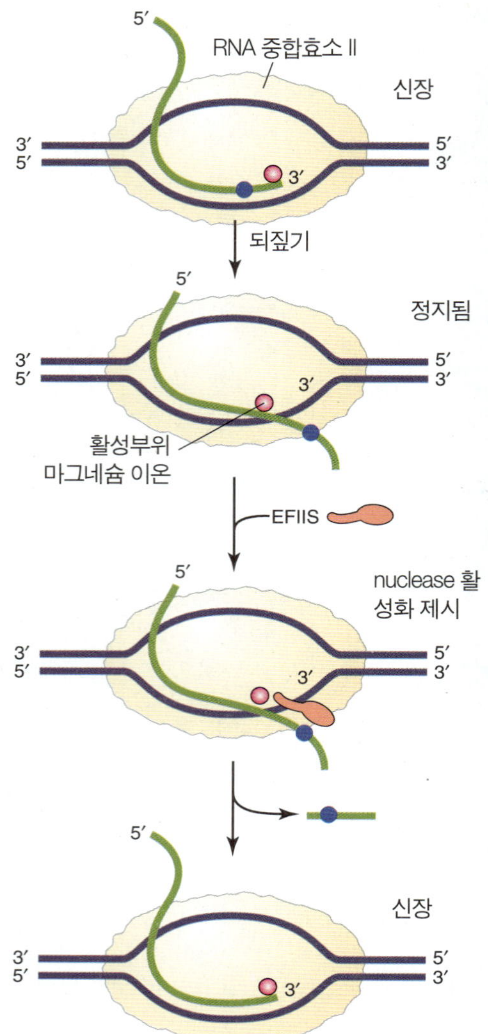


**그림 15.28 되짚기와 TFIIS 작용.** RNA 중합효소 II가 증가하는 RNA 사슬에 잘못된 nucleotide(파랑색 원)을 붙이며, 염기 쌍 부정합을 만든다. RNA 중합효소가 부정합을 감지하고 뒤로 이동하여 신생된 RNA 사슬의 3′-말단이 활성 부위로부터 분리되도록 강제하여 잘못 포함된 nucleotide를 함유한 짧은 조각을 2차 채널로 강제로 내보내어 깔대기로 들어가게 한다. 이 밀어냄이 RNA 합성이 정지되도록 만든다. 전사 신장 factor(EFIIS, 주황색 아메바 모양)가 RNA 중합효소 II와 결합하여 효소가 잘못된 nucleotide를 포함한 RNA 구간을 자르도록 유도한다. 부정확한 nucleotide를 가진 RNA 조각의 제거는 활성 부위에 새로운 3′-RNA 말단을 형성하여 사슬 연장이 계속될 수 있도록 한다. Conaway, J. W., et al., *Trends Biochem. Sci.* 25(2000): 375-380에서 인용.

잔기들은 RNA 중합효소 II가 전-개시복합체로 조립되기 위하여 탈인산화되어야 하지만 전사 신장 동안 RNA 중합효소 II가 효율적으로 작용하기 위해서는 고농도로 인산화되어야 한다. 아마 다양한 단백질 kinase가 전사 과정 중 각 단계에서 발생하는 인산화 과정을 맡는 것으로 보인다. TFIIH와 관련된 CDK subunit은 카르복시 말단 domain의 serine 잔기 인산화를 촉진하여, promoter 제거가 가능토록 하며 전사가 신장 단계로 들어갈 수 있도록 한다. RNA 중합효소 II는 각 전사 단계가 완료된 후 효소가 전사의 다음단계를 시작하기 위하여 개시복합체로 재조립할 수 있기 전에 탈인산화되어야 한다. 특정 단백질 phosphatase가 탈인산화를 촉진한다. Kinase와 phosphatase의 특이성, kinase와 phosphatase의 조절, 그리고 CTD의 인산화 잔기의 다양한 조합이 전사에 미치는 효과에 대하여 배울 많은 양이 아직 남아있다.

## 전사 elongation factor의 다양함은 신장 중의 일시적인 중지를 억제하도록 도와준다.

RNA 중합효소 II는 주형 DNA 가닥을 따라 계속 이동하지 않는다. 대신, 효소는 전방과 후방 이동 사이에서 계속 왔다갔다 한다. "되짚기"라 불리는 주형 DNA 주형을 따른 RNA 중합효소 II의 역이동은 세균 RNA 중합효소에서 기술되었다(13장 참조). RNA 중합효소 II에 의한 되짚기는 전사의 일시 중지와 정지를 이끈다. 되짚기는 대개 정지된 상태(7~14 nucleotide)보다 일시 중지된 상태(2~4 nucleotide)에서 덜하다. 따라서 일시 중지된 RNA 중합효소 II는 다른 단백질의 도움 없이 전사 상태로 돌아갈 수 있는 반면에 정지된 RNA 중합효소 II는 그럴 수 없다.

1분에 대략 1,000 nucleotide인 nucleotide 첨가의 평균 비율은 RNA 중합효소 II가 일시 정지된 상태에서 소비하는 시간 일부에 의하여 평균보다 제한되는 것으로 보인다. 다양한 다른 전사 factor가 정지된 상태에 걸린 시간을 줄임으로써 전사 신장성의 비율을 증가시키는 것으로 관찰했다. Ronald Conaway와 동료들은 이들 중의 하나인 **elongin**이 RNA 중합효소 II의 활성 구조를 안정시키거나 불활성 형태가 활성 형태로 다시 돌아가도록 하는 비율을 증가시킴으로써, 또는 양쪽 방법 모두에 의하여 전사를 촉진한다고 제시한다. ELL 계의 구성원 같은 다른 전사 신장 factor들이 유사한 방법으로 작용하는 것으로 보인다.

## Elongation factor SII는 정지된 RNA 중합효소 II를 재활성화한다.

정지된 RNA 중합효소 II는 전사를 재개할 수 있기 전에 추가적 전사 factor인 TFIIS(SII로도 불림)의 도움을 필요로 한다. TFIIS는 세균 GreA와 GreB 단백질에 대한 진핵 세포의 상대역이다 (13장 참조).

RNA 중합효소 II는 가끔 실수하여 증가하는 RNA 사슬에 잘못된 nucleotide를 붙인다. 그러한 오류는 DNA-RNA 혼성체 내의 왜곡의 원인이 되고 신장 복합체를 불안정하게 하는 전사 버블 내의 부정합한 염기 쌍을 만든다. RNA 중합효소 II는 왜곡을 감지하고, 되돌아온다(**그림 15.28**). TFIIS는 되짚어진 복합체에 결합한다. Cramer와 동료들은 RNA 중합효소 II · TFIIS 복합체의 결정 구조를 밝혀냈다(**그림 15.29**). TFIIS가 중합 효소의 표면을 따라 확장되고, 틈의 끝에 있는 활성 부위에 도달하기 위하여 구멍으로 들어가 깔대기를 통과한다. RNA 중합효소 II의 활성 부위는 TFIIS 결합에 의한 RNA의 조정과 일치하는 광범위한 구조적 변화를 겪는다. 이러한 변화의 결과로서, 활성 부위는 nucleotidyl transferase에서 nuclease로 전환된다. TFIIS의 2개의 필수적이고 잘 보존된 산성 잔기들이 RNA 중합효소 II 활성 부위를 보완하여 금속성 이온과 물 분자가 가수분해성의 RNA 절단을 위하여 위치하도록 한다. RNA 절단은 활성 부위에 새로운 3' -말단을 만들어 전사가 재개되도록 한다.

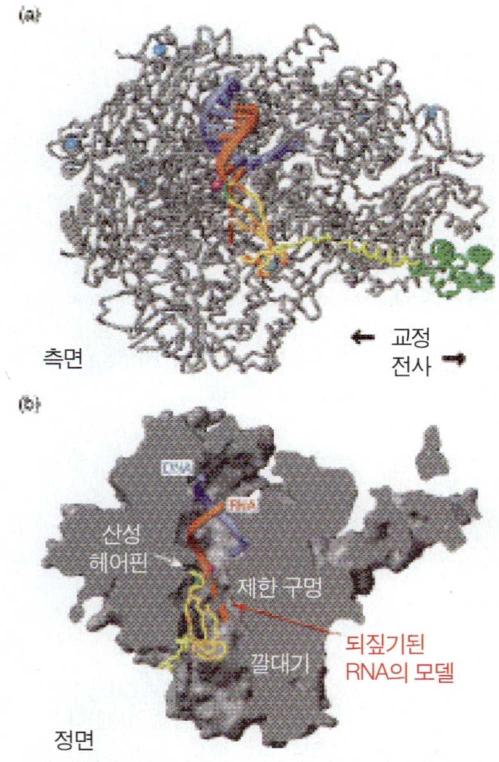


**그림 15.29 RNA 중합효소 II · TFIIS · RNA 복합체.** (a) 모형 RNA 중합효소 II · TFIIS · RNA 복합체의 측면도. TFIIS의 domain II와 III가 각각 녹색과 노랑색으로 보인다. 12개 subunit RNA 중합효소 II는 은색이다. 활성 부위의 마그네슘 이온은 보라색 구체로 보인다. TFIIS와 RNA 중합효소의 구조적 아연 이온은 청록색으로 보인다. DNA 주형(파랑색)과 RNA 전사체(빨강색)은 전사 신장 복합체의 결정 구조 안 그들의 위치에 따라 배치되어 있다. (b) 앞에서 본 (a) 모형의 절단 모형. TFIIS, DNA와 RNA전사체를 끈 모형으로 나타내었다. 활성 부위에서 절단된 되짚어진 RNA의 추측 경로는 빨간색 점선의 끝으로 표시하였다. Elsevier의 허가로 *Cell*, vol. 114, Kettenberger, H., Armache, K.-J., 와 Cramer, P., *Architecture of the RNA 중합효소 II-TFIIS...*, pp. 347-357, copyright 2003에서 복사. Ludwig-Maximilians-Universität München Patrick Cramer의 승인으로 New York University Robert Sims의 사진 허가.

## 전사 신장 복합체는 조절된다.

RNA 중합효소 II에 의한 전사 신장은 조절된다. 이 조절에 관련된 단백질은 왜 nucleoside 유사체 5,6-dichloro-1-β-D-ribofuranosylbenzimidazole(DRB; **그림 15.30**)이 일부 순수한 핵 추출물에 의해서가 아닌 본래의 핵 추출물에 의해서 촉진되는 전사 신장을 차단하는지 발견하기 위해 고안된 연구 과정 중에 밝혀졌다. DRB가 부분적으로 정제된 조제물에는 없지만 본래 핵 추출물에는 존재하는 어떤 factor와 상호작용한다는 것이 적정한 설명으로 보인다. 학자들은 그래서 DRB 감도에 필요한 전사 신장 factor를 분석하기 위하여 부분적 정제 전사 체계를 사용했다. 3개의 전사 신장 factor가 결국 분리되었다. 이들 중 2가지 DRB 감도 유도 factor(DRB sensitivity-inducing facter, **DSIF**)와 **부정적 신장 factor(negative eleogation factor, NELF)**는 RNA 중합효소 II와 결합하여 전사 신장을 차단한다(**그림 15.31**). DSIF와 NELF가 RNA 중합효소 II의 Rpb1 subunit이 CTD가 없을 때 전사 신장을 억제하기 때문에 억제 단백질은 아마 효소의 어떤 다른 부위에 결합 하는 것으로 보인다. DSIF와 NELF에 의한 전사 신장의 억제가 특정 nucleotide 서열에 의존하지 않을지라도 증가하는 RNA 사슬의 길이가 최소 50~60 nucleotide는 필요한 것으로 보인다. 사슬 확장의 조절에 관련된 세 번째 단백질, 긍정적 전사 신장 factor b **(P-TEFb)**는 CTD를 Tyr-Ser-Pro-Thr-Ser-Pro-Ser 반복의 Ser-2에서 인산화하는 cyclin-의존성 단백질 kinase이다. 인산화된 CTD는 어쨌든 DSIF와 NELF의 억제 효과를 역전시킨다. DRB는 P-TEFb kinase 활성을 억제하여 전사 신장을 차단한다.

5,6-Dichlorobenzimidazole 1-β-D-ribofuranoside (DRB)

**그림 15.30** 5,6-Dichlorobenzimidazole 1-Beta-D-ribofuranoside(DRB)

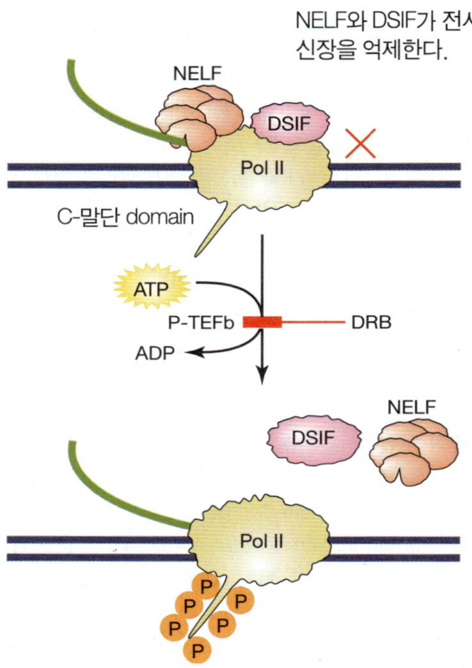


**그림 15.31 DSIF, NELF와 P-TEFb의 상호 작용.** 부정적 전사 factor(NELF)와 DRB-감도 유도 factor(DSIF)는 RNA 중합효소 II와 결합하여 전사 신장을 억제한다. Cyclin 의존성 단백질 kinase인 긍정적 전사 신장 factor(P-TEFb)는 CTD를 인산화시킴으로써 이 억제를 상쇄한다. Nucleoside 유사체 DRB는 P-TEFb가 CTD를 인산화시키는 것을 방지하여 kinase 활성을 억제한다. Yamaguchi, Y., et al., *Cell* 97(1999): 41-51에서 인용.

# 권장 도서

## Introduction to RNA 중합효소 II

Feng, X., Jiang, Y., Meltzer, P., and Yen, P. M. 2000. Thyroid hormone regulation of hepatic genes *in vivo* detected by complementary DNA microarray. *Mol Endocronol* 14:947?955.

Roeder, R. 2003. The eukaryotic transcriptional machinery: complexities and mechanisms unforeseen. *Nat Med* 9:1239?1244.

Roeder, R. G., and Rutter, W. J. 1970. Specific nucleolar and nucleoplasmic RNA polymerases. *Proc Natl Acad Sci USA* 65:675?682.

## RNA 중합효소 II Structure

Armache, K.-J., Kettenberger, H., and Cramer, P. 2003. Architecture of initation-competent 12-subunit RNA polymerase II. Proc *Natl Acad Sci* USA 100:6964?6968.

Armache, K.-J., Kettenberger, H., and Cramer, P. 2004. Complete RNA polymerase II elongation complex structure and its interactions with NTP and TFIIS *Mol Cell* 16:955-965.

Armache, K.-J., Mitterweger, S., Meinhart, A., and Cramer, P. 2005. Structures of complete RNA polymerase II and its subcomplex, Rpb4/7. *J Biol Chem* 280:7131-7134.

Bell, S. D., and Jackson, S. P. 2000. Charting a course through RNA polymerase. *Nat Struct Biol* 7:703-705.

Boeger, H., Bushnell, D. A., Davis, R., et al. 2005. Structural basis of eukaryotic gene transcription. *FEBS Lett* 579:899-903.

Bushnell, D. A., and Kornberg, R. D. 2003. Complete, 12-subunit RNA polymerase II at 4.1-Å resolution: implications for the initiation of transcription. *Proc Natl Acad Sci USA* 100:6969-6973.

Chower, M. 2004. Rpb4 and Rpb7: subunits of RNA polymerase II and beyond. *Trends Biochem Sci* 29:674-681.

Chung, W.-H., Craighead, J. L., Chang, W.-H., Ezeokonkwo, C., Bareket-Samish, A., Kornberg, R. D., and Asturias, F. J. 2003. RNA polymerase II/TIIF structure and conserved organization of the initiation complex. *Mol Cell* 12:1003-1013.

Cramer, P. 2002. Multisubunit RNA polymerases. *Curr Opin Struct Biol* 12:89-97.

Cramer, P. 2004. Structure and function of RNA polymerase II. *Adv Protein Chem* 67:1-31.

Cramer, P. 2004. RNA polymerase II structure: from core to functional complexes. *Curr Opin Genet Dev* 14:218-226.

Cramer, P., Bushnell, D. A., Fu, J., et al. 2000. Architecture of RNA polymerase II and implications for the transcription mechanism. *Science* 288:640-649.

Cramer, P., Bushnell, D. A., and Kornberg, R. D. 2001. Structural basis of transcription: RNA polymerase II at 2.8 Ångstrom resolution. *Science* 292:1863-1876.

Gnatt, A. L., Cramer, P., Fu, J., et al. 2001. Structural basis of transcription: an RNA polymerase II elongation complex at 3.3 Å resolution. *Science* 292:1876-1882.

Hahn, S. 2004. Structure and mechanism of the RNA polymerase II transcription machinery. *Nat Struct Mol Biol* 11:394-403.

Kettenberger, H., Armache, K.-J., and Cramer, P. 2004. Complete RNA polymerase II elongation complex structure and its interactions with NTP and TFIIS. *Mol Cell* 16:955-965.

Kornberg, R. 2001. The eukaryotic gene transcription machinery. *Biol Chem* 382:1103-1107.

Näär, A. M., Lemon, B. D., and Tjian, R. 2001. Transcriptional coactivator complexes. *Ann Rev Biochem* 70:475-501.

Nikolov, B. D., and Burley, S. K. 1997. RNA polymerase II transcription initiation: a structural view. *Proc Natl Acad Sci USA* 94:15-22.

Westover, K. D., Bushnell, D. A., and Kornberg, R. D. 2004. Structural basis of transcription separation of RNA from DNA by RNA polymerase II. *Science* 303:1014-1016.

Westover, K., Bushnell, D. A., and Kornberg, R. D. 2004. Structural basis of transcription: nucleotide rotation in the RNA polymerase II active center. *Cell* 119:481-489.

Woychik, N. A., and Hampsey, M. 2002. The RNA polymerase II machinery: structure illuminates function. Cell 108: 453-463.

Woychik, N. A., and Reinberg, D. 2001. RNA polymerases: subunits and functional domains. In: *Encyclopedia of Life Sciences Nature Publishing Group*. pp. 1-8. London, UK: Nature Publishing Co.

## Transcription Initiation Site Identification

Lockhart, D. J., and Winzeler, E. A. 2000. Genomics, gene expression and DNA arrays. *Nature* 405, 827-836.

Sambrook, J. and Russell, D. W. 2001. *Molecular Cloning—A Laboratory Manual*, 3rd ed. Woodbury, NY: Cold Spring Harbor Press.

Schena, M., Heller, R. A., Theriault, T. P., et al. 1998. Microarrays: biotechnology's discovery platform for functional genomics. *TIBTECH* 16:301-306.

## General Transcription Factors: Basal Transcription

Asturias, F. J. 2004. RNA polymerase II structure, and organization of the preinitiation complex. *Curr Opin Struct Biol* 14:121-129.

Asturias, F. J., and Craighead, J. L. 2003. RNA polymerase II at initiation. *Proc Natl Acad Sci USA* 100:6893-6895.

Buratowski, S., Hahn, S., Sharp P. A., Guarente, L. 1988. Function of a yeast TATA element-binding protein in a mammalian transcription system. *Nature* 334:37-42.

Bushnell, D. A., Westover, K. D., Davis, R. E., and Kornberg, R. D. 2004. Structural basis of transcription: an RNA polymerase II—TFIIB cocrystal at 4.5 Angstroms. *Science* 303:983?988.

Butler, J. E. F., and Kadonaga, J. T. 2002. The RNA polymerase II core promoter: A key component in the regulation of gene expression. *Genes Dev* 16:2583-2592.

Coulombe, B. 1999. DNA wrapping in transcription initiation by RNA polymerase II. *Biochem Cell Biol* 77:257-264.

Green, M. R. 2000. TBP-associated factors (TAFIIs): multiple, selective transcriptional mediators in common complexes. *Trends Biochem Sci* 25:59-63.

Hampsey, M., and Reinberg, D. 2001. RNA polymerase II holoenzyme and transcription factors. In: *Encyclopedia of Life Sciences*. London, UK: Nature Publishing Group. pp. 1-7.

Hayashi, K., Watanabe, T., Tanaka, A., et al. 2005. Studies of *Schizosaccharomyces pombe* TFIIE indicate conformational and functional changes in RNA polymerase II at transcription initiation. *Genes Cells* 10:207-224.

Hochheimer, A, and Tjian, R. 2003. Diversified transcription initation complexes expand promoter selectivity and tissue-specific gene expression. *Genes Dev* 17: 1309-1320.

Juo, Z. S., Chiu, T. K., Leiberman, P. M., et al. 1996. How proteins recognize the TATA box. *J Mol Biol* 261:239-254.

Muller, F., and Tora, L. 2004. The multicoloured world of promoter recognition complexes. *EMBO J* 23:2-8.

Nogales, E. 2000. Recent structural insights into transcriptional preinitiation complexes. *J Cell Sci* 113:4391-4397.

Reese, J. C. 2003. Basal transcription factors. *Curr Opin Genet Dev* 13:114-118.

Schultz, P., Fribourg, S., Poterszman, A., et al. 2000. Molecular structure of human TFIIH. *Cell* 102:599-607.

Smale, S. T. 1997. Transcription initiation form TATA-less promoters within eukaryotic protein-coding genes. *Biochim Biophys Acta* 1351:73-88.

Smale, S. T., and Kadonaga, J. T. 2003. The RNA polymerase II core promoter. *Ann Rev Biochem* 72:449-479.

Tora, L. 2002. A unified nomenclature for TATA box binding protein (TBP)-associated factors (TAFs) involved in RNA polymerase II transcription. *Genes Dev* 16:673-675.

Warren, A. 2002. Eukaryotic transcription factors. *Curr Opin Struct Biol* 12:107-114.

Zurita, M., and Merino, C. 2003. The transcriptional complexity of the TFIIH complex. *Trends Genet* 19:578-584.

## Transcription Elongation

Armache, K.-J., Kettenberger, H., and Cramer, P. 2005. The dynamic machinery of mRNA elongation. Curr Opinion *Struct Biol* 15:197-203.

Bar-Nahum, G., Epshtein, G., Ruckenstein, A. E., et al. 2005. A ratchet mechanism of transcription elongation and its control. *Cell* 120:183-193.

Conaway, J. W., Shilatifard, A., Dvir, A., and Conaway, R. C. 2000. Control of RNA polymerase II elongation. *Trends Biochem Sci* 25:375-380.

Gnatt, A. 2002. Elongation by RNA polymerase II: structure-function relationship. *Biochim Biophys Acta* 1577:175-190.

Hartzog, G. A. 2003. Transcription elongation by RNA polymerase II. *Curr Opin Genet Dev* 13:119-126.

Kobor, M. S., and Greenblatt, J. 2002. Regulation of transcription elongation by phosphorylation. *Biochim Biophys Acta* 1577:261-275.

Kamenski, T., Heilmeir, S., Meihhart, A, and Cramer, P. 2004. Structure and mechanism of RNA polymerase II CTD phosphatases. *Mol Cell* 15:399-407.

Kim, D., Yamaguchi, Y., Wada, T., and Handa, H. 2001. The regulation of elongation by eukaryotic RNA polymerase II: a recent view. *Mol Cells* 11:267-274.

Meinhart, A., Kamenski, T., Hoeppner, S., et al. 2005. A structural perspective of CTD function. *Genes Dev* 19:1401-1415.

Palancade, B., and Bensaude, O. 2003. Investigating RNA polymerase II carboxylterminal domain (CTD) phosphorylation. *Eur J Biochem* 270:3859-3870.

Price, D. H. 2002. P-TEFb, a cyclin-dependent kinase controlling elongation by RNA polymerase II. *Mol Cell Biol* 20:2629-2634.

Price, D. H. 2004. RNA polymerase II elongation control in eukaryotes. In: *Encyclopedia of Biological Chemistry*. Lennarz, W.J., and Lane, W. D. (eds.) New York: Academic Press, pp. 766-769.

Shilatifard, A. 2004. Transcriptional elongation control by RNA polymerase II: a new frontier. *Biochim Biophys Acta* 1677:79-86.

Shilatifard, A., Conaway, R. C., and Conaway, J. W. 2003. The RNA polymerase II elongation complex. *Ann Rev Biochem* 72:693-715.

Sims III, R. J., Belotserkovskaya, R., and Reinberg, D. 2004. Elongation by RNA polymerase II: the short and long of it. *Genes Dev* 18:2437-2468.

Sousa, R. 2005. Machinations of a Maxwellian demon. *Cell* 120:155-158.

Yamaguchi, Y., Takagi, T., Wada, T., et al. 1999. NELF, a multisubunit complex containing RD, cooperates with DSIF to repress RNA polymerase II elongation. *Cell* 97:41-51.

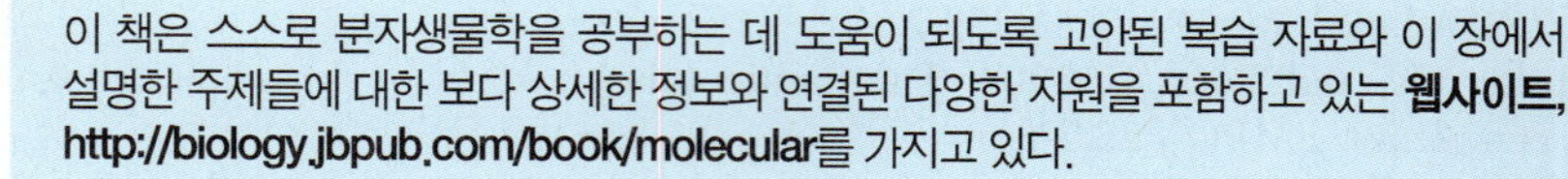
이 책은 스스로 분자생물학을 공부하는 데 도움이 되도록 고안된 복습 자료와 이 장에서 설명한 주제들에 대한 보다 상세한 정보와 연결된 다양한 자원을 포함하고 있는 **웹사이트, http://biology.jbpub.com/book/molecular**를 가지고 있다.

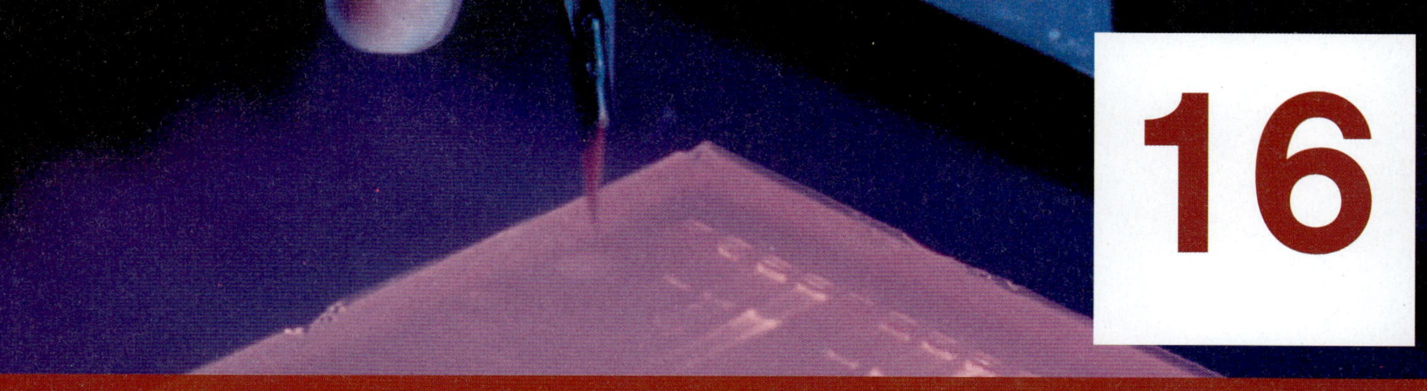

16

# RNA 중합효소 II: 조절

## 주제 개요

**16.1 조절 promoter와 enhancer**
연결자-스캐닝 돌연변이유발(linker-scanning mutagenesis)을 통해 핵심 promoter의 바로 상부에 있는 조절 promoter의 존재를 드러낸다.
Enhancer는 전사 개시 부위로부터 아주 멀리 위치하더라도 전사를 촉진할 수 있다.
상부 활성 서열(UAS)은 효모의 유전자를 조절한다.

**16.2 전사 activator 단백질**
전사 activator 단백질은 전사 기구를 모으는 것을 돕는다.
조합 과정은 유전자의 활성을 결정한다.
DNA 친화성 크로마토그래피는 전사 activator 단백질들을 정제하는데 사용될 수 있다.
전사 activator 단백질의 유전자 전사 촉진 능력은 트랜스펙션 분석(transfection assay)을 통해 결정할 수 있다.

**16.3 나선-선회-나선(helix-turn-helix) 구조를 가진 DNA-결합 domain**
Homeotic 유전자는 배 발생과정의 위치 정체성을 할당한다.
Homeotic 유전자는 전사 activator 단백질을 특정화한다.
Homeodomain은 나선-선회-나선 motif를 포함한다.
POU 단백질은 homeobox와 POU domain을 갖는다.

**16.4 Zinc finger를 갖는 DNA 결합 domain**
많은 전사 activator 단백질은 DNA에 서열 특이적인 방법으로 붙는 $Cys_2His_2$ zinc finger를 갖는다.
핵 수용체(nuclear receptor)는 $Cys_4$ zinc finger motif를 갖는다.
Ligand-결합 domain 구조는 핵 수용체 기능에 대한 상당한 정보를 제공한다.
효모의 전사 activator 단백질인 Gal4는 $Cys_6$ 아연 집단 패밀리 (zinc cluster family)에 속하며, galactose 대사에 관여하는 유전자의 전사를 조절한다.

**16.5 염기성 지역(basic region) leucine zipper를 갖는 DNA 결합 domain**
염기성 지역 leucine zipper(bzip) 전사 activator 단백질은 coiled coil 상호작용을 통해 붙은 이량체(dimer)로 DNA에 결합한다.

**16.6 나선-고리-나선(helix-loop-helix)를 갖는 DNA 결합 domain**
나선-고리-나선 전사 조절 단백질은 이량체이다.
전사 조절자 중 bHLH zip 패밀리는 HLH와 leucine zipper 이량체화 motif를 모두 갖는다.

**16.7 활성 domain**
활성 domain은 전사를 촉진하기 위해 반드시 DNA-결합 domain과 결합해야 한다.
Gal4는 DNA 결합 domain과 활성 domain을 갖는다.
효모 이중-잡종화 검사법(yeast two-hybrid)은 비-공유 상호작용하는 polypeptide를 찾아낼 수 있도록 해준다.

**16.8 매개자(mediator)**
진압(squelching)은 전사 activator 단백질이 한정된 전사 기구 구성요소와 경쟁할 때 일어난다.
매개자는 활성화된 전사에 필요하다.
효모 매개자 복합체는 활성 효모 유전자에 있는 UAS와 관련되어 있다.

**16.9 염색질 변형(chromatin modification)과 리모델링(remodeling)**
염색체는 진정 염색질(euchromatin)과 이질 염색질(heterochromatin)의 산재된 부위를 포함한다.
세포는 염색질을 리모델링하거나 변형하여 그 DNA가 전사 기구에 접근 가능하게 한다.
유전학적, 생화학적 연구는 ATP-의존적 염색질 리모델링 복합체의 발견을 이끌었다.
Histone N-말단 꼬리의 acetylation는 전사를 활성화시키는 경향이 있다.
Histone deacetylation은 전사 활성을 낮추는 경향이 있다.
크게 변형할 수 있는 아미노 말단 histone 꼬리는 표현형 조절을 돕는 조합적 암호를 갖고 있다.
전사 activator와 repressor는 염색질 리모델링과 변형을 촉진한다.

**권장 도서**

기본적인 RNA 중합효소 II의 전사 기구는 매우 비효율적이어서 그 자체로는 세포에서 합성된 mRNA의 아주 적은 부분만을 담당하고 있다. RNA 합성을 촉진하기 위해서는 2가지의 부가적인 전사 인자들이 필요하다. 그 중 하나인 **전사 activator 단백질(transcription activator proteins)**은 특정 DNA 서열 motif나 module을 인지하는 DNA-결합 domain을 가지고 있고 전사기구의 하나 이상의 다른 구성요소와 결합하는 활성 domain이 있다. 기본적인 RNA 중합효소 II 전사 기구의 구성요소들과는 달리, 많은 전사 activator 단백질들은 조직 특이적이거나 유전자 특이적이다.

두 번째 전사인자인 **매개자(mediator)**는 여러 개 소단위체로 이루어진 단백질 복합체로 activator, repressor(전사를 막는 단백질)와 기본적인 RNA 중합효소 전사기구 사이의 다리로서 작용하고 전사를 조절하는 조절 패널로 기능한다. 매개자는 단백질 코딩 유전자(protein coding gene)의 전사에 필수적이고, 그러므로 RNA 중합효소 II와 일반적인 전사 인자들과 비견될 만큼 중요하다.

진핵생물의 유전자 발현은 진핵생물의 DNA가 histone 주위를 감싸고 있고 그 결과로 비드(bead)같은 구조-nucleosome-은 또한 더 높은 단계의 구조로 조직되어 크로마틴이라는 DNA의 상당히 압축된 상태를 이룬다는 사실에 영향을 받는다(6장 참조). 이제 이해해야할 중요한 점은 압축된 염색질에 존재하는 유전자들은 활성화가 되지 않으면 꺼지는 경향을 갖는다는 것이다. 유전자 활성은 대개 acetylase와 같은 효소의 조합을 필요로 한다. Acetylase는 histone을 변형함으로써 nucleosome과 전사 인자를 불안정하게 하여 nucleosome을 이동하거나 염색질을 리모델링함으로써 유전자가 전사 기구에 접근할 수 있도록 해준다. 이 장에서는 먼저 전사 activator와 그들의 활동 방식을 알아본 뒤에 매개자의 구조와 기능에 대해 살펴보고 histone 변형과 염색질 리모델링에 대한 논의로 끝을 맺는다.

## 16.1 조절 promoter와 enhancer

### 연결자-스캐닝 돌연변이유발(linker-scanning mutagenesis)을 통해 핵심 promoter의 바로 상부에 있는 조절 promoter의 존재를 드러낸다.

세균 유전자 조절에 관한 지식을 바탕으로 연구자들은 단백질 코딩 유전자에 있는 진핵생물의 조절 요소들이 전사 개시 부위의 바로 상부에 위치할 것이라고 예상했다. 그러므로 그들은 먼저 이 부분에 돌연변이를 유발한 뒤 유전자 발현에 대한 돌연변이의 효과를 측정함으로써 조절 요소들을 찾고자 시도했다. 동시에 몇 염기쌍(base pair)을 없애는 것은 유전자 내부의 조절 요소들의 위치를 찾는 빠른 방법일 수 있으나 중대한 단점을 가지고 있다. 결실돌연변이(deletion mutation)는 관심있는 몇 개의 nucleotide를 제거하는 것뿐만 아니라 양옆에 위치한 DNA(flanking DNA) 서열 사이의 간격을 바꾸기도 한다. 그러므로, DNA 조각의 삭제로 인한 유전자 활성의 소실은 중요한 조각이 제거되었기 때문이거나 양옆에 있는 염기서열 사이의 간격(spacing)이 변했기 때문일 수 있다.

1982년에 Stephen McKnight과 Robert Kingsbury가 간격 문제를 제거하여 조절 요소 조사를 용이하게 하는 새로운 기술을 고안했다. **연결자-스캐닝 돌연변이 유발(linker-scanning mutagenesis)**이라고 불리는 이 기술은 관심 있는 부분의 짧은 DNA 조각(대개 3-10bp)을 같은 크기의 무작위 서열 DNA 연결자로 체계적으로 치환하는 것이다. 연결자 돌연변이는 결실돌연변이처럼 짧은 DNA 조각을 교체하지만 치환된 조각의 양쪽에 있는 nucleotide 서열 사이의 간격을 보존하는 장점을 가지고 있다. 간격의 보유는 나타나는 효과가 서열 치환 때문인지 양끝 서열 사이의 간격 변화 때문인지 구분하는데 매우 중요하다.

연결자-스캐닝 돌연변이유발은 단순포진바이러스(herpes simplex virus, 20면체의 껍질보유바이러스로 입술포진과 생식기포진의 원인이 됨)에 있는 thymidine kinase 유전자의 promoter를 찾는데 처음으로 사용되었다. 플라스미드에 클로닝된 TK 유전자의 전사 개시 부위의 상단부에 있는 promoter에 연결자 돌연변이를 유도했다. 돌연변이유발 후, 플라스미드를 아프리카발톱개구리(Xenopus laevis)의 난모세포에 미량주사하여 개구리 전사 기구가 TK 유전자를 전사하도록 했다(**그림 16.1**). 유전자의 활성도는 primer 신장법을 통해 추적했다(15장 참조).

실험 결과는 **그림 16.2**에 도식화된 그림에 요약된 바와 같이, TK 유전자의 전

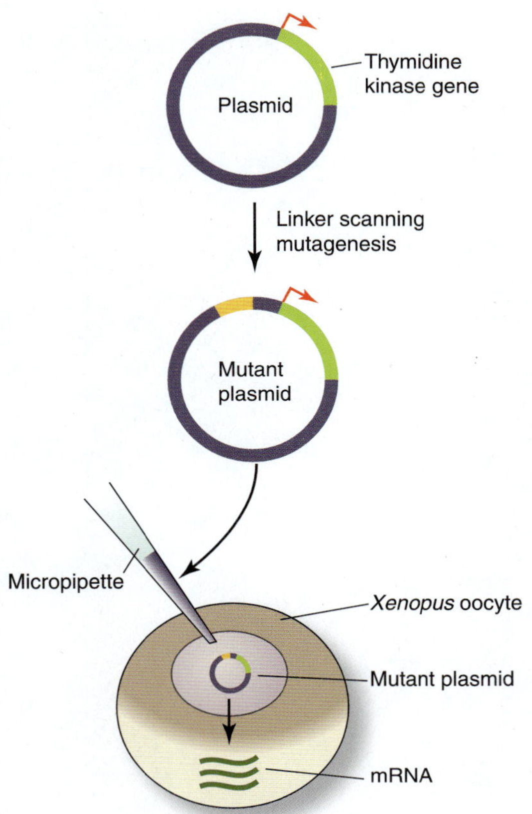


**그림 16.1 SV40 thymidine kinase 유전자 연구를 위한 연결자 스캐닝 돌연변이 유발 기법.** 플라스미드에 삽입된 TK 유전자 (녹색)의 전사 개시 부위로부터 상부 DNA 단편을 동일한 크기의 연결자 DNA (노란색)와 치환한다. 그러고 나서 *Xenopus* 난모세포에 돌연변이된 플라스미드 DNA를 미량주사하여 난모세포의 전사 기구가 TK 유전자를 전사하여 mRNA를 생산할 수 있는지 확인한다. 구조는 비례적으로 그리지 않았다.

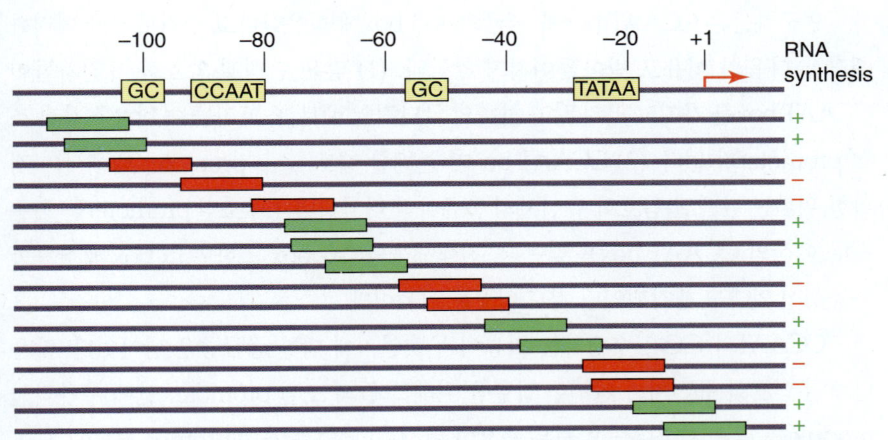


**그림 16.2 단순포진바이러스 (HSV) thymidine kinase 유전자에 대한 연결자 스캐닝 돌연변이유발 연구.** 전사 개시 부위로부터 바로 상부에 있는 HSV TK 유전자의 지역이 가장 윗 줄에 보이도록 정렬되었다. 줄 위의 숫자는 전사 개시 부위(+1)로부터의 염기 쌍 거리를 나타낸다. GC, CCAAT, TATA 조절 요소는 노란 box에 나타내었다. 연결자-스캐닝 돌연변이 유발로 만들어진 돌연변이체들은 아래 일련의 줄로 나타내었다. 직사각형 각각은 6-10 뉴클레오티드 단편으로 치환된 연결자의 위치를 의미한다. 돌연변이 DNA들은 세포의 효소들이 TK 유전자를 전사할 수 있는 *Xenopus* 난모세포에 미량주사되었다. 녹색 직사각형은 정상적인 양의 RNA를 생산하는 돌연변이를 나타낸다. 붉은색 직사각형은 promoter 활성이 상당히 감소되어 RNA 합성 량이 줄어든 돌연변이를 나타낸다. GC, CCAAT, TATA 조절 요소에 있는 서열이 바뀐 모든 돌연변이는 promoter 활성을 감소시켰다. Adapted from Watson, J. D., et al. Recombinant *DNA, Second Edition*. W. H. Freeman and Company, 1992.

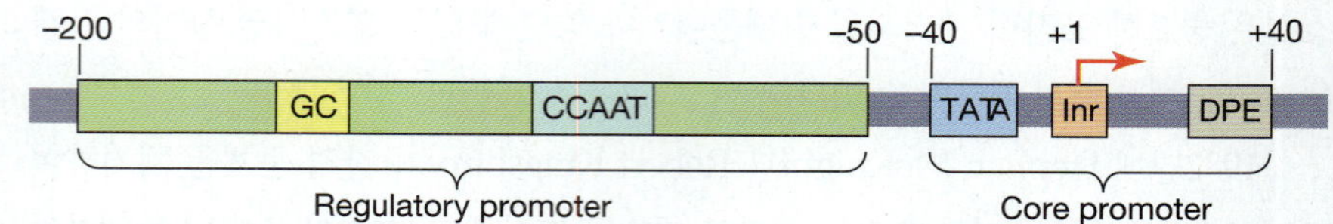


**그림 16.3 조절 promoter.** 조절 promoter (인접 promoter라고도 불리는)는 CCAAT와 GC box와 같은 promoter 인접 요소로 알려진 서열 motif를 포함한다. 조절 promoter는 대개 전사 개시 부위 (+1)에 대하여 약 -200에서 -50까지 뻗어있다. TATA box (TATA), 개시자 (Inr), 하부 promoter 요소 (DPE)를 포함하는 핵심 promoter도 나타내었다. 그림은 비례적으로 그리지 않았고 특정 유전자를 나타내지 않는다.

사는 전사 개시 부위로부터 상단부에 있는 3가지 다른 서열에 돌연변이가 일어나면 억제된다는 것을 보여준다. 다른 부위의 돌연변이는 전사에 영향을 미치지 않는다. 이 서열 motif 중 하나인 TATA box는 15장에서 자세히 살펴본 핵심 promoter의 일부이다. 나머지 두 서열 motif는 나중에 다른 바이러스와 진핵생물의 단백질 암호화 유전자에 존재한다는 것이 밝혀졌는데, 그들의 공통 염기서열이 GG*C*C*AAT*CT와 GGGCGGCCAAT이기 때문에 각각 **CCAAT box**와 **GC box**로 명명되었다. CCAAT와 GC box는 대개 전사 개시 부위로부터 50~200 bp 사이에 있는 어딘가에 존재한다. 이 지역은 핵심 promoter로부터 바로 상단부에 있고, 기능상으로 **조절 promoter(regulator promoter)** 또는 위치상으로 **인접 promoter(proximal promoter)**라고 불린다(**그림 16.3**).

연구자들은 CCAAT box가 세균의 −35 box에 상응한다고 생각했지만 이러한 생각은 다음의 이유로 받아들여지지 않았다. (1) 많은 단백질-암호화 유전자들이 CCAAT box를 가지고 있지 않고 하나의 극단적인 예로, 초파리는 이 box를 가진 조절 promoter가 없다. (2) CCAAT box가 존재할 때도, 조절 promoter 내에서의 정확한 위치는 단백질-암호화 유전자의 종류마다 다양하다. (3) 조절 promoter는 종종 하나 이상의 CCAAT box를 갖는다. 진핵생물의 GC box 또한 −35 box에 상응할 가능성이 있다고 생각되었던 것도 비슷한 이유이다.

CCAAT와 GC가 수행하는 기능이 무엇인지에 대한 궁금증은 남아있다. 많은 단백질-암호화 유전자가 완전한 발현을 위해 그들의 조절 promoter 안에 부가적인 module을 필요로 한다는 발견은 중요한 단서이다. 일부 조절 promoter들이 GC와 CCAAT box가 없이 이러한 부가적인 module만을 갖는다는 사실은 또 다른 단서이다. 현재는 다음과 같이 생각되고 있다. (1) 각각의 단백질-암호화 유전자는 module의 독특한 조합으로 이루어진 자신만의 특징적인 조절 promoter를 갖는다. (2) 전사 activator 단백질이 조절 promoter 내에 있는 각각의 module에 결합했을 때 완전한 유전자 발현이 일어난다.

## Enhancer는 전사 개시 부위로부터 아주 멀리 위치하더라도 전사를 촉진할 수 있다.

1981년 George Khoury와 동료들은 simian virus 40(SV40)의 전사를 연구하는 중에 주목할 만한 새로운 조절 요소를 발견했다. 8장에서 이 바이러스가 약 5.2 kbp를 포함하는 원형의 이중가닥 DNA를 갖는다는 것을 상기하라. SV40는 공통의 통제 부위(control region)로부터 반대방향으로 전사된 초기 전사 단위와 후기 전사 단위, 단 2개의 전사 단위만을 가지고 있기 때문에 전사 연구에 있어 특히 잘 맞는다. 초기 전사 단위는 바이러스 껍질이 제거된 직후에 세포 핵 안에서 활성화되며 DNA 복제에 필요한 T 대항원(large T antigen)을 암호화한다(9장 참조). 초기 전사 단위의 핵심 promoter는 TATA box와 6개의 GC box를 포함하는 조절 promoter를 갖는다(**그림 16.4**). Khoury와 동료들은 조절 promoter 바로 상부에 있는 2개의 동일한 72 bp 서열을 찾아냈다(그림 16.4). 72 bp 둘 중 하나를 제거하면 초기 전사 단위를 약간 저해하지만 둘 다를 제거하면 100-배 저해된다.

72-bp 서열이 유전자의 전사 개시 부위에 대하여 각기 다른 위치에 삽입되었을 때 어떻게 72-bp 서열이 포유류 β-globin 유전자의 전사에 영향을 미치는지 알아보기 위해 실험이 수행되었다. β-globin 유전자를 포함하는 플라스미드 내의 다양한 부위에 72-bp 서열을 삽입하고 나서 이 재조합 플라스미드로 정상적으로 β-globin을 합성하지 못하는 세포에 transfection시킴으로써 목표가 달성되었다. 놀랍게도 72-bp 서열은 전사 개시 부위로부터 상부나 하부로 상당한 거리(1 kbp 또는 그 이상)를 두고 삽입되었을 때와 전사 단위 내에 삽입되었을 때 조차도 올바른 전사 개시 부위로부터 β-globin mRNA 합성을 100-배 이상 촉진시켰다. 게다가 72-bp 서열이 정방향이나 역방향으로 삽입되었을 때도 촉진 효과는 같았다. 처음에는 아마 SV40와 몇 개의 유사 바이러스에나 존재할 법한 특이한 유전적 요소로 생각하는 것도 가

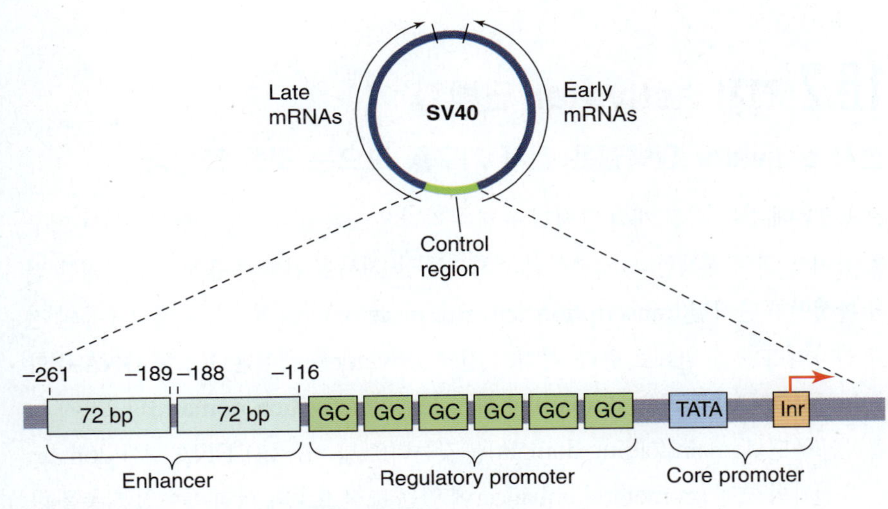


**그림 16.4** SV40 초기 전사 단위 enhancer와 promoter 지역.

능하리만치 72-bp 서열의 이러한 특징은 놀라운 것이었다. 그러나, 추가적인 연구들은 동식물 세포 또한 72-bp 서열과 동일한 방식으로 전사를 촉진하는 조절 서열을 갖고 있음을 밝혀냈다. 전사를 촉진하는 능력 때문에 **enhancer**라 불리는 이러한 조절 서열들은 다른 조절 서열들과 구별되는 2가지 독특한 특징을 가지고 있다: (1) enhancer는 몇 천 bp 상부나 하부에 위치하더라도 올바른 전사 개시 부위로부터 전사를 촉진한다.; (2) enhancer는 어떤 방향으로 삽입되어도 전사를 촉진한다.

현재 많은 다른 enhancer들의 특징이 밝혀졌다. 약 50 bp에서 1.5 kbp 정도 범위의 크기를 가지고 있으며 조절 promoter처럼 module의 집단로 구성되어 있다. 사실상 CCAAT와 GC box를 포함하는 이러한 module의 다수는 바로 조절 promoter에 존재하는 것과 같은 것이다. 각 종류의 enhancer는 특정적인 module의 조합을 가진다. 조절 promoter와 enhancer의 중요한 구조적 차이점은 enhancer에 있는 module은 서로 더 가까이 있는 것처럼 보인다는 것이다. 세포는 완전한 유전자 발현을 하기 위해 반드시 enhancer 또는 조절 promoter 내의 module에 결합할 수 있는 전사 activator 단백질을 가져야만 한다. 이러한 필요는 세포 핵 내의 기능을 가진 전사 activator 단백질의 수준을 통제함으로써 유전자가 조절될 수 있는 수단을 제공한다. 조절 부위는 또한 repressor 단백질에 대해서도 존재한다. 그러나, 지금은 activation에 초점을 둘 것이다.

### 상부 활성 서열(UAS)은 효모의 유전자를 조절한다.

효모의 단백질-암호화 유전자 대부분은 전사 개시 부위의 몇 백 염기쌍 내에 위치하는 **상부 활성 서열(UAS)**이라 불리는 하나의 조절 부위를 갖는다. 고등 생물의 enhancer와 같이 UAS는 전사 개시 부위로부터 다양한 거리에서 정방향과 역방향 모두로 작용한다. 그러나 지금까지 연구된 UAS 요소는 enhancer와 다른 1가지 중요한 점이 있다; UAS 요소는 전사 개시 부위로부터 하단부에 있을 경우에는 기능하지 않는다.

## 16.2 전사 activator 단백질

### 전사 activator 단백질은 전사 기구를 모으는 것을 돕는다.

진핵세포에 있는 수천 개의 단백질 유전자 각각은 사용할 수 있는 제한된 전사 기구를 가지고 서로 경쟁한다. 기본적인 전사 기구는 전사될 단백질 유전자에 위치한 **전사 활성인자 단백질(transcription activator proteins)**이라 불리는 특별 1종류의 전사 인자의 도움을 필요로 한다. 각각의 전사 activator 단백질은 최소한 **DNA-결합 domain(DNA-binding domain)**과 **활성 도메인(activation domain)**의 2가지 독립적인 폴딩 domain(folding domain)을 갖는다(**그림 16.5a**). DNA 결합 domain은 유전자의 조절 promoter나 enhancer에 있는 조절 요소와 서열-특이적 접촉을 한

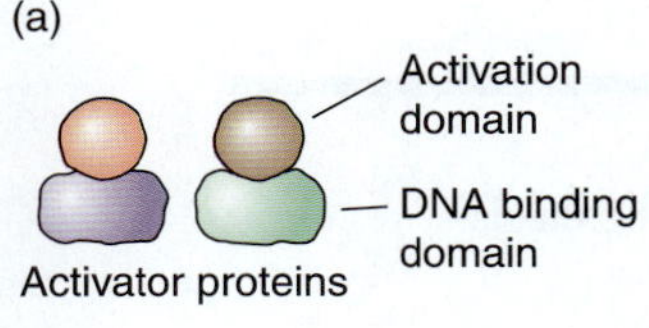


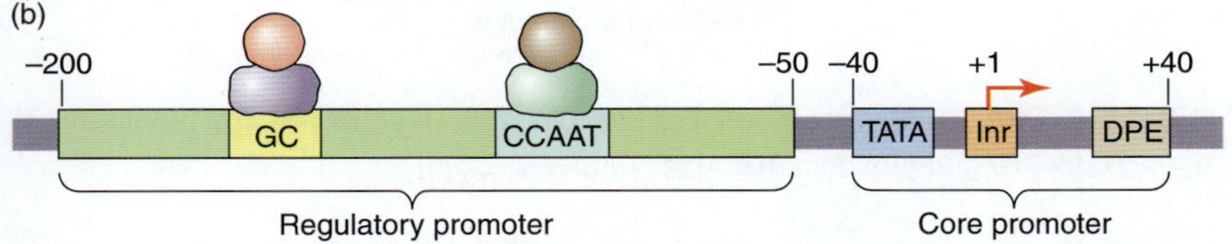


**그림 16.5 Activator 단백질이라 불리는 promoter-선택적 DNA 전사 인자가 어떻게 조직되고 조절 promoter에 있는 서열 motif와 상호작용하는지를 보여주는 그림.** (a) activator라 불리는 promoter 선택적 DNA 결합 전사 인자는 DNA 결합 domain과 활성 domain을 가지고 있다. (b) activator의 DNA-결합 domain은 조절 promoter에 있는 특정 서열 motif에 결합하고, 활성 domain이 전사 인자와 결합하여 함께 작용하도록 함으로써 유전자에 전사 기구를 모은다.

다(**그림 16.5b**). 예를 들어, Sp1(selective promoter factor 1)과 C/EBP(CAAT box and enhancer binding protein) 전사 activator 단백질의 DNA 결합 domain은 각각 GC box와 CAAT box에 붙는다. X-선 결정법과 핵자기공명 영상법(NMR)은 DNA에 대한 상당한 정보를 제공해왔다.

DNA-결합 domain에서 관찰된 몇 가지 다른 종류의 폴딩 패턴은 대부분의 전사 인자를 구조적으로 한정된 패밀리에 할당할 수 있도록 해준다. 활성 domain은 전사 기구의 요소들을 유전자쪽으로 모으고, 전사를 활성시키기 위해 다양한 전사 기구의 요소들과 상호작용한다(아래 참조). 우리는 현재 활성 domain의 구조에 대해 거의 모르고 있다.

많은 전사 activator 단백질은 또한 부가적인 구조적 특징을 갖는다. 가장 중요한 것들의 예를 들면 다음과 같다. **핵 위치 신호(nuclear localization signal)**로 알려진 arginine과 lysine을 포함하는 짧은 염기성 서열은 전사 activator 단백질이 핵공(nuclear pore) 복합체를 통해 세포질로부터 핵질로 이동할 수 있게 한다. 또 다른 신호로 **핵 방출 신호(nulcear export signal)**는 전사 activator 단백질을 그 반대 방향으로 이동하게 한다. 핵으로 향하거나 핵에서 방출되도록 하는 신호를 공유결합 변형으로 무력화 시킴으로써 이동방향이 조절될 수 있다. 소위 **이량체화 domain (dimeri-zation domain)**은 하나의 전사 activator 단백질을 동일한 전사 activator와 짝을 이루게 하여 동형이량체를 이루거나 다른 전사 activator와 이형이량체를 형성하도록 한다. 어떤 전사 activator 단백질은 작은 분자나 **ligand(ligand)**와 특이적 결합 부위를 갖고 있다. **Ligand 결합 domain(ligand binding domain)**은 전사 activator 단백질을 steroid 호르몬과 같은 작은 생리활성 분자들에 반응하게 한다. 우리는 뒷부분에서 이량체화 domain과 ligand 결합 domain에 대해서 더 자세히 살펴볼 것이다.

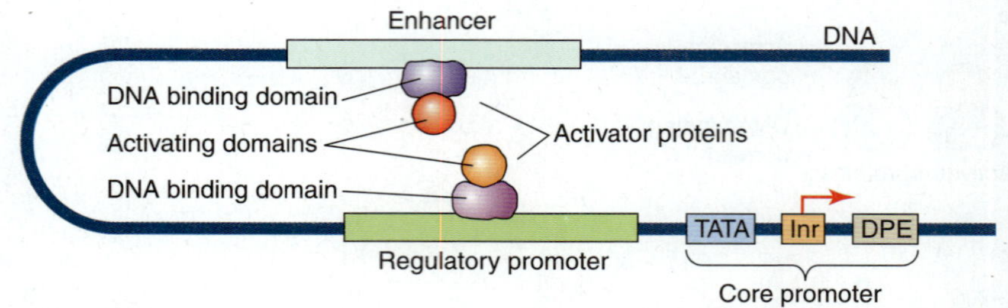


**그림 16.6 DNA 고리화.** enhancer와 조절 promoter 고리 사이의 DNA는 조절 promoter에 결합한 activator 단백질의 활성 domain을 서로 가까이에 있게 한다.

## 조합 과정은 유전자의 활성을 결정한다.

처음에 연구자들은 조절 promoter와 enhancer가 완전히 다른 종류의 조절 요소라고 생각했다. 하지만 조절 promoter와 enhancer 모두에 같은 서열 motif가 종종 존재하기 때문에 이 둘의 구별은 점점 모호해지고 있다. 이것은 동일한 activator 단백질이 두 조절 부위에 모두 결합할 수 있음을 의미한다. 게다가 조절 promoter에 붙은 activator 단백질을 enhancer에 붙은 activator 단백질 근처로 가져올 수 있도록 DNA가 고리(loop)를 형성할 수 있어서(**그림 16.6**) 유전자에 전사기구를 모으도록 활성 domain이 협력적으로 작용할 수 있다.

각각의 유전자는 그 조절 promoter와 enhancer에 특징적인 서열 motif 세트를 갖고 있기 때문에, activator 단백질의 독특한 조합으로 결합할 수 있다. 유전자 활성은 유전자에 전사 기구를 모으기 위해 활성 domain들이 얼마나 잘 함께 작용하는지에 따라 크게 결정될 수 있다. 그러므로 유전자 활성은 **조합적인 조절(combinatorial control)**의 결과이다. 이는 세포가 상대적으로 적은 polypeptide를 사용하여 다양한 신호에 반응하는 많은 단백질 암호화 유전자를 조절할 수 있게 한다.

## DNA 친화성 크로마토그래피는 전사 activator 단백질들을 정제하는데 사용될 수 있다.

전사 activator 단백질은 특성을 밝히기 전에 정제해야 한다. 그러나 세포 내에서 매우 낮은 농도로 존재하기 때문에 정제하기가 어렵다. 1986년 James T. Kadonaga와 Robert Tjian은 **DNA 친화성 크로마토그래피(DNA affinity chromatography)**를 이용하여 정제하지 않은 핵 추출물(crude nuclear extract)이나 부분적으로 정제된 조제품(partially purified preparation)으로부터 전사 activator 단백질을 정제하는 문제를 해결했다(**그림 16.7**). 그들은 전사 activator 단백질에 붙는 서열 motif의 연쇄 반복(tandem repeat)을 가지고 DNA 조각을 합성함으로써 DNA 친화성 비드(DNA affinity bead)를 준비하고 이 DNA 조각을 반응성이 없는 다당류 비드에 연결했다. 전사 activator 단백질을 포함하는 정제되지 않은 핵 추출물이나 부분적으로 정제된 단백질 수용액을 고주파로 분해된 송아지 흉선 경쟁자 DNA와 함께 섞은 뒤, 이 단백질-DNA 혼합물을 DNA 친화성 비드로 채워진 칼럼에 통과시켰다. DNA에 비특이적으로 결합한 단백질은 고주파로 분해된 송아지 흉선 DNA에 붙은 뒤 칼럼을 통과했다. DNA 친화성 비드에 특이적으로 결합한 activator 단백질은 높은 염 완충 용액으로 칼럼을 씻어줌으로써 용출되었다. 어떤 분획에 용출된 단백질이

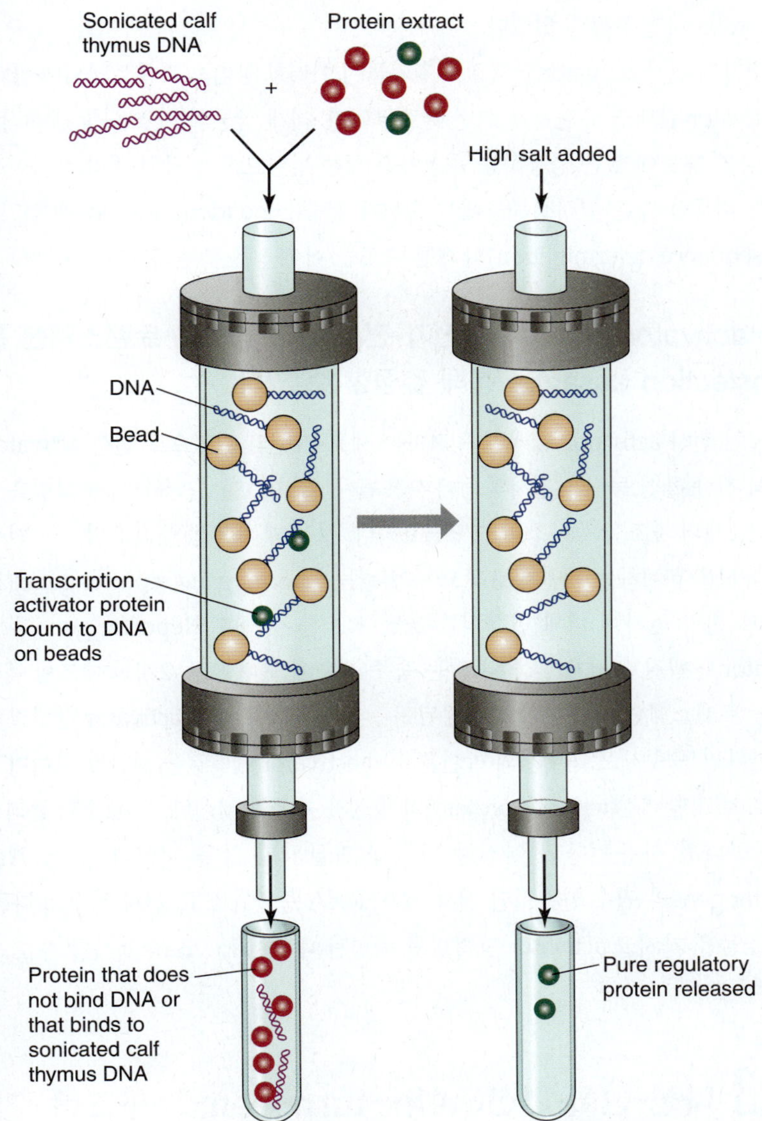


**그림 16.7 DNA 친화 크로마토그래피 도식.** 초음파로 절단된 송아지 흉선 DNA는 전사 activator 단백질(녹색)은 적고 많은 다른 단백질 (붉은색)을 포함하는 단백질 추출물과 혼합되었다. Activator 단백질은 송아지 흉선 DNA에 결합하지 않지만, 다른 단백질의 일부는 결합한다. 단백질-DNA 혼합물은 DNA 친화성 비드를 포함하는 칼럼에 통과시킨다. 비드(노란색)는 전사 activator 단백질에 붙는 서열 motif의 반복 서열을 가진 DNA 단편(파란색)이 붙어 있다. 전사 activator 단백질은 비드에 붙은 DNA에 특이적으로 결합한다. 다른 단백질들은 친화 칼럼을 통과한다. 전사 activator 단백질은 높은 염 농도를 포함하는 완충액으로 칼럼으로부터 용출된다. Adapted from an illustration from the Natural Toxins Research Center, Texas A&M University.

sequence motif에 결합하는 능력이 있는지 DNase 발자국감식(DNase footprinting)(13장 참조)이나 전기영동 이동성 변화(electrophoretic mobility shift)(15장 참조 )방법으로 조사하였다. 비록 DNA 친화성 크로마토그래피에 의해 얻은 전사 activator 단백질의 양은 상당히 적었으나 아미노산의 부분이나 전체 서열을 결정하기에는 충분했다. 서열 정보는 activator 단백질 유전자 조각에 대한 가능한 nucleotide 서열을 예측하기 위해 사용되었고, activator 단백질 유전자를 찾기 위한 탐침(probe)이 합성될 수 있었다.

몇가지 전사 activator 단백질 유전자들이 이러한 방법으로 클로닝되어 왔다. 전사 activator 단백질 유전자가 한번 클로닝되면, 대개 상동의 서열을 찾기 시작함으로써 다른 생물에 있는 상응하는 유전자를 찾는 방향으로 상당히 똑바로 나아갔다. 사람을 비롯한 많은 진핵생물들에서 유전자 검증(gene identification)과 염기서열 결정(sequence determination)의 빠른 속도는 이 과정을 촉진해왔다.

### 전사 activator 단백질의 유전자 전사 촉진 능력은 트랜스펙션 분석(transfection assay)을 통해 결정할 수 있다.

클로닝된 전사 activator 단백질 유전자는 세포-기반의 실험으로 전사 activator 단백질의 전사 활성 능력을 검사하는데 사용될 수 있다(**그림 16.8**). 이 분석법을 수행하려면 2개의 재조합 플라스미드가 필요하다. 첫 번째 재조합 플라스미드는 전사 인자의 특성을 부여하는 유전자를 갖고 두 번째는 reporter gene(reporter gene)(15장 참조)와 전사 인자에 의해 인식되는 조절 요소를 갖는다. Reporter gene와 전사 activator 단백질 유전자가 둘 다 없는 숙주 세포에 하나 또는 2개의 재조합 플라스미드를 트랜스펙션한다. 만약 클로닝된 유전자가 정말로 전사 activator 단백질을 암호화한다면, 숙주세포 내에서의 발현은 전사 activator 단백질을 생산할 것이며 결과적으로 보고 단백질(reporter protein)의 합성을 자극할 것이다. 두 재조합 플라스미드 중 하나만 사용된다면 이러한 자극이 관찰되지 않을 것이다. 같은 재조합 reporter gene와 필수 일반적인 전사 인자, RNA 중합효소 II, 전사 기구의 다른 필수 요소들을 가지고 activator 단백질을 시험관 내에서(in vitro) 검사할 수도 있다(아래 참조).

## 16.3 나선-선회-나선(helix-turn-helix) 구조를 가진 DNA-결합 domain

### Homeotic 유전자는 배 발생과정의 위치 정체성을 할당한다.

전사 activator 단백질은 대개 DNA-결합 domain의 구조에 따라 분류한다. 비록 이러한 조직상의 접근은 domain 단 하나의 구조적 유사성에 근거하지만, 종종 비슷한 생화학적 기능을 가진 전사 activator 단백질을 함께 분류할 수 있다. 이 구조-기능 연관성은 우리가 연구한 전사 activator 단백질의 DNA-결합 domain에 나선-선회-

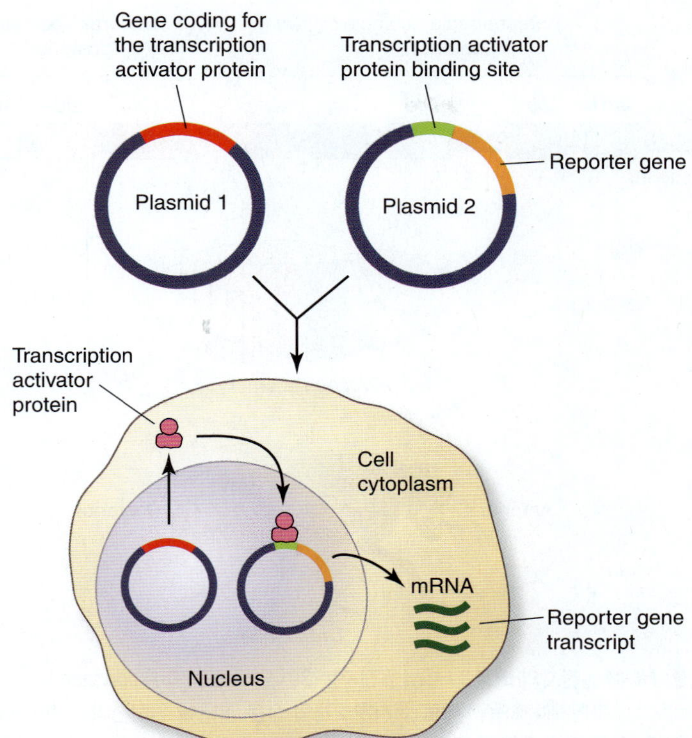


**그림 16.8 전사 activator 단백질에 대한 세포-기반의 실험.** 두 재조합 플라스미드가 필요하다. 첫 번째는 전사 activator 단백질에 대한 유전자를 포함하고, 두 번째는 reporter gene와 전사 activator 결합 부위를 포함한다. 전사 activator 단백질이 합성되고 전사 activator 결합 부위에 결합할 수 있다면 reporter gene가 mRNA를 생산하도록 전사되어 감지하기 쉬운 녹색 형광 단백질이나 β-galactosidase와 같은 단백질을 만든다. Adapted from Lodish, H., et al. *Molecular Cell Biology, Fourth Edition*. W. H. Freeman and Company, 2000.

나선을 갖는 첫 번째 집단에서 분명히 명백하다. 14장에서 설명한 바와 같이 이 motif는 *E.coli lac* repressor와 cAMP 수용체 단백질(CRP)에도 존재하며 일반적으로 DNA 결합에 사용된다.

나선-선회-나선 전사인자 단백질의 존재에 대한 첫 번째 단서는 초파리 *Drosophila*의 소위 **homeotic(*HOM*)** 유전자라고 불리는 8개의 발생에 관여하는 유전자 연구로부터 얻게 되었는데 이는 배(胚)세포에서 초파리의 머리, 가슴, 배가 될 부분을 "형성하는" 유전자이다; 즉, *HOM* 유전자는 초파리의 전-후 축을 따라 다른 부분에 있는 세포들에 독특한 위치 정체성을 부여한다. **그림 16.9**에서 보이는 바와 같이 *HOM* 유전자들은 *antennapedia* 복합체(5개 유전자)와 *bithorax* 복합체(3개 유전자)라 불리는 3번 염색체 상의 2개의 작은 집합체에 위치하고 있다. *Antennapedia* 유전자는 머리와 앞쪽 가슴 체절을, *bithorax* 유전자는 뒤쪽 가슴 체절과 배 체절을 조절한다. 놀랍게도 염색체 상의 유전자 순서는 배의 전-후 축에 따른 몸의 부위와 나란하다. *HOM* 유전자의 돌연변이는 대개 죽지만 생존한 자손에서는 믿기 어려운 표현형의 변화를 일으킨다. 예를 들어 *antennapedia* 유전자 돌연변이는 안테나가 위치해

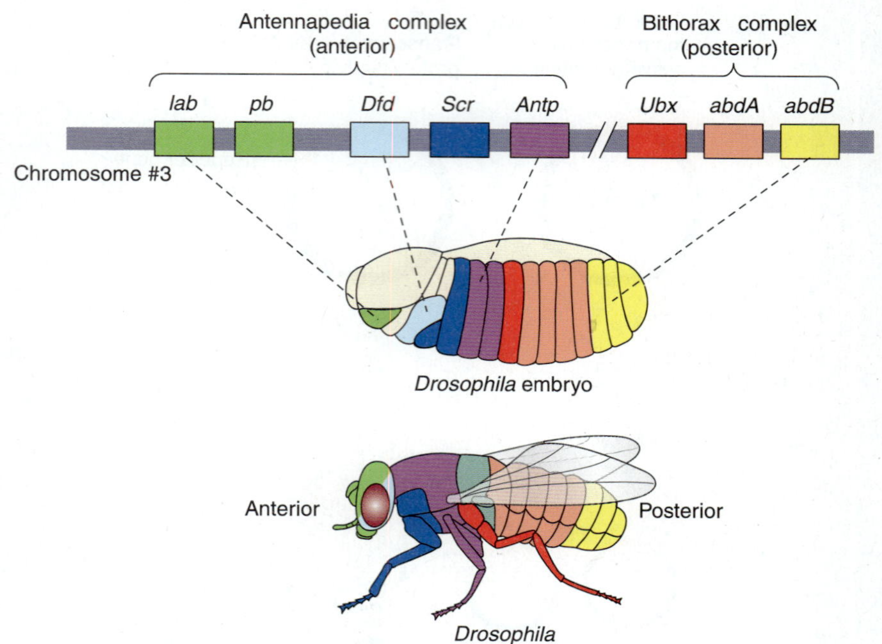


**그림 16.9** ***HOM* 유전자의 배열.** *HOM* 유전자는 3번 염색체 상의 *Antennapedia* 복합체 (5개 유전자)와 *bithorax* 복합체(3개 유전자)로 표시된 2개의 작은 집단에 위치한다. *Antennapedia* 유전자들은 머리와 앞쪽 가슴 체절을 조절하는 반면, bithorax 유전자들은 뒤쪽 가슴과 배 체절을 조절한다. 염색체 상의 유전자 순서는 배의 전-후 축에 따른 몸 부위 순서와 나란하다. Adapted from Raven, P. H., and Johnson, G. B. *Biology, Sixth Edition*. McGraw-Hill Education, 2001.

야 할 머리 위에 다리를 자라게 한다(**그림 16.10**).

척추동물 또한 ***Hox* 유전자**(homeobox의 축약형, 아래 참조)라고 알려진 homeotic 유전자를 가지고 있다. 포유류의 세포는 4개의 유전자 집단에 위치한 38개의 *Hox* 유전자를 가지고 있고 *HoxA*, *HoxB*, *HoxC*, *HoxD*로 표시한다. 유전자 집단 각각은 100 kbp 정도의 길이이며, 분산된 염색체에 위치한다. 각 집단 내의 유전

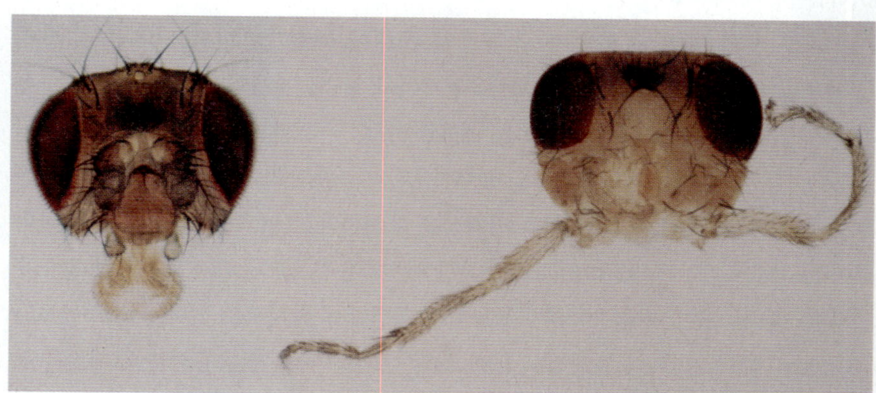

**그림 16.10 야생형 초파리(*Drosophila melanogaster*)의 머리와 더듬이가 1쌍의 가운데 다리로 바뀐 *antennapedia* 돌연변이의 비교.** Photo courtesy of Walter J. Gehring, Biozentrum, University of Basel.

자는 2개의 *Drosophila* 유전자 집단와 상동하다(**그림 16.11**). 게다가 각 집단 내에서의 유전자 배열은 배의 전-후 축에 따라 지정하는 몸의 부위 순서와 나란하다. *Hox* 유전자 돌연변이는 초파리 *HOM* 유전자 돌연변이와 유사한 구조적 결손과 변형을 야기한다. 예를 들어 생쥐에서 *Hox A-3* 결실은 불완전한 심장과 흉선과 부갑상선의 결손을 비롯한 복잡한 일련의 변형을 야기한다. 예견된 것처럼 이러한 주요한 해부학적, 생리학적 이상을 가진 대부분의 돌연변이체들은 출생 시에 죽는다. 사실상 대부분의 homeotic 유전자 돌연변이는 자력으로 생존할 수 없는 개체를 낳는다.

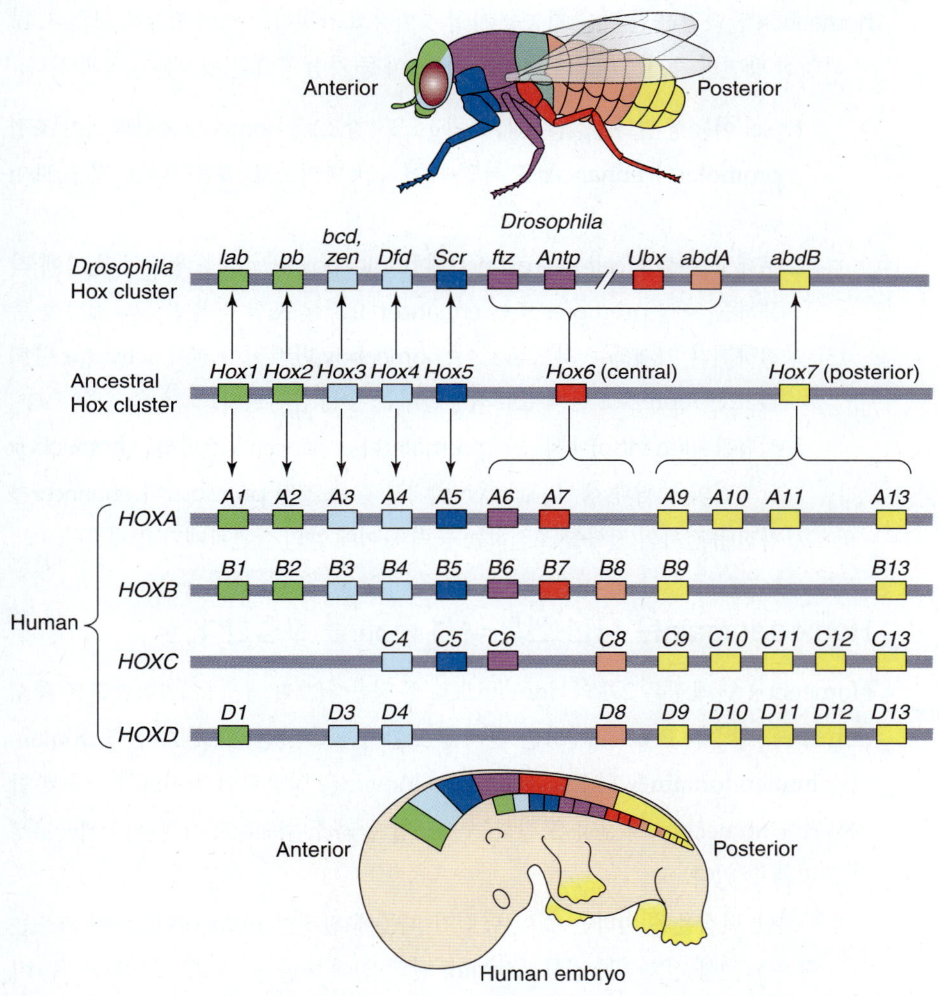


**그림 16.11 초파리와 사람에서 homeotic 유전자 배열의 비교.** 동일한 순서대로 배열된 유사한 유전자는 초파리와 사람 몸의 앞쪽과 뒤쪽 부분의 발생을 조절한다. 이러한 homeotic 유전자는 초파리에서는 하나의 염색체 상에 위치하고(윗줄의 색을 입한 사각형들) 사람에서는 4개의 다른 염색체 상에 존재한다 (아랫줄의 사각형들). 최근 연구는 모든 bilateral 동물의 조상이 7개의 Hox 유전자를 가졌을 것이라는 점을 보여준다. 가설의 조상 *Hox* 집단는 초파리와 포유류의 *Hox* 유전자들의 예상되는 기원을 표시하는 화살표와 함께 가운데 나타내었다. 유전자는 그들이 위치하는 몸의 부위에 대응하도록 색으로 지정했다. Adapted from Veraksa, A., Del Campo, M., and McGinnis, W., *Mol. Genet. Metab.* 69 (2000): 85-100.

## Homeotic 유전자는 전사 activator 단백질을 특정화한다.

1984년 Walter Gehring과 Matthew Scott의 독립적인 연구는 Drosophila의 homeotic 유전자가 60-아미노산 잔기의 나선-선회-나선 DNA 결합 domain을 암호화하는 180개 염기 길이 정도의 공통적인 DNA 서열을 가지고 있음을 보여주었다. 이들과 그 동료들에 의한 후속 연구로 **homeobox**라 명명된 이 보존된 서열이 척추동물, 식물, 곰팡이 homeotic 유전자에 뿐만 아니라 효모의 교배형 유전자 *MATa*와 *MATα*와 같이 homeotic 유전자가 아닌 데에서도 존재한다는 것이 밝혀졌다.

*MATa*와 *MATα*는 이전에 전사 activator 단백질로 증명되어 왔기 때문에, homeobox 단백질 또한 같은 기능을 가질 것이라고 가정하는 것이 합당해 보였다. 많은 다양한 방면의 증거는 이 가설을 입증한다. 이 중 가장 중요한 것들은 다음과 같다:

1. Gel 이동성 변화분석(15장, 그림 15.23 참조)은 homeobox 단백질이 조절 promoter와 enhancer에 서열-특이적인 방법으로 결합한다는 것을 보여준다.
2. 무세포 추출물(cell-free extract)에 homeobox 단백질을 첨가하면 그에 작용하는 조절 promoter 또는 enhancer 요소를 포함한 유전자의 전사를 촉진하거나 억제하는 것으로 보아, homeobox 단백질이 전사 activator 단백질 또는 repressor 단백질로 작용한다는 것을 암시한다.
3. 시험관 내(in vitro)에서 조절 promoter나 enhancer에 결합하는 homeobox 단백질의 능력과 생체 내(in vivo)에서 같은 조절 promoter나 enhancer를 가진 유전자의 전사를 조절하는 능력 사이에 양의 상관관계가 존재한다.

## Homeodomain은 나선-선회-나선 motif를 포함한다.

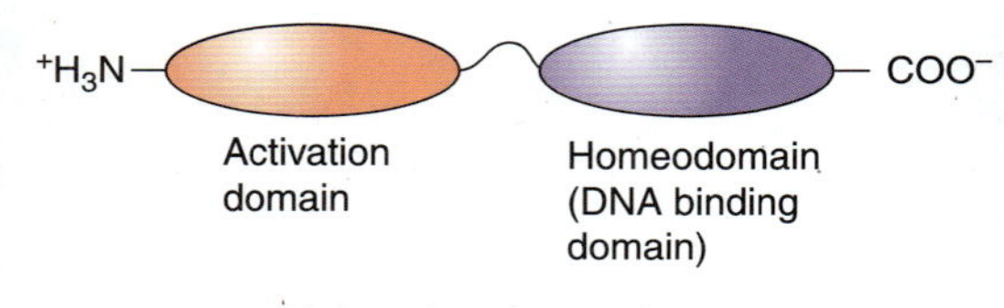

**그림 16.12** Homeodomain 단백질.

Homeobox 단백질은 2개의 domain으로 폴딩한다(**그림 16.12**). N-말단은 활성 domain을 형성하고 60-아미노산 잔기를 포함하는 C-말단은 DNA-결합 domain 이나 **homeodomain**을 형성한다. Homeodomain은 일반적인 유기화학 기술로 합성하거나 homeobox 부분을 포함하는 재조합 플라스미드로 형질전환된 세균로부터 분리할 수 있다.

적절한 결정을 준비하는 것이 어렵기 때문에 완전한 homeobox 단백질(또는 어느 다른 완전한 진핵생물 전사 activator 단백질)에 대한 고-해상도 결정 구조는 아직 이용할 수 없다. 하지만 homeodomain을 포함하는 peptide 조각은 x-선 결정법에 알맞은 안정한 구조로 폴딩할 수 있다.

1994년 Carl O. Pabo와 동료들은 homeobox 단백질로부터 얻은 결정 peptide 조각을 X-선 분석으로 조사함으로써 homeodomain의 first-high resolution 결정 구조를 얻어냈다. 그들이 연구했던 *Drosophila* homeobox 단백질 engrailed로부터 얻은 peptide 조각은 3개의 α-나선을 포함하는 압축된 구조를 갖고 있다(**그림 16.13**). 나선 1과 2는 짧은 고리로 연결되어 있다. 나선 2와 3은 선회로 이어져 있어,

DNA와 서열 특이적인 접촉을 이루는 나선-선회-나선 구조 motif를 형성한다. 나선 3은 인지 나선이다; 친수성 면은 5′-ATTA-3′(5′-TAAT-3′) 서열 motif를 포함하는 DNA 단편의 큰 홈(major groove)에 들어맞는다(그림 16.13). 나선 3의 소수성 면은 나선 1과 2 가까이에 싸여있다. Homeodomain은 또한 작은 홈(minor groove)에 맞추어 DNA에 단백질이 고정되도록 돕는 N-말단 팔을 갖고 있다. 다른 homeodomain도 비슷한 구조를 가지고 있다.

시험관 내(in vitro) 조건에서 서로 다른 homeobox 단백질은 5′-ATTA-3′ 서열 motif를 가진 DNA 단편에 비슷한 결합력을 갖는 것처럼 보인다. 그러나 생체 내에서(in vivo) 이들은 특정 promoter에 대한 확실한 선호를 보인다. 생체 내에서 관찰된 특이성의 정도가 더 큰 것은 결합 특이성에 영향을 주는 추가적인 단백질의 능력 때문인 것으로 보인다. 단량체 homeodomain 단백질은 DNA에 서열-특이적인 방식으로 결합할 수 있지만 종종 다른 단백질과의 상호작용의 결과로 더 훨씬 더 큰 특이성을 얻게 된다.

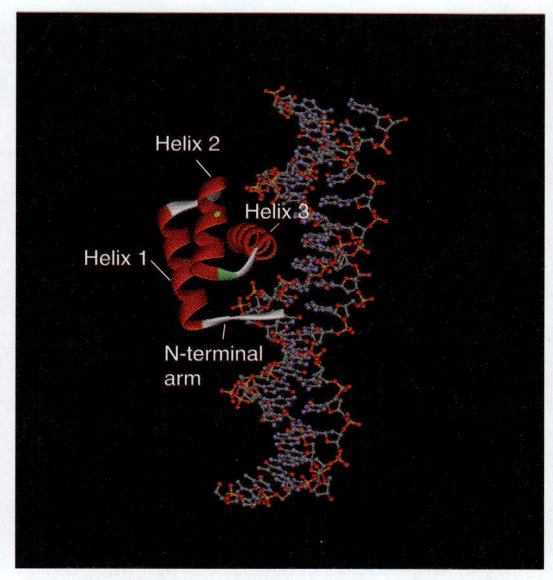


**그림 16.13 Engrailed homeodomain DNA 복합체의 구조.** 단백질은 리본형으로 (구조에 따라 채색) DNA (TTTTGCCATGTAATTACCTA)는 공과 막대기형으로 나타내었다. 나선1과 2는 짧은 고리로 연결되어 있다. 나선 2와 3은 선회로 연결되어, DNA와 서열-특이적 접촉을 이루는 나선-선회-나선 구조적 motif를 형성한다. 나선 3은 인지 나선이다; 친수성 면은 5′-ATTA-3′(5′TAAT-3′) 서열 motif를 포함하는 DNA 단편의 큰 홈에 맞는다. 나선 3의 소수성 면은 나선1과 2 가까이에 싸여있지만, 이 시점에서 완전히 보이지는 않는다. homeodomain의 N-말단 팔은 단백질을 DNA에 고정시켜 작은 홈에 맞도록 돕는다. Protein Data Bank ID: 3HDD. Fraenkel, E., et al., *J. Mol. Biol.* 284 (1998): 351-361.

## POU 단백질은 homeobox와 POU domain을 갖는다.

Histone, 면역글로불린, 성장인자 유전자의 발현을 조절하는 **POU 전사 activator 단백질(POU transcription activator proteins)**은 2개의 나선-선회-나선 motif를 갖는다. 5′-ATGCAAAT-3′ 8개 nucleotide(octanucleotide) 서열과 결합하는 그들의 능력에 근거하여 이 초패밀리(superfamily) 중 첫 번째 것이 발견되었기 때문에, Oct-1, Oct-2 전사 activator 단백질이라 명명되었다. Oct-1은 모든 종류의 포유류 세포에 존재하는 반면, Oct-2는 혈구세포 특이적이다. 일련의 연구들로 예쁜 꼬마선충(*Caenorhabditis elegans*)에서 뇌하수체-특이적인 유전자와 coordinated movement를 조절하는 동족의 전사 activator 단백질들을 밝혀내었다. 전자는 뇌하수체(<u>pit</u>uitary gland)에 있는 성장 호르몬과 prolactin 유전자를 활성시키기 때문에 Pit-1이라 명명되었고 후자는 돌연변이 예쁜 꼬마선충이 신경계 발달의 이상으로 인한 <u>unc</u>ordinated movement를 보이기 때문에 Unc-86이라 명명되었다. <u>P</u>it, <u>O</u>ct, <u>U</u>nc 초패밀리에 속하는 전사 activator 단백질을 **POU 단백질(POU protein)**이라 부른다. POU 단백질의 구별되는 특징은 각각 DNA와 결합할 수 있는 **POU-특이적 하위-도메인(sub-domain, $POU_S$)**과 **POU homeodomain($POU_H$)**이 직렬로 쌍을 이루는 나선-선회-나선 motif이다(**그림 16.14**). $POU_S$와 $POU_H$를 유연한 연결자가 연결하여 양 쪽에 활성 domain을 가지고 있는 **POU 지역(POU region)**을 형성한다.

몇몇의 POU domain-DNA 복합체에 대한 결정 구조가 현재까지 얻어졌다. 우리는 이들 중, 8개 nucleotide에 결합한 Oct-1 POU 지역 하나만 살펴보자(**그림 16.15**). $POU_H$는 나선 3(인지 나선) 큰 홈의 ATGC와 서열 특이적인 접촉을 만들도록 하는 전형적인 homeodomain 구조이다. $POU_S$는 4개의 나선으로 된 묶음이며

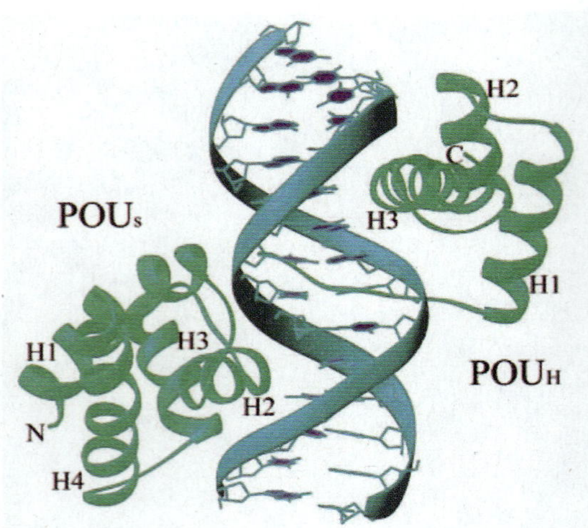


**그림 16.15 Promoter DNA의 큰 홈을 들여다 본 Oct-1 결정 구조.** $POU_H$(POU homeodomain)와 $POU_S$(POU-특이적) sub-domain은 두 DNA 절반-위치에 결합한다. 나선은 각각의 sub-domain을 나타내고 N과 C 말단이 표시되어 있다. Reproduced from *J. Mol. Biol.*, vol. 302, Phillips, K., and Luisi, B., *The virtuoso of versatility...*, pp. 1023-1039, copyright 2000, with permission from Elsevier. Photo courtesy of Ben Luisi, Universitry of Cambridge.

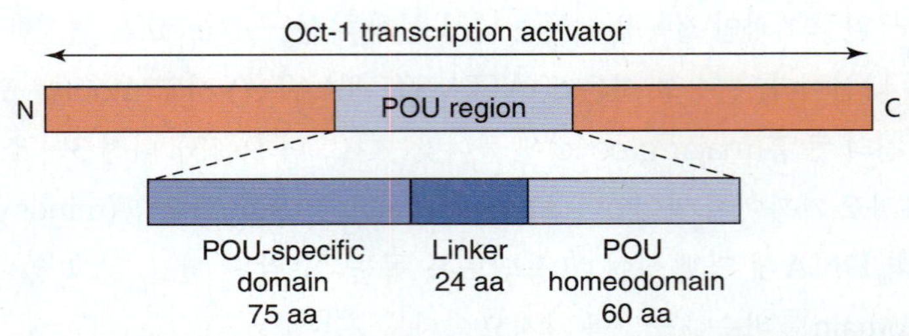


**그림 16.14 Oct-1 전사 인자.** Oct-1 전사 인자는 DNA에 결합하는 POU 지역 (파란색)과 활성 domain (분홍)을 포함한다. POU 지역은 75개 아미노산 POU-특이적 domain과 60개 아미노산 POU homeodomain의 2개의 DNA-결합 부위를 포함한다. 24개 아미노산 연결자는 두 DNA-결합 domain을 연결한다. Adapted from Branden, C. I., and Tooze, J. *Introduction to Protein Structure, Second Edition*. Garland Science, 1999.

이 중 나선 2와 3, 2개는 나선-선회-나선 motif의 일부다. $POU_S$ 나선 2(인지 나선)는 큰 홈의 ATGC와 서열 특이적인 접촉을 이룬다. 하나의 polypeptide에 두 DNA 결합 부위가 존재함으로써 하나의 결합 부위가 존재했을 때 가능한 것보다 훨씬 더 단단한 결합이 생기게 된다. 비록 $POU_H$와 $POU_S$가 모든 POU 단백질과 유사하더라도 그들을 연결하는 유연한 연결자는 달라서 서로에 관하여 다양한 배열을 가능하게 한다. 이러한 다양성은 각 종류의 POU 단백질이 그에 상응하는 DNA 조절 요소를 인지하는 능력에 큰 부분을 담당하고 있다.

## 16.4 Zinc finger를 갖는 DNA 결합 domain

### 많은 전사 activator 단백질은 DNA에 서열 특이적인 방법으로 붙는 $Cys_2His_2$ zinc finger를 갖는다.

많은 전사 activator 단백질은 아연 이온에 의해 안정화되는 DNA 결합 구조적 motif를 가지고 있다. Aaron Klug는 1985년에 5S RNA 합성을 조절하는 전사 인자인 TFIIIA를 연구하는 중에 이러한 구조적 motif의 존재를 예상했다. Klug는 아프리카 발톱개구리의 난모세포 각각이 7S ribonucleoprotein 복합체 내에 대략 20,000개의 TFIIIA 분자를 동량의 5S RNA 분자와 함께 갖고 있어 쉽사리 사용가능하기 때문에 TFIIIA 연구를 선택했다. Klug와 동료들은 착화제(chelationg agent)를 포함하는 완충제를 사용하여 7S ribonucleoprotein로부터 활성이 있는 TFIIIA를 추출할 수 있으리라고 예상했지만 그렇게 할 수 없었다. 실패 원인은 착화제가 대략 9개 아연 이온을 제거하여 불활성화한다는 그들의 발견으로 명확해졌다.

매우 다양한 종류의 실험은 어떻게 아연 이온이 polypeptide 사슬과 상호작용하는지를 이해할 수 있도록 도왔다. Klug와 동료들은 protease로 TFIIIA를 분해하면 점점 더 짧은 조각을 만들다가 대략 30개 아미노산 잔기를 가진 단단히 폴딩된 protease-저항성의 조각이 축적되며 끝난다는 것을 관찰했다. Klug는 이 분해 결과를 가지고 TFIIIA는 각각이 30개 아미노산 잔기를 포함하고 아연 이온 주변에 작고

(a)

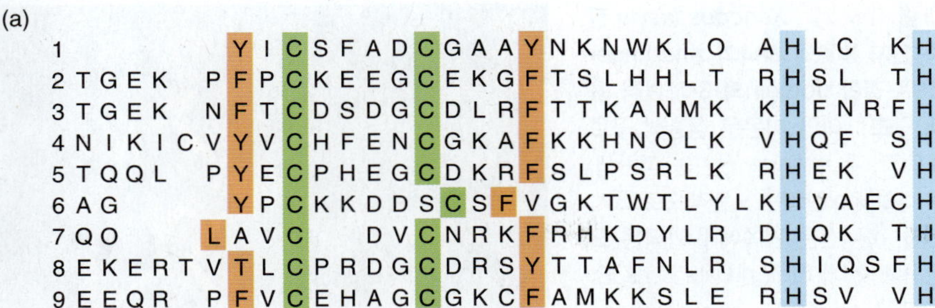


(b)

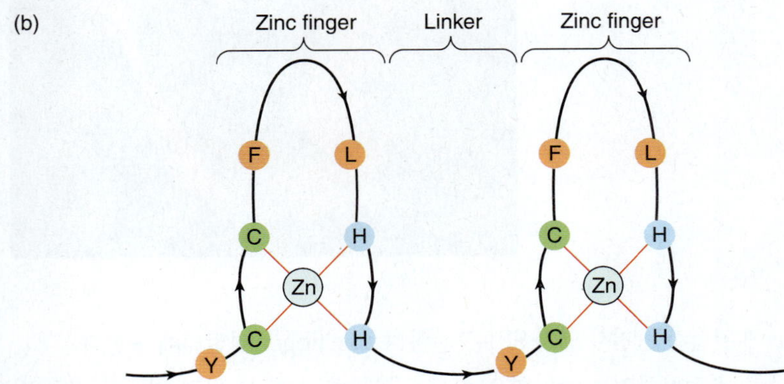


**그림 16.16 Zinc-finger 서열 motif.** (a) TFIIIA의 9개 연속된 zinc finger 서열 motif. Histidine과 cysteine 잔기는 파란색과 녹색으로 각각 채색하였다. 소수성 잔기는 주황색이다. (b) 연결자로 연결된 1쌍의 zinc finger를 묘사한 도식. Adapted from Stryer, L. *Biochemistry, Fourth Edition.* W. H. Freeman and Company, 1995.

단단한 DNA-결합 domain으로 폴딩되는 거의 완전히 나란한 조각(tandem segment)으로 구성되어 있음을 의미한다고 해석했다.

이 가설은 Robert Roeder와 동료들이 TFIIIA의 서열을 밝혀내고 (1) polypeptide 사슬의 처음 3/4은 대략 30개 잔기의 9개 비슷한 서열 motif를 포함하며 (2) 이 motif 각각은 N-말단에 cysteine 잔기 1쌍과 C-말단에 histidine 잔기 1쌍을 갖는다는 것을 보임으로써 강하게 뒷받침되었다(**그림 16.16a**). Polypeptide 사슬이 일반적으로 4개의 아미노산, cysteine과 histidine의 조합을 빈번히 사용하여 아연 이온에 결합한다는 점을 인지한 Klug는 cysteine 1쌍과 histidine 1쌍이 각 반복 서열에 있는 아연 이온에 붙어 함께 행동하여 각 단위가 독립적으로 폴딩하도록 한다고 제안했다(**그림 16.16b**). 이 서열 motif는 DNA를 붙잡도록 돕기 때문에 zinc finger라 불리게 되었다.

후속 연구자들이 다른 종류의 zinc finger의 존재를 밝혀냈다. 그러므로 TFIIIA에 있는 것과 유사한 구조적 motif를 이제 **$Cys_2His_2$ zinc finger** 또는 **전형적 zinc finger**라고 부른다. 몇백 개의 전형적 zinc finger의 서열이 결정되었다. 이들 모두는 공통 염기서열(consensus sequence)인 (F/Y)-X-*C*-$X_{2\text{-}5}$-*C*-$X_3$-(F/Y)-$X_5$-ψ-$X_2$-*H*-$X_{3\text{-}5}$-*H*를 갖는데, X는 아미노산 모두를 나타내고 ψ는 소수성 아미노산을 나타낸

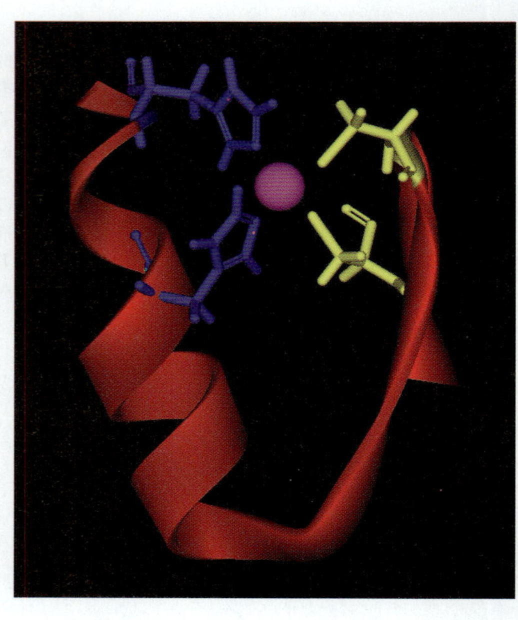

**그림 16.17** ***Xenopus laevis*** **전사 인자 Xfin의 하나의 zinc finger DNA-결합 domain의 3-차원적 용액 구조.** 아연 이온은 심홍색 구로 보이고, 두 histidine 잔기는 파란색, 두 cysteine 잔기는 노란색으로 표시했다. α-나선은 왼쪽에 β-가닥은 오른쪽에 있다. Protein Data Bank ID: 1ZNF. Lee, M. S., et al., Science 245 (1989): 635-637.

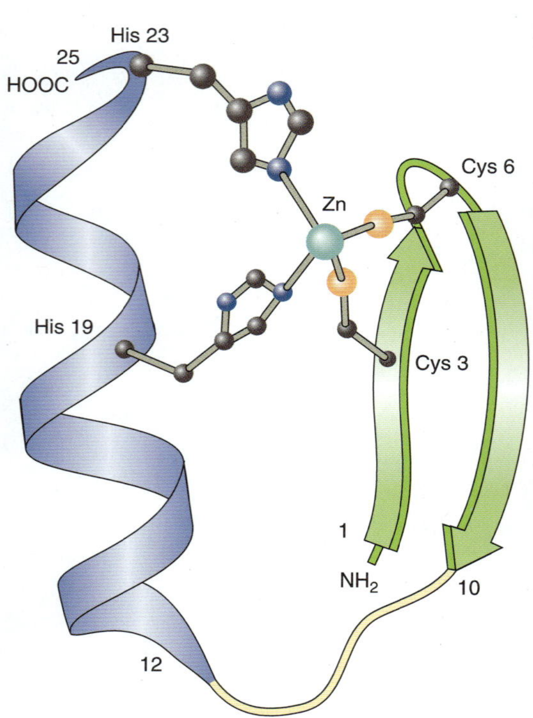


**그림 16.18 Zinc finger의 3-차원적 구조 도식.** zinc finger는 α-나선(파란색으로 표시된 12-24번 잔기)이 뒤를 잇는 역평행 β hairpin(녹색으로 표시된 1-10번 잔기)을 포함한다. α-나선은 4개의 아연 ligand(Cys-3, Cys-6, His-9, His-23)와 아연 이온 간의 상호작용으로 β-가닥에 고정되어 있다. Adapted from Mathews, C. K., et al. *Biochemistry, Third Edition*. Prentice Hall, 2000.

다. GC box에 결합하는 전사 인자 SP1은 전형적 zinc finger 패밀리에 속한다.

TFIIIA를 결정화하려는 상당한 노력에도 불구하고, X-선 회절 연구를 위한 적절한 결정은 여전히 이용할 수 없고 NMR 분광법으로 구조 분석을 하기에는 완전한 단백질이 너무 크다. 그럼에도 불구하고, 연구자들은 $C_2H_2$ zinc finger의 3차원적 구조를 이를 포함하는 단백질 조각을 연구함으로써 결정할 수 있었다. Peter E. Wright와 동료들은 전형적 zinc finger의 3차원적 구조를 처음으로 풀었다. 그들은 Xfin이라고 불리는 아프리카 발톱개구리의 전사 activator 단백질 조각을 NMR 분광법에 적용하였다(**그림 16.17**). 도식화된 모양에 표현된 $Cys_2His_2$ zinc finger의 주요한 특징(**그림 16.18**)은 다음과 같다:

1. 역평행 β-motif 다음에 α-나선이 따라오는데 그 내부에 아연 이온을 숨기고 있다. β 가닥은 α-나선 쪽으로 뭉쳐있다.
2. 아연 이온은 β-가닥에 있는 Cys-3, Cys-6과 α-나선에 있는 His-19, His-23과 4면체 구조로 결합한다.
3. 12개 잔기 서열 $X_3$-(F/Y)-$X_5$-ψ-$X_2$는 고리를 형성하면서 Cys-6와 His-19를 연결한다.
4. 두 보존된 소수성 잔기(그림 16.18에서는 보이지 않음)는 내부에 숨겨져 있다. 두 소수성 잔기가 안정된 소수성 핵심을 형성하기에 불충분하기 때문에 구조적 motif를 안정화하기 위해서 아연 이온이 필요하다.

그 다음 과정은 zinc finger 단백질이 어떻게 DNA와 상호작용하는지를 결정하는 것이었다. DNase 발자국감식 실험은 zinc finger 단백질이 DNA와 반복적인 접촉을 이루고 있다는 것을 보여주었다. X-선 결정법과 NMR 분광법은 이 상호작용의 특성에 대한 자세한 정보를 제공했다. 생쥐 전사 activator 단백질 Zif268로부터 얻은 peptide 조각을 이용한 연구는 특히 유익했다. 이 peptide 조각은 짧은 연결자로 그 이웃들과 각각 연결된 3개의 $C_2H_2$ zinc finger들로 구성되어 있다. 3개의 zinc finger는 zinc finger 지역이 DNA 나선을 거의 1바퀴만큼 감으면서 DNA에 있는 인접한 3-bp 하위-부위와 상호작용한다(**그림 16.19**). 둘러싼 polypeptide 사슬은 아연 이온이 DNA와 접촉하는 것을 막아준다.

각 zinc finger가 그 DNA 하위-부위와 독립적인 단위로 결합하지만, 전체 결합 특이성과 결합력은 3개의 zinc finger 모두의 기여에 따라 결정된다. 하나의 zinc finger를 제거하면 100-배 가량 결합력이 감소하고 2개를 제거하면 약 100-배 더 감소한다. 결합력이 더 증가하면 전사 activator 단백질이 DNA로부터 떨어질 수 없는 단단한 결합을 이루게 될 것인데 전사가 발생과 생리 조건의 변화에 따라 반응해야 한다면 적절치 못한 상태일 것이다. 많은 전사 activator 단백질은 몇 개의 $C_2H_2$ zinc finger를 가지고 있다. 이 zinc finger 중 3개만이 DNA 결합에 참여한다면, 나머지 zinc finger들의 기능은 무엇일까? 이 물음에 대한 1가지 가능한 대답은 남은 zinc finger들이 다른 단백질들과 상호작용한다는 것이다.

DNA와 결합하는 아연-핑거 지역은 두 번째 β-가닥과 α-나선의 N-말단 절반 그리고 β-가닥과 α-나선 사이 2개 잔기 선회를 포함한다. 나선의 시작을 기준으로 -1, 2, 3, 6번 위치의 잔기들은 DNA 분자의 큰 홈에 있는 염기들과 서열 특이적인 결합을 이룬다(**그림 16.20**). 인접한 zinc finger를 연결하는 짧은 연결자 지역은 공통 서열 TGEKP를 갖고 zinc finger 지역이 DNA와 결합할 때 무질서에서 질서의 상태로 가는데 이 또한 결합에 참여함을 암시한다. 이 TGEKP 연결자 부위의 아미노산을 치환한 돌연변이 단백질에 의해 결합이 바뀌는 것을 관찰함으로써 연결자 지역이 결합에 참여한다는 것이 더 뒷받침 되었다.

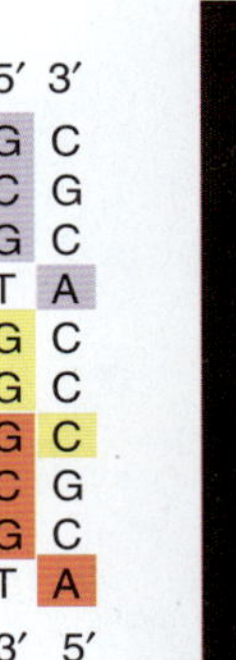


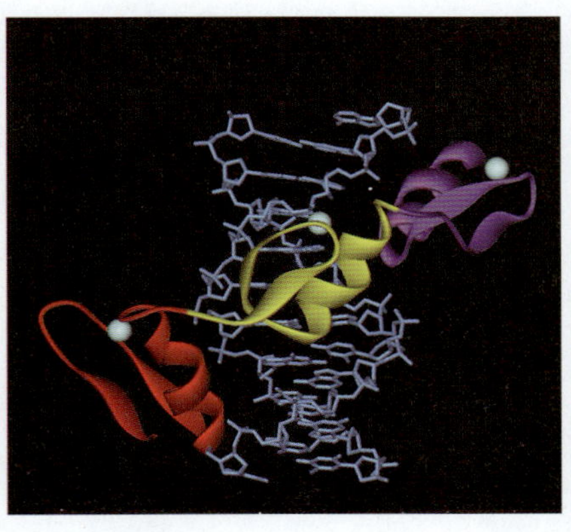

**그림 16.19 Zif268의 zinc finger 3개가 DNA 큰 홈에 결합한 것을 보여주는 Zif268 · DNA 복합체.** 핑거 1, 2, 3은 붉은색, 노란색, 보라색으로 각각 채색했다. 조화된 아연 이온은 하늘색으로 나타냈다. DNA는 파란색이다. 각 zinc finger에 의해 만들어진 염기 접촉은 왼쪽에 나타낸 Zif268 부위의 DNA 서열을 나타내는 색으로 표시되었다. Protein Data Bank ID: 1ZAA. Pavletich, N. P., and Pabo, C. O., *Science* 252 (1991): 809-817.

(a)

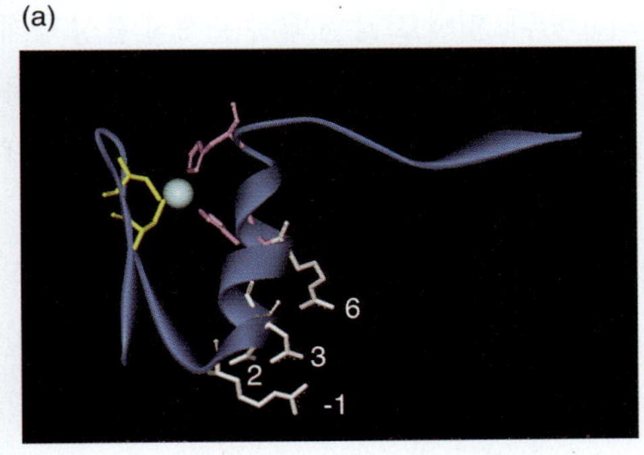


(b)



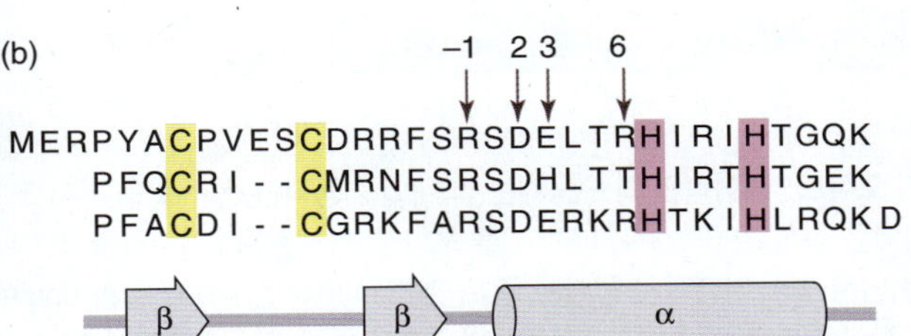


**그림 16.20 $Cys_2His_2$ zinc finger motif와 Zif268 핑거 서열.** (a) Zif268의 첫 번째 zinc finger는 리본 모형으로 표시했다. 아연 이온을 배위하고 있는 cysteine과 histidine 곁사슬은 노란색과 분홍색으로 각각 나타내었다. 아연 이온은 청록색 구로 나타내었다. 인지 나선의 첫 번째 잔기인 serine은 위치 1로 할당하였다. 구조 오른쪽의 숫자(흰색)는 DNA의 큰 홈의 염기와 접촉하는 중요한 잔기들을 나타낸다. (b) 3개의 Zif268 zinc finger에 대한 아미노산 서열 배열. 보존된 cysteine과 histidine ligand는 노란색과 보라색 box에 각각 나타내었다. 2차 구조 요소는 서열 아래에 보여주었고 잔기 -1, 2, 3, 6 또한 보인다. Protein Data Bank ID: 1ZAA. Pavletich, N. P., and Pabo, C. O., *Science* 252 (1991): 809-817.

## 핵 수용체(nuclear receptor)는 $Cys_4$ zinc finger motif를 갖는다.

**핵 수용체 슈퍼패밀리(nuclear receptor superfamily)**에는 완전히 다른 종류의 zinc finger motif가 존재한다. 핵 수용체는 특정한 유전자의 전사를 증가시키거나 감소시킴으로써 고등 동물의 세포가 다양한 외부와 내부의 화학적 신호에 반응하도록 한다. 핵 수용체는 처음에 steroid 호르몬, 갑상선 호르몬, 비타민 D나 retinoic acid과 결합하는 핵 단백질로 발견되었다. 연구자들은 단백질 분획 기술로 세포 추출물로부터 정제된 핵 수용체를 확인하기 위하여 이 결합 검출 방법을 사용하였다.

정제된 핵 수용체-ligand 복합체는 조절 promoter와 enhancer에 결합하는데, 이는 전사 activator 단백질일 가능성을 보여준다. **갑상선 수용체(TR)**와 같은 일부 핵 수용체는 자유 수용체 형태나 수용체-ligand 복합체 형태로 세포 핵에 위치하는 것처럼 보인다. TR의 두 형태가 모두 DNA에 결합하지만 자유 수용체는 유전자 발현을 억제하고 반면에 수용체-ligand 복합체는 유전자 발현을 촉진한다. **Glucocorticoid 수용체(GR)**와 같은 다른 핵 수용체는 자유 형태로 세포질 단백질 수용체에 결합한다. ligand가 결합하면 세포질 단백질 복합체에서 glucocorticoid 수용체를 방출하여 세포핵으로 이동하고 특정한 유전자의 전사를 촉진하도록 유도한다.

8개의 cysteine 잔기를 포함하는 보존된 70-잔기 서열을 갖는 것이 분명해졌는데 이는 각각 4개의 cysteine 잔기를 포함하는 두 아연-결합 부위의 가능성을 암시하는 것이었다. 보존된 70-아미노산 서열에 대한 유전자 데이터 뱅크 검색은 이전에 확인되지 않은 polypeptide들이 비슷한 유전자를 가지고 있음을 밝혀내었고, 이는 그들 역시 핵 수용체가 될 수 있음을 뜻한다. 이 polypeptide들은 그들에 결합하는 ligand들이 밝혀지지 않았기 때문에 **고아 핵 수용체(orphan nuclear receptor)**라고 명명되었다. 인간 유전체 프로젝트로부터 얻은 유전자 서열에 근거하여 현재 추정되는 인간 핵 수용체 유전자의 총 개수는 49개이다. 그러나 2가지 이유로 이 숫자보다 많은 핵 수용체가 존재할 것으로 제시되고 있다. 첫째로 많은 핵 수용체의 활성 형태는 이형이량체(heterodimer)라서 조합적인 다양성을 가능하게 한다. 둘째로 핵 수용체에 대한 1차 전사체의 선택적 splicing은 종종 2개 이상의 다른 mRNA 분자를 생산하고(17장 참조) 그러므로 2개 이상의 핵 수용체 isoform을 만든다.

핵 수용체는 **그림 16.21**에 모식도로 그려진 공통의 구조적 디자인을 갖는다. 아미노 말단에서 시작하여 카르복실 말단 쪽으로 가면서 주요한 특징은 다음과 같

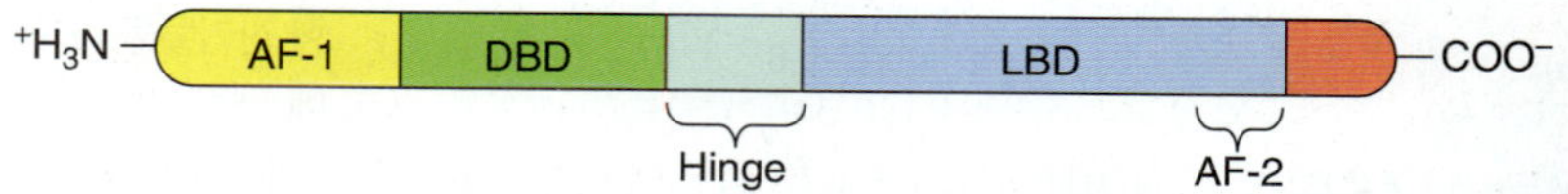


**그림 16.21 핵 수용체의 모식도.** 전형적인 핵 수용체는 몇 개의 기능적인 domain을 가지고 있다. 다양한 아미노-말단 지역은 활성 기능 domain (AF-1)을 포함한다. 보존된 DNA-결합 domain (DBD)은 특정 DNA 서열을 인지한다. 가변적인 힌지는 DNA-결합 domain을 ligand-결합 domain (LBD)과 연결한다. 두 번째 활성 기능 domain (AF-2)은 ligand-결합 domain의 끝에 위치한다.

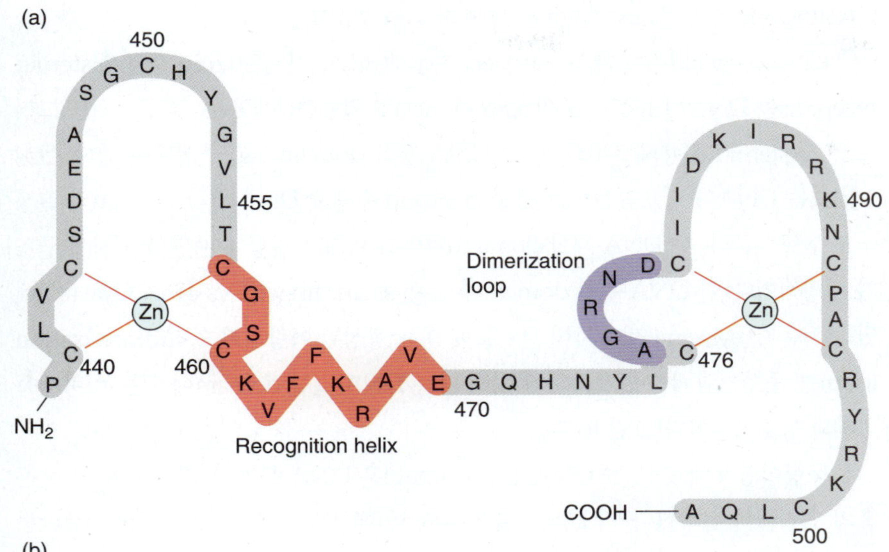


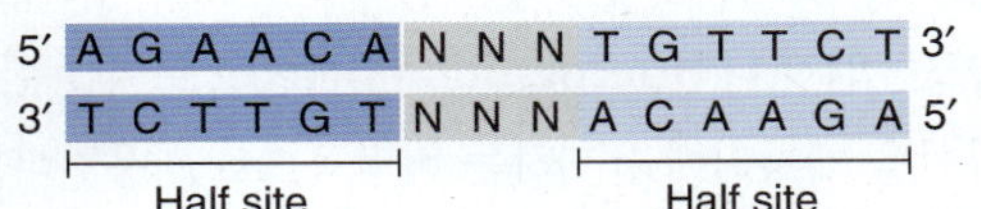


**그림 16.22 Glucocorticoid 수용체.** (a) Glucocorticoid 수용체의 아연-포함 DNA 결합 domain의 아미노산 서열. 이 domain 내의 2개의 아연 원자는 하늘색으로 나타내었다. 각 아연 원자는 4개의 cysteine 잔기에 결합한다. 아연 원자 중 하나는 인지 나선 (붉은색)을 안정화하여, DNA와 서열-특이적 접촉을 이룬다. 나머지 아연 이온은 수용체 module의 이량체 형성과 관련된 고리를 안정화한다. (b) glucocorticoid 수용체는 glucocorticoid 반응 요소, GRE로 알려진 DNA 지역에 결합한다. GRE는 3개 염기쌍 간격 (NNN, N은 어느 nucleotide도 가능)으로 분리된 2 개의 회문 절반 부위 (하늘색과 파란색)을 갖는다. Adapted from Branden, C. I., and Tooze, J. Introduction to Protein *Structure, Second Edition*. Garland Science, 1999.

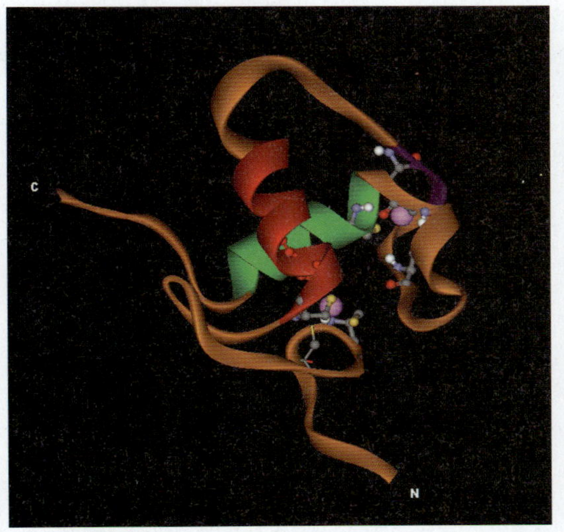


**그림 16.23 Glucocorticoid 수용체 DNA-결합 domain의 결정 구조.** Glucocorticoid 수용체 DNA-결합 domain은 두 $Cys_4$ zinc finger를 갖는데, 각각이 α-나선에 의해 따라오는 아미노산의 불규칙적인 고리 모양 줄을 포함한다. 두 α-나선은 중간 근처에서 서로 교차하여 zinc finger가 서로 엮이도록 한다. 상호작용하는 나선면의 보존된 잔기들 사이의 소수성 상호작용은 단단한 구형의 핵심을 안정화한다. 첫 번째 α-나선 (붉은색)은 DNA의 염기와 결합하기 때문에 인지 나선이라고 불린다. 두 번째 α-나선 (녹색)은 인지 나선을 제 자리에 붙잡도록 지지하는 기능을 한다. 보라색으로 채색된 고리는 두 번째 glucocorticoid 수용체 DNA 결합 domain에 있는 것과 접촉하여, 동형이량체 구조를 안정화한다. 아연 원자는 심홍색 구로 나타내었고, cysteine 잔기는 황 원자를 노란색으로 한 공과 막대기 구조로 나타내었다. 아미노- 와 카르복실- 말단은 각각 문자 N과 C로 나타내었다. Protein Data Bank ID: 1R4R. Luisi, B. F., et al., *Nature* 352 (1991): 497-505.

다: (1) 덜 보존된 활성 기능 domain(AF-1); (2) 상당히 보존된 DNA-결합 domain (DBD); (3) 가변적인 힌지(variable hinge); (4) 보존된 ligand 결합 domain이나 LBD(호르몬 결합 부위); (5) 두 번째 활성 domain(AF-2).

연구자들은 domain을 포함하는 peptide 조각을 준비하기 위하여 재조합 DNA 기술을 이용하고, 그 구조를 연구하기 위하여 NMR 분광법을 사용하여 몇몇 다른 핵 수용체에 대한 DNA 결합 domain의 3차원적 구조를 결정해왔다. **그림 16.22**는 glucocorticoid 수용체의 DNA 결합 domain을 포함하는 조각의 서열과 이 domain이 결합하는 DNA 서열을 보여준다. DNA-결합 부위가 $Cys_4$ zinc finger motif 2개를 갖는다는 점에 주목하라.

Glucocorticoid 수용체 DNA 결합 domain의 결정 구조는 두 zinc finger의 배열을 보여주는데, 각각이 뒤얽힌 α-나선으로 연결된 아미노산의 불규칙한 고리로 모양의 선으로 구성되어 있다(**그림 16.23**). 두 α-나선은 그 핵심점 근처에서 서로 교차하여 zinc finger가 뒤얽히게 한다. 상호작용하는 나선면에 있는 보존된 잔기 사이의 소수성 상호작용은 빽빽한 구형의 핵심을 안정화시킨다. 뒤얽힌 구조는 $Cys_4$

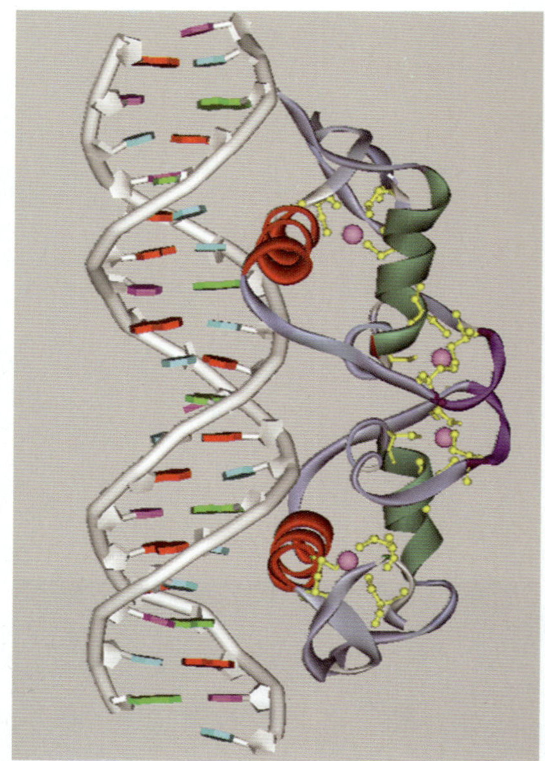

**그림 16.24 DNA에 결합한 glucocorticoid 수용체 DNA-결합 domain.** glucocorticoid 수용체는 각 단량체의 이량체화 고리 (보라색) 사이의 상호작용에 의해 안정화된 동형이량체로 DNA에 결합한다. 각 subunit은 또한 서로 엮인 $Cys_4$ zinc finger 1쌍을 포함하는 DNA-결합 domain에 기여한다. cysteine 잔기는 노란색 공과 막대기 구조로 나타내었고 아연 원자는 심홍색 구로 나타내었다. DNA-결합 domain의 두 나선은 다른 구조를 수행한다. 첫 번째 zinc finger에 있는 α-나선 (붉은색)은 큰 홈의 염기들과 특이적 접촉을 이루는 인지 나선으로서 기능한다. 두 번째 zinc finger에 있는 α-나선 (녹색)은 인지 나선을 제 자리에 붙잡도록 지지하는 기능을 한다. Protein Data Bank ID: 1R4R. Luisi, B. F., et al., *Nature* 352 (1991): 497-505.

5′ A G A A C A N N N T G T T C T 3′
3′ T C T T G T N N N A C A A G A 5′

Glucocorticoid response element

5′ A G G T C A N N N T G A C C T 3′
3′ T C C A G T N N N A C T G G A 5′

Estrogen response element

**그림 16.25 Glucocorticoid와 estrogen 반응 요소.** 글루코코르티코이드와 estrogen 반응 요소는 모두 3개 nucleotide, N (N은 어떤 nucleotide도 될 수 있다)에 의해 나눠진 개의 6-bp 절반 부위를 포함하는 회문 구조이다.

zinc finger를 전형적 zinc finger와 명백히 구분 짓는다.

Glucocorticoid 수용체와 estrogen 수용체(ER)와 같은 **steroid 수용체(steroid receptor)**는 DNA에 동형이량체(homodimer)로 결합한다. DNA-결합 단위는 그러므로 각 steroid 수용체로부터 온 두 DNA-결합 domain으로 구성되어 있다. **그림 16.24**는 DNA와 상호작용하는 glucocorticoid 수용체 DNA-결합 domain의 결정 구조를 보여준다. 두 DNA-결합 domain은 머리-머리가 맞닿게 배열되어 전체 구조가 대칭적이다. 한 DNA-결합 domain의 두 번째 zinc finger(Cys-476과 Cys-482)에 있는 처음 두 cysteine 잔기 사이 잔기들에 의해 형성된 **이량체화 고리(dimerization loop)**는 동형이량체를 안정화하기 위해 다른 DNA-결합 domain에 있는 이량체화 고리와 상호작용한다(그림 16.24).

동형이량체에 있는 두 DNA-결합 domain은 DNA 분자의 같은 쪽에 있는 큰 홈의 염기들과 접촉한다. 각 DNA-결합 domain에 있는 뒤얽힌 $Cys_4$ zinc finger는 한 단위로 작용하지만 다른 기능을 갖고 있다. 첫 번째 zinc finger에 있는 α-나선은 큰 홈의 염기들과 특이적 접촉을 만드는 **인지 나선(recognition helix)**으로 작용한다; 두 번째에 있는 α-나선은 인지 나선을 제자리에 유지하는 버팀목으로 작용한다. 동형이량체는 **호르몬 반응 요소(hormone response element)**라 불리는 DNA 서열에 결합하는데, 이는 3bp spacer(spacer)로 분리된 뒤집힌(inverted) 6bp 반복(repeat)으로 구성된 불완전한 회문(palindrome)이다(**그림 16.25**). 이 spacer는 반드시 3bp이지만 그 안의 nucleotide는 중요치 않아 보인다. 각 DNA 결합 domain은 하나의 6bp 반복 또는 절반-위치(half-site)와 상호작용한다. glucocorticoid와 estrogen 수용체의 절반-위치에 대한 공통 서열은 각각 5′-AGAACA-3′와 5′-AGGTCA-3′이다.

많은 다른 핵 수용체의 활성 형태는 이형이량체이다. 한 중요한 패밀리는 9-cis-retinoic acid의 수용체인 retinoid X 수용체(RXR)와 이형이량체를 형성하는 수용체로 구성되어 있다. 이량체화 상대는 갑상선 호르몬 수용체(TR), 비타민 D 수용체(VDR), retinoic acid 수용체(RAR)과 peroxisome proliferator-activated receptor (PPAR)를 포함한다. RXR의 DNA-결합 domain은 호르몬 반응 요소가 존재할 때만 그 이형이량체 상대와 상호작용한다. 호르몬 반응 요소가 존재할 때, DNA 결합 domain은 완전한-길이의 수용체로 예의 이량체화와 선택성 패턴을 일으킨다. 이형이량체 형성은 절반-위치에 특징적인 스페이싱을 갖고 direct repeat(DRs)을 포함하는 특정한 호르몬 반응 요소에 의해 유도된다. 이형이량체 중의 RXR 패밀리에 속하는 모든 DNA-결합 domain에 대한 절반-위치는 ATTTCA이다. spacer 지역의 염기쌍의 수는 결합의 특이성을 결정한다. 예를 들어, RXR-VDR 반응 요소의 spacer에 1 bp를 추가하면 RXR-TR 반응 요소로 바뀐다. *1-5 규칙*으로 알려진 spacer의 크기에 따라 특이성을 지배하는 규칙은 **그림 16.26**에 묘사되어 있다.

이형이량체가 극성을 바꿀 수 있기 때문에 조합적 가능성의 수는 증가한다. 예를 들어, RXR-RAR은 1 bp spacer를 가진 반응 요소와 결합할 때 한 극성을 갖지만

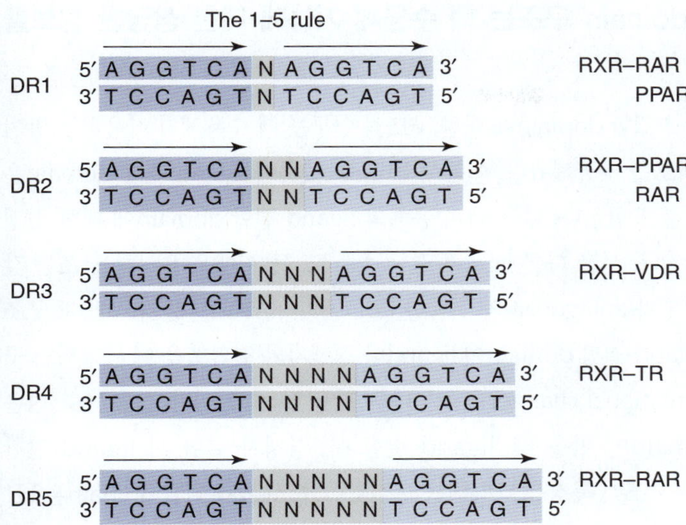


**그림 16.26 RXR과 그 핵 수용체 상대(partner)에 따른 DNA direct repeat (DR) 결합의 1-5 규칙.** AGGTCA 서열 사이의 spacing의 염기 쌍 크기는 1에서 5까지 다양할 수 있다. Adapted from Rastinejad, F., *Curr. Opin. Struct. Biol.* 11 (2001): 33-38.

5 bp spacer를 가진 반응 요소와 결합하면 반대의 극성을 갖는다. 호르몬 반응은 극성 변경에 의한 결과로 변한다. RXR과 각 상대 사이의 단백질-단백질 상호작용은 정확한 스페이싱 인지를 책임진다. 각 절반-위치에 있는 큰 홈의 염기들과 서열-특이적 접촉을 통해 더 안정성을 얻게 된다. 그렇게 많은 다른 이량체 상대를 조절하는 RXR DNA-결합 domain의 능력은 아마도 그것이 표면에 많은 조합적 결합 부위를 갖고 있다는 사실 때문일 것이다. **그림 16.27**은 RXR-TR의 구조와 RXR-RXA DNA-결합 domain 이량체가 DNA에 붙은 것을 보여준다.

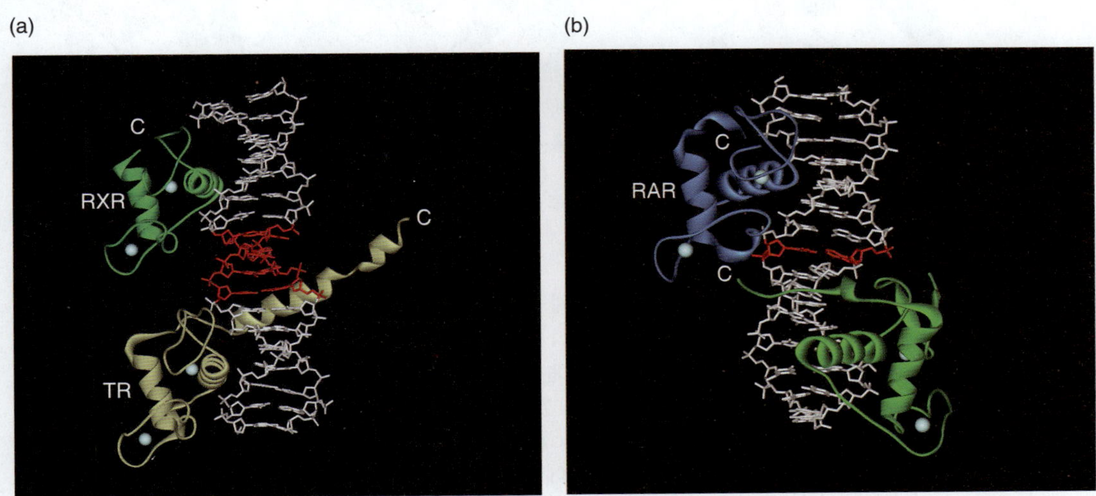


**그림 16.27 RXR과 그 이량체 경계면과 관련된 DNA-결합 복합체의 구조.** DNA는 막대기형으로 나타내었다. direct repeat (DR) 사이의 spacing 요소에 속하는 nucleotide는 붉은색으로 나타내었다. 다른 모든 nucleotide는 흰색이다. 아연 이온은 하늘색 구로 보여준다. RXR (retinoid X receptor)은 녹색으로, TR (thyroid hormone receptor)는 노란색으로, RAR (retinoic acid receptor)은 파란색으로 나타내었다. 각각의 경우, 몇 단백질-DNA 인산 접촉으로 집합이 안정화되면서, 단백질 사이의 접촉은 spacing의 작은 홈을 통해 직접적으로 형성된다. (a) DR4와의 RXR • TR DNA 결합 domain 이형이량체 복합체 (b) DR1과의 RXR • RAR DNA 결합 이형이량체 복합체. Part a Protein Data Bank ID: 2NLL. Rastinejad, F., et al., *Nature* 375 (1995): 203-211. Part b Protein Data Bank ID: 1DSZ. Restinejad, F., et al., *EMBO J.* 19 (2000): 1045-1054.

## Ligand-결합 domain 구조는 핵 수용체 기능에 대한 상당한 정보를 제공한다.

핵 수용체의 ligand-결합 domain에 대한 구조적 연구는 핵 수용체가 작용하는 방법에 대한 상당한 정보를 제공해왔다. 이름에서 알 수 있듯이 ligand 결합 domain은 호르몬-결합 부위를 포함한다. 많은 핵 수용체의 ligand 결합 domain에 대한 결정구조가 해결되어 왔다. 서로 다른 ligand-결합 domain들은 매우 유사한 구조를 갖는다. ligand나 경쟁자(antagonist)와 결합한 LBD들의 구조 또한 풀리고 있다. 구조적 비교를 통해 ligand-결합 domain이 ligand나 경쟁자와 결합했을 때 특징적인 구조적 변화(conformational change)를 겪는다는 것을 알 수 있었다. **그림 16.28**은 ligand-결합 domain만 있을 때, ligand 결합 시, 경쟁자 결합 시 ligand-결합 domain의 중요한 구조적 특징을 나타내는 모식도이다. ligand-결합 domain은 H1에서 H12로 번호를 매긴 12개의 보존된 α-나선 부위를 포함한다. Ligand가 없을 때 나선들은 3 층으로 배열하여 "역-평행 α-나선 샌드위치(anti-parallel a-helical

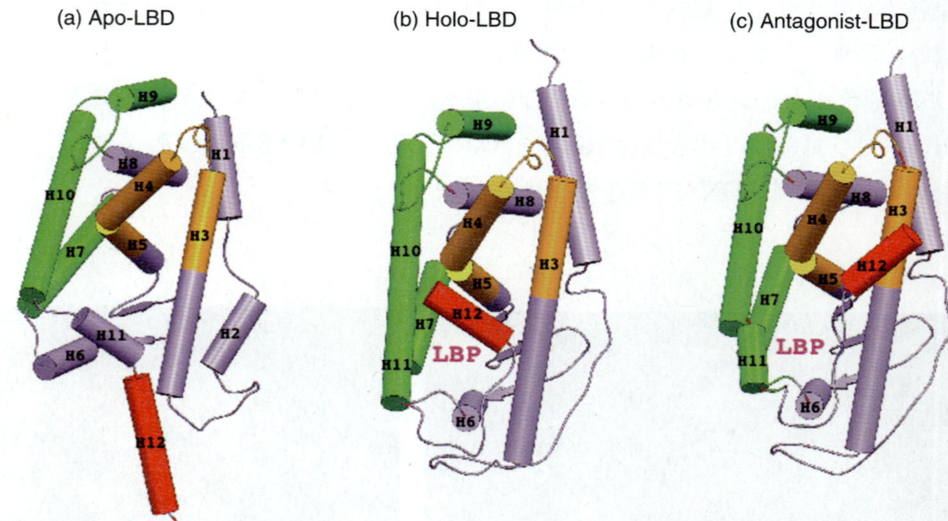


**그림 16.28 3가지 다른 구조의 핵 수용체 ligand 결합 domain (LBDs) 모식도.** (a) ligand가 없을 때 retinoid X receptor (RXR) ligand 결합 domain (apo-LBD). (b) retinoic acid가 결합된 retinoic acid receptor (RAR) ligand 결합 domain (holo-LBD). ligand는 ligand 결합 domain에 결합했을 때 가장 큰 구조적 변화를 야기한다. 가장 현저하게, 나선 H10과 H11이 일렬로 연속된 나선을 형성하고 나선 H12는 나선 H4 아래로 매달려 ligand-결합 주머니(LBP)에 있는 ligand를 둘러싼다. (c) 경쟁자와 결합한 retinoic aicd receptor 단백질의 ligand 결합 domain. 경쟁자 또한 LBD에 결합했을 때 주요한 구조적 변화를 야기한다. α-나선 (H1-H12)은 막대형이고 β-가닥은 넓은 화살표로 나타내었다. ligand 결합 domain의 다양한 지역은 기능에 따라 채색하였다. 이량체화 표면은 녹색이다. co-activator와 co-repressor 결합 부위는 주황색으로, 핵심 활성 기능 (AF-2) 활성 domain (AD)의 잔기를 포함하는 활성 나선 H12는 붉은색으로 채색되었다. 다른 구조적 요소들은 담자색으로 나타내었다. Reproduced from *Trends Pharmacol. Sci.*, vol. 21, Bourguet, W., et al., *Nuclear receptor ligand-binding...*, pp. 381-388, copyright 2000, with permission from Elsevier. Photo courtesy of Hinrich Gronemeyer, Institut de Genetique et de Biologie Moleculaire et Cellulaire.

sandwich)"를 형성한다(그림 16.28a). H1에서 H3 나선은 ligand-결합 domain의 한 면을 형성하고; H4, H5, H8, H9 나선은 중간 층을 형성하며; H6, H7, H10은 나머지 면을 형성한다. H11 나선은 H10과 거의 수직을 이루고 있다. H12 나선은 ligand-결합 domain으로부터 멀리 뻗어 있고, AF-2 지역을 포함한다. 종류가 다양한 ligand-결합 domain의 아래 부분은 ligand-결합 주머니(pocket)를 형성한다. ligand는 ligand-결합 domain과 결합했을 때 주요한 구조적 변화를 유도한다(그림 16.28b). 이러한 변화에서 가장 주목할 만한 것은 H10과 H11 나선이 연속적인 나선을 형성하기 위해 정렬하고 H12 나선은 H4 나선 아래로 매달려서 **ligand-결합 주머니(LBP)**에 있는 ligand를 둘러싼다는 것이다. 경쟁자 또한 ligand-결합 domain에 결합했을 때 주요한 구조적 변화를 유도한다(그림 16.28c). 그러나 이러한 구조는 일반적인 ligand가 결합했을 때 추정되는 것과는 다른 형태이다. 이러한 차이의 원인은 경쟁자 분자가 부피가 큰-곁사슬을 갖고 있어 H12 나선이 H4 나선 아래에 매달리는 것을 막음으로써 AF-2가 정렬되지 못하기 때문인 것으로 보인다.

호르몬 경쟁자는 다양한 심각한 건강 문제를 치료하는 약으로써 사용된다. 예를 들어 estrogen의 효과에 대항하기 위해 사용되는 두 약인 **tamoxifen**과 **raloxifene** (**그림 16.29**)은 중요한 임상 적용성을 갖는다. Tamoxifen은 호르몬-의존적인 형태의 유방암 수술 후 치료를 위해 사용된다. 이 사용의 원리는 estrogen이 정상과 종양 유방 세포의 증식을 촉진한다는 것이다. Tamoxifen은 estrogen 수용체의 ligand 결합 domain(LBD)에 결합하여 estrogen의 세포 증식 촉진 능력을 방해한다. Tamoxifen은 때때로 유방암 고위험군 여성의 위험을 감소시키기 위해 처방되기도 한다. 그러나 Tamoxifen은 심각한 부작용을 야기할 수 있기 때문에 사용을 결정할 때는 신중히 고려해야만 한다. Tamoxifen이 유방 세포들에서 estrogen의 효과를 방해하는 경쟁자로서 작용하지만 자궁과 같은 다른 조직에서는 estrogen처럼 행동한다. 그러므로 tamoxifen은 자궁 세포의 증식을 촉진함으로써 자궁암 위험을 높인다. Tamoxifen은 몸의 일부분에서는 estrogen과 같은 방식으로 작용하지만 다른 부분에서는 다르게 작용하기 때문에 "**선택적 estrogen-수용체 조절자(selective estrogen-receptor modulator)" (SERM)**이다.

Raloxifene은 또 다른 SERM으로 뼈에서 estrogen처럼 작용하여 골 내구력과 골밀도를 유지하도록 돕는 것으로 보이기 때문에 때로 폐경 이후의 여성들에게 처방된다. 또한 저밀도 지단백질(LDL) 콜레스테롤 수준을 낮추는 estrogen의 능력을 모방하여 동맥경화의 위험을 줄이는 것으로 보인다. 그러나 raloxifene 치료 또한 자궁암과 혈병을 발생시킬 위험을 증가시키는 듯 하다. 명백히 의사들은 SERM을 처방하기 전에 환자의 다른 세포 유형에 존재하는 다양한 estrogen 수용체의 isoform에 대하여 가능한 한 많은 정보를 필요로 한다.

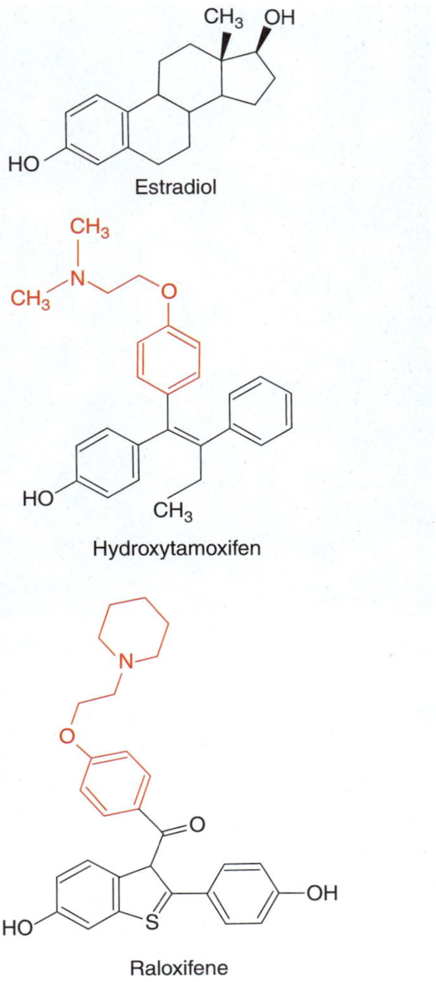

Estradiol

Hydroxytamoxifen

Raloxifene

**그림 16.29 Estrogen 수용체의 정상적인 ligand인 estradiol과 2개의 선택적 estrogen-수용체 조절자인 hydroxytamoxifen, raloxifene의 구조.** "경쟁적(antagonistic)" 치환은 붉은색으로 나타내었다. Adapted from Bourguet, W., Germain, P., and Gronemeyer, H., *Trends Pharmacol. Sci.*, 21(2000): 381-388.

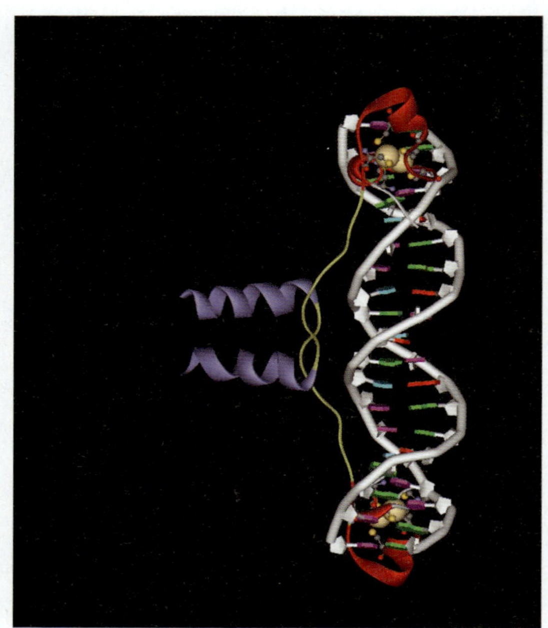

**그림 16.30 Gal4-DNA 복합체.** 1-40번 잔기는 DNA와 상호작용하는 $Zn_2C_6$ 이핵 집단 (붉은색)를 형성한다. 51-64번 잔기는 약한 이량체화 지역 (파란색)을 형성한다. 이핵 집단와 약한 이량체화 지역은 41-50번 잔기를 포함하는 연결자 (노란색)으로 연결되어 있다. 아연 원자는 노란색으로 표시했다. Protein Data Bank ID: 1D66. Marmorstein, R. et al., *Nature* 356(1992): 408-414.

## 효모의 전사 activator 단백질인 Gal4는 $Cys_6$ 아연 집단 패밀리(zinc cluster family)에 속하며, galactose 대사에 관여하는 유전자의 전사를 조절한다.

효모나 다른 균류에 있는 전사 activator 단백질의 중요한 패밀리는 DNA-결합 domain을 안정화하기 위해 또다른 배열의 아연 이온과 cysteine 잔기를 사용한다. 이 배열은 두 아연 이온이 6개 cysteine 잔기에 위치하고 있기 때문에 **$Zn_2C_6$ 이핵 집단($Zn_2C_6$ binuclear cluster)**라고 불린다. $Zn_2C_6$ 이핵 집단 패밀리 중 가장 잘-연구된 것은 **Gal4**로 *Saccharomyces cerevisiae*에서 galactose 대사 유전자의 암호화을 조절하는 전사 activator 단백질이다.

동일한 881-잔기 polypeptide subunit의 쌍으로 구성된 Gal4의 활성 형태는 DNA의 *Gal4* 부위와 결합한다. Gal4의 DNA-결합 domain은 아미노 말단에 있고, 1번 잔기부터 64번 잔기에 달한다. 이 아미노 말단 서열을 포함하는 peptide 조각은 용액에서는 단량체이지만 DNA에 결합하면 동형이량체를 형성한다. 아미노 말단 peptide 조각이 DNA에 결합할 때 형성되는 복합체에 대한 결정 구조는 3차원 구조적 module을 드러낸다(**그림 16.30**). 1번 잔기에서 40번까지는 $Zn_2C_6$ 이핵 집단를 형성하고, 51번 잔기에서 64번은 약한 이량체화 부위를 형성하며 41번 잔기에서 50번까지는 $C_6$ 아연 집단를 약한 이량체화 부위와 연결하는 연결자를 형성한다. 한 subunit에 있는 51번에서 64번 잔기에 의해 형성된 양쪽성 α-나선은 다른 subunit에 있는 상응하는 잔기와 상호작용하여 이량체의 안정화를 돕는 coiled coil을 형성한다(coiled coil에 대한 더 자세한 설명은 다음 섹션의 leucine zipper를 참조).

Gal4 $Zn_2C_6$ 이핵 집단는 **그림 16.31**에 모식도로 나타내었다. cysteine 중 2개는 두 아연 이온 모두에 결합하여, 아연 이온 사이에 1쌍의 다리를 형성한다(그림 16.31a). $Zn_2C_6$ 이핵 집단 내에서의 폴딩을 통해 2개의 짧은 α나선이 생기게 된다(그림 16.31b). 첫 번째 나선의 C-말단(그림 16.31b에 붉게 표시한)은 *Gal4* 부위의 큰 홈에 있는 염기들과 특이적 접촉을 이룬다. *Gal4* 부위는 중앙에서부터 양 끝 쪽으로 5′에서 3′ 방향으로 읽히는 17-bp의 잘 보존된 CCG triplet을 양 끝에 가진 반-회문

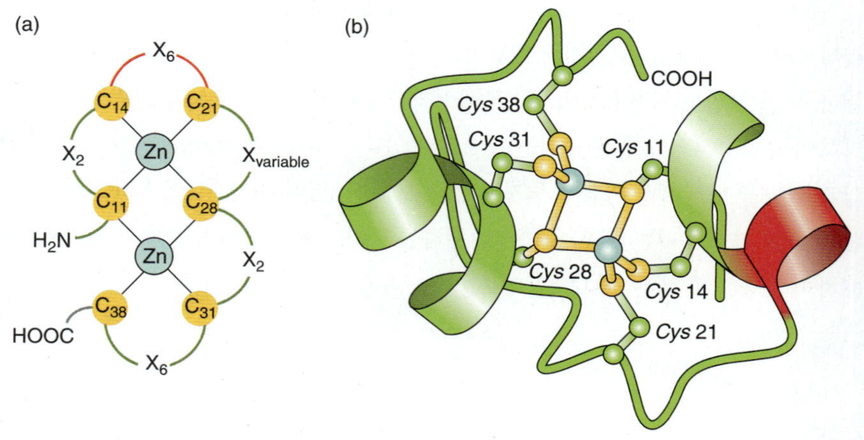


**그림 16.31 Gal4 subunit의 DNA-결합 아연 집단 지역.** (a) 각각이 4개의 cysteine 잔기에 결합한 두 아연 분자를 포함하는 아연 집단를 보여주는 모식도. 모식도는 또한 cysteine ligand 사이의 고리 지역에 아미노산 개수도 보여준다. (b) $Zn_2C_6$ 이핵 집단의 3-차원적 그림. 붉은색으로 표시된 지역은 서열-특이적 DNA 상호작용과 관련되어 있다. 아연 집단는 DNA 결합에 적절한 폴딩을 주도록 구조를 안정화한다. Adapted from Branden, C. I., and Tooze, J. *Introduction to Protein Structure, Second Edition*. Garland Science, 1999.

이다. 동형이량체에 있는 각 $Zn_2C_6$ 이핵 집단는 *Gal4* 부위의 끝에 있는 CCG triplet의 하나와 특이적인 접촉을 한다. 연결자와 이량체화 부위 또한 11-bp spacer 부위에 있는 인산 골격과 접촉함으로써 결합에 기여한다. Gal4 DNA 결합 domain이 11-bp spacer에 있는 염기쌍의 치환에 대해서는 관대하지만 결손이나 삽입에 대해서는 매우 관대하지 않다.

$Zn_2C_6$ 이핵 집단 패밀리에 속하는 다른 전사 activator 단백질 또한 양 끝에 CCG triplet를 가진 반-회문에 결합하지만 triplet 사이의 spacer 길이에 따라 다양한 특이성을 보인다. 예를 들어 효모 전사 activator 단백질 Ppr1(pyrimidine pathway regulator 1)은 pyrimidine nucleotide 대사에 관여하는 유전자를 조절하는데 양 끝에 CCG triplet를 가진 12-bp 반-회문과 결합한다. 그러나 spacer가 6-bp 길이일 때에만 결합이 발생할 수 있다.

Richard J. Reece와 Mark Ptashne는 연결자 부위가($Zn_2C_6$ 이핵 집단가 아니라) 인지될 spacer의 길이를 결정함을 증명하기 위하여 Gal4와 Ppr1 사이의 결합 특이성의 차이를 이용했다. 그들은 재조합 DNA 기술을 이용하여 고안한 키메릭(chimeric) DNA-결합 domain의 특이성을 연구하였다(**그림 16.32**). 그들은 Ppr1 아연 집단, Gal4 연결자, Gal4 이량체화 domain을 포함하는 chimeric peptide가 Gal4 DNA 부위에 결합하는 반면에, Ppr1 아연 집단 Ppr1 연결자와 Gal4 이량체화 domain을 포함하는 chimeric peptide가 Ppr1 DNA 부위에 결합함을 관찰하였다. 그러므로 잘 보존된 $Zn_2C_6$ 이핵 집단는 반-회문 양 끝의 CCG triplet를 인지하고 연결자 부위가 그들의 spacer 크기에 근거하여 서로 다른 반-회문 부위 중에서 선택한다.

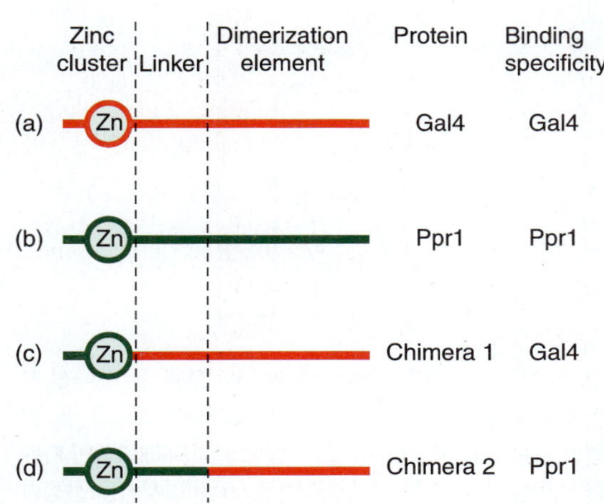


**그림 16.32 Gal5와 동족의 전사 activator 단백질 Ppr1 간의 domain 교환 실험.** (a) Gal4 전사 activator 단백질은 Gal DNA 부위에 결합한다. (b) Ppr1 전사 activator 단백질은 Ppr1 DNA 부위에 결합한다. (c) Ppr1 아연 집단와 Gal4 연결자, Gal4 이량체화 domain을 갖는 chimera 1은 Gal4 DNA 부위에 결합한다. (d) Ppr1 아연 집단, Ppr1 연결자, Gal4 이량체화 domain을 갖는 chimera 2는 Ppr1 DNA 부위에 결합한다. 그러므로, 연결자 부위가 결합 특이성을 결정한다. Adapted from Reece, R. J., and Ptashne, M., *Science* 261 (1993): 909-011.

## 16.5 염기성 지역(basic region) leucine zipper를 갖는 DNA 결합 domain

### 염기성 지역 leucine zipper(bzip) 전사 activator 단백질은 coiled coil 상호작용을 통해 붙은 이량체(dimer)로 DNA에 결합한다.

지금까지 설명한 각각의 전사 activator 단백질은 구형의 구조로 잘 설명되는 DNA-결합 domain을 가지고 있다. 우리는 이제 섬유형의 DNA-결합 domain을 갖는 **염기성 지역 leucine zipper (bzip) 단백질**이라 불리는 전사 activator 단백질의 패밀리를 살펴보자. DNA에 동형 또는 이형이량체로 결합하는 이 패밀리의 멤버들은 polypeptide 사슬이 매 7번째 위치마다 leucine을 포함하는 약 30개 잔기 길이의 a-나선 조각을 갖기 때문에 처음 발견되었다. Steven L. McKnight과 동료들은 반복되는 leucine 패턴으로 어떻게 polypeptide 쌍이 이량체를 형성하는지 설명할 수 있음을 인식했다. 전형적인 α-나선이 1바퀴에 3.6 잔기를 갖기 때문에(2장 참조), 매 7번째 위치마다 leucine이 존재한다는 것은 leucine 곁사슬이 나선의 한 면 위에 존재함을 의미한다. 그러므로 McKight과 동료들은 두 나선 polypeptide 사슬이 나란히 정렬하여

leucine 곁사슬이 지퍼의 이빨처럼 맞물리도록 한다고 제시했다(**그림 16.33**).

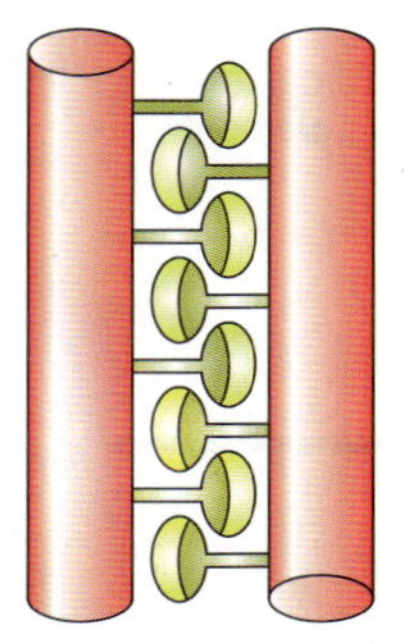

**그림 16.33 최초의 leucine zipper 모델.** 두 α-나선 사이 leucine 곁사슬의 가설의 깍지를 보여주는 모식도. 두 평행한 관은 이상적인 α-나선의 α 탄소 골격의 대략적인 차원을 나타낸다. 깍지를 낀 돌출부는 leucine 곁사슬을 상징한다. 각 잔기의 끝에 있는 구는 leucine 곁사슬의 γ 탄소 원자에 붙어 있는 두 메틸기를 나타낸다. Adapted from Landschulz, W. H., Johnson, P. F., and McKnight, S. L., *Science* 240 (1988): 1759-1764.

**Leucine zipper 모델(leucine zipper model)**은 아미노산 생합성과 관련된 몇몇 유전자의 전사를 함께 증가시키는 효모 전사 activator 단백질에 있는 leucine 반복 지역과 일치하는 peptide 조각을 합성함으로써 시험되었다. 조절 기작이 질소 대사의 일반적인 조절(general control of nitrogen metabolism)로 알려져 있기 때문에 이 전사 activator 단백질은 Gcn4라고 명명되었다. 비록 합성된 Gcn4 조각이 용액에서는 이량체를 형성하기 위해 평행한 방향으로 쌍을 이루지만 결정에서의 이량체 구조는 예측된 지퍼 모델과 달랐다. 서로의 옆에 정렬하는 대신에 두 polypeptide가 약간 왼쪽으로 돌아가는 초비틀림(left-handed supertwist)으로 서로의 주변을 감싸면서 부드럽게 구부러진 α-나선이 이량체 길이 전체에 단단한 접촉을 이루는 coiled coil을 만든다(**그림 16.34**). coiled coil에 있는 관찰된 나선 반복은 1바퀴에 3.5 잔기이고(자유 α-나선에서는 이 보다 1바퀴당 0.1 잔기가 적다) 그 때문에 leucine 곁사슬이 매 2바퀴 후에 나선의 같은 면으로 뻗어나온다. 그러므로 leucine 곁사슬은 지퍼의 이빨처럼 맞물리는 것이 아니라 2바퀴 당 1번 꼴로 side-to-side 접촉을 이룬다. 그렇지만 **leucin zipper**라는 용어가 실제의 구조를 정확히 묘사할 수 없을지라도 여전히 이러한 이량체 지역을 표현하는데 사용된다.

우리는 각 polypeptide의 나선 축을 자세히 살펴봄으로써 coiled coil 구조 안에 있는 곁사슬이 상호작용하는 방법에 대해 부가적인 통찰을 얻을 수 있다. **그림 16.35**는 이 접근법이 Gcn4 leucine zipper에 있는 30개 아미노산 잔기에 어떻게 적용되는지를 보여준다. 먼저 하나가 이량체의 각 peptide를 나타내는 두 **나선 바퀴**

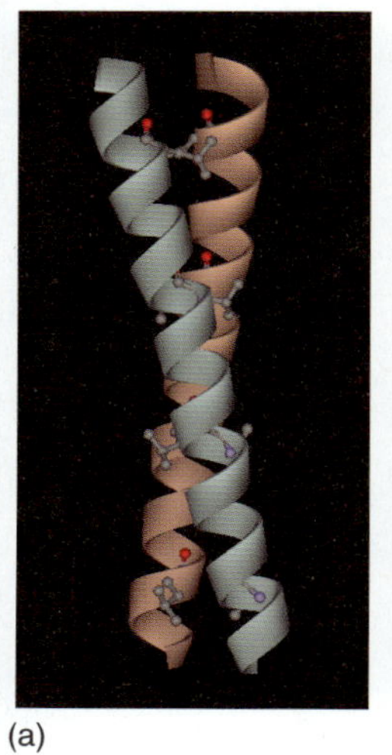

(a)

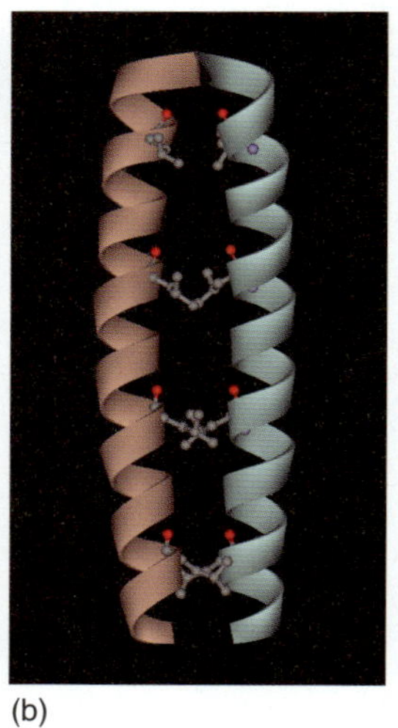

(b)

**그림 16.34 2개 가닥의 평행한 coiled coil을 이루는 Gcn leucine zipper의 결정 구조.** Gcn leucine zipper를 형성하는 두 peptide 사슬의 골격은 붉은색과 파란색 나선으로 나타내었다. leucine 잔기의 곁사슬은 공과 막대기 구조로 나타내었다. (a)의 시각은 coiled coil을 강조하기 위해서 선택되었고, 반면 (b)는 leucine 곁사슬 사이의 상호작용을 강조하기 위해 선택되었다. Protein Data Bank ID: 2ZTA. O' Shea, E. K., et al., *Science* 254 (1991): 539-544.

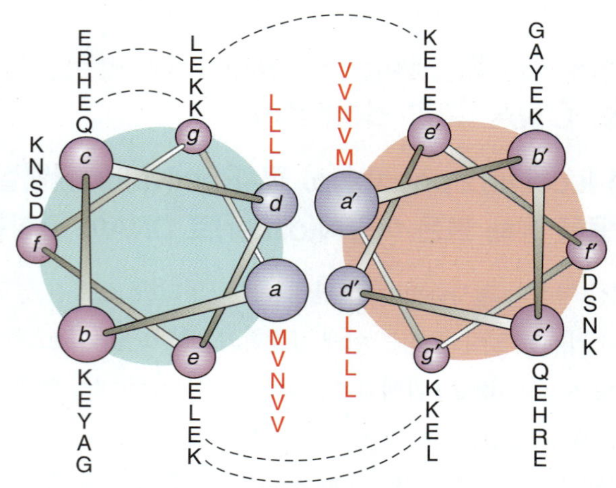


**그림 16.35 Coiled coil을 형성하는 Gcn4 domain의 나선 바퀴 그림.** Coiled coil 단백질의 각 나선은 (a-b-c-d-e-f-g)$_n$의 형태로 반복된 7개 잔기 서열로서 보일 수도 있다. a, b, c, d, e, f, g는 coiled coil의 한 나선에 있는 연속된 잔기를 나타낸다. 다른 나선에 있는 잔기들은 문자 뒤에 프라임 부호(′)를 붙임으로써 표시했다. 첫 번째와 네 번째 위치(a와 d)는 대개 소수성 아미노산이다. 이온 쌍을 형성하는 잔기들은 점선으로 연결되어 있다. Adapted from O' Shea, E. K., et al., *Science* 254 (1991): 539-544.

**(helical wheel)**를 그려보자. 각 나선 바퀴는 나선 2바퀴를 완전히 도는데 필요한 7개 아미노산에 해당하는 a-g(또는 a′-g′)의 7개 위치를 포함한다. 30-개 잔기 Gcn4 leucine zipper에 있는 처음 7개 잔기(MKQLEDK)는 a-g(또는 a′-g′) 위치 순서대로 배열되었다. 그리고 그 다음 7개 잔기는 처음 7개 잔기 위에 순서대로 배열하는 식으로 계속된다. 소수성 잔기는 a와 d(또는 a′와 d′) 위치에서 같은 나선면 쪽으로 위치하는 경향이 있다. 양성과 음성 잔기는 e와 g(또는 e′와 g′) 위치에서 나선을 따라 번갈아 나오는 경향이 있어서 나선 내부(intra-)와 나선 사이(interstrand) 이온 쌍의 인력을 통해 이량체를 안정화할 수 있다.

Leucine zipper 구조가 Gcn4의 이량체화 방법을 보여주지만, 어떻게 이량체가 DNA와 상호작용하는지는 나타내지 않는다. Leucine zipper motif의 N-말단에 바로 위치하는 짧은 서열의 염기성 아미노산은 DNA 인지에 필수적이다. 이 염기성(basic) 아미노산 서열은 leucine zipper와 함께 **bzip DNA 결합** domain을 형성한다. **그림 16.36**에서 모식도로 나타낸 바와 같이 Gcn4 또한 polypeptide 사슬의 핵심 쪽으로 활성 domain을 가지고 있다.

Gcn4는 DNA에 결합한 Gcn4의 결정 구조로부터 증명된 것과 같이 DNA와 결합하는 방식에 있어 하나의 집게와 비슷한 것처럼 보인다(**그림 16.37a**). 각 polypeptide 사슬에 있는 염기성 DNA 결합 부위는 양 끝 쪽 반-회문 DNA의 절반-위치 큰 홈에 맞아 들어가면서 나선 구조로 폴딩된다(**그림 16.37b**). DNA 결합 부위 내의 잔기는 특정한 염기 뿐 아니라 phosphodiester 골격에 있는 탈에스테르화된 산소 분자에도 수소 결합 공여자로 작용한다.

C/EBP(CAAT box and enhancer binding protein)와 AP1(activating protein 1) 패밀리를 포함한 많은 다른 전사 activator 단백질이 bzip 단백질들이다. C/EBP 패밀리에는 6가지 멤버가 알려져 있다. C/EBP의 isoform마다 그 조직 특이성과 활성 능력은 다르지만 동일한 DNA 인지 요소(CAATC)에 결합할 가능성이 있어 서로 경쟁한다. 게다가 그들의 보존된 leucine zipper는 이형이량체 전사 activator 단백질을 형성하도록 하여 주어진 세포 안에 존재할 수 있는 전사 activator 단백질의 총 개수를 증가시킬 수 있는 잠재력을 제공한다. C/EBP 패밀리의 중요성은 그 초기 멤버인 C/EBPα와 연관된 연구로 보아 명백한데, 이는 생장 억제와 최종 세포 분화에 필수적으로 보이는 동형이량체이다. C/EBPα 결핍 유전자

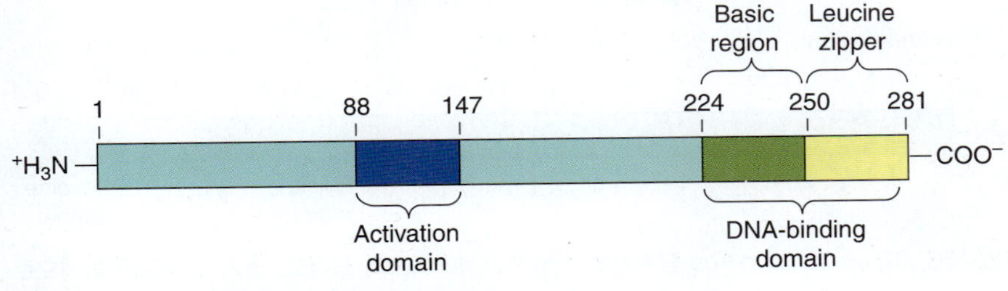


**그림 16.36** Gcn4 전사 activator 단백질.

(a)

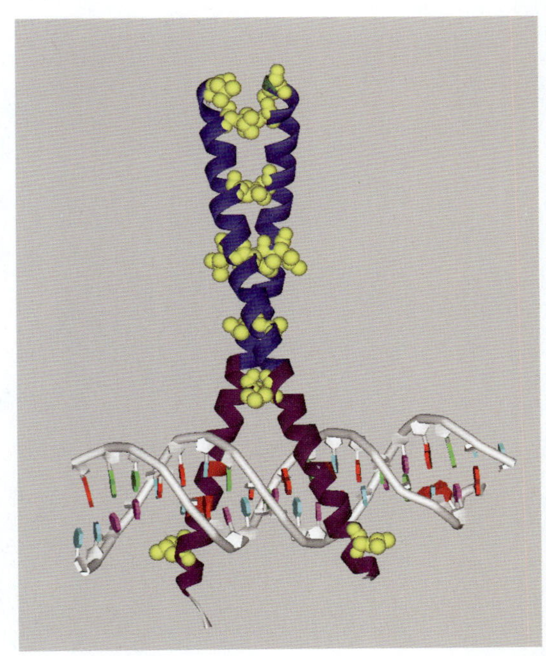

(b)

5′ T T C C T A T G A C T C A T C C A G T T 3′
3′ A A G G A T A C T G A G T A G G T C A A 5′

**그림 16.37 Gcn4의 DNA-결합 domain과 DNA 단편 사이의 복합체의 구조.** (a) 염기성의 (226-249번 잔기) DNA-결합 지역은 보라색으로 나타내었다. leucine zipper 지역 (잔기 250-281)은 파란색으로 보인다. leucine 곁사슬은 노란색 공간 채우기 구조로 나타내었다. (b) (a)의 결정 구조를 얻기 위해 사용된 DNA. 각 polypeptide 사슬은 빨간색으로 표시된 준-회문의 양 끝에 있는 절반-위치의 큰 홈에 맞는 나선 구조를 이룬다. Protein Data Bank ID: 1YSA. Ellenberger, T. E., et al., *Cell* 71 (1992): 1223-1237.

조작 생쥐는 저혈당으로 태어나자마자 곧 대부분 죽게 되는 중요한 간 기형을 갖고 있다.

AP-1 단백질은 세포 증식을 조절하는 것을 포함하여 많은 다른 유전자들을 조절하는 전사 activator 단백질의 패밀리이다. AP-1의 초기 멤버는 SV40 DNA와 인간 metallothionein IIA 유전자의 enhancer 부위에 결합하는 전사 activator 단백질로서 확인되었다. AP-1을 형성하는 polypeptide를 찾는 작업은 retrovirus에 관한 선행 연구로부터 정보를 얻음으로써 촉진되었다. 특히, FBJ 생쥐 골육종(osteosarcoma) 바이러스는 골암을 유발하는 ***v-fos*** 유전자를 가진 것으로 알려져 있었고, 닭에서 섬유육종을 유발하는 조류 육종 바이러스(avian sarcoma virus)-17 유전자는 ***v-jun***(17의 일본어인 *ju-nana*)을 갖는 것으로 알려져 있었다. *v-fos*와 *v-jun*과 같이 정상 세포를 암 세포화시키는 유전자는 **종양 (형성) 유전자(oncogene)**이며, 그 단백질 산물은 **종양단백질(oncoprotein)**이다. 연속된 연구를 통해 이 바이러스 유전자들이 *c-fos*와 *c-jun*이라 불리는 세포질 대응물을 갖는다는 것이 밝혀졌다. 잇따른 연구 결과로 이 polypeptide 각각은 Gcn4에 있는 것과 상당히 유사한 bzip 지역을 갖고 있음이 드러났고(**그림 16.38**), 이는 그들 역시 bzip 전사 activator 단백질일 수 있다는 것을 암시한다. 더 나아가서 c-Fos와 c-Jun이 함께 전사 activator 단백질의 AP-1 패밀리의 초기 멤버를 형성함이 밝혀졌다; 즉, AP-1은 c-Fos • c-Jun 이형이량체이다. 각 종류의 polypeptide에 대한 추가적인 세포 상동체(homolog)가 나중에 발견되었다.

c-Jun은 DNA에 동형이량체로 결합하거나 c-Jun • c-Fos 이형이량체의 일부로 결합한다. c-Fos는 DNA에 동형이량체로 결합하지 않는다. 어떤 polypeptide 조합은 이량체 형성을 이끄는 반면 다른 것들은 그렇지 않은 이유는 나선 바퀴 구조로 설명할 수 있다(**그림 16.39**). 소수성 핵심(e와 g 위치) 바로 바깥의 곁사슬은 전하 사이 인력 때문에 Jun • Fos의 이량체 형성을 촉진한다. Jun • Jun 이량체 형성은 곁사슬 사이에 가능한 인력이 적기 때문에 Jun • Fos 형성만큼 유리하지는 않다. e와 g 위

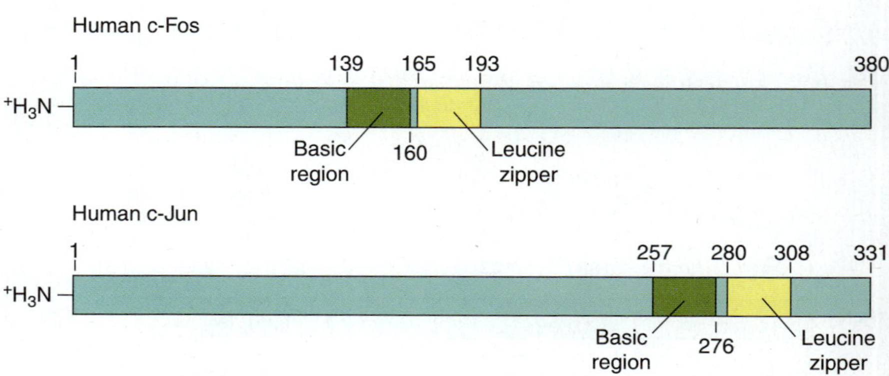


**그림 16.38 c-Jun과 c-Fos 단백질의 기능적인 domain의 모식도.** 염기성 지역은 녹색으로 leucine zipper는 노란색으로 나타내었다.

(a)

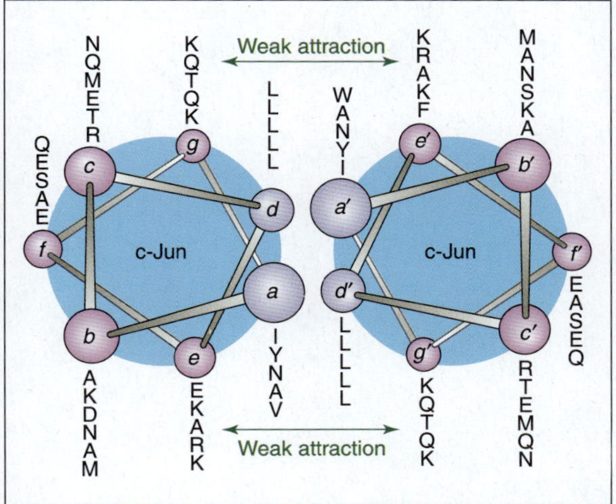


(b)

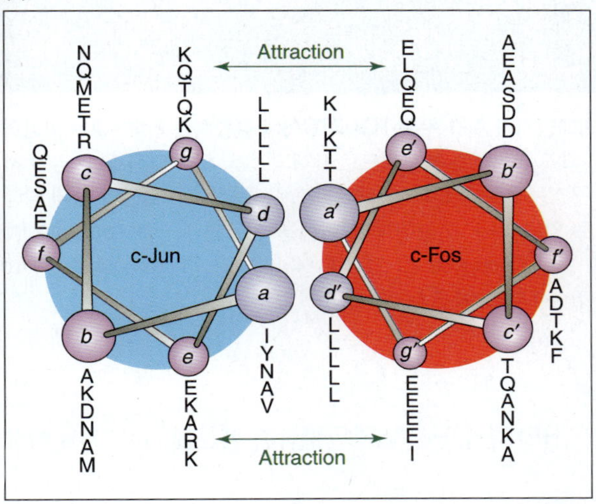


(c)

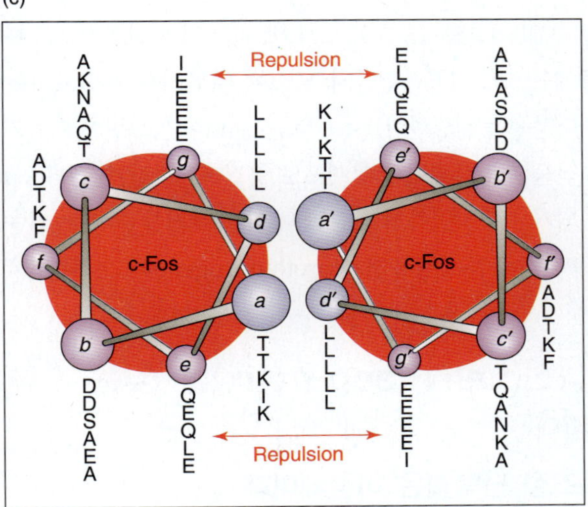


**그림 16.39 c-Fos와 c-Jun의 바퀴 구조.** (a) c-Jun • c-Jun 동형이량체는 e와 g 위치의 곁사슬 사이에 전기적인 인력이 존재하기 때문에 형성될 수 있다. (b) c-Jun • c-Fos 이형이량체의 형성은 e와 g 위치의 곁사슬 사이의 인력이 훨씬 강하기 때문에 c-Jun • c-Jun 동형이량체 형성보다 훨씬 더 유리하다. (c) c-Fos • c-Fos 동형이량체는 e와 g 위치의 음전하를 띠는 곁사슬 사이의 척력 때문에 형성되지 않는다.

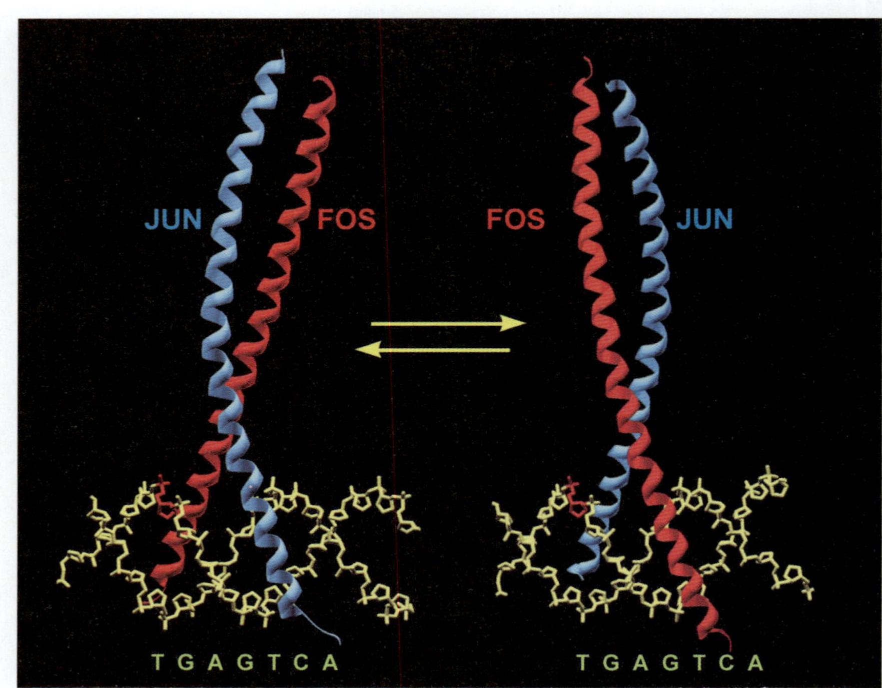


**그림 16.40 두 방향으로 비대칭적인 AP1 부위(TGAGTCA)에 결합하는 Fos • Jun 이형이량체.** Jun과 Fos bzip domain은 각각 파란색과 붉은색으로 채색되었다. AP1 인지 요소 염기 서열은 구조 밑에 표시하였다. 두 구조는 동일한 DNA 서열에 결합한 Fos • Jun 결합의 반대 방향을 나타내며 이량체 축 주변으로 약 반바퀴 이형이량체 회전을 반영한다. Reproduced from Chinenov, Y., and Kerppola, T. K., *Oncogene* 20 (2001): 2438-2452. Photo courtesy of Tom K. Kerppolar, University of Michigan Medical School.

치의 많은 음전하 글루타민산(E) 곁사슬이 상호 반발하기 때문에 Fos • Fos 이량체는 형성되지 않는다.

Fos • Jun 이형이량체는 두 방향으로 TGA(C/G)T(C/A)A 서열 motif를 가진 DNA 인지 요소에 결합할 수 있다(**그림 16.40**). C/EBP 패밀리와 대조적으로 다른 AP-1 동형-과 이형이량체는 다른 DNA 인지 요소에 결합하여 promoter와 enhancer 특이성 보다 큰 다양성을 제공한다. *c*-fos 또는 *c*-jun이 돌연변이 되었거나 부적절하게 발현될 때, 그 산물은 정상세포를 암세포로 형질전환시킬 수 있다. *c*-fos와 *c*-jun와 같이 돌연변이 되거나 부적절하게 발현될 때 암을 야기할 수 있는 가능성을 가진 정상적인 세포의 유전자를 **원-종양유전자(proto-oncogene)**이라 한다.

## 16.6 나선-고리-나선(helix-loop-helix)를 갖는 DNA 결합 domain

### 나선-고리-나선 전사 조절 단백질은 이량체이다.

**나선-고리-나선(HLH)** motif의 존재로 구별되는 전사 activator 단백질 패밀리는

bzip 단백질과 유사한 방식으로 DNA에 동형- 또는 이형이량체로 결합한다. David Baltimore와 동료들은 1989년 면역글로불린 유전자의 enhancer에 결합하는 생쥐 전사 activator 단백질의 아미노산 서열에 근거하여 나선-고리-나선의 존재를 예측했다. 이 예측은 인지 DNA 위치(cognate DNA site)에 붙은 HLH 전사 조절자의 결정 구조에 의해 확인되었다. 예를 들어, **MyoD**(미성숙하고 미분화된 연결 조직 세포를 근육 세포로 바꾸는; 근육발생(myogenesis)의 전사 조절자)와 그 인지 DNA 부위 간에 형성된 복합체 사이에 HLH motif가 존재한다(**그림 16.41**). 나선-고리-나선(HLH) motif는 2개의 subunit를 함께 붙잡아 4개-나선 묶음을 만들기 위한 이량체화 부위로 작용한다. 고리의 크기는 HLH 전사 조절자의 종류마다 5 - 24 잔기까지 다양하다. 각 polypeptide subunit을 또한 DNA 부위의 큰 홈과 접촉함에 따라 인지 나선으로 폴딩되는 기본 인지 서열(그림 16.41에서 녹색으로 표시)을 아미노 말단 쪽에 가지고 있다. 이러한 일반적인 특징을 가진 MyoD와 같은 전사 조절자를 bHLH activator 단백질이라고 한다. bHLH 전사 조절자에 대한 DNA 인지 요소는 CANNTG이고, NN은 주로 CG 또는 GC이다. 공통 염기서열의 양끝(flanking) nucleotide는 부가적인 특이성을 제공한다.

MyoD가 결핍된 생쥐는 정상적으로 발생하고 MyoD를 대체할 수 있는 Myf-5 라는 두 번째 bHLH 전사 조절자를 갖기 때문에 골격근을 만든다. MyoD와 Myf-5 가 둘 다 없는 갓 태어난 생쥐는 골격근이 완전히 결여되어 있다. 새끼가 살아서 태어나더라도 움직일 수 없고 수 분 내로 죽는다. myogenin과 MRF4라고 알려진 2개의 다른 bHLH 전사 조절자 또한 정상적인 근육 발생에 참여한다. 동족의 조직-특이적인 bHLH 전사 조절자는 배세포를 다른 종류의 분화된 조직으로 발생하도록 만든다. 예를 들어 NeuroD bHLH 전사 activator 단백질은 배세포를 신경세포로 바꾼다.

그림 16.41에 그려진 MyoD의 구조는 동형이량체이나 활성을 가진 전사 조절자는 MyoD(조직-특이적인 전사 조절자)와 도처에 발현되고 E2A 패밀리에 속하는 bHLH 전사 조절자 간의 이형이량체로일 것으로 생각된다. NeuroD의 활성 형태 또한 조직-특이적 NeuroD polypeptide와 도처에 발현되는 E2A 전사 조절자를 포함하는 이형이량체로 보인다.

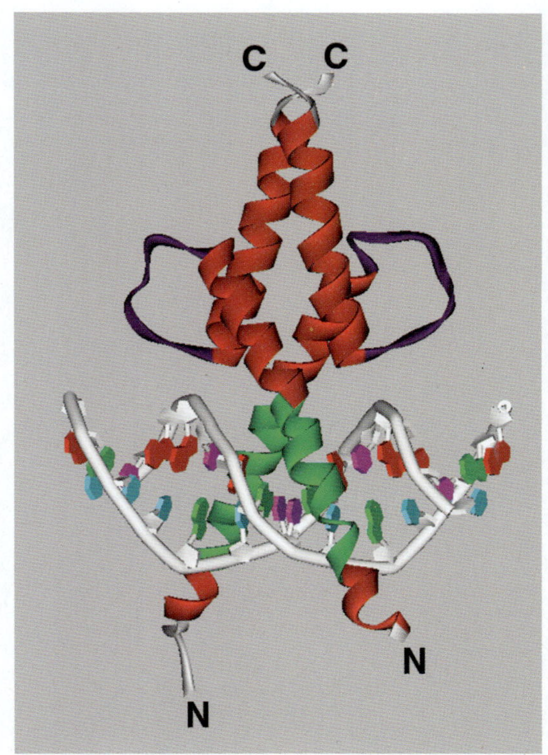


**그림 16.41 MyoD 염기성 나선-고리-나선 domain.** MyoD domain-DNA (TCAACAGCTGGTTGA)의 결정 구조. 염기성 인지 나선은 녹색으로 고리는 보라색으로 나타내었다. N-과 C-말단은 N과 C로 각각 표시하였다. Protein Data Bank ID: 1MDY. Ma, P. C., et al., *Cell* 77 (1994): 451-459.

## 전사 조절자 중 bHLH zip 패밀리는 HLH와 leucine zipper 이량체화 motif를 모두 갖는다.

많은 전사 조절자는 HLH motif의 카르복실 쪽에 leucine zipper 부위를 가지고 있다. 이러한 소위 **bHLH zip** 단백질들은 그들 중 몇몇이 정상 세포가 암세포로 형질전환되는 과정에 관여하기 때문에 상당한 관심의 대상이다. 이러한 관점에서 전사 조절자 중 **Myc 패밀리(Myc family)**는 특히 중요하다. 초기 멤버인 **v-Myc**은 조류 골수구종증 MC29 retrovirus(avian myelocytomatosis MC29 retrovirus)에 있는 *v-myc* 종양유전자의 단백질 산물로 발견되었다. c-myc, N-Myc, L-Myc이라 불리는 v-Myc의 세포 상동체가 바이러스 단백질과의 서열 유사성에 근거하여 밝혀졌다.

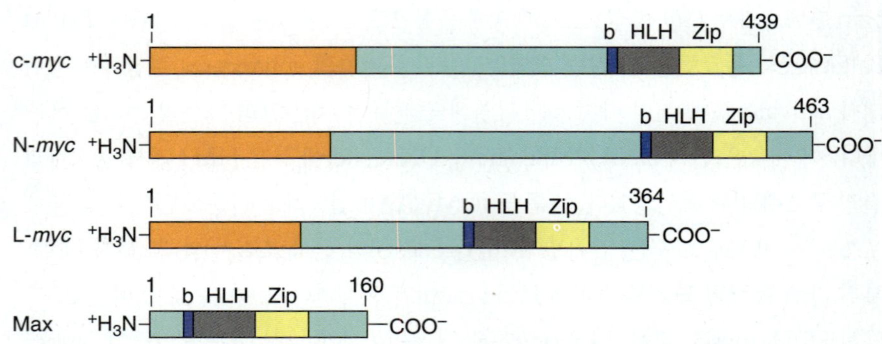


**그림 16.42 3가지 Myc 전사 조절자와 Max 전사 조절자의 모식도.** 염기성 인지 나선 (b)는 파란색, 나선-고리-나선 (HLH)는 회색, leucine zipper (Zip)는 노란색으로 나타내었다. 주황색으로 표시된 지역은 3가지 Myc 전사 조절자에 있는 활성과 억제 domain을 포함한다. Max 전사 조절자는 이 domain이 없다.

c-Myc과 N-Myc은 생쥐의 발생과 생존(viability)에 꼭 필요하지만 L-Myc은 그렇지 않다. 매우 분화된 세포들은 이러한 Myc 단백질을 만들지 못한다. 유전자 증폭(gene amplification), 염색체 재배열(chromosomal rearrangement) 또는 어떤 다른 기작에 의해 세포가 Myc을 생산하도록 강요된다면 그 세포는 증식하고 암세포로 변형되는 경향을 보인다. 그러므로, c-*myc*, N-*myc*, L-*myc*은 proto-oncogene이다. Myc 단백질은 생리적인 환경에서는 동형이량체를 형성하지 못하지만 대신에 Max라 불리는 동족의(related) 단백질과 결합하여 활성의 Myc • Max 전사 조절자를 형성한다. **그림 16.42**는 Max와 세포의 Myc 단백질의 몇가지 중요한 구조적인 특징을 보여준다. **Max**는 증식하는 세포와 증식하지 않는 세포에 모두 존재한다. 기능하는 Max 단백질이 결핍된 생쥐는 배 발생 과정 중에 죽는다.

Max는 생리적 환경에서 동형이량체를 형성할 수 있지만, 더 안정한 Myc • Max 이형이량체를 형성하는 경향을 보인다. Myc과 Max는 모두 다양한 다른 전사인자들과도 상호작용할 수 있다. 예를 들어 Max는 또한 Mad 패밀리라고 불리는 bHLH zip 단백질의 한 패밀리와도 결합하여 Myc • Max DNA 부위의 subset에 결합하는 Mad • Max 전사 조절자를 형성한다. Satish K. Nair와 Stephen K. Burley는 공통 target(enhancer 또는 E box hexanucleotide, 5′-CACGTG-3′)에 결합하는 Myc • Max와 Mad • Max 이형이량체의 bHLH leucine zipper domain에 대한 결정 구조를 해결했다(**그림 16.43**). 세포는 Myc • Max 조절자가 E box에 결합하면 분열하고 증식하는 것으로 반응한다. 대조적으로 Mad • Max 전사 조절자는 표적 유전자를 촉진하는 대신에 억제하는 것으로 보인다. 그러므로 Mad • Max 결합은 세포가 분화하고 정지(quiescence)하도록 한다. Myc 과발현은 Burkitt 림프종, 신경아세포종, 소세포성 폐암을 포함하여 많은 인간 암의 발생을 유도한다. 많은 연구 실험실들에서 행해진 노력으로 이제 세포 성장과 발달을 조절하는 Myc, Max, Mad, 동족의 단백질과 연관된 복잡한 네트워크를 해명하는 방향으로 직접적으로 나아가고 있

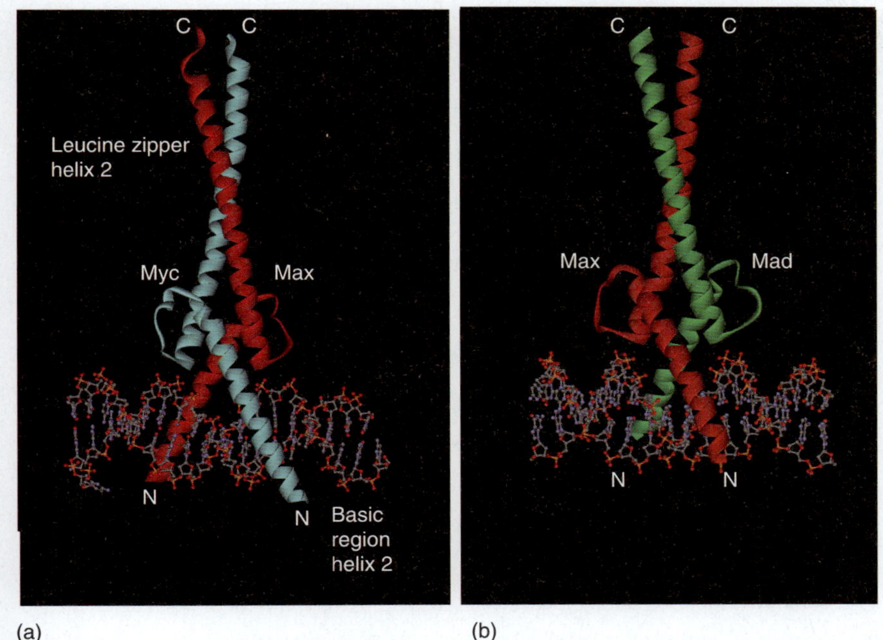


**그림 16.43 DNA에 결합한 Myc • Max와 Mad • Max 이형이량체의 구조.** 그림은 (a) Myc • Max • DNA와 (b) Mad • Max • DNA 구조의 전체적인 위상을 보여준다. 채색: Myc, 청록색; Max, 붉은색; Mad, 녹색. 함께 결정화된 oligonucleotide는 원자 막대기형으로 나타내었다. 나선, 염기성 지역, zipper 지역은 Myc-Max/DNA 구조에 표시되어 있다. Myc • Max DNA 결정을 준비하기 위해 사용된 DNA 서열은 CGAGTAGCACGTGCTACTC이고, Mad-Max DNA 결정에는 GAGTAGCACGTGCTACTC가 사용되었다. Protein Data Bank ID: 1NKP. Nair, S. K., and Burley, S. K., *Cell* 112 (2003): 193-205.

다. 이러한 노력들은 우리가 어떻게 세포가 분화하는지를 이해하고 다양한 암의 생성과 관련되는 기작을 더 공부하는데 도움을 주기 때문에 분명히 가치가 있다.

# 16.7 활성 domain

## 활성 domain은 전사를 촉진하기 위해 반드시 DNA-결합 domain과 결합해야 한다.

매우 다양한 전사 activator 단백질로부터 DNA-결합 domain의 구조-기능 연관성에 대하여 많은 부분이 알려져 있지만 전사 activator 단백질의 활성 domain(ADs)에 대해서는 훨씬 덜 알려져 있다. 이러한 지식의 부조화는 활성 domain 연구의 어려움을 반영한다. 대개 나선-선회-나선 motif나 zinc finger와 같은 특정한 3차원 구조를 형성하며 폴딩하는 DNA 결합 domain과는 달리, 활성 domain은 무작위의 코일을 형성하는 경향이 있으나 전사 기구의 다른 성분과 상호작용할 때는 한정된 구조를 취하는 것으로 보인다. 게다가 활성 domain은 보존된 아미노산 서열과 같이 공통의 구조적 특징을 공유하는 것으로 보이지 않는다. 활성 domain이 전사 기구의 특정한 단백질에 결합함으로써 작용하는 것으로 보이지만 그 생리적인 표적을 결정하기는 상당히 어렵다. 사실상 많은 활성 domain은 가능한 표적을 여러개 가지는 것으로 보이고 이러한 표적의 상당수가 생리적으로 중요할 가능성이 꽤 있다.

DNA에-결합한 전사 activator 단백질은 다음 기작의 하나 또는 모두를 통해 작용한다:

1. **모집 모델에 의한 활성.** 활성 domain은 하나 또는 그 이상의 전사 기구의 요소와 상호작용하여 주형 DNA에 그 요소가 결합하는 것을 안정화한다.
2. **구조적 변화 모델에 의한 활성.** 활성 domain은 활성 domain에 결합한 전사기구의 하나 또는 그 이상의 요소에 어떤 방식으로든 구조적 변화를 유도하고 그것으로 전사를 개시하기 위해 RNA 중합효소 II를 자극한다.

## Gal4는 DNA 결합 domain과 활성 domain을 갖는다.

활성 domain의 기능을 밝히는 것에 대한 상당한 어려움에도 불구하고, 일반적인 정황이 드러나기 시작했다. 이러한 정황의 대부분은 효모의 전사 activator 단백질에 대한 연구로부터 얻었으며 여기서부터 우리는 시작할 것이다. 지금까지 Gal4에 대한 우리의 연구는 DNA 결합 domain을 구성하는 $Zn_2C_6$ 이핵 집단와 이량체화 부위를 형성하기 위해 폴딩하는 처음 64 잔기의 구조와 기능에 제한되어 있었다. polypeptide 사슬의 다른 단편들 또한 특별한 기능을 가지고 있다(**그림 16.44**). 잔기 66~94까지 뻗은 단편은 훨씬 큰 이량체 안정성을 유도하고, 148~196과 768에서 881까지 뻗은 잔기들은 각각 약하고 강한 활성 부위로서 기능한다. 활성 부위는 다음에 서술되어 있다.

Gal4는 성장 배지에 있는 탄소원에 반응하여 *GAL* 유전자를 켜고 끄기 위하여 몇 개의 다른 단백질의 도움을 필요로 한다. 다음의 논의가 *GAL1*(galactokinase를 암호화하는 유전자)의 조절에 초점을 두고 있으나 여기에서 얻은 교훈은 다른 *GAL* 유전자에도 적용된다. *GAL1*은 포도당이 없을 때 galactose가 성장배지에 첨가되면 작동을 하고, galactose가 소모되거나 포도당이 첨가되었을 때 꺼진다. 그러므로 galactose는 *GAL1* 유전자의 발현을 유도하고 포도당은 억제한다. 2종류의 단백질이 전사 개시 부위로부터 상부의 조절 부위에 결합한다(**그림 16.45**). 이들 중 첫 번째 것인 위에서 언급한 Gal4는 상부 활성 서열 내의 4개 부위에 결합한다. $UAS_{GAL}$이라 명명된 이 서열은 118-bp 정도에 미치고 전사 개시 부위로부터 약 275-bp에 위치한다. Gal4는 4개의 17-bp 부위 중 하나만 있어도 전사를 촉진할 수 있다. Mig1 단백질(multicopy inhibitor of GAL gene expression)이라고 명명된 두 번째 단백질은 $UAS_{GAL}$과 전사 개시 부위 사이에 위치한 소위 *Mig1* 부위와 서열-특이적인 접촉을 이루는 DNA 결합 domain에 $C_2H_2$ zinc finger를 가지고 있다.

Galactose와 포도당 모두가 없을 때, Gal4는 $UAS_{GAL}$의 네 부위에 결합한다(**그림 16.46a**). 그러나 Gal4 결합은 *GAL1* 유전자의 전사를 작동시킬 수 없다. 이러한

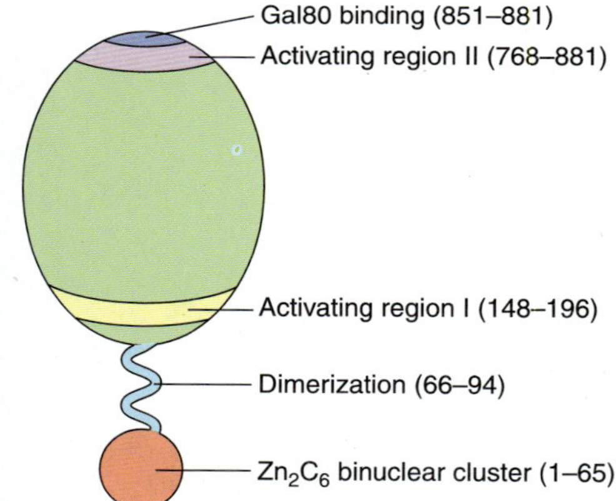


**그림 16.44 Gal4 domain 구조의 도식.** $Zn_2C_6$ 이핵 집단 (잔기 1-65)는 붉은색으로, 이량체화 지역 (잔기 66-94)는 청록색, 활성 지역 I (잔기 148-196)은 노란색으로 나타내었다. Gal80 결합 지역(851-881)을 포함하는 활성 지역 II (768-881)는 파란색이다. 나머지 활성 지역 II는 심홍색이다. Adapted from Ptashne, M., and Gann, A. *Genes & Signals*. Cold Spring Harbor Laboratory Press, 2002.

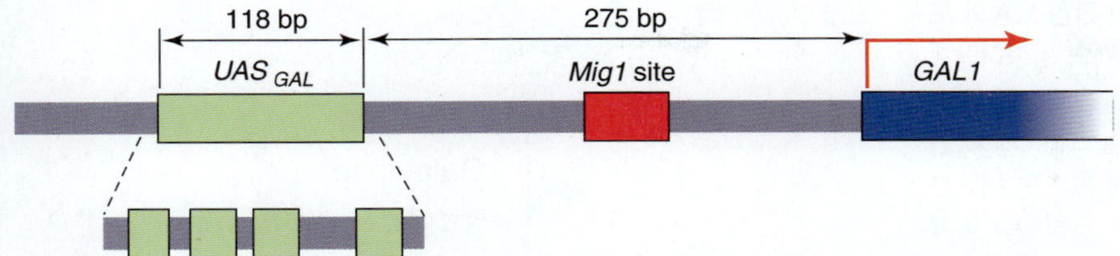


**그림 16.45** ***GAL1* 유전자와 상부 지역.** $UAS_{GAL}$ 내부의 4개의 Gal4 결합 부위는 확대된 그림으로 묘사하였다. Mig1 결합 부위는 $UAS_{GAL}$와 *GAL1* 사이에 위치한다. $UAS_{GAL}$는 약 118-bp정도의 길이이며 각 Gal4 부위는 17-bp이다. Adapted from Ptashne, M., and Gann, A. *Genes & Signals*. Cold Spring Harbor Laboratory Press, 2002.

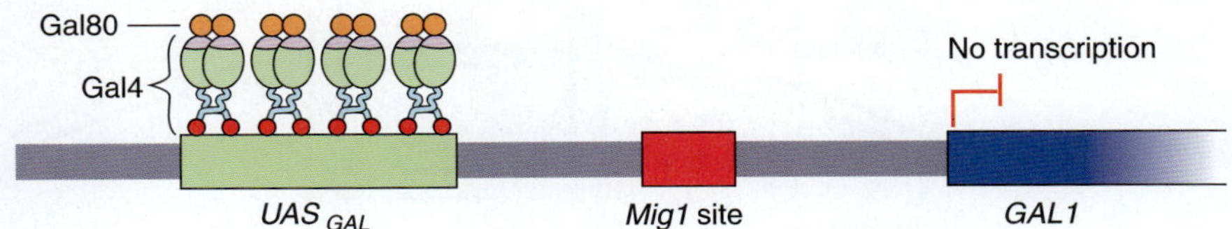

**그림 16.46** ***Gal1* 유전자 발현의 inducer로서 galactose의 영향.** Galactose가 없을 때, Gal80 이량체(주황색 구)는 Gal80 결합 부위에 붙어, 활성 지역 II (심홍색)가 전사 기구의 구성요소들과 상호작용하는 것을 막아 전사를 억제한다. (b) Galactose가 있을 때, Gal3 (나타내지 않음)가 Gal80에 붙어 Gal80 이량체가 분리되어 Gal4로부터 떨어져 나오게 된다. Gal4 활성 지역 II (심홍색)은 전사 기구의 요소들과 자유롭게 상호작용할 수 있게 되어 Gal1이 전사될 수 있다. Gal4를 표시한 색은 그림 16.44에서와 같다 (활성 지역 II 심홍색, 이량체화 지역 청록색, $Zn_2C_6$ 이핵 집단는 붉은색). 그러나, 간소화를 위해, Gal80 결합 부위와 활성 지역 I은 나타내지 않았다.

실패의 원인은 Gal80으로 알려진 동형이량체 단백질이 Gal80 결합 부위(851-881 잔기)에 결합하여 활성 부위 I이 다른 전사 요소들과 상호작용하는 것을 막기 때문이다. 성장 배지에 galactose를 첨가하면 Gal80에 의해 야기되는 억제를 경감할 수 있고 *GAL1* 전사가 일어나도록 한다(**그림 16.46b**).

Gal1과 상동성이 있으나 galactokinase 활성이 없는 세포질 단백질 Gal3는 Gal80 동형이량체로 인해 야기되는 억제를 경감하는데 필요하다. Gal3는 galactose와 ATP에 결합하여 Gal3 • galactose • ATP 복합체를 형성한다. 그러나 어떻게 세포질에 위치한 이 복합체가 핵 안에서 일어나는 Gal80 억제를 경감시킬 수 있는지를 설명하려고 노력하다보면 논리적인 문제에 봉착하게 된다. James Hopper와 동료들은 **그림 16.47**에 보이는 모형을 제안했다. 이 모형에 따르면 (1) Gal80 단량체와 이

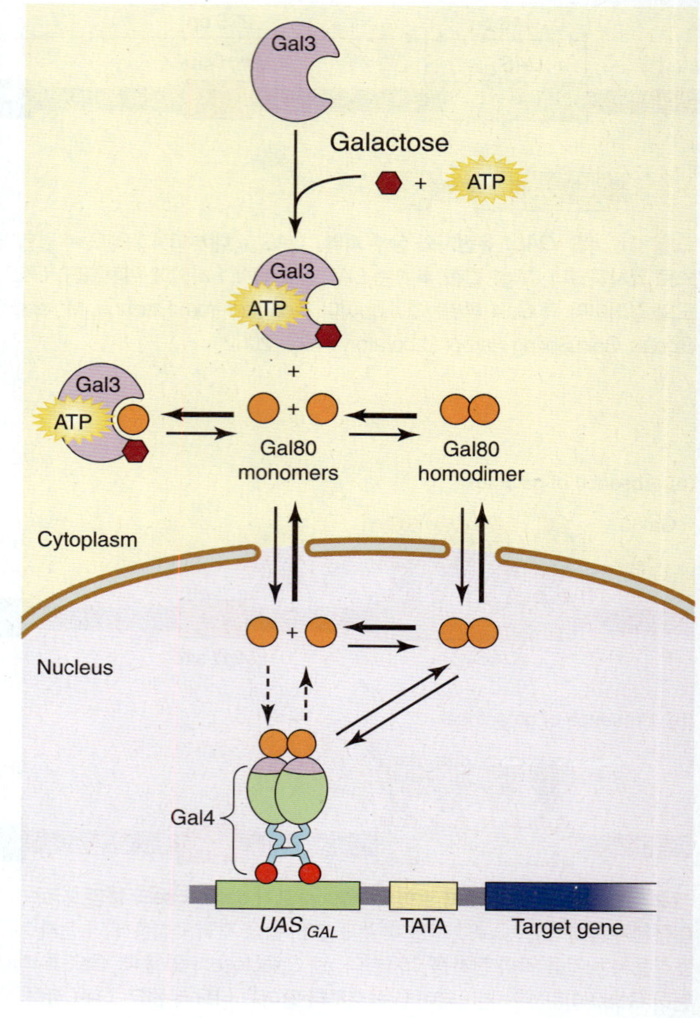


**그림 16.47 GAL 유전자 전환 모델의 도식.** 이 모형은 Gal80 단량체와 동형이량체가 평형을 이루는데 Gal3 • galactose • ATP 복합체가 Gal80 단량체에 붙으면 Gal80 단량체-이량체 평형이 단량체 쪽으로 이동한다는 것을 가정한다. Gal80 단량체와 동형이량체는 모두 핵과 세포질 사이를 순환하는 것으로 나타내었으나 증명이 필요하다. Galactose는 붉은 육각형으로 나타내었다. 간소화를 위해, 그림은 $UAS_{GAL}$에 결합한 Gal4 이량체 하나만 보여주었다. Adapted from Pilauri, V., et al., *Genetics* 169 (2005): 1903-1914.

량체는 핵과 세포질 사이를 이동할 수 있다; (2) 세포질에 있는 Gal3 • galactose • ATP 복합체는 Gal80 단량체에 결합하여 Gal80 이량체로부터 Gal80 단량체로 평형을 이동시킨다; 그리고 (3) 이 평형 이동은 활성 부위 II(768-881 잔기)를 유리시켜 RNA 중합효소 전사 기구의 요소들과 상호작용하여 전사가 일어날 수 있도록 한다.

*GAL1* 전사는 galactose를 함유한 성장 배지에 포도당을 첨가하였을 때 멈춘다. 포도당은 Mig1 기능을 조절하는데 **Snf1 kinase**(sucrose non-fermenting kinase)라고 불리는 단백질 kinase를 통해 작용한다. Mig1의 인산화된 형태는 세포질 단백질이어서 핵 안에 있는 *Mig1* 부위에 결합하지 못한다. 포도당은 Snf1 kinase를 불활성화하여 더 이상 Mig1을 인산화하지 못하도록 한다. Mig1의 비인산화 형태는 핵 안으로 이동하여 *Mig1* 부위에 결합한다(**그림 16.48**). 그러면 부가적인 전사 인자가 Mig1에 결합하여 *GAL1* 전사를 막는다.

1980년대 중반부터 시작하여 Ptashne와 동료들은 Gal4를 가지고 일련의 실험들을 수행함으로써 어떻게 활성 domain이 작용하는지를 설명하는데 기여했다. 이

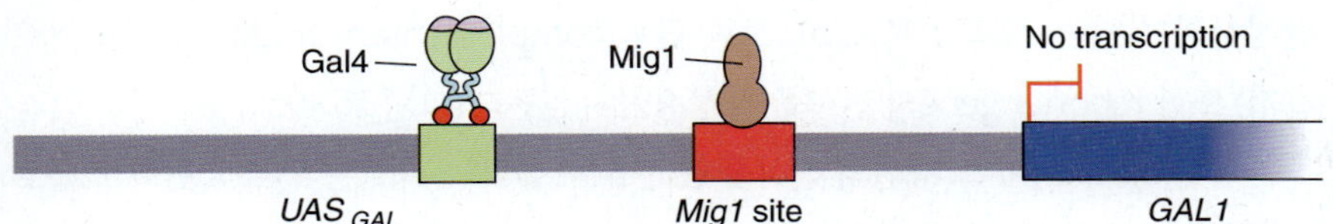


**그림 16.48 Gal1 전사에 있어 포도당의 영향.** 포도당이 있을 때, Mig1의 탈인산화된 형태가 *Mig1* 부위에 결합하는데, 이는 Gal1 유전자 전사 억제에 필수적인 과정이다.

러한 실험들은 전형적으로 변형된 Gal4 전사 activator 단백질을 암호화하는 유전자를 가진 재조합 플라스미드를 만드는 것과 연관되었다. 변형에는 881—잔기 Gal4 polypeptide 사슬로부터 다양한 단편들을 제거하거나 Gal4 peptide를 다른 단백질의 peptide 단편과 연결하여 잡종 단백질을 만드는 것들이 포함되었다. 근본적인 실험의 목적-재조합 단백질이 전사 activator 단백질로서 기능하는지의 여부를 결정하기 위함—은 먼저 Gal4 결핍 효모 균주에 재조합 플라스미드와 보고 플라스미드(reporter plasmid)로 형질전환하고, 형질전환체가 β-galactosidase와 같은 reporter gene 산물을 생산하는 능력을 측정함으로써 달성 되었다. 이러한 실험 한 세트에서 얻은 결과가 **그림 16.49**에 요약되어 있다. 정상적인 Gal4 전사 activator 단백질은 전사 개시 부위로부터 상부에 $UAS_{GAL}$ 부위를 가진 reporter gene의 전사를 촉진했다(그림 16.49a). 그러나 Gal4 사슬에 있는 처음 100개 잔기만을 포함하는 peptide 단편(DNA 결합 domain, 이량체화 domain, Gal4를 세포핵으로 가도록 하는 서열을 포함하는 지역)만으로는 $UAS_{GAL}$ 부위에 결합하더라도 유전자 전사를

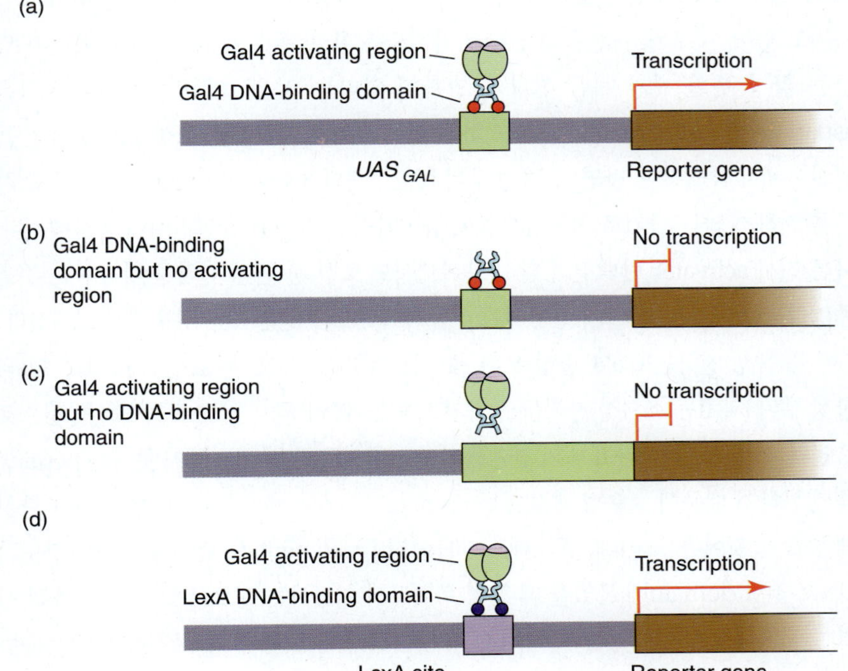


**그림 16.49 Gal4 domain 기능.** (a) Gal4 전사 activator는 전사 개시 부위로부터 상부에 $UAS_{GAL}$부위를 가진 reporter gene로부터 전사를 촉진한다. (b) Gal4 DNA 결합 domain ($Zn_2C_6$ 이핵 집단와 이량체화 지역)을 포함하는 peptide 단편 (잔기 1-100)은 전사 개시 부위로부터 상부에 $UAS_{GAL}$부위를 가진 reporter gene로부터 전사를 촉진하지 않는다. (c) 활성 지역을 포함하는 나머지의 Gal4 단편 (잔기 100-881)은 전사 개시 부위로부터 상부에 $UAS_{GAL}$ 부위를 가진 reporter gene로부터 전사를 촉진하지 않는다. (d) 세균 repressor 단백질 LexA로부터 얻은 DNA 결합 domain이 Gal4 활성 지역 (잔기 100-881)에 붙은 LexA-Gal4 잡종 단백질은 전사 개시 부위로부터 상부에 *LexA* 부위를 가진 reporter gene로부터 전사를 촉진한다.

활성시키지 않는다(그림 16.49b). 보충 단편(complementary fragment)(100-881 잔기) 또한 reporter gene의 전사를 활성시키지 않는다(그림 16.49c).

활성 domain이 그 자신의 전사를 촉진할 수 없다는 사실은 구조적 변화 모델로는 Gal4 활성 domain이 전사를 촉진시키는 기작을 설명하기에 불충분하다는 것을 암시한다. 그러나 이는 구조적 변화 모델이 전사 활성에 일부 기여할 가능성에 대해 배제하지는 않는다. 보충 단편(100-881 잔기)과 다른 DNA 결합 domain의 연결은 전사 activator 단백질로서 기능하지 않는 잡종 단백질을 생산했다. 예를 들어, 보충 단편에 DNA LexA(10장 참조)라 알려진 *E. coli* repressor의 DNA-결합 domain을 붙이면 LexA-Gal4 잡종 단백질이 생산되는데, 이는 전사 개시 부위로부터 상부에 LexA 부위를 가진 reporter gene의 전사를 개시할 수 있다(그림 16.49d). 이러한 종류의 실험은 한 단백질의 DNA-결합 domain을 다른 것으로 대체하기 때문에 **domain 교환(domain swap)**으로 알려져 있다. LexA-Gal4 잡종 단백질이 전사를 활성시켰다는 사실은 모집 모델에 의한 활성과 일치한다. 그림 16.49에 보이는 실험은 전사 activator 단백질이 작용하기 위해 DNA-결합 domain과 전사 활성 domain을 모두 필요로 하지만 세균로부터 온 것이라 할지라도 각종 DNA-결합 domain은 Gal4의 것을 대체할 수 있다는 것을 암시한다.

Ptashne와 Jun Ma는 결실 분석 실험을 수행하여 두 구분된 활성 부위를 포함하는 Gal4 활성 domain을 밝혀냈다. 활성 부위 I는 148에서 196번 잔기까지 뻗어있다. 활성 부위 II는 768에서 881번 잔기에 이르고 Gal80 repressor-결합 부위도 포함한다. 활성 부위 둘 중 하나를 DNA 결합 domain에 붙이면 전사 activator 단백질을 만들어낸다. 그러므로 Gal4의 큰 부분은 유전자 활성에 필요하지 않다. 활성 부위 각각은 예상보다 훨씬 많은 수의 음성을 띤 아미노산인 aspartate과 glutamate을 가지고 있어 이 부위가 총 음성 전하를 가지도록 한다. 활성 부위 I에 대한 유전자 연구는 활성 부위 세기가 음 전하와 연관이 있다는 것을 보였다. 활성 부위 I은 aspartate이나 glutamate 잔기를 전하가 없는 잔기로 치환하여 음성 전하를 줄인 돌연변이에서 약해진다. 반면에, 활성 부위 I은 몇 개의 lysine이나 arginine 잔기 중 하나를 전하가 없는 잔기로 치환함으로써 음전하를 증가시킨 돌연변이에서 강해진다. 다른 전사 activator 단백질의 활성 부위에서도 또한 총 음성 전하를 갖는다는 것을 증명하려는 시도는 몇 가지 경우에서 성공적이었으나 많은 다른 경우에서 실패했다.

총 음성 전하는 Gal4 활성 부위 세기를 결정하는 유일한 요인이 아니다. Gal4 활성 부위 I과 II는 소수성 잔기들도 가지고 있는데, 이 역시 기능에 기여하는 것으로 보인다. 활성 부위 I이나 II 내의 잔기들의 순서를 뒤섞으면 기능하지 못하는 peptide를 생산하기 때문에 소수성 배경에 glutamate과 aspartate 잔기의 배열은 아마 활성에 중요할 것이다. 그러나, 무작위로 만들어진 *E. coli* peptide 단편들 중 1% 정도가 DNA-결합 domain에 붙었을 때 활성 부위로서 기능하는 것으로 보아 어떤 특정 서열이 필요해보이지는 않는다. 하나의 가설은 소수성 배경에 음성 전하의 결사슬이 접착성 peptide 단편을 만들어 내는데, 이것이 다른 전사기구 요소들에 결합하여 이 구성 요소들을 전 개시 복합체에 모집하도록 돕는다는 것이다. 다른 종류의 접착성 peptide 단편은 총 음성 전하를 가지지 않은 활성 부위에서 진화되어 왔을 것이다.

Ma와 Ptashne는 활성 부위가 DNA-결합 domain에 결합해야 하는 방식에 있어 입체특이적인 제약이 있더라도 적어서 활성을 띠는 잡종 전사 인자를 비교적 쉽게 제작할 수 있었음을 깨달았다. 이러한 깨달음으로 그들은 DNA-결합 domain과 활성 부위가 다른 polypeptide 사슬에 있다가 단백질 복합체를 형성하기 위해 합쳐지는지의 여부를 확인하기 위한 실험을 고안하였다. 비-공유성 결합으로 서로 상호작용하는 두 polypeptide를 변형하여 처음 polypeptide는 DNA-결합 domain을 두 번째는 활성 부위를 가지도록 시도하였다. 그들은 Gal4 DNA 결합 domain에서 148에서 850번 잔기까지를 삭제한 DNA 결합 domain polypeptide를 제작하였고, Gal80 repressor에 산성의 세균 peptide를 첨가하여 활성 부위를 가진 peptide를 제작했다. 그러고 나서 두 polypeptide의 다양한 조합을 만드는 효모 세포들이 염색질 내의 *UAS*$_{GAL}$-*lacZ* 융합 단백질을 전사하는 능력을 시험해 보았다. 이 실험의 결과가 **그림 16.50**에 요약되어 있다. Gal4 변이체를 만드는 세포들은 적은 양의 β-galactosidase를 합성한다(그림 16.50a). Gal4 변이체가 활성 부위 II(851-881번 잔기)의 일부에 여전히 존재하기 때문에 이 결과는 예상된 것이다. 정상형 Gal80도 만

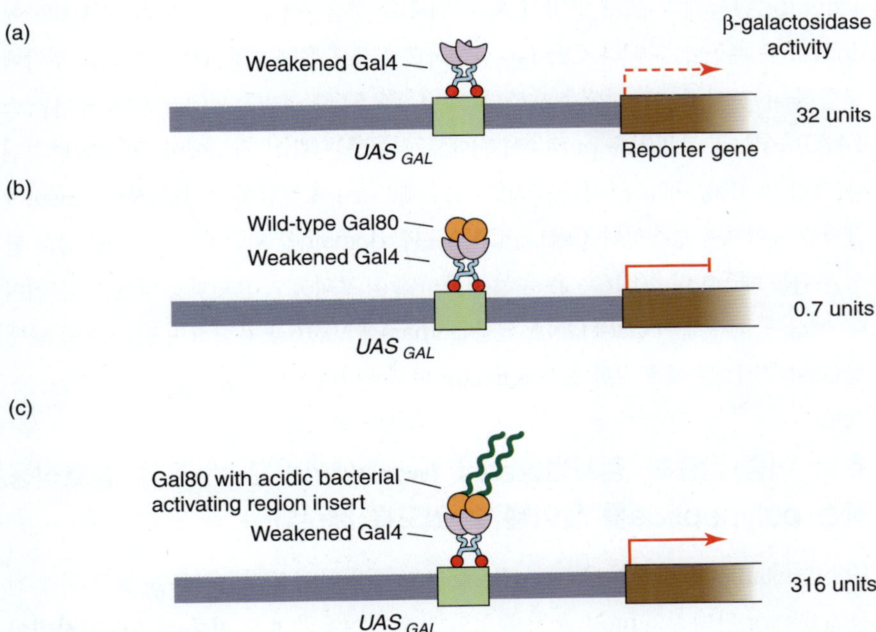


**그림 16.50 DNA-결합 domain과 활성 부위가 다른 polypeptide 사슬에 있어도 되는지를 확인하는 실험.** (a) 활성 부위 II의 일부(잔기 851-881, 심홍색)가 이량체화 지역에 직접 붙어 있는 약화된 Gal4를 합성하는 세포는 *UAS*$_{GAL}$-LacZ 융합 유전자로부터 적은 양의 β-galactosidase를 합성한다. (b) 정상형 Gal80(주황색) 또한 만드는 세포는 Gal80가 약화된 Gal4와 결합하여 전사를 억제하기 때문에 미량의 β-galactosidase만을 합성한다. (c) 약화된 Gal4와 활성 지역으로 기능할 수 있는 세균 peptide 삽입체 (녹색)를 가진 변형된 Gal80를 합성하는 세포는 많은 양의 β-galactosidase를 합성한다.

드는 세포들은 극소량의 β-galactosidase를 합성한다(그림 16.50b). Gal80 repressor가 Gal4 변이체에 결합하여 전사를 억제하기 때문에 이 결과 또한 예상된 것이다. 정상형 Gal80를 이전에 활성 부위로 기능하는 것이 알려진 세균 peptide 조각을 포함한 Gal80로 대체하면 β-galactosidase 합성이 과량으로 증가한다(그림 16.50c). 이 실험들은 DNA-결합 domain을 가진 polypeptide와 활성 부위를 가진 polypeptide가 기능을 가진 전사 activator 단백질을 형성하기 위해 비-공유 상호작용을 통해 결합할 수 있다는 것을 보여준다. 그러므로 이 실험은 모집 모델에 의한 활성과 또한 일치한다.

분리된 polypeptide 사슬에 있는 DNA-결합 domain과 활성 domain의 예는 자연에서 볼 수 있다. 단순포진바이러스(herpes simplex virus, HSV)는 특히 교훈적인 예를 제공한다(**그림 16.51**). VP16이라 불리는 흥미로운 바이러스 polypeptide는 nucleocapsid(바이러스 분자의 핵심)와 바이러스 막 사이의 공간에 존재했기 때문에 처음에 구조적 단백질처럼 보였다. 비록 VP16이 HSV의 진화 역사 초기에 완전히 구조적인 역할을 했을지도 모르지만 바이러스 분자가 세포 핵에 들어가서 방출된 후 즉시 5개 바이러스 유전자의 전사를 활성화시키는 전사 인자로 진화하였다. 자기 자신에게 작용하는 VP16은 DNA-결합 domain이 없기 때문에 5개의 immediate-early 바이러스 유전자의 조절 부위에 결합할 수 없다. 그러나 POU 패밀리 전사 activator 단백질의 초기 멤버인 숙주 세포의 전사 activator 단백질 Oct-1은 이 domain을 제공할 수 있다. Oct-1은 정상적으로 세포 유전자의 ATGCAAAT 부위에 결합하여 전사를 약하게 촉진한다(그림 16.51a). 그러나 Oct-1은 바이러스 TAATGARAT 부위(R은 purine이다)에도 결합하는데 이 과정에서 구조가 변경된다(그림 16.51b). VP16은 이 구조 변화 이후에 Oct-1에 결합하여 강한 전사 activator 단백질 복합체를 형성한다. Oct1은 DNA-결합 domain을 제공하고, VP16은 강한 활성 부위를 제공한다. VP16은 총 음성 전하의 활성 부위를 가진 단백질의 또 다른 예이다. 예상된 것과 같이 Gal4 DNA 결합 domain에 VP16을 융합하여 만든 잡종 단백질 Gal4-VP16은 매우 강한 전사 activator 단백질이다.

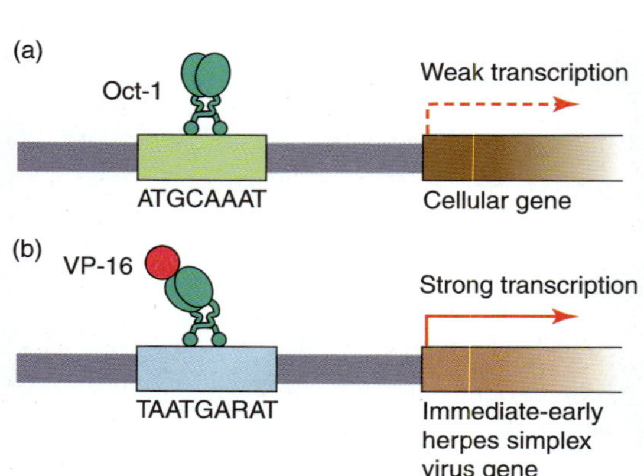


**그림 16.51 VP16-Oct-1 상호작용.** (a) Oct-1 (녹색)은 세포 유전자의 ATGCAAAT 서열에 결합하여 전사를 약하게 촉진한다. (b) Oct-1은 단순포진바이러스 (HSV)의 immediate-early 유전자 promoter의 TAATGARAT 서열에 결합하여 구조를 변화시킨다. VP16 (붉은색)은 구조적 변화 이후에 Oct-1에 결합하고 두 polypeptide는 함께 강한 전사 activator를 형성한다.

## 효모 이중-잡종화 검사법(yeast two-hybrid)은 비-공유 상호작용하는 polypeptide를 찾아낼 수 있도록 해준다.

1989년 Stanley Fields와 Ok-kyu Song은 단백질-단백질 상호작용을 찾기 위해 전사 activator 단백질의 module적 특성의 장점을 이용한 **효모 이중-잡종화 검사법**이라고 알려진 독창적인 기술을 고안했다(**그림 16.52**). 이 검사법은 서로 다른 잡종 단백질의 발현을 각각 지시하는 두 플라스미드의 제작으로 시작한다. 첫 번째 잡종 단백질은 DNA 결합 domain과 결합된 X라는 어떤 단백질을 가지고 있고, 두 번째는 강한 활성 domain (AD)와 연결된 $Y_1$ 또는 $Y_2$라는 다른 단백질을 가지고 있다. 두 플라스미드는 첫 번째 잡종 단백질 DNA-결합 domain의 표적 조절 부위를 가진

reporter gene와 함께 효모 세포에 도입되었다.

어떻게 이 검사법이 작동하는지를 보기 위해 단백질 X와 $Y_1$이 상호작용하는 반면 단백질 X와 $Y_2$는 그렇지 않다고 가정하자. 잡종 단백질 X-DBD와 $Y_1$-AD가 있는 세포는 기능하는 전사 activator를 가질 것이고 reporter gene의 전사를 촉진할 것이다(그림 16.52a). 반면에 잡종 단백질 X-DBD와 $Y_2$-AD가 있는 세포는 기능하는 전사 activator를 갖지 못하기 때문에 reporter gene를 전사할 수 없을 것이다(그림 16.52b).

이중-잡종화 검사법의 중요한 응용 하나는 관심 있는 특정 단백질과 상호작용하는 단백질을 찾는 것이다. 이 검사법은 관심 있는 특정 단백질을 "미끼(bait)"로 그것과 상호작용하는 단백질(먹이감, "prey")을 잡는데 사용한다. 첫 번째 단계는 효모를 제작하는 것인데 이 효모는 DNA 결합-domain이 prey 단백질과 융합된 잡종 단백질의 합성을 지시하는 플라스미드를 가지고 있고, *LEU2* 또는 *HIS3*와 같은 선별 시 사용하는(selectable) reporter gene를 가지고 있다. 다음 단계는 제작되었던 플라스미드 library를 가지고 효모를 형질전환 시켜 각 형질전환된 세포가 서로 다른 prey 단백질(그림 16.52에서 $Y_1$과 $Y_2$ 단백질에 해당하는 단백질)에 동일한 활성 domain이 연결된 잡종 단백질을 발현하는 것이다. 잡종 미끼 단백질과 상호작용하는 잡종 먹이 단백질을 받아서 형질전환된 것들(transformant)만이 leucine 또는 histidine이 결핍된 최소 배지에서 자랄 수 있다. 이러한 형질전환체로부터 플라스미드를 분리하여 서열을 알 수 있고, 이러한 서열 정보는 먹이 단백질을 확인하기 위해 data bank를 검색할 때 사용된다.

수많은 위양성 및 음성반응에도 불구하고, 이중-잡종화 검사법은 서로 상호작용하는 단백질을 확인하는 데 상당히 성공적이다. 이중-잡종화 검사법은 또한 다른 표적 단백질에 더 강하거나 약한 결합을 야기하는 아미노산 치환 돌연변이 단백질을 확인하는 데에도 유용하다. 이제 우리는 어떻게 전사 activator 단백질이 전사를 촉진하는지에 대한 기본적인 논의로 돌아가 보자.

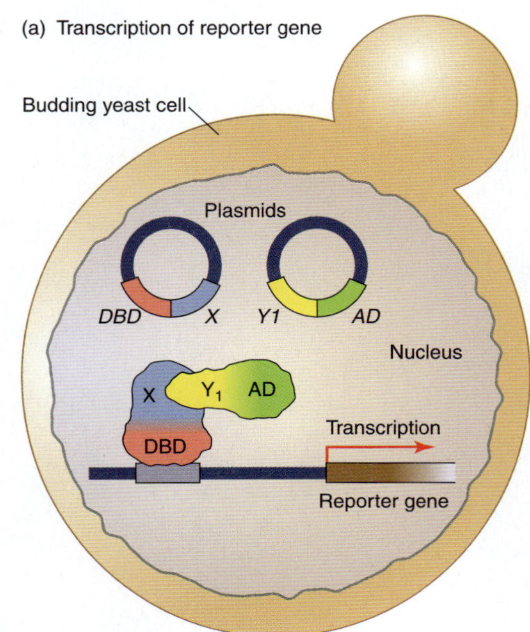


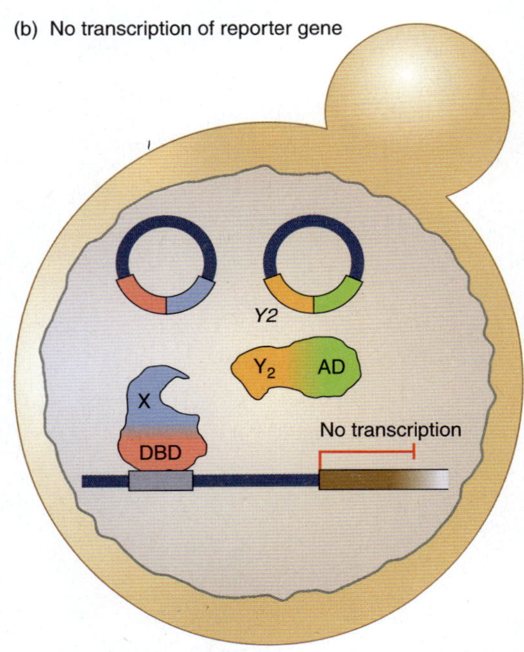


**그림 16.52 이중-잡종화 시스템이 어떻게 작용하는가.** (a) 미끼 단백질인 단백질 X는 DNA 결합 domain (DBD)과 연결하였다. 단백질 Y1은 전사 활성 domain (AD)와 연결되었다. 두 잡종 단백질은 효모 세포의 플라스미드로부터 발현된다. 단백질 X와 Y1이 상호작용하면 reporter gene를 활성화시켜 효모가 제한된 배지에서 자랄 수 있도록 하는 단백질을 암호화한다 . (b) 단백질 X와 Y2는 상호작용하지 않는다. 그러므로, reporter gene는 발현되지 않고 효모는 성장할 수 없다. Adapted from Uetz, P. H., Hughes, R. E., and Field, S., *Focus* 20 (1998): 62-64.

## 16.8 매개자(mediator)

### 진압(squelching)은 전사 activator 단백질이 한정된 전사 기구 구성 요소와 경쟁할 때 일어난다.

연구자들은 처음에 진핵생물의 전사 activator 단백질이 하나 또는 이상의 기본적인 전사 기구의 요소와 직접적인 접촉을 이룸으로써 유전자의 전사를 촉진한다고 생각했다. 사실상 전사 activator 단백질이 TBP, TBP 연관 인자 (TAFs)와 TFIIB와 같은 기본적인 전사 기구의 구성요소와 접촉한다는 상당한 증거가 있지만 이러한 접촉은 종종 전사를 활성화 시키기에 불충분하다. 전사 activator와 repressor 단백질이 작용하기 위해 **매개자(mediator)**라 명명된 완전히 새로운 단백질 복합체가 필수적이다.

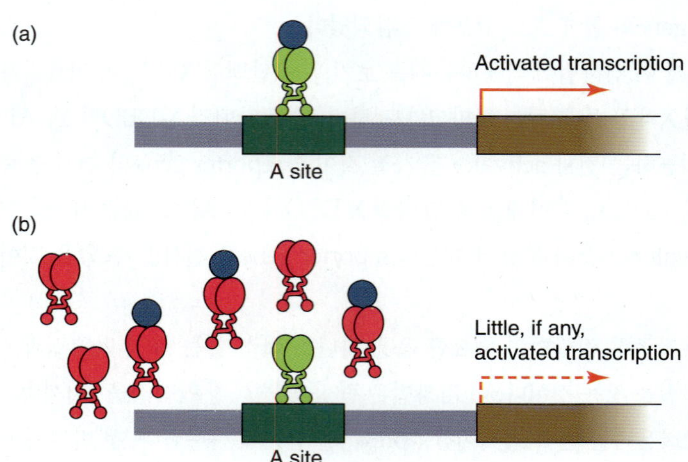


**그림 16.53 진압(squelching).** (a) 전사 activator A (연두색)은 표적 단백질 (파란색)에 결합하여 활성화된 전사가 일어나도록 한다. (b) 전사 activator B (붉은색)은 표적 단백질 (파란색)에 결합하여 전사 activator A (연두색)에 결합할 수 있는 표적 단백질을 매우 적게 만든다. 진압은 표적 단백질에 대한 전사 activator들 사이의 경쟁으로부터 야기된다.

1988년 효모와 포유류 세포에서 수행한 연구에서 한 전사 activator 단백질이 세포 내 높은 농도로 존재하면 다른 전사 activator 단백질이 유전자 전사를 촉진하는 것을 억제한다는 것을 보여주었다. 이때 처음으로 매개자의 존재에 대한 힌트를 얻었다. Grace Gill과 Mark Ptashne는 전사 activator 단백질이 어떤 한정된 표적을 가지고 경쟁할 때 발생하는 **진압(squelching)**이라 불리는 이러한 억제 현상을 제시했다(**그림 16.53**). TBP, TFIIB와 RNA 중합효소 II 각각은 전사 activator 단백질에 각각 결합할 수 있기 때문에 한정된 표적으로서의 합당한 후보자일 것으로 보인다. 그러나 문제는 이 전사 기구의 구성요소 중에 한정된 표적이 있다면 어떤 것인지 결정하는 방법들을 고안하는데에 있었다. Roger Kornberg와 동료들은 이 문제를 풀 한 방법이 cell-free extract 체계에서 진압 현상을 재현하는 것이 될 수 있으리라 생각했다. 전사 activator 단백질을 효모 핵 추출물에 첨가함으로써 이 목표를 달성한 뒤, 그들은 진압이 과량의 RNA 중합효소 II 또는 어떤 주어진 일반적인 전사 인자가 추출물에 첨가된 후에도 지속된다는 것을 증명했다. 이러한 실험들은 여전히 알려지지 않은 어떤 인자들이 진압에 관여하는 한정된 표적일 것이라고 암시한다. 다음 절에서 보이는 바와 같이 이 표적에 대한 탐색은 매개자의 발견을 이끌었다.

## 매개자는 활성화된 전사에 필요하다.

Kornberg와 동료들은 효모로부터 전사 인자를 정제하고자 단백질 분획을 준비하였다. 그들은 이 단백질 분획이 전사를 활성화 시키는 것처럼 보인다는 것을 알아냈고, 이로 인해 매개자의 발견은 중요한 다음 행보를 이룩했다. 그들은 전사 활성 인자 단백질과 기본적인 전사 기구와 상호작용하여 전사를 촉진하거나 진압의 표적으로 작용할 수 있는 전사 기구의 구성요소가 이 분획에 포함되는 것이 아닌가 의심했다. 추정되는 전사 요소가 전사 activator 단백질과 기본적인 전사 기구 사이에 "go"로 작용하는 것으로 보였기 때문에, 매개자로 명명되었다.

Kornberg의 그룹은 균질의 일반적인 전사 인자, RNA 중합효소 II, 전사 activator 단백질 Gcn4와 2개의 다른 DNA 주형(하나는 Gcn4 결합 부위를 갖고, 다른 하나는 Gal4 결합 부위를 갖는)을 포함하는 검사 체계를 사용하여 단백질 분획으로부터 매개자를 분리하기 시작했다. 두 주형으로부터 전사된 것은 gel 전기영동에 의해 분리되는 다른 크기의 방사성 RNA 분자를 생산하여 Gal4 부위로 인한 기본적인 전사와 Gcn4 부위에 의해 활성된 전사를 구별할 수 있게 한다. 이 검사 체계의 장점을 이용하여 Kornberg와 동료들은 단백질 복합체인 매개자를 분리하는 데 성공했다. 핵심 복합체는 21개의 다른 단백질을 포함한다. 게다가 Srb 단백질(아래 참조)의 subgroup은 효모 매개자 복합체 모두는 아니지만 일부에 존재하는 Cdk8 (또는 Srb8-11) module로 알려진 특정한 subcomplex를 형성한다. Activator 단백질에 반응하여 효모 단백질을 포함하는 재구성된 전사 체계를 촉진하는 능력과 더불어 매개자는 또한 activator 없이도 대략 10배만큼 전사를 촉진할 수 있고, TFIIH kinase는 가장 큰 RNA 중합효소 II subunit(Rpb1)에 있는 카르복실 말단 domain (CTD)의 인산화를 30-에서 50-배만큼 촉진시킨다.

효모의 핵심 매개자에 있는 21개 subunit 각각을 암호화하는 유전자가 확인되었다. 이들 유전자의 몇몇은 처음에 전사에 영향을 미치는 돌연변이를 찾기 위한 유전학적 스크린을 이용하여 밝혀내었다. 예를 들어 1989년 Michael Nonet과 Richard Young은 Rpb1에 제한된(truncated) CTD를 가진 효모 돌연변이를 연구하면서 각각 다른 매개자 polypeptide subunit을 암호화하는 5개의 유전자를 확인하였다. truncated CTD는 돌연변이가 cold-민감성과 온도-민감성 표현형을 갖도록 한다. Nonet과 Young은 추운 곳에서 자라는 돌연변이의 능력을 회복할 수 있는 repressor 돌연변이를 찾음으로써 CTD 기능에 관련된 단백질들을 확인하고자 하였다. 이러한 repressor 돌연변이 몇몇이 발견되어 새로운 유전자의 확인을 이끌었는데 이 유전자들이 RNA 중합효소 B(RNA 중합효소 II의 또다른 이름)의 repressor(suppressors of RNA polymerase B)에 대한 유전학적 스크린으로 처음 검출되었다는 사실을 반영하여 *SRB1*, *SRB2* 등으로 명명되었다. 매개자 subunit의 부가적인 유전자는 전사의 어떤 특정한 면을 연구하기 위해 구상된 유전학적 스크린을 사용하여 확인되었다. 예를 들어 매개자 subunit의 2가지 *RGR*과 *Gal11*을 암호화하는 유전자는 포도당 억제에 대한 저항성(resistance to glucose repression)과 galactose 대사(galactose metabolism)에 각각 관련된다는 데서 이름을 따왔다. 나머지 매개자 유전자는 Kornberg의 그룹이 매개자를 분리해낼 당시에 확인되지 않아서 *MED1*, *MED2* 등으로 명명되었다.

많은 다른 실험실에서의 연구는 매개자가 모든 진핵생물에서 RNA 중합효소 II

전사 기구의 근본적인 부분임을 보여주었다. 더욱이, 모든 생물의 매개자 subunit은 효모에 있는 것과 상동하고 비슷한 모양을 가진 것으로 보인다. 이 상동성은 최근에서야 인지되기 시작했기 때문에, 논문들은 다소 헷갈리는 명명법 체계를 가지고 있다. 한 예가 이 문제를 보여주는 데 도움을 줄 것이다. 몇 가지 포유류 매개자 단백질이 분리되고, 각각이 기능이나 분리하는데 사용되었던 방법을 반영하여 이름을 얻었다. 그러므로 가장 잘-연구된 2가지 포유류 매개자는 이들 두 매개자가 매우 비슷하고 아마 동일하다는 사실에도 불구하고 갑상선 호르몬 수용체-관련 단백질(thyroid hormone receptor-associated protein (TRAP))과 비타민 D 수용체 상호작용 단백질 (vitamin D receptor-interacting protein (DRIP))이라고 부른다. 통합된 명명법 체계가 최근에 제안되었는데 거의 모든 매개자 subunit이 MED 뒤에 숫자를 지정하여 명명하는 것이다. 예를 들어 효모의 Rgr과 사람의 TRAP170은 Med14라고 명명되는 반면, 효모의 Gal11과 사람의 Arc105는 Med15라고 이름 짓는 것이다. 이 명명법 체계는 매개자가 효모에서 처음 발견되었다는 것을 알려준다. 그러므로 최초의 효모 MED subunit은 그들의 이름(Med1-11)을 간직한다. 나머지 효모 Med subunit들은 Med12부터 시작하여 분자량이 감소하는 순으로 이름이 붙여진다.

생화학, 유전학 그리고 전자 현미경 연구는 효모 매개자 subunit 구성과 매개자와 RNA 중합효소 II 사이의 상호작용에 대해 통찰을 제공한다. Michel Werner와 동료들은 출아 효모 매개자 subunit 사이의 단백질-단백질 접촉을 조사하기 위해 pairwise 이중 잡종화 개시 부위를 사용하였다. 매개자 subunit의 상대적인 크기 뿐 아니라 이것들과 관련된 연구들에 기초하여 그들은 **그림 16.54**에서 보이는 효모 subunit에 대한 topological 지도를 작성하였다.

효모 매개자는 머리, 중간, 꼬리의 3 domain으로 조직된 것으로 보인다. 머리 domain은 가장 큰 RNA 중합효소 II의 subunit (Rpb1)의 카르복실 말단 domain(CTD)과 상호작용하는 것으로 보이고 RNA 중합효소 II의 활성에 직접적으로 영향을 주는 신호 처리자로 작용한다. 이 domain이 없는 세포는 생존할 수 없다. Med9/10 module을 포함하는 중간 domain 또한 CTD와 상호작용하는 것으로 보인다. 이것은 전사 activator 단백질에 결합한 후에 조절 신호 전달에 있어 기능하는 것으로 생각된다. 꼬리 domain은 초기에 전사 돌연변이에 대한 유전학적 스크린으로 확인된 대부분의 매개자 subunit을 포함하는데, Gcn4와 같은 유전자-특이적 전사 activator 단백질로부터 온 신호를 감지하는 것으로 생각된다. 꼬리 domain이 없는 세포는 생존할 수 있다.

### 효모 매개자 복합체는 활성 효모 유전자에 있는 UAS와 관련되어 있다.

진핵생물에서 분자량이 ~1 MDa인 매개자 복합체가 활성화된 전사에 필수적이라는 발견은 너무 많은 단백질들이 이 과정에 참여한다는 것이 이미 알려져 있었기 때

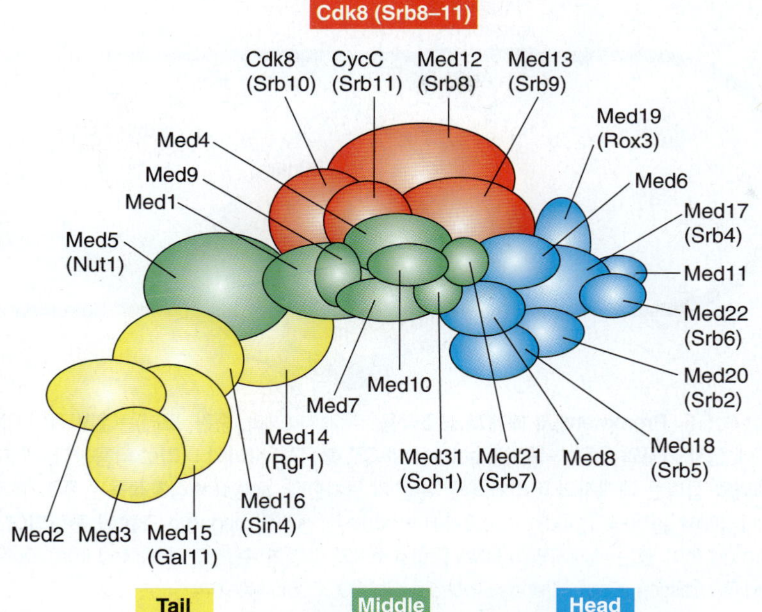


**그림 16.54 효모 매개자의 위상적 조직.** 이 모형은 출아 효모 매개자 subunit 사이의 단백질-단백질 접촉을 연구하기위해 사용된 pair-wise 이중 잡종 실험과 매개자 subunit의 상대적 크기에 상당한 기반을 두었다. 핵심 매개자는 3 subcomplex로 조직되고, 머리 (파란색), 중간 (녹색), 꼬리 (노란색) module로 명명되었다. Cdk (또는 Srb8-11) module (붉은색)은 많은 효모 매개자 복합체에 존재한다. 적용할 수 있도록, 매개자 subunit의 옛 이름은 새 이름 아래의 괄호에 나타내었다. Modified from Guglielmi, B., et al., *A high resolution protien interaction map...*, *Nucleic Acid Res.*, 2004, vol. 32 (18), pp. 5379-5391, by permission of Oxford Univerfsity Press. Used with permission of Michel Werner, Service de Biologie Integrative et Genetique Moleculaire CEA-Saclay and Nynke van Berkum and Frank Holstege, University Medical Center Uterchta.

문에 상당히 놀라운 것이었다. 매개자 복합체는 activator 단백질 또는 RNA 중합효소 II에 결합하여 다양한 진핵생물로부터 분리되었는데, 이는 activator 단백질에서 RNA 중합효소 II까지의 의사소통을 연결하는 역할을 한다. 어떻게 매개자가 전-개시 복합체와 상호작용하는지를 확인하기 위해서는 더 연구가 필요하다.

Kornberg와 동료들은 **염색질 면역침강법(chromatin immunoprecipitation; ChIP)**으로 알려진 기술을 사용하여 어떻게 매개자가 promoter와 상호작용하는지 확인하고자 하였다. 이 기술(**그림 16.55**에 묘사된)과 관련된 단계는 다음과 같다. (1) 세포에 단백질-단백질과 단백질-DNA crosslinking을 야기하는 세포-투과성 분자인 formaldehyde를 처리한다. (2) 처리된 세포는 용해되고 분리된 염색질은 약 100에서 1,000bp의 작은 조각을 만들도록 초음파로 절단된다. (3) 관심이 있는 단백질이 붙은 조각을 침전하기 위해 항체가 첨가된다. (4) 조각을 낮은 pH의 완충액에 둠으로써 crosslink를 제거한다. (5) 단백질이 제거되고 관심 부위를 증폭하기 위해 자유 DNA에 특정한 primer를 넣어준다.

Kornberg와 동료들에 의해 수행된 ChIP 실험은 매개자가 활성 조건 하의

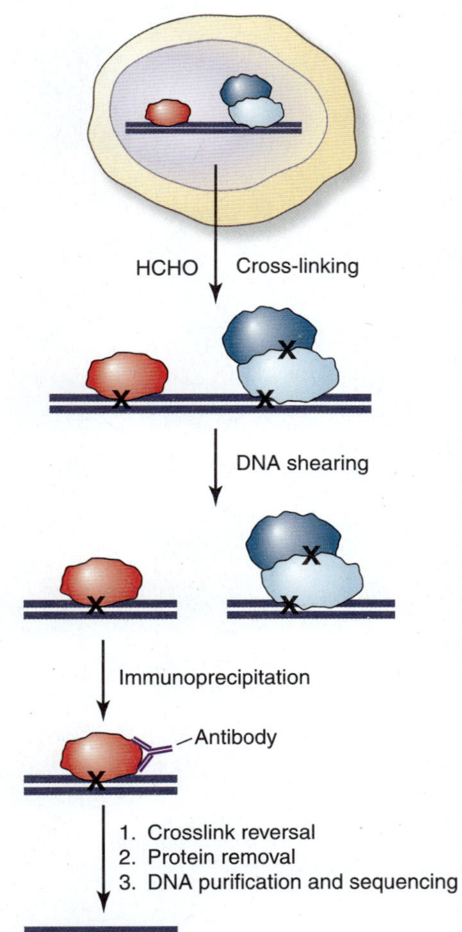


**그림 16.55 염색질 면역침강법(ChIP).** 바람직한 실험 조건에서 세포가 배양된다. 그러고 나서 cross-linking agent로 대개 formaldehyde를 첨가하여 단백질-단백질과 단백질-DNA 상호작용을 잡는다. 세포를 용해한 뒤, DNA는 물리적인 절단을 거친 뒤 항체 또는 관심 단백질에 대해 특이적인 항체 조합을 이용하여 면역침강한다. 여기에서 보여준 예에서는, 관심 단백질은 붉은색으로 채색되어 있고 나머지 단백질들은 파란색이다. 면역침강 이후, 낮은 pH에서 cross-link는 역으로 돌아간다. 다음으로 단백질을 제거하고, DNA가 정제된다. 정제된 DNA는 중합효소 연쇄 반응(PCR)에 의해 증폭된 뒤 연구될 것이다. Adapted from Sikder, D., and Kodadek, T., *Curr. Opin. Chem. Biol.* 9 (2005): 38-45.

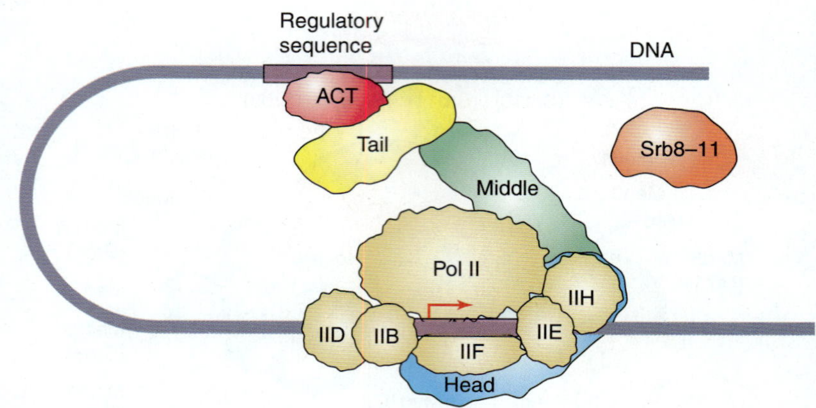


**그림 16.56 Promoter에서 매개자 상호작용.** 매개자 (머리, 중간, 꼬리)는 일반적인 RNA 중합효소 II 전사 기구와 유전자-특이적 activator (ACT, 붉은색) 사이의 다리로 작용한다. RNA 중합효소 II와의 접촉은 매개자의 머리와 중간 부분에 위치한다. activator 상호작용은 주로 매개자의 꼬리 지역에서 일어난다. Cdk8 (Srb8-11) module은 전사의 negative 조절에 관련되어 있다. Cdk8 module이 없는 매개자만이 RNA 중합효소 II와 결합할 수 있다. Adapted from Bjorklund, S., and Gustafsson, C. M., *Trends Biochem. Sci.* 30(2005): 240-244.

UAS 부위와 연관되어 있고 핵심 promoter와는 관련이 없음을 보여주었다. 이 발견과 일치하게 온도-민감성 TFIIB 돌연변이는 온도가 증가했을 때에도 UAS 부위에 있는 매개자에 계속 결합해 있어서, RNA 중합효소가 더 이상 DNA에 결합하지 않도록 한다. 마침내, TATA box가 없지만 여전히 UAS 부위를 가진 재조합 유전자를 가진 세포가 제작되었다. ChIP 실험은 매개자가 일반적인 전사 인자를 통해서도 UAS 부위에 결합할 수 있고, RNA 중합효소 II가 DNA에 더 이상 붙지 않는다는 것을 증명했다. 이러한 ChIP 실험은 매개자가 아마도 이미 UAS 부위에 결합한 activator 단백질의 활성 domain에 결합할 것이라는 것을 암시한다. 이러한 연구로부터 밝혀지고 있는 모형은 매개자가 promoter에서 유전자-특이적인 activator 단백질과 RNA 중합효소 전사 기구의 다른 구성요소들 사이의 다리로 기능한다는 것이다(**그림 16.56**). 대부분의 유전자가 activator 단백질(그리고 repressor 단백질)의 조합으로 조절되는 고등 진핵생물에서, 매개자는 아마 RNA 중합효소 II와 전사 기구의 다른 구성요소들에 적절한 신호를 전달하기 전에 신호를 통합할 것이다. 우리는 매개자와 그 구성요소들이 어떻게 기능하는지를 알기 위해 여전히 먼 길을 가야만 한다.

## 16.9 염색질 변형(chromatin modification)과 리모델링(remodeling)

### 염색체는 진정 염색질(euchromatin)과 이질 염색질(heterochromatin)의 산재된 부위를 포함한다.

진핵생물 DNA 분자는 histone과 비 histone 단백질이 상호작용하여 염색질을 이

**표 16.1** 진정 염색질과 이질 염색질의 구별

| 특징 | 진정 염색질 | 이질 염색질 |
|---|---|---|
| 간기에서의 염색/패키징 | 산재됨 | 응축되어 보임 |
| DNA 서열 | 대부분 독특함 | 대부분 반복적임 |
| 유전자의 존재 | 높거나/다양한 밀도 | 낮은 밀도 |
| 복제되는 시기 | S기 동안 | S기 후기 |
| 염색질 구조 | 불규칙적인 nucleosome, nuclease와 접근가능 | 규칙적인 nucleosome, nuclease와 접근성 떨어짐 |
| 특징적인 변형 | Histone hyperacetylation Histone H3 lysine-4가 methylation 됨 | Histone hyperacetylation Histone H3 lysine-9가 methylation 됨 |

*Source:* Adapted from Richards, E. J., and Elgin, S. C. R., *Cell* 108(2002):489-500.

루고 있다. 염색질 위에 있는 DNA는 전사 기구에 쉽사리 접근할 수 없고 접근하기 위해 부가적인 절차가 필요하다는 점에서 중요한 이슈이다. 6장에서 염색질의 기본적인 빌딩블록(building block)인 nucleosome은 핵심 histone H2A, H2B, H3, H4가 각각 2개의 사본을 포함하는 octamer 단백질 복합체 주변을 DNA가 1.65바퀴 정도 감으면서 구성되어 있다는 것을 상기하라. 네 핵심 histone의 N-말단 또는 "꼬리"는 nucleosome 바깥으로 돌출하여 DNA, 다른 histone과 비histone 단백질과 접촉하여 염색질로 폴딩할 수 있도록 nucleosome 섬유를 안정화시킨다. 초기 세포학 연구로 염색체 전체에 산재된 2종류의 염색질을 염색을 통해 구분할 수 있음을 보여주었다 (6장, 그림 6.5 참조). 단단히 묶인 이질 염색질(heterochromatin)은 세포가 중기에서 간기로 진행하면서 짙게 염색되는 반면에, 더 "열린" **진정 염색질(euchromatin)**은 덜 강하게 염색된다. 이질 염색질과 진정 염색질 사이에는 다른 차이점들도 존재한다(**표 16.1**). 예를 들어 이질 염색질 내의 DNA는 반복적인 경향이 있고 상대적으로 적은 단백질-암호화 유전자를 포함하는 반면, 진정 염색질의 DNA는 대개 독특한 서열을 포함하며 많은 단백질-암호화 유전자를 갖는 것으로 보인다. 이질 염색질의 단백질-암호화 유전자는 진정 염색질에 있는 것보다 활성을 훨씬 덜 갖는 경향을 보인다. 이질 염색질은 지속적 부위(모든 세포에 존재하는)와 선택적 이질 염색질(단지 일부의 세포에만 존재하는)로 더 나뉠 수 있다. Telomere와 동원체는 지속적 이질 염색질의 예이고, 일부 암컷 포유류의 불활성 X 염색제는 선택적 이질 염색체의 예이다.

## 세포는 염색질을 리모델링하거나 변형하여 그 DNA가 전사 기구에 접근 가능하게 한다.

촘촘하고 대개 억제된 염색질 구조는 반드시 "풀려야"만 전사 기구가 DNA와 상호작용할 수 있다. 세포는 염색질 구조를 풀기 위해 2가지 일반적인 기작을 사용한다.

(1) ATP-의존적 염색질-리모델링 요소가 histone • DNA 또는 histone • histone 상호작용을 변경하여 DNA가 전사 기구에 더 접근 가능하도록 한다[**염색질 리모델링(chromatin remodeling)**이라는 용어는 조절 과정에서 일어나는 염색질 구조의 다양한 변화를 묘사하기 위해 사용되지만 아마 염색질 부위의 nuclease 민감성을 변화시키는 작용 과정에서 가장 잘 설명될 것이다]. (2) 효소는 공유 변형에 의해 histone의 아미노 말단 꼬리를 변형시킨다. 예를 들어 histone acetylase는 acetyl CoA의 아세틸기를 histone 아미노 말단에 있는 lysine 곁사슬로 옮겨, 말단의 양성 전하를 중화하고 DNA에 대한 친화성을 감소한다.

## 유전학적, 생화학적 연구는 ATP-의존적 염색질 리모델링 복합체의 발견을 이끌었다.

효모는 최소 4가지 다른 리모델링 복합체를 가지고 있다. 이 중 첫 번째인 소위 **Swi/Snf 복합체**는 유전학과 생화학 연구를 수렴한 결과로 발견되었다. 이 유별난 이름은 이 복합체에 있어 polypeptide subunit를 암호화하는 유전자가 처음에 교배형 변화 표현형(mating type switching (Swi) phenotype)과 sucrose 비발효 표현형(sucrose nonfermentation (Snf) phenotype)을 고르기 위해 고안되었던 유전학적 스크린에 의해 발견되었다는 사실을 반영한다. 이러한 유전학적 연구는 처음에 완전히 다른 조절 문제와 연관된 것으로 보여졌으나, 후속 연구를 통해 몇몇 SWI와 SNF 돌연변이가 느린 성장과 inositol 요구와 같은 비슷한 표현형을 공유한다는 것을 밝혔다. *SWI2*와 *SNF2*가 같은 유전자인 것으로 보이자 연구의 2가닥이 수렴했고, 이제 *SWI2/SNF2*로 알려지게 되었다.

유전학적 연구 또한 *SWI2/SNF2* 유전자 산물과 염색질 리모델링 사이의 연관성을 정립하는 데 기여했다. 이러한 연구 중 하나는 *SWI2/SNF2*가 invertase (sucrose를 과당과 포도당으로 가수분해시키는 효소)를 암호화하는 유전자인 *SUC*에 대한 promoter 주변의 염색질에 미치는 영향을 조사하는 것과 관련되어있었다. 이 염색질 부위는 invertase 생산을 유도하지 않은 정상형 세포에서는 micrococcal nuclease 분해에 저항성을 갖지만 유도 후에는 민감해진다. 반면, 이 염색질 부위는 *SWI2/SNF2* 돌연변이체를 유도 환경에 적용시키기 전후에 모두 nuclease 분해에 대해 저항성을 갖는다. 이 실험에 대한 해석은 정상형 세포가 유도 환경에 대한 반응으로 SUC promoter 주변의 염색질을 인지하지만 *SWI2/SNF2* 돌연변이는 그렇지 못하다는 것이다.

*SWI2/SNF2* 유전자 산물은 naked DNA와 nucleosome에 강한 친화력을 갖는 **Swi/Snf multisubunit 단백질 복합체(Swi/Snf multisubunit protein complex)**의 일부로서 정제되었다. Swi/Snf 복합체 (2-MDa)는 12개 polypeptide subunit으로 구성되어 있고 염색질을 리모델링하기 위해 ATP 가수분해로부터 얻은 에너지를 사용한다. 시험관 내에서 다음과 같은 이유로 활성이 생길 수 있다: (a)

정위치한 nucleosome 안에서 DNase 1 분해의 특징적인 10-bp 주기 반복을 망가뜨려서; (b) DNA에 대한 전사 인자의 접근을 증가시켜서; (c) endonuclease 접근을 변화시켜; (d) histone octamer의 변역 위치를 변경하여; (e) 한 DNA 분자에서 다른 쪽으로 histone octamer를 전달하여(**그림 16.57**). 연구자들이 Swi/Snf와 동족의 염색질 리모델링 복합체가 어떻게 작용하는지를 결정하기 위해 많은 노력을 했음에도 불구하고, 명확한 기작은 현재 알 수 없다.

Swi/Snf 복합체는 효모 세포 내에서 상당히 적은 농도로 존재한다(1세포 당 약 100개 사본). 이러한 낮은 세포내 농도와 일치하게 비동시적 성장을 활성시키는 데 효모 유전자의 약 5%만이 Swi/Snf 복합체를 필요로 한다. 게다가 이 복합체가 결핍된 돌연변이는 생존할 수 있다. 염색질 구조가 일반적으로 전사를 억제하는 효과를 가지고 있기 때문에 이러한 발견으로 효모는 염색질을 리모델하는 다른 복합체들을 가지고 있어야만 한다는 것을 암시한다. 1996년 Kornberg와 동료들은 염색질 구조

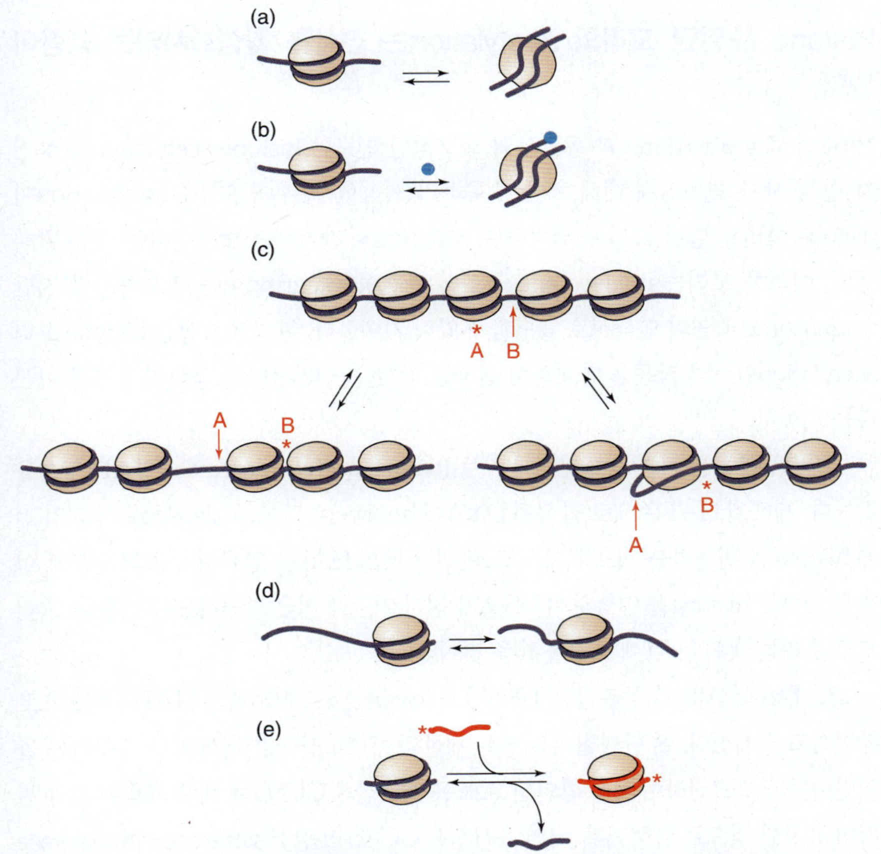


**그림 16.57 Swi/Snf 복합체와 같은 ATP-의존적 리모델링 복합체의 생화학적 활성.** (a) 변화된 DNase I 분해 패턴의 생성. (b) Enhancer는 전사 인자 (파란색)에 접근한다. (c) Restriction endonuclease 접근성의 변화. 접근가능한 부위는 화살표로 나타내고 접근 불가능한 지역은 별표로 나타내었다. (d) Histone octamer의 번역 위치 변화. (e) Histone octamer 이동 (방사성 DNA는 붉은색으로 표시). Adapted from Narlikar, G. J., Fan, H.-Y., and Kingston, R. E., *Cell* 108 (2002) 475-487.

의 리모델링(remodeling the structure of chromatin)에 관여하는 두 번째 큰 효모 복합체를 정제해냈고 이 **RSC 복합체(RSC complex)**는 15개 다른 polypeptide subunit을 갖는다. RSC subunit의 일부는 Swi/Snf에 있는 subunit들과 상동한 반면에 아닌 것도 있다. 두 복합체 모두 염색질을 리모델링하기 위해 ATP가 필요함에도 불구하고, 둘 사이에는 중요한 차이점이 존재한다. 가장 중요한 것은 RSC는 세포 생존에 필수적이고 세포내 농도가 Swi/Snf보다 10배 이상 많다는 것이다. 효모 세포는 또한 염색질을 리모델할 수 있는 소위 ISWI1과 ISWI2 2개의 부가적인 복합체를 가지고 있다. 이들 리모델링 복합체 이름에 있는 처음 "I"는 모방(imitation)을 의미하지만, 이들 복합체는 사실상 Swi/Snf 복합체의 모방이 아니고 아마 다른 ATP-의존적 기작을 통해 작용할 것이다. 고등 동식물은 효모의 것과 작동방식이 유사해 보이는 염색질 리모델링 복합체를 가지고 있다. 리모델링 복합체는 염색질에 공유 변형을 만들지 않고 작용한다. 다음 절에서 다룰 변형 복합체(modifying complex)라는 완전히 다른 종류의 인자는 이러한 변화를 일으킨다.

## Histone N-말단 꼬리의 acetylation는 전사를 활성화시키는 경향이 있다.

1964년 Vincent Allfrey와 동료들의 선구적인 연구는 histone acetylation와 유전자 활성 사이 연관성에 대해 처음 주목하기 시작했다. 후속 연구는 acetylation이 histone 아미노 말단 꼬리에 위치한 특정한 lysine 잔기에만 발생한다는 것을 밝혀냈다. 이러한 꼬리는 nucleosome 구조의 완전성(integrity)에는 필요하지 않지만 nucleosome 배열이 염색질로 폴딩함에 있어 기여한다. 현재의 가설은 histone 꼬리 acetylation가 상호작용을 방해하여 전사를 억제하는 더 단단한 염색질 구조를 이끈다는 것이다.

진핵생물들은 핵과 세포질에서 모두 **histone acetyl-transferase(HAT)** 활성을 갖는다. 세포질 HAT은 새로 합성된 DNA에 histone이 모여 nucleosome이 되기 전에 histone을 변형하는 것으로 보이고, 반면에 핵의 HAT는 염색질 구조의 일부로 이미 존재하는 histone을 변형하여 DNA가 전사 기구에 접근 가능하도록 만든다. 그러므로 우리는 핵의 HAT에 초점을 맞출 것이다.

C. David Allis와 동료들은 1996년 *Tetrahymena*로부터 핵의 HAT을 처음으로 확인하고 정제했다. 이 단백질의 서열은 제한된 아미노산 조건에서 자라지 못하는 돌연변이들을 스크린하여 처음 확인된 효모 유전자 산물 GCN5에 대해 예측된 것과 현저히 유사한 것으로 밝혀졌다. 서열 유사성은 GCN5 또한 histone acetyltransferase일 수 있음을 암시한다. 이 가설은 정제된 Gcn5가 자유 histone의 특정 lysine을 acetylation하는 것을 보임으로서 확인되었다. 그러나, 이것은 nucleosome의 일부인 histone을 acetylation하지는 못한다.

Gcn5를 포함하고 nucleosome에 있는 histone을 acetylation할 수 있는 단백

질을 찾기 위한 생화학적 연구로 인해 2개의 단백질 복합체를 분리하게 되었다. 두 복합체 모두 다른 전사 인자들이 진압(squelching)을 통해 작용하는 것을 막는 전사 activator Gal4-VP16을 과생산하여도 살아남는 돌연변이를 스크린하여 확인된 두 subunit을 포함한다. 돌연변이 몇몇은 *GCN5*에 있는 것으로 밝혀졌으나 대부분은 기능을 알지 못하는 유전자에 있는 것으로 밝혀졌다. 연구자들은 Gal4-VP16에 결합하는 adapter를 찾았기 때문에, 새로운 유전자를 *ADA1*, *ADA2* 등으로 명명했다. 이들 유전자 산물 중 Ada2와 Ada3 둘은 histone acetylase 복합체 둘 다에 있는 Gcn5를 따라서 존재한다. **Ada 복합체**라고 불리는 작은 복합체 (0.8 Da)는 하나의 부가적인 polypeptide subunit을 갖는다. **SAGA 복합체**라고 불리는 더 큰 복합체 (1.8 MDa)는 Gcn5, Ada2, Ada3 외에도 12개의 polypeptide를 포함한다. 이러한 부가적인 단백질 중 일부는 Ty transposon (12장 참조)을 *LYS2* 또는 *HIS4* promoter 지역에 삽입한 세포들을 각각 lysine이나 histidine 결핍 배지에서 자라게 한 돌연변이에 대한 유전학적 스크린으로 처음 확인되었다. 이 스크린으로 확인된 polypeptide는 Spt(suppressors of Ty)라 명명되었다. Spt-Ada-Gcn acetyltransferase의 약어인 SAGA라는 용어는 이 복합체가 부가적인 polypeptide subunit을 갖기 때문에 다소 오해의 소지가 있다. 이러한 polypeptide 중 하나인 Sin4는 매개자에도 존재하고 다른 5개도 TFIID에 존재하는 것과 동일한 TAF의 subset이다. 완전히 다른 전사 복합체에 Sin4와 TAF subset가 존재하는 것은 전사에 있어 그들의 기능을 결정하려는 시도를 복잡하게 만든다. 또다른 복잡한 요인은 몇몇 다른 핵 단백질 또한 acetyltransferase로서 기능한다는 것이다. 1가지 가능성은 각각의 acetyl transferase가 하나 또는 이상의 histone N-말단 꼬리에 있는 특정한 lysine 잔기에 특이적이라는 것이다. 아마도 특정 acetylation 패턴이 특정 전사 반응을 불러일으킬 것이다(다음 절 참조). histone acetylase 또한 전사 기구의 특정 구성요소에 작용한다. 동식물은 비슷한 종류의 histone acetylase 복합체를 가지고 있다. 복합체 각각의 생리적인 역할을 분류하고 어떻게 다양한 subunit들이 그들의 기능에 영향을 미치는지를 결정하기 위해 앞으로 연구가 더 필요하다.

## Histone deacetylation은 전사 활성을 낮추는 경향이 있다.

효모 세포들은 histone N-말단 꼬리로부터 아세틸기를 제거하는 **histone deacetylase(histone deacetylases, HDAC)**도 가지고 있다. 이 deacetylation은 단단한 염색질 구조를 안정화시키도록 영향을 받은 DNA의 전사를 억제한다. 효모에서 최소 6개의 다른 histone deacetylase 활성을 가진 단백질 복합체가 확인되었다. 2개의 중요한 deacetylase 복합체인 HDA와 HDB가 정제되었다. 각 복합체에 있는 대응하는 촉매(catalytic) subunit인 Hda1과 Rpd3(reduced potassium dependency)는 상당한 정도의 서열 상동성을 공유한다. 고등 동식물은 비슷한 histone deacetylase를 갖는다.

## 크게 변형할 수 있는 아미노 말단 histone 꼬리는 표현형 조절을 돕는 조합적 암호를 갖고 있다.

Histone은 또한 다양한 다른 공유 변형에 의해 영향을 받는다. 사실상 현존하는 가장 잘 보존된 단백질인 반면에 대부분의 다른 단백질보다 더 다른 종류의 번역 후 변형의 영향을 받는다. Histone kinase는 특정 serine 잔기에 인산기를 첨가하고 histone methylase는 N-말단 histone 꼬리에 있는 특정 lysine과 arginine 잔기에 메틸기를 붙인다. 단백질 phosphatase는 인산기를 제거하는데 세포가 메틸기를 제거하는 어떤 수단을 가지고 있는지는 분명하지 않다. 또 다른 효소들은 **ubiquitin**이라 불리는 76개 아미노산 잔기로 구성된 작은 단백질을 histone 꼬리에 첨가한다(**그림 16.58**).

공유 변형은 이질 염색질 형성을 위한 신호로서 작용하며 특정 DNA 단편의 전사에 영향을 준다(**그림 16.59**). 최근 가설에서 제시하는 바는 크게 변형할 수 있는 histone 아미노 말단 꼬리가 그들 자신의 조합적 암호나 신호를 가지고 있어 표현형 조절을 돕고 이 암호의 일부는 아마 유전 가능할 것이라는 점이다. 공유 결합적으로

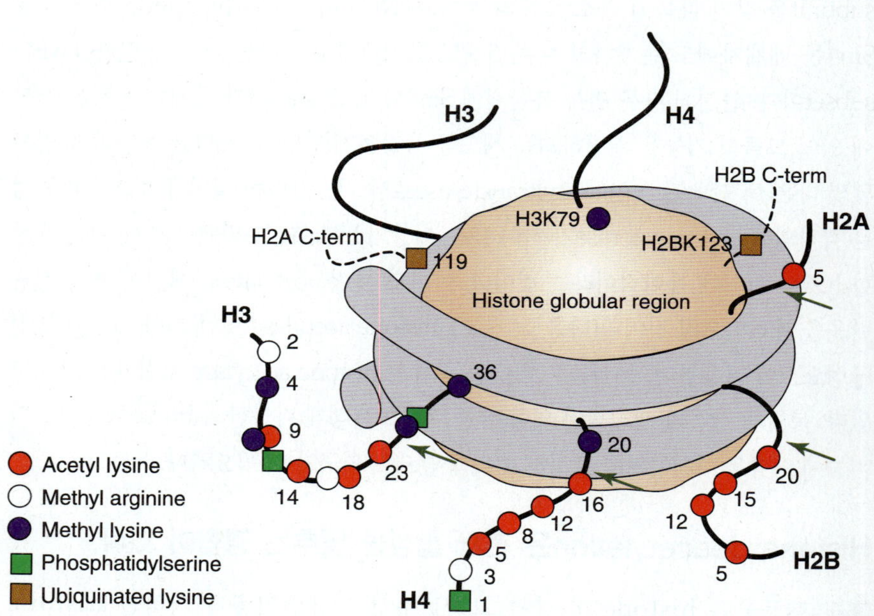


**그림 16.58 Nucleosome 핵심 분자의 histone 변형.** 그림은 nucleosome 핵심 분자의 도식을 나타낸다. 간략화를 위해, histone H3와 H4의 두 copy 중 하나에만 변형을 나타내었고 histone H2A와 H2B는 하나의 N-말단 꼬리만 나타내었다. 하나의 histone H2A 분자와 histone H2B 분자의 C-말단 꼬리 또한 보인다 (점선). 채색된 상징은 histone이 합성된 후 변형될 수 있는 histone 부위를 나타낸다. 잔기 번호는 각 변형에 대해 부여하였다. Histone H3의 lysine-9는 acetylation 또는 methylation 둘 중 하나가 가능하다. 작은 단백질 ubiquitin은 histone H2A의 lysine-119 (포유류에서 가장 흔함)와 histone H2B의 lysine-123 (효모에서 가장 흔함)에 첨가된다. 녹색 화살표로 표시된 부위는 완전한 nucleosome에서 트립신에 의해 잘 잘리는 곳이다. 이 모식도는 많은 다른 생물종에서의 정보들을 요약하고 있고 어떤 생물종에서는 특정한 변형이 없을 수 있다. Adapted from Turner, B. M., *Cell* 111 (2002): 285-291.

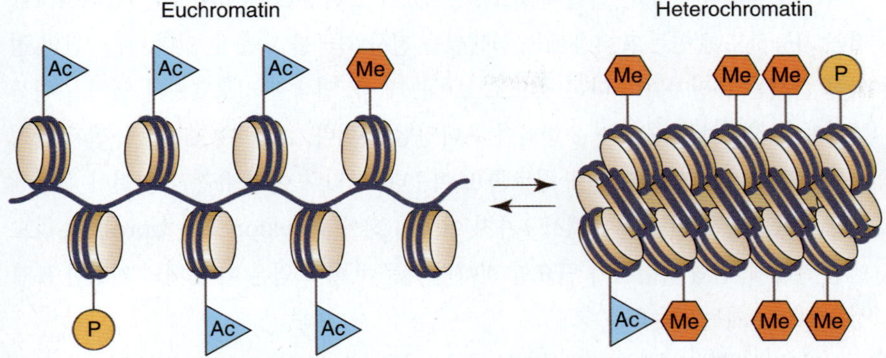


**그림 16.59** Histone $NH_2$-꼬리에 acetylation (Ac), methylation (Me), 인산화 (P)를 포함하는 접근 가능하거나 응축된 nucleosome 조직으로서의 진정염색질과 이질염색질의 모식도. Adapted from Jenuwein, T., and Allis, C. D., *Science* 293 (2001): 1074-1080.

변형된 아미노산 잔기와 관련된 유전 가능한 암호는 표현형을 결정하는 모든 정보가 DNA염기 서열에 저장되어 있다는 전형적인 개념으로부터 벗어난다는 의의를 나타낸다. 본질적으로 유전가능한 암호 가설은 딸세포가 부모 세포와 동일한 DNA 염기 서열을 가질 뿐 아니라, 딸세포 내의 각 염색질 부위가 부모 세포에서 존재했던 것과 같은 공유 결합적으로 변형된 histone 잔기의 조합을 갖는다고 제시한다. 변형된 histone 분자는 DNA의 어떤 단편이 활성화하고 어떤 것을 침묵(silence)시켜야 할지 결정하기 때문에 DNA 서열에 의해 직접적으로 결정되지 않는 유전의 형태이다. 우리는 histone 변형이나 DNA methylation 등을 통해 야기되는 유전적으로 조절되지만 염색질 구조의 잠재적으로 가역적인 유전자 발현의 변형을 묘사하기 위해 **epigenetics**라는 용어를 사용한다. 현재 histone N-말단 꼬리의 공유 변형의 다양한 조합에 의해 생기는 **histone 암호(histone code)**를 번역하기 위해 상당한 노력이 행해지고 있다.

## 전사 activator와 repressor는 염색질 리모델링과 변형을 촉진한다.

염색질-리모델링과 염색질-변형 복합체는 "열거나" 염색질을 탈응축(decondense)하기 위하여 서로 간에 뿐만 아니라 전사 기구의 다른 구성요소와도 일종의 조화된 방식으로 상호작용해야만 한다. 그럼으로써 특정한 세트의 유전자가 전사 기구에 접근 가능해진다. 유전자-특이적 전사 activator나 repressor의 결합은 각각 탈응축(decompaction)과 응축(compaction)을 이끄는 일련의 사건을 촉발하는 것처럼 보인다. 그러나 많은 전사 activator와 repressor가 nucleosome 구조의 일부인 DNA에 결합할 수 없다. 그러면 다양한 전사인자들이 염색질에 있는 DNA와 상호작용하는 순서는 무엇일까? 이 물음에 대해 1가지 가능한 해답은 어떤 전사 activator와 repressor가 nucleosome으로 싸여 있을 때조차 그들의 DNA 인지 부위에 결합할 수 있다는 것이다. 한번 결합하면 이 전사 activator와 repressor는 염색질을 변형하거나 리모델링할 수 있는 복합체를 모을 수 있어 또 다른 activator 또는 repressor에 접근 가능하도록 만든고 다음에는 염색질을 전사 기구를 모을 수 있다. 이 사건의 정확한 순서는 유전자마다 다른 것으로 보이는데 즉, 염색질-리모델링과 염색질-변형 복합체가 작용하는 순서는 유전자마다 다양할 것이다. **그림 16.60**은 유전자 활성화를 위한 3가지 가능한 반응 경로를 보여준다. 그러나 어떤 유전자를 전사 기구에 접근 가능하도록 만들기 위해서 1가지 이상의 전사 activator 또는 repressor, 리모델링 복합체, 변형 복합체가 필요할 것이기 때문에 이 그림은 이 문제의 진정한 복잡성을 보여주지는 않는다.

리모델링과 변형 복합체의 기능은 전사를 개시할 준비를 하는 전-개시(pre-initiation) 복합체의 형성으로 끝나지 않는다. RNA 중합효소 II 또한 유전자를 따라서 이동하면서 염색질 구조와 경쟁해야 한다. 최근 연구는 하나 또는 그 이상의 염색질-리모델링 복합체가 histone H2A와 H2B를 nucleosome에서 해리시켜 RNA 중합효소 II가 DNA를 따라 이동하고 아마 일어날 수 있는 다른 중요한 변화들 또한 가능하게 한다고 제시한다. 염색질 리모델링과 변형은 연구가 매우 활발한 분야이다. 염색질 응축과 탈응축, 작동 순서에 영향을 주는 복합체들 각각의 기능을 해명하기 위해 후속 연구들이 진행되어야 할 것이다.

위에서 언급된 모델은 전사 activator, 리모델링 복합체, 염색질 변형 효소들이 염색질 부위와 상호작용하여 전사를 위해 염색질 부위를 "열도록" 일련의 사건을 촉진한다는 것을 가정한다. 그러나 일부 염색질 부위의 DNA는 전사 activator, 리모델링 복합체, 염색질 변형 효소들로부터 방어막을 형성하는 단백질로 싸여 있다. 이러한 봉쇄된 염색질 부위 내에 있는 유전자는 휴지상태이다(silenced). **유전자 사일런싱(gene silencing)**은 효모의 휴지의 *HM*(silent homothallic mating type) 유전자와 telomere 뿐 아니라 모든 고등 동식물세포의 telomere와 동원체에도 일어난다. 이러한 부위 각각은 근처에 **silencer**라 불리는 최소한 하나의 DNA 서열을 가지고 있어 억제적인 염색질 환경을 만드는 단백질 인자에 대한 결합 부위를 제공한다. Silencing 경로의 세부사항은 휴지 부위의 종류마다 다양하지만 기본적인 원리는 같다. 휴지 부위를 싸고 있는 단백질 인자는 전사 activator를 막기 위한 방어막으로 작용하여 다양한 전사 복합체가 휴지 부위 내 유전자에 접근할 수 없도록 막는다.

이 장과 15장에서 설명한 바와 같이 진핵생물의 단백질-암호화 유전자의 전사는 RNA 중합효소 II와 많은 부가적인 전사 인자들이 필요한 매우 복잡한 과정이다. 그러나 과정의 복잡한 본성은 RNA 분자의 합성을 넘어서 확장된다. 17장은 새로 합성된 RNA를 가공하고 성숙한 mRNA로 바꾸는 데 필요한 부가적인 효소와 인자들에 대해 설명한다.

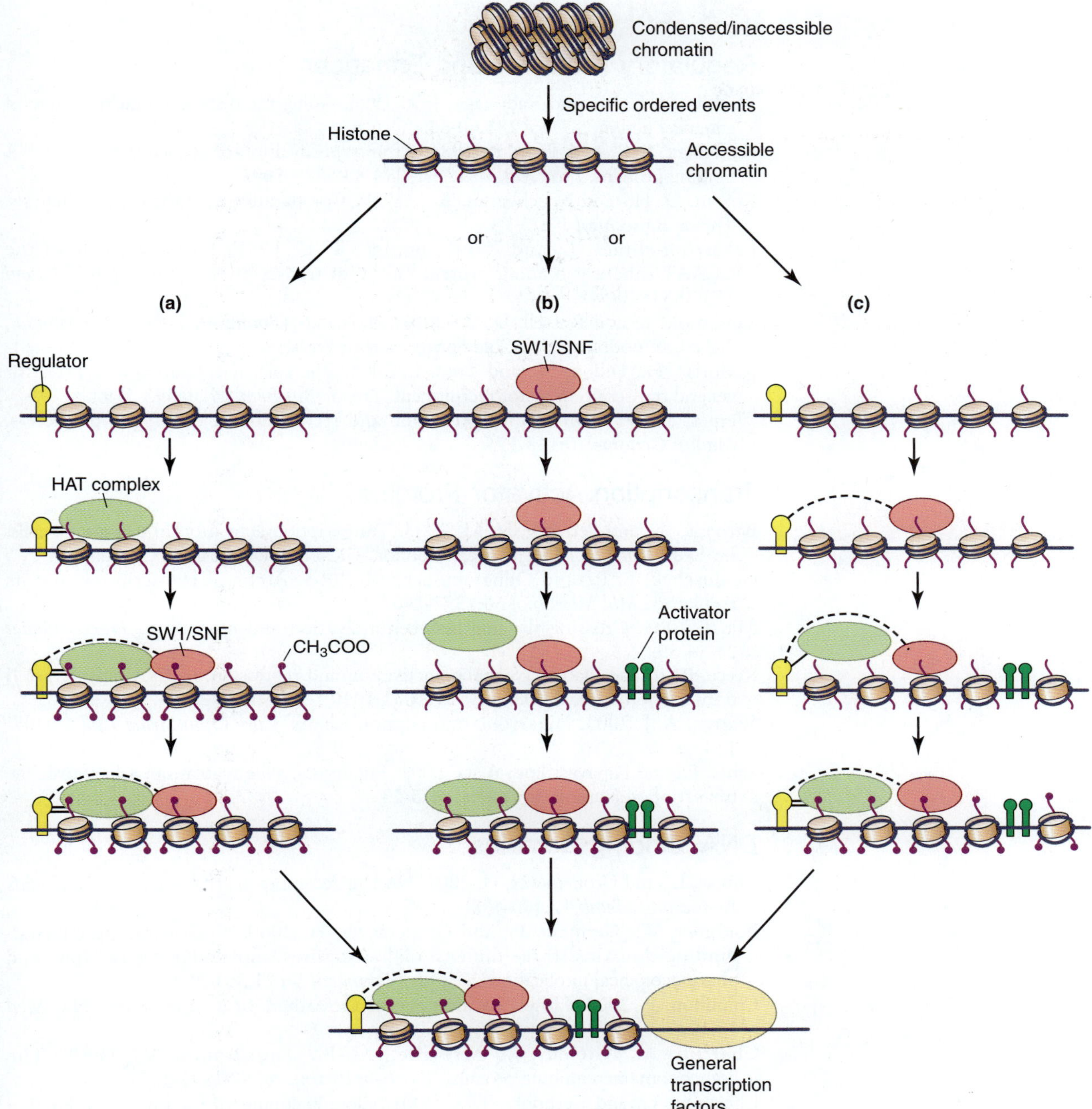


**그림 16.60 조절자와 염색질-리모델링 복합체의 다른 작용 순서를 보여주는 모델.** (a) Histone acetyltransferase (HAT) 복합체의 조절자와 (b) SWI/SNF와 같은 ATP-의존적 리모델링 복합체는 다른 순서로 작용할 수 있고 여전히 주형을 생산한다. (c) 주형은 전사에 적합하다F. 여기에서 나타내지는 않았지만, 일반적인 전사 인자들은 HAT 복합체와 ATP-의존적 리모델링 복합체가 활동하기 전에 promoter에 결합할 것이다. Adapted from Narlikar, G. J., Fan, H., -Y., and Kingston, R. E., Cell 108 (2002): 475-487.

# 권장 도서

## Regulatory Promoter and Enhancer


Blackwood, E. M., and Kadonaga, J. T. 1998. Going the distance: a current view of enhancer action. *Science* 281:60-63.

Kadonaga, J. T., and Tjian, R. 1986. Affinity purification of sequence-specific DNA binding proteins. *Proc Natl Acad Sci USA* 83:5889-5893.

Kozian, D. H., and Kirschbaum, B. J. 1999. Comparative gene-expression analysis. *Trends Biotechnol* 17:73-78.

Lekstrom-Himes, J., and Xanthopoulos, K. G. 1998. Biological role of the CCAAT/enhancer-binding protein family of transcription factors. *J Biol Chem* 273:28545-28548.

Sambrook, J., and Russell, D. W. 2001. *Molecular Cloning–A Laboratory Manual*, 3rd ed., Woodbury, NY: Cold Spring Harbor Press.

Szutorisz, H., Dillon, N., and Tora, L. 2005. The role of enhancers as centres for general transcription factor recruitment. *Trends Biochem Sci* 30:593-599.

Werner, T. 1999. Models for prediction and recognition of eukaryotic promoters. *Mamm Genome* 10:168-175.


## Transcription Activator Proteins


Barberis, A., and Petrascheck, M. 2003. Transcription activation in eukaryotic cells. In: *Encyclopedia of Life Sciences*. London, UK: Nature Publishing Group; pp. 1-7.

Geiduschek, E. P., and Ouhammouch, M. 2005. Archaeal transcription and its regulators. *Mol Microbiol* 56:1397-1407.

Ma, J. 2005. Crossing the line between activation and repression. *Trends Genet* 21:54-59.

Reece, R. J., and Platt, A. Signaling activation and repression of RNA polymerase II transcription in yeast. *Bioessays* 19:1001-1010.

Warren, A. J. 2002. Eukaryotic transcription factors. *Curr Opin Struct Biol* 12:107-114.

Ziros, P., and Papavassiliou, A. G. 2001. Eukaryotic gene regulation: a flew over the transcription factor nest. *Haema* 4:15-23.


## DNA-Binding Domains


Altucci, L., and Gronemeyer, H. 2001. Nuclear receptors in cell life and death. *Trends Endocrinol Metab* 17:460-468.

Bourguet, W., Germain, P., and Gronemeyer, H. 2000. Nuclear receptor ligand-binding domains: three-dimensional structures, molecular interactions and pharmacological implications. *Trends Pharmacol Sci* 21:381-388.

Chambon, P. 2004. How I became one of the fathers of a superfamily. *Nat Med* 10:1027-1031.

Chariot, A., Gielen, J., Mreville, M.-P., and Bours, V. 1999. The homeodomaincontaining proteins. *Biochem Pharmacol* 58:1851-1857.

Chinenov, Y., and Kerppola, T. K. 2001. Close encounters of many kinds: Fos-Jun interactions that mediate transcription regulatory specificity. *Oncogene* 20: 2438-2452.

Ellenberger, T. E., Brandl, C. J., Struhl, K., and Harrison, S. C. 1992. The GCN4 basic region leucine zipper binds DNA as a dimer of uninterrupted alpha helices: crystal structure of the protein-DNA complex. *Cell* 71:1223-1237.

Foley, K. P., and Eisenman, R. N. 1999. Two mad tails: what the recent knockouts of *Mad1* and *Mxi1* tells us about the *MYC/MAX/MAD* network. *Biochim Biophys Acta* 1423:M37-M47.

Fraenkel, E., Rould, M. A., Chambers, K. A., and Pabo, C. O. 1998. Engrailed homeodomain-DNA complex at 2.2 A resolution: a detailed view of the interface and comparison with other engrailed structures. *J Mol Biol* 284:351-361.

Glass, C. K., and Rosenfeld, M. G. 2000. The coregulator exchange in transcriptional functions of nuclear receptors. *Genes Dev* 14:121-141.

Grandori, C., Cowley, S. M., James, L. P., and Eisenman, R. N. 2000. The

Myc/Max/Mad network and the transcriptional control of cell behavior. *Ann Rev Cell Biol* 16:653-699.

Hall, J. M., Course, J. F., and Korach, K. S. 2001. The multifaceted mechanisms of estradiol and estrogen receptor signaling. *J Biol Chem* 276:36869-36872.

Hard, T., Kellenback, E., Boelens, R., et al. 1990. Solution structure of the glucocorticoid receptor DNA-binding domain. *Science* 249:157-160.

Hinnebusch, A. G., and Natarajan, K. 2002. Gcn4p, a master regulator of gene expression, is controlled at multiple levels of diverse signals of starvation and stress. *Eukaryot Cell* 1:22-32.

Kappen, C. 2000. The homeodomain: an ancient and evolutionary motif in animals and plants. *Comput Chem* 24:95-103.

Krishna, S. S., Majumdar, I., and Grishin, N. V. 2003. Structural classification of zinc fingers. *Nucl Acid Res* 31:532-550.

Laity, J. H., Lee, B. M., and Wright, P. E. 2001. Zinc finger proteins: new insights into structural and functional diversity. *Curr Opin Struct Biol* 11:39-46.

Landschulz, W. H., Johnson, P. F., and McKnight, S. L. L. 1988. The leucine zipper: a hypothetical structure common to a new class of DNA binding proteins. *Science* 240:1759-1764.

Laughon, A., and Scott, M. P. 1984. Sequence of a *Drosophila* segmentation gene: protein structure homology with DNA-binding proteins. *Nature* 310:25-31.

Lee, K. C., and Kraus, W. L. 2001. Nuclear receptors, coactivators, and chromatin: new approaches, new insights. *Trends Endocrinol Metab* 12:191-197.

Lee, M. S., Gippert, G. P., Soman, K. V., et al. 1989. Three-dimensional solution structure of a single zinc finger DNA-binding domain. *Science* 245:635-637.

Lewis, E. B. 1978. A gene complex controlling segmentation in *Drosophila*. *Nature* 276:565-570.

Luisi, B. F., Xu, W. X., Otwinowski, Z., et al. 1991. Crystallographic analysis of the interaction of the glucocorticoid receptor with DNA. *Nature* 352:497-479.

Luscombe, N. M., Austin, S. E., Berman, H. M., and Thornton, J. M. 2000. An overview of protein-DNA complexes. *Genome Biol* 1:1-37.

Ma, P. C., Rould, M. A., Weintraub, H., and Pabo, C. O. 1994. Crystal structure of MyoD bHLH domain-DNA complex: perspectives on DNA recognition and implications for transcriptional activation. *Cell* 77:451-459.

Marmorstein, R., Carey, M., Ptashne, M., and Harrison, S. C. 1992. DNA recognition by GAL4: structure of a protein-DNA complex. *Nature* 356:379-380.

McGinnis, W., Garber, R. L., Wirz, J., et al. 1984. A homologous protein-coding sequence in *Drosophila* homeotic genes and its conservation in other metazoans. *Cell* 37:403-408.

McGinnis W., Levine M. S., Hafen, E., et al. 1984. A conserved sequence in homeotic genes of the *Drosophila Antennapedia* and bithorax complexes. *Nature* 308:428-433.

McKenna, N. J., and O'Malley, B. W. 2002. Combinatorial control of gene expression by nuclear receptors and coregulators. *Cell* 108:465-474.

Nair, S. K., and Burley, S. K. 2003. X-ray structures of Myc-Max and Mad-Max recognizing DNA: molecular bases of regulation by proto-oncogenic transcription factors. *Cell* 112:193-205.

Natarajan, K., Meyer, M. R., Jackson, B. M., et al. 2001. Transcriptional profiling shows that Gcn4p is a master regulator of gene expression during amino acid starvation in yeast. *Mol Cell Biol* 21:4347-4368.

O'Shea, E. K., Klemm, J. D., Kim, P. S, and Alber, T. 1991. X-ray structure of the GCN4 leucine zipper, a two-stranded, parallel coiled coil. *Science* 254:539-544.

Pabo, C. O., Peisach, E., and Grant, R. A. 2001. Design and selection of novel Cys2His2 zinc finger proteins. *Ann Rev Biochem* 70:313-340.

Patikoglou, G., and Burley, S. K. 1997. Eukaryotic transcription factor-DNA complexes. *Ann Rev Biophys Biomol Struct* 26:289-325.

Phillips, K., and Luisi, B. 2000. The virtuoso of versatility: POU proteins that flex to fit. *J Mol Biol* 302:1023-1039.

Rastinejad, F. 2001. Retinoid X receptor and its partners in the nuclear receptor family. *Curr Opin Struct Biol* 11:33-38.

Reece, R. J., and Ptashne, M. 1993. Determinants of binding-site specificity among

yeast C6 zinc cluster proteins. *Science* 261:909-911.
Ribeiro, R. C. J., Kushner, P. J., and Baxter, J. D. 1995. The nuclear hormone receptor gene superfamily. *Ann Rev Med* 46:443-453.
Robyr, D., Wolffe, A.P., and Wahli, W. 2000. Nuclear hormone receptor coregulators in action: diversity for shared tasks. *Mol Endocrinol* 14:329-347.
Rosenfeld, M. G., and Glass, C. K. 2001. Coregulator codes of transcriptional regulation by nuclear receptors. *J Biol Chem* 276:36865-36868.
van Dam, H., and Castellazzi, M. 2001. Distinct roles of Jun:Fos and Jun:ATF dimers in oncogenesis. *Oncogene* 20:2453-2464.
Veraksa, A., Del Campo, M., and McGinnis, W. 2000. Developmental patterning genes and their conserved functions: from model organisms to humans. *Mol Genet Metab* 69:85-100.
Vogt, P. K. 2001. Jun, the oncoprotein. *Oncogene* 20:2365-2377.
Wolfe, S. A., Nekludova, L., and Pabo, C. O. 1999. DNA recognition by Cys2His2 zinc finger proteins. *Ann Rev Biophys Biomol Struct* 3:183?212.
Xie, W., and Evans, R. M. 2001. Orphan nuclear receptors: the exotics of xenobiotics. *J Biol Chem* 276:37739-37742.
Yen, P. M. 2001. Physiological and molecular basis of thyroid hormone action. *Physiol Rev* 81:1097-1142.
Zhou, Z.-Q., and Hurlin, P. J. 2001. The interplay between Mad and Myc in proliferation and differentiation. *Trends Cell Biol* 11:S10-S14.

## Activation Domain

Brent, R. and Finley, R. L. Jr. 1997. Understanding gene and allele function with two-hybrid methods. *Ann Rev Biochem* 31:663-704.
Breunig, K. D. 2000. Regulation of transcription activation by Gal4p. *Food Technol Biotechnol* 38:287-293.
Cagney, G, Uetz, P., and Fields, S. 2000. High-throughput screening for proteinprotein interactions using the two-hybrid assay. *Methods Enzymol* 328:3-14.
Ma, J., and Ptashne, M. 1987. Deletion analysis of GAL4 defines two transcriptional activating segments. *Cell* 48:847-853.
Pilauri, V., Bewley, M., Diep, C., and Hopper, J. 2005. Gal80 dimerization and the yeast GAL gene switch. *Genetics* 169:1903-1914.
Struhl, K. 1995. Yeast transcriptional regulatory mechanisms. *Ann Rev Genet* 29:651-674.
Uetz, P. H., Hughes, R. E., and Fields, S. 1998. The two-hybrid system: finding likely partners for lonely proteins. *Focus* 20:62-64.

## Mediator

Biddick, R., and Young, E. T. 2005. Yeast Mediator and its role in transcriptional regulation. *C R Biol* 328:773-782.
Bjorklund, S, Buzaite, O., and Hallberg, M. 2001. The yeast Mediator. *Mol Cells* 11:129-136.
Bjorklund, S., and Gustafsson, C. M. 2005. The yeast Mediator complex and its regulation. *Trends Biochem Sci* 30:240-244.
Blazek, E., Mittler, G., and Meisterernst, M. 2005. The Mediator of RNA polymerase II. *Chromsoma* 113:399-408.
Bryant, G. O., and Ptashne, M. 2003. Independent recruitment in vivo by Gal4 of two complexes required for transcription. *Mol Cell* 11:1301-1309.
Chadick, J. Z., and Asturias, F. J. 2005. Structure of eukaryotic Mediator complexes. *Trends Biochem Sci* 30:264-271.
Cheng, J. X., Gandolfi, M., and Ptashne, M. 2004. Activation of the Gal1 gene of yeast by pairs of "non-classical" activators. *Curr Biol* 14:1675-1679.
Conaway, R. C., Sato, S., Tomomori-Sato, C., et al. 2005. The mammalian Mediator complex and its role in transcriptional regulation. *Trends Biochem Sci* 30:250-255.
Courey, A. J., and Jia, S. 2001. Transcriptional repression: the long and short of it. *Genes Dev* 15:2786-2796.
Crane-Robinson, C., and Wolff E. A. P. 1998. Immunological analysis of FIS and CHIPS. *Trends Genet* 14:477-480.

Guglielmi, B., van Berkum, N. L., Klapholz, B., et al. 2004. A high resolution protein interaction map of the yeast Mediator complex. *Nucl Acids Res* 32:5379-5391.
Hanlon, S. E., and Lieb, J. D. 2004. Progress and challenges in profiling the dynamics of chromatin and transcription factor binding with DNA microarrays. *Curr Opin Genet Dev* 14:697-705.
Kim, Y.-J., and Lis, J. T. 2005. Interactions between subunits of Drosophila Mediator and activator proteins. *Trends Biochem Sci* 30:245-249.
Kornberg, R. D. 2005. Mediator and the mechanism of transcriptional activation. *Trends Biochem Sci* 30:235-239.
Kuo, M. H., and Allis, C. D. 1999. In vivo cross-linking and immunoprecipitation for studying dynamic protein: DNA associations in a chromatin environment. *Methods* 19:425-433.
Kuras, L., Borggrefe, T., and Kornberg, R. D. 2003. Association of the Mediator complex with enhancers of active genes. *Proc Natl Acad Sci USA* 100:13887-13991.
Lewis, B. A., and Reinberg, D. 2003. The mediator coactivator complex: functional and physical roles in transcription regulation. *J Cell Sci* 116:3667-3675.
Malik, S., and Roeder, R. G. 2005. Dynamic regulation of Pol II transcription by the mammalian Mediator complex. *Trends Biochem Sci* 30:256-263.
Myers, L. C., Gustafsson, C. M., Hayashibara, K. C., et al. 1999. Mediator protein interactions that selectively abolish activated transcription. *Proc Natl Acad Sci USA* 96:67-72.
Meyers, L. C., and Kornberg, R. D. 2000. Mediator of transcriptional regulation. *Ann Rev Biochem* 69:729-749.
Meyers, L. C., Leuther, K., Bushnell, D. A., et al. 1997. Yeast RNA polymerase II transcription reconstituted with purified proteins. *Methods* 12:212-216.
Naar, A. M., Lemon, B. D., and Tjian, R. 2001. Transcriptional coactivator complexes. *Ann Rev Biochem* 70:475-501.
Nal, B., Mohr, E., and Ferrier, P. 2001. Location and analysis of DNA-bound proteins at the whole-genome level: untangling transcriptional regulatory networks. *Bioessays* 23:473-476.
Orlando, V. 2000. Mapping chromosomal proteins in vivo by formaldehydecrosslinked- chromatin immunoprecipitation. *Trends Biochem Sci* 25:99-104.
Rachez, C., and Freedman L. P. 2001. Mediator complexes and transcription. *Curr Opin Cell Biol* 13:274-280.
Takagi, Y., and Kornberg, R. D. 2006. Mediator as a general transcription factor. *J Biol Chem* 281:80-89.

## Chromatin Modification and Remodeling

Becker, P. B., and Horz, W. ATP-dependent nucleosome remodeling. *Ann Rev Biochem* 71:247-273.
Berger, S. L. 2002. Histone modifications in transcriptional regulation. *Curr Opin Genet Dev* 12:142-148.
Bjorklund, S., Almouzni, G., Davidson, I., et al. 1999. Global transcription regulators of eukaryotes. *Cell* 96:759-767.
Brown, C. E., Lechner, T., Howe, L., and Workman, J. L. 2000. The many HATs of transcription coactivators. *Trends Biochem Sci* 25:15-19.
Cosgrove, M. S., Boeke, J. D., and Wolberger, C. 2004. Regulated nucleosome mobility and the histone code. *Nat Struct Mol Biol* 11:1037-1043.
Featherstone, M. 2002. Coactivators in transcription initiation: here are your orders. *Curr Opin Genet Dev* 12:149-155.
Forsberg, E. C., and Bresnick, E. H. 2001. Histone acetylation beyond promoters: long-range acetylation patterns in the chromatin world. *Bioessays* 23:820-830.
Fry, C. J., and Peterson, C. L. 2001. Chromatin remodeling enzymes: who's on first? *Curr Biol* 11:R185-R197.
Fry, C. J., and Peterson, C. L. 2002. Unlocking the gates of gene expression. *Science* 295:1847-1848.
Fyodorov, D. V., and Kadonaga, J. T. 2001. The many faces of chromatin remodeling: switching beyond transcription. *Cell* 106:523-525.

Gamble, M. J., and Freedman, L. P. 2002. A coactivator code for transcription. *Trends Biochem Sci* 27:165-167.

Gartenberg, M. R. 2000. The Sir proteins of Saccharomyces cerevisiae: mediators of transcriptional silencing and much more. *Curr Opin Microbiol* 3:132-137.

Gregory, P. D. 2001. Transcription and chromatin converge, lessons from yeast genetics. *Curr Opin Genet Dev* 11:142-147.

Iizuka, M., and Smith, M. M. 2003. Functional consequences of histone modifications. *Curr Opin Genet Dev* 13:154-160.

Imbalzano, A. N., and Xiao, H. 2004. Functional properties of ATP-dependent chromatin remodeling enzymes. *Adv Protein Chem* 67:157-179.

Jenuwein, T., and Allis, C. D. 2001. Translating the histone code. *Science* 293:1074-1080.

Kouzarides, T. 2002. Histone methylation in transcriptional control. *Curr Opin Genet Dev* 12:198-209.

Kuzmichev, A., and Reinberg, D. 2001. Role of histone deacetylase complexes in the regulation of chromatin metabolism. *Curr Top Microbiol Immunol* 254:35-58.

Lusser, A., and Kadonaga, J. T. 2003. Chromatin remodeling by ATP-dependent molecular machines. *Bioessays* 25:1192-1200.

Margueron, R., Trojer, P., and Reinberg, D. 2005. The key to development: interpreting the histone code? *Curr Opin Genet Dev* 15:163-176.

Narlikar, G. J., Fan, H.-Y., and Kingston, R. E. 2002. Cooperation between complexes that regulate chromatin structure and transcription. *Cell* 108:475-487.

Ng, H. H., and Bird, A. 2000. Histone deacetylases: silencers for hire. *Trends Biochem Sci* 25:121-126.

Perez-Martin, J. 1999. Chromatin and transcription in *Saccharomyces cerevisiae*. *FEMS Microbiol Rev* 23:503-523.

Peterson, C. L. 2002. Chromatin remodeling enzymes: taming the machines. *EMBO Rep* 31:319-322.

Reeve, J. N. 2003. Archaeal chromatin and transcription. *Mol Microbiol* 48:587-598.

Richards, E. J., and Elgin, S. C. R. 2002. Epigentic codes for heterochromatin formation and silencing: rounding up the usual suspects. *Cell* 108:489-500.

Saha, A., Wittmeyer, J., and Cairns, B. R. 2005. Chromatin remodeling through directional DNA translocation from an internal nucleosome site. *Nat Struct Mol Biol* 12:747-755.

Spotswood, H. T., and Turner, B. M. 2002. An increasingly complex code. *J Clin Invest* 110:577-582.

Sterner, D. E., and Berger, S. L. 2000. Acetylation of histones and transcriptionrelated factors. Microbiol *Mol Biol Rev* 64:435-459.

Struhl, K. 1998. Histone acetylation and transcriptional regulatory mechanisms. *Genes Dev* 12:599-606.

Struhl, K. 1999. Fundamentally different logic of gene regulation in eukaryotes and prokaryotes. *Cell* 98:1-4.

Svejstrup, J. Q. 2004. The RNA polymerase II transcription cycle: cycling through chromatin. *Biochim Biophys Acta* 1677:64-73.

Timmers, H. T., and Tora, L. 2005. SAGA unveiled. *Trends Biochem Sci* 30:7-10.

Torok, M. S., and Grant, P. A. 2004. Histone acetyltransferase proteins contribute to transcriptional processes at multiple levels. *Adv Protein Chem* 67:181-199.

Turner, B. M. 2002. Cellular memory and the histone code. *Cell* 111:285-291.

Vignali, M., Hassan, A. H., Neely, K. E., and Workman, J. L. 2000. ATP-dependent chromatin-remodeling complexes. *Mol Cell Biol* 20:1899-1910.

Wolffe, A. P., and Guschin, D. 2000. Chromatin structural features and 표적s that regulate transcription. *J Struct Biol* 129:102-122.

Zhang, Y., and Reinberg, D. 2001. Transcription regulation by histone methylation: interplay between different covalent modifications of the core histone tails. *Genes Dev* 15:2343-2360.

이 책은 스스로 분자생물학을 공부하는 데 도움이 되도록 고안된 복습 자료와 이 장에서 설명한 주제들에 대한 보다 상세한 정보와 연결된 다양한 자원을 포함하고 있는 **웹사이트, http://biology.jbpub.com/book/molecular**를 가지고 있다.

# 17

# RNA 중합효소 II: 전사과정과 동시 또는 후의 RNA 가공

## 주제 개요

**17.1 Pre-mRNA(mRNA 전구체)**
진핵 세포들은 커다란 이종 RNA(hnRNA) 분자들을 합성한다.
mRNA와 hnRNA들 모두는 3′-말단부위에 poly(A) 꼬리를 갖고 있다.

**17.2 Cap 형성**
mRNA분자들은 5′-말단부위에 7-methylguanosine cap을 가지고 있다.
5′-$m^7$G cap구조는 20~30개 nucleotide 길이의 미성숙한 mRNA 전구체 사슬에 부착된다.
모든 진핵생물들은 동일한 기본적인 경로를 통하여 5′-$m^7$G cap 구조를 형성한다.
전사체가 cap 구조를 갖기 위해서는 CTD의 5번 serine(Ser-5)에 인산화가 일어나야 한다.

**17.3 분할 유전자들(Split Genes)**
mRNA 전구체의 splicing에 의해서 일부 mRNA 분자들이 형성된다는 것이 바이러스 연구를 통하여 밝혀졌다.
진핵세포 유전자내의 아미노산 암호화(coding)지역들 사이에 비 암호화 지역들이 끼어들기도 한다.
Exon들은 진화과정 중에 보존되는 경향이 있는 반면 intron은 일반적으로 보존되지 않는다.
변형과정을 통해 1개의 mRNA 전구체로부터 2개 이상의 다른 mRNA 분자들이 합성될 수도 있다.
각 유전자들 내부에서 일어나는 다양한 splicing 유형들의 조합에 따라 다양한 mRNA들이 형성된다.
선택적으로 이어맞추어지는 대부분의 유전자들은 신호전달(signal transduction) 과정에 관여하는 단백질들을 암호화한다.
초파리는 다른 엇갈린 splicing(alternative *trans*-splicing) 방법으로 필수단백질의 동형들을 암호화하는 mRNA를 형성한다.
정확한 splicing이 일어나기 위해서는 mRNA 전구체내에 특정한 염기서열이 필요하다.
2개 splicing 중간체들은 올가미(lariat)와 유사한 구조를 가지고 있다.
Splicing는 2회의 동등한 transesterification 반응을 수반한다.

**17.4 Splicing 복합체들(Spliceosomes)**
특정 자가면역병 환자들에게서 형성되는 비정상 항체들은 작은 ribonucleoprotein입자들(small nuclear ribonucleoprotein particles, snRNPs)에 결합한다.
snRNP들이 조립되어 intron들을 절단하는 splicing 기구, 즉 splicing 복합체를 형성한다.
U1, U2, U4와 U5 snRNP들에는 Sm polypeptide가 내재되어 있는 반면에 U6 snRNP에는 Sm 유사 polypeptide가 포함되어 있다.
U snRNP는 다단계 과정을 거쳐 형성된다.
효모에서는 U1, U2, U4, U5와 U6 snRNP들이 penta-snRNP로 추출되었다.
시험관내 연구 결과로 spliceosome들이 일정한 경로를 통하여 intron상에서 조립되는 것이 밝혀졌다.
Spliceosome내의 촉매부위는 단백질보다는 RNA로 구성되어 있을 것이다.
세포들은 다양한 기작을 통하여 splicing 자리의 선택을 조절하고 있다.
Splicing은 동시전사 과정으로 시작하여 전사후 과정으로 계속 진행된다.

**17.5 절단(cleavage)/polyadenylation과 전사종결**
Poly(A) 꼬리 합성과 전사종결은 병행하는 동시전사적 과정이다.
선택적 splicing 현상으로 현재의 유전자 개념은 다시 고려되어야 한다.
전사종결은 poly(A) 자리의 하부에서 시작된다.
RNA 중합효소 II의 전사종결을 설명하기 위한 2가지 모델이 제안되었다.
고등동물의 대부분 histone mRNA 전구체들은 특수한 수정기작을 필요로 한다.

**17.6 RNA 편집(RNA Editing)**
RNA편집으로 세포는 유전정보를 체계적이며 조절된 방식으로 저장할 수 있다.
인간의 단백질체(proteome)에는 인간의 유전체(genome)로부터 예측되는 것보다 훨씬 다양한 단백질들이 포함되어 있다.

**17.7 mRNA 배출(Export)**
mRNA의 splicing와 배출은 연결된 과정이다.

**17.8 siRNA와 miRNA 경로를 통한 발현억제(silencing)**
짧은 RNA 분자들이 유전자 발현을 억제할 수 있다.
miRNA 경로는 mRNA의 번역을 중단시키거나 또는 mRNA의 분해를 유발시킨다.

**권장 도서**

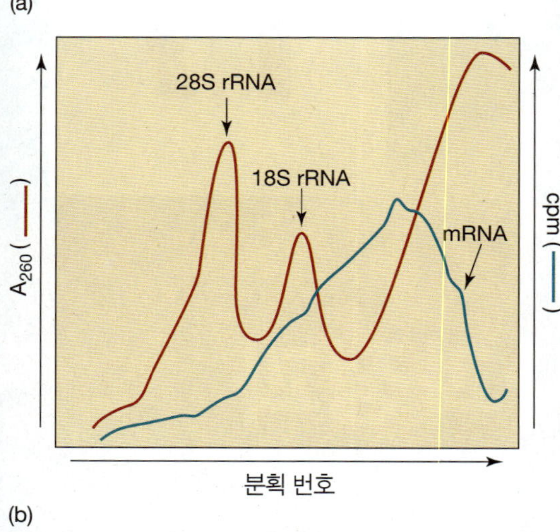


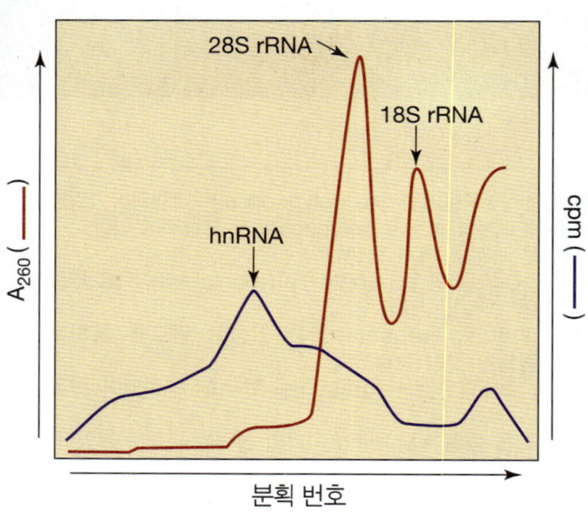


**그림 17.1 HeLa 세포 핵의 이종 RNA (hn RNA)와 mRNA분자들의 크기 분포.** (a) HeLa 세포의 방사능 mRNA (녹색)와 (b) HeLa 세포의 방사능 hnRNA (청색)의 설탕농도기울기 원심분리 결과. 방사능 nucleotide 전구체가 포함된 배양액에서 5분간 배양 후 hnRNA를 추출하였다. 침강계수는 18S와 28S RNA분자 (적색)들과 비교하여 산정하였다. (설탕농도기울기 원심분리법 설명은 제 5장 참조) Darnell, Jr., Nat. Med. 8 (2002): 1068-1071에서 인용

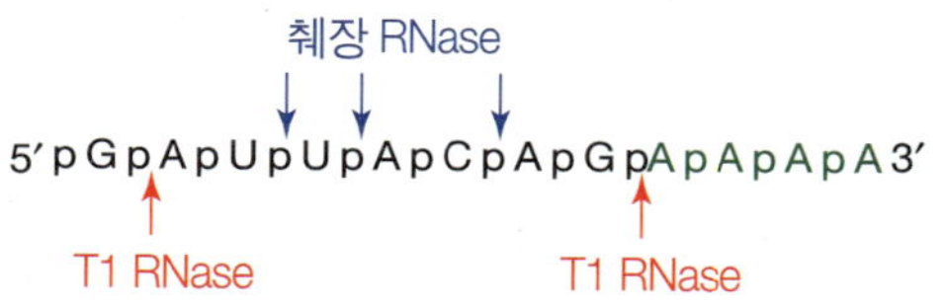


**그림 17.2 T1 RNase와 췌장 RNase가 촉매한 RNA 가수분해.** T1 RNase는 구아닐산의 3′ 쪽을 절단하고 췌장 RNase는 피리미딘 nucleotide의 3′ 쪽을 절단한다. 분자의 3′ 쪽 (녹색으로 표시)의 4 아데닐산들은 원형대로 남아 있는 것을 주목하시오.

분자생물학자들은 진핵생물들도 박테리아와 매우 유사한 방법으로 mRNA를 합성할 것으로 처음에는 생각하였다. 즉 RNA 중합효소 II가 완전한 기능을 가진 mRNA를 합성하고, 단지 mRNA는 세포 핵에서 세포질로 수송되어 리보솜의 단백질 합성을 지시할 것으로 기대하였다. 따라서 RNA 중합효소 II 기구에 의해서 합성되는 전사체가 성숙한 mRNA가 아니라 mRNA의 전구체(pre-mRNA)라는 것을 발견하고 놀라지 않을 수 없었다. 진핵세포는 다음과 같은 과정을 통하여 pre-mRNA 전사체를 합성함과 동시에 수정한다: (1) 미성숙한 사슬의 5′ 말단 부위에 guanosine cap을 붙임; (2) 전사체 내의 특수 염기서열 부위를 제거; (3) mRNA의 3′말단 부위에 poly(A) 꼬리 첨가; (4) 전사종결. 이 장에서는 동시전사 수정과정의 여러 단계들 뿐만 아니라 전사체의 1염기를 다른 염기로 치환하는 RNA 편집(RNA editing) 반응, 그리고 합성된 후 mRNA의 발현 억제 기작에 대해서도 조사하고자 한다.

# 17.1 Pre-mRNA(mRNA 전구체)

## 진핵 세포들은 커다란 이종 RNA(hnRNA) 분자들을 합성한다.

James Darnell과 그 동료들은 1960년대 중반에 수행한 실험을 통하여 RNA 중합효소 II 기구가 mRNA가 아닌 mRNA 전구체를 합성한다는 점을 처음으로 제시하였다. 그들은 사람의 자궁경부종양 세포(HeLa cell)를 방사성 nucleotide 전구체들이 첨가된 배양액에 5분간 배양하고 세포 핵으로부터 빠르게 표지 된 RNA들을 추출하였다. 그리고 설탕농도 기울기 원심분리를 통하여 표지된 RNA들을 분석하였다. 빠르게 표지된 핵내 RNA들은 HeLa 세포의 mRNA 크기와 동일한 500~3,000 nucleotide 크기(**그림 17.1a**)의 사슬들로 구성되었을 것이라고 기대하였으나, 새로 합성된 RNA 분자들의 크기는 약10배 이상 큰 것으로 확인되었다(**그림 17.1b**). 빠르게 표지된 핵 RNA들은 핵에 존재하며 광범위한 크기의 RNA들로 구성되었다는 이유로 **이종 핵 RNA(heterogenous nuclear RNA, hn RNA)**라는 명칭이 붙었다.

## mRNA와 hnRNA들 모두는 3′-말단부위에 poly(A) 꼬리를 갖고 있다.

그 후 진핵생물의 mRNA 합성에 관한 연구에서 중요한 발전은 1970년대 초기에 ribonuclease로 분해한 HeLa세포의 mRNA를 분석하는 과정에서 이루어 졌다. 단일 mRNA를 번역하는 2개 이상의 리보솜으로 구성된 **polyribosomes** 또는 **polysomes**들로부터 mRNA를 추출하고 이들을 분해하기 위해서 2종의 다른 endonuclease, 즉 RNase T1(*Aspergillus oryzae*, 누룩곰팡이 산물)과 췌장 RNase를 사용하였다. RNase T1는 guanine 잔기의 3′쪽, 췌장 RNase는 pyrimidine nucleotide의 3′쪽의 phosphodiester 결합을 끊는다(**그림 17.2**). HeLa 세포의 mRNA를 구성하는 nucleotide의 분포가 무작위적이라면 RNase 분해산물로 단일

nucleotide와 짧은 oligonucleotide들의 혼합체를 기대할 수 있을 것이다. 실제로 T1 RNase나 췌장 RNase로 분해한 결과 기대한 짧은 혼합체들과 함께 전혀 기대하지 않은 150~200 아데닐기로 구성된 polynucleotide들이 발견되었다. 추후의 연구를 통하여 이러한 poly(A) 조각들이 mRNA의 3′말단 부위에 부착되어 있는 것을 확인하였다. 특이하게도 histone mRNA를 제외하고는 모든 진핵생물의 mRNA들이 3′-poly(A) 꼬리를 가지고 있는 것이다. 일반적으로 효모의 poly(A) 꼬리는 포유류의 꼬리보다 현저하게 짧은 50~70 nucleotide 크기이다. 이어서 빠르게 표지되는 hnRNA 분자들 대부분이 poly(A) 꼬리를 가지고 있는 것으로 밝혀졌다. 이는 곧 hnRNA 분자들이 mRNA로 전환된다는 생각을 지지하는 것이다.

Poly(A) 꼬리의 특성은 실질적으로 여러 실험에 활용되고 있다: 이들의 염기쌍 형성 특징을 이용하여 여러 종류의 RNA들로부터 mRNA와 mRNA 전구체를 분리할 수 있다(**그림 17.3**). Oligo(dT)가 연결된 cellulose 섬유들을 시험관 기둥에 채우고, 높은 염 농도의 완충용액에 용해되어 있는 RNA분자들을 통과시켜서 RNA들을 분리한다. mRNA 분자들은 자신의 poly(A)꼬리와 oligo(dT)간의 염기 쌍 형성을 통하여 시험관내에 남게 되며 mRNA 전구체들 또한 남게 된다. 염의 금속성 양이온들이 인산기들 사이의 전하 반발력을 상쇄시킴으로써 형성된 염기 쌍들의 안정성을 높여주고 있다. Poly(A) 꼬리가 없는 다른 RNA분자들은 시험관 기둥을 바로 통과하여 빠져 나온다. 이어서 저 농도 염 완충용액으로 씻으면 mRNA 전구체나 mRNA 분자들이 기둥으로부터 추출된다. 빠르게 표지된 hnRNA 분획의 모든 RNA분자들이 oligo(dT)에 결합하는 것은 아니다. 결합하지 않는 분자들 대부분은 ribosomal이나 운반 RNA같은 다른 종류의 세포 RNA들로 형성된다.

## 17.2 Cap 형성

### mRNA분자들은 5′-말단부위에 7-methylguanosine cap을 가지고 있다.

tRNA와 rRNA(운반과 ribosomal RNA)들은 염기나 ribose 부분에 메틸기(-$CH_3$)가 첨가된 소수의 nucleotide들을 가지고 있는 것으로 알려져 있다. 따라서 진핵생물의 mRNA분자들에도 메틸기가 첨가되어 있는지 여부를 확인하는 것은 당연한 것이다. 그러나 oligo(dT) cellulose 크로마토그래피 기술이 가능하기 전까지는 이러한 의문에 대하여 분명하게 결론을 내릴 수 없었다. 메틸기가 mRNA에 부착된 것인지 혹은 일부 함께 추출된 tRNA와 rRNA분자에 붙은 것인지를 확인할 방법이 없었기 때문이다. tRNA와 rRNA가 제외된 순수한 진핵생물 mRNA를 분리할 방법이 가능하게 되자 연구자들은 mRNA에 메틸화가 된 nucleotide가 존재하는지 여부를 조사하기 시작하였다.

1974년에 이러한 조사를 시작한 연구자들로서 Robert Perry와 그의 동료들을

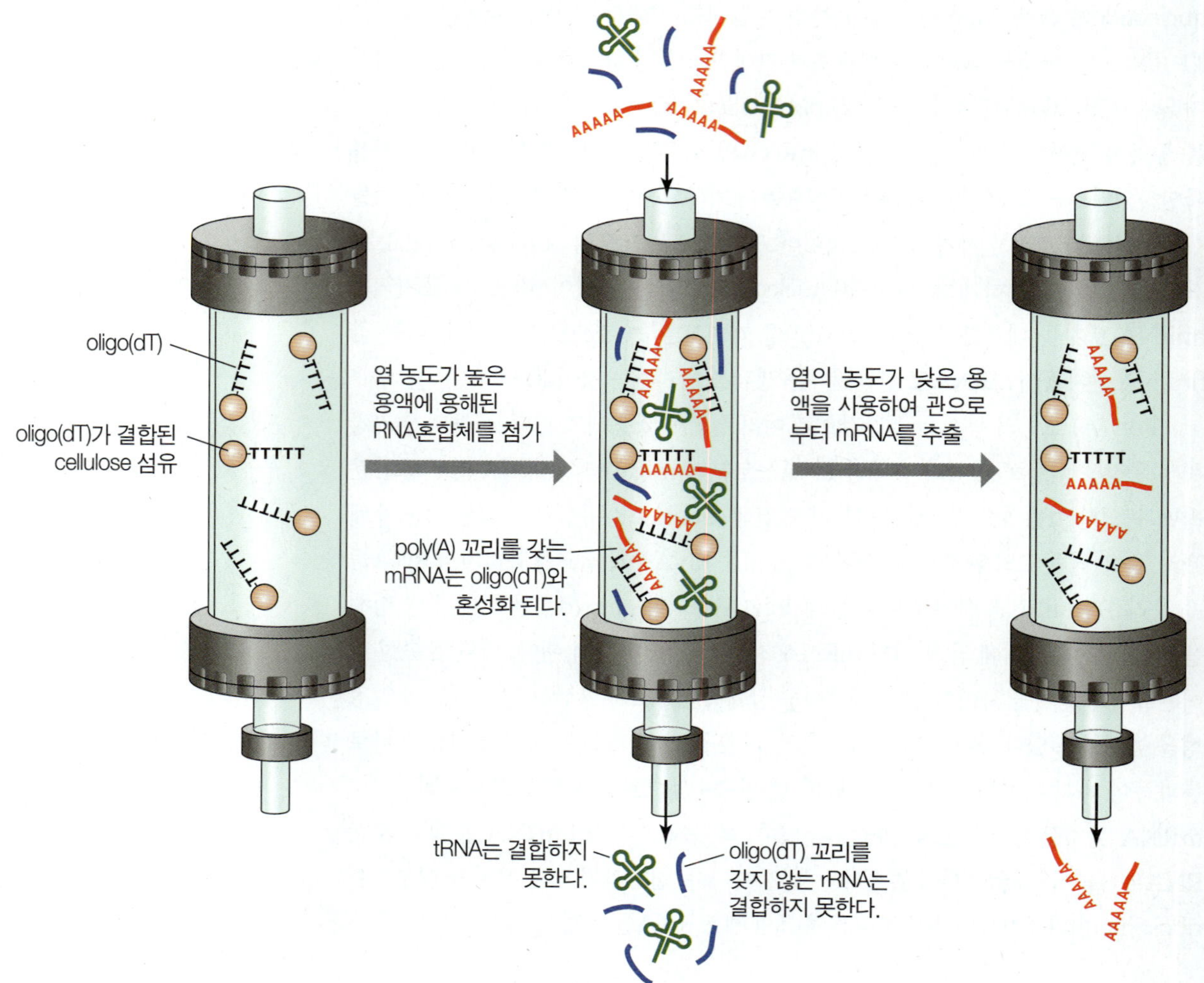


**그림 17.3 Oligo(dT) cellulose chromatography를 이용하여 RNA 분자들의 혼합체로부터 mRNA와 mRNA 전구체의 정제.** Oligo(dT)가 연결된 cellulose 섬유로 채운 관을 따라 염 농도가 높은 완충용액에 용해시킨 RNA 분자들의 혼합체를 통과시켰다. mRNA 전구체들도 동일하게 처리하였다. mRNA 분자들 (적색)은 poly(A) 꼬리와 oligo(dT)간의 염기 쌍이 형성되기 때문에 관내에 부착되어 남아 있다. 염의 금속 양이온이 인산기 사이의 이온 반발력을 상쇄시켜 염기 쌍을 안정화시킨다. Poly(A) 꼬리가 없는 다른 종류의 RNA 분자들 (녹색과 청색)은 oligo(dT)에 결합하지 않기 때문에 염 농도가 높은 완충용액으로 씻을 때 관으로부터 빠져 나온다. mRNA와 mRNA 전구체들은 염의 농도가 낮은 완충용액으로 관을 씻을 때 방출된다.

손꼽을 수 있다. 이들은 메틸기 공여체인 S-adenosylmethionine의 전구체인 [methyl-$^3$H]methionine이 첨가된 배양액에서 생쥐의 L 세포(유사섬유모세포, fibroblast-like cell)를 배양하였다(**그림 17.4**). 이들이 발견한 것은 정제한 mRNA에는 1,000개 nucleotide마다 2~3개의 메틸기가 존재하며, 메틸화된 nucleotide들은 mRNA의 5′-말단부위에 모여 있다는 것이었다. Phosphodiesterase I은 뱀 독(snake venom)의 exonuclease로서 polynucleotide 사슬의 3′-말단부위로부터 5′-단일 nucleotide를 하나씩 연속적으로 분해하는 효소이다. 이 효소를 이용하여 mRNA를 철저하게 분해한 결과, 기대한 바와 같이 5′-단일 nucleotide들과 새로 발

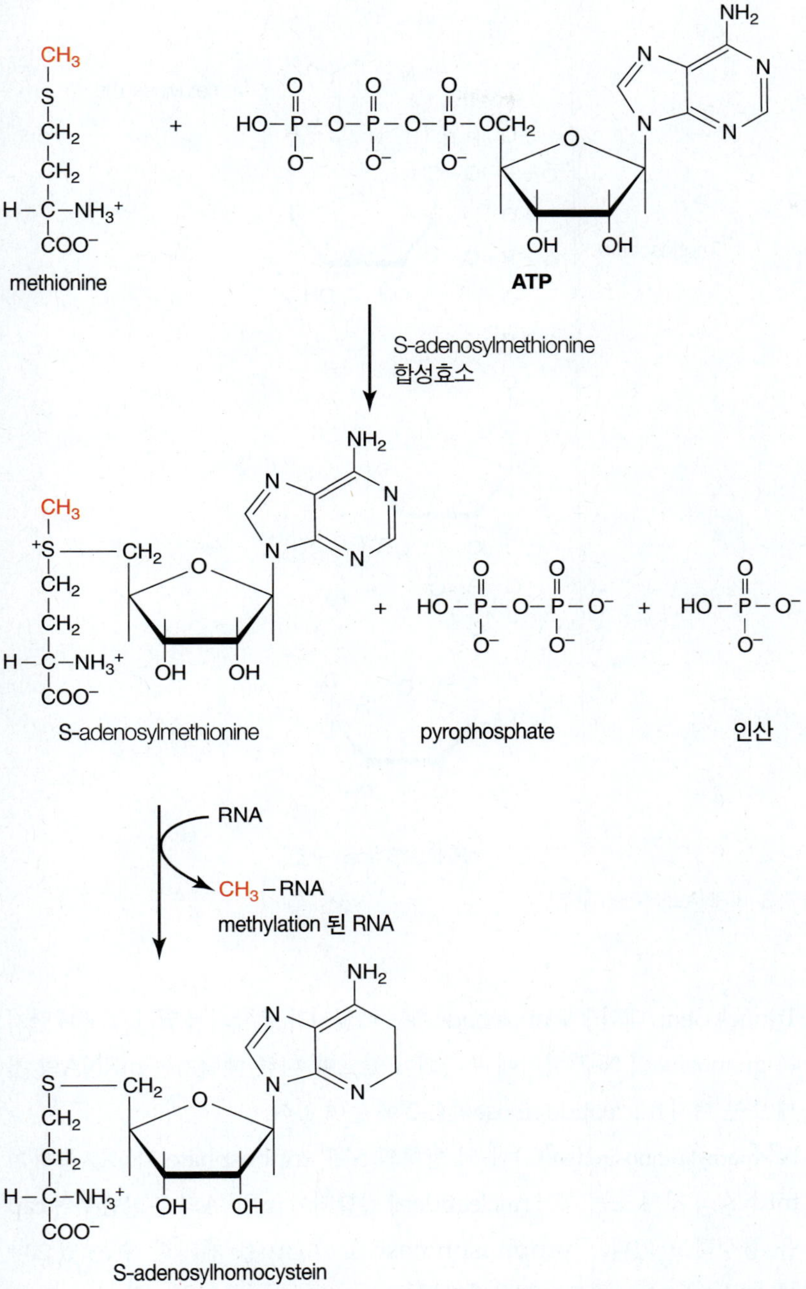

그림 17.4 **Methionine이 S-adenosylmethionine으로의 전환.** Methionine이 ATP와 반응하여 S-adenosylmethionine을 형성하면 이들은 다시 RNA (또는 DNA)의 염기나 RNA의 당에 메틸기를 전이시킬 수 있다.

견된 메틸화된 trinucleotide를 얻었다. 다음과 같은 효소학적인 그리고 화학적인 정보들을 통하여 그림 17.5에서 볼 수 있는 메틸화된 trinucleotide의 구조를 결정하게 되었다.

1. Trinucleotide는 정상적인 3′-말단 구조를 가지고 있었으나 말단 부위에 5′-OH나 5′-인산기를 갖고 있지 않았다.

Triphosphate

7-methylguanine

mRNA의 5′-cap 구조

**그림 17.5** mRNA의 5′-cap 구조.

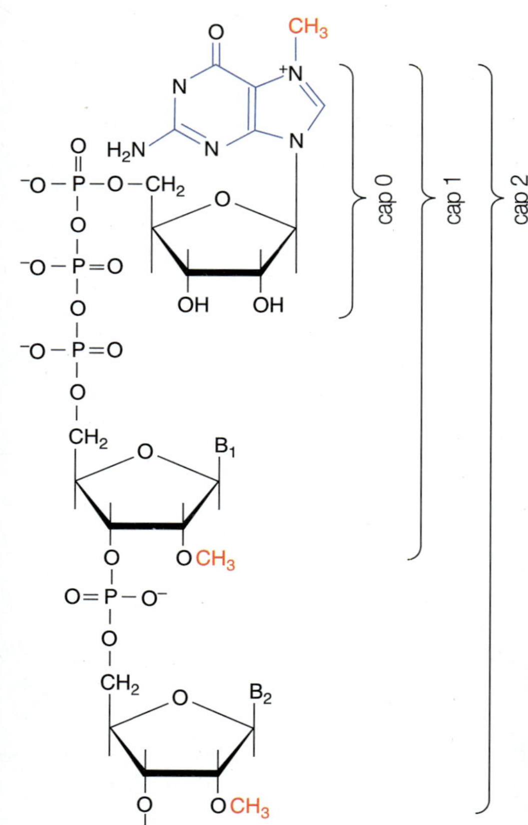


**그림 17.6** 진핵생물 mRNA에서 3가지 cap 형태.

2. Trinucleotide 내의 2개 nucleotide에는 메틸기가 부착되어 있다: 1개 메틸기는 guanosine의 N-7 위치에 부착되어 있으며, 다른 메틸기는 mRNA의 첫째 또는 개시 nucleotide ribose의 C-2′에 붙어 있다.
3. **$N^7$-methylguanosine($m^7G$)**이 역 방향의 5′-5′ triphosphate 가교를 통하여 mRNA의 첫째 또는 개시 nucleotide에 결합되어 mRNA의 5′-말단부위 **cap**을 형성하고 있다. Pyrophosphatase로 이 cap을 제거할 수는 있으나 phosphodiesterase로는 절단되지 않는다.

많은 동물 바이러스들의 mRNA와 같이 모든 진핵생물 mRNA들은 5′-$m^7G$ cap을 가지고 있다. 그림 17.5의 cap 구조를 **cap 1구조(cap1)**라고 하며 다세포 생물체의 mRNA에서 발견된다. 다른 2 종류의 cap 구조들은 cap 0(cap0)와 cap 2(cap2)구조로 자연 상태에서 가장 흔히 볼 수 있는 구조다(**그림 17.6**). 효모 mRNA가 갖는 cap 0구조는 cap 1구조보다 메틸기가 1개 적은데, 1개의 유일한 메틸기는 guanine의 N-7위치에 결합되어 있다. 일부 포유류의 mRNA에 존재하는 cap 2구조는 cap 1구조보다 메틸기를 여분으로 1개 더 가지고 있으며 2번째

nucleotide의 C-2′위치에 결합되어 있다. Cap 0, cap 1 그리고 cap 2구조들의 메틸화 유형이 다름에도 불구하고 이들의 기능은 매우 유사한 것 같다. 이들은 5′→3′exonuclease의 분해반응으로부터 mRNA들을 보호하며 추후의 mRNA 수정과정에 관여한다(다음 장 참조). 세균과 원시생물체들은 RNA에 작용하는 5′→3′exonuclease를 가지고 있지 않기 때문에 RNA분자를 보호하기 위한 5′-m$^7$G cap 구조를 갖고 있지 않다. 이것으로 원핵생물의 mRNA분자들이 왜 5′-m$^7$G cap 구조를 갖지 않는지 부분적으로 설명할 수 있을 것이다.

**Cap 구조 결합 복합체(cap binding complex, CBC)**로 알려진 단백질 복합체가 핵에서 5′-m$^7$G cap 구조에 결합한다(**그림 17.7**). CBC는 2개의 polypeptide 소단위 CBP20과 CBP80로 구성되어 있다. 전형적인 ribonucleotide 결합 영역을 지닌 CBP20 소단위에는 cap 구조에 결합하는 4개의 역평행 β-사슬이 존재한다. CBP80 소단위는 cap 구조에 높은 친화력으로 결합하기 위하여 필요한 단백질로서, cap 결합자리가 아닌 다른 자리에서 CBP20과 상호작용한다. CBC 복합체들은 다음에 이어지는 동시전사 수정과정에 관여하며 mRNA가 핵공을 통하여 수송되도록 도와준다. 또한 초기 번역 단계에 작용하는 중요한 인자이다(20장 참조).

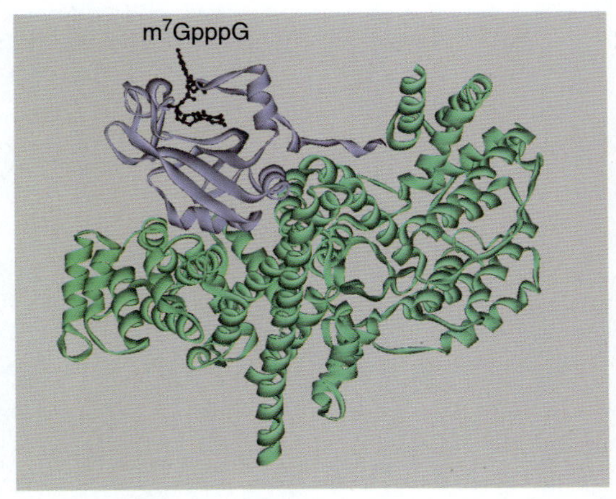


**그림 17.7 RNA cap 유사체 m$^7$GpppG가 결합된 cap 결합단백질 복합체 (CBC)의 리본 도형.** CBP80의 3개의 구조영역과 CBP20의 3개 주요 지역을 m7GpppG분자 (구와 막대)와 함께 볼 수 있다. Protein Data Bank ID: 1N54. Calero, G., et al., *Nat. Struct. Biol.* 9 (2002): 912-917.

## 5′-m$^7$G cap 구조는 20~30개 nucleotide 길이의 미성숙한 mRNA 전구체 사슬에 부착된다.

5′-m$^7$G cap 구조가 mRNA의 첫 번째 nucleotide에 결합한다는 것이 밝혀지자 mRNA 전구체의 첫 번째 nucleotide에도 5′-m$^7$G cap 구조가 결합하는지 여부에 대한 의문이 제시되었다. hnRNA를 oligo(dT) column chromatography방법으로 미성숙한 mRNA 전구체를 정제하여 5′-m$^7$G cap 구조를 지니고 있는지 여부를 조사함으로써 이 의문에 대한 해답을 얻을 수 있었다. 5′-m$^7$G cap 구조가 첫 번째 또는 개시 nucleotide에 첨가되기 때문에 cap 구조는 전사과정의 초기단계에 첨가될 것으로 예측할 수 있다. 1993년 Eric B. Rasmussen과 John T. Lis는 이러한 가설을 조사할 방법을 개발하였다. 이들은 노랑 초파리의 열충격 유전자 hsp70가 합성하는 전사체에 대하여 조사하였다. 이 hsp70 유전자의 전사기구는 유전자를 따라 프로모터를 벗어난 직 후, 전사신장과정이 시작되는 시기에 일시적으로 멈추는 특성을 지니고 있어서 전사과정 초기단계 연구에 적합한 이상적인 유전자로 판단되었다. 이 단계에 형성된 초기 미성숙 전사체들의 길이는 매우 짧아서 대부분 20에서 40 nucleotide 길이에 해당된다. Rasmussen과 Lis는 전사체 사슬 길이와 5′-m$^7$G cap 구조 형성과의 연관성을 확인하기 위해서 미성숙한 hsp70 전사체들을 조사하였다. **그림 17.8**에서 보는 바와 같이 미성숙한 사슬의 길이가 20에서 30 nucleotide에 해당하는 시기에 5′-m$^7$G cap 구조가 형성되고 있다. Cap 구조 형성은 이 시기보다 이른 시기에는 형성될 수 없을 것 같다. 그 이유는 신장하는 전사체의 5′-말단부위가 cap 구조 형성에 적합하기 위해서는 RNA 중합효소 II의 출구 통로로부터 빠져 나와

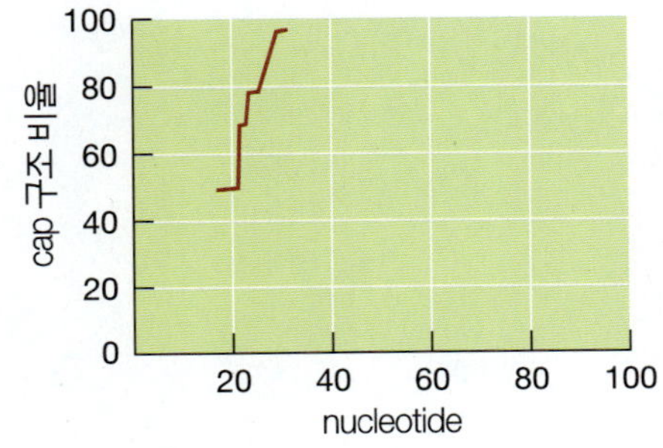


**그림. 17.8 초파리 hsp70 유전자의 신생 전사체에서 cap 형성.** 그래프는 초파리 hsp70 유전자의 초기 전사과정에서 nucleotide의 길이에 따라 cap구조를 갖는 전사체의 비율을 보여주고 있다. x 축은 전사 개시자리로부터의 nucleotide 위치를, y 축은 cap 구조를 갖는 전사체의 비율을 나타내고 있다. Rasmussen, E.B., and Lis, J. T., *Proc. Natl, Acad. Sci. USA* 90 (1993): 7923-7927. 에서 인용.

야 하기 때문이다. 즉 cap 구조 형성이 전사의 신장단계의 시작을 표시하는 것으로 생각된다.

## 모든 진핵생물들은 동일한 기본적인 경로를 통하여 5′-m⁷G cap 구조를 형성한다.

5′-$m^7$G cap 구조를 합성하기 위해서 3개 효소가 공동으로 작용 한다(**그림 17.9**). RNA 중합효소 II의 출구 통로로 개시 nucleotide가 나오면 RNA 5′-triphophatase가 말단의 5′-triphosphate에서 γ-인산을 절단한다. 이어서 guaninetransferase가 guanylyl(GMP)기를 guanosinetriphosphate(GTP)로부터 새로 형성된 5′-diphosphate 끝으로 전달하여 GpppN cap 형성을 촉진한다(N은 일반적으로

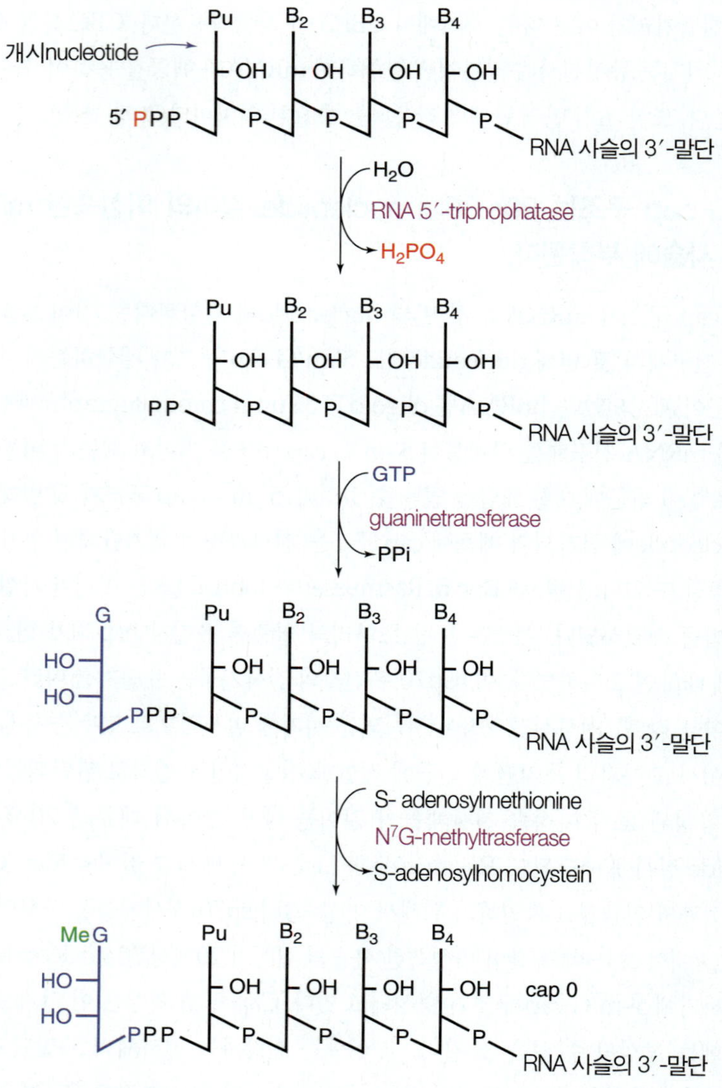

**그림 17.9** Cap 구조 형성 경로.

purine nucleotide를 의미). 효모의 경우, 2 효소의 활성이 서로 다른 polypeptide 사슬에 존재하며 이 2사슬이 상호작용하여 이형이합체를 형성하는 반면에 포유동물의 경우 단일 polypeptide가 이 그 기능을 모두 지니고 있다. Cap 형성에 필요한 3번째 효소활성은 guanine cap의 N-7 위치로 S-adenosylmethionine의 메틸기를 전달하는 methyltrasferase의 활성이다. 이 후의 메틸화 반응으로 cap 0구조가 cap 1로 이어서 cap 2구조로 전환된다. 정제한 cap 구조 형성 효소들은 RNA 염기서열이나 다른 효소의 도움을 필요로 하지 않으며 2개 또는 3개의 nucleotide에도 cap 구조를 첨가할 수 있다. 이러한 성질을 토대로 cap 형성 효소들은 주변의 어떤 RNA 분자에도 5′-$m^7$G cap 구조를 첨가할 수 있을 것으로 추측되지만 생체에서는 일어나지 않는다. 다음 단원에서 그 이유가 분명하게 밝혀질 것이다.

## 전사체가 cap 구조를 갖기 위해서는 CTD의 5번 serine(Ser-5)에 인산화가 일어나야 한다.

단백질 암호화 유전자들을 변형시켜서 RNA 중합효소 I 또는 RNA 중합효소 III에 의해서 전사되도록 하였을 경우에 전사체들은 더이상 cap 구조를 갖지 않는다. 이러한 결과는 RNA 중합효소 II는 cap 형성 기구가 자신의 전사체에 작용하도록 하는 특성을 지니고 있음을 암시하고 있다. RNA 중합효소 II내 가장 큰 소단위의 카르복실 말단 영역(CTD)이 이러한 기능을 발휘하는 것으로 추정되는 데, 그 이유로는 RNA 중합효소 I이나 III에는 이 영역과 비교되는 구조가 없다는 점이다. 더욱이 CTD가 RNA 출구통로에 인접해 있어서 중합효소로부터 전사체가 나올 때 전사체와 상호작용하기에 적합한 자리에 위치하고 있음이 효모 RNA 중합효소 II의 결정체 구조(15장 참조)를 통하여 밝혀졌다. 효모의 CTD 영역에는 65 nm 길이에 해당하는 26개의 Tyr-Ser-Pro-Thr-Ser-Pro-Ser 직렬반복(15장 참조)이 존재하여 cap 형성 효소와 다른 수정 인자들의 조립장소로 역할을 수행하기에 충분한 길이와 유연한 구조를 지니고 있다. CTD영역은 28 nm의 유연한 연결자에 의해 polypeptide의 나머지 부위와 연결되어 있다. 이러한 구조는 중합효소의 출구 통로로부터 mRNA 전구체가 나올 때 전구체의 5′-말단 부위와 근접한 자리에 cap 형성 효소가 위치하도록 하기 위하여 필요한 유연성을 제공하고 있다. 포유동물의 CTD영역은 52개의 heptapeptide 반복을 지니고 있어서 효모의 대응되는 영역보다 2배 긴 구조를 갖는다.

David Bentley와 그의 동료들은 1997년에 cap 형성에 정말로 CTD가 필요한지를 조사하기 위하여 기묘한 실험방법을 고안하였다. 먼저 α-amanitin에 저항성 RNA 중합효소 II의 큰 소단위를 발현하는 벡터로 사람의 신장세포들을 형질주입(transfection)시켰다. 벡터에 포함시킨 소단위는 완전한 길이의 CTD peptide나 52개 heptapeptide 반복 중에서 오직 5개만을 갖도록 절단한 CTD peptide를 발현시키도록 조정하였다. 그리고 형질주입(transfected) 세포 자체의 RNA 중합효소 II 활성을 억제하도록 -amanitin을 처리함으로써 세포들이 발현벡터의 α-amanitin에 저

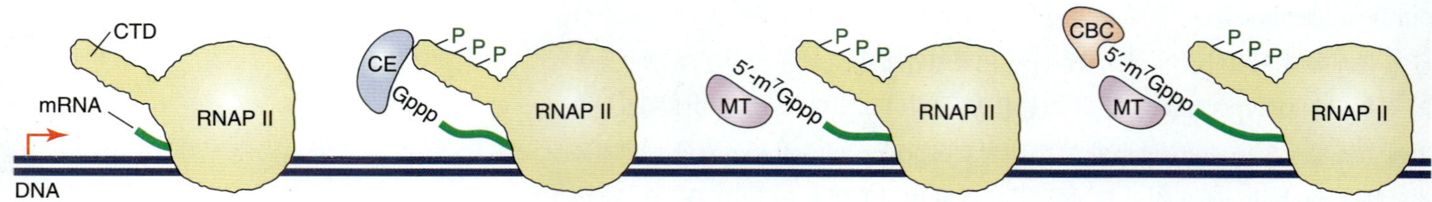


**그림 17.10 포유동물의 RNA 5′-triphophatase/guaninetransferase 충원.** RNA 중합효소 II (RNAPII)에 의해 합성된 전사체들은 정상적인 카르복실 말단 영역 (carboxyl terminal domain, CTD)을 가지고 있으며, RNA triphophatase와 guaninetransferase의 연합 활성을 통하여 guanosine을 갖는 cap 구조를 갖게 된다. 포유동물의 경우 이 2 효소의 활성은 동일한 polypeptide 상에 존재한다. 이 2기능성 단백질을 cap 형성 효소(capping enzyme, CE)라고 한다. CTD를 인산화하는 과정에는 CDT에 결합한 CE가 필요하다. RNA 중합효소 II 출구통로로부터 5′-말단이 분출된 바로 직후에 CE결합과 cap 구조 형성이 일어난다. Methyltransferase(MT)가 S-adenosylmethionine으로부터 메틸기를 guanosine cap의 N-7 위치로 전달하여 methylation 된 cap(5′-m7G)이 형성된다. Cap 결합복합체 (CBC)가 5′-m7G cap 구조에 결합한다. CTD가 절단된 RNA 중합효소 II나 RNA 중합효소 I 또는 III에 의해 만들어진 전사체들은 cap 구조를 갖지 않는다. Howe, K. J., *Biochim. Biophys. Acta* 1577 (2002): 308-324에서 인용.

항적인 RNA 중합효소 II를 이용하여 RNA를 합성하도록 하였다. CTD영역이 효소가 합성한 자신의 전사체가 cap 형성의 표적이 되도록 돕는다는 가설이 사실이라면 5′-m$^7$G cap 구조를 갖는 전사체들의 비율은 절단된(truncated) CTD를 갖는 세포에서 보다 정상적인 CTD를 갖는 세포에서 훨씬 높을 것이다. 실험결과는 이런 예측과 완전히 일치하였다. 또한 Bentley 그룹은 시험관 실험을 통해 포유동물의 RNA triphophatase/ guaninetransferase가 인산화 된 CTD에는 직접 결합하지만 비인산화 CTD에는 결합하지 않는 것도 밝혔다. 따라서 정상적으로 인산화된 CTD영역을 지닌 RNA 중합효소 II가 합성한전사체들은 cap 구조를 형성하고 있는 반면에 절단되거나 비인산화 CTD를 갖는 RNA 중합효소 II로 합성된 전사체들은 cap 구조를 갖지 않는다(**그림 17.10**). 포유동물의 methyltrasferase 또한 CTD에 결합한다.

효모의 guaninetransferase와 methyltrasferase 또한 인산화 된 CTD에 결합한다. Stephen Buratowski와 그의 동료들이 1997년에 수행한 연구로 효모의 guaninetransferase는 인산화 된 CTD에 결합하자 마자 불활성화 되지만 효모의 5′-triphophatase는 guaninetransferase에 결합하여 다른자리입체성 이형이합체(allosteric heterodimer)를 형성하면 transferase의 활성을 촉진시킨다는 것을 밝혔다. 따라서 5′- RNA triphophatase와 인산화 CTD 간의 다른자리입체성 상호작용에 의해 효모의 guaninetransferase가 조절되고 있다. triphophatase와 transferase 활성이 동열한 polypeptide에 내재한 포유동물의 2 기능성 효소는 위와 같은 복잡한 조절기작을 필요로 하지 않을 것이다.

CTD 내에는 가능한 인산화 정렬 방법의 수가 굉장히 많기 때문에 어느 특수한 정렬이 포유동물의 2중 기능성 RNA 5′-triphophatase/guaninetransferase를 RNA 중합효소 II로 인도하는지를 조사하는 것은 중요한 도전이 되었다. C. Kiong Ho와 Stewart Shuman은 생쥐 cap 형성 효소의 RNA 5′-triphophatase와 guaninetransferase 영역들이 합성한 CTD peptide들과 상호작용하는 과정을 연구하면서 도전을 시작하였다. 이들은 RNA 5′-triphophatase 영역과 guaninetrans-

**표 17.1** 합성한 CTD와 생쥐의 RNA 5′-triphophatase와 guanine transferase 영역과의 상호작용

| | 결합 | | Guaninetransferase 활성 |
|---|---|---|---|
| | Guanine transferase 영역 | RNA 5′-triphophatase | |
| 비 인산화된 (Tyr-Ser-Pro-Thr-Ser-Pro-Ser)$_6$ | No | No | No |
| Ser-2의 인산화 $OPO_3^{2-}$ (Tyr-Ser-Pro-Thr-Ser-Pro-Ser)$_6$ | Yes | No | No |
| Ser-5의 인산화 $OPO_3^{2-}$ (Tyr-Ser-Pro-Thr-Ser-Pro-Ser)$_6$ | Yes | No | Yes |

ferase 영역을 암호화하는 각각의 발현벡터를 제조하기 위하여 유전자 재조합 기술을 사용하였다. 그리고 각 영역에 대한 재조합 발현벡터를 지닌 형질전환 *E. coli*로부터 RNA 5′-triphophatase와 guaninetransferase 영역 polypeptide를 추출하였다. 한편 자동 peptide 합성기로 CTD peptide를 준비하고 Tyr-Ser-Pro-Thr-Ser-Pro-Ser 서열이 반복되는 heptapeptide의 2번 Ser(Ser-2)과 5번 Ser(Ser-5)이 인산화 또는 비인산화 되도록 처리하였다. 각 peptide들이 RNA triphophatase나 guaninetransferase 영역에 결합하여 효소의 활성을 촉진시키는지 여부를 조사하였다. **표 17.1**에 실험 결과를 요약하였다. RNA 5′-triphophatase 영역은 조사한 어느 합성 CTD peptide와도 결합하지 않았다. 반면에 guaninetransferase 영역은 비인산화 CTD peptide와는 결합하지 않았지만 2 종류의 인산화 CTD와는 결합하였다. 그러나 guaninetransferase의 활성은 Ser-5에서 인산화가 된 CTD peptide에 의해서만 촉진되었다.

전사가 개시단계에서 신장단계로 진행될 때에 일반 전사인자 TFIIH와 관련된 cyclin 의존성 protein kinase에 의해서 CTD의 Ser-5위치에서 인산화가 이루어진다(15장 참조). 이 인산화 반응은 전사 개시인자의 방출을 시작으로 2중 기능성 RNA 5′-triphophatase/guaninetransferase의 보충, 인산화 CTD에 여러 수정 인자들의 보충으로 이어지는 일련의 반응을 주도한다. 일단 cap 형성이 완결되면 특수한 phosphatase가 Ser-5로부터 인산기를 제거하여 2중 기능성 RNA 5′-triphophatase/guaninetransferase의 방출을 유도한다. 그러나 methyltrasferase는 제거되지 않고 그대로 유지되는데 그 이유는 아직 확실하지 않다. Methyltrasferase가 다른 부수적인 기능을 지니고 있을 수도 있기 때문이다. 다음으로 양성 전사신장인자 b 또는 P-TEFb(15장 참조)에 의해서 CTD의 Ser-2에서 인산화가 진행된다. Ser-2에서 인산화가 된 CTD는 후기 mRNA 수정과정에 필요한 부수적인 요인들의 보충을 유도하는 것 같다.

## 17.3 분할 유전자들(Split Genes)

### mRNA 전구체의 splicing에 의해서 일부 mRNA 분자들이 형성된다는 것이 바이러스 연구를 통하여 밝혀졌다.

mRNA 전구체와 mRNA 분자 모두 5′-m$^7$G cap 구조와 3′ poly(A) 꼬리를 가지고 있다는 사실로 mRNA 전구체의 한 쪽 또는 양쪽 말단부위를 절단하여 mRNA 전구체가 mRNA로 전환될 가능성은 배제되었다. 이러한 절단은 mRNA 전구체의 5′-m$^7$G cap 구조나 3′ poly(A) 꼬리 또는 양 쪽 모두를 당연히 제거하기 때문이다. 그러나 mRNA 전구체의 양 쪽 말단 부위가 보존되어 있다는 사실은 이론적으로 더욱 복잡한 문제를 제기하고 있다. 즉 mRNA 전구체가 짧아지면서 양쪽 말단부위를 보존하기 위한 유일한 방법은 mRNA 전구체 내부의 1개 또는 그 이상의 조각을 제거하고 인접한 염기서열을 다시 연결하는 것이기 때문이다. 연구자들은 전례가 없는 splicing 기작을 흔쾌히 수용하기 어려웠다. 하지만 1997년에 Phillip A. Sharp와 Richard Roberts가 이끄는 독립적인 2그룹에 의해서 splicing에 대한 시각적인 증거가 제시되었다. 이들은 진핵생물 유전자들은 성숙한 mRNA로부터 사라진 유전자 내부의 긴 DNA 염기서열을 가지고 있음을 확인하였다

Sharp와 Roberts 실험실들은 상위 호흡기도에 감염되는 DNA 바이러스인 adenovirus(8장 참조)로 HeLa 세포를 감염시킨 후 합성되는 바이러스의 mRNA들을 연구하고 있었다. Adenovirus의 생활사는 초기단계와 후기 단계로 나누어 진다; DNA 합성 착수로 후기단계가 시작된다. Adenovirus에 감염된 HeLa 세포들은 후기단계에 많은 양의 서로 다른 8종류 mRNA 분자들을 합성하기 때문에 mRNA 합성에 관한 연구에 매우 적합한 시료들이다. 이러한 후기 mRNA들을 polysome으로부터 추출하여 후기 mRNA를 종류별로 분리할 수 있기 때문이다. 숙주세포의 mRNA 중합효소 II 기구에 의해 바이러스 mRNA가 합성되며 또한 숙주세포의 효소들이 바이러스 mRNA에 5′-m$^7$G cap 구조나 3′ poly(A) 꼬리를 첨가하기 때문에 바이러스의 후기 mRNA 형성기구는 숙주세포의 mRNA 형성을 연구하기 위한 훌륭한 모델이 되고 있다. Sharp와 Roberts 그룹 모두 전자현미경 사진을 통하여 바이러스 유전체의 어느 부분에서 성숙한 mRNA 분자가 합성되는지를 밝히고자 기대하였다. 후기 mRNA를 바이러스 DNA에 짝짓기 결합(annealing)시킨 DNA-RNA 혼성체를 조사하였다. 그러나 기대한 바와 같이 mRNA가 DNA상에 정렬되지 않았다. 혼성화 되지 못한 DNA의 커다란 고리들을 보여주는 전자현미경 사진들에 의해서 유전자 내부의 염기서열들이 최종 mRNA를 만드는 과정에서 빠진 것을 분명하게 확인할 수 있었다. **그림 17.11**은 Sharp 실험실이 제시한 주목할 만한 전자현미경 사진이다. 바이러스 외피 단백질에 대한 mRNA를 변성된 바이러스 DNA에 annealing시킴으로써 형성된 DNA-RNA 혼성체를 보여주고 있다. mRNA 분자는 4개의 DNA 지역과 혼성체를 이루고 있으며 이 지역들은 3개의 긴 DNA 고리로 분

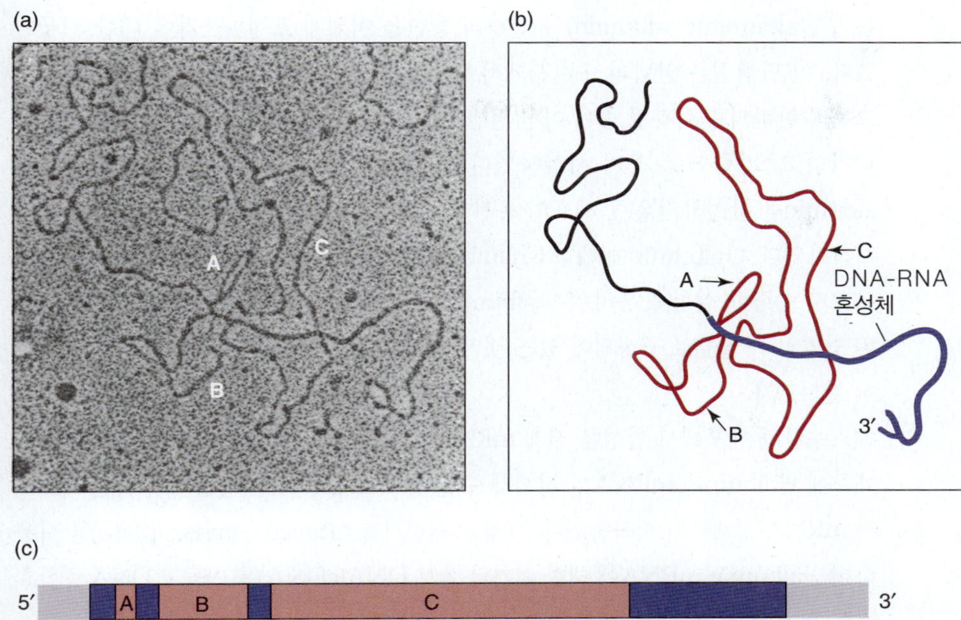


**그림 17.11 바이러스 외피 단백질을 암호하는 adenovirus 유전자는 mRNA에 존재하지 않는 부분들에 의해서 단절되어 있다.** (a) 바이러스 외피 단백질에 대한 mRNA를 그의 DNA 주형과 결합시켜 형성된 DNA-RNA 혼성체에 대한 전자현미경 사진. mRNA 성숙과정에서 제거된 비발현 부분 (intron)들을 A와 B 그리고 C로 표시하였다. (b) 현미경 사진의 도식도. DNA-RNA 혼성지역으로 성숙한 mRNA 분자에 존속하는 부분(exon)을 청색으로 표시하였다. mRNA 성숙과정에서 제거되는 비발현 부분 (intron)은 적색으로 표시하고 A와 B 그리고 C 부호로 표시하였다. (c) 외피 단백질에 대한 분할된 바이러스 유전자 모식도. Exon은 청색으로, intron은 적색으로 동일하게 표시하였다. Berget. S. M., Moore, C., and Sharp, P. A., Proc. Natl, Acad. Sci. USA 74 (1977): 3171-3175로부터 부분적으로 재조합. 사진 협조 : Phillip A Sharp, Massachusetts Institute of Technology. b와 c 부분은 Berget. S. M., Moore, C., and Sharp, P. A., *Proc. Natl, Acad. Sci.* USA 74 (1977): 3171-3175로부터 인용.

리되어 있다. 각각의 고리는 mRNA 염기서열과 상보적인 염기서열을 갖지 않는 바이러스 DNA 지역에 해당된다. 이 결과들이 제시하는 것은 다음과 같다. 즉 1차 전사체(primary transcript)라고 불리는 새롭게 합성된 RNA 내부로부터 nucleotide 서열들이 제거되고 인접한 염기서열들이 연결되어 mRNA 분자를 형성한다는 것이다.

## 진핵세포 유전자내의 아미노산 암호화(coding)지역들 사이에 비암호화 지역들이 끼어들기도 한다.

Adenovirus의 후기 mRNA는 바이러스 DNA의 연속적이지 못한 서열로부터 만들어진 전사체들로 구성되어 있다는 사실이 밝혀진 직후에 분자생물학자들에 의해 많은 진핵생물의 mRNA 전구체들도 성숙한 mRNA에는 없는 비 암호화 서열들이 암호화 서열들 사이에 끼어들어 있음이 밝혀졌다.

1977년 Pierre Chambon에 의해서 진행된 연구는 이러한 측면에서 매우 유익하기 때문에 소개하고자 한다. Chambon의 처음 목적은 estrogen과 같은 여성호르몬이 난albumin(ovalbumin) 유전자의 발현을 어떻게 조절하는가에 대한 연구이었다. 이 단백질은 암탉의 수란관에서 만들어지는 대표적인 계란흰자 단백질이다. 그는 수란관의 분화과정 중에 어떤 방법을 통하여 난albumin 유전자가 변형된다고 생각하고 그 증거를 찾기 시작하였다. 수란관 세포의 난albumin 유전자와 난albumin을 합성하지 않는 세포의 유전자를 비교함으로써 변형에 대한 증거를 찾기 시작하였다. 난albumin에 대한 Chambon의 가정은 틀렸지만, 자신의 가설을 증명하고자 수행한 실험을 통하여 난albumin 유전자는 비 암호화 서열들에 의해 단절된 암호화 서열들로 구성되어 있는 것이 밝혀졌다. 따라서 그 외 실험을 좀 더 자세히 살펴보자.

수란관 세포에서 합성한 전체 mRNA 중 절반이상이 난albumin mRNA이기 때문에 난albumin mRNA의 정제가 수월하여 Chambon은 암탉의 수란관 세포에서 mRNA 정제부터 시작하였다. 그리고 역전사효소(reverse transcriptase)를 사용하여 난albumin mRNA에 대한 외가닥 상보 DNA(cDNA)를 만들고 DNA 중합효소로 외가닥을 이중가닥 cDNA로 전환시켰다(**그림 17.12**). 이중가닥 난albumin cDNA를 plasmid에 삽입시키고 재조합플라스미를 *E. coli* 에 클론하여 서열 분석을 하기에 충분한 DNA를 확보하였다. 그러나 cDNA로부터 유추한 난albumin mRNA의 서열은 주목할 만한 것이 되지 못하였다. 1872-nucleotide 크기의 mRNA은 암호화 서열인 1158-nucleotide(난albumin의 386 아미노산들과 일치) 서열을 가지고 있었다. 그리고 이 서열들의 앞쪽 5′ 말단 부위에는 번역되지 않는 64-nucleotide 크기의 선도서열이 있으며 번역되지 않는 650-nucleotide 서열들이 3′ 말단 부위에 이어져 있었다.

Chambon의 목적은 난albumin 유전자 구조를 세포 분화의 여러 단계에서 조사하는 것이기 때문에 그는 다음단계로 새로운 기술인 Southern blot 방법을 사용하여 알을 낳는 암탉의 수란관 세포와 적혈구(난albumin을 합성하지 않음)의 난albumin 유전자를 비교하였다. 5장에서 설명한 바와 같이 이 방법은 세포의 DNA를 restriction endonuclease효소로 분해하고, 산물인 DNA 조각들을 전기영동으로 분리하며 또한 방사능 또는 형광 탐침으로 원하는 조각을 찾는 과정들로 구성되어 있다. 따라서 Chambon은 난albumin의 cDNA를 분해하지 않는 제한효소(restriction endonuclease) *Eco*RI으로 세포 전체 DNA를 절단하고 난albumin cDNA를 nick translation하여 준비한 방사능 표지 탐침으로 제조하였다(5장 참조). 난albumin cDNA에 *Eco*RI 절단위치가 없다는 점을 토대로 제한효소 *Eco*RI가 난albumin 유전자의 양쪽을 잘라서 방사능 탐침은 커다란 단일 DNA 조각과 annealing 될 것으로 Chambon은 기대하였다. 기대한 바와는 달리 Southern blot으로 조사한 수란관이나 적혈구 세포의 방사능 자동사진 모두에서 4개의 방사능 band가 관찰되었다(그림 17.12). 4개 band가 관찰된 것은 그에게 수수께끼였다. 난albumin mRNA에는 없는 제한효소 절단위치가 어떻게 난albumin 유전자에는 있을까? adenovirus의 후기 mRNA 합성에 대하여 제안되었던 유전자 splicing 모델에 의하면 mRNA 전구체가

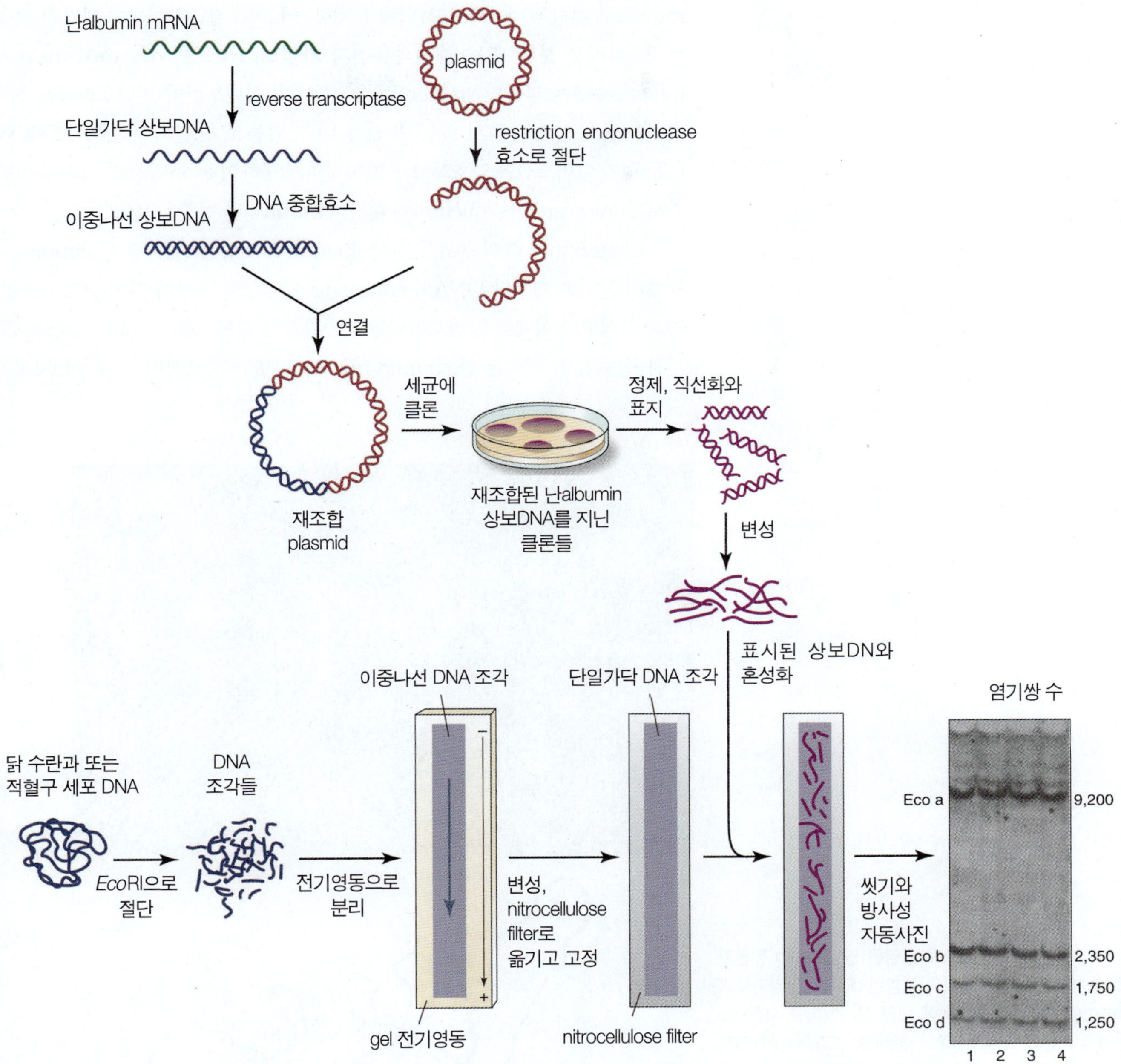


**그림 17.12 암닭의 난albumin 유전자가 분할된 것을 증명하는 실험.** (상부 좌편) Pierre Chambon과 동료들은 1872 nucleotide의 난albumin mRNA에 대한 이중나선인 상보DNA (cDNA)를 합성하였다. 이들은 최초로 역전사 효소를 사용하여 단일가닥인 cDNA를 만들고 이어서 DNA중합효소를 이용하여 단일가닥 cDNA를 이중나선인 cDNA로 전환시켰다. 이중나선 cDNA를 plasmid에 삽입시켜 재조합 plasmid를 만들어서 *E. Coli*에 클론 하였다. plasmid를 정제하여 직선화시키고 방사성 동위원소로 표지한 후에 변성시켰다. (하부) Southern bolt으로 닭의 적혈구 세포나 수란관 세포의 난albumin 유전자를 조사하기 위하여 표지된 cDNA를 탐침으로 사용하였다(제5장 참조). 적혈구 세포나 수란관 세포의 염색체 DNA를 *Eco*RI를 사용하여 1-15 kbp 길이의 조각으로 절단하였다. gel 전기영동을 실시하여 조각들을 크기에 따라 분리하였다(작은 조각이 더 빨리 이동). DNA 조각들을 변성시킨 후 단일가닥 DNA를 흡착하는 nitrocellulose filter로 옮기고 필터에 고정시켰다. 그리고 방사성 탐침을 첨가하여 탐침과 상보적인 서열(결과적으로 난albumin mRNA)을 검출하였다. Chambon과 동료들은 방사성 탐침이 난albumin 유전자를 담고 있는 1개의 band와 결합할 것으로 기대하였지만(이들은 *Eco*RI 이 난albumin 전령에 상보적인 DNA를 절단하지 않는다는 것을 알고 있었기 때문에), autoradiography 결과는 탐침이 4개의 band(*Eco a-d*)에 결합 한 것으로 나타났다. 더욱이 염색체 DNA가 닭의 적혈구 세포(1과 2번 줄)나 수란관 세포(3과 4번 줄)로부터 추출된 것과는 상관없이 이 band들은 동일한 자리에 위치하고 있었다. 이 실험으로 원 유전자는 성숙한 mRNA에 절단자리, 즉 nucleotide 서열이 존재하지 않음을 증명하였다. Part a는 Chambon, P. *Sci. Am.* 244 (1981): 60-71 에서 인용. Part b는 Pierre Chambon, institute of Genetics and Molecular and Cell Biology, College of France의 허락으로 인용.

mRNA로 전환될 때 DNA 서열에 존재하는 *Eco*RI 절단위치들이 제거된 것을 시사한다. 이러한 **분할 또는 불연속유전자 가설(split 또는 discontinuous gene hypothesis)**에 의하면 난albumin 유전자내의 아미노산들을 암호화하는 지역들은 아미노산을 암호화하지 않는 유전자 내 지역들로 단절되어 있다. 후에 Walter Gilbert가 아미노산을 암호화하는 발현지역에 대하여 **exon**명칭을, 그리고 비발현 중간서열(intervening sequence)에 대하여 **intron**이란 명칭을 붙였다.

Chambon과 그의 동료들은 난albumin mRNA를 클론한 난albumin 유전자로부터 준비한 외가닥 DNA와 annealing 시켜 분할 유전자 가설을 조사하였다. 그 결과 형성된 혼성체들을 전자현미경으로 관찰한 결과 7개의 고리(intron A-G)를 발견하였는데, 이 지역은 난albumin mRNA 서열과 상보적이지 않은 DNA 지역에

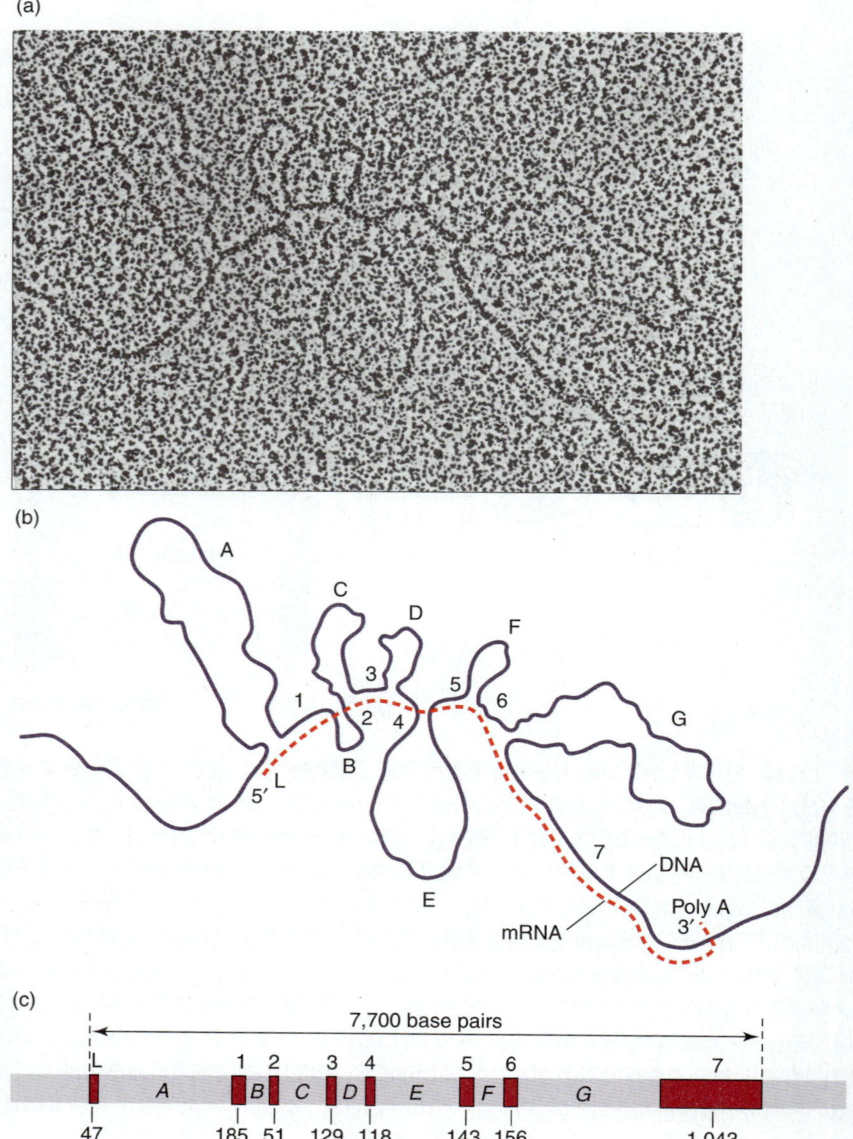


**그림 17.13 전자현미경으로 증명된 난albumin 유전자의 구조.** (a) 난albumin 유전자가 포함된 DNA의 단일가닥과 난albumin mRNA와의 혼성화에 대한 전자현미경 사진. (b) 전자현미경 사진의 도식도. DNA (청색)의 조각과 mRNA(적색)은 서로 상보적이어서 DNA-RNA 혼성체를 형성하고 있다. 이러한 8개의 발현 부분 (L과 1-7)을 exon이라고 한다. 결합할 상보적 서열이 RNA에 없기 때문에 혼성체로부터 고리형태로 불거진 7개의 DNA 구획 (A-G)을 비발현순서 또는 intron이라고 한다. 5′-m$^7$G cap 구조는 보이지 않지만 3′-poly(A) 꼬리는 보인다. (c) 7개 intron들 (회색)과 8개 exon (적색) 그리고 각 exon의 염기 쌍 수를 보여주는 유전자 모식도. Intron의 크기는 251 bp에서 약 1600 bp로 다양하다. Part a는 Chambon, P. Sci. Am. 244 (1981): 60-71로부터 재현한 것임. Pierre Chambon (institute of Genetics and Molecular and Cell Biology, College of France)의 허가로 사용하였음. Part b와 c는 Chambon, P. *Sci. Am.* 244 (1981): 60-71로부터 인용.

해당된다(**그림 17.13**). 난albumin mRNA에 annealing된 8개 DNA 서열(exon들 L, 1-7)들은 유전자와 mRNA 모두에서 동일한 순서로 정렬되어 있었다. 이러한 직선대응성은 2가지 각기 다른 기작으로 설명될 수 있다: (1) RNA 중합효소 II 기구가 아미노산 암호화 서열을 전사하며 여하한 방법으로 비번역 서열은 건너 뛴다; 또는 (2) RNA 중합효소 II 기구가 유전자 전체를 전사하여 긴 mRNA 전구체를 형성하고 후에 splicing에 의해 변형된다. 이 2가지 모델의 적합성을 조사하기 위하여 hnRNA(mRNA가 아닌)를 외가닥 난albumin cDNA(난albumin mRNA를 역전사효소를 사용하여 만든 DNA)와 annealing 시키고 전자현미경으로 혼성체의 구조들을 살펴보았다. 건너뛰기 기작에 의하면 hnRNA와 결합한 혼성체 구조는 mRNA와 결합한 구조와 동일할 것으로 기대된다. 반면에 splicing 기작에 의하면 hnRNA들은 splicing의 다른 단계에 있는 mRNA 전구체들로 구성되어 있으며, 그에 따라 1개 또는 그 이상의 고리들이 사라진 일부 혼성체들을 기대할 수 있을 것이다. 전자현미경으로 관찰한 결과 1개 또는 그 이상의 고리들이 사라진 또한 흔치는 않지만 모든 고리들이 사라진 혼성체들이 관찰되었다. 이 관찰들은 splicing 모델을 지지하고 있다.

Chambon만이 불연속 유전자를 우연하게 경험한 것은 아니다. 같은 시기에 연구를 수행한 다른 분자생물학자들도 β-globin과 collagen 그리고 인슐린 유전자들과 같이 발현이 높게 일어나는 진핵생물 유전자들도 분할되어 있음을 밝혔다. 많은 유전자들에 대한 연구가 진행됨에 따라 대부분의 척추동물 유전자들이 불연속적인 것으로 확실히 되었다. 척추동물의 일부 유전자들에는 intron이 결핍되어 있는데 주목할 만한 것으로 histone과 interferon을 암호하는 유전자들이 이에 속한다. 일부 척추동물의 유전자들은 intron을 갖지 않는 방향 또는 역으로 다른 대부분의 척추동물 유전자들이 intron을 갖는 방향으로 진화된 이유는 현재 알지 못한다. 고등식물의 대부분 유전자들(80~85%)도 불연속적이다. 척추동물과 식물들과는 달리 효모 유전자의 5% 이하만이 분할되어 있다. 그러나 발현된 전사체들의 26%가 이 불연속 유전자들의 전사체이다. 따라서 대부분의 효모 유전자들은 intron을 갖고 있지 않으며 intron을 갖는 극히 일부 유전자들이 매우 높게 발현되고 있다. 현재로서는 더욱 높게 발현되는 효모 유전자들이 분할된 이유를 만족스럽게 설명할 수는 없다.

## Exon들은 진화과정 중에 보존되는 경향이 있는 반면 intron은 일반적으로 보존되지 않는다.

사람유전체 사업(Human Genome Project)의 결과 intron과 exon에 대한 많은 정보를 얻을 수 있었다. 이러한 정보들의 일부가 **표 17.2**에 요약되어 있다. 유전체 DNA와 cDNA(reverse transcriptase를 사용하여 mRNA를 복사하여 준비한 DNA)를 정렬하여 많은 intron과 exon들이 밝혀졌다. intron은 유전체 DNA에 존재하지만 cDNA에는 존재하지 않는 서열인 반면에, 유전체 DNA와 cDNA 모두에

**표 17.2** **사람 유전자의 특성**

| | 중앙값 | 평균값 | 샘플 크기 |
|---|---|---|---|
| 내부 exon[a] 크기 | 122bp | 145bp | 43,317 exon |
| exon 수 | 7 | 8.8 | 3,501 유전자 |
| intron 크기 | 1,023 bp | 3,365 bp | 27,238 intron |
| 3′-비번역 지역 | 400 bp | 770 bp | 22번 염색체의 689 전사체 |
| 5′-비번역 지역 | 240 bp | 300 bp | 22번 염색체의 463 전사체 |
| 암호화 서열[b] | 1,100 bp | 1,340 bp | 1,804 서열 목록 |
| 유전자 크기 | 14,000 bp | 27,000 bp | 1,804 서열 목록 |

[a] 내부 exon은 자신의 양쪽에 intron을 갖고 있는 exon
[b] 암호화 서열은 polypeptide를 암호하는 mRNA 서열
근거: Lander, E. S., et al., *Nature* 409 (2001): 860-921에서 인용

존재하는 서열이 exon이다. mRNA의 한 쪽 또는 양쪽 말단 부위를 복사하여 준비한 cDNA 조각들(보통 200~500 nucleotide 길이)들이 전체 길이 cDNA들의 대체물로 많이 사용되고 있다. 이러한 조각들을 **cDNA꼬리표(expressed sequence tags, EST)**라고 하는데 그 이유는 이들이 (1) 특정 조직이나 특정 발달 시기에 또는 이들 모두에서 발현되는 유전자들을 반영하기 때문이고; (2) 상보적인 염색체 DNA 서열을 표지하는 혼성화 탐침으로 사용될 수 있기 때문이다. 특수한 컴퓨터 소프트웨어가 intron과 exon을 찾아내기에 필요한 거대한 양의 자료를 수집하고 체계화하며 분석하는 것을 도와준다. 이와 같이 생명공학과 컴퓨터공학이 수렴하여 흥미진진한 **생물정보학(bioinformatics)**이란 새로운 분야를 창출하였다.

유전자에 따라 intron의 수는 매우 다양하다. 앞에서 언급한 바와 같이 대부분의 histone 유전자들은 intron을 전혀 갖고 있지 않다. 다른 극단의 예로 가로무늬근의 주요 단백질을 암호하는 titin 유전자에는 363개 intron들이 존재하고 있다. Intron 크기의 분포 또한 생물체에 따라 현저하게 다르다(**그림 17.14a**와 **b**). 사람의 intron들은 예쁜꼬마선충 선충(*Caenorhabditis elegans*)나 노랑초파리(*Drosophila melanogaster*) intron보다 긴 경향이 있다. 일반적으로 발견되는 최소길이는 선충의 경우 47 bp, 초파리의 경우 59 bp 그리고 사람은 87 bp 크기이다. 그러나 이 3생물체들 모두에 매우 긴 intron들도 존재하고 있다. 사람 intron의 크기 분포는 매우 광범위하여 60~30,000 bp 이상으로 넓다(그림 17.14a). 가장 긴 intron은 거의 500,000 bp 길이로 신경계의 세포 부착분자로 기능하는 단백질 neurexin을 암호하는 사람 NRXN3 유전자에 존재하고 있다. RNA 중합효소 II의 전사율은 1분당 1,000~2,000 nucleotide이기 때문에 이 intron을 전사하는데 최소한 4~8시간이 소요된다. 일반적으로 고등식물의 intron은 척추동물의 intron보다 짧으며 그 분포가 60~10,000 bp 길이에 해당한다.

Exon은 intron보다 일정한 크기를 갖는 경향이 있다(**그림 17.15**). 사람의 유전자는 평균 약 9개의 exon을 가지고 있으며, 사람과 선충, 그리고 파리의 경우 대부분

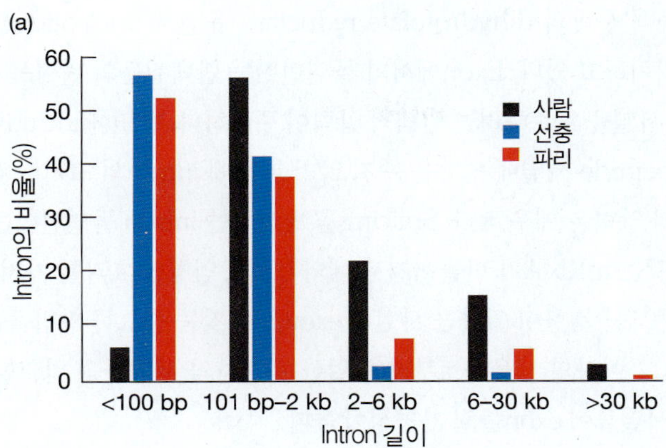


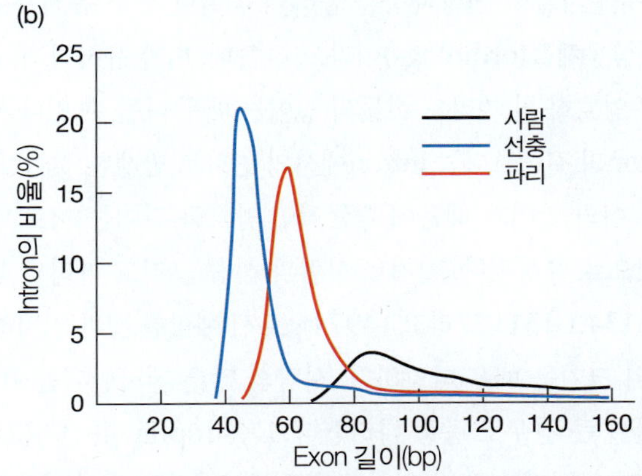


**그림 17.14 서열이 확인된 유전체에서 intron들의 크기 분포.** (a) intron들과 (b) 짧은 intron들 [a를 확대]. Lander, E. S., et al., *Nature* 409 (2001): 860-921에서 인용.

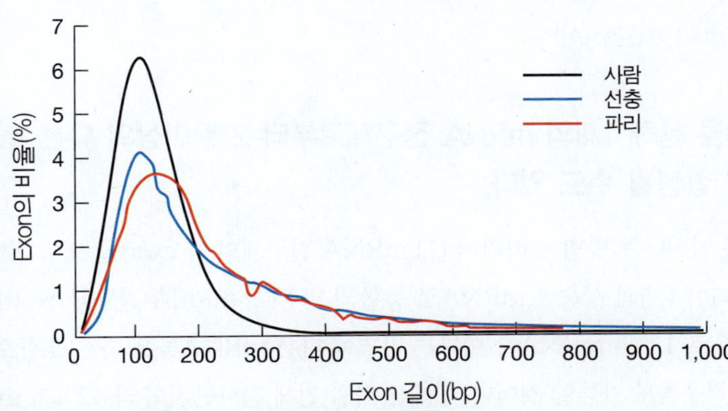


**그림 17.15 서열이 확인된 유전체에서 exon들의 크기 분포.** Lander, E. S., et al., Nature 409 (2001): 860-921에서 인용.

내부 exon들의 길이는 50~200 bp 사이이다(그림 17.15). 사람 exon의 평균 길이(145 bp)는 intron의 평균 길이(3365 bp)보다 현저하게 짧다. 이러한 경향은 다른 동물이나 식물들의 exon과 intron들에서도 동일하다. Exon들이 intron들보다 매우 작은 경향이 있기 때문에 대부분의 유전자들은 exon보다 intron이 많이 차지하고 있다. 예를 들어 사람의 dihydrofolate reductase 유전자 nucleotide들의 98%가 intron들에 위치하고 있다. Exon에서의 돌연변이는 단백질들의 변형을 유발시키기 때문에 exon 서열을 보존하려는 선택적 압력이 뚜렷하다. 반면에 intron에서의 돌연변이는 polypeptide 서열에 영향을 주지 않기 때문에 intron의 크기나 서열을 유지하려는 선택적 압력은 매우 적다. Splicing을 방해하는 intron 돌연변이는 잘못된 암호화 정보를 갖는 mRNA가 만들어져서 예외적으로 엄청난 효과를 가져온다. Exon 서열들이 보존되는 경향이 있다는 사실은 exon들을 찾는 중요한 방법들을 제공하고 있다. 2 또는 그 이상의 생물들로부터 동일한 유전자의 서열들을 비교할 때 동일하거나 유사한 서열들이 exon들일 가능성이 높다.

다른 생물들의 유전자들이 진화과정을 통하여 동일한 선조 유전자로부터 유래한 경우 이들을 **이종상동체들(orthologs)**이라고 하는데, 비록 유사하거나 때로는 동일한 polypeptide를 암호화 할 지라도 이들의 길이는 매우 다를 수 있다. 이종상동체들의 크기 차이는 exon의 길이보다는 intron에서의 변화로 발생한 것이다. 암호화 서열의 길이는 exon 길이의 합이기 때문에 평균적인 암호화 길이는 서로 다른 생물간에도 매우 유사할 것으로 예상된다. 실지로 사람과 선충 그리고 파리의 암호화 서열의 평균 길이는 각각 1340, 1311 그리고 1497 bp로서 예상한 것과 일치하고 있다.

각각의 전사단위 크기는 매우 다양하다. 사람의 많은 전사단위는 100 kb 길이보다 크며 이보다 훨씬 큰 경우도 종종 나타난다. Dystrophin 유전자($2.6 \times 10^6$ bp)가 가장 긴 전사단위로 알려졌는데 이 유전자의 돌연변이가 근육의 퇴행위축을 유발하기 때문에 분자생물학자들이 관심을 갖게 되었다. 암호화 서열의 크기가 전사단위의 크기보다는 다소 일정한 분포를 갖는 경향이 있다. 그러나 일부 사람의 전사단위들은 매우 긴 암호화 서열을 갖기도 한다. 가장 긴 것으로 알려진 것은 titin 유전자의 암호화 서열(80,760 bp)이다.

## 변형과정을 통해 1개의 mRNA 전구체로부터 2개 이상의 다른 mRNA 분자들이 합성될 수도 있다.

Splicing이 일어나는 방법에 따라서 (1) mRNA 전구체의 각 exon들 모두가 연속적으로 연결되어 1개의 성숙한 mRNA로 통합되거나 (2) mRNA 전구체 exon들의 1가지 조합으로 1개의 mRNA를 이루는 반면에 다른 mRNA들은 다른 조합으로 이루어 지는 경우들도 가능할 것이다. 현재는 사람 전체 전사단위의 약 42%가 mRNA를 형성하기 위하여 **선택적 splicing(alternative splicing)**으로 불리는 후자 방법의 splicing형태를 사용하고 있다. 그러나 이 숫자는 아마 낮게 추산되었을 것이다. 왜냐하면 선택적 splicing을 확인하기 위하여 사용한 EST들은 일부 제한된 조직이나 발달시기로부터 준비한 것이어서 mRNA의 일부만이 포함되었기 때문이다. 22번 염색체에 대하여 철저하게 조사한 결과 염색체내 59%의 유전자들이 선택적으로 splicing을 수행하는 것으로 나타났는데 이 숫자 또한 낮게 추산된 것일 수도 있다.

Exon들은 구조성이거나 조절성 특성을 가지고 있다. **구조성(constitutive) exon**은 합성된 모든 mRNA들에 포함되는 것이며 **카세트(cassette) exon**으로 불리기도 하는 **조절성(regulated) exon**은 일부 mRNA들에는 포함되지만 다른 mRNA들에서는 제외된 exon이다. 전형적으로 다수의 exon을 갖는 mRNA 전구체의 경우 여러 유형의 선택적 splicing이 가능하다. mRNA 전구체의 2개 구조성 exon 사이에 있는 카세트 exon은 mRNA를 형성하는 splicing 과정에 포함되거나 건너 뛰어질 수도 있다(**그림 17.16a**). 간혹 1개 카세트 exon이 다른 카세트 exon들이 포함되는 것을 방해하기도 한다. **그림 17.16b**에서 보는 바와 같이 일련의 카세트 exon들이 2개의 구조성 exon들 사이에 존재하고 오직 1개 카세트 exon만이 성숙한 mRNA에 포함될 때 상호 배타적인 splicing이 일어난다. 2개의 구조성 exon들 사이에 있는 1개의 intron은 어떤 mRNA에는 포함되기도 하고 다른 mRNA에는 포함되지 않기도 한다(**그림 17.16c**). 따라서 1개의 DNA 서열이 intron으로(제거되었을 경우) 또는 exon으로(포함되었을 경우) 작용할 수도 있다. 일부 exon들은 3′-말단부위에(**그림 17.16d**) 혹은 5′-말단부위에(**그림 17.16e**) 선택적 이어맞추어 자리를 갖는다. 특정 mRNA 전구체를 선택적으로 이어맞추어서 형성된 mRNA들이 번역되면, 합성된 단백질들은 내부의 1개 또는 그 이상의 영역들이 다르긴 하지만 서로 공통된 기능들을 갖는 것이 일반적이다. 때로는 선택적 splicing에 의해서 mRNA

(a) 임의의 선택적 exon(청색)이 제외되거나 포함될 수 있다.

(b) 선택적인 exon (청색과 녹색)들의 배열에서 오직 1 exon이 성숙한 mRNA에 포함기도 한다.

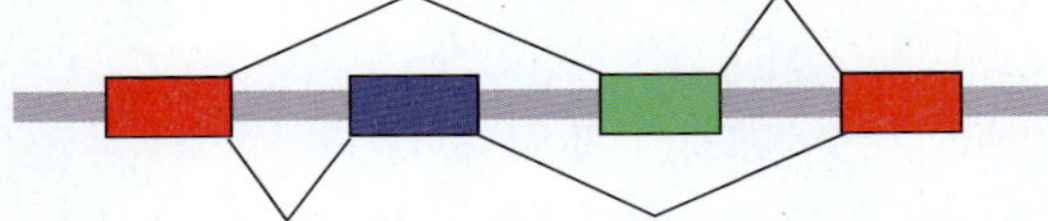

(c) Intron(노란색) 제거되거나 유지될 수 있다.

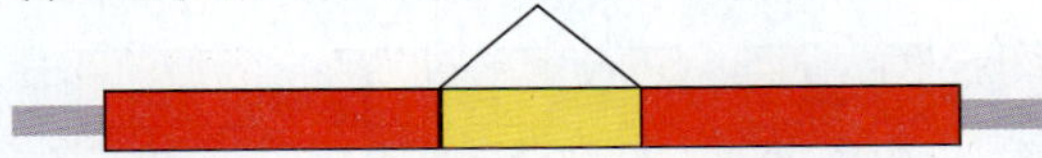

(d) Exon은 3′-밀단부위에 선택적 splicing 자리를 가질 수 있다.

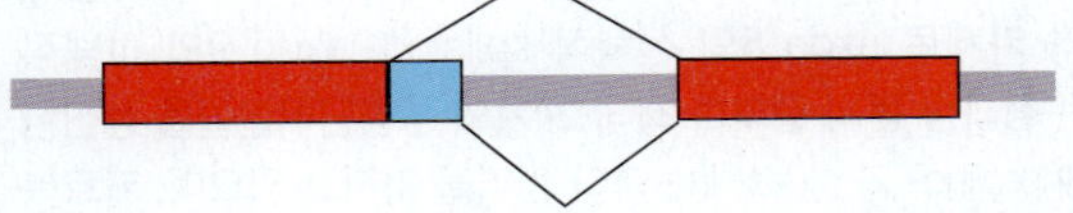

(e) Exon은 5′-말단부위에 선택적 splicing 자리를 가질 수 있다.

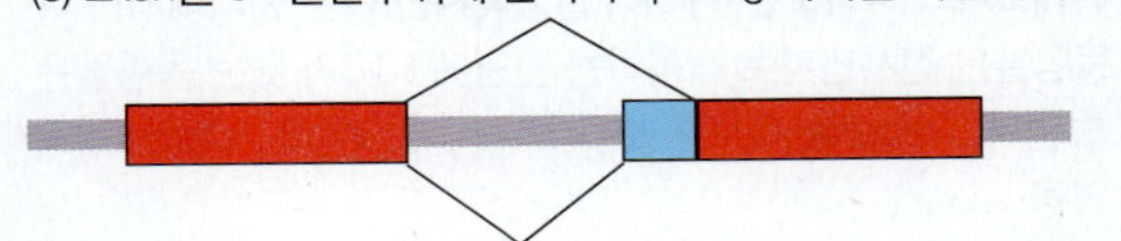

**그림 17.16 자연상태에서 발견되는 선택적 splicing의 유형들.** (a-e). 적색 상자들은 구조 exon에 해당하며, 청색과 녹색 상자는 카세트(또는 임의 선택적) exon에 해당한다. 푸른빛 색 상자는 구조 exon 내부 조각 그리고 회색 지역은 intron에 해당한다. Graveley, B. R., *Trends Genet.* 17 (2001): 100-107 에서 인용.

에 종결코드가 형성되어 단백질 합성이 일찍 끝나기도 한다. 또한 선택적 splicing으로 해독틀(reading frame)이 변하여 동일한 mRNA 서열에 2개의 서로 다른 reading frame이 존재할 수도 있다.

## 각 유전자들 내부에서 일어나는 다양한 splicing 유형들의 조합에 따라 다양한 mRNA들이 형성된다.

*WT1*과 *Dscam* 유전자를 대상으로 단일 유전자들이 선택적 splicing에 의해서 어떻게 다양한 단백질들을 합성하는지 그림으로 설명해 보자다. 돌연변이형이 어린아이에게 가장 흔한 신장종양인 Wilm's 종양을 일으키기 때문에 *WT1* 유전자(**그림 17.17**)라는 이름이 붙여졌다. 약 50 kb 길이의 *WT1* 유전자는 선택적 splicing을 통하여 52~56 kDa에 해당하는 다양한 변이형 단백질들을 암호화한다. 변이형이나 동형 단백질들의 N-말단부위에는 proline-과 glutamine-다수 영역이 C-말단부위에는 4개의 zinc finger motif로 이루어진 DNA-결합영역이 존재하고 있다. 일부 동형 단백질들의 3번과 4번 zinc finger 사이에는 lysine-threonine-serine(KTS)서열이 존재하지만 다른 형태에는 존재하지 않는다. KTS 서열이 결핍된 *WT1* 동형들은 전사인자로 작용하는 반면에 KTS 서열을 갖는 동형 단백질들은 splicing 인자들과 결합하는것 같다.

다운증후군세포 부착분자(Down syndrome cell adhesion molecule)(**그림 17.18**)의 초파리 동형으로 여겨지는 단백질을 암화화하기 때문에 초파리(*Dscam 유전자*)로 명명되었다. 선택적 splicing을 통하여 오직 1개의 유전자로부터 놀랄 만큼의 다양한 일련의 동형 단백질들이 만들어지고 있다. 발달중인 초파리에서 성장중인 약 250,000개의 신경세포 축삭돌기들을 정확하게 그리고 반복적으로 올바른 목적지로 향하게 하는 복잡한 임무를 수행할 수 있는 것은 일련의 다양한 Dscam 동형 단

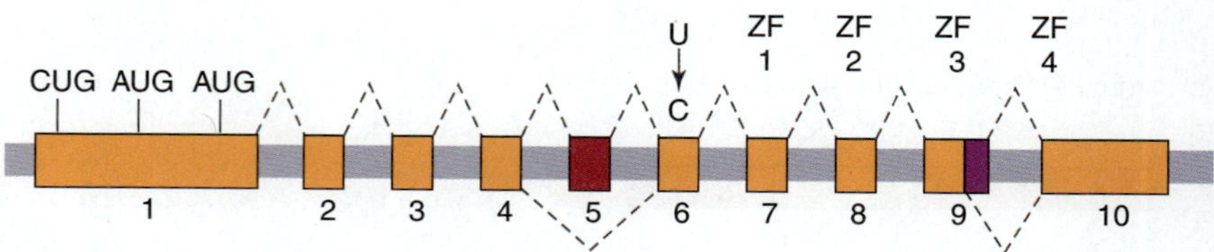


**그림 17.17** ***WT1*(Wilm' s tumor) 유전자의 선택적 splicing.** *WT1* 유전자는 exon 1에 존재하는 3개의 선택적 번역 개시코돈과 카세트 exon 5의 선택적 splicing, exon 9의 선택적 5'splicing 자리 그리고 다른 번역 후 수정과정 등의 결과로 최대 24개의 동형단백질들을 생산한다. 각 동형들은 자신의 아미노 말단에 proline- 과 glutamine-과다 영역을 가지고 있으며, 카르복실 말단에는 4개의 zinc finger motifs(ZF)를 간직한 DNA 결합영역이 존재한다. 일부 선택적 splicing으로 3번과 4번 zinc finger사이에 3개의 아미노산(KTS)이 삽입되지만 다른 형태에서는 나타나지 않는다. KTS가 결여된 WT1 동형들은 전사인자로 작용하는 반면에 KTS가 있는 동형들은 splicing 인자들과 연합하는 것으로 보인다. Roberts, G. C., and Smith, C. W. J., *Curr. Opin. Chem. Biol.* 6 (2002): 375-383에서 인용.

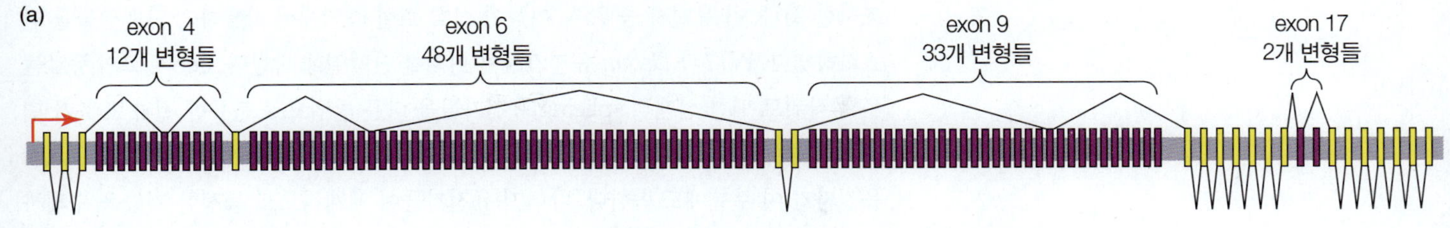


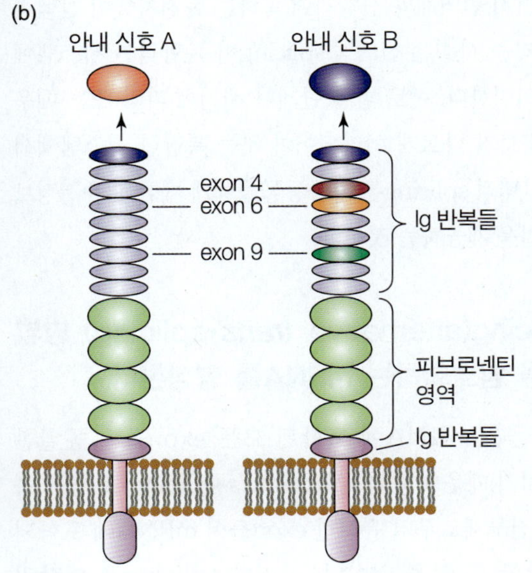


**그림 17.18 초파리의 Dscam을 암호하는 유전자의 선택적 splicing.** 구조적인 splicing 과정들은 유전자 아래에 표시하였으며, 선택적인 splicing 과정은 유전자 상부에 표시하였다. **(a) Dscam 유전자의 구성.** 구조 exon들은 노란색으로, 선택적으로 이어맞추어 지는 exon들은 보라색으로 표시하였다. *Dscam* 유전자는 exon 4, 6, 9 그리고 17에 4개의 선택적 splicing 자리를 가지고 있다. Exon 4에는 12개의 변형들, exon 6에는 48개 변형, exon 9에는 33개 변형들과 exon 17에는 2개의 변형들이 가능하다. 각 exon 위치에서 오직 1개의 exon 변형이 Dscam mRNA에 포함된다. 선택적 exon 4, 6과 9는 면역globlin 반복의 선택적 변형체를 암호화한다. **(b) Dscam에서 선택적 splicing의 기능적인 중요성.** Dscam 단백질은 축색돌기 안내 수용체로 작용한다. 각 Dscam 변형들은 독특한 축색돌기 신호들의 집합체와 반응한다. 왼쪽에 보이는 Dscam 형태는 안내 신호 A와 반응할 것이다. 오른쪽에 보이는 Dscam 형태에는 exon 4, 6과 9에 의해 암호화 된 다른 서열들이 포함되어 있기 때문에 안내 신호 A보다는 안내 신호 B와 반응한다. 오른쪽에 보이는 Dscam 형태를 발현시키는 신경들은 왼쪽에 보이는 형태를 발현시키는 신경들과는 다른 방향으로 자극될 것이다. Graveley, B. R., *Trends Genet.* 17 (2001): 100-107 에서 인용.

백질들이 돕고 있기 때문이다. 서로 독립적으로 exon 4, 6, 9와 17의 변이형 exon 집합체에서 1개의 exon을 선택하여 각 Dscam mRNA가 만들어진다(그림 17.18a). Exon 4는 12개 변이형 배열에서 exon 6은 48개 변이형 배열에서 exon 9는 33개 그리고 exon 17은 2개 변이형 배열에서 선택된 것이다. Exon 4 변이형의 선택은 발달과정에 따라 조절되는데 이 점은 최소한 일부 Dscam 동형단백질들이 신경을 올바르게 고정하는 데 필요하다는 생각과 일치한다. Exon 4, 6 그리고 9들은 10개 면역 globulin(Ig) 반복을 암호화하여 축삭돌기 안내 수용체 기능을 수행하는 세포외부 영역을 형성한다. 반면에 exon 17은 막관통 영역(그림 17.18b)를 암호화한다. 4개 exon의 각각은 다른 3개에 대하여 독립적으로 선택되기 때문에 가능한 전체 Dscam 동형단백질의 수는 38,016개(12×48×33×2)로 초파리의 전체 전사 단위수보다 2~3배 크다.

## 선택적으로 이어맞추어지는 대부분의 유전자들은 신호전달(signal transduction) 과정에 관여하는 단백질들을 암호화한다.

어떤 특정한 분할 유전자가 선택적 splicing을 통하여 다양한 단백질들을 형성하는지 여부를 짐작할 수 있는 신속하고 확고한 법칙은 없는 것 같다. 하지만 Christopher Lee와 그의 동료들은 선택적으로 이어맞추어지는 유전자 50개를 무작위로 선택하여 조사한 결과, 이 유전자 중 75% 이상이 신호 조절 측면에서 작용하는 단백질들을 암호화하였다. *WT1*과 *Dscam* 유전자들이 이러한 단백질에 속한다. Lee와 그의 동료들은 무작위로 택한 선택적 splicing 유전자들을 다른 방법으로 분류한 결과 29%가 면역계 기능에, 그리고 12%는 신경 기능에 관여하는 단백질들을 암호화하는데 *Dscam* 유전자가 이 부류에도 속한다. 나머지 유전자들이 체계적으로 특정한 기능을 수해하는지 여부는 확인되지 않았다. 특별히 면역계와 신경계에 속하는 유전자들이 선택적으로 이어맞추어지는 유전자들이라는 사실은 선택적 splicing이 복합적인 시스템에서 중요한 역할을 수행하는 것을 의미한다. 예로 발달 단계나 시기에 따라 또는 매우 많은 다양성이 필요한 지역에서 정보가 다르게 처리되어야 하는 복잡한 시스템에서 중요한 역할을 수행한다. 따라서 선택적 splicing은 고등동물들에게 제한된 유전정보를 최대 효율로 사용할 수 있는 방법을 제공하는 것이다.

## 초파리는 다른 엇갈린 splicing(alternative *trans*-splicing) 방법으로 필수단백질의 동형들을 암호화하는 mRNA를 형성한다.

지금까지 살펴본 splicing 사례들은 mRNA에 포함된 모든 exon들이 동일한 mRNA 전구체로부터 유래한 것이기 때문에 **수평 splicing(*cis*-splicing)** 유형에 속한다. 그러나 2개의 다른 mRNA 전구체로부터 유래한 exon들이 mRNA에 포함되는 다른 유형의 splicing도 생각할 수 있을 것이다. 이러한 splicing을 **엇갈린 splicing(*trans*-splicing)**이라고 하며 초파리의 염색질 구조 확립과 유지를 지원하는 필수 단백질 형성에 필요하다. 이러한 필수 단백질을 지시하는 DNA 지역을 *mod*(*mdg-4*) 좌라고 한다. *mod*(*mdg-4*) 좌에서 전사된 mRNA 전구체들이 엇갈린 splicing에 의해 변형될 것이라는 처음 증거가 Victor Corces와 그의 동료들의 유전학적 연구로부터 제시되었다. Corces 그룹은 *mod*(*mdg-4*) 좌의 반대쪽 양 끝에서 발생한 서로 다른 2개의 돌연변이를 발견하였다. 2개 대립인자에서 모두 돌연변이가 발생한 초파리들은 살지 못하였지만 1 대립인자에 처음 돌연변이를 다른 대립인자에 두 번째 돌연변이를 갖는 초파리는 살아남았다. 2001년에 염기서열을 조사한 결과 현재까지 알려진 26개 성숙한 mRNA 동형들에는 상보적인 가닥에 위치한 *mod*(*mdg-4*) 좌의 exon들이 포함되어 있는 것으로 확인되었다. 각각의 mRNA들은 *mod*(*mdg-4*) 좌의 5′-말단부위에 위치한 동일한 4개 exon들(exon 1-4)을 보다 하부에 위치한 특정 exon들에 연결하여 형성된 것이다(**그림 17.19**). 일부 하부 exon들(청색으로 표시)은 반대 가닥으로부터 전사된 것이다. 전례가 없는 이러한 엇갈린 선택적 splicing에 의해 2개의 *mod*(*mdg-4*) 대립인자에서 서로 다른 치사 돌연변이가 일어난 초파리들이 살 수 있다. 이유는 각 *mod*(*mdg-4*) 대립인자로부터 정상적인 exon이 첨가된 정상적인 mRNA 동형이 형성될 수 있기 때문이다. 이와 같은 엇갈린 선택적 splicing이 초파리의 일부 유전자에 국한된 것인지 혹은 다양한 생물체들의 많은 유전자들에게 영향을 주는 일반적인 현상인지는 아직 분명치 않다.

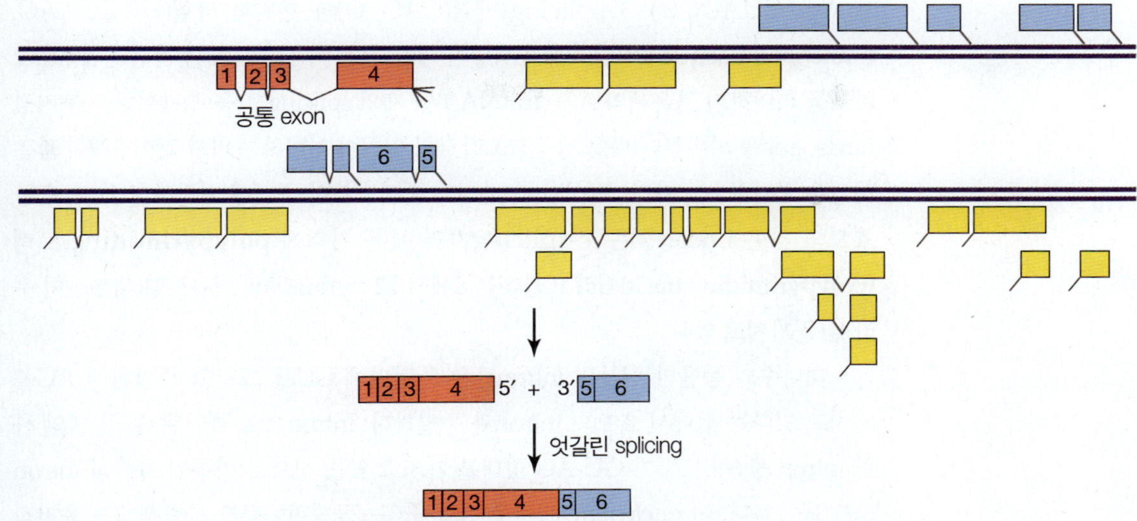


**그림 17.19 엇갈린 splicing (trans-splicing) 표본.** 초파리 mod(mod4) 좌는 28 kb에 걸쳐 있으며, 선택적 splicing으로 이어진 26개의 mRNA를 암호화한다. 각 mRNA는 4개의 공통적인 exon (1-4, 적색으로 표기)이 하부에 위치한 exon(노란색 또는 청색)중의 1개와 이어맞추어 져서 만들어진다. 노란색 exon들은 공통적인 exon들과 동일한 DNA 가닥으로부터 전사되지만, 청색 exon들은 반대편 DNA가닥으로부터 전사된다. 공통적인 exon 4로부터 아래 지역의 5′ splicing 자리는 4개의 사선으로 표시되었으며, 선택적으로 이어맞추어 지는 각 exon의 상부에 위치한 3′splicing 자리는 단일 사선으로 표시되었다. 그림의 하단부에서 이 유전자 자리내에서 엇갈린 splicing의 예를 볼 수 있다. Exon 1-4를 담고 있는 전구체와 5와 6을 담고 있는 다른 전구체로 이루어진 2개의 엇갈린 splicing 전구체들이 반대쪽 DNA 가닥들로부터 전사되며, exon 4와 5번이 엇갈린 splicing으로 연결되는 점에 주목하시오. Maniatis, T., and Tasic, B., Nature 418 (2002): 236-243에서 인용.

## 정확한 splicing이 일어나기 위해서는 mRNA 전구체내에 특정한 염기서열이 필요하다.

세포 내에서 intron들은 매우 정확하게 제거되어야 한다. 만일 정확하게 제거되지 않을 경우 mRNA의 암호화 서열이 변하여 세포에게 파괴적인 결과를 초래할 수 있기 때문이다. 따라서 세포의 splicing 기구는 exon/intron의 경계, 즉 intron의 시작인 **5′-splicing 자리(5′- splice site)**와 intron의 끝인 **3′-splicing 자리(3′splice site)**를 분명하게 구별하여야 한다. 효모의 splicing 기구는 거의 일정한 3개의 짧은 nucleotide 서열을 필요로 한다(**그림 17.20**). intron을 확인하고 절단하기 위해서 5′-splicing 서

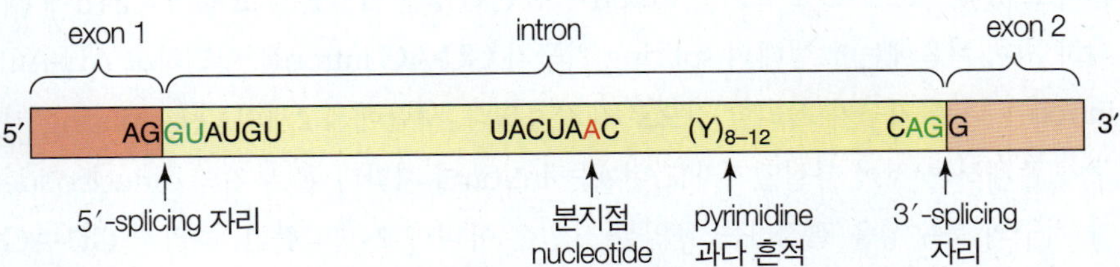


**그림 17.20 효모 mRNA 전구체에서 5′-과 3′-splicing 자리가 규정되도록 돕는 염기서열들.** Y는 pyrimidine nucleotide를 의미함. 분지점 nucleotide A를 적색 표시하였다. Intron의 5′-말단에 있는 GU dinucleotide와 intron 3′-말단에 위치한 AG는 녹색으로 표시하였다.

열(AG/GUAUGU), 3′-splicing 서열(CAG/G)와 **분지점 서열**(UACUAAC, **branchpoint sequence**)인 3개의 서열이 필요하다. 이 서열들에서 사선은 splicing 자리를 의미하며 붉은색의 A 는 mRNA 전구체의 splicing 반응에 관여하는 분지점 nucleotide를 의미한다(다음 장 참조). 각각의 명칭이 의미하는 바와 같이 3개의 짧은 서열은 5′-splicing 자리, 3′splicing 자리와 분지점자리 주변에 위치하고 있다. 또한 효모의 많은 intron들은 3′-splicing자리 상부 지역에 **polypyrimidine 트랙(polypyrimidine track)**이라고 불리는 8에서 12 pyrimidine 연속서열(대부분이 우라실)을 가지고 있다.

대다수의 동물과 식물의 intron들은 5′-말단에 GU를 그리고 3′-말단에 AG를 가지고 있다는 점에서 효모의 intron과 동일하다. Intron으로 확인된 수 천 개의 사람 intron 중 98.12%가 GU-AG 형태를 가지고 있는 점으로 미루어 사람의 Intron들도 동일하다. 이 nucleotide 서열을 변화시키는 돌연변이들은 사람에게서 유전적 대사 질환을 유발시킨다. 예로 어떤 사람들은 결함이 있는 globin 분자를 합성하는데 이것은 β-globin intron 중 1개 intron의 시작 자리 GU 서열이 변하였기 때문에 유래된 것이다. 이러한 변화는 정상적인 splicing 자리에서의 splicing을 억제하고 비정상 자리에서의 splicing을 일으켜 결과적으로 작용을 하지 못하는 globin 사슬의 합성을 유도한다. 동물과 식물들의 splicing 기구들도 intron을 확인하고 제거하기 위해서는 5′-splicing 서열과 3′-splicing 서열, 그리고 분지점 서열들이 필요하지만 효모에서와 같이 3개의 짧은 서열들이 아주 잘 보존되어 있지는 않다. 사람과 다른 동물의 경우 5′-splicing 공통서열은 AG/GURAGU, 3′-splicing 공통서열은 NYAG/G 그리고 분지점 공통서열은 YNCURAY이다(R은 purine; Y는 pyrimidine; N은 모든 nucleotide를 의미한다). 전형적인 포유동물의 GU-AG intron에서 3개 짧은 공통서열의 배열을 **그림 17.21a**에서 볼 수 있다. 분지점 nucleotide는 일반적으로 3′-splicing 자리로부터 11개에서 40개 염기 상부에 위치하고 있다. 또한 대부분의 GU-AG intron들은 3′-splicing 공통서열의 바로 위 쪽에 10개 또는 그 이상의 nucleotide들이 확장되어 있는 polypyrimidine 흔적을 지니고 있다. GU-AG intron에 작용하는 splicing 기구와 동일한 기구가 5′-말단에 GC를 갖는 변형 intron의 수정과정에도 작동한다. 사람 intron의 0.76%가 이와 같은 GC-AG intron으로 확인되었다. 또한 사람 intron의 0.1%는 AU로 시작하여 AC로 끝나고 있다. AU-AC로 알려진 intron과 관련된 공통서열들을 **그림 17.21b**에 제시하였다. 처음에는 1 형태의 splicing 기구가 GU-AG intron을 처리하고 AU-AC intron은 다른 기구가 처리할 것으로 생각하였다. 사람에게 2개의 다른 splicing 기구가 존재하는 것이 사실일지라도 현재는 intron의 시작과 끝 부위의 dinucleotide가 기구의 특수성을 결정하는 유일한 요인은 아니라고 생각한다. 따라서 GU-AG intron만 절단하는 것으로 처음에 생각한 splicing 기구가 일부 AU-AC intron도 절단할 수 있으며 그 역도 가능한 것으로 생각한다.

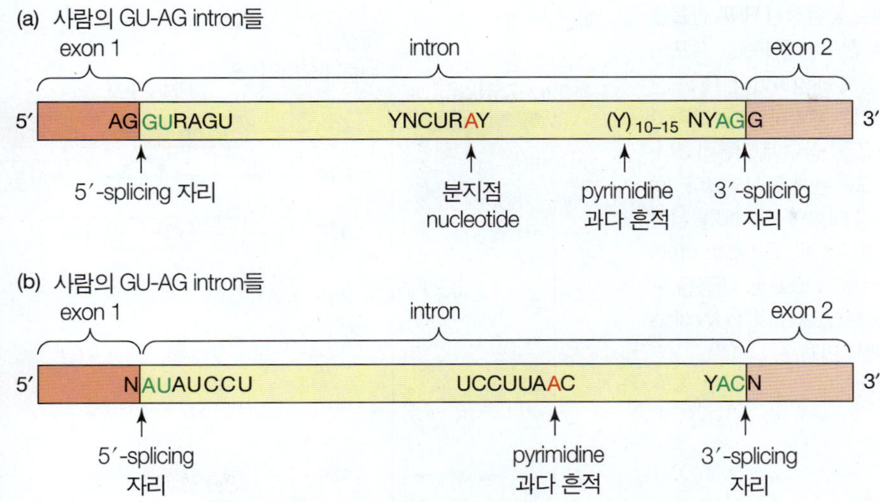


**그림 17.21 사람의 intron을 규정짓는 공통 서열들.** 사람의 (a) GU-AG intron과 (b) AU-AC intron을 규정하는 공통 서열들. Y는 pyrimidine nucleotide에 해당하며, N은 nucleotide 분지점 nucleotide는 적색으로, 그리고 intron의 2 말단지역의 dinucleotide는 녹색으로 표시하였음.

## 2개 splicing 중간체들은 올가미(lariat)와 유사한 구조를 가지고 있다.

연구자들은 splicing의 중간체를 분리하여 그 구조를 확인함으로써 splicing 기구에 대한 실마리를 찾을 수 있을 것으로 기대하였다. 1980년대 초기에 획기적인 돌파구를 찾았다. ATP와 마그네슘이온이 포함된 HeLa 세포 추출물이 첨가한 mRNA 전구체로부터 intron들을 절단한다는 것이 발견된 것이다. Philip A. Sharp와 Tom Maniatis가 각각 이끄는 2 연구팀들은 splicing 중간체를 찾기 위하여 이러한 시험관내 splicing 시스템의 장점을 이용하였다. 두 그룹 모두 다음과 같은 방법으로 접근하였다: 그들은 (1) exon-intron-exon의 단일 배열을 갖는 mRNA 전구체를 방사능 $^{32}$P로 표시하고 시험관내 splicing 시스템에 첨가하였다; (2) 배양 시간을 달리하여 생성된 RNA 산물들을 poly아크릴 젤 전기영동을 통하여 분리하였다; 그리고 (3) autoradiography을 통하여 방사능 band들을 확인하였다. **그림 17.22**는 maniatis 그룹이 수행한 실험의 방사선자동사진 결과로서 많은 정보를 제공하고 있다. splicing 중간체들과 최종산물에 대하여 제시한 구조들을 자동사진 오른편에 표시하였다. 이들 중 130과 339-nucleotide 산물들(적색 화살표로 표시)에 해당하는 2 band가 각별하게 흥미를 끄는 것은 이들이 intron을 포함한 splicing 중간체들이기 때문이다. 이 설명을 지지하는 증거는 다음과 같다: (1) 각 band들은 splicing 시스템에 ATP와 마그네슘 이온을 첨가할 때에만 나타나며; (2) intron의 5′-말단에 guanylate이 아닌 다른 nucleotide가 존재할 때에는 두 band 중 어느 band도 나타나지 않는다; 그리고 (3) intron 특이성 DNA 탐침은 2 band에 해당하는 RNA에 결합한다. 339-nucleotide 크기의 RNA는 intron의 3′ 쪽에 exon을 가지고 있는 것이 추후에 밝혀졌다.

**그림 17. 22 무세포 조건에서 HeLa 세포 splicing 시스템으로 형성된 RNA 산물들을 전기영동상에서 분획.** (a) [$^{32}$p]인산으로 표지된 mRNA 전구체를 HeLa 세포의 splicing 무세포 시스템에 첨가하고 ATP와 마그네슘 이온과 함께 배양하였다. RNA 산물들을 시간 별로 추출하여 polyacrylamide gel 전기영동으로 분획하였다. 그리고 autoradiography으로 확인하였다. 시료의 배양 시간을 각 시료 줄 상부에 기록하였다. RNA 생성물에 대하여 제안된 구조들이 autoradiography의 오른편에 도식되었다. (b) 최초 mRNA 전구체의 구조. 왼편의 적색 화살표는 특별한 관심 대상인 2 band를 지적하고 있다(본문 내용 참조). Part a는 Cell, vol. 38, Ruskin, B., et al., *Excision of an intact intron...*, pp. 317-331. Copyright 1984, with permission from Elsevier 내용을 수정하였음. Photo courtesy of Michael R. Green, University of Massachusetts Medical School. Part b는 Ruskin, B., et al., *Cell* 38 (1984): 317-331에서 인용.

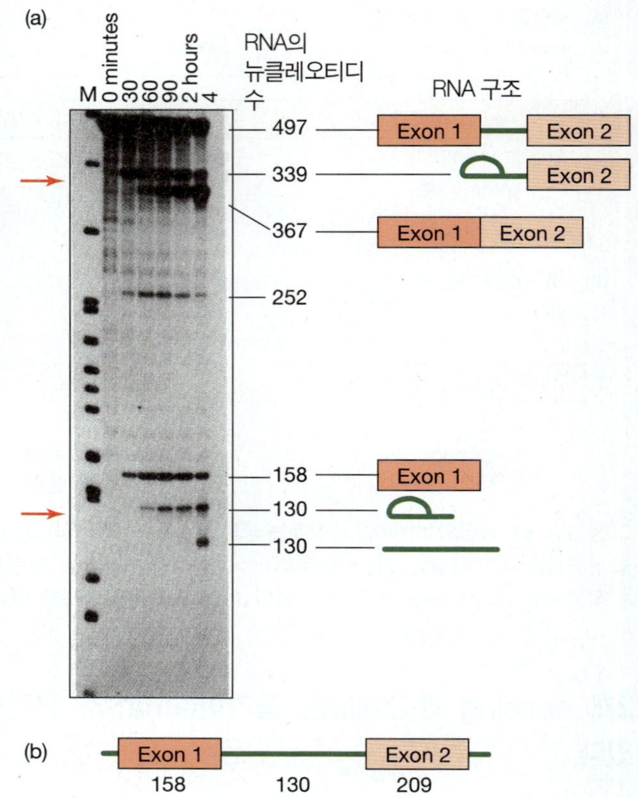


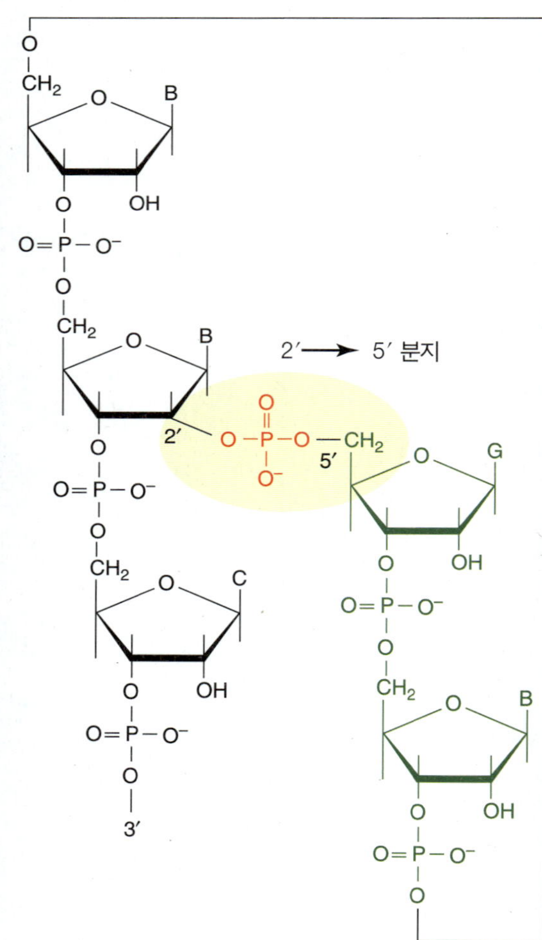


**그림 17. 23** 2′-5′ 분지를 보여주는 올가미 구조.

전기영동 연구로 130-과 339-nucleotide RNA 산물들 모두가 특이한 구조를 가지고 있는 것이 확인되었다. 핵산 사슬의 이동거리와 표준체들의 이동거리를 동일한 gel 상에서 비교함으로 핵산 사슬의 길이를 측정할 수 있다는 점을 제 5장에서 설명하였다. 5% polyacrylamide gel을 사용하여 130-과 339-nucleotide RNA산물의 사슬 길이를 조사하였을 때 계산된 사슬들의 길이는 실제 길이보다 매우 큰 것으로 나타났다. 더욱이 10% gel을 사용하면 이 차이는 더 크게 나타났다. 원형 RNA에 대한 길이상에서의 차이가 이미 알려져 있었기 때문에 130-과 339-nucleotide RNA 산물들이 원형일 것으로 제안되었다. 또한 poly(A) 꼬리를 지닌 핵 RNA 분자들에서 아주 드물게 2′-5′ 분지 형성이 일어난다고 알려져 있었다. 따라서 130-과 339-nucleotide RNA 산물들이 올가미와 유사한(lariat-like) 구조를 가지는 것으로 제안되었다. Maniatis와 그의 동료들은 이 모델을 증명할 실험적 증거를 찾기 시작하였다.

올가미 모델에 따르면 130-과 339-nucleotide RNA 산물들이 **그림 17.23**에서 보는 것과 같은 단일 2′-5′phosphodiester 결합을 가질 것으로 기대할 수 있다. Maniatis와 그의 동료들은 3′-5′결합은 분해하지만 2′-5′결합은 분해하지 못하는 RNase로 RNA 분자들을 분해하여 기대한 결합을 증명하였다. RNase로 분해하여 얻은 oligonucleotide들을 박층(thin-layer) chromatography로 분리하여 이 중 1

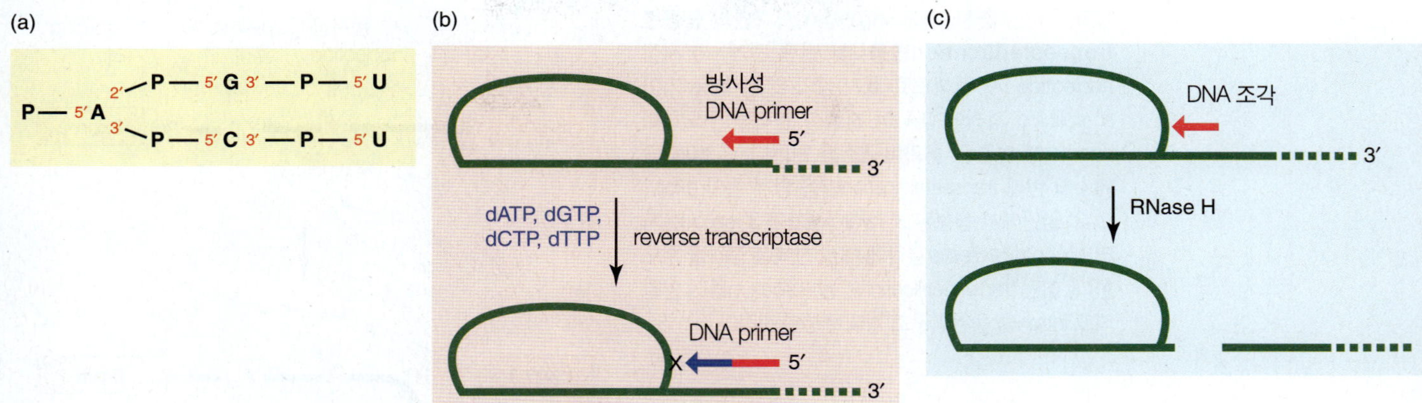


**그림 17.24 올가미 모델을 지지하는 실험들.** (a) 위에 보이는 분지점 구조는 분해되지 않는 oligonucleotide의 구조로부터 유추한 것이다. (b) Primer 확장. reverse transcriptase는 intron의 3′-말단에 결합된 짧은 primer를 130 nucleotide나 339 nucleotide 크기 RNA 산물의 올가미 구조 내의 분지점 넘어로 확장할 수 없다. (c) 짧은 DNA primer를 분지점과 인접한 intron 지역에 결합시키고 혼성체를 DNA-RNA 혼성체에 특이적인 RNase H로 분해하였다. 2개의 생성물, 고리와 직선 조각이 형성되었다. 130 nucleotide나 339 nucleotide 생성물 어느 것을 사용하여도 고리구조는 동일하였다. 그러나 339 nucleotide 조각을 사용하였을 때 방출된 직선 조각이 더 길었다.

개가 실지로 2′-5′ phosphodiester 결합을 갖고 있음을 확인하였다. 130-과 339-nucleotide RNA 산물들로 부터 얻은 동일한 이 oligonucleotide는 guanylate에 2′-5′phosphodiester 결합으로 연결되어 있으며 또한 cytidylate에 3′-5′phosphodiester 결합으로 연결된 adenylate 분지 nucleotide를 가지고 있다(**그림 17.24a**). reverse transcriptase를 사용하여 intron의 3′-말단에 annealing된 짧은 DNA primer로부터 확장할 경우 올가미 모델에 의하면 2′-5′ 분지점에서 확장이 정지될 것으로 기대할 수 있다(**그림 17.24b**). Maniatis와 그의 동료들은 intron의 3′-말단에 annealing된 primer로부터 2′-5′ 분지점까지는 확장이 되지만 더 이상 확장되지 않는 것을 확인하였다. 최종적으로 130-이나 339-nucleotide RNA 산물을 분지점의 3′-쪽에서 절단하면 올가미 모델로부터 원형 RNA와 직선상의 RNA 조각이 만들어질 것으로 기대할 수 있다. 이들은 130-nucleotide 조각의 분지점 3′-쪽에 위치한 intron 부분에 짧은 DNA 조각을 annealing 시키고 DNA-RNA 혼성체 지역을 RNase H로 절단하였다(**그림 17.24c**). 기대한 바와 같이 절단에 의해서 원형 RNA와 짧은 직선상의 조각이 만들어졌다. 같은 실험을 339-nucleotide 조각에 대하여 실시한 결과 동일한 원형 RNA를 얻을 수 있지만 훨씬 긴 직선상의 조각이 만들어졌다.

## Splicing는 2회의 동등한 transesterification 반응을 수반한다.

그림 17.22와 유사하게 autoradiography을 이용한 반응속도 연구는 시간이 지남에 따라 band의 강도가 변하는 것을 보여주고 있는데, 이러한 반응속도에 관한 연구는 전구체-생성물의 관계를 결정하는 데이터들을 제공하고 있다. 구조에 대한 그

**그림 17. 25 Splicing과정에서 2번의 동등한 transesterification반응.** 첫 번째 단계 – 분지점 nucleotide (A, 적색으로 표시)상의 2′ hydroxyl기가 5′-splicing 자리에 대하여 친핵성 공격을 주도하여 exon 2에 연결된 올가미구조를 만든다. 2 번째 단계 – 첫 번째 transesterification반응 단계 동안 exon1의 3′-말단에서 생성된 3′-hydroxyl기가 3′-splicing 자리의 phosphodiester결합에 대한 친핵성 공격을 주도한다. 이런 transesterification반응으로 exon들이 연결되고 intron을 올가미구조 형태로 방출시킨다.

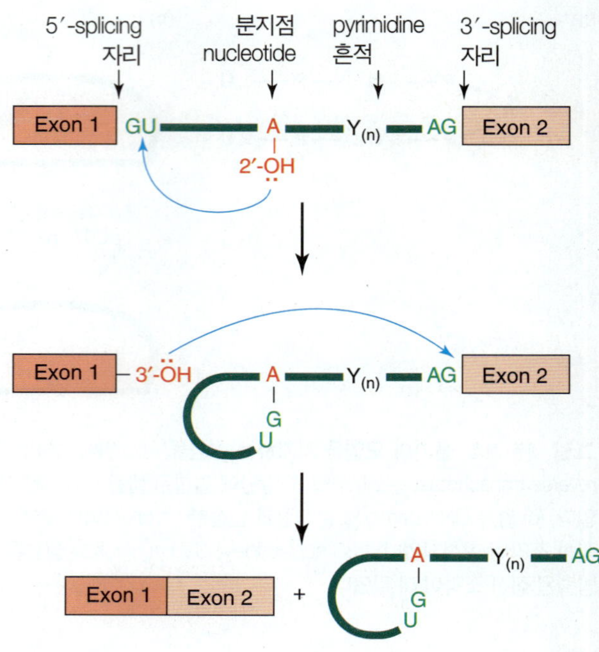


리고 반응속도에 대한 데이터들과 가장 부합되는 splicing 기작을 **그림 17.25**에 제시하였다. 이 기작에 의하면 splicing 과정은 2번의 동등한 transesterification 단계를 필요로 한다. 1번째 단계에서 분지점 서열 내부에 위치한 분지 nucleotide인 아데닌의 2′-hydroxyl기가 5′의 exon/intron 경계지역(5′ splicing 자리)을 연결하는 phosphodiester 결합에 대하여 친핵성 공격(nucleophilic attack)을 시작한다. 그 결과 transesterification반응으로 분리된 5′-exon(exon 1)과 2′-5′ 분지 구조를 가지며 여전히 3′-exon(exon 2)에 연결된 올가미 중간체가 형성된다. 2번째 단계에서 분리된 exon(exon 1)의 3′-OH기가 3′의 exon/intron 경계지역(3′ splicing 자리)을 연결하는 phosphodiester 결합에 대한 친핵성 공격을 개시한다. 그로 인한 transesterification반응으로 올가미 intron이 방출되고 exon 1과 exon 2가 서로 연결된다. 세포에는 2′-5′ phosphodiester 결합들을 끊는 phosphodiesterase와 직선상의 RNA 조각을 분해하는 nuclease가 존재하기 때문에 올가미 구조들이 생체 내에 축적되지는 않는다.

## 17.4 Splicing 복합체들(Spliceosomes)

### 특정 자가면역병 환자들에게서 형성되는 비정상 항체들은 작은 ribonucleoprotein입자들(small nuclear ribonucleoprotein particles, snRNPs)에 결합한다.

Splicing 반응을 촉진하는 것은 소수의 특정한 endonuclease와 ligase로 충분한 것처럼 보이지만 진핵 세포들은 splicing의 각 단계들을 수행하기 위해서 매우 복잡한 기구를 활용하고 있다. Splicing 기구의 특징에 대한 최초 실마리는 관련이 없어 보이는 분야에서의 연구로부터 나왔다. 이러한 현상은 과학분야에서 가끔 발생하고 있다. 혼합형결합조직병(mixed connective tissue disease)과 전신홍반성루프스(systemic lupus erythematosus)과 같은 자기면역질환으로 고통을 받는 사람들의 세포에서는 자기 세포의 성분들을 공격하는 비정상적인 항체가 합성되고 있다. 예로 항-Smith 또는 항-Sm 항체로 불리는 이런 유형의 항체는 세포 핵에 존재하는 작은 ribonucleoprotein입자들과 결합한다. Joan Steitz와 그의 동료들은 이 ribonucleoprotein 입자들이 mRNA 전구체의 수정과정을 도와 줄 것으로 생각하고, 그 기능을 조사하기 위해서 입자들의 분리를 시작하였다. 그들이 고안한 분리방법은 먼저 사람 세포 추출물에 존재하는 ribonucleoprotein입자에 루프스 환자의 혈청으로부터 얻은 항체를 붙였다. 그리고 항체에 결합하는 포도상구균(*Staphylococcus aureus*)의 비 용해성 세포벽 준비물로 항체에 붙어 있는 ribonucleoprotein들을 끌어당겼다. Steitz와 동료들은 ribonucleoprotein로부터 추출한 RNA 분자들을 polyacrylamide gel 전기영동으로 분석한 결과, 100~200 nucleotide 사슬 길이의 RNA 분자에 해당하는 불연속적인 band들을 관찰하였다. 작은 핵 RNA 분자(small nuclear RNA)들에는 uridine이 풍부하여서 이들을 U1 snRNA, U2 snRNA, U4 snRNA, U5 snRNA 그리고 U6 snRNA라고 이름 지었다. 루프스 항체들은 U3 snRNA를 갖는 ribonucleoprotein에 결합하지 않기 때문에 U3 snRNA가 빠졌다. U3 snRNA는 mRNA 보다는 rRNA 형성에 관여하기 때문에 이 장에서는 더 이상 언급하지 않겠다. U1, U2, U4, 그리고 U5 snRNA들은 5′-말단부위에 2,2,7 3methylguanosine cap 구조를 갖고 있는 반면에 U6 snRNA는 g-methyl phosphate cap 구조를 갖고 있다(**그림 17.26**).

각각의 snRNA는 해당하는 작은 ribonucleoprotein입자(**snRNP** 또는 줄여서 'snurp', small nuclear ribonucleoprotein particle)에 포함되어 있다. 이 snRNP들은 각 snRNA 성분에 따라 U1 snRNP, U2 snRNP, U4 snRNP, U5 snRNP, 그리고 U6 snRNP로 명명되었다. U4, U5, 그리고 U6 snRNP들은 합쳐져 U4/U6 • U5 3 snRNP 입자를 형성한다. 이 입자는 U4와 U6 snRNA간의 폭 넓은 염기쌍형성과 U5 snRNP와 U4/U6 2-sn RNP들 사이의 단백질-단백질 상호작용을 통하여 매우 안정된 구조를 이루고 있다(**그림 17.27**). 모든 진핵생물들은 동일한 5종류의 ribonucleoprotein들을 가지고 있지만 각 snRNP의 농도는 개체에 따라 다르다. 포유동물 세포들은 각 snRNP에 대하여 약 $10^5$~$10^6$ 복사체를 가지고 있으며, 효모 세포들은 각 종류에 대해 약 100~200 복사체를 가지고 있다.

## snRNP들이 조립되어 intron들을 절단하는 splicing 기구, 즉 splicing 복합체를 형성한다.

Steitz와 그의 동료들이 1970년대 후반에 최초로 U snRNP들을 분리하였을 시기에

(a) U1과 U2, U4 그리고 U5 snRNA의 2,2,7-trimethylguanosine cap 구조

2,2,7-trimethylguanosine

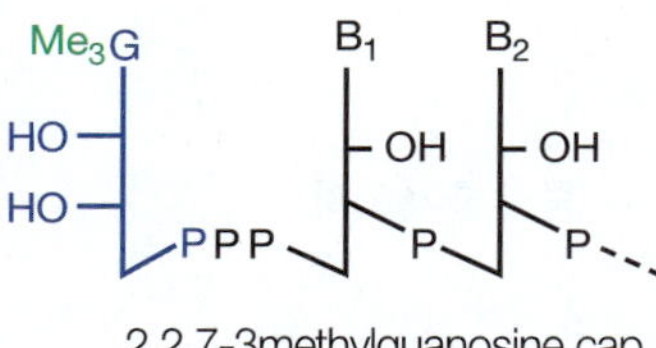


2,2,7-3methylguanosine cap

(b) U6 snRNA의 -methyl phosphate cap

**그림 17.26 snRNA 분자에 존재하는 cap 구조.** (a) U1과 U2, U4 그리고 U5의 2,2,7-trimethylguanosine cap 구조를 표준적인 화학적 구조로 제시하였으며(상부) 부분적인 막대기 구조 (하부)로 제시하였다. (b) U6 snRNA의 -methyl phosphate cap 구조.

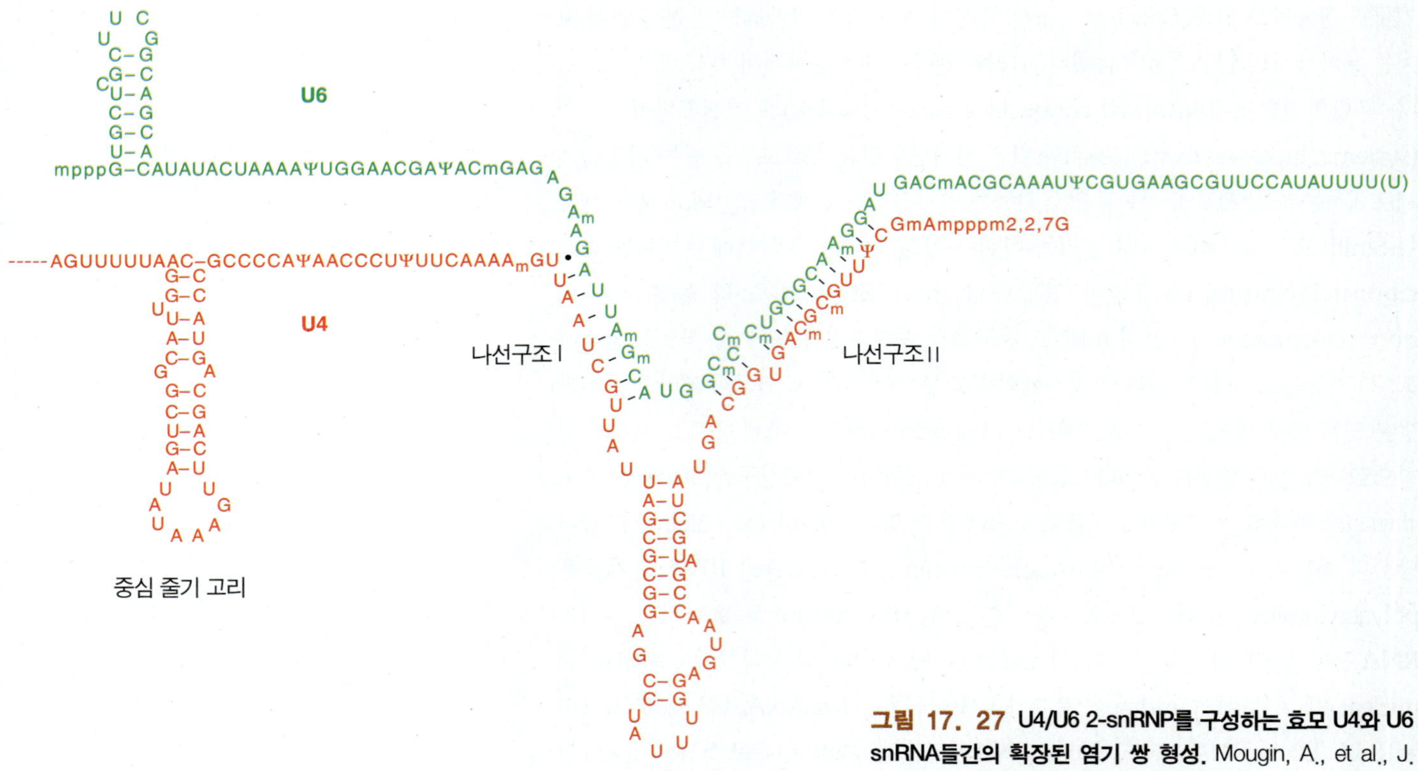


**그림 17. 27 U4/U6 2-snRNP를 구성하는 효모 U4와 U6 snRNA들간의 확장된 염기 쌍 형성.** Mougin, A., et al., J. Mol. Biol. 317 (2002): 631-649에서 인용.

는 이 입자들의 기능에 대하여 연구할 방법이 없었다. 그러나 일단 시험관내에서의 splicing 시스템 활용이 가능해지자 연구자들은 U1, U2, U4, U5, 그리고 U6 snRNP들이 splicing 기구의 필수적인 성분이라는 것을 바로 밝혀냈다. snRNP들이 splicing에 관여하고 있다는 점을 입증한 주요 발견들은 다음과 같다:

1. U1 snRNP에 특수한 항체들은 시험관내 splicing을 저지시킨다.
2. U snRNP를 제거한 HeLa 세포의 핵 추출물은 mRNA 전구체를 이어맞추는 기능을 상실한다.
3. U1 snRNA의 5′-말단부위에서 처음 8개 nucleotide들을 제거하면 splicing이 일어나지 않는다.
4. U2 snRNP는 분지점에 선택적으로 결합하며, U5 snRNP는 mRNA 전구체의 3′-splicing 자리 바로 앞쪽에 결합한다.
5. U4와 U6 snRNP들은 splicing에서 없어서는 안 되는 필수성분이다.

추후의 실험들을 통하여 5개의 U snRNP들이 조립되어 커다란 ribonucleoprotein splicing 기구, 즉 **splicing복합체(spliceosome)**가 형성되는 것이 밝혀졌다. splicing복합체에는 또한 비 snRNP 단백질 요인들이 첨가되어 전체 분자량은 약 $4.8 \times 10^6$ Da에 해당된다.

Ruth Sperling과 그 동료들은 HeLa 세포에서 추출한 spliceosome에 대한 저

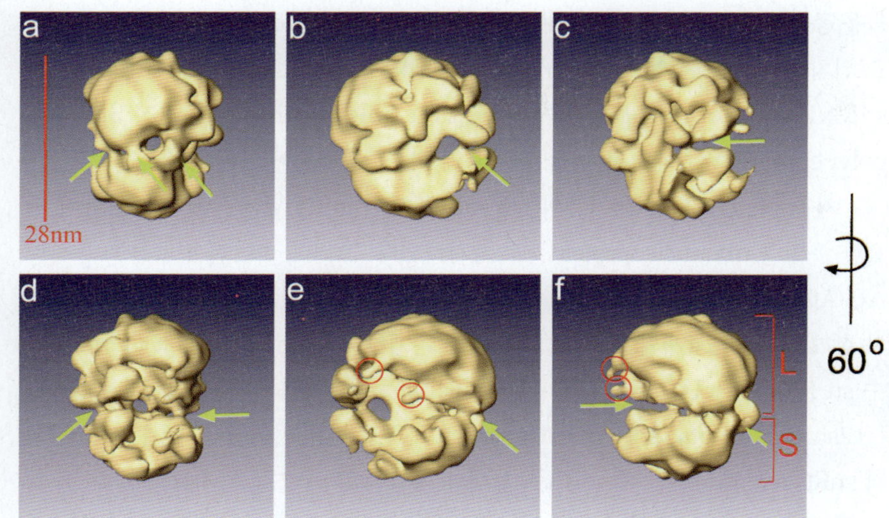


**그림 17.28 HeLa세포의 핵으로부터 추출한 자연상태의 spliceosome를 저온전자현미경을 사용하여 20Å 해상력으로 구성한 3차원적 이미지.** (a-f) 자연상태의 spliceosome를 중심 축을 중심으로 60도씩 회전하면서 관찰한 6개 사진. 뚜렷한 2개의 소단위들로 구성된 긴 구형 입자 구조로서 소단위들이 서로 연결되어 있고 그 사이에 통로가 형성되어 있다. 더 큰 소단위는 5개의 snRNP를 수용하기에 적합하고 통로는 spliceosome의 mRNA 전구체 성분을 수용할 수 있다. 비-snRNP인자들은 작은 소단위에 위치하는 것으로 여겨진다. 노란 화살표는 큰 소단위 (L)와 작은 소단위 (S)사이의 연결점을 지시한다. 적색 원형은 유사한 돌출체를 나타내고 있다. *Mol. Cell*, vol. 15, Azubel, M., et al., *Three-dimensional structure....*, pp. 833-839, copyright 2004, with permission from Elsevier 로부터 재생하였음. Photo courtesy of Ruth Spering. The Hebrew University of Jerusalem.

온전자현미경 연구를 수행하였다. 이 입자의 3차 구조에 대한 연구로부터 큰 소단위와 작은 소단위들이 서로 연결되어 있으며 그 사이에 통로를 가지고 있는 신장된 구형 입자임이 밝혀졌다(**그림 17.28**). Sperling과 동료들은 큰 소단위가 5개의 snRNP들을 수용하기에 적합하며, 작은 소단위에는 비 snRNP 단백질 요인들이 위치하는 입자구조로 제안하였다. 이들은 또한 2 소단위 사이의 통로에 mRNA 전구체가 위치할 것으로 제안하였다.

## U1, U2, U4와 U5 snRNP들에는 Sm polypeptide가 내재되어 있는 반면에 U6 snRNP에는 Sm 유사 polypeptide가 포함되어 있다.

Spliceosome의 구조와 구조를 이루는 snRNP 성분들의 형성에 대한 조사로 spliceosome에 대한 탐구를 시작하였다. U1, U2, U4와 U5 snRNP들에는 **Sm polypeptide**(항-Sm 항체들이 결합하기 때문에 붙여진 이름)로 알려진 서로 유사한 계열의 polypeptide와 각 종류의 snRNP에만 존재하는 특수 단백질들이 존재하고 있다. Berthold Kastner와 그의 동료들은 U1 snRNP에서 polypeptide와 RNA가 어떻게 정렬되어있는가에 대한 10Å 해상력의 3차원적 모델을 제시하였다(**그림 17.29**). 이 모델은 전자현미경의 상들과 가능한 생화학적, 그리고 구조에 대한 자료

(a) U1 snRNA

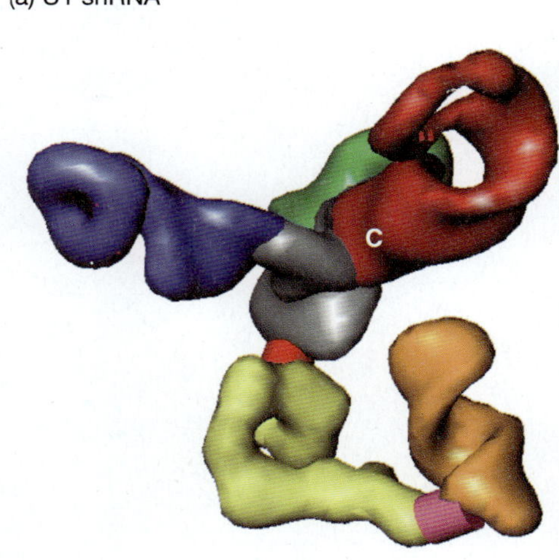


(b) U1 snRNP

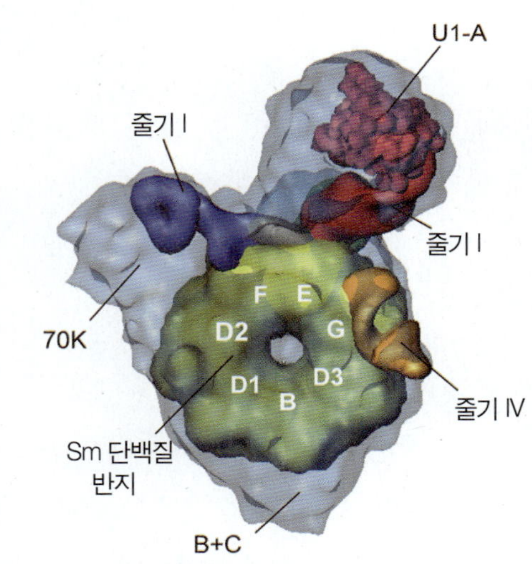


**그림 17.29 U1 snRNP 구조.** (a) U1 snRNA의 3차원적 구조 모델. (b) U1 snRNP에서 RNA와 단백질들의 3차원적 배열에 대한 모델. Sm 반지 구조의 표면 묘사는 3차원적 구조와 부합한다. RNA의 입체구조와 색깔 표현은 (a)와 동일하다. U1A과 U170K는 U1 snRNP에 존재하는 독특한 2 단백질이다. Sm polypeptide들을 B와 D1, D2, D3, E, F 그리고 G로 표시하였다. Stark, N., *Nature* 409 (2001): 539-542에서 재생. Photo courtesy of Holger Stark, Max Planck Institute for Biophysical Chemistry, Karl Friedrich Bonhoeffer Institute.

들을 종합하여 구축된 것으로 7개의 관련된 Sm polypeptide들이 중앙에 도넛 형태로 위치하고 있다. 이와 동일한 구조가 U2, U4와 U5 snRNP들에도 존재한다. U6 snRNP에는 Sm polypeptide 대신 Lsm polypeptide로 알려진 Sm 유사 polypeptide들이 존재하며, 이들 또한 고리구조로 정렬되어 있다.

처음에는 U1, U2, U4, U5와 U6 snRNP들이 mRNA 전구체의 splicing에 필요한 유일한 ribonucleoprotein들로 생각하였다. 그러나 이어진 연구들을 통하여 AU-AC intron들과 아주 드물게 GU-AG intron들을 절단하기 위해서 U5 snRNP와 함께 작용하는 4개의 소수 sn RNP들이 존재하는 것으로 밝혀졌다. 이들 4개 소수 sn RNP들은 U1, U2, U4와 U6 snRNP들을 대신하여 각각 U11 snRNP, U12snRNP, U4atac snRNP와 U6atac snRNP로 이름 지어졌다. 소수 snRNP의 각 snRNA는 해당하는 주 snRNA 상대와 동일한 2차구조를 가지고 있는데, 이 점은 한 조상으로부터 진화되어 왔음을 암시한다. U4와 U4atac snRNA들은 염기순서상동성이 매우 높으며, U6와 U6atac snRNA 또한 높은 상동성을 지니고 있다. 그러나 U1과 U11 snRNA들 또는 U2와 U12 snRNA들은 그러하지 못하다. U11, U12, U4atac snRNP들은 그들의 각 주 snRNP 상대와 동일한 Sm polypeptide를 갖는 것 같다. 따라서 주 snRNP와 소수 snRNP는 구조와 기능면에서 동일할 것으로 판단된다. 주 snRNP에 대하여 보다 철저하게 조사되었기 때문에 snRNP 형성과 기능을 조사할 때 주 snRNP에 초점을 맞추겠다.

## U snRNP는 다단계 과정을 거쳐 형성된다.

U1, U2, U4와 U5 snRNP들의 형성은 세포 핵에서 시작하여 세포질로 그리고 최종적으로 핵에서 종결되는 다 단계 과정을 거친다(**그림 17. 30**). RNA 중합효소 II가 snRNA 전구체들을 합성한 후 5′-말단에 $N^7$-methylguanosine($m^7G$) cap 구조를 첨가하는 수정과정이 일어난다. 수정된 snRNA 전구체들을 snRNP 입자로 생합성하기 위해서는 전구체들은 세포질로 수송되어야 한다. 이 수송에는 배출복합체의 조립이 필요하다. 이 조립과정은 snRNA 전구체에 cap 구조 결합복합체(CBC)와 3개의 외부수송 단백질들 **RAN**, **Xpo1**, **PHAX**의 결합으로 이루어진다. RAN은 GTP와 GDP간의 결합상태를 전환시키는 작은 조절단백질이며 Xpo1은 U1, U2, U4와 U5 snRNA들의 배출수송을 위한 수용체다. PHAX는 인산화를 통하여 활성화되며 CBC • RNA 복합체와 Xpo1 • RAN • GTP 복합체간의 연결자로 작용한다. PHAX는 RNA 배출을 위한 인산화된 연결자(phosphorylated adaptor for RNA export)의 약자이다.

배출 복합체는 핵공을 통하여 세포질로 이동하여 RAN • GTP를 RAN • GDP로 전환시키고 복합체는 해리된다. SMN(survival motor neuron, 생존운동신경) 단백질에 의해서 촉진되는 과정에서 방출된 snRNA 전구체가 Sm 단백질에 결합한다. 열성 신경근 질환인 **척추근 위축(spinal muscular atrophy, SMA)**환자에게는

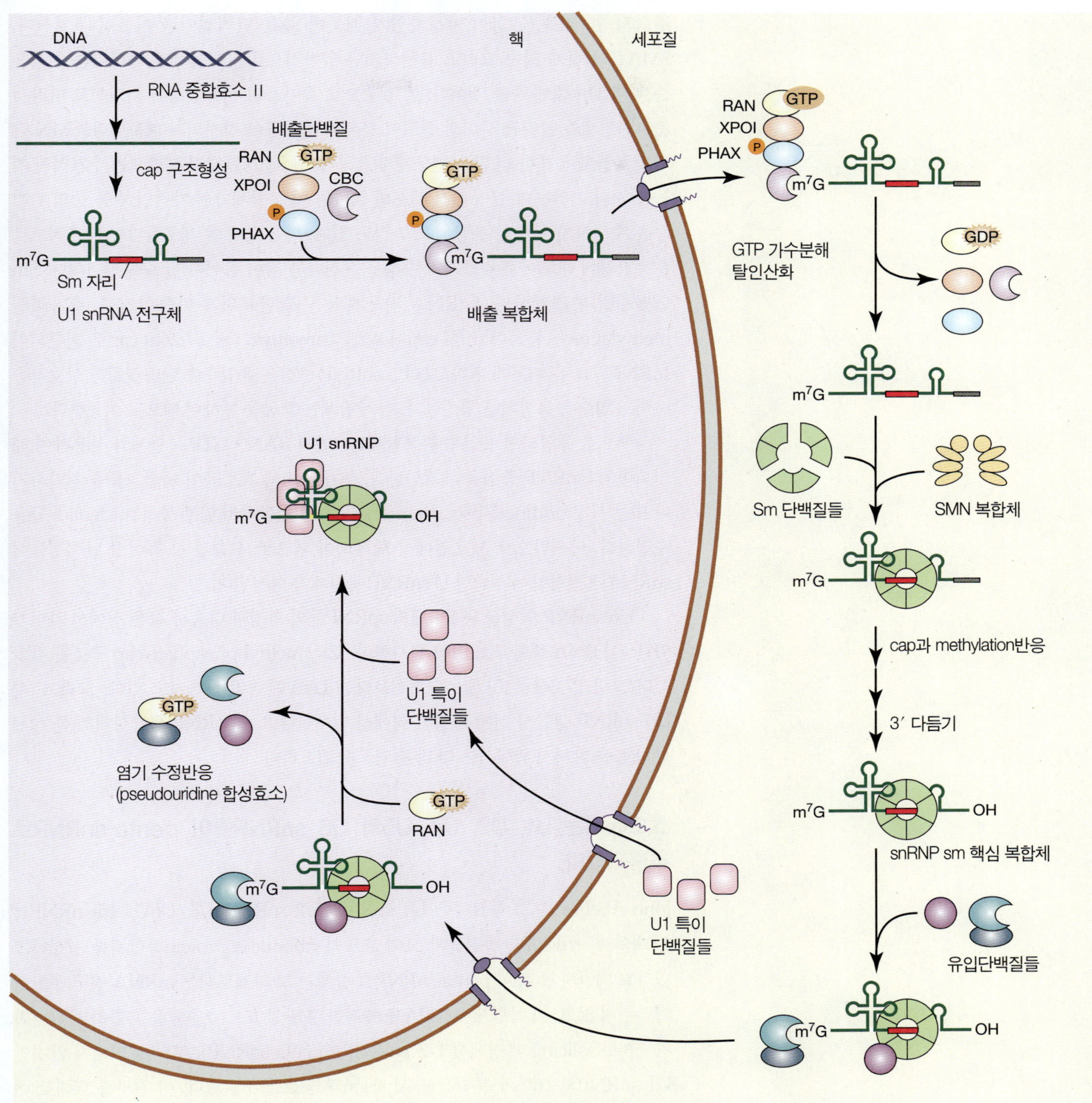


**그림 17.30 U1 snRNP 형성에 대한 단순화한 그림 모델.** 전사와 cap 형성에 이어서 cap 결합 복합체 (CRC)와 배출 단백질들이 U1 snRNP에 결합하여 배출 복합체를 형성한다. 단순화하기 위해서 배출 단백질 중 오직 1개 만이 GTP와 결합한 것으로 표현하였다. 배출복합체가 핵공을 통하여 세포질로 이동하고 이곳에서 GTP가 가수분해되어 배출단백질들이 복합체로부터 분리된다. 그리고 SMN 단백질 복합체는 Sm 단백질들이 U1 snRNA의 Sm 자리 (적색 상자로 표시)에 결합하도록 촉진한다. snRNA의 cap 구조는 과methylation 되어 있으며 이 것의 3′-말단이 다듬어져서 snRNP sm-핵심 복합체를 형성한다. 그리고 snRNP sm-핵심 복합체는 유입 단백질들과 상호작용하여 핵공을 통하여 핵내로 이동하는 유입복합체를 형성한다. 복합체는 다른 GTP · 단백질 복합체와 상호작용하고 분리되어서 U1 snRNP 핵심체를 이루게 된다. U1 snRNP 핵심과는 독립적으로 유입되는 U1 특이 단백질들은 U1 snRNP 핵심과 통합하여 U1 snRNP 복합체를 형성한다. Will, C. L., and Lhrmann, R., *Curr. Opin. Cell Biol.* 13 (2001): 290-301에서 인용.

결핍되거나 또는 결함이 발생하였기 때문에 SMN단백질이란 이름이 부쳐졌다. SMA를 심하게 앓는 그리고 불행하지만 일반적으로 유아들에게 나타나는 현상은 출생 후 1년 내에 죽는 것이다. 이 질환으로 유아들의 운동신경이 쇠퇴하고 따라서 중추신경계와 골격근 사이의 연결이 붕괴되어 호흡이 정지되기 때문이다. SMN 단백질 복합체에 대한 더 많은 연구가 필요하다. 이 SMN단백질 복합체는 추가적인 기능을 지니고 있는데, 운동신경 세포의 쇠퇴는 이 복합체가 추가적인 기능 중의 1 기능을 수행하지 못하여 유발될 가능성도 있다. 다른 종류의 세포들과는 대조적으로 운동신경에 대하여 뚜렷하게 특수성을 가진다는 점이 풀어야 할 수수께끼이다. Sm 단백질들과 결합한 후 snRNA 전구체의 3′-말단부위가 다듬어지고, 추가적인 methylation를 통하여 $m^7G$ cap이 2,2,7 trimethyl(그림 17.26a) cap로 전환되어 snRNP 중심을 이루게 된다. 그리고 snRNP 중심은 유입수송 단백질들과 상호작용하여 유입수송 복합체를 형성한다. 이 복합체는 핵공을 통하여 핵으로 이동한다.

핵으로 유입되면 유입수송 복합체는 2번째 RAN • GTP 복합체와 작용하여 해리되며 U1snRNP 중심을 재생산한다. 추가적인 핵 효소들이 메틸그룹을 첨가하거나 또는 특정 uridine을 pseudouridine(y)으로 전환시켜 일부 특정 nucleotide들을 수정한다. 마지막으로 세포질에서 합성되어 핵으로 수송된 U 특이성 단백질들이 snRNA에 결합하여 성숙한 U snRNP 복합체가 형성된다.

U6 snRNP 형성은 다른 4개의 snRNP들의 형성과 다음과 같은 점에서 차이가 있다: (1) RNA 중합효소 III이 전사한다; (2) γ-methyl phosphate cap 구조를 갖고 있다(그림 17.26b); (3) Sm 단백질보다는 Lsm 단백질을 가지고 있다; 그리고 (4) U6 snRNP 생합성 전체 과정이 핵에서 일어난다. U6 snRNP 생합성에 대한 상세한 내용을 밝히기 위해서는 더 많은 연구가 필요하다.

## 효모에서는 U1, U2, U4, U5와 U6 snRNP들이 penta-snRNP로 추출되었다.

John Abelson과 그 동료들은 U1 snRNP, U2 snRNP, U4/U6U5 tri-snRNP와 13개의 비 snRNP단백질들이 모여 효모의 ribonucleoprotein복합체를 형성하고 있다고 제안하였다. 이 penta-snRNP 복합체는 그 자체로서는 mRNA 전구체를 이어맞추지 않고, 이 복합체에 RNA를 제거한 용해성 효모 추출물을 혼합하면 활성화가 된다. Splicing 과정에서 U2 snRNP는 penta-snRNP로부터 분리되지 않지만 U1 snRNP의 16%가 분리됨을 Abelson과 동료들이 밝혔다. 이 결과를 토대로 이들은 penta-snRNP가 독립된 단일 입자형태로 기질인 mRNA 전구체에 결합하거나 또는 U1 snRNP가 먼저 결합하고 이어서 U4/U6U5U2 tetra-snRNP가 결합한다고 제안하였다(**그림 17.31**). 만일 tetra-와 penta-snRNP가 안정된 구조라면 왜 이 구조들이 바로 발견되지 않았을까라고 의문을 갖는 것은 당연하다. 그 이유는 ribonucleoprotein들을 추출할 때 일반적으로 고 농도의 염과 헤파린이 첨가된 용

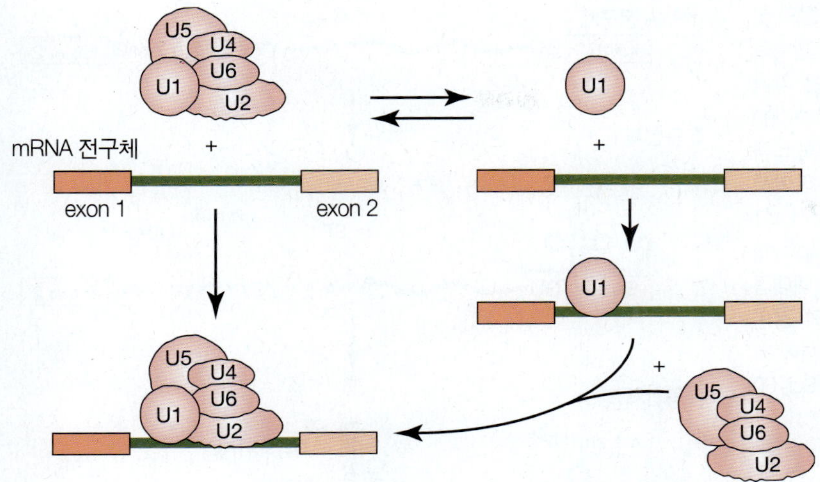


**그림 17.31 Penta-snRNP 또는 tetra-snRNP 복합체가 어떻게 mRNA 전구체와 상호작용하는지를 보여주는 모델.** Spliceosome의 소단위들이 mRNA 전구체와 상호작용하는 penta-snRNP복합체들 (왼쪽) 또는 tetra-snRNP 복합체들 (오른쪽)로 존재한다고 제안되었다. U1 snRNP는 tetra-snRNP 복합체가 결합하기 전에 결합한다. Stevens, S. W., *Mol. Cell* 9 (2002): 31-44에서 인용.

액을 사용하여 복합체를 분리하는 비 생리적인 환경을 조성하기 때문이다.

Tetra-와 penta-snRNP 복합체가 단일 단계 과정으로 mRNA 전구체에 결합한다는 모델이 매우 매혹적이기는 하지만, Karla M. Neugebauer와 그의 동료들이 수행한 최근 연구결과로 단일 단계 모집(single-step recruitment) 모델에 대하여 심각한 의문점들이 제기되었다. Neugebauer와 동료들은 성장중인 효모세포에서의 spliceosome 조립과정을 추적하기 위해서 염색질면역침전법(ChIP, chromatin immuno-precipitation)(16장 참조)을 사용하였다. 그들의 실험 결과는 U1, U2와 U5 snRNP들이 순차적인 다단계 spliceosome 조립 모델과 일치하는 형태로 intron을 갖는 유전자에 결합하는 것을 보여주었다. 따라서 tetra-와 penta-snRNP 복합체들이 splicing 과정에서 정말로 생리적인 임무를 수행하는지를 밝히기 위해서 더 많은 연구가 필요하다. 앞으로 수행되는 연구 결과로 tetra-와 penta-snRNP들이 안정된 구조라는 것이 밝혀진다고 해도 시험관내에서의 순차적인 splicing 조립과정을 연구함으로써 상당량의 정보를 얻을 수 있을 것이다. 이러한 정보를 통하여 spliceosome 성분들간의 그리고 mRNA 전구체와의 상호작용 방법을 파악할 수 있기 때문이다.

## 시험관내 연구 결과로 spliceosome들이 일정한 경로를 통하여 intron상에서 조립되는 것이 밝혀졌다.

여러 종류의 비 snRNP 단백질들이 spliceosome의 조립 경로에 참여하고 있다. 분지점 결합단백질로 알려진 **splicing 인자 1(splicing factor1, SF1)**이 이 그룹에 속

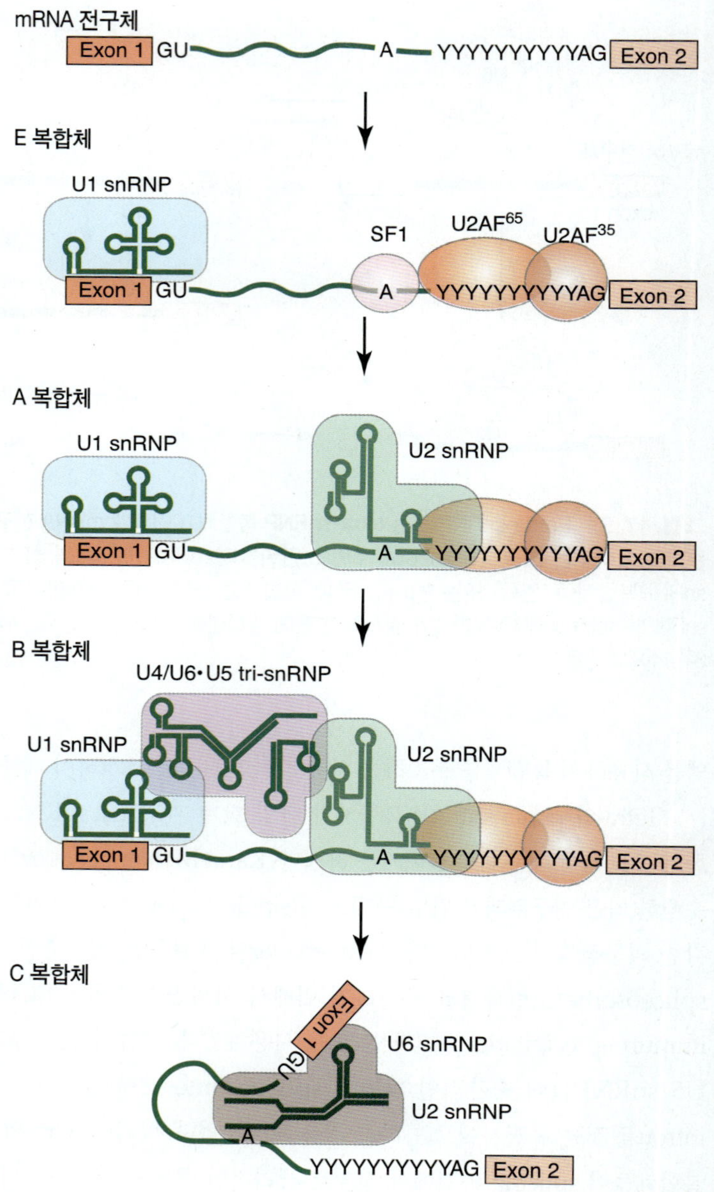


**그림 17.32 Spliceosome의 조립.** 단계적인 spliceosome 조립과정의 첫 번째 단계에서 U1 snRNP가 5′-splicing 자리에 결합한다. 분지점 결합 단백질 (SF1)이 분지점에 결합하고, U2 보조 인자들 (U2AF65 와 U2AF35)은 각각 pyrimidine 흔적과 3′-splicing 자리 AG에 결합한다. mRNA 전구체를 splicing 경로로 향하게 하는 이 복합체를 초기 또는 E 복합체라고 한다. 다음으로 E 복합체는 U2 snRNP가 분지점에 결합하면 A 복합체로 전환된다. 이어서 U4/U6U5 3-snRNP가 spliceosome에 합류한다. 이 합류에 이어서 U1 snRNP를 U6 snRNP로 치환하고, U6와 U2이 상호작용하며, U5가 splicing 자리들간에 가교를 형성하고 그리고 U1과 U4이 불안정화 되는 등의 대대적인 재배열이 뒤 따른다. 촉매반응으로 적극적으로 재배열 된 이와 같은 spliceosome를 C 복합체라고 한다. 단순화하기 위해서 U5는 C 복합체에 제시하지 않았다. Hertel, K. J., and Graveley, B. R., *Trends Biochem*. Sci. 30 (2005): 115-118에서 인용.

한다. 다른 인자 **U2 snRNP 보조인자(U2AF)**는 polypyrimidine 흔적에 결합하는 큰 소단위인 U2AF$^{65}$와 3′-splicing 자리에 위치한 AG dinucleotide에 결합하는 작은 소단위인 U2AF$^{35}$로 이루어졌다. **그림 17.32**는 이 비 snRNP와 snRNP들이 spliceosome를 조립하는 경로를 보여주고 있다. 처음으로 확인되는 E(초기) 복합체는 자신들의 표적 서열에 결합하는 SF1과 U2AF들, U1 snRNA와 splicing 자리 서열과 염기쌍 형성을 통하여 5′-splicing 자리에 결합하는 U1 snRNP로 구성되어 있다. U2 snRNA와 분지점 서열간의 염기쌍 형성을 통하여 U2 snRNP가 분지점 서열에 결합하면 E 복합체는 A 복합체로 전환된다. A 복합체는 3′-splicing 자리근처에 U4/U6 • U5 3snRNP가 결합하면 B 복합체로 바뀐다. 그리고 B 복합체는 일련의 복잡한 재정렬 과정을 거쳐 촉매 복합체 또는 C 복합체를 형성한다(786쪽 참조). 이 C 복합체는 첫 번째 transesterification반응을 촉매한다. B복합체가 C 복합체로 전환되면서 U1과 U4 snRNP들이 분리되는 것처럼 보이나 아마 이들은 약한 결합을 통하여 C 복합체에 남아있을 것으로 추정된다.

복합체의 각 성분들이 다른 성분들과 상호작용하는 위치를 찾아내기 위하여 교차연관 화학물질들(cross-linking agents)을 사용함으로써 복합체 조립과정에서 일어나는 RNA-RNA 그리고 RNA-단백질간 상호작용에 대한 많은 정보들을 얻을 수 있었다. 교차연관물질들은 또한 spliceosome가 조립될 때 발생하는 재정렬 과정에 대한 정보는 물론, 다른 단계에서는 일어나지 않고 어느 특정 조립단계나 splicing 단계에서 서로 인접하여 기능을 발휘하는 재정렬 부위들에 대한 정보도 제공한다. 유전적 또는 재조합DNA 기술을 이용하여 염기 또는 아미노산을 치환할 경우 추가적으로 정보를 획득할 수 있다. 특정 U snRNA의 하나의 염기를 다른 염기로 치환함으로써 교차연관 물질로 확인한 특정 입체구조의 변화가 중단될 수도 있을 것이다. 상기한 기술과 그 외의 기술들을 통하여 첫 번째 transesterification반응 전에 일어나는 여러 형태의 재정렬 과정이 확인되었다. **그림 17.33**에서 보는 바와 같이 B 복합체가 C복합체로 전환될 때 일어나는 구조적인 재정렬 과정은 다음과 같다:

1. U6 snRNA가 5′-splicing자리에 위치한 U1 snRNA을 대체한다(그림 17.33a).
2. SF1이 분지점 서열로부터 방출되고 분지점 서열은 U2 snRNA상의 상보적인 지역과 염기쌍을 형성한다. 분지점의 nucleotide가 새로 형성된 나선구조로부터 솟아 오르고 이 nucleotide가 첫 번째 transesterification반응에 참여할 수 있게 된다(그림 17.33b).
3. U2 snRNA 분자내 재정렬이 추진된다(그림 17.33c).
4. U4와 U6 snRNA들 사이의 염기쌍들이 분해되고 U6 snRNA내에서 새로운 분자내 염기쌍이 형성된다(그림 17.33d).
5. U2 snRNA 분자내 염기쌍이 분해됨에 따라 U4와 U6 snRNA간에 형성된 기존의 다른 염기쌍들이 분해된다. 그리고 방출된 U2와 U6 snRNA의 상보적인 지역에서 염기쌍이 형성된다(그림 17.33e).
6. U2와 U6 snRNA에서의 입체구조 변화로 U2 snRNA 지역이 U6 snRNA의 상보적인 지역과 가까워져서 추가적인 염기쌍 지역이 형성된다(그림 17.33f).

만일 이미 조립된 spliceosome가 mRNA 전구체에 결합한다면, 위에서 설명한 과정 U4와 U6 snRNA들간에 광범위 하게 형성된 염기쌍들이 U2와 U6 snRNA들간의 적극적인 염기쌍으로 바뀌는 과정이 생리적인 조건하에서도 일어날 수 있을 것이다.

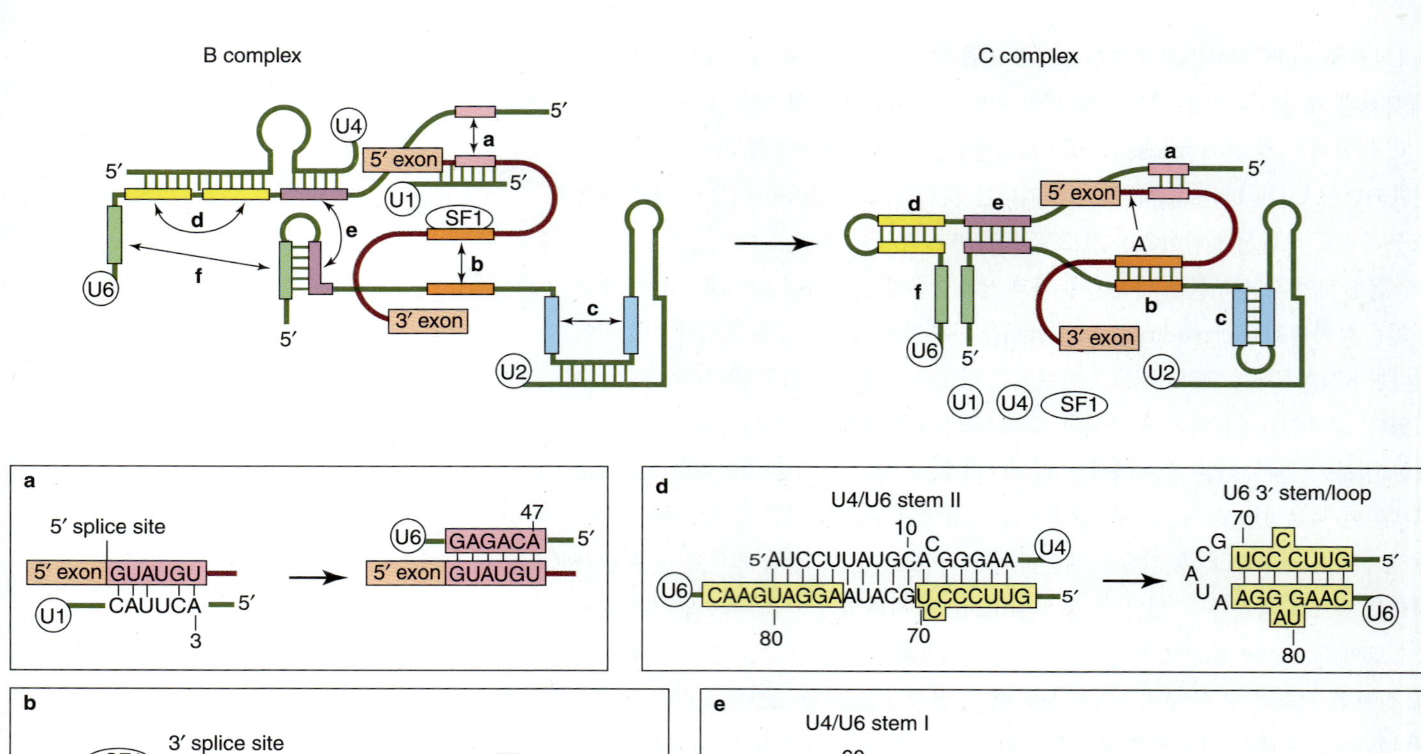


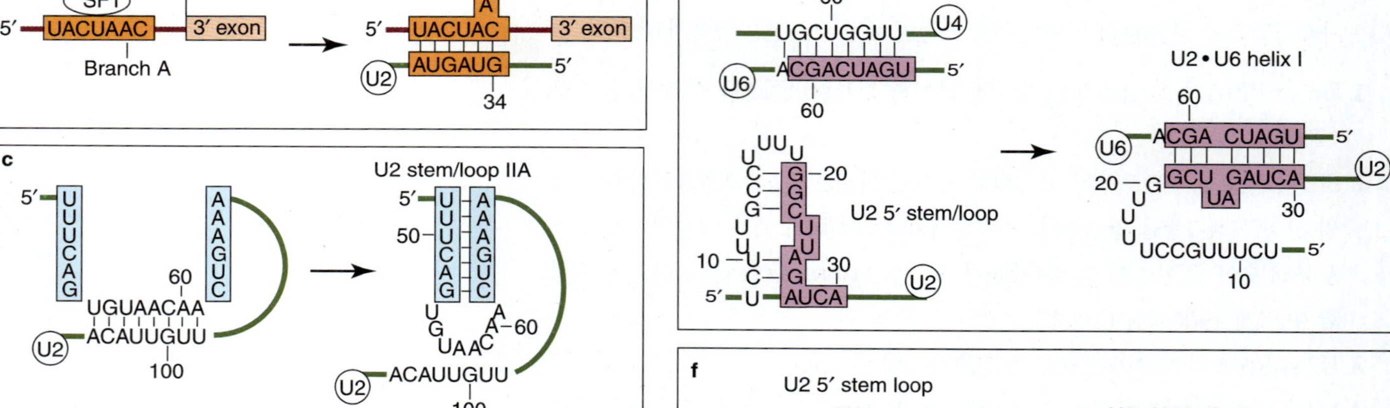


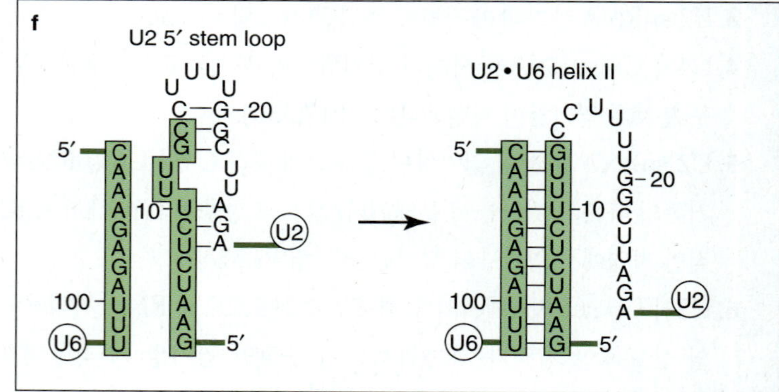


**그림 17.33 B 복합체가 C 복합체로 전환되는 과정에서 관련된 재배열들.** B 복합체가 C 복합체로 전환될 때 일어나는 재배열에 대한 복합적인 요약. 염기 쌍이 형성될 지역을 지적하기 위해서 특수한 재배열 부분들 (a-f)을 색으로 나타내었다. 적색줄은 mRNA 전구체를 표현하고 녹색줄은 snRNA에 해당된다. SF1은 분지점 서열에 결합한다. 특수한 재배열 부분 (a-f)들에 대하여 하부에서 좀더 자세하게 볼수 있다. (a) U1을 U6로 교환. (b) SF1을 U2로 치환. (c) U2 분자내에서의 재배열. (d) U4/U6 염기쌍들의 분해; U6 줄기/고리구조 형성. (e) U4/U6 염기쌍들과 U2 줄기/고리구조의 분해; U2 • U6 나선구조 형성. (f) U2 줄기/고리구조의 분해; U2 • U6 나선구조 형성. 효모 (*S. Cerevisiae*) 서열들을 보여주고 있다. 명확하게 하기 의해서 U5는 제외시켰다. Staley, J. P., and Guthrie, C., *Cell* 92 (1998): 315-326에서 인용.

## Spliceosome내의 촉매부위는 단백질보다는 RNA로 구성되어 있을 것이다.

첫 번째 transesterification반응 시기에는 U2, U5와 U6 snRNP들이 mRNA 전구체와 단단하게 결합되어 있기 때문에 이들은 촉매과정에 가담하고 있을 것이다. U6 snRNA가 진화과정에서 잘 보존되어 있고 또한 화학적인 변화에 매우 민감하기 때문에 U6 snRNA가 촉매과정에서 활성분자라는 유력한 증거들이 제시되었다. 더욱이 그룹 II intron에 속하는 intron(18장 참조)들은 그 자체적으로 절단을 촉매 할 수 있는데 이 들은 U6 snRNA의 접힌구조와 유사한 구조를 가지고 있다.

Ren-Jang Lin과 동료들은 U6 snRNA가 촉매과정에 참여한다는 직접적인 증거를 제공하는 세련된 실험을 수행하였다. 이들은 각 phosphodiester결합에는 $R_p$와 $S_p$로 표기된 확연히 구별되는 2개의 비 가교형성 산소 원자들이 존재한다는 사실을 토대로 실험을 수행 하였다(**그림 17.34**). Lin과 동료들은 nucleotide $U_{80}$의 $R_p$ 또는 $S_p$ 산소가 황 원자로 치환된 U6 snRNA를 합성하여 U6 snRNP 분자를 재구성하였다. 마그네슘 이온과 필요한 모든 splicing 성분들이 포함된 시험관내 시스템에서 재구성한 그 어느 U6 snRNP도 splicing을 수행하지 못하였다. 비 가교형성 산소원자를 황원자로 치환하면 변형된 인산기는 마그네슘 이온과 반응할 능력을 상실한다는 점은 이미 예견된 결과이다. 따라서 변형된 U6 snRNP의 기능상실은 이들이 필수 양이온과 결합할 수 없다는 점 때문에 발생하였을 것이다. Lin과 동료들은 이 가능성에 대하여 마그네슘 이온을 대체할 수 있는 망간 이온이 존재할 때 수정된 U6 snRNA가 혹시 기능을 발휘할 수 있는지 여부를 조사하였다. 마그네슘 이온과는 달리 망간 이온은 황과 상호작용하기 때문이다. 놀랍게도 망간 이온에 의해 $S_p$ 황으로 수정된 U6 snRNA의 기능은 회복되었으나, $R_p$ 황으로 치환된 것의 기능은 회복되지 않았다. 그들은 이어서 양 쪽이 모두 수정된 U6 snRNA가 실제로 splicing 과정에 선행하는 spliceosome 조립과정의 모든 단계를 지원하고 있음을 확인하였다. 따라서 그들의 연구로부터 이끌어 낼 수 있는 가장 가능한 결론은 다음과 같다: U6 snRNA는 정상적으로 마그네슘 이온과 결합하며 마그네슘이온은 분지점 nucleotide의 2′-hydroxyl 그룹을 활성화시키거나 또는 떨어진 그룹을 안정화 시킴으로써 splicing에 직접 참여하고 있다.

Saba Valadkhan과 James L. Manley는 U6 snRNA가 splicing 화학반응에 관여한다는 가설을 지지하는 추가적인 결과를 제공하였다. 그들은 $Mg^{2+}$ 이온 존재하에서 사람의 U2와 U6 snRNA의 일정 지역들이 spliceosome에 정상적으로 정렬된 RNA 분자들과 상호작용하여 안정된 복합체를 형성한다는 것을 이미 관찰하였다. 이 관찰을 토대로 Valadkhan과 Manley는 U2 • U6 RNA 복합체가 5′-splicing 자리나 분지점 서열을 갖는 짧은 oligonucleotide에 반응하는지 여부를 조사하였다. 놀랍게도 분지점 서열을 갖는 oligonucleotide와 복합체를 24시간 배양하였을 때 새로운 구조의 RNA가 합성되었으며, 후에 그들은 이 구조가 phosphotriester임을

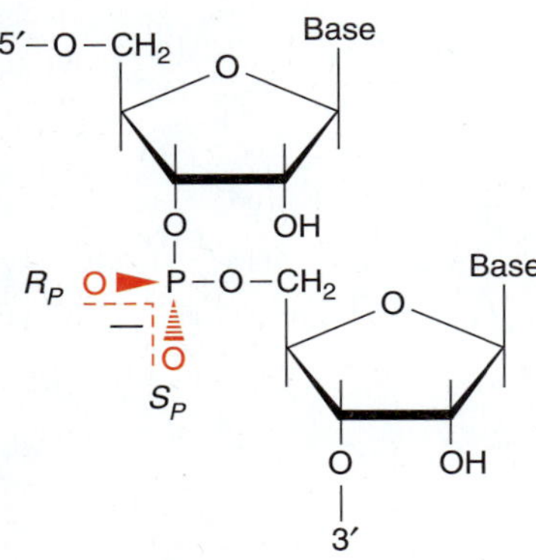


**그림 17.34 Phosphodiester결합에서 구별될 수 있는 "비 가교형성" 산소 원자들.** 각 phosphodiester결합은 2개의 구별되는 비 가교형성 산소 원자들을 가지고 있다. $R_p$와 $S_p$로 표시하였다.

밝혔다. 이 반응에서 U6 snRNA 상의 $A_{53}$과 $G_{54}$사이에 형성된 phosphodiester결합에 대하여 불거진 분지점 nucleotide A의 2′-OH 그룹이 친핵성 공격을 수행하는 과정이 관여하고 있다(**그림 17.35**). 이 반응으로 U2 • U6 snRNA 복합체가 단백질의 도움 없이 분지점 nucleotide를 활성화시키는 잠재력을 갖고 있다고 할지라도 spliceosome가 정상적으로 기능을 수행할 때에 단백질은 불필요하다고 결론 지을 수는 없다. 실지로 splicing 과정에서 단백질들은 최소한 2개의 결정적인 임무를 수행하는 것 같다; 단백질들은 spliceosome가 올바른 splicing 자리에 위치하도록 도와주며, 또한 RNA풀기효소로 작용하여 spliceosome 기능에 필수적인 구조적 재정렬을 촉진시킨다. 단백질의 일부분도 촉매부위의 부분을 담당할 수도 있을 것이다.

## 세포들은 다양한 기작을 통하여 splicing 자리의 선택을 조절하고 있다.

Spliceosome는 intron을 제거할 수 있어야 하며, 또한 올바른 splicing 자리 쌍을 정확하게 선택하여 splicing을 하여야 한다. 정확한 splicing은 효모보다는 다세포 생물들에게 매우 많은 심각한 문제를 일으키고 있다. 그 이유는: (1) 다세포 생물들은 많은 유사 splicing 자리와 함께 매우 긴 intron들을 갖는 경향이 있는 반면에 효모에는 유사 splicing 자리가 거이 없으며 짧은 intron을 갖는 경향이 있다; (2) 다세포 생물들은 비교적 짧고 퇴화한 splicing 자리를 갖는 경향이 있으며, 반면에 효모는 매우 잘 보존된 splicing 자리를 갖고 있다; (3) 고등생물의 많은 mRNA 전구체 분자들에서는 선택적 splicing이 많이 발생하지만 효모의 mRNA 전구체 분자들에서는 선택적 splicing이 거의 일어나지 않으며 있다고 해도 아주 드물게 일어난다.

다세포 생물들은 splicing 자리의 인식을 돕는 조절단백질들을 가지고 있다. 이러한 단백질들은 exon과 intron내의 특정 서열과 결합을 시작으로 exon인식을 촉진하거나 억제한다. Splicing 자리의 선택을 촉진시키는 exon이나 intron내의 서열들을 각각 **exonic splicing enhancer(ESE)** 또는 **intronic splicing enhancer(ISE)**라고 한다. 이 ESE들 중 공통서열(GAR)n을 지닌 purine 과다서열에 대하여 가장 연구가 잘되어 있다. 여기서 R은 모든 purine을 의미한다. ESE들은 암호화 서열내에 위치하고 있어서 ESE내의 염기를 치환하면 정상적인 splicing 자리 선택에 부정적인 영향을 주거나 또는 아미노산이 치환된 polypeptide를 형성할 수 있을 것이다. 때에 따라서는 둘 다 일어날 수도 있을 것이다. 향후 진행하는 선천성 대사 이상에 대한 연구들은 ESE의 이러한 이중 역할을 고려하여야 할 것이다. 그 이유는 ESE내의 염기치환이 polypeptide의 서열에 대해서는 무해하다고 할지라도 필수적인 동형 polypeptide의 형성을 중지시킬 수 있다는 점에서는 매우 해롭기 때문이다.

ESE 인식에서 **SR 단백질(splicing 조절단백질, splicing regulatory proteins)** 계열들이 특히 중요한 것 같다. 사람 세포에서 10개의 다른 SR 단백질 종류들이 확인되었으나 효모에서는 하나도 발견되지 않았다. SR 단백질들은 조절자 구조를 가지고 있다; 이들 각각은 N-말단에 1 또는 2개의 **RNA 인식 부위(RNA**

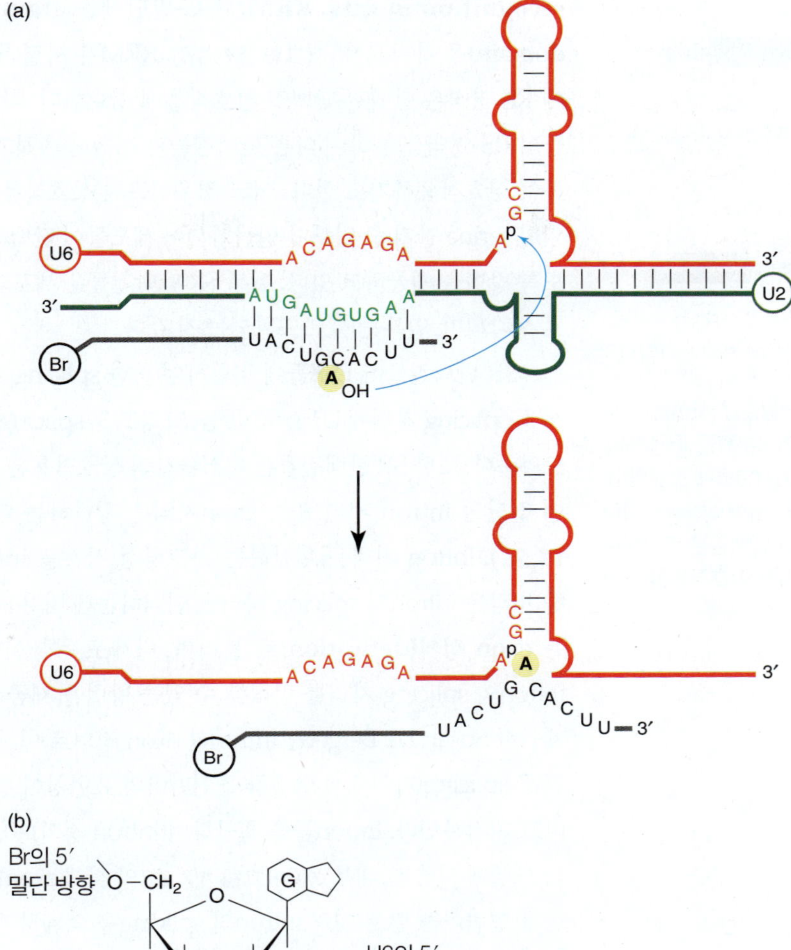


**그림 17.35 잠재적 촉매제로서의 U2·U6 snRNA 복합체.** (a) 사람의 U2·U6 복합체와 이 복합체의 일부분과 분지점 oligonucleotide들 (Br)과의 상호작용에 대한 도식. U2는 녹색으로, U6는 적색 그리고 Br은 검정색으로 표시하였다. U6 AGC 3염기를 이루는 A와 G 잔기 사이의 phosphodiester결합에 대한 분지점 adenosine 2′-OH기의 공격을 청색 화살표로 나타내었다. (b) 분지점의 oligonucleotide와 U6 snRNA간의 phosphodiester결합에 대하여 제시된 구조를 분홍색으로 강조하였다. Villa, T., Pleiss, J. A., and Guthrie, C., Cell 109 (2002): 149-152에서 인용.

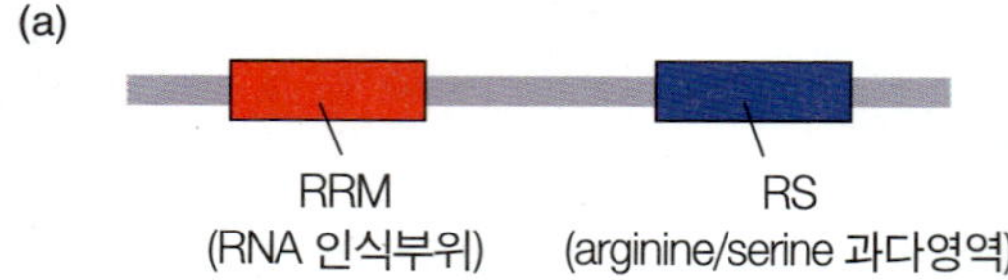


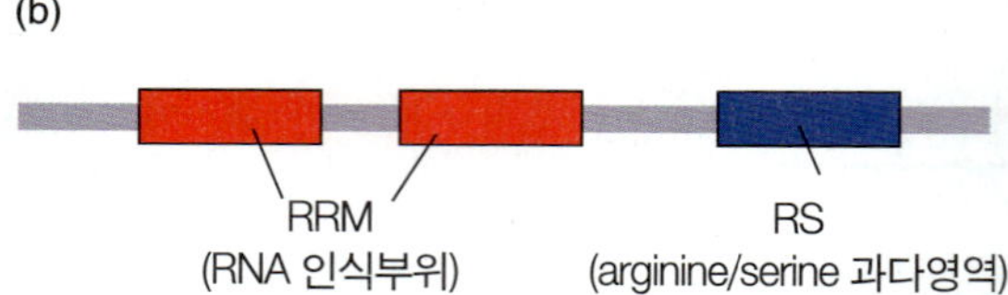


**그림 17.36 SR 단백질들.** SR 단백질들은 자신들의 N-말단에 (a) 1개 또는 (b) 2개의 RNA 인식부위들 (RRMs)을 가지고 있다. RRM은 특정한 RNA 염기서열들에 결합한다. SR 단백질들 또한 자신들의 C-말단에 arginine/serine 과다 영역 (RS영역)을 가지고 있다. 다른 SR 단백질들 뿐만아니라 SR 관련 단백질들과의 단백질-단백질 상호작용을 위해서도 RS 영역이 필요하다.

**recognition motifs, RRM)**와 C-말단에는 arginine/serine 과다 영역**(RS-domain)**을 가지고 있다(**그림 17.36**). RRM은 서열 특이적 RNA 결합자리인 반면에 RS 영역은 단백질-단백질 상호작용에 참여한다. 각기 다른 SR 단백질들은 자신들의 RS 영역을 통하여 다른 단백질들과 직접 접촉하거나 또는 단백질 중개체를 통하여 상호작용하기도 한다. 어느 경우이든지 상호작용하기 위해서는 최소한 RS 영역의 serine 잔기 중 일부가 인산화되어 세포들이 단백질들간의 접촉을 조절할 수 있도록 방법을 제공하고 있다. 일부 SR 단백질들은 세포의 생존을 위하여 필요한 것으로 생각되며, 일부는 서로 교환되는 것 같다.

SR 단백질들이 ESE들에 결합하여 약한 splicing 자리의 인식을 촉진하며 이어서 5′-splicing 자리에 U1 snRNP를, 그리고 3′-splicing 자리에 U2AF를 보충하도록 도와준다. 또한 SR 단백질들은 자신들간의 상호작용은 물론 다른 단백질들과 작용하여 절단될 intron 지역 또는 exon지역을 횡단하는 단백질 가교를 형성한다(**그림 17.37**). Intron 지역을 횡단하는 가교형성 작용을 **intron 정의(definition)**이라고 하며 작은 intron의 splicing 자리를 인식하는데 사용되는 경향이 있다. 후자의 반응은 **exon 정의(definition)**로 불리며, 다세포 동물이나 식물에 존재하는 매우 긴 intron의 splicing 자리를 인식할 수 있는 방법을 제공한다. Exon 정의 개념을 처음 제안한 Susan M. Berget는 intron과 exon 정의로 인하여 내부 exon 경계역에 위치한 5′-splicing 자리에서 발생한 돌연변이의 표현형이 전혀 다른 것으로 기대될 수 있다고 지적하였다. Intron들을 횡단하여(intron 정의) 최초의 splicing 자리 쌍을 이루는 모델에 의하면, 내부 exon(**그림 17.38**의 적색 exon)의 5′-splicing 자리에서 발생한 돌연변이는 발생 지역 intron의 splicing을 억제하지만 주변 intron들의 splicing

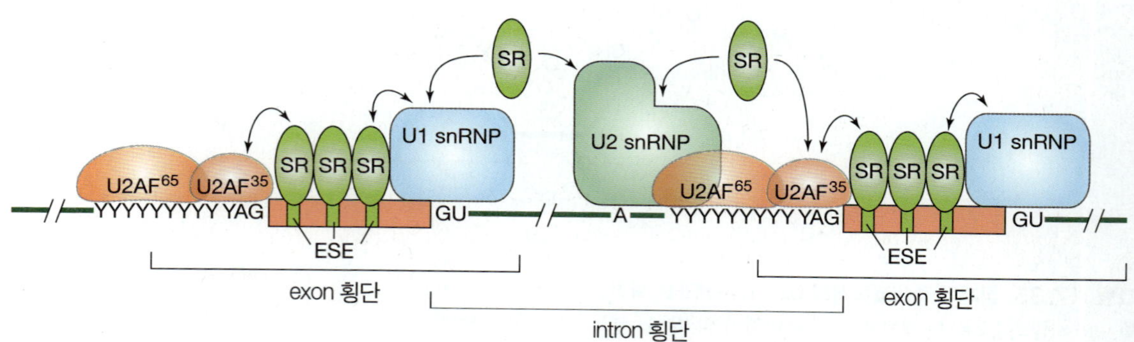


**그림 17.37 Splicing 자리 인식.** Splicing 기구는 SR 단백질들의 결합 자리인 exon splicing 증폭제 (ESEs)를 가지고 있는 exon들과 splicing 자리의 근접성을 근거로 올바른 5′-(GU)과 3′-(AG) 자리를 인식한다. ESE에 결합하면 SR 단백질들은 5′-splicing 자리의 하단에 U1snRNP들을 보충하고, 또한 3′-splicing 자리 상단에 위치한 pyrimidine 흔적(YYYY)에 U2AF65를, AG dinucleotide에 U2AF35 소단위를 각각 충원한다. SR 관련 단백질인 U2AF는분지점 염기서열 (A)에 U2snRNP를 보충시킨다. 따라서 SR 단백질들은 splicing 인자들을 보충하여 exon 횡단(cross-exon) 인식 복합체를 형성한다. Exon을 횡단하는 인식을 exon 정의라고 한다. SR 단백질들은 또한 intron 횡단(cross-intron) 인식과정에 작용하는데 이는 5′-splicing 자리 상단에 결합한 U1 snRNP와 분지점 염기서열에 결합한 U2 snRNP간의 상호작용을 촉진시킴으로써 이루어 진다. intron을 횡단하여 인식하는 것을 intron 정의라고 한다. Maniatis, T., and Tasic, B., Nature 418 (2002): 236-243에서 인용.

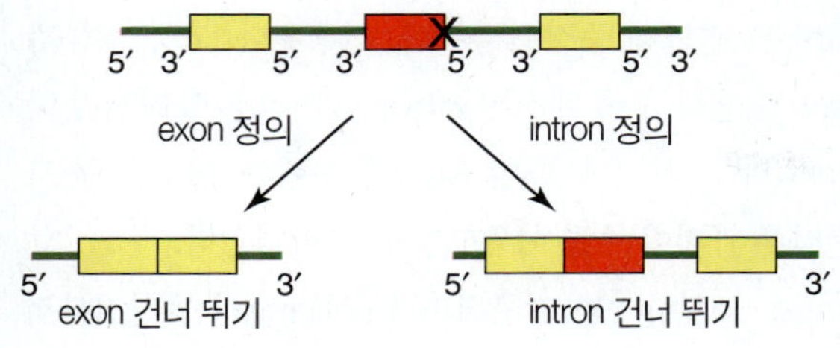


**그림 17.38 내부exon의 5′-splicing 자리 경계지역에서 발생한 돌연변이로 기대되는 표현형.** Exon은 적색과 노란사각으로, intron은 녹색 선으로 표시하였다. exon 정의 모델 (왼쪽)에 의하면 내부exon (적색)의 5′-splicing 자리 경계지역에서 발생한 돌연변이 (X)가 exon인식을 억제함과 동시에 인접한 intron의 splicing을 억제할 것으로 기대된다. intron 정의 모델 (오른쪽)로 기대되는 것은 내부exon (적색)의 5′-splicing 자리 경계지역에서 발생한 돌연변이 (X)가 intron의 splicing을 억제할 것이라는 점이다. 그러나 이 경우 억제가 되었지만 인접한 intron들의 splicing에 대한 영향력은 최소한도로 작을 것이다. Bergert, S. M., *J. Biol. Chem.* 270 (1995): 2411-2414에서 인용.

에는 거의 영향을 주지 않아야 한다. 대조적으로, exon 정의 개념으로 다음과 같은 것을 기대할 수 있다. 즉, 내부exon 경계 지역의 5′-splicing 자리에서 발생한 돌연변이는 exon과 인접한 intron의 splicing을 중지시킴과 동시에 exon의 인식을 억제할 것으로 기대된다. 효모의 경우 분할 유전자의 splicing 진행은 1차적으로 intron 정의에 의존하는 것 같다. exon 정의가 활용되긴 하지만 아주 드물게 활용되고 있다 그 이유로, 이 개념은 1개 이상의 intron에 해당되지만 대부분의 효모 유전자들은 오직 1개의 intron을 갖기 때문이다. 다세포 생물들은 mRNA 전구체를 수정하기 위해서 intron과 exon 정의 모두를 활용하고 있다. 실지로 동일한 mRNA 전구체에서 서로 다른 intron을 절단할 때 간혹 intron과 exon 정의 모두가 관여하고 있다.

mRNA 전구체 분자들 또한 exon 인식을 억제하는 염기서열들을 지니고 있다. splicing 자리 선택을 억제하는 exon과 intron 내의 서열을 각각 **exon splicing 억제자(exonic splicing silencer, ESS)** 또는 **intron splicing 억제자(intronic splicing silencer, ISS)**라고 한다. 억제자 서열에 결합하는 조절 단백질로 가장 잘 연구된 것이 hnRNP A1이다. hnRNP로 표기된 바와 같이 이 단백질은 hnRNA에 결합하는 splicing와 무관한 많은 단백질들 중 하나이다. hnRNP A1 단백질은 2개의 RRM 영역과 glycine 과다 영역을 지니고 있으며 exon과 intron splicing억제자에 결합한다. hnRNP A1의 exon 인식 억제를 설명하는 기작으로 다음과 같은 기작이 제안되었다: 이 단백질은 SR 단백질들이 인접한 ESE 지역에 결합하는 것을 저지시키며 exon 정의에 필요한 단백질-단백질간의 상호작용을 방해하거나 또는 splicing 복합체 조립을 중지시킨다.

## Splicing은 동시전사 과정으로 시작하여 전사후 과정으로 계속 진행된다.

어느 exon이 포함될 것인지 또는 제거될 것인지를 결정하는 또 다른 요인은 미성숙한 mRNA 전구체의 전사가 진행 중일 때 splicing이 개시되어야 한다는 점이다. 전사와 splicing이 동시적이라는 직접적인 증거는 전사중인 염색체를 보여주는 **그림 17.39**과 같은 전자현미경 사진에서 얻을 수 있었다. 미성숙한 mRNA 전구체의 전사물들은 DNA 주형으로부터 점점 길게 확장되는 가닥들로 보인다. 미성숙한 mRNA 전구체 가닥의 5′-말단 부근에 다양한 크기의 intron 고리들이 점진적으로 형성되고 상실되는 것을 사진에서 볼 수 있는데, 이는 전사와 splicing이 동시적으로

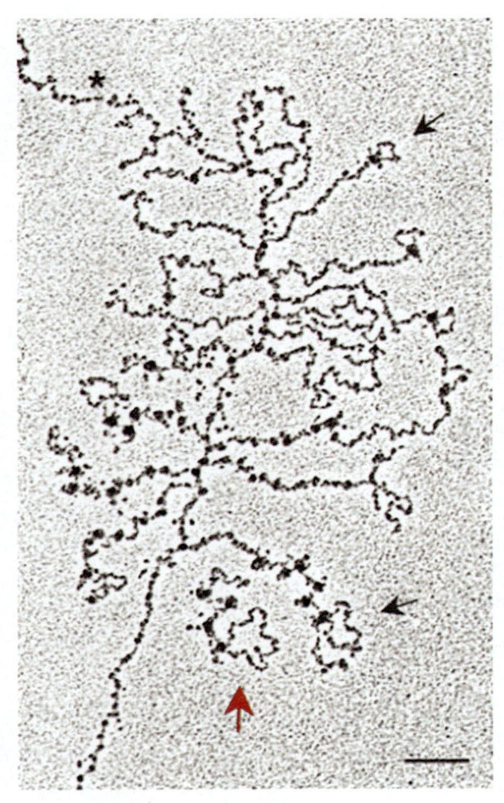

**그림 17.39 동시 전사 splicing을 직접적으로 보여주는 전자현미경 사진.** 사용한 유전자는 ~6 kb 길이의 초파리 유전자이다. DNA는 사진의 상부 왼쪽에서 도입되어 하부 왼쪽으로 나가고 있다. 전사는 별표로 표시한 지역에서 시작되고 있다: 초기 RNA 전사체는 DNA 주형으로부터 확장되어 길이가 길어지는 섬유처럼 보인다. 전사체의 5′-말단 부근에서 다양한 크기의 intron 고리가 형성되고 또한 사라지는 현상 (화살표)은 전사체들에서 동시전사 splicing이 진행중임을 지적하고 있다. 적색 화살표는 더 이상 DNA 주형에 부착되어 있지 않는, 유전자의 3′-말단 부위에 위치한 전사체를 가르키고 있으며, 아마도 종결과 방출결과로 사진에 잡힌 것 같다. 막대 = 200nm. Trends Biochem. Sci., vol. 25, Proudfoot, N., *Connecting transcription to messenger...*, pp. 290-293, copyright 2000, with permission from Elsevier로부터 제목을 재판하였으며, 사진을 재생하였음. Photo courtesy of Ann L. Beyer, University of Virginia.

진행됨을 의미하고 있다. splicing은 전사가 종결된 후에도 진행된다. 고등 식물과 동물에서 전사 중에 제거된 intron과 전사 후에 제거된 intron의 비율은 알려지지 않았다. 그러나 Michael Rosbash와 그의 동료들이 최근에 수행한 연구로 효모 mRNA 전구체의 splicing은 전사후 과정이 주를 이루고 있음이 밝혀졌다.

Promoter의 구조가 splicing을 조절한다는 연구결과가 splicing의 동시전사적 조절 기작을 지지한다. 전사 개시점이나 promoter의 강약에는 영향을 주지 않는 promoter 변화가 splicing 자리 선택에 영향을 줄 수 있다. 이 현상을 설명하기 위해서 Yutaka Hirose와 James L. Manley는 다음과 같은 점을 제안하였다: (1) 특정 promoter에 조립되는 전사개시 복합체의 특징에 따라서 RNA 중합효소를 구성하는 가장 큰 소단위의 CTD에서 인산화 정도와 유형에 영향을 받으며, 그에 따라 CTD가 splicing에 참여 여부가 조절될 수 있다: 또는 (2) promoter에 따라 전사신장복합체에 특정 인자들이 보충될 수 있으며 이 인자들이 splicing에 영향을 줄 수 있다

Splicing이 동시전사적으로 발생한다는 사실은 전사신장이 splicing에 영향을 줄 수 있음을 암시한다. 상당량의 증거들이 CTD가 전사동시적인 splicing에 관여한다는 가설을 지지하고 있다. CTD부위가 절단된 단백질을 갖는 세포들은 정상적인 CTD를 갖는 세포들보다 splicing 효율이 떨어진다. CTD는 최소한 5′-m$^7$G cap 구조 형성을 촉진시킴으로써 splicing에 부분으로 영향을 주는 것으로 알려졌다. 그러나 cap 형성만으로 splicing에서의 CTD 역할이 충분히 설명되지 못하는 것은 다음과 같은 2가지 이유 때문이다: (1) 온도 감수성 guanylyltransferase 돌연변이 효모는 정상 세포보다는 매우 비효율적이기는 하지만 제한된 온도에서 이어맞추어진 mRNA를 합성하고 있다. 그리고 (2) 개구리의 난모세포에 cap 구조를 갖는 mRNA 전구체를 주입시켰을 때보다는 효율이 떨어지지만 cap 구조를 갖지 않는 mRNA 전구체를 삽입시켰을 때도 splicing이 일어난다. 시험관내 실험을 통하여 인산화된 CTD가 splicing을 촉진시키며 항-CTD 항체는 splicing을 중지시킨다는 것이 밝혀졌다

전사 출구통로 부근에 위치한 CTD는 전사체들이 출구 통로로 분출될 때 snRNP들과 SR 단백질들 그리고 다른 splicing 요인들을 splicing 자리와 분지점으로 이동시키기에 적합한 위치를 차지하고 있다. 따라서 CTD는 spliceosome의 조립을 촉진시키며, spliceosome와 splicing자리와의 상호작용을 촉진시킴으로써 역할을 수행할 수도 있다. 또는 SR 단백질들이나 다른 splicing 요인들, 그리고 이러한 요인들과 다른 기작과의 조합체들이 작동할 기반대로서 작용할 수도 있을 것이다.

## 17.5 절단(cleavage)/polyadenylation과 전사종결

### Poly(A) 꼬리 합성과 전사종결은 병행하는 동시전사적 과정이다.

RNA 중합효소 II는 간혹 매우 긴 전사체를 합성하기 때문에 조숙하게 종결하지 않는 부착성 효소임이 틀림없다. 전사종결과정에서 RNA 중합효소 II는 DNA주형과

RNA 전사체를 방출시키고 자신은 자유롭게 되어 다시 전사 주기를 시작한다. 종결 과정이 실패하면 RNA 중합효소 II가 인접한 유전자를 계속 전사하여 원래 유전자의 정상적인 전사를 방해한다. RNA 중합효소 II의 전사종결은 다음 과정을 수반하는 복잡한 과정이다: (1) **절단/polyadenylation 자리** 또는 **poly(A) 자리**로 불리는 자리에서 mRNA 전구체를 절단한다; (2) RNA 분자의 새롭게 형성된 3′-말단에 poly(A) 꼬리를 첨가하고; (3) 절단/polyadenylation 자리의 하부지역에서 전사를 종결한다. mRNA 전구체 분자는 3′-말단을 만들고 그 자리에 poly(A)를 첨가하기 위한 특별한 신호가 필요하다. 고등동물과 효모의 이러한 신호는 서로 다르다.

3개의 염기서열 요소들이 포유동물에서의 절단/polyadenylation 자리 선택에 이바지하고 있다(**그림 17.40a**). 첫 번째 요소인 **polyadenylation 신호** (AAUAAA)는 절단자리 앞에 위치한 잘 보존된 10~30개 nucleotide 서열로 처음 발견되었다. 포괄적인 돌연변이 유발 연구를 통하여 절단과 poly(A) 첨가반응이 모두 이 hexanu-cleotide를 필요로 한다는 것이 확인되었다. 포유동물의 절단/polyadenylation 기구는 AAUAAA 서열내의 1개 염기 치환(대부분 두 번째 자리에서 A→U로의 치환)을 허용하지만 더 많은 치환은 허용하지 않는다. 두 번째 요소, **U-과다 하부 효소(U-rich downstream element)**는 절단/polyadenylation 자리의 3′ 방향으로 ≤30 nucleotide 자리에 위치하고 있다. 이 U-과다 서열은 서열과 구성면에서 다소 변하기도 하지만 일반적으로 5개의 연속적인 U 잔기(간혹 단일 G 잔기가 끼어들기도 함)를 1개 또는 그 이상 가지고 있다. 절단자리는 polyadenylation 신호와 U-과다 하부요소 사이의 거리에 의해서 결정된다. 1개 또는 그 이상의 반복적인 UGUA 서열을 지닌 세 번째 요소는 절단자리의 상부로부터 일정하지 않은 거리에 위치하고 있다. 척추동물 mRNA 전구체내의 절단자리 중 70%는 절단자리의 5′ 쪽에 A를 가지고 있어서 poly(A) 꼬리의 첫 번째 A는 mRNA 전구체로부터 온 것이다.

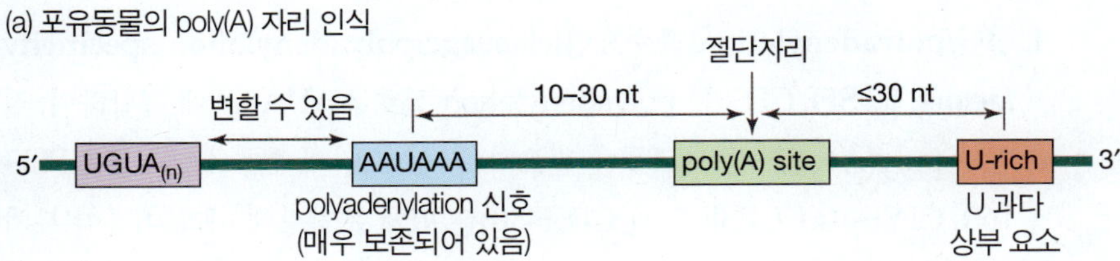


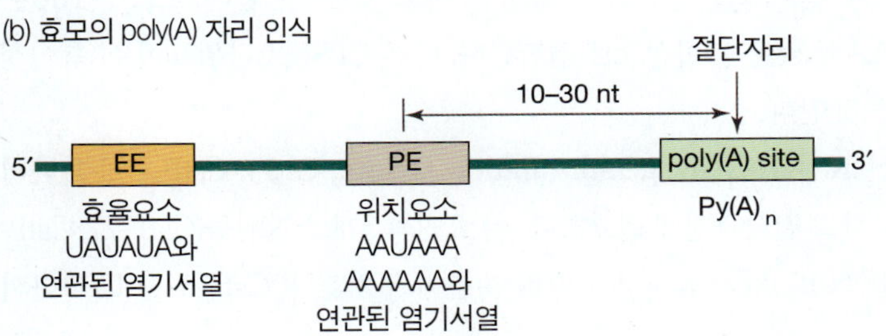


**그림 17.40 도식적으로 표현한 포유동물과 효모의 poly(A) 신호들.** (a) 포유동물의 poly(A) 자리 인식. (b) 효모의 poly(A) 자리 인식. Part a는 Gilmartin, G. M., Genes Dev. 19 (2005): 2517-2521에서 인용. Part b는 Zhao, J., Hyman, L., and Moore, C., *Microbiol. Mol. Biol. Rev.* 63 (1999): 405-445에서 인용.

효모의 poly(A) 신호는 동물의 신호와는 서열과 구성에서 다르며, 또한 고등동물의 경우 이 신호가 잘 보존되어 있는 것과는 달리 보존된 정도가 낮다. 효모에서도 절단/polyadenylation이 일어나기 위해서는 최소한 3개의 서열 요소들이 필요하다(**그림 17.40b**). 첫 번째 2 요소, **효율요소(efficiency ement, EE)**와 **위치요소(positioning element, PE)**는 모두 절단자리의 5′ 쪽에 위치하고 있다. 진행 효율을 결정하는 효율요소는 일반적으로 교대하는 UA dinucleotide나 U-과다 연속서열을 가지고 있으며, 절단자리로부터 일정하지 않은 거리에 위치하고 있다. 위치요소는 절단 위치로부터 약 20 nucleotide 하부에 위치하고 있으며, A-과다서열을 갖는 경향이 있다. 절단/polyadenylation 자리를 간직하고 있는 3번째 요소는 Py(A) 서열(Py는 pyrimidine을 의미)을 가지고 있다. Poly(A)자리는 잘 보존된 2차 또는 3차 구조를 공유하고 있지 않지만 그 대신 열린 또는 비정례화된 입체구조를 갖는 것으로 생각된다.

동물과 효모의 poly(A) 신호들의 차이에도 불구하고 절단/polyadenylation 기구 성분들의 대부분은 잘 보존되어 있다. 그러나 성분들에 대한 명칭은 다르다. 단순화하기 위해서 아래의 논의에서는 가능한 동물의 명칭을 사용하였다. 비교적 단순한 2 임무, 핵산내부가수분해(endonucleolytic) 절단과 poly(A) 첨가를 수행하는데 필요한 기구는 우리가 짐작하는 것보다는 훨씬 복잡하다. 복잡한 기구가 필요한 이유는: (1) 기구가 특정한 RNA 서열을 인식하여야 하고(3′-절단자리를 인식하기 위해서는 최소한 2개의 다중 소단위 요인들이 공동으로 작용하여야만 한다; 다음 항 참조) 그리고 (2) 절단과 poly(A)첨가는 매우 밀접하게 병행하는 동시전사 반응이기 때문이다. 다행히도 절단과 poly(A) 첨가 과정을 시험관내에서 개별적으로 조사할 수 있어서 각 과정에 대한 연구를 단순화 할 수 있다.

절단/polyadenylation 기구에 대한 조사를 하기 위해서 알려진 성분들이 기여하는 점들에 대한 조사부터 시작하겠다(**표 17.3**). Poly(A) 자리에 위치한 성분들의 구성에 관한 모델을 **그림 17.41**의 모식도로 제시하였다.

1. **절단/polyadenylation 특수요인(cleavage/polyadenylation specificity factors, CPSF):** CPSF는 polyadenylation 신호 AAUAAA에 결합하며, 절단과 poly(A) 첨가반응 모두에 필요하다. 이 요인의 4개 소단위들(CPSF-160, CPSF-100, CPSF-73과 CPSF-30)은 kDa 분자량에 따라 이름이 부쳐졌다. $Zn^{2+}$-의존성 endonuclease 계열에 속하는 CPS-73은 poly(A)자리에서 mRNA 전구체를 절단하는 책임을 지고 있는 것 같다. CPSF-160은 AAUAAA에 낮은 특이성으로 결합한다. 다른 CPSF 소단위들이 이 특이성을 높이는 것 같다.
2. **절단 촉진 요인들(Cleavage stimulation factors, CstF):** CstF는 U-과다서열에 결합하고 절단과정에 필요하다. 이 요인의 3개 소단위들(CstF-77, CstF-64와 CstF-50)도 kDa 분자량에 따라 이름이 부쳐졌다. CstF-64는 U-과다서

**표 17.3 포유동물의 절단/polyadenylation 기구 구성 성분들**

| 인자 | 진행단계 | 기능 |
|---|---|---|
| CPSF 절단/polyadenylation 중합반응 특수 인자 | 절단과 poly(A) 첨가 | 4소단위로 구성. CPSF-73이 poly(A)자리에서 mRNA 전구체를 절단. CPSF-160 이 AAUAAA에 결합하고 CPSF-30과 CPSF-100이 특이성을 향상 |
| CstF 절단 자극인자 | 절단 | 3소단위로 구성(CstF-77, CstF-64와 CstF-50). CstF-64가 U-과다염기서열에 결합; CstF-77이 CstF-64와 CstF-50을 연결시키고 CPSF-160과 접촉 |
| CFI 절단인자 I | 절단 | poly(A) 자리에서 서열 요소를 인식 |
| CFII 절단인자 II | 절단 | 알려지지 않았음 |
| PAP poly(A)polymerase | 절단과 poly(A) 첨가 | poly(A)형성 촉진 |
| PAB II poly(A) 결합단백질 | poly(A) 연장 | poly(A)와 CPSF-30을 결합. poly(A) 신장과 꼬리 길이를 담당 |
| CTD RNA polymerase II 의 거대 소단위의 카르복실 말단 영역 | 절단 | CPSF와 CstF를 결합 |
| Ssu72와 PC4 | 절단 | Ssu72와 PC4단백질들은 일반 전사인자 TFIIB와 절단/polyadenylation 기구 성분들과 상호작용 |
| symplekin | 절단과 poly(A) 첨가 | simplekin은 CstF 복합체의 조립과 안정성을 지원하여 완전한 절단/ polyadenylation 기구가 함께 유지되도록 도움 |

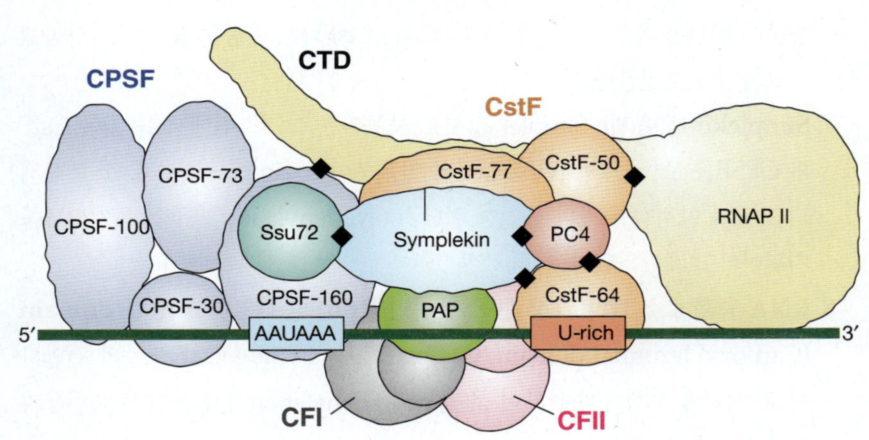


**그림 17.41 Polyadenylation 기구의 도식.** 포유동물과 효모의 polyadenylation 복합체는 매우 유사한 것 같다. 단순화하기 위해서 여기에서는 포유동물의 명칭을 사용하였다. 검정색 마름모(◆)는 전사와 3′ 수정과정이 연결되도록 지원하는 단백질-단백질 상호작용 중 실험적으로 확인 된 것을 표시한다. Polyadenylate 중합반응 신호 염기서열(상단의 AAUAAA 절단자리 공통서열과 하단의 GU 과다 지역)은 상자로 표시하였다. 사용된 약자는: RNAPII, RNA 중합효소 II; CPSF, 절단/polyadenylation 특수인자; CstF, 절단 촉진인자; CFI과 CFII, 절단인자 I과 절단인자 II; 그리고 PAP, poly(A) polymerase. Ssu72와 PC4는 본문내용에 서술하였다. PABII는 이 그림에 포함되지 않았다. Clavo, O., and Manley, J, L., *Genes Dev.* 17 (2003): 1321-1327에서 인용.

열에 결합하는 반면에 CstF-77은 CstF-64와 Cst50과의 가교를 형성한다. CstF-77은 또한 CPSF-160과 작용하는데, CPSF와 CstF들 각자는 다른 요인들이 존재할 때 mRNA 전구체에 매우 밀접하게 결합하기 때문에 이들의 작용이 매우 중요할 것이다.

3. **절단요인 I(Cleavage factor I, CFI)과 절단요인 II(Cleavage factor II, CFII):** CFI와 CFII는 절단과정에 필요하지만 CFI이 갖는 포유동물의 mRNA 전구체내에 위치한 UGUA 요소를 인식하는 기능 외에는 이들의 기능에 대해서 알려진 것이 거의 없다.

4. **Poly(A) polymerase(PAP)**: PAP는 RNA의 3-말단에 adenylate을 첨가하며, 또한 절단과정에 필요한 효소이다. mRNA 전구체에 이미 결합하고 있는 CPSF에 의해서 PAP가 poly(A) 자리에 보충된다. 이미 절단된 RNA 기질에 poly(A)를 첨가하는 반응은 PAP와 CPSF로 충분하지만 이들의 반응속도는 느리다.
5. **Poly(A)결합 단백질 II(Poly(A) binding protein II, PABII)**: PAB II는 CPSF-30과 작용하여 poly(A) 첨가속도를 촉진시킨다. PABII는 또한 poly(A) 꼬리길이를 조절하여 길이를 200~300 adenylate 잔기로 제한한다
6. **Ssu72와 PC4**: Ssu72와 sub1(효모 PC4와 동류)들은 일반 전사인자 TFIIB와 작용하는 단백질들에 대한 효모 돌연변이체들을 선별하는 과정에서 처음으로 발견되었다. 이 2가지 단백질들은 TFIIB와 작용하여 전사개시 동안 전사개시복합체가 올바르게 조립되도록 보장한다. 더욱이 사람에게도 이 2가지 단백질에 해당하는 것들이 존재한다. 효모의 Ssu72는 사람의 동류와 아미노산 잔기가 44% 동일하다는 사실은 모든 진핵생물에서 유사한 기능을 수행하고 있음을 시사한다. 동물의 경우, PC4는 서열 특이적 전사 활성인자와 일반 전사인자간의 상호작용을 촉진시킴으로써 개시복합체 전구체 형성의 초기 단계를 돕고 있다. Ssu72와 PC4 또한 절단/polyadenylation 기구의 성분들과 상호작용 한다는 것이 최근의 연구로 밝혀졌다. Ssu72는 CPSF와 작용하여 절단을 촉진시키는 반면에 PC4는 CtsF와의 반응을 통하여 전사종결 하부과정을 조절한다.
7. **Simplekin(묶음체):** Simplekin(서로 묶는다는 그리스어에서 유래)은 CstF와 CPSF를 포함한 거대한 복합체의 일부분이다. simplekin이 CstF 복합체의 조립과 안정화를 도와 완전한 절단/polyadenylation 기구가 유지되도록 지원한다고 제안되었다.
8. **RNA 중합효소 II의 가장 큰 소단위인 Rpb1의 카르복실 말단 domain (Carboxyl terminal domain, CTD):** CTD는 CPSF와 CstF 모두와 결합하며, 3′-절단을 수행하기 위하여 절단/polyadenylation의 다른 모든 요인들과 함께 존재하여야 한다.

전사와 절단/polyadenylation 요인들은 전사의 가장 초기단계부터 끝 단계까지 서로 연결되어 있다(**그림 17.42**). Promoter지역에서 개시복합체 전구체의 조립으로 전사가 시작된다. PC4는 TFIID와 TFIIB의 보충을 지원한다. CPSF는 TFIID와 결합하여 개시복합체 전구체에 합류한다. CstF도 PC4와 simplekin 또는 CPSF들과 같은 시기에 합류되는 것으로 생각된다. 그리고 RNA 중합효소 II와 그 외의 전사인자들이 핵심 promoter에 보충된다. 전사의 초기 단계에 TIFIIH의 소단위인 Kin 28에 의해 CTD의 인산화가 일어난다. CPSF와 CstF, Ssu72, PC4와 simplekin들이 전사개시의 후기 또는 신장 초기에 인산화 된 CTD와 결합한다. 전사 신장복합체

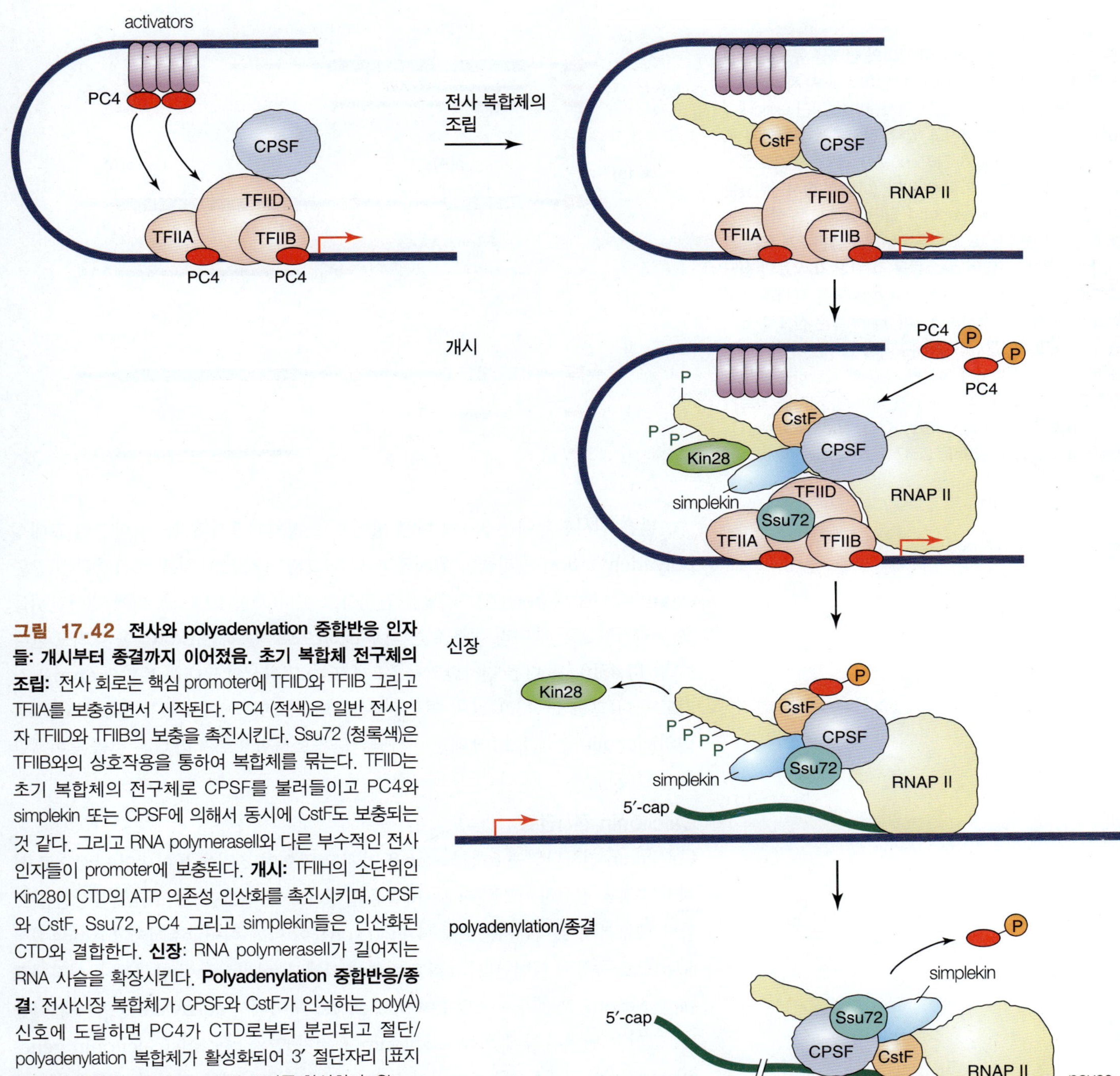


**그림 17.42 전사와 polyadenylation 중합반응 인자들: 개시부터 종결까지 이어졌음. 초기 복합체 전구체의 조립:** 전사 회로는 핵심 promoter에 TFIID와 TFIIB 그리고 TFIIA를 보충하면서 시작된다. PC4 (적색)은 일반 전사인자 TFIID와 TFIIB의 보충을 촉진시킨다. Ssu72 (청록색)은 TFIIB와의 상호작용을 통하여 복합체를 묶는다. TFIID는 초기 복합체의 전구체로 CPSF를 불러들이고 PC4와 simplekin 또는 CPSF에 의해서 동시에 CstF도 보충되는 것 같다. 그리고 RNA polymeraseII와 다른 부수적인 전사인자들이 promoter에 보충된다. **개시:** TFIIH의 소단위인 Kin28이 CTD의 ATP 의존성 인산화를 촉진시키며, CPSF와 CstF, Ssu72, PC4 그리고 simplekin들은 인산화된 CTD와 결합한다. **신장**: RNA polymeraseII가 길어지는 RNA 사슬을 확장시킨다. **Polyadenylation 중합반응/종결**: 전사신장 복합체가 CPSF와 CstF가 인식하는 poly(A) 신호에 도달하면 PC4가 CTD로부터 분리되고 절단/polyadenylation 복합체가 활성화되어 3′ 절단자리 [표지된 poly(A)]에서 절단하고 poly(A) 꼬리를 합성한다. Clavo, O., and Manley, J, L., *Genes Dev.* 17 (2003): 1321-1327에서 인용.

가 poly(A)신호에 도달하면, CTD로부터 분리된 CPSF와 CstF 그리고 PC4들이 이를 인식하고 절단/polyadenylation 기구가 활성화되어 3′-절단과 poly(A)의 첨가가 진행될 수 있다. poly(A)의 아래쪽에 위치한 전사중지 자리에서 RNA 중합효소 II의 이동이 일시적으로 중지되어서 poly(A) 자리의 인식을 증가시킨다.

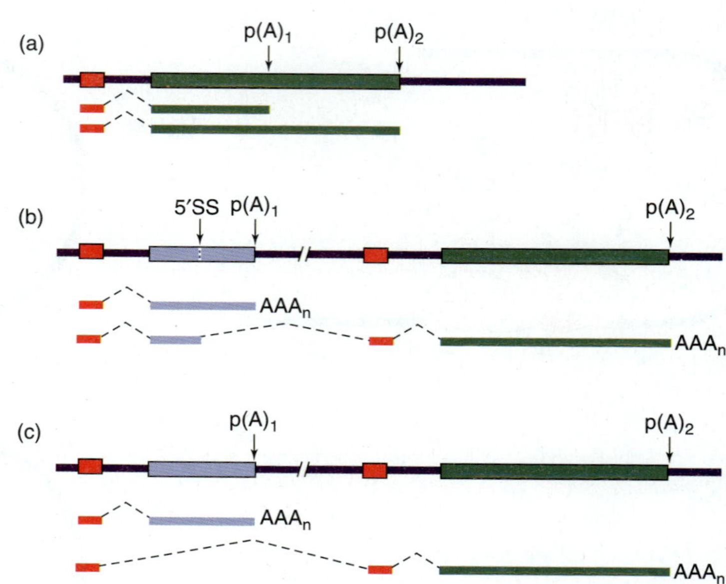


**그림 17.43 교대성 poly(A) 자리의 선택을 유도하는 전사 단위의 3′지역.** 3종류의 exon배열이 poly(A) 자리선택의 교체를 가능하게 한다. (a) 일부 전사단위는 말단 exon내에 다수의 poly(A) 자리를 가지고 있다. 간단하게 설명하기 위해서 2개의 연이은 poly(A) 자리- poly(A)1과 poly(A)2로 표시하였지만 더 많은 수를 가질 수 있다. (b) 다른 전사단위들은 생리조건에 따라 내부 exon이나 말단 exon으로 작용하는 exon을 갖기도 한다. (c) 또 다른 전사단위들은 2개 또는 그 이상의 선택적인 3′-말단 exon들을 갖는다. 각 시료의 상단에 보이는 것이 mRNA 전구체이며 exon들은 적색과 청색 그리고 녹색 상자로 표시하였으며, intron들은 선으로 표시하였다. 이어맞추어진 mRNA들은 가장 밑부분에 위치하고 있으며, splicing 과정에서 제거된 intron에 해당하는 부분을 점선으로 표시하였다. 약자 5′SS는 splicing 자리를 가르킨다. Edwalds-Gilbert, G., Veraldi, K. L., and Milcarek, C., *Nucleic Acid Res*. 25 (1957): 2547-2561 에서 인용.

많은 전사단위에는 3가지 다른 방식으로 정렬된 2개 또는 그 이상의 교대성 polyadenylation 자리들이 위치하고 있다(**그림 17.43**). 일부 전사단위는 말단 exon내에 다수의 poly(A)자리들을 간직하고 있다(그림 17.43a). 다른 전사단위들은 생리적인 조건에 따라 내부 또는 외부 exon으로 작용하는 exon들을 갖기도 한다(그림 17.43b). 또 다른 전사단위들은 2개 또는 그 이상의 교대성 3′-말단 exon을 갖기도 한다(그림 17.43c). 많이 연구된 2종류의 시스템 즉, 포유동물의 calcitonin과 면역 globulin 중쇄, IgM에 대한 전사단위들을 조사함으로써 더 많은 것들을 이해할 수 있었다.

## Calcitonin 전사단위

Calcitonin 전사단위는 6개의 exon을 가지고 있으며 조직에 특이적인 방식으로 선택적 수정을 진행하여 2종류의 단백질을 합성하고 있다(**그림 17.44a**). 갑상선을 포함한 대부분의 조직에서는 처음 4개의 exon들이 함께 이어맞추어지고 exon4에서 adenylate중합이 일어난다. 그리고 번역에 의해서 calcitonin이 합성된다. 신경세포에서는 exon3 과 5가 이어맞추어지고, exon6 후미에서 adenylate 중합이 일어난다. 그리고 번역과정에 의해 calcitonin 유전자 연관 peptide(calcitonin gene-related peptide, CGRP)로 알려진 신경peptide가 합성된다. 갑상선 조직에서는 하부에 위치한 증폭자에 의해 내부 poly(A)자리가 활성화된다. 특수한 SR 단백질을 포함하여 여러 splicing 요인들이 이 증폭자 위치에 보충되는 것 같다. 신경조직에서는 이 증폭자가 작용하지 못해서 내부 poly(A)자리가 제거되며 그 결과로 calcitonin 대신에 CGRP가 생산된다.

## IgM 전사단위

IgM 전사단위는 2종류의 IgM을 암호화한다. B세포는 막 결합 IgM을 형질세포는

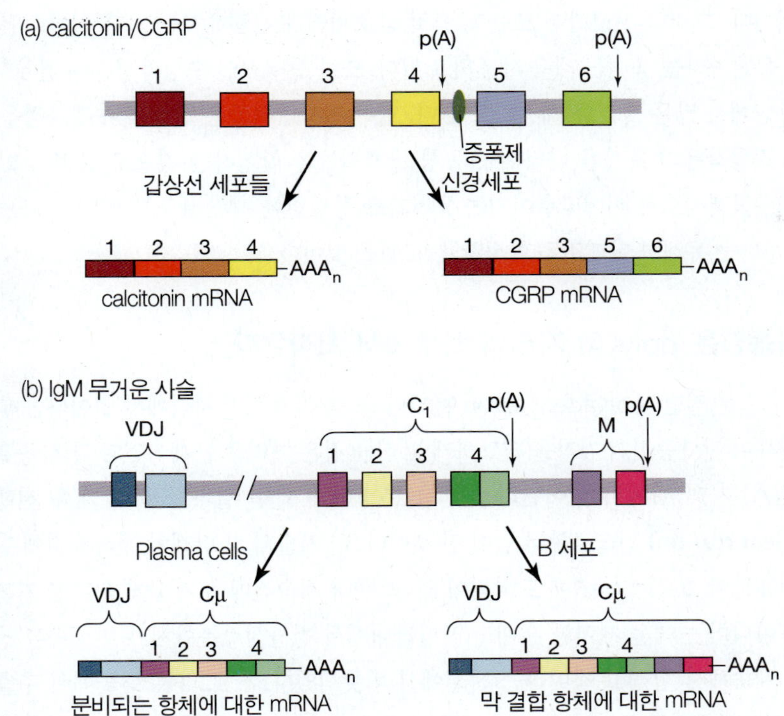


**그림 17.44 Calcitonin/CGRP와 면역globulin M (IgM) 전사체들의 선택적인 polyadenylation.** (a) Calcitonin/CGRP mRNA 전구체의 exon과 intron 구성과 갑상선 세포와 신경세포에서 만들어진 1차 mRNA 구조. (b) IgM의 무거운 사슬(mu) 전구체에서 교체적으로 선택하는 수정과정. Zhao, J., Hyman, L., and Moore, C., *Microbiol. Mol. Biol. Rev.* 63 (1999): 405-445에서 인용.

분비될 수 있는 수용성 IgM을 생산한다. IgM 전사단위에는 2개의 poly(A)자리가 있다. B 세포는 splicing을 통하여 비교적 약한 poly(A)를 제거하고 막 결합 IgM에 대한 mRNA를 합성한다. 형질세포에서는 상부에 위치한 이 약한 poly(A)자리가 보다 효율적으로 작동하여 짧은 수용성 형태의 IgM이 합성된다. 상부의 약한 poly(A) 신호의 인식을 가능토록 하는 CstF-64의 농도가 형질세포에서 보다 높다는 점으로 서로 다른 수정과정의 형태를 부분적으로 설명하고 있다.

## 선택적 splicing 현상으로 현재의 유전자 개념은 다시 고려되어야 한다.

선택적 splicing 현상은 많은 기초적인 논쟁을 불러 일으켰지만 무엇보다 중요한 것은 유전자 개념 자체에 대한 논쟁일 것이다. Promoter와 splicing 그리고 poly(A)자리들이 선택적으로 택해 진다는 것이 발견되기 전에는 진핵생물 유전자를 특정한 단백질을 암호화하는유전단위로 정의하였다. 그러나 선택적인 수정과정으로 2개 또는 그 이상의 단백질 동형들을 암호화할 수 있는 유전단위를 1유전자-1단백질 가설로 설명할 수는 없다. 따라서 유전자를 정의할 다른 방도를 찾아야 한다. exon은 최소한의 발현정보를 담고 있는 개별적인 단위라고 할지라도 1개의 exon을 유전자로 정의 할 수는 없다. 그 이유는 우리가 정상적으로 유전자와 관련시키는 모든 정보가 exon에 담겨 있지 않기 때문이다. 현재 우리가 이끌어 낼 수 있는 최상의 정의는 유전자는 특정한 mRNA에 포함될 수 있는 exon들을 직선적으로 수집한 것이다 라는 것이다. 그러나 전사단위 또는 단백질 암호지역과 관련해서는 보다 일반적인 의미로 유전자라는 용어는 계속 사용되고 있다. 또한 선택적인 수정과정은 유전공학적인 측면에서 많은 도전을 제시하고 있다. 일부 전사단위들은 선택적 수정과정을 통하여 길항작용의 효과를 나타내는 동형 단백질들을 합성하는 것으로 알려져 있다. 따라서 선택적으로 이어맞추어지는 유전자로 형질전환 시킨 세포는 이익이 되는 단백질보다는 유해한 단백질을 합성할 수도 있을 것이다.

## 전사종결은 poly(A) 자리의 하부에서 시작된다.

전사종결은 절단/polyadenylation 자리의 수 백 염기 하부지역에서 일어나는데 이로 인하여 전사종결의 기작을 명료하게 밝히는 것은 어려운 문제이었다. 전사종결이 poly(A) 자리 뒤에서 일어난다는 점을 분명하게 밝힌 결과는 **핵내 계속 진행법 (nuclear run-on)** 기술로부터 얻어 진 것이다. 이 기술의 각 단계와 전사종결에 활용한 내용들이 **그림 17.45**에 도식되어 있다. 핵내 계속진행법 기술에 숨겨진 기본적인 아이디어는 핵을 제거한 후에도 시험관내에서 전사신장복합체가 미성숙한 전사체를 계속해서 합성할 것이라는 사실에서 비롯되었다. 서로 다른 핵들에서 추출한 전사신장복합체들은 전사의 각기 다른 단계에 속해 있지만 명확한 설명을 위해서 오직 1단계만 그림 17.45에 제시하였다.

핵내 계속 진행법 기술의 첫번째 단계는 특정 전사단위를 활발하게 전사중인 세포들로부터 핵들을 분리하는 것이다(효모 세포들은 그들의 핵을 분리하는 대신에 ribonucleotide triphosphate이 투과할 수 있도록 조정되었다). 다음으로 분리한 핵들을 방사성 ribonucleotide triphosphate이 포함된 반응 혼합물에 현탁시키고, RNA 중합효소 II가 미성숙한 전사체를 약100 nucleotide 확장하기에 충분한 기간 배양하였다. 반응을 중지시킨 후 방사성 RNA를 정제하여 필터에 결합시킨 DNA 조각과 혼성화를 진행하였다. 사용한 각 DNA 조각들은 조사 중인 전사단위의 각 지역과 3′지역에 해당하는 조각들이다. 결합된 방사성 RNA를 autoradiography으로 관찰하였다. 종결자리의 상부지역의 DNA 조각들(그림 17.45의 조각 A-D)은 뚜렷한 신호를 보여 준 반면에 종결 자리 하부지역(그림 17.45의 조각 E)은 오직 필터바탕과 유사한 기본적인 신호를 보여주었다. 핵내 계속진행법은 사실상 시험관내 방법이지만 종결 지역을 명확하게 밝혀주었다. RNA 중합효소 II에 의해 전사되는 많은 전사단위들에 대한 분석이 핵내 계속진행법을 이용하여 진행되었다. 이러한 분석들을 토대로 다음과 같은 결론에 도달하였다:

1. 전사종결을 위해서는 poly(A) 신호가 중요하다.
2. 전사종결은 3′-절단을 위한 인자들을 필요로 하지만 polyadenylation을 위한 인자들은 필요로 하지 않는다.
3. mRNA의 3′-말단 부위를 지나서, 일반적으로 poly(A) 자리로부터 200에서 2000 bp 하부지역에서 전사가 종결된다

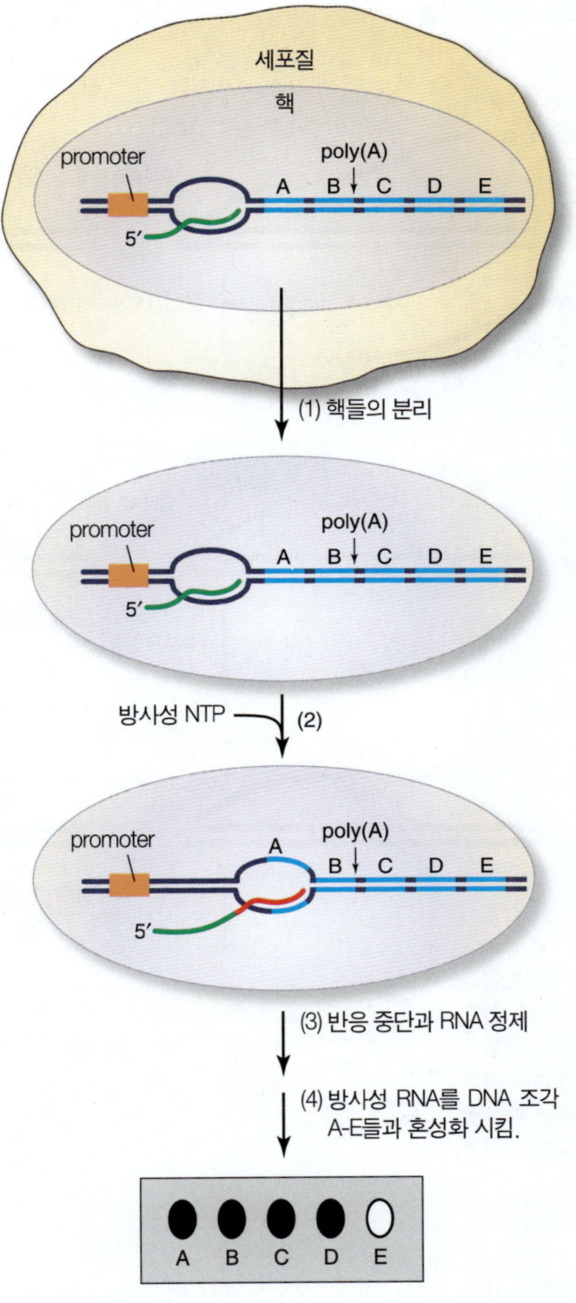


**그림 17.45 핵내 계속 진행 (nuclear run-on) 실험 도식.** DNA 주형을 따라서 각 지역을 A-E로 표시하였다. 3′ 절단 자리를 poly(A)로 표시하였다. 실험단계는 다음과 같다: (1) 핵들의 분리. (2) 방사성 nucleoside triphosphate이 포함된 반응 혼합물에 핵들을 첨가하고 길어지는 사슬에 약 1백 개의 nucleotide가 첨가되도록 짧은 시간 배양하였다. (3) 반응을 중단하고 방사성 RNA 분자를 정제하였다. 전사체들은 주형DNA 상의 각기 다른 위치까지 진행되었을 것이다. (4) 정제한 RNA를 전사단위내의 다른 지역 (A-E)과 3′ 지역에 해당하는 DNA 조각들과 혼성화 시켰다. 종결자리의 상부 DNA 조각들 (A-D 조각들)은 분명한 신호를 나타냈지만, 종결자리의 하부지역 (E 조각)은 오직 바탕수준에 해당하는 기본적인 신호만을 나타내었다.

**4.** 일부 전사체들은 단일자리에서 효율적으로 종결되지만 다른 전사체들은 비효율적으로 넓은 지역에 걸쳐서 종결되고 있다.

**5.** RNA 중합효소 II의 방출은 3′-끝의 수정을 필요로 한다.

## RNA 중합효소 II의 전사종결을 설명하기 위한 2가지 모델이 제안되었다.

Poly(A) 절단신호들은 RNA 중합효소 II의 전사종결이 시작되도록 도와 주며 그 결

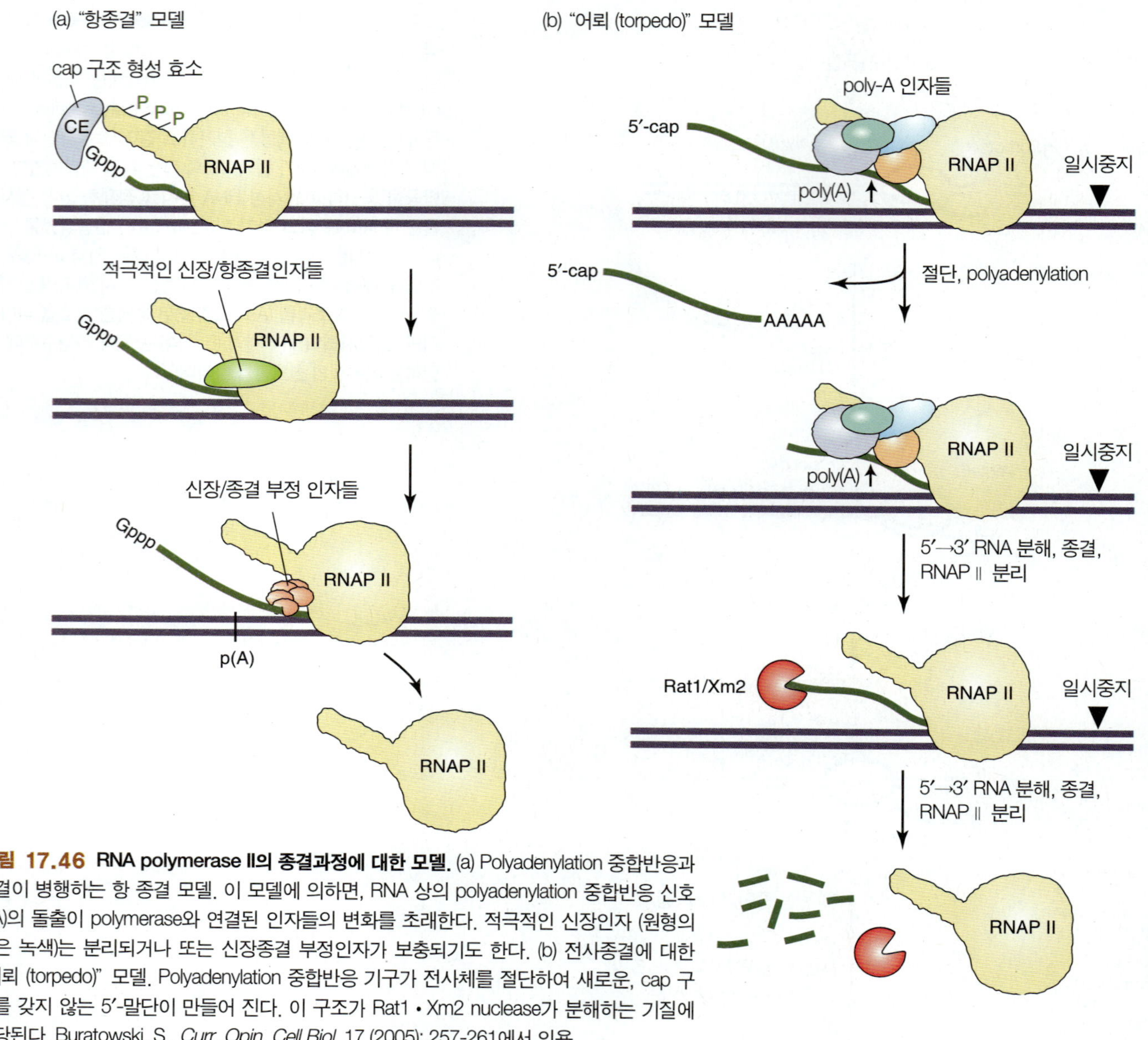


**그림 17.46 RNA polymerase II의 종결과정에 대한 모델.** (a) Polyadenylation 중합반응과 종결이 병행하는 항 종결 모델. 이 모델에 의하면, RNA 상의 polyadenylation 중합반응 신호 (pA)의 돌출이 polymerase와 연결된 인자들의 변화를 초래한다. 적극적인 신장인자 (원형의 옅은 녹색)는 분리되거나 또는 신장종결 부정인자가 보충되기도 한다. (b) 전사종결에 대한 "어뢰 (torpedo)" 모델. Polyadenylation 중합반응 기구가 전사체를 절단하여 새로운, cap 구조를 갖지 않는 5′-말단이 만들어 진다. 이 구조가 Rat1 • Xrn2 nuclease가 분해하는 기질에 해당된다. Buratowski, S., *Curr. Opin. Cell Biol.* 17 (2005): 257-261에서 인용.

과로 RNA 중합효소 II가 전사단위의 끝에 도달할 때까지는 전사종결이 일어나지 않도록 확실하게 한다.

Poly(A) 자리가 어떻게 RNA 중합효소 II의 전사종결을 자극할 수 있는가를 설명하는 2가지 모델이 제안되었다. 첫 번째 모델은 다른자리입체성(allosteric) 또는 항종결(anti-terminator)모델로 알려졌다. 이 모델(**그림 17.46a**)에 의하면 RNA 중합효소 II가 poly(A) 자리를 지나면서 양성 신장/항종결 인자들을 상실하거나, 신장/종결 음성 인자들을 획득하거나 또는 2가지 모두가 일어난다. 그 결과로 중합효소가 DNA 주형으로부터 보다 쉽게 방출될 수 있는 또는 보다 진행성이 낮은 입체구조를 갖을 것으로 제안하였다. 어뢰(torpedo) 모델(**그림 17.46b**)로 알려진 2번

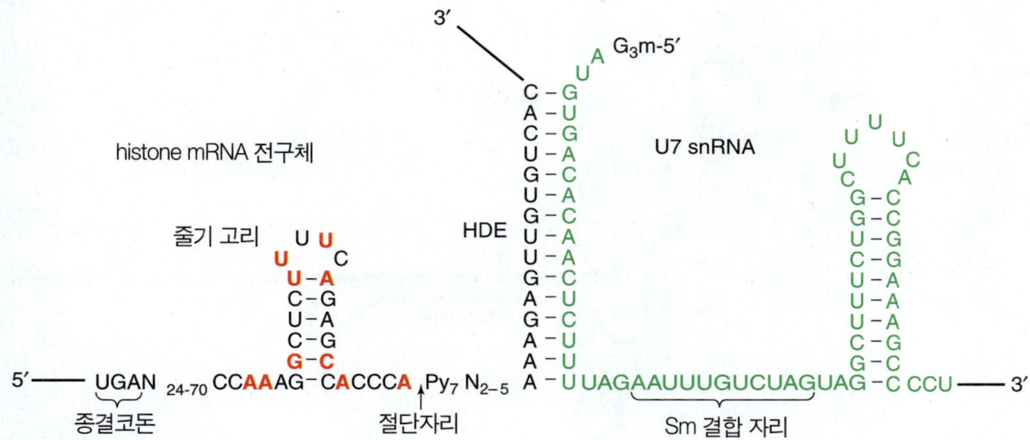


**그림 17.47 포유동물의 복제 의존성(replication-dependent) histone mRNA전구체의 수정자리.** Histone mRNA 전구체 상에서 변하지 않는 위치들의 염기를 적색으로 표시하였다. 절단자리의 하부 염기서열들은 생쥐의 histone H2A mRNA 전구체에 해당되는 것으로써 생쥐의 U7 snRNA와 염기 쌍을 이루고 있다. Py는 pyrimidine nucleotide를, N은 모든 종류의 nucleotide를 의미한다. HDE는 histone 하부 요소 (hostone downstream element)의 약자이며, Sm은 Sm polypeptide를 의미한다. Gilmartin, G. M., *Gemes Dev.* 19 (2005): 2517-2521에서 인용.

째 모델에 의하면 poly(A) 자리가 절단되어 5′-3′ exonuclease가 유입될 자리가 제공된다. 이어서 이 효소는 새롭게 형성된, cap 구조를 갖지 않는 5′-인산 끝을 공격하고 미성숙한 RNA따라 안내장치를 갖춘 어뢰처럼 RNA 중합효소 II를 향하여 이동한다. 그리고 여하한 방법을 통하여 DNA-RNA 이중나선을 분해하여 결과적으로 전사종결이 유발된다. Rat1 • Xrn2 복합체로 알려진 5′-3′ exonuclease 복합체에 대한 최근의 연구 결과들은 어뢰 모델를 강력하게 지지하고 있다. 제시된 2 모델들이 서로 배타적인 것이 아니기 때문에 2 모델 모두 RNA 중합효소 II의 전사종결에 기여하는 것 같다. 하지만 poly(A)자리가 전사종결 전에 절단되지 않고 전사종결 후에 절단된다는 점은 오직 항종결 모델로만 설명될 수 있다.

## 고등동물의 대부분 histone mRNA 전구체들은 특수한 수정기작을 필요로 한다.

고등동물의 경우 histone들을 암호하는 대부분의 mRNA들은 poly(A) 꼬리를 갖지 않는다. Histone mRNA 전구체들이 절단되어서 histone mRNA를 형성하지만, 절단 인식신호는 다른 mRNA 전구체들에 있는 신호들과는 매우 다르다. 실질적으로 다른 모든 mRNA 전구체들에 존재하는 절단/polyadenylation 자리를 대신하여 대부분의 histone mRNA 전구체들에는 2가지 매우 잘 보존된 서열 요소들을 가지고 있다: 26 nucleotide로 구성된 1개의 **줄기-고리구조(stem-loop structure)**가 절단자리의 상부지역에 위치하고 있으며, 흔히 histone 하부요소(histone downstream element, HDE)로 불리는 purine 과다서열이 절단자리 하부에 위치하고 있다(**그림 17.47**). 줄기-고리 구조에 **줄기-고리결합 단백질(stem-loop binding protein,**

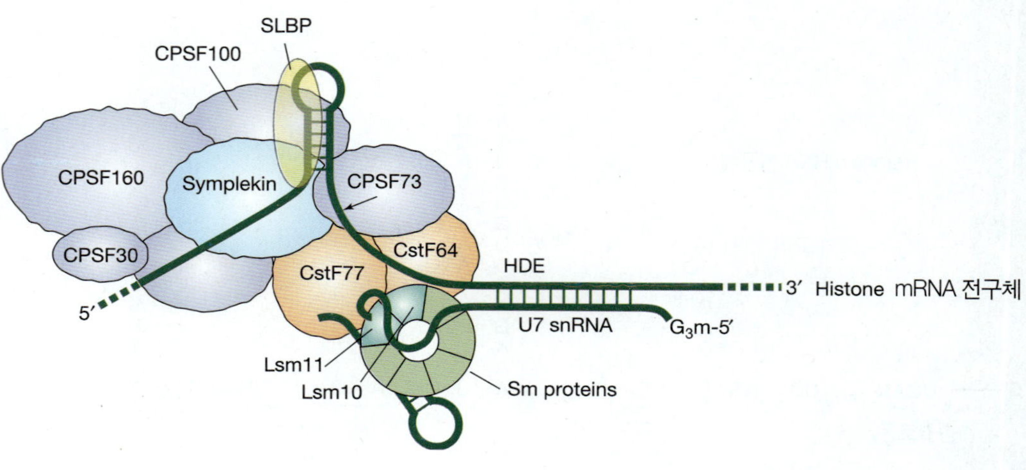


**그림 17.48 Histone mRNA 전구체의 수정과정 모델.** 열 민감성 인자 (HLF)의 성분들을 청색과 오렌지색으로 표시하였다. U7 snRNA가 histone mRNA 전구체의 하부 요소들과 염기 쌍을 이룬 것으로 묘사되었다. U7 snRNP는 자신의 Sm 단백질들과 HLF의 CstF 소단위들과의 접촉을 통하여 CPSF-73이 histone mRNA 전구체를 절단 (화살표)하도록 안내한다. Spliceosome의 snRNP들과 함께하는 Sm고리의 단백질들을 녹색으로 표시하였다; U7 특이적 Lsm10과 Lsm11 단백질들은 청색의 음영으로 나타내었다. Kolev, N. G., and Steitz, J. A., *Genes Dev.* 19 (2005): 2583-2592에서 인용.

**SLBP)**이 결합한다. 이 단백질은 다시 작은 핵내 ribonucleoprotein, U7 snRNP를 histone mRNA 전구체에 보충하도록 돕고 있다. U7 snRNA는 HDE와 염기쌍을 형성함으로써 절단자리를 확립한다. U7 snRNP는 또한 열 불안정성 인자로 알려진 단백질 복합체를 보충한다. 이 열 불안정성 인자에는 CstF-77의 2 소단위들(CstF-77과 CstF-64)로 이루어진 CPSF 소단위들과 simplekin이 포함되어 있다. CPSF-73 소단위는 histone mRNA 전구체를 절단하는 endonuclease로서 작용하는것 같다. **그림 17.48**은 Nikolay G. Kolev와 Joan A. Steitz들이 제안한 histone mRNA 전구체의 수정과정에 대한 모델이다. Histone mRNA 전구체가 특수한 수정작용을 필요로 하는 이유는 아마 DNA 합성과 동시적으로 histone들이 합성되어야 한다는 것과 연관되었기 때문일 것이다.

# 17.6 RNA 편집(RNA Editing)

## RNA편집으로 세포는 유전정보를 체계적이며 조절된 방식으로 저장할 수 있다.

전사수준에서의 수정과정으로 인해서 진핵생물들은 단일 전사단위를 사용하여 다양한 단백질 동형들을 합성할 수 있는 능력을 가지고 있지만, 진핵생물들은 또한 번역되기 전에 RNA를 다른 방법으로 변화시키고 있다. 따라서 진핵생물들은 RNA 분자를 변화시킬 수 있기 때문에 RNA의 서열은 더 이상 DNA의 암호화 서열로부터 예측될 수 있는 것은 아니다. 변화된 RNA분자가 원칙적으로 DNA 서열로부터 암호화 된 경우 이 변화 과정을 **RNA편집(RNA editing)**이라고 한다. 고등 진핵생물에서 RNA편집에 대해서 가장 잘 조사된 예는 cytidine을 uridine으로, 또는 adenosine을 inosine으로 전환시키는 탈아미노 반응들이다(**그림 17.49**). 번역 기구들은 코돈에 있는 inosine을 마치 guanosine인 것으로 해독한다.

C-to-U로의 편집은 핵에서 일어나며, mRNA 전구체보다는 이어맞추어진 전사

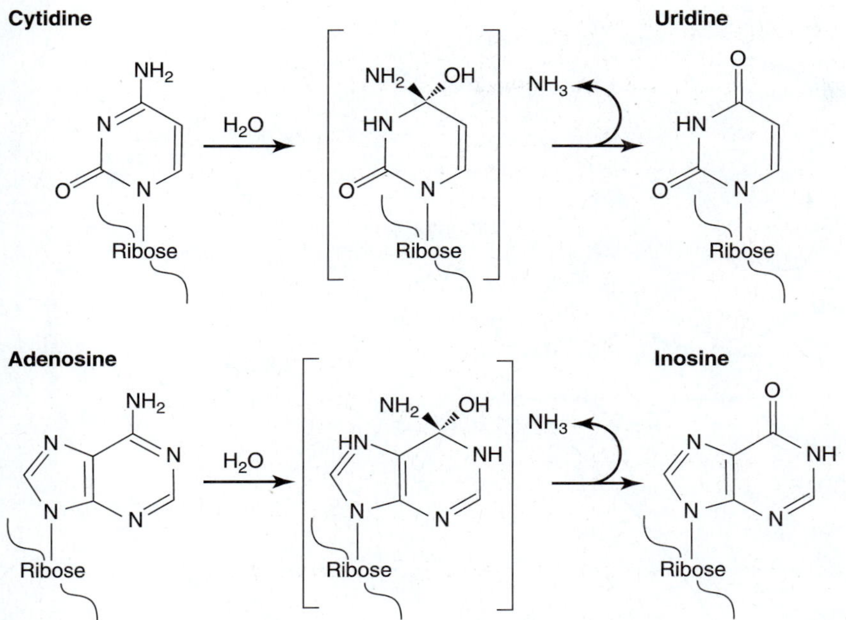


**그림 17.49 RNA에 작용하는 cytidine과 adenosine 탈아미노효소의 반응 기작.** 탈아미노산 가수분해반응을 통하여 cytidine과 adenosine은 각각 uridine과 inosine으로 교체된다. 아마 반응과정에서 아미노기가 방출되는 것 같다. 제목을 재조정하였으며, 그림은 Gerber, A. P., and Keller, W., *Trends Biochem. Sci.* 26 (2001): 376-384에서 인용.

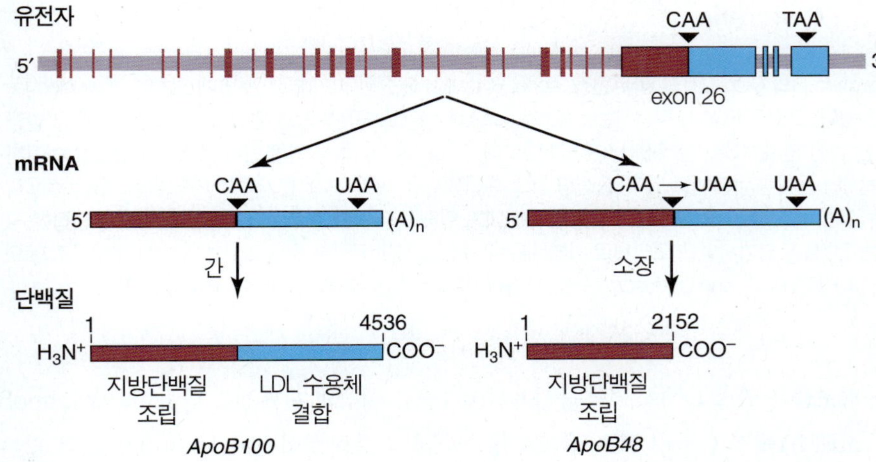


**그림 17.50 소장에서 이어맞추어진 *ApoB* RNA의 RNA 편집.** 사람의 주효소 B (*ApoB*) 유전자의 단일 복사본은 43kb에 해당되며, 29개의 exon들로 나누어져 있다. 간에서 mRNA 전사체가 이어맞추어 지며, 그 결과로 형성 된 mRNA가 번역되어서 512kDa의 ApoB100 단백질이 생산된다. 이 단백질은 저밀도지방단백질 (LDL)에 합류된다. 소장에서는 이어맞추어진 mRNA에서 편집이 되어, 26번 exon의 2153 코돈 (CAA, glutamine)이 번역 종결코돈 (UAA)로 치환된다. 이 번역 종결 코돈 때문에 편집된 mRNA는 카르복실 말단 영역이 결여된, 잘라진 단백질을 암호화 한다. ApoB48로 불리는 이 잘라진 단백질은 유미입자에 합쳐진다. 회색선은 intron을, 적색 막대들은 ApoB48와 ApoB100을 형성하는 exon들을 나타낸다. 반면에 번역되어서 오직 ApoB100의 카르복실 말단 영역만을 형성하는 exon을 남색 막대로 표시하였다. 특히 오직 26번 exon의 적색 부분만이 번역되어서 ApoB48을 형성함을 주목하기 바란다. Hodges, P., and Scott, J., *Trends Biochem. Sci.* 17 (1992): 77-81에서 인용.

체들에 대해서 특이하게 일어나는 것 같다. C-to-U로 RNA편집하는 실례로 유미입자형태로 존재하는 apolipoprotein B(ApoB)를 암호화하는 내장 mRNA를 들 수 있으며, 이 지방단백질은 섭취한 콜레스테롤을 운반한다. 이 과정은 내장세포에서 특이적으로 일어나며 간세포에서는 진행되지 않는다. 내장 세포에서의 ApoB 편집으로 exon 26내의 코돈 2153(CAA, ApoB의 glutamine 코돈)이 번역 종결코돈(UAA)으로 변화되고 그 결과로 카르복실 말단 영역이 없는 절단된 단백질이 만들어 진다 (**그림 17.50**). 절단된 내장 단백질, ApoB48이 유미입자(chylomicron)로 투입된다. 간에서 합성된 전체 크기의 단백질, ApoB100은 저밀도지방단백질(low density lipoprotein, LDL)에 삽입된다. 따라서 선택적 splicing처럼 치환성 RNA편집으로

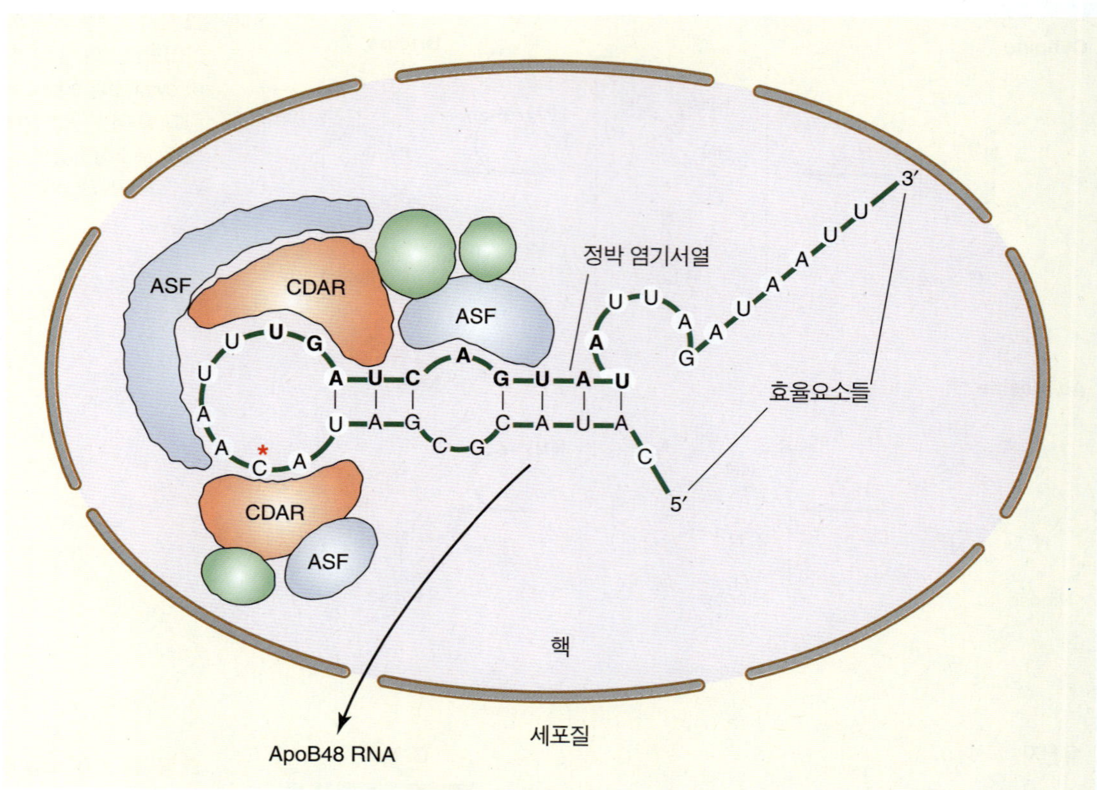


**그림 17.51 Apolipoprotein B의 C-to-U로의 RNA편집.** apoB RNA에서 편집된 염기(별표) 주변에 위치한 35 nucleotide 지역에 대한 모델을 볼 수 있다. 그림은 RNA에 작용하는 cytidine deaminase (cDAR) (적색)과 편집된 염기의 5′과 3′ 양 방향 RNA에 결합하는 부수적인 촉진 인자, ASF, (청색)를 보여주고 있으며, holoenzyme (녹색)의 조립을 조절하는 것으로 여겨지는 추가적인 단백질들 (녹색)의 존재를 나타내고 있다. 활성형 효소 측면에서 cDAR과 ASF 분자들의 화학량(stoichiometry)적 조성은 아직 알려져 있지 않다. 이 모델은 RNA에 대한 역할을 나타내기 위해서 필요한 효소들이 편집된 염기들과 인접한 지역내에 위치하여야 한다는 점 (정착 염기서열을 고딕체로 나타내었음)과 5′과 3′에 위치한 효율요소에 의한 적절한 구조가 요구된다는 점을 강조하고 있다. Blanc, V., and Davidson, N. O., *J. Biol. Chem.* 278 (2003): 1395-1398에서 인용.

세포들은 단일 DNA 서열을 사용하여 1종류 이상의 단백질을 만들 수 있다. apoB mRNA에서 C-to-U로의 RNA편집은 위치 특이성이어서 14,000개 보다 많은 nucleotide를 가진 전사체내에서 단일 cytidine을 목표로 삼는다. 최소 인식 서열은 탈아미노 되는 cytidine 주변의 35개의 nucleotide로 구성되어 있으며, 또한 다소 멀리 떨어져서 편집 효율을 높이는 5′-과 3′-효율요소를 가지고 있다. 이 35 nucleotide 서열에는 조절요소, 거리 두기 요소와 목표 cytidine으로부터 4에서 hexanucleotide 하부에서 시작하는 11 nucleotide의 정박(mooring) 서열들이 존재하고 있다(**그림 17.51**). 편집자리의 선택은 아마도 RNA의 2차구조에 따라 결정되기 때문에 목표 cytidine은 줄기-고리 구조의 고리 조각내에 위치한다. **RNA 반응 cytidine deaminase acting on RNA(CDAR)**는 추가적 자극인자(additional stimulatory factor, ASF)의 도움을 필요로 하는 동형이합체인데, ASF는 3개의 RNA 인식부위(RNA-recognition motifs)를 갖고 있다.

A-to-I로의 RNA편집은 intron이 아직 존재하고 있는 mRNA 전구체상에서 일

어난다. 여러 포유동물과 곤충에서 신경전달물질 수용체를 암호화하는 mRNA 전구체에서 A-to-I로의 RNA편집이 진행되는 것으로 알려져 있으며 앞으로 더 많이 발견될 것으로 기대된다. 이온성향(ionotropic) glutamine 수용체들의 소단위를 암호화하는 mRNA 전구체상에서 일어나는 편집이 이런 유형의 실례이다. Glutamine 코돈(CAG)이 arginine 코돈(CIG)로 전환되어 통로 형성영역에 arginine 잔기가 삽입되며 이로 인해서 수용체가 $Ca^{2+}$이온에 대해 비투과성이 된다. 이제까지 알려진 모든 위치 특이성 A-to-I로의 전환은 편집자리 주변에 dsRNA(double stranded RNA) 구조를 요구하고 있다. A-to-I로의 전환을 촉매하는 효소를 **RNA 반응 adenosine deaminase acting on RNA(ADAR)**라고 한다. Exon 상보성 서열(exon complementary sequence, ECS)로 불리는 지역에서 exon과 intron 서열들이 짝짓기하여 형성된 이중나선 RNA구조에 목표물 adenosine이 위치하고 있다(그림 17.52). A-to-I로의 편집에 intron이 요구된다는 사실은 편집과정이 핵에서 일어나며 splicing 전에 일어난다는 것을 암시한다. 또한 A-to-I로의 절단으로 단일 유전체 서열로부터 1 단백질 이상의 암호화가 가능하다.

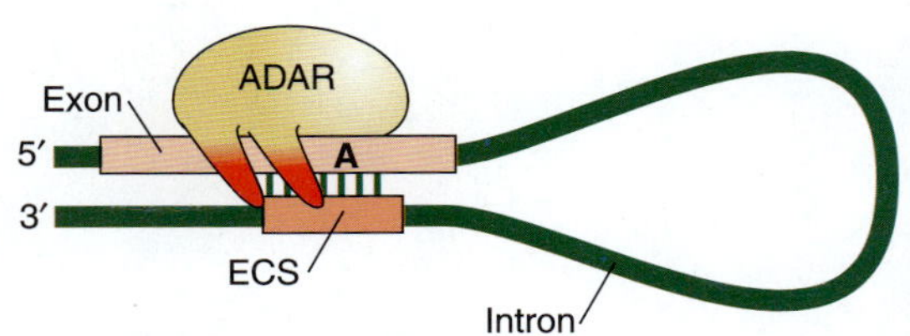


**그림 17.52 RNA에 작용하는 adenosine deaminase (ADAR)가 mRNA 전구체의 편집을 수행.** ECS (exon 상보적서열, exon complementary sequence)로 표지된 intron 서열과 exon간의 염기 쌍으로 형성된 RNA 이중나선 지역에 목표인 adenosine (A)이 위치하고 있다. RNA에 작용하는 adenosine deaminase가 대상인 adenosine을 inosine으로 전환시킨다. RNA 결합 영역을 적색으로 표시하였다. Gerber, A. P., and Keller, *W., Trends Biopchem. Sci.* 26 (2001): 376-384에서 인용.

### 인간의 단백질체(proteome)에는 인간의 유전체(genome)로부터 예측되는 것보다 훨씬 다양한 단백질들이 포함되어 있다.

전사수준에서의 수정과정과 RNA편집은 진핵생물의 **단백질체(proteome,** 생물의 일생 동안 발현되는 단백질들의 전체 세트)에 대하여 중요한 결과를 가져왔다. 인간의 유전체에는 단백질들을 암호화하는 약 35,000 전사단위들이 존재하는 것으로 추산하는 것이 현재로서는 가장 적합하다. mRNA 전구체들의 최소한 약 42%에 영향을 주는 선택적 splicing으로 인해서 인간 단백질체의 서로 다른 종류의 수십만 단백질들이 생산되는 결과가 초래되었다. RNA편집과 선택적인 전사개시 자리 그리고 선택적인 전사종결자리 또한 단백질 다양성에 이바지하고 있다. 더욱이 많은 단백질들은 합성된 후에 변형되어 추가적으로 변형체들이 만들어 진다. 번역 후 변형과정으로 가장 흔한 형태들로 절단, phosphorylation, acetylation, glycosylation 그리고 methylation 등이 있다. 따라서 전사단위의 DNA 서열을 파악하는 것은 DNA로부터 단백질로 정보가 어떻게 전달되는지 이해하기 위한 시작점은 되지만, 그 자체로서 특정시기의 주어진 세포에 존재하는 단백질들의 정확한 정보를 제공하기에는 충분치 못하다. mRNA가 합성되어도 번역될 것이라고는 보증하지 못하기 때문에 상황은 더욱 복잡하다는 것을 이 장의 마지막 단원에서 보게 될 것이다.

## 17.7 mRNA 배출(Export)

### mRNA의 splicing와 배출은 연결된 과정이다.

단백질 합성을 위해서 완전하게 수정된 mRNA를 세포질로 배출하는 것은 세포생존을 위해 필수적인 과정이다. 이와는 대조적으로 intron들이나 부분적으로 이어맞추어진 전사체 또는 돌연변이 전사체들을 세포질로 배출하는 것은 번역기구를 손상시키거나 때로는 해로운 단백질을 합성하게 되어 세포의 생존 기회를 감소시킬 수 있다. 그러므로 진핵생물들에게는 세포질로 배출될 완전히 수정된 mRNA 분자와 핵에 유지되고 분해되어야 하는 다른 RNA 중합효소 II 산물들을 구별하는 기작이 필요하다.

배출기작의 하나는 splicing와 배출이 병행되는 것이다. splicing을 거쳐 만들어진 mRNA들은 동일하지만 intron이 없는 DNA로부터 전사된 mRNA들보다 효율적으로 배출된다는 연구로부터 병행과정에 대한 첫 번째 증거가 도출되었다. 이어맞추어진 mRNA는(그러나 intron이 없는 DNA 전사체는 해당 안됨) 단백질과 작용하여 핵공을 통하여 이동하는 독특한 mRNA • 단백질 복합체를 형성하고 있는 것이 관찰되어 배출에 대한 splicing의 효과를 설명할 수 있었다. 새롭게 형성된 exon-exon 연결점 부근에 단백질들이 조립되어 있다. 조립결과 형성된 단백질 복합체를 **exon 연접 복합체(exon junction complex, EJC)**라고 한다. 이 복합체는 splicing 연결부위로부터 약 24개의 염기 상부에 위치하여 splicing 활성 위치를 표지하는 역할을 수행한다. EJC에서 일부 핵심 단백질들이 mRNA에 보충되는 과정

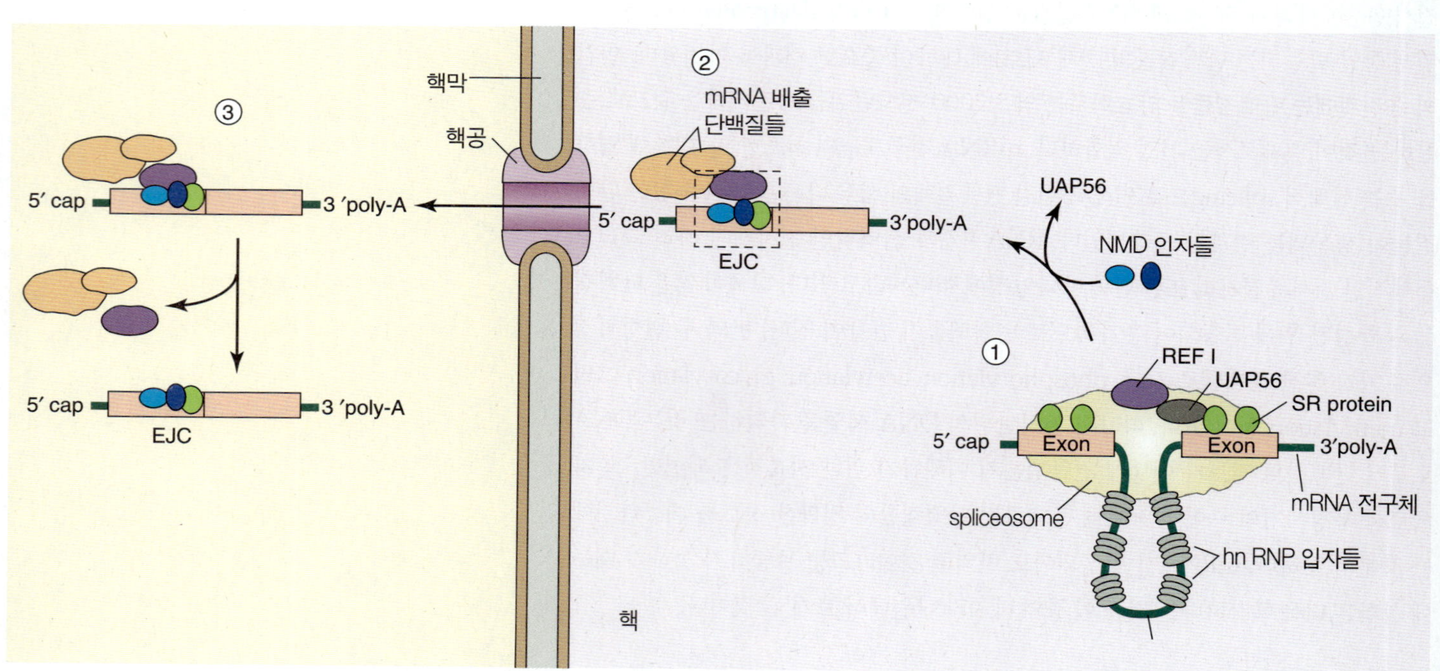


**그림 17.53 고등동물에서 splicing와 병행한 mRNA의 배출 모델.** (단계1) SR 단백질이 exon 염기서열들에 결합하여 spliceosome 보충을 돕는다. 보존된 splicing 인자, UAP56는 spliceosome와 상호작용하여 RNA 배출 인자1 (REF1)이 보충되도록 지원한다. 단순화 하기 위해서 hnRNP 입자의 일부인 mRNA 전구체는 5′-cap과 3′-poly(A) 꼬리를 포함하여 오직 2개의 exon과 1개의 intron을 가진 것으로 표시하였다. (단계2) mRNA 배출단백질은 mRNA 단백질 복합체가 핵공을 향하도록 한다. (단계3) mRNA 배출인자들은 세포질로 배출된 후에 mRNA 단백질 복합체로부터 분리된다. 정지 중개 붕괴(nonsense-mediated decay, NMD)에 관여하는 인자들은 mRNA-단백질 복합체에 결합한 채로 남아 있다. Reed, R., and Hurt, E., *Cell* 108 (2002): 523-531에서 인용.

과 그 결과 일어나는 과정들에 대한 모델을 **그림 17.53**에 제시하였다. 명확하게 설명하기 위하여 이 모델에 오직 2개의 exon만 제시하였으며, 다음의 3단계로 나누어진다.

**단계 1:** SR 단백질들이 exon 서열들에 결합하여 splicing 복합체 조립을 돕는다. 보존된 splicing 인자, U2AF 연관 단백질인 UAP56(U2AF associated protein)은 splicing 복합체와 상호작용하여 **RNA 배출 인자 1(RNA export factor 1, REF1)**가 보충되도록 돕는다.

**단계 2:** REF 1과 여러 다른 단백질들이 조립되어 EJC를 형성한다. 이 중 일부 단백질들은 **NMD 인자**로 알려져 있는데, 그 이유는 이들 단백질들이 조숙한 번역 종결코돈을 지닌 mRNA들을 분해하는 **정지중개 붕괴(nonsense-mediated decay, NMD)**라고 하는 mRNA 감시과정에 참여하기 때문이다. 이형이합체인 **mRNA 배출 단백질(mRNA export protein)**은 이 단계에서 REF1에 결합한다. 이 반응의 결과로 UAP56은 방출될 것으로 생각된다. 그 이유는 NMD와 UAP56모두가 동일한 REF1 자리에 결합하기 때문이다. mRNA 결합단백질들과 핵공 단백질들과의 상호작용 결과로 핵공을 통한 수송이 일어난다. 이 수송에는 뉴클레오시드 triphosphate이 필요하지 않는 것 같다. 세포질내의 mRNA단백질 복합체 농도가 핵내보다 훨씬 낮은 차이력이 핵공을 통한 이동의 원동력인 것으로 유추된다.

**단계 3:** 세포질로 배출 후에 mRNA 배출인자들은 mRNA 단백질 복합체로부터 분리된다. 정지중개 붕괴에 참여하는 인자들은 mRNA 단백질 복합체에 결합한 채로 남아 있다.

위에서 요약한 3단계 경로는 세포가 어떻게 분할 유전자로부터 전사된 mRNA를 배출하는가를 설명하지만, 분할되지 않은 유전자들로부터 전사된 mRNA의 배출 방법을 설명하는 것은 아니다. Intron을 갖지 않는 유전자들로부터 전사된 mRNA들은 배출인자들에 대한 특수한 결합요소를 갖고 있다는 연구 결과가 보고되었다.

세포들은 절단된 intron과 부분적으로 이어맞추어진 mRNA들이 핵으로부터 배출되는 것을 방지하기 위하여 **비 왕복수송 hnRNP 단백질(non-shuttling hnRNP proteins)**이라는 계열의 단백질들을 이용한다. Intron 서열들에 결합하여 hnRNP 복합체로 합류하는 이 단백질들은 결합된 RNA가 배출되는 것을 방지하는 핵내 존속 신호를 지니고 있다. 비 왕복수송 단백질들의 서열 특이성 정도는 낮지만 비교적 짧은 exon들과 작용하지 않는데 이는 spliceosome가 이들의 반응을 막기 때문이다. Splicing 복합체 또한 부분적으로 이어맞추어진 mRNA 전구체들을 핵내에 존속시키는 일에 이바지하고 있다. 존속된 intron들은 2′→ 5′ phosphodiesterase에 의해 절단되고 최종적으로 분해된다.

## 17.8 siRNA와 miRNA 경로를 통한 발현억제(silencing)

### 짧은 RNA 분자들이 유전자 발현을 억제할 수 있다.

Andrew Fire와 Craig C. Mello 그리고 동료들은 1998년에 진핵생물들에서 특정한 mRNA 분자들의 발현을 억제하는 획기적인 기작을 발견하였다. 전사가닥(sense) 또는 역전사가닥(antisense) RNA를 예쁜꼬마선충(*C. elegans*)에 주입시키면 특정 유전자의 발현이 중단되며, 이 억제현상이 다음 세대에도 지속된다는 사실이 이들의 연구가 시작될 시기에 알려져 있었다. 세포들은 mRNA와 같은 단일가닥 RNA 분자들을 신속하게 분해한다는 사실과 이러한 지속성은 서로 상치되는 것 같다. 따라서 Fire와 Mello 그리고 동료들은 선충에 주입시킬 때 사용한 단일가닥 RNA에 생물학적으로 활성형인 일부 이중나선 RNA 분자들이 포함되었을 것으로 의심하였다. 그들은 예쁜꼬마선충(*C. elegans*)의 비 필수적인 근필라멘트(myofilament) 유전자 발현에 대한 연구를 통하여 자신들이 의심한 가설을 조사하였다. 선충에 742 nucleotide 길이의 전사가닥과 이에 상보적인 역전사가닥 그리고 이들을 혼성화 한 이중나선 RNA들을 주입시켰다. 이중나선 RNA의 근필라멘트 유전자 발현 억제 효율이 어느 단일가닥의 효율보다 100배 이상 높았다. 이와 같이 이중나선 RNA에 의한 서열 특이적 유전자 발현 억제를 **RNA 방해(RNA interference, RNAi)**라고 한다.

현재까지 모든 진핵생물에서 이중나선 RNA에 의한 유전자 발현 억제는 기본적으로 동일한 다 단계 경로를 통하여 일어나고 있다. 그러나 이 경로에 참여하는 효소들과 단백질 인자들의 명칭은 종에 따라 다르다. 명칭에서의 혼돈을 피하기 위해서 이 단락에서 논의는 초파리 경로로 국한하겠다(**그림 17.54**). 이 단계는 안정한 이형이합체 단백질이 이중나선 RNA에 결합하여 작은 RNA 분자로 가수분해되는 것을 시작으로 진행된다. 이형이합체의 1 소단위는 RNase III 효소 계열의 일원으로 **Dicer2(DCR2)**로 불리며, 다른 소단위는 2개의 이중나선 RNA 결합영역을 지닌 RNA 결합 단백질로 **R2D2**로 알려져 있다. DCR2 • R2D2 이형이합체는 이중나선 RNA를 **짧은 방해 RNA(short interfereing RNA, siRNA)** 분자로 전환시킨다. 이 siRNA분자들은 21~23 nucleotide 길이의 이중나선 RNA이며, 3′-말단에 대칭적인 2~3개의 nucleotide 연장부분(overhang)과 5′-말단에 인산기를 가지고 있다. RNAi 경로가 진행되기 위해서는 DCR2과 R2D2 모두가 기능을 수행할 수 있어야 한다. siRNA의 2가닥 중 1개는 목표 mRNA의 절단을 촉매하는 **RNA 유도성 발현 억제 복합체(RNA induced silencing complex, siRISC)**내로 합류되어야 한다(아래 참조). siRISC 조립을 위해서는 **RISC 하역복합체(RISC loading complex, RLC)**로 표시되는 전구체의 형성이 선행되어야 하며, 이 전구체에는 siRNA이중나선과 DCR2 • R2D2 이형이합체 그리고 또 다른 아직 알려지지 않은 단백질들이 포함되어 있다.

RLC는 ATP에 의존하여 siRNA 이중나선의 풀림과정을 촉매 한다. 2가닥 중 1

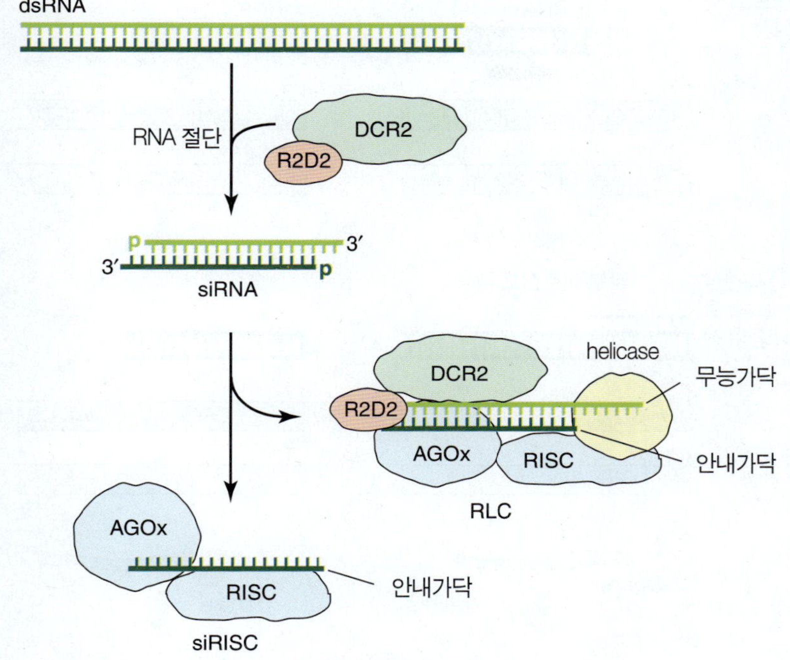


**그림. 17.54 유전자 발현억제 경로.** 안정된 이형이합체가 이중나선 RNA에 결합하고, 이 것을 작은 RNA분자로 가수분해한다. 이형이합체의 1 소단위는 Dicer2(DCR2)라고 불리는 RNase III효소 계열의 일원이며, 다른 소단위는 R2D2로 불리는 RNA 결합 단백질로서 2개의 이중나선 RNA 결합 영역을 가지고 있다. DCR • 2R2D2 이형이합체는 이중나선 RNA를 짧은 방해 RNA (short interfereing RNA, siRNA)로 전환시킨다. siRNA의 2기닥 중 1가닥은 대상 mRNA의 분해를 촉진하는 RNA 유도성 발현 억제 복합체 (RNA induced silencing complex, siRISC)내로 합류된다. siRISC 조립은 RISC 하역 복합체 (RLC)로 표시되는 전구체의 형성이 앞서서 이루어져야 한다. 이 복합체는 siRNA 이중나선과 DCR • 2R2D2 이형이합체 그리고 아직 구체적으로 밝혀지지 않은 추가적인 단백질들을 담고 있다. RLC는 ATP 의존성으로 siRNA 이중나선의 풀기를 촉진하는 것으로 생각된다. 2 가닥 중 1 가닥인 안내 가닥 (guide strand)은 결과적으로는 siRISC로 조립되며, 다른 가닥은 무능가닥 (passenger strand)으로써 방출되어 분해된다. siRISC는 또한 RNA 가수분해를 촉매하는 argonaute(AGO) 단백질을 담고 있다. 안내 가닥은 siRISC를 상보적인 염기서열을 지닌 mRNA로 향하도록 한다. 그리고 AGO 단백질은 이중나선 지역의 중앙, 즉 siRNA의 5′-말단으로부터 10 nucleotide 거리인 단일 자리에서 대상 mRNA를 자른다 (나타내지.않았음). Tang, G., *Trends Biochem, Sci.* 30 (2005): 106-114에서 인용.

가닥은 **안내가닥(guide strand)**으로 최종적으로 siRISC 조립에 가담하고 다른 가닥은 **무능가닥(passenger strand)**으로서 방출되어 분해된다. ~21 nucleotide siRNA를 이루는 2가닥의 5′-말단부위에서 형성되는 각 염기쌍은 열 열학적 안정성에서 차이를 보이는데, 이 차이로 어느 siRNA 가닥이 siRISC로 포함되는 안내가닥이 될지 여부를 결정한다. siRISC에는 RNA 가수분해를 촉진시키는 **argonaute(AGO)** 단백질이 포함되어 있다. siRISC는 안내가닥에 의해 상보적인 염기서열을 지닌 mRNA로 향하고 AGO단백질이 이중나선 지역의 중앙, 즉 siRNA의 5′-말단에서 10 nucleotide 거리에 위치한 단일가닥에서 목표 mRNA를 자른다.

예쁜꼬마선충(*C. elegans*)에서 소량의 이중나선 RNA로 RNA 방해를 유도하였을 경우에도 RNA방해가 개체 전체로 번질 수 있다. 유사한 개체 전체 발현억제가 식물에서도 발견되지만 초파리나 포유동물에서는 발견되지 않고 있다. 식물과 예쁜꼬마선충(*C. elegans*)은 1세포에서 다른 세포로 화학신호를 전달하고 또한 신호를 증폭하는 어떤 방법을 분명히 가지고 있다. **전이 RNAi(transitive RNAi)**라고 불리는 현상이 예쁜꼬마선충(*C. elegans*)에서 신호 증폭 기작에 대한 유용한 실마리를 제공한다. 전이 RNAi라는 용어는 발현억제 신호를 특정 유전자를 따라 이동시키는 능력을 지칭한다. 온전한 근필라멘트(*UNC-22*) 유전자를 가지고 있는 선충에 녹색형광단백질(green florescent protein, GFP)에 *UNC-22* 유전자의 일부분을 융합시킨 조합체를 주입시킴으로써 이 현상을 증명하였다(**그림 17.55**). *UNC-22* 유전자 산물은 근필라멘트들의 공동작용을 통한 선충의 이동에 필요하다. GFP 조각을 대상으로

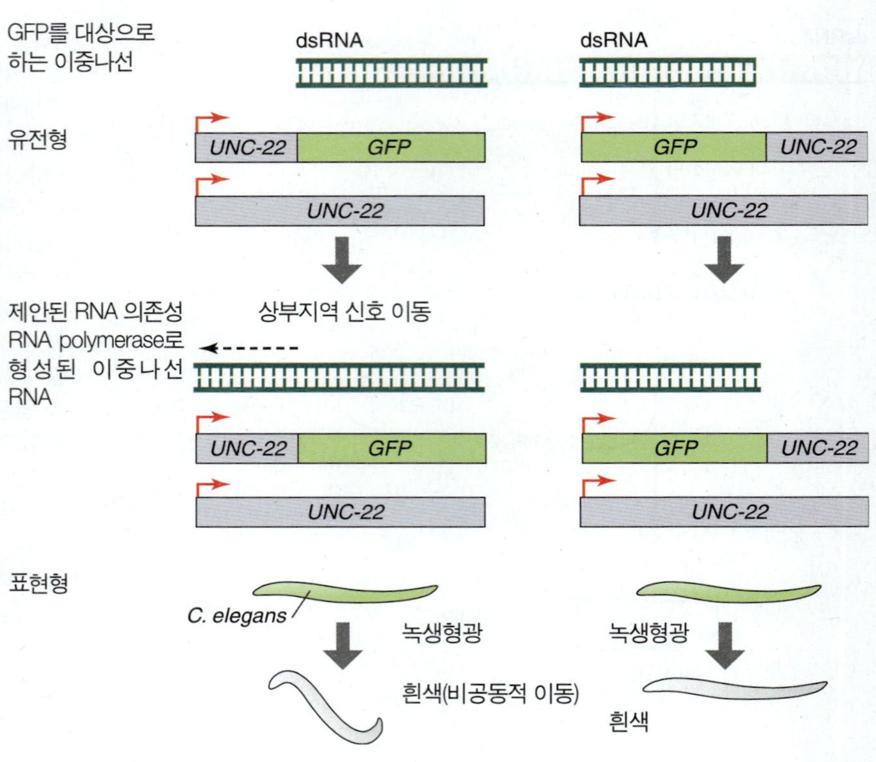


**그림 17.55 전이 RNAi (transitive RNAi) 현상.** *C. elegans*의 전이 RNAi 현상에서 발현억제는 특수한 대상 mRNA상의 상부로 이동한다. 이러한 현상은 녹색형광단백질 (green florescent protein, *GFP*)유전자를 근필라멘트 (*UNC-22*) 유전자 조각에 융합시키는 방법을 사용하여 밝혀졌다. 근필라멘트 단백질이 결핍되었거나 또는 결함이 있을 경우 선충의 이동은 근필라멘트들이 공동작용하지 않는 형태이다. GFP 지역을 대상으로 하였을 때 형광이 나타나지 않았을 뿐만 아니라 기대하지 않은 표현형이 나타났다; *GFP*를 *UNC-22* 하부에 융합시켰을 때 (왼쪽) 선충들의 이동은 공동적이지 못하였다. 반면에 *UNC-22* 상부에 융합시켰을 때(오른쪽)에는 정상적이었다. *GFP*를 *UNC-22* 하부에 융합시켰을 때 관찰된 전이 RNAi 현상에 대한 설명으로 제안 된 것은 다음과 같다. *C. elegans*는 원래 이중나선 RNA의(또는 siRNA의) 역전사 가닥을 primer로 사용하여 mRNA를 복사할 수 있는 RNA 의존성 RNA polymerase를 가지고 있다는 것이다. 이러한 합성은 5′→3′ 방향으로 진행되기 때문에 새롭게 합성된 이중나선 RNA는 주형으로 작용하는 siRNA의 3′에 해당하는 서열을 가지게 될 것이다. 새로 합성된 이중나선 RNA가 Dicer에 의해 절단될 경우, 만들어진 siRNA는 원래 목표물의 상부 지역을 대상으로 삼게 될 것이다. Hannon, G. J., *Nature* 418 (2002): 244-251에서 인용.

한 이중나선 RNA는 형광의 발현을 제거하지만 또한 GFP가 *UNC-22*의 3′에 연결된 경우에는 기대하지 않은 효과를 유도하였다. 선충는 근필라멘트가 결핍되었거나 결점이 있을 경우에는 근필라멘트들이 공동작용하지 않는 형태로 이동하였다. 이는 곧 GFP 유전자를 목표로 하는 이중나선 RNA가 여하한 방법으로 온전한 근필라멘트 유전자의 발현을 억제시킨 것을 의미한다. GFP를 *UNC-22*의 3′쪽에 연결시켰을 경우에만 나타나는 이 현상을 가장 쉽게 설명할 수 있는 기작이 제안되었다. 즉, 예쁜꼬마선충은 원래 이중나선 RNA의(또는 siRNA의) 역전사 가닥을 시발체(primer, primer)로 사용하여 mRNA를 복사할 수 있는 RNA 의존성 RNA 중합효소를 가지고 있다는 것이다. 이러한 합성은 5′→ 3′ 방향으로 진행되기 때문에 새롭게 합성된 이중나선 RNA는 주형으로 작용하는 siRNA의 3′에 해당하는 서열을 가지게 될 것이다. 새로 합성된 이중나선 RNA가 Dicer에 의해 절단될 경우, 만들어진 siRNA는 원래 목표물의 상부 지역을 대상으로 삼게 된다. 새로 만들어진 siRNA도 정상적인 근필라멘트 유전자에 결합하기 때문에 이 유전자 역시 발현이 억제 될 것이다. RNA 의존성 RNA 중합효소가 식물과 선충에서는 보고된 적이 있지만 현재까지 척추동물에서 보고된 적은 없다. RNA 의존성 RNA 중합효소가 선충에 존재한다는 점이 신호의 증폭과 신호가 다음세대에도 유지될 수 있음을 설명한다. 전이 RNAi 현상도 식물에서 일어나고 있지만 이 신호는 원래의 목표 자리로부터 상부와 하부 양쪽 방향으로 모두 이동할 수 있다. 이러한 양 방향성 이동에 대한 만족할 만한 설명은 아직 제시되지 않았다.

RNAi는 연구에 이용될 수 있는 매우 강력한 도구다. 분자생물학의 초기에는 유전자를 찾기 위해서 돌연변이의 표현형들을 이용하였다. 오늘날에는 상황이 역전되었다. DNA 염기순서 결정 기술의 발달로 아직 기능이 밝혀지지 않은 수 천 개의 유전자들이 발견되었다. 최근까지도 이러한 유전자들의 기능을 밝히는 유일한 방법은 관심 대상인 특정 유전자들을 유전자재조합 기술로 불활성화 시키는 것이다(제11장 참조). 이러한 시도는 효모와 같은 단세포 생물들에 대해서는 타당성 있게 잘 적용되지만 포유동물들과 같이 고등생물을 대상으로 연구할 때는 많은 문제를 야기시킨다. 그 이유는 특정 유전자를 제거하는 방법이 매우 어려울 뿐만 아니라 시간도 많이 소요되기 때문이다. 더욱이 필수 유전자들을 대상으로 할 경우 세심한 주의를 기울이지 않으면 그 유전자 없이 개체가 살수 없기 때문에 필수 유전자의 불활성화는 잘 작동되지 않는다. RNAi 현상은 유전자 기능 연구에 대하여 또 다른 방법을 제시하고 있다. 오직 필요한 것은 대상 유전자와 동일한 염기서열을 갖는 이중나선 RNA의 합성이다. Dicer가 이중나선 RNA를 siRNA로 전환시킬 것이며, 이어서 siRISC로 함입되어서 특정 mRNA를 분해 대상으로 삼을 것이다.

Julie Ahringer와 동료들은 현재까지 알려지지 않은 예쁜꼬마선충(*C. elegans*) 유전자의 표현형을 찾는 기술을 개발하기 위해서 RNAi 현상을 이용하였다. 이들의 시도는 *C. elegans*이 *E. coli*를 먹이로 살기 때문에 이 선충에 이중나선 RNA를 도입시킬 수 있다는 장점을 활용하였다. 따라서 이들은 16,757개의 세균 균주를 제조하였는데, 이들은 선충의 다른 유전자를 대상으로 이중나선을 발현하도록 제조되었다. 이 균주들은 19,427개 알려진 선충 유전자의 86%에 해당된다. 세균에 의해 생산된 이중나선 RNA가 대상인 선충 유전자의 발현을 억제하고 그 대상 유전자가 불활성화 됨으로써 표현형을 찾을 수 있을 것이다. 현재까지 Ahringer와 동료들은 1722 유전자에 대한 돌연변이체의 표현형을 찾았다. 이 유전자들의 2/3는 유전자와 관련된 것으로 이미 알려진 표현형을 나타내지 않았다. 많은 선충의 유전자들이 사람의 유전자와 동형이기 때문에 이러한 시도는 엄청난 것을 약속하고 있다. 일단 선충 유전자의 표현형을 알게 되면 사람 유전자의 기능에 대하여 유추를 할 수 있을 것이다.

이중나선 RNA를 개체에 주입시키는 방법은 개체에 따라 특수하게 제조되어야 할 것이다; 예를 들어 30 nucleotide 이상의 이중나선 RNA들은 사람에게서 RNAi 현상을 유도하지 않지만, 대신에 염기서열 비 특이성 인터페론 반응을 유도 한다. 세포가 바이러스 감염에 저항하는 것을 돕는 작은 단백질, 인터페론은 2′-5′oligoadenylate synthase를 활성화시키고, 이 효소는 ATP를 2′-5′A oligonucleotide로 전환시킨다. 다음으로 2′-5′A oligonucleotide는 RNase I을 활성화 시켜 rRNA를 포함하여 여러 종류의 RNA들을 절단한다. 이 절단은 비특이성 번역억제의 원인이 된다. 긴 이중나선 RNA의 문제점을 피할 수 있는 방법 중 하나는 RNA 중합효소 III의 promoter들을 이용한 발현 시스템들에 근거하여 plasmid를 제조하는 것이다.

이 시스템에 의해서 인터페론 반응을 유발하지 않는 짧은 RNA 종류를 만들 수 있기 때문이다. 이 기술이 개발된 후 짧은 기간내에 이전에 기능이 확립되지 않은 많은 유전자들의 기능이 RNAi 기술을 활용하여 확인되었다.

유전적 분석을 통하여 siRNA 경로에 참여하는 단백질들을 합성하기 위해서는 10개 또는 그 이상의 유전자들이 필요하다. 그러나 정상적인 생리조건에서 진핵생물들은 자신들의 단백질을 암호화하는 어느 특정 유전자와 동일한 서열을 갖는 이중나선 RNA를 높은 농도로 갖는 경우는 거의 없다. 따라서 왜 siRNA 경로가 식물과 파리, 선충 그리고 사람과 같이 다양한 진핵생물에 걸쳐 잘 보존되어 있는가라고 의문을 갖는 것은 당연할 것이다.

siRNA 경로가 보존되어 있는 이유로서 가능한 설명은 siRNA 현상이 침입하는 핵산들에 대항하여 개체를 보호할 수 있도록 도와준다는 점이다. 선충의 경우 RNAi 경로의 특정 유전자에서 발생한 결함이 transposon를 활성화 시킨다(제 12장 참조). RNAi 경로는 유전체내에서 transposon의 확산을 적극적으로 억제하며, 그 결과로 비정상적인 유전자 산물이나 또는 비정상적인 유전자 발현을 저지시키는 것 같다. siRNA에 대한 이중나선 RNA 전구체는 transposon 말단에 위치한 전사말단부위 역 반복서열(transcription terminal inverted repeat)로부터 유래된 것으로 사료된다. RNAi 경로는 또한 생활사의 특정기간에 이중나선 RNA를 만드는 바이러스에 대한 면역력을 제공하는 것 같다. Dicer가 이 이중나선 RNA를 인식하고 절단하여 siRNA를 생산한다. 이 siRNA는 siRISC에 통합되어 성공적인 바이러스 감염에 필수적인 바이러스 mRNA를 분해한다.

## miRNA 경로는 mRNA의 번역을 중단시키거나 또는 mRNA의 분해를 유발시킨다.

siRNA 경로의 보존에 대한 가능한 또 다른 설명은 이 경로에 관여하는 많은 효소들이나 단백질 인자들이, **마이크로 RNA(micro RNA, miRNA)**를 이용한 조절 경로에 참여하는 효소들이나 단백질들과 동일하거나 또는 구조적으로, 기능적으로 아주 유사하다는 것이다. mRNA 번역을 조절하는 miRNA는 자체적으로 불완전한 머리핀 RNA 구조를 갖고 있다. Victor Ambros와 동료들이 1993년에 *C. elegans*의 유충발생 초기단계를 연구하는 과정에서 최초로 miRNA를 발견하였다. 그들은 이 과정에서 1차 유충기에서 2차 유충기로의 전이를 일으키지 못하는 돌연변이체를 분리하여 *lin-4*(lineage abnormal 4)로 이름 지었다. 처음에 그들은 *lin-4* 전사체가 정상적인 유충 발달과정에 필요한 단백질을 번역하는 것으로 생각하였다. 그러나 계속된 실험을 통하여 *lin-4* 전사체는 번역되지 않고 대신 2 단백질 암호 유전자, *lin-14*와 *lin-28* 발현의 음성적 조절자로 작용하는 22 nucleotide RNA의 전구체로 작용한다는 결론에 도달하였다. 염기서열을 조사한 결과, 22 nucleotide *lin-4* RNA 전사체에는 *lin-14*와 *lin-28* mRNA의 3′ 비번역 지역(3′-UTR)에 위치한 특정지역과 불완전하지만 상동성을 지니고 있었다(**그림 17.56**). *C. elegans*가 후기 유충 단계에서 성체단계로 진행하기 위해서는 *let-7*(lethal-7) 유전자가 암호화하는 두 번째 22 nucleotide RNA가 필요하다는 것을 Gary Ruvkun과 동료들이 2,000년에 확인하였다. 그때까지는 *lin-4* RNA 유전자는 단지 흥미로운 과학적 호기심의 대상으로만 남아 있었다. 그 후 연구를 통하여 22 nucleotide let-7 RNA가 2 단백질 암호 유전자, *lin-41*과 *lin-42*의 발현을 억제하고 있음이 확인되었다. 더욱이 22뉴클에오티드 *let-7* RNA 산물은 *lin-41*과 *lin-42* mRNA의 3′-UTR에 위치한 특정지역과 불완전한 상동성을 지니고 있었다. 다음으로 Ruvkun과 동료들은 *let*-7은 잘 보존되어 있으며 사람과 파리, 생쥐 그리고 닭을 포함한 매우 다양한 동물에서 발현되고 있음을 증명하였다. 이러한 결과로 22 nucleotide RNA들에 대한 연구가 중요한 기초연구 대상으로써 분자생물학의 중심 무대에 떠 올랐다. 발달과정의 전이와 시기를 조절하는 이들의 공통적인 기능 때문에 *lin-4*와 *let-7* RNA들은 처음에는 임시적인 작은 RNA라고 불리었지만 후에 명칭이 마이크로 RNA들 또는 약자인 miRNA로 바뀌었다.

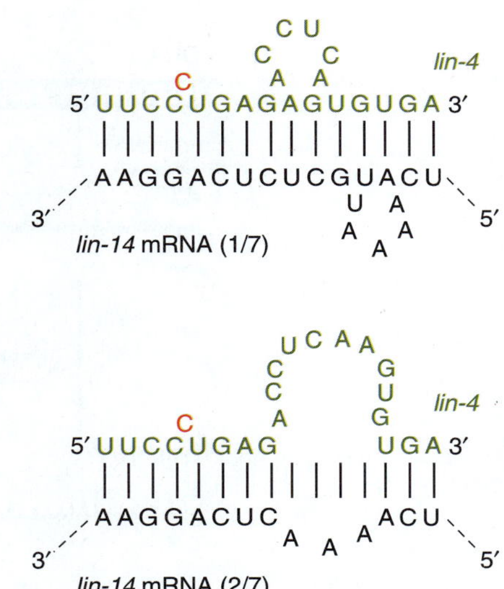


**그림 17.56** ***Caenorhabditis elegans*의 *lin-4* microRNA와 대상 mRNA사이의 상호작용으로 제안된 예.** *lineage*-4 (*lin-4*)로부터 유래된 22 nucleotide RNA가 *lineage*-14 (*lin-14*)의 3′ 비번역 지역 (UTR)에 위치한 7 자리에서 상호작용하여 염기 쌍을 형성하는 것으로 제안되었다. 이 그림은 *lin-14* mRNA의 3′-UTR의 7자리 중 처음 2자리를 보여주고 있다. 7 자리의 *lin-14* 상호작용 중 이 그림의 2곳을 포함한 4곳에서 적색으로 표시된 C 잔기가 불룩 솟아 오를 것으로 예상된다. 기능을 상실한 *lin-4* 돌연변이체에서 C 잔기는 U로 변화되었다. Eddy, S.R., *Nat. Rev. Genet.* 2 (2001): 919-929에서 인용.

진핵생물들이 여전히 다른 종류의 miRNA를 합성할 지도 모른다는 생각 때문에 이들을 확인하고 조사하기 위한 적극적인 연구 프로그램이 출발되었다. 컴퓨터 분석과 실험적인 결과를 토대로 사람 유전체에는 약 200~250개의 마이크로 RNA 유전자들이 존재하는 반면에 *Drosophila*와 *C. elegans*에는 사람의 약 절반이 존재하는 것으로 추산되고 있다. 따라서 miRNA에 대한 유전자들은 1개체에서 알려진 유전자의 1%를 구성하고 있으며, 이는 전사 활성인자를 암호화하는 유전자와 동일한 수에 해당된다. 대부분의 miRNA 유전자들은 예전에는 유전자를 갖지 않는다고 생각한 지역에 위치하는 유전체내의 고립된 요소로 존재한다. 그러나 일부 miRNA 유전자들은 단백질 암호화 유전자의 intron이나 polycistron내에서 발견되고 있다. 수정되어서 miRNA를 형성하는 RNA의 합성은 RNA 중합효소 II가 주도하는 것으로 생각되지만, RNA 중합효소 III 또한 miRNA 합성에 이바지 할 수도 있다.

현재는 miRNA 합성과 miRNA에 의한 특정 대상 유전자들의 발현억제에 대하여 많은 내용들이 알려져 있다. miRNA 형성과 작용에 대한 최근 모델을 **그림 17.57**에서 볼 수 있다. 첫 번째 단계는 일차 RNA 전사체(miRNA 전구체, pre-miRNA)가 절단되어 ~60에서 70 nucleotide인 줄기-고리구조의 중간체가 방출 되며, 이를 miRNA 전구체 또는 pre-miRNA라고 한다. 이 수정과정은 **Drosa**와 **Pasha**라는 단백질들을 간직한 **소분자가공 복합체(microprocessor complex)**내의 RNase III endonuclease에 의해서 수행된다. 이 pre-miRNA는 RAN-GTP와 배출 수용체 Exportin-5에 의해 핵에서 세포질로 능동적으로 수송된다. 세포질에 일단 위치하면 pre-miRNA는 Dicer에 의해 절단된다. 초파리의 경우, siRNA 경로에서 Dicer2와 동일한 기능을 수행하고 있는 Dicer1(DCR1)에 의해 절단이 촉진된다. 이중나선 RNA 조각은 아마도 miRNA RISC 하역 복합체(miRLC)에 의해서 풀리게 되고, 풀린 단일가닥인 안내 RNA는 최종적으로 **agronaute(AGO)** 단백질이 포함

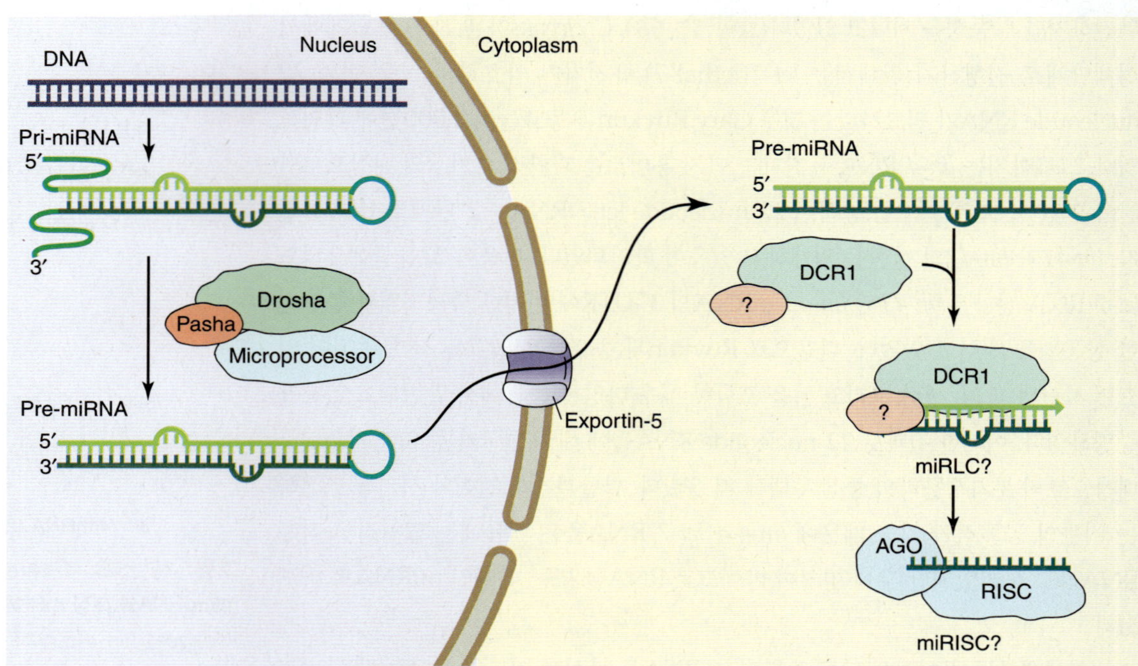


**그림 17.57 miRNA 경로.** miRISC 조립은 핵에서 시작된다. miRNA를 암호화하는 유전자는 핵에서 일차 miRNA (pri-mRNA) 전사체로 전사된다. 소분자가공 복합체 (microprocessor complex)내의 Drosa (녹색)와 Pasha (적색)가 pri-mRNA를 miRNA 전구체(pre-miRNA)로 수정시키고, Exportin-5 (보라색)에 의해서 세포질로 배출된다. 세포질에서는 세포질 dicer인 DCR1 (녹색)에 의해서 miRNA로 성숙된다. miRNA-DCR1 복합체내의 miRNA는 이어서 miRISC로 조립된다. 물음표는 단백질 또는 단백질 복합체의 구성이나 기능에 대하여 불확실함을 의미한다. Tang, G., *Trends Biochem, Sci.* 30 (2005): 106-114에서 인용.

된 miRISC 복합체로 통합된다. miRISC 복합체는 최소한 2개의 작동유형을 가지는 것 같다. 22개의 nucleotide로 구성된 안내(guide) RNA와 3′-UTR내의 지역에 불완전한 상동 지역이 존재할 경우, 안내 miRNA는 대상 mRNA의 3′-UTR지역에 결합하여 번역을 저지시킨다. 3′-UTR지역과의 상호작용이 어떻게 번역을 중지시키는지에 대해서는 아직 알 수 없지만, ribosomal이 mRNA에 결합하여 polyribosomal을 형성 한 후에 번역중지가 일어난다. 안내 RNA와 대상 mRNA 지역 사이에 완전한 상동지역이 존재할 경우, 안내 RNA는 탐험가 단백질이 대상 mRNA를 절단하도록 지시한다. 이 상황하에서 miRNA와 siRNA 경로간의 유일한 주요 차이점은 안내 RNA의 생물학적 근원이다. siRNA 경로에서 안내 RNA는 외생적 RNA나 transposon 또는 바이러스로부터 형성되는 반면에 miRNA 경로에서는 안내 RNA가 miRNA 유전자로부터 유래한다.

# 권장 도서

## General


Akker, S. A., Smith, P. J., and Chew, S. L. 2001. Nuclear post-transcriptional control of gene expression. *J Mol Endocrinol* 27:123-131.

Bentley, D. 1999. Coupling RNA polymerase II transcription with pre-mRNA processing. *Curr Opin Cell Biol* 11:347-351.

Cramer, P., Srebrow, A., Kadener, S., et al. 2001. Coordination between transcription and pre-mRNA processing. *FEBS Lett* 498:179-182.

Hirose, Y., and Manley, J. L. 2000. RNA polymerase II and the integration of nuclear events. *Genes Dev* 14:1415-1429.

Howe, K. J. 2002. RNA polymerase II conducts a symphony of pre-mRNA processing activities. *Biochem Biophys Acta* 1577:308-324.

Maniatis, T., and Reed, R. 2002. An extensive network of coupling among gene expression machines. *Nature* 416:499-506.

Neuberger, K. M. 2002. On the importance of being co-transcriptional. *J Cell Sci* 115:3865-3871.

Neugebauer, K. M., and Roth, M. B. 1997. Transcription units as RNA processing units. *Genes Dev* 11:3279-3285.

Orphanides, G., and Reinberg, D. 2002. A unified theory of gene expression. *Cell* 108:439-451.

Prelich, G. 2002. RNA polymerase II carboxy-terminal domain kinases: emerging clues to their function. *Eukaryot Cell* 1:153-162.

Proudfoot, N. 2000. Connecting transcription to messenger RNA processing. *Trends Biochem Sci* 25:290?293.

Proudfoot, N. J., Furger, A., and Dye, M. J. 2002. Integrating mRNA processing with transcription. *Cell* 108:501-512.


## Pre-mRNA


Darnell, J. E., Jelinek, W. R., and Molloy, G. R. 1973. Biogenesis of mRNA: genetic regulation in mammalian cells. *Science* 181:1215-1221.

Darnell, J. E. Jr. 2002. The surprises of mammalian molecular cell biology. *Nat Med* 8:1068-1071.


## Cap Formation


Calero, G., Wilson, K. F., Ly, T., et al. 2002. Structural basis of $m^7$GpppG binding to the nuclear cap-binding protein complex. *Nat Struct Biol* 9:912-917.

Cho, E. J., Takagi, T., Moore, C. R., and Buratowski, S. 1997. mRNA capping enzyme is recruited to the transcription complex by phosphorylation of the RNA polymerase carboxy-terminal domain. *Genes Dev* 11:3310-3326.

Cougot, N., van Dijk, E., Babajko, S., and Seraphin, B. 2004. Cap-tabolism. *Trends Biochem Sci* 29:436-444.

Decker, C. J., and Parker, R. 2002. mRNA decay enzymes: decappers conserved between yeast and mammals. *Proc Natl Acad Sci USA* 99:2512-2514.

Dunyak, D. S., Everdeen, D. S., Albanese, J. G., and Quinn, C. L. 2002. Deletion of individual mRNA capping genes is unexpectedly not lethal to *Candida albicans* and results in modified mRNA cap structures. *Eukaryot Cell* 1:1010-1020.

Fabrega, C., Shen, V., Shuman, S., and Lima, C. D. 2003. Structure of an mRNA capping enzyme bound to the phosphorylated carboxy-terminal domain of RNA polymerase II. *Mol Cell* 11:1549-1561.

Fong, N., and Bentley, D. L. 2001. Capping, splicing, and 3′ processing are independently stimulated by RNA polymerase II: different functions for different segments of the CTD. *Genes Dev* 15:1783-1795.

Furuichi, Y., Morgan, M., Muthukrishnan, M, and Shatkin, A. J. 1975. Reovirus messenger RNA contains a methylated, blocked 5′-terminal structure: m7G(5′)ppp(5′)$G^m$pCp-. *Proc Natl Acad Sci USA* 72:362-366.

Furuichi, Y., and Shatkin, A. J. 2001. Caps on eukaryotic mRNAs. In: Encyclopedia

of Life Sciences. London, UK: Nature Publishing Group; pp.1-7.
Ho, C. K., and Shuman, S. 1999. Distinct roles for CTD Ser-2 and Ser-5 phosphorylation in the recruitment and allosteric activation of mammalian mRNA capping enzyme. *Mol Cell* 3:405-411.
Kobor, M. S., and Greenblatt, J. 2002. Regulation of transcription elongation by phosphorylation. *Biochim Biophys Acta* 1577:261-275.
Rasmussen, E. B., and Lis, J. T. 1993. In vitro transcriptional pausing and cap formation on three Drosophila heat shock genes. *Proc Natl Acad Sci USA* 90: 7923-7927.
Shatkin, A. J., and Manley, J. L. 2000. The ends of the affair: capping and polyadenylation. *Nat Struct Biol* 7:838-842.
Sheth, U., and Parker, R. 2003. Decapping and decay of messenger RNA occur in cytoplasmic processing bodies. *Science* 300:805-808.
Shuman, S. 1997. Origins of mRNA identity: capping enzymes bind to the phosphorylated C-terminal domain of RNA polymerase II. *Proc Natl Acad Sci USA* 94:12758-12760.
Shuman, S. 2001. Structure, mechanism, and evolution of the mRNA capping apparatus. *Progr Nucl Acid Res Mol Biol* 66:3-40.
Shuman, S. 2002. What messenger RNA capping tells us about eukaryotic evolution. *Nat Rev Mol Cell Biol* 3:619-625.
Wei, C. M., and Moss, B. 1975. Methylated nucleotides block 5′-terminus of Vaccinia virus messenger RNA. *Proc Natl Acad Sci USA* 72:318-322.

## Split Genes

Berget, S. M. 1995. Exon recognition in vertebrate splicing. *J Biol Chem* 270:2411-2414.
Berget, S. M., Moore, C., and Sharp, P. A. 1977. Spliced segments at the 5′ terminus of adenovirus 2 late mRNA. *Proc Natl Acad Sci USA* 74:3171-3175.
Black, D. L. 1995. Finding splice sites within a wilderness of RNA. *RNA* 1:763-771.
Black, D. L. 2000. Protein diversity from alternative splicing: a challenge for bioinformatics and post-genome biology. *Cell* 103:367-370.
Caceres, J. F., and Kornblihtt, A. 2002. Alternative splicing: multiple control mechanisms and involvement in human disease. *Trends Genet* 18:186-193.
Cartegni, L., Chew, S. L., and Krainer, A. R. 2002. Listening to silence and understanding nonsense: exonic mutations that affect splicing. *Nat Rev Genet* 3:285-298.
Chambon, P. 1981. Split genes. *Sci Am* 244:60-71.
Chow, L. T., Gelinas, R. E., Broker, T. R., and Roberts, R. J. 1977. An amazing sequence arrangement at the 5′-ends of adenovirus 2 messenger RNA. *Cell* 12:1-8.
Faustino, N. A., and Cooper, T. A. 2003. Pre-mRNA splicing and human disease. *Genes Dev* 17:419-437.
Gravely, B. R. 2001. Alternative splicing: increasing diversity in the proteomic world. *Trends Genet* 17:100-107.
Kornblihtt, A. R., de la Mata, M. Fededa, J. P., et al. 2004. Multiple links between transcription and splicing. *RNA* 10:1489-1498.
Kriventseva, E. V., Koch, I., Apweiler, R.,et al. 2003. Increase of functional diversity by alternative splicing. *Trends Genet* 19:124-128.
Ladd, A. N., and Cooper, T. A. 2002. Finding signals that regulate alternative splicing in the post-genomic era. *Genome Biol* 3:8.1-8.16.
Lander, E. S., Linton, L. M., Birren, B., et al. 2002. Initial sequencing and analysis of the human genome *Nature* 409:860-921.
Le Hir, H., Nott, A., and Moore, M. J. 2003. How introns influence and enhance eukaryotic gene expression. *Trends Biochem Sci* 28:215-220.
Lorkovic¢•, Z. J., Kirk, D. A. W., Lambermaon, M. H. L., and Filipowicz, W. 2000. Pre-mRNA splicing in higher plants. *Trends Plant Sci* 5:160-167.
Lou, H., and Gagel, R. F. 1998. Alternative RNA processing—its role in regulating expression of calcitonin/calcitonin gene-related peptide. *J Endocrinol* 156:401-405.
Maniatis, T., and Tasic, B. 2002. Alternative pre-mRNA splicing and proteome

expansion in metazoans. *Nature* 418:236-243.

Modrek, B., and Lee, C. 2002. A genomic view of alternative splicing. *Nat Genet* 30:13-19.

Modrek, B., Resch, A., Grasso, C., and Lee, C. 2001. Genome-wide detection of alternative splicing in expressed sequences of human genes. *Nucleic Acids Res* 29:2850-2859.

Moore, M. J. 2000. Intron recognition comes of age. *Nat Struct Biol* 7:14-16.

Mount, S. M. 2002. Messenger RNA splicing signals. In: *Encyclopedia of Life Sciences*. London, UK: Nature Publishing Group; pp. 1-7.

Padgett, R. A., Konarska, M. M., Grabowski, P. J., et al. 1984. Lariat RNA's as intermediates and products in splicing messenger RNA precursors. *Science* 325:898-903.

Pirrott, V. 2002. Trans-splicing in *Drosophila. Bioessays* 24:988-991.

Roberts, G. C., and Smith, C. W. J. 2002. Alternative splicing: combinatorial output from the genome. *Curr Opin Chem Biol* 6:375-383.

Rosonina, E., and Blencowe, B. J. 2002. Gene expression: the close coupling of transcription and splicing. *Curr Biol* 12:R319-R321.

Sharp, P. A. 1993. Split genes and RNA splicing. In: *Nobel Lectures in Physiology or Medicine* 1991-1995, Ringertz, N., ed. Hackensack, NJ: World Scientific Publishing Co.

Sharp, P. A., and Burge, C. B. 1997. Classification of introns: U2-type or U12-type. *Cell* 91:875-879.

Smith, C. W. J., and Valcarcel, J. 2000. Alternative pre-mRNA splicing: the logic of combinatorial control. *Trends Biochem Sci* 25:381-387.

Stetefeld, J., and Ruegg, M. A. 2005. Structural and functional diversity generated by alternative mRNA splicing. *Trends Biochem Sci* 30:515-521.

Valcarcel, J., and Smith, C. W. J. 2001. Alternative splicing: cell-type-specific and developmental control. In: *Encyclopedia of Life Sciences*. London, UK: Nature Publishing Group; pp. 1-9.

Wang, J., and Manley, J. L. 1997. Regulation of pre-mRNA splicing in metazoa. *Curr Opin Genet Dev* 7:205-211.

Wu, Q., and Krainer, A. R. 1999. AT-AC pre-mRNA splicing mechanisms and conservation of minor introns in voltage-gated channel genes. *Mol Cell Biol* 19:3225-3236.

Zeng, C., and Berget, S. M. 2000. Participation of the C-terminal domain of RNA polymerase II in exon definition during pre-mRNA splicing. *Mol Cell Biol* 20:8290-8301.

## Spliceosomes

Azubel, M., Wolf, S. G., Sperling, J., and Sperling, R. 2004. Three-dimensional structure of the native spliceosome by cryo-electron microscopy. *Mol Cell* 15:833-839.

Beggs, J. D. 2001. Spliceosomal machinery. In: *Encyclopedia of Life Sciences*. London, UK: Nature Publishing Group; pp. 1-9.

Black, D. L. 2003. Mechanisms of alternative pre-messenger RNA splicing. *Ann Rev Biochem* 72:291-336.

Blencow, B. J. 2000. Exonic splicing enhancers: mechanism of action, diversity and role in human genetic diseases. *Trends Biochem Sci* 25:106-110.

Brody, E., and Abelson, J. 1985. The "spliceosome": yeast pre-messenger RNA associates with a 40S complex in a splicing-dependent reaction. *Science* 228: 963-967.

Brow, D. A. 2002. Allosteric cascade of spliceosome activation. *Ann Rev Genet* 36:333-360.

Burge, C. B., Tushchl, T., and Sharp, P. A. 1999. Splicing of precursors to mRNAs by the spliceosomes. In: The RNA *World*, 2nd ed., Gesteland, R. F., Cech T. R., Atkins, J. F., eds. Woodbury, NY: Cold Spring Harbor Laboratory Press.

Burge, C. B., Tushchl, T., and Sharp, P. A. 2005. Splicing of precursors to mRNA by the spliceosomes. In The RNA *World*, 3rd ed., Gesteland, R. F., Atkins, J. F., and

Cech, T. R., eds. Woodbury, NY: Cold Spring Harbor Laboratory Press.
Collins, C. A., and Guthrie, C. 2000. The question remains: is the spliceosome a ribozyme? *Nat Struct Biol* 7:850-854.
Das, R., Zhou, Z., and Reed, R. 2000. Functional association of U2 snRNP with the ATP-independent spliceosomal complex E. *Mol Cell* 5:779-787.
Du, J., and Rosbash, M. 2002. The U1 snRNP protein U1C recognizes the 5′-splice site in the absence of base pairing. *Nature* 419:86-90.
Fu, X. D. 1995. The superfamily of arginine/serine splicing factors. RNA 1: 663-680.
Garcia-Blanco, M. A., Puttaraju, M., Mansfield, S. G., and Mitchell, L. G. 2000. Spliceosome-mediated RNA *trans*-splicing in gene therapy and genomics. *Gene Ther Regul* 1:141-163.
Goldtrohm, A. C., Greenleaf, A. L., and Garcia-Blanco, M. A. 2001. Co-transcriptional splicing of pre-messenger RNAs: considerations for the mechanism of alternative splicing. *Gene* 277:31-47.
Gornemann, J., Kotovic, K. M., Hujer, K., and Neugebauer, K. M. 2005. Cotranscriptional spliceosome assembly occurs in a stepwise fashion and requires the cap binding complex. *Mol Cell* 19:53-63.
Grabowski, P. J., Padgett, R. A., and Sharp, P. A. 1984. Messenger RNA splicing in vitro: an excised intervening sequence and a potential intermediate. *Cell* 37:415-427.
Grainger, R. J., and Beggs, J. D. 2005. Prp8 protein: at the heart of the spliceosome. *RNA* 11:533-537.
Gravely, B. R. 2000. Sorting out the complexity of SR protein functions. *RNA* 6:1197-1211.
Graveley, B. R. 2004. A protein interaction domain contacts RNA in the prespliceosome. *Mol Cell* 13:302-304.
Hastings, M. L., and Krainer, A. R. 2001. Pre-mRNA splicing in the new millennium. *Curr Opin Cell Biol* 13:302-309.
Hertel, K. J., and Graveley, B. R. 2005. RS domains contact the pre-mRNA throughout spliceosome assembly. *Trends Biochem Sci* 30:115-118.
Hertel, K. J., Lynch, K. W., and Maniatis, T. 1997. Common themes in the function of transcription and splicing enhancers. *Curr Opin Cell Biol* 9:350-357.
Jurica, M. S., and Moore, M. J. 2002. Capturing splicing complexes to study structure and mechanism. *Methods* 28:336-345.
Kambach, C., Walke, S., and Nagai, K. 1999. Structure and assembly of the spliceosomal small nuclear ribonucleoprotein particles. *Curr Opin Struct Biol* 9:222-230.
Kambach, C., Walke, S, Young, R., et al. 1999. Crystal structures of two Sm protein complexes and their implications for the assembly of the spliceosomal snRNPs. *Cell* Feb 5, 1999; 96:375-387.
Kent, O. A. and MacMillan, A. M. 2002. Early organization of pre-mRNA during spliceosome assembly. *Nat Struct Biol* 9:576-581.
Kreivi, J.-P. and Lamond, A. I. 1996. RNA splicing: unexpected spliceosome diversity. *Curr Biol* 6:802-805.
Lin, R.-J., Newman, A. J., Cheng, S.-C. and Abelson, J. 1985. Yeast mRNA splicing in vitro. *J Biol Chem* 260:14780-14792.
Makarov, E. M., Makarova, O. V., Urlaub, H., et al. 2002. Small nuclear ribonucleoprotein remodeling during catalytic activation of the spliceosome. *Science* 298:2205-2208.
Mougin, A., Gottschalk, A., Fabrizio, P., et al. 2002. Direct probing of RNA structure and RNA-protein interactions in purified HeLa cell's and yeast spliceosomal U4/U6.U5 tri-snRNP particles. *J Mol Biol* 317:631-649.
Mount, S. M. 1996. AT-AC introns: an ATtACk on dogma. *Science* 271:1690-1692.
Murray, H. L., and Jarrell, K. A. 1999. Flipping the switch to an active spliceosome. *Cell* 96:599-602.
Nagai, K., Muto, Y., Krummel, D. A. P., et al. 2001. Structure and assembly of the spliceosomal snRNPs. *Biochem Soc Trans* 29(part 2):15-26.
Newman, A. J. 1997. The role of U5 snRNP in pre-mRNA splicing. *EMBO J* 16:5797-5800.

Nilsen, T. W. 2000. The case for an RNA enzyme. *Nature* 408:782-783.
Nilsen, T. W. 2002. The spliceosome: No assembly required. *Mol Cell* 9:8-9.
Nilsen, T. W. 2004. Too hot to splice. *Nat Struct Mol Biol* 11:208-209.
Ohno, M., Segref, A., Bachi, A., Wilm, M., and Mattaj, I. W. 2000. PHAX, a mediator of U snRNA nuclear export whose activity is regulated by phosphorylation. *Cell* 101:187-198.
Padgett, R. A. 2001. mRNA splicing: role of snRNAs. In: *Encyclopedia of Life Sciences*. London, UK: Nature Publishing Group; pp. 1-7.
Pauskin, S., Gubitz, A. K., Massenet, S., and Dreyfuss, G. 2002. The SMN complex, an assembly of some ribonucleoproteins. *Curr Opin Cell Biol* 14:305-312.
Reed, R. 2000. Mechanisms of fidelity in pre-mRNA splicing. *Curr Opin Cell Biol* 12:340-345.
Robert, F., Blanchett, M., Maes, O., and Chabot, B. 2002. A human RNA polymerase II-containing complex associated with factors necessary for spliceosome assembly. *J Biol Chem* 277:9302-9306.
Ruskin, B., Krainer, A. R., Maniatis, T., and Green, M. R. 1984. Excision of an intact intron as a novel lariat structure during pre-mRNA splicing *in vitro*. *Cell* 38:317-331.
Ryan, D. E., and Abelson, J. 2002. The conserved central domain of yeast U6 snRNA: importance of U2-U6 helix Ia in spliceosome assembly. *RNA* 8:997-1010.
Shukla, G. C., Cole, A. J., Dietrich, R. C., and Padgett, R. A. 2002. Domains of human U4atac snRNA required for U12-dependent splicing *in vivo*. *Nucleic Acids Res* 30:4650-4657.
Sontheimer, E. J. 2001. The spliceosome shows its metal. Nat Struct Biol 8:11?13.
Staley, J. P. 2002. Hanging on to the branch. *Nat Struct Biol* 9:5-7.
Staley, J. P., and Guthrie, C. 1998. Mechanical devices of the spliceosome: motors, clocks, springs, and things. *Cell* 92:315-326.
Stark, N, Dube, P., Luhrmann, R., and Kastner, B. 2001. Arrangement of RNA and proteins in the spliceosomal U1 small nuclear ribonucleoprotein particle. *Nature* 409:539-542.
Stevens, S. W., and Abelson, J. 1999. Purification of the yeast U4/U6.U5 small nuclear ribonucleoprotein particle and identification of it proteins. *Proc Natl Acad Sci* USA 96:7226-7231.
Stevens, S. W., and Abelson, J. 2002. Yeast pre-mRNA splicing: methods, mechanisms, and machinery. *Methods Enzymol* 351:200-220.
Stevens, S. W., Ryan, D. E., Ge, H. Y., et al. 2002. Composition and functional characterization of the yeast spliceosomal penta-snRNP. *Mol Cell* 9:31-44.
Tacke, R., and Manley, J. L. 1999. Determinants of SR protein specificity. *Curr Opin Cell Biol* 11:358-362.
Tardiff, D. F., Lacadie, S. A., and Rosbash, M. 2006. A genome-wide analysis indicates that yeast pre-mRNA splicing is predominantly posttranscriptional. *Mol Cell* 24: 917-929.
Tarn, W.-Y., and Steitz, J. A. 1996. A novel spliceosome containing U11, U12, and U5 snRNPs excises a minor class (AT-AC) intron *in vitro*. *Cell* 84:801-811.
Tarn, W.-Y., and Steitz, J. A. 1997. Pre-mRNA splicing: the discovery of a new spliceosome doubles the challenge. *Trends Biochem Sci* 22:132-137.
Terns, M. P., and Terns, R. M. 2001. Macromolecular complexes: SMN—the master assembler. *Curr Biol* 11:R862-R864.
Valadkhan, S. 2005. snRNAs as the catalyst of pre-mRNA splicing. *Curr Opin Chem Biol* 9:603-608.
Valadkhan, S., and Manley, J. L. 2001. Splicing-related catalysis by protein-free snRNAs. *Nature* 413:701-707.
Villa, T., Pleiss, J. A., and Guthrie, C. 2002. Spliceosomal snRNAs: $Mg^{2+}$-dependent chemistry at the catalytic core? *Cell* 109:149-152.
Will, C. L., and Luhrmann, R. 1997. Protein functions in pre-mRNA splicing. *Curr Opin Cell Biol* 9:320-328.
Will, C. L., and Luhrmann, R. 2001. Spliceosomal UsnRNP biogenesis, structure, and function. *Curr Opin Cell Biol* 13:290-301.
Yang, V. W., Lerner, M. R., Steitz, J. A., and Flint, S. J. 1981. A small nuclear

ribonucleoprotein is required for splicing of adenoviral early RNA sequences. *Proc Natl Acad Sci USA* 78:1371-1375.

Yean, S.-L. Wuenschell, G., Termini, J., and Lin, R.-J. Metal ion coordination by U6 small nuclear RNA contributes to the catalysis in the spliceosome. *Nature* 408:881-884.

Yu, Y.-T., Scharl, E. C., Smith, C. M., and Steitz, J. A. 1998. The growing world of small nuclear ribonucleoproteins. In: *The RNA World*, 2nd ed., R. Gesteland, T. Cech, J. Atkins, eds. Woodbury, NY: Cold Spring Harbor Laboratory Press; pp. 487-524.

Zhou, Z., Licklider, L. J., Gygi, S. P., and Reed, R. 2002. Comprehensive proteomic analysis of the human spliceosome. *Nature* 419:182?185.

Zhou, Z., Sim, J., Griffith, J., and Reed, R. 2002. Purification and electron microscopic visualization of functional human spliceosomes. *Proc Natl Acad Sci USA* 99:12203-12207.

## Cleavage/Polyadenylation

Aranda, A, and Proudfoot, N. 2001. Transcriptional termination factors for RNA polymerase II in yeast. *Mol Cell* 7:1003-1011.

Bates, N., and Hurst, H. 2002. Nuclear run-on assays. In: *Encyclopedia of Life Sciences*. London, UK: Nature Publishing Group; pp. 1-13.

Birse, C. E., Minivielle-Sebastia, L., Lee, B. A., et al. 1998. Coupling termination of transcription to messenger RNA maturation in yeast. *Science* 280:298-301.

Buratowski, S. 2005. Connections between mRNA 3′ end processing and transcription termination. *Curr Opin Cell Biol* 17:257-261.

Calvo, O., and Manley, J. L. 2003. Strange bedfellows: polyadenylation factors at the promoter. *Genes Dev* 17:1321-1327.

Cantonel, J.-C., Murthy, K. G. K., Manley, J. L., and Tora, L. 1997. Transcription factor TFIID recruits factor CPSF for formation of the 3′ end of mRNA. *Nature* 389:399-402.

Colgan, D. F. and Manley, J. L. 1997. Mechanism and regulation of mRNA polyadenylation. *Genes Dev* 11:2755-2766.

Darnell, J. E., Philipson, L. Wall, R., and Adesnik, M. 1971. Polyadenylic acid sequences: role in conversion of nuclear RNA into messenger RNA. *Science* 174:507-510.

Dichtl, B., Blank, D., Sadowski, M., et al. 2002. Yhh1p/Cft1p directly links poly(A) site recognition and RNA polymerase II transcription termination. *EMBO J* 21:4125-4135.

Dreyfus, M., and Regnier, P. 2002. The poly(A) tail of mRNAs: bodyguard in eukaryotes, scavenger in baceria. *Cell* 111:611-613.

Dye, M. J., and Proudfoot, N. J. 1999. Terminal exon definition occurs cotranslationally and promotes termination of RNA polymerase II. *Mol Cell* 3:371-378.

Dye, M. J., and Proudfoot. N. J. 2001. Multiple transport cleavage precedes polymerase release in termination by RNA polymerase II. *Cell* 105:669-681.

Edwalds-Gilbert, G., Veraldi, K. L., and Milcarek, C. 1997. Alternative poly(A) site selection in complex transcription units: means to an end? *Nucleic Acids Res* 25:2547-2561.

Gershon, P. D. 2000. (A)-tail of two polymerase structures. *Nat Struct Biol* 7:819-821.

Gilmartin, G. M. 2005. Eukaryotic mRNA 3′-processing: a common means to different ends. *Genes Dev* 19:2517-2521.

Hirose, Y., and Manley, J. L. 1998. RNA polymerase II is an essential mRNA polyadenylation factor. *Nature* 395:93?96.

Keller, W., and Minivielle-Sebastia, L. 1997. A comparison of mammalian and yeast pre-mRNA 3′-end processing. *Curr Opin Cell Biol* 9:329-336.

Kolev, N. G., and Steitz, J. A. 2005. Symplekin and multiple other polyadenylation factors participate in 3′-end maturation of histone mRNAs. *Genes Dev* 19:2583-2592.

Luo, W., and Bentley, D. 2004. A ribonucleolytic rat torpedoes RNA polymerase II. *Cell* 119:911-914.

MacDonald, C. C., and Redondo, J.-L. 2002. Reexamining the polyadenylation signal: were we wrong about AAUAAA? *Mol Cell Endocrinol* 190:1-8.

Minivielle-Sebastia, L., and Keller, W. 1999. mRNA polyadenylation and its coupling to other RNA processing reactions and to transcription. *Curr Opin Cell Biol* 11:352-357.

Orozeo, I. J., Kim, S. J., and Martinson, H. G. 2002. The poly(A) signal, without the assistance of any downstream element, directs RNA polymerase II to pause in vivo and then to release stochastically from the template. *J Biol Chem* 277: 42899-42911.

Osheim, Y. N., Proudfoot, N. J., and Beyer, A. L. 1999. EM visualization of transcription by RNA polymerase II: downstream termination requires a poly(A) signal but not transcript cleavage. *Mol Cell* 3:379-387.

Osheim, Y. N., Sikes, M. L., and Beyer, A. L. 2002. EM visualization of PolII in *Drosophila*: most genes terminate without prior 3′-end cleavage of nascent transcripts. *Chromosoma* 111:1?12.

Proudfoot, N. 1996. Ending the message is not so simple. *Cell* 87:779-781.

Proudfoot, N. 2004. New perspectives on connecting messenger RNA 3′ end formation to transcription. *Curr Opin Cell Biol* 16:272?278.

Proudfoot, N. and O'Sullivan, J. 2002. Polyadenylation: a tail of two complexes. *Curr Biol* 12:R855-R857.

Ryan, K., Calvo, O., and Manley, J. L. 2004. Evidence that polyadenylation factor CPSF-73 is the mRNA 3′ processing endonuclease. *RNA* 10:565-573.

Ryan, K., Murthy, K. G. K., Kaneko, S., and Manley, J. L. 2002. Requirements of the RNA polymerase II C-terminal domain for reconstituting pre-mRNA 3′-cleavage. *Mol Cell Biol* 22:1684-1692.

Shatkin, A. J., and Manley, J. L. 2000. The ends of the affair: capping and polyadenylation. *Nat Struct Biol* 7:838-842.

Skaar, D. A., and Greenleaf, A. L. 2002. The RNA polymerase II CTD kinase CTDK-1 affects the pre-mRNA 3′-cleavage/poladenylation through the processing component Pti1p. *Mol Cell* 10:1429-1439.

Tran, D. P., Kim, S. J., Park, N. J., et al. 2001. Mechanism of poly(A) signal transduction to RNA polymerase II *in vitro*. *Mol Cell Biol* 21:7495-7508.

Yonaha, M., and Proudfoot, N. J. 1999. Specific transcriptional pausing activates polyadenylation in a coupled *in vitro* system. *Mol Cell* 3:593-600.

Yonaha, M., and Proudfoot, N. J. 2000. Transcriptional termination and coupled polyadenylation *in vitro*. *EMBO J* 19:3770-3777.

Wahle, E., and Ruegsegger, U. 1999. 3′-End processing of pre-mRNA in eukaryotes. *FEMS Microbiol Rev* 23:277-295.

Wickens, M., and Gonzalez, T. N. 2004. Molecular biology: knives, accomplices, and RNA. *Science* 306:1299-1300.

Zhang, H., Lee, J. Y., and Tian, B. 2005. Biased alternative polyadenylation in human tissues. *Genome Biol* 6:R100.

Zhao, J., Hyman, L., and Moore, C. 1999. Formation of mRNA 3′-ends in eukaryotes: mechanism, regulation, and interrelationships with other steps in mRNA synthesis. Microbiol *Mol Biol Rev* 63:405-445.

## RNA Editing

Blanc, V., and Davidson, N. O. 2003. C-to-U editing: mechanisms leading to genetic diversity. *J Biol Chem* 276:1395-1398.

Brennicke, A., Marchfelder, A., and Binder, S. 1999. *FEMS Microbiol Rev* 23:297-316.

Estevez, A. M., and Simpson, L. 1999. Uridine insertion/deletion RNA editing in trypanosome mitochondria?a review. *Gene* 240:247-260.

Gerber, A. P., and Keller, W. 2001. RNA editing by base deamination: more enzymes, more targets, new mysteries. *Trends Biochem Sci* 26:376-384.

Hodges, P., and Scott, J. 1992. Apolipoprotein B mRNA editing: a new tier for the control of gene expression. *Trends Biochem Sci* 17:72-81.

Innerarity, T. L., Boren, J., Yamanka, S., and Olofsson, S.-O. 1996. Biosynthesis of apolipoprotein B48-containing lipoproteins. *J Biol Chem* 271:2353-2356.

Maas, S., and Rich, A. 2000. Changing genetic information through RNA editing. *Bioessays* 22:790-802.

Maas, S., Rich, A., and Nishikura, K. 2003. A-to-I editing: recent news and residual mysteries. *J Biol Chem* 278:1391-1394.

Madison-Antenucci, S, Grams, J., and Hajduk, S.L. Editing machines: the complexities of trypanosome RNA editing. *Cell* 108:435-438.

Sowden, M. P., and Smith, H. C. 2002. RNA editing. In: *Encyclopedia of Life Sciences*. London, UK: Nature Publishing Group; pp. 1-7.

## Messenger RNA Export

Aguliera, A. 2005. Cotranscriptional mRNP assembly: from the DNA to the nuclear pore. *Curr Opin Cell Biol* 17:1-9.

Conti, E., and Izaurralde, E. 2001. Nucleocytoplasmic transport enters the atomic age. *Curr Opin Cell Biol* 13:310-319.

Dreyfuss, G., Kim, V. N., and Kataoka, N. 2002. Messenger-RNA-binding proteins and the messages they carry. *Nat Rev Mol Cell Biol* 3:195-205.

Jensen, T. H., Dower, K., Libri, D., and Rosbash, M. R. 2003. Early formation of mRNP: license for export or quality control. *Mol Cell* 11:1129-1138.

Keyes, A., and Green, M. R. 2001. The odd coupling. *Nature* 413:583-585.

Kim, V.-N., and Dreyfuss, G. 2001. Nuclear mRNA binding proteins couple premRNA splicing and post-splicing events. *Mol Cells* 12:1-10.

Reed, R. 2003. Coupling transcription, splicing, and mRNA export. *Curr Opin Cell Biol* 15:326-331.

Reed, R., and Hurt, E. 2002. A conserved mRNA export machinery coupled to premRNA splicing. *Cell* 108:523-531.

Reed, R., and Magni, K. 2001. A new view of mRNA export: separating the wheat from the chaff. *Nat Cell Biol* 3:E201-E204.

Schwarz, D. S., and Zamore, P. D. 2002. Why do miRNAs live in miRNP? *Genes Dev* 16:1025-1031.

Tekotte, H., and Davis, I. 2002. Intramolecular mRNA localization: motors move messages. *Trends Genet* 18:636?642.

Zhou, Z., Luo, M.-J., Straesser, K., et al. R. 2000. The protein Aly links pre-messenger RNA splicing to nuclear export in metazoans. *Nature* 407:401-405.

## siRNA and miRNA Pathways for Silencing

Agami, R. 2002. RNAi and related mechanisms and their potential use for therapy. *Curr Opin Chem Biol* 6:829-834.

Ahlquist, P. 2002. RNA-dependent RNA polymerases, viruses, and RNA silencing. *Science* 296:1270-1273.

Almeida, R., and Allshire, R. C. 2005. RNA silencing and genome regulation. *Trends Cell Biol* 15:251-258.

Ambros, V. 2003. MicroRNA pathways in flies and worms: growth death, fat, stress, and timing. *Cell* 1113:673-676.

Ambros, V. 2004. The functions of animal microRNAs. *Nature* 411:350-355.

Baulcombe, D. 2002. An RNA microcosm. *Science* 297:2002-2003.

Bernstein, E., Denli, A. M., and Hannon, G. J. 2001. The rest is silence. *RNA* 7:1509-1521.

Brummelkamp, T. R., Bernards, R., and Agami, R. 2002. A system for stable expression of short interfering RNAs in mammalian cells. *Science* 296:550-553.

Cerutti, H. 2003. RNA interference: traveling in the cell and gaining functions. *Trends Genet* 19:39-46.

Coburn, G. A., and Cullen, B. R. 2003. siRNAs: a new wave of RNA-based therapeutics. *J Antimicrob Chemother* 51:753-756.

Corey, D. R. 2005. Regulating mammalian transcription with RNA. *Trends Biochem Sci* 30:655-658.

Dykxhoorn, D. M., and Lieberman, J. 2005. The silent revolution: RNA interference as basic biology, research tool, and therapeutic. *Ann Rev Med* 56:401-423.

Dykxhoorn, D. M., Novina, C. D., and Sharp, P. A. 2003. Killing the messenger: short RNAs that silence gene expression. *Nat Mol Cell Biol* 4:457-467.

Eckstein, F. 2005. Small non-coding RNAs as magic bullets. *Trends Biochem Sci* 30:445-452.

Eddy, S. R., 2001. Non-coding RNA genes and the modern RNA world. *Nat Rev Genet* 2:919-929.

Filipowicz, W. 2005. RNAi: the nuts and bolts of the RISC machine. *Cell* 122:17-20.

Filipowicz, W., Jakiewicz, L., Kolb, F. A., and Pillai, R. S. 2005. Post-transcriptional gene silencing by siRNAs and miRNAs. *Curr Opin Struct Biol* 15:331-341.

Fire A., Xu S., Montgomery, M. K., et al. 1998. Potent and specific genetic interference by double-stranded RNA in Caenorhabditis elegans. *Nature* 391:806-811.

Fraser, A., Kamath, R.K., Zipperlen, P., et al. 2000. Functional genomic analysis of C. elegans chromosome I by systematic RNA interference. *Nature* 408:325-330.

Gregory, R. I., Chemdrimada, T. P., Cooch, N, and Shiekhattar, R. 2005. Human RISC microRNA biogenesis and posttranscriptional gene silencing. *Cell* 123:631-640.

Hammond, S. M., Caudy, A. A., and Hannon, G. J. 2001. Post-transcriptional gene silencing by double-stranded RNA. *Nat Rev Genet* 2:110-119.

Hannon, G. J. 2002. RNA interference. Nature 418:244?251.

Hutvager, G. 2005. Small RNA asymmetry in RNAi: function in RISC assembly and regulation. *FEBS Lett* 579:5857-5950.

Hutvager, G., and Zamore, P. D. 2002. RNAi: nature abhors a double-strand. *Curr Opin Genet Dev* 12:225-232.

Lee, R. C., Feinbaum, R. L., and Ambros, V. 1993. The C. elegans heterochronic gene lin-4 encodes small RNAs with antisense complementarity to lin-14. *Cell* 75:843-854.

Lim, L. P., Lau, N. C., Weinstein, E. G., et al. The microRNAs of Caenorhabditis elegans. *Genes Dev* 17:991-1008.

McManus, M. T. 2004. Small RNAs and immunity. *Immunity* 21:747-756.

McManus, M. T., and Sharp, P. A. 2002. Gene silencing in mammals by small interfering RNAs. *Nat Rev Genet* 3:737-747.

Miyagishi, M., and Taira, K. 2002. U6 promoter-driven siRNAs with four uridine 3′ overhangs efficiently suppress targeted gene expression in mammalian cell. *Nat Biotechnol* 20:497-500.

Montomery, M. K., Xu, S., and Fire, A. 1998. RNA as a target of double-stranded RNA-mediated genetic interference in Caenorhabditis elegans. *Proc Natl Acad Sci USA* 95:15502-15507.

Murchinson, E. P., and Hannon, G. J. 2004. miRNAs on the move: miRNA biogenesis and the RNAi machinery. *Curr Opin Cell Biol* 16:223-229.

Nakahara, K., and Carthew, R. W. 2004. Expanding roles for miRNAs and siRNAs in cell regulation. *Curr Opin Cell Biol* 16:127-133.

Nishikura, K. 2001. A short primer on RNAi: RNA-directed RNA polymerase acts as a key catalyst. *Cell* 107:415-418.

Pasquinelli, A. E., Reinhart, B.J., Slack F., et al. 2000. Conservation of the sequence and temporal expression of let-7 heterochronic regulatory RNA. *Nature* 408:37-38.

Plasterk, R. H. A. 2002. RNA silencing: the genomes immune system. *Science* 296:1263-1265.

Reinhart, B. J., Slack, F. J., Basson, M., et al. 2000. The 21-nucleotide let-7 RNA regulates developmental timing in *Caenorhabditis elegans*. *Nature* 403:901-906.

Schmidt, F. R. 2005. About the nature of RNA interference. *App Microbiol Biotechnol* 67:429-435.

Shanker, P., Manjunath, N., and Lieberman. 2006. The prospect of silencing disease using RNA interference. *JAMA* 293:1367-1373.

Sharp, P. A. 2001. RNA interference-2001. *Genes Dev* 15:485-490.

Shi, Y. 2003. Mammalian RNAi for the masses. Trends Genet 19:9-12.

Song, J.-J., Smith, S. K., Hannon, G. J., and Joshua-Tor, L. 2004. Crystal structure of

Agronaute and its implications for RISC slicer activity. Science 305:1434-1441.
Sontheimer, E. J. 2005. Assembly and function of RNA silencing complexes. *Nat Rev Mol Cell Biol* 6:127-138.
Sontheimer, E. J., and Carthew, R. W. 2005. Silence from within: endogenous siRNAs and miRNAs. *Cell* 122:9-12.
Storz, G. 2002. An expanding universe of noncoding RNAs. *Science* 296:1260-1262.
Tang, G. 2005. siRNA and miRNA: an insight into RISCs. *Trends Biochem Sci* 30:106-114.
Tomari, Y., and Zamore, P. D. 2005. Perspective: machines for RNAi. *Genes Dev* 19:517-529.
Tuschl, T. 2002. Expanding small RNA interference. *Nat Biotechnol* 20:446-448.
Yin, J. Q., and Wan, Y. 2002. RNA-mediated gene regulation system: now and the future. *Int J Mol Med* 10:355-365.
Zamore, P. D. 2002. Ancient pathways programmed by small RNAs. *Science* 296:1265-1269.

이 책은 스스로 분자생물학을 공부하는 데 도움이 되도록 고안된 복습 자료와 이 장에서 설명한 주제들에 대한 보다 상세한 정보와 연결된 다양한 자원을 포함하고 있는 **웹사이트, http://biology.jbpub.com/book/molecular**를 가지고 있다.

# 18

# rRNA, tRNA 및 세포기관 RNA의 합성

## 주제 개요

대부분의 진핵세포에서 RNA의 합성은 서로 다른 3가지 RNA 중합효소에 의해 핵에서 일어난다. 이 중에서 RNA 중합효소 II는 14장과 16장에서 자세히 설명되었다. RNA 중합효소 I과 III의 2가지 효소들의 특성은 이번 장의 전반부에서 다루어질 것이다. 진핵세포에서 RNA 중합효소 I에 의한 전사는 rRNA(ribosomal RNA) 전사 단위에 국한되어 일어나는 반면, RNA 중합효소 III는 tRNA(transfer RNA), 5S rRNA, U6 snRNA(small nuclear RNA, 소핵 RNA) 등의 몇 가지 소형의 RNA들의 유전자를 전사한다. RNA 중합효소 I과 III에 의해 형성된 전사체(transcript)들은 처리과정을 거쳐 성숙한 RNA 분자가 된다. 일부 전사체들은 효소들에 의해 처리되는 반면, 다른 것들은 이번 장에서 언급될 라이보자임(ribozyme)이라 불리는 RNA 촉매에 의해 처리된다. RNA 전사는 미토콘드리아와 엽록체에서도 일어난다. 이때 작용하는 RNA 중합효소는 핵의 RNA 중합효소와는 다르며 이것의 특성을 이번 장의 마지막 부분에서 언급하고자 한다.

## 18.1 진핵생물의 ribosome

### 진핵생물의 ribosome은 크고 작은 ribonucleoprotein subunit들로 구성되어 있다.

진핵생물의 ribosome은 분자량이 $4 \times 10^6$ Da, 침강계수가 80S이며 하나의 큰 subunit(large subunit)와 하나의 작은 subunit(small subunit)으로 구성되어 있다(**그림 18.1**). 작은 subunit 혹은 40S subunit는 모든 진핵생물의 ribosome에서 그 크기가 매우 고정적(약 $1.5 \times 10^6$ Da)이며, 18S rRNA(약 1,900 nucleotide로 구성됨)와 33개의 다른 polypeptide로 구성되어 있다. 큰 subunit 혹은 60S subunit는 서로 다른 종들에서 그 크기가 다양하다. 예를 들어, 식물과 포유류의 60S subunit는 각각 $2.5 \times 10^6$ Da과 $3.0 \times 10^6$ Da의 분자량을 가진다. 이러한 크기 변화의 원인 중 일부는 60S subunit의 3가지 rRNA 중에서 가장 큰 것의 크기에 변화가 많기 때문이다. 이 rRNA는 포유류에서 약 5,000 nucleotide(침강 계수 28S)를 가지는 반면, 효모에서는 3,400 nucleotide(침강 계수 25S)만을 가진다. 60S subunit에 있는 다른 2개의 rRNA는 5.8S rRNA(약 160 nucleotide)와 5S rRNA(약 120 nucleotide)이다. 포유류의 60S subunit는 약 50가지의 polypeptide를 가지는 반면, 하등 진핵 생물에서는 그 숫자가 다소 작다. 5.8S, 18S, 25S/28S rRNA는 RNA 중합효소 I에 의해 합성되는 반면, 5S rRNA는 RNA 중합효소 III에 의해 합성된다.

## 18.2 RNA 중합효소 I

### 5.8S, 18S, 28S rRNA를 암호화하는 서열들은 하나의 전사체를 구성한다.

현재 우리가 rRNA에 관해 알고 있는 것들은 James Darnell과 그의 동료들의 선구자

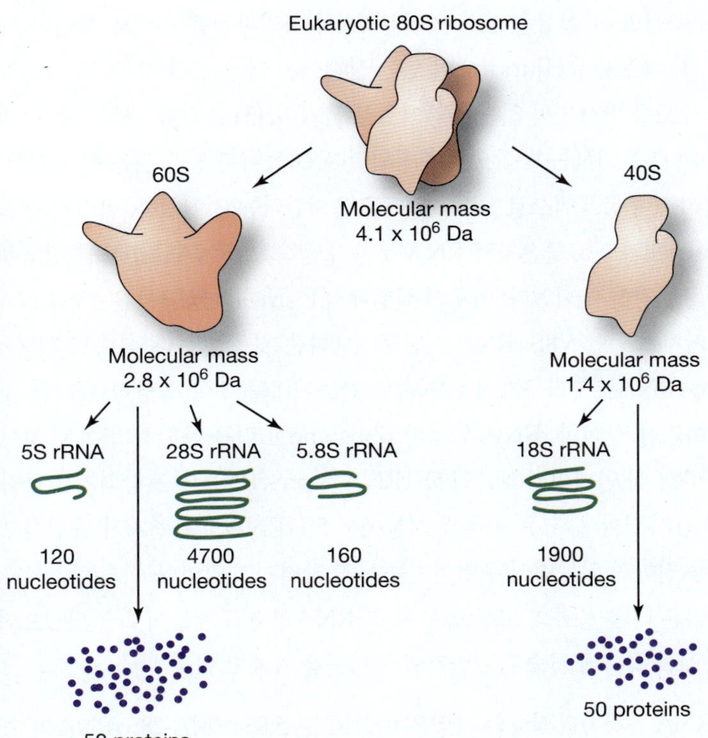


**그림 18.1 진핵세포 80S ribosome의 구성성분들.** 80S ribosome은 5S rRNA, 5.8S rRNA, 28S rRNA와 50가지의 서로 다른 단백질을 포함하는 큰 subunit와 18S rRNA와 약 33가지의 단백질을 포함하는 작은 subunit로 구성되어 있다. 동물, 식물, 곰팡이에서 큰 subunit의 크기는 다양하다. 이 그림에서 보여지는 25s rRNA는 포유류의 것이다.

적인 노력 덕분이다. 그들이 1960년대 초 rRNA 합성에 대해 연구하기 시작했을 때는 각각의 rRNA들은 자신의 전사 단위(transcription unit)들로부터 전사된다는 시각이 우세하였다. 따라서 어떤 하나의 rRNA에 대해 연구하기 위해 그것이 세포의 핵에서 합성되고 세포질의 목적지까지 도달하는 과정을 관찰하려는 시도를 하게 되었다. Darnell과 동료들이 rRNA의 생성과 소멸의 과정을 연구하기로 한 이유는 rRNA가 세포 전체 RNA의 80%를 차지하고 각각의 rRNA는 동질성을 갖기(현재의 재조합 DNA 기술이 개발되기 이전에는 이것은 아주 중요한 특징이었다) 때문이었다. 그들이 연구에 사용하기로 한 HeLa 세포(사람의 자궁경부암 세포)는 약 1억 개의 ribosome을 가지고 있으며 이 때문에 세포 1주기 당 필요한 1억 개의 rRNA들을 만들어 내기 위해서 RNA 합성에 관여하는 기구들은 대부분이 rRNA 합성에 전념해야 한다.

진핵세포들은 [$^3$H]uridine을 [$^3$H]UTP로 변환한다는 것을 알고 있었던 Darnell과 그의 동료들은 [$^3$H]uridine을 HeLa 세포와 짧은 시간 동안 배양하고 핵으로부터 새로 합성된 RNA들을 분리하였다. 그들은 방사능으로 표지된 18S와 28S rRNA 분자들을 얻을 것으로 생각하였으나 놀랍게도 이들은 발견되지 않았다. 대신 그들이 알아낸 것은 18S와 28S rRNA 분자들은 약 14,000개의 염기와 45S의 침강계수를 가지며 방사능을 띤 더 큰 분자의 일부라는 것이었다. Darnell과 동료들은 펄스추적(pulse-chase) 실험을 통해 45S RNA의 처리과정을 추적해 보았다. 펄스추적 실험은 (1) 세포를 [$^3$H]uridine이 있는 상태에서 짧은 시간 배양하고, (2) 방사능 표지가 된 세포를 방사능이 없는 배양액으로 옮기며, (3) 옮긴 후 다양한 시간대에 세포에서 RNA를 분리하는 방식으로 진행되었다. 그들이 관찰한 것은 원래 45S RNA에 있던 방사능이 궁극적으로 18S와 28S로 옮겨간다는 것이었다. 이러한 관찰에 기초하여, Darnell과 동료들은 45S RNA 분자가 성숙된 rRNA를 만드는 전구체(pre-rRNA)임을 주장하게 되었다. 이후의 실험에서 Darnell과 동료들은 45S RNA가 처리과정을 거치는 동안 5.8S rRNA도 만들어낸다는 것을 밝혔다. 아마도 진핵세포는 하나의 pre-rRNA로부터 3가지 rRNA를 만들어내는 것이 상당히 유리할 것이다. 왜냐하면 이러한 방식이 rRNA 합성과 ribosome 조립을 통합하기 쉬울 것이기 때문이다. 따라서 네 번째의 rRNA인 5S rRNA가 pre-rRNA에 포함되지 않는다는 것은 좀 놀라운 사실이다. 고등 동물과 식물에서 5S rRNA의 유전자가 독립적으로 존재하게 하는 진화의 원동력이 무엇인지는 아직 밝혀지지 않았다.

현재 많은 다른 종류의 고등 동물에서 rRNA의 전구체들이 확인되었으며 **그림 18.2**과 아래의 목록에 기술된 일반적인 특징들을 가지고 있다.

1. rRNA 유전자의 암호와 서열은 18S rRNA-5.8S rRNA-28S rRNA의 순이다.
2. 18S와 5.8S rRNA의 암호화 서열 그리고 5.8S와 28S rRNA 암호화 서열들은 각각 **ITS-1(internal transcribed spacer 1, 내부전사간격 1)**과 **ITS-2**에 의해 분리되어 있다.
3. **5′-ETS(external transcribed sequence, 외부전사서열)**는 18S rRNA 암호화 서열의 상부(upstream)에 위치하며 **3′-ETS**는 28S rRNA 암호화 서

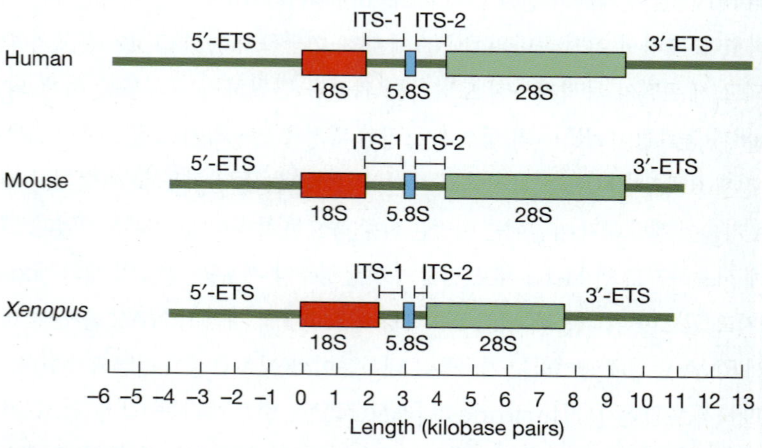


**그림 18.2 사람, 생쥐, 개구리의 pre-rRNA 비교.** Pre-rRNA는 18S, 5.8S, 28S rRNA로 변환되는 서열들을 포함하고 있다. ITS(internal transcribed spacer, 내부 전사 간격)-1이 18S와 5.8S rRNA 서열들을 사이에 있으며 ITS-2가 5.8S와 28S rRNA 서열들 사이에 위치한다. Pre-rRNA 분자들은 또한 18S rRNA의 상부에 5′-ETS(external transcribed sequence, 외부전사서열)를 그리고 28S rRNA의 하부에 3′-ETS를 가진다. 그림 아래쪽의 눈금자들은 1,000개의 염기쌍을 1단위로 환산한 길이를 나타낸다. 출처: Triezenberg, S. J. 등, *J. Biol. Chem.* 257(1982):7826-7833.

열의 하부(downstrem)에 위치한다.

4. Pre-rRNA가 성숙한 rRNA로의 처리과정을 거치는 동안 내부전사간격 및 외부전사서열들은 잘려나간다.
5. rRNA의 서열들은 아주 잘 보존되어 있는 반면에 잘려나가는 서열들은 그렇지 않다. 이러한 서열 보존의 차이점은 ribosome 기능에 필수적인 rRNA를 보존하려는 강한 선택압(selective pressure)이 존재하는 반면, 잘려나가는 서열들을 보전하려는 선택압은 존재하지 않는다는 것을 생각해 본다면 미루어 짐작이 가능하다.
6. 1종에서의 pre-rRNA의 길이는 다른 종에서의 그것과 다르다. 이러한 길이의 차이는 rRNA 서열의 차이 때문이 아니라 잘려나가는 서열들의 길이 차이 때문에 발생한다.

## 진핵생물은 rRNA 전사 단위가 다수 복제되어 있으며 이들은 작은 집단으로 나뉘어져 있다.

동물들은 다수의 rRNA 전사 단위를 가지고 있으며 이들은 작은 집단들로 나뉘어져 있다. 고등 동물에서 rRNA 전사 단위 복제본의 수는 염색체의 반수체에 약 150에서 300개이다. 사람에서 약 200개의 rRNA 전사단위들이 23개 중 5개의 염색체에 작은 집단을 이루고 있다. 식물에는 rRNA 전사 단위의 수가 훨씬 많으며 염색체 반수체에서 평균 3,700개의 복제본이 발견되며 효모에서는 훨씬 적다(일부 효모 계통에는 세포 당 겨우 40개의 rRNA 전사 단위가 발견된다).

rRNA 전사 단위는 일부 동물(대부분이 양서류)의 경우 발생의 특정 단계에서 증폭된다. 예를 들어, 개구리의 난모세포(oocyte)는 약 50만개의 rRNA 전사 단위 복제본을 가지며 이것은 놀랍게도 전형적인 개구리 체세포가 가지는 숫자에서 1,000배 증폭된 것이다. 이 정도로 많은 숫자의 rRNA 복제본이 필요한 이유는 새로운 ribosome 합성을 위한 수요를 충족하기 위해서이다.

많은 그리고 아마도 대부분의 동물에서 rRNA 전사 단위 복제본의 숫자는 ribosome 합성에 필요한 양을 초과한다. 이것은 자연적으로 생겨나는 *Drosophila*의 돌연변이 중 rRNA 전사 단위가 제거(deletion)된 것들을 보면 설명이 된다. 정상적인 파리는 염색체 반수체 당 약 200 개의 rRNA 전사 단위를 가지지만 돌연변이체는 rRNA 전사단위의 반 정도가 제거되더라도 생존이 가능하다. 그러나 제거 가능한 rRNA 전사단위의 숫자에는 한계가 있어서 rRNA 전사단위의 수가 40 개 이하로 줄어들면 초파리는 생존하지 못한다. 동물들이 대체로 ribosome을 만드는데 필요한 것보다 많은 수의 rRNA 전사단위를 가지고 있다는 것은 모든 rRNA 전사 단위에서 전사가 활발히 일어나는 것은 아님을 예측할 수 있다. 이러한 예상은 실제로 맞다. 대부분의 체세포에서 반복된 rRNA 전사 단위의 복제본 중에서 일부만이 전사되며 이들 전사단위에서는 nucleosome이 해체되어 있을 정도로 전사가 활발히 일어난다.

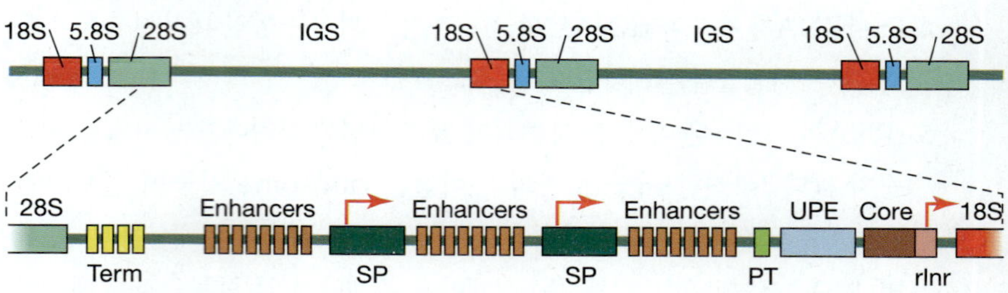

(a) rRNA gene repeats

18S 5.8S 28S IGS 18S 5.8S 28S IGS 18S 5.8S 28S

28S Enhancers Enhancers Enhancers UPE Core 18S

Term SP SP PT rInr

(b) Components in the IGS

**그림 18.3 Ribosomal RNA 유전자 집단.** rRNA 유전자 집단의 전반적인 구조. (a) IGS(intergenic spacer, 유전자 사이 간격)들이 rRNA 암호화 부위들 사이에 위치한다. (b) IGS는 다음의 element들을 가진다: 일련의 종결자(Term)들, 노란색; enhancer들, 오렌지색; SP(spacer promoter, 간격 promoter), 짙은 초록색; PT(proximal terminator, 근위 종결자) 연녹색; UPE(upstream promoter element, 상부 promoter element), 옅은 파랑색; 분홍색의 rRNA 개시자(initiator)를 포함하는 promoter 핵심, 갈색. 전사 개시 부위들은 굽어진 붉은 화살표로 표시되어 있다. 출처: Paule, M. R.과 White, R. J., *Nucleic Acid Res.* 28(2000):1283-1298.

## 진핵생물의 rRNA 전사 단위는 대체로 한 방향으로 배열된 집단을 이루고 있으며 그들 사이에 유전자 사이 간격을 두고 있다.

각각의 rRNA 전사 단위 집단에 위치한 rRNA 전사 단위들은 한 방향으로 배열되어 있으며 각각의 전사 단위는 이웃하는 전사단위와 IGS(intergenic spacer, 유전자 사이 간격; **그림 18.3a**)를 사이에 두고 있다. 각각의 rRNA 전사 단위는 상부의 유전자 사이 간격에 promoter를 가지고 있으며 하부의 유전자 사이 간격에는 전사 종결자(terminator)를 가진다(**그림 18.3b**). 이러한 배열과 높은 전사 속도로 인하여 rRNA 전사 인자는 염색체를 펴서 전자 현미경으로 관찰할 때 구분이 가능하다(**그림 18.4**). 전사체(transcripts)들이 아주 밀접히 모여(하나의 rRNA 전사 단위 당 약 100 개의 전사체)있고 DNA로부터 수직으로 삐져나와 있어서 각각의 전사 단위는 '크리스마스 트리' 와 같은 모양을 띠게 된다. '나무' 의 끝은 전사 개시 부위에 있으며 넓게 끝나는 부분은 전사 종결 부위이다.

## rRNA 전사 단위의 promoter는 핵심 promoter와 UPE(상부 promoter element)로 구성되어 있다.

rRNA 전사 단위의 promoter는 2가지 element로 구성되어 있다: 핵심 promoter는 전사에 필수불가결하며 **UPE(upstream promoter element, 상부 promoter element)**는 꼭 필요하지는 않다(그림 18.3b). 사람의 경우 핵심 promoter는 전사 개시 부위(+1)의 약 50 bp 앞에서 시작하여 약 20 bp 뒤까지 이어진다. 핵심 promoter 내의 −10부터 +10에 해당하는 AT(adenine-thymine)-풍부 부위는 **rInr(rRNA initiator**, rRNA 개시인자)이라 불리며 이 부위는 1종에서 다른 종 사이에 잘 보존이 되어 있어 rRNA promoter서열에서 특이한 부분이다. AT의 높은

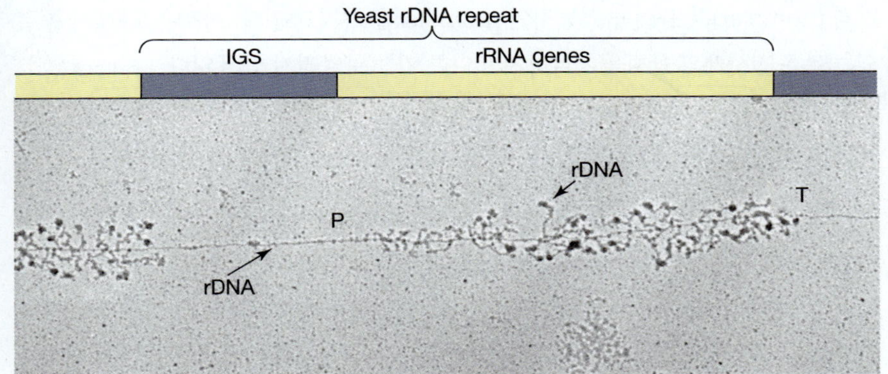


**그림 18.4 효모의 핵 염색질을 길게 펴고 찍은 전자현미경 영상.** rDNA의 반복적인 배열이 효모의 핵 염색질을 길게 펴고 찍은 전자현미경 영상에 나타나 있다. 점진적으로 길어지는 rRNA들(같이 붙어 있는 단백질들을 통해 염색됨)이 rRNA 전사 단위(위 부분의 노란색으로 표시된 부분)를 따라 움직이는 무수한 RNA 중합효소 I 복합체들로부터 뻗어나 있다. 전사단위는 promoter(P)로부터 시작하여 종결자(T)에서 끝난다. 출처: Trends Biochem Sci., vol. 30, Russell, J., Somerdijk, J. C. B. M., RNA-*polymerase-I-directed rDNA* . . ., pp.87-96, 2005 저작권, 허가: Elsevier 및 Virginia 대학의 Ann L. Beyer.

빈도는 닫힌 promoter에서 열린 promoter로의 변환을 용이하게 할 것으로 보이며 이것은 전사 개시에 있어 필수불가결한 조건이다. 비록 이것이 RNA 중합효소 II promoter의 TATA box와 유사하지만 rInr은 TBP(TATA-binding protein, TATA-결합 단백질; 15장 참조)의 결합 부위는 아니다. 사람의 UPE는 −107부터 −186에 걸쳐 존재하며 실험관과 생체에서 전사 개시를 각각 15와 100배 씩이나 증가 시킨다. 다른 종들의 promoter 또한 유사한 전반적인 구조를 가지고 있으나 사람의 promoter와는 유사성이 크지 않다. Promoter 서열들이 종에 따라 특이하므로 한 종의 개체로부터 분리한 핵 추출물은 같은 종의 다른 개체 혹은 아주 밀접한 종으로부터 분리한 rRNA 전사 단위만을 전사할 수 있다.

유전자 사이 간격 내에 있는 다른 유전적 요인들 또한 전사를 조절한다. **PT(proximal terminator, 근접 종결자)**는 전사 개시 부위로 부터 약 200 bp 상부에 위치하고 있으며 상부의 전사 단위로 부터의 전사를 끝내어 계속읽기(read through)를 방지한다. PT는 또한 하부의 rRNA 전사 단위로 부터의 전사를 활성화한다. 이러한 활성화를 설명하기 위해 제안된 몇 가지 기작을 보면 PT가 (1) promoter 부위의 염색질 재구성(chromatin remodeling)의 신호로 작용하거나 (2) rRNA 전사 단위들을 나란히 배열하도록 하여 RNA 중합효소 I이 하나의 rRNA 전사 단위의 끝으로부터 다음 전사 단위의 promoter로 이동할 수 있게 한다는 것이다. IGS는 또한 증진자(enhancer) 서열도 가지고 있다. Enhancer는 고등 동물에서 대체로 몇 번씩 반복(그림 18.3b)되어 나타나지만 효모의 경우에는 단지 1개의 enhancer가 있을 뿐이다. rRNA enhancer는 다수의 전사인자와 결합하지는 않기 때문에 단백질을 암호화하는 전사 단위에 작용하는 enhancer와는 다른 방법으로 작용한다고 생각되어 진다. 고등 동물에서 발견되는 IGS는 또한 SP(spacer promoter,

간격 promoter)라 불리는 기능적인 promoter를 가지고 있다. 이것은 PT에서 종결되는 짧은 전사체의 합성을 자극하지만 다른 기능은 알려져 있지 않다.

## rRNA의 전사와 처리과정은 핵인(nucleolus)에서 일어난다.

전사중인 rRNA의 전사 단위와 RNA 중합효소 I 전사 기구(transcription machinery)들은 핵 안의 전사와 관련 처리과정을 전담하는 '공장' 에서 발견되며, 이곳은 **핵인(nucleolus)**이라 불린다. 비록 세포기관(organelle)으로 불리지만 핵인은 막으로 둘러싸여 있지 않기 때문에 진정한 의미의 기관은 아니다. 전자현미경으로 관찰하면 핵인은 독특하면서도 구조적으로 보존된 3가지의 구성성분들을 가진다(**그림 18.5**). 첫 번째는 FC(fibrillar center, 섬유 핵)으로 RNA 중합효소 I과 다양한 전사 인자들로 가득 차 있는 연한 부위이다. 하나의 핵인에는 여러 개의 섬유핵을 가질 수 있다. 두 번째 구성 성분인 DFC(dense fibrillar component, 밀집 섬유 성분)는 섬유소가 아주 밀집한 부위로서 FC를 일부분 혹은 전부 둘러싸고 있다. 세 번째 구성 성분은 GC(granular compartment, 과립 구획)로서 핵인의 나머지 부위를 차지한다. 핵인의 이러한 구성은 ribosome 전구체의 원활한 형성을 위한 것으로 생각되어 진다. 1가지 가설에 의하면, RNA 합성은 FC와 DFC의 경계면에서 일어나며 새로 만들어진 전사체(pre-rRNA)들이 DFC로 들어가면서 처리 및 변형을 거치면서 ribosome으로 조립되는 와중에 ribosome의 전구체는 DFC에서 GC로 이동한다는 것이다. 핵인은 활동적인 구조로서 세포가 분열할 동안은 해체되고 간기에는 다시 형성된다. 핵인의 외관에 따라 특정 질병의 발생여부를 확인할 수 도 있다. 예를 들어 암세포들은 종종 비정상적으로 큰 핵인을 가질 수 있다. 이러한 예비지식들을

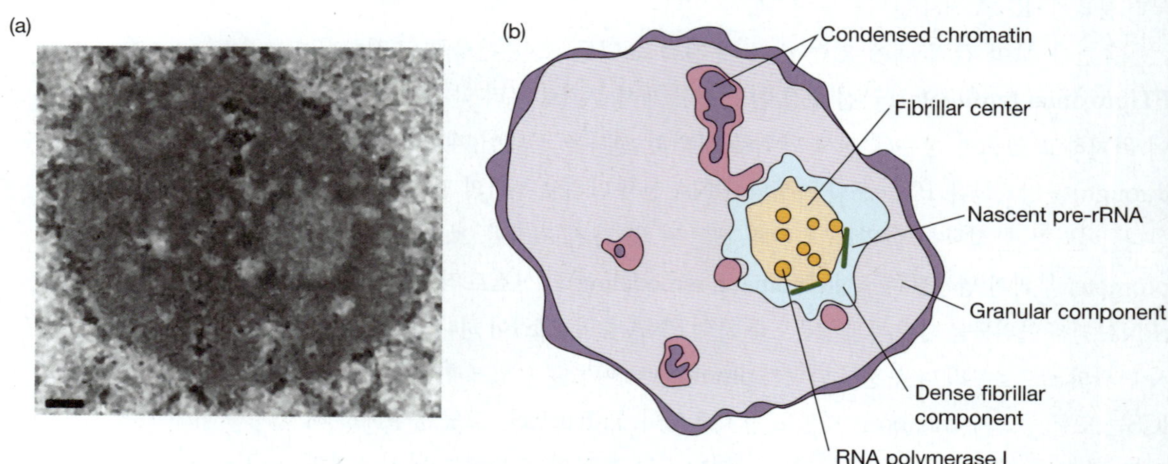


**그림 18.5 사람의 핵인(nucleolus)의 구성.** (a) 사람 세포(Hep-2 세포; 후두 상피암)에 있는 인의 전자 현미경 사진. (b) 전자 현미경 사진 그림. 비록 RNA 중합효소 I과 pre-rRNA 분자들이 전자 현미경으로 보이지는 않으나, 이들의 위치는 다른 실험들에 의해 밝혀졌으며 그림에 표시되어 있다. 출처: Trends Cell Biol., vol. 15, Thiry, M., LaFontaine, D. L. J., *Birth of a nucleolous . . .*, pp-194-199. 2005 저작권, 허가: Elsevier 및 Libre de Bruxelles 대학 Denis L. J. LaFontaine.

기억하면서 이제부터는 pre-rRNA 형성에 관여하는 효소와 단백질 인자들에 대해 검토해 보자.

## RNA 중합효소 I는 다수의 subunit를 가진 효소로서 그 구조는 RNA 중합효소 II와 유사하다.

RNA 중합효소 I는 생쥐에서는 11가지, 효모에서는 15가지의 subunit들을 가지고 있다. 이러한 차이점의 이유는 확실치 않지만 아마도 특정 subunit들은 효모의 효소에서 보다 생쥐의 효소에서 더 잘 떨어지기 때문일 수 있다. 효모에서 RNA 중합 효소 I의 유전자는 클로닝이 되었다. 효모 RNA 중합효소 subunit들 중 5개는 다른 2가지의 핵 RNA 중합효소들의 그것과 동일한 반면에, 다른 2개의 subunit들은 RNA 중합효소 III의 subunit들과는 동일하였으나 RNA 중합효소 II의 subunit들과는 동일하지 않았다. 가장 큰 2개의 RNA 중합효소 I subunit들은 RNA 중합효소 II의 가장 큰 2개의 subunit들에 상응하였다. RNA 중합효소 I의 고해상도 형태 분석은 아직 보고되지 않았다. 그러나, 전자 현미경으로 관찰된 효모 RNA 중합효소 I의 구조는 효모 RNA 중합효소 II Δ4/7의 결정 구조와 형태와 크기 면에서 동일하였다(**그림 18.6**). 이것은 이들 2가지 RNA 중합효소가 아주 유사하다는 생각을 입증한다. 사람, 렛트, 생쥐의 몇 가지 RNA 중합효소 I subunit들의 cDNA 클론들로부터 부터 아미노산 서열을 추정해 본 결과, 이들 subunit들은 서로에게 그리고 효모의 효소와 높은 수준의 상동성을 보였다.

rRNA 합성에서 RNA 중합효소 I의 기능이 일단 확실해 지고 난 뒤, 연구자들은 이 효소가 다른 유전자들도 전사하는지를 확인해 보았다. Masayasu Nomura와 그 동료들이 1991년에 효모에서 실행한 실험은 이 질문에 대한 해답을 마련해 주었다. 그들은 온도-민감성의 RNA 중합효소 I을 가진 효모 품종에 효모 rRNA 전사 단위와 *GAL7* promoter를 융합시킨 다복사 플라스미드(multicopy plasmid)를 형질전환 시켰다. 예상 하였듯이, 이 품종을 비허용온도(nonpermissive temperature)의 galactose가 결여된 배지에서 배양할 경우, 새로운 ribosome을 만들지 못하기 때문에 자라지 못하였다. 그러나, galactose를 배지에 넣으면 이것이 RNA 중합효소 II로 하여금 GAL7 promoter로부터 rRNA 전사단위를 전사하도록 하여 성장의 결함이 억제되었다. 만약 RNA 중합효소 I이 rRNA 전사 단위 이외의 다른 필수적인 유전자들을 전사하기 위해 필요하였다면 성장의 결함을 억제하지 못했을 것이다. 따라서, Nomura와 그 동료들이 수행한 실험은 효모 RNA 중합효소 I의 유일한 필수적인 기능은 rRNA 전사 단위를 전사하는 것임을 확실히 증명하였다. 이것은 다른 대부분의 진핵 생물에서도 그러할 것으로 여겨진다.

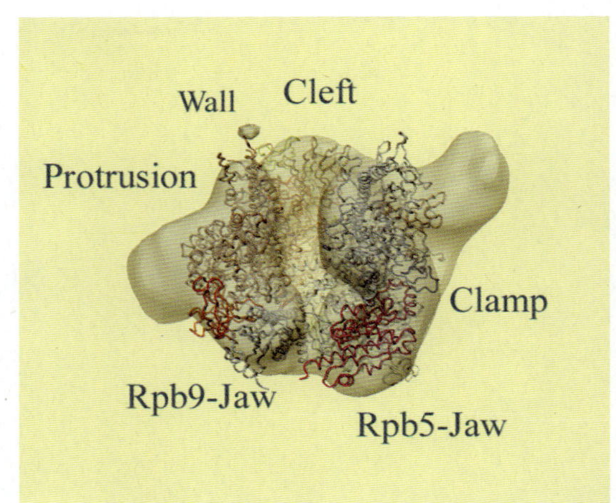


**그림 18.6 RNA 중합효소 II Δ4/7 결정구조를 전자현미경으로 재구성된 RNA 중합효소 I 모형에 맞추어 봄.** RNA 중합효소 II Δ4/7(리본 형) 결정구조가 전자현미경으로 재구성된 RNA 중합효소 I 모형(투명한 회색의 외관)에 겹쳐져 있다. 10 가지 공통적인 혹은 상응하는 subunit들의 색깔은 다음과 같다: Rpb1, 백색; Rpb2, 금색; Rpb3, 붉은색; Rpb5, 분홍색; Rpb6, 옅은 파랑색; Rpb8, 짙은 초록색; Rpb9, 오랜지색; Rpb10, 짙은 파랑색; Rpb11, 노란색; Rpb12, 옅은 초록색. 출처; J. Mol. Biol., vol. 329, De Carlo, S. 등, *Cryonegative staining . . .*, pp. 891-902. 2003 저작권, 허가: Elsevire 및 Colorado 대학의 Sacha De Carlo.

## 전사에는 RNA 중합효소 I–결합 인자들이 필요하다.

RNA 중합효소 I는 결합 인자들을 가지고 있으며 이들은 종종 분리과정에서 유실되는 경우가 있기 때문에 이들을 핵심 효소(core enzyme)에 보충해 주어야만 *in vitro* 에서 전사를 일으킬 수 있다. 생쥐 세포로부터 3가지의 PAF(polyme-rase associated factor, 중합효소 결합인자)들이 분리되어 **PAF53, PAF51, PAF49**로 명명되었다. PAF53은 효모 RNA 중합효소 I subunit 중 쉽게 분리되는 것 하나와 아주 유사하다. 실험관 조건에서 PAF53은 RNA 중합효소 I에 의한 무작위적인 전사가 아니라 promoter 특이적인 전사에 필요하다. PAF51과 PAF49에 대한 것은 잘 알려져 있지 않다.

두 번째 종류의 RNA 중합효소 결합 인자들로는 동물의 **TIFIA(transcription initiation factor IA, 전사 개시 인자 IA)**(효모에서는 RRN3)로서 RNA 중합효소 I 핵심 효소와 밀접히 연관되어 있다. TIFIA는 영양소 결핍, 노화, 바이러스 감염과 같은 pre-rRNA의 전사를 감소시키는 조건에 반응하여 성장-의존적인 pre-rRNA 전사 조절에 핵심적인 역할을 하는 것으로 여겨진다. TIFIA는 여러 개의 인산화 부위를 가지고 있다. 저인산화(hypophosphorylation)된 TIFIA는 핵심 RNA 중합효소 I에 결합하지 못하며 전사를 활성화하지 못한다. TIFIA가 인산화되어야 만 전사를 활성화할 수 있다는 사실은 이것이 pre-rRNA 형성을 조절하는 기작이 될 수 있음을 시사한다. 세포는 rRNA 합성이 필요한 좋은 성장 조건 하에서는 protein kinase를 자극하는 일련의 신호를 발생시켜 TIFIA를 인산화하여 활성을 나타내게 한다. 반대로, rRNA 합성이 필요하지 않는 나쁜 성장조건 하에서는 phosphatase를 자극하는 일련의 신호를 발생시켜 TIFIA를 탈인산화하여 불활성화 되도록 한다. 따라서, 세포의 성장이 멈추면 비록 TIFIA의 전체 농도는 변하지 않더라도 TIFIA가 부착된 RNA 중합효소 I의 숫자가 감소하게 된다. 이러한 관찰결과들은 RNA 중합효소 · TIFIA 복합체가 해체되면 전사작용이 중단된다는 가설과 부합한다.

## RNA 중합효소 I는 또한 2개의 전사보조인자, 즉 UBF(상부결합인자)와 선택성 인자(SL1/TIFIB)를 필요로 한다.

RNA 중합효소 I는 rRNA를 생산하기 위해 2가지의 보조인자들 또한 필요로 한다. 이들 중 첫 번째는 **UBF(upstream binding factor, 상부결합인자)**이며 2개의 동일한 97 kDa의 polypeptide subunit들로 구성되어 있다. 이 이량체는 N-말단의 이량화 domain을 통해 결합한다(**그림 18.7a**). rRNA 유전자의 전사를 위해서는 2개의 이량체가 필요한 것으로 보인다; 하나는 핵심 promoter에 결합하며 다른 하나는 UPE에 결합한다. 이량화 domain 다음에는 6개의 DNA-결합 domain이 존재한다. 각각의 polypeptide subunit의 6개 DNA-결합 domain 중 3개는 DNA와 직접 결합하여 DNA가 140 bp마다 한 번씩 360°의 고리를 형성하도록 유도한다(**그림 18.7b**). 이러한 고리의 형성으로 인해 핵심 promoter와 UPE가 서로 가까이 위치하게 된다. UBF subunit의 C-말단은 산성 아미노산과 serine 잔기가 풍부하며 전사 활성화에 필요하다. 더구나, serine 잔기는 인산화가 가능한 부위이므로 조절 부위가 될

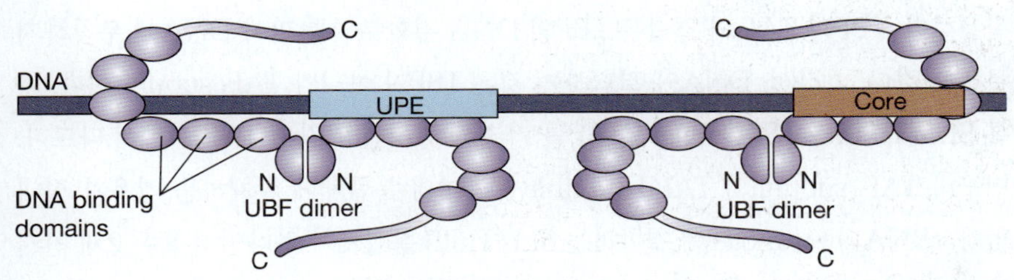


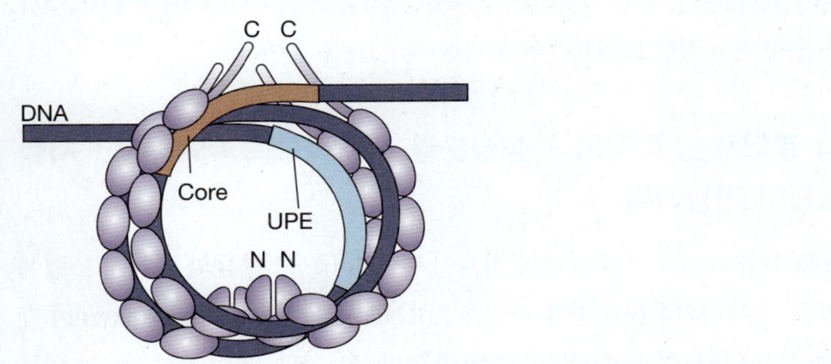


**그림 18.7 UBF 와 rDNA 사이의 결합 모형.** (a) 2개의 UBF 이량체와 rDNA 간의 결합 모형. 아미노 말단과 카르복실 말단은 각각 N과 C로 표시되어 있다. 비록 UBF도 enhancer와 결합하는 것으로 여겨지지만 이 결합은 여기에서는 그려져 있지 않다. (b) UBF에 의해 유발된 DNA 구조의 모형. UBF는 DNA와 결합하여 약 280 bp의 DNA가 2회전의 고리를 형성하는 핵단백질 복합체를 형성한다. 약자: UPE, upstream promoter elemsnt, 상부 promoter element; core promoter, 핵심 promoter. 출처: Moss, Y., Stefanovsky, V. Y., Cell 109(2002): 545-548.

수 있다. 비록 효모 rRNA 전사 단위는 UPE에 상응하는 부위를 가지고는 있으나 UBF 상동체(homologue)가 효모에는 존재하지 않는 것으로 보인다. 그 대신, 효모는 **UAF(upstream activation factor, 상부활성인자)**라 불리는 전혀 다른 전사인자를 사용한다.

두 번째의 보조 인자는 사람에서는 **SL1(selectivity factor, 선별인자)**, 생쥐에서는 **TIFIB(transcription initiation factor IB, 전사 개시인자 IB)**, 효모에서는 **CF(core factor, 핵심인자)**라 불린다. 우리는 포유류의 전사인자에 일상적으로 사용하는 방법에 따라서 이를 SL1/TIFIB라 부르기로 하자. SL1/TIFIB는 종-특이적이어서 동일하거나 밀접한 연관이 있는 종에서 유래한 rRNA 전사단위에는 작용하지만 다른 종으로 부터의 전사단위에는 작용하지 않는다. 예를 들어, 사람의 SL1은 사람과 원숭이의 rRNA 전사단위에는 작용하지만 생쥐나 효모의 rRNA 전사단위에는 작용하지 않는다. 이러한 발견은 왜 1종에 속하는 개체로부터의 핵 추출물이 동일하거나 혹은 밀접히 연관된 종의 다른 개체로부터 유래한 rRNA 전사단위는 전사하면서 전혀 다른 종의 rRNA 전사단위는 전사하지 못하는지를 설명해 준다.

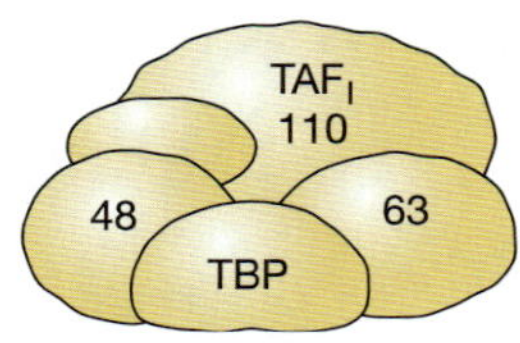


**그림 18.8 선별인자 SL1/TIFIB.** 사람과 생쥐의 선별인자는 각각 SL1과 TIFIB라 불린다. 사람의 선별인자인 SL1은 분자량이 약 300 kDa 정도이며 TBP(TATA 결합 단백질)와 적어도 3가지(110, 63, 48 kDa)의 RNA 중합효소 특이적인 TAF$_I$(TBP-결합 인자)들을 포함한다. 생쥐의 선별인자인 TIFIB가 가지는 상동적인 TAF$_I$들은 각각 95, 68, 48 kDa 이다. 출처: Russell, J., Zomerdijk, J. C. B., *Trends Biochem. Sci.* 30(2005):87-96.

SL1/TIFIB는 TBP와 적어도 3개의 **TAF$_I$(TBP-associated factors, TBP-결합 인자들)**을 포함한다(**그림 18.8**). 포유류의 TAF$_I$들은 서로 간에, 그리고 TBP와 상호작용한다. TBP와 TAF$_I$의 결합은 TBP의 DNA 결합부위를 막아 DNA에 부착하지 못하게 한다. 따라서, DNA와 결합하는 것은 TBP가 아니라 TAF$_I$ subunit이다. 비록 SL1/TIFIB와 TFIID 모두가 TBP를 가지고 있지만 각각의 TAF는 많이 다르다. 더구나 TAF$_I$ subunit와 TAFII subunit는 하나의 복합체에 존재하는 경우가 절대 없다. rRNA의 promoter에 결합하는 SLI/TIFIB 복합체가 하나인지 혹은 2개 인지를 확인하기 위해서는 더 많은 연구가 필요하다. 그러나, 결합한 SLI/TIFIB가 RNA 중합효소 I을 소집한다는 것에 대해서는 대부분 동의하는 듯하다. UBF는 PAF53과의 상호작용을 통해 이러한 소집과정을 도와줄 것으로 생각된다.

## 전사 개시 복합체는 각각의 구성성분을 순차적으로 더해 주면 시험관에서 조립이 가능하다.

rRNA 전사를 위한 전사개시 복합체의 형성이 단백질 구성성분들의 순차적 조립에 의한 것인지 혹은 하나의 RNA 중합 완전효소(RNA polymerase holoenzyme) 작용에 의한 것인지에 대하여 현재 상당한 논란이 있다. 순차적인 조립을 주장하는 연구자들은 조직화학법을 이용한 실험을 인용한다: 이 실험에서 초록 형광단백질을 부착시킨 RNA 중합효소 I의 구성element들이 서로에게서 독립적으로 핵인(nucleolus)을 드나드는 것이 관찰되었다. 완전효소의 작용을 주장하는 연구자들은 RNA 중합효소 I을 이용한 생화학 실험을 인용한다: 세포 추출물을 이용한 이 시험에서 실험관에서의 rRNA 합성을 위해 필요한 모든 구성element들이 holoenzyme의 형태로 분리가 가능하였다. 어느 가설이 정확하든지 순차적인 형성에 대한 연구로 인해 얻어진 정보들이 전사 기구의 다양한 구성성분들 간의 상호작용의 본질을 밝히고 이에 따라서 rRNA 합성에 대한 이해에 도움을 줄 것이라고 생각할 수 있다.

## RNA 중합효소 I는 개시이전(pre-initiation) 복합체의 형성과 함께 시작하는 전사 주기를 통해 작용한다.

rRNA 합성의 개시 과정의 정확한 순서는 확실치 않다. 지금까지의 가설은 UBF가 rDNA에 먼저 결합하고 SL1/TIFIB의 소집을 돕는다는 것이었다. 그러나, Joost C. B. M. Zomerdijk과 동료들은 UBF 자체는 rDNA에 안정적으로 결합할 수 없으나 대신 빠르게 결합하고 분리한다는 것을 증명하였다. 이들은 더 나아가 SL1/TIFIB가 UBF와 rDNA promoter 간의 결합을 안정화 하는데 도움을 준다는 것을 증명하였다. 그들은 이러한 발견들을 바탕으로 UBF가 rDNA promoter로 SL1/TIFIB를 소집하여 전사를 활성화하는 것이 아니라, SL1/TIFIB가 핵심 promoter에 결합하여 개시이전 복합체의 형성을 조장하며, UBF의 결합을 안정화하고(**그림 18.9**, 1단계), 그 다음으로는 UBF와 더불어 RNA 중합효소 I을 소집한다는 다른 가설(그림 18.9,

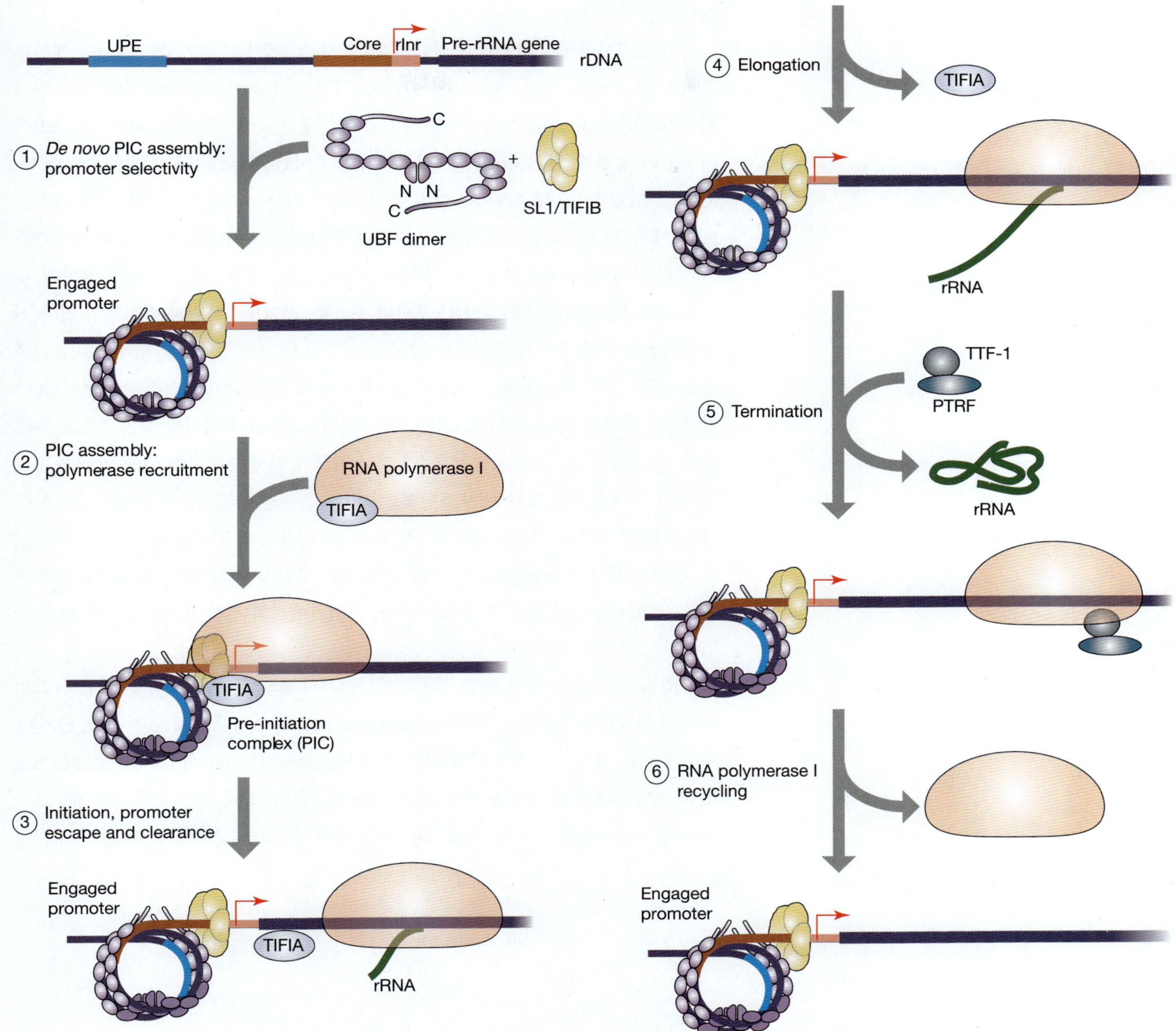


**그림 18.9 RNA 중합효소 I(Pol I)에 의한 전사 주기.** (1) 새로운 개시이전 복합체(PIC)의 조립. SL1/TIFIB가 rRNA의 핵심 promoter에 선택적으로 부착하고 UBF가 핵심 promoter와 상부 promoter element에 결합한다. (2) RNA 중합효소 I의 소집(recruitment). SL1은 RNA 중합효소 I과 이에 강하게 부착된 인자들의 소집을 돕는다. (3) 개시(initiation)와 연관된 promoter 탈피(promoter escape)와 정리(clearance). RNA 중합효소는 promoter를 열어 전사를 시작하고 promoter로부터 탈피한다. (4) 신장(elongation). promoter 탈피 단계 이후 RNA중합효소 I는 처리능(processivity)이 강해져서 새로 만들어진 rRNA를 신장시킨다. (5) 종결(termination). RNA 중합효소 I에 의해 촉매되는 전사는 유전자의 3′ 말단에 위치한 특이적인 서열에서 끝난다. 이 서열에는 전사 종결 인자(TTF-1)과 RNA 중합효소 I 전사 방출 인자(PTRF)가 부착되어 있어 종결을 돕는다. RNA 중합효소 I과 pre-rRNA는 방출된다. (6) RNA 중합효소 I의 재활용. Promoter 정리(clearance) 이후, SL1/TIFIB와 UBF는 promoter에 붙어서 남아있어 새로운 개시를 위한 틀을 형성하게 되며 이 틀에 새로운 RNA 중합효소 I과 TIFIA가 소집되어 새 전사 주기가 시작된다. 핵심 promoter는 편의상 고리화 된 DNA의 3′ 말단에 그려져 있다. 개시 복합체에서 RNA 중합효소 I과 그 전사인자들의 세밀한 위치를 결정하기 위해서는 더 많은 연구가 필요하다. 출처: Russell, J., Zomerdijk, J. C. B. M., *Trends Biochem. Sci.* 30(2005): 87-96.

2단계)을 제시하였다.

일단 개시이전 복합체가 조립되면 RNA 중합효소 I 전사 기구는 전사를 개시할 준비가 된 것이다. 전사 개시 부위에 인접한 DNA가 용해(melting)되어 작은 전사 거품(transcription bubble)이 만들어지고 이를 통해 주형 가닥(template strand)에 대응하여 정렬한 nucleotide들 사이에 최초의 phosphodiester 결합이 형성된다. RNA 중합효소 I가 주형가닥을 따라 움직이면서 전사 거품은 더욱 커져서 궁극적으로 12에서 23 bp의 길이로 늘어난다. 간단히 설명하기 위해 작은 거품과 전사거품은 그림 18.9에 나타나 있지 않다. RNA 중합효소 I는 주형가닥을 따라 움직이며, 뒤에 UBF와 SL1을 남긴다(그림 18.9, 3과 4단계). 적어도 1가지의 추가적인 인자(신장인자 SII)가 전사 신장 복합체와 결합한다(그림 18.9에는 나타나 있지 않다). 그러므로, 신장인자 SII는 RNA 중합효소 I와 II 모두에 의한 전사의 신장에 관여한다(15장 참조). 사람의 RNA 중합효소 I는 초당 약 95 nucleotide를 중합하는 것으로 추측된다. 전사의 신장은 RNA 중합효소 I 전사 기구가 전사 종결자(terminator)에 도달할 때까지 계속된다(그림 18.9, 5단계). 그리고 전사는 종결되고 전사체와 RNA 중합효소는 풀려난다. 풀려난 RNA 중합효소 I는 자유롭게 전사를 다시 시작할 수 있다. UBF와 SL1가 promoter에 남게 되는 것은 그렇지 않은 경우 보다 훨씬 빠르게 새로운 전사를 시작할 수 있게 하여준다. 시험관에서의 전사 개시는 5초당 한번 씩 일어나는 것으로 추측된다.

RNA 중합효소 I에 의한 전사는 독특한 서열의 3′ 부분에서 종결된다(그림 18.9, 5 단계). 전사 종결은 TTF(transcription termination factor, 전사 종결 인자)-1이라 불리는 종결 단백질과 PTRF(RNA polymerase I transcription release factor, RNA 중합효소 I 전사 방출 인자)의 도움이 필요하다. 종결 신호 혹은 종결자는 2가지 구성 element를 가진다. **그림 18.10**은 생쥐 종결자의 2가지 구성 element들을

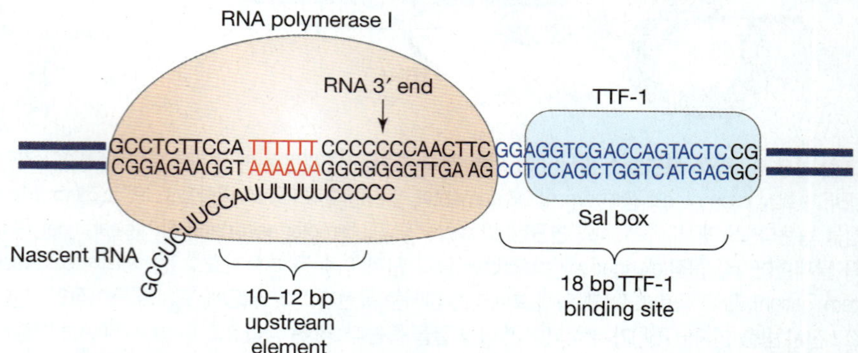


**그림 18.10 생쥐의 전사 종결자.** 생쥐의 전사 종결자는 T-풍부 종결자 단백질 결합 부위(붉은색)와 Sal box라 불리는 상부 element로 구성되어 있다. 전사 종결인자 혹은 TTF-1이라 불리는 단백질은 전사 신장 복합체를 멈추게 한다. PTRF라 불리는 두 번째의 RNA 중합효소 I 전사 방출인자가 RNA 중합효소 I과 TTF-1과 결합하여 RNA 중합효소 I의 방출을 일으킨다. 출처: Reeder, R. H., Lang, W. H., *Trends Biochem. Sci.* 22(1997): 473-477.

보여준다. 이들의 배열은 다른 진핵세포에서 동일하지는 않으나 유사하다. 상부의 T-풍부 element는 종결된 전사체의 적어도 10~12개의 nucleotide를 암호화한다. 하부의 종결 단백질 결합 부위(AGGTCGACCAGA/TT/ANTCCG)는 Sal box라 불린다. 이것은 이 부위가 GTCGAC를 가지고 있어 SalI restriction endonuclease 절단 부위가 되기 때문이다. 종결이 일어나기 위해서 Sal box는 그림에서의 방향으로 놓여 있어야만 한다. RNA 중합효소 I을 포함한 전사 신장 복합체가 Sal box에 결합된 TTF-1을 만나면 복합체는 진행을 멈추고 RTRF가 RNA 중합효소 I 및 TTF-1과 결합한다(그림 18.9, 5단계). 풀려난 뒤, exonuclease가 전사체의 3′ 끝을 다듬어 성숙한 3′ 끝 부분을 만들어 낸다. 끝으로 RNA 중합효소 I이 풀려난다. 다른 진핵 생물에서의 RNA 중합효소 I에 의한 종결 기작은 포유류에서의 그것과 유사하다. 그러나 효모에서의 전사체 분리는 방출인자를 필요로 하지 않는다. 그 대신, 방출은 중합효소에 의해 갓 만들어진 RNA-DNA 잡종의 불안정성에 완전히 의존하여 일어나는 것으로 보인다.

## Pre-rRNA는 복잡한 일련의 분할 및 변형을 거쳐 성숙한 rRNA로 변환된다.

Pre-rRNA의 합성은 ribosome 형성에 필요한 아주 복잡하고 에너지 소비가 많은 과정의 첫 단계일 뿐이다. Pre-rRNA를 ribosome으로 변환하는 것은 여러 번의 공유 변형(covalent modification), 많은 수의 특이적인 분할, ribosome 전구체의 순차적인 조립 그리고 특이적인 ribosome 전구 복합체의 핵인에서부터 핵질(nucleoplasm)로의 운반과 다른 ribosome 전구 복합체의 핵질으로부터 세포질로의 운반 등의 과정이 필요하다. 전사 이후부터 ribosome 형성까지의 과정에 대해 검토하기 위해 우선 pre-rRNA에서 성숙한 rRNA로의 변환에 대해 살펴보자.

Pre-rRNA가 잘려서 성숙한 rRNA로 변환하기 전에 특정 부위에서 2′-O-methylated ribose와 pseudouridine으로의 변형이 일어난다. 사람의 5.8S, 18S, 28S rRNA들은 전체로 약 110개의 2′-O-methyl ribose와 거의 100개에 이르는 pseudouridine을 가지고 있다. 효모의 rRNA에는 이 숫자의 약 절반 정도에서 변형이 일어난다. 이러한 공유 변형은 성숙한 rRNA 분자에서 기능적으로 중요한 부위에 한정되어 있어 이들이 ribosome 기능에 기여함을 시사한다.

이러한 많은 수의 특이적인 공유변형 부위가 있다는 사실은 어떻게 세포가 변형되어야할 nucleotide를 찾아내는지에 대한 의문을 일으킨다. 초기에 과학자들은 특이적인 효소들이 충분히 이 일을 해 낼 수 있을 것으로 생각했으나 곧 깨달은 것은 하나의 효소가 여러 가지 다른 methylation 및 pseudouridylation 부위를 인식하지 못할 것이라는 것과 각각의 부위에 대하여 특이적인 효소를 만들어낸다는 것은 세포의 활동에 있어서 경제적이지 못하다는 것이었다. 이 문제는 **snoRNA(small nucleolar RNA)**분자가 rRNA 내부의 목표 nucleotide를 찾아내는 과정의 안내자 역할을 한다는 것이 증명되면서 해결되었다. 이들 snoRNA들은 **snoRNP(small**

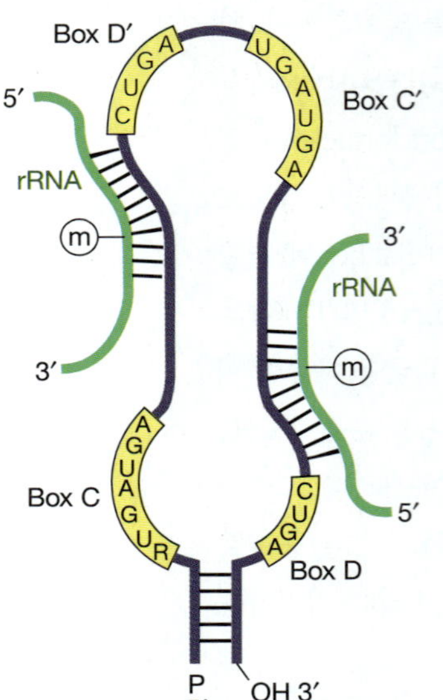


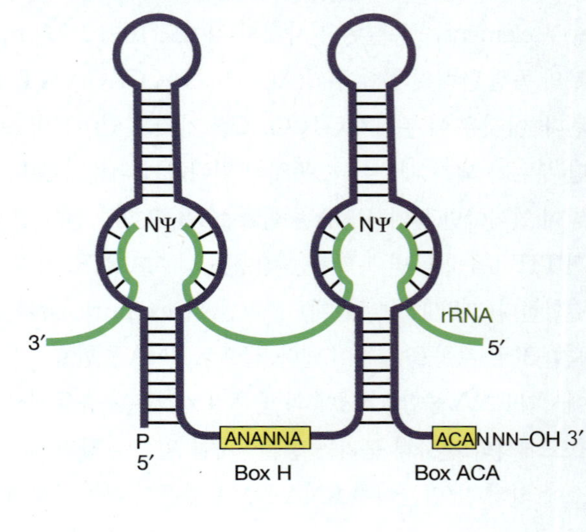


**그림 18.11 2′-O-methylation와 pseudouridine 형성에 관여하는 snoRNA 분자들.** Ribosomal RNA 분자들은 초록색으로, snoRNA 분자들은 파랑색으로 나타나 있다. (a) O-methylation snoRNA. C, C′, D, D′ box들의 보존된 염기서열들이 표시되어 있다(R은 purine을 표시한다). Methylation 부위는 'm'으로 표시되어 있다. (b) Pseudouridylation snoRNA. H와 ACA box의 보존된 염기서열들이 표시되어 있다(N은 임의의 nucleotide). Pseudouridylation 부위는 그리스 문자 Psi(ψ)로 표시되어 있다. 출처: Kiss, T., *EMBO J.* 20(2001):3617-3622.

**ribonucleoprotein)** 복합체의 일부이며 snoRNP들은 methylation와 pseudouridylation에 필요한 효소를 포함하고 있다.

Methylation에 관여하는 snoRNA들은 5′과 3′ 말단에 보존된 C box (RUGAUGA; R은 purine)와 D box(CUGA)를 각각 가지고 있다(**그림 18.11a**). 이들 두 box는 짧은(4-5 bp) 말단 나선을 통해 연결된다. 이외에도 C와 D와 유사한 부위들(C′과 D′ box라 부른다)이 snoRNA 내부에 위치한다. 2′-O-methylation에 관여하는 snoRNA는 rRNA 서열과 완벽한 이중 나선을 형성할 수 있는 한 2개의 10에서 21 nucleotide 서열을 또한 가진다. snoRNA는 rRNA와의 결합을 통해 2′-O-methylation가 일어나는 위치를 지정해 주는 것으로 생각되며 그 위치는 D 혹은 D′ box의 5 bp 상부에 위치한 rRNA의 nucleotide이다(그림 18.11a).

Pseudouridylation에 관여하는 snoRNA는 3′ 말단에 하나의 **ACA box**를 가지며 2개의 줄기(stem) 구조를 연결하는 하나의 경칩(hinge) 혹은 **H box** (ANNANNA, N은 아무 nucleotide)를 가진다(**그림 18.11b**). Pseudouridylation에 의해 변형될 rRNA nucleotide의 위치는 snoRNA 줄기 내부에 위치한 고리(loop)에 의하여 결정된다: 이 고리는 pseudouridylation가 일어나는 자리 옆의 rRNA와 결합하여 4~6 bp의 중복부위(duplex)를 형성할 수 있다. Endonuclease들은 변형된 pre-rRNA를 특별한 부위에서 자르며 잘려진 산물들은 exonuclease들에 의해 다듬어지거나 성숙한 rRNA가 형성될 때까지 더 많은 내부핵산 가수분해 과정을 거친다. Pre-rRNA의 처리에 관여하는 많은 수의 exonuclease들이 분리되어 그 특성이 연구되어 왔으나 endonuclease들은 그렇지 못하였다. 현재 우리가 알고 있는 분할 단계들에 대한 지식은 대부분 효모의 pre-rRNA 처리과정을 연구함으로써 가능했다(**그림 18.12**). 효모의 35S pre-rRNA의 분할 부위들은 $A_0$부터 E 까지의 문자들로 표시되어 있다. 분할은 $A_0$, $A_1$, $A_2$ 위치에서 시작되어 20S와 $27SA_2$ pre-rRNA를 생산한다. 20S pre-rRNA는 분할되어 작은 ribosome subunit에 위치하는 성숙

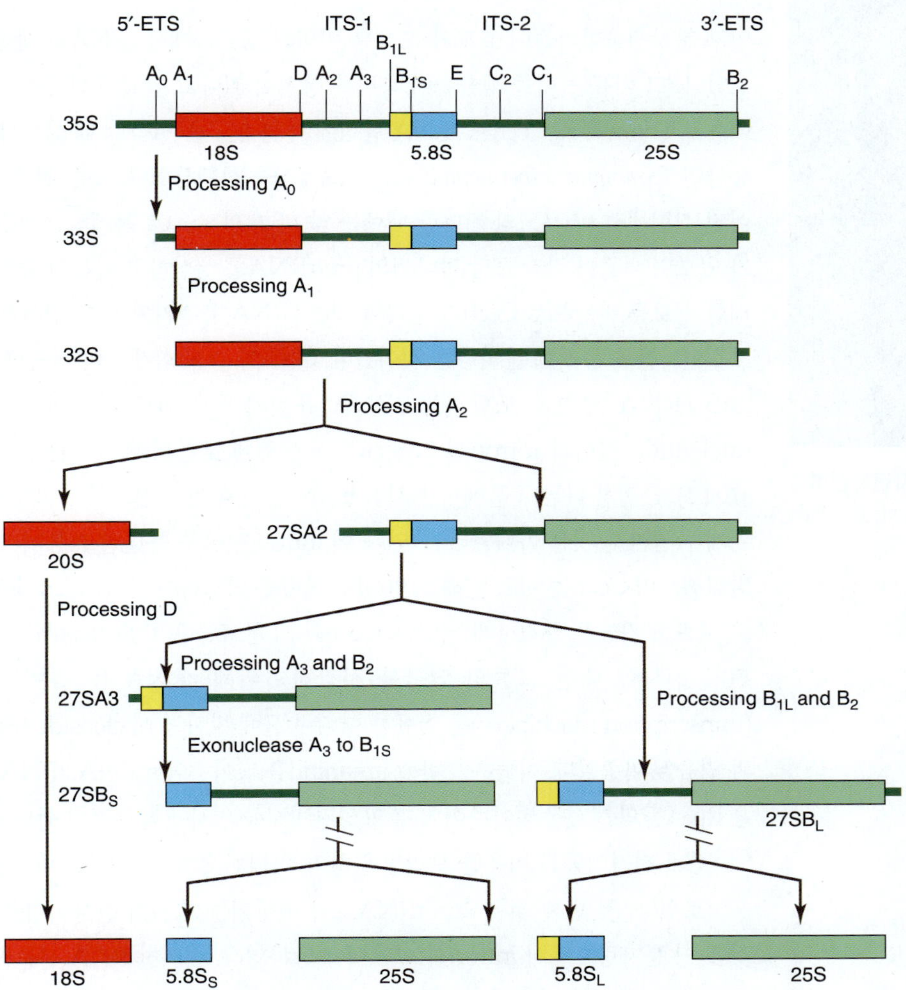


**그림 18.12** ***S. cerevisiae*의 rRNA 전구체(pre-rRNA) 처리 경로.** 35S pre-rRNA 내에서 18S, 5.8S, 25S rRNA의 서열들이 ITS-1과 ITS-2 등의 내부 전사간격에 의해 나뉘어져 있다. 5′-ETS와 3′-ETS의 외부 전사 서열들은 pre-rRNA의 양 끝에 배열되어 있다. $A_0$, $A_1$, D와 같은 문자들이 분할 위치들을 표시한다. Pre-rRNA의 분할은 $A_0$, $A_1$, $A_2$에서 시작되어 20S와 27SA2 pre-rRNA 분자를 만들어 낸다. 이후 20S pre-rRNA의 D 부위가 잘리면서 작은 subunit에 존재하는 성숙한 18S rRNA를 형성한다. 27SA2 pre-rRNA 분자는 대체적인 2가지 경로를 통해 처리된다. 대부분의 27SA2 pre-rRNA는 $A_3$와 $B_2$ 부위에서 잘리면서 27SA3 pre-rRNA를 형성하며, 이것은 다시 exonuclease에 의해 잘려서 $27SB_S$ pre-rRNA를 만들어 낸다. 다른 나머지 하나의 경로는 27SA2 pre-rRNA가 $B_{1L}$과 $B_2$에서 잘려서 $27SB_L$ pre-rRNA를 형성한다. $27SB_S$와 $27SB_L$은 모두 $C_1$과 $C_2$에서 잘려서 성숙한 25S rRNA와 $7S_S$ 혹은 $7S_L$ 중간산물(그림에 나타나 있지 않음)들을 만들어내며 이들은 다시 계속 처리되어 성숙한 $5.8S_S$와 $5.8S_L$ rRNA들을 형성한다. 출처: Chen, W., 등., *Nucleoic Acids Res.* 31(2003): 690-699.

한 18S rRNA를 형성하며 27SA$_2$ pre-rRNA는 2가지 대체 경로들을 통해 처리되어 60S ribosome subunit에 위치하는 25S rRNA와 2가지 형태의 5.8S rRNA(5.8S$_L$과5.8S$_S$로 명명되었다)를 형성한다.

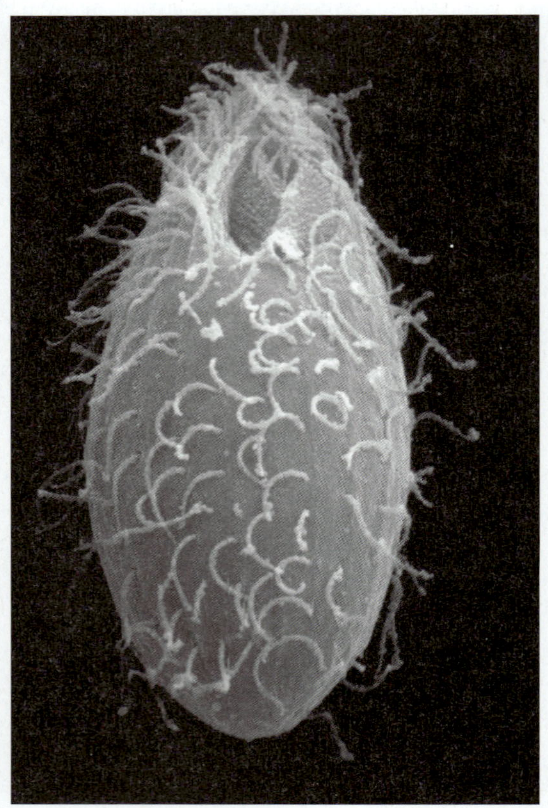

**그림 18.13** ***Tetrahymena* 세포의 주사전자현미경(scanning electron microscope) 사진.** 출처: E. Marlo Nelson. 허가: Iowa 대학, Joseph Frankel.

## 18.3 Ribozyme과 ribosomal RNA

### *Tetrahymena thermophilia*의 rRNA 전구체는 자기 자신을 절단하는 intron을 가진다.

일부 분자생물학자들이 효모와 포유류 이외의 생물들에서 rRNA의 합성을 연구해 보았다: 그 이유는 이들 생물들이 특별한 장점이 있다고 믿었기 때문이었다. 이러한 이유로 Thomas R. Cech는 rRNA 합성에 대한 연구를 시작할 때 섬모가 있는 원생동물인 *Tetrahymena thermophilia*(**그림 18.13**)을 선택하였다. 다른 연구자들에 의한 이전 실험에서 이 세포의 커다란 핵에는 약 만 개의 스스로 복제하는 rRNA 유전자가 있으며 이들이 각각 초당 하나씩의 pre-rRNA를 생산하고 있음이 증명되었다. 이러한 정보를 바탕으로 Cech가 생각한 것은 rRNA 유전자와 이를 전사하는 효소 및 조절인자들을 동시에 분리하는 것이었다. Cech와 그의 학생들이 성숙한 17S, 5.8S, 26S rRNA 서열을 포함하는 rRNA 유전자에서 이내 발견한 것은 약 400 nucleotide 길이의 intron이 26S rRNA 서열에 포함되어 있다는 것이었다(**그림 18.14**). 근접한 다른 종들에서 유사한 intron들이 이미 발견되었기 때문에 intron의 존재는 놀라운 것은 아니었다. 그러나 이 intron은 아주 특별한 기능이 있는 것으로 밝혀졌으며 Cech는 이로 인해 그의 연구 방향을 변경하여 궁극적으로 RNA의 놀랍고 새로운 기능을 발견하게 되었다. Cech와 그 동료들은 *T. thermophila*의 rRNA 유전자 전사에 대한 그들의 연구를 시작하기위해 rRNA 유전자와 전사 기구(transcription machinery)를 함유한 핵 추출물에 방사능 nucleoside triphosphate과 염을 넣어주었다. 이들은 또한 α-amanitin을 넣어주어 mRNA, tRNA 및 다른 작은 RNA들의 형성을 막아주어 새로 형성된 방사능 전사체의 추적이 쉽도록 하였다.

Gel 전기영동을 이용한 분리법을 통해 나타난 2개의 방사능 띠(band)가 특히 흥미로웠다. 첫 번째 것은 26S rRNA로서 예상되는 크기의 산물이었으며 두 번째 것은 저 분자량으로서 intron의 크기에 해당하였다. 이러한 RNA 산물들의 발생이 시사하는 것은 이 때 사용된 실험관 전사 체계가 새로이 전사된 pre-rRNA로부터 intron을 정확히 잘라낼 수 있다는 것이었다. 그 시기에 시험관에서 intron의 절단이

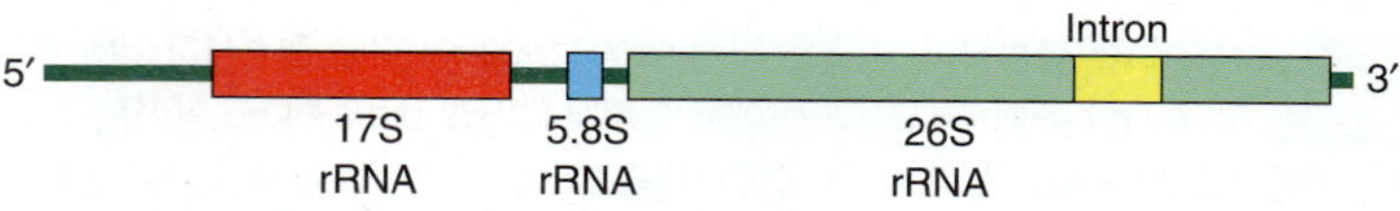


**그림 18.14** *Tetrahymena thermophilia*의 pre-rRNA.

가능한 것으로 알려진 경우는 효모의 pre-tRNA에 관한 것 뿐 이었기 때문에, Cech는 pre-rRNA에서의 splicing 과정을 자세히 연구할 가치가 있다고 생각하였다. 그래서 그는 *T. thermophila* 추출물로부터 splicing machinery의 분리를 시작하였다.

Cech와 그의 동료들이 splicing machinery의 기능을 시험하기 위해서는 splicing되지 않은 pre-rRNA 기질이 필요하였다. 그들은 splicing을 방해하는 polyamine을 넣어준 전사 반응 혼합물로부터 그들이 원하던 방사능 기질을 분리할 수 있었다. 방사능이 표지된 pre-rRNA는 염, 표지되지 않은 nucleotide, *T. thermophila* 추출물을 포함한 튜브에 넣어졌다. 그러나 대조군 튜브에는 추출물을 넣지 않아 이것이 splicing에 필요하다는 것을 증명하고자 하였다. 예상대로 완전한 반응 혼합물을 포함하는 튜브에서는 splicing이 일어났다. 그러나 모든 사람들에게 놀라웠던 것은 추출물을 전혀 넣어주지 않았던 대조군 튜브에서도 splicing이 잘 일어난다는 것이었다. 그때까지 알려진 모든 생화학 반응은 효소에 의해 촉매되었으므로, Cech와 동료들은 추출물이 사고로 우연히 대조군 튜브에 들어간 것으로 생각했다. 따라서 그들은 실험을 반복하면서 추출물이 들어가지 않아야할 튜브에 *T. thermophila* 추출물을 넣지 않도록 특별히 주의하였다. 여전히 추출물을 넣어주지 않은 상태에서도 splicing이 일어났다.

Cech와 동료들이 이들의 실험을 수행할 당시에는 모든 생화학 반응은 효소에 의해 일어난다고 생각되었기 때문에 그들은 기질로 사용한 RNA가 실제로는 세포에서 splicing이 되었지만 성숙한 26S rRNA와 짤려진 intron이 어떻게든 붙은 채로 남아있다가 염과 nucleotide를 넣어주고서야 분리될 가능성을 생각해 보았다. Cech와 동료들은 *T. thermophila* 추출물 없이도 일어나는 splicing reaction에 대하여 더 자세히 조사해보기로 결정하였다. 이들은 저분자의 RNA 산물이 분리되기 위해서는 마그네슘 이온과 GTP(ATP, UTP, CTP가 아닌)가 필요하다는 것을 곧 발견하였다. 더구나, guanosine이 GTP를 대신할 수 있었기 때문에 GTP의 인산기는 필요하지 않음을 알게 되었다. 계속된 실험을 통해 Cech와 동료들은 저분자 RNA 산물의 염기서열이 rRNA 유전자의 intron으로서 예상되던 서열과 하나를 제외한 모든 면에서 동일함을 밝혔다. 그 차이점은 저분자 RNA 산물은 5′ 말단에 G를 하나 더 가지고 있다는 것이었다. Cech는 간단한 표지실험을 통해 여분의 G는 GTP에서 유래되었음을 증명하였다. 그는 pre-rRNA와 염을 포함하는 용액에 [$^{32}$P]GTP를 넣어주어 GTP가 저분자 산물의 5′ 끝에 공유 결합함을 보여주었다. Cech와 동료들은 실험의 결과를 설명하기 위해서 **그림 18.15**에서 보는 바와 같은 splicing기작을 제안하였다. 이 기작은 효소가 기질 결합 부위를 가지는 것과 유사하게 intron이 guanosine(혹은 guanine nucleotide) 결합 부위를 가지고 있다는 가정에 기초한다. 이 부위에 결합한 guanosine(혹은 guanine nucleotide)은 5′ splicing 부위(5′-splice site)에 친핵성 공격(nucleophilic attack)을 가하여 intron의 5′ 말단에서 3′→ 5′ phosphodiester 결합을 형성하고 상부의 exon을 떨어트린다. 마그네슘 이온은 이 반응이 일어나기 위해 필요한 것으로 보인다(**그림 18.16**). 일단 transesterification이 완결되면

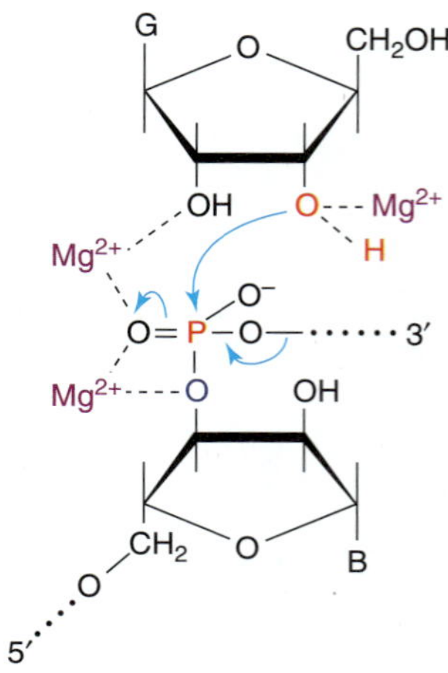


**그림 18.16 Pre-rRNA intron에 의해 촉매되는 첫 번째 transesterification의 예상 기작.** 출처: DeRose, V. J., *Chem. Biol.* 9(2002):961-969.

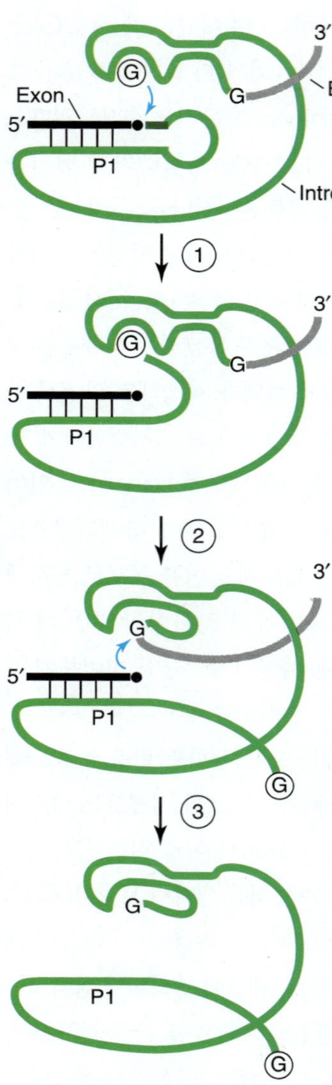


**그림 18.15 Pre-rRNA의 self-splicing(self-splicing) 경로.** Exon들은 회색과 검은 색으로 그리고 intron은 초록색으로 나타내었다. 1 단계: intron에 결합한 guanosine 혹은 GTP(원 안의 G)가 5′ splicing 부위(5′ splice site)를 자르면서 intron의 5′ 말단에 공유결합을 통해 부착한다. 2 단계: 구조적인 변화가 발생하여 intron 3′ 말단에 있던 G가 G-결합부위에 원래 있던 G를 대체한다. 3 단계: intron과 염기 쌍(base pair)들을 통해 붙어 있던 잘려진 5′ exon은 3′ splicing 부위를 잘라내면서 exon들이 연결되고 intron들이 잘려나간다. 출처: Daudna, J. A., Cech, T. R., *Nature* 418(2002):222-228.

intron은 구조적인 변화를 거쳐 G-결합 부위에 있던 원래의 guanosine(혹은 GTP)이 intron 3′ 말단의 guanosine에 의해 대체된다. 이러한 구조적인 변화가 일어날 동안 잘려나간 상부의 exon은 intron과 염기쌍 형성을 통해 남아있게 된다. 새로운 구조가 형성되면 상부 exon의 3′ 말단은 3′ splicing부위를 공격할 수 있는 위치에 놓이게 된다. 이때 일어나는 transesterification에 의해 intron이 절단되고 exon들이 연결된다.

이 splicing 기작에서 제안된 두 번의 transesterification은 높은 활성화 에너지를 가지기 때문에 촉매가 없이는 충분한 속도로 일어날 것으로 보이지 않는다. 그때까지는 효소들만이 생물학적 촉매로 알려져 있었으므로, Cech와 동료들은 효소가 관여한다는 증거를 찾기 위해 노력하였다. 가장 유력한 효소의 출처는 분리된 pre-rRNA 기질에 부착되어 남아있는 단백질 하나이었다. 따라서, Cech와 동료들은

pre-rRNA 기질에 부착되어 있는 단백질을 떼어내거나 불활성화하려고 노력하였다. 그러나, SDS(sodium dodecyl sulfate) 용액에 pre-rRNA를 넣어주고 가열하여 단백질은 변성시키거나 또는 단백질을 분해하는 효소를 처리하여도 splicing은 여전히 일어났다. Cech와 동료들은 pre-rRNA 자체에서 이 반응을 촉매한다는 새로운 가능성에 대하여 생각할 수밖에 없었다.

RNA 촉매라는 개념이 존재하지 않았으므로, Cech와 동료들은 pre-rRNA가 촉매로 작용한다는 것을 명확하게 증명할 수 있는 실험을 고안할 필요가 있었다. 1가지 방법은 전통적인 유기합성기술을 이용하여 합성된 pre-rRNA를 마그네슘 이온과 guanosine(혹은 GTP)을 포함한 용액에 넣어주어 intron 절단이 일어남을 증명하는 것이다. 불행히도 유기 화학 실험실에서 pre-rRNA를 합성하기에는 그 길이가 너무 길어 이 방법은 실제적이지 못했다. 그리하여 그들은 차선의 방법을 실행하였다. 그들은 재조합 DNA 기술을 이용하여 intron과 그 주변부를 포함하는 rRNA 유전자의 단편을 세균의 플라스미드에 옮기고 세균의 RNA 중합효소를 이용하여 그들이 원하는 RNA 기질을 합성하였다. 놀랍게도 이 기질은 *T. thermophila* 단백질과 접촉한 적이 전혀 없음에도 불구하고 스스로 splicing reaction을 촉매할 수 있었다. 따라서 Cech와 동료들은 intron에 있는 RNA가 화학 반응을 촉매할 수 있다는 것을 확실하게 증명하였다.

RNA 촉매의 첫 증명은 곧 다른 연구자들에 의한 더 많은 연구들을 불러일으켰다. 우리는 17장에서 이미 U6 snRNA의 경우를 검토하였으며 이번 장과 다음 장들에서 더 많은 RNA 촉매들을 검토 할 것이다. 촉매로서의 특성을 가진 RNA 분자들을 **라이보자임(ribozyme)**이라 부른다. 혹자는 pre-rRNA의 intron이 반응이 일어날 동안 비가역적으로 변화하기 때문에 진정한 의미의 촉매가 아니라고 주장할 수도 있다. 비록 이러한 주장이 옳은 면도 있지만 일부 RNA 분자들은 반응이 끝난 뒤에도 변화를 거치지 않은 채로 반응을 촉매할 수 있는 것으로 알려져 있다. 우리는 이러한 RNA 촉매를 이번 장의 뒷부분에서 검토해 볼 것이다.

Self-splicing이 가능한 *T. thermophila* intron과 구조적으로 그리고 진화적으로 관련된 intron들이 녹조, 고등 식물, 곰팡이뿐만 아니라 일부 세균과 세균의 바이러스와 같은 다양한 생물들의 핵, 미토콘드리아, 엽록체의 유전체(genome)에서 동정되었다. 특별히 주의할 것은 척추동물은 이 목록에 포함되지 않는다는 것이다. *T. thermophila*의 pre-rRNA에 존재하는 intron은 **그룹 I intron(group I introns)**이라 불리는 부류의 창립 멤버(founding member)이다. 이 intron들은 길이가 다양하여 수백에서 3,000 nucleotide에 이른다. 비록 그룹 I intron들은 그 서열에 있어 유사성이 적지만 모든 구성원들이 P1에서 P10으로 명명된 10 개의 염기쌍 단편들로 구성되는 독특하고 계통학적으로 보존된 2차 구조를 가진다. **그림 18.17a**는 *T. thermophila*의 self-splicing intron의 2차 구조를 보여준다. 비록 전체 intron의 3차원적인 구조는 확인되지 않았지만, Cech와 동료들은 촉매 핵심(catalytic core)을 포함하는 247-nucleotide 절편의 결정구조를 3.8 Å의 해상도로 규명하였다(**그림**

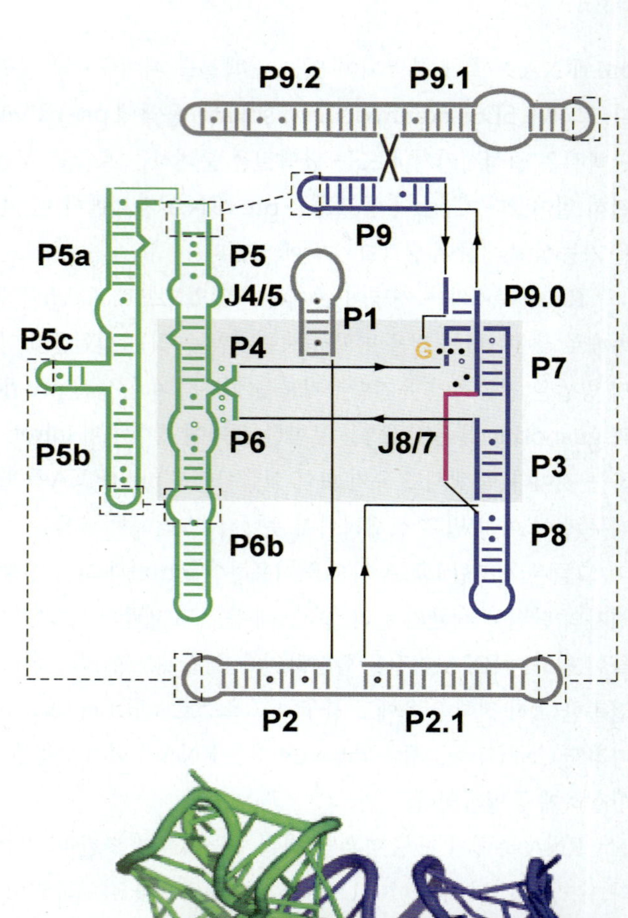


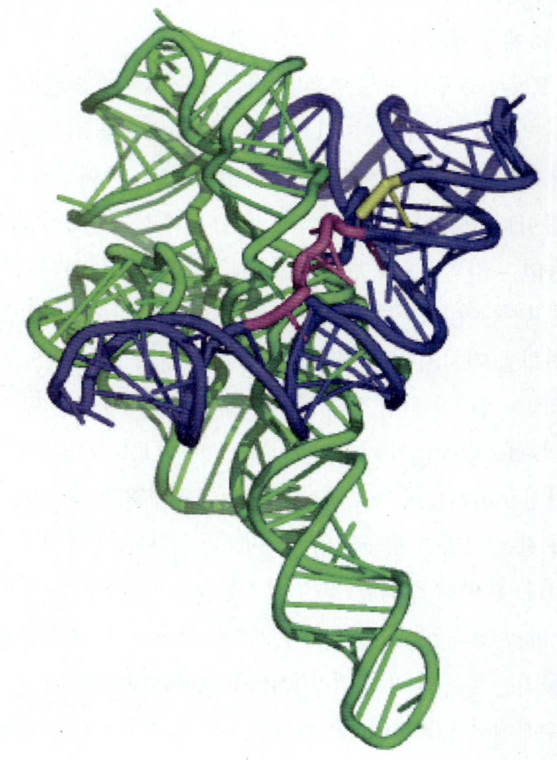

**그림 18.17** ***Tetrahymena*의 그룹 I intron의 구조.** (a) *Tetrahymena*의 그룹 I intron의 2차 구조가 domain 별로 색칠이 되어 있다. (b) 염기쌍을 만드는 부위(P)와 결합 부위(J)들은 5′에서 3′ 방향으로 숫자가 붙여져 있다. 보존된 촉매 핵심(catalytic core)은 음영으로 표시되었다. P3-P9 domain은 guanosine 기질의 결합부위를 비롯하여 많은 활성화 부위 잔기들을 가진다. (b) Domain들이 색깔로 표시된, 리본 형태의 기질이 붙어 있지 않은 *Tetrahymena*의 intron. P1, P2/P2.1, P9.1/P9.2 부분은 결정에 포함되어 있지 않다. 출처: Curr. Opn. Struc. Biol., vol. 15, Woodson, S. A., Structure and assembly of group I introns, pp. 324-330. 저작권 2005, 허가: Elsevire. Protein Data Bank ID: 1X8W. Guo, F., Gooding, A. R., Cech, T. R., *Mol. Cell.* 16(2004):351-362. 구조 표현: Johns Hopkins 대학교, Sarah A. Woodson.

**18.17b**). 이 구조는 처음 splicing reaction의 기질을 포함하는 P1 나선이 없지만 외부 유래의 guanosine 친핵체(nucleophile)와 결합할 것으로 예상하는 부위를 가지고 있다. 그룹 I intron의 작용기작에 대해 깊이 이해하기 위해서는 전체 intron의 결

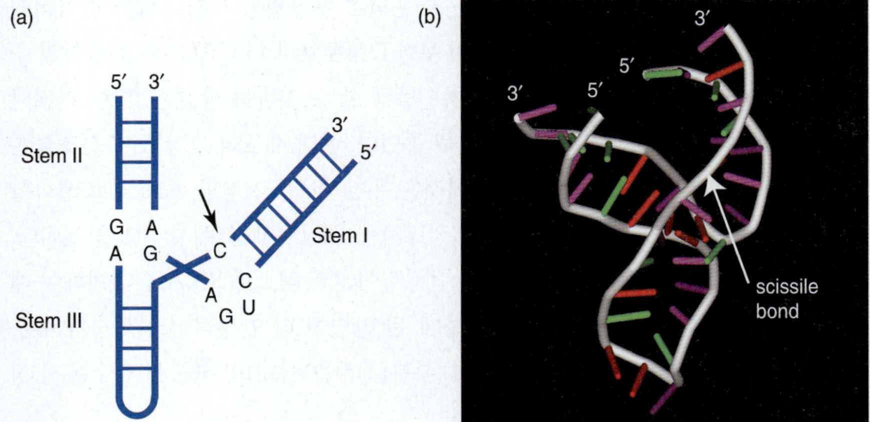


**그림 18.18** **망치머리 ribozyme.** (a) 망치머리 ribozyme의 2차 구조. 촉매 작용에 중요한 nucleotide들이 나타나있다; 분할이 일어나는 자리는 화살표로 표시되어 있다. 출처: Doudna, J. A., Cech, T. R., Nature 418(2002): 222-228. (2) 망치머리 ribozyme의 결정구조. 화살표는 잘 잘려지(scissile)는 phosphodiester 결합을 가리킨다. Protein Data Bank ID: 379D. Murray, J. B. 등, *Cell* 92(1998):665-673.

정구조가 밝혀져야 할 것이다.

많은 RNA 촉매들은 그룹 I intron 보다 훨씬 간단한 구조를 가진다. 가장 작은 RNA 촉매로 알려진 **망치머리 ribozyme(hammerhead ribozyme)**은 식물에 감염하는 바이러스와 유사한 RNA 분자로 알려져 있다. 이 망치머리 ribozyme은 자기 자신의 특정 phosphodiester 결합을 절단한다. 이 ribozyme의 이름은 그 2차 구조의 모양에서 유래하였다(**그림 18.18a**). 기능을 갖는 최소한의 RNA는 3개의 짧은 나선과 보존된 연결부위 서열로 구성되어있다(**그림 18.18b**). 기능적인 망치머리 ribozyme은 별개의 2가지의 RNA 가닥을 이용하여 만들어낼 수 있다. 하나의 가닥은 촉매로 작용하고 나머지 하나는 기질로 작용하여 여러 번의 전환 반응이 가능하다. 2가의 금속 이온은 원래부터 촉매 기능에 필수불가결한 것으로 생각되었으나 최근의 연구에 의하면 이들은 고농도의 1 가 양이온에 의해 대체될 수 있다. 따라서, 금속 이온들은 촉매 반응에 관여하기 보다는 촉매가 적절한 형태를 취하기 위해 필요한 것으로 보여 진다.

RNA가 촉매로 작용할 수 있다는 사실을 발견한 것은 우리가 생화학적인 관점에서 진화를 바라보는 시각에 커다란 영향을 미쳤다. 생물학자들은 현대 세포의 초기 선조들이 DNA와 단백질 중 어느 것을 가졌었는지에 대하여 오랫동안 의문을 가져왔다. 이들 중 어느 1가지 만이 상대방의 도움이 없이 작동하다는 것을 상상하기 어려웠다. 단백질 분자들은 안정적인 3차원 구조로 접혀서 촉매 핵심(catalytic core)을 만들어낼 수 있으나 유전적인 정보를 전해줄 수는 없다. DNA는 유전 정보를 저장하고 전해줄 수 있으나 자연적으로 생성되는 DNA가 촉매로 작용하는 경우는 아직 발견되지 못하였다. 여기서 자연 발생적이라는 용어는 중요한 한정어인데, 그 이유는 촉매로 작용할 수 있는 DNA 분자가 실험실에서 만들어진 경우가 있기 때문이다. 비록 그렇다 하더라도 RNA 분자들은 여분의 2′ 수산기를 가지고 있어 안정적인 3차원 구조를 만들 수 있기 때문에 그렇지 못한 DNA 보다 더 다양한 기능을 가질 수 있다. 촉매로서의 기능을 가진 RNA가 자연발생 할 수 있다는 발견은 '닭이 먼저냐 달걀이 먼저냐' 라는 문제의 해답을 제시해 주었다. 현대 세포의 가장 초기 선조들은 아마도 RNA를 가지고 있었을 것이며 이것은 유전정보를 저장할 수도 있고 생화학 반응을 촉매할 수도 있다. 따라서 초기의 생명체는 'RNA 세상' 에서 살았을 것이다. 이 가설은 서열과 구조상에서 더 다양한 단백질이 궁극적으로 RNA를 대체하여 대부분(전부는 아닌)의 생물 반응을 촉매하게 된 반면에 더 안정적이고 복구가 쉬운 DNA가 궁극적으로 RNA를 대체하여 대부분(전부는 아닌)의 생물체에서 유전 정보의 저장에 사용되었다는 것을 시사한다.

## 18.4 Ribosome의 조립

### 진핵생물의 ribosome 조립은 복잡한 다단계의 과정으로 구성되어 있다.

이제 ribosome subunit들을 형성하는 과정을 살펴보기로 하자. 80 개 이상의 ribosome 단백질들이 세포질에서 생산되어 핵인(nucleolus)으로 이입된다. 과학자들은 진핵세포의 ribosome은 자가 조립이 가능하며 있더라도 적은 수의 nonribosomal protein들의 도움이 필요한 것으로 처음에는 생각했다. 이러한 예상을 했었던 이유는 시험관에서의 연구결과 세균의 ribosome subunit들은 공동인자나 접힘 chaperone의 도움이 없이 자발적으로 조립하였기 때문이다. 그러나 진핵세포의 ribosome 조립은 복잡한 과정으로 구성되어 있어 nonribosomal protein들의 도움이 꼭 필요하다는 것을 곧 알게 되었다. 비록 현재 우리가 알고 있는 ribosome의 조립과정은 효모의 경우 이지만 다른 진핵생물의 ribosome 조립과정도 유사한 방식으로 진행될 것으로 보여 진다.

1970년대에 Jonathan Warner와 Rudi J. Planta는 각자의 실험실에서 독립적으로 실행되었던 개척자적인 연구를 통해 초기 ribosome 형성의 전구체인 **90S 입자(90S particle)**를 발견하였다. 이 이름은 자당밀도기울기(sucrose gradient)에서의 침강 특성으로 인해 지어진 이름이다. 이 입자는 35S pre-rRNA 뿐만 아니라 많은 수의 ribosome 단백질들을 포함하고 있으며 완성된 ribosome과 비교하였을 때 단백질 대 RNA의 비율이 더 높다. 높은 단백질 함량이 시사하는 바는 90S 입자는 여분의 nonribosomal protein들을 가지고 있으며 이들은 90S 입자가 핵인에서 세포질로 이동하는 동안 떨어져 나간다는 것이다. 이러한 초기연구들은 또한 90S 입자가 처리되어 66S와 43S 입자(이들은 각각 성숙한 60S와 40S subunit들의 전구체가 된다)들을 만들어 낸다는 것을 보여 주었다(**그림 18.19**). 1970년대와 그 이후 20년동안 가능했던 기술들은 90S 입자의 구성 성분(특히 nonribosomal protein)들에 대한 분석을 하기에 충분할 정도로 발달되지 않았다. 가장 어려웠던 문제는 완전한 90S 입자와 nonribosomal protein들을 다른 오염물질 없이 순수하게 분리하는 것이었다.

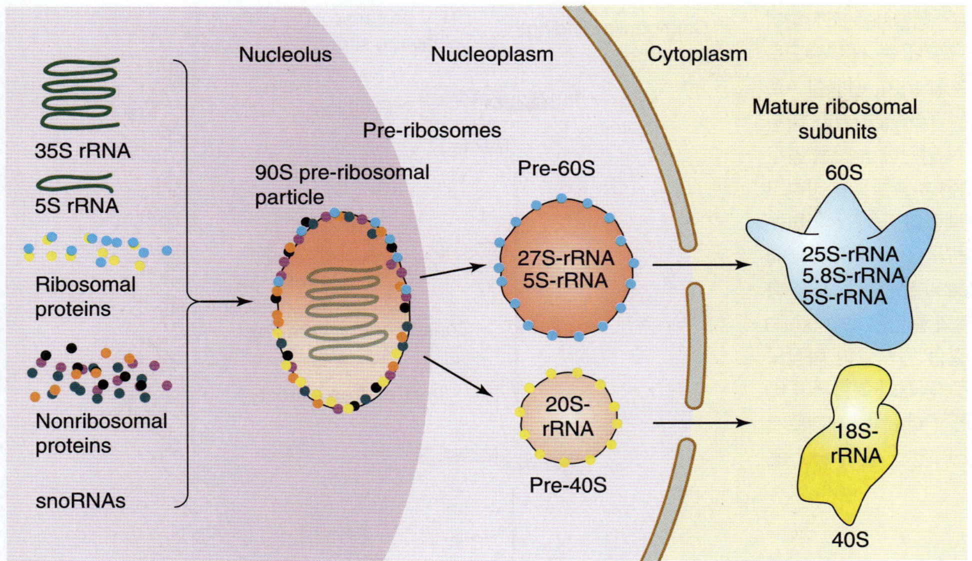


**그림 18.19 40S와 60S 효모 ribosome subunit의 조립, 성숙 및 외부로의 수송 과정의 모형도.** 90S ribosome 전구체는 35S pre-rRNA, 5S rRNA, snoRNA, ribosome 단백질, nonribosomal protein들로 형성되어 있다. 90S ribosome 전구체는 35S pre-rRNA가 떨어져 나간 뒤, 40S와 60S ribosome 전구체로 변환된다. 그리고 40S와 60S ribosome 전구체들은 핵공을 통하여 세포질로 수송된다. 40S와 60S ribosome 전구체들에서 nonribosomal protein들이 떨어져 나가면서 각각 40S와 60S의 ribosome subunit들이 완성된다. 출처: Tscochner, H., Hurt, E., *Trends Cell Biol.* 13(2003): 255-263.

1999년에 Bertrand Séraphin과 그 동료들에 의해 개발된 **TAP(tandem affinity purification, 연속 친화 정제)**이라 알려진 새로운 기술은 과학자들로 하여금 많은 ribosome 전구체들을 분리할 수 있게 하였고 이로 인해 ribosome 조립과정을 좀 더 정확하게 파악할 수 있게 되었다. **그림 18.20**에 간략히 정리된 TAP의 과정은 ribonucleoprotein 또는 단백질 복합체에 자극을 주지 않는 아주 순한 조건에서 높은 순도로 분리할 수 있기 때문에 자연적인 구조가 유지된다.

첫 단계는 소위 미끼로 쓰이는 단백질(ribonucleoprotein 혹은 연구 하고자 하는 단백질 복합체의 일부)의 유전자를 재조합 DNA 기술을 이용하여 변형하여, 미끼 단백질의 N- 혹은 C-말단에 TAP 꼬리표(표지)를 달아주는 것이다. 이때 사용되는 TAP 꼬리표는 3부분으로 구성되어 있다: calmodulin 결합 peptide, TEV(tobacco etch virus, 담배 부식 바이러스)의 protease 분할 위치, 그리고 단백질 A에서 유래된 면역 globulin G(IgG) 결합 domain(그림 18.20). 다음으로는 TAP 꼬리표가 붙은 미끼 단백질을 발현하는 세포나 개체를 생성시킨다. 그리고 순한 조건 하에서 세포에서 추출물을 분리하여 TAP를 실시한다(그림 18.20). 첫 번째의 친화 컬럼(affinity column)은 IgG 비드(bead)를 이용한다. TAP 꼬리표가 달린 단백질은 연결된 단백질이나 RNA 분자와 함께 IgG 비드에 부착될 것이며 필요 없는 물질들은 컬럼을 통과할 것이다. 이어서 TEV protease가 더해지면 TEV 분할 위치를 잘라내게 되어 붙어있던 복합체들을 컬럼으로부터 방출해 낼 것이다. 떨어져 나간 복합체는 calmodulin 비드

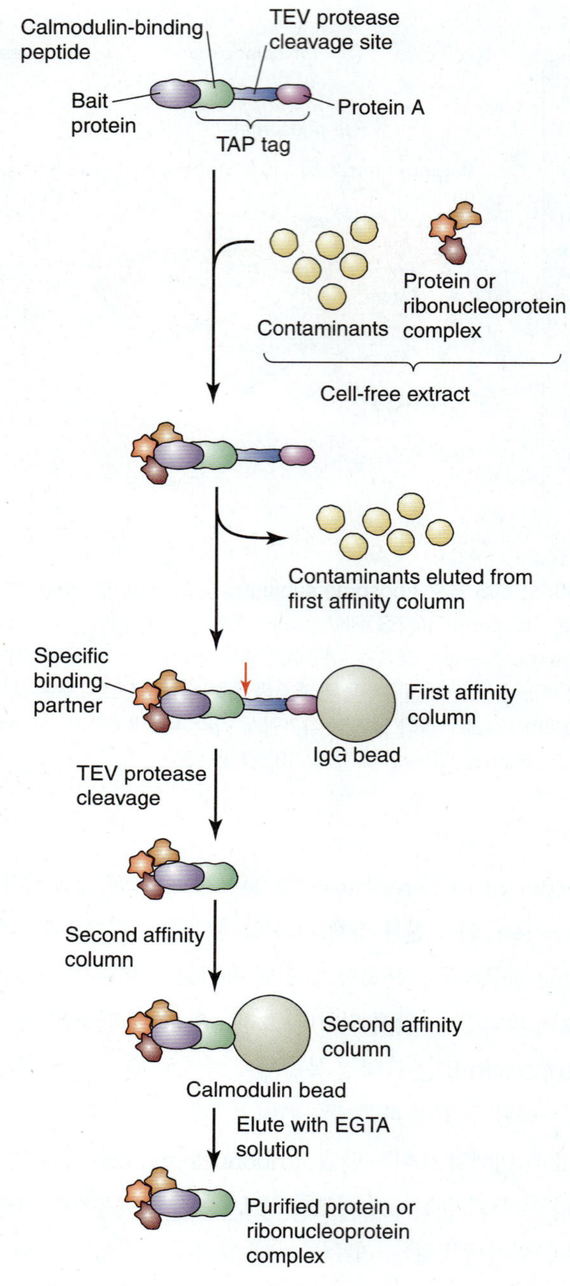


**그림 18.20 연속 친화 정제 방법의 순서.** 세포 혹은 생물체를 조작하여 TAP-꼬리표가 달린 단백질을 발현하도록 한다. TAP-꼬리표는 세 부분으로 구성된다: calmodulin 결합 peptide, TEV protease 분할 위치, 단백질 A로부터 유래된 IgG 결합 domain. 그림에 그려진 순서는 TAP 꼬리표가 미끼 단백질의 C-말단에 부착될 경우에 사용되는 것이며 N-말단에 부착될 경우는 순서가 역으로 바뀐다. 순한 조건에서 세포가 배제된 추출물을 준비하고 연속 친화 정제를 실시한다. TAP-꼬리표가 붙은 단백질과 그에 결합하는 단백질이나 RNA 분자들은 첫 번째 친화 컬럼에 들어있는 IgG 비드에 부착한다. 다음으로 TEV protease가 넣어져서 TEV protease 분할위치(붉은 화살표)를 자르고 이로 인해 복합체가 떨어진다. 두 번째의 결합은 calmodulin 비드를 포함하는 컬럼에서 실행된다. Calmodulin 결합 단백질이 아직도 TAP-꼬리표가 붙은 미끼 단백질에 부착되어 있으므로, 원래의 복합체가 비드에 결합한다. 정제된 원래의 복합체는 EGTA(화학적 chelate 제제로서 calmodulin으로부터 칼슘을 제거 한다)에 의해 떨어뜨려진다. 출처: Huber, L. A., *Nat. Rev. Mol. Cell Biol.* 4(2003):74-80.

를 사용한 두 번째 컬럼을 통과하게 된다. Calmodulin 결합 단백질이 TAP 꼬리표에 아직 붙어 있기 때문에 문제의 복합체는 다시 컬럼에 부착될 것이다. 필요 없는 물질(이제는 TEV protease도 여기에 포함된다)들은 컬럼을 그대로 통과할 것이다. 정제된 문제의 복합체는 화학적 chelate 물질인 EGTA(이것은 calmodulin으로부터 칼슘 이온을 떨어뜨린다)을 이용하여 컬럼에서 방출된다. 끝으로, 정제된 ribonucleoprotein 또는 단백질 복합체는 SDS-PAGE(polyacrylamide gel electrophoresis)과 이에 이은 Western blot 분석 혹은 중량 분석기(mass spectrometry)를 이용하여 동정된다.

Susan J. Baserga와 동료들은 TAP 방법을 이용하여 효모의 40S subunit의 커다란 ribonucleoprotein 전구체(적어도 2.2 × $10^6$ Da)를 분리하였는데, 그 크기와 복잡성은 ribosome이나 spliceosome과 맞먹는다. 40S subunit의 전구체(pre-40S)는 U3 snoRNA, 다수의 C/D box를 가진 snoRNA, 28개의 단백질들로 구성되어 있다. 비록 이들 중 일부 단백질들은 U3 snoRNP의 일부임이 증명되었지만 17개의 단백질은 새로운 것이었다. 이들 17개의 단백질들을 제거하면 18S rRNA의 형성에 장애가 발생하였으며 이것은 이들 단백질이 활성화된 pre-rRNA 처리 복합체의 일부임을 지적해 준다. 따라서 이 커다란 복합체는 40S subunit의 형성에 필요한 것으로 보여 진다. 이 커다란 ribonucleoprotein 복합체를 **SSU 프로세좀(processome)**이라 부른다(SSU는 이 입자가 ribosome의 큰 소단위가 아닌 작은 소단위[small ribosome subunit]를 처리하기 위해 필요함을 나타내며 processome은 이 복합체가 pre-rRNA의 처리에 관여함을 나타낸다). 비록 SSU processome의 정확한 기능은 아직 확인되지 않았지만 이것이 rRNA가 적절한 형태로 접히는 과정을

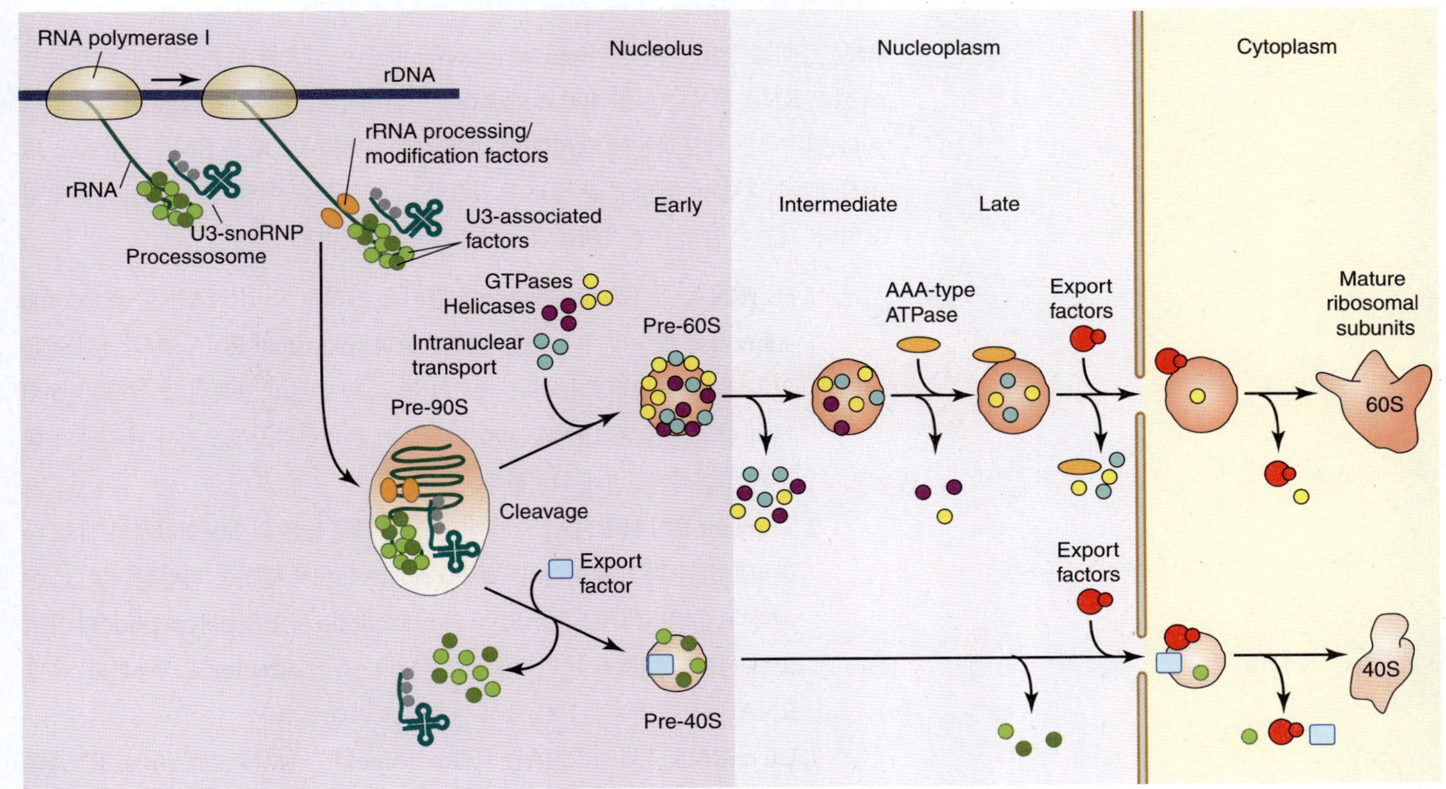


**그림 18.21 40S와 60S ribosome subunit들의 성숙과 외부로의 수송을 보여주는 최신 모델.** 최초의 ribosome 전구체 입자는 '고전적인' 90S 전구체(pre-90S)이다. 이것은 35S pre-rRNA, U3 snoRNA 및 부수적인 40S 합성인자들로 구성되어 있다. 90S 전구체는 $A_2$ 부위에서의 분할을 거쳐 pre-40S와 pre-60S 복합체로 분리된다. Pre-60S 인자들의 대부분은 $A_2$에서의 분할이 일어날 동안 혹은 일어난 후에 복합체에 부착되며 이들 중 많은 것들이 pre-60S 복합체가 핵에서 핵공을 향하여 이동하는 동안 떨어져 나간다. 외부로의 수송이 가능해지기 위해서는 특별한 일단의 인자들(붉은 색으로 표시됨)이 부착하여야 한다. 이들 전구체들은 핵공을 통과한 뒤 최종 성숙 단계를 거친다. 출처: Tschochner, H., Hurt, E., *Trends Cell Biol.* 13(2003): 255-263.

도와주는 기능을 한다는 설이 있다.

**그림 18.21**은 효모에서 일어나는 ribosome 조립의 과정의 최신 모델을 보여준다. 일부 단백질들은 ribosome 처리에 관여하는 것으로 알려진 단백질 군(protein family)과의 구조적 유사성에 기초하여 동정되었으나 ribosome 형성에서 이들의 기능은 아직 알려져 있지 않다. 예를 들어, 이들 중 하나의 단백질은 AAA-형의 ATPase 군(AAA-type ATPase family)에서 특징적으로 나타나는 잘 보존된 domain을 가진다. 이 단백질 군의 다른 일원들은 세포 주기 조절, 단백질 분해, 세포 소기관의 발생, 소포 수송(vesicular transport) 등의 다양한 세포활동에 관여하는 것으로 알려져 있다. 실제로, AAA는 'ATPase associated with different activities' 의 약성어(acronym)이다. 따라서, 핵 내의 AAA-형 ATPase가 ribosome의 형성에서 수행하는 정확한 역할은 이후의 연구에 의해 결정되어야 한다.

# 18.5 RNA 중합효소 III

## RNA 중합효소 III에 의해 만들어지는 전사체(transcript)는 다양한 생물학적 기능을 가진 짧은 RNA 분자들이다.

RNA 중합효소 III 전사 단위(transcription unit)들이 암호화 하는 것은 다양한 종류의 짧은 RNA 분자들(보통 400 nucleotide 미만의 길이를 가진다)로서 단백질 합성이나 필수적인 세포작용에 관여한다. 비록 많은 수의 서로 다른 RNA 중합효소 III 전사체들의 기능이 현재는 잘 알려져 있으나 다른 것들은 여전히 더 많은 연구가 필요하다. 기능이 알려진 전사체들에는 다음의 것들이 있다.

1. **5S rRNA.** 약 120 nucleotide의 길이를 가지는 5S rRNA는 큰 ribosome subunit에 필수적이다. 고등 진핵생물의 ribosomal RNA 전사 단위 들은 일렬로 배열되어 있다. 사람 세포의 경우, 반수체의 염색체 당 약 300~500개의 활동적인 5S rRNA 전사 단위들이 존재한다. 이들 전사 단위들의 대부분이 염색체 1번에 위치한다.
2. **Transfer RNA(tRNA).** 전형적인 진핵 세포들은 약 30~100개의 서로 다른 tRNA를 가지며 이들은 70~90 nucleotide에 달하는 다양한 길이로 존재한다. 운반 RNA들은 mRNA의 nucleotide 서열을 polypeptide의 아미노산 서열로 번역하여 단백질을 생산하는 동안 adaptor로 작용한다. 운반 RNA 구조와 기능은 19장에서 설명될 것이다.
3. **U6 snRNA.** U6 snRNA는 spliceosome의 구성성분으로 pre-mRNA의 splicing에 필수적인 역할을 담당한다. U6 snRNA의 구조와 기능은 17장에 설명되어 있다.
4. **7SL RNA.** 7SL RNA(300 nucleotide로 구성됨)는 SRP(signal recognition particle, 신호 인식 입자)의 구성성분으로서 소포체(endoplasmic

reticulum) 막으로의 혹은 막을 통과하는 특이적인 단백질들의 수송을 도와 주어 이들이 각자의 생물학적 기능을 수행할 수 있도록 한다. SRP의 구조와 기능은 20장에 소개되어 있다.

5. **7SK RNA.** 핵 내에 존재하는 작은 크기(약 330 nucleotide)의 7SK RNA는 P-TEFb의 조절에 관여한다. P-TEFb는 일반적인 전사인자로서 전사 개시(initiation)와 신장(elongation)에 관여한다. 이것은 15장에서 다루어질 것이다.
6. **H1 RNA.** H1 RNA는 RNase P의 촉매작용에 관여하는 구성element이다. 이것은 endonuclease로서 pre-tRNA를 tRNA로 변환하는 단계들 중의 하나에 관여한다(아래 내용 참조).

## RNA 중합효소 III의 전사 단위들은 3가지 다른 종류의 promoter를 가진다.

진핵생물의 RNA 중합효소 III 전사단위들은 1형에서 3형으로 불리는 3가지의 promoter 중 하나를 가진다(**그림 18.22**). 이들 promoter의 구조는 다음과 같다:

### 제1형 promoter

손톱개구리(*Xenopus laevis*)의 2S rRNA 전사 단위를 이용한 제거 분석(deletion analysis)을 통해 그 특성이 처음으로 밝혀졌던 제1형 promoter(그림 18.22a)는 전사단위의 앞이 아니라 내부에 위치하고 있다. 뒤이어 행하여진 연결자 탐색 연구(linker scanning studies, 15장 참조)는 promoter가 3가지 짧은 염기서열들로 구성되어 있음을 밝혔다. **A box**(+50에서 +64), IE(intermediate element 중간 element, +67에서 +72), **C box**(+80에서 +97)로 불리는 이들 구성element들은 개구리 핵 추출액을 이용한 전사에 필요충분 하였다. 전사단위 내에서 이들 promoter

**Internal promoters**

(a) Type 1 promoter (5S rRNA genes)

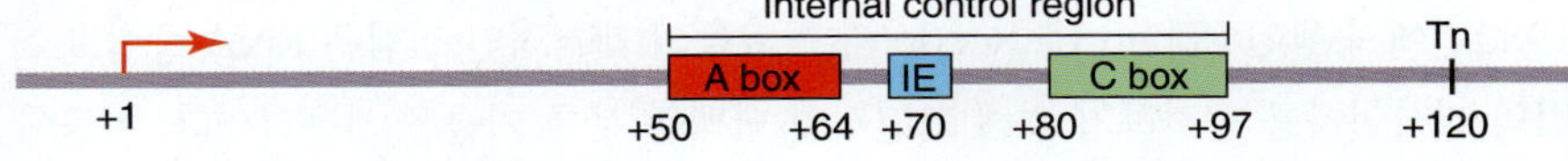


(b) Type 2 promoter (transfer RNA genes)

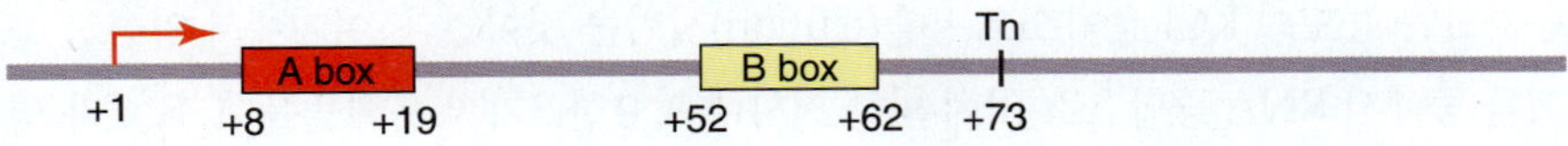


**External promoters**

(c) Type 3 promoter (mammalian U6 snRNA gene)

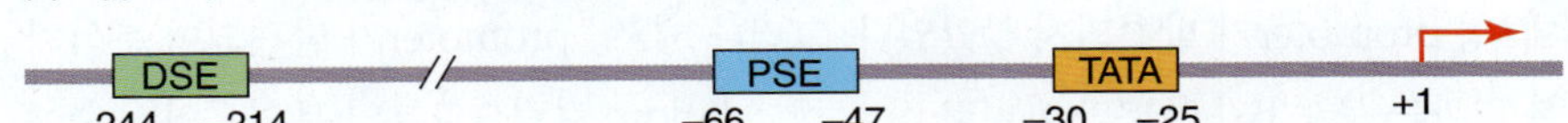


**그림 18.22 RNA 중합효소 III에 의해 전사되는 3가지 일반적인 promoter들의 구조.** 전사 개시 및 종결 부위는 각각 +1과 Tn으로 표시되어 있다. (a) 제1형 promoter(5S RNA 유전자): A box, 중간 element(IE), C box가 각각 붉은색, 파랑색, 옅은 초록색으로 표시되어 있다. (b) 제2형 promoter(tRNA 유전자): A box와 B box가 각각 붉은색과 노란색으로 표시되어 있다. (c) 제3형 promoter(포유류의 U6 snRNA 유전자): 원위 서열 element(DSE), 근위 서열 element(PSE) 및 TATA box가 각각 초록색, 파랑색, 오렌지색으로 표시되어 있다. 출처: Paule, M. R., White, R. J. *Nucleic Acids Res.* 28(2000): 1283-1298.

element들을 포함하는 부분을 **내부 조절 부위(internal control region)**라 부른다. 이들 세 element 사이의 nucleotide 서열은 전사 효율에는 영향을 미치지 않는다.

이들 조절 element들은 전사되기 때문에 이들에서의 돌연변이는 5S rRNA의 염기에 변화를 가져온다. 다른 동물들에서의 5S rRNA promoter는 개구리 promoter와 같은 구조를 가지지만 효모의 5S rRNA promoter는 다르다. 효모의 promoter는 단지 2개의 element만을 가지며, 이중 하나는 C box에 상응하며 다른 하나는 –14에서 +8에 걸쳐 있다.

### 제2형 promoter

제2형 promoter(그림 18.22b)는 대부분의 tRNA 전사단위에 존재하며 2개의 보존된 element들로 되어 있다. 이들은 각각 약 10 bp의 길이를 가지며 A box와 B box로 부른다. 이들 또한 tRNA 분자의 중요한 구조적 특성을 결정하는 부위에 있어 이들을 보존하려는 선택압(selective pressure)이 상당히 크다.

### 제3형 promoter

U6 snRNA 전사단위를 조절하는 제 3형 promoter(그림 18.22c)는 제1형이나 제2형과는 다르게 전사 개시 장소(transcription initiation site)로부터 완전히 상부에 위치한다. 사람의 U6 snRNA 전사단위의 promoter는 3개의 구조적 element들로 구성되어 있다: **DSE(distal sequence element**, 원위 서열 element, –244에서 –214), **PSE(proximal sequence element**, 근위 서열 element, –66에서 –47), **TATA box**(-30에서 -25).

요약하면, RNA 중합효소 III 기구는 3가지 서로 다른 유형의 promoter를 인식한다. 이들 중 2가지는 전사 개시 위치의 하부에 위치하여 전사체의 서열 또한 결정하는 반면에, 세 번째 유형은 전사 개시 위치의 상부에 위치하여 전사체의 서열을 결정하지는 않는다. 이제 우리는 RNA 중합효소 III을 이들 promoter로 소집하는 과정에 필요한 전사 인자들에 대해 검토해 볼 것이다.

## RNA 중합효소 III를 소집하기 위해서 필요한 전사 인자들은 promoter의 특성에 의해 정해진다.

1980년에 수행된 Robert G. Roeder와 동료들의 개척적인 실험은 RNA 중합효소 III의 전사인자를 동정하기 위해 고전적인 단백질 분류 기술을 사용하였다. 이들이 시도한 것은 HeLa 세포의 추출물을 phosphcellulose 비드로 채운 컬럼을 통과시켜 증가하는 농도의 KCl 용액으로 용출(elution)시키는 것이었다. 여기에서 얻어진 분획들 중에서 RNA 중합효소 III에 의한 전사에 필요한 3가지 분획들을 A, B, C라 명명하였다. 제1형 promoter로 부터의 전사에는 이들 세 분획이 모두 필요하였던 반면, 제2형 promoter로 부터의 전사에는 분획 B와 C만이 필요하였다. 그때에는 아직 제3형 promoter가 발견되지 않았었다. 그러나 제3형 promoter가 발견되어 분석해 본 결과는 분획 B와 C 뿐만 아니라 phosphcellulose 컬럼으로부터 분획 C의 용출에

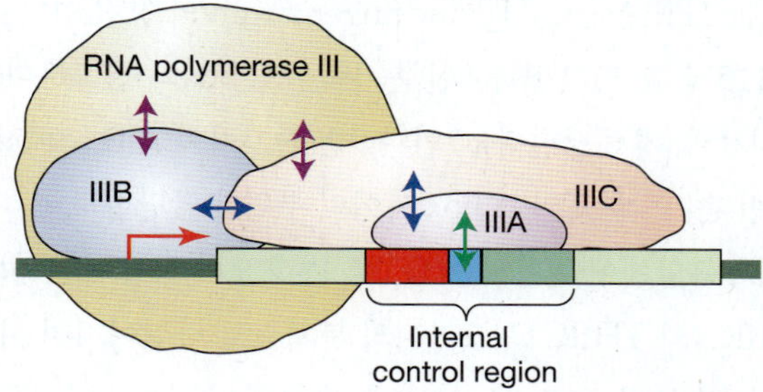


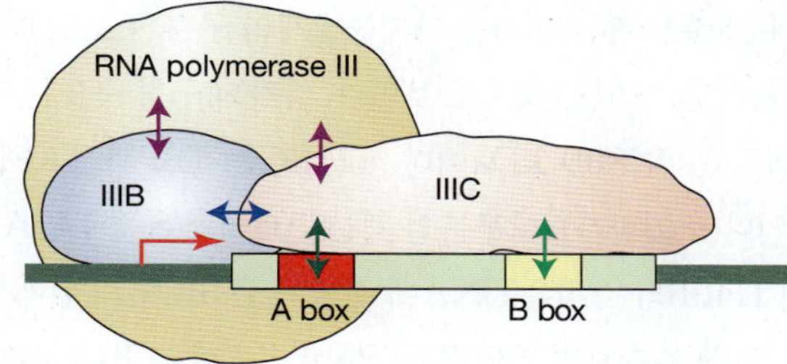


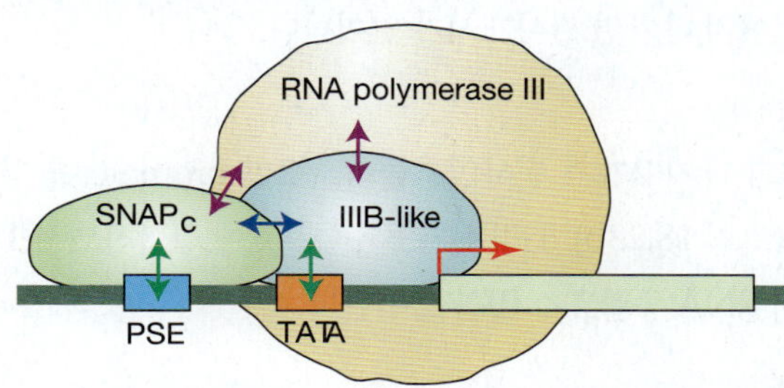


**그림 18.23 RNA 중합효소 III의 제1형, 2형, 3형 promoter에 형성된 개시 복합체.** (a) 제1형, (b) 제2형, (c) 제3형 promoter에서의 결합. 비록 (c)에 나타나 있지는 않으나, 제3형의 원위 서열 element(DSE)는 부수적인 단백질 인자들과 결합하여 전사를 강화시킨다. 초록색 화살표들은 DNA 결합 단백질들과 promoter element들과의 상호작용을 나타내며, 파랑 화살표들은 다양한 전사인자들 사이의 단백질-단백질 결합을 나타내며, 보라색 화살표는 RNA 중합효소 III과 전사인자들 사이의 접촉을 나타낸다. 출처: Schramm, L. Hernandez, N., *Genes Dev.* 16(2002): 2593-2620.

사용된 것보다 더 높은 KCl 농도에서 용출한 분획이 더 필요하였다.

과학자들은 사람과 효모와 같은 다양한 생명체에서 마침내 이들 분획의 전사인자들을 정제하여 특성을 밝혀내었다. 사람에서 RNA 중합효소 III의 전사인자들은 TFIIIA, TFIIIB, TFIIIC, SNAPC(snRNA activating protein complex)라 명명되었다. **그림 18.23**에는 이들 전사개시인자들과 3가지 유형의 promoter들과 사이의 결합을 간략히 보여준다.

## 제1형 promoter

제1형 promoter를 가지는 유전자의 전사에는 3가지 전사 인자들(TFIIIA, TFIIIB,

TFIIIC)이 필요하다(그림 18.23a). **ICR(internal control region, 내부조절부위)**에 처음으로 결합하는 TFIIIA는 $C_2H_2$ zinc finger family의 창립 일원으로 9개의 zinc finger을 가진다(15장 참조). 1번과 3번 손가락이 C box와 접촉하며(전체 단백질의 총 결합 에너지의 95%에 해당한다), 7번과 9번 손가락이 A box와 접촉하는 것으로 보이며, 4번과 6번 손가락이 C와 A box 사이의 부위를 담당한다.

TFIIIA-DNA 복합체에 결합하는 TFIIIC는 효모와 사람에서 차이가 있다. 사람의 TFIIIC는 TFIIIC1와 TFIIIC2의 2가지의 분획으로 나뉘어지며 이들 모두가 제 1형 promoter로 부터의 유전자 전사에 필요하다. 효모의 TFIIIC는 6개의 polypeptide를 가지는 아주 커다란 단백질이며 이들 각각이 세포의 생존에 필수적이다. 이들 polypeptide는 연결부위를 가지는 2개의 구형 구조로 배열되어 있으며 연결부위는 길게 늘어날 수 있는 것으로 보인다. 각각의 구형 구조는 약 10 nm의 지름을 가지며 분자량은 약 300 kDa이다. TFIIIC는 TBP과 TAF들을 포함하는 TFIIIB를 불러들인다(소집한다). 대부분의 제1형 promoter는 TATA box를 가지고 있지 않기 때문에 TFIIIB의 소집은 DNA에 결합한 TFIIIC와의 단백질-단백질 상호작용에 의존한다. 일단 결합하면, TFIIIB는 RNA 중합효소 III을 promoter로 소집한다. 만약 TFIIIB를 제외한 전사인자들이 개시이전 복합체(pre-initiation complex)에서 떨어져 나가면 전사개시가 일어난다.

### 제2형 promoter

TFIIIC와 TFIIIB의 단지 2가지 전사인자들이 제2형 promoter를 가지는 유전자의 전사에 필요하다(그림 18.23b). TFIIIC가 B와 C box에 결합하면서 TFIIIB를 소집한다. TFIIIB는 다시 RNA 중합효소 III를 소집한다.

### 제3형 promoter

단지 2가지 전사인자(TFIIIB 유사 인자와 SNAPC)들 만이 제3형 promoter에서의 전사에 필요하다(그림 18.23c). 다수의 subunit들을 가지는 SNAPC가 PSE(proximal sequence element, 근위 서열 element)에 결합하고 TFIIIB 유사 복합체가 TATA box에 결합한다. 이러한 DNA-단백질 결합은 2가지 단백질 복합체 사이의 단백질-단백질 상호작용에 의해 안정화된다. 이들 두 복합체의 결합은 이제 RNA 중합효소 III의 결합을 유도하게 된다. DSE(distal sequence element, 원위 서열 element, 18.23c에는 나타나 있지 않음)는 전사를 강화하는 여분의 단백질 인자들과 결합한다.

이들 각 promoter로 소집되는 RNA 중합효소 기구의 최종 구성element는 RNA 중합효소 III이다. 효모의 RNA 중합효소 III는 17 개의 subunit를 가지며 이로 인해 3가지 RNA중합효소들 중에서 가장 크다. 17 개의 subunit 중 10개는 RNA 중합효소 III에서만 특이적으로 존재한다. 나머지 중 2개는 RNA 중합효소 I 에서도 존재하며 나머지 5개의 subunit들은 3가지 RNA 중합효소 모두에 존재한다. 효모의 RNA 중합효소 III에 특이적인 것들 중 가장 큰 2가지는 RNA 중합효소

II의 Rpb1과 Rpb2에 상응한다. 사람의 RNA 중합효소 III도 정제되어 분석이 되었으며 하나의 subunit를 제외하고는 모두가 효모의 subunit들에서 그 대응물을 찾을 수 있는 것으로 보인다. 효모에만 존재하며 사람의 RNA 중합효소 III에서는 찾을 수 없었던 하나의 subunit는 사람의 효소에서는 있으나 그 크기가 작아 검출이 되지 않았던 것으로 보인다. 비록 RNA 중합효소 III의 결정 구조는 아직 알려지지 않았으나 그 구조는 RNA 중합효소 II의 구조와 아주 유사할 것으로 보인다.

RNA 중합효소 III이 어떻게 개별 promoter로 소집되는지에 대한 우리의 지식은 특정 구성성분들을 단계적으로 더하여 전사 개시 복합체를 형성하는 실험관 실험 결과로부터 얻어졌다. 생체 내에서 일어나는 과정은 아마도 RNA 중합효소 III의 holoenzyme를 형성하고 이것이 promoter에 결합하여 전사를 시작할 것으로 생각된다. 비록 RNA 중합효소 III의 holoenzyme가 형성되는 단계가 제외되기는 하였으나 전사개시 복합체 형성의 단계적인 과정을 연구하는 것은 전사 기구의 구성 element들 간의 상호작용의 특성을 파악하는데 있어 귀중한 정보를 제공하여 준다.

## RNA 중합효소 III는 전사의 연장이나 종결을 수행하기 위해 더 많은 인자들을 요구하지 않는 것으로 보여진다.

일단 개시 이전 복합체(pre-initiation complex)가 promoter에 형성되면 전사 기구는 전사 신장(elongation)을 시작할 수 있는 위치에 있게 된다. RNA 중합효소 III 전사 기구는 전사 개시 부위에 인접한 DNA를 녹인다. TFIIIB는 이 녹임(melting) 과정에서 중요한 역할을 담당한다. 처음 2개의 nucleotide가 노출된 주형 가닥에 배열하고 전사 신장이 시작된다. RNA 중합효소 III 분자들의 거의 대부분이 쉼이나 멈춤이 없이 promoter를 벗어난다. RNA 중합효소 III의 결정구조가 일단 밝혀지면 이것을 RNA 중합효소 II의 그것과 비교하여 이들 2가지 중합효소들이 promoter를 벗어나는 능력에서의 차이를 설명할 수 있는 명백한 구조적인 차이가 있는지를 확인하는 것은 흥미로울 것이다.

RNA 중합효소 III 전사 신장 복합체의 이동 속도는 RNA 중합효소 II 전사 신장 복합체와 유사하지만 전사 신장에 있어 더 이상의 인자들을 필요로 하지는 않는 것으로 여겨진다. 그러나, RNA 중합효소 III에만 특이적으로 존재하는 subunit 하나는 신장 인자 SII와 높은 유사성을 가진다. 아마도 이 때문에 SII가 필요 없어진 것으로 생각된다.

결합된 전사 개시 인자는 제1형과 2형 promoter를 가진 전사단위에서의 전사 신장을 막을 것으로 예상할 수 있다. 그러나 실제로 이러한 방해작용은 일어나지 않는 것으로 보인다. 더구나, 하나의 전사 단위에 대해 여러 번의 RNA 중합효소 반응이 일어나더라도 전사 단위에 부착되어 형성된 전사 개시 인자들의 복합체가 제거되지 않는다. 이것을 설명할 수 있는 하나의 가능성은 RNA 중합효소 III이 전사 단위를 따라 이동할 동안 일시적으로 하나의 전사인자를 움직이지만 다른 전사 개시 인자들과의 단백질-단백질 결합을 통해 움직여진 인자가 promoter에 연결된 채로 남아있게 된다는 것이다.

RNA 중합효소 III는 실험관에서 다른 인자들이 결여된 상태에서도 효율적으로 전사를 종결할 수 있다. 대부분의 경우, 4개 혹은 그 이상의 U 잔기의 단순한 배열이 종결 신호로 충분하다.

## tRNA 전구체들은 성숙한 tRNA가 되기 위해 상당한 처리과정을 거쳐야 한다.

RNA 중합효소 III에 의해 생산된 1차 전사체들의 대부분이 생물학적 기능을 수행하기 위해서 처리과정을 거쳐야한다. 우리는 이러한 처리과정들 중 1가지인 tRNA 생성을 검토해 보고자 한다. 모든 생물체의 tRNA 분자의 1차 전사체들은 5′-선두(5′-leader) 서열과 3′-꼬리(tailer) 서열을 가지고 있으며 이들은 처리과정 중에 제거되어야 한다. 또한 1차 전사체의 일부 염기들은 변형을 거쳐야 한다. 게다가, 진핵세포의 tRNA에는 3′ 끝에 CCA가 더해져야 하며 이것은 그 반응을 전담하는 nucleotide 전달효소에 의해 가능하다. 대부분의 원핵세포 tRNA에서는 이 CCA 부분이 1차 전사체에 포함되어 있다. 끝으로, 일부 진핵세포의 pre-tRNA는 intron도 가지고 있어 제거가 필요하다. 진핵세포 tRNA 생합성 경로는 효모에서 가장 광범위하게 연구되어왔다. **그림 18.24**는 효모에서의 tRNA 생합성 경로를 보여준다. 거의 모든 효모의 구성성분들이 고등생명체에 대응물을 가지기 때문에 이 경로는 아마도 고등 생물에서도 유효할 것이다. tRNA 처리 과정의 기본적인 특성은 다음과 같다.

### 1. La 단백질이 pre-tRNA에 결합한다.

La 단백질이라 불리는 phosphoprotein이 새로 생성된 pre-tRNA의 3′ 말단에 결합하여 exonuclease로부터 pre-tRNA를 보호한다. 이 인단백질의 이름은 이 단백질이 원래 전신성 홍반성 루프스(systemic lupus erythematosus)으로 고통받는 환자의 자가 항체의 표적으로 발견되었다는 사실로부터 유래한다(La는 lupus antigen의 줄임말이다).

### 2. RNase P가 5′-선두 서열을 제거한다.

La 단백질이 부착된 pre-tRNA는 RNase P(P는 precursor에서 왔음)에 의해 분할된다. RNase P는 endonuclease로서 5′-선두 서열을 잘라내어 tRNA의 5′ 말단을 만들어 낸다. RNase P는 세균 pre-tRNA로부터 5′-선두를 잘라내는 능력을 이용하여 *E. coli*의 추출물로부터 분리되었다(14장 참조). 이후의 연구들에 의해 tRNA를 합성하는 모든 생물체와 모든 세포내 소기관들은 RNase P 활성을 가지며 이 활성이 꼭 필요하다는 것이 밝혀졌다. 세균의 RNase P는 ribonucleoprotein로서 하나의 polypeptide와 하나의 RNA subunit로 구성되어 있다. Sidney Altman과 동료들은 마그네슘 이온의 농도가 20 mM 이상이면 RNase P의 RNA subunit가 폴리

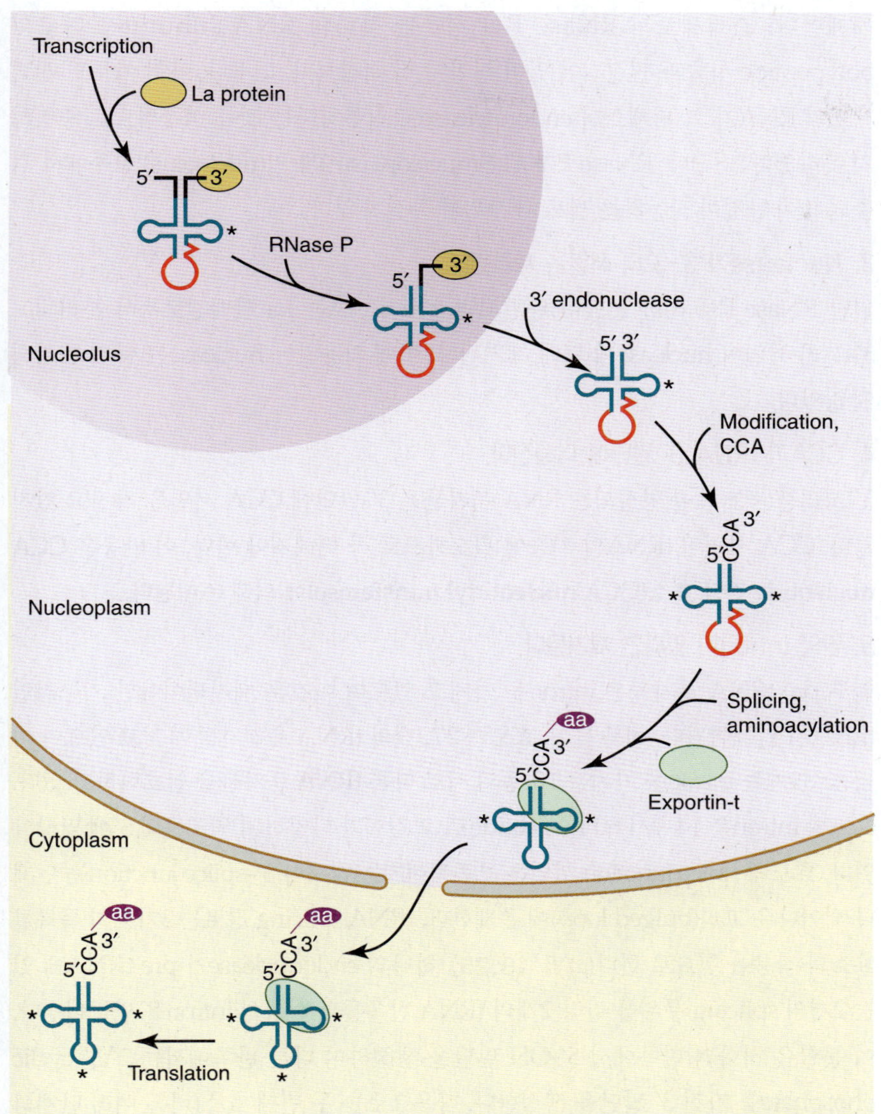


**그림 18.24 효모세포에서 일어나는 intron을 가진 pre-tRNA 처리과정의 개요도.** Intron은 붉은 색으로 표시되어 있으며 5′-선두와 3′-꼬리 서열들은 검은색으로 표시되어 있다. Pre-tRNA 분자는 새로 합성되자마자 La 단백질(노란색의 타원형)과 결합한다. 성숙의 최종단계는 인 혹은 핵질에서 일어난다. 이 그림에서 3′-꼬리 서열은 endonuclease에 의해 제거된다. 그러나, 이것은 exonuclease에 의해서 제거될 수도 있다. 또한, 개요도에는 최종 성숙과정이 intron 제거 이전에 일어나는 것으로 그려져 있으나 그 순서는 뒤바뀔 수도 있다. 특정한 nucleotide 변형(별표)이 새로 생산된 pre-tRNA에 일어나며, 다른 변형들은 양 끝이 다듬어지고 일어나며, 일부는 intron이 제거된 이후에만 일어난다. Transfer RNA가 exportin-t(초록색의 타원형)에 의해 핵의 외부로 수송되기 위해서는 성숙된 tRNA에 아미노산(aa)이 부착되어야만 한다. 출처: Wolin, S. L., Matera, G., *Genes Dev.* 13(1999): 1-10.

peptide subunit의 도움이 없이도 내부핵산 가수분해 작용의 촉매로 작용할 수 있다는 것을 증명하였다. 이 세균의 RNA subunit는 일단 반응이 완결되었을 때 자신에는 변화가 없이 내부핵산 가수분해 반응의 속도를 증가시키므로 진정한 의미의 촉매제이다. 진핵세포의 RNase P의 경우는 하나의 RNA subunit가 다수의 polypeptide 사슬과 연결되어 있어 상황이 더 복잡하다. 더구나, 아직 아무도 진핵세포의 RNA가 그 자체로서 endonuclease로 작용하다는 것을 성공적으로 증명하지 못하였다. 더구나, RNase P가 핵질(nucleoplasm)과 인(nucleolus) 모두에서 검출되어 이 물질이 작동하는 세포 내 부위가 확실치 않다.

### 3. Nuclease가 3′-꼬리 서열을 제거한다.

일단 RNase P에 의한 분할이 완결되면, pre-tRNA는 La 단백질로부터 분리되고 3′-꼬리 서열이 nuclease에 의해 제거된다. 이때 작용하는 nuclease는 아직 동정되지 않았다.

### 4. CCA가 tRNA 3′ 말단에 더해진다.

3′-꼬리를 제거하여 형성되는 RNA 분자들은 3′-말단에 CCA 서열을 가지고 있지 않다. CCA 서열이 tRNA의 기능에 필요하므로 꼭 더해져야 한다. 이 반응은 **CCA nucleotide 전달 효소(CCA nucleotidyl transferase)**에 의해 촉매된다.

### 5. 만약 intron이 있다면 제거된다.

일부 pre-tRNA 분자들은 intron을 가지고 있으며 이것은 제거되어야만 기능적인 tRNA가 만들어진다. 예를 들어, 효모는 272개의 tRNA 유전자를 가지고 있으며 이들 중 59개는 intron을 가지는 10 종의 서로 다른 tRNA 분자들을 암호화하고 있다. 효모의 intron은 14에서 60 nucleotide로 그 길이가 다양하며 역코돈의 3′에 맞닿아 있다. 효모의 splice junction 서열은 보존적이지는 않으나 3′-splice junction는 언제나 튀어나온 고리(bulged loop)에 존재한다. tRNA splicing 경로는 3가지의 독특한 효소의 작용을 필요로 한다(**그림 18.25**). 하나의 endonuclease가 pre-tRNA에 있는 2개의 splicing 부위를 잘라 2개의 tRNA 반쪽들과 선형의 intron을 만들어낸다. 이 분할은 하나의 반쪽에서 5′-OH 말단을 생성하며 다른 반쪽에서는 2′,3′-cyclic phosphate을 가진 3′ 말단을 생성한다. 다음으로는 두 번째 효소(비록 여러 단계의 반응을 촉매하지만 ligase라 명명되었다)가 2개의 반쪽 분자에 결합한다.

연결(ligation) 반응의 중간 단계들은 다음과 같다: γ-phosphoryl 그룹이 GTP로부터 새로 만들어진 5′-OH 말단에 전달된다, 2′,3′-cyclic phosphate이 가수분해되어 2′-phosphate가 형성된다, adenylyl 그룹(AMP)이 ATP로부터 새로 생성된 5′-phosphate에 전달된다. 그리고 끝으로 연결반응이 일어난다. 세 번째 효소인 2′-phosphotransferase는 splice junction에서 제거한 2′-phosphate를 nicotinamide adenine dinucleotide($NAD^+$)에 전달하여 nicotinamide mononucleotide(NMN)와 ADP ribose 1′,2′-cyclic phosphate을 형성한다.

### 6. Exportin-t는 성숙한 tRNA를 세포질로 수송한다.

Exportin-t라 불리는 특수한 수용체는 성숙한 tRNA에 결합하여 그 tRNA를 핵공(nuclear pore)을 통해 세포질로 수송한다. Exportin-t는 미성숙한 5′- 또는 3′-말단을 가진 tRNA에는 결합하지 않기 때문에 성숙한 tRNA들 만이 세포질에 닿을 수

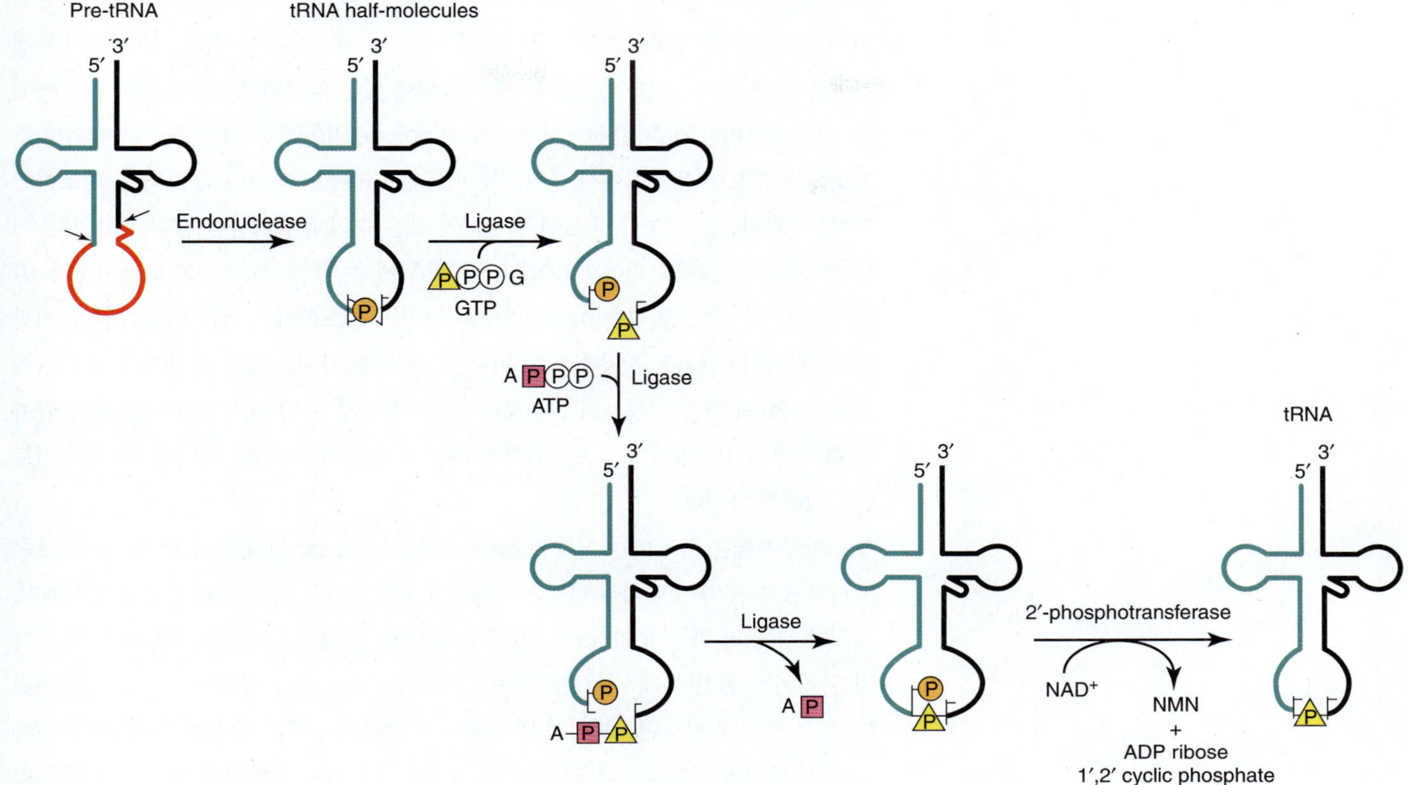


**그림 18.25 Pre-tRNA로 부터의 intron 제거.** 출처 Abelson, J., Trotta, C. R., Li, H., *J. Biol. Chem.* 273(1998): 12685-12688.

있도록 한다. 또한, 하나의 아미노산이 tRNA에 더해져야만 수송이 일어나므로 이 또한 확실하게 성숙한 기능적인 tRNA 분자만이 세포질에 닿을 수 있도록 한다.

### 7. 광범위한 nucleotide 변형이 일어난다.

tRNA는 광범위한 nucleotide 변형을 거친다. 이러한 변형의 일부는 새로 합성된 pre-tRNA에서 일어나는 반면 다른 것들은 끝부분이 다듬어지고 intron이 제거된 후 일어난다.

## 18.6 미토콘드리아에서의 전사

### 미토콘드리아 DNA가 전사되어 mRNA, rRNA, tRNA를 만들어 낸다.

지금까지의 우리의 진핵세포의 RNA 합성에 관해 검토하면서 오로지 핵에서 생산되는 RNA 분자들에 관해서만 검토해 왔다. RNA의 합성은 모든 진핵세포의 미토콘드리아와 녹색 식물의 엽록체에서도 일어난다. 이들 각 세포 소기관은 RNA 합성을 위해 독특한 일단의 효소들을 필요로 한다. 우선 미토콘드리아에서 일어나는 전사에 대해 알아보기로 하자.

미토콘드리아는 다수의 대사 경로, 특히 산화적 인산화, 구연산(citric acid) 주기, 지방산 산화 등이 일어나는 곳이다. 미토콘드리아는 원시 진핵세포에 의해 삼켜진 세균으로부터 유래되었다고 생각된다. 이 세균 전구체에 존재했던 대부분의 유전자들은 진핵세포가 진화하는 동안 세포의 핵에 있는 염색체로 전달되었다고 믿어진다. 미토콘드리아에 존재하는 절대 다수의 polypeptide들은 핵의 유전자에 의해 암호화되어 있으며 세포질에서 생산되며 미토콘드리아로 수송된다. 그러나, 미토콘드리아는 아직도 그 기능과 증식에 필수적인 많은 수의 유전자들을 간직하고 있다. 이들 유전자는 미토콘드리아의 DNA(mtDNA)에 존재하면서 복제되고 전사된다. 따라서 모든 미토콘드리아는 이전에 존재하던 미토콘드리아에 의해 만들어진다. 비록 고등 생물체의 난자와 정자 모두가 미토콘드리아를 가지고 있으나 난자가 가지는 미토콘드리아의 숫자는 정자의 그것보다 수 천 배에서 수 만 배에 달한다(포유류 난자는 하나당 약 $10^5$개의 미토콘드리아를 가지는 반면 정자는 하나당 50~75개의 미토콘드리아를 가진다).

과학자들은 처음에는 이들 2종류의 근원세포(germ cell)들에 존재하는 미토콘드리아 숫자의 차이에 의해 미토콘드리아의 모계유전을 설명할 수 있다고 생각했다. 그러나, 최근의 연구에 의하면 그 이유는 상당히 더 복잡하며 수정된 난자가 발생과정을 거치는 동안 부계 미토콘드리아의 증식을 막는 조절 기작이 존재함이 밝혀졌다. 드물게 부계 미토콘드리아가 살아남아 자손의 미토콘드리아에 존재하는 경우가 있다. 비록 미토콘드리아의 크기, 모양, 숫자가 1종류의 생명체와 다른 생명체를 비교할 때 뿐만 아니라 한 생물체에서 다른 종류의 세포들을 비교할 때 변화가 있기는 하지만, 모든 미토콘드리아들은 독특한 특징들을 공유한다(**그림 18.26**). 이들 특징들에서 가장 중요한 것 중 하나는 외막과 내막의 이중 막 구조이다. 외막은 미토콘드리아를 세포질로부터 분리하며 내막은 내부로 향하는 다수의 확장부위(cristae라 부른다)를 가지고 있으며 미토콘드리아의 매트릭스(matrix)이라 불리는 구획을 둘러

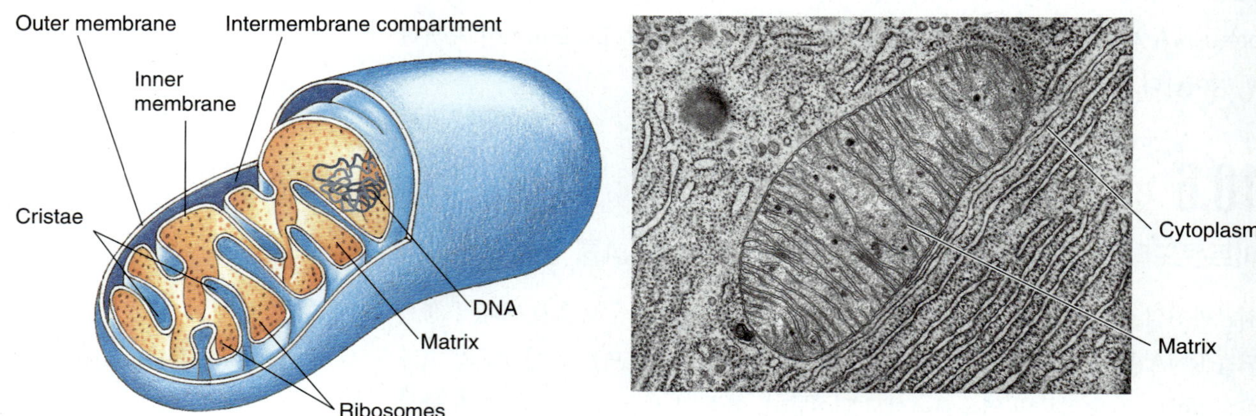


**그림 18.26 미토콘드리아의 구조.** 전자현미경 영상은 내부를 향해 발달된 광범위한 내막의 접힘 구조를 보여준다: 이러한 접힘구조를 cristae라 부른다. 미토콘드리아를 둘러싸고 있는 막 구조는 조면 소포체(rough endoplasmic reticulum)이다. 미토콘드리아의 DNA와 ribosome들은 matrix(내막에 의해 둘러싸인 구획)에 위치한다. 사진: Keith R. Porter/photo Reasearchers, Inc.

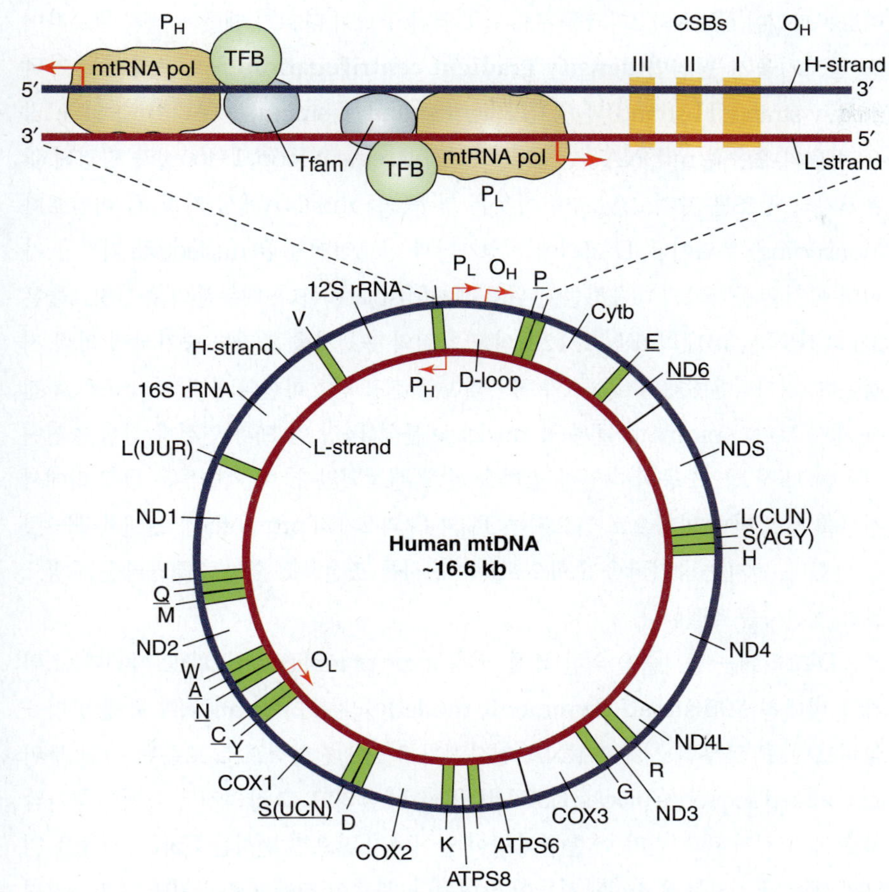


**그림 18.27 사람의 미토콘드리아 DNA(mtDNA).** 사람 mtDNA의 유전적 구성과 구조적인 특징들이 원형의 유전자 지도상에 나타나 있다. D-고리의 조절 부위는 지도위에 확대되어 나타나 있으며 경가닥(L-strand)과 중가닥(H-strand)의 promoter(각각 $P_L$과 $P_H$)들과 중가닥의 복제 기점($O_H$)을 포함한다. 미토콘드리아의 RNA 중합효소와 2가지의 미토콘드리아 전사인자(Tfam과 TFB)들이 보존된 서열 부위(CSB I, II, III)들과 함께 확대된 D-고리에 나타나 있다. 단백질과 rRNA 유전자들이 22개의 tRNA 유전자(각각 한 글자의 아미노산 코드로 표시되어 있다)들과 함께 전체 DNA에 흩여져 있다. 경가닥의 복제 기점($O_L$)은 $O_H$로부터 전체 유전체의 약 2/3 정도 되는 위치에 떨어져 있으며 5개의 tRNA 유전자들로 구성된 집단 안에 위치한다. 단백질 유전자들에는 다음이 포함된다: cytochrome oxidase(COX) subunit 1, 2, 3; NADH dehydrogenase(ND) subunit 1, 2, 3, 4, 4L, 5, 6; ATP 합성효소(ATP) subunit 6, 8; cytochrome b(cytb). 경가닥에 위치한 ND6와 여덟 개의 tRNA 유전자들은 밑줄이 그어져 있으며 나머지 유전자들은 모두 중가닥에 위치한다. 출처: Kelly, D. P., Scarpulla, R. C., *Genes Dev.* 18(2004): 357-368.

싸고 있다. Matrix에는 미토콘드리아 DNA와 미토콘드리아 단백질 생산 기구들이 존재한다.

1981년에 Ian G. Young와 동료들은 사람 mtDNA의 염기서열을 처음으로 완전히 밝혔다. 사람 미토콘드리아 DNA의 간략화한 지도는 **그림 18.27**에서 찾을 수 있다. 각각의 사람 미토콘드리아는 대략 2~10개의 DNA 복제본을 가지고 있으며 이들은 닫혀진 공유결합성 원형(closed covalent circle)이며 16,569 bp를 가진다.

미토콘드리아 DNA의 2가닥들은 G + T 염기 구성이 다르기 때문에 세슘 클로라이드 **밀도기울기 원심법(density gradient centrifugation)**을 이용하여 중가닥(heavy strand, H-strand)과 경가닥(light strand, L-strand)을 분리할 수 있다. 많은 비율의 포유류 mtDNA들은 D-고리(displacement loop, D-loop)라 명명된 짧은 3가닥 구조를 가지고 있으며 이것은 척추동물 mtDNA에서 가장 긴 비암호화(noncoding) 부위이다. D-고리에는 경가닥과 상보적인 짧은 nucleotide 가닥을 가지며 이것은 중가닥의 대응하는 부위를 배제(displace)한다. 대부분의 유전정보들은 2개의 rRNA, 14개의 tRNA, 12개의 단백질의 유전자를 가지는 중가닥에 의해 지정된다. 경가닥은 8개의 tRNA와 하나의 단백질을 암호화한다. 사람의 mtDNA 전사 개시 부위와 promoter들은 S1 nuclease 분석(14장 참조)과 연결자 검색 돌연변이유발(15장 참조) 등의 다양한 방법을 통해 결정되었다. 이 기술들은 D-고리에서 전사를 서로 반대 방향으로 일으키는 $P_H$와 $P_L$의 2가지 promoter가 존재한다는 것을 밝혔다. 전자는 중가닥을 주형으로하는 전사를 조절하고 후자는 경가닥을 주형으로하는 전사를 조절한다.

D-고리에는 중사슬을 위한 복제 기점(origin of replicaion, $O_H$)도 가진다. 소위 **가닥 비대칭 모델(strand asymmetric model)**이라 불리는 mtDNA 복제 방법을 살펴보면, $P_L$로부터 시작된 RNA 전사체가 3곳의 진화적으로 보존된 서열 부위(conserved sequence blocks, CSB I, II, III)에서 잘리고, 그 잘려진 부위에서 중가닥의 복제가 시작된다. 만약 이 분할과정이 일어나지 않으면 전사는 CSB 부위들을 지나서 계속되고 하부의 전사단위들이 발현된다. 분할이 진정으로 일어난다면 잘려진 전사체는 중가닥의 복제에 필요한 primer로 사용된다. 따라서 분할과정의 조절은 복제와 전사 중에 어느 과정이 일어날지를 결정하도록 해준다. 미토콘드리아의 전사와 DNA 복제는 서로 연결되어 있다. DNA 합성이 시작된 후, 새로 합성된 가닥은 종료 연관 서열(termination associated sequence, 그림 18.27에는 나타나 있지 않다)로 알려진 보존된 부위에서 종료되는 경우가 자주 발생한다. 새로운 DNA 가닥의 합성은 세 가닥의 D-고리의 형성으로 이어지고 이것은 mtDNA의 수위 조절에 기여한다고 생각된다.

사람의 미토콘드리아 RNA 중합효소는 하나의 polypeptide(분자량 = 120 kDa)로서 T7 페이지(phage) RNA 중합효소(13장, 그림 13.3)에 상응하며, 정확한 전사를 수행하기 위해서 **Tfam**과 **TFB**의 2가지 전사인자들을 필요로 한다(그림 18.27). 중가닥과 경가닥에서 각각 하나로 전사되는 RNA 분자는 주형 가닥 유전정보의 대부분(비록 전부는 아니라 하더라도)을 가진다. 전사 종결은 **mtTERM**이라 명명된 종결인자를 필요로 하는 것으로 보인다.

포유류 미토콘드리아의 1차 전사체들은 intron을 가지지 않으며 단지 제한적인 숫자의 사이 간격 서열들이 있을 뿐이다. Transfer RNA(tRNA)의 유전자들은 2개의 rRNA 유전자와 단백질의 유전자들 사이에 분포되어 있다. 이러한 놀라운 유전자들의 구성에서 볼 때, tRNA 서열들의 2차 구조가 endonuclease에 의한 분할에 필요한 정보를 제공하는 것으로 보여진다. 미토콘드리아 RNase P는 tRNA의 5′ 말단을 잘라내며 아직 확인되지 않은 endonuclease에 의해 tRNA의 3′ 말단이 생성된다. Nucleotidyl transferase가 pre-tRNA 분자의 3′ 말단에 CCA를 더해주며 poly(A) 중합효소가 미토콘드리아 mRNA에 약 55개의 A 잔기를 더해주며 미토콘드리아 rRNA에는 1~10개의 A 잔기를 더해준다.

효모와 다른 곰팡이뿐만 아니라 식물의 미토콘드리아에서 생산된 1차 전사체들은 그룹 II intron(group II intron)들을 가진다. 따라서 이들 전사체의 처리과정은 포유류 미토콘드리아에서 생산되는 전사체의 처리과정보다 상당히 더 복잡하다. 그룹 II intron의 splicing은 2번의 transesterification 단계를 거치며 이것은 앞에서 설명된 핵 안에서 일어나는 pre-mRNA의 처리과정과 동일하다(17장 참조). 비록 많은 미토콘드리아의 그룹 II intron들은 실험관에서 self-splicing이 가능함에도 불구하고 생체 내에서는 단백질 인자들의 도움이 필요하다.

## 18.7 엽록체에서의 전사

### 엽록체 DNA도 전사되어 mRNA, rRNA, tRNA를 만들어 낸다.

녹색 식물의 2차 소기관이며 광합성이 일어나는 장소인 엽록체에서도 RNA의 합성은 일어난다. 각 엽록체는 세포질로부터 엽록체를 분리하는 외막과 stroma라 불리는 구획을 둘러싸고 있는 내막으로 구성되어 있다(**그림 18.28**). 엽록체 DNA와 엽록체 단백질 생산 기구들은 stroma에 존재한다. Stroma에는 thylakoid라 불리는 막에 둘러싸인 납작한 주머니들 또한 존재한다. Thylakoid들은 연결된 하나의 막에 의해 싸여져 있는 것으로 보여지며 이 막은 빛에 의존적인 광합성 반응이 일어나는 곳이다. 엽록체는 우연히 진핵세포에 들어가게 된 cyanobacteria로부터 유래되었다고 믿어진다. Cyanobacteria의 염색체는 3000 종의 서로 다른 polypeptide들의 유전자를

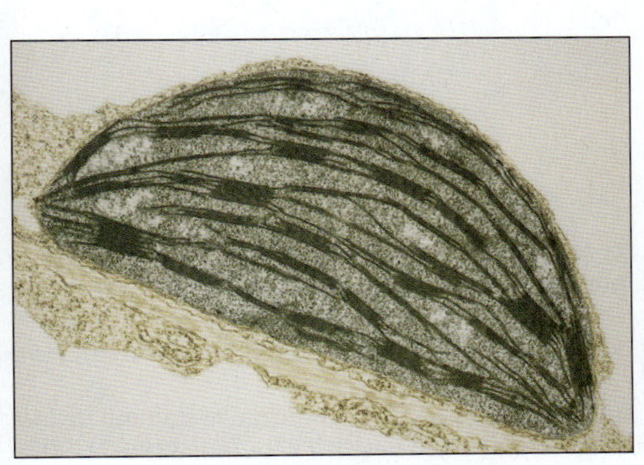

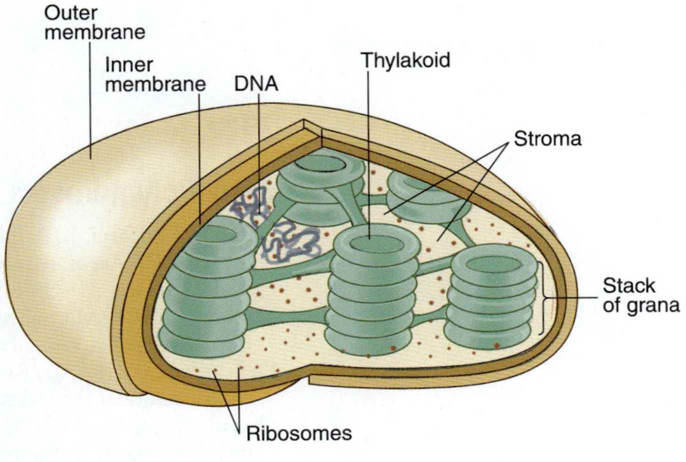


**그림 18.28 엽록체의 개요도.** 출처: Iowa 주립대학교 Bob Hartzler.

가지는데 반해 엽록체 DNA는 단지 약 75개의 polypeptide 만의 유전자를 가지며 대부분의 단백질 유전자들은 진화를 거치면서 핵의 염색체로 이동하였거나 유실되었다. 이러한 이동이나 유실은 식물진화에서 상대적으로 초기에 일어났을 것으로 보이는데, 그 이유는 진화적으로 동 떨어진 식물들의 엽록체들이 유사한 유전자 배합과 구조를 가지기 때문이다. 모든 엽록체들은 이전에 존재하던 엽록체에서 유래되었다.

엽록체의 DNA는 구형의 2가닥의 음성 초나선으로 되어 있으며 약 120~180 kbp의 길이를 가진다. 전형적인 엽록체는 적게는 10개에서 많게는 수백 개의 DNA 복제본을 가질 수 있으며 엽록체 내막과 연결된 원핵(nucleoid)에 자리한다. 고등 식물의 엽록체 DNA는 단백질를 암호화하는 유전자이외에도 4개의 rRNA 유전자와 30개의 tRNA 유전자를 가진다. 어떠한 RNA도 엽록체 내부로 수송되는 경우는 없다. 고등 식물의 엽록체 유전자는 하나의 그룹 I 혹은 그룹 II intron을 가지는 경우가 종종 있다.

엽록체 염색체의 RNA 중합효소는 세균의 핵심 RNA 중합효소($\alpha_2\beta\beta'$)와 유사하며 상응하는 $\alpha$, $\beta$, $\beta'$ subunit(13장 참조)들의 유전자를 가지고 있다. PEP(plastid encoded RNA polymerase, 색소체에 의해 암호화된 RNA 중합효소)는 엽록체의 유전자들을 전사하기 위해서 $\sigma^{70}$과 유사한 전사인자의 도움을 필요로 한다. 엽록체는 적어도 6가지의 서로 다른 $\sigma$ 인자들을 가진다. 이들 중 적어도 3가지는 유전자가 핵에 있으므로 세포질에서 합성되어 엽록체로 수송되어야 한다. 엽록소의 holoenzyme(시그마 인자 + 핵심 RNA 중합효소)는 −10 box와 −35 box를 가진 promoter와 연결된 유전자에 작용한다. 적어도 하나의 엽록체 $\sigma$ 인자는 *E. coli*의 promoter를 인식할 수 있다.

엽록체는 핵에 유전자를 두고 있는 2개의 RNA 중합효소를 더 가지고 있다. 이들 중 첫 번째는 NEP(nuclear encoded plastid RNA polymerase, 핵에 위치한 색소체 RNA 중합효소)-1로서 T7 페이지의 RNA 중합효소와 유사하다. 두 번째의 NEP-2는 아직 그 특성이 파악되지 못하였다. 엽록체의 3가지의 RNA 중합효소가 어떻게 엽록체 유전자들의 전사에 기여하는지를 알기 위해서는 더 많은 연구가 필요하다.

## 권장 도서

### RNA Polymerase I

Chen, W., Bucaria, J., Band, D. A., et al. Enp1, a yeast protein associated with U3 and U14 snoRNAs, is required for pre-rRNA processing and 40S subunit synthesis. *Nucl Acid Res* 31:690-699.

Comai, L. 2004. Mechanism of RNA polymerase I transcription. *Adv Protein Chem* 67:123-155.

De Carlo, S., Carles, C., Riva, M., and Schultz, P. 2003. Cryo-negative staining reveals conformational flexibility within yeast RNA polymerase I. *J Mol Biol* 329:891-902.

Hanada, K., C. Z. Song, K., Yamamoto, K, et al. 1996. RNA polymerase I associated factor 53 binds to the nucleolar transcription factor UBF and functions in specific rDNA transcription. *EMBO J* 15:2217-2226.

Kiss, T. 2001. Small nucleolar RNA-guided post-transcriptional modification of cellular RNAs. *EMBO J* 20:3617-3622.

Moss, T., and Stefanovsky, V. Y. 2002. At the center of eukaryotic life. *Cell* 109:545-548.

Paule, M. R. (ed.). 1999. *Transcription of Ribosomal RNA Genes by Eukaryotic RNA Polymerase I*. New York: Springer.

Paule, M. R., and White, R. J. 2000. Transcription by RNA polymerases I and III. *Nucl Acid Res* 28:1283-1298.

Reeder, R. H., and Lang, W. H. 1997. Terminating transcription in eukaryotes: lessons learned from RNA polymerase I. *Trends Biochem Sci* 22:473-477.

Russell, J., and Zomerdijk, J. C.B.M. 2005. RNA polymerase-I-directed rDNA transcription, life and works. *Trends Biochem Sci* 30:87-96.

Thiry, M., and Lafontaine, D. L. J. 2005. Birth of a nucleolus: the evolution of nucleolar compartments. *Trends Cell Biol* 15:194-199.

Triezenberg, S. J., Rushford, C., Hart, R. P., et al. 1982. Structure of the Syrian hamster ribosomal DNA repeat and identification of homologous and nonhomologous regions shared by human and hamster ribosomal DNAs. *J Biol Chem* 257:7826-7833.

Yamamoto, K., Yamamoto, M., Hanada, K., et al. 2004. Multiple protein-protein interactions by RNA polymerase I-associated factor PAF49 and role of PAF49 in rRNA transcription. *Mol Cell Biol* 24:6338-6349.

## Ribozymes and rRNA

Altman, S., and Kirsebom, L. A. 1999. Ribonuclease P. In: R.F. Gesteland et al. *The RNA World*, 2nd ed. Woodbury, NY: Cold Spring Harbor Laboratory Press. pp. 351-380.

Cech, T. R. 2002. Ribozymes, the first 20 years. *Biochem Soc Trans* 30:1162-1166.

Cech, T. R. 1987. The chemistry of self-splicing RNA and RNA enzymes Tetrahymena. *Science* 236:1532-1539.

DeRose, V. J. 2002. Two decades of RNA catalysis. *Chem Biol* 9:961-969.

Doherty, E. A., and Doudna, J. 2001. Ribozymes structures and mechanisms. *Ann Rev Biophys Biomol Struct* 30:457-475.

Doudna, J. A., and Cech, T. R. 2002.The chemical repertoire of natural ribozymes. *Nature* 418:222-228.

Doudna, J. A., and Lorsch, J. R. 2005. Ribozyme catalysis: not different, just worse. *Nat Struct Mol Biol* 12:395-402.

Frank, D.N., and Pace, N. R. 1998. Ribonuclease P: unity and diversity in a tRNA processing ribozyme. *Ann Rev Biochem* 67:153-180.

Lilley, D. M. J. 2005. Structure, folding and mechanisms of ribozymes. *Curr Opin Struct Biol* 15:313-323.

Paquin, B., and Shub, D. A. 2001. Introns: Group I structure and function. In: *Encyclopedia of Life Sciences*. London, UK: Nature Publishing Group. pp. 1-8.

Schon, A. 1999. Ribonuclease P: the diversity of a ubiquitous RNA processing enzyme. *FEMS Microbiol Rev* 23:391-406.

Woodson, S. A. 2000. Recent insights on RNA folding mechanisms from catalytic RNA. *Cell Mol Life Sci* 57:796-808.

Woodson, S. A. 2005. Structure and assembly of group I introns. *Curr Opin Struct Biol* 15:324-330.

## Ribosome Assembly

Dragon, F., Gallagher, J. E. G., Compagnone-Post, P. A., et al. 2002. A large nucleolar U3 ribonucleoprotein required for 18S ribosomal RNA biogenesis. *Nature* 417:967-970.

Grandi, P., Rybin, V., Bassler, J., et al. 2002. 90S Pre-ribosomes include the 35S prerRNA, the U3 snoRNP, and 40S subunit processing factors but predominantly lack 60S synthesis factors. *Mol Cell* 10:105-115.

Granneman, S., and Baserga, S. J. 2004. Ribosome biogenesis: of knobs and RNA processing. *Exp Cell Res* 296:43-50.

Huber, L. A. 2003. Is proteomics heading in the wrong direction? *Nat Rev Mol Cell Biol* 4:74-80.

Kressler, D., Linder, P., and De La Cruz, J. 1999. Protein trans-acting factors involved

in ribosome biogenesis in *Saccharomyces cerevisiae*. *Mol Cell Biol* 19:7897-7912.
Schafer, T., Strauss, D., Petfalski, E., et al. 2003. The path from nucleolar 90S to cytoplasmic 40S pre-ribosomes. *EMBO J* 22:1370-1380.
Trapman, J., Retel, J., and Planta, R.J. 1975. Ribosomal precursor particles from yeast. *Exp Cell Res* 90:95-104.
Tschochner, H., and Hurt, E. 2003. Pre-ribosomes on the road from the nucleolus to the cytoplasm. *Trend Cell Biol* 13:255-263.
Udem, S.A., and Warner, J.R. 1972. Ribosomal RNA synthesis in Saccharomyces cerevisiae. *J Mol Biol* 65:227-242.
Venema, J., and Tollervey, D. 1999. Ribosome synthesis in *Saccharomyces cerevisiae*. *Ann Rev Genet* 33:261-311.
Warner, J. R. 2001. Nascent ribosomes. *Cell* 107:133-136.

## RNA Polymerase III

Abelson, J., Trotta, C. R., and Li, H. 1998. tRNA splicing. *J Biol Chem* 273:12685-12688.
Harismendy, O., Gendrel, C. G., Soularue, P., et al. 2003. Genome-wide location of yeast RNA polymerase III transcription machinery. *EMBO J* 22:4738-4747.
Paule, M. R., and White, R. J. 2000. Transcription by RNA polymerases I and III. *Nucl Acid Res* 28:1283-1298.
Schramm, L., Hernandez, N. 2002. Recruitment of RNA polymerase III to its target promoters. *Gene Dev* 16:2593-2620.
White, R. J. 1998. *RNA Polymerase III Transcription*, 2nd ed. New York: Springer-Verlag.
Wolin, S. L., and Matera, A. G. 1999. The trials and travels of tRNA. *Genes Dev* 13:1-10.

## Transcription in Mitochondria

Anderson, S., Bankier, A. T. , Barrell, B. G., et al. Animal mitochondrial biogenesis and function: a regulatory cross-talk between two genomes. *Gene* 263:1-16.
Gaspari, M., Falkenberg, M., Larsson, N. G., and Gustafsson, C. M. 2004. The mitochondrial RNA polymerase contributes critically to promoter specificity in mammalian cells. *EMBO J* 23:4606-4614.
Gaspari, M., Larsson, N. G., and Gustafsson, C. M. 2004. The transcription machinery in mammalian mitochondria. *Biochim Biophys Acta* 1659:148-152.
Kelly, D. P., and Scarpulla, R. C. 2004. Transcriptional regulatory circuits controlling mitochondrial biogenesis and function. *Genes Dev* 18:357-368.
Shade, G. S. 2004. Coupling the mitochondrial transcription machinery to human disease. *Trends Genet* 20:513-519.
Shoubridge, E. A. 2002. The ABCs of mitochondrial transcription. *Nat Genet* 31:227-228.
Smith, A. J., Staden, R., and Young, I. G. 1981. Sequence and organization of the human mitochondrial genome. *Nature* 290:457-465.
Taanman, J.-W. 1999. The mitochondrial genome: structure, transcription, translation and replication. *Biochim Biophys Acta* 1410:103-123.

## Chloroplast Transcription

Allison, L. A. 2004. The role of sigma factors in plastid transcription. *Biochemie* 92:537-548.
Hess, W. R., and Borner, T. 1999. Organellar RNA polymerases of higher plants. *Int Rev Cytol* 190:1-59.
Kanamaru, K., and Tanaka, K. 2004. Roles of chloroplast RNA polymerase sigma factors in chloroplast development and stress response in higher plants. *Biosci Biotechnol Biochem* 68:2215-2223.
Nickelsen, J. 2003. Chloroplast RNA-binding proteins. *Curr Genet* 43:392-399.

이 책은 스스로 분자생물학을 공부하는 데 도움이 되도록 고안된 복습 자료와 이 장에서 설명한 주제들에 대한 보다 상세한 정보와 연결된 다양한 자원을 포함하고 있는 **웹사이트, http://biology.jbpub.com/book/molecular**를 가지고 있다.

단원

6

# 단백질 합성

# 19

# 단백질 합성: 유전자 코드

## 주제 개요

**19.1 Ribosome과 Transfer RNA의 발견**
단백질 합성은 ribosome에서 일어난다.

**19.2 Transfer RNA**
아미노산은 단백질로 합성되기 전에 tRNA에 결합된다.
모든 tRNA 분자들은 3′ 말단에 CCAOH를 가진다..
아미노산의 카르복실기와 adenosine의 2′-또는 3′-OH기 사이의 ester 결합을 통해 아미노산이 tRNA에 결합한다.
Alanine에 대한 tRNA는 최초로 자연계에서 서열분석된 핵산서열이다.
Transfer RNA는 클로버 잎 형태의 2차 구조를 갖는다.
Transfer RNA 분자는 L-형태의 3차원적 구조를 갖는다.

**19.3 Aminoacyl-tRNA synthetase**
Aminoacyl-tRNA synthetase는 I과 II 2종류로 나뉘어 질 수 있다.
어떤 종류의 aminoacyl-tRNA synthetase는 편집 기능을 가지고 있다.
Ile-tRNA synthetase는 편집 기능을 가진다.
Ile-tRNA synthetase는 valyl-tRNA$^{Ile}$와 valyl-AMP를 가수분해 할 수 있다.
Rossman-fold domain에 삽입된 polypeptide에 Ile-tRNA synthetase의 편집 위치가 형성된다.
각각의 aminoacyl-tRNA synthetase는 다른 모든 tRNA들로부터 적합한 tRNA를 구분할 수 있다.
많은 gram 양성 세균과 고세균은 간접적인 방법으로 Gln-tRNA를 합성한다.
Selenocysteine과 pyrrolysine은 polypeptide의 구성요소이다.

**19.4 Messenger RNA와 genetic code**
Messenger RNA는 ribosome이 단백질을 만들도록 프로그램한다.
아미노산을 지정하는 mRNA의 3개의 연속적 염기를 codon이라고 부른다.
Poly(U)가 poly(Phe)의 합성을 유도한다는 발견은 genetic code를 해석하는 첫 단계이었다.
단백질합성은 아미노말단에서 시작하여 카르복실 끝에서 종료된다.
Messenger RNA(mRNA)는 5′에서 3′ 방향으로 읽혀진다.
Trinucleotide는 특정 aminoacyl-tRNA 분자가 ribosome에 결합하는 것을 촉진시킨다.
정확한 염기 서열로 합성된 RNA를 이용하여 genetic code가 확인되었다.
3종의 codon UAA, UAG, UGA는 단백질 번역 종결 신호이다.
Genetic code는 겹치지 않고, 연속적이고, 거의 공통적이고, 매우 중복적이고 명확하다.
Aminoacyl-tRNA의 암호화 특이성은 아미노산이 아니라 tRNA에 의해 결정된다.
어떤 aminoacyl-tRNA는 codon의 세 번째 위치에서의 와블(wobble) 때문에 하나 이상의 codon과 결합한다.
genetic code의 기원은 수수께끼로 남아 있다.

**권장 도서**

단백질 합성에 대한 연구는 DNA 구조가 알려지기 전부터 시작되었지만, 연구자들이 따를만한 지적 체계가 없었기 때문에 이들 연구는 다소 무작위적인 방법 안에서 이루어졌다. 연구자들은 DNA가 이중나선으로 배열된 2개의 polynucleotide로 이루어 졌다라는 것을 발견하고서야 구조와 기능의 연관성에 대해서 생각하기 시작했다. Francis Crick이 **서열 가설(sequence hypothesis)와 중심 원리(central dogma)**를 제안했을 때가 1957년이었다. 서열 가설은 DNA(또는 RNA) 상의 순차적인 염기 서열은 polypeptide 상의 순차적인 아미노산 서열을 결정한다 라고 가정했다. 비록 그 이름은 가설일지라도 중심 원리에서는 유전 정보는 단백질로부터 핵산으로가 아닌, DNA로 부터 RNA 그리고 단백질로 흘러 간다는 것을 가정했다. 이들 두 가설은 단백질 합성에 대한 연구를 진척시키는데 이론적인 토대가 되었다. 이 장에서는 단백질 합성의 중추로 ribosome의 기능에 대한 간단한 소개를 하지만, ribosome에서 일어나는 세부적인 일보다는 유전 정보의 흐름에 초점을 맞추고자 한다. 단백질 합성에 있어서 ribosome의 기능은 20장에서 다룰 것이다.

## 19.1 Ribosome과 Transfer RNA의 발견

### 단백질 합성은 ribosome에서 일어난다.

지금은 인정되지만 polypeptide 합성에 RNA의 관련성은 1950년대까지 확실하게 정립되지 않았다. RNA가 유전자와 polypeptide 사이의 유전 정보의 이동에 관여한다는 것은 1930년대 후반 Torbjörn Caspersson, 1940년대 초반 Jean Brachet의 각각 독립적인 연구로부터 그 실마리를 찾을 수 있다. Caspersson은 세포화학적 기술(cytochemical techniques)을 이용해서 (1) 대부분의 진핵세포의 DNA와 RNA는 각각 핵과 세포질에 존재한다 (2) 단백질 합성이 활발히 일어나는 세포는 세포질에 많은 양의 RNA를 가지고 있다 (3) 세포질의 RNA는 세포질에 존재하는 작은 구형의 입자에 밀집되는 경향이 있다는 것을 밝혔다. Brachet은 핵과 세포질을 분리하는 세포분획법(cell fractionation) 기법을 이용해 단백질 합성이 활발히 일어나는 것과 세포질의 RNA 양 사이에 상관관계가 있음을 관찰하였다. 또한 Brachet은 Caspersson이 세포 내에서 관찰했던 다량의 RNA를 포함하는 구형입자를 얻기 위해서 높은 속도의 원심분리를 통해 세포질로부터 침전물을 얻었다. 다량의 RNA를 포함하는 구형입자는 강력하게 결합된 단백질들을 포함하고 있기 때문에 이들을 ribonucleoprotein이라고 불렀다. 1950년대 초반까지 전자 현미경 기술은 직경 약 250 Å 인 구형의 ribonucleoprotein 입자를 볼 수 있는 수준까지 다 달았다. 이 입자는 1957년까지 다양한 이름으로 불렸고, Richard B. Roberts가 처음으로 이 입자를 현재 일반적으로 사용되는 이름인 **ribosome**이라고 명명하였다.

진핵세포의 경우, 어떤 ribosome은 세포질에서 자유롭게 둥둥 떠다니는 것 같이 보이고, 어떤 ribosome은 Keith Porter가 **소포체(endoplasmic reticulum; ER)**이

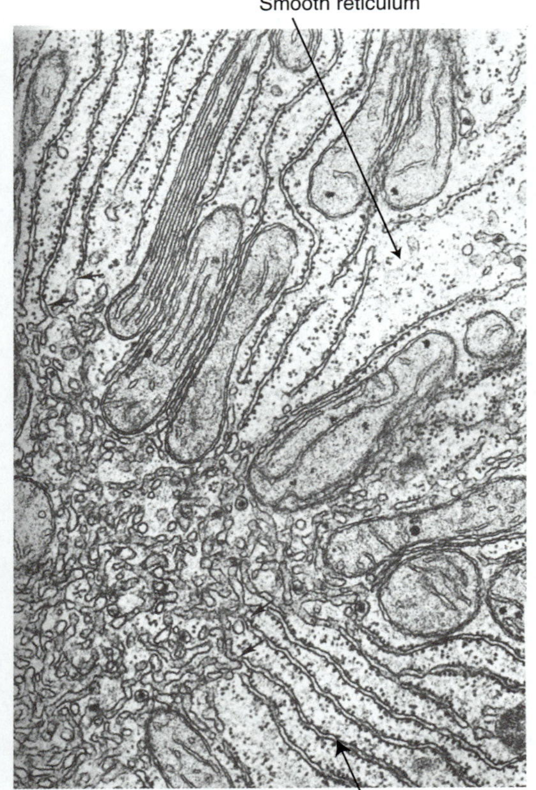


**그림 19.1** 조면소포체(rough endoplasmic reticulum; RER)와 활면소포체(smooth endoplasmic reticulum; SER)를 보여주는 간세포의 전자현미경 사진. 발췌 정보 *The journal of Cell Biology*, 56(1973): 746-761. Copyright 1973, The Rockefeller University Press. Photo courtesy of Don W. Fawcett.

라고 이름 지은 구조인 세포 내 연속적인 관모양의 망상 조직의 바깥 쪽 표면에 붙어 있다(**그림 19.1**). Ribosome이 ER에 박혀 있는 부분은 전자현미경상으로 거칠고 알갱이 같이 보이기 때문에 이 부분을 **조면소포체(rough endoplasmic reticulum; RER)**라고 한다. 또한, ribosome이 없는 매끄러운 부분을 **활면소포체(smooth endoplasmic reticulum; SER)**라고 한다. 세포막을 깨는 실험 방법은 소포체도 깨기 때문에 연속된 망상 조직 형태로 ER을 분리할 수가 없다. 그러나, 세포파쇄액(cell homogenate)의 차별적인 원심분리를 통해서, ER의 일부분을 분리할 수 있다(**그림 19.2**). 세포파쇄액을 5분 동안 약 600 × g에서 원심분리를 하여 핵과 깨지지 않은 세포를 제거한다. 그 다음 상층액(supernatant)을 약 15,000 × g에서 1시간 동안 원심분리를 해서 미토콘드리아(mitochondria), lysosome, 과산화소체(peroxisome)을 제거한다. 그 다음 100,000 × g에서 2시간 동안 원심분리를 하면 침전물을 얻을 수 있는데 이를 **미세소체 분획(microsomal fraction)**이라고 부르고, 여기에는 ER의 조각들과 ribosome이 포함되어 있다.

1953년에 Paul Zamecnik 연구팀은 미세소체 분획이 단백질 합성에 중요한 기능을 한다는 사실을 실험적으로 처음 증명하였다. 그들의 실험적 접근 방법은 먼저 방사능으로 표지된 아미노산을 쥐에 주입하고, 일정 시간 간격으로 쥐의 간을 꺼낸 다음 간세포를 얻어 세포파쇄액을 얻고 이를 분획하였다. 그 후 각각의 분획에 존재하는 방사능표지 단백질의 양을 측정하였다. 실험 결과, 방사능 표지된 단백질은 미세소체 분획에 존재하는 ribosome에서 처음 관찰되었다. 이는 ribosome이 단백질 합성 공장임을 제시한다.

생체 조건 내에서의(*in vivo*) 연구를 바탕으로, Zamecnik 연구팀은 단백질 합성에 필요한 요소를 밝히고 어떻게 인자들이 기능을 하는지 규명하기 위해서 무세포시스템(cell-free system)의 개발을 시도하였다. 그 결과, 쥐의 간에 존재하는 ribosome,

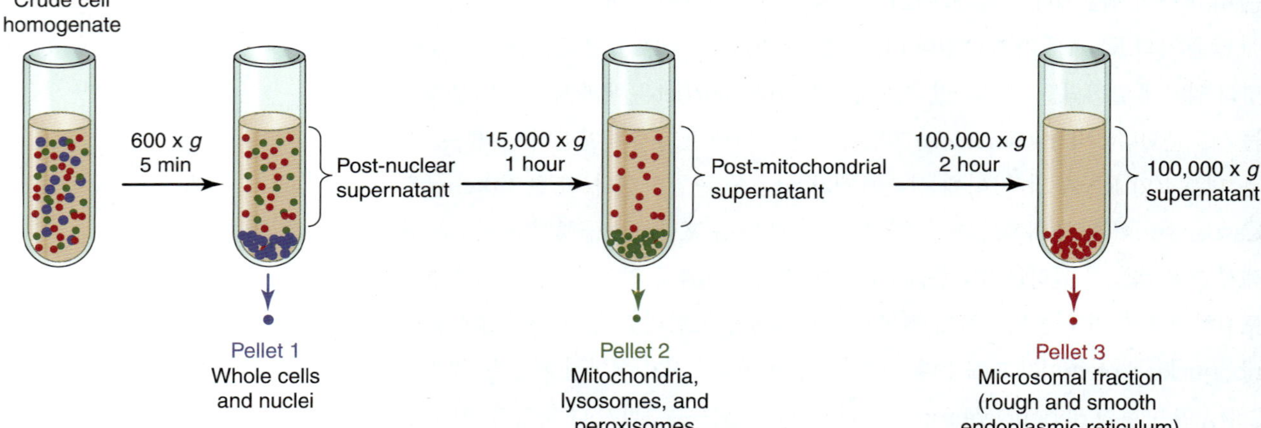


**그림 19.2 미세소체와 100,000 × g 상층액 분획 과정.** 무세포 단백질합성(cell-free protein synthesis)을 위해 필요한 요소는 미세소체와 100,000 × g 상층액에 존재한다. 이들은 세포파쇄액의 차별적 원심분리를 통해 분리될 수 있다. 낮은 속도에서의 원심분리를 통해 세포파쇄액으로부터 전체 세포와 핵을 분리하고 중간 속도의 원심분리를 통해서 미토콘드리아, lysosome, 과산화소체(peroxisome)을 분리한다. 그 다음 상층액(post-mitochondrial supernatant)을 고속으로 원심분리를 시켜 미세소체를 포함하는 침전물(pellet; microsomal fraction)과 상층액(100,000 × g 상층액)을 각각 분리한다. 미세소체 분획은 세포의 조면소포체, 활면소포체를 포함하고, 100,000 × g 상층액은 수용성 세포 물질들을 포함한다.

100,000 × g 상층액(supernatant), adenosine triphosphate(ATP), guanosine triphosphate(GTP)를 포함하는 부유액(suspension)은 산성에서 녹는 [$^{14}$C]아미노산을 산성에서 녹지 않는 방사능표지 단백질로 바꾼다는 것을 발견하였다.

# 19.2 Transfer RNA

## 아미노산은 단백질로 합성되기 전에 tRNA에 결합된다.

단백질 합성 연구에 있어 그 다음 획기적인 발전은 1953년 Zamecnik의 연구실에서 실험하고 있던 Mahlon Hoagland에 의해서 이루어졌다. Hoagland의 초기 연구 목표는 단백질 합성을 위해 어떻게 에너지가 사용되는지를 연구하는 것이었다. 그는 아미노산은 단백질로 합성하기 전 반드시 활성화되어야 한다고 생각했고, 이 활성은 ATP에서 아미노산의 α-carboxyl group으로 adenylyl(AMP) group의 이동에 의해 이루어 진다고 추측하였다.

$$\text{ATP + amino acid} \rightleftharpoons \text{aminoacyl–AMP + pyrophosphate}$$

Hoagland는 그의 가설을 증명할 수 있는 실험적 증거를 찾기 위해, 어떤 인자가 아미노산 의존적(amino acid-dependent) [$^{32}$p]pyrophosphate-ATP 상호교환을 촉매하는 지를 알아보기 위해서 다양한 종류의 세포 분획을 조사하였다. 그 결과, 쥐로부터 얻은 간의 100,000 × g 상층액이 아미노산 의존적으로 [$^{32}$p]pyrophosphate가 ATP로 전환되는 것을 촉매한다는 것을 발견하였고, 이 결과는 아미노산의 카르복실기(carboxyl group)의 가역적인 adenylylation을 통해서 아미노산의 활성화를 촉진시키는 효소가 세포질에 존재한다는 것을 제시한다. 또한 Hoagland는 100,000 × g 부유물이 활성화된 아미노산이 hydroxylamine(비생리학적 카르복실기 수용체)에 붙게 하고 그 결과 aminoacyl hydroxamate가 형성된다는 것을 밝힘으로써 활성화 가설(activation hypothesis)을 더욱 강력히 뒷받침하게 되었다.

$$\text{ATP} + \text{R}\!-\!\underset{\underset{\text{NH}_3^+}{|}}{\overset{\overset{\text{H}}{|}}{\text{C}}}\!-\!\text{COO}^- + \underset{\text{hydroxylamine}}{\text{NH}_2\text{OH}} \rightleftharpoons \underset{\text{aminoacyl hydroxamate}}{\text{R}\!-\!\underset{\underset{\text{NH}_3^+}{|}}{\overset{\overset{\text{H}}{|}}{\text{C}}}\!-\!\overset{\overset{\text{O}}{\|}}{\text{C}}\!-\!\text{NHOH}} + \text{AMP} + \text{pyrophosphate}$$

따라서 Hoagland의 연구는 100,000 × g 상층액이 아미노산을 aminoacyl-adenylate로 변환시켜 아미노산을 활성화시키고, 이것은 다시 aminoacyl group을 인공적인 수용체인 hydroxylamine으로 전달시킬 수 있음을 규명하였다. 100,000 × g 상층액에 존재하는 단백질을 분핵하고자 하는 Hoagland의 노력 결과, 각 아미노산은 각 아미노산에 특이적인 효소에 의해 활성화될 수 있음을 보여주었다. 이 결론은 뒤에 많은 다른 실험실에서 아미노산 활성화 효소를 순수 분리함으로써 증명되었다. 비록, Hoagland의 실험은 단백질 합성을 위한 에너지 근원에 관해서 많은 것을 이야기하고 있지만, 어떻게 유전정보가 polynucleotide 사슬에서 polypeptide 사슬로 흘러가는지에 대해서는 아무 것도 이야기하지 않고 있다. 그러나 aminoacyl-AMP의 발견은 곧 유전정보 문제와 직접적으로 관련이 있는 새로운 종류의 RNA의 발견을 이끌어 낸다.

Zamecnik는 aminoacyl-adenylate가 단백질 합성뿐만 아니라 RNA 합성에서도 중간체로 기능하지 않을까 생각했다. 지금은 aminoacyl-adenylate가 RNA 합성의 중간체가 아니라는 것을 알고 있지만, 이 가능성을 확인하기 위해 Zamecnik가 수행했던 실험들 중 하나에서 단백질 합성에 중요한 **transfer RNA(tRNA)** 발견이 이루어졌기 때문에 여기서 이 실험을 다룰 필요가 있다. Zamecnik는 [$^{14}$C]아미노산, ATP, 마그네슘 이온(magnesium ions), 100,000 × g 상층액을 섞은 후, RNA로 방사능 표지물이 삽입되는 것을 관찰하고자 했다. Zamecnik는 어떠한 방사능 표지물도 이 실험에서 삽입되지 않을 것으로 생각했기 때문에, 방사능으로 표지된 nucleotide 실험의 대조군으로 사용하였던 것이다. 결과는 놀랍게도 [$^{14}$C]아미노산이 100,000 × g 상층액에 존재하는 RNA에 아주 빠른 속도로 달라붙었다. 다른 연구자처럼 Zamecnik도 100,000 × g 상층액 안에 수용성 RNA가 존재한다는 것을 알고 있었지만, Zamecnik은 이 RNA가 ribosome이 깨질 때 생성되는 일종의 부스러기(junk)라는 잘못된 생각을 하고 있었다. 그 후 Zamecnik 연구팀에 의해 수행된 실험들은 이 수용성 RNA가 junk가 아니라 활성화된 aminoacyl기의 실제 수용체이고, 단백질 합성의 필수적인 요소라는 것을 보여주었다.

Hoagland 연구팀은 아미노산이 단백질로 합성되기 전에 수용성의 RNA에 붙는다는 것을 보여주는 결정적인 실험을 수행하였다. 그들은 시험관내(*in vitro*) 조건에서 [$^{14}$C]aminoacyl 수용성 RNA를 합성했던 이전 실험을 이용했다. 그들은 100,000 × g 상층액, ribosome, ATP, GTP를 포함하는 단백질 합성 혼합액에 순수 분리된 [$^{14}$C]aminoacyl 수용성 RNA를 더해준 후, 단백질 안으로 방사능 물질이 들어가는지 조사하였다. 예상대로 방사능 표지물질이 단백질에 들어갔다. 또한 다른 종류의 아미노산을 방사능으로 표지한 후 동일 실험을 수행했을 때 이 들은 부가적인 형태(additive fashion)로 단백질에 첨가되었다.

그러나, Hoagland 연구팀은 [$^{14}$C]아미노산이 수용성의 RNA로부터 먼저 분리되고 그 다음 단백질로 들어가는지에 대한 가능성을 배제할 필요가 있었다. 이 가능성은 방사능 표지가 되지 않은 아미노산을 혼합액에 넣을 때, 단백질 안으로의 방사능 표지가 영향을 받지 않는다는 것을 보여줌으로써 배제할 수 있었다. 만약 [$^{14}$C]아미노산이 단백질로 들어가기 전에 수용성의 RNA로부터 분리되어 나온다면, 방사능 표지 되지 않은 아미노산은 반응 특이성을 줄이고 방사능 표지 아미노산이 단백질로 합성되는 것을 현저히 감소시키게 될 것이다. 결론적으로 수용성의 RNA에 결합된 아미노산은 ribosome에 있는 polypeptide 체인으로 바로 전달된다. 물리적인 성질을 내포하는 수용성 RNA(soluble RNA; sRNA)는 최종적으로 기능을 내포하는 transfer RNA(tRNA)로 명칭이 바뀌게 되었다.

Zamecnik 연구팀은 선구자적인 연구를 통해 100,000 × g 상층액은 **aminoacyl-tRNA 합성효소(aminoacyl-tRNA synthetase)**라고 불리는 활성효소가 존재한다는 것을 보였다. 비록 각각의 aminoacyl-tRNA synthetase는 그들이 인식하는 아미노산과 tRNA에 대한 특이성을 가지고 있지만, 모든 합성효소는 공통적으로 2가지 단계의 반응을 촉진시킨다(**그림 19.3**). 먼저 합성효소는 ATP의 adenylyl (AMP) 잔기를 아미노산의 α-carboxyl group으로 이동시켜 aminoacyl-adenylate와 pyrophosphate의 형성을 촉진시킨다(그림 19.3a). 그 다음, 합성효소는 aminoacyl-adenylate의 aminoacyl기를 tRNA로 옮겨 aminoacyl-tRNA와 AMP를 형성을 촉진시킨다(그림 19.3b). 두 단계의 이동 과정을 통한 순수 결과는 ATP, 아미노산, tRNA를 aminoacyl-tRNA, AMP, pyrophosphate로 바꾸게 된다(그림 19.3c). 아미노산에 결합된 transfer RNA는 아미노산을 **실었다(charged)**라고 표현하고, 아미노산이 결합되지 않는 상태의 tRNA를 아미노산을 **싣지 않았다(uncharged)**라고 표현한다. 비록 전체 반응의 평형상수는 1에 가깝지만, 세포 안에서는 pyrophosphate가 가수분해됨으로 이 반응은 완벽하게 일어난다.

Zamecnik 연구팀은 연구 초기에는 생화학적인 관점에서 단백질 합성 과정을 풀려고 시도했다. 그러나 1956년 tRNA에 대한 그들의 연구를 통해 단백질 합성을 유전 정보의 흐름이라는 관점에서 보기 시작했다. 그 당시 messenger RNA가 아직 발견되지 않았기 때문에 tRNA와 유전 정보 흐름 사이의 연관성이 모호한 상황이었다. 특이할 만한 점은 Francis Crick은 1955년 RNA Tie Club(클럽의 멤버들이 아미노산 또는 nucleotide로 장식된 넥타이를 했기 때문에 유래된 이름)이라는 분자생물학자들의 소그룹에 보낸 비공식적인 노트에서 tRNA와 유사한 물질의 존재를 예측했었다. 이 그룹의 주요 목적 중의 하나는 coding 문제를 푸는 것이었다. Crick은 각 아미노산들은 polypeptide 형성 전에 핵산 주형 위로 배열되지 못한다는 사실에 주목했다. 따라서 그는 각각 아미노산이 먼저 짧은 길이의 특이한 연결자 RNA(adaptor RNA)에 결합되어야 하고, 그 다음 특별한 염기쌍 형성을 통해 RNA 주형에 아미노산이 배열될 수 있을 것이라고 제안했다(**그림 19.4**).

Crick의 연결자 가설(adaptor hypothesis)은 2가지 중요한 예상을 했다: (1) 각 아미노산에 대해 하나씩, 즉 적어도 20개의 다른 연결자 RNA 분자들이 존재해야 한다; (2) 각 아미노산은 단백질에 합성되기 전에 반드시 해당하는 연결자에 결합해야 한다. Zamecnik와 Hoagland는 Crick의 비공식 노트를 알지 못했다. 그러나 1956년 말, James Watson이 그들에게 Crick의 연결자 가설에 대해 언급했을 때, 그들은 tRNA가 Crick이 제안한 연결자임을 알게 되었다.

## 모든 tRNA 분자들은 3′ 말단에 $CCA_{OH}$를 가진다.

Transfer RNA는 많은 실험실에서 흥미를 가질 만큼 중요한 물질로 여겨졌다. tRNA의 구조에 대한 첫 단서들 중의 하나는 100,000 × g 상층액은 tRNA의 3′ 말

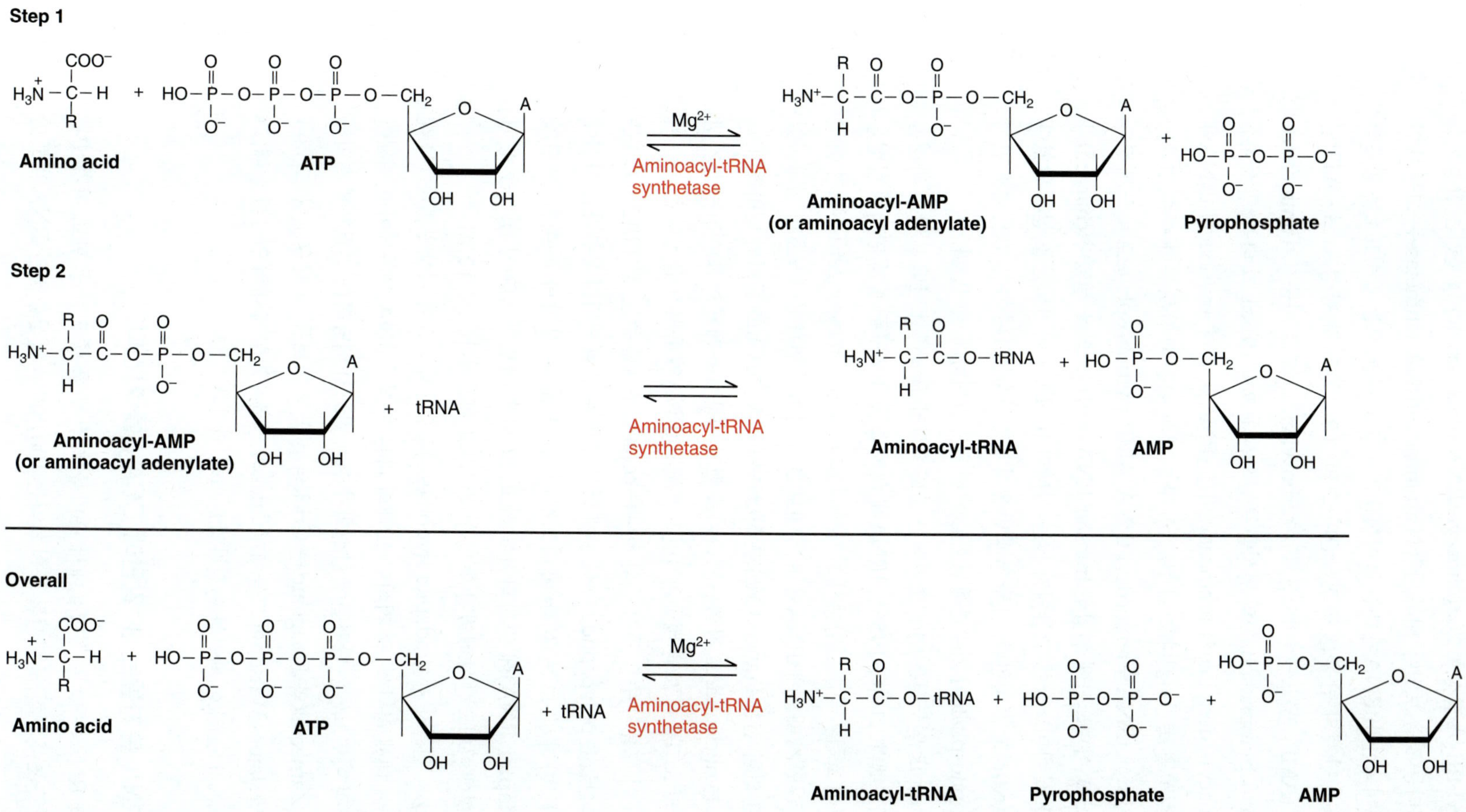

**Step 1**

Amino acid + ATP ⇌ ($Mg^{2+}$, Aminoacyl-tRNA synthetase) Aminoacyl-AMP (or aminoacyl adenylate) + Pyrophosphate

**Step 2**

Aminoacyl-AMP (or aminoacyl adenylate) + tRNA ⇌ (Aminoacyl-tRNA synthetase) Aminoacyl-tRNA + AMP

**Overall**

Amino acid + ATP + tRNA ⇌ ($Mg^{2+}$, Aminoacyl-tRNA synthetase) Aminoacyl-tRNA + Pyrophosphate + AMP

**그림 19.3** Aminoacyl-tRNA synthetase에 의한 촉매되는 반응

단에 노출된 몇 개의 핵산을 잘라 tRNA가 아미노산을 받아들이지 못하게 하는 exonuclease를 포함한다는 것이다(**그림 19.5a**). 추가 연구를 통해 100,000 × g 상층액 안에는 ATP와 CTP가 더해졌을 때 잘려진 tRNA의 능력을 회복시켜 아미노산을 받아들일 수 있게 하는 효소를 포함한다는 것을 밝혔다(**그림 19.5b**). 보다 더 세부적인 실험을 통해 모든 tRNA 분자는 3′ 말단에 $CCA_{OH}$를 가진다는 발견을 이끌어 내게 되었다.

중요한 실험들은 다음과 같다: (1) [$^{14}$C]CTP는 ATP가 존재하지 않는 상황에서 잘려진 tRNA의 3′ 말단에 CMP group을 전달한다. (2) [$^{14}$C]ATP가 AMP group을 전달하기 위해서는 CTP가 반드시 필요하다. (3) CMP:AMP 전달의 몰 비율(molar ratio)는 2:1이다. 이 후의 연구들을 통해 tRNA **nucleotidyl transferase**라고 불리는 하나의 효소가 3가지 모든 nucleotide 전달 반응을 촉매한다는 것을 밝히

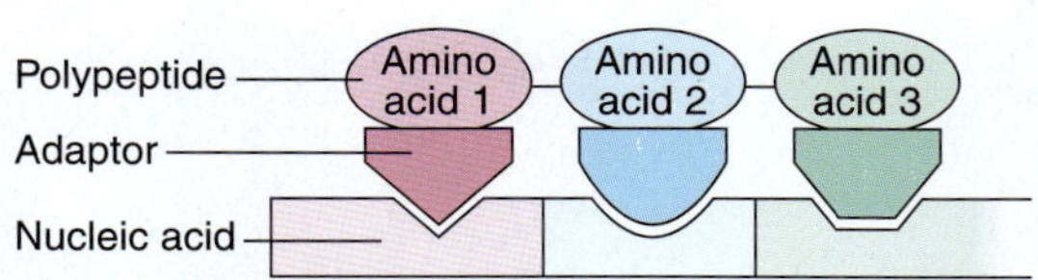


**그림 19.4 연결자 가설(adaptor hypothesis).** 발췌 Voet, J. G., and Pratt, C. W. *Fundamentals of Biochemistry*. John Wiley & Sons, Ltd., 1999.

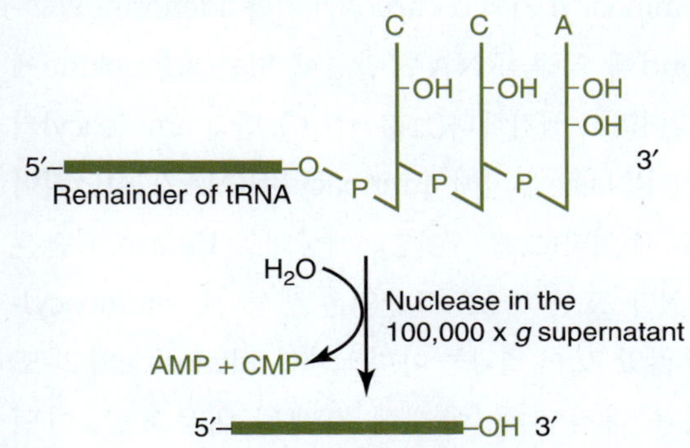


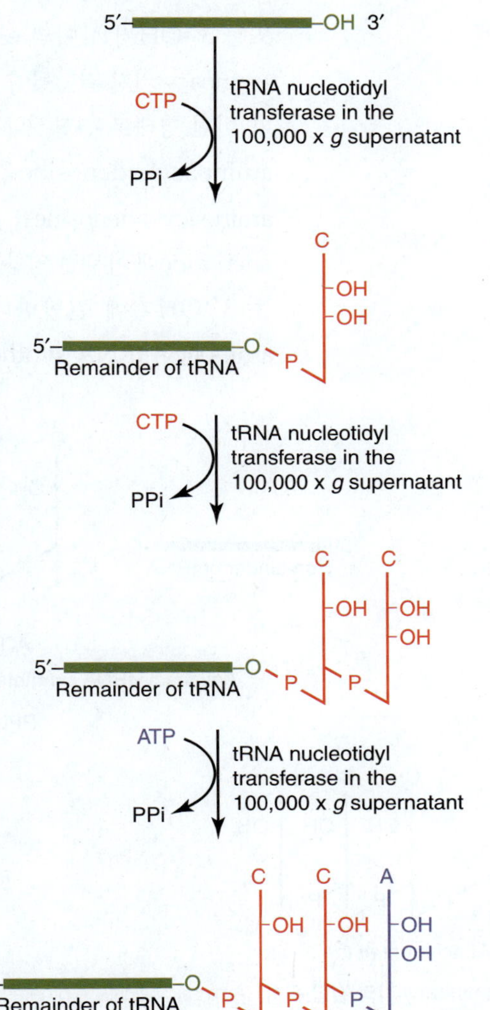


**그림 19.5 tRNA의 3′ 말단에서 일어나는 반응.** 모든 tRNA 분자의 3′ 말단의 염기서열은 CCA이다. (a) Exonuclease는 CCA 말단을 제거함으로써 tRNA를 비활성화 시킬 수 있다. (b) tRNA nucleotidyl transferase 라고 알려진 효소는 처음 2개의 cytidylate 잔기를 그 다음 adenylate 잔기를 회복시킴으로써 tRNA를 활성화시킨다.

게 되었다. 이 효소는 대부분의 진핵세포 tRNA 유전자는 $CCA_{OH}$ 끝을 가지고 있지 않기 때문에 진핵세포에서 필수적인 효소이다. 비록 세균 tRNA 유전자는 대개 $CCA_{OH}$ 말단을 가지고 있지만, 세균은 $CCA_{OH}$ 말단을 잃어버린 tRNA를 수리하기 위해서 tRNA nucleotidyl transferase를 필요로 한다.

## 아미노산의 carboxyl기와 adenosine의 2′-또는 3′-OH기 사이의 ester 결합을 통해 아미노산이 tRNA에 결합한다.

Paul Berg 연구팀은 세균 tRNA에 결합하는 아미노산 그룹의 성질을 연구하였다. 그들은 먼저 3′ 말단의 adenosine 2′-과 3′-OH기에 연결되어 있는 탄소원자 사이의 결합을 특이적으로 절단하는 물질인, 과요오드산염(periodate; $IO_4^-$)으로 tRNA를 완전히 불활성화시킬 수 있음을 증명하였다. 그 후 그들은 5′ → 3′ exonuclease에 의해 절단될 때 보다 3′ → 5′ exonuclease에 의해 절단될 때 더 빠르게 tRNA가 아미노산을 받아들이는 능력을 잃어버리는 것을 밝혔다.

이러한 결과들에 기초하여, aminoacyl 기의 α-carboxyl 기와 adenosine의 2′-또는 3′-OH기 사이의 ester bond에 의해 tRNA 3′말단에 있는 adenosine에 aminoacyl기가 결합될 수 있을 것이라고 생각했다(**그림 19.6**). 만약 aminoacyl기가 이런 형태로 결합된다면, 췌장 RNase에 의해 aminoacyl-tRNA가 절단되어 aminoacyl-adenosine을 생성할 것이다(**그림 19.7**). 예상대로 RNase 절단은 aminoacyl-adenosine을 생성하였다. 또한 과요오드산염은 생성되는 aminoacyl-adenosine에 아무런 영향을 주지 않았고, 이 결과는 아미노산이 adenosine의 2′-또는 3′-OH기에 결합한다는 것을 나타낸다. 아래에 소개될 내용처럼, 어떤 aminoacyl-tRNA synthetase는 aminoacyl기를 2′-OH기에, 어떤 aminoacyl-

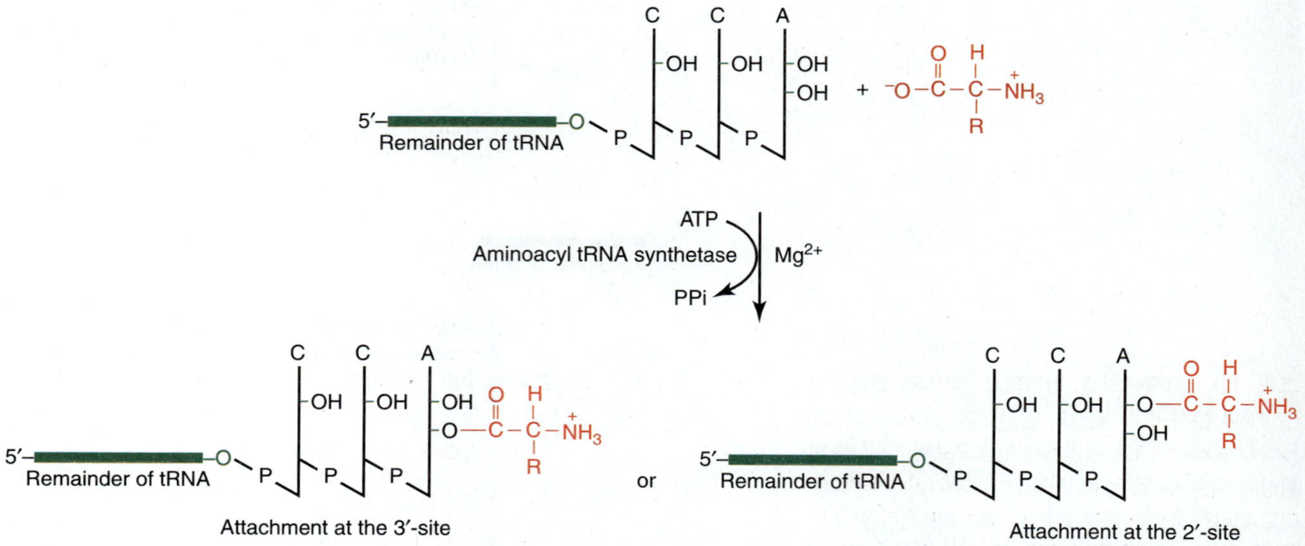

**그림 19.6 tRNA에 aminoacyl기의 결합 위치.** Aminoacyl-tRNA synthetase는 tRNA의 3′ 말단에 존재하는 adenosine기의 2′ 또는 3′ OH기에 aminoacyl기를 결합시킨다.

tRNA synthetase는 3′-OH기에 첨가한다. Aminoacyl기가 2개의 OH기 사이에 빠르게 움직일 수 있기 때문에 처음 결합하는 OH기의 위치는 중요하지 않다. tRNA에 ester 결합으로 부착되는 aminoacyl기는 알칼리성 상황에서 빠르게 가수분해된다. 예를 들면, Val-tRNA는 37°C, pH 8.6 일 때 약 5분의 반감기를 갖는다. 이러한 불안정성 때문에 약한 알카리성 환경에서는 aminoacyl기가 쉽게 제거되어 tRNA만 남게 된다.

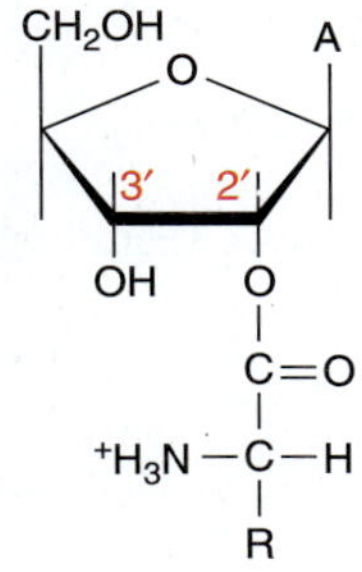


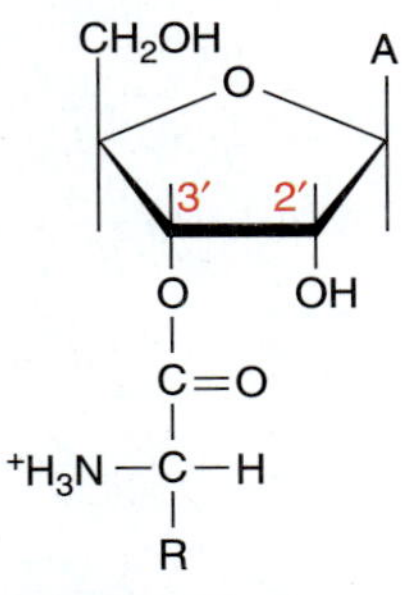


**그림 19.7** Aminoacyl-adenosine.

Crick의 연결자 가설(adaptor hypothesis)에서는 각각의 아미노산은 그것에 특이적인 tRNA를 적어도 1개 이상 가지고 있다고 예측한다. 2가지 다른 종류의 실험이 이러한 예측을 증명하였다:

1. Berg 연구팀은 aminoacyl-tRNA는 시간에 정비례하여 형성되고 이 후에 안정 상태에 도달한다는 것을 보여주는 시험관내(*in vitro*) 실험을 수행하였다(**그림 19.8**). 비록 aminoacyl-tRNA 형성의 정도가 아미노산의 종류에 따라 차이는 있지만, tRNA는 각각의 아미노산에 대해 제한적 요소(limiting factor)이다. 2개 또는 그 이상의 아미노산이 같은 반응 혼합물에 포함되어 있을 때, 형성되는 aminoacyl-tRNA의 전체 양은 각각의 아미노산 단독으로 존재하였을 때 형성되는 양의 합과 같다. 또한 각각의 아미노산의 존재는 다른 아미노산의 결합 정도에 영향을 주지 않는다. 이러한 실험들은 각각의 아미노산은 그것에 특이적인 각각의 tRNA와 결합한다는 Crick의 예측과 일치한다.
2. Robert Holley 연구팀은 적은 값으로 많은 양을 살 수 있는 빵효모(baker' s yeast; *Saccharomyces cerevisiae*)를 선택하여 tRNA 혼합물을 얻고 여기서 특이적인 tRNA를 정제하였다. 그들은 향류분배(countercurrent distribution)로 알려진 액체-액체 크로마토그래피(liquid-liquid chromatography)의 원리를 이용하여 정제되지 않은 혼합물로부터 특이적인 tRNA를 정제하였다. 향류분배란 서로 반대 방향으로 움직이는 섞이지 않는 액체면 사이에서 반복적인 분배를 통해 혼합물로부터 물질들을 분리하는 방법이다. Crick의 연결자 가설(adaptor hypothesis)을 통해 예측되는 것처럼, 각각의 tRNA는 오직 1종류의 아미노산을 받아들였다. Transfer RNA의 특이성은 아미노산의 세 알파벳 약어를 위 첨자로 적음으로써 나타낸다. 예를 들어, leucine, valine, phenylalanine을 받아들이는 tRNA는 각각 $tRNA^{Leu}$, $tRNA^{Val}$, $tRNA^{Phe}$으로 표기된다. 몇몇 아미노산은 1개 이상의 tRNA에 결합할 수 있다. 같은 아미노산을 받아들이는 다른 tRNA를 동일아미노산 수용 tRNA(isoacceptor)라고 말하고, 이들은 숫자를 아래 첨자로 표시함으로써 구분된다. 예를 들어, valine에 대한 동일아미노산 수용 tRNA들은 $tRNA_1^{Val}$, $tRNA_2^{Val}$이라고 불린다.

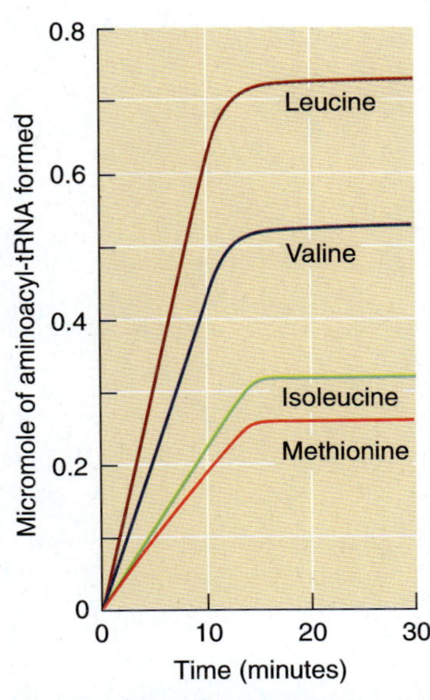


**그림 19.8 Aminoacyl-tRNA 형성의 반응속도.** 각 반응 혼합물은 ATP, 마그네슘 이온, 방사능으로 표지된 특정 아미노산, 각 아미노산에 특이적인 순수 정제된 *E. coli* aminoacyl-tRNA synthetase를 포함한다. Berg, P. et al., *J. Biol. Chem.* 236(1961): 1726-1734.

전체 세균 유전체(genome)에 대한 DNA 서열 연구 결과를 통해, tRNA 개수는 33개의 적은 수를 갖는 *Mycoplasma genitalium*(가장 작은 유전체를 가지고 있는 것으로 생각되는 세균)부터 88개의 많은 수를 갖는 *Bacillus subtilis*(gram-양성 세균)에 이르기까지 세균은 다양한 수의 tRNA 유전자를 가지고 있음을 알 수 있다. 어떤 tRNA분자는 하나 이상의 tRNA 유전자에 의해 코딩되어 있기 때문에, 서로 다른 tRNA 분자의 수는 종종 tRNA 유전자의 수보다 적다. 예를 들어, *E. coli*는 84개의 tRNA 유전자를 갖지만, 서로 다른 tRNA 분자는 오직 45개뿐이다. 진핵생물의 경우 세포질에 있는 tRNA 보다 훨씬 많은 수의 tRNA 유전자를 가지고 있다. 예를 들어, *S.cerevisiae*는 약 270개의 tRNA 유전자를 가지는 반면, 사람의 경우 이 숫자의 약 두 배 가량의 tRNA 유전자를 가지고 있다.

## Alanine에 대한 tRNA는 최초로 자연계에서 서열분석된 핵산서열이다.

Holley 연구팀은 1958년 tRNA 분자의 염기서열을 분석하는 어려운 일을 시작했고, 그 프로젝트를 완벽히 끝내기까지는 7년이 걸렸다. 이들은 단일한 효모 $tRNA^{Ala}$를 정제하는 기술을 개발하는데 대부분의 시간을 보냈다. 상업화된 빵효모 600 kg 이상을 이용하여 미정제된 200 g의 tRNA을 얻을 수 있었고, 이것으로부터 마침내 순수하게 1 g의 $tRNA^{Ala}$를 추출하였다. 정제된 tRNA는 특정 nuclease로 잘려졌고, 잘려진 조각을 추출하여 염기서열을 분석하였다. 엄청난 노력이 드는 이 일을 끝마친 후, Holley 연구팀은 단백질 화학자들이 커다란 polypeptide의 아미노산 서열을 결정하는 것과 유사한 방법으로 겹치는 부분을 맞춤으로써 tRNA 분자 내에서 조각들의 순서를 결정하였다.

오늘날에는 tRNA보다 tRNA 유전자의 염기서열을 분석하는 것이 일반적으로 사용된다. 그러나 필요하다면 몇 년이 아닌 몇 주 만에 tRNA를 추출하여 염기서열을 분석할 수 있다. 이러한 발전의 주요한 이유들 중 하나는 nucleotide를 검출하는데 사용되는 방법이 바뀌었기 때문이다. Holley에 의해 사용되던 분광광도분석법(spectrophotomeric method)은 더 민감한 방사능표지법(radiolabeling techniques)으로 교체되었다. 그 결과 순수 정제된 tRNA의 마이크로 그램 단위의 양만으로도 완벽하게 염기서열분석을 할 수 있게 되었다.

## Transfer RNA는 클로버 잎 형태의 2차 구조를 갖는다.

Holley 연구팀은 polyribonucleotide 사슬의 접힘(folding)에 대한 단서를 얻기 위해 $tRNA^{Ala}$의 염기서열을 조사했다. 이들은 분자 내에서 일어나는 염기쌍(base pair) 형성이 접힘 과정(folding)에 추진력으로 작동할 것이라고 추측했다. 이런 점에서 머리핀(hairpin) 구조를 이룰 수 있는 자가상보염기서열(self-complementary sequence)은 관심을 끄는 구조다. 같은 수의 분자 내 염기쌍을 가지는 여러 다른 형태의 접힘구조가 만들어질 수 있을 것으로 예상된다. 그러나 하나의 tRNA 서열로부

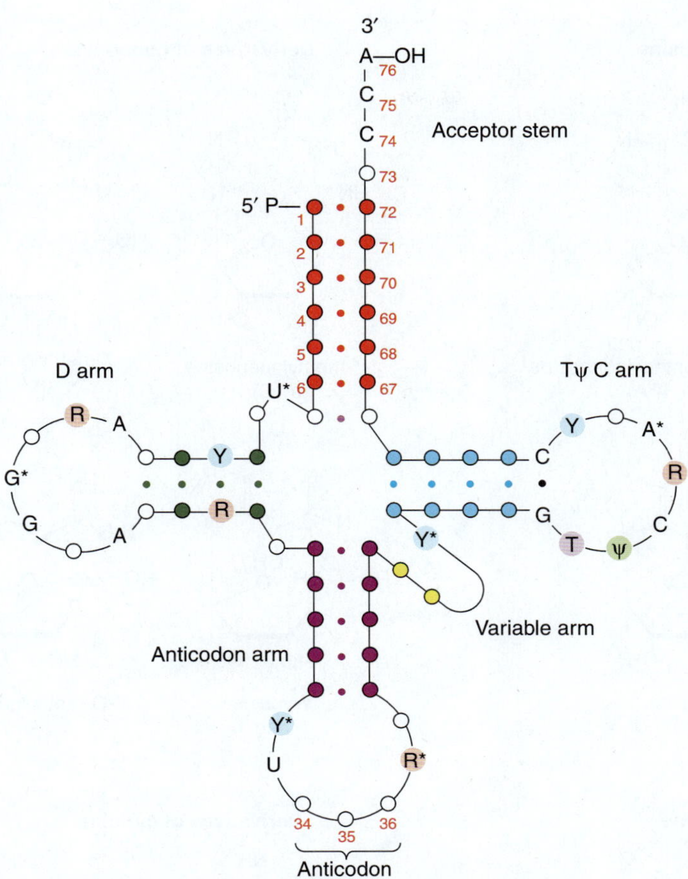


**그림 19.9 클로버 잎 2차 구조.** 고정된 염기는 대문자로 표시되어 있다. 고정된 pyrimidine과 purine은 각각 R과 Y로 표시되어 있다. Ψ는 pseudouridine을 표시한다. Watson-Crick 염기쌍형성에 관련된 염기는 점으로 연결된 채워진 원(filled circle)으로 표시되어 있다. 그 외 염기는 비워있는 원(open circle)으로 표시되어 있다. D-arm과 variable arm은 tRNA에 따라 다른 수의 nucleotide를 가진다. TΨC-팔, anticodon arm, D-arm은 이중 나선의 줄기와 루프 구조(stem-loop structure)를 가진다. Voet, D., Voet, J. G., and Pratt, C. W. *Fundamentals of Biochemistry*. John Wiley & Sons, Ltd., 1999.

터 정확한 접힘형태를 결정할 수는 없었다. 다른 tRNA 분자에 대한 서열 정보가 밝혀진 후에야, 비로소 모든 tRNA는 polyribonucleotide 사슬이 세 잎 클로버 모양을 닮은 하나의 공통적인 구조로 접힌다는 것을 알게 되었다(**그림 19.9**). 현재는 다양한 생물종으로부터 수백 가지의 다른 tRNA 종들의 서열이 밝혀진 상태다. 모든 세포질에 존재하는 tRNA는 약 75~95개의 nucleotide 길이를 가지고, **클로버 잎 (cloverleaf)** 2차 구조를 가진다. 그림 19.9와 같이, tRNA 내에 존재하는 15개의 nucleotide는 대부분의 tRNA 종에서 공통적으로 존재하는(conserved) 서열이다.

4개의 주요한 ribonucleoside 뿐만 아니라, 각 tRNA는 또한 변환된(modified) 형태의 nucleoside를 가지고 있다. 모든 변환은 전사(transcription) 이 후에 일어난다. 이들 변환에는 1개 또는 그 이상의 메틸기(methyl group)의 부가(addition), 이중 결합의 환원, pyrimidine ring에 결합하는 부분의 위치 변화, 산소 원자(oxygen

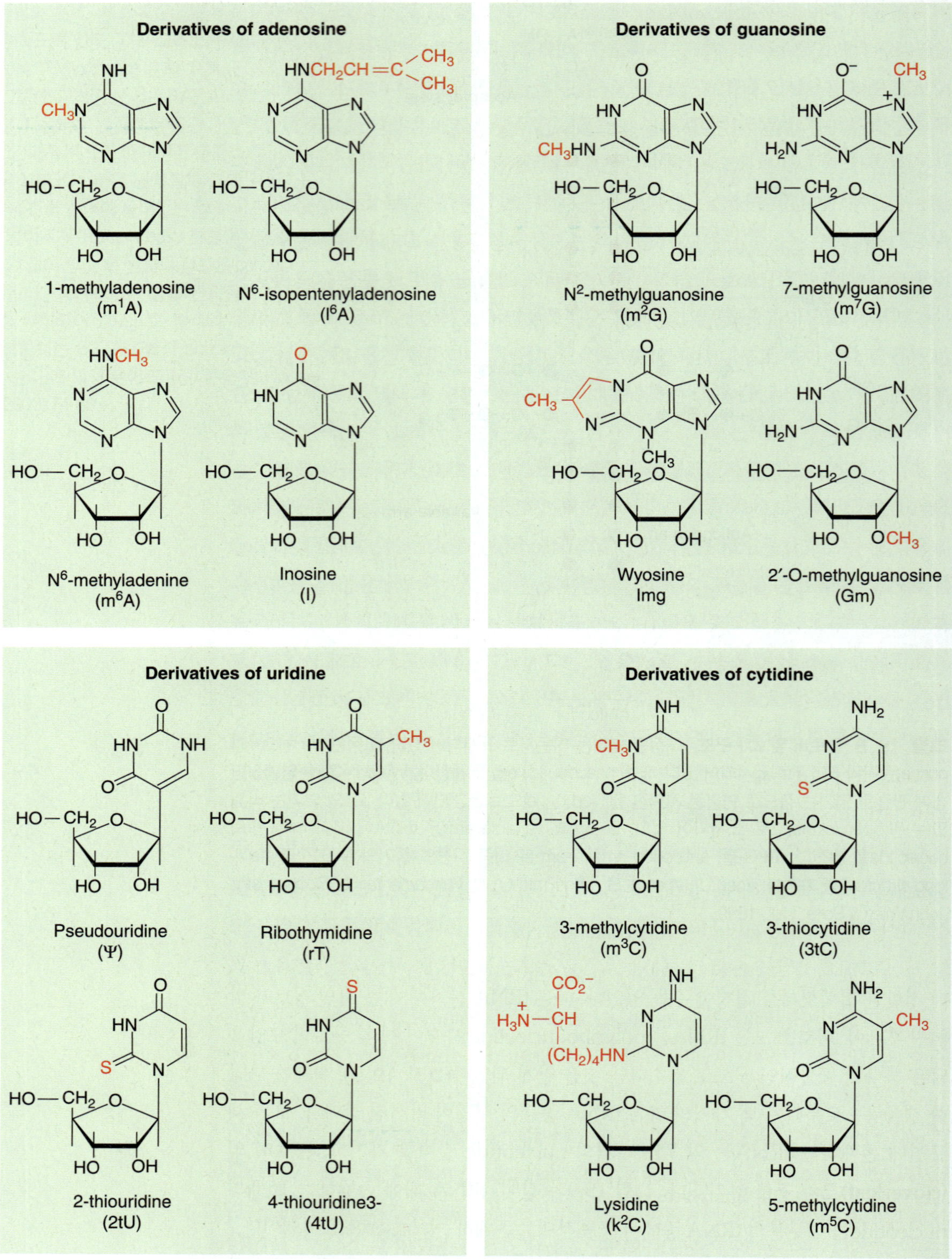

Derivatives of adenosine

1-methyladenosine ($m^1A$)

$N^6$-isopentenyladenosine ($I^6A$)

$N^6$-methyladenine ($m^6A$)

Inosine (I)

Derivatives of guanosine

$N^2$-methylguanosine ($m^2G$)

7-methylguanosine ($m^7G$)

Wyosine Img

2′-O-methylguanosine (Gm)

Derivatives of uridine

Pseudouridine (Ψ)

Ribothymidine (rT)

2-thiouridine (2tU)

4-thiouridine3- (4tU)

Derivatives of cytidine

3-methylcytidine ($m^3C$)

3-thiocytidine (3tC)

Lysidine ($k^2C$)

5-methylcytidine ($m^5C$)

**그림 19.10** tRNA 내에 존재하는 변환된 nucleoside들.

atom)에서 황 원자(sulfur atom)로의 교체, 큰 치환기의 첨가 등이 있다. 어떤 nucleoside는 1종류 이상의 변환을 갖는다. 그림 19.10은 tRNA에서 발견되는 100종 이상의 nucleoside 변환 중 몇 개의 구조를 보여주고 있다. 3개의 uridine 유도체−ribothymidine, pseudouridine, dihydrouridine−는 모든 tRNA에 존재한다(그림 19.10). Ribothymidine은 S-adenosylmethionine에서 특정 uridine으로 메틸기가 전달됨으로써 형성된다. Dihydrouridine은 uracil 링 구조의 회전에 의해 N-1 대신 C-5가 ribose에 연결됨으로써 형성된다. Dihydrouridine은 uracil의 5번과 6번 탄소 사이의 이중결합에 수소원자가 첨가됨으로써 형성된다. 다른 종류의 변환된 nucleoside는 일부 tRNA의 특정 위치에서만 존재한다. 변환된 nucleoside는 tRNA가 연결자(adaptor)로서 기능할 수 있도록 도와줌으로써 어떤 경우에는 aminoacyl-tRNA synthetase가 비슷한 tRNA 분자를 구분하는데 도와주고, 어떤 경우에는 tRNA가 mRNA와 결합하는 것을 도와준다.

tRNA의 클로버 잎 구조는 5개의 팔(arm)을 가지고(그림 19.9) 기능 또는 독특한 화학적 특성에 따라 각각 이름 지어졌다.

1. **수용줄기(acceptor stem)**는 아미노산이 tRNA에 결합하는 부분으로서, tRNA 분자의 3′ 말단 근처에 있는 nucleotide와 5′ 말단에 있는 nucleotide 사이의 염기 쌍에 의해 형성된다. 거의 모든 acceptor stem은 7개의 염기쌍에 의해 안정화된다. 3′-$CCA_{OH}$를 포함하는 마지막 4개 nucleotide는 염기쌍을 이루지 않는다.
2. **Anticodon arm**은 acceptor arm의 반대편에 있고, **anticodon**을 포함하고 있다. Anticodon이란, mRNA에 있는 codon(codon)과 역평행(anti-parallel) 형태로 염기쌍을 이룰 수 있는 trinucleotide이다(**그림 19.11**과 더 자세한 내용은 아래 참조)
3. **D arm**은 2개의 dihydrouridine을 가지고 있기 때문에 이름 붙여졌다. D-arm의 nucleotide 개수는 tRNA 종류에 따라 다양하다.
4. **TψC arm**은 루프(loop) 내에 존재하는 TψC 서열 때문에 이름 붙여졌다.
5. **Variable arm**은 anticodon과 TψC 줄기 사이에 존재하고 4-21 서열을 가지고 있다. 주로 여기에서의 길이 차이로 인해 tRNA 분자들 사이의 크기가 차이 난다.
6. 대부분의 tRNA 내에서 acceptor arm, anticodon과 TψC arm들의 길이는 매우 일정하게 유지되기 때문에 이들의 잔기(residue)는 표준번호매김방식(standard numbering system)에 의해 표시된다. 5′ 말단의 첫 번째 nucleotide는 잔기 1이고 3′ 말단의 마지막 잔기는 잔기 76이다(그림 19.9). Adenosine 76(A76; 5′-$CCA_{OH}$ 말단에 존재하는 adenosine 76번)은 아미노산 결합부분이고 anticodon은 nucleotide 34~36으로 구성된다. 몇몇 tRNA에는 존재하지만 다른 tRNA에는 존재하지 않는 D-arm과 variable arm의 nucleotide는 별개의 번호매김방식을 따른다.

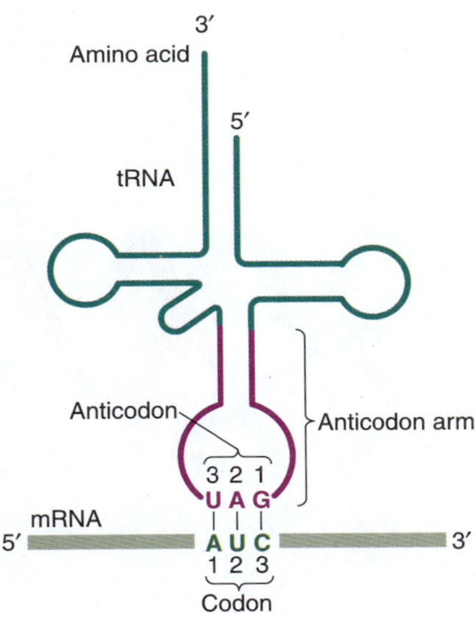


**그림 19.11 tRNA에 있는 anticodon과 mRNA에 있는 codon과의 결합.** tRNA에 있는 anticodon(자홍색)과 mRNA에 있는 codon(녹색) 사이의 염기 결합은 역평행적이다. Nelson, D. C., and Cox, M. M. Lehninger Principles of Biochemistry, *Third Edition*. W.H. Freeman & Company, 2000.

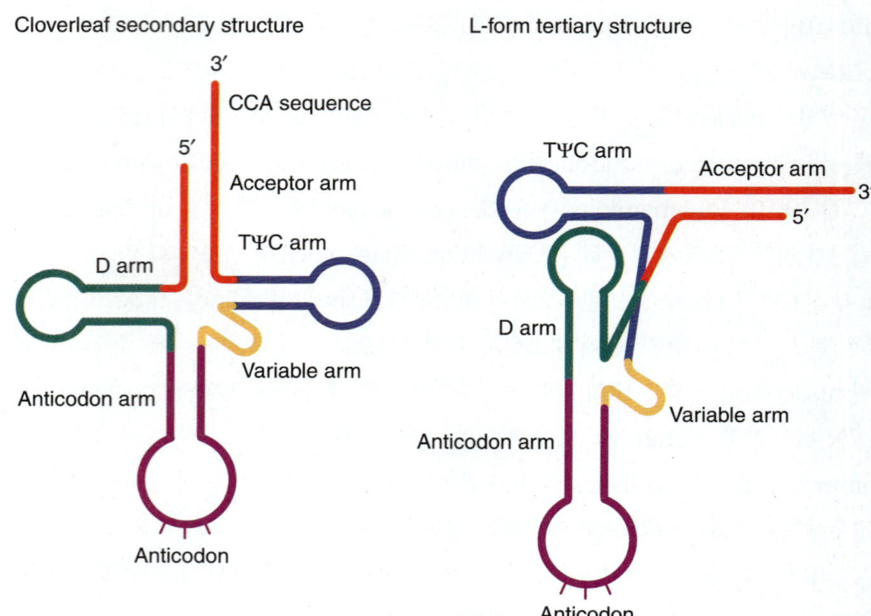


**그림 19.12** L-형태를 만드는 $tRNA^{Phe}$의 클로버 잎 접힘.

## Transfer RNA 분자는 L-형태의 3차원적 구조를 갖는다.

몇몇 연구팀이 1960년대 말 tRNA의 3차 구조를 결정하기 위한 연구를 시작하였다. X-ray 회절 분석 방법(X-ray diffraction analysis) 하기 위한 충분한 결정(crystal)을 얻기 힘들었기 때문에 초기에는 매우 느리게 진행되었다. 마침내 1974년 Alexander Rich와 Aaron Klug가 이끄는 서로 다른 두 연구팀은 X-ray 회절 분석에 적합한 효모의 $tRNA^{Phe}$의 결정을 얻었다. 결정구조는 클로버 잎이 L-형태(L-shape)로 접히는 것을 보여주었다. **그림 19.12**에 보이는 것과 같이, D-arm과 anticodon arm은 L의 한 영역에 겹쳐 쌓이는 반면, acceptor arm과 TψC arm은 다른 영역에 쌓인다. **그림 19.13**은 tRNA의 3차원적 구조를 보여주고 있다.

tRNA 분자의 3차 구조는 복잡한 결합들에 의해 안정화되고, 이 결합의 일부는 **그림 19.14**에 나타나 있다. Acceptor arm, anticodon arm, D-arm, TψCarm에 있는 나선형지역(helical region)은 Watson-Crick base pairing 뿐만 아니라 $tRNA^{Phe}$ acceptor arm의 G:U 결합쌍과 같은 Watson-Crick base pairing이 아닌 염기쌍형성(non-Watson-Crick base pairing)에 의해 안정화된다. tRNA 분자의 비나선형 지역(nonhelical region)은 서로 상보적이지 않은 2 또는 3개의 염기 사이의 수소결합 그리고 ribose의 2′-OH기가 관여하는 수소결합에 의해 안정화 된다. 2′-OH기 결합은 DNA 분자에서는 일어날 수 없기 때문에 매우 흥미롭다. 다른 tRNA들도 유사한 접힘 형태를 가지고 있고, 이것은 단백질 합성에 관여하는 많은 인자들이 아미노산이 연결된 후의 tRNA를 인식하는데 도움을 줄 수 있을 것이다. 그러나 tRNA는 aminoacyl-tRNA synthetase에 의해 인식될 수 있는 특이적 성질을 가지고 있어야만 한다.

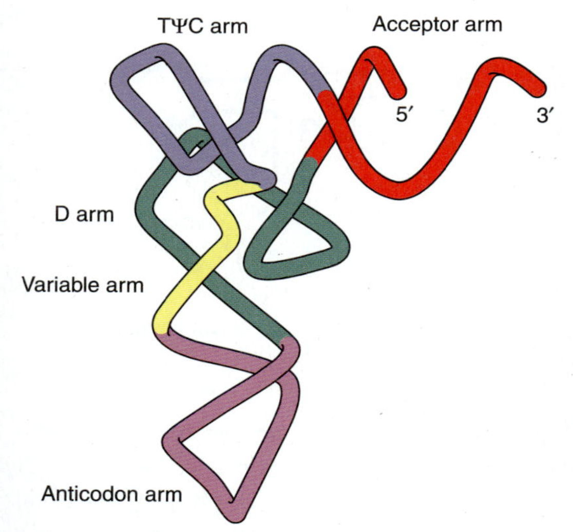


**그림 19.13 tRNA의 3차 구조.** Arnez, J. G., and Moras, D., *Trends Biochem. Sci.* 22(1997): 211-216.

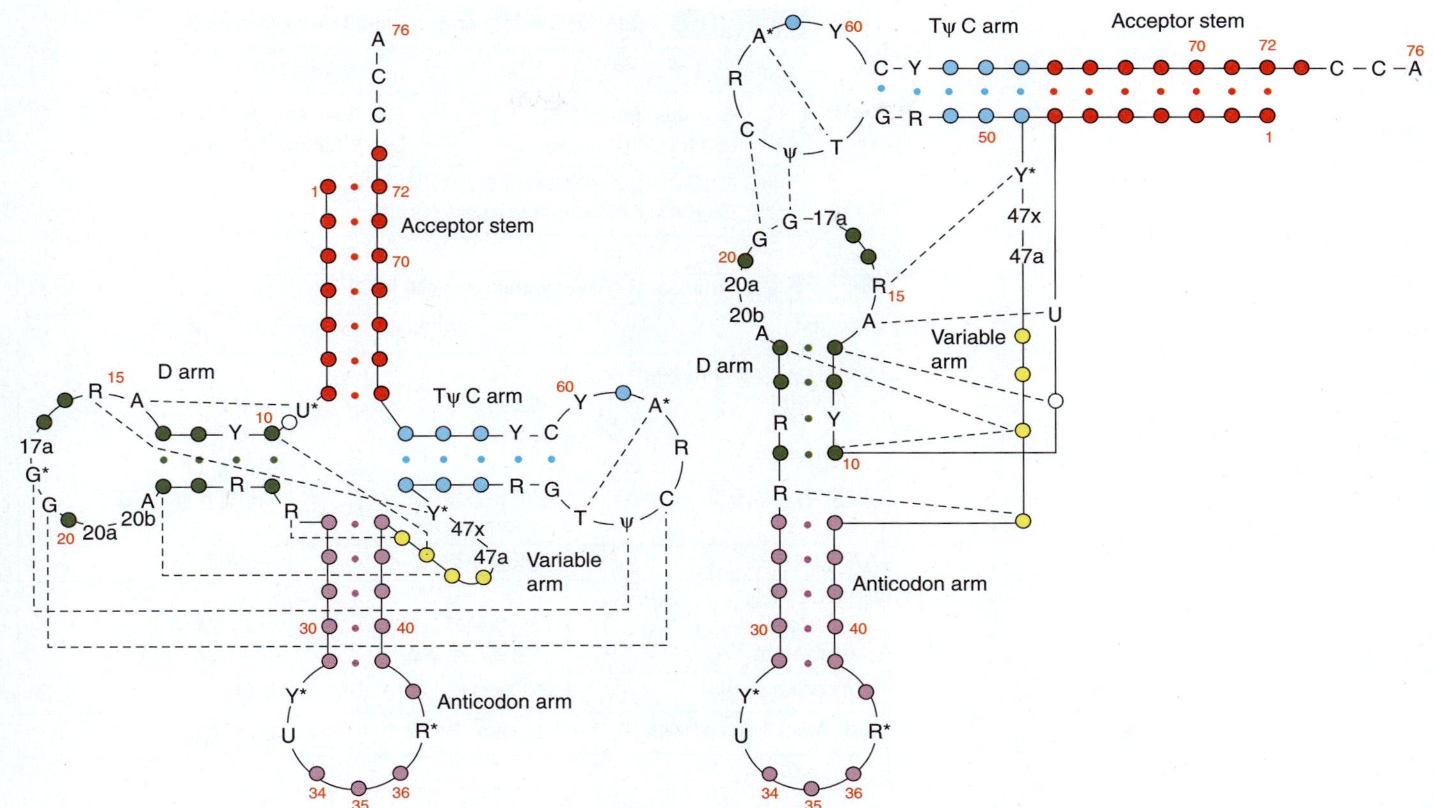


**그림 19.14 tRNA의 클로버 잎 2차 구조(왼쪽)와 3차 접힘 구조(오른쪽).** Acceptor arm, TΨC stem-loop, D stem-loop, variable arm, anticodon stem-loop가 표시되어 있다. $tRNA^{Phe}$의 결정구조를 바탕으로 점선은 3차원적인 결합을 표시한다. 명확하게 보존되어 있는 잔기들은 nucleotide를 나타내는 문자로 표시되어 있다; R은 purine, Y는 pyrimidine, Ψ는 pseudouridine을 나타낸다. 잔기가 보존되어 있다는 말은 둘 또는 그 이하의 예외를 제외하고 대부분의 tRNA에서 공통적인 잔기를 의미한다. D-loop와 variable arm의 가변성은 17a, 20a, 20b, 47a-47x 등의 숫자로 표시되어 있다. 이 들 각각의 잔기는 존재할 수도 또는 존재하지 않을 수도 있는 잔기들이다. Anticodon 3개의 nucleotide 역시 숫자 34, 35, 36으로 표시된다. Beuning, P. J., and Musier-Forsyth, K., *Biopolymers* 52(1999): 1-28.

# 19.3 Aminoacyl-tRNA synthetase

## Aminoacyl-tRNA synthetase는 I과 II 2종류로 나뉘어 질 수 있다.

많은 종류의 aminoacyl-tRNA synthetase들의 결정 구조가 효소단독의 형태로 또는 효소가 기질(substrate) 또는 기질 유사체(substrate analogs)에 결합된 형태로 밝혀졌다. 모든 synthetase들은 모듈 구조(modular structure)를 가지고 있고 대부분 2개에서 4개의 domain으로 구성되어있다. 아미노산을 활성화시키고 해당하는 특정 tRNA로 이동시키는 기능을 하는 aminoacylation domain은 상호배타적인 2개의 접힘 구조를 가지고 있다. 이 접힘 구조의 형태는 synthetase를 I군(class I) 과 II군(class II)의 2종류로 나누는 기준이 된다(**표 19.1**). 특정 synthetase는 효소의 생물학적 유래와 상관없이 모든 종에서 항상 같은 종류의 synthetase로 분류된다. 유일하게 이 분류를 벗어나는 예는 lys-tRNA synthetase로서 일부 고세균(archaea)

**표 19.1** I 또는 II군에 속하는 aminoacyl-tRNA synthetase들

| I군(Class I) | II군(Class II) |
|---|---|
| Arg, Cys, Gln, Glu, Ile, Leu, Met, Trp, Tyr, Val | Ala, Asn, Asp, Gly, His Lys, *Phe, Pro, Ser, Thr |

* 편집 기능을 가지는 synthetase들은 빨간색으로 표시됨.
몇몇 고세균의 lysyl-tRNA synthetase들은 I군에 속함.

**표 19.2** Aminoacyl-tRNA synthetase I군과 II군의 주요 특징

| | I군(Class I) | II군(Class II) |
|---|---|---|
| 진화적으로 보존된 motif들 | | |
| 기질 결합 | HIGH<br>KMSKS | motif 2<br>motif 3 |
| 이합체 | | motif 1 |
| 활성부위 접힘 구조 | 평행 β-병풍구조 (Rossman-fold) | 역평행 β-병풍구조 |
| ATP 입체 구조 | 확장된 구조 | 구부러진 구조 |
| tRNA와의 결합 | | |
| acceptor arm | 작은 홈쪽에 결합 | 큰 홈쪽에 결합 |
| variable arm | 용매 쪽으로 향함 | 단백질 쪽으로 향함 |
| aminoacylation 위치 | 2′-OH | 3′-OH |

출처: Arnez, J. G., and Maras, D., Trends Biochem. Sci. 22 (1997): 211-216에서 발췌함*

와 나선균(spirochetes)에서는 I로 분류되는 반면, 지금까지 연구된 다른 종에서는 II로 분류된다. 2개의 aminoacyl레이션 domain이 진핵생물, 세균, 고세균에서 공통적으로 보존되어 있다는 사실은 이들 domain들이 진화상으로 일찍 생성되었음을 보여주는 반면, tRNA 인식을 위해 필요한 domain과 같이 다른 aminoacyl-tRNA synthetase의 domain은 그 후에 이식되었을 것으로 짐작하게 한다.

I군에 속하는 aminoacylation domain은 알파나선구조(α-helices)로 둘러싸인 5개 또는 6개의 베타가닥(β-strand)으로 구성되어 있다(**그림 19.15**). N-말단 절반은 진화적으로 보존된 His-Ile-Gly-His(HIGH) 서열로 이루어져 있고, C-말단의 베타가닥은 Lys-Met-Ser-Lys-Ser(KMSKS) 서열로 보존되어 있다. 이런 접힘의 형태를 lactate dehydrogenase의 nucleotide 결합 domain(nucleotide-binding domain)을 처음으로 밝힌 Michael Rossman의 이름을 따 로스만 접힘(Rossman-fold)이라고 부른다(**그림 19.16**). Motif 2와 3에 있는 잔기들은 촉매역할을 하는데 필수적이고, motif 1에 있는 잔기들은 subunit 사이의 접촉면 역할을 한다.

I군 또는 II군 synthetase의 aminoacylation domain은 서로 다른 방법으로 ATP, 아미노산, tRNA와 결합한다(**표 19.2**).

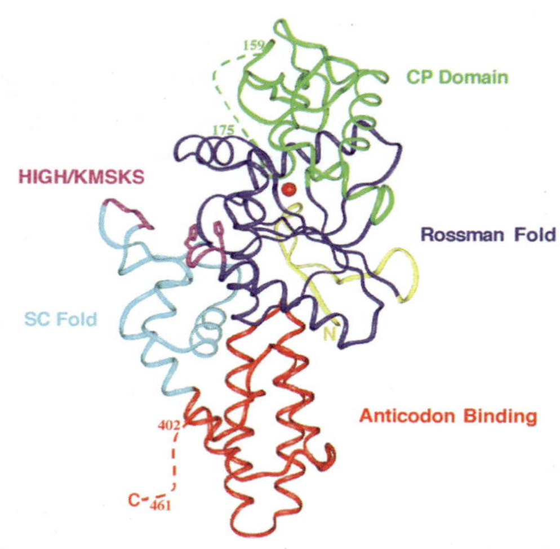


**그림 19.15 I군 synthetase 중의 하나인 *E. coli* cysteinyl-tRNA synthetase의 리본구조.** Rossman 접힘 구조는 어두운 청색, 연결 도메인(CD)은 녹색, 줄기 접촉 부위(SC)는 밝은 청색, anticodon 결합부위는 적색으로 표시하였다. 아미노산 서열이 일정한 HIGH와 KMSKS 모티브가 기질이 결합하는 협곡의 내부에 위치해 있으며 자주색으로 표시되어있다. 진홍색 점은 포켓 아랫쪽에 있는 Zn 이온을 나타낸다. Newberry, K. J.m, Hou, Y-M., and Perona, J. J., *EMBO J.* 21(2002): 2778-2787. Photo courtesy of John J. Perona, University of California at Santa Barbara.

## ATP의 입체구조

ATP는 I군 synthetase와 결합하면 확장된 구조(extended conformation)를 가진다. HIGH motif는 ATP의 인산기에 결합하여 올바르게 아데닌 염기가 놓일 수 있도록 도와준다. ATP는 II군 synthetase에 결합하면 보다 더 밀집된 구조(compact

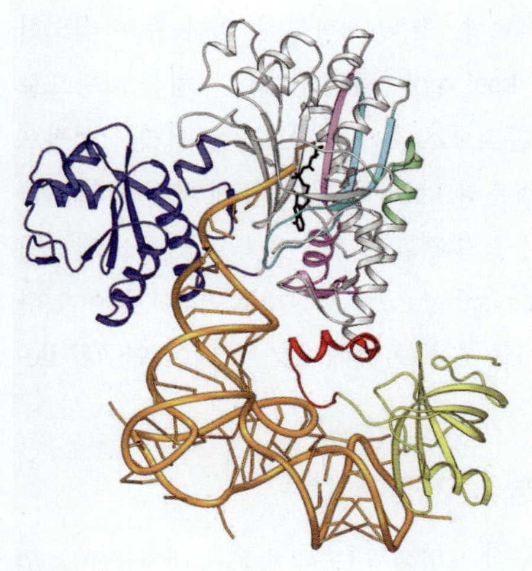

**그림 19.16 II군 synthetase 중의 하나인 *E. coli* aspartyl-tRNA synthetase의 리본 구조.** *E. coli* 효소는 동종이합체이지만, 명료하기 보여주기 위해서 하나의 subunit만 그림에서 보여주고 있다. 촉매 domain(catalytic domain)은 3개의 보존된 서열 motif를 가지고 있다: motif 1(녹색), motif 2(청록색), motif 3(자홍색). Motif 2와 3에 있는 잔기는 아미노산과 ATP 인식을 도와준다. Motif 1의 잔기는 두 subunit 사이의 접촉면으로 기능한다. tRNA의 anticodon과 결합하는 N-말단 domain은 노란색으로 표시되어 있다. 세균 aspartyl-tRNA synthetase의 특징인 삽입 domain은 파란색으로, 작은 경첩 모듈(hinge module)은 빨간색으로 표시되어 있다. $tRNA^{Asp}$는 오렌지색으로 표시되어 있다. Eiler, S., et al., *EMBO J.* 18(1999): 6532-6541 에서 발췌함. Institut de Genetique et de Biologie Moleculaire et Cellulaire 의 Dino Moras 사진 허가.

conformation)를 이루게 된다. Nucleotide가 역평행 motif 2와 3에 의해 만들어진 공간으로 맞춰질 때, γ- phosphate는 아데닌 염기 위에서 뒤쪽으로 구부러진다. ATP 구조의 차이는 두 ATP 구조를 겹쳐봄으로써 쉽게 알 수 있다(**그림 19.17**).

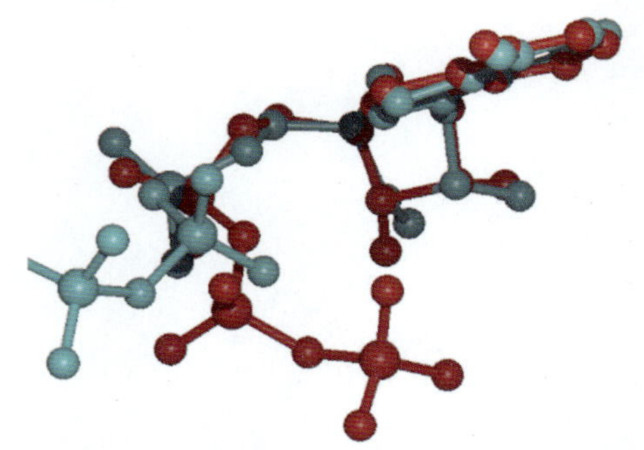

**그림 19.17 I군(연청색)과 II군(적색) aminoacyl-tRNA synthetase를 겹쳐놓은 모양.** Elsevier 허락 하에서 Trends Biochem. Sci., vol. 22, Arnez, J. G., and Moras, D., Structural and functional considerations…, pp. 211-216, copyright 1997 에서 발췌함. Institut de Genetique et de Biologie Moleculaire et Cellulaire 의 Dino Moras 사진 허가. Arnez, J. G., and Moras, D., *Trends Biochem. Sci.* 22(1997): 211-216.

### 아미노산의 결합 주머니(pocket)

I군의 아미노산 결합 포켓은 열려있고 느슨하게 풀려 있는 반면, II군의 포켓은 단단하게 경직되어 있는 경향이 있다.

### tRNA와의 결합

I군 효소는 variable arm이 용매 쪽으로 향하게 한 채로 acceptor arm의 부홈(minor groove)에 결합하는 반면, II군 효소는 variable arm이 단백질 쪽으로 향하게 한 채로 acceptor arm(acceptor arm)의 주홈(major groove)에 결합한다(**그림 19.18**). 따라서 I군과 II군 효소들은 서로 거울을 두고 대칭 구조의 형태로 acceptor arm과 3′ 말단의 $CCA_{OH}$에 결합한다. 이러한 차이 때문에 I군과 II군 synthetase들은 일반적으로 3′-말단 adenosine의 2′-과 3′-OH기에 아미노산을 각각 붙인다.

I군 효소들은 단량체(monomer)인 반면에, II군 효소들은 $\alpha_2$-이합체($\alpha_2$-dimer)를 이루는 경향이 있다. 그러나 어떤 I군 효소는 이합체로도 존재하고, 어떤 종류의 II군의 효소들은 $\alpha_4$ 또는 $\alpha_2\beta_2$의 사합체(tetramer)를 형성하기도 한다. 4차원적 구조는(quaternary structure)는 항상 그런 것은 아니지만 대부분의 경우 다양한 생명체에서 발견되는 특정 aminoacyl-tRNA synthetase는 유사한다.

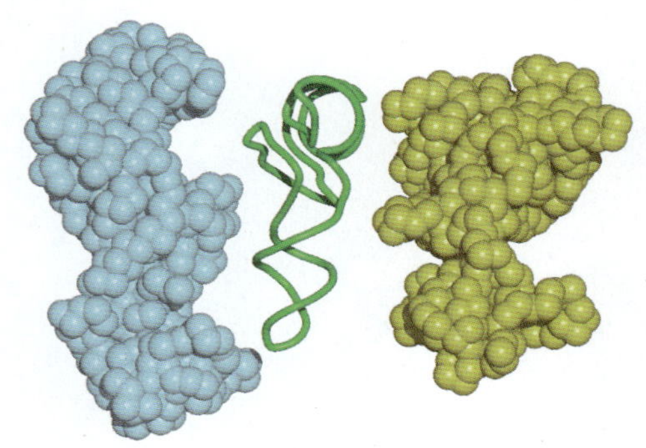


**그림 19.18 Aminoacyl-tRNA synthetase의 거울 대칭 결합.** 왼쪽은 I군 synthetase 중의 하나인 glutaminyl-tRNA synthetase(옅은 파란색). 오른쪽은 II군 synthetase 중의 하나인 aspartyl-tRNA synthetase(노란색). Glutaminyl-tRNA synthetase와 aspartyl-tRNA synthetase의 tRNA들이 $tRNA^{Phe}$(녹색)과 겹쳐졌다. 간단하게 보기 위해서 tRNA로부터 synthetase는 없어진 상태를 보여준다. Elsevier 허락 하에서 Trends Biochem. Sci., vol. 22, Arnez, J. G., and Moras, D., *Structural and functional considerations*…, pp. 211-216, copyright 1997 에서 발췌함. Institut de Genetique et de Biologie Moleculaire et Cellulaire 의 Dino Moras 사진 허가.

## 어떤 종류의 aminoacyl-tRNA synthetase는 편집 기능을 가지고 있다.

각각의 aminoacyl-tRNA synthetase는 많은 아미노산의 혼합물에서부터 하나의 아미노산을 선택해야만 한다. 1957년 초에 Linus Pauling은 매우 비슷한 곁사슬(side chain)을 가지는 두 아미노산 valine과 isoleucine을 구별하는데 있어서 synthetase들이 많은 착오를 일으킬 수 있음을 지적했다. 착오율(error rate)은 각각의 아미노산마다 효소의 결합 에너지를 비교함으로써 계산할 수 있다. 두 아미노산 간에 단 하나의 $CH_2$ 기가 다를 경우, 3.5 kcal $mol^{-1}$의 결합에너지 차를 바탕으로 계산해보면 착오율은 200분의 1이다. 이론적으로 계산된 착오율은 실제 실험적으로 관찰되는 착오율인 $10^4$분의 1에서 $10^5$분의 1보다 훨씬 더 높게 나타난다. 이는 어떤 aminoacyl-tRNA synthetase는 실수를 수정할 수 있는 능력이 있음을 말해준다. 후속 연구결과 몇몇 aminoacyl-tRNA synthetase들은 실제로 편집 기능이 있다는 것이 규명되었다(표 19.1). 지금부터 이들 효소들 중에서 가장 많이 연구된 Ile-tRNA synthetase에 대해 보도록 하겠다.

## Ile-tRNA synthetase는 편집 기능을 가진다.

1966년 Ann Norris Baldwin과 Paul Berg의 실험에서 I군에 속하는 대장균(*E. coli*)의 Ile-tRNA synthetase는 편집기능(editing)과 교정기능(proofreading)이 있다는 것이 밝혀졌다. Ile-tRNA synthetase는 isoleucyl-AMP 합성 속도의 약 0.5%의 효율로 valyl-AMP를 만들 수 있다. 그리고 이 효소는 $tRNA^{Ile}$이 없으면 aminoacyl-AMP와 안정적인 복합체를 형성한다. 이러한 안정성을 이용하여 Baldwin과 Berg는 분자채 크로마토래피(molecular sieve chromatography) 기법으로 각 효소 • aminoacyl-AMP 복합체를 분리하고, $tRNA^{Ile}$가 각각의 복합체에 미치는 영향을 조사했다. $tRNA^{Ile}$이 효소 • isoleucyl-AMP 복합체에 더해졌을 때 acylation 반응이 완결되어서 Ile-$tRNA^{Ile}$이 만들어졌다. 반면에 $tRNA^{Ile}$가 효소 • valyl-AMP 복합체에 더해졌을 때 완전히 다른 결과가 나왔다. Valine을 $tRNA^{Ile}$으로 전달하는 대신 이 synthetase는 valyl-AMP를 가수분해하여 valine과 AMP를 생산하였다. 이를 통해 이 synthetase는 잘못된 acylation을 막는 편집 또는 교정기능이 있다는 것을 알 수 있었다.

Alan Fersht는 aminoacylation 반응의 높은 정확성을 설명하기 위해 1977년 "이중체 모델(double-sieve model)"을 제안했다(**그림 19. 19**). 이 모델에 따르면,

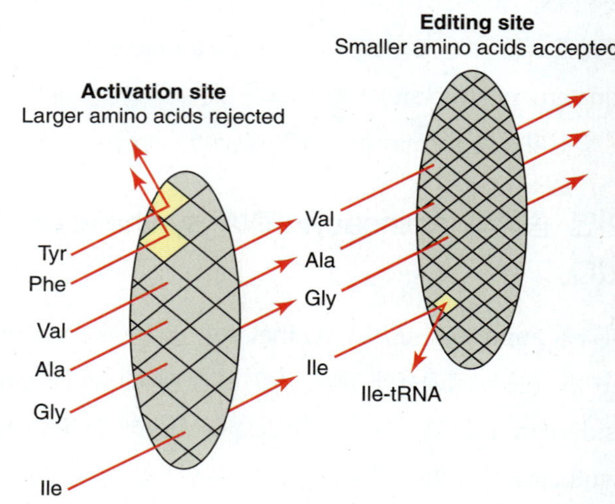


**그림 19.19 Ile-tRNA synthetase에 적용되는 이중체 기전(double-sieve mechanism).** Ile-tRNA synthetase는 L-isoleucine 보다 더 큰 아미노산을 제거하는 "올이 성긴 체(coarse sieve)"로 기능하는 aminoacylation 부위와, valine 처럼 isoleucine 보다 더 작은 아미노산을 제거하는 "미세 체(fine sieve)"로 기능하는 편집 부위를 가진다. Fersht, A., *Science* 280(1998): 541.

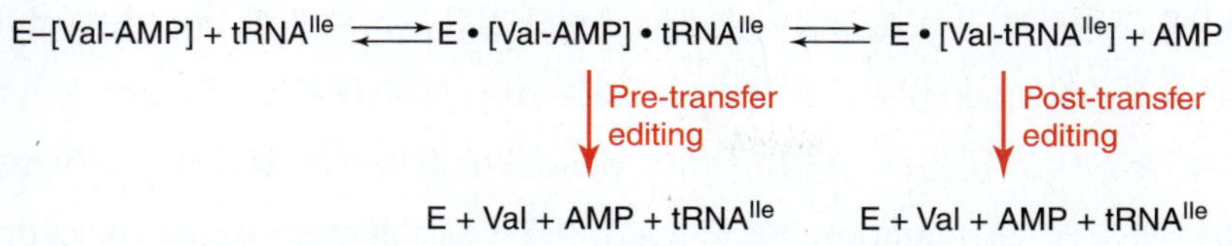

$$E\text{–}[Val\text{-}AMP] + tRNA^{Ile} \rightleftharpoons E \bullet [Val\text{-}AMP] \bullet tRNA^{Ile} \rightleftharpoons E \bullet [Val\text{-}tRNA^{Ile}] + AMP$$

Pre-transfer editing ↓ $E + Val + AMP + tRNA^{Ile}$

Post-transfer editing ↓ $E + Val + AMP + tRNA^{Ile}$

**그림 19.20 이동 전과 후의 편집.** 기호 E는 isoleucyl-tRNA synthetase를 나타낸다. Nomanbhoy, T.K., Hendrickson, T. L., and Schimmel, P., *Mol. Cell* 4(1999): 519-528.

Ile-tRNA synthetase는 L-isoleucine 보다 더 큰 아미노산을 제거하는 "올이 성긴 체(coarse sieve)"로 기능하는 aminoacylation 부위를 가지고, valine 같이 *isoleucine* 보다 더 작은 아미노산을 제거하는 "미세 체(fine sieve)"로 기능하는 편집 부위를 가진다고 설명하고 있다.

## Ile-tRNA synthetase는 valyl-tRNA$^{Ile}$와 valyl-AMP를 가수분해할 수 있다.

이론적으로 Ile-tRNA synthetase의 편집기능은 아마도 valyl 기가 tRNA$^{Ile}$으로 이동하기 전(pre-transfer) 또는 후(post-transfer)에 일어날 것이다(**그림 19.20**). Val-tRNA$^{Ile}$를 가수분해하는 Ile-tRNA synthetase의 능력을 시험하기 위해서는 Val-tRNA$^{Ile}$ 기질을 합성하는 방법이 필요했다. 1970년대 초반 Emmet Eldred와 Paul Schimmel은 1종(species)의 aminoacyl-tRNA synthetase는 다른 종의 tRNA 분자들을 종종 잘못 acylation 시킬 수 있다는 점을 이용하여 이 문제를 해결했다. 좀 더 자세히 보면, 그들은 정제된 *E. coli* tRNA$^{Ile}$에 valine을 붙이기 위하여 효모추출물을 사용하였고, 그 다음 잘못 acylation된 tRNA를 분리하였다. 이렇게 얻은 잘못 acylation된 tRNA를 *E. coli* tRNA$^{Ile}$ synthetase와 섞었을 때, valine이 빠르게 방출되었고, 이를 통해 효소가 이동 후 편집(post-transfer editing) 기능이 있음을 증명하였다.

Eldred와 Schimmel이 수행한 실험은 Ile-tRNA synthetase가 이동 전 편집(pre-transfer editing) 기능 또한 가질 수 있다는 가능성을 배제하지 못했다. 이동 전 편집은 편집 기능을 촉진시키는 tRNA$^{Ile}$을 필요로 하기 때문에 이 효소가 이동 전 편집 기능을 가진다는 것을 밝히기는 매우 어렵다. 또한, Val-tRNA$^{Ile}$ 형성 후 가수분해의 가능성도 배제해야만 한다. Stephen P. Hale과 Paul Schimmel은 tRNA$^{Ile}$ 대신 이동 전 편집 기능은 활성화 시키지만 아미노산을 받아들일 수 없는 짧은 DNA 분자를 이용함으로써 이 문제를 해결하였다. 그들은 가운데 부분에 25개의 무작위 nucleotide 서열이 있고 양쪽에는 서열이 정해진 18개의 nucleotide 서열을 가지는 DNA 분자의 library를 제작하였다. 그 다음 library 안에 있는 DNA 분자들 중 Ile-tRNA synthetase • valyl-AMP 복합체와 결합하는 DNA 분자를 찾기 위해 친화크로마토그래피(affinity chromatography)를 사용했다. 이 친화 컬럼(affinity column)은 Ile-tRNA synthetase가 다당류 지지체에 연결되어 있는 형태의 구슬

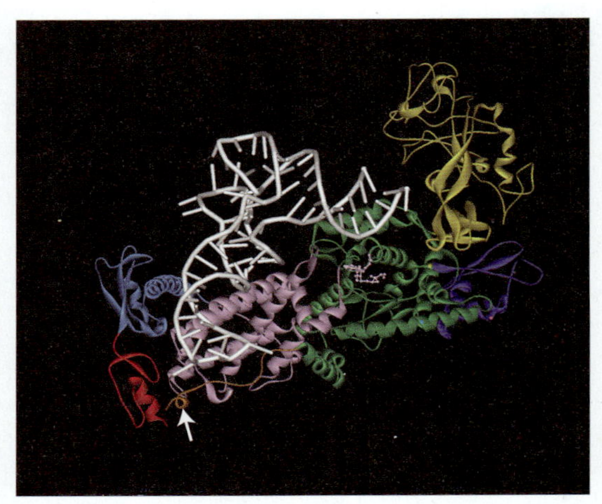

**그림 19.21 tRNA^Ile와 결합해 있는 isoleucyl-tRNA synthetase 복합체와 효소 저해제인 뮤피로신(mupirocin)의 구조.** tRNA는 은색, mupirocin은 핑크색으로 표시되어 있다. 단백질은 domain과 섹션에 따라 다른 색으로 표시되어 있다: N-말단 domain(오렌지색, 흰색 화살표로 표시됨), Rossman-fold(녹색), 편집 domain 또는 CP1(노란색), CP2(파란색), 나선 domain(핑크색), C-말단 연결부위(옅은 파란색), 아연 결합 domain(빨간색). 단백질 은행 ID: 1FFY. silvian, L. F., Wang, J., and Steitz, T. A., *Science* 285(1999): 1074-1077.

(bead)을 포함하고 있었고, 결합된 효소는 강력한 결합을 하지만 활성이 없는 valyl-AMP 유사물질(analog)에 의해 포화된 상태이었다. 그 다음 DNA library를 친화 컬럼에 통과시켰다. 친화 구슬(affinity beads)에 강력하게 결합하는 DNA는 tRNA^Ile과 함께 용출(elution) 되고 중합효소연쇄반응(polymerase chain reaction)에 의해 증폭되었다. 이러한 반복적인 선택-증폭 과정을 통해 Ile-tRNA synthetase • valyl-AMP 유사물질 복합체와 매우 친화력이 높은 DNA 분자들을 찾아내었다. Ile-tRNA synthetase와 같은 단백질에 특이적으로 결합하는 DNA 또는 RNA 서열을 앱타머(aptamer)라 부른다. Hale과 Schimmel가 찾은 DNA 앱타머들 중 하나는 Ile-tRNA synthetase가 valyl-AMP를 가수분해 하는 것은 촉진시키지만, isoleucyl-AMP에는 아무런 효과를 주지 않았다. DNA 앱타머는 아미노산을 받아들일 수 없기 때문에 valyl-AMP의 가수분해는 이동 전 편집에 의해 틀림없이 일어났을 것이다. 동역학적 연구 결과들은 이동 전 편집 기능은 isoleucyl tRNA synthetase가 하는 중요 반응이라는 것을 제시한다.

## Rossman-fold domain에 삽입된 polypeptide에 Ile-tRNA synthetase의 편집 위치가 형성된다.

이동 전과 후의 편집에 대한 구조적인 근간은 세균 Ile-tRNA synthetase의 연구를 통해 이루어졌다. 이 효소의 Rossman 접힘 domain은 그 안에 삽입된 polypeptide를 가지고 있다(**그림 19.21**). 약 200여 개의 잔기에 해당하는 이러한 삽입체를 결합 polypeptide(connective polypeptide 1; CP1)라고 부른다. 서로 다른 3종류의 실험을 통해서 CP1이 편집 domain을 형성한다는 것을 알 수 있다. 첫째, CP1 안에 있는 잔기의 돌변변이는 편집 기능을 없앤다. 둘째, CP1 조각은 합성 효소의 어떤 부분의 도움 없이 Val-tRNA^Ile를 가수분해 시킨다. 셋째, 1998년 Shigeyuki Yokoyama 연구진이 수행한 구조 연구 결과, valine은 gram-음성 세균(gram-negative bacteria)인 *Thermus thermophilus*로 부터 얻은 Ile-tRNA synthetase의 Rossman-fold구조와 CP1 모두에 결합하지만, isoleucine은 Rossman-fold구조에만 결합하였다. 이중체 모델(double-sieve model)은 두 아미노산간의 결합 차이를 예상한다. 즉, Rossman-fold domain(aminoacylation의 위치)은 2종류의 아미노산을 모두 다 받아들일 수 있는 올이 성긴 체(coarse sieve)로 기능하는 반면에, CP1(편집 위치)은 단지 valine만 받아들일 수 있는 미세 체(fine sieve)로 기능한다.

Ile-tRNA synthetase들의 aminoacylation과 편집 위치는 25 Å 이상 떨어져 있기 때문에 잘못 acylation된 tRNA의 3′ 말단이 어떻게 aminoacylation 위치에서 편집 위치로 움직이는지에 대한 의문점을 남긴다. Thomas Steitz 연구진에 의해 수행된 구조 연구 결과, Ile-tRNA synthetase가 tRNA^Ile과 뮤피로신(mupirocin; aminoacylation 위치에 결합하는 항생물질)과 함께 복합체를 형성할 때, tRNA^Ile의 3′ 말단은 CP1 domain에 위치함을 보였다(그림 19.21). 이 결과를 통해 valine이 tRNA^Ile에 붙을 때 tRNA 분자의 다른 부분은 그대로 있고 수용체 줄기가

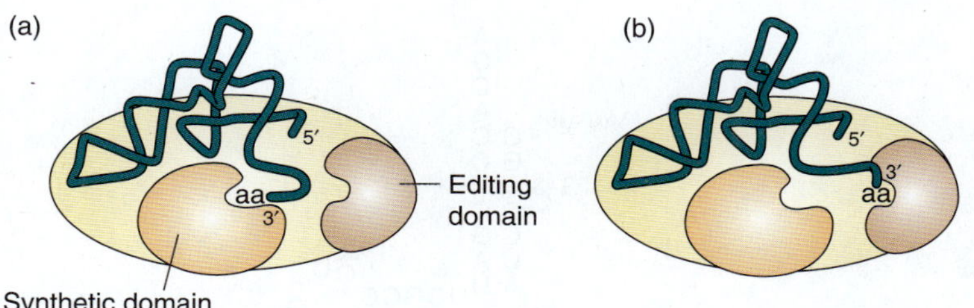


**그림 19.22 이동 후 편집의 구조적 원리.** (a) Isoleucyl-tRNA synthetase가 aminoacyl기의 전달을 위해 활성화되는 경우, tRNA의 수용 가닥은 합성 domain에 있는 Rossman-fold의 잔기들에 쌓이기 위해 머리핀 구조를 가진다. (b) Synthetase가 편집 기능을 하고 있을 경우, tRNA는 펼쳐진 구조를 가짐으로써 아미노산을 CP1 또는 편집 domain(주머니)에 위치하게 한다. Silvian, L. F., Wang, J., and Steitz, T. A., *Science* 285(1999): 1074-1077.

aminoacylation 위치에서 편집 위치로 움직인다는 것을 알 수 있다(**그림 19.22**).

CP1은 Ile-tRNA synthetase의 aminoacylation 위치에서 잘못 형성된 valyl-AMP의 가수분해를 촉진한다. 또한 Val-tRNA$^{Ile}$의 편집에 관여하는 CP1 잔기들의 모두는 아닐지라도 많은 잔기들이 valyl-AMP의 가수분해에 참여한다. Ile-tRNA synthetase는 tRNA$^{Ile}$과 결합할 때(그리고 아마도 DNA 앱타머와 결합할 때) 구조적인 변화를 겪으며, 이러한 구조적 변화는 Rossman 접힘 domain과 CP1 domain 사이를 연결하는 새롭게 만들어진 통로(channel)를 통해 valyl-AMP가 움직이게 할 것이다.

## 각각의 aminoacyl-tRNA synthetase는 다른 모든 tRNA들로부터 적합한 tRNA를 구분할 수 있다.

각각의 aminoacyl-tRNA synthetase는 다른 많은 tRNA 분자들의 혼합체로부터 동일 아미노산 수용 tRNA(isoacceptor tRNA) 분자를 선택할 수 있어야만 한다. Synthetase는 nucleotide, 염기쌍, 짧은 nucleotide 서열, 또는 이런 특징들의 조합을 통해 다른 모든 tRNA들로부터 자신과 적합하게 결합하는 tRNA를 구별할 수 있다. Synthetase가 적합한 tRNA와 결합하기 위해서 tRNA의 어느 부분이 중요한지를 알아보기 위한 방법으로 tRNA 내에 체계적으로 돌연변이를 삽입시키고 이들 돌연변이가 aminoacylation에 어떻게 영향을 주는지를 확인하면 된다. 시험관내 실험(in vitro)과 생체내(in vivo) 조건에서의 실험을 통해 규명된 tRNA의 부위를 각각 **인식부위(identity elements)**와 **인지부위(recognition elements)**라고 부른다. 아래에 소개될 내용의 대부분은 세부적인 실험 내용을 다루지 않기 때문에 이들 두 용어를 서로 혼용할 것이다. 주요 인식부위는 acceptor arm의 첫 번째 몇 개의 염기쌍과 anticodon trinucleotide에 존재한다(**그림 19.23**). 또한 synthetase는 variable arms, D-arm 또는 변형된 nucleotide에 있는 독특한 특징들을 인식할 수 있다. 어떤 인식부위는 적합한 synthetase와의 결합을 증가시키고, 어떤 인식부위는 적합하지 않은 synthetase와의 결합을 방지한다. 아래의 두 예는 aminoacyl-

(a) Class I

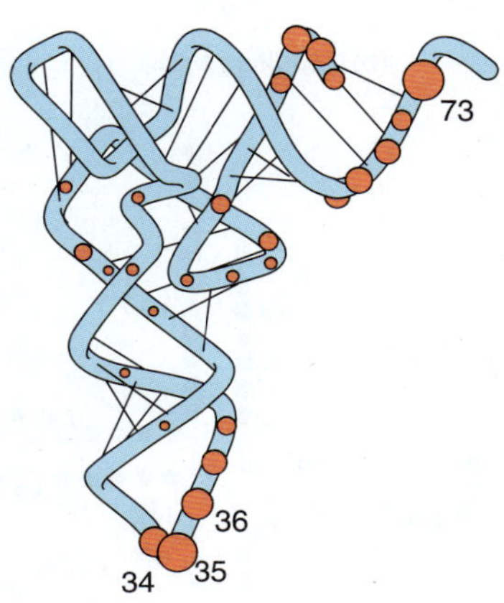


(b) Class II

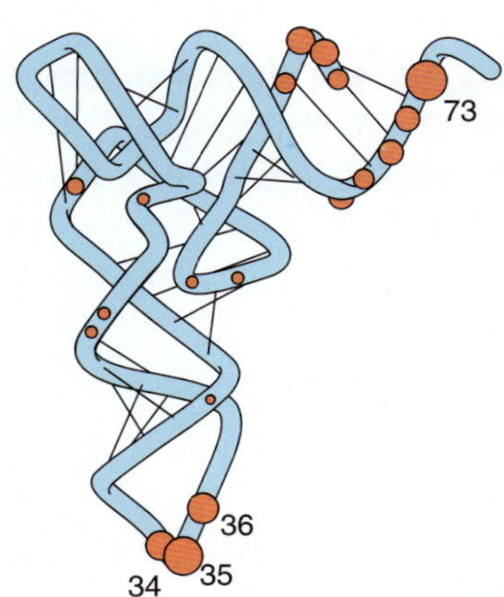


**그림 19.23 *E. coli*의 I군과 II군의 aminoacyl-tRNA synthetase들에 의해 인식되는 tRNA부위들.** *E. coli*에서 10 종류의 I군 (a), 10 종류의 II군 (b)에 속하는 aminoacyl-tRNA synthetase들에 의해 촉매되는 tRNA에서 tRNA aminoacylation을 위해 인식되는 부위들의 분포. 빨간색 구의 크기는 해당하는 위치에서 nucleotide가 인식되는 빈도수와 비례한다. Giege, R., Sissler, M., and Florentz, C., *Nucleic Acids Res.* 26(1998): 5017-5035.

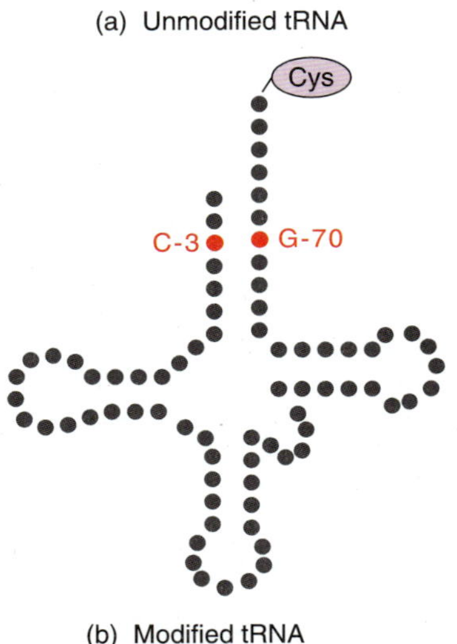


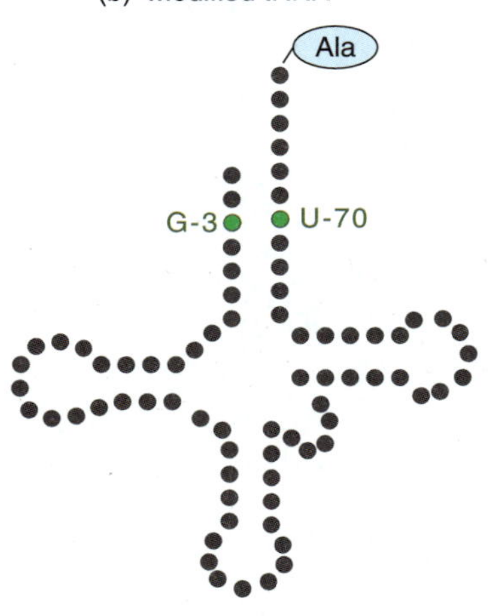


**그림 19.25 염기 치환이 수용 능력에 미치는 영향.** $tRNA^{Cys}$의 C3:G70 염기쌍을 G3:U70 염기쌍으로 치환하면 cysteine을 수용하는 tRNA에서 alanine을 수용하는 tRNA로 바뀌게 된다.

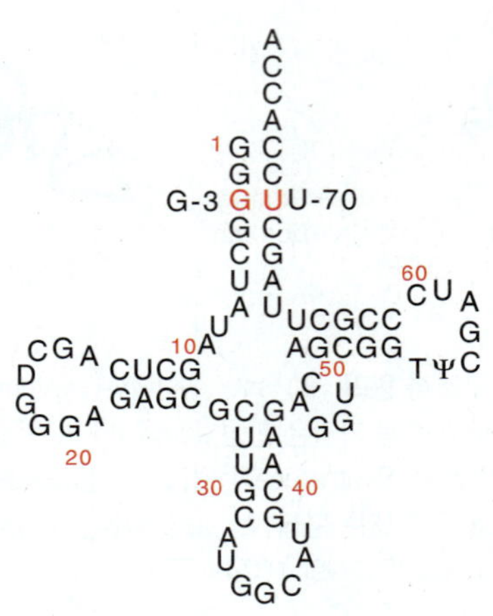


**그림 19.24** ***E. coli*** **$tRNA^{Ala}$ 인식부위.** G30:U70 인식부위는 빨간색으로 표시되어 있다. Hou, Y. M., and Schimmel, P., *Biochemistry* 28(1989): 6800-6804.

tRNA synthetase와 적합한 tRNA 상에 있는 인식부위 사이에서 일어나는 결합을 보여준다.

## Alanyl-tRNA synthetase와 $tRNA^{Ala}$

먼저 *E. coli* $tRNA^{Ala}$와 이를 인식하는 synthetase의 예를 보도록 하자. Schimmel 연구진은 1988년에 시작한 일련의 실험들을 통해 *E. coli* Ala-tRNA synthetase가 적합한 tRNA를 인식하는 데 있어서의 특징들을 알아보고자 했다. $tRNA^{Ala}$에서 15개의 불변(invariant) nucleotide는 인식부위일 가능성이 적기 때문에 이를 배제한 후, 생화학적 그리고 유전학적 기법의 조합을 통해 남은 61개의 nucleotide 중 36개를 바꾸었다.

그 중에서 두 군데의 치환은 특별히 주목할 만 하다. 3번째에 위치한 guanine (G3)을 또는 70번째에 위치한 uracil(U70)을 다른 염기로 바꿨을 때, $tRNA^{Ala}$는 alanine을 받아들이지 못했다(**그림 19.24**). 반면 Ala-tRNA synthetase에 의한 aminoacylation은 acceptor arm의 다른 위치에서의 치환 또는 anticodon, D-arm, TΨC arm들에서의 치환에 의해 영향을 받지 않았다. 이러한 결과는 일반적인 염기쌍이 아닌 G3:U70 염기쌍이 $tRNA^{Ala}$의 인식부위라는 것을 말해준다. 이 가능성을 시험해보기 위해서 *E. coli* $tRNA^{Cys}$에 존재하는 정상 염기쌍인 C3:G70 염기쌍을 비표준적인 G3:U70 염기쌍으로 바꿨다. 염기쌍 치환의 결과 변환된 $tRNA^{Cys}$는 더 이상 cysteine을 받아들이지 않고 대신 alanine을 수용하였다(**그림 19.25**). 이러한 수용 능력의 변화는 비표준적인 G3:U70 염기쌍은 $tRNA^{Ala}$의 인식부위라는 가설을 뒷받침하고, C3:G70 염기쌍은 $tRNA^{Cys}$의 인식부위임을 제시한다. 주목해야 할 점은 변형된 $tRNA^{Cys}$와 정상적인 $tRNA^{Ala}$를 비교했을 때 여전히 40개의 염기가 다르다는 것이다.

그 다음 Schmmel 연구진은 단순히 $tRNA^{Ala}$의 일부분이 alanine 수용체

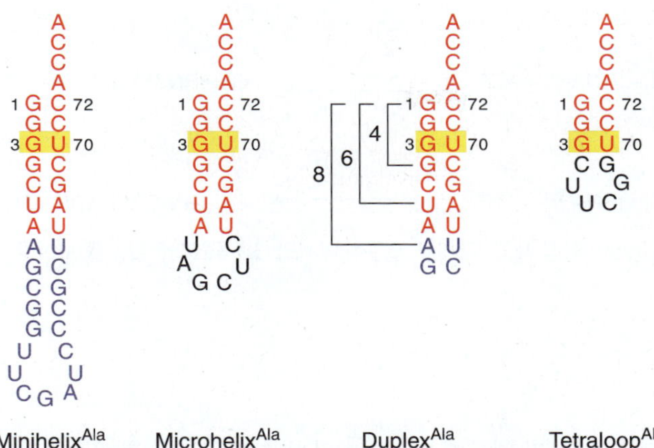


**그림 19.26** ***E. coli* tRNA synthetase로부터 alanine을 받아들이는 *E. coli* tRNA$^{Ala}$의 acceptor arm-TΨC arm부터 유도되는 구조들.** Acceptor arm과 TΨC arm에 존재하는 nucleotide는 빨간색과 파란색으로 각각 표시되어 있다. 비표준적인 G3:U70 결합쌍은 노란색 box로 표시되어 있다. Duplex$^{Ala}$의 경우, 5′ 9개의 nucleotide로 이루어진 가닥은 꺾쇠괄호로 표시된 것처럼 8개, 6개 또는 4개의 서열을 가지는 가닥으로 짧아질 수 있다. Beuning, P. J., and Musier-Forsyth, K., *Biopolymers* 52 (2000): 1-28.

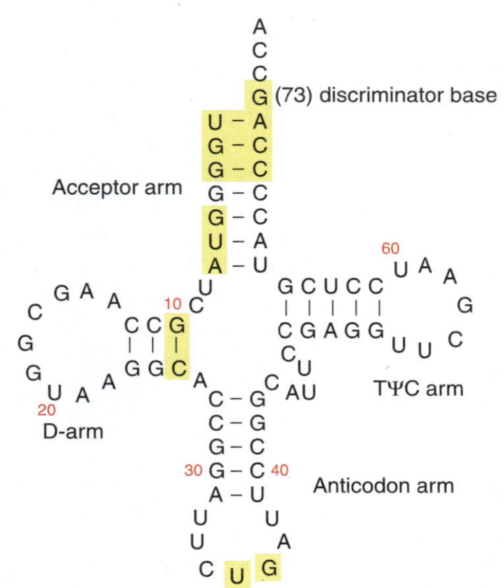


**그림 19.27 tRNA$^{Gln}$의 클로버 잎 2차 구조.** Glutaminyl-tRNA synthetase에 의해 인식되는 nucleotide들은 노란색 박스로 표시되어 있다. Ibba, M., Hong, K.-W., and Soll, D., *Genes Cells* 1 (1996): 421-427.

(alanine acceptor)로서 기능을 할 수 있는지를 연구했다. 이 실험을 위해 그들은 **그림 19.26**에서 보여지는 것과 같이 minihelix$^{Ala}$, microhelix$^{Ala}$, duplex$^{Ala}$와 tetraloop$^{Ala}$ 구조를 합성하였다. *E. coli*의 tRNA synthetase는 이들 RNA 각각을 알라닌-수용체로 사용할 수 있었고, 이 결과는 synthetase들은 tRNA$^{Ala}$를 인식하기 위해서 anticodon arm 또는 제거된 다른 부위를 필요로 하지 않다는 것을 의미한다. I군과 II군 synthetase를 대표하는 10개의 서로 다른 aminoacyl-tRNA synthetase들도 적합한 tRNA의 acceptor arm로부터 유래된 미니나선(minihelix)에 아미노산을 붙일 수 있음이 이후에 증명되었다. Histidine, glycine, methionine, valine, isoleucine, serine, glutamate, aspartic acid, cysteine, tyrosine을 인식하는 synthetase들이 여기에 속한다. Ala-tRNA synthetase와는 대조적으로 대부분의 다른 synthetase들은 anticodon에 있는 인식부위를 또한 인식한다. Synthetase에 의해 인식되는 기질 중의 하나인 tRNA$^{Gln}$를 두 번째 예로 들고자 한다.

## Glutaminyl-tRNA synthetase와 tRNA$^{Gln}$

tRNA$^{Gln}$에 존재하는 인식 부위의 규명에 대한 연구는 위에서 언급된 *E. coli* tRNA$^{Ala}$의 연구와 비슷한 방법으로 처음에 시도되었다. 생화학적 및 유전학적 방법의 조합을 통해서 *E. coli* tRNA$^{Gln}$를 변환시켰고, 그 다음 변환된 tRNA가 글루타민(glutamine)을 수용하는 능력을 시험해보았다. **그림 19.27**에 요약되었듯이, tRNA$^{Gln}$은 acceptor arm, anticodon, D-arm에 인식부위를 가지고 있음을 이 연구를 통해 알 수 있었다. Gln-tRNA synthetase tRNA$^{Gln}$ 복합체의 결정 구조는 변환된 tRNA를 이용하여 규명한 인식부위가 실제로 효소와 접촉하는 부분이라는 것을 재증명하였다(**그림 19.28**). tRNA$^{Ala}$의 경우에는 효소 tRNA 복합체의 결정 구조

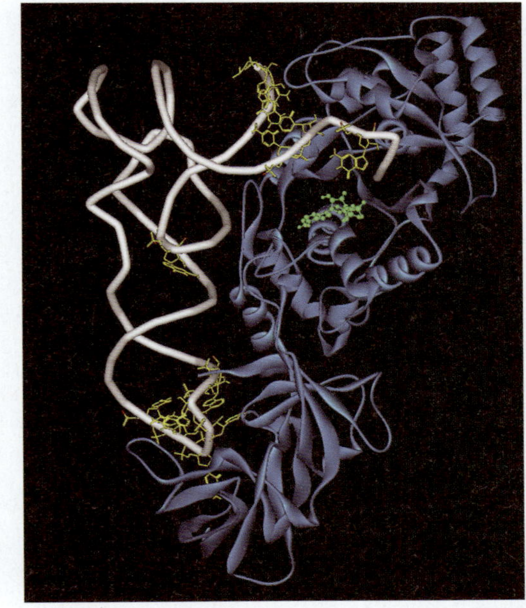

**그림 19.28 Glutaminyl-tRNA synthetase와 tRNA$^{Gln}$ 복합체.** Synthetase는 파란색 리본 구조로, tRNA는 하얀색 튜브 구조로 나타내졌다. Glutaminyl-tRNA synthetase와 맞닿아 있는 tRNA의 인식부위는 노란색 막대기 구조로 표시되어 있다. 결합해 있는 ATP는 녹색의 구슬과 막대기 구조로 표시되어 있다. 단백질 데이터 은행 ID: 1QRS. Amez, J. G., and Steitz, T. A., *Biochemistry* 35 (1996): 14725-14733.

$$\text{Glu} + \text{tRNA}^{\text{Gln}} + \text{ATP} \xrightleftharpoons{\text{Glutamyl-tRNA synthetase}} \text{Glu-tRNA}^{\text{Gln}} + \text{AMP} + \text{PP}_i$$

$$\text{Gln} + \text{Glu-tRNA}^{\text{Gln}} + \text{ATP} \xrightleftharpoons{\text{Glu-tRNA}^{\text{Gln}}\ \text{amidotransferase}} \text{Gln-tRNA}^{\text{Gln}} + \text{ADP} + \text{P}_i + \text{Glu}$$

**그림 19.29** gram 양성 세균, 고세균, 엽록체에서의 Gln-tRNA$^{Gln}$ 합성을 보여주는 2단계의 반응과정.

가 아직 밝혀지지 않았기 때문에 tRNA$^{Gln}$와 비슷한 구조를 가지는지는 아직 확인되지 않았다.

## 많은 gram 양성 세균과 고세균은 간접적인 방법으로 Gln-tRNA를 합성한다.

*E. coli*과 동물세포를 이용한 초기의 연구는 단백질의 기본 성분인 20개의 서로 다른 아미노산에 대해 각각 하나의 aminoacyl-tRNA synthetase가 존재한다는 것을 제시하였다. 그러나 1968년 Michael Wilcox와 Marshal Nirenberg는 고초균(B. subtilis)에서 일어나는 aminoacyl-tRNA 합성에 관한 연구를 진행하는 동안 이 규칙의 예외가 존재하는 것을 발견하였다. 이 세균은 gram 양성 세균으로서 Gln-tRNA synthetase가 없고 대신 두 단계를 거쳐서 간접적으로 Gln-tRNA$^{Gln}$를 합성한다(**그림 19.29**). 첫 단계는 glutamate이 tRNA$^{Gln}$에 붙는 단계로서, Glu-tRNA synthetase에 의해 촉매된다. Glu-tRNA synthetase는 아미노산 특이성이 약간 떨어지는 synthetase이므로 glutamate 또는 glutamine을 활성화 시킬 수 있다. 두 번째 단계는 Glu-tRNA$^{Gln}$가 Gln-tRNA$^{Gln}$으로 치환되는 단계로서, 이 반응은 glutamine의 아미도기(amido group)를 Glu-tRNA$^{Gln}$로 옮기는 기능을 하는 Glu-tRNA$^{Gln}$ 아미도전이효소(amidotransferase)에 의해서 촉매된다.

간접적인 두 단계의 방법으로 Gln-tRNA$^{Gln}$을 생성하는 방법은 gram 양성 세균, 고세균 그리고 엽록체에서 꽤 흔하게 발견된다. 이들 생명체에서 Glu-tRNA$^{Gln}$과 같은 잘못 acylation된 tRNA의 형성은 단백질 합성 과정 동안 glutamine 잔기 대신에 glutamate 잔기를 가지고 있는 잘못된 단백질의 합성을 초래한다. 그러나 단백질 합성 장치의 구성성분 중의 하나인 신장인자 1A(EF1A; elongation factor 1A; 20장 참조)는 잘못 acylation된 tRNA와는 작동을 하지 않기 때문에 잘못된 단백질이 합성되지 않게 된다. 어떤 종류의 고세균은 위와 유사한 두 단계의 간접적인 방법으로 Asn-tRNA$^{Asn}$을 만든다. 낮은 특이성을 가지는 Asp-tRNA synthetase가 aspartate를 tRNA$^{Asn}$에 붙이고, 그 후에 amidotransferase가 Asp-tRNA$^{Asn}$를 Asn-tRNA$^{Asn}$로 전환한다.

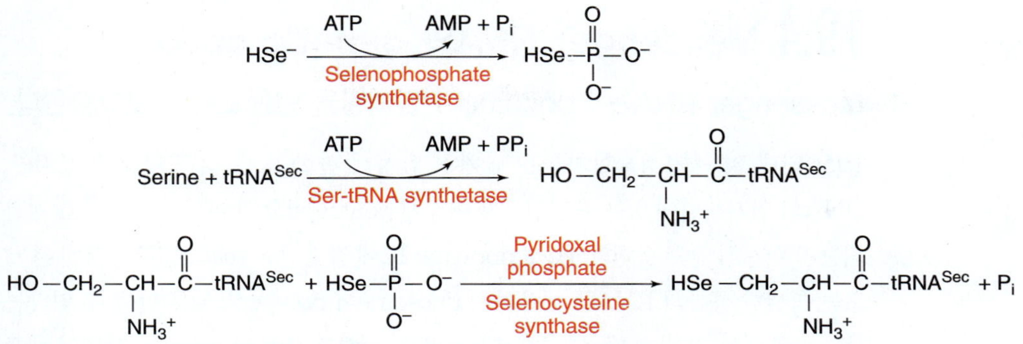

$$HSe^- \xrightarrow[\text{Selenophosphate synthetase}]{\text{ATP} \;\to\; \text{AMP} + P_i} HSe{-}PO_3^{2-}$$

$$\text{Serine} + tRNA^{Sec} \xrightarrow[\text{Ser-tRNA synthetase}]{\text{ATP} \;\to\; \text{AMP} + PP_i} HO{-}CH_2{-}CH(NH_3^+){-}C(=O){-}tRNA^{Sec}$$

$$HO{-}CH_2{-}CH(NH_3^+){-}C(=O){-}tRNA^{Sec} + HSe{-}PO_3^{2-} \xrightarrow[\text{Selenocysteine synthase}]{\text{Pyridoxal phosphate}} HSe{-}CH_2{-}CH(NH_3^+){-}C(=O){-}tRNA^{Sec} + P_i$$

**그림 19.30** 세균에서 Selenocysteyl-$tRNA^{Sec}$ 합성 과정.

## Selenocysteine과 pyrrolysine은 polypeptide의 구성요소이다.

1980년대 중반, 단백질합성은 단지 20개의 아미노산만을 이용하여 단백질을 만든다는 이론이 일반적으로 받아들여졌다. 많은 종류의 변환된 아미노산들이 단백질에 존재한다는 것을 알았지만 이런 아미노산의 변환은 polypeptide가 만들어 진 후에 이루어 진다고 생각했었다. 그래서 selenocysteine(Sec)이 21번째 아미노산인 것이 증명되었을 때 매우 놀라워했다. 이 희귀한 아미노산은 황(sulfur) 대신 selenium을 가지는 cysteine의 유사물질로서 진핵생물, 세균 그리고 고세균의 적은 수의 단백질에 존재한다. 이들 단백질은 대부분 산화 환원 효소 들이다.

세균 selenocysteyl-$tRNA^{Sec}$의 형성 과정은 **그림 19.30**에서 볼 수 있듯이 1986년에 시작된 August Bock 연구진의 노력의 결과로 규명되었다. 합성 경로는 다음과 같이 3단계로 나뉘어진다: (1) selenophosphate synthetase는 ATP와 selenide로 부터 selenophosphate 합성을 촉진한다, (2) Ser-tRNA synthetase는 seryl기를 $tRNA^{Sec}$에 붙인다, (3) selenocysteine synthetase는 selenophosphate와 Ser-$tRNA^{Sec}$로 부터 selenocysteyl-$tRNA^{Sec}$로 변환되는 과정을 촉매하다. 이 과정은 pyridoxal phosphate에 의존적인 반응이다. $tRNA^{Sec}$은 100개까지의 nucleotide를 가지며, 이는 가장 긴 tRNA로 알려져 있다. 또한 $tRNA^{Sec}$은 독특한 특징을 가지고 있다. 예를 들어 $tRNA^{Sec}$은 대부분의 tRNA와는 달리 acceptor arm에 하나의 nucleotide 염기쌍을 가지고 있고 더 길어진 D-arm을 가지고 있다. 이러한 독특한 특징 때문에 selenocysteyl-$tRNA^{Sec}$은 신장인자(elongation factor 1A; EF1A)에 인식되지 않고(20장 참조) 대신 고유의 신장인자를 필요로 한다.

2002년도에 두 번째로 알려진 독특한 아미노산은 pyrrolysine(**그림 19.31**)으로서 Joseph A. Krzycki 연구진과 Michael K. Chan 연구진의 독립적인 연구에 의해 발견되었다. Pyrrolysine-tRNA 형성의 세부적인 과정은 더 연구되어야 하지만 예비 연구결과들은 lysine이 특별한 tRNA에 먼저 붙고 나서 변환이 된다는 것을 보여준다. 현재까지 pyrrolysine은 메탄을 만드는 고세균에서만 발견되었다.

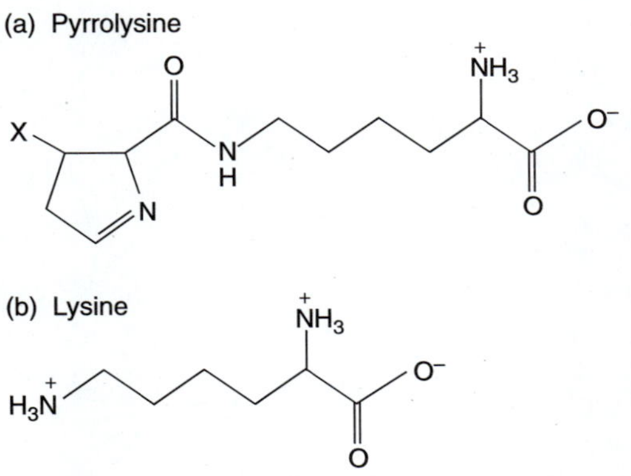

(a) Pyrrolysine

(b) Lysine

**그림 19.31 Pyrrolysine(a)과 lysine(b)의 구조.** X는 methyl기, ammonium기, OH기를 나타낸다. Ibba, M., and Soll, D., *Curr. Biol.* 12 (2002): R464-R466.

# 19.4 Messenger RNA와 genetic code

## Messenger RNA는 ribosome이 단백질을 만들도록 프로그램한다.

1950년대 말 분자생물학자들은 단백질 합성에 관한 많은 것을 알고 있었지만, DNA의 염기서열에 있는 유전정보가 어떻게 polypeptide의 아미노산 서열로 전달되는지 여전히 알지 못했다. Bacteriophage T2에 감염된 *E. coli*의 연구를 통하여 세포는 특별한 종류의 RNA를 이용하여 ribosome이 polypeptide를 만들 수 있다는 가능성에 대한 첫 번째 단서를 찾았다. 1953년도에 Alfred Hershey는 감염된 세균이 [$^{32}$P]phosphate을 세포 RNA 분자들의 일부에 첨가시키고, 방사능으로 표지된 이 RNA는 빠르게 제거된다는 것을 발표했다. 3년 후, Elliot Volkin과 Lazarus Astrachan 역시 비슷한 현상을 관찰하였고, 추가 연구를 통해 빠르게 제거되는 RNA는 세균 DNA가 아닌 바이러스의 DNA와 유사한 염기조성을 가진다는 것을 증명하였다. 그러나 그 당시에는 이들 연구 결과의 중요성이 완전하게 인식되지는 못했다. 그 이유는 그 당시 대부분의 과학자들은 유전적인 내용은 단백질 합성시 ribosome에 영구적으로 각인되고, 하나의 ribosome은 단지 하나의 polypeptide만을 만들 수 있다고 생각했기 때문이다.

1959년 Arthur Pardee, Francois Jacob, 그리고 Jacques Monod는 일련의 유전 실험을 수행하였고(이후에 PaJaMo 실험이라고 불림) 그 결과 ribosome은 새로운 단백질을 빠르게 합성하도록 프로그램 되어 있지만, *ribosome이 유전적 내용을 영구적으로 각인하고 있지 않다는 것을 밝혔다.* PaJaMo 실험은 β-galactosidase를 합성할 수 있는 *E. coli* Hfr(*lacI*$^+$ *lacZ*$^+$) 종으로부터 이를 합성할 수 없는 F$^-$(*lacI*$^-$ *lacZ*$^-$) 종으로 *lacZ* 유전자(β-galactosidase의 구조 유전자)의 이동을 연구함으로써 시작되었다. 받아들이는 종은 *lacZ* 유전자를 받자마자 β-galactosidase를 최고의 속도로 합성하기 시작했다. 유전자를 받아 들이는 종은 β-galactosidase를 합성할 수 있는 새로운 ribosome을 만들어 낼 충분한 시간이 없기 때문에, PaJaMo 실험은 *lacZ* 유전자가 mRNA 분자의 합성을 위한 주형으로 사용되고 이렇게 만들어진 mRNA는 이미 존재해 있는 ribosome이 lactose 효소를 만들도록 유도한다는 것을 의미한다.

## 아미노산을 지정하는 mRNA의 3개의 연속적 염기를 codon이라고 부른다.

mRNA가 polypeptide의 합성을 유도한다는 것을 알게 된 후, 과학자들은 어떻게 염기 서열이 아미노산 서열을 지정하는지에 대해 고민하기 시작했다. 4 종류의 염기와 20개의 아미노산이 존재하기 때문에 하나의 염기는 충분한 정보를 가지지 못한다. 연속된 2개의 염기(doublet)도 16(4 × 4)개의 가능한 조합을 만들기 때문에 충분한 정보를 담지 못한다. 3개의 연속된 염기, triplet은 64(4 × 4 × 4)개의 가능한 조합을 만들기 때문에 20개의 아미노산 각각을 구분하기에 충분하다. 사실 많은 가

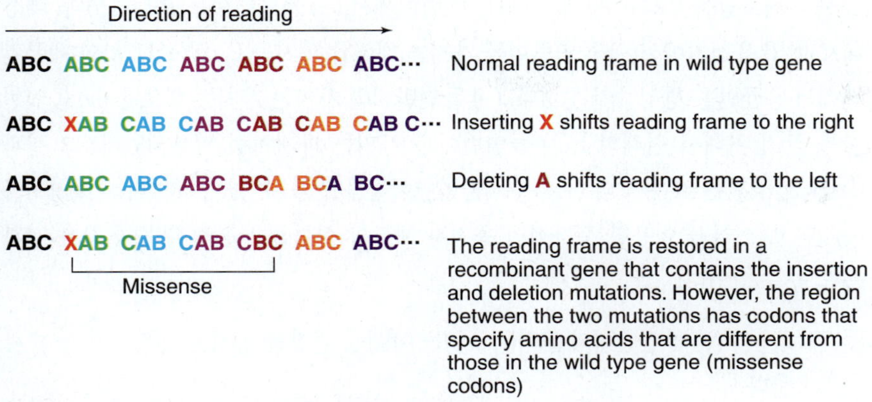

Direction of reading →

| | |
|---|---|
| ABC ABC ABC ABC ABC ABC ABC··· | Normal reading frame in wild type gene |
| ABC XAB CAB CAB CAB CAB CAB C··· | Inserting X shifts reading frame to the right |
| ABC ABC ABC ABC BCA BCA BC··· | Deleting A shifts reading frame to the left |
| ABC XAB CAB CAB CBC ABC ABC··· (Missense) | The reading frame is restored in a recombinant gene that contains the insertion and deletion mutations. However, the region between the two mutations has codons that specify amino acids that are different from those in the wild type gene (missense codons) |

**그림 19.33** 삽입 또는 제거 돌연변이가 reading frame에 미치는 영향.

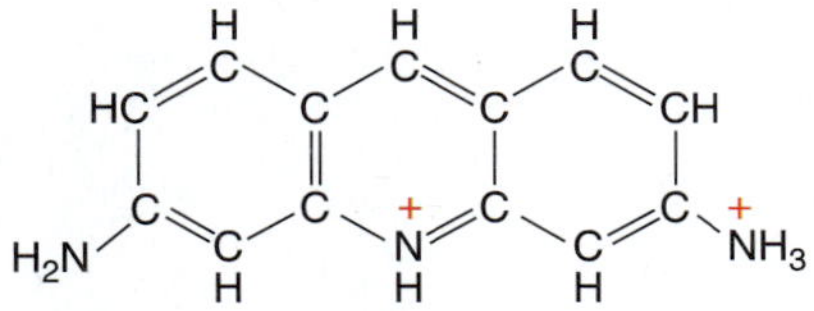

**그림 19.32** Proflavin(2,8-diamino acridine).

능한 조합의 연속된 염기가 있기 때문에 어떤 아미노산은 하나 이상의 triplet(동의 코드; degenerate code)에 의해 인식될 수 있고, 어떤 triplet은 아무런 아미노산도 지정할 수 없을 수도 있다.

1961년 Francis Crick과 Sydney Brenner 연구진은 아미노산은 3개의 염기서열에 의해 지정된다는 것을 규명하였고, Brenner는 이 염기서열을 **codon**이라고 명명하였다. 이들의 실험은 acridine 유도체인 proflavin의 특성에 근간을 두었는데 (**그림 19.32**), 이 물질은 DNA에 하나의 염기를 첨가 또는 제거할 수 있는 능력을 가지고 있다. 하나의 염기쌍이 삽입 또는 제거된 돌연변이는 번역틀(reading frame)이 바뀌므로 이 돌연변이를 격자이동 **돌연변이(frameshift mutation)**이라고 부른다(**그림 19.33**). Crick 연구진은 bacteriophage T4의 *rIIB* 유전자에 돌연변이를 만들기 위해서 proflavin을 사용함으로써 genetic code의 규명에 대한 연구를 시작하였다. 돌연변이된 파지(phage)는 세균이 꽉 자란 세균깔개(bacterial lawn)에서 용균반(plaque)을 형성하였기 때문에 야생형과 쉽게 구분할 수 있다. 야생형 bacteriophage는 *E. coli* B 또는 *E. coli* K12(l) 세균깔개에서 작은 크기의 용균반을 형성 만드는 반면, *rIIB* 변이는 *E. coli* B의 세균깔개에서만 큰 용균반을 형성하고 *E. coli* K12(l)의 세균깔개에서는 어떠한 용균반도 형성하지 못한다. FC0이라고 불리는 첫 번째로 분리된 rIIB 돌연변이는 마치 하나의 염기쌍이 삽입된 것처럼 임의로 (+)로 표기되었다. (만약 하나의 염기쌍이 제거가 되었다면(−)로 표기하였을 것이다. 나중에 염기서열 분석연구의 결과, 이 돌연변이는 실제로 염기쌍이 삽입되었다고 밝혀졌다. 비록 그들이 잘못 추측하였을 지라도 그들의 실험을 통해 내릴 결론은 같았을 것이다).

FC0이 (+) 삽입변이라면 번역틀이 복구된 (−) 변이를 가지는 거짓복귀돌연변이주(pseudorevertant)를 분리할 수도 있다. 물론, (+)와 (−) 돌연변이가 일어나는 위치가 바뀌어 질 수 있으므로 아마노산의 치환에 견딜 수 있어야만 할 것이다. Crick 연구진은 자발적으로 만들어진 pseudorevertant를 분리하였고 야생형과의 유전자 재조합을 통하여 원래의 (+) 돌연변이에서 (–) 돌연변이를 분리하였다. 예상대로, rIIB 유전자에서(–) 돌연변이를 가지는 재조합 파지는 *E. coli* K12(λ)의 세균깔개에서 용균반을 형성하지 못했다. (–) 돌연변이를 가지는 파지는 새로운 (+) 돌연변이를 찾기 위해서 원래의 FC0 돌연변이를 가지는 파지처럼 사용되었다. 그 결과 Crick 연구진은 많은 수의 (+)와 (–) 돌연변이들을 얻을 수 있게 되었다. 이들 (+)와 (–) 돌연변이들을 이용한 추가적인 유전자 재조합 실험들을 통해 다음과 같은 결과를 얻을 수 있었다:

**1.** 2개의 (+) 돌연변이의 교차(cross)는 야생 표현형을 가지는 파지를 만들지 못한다.

**2.** 2개의 (–) 돌연변이의 교차는 야생 표현형을 가지는 파지를 만들지 못한다.

**3.** (+)와 (–)의 교차는 야생 표현형을 가지는 파지를 만든다.

이 결과는 다음과 같이 해석된다. (+)(+) 또는 (–)(–)의 이중 돌연변이의 경우 2개의 염기쌍이 더해지거나 빠진다. 2가지 경우 모두 reading frame이 두 염기쌍만큼 부적정하게 변위되어 제 기능을 하는 단백질이 형성되지 않게 된다. 그러나, (+)(–) 이중 돌연변이의 경우 (+) 변이 위치 뒤에 오는 reading frame은 잘못되겠지만 (–) 변이의 위치에서 올바른 해석틀이 복구될 것이다(그림 19.33). 2개의 돌연변이 위치 사이에 있는 아미노산 서열은 야생형 파지와 같지는 않을 것이다. 그러나 두 돌연변이의 위치가 유전자의 중요한 부분이 아니라면, (+)(–)와 (–)(+) 돌연변이 종은 모두 제 기능을 할 수 있을 것이다. 이러한 결과의 해석은 올바른 것으로 판명되었다. 중요한 점은 해석틀이 중요한 위치까지 도달하기 전에 다시 복구가 되기만 한다면 제 기능(완벽하지는 않지만)을 할 수 있는 단백질이 만들어 질 수 있다는 점이다.

(+)(+) 변이는 절대로 야생형과 같은 표현형을 가지지 못한다는 사실은 code는 단지 2개의 염기로 만들어 질 수 없다는 것을 의미한다. 만약 2개의 염기로 가능하다면, reading frame은 이 조합에서 복구될 것이다. Triplet code의 가능성을 실험하기 위해 3개의 돌연변이를 제작하였다. 예상대로 삼중 돌연변이 (+)(+)(+)와 (–)(–)(–)는 야생 표현형을 가졌고, 반면 (+)(+)(–)와 (+)(–)(–)는 여전히 돌연변이 표현형을 가졌다. 이 유전 실험들은 codon은 3개의 nucleotide(또는 3개의 nucleotide의 배수)로 이루어져 있다는 것을 증명한다.

### Poly(U)가 poly(Phe)의 합성을 유도한다는 발견은 genetic code를 해석하는 첫 단계이었다.

1961년, Marshall W. Nirenberg와 Johann Heinrich Matthaei는 genetic code를 알아내기 위한 실험을 하였다. 그들의 첫 목적은 세균이나 바이러스의 RNA가 *E. coli*의 ribosome을 이용해 단백질을 만들 수 있는가를 결정하는 하는 것이었다. 먼저 그들은 ribosome, tRNA, 단백질 합성을 위해 필요한 모든 번역인자를 포함하는 것으로 알려진 30,000 × g의 *E. coli* 상층액을 얻었다. 반응 혼합물은 갓 얻은 30,000 ×

g의 *E. coli* 상층액, ATP, GTP, $Mg^{2+}$, 19개의 표지되지 않은 아미노산 그리고 [$^{14}C$]로 표지된 아미노산을 포함하였다. 이 반응은 산을 넣어 단백질 침전이 생기게 함으로써 중단되었다. 그 후 방사능 표지된 단백질을 원심 분리를 통하여 침전물 형태로 얻고 여러 번 씻은 후에 방사성 함유량을 분석하였다.

Nirenberg와 Matthaei는 외부에서 어떤 mRNA도 더해지지 않음에도 유의한 수준의 아미노산이 단백질로 편입(incorporation)되는 것을 관찰하였다. 그러나 세균 또는 바이러스 RNA를 넣었을 때는 방사성을 띤 아미노산 편입 양이 약간 증가하는 것 같았다. 증가한 아미노산 편입이 너무 적어서 단정짓기는 힘들지만, 세균과 바이러스 RNA는 ribosome이 단백질을 합성하도록 유도할 수 있을 것이라고 제시한다. 세균과 바이러스 RNA를 넣지 않았을 때 아미노산이 편입되는 것은 30,000 × g의 세균 상층액에 이미 mRNA가 들어있기 때문이라고 Nirenberg와 Matthaei는 생각했다. 그래서 그들은 이 세균 추출물에서 이미 존재하는 mRNA를 없애고 또 새로 mRNA가 만들어지는 것을 막고자 했다.

다른 사람의 연구에서는 *E. coli* 추출물에 DNase I를 넣으면 곧바로 단백질 합성이 중단되는 것 보여주었다. mRNA는 짧은 수명을 가지며 DNA없이는 만들어질 수 없기 때문에 단백질 합성이 중단된 것이다. 그래서 Nirenberg와 Matthaei는 DNA 분해효소 I를 세균 추출물에 넣어 이미 존재하는 모든 DNA를 파괴하였다. 그들은 또한 세균 추출물 안에 이미 존재하는 mRNA를 모두 파괴시키고 새로 만들어지고 있는 polypeptide 합성이 모두 마칠 수 있도록 표지되지 않은 아미노산을 넣어 아미노산의 편입이 그칠 때까지 40분 간을 반응시켰다. 그 후 투석(dialysis)을 통하여 표지되지 않은 아미노산을 제거하고 추출물을 얼려서 보관하였다. 다시 녹인 추출물은 단백질 합성을 할 수 있는 능력은 있지만 외부에서 mRNA를 따로 넣어 주어야만 했다. 얼렸다가 녹인 후에도 단백질 합성 기능이 거의 유지가 된다는 사실은 더 이상 매번 단백질 합성 실험을 할 때 마다 새로운 세균 추출물을 준비할 필요가 없다는 사실을 의미했다. Nirenberg와 Matthaei는 실험방법에 1가지를 더 추가하였다. 단백질을 원심 분리로 추출하는 대신에 더 빠른 필터 방법으로 바꾸었다. Nirenberg와 Matthaei는 변화된 실험방법을 사용하여 세균과 바이러스 RNA가 ribosome을 이용하여 단백질을 합성한다는 것을 밝혀내었다.

Nirenberg와 Matthaei는 polyuridylate, poly(U)와 같이 합성된 동질중합체(homopolymer)가 ribosome에 의해 polypeptide로 만들어질지도 모른다고 생각했다. 운 좋게도 간단한 효소의 반응으로 poly(U)를 만들 수 있었다. 1955년 Marianne Grunberg-Manago와 Severo Ochoa는 이 반응에 필요한 효소인 polynucleotide phosphorylase를 발견하였다. 이 효소는 아래의 반응식과 같이 nucleoside diphosphates(NDPs)를 polynucleotides로 가역적으로 바꿀 수 있다.

$$(RNA)_n + NDP \rightleftharpoons (RNA)_{n-1} + P_i$$

1종류의 NDP를 가지고 반응을 시키면 동질중합체가 만들어지고 2개 또는 그 이상의 다른 종류의 NDP를 가지고 반응을 시키면 무작위적인 혼성중합체(copolymer)가 만들어진다(다른 종류의 nucleotide들이 무작위적으로 사슬을 따라 분포된다). 처음 발견됐을 때, polynucleotide phosphorylase는 RNA를 합성하는 효소로 생각되었다. 그러나 후속 연구를 통해 이 효소는 주형을 필요로 하지 않기 때문에 이 일을 하기에는 부적합한 것으로 밝혀졌다. 이 효소의 기능은 RNA 합성보다는 분해라는 것을 알게 되었다. 비록 polynucleotide phosphorylase가 RNA 합성 효소일 기대에 부응하는 데는 실패했지만 genetic code를 푸는데 있어서는 중요한 역할을 했다.

Nirenberg와 Matthaei는 ribosome을 이용하여 polypeptide를 형성하는 poly(U)의 능력을 실험하기 위해 poly(U)를 20개의 다른 튜브에 넣었다. 각 튜브는 같은 단백질 합성 시스템을 가지고 있지만 다른 [$^{14}$C]아미노산을 가지고 있었다. [$^{14}$C]phenylalanine을 포함하는 튜브에서만 아미노산 편입이 관찰되었다. 방사능 표지된 polypeptide는 polyphenylalanine으로 분석되었다. 이 실험은 큰 의미를 가지고 있다. Poly(U)는 ribosome이 polyphenylalanine을 만들게 한다. 후속실험들은 polyadenylate [poly(A)]는 ribosome이 polylysine을 만들게 하고, polycytidylate [poly(C)]는 ribosome이 polyproline을 만들게 한다는 것을 보여주었다. Polyguanylate [poly(G)]는 단백질 번역이 될 수 없는 삼중가닥 나선(triple-stranded helix)을 형성하기 때문에 합성 mRNA로서 기능하지 못한다. Crick, Brenner 연구진의 유전 실험 결과를 고려해 보면, UUU, AAA, 그리고 CCC는 각각 phenylalanine, lysine, 그리고 proline을 위한 codon임을 알 수 있다.

추가적인 암호화 정보는 단백질 합성을 유도하는 무작위적인 혼성중합체들을 이용하면 얻을 수 있을 것이라고 생각하고, Nirenberg와 Ochoa는 genetic code를 푸는데 질주했다. A와 C가 5:1의 비율로 들어있는 무작위적인 혼성중합체를 1가지 예로 들면, 이 들의 초기 접근법의 논리와 한계를 설명하는데 도움을 줄 것이다. 무작위적인 혼성중합체 안에서 AAA triplet이 생성될 빈도는 0.58($5/6 \times 5/6 \times 5/6$), CCC triplet 빈도는 $4.6 \times 10^{-3}$($1/6 \times 1/6 \times 1/6$)이다. 다른 triplet 빈도들도 (AAC, ACA, CAA, ACC, CAC, 그리고 CCA) 같은 방법으로 결정될 수 있다. 무작위적인 혼성중합체는 codon 빈도와 같은 빈도의 아미노산 빈도로 polypeptide를 합성할 것이다. 따라서 실제 아미노산 빈도와 계산으로 나온 codon 빈도를 비교해 봄으로써 가능한 codon을 결정할 수 있다.

그러나 하나의 codon이 2개의 다른 nucleotide를 가질 경우, 위와 같은 실험 방법에서는 codon내의 nucleotide 서열이 제공되지 않기 때문에 정보는 제한적이다. 예를 들어 실험을 통해 histidine의 codon은 2C + 1A로 구성되어 있다고는 알 수 있다. 그러나 실제 codon이 CCA, CAC, 또는 ACC 인지를 구분할 방법이 없다. 이러한 한계에도 불구하고 Nirenberg와 Ochoa는 genetic code에 대한 많은 유용한 정보를 얻을 수 있었다. Ochoa 연구진이 수행한 실험 중 하나는 특히 주목할 만하다. 왜냐하면 ribosome이 5′에서 3′ 방향으로 mRNA를 읽는다는 것을 밝혔기 때문이다. 이 실험은 polypeptide 사슬 형성의 방향을 아는 것에 기본을 두기 때문에 우리는 먼저 polypeptide 사슬은 아미노에서 카르복실 방향으로 합성된다는 것을 밝힌 1961년 Howard Dintzis에 의해 수행된 독창적인 실험을 먼저 소개하고자 한다.

## 단백질합성은 아미노말단에서 시작하여 카르복실 끝에서 종료된다.

**그림 19.34**에 요약된 Dintzis의 연구는 5가지 가정을 바탕으로 한다. (1) polypeptide 사슬 형성은 polypeptide 사슬의 한쪽 끝에서 시작되고 다른 쪽으로 진

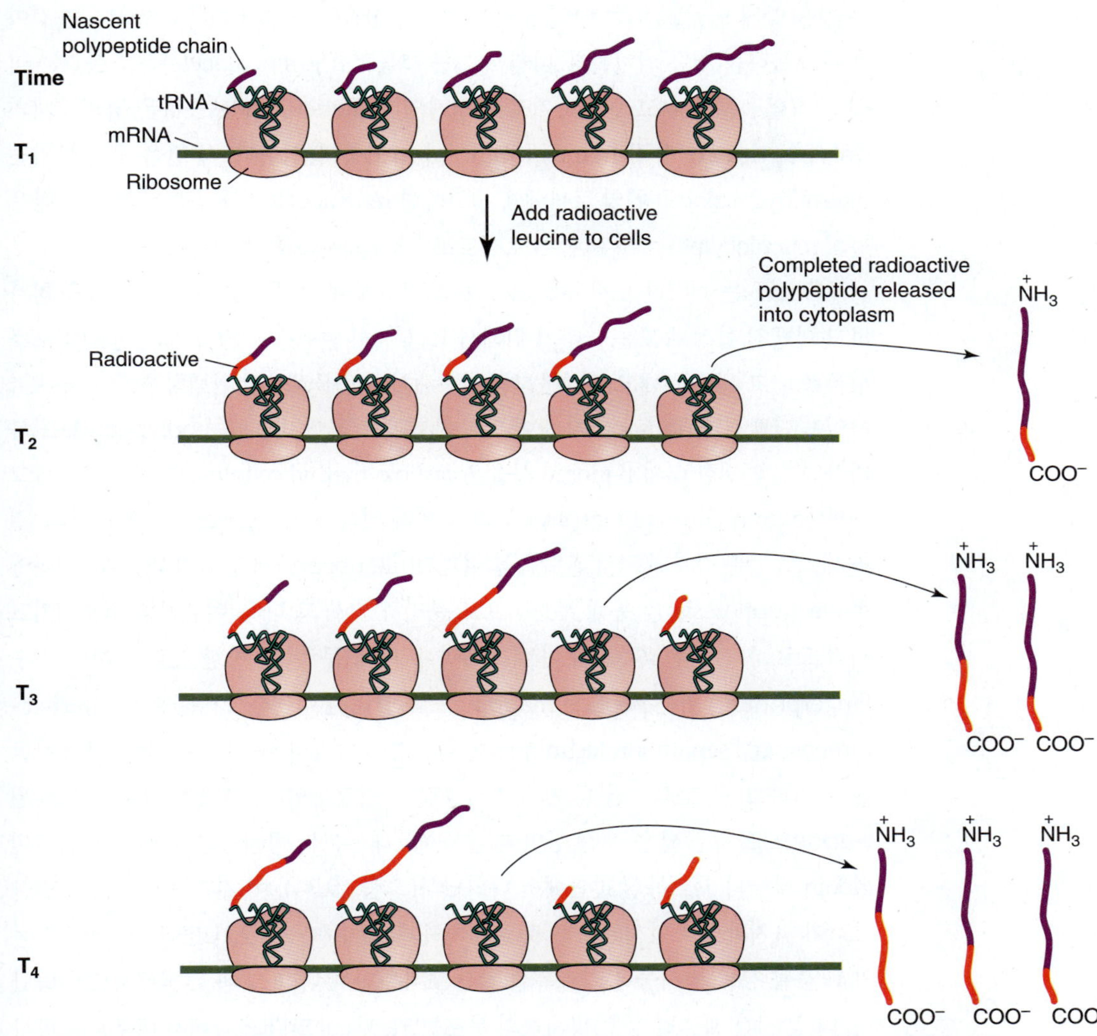


**그림 19.34 Polypeptide 사슬 성장의 방향.** 시간 $T_1$- 방사능 표지된 leucine을 토끼 reticulocyte에 첨가한다. Ribosome들은 polypeptide 합성의 다른 단계에 있다. 시간 $T_2$- 어떤 ribosome은 polypeptide의 합성을 마치고 방사능을 띄는 polypeptide를 세포질로 방출한다. 방사능 표지(빨간색으로 표시됨)는 카르복실 말단 조각에서 나타낸다. 시간 $T_3$- 더 많은 ribosome들이 polypeptide의 합성을 마치고 방사능을 띄는 polypeptide를 세포질로 방출한다. 방사능 표지된 polypeptide는 카르복실 말단 조각뿐만 아니라 바로 옆의 조각에서도 나타난다. 시간 $T_4$- 훨씬 더 많은 ribosome들이 polypeptide의 합성을 마치고 방사능을 띄는 polypeptide를 세포질로 방출한다. 방사능 표지된 polypeptide는 카르복실 말단 조각뿐만 아니라 2개의 옆 조각에서도 나타난다. 이 실험은 카르복실 말단이 합성이 되는 polypeptide 사슬의 마지막 부분임을 의미한다. 따라서 polypeptide 사슬 합성은 아미노에서 카르복실 방향으로 진행한다.

행된다. (2) 어떤 주어진 순간 세포 내 ribosome들은 polypeptide 합성의 다른 단계에 있다. (3) 새롭게 만들어지고 있는 기다란 polypeptide 사슬을 가지고 있는 ribosome은 새롭게 만들어지고 짧은 polypeptide 사슬을 가지고 있는 ribosome보다 더 빨리 polypeptide 사슬을 완벽하게 만들고 이를 방출한다. (4) 만약 세포가 매우 짧은 시간 동안 방사능으로 표지된 아미노산에 배양된다면, 가장 긴 polypeptide를 가지고 있는 ribosome만이 합성을 종료해서 방사능 표지된 polypeptide를 세포질로 방출한다. (5) 오직 마지막으로 합성된 polypeptide 사슬의 끝부분만이 방사능에 의해 표지된다. Dintzis는 대부분의 세포들은 많은 종류의 서로 다른 단백질들을 합성하고 있다는 것을 알게 되었고, 이는 단일 표지 단백질 생산물을 순수 분리하고 규명하는 것이 매우 힘들다는 것을 의미한다. 따라서 그는 그물적혈구(reticulocyte)라고 불리는 미성숙 적혈구를 가지고 연구하기로 결심하였다. Reticulocyte는 많은 양의 2개의 polypeptide, α-와 β-hemoglobin subunit를 합성한다. 빈혈을 유발시키는 phenylhydrazine을 매일 토끼에게 주입하면 reticulocyte 치환속도가 빨라져 많은 양의 reticulocyte가 생성된다. 이 토끼로부터 reticulocyte를 분리하였다.

Dintzis는 건강한 토끼 reticulocyte의 부유물에 방사성 표지된 leucine을 첨가하고 단백질 합성 속도를 늦추기 위해서 15°C에서 반응을 시켰다. 일정한 간격으로 샘플을 얻고 세포를 깨고 원심분리를 이용해서 추출물로부터 완벽하게 합성되어 녹아있는 단백질과 ribosome에 붙어 있는 새롭게 만들어지고 있는 polypeptide를 분리하였다. 완전한 α-와 β-globin 사슬은 carboxymethyl cellulose 컬럼 크로마토그래피(column chromatography)에 의해 분리 정제되고, trypsin으로 잘려졌다. 결과적으로 얻은 각각의 조각 혼합물을 여과지(filter paper)에 점처럼 찍은 후, 전기영동(electrophoresis)을 통해 부분적으로 분리하였다. 그 다음 여과지를 건조시키고 직각으로 회전시킨 후, 크로마토그래피에 의해 두 번째 방향으로 전개하였다. Fingerprinting 또는 peptide mapping으로 알려진 이러한 2차원 분리 기술(two-dimensional separation technique)을 이용하여 각각의 사슬로부터 얻어진 조각들을 분리하고 각 조각에서 나오는 방사능량을 결정하였다. 세포가 방사능 표지된 leucine으로 매우 짧은 시간 동안 배양될 때, 대부분의 방사능은 완벽하게 합성된 globin 사슬의 카르복실 말단에서 나타났다(그림 19.34). 이 결과는 카르복실 말단 조각이 마지막으로 합성된다는 것을 명확하게 보여준다. 세포가 조금 더 긴 시간 동안 배양될 경우, 방사능은 카르복실 말단 조각뿐만 아니라 그 바로 옆에서도 나타났다. 더 긴 시간 배양될 경우, 방사능의 분포는 카르복실 말단 조각에서 대부분의 방사능이, 아미노 말단 조각에서는 가장 적은 양의 방사능이 나타나는 것이 관찰되었다. 이러한 결과는 polypeptide 합성이 아미노 말단에서 시작하고 순차적으로 아미노산이 첨가되어 카르복실 말단으로 진행한다는 생각을 뒷받침한다.

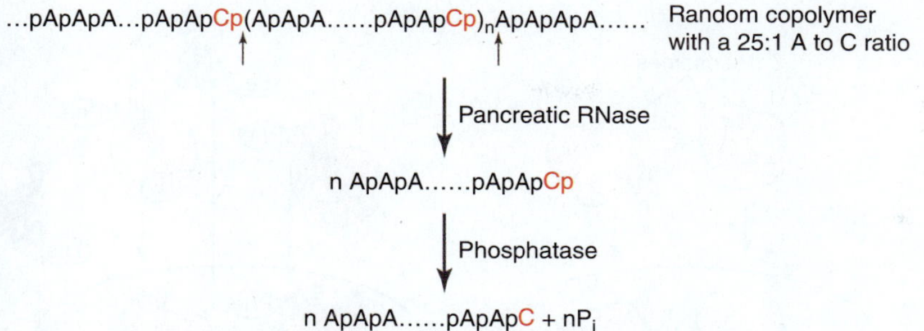


**그림 19.35 ApApAp···ApApC oligonucleotide의 합성.** A와 C를 25:1로 가지는 무작위적인 혼성중합체를 합성된다. 그 다음 췌장 RNase를 처리하여 Cp로 끝나는 oligonucleotide를 생성하고, phosphatase를 처리하여 3′-P를 제거한다. Salas, M., et al., *J. Biol. Chem.* 240 (1965): 3988-3995.

## Messenger RNA(mRNA)는 5′에서 3′ 방향으로 읽혀진다.

Dintzis에 의해 제공된 정보를 이용하여 Ochoa 연구진은 mRNA가 5′에서 3′ 방향으로 읽힌다는 것을 증명하였다. 그들은 먼저 ApApAp(Ap)nApApC 서열을 가지는 oligonucleotide를 다음과 같은 방법으로 만들었다. (1) A와 C가 25:1의 비율로 들어있는 무작위적인 혼성중합체를 합성했다. (2) 3′ 끝에 Cp 그룹을 가지는 oligonucleotide를 만들기 위해서 RNase를 이용하여 혼성중합체를 잘랐다. (3) phosphatase를 이용하여 3′-phosphate group을 제거했다(**그림. 19.35**). 합성된 ApApAp(Ap)nApApC 서열을 가지는 oligonucleotide는 nuclease가 없는 세균 단백질 합성 시스템에 더해졌다. 이 시스템은 $^{+}H_3N$-Lys-$(Lys)_{n/3}$-Asn-$COO^{-}$로 구성된 올리고펩타이드를 합성하였다. 그 당시 AAA가 lysine을 위한 codon으로 알려져 있었기 때문에 대부분 lysine 잔기로 이루어진 사슬의 형성을 예상했었다. polypeptide 사슬의 카르복실 말단에 아스파라긴(asparagine)의 존재는 이론상으로 매우 중요한 의미를 지닌다. 왜냐하면 polypeptide 합성은 아미노에서 카르복실 방향으로 진행되기 때문에, 카르복실 말단에 asparagine의 존재는 polyribonucleotide의 3′ 말단에 있는 AAC가 마지막으로 읽힌 codon이라는 것을 의미한다. 따라서 전사와 번역은 각각 5′에서 3′ 방향으로 일어난다. 두 과정이 모두 같은 방향으로 일어나기 때문에 세균은 전사가 끝나기도 전에 mRNA의 번역이 일어날 수 있다. 반면 진핵생물에서는 전사와 번역이 분리된 장소에서 일어나기 때문에 그렇게 될 수 없다.

## Trinucleotide는 특정 aminoacyl-tRNA 분자가 ribosome에 결합하는 것을 촉진시킨다.

1964년 Nirenberg와 Philip Leder는 codon 서열을 정하는 독창적인 방법을 고안했다. 단백질 합성을 요구하는 대신에 그들의 방법은 aminoacyl-tRNA 분자와

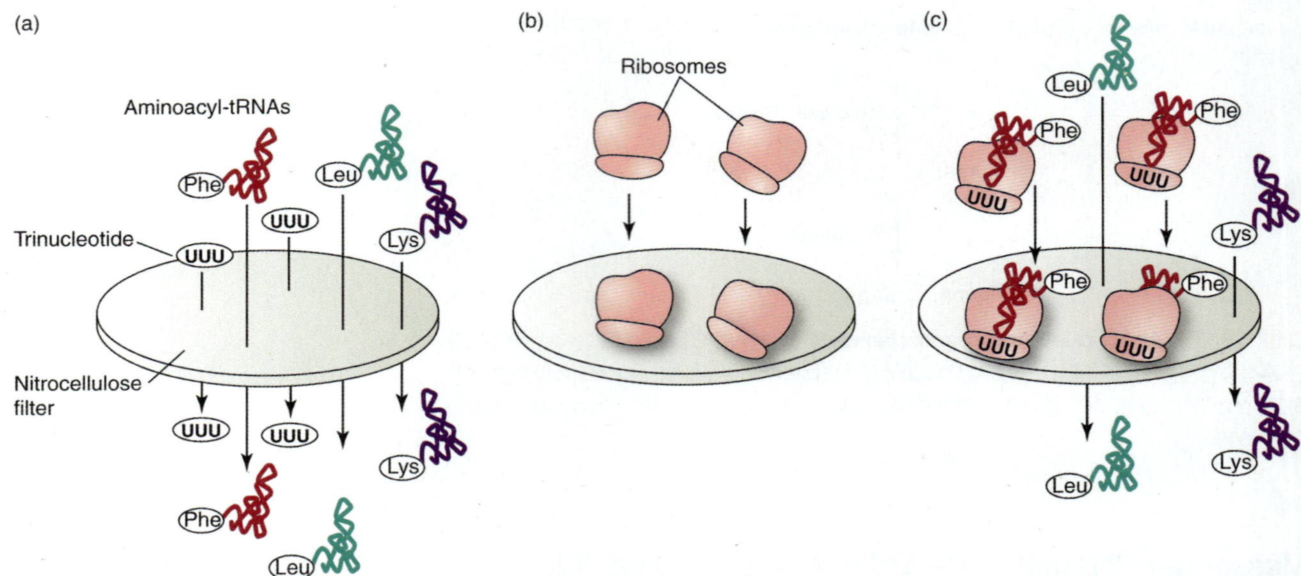


**그림 19.36 Trinucleotide 결합 실험.** (a) UUU와 aminoacyl-tRNA 분자들을 nitrocellulose filter에 통과시킨다. (b) Ribosome들이 필터에 붙는다. (c) Phe-tRNA와 UUU는 ribosome과 함께 복합체를 형성하고, 이 복합체는 nitrocellulose filter에 붙는다. 모든 다른 aminoacyl-tRNA 분자들은 필터를 통과한다.

ribosome과의 결합을 촉진시키는 trinucleotide의 능력에 기본을 두었다. 이 방법은 상대적으로 쉬운 방법이었다(**그림 19.36**). Ribosome, trinucleotide, 그리고 [$^{14}$C]aminoacyl-tRNA로 이루어진 혼합물을 짧은 시간 동안 배양하고 nitrocellulose filter를 통과시켰다. 이 필터는 aminoacyl-tRNA 분자 같은 작은 분자는 통과시키는 반면, ribosome과 ribosome에 붙어 있는 분자들은 필터에 유지시킨다(그림 19.36a, b).

Nirenberg와 Leder는 이 방법의 신뢰성을 먼저 확인하기 위해서 알려진 codon을 포함하는 trinucleotide가 올바른 aminoacyl-tRNA와의 결합을 촉진하는지를 알아보았다. 예상했던 것처럼, pUpUpU, pApApA 그리고 pCpCpC는 각각 Phe-tRNA, Lys-tRNA 그리고 Pro-tRNA의 특이적인 결합을 촉진시켰다. 실험 방법의 신뢰성을 확인한 후, 그들은 남아 있는 61개 codon에 해당하는 trinucleotide를 합성하고, 20개의 [$^{14}$C]aminoacyl-tRNA 중 하나와 결합할 수 있는 능력을 각각 테스트하였다. 결합 연구의 결과로 50개의 codon에 대한 아미노산 할당이 이루어졌다. 몇몇의 trinucleotide는 aminoacyl-tRNA 분자들과의 결합을 촉진시키지 않았고, 다른 몇몇은 애매한 결과를 보였다. 따라서 codon을 결정하기 위한 또 다른 방법이 여전히 필요했다.

### 정확한 염기 서열로 합성된 RNA를 이용하여 genetic code가 확인되었다.

1960년대 초 H. Gorbind Khorana 연구진은 반복되는 2개, 3개, 그리고 4개의 서열을 가지는 polyribonucleotide를 합성하기 위해서 전형적인 유기화학과 효소에 의해 촉매되는 합성의 조합을 이용하였다(**그림 19.37**). 이들 polyribonucleotide를 세균 단백질 합성 시스템에 첨가했을 때, 이들은 ribosome을 이용하여 반복적인 아미노산 서열을 가지는 polypeptide를 합성하였다. 반복적인 2개의 서열을 가지는 RNA 분자는 반복적인 다이펩타이드(dipeptide) 서열을 가지는 polypeptide를 합성하였다. 예를 들어 dinucleotide 서열 poly-UC(UCUCUCUCUC...)는 serine과 leucine의 반복적인 서열을 가지는 polypeptide를 합성하였다(Ser-Leu-Ser-Leu...; 그림 19.37a).

이러한 결과는 단백질 합성 시스템이 3개(UCU CUC UCU CUC)의 묶음으로 염기를 읽는다는 가설을 뒷받침한다. 그러나 단백질 합성의 시작이 내부의 codon에서 시작할 수 있기 때문에, 둘 중(UCU 또는 CUC)의 어떤 codon이 serine에 해당하는지 또는 leucine에 해당하는지를 결정할 수 없었다. 무작위적인 혼성중합체를 이용한 실험, trinucleotide 결합 실험의 결과와 반복적인 3개 그리고 4개의 nucleotide 서열을 가지는 mRNA 분자를 이용함으로써 정확한 codon의 결정이 이루어졌다.

반복적인 3개의 nucleotide 서열을 가지는 RNA 분자는 ribosome에 의해 3종

(a) Coding properties of repeating dinucleotide. Sequences direct the synthesis of polypeptides with repeating dipeptide sequence

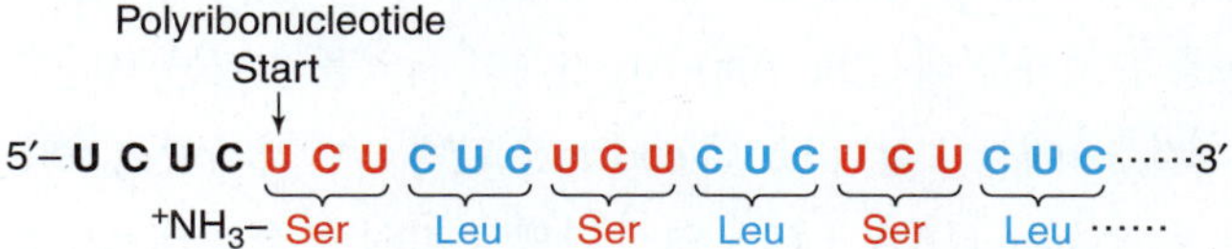


(b) Coding properties of repeating trinucleotide. Sequences direct the synthesis of three different homopolypeptides

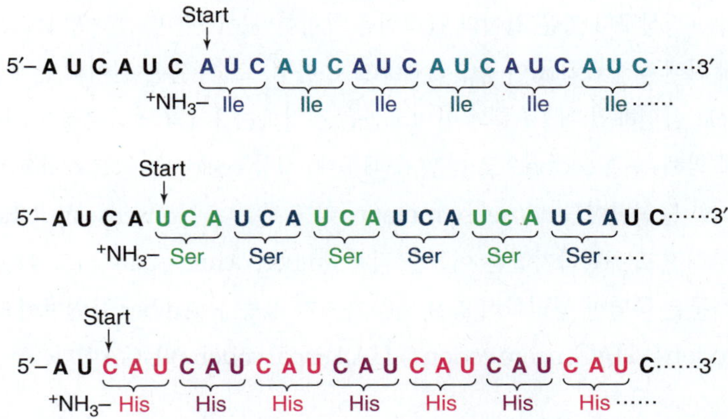


(c) Coding properties of repeating tetranucleotides. Sequences direct the synthesis of polypeptides with repeating tetrapeptides

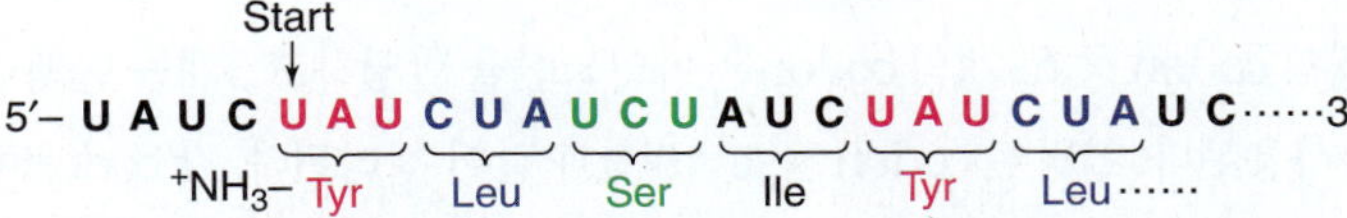


**그림 19.37** (a-c) 알려진 서열을 반복적인 가지는 polyribonucleotide의 코딩 특성.

의 서로 다른 동질중합체를 합성한다. 예를 들면, AUC를 반복적으로 가지는 polyribonucleotide(AUCAUCAUC···)는 폴리isoleucine, 폴리serine, 폴리 histidine의 합성을 유도한다. 실제 세포 내에 존재하는 mRNA는 단지 1종류의 polypeptide를 형성하기 때문에 위의 결과는 대부분의 합성 mRNA에는 중요한 무엇인가가 빠져있음을 의미한다. 빠진 요소, 즉 단백질 번역개시의 위치를 결정함으로써 reading frame을 정하는 단백질 번역개시 신호는 20장에서 소개될 것이다. 실제 세포 내에 존재하는 mRNA는 단백질 번역개시 신호를 가지고 있는 반면, 대부분의 합성된 RNA는 가지고 있지 않다.

반복적으로 4개의 nucleotide를 가지는 RNA 분자는 반복적인 4개의 펩타이드 서열을 가지는 polypeptide 체인의 합성을 유도한다(그림 19.37c). 예를 들면, 반복적인 UAUC 서열을 가지는 polyribonucleotide (UAUCUAUCUAUC···)는 반복적인 Tyr-Leu-Ser-Ile 서열을 가지는 polypeptide의 합성을 유도한다.

## 3종의 codon UAA, UAG, UGA는 단백질 번역 종결 신호이다.

Khorana 연구진은 3종류의 단백질 번역 종결 신호를 규명하였다. 이들 신호 중 하나만 있어도 단백질 번역이 종결됨을 반복적인 GAUA (GAUAGAUAGAUA···)를 지니는 polyribonucleotide를 이용하여 밝혔다. 이 polyribonucleotide는 polypeptide를 합성하는 대신 Ile-Asp-Arg 3개의 서열을 지니는 펩타이드를 합성하였다. 그림 19.38에서와 같이 UAG codon은 단백질 번역의 종결 codon으로 작동한다. 다른 두 codon, UAA, UGA 역시 단백질 번역 종결 codon으로 기능하는 것으로 밝혀졌다. 3종류의 종결 codon의 발견은 유전적인 증거와 잘 부합된다. Seymour Benzer와 Sydney Brenner 연구진은 각각 독립적으로 어떤 유전자의 돌연변이는 정상보다 짧은 길이의 단백질을 합성한다는 것을 발견하였다. 그들은 돌연변이에 의해 정상 codon이 종결 codon으로 바뀜으로써 짧은 길이의 단백질이 만들어진다고 설명하였다. 1종류의 아미노산을 결정하는 3개의 염기서열 triplet이 돌연변이에 의해 종결 codon으로 바뀌기 때문에, 정상 codon을 종결 codon으로 바꾸는 이러한 돌연변이를 nonsense mutation라고 부른다. Nonsense mutation의 3종류가 밝혀졌고 유전학자들은 이들을 각각 amber, ochre, opal이라고 이름 지었다. 이들 이름은 특별한 생리학적 중요성을 가지지 않는다. Amber 돌연변이의 경우 생성된 codon은 UAG, ochre codon은 UAA, opal codon은 UGA이다.

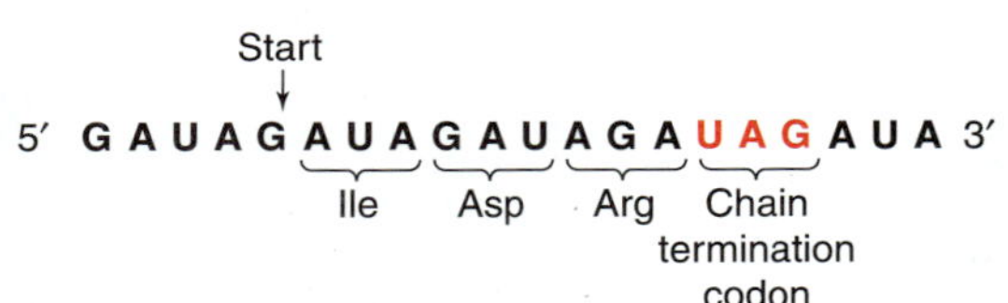


**그림 19.38** UAG 단백질 번역 종결 codon.

## Genetic code는 겹치지 않고, 연속적이고, 거의 공통적이고, 매우 중복적이고 명확하다.

총 64개의 codon 중 61개의 codon은 아미노산을 할당하고 3개는 단백질 번역 종결 신호로 사용된다. 할당된 codon은 표 19.3과 같이 정리된다. 각 codon에 의해 할당되는 아미노산은 유전자에 존재하는 염기서열과 단백질에 존재하는 아미노산 서열

| 표 19.3 | Genetic code | | | | |
|---|---|---|---|---|---|
| First Position (5′-end) | Second Position | | | | Third Position (3′-end) |
| | U | C | A | G | |
| U | UUC Phe | UCU Ser | UAU Tyr | UGU Cys | U |
| | UCC Phe | UCC Ser | UAC Tyr | UGC Cys | C |
| | UUA Leu | UCA Ser | UAA Stop | UGA Stop | A |
| | UUG Leu | UCG Ser | UAG Stop | UGG Trp | G |
| C | CUU Leu | CCU Pro | CAU His | CGU Arg | U |
| | CUC Leu | CCC Pro | CAC His | CGC Arg | C |
| | CUA Leu | CCA Pro | CAA Gln | CGA Arg | A |
| | CUG Leu | CCG Pro | CAG Gln | CGG Arg | G |
| A | AUU Ile | ACU Thr | AAU Asn | AGU Ser | U |
| | AUC Ile | ACC Thr | AAC Asn | AGC Ser | C |
| | AUA Ile | ACA Thr | AAA Lys | AGA Arg | A |
| | AUG Met Start | ACG Thr | AAG Lys | AGG Arg | G |
| G | GUU Val | GCU Ala | GAU Asp | GGU Gly | U |
| | GUC Val | GCC Ala | GAC Asp | GGC Gly | C |
| | GUA Val | GCA Ala | GAA Glu | GGA Gly | A |
| | GUG Val | GCG Ala | GAG Glu | GGG Gly | G |
| Start Codon | | | | | |
| Stop Codon | | | | | |
| Nonpolar Side Chain | | | | | |
| Uncharged Polar Side Chain | | | | | |
| Charged Polar Side Chain | | | | | |

을 비교함으로써 재검증되었다(DNA 염기서열분석은 1960년대 중반 genetic code가 규명되었을 때는 가능하지 않았다). 주목해야 할 점은 유사한 성질을 가지는 아미노산은 유사한 염기서열의 codon에 의해 할당된다는 점이다.

Genetic code는 아래와 같이 5가지의 특징을 가진다.

1. Genetic code는 겹치지 않는다. 각각의 염기는 오직 하나의 codon의 일부분이다. 겹치는 codon과 겹치지 않는 codon의 차이점은 **그림 19.39**에 설명된다.
2. Genetic code는 연속적이다. 인접한 codon 사이에는 어떠한 염기서열도 존재하지 않는다.
3. Genetic code는 대개 공통적이다. Genetic code의 해석은 처음에는 *E. coli*에서 이루어졌지만, 점차 다른 원핵생물, 진핵생물의 단백질 합성 시스템에서도 동일한 genetic code가 사용됨을 알게 되었다. 즉, 한 생물종에서 생성된 mRNA는 다른 생물 종의 단백질 합성 장치에 의해 정상적으로 단백질

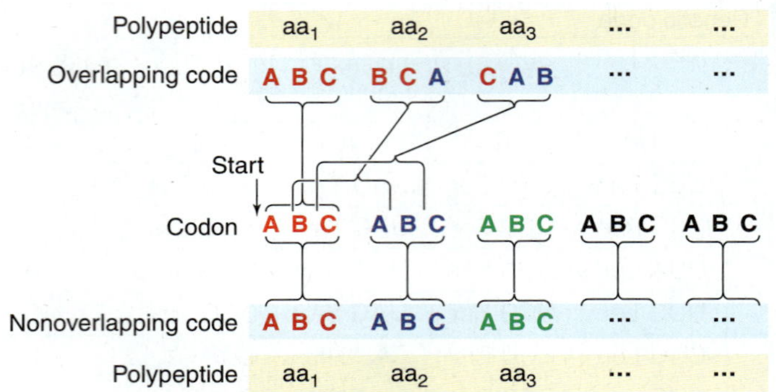


**그림 19.39 겹치는 code와 겹치지 않는 code의 차이.** (위) 겹치는 code의 경우, 하나의 nucleotide(A, B, C)가 하나 이상의 아미노산을 할당하는데 사용될 수 있다. (아래) 겹치지 않는 code의 경우, 각 nucleotide는 아미노산을 할당하는 하나의 codon의 일부이다.

번역이 이루어 질 수 있다. 일반적인 genetic code의 예외가 존재한다. 이들의 예들은 **표 19.4**에 열거되어 있다. 이 테이블에 열거되지 않은 2개의 예외는 UGA codon으로서, 많은 생물체에서 적당한 위치에 놓인 UGA는 종결codon이 아닌 selenocysteine을 할당하는 codon으로 해석되고, 고세균에 속하는 메탄생성균(archaeal methanogene)에서는 pyrrolysine을 할당하는 codon으로 해석된다.

4. Genetic code는 중복적(degenerate)이다. 대개의 아미노산은 2 또는 3종류의 codon에 의해 결정된다. Leucine, arginine, serine은 6개의 서로 다른 codon에 의해 결정된다. 단지 2종류의 아미노산 methionine과 tryptophan만이 하나의 codon에 의해 결정된다. 같은 종류의 아미노산으로 해석되는 codon을 동의codon(synonym)이라고 부른다. 예를 들면, CCU, CCC, CCA, CCG는 proline을 위한 동의codon이다. 이 예에서 알 수 있듯이 동의codon은 마지막 위치의 염기에서 다양성을 지닌다. 이러한 동의성은 돌연변이로부터 세포를 보호하는데 도움을 둘 수 있다.
5. Genetic code는 생체 환경에서 명확하다. 즉, 하나의 codon은 하나의 아미노산을 결정한다.

## Aminoacyl-tRNA의 암호화 특이성은 아미노산이 아니라 tRNA에 의해 결정된다.

각 codon을 인식하는 aminoacyl-tRNA의 특이성은 codon과 anticodon의 결합에 의해 결정된다. 그러나 codon이 tRNA에 결합되어 있는 aminoacyl기에 의해 인식될 수 있을 가능성을 배제할 수 없다. 이러한 가능성은 1962년 Francois Chapeville의 실험에 의해 배제되었다. 그들은 효소와 유기합성 기술을 이용하여 잘못된 아실기와 연결된 tRNA를 합성하였다(**그림 19.40**). Cysteinyl-tRNA synthetase를 이

**표 19.4** 자연적으로 일어나는 일반적인 genetic code의 다양성.

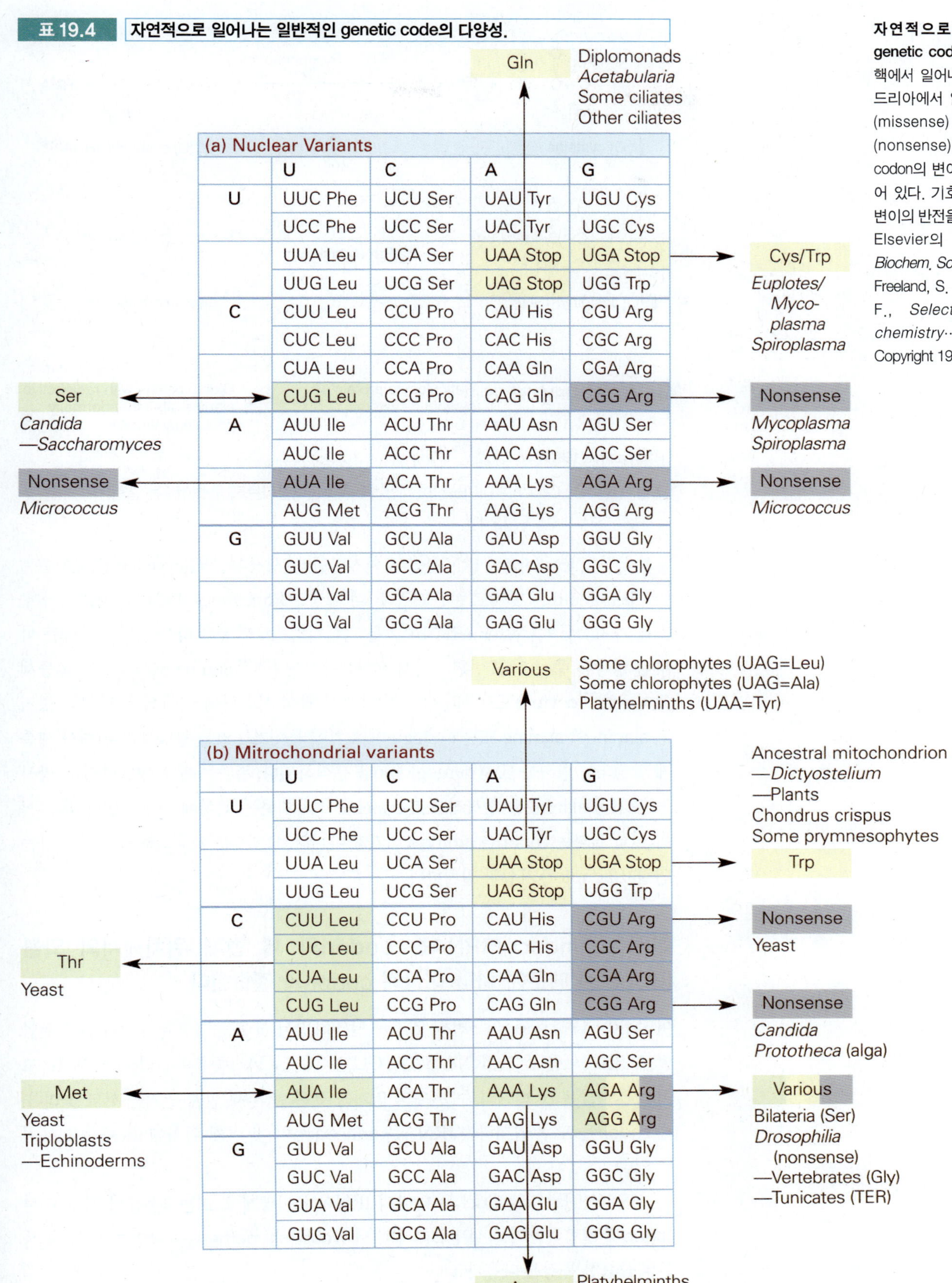

(a) Nuclear Variants

| | U | C | A | G |
|---|---|---|---|---|
| U | UUC Phe | UCU Ser | UAU Tyr | UGU Cys |
| | UCC Phe | UCC Ser | UAC Tyr | UGC Cys |
| | UUA Leu | UCA Ser | UAA Stop | UGA Stop |
| | UUG Leu | UCG Ser | UAG Stop | UGG Trp |
| C | CUU Leu | CCU Pro | CAU His | CGU Arg |
| | CUC Leu | CCC Pro | CAC His | CGC Arg |
| | CUA Leu | CCA Pro | CAA Gln | CGA Arg |
| | CUG Leu | CCG Pro | CAG Gln | CGG Arg |
| A | AUU Ile | ACU Thr | AAU Asn | AGU Ser |
| | AUC Ile | ACC Thr | AAC Asn | AGC Ser |
| | AUA Ile | ACA Thr | AAA Lys | AGA Arg |
| | AUG Met | ACG Thr | AAG Lys | AGG Arg |
| G | GUU Val | GCU Ala | GAU Asp | GGU Gly |
| | GUC Val | GCC Ala | GAC Asp | GGC Gly |
| | GUA Val | GCA Ala | GAA Glu | GGA Gly |
| | GUG Val | GCG Ala | GAG Glu | GGG Gly |



(b) Mitrochondrial variants

| | U | C | A | G |
|---|---|---|---|---|
| U | UUC Phe | UCU Ser | UAU Tyr | UGU Cys |
| | UCC Phe | UCC Ser | UAC Tyr | UGC Cys |
| | UUA Leu | UCA Ser | UAA Stop | UGA Stop |
| | UUG Leu | UCG Ser | UAG Stop | UGG Trp |
| C | CUU Leu | CCU Pro | CAU His | CGU Arg |
| | CUC Leu | CCC Pro | CAC His | CGC Arg |
| | CUA Leu | CCA Pro | CAA Gln | CGA Arg |
| | CUG Leu | CCG Pro | CAG Gln | CGG Arg |
| A | AUU Ile | ACU Thr | AAU Asn | AGU Ser |
| | AUC Ile | ACC Thr | AAC Asn | AGC Ser |
| | AUA Ile | ACA Thr | AAA Lys | AGA Arg |
| | AUG Met | ACG Thr | AAG Lys | AGG Arg |
| G | GUU Val | GCU Ala | GAU Asp | GGU Gly |
| | GUC Val | GCC Ala | GAC Asp | GGC Gly |
| | GUA Val | GCA Ala | GAA Glu | GGA Gly |
| | GUG Val | GCG Ala | GAG Glu | GGG Gly |



**자연적으로 일어나는 일반적인 genetic code의 다양성.** (a) 세균과 핵에서 일어나는 변이체. (b) 미토콘드리아에서 일어나는 변이체. 과오(missense) 변이는 녹색, 정지(nonsense) 변이는 파란색, 종결 codon의 변이는 노란색으로 표시되어 있다. 기호 "-"는 특정 생물에서 변이의 반전을 나타낸다.

Elsevier의 허락 하에 Trends *Biochem. Sci.*, vol 24, Knight, R. D., Freeland, S. J., and Landweber, L. F., *Selection, history, and chemistry*⋯ , pp. 241-247. Copyright 1999.

$$HS-CH_2-\underset{NH_3^+}{\overset{H}{C}}-\overset{O}{\overset{\|}{C}}-O^- + tRNA^{Cys} \xrightarrow[\text{Cysteinyl tRNA synthetase}]{\text{ATP} \rightarrow \text{AMP + Pyrophosphate}} HS-CH_2-\underset{NH_3^+}{\overset{H}{C}}-\overset{O}{\overset{\|}{C}}-tRNA^{Cys}$$

[$^{14}$C] cysteine → [$^{14}$C] cysteinyl-tRNA$^{Cys}$

$$HS-CH_2-\underset{NH_3^+}{\overset{H}{C}}-\overset{O}{\overset{\|}{C}}-tRNA^{Cys} \xrightarrow{H_2/\text{Raney nickel}} CH_3-\underset{NH_3^+}{\overset{H}{C}}-\overset{O}{\overset{\|}{C}}-tRNA^{Cys}$$

[$^{14}$C] cysteinyl-tRNA$^{Cys}$ → [$^{14}$C] alanyl-tRNA$^{Cys}$

$$CH_3-\underset{NH_3^+}{\overset{H}{C}}-\overset{O}{\overset{\|}{C}}-tRNA^{Cys} + \text{Reticulocyte protein synthetic system} \longrightarrow \text{Globin chains with radioactive alanine sites that normally contain cysteine}$$

[$^{14}$C] alanyl-tRNA$^{Cys}$

**그림 19.40** Codon은 아미노산이 아닌 tRNA를 인식한다는 것을 보여주는 실험.

용하여 [$^{14}$C]cysteine이 tRNA$^{Cys}$에 연결되었다. 생성된 [$^{14}$C]cysteine-tRNA$^{Cys}$는 [$^{14}$C]alanine-tRNA$^{Cys}$로 변환되었다 [이 과정은 Raney nickel 촉매 존재하에서 수소를 가지고 [$^{14}$C]cysteine-tRNA$^{Cys}$를 환원시킴으로써 분자의 나머지 부분에는 아무런 영향을 주지 않고 변환시키게 된다]. 생산된 [$^{14}$C]alanine-tRNA$^{Cys}$는 고등세포의 reticulocyte세포로부터 얻어진 단백질 합성 시스템에 더해졌다. 방사능 표지된 alanine이 alanine 또는 cysteine의 위치에 들어가는지를 알아보기 위해서 새롭게 합성되는 방사능 표지 hemoglobin을 분석하였다. 결과는 매우 명료하였다. 방사능 표지된 alanine은 정상적으로 cysteine이 차지하는 위치에 존재하였다. 따라서 이 실험 결과는 codon은 aminoacyl기가 아니라 tRNA 분자에 의해 인식이 된다는 연결자(adaptor) 가설과 일치한다.

## 어떤 aminoacyl-tRNA는 codon의 세 번째 위치에서의 와블(wobble) 때문에 하나 이상의 codon과 결합한다.

어떤 tRNA는 codon의 3번째 염기를 달리하면서 둘 또는 3종류의 codon과 결합할 수 있다. 예를 들면, tRNA$^{Ala}$는 GCU, GCC, GCA 3종류의 codon을 인식하고 이 codon들은 첫 번째와 두 번째의 염기는 같은 반면 세 번째 염기는 서로 틀리다. 세 codon을 모두 인식하는 tRNA는 anticodon의 첫 번째 위치에 inosine을 가지고 있다.

1966년 Francis Crick은 하나의 tRNA가 어떻게 2 또는 3종류의 서로 다른 codon에 결합하는지를 설명하기 위해서 wobble hypothesis을 제안하였다. 이 가설의 중요한 특징은 다음과 같다.

1. Codon과 anticodon은 역평행 염기쌍을 형성한다.
2. Codon에 있는 첫 두 염기는 anticodon에 있는 마지막 두 염기와 일반적인 Watson-Crick base pairs을 이룬다.
3. Anticodon의 첫 염기와 codon의 마지막 염기는 **그림 19.41**과 **19.42**에서 나타난 특이적인 비정상적 base pairing을 한다.

Wobble 가설에 의해 예상된 base pairing은 이후 실험적으로 뒷받침되었다.

## genetic code의 기원은 수수께끼로 남아 있다.

상호 배타적이지 않은 4종류의 가설들이 codon 지정을 설명하기 위해 제안되었다. *고정 우연 가설(frozen accident hypothesis)*에 따르면 codon 지정은 현재 존재하는 모든 생물의 마지막 조상에서 정착된 역사적인 일이라고 보고 있다. 이 가설은 codon 지정은 무작위적으로 일어났기 때문에 설명할 수 없다고 보고 있다. 그러나 이 가설에 대한 중요한 논쟁점으로서 다양한 codon이 존재한다는 사실은 codon이 고정되어 있지 않다는 것을 시사한다(표 19.4).

*적응 가설(adaptive hypothesis)*에 따르면 codon 지정은 돌연변이 또는 잘못된 단백질 번역으로부터 기인하는 실수들을 최소화하기 위한 선택적인 압력을 통해 진화했다고 보고 있다. 다음과 같은 점들이 이 가설을 뒷받침한다: 같은 아미노산을 지정하는 codon은 보통 세 번째 위치에서 다양하다; 비친화적인 아미노산의 codon은

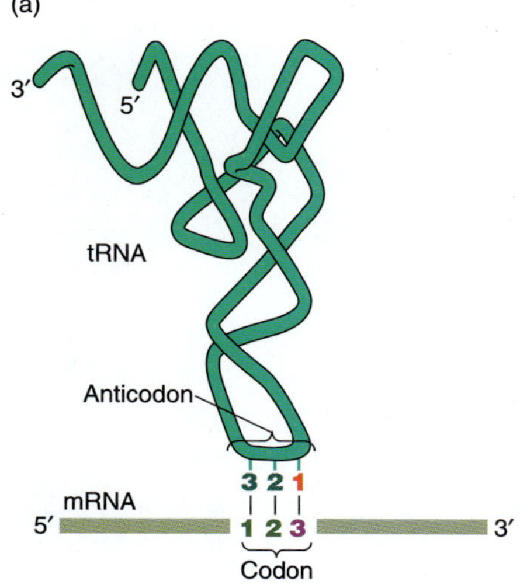


(b)

| 5′ end of anticodon | 3′ end of codon |
|---|---|
| G | U or C |
| C | G only |
| A | U only |
| U | A or G |
| I | U, C, and A |

**그림 19.41 Codon과 anticodon 사이의 결합.** (a) 앤티 codon(빨간색)의 첫 번째 위치는 codon(자주색)의 세 번째 위치와 비표준적인 결합쌍을 이룬다. (b) 모든 가능한 Wobble 결합을 보여주는 표. 예를 들면, 앤티 codon에 있는 guanine(G)은 codon에 있는 uracil(U) 또는 싸이토신(C)과 결합쌍을 이룰 수 있고, 앤티 codon에 있는 inosine(I)은 codon에 있는 uracil(U), 싸이토신(C), 또는 아데닌(A)과 결합쌍을 이룰 수 있다.

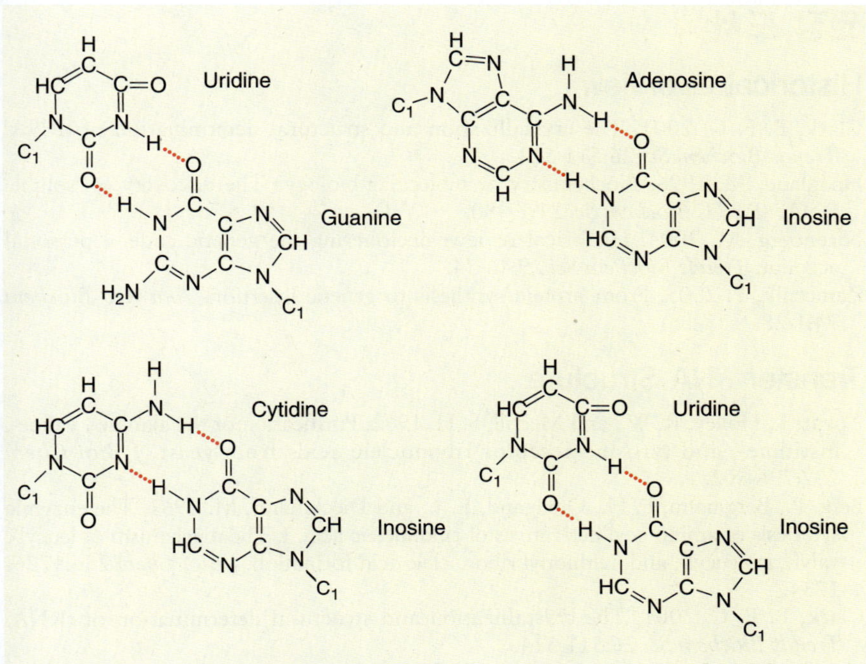


**그림 19.42 비표준적인 Wobble base pairing.** Lodish, H., et al. *Molecular Cell Biology, Fourth Edition*. W.H. Freeman and Company, 1999.

대개 두 번째 위치에 U를 가지고 있다; 친화적인 아미노산의 codon은 대개 두 번째 위치에 A를 가진다. 반면에 이 가설을 거스르는 점들은 다음과 같다: Wobble 가설에서는 왜 같은 아미노산의 codon들은 세 번째 위치에서 다양한 지에 대한 이유를 설명한다; 비친화성과 codon의 두 번째 위치에 있는 염기 사이의 관계는 G와 C가 아닌 U와 A에 적용된다; code의 최적화는 현재 존재하는 거의 보편적인 genetic code보다는 또 다른 형태의 genetic code를 만들 수 있었을 것이다.

*역사 가설(historical hypothesis)*에서는 현재의 code는 가장 단순한 고대 형태에서 유래되었다고 보고 있다. 가장 초기의 생명 형태는 몇 종류의 아미노산으로만 이루어진 단백질로 만들어졌고, 이 단백질은 다른 종류의 아미노산의 형성을 도와주는 능력을 최종적으로 지닐 수 있었고 순차적으로 code에 포함되었을 것이라고 이 가설에서는 가정하고 있다. 연관 있는 생화학적 반응으로부터 서로 다른 종류의 아미노산이 생성되었다 할지라도 이 가설을 뒷받침하거나 반박하는 증거들은 희박하다.

*입체화학가설(stereochemical hypothesis)*에서는 아미노산 지정은 codon과 이들이 결정하는 아미노산 간의 직접적인 결합으로부터 진화했을 것이라고 보고 있다. 그러나 아미노산이 해당하는 codon, anticodon, 역으로 된 codon 또는 codon-anticodon의 이중 나선에 결합을 하는지를 보이기 위한 많은 시도들에도 불구하고 어떠한 특이적인 결합도 관찰되지 않았다.

## 권장 도서

### Historical Overview


Clark, B. F. C. 2001. The crystallization and structural determination of tRNA. *Trends Biochem Sci* 26:511-514.

Hoagland, M. 1996. Biochemistry or molecular biology? The discovery of 'soluble RNA.' *Trends Biochem Sci* 21:77-80.

Nirenberg, M. 2004. Historical review: deciphering the genetic code–a personal account. *Trends Biochem Sci* 29:46-54.

Zamecnik, P. 2005. From protein synthesis to genetic insertion. *Ann Rev Biochem* 74:1-28.


### Transfer RNA Structure


Apgar, J., Holley, R. W., and Merrill, S. H. 1962. Purification of the alanine-, valine-, histidine-, and tyrosine-acceptor ribonucleic acids from yeast. *J Biol Chem* 237:796-802.

Berg, P., Bergmann, F. H., Ofengand, E. J., and Dieckmann, M. 1961. The enzymic synthesis of amino acyl derivatives of ribonucleic acid. I. The mechanism of leucyl-, valyl-, isoleucyl-, and methionyl ribonucleic acid formation. *J Biol Chem* 236:1726-1734.

Clark, B. F. C. 2001. The crystallization and structural determination of tRNA. *Trends Biochem Sci* 26:511-514.

Hoagland, M. B., Stephenson, M. L., Scott, J. F., et al. 1958. A soluble ribonucleic acid intermediate in protein synthesis. *J Biol Chem* 231:241-257.

Holley, R. W., Apgar, J., Everett, G. A., et al. 1965. Structure of a ribonucleic acid.

*Science* 147:1462-1465.
Holley, R. W., Everett, G. A., Madison, J. T., and Zamir, A. 1965. Nucleotide sequences in the yeast alanine transfer ribonucleic acid. *J Biol Chem* 240:2122-2128.
Hopper, A. K., and Phizicky, E. M. 2003. tRNA transfers to the limelight. *Genes Dev* 17:162-180.
Kim, S. H., Quigley, G., Suddath, F. L., et al. 1972. The three-dimensional structure of yeast phenylalanine transfer RNA: shape of the molecule at 5.5-Angstrom resolution. *Proc Natl Acad Sci USA* 69:3746-3750.
Kresge, N., Simoni, R. D., and Hill, R. L. 2006. The purification and sequencing of alanine transfer ribonucleic acid: the work of Robert W. Holley. *J Biol Chem* 281:e7-e9.
Pederson, T. 2005. 50 years ago protein synthesis met molecular biology: the discoveries of amino acid activation and transfer RNA. *FASEB* J 19:1583-1584.
Rich, A., and Kim, S. H. 1978. The three-dimensional structure of transfer RNA. *Sci Am* 238:52-62.
Robertus, J. D., Ladner, J. E., Finch, J. T., et al. 1974. Structure of yeast phenylalanine tRNA at 3 A resolution. *Nature* 250:546-551.
Westhof, E., and Auffinger, P. 2001. tRNA structure. *In Encyclopedia of Life Sciences*. London, UK: Nature Publishing Group. pp. 1-11.

## Aminoacyl-tRNA Synthetases

Ahel, I., Korencic, D., Ibba, M., Soll, D. 2003. Trans-editing of mischarged tRNAs. *Proc Natl Acad Sci USA* 100:15422-15427.
Arnez, J. G., and Moras, D. 1997. Structural and functional considerations of the aminoacylation reaction. *Trends Biochem Sci* 22:211-216.
Baldwin, A. N., and Berg, P. 1966. Transfer ribonucleic acid-induced hydrolysis of valyladenylate bound to isoleucyl ribonucleic acid synthetase *J Biol Chem* 241:839-845.
Beebe, K, de Pouplana, L. R., and Schimmel, P. 2003. Elucidation of tRNA-dependent editing by a class II tRNA synthetase and significance for cell viability. *EMBO J* 22:668-675.
Beebe, K., Merriman, E., and Schimmel, P. 2003. Structure-specific tRNA determinants by editing mischarged amino acid. *J Biol Chem* 46:45056-45061.
Beuning, P. J., and Musier-Forsyth, K. 2000. Transfer RNA recognition by aminoacyl-tRNA synthetases. *Biopolymers* 52:1-28.
Beuning, P. J., and Musier-Forsyth, K. 2000. Hydrolytic editing by a class II aminoacyl- tRNA synthetase. *Proc Natl Acad Sci USA* 97:8916-8920.
Bock, A., Thanbichler, R., Rother, M., and Resch, A. 2004. Selenocysteine. In Ibba, M., Francklyn, and Cusack, S., eds. *Aminoacyl-tRNA Synthetases*. Austin, TX: Landes Bioscience.
Cavarelli, J. 2003. Pushing the induced fit to its limits: tRNA-dependent active site assembly in class I aminoacyl-tRNA synthetases. *Structure* 11:484-486.
Cobucci-Ponzano, B., Rossi, M., and Moracci, M. 2005. Recoding in Archaea. *Mol Microbiol* 55:339-348.
Commans, S., and Bock, A. 1999. Selenocysteine inserting tRNAs: an overview. *FEMS Microbiol Rev* 23:335-351.
de Pouplana, L. R., and Schimmel, P. 2000. A view into the origin of life: aminoacyltRNA synthetases. *Cell Mol Life Sci* 57:865-870.
de Pouplana, L. R., and Schimmel, P. 2001. Operational RNA code for amino acids in relation to genetic code in evolution. *J Biol Chem* 276:6881-6884.
Eiler, S., Dock-Bregeon, A., Moulinier, L., et al. 1999. Synthesis of aspartyl-tRNAAsp in Escherichia coli–a snapshot of the second step. *EMBO J* 18:6532-6541.
Eldred, E.W., and Schimmel, P. R. 1972. Rapid deacylation by isoleucyl transfer ribonucleic acid synthetase of isoleucine-specific transfer ribonucleic acid aminoacylated with valine. *J Biol Chem* 247:2961-2964.
Fersht, A. 1998. Protein structure: sieves in sequence. *Science* 280:541.
Francklyn, C., Perona, J. J., Puetz, J., and Hou, Y.-M. 2002. Aminoacyl-tRNA synthetases: Versatile players in the changing theater of translation. *RNA* 8:1363-1372.

Fukai, S., Nureki, O., Sekine, S. I., et al. 2000. Structural basis for double-sieve discrimination of L-valine from L-isoleucine and L-threonine by the complex $tRNA^{Val}$ and valyl-tRNA synthetase. *Cell* 103:793-803.

Geslain, R., and de Pouplana, L. R. 2004. Regulation of RNA function by aminoacylation and editing? *Trends Genet* 20:604-610.

Giege, R., Sissler, M., and Florentz, C. 1998. Universal rules and idiosyncratic features in tRNA identity. *Nucleic Acids Res* 26:5017-5035.

Hale, S. P., and Schimmel, P. 1996. Protein synthesis editing by a DNA aptamer. *Proc Natl Acad Sci USA* 7:2755-2758.

Hao, B., Gong, W., Ferguson, T. K., et al. 2002. A new UAG-encoded residue in the structure of a methanogen methyltransferase. *Science* 296:1462-1466.

Hatfield, D. L., and Gladyshev, V. N. 2002. How selenium has altered our understanding of the genetic code. *Mol Cell Biol* 22:3565-3576.

Hendrickson, T. L., Nomanbhoy, T. K., de Crecy-Lagnard, V., et al. 2002. Mutational separation of two pathways for editing by a class I tRNA synthetase. *Mol Cell* 9:353-362.

Hohsaka, T., and Sisido, M. 2002. Incorporation of non-natural amino acids into proteins. *Curr Opin Chem Biol* 6:809-815.

Hou, Y. M., and Schimmel, P. 1989. Evidence that a major determinant for the identity of a transfer RNA is conserved in evolution. *Biochemistry* 28:6800-6804.

Ibba, M., Becker, H. D., Stathopoulos, C., et al. 2000. The adaptor hypothesis revisited. *Trends Biochem Sci* 25:311-316.

Ibba, M., Curnow, A. W., and Soll, D. 1997. Aminoacyl-tRNA synthesis: divergent routes to a common goal. *Trends Biochem Sci* 22:39-42.

Ibba, M., Hong, K.-W., and Soll, D. 1996. Glutaminyl-tRNA synthetase: from genetics to molecular recognition. *Genes Cells* 1:421-427.

Ibba, M., and Soll, D. 1999. Quality control mechanisms during translation. *Science* 286:1893-1897.

Ibba, M., and Soll, D. 2000. Aminoacyl-tRNA synthetases. *Ann Rev Biochem* 69:617-650.

Ibba, M., and Soll, D. 2002. Genetic code: introducing pyrrolysine. *Curr Biol* 12:R464-R466.

Ibba, M., and Soll, D. 2004. Aminoacyl-tRNAs: setting the limits of the genetic code. *Genes Dev* 18:731-738.

Kim, S., Lee, S. W., Choi, E.-C., and Choi, S. Y. 2003. Aminoacyl-tRNA synthetases and their inhibitors as a novel family of antibiotics. *Appl Microbiol Biotechnol* 61:278-288.

Korenčić, D., Ahel, I., and Soll, D. 2002. Aminoacyl-tRNA synthesis in methanogenic archaea. *Food Technol Biotechnol* 40:255-260.

Linecum, T. L. Jr., Tukalo, M., Yaremchuk, A., et al. 2003. Structural and mechanistic basis of pre- and postransfer editing by leucyl-tRNA synthetase. *Mol Cell* 11:951-963.

Marinis, S. A., Plateau, P., Cavrelli, J., and Florentz, C. 1999. Aminoacyl-tRNA synthetases: a new image for a classical family. *Biochimie* 81:683-700.

Mizutani, T., Goto, C., and Totsuka, T. 2000. Mammalian selenocysteine tRNA, its enzymes and selenophosphate. *J Health Sci* 46:399-404.

Nakama, T., Nueki, O., and Yokoyama, S. 2001. Structural basis for the recognition of isoleucyl-adenylate and an antibiotic, mupirocin, by isoleucyl-tRNA synthetase. *J Biol Chem* 276:47387-47393.

Newberry, K. J., Hou, Y.-M., and Perona, J. J. 2002. Structural origins of amino acid selection without editing by cysteinyl-tRNA synthetase. *EMBO J* 21:2776-2787.

Nomanbhoy, T. K., Hendrickson, T. L., and Schimmel, P. 1999. Transfer RNAdependent translocation of misactivated amino acids to prevent errors in protein synthesis. *Mol Cell* 4:519-528.

Nureki, O., Vassylyev, D. G., Tateno, M., et al. 1998. Enzyme structure with two catalytic sites for double-sieve selection of substrate. *Science* 280:576-582.

O'Donoghue, P., and Luthey-Schulten, Z. 2003. On the evolution of structure in aminoacyl-tRNA synthetases. Microbiol *Mol Biol Rev* 67:550-573.

Pape, T., Wintermeyer, W., and Rodnina, M. 1999. Induced fit in initial selection and proofreading of aminoacyl-tRNA on the ribosome. *EMBO J* 18:3800-3807.

Park, S. G., Ewalt, K. L., and Kim, S. 2005. Functional expansion of aminoacyltRNA synthetases and their interacting factors: new perspectives on housekeepers. Trends *Biochem Sci* 30:569-574.

Praetorius-Ibba, M., and Ibba, M. 2003. Aminoacyl-tRNA synthesis in archaea: different but not unique. *Mol Microbiol* 48:631-637.

RajBhandary, U. L. 1997. Once there were twenty. *Proc Natl Acad Sci USA* 94:11761-11763.

Ryckelynck, M., Giege, R., and Frugier, M. 2005. tRNAs and tRNA mimics as cornerstones of aminoacyl-tRNA synthetase regulations. *Biochimie* 87:835-845.

Silvian, L. F., Wang, J., and Steitz, T. A. 1999. Insights into editing from an Ile-tRNA synthetase structure with $tRNA^{Ile}$ and Mupirocin. *Science* 285:1074-1077.

Srinivasan, G., James, C. M., and Krzycki, J. A. 2002. Pyrrolysine encoded by UAG in archaea: charging of a UAG-decoding specialized tRNA. *Science* 296:1459-1462.

Wilcox, M., and Nirenberg, M. 1968. Transfer RNA as a cofactor coupling amino acid synthesis with that of protein. *Proc Natl Acad Sci USA* 61:229-236.

## Messenger RNA and the Genetic Code

Agris, P. F. 2004. Decoding the genome: a modified view. *Nucl Acids Res* 32:223-238.

Brenner, S., Stretton, A. O. W., and Kaplan, S. 1965. Genetic code: the 'nonsense' triplets for chain termination and their suppression. *Nature* 206:994-998.

Chapeville, F., Lipmann, F., von Ehrenstein, G., et al. 1962. On the role of soluble ribonucleic acid in coding for amino acids. *Proc Natl Acad Sci USA* 48:1086-1092.

Copeland P. R. 2003. Regulation of gene expression by stop codon recoding: selenocysteine. *Gene* 312:17-25.

Crick, F. H. C. 1966. Codon-anticodon pairing: the wobble hypothesis. *J Mol Biol* 19:548-555.

Crick, F. H. C., Barnett, L., Brenner, S., and Watts-Tobin, R. J. 1961. General nature of the genetic code for proteins. *Nature* 192:1227-1232.

Davis, B. K. 2004. Expansion of the genetic code in yeast: making life more complex. *Bioessays* 26:111-115.

Dintzis, H. M. 1961. Assembly of the peptide chains of hemoglobin. *Proc Natl Acad Sci USA* 47:247-261.

Khorona, H. G. 1968. Synthesis in the study of nucleic acids. The Fourth Jubilee Lecture. *Biochem J* 109:709-725.

Knight, R. D., Freeland, S. J., and Landweber, L. F. 1999. Selection, history and chemistry: the three faces of the genetic code. *Trends Biochem Sci* 24:241-247.

Nirenberg, M. 2004. Historical review: deciphering the genetic code–a personal account. *Trends Biochem Sci* 29:46-54.

Nirenberg, M. W., and Leder, P. 1964. RNA codewords and protein synthesis: the effect of trinucleotides upon the binding of sRNA to ribosomes. *Science* 145:1399-1407.

Nirenberg, M. W., and Matthaei, J. H. 1961. The dependence of cell-free protein synthesis in E. coli upon naturally occurring or synthetic polyribonucleotides. *Proc Natl Acad Sci USA* 47:1588-1602.

Pardee, A., Jacob, F., and Monod, J. 1959. The genetic control and cytoplasmic expression of 'inducibility' in the synthesis of beta-galactosidase by E. coli. *J Mol Biol* 1:165-178.

Salas, M., Smith, M. A., Stanley, W. M. Jr., et al. 1965. Direction of reading of the genetic message. *J Biol Chem* 240:3988-3995.

Srinivasa, G., James, C. M, and Krzycki, J. A. 2002. Pyrrolysine encoded by UAG in archaea: charging of a UAG-decoding specialized tRNA. *Science* 296:1459-1462.

Volkin, E., and Astrachan, L. 1956. Intracellular distribution of labeled ribonucleic acid after phage infection of *Escherichia coli*. *Virology* 2:433-437.

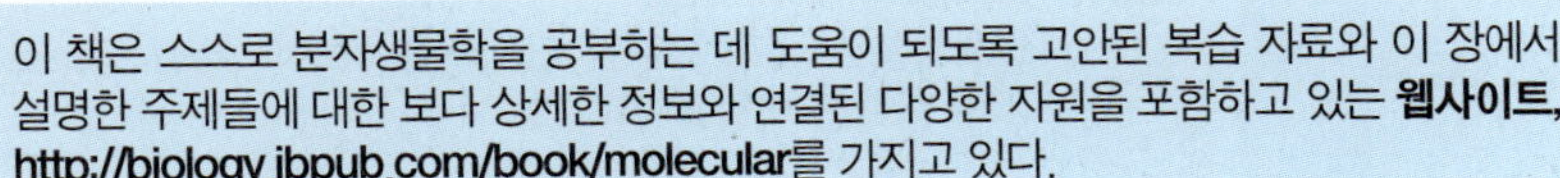

# 20 단백질 합성: Ribosome

## 주제 개요

### 20.1 Ribosome 구조

세균의 ribosome 구조가 원자수준의 해상도로 결정되었다.

고세균(archaeon)과 진핵세포의 ribosome 구조는 세균 ribosome 구조와 유사하다.

### 20.2 개시(Initiation) 단계

세균, 진핵세포, 고세균은 자신만의 고유한 번역 개시 경로를 가지고 있다.

각 세균의 mRNA cistron은 자신만의 개시(start) codon을 가지고 있다.

세균은 개시 메티오닌(intiator methionine) tRNA와 신장 메티오닌(elongator methionine) tRNA를 가지고 있다.

30S subunit는 polypeptide 합성의 개시단계에 꼭 필요한 매개체이다.

개시인자들은 30S와 70S 개시 복합체 형성에 관여한다.

mRNA의 Shine-Dalgarno(SD) 서열은 16S rRNA의 anti-SD 서열과 상호 염기쌍을 이룬다.

riboswitch는 몇몇 세균의 mRNA의 번역 개시를 조절한다.

진핵세포의 개시 tRNA는 formyl기가 치환되지 않은 methionine과 결합한다.

진핵세포의 번역 개시는 scanning 기전을 통하여 진행된다.

진핵세포는 최소한 12종류의 개시인자를 가지고 있다.

poly(A) 꼬리는 43S 복합체에 mRNA가 모이는 것을 촉진한다.

진핵세포의 개시인자 인산화(phosphorylation)는 단백질 합성을 조절한다.

Archaeon의 번역 개시 경로는 진핵세포 경로의 세균경로의 혼합된 형태로 나타난다.

### 20.3 신장(Elongation) 단계

polypeptide 사슬 신장은 3종류의 신장인자를 요구한다.

신장 인자는 3단계 순환을 반복하며 작용한다.

EF1A • GTP • aminoacyl-tRNA의 3중체는 ribosome으로 aminoacyl-tRNA를 운반한다.

16S rRNA의 특정 nucleotide들은 codon-anticodon 상호작용을 인지하는데 필수적이다.

EF1A 3차원 모양은 GTP 결합 주머니의 guanine nucleotide에 따라 달라진다.

EF1B은 GDP-GTP 교환 단백질이다.

peptidyl transferase 활성은 23S rRNA에 있다.

융합상태 이동 모델(hybrid-states translocation model)은 ribo-some에서 tRNA 분자가 이동하는 기전을 제공한다.

EF2 • GTP은 이동 과정을 촉진한다.

### 20.4 종결(Termination) 단계

세균은 3종류의 해리인자를 가지고 있다.

Class 1 해리인자인 RF1과 RF2는 anticodon으로 작용하는 tripep-tide와 peptidyl transferase 자리에 결합하는 또 다른 tripeptide를 가지고 있다.

RF3은 ribosome으로부터 RF1과 RF2의 분리를 담당하는 G 단백질이다.

끝이 잘려 종결 codon이 없는 mRNA를 번역하다 멈춘 ribosome은 tmRNA에 의해서 구조될 수 있다.

진핵 세포의 미토콘드리아에는 세균과 유사한 해리인자를 가지고 있으나 세포질에는 다른 종류의 해리인자를 가지고 있다..

돌연변이 tRNA 분자는 reading frame내의 종결 codon을 만드는 돌연변이를 억제한다.

### 20.5 재순환 단계

ribosome 해리인자는 세균 ribosome 복합체를 해체하기 위하여 필요하다.

### 20.6 신호(signal) 서열

신호서열은 새로 합성된 단백질을 세포내 특정 장소로 유도하는데 중요한 역할을 한다.

권장 도서

지금까지 단백질 합성에 관한 연구는 주로 (1) aminoacyl-tRNA 형성과 (2) codon 지정에 주안점을 둔 유전학적 암호에 관한 것이었다. 이와 같은 연구를 통해 ribosome은 mRNA 분자에 담겨진 특정 codon 서열의 정보를 polypeptide 서열로 번역하여 새로운 단백질을 만드는 단백질 합성 공장으로 모든 세포가 사용하고 있음을 알게 되었다. Ribosome은 독립된 많은 부분들이 함께 움직이며 초당 10~20개의 codon을 번역하며 오류율은 0.03%이내인 역동적인 기관이다.

세균, 진핵세포, 고세균의 ribosome은 세부적 구조는 다르더라도 기본적인 구조-기능적 관계는 유사하다. 모든 ribosome은 정상적인 기능을 하기 위해서 작은 subunit와 큰 subunit로 구성되어 있다. 작은 subunit는 mRNA와 배타적 상호작용과 anticodon-codon 상호작용을 이용하여 aminoacyl-tRNA가 mRNA로의 접근을 돕는다. 큰 subunit는 peptide 결합을 형성하는데 필요한 peptidyl transferase 활성과 ribosome 복합체로부터 완성된 polypeptide가 유리되는데 필요한 hydrolase 활성을 갖는다.

이번 장에서는 어떻게 번역기구로서 작용할 수 있는지에 대한 ribosome의 구조와 기능을 설명할 것이다. 주된 관점은 진핵세포의 ribosome보다 더 많이 연구된 세균의 ribosome에 관해 설명할 것이다. 그러나, 세균과 진핵세포의 ribosome이 구조적으로 유사하고 같은 방식으로 작용하기 때문에 세균의 ribosome을 연구하면서 얻은 많은 정보는 진핵세포의 ribosome에도 적용할 수 있다.

## 20.1 Ribosome 구조

### 세균의 ribosome 구조가 원자수준의 해상도로 결정되었다.

세균의 ribosome은 직경이 25 nm이고 분자량이 2.4 × $10^6$ Da이며 70S의 침강계수를 갖는 ribonucleoprotein 복합체이다. 낮은 마그네슘 이온 농도에서 70S ribosome은 30S(작은) subunit(분자량 = 0.9 × $10^6$ Da)와 50S(큰) subunit(분자량 = 0.9 × $10^6$ Da)로 분리된다. 각 subunit 부피의 약 66%는 RNA가 차지하며 나머지 부분은 단백질이다.

30S subunit는 정확한 codon-anticodon의 상호작용을 구별하는 ribosome의 해독기능을 담당하고 21개의 polypeptide(S1-S21)와 1개의 16S rRNA(1541개 nucleotide)로 구성되어 있다. 대부분 30S subunit 부피의 삼분의 일 부분이 머리부분이고 나머지가 몸체부분인데(**그림 20.1a. b**), 몸체의 윗부분은 **좌대(platform)**라고 불리는 넓은 선반 같은 돌출부분을 갖고 있다. Codon-anticodon의 상호작용을 담당하는 하는 영역은 머리와 좌대(platform) 사이에 있는 중열(cleft)에 위치하고 있다.

50S subunit는 peptide 결합을 촉매 하는 ribosome의 peptidyl transferase

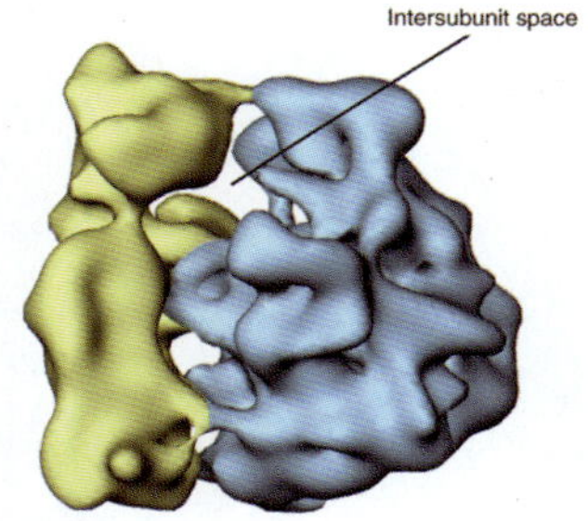


(a) Intact ribosome

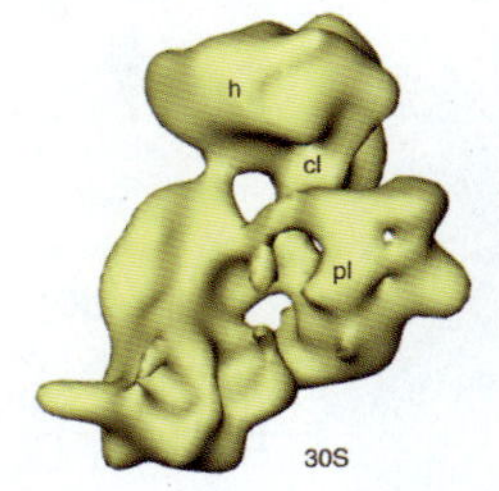


(b) 30S subunit

(c) 50S subunit

**그림 20.1 대장균 ribosome의 동결-전자현미경구조 (Cryo-electron microscopy reconstruction).** (a) 50 Å의 해상력에서 본 전체 70S ribosome. 50S(큰) subunit는 파란색, 30S(작은) subunit는 노란색으로 표시했다(b와 c). 대장균의 ribosome의 내부 subunit 지형도. 70S ribosome 구조는 여러 개로 연결된 2개의 subunit로 나누어져 있다. (b) 작은 소단의체의 경계표시: h, 머리(head); pl, 좌대(platform); cl., 틈새(cleft). (c) 큰 subunit의 경계표시: L1, L1 단백질; St, L7/L12 줄기(stalk); IC, 경계협곡(interface canyon)(양쪽 끝을 빨간 화살표로 표시); 중심 돌출부(central protuberance, cp). Reproduced from Frank, J., Agrawal, R. K., and Verschoor, A. (December 2001) ribosome의 구조와 모양. In: *Encyclopedia of Life Sciences*. John Wiley & Sons, Ltd: Chichester [doi: 10.1038/npg.els.0000534]. Photos courtesy of Joachim Frank, HHMI/HRI, Wadsworth Center.

활성을 지닌다. 이 subunit는 34개의 polypeptide(L1-L34)와 5S rRNA(120개 nucleotide), 23S rRNA(2,904개 nucleotide)로 구성되어 있다. 반구상의 50S subunit의 평평한 부분은 30S subunit를 향하고 있고 볼록한 부분은 용매로 향하고 있다(그림 20.1a). 평평한 부분에서 살펴보면, 50S subunit는 왕관 같은 모양의 3개의 돌출부위를 가지고 있다(**그림 20.1c**). L1 단백질은 왼쪽에 있는 버섯모양의 돌출부에 위치해 있고, 5S rRNA는 중앙 돌출부위에 있으며 2개의 L7/L12단백질 중합체가 오른쪽의 줄기 부분에 위치해 있다. 평평한 부분에는 subunit의 전체 폭과 접하고 있는 **경계협곡(interface canyon)**이라고 알려진 깊은 홈이 존재하는데, tRNA가 결합하는 자리이다. 경계협곡은 전체 ribosome의 특정 방향에서 볼 수 있는 subunit 사이의 공간으로(그림 20.1a), tRNA 분자와 결합하는 부분이기 때문에 특히 관심 있는 곳이다.

큰 크기와 복잡한 구조 때문에 ribosome은 원자수준에서 구조를 보고 싶어 하는 분자생물학자들에게 큰 도전거리였다. Ada Yonath와 그의 동료들은 1980년에 *Bacillus steareothermophil*의 50S subunit의 결정을 만드는데 성공함으로서 ribosome 구조를 밝혀내는데 획기적인 발전을 이루었다. 이들이 만든 결정은 비록 낮은 해상도의 회절 이었지만, 연구자들에게 좀 더 높은 해상도로 회절 되는 결정을 만들기 위한 새롭고 더 나은 방법을 찾는 동기 부여가 되었다. 이러한 노력의 결과로 1999년에 Yonath와 Venkatraman Ramakrishnan의 연구진이 독립적으로 호열성 세균인 *Thermus thermophilus*의 30S subunit의 결정구조를 풀었으며, Thomas Steitz, Teter Moore와 그의 동료들은 halophilic(salt-loving) archaeon인 *Haloarcula marismortui*의 50S subunit의 결정구조를 해독하였다. 2년 후엔 Harry F. Noller와 그의 동료들이 *T. thermophilus*의 완전한 70S ribosome의 결정구조를 밝혀냈다.

다수의 분자생물학자들과 생화학자들이 모델 시스템으로 사용하고 있는 *E. coil*의 ribosome에 대한 구조가 없다는 것이 걱정거리가 되었다. 따라서 구조와 기능에 관심을 가진 연구자들이 *E. coil* ribosome은 *T. thermophilus*의 ribosome과 유사한 구조일 것이라는 가정을 만들었다. 2005년에 Jamie H. D.와 그의 동료들이 3.5 Å의 해상도(**그림 20.2**)로 *E. coil*의 ribosome 구조를 밝혀냄으로서 앞의 가정을 증명하였다. 기대했던 것과 같이 높은 해상도의 *E. coil* ribosome의 크기와 형태는 3차원 동결전자현미경구조(cryo-electron microscopy construct)와 완전히 일치하였다(그림 20.1과 20.2 비교).

연구자들은 결정 구조로부터 처음으로 ribosome의 각 구성요소들의 위치를 정하였다. 일반적으로, 30S subunit에 있는 단백질은 머리, 어깨, 좌대(platform) 부분으로 집중되어 있는 반면, 50S subunit의 단백질은 용매 표면위로 고르게 퍼져있다. rRNA는 예측한 2차 구조와 일치하는 domain으로 나눌 수 있다. **그림 20.3a**에서는 16S rRNA의 2차와 3차 구조를 보여준다. 4개의 구별되는 domain이 존재하고

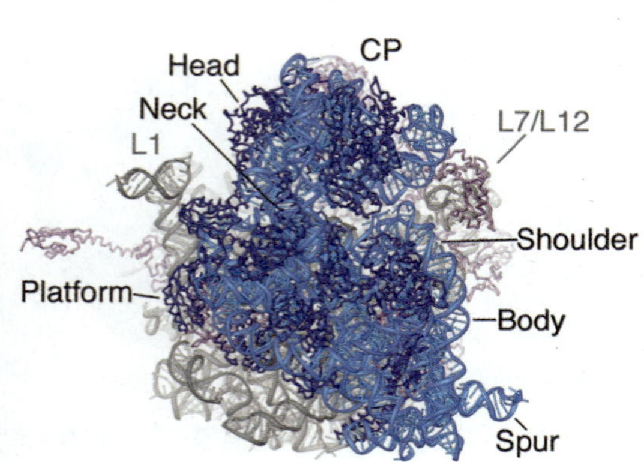


**그림 20.2 대장균의 70S ribosome의 구조.** 바깥쪽에서 본 30S subunit의 구조. 30 subunit에 있는 rRNA와 단백질은 각각 밝은 파랑색과 짙은 파랑색으로 표현하였다. 50S subunit에 있는 23S rRNA, 5S rRNA, 단백질은 각각 회색 보라색, 자주색으로 표현하였다. 30S subunit에서 볼 수 있는 구조적 특징은 머리(head), 목(neck), 좌대(platform), 몸체(body), 어깨(shoulder), 잔가지(spur)를 포함한다. 50S subunit에서 볼 수 있는 구조적 특징은 L1(단백질 L1/rRNA arm)과 중심부 돌기(central protuberance, CP)이다. 구조에서는 보이지 않지만 단백질 L7/L12는 회색위치에 있다. Reproduced from Schuwirth, B. S., et al. 2005. Science. 310: 827-834. Reprinted with permission from AAAS. Photo courtesy of Jamie H. Doudna Cate, University of California, Berkeley.

(a) 16S rRNA

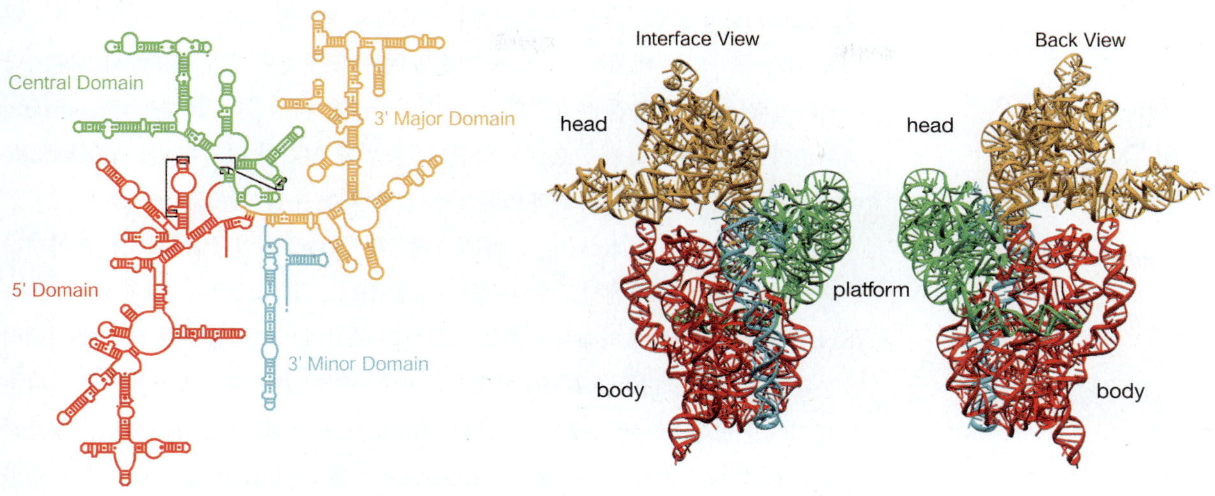


(b) 23S rRNA

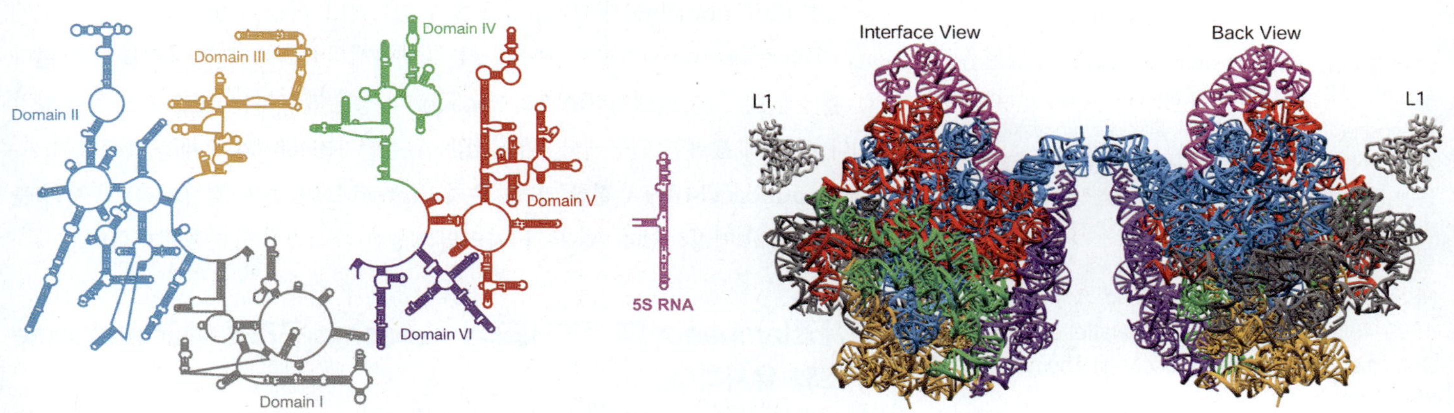


**그림 20.3 세균의 rRNA 구조.** (a) 30S ribosome subunit로부터의 16S rRNA의 2차와 3차 구조. 16S rRNA의 2차 구조 domain은 별개의 domain으로 접힌다. (b) 50S ribosome subunit의 23S와 5S rRNA의 2차와 3차 구조. 23S rRNA의 2차 구조 domain은 3차원구조에서 복잡하게 뒤섞여있다. 각 domain은 2차와 3차 구조에서 같은 색으로 표현하였다. Reproduced from Curr. Opin. Struct. Biol., vol. 11, Ramakrishnan, V., and Moore, P. B., *Atomic structures at last*..., pp. 144-154. Copyright 2001, with permission from Elsevier. Photo courtesy of V. Ramakrishnan, Medical Research Council(UK).

각각은 30S subunit의 특정한 영역을 형성한다. 5′-domain은 30S 몸체를 형성하고, 가운데 domain은 좌대(platform)를 형성하고, 3′-주(major) domain은 머리를 형성하고, 3′-부(minor) domain은 30S subunit의 사이(intersubunit face)에 걸쳐져 있다.

그림 20.3b에서는 23S와 5S rRNA의 2차와 3차 구조를 보여준다. 3차 구조에서는 5′-말단과 3′-말단이 함께 나선구조를 형성한다. 몇몇의 줄기와 고리 구조(stem

(a) Minor groove face of interacting adenosine nucleotide

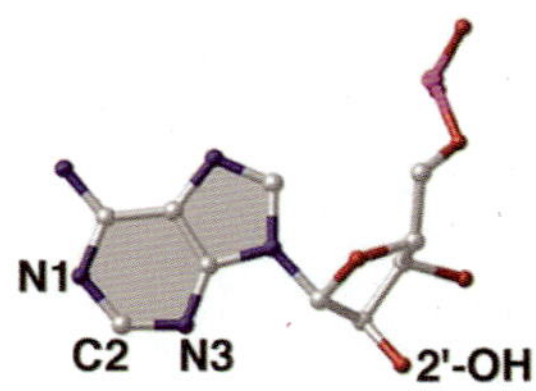


(b) Two examples of A-minor motif

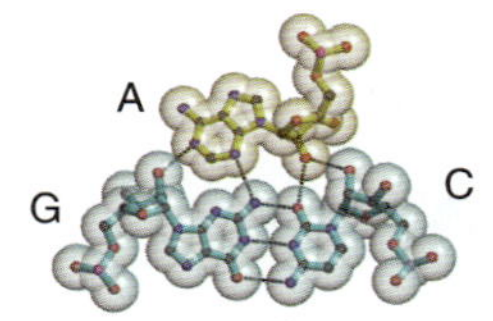


Type I A-minor motif

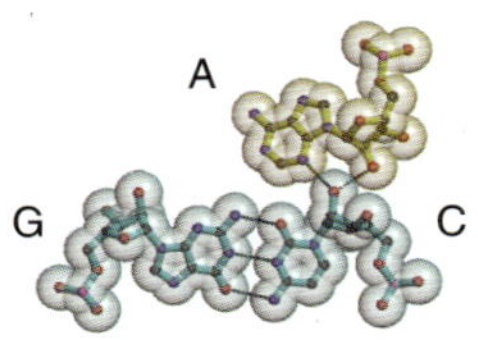


Type II A-minor motif

**그림 20.4 A-minor motif.** (a) Adenosine nucleotide는 부드러운 부 홈면(minor groove face)을 가지고 있어서, adenosine이 RNA 나선의 부 홈(minor groove)에 빽빽하게 차있고 N1, N3, 2′-OH 원자를 남겨두어 수소결합 상호작용에 관여하게 된다. (b) A-minor 상호작용의 2가지 예. 각 타입은 수용체 염기쌍의 2′-OH에 상호작용하는 adenosine의 2′-OH 그룹의 위치에 의해 규정된다. Reproduced from Nissen, P., et al., *Proc. Natl. Acad. Sci.* USA 98(2001); 4899-4903. Copyright 2001, National Academy of Sciences, USA. Photos courtesy of Thomas A. Steitz, Yale University.

and loop structures)가 이 나선 고리에서 뻗어 6개의 혼합형 domain으로 들어간다. ribosome의 RNA 나선 부분은 2차 구조에서 예상했던 것보다 상당히 길다. 나선 길이가 증가되는 데에는 2가지 요소가 관여한다. 첫 번째 2차 구조에서의 외가닥 부위는 인접 나선의 약간 불규칙한 이중가닥 확장을 형성한다. 그래서 ribosome의 대부분의 RNA는 거의 나선으로 나타난다. 두 번째 인접한 서열에 있는 nucleotide에 의해 형성된 나선은 한쪽 끝과 다른 한쪽 끝을 이어서 쌓이는 경향이 있다.

유사한 나선 중첩(stacking)은 tRNA에 있는 acceptor와 TψC-stem 뿐 아니라 D-와 anticodon stem에서도 존재 한다(그림 19.12 참고). 23S rRNA 3차 구조는 rRNA 접힘(folding)에 의해서 가까워진 인산기 사이의 마그네슘 이온 다리에 의해서 안정화된다. 2종류의 RNA-RNA 상호작용이 추가적인 안정성을 제공하는데, 하나는 긴 염기쌍을 형성하는 것이고 다른 하나는 A-minor motif라고 불리는 새로운 상호작용을 하는 것이다. A-minor motif는 adenine의 부홈 끝이(minor groove edge) 일반적으로 G-C 염기쌍을 이룬 이웃한 나선의 부홈(minor groove)으로 삽입되기 때문에 생긴 용어이다(**그림 20.4**). Adenine은 G-C 염기쌍의 2′-hydroxyl기의 한쪽 또는 양쪽과 수소 결합들을 형성한다. 단백질-RNA 상호작용도 또한 안정성을 더한다. 대부분 ribosome의 단백질들은 세포질 표면을 향한 구형의 domain과 RNA 속으로 뻗어서 다른 RNA domain들과 교차결합을 할 수 있는 긴 꼬리를 가지고 있다.

70S ribosome의 결정구조를 관찰한 결과 3개의 tRNA-결합 자리를 포함 한다(**그림 20.5**). A-자리에서 tRNA의 역 codon과 상호 작용하는 mRNA 단편이 관찰된다. 초기의 생화학 연구에서 3개의 tRNA-결합자리(site)의 존재를 예측하여, **A-자리(aminoacyl-tRNA 결합 자리), P-자리(peptidyl-tRNA 결합자리), E-자리(출구 자리)**라고 명명하였다. A-, P-, E-자리의 기능은 아래에서 설명하고자 한다.

## 고세균(archaeon)과 진핵세포의 ribosome 구조는 세균 ribosome 구조와 유사하다.

위에서 언급한 것처럼, Thomas Steitz, Peter Moore와 그의 연구자들에 의해 halophilic archaeon인 *H. marismortui*의 ribosome 큰 subunit 구조가 밝혀졌다(**그림 20.6**). 이 subunit 구조는 세균과 상당히 유사하였다. 그림에서는 보이지 않지만, archaea의 큰 subunit는 세균의 ribosome 50S subunit와 같은 위치에 A-자리, P-자리, E-자리를 가지고 있다. Archaeon의 작은 subunit나 전체 ribosome에 대한 결정구조는 아직 밝혀지지 않았다.

가장 많이 연구된 진핵세포의 ribosome은 아마도 효모일 것이다. 효모의 ribosome은 2개의 subunit로 구성되어있다. 큰 subunit(60S)는 3개의 RNA 분자: 25S rRNA(3392개 nucleotide), 5.8S rRNA(158개 nucleotide), 5S rRNA(121개 nucleotide)를 포함하고 있다. 25S rRNA의 포유류 대응부분은 28S의 침강계수를 갖고 적어도 1600개의 nucleotide가 더 연결되어 있다. 5.8S rRNA는 세균의 23S rRNA의 5′-부분과 상동성이 있다. 효모의 60S subunit는 47개의 단백질을 포함하

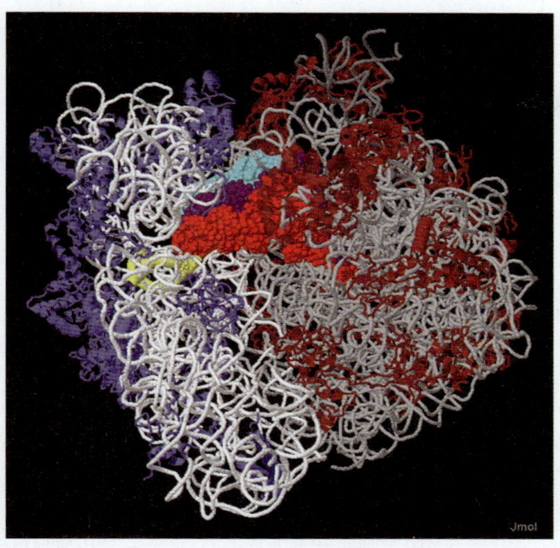


**그림 20.5** **5.5Å 해상도에서 *Thermus thermophilus* ribosome의 A-, P-, E-자리.** *T. thermophilus*의 70S ribosome. 30S와 50S subunit가 각각 왼쪽과 오른쪽에 있다. Aminoacyl-tRNA나 A-자리에 결합된 tRNA는 붉은색, peptidyl-tRNA나 P-자리에 결합한 tRNA는 보라색, E-자리에 결합된 tRNA는 청록색으로 표현했다. 짧은 mRNA 단편(노랑색)이 A-자리에 존재한다. Reproduced from *Explorable visualizations* of the ribosome by Wayne Decatur, UMASS Amherst(http://people.biochem. umass.edu/fournierlab/3dmodmap/tt3dmodsribe55/l~ndex.htm). Structure rendered from Protein Data Bank ID: IJGO and IGIY. Yusupova, G. Z. et al., Cell 106 (2001): 233-241. Yusupova, M. M., et al., Science 292 (2001): 883-896.

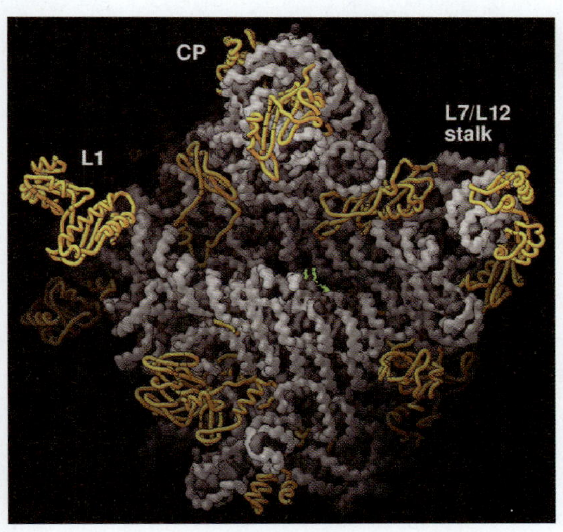


**그림 20.6** **Archaeon *Haloarcula marismortui*의 ribosome 큰 subunit의 subunit 경계 표면.** RNA는 골격은 회색으로 나타내었으며, 단백질은 노란색으로 표현했다. L1은 L1 단백질, CP는 중심부 돌기(central protuberance)의 약어이다. Reproduced from Ban, N., et al. 2000. *Science*. 289: 905-920. Reprinted with permission from AAAS. Photo courtesy of Thomas A. Steitz, Yale University.

고 있다. 큰 subunit 부피의 약 60%가 RNA이며 단백질이 나머지 40%를 차지한다. 작은 40S subunit는 1개의 18S rRNA(1798 nucleotide)와 32개의 단백질을 가지고 있다. 작은 subunit 부피의 약 55%가 RNA이며 단백질이 나머지 45%를 차지한다. 모두 확인된 효모의 ribosome 단백질은 포유류 ribosome과 상동성이 있다.

효모 ribosome의 동결전자현미경구조는 세균 ribosome과 상당히 유사함을 보여 준다(**그림 20.7**). Ribosome 40S subunit는 전형적인 머리, 몸체, 좌대(platform) 구조를 가지고 있지만, 몸체 바닥과 좌대 아래에 추가적인 구조적 특징도 가지고 있다. 효모의 ribosome 또한 A-자리, P-자리, E-자리를 가지고 있다. 진핵세포의 subunit나 전체 ribosome에 대한 결정구조는 아직 밝혀지지 않았다.

Ribosome 구조에 대한 서론에 이어 단백질 합성 과정을 4단계로 나누어 설명하고자 한다.

**1. 개시 단계:** 개시 인자(initiation factor, IF)의 도움으로 시작codon이 자리

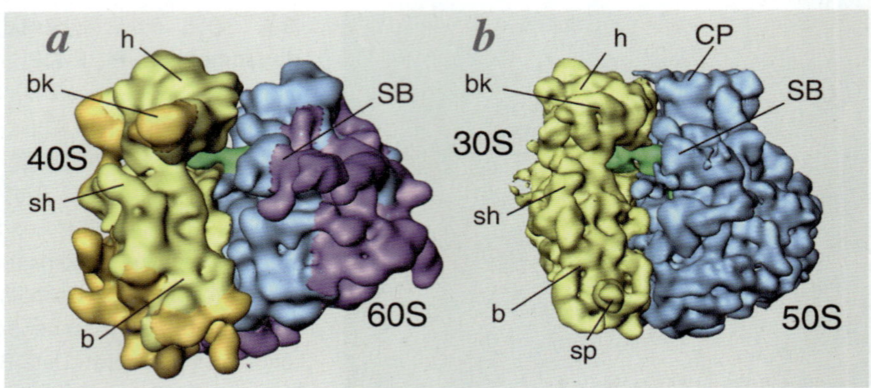


**그림 20.7 효모와 세균 ribosome의 비교. 효모의 80S ribosome(a)과 L7/L12 쪽에서 본 대장균의 70S ribosome(b)의 동결-전자현미경 구조.** 작은 subunit는 노란색, 큰 subunit는 파랑색, tRNA가 결합하는 P-자리는 녹색으로 표시했다. RNA 속으로 확장된 단편과 비상동성인 단백질로 인해 생긴 진핵세포의 80S ribosome의 추가적인 부분은 금색(40S subunit)또는 보라색(60S subunit)으로 나타내었다. 40S subunit에서 b, 몸체(body); bk, break; h, 머리(head); lf, 왼쪽 발(left foot); rf, 오른쪽 발(right foot); pt, 좌대(plateform); sh, 어깨(shoulder); sp, 잔가지(spur). 60S subunit에서 CP, 중앙부 돌기(central protuberance); L1, L1 돌기(protuberance); SB, 줄기 염기(stalk base); St, L7/L12 줄기(stalk). Caption reprinted and photo reproduced from *Cell*, vol. 107, Spahn, C. M. T., *Structure of the 80S ribosome* ..., pp. 373-386. Copyright 2001, with permission from Elsevier. Photo courtesy of Joachim Frank, HHMI/HRI, Wadsworth Center.

잡고 있는 ribosome에 개시 tRNA가 결합함으로 reading frame이 준비된다.

2. **신장 단계:** 신장인자(elongation factor, EF)의 도움으로 mRNA의 codon이 tRNA의 anticodon에 의해 정확히 인지되면 아미노산은 polypeptide 사슬에 결합하여 사슬을 신장한다.
3. **사슬 종결 단계:** 종결 codon이 해리인자(releasing factor, RF)에 의해 인식되면 완성된 polypeptide 사슬이 ribosome으로부터 분리된다.
4. **재순환 단계:** ribosome subunit는 ribosome 재순환 인자(ribosome recycling factor, RRF)의 도움으로 서로 분리된다. 단백질 합성의 각 단계는 효소와 각 단계 특이적인 단백질 인자를 필요로 한다.

## 20.2 개시(Initiation) 단계

### 세균, 진핵세포, 고세균은 자신만의 고유한 번역 개시 경로를 가지고 있다.

1960년대 후반에서 1970년대 초반까지 수행된 생화학적 연구에서 polypeptide 사슬 합성을 시작하는데 특별한 단백질 인자가 필요하다는 것을 밝혀냈다. 세균, 진핵세포, 더 나아가 최근에 archaea의 polypeptide 사슬 개시 과정에 대한 정보가 더 많이 알려짐에 따라, 3종류의 경로가 어떤 중요한 특성을 공유하면서도, 중요한 측면에서 서로 많이 다르다는 것을 보여주고 있다. 사실, 각 종마다 번역 개시 경로가 상당히 다르기 때문에 각각의 경로를 따로 분리해서 설명하는 것이 최선의 방법일 것이다.

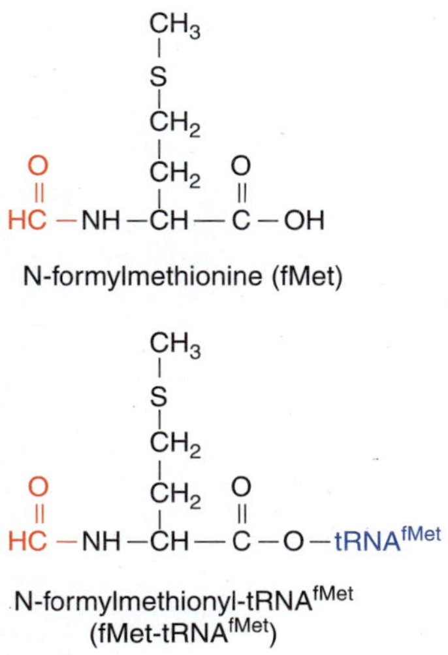

## 각 세균의 mRNA cistron은 자신만의 개시(start) codon을 가지고 있다.

세균의 전사와 번역은 세포내 같은 구획에서 일어나기 때문에 세균의 번역은 RNA 중합효소의 출구 채널에서 mRNA의 5′-말단이 방출되면서 바로 시작된다. 일반적으로 세균의 polycistronic mRNA는 각 cistron 전에 개시codon을 가지고 있고 각 cistron 뒤에 1개 이상의 종결 codon을 가지고 있다. 따라서 번역 기구는 같은 mRNA의 여러 다른 부위에서 polypeptide 사슬 합성을 시작하고 인식해야 한다. 번역은 항상 특별한 개시codon에서 시작된다. 세균의 경우 약 90%는 AUG, 약 10%는 GUG, 약 1%는 UUG를 개시codon으로 사용한다. 매우 드문 경우로 AUU 같은 codon이 개시codon으로서 기능을 하기도 한다. 단지 1개의 nucleotide에 대한 번역틀 오류도 전혀 다른 단백질로의 번역이 유도될 수 있기 때문에 정확한 인식이 필수적이다. 각 개시 codon은 동일한 개시(initiator) tRNA와 결합하게 되는데, 이것은 아래에서 설명할 것이다.

## 세균은 개시 메티오닌(intiator methionine) tRNA와 신장 메티오닌(elongator methionine) tRNA를 가지고 있다.

1964년에 Kjeld Marcker와 Frederick Sanger는 methionine-tRNA synthetase를 연구하면서 세균의 개시 tRNA의 존재를 발견하였다. 그들은 *E. coil* 수용성 추출물을 [$^{35}$S]methionine, ATP, tRNA와 함께 배양하면서 Met-tRNA의 합성을 예상하였다. 이들은 예상했던 생산물을 만드는데 성공했을 뿐 아니라, 또 다른 산물로 methionine 유도체가 결합된 tRNA도 발견하였다. 화학분석 결과 이 유도체는 ***N*-formylmethionine(fMet)** 임이 밝혀졌다(**그림 20.8**). Sanger와 그의 연구진은 formyl기가 fMet이 아미노 말단이 아닌 polypeptide 사슬의 다른 부위에 결합을 방해 한다는 것을 밝혀냈다. 후속 연구에서 세균 추출물이 신장하는 polypeptide의 아미노 말단에 fMet을 결합시킨다는 것을 밝혀내었다. Sanger와 그의 연구진은 세균이 두 단계의 과정을 통해 **fMet-tRNA**를 합성함을 밝혀내었다(**그림 20.9**); (1) 메티오닐-tRNA synthetase는 methionine을 tRNA에 붙여 메티오닐-tRNA을 합성한다. 그리고 (2) **methionyl-tRNA formyltransferase**는 $N^{10}$-formyltetrahydrofolate로부터 formyl기를 메티오닐-tRNA에 전달하여 fMet-tRNA를 형성한다. 미토콘드리아와 엽록체는 이와 유사한 방식으로 *N*-formylmethionyl-tRNA를 합성한다.

fMet은 세균 단백질의 아미노 말단에서 드물게 발견되기 때문에 세균의 polypeptide 합성이 *N*-formylmethionine을 가지고 시작한다는 발견은 이해하기 어려운 일이었다. *N*-formyl기의 결여는 *N*-말단으로부터 formyl기를 자르는 새로운

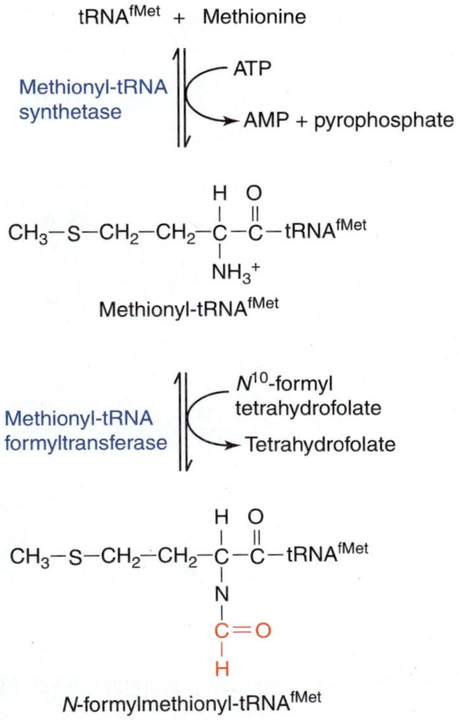

$$\mathrm{HC(=O)-NH-CH(CH_2-CH_2-S-CH_3)-C(=O)-OH}$$

N-formylmethionine (fMet)

$$\mathrm{HC(=O)-NH-CH(CH_2-CH_2-S-CH_3)-C(=O)-O-tRNA^{fMet}}$$

N-formylmethionyl-tRNA$^{fMet}$
(fMet-tRNA$^{fMet}$)

**그림 20.8** N-Formymethionine과 N-Formylmethionyl-tRNA$^{fMet}$

tRNA$^{fMet}$ + Methionine

Methionyl-tRNA synthetase: ATP → AMP + pyrophosphate

$$\mathrm{CH_3-S-CH_2-CH_2-CH(NH_3^+)-C(=O)-tRNA^{fMet}}$$

Methionyl-tRNA$^{fMet}$

Methionyl-tRNA formyltransferase: $N^{10}$-formyl tetrahydrofolate → Tetrahydrofolate

$$\mathrm{CH_3-S-CH_2-CH_2-CH(N-CH=O)-C(=O)-tRNA^{fMet}}$$

*N*-formylmethionyl-tRNA$^{fMet}$

**그림 20.9** N-Formylmethionyl-tRNA$^{fMet}$ 형성

효소인 peptide deformylase의 발견으로 설명되어 졌다. Peptide deformylase의 활성은 *E. coil* polypeptide의 *N*-말단에 formyl기가 없는 것은 설명할 수 있지만, 세균 polypeptide의 약 40%의 *N*-말단에만 methionine이 있는 것은 설명할 수 없었다. 약 60%의 polypeptide에서 methionine의 상실은 polypeptide로부터 *N*-말단 methionine을 자르는 또 다른 효소인, methionine methionine aminopeptidase의 존재로 설명되어 졌다.

Sanger와 그의 연구진에 의해 수행된 연구에서 *E. coil*은 methionine과 결합하는 2종류 tRNA가 있으며 $tRNA^{fMet}$은 polypeptide 사슬 합성을 개시하고 $tRNA^{Met}$은 polypeptide 사슬의 신장에 관여함을 입증하였다(**그림 20.10**). 개시 tRNA는 전체 세포 methionine 수용체의 70%를 차지하며, 신장 tRNA는 나머지 30%를 차지한다. 하나의 methionyl-tRNA synthetas가 $tRNA^{fMet}$과 $tRNA^{Met}$에 methionine 결합을 일으키는데, 이는 2종류 tRNA 구조에서 동일한 A73과 anticodon을 인식하기 때문이다. Formyltransferase는 $tRNA^{fMet}$에 부착된 methionine에만 formyl기를 붙인다. Nucleotide 대체 연구는 $tRNA^{fMet}$가 $tRNA^{Met}$와 구별되는 2개의 주요 결정요소를 가지고 있다는 것을 보여 준다(그림

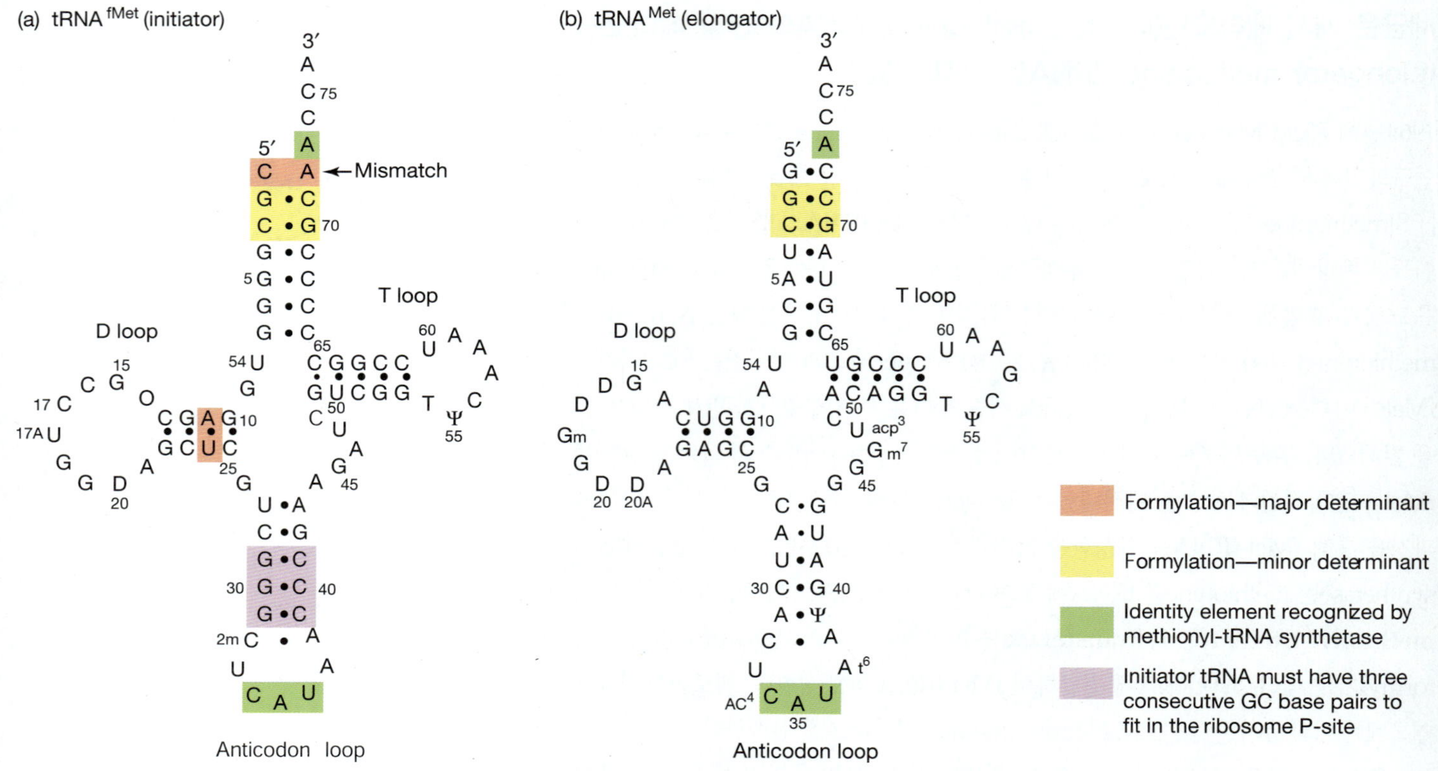


**그림 20.10 Methionine과 결합하는 대장균의 2종류 tRNA.** $tRNA^{fMet}$은 polypeptide 사슬 합성을 개시하고 $tRNA^{Met}$는 polypeptide 사슬을 신장한다. Adapted from Sperling-Petersen, H. U., Laursen, B. S., and Mortensen, K. K. *Encyclopedia of Life Sciences*. John Wiley & Sons, Ltd., December 2001 [doi10.1038/npg/els.0000543].

20.10a): (1) 1번째와 72번째 nucleotide 사이의 mismatch는 acceptor arm의 3′-말단 5개의 nucleotide가 단일 가닥으로 뻗어 나가게 하여 formyltransferase의 활성 부위가 methionine에 접근할 수 있도록 한다. (2) D-arm에 있는 A11:U24 염기쌍은 효소의 C-말단 domain과 상호작용한다. fMet-tRNA$^{fMet}$의 발견은 연구자들로 하여금 polypeptide 사슬 개시 경로를 연구할 수 있게 하였기 때문에 매우 중요한 의미가 있다.

## 30S subunit는 polypeptide 합성의 개시단계에 꼭 필요한 매개체이다.

1960년대 중반에 Matthew Meselson과 그의 동료들은 세균의 ribosome은 polypeptide 합성이 완료된 뒤에 30S와 50S로 분리된다는 것을 밝혀내었다. 연구자들은 30S 또는 50S subunit가 polypeptide 사슬 개시에 관여할 가능성에 대해 생각하게 되었다. 이러한 가정은(1) poly(AUG)는 fMet-tRNA$^{fMet}$가 30S subunit에 결합하는 것을 촉진하고(2) 50S subunit는 이런 결합을 막는다는 실험 결과에 의해 지지를 받게 되었다. 이러한 실험결과에 근거하여, Masayasu Nomura는 fMet-tRNA$^{fMet}$와 mRNA는 30S ribosome subunit에 결합하여 **30S 개시 복합체 (initiation complex)**를 형성하고 50S subunit가 결합하여 **70S 개시 복합체**를 형성한다는 것을 제안하였다.

Nomura는 그의 모델을 입증하기 위한 창의적인 실험을 고안하였다. 첫 번째, 동위원소로 표식 된 $^2H_2O$와 $^{15}NH_4^+$가 함유된 성장 배지에 *E. coil*을 배양하여 중량(heavy) 70S ribosome을 분리하였다. 그런 다음 동위원소로 표식 하지 않은 경량(light) 50S ribosome subunit가 과량 존재하는 상황에서 poly(AUG), [$^3$H]fMet-tRNA$^{fMet}$, 개시인자와 함께 중량 70S ribosome을 배양하였다. Numura의 모델은 **그림 20.11**에서 보여준 3단계 경로로 예상된다.

- 단계 1—중량(heavy) 70S ribosome은 해리되어 중량의 50S와 30S subunit를 형성한다.
- 단계 2—중량 30S subunit는 [$^3$H]fMet-tRNA$^{fMet}$와 mRNA가 포함된 30S 개시 복합체를 형성한다.
- 단계 3—경량(light) 50S subunit는 30S 개시 복합체와 결합하여 중량-경량이 혼합된 70S 개시 복합체를 형성한다.

Nomura는 cesium chloride를 사용한 밀도구배 평형 원심분리를 이용하여 중량-경량이 혼합된 70S ribosome에서 중량 subunit를 분리하였다. 모델에서 예측했던 것처럼, [$^3$H]fMet-tRNA$^{fMet}$는 중량-경량이 혼합된 70S ribosome 분획에 존재하였다. 그러나 중량 70S ribosome이 [$^3$H]fMet-tRNA$^{fMet}$와 결합하기 전에 중량 50S subunit를 경량 50S subunit로 교환하였고, 새로 형성된 혼합형 70S ribosome이 [$^3$H]fMet-tRNA$^{fMet}$와 결합할 가능성은 여전히 존재하였다. Nomura

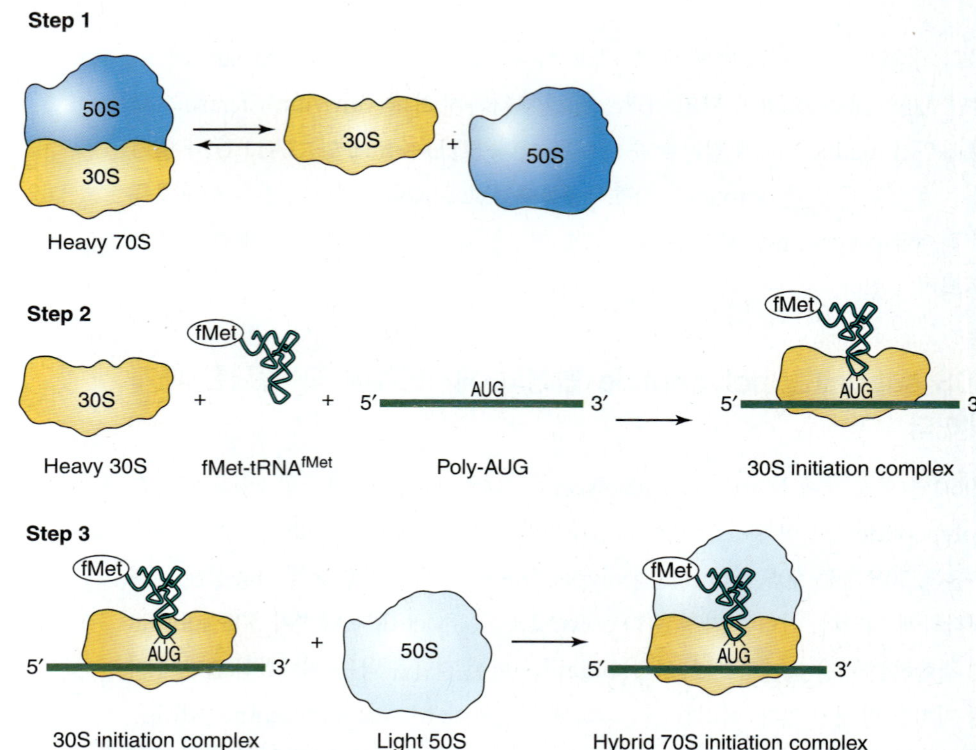


**그림 20.11 30S 개시 복합체가 polypeptide 사슬 개시의 중간산물인지를 확인하기 위한 Nomura의 실험 개요.** Nomura의 모델은 3단계 경로를 예상했다. (단계 1) 동위원소로 표식 된 중량(Heavy) 70S ribosome은 해리되어 중량 50S와 30S subunit를 형성한다. (단계 2) 중량 30S subunit는 [$^3$H]fMet-tRNA$^{Met}$와 mRNA를 포함하는 30S 개시 복합체를 형성한다. (단계 3) 동위원소를 함유하지 않은 경량(Light) 50S subunit는 30S 개시 복합체와 결합하여 중량-경량이 혼합된 70S 개시 복합체를 형성한다.

는 배양액에 [$^{14}$C]Val-tRNA$^{Val}$이 포함된 배양액을 사용하여 [$^{14}$C]Val-tRNA$^{Val}$이 중량 70S ribosome과 결합하고 혼합형 70S ribosome과는 결합하지 않는다는 것을 보여줌으로 이러한 가능성을 배제 시켰다.

## 개시인자들은 30S와 70S 개시 복합체 형성에 관여한다.

1966년에 Severo Ochoa와 그의 동료들은 *E. coil*에서 분리한 ribosome이 30S와 70S 개시 복합체 형성을 유도하는 개시인자를 가지고 있다는 것을 밝혀내었다. 이어 그들은 1M 황산암모늄(ammonium sulfate) 용액을 이용하여 ribosome으로부터 개시인자들을 추출하였고, 표준 단백질 정제 기술로 3종류의 개시인자를 분리하였다.

### 개시인자 1(Initiation Factor 1)

개시인자 1(IF1)은 세균의 3종류 개시인자들 중에 가장 작으며, 70S ribosome의 가역적 해리를 유도하여 30S와 50S subunit를 형성하도록 하지만 해리 평형에는 영향을 주지 않는다. IF1-30S 복합체의 구조 결정을 통하여 IF1은 ribosome의 A-자리에 결합함을 알 수 있었다(**그림 20.12**). 30S subunit에 대한 IF1의 친화력은 IF2가 존재할 때 증가한다. 30S subunit와 상호작용하는 IF1의 표면은 염기성 아미노산이 풍부하여 음전하를 띈 16S rRNA의 인산기 골격사이의 정전기적 상호작용을 원활하게 한다. IF1과 16S rRNA 사이의 상호작용은 16S rRNA의 구조적 변화를 유도하여 복합체에 IF2의 결합을 촉진시킨다.

### 개시인자 2(Initiation Factor 2)

개시인자 2(IF2)는 개시인자들 중에 가장 크며, 30S subunit의 A-자리 위쪽에 결합한다. IF2는 3개의 domain으로 구성되었는데, N-말단 domain은 알려진 기능이 없으며, 중간 domain은 GTP와 결합하여 이를 가수분해하고, C-말단 domain은 fMet-tRNA$^{fMet}$와 결합한다. IF2 • GTP가 30S subunit와 결합하는 polypeptide 합성 개시 단계는 논란의 여지가 많다. 어떤 실험에서는 IF2 • GTP가 fMet-tRNA$^{fMet}$와 결합한 다음 30S subunit와 결합한다고 주장하지만, 다른 실험에서는 결합 순서가 반대임을 제안하기도 한다.

### 개시인자 3(Initiation Factor 3)

개시인자 3(IF3)은 탄성 연결자로 이어진 동일한 크기의 두 domain으로 구성되어 있으며 30S subunit에서 개시 tRNA의 반대쪽에 결합 한다(그림 20.12). IF3의 N-말단과 C-말단 domain은 각각 E-자리와 좌대 접경(platform interface)에 결합한다. N-말단 domain의 알려진 기능은 30S subunit에 결합하는데 C-말단 domain을 도와주는 것이다. C-말단 domain을 포함한 단편은 30S subunit에 대한 친화력이 전체 IF3 분자보다 약 100배 정도 낮다. 높은 농도에서 C-말단 단편은 IF3의 모든 기능을 수행한다. 이러한 기능들 중 가장 중요한 것 중의 하나가 70S ribosome이 분리된 후 30S subunit와 결합하여 분리된 subunit들이 이루고자 하는 평형을 변화시키는 것이다. IF3 또한 30S 개시 복합체가 형성되는 동안 다른 aminoacyl-tRNA와 fMet-tRNA$^{fMet}$를 구별하여 polypeptide 개시를 확실하게 한다.

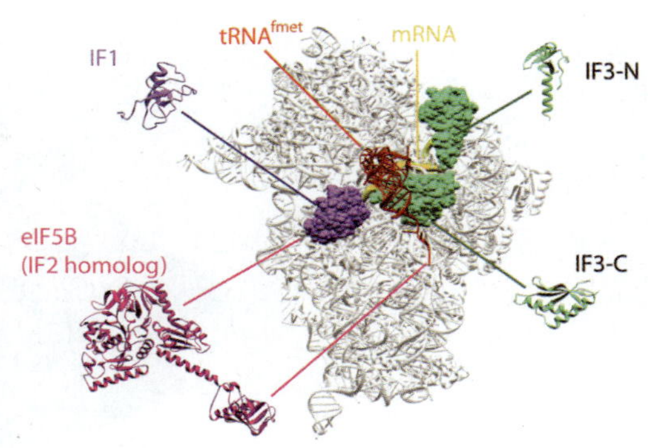


**그림 20.12** ***T. thermophilus*의 30S subunit와 개시인자의 상호작용.** 30S subunit내의 각각 위치에 있는 IF1, IF2, IF3의 구조를 관찰할 수 있다. IF1의 위치는 30S-IF1 복합체의 결정구조에서 지정된 것이다. IF3의 위치는 화학적 연구에 근거한 것이다. 완전한 IF3의 구조가 아직 결정되지는 않았지만 N-과 C-말단 domain의 구조는 결정되었다. 30S와 IF2 homolog의 상호작용 또한 나타내었다. P-자리(개시) tRNA(붉은색)와 mRNA(노란색)는 70S 구조에서 유래된 것이다. Reproduced from *Cell*, vol. 108, Ramakrishnan, V., *Ribosome structure and the mechanism* ..., pp. 557-572. Copyright 2002, with permission from Elsevier. Photo courtesy of V. Ramakrishnan, Medical Research Council(UK)

**그림 20.13**은 번역 개시 복합체 형성 과정에 대한 현재까지의 이해를 요약한 것이다. IF2는 GTP와 fMet-tRNA$^{fMet}$와 결합하여 3개로 이루어진 IF2 • GTP • fMet-tRNA$^{fMet}$ 복합체를 형성하고 30S 개시 복합체에서 mRNA 시작(start) codon에 fMet-tRNA$^{fMet}$가 결합하도록 돕는다. IF3는 mRNA 시작 codon에 fMet-tRNA$^{fMet}$가 잘 결합하도록 하며 동시에 다른 aminoacyl-tRNA의 해리를 촉진시킨다. fMet-tRNA$^{fMet}$가 mRNA 시작 codon에 결합한 후에 IF1과 IF3는 30S 복합체로부터 해리된다. IF2는 30S subunit의 P-자리에 fMet-tRNA$^{fMet}$가 정확히 자리 잡기 위해 지속적으로 필요하며 이러한 자리잡기(adjustment)는 GTP를 GDP와 Pi로 가수분해하는 과정에 의해 수행된다. 이어 30S subunit는 IF2를 해리하고 50S subunit와 결합하여 A-자리의 두 번째 codon에 특정화된 aminoacyl-tRNA와 결합할 준비가 된 70S 개시 복합체를 형성한다.

마그네슘 이온 농도는 polypeptide 합성의 개시에 중요한 인자이다. IF1, IF2, IF3은 polypeptide 합성의 개시 단계를 위하여 약 5 mM 정도인 마그네슘 이온농

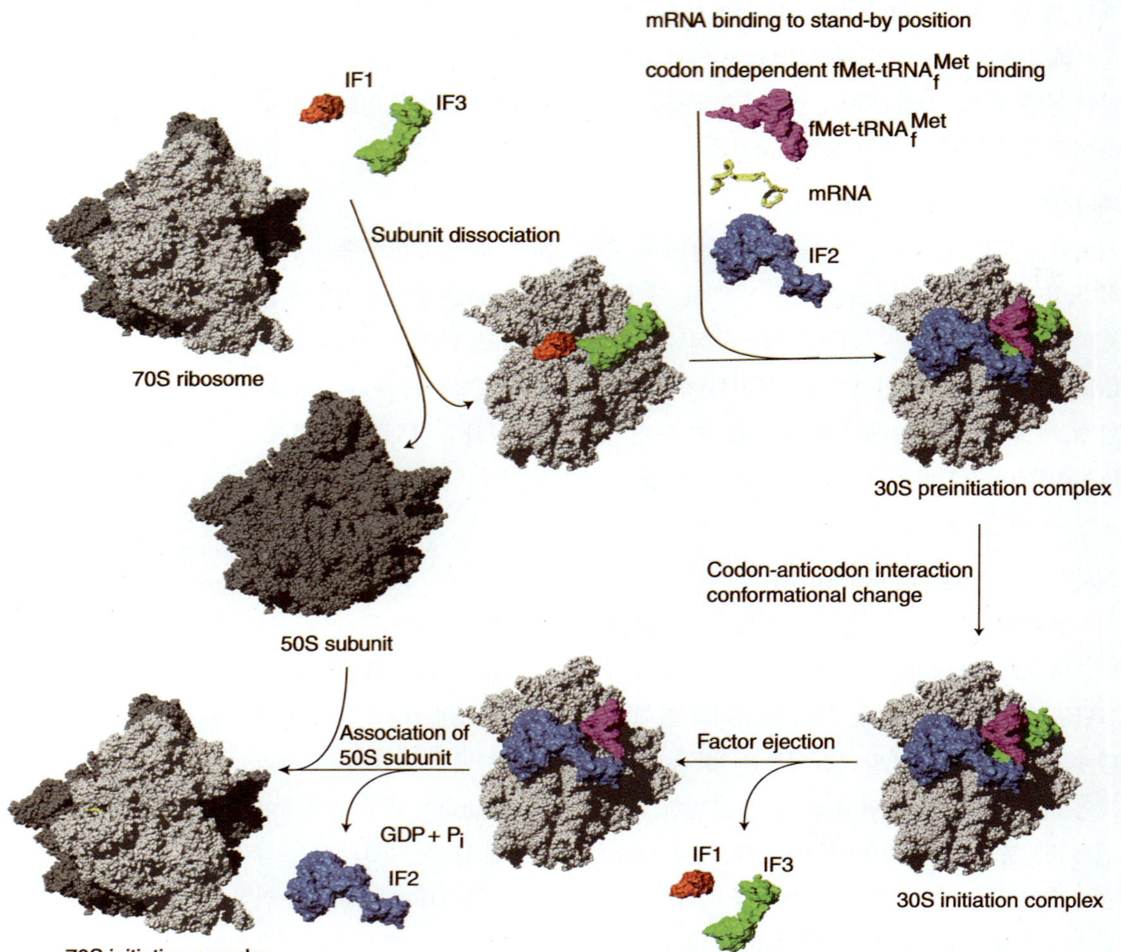


**그림 20.13 세균의 번역 개시경로.** 30S와 50S ribosome subunit는 각각 밝은 회색과 어두운 회색으로 나타내었다. 번역 개시인자, IF1(붉은색), IF2(푸른색), IF3(녹색), mRNA(노란색), fMet-tRNA$^{fMet}$(자주색)의 ribosome에서 위치를 나타내었다. Caption reprinted and photo reproduced from Laursen, B. S., et al., *Microbiol. Mol. Biol. Rev.* 69(2005): 101-123. Copyright 2005, with permission of the American Society for Microbiology. Photos courtesy of Hans Uffe Sperling-Petersen, Aarhus University.

도를 요구한다. 높은 마그네슘 농도는 70S ribosome을 안정화 하여 mRNA와 aminoacyl-tRNA 분자가 직접 70S ribosome에 결합할 수 있게 한다. 높은 마그네슘 농도에서는 polypeptide 합성 개시를 위한 정상적인 생리학적인 경로가 우회하게 된다. Marshall W. Nirenberg는 그의 시스템이 높은 농도의 마그네슘 이온을 포함하고 있었기 때문에 poly(U)를 사용하여 poly(Phe) 합성을 관찰할 수 있었다.

## mRNA의 Shine-Dalgarno(SD) 서열은 16S rRNA의 anti-SD 서열과 상호 염기쌍을 이룬다.

세균의 단백질 합성 기구는 개시 AUG codon을 다른 번역틀에 존재하는 AUG와는 구분해야 한다. 1974년에 John Shine과 Lynn Dalgarno는 어떻게 단백질 합성 기구가 이 과제를 수행할 수 있는지를 설명할 수 있는 중요한 관찰을 하였다. 첫째로, 대부분의 cistron은 개시 codon으로부터 5-7개 nucleotide 위쪽에 purine이 많은 공통 서열(purine-rich consensus sequence)인 5′-UAAGGAGGU-3′(가장 빈번히 출현하는 것은 굵은 글자로 표시)를 가지고 있다는 것에 주목하였다. 둘째로, 16S rRNA가 3′-말단 근처에 상보적인 pyrimidine이 많은 서열(pyrimidine-rich sequence)인 5′-ACCUCCUUA-3′을 지니고 있다는 것에 주목하였다(**그림 20.14**). 따라서 mRNA와 16S rRNA에 있는 상보적 서열이 역평행 방식으로 염기쌍을 이루어 번역 기구가 개시 codon을 확인하는데 도움을 준다고 제안하였다. mRNA에 있는 purine이 많은 공통 서열은 지금 **Shine-Dalgarno(SD)** 서열 또는 **ribosome binding site(rbs)**라고 부르며 16S rRNA의 3′-말단 근처의 상보적 서열은 **anti-Shine-Dalgarno(ASD)** 서열이라고 부른다.

1974년에 Joan Steitz와 Karen Jakes는 Shine-Dalgarno 가설을 지지하는 실험결과를 발표하였다. 그들은 SD 서열을 가진 짧은 [$^{32}$P]mRNA 단편을 포함하는 70S 개시 복합체를 준비하였다. 다음으로 그들은 이 복합체에 colicin E3라고 불리는 ribonuclease를 첨가하였다. 그들이 colicin E3를 선택한 이유는 이 효소가 16S rRNA를 3′-말단으로부터 약 50 nucleotide마다 단일 조각으로 자르기 때문이며, 그렇게 되면 [$^{32}$P]mRNA와 여전히 염기쌍을 맺고 있는 16S rRNA 단편이 해리될

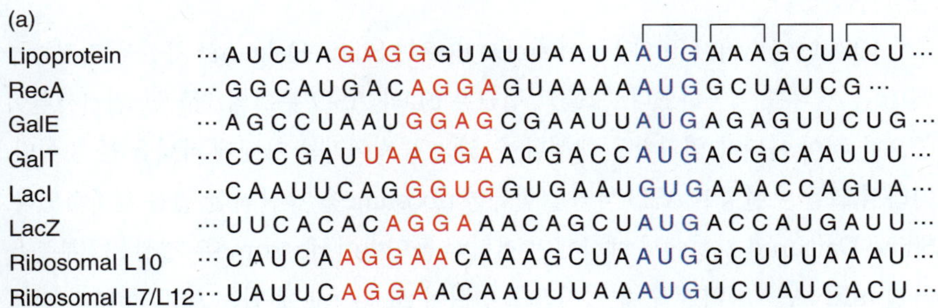


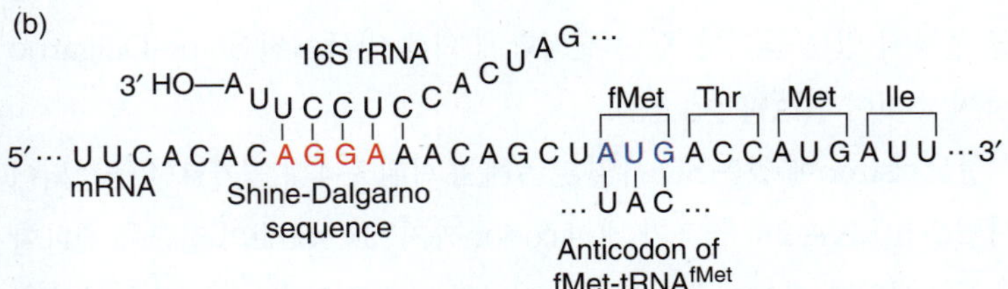


**그림 20.14 Shine-Dalgarno 서열.** (a) mRNA의 5′ 말단에 위치하고 있는 Shine-Dalgarno 서열(붉은색)이 몇몇 대장균 mRNA에서 나타나고 있으며 개시codon(파랑색)이 바로 아래에 위치하고 있다. Shine-Dalgarno 서열과 개시codon 사이의 적당한 거리는 7-9 nucleotide이다. (b) Shine-Dalgarno 서열과 16S rRNA에 있는 상보적인 서열의 염기쌍은 번역을 위해 개시codon과 정확한 reading frame이 형성되도록 돕는다. Adapted from Horton, R. H., et al. *Principles of Biochemistry, Third Edition*. Prentice Hall, 2002.

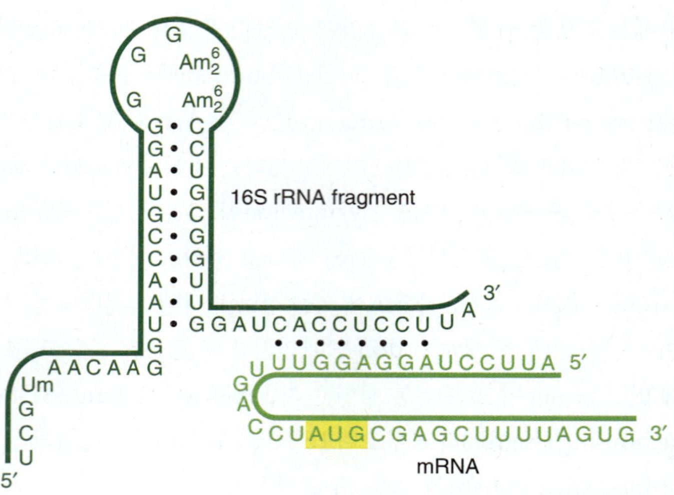


**그림 20.15 16S rRNA의 상보적인 서열에 mRNA의 결합.** AUG 개시codon은 노란색 상자로 표시하였다.

것이라고 기대하였다(**그림 20.15**). 마지막으로, 그들은 염기쌍을 파괴하지 않는 조건에서 단백질을 추출하기 위해 혼합물에 유화제를 넣었다. 변성되지 않은 조건에서 젤 전기영동으로 RNA를 분석했을때, 새로운 방사성 종을 관찰하였다. Shine-Dalgarno 가설에서 예상했던 것처럼 이 종은 [$^{32}$P]mRNA 단편 • 16S rRNA 단편 복합체를 포함하고 있었으며 이 복합체는 RNA를 urea로 열처리를 했을 경우엔 관찰할 수 없었다.

1987년에 Ann Hui와 Herman De Boer는 Shine-Dalgarno 가설을 지지하는 더 많은 결과를 제공하였다. 그들의 접근은 SD와 ASD 부위의 정확한 염기서열이 중요한 것이 아니라 염기쌍을 형성할 수 있는 능력이라는 가정에 바탕을 둔 것이다. 따라서 그들은 변형된 ASD 서열을 함유한 ribosome을 가진 세균 종을 제작하였다. Shine-Dalgarno 가설에서 예상했던 것처럼 돌연변이 ribosome은 정상 SD 부분을 가진 mRNA는 번역할 수 없었지만 돌연변이 ribosome에 있는 ASD 부분과 상보적이 되도록 변형된 SD 부분을 가진 mRNA는 번역할 수 있었다. 아마도 SD 가정을 지지하는 가장 설득력 있는 증거는 X-선 결정학에 의해 만들어진 Shine-Dalgarno 나선의 실제 사진일 것이다(**그림 20.16**).

대부분의 정상 cistron에 있는 SD 서열은 굵게 표시된 3~4개 염기로만 구성되어 있다. 긴 SD 서열은 mRNA 2차 구조가 개시 codon까지 ribosome의 접근을 제한할 때만 필요하다. SD 서열과 개시codon 사이의 적당한 간격은 5개 nucleotide이지만, 개시codon으로부터 13 nucleotide 이상 떨어져 있어도 SD 서열은 여전히 작동한다. AUG codon이 mRNA의 5′-말단에 정확히 존재하면 SD 서열은 없어도 되지만, 약한 개시codon(GUG, UUG)은 SD 서열이 없는 상황에서는 개시를 시작할 수 없다. mRNA의 2차 구조도 또한 AUG를 개시codon으로 제공되지 못하도록 방해하여 30S subunit가 이를 이용할 수 없게 만듦으로 개시codon 선택에 영향을 준다.

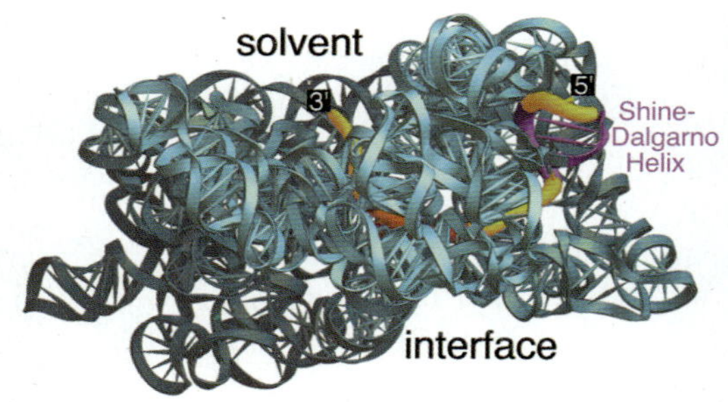


**그림 20.16 30S subunit의 머리 위로부터 보여 지는 Shine-Dalgarno 서열.** 16S rRNA는 청녹색, mRNA는 노란색으로 표현하였고 Shine-Dalgarno 나선은 자주색으로 나타내었다. 5′과 3′로 표시된 곳은 mRNA의 5′과 3′-말단을 의미한다. 내부 경계면(interface)는 50S subunit의 방향이고 solvent로 표시된 곳은 주변 용매의 방향이다. Reproduced from *Structure*, vol. 9, Culver, G. M., *Meanderings of the mRNA* ..., pp. 751-758, copyright 2001, with permission from Elsevier. Photo courtesy of Gloria M. Culver, University of Rochester.

## Riboswitch는 몇몇 세균의 mRNA의 번역 개시를 조절한다.

몇몇의 대사 중간 산물들은 5′-비번역부위(5′-untranslated region)에 있는 **riboswitch**라는 특정부위의 접히는 방식을 안정화 시키거나 불안정화 시킴으로 mRNA의 번역 개시에 영향을 준다. **그림 20.17**은 번역개시가 riboswitch에 의해 조절되는 과정을 보여준다. 대사산물이 없는 경우에, riboswitch는 mRNA의 SD가 16S rRNA에 있는 ASD와 상호 작용할 수 있도록 접힌다(그림 20.17a). 대사산물(M)이 있는 경우, riboswitch는 SD가 나선구조의 부분이 ASD와 상호작용할 수 없는 구조로 접힌다(그림 20.17b). Riboswitch의 주목할 만한 특징은 대사산물에 대한 특이성이 RNA 분자에 의해 결정되며 단백질은 관여하지 않는다는 것이다; 즉 다시 말하면, RNA는 특정한 대사산물이 결합할 수 있는 구조로 접힌다는 것이다. 예를 들면, thiamine(비타민 $B_1$) 합성을 위해 필요한 효소를 암호하는 mRNA에 있는 riboswitch는 thiamine 피로인산과 결합한다.

Riboswitch에 의해 조절되는 유전자들은 riboswitch에 의해서 인식된 대사산물의 형성이나 이동에 관여하는 단백질을 암호하고 있는 경우가 많다. Riboswitch와 상호작용을 통해 번역개시를 조절하는 대사산물로는 비타민 $B_{12}$, flavin mononucleotide, S-adenosylmethionine, guanine, lysine, glycine이 있다. Riboswitch의 번역개시에 대한 영향은 세균과 archaeon에서도 확인되었다. Riboswitch에 대사산물의 결합이 많은 경우에는 그 결과로서 생긴 RNA 접힘이 전사 종결자를 만들기 때문에 너무 이른 전사 종료의 계기가 된다. 식물과 균류도 또한 riboswitch를 가지고 있지만 이제까지 연구된 바로는 번역 개시보다는 오히려 splicing에 영향을 주는 것처럼 보인다. riboswitch의 광범위한 분포의 측면에서 본다면, 오히려 riboswitch가 동물의 유전자 조절에 관여하지 않는다는 것이 놀라운 일일 것이다.

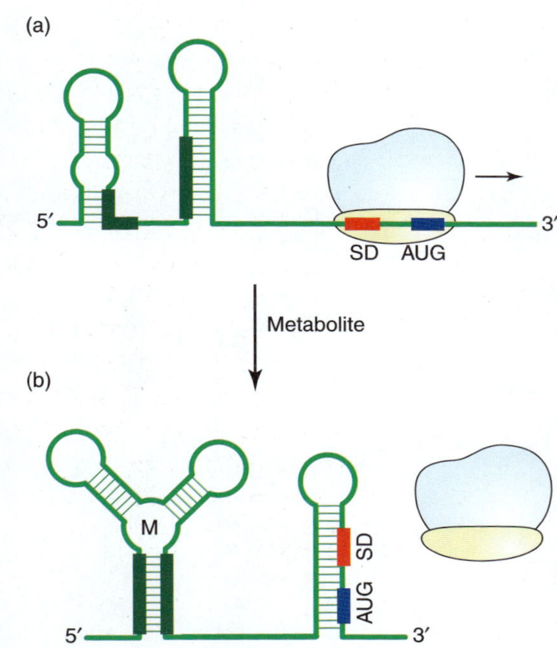


**그림 20.17 Riboswitch를 매개로한 번역개시의 조절.** (a) 번역은 mRNA의 Shine-Dalgarno 서열(SD)이 16S rRNA에 있는 상보적인 역-Shine-Dalgarno(ASD) 서열과 염기쌍을 형성함으로 일어난다. (b) 번역은 특별한 대사산물이 SD가 ASD와 염기쌍을 형성하지 못하는 접힌 유형(folding pattern)으로 riboswitch 구조(hypothetical 3-stem structure)를 안정화 시켰을 때 억제된다. 큰 것과 작은 ribosome subunit는 각각 파랑색과 노란색으로 표현했다. Adapted from Nudler, E., and Mironov, A.S., *Trends Bioichem. Sci.* 29 (2004):11-17.

## 진핵세포의 개시 tRNA는 formyl기가 치환되지 않은 methionine과 결합한다.

세균의 경우처럼, 진핵세포의 번역 개시 경로도 polypeptide 사슬 개시에 하나의 methionine tRNA가 사용되고 polypeptide 사슬 신장에 다른 하나를 사용한다. 또한, 세균처럼 같은 methionyl-tRNA synthetase가 개시 tRNA($tRNA^{Met}_i$, i는 개시의 약자)와 신장 tRNA($tRNA^{Met}_m$)에 반응한다. 그러나 세균과 진핵세포 사이에는 중요한 차이가 있다.

Met-$tRNA^{Met}_i$는 formyl화가 되어 있지 않는데, 이는 세포질에 있는 진핵세포의 단백질 합성 기구가 개시 tRNA와 신장 tRNA를 구별하기 위하여 세균과는 다른 방식을 사용한다는 것이다. 척추동물의 개시 tRNA가 신장 tRNA로 활동하지 못하게 하는 주요한 서열 특징은 개시 tRNA에 있는 2종 염기쌍(A50:U64와 U51:A63)이다(**그림 20.18**의 분홍색 상자로 표시됨). 2개의 염기쌍을 변화시키면 척추동물의 개시 tRNA는 신장 tRNA로 바뀐다. 신장 tRNA에는 없으며 개시 tRNA에만 존재하는 서열과 구조적 특징은 다음과 같다: (1) 수용체 줄기(acceptor arm)의 끝에 있는 A1:U72 염기쌍; (2) anticodon stem에 있는 3개의 연속적인 G:C 염기쌍의 서열; 그리고 (3) 거의 모든 신장 tRNAs에 존재하는 T54와 Y16(Y = pyrimidine)의 자리에 있는 A54와 A60이다(그림 20.18). A1:U72 염기쌍을 바꾼 돌연변이는 개시 기능을 현저히 저하 시킨다.

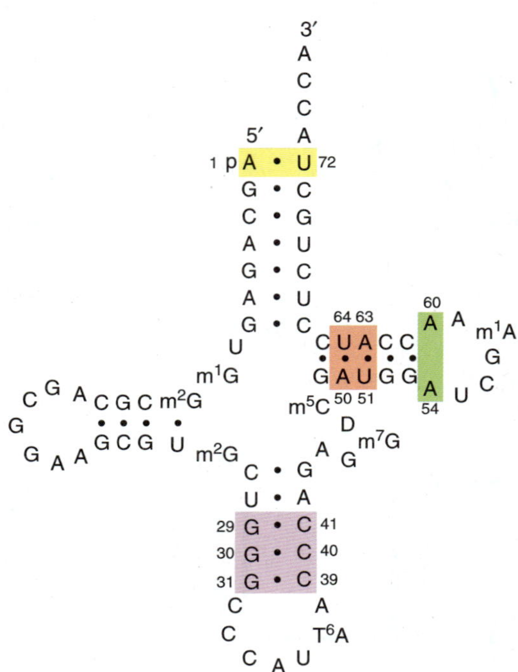

**그림 20.18 척추동물 개시 tRNA의 Cloverleaf 구조.** 개시 tRNA에 존재하는 독특한 특징은 수용체 줄기의 끝에 있는 A1:U72 염기쌍(노란색), anticodon 줄기에 있는 3개 연속의 G:C 염기쌍(보라색), TψC loop에 있는 A54와 A60(녹색)이다. A50:U60와 U51:A63(분홍색)를 변형시킨 돌연변이는 개시 tRNA를 신장 tRNA로 바꾼다. Adapted from Drabkin, H. J., Estrella, M., and Rajbhandary, U. L., *Mol. Cell. Biol.* 18 (1998): 1459-1466.

## 진핵세포의 번역 개시는 scanning 기전을 통하여 진행된다.

진핵세포의 번역 개시 경로는 세균의 경우보다 훨씬 더 복잡하고 더 많은 개시 인자와 단계가 필요하다. 이러한 차이는 세균의 경우엔 전사와 번역이 같은 구획에서 일어나는 반면, 진핵세포는 서로 다른 구획에서 일어나는 것이다. 진핵세포의 mRNA 합성은 핵에서 완료되기 때문에 세포질에 있는 ribosome이 mRNA를 번역하기 전에 mRNA에 덧씌우기를 하고 intron을 제거하고 poly(A) 꼬리를 붙이는 과정을 갖는다(17장 참조). 핵공을 통해 세포질로 나온 성숙된 진핵세포의 mRNA는 단백질로 덮인 매우 체계화된 RNA 분자이다. 세균의 mRNA와는 대조적으로, 진핵세포의 mRNA는 SD 서열을 가지고 있지 않으며 일반적으로 하나의 cistron을 가지고 있다.

진핵세포에서 번역 개시를 위한 주요한 경로는 mRNA의 5′말단에 특정한 개시 인자를 지닌 작은 ribosome subunit를 모으는 일이다. 일단 subunit가 모이게 되면, 작은 ribosome subunit는 mRNA를 5′에서 3′방향으로 scanning하며 첫 번째 AUG codon을 찾는다. 포유동물에서 가장 효율적인 개시 codon은 ACC**AUG**G(개시 codon은 굵게 표시됨) 서열에 끼워져 있다. 그러나 다른 서열들도 작동한다. 식물과 효모는 그들의 개시 codon 주위에 매우 다른 서열을 가지고 있다. 포유류 ribosome subunit는 첫 번째 AUG가 pyrimidine이 −3이나 +4 위치에 존재하면 무시한다(AUG의 아데노신의 위치는 +1이다). 정확히 일치했을 때, 개시 인자들은 분리되고 큰 subunit는 작은 subunit와 결합하여 개시 복합체를 형성하고 개시 tRNA는 P-자리에서 개시codon AUG와 쌍을 이룬다.

1978년에 Marilyn Kozak에 의해서 첫번째로 제안된 scanning 모델은 실험적 증거에 의해 큰 지지를 받았다. 특히 중요한 3개의 보고는 다음과 같다: (1) 세균의 ribosome과는 대조적으로 진핵세포의 ribosome은 공유결합된 원(covalently circularized)을 이룬 약 60개의 nucleotide RNA 분자와는 결합하거나 번역을 시작할 수 없다. 왜냐하면 원형의 분자는 5′-말단이 없기 때문이다. (2) 5′-말단과 개시 codon 사이에서 형성된 안정적인 2차 구조**(5′-untranslated region** 또는 **5′-UTR)**mRNA를 따라 움직이는 작은 ribosome subunit의 이동을 방해하기 때문에 번역 개시 효율을 떨어뜨린다. (3) AUG 개시 codon으로부터 약 12 nucleotide 아래쪽에 형성된 안정적 머리핀 구조는 작은 ribosome subunit를 개시 codon에 잠시 멈추게 하기 때문에 번역 개시 효율을 향상시킨다. 번역 개시 효율은 또한 5′-UTR의 길이에 의해서도 영향을 받는다. 조직적으로 5′-UTR을 32에서 3개의 nucleotide로 짧게 하는 것은 번역 효율을 점차 감소시키며 17에서 77개의 nucleotide로 길게 하는 것은 번역 효율을 점차 증가시키는 것으로 나타났다.

몇몇 mRNA는 ribosome이 내부 위치에서 모이도록 5′-UTR에 **internal ribosomal entry sites(IRES)**를 가지고 있다. 이 entry sites는 소아마비 바이러스(poliovirus)와 같은 picornavirus로부터 RNA 분자의 번역을 연구하면서 처음으로 발견되었다. Poliovirus scanning 기작이 요구되는 필수적인 개시 인자를 불활성화시키는 proteasef를 암호화 하고 있다. 따라서 IRES 부분을 가진 세포내 mRNA가 poliovirus가 감염된 세포에서 처음으로 발견되었다는 것은 놀라운 일이 아니다. 비록 매혹적인 이야기긴 하지만, 전체 세포내 단지 작은 부분을 대표하는 이러한 mRNA의 번역은 더 자세히 설명하지 않을 것이다.

## 진핵세포는 최소한 12종류의 개시인자를 가지고 있다.

진핵세포는 최소한 12개의 개시 인자를 가지고 있으며, 적어도 23개의 서로 다른 polypeptide들을 집단적으로 포함한다. 각 진핵세포의 **개시 인자(eIF)**는 숫자에 문자가 따라오는 형식으로 표시된다. 주요한 진핵세포의 개시 인자들과 기능의 일부를 **표 20.1**에 목록으로 만들었다. 비록 이름으로는 명확하지 않지만, 진핵세포의 개시 인자 eIF1a와 eIF5b는 세균 개시 인자 IF1과 IF2와 상동이다. 세균의 IF3과 상동인 진핵세포의 개시 인자는 없는 것으로 보인다. 그러나 eIF1의 구조는 세균 IF3과 유사하는 것처럼 보이기 때문에 아마도 이 둘은 기능적으로도 유사할것으로 추측된다. 개시 인자 사이에서 그리고 각 개시 인자와 40S ribosome subunit 사이에서 일어나는 상호작용을 결정하기 위한 연구가 상당히 진행되었다. 이 노력의 결과를 **그림 20.19**에 요약하였는데, 각 개시 인자가 거의 모든 다른 개시 인자와 직접적으로 상호 작용하며 대부분이 40S ribosome subunit와도 직접적으로 상호 작용한다.

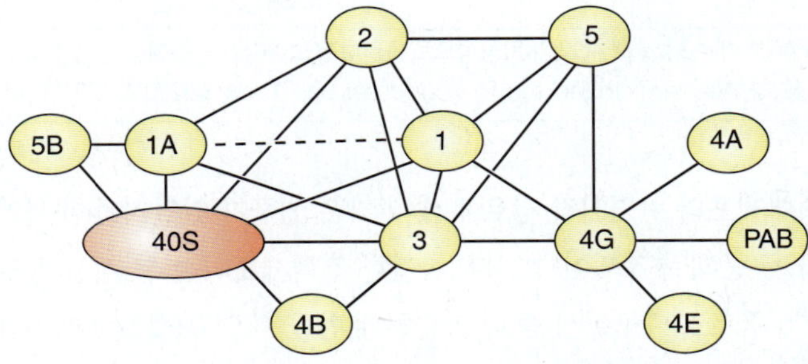


**그림 20.19 40S ribosome subunit와 진핵세포 개시 인자들 사이의 알려진 상호작용의 지도.** 진핵세포의 개시 인자는 구별되는 숫자 또는 숫자와 문자로 표현했다. 예를 들면, eIF1과 eIF4G는 각각 1과 4G로 나타냈다. 40S ribosome subunit는 40S로, poly(A) 결합 단백질은 PAB로 표현했다. EIF1과 eIF1A사이의 점선은 이 상호작용이 간접적이라는 것을 나타낸다(40S subunit의 구조적 변화에 의해 매개됨). Adapted from Kapp, L. D., and Lorsch, J. R., *Ann. Rev. Biochem.* 73(2004): 657-704.

**표 20.1** 포유류의 번역 개시 인자들

| 인자 | Polypeptide 수 | 크기(kDa) | 기본적인 기능과 특성 |
|---|---|---|---|
| eIF | 1 | 12.6 | eIF1과 1A는 ribosome이 개시codon을 성공적으로 scanning하기 위하여 필요하며 특히 eIF1은 codon-anticodon이 정확히 상호작용하는지를 감독한다. |
| eIF1A | 1 | 16.5 | |
| eIF2 | 3 | 36.2(α)<br>39.0(β)<br>51.8(γ) | eIF2 • GTP • Met-tRNA 3중 복합체를 형성하며 codon-비의존적 방법으로 40S 리보솜 subunit에 결합한다. |
| eIF2B | 5 | 33.7(α)<br>39.0(β)<br>50.4(γ)<br>57.8(δ)<br>80.2(ε) | eIF2 • GDP를 eIF2 • GTP로 전환과정을 촉매하는 guanine nucleotide-교환 인자이다. eIF2의 재순환을 위해 필요하다. |
| eIF3 | 12 | ~730 total | 개시의 모든 단계에 관여. eIF1, eIF4G, eIF5, 40S subunit와 상호작용한다. |
| eIF4A(I)* | 1 | 44.4 | RNA-의존적 ATPase 활성을 가지며 RNA helicase 활성은 ATP 가수분해와 eIF4B에 의존적임. eIF4G와 상호작용함. 두 번째 종인 eIF4A(II)(46.3 kDA)는 다른 유전자에 의해 암호됨. |
| eIF4B | 1 | 69.2 | 정확한 기능은 확실하지 않음. eIF4A의 RNA helicase 활성을 증진시킴 |
| eIF4E | 1 | 25.1 | 5′-cap 구조에 결합함. eIF4G와 상호작용 함. |
| eIF4G(1)* | 1 | 171.6 | scaffold 기능을 가짐. 중심 domain은 eIF4A와 결합하여 primed 40S subunit를 mRNA로 인도한다. 두 번째 종인 eIF4G(II)(176.5 kDa)는 다른 유전자에 의해 암호됨. |
| eIF4F | | | eIF4A, 4E, 4G의 복합체 |
| eIF5 | 1 | 48.9 | GTPase를 활성화시키는 활성을 가진다. |
| eIF5B | 1 | 139.0 | subunit의 결합을 위해 요구됨. ribosome-의존적 GTPase 활성 가짐. |

* eIF4A(I)와 eIF4A(II), eIF4G(I)와 eIF4G(II)가 기능적으로 동일하게 보여지기 때문에 이들은 각각 eIF4A와 eIF4G로 언급했다. Adapted from Jackson, R. J., *Biochem*. Soc. Trans. 33(2005): 1231-1241.

비록 진핵세포의 번역시작 경로에 대해 많은 연구가 있었지만 개시인자의 기능에 대한 연구를 통해 수정되어야 한다. 복잡한 진핵세포의 번역 개시 경로를 고찰하는 일은 5단계 경로로 나누어서 좀 더 단순하게 만들 수 있다(**그림 20.20**).

### 단계 1. 80S ribosome의 분해

비어 있는 80S ribosome은 작은 subunit(40S)와 큰 subunit(60S)로 평형 상태로 존재한다. 정상적 생리 조건하에서 이 평형 상태는 80S ribosome을 이루도록 한다. eIF1A와 eIF3은 작은 subunit에 결합하여 평형 상태의 ribosome을 subunit들로 분해한다. eIF3은 특히 복잡한 인자인데, 효모는 6개의 서로 다른 polypeptide

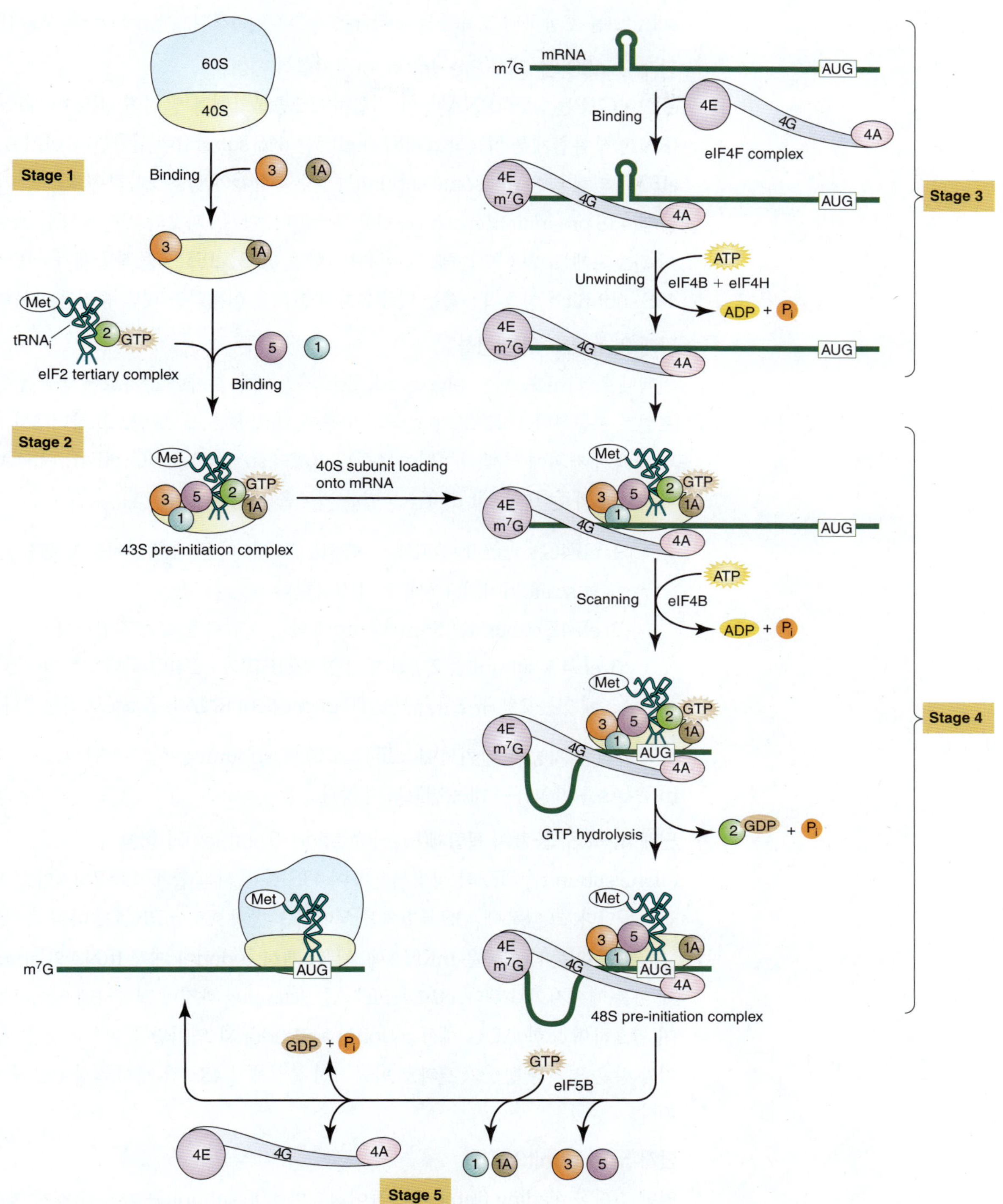


**그림 20.20 단순화시킨 진핵세포의 번역 개시경로.** 간단히, 진핵세포의 개시경로는 5단계로 나눌 수 있다. (1) 80S ribosome의 분리; (2) 43S 전-개시복합체의 형성; (3) mRNA의 활성화; (4) 48S 전-개시 복합체의 형성; (5) Subunit 결합. 여기에서 보여준 경로는 진핵세포의 번역 개시동안 일어나는 실제 단계를 단순화 해놓은 것이며 몇몇 개시인자의 작용 순서는 더 많은 정보가 제공될 때 수정되어야 될지도 모른다. 예를 들어 최근의 연구는 eIF1, eIF1A, eIF3, eIF5, 4중 복합체(eIF2-GTP-met-tRNAi)가 큰 다중인자 복합체(multifactor complex)를 형성하여 하나의 단위로서 40S에 결합함을 보여주었다. 개시인자는 단지 숫자 또는 숫자와 문자로 표현했다. 예를 들면 eIF1과 eIF1a는 각각 1과 1a로 표시했다. 개개의 진핵세포 번역개시인자의 기능은 본문에서 설명했고 표 20.1에 요약하였다. 번역 개시인자의 위치는 40S subunit에 정확히 표현되지는 않았다. Adapted from Jackson, R. J., *Biochem. Soc. Trans.* 33(2005): 1231-1241.

subunit를 포함하며 포유동물과 식물은 추가적인 6개의 polypeptide를 포함한다.

### 단계 2. 43S 전-개시(Pre-Initiation) 복합체 형성

eIF2 • GTP는 Met-tRNA$^{Met}_{i}$와 결합하여 3중복합체로 알려진 eIF2 • GTP • Met-tRNA$^{Met}_{i}$ 복합체를 형성하고 eIF1과 eIF5는 40S subunit에 결합한다. eIF1A, eIF1, eIF3에 의해 작은 ribosome subunit는 3중 복합체와 상호작용하여 43S 전-개시 복합체(43S pre-initiation complex)를 형성한다. 단계 1과 2의 과정에 대한 표현이 극히 간소하게 묘사 되었는데, 그 이유는 eIF1, eIF3, eIF5, 3중 복합체가 개별적으로 40S subunit와 상호작용하는 다중인자 복합체를 이룬다는 몇몇 증거들 때문이다.

### 단계 3. mRNA의 활성화

진핵세포의 mRNA는 polypeptide들로 씌인 매우 복잡한 분자로써 핵공을 통해 세포질로 이동한다. mRNA가 번역되기 전에, mRNA는 5′-말단으로부터 2차 구조들과 단백질 제거에 의해 활성되어야 한다. 3개의 subunit(eIF4G, eIF4E, eIF4A)가 이 과정을 도와준다. 각 subunit는 특별한 기능을 가지고 있다.

1. eIF4G subunit는 eIF4A, eIF4E, 그리고 다른 개시 인자들이 결합할 수 있는 scaffold이거나 허브로서 작용한다.
2. eIF4E subunit는 5′-m7G cap에 높은 친화력을 갖고 결합한다.
3. eIF4A subunit는 2개의 개시 인자(eIF4B와 eIF4H)의 도움을 받아 5′-UTR에 있는 2차 구조를 푸는 ATP-dependent RNA helicase로 작용한다.

이러한 기능과 일치하여, eIF4F와 그의 subunit들은 5′-말단의 구조가 없는 mRNAs를 번역하는 데는 필요하지 않다.

### 단계 4. 48S 전-개시 복합체(Pre-Initiation Complex)의 형성

eIF4G subunit는 eIF3와 상호작용하여 43S 전-개시 복합체에 mRNA의 5′-말단을 끌어들인다. 그 다음에 43S 복합체는 5′에서 3′ 방향으로 mRNA를 따라 움직인다.

ATP-의존적 이동은 mRNA에 AUG 개시 codon이 개시 tRNA의 anticodon에 이를 때까지 계속된다. eIF1과 eIF1A는 scanning 과정이 정확하게 일어나기 위하여 필요하며 또한 AUG 개시 codon이 anticodon과 염기쌍을 이루는 것을 돕는다. 이와 같은 염기쌍 형성의 결과로 만들어진 복합체가 48S 전-개시 복합체를 구성하게 된다.

### 단계 5. subunit의 결합

일단 정확한 reading frame이 만들어졌으면, 60S subunit는 48S 전-개시 복합체와 결합하여 개시복합체를 형성한다. 2개의 GTP 분자가 이 과정동안에 가수 분해된다. 첫 번째로 가수 분해된 GTP는 eIF2 • GTP • Met-tRNA$^{Met}_{i}$ 3중 복합체에 존재한다. eIF5는 이 가수분해를 촉진하여 eIF2-GDP가 작은 ribosome subunit로부터 유리되도록 eIF2의 구조 변화를 유도한다. eIF2-GDP은 새로운 번역 개시가 시작되기 전에 eIF2-GTP로 바뀌어야 한다. 그러나 eIF2가 GDP와 강하게 결합하고 있기 때문에 교환 반응을 촉매하는 GTP 교환 인자인 eIF2B가 필요하다. 다른 개시 인자도 eIF2-GDP과 더불어 해리되는 것으로 보이나 eIF1A는 작은 ribosome subunit에 결합한 상태로 남아 두 번째 가수분해 될 GTP를 가진 eIF5B-GTP 복합체가 결합할 수 있는 자리를 제공한다. eIF5B-GTP의 결합은 subunit의 결합을 촉진하고, eIF5B가 결합된 GTP를 가수분해하도록 유도한다. eIF5B는 GDP와 느슨하게 결합하고 있기 때문에, 교환 인자의 도움 없이 GDP를 GTP로 교환할 수 있다. 60S와 40S ribosome subunit 사이의 결합은 AUG 개시 codon이 P-자리에 개시 anticodon과 정확히 일치하는 개시 복합체를 만들며 ribosome은 번역 신장의 준비를 완료하게 된다.

## Poly(A) 꼬리는 43S 복합체에 mRNA가 모이는 것을 촉진한다.

1980년대 후반과 1990년대 초반에 진행된 실험들은 mRNA 번역이 3′-말단의 poly(A) 꼬리에 의해 촉진된다는 것을 밝혀내었다. 예를 들면, poly(A)가 결핍된 돌연변이 mRNA를 양서류 난모세포에 넣었을 때 정상형 번역 효율이 떨어지는 것으로 나타났다. mRNA 번역에 대한 작용 기전을 이해하기 위한 시도는 생체외(*in vitro*) 시스템에서 번역에 관여하는 poly(A) 꼬리의 효과를 연구할 수 없었기 때문에 제약을 받았다. 이 문제는 1990년대 중반에 Salvador Z. Tarun과 Alan B. Sachs가 poly(A) 결합 단백질(poly(A) binding protein, PABP)이 번역을 촉진하기 위해 존재해야 하며 eIF4G가 PABP와 결합한다는 것을 증명하면서 풀어졌다. 다음의 연구는 5′-m$^7$G cap과 poly(A) 꼬리가 번역 개시를 자극하기 위하여 상승 작용을 한다는 것을 보여주었다. mRNA의 양쪽 끝이 같은 eIF4F에 결합하게 된다(**그림 20.21**). 5′-m$^7$G cap과 3′-poly(A) 꼬리사이의 상승작용은 mRNA의 양쪽 끝 사이의 협력적인 결합이거나 eIF4F 활성을 자극하는 양쪽 말단의 결합을 동반한 구조적 변화이거나 또는 둘 다의 영향일 것이다. 양쪽 5′-m$^7$G cap과 3′-poly(A) 꼬리가 효율적인 번역을 위해 필요하다는 사실은 mRNA가 분해되지 않았다는 신호이기 때문에 세포에게는 유리할 것이다. 이와 같은 양질의 조절 기전을 갖고 있지 않는 세균의 경우는 전혀 다른 방법으로 절단된 mRNA를 처리한다.

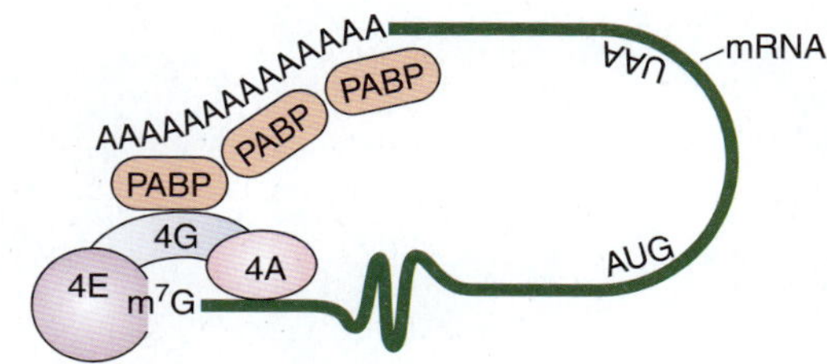


**그림 20.21 mRNA pseudocircle 형성.** eIF4F 복합체는 mRNA와 pseudocircle을 형성한다. 5′-m$^7$G cap 구조가 eIF4E subunit를 통해 eIF4F 복합체에 결합하고 poly(A) 꼬리는 eIF4G와 poly(A) 결합 단백질(PABPs)과의 상호작용을 통해 결합한다. Adapted from Preiss, T., and Hentze, M. W., *Bioessays* 25(2003): 1201 - 1211.

## 진핵세포의 개시인자 인산화(phosphorylation)는 단백질 합성을 조절한다.

진핵세포는 번역 개시 인자에 인산기를 치환하는 것으로 단백질 합성을 조절한다. eIF2의 인산화는 번역을 조절하는데 있어 특히 중요하다. 3중 복합체 eIF2 • GTP • Met-tRNA$^{Met}_{i}$를 형성하는 개시 인자는 3개의 subunit인, eIF2α, eIF2β, eIF2γ를 포함한다. 각기 다른 신호에 의해 조절되는 4개의 서로 다른 protein kinase가 eIF2α를 인산화 한다(**표 20.2**). 인산화된 eIF2(eIF2(αP))는 3중 복합체 eIF2 • GTP • Met-tRNA$^{Met}_{i}$의 부분으로서 번역 개시 경로에 관여하며 eIF2(αP)-GDP로 해리된

**표 20.2** eIF2α kinase

| kinase | 활성화 신호 |
|---|---|
| Heme controlled repressor(HCR) | 세로내 heme은 수준이 떨어졌을 때 활성화 됨 |
| Protein kinase R(PKR) | 바이러스가 감염된 세포에서 생산된 2중 가닥 RNA 분자에 의해서 활성화 됨 |
| GCN2 | 배지에 아미노산이 고갈된 상태의 효모와 혈청이 없는 상태에서 배양된 조직에서 활성화 됨 |
| PKR-like ER kinase(PERK) | 접히지 않은 polypeptide 사슬이 소포체에 축적되었을 때 활성화 됨. |

다. 해리된 복합체는 GTP-GDP 교환 단백질인 eIF2B-GTP에 결합한다. 결과물인 eIF2(αP)−GDP-eIF2B-GTP 4중 복합체는 eIF2(αP)-GTP로 바뀔 수 없는 복합체이다. eIF2와 eIF2B의 몰농도 비율이 약 10:1이기 때문에 eIF2의 얼마 안 되는 비율이 eIF2(αP)로 바뀌어도 다수의 eIF2B는 비활성화 된다. 이러한 비활성화는 활성화된 eIF2B가 번역 개시가 일어나기 위하여 필요한 eIF2-GTP의 재생산을 위해 앞으로의 번역 개시를 억제한다.

인슐린은 2개의 서로 다른 인산화-의존적 경로에 의해 번역 개시를 자극한다. 첫 번째, eIF4E의 인산화를 유도하여 5′-m$^7$G cap구조에 대한 개시 인자의 친화력을 증가시킴으로 번역을 자극한다. 두 번째, eIF4E에 결합하기 위하여 eIF4G와 경쟁하는 eIF4E-결합 단백질들의 인산화를 자극한다. 인산화된 eIF4E-결합 단백질들은 eIF4E에 대한 친화력이 감소하게 됨으로, eIF4G와 eIF4E의 결합이 쉬워져서 polypeptide 사슬 개시를 위해 필수적인 eIF4F 복합체 형성이 용이하게 된다.

## Archaeon의 번역 개시 경로는 진핵세포 경로의 세균경로의 혼합된 형태로 나타난다.

Archaeon의 번역 개시 경로는 세균 경로의 특징과 진핵세포 경로의 몇몇 특징을 가지고 있다. 진핵세포처럼 개시 tRNA에 ester화된 methionine은 formyl화가 되어 있지 않다. 그러나 세균 mRNA처럼 archaeon mRNA는 5′-말단에 cap을 갖고 있지 않고, 종종 폴리 cistron을 가지며, 개시 codon 전에 SD 서열을 가지고 있다. 세균과 archaeon의 mRNA 사이의 유사점은 전사와 번역이 같은 구획에서 일어날 때 이러한 특성을 유지하게 하는 어떤 선택적 압력이 있었을 것이다. Archaeon의 개시인자는 진핵세포와 상동이지만, eIF2B, eIF3, eIF4F, eIF5 같은 진핵세포의 개시인자는 가지고 있지 않기 때문에 수적으로는 적다. 이러한 개시인자의 부재는 아마도 archaeon이 5′-말단에 cap을 가지지 않고 첫 번째 AUG를 찾는데 SD의 이점을 택했다는 사실을 반영한다. 현재까지 archaeon의 번역개시 경로에 대해서는 세균나 진핵세포보다 훨씬 적게 알려졌다. 따라서 우리는 이 경로에 대해 설명하지 않고 번역의 다음단계인 신장 경로로 이동할 것이다.

## 20.3 신장(Elongation) 단계

### Polypeptide 사슬 신장은 3종류의 신장인자를 요구한다.

일단 번역 개시 경로의 정확한 reading frame이 형성되면, 단백질 합성 기구는 다음 단계인 polypeptide 사슬 신장에 들어갈 준비를 한다. Polypeptide 신장 경로를 밝히는 주요한 발전은 1960년대 중반에 Fritz Lipmann과 그의 동료들이 *E. coil* 추출물로부터 분리한 3개의 신장 인자가 poly(U)로 암호 하는 페닐알라닌 합성에 관여한다는 것을 밝힘으로써 이루어졌다. 그 다음으로 진핵세포도 유사한 신장인자를 가지고 있다는 것이 연구자들에 의해서 밝혀졌다. 세균의 신장 인자는 EF1A, EF1B, EF2라고 이름 붙였고, 진핵세포에서 이에 해당하는 것은 eEF1A, eEF1B, eEF2라고 명명하였다. 이 명명법 시스템은 세균의 신장 인자가 진핵세포의 상응되는 인자들과 다르게 불렸던 과거의 명명을 대체한 것이다(**표 20.3**). 비록 우리들이 새로운 명명법 시스템을 사용할 지라도 표 20.3에서 제공하는 정보는 이 장에서 제공한 정보와 오래된 문헌 정보를 담은 최근 논문을 비교할 때 유용할 것이다.

EF1A는 *E. coil*에서 가장 많이 발현되는 단백질이며 전체 단백질의 5-10%를 차지한다. 세포내 EF1A의 농도는 ribosome이나 EF2보다 약 10배 정도 높다. 거의 동일한 2개의 유전자 *tufA*와 *tufB*가 EF1A를 위한 유전암호를 지정한다. 세포는 생존하기 위해서는 기능을 할 수 있는 1개의 *tuf* 유전자를 필요로 한다. 세포는 단지 1개의 *tuf* 유전자가 기능을 상실했을 경우엔 계속 성장한다. *tufB* 돌연변이를 영양배지에서 배양했을 때 정상 속도로 성장하지만 *tufA* 돌연변이는 느린 속도로 성장한다. EF2를 위한 세균의 유전자 *fusA*는 *tufA*와 같은 오페론에 있다. EF1B를 위한 세균의 유전자 *tsf*는 다른 세균의 신장 인자 유전자들과는 상당히 떨어진 위치에 존재한다.

### 신장 인자는 3단계 순환을 반복하며 작용한다.

Polypeptide 신장 경로는 polypeptide 사슬에 새로운 아미노산을 첨가하는 똑같은 반응의 연속이다(**그림 20.22**). 하나의 중요한 점은 첫 번째 순환은 다음 순환과는 다르다는 것이다. 개시 tRNA(세균의 경우는 fMet-$tRNA^{fMet}$, 진핵세포의 경우는 met-$tRNA^{Met}_{i}$)가 첫 번째 순환 시작에서는 ribosome의 P-자리에 있는데 반하여 다

**표 20.3** Polypeptide 신장 인자들

| 세균 | 진핵세포 | 기능 |
|---|---|---|
| EF1A(EF-Tu)* | eEF1A(eEF-1α) | aminoacyl-tRNA와 GTP와 결합 |
| EF1B(EF-Ts) | eEF1B(eEF-1βγδ) | EF1A • GDP를 EF1A • GTP로 전환 |
| EF2(EF-G) | eEF2(eEF2) | GTP-dependent translocation을 촉매 |

괄호 안에 있는 이름은 과거 명명법에 의한 것임.

**그림 20.22 세균의 polypeptide 사슬 신장 경로.** 진핵세포의 polypeptide 신장 경로는 eEF1A와 eEF2가 각각 EF1A와 EF2를 대체하는 것을 제외하고는 똑 같다. Adapted from Ramakrishnan, V., *Cell*, 108(2002): 557-572.

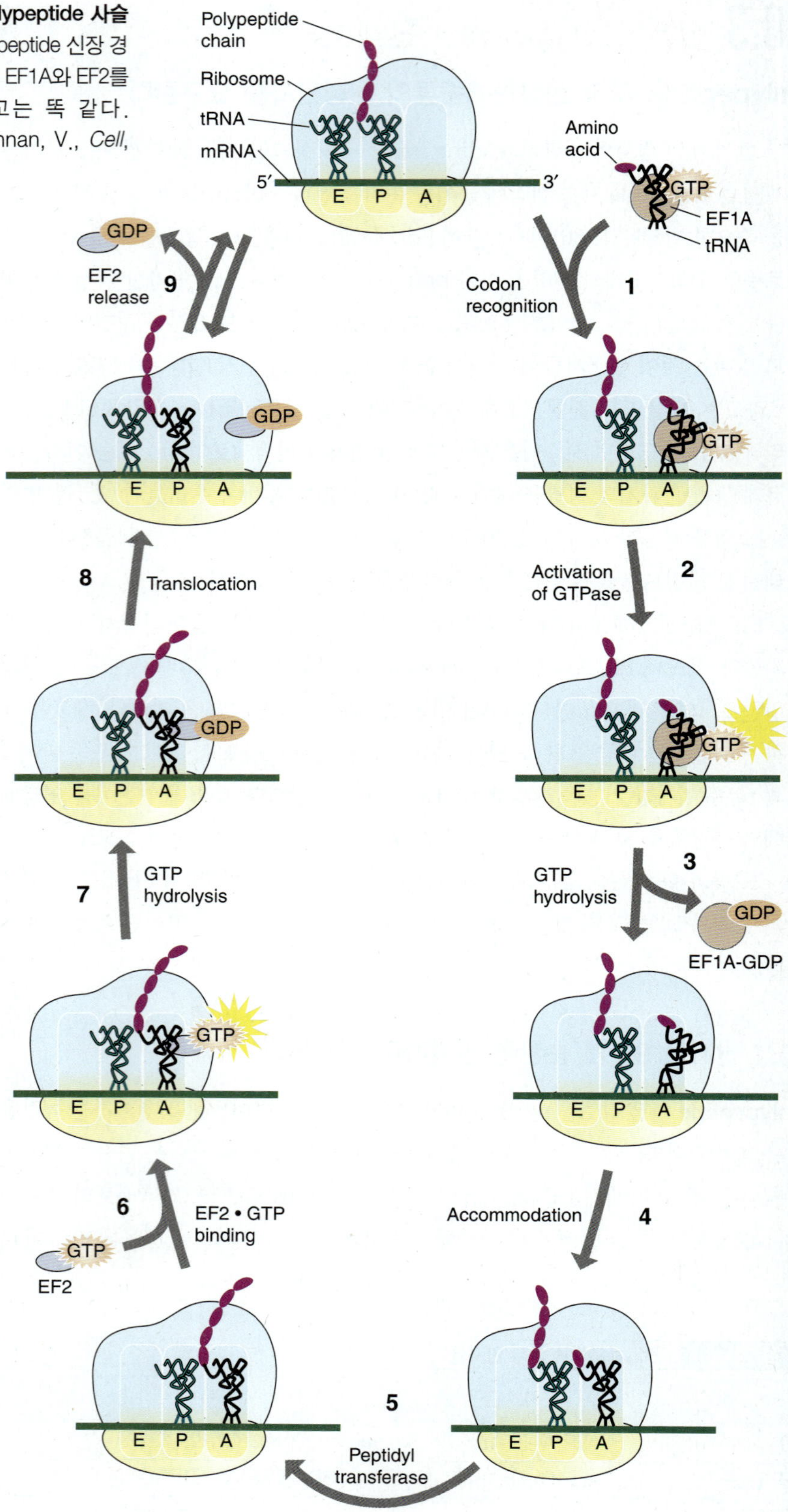

Polypeptide chain
Ribosome
tRNA
mRNA
5′
3′
E P A
Amino acid
GTP
EF1A
tRNA
1 Codon recognition
2 Activation of GTPase
3 GTP hydrolysis
GDP
EF1A-GDP
4 Accommodation
5 Peptidyl transferase
6 EF2 • GTP binding
EF2
7 GTP hydrolysis
8 Translocation
9 EF2 release
GDP

음 순환 시작에서는 펩티딜-tRNA가 ribosome의 P-자리에 있다. 편이를 위해 그림 20.22에 나타낸 경로는 세균의 polypeptide 신장에 대한 것이다. 진핵세포의 경로는 세균의 신장인자 EF1A, EF1B, EF2를 각 진핵세포의 신장인자인 eEF1A, eEF1B, eEF2로 대체하는 것을 제외하고는 거의 유사하다.

## EF1A • GTP • aminoacyl-tRNA의 3중체는 ribosome으로 aminoacyl-tRNA를 운반한다.

EF1A • GTP은 aminoacyl-tRNAs와 결합하여 EF1A • GTP • aminoacyl-tRNA를 형성한다. EF1A • GTP는 formyl기의 방해로 fMet-tRNA$^{fMet}$와 결합할 수 없다. 각 신장 순환의 시작점에서 EF1A • GTP • aminoacyl-tRNA는 peptidyl-tRNA(or fMet-tRNA$^{fMet}$)를 포함하고 있는 ribosome P-자리와 결합 한다(그림 20.22, 1단계). 이 단계에서 ribosome에 느슨하게 결합된 tRNA를 수용체 끝이 번역 신장 인자에 붙어 있는 상태에서 anticodon이 A-자리에서 mRNA와 상호작용하기 때문에 A/T 상태에 있다고 말한다. A-자리 상호작용은 ribosome이 신장하는 polypeptide 사슬에 새로운 아미노산을 붙이기 전에 codon-anticodon이 일치하는지를 테스트하도록 한다. Codon-anticodon 사이의 일치가 정확하지 않으면, aminoacyl-tRNA는 GTP 가수분해를 유도하지 않고 ribosome에서 분리된다. 만약 정확히 일치하면 ribosome은 구조를 바꾸고, tRNA와 ribosome 사이의 상호작용을 안정화 시키며 EF1A에 잠재된 GTPase를 활성화한다(그림 20.22, 2단계). EF1A는 GTP 가수분해 후 큰 구조적 변화가 일어나서 A-자리 tRNA의 aminoacyl 말단을 풀어 놓고 EF1A • GDP형태로 ribosome에서 분리된다(그림 20.22, 3단계). 이제 자유로워진 tRNA의 aminoacyl 말단은 큰 ribosome subunit의 peptidyl 전달 효소 자리로 이동하는데 이 과정을 **accommodation**이라 부른다(그림 20.22, 4단계).

## 16S rRNA의 특정 nucleotide들은 codon-anticodon 상호작용을 인지하는데 필수적이다.

유전자 암호가 처음으로 해독되었던 시기부터, 분자 생물학자들은 어떻게 30S subunit가 높은 정확도로 mRNA를 해독하는지에 대해 알고자 하였다. Codon-anticodon 상호작용을 위한 자유 에너지는 단지 1개의 nucleotide가 일치하지 않는 상응되는(cognate) anticodon과 상호작용 할 때보다 단지 2~3 kcal/mol$^{-1}$ 정도 유리할 뿐이다. 이정도의 자유에너지 차이는 실제 관측된 것보다 10~100배 정도 더 높은 오류율이 발생할 것으로 예측된다. 이것은 ribosome이 상응되는 codon-anticodon 상호작용을 안정화시키는데 어떤 역할을 할 것으로 보인다. 이러한 가설은 세균 ribosome 16S rRNA의 1492(A1492)와 1493(A1493)위치에 있는 매우 보존된 adenine의 N1 메틸화가 A-자리 tRNA 결합을 감소시킨다는 것을 보여준

생화학 실험을 통해 지지를 받았다. 유사한 감소현상은 adenine을 guanine이나 cytosine으로 바꾸었을 때도 관찰되었다. 이러한 실험들은 A1492와 A1493이 ribosome이 A-자리에서 codon-anticodon의 형태를 인식하는데 도움을 주어도 어떻게 이러한 일이 일어나는 지는 보여주지 못했다.

Ramakrishnan과 그의 동료들은 이 문제를 풀기위해 X-선 결정학으로 방향을 돌렸다. *T. thermophilus* 30S ribosome subunit의 결정에 $tRNA^{Phe}$ anticodon 줄기-고리(anticodon stem-loop)와 $U_6$ hexanucleotide를 포함하는 oligonucleotide를 넣었다. X-선 회절 결과 정확한 codon-anticodon 일치는 A1492와 A1493이 정상적으로 위치해 있던 고리에서 벗어나게되고 530위치에 보존된 guanine(G530)이 syn-에서 anti-형태로 전환된다는 것을 보여주었다. 그들의 새로운 구조에서, G530이 anticodon의 두 번째 위치와 codon의 세 번째 위치 양쪽과 상호작용할 동안에 A1493과 1492는 codon-anticodon 나선의 첫 번째와 두 번째 염기쌍과 각각 상호작용한다(**그림 20.23**). 이러한 구조적 변화는 ribosome이 codon-anticodon 나선의 처음 2개의 염기쌍을 밀접하게 검사하도록 하여 Watson-Crick 염기쌍들과 잘못 짝짓기들 사이를 구별할 수 있게 한다. 세 번째 또는 "wobble" 위치의 환경은 GU wobble로서 비정상적(noncannonical) 염기쌍을 제공할 수 있는 것처럼 보인다.

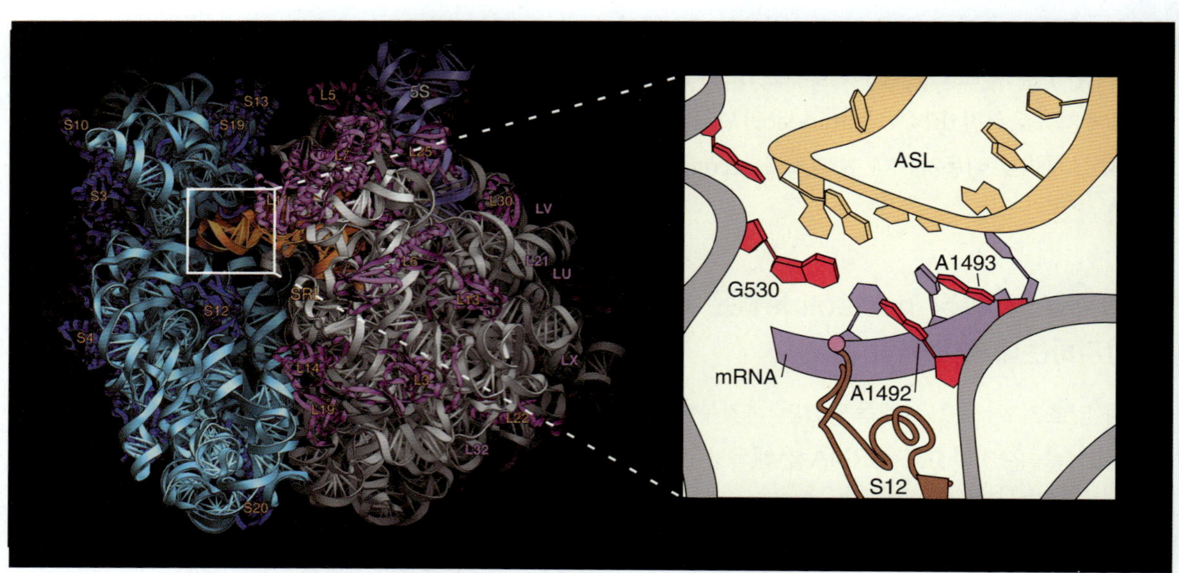


**그림 20.23 mRNA의 해독.** A-자리 tRNA(금색)의 anticodon 줄기-loop(anticodon stem-loop, ASL)는 30S subunit(왼쪽)와 50S subunit(오른쪽) 사이의 interface cavity에 있다. (삽입) 30S subunit의 A-자리에 mRNA codon(보라색)과 cognate tRNA(금색)를 보기 위하여 확대함. A1492 and A1493(붉은색)는 codon-anticodon의 2개 염기가 Watson-Crick 염기쌍을 인지한다. 30S subunit에 위치하고 있는 G530(붉은색)과 S12 polypeptide(갈색)가 모두 A1492와 접촉할 수 있다. Reprinted with permission from AAAS. Photo courtesy of Harry Noller, University of California, Santa Cruz. Illustration adapted from Dahlberg, A. E., *Science* 292(2001): 868-869.

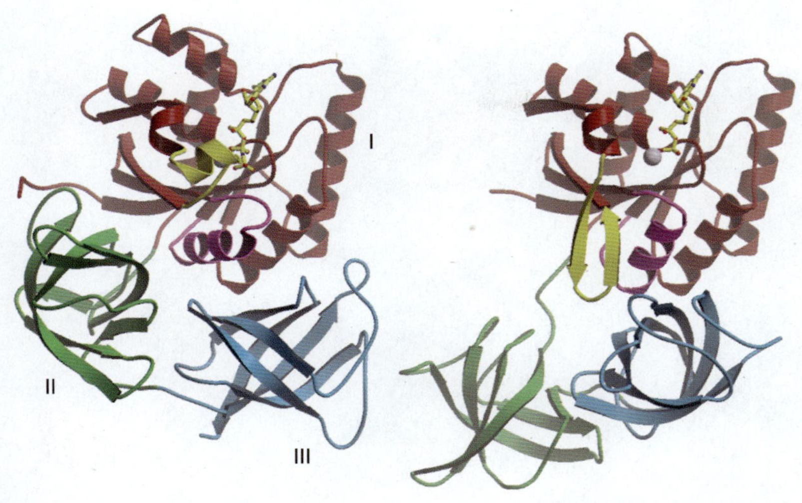


**그림 20.24 세균의 신장인자 EF1A의 구조.** (a) *Thermus aquaticus*의 EF1A-GDPNP와(b) 대장균의 EF1A-GDP. GDPNP는 가수분해 되지 않는 GTP 유도체이다. Switch 1과 2 부위는 각각 노란색과 자주색으로 표시되어 있다. Reproduced from *Trends Biochem. Sci., vol.* 28, andersen, G. R., Nissen, P., and Nyborg, J., *Elongation factors in protein biosynthesis,* pp. 434-441, copyright 2003, with permission from Elsevier. Photo courtesy of Poul Nissen, in memory of Jens Nyborg, University of Aarhus.

## EF1A 3차원 모양은 GTP 결합 주머니의 guanine nucleotide에 따라 달라진다.

GDP 혹은 GTP에 결합된 박테리아의 EF1A 구조가 밝혀졌다. **그림 20.24**에서 보여주는 것처럼, EF1A polypeptide 사슬은 EF1A • GDPNP와 EF1A • GDP 양쪽 모두에서 동일한 3개의 domain으로 접힌다. GTP 유도체인 GDNP [구아노신-5′-(β, γ-imido) triphosphate]는 가수분해 되지 않기 때문에 GTP 자리에 사용된다. 3개의 domain은 아미노말단으로부터 시작해서 domain1, 2, 3으로 명명했다. Guanine nucleotide 결합 주머니를 갖고 있기 때문에 **G** domain이라고 불리는 domain 1은 잔기 1에서 약 200 잔기까지 뻗어있고, 중심의 β-sheet가 α-helices에 의해서 둘러싸인 구조로 되어있다. Domain 2와 3은 약 100 잔기 정도 길이로 비공유 상호작용에 의해 모인 β-흉부(barrel) 구조를 가지고 있다. Domain 1의 위치는 domain 2와 3에 대하여 guanine nucleotide 결합 주머니에 GTP(그림 20.24a)가 결합하고 있는지 또는 GDP(그림 20.24b)가 결합하고 있는지에 따라 달라진다. Domain 1의 두 부위(switchI과 switchII로 명명)는 EF1A • GDPNP와 EF1A • GDP사이의 커다란 구조적 차이를 나타낸다. switchI은 EF1A • GDPNP에서는 짧은 α-나선이고 EF1A • GDP에서는 β-hairpin이다. Switch II에도 또한 큰 변화가 일어난다. α-나선은 서열을 따라 대략 4 잔기정도 이동하고, 나선 축이 회전하면서 domain 1과 3사이의 공간적 변화가 일어난다. 진핵세포의 신장인자 eEF1A도 세균

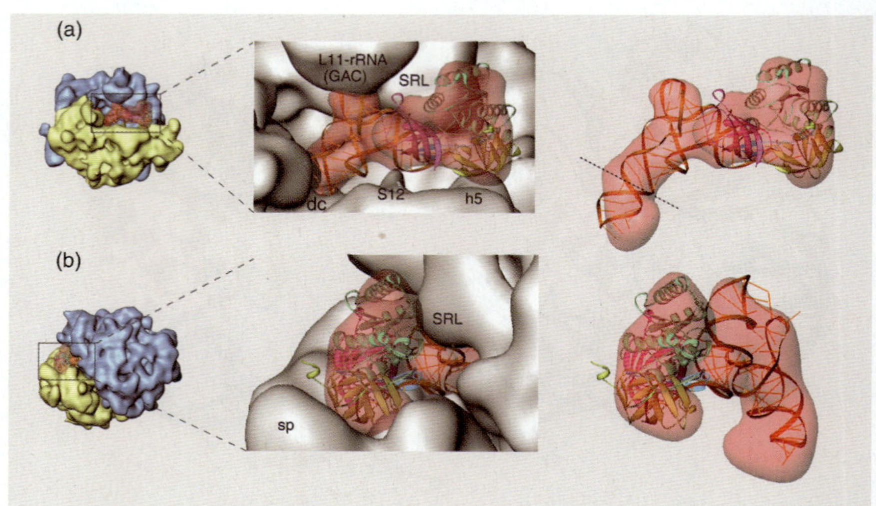


**그림 20.25** **70S • fMet-tRNA$^{fMet}$ • Phe • tRNA$^{Phe}$ • EF1A • GDP-kirromycin(kirromycin) 복합체의 동결-전자현미경 구조.** (a) 용매 쪽에서 본 복합체. (b) subunit 사이에서 본 복합체. 대장균 EF1A와 Phe-tRNA$^{Phe}$를 위한 원자 구조는 3중 복합체의 반투명한(semi-transparent) 동결-전자현미경 구조내부에 잘 맞는다. EF1A domain 1은 녹색, domain II는 노란색, domain III은 분홍색이다. Domain 1의 switch-1 부위는 청녹색으로 강조했다. Ribosome의 방향은 왼쪽에 간단하게 표시하였다. 확대된 사진은 16S rRNA로부터 α-sarcin-ricin loop(SRL), GTPase associated center(GAC), helix 5(h5), 그리고 30S subunit의 A-자리와 50S subunit의 spur(sp)에 위치한 해독 중심부(the decoding center, dc)를 나타낸다. Reproduced from Valle, M., et al., *EMBO J.* 20(2002):3557-3567. Photo courtesy of Joachim Frank, HHMI/HRI, Wadsworth Center.

의 신장인자와 구조적으로 유사하며 거의 유사한 방법으로 작용한다.

세균의 ribosome에 결합된 EF1A 3중 복합체는 동결 전자현미경 기술을 이용하여 관찰하였다. 연구된 복합체는 빈 A-자리에 UUU codon을 가진 ribosome 개시 복합체에 항생물질인 kirromycin과 EF1A • GTP • Phe-tRNA$^{Phe}$ 3중 복합체를 넣어서 만들었다. Kirromycin은 GTP가 가수 분해된 후에 일어나는 변화를 억제하여 EF1A가 ribosome으로부터 해리되는 것을 억제하기 때문에 넣어주었다. **그림 20.25**에서 보여준 것처럼 3중 복합체는 양쪽 크고 작은 ribosome subunit와 상호작용한다. EF1A는 23S rRNA에 있는 **sarcin-ricin loop(SRL)**과 직접 접촉한다. SRL은 2개의 단백질 독소 α-sarcin과 ricin이 고리에 위치한 매우 보존된 서열 내에 존재하는 특정한 nucleotide를 공격하기 때문에 그렇게 불려졌다. 각 독소 단백질은 세균의 ribosome을 비활성화 하여 세포를 죽인다. α-Sarcin은 phosphodiesterase로서 G2661 다음의 phosphodiester결합을 자르며, ricin은 N-glycosidase로서 A2660의 depurination 과정을 촉매한다(**그림 20.26**). 2개의 독성 단백질에 대한 민감도는 손상된 조각이 세균에서 가장 오래도록 보존된 rRNA 서열이라는 사실과 더불어 SRL과 EF1A사이의 상호작용이 단백질 합성을 위해 중요하다는 것을 나타낸다. tRNA의 TψC-고리 측면은 큰 ribosome subunit의 GTPase-associated center(GAC)에 가깝다. 23S rRNA의 58-nucleotide 구획과 단백질 L11사이의 상

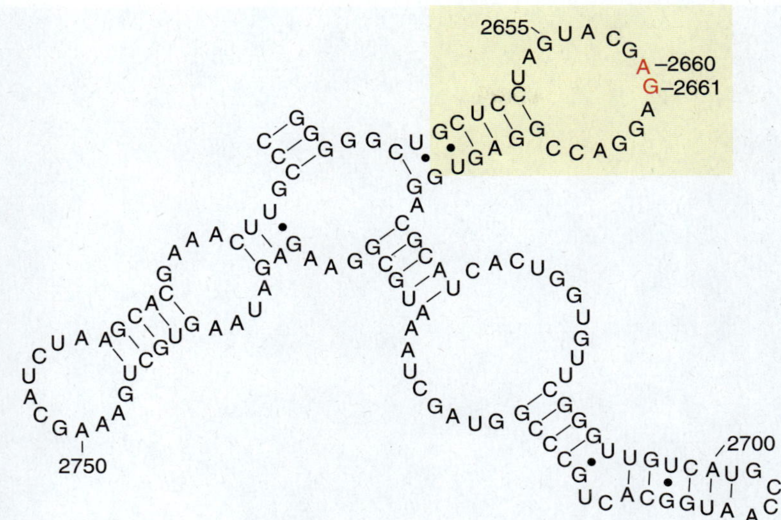


**그림 20.26 Sarcin-ricin loop(SRL)을 가진 *E. coli* 23S rRNA 단편.** Ricin은 A2660의 adenine 염기를 제거하고 sarcin은 G2661다음의 phosphodiester 결합을 자른다. Adapted from Munishkin, A., and Wool, I. G., *Proc. Natl. Acad. Sci.* USA 94(1997): 12280-12284.

호작용에 의해서 형성된 이 센터는 thiostrepton과 micrococcin과 같은 항생제가 이곳에 강하게 붙어서 EF1A와 EF2의 GTPase 활성에 영향을 주기 때문에 이렇게 이름 붙여졌다. EF1A • GTP • Phe-$tRNA^{Phe}$ 복합체도 또한 작은 ribosome subunit와 중요한 접촉을 한다. Aminoacyl-tRNA의 anticodon은 A-자리에서 mRNA codon과 상호작용하고 EF1A의 domain 2는 16S rRNA와 상호작용한다.

## EF1B은 GDP-GTP 교환 단백질이다.

신장 순환동안 해리된 EF1A • GDP는 다음 신장 순환에 참여하기 전에 GDP를 GTP로 교환하여야 한다. 그러나 GDP에 대한 친화력이 GTP에 대한 친화력보다 40배 이상 크기 때문에 EF1B가 필요하다. Guanine nucleotide 교환 인자인 EF1B는 **그림 20.27**에 묘사된 것처럼 작용한다. EF1B의 N-말단 부위의 매우 보존된 구획은 EF1A의 G domain으로 들어간다. 들어가면 nucleotide 결합 주머니의 구조적 변화를 야기하고 EF1A가 결합하고 있던 GDP를 방출시킨다. EF1B은 EF1A에 결합된 상태로 있으며, EF1A • EF1B 복합체를 형성한다. 세포내 높은 GTP 농도는 EF1A • EF1B 복합체가 EF1A • GTP와 EF1B로의 빠르게 전환하도록 한다.

진핵세포 신장인자인 eEF1B는 세균보다 더 복잡한 구조를 가지고 있지만 같은 nucleotide 교환 반응을 촉매 한다. 단일 polypeptide로 이루어져 있는 EF1B와는 달리, 인간 eEF1B는 적어도 4개의 polypeptide subunit를 포함하고 있다. 4개의 polypeptide subunit중 둘은 nucleotide 교환 활성을 갖고 나머지 둘은 이런 활성은 없지만 nucleotide의 교환을 촉진한다.

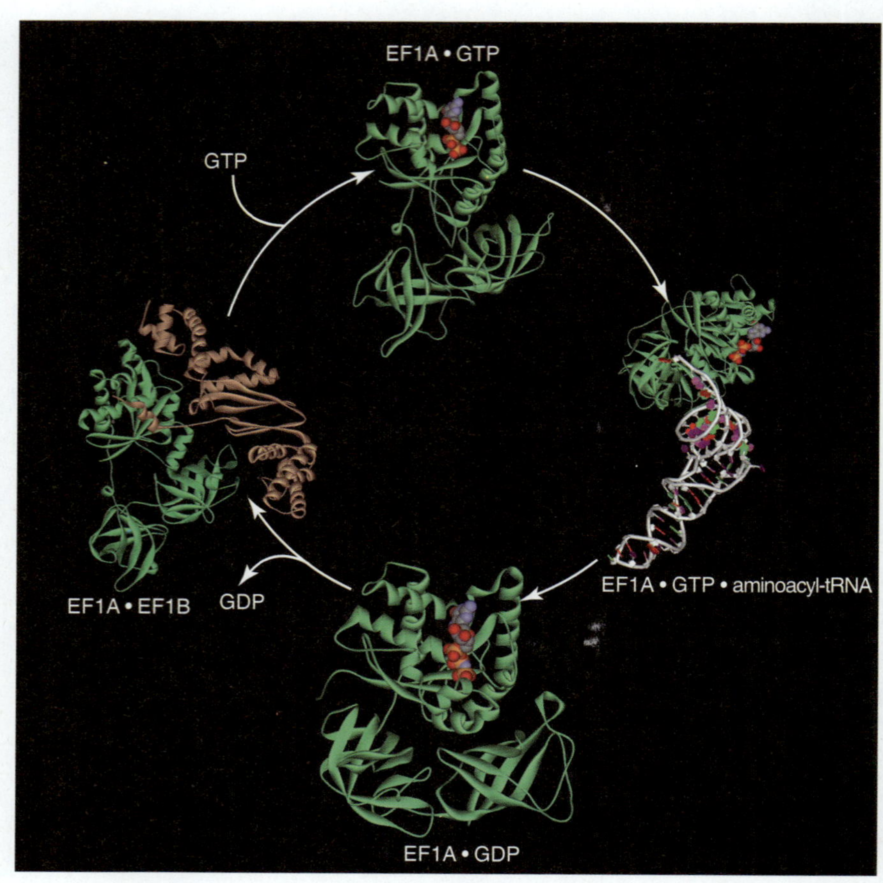


**그림 20.27 GDP-GTP 교환에 있어서 신장인자 1B(elongation factor 1B)의 기능.** 신장인자 1B(EF1B)는 신장인자 1A(EF1A)가 GDP를 GTP로 바꾸기 위해서 필요하다. EF1B의 N-말단 부위에 있는 매우 보존된 단편이 EF1A의 guanine nucleotide 결합 부위로 침입하여 nucleotide 결합 주머니의 구조적 변화를 야기한다. 이러한 침입은 EF1A가 결합하고 있던 GDP를 방출하게 한다. EF1B는 EF1A에 결합한 상태로 있으면서 EF1A • EF1B 복합체를 형성한다. 세포내 높은 GTP 농도는 EF1A • EF1B 복합체를 빠르게 EF1A • GTP와 EF1B로 바꾼다. EF1A와 EF1B는 각각 녹색과 분홍색 리본으로 표현됐다. tRNA 분자는 흰색 리본으로 표현했고 guanine nucleotide는 표준 CPK 색을 사용하여 space filling 구조로 표현했다. EF1A-GTP Protein Data Bank ID 1EXM. Hilgenfeld, R., Mesters, J. R., and Hogg, T., *The Ribosome: Structure, Function, Antibiotics, and Cellular Interactions* 28(2000): 345-357; EF1A-EF1B Protein Data Bank 1EFU. Kaawashima, T., et al., *Nature* 379(1996): 511-518; EF1A-GDP Protein Data Bank PDB ID 1TUI. Polekhina, G., et al., *Structure* 4(1996): 1141-1151; EF1A-GTP-aminoacyl-tRNA Protein Data Bank ID 1TTT. Nissen, P., et al., *Science* 270(1995): 1464-1472.

## Peptidyl transferase 활성은 23S rRNA에 있다.

일단 aminoacyl-tRNA가 A-자리에 결합하면, ribosome은 50S ribosome subunit의 peptidyl transferase 활성에 의해 peptide 결합을 형성할 준비를 한다(그림 20.22, 5단계). 이 반응은 P-자리 tRNA에 peptidyl(또는 fMet) 그룹을 연결하는 탄소 원자(ester 결합에 있는 부분적으로 양전하를 띄는)를 A-자리 tRNA의 아미노 그룹이 친핵성 공격을 함으로 시작된다(**그림 20.28**). 이렇게 얻어진 사면체의 전이 상태(tetrahedral transition state)는 P-자리에 uncharged tRNA를 그리고 A-자리에 원래의 peptidyl-tRNA보다 1개 이상의 아미노산을 가진 peptidyl-tRNA가 있도록 재배열한다.

Peptidyl transferase 활성을 분석하기 위한 초기의 방법은 전체 ribosome, mRNA, P-자리 peptidyl-tRNA, A-자리 aminoacyl-tRNA를 필요로 하였고, 이것은 peptidyl transferase나 다른 인자들이 peptide 결합 형성을 위해 필요한지를 결정하는 것을 어렵게 했다. 따라서 peptidyl transferase 활성에 대한 좀더 직접적인 분석방법이 필요하게 되었다. 그람-양성 세균인 *Streptomyces alboniger*에 의해 생산되는 항생제인 **puromycin**이 이 문제를 푸는데 도움이 되었다. Puromycin은 Tyr-tRNA의 3′-말단에 있는 tyrosyl-아데노신 그룹과 구조적으로 놀라울 만큼 유사하

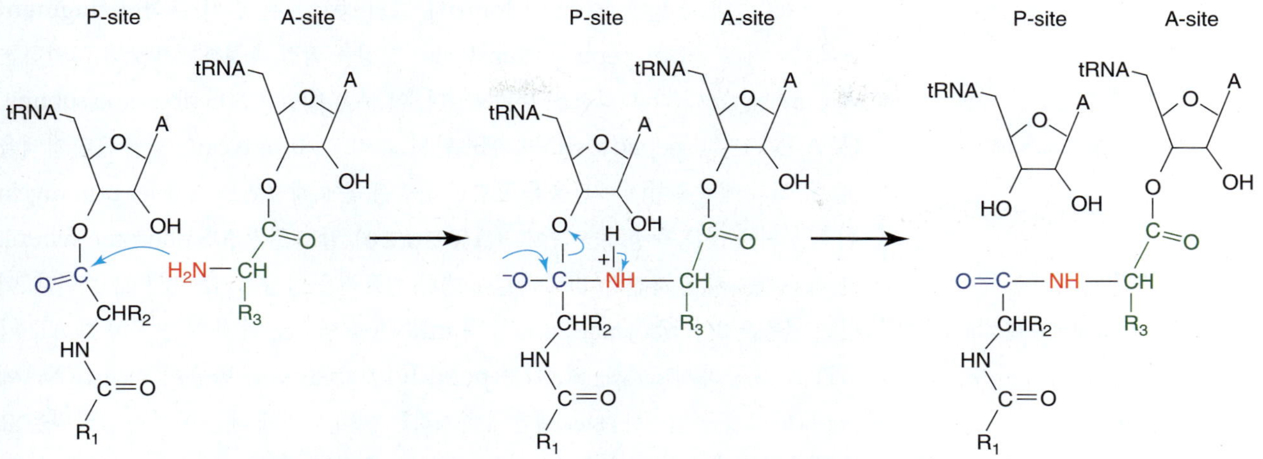

**그림 20.28 Peptidyl 전이 반응의 기전.** A-자리 tRNA에 부착된 아미노산의 아미노 그룹(붉은색)이 P-자리의 tRNA에 peptidyl(또는 fMet) 그룹을 연결하는 ester 결합의 카르보닐(carbonyl) 그룹(푸른색)을 친핵성 공격을 한다. 얻어진 사면체(tetrahedral) 반응 산물은 카르보닐 말단 끝(carboxyl terminal end)에 새로운 아미노산을 가진 A-자리 peptidyl-tRNA와 P-자리에 빈수송 RNA(uncharged tRNA)를 만들기 위해 재배열한다. Adapted from Nierhaus, K. H., and Stietzl, U. *Encyclopedia of Life Sciences*. John Wiley & Sons, Ltd., January 2006. [doi: 10.1038/npg.딘.0003951].

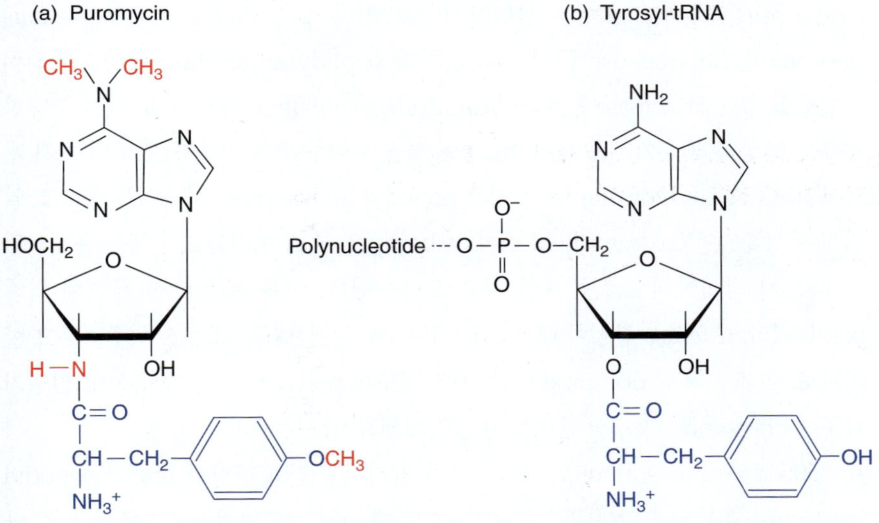

**그림 20.29 Puromycin(a)과 티로실-tRNA의 3′-말단(b)의 구조.** Puromycin에는 존재하지만 tyrosyl-tRNA의 3′-말단에는 존재하지 않는 주된 특징은 붉은색으로 표시하였다. Puromycin과 tyrosine에 존재하는 tyrosine 유사체의 공통적인 특성은 푸른색으로 표시하였다.

다(**그림 20.29**). 이와 같은 유사성 때문에, peptidyl transferase는 A-자리에 aminoacyl-tRNA 대신에 기질로써 puromycin을 사용할 수 있다. 이 느슨한 기질 인식의 결과로서 peptidyl transferase는 P-자리에 있는 peptidyl-tRNA로부터 peptidyl 그룹을 puromycin으로 이동시켜 이른 polypeptide 사슬 종료를 유도하며 peptidyl-puromycin을 방출하게 된다. 따라서 puromycin은 peptide 결합 형성 반응을 위한 모델 기질로 사용될 수 있고 이 반응을 연구하기에 적합한 물질이 되었다.

1960년대 중반에, Robin Monro와 그의 동료들은 **단편 분석법(fragment assay)**이라고 불리는 peptidyl transferase 활성을 직접 측정하는 방법을 고안하는데 puromycin의 작용 기전을 활용하였다. 이 분석 방법은 50S ribosome subunit, CCA-fMet 같은 peptidyl-tRNA의 3′-단편, 그리고 puromycin이 함유된 혼합액을 30-50%의 메탄올이나 에탄올을 포함한 완충용액에 배양했을 때 fMet-puromycin이 형성되는 것을 측정하는 것이다(**그림 20.30**). 알코올은 50S ribosome subunit에 작은 분자량을 가진 P-자리 기질에 대한 친화력을 향상시키는 것으로 보인다. 이 단편 반응은 30S ribosome subunit나 mRNA를 필요로 하지 않는다. 또한 ATP나 GTP를 요구하지도 않는데, 이는 peptidyl transferase 반응이 이미 tRNA에 peptide 그룹을 연결한 ester 결합에 존재하는 에너지 외에 다른 에너지 공급원을 요구하지 않는다는 것을 나타내고 있다.

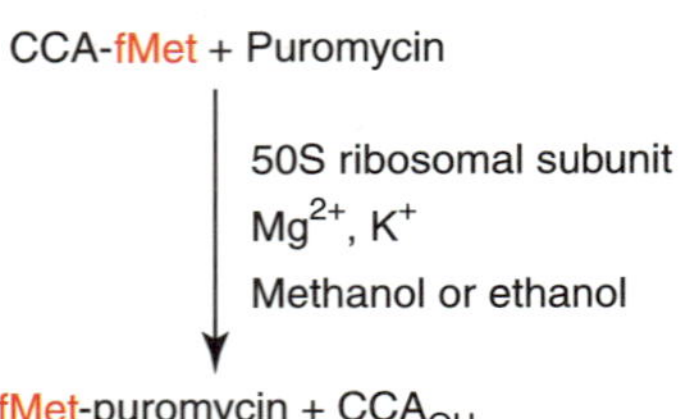


**그림 20.30** Peptidyl transferase 활성을 측정하기 위한 단편 분석법(fragment assay).

처음에 연구자들은 50S ribosome subunit의 peptidyl transferase 활성을 위한 촉매 자리는 1개 이상의 ribosome polypeptide로 이루어졌다고 생각하였다. 몇몇의 RNA 분자가 촉매로서 작용한다는 발견은 분자생물학자들로 하여금 RNA가 촉매 자리를 형성한다는 다른 가설을 생각할 수 있는 계기가 되었다. 이 가설은 1992년에 Harry F. Noller와 그의 동료들이 호열성 세균인 *Thermus aquaticus*의 ribosome을 가지고 보여준 실험에서 밝혀졌다. 그들은 *Thermus aquaticus* ribosome은 ribonuclease T1로 처리했을 때 peptidyl transferase 활성을 완전히 상실하였지만, proteinase K와 sodium dodecyl sulfate로 처리한 후 페놀 추출한 경우는 활성의 80%이상을 유지하였다는 것을 보여주었다. 게다가, 단백질 제거 후 남아있는 peptidyl transferase 활성은 peptidyl transferase를 억제하는 것으로 알려진 항생물질인 chloramphenicol과 carbomycin에 대한 민감도가 계속 유지되었기 때문에 생리학적으로 중요한 것으로 나타났다. 비록 Noller의 실험에 의해 peptidyl transferase 활성이 ribosome RNA에 존재한다는 것을 보여주었다고 할지라도, 이때 사용된 ribosome이 약 10% 정도의 polypeptide를 함유하고 있었기 때문에 ribosome 단백질의 관여를 완전히 배재하지는 못했다.

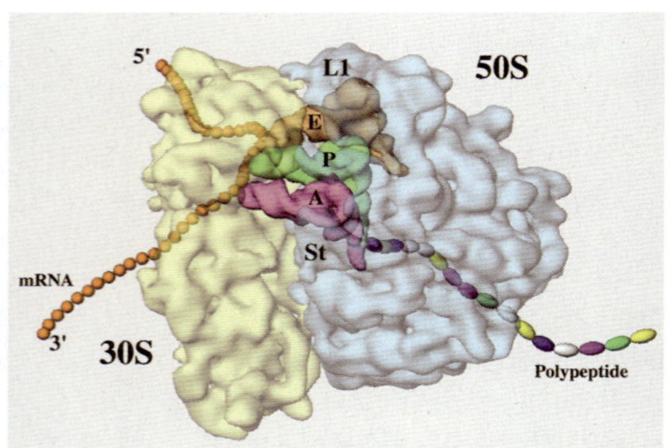


**그림 20.31 Peptidyl 전이 후 대장균 ribosome의 동결-전자현미경 구조.** 작고 큰 subunit는 각각 노란색과 푸른색으로 표시했다. mRNA는 오렌지색. A-와 P-자리는 각각 보라색과 녹색으로 표시했다. E-자리는 금색. 큰 subunit의 출구 터널을 통해 나오는 초기 polypeptide 사슬의 경로는 푸른색, 녹색, 보라색 난형구조(purple ovoid structure)로 표시했다. St는 줄기(stalk), L1은 L1 단백질을 가리킨다. A-와 P-자리 tRNA의 CCA 말단은 50S ribosome subunit의 중간에 함께 인접해 있는데, 이는 peptidyl transferase가 여기에 위치할 것임을 암시한다. Reproduced from Frank, J. (july 200.1) Cryo-elelctron microscopy as an investigative tool: the ribosome as an example. In: *BioEssays*. John Wiley & Sons, Ltd: Chichester [doi: 10.1038/npg.딘.0000534]. Photo courtesy of Joachim Frank, HHMI/HRI, Wadsworth Center.

50S ribosome subunit의 결정구조가 알려지기 전에 다양한 방법이 peptidyl transferase의 특성을 알아내기 위해 사용되었다. 동결전자현미경구조에 의해 A-와 P-자리 tRNA의 CCA 말단은 50S ribosome subunit의 중간에 함께 인접해 있음을 보여주었고 이는 peptidyl transferase가 그곳에 위치하고 있음을 나타내는 것이었다(**그림 20.31**). 유전학적 실험에서 peptidyl transferase 활성을 위해서는 특별한 nucleotide가 필요하다는 것을 확인하였다. 예를 들면, 23S rRNA의 domain V에 있는 보존된 nucleotide를 변화시킨 돌연변이는 peptidyl transferase 활성이 억제되거나 변화되었는데, 이는 nucleotide들이 촉매 활성에 중요함을 나타내는 것이다(그림 20.3b). 이와 유사하게 보존된 nucleotide의 대부분은 tRNA 분자가 ribosome A-와 P-자리에 결합되었을 때 작은 화학적 탐침(small chemical probes)으로부터 보호받았다.

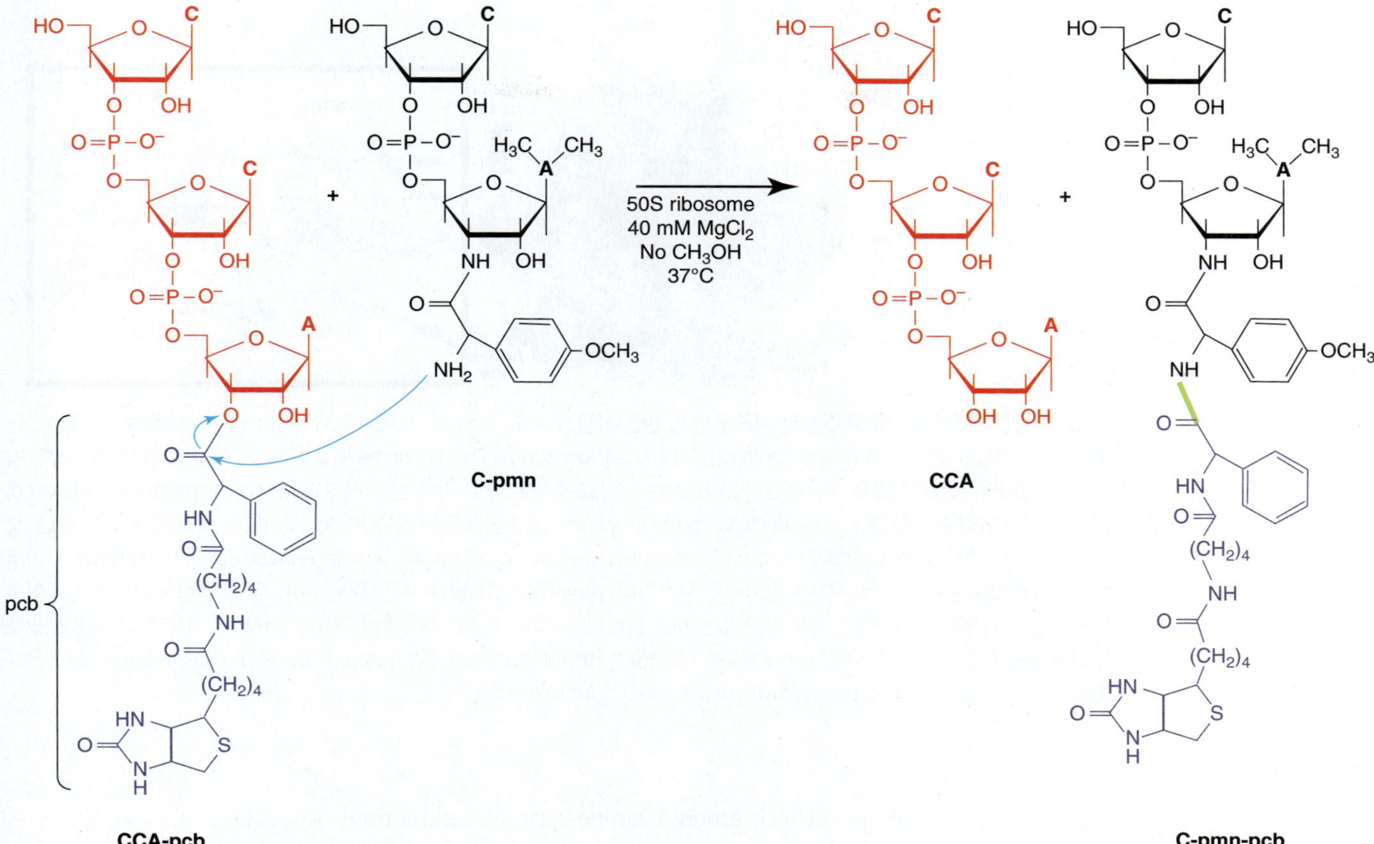


**그림 20.32 50S ribosome subunit의 결정이 peptidyl transferase 활성을 갖는다는 것을 증명하기 위해 사용된 변형된 단편 분석법(modified fragment assay).** Peptide 결합 형성을 촉매하는 ribosome의 능력을 CCA-phenylalaninie-caproic acid-biotin(CCA-pcb)로부터 C-puromycin(C-pmn)으로 phenylalaninie-caproic acid-biotin group)을 전이하는 것으로 분석하였다. 반응 산물은 C-puromycin phenylalanine-caproic acid-biotin(C-pmn-pcb)와 탈아세틸화된 CCA이다. Adapted from Schmeing, T. M., et al., *Nat. Struct. Mol. Biol.* 9(2002): 225-230.

Peter B. Moore, Thomas A. Steitz와 그의 동료들은 halophilic archaeon H. marismortui의 큰 ribosome subunit의 결정구조를 분석함으로 peptidyl transferase에 대해 이해하는데 중요한 공헌을 하였다. 그들은 큰 ribosome subunit의 결정체가 peptidyl transferase 활성을 가지고 있다는 것을 증명하는 것부터 시작하였다. 그들은 결정 속으로 단편 반응(fragment reaction)에 필요한 기질이 확산되도록 한 다음에 기대했던 결과물이 형성된 것을 보여주었다. 이러한 실험은 큰 ribosome subunit의 A와 P-자리의 생성을 유사체가 결합할 가능성을 제시하였다. 그러나 단편 반응을 위해 필요한 알코올이 subunit의 구조를 변화시킬수 있는 문제가 제기되었다.

Moore, Steitz와 그의 동료들은 알코올에 의존적이지 않은 좀 더 큰 기질을 사용하여 이 문제를 풀었다. 그들은 A-자리 기질로서 CCA-phenylalanine-caproic acid-biotin을 사용하였고, P-자리 기질로서 C-puromycin을 사용하였다(**그림 20.32**). 생화학적 연구는 50S ribosome subunit의 결정이 2개의 생성물(C-

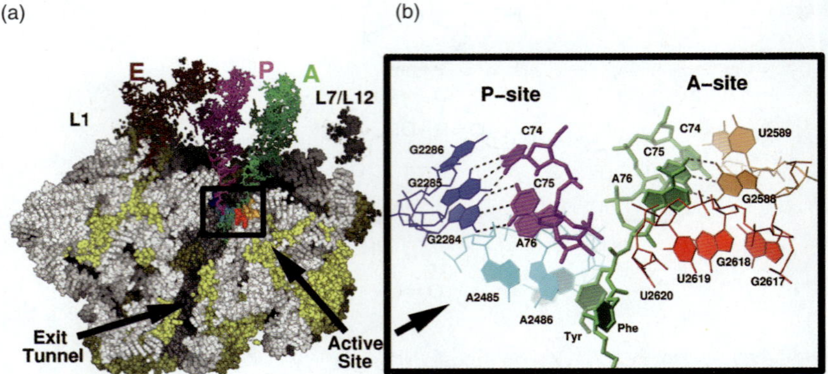


**그림 20.33 Ribosome에 결합된 새로운 단편 반응 산물의 구조.** (a) 반응 산물과 50S ribosome subunit(RNA는 흰색, 단백질은 노란색)의 space-filling representation. *Thermus thermophilus* 70S ribosome에 결합된 3개의 tRNA(보라색, 갈색, 녹색)를 중첩시켜서 참고자료로 제공하였다. subunit는 터널을 통해 나뉘며 앞쪽 반은 터널과 peptidyl transferase 자리(boxed)를 드러내기 위해 제거하였다. The orientation is the crown view. L1 단백질은 왼쪽에 L1/L12 stalk은 오른쪽에 있다. (b) 활성 부위의 확대 그림. Peptidyl 산물(C-puromycin phenylalanine-caproic acid-biotin, 녹색)는 A-loop(황갈색)에 결합하다. 탈아세틸화 산물(CCA)은 P-loop(푸른색)에 염기쌍을 형성한다. A2486(A2451)(밝은 푸른색)의 N-3는 탈아세틸화된 CCA 산물이—3′-OH 근처에 있다. U2620(U2585, 붉은색)는 새로 형성된 peptide 결합과 dimethyl A76의 3′-OH에 가깝게 이동한다. 괄호 안의 숫자는 대장균 23S rRNA의 nucleotide를 나타낸다. Reproduced from Schmeing, T. M., et al., *Nature Struct. Mol. Biol.* 9(2002): 225-230. Photo courtesy of Thomas A. Steitz, Yale University.

puromycin-phenylalanine-caproic acid-biotin와 deacylated CCA)의 형성을 촉매 한다는 것을 보여주었다. **그림 20.33a**는 50S ribosome subunit 내에서의 이 반응산물의 위치를 보여주고 있다. Peptide 출구 터널 또한 보인다. 활성 부위를 확대해서 보면 peptidyl-산물은 domain V의 A-고리라는 곳에 결합하고 deacylated product는 domain V의 P-고리라는 곳에 결합하는 것으로 나타나고 있다(**그림 20.33b**).

Moore, Steitz와 그의 동료들은 peptidyl transferase의 강력한 억제제인 CCdA-p-puromycin이 peptidyl transferase 자리로 확산되도록 한 후에 50S ribosome subunit의 결정구조를 얻었다(**그림 20.34**). 이 억제제(Michael Yarus가 처음으로 합성한 이후 일반적으로 *Yarus 억제제*라고 알려짐)가 특히 관심을 끈 이유는 peptidyl transferase 반응을 위한 가정된 전환 상태(postulated transition state)와 유사하기 때문이다. 전이 상태(transition state)에 있는 사면체 탄소(tetrahedral carbon)가 억제제에 있는 사면체 인(tetrahedral phosphorus)에 의해 대체된다. 따라서 Yarus 억제제와 결합한 50S subunit의 결정구조는 peptidyl transferase와 결합한 사면체 전이 상태(bound tetrahedral transition state) 사이의 상호작용에 대한 정보를 제공한다. 결정구조는 ribosome이 매우 보존된 A-와 P-loop와 상호작용을 통해 A-와 P-자리 tRNA의 CCA 말단에 정확히 자리 잡는다는 것을 보여 준다(**그림 20.35**). 이것은 또한 RNA가 전이 상태 유사체(transition state analog)는 둘러싸지만 이 부위에는 polypeptide가 위치하지 않는다는 것도

(a) Peptidyl transferase intermediate

Aminoacyl-tRNA

Carbon

P-site

A-site

(b) Yarus inhibitor (CCdAp-puromycin or CCdAPmn)

Puromycin (Pmn)

Phosphorus

P-site

A-site

**그림 20.34 Peptide 결합 형성에서 제안되는 과도기 상태(proposed transition state)와 과도기 상태 유사체(transition state analog)의 구조.** (a) Peptide 결합 형성을 위해 제시된 과도기 상태. 선은 사면체 탄소 원자(tetrahedral carbon atom)를 가리킨다. (b) 과도기 상태 유사체인 Yarus 억제제(CCdAp-Pmn). 억제제는 정상 과도기 중간산물인 사면체 탄소 원자(tetrahedral carbon atom자리에 phosphorous atom, 붉은색)를 가지고 있다. 선은 과도기 중간산물의 사면체 탄소 원자(tetrahedral carbon atom)를 대체한 인 원자(phosphorous atom)를 가리킨다. Adapted from Nissen, P., et al., *Science* 289 (2000): 920-930.

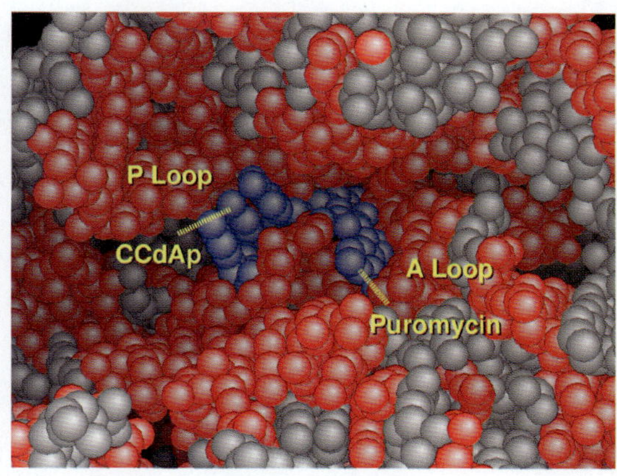


**그림 20.35 CCdA-Pmn과 결합한 peptidyl transferase 부위에 있는 보존된 nucleotide.** 활성부위 틈의 아래쪽에서 본 Yarus 억제제와 결합한 활성부위를 space-filling을 나타내었다. 모든 계통에서 95% 이상 보존된 23S rRNA nucleotide에 속하는 원자들은 붉은색으로 다른 nucleotide들은 흰색으로 색칠했다; 억제제는 푸른색으로 표시했다. Caption reprinted and photo reproduced from Nissen, P., et al. 2000. *Science*. 289:920-930. Reprinted with permission from AAAS. Photo courtesy of Thomas A. Steitz, Yale University.

보여준다. 그러므로 결정구조는 촉매 자리가 23S rRNA에 의해서 만들어지고 polypeptide에 의해서가 아니라는 것을 가장 잘 증명하고 있다. Yarus 억제제와 접촉하는 nucleotide의 중요성은 이 nucleotide가 세균, 진핵세포, archaea에서 상당히 보존되어 있다는 사실에 의해 한층 더 강조되었다. Transferase의 자세한 작용 기전을 밝히기 위한 노력이 현재 진행되고 있다. 일반적인 효소가 peptidyl transferase가 기질을 가져오는 것과 유사한 방식으로 기질을 가까이 가져온다는 것이 지금은 명백해졌다. 또한 특별한 nucleotide가 반응과정동안 다양한 단계에서 양성자를 주거나 받기 위한 일반적인 산과 염기로 작용할 것이라고 제안되고 있다.

## 융합상태 이동 모델(hybrid-states translocation model)은 ribosome에서 tRNA 분자가 이동하는 기전을 제공한다.

일단 peptidyl transferase 촉매 작용이 완료되면, P-자리 tRNA는 deacylated되고 A-자리 tRNA는 하나의 아미노산을 추가한 peptide 사슬을 갖게 된다. 다음 신장 순환이 일어나기 전에, peptidyl-tRNA는 A-자리에서 P-자리로 이동해야 하고 탈아실화 된 tRNA는 ribosome으로부터 해리될 수 있도록 P-자리에서 E-자리로 이동 한다(그림 20.22, 6~9단계). **이동 과정(translocation)**이라고 알려진 고도의 협력 이동은 mRNA의 reading frame이 보존되도록 정밀해야만 한다. 이러한 tRNA 이동 동안에는 ribosome 복합체의 구조변화가 수반될 것이라 생각되지만 이런 이동이 없을시 구조변화가 없을 것이라 생각된다. Noller는 ribosome을 통하여 mRNA와 tRNAs의 이동을 설명하기 위한 **융합상태 이동 모델(hybrid-states translocation model)**을 제안 하였다(**그림 20.36**). 이 모델은 1989년에 ribosome을 통하여

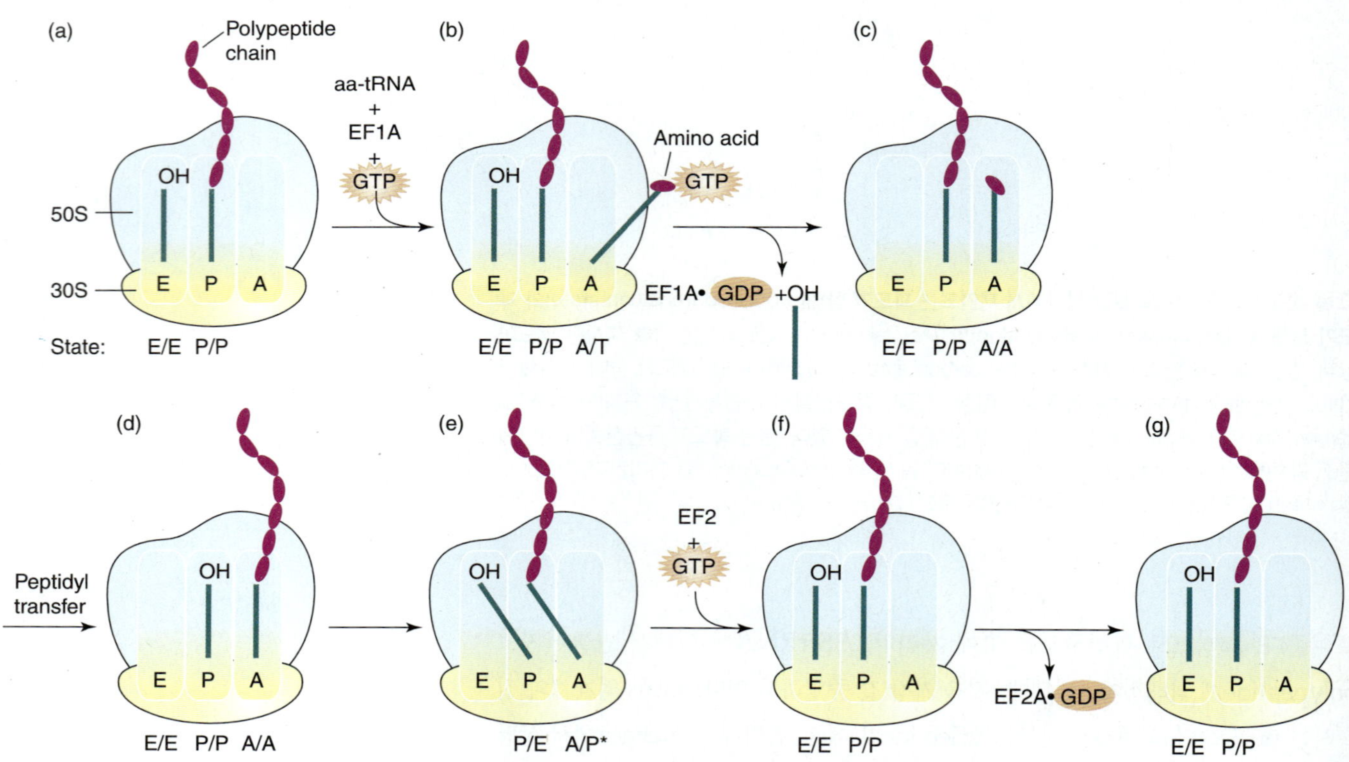


**그림 20.36 융합-상태 이동 순환(hybrid-states translocational cycle)의 주요 단계에 대한 현재의 이해를 표현한 개략도.** tRNA 분자는 녹색선으로 표현했고 mRNA는 표현하지 않았다. Adapted from Noller, H. F., et al., *FEBS Lett.* 514(2002): 11-16.

tRNA의 진행을 추적하던 Noller와 Danesh Moazed에 의해서 수행된 화학적인 족문감식법(footprinting) 시험에 바탕을 둔 것이다. 그들은 처음으로 N-acetyl-Phe-tRNA가 P-자리에 결합한다는 것을 puromycin과의 반응성을 검증하는 실험으로 증명하였다. 이 실험에 기초하여 그들은 각각 30S와 50S P-자리에 대하여 16S와 23S rRNA 분자에서 N-acetyl-Phe-tRNA에 의해서 보호된 염기를 지정하였다. 그 다음에 그들은 복합체가 puromycin과 반응하도록 놓아 둔 후에 두 번째 발자국감식법(footprinting) 실험을 수행하였다. Puromycin은 16S rRNA 발자국감식(footprint)에는 큰 영향을 주지 않았지만 23S rRNA 발자국감식(footprint)에는 지대한 영향을 주었다. 탈아실화된 tRNA의 $CCA_{OH}$ 말단은 이동하기 때문에 23S rRNA에 있는 P-자리 염기는 더 이상 보호하지 못하고 대신에 E-자리 염기를 보호한다. 따라서 tRNA는 anticodon 말단은 여전히 30S P-자리에 결합하고 있지만 $CCA_{OH}$ 말단은 50S E-자리에 결합되어 있는 융합상태에 있는 것으로 나타난다.

이 융합 상태는 P/E로 표시하고, 사선(/) 전 후의 문자는 각각 30S와 50S subunit 자리를 가리킨다. P/P상태에서 P/E 상태로의 이동은 자발적으로 일어나고 GTP나 신장 인자를 필요로 하지 않는다. 두 번째로 Noller와 Moazed는 P-자리에 N-acetyl-Phe-tRNA를 결합시키고 puromycin 대신 aminoacyl-tRNA를 A-자리에 넣었다. Peptidyl transferase 반응 후에 수행된 발자국감식법(footprinting)은 2개의 tRNA가 A/A와 P/P 상태로부터 A/P와 P/E 융합 상태로 이동하였음을 보여주었다. 다음의 발자국감식법(footprinting) 연구는 EF2와 GTP가 A/P와 P/E 융합상태를 P/P와 E/E 상태로 바꾸는 것을 보여주었다. 다른 모델도 또한 어떻게 tRNA가 ribosome을 통하여 움직이는 지를 설명하기 위해 제시되었다. 이 서로 다른 모델들은 서로 배타적인 것이 아니라 이동 과정의 특정한 양상을 각각 제공할지도 모른다. 물론, 우리가 ribosome의 이동부분이 어떻게 작동하는지를 이해하기 전에 더 많은 일들이 수행되어야 한다.

### EF2 • GTP은 이동 과정을 촉진한다.

지금까지 GDP가 결합한 상태와 그렇지 않은 상태의 EF2에 대한 결정구조는 밝혀졌지만 EF2가 GTP나 GTP 유사체와 결합한 결정구조는 아직 없다. 그림 20.37a은 EF2 • GDP의 결정 구조를 보여준다. 유리된 단백질(free protein)은 거의 동일한 구조를 가지고 있다. EF2는 5개 domain을 가지고 있다. Guanine nucleotide와 결합하기 때문에 G domain으로 알려진 domain 1은 EF1A의 G domain과 유사하다(**그림 20.37a**와 **b** 비교). 두 번째 EF2 domain(N-말단으로부터)의 중심은 EF1A의 두 번째 domain과 구조적으로 유사하다. EF2의 나머지 3개 domain은 전체적으로 tRNA와 유사한 크기와 형태를 이룬다. 따라서 EF2 • GDP와 EF1A • GTP • aminoacyl-tRNA 복합체가 매우 유사한 크기와 형태를 가지고 있다는 것은 이 두 신장 인자가 ribosome의 같은 위치나 그 근처에 결합할 것이라는 것을 나타

(a)

(b)

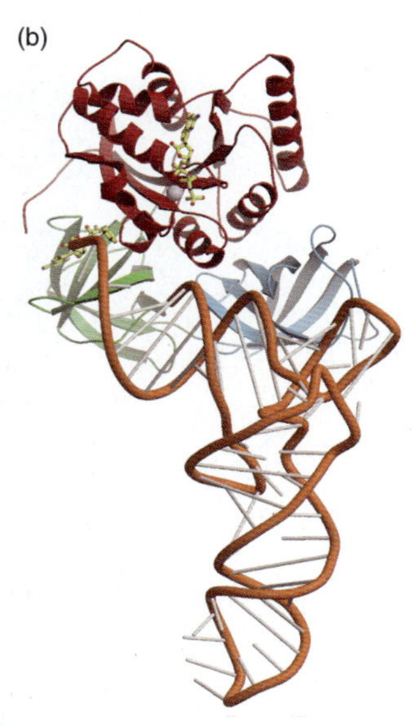

**그림 20.37 EF2 • GDP와 EF1A • GDPNP • Phe-tRNA를 위한 유사한 크기와 형태.** (a) *Thermus thermophilus*의 EF2 • GDP. domain I과 II는 각각 붉은색과 녹색으로 표시. domain III, IV, V는 오렌지색, domain 1 내부의 subdomain은 녹색으로 표시. GDP는 노란색 ball-and-stick model로 표현했다. (b) 효모 Phe-tRNA가 결합한 *Thermus aquaticus* EF1A • GDPNP의 3중 복합체. EF1A domain I, II, III은 각각 red, green, blue로, tRNA backbone은 오렌지색으로 표시했다. 아미노산과 3′-말단 CCA nucleotide는 domain 1과 II의 접촉면에 있는 틈에 결합하고 있으며 가수분해로부터 tRNA에 아미노산을 연결하는 ester 결합이 가수분해되는 것을 막는다. Reproduced from *Trends Biochem. Sci.*, vol. 28, andersen, G. R., Nissen, P., and Nyborg, J., *Elongation factors in protein biosynthesis*, pp. 434-441, copyright 2003, with permission from Elsevier. Photos courtesy of Poul Nissen, in memory of Jens Nyborg, University of Aarhus.

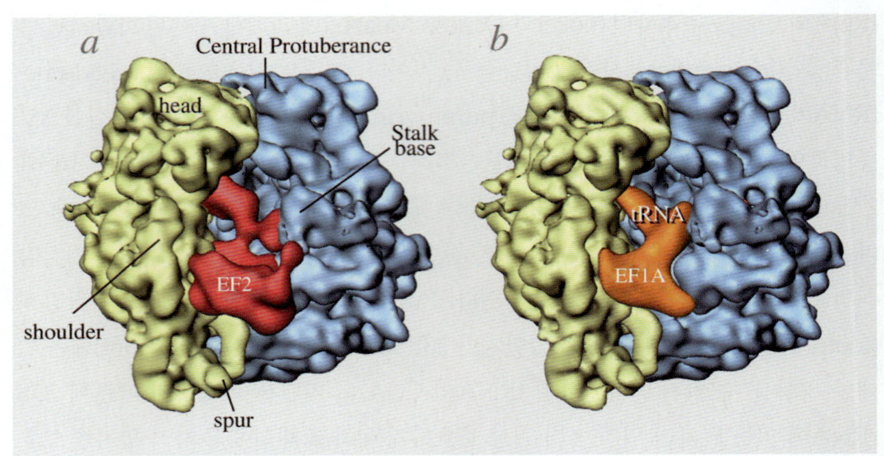


**그림 20.38 ribosome에서 EF2와 EF1A의 형태와 결합위치 비교.** (a) EF2(붉은색)와 (b) aminoacyl-tRNA • EF1A • GDP kirromycin 복합체(오렌지색). 항생제 kirromycin은 EF1A가 GTP를 가수분해 한 후에 일어나는 구조적 변화를 억제한다. 두 인자의 experimental densities는 확인된 30S(노란색)와 50S(푸른색) subunit로 이루어진 대장균 70S ribosome의 11.5Å의 해상력을 가진 동결-전자현미경 구조에 중첩한 것이다. Reproduced from Frank, J., and Agrawal, R. K., *Cold Spring Hard.Symp. Quant. Biol.* 66 (2001): pp 67-76. Copyright 2001, Cold Spring Harbor Laboratory Press. Photo courtesy of Joachim Frank, HHMI/HRI, Wadsworth Center.

낸다. **그림 20.38**에 보여준 것처럼, EF1A • GTP • aminoacyl-tRNA 혹은 EF2 • GDP에 결합한 ribosome의 3차원 동결 전자현미경 구조는 이와 같은 예측을 지지하고 있다. 진핵세포의 신장인자 eEF2는 세균의 대응 인자와 구조적으로 유사하고 작용 방식도 매우 유사하다.

EF2 • GTP는 탈아실화된 tRNA를 P/E 상태에서 E/E 상태로 이동하는 것과 peptidyl-tRNA가 A/P 자리에서 P/P 자리로 이동하는 것을 촉진한다. 비어있는 A/A 자리는 다음 aminoacyl-tRNA를 결합할 준비가 되었다. Knud H. Nierhaus는 A/A 자리로 aminoacyl-tRNA의 유입은 uncharged tRNA가 E/E 자리로부터 유리되도록 한다는 것을 나타내었다. EF2 • GTP가 이동을 자극하는데 사용되는 기전은 현재 연구 주제다. 1997년에 수행된 실험에서 Wolfgang Wintermeyer와 그의 동료들은 EF2가 이동이 일어나기 전에 GTP를 가수분해 한다는 것을 보여주었고, 이는 GTP 가수분해가 이동과정에 필요한 에너지를 제공한다는 것을 나타낸다. 그러나 Wintermeyer와 그의 동료들에 의해 수행된 두 번째 실험은 다른 가능성을 제시하였다. GTP가 에너지를 제공할 수 없는 가수 분해되지 않는 유사체로 대체되었을 때, EF2는 여전히 이동을 유도하지만 속도는 무척 느렸다. 이 실험은 EF2가 전-이동 상태에서 후-이동 상태로 전환하는데 필요한 활성화 에너지를 낮추는 효소로서의 기능을 할 것을 암시한다. 아마도 EF2 • GTP는 이동과정 진행을 위해 운동성과 열역학 모두에 기여할지도 모른다.

## 20.4 종결(Termination) 단계

### 세균은 3종류의 해리인자를 가지고 있다.

Polypeptide 사슬 종료는 종결 codon(non-sense)이 30S ribosome subunit의 A-자리에 들어갈 때 일어난다. 초기의 연구는 종결 codon(UAA, UAG, UGA)의 3개의 염기가 종료를 위한 모든 정보를 제공할 것이라고 제안하였다. 그러나 지금은 종결 codon의 양 옆에 있는 염기에 따라 종료 신호의 강도에 영향을 주는 것으로 보인다. 예를 들면, *E. coil*에서 UGA는 C 다음에 오게 될 때보다 U 다음에 오게 될 때가 더 강한 종료 신호이다. 다음 아래쪽 2개의 염기뿐 아니라 종결 codon의 상위 염기도 종료 신호에 영향을 주지만 정도는 약한 편이다.

세균에서 polypeptide 사슬 종료는 **해리 인자(RFs)**를 필요로 한다. 이런 해리 인자의 존재는 1967년에 Mario Capecci에 의해 수행된 실험에서 처음으로 밝혀졌다. 그는 처음에 P-자리의 tRNA에 6개 peptide가 붙어있고 A-자리에 종결 codon이 있는 ribosome • mRNA 복합체를 형성한 후, 이 복합체를 6개 peptide로 해리하는데 수용성 단백질인자가 필요한지를 증명하는데 사용하였다. 다음 해에 C. Thomas Caskey와 그의 동료들에 의해 RF 활성을 측정하기 위한 아주 간단 분석법을 고안하였다. 그들의 분석법은 종결 codon을 포함한 3개 nucleotide를 넣어주었을 때 해리 인자는 fMet-tRNA • AUG • ribosome 복합체를 자극하여 fMet가 해리되도록 한다는 관찰에 근거한 것이다. 이 단순한 분석 시스템을 이용하여 Caskey와 그의 동료들은 세균 추출물에 2개의 다른 RF를 포함하고 있다는 것을 증명하였다. **RF1**은 종결 codon UAG를 인식하는데 반하여, **RF2**는 종결 codon UGA를 인식한다. 더불어 두 해리인자 모두 종결 codon UAA를 인식한다. 1969년에 독립적으로, Capecchi와 Caskey 실험실은 세 번째 해리인자인 **RF3**을 발견하였는데, RF3은 RF1 또는 RF2의 존재 하에서 peptide의 해리속도를 촉진하지만 RF3 자체만으로 활성이 없다는 것을 보여주었다.

### Class 1 해리인자인 RF1과 RF2는 anticodon으로 작용하는 tripeptide와 peptidyl transferase 자리에 결합하는 또 다른 tripeptide를 가지고 있다.

RF1과 RF2는 1차 구조와 기능이 유사하기 때문에 해리 인자의 class 1군으로 분류되었다. 2000년에 Koichi Ito와 그의 동료들은 종결 codon을 인식하는 RF1과 RF2의 부위를 결정할 수 있는 획기적인 접근법을 고안하였다. 그들은 두 해리인자 사이의 domain을 바꾸기 위한 재조합 DNA 기술을 사용하였다. 그 다음에 그들은 종료 codon을 인식하는데 관여하는 domain을 확인하기 위하여 얻어진 융합단백질을 분석하였다. 더 나아가 유전학적인 분석을 통해 domain 내의 tripeptide로 인식 범위가 좁혀졌다. Tripeptide는 RF1의 경우엔 Pro-Ala-Thr(PAT)이고 RF2의 경우엔

Ser-Pro-Phe(SPE)이 있다. 교차연관(cross-linking)과 발자국감식법(footprinting) 실험은 PAT과 SPF가 30S ribosome subunit의 A-자리에서 종결 codon과 상호 작용하며 "tripeptide anticodon"으로 작용하는 것을 보여주었다.

RF1과 RF2는 두 번째로 매우 보존된 tripeptide, Gly-Gly-Gln(GGQ)을 가지고 있으며, 이는 기능을 하는데 필수적이다. Mans Ehrenberg에 의해 GGQ를 GAQ(Gly-Ala-Gln) 또는 GGA(Gly-Gly-Ala)로 바꾼 돌연변이는 해리인자의 활성이 매우 떨어지는 것을 보여주었다. 그들은 더 나아가 GGQ가 puromycin이 peptidyl transferase 자리에 도달하는 것을 억제하는 것을 보여 줌으로 GGQ가 peptidyl transferase 자리 근처에 결합한다는 것을 증명하였다. Ehrenberg와 그의 동료들은 또한 세균의 class 1 해리 인자들이 어떻게 peptide 해리를 촉진하는지에 대한 의문을 해결하였다. 그들은 2가지 가능성을 고려하였다. (1) RF는 ribosome에 결합하면서 활성화되는 hydrolase이다. (2) Ribosome은 해리 인자에 의해 촉진되는 hydrolase 활성을 갖는다. 그들은 ribosome이 hydrolase 활성을 갖는지를 조사하기 위한 획기적인 실험법을 고안하였다. 첫 번째로 그들은 fMet-Phe-Thr-Ile를 암호하고 있는 mRNA와 반응하고 있는 P-자리에 fMet-$tRNA^{fMet}$이 결합되어 있는 ribosome 복합체를 만들었다. 그 후에 그들은 해리인자가 존재하지 않은 조건에서도 탈아실화된 $tRNA^{Phe}$이 fMet의 해리를 촉진시키는 것을 증명하였다. 이 실험에는 해리 인자가 존재하지 않았다. 20%의 에탄올을 추가하였을 RF1이나 RF2가 존재하는 정상적인 종료 자리에서 관찰되는 것과 유사한 값으로 fMet 해리 속도를 증가시켰다. 이 실험은 완성된 peptide를 P-자리 tRNA에 연결하는 ester 결합을 가수분해하는 것은 RF가 아니라 ribosome이라는 것을 분명히 증명하였다.

Class 1 세균 해리 인자에 대한 추가적인 실험은 Morten Kieldgaard와 그의 동료들이 2001년에 세균 RF2에 대한 결정 구조를 푼 다음에 가능하게 되었다(**그림 20.39**). 이 결정 구조에서 SPF(the "tripeptide anticodon")와 GGQ사이의 거리는 단지 23 Å 밖에 되지 않는다. 이 공간은 두 ribosome 자리사이의 거리가 약 70 Å 이기 때문에 GGQ가 peptidyl transferase 자리에 결합하고 있으면서 SPF가 A-자리에서 종료codon과 상호작용한다고 위에서 설명한 생화학적인 실험 결과와는 모순되었다.

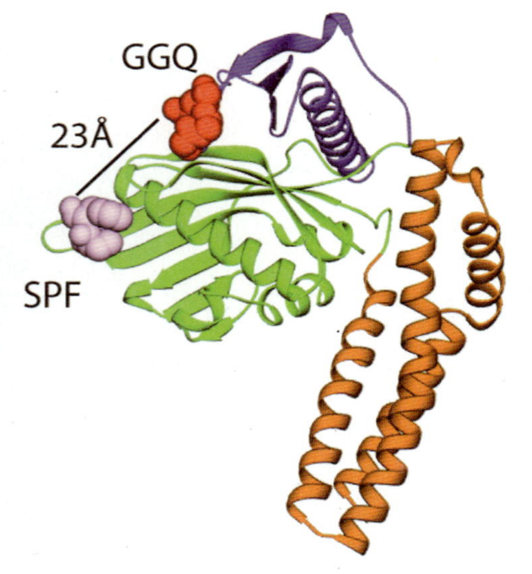


**그림 20.39 대장균 해리인자(RF2)의 결정 구조.** Domain 1은 금색, domain 2 and 4는 녹색, domain 3은 푸른색로 표시했다. GGQ(붉은색) 또는 SPF(보라색) motifs의 잔기는 space-filled spheres로 나타냈다. Reproduced from Brodersen, D. E., and Ramakrishnan, V. *Nature Struct. Mol. Biol. 10* (2003): 78-80. Photo courtesy of V. Ramakrishnan, Medical Research Council (UK).

2003년에 Joachim Frank와 Marin Van Heel 그룹에 의해 이루어진 독자적인 연구는 RF2가 ribosome과 결합 후 형태가 바꾼다는 것을 보여줌으로서 생화학적 연구와 구조 연구 사이의 충돌을 해결했다. 양쪽 그룹은 A-자리에 UAA 종결 codon과 P-자리에 fMet-Phe-Thr-Ile-$tRNA^{Ile}$을 가진 ribosome을 포함한 해리 복합체를 만들기 위해 세균 단백질 합성을 위한 매우 효율적인 실험 모델을 사용하였다. 그런 다음 그들은 peptide 해리 전과 후에 RF2와 해리 복합체의 상호작용을 연구하였다. 그들은 해리 복합체에 돌연변이 RF2($RF_{GAQ}$)를 넣어서 peptide가 해리되지 않는 전-해리 복합체(pre-release complex)와 일반형 RF2($RF2_{wt}$)를 첨가하여 peptide가 해리되는 후-해리 복합체(post-release complex)를 얻었다. 전- 과 후-해

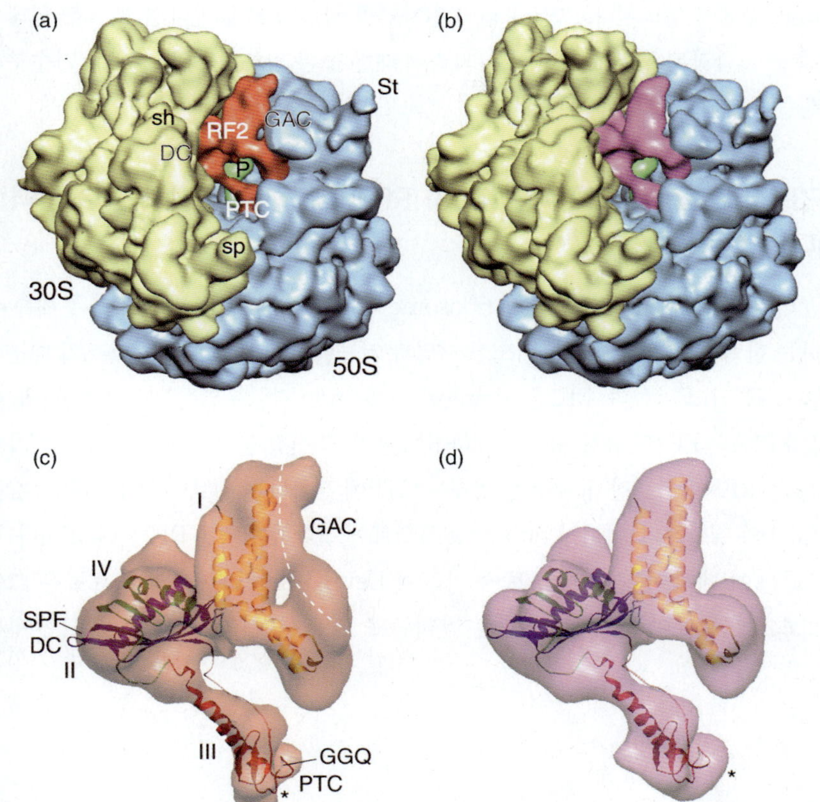


**그림 20.40 Ribosome 복합체와 해리인자 2(RF2)의 상호작용을 보여주는 동결-전자현미경 구조.** (a) 해리 복합체의 3차원 동결-전자현미경 구조. A-자리에 UAA 종결 codon과 P-자리에 fMet-Phe-Thr-Ile-tRNAIle을 가진 ribosome과 돌연변이 $RF2_{GAQ}$가 결합되어 있는 해리복합체 구조. (b) $RF2_{wt}$가 결합된 해리복합체의 3차원 구조. (c) 변형된 RF2 결정구조는 $RF2_{GGQ}$ 동결-전자현미경 구조와 잘 일치한다. (d) 변형된 RF2 결정구조는 $RF2_{wt}$ 동결-전자현미경 구조와 잘 일치한다. ribosome의 특징은 다음과 같이 표시했다: sh, 어깨(shoulder); sp, spur; St, L7/L12 줄기(stalk); p, P-자리 tRNA; DC, A 자리의 암호해독 중앙(decoding center); PTC, peptidyltransferase center; and GAC, GTPase-associated center.RF2의 암호 색은 다음과 같다: $RF2_{GAQ}$는 오렌지색; RF2는 자주색; domain I는 금색; domain II 는 보라색; domain III는 붉은색; domain IV는 녹색; SPF motif는 진분홍색; and GGQ motif는 회색. RF2 domain I, II와 flexible regions 사이는 청녹색; II and III는 옅은 붉은색; III와 IV는 녹색. Asterisks in(c) and(d) mark conformational changes in domain III. Reproduced from Rawat, U. B. S., et al., *Nature* 421(2003):87-90. Photo courtesy of Joachim Frank, HHMI/HRI, Wadsworth Center.

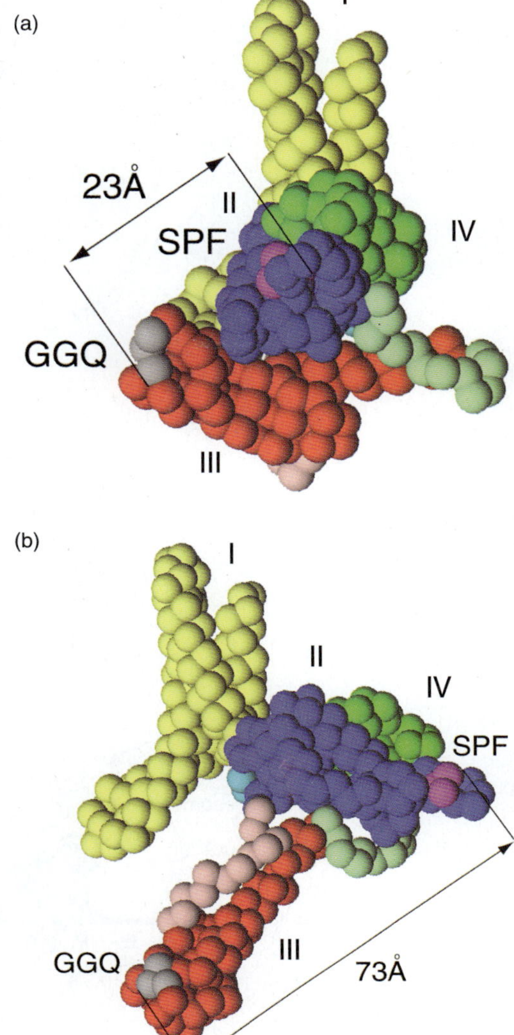


**그림 20.41 해리인자 2(RF2)의 2가지 구조.** (a) 결정구조와(b) 동결-전자현미경 구조에서 보여주는 RF2 domain의 space filling model. RF2의 결정구조와 동결-전자현미경 구조는 결정구조의 domain 1과 동결-전자현미경 구조의 domain 1을 같은 방향에서 보여주고 있다. 암호색은 다음과 같다: domain I, 금색; domain II, 보라색; domain III, 붉은색; domain IV, 녹색; SPF motif, 자주색; GGQ motif, 회색. 유동적 부분(flexible region)과 domains I-II 사이, 청녹색; domains II-III, 옅은 붉은색; III-IV, 옅은 녹색. Reproduced from Rawat, U. B. S., et al., *Nature* 421(2003): 87-90. Photos courtesy of Joachim Frank, HHMI/HRI, Wadsworth Center.

리 복합체의 동결-전자현미경 구조는 돌연변이와 일반형 RF2 분자가 ribosome에 결합되어 있는 것을 보여주었다(**그림 20.40**). 더욱 중요한 것은 양쪽 구조는 해리인자가 ribosome에 결합하면서 형태의 변화가 일어나서 GGQ가 peptidyl transferase 자리에 결합하는 것과 동시에 "anticodon tripeptide"은 A-자리의 종결 codon에 결합할 수 있다는 것을 보여 주었다(**그림 20.41**). Frank와 여러 연구자들은 RF2(or RF1)와 A-자리 codon과의 상호작용은 아마도 초기에는 약할 것이라고 주장하였다. 만약 해리 인자가 A-자리에서 전사 codon(sense codon)과 만나면,

ribosome에서 분리된다. 그러나 해리 인자가 종결 codon을 만나면, 밀착된 형태에서 충분히 확장된 구조로 변하여 A-자리에 대한 높은 친화력과 ribosome 가수분해 활성을 촉진하는 능력을 갖게 된다.

## RF3은 ribosome으로부터 RF1과 RF2의 분리를 담당하는 G 단백질이다.

세균의 RF3은 peptide 해리 후에 ribosome 복합체로부터 RF1과 RF2의 분해를 촉진하는 단백질이다. RF3은 아미노산 서열과 기능이 RF1과 RF2와는 다르기 때문에 class 2 RF라고 말한다. RF3은 guanine nucleotide 결합부위를 가지고 있는데, 이것은 EF1A와 EF2와 유사하다. 그러나 RF3은 번역 신장 인자들과 다른 특성을 가지고 있다. RF3의 세포질 내 수용성 형태는 GTP에 결합하는 것보다 약 $10^3$배 더 강하게 GDP와 결합한다. 따라서 ribosome 복합체에 결합하는 것은 RF3 • GDP이다.

RFs에 대하여 수집된 정보에 의하여 Lev Kisselev와 그의 동료들은 **그림 20.42**에서 보여주는 것과 같은 번역종료 경로를 제안하였다. 종료 단계는

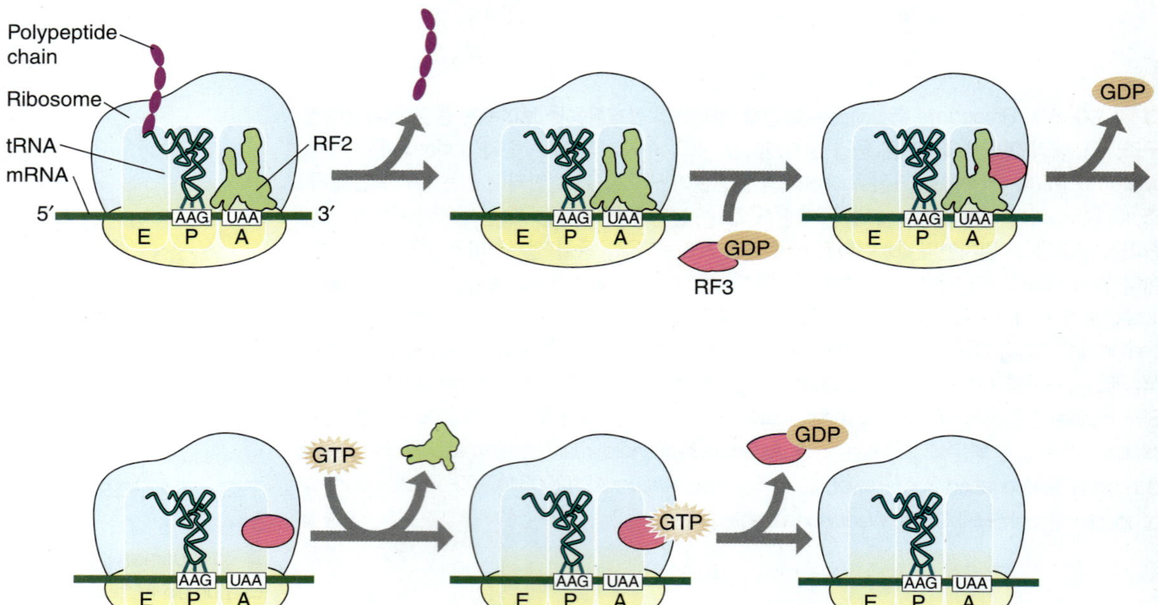


**그림 20.42 세균의 polypeptide 종료 경로.** 종료는 ribosome의 P-자리에 peptidyl-tRNA와 A-자리에 class 1 해리인자(이 경우엔 RF2)를 지닌 전-종료 단계에 있을 때 시작된다. Ribosome은 P-자리 tRNA로부터 완전한 peptide를 연결하고 있는 ester 결합을 자르고 복합체를 후-종료 단계로 전환한다. P-자리에 탈아세틸호된 tRNA와 A-자리에 class 1 RF를 가진 ribosome은 RF3 • GDP와 결합한다. GDP는 빨리 ribosome으로부터 분리되고, ribosome은 class 1 해리인자(이경우엔 RF2)와 안정적으로 결합된 RF3를 포함하게 된다. GTP RF3에 결합하여 구조적 변화를 일으키고 class 1 해리인자를 ribosome에서 떨어지게 한다. 이어서 일어나는 GTP의 가수분해는 RF3의 구조 변화를 야기하여 ribosome에서 분리되게 된다. 종료 단계가 완료되었을 때, 탈아세필화된 tRNA는 여전히 P-자리에 결합되어 있고 mRNA도 전체 ribosome에 여전히 결합되어 있다. Adapted from Kisselev, L., et al., *EMBO J.* 22(2003): 175-182.

ribosome이 P-자리에 peptidyl-tRNA와 A-자리에 class 1 해리 인자가 있는 전-종료(pre-termination) 상태에 있을 때 시작된다. Ribosome은 P-자리 tRNA로부터 완성된 peptide를 연결하고 있는 ester 결합을 자르고, 복합체를 후-종료(post-termination) 상태로 바꾼다. P-자리에 탈아실화된 tRNA를 지니고 A-자리에 class 1 RF를 가진 ribosome은 RF3-GDP와 결합한다. GDP는 빨리 ribosome으로부터 분리되고, ribosome은 class 1 해리 인자(RF1 또는 RF2)와 안정하게 결합된 RF3을 포함하게 된다. GTP는 RF3에 결합하고, RF3은 구조적 변화가 일어나서 class 1 해리인자를 ribosome에서 떨어지게 한다. 이어서 일어나는 GTP 가수분해로 RF3은 다시 구조적 변화가 일어나게 되어 ribosome에서 분리 된다. 종료 단계의 완료시에, 탈아실화된 tRNA는 P-자리에 여전히 결합되어 있고 mRNA도 완전한 ribosome에 여전히 결합되어 있다.

## 끝이 잘려 종결 codon이 없는 mRNA를 번역하다 멈춘 ribosome은 tmRNA에 의해서 구조될 수 있다.

세균은 정확한 polypeptide 사슬 종료를 위해서 종결 codon을 필요로 한다. 만약 mRNA 전사가 불완전하거나 mRNA가 nuclease에 의해 잘려서 종결 codon이 없는 mRNA 단편이 얻어진다면 심각한 문제가 발생한다. 이러한 절단된 mRNA 단편의 번역은 정상적으로 시작되지만 ribosome이 3′-말단에 도착했을 때 신장이 멈출 것이다. 이 단계에서 ribosome은 계속 신장할 수 없고 번역을 종료할 수도 없다. 따라서 ribosome은 P-자리 tRNA에 여전히 결합되어 있는 부분적으로 합성된 polypeptide 사슬을 가진 채 멈추어 있을 것이다. 이러한 상황은 2가지 문제의 원인이 된다. 첫 번째로 절단된(truncated) mRNA에 결합된 ribosome은 재활용될 수 없으며 두 번째로 잘려진 polypeptide는 세포에 해로울 것이다. 1996년에 Robert T. Sauer와 그의 동료들은 세균이 멈춘 ribosome을 자유롭게 하고 불완전한 polypeptide를 분해하는 기전을 밝혀내었다. 2개의 새로운 인자(RNA 분자와 단백질)가 이 과정에 관여한다.

멈춘 ribosome을 구원하는데 필요한 RNA 분자는 **전달-전령 RNA(transfer-messenger RNA, tmRNA)**라고 불리는데, 이는 tRNA와 mRNA 양쪽 모두에 작용하기 때문이다. tmRNA 구조에 대한 지식의 상당수가 계통 발생 비교와 화학 변형 연구에 근거를 둔 것이다. tmRNA 분자는 거의 260-430 nucleotide의 길이이며 세균의 종류마다 다르다. *E. coil*의 tmRNA에 대한 예측된 2차 구조가 **그림 20.43**에 묘사되어 있다. tmRNA의 5′-과 3′-말단은 tRNA와 유사한 domain을 형성하는데, 수용체 줄기, TψC-arm, D-loop는 포함하지만 D-stem은 없다. tRNA에 정상적으로 존재하는 anticodon arm은 tmRNA 분자의 나머지에 tRNA-like domain을 연결하는 길게 풀어진 줄기로 대체되어 있다. 이 긴 풀어진 줄기의 5′-말단은 뒤얽힌 단편들을 갖는 복잡한 3차원 구조인 pseudoknot에 연결되어 있다. 이 pseudoknot

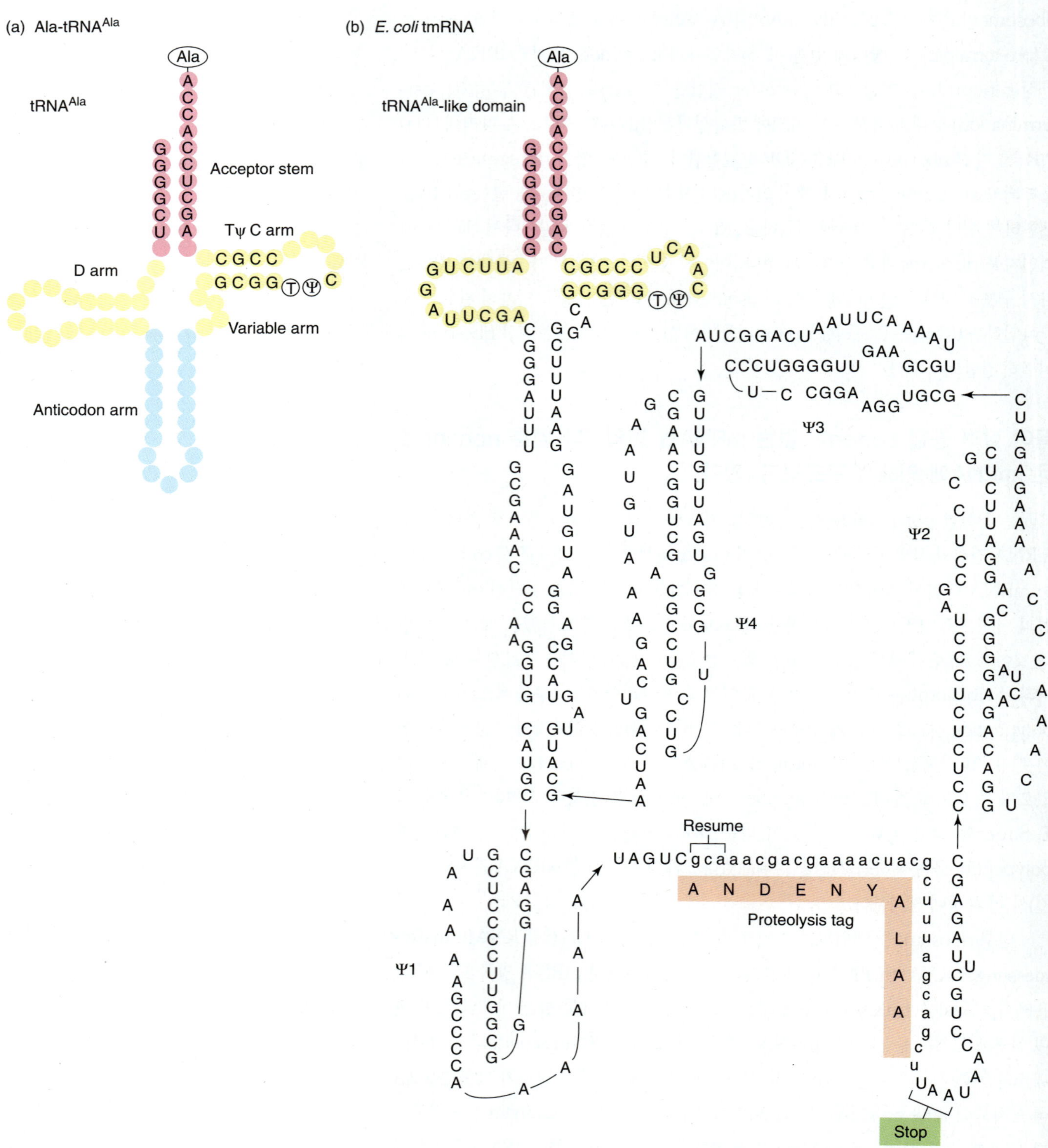


**그림 20.43 대장균 transfer-messenger RNA(tmRNA).** (a) Ala-tRNA^Ala의 2차 구조 (b) 계통비교에 근거를 둔 대장균 tmRNA의 예상되는 2차 구조. tRNA와 tmRNA의 유사한 부분은 같은 색으로 강조하였다. 4개의 pseudoknots(RNA 단편의 꼬임에 관여하는 복잡한 3차원적 motif는 ψ1-ψ4로 표시하였다. Polypeptide 사슬 끝에 첨가되는 peptide tag에 대한 nucleotide는 소문자로 표시하였다. "Resume"은 peptid tag의 합성이 시작되는 자리를 가리킨다. Adapted from Karzai, A. W., Roche, E. D., and Sauer, R. T., *Nat. Struct. Mol. Biol.* 7(2000): 449-455.

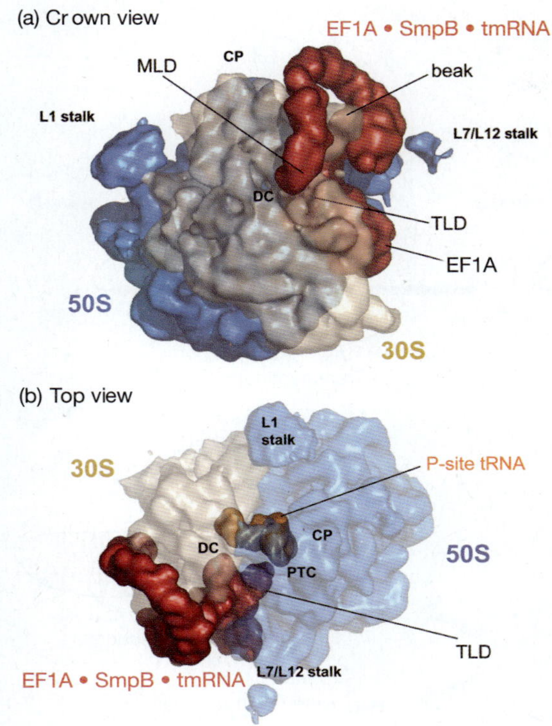


**그림 20.44 SmpB(small protein B), tmRNA, EF1A, GDP와 결합한 ribosome의 동결-전자현미경구조.** (a) 50S subunit(푸른색)와 30S subunit(크림색) 사이 중간에 위치해 있는 SmpB • tmRNA • EF1a(붉은색)의 동결-전자현미경 구조의 crow view. tRNA-like domain(TLD)와 복합체를 이루는 EF1A는 L7/L12 줄기의 기저 근처, GTPase-associated center (GAC) 하부에 결합을 한다. kirromycin 항생제는 GTP 가수분해 직후 발생되는 형태 변화를 억제하며, EF!A가 ribosome으로부터 방출되는 것을 막는다. tmRNA는 작은 subunit 끝부분 주위에 loop모양을 형성하며, mRNA 진입 지점 근처 mRNA-like domain (MLD)에 위치한다. (b) peptide tRNA와 결합하는 P-자리는 큰 subunit의 peptidyl transferase 센터(PTC)와 작은 subunit의 해독 센터(DC) 사이에 보여진다. 해독 센터(DC)는 codon과 anticodon이 일치하는 자리에 있다. CP는 중심 돌기이다. Reproduced from *Curr. Opin. Struc. Biol.*, vol. 14, Haebel, P. W., Gutmann, S., and Ban, N.m *Dial tm for rescue*..., pp.58-65. Copyright 2004, with permission from Elsevier. Photo courtesy of Sascha Gutmann and Nenad Ban, Institute for Molecular Biology and Biophysics, Swiss Federal Institute of Technology.

(pseudoknot 1, 또는 ψ1으로 표시)의 뒤에 짧은 peptide reading frame이 있고 그 다음에 3개의 추가적인 pseuoknots(ψ2-ψ4)가 뒤를 따른다. tRNA domain, peptide reading frame, ψ1은 멈춘 ribosome을 구조하기 위해 필수적이다. 왜냐하면 이 pseudoknots가 없는 tmRNAs도 기능을 하기 때문에 ψ2에서 ψ4까지는 필요하지 않는다. alanine-tRNA synthetase가 alanine을 tRNA domain에 붙여주며 이 과정은 tmRNA가 멈춘 ribosome을 구원하기 전에 진행되어야 한다.

멈춘 ribosome을 구조하기 위해 필요한 단백질 인자는 **SmpB(small protein B)**라고 알려져 있다. SmpB는 Ala • tmRNA • SmpB 복합체를 형성하기 위해 Ala-tmRNA와 상호작용한다. EF1A • GTP는 Ala • tmRNA • SmpB 복합체의 TψC-arm과 수용체 줄기에 결합하여 복합체를 멈춘 ribosome으로 수송한다. Frank와 그의 동료들에 의해 ribosome과 복합체를 이룬 tmRNA의 동결-전자현미경 구조를 얻었다(**그림 20.44**). 또한 trans-translation이라고도 부르는 구조 과정에 대한 전반적인 경로는 **그림 20.45**에 나타내었다. 한번 ribosome에 결합하면, Ala • tmRNA는 A-자리 tRNA처럼 작용하여 P-자리 tRNA로부터 peptide 그룹을 받아들인다. 그런 다음 ribosome은 알려지지 않은 방법으로 멈춘 mRNA로부터 tmRNA로 이동하여 tmRNA 내에 있는 번역개시위치에서 번역을 다시 시작한다. 그렇게 해서 **단백질 분해 표지(proteolysis tag)**라 불리는 짧은 peptide(ANDENYALAA)가 신생 단백질에 첨가된다. Ribosome은 단백질 분해 표지를 위한 번역개시위치의 끝에 있는 일반적인 정지를 나타내는 종결 codon을 만날 때 단백질 합성을 끝내고 정상적인 방식으

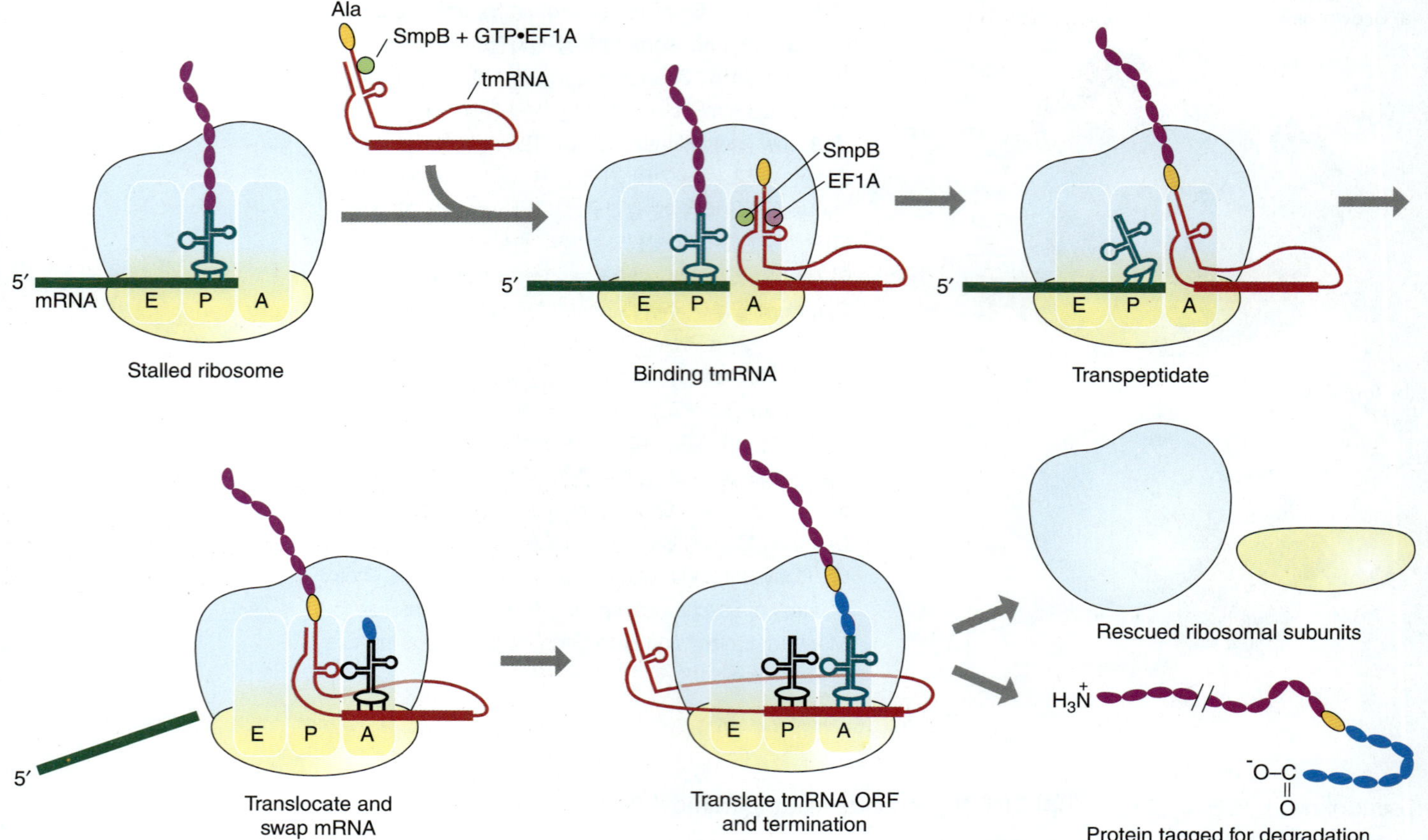


**그림 20.45 Ribosome 구조 경로.** 여기에서 보여준 모델에서, mRNA 기능은 EF1A와 SmpB와 복합체를 이룬 tmRNA에 의해 멈춘 ribosome의 초기 인식에 관여한다. 인식 후에, tmRNA는 tRNA와 유사한 역할을 수행한다; ribosome은 원래 mRNA로부터 분해표시를 암호하는 tmRNA로 reading frame을 옮긴다. 번역은 이 reading frame에서 다시 시작되고, 정상적인 번역 종료가 일어나며, 전에 멈췄던 ribosome subunit는 자유롭게 되어 다른 mRNA를 번역하게 된다. Adapted from Moore, S. D., and Sauer, R. T., *Annu. Rev. Biochem.* 76 (2007): 101-124.

로 polypeptide를 방출한다. 이름이 암시하는 것처럼, 단백질 분해 표지는 polypeptide 분해를 위한 신호로서 작용을 하여 세포에 해가되는 비정상적인 단백질의 축적을 막는다.

## 진핵 세포의 미토콘드리아에는 세균과 유사한 해리인자를 가지고 있으나 세포질에는 다른 종류의 해리인자를 가지고 있다.

진핵세포는 2가지 종류의 해리 인자를 갖는데, 하나는 미토콘드리아에 있고 다른 하나는 세포질에 있다. 미토콘드리아 해리 인자는 세균의 RF와 유사한 서열을 가지고 있으며 비슷한 방식으로 작동한다. 세포질의 해리 인자는 세균의 해리 인자와는 서열이 다르지만 archaea의 해리인자와는 유사하다. 진핵세포는 1개의 class 1 세포질 해리인자(eRF1)와 1개의 class 2 세포질 해리인자(eRF3)를 가지고 있다. 둘 다 세포의 생존에 필수적인 해리인자이다.

**그림 20.46**은 기능에 있어서 중요한 위치와 더불어 사람 eRF1의 결정구조를

보여주고 있다. 모든 생명체의 class 1 RFs에 존재하는 매우 보존된 서열인 tripeptide Gly-Gly-Gln(GGQ)는 아마도 peptidyl transferase 센터에 결합한다. 세포질 eRF1s에 존재하는 4개 peptide Asn-Ile-Lys-Ser은 3개의 종결 codon 모두를 인식한다. eRF1은 또한 eRF3에 대한 결합 부위를 가지고 있는데 이는 2개의 RFs가 세포질에서 결합하여 eRF1 • eRF3라는 한 단위체로서 ribosome에 결합할 것임을 나타내고 있다. eRF1의 구조는 ribosome에 결합하면서 바뀔 것이다. 그러나 자세한 구조적 변화는 더 연구해야 될 부분으로 남아있다. 세포질 해리인자가 어떻게 작용하는지는 잘 알려져 있지 않기 때문에 세균과 진핵세포의 종결 경로를 비교하는 것은 아직 가능하지 않다.

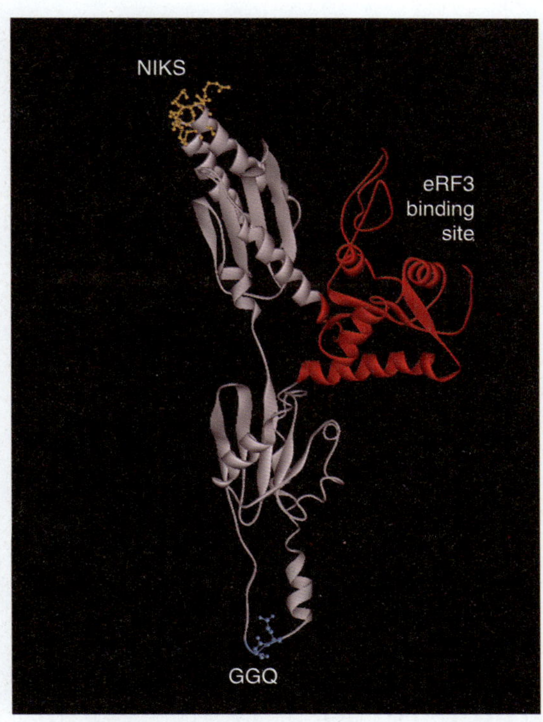


**그림 20.46 사람 eRF1의 결정 구조.** Tripeptide Gly-Gly-Gln(GGQ는 blue stick 구조로 보여짐)는 모든 생명체의 class 1 해리 인자에 존재하는 매우 보존된 서열이며 아마도 peptidyl transferase 중앙에 결합할 것이다. tetrapeptideAsn-Ile-Lys-Ser(NIKS은 yellow stick 구조로 표현됨)은 3개의 종결 codon을 모두 인식한다. Protein Data Bank ID: IDT9. Song, H., et al., *Cell* 100(2000): 311-321.

### 돌연변이 tRNA 분자는 reading frame내의 종결 codon을 만드는 돌연변이를 억제한다.

간단한 돌연변이 결과는 정상 codon을 종료 codon으로 바꿀 수 있다. 예를 들면, 단 하나의 염기 변화가 UCG(serine을 위한 codon)을 UAG(종결 codon)로 바꾼다. 이와 같은 정지 돌연변이(nonsense mutation)는 단백질 합성 기구가 제 기능을 할 수 없는 polypeptide 단편을 생산하도록 한다. 완전한 기능을 가진 polypeptide를 합성하기 위한 세포의 능력은 두 번째 돌연변이 유발에 의해 회복될 수 있다. 기대했던 것처럼, 많은 두 번째 돌연변이는 종결 codon을 대체 아미노산을 지정하는 codon으로 바꾸고 소수만 원래의 codon으로 바꾼다. 어떤 두 번째 돌연변이는 변화된 유전자보다는 오히려 단백질 합성 기구를 변화시키는 것으로 종결 codon을 억제한다. 이러한 억제는 종종 minor tRNA 분자의 anticodon을 변화시켜 종결 codon과 염기쌍을 형성할 수 있게 한다. 예를 들면, minor $tRNA^{Ser}$의 염기 하나의 변화는 그것의 CGA anticodon을 CUA anticodon으로 바꾼다. 세포는 이러한 변화에서 살아남는데, 여전히 serine을 위해 정상 UCG codon을 인식하는 두 번째 $tRNA^{Ser}$ 종류를 갖기 때문이다. 돌연변이 $tRNA^{Ser}$는 serine codon으로서 UAG를 번역하는 것으로 정지 돌연변이(nonsense mutation)를 억제한다. 억제인자 tRNA 분자는 정상 종료 codon을 번역함으로 비정상적인 큰 polypeptide를 생산하여 심각한 문제를 야기할 것이다. 그런데 이러한 문제는 예상했던 것보다 덜 심각한데, (1) minor tRNA 분자의 유도체로서, 세포내 억제인자 tRNA 분자의 농도는 낮고, (2) 단백질 합성 기구는 nucleotide 서열의 전후 관계에서 정상 종결 codon을 인식하기 때문이다.

## 20.5 재순환 단계

### Ribosome 해리인자는 세균 ribosome 복합체를 해체하기 위하여 필요하다.

세균의 종결단계 끝에, ribosome 복합체는 50S subunit E-자리의 수용체 말단과

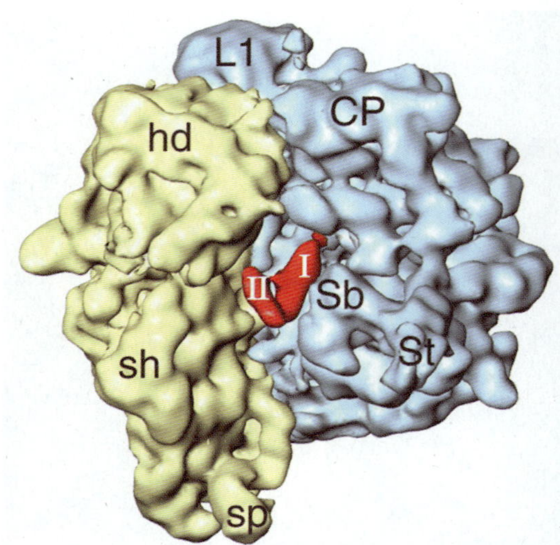


**그림 20.47 70S ribosome 해리인자(RRF) 복합체의 동결-전자현미경 구조.** 왼쪽에 30S subunit(노란색)의 어깨면(shoulder side)과 RRF(붉은색) 결합 단백질이 표현되는 곳에서 50S subunit(푸른색)의 L7/L12 줄기면(stalk side)를 보여주고 있는 70S ribosome. 보여진 구조적 특징은 아래와 같다: hd, 머리(head); sh, 어깨(shoulder); sp, 잔가지(spur); pt, 좌대(platform); L1, L1-protein protuberance; CP, central protuberance; St, L7/L12 stalk, Sb, stalk-base; and SRL, alpha-sarcin-ricin loop. Reproduced from Agrawal, R. K., et al., *Proc. Natl. Acad. Sci. USA* 101(2004): 8900-8905. copyright 2004, National Academy of Sciences, USA. Photo courtesy of Joachim Frank, HHMI/HRI, Wadsworth Center.

30S subunit P-자리의 anticodon 말단에 여전히 mRNA와 탈아실화된 tRNA와 결합하고 있다. 재순환 단계 동안, ribosome subunit는 복합체로부터 분리되어 새로운 polypeptide 합성에 참여하기 위해 자유롭게 된다. 세균에서, 이과정은 ribosome **해리 인자(ribosome release factor, RRF)**라고 알려진 새로운 번역 인자를 필요로 한다.

RRF는 구조가 tRNA와 유사하기 때문에 빈 A-자리에 결합할 것으로 처음에 생각되었던 중요한 단백질이다. 그러나 발자국감식법(footprinting) 실험과 동결-전자현미경 구조(**그림 20.47**)는 RRF가 빈 A-자리에 결합하는 대신, 이 자리에 거의 직각으로 결합함을 보여준다. EF2 • GTP와 IF3는 후종결(posttermination) 복합체를 해체하는데 있어서 RRF를 돕는다. 이 분해과정의 세부적인 측면은 아직 더 연구해야 될 부분으로 남아있다. 사실상 진핵세포에서는 재순환 단계에 관해 알려진 것이 거의 없다. 이제까지는 세균의 RRF에 대한 진핵세포의 대응물이 아직 발견되지 않았다. 하나의 가능성은 1개 이상의 진핵세포의 ribosome 단백질들이 재순환을 돕기 때문에 수용성인 ribosome 해리인자를 요구하지 않을 수 있다. Ribosome이 해리되면 작은 ribosome subunit는 개시인자와 상호작용할 수 있는 자유로운 상태가 되고 polypeptide 합성을 다시 시작할 수 있게 된다.

## 20.6 신호(signal) 서열

### 신호서열은 새로 합성된 단백질을 세포내 특정 장소로 유도하는데 중요한 역할을 한다.

Ribosome은 이동할 수 있는 부위를 많이 가진 복잡한 분자 기구이며 각 부위는 단백질 합성에 특정한 기여를 한다. 지금 우리는 ribosome의 다른 기능, 즉 진핵세포에서는 소포체(endoplasmic reticulum)와 상호작용, 세균에서는 세포막과 ribosome의 상호작용에 초점을 맞출 것이다. 생물학자들이 ribosome을 연구하기 시작한 이후, 그들은 어떤 ribosome은 소포체에 결합한 반면 다른 ribosome은 세포질에 자유롭게 존재하는 것처럼 보인다는 것을 알게 되었다. 자유로운 ribosome은 세포질과 미토콘드리아의 단백질을 합성하고, 반면 막에 결합된 ribosome은 막 단백질, 리소좀 단백질, 분비 단백질을 합성하였다.

몇몇 ribosome이 왜 소포체에 결합되어 있는지에 대한 이유에 대해서 처음에는 분명하지 않았다. 하나의 가능성은 세포는 소포체에 결합하고 있는 것과 그렇지 않는 2종류의 ribosome을 가지고 있다는 것이다. 1971년에 Gunter Blobel과 David D. Sabitini에 의한 연구는 자유로운 ribosome과 결합된 ribosome이 동일한 것으로 보인다는 것을 밝혀내었다. 그러므로 왜 어떤 ribosome은 소포체에 결합하고 나머지는 그렇지 않은지에 대한 다른 설명이 필요했다.

1971년에 Blobel과 Sabatini는 어떻게 세포가 자유로운 ribosome 또는 막결합 ribosome에서 단백질을 합성할 것인지를 결정하기 위한 **신호가설(signal**

**hypothesis)**을 주장하였다. 신호가설에 의하면: (1) 자유로운 ribosome과 막 결합 ribosome은 동일한 것이다. (2) 단백질 합성은 항상 자유로운 ribosome에서 시작된다. (3) 초기의 분비 단백질, 막 단백질, lysosomal 단백질은 ribosome이 소포체에 결합할 수 있는 신호로써 작용하는 20~30 아미노산 서열을 아미노말단에 가지고 있다. Ribosome은 신호서열을 가진 단백질을 합성할 때만 소포체에 결합하게 된다.

신호서열이 단백질마다 다를지라도 공통적인 특성을 파악할 수 있다. 신호서열은 3영역으로 구분되며 짧고 양전하를 띠는 N-말단 영역 7~13개의 소수성 아미노산 잔기를 가진 중간 영역 절단 부위를 포함하며 좀 더 극성(polar)을 띠는 C-말단 영역으로 나눌 수 있다. 단지 신호서열을 가진 polypeptide만 소포체 막으로 삽입되거나 소포체를 통해 옮겨질 수 있다.

신호서열을 가진 초기의 polypeptide의 아미노 말단이 소포체의 내부로 들어가거나 막에 통합되기 위해서는 3개 요소의 도움을 필요로 한다. 모든 생명체에 존재하는 이 요소는 **신호인식입자(signal recognition particle, SRP)**, **SRP 수용체(SRP receptor, SR)**, **단백질 통로 채널(protein conducting channel** 또는 **translocon)**이다. 원핵세포에서 세포막은 진핵세포의 소포체와 같은 목적으로 제공된다. 우리는 포유류의 SRP에 관심의 초점을 맞출 것인데, 왜냐하면 그것이 처음 발견된 것이기 때문이다. SRP 순환을 위해 요구되는 포유류 요소의 기본적인 특성은 아래와 같다:

1. *신호인식입자(SRP)*. SRP는 6개의 단백질(SRP9, 14, 19, 54, 68, 72, 이들은 분자량에 따라서 이름 붙여짐)과 7S RNA로 이루어졌다. SRP54 subunit는 특별히 주목할 만하다. 왜냐하면 guanine nucleotide 결합 부위와 신호서열 결합 부위가 이 안에 위치하고 있기 때문이다.
2. *SRP 수용체*. SR은 2개의 GTP-결합 polypeptide subunit로 외부 막 단백질(peripheral membrane protein SRa)과 내부 막 단백질(integral membrane protein SRb)을 가지고 있다.
3. *단백질 통로 채널(translocon)*. 3개의 polypeptide(Sec61α, Sec61β, Sec61γ)로 만들어진 translocon은 polypeptide를 위한 passive 통로로 작동한다.

SRP 순환에 수반된 3개의 기본 단계가 **그림 20.48**에 나타내었다. 비록 그림 20.48이 포유류의 요소들을 보여주고 있을지라도, 그 과정은 모든 생명체에서 매우 유사할 것이다. (1) SRP는 ribosome polypeptide 출구 터널에서 신호서열이 나오자마자 초기의 polypeptide 사슬의 신호서열에 강하게 결합한다. 동결-전자현미경 연구는 SRP가 ribosome-**초기 사슬 복합체(ribosome-nascent chain complex, RNC)**에 결합하자마자 구조적인 변화가 일어남을 보여준다. 이러한 구조적 변화의 결과로 SRP는 ribosome의 peptide 출구 터널과 신장인자 결합 자리 양쪽에 결합하게 되어(**그림 20.49**), EF1A와 EF2가 ribosome에 결합하는 것을 방해하여 번역이 정지된 상태가 되게 한다. (2) SRP는 ribosome-초기 사슬 복합체를 소포체로 이동

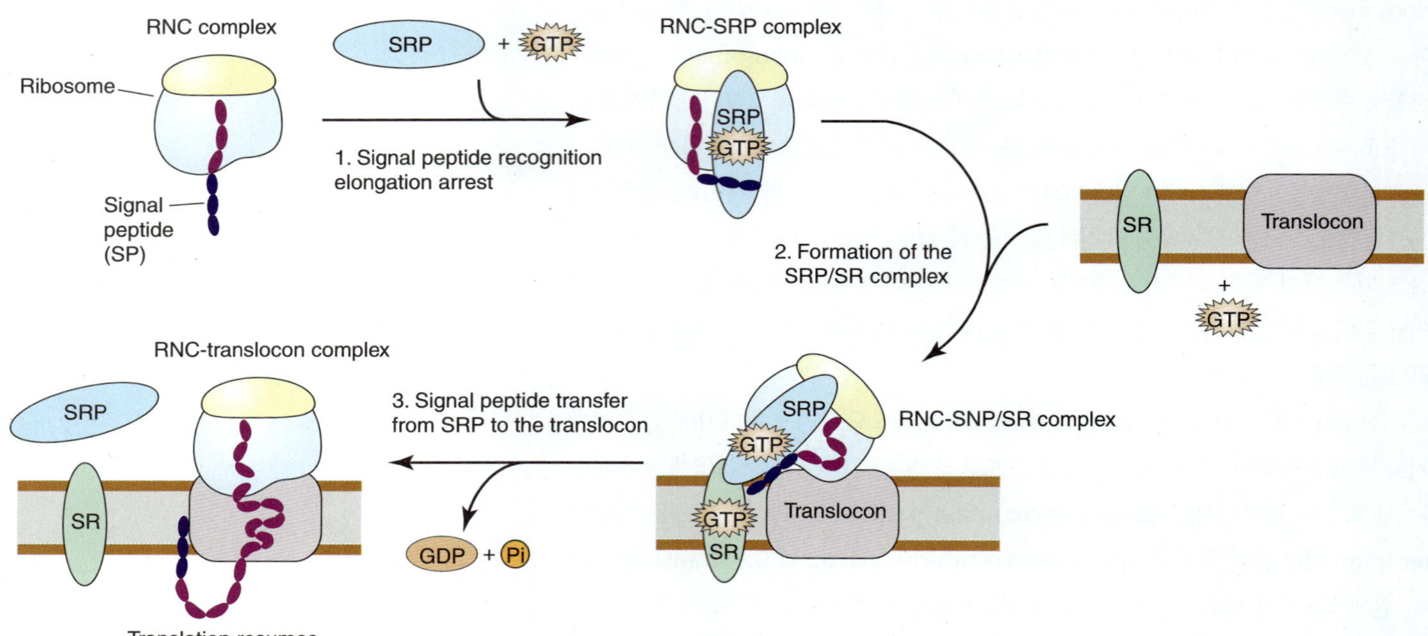


**그림 20.48 신호 인식 입차(Signal recognition particle(SRP)) 순환의 개략도.** 단백질 수송은 ribosome에 있는 신호 peptide(SP)의 인식에서 시작된다. 다음으로 SRP ribosome 초기 polypeptide 사슬 복합체는 SRP 수용체(SR)에 결합한다. GTP는 SRP(SRP54 subunit)와 SR이 안정한 SRP • SR 복합체를 형성하기 위해 있어야 한다. 신호 peptide는 SRP로부터 protein conduction channel(translocon)로 이동된다. 양쪽 SRP와 SR에서 GTP 가수분해는 SRP • SR 복합체의 분리를 유도한다. SRP는 푸른색 타원형으로 표현했고, SRP 수용체는 노란색과 밝은 푸른색으로 각각 표현했다. 초기 polypeptide의 N-말단의 신호 peptide(SP)는 짙은 푸른색으로 표시하였다. Adapted from Luirink, J., and Sinning, I., *Biochem. Biophys. Acta* 1694 (2004): 17-35.

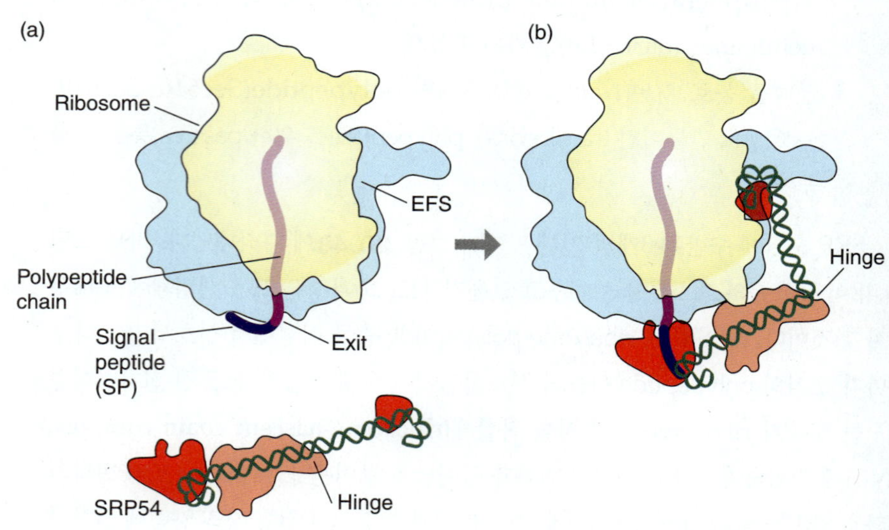


**그림 20.49 신호 인식 입자(Signal recognition particle(SRP))와 ribosome 사이의 신호서열 의존적 상호작용을 보여주는 개략도.** (a) SRP(red)가 ribosome 초기 polypeptide 사슬 복합체에 결합하기 전 모습. (b) SRP가 ribosome 초기 polypeptide 사슬에 복합체에 결합한 후 모습. SRP는 SRP54 subunit가 초기 polypeptide 사슬의 신호서열에 결합할 때 7S RNA의 경첩 부근이 회전되는 구조적 변화가 일어나게 된다. 이러한 구조적 변화의 결과로서, SRP는 ribosome과 상호작용하고 peptide 출고(Exit)부터 신장인자 결합 자리(EFS)까지 뻗어있게 된다. 이러한 상호작용은 신장인자와의 경쟁으로 신장을 멈추게 한다. 작은 것과 큰 ribosome subunit는 각각 노란색과 푸른색으로 표시했다. 신호서열은 짙은 푸른색로 표시했다. Adapted from Halic, M., et al., *Nature* 427 (2004): 808-814.

하고, 거기에서 SRP와 막에 결합된 SR과의 상호작용이 일어난다. 이 단계에서, SRP와 SR 양쪽 모두에 GTP가 결합되어 있다. Ribosome은 translocon에 들어가고 신호 peptide는 단백질 통로 채널로 이동하며, SRP • SR 복합체는 유리된다. ribosome은 이제 polypeptide 사슬 신장을 다시 할 수 있게 자유로운 상태가 된다. 성장하고 있는 polypeptide 사슬은 단백질 통로 채널을 통해 이동한다. 이는 신장 순환의 translocation 단계 동안 GTP 가수분해에 의해 제공되는 에너지에 의해 유도된다. 소포체의 내부로 들어갔을 때 신호서열은 polypeptide 사슬로부터 신호서열을 자르는 **signal peptidase**라고 불리는 특별한 peptidase를 만난다. (3) SRP • SR에 결합된 GTP는 가수분해 되고, SRP • SR은 순환이 다시 시작될 수 있도록 분리된다.

분비 단백질과 lysosomal 단백질은 소포체막을 완전히 통과하여 소포체의 내부와 골지체에서 일어나는 glycosylation과 같은 생화학적 변화를 거쳐 최종 목적지까지 인도된다. 내부 막 단백질들(integral membrane proteins)은 1개 이상의 소수성 서열을 가지고 있어서 translocon 옆으로 통과하여 막에 끼워질 수 있게 된다.

## 권장 도서

### Overview


Green, R., and Noller, H. F. 1997. Ribosomes and translation. *Ann Rev Biochem* 66:679-716.

Kapp, L. D., and Lorsch, J. L. 2004. The molecular mechanics of eukaryotic translation. *Ann Rev Biochem* 73:657-704.

Wilson, D. N., Blaha, G., Connell, S. R., et al. 2002. Protein synthesis at atomic resolution: Mechanistics of translation in the light of highly resolved structures for the ribosomes. *Curr Protein Pept Sci* 3:1-53.


### Historical


Maden, B. E. H. 2003. Historical review: peptidyl transfer, the Monro era. *Trends Biochem Sci* 28:619-624.


### Ribosome Structure


Al-Kardaghi, S., and Liljas, O. K. 2000. A decade of progress in understanding the structural basis of protein synthesis. *Progr Biophys Mol Biol* 73:167-193.

Ban, N., Nissen, P., Hansen, J., et al. 1999. Placement of protein and RNA structures into a 5 A-resolution map of the 50S ribosomal subunit. *Nature* 400:841-847.

Clemons, W. M. Jr., May, J. L. C., Wimberly, B. T., et al. 1999. Structure of a bacterial 30S ribosomal subunit at 5.5 A resolution. *Nature* 400:833-840.

Culver, G. M. 2001. Meanderings of the mRNA through the ribosome. *Structure* 9:751-758.

Frank, J. 2000. The ribosome–a macromolecular machine par excellence. *Chem Biol* 7:R133-R141.

Frank, J. 2001. Structure of the 80S ribosome from *Saccharomyces cerevisiae*–tRNA-ribosome and subunit-subunit interactions. *Cell* 107:373-386.

Frank, J. 2003. Toward an understanding of the structural basis of translation. *Genome Biol* 4:237.

Frank, J., Agrawal, R. K., and Verschoor, A. 2001. Ribosome shape and structure. In: *Encyclopedia of Life Sciences*. London, UK: Nature Publishing Co. pp. 1-6.

Moore, P. B. 2001. The ribosome at atomic resolution. *Biochemistry* 40:3143-3250.

Moore, P. B., and Steitz, T. A. 2002. The involvement of RNA in ribosome function. *Nature* 418:229-235.

Nissen, P., Ippolito, J. A., Ban, N., et al. 2001. RNA tertiary interactions in the large ribosomal subunit: the A-minor motif. *Proc Natl Acad Sci USA* 98:4899-4903.

Noller, H. F., Hoang, L., and Frerick, K. 2005. The 30S ribosomal P site: a function of 16S rRNA. *FEBS Lett* 579:855-858.

Ramakrishnan, V. 2002. Ribosome structure and the mechanism of translation. *Cell* 108:557-572.

Ramakrishnan, V., and Moore, P. B. 2001. Atomic structures at last: the ribosome in 2000. *Curr Opin Struct Biol* 11:144-154.

Schuwirth, B. S., Borovinskaya, M. A., Hau, C. W., et al. 2005. Structures of the bacterial ribosome at 3.5A resolution. *Science* 310:827-834.

Spahn, C. M. T., Beckmann, R., Eswar, N., et al. 2002. Ribosome as a molecular machine. *FEBS Lett* 514:2-10.

Tate, W. P., and Poole, E. S. 2004. The ribosome: lifting the veil from a fascinating organelle. *Bioessays* 26:582-588.

Tocilj, A., Schluenzen, F., Hansen, H. A., et al. 1999. The small ribosomal subunit from *Thermus thermophilus* at 4.5 Å resolution: pattern fittings and the identification of a functional site. *Proc Natl Acad Sci USA* 96:14252-14257.

Wimberly, B. T., Brodersen, D. E., Clemons, W. M. Jr., et al. 2000. Structure of the 30S ribosomal subunit. *Nature* 407:327-339.

Yusupov, M. M., Yusupova, G. Z., Baucom, A., et al. 2001. Crystal structure of the ribosome at 5.5 A resolution. *Science* 292:883-896.

## Initiation Stage

Boelens, R., and Gualerzi, C. O. 2002. Structure and function of bacterial initiation factors. *Curr Protein Pept Sci* 3:107-119.

Carr-Schmid, A., and Kinzy, T. G. 2001. Messenger RNA: interaction with ribosomes. In: *Encyclopedia of Life Sciences*. London, UK: Nature Publishing Group. pp. 1-6.

Culver, G. M. 2001. Meanderings of the mRNA through the ribosome. *Structure* 9:751-758.

Dever, T. E. 2002. Gene-specific regulation by general translation factors. *Cell* 108:545-556.

Drabkin, H. J., Estrella, M., and Rajbhandary, U. L. 1998. Initiator-elongator discrimination in vertebrate tRNAs for protein synthesis *Mol Cell Biol* 18:1459-1466.

Gingras, A.-C., Raught, B., and Sonenberg, N. 1999. eIF4 initiation factors: effectors of mRNA recruitment to ribosomes and regulators of translation. *Ann Rev Biochem* 68:913-963.

Guthrie, C., and Nomura, M. 1968. Initiation of protein synthesis: a critical test of the 30S subunit model. *Nature* 219:232-235.

Hellen, C. U. T., and Sarnow, P. 2001. Internal ribosome entry sites in eukaryotic mRNA molecules. *Genes Dev* 15:1593-1612.

Hui, A., and De Boer, H. A. 1987. Specialized ribosome system: Preferential translation of a single mRNA species by a subpopulation of mutated ribosomes in Escherichia coli. *Proc Natl Acad Sci USA* 84:4762-4766.

Jackson, R. J. 2005. Alternative mechanisms of initiating translation of mammalian mRNAs. *Biochem Soc Trans* 33:1231-1241.

Kapp, L. D., and Lorsch, J. R. 2004. The molecular mechanics of eukaryotic translation. *Ann Rev Biochem* 73:657-704.

Kozak, M. 1999. Initiation of translation in prokaryotes and eukaryotes. Gene 234:187-208.

Kozak, M. 2001. New ways of initiating translation in eukaryotes? 2001. *Mol Cell Biol* 21:1899-1907.

Kozak, M. 2002. Pushing the limits of the scanning mechanism for initiation of translation. *Gene* 299:1-34.

Laursen, B. S., Sørensen, H. P., Mortensen, K. K., and Sperling-Petersen, H. U. 2005. Initiation of protein synthesis in bacteria. *Microbiol Mol Biol Rev* 69:101-123.

Londel, P. 2001. Translation initiation models in prokaryotes and eukaryotes. In: *Encyclopedia of Life Sciences*. London, UK: Nature Publishing Group. pp. 1-7.

Mandal, M., and Breaker, R. R. 2004. Gene regulation by riboswitches. *Nat Rev Mol Cell Biol* 5:451-463.

Mangroo D, Wu, X., and Rajbhandary, U. L. 1995. Escherichia coli initiator tRNA: structure–function relationships and interactions with the translational machinery. *Biochem Cell Biol* 73:1023-1031.

Marcker, K., and Sanger, F. 1964. N-formyl-methionyl-sRNA. *J Mol Biol* 8:835-840.

Marintchev, A., and Wagner, G. 2004. Translation initiation: structures, mechanisms, and evolution. *Q Rev Biophys* 37:197-284.

Matthews, M. B. 2002. Lost in translation. *Trends Biochem Sci* 27:267-269.

Meinnel, T. M., Mechulam, Y., and Blanquet, S. 1993. Methionine as translation start signal: a review of the enzymes of the pathway in *Escherichia coli*. *Biochimie* 75:1061-1075.

Merrick, W. C. 2001. Initiation factors in eukaryotes. In: *Encyclopedia of Life Sciences*. London, UK: Nature Publishing Group. pp. 1-6.

Merrick, W. C. 2003. Initiation of protein biosynthesis in eukaryotes. *BAMBEd* 31:378-385.

Nudler, E. and Mironov, A. S. 2004. The riboswitch control of bacterial metabolism. *Trends Biochem Sci* 29:11-17.

Ochoa, S. 1968. Translation of the genetic message. *Naturwissenschafter* 55:505-514.

Pestova, T. V., and Hellen, C. U. T. 2001. The structure and function of initiation factors in eukaryotic protein synthesis. *Mol Life Sci* 57:651-674.

Pestova, T. V., Kolupaeva, V. G., Lomakin, I. B., et al. 2001. Molecular mechanisms of translation initiation in eukaryotes. *Proc Natl Acad Sci USA* 98:7029-7036.

Phan, L., Schoenfeld, L. W., Valášek, L., et al. 2001. A subcomplex of three eIF3 subunits binds eIF1 and eIF5 and stimulates ribosome binding of mRNA and $tRNA^{Met}_{i}$. *EMBO J* 20:2954-2965.

Preiss, T., and Hentze, M. W. 2003. Starting the protein synthesis machine: eukaryotic translation initiation. *Bioessays* 25:1201-1211.

Prévôt, D., Darlix, J.-L., Ohlmann, T. 2003. Conducting the initiation of protein synthesis: the role of eIF4G. *Biol Cell* 95:141-156.

Proud, C. G. 2001. Regulation of mRNA translation. *Essays Biochem* 37:97-108.

Proud, C. G. 2002. Regulation of mammalian translation factors by nutrients. Eur J Biochem 269:5338-5349.

Rajbhandary, U. L. 1994. Minireview: initiator transfer RNAs. *J Bacteriol* 176:547-552.

Roll-Mecak, A., Shin, B. S., Dever, T. E., and Burley, S. K. 2001. Engaging the ribosome: universal ifs of translation. *Trends Biochem Sci* 26:705-709.

Sachs, A. B., and Varani, G. 2000. Eukaryotic translation intiation: there are (at least) two sides to every story. *Nat Struct Biol* 7:356-361.

Scheper, G. C., and Proud, C. G. 2002. Does phosphorylation of the cap-binding protein eIF4E play a role in translation initiation? *Eur J Biochem* 269:5350-5359.

Sonenberg, N., and Dever, T. E. 2003. Eukaryotic translation initiation factors and regulators. *Curr Opin Struct Biol* 13:56-63.

Sperling-Petersen, H. U., Laursen, B. S., and Mortensen, K. K. 2002. Initiator tRNAs in prokaryotes and eukaryotes. In: *Encyclopedia of Life Sciences*. London, UK: Nature Publishing Group. pp. 1-7.

Steitz, J. A., and Jakes, K. 1975. How ribosomes select initiator regions in mRNA: base pair formation between the 3′ terminus of 16S rRNA and the mRNA during initiation of protein synthesis in *Escherichia coli*. *Proc Natl Acad Sci USA* 72:4734-4738.

Tarun, S. Z. Jr., and Sachs, A. B. 1995. A common function for mRNA 5′ and 3′ ends in translation initiation in yeast. *Genes Dev* 9:2997-3007.

Vitreschak, A. G., Rodionov, D. A., Mironov, A. A., and Gelfand, M. S. 2004. Riboswitches: the oldest mechanism for the regulation of gene expression? *Trend Genet* 20:44-50.

Yuan, Z., Trias, J., and White, R. J. 2001. Deformylase as a novel antibacterial target. *Drug Disc Today* 6:954-961.

## Elongation Stage

Agrawal, R. K., Spahn, C. M. T., Penczek, P., et al. 2000. Visualization of tRNA movements on the *Escherichia coli* 70S ribosome during the elongation cycle. *J Cell Biol* 150:447-459.

Andersen, G. R., Nissen, P., and Nyborg, J. 2003. Elongation factors in protein biosynthesis. *Trends Biochem Sci* 28:434-441.

Bashan, A., Agmon, I., Zarivich, R., et al. Structural basis of the ribosomal machinery for peptide bond formation, translocation, and nascent chain progression. *Mol Cell* 11:91-102.

Brodersen, D. E., and Ramakrishnan, V. 2003. Shape can be seductive. *Nat Struct Biol* 10:78-80.

Czworkowski, J. 2001. Elongation factors, bacterial. In: *Encyclopedia of Life Sciences*. London, UK: Nature Publishing Group. pp. 1-6.

Dahlberg, A. E. 2001. Ribosome structure: the ribosome in action. *Science* 292:868-869.

Etchells, S. A., and Hartl, F. U. 2004. The dynamic tunnel. *Nat Struct Biol* 11:382-391.

Frank, J. 1998. How the ribosome works. *Am Sci* 86:428-439.

Frank, J. 2003. Electron microscopy of functional ribosome complexes. *Biopolymers* 68:223-233.

Frank, J., and Agrawal, R. K. 2001. Ratchet-like movements between the two ribosomal subunits: their implications in elongation factor recognition and tRNA translocation. *Cold Spring Harb Symp Quant Biol* 66:67-75.

Gilbert, R. J. C., Fucini, P., Connell, S., et al. 2004. Three dimensional structures of translating ribosomes by cryo-EM. *Mol Cell* 14:57-66.

Jenni, S., and Ban, N. 2003. The chemistry of protein synthesis and voyage through the ribosomal tunnel. *Curr Opin Struct Biol* 13:212-219.

Krab, I. M., and Parmeggiani, A. 2002. Mechanisms of EF-Tu, a pioneer GTPase. *Progr Nucleic Acid Res Mol Biol* 71:513-551.

Joseph, S. 2003. After the ribosome structure: how does translocation work. *RNA* 9:160-164.

Lucas-Lenard, J., and Lipmann, F. 1966. Separation of three microbial amino acid polymerization factors. *Proc Natl Acad Sci USA* 55:1562-1566.

Marqeuz, V., Wilson, D. N., and Nierhaus, K. H. 2002. RNA-protein machines. *Biochem Soc Trans* 30:133-140.

Mesters, J. R., Hogg, T., and Hilgenfeld, R. 2001. G proteins. In: *Encyclopedia of Life*

*Sciences*. London, UK: Nature Publishing Group. pp. 1-8.
Moazed, D., and Noller, H. F. 1989. Intermediate states in the movement of transfer RNA in the ribosome. *Nature* 342:142-148.
Monro, R. E. 1967. Catalysis of peptide bond formation by 50S ribosomal subunits from *Escherichia coli*. *J Mol Biol* 26:147-160.
Moore, P. B., and Steitz, T. A. 2003. After the ribosome structures: how does peptidyl transferase work? *RNA* 9:155-159.
Munishkin, A., and Wool, I. G. 1997. The ribosome-in-pieces: binding of elongation factor EF-G to oligoribonucleotides that mimic the sarcin/ricin and thiostrepton domains of 23S ribosomal RNA. *Proc Natl Acad Sci USA* 94:12280-12284.
Nierhaus, K. H., and Stiezl, U. 2001. Peptidyl transfer on the ribosome. In: *Encyclopedia of Life Sciences*. London, UK: Nature Publishing Group. pp. 1-8.
Nissen, P., Hansen, J., Ban, N., et al. 2000. The structural basis of ribosome activity in peptide bond synthesis. *Science* 289:920-930.
Noller, H. F., Hoffarth, V., and Zimniak, L. 1992. Unusual resistance peptidyl transferase in protein extraction procedures. *Science* 256:1416-1419.
Noller, H. F., Yusopov, M. M., Yusopova, G. Z., et al. 2002. Translocation of tRNA during protein synthesis *FEBS Lett* 514:11-16.
Ogle, J. M., Carter, A. P., and Ramakrishnan, V. 2003. Insights into the decoding mechanism from recent ribosome structures. *Trends Biochem Sci* 28:259-266.
Puglisi, J. D., Blanchard, S. C., and Green, R. 2000. Approaching translation at atomic resolution. *Nat Struct Biol* 7:855-861.
Rodnina, M. V., Daviter, T., Gromadski, K., and Wintermeyer, W. 2002. Structural dynamics of ribosomal RNA during decoding of the ribosome. *Biochimie* 84:745-754.
Rodnina, M. V., Savelsbergh, A., Katunin, V. I., and Wintermeyer, W. 1997. Hydrolysis of GTP by elongation factor G drives tRNA movement on the ribosome. *Nature* 385:37-41.
Rodnina, M. V., and Wintermeyer, W. 2001. Ribosome fidelity: tRNA discrimination, proofreading and induced fit. *Trends Biochem Sci* 26:124-130.
Rodnina, M. V., and Wintermeyer, W. 2001. Fidelity of aminoacyl-tRNA selection on the ribosome: Kinetic and structural mechanisms. *Ann Rev Biochem* 70:415-435.
Schmeing, T. M., Seila, A. C., Hansen, J. L., et al. 2002. A pre-translocational intermediate in protein synthesis observed in crystals of enzymatically active 50S subunits. *Nat Struct Biol* 9:225-230.
Spahn, C. M. T., Beckmann, R., Ewar, N., et al. 2001. Structure of the 80S ribosome from *Saccharomyces cerevisiae*-tRNA-ribosome and subunit-subunit interactions. Cell 107:373-386.
Sprinzl, M. Brock, S., Huang, Y., and Miovnik, P. 2000. Regulation of GTPases in bacterial translation machinery. *Biol Chem* 381:367-375.
Stahl, G., McCarty, G. P., and Farabaugh, P. J. 2002. Ribosome structure: revisiting the connection between translational accuracy and unconventional decoding. *Trends Biochem Sci* 27:178-183.
Stark, H., Rodnina, M. V., Wieden, H.-J., et al. 2000. Large-scale movement of elongation factor G and extensive conformational change of the ribosome during translocation. *Cell* 100:301-309.
Stark, H., Rodnina, M. V., Wieden, H.-J., et al. 2002. Ribosome interactins of aminoacyl-tRNA and elongation factor Tu in the codon-recognition complex. *Nat Struct Biol* 9:849-854.
Steitz, T. A., and Moore, P. B. 2000. RNA, the first macromolecular catalyst: the ribosome is a ribozyme. *Trends Biochem Sci* 28:411-418.
Tucker, B. J., and Breaker, R. R. 2005. Riboswitches as versatile gene control elements. *Curr Opin Struct Biol* 15:342-348.
Valle, M., Sengupta, J., Swami, N. K., et al. 2002. Cryo-EM reveals an active role for

aminoacyl-tRNA in the accommodation process. *EMBO J* 21:3557-3567.
Valle, M. Zavialov, A., Li, W., et al. 2003. Incorporation of aminoacyl-tRNA into the ribosome as seen by cyro-electron microscopy. *Nat Struct Biol* 10:899-906.
Valle, M., Zavialov, A., Sengupta, J., et al. 2003. Locking and unlocking of ribosomal motions. *Cell* 114:123-134.
Weinger, J. S., Kitchen, D. Scaringe, S. A., et al. 2004. Solid phase synthesis and binding affinity of peptidyl transferase transition state mimics containing 2′-OH at P-site position A76. *Nucleic Acids Res* 32:1502-1511.
Youngman, E. M., Brunelle, J. L., Kochaniak, A. B., and Green, R. 2004. The active site of the ribosome is composed of two layers of conserved nucleotides with distinct roles in peptide bond formation and peptide release. *Cell* 117:589-599.

## Termination Stage

Brodersen, D. E., and Ramakrishnan, V. 2003. Shape can be seductive. *Nat Struct Biol* 10:78-80.
Cappechi, M. R, 1967. Polypeptide chain termination in vitro: isolation of a release factor. *Proc Natl Acad Sci USA* 58:1144-1151.
Caskey, C. T., Tompkins, R., Scolnick, E., et al. 1968. Sequential translation of trinucleotide codons for the initiation and termination of protein synthesis. *Science* 162:135-138.
Ehrenberg, M., and Tenson, T. 2002. A new beginning of the end of translation. *Nat Struct Biol* 9:85-87.
Haebel, P. W., Gutmann, S., and Ban, N. 2004. Dial tm for rescue: tmRNA engages ribosomes stalled on defective mRNAs. *Curr Opin Struct Biol* 14:58-65.
Herrington, M. B. 2003. Nonsense mutations and suppression. In: *Encyclopedia of Life Sciences*. London, UK: Nature Publishing Group. pp. 1-6.
Ito, K., Uno, M., and Nakamura, Y. 2000. A tripeptide ‘anticodon’ deciphers stop codons in messenger RNA. *Nature* 403:680-684.
Karzai, A. W., Roche, E. D., and Sauer, R. T. 2000. The SsrA?SmpB system for protein tagging, directed degradation and ribosome rescue. *Nat Struct Biol* 7:449-455.
Kisselev, R. L., and Buckingham, R. H. 2000. Translation termination comes of age. *Trends Biochem Sci* 25:561-566.
Kisselev, L., Ehrenberg, M., and Frolova, L. 2003. Termination of translation: interplay of mRNA, rRNAs and release factors? *EMBO J* 22:175-182.
Kjeldgaard, M. 2003. The unfolding story of polypeptide release factors. *Mol Cell* 11:8-10.
Klaholz, B. P., Pape, T., Zavialov, A. V., et al. 2003. Structure of the Escherichia coli ribosomal termination complex with release factor 2. *Nature* 421:90-94.
Moore, S. D., McGinness, K. E., and Sauer, R. T. 2003. A glimpse into tmRNAmediated ribosome rescue. *Science* 300:72-73.
Nakamura, Y., and Ito, K. 2003. Making sense of mimic in translation termination. *Trends Biochem Sci* 28:99-105.
Rawat, U. B. S., Zavialov, A. V., Sengupta, J., et al. 2003. A cryo-electron microscopic study of ribosome-bound termination factor RF2. *Nature* 421:87-90.
Scolnick, E., Tompkins, R., Caskey, T., and Nirenberg, M. 1968. Release factors differing in specificity for terminator codons. *Proc Natl Acad Sci USA* 61:768-774.
Tate, W. P., Poole, E. S., and Mannering, S. A. 2001. Protein synthesis termination. In: *Encyclopedia of Life Sciences*. London, UK: Nature Publishing Group. pp. 1-6.
Valle, M., Gillet, R., Kaur, S., et al. 2003. Visualizing tmRNA entry into a stalled ribosome. *Science* 300:127-130.
Vestergaard, B., Van, L. B., Andersen, G.R., et al. 2001. Bacterial polypeptide release factor RF2 is structurally distinct from eukaryotic eRF1. *Mol Cell* 8:1375-1382.
Withey, J. H., and Friedman, D. I. 2003. A salvage pathway for protein synthesis:

tmRNA and trans-translation. *Ann Rev Microbiol* 57:101-123.

Zavialov, A. V., and Ehrenberg, M. 2003. Peptidyl-tRNA regulates the GTPase activity of translation factors. *Cell* 114:113-122.

Zavialov, A. V., Mora, L., Buckingham, R. H., and Ehrenberg, M. 2002. Release of peptide promoted by the GGQ motif of class 1 release factors regulates the GTPase activity of RF3. *Mol Cell* 10:789-778.

## The Recycling Stage

Agrawal, R. K., Sharma, M. R., Kiel, M. C., et al. 2004. Visualization of ribosomerecycling factor on the Escherichia coli 70S ribosome: functional implications. *Proc Natl Acad Sci USA* 101:8900-8905.

Hirokawa, G., Demeshkina, N., Iwakura, N., et al. 2006. The ribosome-recycling step: consensus or controversy. *Trends Biochem Sci* 31:143-149.

Kim, K. K., Min, K., and Suh, S. W. 2000. Crystal structure of the ribosome recycling factor from Escherichia coli. *EMBO J* 19:2362-2370.

## The Signal Sequence

Adler, N. N., and Johnson, A. E. 2004. Cotranslational membrane protein biogenesis at the endoplasmic reticulum. *J Biol Chem* 279:22787-22790.

Blobel, G., and Dobberstein, B. 1975. Transfer of proteins across membranes. I. Presence of proteolytically procecessed and unprocessed nascent light immunoglobulin light chains on membrane-bound ribosomes of murine myeloma. *J Cell Biol* 67:835-851.

Halic, M., Becker, T., Pool, M. R., Spahn, C. M. T., Grassucci, R. A., Frank, J., and Beckmann, R. 2004. Structure of the signal recognition particle interacting with the elongation-arrested ribosome. *Nature* 427:808-814.

Halic, M., and Beckmann, R. 2005. The signal recognition particle and its interactions during protein targeting. *Curr Opin Struct Biol* 15:116-125.

Herkovits, A. A., Bochkareva, E. S., and Bibi, E. 2000. New prospects in studying the bacterial signal recognition particle pathway. *Mol Microbiol* 38:927-939.

Luirink, J., and Sinning, I. 2004. SRP-mediated protein targeting: structure and function revisited. *Biochim Biophys Acta* 1694:17-35.

Ryan, M. T., and Pfanner, N. 2001. Protein translocation across membranes. In: *Encyclopedia of Life Sciences*. London, UK: Nature Publishing Group. pp. 1-10.

Wild, K., Rosendal, K. R., and Sinning I. 2004. A structural step into the SRP cycle. *Mol Microbiol* 53:357-363.

Wild, K., Weichenrieder, O., Strub, K., et al. 2002. Towards the structure of the mammalian signal recognition particle. *Curr Opin Struct Biol* 12:72-81.

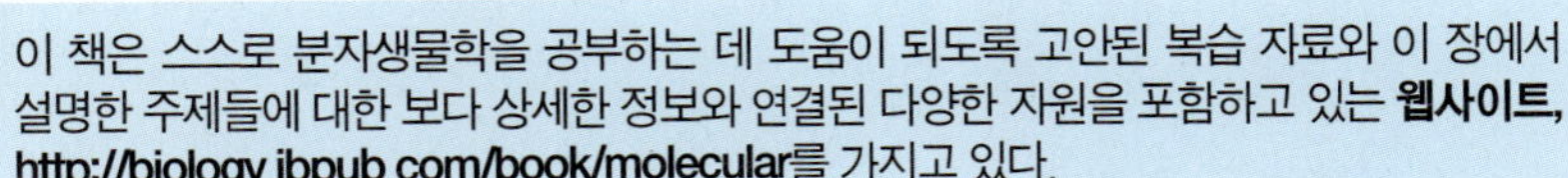

이 책은 스스로 분자생물학을 공부하는 데 도움이 되도록 고안된 복습 자료와 이 장에서 설명한 주제들에 대한 보다 상세한 정보와 연결된 다양한 자원을 포함하고 있는 **웹사이트, http://biology.jbpub.com/book/molecular**를 가지고 있다.

# 국문 찾아보기

## ㅈ

# 영문 찾아보기

## D



## E



## F



## G



## H

## I



## K



## L



## M

## N



## O



## P

## Q



## R



## S

## T



## U



## V~Z



## 기타